Beilsteins Handbuch der Organischen Chemie

(Beilsteins) Handbuch der Organischen Chemie

Vierte Auflage

Drittes und Viertes Ergänzungswerk

Die Literatur von 1930 bis 1959 umfassend

Herausgegeben vom
Beilstein-Institut für Literatur der Organischen Chemie
Frankfurt am Main

Bearbeitet von

Hans-G. Boit

Unter Mitwirkung von

Oskar Weissbach

Erich Bayer · Marie-Elisabeth Fernholz · Volker Guth · Hans Härter
Irmgard Hagel · Ursula Jacobshagen · Rotraud Kayser · Maria Kobel
Klaus Koulen · Bruno Langhammer · Dieter Liebegott · Richard Meister
Annerose Naumann · Wilma Nickel · Burkhard Polenski · Annemarie Reichard
Eleonore Schieber · Eberhard Schwarz · Ilse Sölken · Achim Trede · Paul Vincke

Achtzehnter Band

Siebenter Teil

Springer-Verlag Berlin · Heidelberg · New York 1976

ISBN 3-540-07918-1 Springer-Verlag, Berlin·Heidelberg·New York
ISBN 0-387-07918-1 Springer-Verlag, New York·Heidelberg·Berlin

© by Springer-Verlag, Berlin · Heidelberg 1976
Library of Congress Catalog Card Number: 22—79
Printed in Germany

Satz, Druck und Bindearbeiten: Universitätsdruckerei H. Stürtz AG Würzburg

Mitarbeiter der Redaktion

Helmut Appelt
Gerhard Bambach
Klaus Baumberger
Elise Blazek
Kurt Bohg
Kurt Bohle
Reinhard Bollwan
Jörg Bräutigam
Ruth Brandt
Eberhard Breither
Lieselotte Cauer
Stephanie Corsepius
Edgar Deuring
Ingeborg Deuring
Reinhard Ecker
Walter Eggersglüss
Irene Eigen
Adolf Fahrmeir
Hellmut Fiedler
Franz Heinz Flock
Manfred Frodl
Ingeborg Geibler
Friedo Giese
Libuse Goebels
Gerhard Grimm
Karl Grimm
Friedhelm Gundlach
Alfred Haltmeier
Franz-Josef Heinen
Erika Henseleit
Karl-Heinz Herbst
Ruth Hintz-Kowalski
Guido Höffer
Eva Hoffmann
Werner Hoffmann
Gerhard Hofmann
Günter Imsieke
Gerhard Jooss
Klaus Kinsky
Heinz Klute
Ernst Heinrich Koetter
Irene Kowol
Gisela Lange
Sok Hun Lim

Lothar Mähler
Gerhard Maleck
Kurt Michels
Ingeborg Mischon
Klaus-Diether Möhle
Gerhard Mühle
Heinz-Harald Müller
Ulrich Müller
Peter Otto
Hella Rabien
Peter Raig
Walter Reinhard
Gerhard Richter
Hans Richter
Ingrid Riemenschneider
Helmut Rockelmann
Lutz Rogge
Günter Roth
Liselotte Sauer
Siegfried Schenk
Max Schick
Gundula Schindler
Joachim Schmidt
Gerhard Schmitt
Thilo Schmitt
Peter Schomann
Wolfgang Schütt
Jürgen Schunck
Wolfgang Schurek
Wolfgang Staehle
Wolfgang Stender
Karl-Heinz Störr
Josef Sunkel
Hans Tarrach
Elisabeth Tauchert
Otto Unger
Mathilde Urban
Rüdiger Walentowski
Hartmut Wehrt
Hedi Weissmann
Frank Wente
Ulrich Winckler
Renate Wittrock

Inhalt

Abkürzungen IX

Stereochemische Bezeichnungsweisen XI

Transliteration von russischen Autorennamen XXI

Dritte Abteilung

Heterocyclische Verbindungen
(Fortsetzung)

1. Verbindungen mit einem Chalkogen-Ringatom

IV. Carbonsäuren

G. Oxocarbonsäuren
(Fortsetzung)

2. Oxocarbonsäuren mit fünf Sauerstoff-Atomen
Oxocarbonsäuren $C_nH_{2n-6}O_5$, $C_nH_{2n-8}O_5$ usw. 5959

3. Oxocarbonsäuren mit sechs Sauerstoff-Atomen
Oxocarbonsäuren $C_nH_{2n-6}O_6$, $C_nH_{2n-8}O_6$ usw. 6113

4. Oxocarbonsäuren mit sieben Sauerstoff-Atomen
Oxocarbonsäuren $C_nH_{2n-8}O_7$, $C_nH_{2n-10}O_7$ usw. 6199

5. Oxocarbonsäuren mit acht Sauerstoff-Atomen
Oxocarbonsäuren $C_nH_{2n-8}O_8$, $C_nH_{2n-10}O_8$ usw. 6237

6. Oxocarbonsäuren mit neun Sauerstoff-Atomen
Oxocarbonsäuren $C_nH_{2n-10}O_9$, $C_nH_{2n-14}O_9$, $C_nH_{2n-16}O_9$, $C_nH_{2n-18}O_9$ und
$C_nH_{2n-36}O_9$ 6251

7. Oxocarbonsäuren mit zehn Sauerstoff-Atomen
Oxocarbonsäuren $C_nH_{2n-14}O_{10}$ und $C_nH_{2n-16}O_{10}$ 6258

8. Oxocarbonsäuren mit elf Sauerstoff-Atomen
Oxocarbonsäuren $C_nH_{2n-32}O_{11}$ 6261

9. Oxocarbonsäuren mit zwölf Sauerstoff-Atomen
Oxocarbonsäuren $C_nH_{2n-14}O_{12}$ 6261

10. Oxocarbonsäuren mit dreizehn Sauerstoff-Atomen
Oxocarbonsäuren $C_nH_{2n-20}O_{13}$ 6262

H. Hydroxy-oxo-carbonsäuren

1. Hydroxy-oxo-carbonsäuren mit fünf Sauerstoff-Atomen

Hydroxy-oxo-carbonsäuren $C_n H_{2n-4} O_5$, $C_n H_{2-6} O_5$ usw. 6263

2. Hydroxy-oxo-carbonsäuren mit sechs Sauerstoff-Atomen

Hydroxy-oxo-carbonsäuren $C_n H_{2n-4} O_6$, $C_n H_{2n-6} O_6$ 6451

3. Hydroxy-oxo-carbonsäuren mit sieben Sauerstoff-Atomen

Hydroxy-oxo-carbonsäuren $C_n H_{2n-4} O_7$, $C_n H_{2n-6} O_7$ usw. 6569

4. Hydroxy-oxo-carbonsäuren mit acht Sauerstoff-Atomen

Hydroxy-oxo-carbonsäuren $C_n H_{2n-4} O_8$, $C_n H_{2n-10} O_8$, $C_n H_{2n-12} O_8$ usw. 6651

5. Hydroxy-oxo-carbonsäuren mit neun Sauerstoff-Atomen

Hydroxy-oxo-carbonsäuren $C_n H_{2n-14} O_9$, $C_n H_{2n-16} O_9$ usw. 6681

6. Hydroxy-oxo-carbonsäuren mit zehn Sauerstoff-Atomen

Hydroxy-oxo-carbonsäuren $C_n H_{2n-18} O_{10}$, $C_n H_{2n-22} O_{10}$ und $C_n H_{2n-42} O_{10}$ . . 6691

7. Hydroxy-oxo-carbonsäuren mit elf Sauerstoff-Atomen

Hydroxy-oxo-carbonsäuren $C_n H_{2n-16} O_{11}$ und $C_n H_{2n-32} O_{11}$ 6693

8. Hydroxy-oxo-carbonsäuren mit zwölf Sauerstoff-Atomen

Hydroxy-oxo-carbonsäuren $C_n H_{2n-24} O_{12}$, $C_n H_{2n-30} O_{12}$ und $C_n H_{2n-38} O_{12}$ . . 6696

9. Hydroxy-oxo-carbonsäuren mit dreizehn Sauerstoff-Atomen

Hydroxy-oxo-carbonsäuren $C_n H_{2n-24} O_{13}$ 6697

10. Hydroxy-oxo-carbonsäuren mit vierzehn Sauerstoff-Atomen

Hydroxy-oxo-carbonsäuren $C_n H_{2n-30} O_{14}$ 6697

V. Sulfinsäuren

A. Monosulfinsäuren   6699
B. Disulfinsäuren   6700
C. Hydroxysulfinsäuren   6700
D. Oxosulfinsäuren   6701
E. Hydroxy-oxo-sulfinsäuren   6701

VI. Sulfonsäuren

A. Monosulfonsäuren   6704
B. Disulfonsäuren   6725
C. Hydroxysulfonsäuren   6733
D. Oxosulfonsäuren   6735
E. Hydroxy-oxo-sulfonsäuren   6751
F. Sulfo-Derivate der Carbonsäuren   6764
G. Sulfo-Derivate der Hydroxycarbonsäuren   6768
H. Sulfo-Derivate der Oxocarbonsäuren   6769
J. Sulfo-Derivate der Hydroxy-oxo-carbonsäuren   6770

Sachregister 6772
Formelregister 6902

Abkürzungen und Symbole
für physikalische Grössen und Einheiten[1])

Å	Ångström-Einheiten (10^{-10} m)
at	technische Atmosphäre(n) (98066,5 $N \cdot m^{-2}$ = 0,980665 bar = 735,559 Torr)
atm	physikalische Atmosphäre(n) (101325 $N \cdot m^{-2}$ = 1,01325 bar = 760 Torr)
C_p (C_p^0)	Wärmekapazität (des idealen Gases) bei konstantem Druck
C_v (C_v^0)	Wärmekapazität (des idealen Gases) bei konstantem Volumen
d	Tag(e)
D	1) Debye (10^{-18} esE $\cdot$ cm)
	2) Dichte (z. B. D_4^{20}: Dichte bei 20°, bezogen auf Wasser von 4°)
D (R—X)	Energie der Dissoziation der Verbindung RX in die freien Radikale R˙ und X˙
E	Erstarrungspunkt
EPR	Elektronen-paramagnetische Resonanz (= Elektronenspin-Resonanz)
F	Schmelzpunkt
h	Stunde(n)
K	Grad Kelvin
Kp	Siedepunkt
$[M]_\lambda^t$	molares optisches Drehungsvermögen für Licht der Wellenlänge λ bei der Temperatur t
min	Minute(n)
n	1) bei Dimensionen von Elementarzellen: Anzahl der Moleküle pro Elementarzelle
	2) Brechungsindex (z. B. $n_{656,1}^{15}$: Brechungsindex für Licht der Wellenlänge 656,1 nm bei 15°)
nm	Nanometer (= mμ = 10^{-9} m)
pK	negativer dekadischer Logarithmus der Dissoziationskonstante
s	Sekunde(n)
Torr	Torr (= mm Quecksilber)
α	optisches Drehungsvermögen (z. B. α_D^{20}: ... [unverd.; l = 1]: Drehungsvermögen der unverdünnten Flüssigkeit für Licht der Natrium-D-Linie bei 20° und 1 dm Rohrlänge)
$[\alpha]$	spezifisches optisches Drehungsvermögen (z. B. $[\alpha]_{546}^{23}$: ... [Butanon; c = 1,2]: spezifisches Drehungsvermögen einer Lösung in Butanon, die 1,2 g der Substanz in 100 ml Lösung enthält, für Licht der Wellenlänge 546 nm bei 23°)
ε	1) Dielektrizitätskonstante
	2) Molarer dekadischer Extinktionskoeffizient
μ	Mikron (10^{-6} m)
°	Grad Celcius oder Grad (Drehungswinkel)

---

[1]) Bezüglich weiterer, hier nicht aufgeführter Symbole und Abkürzungen für physikalisch chemische Grössen und Einheiten s. International Union of Pure and Applied Chemistry Manual of Symbols and Terminology for Physicochemical Quantities and Units (1969) [London 1970]; s. a. Symbole, Einheiten und Nomenklatur in der Physik (Vieweg-Verlag, Braunschweig).

Weitere Abkürzungen

A.	Äthanol	Py.	Pyridin
Acn.	Aceton	*RRI*	The Ring Index [2. Aufl. 1960]
Ae.	Diäthyläther	*RIS*	The Ring Index [2. Aufl. 1960]
alkal.	alkalisch		Supplement
Anm.	Anmerkung	S.	Seite
B.	Bildungsweise(n), Bildung	s.	siehe
Bd.	Band	s. a.	siehe auch
Bzl.	Benzol	s. o.	siehe oben
Bzn.	Benzin	sog.	sogenannt
bzw.	beziehungsweise	Spl.	Supplement
Diss.	Dissertation	stdg.	stündig
E	Ergänzungswerk des Beilstein-	s. u.	siehe unten
	Handbuches	Syst. Nr.	System-Nummer (im Beilstein-
E.	Äthylacetat		Handbuch)
Eg.	Essigsäure (Eisessig)	Tl.	Teil
engl. Ausg.	englische Ausgabe	unkorr.	unkorrigiert
Gew.-%	Gewichtsprozent	unverd.	unverdünnt
H	Hauptwerk des Beilstein-	verd.	verdünnt
	Handbuches	vgl.	vergleiche
konz.	konzentriert	W.	Wasser
korr.	korrigiert	wss.	wässrig
Me.	Methanol	z. B.	zum Beispiel
opt.-inakt.	optisch inaktiv	Zers.	Zersetzung
PAe.	Petroläther		

In den Seitenüberschriften sind die Seiten des Beilstein-Hauptwerks angegeben, zu denen der auf der betreffenden Seite des vorliegenden Ergänzungswerks befindliche Text gehört.

Die mit einem Stern (*) markierten Artikel betreffen Präparate, über deren Konfiguration und konfigurative Einheitlichkeit keine Angaben oder hinreichend zuverlässige Indizien vorliegen. Wenn mehrere Präparate in einem solchen Artikel beschrieben sind, ist deren Identität nicht gewährleistet.

Stereochemische Bezeichnungsweisen

Übersicht

Präfix	Definition in §	Symbol	Definition in §
allo	5c,6c	c	4
altro	5c, 6c	c_F	7a
anti	9	D	6
arabino	5c	D_g	6b
cat$_F$	7a	D_r	7b
cis	2	D_s	6b
endo	8	(E)	3
ent	10e	L	6
erythro	5a	L_g	6b
exo	8	L_r	7b
galacto	5c, 6c	L_s	6b
gluco	5c, 6c	r	4c, d, e
glycero	6c	(r)	1a
gulo	5c, 6c	(R)	1a
ido	5c, 6c	(R_a)	1b
lyxo	5c	(R_p)	1b
manno	5c, 6c	(s)	1a
meso	5b	(S)	1a
rac	10e	(S_a)	1b
racem.	5b	(S_p)	1b
ribo	5c	t	4
syn	9	t_F	7a
talo	5c, 6c	(Z)	3
threo	5a	α	10a, c
trans	2	α_F	10b, c
xylo	5c	β	10a, c
		β_F	10b, c
		ξ	11a
		Ξ	11b
		(Ξ)	11b
		(Ξ_a)	11c
		(Ξ_p)	11c

§ 1. a) Die Symbole (**R**) und (**S**) bzw. (**r**) und (**s**) kennzeichnen die absolute Konfiguration an Chiralitätszentren (Asymmetriezentren) bzw.,,Pseudoasymmetriezentren" gemäss der ,,Sequenzregel" und ihren Anwendungsvorschriften (*Cahn, Ingold, Prelog*, Experientia **12** [1956] 81; Ang. Ch. **78** [1966] 413, 419; Ang. Ch. internat. Ed. **5** [1966] 385, 390; *Cahn, Ingold*, Soc. **1951** 612; s. a. *Cahn*, J. chem. Educ. **41** [1964] 116, 508). Zur Kennzeichnung der Konfiguration von Racematen aus Verbindungen mit mehreren Chiralitätszentren dienen die Buchstabenpaare (**RS**) und (**SR**), wobei z. B. durch das Symbol (1*RS*:2*SR*) das aus dem (1*R*:2*S*)-Enantiomeren und dem (1*S*:2*R*)-Enantiomeren

bestehende Racemat spezifiziert wird (vgl. *Cahn, Ingold, Prelog*, Ang.
Ch. **78** 435; Ang. Ch. internat. Ed. **5** 404).

Beispiele:
(R)-Propan-1,2-diol [E IV **1** 2468]
(1R:2S:3S)-Pinanol-(3) [E III **6** 281]
(3aR:4S:8R:8aS:9s)-9-Hydroxy-2.2.4.8-tetramethyl-decahydro-
   4.8-methano-azulen [E III **6** 425]
(1RS:2SR)-1-Phenyl-butandiol-(1.2) [E III **6** 4663]

b) Die Symbole (**R_a**) und (**S_a**) bzw. (**R_p**) und (**S_p**) werden in Anlehnung
an den Vorschlag von *Cahn, Ingold* und *Prelog* (Ang. Ch. **78** 437;
Ang. Ch. internat. Ed. **5** 406) zur Kennzeichnung der Konfiguration
von Elementen der axialen bzw. planaren Chiralität verwendet.

Beispiele:
(R_a)-1,11-Dimethyl-5,7-dihydro-dibenz[c, e]oxepin [E III/IV **17** 642]
(R_a:S_a)-3.3'.6'.3''-Tetrabrom-2'.5'-bis-[((1R)-menthyloxy)-acetoxy]-
   2.4.6.2''.4''.6''-hexamethyl-p-terphenyl [E III **6** 5820]
(R_p)-Cyclohexanhexol-(1r.2c.3t.4c.5t.6t) [E III **6** 6925]

§ 2.   Die Präfixe *cis* und *trans* geben an, dass sich in (oder an) der Beziffe-
ferungseinheit [1]), deren Namen diese Präfixe vorangestellt sind, die
beiden Bezugsliganden [2]) auf der gleichen Seite (*cis*) bzw. auf den
entgegengesetzten Seiten (*trans*) der (durch die beiden doppelt-
gebundenen Atome verlaufenden) Bezugsgeraden (bei Spezifizierung
der Konfiguration an einer Doppelbindung) oder der (durch die Ringatome festgelegten) Bezugsfläche (bei Spezifizierung der Konfiguration an einem Ring oder einem Ringsystem) befinden. Bezugsliganden
sind
   1) bei Verbindungen mit konfigurativ relevanten Doppelbindungen die
      von Wasserstoff verschiedenen Liganden an den doppelt-gebunde-
      nen Atomen,
   2) bei Verbindungen mit konfigurativ relevanten angularen Ring-
      atomen die exocyclischen Liganden an diesen Atomen,
   3) bei Verbindungen mit konfigurativ relevanten peripheren Ring-
      atomen die von Wasserstoff verschiedenen Liganden an diesen
      Atomen.

Beispiele:
β-Brom-*cis*-zimtsäure [E III **9** 2732]
trans-β-Nitro-4-methoxy-styrol [E III **6** 2388]
5-Oxo-*cis*-decahydro-azulen [E III **7** 360]
cis-Bicyclohexyl-carbonsäure-(4) [E III **9** 261]

§ 3.   Die Symbole (**E**) und (**Z**) am Anfang des Namens (oder eines Namens-
teils) einer Verbindung kennzeichnen die Konfiguration an der (den)
Doppelbindung(en), deren Stellungsbezeichnung bei Anwesenheit von

---

[1]) Eine Bezifferungseinheit ist ein durch die Wahl des Namens abgegrenztes cyclisches,
acyclisches oder cyclisch-acyclisches Gerüst (von endständigen Heteroatomen oder Hetero=
atom-Gruppen befreites Molekül oder Molekül-Bruchstück), in dem jedes Atom eine
andere Stellungsziffer erhält; z. B. liegt im Namen Stilben nur eine Bezifferungseinheit
vor, während der Name 3-Phenyl-penten-(2) aus zwei, der Name [1-Äthyl-propenyl]-
benzol aus drei Bezifferungseinheiten besteht.
[2]) Als „Ligand" wird hier ein einfach kovalent gebundenes Atom oder eine einfach
kovalent gebundene Atomgruppe verstanden.

mehreren Doppelbindungen dem Symbol beigefügt ist. Sie zeigen an, dass sich die — jeweils mit Hilfe der Sequenzregel (s. § 1a) ausgewählten — Bezugsliganden [2]) der beiden doppelt gebundenen Atome auf den entgegengesetzten Seiten (*E*) bzw. auf der gleichen Seite (*Z*) der (durch die doppelt gebundenen Atome verlaufenden) Bezugsgeraden befinden.

Beispiele:
(*E*)-1,2,3-Trichlor-propen [E IV **1** 748]
(*Z*)-1,3-Dichlor-but-2-en [E IV **1** 786]

§ 4. a) Die Symbole *c* bzw. *t* hinter der Stellungsziffer einer C,C-Doppelbindung sowie die der Bezeichnung eines doppelt-gebundenen Radikals (z. B. der Endung „yliden") nachgestellten Symbole -(*c*) bzw. -(*t*) geben an, dass die jeweiligen „Bezugsliganden" [2]) an den beiden doppelt-gebundenen Kohlenstoff-Atomen cis-ständig (*c*) bzw. transständig (*t*) sind (vgl. § 2). Als Bezugsligand gilt auf jeder der beiden Seiten der Doppelbindung derjenige Ligand, der der gleichen Bezifferungseinheit[1]) angehört wie das mit ihm verknüpfte doppelt-gebundene Atom; gehören beide Liganden eines der doppelt-gebundenen Atome der gleichen Bezifferungseinheit an, so gilt der niedriger bezifferte als Bezugsligand.

Beispiele:
3-Methyl-1-[2.2.6-trimethyl-cyclohexen-(6)-yl]-hexen-(2*t*)-ol-(4) [E III **6** 426]
(1*S*:9*R*)-6.10.10-Trimethyl-2-methylen-bicyclo[7.2.0]undecen-(5*t*)
        [E III **5** 1083]
5α-Ergostadien-(7.22*t*) [E III **5** 1435]
5α-Pregnen-(17(20)*t*)-ol-(3β) [E III **6** 2591]
(3*S*)-9.10-Seco-ergostatrien-(5*t*.7*c*.10(19))-ol-(3) [E III **6** 2832]
1-[2-Cyclohexyliden-äthyliden-(*t*)]-cyclohexanon-(2) [E III **7** 1231]

b) Die Symbole *c* bzw. *t* hinter der Stellungsziffer eines Substituenten an einem doppelt-gebundenen endständigen Kohlenstoff-Atom eines acyclischen Gerüstes (oder Teilgerüstes) geben an, dass dieser Substituent cis-ständig (*c*) bzw. trans-ständig (*t*) (vgl. § 2) zum „Bezugsliganden" ist. Als Bezugsligand gilt derjenige Ligand [2]) an der nicht-endständigen Seite der Doppelbindung, der der gleichen Bezifferungseinheit angehört wie die doppelt-gebundenen Atome; liegt eine an der Doppelbindung verzweigte Bezifferungseinheit vor, so gilt der niedriger bezifferte Ligand des nicht-endständigen doppelt-gebundenen Atoms als Bezugsligand.

Beispiele:
1*c*.2-Diphenyl-propen-(1) [E III **5** 1995]
1*t*.6*t*-Diphenyl-hexatrien-(1.3*t*.5) [E III **5** 2243]

c) Die Symbole *c* bzw. *t* hinter der Stellungsziffer 2 eines Substituenten am Äthylen-System (Äthylen oder Vinyl) geben die cis-Stellung (*c*) bzw. die trans-Stellung (*t*) (vgl. § 2) dieses Substituenten zu dem durch das Symbol *r* gekennzeichneten Bezugsliganden an dem mit 1 bezifferten Kohlenstoff-Atom an.

Beispiele:
1.2*t*-Diphenyl-1*r*-[4-chlor-phenyl]-äthylen [E III **5** 2399]
4-[2*t*-Nitro-vinyl-(*r*)]-benzoesäure-methylester [E III **9** 2756]

d) Die mit der Stellungsziffer eines Substituenten oder den Stellungsziffern einer im Namen durch ein Präfix bezeichneten Brücke eines
Ringsystems kombinierten Symbole *c* bzw. *t* geben an, dass sich
der Substituent oder die mit dem Stamm-Ringsystem verknüpften
Brückenatome auf der gleichen Seite (*c*) bzw. der entgegengesetzten
Seite (*t*) der „Bezugsfläche" befinden wie der Bezugsligand [2]) (der auch
aus einem Brückenzweig bestehen kann), der seinerseits durch Hinzu-
fügen des Symbols *r* zu seiner Stellungsziffer kenntlich gemacht ist.
Die „Bezugsfläche" ist durch die Atome desjenigen Ringes (oder
Systems von ortho/peri-anellierten Ringen) bestimmt, in dem alle
Liganden gebunden sind, deren Stellungsziffern die Symbole *r*, *c*
oder *t* aufweisen. Bei einer aus mehreren isolierten Ringen oder Ring-
systemen bestehenden Verbindung kann jeder Ring bzw. jedes Ringsystem als gesonderte Bezugsfläche für Konfigurationskennzeichen
fungieren; die zusammengehörigen (d. h. auf die gleichen Bezugs-
flächen bezogenen) Sätze von Konfigurationssymbolen *r*, *c* und *t* sind
dann im Namen der Verbindung durch Klammerung voneinander ge-
trennt oder durch Strichelung unterschieden (s. Beispiele 3 und 4
unter Abschnitt e).

Beispiele:
1*r*.2*t*.3*c*.4*t*-Tetrabrom-cyclohexan [E III **5** 51]
1*r*-Äthyl-cyclopentanol-(2*c*) [E III **6** 79]
1*r*.2*c*-Dimethyl-cyclopentanol-(1) [E III **6** 80]

e) Die mit einem (gegebenenfalls mit hochgestellter Stellungsziffer ausgestatteten) Atomsymbol kombinierten Symbole *r*, *c* oder *t* beziehen
sich auf die räumliche Orientierung des indizierten Atoms (das sich
in diesem Fall in einem weder durch Präfix noch durch Suffix be-
nannten Teil des Moleküls befindet). Die Bezugsfläche ist dabei durch
die Atome desjenigen Ringsystems bestimmt, an das alle indizierten
Atome und gegebenenfalls alle weiteren Liganden gebunden sind,
deren Stellungsziffern die Symbole *r*, *c* oder *t* aufweisen. Gehört ein
indiziertes Atom dem gleichen Ringsystem an wie das Ringatom, zu
dessen konfigurativer Kennzeichnung es dient (wie z. B. bei Spiro-
Atomen), so umfasst die Bezugsfläche nur denjenigen Teil des Ringsystems [3]), dem das indizierte Atom nicht angehört.

Beispiele:
2*t*-Chlor-(4a*rH*.8a*tH*)-decalin [E III **5** 250]
(3a*rH*.7a*cH*)-3a.4.7.7a-Tetrahydro-4*c*.7*c*-methano-inden [E III **5** 1232]
1-[(4a*R*)-6*t*-Hydroxy-2*c*.5.5.8a*t*-tetramethyl-(4a*rH*)-decahydro-naphth=
yl-(1*t*)]-2-[(4a*R*)-6*t*-hydroxy-2*t*.5.5.8a*t*-tetramethyl-(4a*rH*)-decahydro-
naphthyl-(1*t*)]-äthan [E III **6** 4829]
4*c*.4'*t*'-Dihydroxy-(1*rH*.1'*r*'*H*)-bicyclohexyl [E III **6** 4153]
6*c*.10*c*-Dimethyl-2-isopropyl-(5*rC*[1])-spiro[4.5]decanon-(8) [E III **7** 514]

§ 5. a) Die Präfixe *erythro* bzw. *threo* zeigen an, dass sich die jeweiligen
„Bezugsliganden" an zwei Chiralitätszentren, die einer acyclischen
Bezifferungseinheit [1]) (oder dem unverzweigten acyclischen Teil einer
komplexen Bezifferungseinheit) angehören, in der Projektionsebene

---

[3]) Bei Spiran-Systemen erfolgt die Unterteilung des Ringsystems in getrennte Bezugs-
systeme jeweils am Spiro-Atom.

auf der gleichen Seite (*erythro*) bzw. auf den entgegengesetzten Seiten (*threo*) der „Bezugsgeraden" befinden. Bezugsgerade ist dabei die in „gerader Fischer-Projektion" [4]) wiedergegebene Kohlenstoff-Kette der Bezifferungseinheit, der die beiden Chiralitätszentren angehören. Als Bezugsliganden dienen jeweils die von Wasserstoff verschiedenen extracatenalen (d. h. nicht der Kette der Bezifferungseinheit angehörenden) Liganden [2]) der in den Chiralitätszentren befindlichen Atome.

Beispiele:
    threo-Pentan-2,3-diol [E IV **1** 2543]
    threo-2-Amino-3-methyl-pentansäure-(1) [E III **4** 1463]
    threo-3-Methyl-asparaginsäure [E III **4** 1554]
    erythro-2.4′.α.α′-Tetrabrom-bibenzyl [E III **5** 1819]

b) Das Präfix *meso* gibt an, dass ein mit 2n Chiralitätszentren (n = 1, 2, 3 usw.) ausgestattetes Molekül eine Symmetrieebene aufweist. Das Präfix *racem.* kennzeichnet ein Gemisch gleicher Mengen von Enantiomeren, die zwei identische Chiralitätszentren oder zwei identische Sätze von Chiralitätszentren enthalten.

Beispiele:
    meso-Pentan-2,4-diol [E IV **1** 2543]
    racem.-1.2-Dicyclohexyl-äthandiol-(1.2) [E III **6** 4156]
    racem.-(1*r*H.1′*r*′H)-Bicyclohexyl-dicarbonsäure-(2*c*.2′*c*′) [E III **9** 4020]

c) Die „Kohlenhydrat-Präfixe *ribo, arabino, xylo* und *lyxo* bzw. *allo, altro, gluco, manno, gulo, ido, galacto* und *talo* kennzeichnen die relative Konfiguration von Molekülen mit drei Chiralitätszentren (deren mittleres ein „Pseudoasymmetriezentrum" sein kann) bzw. vier Chiralitätszentren, die sich jeweils in einer unverzweigten acyclischen Bezifferungseinheit [1]) befinden. In den nachstehend abgebildeten „Leiter-Mustern" geben die horizontalen Striche die Orientierung der wie unter a) definierten Bezugsliganden an der jeweils in „abwärts bezifferter vertikaler Fischer-Projektion" [5]) wiedergegebenen Kohlenstoff-Kette an.

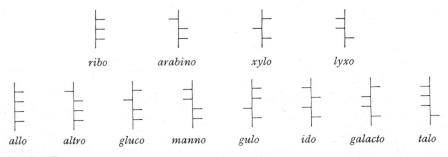

ribo   *arabino*   *xylo*   *lyxo*

allo   *altro*   *gluco*   *manno*   *gulo*   *ido*   *galacto*   *talo*

[4]) Bei „gerader Fischer-Projektion" erscheint eine Kohlenstoff-Kette als vertikale oder horizontale Gerade; in dem der Projektion zugrunde liegenden räumlichen Modell des Moleküls sind an jedem Chiralitätszentrum (sowie an einem Zentrum der Pseudoasymmetrie) die catenalen (d. h. der Kette angehörenden) Bindungen nach der dem Betrachter abgewandten Seite der Projektionsebene, die extracatenalen (d. h. nicht der Kette angehörenden) Bindungen nach der dem Betrachter zugewandten Seite der Projektionsebene hin gerichtet.

Beispiele:
  ribo-2,3,4-Trimethoxy-pentan-1,5-diol [E IV **1** 2834]
  galacto-Hexan-1,2,3,4,5,6-hexaol [E IV **1** 2844]

§ 6. a) Die „Fischer-Symbole" D bzw. L im Namen einer Verbindung mit einem Chiralitätszentrum geben an, dass sich der Bezugsligand (der von Wasserstoff verschiedene extracatenale Ligand; vgl. § 5a) am Chiralitätszentrum in der „abwärts-bezifferten vertikalen Fischer-Projektion" [5]) der betreffenden Bezifferungseinheit [1]) auf der rechten Seite (D) bzw. auf der linken Seite (L) der das Chiralitätszentrum enthaltenden Kette befindet.

Beispiele:
  D-Tetradecan-1,2-diol [E IV **1** 2631]
  L-4-Hydroxy-valeriansäure [E III **3** 612]

b) In Kombination mit dem Präfix *erythro* geben die Symbole D und L an, dass sich die beiden Bezugsliganden (s. § 5a) auf der rechten Seite (D) bzw. auf der linken Seite (L) der Bezugsgeraden in der „abwärts-bezifferten vertikalen Fischer-Projektion" der betreffenden Bezifferungseinheit befinden. Die mit dem Präfix *threo* kombinierten Symbole D_g und D_s geben an, dass sich der höherbezifferte (D_g) bzw. der niedrigerbezifferte (D_s) Bezugsligand auf der rechten Seite der „abwärts-bezifferten vertikalen Fischer-Projektion" befindet; linksseitige Position des jeweiligen Bezugsliganden wird entsprechend durch die Symbole L_g bzw. L_s angezeigt.

In Kombination mit den in § 5c aufgeführten konfigurationsbestimmenden Präfixen werden die Symbole D und L ohne Index verwendet; sie beziehen sich dabei jeweils auf die Orientierung des höchstbezifferten (d. h. des in der Abbildung am weitesten unten erscheinenden) Bezugsliganden (die in § 5c abgebildeten „Leiter-Muster" repräsentieren jeweils das D-Enantiomere).

Beispiele:
  D-*erythro*-Nonan-1,2,3-triol [E IV **1** 2792]
  D_s-*threo*-2.3-Diamino-bernsteinsäure [E III **4** 1528]
  L_g-*threo*-Hexadecan-7,10-diol [E IV **1** 2636]
  D-*lyxo*-Pentan-1,2,3,4-tetraol [E IV **1** 2811]
  6-Allyloxy-D-*manno*-hexan-1,2,3,4,5-pentaol [E IV **1** 2846]

c) Kombinationen der Präfixe D-*glycero* oder L-*glycero* mit einem der in § 5c aufgeführten, jeweils mit einem Fischer-Symbol versehenen Kohlenhydrat-Präfixe für Bezifferungseinheiten mit vier Chiralitätszentren dienen zur Kennzeichnung der Konfiguration von Molekülen mit fünf in einer Kette angeordneten Chiralitätszentren (deren mittleres auch „Pseudoasymmetriezentrum" sein kann). Dabei bezieht sich das Kohlenhydrat-Präfix auf die vier niedrigstbezifferten Chiralitätszentren nach der in § 5c und § 6b gegebenen Definition, das Präfix D-*glycero* oder L-*glycero* auf das höchstbezifferte (d. h. in der Abbildung am weitesten unten erscheinende) Chiralitätszentrum.

---

[5]) Eine „abwärts-bezifferte vertikale Fischer-Projektion" ist eine vertikal orientierte „gerade Fischer-Projektion" (s. Anm. 4), bei der sich das niedrigstbezifferte Atom am oberen Ende der Kette befindet.

Beispiel:
D-*glycero*-L-*gulo*-Heptit [E IV **1** 2854]

§ 7. a) Die Symbole c_F bzw. t_F hinter der Stellungsziffer eines Substituenten an einer mehrere Chiralitätszentren aufweisenden unverzweigten acyclischen Bezifferungseinheit [1]) geben an, dass sich dieser Substituent und der Bezugssubstituent, der seinerseits durch das Symbol r_F gekennzeichnet wird, auf der gleichen Seite (c_F) bzw. auf den entgegengesetzten Seiten (t_F) der wie in § 5a definierten Bezugsgeraden befinden. Ist eines der endständigen Atome der Bezifferungseinheit Chiralitätszentrum, so wird der Stellungsziffer des „catenoiden" Substituenten (d. h. des Substituenten, der in der Fischer-Projektion als Verlängerung der Kette erscheint) das Symbol cat_F beigefügt.

b) Die Symbole D_r bzw. L_r am Anfang eines mit dem Kennzeichen r_F ausgestatteten Namens geben an, dass sich der Bezugssubstituent auf der rechten Seite (D_r) bzw. auf der linken Seite (L_r) der in „abwärtsbezifferter vertikaler Fischer-Projektion" wiedergegebenen Kette der Bezifferungseinheit befindet.

Beispiele:
Heptan-1,2r_F,3c_F,4t_F,5c_F,6c_F,7-heptaol [E IV **1** 2854]
D_r-1cat_F.2cat_F-Diphenyl-1r_F-[4-methoxy-phenyl]-äthandiol-(1.2c_F)
[E III **6** 6589]

§ 8. Die Symbole *exo* bzw. *endo* hinter der Stellungsziffer eines Substituenten an einem dem Hauptring [6]) angehörenden Atom eines Bicycloalkan-Systems geben an, dass der Substituent der Brücke [6]) zugewandt (*exo*) bzw. abgewandt (*endo*) ist.

Beispiele:
2*endo*-Phenyl-norbornen-(5) [E III **5** 1666]
(±)-1.2*endo*.3*exo*-Trimethyl-norbornandiol-(2*exo*.3*endo*) [E III **6** 4146]
Bicyclo[2.2.2]octen-(5)-dicarbonsäure-(2*exo*.3*exo*) [E III **9** 4054]

§ 9. a) Die Symbole *syn* bzw. *anti* hinter der Stellungsziffer eines Substituenten an einem Atom der Brücke [6]) eines Bicycloalkan-Systems oder einer Brücke über einem ortho- oder ortho/peri-anellierten Ringsystem geben an, dass der Substituent demjenigen Hauptzweig [6]) zugewandt (*syn*) bzw. abgewandt (*anti*) ist, der das niedrigstbezifferte aller in den Hauptzweigen enthaltenen Ringatome aufweist.

Beispiele:
1.7*syn*-Dimethyl-norbornanol-(2*endo*) [E III **6** 236]
(3aS)-3c.9*anti*-Dihydroxy-1c.5.5.8ac-tetramethyl-(3arH)-decahydro-1t.4t-methano-azulen [E III **6** 4183]

---

[6]) Ein Brücken-System besteht aus drei „Zweigen", die zwei „Brückenkopf-Atome" miteinander verbinden; von den drei Zweigen bilden die beiden „Hauptzweige" den „Hauptring", während der dritte Zweig als „Brücke" bezeichnet wird. Als Hauptzweige gelten
1. die Zweige, die einem ortho- oder ortho/peri-anellierten Ringsystem angehören (und zwar a) dem Ringsystem mit der grössten Anzahl von Ringen, b) dem Ringsystem mit der grössten Anzahl von Ringgliedern),
2. die gliedreichsten Zweige (z. B. bei Bicycloalkan-Systemen),
3. die Zweige, denen auf Grund vorhandener Substituenten oder Mehrfachbindungen Bezifferungsvorrang einzuräumen ist.

Stereochemische Bezeichnungsweisen

(3aR)-2c.8t.11c.11ac.12$anti$-Pentahydroxy-1.1.8c-trimethyl-4-methylen-
(3arH.4acH)-tetradecahydro-7t.9at-methano-cyclopenta[b]heptalen
[E III **6** 6892]

b) In Verbindung mit einem stickstoffhaltigen Funktionsabwandlungs-
suffix an einem auf „-aldehyd" oder „-al" endenden Namen kennzeichnen *syn* bzw. *anti* die cis-Orientierung bzw. trans-Orientierung
des Wasserstoff-Atoms der Aldehyd-Gruppe zum Substituenten X der
abwandelnden Gruppe =N-X, bezogen auf die durch die doppelt-
gebundenen Atome verlaufende Gerade.

Beispiel:
Perillaaldehyd-*anti*-oxim [E III **7** 567]

§10. a) Die Symbole α bzw. β hinter der Stellungsziffer eines ringständigen
Substituenten im halbrationalen Namen einer Verbindung mit einer
dem Cholestan [E III **5** 1132] entsprechenden Bezifferung und Pro-
jektionslage geben an, dass sich der Substituent auf der dem Betrachter abgewandten (α) bzw. zugewandten (β) Seite der Fläche des
Ringgerüstes befindet.

Beispiele:
3β-Chlor-7α-brom-cholesten-(5) [E III **5** 1328]
Phyllocladandiol-(15α.16α) [E III **6** 4770]
Lupanol-(1β) [E III **6** 2730]
Onocerandiol-(3β.21α) [E III **6** 4829]

b) Die Symbole α$_F$ bzw. β$_F$ hinter der Stellungsziffer eines an der Seitenkette befindlichen Substituenten im halbrationalen Namen einer Verbindung der unter a) erläuterten Art geben an, dass sich der Substituent auf der rechten (α$_F$) bzw. linken (β$_F$) Seite der in „aufwärts-
bezifferter vertikaler Fischer-Projektion" [7]) dargestellten Seitenkette
befindet.

Beispiele:
3β-Chlor-24α$_F$-äthyl-cholestadien-(5.22t) [E III **5** 1436]
24β$_F$-Äthyl-cholesten-(5) [E III **5** 1336]

c) Sind die Symbole α, β, α$_F$ oder β$_F$ nicht mit der Stellungsziffer
eines Substituenten kombiniert, sondern zusammen mit der Stellungsziffer eines angularen Chiralitätszentrums oder eines Wasser=
stoff-Atoms — in diesem Fall mit dem Atomsymbol *H* versehen
(α*H*, β*H*, α$_F$*H* bzw. β$_F$*H*) — unmittelbar vor dem Namensstamm einer
Verbindung mit halbrationalem Namen angeordnet, so kennzeichnen
sie entweder die Orientierung einer angularen exocyclischen Bindung,
deren Lage durch den Namen nicht festgelegt ist, oder sie zeigen an,
dass die Orientierung des betreffenden exocyclischen Liganden oder
Wasserstoff-Atoms (das — wie durch Suffix oder Präfix ausge-
drückt — auch substituiert sein kann) in der angegebenen Weise von
der mit dem Namensstamm festgelegten Orientierung abweicht.

Beispiele:
5-Chlor-5α-cholestan [E III **5** 1135]
5β.14β.17β*H*-Pregnan [E III **5** 1120]

---

[7]) Eine „aufwärts-bezifferte vertikale Fischer-Projektion" ist eine vertikal orientierte
„gerade Fischer-Projektion" (s. Anm. 4), bei der sich das niedrigstbezifferte Atom am
unteren Ende der Kette befindet.

18α.19βH-Ursen-(20(30)) [E III **5** 1444]
(13R)-8βH-Labden-(14)-diol-(8.13) [E III **6** 4186]
5α.20β_FH.24β_FH-Ergostanol-(3β) [E III **6** 2161]

d) Die Symbole α bzw. β vor einem systematischen oder halbrationalen Namen eines Kohlenhydrats geben an, dass sich die am niedriger bezifferten Nachbaratom des cyclisch gebundenen Sauerstoff-Atoms befindliche Hydroxy-Gruppe (oder sonstige Heteroatom-Gruppe) in der geraden Fischer-Projektion auf der gleichen (α) bzw. der entgegengesetzten (β) Seite der Bezugsgeraden befindet wie der Bezugsligand (vgl. § 5a, 5c, 6a).

Beispiele:
Methyl-α-D-ribopyranosid [E III/IV **17** 2425]
Tetra-O-acetyl-α-D-fructofuranosylchlorid [E III/IV **17** 2651]

e) Das Präfix *ent* vor dem Namen einer Verbindung mit mehreren Chiralitätszentren, deren Konfiguration mit dem Namen festgelegt ist, dient zur Kennzeichnung des Enantiomeren der betreffenden Verbindung. Das Präfix *rac* wird zur Kennzeichnung des einer solchen Verbindung entsprechenden Racemats verwendet.

Beispiele:
ent-7βH-Eudesmen-(4)-on-(3) [E III **7** 692]
rac-Östrapentaen-(1.3.5.7.9) [E III **5** 2043]

§ 11. a) Das Symbol ξ tritt an die Stelle von *cis, trans, c, t,* c_F, t_F, *cat*_F, *endo, exo, syn, anti,* α, β, α_F oder β_F, wenn die Konfiguration an der betreffenden Doppelbindung bzw. an dem betreffenden Chiralitätszentrum (oder die konfigurative Einheitlichkeit eines Präparats hinsichtlich des betreffenden Strukturelements) ungewiss ist.

Beispiele:
(Ξ)-3.6-Dimethyl-1-[(1Ξ)-2.2.6c-trimethyl-cyclohexyl-(r)]-octen-(6ξ)-in-(4)-ol-(3) [E III **6** 2097]
1t,2-Dibrom-3-methyl-penta-1,3ξ-dien [E IV **1** 1022]
10t-Methyl-(8ξH.10aξH)-1.2.3.4.5.6.7.8.8a.9.10.10a-dodecahydro-phen=anthren-carbonsäure-(9r) [E III **9** 2626]
D_r-1ξ-Phenyl-1ξ-p-tolyl-hexanpentol-(2r_F.3t_F.4c_F.5c_F.6) [E III **6** 6904]
(1S)-1.2ξ.3.3-Tetramethyl-norbornanol-(2ξ) [E III **6** 331]
3ξ-Acetoxy-5ξ.17ξ-pregnen-(20) [E III **6** 2592]
28-Nor-17ξ-oleanen-(12) [E III **5** 1438]
5.6β.22ξ.23ξ-Tetrabrom-3β-acetoxy-24β_F-äthyl-5α-cholestan [E III **6** 2179]

b) Das Symbol Ξ tritt an die Stelle von D oder L, das Symbol (Ξ) an die Stelle von (R) oder (S) bzw. von (E) oder (Z), wenn die Konfiguration an dem betreffenden Chiralitätszentrum bzw. an der betreffenden Doppelbindung (oder die konfigurative Einheitlichkeit eines Präparats hinsichtlich des betreffenden Strukturelements) ungewiss ist.

Beispiele:
N-{N-[N-(Toluol-sulfonyl-(4))-glycyl]-Ξ-seryl}-L-glutaminsäure [E III **11** 280]
(Ξ)-1-Acetoxy-2-methyl-5-[(R)-2.3-dimethyl-2.6-cyclo-norbornyl-(3)]-pentanol-(2) [E III **6** 4183]
(14Ξ:18Ξ)-Ambranol-(8) [E III **6** 431]
(1Z,3Ξ)-1,2-Dibrom-3-methyl-penta-1,3-dien [E IV **1** 1022]

c) Die Symbole $(\varXi_a)$ und $(\varXi_p)$ zeigen unbekannte Konfiguration von Strukturelementen mit axialer bzw. planarer Chiralität (oder ungewisse Einheitlichkeit eines Präparats hinsichtlich dieser Elemente) an; das Symbol (ξ) kennzeichnet unbekannte Konfiguration eines Pseudoasymmetriezentrums.

Beispiele:

$(\varXi_a)$-3β.3'β-Dihydroxy-(7ξH.7'ξH)-[7.7']bi[ergostatrien-(5.8.22t)-yl] [E III **6** 5897]

(3ξ)-5-Methyl-spiro[2.5]octan-dicarbonsäure-(1r.2c) [E III **9** 4002]

Transliteration von russischen Autorennamen

Russisches Schriftzeichen	Deutsches Äquivalent (BEILSTEIN)	Englisches Äquivalent (Chemical Abstracts)	Russisches Schriftzeichen	Deutsches Äquivalent (BEILSTEIN)	Englisches Äquivalent (Chemical Abstracts)
А а	a	a	Р р	r	r
Б б	b	b	С с	š	s
В в	w	v	Т т	t	t
Г г	g	g	У у	u	u
Д д	d	d	Ф ф	f	f
Е е	e	e	Х х	ch	kh
Ж ж	sh	zh	Ц ц	z	ts
З з	s	z	Ч ч	tsch	ch
И и	i	i	Ш ш	sch	sh
Й й	ï	ï	Щ щ	schtsch	shch
К к	k	k	Ы ы	y	y
Л л	l	l	ь	'	'
М м	m	m	Э э	ė	e
Н н	n	n	Ю ю	ju	yu
О о	o	o	Я я	ja	ya
П п	p	p			

Dritte Abteilung

Heterocyclische Verbindungen

Verbindungen mit einem cyclisch gebundenen Chalkogen-Atom

G. Oxocarbonsäuren

(Fortsetzung)

2. Oxocarbonsäuren mit fünf Sauerstoff-Atomen

Oxocarbonsäuren $C_nH_{2n-6}O_5$

Oxocarbonsäuren $C_5H_4O_5$

4-Oxo-2-phenylimino-tetrahydro-furan-3-carbonsäure $C_{11}H_9NO_4$, Formel I, und Tautomere (z.B. 2-Anilino-4-oxo-4,5-dihydro-furan-3-carbonsäure).
  B. Beim Erwärmen von 4-Oxo-2-phenylimino-tetrahydro-furan-3-carbonsäure-äthyl= ester mit wss.-äthanol. Kalilauge (*Tuppy, Böhm,* M. **87** [1956] 720, 728).
  Krystalle (aus A.); F: 166—167,5°.

2,4-Dioxo-tetrahydro-furan-3-carbonsäure-äthylester, Glykoloylmalonsäure-äthylester-lacton $C_7H_8O_5$, Formel II, und Tautomeres (4-Hydroxy-2-oxo-2,5-dihydro-furan-3-carbonsäure-äthylester) (H 450; E I 508).
  B. Beim Erhitzen von Chloracetyl-malonsäure-diäthylester mit Xylol (*Haynes et al.,* Soc. **1956** 4661, 4663).
  F: 125° [aus E.].

I   II   III   IV

4-Oxo-2-phenylimino-tetrahydro-furan-3-carbonsäure-äthylester $C_{13}H_{13}NO_4$,
Formel III (X = H), und Tautomere (z. B. 2-Anilino-4-oxo-4,5-dihydro-furan-3-carbonsäure-äthylester) (E I 508).
  B. Beim Behandeln einer Suspension der Natrium-Verbindung des Malonsäure-di= äthylesters in Äther mit Chloracetylchlorid und Erwärmen des Reaktionsgemisches mit Anilin (*Tuppy, Böhm,* M. **87** [1956] 720, 728).
  Gelbe Krystalle (aus Ae.); F: 116—117°.
  Beim Erhitzen mit Paraffinöl auf 300° ist 4-Hydroxy-furo[2,3-*b*]chinolin-3-on (Syst. Nr. 4251) erhalten worden (*Tu., Böhm,* l. c. S. 722, 729).

2-[2-Methoxy-phenylimino]-4-oxo-tetrahydro-furan-3-carbonsäure-äthylester
$C_{14}H_{15}NO_5$, Formel III (X = O-CH₃), und Tautomere (z. B. 2-*o*-Anisidino-4-oxo-4,5-dihydro-furan-3-carbonsäure-äthylester).
  B. Beim Behandeln einer Suspension der Natrium-Verbindung des Malonsäure-diäthyl= esters in Äther mit Chloracetylchlorid und Erwärmen des Reaktionsgemisches mit *o*-Anisidin (*Tuppy, Böhm,* M. **87** [1956] 774, 775).
  Krystalle (aus wss. A.); F: 178°.
  Beim Erhitzen mit Paraffinöl auf 300° ist 4-Hydroxy-8-methoxy-furo[2,3-*b*]chinolin-3-on (Syst. Nr. 4268) erhalten worden.

4-Hydroxyimino-2-phenylimino-tetrahydro-furan-3-carbonsäure-äthylester $C_{13}H_{14}N_2O_4$,
Formel IV, und Tautomere (z. B. 2-Anilino-4-hydroxyimino-4,5-dihydro-furan-3-carbonsäure-äthylester).
  B. Beim Erhitzen von 4-Oxo-2-phenylimino-tetrahydro-furan-3-carbonsäure-äthyl=

ester mit Hydroxylamin-hydrochlorid und Natriumacetat in Wasser (*Tuppy, Böhm,* M. **87** [1956] 720, 728).
Krystalle (aus wss. A.); F: ca. 200° [Zers.].

4-Oxo-2-phenylhydrazono-tetrahydro-furan-3-carbonsäure-äthylester $C_{13}H_{14}N_2O_4$, Formel V, und Tautomere (H **2** 581 [dort als Verbindung $C_{13}H_{14}N_2O_4$ (F: 188—189°) beschrieben]; E I **18** 508).
Bestätigung der Konstitutionszuordnung: *Mulholland et al.,* J.C.S. Perkin I **1972** 1225, 1229.

2-Oxo-4-phenylhydrazono-tetrahydro-furan-3-carbonsäure-äthylester, [2-Hydroxy-1-phenylhydrazono-äthyl]-malonsäure-äthylester-lacton $C_{13}H_{14}N_2O_4$, Formel VI, und Tautomere.
Diese Konstitution kommt wahrscheinlich der nachstehend beschriebenen Verbindung zu.
B. Beim Erwärmen von 2,4-Dioxo-tetrahydro-furan-3-carbonsäure-äthylester mit Phenylhydrazin, Äthanol und wenig Essigsäure (*Reuter, Welch,* J. Pr. Soc. N.S. Wales **72** [1938] 120, 125).
Krystalle (aus Me.); F: 157° [Zers.].

2-Imino-4-oxo-tetrahydro-thiophen-3-carbonsäure-äthylester $C_7H_9NO_3S$, Formel VII ($R = C_2H_5$), und Tautomere (z. B. 2-Amino-4-oxo-4,5-dihydro-thiophen-3-carbonsäure-äthylester) (E I 509).
B. Als Hauptprodukt neben kleinen Mengen einer Verbindung $C_7H_7NO_2$ (gelbe Krystalle [aus Pentan-1-ol]; F: 239—240°) beim Erwärmen von 4-Chlor-2-cyan-acetessigsäure-äthylester mit Thioacetamid in Äthanol (*Beyer, Lässig,* B. **84** [1951] 463, 467).
Krystalle (aus A.); F: 219° [Zers.].
Überführung in ein Diacetyl-Derivat $C_{11}H_{13}NO_5S$ (F: 106°): *Be., Lä.*

2-Imino-4-oxo-tetrahydro-thiophen-3-carbonsäure-pentylester $C_{10}H_{15}NO_3S$, Formel VII ($R = [CH_2]_4$-CH_3), und Tautomere (z.B. 2-Amino-4-oxo-4,5-dihydro-thiophen-3-carbonsäure-pentylester).
B. Beim Erhitzen von 4-Chlor-2-cyan-acetessigsäure-äthylester mit Thioacetamid und Pentan-1-ol (*Beyer, Lässig,* B. **84** [1951] 463, 467).
Krystalle (aus A.); F: 196°.

V   VI   VII   VIII

4,5-Dioxo-tetrahydro-furan-3-carbonsäure-äthylester, Hydroxymethyl-oxalessigsäure-4-äthylester-1-lacton $C_7H_8O_5$, Formel VIII ($X = O$-C_2H_5), und Tautomeres (4-Hydroxy-5-oxo-2,5-dihydro-furan-3-carbonsäure-äthylester).
B. Beim Behandeln von Oxalsäure-diäthylester mit Äthylacetat und Natriumäthylat in Äther, Erwärmen des Reaktionsgemisches und Behandeln des Reaktionsprodukts mit wss. Formaldehyd-Lösung und mit wss. Salzsäure (*Fleck et al.,* Helv. **33** [1950] 130, 134). Beim Behandeln von Oxalessigsäure-diäthylester mit wss. Formaldehyd-Lösung und wss. Kaliumcarbonat-Lösung und Ansäuern des Reaktionsgemisches mit wss. Schwefelsäure (*Schinz, Hinder,* Helv. **30** [1947] 1349, 1366; s. a. *Elkik,* J. Recherches Centre nation. **8** [1957] 176, 191). Neben 3-Hydroxymethyl-4,5-dioxo-tetrahydro-furan-3-carbonsäure-äthylester beim Behandeln der Kalium-Verbindung des Oxalessigsäure-diäthylesters mit wss. Formaldehyd-Lösung bei —12° (*Gault, Durand,* C. r. **216** [1943] 848; *Fischhof,* A. ch. [12] **6** [1951] 227, 228, 232).
Krystalle; F: 108° [aus A. bzw. W.] (*Gault, Durand,* C. r. **216** [1943] 848; *Fischhof,*

A. ch. [12] **6** [1951] 227, 232; *Elkik*, J. Recherches Centre nation. **8** [1957] 176, 191), 106—106,5° [aus Bzl. + Hexan] (*Schinz, Hinder*, Helv. **30** [1947] 1349, 1366). Absorptionsspektrum (Me.; 220—400 nm): *Obara*, J. chem. Soc. Japan Pure Chem. Sect. **75** [1954] 1095, C. A. **1955** 12 290. Scheinbare Dissoziationskonstante K_a' (Wasser; potentiometrisch ermittelt) bei 25°: $1,1 \cdot 10^{-4}$ (*Suquet*, A. ch. [12] **8** [1953] 545, 567).

Reaktion mit Chlor bzw. Brom in Wasser unter Bildung von 3-Chlor-4,5-dioxo-tetrahydro-furan-3-carbonsäure-äthylester ($C_7H_7ClO_5$; nicht destillierbar) bzw. 3-Brom-4,5-dioxo-tetrahydro-furan-3-carbonsäure-äthylester ($C_7H_7BrO_5$; nicht destillierbar): *Fischhof*, A. ch. [12] **6** [1951] 227, 236, 237; *Gordon et al.*, Bl. **1955** 293; s. a. *Nield*, Am. Soc. **67** [1945] 1145, 1146, 1148. Hydrierung an Raney-Nickel in Äthanol bei 100°/100 at unter Bildung von 2-Hydroxy-3-methyl-bernsteinsäure-diäthylester (Kp_{27}: 147°) und kleinen Mengen 2-Hydroxy-3-methyl-bernsteinsäure-4-äthylester (Kp_3: 150°): *Gault, Gottiniaux*, C. r. **231** [1950] 287. Beim Behandeln einer Lösung in Dioxan oder Äther mit Ammoniak ist eine Verbindung $C_7H_{11}NO_5$ [F: 175—180° (Zers.; Block) bzw. F: 170—171° (Zers.; aus wss. A.)] (*Suquet*, A. ch. [12] **8** [1953] 545, 581; *Obara*, J. chem. Soc. Japan Pure Chem. Sect. **75** [1954] 1095; C. A. **1955** 12 290), beim Behandeln mit Ammoniak bei 110—115° ist 4-Imino-5-oxo-tetrahydro-furan-3-carbonsäure-äthylester (*Su.*, l. c. S. 555, 574), beim Erhitzen mit Ammoniak unter 60 at auf 140° ist eine vermutlich als 4-Imino-5-oxo-pyrrolidin-3-carbonsäure-äthylester ($\rightleftharpoons$4-Amino-5-oxo-2,5-dihydro-1H-pyrrol-3-carbonsäure-äthylester) zu formulierende Verbindung $C_7H_{10}N_2O_3$ (?) vom F: 212—214° [unkorr.; Block] (*Su.* l.c. S. 583; s. a. *Southwick, Hofmann*, J. org. Chem. **28** [1963] 1332, 1334) erhalten worden. Reaktion mit Hydroxylamin (Bildung einer Verbindung $C_7H_{11}NO_6$ vom F: 132—133°) sowie Reaktion mit Hydrazin (Bildung einer Verbindung $C_7H_{12}N_2O_5$ vom F: 157—157,5° [Zers.]): *Ob.* Verhalten gegen Harnstoff in Wasser und Äther (Bildung einer vermutlich als 4-Hydroxy-5-oxo-4-ureido-tetrahydro-furan-3-carbonsäure-äthylester zu formulierenden Verbindung $C_8H_{12}N_2O_6$ [Krystalle (aus W. oder A.), F: 144—145° (unkorr.; Block)]: *Gault, Suquet*, Bl. **1950** 598; *Su.*, l. c. S. 578; Verhalten beim Erhitzen mit Harnstoff (Bildung des Ammonium-Salzes des 2-Oxo-1,2,3,6-tetrahydro-pyrimidin-4,5-dicarbonsäure-5-äthylesters [Hauptprodukt] und von 4-Imino-5-oxo-tetrahydro-furan-3-carbonsäure-äthylester): *Su.*, l. c. S. 551, 552. Reaktion mit Semicarbazid unter Bildung einer Verbindung $C_8H_{13}N_3O_6$ vom F: 139—139,5° [Zers.]: *Ob.*; unter Bildung einer Verbindung $C_8H_{11}N_3O_5$ vom F: 209°: *Gault, Durand*, C. r. **216** [1943] 848. Reaktion mit Dimethylamin (Bildung einer Verbindung $C_9H_{15}NO_5$ vom F: ca. 175—180° [Zers.; Block]), Reaktion mit Äthylamin (Bildung einer Verbindung $C_9H_{15}NO_5$ vom F: ca. 175—180° [Zers.; Block]) sowie Reaktion mit 2-Amino-äthanol (Bildung einer Verbindung $C_9H_{15}NO_6$ vom F: ca. 155° bis 157° [Zers.; Block]): *Su.*, l. c. S. 581, 582. Reaktion mit Diäthylamin (Bildung einer Verbindung $C_{11}H_{19}NO_5$ vom F: ca. 160—165° [Zers.; Block; aus A.] bzw. F: 159—160° [Zers.; aus wss. A.]): *Su.*, l. c. S. 581; *Ob.* Reaktion mit Anilin in Äther unter Bildung einer Verbindung $C_{13}H_{15}NO_5$ (Krystalle [aus E. + PAe.]; F: 126—127°): *Fleck et al.*, Helv. **33** [1950] 130, 134. Beim Erwärmen einer Suspension in wss. Salzsäure mit Anilin bzw. beim Erwärmen einer Lösung in Äthanol mit Anilin und wss. Salzsäure sind zwei Verbindungen $C_{13}H_{13}NO_4$ (farblose Krystalle [aus wss. A.] vom F: 153—154° bzw. gelbe Krystalle [aus wss. A.] vom F: 67—68°) erhalten worden (*Ob.*). Reaktion mit N-Methyl-anilin (Bildung einer Verbindung $C_{14}H_{17}NO_5$ vom F: ca. 95° bis 100°): *Su.*, l. c. S. 582. Reaktion mit p-Toluidin (Bildung einer Verbindung $C_{14}H_{17}NO_5$ vom F: 134—135°): *Ob.* Reaktion mit Phenylhydrazin unter Bildung einer Verbindung $C_{13}H_{16}N_2O_5$ vom F: 128,5—129° [Zers.]: *Ob.*; unter Bildung einer Verbindung $C_{13}H_{14}N_2O_4$ vom F: 142,5°: *Ga., Du.*

Kalium-Verbindung. Krystalle; F: 255—260° [Zers.; Block] (*Elkik*, J. Recherches Centre nation. **8** [1958] 176, 192).

Phenylhydrazon $C_{13}H_{14}N_2O_4$, F: 142,5° und **Semicarbazon** $C_8H_{11}N_3O_5$, F: 209° (*Gault, Durand*, C. r. **216** [1943] 848).

     IX   X   XI

4-Imino-5-oxo-tetrahydro-furan-3-carbonsäure-äthylester, 2-Hydroxymethyl-3-imino-bernsteinsäure-1-äthylester-4-lacton $C_7H_9NO_4$, Formel IX, und **4-Amino-5-oxo-2,5-dihydro-furan-3-carbonsäure-äthylester, 2-Amino-3-hydroxymethyl-fumarsäure-4-äthylester-1-lacton** $C_7H_9NO_4$, Formel X.

B. Beim Leiten von Ammoniak über 4,5-Dioxo-tetrahydro-furan-3-carbonsäure-äthylester (S. 5961) bei 110—115° (*Suquet*, A. ch. [12] **8** [1953] 545, 555, 574).

Krystalle (aus W.); F: 151°.

4,5-Dioxo-tetrahydro-furan-3-carbonsäure-amid, 3-Hydroxymethyl-2-oxo-succinamid-säure-lacton $C_5H_5NO_4$, Formel VIII (X = NH₂) auf S. 5960, und Tautomeres (**4-Hydroxy-5-oxo-2,5-dihydro-furan-3-carbonsäure-amid**).

B. Beim Behandeln von 4,5-Dioxo-tetrahydro-furan-3-carbonitril mit wss. Salzsäure (*Rossi*, *Schinz*, Helv. **31** [1948] 473, 490).

Krystalle (aus wss. A.); Zers. bei 220°.

4,5-Dioxo-tetrahydro-furan-3-carbonitril, 3-Cyan-4-hydroxy-2-oxo-buttersäure-lacton $C_5H_3NO_3$, Formel XI, und Tautomeres (**4-Hydroxy-5-oxo-2,5-dihydro-furan-3-carbonitril**).

B. Beim Erwärmen der Natrium-Verbindung des Cyanbrenztraubensäure-äthylesters mit wss. Formaldehyd-Lösung und Behandeln des Reaktionsprodukts mit wss. Salzsäure (*Rossi*, *Schinz*, Helv. **31** [1948] 473, 489).

Krystalle (aus E. + Cyclohexan); F: 170° [unkorr.; Zers.].

Beim Behandeln einer Lösung in Äther mit Anilin unter Zusatz von Hydrochinon ist eine Verbindung $C_{11}H_{10}N_2O_3$ (Krystalle [aus A.], F: 146° [unkorr.; Zers.]) erhalten worden.

Oxocarbonsäuren $C_6H_6O_5$

(±)-4,6-Dioxo-tetrahydro-pyran-2-carbonsäure, (±)-2-Hydroxy-4-oxo-adipinsäure-6-lacton $C_6H_6O_5$, Formel I, und Tautomeres ((±)-4-Hydroxy-6-oxo-3,6-dihydro-2H-pyran-2-carbonsäure).

B. Bei der Behandlung von 4,6-Dioxo-5,6-dihydro-4H-pyran-2-carbonsäure mit wss. Natronlauge und anschliessenden Hydrierung an Raney-Nickel (*Stetter, Schellhammer*, A. **605** [1957] 58, 64).

Krystalle (aus Eg.); F: 201° [korr.].

Beim Erhitzen mit Kupfer-Pulver unter vermindertem Druck ist 4-Oxo-pent-2t-ensäure erhalten worden.

————

[(S)-3,5-Dioxo-tetrahydro-[2]furyl]-essigsäure, (S)-3-Hydroxy-4-oxo-adipinsäure-6-lacton $C_6H_6O_5$, Formel II (X = H), und Tautomeres ([(S)-3-Hydroxy-5-oxo-2,5-dihydro-[2]furyl]-essigsäure [Formel III (X = H)]).

B. Bei der Hydrierung von [(S)-4-Brom-3-hydroxy-5-oxo-2,5-dihydro-[2]furyl]-essig-säure (s. u.) an Palladium/Kohle (*Clutterbuck et al.*, Biochem. J. **29** [1935] 871, 878).

Krystalle (aus Ae. + Bzn.); F: 182°. [α]₅₄₆: −52° [W.; c = 0,5]. UV-Absorptions-maximum einer Lösung in Wasser: 248 nm; einer Lösung in wss. Schwefelsäure: 228 nm; Absorptionsmaxima einer Lösung des Natrium-Salzes in wss. Natronlauge: 218 nm und 250 nm (*Herbert, Hirst*, Biochem. J. **29** [1935] 1881, 1884).

[(2S)-4-Brom-3,5-dioxo-tetrahydro-[2]furyl]-essigsäure, (4S)-2-Brom-4-hydroxy-3-oxo-adipinsäure-1-lacton $C_6H_5BrO_5$, Formel II (X = Br), und Tautomeres ([(S)-4-Brom-3-hydroxy-5-oxo-2,5-dihydro-[2]furyl]-essigsäure [Formel III (X = Br)]).

Nach Ausweis des ¹H-NMR-Spektrums des Methylesters (*Bloomer, Kappler*, J. org. Chem. **39** [1974] 113) ist die nachstehend beschriebene Verbindung als [(S)-4-Brom-3-hydroxy-5-oxo-2,5-dihydro-[2]furyl]-essigsäure zu formulieren. Über die Konfiguration s. *Bloomer, Kappler*, J.C.S. Chem. Commun. **1972** 1047.

B. Beim Behandeln einer Lösung von (−)-Carlsäure ([(S)-5,6-Dioxo-2,3,4,5,6,8-hexa-hydro-furo[3,4-b]oxepin-8-yl]-essigsäure) oder von (−)-Carlossäure ([(S)-4-Butyryl-3-hydr-oxy-5-oxo-2,5-dihydro-[2]furyl]-essigsäure [S. 6131]) in wss. Essigsäure mit Brom (*Clutter-*

buck et al., Biochem. J. **29** [1935] 871, 878).
Krystalle (aus Ae. + Bzn.); F: 194° [Zers.]. $[\alpha]_{546}$: −117° [W.; c = 0,6] (*Cl. et al.*).

[2,4-Dioxo-tetrahydro-[3]furyl]-essigsäure, 2-Glykoloyl-bernsteinsäure-1-lacton $C_6H_6O_5$, Formel IV (X = OH), und Tautomere (z. B. [4-Hydroxy-2-oxo-2,5-dihydro-[3]furyl]-essigsäure).
  B. Beim Behandeln von [2,4-Dioxo-tetrahydro-[3]furyl]-essigsäure-äthylester mit Bariumhydroxid in Wasser (*Reuter, Welch*, J. Pr. Soc. N.S. Wales **72** [1938] 120, 126).
  Krystalle (aus Anisol); F: 173°.

    I   II   III   IV

[2,4-Dioxo-tetrahydro-[3]furyl]-essigsäure-äthylester, 2-Glykoloyl-bernsteinsäure-4-äthylester-1-lacton $C_8H_{10}O_5$, Formel IV (X = O-C_2H_5), und Tautomeres ([4-Hydroxy-2-oxo-2,5-dihydro-[3]furyl]-essigsäure-äthylester) (H 451).
  B. Aus Bromacetyl-bernsteinsäure-diäthylester beim Erhitzen unter 20−30 Torr auf 100° (*Reuter, Welch*, J. Pr. Soc. N.S. Wales **72** [1938] 120, 125) sowie beim Erhitzen bis auf 140° (*Reichert, Schäfer*, Ar. **291** [1958] 184, 189; vgl. H 451).
  Krystalle (aus Bzl.); F: 95−97° (*Rei., Sch.*), 93−94° (*Reu., We.*).

[2,4-Dioxo-tetrahydro-[3]furyl]-essigsäure-amid, 2-Glykoloyl-succinamidsäure-lacton $C_6H_7NO_4$, Formel IV (X = NH_2), und Tautomeres ([4-Hydroxy-2-oxo-2,5-dihydro-[3]furyl]-essigsäure-amid).
  B. Beim Behandeln von [2,4-Dioxo-tetrahydro-[3]furyl]-essigsäure-äthylester mit wss. Ammoniak und Behandeln einer wss. Lösung des Reaktionsprodukts (F: 150−152°) mit wss. Salzsäure (*Reichert, Schäfer*, Ar. **291** [1958] 184, 189, 190).
  Krystalle (aus Me.); F: 174°.

[2,4-Dioxo-tetrahydro-[3]furyl]-essigsäure-isobutylamid, 2-Glykoloyl-N-isobutyl-succinamidsäure-lacton $C_{10}H_{15}NO_4$, Formel IV (X = NH-CH_2-CH(CH_3)$_2$), und Tautomeres ([4-Hydroxy-2-oxo-2,5-dihydro-[3]furyl]-essigsäure-isobutylamid).
  B. Beim Behandeln von [2,4-Dioxo-tetrahydro-[3]furyl]-essigsäure-äthylester mit Isobutylamin (*Reichert, Schäfer*, Ar. **291** [1958] 124, 190).
  F: 147−148° [aus E.].

[2,5-Dioxo-tetrahydro-[3]furyl]-essigsäure, Propan-1,2,3-tricarbonsäure-1,2-anhydrid, Tricarballylsäure-anhydrid $C_6H_6O_5$, Formel V (R = H) (H 451; E II 350).
  B. Beim Behandeln von Propan-1,2,3-tricarbonsäure mit Acetanhydrid und Schwefelsäure (*Michelotti et al.*, J. chem. eng. Data **4** [1959] 79, 80; vgl. E II 350).
  Krystalle (aus CHCl$_3$ + Eg.); F: 143−144°.

[2,5-Dioxo-tetrahydro-[3]furyl]-essigsäure-methylester, Propan-1,2,3-tricarbonsäure-1,2-anhydrid-3-methylester $C_7H_8O_5$, Formel V (R = CH$_3$) (E II 350).
  B. Beim Behandeln von [2,5-Dioxo-tetrahydro-[3]furyl]-essigsäure mit Diazomethan in Äther (*Michelotti et al.*, J. chem. eng. Data **4** [1959] 79, 80; vgl. E II 350).
  F: 69−69,5°.

[4,5-Dioxo-tetrahydro-[3]furyl]-essigsäure, 3-Hydroxymethyl-2-oxo-glutarsäure-1-lacton $C_6H_6O_5$, Formel VI, und Tautomeres.
  Die nachstehend beschriebene Verbindung wird auf Grund des IR-Spektrums als [4-Hydroxy-5-oxo-2,5-dihydro-[3]furyl]-essigsäure (Formel VII) formuliert (*Little et al.*, Soc. **1954** 2636).

B. Beim Erhitzen von [3-Äthoxycarbonyl-4,5-dioxo-tetrahydro-[3]furyl]-essigsäure-äthylester mit Essigsäure und wss. Salzsäure (*Li. et al.*) oder mit wss. Salzsäure (*Gault, Laloi*, Bl. **1955** 154).

Krystalle; F: 161° (*Ga., La.*), 155—157° [aus E.] (*Li. et al.*).

[2-Oxo-tetrahydro-[3]furyl]-glyoxylsäure, [2-Hydroxy-äthyl]-oxalessigsäure-4-lacton
$C_6H_6O_5$, Formel VIII (R = H), und Tautomeres (Hydroxy-[2-oxo-dihydro-[3]furyl=
iden]-essigsäure).

B. Bei mehrtägigem Behandeln von [2-Oxo-tetrahydro-[3]furyl]-glyoxylsäure-äthyl=
ester mit wss. Salzsäure (*Korte, Büchel*, B. **92** [1959] 877, 882).

Krystalle (aus W.) mit 1 Mol H_2O, F: 124°; die wasserfreie Verbindung schmilzt bei 155°. Absorptionsmaxima des Monohydrats (Me.): 208 nm und 271 nm (*Ko., Bü.*).

V	VI	VII	VIII

**[2-Oxo-tetrahydro-[3]furyl]-glyoxylsäure-methylester, [2-Hydroxy-äthyl]-oxalessig=
säure-4-lacton-1-methylester** $C_7H_8O_5$, Formel VIII (R = CH$_3$), und Tautomeres (Hydr=
oxy-[2-oxo-dihydro-[3]furyliden]-essigsäure-methylester).

Drei unter dieser Konstitution beschriebene Präparate (a) Krystalle [aus W.], F: 140° bis 142° [von 115° an sublimierend] (*Korte, Machleidt*, B. **90** [1957] 2150, 2158); b) F: 117° (*Plieninger*, B. **83** [1950] 271); c) Krystalle [aus Bzl. + Bzn.], F: 106—107°; im Hoch-vakuum bei 90—95° sublimierbar (*Ko., Ma.*)) sind beim Behandeln von Dihydro-furan-2-on mit Oxalsäure-dimethylester, Natrium, Äther und wenig Äthanol erhalten worden (*Pl.; Ko., Ma.*).

**[2-Oxo-tetrahydro-[3]furyl]-glyoxylsäure-äthylester, [2-Hydroxy-äthyl]-oxalessig=
säure-1-äthylester-4-lacton** $C_8H_{10}O_5$, Formel VIII (R = C_2H_5), und Tautomeres (Hydr=
oxy-[2-oxo-dihydro-[3]furyliden]-essigsäure-äthylester).

B. Beim Behandeln von Dihydro-furan-2-on mit Oxalsäure-diäthylester, Natrium, Äther und wenig Äthanol (*Plieninger*, B. **83** [1950] 271; *Korte, Machleidt*, B. **90** [1957] 2150, 2158).

Krystalle (aus Bzn.); F: 49—50° (*Ko., Ma.*).

Bildung von Dihydro-pyran-2,3-dion-3-phenylhydrazon beim Erhitzen mit wss. Schwefelsäure und anschliessend mit Phenylhydrazin, Natriumacetat und Essigsäure: *Pl.* Beim Erwärmen mit Chlorwasserstoff enthaltendem Methanol sind zwei 2-Methoxy-tetra=
hydrofuran-2,3-dicarbonsäure-dimethylester-Präparate (F: 60—61° bzw. $Kp_{0,03}$: 73°; S. 5074) erhalten worden (*Ko., Ma.*).

[2-Oxo-tetrahydro-[3]thienyl]-glyoxylsäure-äthylester $C_8H_{10}O_4S$, Formel IX, und Tauto-meres ([2-Hydroxy-4,5-dihydro-[3]thienyl]-glyoxylsäure-äthylester).

B. Beim Behandeln von Dihydro-thiophen-2-on mit Oxalsäure-diäthylester, Natrium, Äther und wenig Äthanol (*Korte, Löhmer*, B. **90** [1957] 1290, 1293).

Gelbes Öl; $Kp_{0,05}$: 111—113°. Absorptionsmaxima (Me.): 235 nm und 316 nm (*Ko., Lö.*).

**(±)-2-Methyl-4,5-dioxo-tetrahydro-furan-2-carbonsäure, (±)-2-Hydroxy-2-methyl-4-oxo-
glutarsäure-5-lacton** $C_6H_6O_5$, Formel X, und Tautomeres (4-Hydroxy-2-methyl-5-oxo-2,5-dihydro-furan-2-carbonsäure) (H 451; E I 510; E II 350).

B. Beim Behandeln von Brenztraubensäure mit Chlorwasserstoff bei 65—70° (*Schellen-berg, Podany*, B. **91** [1958] 1781, 1787).

Krystalle; F: 118° [aus Ameisensäure] (*Waldmann et al.*, M. **85** [1954] 872, 880), 117—118° [aus CHCl$_3$] (*Sch., Po.*).

Beim Erwärmen mit wss. Natronlauge oder mit wss. Natriumcarbonat-Lösung ist Brenztraubensäure erhalten worden (*Wa. et al.*, l. c. S. 878, 879).

IX   X   XI

(±)-2-Methyl-5-oxo-4-phenylhydrazono-tetrahydro-furan-2-carbonsäure-äthylester,
(±)-2-Hydroxy-2-methyl-4-phenylhydrazono-glutarsäure-1-äthylester-5-lacton
$C_{14}H_{16}N_2O_4$, Formel XI (H 453).

B. Beim Behandeln eines Gemisches von (±)-2-Methyl-5-oxo-4-phenylhydrazono-tetrahydro-furan-2-carbonitril und Äthanol mit Chlorwasserstoff und anschliessend mit Wasser (*Justoni*, G. **71** [1941] 375, 387).

Krystalle (aus A.); F: 120—121°.

(±)-2-Methyl-5-oxo-4-phenylhydrazono-tetrahydro-furan-2-carbonitril, (±)-4-Cyan-4-hydroxy-2-phenylhydrazono-valeriansäure-lacton $C_{12}H_{11}N_3O_2$, Formel I (R = C_6H_5).

B. Beim Behandeln einer Lösung von (±)-4-Acetyl-2-methyl-5-oxo-tetrahydro-furan-2-carbonitril in Äthanol mit wss. Natriumacetat-Lösung und wss. Benzoldiazoniumchlorid-Lösung (*Justoni*, G. **71** [1941] 375, 386).

Krystalle (aus A.); F: 208°.

Beim Erwärmen mit wss. Natronlauge ist 5-Methyl-1-phenyl-pyrazol-3-carbonsäure erhalten worden.

(±)-2-Methyl-4-[4-nitro-phenylhydrazono]-5-oxo-tetrahydro-furan-2-carbonitril,
(±)-4-Cyan-4-hydroxy-2-[4-nitro-phenylhydrazono]-valeriansäure-lacton $C_{12}H_{10}N_4O_4$,
Formel I (R = C_6H_4-NO_2).

B. Beim Behandeln einer Lösung von (±)-4-Acetyl-2-methyl-5-oxo-tetrahydro-furan-2-carbonitril in Äthanol mit wss. Natriumacetat-Lösung und wss. 4-Nitro-benzoldiazonium-chlorid-Lösung (*Justoni*, G. **71** [1941] 375, 387).

Krystalle (aus A.); F: 227°.

(±)-2-Methyl-4,5-dioxo-tetrahydro-furan-3-carbonsäure-äthylester, (±)-[1-Hydroxy-äthyl]-oxalessigsäure-4-äthylester-1-lacton $C_8H_{10}O_5$, Formel II (X = O-C_2H_5), und Tautomeres ((±)-4-Hydroxy-2-methyl-5-oxo-2,5-dihydro-furan-3-carbonsäure-äthylester).

B. Beim Erwärmen einer Suspension der Natrium-Verbindung des Oxalessigsäure-di≈äthylesters in Äthanol mit Acetaldehyd und Behandeln einer Lösung des Reaktionsprodukts in Äther mit Säure (*Rossi, Schinz*, Helv. **31** [1948] 473, 481; *Stacy, Wagner,* Am. Soc. **74** [1952] 909; s. a. *Gault, Durand*, C. r. **216** [1943] 848).

Krystalle, die zwischen 25° und 35° schmelzen (*Ro., Sch.*). $Kp_{0,08}$: 96—98°; D_4^{19}: 1,2540; n_D^{19}: 1,4920 (*Ro., Sch.*). n_D^{25}: 1,4891 (*St., Wa.*).

Beim Behandeln einer Lösung in Äther mit Anilin ist eine Verbindung $C_{14}H_{17}NO_5$ (Krystalle [aus Bzl. + PAe.], F: 98—99°), beim Behandeln einer Lösung in Äther mit Phenylhydrazin ist eine Verbindung $C_{14}H_{18}N_2O_5$ (gelbliche Krystalle [aus Bzl.], F: 117—117,5° [unkorr.]) erhalten worden (*Ro., Sch.*).

Phenylhydrazon. F: 130° (*Ga., Du.*).

I   II   III   IV

(±)-2-Methyl-4,5-dioxo-tetrahydro-furan-3-carbonsäure-amid, (±)-3-[1-Hydroxy-äthyl]-2-oxo-succinamidsäure-lacton $C_6H_7NO_4$, Formel II (X = NH_2), und Tautomeres ((±)-4-Hydroxy-2-methyl-5-oxo-2,5-dihydro-furan-3-carbonsäure-amid).

B. Beim Behandeln von (±)-2-Methyl-4,5-dioxo-tetrahydro-furan-3-carbonitril mit wss.

Salzsäure (*Rossi, Schinz*, Helv. **31** [1948] 473, 490).
Krystalle (aus W.); Zers. bei 195°.

(±)-2-Methyl-4,5-dioxo-tetrahydro-furan-3-carbonitril, (±)-3-Cyan-4-hydroxy-2-oxo-valeriansäure-lacton $C_6H_5NO_3$, Formel III, und Tautomeres ((±)-4-Hydroxy-2-methyl-5-oxo-2,5-dihydro-furan-3-carbonitril).
B. Beim Erwärmen einer Suspension der Natrium-Verbindung des Cyanbrenztrauben=
säure-äthylesters in Äthanol mit Acetaldehyd und Behandeln des Reaktionsprodukts mit
Äther und wss. Salzsäure (*Rossi, Schinz*, Helv. **31** [1948] 473, 490).
Orangefarbenenes Öl; bei 80—115°/0,1—1 Torr destillierbar.
Beim Behandeln einer Lösung in Äther mit Anilin ist eine Verbindung $C_{12}H_{12}N_2O_3$
(Krystalle [aus Bzl.], F: 145—146° [unkorr.]) erhalten worden.

(±)-2-Chlormethyl-4,5-dioxo-tetrahydro-furan-3-carbonsäure-äthylester, (±)-[2-Chlor-1-hydroxy-äthyl]-oxalessigsäure-4-äthylester-1-lacton $C_8H_9ClO_5$, Formel IV (X = H),
und Tautomeres ((±)-2-Chlormethyl-4-hydroxy-5-oxo-2,5-dihydro-furan-3-carbonsäure-äthylester).
B. Beim Behandeln einer Suspension der Kalium-Verbindung des Oxalessigsäure-
diäthylesters in Wasser mit Chloracetaldehyd und Behandeln des Reaktionsprodukts mit
wss. Salzsäure (*Erichomovitch*, A. ch. [12] **6** [1951] 276, 277).
Öl; auch unter vermindertem Druck nicht destillierbar.
Phenylhydrazon $C_{14}H_{15}ClN_2O_4$; vermutlich 2-Chlormethyl-5-oxo-4-phenyl=
hydrazono-tetrahydro-furan-3-carbonsäure-äthylester. F: 142° (*Er.*).

(±)-4,5-Dioxo-2-trichlormethyl-tetrahydro-furan-3-carbonsäure-äthylester, (±)-[2,2,2-Trichlor-1-hydroxy-äthyl]-oxalessigsäure-4-äthylester-1-lacton $C_8H_7Cl_3O_5$,
Formel IV (X = Cl), und Tautomeres ((±)-4-Hydroxy-5-oxo-2-trichlormethyl-
2,5-dihydro-furan-3-carbonsäure-äthylester).
B. Beim Behandeln einer Suspension der Natrium-Verbindung des Oxalessigsäure-
diäthylesters in Äthanol mit Trichloracetaldehyd und Behandeln des Reaktionsgemi-
sches mit wss. Salzsäure (*Rossi, Schinz*, Helv. **32** [1949] 1967, 1973). Beim Behandeln
einer Suspension der Kalium-Verbindung des Oxalessigsäure-diäthylesters in Wasser
mit Trichloracetaldehyd und Behandeln des Reaktionsprodukts mit wss. Salzsäure
(*Erichomovitch*, A. ch. [12] **6** [1951] 276).
Krystalle; F: 116° (*Er.*), 115—116° [unkorr.; aus Cyclohexan] (*Ro., Sch.*).
Beim Behandeln einer Lösung in Äther mit Anilin ist eine Verbindung $C_{14}H_{14}Cl_3NO_5$
(Krystalle [aus Bzl. + PAe.], F: 148—149° [unkorr.; Zers.]) erhalten worden (*Ro., Sch.*).

3-Chlor-4,5-dioxo-2-trichlormethyl-tetrahydro-furan-3-carbonsäure-äthylester, Chlor-[2,2,2-trichlor-1-hydroxy-äthyl]-oxalessigsäure-4-äthylester-1-lacton $C_8H_6Cl_4O_5$,
Formel V (R = C_2H_5).
Ein als Monohydrat einer opt.-inakt. Verbindung dieser Konstitution angesehenes
Präparat (F: 95—100°) ist beim Behandeln einer Suspension von (±)-4,5-Dioxo-2-trichlor=
methyl-tetrahydro-furan-3-carbonsäure-äthylester in Wasser mit Chlor und mehrtägigen
Aufbewahren des Reaktionsprodukts (gelbes Öl) an der Luft erhalten worden (*Erichomo-
vitch*, A. ch. [12] **6** [1951] 276, 287).

V   VI   VII   VIII

(±)-2-Methyl-4,5-dioxo-tetrahydro-thiophen-3-carbonsäure-äthylester $C_8H_{10}O_4S$,
Formel VI (R = C_2H_5), und Tautomeres ((±)-4-Hydroxy-2-methyl-5-oxo-
2,5-dihydro-thiophen-3-carbonsäure-äthylester).
B. Neben 5-Oxo-hex-2-en-disäure-diäthylester (F: 82—84°) beim Behandeln von
(±)-3-Äthoxyoxalylmercapto-buttersäure-äthylester mit Natriumäthylat in Toluol (*Tsche-*

sche et al., B. **88** [1955] 1258, 1263).
Krystalle (aus PAe.); F: 47,5—48°. Absorptionsmaximum (Me.): 265 nm (*Tsch. et al.*, l. c. S. 1260).

(±)-5-Methyl-2,4-dioxo-tetrahydro-furan-3-carbonsäure-äthylester, (±)-Lactoylmalon=
säure-äthylester-lacton $C_8H_{10}O_5$, Formel VII (R = C_2H_5), und Tautomeres
((±)-4-Hydroxy-5-methyl-2-oxo-2,5-dihydro-furan-3-carbonsäure-äthyl=
ester) (E I 510).
B. Beim Behandeln einer Suspension der Natrium-Verbindung des Malonsäure-diäthyl=
esters in Äther mit (±)-2-Acetoxy-propionylchlorid, Erwärmen des vom Äther befreiten
Reaktionsgemisches mit Äthanol und Behandeln des Reaktionsprodukts mit wss. Salz=
säure (*Reuter, Welch*, J. Pr. Soc. N.S. Wales **72** [1938] 120, 124).
Krystalle (aus A.); F: 88—89°.

(±)-3-Methyl-4,5-dioxo-tetrahydro-furan-3-carbonsäure-äthylester, (±)-Hydroxy=
methyl-methyl-oxalessigsäure-4-äthylester-1-lacton $C_8H_{10}O_5$, Formel VIII (R = C_2H_5).
B. Beim Behandeln von Methyloxalessigsäure-diäthylester mit wss. Formaldehyd-
Lösung und Kaliumcarbonat und Erwärmen des Reaktionsgemisches mit wss. Salzsäure
(*Schinz, Hinder*, Helv. **30** [1947] 1349, 1358).
$Kp_{0,1}$: 98—100° (*Gordon et al.*, C. r. **249** [1959] 2332). D_4^{19}: 1,2510; n_D^{19}: 1,4607 (*Sch., Hi.*).
Beim Behandeln einer Lösung in Äther mit Anilin ist eine Verbindung $C_{14}H_{17}NO_5$
(Krystalle [aus E. + PAe.], F: 77—79° [Zers.]) erhalten worden (*Sch., Hi.*).

Oxocarbonsäuren $C_7H_8O_5$

[2-Oxo-tetrahydro-thiopyran-3-yl]-glyoxylsäure-äthylester $C_9H_{12}O_4S$, Formel I, und Tautomeres (Hydroxy-[2-oxo-dihydro-thiopyran-3-yliden]-essigsäure-äthyl=
ester).
B. Beim Behandeln von Tetrahydro-thiopyran-2-on mit Oxalsäure-diäthylester und
Magnesium-bromid-diisopropylamid in Äther unterhalb —10° (*Korte, Büchel*, Ang. Ch.
71 [1959] 709, 722).
Hellgelbes Öl; $Kp_{0,1}$: 111—113° (*Ko., Bü.*). Absorptionsmaxima (Me.): 208 nm und
312 nm (*Ko., Bü.*).
Beim Erwärmen mit Chlorwasserstoff enthaltendem Äthanol ist 5,6-Dihydro-4*H*-thio=
pyran-2,3-dicarbonsäure-diäthylester erhalten worden (*Korte, Löhmer*, B. **91** [1958]
1397, 1403).

I   II

[2,6-Dioxo-tetrahydro-pyran-4-yl]-essigsäure-anhydrid $C_{14}H_{14}O_9$, Formel II.
B. Beim Erhitzen von 3-Carboxymethyl-glutarsäure mit Acetanhydrid (*Phillips et al.*,
Am. Soc. **79** [1957] 3517).
Krystalle (aus Acn.); F: 150—151° [unkorr.].

4-Methyl-2,6-dioxo-tetrahydro-pyran-4-carbonsäure $C_7H_8O_5$, Formel III, und
(±)-[3-Methyl-2,5-dioxo-tetrahydro-[3]furyl]-essigsäure $C_7H_8O_5$, Formel IV.
Diese Konstitutionsformeln kommen für das nachstehend beschriebene **2-Methyl-
propan-1,2,3-tricarbonsäure-anhydrid** in Betracht.
B. Aus 2-Methyl-propan-1,2,3-tricarbonsäure (*Cross et al.*, Soc. **1958** 2520, 2535).
Krystalle (aus $CHCl_3$); F: 138—140° [korr.].

3-[2,4-Dioxo-tetrahydro-[3]furyl]-propionsäure, 2-Glykoloyl-glutarsäure-1-lacton $C_7H_8O_5$, Formel V (R = H), und Tautomeres (3-[4-Hydroxy-2-oxo-2,5-dihydro-[3]furyl]-propionsäure).

B. Beim Behandeln von 3-[2,4-Dioxo-tetrahydro-[3]furyl]-propionsäure-äthylester mit Bariumhydroxid in Wasser (*Reuter, Welch,* J. Pr. Soc. N.S. Wales **72** [1938] 120, 126). Krystalle (aus Anisol); F: 175°.

III   IV   V

3-[2,4-Dioxo-tetrahydro-[3]furyl]-propionsäure-äthylester, 2-Glykoloyl-glutarsäure-5-äthylester-1-lacton $C_9H_{12}O_5$, Formel V (R = C_2H_5), und Tautomeres (3-[4-Hydroxy-2-oxo-2,5-dihydro-[3]furyl]-propionsäure-äthylester).

B. Beim Erwärmen von 2-Bromacetyl-glutarsäure-diäthylester (aus 2-Acetyl-glutar= säure-diäthylester und Brom in Chloroform hergestellt) unter 20 Torr auf 100° (*Reuter, Welch,* J. Pr. Soc. N.S. Wales **72** [1938] 120, 126). Krystalle (aus Bzl.); F: 78—79°.

(±)-2-Äthyl-4,5-dioxo-tetrahydro-furan-3-carbonsäure-äthylester, (±)-[1-Hydroxy-propyl]-oxalessigsäure-4-äthylester-1-lacton $C_9H_{12}O_5$, Formel VI, und Tautomeres ((±)-2-Äthyl-4-hydroxy-5-oxo-2,5-dihydro-furan-3-carbonsäure-äthyl= ester).

B. Beim Erwärmen einer Suspension der Natrium-Verbindung des Oxalessigsäure-diäthylesters in Äthanol mit Propionaldehyd und Behandeln einer Lösung des Reaktions-produkts in Benzol mit wss. Salzsäure (*Rossi, Schinz,* Helv. **31** [1948] 473, 482; *Stacy, Wagner,* Am. Soc. **74** [1952] 909).

$Kp_{0,4-0,5}$: 110—112° (*St., Wa.*); $Kp_{0,16}$: 105—106° (*Ro., Sch.*). D_4^{22}: 1,2047 (*Ro., Sch.*). n_D^{22}: 1,4873 (*Ro., Sch.*); n_D^{25}: 1,4867 (*St., Wa.*).

Beim Behandeln einer Lösung in Äther mit Anilin ist eine Verbindung $C_{15}H_{19}NO_5$ (Krystalle [aus Bzl. + Cyclohexan], F: 83—83,5°) erhalten worden (*Ro., Sch.*).

(±)-[5-Methyl-2,4-dioxo-tetrahydro-[3]furyl]-essigsäure, (±)-2-Lactoyl-bernsteinsäure-1-lacton $C_7H_8O_5$, Formel VII (R = H), und Tautomeres ((±)-[4-Hydroxy-5-methyl-2-oxo-2,5-dihydro-[3]furyl]-essigsäure).

B. Beim Behandeln von (±)-[5-Methyl-2,4-dioxo-tetrahydro-[3]furyl]-essigsäure-äthyl= ester mit Bariumhydroxid in Wasser (*Reuter, Welch,* J. Pr. Soc. N. S. Wales **72** [1938] 120, 127). Krystalle (aus Anisol); F: 164°.

VI   VII   VIII

(±)-[5-Methyl-2,4-dioxo-tetrahydro-[3]furyl]-essigsäure-äthylester, (±)-2-Lactoyl-bern= steinsäure-4-äthylester-1-lacton $C_9H_{12}O_5$, Formel VII (R = C_2H_5), und Tautomeres ((±)-[4-Hydroxy-5-methyl-2-oxo-2,5-dihydro-[3]furyl]-essigsäure-äthyl= ester).

B. Beim Behandeln von Propionylbernsteinsäure-diäthylester mit Brom in Chloro= form und Erwärmen des Reaktionsprodukts unter 20 Torr auf 100° (*Reuter, Welch,* J. Pr. Soc. N.S. Wales **72** [1938] 120, 126). $Kp_{0,5}$: 172°.

(±)-[5-Methyl-2-oxo-tetrahydro-[3]furyl]-glyoxylsäure-methylester, (±)-[2-Hydroxy-propyl]-oxalessigsäure-4-lacton-1-methylester $C_8H_{10}O_5$, Formel VIII, und Tautomeres ((±)-Hydroxy-[5-methyl-2-oxo-dihydro-[3]furyliden]-essigsäure-methylester).

B. Beim Behandeln von (±)-5-Methyl-dihydro-furan-2-on mit Oxalsäure-dimethylester, Natrium, Äther und wenig Methanol (*Korte, Machleidt,* B. **90** [1957] 2150, 2160). Krystalle (aus Ae. + PAe.); F: 57—58°.

B. Beim Erwärmen mit Chlorwasserstoff enthaltendem Methanol sind zwei 2-Methoxy-5-methyl-tetrahydro-furan-2,3-dicarbonsäure-dimethylester-Präparate (F: 50—53° bzw. $Kp_{0,03}$: 70° [S. 5076]) erhalten worden.

(±)-5-Äthyl-2,4-dioxo-tetrahydro-furan-3-carbonsäure-äthylester, (±)-[2-Hydroxy-butyryl]-malonsäure-äthylester-lacton $C_9H_{12}O_5$, Formel IX, und Tautomeres ((±)-5-Äthyl-4-hydroxy-2-oxo-2,5-dihydro-furan-3-carbonsäure-äthylester).

B. Beim Erwärmen von (±)-2-Brom-butyrylbromid mit der Natrium-Verbindung des Malonsäure-diäthylesters in Äther (*Pons, Veldstra,* R. **74** [1955] 1217, 1228). Krystalle (aus E.); F: 85—87° (*Mulholland et al.,* J.C.S. Perkin I 1972 1225, 1230).

IX   X   XI

2,2-Dimethyl-4,5-dioxo-tetrahydro-furan-3-carbonsäure-äthylester, [α-Hydroxy-isopropyl]-oxalessigsäure-4-äthylester-1-lacton $C_9H_{12}O_5$, Formel X, und Tautomeres (4-Hydroxy-2,2-dimethyl-5-oxo-2,5-dihydro-furan-3-carbonsäure-äthylester [Formel XI]).

In den Krystallen liegt nach Ausweis der IR-Absorption 4-Hydroxy-2,2-dimethyl-5-oxo-2,5-dihydro-furan-3-carbonsäure-äthylester (Formel XI) vor (*Stacy et al.,* Am. Soc. **79** [1957] 1451, 1452).

B. Beim Erwärmen der Natrium-Verbindung des Oxalessigsäure-diäthylesters mit Äthanol und Aceton und Behandeln des Reaktionsgemisches mit wss. Salzsäure (*St. et al.,* l. c. S. 1453).

Krystalle (aus PAe.); F: 73—73,5° (*St. et al.,* l. c. S. 1453).

Charakterisierung als 4-Nitro-benzoyl-Derivat (F: 110,5° [S. 6280]): *St. et al.,* l. c. S. 1453.

5,5-Dimethyl-2,4-dioxo-tetrahydro-furan-3-carbonsäure-äthylester, [α-Hydroxy-isobutyryl]-malonsäure-äthylester-lacton $C_9H_{12}O_5$, Formel XII, und Tautomeres (4-Hydroxy-5,5-dimethyl-2-oxo-2,5-dihydro-furan-3-carbonsäure-äthylester).

B. Beim Behandeln von α-Brom-isobutyrylbromid mit der Natrium-Verbindung des Malonsäure-diäthylesters in Äther und Behandeln des Reaktionsgemisches mit wss. Schwefelsäure (*Calam et al.,* Biochem. J. **45** [1949] 520, 522; s. a. *Pons, Veldstra,* R. **74** [1955] 1217, 1228).

Krystalle (aus W.); F: 83—84° (*Ca. et al.*).

XII   XIII   XIV

*Opt.-inakt. **2,3-Dimethyl-4,5-dioxo-tetrahydro-furan-3-carbonsäure-äthylester,** [1-Hydroxy-äthyl]-methyl-oxalessigsäure-4-äthylester-1-lacton $C_9H_{12}O_5$, Formel XIII.

B. Beim Behandeln von Methyloxalessigsäure-diäthylester mit Acetaldehyd und Pyr= idin (*Schinz, Hinder*, Helv. **30** [1947] 1349, 1367).

$Kp_{0,02}$: $90-95°$.

---

*Opt.-inakt. **3,5-Dimethyl-2,4-dioxo-tetrahydro-furan-3-carbonsäure-äthylester,** Lactoyl-methyl-malonsäure-äthylester-lacton $C_9H_{12}O_5$, Formel XIV.

B. Beim Behandeln von (±)-[2-Acetoxy-propionyl]-methyl-malonsäure-diäthylester mit wasserfreier Schwefelsäure und Behandeln des Reaktionsgemisches mit Eis (*Reid, Denny*, Am. Soc. **81** [1959] 4632, 4633).

$Kp_{0,3}$: $77,5-81°$. n_D^{25}: $1,4421$.

Oxocarbonsäuren $C_8H_{10}O_5$

(±)-3-[2,6-Dioxo-tetrahydro-pyran-3-yl]-propionsäure, (±)-Pentan-1,3,5-tricarbonsäure-1,3-anhydrid $C_8H_{10}O_5$, Formel I.

B. Beim Erhitzen von Pentan-1,3,5-tricarbonsäure oder von Pentan-1,3,3,5-tetra= carbonsäure unter vermindertem Druck (*Mariella et al.*, J. org. Chem. **20** [1955] 1702, 1707).

F: $103°$.

(±)-[6-Methyl-2-oxo-tetrahydro-pyran-3-yl]-glyoxylsäure-methylester, (±)-[3-Hydr=oxy-butyl]-oxalessigsäure-4-lacton-1-methylester $C_9H_{12}O_5$, Formel II (R = CH_3), und Tautomeres ((±)-Hydroxy-[6-methyl-2-oxo-dihydro-pyran-3-yliden]-essig=säure-methylester).

B. Beim Behandeln von (±)-6-Methyl-tetrahydro-pyran-2-on mit Oxalsäure-dimethyl= ester, Natrium, Äther und wenig Methanol (*Korte, Machleidt*, B. **90** [1957] 2150, 2154).

$Kp_{0,01}$: $101-102°$.

Beim Erhitzen mit wss. Schwefelsäure ist 6-Methyl-5,6-dihydro-4H-pyran-2-carbon= säure erhalten worden (*Ko., Ma.*, l. c. S. 2156).

I   II   III

(±)-[6-Methyl-2-oxo-tetrahydro-pyran-3-yl]-glyoxylsäure-äthylester, (±)-[3-Hydr=oxy-butyl]-oxalessigsäure-1-äthylester-4-lacton $C_{10}H_{14}O_5$, Formel II (R = C_2H_5), und Tau-tomeres((±)-Hydroxy-[6-methyl-2-oxo-dihydro-pyran-3-yliden]-essigsäure-äthylester).

B. Beim Behandeln von (±)-6-Methyl-tetrahydro-pyran-2-on mit Oxalsäure-diäthyl= ester, Natrium, Äther und wenig Äthanol (*Korte, Machleidt*, B. **90** [1957] 2150, 2154).

$Kp_{0,03}$: $102-103°$ (*Ko., Ma.*).

Überführung in 6-Methyl-5,6-dihydro-4H-pyran-2,3-dicarbonsäure durch Behandlung mit wss. Salzsäure: *Korte, Büchel*, B. **92** [1959] 877, 881. Bei mehrtägigem Behan-deln mit Chlorwasserstoff enthaltendem Methanol ist 2-Hydroxy-6-methyl-tetrahydro-pyran-2,3-dicarbonsäure-dimethylester ($\rightleftharpoons$[3-Hydroxy-butyl]-oxalessigsäure-dimethyl= ester) erhalten worden (*Ko., Ma.*).

(±)-[4-Methyl-2-oxo-tetrahydro-pyran-3-yl]-glyoxylsäure-äthylester, (±)-[3-Hydr=oxy-1-methyl-propyl]-oxalessigsäure-1-äthylester-4-lacton $C_{10}H_{14}O_5$, Formel III, und Tau-tomeres ((±)-Hydroxy-[4-methyl-2-oxo-dihydro-pyran-3-yliden]-essig=säure-äthylester).

B. Beim Behandeln von (±)-4-Methyl-tetrahydro-pyran-2-on mit Oxalsäure-diäthyl=

ester, Kalium und Äther (*Korte et al.*, B. **92** [1959] 884, 889).

$Kp_{0,2}$: 95—96°. Absorptionsmaximum (Me.): 278 nm (*Ko. et al.*).

Beim Behandeln mit Chlorwasserstoff enthaltendem Äthanol ist 2-Hydroxy-4-methyl-tetrahydro-pyran-2,3-dicarbonsäure-diäthylester (⇌ [3-Hydroxy-1-methyl-propyl]-oxalessigsäure-diäthylester [$Kp_{0,2}$: 87—88°]) erhalten worden.

(±)-[2,4-Dinitro-phenylhydrazono]-[4-methyl-2-oxo-tetrahydro-pyran-3-yl]-essigsäure-äthylester, (±)-2-[2,4-Dinitro-phenylhydrazono]-3-[3-hydroxy-1-methyl-propyl]-bern=
steinsäure-1-äthylester-4-lacton $C_{16}H_{18}N_4O_8$, Formel IV.

B. Beim Behandeln von (±)-[4-Methyl-2-oxo-tetrahydro-pyran-3-yl]-glyoxylsäure-äthylester mit [2,4-Dinitro-phenyl]-hydrazin, wss. Phosphorsäure und Äthanol (*Korte et al.*, B. **92** [1959] 884, 889).

Gelbe Krystalle (aus A.); F: 165—166°.

IV   V   VI

*Opt.-inakt. **5-Formyl-2-methyl-6-oxo-tetrahydro-pyran-3-carbonsäure-äthylester,**
2-Formyl-4-[1-hydroxy-äthyl]-glutarsäure-5-äthylester-1-lacton $C_{10}H_{14}O_5$, Formel V, und
Tautomeres (5-Hydroxymethylen-2-methyl-6-oxo-tetrahydro-pyran-3-carbonsäure-äthylester [Formel VI]).

In Lösungen in Methanol liegt überwiegend 5-Hydroxymethylen-2-methyl-6-oxo-tetra=hydro-pyran-3-carbonsäure-äthylester vor (*Korte et al.*, B. **90** [1957] 2280, 2282).

B. Beim Behandeln von opt.-inakt. 2-Methyl-6-oxo-tetrahydro-pyran-3-carbonsäure-äthylester (S. 5278) mit Äthylformiat und Magnesium-bromid-diisopropylamid in Äther (*Ko. et al.*).

Krystalle (aus Acn. + PAe.); F: 130° [unter Sublimation] (*Ko. et al.*). UV-Absorp=tionsmaximum (Me.): 250 nm (*Ko. et al.*).

Bildung von 2-Methyl-3,4-dihydro-2*H*-pyran-3,5-dicarbonsäure-3-äthylester (S. 4455) beim Behandeln mit wss. Salzsäure: *Korte, Büchel*, B. **92** [1959] 877, 881. Beim Behandeln mit Chlorwasserstoff enthaltendem Äthanol, Erwärmen des überwiegend aus 2-Äthoxy-6-methyl-tetrahydro-pyran-3,5-dicarbonsäure-diäthylester ($C_{14}H_{24}O_6$) bestehenden Reaktionsprodukts ($Kp_{0,05}$: 95°) mit Polyphosphorsäure unter Durchleiten von Luft und anschliessenden Erwärmen unter vermindertem Druck ist 2-Methyl-3,4-dihydro-2*H*-pyran-3,5-dicarbonsäure-diäthylester (S. 4455) erhalten worden (*Ko. et al.*).

(±)-3,3-Dimethyl-2,6-dioxo-tetrahydro-pyran-4-carbonsäure $C_8H_{10}O_5$, Formel VII,
(±)-[4,4-Dimethyl-2,5-dioxo-tetrahydro-[3]furyl]-essigsäure $C_8H_{10}O_5$, Formel VIII, und
(±)-2-[2,5-Dioxo-tetrahydro-[3]furyl]-2-methyl-propionsäure $C_8H_{10}O_5$, Formel IX.

Diese Konstitutionsformeln kommen für das nachstehend beschriebene **3-Methyl-butan-1,2,3-tricarbonsäure-anhydrid** (vgl. H **18** 455) in Betracht.

B. Aus (±)-3-Methyl-butan-1,2,3-tricarbonsäure beim Erhitzen im Hochvakuum auf 110° (*Plattner, Kläui*, Helv. **26** [1943] 1553, 1558; *Kir'jalow*, Ž. obšč. Chim. **9** [1939] 401, 405; C. **1940** I 563), beim Erhitzen auf 200° (*Treibs*, B. **76** [1943] 160, 166) sowie beim Erhitzen mit Acetanhydrid (*Evans et al.*, Soc. **1934** 444, 447).

Krystalle (aus E.); F: 144—145° (*Ev. et al.*), 142° (*Tr.*).

(±)-4-[2,5-Dioxo-tetrahydro-[3]furyl]-buttersäure, (±)-Pentan-1,2,5-tricarbonsäure-1,2-anhydrid $C_8H_{10}O_5$, Formel X.

Diese Konstitution kommt vermutlich der nachstehend beschriebenen Verbindung zu.

B. Beim Erhitzen von *cis*-Cyclohex-4-en-1,2-dicarbonsäure mit wss. Kalilauge auf

340° und Erhitzen des Reaktionsprodukts unter 4 Torr auf Siedetemperatur (*Pistor, Plieninger*, A. **562** [1949] 239, 244).

F: 97—98°.

VII   VIII   IX   X

(±)-4-Oxo-4-[5-oxo-tetrahydro-[3]furyl]-buttersäure-methylester, (±)-3-Hydroxy = methyl-4-oxo-heptandisäure-1-lacton-7-methylester $C_9H_{12}O_5$, Formel XI (R = CH$_3$).

B. Beim Erhitzen von 4-Oxo-heptandisäure-diäthylester mit Paraformaldehyd und wss. Salzsäure und Erwärmen des Reaktionsprodukts mit Methanol und Schwefelsäure (*Robinson, Seijo*, Soc. **1941** 582, 584).

Kp$_{0,7}$: 166—170°.

(±)-4-Oxo-4-[5-oxo-tetrahydro-[3]furyl]-buttersäure-äthylester, (±)-3-Hydroxymethyl-4-oxo-heptandisäure-7-äthylester-1-lacton $C_{10}H_{14}O_5$, Formel XI (R = C$_2$H$_5$).

B. Beim Erhitzen von 4-Oxo-heptandisäure-diäthylester mit Paraformaldehyd und wss. Salzsäure und Erwärmen des Reaktionsprodukts mit Schwefelsäure enthaltendem Äthanol (*Robinson, Seijo*, Soc. **1941** 582, 584).

Kp$_{0,5}$: 179—183°.

Beim Erwärmen mit Acetessigsäure-äthylester und Natriumäthylat in Äthanol, Erhitzen des Reaktionsprodukts mit wss. Salzsäure und Behandeln des danach isolierten Hydrolyseprodukts mit Schwefelsäure enthaltendem Äthanol sind 3,5-Bis-äthoxycarb = onylmethyl-2-methyl-4-oxo-cyclohex-2-encarbonsäure-äthylester (?) (Kp$_{0,15}$: 189—191° [E III **10** 4114]) und eine Verbindung $C_{16}H_{24}O_6$ (?) (Kp$_{0,2}$: 161—163°) erhalten worden.

(±)-4-[2,4-Dinitro-phenylhydrazono]-4-[5-oxo-tetrahydro-[3]furyl]-buttersäure-äthyl = ester, (±)-4-[2,4-Dinitro-phenylhydrazono]-3-hydroxymethyl-heptandisäure-7-äthyl = ester-1-lacton $C_{16}H_{18}N_4O_8$, Formel XII (R = C$_6$H$_3$(NO$_2$)$_2$).

B. Aus (±)-4-Oxo-4-[5-oxo-tetrahydro-[3]furyl]-buttersäure-äthylester und [2,4-Di = nitro-phenyl]-hydrazin (*Robinson, Seijo*, Soc. **1941** 582, 584).

Gelbe Krystalle (aus E.); F: 148—152°.

XI   XII

(±)-4-[5-Oxo-tetrahydro-[3]furyl]-4-semicarbazono-buttersäure-äthylester, (±)-3-Hydr = oxymethyl-4-semicarbazono-heptandisäure-7-äthylester-1-lacton $C_{11}H_{17}N_3O_5$, Formel XII (R = CO-NH$_2$).

B. Aus (±)-4-Oxo-4-[5-oxo-tetrahydro-[3]furyl]-buttersäure-äthylester und Semicarb = azid (*Robinson, Seijo*, Soc. **1941** 582, 584).

Krystalle (aus wss. A.); F: 171—173°.

(±)-4,5-Dioxo-2-propyl-tetrahydro-furan-3-carbonsäure-äthylester, (±)-[1-Hydroxy-butyl]-oxalessigsäure-4-äthylester-1-lacton $C_{10}H_{14}O_5$, Formel I, und Tautomeres ((±)-4-Hydroxy-5-oxo-2-propyl-2,5-dihydro-furan-3-carbonsäure-äthyl = ester).

B. Beim Behandeln einer Suspension der Natrium-Verbindung des Oxalessigsäure-di = äthylesters in Äthanol mit Butyraldehyd und Behandeln des Reaktionsgemisches mit wss. Salzsäure (*Schinz, Rossi*, Helv. **31** [1948] 1953, 1957; *Stacy, Wagner*, Am. Soc. **74** [1952] 909).

F: 33—34° (*St., Wa.*). $Kp_{0,5-1}$: 121—125°; n_D^{25}: 1,4820 [unterkühlte Flüssigkeit] (*St., Wa.*). $Kp_{0,1}$: 131—133°; n_D^{18}: 1,4832 [unterkühlte Flüssigkeit] (*Sch., Ro.*).

Überführung in 5-Propyl-dihydro-furan-2,3-dion durch Erhitzen mit einem Gemisch von Essigsäure und wss. Salzsäure auf 110°: *Sch., Ro.*, l. c. S. 1958. Beim Behandeln einer Lösung in Äther mit Anilin ist eine Verbindung $C_{16}H_{21}NO_5$ (Krystalle [aus Bzl. + PAe.], F: 77°) erhalten worden (*Sch., Ro.*, l. c. S. 1958).

(±)-3-[5-Methyl-2,4-dioxo-tetrahydro-[3]furyl]-propionsäure, (±)-2-Lactoyl-glutar= säure-1-lacton $C_8H_{10}O_5$, Formel II (R = H), und Tautomeres ((±)-[4-Hydroxy-5-methyl-2-oxo-2,5-dihydro-[3]furyl]-propionsäure).

B. Beim Behandeln von (±)-3-[5-Methyl-2,4-dioxo-tetrahydro-[3]furyl]-propionsäure-äthylester mit Bariumhydroxid in Wasser (*Reuter, Welch*, J. Pr. Soc. N.S. Wales **72** [1938] 120, 127).

Krystalle (aus Anisol); F: 134°.

I   II   III

(±)-3-[5-Methyl-2,4-dioxo-tetrahydro-[3]furyl]-propionsäure-äthylester, (±)-2-Lactoyl-glutarsäure-5-äthylester-1-lacton $C_{10}H_{14}O_5$, Formel II (R = C_2H_5), und Tautomeres ((±)-[4-Hydroxy-5-methyl-2-oxo-2,5-dihydro-[3]furyl]-propionsäure-äthylester).

B. Beim Behandeln von 2-Propionyl-glutarsäure-diäthylester mit Brom in Chloroform und Erwärmen des Reaktionsprodukts unter 20 Torr auf 100° (*Reuter, Welch*, J. Pr. Soc. N.S. Wales **72** [1938] 120, 127).

$Kp_{0,45}$: 190°.

(±)-3-[4*t*-Methyl-2,5-dioxo-tetrahydro-[3*r*]furyl]-propionsäure, (±)-*threo*-Pentan-1,3,4-tricarbonsäure-3,4-anhydrid, (±)-*trans*-Dihydrohämatinsäure-anhydrid $C_8H_{10}O_5$, Formel III + Spiegelbild.

Bestätigung der Zuordnung von Konstitution und Konfiguration: *Nakajima*, Chem. pharm. Bl. **13** [1965] 64, 66, 68.

B. Beim Erhitzen von (±)-*erythro*-Pentan-1,3,4-tricarbonsäure oder von (±)-*threo*-Pentan-1,3,4-tricarbonsäure unter vermindertem Druck auf 140° bzw. 150° (*Ficken et al.*, Soc. **1956** 2280, 2282).

F: 94—95° (*Fi. et al.*).

(±)-2-Isopropyl-4,5-dioxo-tetrahydro-furan-3-carbonsäure-äthylester, (±)-[α-Hydroxy-isobutyl]-oxalessigsäure-4-äthylester-1-lacton $C_{10}H_{14}O_5$, Formel IV, und Tautomeres ((±)-4-Hydroxy-2-isopropyl-5-oxo-2,5-dihydro-furan-3-carbonsäure-äthylester).

B. Beim Erwärmen einer Suspension der Natrium-Verbindung des Oxalessigsäure-di= äthylesters in Äthanol mit Isobutyraldehyd und Behandeln einer Lösung des Reaktions-produkts in Benzol mit wss. Salzsäure (*Rossi, Schinz*, Helv. **31** [1948] 473, 483; s. a. *Nield*, Am. Soc. **67** [1945] 1145, 1147; *Stacy, Wagner*, Am. Soc. **74** [1952] 909).

Krystalle; F: 56° [aus PAe.] (*Ni.*), 55—57° (*St., Wa.*), 54° (*Ro., Sch.*).

Verhalten beim Erhitzen unter Stickstoff auf 300° (Bildung von 4-Methyl-pent-2-en= säure-äthylester [E III **2** 1324]): *Schinz, Rossi*, Helv. **31** [1948] 1953, 1956, 1962. Beim Behandeln einer Lösung in Äther mit Anilin ist eine Verbindung $C_{16}H_{21}NO_5$ (Krystalle [aus Bzl. + Cyclohexan], F: 98,5°) erhalten worden (*Ro., Sch.*).

IV   V   VI

(±)-[4-Äthyl-3-oxo-tetrahydro-[2]thienyl]-glyoxylsäure-äthylester $C_{10}H_{14}O_4S$, Formel V, und Tautomere (z. B. (±)-4-Äthyl-3-hydroxy-4,5-dihydro-[2]thienyl]-glyoxyl= säure-äthylester).

B. Beim Erwärmen von (±)-4-Äthyl-dihydro-thiophen-3-on mit Oxalsäure-diäthyl= ester, Natrium, Äther und wenig Äthanol (*Ghosh et al.*, Soc. **1945** 705).

Hellgelbe Krystalle (aus A.); F: 54—55°.

(±)-2-Äthyl-3-methyl-4,5-dioxo-tetrahydro-furan-2-carbonsäure-äthylester, (±)-2-Äthyl-2-hydroxy-3-methyl-4-oxo-glutarsäure-1-äthylester-5-lacton $C_{10}H_{14}O_5$, Formel VI, und Tautomeres ((±)-2-Äthyl-4-hydroxy-3-methyl-5-oxo-2,5-dihydro-furan-2-carbonsäure-äthylester).

B. Beim Behandeln von 2-Acetoxy-crotonsäure-äthylester (Kp$_{10}$: 91—92°; n$_D^{20}$: 1,4380) oder von 2-Oxo-buttersäure-äthylester mit Diäthylamin und Äthanol bzw. Äther (*Monnin*, Helv. **40** [1957] 1983, 1986).

Kp$_{0,1}$: 112—115°. D$_4^{20}$: 1,169. n$_D^{20}$: 1,4785.

(±)-4-Acetyl-2-methyl-5-oxo-tetrahydro-furan-2-carbonitril, (±)-2-[2-Cyan-2-hydroxy-propyl]-acetessigsäure-lacton $C_8H_9NO_3$, Formel VII (X = H), und Tautomere.

Diese Konstitution kommt der früher (s. H **18** 522) als 4-Hydroxy-2,4-dimethyl-6-oxo-5,6-dihydro-4*H*-pyran-3-carbonitril („4-Oxy-6-oxo-2.4-dimethyl-3-cyan-[1.4-pyran]-dihydrid", $C_8H_9NO_3$) beschriebenen Verbindung (F: 65°) zu (*Justoni*, G. **71** [1941] 41, 47).

B. Beim Erwärmen von opt.-inakt. 5-Hydroxy-2,5-dimethyl-tetrahydro-furan-2,4-di= carbonitril (F: 183° [E III **3** 1474]) mit wss. Schwefelsäure (*Justoni*, G. **71** [1941] 375, 386).

Überführung in Hexan-2,5-dion durch Behandlung mit wss. Natronlauge: *Ju.*, l. c. S. 380, 386. Beim Behandeln einer Lösung in Äthanol mit wss. Natriumacetat-Lösung und wss. Benzoldiazoniumchlorid-Lösung ist 2-Methyl-5-oxo-4-phenylhydrazono-tetrahydro-furan-2-carbonitril erhalten worden (*Ju.*, l. c. S. 380, 386).

(±)-2-Methyl-4-[1-(4-nitro-phenylhydrazono)-äthyl]-5-oxo-tetrahydro-furan-2-carbo= nitril, (±)-4-Cyan-4-hydroxy-2-[1-(4-nitro-phenylhydrazono)-äthyl]-valeriansäure-lacton $C_{14}H_{14}N_4O_4$, Formel VIII, und Tautomeres.

B. Beim Behandeln einer Lösung von (±)-4-Acetyl-2-methyl-5-oxo-tetrahydro-furan-2-carbonitril in Äthanol mit [4-Nitro-phenyl]-hydrazin und wss. Essigsäure (*Justoni*, G. **71** [1941] 41, 52).

Gelbe Krystalle (aus A.); F: 151—152°.

VII   VIII   IX

*Opt.-inakt. **4-Acetyl-4-brom-2-methyl-5-oxo-tetrahydro-furan-2-carbonitril, 2-Brom-2-[2-cyan-2-hydroxy-propyl]-acetessigsäure-lacton** $C_8H_8BrNO_3$, Formel VII (X = Br).

Diese Konstitution kommt der früher (s. H **18** 523) als x-Brom-4-hydroxy-2,4-di= methyl-6-oxo-5,6-dihydro-4*H*-pyran-3-carbonitril („x-Brom-4-oxy-6-oxo-2.4-dimethyl-3-cyan-[1.4-pyran]-dihydrid", $C_8H_8BrNO_3$) beschriebenen Verbindung (F:

98—100°) zu (*Justoni*, G. **71** [1941] 41, 49).

[5,5-Dimethyl-2-oxo-tetrahydro-[3]furyl]-glyoxylsäure-äthylester, [β-Hydroxy-isobutyl]-oxalessigsäure-1-äthylester-4-lacton $C_{10}H_{14}O_5$, Formel IX, und Tautomeres ([5,5-Dimethyl-2-oxo-dihydro-[3]furyliden]-hydroxy-essigsäure-äthyl-ester).

B. Beim Behandeln von 5,5-Dimethyl-dihydro-furan-2-on mit Oxalsäure-diäthylester, Natrium, Äther und wenig Äthanol (*Korte et al.*, B. **92** [1959] 884, 891).

Krystalle (aus Bzn.); F: 65—67°. Absorptionsmaximum (Me.): 275 nm (*Ko. et al.*).

Beim Erwärmen mit Chlorwasserstoff enthaltendem Methanol ist 2-Methoxy-5,5-dimethyl-tetrahydro-furan-2,3-dicarbonsäure-dimethylester (Kp$_{0,02}$: 63°) erhalten worden.

[5,5-Dimethyl-2-oxo-tetrahydro-[3]furyl]-[2,4-dinitro-phenylhydrazono]-essigsäure-äthylester, 2-[2,4-Dinitro-phenylhydrazono]-3-[β-hydroxy-isobutyl]-bernsteinsäure-1-äthylester-4-lacton $C_{16}H_{18}N_4O_8$, Formel X, und Tautomeres.

B. Beim Behandeln von [5,5-Dimethyl-2-oxo-tetrahydro-[3]furyl]-glyoxylsäure-äthylester mit [2,4-Dinitro-phenyl]-hydrazin und wss. Perchlorsäure (*Korte et al.*, B. **92** [1959] 884, 891).

Gelbe Krystalle (aus Me.); F: 150°.

X   XI

---

*Opt.-inakt. **3-Acetyl-2-methyl-5-oxo-tetrahydro-furan-3-carbonsäure-äthylester, 2-Acetyl-2-[1-hydroxy-äthyl]-bernsteinsäure-1-äthylester-4-lacton** $C_{10}H_{14}O_5$, Formel XI.

B. Beim Behandeln von Acetylbernsteinsäure-diäthylester mit Acetaldehyd (*U.S. Rubber Co.*, U.S.P. 2598803 [1950]).

F: 48—49°. Kp$_1$: 145—146°; D$_{20}^{20}$: 1,181; n$_D^{20}$: 1,4599 [unterkühlte Schmelze].

Oxocarbonsäuren $C_9H_{12}O_5$

*Opt.-inakt. **3-Methyl-2,8-dioxo-oxocan-5-carbonsäure, Hexan-1,3,5-tricarbonsäure-1,5-anhydrid** $C_9H_{12}O_5$, Formel I.

B. Beim Erhitzen von opt.-inakt. Hexan-1,3,5-tricarbonsäure (F: 95°) unter 12 Torr auf 150° (*Zahn, Schäfer*, B. **92** [1959] 736, 741).

Krystalle (nach Sublimation); F: 82°.

I   II   III   IV

(S)-3,3-Dimethyl-2,7-dioxo-oxepan-4-carbonsäure $C_9H_{12}O_5$, Formel II, **2-[(S)-2,6-Dioxo-tetrahydro-pyran-3-yl]-2-methyl-propionsäure** $C_9H_{12}O_5$, Formel III, und **3-[(S)-4,4-Dimethyl-2,5-dioxo-[3]furyl]-propionsäure** $C_9H_{12}O_5$, Formel IV.

Diese Formeln kommen für das nachstehend beschriebene **(S)-4-Methyl-pentan-1,3,4-tricarbonsäure-anhydrid** in Betracht [1].

---

[1] Über (±)-4-Methyl-pentan-1,3,4-tricarbonsäure-anhydrid s. H **18** 456.

B. Beim Erwärmen von (S)-4-Methyl-pentan-1,3,4-tricarbonsäure im Hochvakuum auf 90° (*Plattner et al.*, Helv. **36** [1953] 1845, 1861).

Krystalle; F: 116—118° [korr.]. $[\alpha]_D$: —30,9° [Me.; c = 0,3].

Opt.-inakt. [4,6-Dimethyl-2-oxo-tetrahydro-pyran-3-yl]-glyoxylsäure-äthylester, [3-Hydroxy-1-methyl-butyl]-oxalessigsäure-1-äthylester-4-lacton $C_{11}H_{16}O_5$, Formel V, und Tautomeres ([4,6-Dimethyl-2-oxo-dihydro-pyran-3-yliden]-hydroxy-essigsäure-äthylester).

B. Beim Behandeln von opt.-inakt. 4,6-Dimethyl-tetrahydro-pyran-2-on (Kp$_3$: 83—86°; n_D^{30}: 1,4437 [E III/IV **17** 4208]) mit Oxalsäure-diäthylester, Natrium, Äther und wenig Äthanol (*Korte, Machleidt*, B. **90** [1957] 2150, 2155).

Kp$_{0,1}$: 118°.

Beim Behandeln mit Chlorwasserstoff enthaltendem Äthanol ist 2-Hydroxy-4,6-dimethyl-tetrahydro-pyran-2,3-dicarbonsäure-diäthylester ($\rightleftharpoons$ [3-Hydroxy-1-methyl-butyl]-oxalessigsäure-diäthylester [Kp$_1$: 103—104°]) erhalten worden.

V   VI   VII

Opt.-inakt. 3-Acetyl-6-methyl-2-oxo-tetrahydro-pyran-3-carbonsäure-äthylester, Acetyl-[3-hydroxy-butyl]-malonsäure-äthylester-lacton $C_{11}H_{16}O_5$, Formel VI.

B. Beim Behandeln von opt.-inakt. 6-Methyl-2-oxo-tetrahydro-pyran-3-carbonsäure-äthylester (S. 5278) mit Natrium in Äther und anschliessenden Erwärmen mit Acetyl=chlorid (*Korte, Machleidt*, B. **90** [1957] 2137, 2138, 2144).

Kp$_{0,03}$: 94°.

Beim Erwärmen mit Chlorwasserstoff enthaltendem Methanol sind 2,6-Dimethyl-5,6-dihydro-4H-pyran-3-carbonsäure-methylester, 2-Methoxy-2,6-dimethyl-tetra=hydro-pyran-3-carbonsäure-methylester ($C_{10}H_{18}O_4$; nicht charakterisiert), 2-Methoxy-2,6-dimethyl-dihydro-pyran-3,3-dicarbonsäure-dimethylester (S. 5076) und 2-Hydroxy-2,6-dimethyl-dihydro-pyran-3,3-dicarbonsäure-dimethylester ($\rightleftharpoons$ Acetyl-[3-hydroxy-butyl]-malonsäure-dimethylester [Kp$_{0,02}$: 81°]) erhalten worden.

4-[(5R)-5-Methyl-2,4-dioxo-tetrahydro-[3]furyl]-buttersäure, 2-D-Lactoyl-adipinsäure-1-lacton $C_9H_{12}O_5$, Formel VII, und Tautomeres (4-[(R)-4-Hydroxy-5-methyl-2-oxo-2,5-dihydro-[3]furyl]-buttersäure).

B. Bei der Hydrierung von (+)-Carolinsäure (S. 6130) an Palladium/Kohle in Äthanol (*Clutterbuck et al.*, Biochem. J. **29** [1935] 300, 304, 317).

Krystalle (aus W.); F: 143° (*Cl. et al.*). Absorptionsmaximum einer Lösung in Wasser: 252 nm; einer Lösung in wss. Schwefelsäure: 232 nm; Absorptionsmaxima einer Lösung des Natrium-Salzes in wss. Natronlauge: 220 nm und 255—260 nm (*Herbert, Hirst*, Biochem. J. **29** [1935] 1881, 1884).

Beim Erhitzen mit wss. Schwefelsäure und Behandeln des Reaktionsprodukts mit [2,4-Dinitro-phenyl]-hydrazin und wss. Salzsäure ist eine Verbindung $C_{20}H_{20}N_8O_{10}$ (Krystalle [aus Nitrobenzol + Toluol], F: 248°; möglicherweise 6,7-Bis-[2,4-dinitro-phenylhydrazono]-octansäure) erhalten worden (*Cl. et al.*, l. c. S. 304, 318).

(±)-3-Butyryl-5-oxo-tetrahydro-furan-3-carbonsäure-äthylester, (±)-2-Butyryl-2-hydr=oxymethyl-bernsteinsäure-1-äthylester-4-lacton $C_{11}H_{16}O_5$, Formel VIII.

B. Beim Behandeln von Butyrylbernsteinsäure-diäthylester mit wss. Formaldehyd-Lösung und Diäthylamin (*U.S. Rubber Co.*, U.S.P. 2598803 [1950]).

Kp$_{0,65}$: 130—134°. n_D^{20}: 1,4618.

VIII　　　　　　　　　IX　　　　　　　　　X

(±)-2-Isobutyl-4,5-dioxo-tetrahydro-furan-3-carbonsäure-äthylester, (±)-[1-Hydroxy-3-methyl-butyl]-oxalessigsäure-4-äthylester-1-lacton $C_{11}H_{16}O_5$, Formel IX, und Tautomeres ((±)-4-Hydroxy-2-isobutyl-5-oxo-2,5-dihydro-furan-3-carbonsäure-äthylester).

B. Beim Behandeln von Isovaleraldehyd mit der Natrium-Verbindung des Oxalessig⸗säure-diäthylesters in Äthanol und Behandeln des Reaktionsgemisches mit wss. Salz-säure (*Stacy, Wagner,* Am. Soc. **74** [1952] 909).

Krystalle (aus Me. + W.); F: 102—103°.

(±)-5-*tert*-Butyl-2,4-dioxo-tetrahydro-furan-3-carbonsäure-äthylester, (±)-[2-Hydroxy-3,3-dimethyl-butyryl]-malonsäure-äthylester-lacton $C_{11}H_{16}O_5$, Formel X, und Tautomeres ((±)-5-*tert*-Butyl-4-hydroxy-2-oxo-2,5-dihydro-furan-3-carbonsäure-äthylester).

B. Beim Behandeln von (±)-[2-Acetoxy-3,3-dimethyl-butyryl]-malonsäure-diäthyl⸗ester mit wasserfreier Schwefelsäure und Behandeln des Reaktionsgemisches mit Eis (*Reid, Denny,* Am. Soc. **81** [1959] 4632, 4634).

Krystalle (aus wss. Me.); F: 108—109°.

(±)-3-[3-Acetyl-2-oxo-tetrahydro-[3]furyl]-propionitril, (±)-2-[2-Cyan-äthyl]-2-[2-hydr⸗oxy-äthyl]-acetessigsäure-lacton $C_9H_{11}NO_3$, Formel XI.

B. Beim aufeinanderfolgenden Behandeln von 3-Acetyl-dihydro-furan-2-on mit Natriumäthylat in Äthanol und mit Acrylonitril (*Albertson,* Am. Soc. **72** [1950] 2594, 2597).

Krystalle (aus Me.); F: 44—46°. Kp$_{1,5}$: 162°. n_D^{25}: 1,4790° [unterkühlte Schmelze].

Überführung in 6-Methyl-2-oxa-7-aza-spiro[4.5]decan-1-on-hydrochlorid (F: 265° bis 266,5°) durch Hydrierung an Raney-Nickel in Methanol bei 90°/35 at und Behandlung des Reaktionsprodukts mit Chlorwasserstoff enthaltendem Äthanol: *Al.,* l. c. S. 2598. Beim Erhitzen mit Natriumcarbonat in Wasser ist eine als (±)-4-[2-Hydroxy-äthyl]-5-oxo-hexannitril angesehene Verbindung $C_8H_{13}NO_2$ (gelbes Öl; 2,4-Dinitro-phenylhydrazon $C_{14}H_{17}N_5O_5$; F: 159°) erhalten worden (*Al.*).

XI　　　　　　　　　XII　　　　　　　　　XIII

(±)-[3-Isopropyl-2,5-dioxo-tetrahydro-[3]furyl]-essigsäure, (±)-2-Isopropyl-propan-1,2,3-tricarbonsäure-1,2-anhydrid $C_9H_{12}O_5$, Formel XII.

B. Beim Erhitzen von (±)-2-Isopropyl-propan-1,2,3-tricarbonsäure bis auf 200° (*Treibs,* B. **64** [1931] 2545, 2552).

Krystalle (aus Ae. + PAe.); F: 145—146°.

(±)-4-Acetyl-2,2-dimethyl-5-oxo-tetrahydro-furan-3-carbonsäure-äthylester, (±)-2-Acetyl-3-[α-hydroxy-isopropyl]-bernsteinsäure-4-äthylester-1-lacton $C_{11}H_{16}O_5$, Formel XIII, und Tautomere.

B. Beim Behandeln von (±)-α,β-Epoxy-isovaleriansäure-äthylester mit Acetessigsäure-

äthylester und Natriumäthylat in Äthanol (*Tschelinzew, Ošetrowa*, Ž. obšč. Chim. **7** [1937]
2373; C. **1938** II 845).
Kp$_{11}$: 150—152°.

Oxocarbonsäuren $C_{10}H_{14}O_5$

(±)-5-[2,6-Dioxo-tetrahydro-pyran-3-yl]-valeriansäure, (±)-Heptan-1,3,7-tricarbonsäure-
1,3-anhydrid $C_{10}H_{14}O_5$, Formel I.
Diese Konstitution kommt wahrscheinlich der nachstehend beschriebenen Verbindung
zu.
B. Neben 3-[2-Oxo-cyclohexyl]-propionsäure beim Erwärmen von 3-[1-Äthoxycarb=
onyl-2-oxo-cyclohexyl]-propionsäure-äthylester mit methanol. Kalilauge (3 Mol KOH)
und Erhitzen des nach dem Ansäuern erhaltenen Reaktionsprodukts unter 0,2 Torr
(*Haworth, Mavin*, Soc. **1933** 1012, 1015).
Krystalle (aus Bzl.); F: 72—73°.

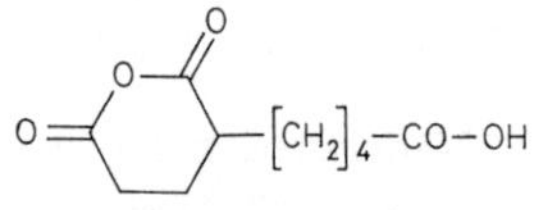

I 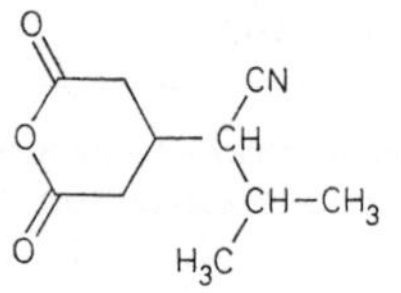   II 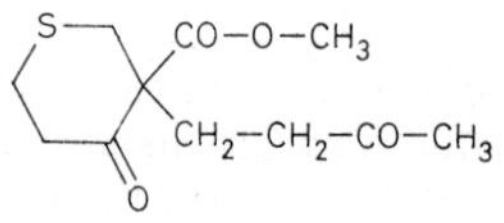   III

(±)-2-[2,6-Dioxo-tetrahydro-pyran-4-yl]-3-methyl-butyronitril, (±)-3-[1-Cyan-2-methyl-
propyl]-glutarsäure-anhydrid $C_{10}H_{13}NO_3$, Formel II.
B. Beim Erwärmen von (±)-3-[1-Cyan-2-methyl-propyl]-glutarsäure mit Acetanhydrid
und Benzol (*Osugi*, J. pharm. Soc. Japan **78** [1958] 1343, 1347; C. A. **1959** 8107, 8111).
Krystalle (aus Bzl.); F: 110°.

(±)-4-Oxo-3-[3-oxo-butyl]-tetrahydro-thiopyran-3-carbonsäure-methylester $C_{11}H_{16}O_4S$,
Formel III.
B. Aus 4-Oxo-tetrahydro-thiopyran-3-carbonsäure-methylester und Butenon (*Georgian*,
Chem. and Ind. **1957** 1480).
F: 87—88°.
Beim Behandeln mit Essigsäure und wss. Salzsäure ist je nach den Bedingungen
8,8a-Dihydro-7*H*-isothiochroman-6-on   oder   6-Oxo-7,8-dihydro-6*H*-isothiochroman-
8a-carbonsäure-methylester erhalten worden.

(±)-[4,6,6-Trimethyl-2-oxo-tetrahydro-pyran-3-yl]-glyoxylsäure-äthylester,
(±)-[3-Hydroxy-1,3-dimethyl-butyl]-oxalessigsäure-1-äthylester-4-lacton $C_{12}H_{18}O_5$,
Formel IV, und Tautomeres ((±)-Hydroxy-[4,6,6-trimethyl-2-oxo-dihydro-
pyran-3-yliden]-essigsäure-äthylester).
B. Beim Behandeln von (±)-4,6,6-Trimethyl-tetrahydro-pyran-2-on mit Oxalsäure-di=
äthylester und Natrium in Äther (*Korte, Machleidt*, B. **90** [1957] 2150, 2157).
Kp$_{0,03}$: 103—104°.
Beim Behandeln mit Chlorwasserstoff enthaltendem Methanol ist 2-Methoxy-4,6,6-tri=
methyl-tetrahydro-pyran-2,3-dicarbonsäure-dimethylester (S. 5078) erhalten worden.

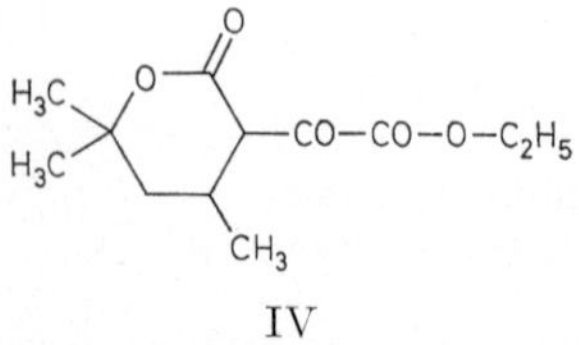

IV 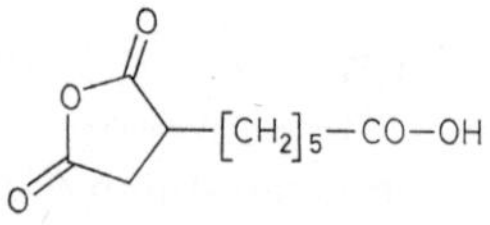   V 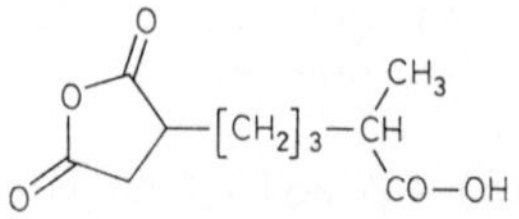   VI

(±)-6-[2,5-Dioxo-tetrahydro-[3]furyl]-hexansäure, (±)-Heptan-1,2,7-tricarbonsäure-1,2-anhydrid $C_{10}H_{14}O_5$, Formel V.

B. Beim Erhitzen von (±)-Heptan-1,2,7-tricarbonsäure unter 1 Torr auf 180° (*Payne, Smith*, J. org. Chem. **23** [1958] 1066, 1068).

Krystalle (aus Bzl. + PAe.); F: 80—81°.

---

*Opt.-inakt. 5-[2,5-Dioxo-tetrahydro-[3]furyl]-2-methyl-valeriansäure, Heptan-1,2,6-tri= carbonsäure-1,2-anhydrid $C_{10}H_{14}O_5$, Formel VI.

B. Beim Erhitzen von opt.-inakt. Heptan-1,2,6-tricarbonsäure (F: 145—147°) auf 170° (*Singh et al.*, J. scient. ind. Res. India **17** B [1958] 423, 424, 428).

$Kp_{0,1}$: 210—212°.

(±)-4,5-Dioxo-2-pentyl-tetrahydro-furan-3-carbonsäure-äthylester, (±)-[1-Hydroxy-hexyl]-oxalessigsäure-4-äthylester-1-lacton $C_{12}H_{18}O_5$, Formel VII, und Tautomeres ((±)-4-Hydroxy-5-oxo-2-pentyl-2,5-dihydro-furan-3-carbonsäure-äthyl= ester).

B. Beim Behandeln von Hexanal mit der Natrium-Verbindung des Oxalessigsäure-di= äthylesters in Äthanol und Behandeln des Reaktionsgemisches mit wss. Salzsäure (*Stacy, Wagner*, Am. Soc. **74** [1952] 909).

Krystalle (aus PAe.); F: 42—43°.

(±)-4,5-Dioxo-3-pentyl-tetrahydro-furan-3-carbonsäure-äthylester, (±)-Hydroxy= methyl-pentyl-oxalessigsäure-4-äthylester-1-lacton $C_{12}H_{18}O_5$, Formel VIII.

B. Beim Behandeln von Pentyloxalessigsäure-diäthylester mit wss. Formaldehyd-Lösung und Kaliumcarbonat und Ansäuern des Reaktionsgemisches mit wss. Schwefel= säure (*Schinz, Hinder*, Helv. **30** [1947] 1349, 1364).

$Kp_{0,02}$: 105—108° (*Sch., Hi.*).

Beim Erhitzen auf 300° ist 2-Pentyl-acrylsäure-äthylester erhalten worden (*Hinder et al.*, Helv. **30** [1947] 1495, 1498).

---

*Opt.-inakt. 2-Methyl-4-[4-methyl-2,5-dioxo-tetrahydro-[3]furyl]-buttersäure, Heptan-2,3,6-tricarbonsäure-2,3-anhydrid $C_{10}H_{14}O_5$, Formel IX (X = OH).

Die nachstehend beschriebene Verbindung hat nach *Ruzicka, Steiner* (Helv. **17** [1934] 614, 615) auch in dem früher (s. H **10** 964 und E II **10** 687) beschriebenen Anhydrid $C_{10}H_{14}O_5$ vom F: 145° vorgelegen, das aus opt.-inakt. Heptan-2,2,5,6-tetracarbonsäure vom F: 165° erhalten worden ist.

B. Beim Erwärmen von opt.-inakt. Heptan-2,3,6-tricarbonsäure-triäthylester ($Kp_{0,5}$: 148—149° [E III **2** 2049]) mit wss.-äthanol. Alkalilauge und Erhitzen des nach dem Ansäuern mit wss. Salzsäure erhaltenen Reaktionsprodukts im Hochvakuum auf 190° (*Ru., St.*, l. c. S. 618).

Krystalle (aus Acn. + Bzl.); F: 145—146°.

Beim Erhitzen mit Wasser ist Heptan-2,3,6-tricarbonsäure vom F: 136—137° (E III **2** 2049]), beim Erhitzen mit Natriumhydroxid und wenig Wasser bis auf 280° ist hingegen Heptan-2,3,6-tricarbonsäure vom F: 127—128° (E III **2** 2048) erhalten worden (*Ru., St.*, l. c. S. 619).

VII VIII IX

---

*Opt.-inakt. 2-Methyl-4-[4-methyl-2,5-dioxo-tetrahydro-[3]furyl]-butyrylchlorid, 2-[3-Chlorcarbonyl-butyl]-3-methyl-bernsteinsäure-anhydrid $C_{10}H_{13}ClO_4$, Formel IX (X = Cl).

B. Beim Erwärmen von opt.-inakt. 2-Methyl-4-[4-methyl-2,5-dioxo-tetrahydro-

[3]furyl]-buttersäure (S. 5979) mit Thionylchlorid und Benzol (*Ruzicka, Steiner*, Helv. **17** [1934] 614, 616, 619).

$Kp_{0,1}$: ca. 150° [Rohprodukt].

Beim Behandeln mit 4-Brom-anilin (4 Mol) und Äther ist eine als N-[4-Brom-phenyl]-2-[1-(4-brom-phenylcarbamoyl)-äthyl]-5-methyl-adipinamidsäure (oder 3,6-Bis-[4-brom-phenylcarbamoyl]-2-methyl-heptansäure) angesehene Verbindung (F: 180—183° [E III **12** 1446]), beim Behandeln mit *p*-Anisidin (4 Mol) und Äther ist eine als N-[4-Methoxy-phenyl]-2-[1-(4-methoxy-phenylcarbamoyl)-äthyl]-5-methyl-adipinamidsäure (oder 3,6-Bis-[4-methoxy-phenylcarbamoyl]-2-methyl-heptansäure) angesehene Verbindung (F: 182—185° [E III **13** 1089]) erhalten worden (*Ru., St.*, l. c. S. 619).

(±)-2-[1-Äthyl-propyl]-4,5-dioxo-tetrahydro-furan-3-carbonsäure-äthylester,
(±)-[2-Äthyl-1-hydroxy-butyl]-oxalessigsäure-4-äthylester-1-lacton $C_{12}H_{18}O_5$,
Formel X, und Tautomeres ((±)-2-[1-Äthyl-propyl]-4-hydroxy-5-oxo-2,5-di=
hydro-furan-3-carbonsäure-äthylester).

B. Beim Behandeln von 2-Äthyl-butyraldehyd mit der Natrium-Verbindung des Oxal=
essigsäure-diäthylesters in Äthanol und Behandeln des Reaktionsgemisches mit wss. Salz=
säure (*Stacy, Wagner*, Am. Soc. **74** [1952] 909).

F: 34—36°. Kp_2: 131—134°; n_D^{25}: 1,4798 [unterkühlte Flüssigkeit].

X   XI

[(2S)-4-Butyl-3,5-dioxo-tetrahydro-[2]furyl]-essigsäure,   (4S)-2-Butyl-4-hydroxy-3-oxo-adipinsäure-1-lacton $C_{10}H_{14}O_5$, Formel XI, und Tautomeres [(S)-4-Butyl-3-hydroxy-5-oxo-2,5-dihydro-[2]furyl]-essigsäure).

B. Bei der Hydrierung von Carlossäure ([(S)-4-Butyryl-3-hydroxy-5-oxo-2,5-di=
hydro-[2]furyl]-essigsäure [S. 6131]) an Palladium/Kohle in Wasser (*Clutterbuck et al.*, Biochem. J. **29** [1935] 871, 881).

Krystalle (aus W.); F: 217°. UV-Absorptionsmaximum einer Lösung in Wasser: 252 nm; einer Lösung in wss. Schwefelsäure: 235 nm; Absorptionsmaxima einer Lösung des Natrium-Salzes in wss. Natronlauge: 225 nm und 260 nm (*Herbert, Hirst*, Biochem. J. **29** [1935] 1881, 1887).

---

*Opt.-inakt. **3-Butyryl-2-methyl-5-oxo-tetrahydro-furan-3-carbonsäure-äthylester,**
2-Butyryl-2-[1-hydroxy-äthyl]-bernsteinsäure-1-äthylester-4-lacton $C_{12}H_{18}O_5$,
Formel XII.

B. Beim Erhitzen von Butyrylbernsteinsäure-diäthylester mit Acetaldehyd (*U.S. Rubber Co.*, U.S.P. 2598803 [1950]).

$Kp_{0,7}$: 130—134°. n_D^{20}: 1,4609.

Überführung in ein 2,4-Dinitro-phenylhydrazon $C_{18}H_{22}N_4O_8$ (3-[1-(2,4-Dinitro-phenylhydrazono)-butyl]-2-methyl-5-oxo-tetrahydro-furan-3-carbonsäu=
re-äthylester) vom F: 192—194° : *U.S. Rubber Co.*

---

*Opt.-inakt. **3-Butyl-5-methyl-2,4-dioxo-tetrahydro-furan-3-carbonsäure-äthylester,**
Butyl-lactoyl-malonsäure-äthylester-lacton $C_{12}H_{18}O_5$, Formel XIII.

B. Beim Behandeln von (±)-[2-Acetoxy-propionyl]-butyl-malonsäure-diäthylester mit wasserfreier Schwefelsäure und Behandeln des Reaktionsgemisches mit Eis (*Reid, Denny*, Am. Soc. **81** [1959] 4632, 4633).

$Kp_{0,9}$: 106—108°. n_D^{25}: 1,447.

XII   XIII   XIV

(±)-3-Äthyl-4,5-dioxo-2-propyl-tetrahydro-furan-2-carbonsäure-äthylester, (±)-3-Äthyl-2-hydroxy-4-oxo-2-propyl-glutarsäure-1-äthylester-5-lacton $C_{12}H_{18}O_5$, Formel XIV, und Tautomeres ((±)-3-Äthyl-4-hydroxy-5-oxo-2-propyl-2,5-dihydro-furan-2-carbonsäure-äthylester).

B. Beim Behandeln von 2-Acetoxy-pent-2-ensäure-äthylester (Kp_{10}: 105—106°; n_D^{20}: 1,4398) oder von 2-Oxo-valeriansäure-äthylester mit Diäthylamin und Äthanol bzw. Äther (*Monnin*, Helv. **40** [1957] 1983, 1987).

$Kp_{0,1}$: 117—118°. D_4^{20}: 1,117. n_D^{20}: 1,4762.

---

*Opt.-inakt. 3-Acetyl-5-oxo-2-propyl-tetrahydro-furan-3-carbonsäure-äthylester, 2-Acetyl-2-[1-hydroxy-butyl]-bernsteinsäure-1-äthylester-4-lacton $C_{12}H_{18}O_5$, Formel XV.

B. Beim Erhitzen von Acetylbernsteinsäure-diäthylester mit Butyraldehyd (*U.S. Rubber Co.*, U.S.P. 2598803 [1950]).

Kp_2: 140—142°. n_D^{20}: 1,4600.

Überführung in ein 2,4-Dinitro-phenylhydrazon $C_{18}H_{22}N_4O_8$ (3-[1-(2,4-Dinitro-phenylhydrazono)-äthyl]-5-oxo-2-propyl-tetrahydro-furan-3-carbonsäure-äthylester) vom F: 175—176,5°: *U.S. Rubber Co.*

XV   XVI   XVII

*Opt.-inakt. 3-[3-Acetyl-5-chlormethyl-2-oxo-tetrahydro-[3]furyl]-propionitril, 2-Acetyl-2-chlor-2-[2-cyan-äthyl]-4-hydroxy-valeriansäure-lacton $C_{10}H_{12}ClNO_3$, Formel XVI.

B. Beim Behandeln von (±)-3-Acetyl-5-chlormethyl-dihydro-furan-2-on mit Natrium-äthylat in Äthanol und anschliessend mit Acrylonitril (*Albertson*, Am. Soc. **72** [1950] 2594, 2595).

$Kp_{1,6}$: 199°. n_D^{25}: 1,4982.

3-[4-Äthyl-4-methyl-2,5-dioxo-tetrahydro-[3]furyl]-propionsäure-äthylester, 4-Methyl-hexan-1,3,4-tricarbonsäure-1-äthylester-3,4-anhydrid $C_{12}H_{18}O_5$, Formel XVII.

Diese Konstitution kommt vermutlich der nachstehend beschriebenen opt.-inakt. Verbindung zu.

B. Aus opt.-inakt. 4-Methyl-hexan-1,3,4-tricarbonsäure-triäthylester [Kp_4: 165° (E III **2** 2049)] (*Chatterjee, Bose*, Sci. Culture **5** [1940] 559).

Kp_4: 170—175°.

Oxocarbonsäuren $C_{11}H_{16}O_5$

(±)-2-Hexyl-4,5-dioxo-tetrahydro-furan-3-carbonsäure-äthylester, (±)-[1-Hydroxy-heptyl]-oxalessigsäure-4-äthylester-1-lacton $C_{13}H_{20}O_5$, Formel I, und Tautomeres ((±)-2-Hexyl-4-hydroxy-5-oxo-2,5-dihydro-furan-3-carbonsäure-äthylester).

B. Beim Behandeln von Heptanal mit der Natrium-Verbindung bzw. Kalium-Verbindung des Oxalessigsäure-diäthylesters in Äthanol bzw. Wasser und Behandeln des jeweiligen Reaktionsprodukts mit wss. Salzsäure (*Schinz, Rossi*, Helv. **31** [1948] 1953,

1958; *Stacy, Wagner*, Am. Soc. **74** [1952] 909; *Ritter*, A. ch. [12] **6** [1952] 247).

Krystalle; F: 42° [aus wss. A.] (*Ri.*), 40—41° [aus PAe.] (*St., Wa.*). $Kp_{0,1}$: 145—148°; n_D^{22}: 1,4808 [unterkühlte Flüssigkeit] (*Sch., Ro.*).

Beim Behandeln einer Suspension in Wasser mit Chlor bzw. Brom ist 3-Chlor-2-hex=yl-4,5-dioxo-tetrahydro-furan-3-carbonsäure-äthylester ($C_{13}H_{19}ClO_5$; Öl; auch unter vermindertem Druck nicht destillierbar) bzw. 3-Brom-2-hexyl-4,5-dioxo-tetrahydro-furan-3-carbonsäure-äthylester $C_{13}H_{19}BrO_5$ (Öl; auch unter ver= mindertem Druck nicht destillierbar) erhalten und durch Erwärmen mit wss. Kalilauge in 2-Chlor-non-2-ensäure (E III **2** 1348) bzw. 2-Brom-non-2-ensäure (E III **2** 1348) über= geführt worden (*Ri.*, 1. c. S. 250, 251, 255, 267). Reaktion mit Anilin in Äther unter Bil= dung einer Verbindung $C_{19}H_{27}NO_5$ (Krystalle [aus Bzl. + PAe.], F: 89°): *Sch., Ro.*, l. c. S. 1959.

Phenylhydrazon $C_{19}H_{26}N_2O_4$ (möglicherweise 2-Hexyl-5-oxo-4-phenylhydr=azono-tetrahydro-furan-3-carbonsäure-äthylester). F: 98—99° (*Gault, Ritter*, C. r. **226** [1948] 816).

I   II

(±)-5-Hexyl-2,4-dioxo-tetrahydro-furan-3-carbonsäure-äthylester, (±)-[2-Hydroxy-octanoyl]-malonsäure-äthylester-lacton $C_{13}H_{20}O_5$, Formel II, und Tautomeres ((±)-5-Hexyl-4-hydroxy-2-oxo-2,5-dihydro-furan-3-carbonsäure-äthyl=ester).

B. Beim Behandeln von (±)-2-Brom-octanoylchlorid mit der Natrium-Verbindung des Malonsäure-diäthylesters in Äther (*Pons, Veldstra*, R. **74** [1955] 1217, 1228).

Krystalle (aus Eg.); F: 65—67°.

(±)-3-Isohexyl-4,5-dioxo-tetrahydro-furan-3-carbonsäure-äthylester, (±)-Hydroxy=methyl-isohexyl-oxalessigsäure-4-äthylester-1-lacton $C_{13}H_{20}O_5$, Formel III.

B. Beim Behandeln von Isohexyloxalessigsäure-diäthylester mit wss. Formaldehyd-Lösung und Kaliumcarbonat und Ansäuern des Reaktionsgemisches mit wss. Schwefel=säure (*Schinz, Hinder*, Helv. **30** [1947] 1349, 1365).

$Kp_{0,015}$: 103—105°. D_4^{14}: 1,0952. n_D^{14}: 1,4610.

III   IV

*Opt.-inakt. 2-Methyl-4,5-dioxo-3-pentyl-tetrahydro-furan-3-carbonsäure-äthylester, [1-Hydroxy-äthyl]-pentyl-oxalessigsäure-4-äthylester-1-lacton $C_{13}H_{20}O_5$, Formel IV.

B. Beim Behandeln von Pentyloxalessigsäure-diäthylester mit Acetaldehyd und Pyridin (*Schinz, Hinder*, Helv. **30** [1947] 1349, 1368).

$Kp_{0,02}$: 110—112°.

Oxocarbonsäuren $C_{12}H_{18}O_5$

(±)-3,3,4,6,6-Pentamethyl-2,7-dioxo-oxepan-4-carbonsäure-methylester $C_{13}H_{20}O_5$, Formel V, (±)-2-Methyl-2-[3,5,5-trimethyl-2,6-dioxo-tetrahydro-pyran-3-yl]-propion=säure-methylester $C_{13}H_{20}O_5$, Formel VI, und (±)-2,2-Dimethyl-3-[3,4,4-trimethyl-2,5-dioxo-tetrahydro-[3]furyl]-propionsäure-methylester $C_{13}H_{20}O_5$, Formel VII.

Diese Konstitutionsformeln kommen für den nachstehend beschriebenen (±)-2,3,5-Tri=methyl-hexan-2,3,5-tricarbonsäure-anhydrid-methylester in Betracht.

B. Beim Erwärmen von Dipropionylperoxid in Isobuttersäure und Erhitzen des neben anderen Verbindungen erhaltenen (±)-2,3,5-Trimethyl-hexan-2,3,5-tricarbonsäure-mono≠ methylesters (Rohprodukt) mit Acetanhydrid (*Goldschmidt et al.*, A. **577** [1952] 153, 163, 177).

Krystalle (aus Ae. + Bzn.); F: 110°.

V   VI   VII

Opt.-inakt. **3-Butyryl-5-oxo-2-propyl-tetrahydro-furan-3-carbonsäure-äthylester,** **2-Butyryl-2-[1-hydroxy-butyl]-bernsteinsäure-1-äthylester-4-lacton** $C_{14}H_{22}O_5$, Formel VIII.

B. Beim Erhitzen von Butyrylbernsteinsäure-diäthylester mit Butyraldehyd (*U.S. Rubber Co.*, U.S.P. 2598803 [1950]).

Kp_2: 140—142°. D_{20}^{20}: 1,084. n_D^{20}: 1,4600.

Überführung in ein 2,4-Dinitro-phenylhydrazon $C_{20}H_{26}N_4O_8$ (3-[1-(2,4-Dinitro-phenylhydrazono)-butyl]-5-oxo-2-propyl-tetrahydro-furan-3-carbonsäu≠ re-äthylester) vom F: 193—194°: *U.S. Rubber Co.*

Oxocarbonsäuren $C_{16}H_{26}O_5$

Opt.-inakt. **2-Hexyl-4,5-dioxo-3-pentyl-tetrahydro-furan-3-carbonsäure-äthylester,** **[1-Hydroxy-heptyl]-pentyl-oxalessigsäure-4-äthylester-1-lacton** $C_{18}H_{30}O_5$, Formel IX.

B. Beim Behandeln von Pentyloxalessigsäure-diäthylester mit Heptanal und wss. Kaliumcarbonat-Lösung (*Schinz, Hinder*, Helv. **30** [1947] 1349, 1368).

$Kp_{0,03}$: 140—143°.

VIII   IX   X

Oxocarbonsäuren $C_{18}H_{30}O_5$

Opt.-inakt. **10,11-Epoxy-9,12-dioxo-octadecansäure** $C_{18}H_{30}O_5$, Formel X (X = OH).

B. Beim Behandeln von 9,12-Dioxo-octadec-10*t*-ensäure mit wss. Wasserstoffperoxid, wss.-methanol. Kalilauge und Magnesiumbromid (*Nichols, Schipper*, Am. Soc. **80** [1958] 5711).

Krystalle (aus A.); F: 99,5—100°.

Opt.-inakt. **10,11-Epoxy-9,12-dioxo-octadecansäure-[2-dimethylamino-äthylester]** $C_{22}H_{39}NO_5$, Formel X (X = O-CH$_2$-CH$_2$-N(CH$_3$)$_2$).

B. Beim Behandeln einer Lösung von opt.-inakt. 10,11-Epoxy-9,12-dioxo-octadecan≠ säure (s. o.) in Tetrahydrofuran mit Triäthylamin und Chlorokohlensäure-isobutylester, Erwärmen des Reaktionsgemisches mit 2-Dimethylamino-äthanol (*Ethicon Inc.*, U.S.P. 2822369 [1955]).

Krystalle (aus Ae. bei −40°).

Opt.-inakt. **10,11-Epoxy-9,12-dioxo-octadecansäure-[2-diäthylamino-äthylester]** $C_{24}H_{43}NO_5$, Formel X (X = O-CH$_2$-CH$_2$-N(C$_2$H$_5$)$_2$).

B. Beim Behandeln einer Lösung von opt.-inakt. 10,11-Epoxy-9,12-dioxo-octadecan≠

säure (S. 5983) in Dichlormethan mit Triäthylamin und Chlorokohlensäure-isobutylester, Erwärmen des Reaktionsgemisches mit 2-Diäthylamino-äthanol (*Ethicon Inc.*, U.S.P. 2822369 [1955]).
Krystalle (aus Ae. + PAe.); F: 45°.

*Opt.-inakt. **10,11-Epoxy-9,12-dioxo-octadecansäure-anhydrid** $C_{36}H_{58}O_9$, Formel XI.
B. Beim Behandeln von opt.-inakt. 10,11-Epoxy-9,12-dioxo-octadecansäure (S. 5983) mit Chlorokohlensäure-isobutylester, Triäthylamin und Dichlormethan und Erwärmen des Reaktionsgemisches mit 10,11-Epoxy-9,12-dioxo-octadecansäure Triäthylamin und Dichlormethan (*Ethicon Inc.*, U.S.P. 2877247 [1955]; *Schipper, Nichols*, Am. Soc. **80** [1958] 5714, 5716).
Krystalle (aus E.); F: 102—103° (*Ethicon Inc.*; *Sch., Ni.*).

XI

*Opt.-inakt. **10,11-Epoxy-9,12-dioxo-octadecansäure-*o*-anisidid** $C_{25}H_{37}NO_5$, Formel X (X = NH-C_6H_4-O-CH_3).
B. Beim Behandeln einer Lösung von opt.-inakt. 10,11-Epoxy-9,12-dioxo-octadecansäure (S. 5983) in Tetrahydrofuran mit Triäthylamin und Chlorokohlensäure-isobutylester und Erwärmen des Reaktionsgemisches mit *o*-Anisidin (*Schipper, Nichols*, Am. Soc. **80** [1958] 5714, 5715).
Krystalle (aus wss. A.); F: 97—99°.

*Opt.-inakt. **10,11-Epoxy-9,12-dioxo-octadecansäure-[2-diäthylamino-äthylamid]** $C_{24}H_{44}N_2O_4$, Formel X (X = NH-CH_2-CH_2-N(C_2H_5)$_2$).
B. Beim Behandeln einer Lösung von opt.-inakt. 10,11-Epoxy-9,12-dioxo-octadecansäure (S. 5983) in Tetrahydrofuran mit Triäthylamin und Chlorokohlensäure-isobutylester, Erwärmen des Reaktionsgemisches mit *N,N*-Diäthyl-äthylendiamin (*Ethicon Inc.*, U.S.P. 2850509 [1955]; s. a. *Schipper, Nichols*, Am. Soc. **80** [1958] 5714, 5715).
Krystalle (aus Ae.); F: 84—85° (*Ethicon Inc.*; *Sch., Ni.*).

*Opt.-inakt. **10,11-Epoxy-9,12-dioxo-octadecansäure-[3-dimethylamino-propylamid]** $C_{23}H_{42}N_2O_4$, Formel X (X = NH-[CH_2]$_3$-N(CH_3)$_2$).
B. Beim Behandeln einer Lösung von opt.-inakt. 10,11-Epoxy-9,12-dioxo-octadecansäure (S. 5983) in Tetrahydrofuran mit Triäthylamin und Chlorokohlensäure-isobutylester, Erwärmen des Reaktionsgemisches mit *N,N*-Dimethyl-propandiyldiamin (*Ethicon Inc.*, U.S.P. 2850509 [1955]).
Krystalle (aus E.); F: 82—83°.

Oxocarbonsäuren $C_nH_{2n-8}O_5$

Oxocarbonsäuren $C_5H_2O_5$

5-Acetylimino-4-[2-hydroxy-[1]naphthylhydrazono]-4,5-dihydro-furan-2-carbonsäure-äthylester $C_{19}H_{17}N_3O_5$, Formel I, und **5-Acetylamino-4-[2-hydroxy-[1]naphthylazo]-furan-2-carbonsäure-äthylester** $C_{19}H_{17}N_3O_5$, Formel II.
B. Beim Behandeln einer aus 5-Acetylamino-4-amino-furan-2-carbonsäure-äthylester, wss. Salzsäure und Natriumnitrit bereiteten Diazoniumsalz-Lösung mit [2]Naphthol und wss. Natronlauge und Behandeln des Reaktionsgemisches mit wss. Salzsäure (*Gilman, Wright*, R. **53** [1934] 13, 15).
Rote Krystalle (aus A.); F: 223,5—224,5° [Zers.].

I   II

Oxocarbonsäuren $C_6H_4O_5$

4,5-Dioxo-5,6-dihydro-4H-pyran-2-carbonsäure $C_6H_4O_5$, Formel III (X = OH), und Tautomeres (5-Hydroxy-4-oxo-4H-pyran-2-carbonsäure [Formel IV]) (H 461; E I 511; E II 352).

Die nachstehend beschriebene **Komensäure** ist als 5-Hydroxy-4-oxo-4H-pyran-2-carbon= säure (Formel IV) zu formulieren (*Garkuscha*, Ž. obšč. Chim. **23** [1953] 1578; engl. Ausg. S. 1657; *Becker*, Acta chem. scand. **16** [1962] 78).

B. Beim Behandeln von Mekonsäure (3-Hydroxy-4-oxo-4H-pyran-2,6-dicarbonsäure [S. 6203]) mit wss. Salzsäure (*Garkuscha*, Ž. obšč. Chim. **16** [1946] 2026, 2027; C. A. **1948** 566; Ž. obšč. Chim. **23** 1580; *Takeuchi, Kaneko*, Japan J. Pharm. Chem. **25** [1953] 22, 24; C. A. **1954** 676; vgl. H 461).

Krystalle; F: 280—282° [Zers.; aus W.] (*Ta., Ka.*), 274—275° [geschlossene Kapillare] (*Ga.*, Ž. obšč. Chim. **23** 1581). UV-Absorptionsmaxima (W.): 224 nm und 290 nm (*Tol= štikow*, Ž. obšč. Chim. **29** [1959] 2372, 2373; engl. Ausg. S. 2337, 2338). Scheinbare Disso= ziationskonstanten K'_{COOH} und K'_{OH} (Wasser; potentiometrisch ermittelt): $1,7 \cdot 10^{-2}$ bzw. $3,6 \cdot 10^{-8}$ (*Gorjaew et al.*, Ž. obšč. Chim. **28** [1958] 2102, 2105; engl. Ausg. S. 2140, 2143); wahrer Dissoziationsexponent pK'_{OH} (Wasser; potentiometrisch ermittelt) bei 24°: 7,67 (*Tsuji*, J. scient. Res. Inst. Tokyo **48** [1954] 126, 129).

Beim Behandeln mit wss. Kalilauge und Jod ist eine **Verbindung** $C_6H_2I_2O_5$ (hellgelbe Krystalle, F: 110—112° [Zers.]) erhalten worden (*Belonošow, Konštantinow*, Ž. prikl. Chim. **25** [1952] 1233, 1235; C. A. **1953** 8744).

4,5-Dioxo-5,6-dihydro-4H-pyran-2-carbonsäure-methylester $C_7H_6O_5$, Formel III (X = O-CH$_3$), und Tautomeres (5-Hydroxy-4-oxo-4H-pyran-2-carbonsäure- methylester); **Komensäure-methylester.**

B. Beim Erwärmen von Komensäure (s. o.) mit Chlorwasserstoff enthaltendem Methanol und konz. Schwefelsäure (*Fukushima*, J. pharm. Soc. Japan **77** [1957] 383, 385; C. A. **1957** 12083).

Krystalle (aus Me.); F: 182°. Absorptionsmaximum (A.): 304—305 nm (*Fu.*).

4,5-Dioxo-5,6-dihydro-4H-pyran-2-carbonsäure-äthylester $C_8H_8O_5$, Formel III (X = O-C$_2$H$_5$), und Tautomeres (5-Hydroxy-4-oxo-4H-pyran-2-carbonsäure- äthylester); **Komensäure-äthylester** (H 462).

B. Aus Komensäure (s. o.) beim Erwärmen mit Äthanol unter Einleiten von Chlorwas= serstoff (*Belonošow*, Ž. prikl. Chim. **24** [1951] 113, 116; engl. Ausg. S. 127, 130; vgl. H 462) sowie beim Erwärmen mit Äthanol und konz. Schwefelsäure (*Garkuscha*, Ž. obšč. Chim. **16** [1946] 2025, 2028; C. A. **1948** 566; *Takeuchi, Kaneko*, Japan J. Pharm. Chem. **25** [1953] 22, 24; C. A. **1954** 676).

Krystalle; F: 135° [aus CHCl$_3$] (*Ga.*), 129—130° [nach Sublimation] (*Eiden*, Ar. **292** [1959] 355, 361), 128° [aus A.] (*Ta., Ka.*). UV-Spektrum einer Lösung in Methanol (200—350 nm): *Ei.*, l. c. S. 357; von Lösungen in Wasser, in Heptan und in Äther (220 nm bis 400 nm): *Tolštikow*, Ž. obšč. Chim. **29** [1959] 2372, 2375; engl. Ausg. S. 2337, 2338.

In einem von *Belonošow* (l. c. S. 116) bei aufeinanderfolgender Umsetzung mit Diäthyl= amin und mit Chlorwasserstoff erhaltenen Präparat (grünlichgelbe Krystalle; F: 168°) hat ein Addukt aus 1 Mol Komensäure-äthylester, 2 Mol Diäthylamin und 2 Mol Chlor= wasserstoff vorgelegen (*Heyns, Vogelsang*, B. **87** [1954] 1440).

6,6-Dibrom-4,5-dioxo-5,6-dihydro-4H-pyran-2-carbonsäure $C_6H_2Br_2O_5$, Formel V (H 462; E I 511; dort als 6.6-Dibrom-komensäure bezeichnet).

Die beim Behandeln mit *o*-Phenylendiamin-dihydrochlorid in Wasser erhaltene, früher

(s. E I **18** 511 und E I **27** 619) als 4-Oxo-4H-pyrano[2,3-b]chinoxalin-2-carbonsäure angesehene Verbindung ist als 1-Oxo-1H-pyrano[3,4-b]chinoxalin-3-carbonsäure zu formulieren (*Eiden et al.*, Tetrahedron Letters **1968** 2903).

III   IV   V   VI

6-Jod-4,5-dioxo-5,6-dihydro-4H-pyran-2-carbonsäure $C_6H_3IO_5$, Formel VI (R = H), und Tautomeres (5-Hydroxy-6-jod-4-oxo-4H-pyran-2-carbonsäure).
B. Beim Behandeln von Mekonsäure (3-Hydroxy-4-oxo-4H-pyran-2,6-dicarbonsäure [S. 6203]) mit Jodmonochlorid in Wasser (*Garkuscha*, Ž. obšč. Chim. **16** [1946] 2025, 2028; C. A. **1948** 566).
Krystalle (aus A.); F: ca. 190° [Zers.].

6-Jod-4,5-dioxo-5,6-dihydro-4H-pyran-2-carbonsäure-äthylester $C_8H_7IO_5$, Formel VI (R = C$_2$H$_5$), und Tautomeres (5-Hydroxy-6-jod-4-oxo-4H-pyran-2-carbonsäure-äthylester).
B. Beim Behandeln von Komensäure-äthylester (S. 5985) mit wss. Äthanol und mit Jodmonochlorid in Wasser (*Garkuscha*, Ž. obšč. Chim. **16** [1946] 2025, 2028; C. A. **1948** 566).
Krystalle (aus A.); F: 152—155° [Zers.].

5-Oxo-4-thioxo-5,6-dihydro-4H-pyran-2-carbonsäure-äthylester $C_8H_8O_4S$, Formel VII, und Tautomeres (5-Hydroxy-4-thioxo-4H-pyran-2-carbonsäure-äthylester).
B. Beim Erwärmen von Komensäure-äthylester (S. 5985) mit Phosphor(V)-sulfid in Benzol (*Eiden*, Ar. **292** [1959] 153, 157).
Orangegelbe Krystalle (aus wss. A.), die bei 95° sublimieren und bei 104° schmelzen. Absorptionsspektren (200—450 nm) von Lösungen in Methanol und in Hexan: *Eiden*, Ar. **292** [1959] 461, 463, 465.

4,6-Dioxo-5,6-dihydro-4H-pyran-2-carbonsäure, 2-Hydroxy-4-oxo-hex-2t-endisäure-6-lacton $C_6H_4O_5$, Formel VIII (R = H), und Tautomeres (4-Hydroxy-6-oxo-6H-pyran-2-carbonsäure).
B. Beim Erhitzen einer Lösung von 4-Methoxy-6-oxo-6H-pyran-2-carbonsäure oder von 4-Äthoxy-6-oxo-6H-pyran-2-carbonsäure (E I **18** 531) in Essigsäure mit wss. Bromwasserstoffsäure (*Stetter*, *Schellhammer*, A. **605** [1957] 58, 63, 64).
Krystalle (aus W.); Zers. bei 295°.

VII   VIII   IX   X

4-Oxo-6-phenylimino-5,6-dihydro-4H-pyran-2-carbonsäure $C_{12}H_9NO_4$, Formel IX (R = C$_6$H$_5$), und **6-Anilino-4-oxo-4H-pyran-2-carbonsäure** $C_{12}H_9NO_4$, Formel X (R = C$_6$H$_5$).
B. Beim Erhitzen des Addukts aus 6-Anilino-4-phenylimino-4H-pyran-2-carbonsäure-anilid und Anilin-hydrochlorid (S. 5987) mit 70%ig. wss. Schwefelsäure (*Jerzmanowska*, *Orchowicz*, Acta Polon. pharm. **13** [1956] 11, 15, 22; C. A. **1956** 16 671).
Hydrochlorid $C_{12}H_9NO_4 \cdot HCl$. Gelbe Krystalle (aus wss. Salzsäure); Zers. bei 250° bis 257°.

4,6-Dioxo-5,6-dihydro-4H-pyran-2-carbonsäure-methylester, 2-Hydroxy-4-oxo-hex-2t-endisäure-6-lacton-1-methylester $C_7H_6O_5$, Formel VIII (R = CH$_3$), und Tautomeres (4-Hydroxy-6-oxo-6H-pyran-2-carbonsäure-methylester).

B. Beim Behandeln von 4,6-Dioxo-5,6-dihydro-4H-pyran-2-carbonsäure mit Methanol unter Durchleiten von Chlorwasserstoff (*Stetter, Schellhammer*, A. **605** [1957] 58, 64).

Krystalle (aus W. oder Me.); F: 216,5° [korr.; Zers.].

4,6-Dioxo-5,6-dihydro-4H-pyran-2-carbonsäure-äthylester, 2-Hydroxy-4-oxo-hex-2t-endisäure-1-äthylester-6-lacton $C_8H_8O_5$, Formel VIII (R = C$_2$H$_5$), und Tautomeres (4-Hydroxy-6-oxo-6H-pyran-2-carbonsäure-äthylester).

B. Beim Behandeln einer Lösung von Oxalsäure-äthylester-chlorid in Chloroform mit Keten und Erwärmen des Reaktionsprodukts mit Äthanol (*Beránek et al.*, Collect. **19** [1954] 1231, 1236). Beim Behandeln von 4,6-Dioxo-5,6-dihydro-4H-pyran-2-carbonsäure mit Äthanol unter Durchleiten von Chlorwasserstoff (*Stetter, Schellhammer*, A. **605** [1957] 58, 64).

Krystalle; F: 165° [korr.] (*St., Sch.*), 165° [unkorr.; aus Bzl. + A.] (*Be. et al.*).

4,6-Bis-phenylimino-5,6-dihydro-4H-pyran-2-carbonsäure-anilid $C_{24}H_{19}N_3O_2$, Formel I (R = C$_6$H$_5$), und Tautomere (z. B. 6-Anilino-4-phenylimino-4H-pyran-2-carb=onsäure-anilid [Formel II (R = C$_6$H$_5$)]).

B. Beim Erhitzen von 4-Oxo-4H-pyran-2,6-dicarbonsäure mit Phosphor(V)-chlorid und Phosphorylchlorid und Behandeln des Reaktionsprodukts mit Anilin und Äther (*Jerzmanowska, Orchowicz*, Acta Polon. pharm. **13** [1956] 11, 14, 21; C. A. **1956** 16671).

Verbindung mit Anilin und Chlorwasserstoff $C_{24}H_{19}N_3O_2 \cdot C_6H_7N \cdot HCl$. Krystalle (aus A. oder Eg.); Zers. bei 298—301° [korr.; unreines Präparat].

Verbindung mit Anilin und Salpetersäure $C_{24}H_{19}N_3O_2 \cdot C_6H_7N \cdot HNO_3$. Krystalle (aus wss. Eg.); Zers. bei 232—233° [korr.; nach partiellem Schmelzen bei 120—130°].

5,6-Dioxo-5,6-dihydro-4H-pyran-2-carbonsäure, 2-Hydroxy-5-oxo-hex-2t-endisäure-6-lacton $C_6H_4O_5$, Formel III, und Tautomeres (5-Hydroxy-6-oxo-6H-pyran-2-carbonsäure) (H 463).

Über die Konstitution s. *Haworth et al.*, Soc. **1938** 710, 711.

B. Beim Behandeln einer Lösung von Bernsteinsäure-diäthylester mit Oxalsäure-diäthylester und Natriumäthylat in Äther, Behandeln des Reaktionsprodukts mit wss. Salzsäure und Erwärmen des mit Wasser verdünnten Reaktionsgemisches (*Ha. et al.*, l. c. S. 714).

F: 90°; die Schmelze erstarrt bei weiterem Erhitzen; bei 207° erfolgt Zersetzung. Absorptionsspektrum (W.; 225—400 nm): *Ha. et al.*, l. c. S. 715.

6-Chlor-2,4-dioxo-3,4-dihydro-2H-pyran-3-carbonsäure, [3t-Chlor-3c-hydroxy-acryloyl]-malonsäure-lacton $C_6H_3ClO_5$, Formel IV (R = H), und Tautomeres (6-Chlor-4-hydr=oxy-2-oxo-2H-pyran-3-carbonsäure).

Diese Konstitution kommt auch einer von *Schulte, Yersin* (B. **89** [1956] 714, 716, 717) als Chlor-hydroxy-oxo-pyran-carbonsäure beschriebenen Verbindung zu (*Elvidge*, Soc. **1962** 2606, 2607).

B. Beim Erwärmen von Malonylchlorid mit Thioharnstoff und Behandeln des Reaktionsprodukts mit Wasser (*Sch., Ye.*). Beim Behandeln einer Lösung von 7-Chlor-2,2-di=phenyl-pyrano[4,3-d][1,3]dioxin-4,5-dion in Dioxan mit Wasser (*Davis, Elvidge*, Soc. **1952** 4109, 4113).

Krystalle; F: 134,5° [aus Bzn.] (*Da., El.*), 134—135° [aus CS$_2$] (*Sch., Ye.*).

I   II   III   IV

6-Chlor-2,4-dioxo-3,4-dihydro-2H-pyran-3-carbonsäure-methylester, [3t-Chlor-3c-hydr-oxy-acryloyl]-malonsäure-lacton-methylester $C_7H_5ClO_5$, Formel IV (R = CH_3), und Tautomeres (6-Chlor-4-hydroxy-2-oxo-2H-pyran-3-carbonsäure-methyl-ester).

B. Beim Behandeln einer Lösung von 7-Chlor-2,2-diphenyl-pyrano[4,3-d][1,3]dioxin-4,5-dion in Dioxan mit Methanol (*Davis, Elvidge*, Soc. **1952** 4109, 4113).

Krystalle (aus Bzl.); F: 149°. UV-Absorptionsmaximum (Dioxan): 304 nm (*Da., El.,* l. c. S. 4111).

6-Chlor-2,4-dioxo-3,4-dihydro-2H-pyran-3-carbonsäure-äthylester, [3t-Chlor-3c-hydroxy-acryloyl]-malonsäure-äthylester-lacton $C_8H_7ClO_5$, Formel IV (R = C_2H_5), und Tautomeres (6-Chlor-4-hydroxy-2-oxo-2H-pyran-3-carbonsäure-äthylester).

B. Beim Behandeln einer Lösung von 7-Chlor-2,2-diphenyl-pyrano[4,3-d][1,3]dioxin-4,5-dion in Chloroform mit Äthanol (*Davis, Elvidge*, Soc. **1952** 4109, 4113).

Krystalle (aus Bzn.); F: 121°. UV-Absorptionsmaximum (Dioxan): 304 nm (*Da., El.,* l. c. S. 4111).

[3,4-Dibrom-5-oxo-2,5-dihydro-[2]furyl]-glyoxylsäure-methylester, 2,3-Dibrom-4-hydr-oxy-5-oxo-hex-2c-endisäure-1-lacton-6-methylester $C_7H_4Br_2O_5$, Formel V, und Tautomeres ([3,4-Dibrom-5-oxo-5H-[2]furyliden]-hydroxy-essigsäure-methyl-ester).

B. Beim Erwärmen von 2,3,5-Tribrom-4-hydroxy-hexa-2,4-diendisäure-6-methylester (F: 115° [E III **3** 1411]) mit Wasser (*Karrer, Hohl*, Helv. **32** [1949] 1028, 1032).

Hellgelbe Krystalle (aus Me.); F: 184° (*Ka., Hohl*). Absorptionsspektrum (200—400nm): *Karrer, Albers*, Helv. **36** [1953] 573, 574.

Chlor-[(Ξ)-3-chlor-4,5-dioxo-dihydro-[2]furyliden]-essigsäure, 2,4-Dichlor-3-hydroxy-5-oxo-hex-2ξ-endisäure-6-lacton $C_6H_2Cl_2O_5$, Formel VI (R = H, X = Cl), und Tautomeres (Chlor-[(Ξ)-3-chlor-4-hydroxy-5-oxo-5H-[2]furyliden]-essigsäure).

B. Beim Erwärmen von 2,3,4,5-Tetrachlor-hexa-2c,4c-diendisäure oder von Chlor-[3,4-dichlor-5-oxo-5H-[2]furyliden]-essigsäure (F: 182°) mit Wasser (*Karrer, Testa*, Helv. **32** [1949] 1019, 1025).

Hellgelbe Krystalle (aus Bzl.); F: 225° [unkorr.; Zers.]. Absorptionsspektrum (A.; 210—390 nm): *Ka., Te.,* l. c. S. 1021.

Chlor-[(Ξ)-3-chlor-4,5-dioxo-dihydro-[2]furyliden]-essigsäure-methylester, 2,4-Dichlor-3-hydroxy-5-oxo-hex-2ξ-endisäure-6-lacton-1-methylester $C_7H_4Cl_2O_5$, Formel VI (R = CH_3, X = Cl), und Tautomeres (Chlor-[(Ξ)-3-chlor-4-hydroxy-5-oxo-5H-[2]furyliden]-essigsäure-methylester).

B. Beim Erwärmen von Chlor-[3,4-dichlor-5-oxo-5H-[2]furyliden]-essigsäure-methyl-ester (F: 107°) mit Wasser (*Karrer, Testa*, Helv. **32** [1949] 1019, 1026).

Krystalle (aus Me.); F: 166,5—167° [unkorr.].

V   VI   VII   VIII

Brom-[(Ξ)-3-brom-4,5-dioxo-dihydro-[2]furyliden]-essigsäure, 2,4-Dibrom-3-hydroxy-5-oxo-hex-2ξ-endisäure-6-lacton $C_6H_2Br_2O_5$, Formel VI (R = H, X = Br), und Tautomeres (Brom-[(Ξ)-3-brom-4-hydroxy-5-oxo-5H-[2]furyliden]-essigsäure).

B. Beim Erwärmen von Brom-[3,4-dibrom-5-oxo-5H-[2]furyliden]-essigsäure (F: 193°) mit Wasser (*Karrer, Hohl*, Helv. **32** [1949] 1028, 1032).

Hellgelbe Krystalle (aus W.); F: 228° [Zers.]. Absorptionsspektrum (A.; 210—390 nm): *Karrer, Testa*, Helv. **32** [1949] 1019, 1021.

[2,5-Dioxo-2,5-dihydro-[3]furyl]-essigsäure, Propen-1*t*,2,3-tricarbonsäure-1,2-anhydrid,
cis-Aconitsäure-anhydrid C₆H₄O₅, Formel VII (H 463; E I 511; E II 353).
Krystalle (aus Bzl.); F: 77—78° (*Dickman*, Anal. Chem. **24** [1952] 1064).

2,4-Dioxo-(1*r*)-3-oxa-bicyclo[3.1.0]hexan-6*c*-carbonylchlorid, 1,3-Dioxo-(3a*r*)-tetra⸗
hydro-cyclopropa[*c*]furan-4*c*-carbonylchlorid, 3*t*-Chlorcarbonyl-cyclopropan-1*r*,2*c*-di⸗
carbonsäure-anhydrid C₆H₃ClO₄, Formel VIII.
    B. Bei 3-tägigem Erwärmen von Cyclopropan-1*r*,2,3*t*-tricarbonsäure mit Thionyl⸗
chlorid (*Hoffman*, *Burger*, Am. Soc. **74** [1952] 5485).
    Gelbliche Krystalle; F: 87—89°.

Oxocarbonsäuren C₇H₆O₅

6-Methyl-2,4-dioxo-3,4-dihydro-2*H*-pyran-3-thiocarbonsäure-anilid, 5-Hydroxy-3-oxo-
2-phenylthiocarbamoyl-hex-4*t*-ensäure-lacton C₁₃H₁₁NO₃S, Formel IX (R = C₆H₅), und
Tautomeres (4-Hydroxy-6-methyl-2-oxo-2*H*-pyran-3-thiocarbonsäure-
anilid).
    B. Beim Erwärmen von 6-Methyl-pyran-2,4-dion mit Phenylisothiocyanat und Natri⸗
umacetat (*Miyaki*, *Yamagishi*, J. pharm. Soc. Japan **75** [1955] 43, 46; C. A. **1956** 980).
    Krystalle (aus A.); F: 193—194°.

IX   X   XI

3-[5-Acetylimino-4,5-dihydro-[2]thienyl]-2-benzoylimino-propionsäure-äthylester
C₁₈H₁₈N₂O₄S, Formel X (R = CO-CH₃), und 3*ξ*-[5-Acetylamino-[2]thienyl]-2-benzoyl⸗
amino-acrylsäure-äthylester C₁₈H₁₈N₂O₄S, Formel XI (R = CO-CH₃).
    B. Beim Behandeln von 4-[5-Acetylamino-[2]thienylmethylen]-2-phenyl-Δ²-oxazolin-
5-on (F: 276°) mit Natriumäthylat in Äthanol (*Yüan et al.*, Acta pharm. sinica **7** [1959]
245, 249; C. A. **1960** 12097).
    Gelbgrüne Krystalle (aus A.); F: 216—218° [Zers.].

Oxocarbonsäuren C₈H₈O₅

5-Imino-2,4-dimethyl-6-oxo-5,6-dihydro-4*H*-pyran-3-carbonsäure-äthylester,
2-[(*E*)-1-Hydroxy-äthyliden]-4-imino-3-methyl-glutarsäure-1-äthylester-5-lacton
C₁₀H₁₃NO₄, Formel I (R = H), und 5-Amino-2,4-dimethyl-6-oxo-6*H*-pyran-3-carbonsäure-
äthylester, 2-Amino-4-[(*E*)-1-hydroxy-äthyliden]-3-methyl-*cis*-pentendisäure-5-äthyl⸗
ester-1-lacton C₁₀H₁₃NO₄, Formel II (R = H).
    B. Beim Behandeln von 2,4-Dimethyl-5-nitro-6-oxo-6*H*-pyran-3-carbonsäure-äthyl⸗
ester mit Zinn(II)-chlorid, Äther und Chlorwasserstoff (*Panizzi*, G. **72** [1942] 423, 427).
    Krystalle (aus Bzl. oder A.); F: 80—81°.

I   II   III

5-Benzoylimino-2,4-dimethyl-6-oxo-5,6-dihydro-4*H*-pyran-3-carbonsäure-äthylester
C₁₇H₁₇NO₅, Formel I (R = CO-C₆H₅), und 5-Benzoylamino-2,4-dimethyl-6-oxo-6*H*-pyran-
3-carbonsäure-äthylester C₁₇H₁₇NO₅, Formel II (R = CO-C₆H₅).
    B. Beim Behandeln von 5-Amino-2,4-dimethyl-6-oxo-6*H*-pyran-3-carbonsäure-äthyl⸗

ester (S. 5989) mit wss. Natriumcarbonat-Lösung und mit Benzoylchlorid (*Panizzi*, G. **72** [1942] 423, 428).
Krystalle (aus A.); F: 128—129°.

(±)-3-Allyl-4,5-dioxo-tetrahydro-furan-3-carbonsäure-äthylester, (±)-Allyl-hydroxy=
methyl-oxalessigsäure-4-äthylester-1-lacton $C_{10}H_{12}O_5$, Formel III.
B. Beim Behandeln von Allyloxalessigsäure-diäthylester mit wss. Formaldehyd-
Lösung und Kaliumcarbonat (*Schinz, Hinder*, Helv. **30** [1947] 1349, 1366).
$Kp_{0,08}$: 95—98°. D_4^{15}: 1,2018. n_D^{15}: 1,4755.
Beim Erhitzen auf 300° ist 2-Methylen-pent-4-ensäure-äthylester erhalten worden
(*Hinder et al.*, Helv. **30** [1947] 1495, 1499).

IV   V

3-[4-Methyl-2,5-dioxo-2,5-dihydro-[3]furyl]-propionsäure, Pent-3c-en-1,3,4-tricarbon=
säure-3,4-anhydrid $C_8H_8O_5$, Formel IV (H 464; E I 513; E II 354).
B. Beim Eintragen von 2-Acetyl-glutarsäure-diäthylester in ein Gemisch von
flüssigem Cyanwasserstoff und Kaliumcyanid, Behandeln des Reaktionsgemisches mit
wss. Salzsäure und Erhitzen des Reaktionsprodukts auf 185° (*Muir, Neuberger*, Biochem.
J. **45** [1949] 163, 164).
Krystalle (aus Ae. + Bzn.); F: 99°. UV-Spektrum (W.; 270—290 nm): *Muir, Ne.*

4-Acetyl-2-methyl-5-oxo-4,5-dihydro-furan-3-carbonsäure-äthylester, 2-Acetyl-
3-[(*E*)-1-hydroxy-äthyliden]-bernsteinsäure-4-äthylester-1-lacton $C_{10}H_{12}O_5$, Formel V,
und Tautomeres (4-[1-Hydroxy-äthyliden]-2-methyl-5-oxo-4,5-dihydro-
furan-3-carbonsäure-äthylester) (H 465; E I 513; E II 354).
B. Beim Erhitzen von 2,3-Diacetyl-bernsteinsäure-diäthylester mit Magnesium und
Pyridin (*Bradley, Watkinson*, Soc. **1956** 319, 327).
Krystalle (aus A.); F: 106°.
Kupfer(II)-Verbindung $Cu(C_{10}H_{11}O_5)_2$. Krystalle (aus Bzl.); F: 220° [Zers.].

4-Acetyl-2-imino-5-methyl-2,3-dihydro-furan-3-carbonsäure-äthylester $C_{10}H_{13}NO_4$,
Formel VI, und 4-Acetyl-2-amino-5-methyl-furan-3-carbonsäure-äthylester $C_{10}H_{13}NO_4$,
Formel VII.
B. Beim Behandeln einer Lösung von 3-Chlor-pentan-2,4-dion in Äthanol mit Cyanessig=
säure-äthylester und wss. Natronlauge (*Westöö*, Acta chem. scand. **13** [1959] 692).
Krystalle (aus A.); F: 136°.

VI   VII   VIII   IX

4-Acetyl-2-imino-5-methyl-2,3-dihydro-furan-3-carbonitril $C_8H_8N_2O_2$, Formel VIII
(X = O), und 4-Acetyl-2-amino-5-methyl-furan-3-carbonitril $C_8H_8N_2O_2$, Formel IX
(X = O).
B. Beim Behandeln einer Lösung von 3-Chlor-pentan-2,4-dion in Äthanol mit Malono=
nitril und wss. Natronlauge (*Westöö*, Acta chem. scand. **13** [1959] 692).
Krystalle (aus A.); F: ca. 240° [Zers.].

4-[1-(2,4-Dinitro-phenylhydrazono)-äthyl]-2-imino-5-methyl-2,3-dihydro-furan-3-carbo-nitril $C_{14}H_{12}N_6O_5$, Formel VIII (X = N-NH-$C_6H_3(NO_2)_2$) und **2-Amino-4-[1-(2,4-dinitro-phenylhydrazono)-äthyl]-5-methyl-furan-3-carbonitril** $C_{14}H_{12}N_6O_5$, Formel IX (X = N-NH-$C_6H_3(NO_2)_2$).

B. Aus 4-Acetyl-2-amino-5-methyl-furan-3-carbonitril (S. 5990) und [2,4-Dinitro-phen-yl]-hydrazin (*Westöö*, Acta chem. scand. **13** [1959] 692).

F: 166—168° [Zers.].

Oxocarbonsäuren $C_9H_{10}O_5$

5-Äthyl-2-methyl-4,6-dioxo-5,6-dihydro-4H-pyran-3-carbonsäure, 2-Äthyl-4-[(E)-1-hydr-oxy-äthyliden]-3-oxo-glutarsäure-1-lacton $C_9H_{10}O_5$, Formel X (R = H), und Tautomeres (5-Äthyl-4-hydroxy-2-methyl-6-oxo-6H-pyran-3-carbonsäure).

B. Beim Erwärmen des im folgenden Artikel beschriebenen Äthylesters mit Barium-hydroxid in Wasser (*Boltze, Heidenbluth*, B. **91** [1958] 2849, 2853).

Krystalle (aus wss. A.); F: 202°.

5-Äthyl-2-methyl-4,6-dioxo-5,6-dihydro-4H-pyran-3-carbonsäure-äthylester, 2-Äthyl-4-[(E)-1-hydroxy-äthyliden]-3-oxo-glutarsäure-5-äthylester-1-lacton $C_{11}H_{14}O_5$, Formel X (R = C_2H_5), und Tautomeres (5-Äthyl-4-hydroxy-2-methyl-6-oxo-6H-pyran-3-carbonsäure-äthylester).

B. Aus Äthylmalonylchlorid und Acetessigsäure-äthylester beim Erhitzen ohne Zusatz auf 110°, beim Erwärmen mit Benzol sowie beim Behandeln mit Pyridin und anschliessend mit wss. Salzsäure (*Boltze, Heidenbluth*, B. **91** [1958] 2849, 2852).

Krystalle; F: 34,5°. IR-Spektrum (CCl$_4$; 2,5—15 μ): *Bo., He.*, l. c. S. 2851.

        X   **XI**   **XII**   **XIII**

(±)-2,7-Dioxo-(3a r,7a t)-octahydro-benzofuran-3ξ-carbonsäure, (±)(Ξ)-[(1Ξ)-2t-Hydr-oxy-3-oxo-cyclohex-r-yl]-malonsäure-lacton $C_9H_{10}O_5$, Formel XI.

a) Stereoisomeres vom F: 153°.

B. Beim Behandeln von (±)-7t-Hydroxy-2-oxo-(3a r,7a t)-octahydro-benzofuran-3ξ-carb-onsäure (F: 169° [Zers.]) mit Chrom(VI)-oxid in Essigsäure (*Abe et al.*, J. pharm. Soc. Japan **72** [1952] 394, 397; C.A. **1953** 6358).

Krystalle (aus E.); F: 153° [Zers.].

b) Stereoisomeres vom F: 112°.

B. Beim Behandeln von (±)-7c-Hydroxy-2-oxo-(3a r,7a t)-octahydro-benzofuran-3ξ-carb-onsäure (F: 197° [Zers.]) mit Chrom(VI)-oxid in Essigsäure (*Abe et al.*, J. pharm. Soc. Japan **72** [1952] 394, 397; C. A. **1953** 6358).

Krystalle (aus E.) mit 1 Mol H_2O; F: 112°.

(±)-3a-Methyl-1,3-dioxo-(3a r,6a c)-hexahydro-cyclopenta[c]furan-4c-carbonsäure, (±)-2t-Methyl-cyclopentan-1r,2c,3t-tricarbonsäure-1,2-anhydrid $C_9H_{10}O_5$, Formel XII + Spiegelbild.

B. Beim Erhitzen von (±)-2t-Methyl-cyclopentan-1r,2c,3t-tricarbonsäure mit Acetan-hydrid (*Kasturi*, Festschrift Indian Inst. Sci. [Bangalore 1959] S. 40, 51).

F: 122—124° [unkorr.].

*Opt.-inakt. 3a-Methyl-1,4-dioxo-hexahydro-cyclopenta[c]furan-5-carbonsäure-äthyl-ester, 4-Hydroxymethyl-4-methyl-5-oxo-cyclopentan-1,3-dicarbonsäure-1-äthylester-3-lacton $C_{11}H_{14}O_5$, Formel XIII (R = C_2H_5), und Tautomeres (4-Hydroxy-3a-methyl-1-oxo-3,3a,6,6a-tetrahydro-1H-cyclopenta[c]furan-5-carbonsäure-äthyl-ester).

B. Beim Erwärmen von opt.-inakt. 3-[4-Äthoxycarbonyl-4-methyl-2-oxo-tetrahydro-

[3]furyl]-propionsäure-äthylester (S. 6122) mit Natrium in Benzol (*Kasturi*, Festschrift Indian Inst. Sci. [Bangalore 1959] S. 57, 63).

Kp$_2$: 154−155°. n$_D^{26}$: 1,4820.

Oxocarbonsäuren $C_{10}H_{12}O_5$

(±)-[4-Acetyl-2,5-dimethyl-3-oxo-2,3-dihydro-[2]furyl]-essigsäure $C_{10}H_{12}O_5$, Formel I (R = H).

B. Bei mehrwöchigem Erwärmen von Pentan-2,4-dion mit Methylmaleinsäure-an= hydrid (*Berner*, Acta chem. scand. **6** [1952] 646, 649).

Krystalle (aus E. oder W.); F: 130° [unkorr.].

Beim Behandeln mit Brom in Wasser ist eine Verbindung $C_{10}H_{11}BrO_5$ (Krystalle; F: 95°) erhalten worden (*Be.*, l. c. S. 650).

2,4-Dinitro-phenylhydrazon $C_{16}H_{16}N_4O_8$. Rote Krystalle (aus A.); F: 203° [un-korr.].

Semicarbazon $C_{11}H_{15}N_3O_5$. Krystalle (aus W.); F: 194° [unkorr.].

I   II   III

(±)-[4-Acetyl-2,5-dimethyl-3-oxo-2,3-dihydro-[2]furyl]-essigsäure-methylester $C_{11}H_{14}O_5$, Formel I (R = CH$_3$).

B. Beim Behandeln von (±)-[4-Acetyl-2,5-dimethyl-3-oxo-2,3-dihydro-[2]furyl]-essig= säure mit Diazomethan in Äther (*Berner*, Acta chem. scand. **6** [1952] 646, 650).

Krystalle (aus PAe.); F: 55°.

2,3-Dioxo-1-oxa-spiro[4.5]decan-4-carbonsäure-äthylester, [1-Hydroxy-cyclohexyl]-oxalessigsäure-4-äthylester-1-lacton $C_{12}H_{16}O_5$, Formel II (R = C$_2$H$_5$), und Tautomeres (3-Hydroxy-2-oxo-1-oxa-spiro[4.5]dec-3-en-4-carbonsäure-äthylester [Formel III (R = C$_2$H$_5$)]).

In den Krystallen liegt nach Ausweis der IR-Absorption 3-Hydroxy-2-oxo-1-oxa-spiro= [4.5]dec-3-en-4-carbonsäure-äthylester (Formel III [R = C$_2$H$_5$]) vor (*Stacy et al.*, Am. Soc. **79** [1957] 1451, 1452).

B. Beim Erhitzen von Cyclohexanon mit der Natrium-Verbindung des Oxalessigsäure-diäthylesters auf 120° und Behandeln des Reaktionsprodukts mit wss. Salzsäure (*St. et al.*, Am. Soc. **79** 1454).

Krystalle (aus Bzn.); F: 119−119,5° [korr.] (*St. et al.*, Am. Soc. **79** 1453).

Beim Erwärmen mit wss. Salzsäure, Essigsäure und wenig Hydrochinon ist 3-Hydroxy-1-oxa-spiro[4.5]dec-3-en-2-on (E III/IV **17** 5937) erhalten worden (*Stacy et al.*, J. org. Chem. **22** [1957] 765, 768).

3-Methyl-2,7-dioxo-octahydro-benzofuran-3-carbonsäure, [2-Hydroxy-3-oxo-cyclohexyl]-methyl-malonsäure-lacton $C_{10}H_{12}O_5$, Formel IV (R = H).

a) Opt.-inakt. Stereoisomeres vom F: 173°.

B. Beim Behandeln von opt.-inakt. 7c-Hydroxy-3ξ-methyl-2-oxo-(3ar,7at?)-octahydro-benzofuran-3ξ-carbonsäure vom F: 210° [Zers.] mit Chrom(VI)-oxid in Essigsäure (*Abe et al.*, J. pharm. Soc. Japan **72** [1952] 418, 421; C. A. **1953** 6357).

Krystalle (aus E.); F: 173° [Zers.].

Semicarbazon $C_{11}H_{15}N_3O_5$. Krystalle (aus wss. A.); F: 194° [Zers.] (*Abe et al.*, l. c. S. 422).

b) Opt.-inakt. Stereoisomeres vom F: 158°.

B. Beim Behandeln von opt.-inakt. 7t-Hydroxy-3ξ-methyl-2-oxo-(3ar,7at?)-octahydro-

benzofuran-3ξ-carbonsäure vom F: 173° [Zers.] mit Chrom(VI)-oxid in Essigsäure (*Abe et al.*, J. pharm. Soc. Japan **72** [1952] 418, 422; C. A. **1953** 6357).
Krystalle (aus E.); F: 158°.
Semicarbazon $C_{11}H_{15}N_3O_5$. Krystalle (aus W.); F: 212° [Zers.].

IV   V   VI   VII

*Opt.-inakt. 3-Methyl-2,7-dioxo-octahydro-benzofuran-3-carbonsäure-methylester,
[2-Hydroxy-3-oxo-cyclohexyl]-methyl-malonsäure-lacton-methylester $C_{11}H_{14}O_5$,
Formel IV (R = CH_3).
   B. Beim Behandeln von opt.-inakt. 7t-Hydroxy-3ξ-methyl-2-oxo-(3ar,7at?)-octahydro-benzofuran-3ξ-carbonsäure-methylester (F: 88,5—90°) mit Chrom(VI)-oxid in Essig‌säure (*Abe et al.*, J. pharm. Soc. Japan **72** [1952] 418, 422; C. A. **1953** 6357).
   Kp_3: 212—217°.
   Semicarbazon $C_{12}H_{17}N_3O_5$. Krystalle (aus Me.); F: 221° [Zers.].

(3aS)-3a,6a-Dimethyl-1,3-dioxo-(3ar,6ac)-hexahydro-cyclopenta[c]furan-4t-carbon‌säure, (1R)-1,2t-Dimethyl-cyclopentan-1r,2c,3c-tricarbonsäure-1,2-anhydrid $C_{10}H_{12}O_5$,
Formel V, und **(3aS)-3a,4c-Dimethyl-1,3-dioxo-(3ar,6ac)-hexahydro-cyclopenta‌[c]furan-4t-carbonsäure, (1R)-1,2t-Dimethyl-cyclopentan-1r,2c,3c-tricarbonsäure-2,3-anhydrid** $C_{10}H_{12}O_5$, Formel VI.
   Diese Formeln sind für das nachstehend beschriebene *cis*-Camphotricarbonsäure-anhydrid (s. a. H **18** 467) in Betracht gezogen worden (*Ishidate, Takemoto*, J. pharm. Soc. Japan **65** [1945] Nr. 4/8, S. 461; C. A. **1951** 5664).
   B. Beim Behandeln von (1R)-1,7*anti*-Dimethyl-2-oxo-norbornan-7*syn*-carbonsäure mit wss. Natronlauge und Kaliumpermanganat und anschliessenden Ansäuern mit wss. Salz‌säure.
   Krystalle (aus Bzl. oder W.); F: 148°. $[\alpha]_D^{13}$: +29,6° [wss. A.; c = 2].

(±)-4,4-Dimethyl-1,3-dioxo-(3ar,6ac)-cyclopenta[c]furan-5t-carbonsäure, (±)-3,3-Di‌methyl-cyclopentan-1r,2c,4c-tricarbonsäure-1,2-anhydrid $C_{10}H_{12}O_5$, Formel VII + Spie‌gelbild.
   B. Beim Erwärmen von (±)-3,3-Dimethyl-cyclopentan-1r,2c,4c-tricarbonsäure mit Acetylchlorid (*Alder, Roth*, B. **90** [1957] 1830, 1835).
   Krystalle (aus Bzl.); F: 149°.

(1R)-1,8*syn*-Dimethyl-2,4-dioxo-3-oxa-bicyclo[3.2.1]octan-8*anti*-carbonsäure,
(1R)-1,2c-Dimethyl-cyclopentan-1r,2t,3c-tricarbonsäure-1,3-anhydrid $C_{10}H_{12}O_5$. Formel VIII (H 467; E II 354; dort als „Anhydrid der rechtsdrehenden „trans"-Camphotricarb‌onsäure" bezeichnet).
   B. Beim Erwärmen von (1R)-1,2c-Dimethyl-cyclopentan-1r,2t,3c-tricarbonsäure mit Acetylchlorid (*Asahina, Ishidate*, B. **66** [1933] 1673, 1677).
   Krystalle (aus Ae. + $CHCl_3$); F: 254°.

VIII   IX   X

(1*R*)-1,8*syn*-Dimethyl-2,4-dioxo-3-oxa-bicyclo[3.2.1]octan-8*anti*-carbonitril,
(1*R*)-2*t*-Cyan-1,2*c*-dimethyl-cyclopentan-1*r*,3*c*-dicarbonsäure-anhydrid $C_{10}H_{11}NO_3$,
Formel IX.
 B. Beim Erwärmen von (1*R*)-2*t*-Cyan-1,2*c*-dimethyl-cyclopentan-1*r*,3*c*-dicarbonsäure
mit Acetylchlorid (*Ishidate, Yoshida*, Pharm. Bl. **4** [1956] 108, 110).
 Krystalle (aus PAe.); F: 215°. $[\alpha]_D^{10.7}$: $-6,8°$ [A.; c = 4].

(±)-5,8*anti*-Dimethyl-4,7-dioxo-6-oxa-bicyclo[3.2.1]octan-2*endo*-carbonsäure,
(±)-4*c*-Hydroxy-3*c*,4*t*-dimethyl-5-oxo-cyclohexan-1*r*,2*c*-dicarbonsäure-2-lacton
$C_{10}H_{12}O_5$, Formel X (R = H) + Spiegelbild.
 B. Beim Erwärmen einer Lösung von (±)-4*exo*-Hydroxy-5,8*anti*-dimethyl-7-oxo-
6-oxa-bicyclo[3.2.1]octan-2*endo*-carbonsäure in Essigsäure mit Chrom(VI)-oxid und Behandeln des Reaktionsprodukts mit wss. Salzsäure (*Nasarow et al.*, Croat. chem. Acta **29**
[1957] 369, 390; C. **1962** 18809; *Kutscherow et al.*, Izv. Akad. S.S.S.R. Otd. chim. **1959**
1262, 1267; engl. Ausg. S. 1217, 1221).
 Krystalle (aus E.); F: 189—190° (*Na. et al.*; *Ku. et al.*).
 Beim Erwärmen mit Methanol, wss. Salzsäure und amalgiertem Zink ist 3*c*,4*t*-Dimethyl-
cyclohexan-1*r*,2*c*-dicarbonsäure erhalten worden (*Na. et al.*, l. c. S. 386; *Ku. et al.*).

(±)-5,8*anti*-Dimethyl-4,7-dioxo-6-oxa-bicyclo[3.2.1]octan-2*endo*-carbonsäure-methyl=
ester, (±)-4*c*-Hydroxy-3*c*,4*t*-dimethyl-5-oxo-cyclohexan-1*r*,2*c*-dicarbonsäure-2-lacton-
1-methylester $C_{11}H_{14}O_5$, Formel X (R = CH_3) + Spiegelbild.
 B. Beim Behandeln von (±)-5,8*anti*-Dimethyl-4,7-dioxo-6-oxa-bicyclo[3.2.1]octan-
2*endo*-carbonsäure mit Diazomethan in Äther (*Kutscherow et al.*, Izv. Akad. S.S.S.R. Otd.
chim. **1959** 1262, 1267; engl. Ausg. S. 1217, 1221).
 Krystalle (aus Bzl. + PAe.); F: 92—93°.

Oxocarbonsäuren $C_{11}H_{14}O_5$

(±)-[4-Acetyl-5-äthyl-2-methyl-3-oxo-2,3-dihydro-[2]furyl]-essigsäure $C_{11}H_{14}O_5$, Formel I.
 Diese Konstitution kommt vermutlich der nachstehend beschriebenen Verbindung zu.
 B. Bei mehrwöchigem Erwärmen von Hexan-2,4-dion mit Methylmaleinsäure-an=
hydrid (*Berner*, Acta chem. scand. **6** [1952] 646, 653).
 Gelbes Öl; als 2,4-Dinitro-phenylhydrazon ($C_{17}H_{18}N_4O_8$; rote Krystalle [aus wss.
A.], F: 194° [unkorr.]) isoliert.

(±)-4*t*,7a-Dimethyl-1,3-dioxo-(3a*r*,7a*t*)-octahydro-isobenzofuran-4*c*-carbonsäure,
(±)-1,3*t*-Dimethyl-cyclohexan-1*r*,2*t*,3*c*-tricarbonsäure-1,2-anhydrid $C_{11}H_{14}O_5$, Formel II
(R = H) + Spiegelbild.
 B. Neben 1,3*t*-Dimethyl-cyclohexan-1*r*,2*t*,3*c*-tricarbonsäure-1,3-anhydrid beim Erwärmen von 1,3*t*-Dimethyl-cyclohexan-1*r*,2*t*,3*c*-tricarbonsäure mit Acetylchlorid (*Ruzicka
et al.*, Helv. **14** [1931] 545, 560).
 Krystalle (aus Bzl.); F: 98—100°.

I   II   III   IV

4,7a-Dimethyl-1,3-dioxo-octahydro-isobenzofuran-4-carbonsäure-methylester, 1,3-Di=
methyl-cyclohexan-1,2,3-tricarbonsäure-1,2-anhydrid-3-methylester $C_{12}H_{16}O_5$.
 a) (1*S*)-1,3*c*-Dimethyl-cyclohexan-1*r*,2*c*,3*t*-tricarbonsäure-1,2-anhydrid-3-methyl=
ester $C_{12}H_{16}O_5$, Formel III, und (1*S*)-1,3*c*-Dimethyl-cyclohexan-1*r*,2*c*,3*t*-tricarbonsäure-
2,3-anhydrid-1-methylester $C_{12}H_{16}O_5$, Formel IV.
 Diese Formeln kommen für die nachstehend beschriebene Verbindung in Betracht.

B. Beim aufeinanderfolgenden Behandeln von Agathendisäure (Labda-8(20),13*t*-dien-15,19-disäure [E III 9 4367]) mit wss. Kalilauge, mit wss. Kaliumpermanganat-Lösung, mit Chlorwasserstoff enthaltendem Methanol, mit Diazomethan und mit wss. Bromwasser stoffsäure und Erhitzen des Reaktionsprodukts im Hochvakuum (*Ruzicka, Bernold,* Helv. **24** [1941] 931, 932, 938).

Krystalle (aus Hexan + Acn.); F: 103—104°. $[\alpha]_D^{20}$: +57,9° [CHCl$_3$; c = 5].

b) (±)-1,3*t*-Dimethyl-cyclohexan-1*r*,2*t*,3*c*-tricarbonsäure-1,2-anhydrid-3-methylester C$_{12}$H$_{16}$O$_5$, Formel II (R = CH$_3$) + Spiegelbild.

B. Beim Erwärmen von (±)-1,3*t*-Dimethyl-cyclohexan-1*r*,2*t*,3*c*-tricarbonsäure-1-methyl ester mit Acetylchlorid (*Ruzicka et al.,* Helv. **14** [1931] 545, 562).

Krystalle (aus Bzl. + PAe.); F: 103—104°.

(±)-3-[3a-Methyl-2-oxo-(3a*r*,6a*c*)-hexahydro-cyclopenta[*b*]furan-4*c*-yl]-3-oxo-propion säure-äthylester C$_{13}$H$_{18}$O$_5$, Formel V + Spiegelbild, und Tautomeres ((±)-3-Hydroxy-3-[3a-methyl-2-oxo-(3a*r*,6a*c*)-hexahydro-cyclopenta[*b*]furan-4*c*-yl]-acryl säure-äthylester).

B. Beim Behandeln des aus (±)-3a-Methyl-2-oxo-(3a*r*,6a*c*)-hexahydro-cyclopenta [*b*]furan-4*c*-carbonsäure mit Hilfe von Oxalylchlorid hergestellten Säurechlorids mit Malonsäure-äthylester-*tert*-butylester und Natriumhydrid in Benzol, Behandeln des Reaktionsgemisches mit Essigsäure und Erwärmen des Reaktionsprodukts mit Toluol-4-sulfon säure und Benzol (*Research Corp.,* U.S.P. 2 793 233 [1954], 2 843 603 [1954]).

Kp$_1$: 185—190°.

1,5-Dimethyl-2,4-dioxo-3-oxa-bicyclo[3.3.1]nonan-9*anti*-carbonsäure, 1,3*t*-Dimethyl-cyclohexan-1*r*,2*t*,3*c*-tricarbonsäure-1,3-anhydrid C$_{11}$H$_{14}$O$_5$, Formel VI (X = OH).

B. Aus 1,3*t*-Dimethyl-cyclohexan-1*r*,2*t*,3*c*-tricarbonsäure beim Erhitzen ohne Zusatz auf 250° (*R. Lombard,* Diss. [Paris 1943] S. 43, 44), beim Erhitzen mit wss. Salzsäure auf 200° (*Barton, Schmeidler,* Soc. **1949** Spl. 232), beim Erwärmen mit Brom und rotem Phosphor (*Vocke,* A. **497** [1932] 247, 251, 260) sowie beim Erwärmen mit Acetylchlorid (*Ruzicka et al.,* Helv. **14** [1931] 545, 560).

Krystalle; F: 178° (*Vo.*), 177—178° [aus A. + Bzl.] (*Ba., Sch.*).

1,5-Dimethyl-2,4-dioxo-3-oxa-bicyclo[3.3.1]nonan-9*anti*-carbonsäure-methylester, 1,3*t*-Dimethyl-cyclohexan-1*r*,2*t*,3*c*-tricarbonsäure-1,3-anhydrid-2-methylester C$_{12}$H$_{16}$O$_5$, Formel VI (X = O-CH$_3$).

a) Präparat vom F: 170°.

B. Beim Behandeln von 1,3*t*-Dimethyl-cyclohexan-1*r*,2*t*,3*c*-tricarbonsäure-1,3-anhydrid mit Diazomethan in Äther (*Barton, Schmeidler,* Soc. **1949** Spl. 232).

Krystalle (aus Bzl. + Bzn.); F: 170°.

Beim Erwärmen mit methanol. Kalilauge ist 1,3*t*-Dimethyl-cyclohexan-1*r*,2*t*,3*c*-tri carbonsäure erhalten worden.

b) Präparat vom F: 137°.

B. Beim Erwärmen von 1,3*t*-Dimethyl-cyclohexan-1*r*,2*t*,3*c*-tricarbonsäure-2-methyl ester mit Acetylchlorid (*Ruzicka et al.,* Helv. **14** [1931] 545, 557).

Krystalle (aus PAe.); F: 137—137,5°.

Beim Erhitzen mit wss. Natronlauge ist 1,3*t*-Dimethyl-cyclohexan-1*r*,2*t*,3*c*-tricarbon säure erhalten worden.

V   VI   VII   VIII

**1,5-Dimethyl-2,4-dioxo-3-oxa-bicyclo[3.3.1]nonan-9*anti*-carbonylbromid, 2*t*-Bromcarb⸗
onyl-1,3*t*-dimethyl-cyclohexan-1*r*,3*c*-dicarbonsäure-anhydrid** $C_{11}H_{13}BrO_4$, Formel VI
(X = Br).

B. Neben anderen Verbindungen beim Erwärmen von 1,3*t*-Dimethyl-cyclohexan-
1*r*,2*t*,3*c*-tricarbonsäure mit Brom und rotem Phosphor (*Vocke*, A. **497** [1932] 247, 261).
Krystalle (aus Ae. + Bzn.); F: 160°.

**9*ξ*-Brom-1,5-dimethyl-2,4-dioxo-3-oxa-bicyclo[3.3.1]nonan-9*ξ*-carbonsäure, 2*ξ*-Brom-
1,3*t*-dimethyl-cyclohexan-1*r*,2*ξ*,3*c*-tricarbonsäure-1,3-anhydrid** $C_{11}H_{13}BrO_5$, Formel VII
(X = OH), und **(±)-3a-Brom-4*c*,7a-dimethyl-1,3-dioxo-(3a*ξ*,7a*r*)-octahydro-isobenzo⸗
furan-4*t*-carbonsäure, (±)-2*ξ*-Brom-1,3*t*-dimethyl-cyclohexan-1*r*,2*ξ*,3*c*-tricarbonsäure-
1,2-anhydrid** $C_{11}H_{13}BrO_5$, Formel VIII (X = OH).

Diese Formeln sind für die nachstehend beschriebene Verbindung in Betracht gezogen
worden (s. *J. L. Simonsen*, The Terpenes, 2. Aufl., Bd. 3 [Cambridge 1952] S. 389).

B. Beim Erwärmen von 1,3*t*-Dimethyl-cyclohexan-1*r*,2*t*,3*c*-tricarbonsäure mit Brom
und rotem Phosphor (*Vocke*, A. **497** [1932] 247, 259).

Krystalle (aus Bzl.); F: 215° [Zers.] (*Vo.*).

Beim Erhitzen mit wss. Natronlauge ist 1,3-Dimethyl-cyclohex-2-en-1,2-dicarbonsäure
erhalten worden (*Vo.*).

**9*ξ*-Brom-1,5-dimethyl-2,4-dioxo-3-oxa-bicyclo[3.3.1]nonan-9*ξ*-carbonylbromid,
2*ξ*-Brom-2*ξ*-bromcarbonyl-1,3*t*-dimethyl-cyclohexan-1*r*,3*c*-dicarbonsäure-anhydrid**
$C_{11}H_{12}Br_2O_4$, Formel VII (X = Br), und **(±)-3a-Brom-4*c*,7a-dimethyl-1,3-dioxo-(3a*ξ*,7a*r*)-
octahydro-isobenzofuran-4*t*-carbonylbromid, (±)-2*ξ*-Brom-3*c*-bromcarbonyl-1,3*t*-di⸗
methyl-cyclohexan-1*r*,2*ξ*-dicarbonsäure-anhydrid** $C_{11}H_{10}Br_2O_4$, Formel VIII (X = Br).

Diese Formeln sind für die nachstehend beschriebene Verbindung in Betracht gezogen
worden (s. *J. L. Simonsen*, The Terpenes, 2. Aufl., Bd. 3 [Cambridge 1952] S. 389).

B. Beim Erwärmen von 1,3*t*-Dimethyl-cyclohexan-1*r*,2*t*,3*c*-tricarbonsäure mit Brom
und rotem Phosphor (*Vocke*, A. **497** [1932] 247, 259).

Krystalle (aus Ae. + Bzn.); F: ca. 207° (*Vo.*).

Oxocarbonsäuren $C_{12}H_{16}O_5$

[1,5-Dimethyl-2,4-dioxo-3-oxa-bicyclo[3.3.1]non-9*anti*-yl]-essigsäure, 2*t*-Carboxy⸗
methyl-1,3*t*-dimethyl-cyclohexan-1*r*,3*c*-dicarbonsäure-anhydrid
$C_{12}H_{16}O_5$, Formel IX.

Diese Konstitution kommt für die nachstehend beschriebene Verbindung in Betracht
(s. *J. L. Simonsen*, The Terpenes, 2. Aufl., Bd. 3 [Cambridge 1952] S. 402).

B. Neben der im folgenden Artikel beschriebenen Verbindung beim Erwärmen von
2*t*-Carboxymethyl-1,3*t*-dimethyl-cyclohexan-1*r*,3*c*-dicarbonsäure mit Acetylchlorid (*Ruzicka et al.*, Helv. **14** [1931] 545, 552, 562).

Krystalle (aus Bzl. + Cyclohexan); F: 182—183° (*Ru. et al.*).

IX   X   XI

[1,5-Dimethyl-2,4-dioxo-3-oxa-bicyclo[3.3.1]non-9*anti*-yl]-essigsäure-anhydrid $C_{24}H_{30}O_9$,
Formel X.

Diese Konstitution kommt für die nachstehend beschriebene Verbindung in Betracht.

B. s. im vorangehenden Artikel.
Krystalle; F: 228—230° (*Ruzicka et al.*, Helv. **14** [1931] 545, 552, 562).

Oxocarbonsäuren $C_{13}H_{18}O_5$

(*R*)-4-[(3a*R*)-3a-Methyl-1,3-dioxo-(3a*r*,6a*c*)-hexahydro-cyclopenta[*c*]furan-4*c*-yl]-valeriansäure, (1*R*)-5*t*-[(*R*)-3-Carboxy-1-methyl-propyl]-1-methyl-cyclo‌pentan-1*r*,2*c*-dicarbonsäure-anhydrid $C_{13}H_{18}O_5$, Formel XI.

B. Beim Erhitzen von (1*R*)-5*t*-[(*R*)-3-Carboxy-1-methyl-propyl]-1-methyl-cyclopentan-1*r*,2*t*-dicarbonsäure (F: 187° [E III **9** 4770]) im Hochvakuum auf 260° (*Wieland, Schlichting*, Z. physiol. Chem. **134** [1924] 276, 288; *Wieland, Dane*, Z. physiol. Chem. **216** [1933] 91, 103).

Krystalle (aus Ae. + PAe.); F: 147—148° (*Wi., Sch.*), 145—146° (*Wi., Dane*).

Oxocarbonsäuren $C_{14}H_{20}O_5$

(±)-3-Methyl-8-[4-methyl-2,5-dioxo-2,5-dihydro-[3]furyl]-octansäure, (±)-2-Methyl-dec-8*c*-en-1,8,9-tricarbonsäure-8,9-anhydrid, (±)-Hexahydroitaconitin $C_{14}H_{20}O_5$, Formel I.

Konstitution: *Nakajima*, Chem. pharm. Bl. **13** [1965] 73, 76.

B. Bei der Hydrierung von Itaconitin (3-Methyl-8ξ-[4-methyl-2,5-dioxo-2,5-dihydro-[3]furyl]-octa-3ξ,5ξ,7-triensäure [S. 6059]) an Platin oder Palladium/Kohle in Äthanol bzw. Methanol (*Kinoshita, Nakajima*, Ann. Rep. Hoshi Coll. Pharm. **7** [1958] 17, 25; C. A. **1958** 18341; Chem. pharm. Bl. **6** [1958] 31, 33).

Öl; n_D^{20}: 1,4757 (*Ki., Na.*, Ann. Rep. Hoshi Coll. Pharm. **7** 25). IR-Spektrum (2,5—15 μ): *Ki., Na.*, Ann. Rep. Hoshi Coll. Pharm. **7** 22.

2,4-Dinitro-phenylhydrazon $C_{20}H_{24}N_4O_8$. Gelbe Krystalle (aus Me.); F: 115° (*Ki., Na.*, Ann. Rep. Hoshi Coll. Pharm. **7** 25; Chem. pharm. Bl. **6** 33).

I   II

*Opt.-inakt. 2-[2,6-Dimethyl-hept-5-enyl]-4,5-dioxo-tetrahydro-furan-3-carbonsäure-äthylester, [1-Hydroxy-3,7-dimethyl-oct-6-enyl]-oxalessigsäure-4-äthylester-1-lacton $C_{16}H_{24}O_5$, Formel II, und Tautomeres (2-[2,6-Dimethyl-hept-5-enyl]-4-hydr‌oxy-5-oxo-2,5-dihydro-furan-3-carbonsäure-äthylester).

B. Beim Behandeln von (±)-Citronellal ((±)-3,7-Dimethyl-oct-6-enal) mit der Kalium-Verbindung des Oxalessigsäure-diäthylesters in Wasser und Behandeln des Reaktions-produkts mit wss. Salzsäure (*Ritter*, A. ch. [12] **6** [1951] 247, 248).

Krystalle (aus PAe.); F: 86°.

Kalium-Verbindung. F: 133—134° (*Ri.*, l. c. S. 249).

Oxocarbonsäuren $C_{15}H_{22}O_5$

(2*R*)-2*r*-[(1*R*)-1,3*t*-Dimethyl-2-oxo-cyclohex-*r*-ylmethyl]-4*c*-methyl-5-oxo-tetrahydro-furan-3*c*-carbonsäure $C_{15}H_{22}O_5$, Formel III (R = H).

Diese Konstitution und Konfiguration kommt der nachstehend beschriebenen, ursprüng-lich (*Ruzicka, Pieth*, Helv. **14** [1931] 1090, 1095, 1102; *Hansen*, J. pr. [2] **136** [1933] 176, 179, 187; *Ukita et al.*, J. pharm. Soc. Japan **72** [1952] 796, 799; C. A. **1953** 3280) als 3-[7-Acetyl-3,6-dimethyl-2-oxo-octahydro-benzofuran-6-yl]-propionsäure ($C_{15}H_{22}O_5$) angesehenen Verbindung zu (*Marshall, Cohen*, J. org. Chem. **29** [1964] 3727).

B. Beim Behandeln einer Lösung von Dihydroalantolacton ((3a*R*)-3*t*,5*t*,8a-Trimethyl-(3a*r*,8a*t*,9a*c*)-3a,5,6,7,8,8a,9,9a-octahydro-3*H*-naphtho[2,3-*b*]furan-2-on [E III/IV **17** 4763]) in Chloroform mit Ozon, Behandeln des gebildeten Ozonids mit Wasser und Behan-deln einer Lösung des Reaktionsprodukts (Öl) in Aceton mit wss. Kaliumpermanganat-

Lösung (*Uk. et al.*; *Ukita, Nakazawa*, Am. Soc. **82** [1960] 2224, 2226; s. a. *Ru., Pi.*; *Ha.*). Krystalle; F: 193—195° [aus E.] (*Uk. et al.*; *Uk., Na.*), 190—191° [aus W. oder wss. Me.] (*Ha.*).

(2R)-2r-[(1R)-1,3t-Dimethyl-2-oxo-cyclohex-r-ylmethyl]-4c-methyl-5-oxo-tetrahydro-furan-3c-carbonsäure-methylester $C_{16}H_{24}O_5$, Formel III (R = CH_3).

B. Aus der im vorangehenden Artikel beschriebenen Säure mit Hilfe von Diazomethan (*Ukita et al.*, J. pharm. Soc. Japan **72** [1952] 796, 799; C. A. **1953** 3280; *Ukita, Nakazawa*, Am. Soc. **82** [1960] 2224, 2226).

Krystalle (aus A.); F: 128—130° (*Uk. et al.*; *Uk., Na.*). $[\alpha]_D^{17}$: +175,8° [A.; c = 1] (*Uk. et al.*; *Uk., Na.*).

III   IV

(3aS)-3ξ,6ξ-Dimethyl-2,4-dioxo-(3ar,11at)-dodecahydro-cyclodeca[b]furan-10ξ-carbon-säure, (11Ξ)-6α-Hydroxy-8-oxo-4ξH,10ξH-germacran-12,15-disäure-12-lacton[1]) $C_{15}H_{22}O_5$, Formel IV.

a) **Präparat vom F: 220°.**

B. Beim Behandeln von (3aR)-4c-Hydroxy-10ξ-hydroxymethyl-3ξ,6ξ-dimethyl-(3ar,11at)-decahydro-cyclodeca[b]furan-2-on von F: 118° (S. 1141) mit Chrom(VI)-oxid in Essigsäure (*Suchý et al.*, Tetrahedron Letters **1959** Nr. 10, S. 5, 7).

F: 220°. $[\alpha]_D^{20}$: —19,4° [A.].

b) **Präparat vom F: 188°.**

B. Beim Behandeln von (3aR)-4c-Hydroxy-10ξ-hydroxymethyl-3ξ,6ξ-dimethyl-(3ar,11at)-decahydro-cyclodeca[b]furan-2-on vom F: 112° (S. 1141) mit Chrom(VI)-oxid in Essigsäure (*Suchý et al.*, Tetrahedron Letters **1959** Nr. 10, S. 5, 7).

F: 188°. $[\alpha]_D^{20}$: 0° [A.].

Oxocarbonsäuren $C_{17}H_{26}O_5$

3-[4-Decyl-2,5-dioxo-2,5-dihydro-[3]furyl]-propionsäure, Tetradec-3c-en-1,3,4-tricarb-onsäure-3,4-anhydrid $C_{17}H_{26}O_5$, Formel V.

B. Beim Erhitzen von opt.-inakt. 3-Hydroxy-tetradecan-1,3,4-tricarbonsäure (F: 135° [E III **3** 1108]) auf 100° (*Clutterbuck et al.*, Phil. Trans. [B] **220** [1931] 301, 314). Beim Erhitzen von Spiculisporsäure (2-[2-Carboxy-5-oxo-tetrahydro-[2]furyl]-dodecansäure [S. 6126]) auf 180° (*Cl. et al.*, l. c. S. 317; *Kameda*, J. pharm. Soc. Japan **61** [1941] 261, 263; dtsch. Ref. S. 117, 119).

Krystalle; F: 41° [aus Ae. + Bzn.] (*Cl. et al.*, l. c. S. 317), 40—41° [aus Ae. + PAe.] (*Ka.*).

Verhalten beim Erhitzen mit wss. Natronlauge (Bildung einer wahrscheinlich als Tetra-dec-3-en-1,3,4-tricarbonsäure zu formulierenden Verbindung; F: 87° [E III **2** 2075]): *Ka.*; s. a. *Cl. et al.*, l. c. S. 317. Beim Erhitzen mit wss. Jodwasserstoffsäure und rotem Phos-phor auf 180° sind zwei als Tetradecan-1,3,4-tricarbonsäuren angesehene Verbindungen (F: 160—162° bzw. F: 109—111° [E III **2** 2059]) erhalten worden (*Ka.*).

(±)-[7t-Heptyl-1,3-dioxo-(3ar,7ac)-octahydro-isobenzofuran-4t-yl]-essigsäure-methyl-ester, (±)-3c-Heptyl-6c-methoxycarbonylmethyl-cyclohexan-1r,2c-dicarbonsäure-anhydrid $C_{18}H_{28}O_5$, Formel VI + Spiegelbild.

B. Bei der Hydrierung von (±)-[7t-Heptyl-1,3-dioxo-(3ar,7ac)-1,3,3a,4,7,7a-hexahydro-

---

[1]) Stellungsbezeichnung bei von Germacran abgeleiteten Namen s. E III/IV **17** 4393.

isobenzofuran-4t-yl]-essigsäure-methylester (*Celmer, Solomons*, Am. Soc. **75** [1953] 3430, 3432, 3435) oder von (±)-[7t-Hepta-1,3,5-triinyl-1,3-dioxo-(3a*r*,7a*c*)-1,3,3a,4,7,7a-hexa= hydro-isobenzofuran-4t-yl]-essigsäure-methylester (*Celmer, Solomons*, Am. Soc. **74** [1952] 3838, 3842) an Platin in Äthylacetat.

Öl; n_D^{25}: 1,4780.

V   VI

Oxocarbonsäuren $C_{22}H_{36}O_5$

(±)-10-[7t-Butyl-1,3-dioxo-(3a*r*,7a*c*)-octahydro-isobenzofuran-4t-yl]-decansäure, (±)-3*c*-Butyl-6*c*-[9-carboxy-nonyl]-cyclohexan-1*r*,2*c*-dicarbonsäure-anhydrid $C_{22}H_{36}O_5$, Formel VII + Spiegelbild.
Konfiguration: *Alder, Kuth*, A. **609** [1957] 19, 27.
B. Bei der Hydrierung von (±)-10*c*-[7t-Butyl-1,3-dioxo-(3a*r*,7a*c*)-1,3,3a,4,7,7a-hexa= hydro-isobenzofuran-4t-yl]-dec-9-ensäure an Platin in Essigsäure (*Morrell, Davis*, J. Soc. chem. Ind. **55** [1936] 261 T, 264 T; *Al., Kuth*, l. c. S. 27, 36).
Krystalle; F: 76—77° [aus E.] (*Al., Kuth*), 74° [aus wss. A.] (*Mo., Da.*). IR-Spektrum (KBr; 2—15 µ): *Al., Kuth*, l. c. S. 24.

8-[7-Hexyl-1,3-dioxo-octahydro-isobenzofuran-4-yl]-octansäure, 3-[7-Carboxy-heptyl]-6-hexyl-cyclohexan-1,2-dicarbonsäure-anhydrid $C_{22}H_{36}O_5$.

a) **(±)-8-[7*c*-Hexyl-1,3-dioxo-(3a*r*,7a*c*)-octahydro-isobenzofuran-4*c*-yl]-octansäure** $C_{22}H_{36}O_5$, Formel VIII + Spiegelbild.
B. Beim Erhitzen von (±)-8-[7t-Hexyl-1,3-dioxo-(3a*r*,7a*c*)-octahydro-isobenzofuran-4t-yl]-octansäure auf 240° (*Alder, Kuth*, A. **609** 19, 30; s. a. *Morrell, Davis*, J. Soc. chem. Ind. **55** [1936] 261 T, 265 T).
Krystalle (aus Ae. + PAe.); F: 60—61° (*Al., Kuth*, l. c. S. 30).

b) **(±)-8-[7t-Hexyl-1,3-dioxo-(3a*r*,7a*c*)-octahydro-isobenzofuran-4t-yl]-octansäure** $C_{22}H_{36}O_5$, Formel IX (R = X = H) + Spiegelbild.
B. Bei der Hydrierung von (±)-8-[7t-Hexyl-1,3-dioxo-(3a*r*,7a*c*)-1,3,3a,4,7,7a-hexa= hydro-isobenzofuran-4t-yl]-octansäure oder von (±)-8-[7t-Hex-1-en-*t*-yl-1,3-dioxo-(3a*r*,7a*c*)-1,3,3a,4,7,7a-hexahydro-isobenzofuran-4t-yl]-octansäure an Platin in Essigsäure (*Alder, Kuth*, A. **609** [1957] 19, 29, 37).
Krystalle (aus Ae. + PAe.); F: 80° (*Al., Kuth*, l. c. S. 37). IR-Spektrum (KBr; 2 µ bis 15 µ): *Al., Kuth*, l. c. S. 24.

VII   VIII   IX

(±)-8-[7t-Hexyl-1,3-dioxo-(3a*r*,7a*c*)-octahydro-isobenzofuran-4t-yl]-octansäure-methyl= ester, (±)-3*c*-Hexyl-6*c*-[7-methoxycarbonyl-heptyl]-cyclohexan-1*r*,2*c*-dicarbonsäure-anhydrid $C_{23}H_{38}O_5$, Formel IX (R = CH_3, X = H) + Spiegelbild.
B. Bei der Hydrierung von (±)-8-[7t-Hexyl-1,3-dioxo-(3a*r*,7a*c*)-1,3,3a,4,7,7a-hexa=

hydro-isobenzofuran-4*t*-yl]-octansäure-methylester an Platin in Essigsäure (*Alder, Kuth,* A. **609** [1957] 19, 30).

Krystalle (aus Me.); F: 49° (*Al., Kuth,* l. c. S. 37).

**(±)-8-[7*t*-Hexyl-1,3-dioxo-(3a*r*,7a*c*)-octahydro-isobenzofuran-4*t*-yl]-octansäure-äthyl=
ester, 3*c*-[7-Äthoxycarbonyl-heptyl]-6*c*-hexyl-cyclohexan-1*r*,2*c*-dicarbonsäure-anhydrid**
$C_{24}H_{40}O_5$, Formel IX (R = C_2H_5, X = H) + Spiegelbild.

Diese Verbindung hat vermutlich als Hauptbestandteil in dem nachstehend beschriebenen Präparat vorgelegen (vgl. *Alder, Kuth,* A. **609** [1957] 19, 21, 28).

B. Bei der Hydrierung von (±)-8-[7*t*-Hexyl-1,3-dioxo-(3a*r*,7a*c*)-1,3,3a,4,7,7a-hexa=
hydro-isobenzofuran-4*t*-yl]-octansäure-äthylester (F: 60°; Präparat von ungewisser konfigurativer Einheitlichkeit) an Platin in Essigsäure (*Böeseken, Hoevers,* R. **49** [1930] 1165, 1166).

Krystalle (aus A.); F: 27—28° (*Bö., Ho.*).

**(±)-8-[5ξ,6ξ-Dibrom-7*t*-hexyl-1,3-dioxo-(3a*r*,7a*c*)-octahydro-isobenzofuran-4*t*-yl]-octan=
säure, (±)-4ξ,5ξ-Dibrom-3*c*-[7-carboxy-heptyl]-6*c*-hexyl-cyclohexan-1*r*,2*c*-
dicarbonsäure-anhydrid** $C_{22}H_{34}Br_2O_5$, Formel IX (R = H, X = Br) + Spiegelbild.

B. Beim Behandeln von (±)-8-[7*t*-Hexyl-1,3-dioxo-(3a*r*,7a*c*)-1,3,3a,4,7,7a-hexahydro-isobenzofuran-4*t*-yl]-octansäure mit Brom in Chloroform (*Alder, Kuth,* A. **609** [1957] 19, 28).

Krystalle (aus E. + Bzn.); F: 131°.   [*Staehle*]

Oxocarbonsäuren $C_nH_{2n-10}O_5$

Oxocarbonsäuren $C_7H_4O_5$

3-[2]Furyl-2-hydroxyimino-3-oxo-propionsäure-methylester $C_8H_7NO_5$, Formel I
(R = CH_3, X = OH).

B. Beim Behandeln von 3-[2]Furyl-3-oxo-propionsäure-methylester mit Essigsäure und wss. Natriumnitrit-Lösung (*Hayes, Gever,* J. org. Chem. **16** [1951] 269, 275).

Krystalle (aus Diisopropyläther); F: 125—125,5°.

2-Diazo-3-[2]furyl-3-oxo-propionsäure-methylester $C_8H_6N_2O_4$, Formel II.

B. Aus Furan-2-carbonylbromid und Diazoessigsäure-methylester (*Reichstein, Morsman,* Helv. **17** [1934] 1119, 1128).

Gelbliche Krystalle (aus Me.); F: 108° [korr.].

Beim Erhitzen mit Platin und Methanol auf 150° ist [2]Furylmalonsäure-dimethylester erhalten worden.

3-[2]Furyl-2-hydroxyimino-3-oxo-propionsäure-äthylester $C_9H_9NO_5$, Formel I (R = C_2H_5,
X = OH).

B. Beim Behandeln einer Lösung von 3-[2]Furyl-3-oxo-propionsäure-äthylester in Essigsäure mit Äthylnitrit und kleinen Mengen wss. Salzsäure (*Linares et al.,* An. Soc. españ. [B] **46** [1950] 735, 739) oder mit wss. Natriumnitrit-Lösung (*Hayes, Gever,* J. org. Chem. **16** [1951] 269, 275).

Krystalle; F: 133—135° [aus Me. + Diisopropyläther] (*Ha., Ge.*), 127,5—129,5° [aus Ae.] (*Li. et al.*).

3-[2]Furyl-3-oxo-2-phenylhydrazono-propionsäure-äthylester $C_{15}H_{14}N_2O_4$, Formel I
(R = C_2H_5, X = NH-C_6H_5), und Tautomere (z.B. 3-[2]Furyl-3-oxo-2-phenylazo-
propionsäure-äthylester).

B. Beim Behandeln von 3-[2]Furyl-3-oxo-propionsäure-äthylester mit wss.-alkohol. Benzoldiazoniumchlorid-Lösung und Natriumacetat (*Hayes, Gever,* J. org. Chem. **16** [1951] 269, 275).

Krystalle (aus wss. A.); F: 67—67,5°.

3-[2]Furyl-3-oxo-2-phenylhydrazono-propionsäure-anilid $C_{19}H_{15}N_3O_3$, Formel III (R = X = H), und Tautomere (z.B. 3-[2]Furyl-3-oxo-2-phenylazo-propionsäure-anilid).

B. Beim Behandeln von 3-[2]Furyl-3-oxo-propionsäure-anilid mit wss. Natronlauge und mit wss. Benzoldiazoniumchlorid-Lösung (*Andrisano, Pentimalli*, Ann. Chimica **40** [1950] 292).

Gelbe Krystalle (aus Eg.); F: 151° (*An., Pe.*). Absorptionsspektrum (A.; 330—460 nm [λ_{max}: 395 nm]): *Andrisano*, Ann. Chimica **41** [1951] 545, 548, 550.

2-[3-Chlor-phenylhydrazono]-3-[2]furyl-3-oxo-propionsäure-anilid $C_{19}H_{14}ClN_3O_3$, Formel III (R = H, X = Cl), und Tautomere (z.B. 2-[3-Chlor-phenylazo]-3-[2]furyl-3-oxo-propionsäure-anilid).

B. Beim Behandeln von 3-[2]Furyl-3-oxo-propionsäure-anilid mit wss. Natronlauge und mit wss. 3-Chlor-benzoldiazonium-chlorid-Lösung (*Andrisano, Pentimalli*, Boll. scient. Fac. Chim. ind. Bologna **8** [1950] 10).

Gelbe Krystalle (aus Eg.); F: 140° (*An., Pe.*). Absorptionsmaximum (A.): 390 nm (*Andrisano*, Ann. Chimica **41** [1951] 545, 550).

2-[4-Chlor-phenylhydrazono]-3-[2]furyl-3-oxo-propionsäure-anilid $C_{19}H_{14}ClN_3O_3$, Formel III (R = Cl, X = H), und Tautomere (z.B. 2-[4-Chlor-phenylazo]-3-[2]furyl-3-oxo-propionsäure-anilid).

B. Beim Behandeln von 3-[2]Furyl-3-oxo-propionsäure-anilid mit wss. Natronlauge und mit wss. 4-Chlor-benzoldiazonium-chlorid-Lösung (*Andrisano, Pentimalli*, Boll. scient. Fac. Chim. ind. Bologna **8** [1950] 10).

Gelbe Krystalle (aus Eg.); F: 184° (*An., Pe.*). Absorptionsmaximum (A.): 396 nm (*Andrisano*, Ann. Chimica **41** [1951] 545, 550).

I   II   III

2-[4-Brom-phenylhydrazono]-3-[2]furyl-3-oxo-propionsäure-anilid $C_{19}H_{14}BrN_3O_3$, Formel III (R = Br, X = H), und Tautomere (z.B. 2-[4-Brom-phenylazo]-3-[2]furyl-3-oxo-propionsäure-anilid).

B. Beim Behandeln von 3-[2]Furyl-3-oxo-propionsäure-anilid mit wss. Natronlauge und mit wss. 4-Brom-benzoldiazonium-chlorid-Lösung (*Andrisano, Pentimalli*, Boll. scient. Fac. Chim. ind. Bologna **8** [1950] 10).

Gelbe Krystalle (aus Eg.); F: 189° (*An., Pe.*). Absorptionsmaximum (A.): 397,5 nm (*Andrisano*, Ann. Chimica **41** [1951] 545, 550).

3-[2]Furyl-3-oxo-2-phenylhydrazono-propionsäure-[3-chlor-anilid] $C_{19}H_{14}ClN_3O_3$, Formel IV (R = H, X = Cl), und Tautomere (z.B. 3-[2]Furyl-3-oxo-2-phenylazo-propionsäure-[3-chlor-anilid]).

B. Beim Behandeln von 3-[2]Furyl-3-oxo-propionsäure-[3-chlor-anilid] mit wss. Natronlauge und mit wss. Benzoldiazoniumchlorid-Lösung (*Andrisano, Pentimalli*, Ann. Chimica **40** [1950] 292).

Gelbe Krystalle (aus Eg.); F: 133° (*An., Pe.*). Absorptionsmaximum (A.): 395 nm (*Andrisano*, Ann. Chimica **41** [1951] 545, 550).

3-[2]Furyl-3-oxo-2-phenylhydrazono-propionsäure-[4-chlor-anilid] $C_{19}H_{14}ClN_3O_3$, Formel IV (R = Cl, X = H), und Tautomere (z.B. 3-[2]Furyl-3-oxo-2-phenylazo-propionsäure-[4-chlor-anilid]).

B. Beim Behandeln von 3-[2]Furyl-3-oxo-propionsäure-[4-chlor-anilid] mit wss. Natronlauge und mit wss. Benzoldiazoniumchlorid-Lösung (*Andrisano, Pentimalli*, Ann. Chimica **40** [1950] 292).

Gelbe Krystalle (aus Eg.); F: 165° (*An., Pe.*). Absorptionsmaximum (A.): 394,5 nm (*Andrisano*, Ann. Chimica **41** [1951] 545, 550).

3-[2]Furyl-3-oxo-2-phenylhydrazono-propionsäure-[4-brom-anilid] $C_{19}H_{14}BrN_3O_3$,

Formel IV (R = Br, X = H), und Tautomere (z.B. 3-[2]Furyl-3-oxo-2-phenylazo-propionsäure-[4-brom-anilid]).

B. Beim Behandeln von 3-[2]Furyl-3-oxo-propionsäure-[4-brom-anilid] mit wss. Natronlauge und mit wss. Benzoldiazoniumchlorid-Lösung (*Andrisano, Pentimalli*, Ann. Chimica **40** [1950] 292).

Gelbe Krystalle (aus Eg.); F: 169° (*An., Pe.*). Absorptionsmaximum (A.): 395 nm (*Andrisano*, Ann. Chimica **41** [1951] 545, 550).

3-[2]Furyl-3-oxo-2-*o*-tolylhydrazono-propionsäure-anilid $C_{20}H_{17}N_3O_3$, Formel V

(X = CH$_3$), und Tautomere (z.B. 3-[2]Furyl-3-oxo-2-*o*-tolylazo-propionsäure-anilid).

B. Beim Behandeln von 3-[2]Furyl-3-oxo-propionsäure-anilid mit wss. Natronlauge und mit wss. Toluol-2-diazoniumchlorid-Lösung (*Andrisano, Pentimalli*, Boll. scient. Fac. Chim. ind. Bologna **8** [1950] 10).

Gelbe Krystalle (aus Eg.); F: 150° (*An., Pe.*). Absorptionsmaximum (A.): 403 nm (*Andrisano*, Ann. Chimica **41** [1951] 545, 550).

3-[2]Furyl-3-oxo-2-*p*-tolylhydrazono-propionsäure-anilid $C_{20}H_{17}N_3O_3$, Formel III

(R = CH$_3$, X = H), und Tautomere (z.B. 3-[2]Furyl-3-oxo-2-*p*-tolylazo-propion=säure-anilid).

B. Beim Behandeln von 3-[2]Furyl-3-oxo-propionsäure-anilid mit wss. Natronlauge und mit wss. Toluol-4-diazoniumchlorid-Lösung (*Andrisano, Pentimalli*, Boll. scient. Fac. Chim. ind. Bologna **8** [1950] 10).

Gelbe Krystalle (aus Eg.); F: 177° (*An., Pe.*). Absorptionsspektrum (A.; 330—470 nm [λ_{max}: 404 nm]): *Andrisano*, Ann. Chimica **41** [1951] 545, 548, 550.

3-[2]Furyl-2-[1]naphthylhydrazono-3-oxo-propionsäure-anilid $C_{23}H_{17}N_3O_3$, Formel VI,

und Tautomere (z. B. 3-[2]Furyl-2-[1]naphthylazo-3-oxo-propionsäure-anilid).

B. Beim Behandeln von 3-[2]Furyl-3-oxo-propionsäure-anilid mit wss. Natronlauge und mit wss. Naphthalin-1-diazoniumchlorid-Lösung (*Andrisano, Pentimalli*, Boll. scient. Fac. Chim. ind. Bologna **8** [1950] 10).

Orangefarbene Krystalle (aus Eg.); F: 164° (*An., Pe.*). Absorptionsmaximum (A.): 422,5 nm (*Andrisano*, Ann. Chimica **41** [1951] 545, 550).

IV   V   VI

3-[2]Furyl-2-[2]naphthylhydrazono-3-oxo-propionsäure-anilid $C_{23}H_{17}N_3O_3$, Formel VII,

und Tautomere (z.B. 3-[2]Furyl-2-[2]naphthylazo-3-oxo-propionsäure-anilid).

B. Beim Behandeln von 3-[2]Furyl-3-oxo-propionsäure-anilid mit wss. Natronlauge und mit wss. Naphthalin-2-diazoniumchlorid-Lösung (*Andrisano, Pentimalli*, Boll. scient. Fac. Chim. ind. Bologna **8** [1950] 10).

Orangefarbene Krystalle (aus Eg.); F: 185° (*An., Pe.*). Absorptionsmaximum (A.): 412 nm (*Andrisano*, Ann. Chimica **41** [1951] 545, 550).

3-[2]Furyl-2-[2-methoxy-phenylhydrazono]-3-oxo-propionsäure-anilid $C_{20}H_{17}N_3O_4$,
Formel V (X = O-CH$_3$), und Tautomere (z. B. 3-[2]Furyl-2-[2-methoxy-phenyl‹
azo]-3-oxo-propionsäure-anilid).

B. Beim Behandeln von 3-[2]Furyl-3-oxo-propionsäure-anilid mit wss. Natronlauge
und mit wss. 2-Methoxy-benzoldiazonium-chlorid-Lösung (*Andrisano, Pentimalli*, Boll.
scient. Fac. Chim. ind. Bologna **8** [1950] 10).

Gelbe Krystalle (aus Eg.); F: 170° (*An., Pe.*). Absorptionsmaximum (A.): 412,5 nm
(*Andrisano*, Ann. Chimica **41** [1951] 545, 550).

3-[2]Furyl-2-[4-methoxy-phenylhydrazono]-3-oxo-propionsäure-anilid $C_{20}H_{17}N_3O_4$,
Formel III (R = O-CH$_3$, X = H) auf S. 6001, und Tautomere (z. B. 3-[2]Furyl-
2-[4-methoxy-phenylazo]-3-oxo-propionsäure-anilid).

B. Beim Behandeln von 3-[2]Furyl-3-oxo-propionsäure-anilid mit wss. Natronlauge
und mit wss. 4-Methoxy-benzoldiazonium-chlorid-Lösung (*Andrisano, Pentimalli*, Boll.
scient. Fac. Chim. ind. Bologna **8** [1950] 10).

Orangefarbene Krystalle (aus Eg.); F: 175° (*An., Pe.*). Absorptionsmaximum (A.):
415 nm (*Andrisano*, Ann. Chimica **41** [1951] 545, 550).

2-[4-Äthoxy-phenylhydrazono]-3-[2]furyl-3-oxo-propionsäure-anilid $C_{21}H_{19}N_3O_4$,
Formel III (R = O-C$_2$H$_5$, X = H) auf S. 6001, und Tautomere (z. B. 2-[4-Äthoxy-
phenylazo]-3-[2]furyl-3-oxo-propionsäure-anilid).

B. Beim Behandeln von 3-[2]Furyl-3-oxo-propionsäure-anilid mit wss. Natronlauge
und mit wss. 4-Äthoxy-benzoldiazonium-chlorid-Lösung (*Andrisano, Pentimalli*, Boll.
scient. Fac. Chim. ind. Bologna **8** [1950] 10).

Orangefarbene Krystalle (aus Eg.); F: 158° (*An., Pe.*). Absorptionsmaximum (A.):
417 nm (*Andrisano*, Ann. Chimica **41** [1951] 545, 550).

VII   VIII

**3-[2]Furyl-3-oxo-2-[4-phenylmercapto-phenylhydrazono]-propionsäure-[2,5-dichlor-
anilid]** $C_{25}H_{17}Cl_2N_3O_3S$, Formel VIII (R = H, X = Cl), und Tautomere (z. B. 3-[2]Furyl-
3-oxo-2-[4-phenylmercapto-phenylazo]-propionsäure-[2,5-dichlor-anilid]).

B. Beim Behandeln von 3-[2]Furyl-3-oxo-propionsäure-[2,5-dichlor-anilid] mit einer
aus 4-Phenylmercapto-anilin bereiteten wss. Diazoniumsalz-Lösung (*Cerniani, Cordella*,
Ric. scient. **26** [1956] 3352, 3354).

Gelbe Krystalle (aus Chlorbenzol); F: 196—197°.

3-[2]Furyl-3-oxo-2-[4-phenylmercapto-phenylhydrazono]-propionsäure-[4-brom-anilid]
$C_{25}H_{18}BrN_3O_3S$, Formel VIII (R = Br, X = H), und Tautomere (z. B. 3-[2]Furyl-
3-oxo-2-[4-phenylmercapto-phenylazo]-propionsäure-[4-brom-anilid]).

B. Beim Behandeln von 3-[2]Furyl-3-oxo-propionsäure-[4-brom-anilid] mit einer aus
4-Phenylmercapto-anilin bereiteten wss. Diazoniumsalz-Lösung (*Cerniani, Cordella*, Ric.
scient. **26** [1956] 3352, 3354).

Gelbe Krystalle (aus Chlorbenzol); F: 188—189°.

**4,4'-Bis-[2-[2]furyl-2-oxo-1-phenylcarbamoyl-äthylidenhydrazino]-biphenyl, 3,3'-Di-
[2]furyl-3,3'-dioxo-2,2'-biphenyl-4,4'-diyldihydrazono-di-propionsäure-dianilid**
$C_{38}H_{28}N_6O_6$, Formel IX (R = X = H), und Tautomere (z. B. 4,4'-Bis-[2-[2]furyl-
2-oxo-1-phenylcarbamoyl-äthylazo]-biphenyl).

B. Beim Behandeln von 3-[2]Furyl-3-oxo-propionsäure-anilid mit wss. Natronlauge
und mit einer aus Benzidin bereiteten wss. Diazoniumsalz-Lösung (*Andrisano, Passerini*,

Ann. Chimica **40** [1950] 439).

Hellbraune Krystalle (aus Nitrobenzol); F: 299° (*An., Pa.*). Absorptionsspektrum (Nitrobenzol; 400—530 nm [λ_{max}: 453,5 nm]): *Andrisano*, Ann. Chimica **41** [1951] 545, 549, 550.

4,4′-Bis-[1-(3-chlor-phenylcarbamoyl)-2-[2]furyl-2-oxo-äthylidenhydrazino]-biphenyl

$C_{38}H_{26}Cl_2N_6O_6$, Formel IX (R = H, X = Cl), und Tautomere (z.B. 4,4′-Bis-[1-(3-chlor-phenylcarbamoyl)-2-[2]furyl-2-oxo-äthylazo]-biphenyl).

B. Beim Behandeln von 3-[2]Furyl-3-oxo-propionsäure-[3-chlor-anilid] mit wss. Natronlauge und mit einer aus Benzidin bereiteten wss. Diazoniumsalz-Lösung (*Andrisano, Passerini*, Ann. Chimica **40** [1950] 439).

Orangefarbene Krystalle (aus Nitrobenzol); F: 273° (*An., Pa.*). Absorptionsmaximum (Nitrobenzol): 454 nm (*Andrisano*, Ann. Chimica **41** [1951] 545, 550).

4,4′-Bis-[1-(4-chlor-phenylcarbamoyl)-2-[2]furyl-2-oxo-äthylidenhydrazino]-biphenyl

$C_{38}H_{26}Cl_2N_6O_6$, Formel IX (R = Cl, X = H), und Tautomere (z.B. 4,4′-Bis-[1-(4-chlor-phenylcarbamoyl)-2-[2]furyl-2-oxo-äthylazo]-biphenyl).

B. Beim Behandeln von 3-[2]Furyl-3-oxo-propionsäure-[4-chlor-anilid] mit wss. Natronlauge und mit einer aus Benzidin bereiteten wss. Diazoniumsalz-Lösung (*Andrisano, Passerini*, Ann. Chimica **40** [1950] 439).

Braune Krystalle (aus Nitrobenzol), die unterhalb 320° nicht schmelzen (*An., Pa.*). Absorptionsmaximum (Nitrobenzol): 454,5 nm (*Andrisano*, Ann. Chimica **41** [1951] 545, 550).

4,4′-Bis-[1-(4-brom-phenylcarbamoyl)-2-[2]furyl-2-oxo-äthylidenhydrazino]-biphenyl

$C_{38}H_{26}Br_2N_6O_6$, Formel IX (R = Br, X = H), und Tautomere (z.B. 4,4′-Bis-[1-(4-brom-phenylcarbamoyl)-2-[2]furyl-2-oxo-äthylazo]-biphenyl).

B. Beim Behandeln von 3-[2]Furyl-3-oxo-propionsäure-[4-brom-anilid] mit wss. Natronlauge und mit einer aus Benzidin bereiteten wss. Diazoniumsalz-Lösung (*Andrisano, Passerini*, Ann. Chimica **40** [1950] 439).

Braune Krystalle (aus Nitrobenzol), die unterhalb 320° nicht schmelzen (*An., Pa.*). Absorptionsmaximum (Nitrobenzol): 454 nm (*Andrisano*, Ann. Chimica **41** [1951] 545, 550).

3-[2]Furyl-3-oxo-2-phenylhydrazono-propionsäure-o-toluidid $C_{20}H_{17}N_3O_3$, Formel X, und

Tautomere (z.B. 3-[2]Furyl-3-oxo-2-phenylazo-propionsäure-o-toluidid).

B. Beim Behandeln von 3-[2]Furyl-3-oxo-propionsäure-o-toluidid mit wss. Natronlauge und mit wss. Benzoldiazoniumchlorid-Lösung (*Andrisano, Pentimalli*, Ann. Chimica **40** [1950] 292).

Gelbe Krystalle (aus Eg.); F: 155° (*An., Pe.*). Absorptionsmaximum (A.): 394,5 nm (*Andrisano*, Ann. Chimica **41** [1951] 545, 550).

IX   X

4,4′-Bis-[2-[2]furyl-2-oxo-1-o-tolylcarbamoyl-äthylidenhydrazino]-biphenyl $C_{40}H_{32}N_6O_6$,

Formel XI (X = CH$_3$), und Tautomere (z.B. 4,4′-Bis-[2-[2]furyl-2-oxo-1-o-tolyl-carbamoyl-äthylazo]-biphenyl).

B. Beim Behandeln von 3-[2]Furyl-3-oxo-propionsäure-o-toluidid mit wss. Natronlauge und mit einer aus Benzidin bereiteten wss. Diazoniumsalz-Lösung (*Andrisano, Passerini,* Ann. Chimica **40** [1950] 439).

Hellbraune Krystalle (aus Nitrobenzol); F: 263° (*An., Pa.*). Absorptionsmaximum (Nitrobenzol): 455 nm (*Andrisano,* Ann. Chimica **41** [1951] 545, 550).

3-[2]Furyl-3-oxo-2-phenylhydrazono-propionsäure-*p*-toluidid $C_{20}H_{17}N_3O_3$, Formel IV
(R = CH$_3$, X = H) auf S. 6002, und Tautomere (z.B. 3-[2]Furyl-3-oxo-2-phenyl=azo-propionsäure-*p*-toluidid).

B. Beim Behandeln von 3-[2]Furyl-3-oxo-propionsäure-*p*-toluidid mit wss. Natron=lauge und mit wss. Benzoldiazoniumchlorid-Lösung (*Andrisano, Pentimalli,* Ann. Chimica **40** [1950] 292).

Gelbe Krystalle (aus Eg.); F: 158° (*An., Pe.*). Absorptionsmaximum (A.): 395 nm (*Andrisano,* Ann. Chimica **41** [1951] 545, 550).

3-[2]Furyl-3-oxo-2-[4-phenylmercapto-phenylhydrazono]-propionsäure-*p*-toluidid
$C_{26}H_{21}N_3O_3S$, Formel VIII (R = CH$_3$, X = H) auf S. 6002, und Tautomere (z.B. 3-[2]Furyl-3-oxo-2-[4-phenylmercapto-phenylazo]-propionsäure-*p*-tolui=did).

B. Beim Behandeln von 3-[2]Furyl-3-oxo-propionsäure-*p*-toluidid mit einer aus 4-Phenylmercapto-anilin bereiteten wss. Diazoniumsalz-Lösung (*Cerniani, Cordella,* Ric. scient. **26** [1956] 3352, 3354).

Gelbe Krystalle (aus Chlorbenzol); F: 136—138°.

4,4'-Bis-[2-[2]furyl-2-oxo-1-*p*-tolylcarbamoyl-äthylidenhydrazino]-biphenyl $C_{40}H_{32}N_6O_6$,
Formel IX (R = CH$_3$, X = H), und Tautomere (z.B. 4,4'-Bis-[2-[2]furyl-2-oxo-1-*p*-tolylcarbamoyl-äthylazo]-biphenyl).

B. Beim Behandeln von 3-[2]Furyl-3-oxo-propionsäure-*p*-toluidid mit wss. Natron=lauge und mit einer aus Benzidin bereiteten wss. Diazoniumsalz-Lösung (*Andrisano, Passerini,* Ann. Chimica **40** [1950] 439).

Hellbraune Krystalle (aus Nitrobenzol), die unterhalb 320° nicht schmelzen (*An., Pa.*). Absorptionsmaximum (Nitrobenzol): 454 nm (*Andrisano,* Ann. Chimica **41** [1951] 545, 550).

3-[2]Furyl-3-oxo-2-phenylhydrazono-propionsäure-[1]naphthylamid $C_{23}H_{17}N_3O_3$,
Formel XII, und Tautomere (z.B. 3-[2]Furyl-3-oxo-2-phenylazo-propionsäure-[1]naphthylamid).

B. Beim Behandeln von 3-[2]Furyl-3-oxo-propionsäure-[1]naphthylamid mit wss. Natronlauge und mit wss. Benzoldiazoniumchlorid-Lösung (*Andrisano, Pentimalli,* Ann. Chimica **40** [1950] 292).

Orangegelbe Krystalle (aus Eg.); F: 171° (*An., Pe.*). Absorptionsmaximum (A.): 398 nm (*Andrisano,* Ann. Chimica **41** [1951] 545, 550).

XI   XII

4,4'-Bis-[2-[2]furyl-1-[1]naphthylcarbamoyl-2-oxo-äthylidenhydrazino]-biphenyl, 3,3'-Di-[2]furyl-3,3'-dioxo-2,2'-biphenyl-4,4'-diyldihydrazono-di-propionsäure-bis-[1]naphthylamid $C_{46}H_{32}N_6O_6$, Formel XIII, und Tautomere (z. B. 4,4'-Bis-[2-[2]furyl-1-[1]naphthylcarbamoyl-2-oxo-äthylazo]-biphenyl).

B. Beim Behandeln von 3-[2]Furyl-3-oxo-propionsäure-[1]naphthylamid mit wss.

Natronlauge und mit einer aus Benzidin bereiteten wss. Diazoniumsalz-Lösung (*Andrisano, Passerini*, Ann. Chimica **40** [1950] 439).

Rote Krystalle (aus Nitrobenzol); F: 302° (*An., Pa.*). Absorptionsmaximum (Nitro‑benzol): 458,5 nm (*Andrisano*, Ann. Chimica **41** [1951] 545, 550).

3-[2]Furyl-3-oxo-2-phenylhydrazono-propionsäure-[2]naphthylamid $C_{23}H_{17}N_3O_3$,
Formel XIV (X = H), und Tautomere (z. B. 3-[2]Furyl-3-oxo-2-phenylazo-propionsäure-[2]naphthylamid).

B. Beim Behandeln von 3-[2]Furyl-3-oxo-propionsäure-[2]naphthylamid mit wss. Natronlauge und mit wss. Benzoldiazoniumchlorid-Lösung (*Andrisano, Pentimalli*, Ann. Chimica **40** [1950] 292).

Orangegelbe Krystalle (aus Eg.); F: 175° (*An., Pe.*). Absorptionsmaximum (A.): 398 nm (*Andrisano*, Ann. Chimica **41** [1951] 545, 550).

XIII   XIV

3-[2]Furyl-3-oxo-2-[4-phenylmercapto-phenylhydrazono]-propionsäure-[2]naphthylamid
$C_{29}H_{21}N_3O_3S$, Formel XIV (X = S-C_6H_5), und Tautomere (z. B. 3-[2]Furyl-3-oxo-2-[4-phenylmercapto-phenylazo]-propionsäure-[2]naphthylamid).

B. Beim Behandeln von 3-[2]Furyl-3-oxo-propionsäure-[2]naphthylamid mit einer aus 4-Phenylmercapto-anilin bereiteten wss. Diazoniumsalz-Lösung (*Cerniani, Cordella*, Ric. scient. **26** [1956] 3352, 3354).

Gelbe Krystalle (aus Chlorbenzol); F: 182—183°.

4,4'-Bis-[2-[2]furyl-1-[2]naphthylcarbamoyl-2-oxo-äthylidenhydrazino]-biphenyl,
3,3'-Di-[2]furyl-3,3'-dioxo-2,2'-biphenyl-4,4'-diyldihydrazono-di-propionsäure-bis-[2]naphthylamid $C_{46}H_{32}N_6O_6$, Formel XV, und Tautomere (z. B. 4,4'-Bis-[2-[2]furyl-1-[2]naphthylcarbamoyl-2-oxo-äthylazo]-biphenyl).

B. Beim Behandeln von 3-[2]Furyl-3-oxo-propionsäure-[2]naphthylamid mit wss. Natronlauge und mit einer aus Benzidin bereiteten wss. Diazoniumsalz-Lösung (*Andrisano, Passerini*, Ann. Chimica **40** [1950] 439).

Rote Krystalle (aus Nitrobenzol); F: 284° (*An., Pa.*). Absorptionsmaximum (Nitro‑benzol): 458 nm (*Andrisano*, Ann. Chimica **41** [1951] 545, 550).

3-[2]Furyl-3-oxo-2-phenylhydrazono-propionsäure-*o*-anisidid $C_{20}H_{17}N_3O_4$, Formel XVI
(R = H, X = O-CH_3), und Tautomere (z. B. 3-[2]Furyl-3-oxo-2-phenylazo-propionsäure-*o*-anisidid).

B. Beim Behandeln von 3-[2]Furyl-3-oxo-propionsäure-*o*-anisidid mit wss. Natronlauge und mit wss. Benzoldiazoniumchlorid-Lösung (*Andrisano, Pentimalli*, Ann. Chimica **40** [1950] 292).

Gelbe Krystalle (aus Eg.); F: 154° (*An., Pe.*). Absorptionsmaximum (A.): 396 nm (*Andrisano*, Ann. Chimica **41** [1951] 545, 550).

4,4'-Bis-[2-[2]furyl-1-(2-methoxy-phenylcarbamoyl)-2-oxo-äthylidenhydrazino]-biphenyl
$C_{40}H_{32}N_6O_8$, Formel XI (X = O-CH_3), und Tautomere (z. B. 4,4'-Bis-[2-[2]furyl-1-(2-methoxy-phenylcarbamoyl)-2-oxo-äthylazo]-biphenyl).

B. Beim Behandeln von 3-[2]Furyl-3-oxo-propionsäure-*o*-anisidid mit wss. Natron‑

lauge und mit einer aus Benzidin bereiteten wss. Diazoniumsalz-Lösung (*Andrisano*, *Passerini*, Ann. Chimica **40** [1950] 439).

Hellbraune Krystalle (aus Nitrobenzol); F: 271° (*An.*, *Pa.*). Absorptionsmaximum (Nitrobenzol): 454,5 nm (*Andrisano*, Ann. Chimica **41** [1951] 545, 550).

XV   XVI

3-[2]Furyl-3-oxo-2-phenylhydrazono-propionsäure-*p*-anisidid C$_{20}$H$_{17}$N$_3$O$_4$, Formel XVI (R = O-CH$_3$, X = H), und Tautomere (z. B. 3-[2]Furyl-3-oxo-2-phenylazo-propionsäure-*p*-anisidid).

B. Beim Behandeln von 3-[2]Furyl-3-oxo-propionsäure-*p*-anisidid mit wss. Natronlauge und mit wss. Benzoldiazoniumchlorid-Lösung (*Andrisano*, *Pentimalli*, Ann. Chimica **40** [1950] 292).

Orangegelbe Krystalle (aus Eg.); F: 140° (*An.*, *Pe.*). Absorptionsmaximum (A.): 396 nm (*Andrisano*, Ann. Chimica **41** [1951] 545, 550).

3-[2]Furyl-3-oxo-2-phenylhydrazono-propionsäure-*p*-phenetidid C$_{21}$H$_{19}$N$_3$O$_4$, Formel XVI (R = O-C$_2$H$_5$, X = H), und Tautomere (z. B. 3-[2]Furyl-3-oxo-2-phenylazo-propionsäure-*p*-phenetidid).

B. Beim Behandeln von 3-[2]Furyl-3-oxo-propionsäure-*p*-phenetidid mit wss. Natronlauge und mit wss. Benzoldiazoniumchlorid-Lösung (*Andrisano*, *Pentimalli*, Ann. Chimica **40** [1950] 292).

Orangegelbe Krystalle (aus Eg.); F: 146° (*An.*, *Pe.*). Absorptionsmaximum (A.): 397 nm (*Andrisano*, Ann. Chimica **41** [1951] 545, 550).

2-[2,5-Dichlor-phenylhydrazono]-3-[2]furyl-3-oxo-propionsäure-[4-phenylmercapto-anilid] C$_{25}$H$_{17}$Cl$_2$N$_3$O$_3$S, Formel I (R = H, X = Cl), und Tautomere (z. B. 2-[2,5-Di-chlor-phenylazo]-3-[2]furyl-3-oxo-propionsäure-[4-phenylmercapto-anilid]).

B. Beim Behandeln von 3-[2]Furyl-3-oxo-propionsäure-[4-phenylmercapto-anilid] mit einer aus 2,5-Dichlor-anilin bereiteten wss. Diazoniumsalz-Lösung (*Cerniani*, *Cordella*, Ric. scient. **26** [1956] 3352, 3354).

Orangegelbe Krystalle (aus Eg.); F: 191°.

2-[4-Brom-phenylhydrazono]-3-[2]furyl-3-oxo-propionsäure-[4-phenylmercapto-anilid] C$_{25}$H$_{18}$BrN$_3$O$_3$S, Formel I (R = Br, X = H), und Tautomere (z. B. 2-[4-Brom-phenyl-azo]-3-[2]furyl-3-oxo-propionsäure-[4-phenylmercapto-anilid]).

B. Beim Behandeln von 3-[2]Furyl-3-oxo-propionsäure-[4-phenylmercapto-anilid] mit einer aus 4-Brom-anilin bereiteten wss. Diazoniumsalz-Lösung (*Cerniani*, *Cordella*, Ric. scient. **26** [1956] 3352, 3354).

Gelbe Krystalle (aus Eg.); F: 163°.

3-[2]Furyl-3-oxo-2-*p*-tolylhydrazono-propionsäure-[4-phenylmercapto-anilid] C$_{26}$H$_{21}$N$_3$O$_3$S, Formel I (R = CH$_3$, X = H), und Tautomere (z. B. 3-[2]Furyl-3-oxo-2-*p*-tolylazo-propionsäure-[4-phenylmercapto-anilid]).

B. Beim Behandeln von 3-[2]Furyl-3-oxo-propionsäure-[4-phenylmercapto-anilid] mit einer aus *p*-Toluidin bereiteten wss. Diazoniumsalz-Lösung (*Cerniani*, *Cordella*, Ric. scient. **26** [1956] 3352, 3354).

Orangefarbene Krystalle (aus Eg.); F: 138—139°.

3-[2]Furyl-2-[2]naphthylhydrazono-3-oxo-propionsäure-[4-phenylmercapto-anilid]
$C_{29}H_{21}N_3O_3S$, Formel II, und Tautomere (z. B. 3-[2]Furyl-2-[2]naphthylazo-3-oxo-propionsäure-[4-phenylmercapto-anilid]).

B. Beim Behandeln von 3-[2]Furyl-3-oxo-propionsäure-[4-phenylmercapto-anilid] mit einer aus [2]Naphthylamin bereiteten wss. Diazoniumsalz-Lösung (*Cerniani, Cordella,* Ric. scient. **26** [1956] 3352, 3354).

Gelbe Krystalle (aus Eg.); F: 139—140°.

I   II

3-[2]Furyl-3-oxo-2-[4-phenylmercapto-phenylhydrazono]-propionsäure-*p*-phenetidid
$C_{27}H_{23}N_3O_4S$, Formel III, und Tautomere (z. B. 3-[2]Furyl-3-oxo-2-[4-phenyl= mercapto-phenylazo]-propionsäure-*p*-phenetidid).

B. Beim Behandeln von 3-[2]Furyl-3-oxo-propionsäure-*p*-phenetidid mit einer aus 4-Phenylmercapto-anilin bereiteten wss. Diazoniumsalz-Lösung (*Cerniani, Cordella,* Ric. scient. **26** [1956] 3352, 3354).

Orangefarbene Krystalle (aus Eg.); F: 141—145°.

2-[4-Äthoxy-phenylhydrazono]-3-[2]furyl-3-oxo-propionsäure-[4-phenylmercapto-anilid]
$C_{27}H_{23}N_3O_4S$, Formel I (R = O-C$_2$H$_5$, X = H), und Tautomere (z. B. 2-[4-Äthoxy-phenylazo]-3-[2]furyl-3-oxo-propionsäure-[4-phenylmercapto-anilid]).

B. Beim Behandeln von 3-[2]Furyl-3-oxo-propionsäure-[4-phenylmercapto-anilid] mit einer aus *p*-Phenetidin bereiteten wss. Diazoniumsalz-Lösung (*Cerniani, Cordella,* Ric. scient. **26** [1956] 3352, 3354).

Gelbe Krystalle (aus Eg.); F: 129°.

III   IV

4,4′-Bis-[2-[2]furyl-1-(4-methoxy-phenylcarbamoyl)-2-oxo-äthylidenhydrazino]-biphenyl $C_{40}H_{32}N_6O_8$, Formel IV (R = CH$_3$), und Tautomere (z. B. 4,4′-Bis-[2-[2]furyl-1-(4-methoxy-phenylcarbamoyl)-2-oxo-äthylazo]-biphenyl).

B. Beim Behandeln von 3-[2]Furyl-3-oxo-propionsäure-*p*-anisidid mit wss. Natronlauge und einer aus Benzidin bereiteten wss. Diazoniumsalz-Lösung (*Andrisano, Passerini,* Ann. Chimica **40** [1950] 439).

Hellbraune Krystalle (aus Nitrobenzol); F: 291° (*An., Pa.*). Absorptionsmaximum (Nitrobenzol): 459,5 nm (*Andrisano,* Ann. Chimica **41** [1951] 545, 550).

4,4′-Bis-[1-(4-äthoxy-phenylcarbamoyl)-2-[2]furyl-2-oxo-äthylidenhydrazino]-biphenyl
$C_{42}H_{36}N_6O_8$, Formel IV (R = C$_2$H$_5$), und Tautomere (z. B. 4,4′-Bis-[1-(4-äthoxy-phenylcarbamoyl)-2-[2]furyl-2-oxo-äthylazo]-biphenyl).

B. Beim Behandeln von 3-[2]Furyl-3-oxo-propionsäure-*p*-phenetidid mit wss. Natron= lauge und einer aus Benzidin bereiteten wss. Diazoniumsalz-Lösung (*Andrisano, Passerini,* Ann. Chimica **40** [1950] 439).

Braune Krystalle (aus Nitrobenzol); F: 257° (*An., Pa.*). Absorptionsmaximum (Nitro= benzol): 458,5 nm (*Andrisano,* Ann. Chimica **41** [1951] 545, 550).

2-[4-Dimethylamino-phenylimino]-3-[2]furyl-3-oxo-propionitril $C_{15}H_{13}N_3O_2$, Formel V.

B. Beim Behandeln von 1-[2-[2]Furyl-2-oxo-äthyl]-pyridinium-perchlorat mit *N,N*-Di= methyl-4-nitroso-anilin und Natriumcyanid in wss. Äthanol (*Kröhnke*, B. **80** [1947] 298, 301, 309).

Violette Krystalle (aus Äthylbenzoat + Eg.); F: 180°.

V   VI

(±)-3-[1-Cyan-2-[2]furyl-2-oxo-äthylidenhydrazino]-4-[1-methyl-butyl]-benzoesäure $C_{19}H_{19}N_3O_4$, Formel VI, und Tautomere (z. B. (±)-3-[1-Cyan-2-[2]furyl-2-oxo-äthylazo]-4-[1-methyl-butyl]-benzoesäure).

B. Beim Behandeln von 3-[2]Furyl-3-oxo-propionitril mit wss. Natronlauge und mit einer aus (±)-3-Amino-4-[1-methyl-butyl]-benzoesäure, Natriumnitrit und wss. Salzsäure bereiteten Diazoniumsalz-Lösung (*Eastman Kodak Co.*, U.S.P. 2453661 [1944]).

Krystalle (aus Eg.); F: 209° [Zers.].

2-[4-Dimethylamino-phenylimino]-3-oxo-3-[2]thienyl-propionitril $C_{15}H_{13}N_3OS$, Formel VII (R = CH_3).

B. Beim Behandeln einer Lösung von 1-[2-Oxo-2-[2]thienyl-äthyl]-pyridinium-bromid in Äthanol mit *N,N*-Dimethyl-4-nitroso-anilin und Natriumcyanid in wss. Äthanol (*Kröhnke*, B. **80** [1947] 298, 309).

Violette Krystalle (aus E.); F: 154° [nach Sintern bei 145°].

VII   VIII

2-[4-Diäthylamino-phenylimino]-3-oxo-3-[2]thienyl-propionitril $C_{17}H_{17}N_3OS$, Formel VII (R = C_2H_5).

B. Beim Behandeln einer Lösung von 1-[2-Oxo-2-[2]thienyl-äthyl]-pyridinium-bromid in Äthanol mit *N,N*-Diäthyl-4-nitroso-anilin und Natriumcyanid in wss. Äthanol (*Kröhnke*, B. **80** [1947] 298, 309).

Krystalle (aus E.); F: 120—121°.

5-Diazoacetyl-furan-3-carbonsäure-methylester $C_8H_6N_2O_4$, Formel VIII.

B. Beim Behandeln von 5-Chlorcarbonyl-furan-3-carbonsäure-methylester mit Diazo= methan in Äther (*Kuhn, Krüger*, B. **90** [1957] 264, 273).

Gelbliche Krystalle (aus Ae.), die bei 105—109° [Zers.] schmelzen.

Oxocarbonsäuren $C_8H_6O_5$

4-[2]Furyl-2,4-dioxo-buttersäure-äthylester $C_{10}H_{10}O_5$, Formel I, und Tautomere.

B. Beim Behandeln von 1-[2]Furyl-äthanon mit Oxalsäure-diäthylester und Kalium= äthylat in Äthanol und Äther (*Ried, Sommer*, A. **611** [1958] 108, 116) oder mit Oxal= säure-diäthylester und Natriumäthylat in Toluol (*Kipnis et al.*, Am. Soc. **70** [1948] 4265). Beim Behandeln von 1-[2]Furyl-äthanon mit Oxalsäure-diäthylester und Natrium in Äther (*Musante, Fatutta*, G. **88** [1958] 879, 889).

Hellbraune bis gelbe Krystalle; F: 83° [aus A.] (*Ried, So.*), 72° [aus A.] (*Mu.,Fa.*), 70° [aus Hexan] (*Ki. et al.*).

Beim Erhitzen einer Lösung in Äthanol mit Hydrazin-hydrat und wss. Essigsäure ist 5-[2]Furyl-pyrazol-3-carbonsäure-äthylester, beim Erwärmen mit Hydrazin-hydrat und Äthanol sind hingegen Oxalsäure-dihydrazid, 5-[2]Furyl-pyrazol-3-carbonsäure-hydrazid und 5-[2]Furyl-pyrazol-3-carbonsäure-äthylester erhalten worden (*Mu., Fa.*, l. c. S. 882, 891, 892).

Isonicotinoylhydrazon $C_{16}H_{15}N_3O_5$ (F: 140°): *Mu., Fa.*, l. c. S. 898.

Kupfer(II)-Komplex $Cu(C_{10}H_9O_5)_2$. Olivgrüne Krystalle (aus A.); F: 216° (*Mu.,Fa.*).

Eisen(III)-Komplex $Fe(C_{10}H_9O_5)_3$. Rotbraunes Pulver (*Mu., Fa.*).

4-[2]Furyl-2-hydroxyimino-4-oxo-buttersäure-äthylester $C_{10}H_{11}NO_5$, Formel II (X = OH), und Tautomere.

B. Beim Erwärmen einer Lösung von 4-[2]Furyl-2,4-dioxo-buttersäure-äthylester in Äthanol mit Hydroxylamin-hydrochlorid und Natriumcarbonat in Wasser (*Musante, Fatutta*, G. **88** [1958] 879, 890).

Krystalle (aus A.); F: 87—88°.

4-[2]Furyl-4-oxo-2-semicarbazono-buttersäure-äthylester $C_{11}H_{13}N_3O_5$, Formel II (X = NH-CO-NH$_2$), und Tautomere.

B. Beim Erwärmen einer Lösung von 4-[2]Furyl-2,4-dioxo-buttersäure-äthylester in Äthanol mit Semicarbazid-hydrochlorid in Wasser (*Musante, Fatutta*, G. **88** [1958] 879, 885, 896).

Krystalle (aus A.); F: 124—125°.

4-Oxo-4-[5-oxo-2,5-dihydro-[2]furyl]-ξ-crotonsäure, 4-Hydroxy-5-oxo-octa-2c,6ξ-diendi-säure-1-lacton $C_8H_6O_5$, Formel III (X = OH), und Tautomere (z. B. 4-Hydroxy-4-[5-oxo-5H-[2]furyliden]-ξ-crotonsäure).

B. Beim Behandeln von (*E*)-[2,2′]Bifuryliden-5,5′-dion mit wss. Natronlauge und Erwärmen der Reaktionslösung mit wss. Salzsäure (*Holmquist et al.*, Am. Soc. **81** [1959] 3686, 3690).

Gelb; nicht näher beschrieben.

Natrium-Salz $NaC_8H_5O_5$. *B.* Beim Erhitzen des Mononatrium-Salzes einer 4,5-Di-hydroxy-octa-2,4,6-triendisäure auf 120° (*Ho. et al.*, l. c. S. 3690). — Rot; F: 250—255° [Zers.]; Absorptionsmaximum: 393 nm.

I   II   III

4-Oxo-4-[5-oxo-2,5-dihydro-[2]furyl]-ξ-crotonsäure-methylester, 4-Hydroxy-5-oxo-octa-2c,6ξ-diendisäure-1-lacton-8-methylester $C_9H_8O_5$, Formel III (X = O-CH$_3$), und Tauto-mere (z. B. 4-Hydroxy-4-[5-oxo-5H-[2]furyliden]-ξ-crotonsäure-methyl-ester).

B. Beim Eintragen von (*E*)-[2,2′]Bifuryliden-5,5′-dion oder von (*Z*)-[2,2′]Bifuryliden-5,5′-dion in eine Lösung von Natriummethylat in Methanol und Behandeln des jeweiligen Reaktionsgemisches mit Essigsäure (*Holmquist et al.*, Am. Soc. **81** [1959] 3686, 3688, 3691).

Krystalle (aus Me. oder Butanon); F: 184°.

4-Oxo-4-[5-oxo-2,5-dihydro-[2]furyl]-ξ-crotonsäure-amid, 7ξ-Carbamoyl-4-hydroxy-5-oxo-hepta-2c,6-diensäure-lacton $C_8H_7NO_4$, Formel III (X = NH$_2$), und Tautomere (z. B. 4-Hydroxy-4-[5-oxo-5H-[2]furyliden]-ξ-crotonsäure-amid).

B. Beim Erwärmen von (*E*)-[2,2′]Bifuryliden-5,5′-dion oder von (*Z*)-[2,2′]Bifuryliden-5,5′-dion mit wss. Ammoniak und Behandeln der Reaktionslösung mit wss. Essigsäure (*Holmquist et al.*, Am. Soc. **81** [1959] 3686, 3691).

Gelb; F: ca. 250° [Zers.].

Beim Behandeln mit wss. Natronlauge ist das Natrium-Salz eines 4,5-Dihydroxy-octa-2,4,6-triendisäure-monoamids erhalten worden (*Ho. et al.*).

4-Oxo-4-[5-oxo-2,5-dihydro-[2]furyl]-ξ-crotonsäure-dimethylamid, 7ξ-Dimethylcarb‌amoyl-4-hydroxy-5-oxo-hepta-2c,6-diensäure-lacton $C_{10}H_{11}NO_4$, Formel III
(X = N(CH$_3$)$_2$), und Tautomere (z. B. 4-Hydroxy-4-[5-oxo-5H-[2]furyliden]-ξ-crotonsäure-dimethylamid).
B. Beim Behandeln von (*E*)-[2,2′]Bifuryliden-5,5′-dion oder von (*Z*)-[2,2′]Bifuryliden-5,5′-dion mit wss. Dimethylamin-Lösung und anschliessenden Ansäuern (*Holmquist et al.*, Am. Soc. **81** [1959] 3686, 3692).
Zers. bei 200—220°.

4-Oxo-4-[5-oxo-2,5-dihydro-[2]furyl]-ξ-crotonsäure-butylamid, 7ξ-Butylcarbamoyl-4-hydroxy-5-oxo-hepta-2c,6-diensäure-lacton $C_{12}H_{15}NO_4$, Formel III
(X = NH-[CH$_2$]$_3$-CH$_3$), und Tautomere (z. B. 4-Hydroxy-4-[5-oxo-5H-[2]furyliden]-ξ-crotonsäure-butylamid).
B. Beim Behandeln von (*E*)-[2,2′]Bifuryliden-5,5′-dion oder von (*Z*)-[2,2′]Bifuryliden-5,5′-dion mit Butylamin und Methanol und anschliessenden Ansäuern (*Holmquist et al.*, Am. Soc. **81** [1959] 3686, 3692).
F: 166°.
Beim Erhitzen mit Essigsäure und wenig Schwefelsäure ist (*Z*)-[2,2′]Bifuryliden-5,5′-dion erhalten worden.

4-Oxo-4-[5-oxo-2,5-dihydro-[2]furyl]-ξ-crotonsäure-isobutylamid, 4-Hydroxy-7ξ-isobutylcarbamoyl-5-oxo-hepta-2c,6-diensäure-lacton $C_{12}H_{15}NO_4$, Formel III
(X = NH-CH$_2$-CH(CH$_3$)$_2$), und Tautomere (z. B. 4-Hydroxy-4-[5-oxo-5H-[2]furyliden]-ξ-crotonsäure-isobutylamid).
B. Beim Behandeln von (*E*)-[2,2′]Bifuryliden-5,5′-dion oder von (*Z*)-[2,2′]Bifuryliden-5,5′-dion mit Isobutylamin und Dioxan und anschliessenden Ansäuern (*Holmquist et al.*, Am. Soc. **81** [1959] 3686, 3692).
F: 175° [Zers.].

4-Oxo-4-[5-oxo-2,5-dihydro-[2]furyl]-ξ-crotonsäure-octadecylamid, 4-Hydroxy-7ξ-octa‌decylcarbamoyl-5-oxo-hepta-2c,6-diensäure-lacton $C_{26}H_{43}NO_4$, Formel III
(X = NH-[CH$_2$]$_{17}$-CH$_3$), und Tautomere (z. B. 4-Hydroxy-4-[5-oxo-5H-[2]furyliden]-ξ-crotonsäure-octadecylamid).
B. Beim Erwärmen von (*E*)-[2,2′]Bifuryliden-5,5′-dion oder von (*Z*)-[2,2′]Bifuryliden-5,5′-dion mit Octadecylamin und Dioxan und anschliessenden Ansäuern (*Holmquist et al.*, Am. Soc. **81** [1959] 3686, 3692).
F: 135—140°.

4-Oxo-4-[5-oxo-2,5-dihydro-[2]furyl]-ξ-crotonsäure-p-toluidid, 4-Hydroxy-5-oxo-7ξ-p-tolylcarbamoyl-hepta-2c,6-diensäure-lacton $C_{15}H_{13}NO_4$, Formel IV (R = CH$_3$), und Tautomere (z. B. 4-Hydroxy-4-[5-oxo-5H-[2]furyliden]-ξ-crotonsäure-p-toluidid).
B. Beim Erwärmen von (*E*)-[2,2′]Bifuryliden-5,5′-dion oder von (*Z*)-[2,2′]Bifuryliden-5,5′-dion mit p-Toluidin und Dioxan und anschliessenden Ansäuern (*Holmquist et al.*, Am. Soc. **81** [1959] 3686, 3692).
F: 244—252° [Zers.].

IV   V

4-[4-Oxo-4-(5-oxo-2,5-dihydro-[2]furyl)-ξ-crotonoylamino]-benzoesäure $C_{15}H_{11}NO_6$,
Formel IV (R = CO-OH), und Tautomere (z. B. 4-[4-Hydroxy-4-(5-oxo-5H-[2]furyliden)-ξ-crotonoylamino]-benzoesäure).
B. Beim Erhitzen von (*E*)-[2,2′]Bifuryliden-5,5′-dion oder von (*Z*)-[2,2′]Bifuryliden-5,5′-dion mit 4-Amino-benzoesäure und wss. Essigsäure auf 110° (*Holmquist et al.*, Am.

Soc. **81** [1959] 3686, 3692).

F: 258—263°.

(±)-4-[4-Chlor-anilino]-4-hydroxy-4-[5-oxo-2,5-dihydro-[2]furyl]-ξ-crotonsäure-[4-chlor-anilid], (±)-5-[4-Chlor-anilino]-7ξ-[4-chlor-phenylcarbamoyl]-4,5-dihydroxy-hepta-2c,6-diensäure-4-lacton $C_{20}H_{16}Cl_2N_2O_4$, Formel V.

B. Beim Erhitzen von (*E*)-[2,2′]Bifuryliden-5,5′-dion mit 4-Chlor-anilin und Dioxan (*Holmquist et al.*, Am. Soc. **81** [1959] 3686, 3688, 3691).

Krystalle (aus E.); F: 210—215° [Zers.].

3-[5-Methyl-[2]furyl]-3-oxo-2-phenylhydrazono-propionsäure-anilid $C_{20}H_{17}N_3O_3$, Formel VI (R = X = H), und Tautomere (z. B. 3-[5-Methyl-[2]furyl]-3-oxo-2-phenylazo-propionsäure-anilid).

B. Beim Behandeln von 3-[5-Methyl-[2]furyl]-3-oxo-propionsäure-anilid mit wss. Natronlauge und mit wss. Benzoldiazoniumchlorid-Lösung (*Andrisano, Maioli*, Ann. Chimica **40** [1950] 442).

Orangegelbe Krystalle (aus Eg.); F: 133° (*An., Ma.*). Absorptionsspektrum (A.; 330—460 nm [λ_{max}: 397,5 nm]): *Andrisano*, Ann. Chimica **41** [1951] 545, 548, 550.

2-[3-Chlor-phenylhydrazono]-3-[5-methyl-[2]furyl]-3-oxo-propionsäure-anilid $C_{20}H_{16}ClN_3O_3$, Formel VI (R = H, X = Cl), und Tautomere (z. B. 2-[3-Chlor-phenyl-azo]-3-[5-methyl-[2]furyl]-3-oxo-propionsäure-anilid).

B. Beim Behandeln von 3-[5-Methyl-[2]furyl]-3-oxo-propionsäure-anilid mit wss. Natronlauge und mit wss. 3-Chlor-benzoldiazonium-chlorid-Lösung (*Andrisano, Maioli*, Ann. Chimica **40** [1950] 442).

Hellgelbe Krystalle (aus Eg.); F: 140° (*An., Ma.*). Absorptionsmaximum (A.): 394 nm (*Andrisano*, Ann. Chimica **41** [1951] 545, 550).

2-[4-Chlor-phenylhydrazono]-3-[5-methyl-[2]furyl]-3-oxo-propionsäure-anilid $C_{20}H_{16}ClN_3O_3$, Formel VI (R = Cl, X = H), und Tautomere (z. B. 2-[4-Chlor-phenyl-azo]-3-[5-methyl-[2]furyl]-3-oxo-propionsäure-anilid).

B. Beim Behandeln von 3-[5-Methyl-[2]furyl]-3-oxo-propionsäure-anilid mit wss. Natronlauge und mit wss. 4-Chlor-benzoldiazonium-chlorid-Lösung (*Andrisano, Maioli*, Ann. Chimica **40** [1950] 442).

Gelbe Krystalle (aus Eg.); F: 170° (*An., Ma.*). Absorptionsmaximum (A.): 401 nm (*Andrisano*, Ann. Chimica **41** [1951] 545, 550).

2-[4-Brom-phenylhydrazono]-3-[5-methyl-[2]furyl]-3-oxo-propionsäure-anilid $C_{20}H_{16}BrN_3O_3$, Formel VI (R = Br, X = H), und Tautomere (z. B. 2-[4-Brom-phenyl-azo]-3-[5-methyl-[2]furyl]-3-oxo-propionsäure-anilid).

B. Beim Behandeln von 3-[5-Methyl-[2]furyl]-3-oxo-propionsäure-anilid mit wss. Natronlauge und mit wss. 4-Brom-benzoldiazonium-chlorid-Lösung (*Andrisano, Maioli*, Ann. Chimica **40** [1950] 442).

Gelbe Krystalle (aus Eg.); F: 169° (*An., Ma.*). Absorptionsmaximum (A.): 403 nm (*Andrisano*, Ann. Chimica **41** [1951] 545, 550).

3-[5-Methyl-[2]furyl]-3-oxo-2-phenylhydrazono-propionsäure-[3-chlor-anilid] $C_{20}H_{16}ClN_3O_3$, Formel VII (R = H, X = Cl), und Tautomere (z. B. 3-[5-Methyl-[2]furyl]-3-oxo-2-phenylazo-propionsäure-[3-chlor-anilid]).

B. Beim Behandeln von 3-[5-Methyl-[2]furyl]-3-oxo-propionsäure-[3-chlor-anilid] mit wss. Natronlauge und mit wss. Benzoldiazoniumchlorid-Lösung (*Andrisano, Maioli*, Ann. Chimica **40** [1950] 442).

Gelbe Krystalle (aus Eg.); F: 134° (*An., Ma.*). Absorptionsmaximum (A.): 399 nm (*Andrisano*, Ann. Chimica **41** [1951] 545, 550).

3-[5-Methyl-[2]furyl]-3-oxo-2-phenylhydrazono-propionsäure-[4-chlor-anilid] $C_{20}H_{16}ClN_3O_3$, Formel VII (R = Cl, X = H), und Tautomere (z. B. 3-[5-Methyl-[2]furyl]-3-oxo-2-phenylazo-propionsäure-[4-chlor-anilid]).

B. Beim Behandeln von 3-[5-Methyl-[2]furyl]-3-oxo-propionsäure-[4-chlor-anilid] mit wss. Natronlauge und mit wss. Benzoldiazoniumchlorid-Lösung (*Andrisano, Maioli*, Ann. Chimica **40** [1950] 442).

Gelbe Krystalle (aus Eg.); F: 163° (*An., Ma.*). Absorptionsmaximum (A.): 397 nm (*Andrisano*, Ann. Chimica **41** [1951] 545, 550).

3-[5-Methyl-[2]furyl]-3-oxo-2-phenylhydrazono-propionsäure-[4-brom-anilid]

$C_{20}H_{16}BrN_3O_3$, Formel VII (R = Br, X = H), und Tautomere (z. B. 3-[5-Methyl-[2]furyl]-3-oxo-2-phenylazo-propionsäure-[4-brom-anilid]).

B. Beim Behandeln von 3-[5-Methyl-[2]furyl]-3-oxo-propionsäure-[4-brom-anilid] mit wss. Natronlauge und mit wss. Benzoldiazoniumchlorid-Lösung (*Andrisano, Maioli*, Ann. Chimica **40** [1950] 442).

Gelbe Krystalle (aus Eg.); F: 159° (*An., Ma.*). Absorptionsmaximum (A.): 399 nm (*Andrisano*, Ann. Chimica **41** [1951] 545, 550).

VI   VII

3-[5-Methyl-[2]furyl]-3-oxo-2-*o*-tolylhydrazono-propionsäure-anilid $C_{21}H_{19}N_3O_3$,

Formel VIII (X = CH₃), und Tautomere (z. B. 3-[5-Methyl-[2]furyl]-3-oxo-2-*o*-tolylazo-propionsäure-anilid).

B. Beim Behandeln von 3-[5-Methyl-[2]furyl]-3-oxo-propionsäure-anilid mit wss. Natronlauge und mit wss. Toluol-2-diazoniumchlorid-Lösung (*Andrisano, Maioli*, Ann. Chimica **40** [1950] 442).

Gelbe Krystalle (aus Eg.); F: 189° (*An., Ma.*). Absorptionsmaximum (A.): 405 nm (*Andrisano*, Ann. Chimica **41** [1951] 545, 550).

3-[5-Methyl-[2]furyl]-3-oxo-2-*p*-tolylhydrazono-propionsäure-anilid $C_{21}H_{19}N_3O_3$,

Formel VI (R = CH₃, X = H), und Tautomere (z. B. 3-[5-Methyl-[2]furyl]-3-oxo-2-*p*-tolylazo-propionsäure-anilid).

B. Beim Behandeln von 3-[5-Methyl-[2]furyl]-3-oxo-propionsäure-anilid mit wss. Natronlauge und mit wss. Toluol-4-diazoniumchlorid-Lösung (*Andrisano, Maioli*, Ann. Chimica **40** [1950] 442).

Gelbe Krystalle (aus Eg.); F: 178° (*An., Ma.*). Absorptionsspektrum (A.; 330—470 nm [λ_{max}: 406 nm]): *Andrisano*, Ann. Chimica **41** [1951] 545, 548, 550.

3-[5-Methyl-[2]furyl]-2-[1]naphthylhydrazono-3-oxo-propionsäure-anilid $C_{24}H_{19}N_3O_3$,

Formel IX, und Tautomere (z. B. 3-[5-Methyl-[2]furyl]-2-[1]naphthylazo-3-oxo-propionsäure-anilid).

B. Beim Behandeln von 3-[5-Methyl-[2]furyl]-3-oxo-propionsäure-anilid mit wss. Natronlauge und mit wss. Naphthalin-1-diazoniumchlorid-Lösung (*Andrisano, Maioli*, Ann. Chimica **40** [1950] 442).

Braune Krystalle (aus Eg.); F: 158° (*An., Ma.*). Absorptionsmaximum (A.): 424 nm (*Andrisano*, Ann. Chimica **41** [1951] 545, 550).

VIII   IX

3-[5-Methyl-[2]furyl]-2-[2]naphthylhydrazono-3-oxo-propionsäure-anilid $C_{24}H_{19}N_3O_3$,
Formel X und Tautomere (z. B. 3-[5-Methyl-[2]furyl]-2-[2]naphthylazo-3-oxo-propionsäure-anilid). ·

B. Beim Behandeln von 3-[5-Methyl-[2]furyl]-3-oxo-propionsäure-anilid mit wss. Natronlauge und mit wss. Naphthalin-2-diazoniumchlorid-Lösung (*Andrisano, Maioli,* Ann. Chimica **40** [1950] 442).

Braungelbe Krystalle (aus Eg.); F: 160° (*An., Ma.*). Absorptionsmaximum (A.): 414,5 nm (*Andrisano,* Ann. Chimica **41** [1951] 545, 550).

2-[2-Methoxy-phenylhydrazono]-3-[5-methyl-[2]furyl]-3-oxo-propionsäure-anilid
$C_{21}H_{19}N_3O_4$, Formel VIII (X = O-CH₃), und Tautomere (z. B. 2-[2-Methoxy-phenyl-azo]-3-[5-methyl-[2]furyl]-3-oxo-propionsäure-anilid).

B. Beim Behandeln von 3-[5-Methyl-[2]furyl]-3-oxo-propionsäure-anilid mit wss. Natronlauge und mit wss. 2-Methoxy-benzoldiazonium-chlorid-Lösung (*Andrisano, Maioli,* Ann. Chimica **40** [1950] 442).

Gelbe Krystalle (aus Eg.); F: 151° (*An., Ma.*). Absorptionsmaximum (A.): 415 nm (*Andrisano,* Ann. Chimica **41** [1951] 545, 550).

2-[4-Methoxy-phenylhydrazono]-3-[5-methyl-[2]furyl]-3-oxo-propionsäure-anilid
$C_{21}H_{19}N_3O_4$, Formel VI (R = O-CH₃, X = H), und Tautomere (z. B. 2-[4-Methoxy-phenylazo]-3-[5-methyl-[2]furyl]-3-oxo-propionsäure-anilid).

B. Beim Behandeln von 3-[5-Methyl-[2]furyl]-3-oxo-propionsäure-anilid mit wss. Natronlauge und mit wss. 4-Methoxy-benzoldiazonium-chlorid-Lösung (*Andrisano, Maioli,* Ann. Chimica **40** [1950] 442).

Dunkelgelbe Krystalle (aus Eg.); F: 160° (*An., Ma.*). Absorptionsmaximum (A.): 418 nm (*Andrisano,* Ann. Chimica **41** [1951] 545, 550).

2-[4-Äthoxy-phenylhydrazono]-3-[5-methyl-[2]furyl]-3-oxo-propionsäure-anilid
$C_{22}H_{21}N_3O_4$, Formel VI (R = O-C₂H₅, X = H), und Tautomere (z. B. 2-[4-Äthoxy-phenylazo]-3-[5-methyl-[2]furyl]-3-oxo-propionsäure-anilid).

B. Beim Behandeln von 3-[5-Methyl-[2]furyl]-3-oxo-propionsäure-anilid mit wss. Natronlauge und mit wss. 4-Äthoxy-benzoldiazonium-chlorid-Lösung (*Andrisano, Maioli,* Ann. Chimica **40** [1950] 442).

Dunkelgelbe Krystalle (aus Eg.); F: 128° (*An., Ma.*). Absorptionsmaximum (A.): 418 nm (*Andrisano,* Ann. Chimica **41** [1951] 545, 550).

X   XI

**4,4'-Bis-[2-(5-methyl-[2]furyl)-2-oxo-1-phenylcarbamoyl-äthylidenhydrazino]-biphenyl,
3,3'-Bis-[5-methyl-[2]furyl]-3,3'-dioxo-2,2'-biphenyl-4,4'-diyldihydrazono-di-propion-säure-dianilid** $C_{40}H_{32}N_6O_6$, Formel XI (R = X = H), und Tautomere (z. B. 4,4'-Bis-[2-(5-methyl-[2]furyl)-2-oxo-1-phenylcarbamoyl-äthylazo]-biphenyl).

B. Beim Behandeln von 3-[5-Methyl-[2]furyl]-3-oxo-propionsäure-anilid mit wss. Natronlauge und mit einer aus Benzidin bereiteten wss. Diazoniumsalz-Lösung (*Andrisano, Dal Monte,* Boll. scient. Fac. Chim. ind. Bologna **8** [1950] 77).

Braune Krystalle (aus Nitrobenzol); F: 285° (*An., Dal Mo.*). Absorptionsspektrum (Nitrobenzol; 400−520 nm [λ_{max}: 456 nm]): *Andrisano,* Ann. Chimica **41** [1951] 545, 549, 550.

**4,4′-Bis-[1-(3-chlor-phenylcarbamoyl)-2-(5-methyl-[2]furyl)-2-oxo-äthylidenhydr‑
azino]-biphenyl** $C_{40}H_{30}Cl_2N_6O_6$, Formel XI (R = H, X = Cl), und Tautomere (z. B.
4,4′-Bis-[1-(3-chlor-phenylcarbamoyl)-2-(5-methyl-[2]furyl)-2-oxo-äthyl‑
azo]-biphenyl).

B. Beim Behandeln von 3-[5-Methyl-[2]furyl]-3-oxo-propionsäure-[3-chlor-anilid] mit
wss. Natronlauge und mit einer aus Benzidin bereiteten wss. Diazoniumsalz-Lösung
(*Andrisano, Dal Monte*, Boll. scient. Fac. Chim. ind. Bologna **8** [1950] 77).

Rotbraune Krystalle (aus Nitrobenzol), die unterhalb 320° nicht schmelzen (*An.,
Dal Mo.*). Absorptionsmaximum (Nitrobenzol): 456,5 nm (*Andrisano*, Ann. Chimica **41**
[1951] 545, 550).

**4,4′-Bis-[1-(4-chlor-phenylcarbamoyl)-2-(5-methyl-[2]furyl)-2-oxo-äthylidenhydrazino]-
biphenyl** $C_{40}H_{30}Cl_2N_6O_6$, Formel XI (R = Cl, X = H), und Tautomere (z. B. 4,4′-Bis-
[1-(4-chlor-phenylcarbamoyl)-2-(5-methyl-[2]furyl)-2-oxo-äthylazo]-bi‑
phenyl).

B. Beim Behandeln von 3-[5-Methyl-[2]furyl]-3-oxo-propionsäure-[4-chlor-anilid] mit
wss. Natronlauge und mit einer aus Benzidin bereiteten wss. Diazoniumsalz-Lösung
(*Andrisano, Dal Monte*, Boll. scient. Fac. Chim. ind. Bologna **8** [1950] 77).

Braune Krystalle (aus Nitrobenzol); F: 290° (*An., Dal Mo.*). Absorptionsmaximum
(Nitrobenzol): 454,5 nm (*Andrisano*, Ann. Chimica **41** [1951] 545, 550).

**4,4′-Bis-[1-(4-brom-phenylcarbamoyl)-2-(5-methyl-[2]furyl)-2-oxo-äthylidenhydr‑
azino]-biphenyl** $C_{40}H_{30}Br_2N_6O_6$, Formel XI (R = Br, X = H), und Tautomere (z. B.
4,4′-Bis-[1-(4-brom-phenylcarbamoyl)-2-(5-methyl-[2]furyl)-2-oxo-äthyl‑
azo]-biphenyl).

B. Beim Behandeln von 3-[5-Methyl-[2]furyl]-3-oxo-propionsäure-[4-brom-anilid] mit
wss. Natronlauge und mit einer aus Benzidin bereiteten wss. Diazoniumsalz-Lösung
(*Andrisano, Dal Monte*, Boll. scient. Fac. Chim. ind. Bologna **8** [1950] 77).

Braune Krystalle (aus Nitrobenzol); F: 290° (*An., Dal Mo.*). Absorptionsmaximum
(Nitrobenzol): 459 nm (*Andrisano*, Ann. Chimica **41** [1951] 545, 550).

3-[5-Methyl-[2]furyl]-3-oxo-2-phenylhydrazono-propionsäure-*o*-toluidid $C_{21}H_{19}N_3O_3$,
Formel I (R = H, X = CH₃), und Tautomere (z. B. 3-[5-Methyl-[2]furyl]-3-oxo-
2-phenylazo-propionsäure-*o*-toluidid).

B. Beim Behandeln von 3-[5-Methyl-[2]furyl]-3-oxo-propionsäure-*o*-toluidid mit wss.
Natronlauge und mit wss. Benzoldiazoniumchlorid-Lösung (*Andrisano, Maioli*, Ann. Chimica **40** [1950] 442).

Hellgelbe Krystalle (aus Eg.); F: 150° (*An., Ma.*). Absorptionsmaximum (A.): 400 nm
(*Andrisano*, Ann. Chimica **41** [1951] 545, 550).

4,4′-Bis-[2-(5-methyl-[2]furyl)-2-oxo-1-*o*-tolylcarbamoyl-äthylidenhydrazino]-biphenyl
$C_{42}H_{36}N_6O_6$, Formel II (R = H, X = CH₃), und Tautomere (z. B. 4,4′-Bis-
[2-(5-methyl-[2]furyl)-2-oxo-1-*o*-tolylcarbamoyl-äthylazo]-biphenyl).

B. Beim Behandeln von 3-[5-Methyl-[2]furyl]-3-oxo-propionsäure-*o*-toluidid mit wss.
Natronlauge und mit einer aus Benzidin bereiteten wss. Diazoniumsalz-Lösung (*Andrisano, Dal Monte*, Boll. scient. Fac. Chim. ind. Bologna **8** [1950] 77).

Braune Krystalle (aus Nitrobenzol); F: 272° (*An., Dal Mo.*). Absorptionsmaximum
(Nitrobenzol): 456 nm (*Andrisano*, Ann. Chimica **41** [1951] 545, 550).

3-[5-Methyl-[2]furyl]-3-oxo-2-phenylhydrazono-propionsäure-*p*-toluidid $C_{21}H_{19}N_3O_3$,
Formel I (R = CH₃, X = H), und Tautomere (z.B. 3-[5-Methyl-[2]furyl]-3-oxo-
2-phenylazo-propionsäure-*p*-toluidid).

B. Beim Behandeln von 3-[5-Methyl-[2]furyl]-3-oxo-propionsäure-*p*-toluidid mit wss.
Natronlauge und mit wss. Benzoldiazoniumchlorid-Lösung (*Andrisano, Maioli*, Ann.
Chimica **40** [1950] 442).

Hellgelbe Krystalle (aus Eg.); F: 150° (*An., Ma.*). Absorptionsmaximum (A.): 400 nm
(*Andrisano*, Ann. Chimica **41** [1951] 545, 550).

4,4'-Bis-[2-(5-methyl-[2]furyl)-2-oxo-1-*p*-tolylcarbamoyl-äthylidenhydrazino]-biphenyl
$C_{42}H_{36}N_6O_6$, Formel II (R = CH$_3$, X = H), und Tautomere (z. B. 4,4'-Bis-[2-(5-methyl-[2]furyl)-2-oxo-1-*p*-tolylcarbamoyl-äthylazo]-biphenyl).

B. Beim Behandeln von 3-[5-Methyl-[2]furyl]-3-oxo-propionsäure-*p*-toluidid mit wss. Natronlauge und mit einer aus Benzidin bereiteten wss. Diazoniumsalz-Lösung (*Andrisano, Dal Monte*, Boll. scient. Fac. Chim. ind. Bologna **8** [1950] 77).

Braune Krystalle (aus Nitrobenzol); F: 288° (*An., Dal Mo.*). Absorptionsmaximum (Nitrobenzol): 457,5 nm (*Andrisano*, Ann. Chimica **41** [1951] 545, 550).

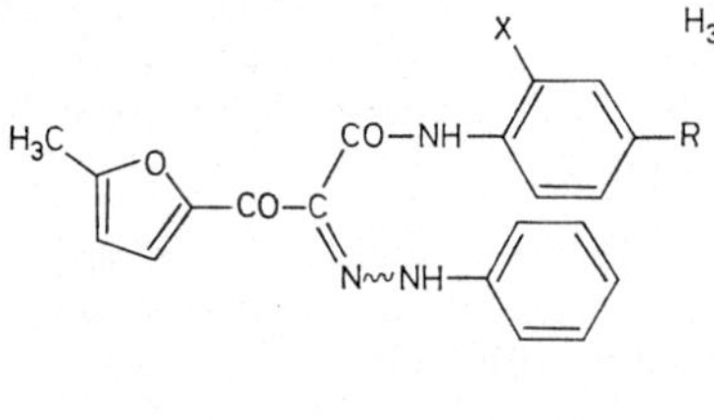

I 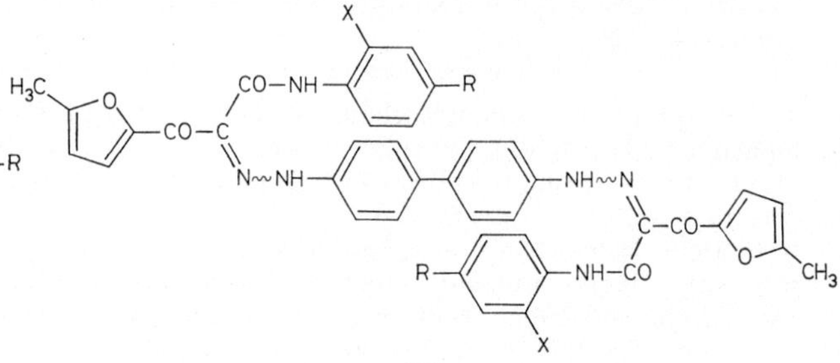   II

3-[5-Methyl-[2]furyl]-3-oxo-2-phenylhydrazono-propionsäure-[1]naphthylamid
$C_{24}H_{19}N_3O_3$, Formel III, und Tautomere (z. B. 3-[5-Methyl-[2]furyl]-3-oxo-2-phenylazo-propionsäure-[1]naphthylamid).

B. Beim Behandeln von 3-[5-Methyl-[2]furyl]-3-oxo-propionsäure-[1]naphthylamid mit wss. Natronlauge und mit wss. Benzoldiazoniumchlorid-Lösung (*Andrisano, Maioli*, Ann. Chimica **40** [1950] 442).

Orangefarbene Krystalle (aus Eg.); F: 180° (*An., Ma.*). Absorptionsmaximum (A.): 400 nm (*Andrisano*, Ann. Chimica **41** [1951] 545, 550).

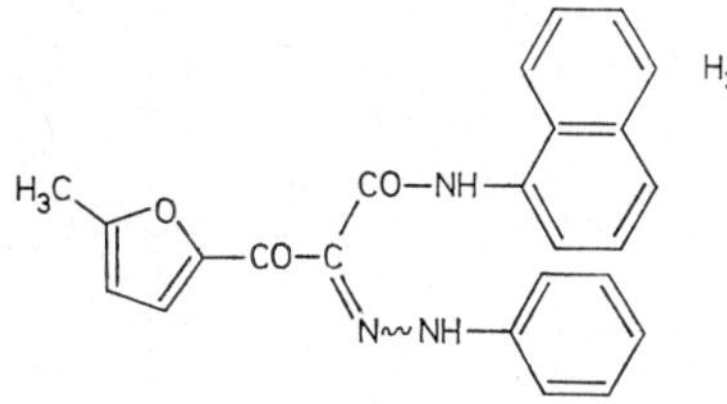

III 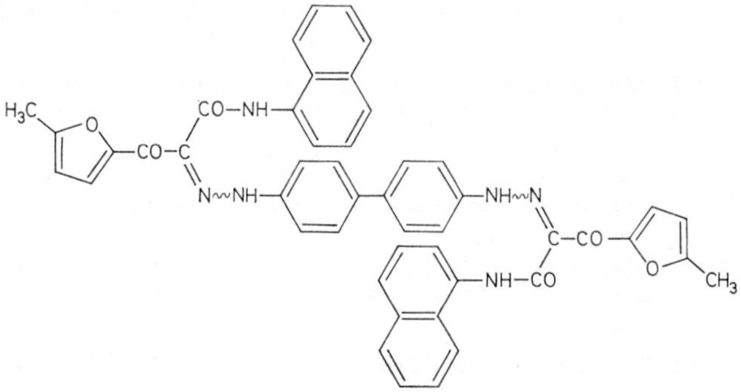   IV

4,4'-Bis-[2-(5-methyl-[2]furyl)-1-[1]naphthylcarbamoyl-2-oxo-äthylidenhydrazino]-biphenyl, 3,3'-Bis-[5-methyl-[2]furyl]-3,3'-dioxo-2,2'-biphenyl-4,4'-diyldihydrazono-dipropionsäure-bis-[1]naphthylamid $C_{48}H_{36}N_6O_6$, Formel IV, und Tautomere (z. B. 4,4'-Bis-[2-(5-methyl-[2]furyl)-1-[1]naphthylcarbamoyl-2-oxo-äthylazo]-biphenyl).

B. Beim Behandeln von 3-[5-Methyl-[2]furyl]-3-oxo-propionsäure-[1]naphthylamid mit wss. Natronlauge und mit einer aus Benzidin bereiteten wss. Diazoniumsalz-Lösung (*Andrisano, Dal Monte*, Boll. scient. Fac. Chim. ind. Bologna **8** [1950] 77).

Braune Krystalle (aus Nitrobenzol); F: 287° (*An., Dal Mo.*). Absorptionsmaximum (Nitrobenzol): 459,5 nm (*Andrisano*, Ann. Chimica **41** [1951] 545, 550).

3-[5-Methyl-[2]furyl]-3-oxo-2-phenylhydrazono-propionsäure-[2]naphthylamid
$C_{24}H_{19}N_3O_3$, Formel V, und Tautomere (z. B. 3-[5-Methyl-[2]furyl]-3-oxo-2-phenylazo-propionsäure-[2]naphthylamid).

B. Beim Behandeln von 3-[5-Methyl-[2]furyl]-3-oxo-propionsäure-[2]naphthylamid mit wss. Natronlauge und mit wss. Benzoldiazoniumchlorid-Lösung (*Andrisano, Maioli,* Ann. Chimica **40** [1950] 442).

Orangegelbe Krystalle (aus Eg.); F: 166° (*An., Ma.*). Absorptionsmaximum (A.): 400 nm (*Andrisano,* Ann. Chimica **41** [1951] 545, 550).

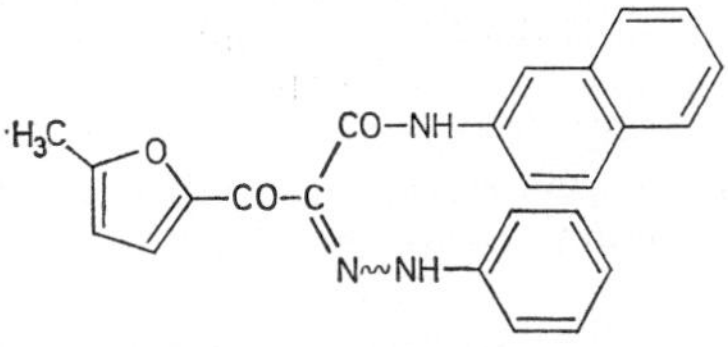

V 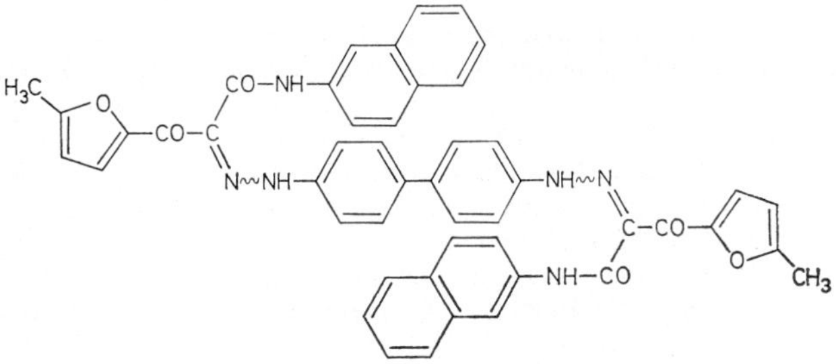   VI

4,4'-Bis-[2-(5-methyl-[2]furyl)-1-[2]naphthylcarbamoyl-2-oxo-äthylidenhydrazino]-biphenyl, 3,3'-Bis-[5-methyl-[2]furyl]-3,3'-dioxo-2,2'-biphenyl-4,4'-diyldihydrazono-di-propionsäure-bis-[2]naphthylamid $C_{48}H_{36}N_6O_6$, Formel VI, und Tautomere (z. B. 4,4'-Bis-[2-(5-methyl-[2]furyl)-1-[2]naphthylcarbamoyl-2-oxo-äthylazo]-biphenyl).

B. Beim Behandeln von 3-[5-Methyl-[2]furyl]-3-oxo-propionsäure-[2]naphthylamid mit wss. Natronlauge und mit einer aus Benzidin bereiteten wss. Diazoniumsalz-Lösung (*Andrisano, Dal Monte,* Boll. scient. Fac. Chim. ind. Bologna **8** [1950] 77).

Braune Krystalle (aus Nitrobenzol), die unterhalb 320° nicht schmelzen (*An., Dal Mo.*). Absorptionsmaximum (Nitrobenzol): 458,5 nm (*Andrisano,* Ann. Chimica **41** [1951] 545, 550).

3-[5-Methyl-[2]furyl]-3-oxo-2-phenylhydrazono-propionsäure-*o*-anisidid $C_{21}H_{19}N_3O_4$, Formel I (R = H, X = O-CH₃), und Tautomere (z. B. 3-[5-Methyl-[2]furyl]-3-oxo-2-phenylazo-propionsäure-*o*-anisidid).

B. Beim Behandeln von 3-[5-Methyl-[2]furyl]-3-oxo-propionsäure-*o*-anisidid mit wss. Natronlauge und mit wss. Benzoldiazoniumchlorid-Lösung (*Andrisano, Maioli,* Ann. Chimica **40** [1950] 442).

Hellgelbe Krystalle (aus Eg.); F: 147° (*An., Ma.*). Absorptionsmaximum (A.): 400 nm (*Andrisano,* Ann. Chimica **41** [1951] 545, 550).

4,4'-Bis-[1-(2-methoxy-phenylcarbamoyl)-2-(5-methyl-[2]furyl)-2-oxo-äthyliden-hydrazino]-biphenyl $C_{42}H_{36}N_6O_8$, Formel II (R = H, X = O-CH₃), und Tautomere (z. B. 4,4'-Bis-[1-(2-methoxy-phenylcarbamoyl)-2-(5-methyl-[2]furyl)-2-oxo-äthylazo]-biphenyl).

B. Beim Behandeln von 3-[5-Methyl-[2]furyl]-3-oxo-propionsäure-*o*-anisidid mit wss. Natronlauge und mit einer aus Benzidin bereiteten wss. Diazoniumsalz-Lösung (*Andrisano, Dal Monte,* Boll. scient. Fac. Chim. ind. Bologna **8** [1950] 77).

Hellbraune Krystalle (aus Nitrobenzol); F: 275° (*An., Dal Mo.*). Absorptionsmaximum (Nitrobenzol): 454,5 nm (*Andrisano,* Ann. Chimica **41** [1951] 545, 550).

3-[5-Methyl-[2]furyl]-3-oxo-2-phenylhydrazono-propionsäure-*p*-anisidid $C_{21}H_{19}N_3O_4$, Formel I (R = O-CH₃, X = H), und Tautomere (z. B. 3-[5-Methyl-[2]furyl]-3-oxo-2-phenylazo-propionsäure-*p*-anisidid).

B. Beim Behandeln von 3-[5-Methyl-[2]furyl]-3-oxo-propionsäure-*p*-anisidid mit wss. Natronlauge und mit wss. Benzoldiazoniumchlorid-Lösung (*Andrisano, Maioli,* Ann. Chimica **40** [1950] 442).

Hellgelbe Krystalle (aus Eg.); F: 134° (*An., Ma.*). Absorptionsmaximum (A.): 400 nm (*Andrisano,* Ann. Chimica **41** [1951] 545, 550).

3-[5-Methyl-[2]furyl]-3-oxo-2-phenylhydrazono-propionsäure-*p*-phenetidid $C_{22}H_{21}N_3O_4$, Formel I (R = O-C₂H₅, X = H), und Tautomere (z. B. 3-[5-Methyl-[2]furyl]-3-oxo-2-phenylazo-propionsäure-*p*-phenetidid).

B. Beim Behandeln von 3-[5-Methyl-[2]furyl]-3-oxo-propionsäure-*p*-phenetidid mit wss. Natronlauge und mit wss. Benzoldiazoniumchlorid-Lösung (*Andrisano, Maioli*, Ann. Chimica **40** [1950] 442).

Hellgelbe Krystalle (aus Eg.); F: 135° (*An., Ma.*). Absorptionsmaximum (A.): 400 nm (*Andrisano*, Ann. Chimica **41** [1951] 545, 550).

4,4'-Bis-[1-(4-methoxy-phenylcarbamoyl)-2-(5-methyl-[2]furyl)-2-oxo-äthyliden⸗ hydrazino]-biphenyl $C_{42}H_{36}N_6O_8$, Formel II (R = O-CH₃, X = H) auf S. 6016, und Tautomere (z. B. 4,4'-Bis-[1-(4-methoxy-phenylcarbamoyl)-2-(5-methyl-[2]furyl)-2-oxo-äthylazo]-biphenyl).

B. Beim Behandeln von 3-[5-Methyl-[2]furyl]-3-oxo-propionsäure-*p*-anisidid mit wss. Natronlauge und mit einer aus Benzidin bereiteten wss. Diazoniumsalz-Lösung (*Andrisano, Dal Monte*, Boll. scient. Fac. Chim. ind. Bologna **8** [1950] 77).

Hellbraune Krystalle (aus Nitrobenzol); F: 277° (*An., Dal Mo.*). Absorptionsmaximum (Nitrobenzol): 460 nm (*Andrisano*, Ann. Chimica **41** [1951] 545, 550).

4,4'-Bis-[1-(4-äthoxy-phenylcarbamoyl)-2-(5-methyl-[2]furyl)-2-oxo-äthyliden⸗ hydrazino]-biphenyl $C_{44}H_{40}N_6O_8$, Formel II (R = O-C₂H₅, X = H) auf S. 6016, und Tautomere (z. B. 4,4'-Bis-[1-(4-äthoxy-phenylcarbamoyl)-2-(5-methyl-[2]furyl)-2-oxo-äthylazo]-biphenyl).

B. Beim Behandeln von 3-[5-Methyl-[2]furyl]-3-oxo-propionsäure-*p*-phenetidid mit wss. Natronlauge und mit einer aus Benzidin bereiteten wss. Diazoniumsalz-Lösung (*Andrisano, Dal Monte*, Boll. scient. Fac. Chim. ind. Bologna **8** [1950] 77).

Braune Krystalle (aus Nitrobenzol); F: 267° (*An., Dal Mo.*). Absorptionsmaximum (Nitrobenzol): 459,5 nm (*Andrisano*, Ann. Chimica **41** [1951] 545, 550).

Oxocarbonsäuren $C_9H_8O_5$

2-Acetyl-3-[2]furyl-3-oxo-propionsäure-äthylester $C_{11}H_{12}O_5$, Formel VII, und Tautomere; **2-[Furan-2-carbonyl]-acetessigsäure-äthylester.**

B. Beim Behandeln von Furan-2-carbonylchlorid mit Acetessigsäure-äthylester und Natrium in Äther (*Mironesco, Ioanid*, Bulet. Soc. Chim. România **17** [1935] 107, 110) oder in Benzol (*Carreras Linares et al.*, An. Soc. españ. [B] **46** [1950] 735, 738).

Kp_{16}: 167° (*Mi., Io.*); Kp_{13}: 164—165° (*Ca. Li. et al.*).

Verhalten beim Erwärmen mit einem Gemisch von wss. Ammoniak und Äther (Bildung von 3-[2]Furyl-3-oxo-propionsäure-äthylester): *Ca. Li. et al.* Beim Erwärmen einer Lösung in Äthanol mit Hydrazin und Natriumacetat in Wasser ist eine wahrscheinlich als 3-[2]Furyl-5-methyl-pyrazol-4-carbonsäure-äthylester zu formulierende Verbindung (F: 114,5°), beim Erwärmen einer Lösung in Äther mit Phenylhydrazin sind Essigsäure-[*N'*-phenyl-hydrazid] und 3-[2]Furyl-1-phenyl-Δ^2-pyrazolin-5-on erhalten worden (*Ca. Li. et al.*).

Kupfer(II)-Salz $Cu(C_{11}H_{11}O_5)_2$. Blaugrüne Krystalle (aus A.); F: 186—187° (*Ca. Li. et al.*, l. c. S. 736), 176—177° (*Ca. Li. et al.*, l. c. S. 739).

VII   VIII   IX

2,3-Dioxo-2,3,3a,4,5,6-hexahydro-benzofuran-7-carbonsäure-methylester $C_{10}H_{10}O_5$, Formel VIII, und Tautomeres (3-Hydroxy-2-oxo-2,4,5,6-tetrahydro-benzo⸗ furan-7-carbonsäure-methylester).

B. Beim Behandeln von 2-Oxo-cyclohexancarbonsäure-methylester mit Oxalsäure-dimethylester und Natriummethylat in Methanol (*Bachmann et al.*, Am. Soc. **72** [1950] 1995, 2000).

Krystalle (aus Me.); F: 196—197°.

Beim Erwärmen einer Lösung in Äthanol mit Benzylamin ist Oxalsäure-bis-benzylamid erhalten worden (*Ba. et al.*).

(±)-1,3-Dioxo-(3a*r*,7a*c*)-1,3,3a,4,7,7a-hexahydro-isobenzofuran-4*t*(?)-carbonsäure-methylester, (±)-Cyclohex-4-en-1*r*,2*c*,3*c*(?)-tricarbonsäure-1,2-anhydrid-3-methylester $C_{10}H_{10}O_5$, vermutlich Formel IX + Spiegelbild.
Bezüglich der Konfigurationszuordnung vgl. *Alder*, A. **571** [1951] 157.
B. Beim Erwärmen von Penta-2*t*(?),4-diensäure-methylester (E IV **2** 1695) mit Malein= säure-anhydrid in Benzol (*Gudgeon et al.*, Soc. **1951** 1926; *Lora-Tamayo et al.*, Bl. **1958** 1331).
Krystalle (aus Bzl.); F: 110—111° (*Lora-Ta. et al.*), 109—110° (*Gu. et al.*). UV-Absorp= tionsmaximum (A.): 214 nm (*Lora-Ta. et al.*).

(±)-1,3-Dioxo-(3a*r*,7a*c*)-1,3,3a,4,7,7a-hexahydro-isobenzofuran-4*t*(?)-carbonitril, (±)-3*c*(?)-Cyan-cyclohex-4-en-1*r*,2*c*-dicarbonsäure-anhydrid $C_9H_7NO_3$, vermutlich Formel X + Spiegelbild.
Bezüglich der Konfigurationszuordnung vgl. *Alder*, A. **571** [1951] 157.
B. Beim Erwärmen von Penta-2*t*,4-diennitril (E III **2** 1452) mit Maleinsäure-anhydrid und wenig Pikrinsäure in Benzol (*Snyder et al.*, Am. Soc. **71** [1949] 1055).
Krystalle (aus Bzl.); F: 110—111° (*Sn. et al.*).

X   XI   XII

(±)-3a-Methyl-1,3-dioxo-(3a*r*)-3,3a,4,5-tetrahydro-1*H*-cyclopenta[*c*]furan-4*c*-carbon= säure, (±)-2*c*-Methyl-cyclopent-3-en-1*r*,2*t*,3-tricarbonsäure-2,3-anhydrid $C_9H_8O_5$, Formel XI + Spiegelbild.
B. Beim Erhitzen von (±)-3-Cyan-2*c*-methyl-cyclopent-3-en-1*r*,2*t*-dicarbonsäure-di= äthylester mit konz. wss. Salzsäure und Erhitzen des Reaktionsprodukts (*Kasturi*, Indian Inst. Sci. Festschrift [Bangalore 1959] S. 40, 43, 50).
F: 174—177°.

(±)-2,6-Dioxo-hexahydro-3,5-methano-cyclopenta[*b*]furan-7*syn*-carbonsäure, (±)-5*endo*-Hydroxy-6-oxo-norbornan-2*endo*,3*endo*-dicarbonsäure-3-lacton $C_9H_8O_5$, Formel XII + Spiegelbild.
B. Beim Erwärmen von (±)-5*endo*,6*exo*-Dihydroxy-norbornan-2*endo*,3*endo*-dicarbon= säure-3→5-lacton mit wss. Salpetersäure (*Alder et al.*, A. **611** [1958] 7, 9, 22).
Krystalle (aus E.); F: 218—219°.

Oxocarbonsäuren $C_{10}H_{10}O_5$

(*S*)-4-[1-Formyl-*trans*-propenyl]-6-oxo-5,6-dihydro-4*H*-pyran-3-carbonsäure-methyl= ester, (*S*)-3-[1-Formyl-*trans*-propenyl]-2-[(*E*)-hydroxymethylen]-glutarsäure-5-lacton-1-methylester, Elenolid $C_{11}H_{12}O_5$, Formel I.
Konstitution: *Panizzi et al.*, G. **90** [1960] 1449, 1464; Konfiguration: *Beyerman et al.*, Bl. **1961** 1812.
Isolierung aus Früchten, Rinde und Blättern von Olea europaea: *Veer et al.*, R. **76** [1957] 839.
Krystalle; F: 155—156° (*Veer et al.*). $[\alpha]_D^{20}$: +369° [$CHCl_3$]; $[\alpha]_D^{20}$: +367° [Acn.] (*Veer et al.*). IR-Banden (CH_2Cl_2) im Bereich von 3,4 μ bis 12,3 μ: *Veer et al.* UV-Absorptions= maxima (A.): 225 nm und 317 nm (*Veer et al.*).
Beim Behandeln mit Wasser ist Elenolsäure (S. 6131) erhalten worden (*Veer et al.*).

I   II   III

(5RS,6SR(?)-5,6-Dibrom-6-[2]furyl-2,4-dioxo-hexansäure-äthylester $C_{12}H_{12}Br_2O_5$, vermutlich Formel II + Spiegelbild, und Tautomere.

B. Beim Behandeln von 6t(?)-[2]Furyl-2,4-dioxo-hex-5-ensäure-äthylester (S. 6033) mit Brom in Schwefelkohlenstoff (*Soliman, Rateb,* Soc. **1956** 3663, 3667).

F: 101°.

Beim Erwärmen mit Kaliumacetat und Kaliumcarbonat in Äthanol ist 6-[2]Furyl-4-oxo-4H-pyran-2-carbonsäure-äthylester erhalten worden.

2-[Furan-3-carbonyl]-4-oxo-valeriansäure-äthylester $C_{12}H_{14}O_5$, Formel III, und Tautomeres (2-Acetonyl-3-[2]furyl-3-hydroxy-acrylsäure-äthylester).

B. Beim Erwärmen von 3-[3]Furyl-3-oxo-propionsäure-äthylester mit Bromaceton und Natriumäthylat in Äthanol (*Kubota, Ichikawa,* J. chem. Soc. Japan Pure Chem. Sect. **75** [1954] 450, 451, 455; C. A. **1955** 10261).

$Kp_{0,02}$: 105—108°. n_D^7: 1,4878.

Monosemicarbazon $C_{13}H_{17}N_3O_5$. Krystalle (aus A.); F: 231°.

5-[2,3-Dioxo-butyl]-2-methyl-furan-3-carbonsäure-äthylester $C_{12}H_{14}O_5$, Formel IV, und Tautomere.

Diese Konstitution kommt der früher (s. E II **18** 310) beschriebenen, als Trianhydro=glucose-acetessigester bezeichneten Verbindung (F: 137°) zu (*Dalton,* Austral. J. Chem. **17** [1964] 1174).

---

*Opt.-inakt.-[1,3-Dioxo-1,3,3a,4,7,7a-hexahydro-isobenzofuran-4-yl]-essigsäure, 3-Carboxymethyl-cyclohex-4-en-1,2-dicarbonsäure-anhydrid $C_{10}H_{10}O_5$, Formel V (R = H).

B. Beim Behandeln von Hexa-3,5-diensäure (E III **2** 1455) mit Maleinsäure-anhydrid in Äther (*Paul, Tchelitcheff,* Bl. **1948** 108, 113).

Krystalle; F: 153° [Block; aus Bzl.].

*Opt.-inakt. [1,3-Dioxo-1,3,3a,4,7,7a-hexahydro-isobenzofuran-4-yl]-essigsäure-äthylester, 3-Äthoxycarbonylmethyl-cyclohex-4-en-1,2-dicarbonsäure-anhydrid $C_{12}H_{14}O_5$, Formel V (R = C_2H_5).

B. Beim Behandeln von Hexa-3,5-diensäure-äthylester (E III **2** 1456) mit Malein=säure-anhydrid in Äther (*Paul, Tchelitcheff,* Bl. **1948** 108, 113).

Krystalle (aus Cyclohexan); F: 61°.

(±)-5t-Methyl-1,3-dioxo-(3ar,7ac)-1,3,3a,4,5,7a-hexahydro-isobenzofuran-4t-carbonsäure, (±)-6c-Methyl-cyclohex-4-en-1r,2c,3c-tricarbonsäure-2,3-anhydrid $C_{10}H_{10}O_5$, Formel VI + Spiegelbild, und **(±)-7t-Methyl-1,3-dioxo-(3ar,7ac)-1,3,3a,4,7,7a-hexahydro-isobenzofuran-4t-carbonsäure, (±)-6c-Methyl-cyclohex-4-en-1r,2c,3c-tricarbonsäure-1,2-anhydrid** $C_{10}H_{10}O_5$, Formel VII (R = H) + Spiegelbild (vgl. E II 355; dort als 4-Methyl-cyclohexen-(5)-tricarbonsäure-(1,2,3)-anhydrid-(2.3) bezeichnet).

Eine dieser Verbindungen oder ein Gemisch beider hat in den nachstehend beschriebe=nen Präparaten vorgelegen (*Craig, Shipman,* Am. Soc. **74** [1952] 2905).

B. Beim Erhitzen von Maleinsäure-anhydrid mit Sorbinsäure (E IV **2** 1702) bis auf

130° (*Wicks et al.*, J. org. Chem. **12** [1947] 713, 716).

Krystalle, F: 178—182° (*Cr.*, *Sh.*). IR-Spektrum (Tribrom-chlor-methan; 2,5—7,5 μ): *Cr.*, *Sh.* UV-Spektrum (A.; 200—270 nm): *Wi. et al.*

Verhalten beim Erhitzen auf 160° (Bildung von 4-Methyl-cyclohex-1-en-1,2-dicarbon‌säure-anhydrid [E III/IV **17** 6003]): *Wi. et al.* Bildung von 6c-Methyl-cyclohex-4-en-1r,2c,3c-tricarbonsäure (E III **9** 4775) bei kurzem Erhitzen mit Wasser: *Wi. et al.*; *Cr.*, *Sh.*. Beim Erwärmen mit Natriummethylat in Methanol ist 6t-Methyl-cyclohex-4-en-1r,2c,3t-tricarbonsäure-3-methylester (F: 195—196°) erhalten worden (*Cr.*, *Sh.*).

IV   V   VI   VII

(±)-7t-Methyl-1,3-dioxo-(3ar,7ac)-1,3,3a,4,7,7a-hexahydro-isobenzofuran-4t-carbon‌säure-methylester, (±)-6c-Methyl-cyclohex-4-en-1r,2c,3c-tricarbonsäure-1,2-anhydrid-3-methylester $C_{11}H_{12}O_5$, Formel VII (R = CH₃) + Spiegelbild.

B. Beim Erhitzen von Maleinsäure-anhydrid mit Sorbinsäure-methylester (E IV **2** 1703) bis auf 130° (*Craig*, *Shipman*, Am. Soc. **74** [1952] 2905.

Krystalle (aus Bzl.); F: 113—114°.

(±)-7t(?)-Methyl-1,3-dioxo-(3ar,7ac)-1,3,3a,4,7,7a-hexahydro-isobenzofuran-4t(?)-carbonsäure-äthylester, (±)-6c(?)-Methyl-cyclohex-4-en-1r,2c,3c(?)-tricarbonsäure-3-äthylester-1,2-anhydrid $C_{12}H_{14}O_5$, vermutlich Formel VII (R = C₂H₅) + Spiegelbild (vgl. E II 355).

Bezüglich der Konfigurationszuordnung vgl. die im vorangehenden Artikel be‌schriebene Verbindung.

B. Bei kurzem Erhitzen von Sorbinsäure-äthylester (E IV **2** 1704) mit Maleinsäure-anhydrid auf 160° (*Ungnade*, *Hopkins*, Am. Soc. **73** [1951] 3091).

Krystalle (aus Ae. + Bzn.); F: 118—119° [unkorr.].

(±)-7t(?)-Methyl-1,3-dioxo-(3ar,7ac)-1,3,3a,4,7,7a-hexahydro-isobenzofuran-4t(?)-carbonsäure-[2-chlor-äthylester], (±)-6c(?)-Methyl-cyclohex-4-en-1r,2c,3c(?)-tricarbon‌säure-1,2-anhydrid-3-[2-chlor-äthylester] $C_{12}H_{13}ClO_5$, vermutlich Formel VII (R = CH₂-CH₂Cl) + Spiegelbild.

Bezüglich der Konfigurationszuordnung vgl. den analog hergestellten (±)-6c-Methyl-cyclohex-4-en-1r,2c,3c-tricarbonsäure-1,2-anhydrid-3-methylester (s. o.).

B. Beim Erhitzen von Sorbinsäure-[2-chlor-äthylester] (Hexa-2t,4t-diensäure-[2-chlor-äthylester]) mit Maleinsäure-anhydrid in Xylol (*Wagner-Jauregg*, *Helmert*, B. **71** [1938] 2535, 2536, 2542).

Krystalle (aus Xylol); F: 124° [korr.].

Beim Erhitzen mit Brom auf 130° ist 4-Methyl-benzol-1,2,3-tricarbonsäure-2,3-an‌hydrid erhalten worden.

(3aΞ)-7t(?)-Methyl-1,3-dioxo-(3ar,7ac)-1,3,3a,4,7,7a-hexahydro-isobenzofuran-4t(?)carbonsäure-[(1R)-menthylester], (1Ξ)-6c(?)-Methyl-cyclohex-4-en-1r,2c,3c(?)-tricarbonsäure-1,2-anhydrid-3-[(1R)-menthylester] $C_{20}H_{28}O_5$, vermutlich Formel VIII und (oder) Formel IX.

Bezüglich der Konfigurationszuordnung vgl. den analog hergestellten (±)-6c-Methyl-cyclohex-4-en-1r,2c,3c-tricarbonsäure-1,2-anhydrid-3-methylester (s. o.).

B. Beim Erwärmen von Sorbinsäure-[(1R)-menthylester] (Hexa-2t,4t-diensäure-[(1R)-menthylester]; $[\alpha]_D^{15}$: −82,5° [Bzl.]) mit Maleinsäure (*Korolew*, *Mur*, Ž. obšč. Chim. **18** [1948] 1977, 1987; C. A. **1949** 3797).

Krystalle (aus Me.); F: 165—168°. $[\alpha]_D^{14}$: −58,9° [Me.].

(±)-7*t*(?)-Brommethyl-1,3-dioxo-(3a*r*,7a*c*)-1,3,3a,4,7,7a-hexahydro-isobenzofuran-4*t*(?)-carbonsäure-äthylester, (±)-6*c*(?)-Brommethyl-cyclohex-4-en-1*r*,2*c*,3*c*(?)-tricarbon=säure-3-äthylester-1,2-anhydrid $C_{12}H_{13}BrO_5$, vermutlich Formel X (R = C_2H_5) + Spiegelbild.

Bezüglich der Konfigurationszuordnung vgl. den analog hergestellten (±)-6*c*-Methyl-cyclohex-4-en-1*r*,2*c*,3*c*-tricarbonsäure-1,2-anhydrid-3-methylester (S. 6021).

B. Bei kurzem Erhitzen von 6-Brom-hexa-2*t*,4*t*-diensäure-äthylester mit Maleinsäure-anhydrid auf 160° (*Ungnade, Hopkins*, Am. Soc. **73** [1951] 3091).

Krystalle (aus Acn. + Ae.); F: 265—268° [unkorr.]. Bei 272° sublimierend.

VIII   IX   X   XI

1,3-Dioxo-(3a*r*,7a*c*)-octahydro-4*c*,7*c*-methano-isobenzofuran-5ξ-carbonitril, 5ξ-Cyan-norbornan-2*endo*,3*endo*-dicarbonsäure-anhydrid $C_{10}H_9NO_3$, Formel XI.

B. Beim Erhitzen von Norborn-5-en-2*endo*,3*endo*-dicarbonsäure-anhydrid (E III/IV **17** 6069) mit Cyanwasserstoff, Octacarbonyldikobalt, Triphenylphosphin und Benzol auf 130° (*Arthur et al.*, Am. Soc. **76** [1954] 5364, 5365, 5367).

Krystalle (aus Toluol + Xylol), die bei 155—167° schmelzen [Präparat von zweifelhafter Einheitlichkeit].

Oxocarbonsäuren $C_{11}H_{12}O_5$

*Opt.-inakt. 5,6-Dimethyl-1,3-dioxo-1,3,3a,4,7,7a-hexahydro-isobenzofuran-4-carbonitril, 3-Cyan-4,5-dimethyl-cyclohex-4-en-1,2-dicarbonsäure-anhydrid $C_{11}H_{11}NO_3$, Formel I.

B. Beim Erwärmen von 3,4-Dimethyl-penta-2,4-diennitril (E IV **2** 1713) mit Malein=säure-anhydrid in Benzol (*Lohaus*, B. **87** [1954] 1708, 1709).

Krystalle (aus Bzl.); F: 162°.

(±)-1,3-Dioxo-(3a*r*,7a*c*)-octahydro-4,7-äthano-isobenzofuran-4-carbonsäure, (±)-Bicyclo[2.2.2]octan-1,2*r*,3*c*-tricarbonsäure-2,3-anhydrid $C_{11}H_{12}O_5$, Formel II (R = H) + Spiegelbild.

B. Bei der Hydrierung von (±)(1*Ξ*)-Bicyclo[2.2.2]oct-5-en-1,2*r*,3*c*-tricarbonsäure-2,3-anhydrid (S. 6035) an Platin in Essigsäure (*Alder, Schumacher*, A. **565** [1949] 148, 156).

Krystalle (aus Acetonitril); F: 270°.

I   II   III

(±)-1,3-Dioxo-(3a*r*,7a*c*)-octahydro-4,7-äthano-isobenzofuran-4-carbonsäure-äthylester, (±)-Bicyclo[2.2.2]octan-1,2*r*,3*c*-tricarbonsäure-1-äthylester-2,3-anhydrid $C_{13}H_{16}O_5$, Formel II (R = C_2H_5) + Spiegelbild.

B. Bei der Hydrierung von (±)(1*Ξ*)-Bicyclo[2.2.2]oct-5-en-1,2*r*,3*c*-tricarbonsäure-1-äthylester-2,3-anhydrid (S. 6035) an Platin in Tetrahydrofuran (*Grob et al.*, Helv. **41**

[1958] 1191, 1194).
   Krystalle (aus Ae.); F: 82,5—83°.

(±)-7a-Methyl-2,5-dioxo-octahydro-3,6-methano-benzofuran-8*syn*-carbonsäure,
(±)-5*endo*-Hydroxy-5*exo*-methyl-7-oxo-bicyclo[2.2.2]octan-2*endo*,3*endo*-dicarbonsäure-
3-lacton $C_{11}H_{12}O_5$, Formel III (R = H) + Spiegelbild.
   B. Aus (±)-5*endo*-Hydroxy-7-isopropyliden-5*exo*-methyl-bicyclo[2.2.2]octan-2*endo*,=
3*endo*-dicarbonsäure-3-lacton (F: 184—185°) mit Hilfe von Ozon (*Alder, Schumacher,*
B. **89** [1956] 2485, 2494).
   Krystalle (aus E.); F: 215°.

(±)-7a-Methyl-2,5-dioxo-octahydro-3,6-methano-benzofuran-8*syn*-carbonsäure-methyl=
ester, (±)-5*endo*-Hydroxy-5*exo*-methyl-7-oxo-bicyclo[2.2.2]octan-2*endo*,3*endo*-dicarbon=
säure-3-lacton-2-methylester $C_{12}H_{14}O_5$, Formel III (R = CH₃) + Spiegelbild.
   B. Beim Behandeln von (±)-5*endo*-Hydroxy-5*exo*-methyl-7-oxo-bicyclo[2.2.2]octan-
2*endo*,3*endo*-dicarbonsäure-3-lacton mit Diazomethan in Äther (*Alder, Schumacher,* B. **89**
[1956] 2485, 2494).
   F: 168° [aus Me.].

Oxocarbonsäuren $C_{12}H_{14}O_5$

*Opt.-inakt. 5,8a-Dimethyl-1,3-dioxo-3,5,6,7,8,8a-hexahydro-1*H*-isochromen-5-carbon=
säure $C_{12}H_{14}O_5$, Formel IV.
   B. Beim Behandeln einer Lösung von opt.-inakt. 2-Äthoxycarbonylmethyl-2-hydroxy-
1,3-dimethyl-cyclohexan-1,3-dicarbonsäure-diäthylester (E III **10** 2554) in Benzol und
Pyridin mit Thionylchlorid, Erwärmen des Reaktionsprodukts mit methanol. Kalilauge
und anschliessenden Ansäuern (*Mukherjee,* J. Indian chem. Soc. **24** [1947] 495, 498).
   Krystalle (aus Eg.); F: 146°.

(±)-3-[6-Methyl-1,3-dioxo-(3a*r*,7a*c*)-1,3,3a,4,7,7a-hexahydro-isobenzofuran-5-yl]-
propionitril, (±)-4-[2-Cyan-äthyl]-5-methyl-cyclohex-4-en-1*r*,2*c*-dicarbonsäure-anhydrid
$C_{12}H_{13}NO_3$, Formel V + Spiegelbild.
   B. Aus 5-Methyl-4-methylen-hex-5-ennitril und Maleinsäure-anhydrid (*Drysdale et al.,*
Am. Soc. **81** [1959] 4908, 4910).
   Krystalle (aus Bzl. + Cyclohexan); F: 95—96°.

(±)-4,10-Dioxo-(8a*t*)-octahydro-4a*r*,1*c*-oxaäthano-naphthalin-2*c*-carbonsäure,
(±)-4a-Hydroxy-4-oxo-(4a*r*,8a*t*)-decahydro-naphthalin-1*c*,2*c*-dicarbonsäure-1-lacton
$C_{12}H_{14}O_5$, Formel VI (R = H) + Spiegelbild.
   B. Beim Behandeln einer Lösung von (±)-4*t*,4a-Dihydroxy-(4a*r*,8a*t*)-decahydro-
naphthalin-1*c*,2*c*-dicarbonsäure-1→4a-lacton (S. 6302) in wss. Essigsäure mit Chrom(VI)-
oxid (*Nasarow et al.,* Izv. Akad. S.S.S.R. Otd. chim. **1957** 471, 472, 476; engl. Ausg. S. 479,
480, 483).
   Krystalle (aus wss. Acn.); F: 252—253° [Zers.].

IV   V   VI   VII

(±)-4,10-Dioxo-(8a*t*)-octahydro-4a*r*,1*c*-oxaäthano-naphthalin-2*c*-carbonsäure-methyl=
ester, (±)-4a-Hydroxy-4-oxo-(4a*r*,8a*t*)-decahydro-naphthalin-1*c*,2*c*-dicarbonsäure-
1-lacton-2-methylester $C_{13}H_{16}O_5$, Formel VI (R = CH₃) + Spiegelbild.
   B. Beim Behandeln von (±)-4a-Hydroxy-4-oxo-(4a*r*,8a*t*)-decahydro-naphthalin-1*c*,2*c*-

dicarbonsäure-1-lacton mit Diazomethan in Äther (*Nasarow et al.*, Izv. Akad. S.S.S.R. Otd. chim. **1957** 471, 472, 476; engl. Ausg. S. 479, 480, 483). Beim Behandeln einer Lösung von (±)-4*t*,4a-Dihydroxy-(4a*r*,8a*t*)-decahydro-naphthalin-1*c*,2*c*-dicarbonsäure-1→4a-lac= ton-2-methylester (S. 6303) in wss. Essigsäure mit Chrom(VI)-oxid (*Na. et al.*).

Krystalle (aus Bzl. + Ae.); F: 114—115° (*Na. et al.*).

Bei der Hydrierung an Platin in Methanol sind 4*c*,4a-Dihydroxy-(4a*r*,8a*t*)-decahydro-naphthalin-1*c*,2*c*-dicarbonsäure-1 → 4a-lacton-2-methylester und wenig 4*t*,4a-Dihydroxy-(4a*r*,8a*t*)-decahydro-naphthalin-1*c*,2*c*-dicarbonsäure-1 → 4a-lacton-2-methylester erhalten worden (*Kutscherow et al.*, Izv. Akad. S.S.S.R. Otd. chim. **1959** 1253, 1258; engl. Ausg. S. 1209, 1214).

(±)-**7*c*-Brom-4ξ-dichlormethyl-4ξ-methyl-2,5-dioxo-(3a*r*)-octahydro-3,6-methano-benzofuran-8*syn*-carbonsäure**, (±)-**7*anti*-Brom-5ξ-dichlormethyl-8*syn*-hydroxy-5ξ-methyl-6-oxo-bicyclo[2.2.2]octan-2*exo*,3*exo*-dicarbonsäure-3-lacton** $C_{12}H_{11}BrCl_2O_5$, Formel VII (R = H) + Spiegelbild.

B. Beim Behandeln von (±)-7ξ-Dichlormethyl-7ξ-methyl-8-oxo-bicyclo[2.2.2]oct-5-en-2*endo*,3*endo*-dicarbonsäure (aus (±)-7ξ-Dichlormethyl-7ξ-methyl-8-oxo-bicyclo[2.2.2]= oct-5-en-2*endo*,3*endo*-dicarbonsäure-anhydrid [E III/IV **17** 6730] durch Erhitzen mit Wasser hergestellt) mit wss. Natriumhydrogencarbonat-Lösung und mit Brom in Wasser (*Cookson, Wariyar*, Soc. **1956** 2302, 2309).

Krystalle (aus Me.); F: 262—263° [Zers.].

(±)-**7*c*-Brom-4ξ-dichlormethyl-4ξ-methyl-2,5-dioxo-(3a*r*)-octahydro-3,6-methano-benzofuran-8*syn*-carbonsäure-methylester**, (±)-**7*anti*-Brom-5ξ-dichlormethyl-8*syn*-hydroxy-5ξ-methyl-6-oxo-bicyclo[2.2.2]octan-2*exo*,3*exo*-dicarbonsäure-3-lacton-2-methylester** $C_{13}H_{13}BrCl_2O_5$, Formel VII (R = CH_3).

B. Aus der im vorangehenden Artikel beschriebenen Verbindung mit Hilfe von Diazo= methan (*Cookson, Wariyar*, Soc. **1956** 2302, 2310).

Krystalle (aus Me.); F: 255—256°. UV-Absorptionsmaximum (A.): 296 nm (*Co., Wa.*, l. c. S. 2307).

Oxocarbonsäuren $C_{13}H_{16}O_5$

(±)-**[1,3-Dioxo-7*t*(?)-propyl-(3a*r*,7a*c*)-1,3,3a,4,7,7a-hexahydro-isobenzofuran-4*t*(?)-yl]-essigsäure-methylester**, (±)-**3*c*(?)-Methoxycarbonylmethyl-6*c*(?)-propyl-cyclohex-4-en-1*r*,2*c*-dicarbonsäure-anhydrid** $C_{14}H_{18}O_5$, vermutlich Formel VIII + Spiegelbild.

Bezüglich der Konfigurationszuordnung vgl. den analog hergestellten (±)-6*c*-Methyl-cyclohex-4-en-1*r*,2*c*,3*c*-tricarbonsäure-1,2-anhydrid-3-methylester (S. 6021).

B. Beim Erwärmen von Nona-3*t*,5*t*-diensäure-methylester mit Maleinsäure-anhydrid (*Celmer, Solomons*, Am. Soc. **75** [1953] 3430, 3435).

F: 90—91°.

(±)-**[7b-Methyl-2,3-dioxo-(2aξ,5a*r*,7a*t*,7b*t*)-decahydro-indeno[1,7-*bc*]furan-5*c*-yl]-essigsäure-methylester**, (±)-**3*t*-Hydroxy-7*t*-methoxycarbonylmethyl-3a-methyl-5-oxo-(3a*r*,7a*t*)-hexahydro-indan-4ξ-carbonsäure-lacton** $C_{14}H_{18}O_5$, Formel IX + Spiegelbild.

B. Beim Erwärmen von (±)-3-[3a-Methyl-2-oxo-(3a*r*,6a*c*)-hexahydro-cyclopenta[*b*]= furan-4*c*-yl]-glutarsäure-dimethylester mit Natrumhydrid, Methanol und Benzol (*Research Corp.*, U.S.P. 2843603, 2793233 [1954]).

Krystalle (aus E.); F: 141—142°.

2,4-Dinitro-phenylhydrazon $C_{20}H_{22}N_4O_8$. Gelbe Krystalle; F. 223—224°.

VIII   IX   X

(±)-7,8,8-Trimethyl-1,3-dioxo-(3ar,7ac)-octahydro-4c,7c-methano-isobenzofuran-4-carb=
onsäure-methylester, (±)-4,7,7-Trimethyl-norbornan-1,2endo,3endo-tricarbonsäure-
2,3-anhydrid-1-methylester $C_{14}H_{18}O_5$, Formel X.

B. Bei der Hydrierung von (±)-4,7,7-Trimethyl-norborn-5-en-1,2endo,3endo-tricarbon=
säure-2,3-anhydrid-1-methylester an Platin in Essigsäure (*Alder, Windemuth,* A. **543**
[1940] 56, 65, 75).
Krystalle (aus Bzn.); F: 94—95°.

Oxocarbonsäuren $C_{14}H_{18}O_5$

(3aΞ)-5t(?)-[(S)-sec-Butyl]-6-methyl-1,3-dioxo-(3ar,7ac)-1,3,3a,4,5,7a-hexahydro-
isobenzofuran-4t(?)-carbonsäure, (2Ξ)-6c(?)-[(S)-sec-Butyl]-5-methyl-cyclohex-4-en-
1c(?),2r,3c-tricarbonsäure-2,3-anhydrid $C_{14}H_{18}O_5$, vermutlich Formel I, und
(3aΞ)-7t(?)-[(S)-sec-Butyl]-6-methyl-1,3-dioxo-(3ar,7ac)-1,3,3a,4,7,7a-hexahydro-
isobenzofuran-4t(?)-carbonsäure, (1Ξ)-6c(?)-[(S)-sec-Butyl]-5-methyl-cyclohex-4-en-
1r,2c,3c(?)-tricarbonsäure-1,2-anhydrid $C_{14}H_{18}O_5$, vermutlich Formel II.
Diese Formeln kommen für die nachstehend beschriebene Verbindung in Betracht
(s. hierzu *Craig, Shipman,* Am. Soc. **74** [1952] 2905).

B. Beim Erhitzen von (S)-4,6-Dimethyl-octa-2t,4t-diensäure (E IV **2** 1736) mit Malein=
säure-anhydrid auf 110° (*Birkinshaw,* Biochem. J. **52** [1952] 283, 287).
Krystalle (nach Sublimation); F: 149—150° [unkorr.] (*Bi.*).

I   II   III

(1S)-3endo-Formyl-4endo-isopropyl-7-methyl-8-oxo-2-oxa-bicyclo[4.2.1]non-6-en-5exo-
carbonsäure-methylester $C_{15}H_{20}O_5$, Formel III.
Diese Konstitution (und Konfiguration) ist für die nachstehend beschriebene Verbindung in Betracht gezogen worden (*Burkhill et al.,* Soc. **1957** 4945, 4949).

B. Beim Erhitzen von (3aR)-4t,7a-Dihydroxy-6c-isopropyl-3a-methyl-3-oxo-(3ar,7ac)-
octahydro-2t,5t-epoxido-inden-7t-carbonsäure-methylester oder von (3aR)-4t-Formyl=
oxy-7a-hydroxy-6c-isopropyl-3a-methyl-3-oxo-(3ar,7ac)-octahydro-2t,5t-epoxido-inden-
7t-carbonsäure-methylester (beide aus Picrotoxinin hergestellt) mit Wasser (*Bu. et al.,*
l. c. S. 4952).
Krystalle (aus Bzn.); F: 161—162°. Absorptionsmaximum (A.): 237 nm.
Dioxim $C_{15}H_{22}N_2O_5$. Krystalle (aus A.); F: 204—206° [Zers.] (*Bu. et al.,* l. c. S. 4952).
2,4-Dinitro-phenylhydrazon $C_{21}H_{24}N_4O_8$. Gelbe Krystalle (aus $CHCl_3$ + A.);
F: 221—223° [Zers.] (*Bu. et al.,* l. c. S. 4952).

(−)-2-[1-Chlor-5,8,8-trimethyl-4-oxo-3-oxa-bicyclo[3.2.1]oct-2-yliden]-acetessigsäure-
äthylester $C_{16}H_{21}ClO_5$, Formel IV.
Diese Konstitution kommt wahrscheinlich der nachstehend beschriebenen Verbindung
zu.

B. Beim Behandeln von 1-Chlor-2,2,3-trimethyl-cyclopentan-1,3-dicarbonylchlorid
(E I **9** 331) mit der Natrium-Verbindung des Acetessigsäure-äthylesters in Benzol (*Rupe,
Zickendraht,* Helv. **29** [1946] 1536).
Krystalle (aus Bzn.); F: 79—81°. $[\alpha]_{656}^{20}$: −36,6°; $[\alpha]_{616}^{20}$: −46,9°; $[\alpha]_D^{20}$: −54,6°; $[\alpha]_{546}^{20}$:
−76,3°; $[\alpha]_{510}^{20}$: −103,2°; $[\alpha]_{486}^{20}$: −134,2° [jeweils in Äthanol; c = 3].
Hydrierung an Platin in Äthanol unter Bildung von 2-[1-Chlor-5,8,8-trimethyl-

4-oxo-3-oxa-bicyclo[3.2.1]oct-2-yl]-acetessigsäure-äthylester $C_{16}H_{23}ClO_5$
(F: 101—105°): *Rupe, Zi.*

6a-Formyl-3,5a,6-trimethyl-2-oxo-octahydro-cyclopropa[g]benzofuran-6-carbonsäure $C_{14}H_{18}O_5$ und Tautomeres.

(3a*S*)-9ξ-Hydroxy-3*c*,5a,6-trimethyl-(3a*r*,5a*c*,9b*t*)-hexahydro-6*t*,9a*t*-cyclo-furo=[3,2-*h*]isochromen-2,7-dion $C_{14}H_{18}O_5$, Formel V.
Konstitution und Konfiguration: *Barton et al.*, Soc. **1958** 140; s. a. *Barton, Gilham*, Soc. **1960** 4596.
B. Beim Behandeln von Dihydrolumisantonindiol (S. 2354) mit Äthanol und mit wss. Perjodsäure (*Ba. et al.*, l. c. S. 144). Beim Behandeln einer Lösung von Lumisantonin (E III/IV **17** 6240) in Äthylacetat mit Ozon bei −45° und Erwärmen der Reaktionslösung mit Wasser (*Arigoni et al.*, Helv. **40** [1957] 1732, 1747).
Krystalle (aus $CHCl_3$ + PAe.), F: 127—129° und (nach Wiedererstarren bei weiterem Erhitzen) F: 172—173° (*Ba. et al.*); F: 168—169° [unkorr.; evakuierte Kapillare] (*Ar. et al.*); Krystalle (aus Acn. + Hexan) mit 1 Mol Aceton, F: 73—75° [Zers.] (*Ar. et al.*).
[α]$_D$: −25° [$CHCl_3$] (*Ba. et al.*); [α]$_D$: −30° [Me.] (*Ar. et al.*).
Beim Erhitzen mit Natriumboranat in Dioxan ist ein vermutlich als (3a*S*)-3*c*,5a,6-Tri=methyl-(3a*r*,5a*c*,9b*t*)-hexahydro-6*t*,9a*t*-cyclo-furo[3,2-*h*]isochromen-2,7-dion zu formulierendes Dilacton $C_{14}H_{18}O_4$ (Krystalle [aus CH_2Cl_2 + Hexan], F: 176—177° [unkorr.]; [α]$_D$: + 33° [$CHCl_3$]) erhalten worden (*Ar. et al.*).

IV   V   VI

(±)-3a-Isopropyl-6-methyl-2,7-dioxo-octahydro-3,6-methano-benzofuran-8*syn*-carbon=säure, (±)-5*endo*-Hydroxy-4-isopropyl-1-methyl-6-oxo-bicyclo[2.2.2]octan-2*endo*,3*endo*-dicarbonsäure-3-lacton $C_{14}H_{18}O_5$, Formel VI (R = H) + Spiegelbild.
B. Beim Behandeln von (±)-1-Isopropyl-4-methyl-bicyclo[2.2.2]oct-5-en-2*endo*,3*endo*-dicarbonsäure-anhydrid mit wss. Natriumcarbonat-Lösung und wss. Kaliumpermanga=nat-Lösung und Ansäuern einer Lösung des Reaktionsprodukts in Wasser mit Schwefel=säure (*Diels et al.*, B. **71** [1938] 1163, 1166, 1170).
Krystalle (aus W.); F: 218°.

(±)-3a-Isopropyl-6-methyl-2,7-dioxo-octahydro-3,6-methano-benzofuran-8*syn*-carbon=säure-methylester, (±)-5*endo*-Hydroxy-4-isopropyl-1-methyl-6-oxo-bicyclo[2.2.2]octan-2*endo*,3*endo*-dicarbonsäure-3-lacton-2-methylester $C_{15}H_{20}O_5$, Formel VI (R = CH_3) + Spiegelbild.
B. Beim Behandeln der im vorangehenden Artikel beschriebenen Verbindung mit Di=azomethan in Äther (*Diels et al.*, B. **71** [1938] 1163, 1171).
Krystalle (aus Me.); F: 161°.

Oxocarbonsäuren $C_{15}H_{20}O_5$

(±)-2-Acetyl-3-[2]furyl-7-methyl-5-oxo-octansäure-äthylester $C_{17}H_{24}O_5$, Formel VII (R = C_2H_5), und Tautomere.
B. Beim Behandeln einer Lösung von 1*t*(?)-[2]Furyl-5-methyl-hex-1-en-3-on (E III/IV **17** 4743) in Benzol mit Acetessigsäure-äthylester und Natriumäthylat in Äthanol (*Wachs, Hedenburg*, Am. Soc. **70** [1948] 2695).
Krystalle (aus Bzl.); F: 116°.

(±)-2-Acetyl-3-[2]furyl-7-methyl-5-oxo-octansäure-butylester $C_{19}H_{28}O_5$, Formel VII
(R = [CH$_2$]$_3$-CH$_3$), und Tautomere.

B. Beim Behandeln einer Lösung von 1*t*(?)-[2]Furyl-5-methyl-hex-1-en-3-on (E III/IV
17 4743) in Benzol mit Acetessigsäure-butylester und Natriumäthylat in Äthanol (*Wachs,
Hedenburg*, Am. Soc. **70** [1948] 2695).
Krystalle (aus Bzl.); F: 98°.

VII   VIII

**(3a*R*)-6ξ,8a,8b-Trimethyl-1,7-dioxo-(4a*t*,8a*t*,8b*c*)-decahydro-cyclopenta[*b*]benzofuran-
3a*r*-carbonsäure, 4,8-Dioxo-9ξ*H*-apotrichothecan-13-säure** [1] $C_{15}H_{20}O_5$, Formel VIII
(R = H).

B. Bei der Hydrierung von 4,8-Dioxo-9ξ*H*-apotrichothec-2-en-13-säure (S. 6038) oder
von 4,8-Dioxo-apotrichotheca-2,9-dien-13-säure (S. 6062) an Palladium (*Freeman et al.*,
Soc. **1959** 1105, 1127). Beim Behandeln von 13-Hydroxy-9ξ*H*-apotrichothecan-4,8-dion
(S. 1219) mit Chrom(VI)-säure und wss. Essigsäure (*Fr. et al.*, l. c. S. 1112, 1128).
Krystalle (aus Bzl.); F: 187—189°.

**(3a*R*)-6ξ,8a,8b-Trimethyl-1,7-dioxo-(4a*t*,8a*t*,8b*c*)-decahydro-cyclopenta[*b*]benzofuran-
3a*r*-carbonsäure-methylester, 4,8-Dioxo-9ξ*H*-apotrichothecan-13-säure-methylester**
$C_{16}H_{22}O_5$, Formel VIII (R = CH$_3$).

B. Aus der im vorangehenden Artikel beschriebenen Säure mit Hilfe von Diazomethan
(*Freeman et al.*, Soc. **1959** 1105, 1128).
Krystalle (aus Bzn.); F: 101—102°.

**(3a*S*)-6ξ,8a,8b-Trimethyl-3,7-dioxo-(4a*t*,8a*t*,8b*c*)-decahydro-cyclopenta[*b*]benzofuran-
3a*r*-carbonsäure, 2,8-Dioxo-9ξ*H*-apotrichothecan-13-säure** [1] $C_{15}H_{20}O_5$, Formel IX.

B. Bei der Hydrierung von 2,8-Dioxo-9ξ*H*-apotrichothec-3-en-13-säure (S. 6038) oder
von 2,8-Dioxo-apotrichotheca-3,9-dien-13-säure (S. 6061) an Palladium in Methanol
(*Freeman et al.*, Soc. **1959** 1105, 1125). Beim Erwärmen von 13-Hydroxy-9ξ*H*-apotricho=
thecan-2,8-dion (S. 1219) mit Chrom(VI)-säure und wss. Essigsäure (*Fr. et al.*, l. c.
S. 1111, 1125).
Krystalle (aus W.); F: 184—185° [Zers.].

IX   X

**(*R*)-2-[(8a*R*)-3ξ,8*c*-Dimethyl-2,4-dioxo-(8a*r*)-octahydro-3a*c*(?),6*c*(?)-epoxido-azulen-
5*c*-yl]-propionsäure, (11*R*)-5,8β(?)-Epoxy-3,6-dioxo-1β,4ξ*H*,5β(?)-guajan-12-säure** [2]
$C_{15}H_{20}O_5$, vermutlich Formel X (R = H).

Diese Konstitution (und Konfiguration) kommt der nachstehend beschriebenen
Dehydroallogeigerinsäure zu (*Barton, Levisalles*, Soc. **1958** 4518, 4520).

---

[1] Stellungsbezeichnung bei von A p o t r i c h o t h e c a n abgeleiteten Namen s. S. 1216
Anm. 2.

[2] Stellungsbezeichnung bei von G u a j a n abgeleiteten Namen s. E III/IV **17** 4677
Anm. 2.

B. Beim Behandeln von Allogeigerinsäure (S. 6306) mit Chrom(VI)-oxid in Essigsäure (*Perold*, Soc. **1957** 47, 50).

Krystalle (aus Toluol); F: 149—150° [korr.] (*Pe.*). $[\alpha]_D^{20}$: $+101°$ [CHCl$_3$] (*Pe.*). UV-Absorptionsmaximum (A.): 296 nm (*Pe.*).

(*R*)-2-[(8a*R*)-3ξ,8*c*-Dimethyl-2,4-dioxo-(8a*r*)-octahydro-3a*c*(?),6*c*(?)-epoxido-azulen-5*c*-yl]-propionsäure-methylester, (11*R*)-5,8β(?)-Epoxy-3,6-dioxo-1β,4ξ*H*,5β(?)-guajan-12-säure-methylester $C_{16}H_{22}O_5$, Formel X (R = CH$_3$).

Diese Konstitution und Konfiguration kommt dem nachstehend beschriebenen **Dehydroallogeigerinsäure-methylester** zu.

B. Beim Behandeln von Allogeigerinsäure-methylester (S. 6306) mit Chrom(VI)-oxid in Essigsäure (*Barton, Levisalles*, Soc. **1958** 4518, 4521).

Krystalle (nach Sublimation); F: 125—128° [Kofler-App.]. $[\alpha]_D$: $+79°$ [CHCl$_3$] (*Ba., Le.*). UV-Absorptionsmaximum (A.): 287 nm.

Oxocarbonsäuren $C_{17}H_{24}O_5$

(±)-5-[6,6-Dimethyl-4-oxo-2,3,4,5,6,7-hexahydro-benzofuran-2-yl]-3,3-dimethyl-5-oxo-valeriansäure $C_{17}H_{24}O_5$, Formel I, und Tautomeres (2-[2-Hydroxy-4,4-dimethyl-6-oxo-tetrahydro-pyran-2-yl]-6,6-dimethyl-3,5,6,7-tetrahydro-2*H*-benzofuran-4-on).

Diese Konstitution kommt der früher (s. E II **10** 604) beschriebenen, als Dimethyl-glutarylsäure-cyclopropan-dimethyldihydroresorcin-spiran bezeichneten Verbindung (F: 102—103°) zu (*Greenberg*, J. org. Chem. **30** [1965] 1251).

I

II

(±)-[7*t*-Heptyl-1,3-dioxo-(3a*r*,7a*c*)-1,3,3a,4,7,7a-hexahydro-isobenzofuran-4*t*-yl]-essig-säure-methylester, (±)-3*c*-Heptyl-6*c*-methoxycarbonylmethyl-cyclohex-4-en-1*r*,2*c*-di-carbonsäure-anhydrid $C_{18}H_{26}O_5$, Formel II + Spiegelbild.

B. Beim Erwärmen von Trideca-3*t*,5*t*-diensäure-methylester mit Maleinsäure-anhydrid (*Celmer, Solomons*, Am. Soc. **75** [1953] 3430, 3435).

Krystalle (aus Hexan); F: 94—96°.

(4′a*R*)-2′*c*,5′*c*,8′a-Trimethyl-5,4′-dioxo-(2*cO*,4′a*r*,8′a*t*)-decahydro-spiro[furan-2,1′-naphthalin]-5′*t*-carbonsäure, 9-Hydroxy-6-oxo-14,15,16-trinor-8β*H*-labdan-13,19-di-säure-13-lacton [1]) $C_{17}H_{24}O_5$, Formel III (X = OH).

B. Beim Behandeln von 6β,9-Dihydroxy-14,15,16-trinor-8β*H*-labdan-13,19-disäure-13→9-lacton mit Chrom(VI)-oxid in Essigsäure (*Hardy et al.*, Soc. **1957** 2955, 2962; *Cocker et al.*, Soc. **1953** 2540, 2546). Beim Behandeln von Marrubinsäure (15,16-Epoxy-6β,9-dihydroxy-8β*H*-labda-13(16),14-dien-19-säure [S. 5017]) mit Chrom(VI)-oxid und Essigsäure (*Ghigi*, G. **81** [1951] 336, 343; *Co. et al.*). Beim Erwärmen von Marrubiin (15,16-Epoxy-6β,9-dihydroxy-8β*H*-labda-13(16),14-dien-19-säure-6-lacton) mit äthanol. Natronlauge und Behandeln der erhaltenen Marrubinsäure mit wss. Natronlauge und mit wss. Kaliumpermanganat-Lösung (*Ha. et al.*, l. c. S. 2956; *Ghigi, Drusiani*, G. **86** [1956] 682, 684; s. a. *Ghigi, Bernardi*, Farmaco **2** [1947] 397, 399).

Krystalle; F: 222—223,5° [aus Me.] (*Ha. et al.*), 222—223° (*Co. et al.*). $[\alpha]_D^{23,5}$: $+88,7°$ [CHCl$_3$; c = 2] (*Co. et al.*); $[\alpha]_D^{25}$: $+76,6°$ [CHCl$_3$; c = 4] (*Ha. et al.*). Absorptionsmaximum (A.): 282 nm (*Ha. et al.*).

---

[1]) Stellungsbezeichnung bei von **Labdan** abgeleiteten Namen s. E IV **5** 369.

(4'a*R*)-4'-Hydroxyimino-2'*c*,5'*c*,8'a-trimethyl-5-oxo-(2*cO*,4'a*r*,8'a*t*)-decahydro-spiro=
[furan-2,1'-naphthalin]-5'*t*-carbonsäure, 9-Hydroxy-6-hydroxyimino-14,15,16-trinor-
8βH-labdan-13,19-disäure-13-lacton $C_{17}H_{25}NO_5$, Formel IV (X = OH).

B. Beim Erwärmen von 9-Hydroxy-6-oxo-14,15,16-trinor-8βH-labdan-13,19-disäure-
13-lacton (S. 6028) mit Hydroxylamin-hydrochlorid und Pyridin (*Hardy et al.*, Soc. **1957**
2955, 2962).

Krystalle (aus Eg.); F: 270—272° [Zers.].

(4'a*R*)-2'*c*,5'*c*,8'a-Trimethyl-5,4'-dioxo-(2*cO*,4'a*r*,8'a*t*)-decahydro-spiro[furan-
2,1'-naphthalin]-5'*t*-carbonsäure-methylester, 9-Hydroxy-6-oxo-14,15,16-trinor-8βH-
labdan-13,19-disäure-13-lacton-19-methylester $C_{18}H_{26}O_5$, Formel III (X = O-CH₃).

B. Aus 9-Hydroxy-6-oxo-14,15,16-trinor-8βH-labdan-13,19-disäure-13-lacton (S. 6028)
mit Hilfe von Diazomethan (*Hardy et al.*, Soc. **1957** 2955, 2962). Beim Behandeln von
Marrubinsäure-methylester   (15,16-Epoxy-6β,9-dihydroxy-8βH-labda-13(16),14-dien-
19-säure-methylester [S. 5018]) mit Chrom(VI)-oxid und wss. Essigsäure (*Cocker et al.*,
Soc. **1953** 2540, 2547).

Krystalle; F: 165,5° [aus Bzl. + Cyclohexan] (*Ha. et al.*), 164° (*Co. et al.*).

III   IV   V   VI

(4'a*R*)-4'-Hydroxyimino-2'*c*,5'*c*,8'a-trimethyl-5-oxo-(2*cO*,4'a*r*,8'a*t*)-decahydro-spiro=
[furan-2,1'-naphthalin]-5'*t*-carbonsäure-methylester, 9-Hydroxy-6-hydroxyimino-
14,15,16-trinor-8βH-labdan-13,19-disäure-13-lacton-19-methylester $C_{18}H_{27}NO_5$, Formel IV
(X = O-CH₃).

B. Beim Erwärmen von 9-Hydroxy-6-oxo-14,15,16-trinor-8βH-labdan-13,19-disäure-
13-lacton-19-methylester mit Hydroxylamin-hydrochlorid und Pyridin (*Hardy et al.*,
Soc. **1957** 2955, 2962).

Krystalle; F: 195—196,5° [aus Bzl. + Cyclohexan] (*Ha. et al.*), 187—189° (*Cocker
et al.*, Soc. **1953** 2540, 2547).

(4'a*R*)-2'*c*,5'*c*,8'a-Trimethyl-5,4'-dioxo-(2*cO*,4'a*r*,8'a*t*)-decahydro-spiro[furan-
2,1'-naphthalin]-5'*t*-carbonsäure-anilid, 9-Hydroxy-6-oxo-14,15,16-trinor-8βH-labdan-
13,19-disäure-19-anilid-13-lacton $C_{23}H_{29}NO_4$, Formel III (X = NH-C₆H₅).

B. Beim Behandeln von 6,9-Dihydroxy-14,15,16-trinor-8βH-labd-6-en-13,19-disäure-
13→9;19→6-dilacton (bezüglich der Konstitution dieser Verbindung s. *Cocker et al.*,
Chem. and Ind. **1955** 772) mit Anilin (*Cocker et al.*, Soc. **1953** 2540, 2547).

Krystalle (aus wss. Me.); F: 196°.

(4'a*R*)-4ξ-Brom-2'*c*,5'*c*,8'a-trimethyl-5,4'-dioxo-(2*cO*,4'a*r*,8'a*t*)-decahydro-spiro=
furan-2,1'-naphthalin]-5'*t*-carbonsäure, (12*Ξ*)-12-Brom-9-hydroxy-6-oxo-14,15,16-trinor-
8βH-labdan-13,19-disäure-13-lacton [1]) $C_{17}H_{23}BrO_5$, Formel V.

B. Neben kleinen Mengen einer (isomeren) Verbindung $C_{17}H_{23}BrO_5$ (F: 220°) beim
Behandeln von 9-Hydroxy-6-oxo-14,15,16-trinor-8βH-labdan-13,19-disäure-13-lacton
(S. 6028) mit Brom in Essigsäure in Gegenwart von Bromwasserstoff (*Hardy et al.*, Soc.
1957 2955, 2962).

Krystalle (aus E. + Cyclohexan); F: 195—197° [Zers.]. Absorptionsmaximum (A.):
ca. 290 nm (*Ha. et al.*).

(4a*S*)-4*t*,7*c*,10a-Trimethyl-1,3-dioxo-(4a*r*,6a*t*,10a*c*,10b*t*)-dodecahydro-benz[*h*]iso=
chromen-7*t*-carbonsäure-methylester $C_{18}H_{26}O_5$, Formel VI.

Diese Konstitution kommt vermutlich der nachstehend beschriebenen Verbindung zu

¹) Stellungsbezeichnung bei von L a b d a n abgeleiteten Namen s. E IV **5** 369.

(*King, King*, Soc. **1953** 4158, 4161).

B. Beim Erwärmen von $(4aR)$-4t,7c,11b-Trimethyl-9-oxo-(4ar,6at,11ac,11bt)-$\Delta^{7a,10a}$-dodecahydro-phenanthro[3,2-b]furan-4c-carbonsäure-methylester (S. 5627) mit Kalium=permanganat in Aceton und Erhitzen des Reaktionsprodukts mit Acetanhydrid (*King, King*, l. c. S. 4166).

Bei 130—140°/0,05 Torr destillierbar.

Oxocarbonsäuren $C_{18}H_{26}O_5$

(±)-2-[4-Heptyl-3,5-dioxo-tetrahydro-[2]furyl]-5-methyl-hexa-2ξ,4-diensäure,
(±)-2-Heptyl-4-hydroxy-5-[(*Ξ*)-3-methyl-but-2-enyliden]-3-oxo-adipinsäure-1-lacton
$C_{18}H_{26}O_5$, Formel VII, und Tautomeres ((±)-2-[4-Heptyl-3-hydroxy-5-oxo-2,5-dihydro-[2]furyl]-5-methyl-hexa-2ξ,4-diensäure).

Diese Konstitution kommt der nachstehend beschriebenen, von *Quilico et al.* (G. **83** [1953] 754) als 3(oder 6)-Heptyl-5-hydroxy-6(oder 3)-[3-methyl-but-2-enyl]-4-oxo-4H-pyran-2-carbonsäure angesehenen Verbindung zu (*Cardani et al.*, G. **95** [1965] 311).

B. In kleiner Menge neben anderen Verbindungen beim Behandeln einer Lösung von 2-Heptyl-3-hydroxy-5-[3-methyl-but-2-enyl]-[1,4]benzochinon in Äthanol mit wss. Wasserstoffperoxid und mit wss. Natronlauge und Ansäuern der vom Äthanol befreiten Reaktionslösung mit Schwefelsäure (*Qu. et al.*, l c. S. 773). In kleiner Menge neben anderen Verbindungen beim Behandeln einer Lösung von Flavoglaucin (E III **8** 2393) in Äthanol mit wss. Wasserstoffperoxid und mit wss. Natronlauge und Ansäuern der vom Äthanol befreiten Reaktionslösung mit Schwefelsäure (*Qu. et al.*, l. c. S. 764).

Krystalle (aus Bzl.); F: 159—160° (*Qu. et al.*, l. c. S. 766).

VII   VIII

3,3-Dimethyl-5-oxo-5-[3,6,6-trimethyl-4-oxo-2,3,4,5,6,7-hexahydro-benzofuran-2-yl]-valeriansäure $C_{18}H_{26}O_5$, Formel VIII, und Tautomeres (2-[2-Hydroxy-4,4-dimethyl-6-oxo-tetrahydro-pyran-2-yl]-3,6,6-trimethyl-3,5,6,7-tetrahydro-2H-benzofuran-4-on).

Diese Konstitution kommt wahrscheinlich der früher (s. E II **10** 604) beschriebenen, als Dimethylglutarylsäure-methylcyclopropan-dimethyldihydroresorcin-spiran bezeichneten opt.-inakt. Verbindung (F: 124—125°) zu (vgl. *Greenberg*, J. org. Chem. **30** [1965] 1251).

IX   X   XI

(5aS)-5a,8t,11a-Trimethyl-2,4-dioxo-(5ar,7at,11ac,11bt)-tetradecahydro-naphth[1,2-d]=oxepin-8c-carbonsäure-methylester $C_{19}H_{28}O_5$, Formel IX, und (5aR)-5a,8t,11a-Trimethyl-3,5-dioxo-(5ar,7at,11ac,11bt)-tetradecahydro-naphth[2,1-c]oxepin-8c-carbonsäure-methylester $C_{19}H_{28}O_5$, Formel X.

Diese Formeln kommen für die nachstehend beschriebene Verbindung in Betracht (*Ruzicka, Bernold*, Helv. **24** [1941] 1167, 1169, 1171).

B. Beim Erhitzen einer als (4aR)-5c-[2-Carboxy-äthyl]-1t,4a,6c-trimethyl-(4ar,8at)-

decahydro-naphthalin-1c,6t-dicarbonsäure-1-methylester oder (4aR)-5c,6t-Bis-carboxy=
methyl-1t,4a,6c-trimethyl-(4ar,8at)-decahydro-[1]naphthoesäure-methylester zu formulierenden Verbindung (E III 9 4779; F: 229—230°) mit Acetanhydrid (Ru., Be.,l. c. S.
1176).
Krystalle (aus Acn. + Hexan); F: 206—208° [korr.]. [α]$_D^{20}$: +6,04° [CHCl$_3$; c = 6].

Oxocarbonsäuren C$_{20}$H$_{30}$O$_5$

(±)-1,3-Dioxo-7t(?)-undecyl-(3ar,7ac)-1,3,3a,4,7,7a-hexahydro-isobenzofuran-
4t(?)-carbonsäure-äthylester, (±)-6c(?)-Undecyl-cyclohex-4-en-1r,2c,3c(?)-tricarbon=
säure-3-äthylester-1,2-anhydrid C$_{22}$H$_{34}$O$_5$, vermutlich Formel XI + Spiegelbild.
    Bezüglich der Konfigurationszuordnung vgl. den analog hergestellten (±)-6c-Methyl-
cyclohex-4-en-1r,2c,3c-tricarbonsäure-1,2-anhydrid-3-methylester (S. 6021).
    B. Beim Erwärmen von Hexadeca-2t,4t-diensäure-äthylester mit Maleinsäure-anhydrid
in Benzol (Wailes, Austral. J. Chem. 12 [1959] 173, 185).
    Krystalle (aus PAe.); F: 74—76°.

[(1S)-5-((1S)-4c-Äthyl-1r,4t-dimethyl-2-oxo-cyclohexyl)-1-methyl-7-oxo-6-oxa-
bicyclo[3.2.1]oct-8anti-yl]-essigsäure, Rososäure C$_{20}$H$_{30}$O$_5$, Formel XII (R = H).
    Konstitution: Harris et al., Soc. 1958 1799, 1801, 1802. Konfiguration: Whalley et al.,
Am. Soc. 81 [1959] 5520; Ellestad et al., Soc. 1965 7246.
    B. Beim Erwärmen von Dihydrorosenonolacton (10-Hydroxy-7-oxo-10β-rosan-19-
säure-lacton [E III/IV 17 6121]) mit äthanol. Natronlauge und Behandeln des Reaktionsprodukts mit Kaliumpermanganat und Natriumcarbonat in Wasser (Robertson et al., Soc.
1949 879, 880, 883).
    Krystalle (aus Acn.), F: 232°; [α]$_D^{20}$: +4,0° [CHCl$_3$; c = 1] (Ro. et al.).
    Beim Behandeln mit Acetanhydrid und Pyridin ist (4aR)-7c-Äthyl-4a-hydroxy-
1t,4b,7t-trimethyl-(4ar,4bc,9at)-1,3,4,4a,4b,5,6,7,8,9a-decahydro-2H-fluoren-1c,9-dicarb=
onsäure-1-lacton (S. 5551) erhalten worden (Ro. et al.).

[(1S)-5-((1S)-4c-Äthyl-1r,4t-dimethyl-2-oxo-cyclohexyl)-1-methyl-7-oxo-6-oxa-bicyclo=
[3.2.1]oct-8anti-yl]-essigsäure-methylester, Rososäure-methylester C$_{21}$H$_{32}$O$_5$,
Formel XII (R = CH$_3$).
    B. Beim Behandeln von Rososäure (s. o.) mit Diazomethan in Äther (Robertson et al.,
Soc. 1949 879, 884).
    Krystalle (aus wss. Me.); F: 97—98° (Ro. et al.). UV-Absorptionsmaximum: 293 nm
bis 295 nm (Harris et al., Soc. 1958 1799, 1801).
    Beim Behandeln mit Methanol und mit wss. Kaliumboranat-Lösung und anschliessen-
den Ansäuern mit wss. Salzsäure ist eine Verbindung C$_{20}$H$_{30}$O$_4$ vom F: 239° erhalten
worden (Ha. et al., l. c. S. 1801, 1807).

XII   XIII   XIV

Oxocarbonsäuren C$_{22}$H$_{34}$O$_5$

(±)-9-[1,3-Dioxo-7t(?)-pentyl-(3ar,7ac)-1,3,3a,4,7,7a-hexahydro-isobenzofuran-
4t(?)-yl]-nonansäure, (±)-3c(?)-[8-Carboxy-octyl]-6c(?)-pentyl-cyclohex-4-en-
1r,2c-dicarbonsäure-anhydrid C$_{22}$H$_{34}$O$_5$, vermutlich Formel XIII + Spiegelbild.
    Bezüglich der Konfigurationszuordnung vgl. die analog hergestellte (±)-8-[7t-Hexyl-

1,3-dioxo-(3a*r*,7a*c*)-1,3,3a,4,7,7a-hexahydro-isobenzofuran-4*t*-yl]-octansäure (s. u.).

B. Aus Octadeca-10*t*,12*t*-diensäure und Maleinsäure-anhydrid (*Mikusch,* J. Am. Oil Chemists Soc. **29** [1952] 114).

F: 102°.

8-[7-Hexyl-1,3-dioxo-1,3,3a,4,7,7a-hexahydro-isobenzofuran-4-yl]-octansäure,
3-[7-Carboxy-heptyl]-6-hexyl-cyclohex-4-en-1,2-dicarbonsäure-anhydrid
$C_{22}H_{34}O_5$.

a) **(±)-8-[7*c*-Hexyl-1,3-dioxo-(3a*r*,7a*c*)-1,3,3a,4,7,7a-hexahydro-isobenzofuran-4*c*-yl]-octansäure** $C_{22}H_{34}O_5$, Formel XIV + Spiegelbild.

B. Beim Erhitzen von (±)-8-[7*t*-Hexyl-1,3-dioxo-(3a*r*,7a*c*)-1,3,3a,4,7,7a-hexahydro-isobenzofuran-4*t*-yl]-octansäure oder einem Gemisch von (±)-3*c*-[7-Carboxy-heptyl]-6*c*-hexyl-cyclohex-4-en-1*r*,2*t*-dicarbonsäure und (±)-3*t*-[7-Carboxy-heptyl]-6*t*-hexyl-cyclo≠hex-4-en-1*r*,2*t*-dicarbonsäure bis auf 250° (*Alder, Kuth,* A. **609** [1957] 19, 29).

Krystalle (aus Ae. + PAe.); F: 85°.

b) **(±)-8-[7*t*-Hexyl-1,3-dioxo-(3a*r*,7a*c*)-1,3,3a,4,7,7a-hexahydro-isobenzofuran-4*t*-yl]-octansäure** $C_{22}H_{34}O_5$, Formel XV (R = H) + Spiegelbild.

B. Beim Erwärmen von Octadeca-9*t*,11*t*-diensäure mit Maleinsäure-anhydrid in Benzol (*Alder, Kuth,* A. **609** [1957] 19, 28; s. a. *Kaufmann, Baltes,* Fette Seifen **43** [1936] 93, 94).

Krystalle; F: 94,5° [aus Ae.] (*Ka., Ba.*), 94° [aus Ae. + PAe.] (*Al., Kuth*).

(±)-8-[7*t*-Hexyl-1,3-dioxo-(3a*r*,7a*c*)-1,3,3a,4,7,7a-hexahydro-isobenzofuran-4*t*-yl]-octansäure-methylester, (±)-3*c*-Hexyl-6*c*-[7-methoxycarbonyl-heptyl]-cyclohex-4-en-1*r*,2*c*-dicarbonsäure-anhydrid $C_{23}H_{36}O_5$, Formel XV (R = CH$_3$) + Spiegelbild.

B. Beim Behandeln von (±)-8-[7*t*-Hexyl-1,3-dioxo-(3a*r*,7a*c*)-1,3,3a,4,7,7a-hexahydro-isobenzofuran-4*t*-yl]-octansäure mit Diazomethan in Äther (*Alder, Kuth,* A. **609** [1957] 19, 28).

F: 75°.

(±)-8-[7*t*(?)-Hexyl-1,3-dioxo-(3a*r*,7a*c*)-1,3,3a,4,7,7a-hexahydro-isobenzofuran-4*t*(?)-yl]-octansäure-äthylester, (±)-3*c*(?)-[7-Äthoxycarbonyl-heptyl]-6*c*(?)-hexyl-cyclohex-4-en-1*r*,2*c*-dicarbonsäure-anhydrid $C_{24}H_{38}O_5$, vermutlich Formel XV (R = C$_2$H$_5$) + Spiegelbild.

Bezüglich der Konfigurationszuordnung vgl. die analog hergestellte (±)-8-[7*t*-Hexyl-1,3-dioxo-(3a*r*,7a*c*)-1,3,3a,4,7,7a-hexahydro-isobenzofuran-4*t*-yl]-octansäure (s. o.).

B. Beim Erwärmen von Octadeca-9*t*,11*t*-diensäure-äthylester mit Maleinsäure-an≠hydrid (*Böeseken, Hoevers,* R. **49** [1930] 1165).

Krystalle (aus A.); F: 60°.

(±)-7-[7*t*(?)-Heptyl-1,3-dioxo-(3a*r*,7a*c*)-1,3,3a,4,7,7a-hexahydro-isobenzofuran-4*t*(?)-yl]-heptansäure, (±)-3*c*(?)-[6-Carboxy-hexyl]-6*c*(?)-heptyl-cyclohex-4-en-1*r*,2*c*-dicarbonsäure-anhydrid $C_{22}H_{34}O_5$, vermutlich Formel XVI (R = H) + Spiegelbild.

Bezüglich der Konfigurationszuordnung vgl. die analog hergestellte (±)-8-[7*t*-Hexyl-1,3-dioxo-(3a*r*,7a*c*)-1,3,3a,4,7,7a-hexahydro-isobenzofuran-4*t*-yl]-octansäure (s. o.).

B. Aus Octadeca-8*t*,10*t*-diensäure (E IV **2** 1763) und Maleinsäure-anhydrid (*Mikusch,* J. Am. Oil Chemists Soc. **29** [1952] 114; Fette Seifen **54** [1952] 751, 754).

Krystalle (aus Ae. + PAe.); F: 110°.

(±)-7-[7*t*(?)-Heptyl-1,3-dioxo-(3a*r*,7a*c*)-1,3,3a,4,7,7a-hexahydro-isobenzofuran-4*t*(?)-yl]-heptansäure-methylester, (±)-3*c*(?)-Heptyl-6*c*(?)-[6-methoxycarbonyl-hexyl]-cyclohex-4-en-1*r*,2*c*-dicarbonsäure-anhydrid $C_{23}H_{36}O_5$, vermutlich Formel XVI (R = CH$_3$) + Spiegelbild.

Bezüglich der Konfigurationszuordnung vgl. den analog hergestellten (±)-8-[7*t*-Hexyl-1,3-dioxo-(3a*r*,7a*c*)-1,3,3a,4,7,7a-hexahydro-isobenzofuran-4*t*-yl]-octansäure-methylester (s. o.).

B. Beim Erwärmen von Octadeca-8*t*,10*t*-diensäure-methylester mit Maleinsäure-

anhydrid in Aceton (*Mikusch*, Fette Seifen **54** [1952] 751, 754).
Krystalle (aus PAe. + E.); F: 60,5—61,5° (*Mi.*).

XV   XVI   XVII

Oxocarbonsäuren $C_{26}H_{42}O_5$

(±)-12-[7t(?)-Hexyl-1,3-dioxo-(3ar,7ac)-1,3,3a,4,7,7a-hexahydro-isobenzofuran-4t(?)-yl]-dodecansäure, (±)-3c (?)-[11-Carboxy-undecyl]-6c (?)-hexyl-cyclohex-4-en-1r,2c-dicarbonsäure-anhydrid $C_{26}H_{42}O_5$, vermutlich Formel XVII + Spiegelbild.

Diese Konstitution kommt vermutlich der nachstehend beschriebenen Verbindung zu; bezüglich der Konfigurationszuordnung vgl. die analog hergestellte (±)-8-[7t-Hexyl-1,3-dioxo-(3ar,7ac)-1,3,3a,4,7,7a-hexahydro-isobenzofuran-4t-yl]-octansäure (S. 6032).

B. Beim Erwärmen von Docosa-13t,15t-diensäure(?; E IV **2** 1764) mit Maleinsäureanhydrid (*Schmid*, *Lehmann*, Helv. **33** [1950] 1494, 1501).
Krystalle (aus Ae. + Pentan); F: 78—79°.   [*Eigen*]

Oxocarbonsäuren $C_nH_{2n-12}O_5$

Oxocarbonsäuren $C_{10}H_8O_5$

6t(?)-[2]Furyl-2,4-dioxo-hex-5-ensäure-methylester $C_{11}H_{10}O_5$, vermutlich Formel I (R = CH_3), und Tautomere.

B. Beim Erwärmen von 6t(?)-[2]Furyl-2,4-dioxo-hex-5-ensäure-äthylester (s. u.) mit Methanol und wenig Schwefelsäure (*Soliman*, *Rateb*, Soc. **1956** 3663, 3667).
Krystalle (aus Me.); F: 100°.

6t(?)-[2]Furyl-2,4-dioxo-hex-5-ensäure-äthylester $C_{12}H_{12}O_5$, vermutlich Formel I (R = C_2H_5), und Tautomere.

B. Beim Behandeln von 4t(?)-[2]Furyl-but-3-en-2-on (E III/IV **17** 4714) mit Oxalsäure-diäthylester und Natriumäthylat in Äther (*Soliman*, *Rateb*, Soc. **1956** 3663, 3667; s. a. *Kilgore Devel. Corp.*, U.S. P. 2158724 [1936]).
Gelbe Krystalle (aus PAe.); F: 80° (*So.*, *Ra.*).

I   II   III

2,4-Dioxo-6t(?)-[2]thienyl-hex-5-ensäure-äthylester $C_{12}H_{12}O_4S$, vermutlich Formel II, und Tautomere.

B. Beim Behandeln von 4t(?)-[2]Thienyl-but-3-en-2-on (E III/IV **17** 4718) mit Oxalsäure-diäthylester und Natriumäthylat in Äthanol (*Miller*, *Nord*, J. org. Chem. **16** [1951] 1720, 1727).
Krystalle (aus A.); F: 126,5—127°.

(±)-1,3-Dioxo-(3a*r*,7a*c*)-1,3,3a,4,7,7a-hexahydro-4*c*,7*c*-methano-isobenzofuran-4-carbon =
säure-methylester, (±)-Norborn-5-en-1,2*endo*,3*endo*-tricarbonsäure-2,3-anhydrid-
1-methylester $C_{11}H_{10}O_5$, Formel III + Spiegelbild.

Diese Konstitution und Konfiguration kommt der nachstehend beschriebenen, von
Alder, Stein (A. **514** [1934] 1,12) als Norborn-5-en-2*endo*,3*endo*,7*anti*-tricarbonsäure-
2,3-anhydrid-7-methylester ($C_{11}H_{10}O_5$) formulierten Verbindung zu (*Alder et al.*, B.
87 [1954] 1752, 1754, 1756; *Peters*, Soc. **1959** 1761, 1763).

B. Beim Behandeln von Cyclopenta-1,3-diencarbonsäure-methylester mit Maleinsäure-
anhydrid in Benzol (*Al., St.*, l. c. S. 26) oder in Äther (*Pe.*).

Krystalle (aus E.); F: 151—152° (*Al., St.*). UV-Absorptionsmaximum (A.): 220 nm (*Pe.*).

Beim Behandeln einer warmen Lösung in Wasser mit Brom sind die beiden 6ξ-Brom-
5*endo*-hydroxy-norbornan-1,2*endo*,3*endo*-tricarbonsäure-3-lacton-1-methylester (F: 197°
bzw. F: 157°) erhalten worden (*Al., St.*).

Oxocarbonsäuren $C_{11}H_{10}O_5$

2-Acetyl-5*t*-[2]furyl-3-oxo-pent-4-ensäure-äthylester $C_{13}H_{14}O_5$, Formel IV (R = C_2H_5),
und Tautomere.

B. Beim Behandeln von 3*t*-[2]Furyl-acryloylchlorid mit der Natrium-Verbindung des
Acetessigsäure-äthylesters in Äther (*Lampe et al.*, Chem. Listy **26** [1932] 454, 456; C.
1933 I 3080) oder in Xylol (*English*, *Lapides*, Am. Soc. **65** [1943] 2466).

Gelbe Krystalle (aus wss. A.), F: 50—52° (*La. et al.*); Krystalle, F: 48° (*En., La.*).

    IV   V   VI   VII

2-Acetyl-3-oxo-5*t*-[2]thienyl-pent-4-ensäure-äthylester $C_{13}H_{14}O_4S$, Formel V (R = C_2H_5),
und Tautomere.

B. Beim Behandeln von 3*t*-[2]Thienyl-acryloylchlorid mit der Natrium-Verbindung
des Acetessigsäure-äthylesters in Äther (*Lampe et al.*, Chem. Listy **26** [1932] 454, 457;
C. **1933** I 3080).

Gelbe Krystalle (aus wss. A.); F: 65°.

(±)-1,3-Dioxo-7*t*-vinyl-(3a*r*,7a*c*)-1,3,3a,4,7,7a-hexahydro-isobenzofuran-4*t*-carbonsäure-
methylester, (±)-6*c*-Vinyl-cyclohex-4-en-1*r*,2*c*,3*c*-tricarbonsäure-1,2-anhydrid-3-methyl =
ester $C_{12}H_{12}O_5$, Formel VI + Spiegelbild, und (±)-3*t*-[1,3-Dioxo-(3a*r*,7a*c*)-1,3,3a,4,7,7a-
hexahydro-isobenzofuran-4*t*-yl]-acrylsäure-methylester, (±)-3*c*-[*trans*-2-Methoxycarb =
onyl-vinyl]-cyclohex-4-en-1*r*,2*c*-dicarbonsäure-anhydrid $C_{12}H_{12}O_5$, Formel VII + Spiegelbild.

Diese beiden Formeln kommen für die nachstehend beschriebene Verbindung in Betracht.

B. Beim Erhitzen von Hepta-2*t*,4*t*,6-triensäure-methylester mit Maleinsäure-anhydrid
in Xylol (*Cairns et al.*, Am. Soc. **74** [1952] 5636, 5639).

Krystalle (aus E.); F: 92—95°.

(±)-1,3-Dioxo-7*t*-vinyl-(3a*r*,7a*c*)-1,3,3a,4,7,7a-hexahydro-isobenzofuran-4*t*-carbonitril,
(±)-3*c*-Cyan-6*c*-vinyl-cyclohex-4-en-1*r*,2*c*-dicarbonsäure-anhydrid $C_{11}H_9NO_3$,
Formel VIII + Spiegelbild, und (±)-3*t*-[1,3-Dioxo-(3a*r*,7a*c*)-1,3,3a,4,7,7a-hexahydro-
isobenzofuran-4*t*-yl]-acrylonitril, (±)-3*c*-[*trans*-2-Cyan-vinyl]-cyclohex-4-en-1*r*,2*c*-di =
carbonsäure-anhydrid $C_{11}H_9NO_3$, Formel IX + Spiegelbild.

Diese beiden Formeln kommen für die nachstehend beschriebene Verbindung in Betracht.

B. Beim Erhitzen von Hepta-2*t*,4*t*,6-triennitril mit Maleinsäure-anhydrid in Xylol (*Cairns et al.*, Am. Soc. **74** [1952] 5636, 5638).
F: 184—186°.

(±)-**1,3-Dioxo-(3a*r*,7a*c*)-octahydro-4ξ,7ξ-ätheno-isobenzofuran-4-carbonsäure,**
(±)(1*Ξ*)-**Bicyclo[2.2.2]oct-5-en-1,2*r*,3*c*-tricarbonsäure-2,3-anhydrid** $C_{11}H_{10}O_5$, Formel X
(R = H) + Spiegelbild.
B. Neben Bicyclo[2.2.2]oct-5-en-2*endo*,3*endo*-dicarbonsäure-anhydrid (F: 141°) beim Erhitzen von (±)-*cis*-2-Acetoxy-cyclohex-3-encarbonsäure mit Maleinsäure-anhydrid auf 160° (*Alder, Schumacher*, A. **565** [1949] 148, 156).
Krystalle (aus Acetonitril); F: 264° [Präparat von ungewisser Einheitlichkeit].

VIII   IX   X

(±)-**1,3-Dioxo-(3a*r*,7a*c*)-octahydro-4ξ,7ξ-ätheno-isobenzofuran-4-carbonsäure-methyl-ester,** (±)(1*Ξ*)-**Bicyclo[2.2.2]oct-5-en-1,2*r*,3*c*-tricarbonsäure-2,3-anhydrid-1-methylester**
$C_{12}H_{12}O_5$, Formel X (R = CH₃) + Spiegelbild.
B. Beim Behandeln der im vorangehenden Artikel beschriebenen Säure mit Diazo-methan in Äther (*Alder, Schumacher*, A. **565** [1949] 148, 156).
F: 111° [Präparat von ungewisser Einheitlichkeit].

(±)-**1,3-Dioxo-(3a*r*,7a*c*)-octahydro-4ξ,7ξ-ätheno-isobenzofuran-4-carbonsäure-äthylester,**
(±)(1*Ξ*)-**Bicyclo[2.2.2]oct-5-en-1,2*r*,3*c*-tricarbonsäure-1-äthylester-2,3-anhydrid**
$C_{13}H_{14}O_5$, Formel X (R = C₂H₅) + Spiegelbild.
B. Beim Erhitzen von Cyclohexa-1,3-diencarbonsäure-äthylester mit Maleinsäure-an-hydrid bis auf 170° (*Grob et al.*, Helv. **41** [1958] 1191, 1194).
Krystalle (aus Ae.); F: 86,5—87° [Präparat von ungewisser Einheitlichkeit].

Oxocarbonsäuren $C_{12}H_{12}O_5$

(±)-**5ξ-Methyl-1,3-dioxo-(3a*r*,7a*c*)-octahydro-4*t*,7*t*-ätheno-isobenzofuran-4-carbonsäure,**
(±)-**7ξ-Methyl-bicyclo[2.2.2]oct-5-en-1,2*endo*,3*endo*-tricarbonsäure-2,3-anhydrid**
$C_{12}H_{12}O_5$, Formel I + Spiegelbild.
Diese Konstitution ist wahrscheinlich der nachstehend beschriebenen Verbindung auf Grund ihrer Bildungsweise zuzuordnen; bezüglich der Konfigurationszuordnung vgl. das analog hergestellte (±)-1,7ξ,8,8-Tetramethyl-bicyclo[2.2.2]oct-5-en-2*endo*,3*endo*-dicarb-onsäure-anhydrid (E III/IV 17 6102).
B. Beim Erwärmen von (±)-6-Methyl-cyclohexa-1,3-diencarbonsäure mit Maleinsäure-anhydrid (*Blanc*, Helv. **41** [1958] 625, 633).
Krystalle (aus Acn. + PAe.); F: 234° [korr.; Kofler-App.].

(±)-**1,3-Dioxo-(3a*r*,4a*c*,5a*c*,6a*c*)-octahydro-4*t*,6*t*-äthano-cycloprop[*f*]isobenzofuran-4-carbonsäure,** (±)-(1a*r*)-**Hexahydro-2*t*,5*t*-äthano-cyclopropabenzen-2,3*t*,4*t*-tricarbon-säure-3,4-anhydrid,** (±)-(1*rC*⁸,2*tH*,4*tH*)-**Tricyclo[3.2.2.0²,⁴]nonan-1,6*c*,7*c*-tricarbonsäure-6,7-anhydrid** $C_{12}H_{12}O_5$, Formel II + Spiegelbild.
B. Bei der Hydrierung von (±)-(1a*r*)-Hexahydro-2*t*,5*t*-ätheno-cyclopropabenzen-2,3*t*,4*t*-tricarbonsäure-3,4-anhydrid an Platin in Essigsäure (*Alder et al.*, A. **602** [1957] 94, 111).
Krystalle (aus Eg.); F: 269—270°.

I   II   III   IV

(±)-1,3-Dioxo-(3ar,5ac,6ac)-hexahydro-4t,6t-äthano-cycloprop[f]isobenzofuran-4ac-carbonsäure, (±)-Hexahydro-2t,5t-äthano-cyclopropabenzen-1ar,3t,4t-tricarbon-säure-3,4-anhydrid, (±)-(1rC^8,4tH)-Tricyclo[3.2.2.0^{2,4}]nonan-2t,6c,7c-tricarbonsäure-6,7-anhydrid $C_{12}H_{12}O_5$, Formel III + Spiegelbild.

B. Bei der Hydrierung von (±)-Hexahydro-2t,5t-ätheno-cyclopropabenzen-1ar,3t,4t-tri-carbonsäure-3,4-anhydrid an Platin in Essigsäure (*Alder et al.*, A. **602** [1957] 94, 115).
F: 258—260°.

1,3-Dioxo-(3ar,4ac,5ac,6ac)-octahydro-4t,6t-äthano-cycloprop[f]isobenzofuran-5c-carbonsäure-äthylester, (1ar)-Hexahydro-2t,5t-äthano-cyclopropabenzen-1c,3t,4t-tri-carbonsäure-1-äthylester-3,4-anhydrid, (1rC^8,2tH,4tH)-Tricyclo[3.2.2.0^{2,4}]nonan-3t,6c,7c-tricarbonsäure-3-äthylester-6,7-anhydrid $C_{14}H_{16}O_5$, Formel IV (R = C_2H_5).

B. Beim Erhitzen von (1ar)-Hexahydro-2t,5t-äthano-cyclopropabenzen-1c,3t,4t-tricarb-onsäure-1-äthylester mit Acetanhydrid (*Alder et al.*, A. **602** [1957] 94, 106).
Krystalle (aus E. + PAe.); F: 167°.

Oxocarbonsäuren $C_{13}H_{14}O_5$

(±)-4,8,8-Trimethyl-1,3-dioxo-(3ar,7ac)-1,3,3a,4,7,7a-hexahydro-4c,7c-methano-isobenzo-furan-5-carbonsäure-methylester, (±)-4,7,7-Trimethyl-norborn-5-en-2$endo$,3$endo$,5-tri-carbonsäure-2,3-anhydrid-5-methylester $C_{14}H_{16}O_5$, Formel V + Spiegelbild.

B. Beim Erhitzen von β-Camphylsäure-methylester (2,3,3-Trimethyl-cyclopenta-1,4-diencarbonsäure-methylester) mit Maleinsäure-anhydrid in Benzol auf 120° (*Alder, Windemuth*, A. **543** [1940] 56, 77).
Krystalle (aus E. + PAe.); F: 132—133°.

(±)-7,8,8-Trimethyl-1,3-dioxo-1,3,4,5,6,7-hexahydro-4,7-methano-isobenzofuran-4-carbonsäure-methylester, (±)-4,7,7-Trimethyl-norborn-2-en-1,2,3-tricarbonsäure-2,3-anhydrid-1-methylester $C_{14}H_{16}O_5$, Formel VI.

B. Beim Erhitzen von 4,7,7-Trimethyl-norborn-2-en-1,2,3-tricarbonsäure-1-methylester mit Acetanhydrid (*Alder, Windemuth*, A. **543** [1940] 56, 77).
Krystalle (aus PAe.); F: 119°.

V   VI   VII   VIII

(±)-7,8,8-Trimethyl-1,3-dioxo-(3ar,7ac)-1,3,3a,4,7,7a-hexahydro-4c,7c-methano-isobenzo-furan-4-carbonsäure-methylester, (±)-4,7,7-Trimethyl-norborn-5-en-1,2$endo$,3$endo$-tri-carbonsäure-2,3-anhydrid-1-methylester $C_{14}H_{16}O_5$, Formel VII + Spiegelbild.

B. Beim Erwärmen von α-Camphylsäure-methylester (2,2,3-Trimethyl-cyclopenta-3,5-diencarbonsäure-methylester) mit Maleinsäure-anhydrid in Benzol (*Alder, Windemuth*, A. **543** [1940] 56, 74).
Krystalle (aus PAe.); F: 115°.

(±)-4,7-Dimethyl-1,3-dioxo-(3ar,7ac)-1,3,3a,4,7,7a-hexahydro-4c,7c-äthano-isobenzo⸗
furan-5-carbonsäure, (±)-1,4-Dimethyl-bicyclo[2.2.2]oct-5-en-2endo,3endo,5-tricarbon⸗
säure-2,3-anhydrid $C_{13}H_{14}O_5$, Formel VIII + Spiegelbild.

B. Beim Behandeln von 2,5-Dimethyl-cyclohexa-1,5-diencarbonsäure mit Maleinsäure-
anhydrid in Benzol (*Takeda, Kitahonoki*, A. **606** [1957] 153, 159).

Krystalle (aus Bzl. + Ae); F: 193—194,5° [unkorr.].

Oxocarbonsäuren $C_{14}H_{16}O_5$

(±)-5-[7t-Methyl-1,3-dioxo-(3ar,7ac)-1,3,3a,4,7,7a-hexahydro-isobenzofuran-4t-yl]-pent-
2t-ensäure-isobutylamid, (±)-3c-[4t-Isobutylcarbamoyl-but-3-enyl]-6c-methyl-cyclohex-
4-en-1r,2c-dicarbonsäure-anhydrid $C_{18}H_{25}NO_4$, Formel IX + Spiegelbild.

Bezüglich der Zuordnung der Konfiguration an den C-Atomen 4 und 7 des Isobenzo⸗
furan-Systems vgl. *Martin, Hill*, Chem. Reviews **61** [1961] 537, 544; *Wollweber*, Houben-
Weyl **5** Tl. 3 [1970] 977, 987.

B. Bei kurzem Erwärmen (1 min) von *all-trans*-Affinin (Deca-2t,6t,8t-triensäure-iso⸗
butylamid) mit Maleinsäure-anhydrid auf 100° (*Jacobson*, Am. Soc. **76** [1954] 4606).

Krystalle (aus Bzl.); F: 175° [korr.] (*Ja.*).

IX   X

(1S)-3endo-Formyl-4endo-isopropenyl-7-methyl-8-oxo-2-oxa-bicyclo[4.2.1]non-6-en-
5exo-carbonsäure-methylester $C_{15}H_{18}O_5$, Formel X.

Diese Konstitution ist für die nachstehend beschriebene Verbindung in Betracht
gezogen worden (*Burkhill et al.*, Soc. **1957** 4945, 4949); die Konfiguration ergibt sich aus
der genetischen Beziehung zu Picrotoxinin (Syst. Nr. 2966).

B. Beim Erhitzen von (3aR)-4t,7a-Dihydroxy-6c-isopropenyl-3a-methyl-3-oxo-(3ar,⸗
7ac)-octahydro-2t,5t-epoxido-inden-7t-carbonsäure-methylester oder von (3aR)-4t-Formyl⸗
oxy-7a-hydroxy-6c-isopropenyl-3a-methyl-3-oxo-(3ar,7ac)-octahydro-2t,5t-epoxido-inden-
7t-carbonsäure-methylester mit Wasser (*Bu. et al.*, l. c. S. 4952).

Krystalle (aus Me.); F: 150—152°. UV-Absorptionsmaximum (A.): 234 nm.

Dioxim $C_{15}H_{20}N_2O_5$. Krystalle (aus A.); F: 214—216° [Zers.].

Mono-[2,4-dinitro-phenylhydrazon] $C_{21}H_{22}N_4O_8$. Krystalle (aus CHCl$_3$ + Me.);
F: 240—251° (?) [Zers.]. Absorptionsmaxima (A.): 252 nm und 362 nm.

Oxocarbonsäuren $C_{15}H_{18}O_5$

(±)-7ξ-Brom-3t,5a-dimethyl-2,8-dioxo-(3ar,5at,9bc)-2,3,3a,4,5,5a,6,7,8,9b-decahydro-
naphtho[1,2-b]furan-3c-carbonsäure, rac-(11R)-2ξ-Brom-6β-hydroxy-11-methyl-3-oxo-
15-nor-eudesm-4-en-12,13-disäure-lacton [1]) $C_{15}H_{17}BrO_5$, Formel I + Spiegelbild.

B. Beim Behandeln einer Suspension von *rac*-11-Methyl-3-oxo-15-nor-eudesm-4-en-
12,13-disäure in Äther mit Brom in Essigsäure, Behandeln des Reaktionsprodukts mit
wss. Natriumcarbonat-Lösung und Ansäuern der Reaktionslösung mit wss. Salzsäure
(*Harukawa*, J. pharm. Soc. Japan **75** [1955] 533; C. A. **1956** 5586).

Krystalle (aus Bzl. + Me.); F: 168° [Zers.]. UV-Absorptionsmaximum (A.): 236 nm.

(±)-5a,9-Dimethyl-2,8-dioxo-(3ar,5ac,9bc)-2,3,3a,4,5,5a,6,7,8,9b-decahydro-naphtho⸗
[1,2-b]furan-3ξ-carbonsäure, rac-(11Ξ)-6α-Hydroxy-3-oxo-7βH-eudesm-4-en-12,13-di⸗
säure-lacton [1]) $C_{15}H_{18}O_5$, Formel II (R = H) + Spiegelbild.

B. Beim Behandeln von *rac*-6α-Hydroxy-3-oxo-7βH-eudesm-4-en-12,13-disäure-äthyl⸗

---

[1]) Stellungsbezeichnung bei von Eudesman abgeleiteten Namen s. E IV **5** 355.

ester-lacton mit wss. Kalilauge und Erwärmen der Reaktionslösung mit wss. Salzsäure (*Ishikawa*, J. pharm. Soc. Japan **76** [1956] 494, 498; C. A. **1957** 301).

Krystalle (aus wss. Me.); F: 168° [Zers.]. UV-Absorptionsmaximum (A.): 246 nm.

Bei kurzem Erhitzen (5 min) mit 2,4,6-Trimethyl-pyridin ist *rac*-6α-Hydroxy-3-oxo-13-nor-7βH-eudesm-4-en-12-säure-lacton erhalten worden.

I   II   III

(±)-5a,9-Dimethyl-2,8-dioxo-(3a*r*,5a*c*,9b*c*)-2,3,3a,4,5,5a,6,7,8,9b-decahydro-naphtho=[1,2-*b*]furan-3ξ-carbonsäure-äthylester, *rac*-(11Ξ)-6α-Hydroxy-3-oxo-7βH-eudesm-4-en-12,13-disäure-äthylester-lacton $C_{17}H_{22}O_5$, Formel II (R = C_2H_5) + Spiegelbild.

Die Konfiguration am C-Atom 7 (Eudesman-Bezifferung) ergibt sich aus der genetischen Beziehung zu *rac*-6α-Hydroxy-3-oxo-13-nor-7βH-eudesm-4-en-12-säure-lacton (E III/IV **17** 6097).

B. Neben *rac*-6α-Formyloxy-3-oxo-7βH-eudesm-4-en-12,13-disäure-diäthylester beim Behandeln einer Lösung von opt.-inakt. [7-Acetoxy-4a,8-dimethyl-2,3,4,4a,5,6-hexahydro-[2]naphthyl]-malonsäure-diäthylester (Kp$_3$: 200—205°) in Ameisensäure mit wss. Wasser=stoffperoxid (*Ishikawa*, J. pharm. Soc. Japan **76** [1956] 494, 497; C. A. **1957** 301).

Krystalle (aus Me.); F: 142°. IR-Spektrum (Nujol; 2—7 μ): *Ish.*, l. c. S. 499. UV-Absorptionsmaximum (A.): 246 nm (*Ish.*, l. c. S. 498).

Beim Behandeln mit Brom in Äther und Erhitzen des Reaktionsprodukts mit 5-Äthyl-2-methyl-pyridin ist *rac*-(11Ξ)-6α-Hydroxy-3-oxo-7βH-eudesma-1,4-dien-12,13-disäure-äthylester-lacton (F: 117°) erhalten worden (*Ish.*, l. c. S. 498).

(3a*S*)-6ξ,8a,8b-Trimethyl-3,7-dioxo-(4a*t*,8a*t*,8b*c*)-3,4a,5,6,7,8,8a,8b-octahydro-cyclo=penta[*b*]benzofuran-3a*r*-carbonsäure, 2,8-Dioxo-9ξH-apotrichothec-3-en-13-säure [1]) $C_{15}H_{18}O_5$, Formel III.

B. Beim Behandeln von 13-Hydroxy-9ξH-apotrichothec-3-en-2,8-dion (S. 1285) mit Chrom(VI)-oxid in Essigsäure (*Freeman et al.*, Soc. **1959** 1105, 1125).

Krystalle (aus W.) mit 1 Mol H_2O; F: 205—206° [Zers.]. Das Krystallwasser wird bei 100° abgegeben.

Beim Erhitzen auf 220° ist (3a*S*)-6ξ,8a,8b-Trimethyl-(3a*r*,4a*t*,8a*t*,8b*c*)-3a,5,6,8,8a,=8b-hexahydro-4aH-cyclopenta[*b*]benzofuran-3,7-dion (E III/IV **17** 6099) erhalten worden (*Fr. et al.*, l. c. S. 1126).

(3a*R*)-6ξ,8a,8b-Trimethyl-1,7-dioxo-(4a*t*,8a*t*,8b*c*)-1,4a,5,6,7,8,8a,8b-octahydro-cyclo=penta[*b*]benzofuran-3a*r*-carbonsäure, 4,8-Dioxo-9ξH-apotrichothec-2-en-13-säure [1]) $C_{15}H_{18}O_5$, Formel IV.

B. Bei der Hydrierung von Trichothecolonchlorhydrin (2β-Chlor-4β,13-dihydroxy-apotrichothec-9-en-8-on [S. 1216]) an Platin in Äthanol und Behandlung des Hydrierungs-produkts mit Chrom(VI)-oxid in Essigsäure (*Freeman et al.*, Soc. **1959** 1105, 1120, 1127). Beim Behandeln von Dihydrotrichothecodionchlorhydrin (2β-Chlor-13-hydroxy-9ξH-apo=trichothecan-4,8-dion [S. 1219]) oder von Neodihydrotrichothecodion (13-Hydroxy-9ξH-apotrichothec-2-en-4,8-dion [S. 1285]) mit Chrom(VI)-oxid in Essigsäure (*Fr. et al.*, l. c. S. 1127). Beim Behandeln von 2β-Chlor-4β-hydroxy-8-oxo-9ξH-apotrichothecan-13-säure (S. 6305) mit Chrom(VI)-oxid in Wasser (*Fr. et al.*, l. c. S. 1127).

Krystalle (aus Bzl. + PAe.), F: 163—164°; die Schmelze erstarrt beim Abkühlen zu Krystallen vom F: 198° [korr.]. Krystalle (aus W.) mit 1 Mol H_2O, F: 53—54°; das Krystallwasser wird allmählich abgegeben. UV-Absorptionsmaximum (Me.): 217 nm.

---

[1]) Stellungsbezeichnung bei von Apotrichothecan abgeleiteten Namen s. S. 1216 Anm. 2.

2,4-Dinitro-phenylhydrazon $C_{21}H_{22}N_4O_8$. Orangefarbene Krystalle (aus Me.);
F: 254—255° [Zers.] (*Fr. et al.*, l. c. S. 1127).

IV   Va   Vb

(*Ξ*)-2-[(3a*R*)-3,5a-Dimethyl-2,7-dioxo-octahydro-3,6-cyclo-pentaleno[1,6-*bc*]pyran-3a-yl]-propionsäure $C_{15}H_{18}O_5$, Formel Va ≡ Vb.

Diese Konstitution und Konfiguration kommt der früher (s. H **10** 808) beschriebenen Dehydrodihydroxyparasantonsäure zu (*Woodward, Kovach*, Am. Soc. **72** [1950] 1009, 1012).

Oxocarbonsäuren $C_{16}H_{20}O_5$

3,5a,9-Trimethyl-2,8-dioxo-2,3,3a,4,5,5a,6,7,8,9b-decahydro-naphtho[1,2-*b*]furan-3-carbonsäure $C_{16}H_{20}O_5$.

a) (±)-3*t*,5a,9-Trimethyl-2,8-dioxo-(3a*r*,5a*t*,9b*c*)-2,3,3a,4,5,5a,6,7,8,9b-decahydro-naphtho[1,2-*b*]furan-3c-carbonsäure, *rac*-(11*R*)-6β-Hydroxy-11-methyl-3-oxo-eudesm-4-en-12,13-disäure-lacton [1]) $C_{16}H_{20}O_5$, Formel VI (R = H) + Spiegelbild.

B. Beim Behandeln von *rac*-(11*R*)-6β-Hydroxy-11-methyl-3-oxo-eudesm-4-en-12,13-di=säure-äthylester-lacton mit wss. Kalilauge und Ansäuern der Reaktionslösung (*Sumi*, Pharm. Bl. **4** [1956] 152, 157).

Krystalle (aus E.); F: 220° [Zers.]. Absorptionsmaximum (A.): 246 nm.

Bei kurzem Erhitzen (5 min) mit 2,4,6-Trimethyl-pyridin ist (±)-Dihydrosantonin-D (*rac*-(11*R*)-6β-Hydroxy-3-oxo-eudesm-4-en-12-säure-lacton [E III/IV **17** 6110]) erhalten worden.

b) (±)-3c,5a,9-Trimethyl-2,8-dioxo-(3a*r*,5a*t*,9b*c*)-2,3,3a,4,5,5a,6,7,8,9b-decahydro-naphtho[1,2-*b*]furan-3*t*-carbonsäure, *rac*-(11*S*)-6β-Hydroxy-11-methyl-3-oxo-eudesm-4-en-12,13-disäure-lacton [1]) $C_{16}H_{20}O_5$, Formel VI (R = H) + Spiegelbild.

B. Bei der Hydrierung von *rac*-(11*S*)-2ξ-Brom-6β-hydroxy-11-methyl-3-oxo-eudesm-4-en-12,13-disäure-lacton (F: 187° [S. 6042]) an Palladium/Calciumcarbonat in Methanol und Pyridin (*Nishikawa et al.*, J. pharm. Soc. Japan **78** [1958] 134; C. A. **1958** 10967).

Krystalle (aus wss. Me.); F: 166° [Zers.]. Absorptionsmaximum (A.): 246 nm.

Beim 1-stdg. Erhitzen mit Pyridin ist (±)-Dihydrosantonin-D (*rac*-(11*R*)-6β-Hydroxy-3-oxo-eudesm-4-en-12-säure-lacton [E III/IV **17** 6110]) erhalten worden.

c) (3a*S*)-3*t*,5a,9-Trimethyl-2,8-dioxo-(3a*r*,5a*t*,9b*t*)-2,3,3a,4,5,5a,6,7,8,9b-decahydro-naphtho[1,2-*b*]furan-3c-carbonsäure, (11*R*)-6α-Hydroxy-11-methyl-3-oxo-eudesm-4-en-12,13-disäure-lacton [1]) $C_{16}H_{20}O_5$, Formel VIII (R = H).

Die Konfiguration ergibt sich aus der genetischen Beziehung zu (−)-α-Santonin (E III/IV **17** 6232).

Gewinnung aus dem unter e) beschriebenen Racemat mit Hilfe von Brucin: *Sumi*, Pharm. Bl. **4** [1956] 158, 161.

Hygroskopische Krystalle (aus E.); F: 172°. $[\alpha]_D^{25}$: +108,7° [A.; c = 1].
Brucin-Salz. Krystalle (aus Me.); F: 141°. $[\alpha]_D^{25}$: 0° [CHCl$_3$].

VI   VII   VIII

---

[1]) Stellungsbezeichnung bei von Eudesman abgeleiteten Namen s. E IV **5** 355.

d) **(3aR)-3t,5a,9-Trimethyl-2,8-dioxo-(3ar,5at,9bt)-2,3,3a,4,5,5a,6,7,8,9b-decahydronaphtho[1,2-b]furan-3c-carbonsäure**, *ent*-**(11R)-6α-Hydroxy-11-methyl-3-oxo-eudesm-4-en-12,13-disäure-lacton** [^1]) $C_{16}H_{20}O_5$, Formel IX.

Die Konfiguration ergibt sich aus der genetischen Beziehung zu (+)-α-Santonin (E III/IV **17** 6232).

Gewinnung aus dem unter e) beschriebenen Racemat mit Hilfe von Brucin: *Sumi*, Pharm. Bl. **4** [1956] 158, 161.

Hygroskopische Krystalle (aus E.); F: 172°. $[\alpha]_D^{24}$: −108,7° [A.; c = 1].

Brucin-Salz. Krystalle (aus Me.); F: 100° [Zers.]. $[\alpha]_D^{22}$: −30,0° [CHCl₃].

e) **(±)-3c,5a,9-Trimethyl-2,8-dioxo-(3ar,5at,9bt)-2,3,3a,4,5,5a,6,7,8,9b-decahydronaphtho[1,2-b]furan-3t-carbonsäure**, *rac*-**(11S)-6α-Hydroxy-11-methyl-3-oxo-eudesm-4-en-12,13-disäure-lacton** [^1]) $C_{16}H_{20}O_5$, Formel X (R = H) + Spiegelbild.

B. Beim Behandeln von *rac*-(11R)-6α-Hydroxy-11-methyl-3-oxo-eudesm-4-en-12,13-disäure-äthylester-lacton mit wss. Kalilauge und Ansäuern der Reaktionslösung (*Sumi*, Pharm. Bl. **4** [1956] 152, 156). Beim Behandeln von *rac*-(11S)-6α-Hydroxy-11-methyl-3-oxo-eudesm-4-en-12,13-disäure-äthylester-lacton mit wss.-methanol. Kalilauge und Ansäuern der vom Methanol befreiten Reaktionslösung (*Sumi*).

Krystalle (aus E.); F: 213° (*Sumi*).

Beim Erwärmen mit Chlorwasserstoff enthaltendem Dimethylformamid ist (±)-Dihydrosantonin-D (*rac*-(11R)-6β-Hydroxy-3-oxo-eudesm-4-en-12-säure-lacton [E III/IV **17** 6110]) erhalten worden (*Ishikawa*, J. pharm. Soc. Japan **76** [1956] 507, 510; C. A. **1957** 303). Bildung von (±)-Dihydro-α-santonin (*rac*-(11S)-6α-Hydroxy-3-oxo-eudesm-4-en-12-säure-lacton [E III/IV **17** 6111]) bei kurzem Erhitzen (5 min) mit 2,4,6-Trimethylpyridin: *Sumi*.

IX   X

3,5a,9-Trimethyl-2,8-dioxo-2,3,3a,4,5,5a,6,7,8,9b-decahydro-naphtho[1,2-b]furan-3-carbonsäure-methylester $C_{17}H_{22}O_5$.

a) **(3aS)-3t,5a,9-Trimethyl-2,8-dioxo-(3ar,5at,9bt)-2,3,3a,4,5,5a,6,7,8,9b-decahydronaphtho[1,2-b]furan-3c-carbonsäure-methylester**, **(11R)-6α-Hydroxy-11-methyl-3-oxo-eudesm-4-en-12,13-disäure-lacton-methylester** $C_{17}H_{22}O_5$, Formel VIII (R = CH₃).

B. Beim Erwärmen von (11R)-6α-Hydroxy-11-methyl-3-oxo-eudesm-4-en-12,13-disäure-lacton mit Methanol und konz. Schwefelsäure (*Sumi*, Pharm. Bl. **4** [1956] 158, 161).

Öl.

Beim Erhitzen mit Essigsäure und Zink-Pulver ist (11S)-11-Methyl-3-oxo-eudesm-4-en-12,13-disäure-monomethylester erhalten worden.

b) **(±)-3t,5a,9-Trimethyl-2,8-dioxo-(3ar,5at,9bt)-2,3,3a,4,5,5a,6,7,8,9b-decahydronaphtho[1,2-b]furan-3c-carbonsäure-methylester**, *rac*-**(11R)-6α-Hydroxy-11-methyl-3-oxo-eudesm-4-en-12,13-disäure-lacton-methylester** $C_{17}H_{22}O_5$, Formel VIII (R = CH₃) + Spiegelbild.

Bezüglich der Konfigurationszuordnung vgl. das analog hergestellte *rac*-(11R)-6α-Hydroxy-11-methyl-3-oxo-eudesm-4-en-12,13-disäure-äthylester-lacton (S. 6041).

B. Beim Behandeln einer Lösung von *rac*-3-Acetoxy-11-methyl-eudesma-3,5-dien-12,13-disäure-dimethylester in Essigsäure mit wss. Wasserstoffperoxid (*Takeda Pharm. Ind.*, U.S.P. 2778838 [1954]; D.B.P. 956508 [1954]).

Krystalle (aus Me.); F: 136°.

3,5a,9-Trimethyl-2,8-dioxo-2,3,3a,4,5,5a,6,7,8,9b-decahydro-naphtho[1,2-b]furan-3-carbonsäure-äthylester $C_{18}H_{24}O_5$.

---

[^1]) Stellungsbezeichnung bei von Eudesman abgeleiteten Namen s. E IV **5** 355.

a) (±)-**3***t***,5a,9-Trimethyl-2,8-dioxo-(3a***r***,5a***t***,9b***c***)-2,3,3a,4,5,5a,6,7,8,9b-decahydro-naphtho[1,2-***b***]furan-3***c***-carbonsäure-äthylester, *rac*-(11***R***)-6***β***-Hydroxy-11-methyl-3-oxo-eudesm-4-en-12,13-disäure-äthylester-lacton** $C_{18}H_{24}O_5$, Formel VI (R = C_2H_5) [auf S. 6039] + Spiegelbild.

B. Beim Behandeln einer Lösung von *rac*-3-Acetoxy-11-methyl-eudesma-3,5-dien-12,13-disäure-diäthylester in Äther mit Brom und Kaliumacetat in Essigsäure (*Sumi*, Pharm. Bl. **4** [1956] 152, 157). Beim Erwärmen von *rac*-(11*S*)-11-Methyl-3-oxo-eudesm-4-en-12,13-disäure-monoäthylester mit Brom in Äther und Behandeln des neben *rac*-(11*R*)-2*ξ*-Brom-6*β*-hydroxy-11-methyl-3-oxo-eudesm-4-en-12,13-disäure-äthylester-lacton (F: 162°) erhaltenen *rac*-(11*S*)-6α-Brom-11-methyl-3-oxo-eudesm-4-en-12,13-disäure-monoäthylesters ($C_{18}H_{25}BrO_5$; Öl; λ_{max} [A.]: 254 nm) mit wss. Na⸗triumhydrogencarbonat-Lösung (*Ishikawa*, J. pharm. Soc. Japan **76** [1956] 500, 503; C. A. **1957** 302). Beim Erhitzen von *rac*-(11*R*)-6α-Hydroxy-11-methyl-3-oxo-eudesm-4-en-12,13-disäure-äthylester-lacton mit Chlorwasserstoff enthaltendem Dimethylform⸗amid (*Ishikawa*, J. pharm. Soc. Japan **76** [1956] 507, 510; C. A. **1957** 303).

Krystalle; F: 117° [aus Me. bzw. A.] (*Ish.*, l. c. S. 503; *Sumi*, l. c. S. 156), 115—117° [aus E.] (*Ish.*, l. c. S. 510). UV-Absorptionsmaximum (A.): 244 nm (*Sumi*, l. c. S. 156) bzw. 246 nm (*Ish.*, l. c. S. 503).

Reaktion mit Brom in Äther unter Bildung von *rac*-(11*R*)-2*ξ*-Brom-6*β*-hydroxy-11-methyl-3-oxo-eudesm-4-en-12,13-disäure-äthylester-lacton (F: 162° [S. 6043]): *Ish.*, l. c. S. 503. Überführung in *rac*-(11*R*)-11-Methyl-3-oxo-eudesm-4-en-12,13-disäure-monoäthylester durch Erhitzen mit Essigsäure und Zink: *Ish.*, l. c. S. 510.

b) (±)-**3***c***,5a,9-Trimethyl-2,8-dioxo-(3a***r***,5a***t***,9b***c***)-2,3,3a,4,5,5a,6,7,8,9b-decahydro-naphtho[1,2-***b***]furan-3***t***-carbonsäure-äthylester, *rac*-(11***S***)-6***β***-Hydroxy-11-methyl-3-oxo-eudesm-4-en-12,13-disäure-äthylester-lacton** $C_{18}H_{24}O_5$, Formel VII (R = C_2H_5) [auf S. 6039] + Spiegelbild.

B. Beim Behandeln von *rac*-(11*R*)-6α-Brom-11-methyl-3-oxo-eudesm-4-en-12,13-di⸗säure-monoäthylester mit wss. Natriumhydrogencarbonat-Lösung (*Ishikawa*, J. pharm. Soc. Japan **76** [1956] 500, 503; C. A. **1957** 302). Beim Erhitzen von *rac*-(11*S*)-6α-Hydr⸗oxy-11-methyl-3-oxo-eudesm-4-en-12,13-disäure-äthylester-lacton mit Chlorwasserstoff enthaltendem Dimethylformamid (*Ishikawa*, J. pharm. Soc. Japan **76** [1956] 507, 510; C. A. **1957** 303).

Krystalle (aus wss. Me. oder E.); F: 110° (*Ish.*, l. c. S. 503, 510). UV-Absorptions⸗maximum (A.): 246 nm (*Ish.*, l. c. S. 503).

Beim Erwärmen mit Brom in Äther ist *rac*-(11*S*)-2*ξ*-Brom-6*β*-hydroxy-11-methyl-3-oxo-eudesm-4-en-12,13-disäure-äthylester-lacton (F: 165° [S. 6043]) erhalten worden (*Ish.*, l. c. S. 503).

c) (±)-**3***t***,5a,9-Trimethyl-2,8-dioxo-(3a***r***,5a***t***,9b***t***)-2,3,3a,4,5,5a,6,7,8,9b-decahydro-naphtho[1,2-***b***]furan-3***c***-carbonsäure-äthylester, *rac*-(11***R***)-6α-Hydroxy-11-methyl-3-oxo-eudesm-4-en-12,13-disäure-äthylester-lacton** $C_{18}H_{24}O_5$, Formel VIII (R = C_2H_5) [auf S. 6039] + Spiegelbild.

Konfigurationszuordnung: *Sumi*, Pharm. Bl. **4** [1956] 152, 154.

B. Beim Erwärmen einer Lösung von *rac*-3-Chlor-11-methyl-eudesma-3,5-dien-12,13-di⸗säure-diäthylester in Essigsäure mit Ameisensäure und wss. Wasserstoffperoxid oder mit einer aus Silbernitrat, Essigsäure und wss. Wasserstoffperoxid bereiteten Lösung (*Nishikawa et al.*, J. pharm. Soc. Japan **78** [1958] 200; C. A. **1958** 10980). Neben anderen Verbindungen beim Behandeln von *rac*-3-Acetoxy-11-methyl-eudesma-3,5-dien-12,13-di⸗säure-diäthylester mit Ameisensäure und wss. Wasserstoffperoxid (*Abe et al.*, Am. Soc. **78** [1956] 1422, 1425; *Sumi*, l. c. S. 155).

Krystalle (aus Me.); F: 124° [unkorr.] (*Abe et al.*), 122—124° [aus Ae. + PAe.] (*Ni. et al.*). UV-Absorptionsmaximum (A.): 243 nm (*Abe et al.*).

Beim Erhitzen mit Chlorwasserstoff enthaltendem Dimethylformamid sind *rac*-(11*R*)-6*β*-Hydroxy-11-methyl-3-oxo-eudesm-4-en-12,13-disäure-äthylester-lacton und kleine Mengen *rac*-(11*R*)-6-Hydroxy-11-methyl-3-oxo-eudesma-4,6-dien-12,13-disäure-äthylester-lacton erhalten worden (*Ishikawa*, J. pharm. Soc. Japan **76** [1956] 507, 510; C. A. **1957** 303). Bildung von *rac*-(11*S*)-6α-Hydroxy-11-methyl-3-oxo-eudesm-4-en-12,13-disäure-lacton beim Behandeln mit wss. Kalilauge und Ansäuern der Reaktionslösung: *Sumi*, l. c. S. 156. Überführung in *rac*-(11*S*)-11-Methyl-3-oxo-eudesm-4-en-12,13-disäure-monoäthylester durch Erhitzen mit Essigsäure und Zink: *Ish.*

d) (±)-3c,5a,9-Trimethyl-2,8-dioxo-(3a r,5a t,9b t)-2,3,3a,4,5,5a,6,7,8,9b-decahydro-naphtho[1,2-*b*]furan-3*t*-carbonsäure-äthylester, *rac*-(11*S*)-6α-Hydroxy-11-methyl-3-oxo-eudesm-4-en-12,13-disäure-äthylester-lacton $C_{18}H_{24}O_5$, Formel X (R = C_2H_5) [auf S. 6040] + Spiegelbild.

B. In kleiner Menge neben anderen Verbindungen beim Behandeln einer Lösung von *rac*-3-Acetoxy-11-methyl-eudesma-3,5-dien-12,13-disäure-diäthylester in Ameisensäure mit wss. Wasserstoffperoxid (*Sumi*, Pharm. Bl. **4** [1956] 152, 155).

Krystalle (aus A.); F: 132° (*Sumi*, l. c. S. 156). UV-Absorptionsmaximum (A.): 243 nm (*Sumi*, l. c. S. 156).

Beim Erhitzen mit Chlorwasserstoff enthaltendem Dimethylformamid ist *rac*-(11*S*)-6β-Hydroxy-11-methyl-3-oxo-eudesm-4-en-12,13-disäure-äthylester-lacton erhalten worden (*Ishikawa*, J. pharm. Soc. Japan **76** [1956] 507, 510; C. A. **1957** 303).

7-Brom-3,5a,9-trimethyl-2,8-dioxo-2,3,3a,4,5,5a,6,7,8,9b-decahydro-naphtho[1,2-*b*]furan-3-carbonsäure $C_{16}H_{19}BrO_5$.

a) (3a*S*)-7ξ-Brom-3*t*,5a,9-trimethyl-2,8-dioxo-(3a r,5a t,9b c)-2,3,3a,4,5,5a,6,7,8,9b-decahydro-naphtho[1,2-*b*]furan-3c-carbonsäure, (11*R*)-2ξ-Brom-6β-hydroxy-11-methyl-3-oxo-eudesm-4-en-12,13-disäure-lacton [1]) $C_{16}H_{19}BrO_5$, Formel XI (R = H).

B. Beim Erwärmen von (−)-11-Methyl-3-oxo-eudesm-4-en-12,13-disäure mit Brom in Äther und Essigsäure (*Sumi*, Pharm. Bl. **4** [1956] 162, 166).

Krystalle (aus wss. Me.); F: 183° [Zers.]. $[\alpha]_D^{30}$: +44,0° [A.; c = 0,4].

b) (±)-7ξ-Brom-3*t*,5a,9-trimethyl-2,8-dioxo-(3a r,5a t,9b c)-2,3,3a,4,5,5a,6,7,8,9b-decahydro-naphtho[1,2-*b*]furan-3c-carbonsäure, *rac*-(11*R*)-2ξ-Brom-6β-hydroxy-11-methyl-3-oxo-eudesm-4-en-12,13-disäure-lacton [1]) $C_{16}H_{19}BrO_5$, Formel XI (R = H) + Spiegelbild.

Diese Konfiguration ist der nachstehend beschriebenen Verbindung zugeordnet worden (*Ishikawa*, J. pharm. Soc. Japan **76** [1956] 500, 502; C. A. **1957** 302).

B. Neben kleineren Mengen *rac*-2ξ,6α-Dibrom-11-methyl-3-oxo-eudesm-4-en-12,13-disäure (F: 146°) beim Behandeln einer Suspension von *rac*-11-Methyl-3-oxo-eudesm-4-en-12,13-disäure in Äther mit Brom in Essigsäure (*Ish.*, l. c. S. 504).

Krystalle (aus Me. oder A.); F: 188° [Zers.] (*Ish.*, l. c. S. 504). UV-Absorptionsmaximum (A.): 251 nm (*Ish.*, l. c. S. 504).

Beim Erhitzen mit 2,4,6-Trimethyl-pyridin ist (±)-Santonin-D (*rac*-(11*R*)-6β-Hydroxy-3-oxo-eudesma-1,4-dien-12-säure-lacton [E III/IV **17** 6231]) erhalten worden.

XI   XII

c) (±)-7ξ-Brom-3c,5a,9-trimethyl-2,8-dioxo-(3a r,5a t,9b c)-2,3,3a,4,5,5a,6,7,8,9b-decahydro-naphtho[1,2-*b*]furan-3*t*-carbonsäure, *rac*-(11*S*)-2ξ-Brom-6β-hydroxy-11-methyl-3-oxo-eudesm-4-en-12,13-disäure-lacton [1]) $C_{16}H_{19}BrO_5$, Formel XII (R = H) + Spiegelbild.

B. Bei der Umsetzung von *rac*-11-Methyl-3-oxo-eudesm-4-en-12,13-disäure-monoäthylester mit Brom und anschliessenden Hydrolyse (*Nishikawa et al.*, J. pharm. Soc. Japan **78** [1958] 134; C. A. **1958** 10967; s. a. *Abe et al.*, Pr. Japan Acad. **30** [1954] 119).

Krystalle; F: 187° [Zers.] (*Ni. et al.*).

Beim Erhitzen mit Pyridin ist *rac*-(11*R*)-2ξ-Brom-6β-hydroxy-3-oxo-eudesm-4-en-12-säure-lacton (F: 168—169° [Zers.]; vgl. E III/IV **17** 6113) erhalten worden (*Ni. et al.*). Hydrierung an Palladium/Calciumcarbonat in Methanol und Pyridin unter Bildung von *rac*-(11*S*)-6β-Hydroxy-11-methyl-3-oxo-eudesm-4-en-12,13-disäure-lacton: *Ni. et al.* Über-

---

[1]) Stellungsbezeichnung bei von Eudesman abgeleiteten Namen s. E IV **5** 355.

führung in *rac*-11-Methyl-3-oxo-eudesm-4-en-12,13-disäure durch Erwärmen mit Methanol und Zink: *Ni. et al.*

7-Brom-3,5a,9-trimethyl-2,8-dioxo-2,3,3a,4,5,5a,6,7,8,9b-decahydro-naphtho[1,2-*b*]furan-3-carbonsäure-äthylester $C_{18}H_{23}BrO_5$.

a) (±)-**7ξ-Brom-3*t*,5a,9-trimethyl-2,8-dioxo-(3a*r*,5a*t*,9b*c*)-2,3,3a,4,5,5a,6,7,8,9b-decahydro-naphtho[1,2-*b*]furan-3*c*-carbonsäure-äthylester, *rac*-(11*R*)-2ξ-Brom-6β-hydroxy-11-methyl-3-oxo-eudesm-4-en-12,13-disäure-äthylester-lacton** $C_{18}H_{23}BrO_5$, Formel XI (R = C_2H_5) + Spiegelbild.

B. Neben *rac*-(11*S*)-6α-Brom-11-methyl-3-oxo-eudesm-4-en-12,13-disäure-monoäthylester (s. S. 6041 im Artikel *rac*-(11*R*)-6β-Hydroxy-11-methyl-3-oxo-eudesm-4-en-12,13-disäure-äthylester-lacton) beim Erwärmen von *rac*-(11*S*)-11-Methyl-3-oxo-eudesm-4-en-12,13-disäure-monoäthylester mit Brom in Äther (*Ishikawa*, J. pharm. Soc. Japan **76** [1956] 500, 503; C. A. **1957** 302). Beim Erwärmen einer Lösung von *rac*-(11*R*)-6β-Hydroxy-11-methyl-3-oxo-eudesm-4-en-12,13-disäure-äthylester-lacton in Äther mit Brom (*Ish.*; *Sumi*, Pharm. Bl. **4** [1956] 152, 157).

Krystalle (aus Me.); F: 162° (*Ish.*; *Sumi*). UV-Absorptionsmaximum (A.): 248 nm (*Ish.*).

b) (±)-**7ξ-Brom-3*c*,5a,9-trimethyl-2,8-dioxo-(3a*r*,5a*t*,9b*c*)-2,3,3a,4,5,5a,6,7,8,8,9b-decahydro-naphtho[1,2-*b*]furan-3*t*-carbonsäure-äthylester, *rac*-(11*S*)-2ξ-Brom-6β-hydroxy-11-methyl-3-oxo-eudesm-4-en-12,13-disäure-äthylester-lacton** $C_{18}H_{23}BrO_5$, Formel XII (R = C_2H_5) + Spiegelbild.

B. Neben *rac*-(11*R*)-6α-Brom-11-methyl-3-oxo-eudesm-4-en-12,13-disäure-monoäthylester beim Erwärmen von *rac*-(11*R*)-11-Methyl-3-oxo-eudesm-4-en-12,13-disäure-monoäthylester mit Brom in Äther (*Ishikawa*, J. pharm. Soc. Japan **76** [1956] 500, 503; C. A. **1957** 302). Beim Erwärmen von *rac*-(11*S*)-6β-Hydroxy-11-methyl-3-oxo-eudesm-4-en-12,13-disäure-äthylester-lacton mit Brom in Äther (*Ish.*).

Krystalle (aus Me.); F: 165° [Zers.]. UV-Absorptionsmaximum (A.): 248 nm.

c) (±)-**7ξ-Brom-3*t*,5a,9-trimethyl-2,8-dioxo-(3a*r*,5a*t*,9b*t*)-2,3,3a,4,5,5a,6,7,8,9b-decahydro-naphtho[1,2-*b*]furan-3*c*-carbonsäure-äthylester, *rac*-(11*R*)-2ξ-Brom-6α-hydroxy-11-methyl-3-oxo-eudesm-4-en-12,13-disäure-äthylester-lacton** $C_{18}H_{23}BrO_5$, Formel XIII + Spiegelbild.

B. Beim Behandeln von *rac*-(11*R*)-6α-Hydroxy-11-methyl-3-oxo-eudesm-4-en-12,13-disäure-äthylester-lacton mit Brom in Äther (*Abe et al.*, Am. Soc. **78** [1956] 1422, 1426).

Krystalle (aus Me.); F: 126° [unkorr.] (*Abe et al.*). UV-Absorptionsmaximum (A.): 248 nm (*Abe et al.*).

Beim Erhitzen mit Lithiumchlorid enthaltendem Dimethylformamid sind *rac*-(11*R*)-6β-Hydroxy-11-methyl-3-oxo-eudesma-1,4-dien-12,13-disäure-äthylester-lacton und kleine Mengen *rac*-(11*R*)-6-Hydroxy-11-methyl-3-oxo-eudesma-4,6-dien-12,13-disäure-äthylester-lacton erhalten worden (*Ishikawa*, J. pharm. Soc. Japan **76** [1956] 507, 510; C. A. **1957** 303).

d) (±)-**7ξ-Brom-3*c*,5a,9-trimethyl-2,8-dioxo-(3a*r*,5a*t*,9b*t*)-2,3,3a,4,5,5a,6,7,8,9b-decahydro-naphtho[1,2-*b*]furan-3*t*-carbonsäure-äthylester, *rac*-(11*S*)-2ξ-Brom-6α-hydroxy-11-methyl-3-oxo-eudesm-4-en-12,13-disäure-äthylester-lacton** $C_{18}H_{23}BrO_5$, Formel XIV + Spiegelbild.

B. Beim Erwärmen von *rac*-(11*S*)-6α-Hydroxy-11-methyl-3-oxo-eudesm-4-en-12,13-disäure-äthylester-lacton mit Brom in Äther (*Sumi*, Pharm. Bl. **4** [1956] 152, 156).

Krystalle (aus Me.); F: 167° [Zers.].

XIII   XIV   XV

Oxocarbonsäuren $C_{17}H_{22}O_5$

(4aR)-8c-Methyl-7,11-dioxo-(4bt,8ac)-decahydro-4ar,9ac-[1]oxapropano-fluoren-9c-carbonsäure-methylester, [(4aR)-4b-Hydroxy-9t-methoxycarbonyl-1t-methyl-2-oxo-(4ar,4bt,9at)-decahydro-fluoren-8at-yl]-essigsäure-lacton $C_{18}H_{24}O_5$, Formel XV.

Konstitution und Konfiguration: *Aldridge, Grove*, Soc. **1963** 2590, 2591.

B. Beim Behandeln einer Lösung von (4aR)-7c-Hydroxy-8c-methyl-11-oxo-(4bt,8ac)-decahydro-4ar,9ac-[1]oxapropano-fluoren-8t,9c-dicarbonsäure-9-methylester in Essigsäure mit Chrom(VI)-oxid und wss. Essigsäure (*Seta et al.*, Bl. agric. chem. Soc. Japan **23** [1959] 499, 507).

Krystalle; F: 175—176° [korr.] (*Al., Gr.*, l. c. S. 2594), 173—174,5° [aus wss. Me.] (*Seta et al.*). $[\alpha]_D^{23}$: +41° [A.; c = 0,1] (*Al., Gr.*); $[\alpha]_D^{25}$: +46,8° [Me.; c = 0,8] (*Seta et al.*). UV-Absorptionsmaximum (Me.): 282 nm (*Seta et al.*).

Oxocarbonsäuren $C_{19}H_{26}O_5$

3,17-Dioxo-4-oxa-androstan-5ξ-carbonsäure, 5-Hydroxy-17-oxo-3,4-seco-5ξ-androstan-3,4-disäure-3-lacton $C_{19}H_{26}O_5$, Formel I (R = H).

B. Neben anderen Verbindungen beim Behandeln einer Lösung von Androst-4-en-3,17-dion in Aceton mit Kaliumpermanganat, Behandeln des Reaktionsprodukts mit Äther, wss. Essigsäure und wss. Wasserstoffperoxid und Erwärmen der in Äther löslichen Anteile des danach isolierten Reaktionsprodukts auf 100° (*Robinson*, Soc. **1958** 2311, 2315, 2316).

Krystalle (aus wss. Acn.); F: 257—262°.

3,17-Dioxo-4-oxa-androstan-5ξ-carbonsäure-methylester, 5-Hydroxy-17-oxo-3,4-seco-5ξ-androstan-3,4-disäure-3-lacton-4-methylester $C_{20}H_{28}O_5$, Formel I (R = CH$_3$).

a) Stereoisomeres vom F: 240°.

B. Neben dem unter b) beschriebenen Stereoisomeren und 5,17-Dioxo-3,5-seco-*A*-nor-androstan-3-carbonsäure-methylester beim Behandeln einer Lösung von Androst-4-en-3,17-dion in Aceton mit Kaliumpermanganat, Behandeln des Reaktionsprodukts mit Äther, wss. Essigsäure und wss. Wasserstoffperoxid, Erwärmen der in Äther löslichen Anteile des danach isolierten Reaktionsprodukts auf 100° und anschliessenden Behandeln mit Diazomethan in Äther (*Robinson*, Soc. **1958** 2311, 2315, 2316).

Krystalle (aus Me.); F: 239—240° (*Ro.*, l. c. S. 2315). $[\alpha]_D^{18}$: +92° [CHCl$_3$].

Beim Erwärmen mit Bariumhydroxid in wss. Methanol ist 5-Hydroxy-17-oxo-3,4-seco-5ξ-androstan-3,4-disäure (F: 196—198°) erhalten worden.

b) Stereoisomeres vom F: 212°.

B. s. bei dem unter a) beschriebenen Stereoisomeren.

Krystalle (aus Acn.); F: 209—212° (*Robinson*, Soc. **1958** 2311, 2316).

(4aR)-1t,4b,7t-Trimethyl-9,12-dioxo-(4bc,8at,10at)-dodecahydro-4ar,1c-oxaäthano-phenanthren-7c-carbonsäure, **10-Hydroxy-7-oxo-16-nor-10β-rosan-15,19-disäure-19-lacton**[1]), Carboxynorrosenonolacton $C_{19}H_{26}O_5$, Formel II.

B. Beim Behandeln einer Lösung von Rosenonolacton (10-Hydroxy-7-oxo-10β-ros-15-en-19-säure-lacton) in Chloroform mit Ozon, Behandeln des Reaktionsprodukts mit Wasser und anschliessenden Erwärmen (*Robertson et al.*, Soc. **1949** 879, 883; s. a. *Harris et al.*, Soc. **1958** 1799, 1801). Beim Behandeln einer Lösung von 10-Hydroxy-7-oxo-10β-ros-15-en-19-säure-lacton in Essigsäure mit Ozon und Behandeln des Reaktionsgemisches mit Zink-Pulver und Wasser oder mit wss. Wasserstoffperoxid (*Birch et al.*, Tetrahedron **7** [1959] 241, 249).

Krystalle; F: 260° [Zers.; aus A. oder wss. Acn.] (*Ro. et al.*), 258—260° [unkorr.; Kofler-App.; aus wss. A.] (*Bi. et al.*).

(4aR)-9-Hydroxyimino-1t,4b,7t-trimethyl-12-oxo-(4bc,8at,10at)-dodecahydro-4ar,1c-oxa-äthano-phenanthren-7c-carbonsäure, **10-Hydroxy-7-hydroxyimino-16-nor-10β-rosan-15,19-disäure-19-lacton** $C_{19}H_{27}NO_5$, Formel III.

B. Aus 10-Hydroxy-7-oxo-16-nor-10β-rosan-15,19-disäure-19-lacton und Hydroxyl=

---

[1]) Stellungsbezeichnung bei von Rosan abgeleiteten Namen s. E III/IV **17** 4776 Anm. 2.

amin (*Robertson et al.*, Soc. **1949** 879, 883).
F: 256—257°.

I   II   III

(4a*R*)-1*t*,4b,7*t*-Trimethyl-10,12-dioxo-(4b*c*,8a*t*,10a*t*)-dodecahydro-4a*r*,1*c*-oxaäthano-
phenanthren-7*c*-carbonsäure, 10-Hydroxy-6-oxo-16-nor-10β-rosan-15,19-disäure-
19-lacton[1]), Carboxynorrosonolacton $C_{19}H_{26}O_5$, Formel IV.

B. Aus Rosonolacton (10-Hydroxy-6-oxo-10β-ros-15-en-19-säure-lacton) mit Hilfe von
Ozon (*Harris et al.*, Soc. **1958** 1807, 1811).
Krystalle (aus wss. A.); F: 271° [Zers.].

IV   V

Oxocarbonsäuren $C_{21}H_{30}O_5$

3-[(3a*S*)-3*c*-((*S*?)-2,5-Dioxo-tetrahydro-[3]furyl)-3a-methyl-(3a*r*,5a*t*,9a*c*,9b*ξ*)-dodeca=
hydro-cyclopenta[*a*]naphthalin-6*ξ*-yl]-propionsäure, 3,5-Seco-*A*,19,24-trinor-
10*ξ*,14*ξ*,20β_F(?)*H*-cholan-3,21,23-trisäure-21,23-anhydrid, (*Ξ*)-[3a*S*]-6*ξ*-(2-Carboxy-
äthyl)-3a-methyl-(3a*r*,5a*t*,9a*c*,9b*ξ*)-dodecahydro-cyclopenta[*a*]naphthalin-
3*c*-yl]-bernsteinsäure-anhydrid $C_{21}H_{30}O_5$, Formel V.

Diese Konstitution und Konfiguration kommt dem nachstehend beschriebenen
Dephanthansäure-anhydrid zu (s. die entsprechenden Angaben im Artikel Dephanthan=
säure [E III 9 4785]).

B. Neben anderen Substanzen bei der Hydrierung von 5-Hydroxy-3,5-seco-*A*,19,24-
trinor-20β_F(?)*H*-chola-5(10),14-dien-3,21,23-anhydrid-3-lacton (F: 242°; aus Stroph=
anthidin hergestellt) an Platin in Essigsäure (*Jacobs, Gustus*, J. biol. Chem. **92** [1931]
323, 338).
Krystalle (aus CHCl₃ + PAe.); F: 173°.

Oxocarbonsäuren $C_{22}H_{32}O_5$

(±)-10*c*-[7*t*-Butyl-1,3-dioxo-(3a*r*,7a*c*)-1,3,3a,4,7,7a-hexahydro-isobenzofuran-4*t*-yl]-
dec-9-ensäure, (±)-3*c*-Butyl-6*c*-[9-carboxy-non-1-en-*c*-yl]-cyclohex-4-en-
1*r*,2*c*-dicarbonsäure-anhydrid $C_{22}H_{32}O_5$, Formel VI + Spiegelbild.

Konstitution: *Morrell, Samuels*, Soc. **1932** 2251; *Kaufmann, Baltes*, Fette Seifen **43**
[1936] 93; *Alder, Kuth*, A. **609** [1957] 19, 37. Konfiguration: *Al., Kuth*, l. c. S. 27.

B. Beim Erwärmen von α-Eläostearinsäure (Octadeca-9*c*,11*t*,13*t*-triensäure) mit Malein=
säure-anhydrid ohne Lösungsmittel (*Mo., Sa.*, l. c. S. 2253; *Chin*, J. chem. Soc. Japan
Ind. Chem. Sect. **53** [1950] 332; C. A. **1953** 7435; *Mack, Bickford*, U.S.P. 2865931 [1953])
oder in Benzol (*Ka., Ba.*; *Al., Kuth*, l. c. S. 36).

Krystalle; F: 67—68° [aus Me.] (*Ka., Ba.*), 64° [aus Bzl. + PAe.] (*Al., Kuth*), 62,5°
[aus PAe.] (*Mo., Sa.*). Druck-Fläche-Beziehung und Oberflächenpotential monomole-

---

[1]) Stellungsbezeichnung bei von Rosan abgeleiteten Namen s. E III/IV **17** 4776 Anm. 2.

kularer Schichten auf wss. Salzsäure (0,01 n) bei 20°: *Hughes*, Soc. **1953** 338, 342.

Beim Leiten von Sauerstoff durch eine Kobalt(II)-acetat enthaltende Schmelze bei 100° ist eine als (*Ξ*)-10-[(3a*Ξ*)-7*t*-Butyl-1,3-dioxo-(3a*r*,7a*c*)-1,3,3a,4,7,7a-hexa⸗ hydro-isobenzofuran-4*t*-yl]-9-hydroxy-10-oxo-decansäure angesehene Verbindung $C_{22}H_{32}O_7$ erhalten worden (*Morrell, Davis*, J. Soc. chem. Ind. **55** [1936] 261 T, 263 T). Verhalten beim Erhitzen mit Jod in Xylol sowie beim Erhitzen mit Schwefel bis auf 260° (Bildung einer Verbindung $C_{22}H_{30}O_5$ vom F: 107°): *Al., Kuth*, l. c. S. 38.

VI

VII

(±)-8-[7*t*-Hex-1-en-*t*-yl-1,3-dioxo-(3a*r*,7a*c*)-1,3,3a,4,7,7a-hexahydro-isobenzofuran-4*t*-yl]-octansäure, (±)-3*c*-[7-Carboxy-heptyl]-6*c*-hex-1-en-*t*-yl-cyclohex-4-en-1*r*,2*c*-dicarbonsäure-anhydrid $C_{22}H_{32}O_5$, Formel VII (R = H) + Spiegelbild.

B. Neben 10*t*-[7*t*-Butyl-1,3-dioxo-(3a*r*,7a*c*)-1,3,3a,4,7,7a-hexahydro-isobenzo⸗ furan-4*t*-yl]-dec-9-ensäure ($C_{22}H_{32}O_5$; Formel VIII + Spiegelbild; nicht isoliert) beim Erwärmen von β-Eläostearinsäure (Octadeca-9*t*,11*t*,13*t*-triensäure) mit Maleinsäure-anhydrid in Benzol (*Alder, Kuth*, A. **609** [1957] 19, 36).

Krystalle (aus E.); F: 86—87°.

(±)-8-[7*t*-Hex-1-en-*t*-yl-1,3-dioxo-(3a*r*,7a*c*)-1,3,3a,4,7,7a-hexahydro-isobenzofuran-4*t*-yl]-octansäure-methylester, (±)-3*c*-Hex-1-en-*t*-yl-6*c*-[7-methoxycarbonyl-heptyl]-cyclohex-4-en-1*r*,2*c*-dicarbonsäure-anhydrid $C_{23}H_{34}O_5$, Formel VII (R = CH₃) + Spiegelbild.

B. Beim Erwärmen von β-Eläostearinsäure-methylester (Octadeca-9*t*,11*t*,13*t*-trien⸗ säure-methylester) mit Maleinsäure-anhydrid (*Morrell, Samuels*, Soc. **1932** 2251, 2254; *Clingman et al.*, Soc. **1954** 1088). Beim Behandeln von (±)-8-[7*t*-Hex-1-en-*t*-yl-1,3-dioxo-(3a*r*,7a*c*)-1,3,3a,4,7,7a-hexahydro-isobenzofuran-4*t*-yl]-octansäure mit Diazomethan in Äther (*Cl. et al.*; *Alder, Kuth*, A. **609** [1957] 19, 38).

Krystalle; F: 61—62° [aus Bzl. + Pentan] (*Cl. et al.*), 61° [aus PAe. bzw. Ae.] (*Mo., Sa.*; *Al., Kuth*).

VIII

IX

(±)-7-[7*t*-Hept-1-en-*t*-yl-1,3-dioxo-(3a*r*,7a*c*)-1,3,3a,4,7,7a-hexahydro-isobenzofuran-4*t*-yl]-heptansäure, (±)-3*c*-[6-Carboxy-hexyl]-6*c*-hept-1-en-*t*-yl-cyclohex-4-en-1*r*,2*c*-dicarbonsäure-anhydrid $C_{22}H_{32}O_5$, Formel IX + Spiegelbild.

Konstitution: *Bergel'son et al.*, Izv. Akad. S.S.S.R. Ser. chim. **1967** 843, 846; engl. Ausg. S. 810, 812.

B. Beim Erhitzen von Octadeca-8*t*,10*t*,12*t*-triensäure mit Maleinsäure-anhydrid in Toluol (*McLean, Clark*, Soc. **1956** 777).

Krystalle; F: 71—72° [aus wss. A.] (*Be. et al.*, l. c. S. 850), 71° [aus PAe.] (*McL., Cl.*).

Oxocarbonsäuren $C_{24}H_{36}O_5$

11,12a-Dioxo-12-oxa-*C*-homo-5β-cholan-24-säure, 11,12-Seco-5β-cholan-11,12,24-tri⸗ säure-11,12-anhydrid $C_{24}H_{36}O_5$, Formel X (X = OH).

B. Beim Erhitzen von 11,12-Seco-5β-cholan-11,12,24-trisäure im Hochvakuum bis auf

320° (*Wieland, Weyland*, Z. physiol. Chem. **110** [1920] 123, 141).
Krystalle (aus wss. Eg.); F: 173—174°.

11,12a-Dioxo-12-oxa-*C*-homo-5β-cholan-24-säure-methylester, 11,12-Seco-5β-cholan-11,12,24-trisäure-11,12-anhydrid-24-methylester $C_{25}H_{38}O_5$, Formel X (X = O-CH$_3$).

B. Neben 11,12-Seco-5β-cholan-11,12,24-trisäure-24-methylester beim Behandeln von 5β-Chol-11-en-24-säure mit wss. Natronlauge und Pyridin und mit wss. Kaliumperman‹ganat-Lösung, Behandeln des Reaktionsprodukts mit Diazomethan in Äther und Be‹handeln des danach isolierten Reaktionsprodukts (Öl) mit Chrom(VI)-oxid in Essigsäure (*Reich*, Helv. **29** [1946] 581, 584, 585).
Krystalle (aus Ae. + PAe.); F: 120—122° [korr.; Kofler-App.].

11,12a-Dioxo-12-oxa-*C*-homo-5β-cholan-24-säure-anilid, 11,12-Seco-5β-cholan-11,12,24-trisäure-11,12-anhydrid-24-anilid $C_{30}H_{41}NO_4$, Formel X (X = NH-C$_6$H$_5$).

B. Beim ¼-stdg. Erwärmen von 11,12-Seco-5β-cholan-11,12,24-trisäure mit Thionyl‹chlorid und Behandeln des Reaktionsprodukts mit Anilin (Überschuss) und Äther (*Alther, Reichstein*, Helv. **25** [1942] 805, 817).
Krystalle (aus Bzl. oder Me.); F: 188—189° [korr.; Kofler-App.].

X   XI

6,7a-Dioxo-7-oxa-*B*-homo-5β(?)-cholan-24-säure, 6,7-Seco-5β(?)-cholan-6,7,24-trisäure-6,7-anhydrid $C_{24}H_{36}O_5$, vermutlich Formel XI.

Diese Konstitution und Konfiguration kommt dem nachstehend beschriebenen **Thio‹biliansäure-anhydrid** zu.

B. Beim Erhitzen von 6,7-Seco-5β-cholan-6,7,24-trisäure auf 290° (*Wieland, Dane*, Z. physiol. Chem. **210** [1932] 268, 278).
Krystalle; F: 201° [aus E.] (*Wi., Dane*), 199—201° (*Hara*, J. pharm. Soc. Japan **78** [1958] 1030, 1033; C. A. **1959** 3273).
Methylester $C_{25}H_{38}O_5$ (mit Hilfe von Diazomethan hergestellt). Krystalle (aus Me.), F: 111—113°; $[α]_D^{14}$: +5° [CHCl$_3$] (*Hara*).

Oxocarbonsäuren $C_{26}H_{40}O_5$

20-Hydroxy-4,14-dimethyl-4-oxo-3,4-seco-18-nor-5α-cholan-3,24-disäure-24-lacton-3-methylester, 20-Hydroxy-4-oxo-3,4-seco-25,26,27,29-tetranor-dammaran-3,24-disäure-24-lacton-3-methylester [1]) $C_{27}H_{42}O_5$, Formel XII.

B. In kleiner Menge neben anderen Verbindungen beim Behandeln einer Lösung von Dammarenolsäure-methylester   (20-Hydroxy-3,4-seco-dammara-4(28),24-dien-3-säure-methylester) in Essigsäure mit Chrom(VI)-oxid (*Arigoni et al.*, Soc. **1960** 1900, 1903; s. a. *Arigoni et al.*, Pr. chem. Soc. **1959** 306).
Krystalle (aus Acn. + Hexan); F: 154—156° (*Ar. et al.*, Soc. **1960** 1903). [α]$_D$: +29° [CHCl$_3$; c = 1].

5,7-Dioxo-6-oxa-3,5-seco-*A*,23,24-trinor-lupan-3-säure [2]), **3,5:5,6-Diseco-*A*,*B*,23,24-tetra‹nor-lupan-3,5,6-trisäure-5,6-anhydrid** $C_{26}H_{40}O_5$, Formel XIII.

Bezüglich der Konstitution und Konfiguration vgl. das analog hergestellte 13-Hydroxy-

---

[1]) Stellungsbezeichnung bei von Dammaran abgeleiteten Namen s. E III **6** 2717.

[2]) Stellungsbezeichnung bei von Lupan abgeleiteten Namen s. E III **5** 1342.

3,5;5,6-diseco-A,B,23,24-tetranor-18α-oleanan-3,5,6,28-tetrasäure-5,6-anhydrid-28-lacton (Syst. Nr. 2897).

B. Beim Erwärmen einer Suspension von γ-Lupen (*A*-Neo-lup-3-en [E III **5** 1451]) in Essigsäure mit Chrom(VI)-oxid und wss. Essigsäure (*Ruzicka et al.*, Helv. **28** [1945] 942).

Krystalle (aus Ae.); F: 268—270° [korr.; evakuierte Kapillare]. [α]_D: —68° [CHCl₃; c = 1].

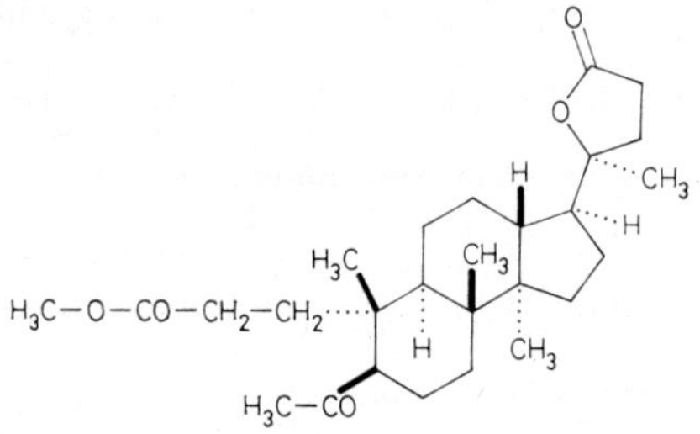

XII 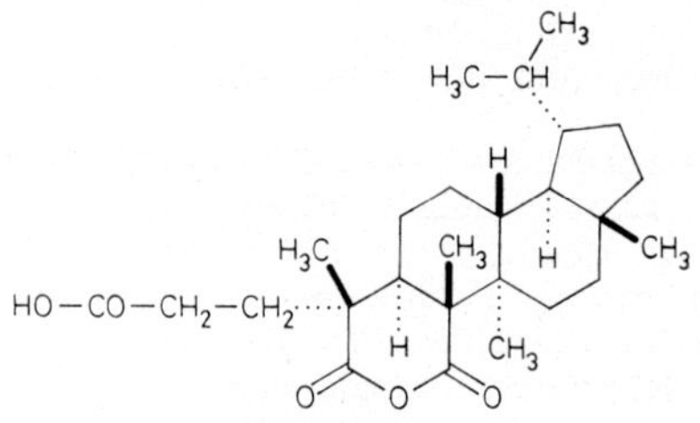   XIII

Oxocarbonsäuren C₂₇H₄₂O₅

(3a*S*)-3ξ-[2-((3*S*)-3*r*,4*t*-Dimethyl-2-oxo-cyclohex-ξ-yl)-äthyl]-6ξ-isopropyl-3a,5a-di=
methyl-2-oxo-(3a*r*,5aξ,8aξ)-decahydro-indeno[4,5-*b*]furan-8b*c*-carbonsäure-methyl=
ester, 9-Hydroxy-3ξ-isopropyl-5-methyl-18-oxo-11,13;13,18-diseco-*A*,*C*,23,24,25,27,28-
heptanor-5ξ,10ξ,14ξ,17ξ-ursan-11,13-disäure-13-lacton-11-methylester[1]) C₂₈H₄₄O₅,
Formel XIV.

B. Beim Erhitzen von (3a*S*)-3ξ-[2-((1*S*)-1-Carboxy-3*t*,4*c*-dimethyl-2-oxo-cyclohex-
r-yl)-äthyl]-6ξ-isopropyl-3a,5a-dimethyl-2-oxo-(3a*r*,5aξ,8aξ)-decahydro-indeno[4,5-*b*]=
furan-8b*c*-carbonsäure-methylester (F: 134° [S. 6224]) unter Ausschluss von Sauerstoff
auf 135° (*Schmitt, Wieland*, A. **557** [1947] 1, 20). In kleiner Menge neben anderen Verbindungen beim Behandeln einer Lösung von (3a*S*)-3ξ-[2-((3a*S*)-6*c*,7*t*-Dimethyl-3-oxo-
4,5,6,7-tetrahydro-3*H*-isobenzofuran-3a*r*-yl)-äthyl]-6ξ-isopropyl-3a,5a-dimethyl-2-oxo-
(3a*r*,5aξ,8aξ)-decahydro-indeno[4,5-*b*]furan-8b*c*-carbonsäure-methylester (F: 148°; aus
Novasäure [S. 5649] hergestellt) in Essigsäure mit Ozon und anschliessenden Hydrieren
an Palladium/Kohle (*Sch., Wi.*, l. c. S. 19).

Krystalle (aus Ae. oder Me.); F: 181—182°.

Oxim C₂₈H₄₅NO₅. Krystalle (aus Me.); F: 162—166°.

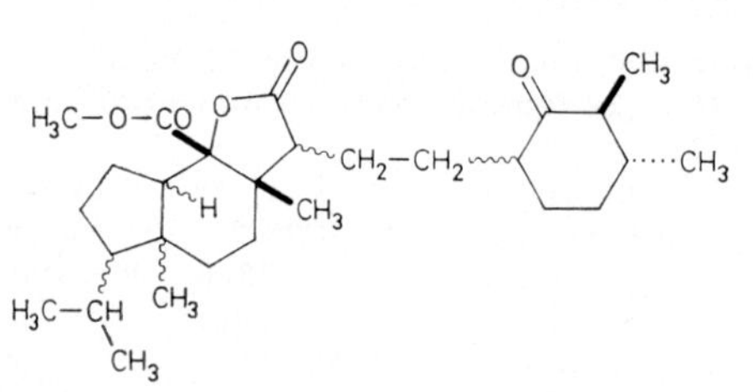

XIV 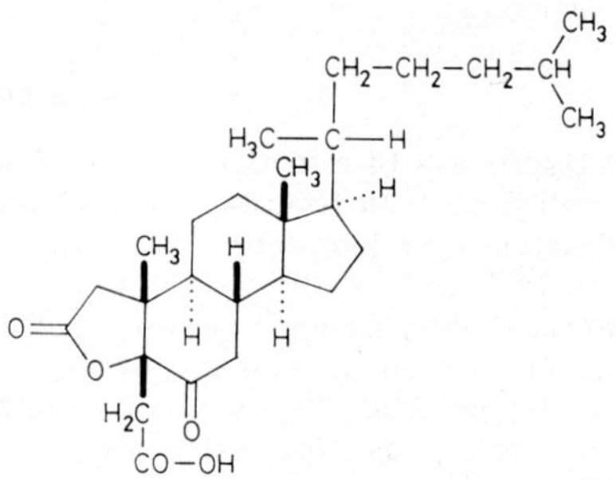   XV

5-Hydroxy-6-oxo-2,3-seco-5α-cholestan-2,3-disäure-2-lacton C₂₇H₄₂O₅, Formel XV,
und Tautomeres.

Diese Konstitution und Konfiguration kommt wahrscheinlich der nachstehend beschriebenen Verbindung zu (*Georg*, Arch. Sci. **7** [1954] 114, 117, 118).

[1]) Stellungsbezeichnung bei von Ursan abgeleiteten Namen s. E III **5** 1340.

B. Beim mehrtägigen Behandeln einer nach *Georg* (l. c. S. 118) als 5-Brom-6-oxo-2,3-seco-5ξ-cholestan-2,3-disäure zu formulierenden Verbindung (F: ca. 151°) mit Essig=säure und wss. Salzsäure (*Windaus*, B. **37** [1904] 4753).
Krystalle (aus A.); F: 192—193° (*Wi.*).
Beim Erwärmen mit wss. Kalilauge ist eine nach *Georg* (l. c. S. 118) als 5-Hydroxy-6-oxo-2,3-seco-5β-cholestan-2,3-disäure (E III **10** 4738) zu formulierende Verbindung erhalten worden (*Wi.*, l. c. S. 4754).

Oxocarbonsäuren $C_nH_{2n-14}O_5$

Oxocarbonsäuren $C_9H_4O_5$

4-Hydroxyimino-5-oxo-4,5-dihydro-benzo[*b*]thiophen-2-carbonsäure $C_9H_5NO_4S$, Formel I, und **5-Hydroxy-4-nitroso-benzo[*b*]thiophen-2-carbonsäure** $C_9H_5NO_4S$, Formel II.
B. Beim Behandeln einer Suspension von 5-Hydroxy-benzo[*b*]thiophen-2-carbonsäure in wss. Essigsäure mit Natriumnitrit (*Martin-Smith*, *Gates*, Am. Soc. **78** [1956] 5351, 5354).
Orangefarben. Zers. bei ca. 230°.
Bei der Hydrierung an Raney-Nickel in Äthanol und Behandlung der Reaktionslösung mit Cyanessigsäure-äthylester, Triäthylamin, Äthanol und Kalium-hexacyanoferrat(III) in Wasser ist 7-[Äthoxycarbonyl-cyan-methyl]-4,5-dioxo-4,5-dihydro-benzo[*b*]thiophen-2-carbonsäure erhalten worden (*Ma.-Sm.*, *Ga.*, l. c. S. 5355).

I   II

6,7-Dichlor-4,5-dioxo-4,5-dihydro-benzo[*b*]thiophen-2-carbonsäure $C_9H_2Cl_2O_4S$, Formel III.
B. Beim Erhitzen von 4,4,6,6,7-Pentachlor-5-oxo-4,5,6,7-tetrahydro-benzo[*b*]thiophen-2-carbonsäure mit wss. Essigsäure (*Fries et al.*, A. **527** [1937] 83, 95).
Rote lösungsmittelhaltige Krystalle (aus A.); F: 225° [Zers.].
Beim Behandeln einer Lösung in Äthanol mit Anilin ist 6-Chlor-5-hydroxy-4-oxo-7-phenylimino-4,7-dihydro-benzo[*b*]thiophen-2-carbonsäure erhalten worden (*Fr. et al.*, l. c. S. 96).

III   IV   V

6-Nitro-1,3-dioxo-phthalan-4-carbonsäure, 5-Nitro-benzol-1,2,3-tricarbonsäure-1,2-anhydrid $C_9H_3NO_7$, Formel IV.
B. Aus 5-Nitro-benzol-1,2,3-tricarbonsäure bei wiederholter Sublimation im Hoch-vakuum (*Prelog*, *Schneider*, Helv. **32** [1949] 1632, 1636).
F: 182—183° [korr.].

1,3-Dioxo-phthalan-5-carbonsäure, Benzol-1,2,4-tricarbonsäure-1,2-anhydrid, Trimellith=säure-anhydrid $C_9H_4O_5$, Formel V (X = H) (H 468; E I 514).
B. Beim Erhitzen von Benzol-1,2,4-tricarbonsäure unter 1 Torr auf 210° (*Fenton et al.*, J. org. Chem. **23** [1958] 994) oder unter 0,5 Torr auf 180° (*Gut*, Collect. **21** [1956] 1648).

Beim Erhitzen von Benzol-1,2,4-tricarbonsäure mit wenig Acetanhydrid unter 0,6 Torr auf 185° (*Standard Oil Co. of Indiana*, U.S.P. 2 887 497 [1957]).

Krystalle; F: 169—171° [aus Bzl. + Acn.] (*Standard Oil Co. of Indiana*), 167—169° [nach Sublimation] (*Alder et al.*, A. **602** [1957] 94, 114), 167—169° [nach Sintern bei 165°; evakuierte Kapillare] (*Späth, Kuffner*, B. **64** [1931] 370, 375).

6-Chlor-1,3-dioxo-phthalan-5-carbonsäure, 5-Chlor-benzol-1,2,4-tricarbonsäure-1,2-anhydrid $C_9H_3ClO_5$, Formel V (X = Cl).

B. Aus 5-Chlor-benzol-1,2,4-tricarbonsäure beim Erwärmen unter vermindertem Druck (*I. G. Farbenind.*, D.R.P. 677 846 [1937]; D.R.P. Org. Chem. **6** 2062; *Gen. Aniline & Film Corp.*, U.S.P. 2 228 920 [1938]).

Krystalle (aus Chlorbenzol); F: 192—194° (*I. G. Farbenind.*; *Gen. Aniline & Film Corp.*).

Oxocarbonsäuren $C_{10}H_6O_5$

2,4-Dioxo-chroman-3-carbonsäure-äthylester, Salicyloylmalonsäure-äthylester-lacton $C_{12}H_{10}O_5$, Formel VI (X = H), und Tautomere (z. B. 4-Hydroxy-2-oxo-2H-chromen-3-carbonsäure-äthylester) (H 469; dort als Benzotetronsäure-[carbonsäure-(3)-äthylester] bezeichnet).

B. Beim Behandeln von 2-Acetoxy-benzoylchlorid mit Malonsäure-diäthylester, Wasser und wss. Natronlauge (*Am. Cyanamid Co.*, U.S.P. 2 449 038 [1944]). Beim Behandeln von 2-Acetoxy-benzoesäure mit Chlorokohlensäure-äthylester, Triäthylamin und Toluol und anschliessend mit Äthoxomagnesio-malonsäure-diäthylester in Äther und Behandeln des Reaktionsprodukts mit wss. Natronlauge (*Tarbell, Price*, J. org. Chem. **22** [1957] 245, 248).

Krystalle (aus A.); F: 99—101° (*Ta., Pr.*). UV-Absorptionsmaxima: 281 nm, 293 nm und 323 nm (*Fučik et al.*, Collect. **18** [1953] 694, 705).

Beim Erwärmen mit 4t-Phenyl-but-3-en-2-on in Wasser unter Zusatz von Triäthylamin ist 3-[3-Oxo-1-phenyl-butyl]-chroman-2,4-dion erhalten worden (*Penick & Co.*, U.S.P. 2 752 360 [1953]).

2,4-Dioxo-chroman-3-carbonitril, 2-Cyan-3-[2-hydroxy-phenyl]-3-oxo-propionsäure-lacton $C_{10}H_5NO_3$, Formel VII, und Tautomere (z. B. 4-Hydroxy-2-oxo-2H-chromen-3-carbonitril) (H 470; dort als Benzotetronsäure-[carbonsäure-(3)-nitril] und als 3-Cyan-benzotetronsäure bezeichnet).

B. Beim Behandeln von 2-Acetoxy-benzoylchlorid mit Cyanessigsäure-äthylester und wss. Natronlauge (*Am. Cyanamid Co.*, U.S.P. 2 449 038 [1944]).

       VI   VII   VIII

(±)-3-Chlor-2,4-dioxo-chroman-3-carbonsäure-äthylester $C_{12}H_9ClO_5$, Formel VIII.

B. Beim Behandeln von 2,4-Dioxo-chroman-3-carbonsäure-äthylester mit Sulfurylchlorid (*Fučik et al.*, Collect. **18** [1953] 694, 699).

$Kp_{0,14}$: 148°. UV-Absorptionsmaxima: 264 nm und 317 nm (*Fu. et al.*, l. c. S. 706).

Beim Erwärmen einer Lösung in Tetrachlormethan mit Wasser ist 3-Chlor-chroman-2,4-dion erhalten worden (*Fu. et al.*, l. c. S. 702).

7-Chlor-2,4-dioxo-chroman-3-carbonsäure-äthylester $C_{12}H_9ClO_5$, Formel VI (X = Cl), und Tautomere (z. B. 7-Chlor-4-hydroxy-2-oxo-2H-chromen-3-carbonsäure-äthylester).

B. Beim Behandeln von 4-Chlor-2-hydroxy-benzoylchlorid mit der Natrium-Verbindung des Malonsäure-diäthylesters in Toluol (*Johnson & Johnson*, U.S.P. 2 887 495 [1957]).

Krystalle (aus A.); F: 159—162°.

6-Jod-2,4-dioxo-chroman-3-carbonsäure $C_{10}H_5IO_5$, Formel IX (R = H), und Tautomere
(z. B. 4-Hydroxy-6-jod-2-oxo-2H-chromen-3-carbonsäure).
B. Beim Erwärmen von 6-Jod-2,4-dioxo-chroman-3-carbonsäure-äthylester mit wss.-
äthanol. Kalilauge (*Covello, Piscopo*, G. **88** [1958] 101, 110).
Krystalle; F: 242—243° [Zers.].
Beim Erwärmen mit wss. Äthanol ist 6-Jod-chroman-2,4-dion erhalten worden (*Co.,
Pi.*, l. c. S. 111).

6-Jod-2,4-dioxo-chroman-3-carbonsäure-äthylester $C_{12}H_9IO_5$, Formel IX (R = C_2H_5),
und Tautomere (z. B. 4-Hydroxy-6-jod-2-oxo-2H-chromen-3-carbonsäure-
äthylester).
B. Beim Erwärmen von 2-Acetoxy-5-jod-benzoylchlorid mit der Natrium-Verbindung
des Malonsäure-äthylesters in Toluol (*Covello, Piscopo*, G. **88** [1958] 101, 108).
Krystalle (aus A.); F: 186—187° [Zers.].
Beim Erwärmen mit wss.-äthanol. Kalilauge ist 6-Jod-2,4-dioxo-chroman-3-carbon=
säure, beim Erhitzen mit wss. Kalilauge ist hingegen 1-[2-Hydroxy-5-jod-phenyl]-äthan=
on erhalten worden (*Co., Pi.*, l. c. S. 110, 111).

IX   X   XI   XII

6-Nitro-2,4-dioxo-chroman-3-carbonsäure-äthylester $C_{12}H_9NO_7$, Formel X, und Tautomere (z. B. 4-Hydroxy-6-nitro-2-oxo-2H-chromen-3-carbonsäure-äthyl=
ester).
B. Neben [2-Acetoxy-5-nitro-benzoyl]-malonsäure-diäthylester beim Erwärmen von
2-Acetoxy-5-nitro-benzoylchlorid mit Äthoxomagnesio-malonsäure-diäthylester in Äthan=
ol, Tetrachlormethan und Benzol und Erhitzen der in Wasser und Chloroform unlös-
lichen Anteile des Reaktionsprodukts mit wss. Salzsäure (*Swan, Wright*, Soc. **1956** 1549,
1554).
Krystalle (aus CHCl₃); F: 205—206°.

7-Nitro-2,4-dioxo-chroman-3-carbonsäure-äthylester $C_{12}H_9NO_7$, Formel VI (X = NO_2),
und Tautomere (z. B. 4-Hydroxy-7-nitro-2-oxo-2H-chromen-3-carbonsäure-
äthylester).
B. Beim Erhitzen von 2-Hydroxy-4-nitro-benzoylchlorid mit der Natrium-Verbindung
des Malonsäure-diäthylesters in Toluol (*Julia, Tchernoff*, Bl. **1952** 779, 780).
Gelbliche Krystalle (aus Eg.); F: 198°.

[2-Brom-4,5-dioxo-4,5-dihydro-benzo[b]thiophen-7-yl]-acetonitril $C_{10}H_4BrNO_2S$,
Formel XI.
B. Beim Behandeln von (±)-[2-Brom-5-hydroxy-4-oxo-4H-benzo[b]thiophen-7-yliden]-
cyan-essigsäure-äthylester mit wss. Benzyl-trimethyl-ammonium-hydroxid-Lösung (*Mar-
tin-Smith, Gates*, Am. Soc. **78** [1956] 5351, 5357).
Rötliche Krystalle.
Charakterisierung durch Überführung in [2-Brom-thieno[3,2-a]phenazin-4-yl]-aceto=
nitril (F: 253—254° [Zers.]): *Ma.-Sm., Ga.*

**7-Methyl-1,3-dioxo-phthalan-4-carbonsäure, 4-Methyl-benzol-1,2,3-tricarbonsäure-
2,3-anhydrid** $C_{10}H_6O_5$, Formel XII.
B. Beim Erhitzen von (±)-6c(?)-Methyl-cyclohex-4-en-1r,2c,3c(?)-tricarbonsäure-
1,2-anhydrid-3-[2-chlor-äthylester] (F: 124°) mit Brom auf 130° (*Wagner-Jauregg,
Helmert*, B. **71** [1938] 2535, 2543).
Krystalle (aus Bzl.); F: 180°.

Oxocarbonsäuren $C_{11}H_8O_5$

(±)-4,5-Dioxo-2-phenyl-tetrahydro-furan-3-carbonsäure-äthylester, (±)-[α-Hydroxy-benzyl]-oxalessigsäure-4-äthylester-1-lacton $C_{13}H_{12}O_5$, Formel I (X = H), und Tauto-meres ((±)-4-Hydroxy-5-oxo-2-phenyl-2,5-dihydro-furan-3-carbonsäure-äthylester) (H 472; dort als α-Oxo-γ-phenyl-paraconsäure-äthylester bezeichnet).

B. Beim Behandeln von Benzaldehyd mit der Natrium-Verbindung bzw. der Kalium-Verbindung des Oxalessigsäure-diäthylesters in wss. Äthanol bzw. in Wasser (*Russell et al.*, Biochem. J. **45** [1949] 530; *Suprin*, A. ch. [12] **6** [1951] 294, 295). Krystalle (aus wss. Me. bzw. aus A.); F: 104—105° (*Ru. et al.*, *Sup.*).

Beim Behandeln einer Suspension in Wasser mit Chlor sowie beim Behandeln einer Lösung in Essigsäure mit wss. Kaliumhypochlorit-Lösung ist 3-Chlor-4,5-dioxo-2-phenyl-tetrahydro-furan-3-carbonsäure-äthylester (s. u.) erhalten worden (*Sup.*, l. c. S. 298, 320). Bildung von 4-Hydroxy-5-oxo-2-phenyl-tetrahydro-furan-3-carbonsäure-äthylester und kleinen Mengen 4-Hydroxy-5-oxo-2-phenyl-tetrahydro-furan-3-carbonsäure beim Behandeln einer alkalischen wss.-äthanol. Lösung mit Natrium-Amalgam: *Gault, Gottiniaux*, C. r. **231** [1950] 287. Hydrierung an Raney-Nickel in Äthanol bei 100°/100 at unter Bildung von 2-Benzyl-3-hydroxy-bernsteinsäure-diäthylester (Kp$_3$: 45°) und wenig 2-Benzyl-3-hydroxy-bernsteinsäure-1-äthylester (Kp$_4$: 120°): *Ga., Go.*

Verbindung mit Harnstoff $C_{13}H_{12}O_5 \cdot CH_4N_2O$. Herstellung aus den Komponenten in wasserfreiem Äthanol: *Suquet*, A. ch. [12] **8** [1953] 545, 579. — Krystalle (aus A.); F: 131—132° [unkorr.] (*Suq.*). Beim Behandeln mit Äther erfolgt Dissoziation in die Komponenten (*Suq.*).

I   II

*Opt.-inakt. 3-Chlor-4,5-dioxo-2-phenyl-tetrahydro-furan-3-carbonsäure-äthylester, Chlor-[α-hydroxy-benzyl]-oxalessigsäure-4-äthylester-1-lacton $C_{13}H_{11}ClO_5$, Formel I (X = Cl).

B. Beim Behandeln einer Suspension von (±)-4,5-Dioxo-2-phenyl-tetrahydro-furan-3-carbonsäure-äthylester in Wasser mit Chlor (*Suprin*, A. ch. [12] **6** [1951] 294, 298). Beim Behandeln von (±)-4,5-Dioxo-2-phenyl-tetrahydro-furan-3-carbonsäure-äthylester mit wss. Kaliumhypochlorit-Lösung und Essigsäure (*Su.*, l. c. S. 320).

Krystalle (aus W.) mit 1 Mol H_2O; F: 85—86° (*Su.*, l. c. S. 298).

Beim Erhitzen mit Wasser erfolgt Zersetzung unter Bildung von Chlorwasserstoff, Oxalsäure und Benzaldehyd (*Su.*, l. c. S. 301). Verhalten beim Erhitzen mit konz. wss. Salzsäure (Bildung von 3-Chlor-4-hydroxy-2-oxo-4-phenyl-buttersäure-lacton, Benz-aldehyd und Chlorbrenztraubensäure): *Su.*, l. c. S. 313. Beim Behandeln von Lösungen in Äther mit wss. Ammoniak oder mit wss. Kaliumhydrogencarbonat-Lösung sind α-Chlor-*cis*-zimtsäure-äthylester und Oxalsäure erhalten worden (*Su.*, l. c. S. 309, 311). Reaktion mit Phenylhydrazin in äthanol. Lösung unter Bildung von Oxalsäure-bis-phenylhydrazid und α-Chlor-*cis*-zimtsäure-äthylester: *Su.*, l. c. S. 312.

(±)-2,4-Dioxo-5-phenyl-tetrahydro-furan-3-carbonsäure-äthylester, (±)-[Hydroxy-phenyl-acetyl]-malonsäure-äthylester-lacton $C_{13}H_{12}O_5$, Formel II, und Tautomeres ((±)-4-Hydroxy-2-oxo-5-phenyl-2,5-dihydro-furan-3-carbonsäure-äthyl-ester) (H 473; dort als γ-Phenyl-tetronsäure-[α-carbonsäure-äthylester] bezeichnet).

B. Beim Behandeln von (±)-Acetoxy-phenyl-acetylchlorid mit der Natrium-Verbindung des Malonsäure-diäthylesters in Äther (*Pons, Veldstra*, R. **74** [1955] 1217, 1228, 1229). Beim Erwärmen von (±)-Acetoxy-phenyl-acetylchlorid mit Äthoxomagnesio-malonsäure-diäthylester in Äther, Behandeln des Reaktionsgemisches mit wss. Schwefelsäure und Behandeln des Reaktionsprodukts mit wss. Natronlauge (*Haynes et al.*, Soc. **1956** 4661, 4663).

Krystalle. F: 145° [aus A. oder E.] (*Ha. et al.*), 142—143° [unkorr.; aus W.] (*Pons, Ve.*).

2,5-Diimino-4-phenyl-tetrahydro-thiophen-3-carbonitril $C_{11}H_9N_3S$, Formel III, und
2,5-Diamino-4-phenyl-thiophen-3-carbonitril $C_{11}H_9N_3S$, Formel IV.

B. Beim Behandeln von 2-Phenyl-äthan-1,1,2-tricarbonitril mit Schwefelwasserstoff in Pyridin (*Sausen et al.*, Am. Soc. **80** [1958] 2815, 2821).

F: 100—105° [Zers.] (unreines Präparat).

III   IV   V

[2,4-Dioxo-chroman-3-yl]-essigsäure, 2-Salicyloyl-bernsteinsäure-1-lacton $C_{11}H_8O_5$, Formel V, und Tautomere (z. B. [4-Hydroxy-2-oxo-2*H*-chromen-3-yl]-essigsäure).

B. Beim Erhitzen von Bernsteinsäure-[2-methoxycarbonyl-phenylester]-methylester mit Natrium in Paraffinöl auf 250° (*Müller, Schneyder*, M. **80** [1949] 232).

Krystalle (aus Eg., Acn. oder W.); Zers. bei 228° [korr.]. 100 g einer bei 20° gesättigten Lösung in Wasser enthalten 0,17 g.

Natrium-Salz $Na_2C_{11}H_6O_5$ und Silber-Salz $Ag_2C_{11}H_6O_5$: *Mü., Sch.*

Oxocarbonsäuren $C_{12}H_{10}O_5$

(±)-5-Benzyl-2,4-dioxo-tetrahydro-furan-3-carbonsäure-äthylester, (±)-[2-Hydroxy-3-phenyl-propionyl]-malonsäure-äthylester-lacton $C_{14}H_{14}O_5$, Formel VI (R = C_2H_5), und Tautomeres ((±)-5-Benzyl-4-hydroxy-2-oxo-2,5-dihydro-furan-3-carbonsäure-äthylester).

B. Beim Behandeln von (±)-2-Brom-3-phenyl-propionylchlorid (*Pons, Veldstra*, R. **74** [1955] 1217, 1229) oder von (±)-2-Brom-3-phenyl-propionylbromid (*Reid, Ruby*, Am. Soc. **73** [1951] 1054, 1060) mit der Natrium-Verbindung des Malonsäure-diäthylesters in Äther. — Reinigung über die Kupfer(II)-Verbindung, die mit Schwefelwasserstoff zerlegt wird: *Reid, Ruby*.

Krystalle (aus A.); F: 126,5—128° (*Reid, Ruby*), 122—130° [unkorr.] (*Pons, Ve.*).

VI   VII   VIII

*Opt.-inakt. 5-Benzoyl-2-oxo-tetrahydro-furan-3-carbonsäure, [2-Hydroxy-3-oxo-3-phenyl-propyl]-malonsäure-lacton $C_{12}H_{10}O_5$, Formel VII.

B. Beim Behandeln einer Lösung von (±)-2-Benzoyl-cyclopropan-1,1-dicarbonsäure in Essigsäure mit Bromwasserstoff und mehrtägigen Aufbewahren des nach mehreren Stunden isolierten öligen Reaktionsprodukts (*Allen, Cressman*, Am. Soc. **55** [1933] 2953, 2958).

Krystalle (aus Bzl.); F: 122°.

3-[2,4-Dioxo-chroman-3-yl]-propionsäure, 2-Salicyloyl-glutarsäure-1-lacton $C_{12}H_{10}O_5$, Formel VIII, und Tautomere (z. B. 3-[4-Hydroxy-2-oxo-2*H*-chromen-3-yl]-propionsäure).

B. Beim Erhitzen von Glutarsäure-[2-methoxycarbonyl-phenylester]-methylester mit Natrium in Paraffin auf 260° (*Müller et al.*, M. **81** [1950] 174, 176).

Krystalle (aus W.) mit 0,5 Mol H_2O. Das Krystallwasser wird bei 100° abgegeben. F: ca. 157° [korr.; Zers.; bei schnellem Erhitzen im vorgeheizten Apparat]. 100 g einer bei 20° gesättigten wss. Lösung enthalten 0,047 g (*Mü. et al.*, l. c. S. 177).

Bei langsamem Erhitzen sowie beim Behandeln mit Thionylchlorid ist 3,4-Dihydro-pyrano[3,2-*c*]chromen-2,5-dion erhalten worden (*Mü. et al.*, l. c. S. 177).

4,4-Dimethyl-1,3-dioxo-isochroman-7-carbonsäure $C_{12}H_{10}O_5$, Formel IX (H 475; dort auch als Joniregentricarbonsäure-anhydrid bezeichnet).

B. Beim Erhitzen von 4-[1-Carboxy-1-methyl-äthyl]-isophthalsäure auf 110° (*Pope, Bogert*, J. org. Chem. **2** [1937] 276, 282; s. a. *Bogert, Fourman*, Am. Soc. **55** [1933] 4670, 4675).

F: 217° [korr.] (*Bo., Fo.*), 214—215° [korr.] (*Pope, Bo.*).

1,3-Dioxo-7-propyl-phthalan-4-carbonsäure-methylester, 4-Propyl-benzol-1,2,3-tricarbon=säure-2,3-anhydrid-1-methylester $C_{13}H_{12}O_5$, Formel X.

B. Beim Erhitzen von 3-Oxo-oct-4ξ-ensäure-methylester (nicht charakterisiert) mit Acetanhydrid, Maleinsäure-anhydrid, wenig Schwefelsäure und wenig Methylenblau und Erhitzen des Reaktionsprodukts (*Lonza A.G.*, D.B.P. 1020626 [1957]).

Krystalle (aus $CHCl_3$); F: 82°.

(±)-1,3-Dioxo-(3a*r*,4a*c*,5a*c*,6a*c*)-octahydro-4*t*,6*t*-ätheno-cycloprop[*f*]isobenzofuran-4-carbonsäure, (±)-(1a*r*)-Hexahydro-2*t*,5*t*-ätheno-cyclopropabenzen-2,3*t*,4*t*-tricarbon=säure-3,4-anhydrid, (±)-(1r*C*^8,2*tH*,4*tH*)-Tricyclo[3.2.2.0^{2,4}]non-8-en-1,6*c*,7*c*-tricarbon=säure-6,7-anhydrid $C_{12}H_{10}O_5$, Formel XI (R = H) + Spiegelbild.

Bezüglich der Konfigurationszuordnung vgl. das analog hergestellte (1a*r*)-Hexahydro-2*t*,5*t*-ätheno-cyclopropabenzen-3*t*,4*t*-dicarbonsäure-anhydrid (E III/IV **17** 6197).

B. Beim Erhitzen von Cyclohepta-1,4,6-triencarbonsäure mit Maleinsäure-anhydrid in Toluol (*Alder et al.*, A. **602** [1957] 94, 110).

Krystalle (aus Acn.); F: 240—242°.

Beim Behandeln mit wss. Natriumcarbonat-Lösung und mit Brom in Methanol ist 4*c*-Brom-2-oxo-(3a*r*,5a*t*,6a*t*,6b*c*)-octahydro-1*t*,5*t*-methano-cyclopropa[*e*]benzofuran-5,7*syn*-dicarbonsäure (S. 6156) erhalten worden (*Al. et al.*, l. c. S. 111).

IX   X   XI   XII

(±)-1,3-Dioxo-(3a*r*,4a*c*,5a*c*,6a*c*)-octahydro-4*t*,6*t*-ätheno-cycloprop[*f*]isobenzofuran-4-carbonsäure-methylester, (±)-(1a*r*)-Hexahydro-2*t*,5*t*-ätheno-cyclopropabenzen-2,3*t*,4*t*-tricarbonsäure-3,4-anhydrid-2-methylester, (±)-(1r*C*^8,2*tH*,4*tH*)-Tricyclo=[3.2.2.0^{2,4}]non-8-en-1,6*c*,7*c*-tricarbonsäure-6,7-anhydrid-1-methylester $C_{13}H_{12}O_5$, Formel XI (R = CH_3) + Spiegelbild.

B. Beim Erhitzen von Cyclohepta-1,4,6-triencarbonsäure-methylester mit Maleinsäure-anhydrid in Toluol (*Alder et al.*, A. **602** [1957] 94, 111).

Krystalle (aus E. + Ae.); F: 106—107°.

(±)-1,3-Dioxo-(3a*r*,5a*c*,6a*c*)-hexahydro-4*t*,6*t*-ätheno-cycloprop[*f*]isobenzofuran-4a*c*-carbonsäure, (±)-Hexahydro-2*t*,5*t*-ätheno-cyclopropabenzen-1a*r*,3*t*,4*t*-tricarbonsäure-3,4-anhydrid, (±)-(1r*C*^8,4*tH*)-Tricyclo[3.2.2.0^{2,4}]non-8-en-2*t*,6*c*,7*c*-tricarbonsäure-6,7-an=hydrid $C_{12}H_{10}O_5$, Formel XII (R = H) + Spiegelbild.

B. Beim Erhitzen von Cyclohepta-1,3,5-triencarbonsäure (F: 63° [E III **9** 2169]) mit Maleinsäure-anhydrid in Toluol (*Alder et al.*, A. **602** [1957] 94, 115).

Krystalle (aus Eg.); F: 262°.

(±)-1,3-Dioxo-(3ar,5ac,6ac)-hexahydro-4t,6t-ätheno-cycloprop[f]isobenzofuran-
4ac-carbonsäure-methylester, (±)-Hexahydro-2t,5t-ätheno-cyclopropabenzen-1ar,3t,4t-tri=
carbonsäure-3,4-anhydrid-1a-methylester, (±)-(1rC^8,4tH)-Tricyclo[3.2.2.0^{2,4}]non-8-en-
2t,6c,7c-tricarbonsäure-6,7-anhydrid-2-methylester C$_{13}$H$_{12}$O$_5$, Formel XII (R = CH$_3$) +
Spiegelbild.

B. Beim Erhitzen von Cyclohepta-1,3,5-triencarbonsäure-methylester (aus Cyclo=
hepta-1,3,5-triencarbonsäure vom F: 63° hergestellt) mit Maleinsäure-anhydrid in Toluol
(*Alder et al.*, A. **602** [1957] 94, 115).
Krystalle (aus E.); F: 127°.

─────────

1,3-Dioxo-(3ar,4ac,5ac,6ac)-octahydro-4t,6t-ätheno-cycloprop[f]isobenzofuran-5c-carb=
onsäure, (1ar)-Hexahydro-2t,5t-ätheno-cyclopropabenzen-1c,3t,4t-tricarbonsäure-3,4-an=
hydrid, (1rC^8,2tH,4tH)-Tricyclo[3.2.2.0^{2,4}]non-8-en-3t,6c,7c-tricarbonsäure-6,7-anhydrid
C$_{12}$H$_{10}$O$_5$, Formel XIII (R = X = H).
Bezüglich der Konfigurationszuordnung vgl. die analog hergestellte (1ar)-1a,2,5,5a-
Tetrahydro-1H-2t,5t-ätheno-cyclopropabenzen-1c,3,4-tricarbonsäure (Syst. Nr. 1009).
B. Beim Behandeln von Norcara-2,4-dien-7-carbonsäure mit Maleinsäure-anhydrid in
Benzol (*Alder et al.*, A. **602** [1957] 94, 104).
Krystalle (aus Eg.); F: 274—275°.

─────────

1,3-Dioxo-(3ar,4ac,5ac,6ac)-octahydro-4t,6t-ätheno-cycloprop[f]isobenzofuran-5c-carb=
onsäure-methylester, (1ar)-Hexahydro-2t,5t-ätheno-cyclopropabenzen-1c,3t,4t-tricarbon=
säure-3,4-anhydrid-1-methylester, (1rC^8,2tH,4tH)-Tricyclo[3.2.2.0^{2,4}]non-8-en-3t,6c,7c-
tricarbonsäure-6,7-anhydrid-3-methylester C$_{13}$H$_{12}$O$_5$, Formel XIII (R = CH$_3$, X = H).
B. Beim Behandeln von Norcara-2,4-dien-7-carbonsäure-methylester mit Maleinsäure-
anhydrid in Äther (*Alder et al.*, A. **602** [1957] 94, 104; s. a. *Schenck, Ziegler*, A. **584** [1953]
221, 232). Beim Behandeln von (1ar)-Hexahydro-2t,5t-ätheno-cyclopropabenzen-1c,3t,4t-
tricarbonsäure-3,4-anhydrid mit Diazomethan in Äther (*Al. et al.*).
Krystalle (aus Me.); F: 168° (*Al. et al.*), 167° (*Sch., Zi.*).

─────────

1,3-Dioxo-(3ar,4ac,5ac,6ac)-octahydro-4t,6t-ätheno-cycloprop[f]isobenzofuran-5c-carb=
onsäure-äthylester, (1ar)-Hexahydro-2t,5t-ätheno-cyclopropabenzen-1c,3t,4t-tricarbon=
säure-1-äthylester-3,4-anhydrid, (1rC^8,2tH,4tH)-Tricyclo[3.2.2.0^{2,4}]non-8-en-3t,6c,7c-tri=
carbonsäure-3-äthylester-6,7-anhydrid C$_{14}$H$_{14}$O$_5$, Formel XIII (R = C$_2$H$_5$, X = H).
B. Beim Behandeln von Norcara-2,4-dien-7-carbonsäure-äthylester mit Maleinsäure-
anhydrid ohne Lösungsmittel (*Schenck, Ziegler*, A. **584** [1953] 221, 232) oder in Äther
(*Alder et al.*, A. **602** [1957] 94, 105).
Krystalle; F: 137—138° [aus E. + PAe.] (*Al. et al.*), 136° [aus Me.] (*Sch., Zi.*).
Beim Behandeln mit wss. Natriumcarbonat-Lösung und wss. Natriumpermanganat-
Lösung unter Durchleiten von Kohlendioxid ist 6,7-Dioxo-(1ar)-hexahydro-2t,5t-äthano-
cyclopropabenzen-1c,3t,4t-tricarbonsäure, beim Erhitzen mit wss. Salpetersäure (D: 1,4)
ist 2,4-Dioxo-(3at,5at,6at,6bc)-octahydro-1t,5t-methano-cyclopropa[e]benzofuran-
6t,7syn-dicarbonsäure (S. 6218) erhalten worden (*Al. et al.*, l. c. S. 106, 107).

─────────

(±)-4-Chlor-1,3-dioxo-(3ar,4ac,5ac,6ac)-octahydro-4t,6t-ätheno-cycloprop[f]isobenzo=
furan-5c-carbonsäure-methylester, (±)-2-Chlor-(1ar)-hexahydro-2t,5t-ätheno-cyclo=
propabenzen-1c,3t,4t-tricarbonsäure-3,4-anhydrid-1-methylester, (±)-1-Chlor-
(1rC^8,2tH,4tH)-tricyclo[3.2.2.0^{2,4}]non-8-en-3t,6c,7c-tricarbonsäure-6,7-anhydrid-
3-methylester C$_{13}$H$_{11}$ClO$_5$, Formel XIII (R = CH$_3$, X = Cl) + Spiegelbild.
B. Neben 6-Chlor-(1ar)-hexahydro-2t,5t-ätheno-cyclopropabenzen-1c,3t,4t-tricarbon=
säure-3,4-anhydrid-1-methylester beim Behandeln des bei der Bestrahlung eines Gemisches von Diazoessigsäure-methylester und Chlorbenzol mit UV-Licht erhaltenen Reaktionsprodukts mit Maleinsäure-anhydrid (*Alder et al.*, A. **627** [1959] 59, 77).
Krystalle (aus E. + PAe.); F: 195°.

XIII   XIV   XV

(±)-7-Chlor-1,3-dioxo-(3ar,4ac,5ac,6ac)-octahydro-4t,6t-ätheno-cycloprop[f]isobenzo=
furan-5c-carbonsäure-methylester, (±)-6-Chlor-(1ar)-hexahydro-2t,5t-ätheno-cyclo=
propabenzen-1c,3t,4t-tricarbonsäure-3,4-anhydrid-1-methylester, (±)-8-Chlor-
(1rC^8,2tH,4tH)-tricyclo[3.2.2.0^{2,4}]non-8-en-3t,6c,7c-tricarbonsäure-6,7-anhydrid-
3-methylester $C_{13}H_{11}ClO_5$, Formel XIV (X = Cl) + Spiegelbild.
B. s. im vorangehenden Artikel.
Krystalle (aus E. + PAe.), die zwischen 146° und 154° schmelzen (*Alder et al.*, A. **627**
[1959] 59, 77).

(±)-4(?)-Brom-1,3-dioxo-(3ar,4ac,5ac,6ac)-octahydro-4t,6t-ätheno-cycloprop[f]iso=
benzofuran-5c-carbonsäure-methylester, (±)-2(?)-Brom-(1ar)-hexahydro-2t,5t-ätheno-
cyclopropabenzen-1c,3t,4t-tricarbonsäure-3,4-anhydrid-1-methylester, (±)-1(?)-Brom-
(1rC^8,2tH,4tH)-tricyclo[3.2.2.0^{2,4}]non-8-en-3t,6c,7c-tricarbonsäure-6,7-anhydrid-
3-methylester $C_{13}H_{11}BrO_5$, vermutlich Formel XIII (R = CH$_3$, X = Br) + Spiegelbild.
B. Neben der im folgenden Artikel beschriebenen Verbindung beim Behandeln des
bei der Bestrahlung eines Gemisches von Diazoessigsäure-methylester und Brombenzol
mit UV-Licht erhaltenen Reaktionsprodukts mit Maleinsäure-anhydrid (*Alder et al.*, A.
627 [1959] 59, 78).
Krystalle (aus E.); F: 190°.

(±)-7(?)-Brom-1,3-dioxo-(3ar,4ac,5ac,6ac)-octahydro-4t,6t-ätheno-cycloprop[f]iso=
benzofuran-5c-carbonsäure-methylester, (±)-6(?)-Brom-(1ar)-hexahydro-2t,5t-ätheno-
cyclopropabenzen-1c,3t,4t-tricarbonsäure-3,4-anhydrid-1-methylester, (±)-8(?)-Brom-
(1rC^8,2tH,4tH)-tricyclo[3.2.2.0^{2,4}]non-8-en-3t,6c,7c-tricarbonsäure-6,7-anhydrid-
3-methylester $C_{13}H_{11}BrO_5$, vermutlich Formel XIV (X = Br) + Spiegelbild.
B. s. im vorangehenden Artikel.
Krystalle (aus E.); F: 138—140° (*Alder et al.*, A. **627** [1959] 59, 78).

(±)-1,3-Dioxo-(3ar,4ac,5ac,6ac)-octahydro-4t,6t-ätheno-cycloprop[f]isobenzofuran-
7-carbonsäure, (±)-(1ar)-Hexahydro-2t,5t-ätheno-cyclopropabenzen-3t,4t,6-tricarbon=
säure-3,4-anhydrid, (±)-(1rC^8,2tH,4tH)-Tricyclo[3.2.2.0^{2,4}]non-8-en-6c,7c,8-tricarbon=
säure-6,7-anhydrid $C_{12}H_{10}O_5$, Formel XV (R = H) + Spiegelbild.
B. Beim Erwärmen von Cyclohepta-1,3,6-triencarbonsäure mit Maleinsäure-anhydrid
in Benzol (*Alder et al.*, A. **602** [1957] 94, 113).
Krystalle (aus Eg.); F: 216°.

(±)-1,3-Dioxo-(3ar,4ac,5ac,6ac)-octahydro-4t,6t-ätheno-cycloprop[f]isobenzofuran-
7-carbonsäure-methylester, (±)-(1ar)-Hexahydro-2t,5t-ätheno-cyclopropabenzen-
3t,4t,6-tricarbonsäure-3,4-anhydrid-6-methylester, (±)-(1rC^8,2tH,4tH)-Tricyclo[3.2.2.0^{2,4}]=
non-8-en-6c,7c,8-tricarbonsäure-6,7-anhydrid-8-methylester $C_{13}H_{12}O_5$, Formel XV
(R = CH$_3$) + Spiegelbild.
B. Beim Erwärmen von Cyclohepta-1,3,6-triencarbonsäure-methylester mit Malein=
säure-anhydrid in Benzol (*Alder et al.*, A. **602** [1957] 94, 113). Beim Behandeln der im
vorangehenden Artikel beschriebenen Verbindung mit Diazomethan in Äther (*Al. et al.*).
Krystalle (aus Me.); F: 196°.

Oxocarbonsäuren $C_{13}H_{12}O_5$

3-Benzyl-2,6-dioxo-tetrahydro-pyran-4-carbonsäure $C_{13}H_{12}O_5$, Formel I, 2-[2,5-Dioxo-
tetrahydro-[3]furyl]-3-phenyl-propionsäure $C_{13}H_{12}O_5$, Formel II, und [4-Benzyl-
2,5-dioxo-tetrahydro-[3]furyl]-essigsäure $C_{13}H_{12}O_5$, Formel III.
Diese drei Konstitutionsformeln kommen für die beiden nachstehend beschriebenen

4-Phenyl-butan-1,2,3-tricarbonsäure-anhydride in Betracht.

a) Opt.-inakt. Anhydrid vom F: 130°.

B. Beim Erwärmen der opt.-inakt. 4-Phenyl-butan-1,2,3-tricarbonsäure vom F: 198° (E III **9** 4805) mit Acetanhydrid (*Malachowski et al.*, B. **69** [1936] 1295, 1302). Krystalle (aus Bzl.); F: 130° [korr.].

Beim Erhitzen mit Wasser ist 4-Phenyl-butan-1,2,3-tricarbonsäure vom F: 198° zurückerhalten worden.

b) Opt.-inakt. Anhydrid vom F: 120°.

B. Neben einem öligen, vermutlich stereoisomeren Anhydrid (durch Erwärmen mit wss. Salzsäure in 4-Phenyl-butan-1,2,3-tricarbonsäure vom F: 198° überführbar) beim Erhitzen der opt.-inakt. 4-Phenyl-butan-1,2,3-tricarbonsäure vom F: 177° (E III **9** 4806) auf 200° (*Malachowski et al.*, B. **69** [1936] 1295, 1301; s. a. *Rydon*, Soc. **1935** 420, 424). Aus opt.-inakt. 4-Phenyl-butan-1,2,3-tricarbonsäure vom F: 198° beim Erhitzen ohne Zusatz sowie bei kurzem Erhitzen mit Nitrobenzol (*Ry*., l. c. S. 423; s. a. *Duff, Ingold*, Soc. **1934** 87, 90).

Krystalle; F: 120° [aus Bzl.] (*Ma. et al.*), 114° [aus CHCl₃ + PAe.] (*Duff, In.*), 112° [aus Bzl. + PAe.] (*Ry*., l. c. S. 423).

Beim Erwärmen mit Wasser ist 4-Phenyl-butan-1,2,3-tricarbonsäure vom F: 177° erhalten worden (*Ry*., l. c. S. 424; *Ma. et al.*).

---

*Opt.-inakt. **3-Methyl-2,6-dioxo-4-phenyl-tetrahydro-pyran-3-carbonitril**, 2-Cyan-2-methyl-3-phenyl-glutarsäure-anhydrid $C_{13}H_{11}NO_3$, Formel IV (vgl. E II 356).

B. Beim Erwärmen von opt.-inakt. 2-Cyan-2-methyl-3-phenyl-glutarsäure (F: 164°) mit Acetylchlorid unter Eindampfen (*Avery, McGrew*, Am. Soc. **57** [1935] 208, 210). Krystalle (aus Diisopropyläther); F: 111°.

I   II   III   IV

---

*Opt.-inakt. **4-Acetyl-5-oxo-2-phenyl-tetrahydro-furan-3-carbonsäure-äthylester**, 2-Acetyl-3-[α-hydroxy-benzyl]-bernsteinsäure-4-äthylester-1-lacton $C_{15}H_{16}O_5$, Formel V.

B. Beim Erwärmen von opt.-inakt. 2,3-Epoxy-3-phenyl-propionsäure-äthylester (Kp₁₃: 152—153°) mit Acetessigsäure-äthylester und Natriumäthylat in Äthanol (*Tschelinzew, Ošetrowa*, Ž. obšč. Chim. **7** [1937] 2373; C. **1938** II 845).

Kp₁: 162—165° [vermutlich Stereoisomeren-Gemisch].

V   VI   VII

5,5-Dimethyl-1,3-dioxo-1,3,4,5-tetrahydro-benz[c]oxepin-8-carbonsäure $C_{13}H_{12}O_5$, Formel VI.

B. Aus 4-[2-Carboxy-1,1-dimethyl-äthyl]-isophthalsäure bei der Sublimation im Hochvakuum (*Karrer, Ochsner*, Helv. **31** [1948] 2093, 2096).

F: 216° [unkorr.].

4-[2,4-Dioxo-chroman-3-yl]-buttersäure, 2-Salicyloyl-adipinsäure-1-lacton $C_{13}H_{12}O_5$, Formel VII, und Tautomere (z. B. **4-[4-Hydroxy-2-oxo-2H-chromen-3-yl]-buttersäure**).

B. Beim Erhitzen von Adipinsäure-äthylester-[2-methoxycarbonyl-phenylester] mit Natrium in Paraffin auf 250° (*Müller et al.*, M. **81** [1950] 174, 177).

Krystalle (aus Eg.); F: ca. 220° [korr.; Zers.]. 100 g einer bei 20° gesättigten Lösung in Wasser enthalten 0,019 g.

VIII   IX

(±)-3-Oxo-2-[3-oxo-butyl]-2,3-dihydro-benzofuran-2-carbonsäure-äthylester $C_{15}H_{16}O_5$, Formel VIII.

B. Beim Behandeln einer Lösung von 3-Hydroxy-benzofuran-2-carbonsäure-äthylester in Aceton mit Natriumäthylat in Äthanol und mit Butenon (*Henecka*, B. **81** [1948] 197, 207).

$Kp_{0,15}$: 160—162°.

Beim Erhitzen mit Äthanol und wss. Schwefelsäure (*He.*; *Brossi et al.*, Helv. **43** [1960] 2071, 2072 Anm. 9) sowie beim Erhitzen mit 1 Mol Alkalihydroxid in Wasser (*Br. et al.*) ist 4-[3-Hydroxy-benzofuran-2-yl]-butan-2-on (S. 411), beim Erhitzen mit überschüssigem Natriumhydroxid in Wasser (*He.*, l. c. S. 208) ist 3,4-Dihydro-1H-dibenzofuran-2-on erhalten worden.

1,3-Dioxo-3,3a,4,5,6,7,8,8a-octahydro-1H-4,8-methano-indeno[5,6-c]furan-9-carbonsäure, 2,3,4,5,6,7-Hexahydro-4,7-methano-inden-5,6,8-tricarbonsäure-5,6-anhydrid $C_{13}H_{12}O_5$, Formel IX.

Diese Konstitution ist der nachstehend beschriebenen opt.-inakt. Verbindung zugeordnet worden (*Süs, Möller*, A. **593** [1955] 91, 99).

B. Beim Erwärmen einer als 2,4,5,6-Tetrahydro-pentalen-2-carbonsäure angesehenen, durch Belichtung von 6-Hydroxy-indan-5-diazonium-chlorid in wss. Lösung hergestellten Verbindung mit Maleinsäure-anhydrid in Benzol (*Süs, Mö.*, l. c. S. 91, 123).

Krystalle (aus Bzl.); F: 174—175°.

(±)-4a-Methyl-1,3-dioxo-(3ar,4ac,5ac,6ac)-octahydro-4t,6t-ätheno-cycloprop[f]isobenzo=furan-5c-carbonsäure-methylester $C_{14}H_{14}O_5$, Formel X + Spiegelbild, **(±)-4-Methyl-1,3-dioxo-(3ar,4ac,5ac,6ac)-octahydro-4t,6t-ätheno-cycloprop[f]isobenzofuran-5c-carb=onsäure-methylester** $C_{14}H_{14}O_5$, Formel XI + Spiegelbild, und **(±)-7-Methyl-1,3-dioxo-(3ar,4ac,5ac,6ac)-octahydro-4t,6t-ätheno-cycloprop[f]isobenzofuran-5c-carbonsäure-methylester** $C_{14}H_{14}O_5$, Formel XII + Spiegelbild.

Diese Formeln kommen für zwei **1a(oder 2 oder 6)-Methyl-(1ar)-hexahydro-2t,5t-ätheno-cyclopropabenzen-1c,3t,4t-tricarbonsäure-3,4-anhydrid-1-methylester**, (2(oder 1 oder 8)-Methyl-(1rC[8],2tH,4tH)-tricyclo[3.2.2.0[2,4]]non-8-en-3t,6c,7c-tricarbonsäu=re-6,7-anhydrid-3-methylester) (jeweils Krystalle [aus E. + PAe.], F: 160° bzw. F: 158°) in Betracht, die bei der Bestrahlung eines Gemisches von Diazoessigsäure-methylester und Toluol mit UV-Licht und Umsetzung des Reaktionsprodukts mit Malein=säure-anhydrid erhalten worden sind (*Alder et al.*, A. **627** [1959] 59, 68, 69).

X   XI   XII

Oxocarbonsäuren $C_{14}H_{14}O_5$

3-Methyl-8ξ-[4-methyl-2,5-dioxo-2,5-dihydro-[3]furyl]-octa-3ξ,5ξ,7-triensäure, 2-Methyl-deca-2ξ,4ξ,6ξ,8c-tetraen-1,8,9-tricarbonsäure-8,9-anhydrid $C_{14}H_{14}O_5$, Formel I.

Diese Konstitution kommt dem nachstehend beschriebenen **Itaconitin** zu (*Nakajima*, Chem. pharm. Bl. **13** [1965] 73).

Isolierung aus Kulturen von Aspergillus itaconicus: *Kinoshita*, Misc. Rep. Res. Inst. nat. Resources Tokyo Nr. 17/18 [1950] 77; C. A. **1953** 1238.

Gelbe Krystalle (aus A.); F: 169° (*Kinoshita, Nakajima*, Ann. Rep. Hoshi Coll. Pharm. **7** [1958] 17, 23; C. A. **1958** 18341), 168° (*Kinoshita, Nakajima*, Chem. pharm. Bl. **6** [1958] 31). IR-Spektren von 2,5 μ bis 15 μ (KBr) sowie von 2,5 μ bis 3,7 μ und von 5 μ bis 6,7 μ (Dioxan): *Ki., Na.*, Ann. Rep. Hoshi Coll. Pharm. **7** 21. Absorptionsspektren von Lösungen in Methanol (220–420 nm) und in Chloroform (260–440 nm): *Ki., Na.*, Chem. pharm. Bl. **6** 32.

Hydrierung an Platin oder Palladium/Kohle in Methanol oder Äthanol unter Bildung von Hexahydroitaconitin (3-Methyl-8-[4-methyl-2,5-dioxo-2,5-dihydro-[3]furyl]-octan-säure): *Ki., Na.*, Chem. pharm. Bl. **6** 33; Ann. Rep. Hoshi Coll. Pharm. **7** 25. Reaktion mit Hydroxylamin (Bildung einer Verbindung $C_{14}H_{17}NO_6$ vom F: 210° [unkorr.; Zers.]), Reaktion mit Semicarbazid (Bildung von 3-Methyl-8-[4-methyl-2,5-dioxo-1-ureido-Δ^3-pyrrolin-3-yl]-octa-3,5,7-triensäure [F: 198°]) sowie Reaktion mit [2,4-Dinitro-phenyl]-hydrazin (Bildung von 8-[1-(2,4-Dinitro-anilino)-4-methyl-2,5-dioxo-Δ^3-pyrrolin-3-yl]-3-methyl-octa-3,5,7-triensäure [F: 169°]): *Ki., Na.*, Chem. Pharm. Bl. **6** 32, 33; Ann. Rep. Hoshi Coll. Pharm. **7** 23. Beim Erhitzen mit Acetanhydrid ist *O*-Acetyl-anhydroitaconitin (S. 1639) erhalten worden (*Ki., Na.*, Chem. pharm. Bl. **6** 33; Ann. Rep. Hoshi Coll. Pharm. **7** 24).

I　　　　　　　　　　　　　　　　　II

3-Acetonyl-6-methyl-2-oxo-chroman-4-carbonsäure-methylester, 2-Acetonyl-3-[2-hydroxy-5-methyl-phenyl]-bernsteinsäure-1-lacton-4-methylester $C_{15}H_{16}O_5$, Formel II, und **2-[5-Methyl-2-oxo-2,3-dihydro-benzofuran-3-yl]-4-oxo-valeriansäure-methylester, 2-Acetonyl-3-[2-hydroxy-5-methyl-phenyl]-bernsteinsäure-4-lacton-1-methylester** $C_{15}H_{16}O_5$, Formel III.

Diese Konstitutionsformeln sind für die nachstehend beschriebene opt.-inakt. Verbindung in Betracht gezogen worden (*Hukki*, Acta chem. scand. **5** [1951] 31, 36, 45).

B. Beim Erhitzen von opt.-inakt. 8-[1,2-Bis-methoxycarbonyl-4-oxo-pentyl]-5-methyl-7-oxo-bicyclo[2.2.2]oct-5-en-2,3-dicarbonsäure-dimethylester (F: 151–154°) unter vermindertem Druck auf 230° (*Hu.*).

Krystalle (aus Me.); F: 114–115°.

Semicarbazon $C_{16}H_{19}N_3O_5$. Krystalle (aus A.); F: 197–198° [Zers.].

*Opt.-inakt. 2-[1-Methyl-3-oxo-butyl]-3-oxo-2,3-dihydro-benzofuran-2-carbonsäure-äthylester $C_{16}H_{18}O_5$, Formel IV.

B. Beim Behandeln eines Gemisches von 3-Hydroxy-benzofuran-2-carbonsäure-äthylester, Pent-3t-en-2-on und Benzol mit Natriumäthylat in Äthanol (*MacMillan et al.*, Soc. **1954** 429, 434).

Krystalle (aus wss. A.); F: 96–97°.

Beim Erhitzen mit wss. Natronlauge ist 4-Methyl-3,4-dihydro-1*H*-dibenzofuran-2-on erhalten worden.

III   IV   V

(±)-[2-Acetyl-4,6-dimethyl-3-oxo-2,3-dihydro-benzofuran-2-yl]-essigsäure-äthylester $C_{16}H_{18}O_5$, Formel V (R = C_2H_5).

B. Beim Erhitzen der Natrium-Verbindung des 1-[3-Hydroxy-4,6-dimethyl-benzofuran-2-yl]-äthanons mit Bromessigsäure-äthylester auf 145° (*Dean, Manunapichu*, Soc. **1957** 3112, 3120).

$Kp_{0,05}$: 150°. UV-Absorptionsmaxima (A.): 267 nm und 328 nm.

Semicarbazon $C_{17}H_{21}N_3O_5$. Krystalle (aus A.); F: 214°.

(±)-4,4a-Dimethyl-1,3-dioxo-(3a r,4a c,5a c,6a c)-octahydro-4 t,6 t-ätheno-cycloprop[*f*]iso= **benzofuran-5 c-carbonsäure-methylester** $C_{15}H_{16}O_5$, Formel VI + Spiegelbild, **(±)-4,8-Di=** **methyl-1,3-dioxo-(3a r,4a c,5a c,6a c)-octahydro-4 t,6 t-ätheno-cycloprop[*f*]isobenzofuran-** **5 c-carbonsäure-methylester** $C_{15}H_{16}O_5$, Formel VII + Spiegelbild, und **7,8-Dimethyl-** **1,3-dioxo-(3a r,4a c,5a c,6a c)-octahydro-4 t,6 t-ätheno-cycloprop[*f*]isobenzofuran-5 c-carb=** **onsäure-methylester** $C_{15}H_{16}O_5$, Formel VIII.

Diese Formeln kommen für drei **1a,2(oder 2,7 oder 6,7)-Dimethyl-(1a r)-hexahydro-** **2 t,5 t-ätheno-cyclopropabenzen-1 c,3 t,4 t-tricarbonsäure-3,4-anhydrid-1-methylester** (1,2(oder 1,8 oder 8,9)-Dimethyl-(1 rC^8,2 tH,4 tH)-tricyclo[3.2.2.0^{2,4}]non-8-en-3 t,6 c,= 7 c-tricarbonsäure-6,7-anhydrid-3-methylester) (jeweils Krystalle [aus E. + PAe.], F: 191° bzw. F: 157° bzw. F: 221°) in Betracht, die bei der Bestrahlung eines Gemisches von Diazoessigsäure-methylester und *o*-Xylol mit UV-Licht und Umsetzung des Reaktionsprodukts mit Maleinsäure-anhydrid erhalten worden sind (*Alder et al.*, A. **627** [1959] 59, 69).

VI   VII   VIII

Oxocarbonsäuren $C_{15}H_{16}O_5$

2-[2,5-Dimethyl-benzoyl]-4-methyl-5-oxo-tetrahydro-furan-3-carbonsäure, 2-[α-Hydr= **oxy-2,5-dimethyl-phenacyl]-3-methyl-bernsteinsäure-4-lacton** $C_{15}H_{16}O_5$, Formel IX (X = OH), und Tautomeres (6-[2,5-Dimethyl-phenyl]-6-hydroxy-3-methyl-tetrahydro-furo[3,4-*b*]furan-2,4-dion).

a) Opt.-inakt. Stereoisomeres vom F: 173°.

B. Beim Behandeln von 4 ξ-Methyl-5-oxo-tetrahydro-furan-2 r,3 c-dicarbonsäure-an= hydrid (F: 162°) mit *p*-Xylol, Aluminiumchlorid und Benzol (*Tschitschibabin, Schtschu-kina*, B. **63** [1930] 2793, 2802).

Krystalle (aus CHCl₃); F: 171−173°.

Verhalten bei kurzem Erwärmen (5 min) mit konz. Schwefelsäure (Bildung von 2-[2,5-Di= methyl-benzoyl]-4-methyl-5-oxo-tetrahydro-furan-3-carbonsäure vom F: 150° [s. u.]): *Tsch., Sch.* Beim Erhitzen mit amalgamiertem Zink und wss. Salzsäure ist 2-[2,5-Di= methyl-phenäthyl]-3-methyl-bernsteinsäure (F: 163° [E III **9** 4349]), beim Erhitzen mit amalgamiertem Zink und Essigsäure ist 2-[2,5-Dimethyl-phenacyl]-3-methyl-bernstein= säure (F: 172° [E III **10** 3973]) erhalten worden (*Tsch., Sch.*, l. c. S. 2803, 2804).

b) Opt.-inakt. Stereoisomeres vom F: 150°.

B. Beim Erwärmen von opt.-inakt. 4-Methyl-5-oxo-tetrahydro-furan-2,3-dicarbon=

säure vom F: 182° mit Thionylchlorid und Behandeln einer Lösung des Reaktions-produkts in Benzol mit p-Xylol und Aluminiumchlorid (*Tschitschibabin, Schtschukina*, B. **63** [1930] 2793, 2803). Bei kurzem Erwärmen (5 min) von opt.-inakt. 2-[2,5-Dimethyl-benzoyl]-4-methyl-5-oxo-tetrahydro-furan-3-carbonsäure vom F: 173° (S. 6060) mit konz. Schwefelsäure (*Tsch.*, *Sch.*, l. c. S. 2802).

Krystalle (aus wss. A. oder aus Bzl. + PAe.); F: 150°.

Beim Erhitzen mit amalgamiertem Zink und wss. Salzsäure ist 2-[2,5-Dimethyl-phen=äthyl]-3-methyl-bernsteinsäure (F: 163° [E III **9** 4349]), beim Erhitzen mit amalgamier-tem Zink und Essigsäure ist 2-[2,5-Dimethyl-phenacyl]-3-methyl-bernsteinsäure (F: 172° [E III **10** 3973]) erhalten worden (*Tsch.*, *Sch.*, l. c. S. 2803, 2804).

IX   X   XI

*Opt.-inakt. 2-[2,5-Dimethyl-benzoyl]-4-methyl-5-oxo-tetrahydro-furan-3-carbonyl=chlorid, 2-[α-Hydroxy-2,5-dimethyl-phenacyl]-3-methyl-bernsteinsäure-1-chlorid-4-lacton** $C_{15}H_{15}ClO_4$, Formel IX (X = Cl).

B. Beim Erwärmen von opt.-inakt. 2-[2,5-Dimethyl-benzoyl]-4-methyl-5-oxo-tetra=hydro-furan-3-carbonsäure vom F: 173° (S. 6060) mit Thionylchlorid (*Tschitschibabin, Schtschukina*, B. **63** [1930] 2793, 2804).

Krystalle; F: 182° [unter Entwicklung von Chlorwasserstoff].

Beim Erhitzen unter vermindertem Druck bis auf 185° ist 4,9-Dihydroxy-3,5,8-tri=methyl-3H-naphtho[2,3-b]furan-2-on erhalten worden (*Tsch.*, *Sch.*, l. c. S. 2805).

---

*Opt.-inakt. 3-Butyryl-5-oxo-2-phenyl-tetrahydro-furan-3-carbonsäure-äthylester, 2-Butyryl-2-[α-hydroxy-benzyl]-bernsteinsäure-1-äthylester-4-lacton** $C_{17}H_{20}O_5$, Formel X.

B. Aus Benzaldehyd und Butyrylbernsteinsäure-diäthylester in Gegenwart von Chlor=wasserstoff (*U.S. Rubber Co.*, U.S.P. 2598803 [1950]).

Kp$_{2,5}$: 173—176°. n_D: 1,5251.

---

*Opt.-inakt. [4-Acetonyl-5-oxo-2-phenyl-tetrahydro-[2]furyl]-essigsäure, 2-Acetonyl-4-hydroxy-4-phenyl-adipinsäure-1-lacton** $C_{15}H_{16}O_5$, Formel XI.

B. Beim Behandeln von 4-Oxo-4-phenyl-*trans*-crotonsäure mit Pentan-2,4-dion und wss. Natronlauge (*Julia, Varech*, Bl. **1959** 1463, 1465).

Krystalle (aus Bzl. + PAe.); F: 135—137°.

(3aS)-6,8a,8b-Trimethyl-3,7-dioxo-(4at,8at,8bc)-3,4a,7,8,8a,8b-hexahydro-cyclopenta[b]=benzofuran-3ar-carbonsäure, 2,8-Dioxo-apotrichotheca-3,9-dien-13-säure [1] $C_{15}H_{16}O_5$, Formel XII.

B. Beim Behandeln von 13-Hydroxy-apotrichotheca-3,9-dien-2,8-dion mit Chrom(VI)-oxid in Essigsäure (*Freeman et al.*, Soc. **1959** 1105, 1125).

Krystalle (aus W.) mit 1 Mol H_2O; F: 187—188° [Zers.]. Das Krystallwasser wird beim Erhitzen auf 120° abgegeben. Absorptionsmaximum (A.): 227 nm (*Fr. et al.*).

Bei der Hydrierung an Palladium/Kohle in Methanol ist 2,8-Dioxo-9ξH-apotrichothec=an-13-säure (S. 6027) erhalten worden (*Fr. et al.*, l. c. S. 1125).

---

[1] Stellungsbezeichnung bei von Apotrichothecan abgeleiteten Namen s. S. 1216.

XII   XIII   XIV

(3aR)-6,8a,8b-Trimethyl-1,7-dioxo-(4a*t*,8a*t*,8b*c*)-1,4a,7,8,8a,8b-hexahydro-cyclopenta[*b*]=
benzofuran-3a*r*-carbonsäure, 4,8-Dioxo-apotrichotheca-2,9-dien-13-säure [1] $C_{15}H_{16}O_5$,
Formel XIII.

B. Beim Behandeln von Trichothecolonchlorhydrin (2β-Chlor-4β,13-dihydroxy-apo=
trichothec-9-en-8-on [S. 1216]) oder von Neotrichothecodion (13-Hydroxy-apotrichotheca-
2,9-dien-4,8-dion [S. 1445]) mit Chrom(VI)-oxid in Essigsäure (*Freeman et al.*, Soc. **1959**
1105, 1126).

Krystalle (aus Bzl. + PAe.), F: 173—174° [korr.]; Krystalle (aus W. oder wss. Me.) mit
1 Mol H_2O, F: 115—116° [nach Sintern bei 105°] (*Fr. et al.*, l. c. S. 1127). Absorptionsmaximum (Me.): 222 nm (*Fr. et al.*, l. c. S. 1127).

Bei der Hydrierung an Palladium/Kohle in Methanol ist 4,8-Dioxo-9ξH-apotricho=
thecan-13-säure (S. 6027) erhalten worden.

(±)-3*c*,5a-Dimethyl-2,8-dioxo-(3a*r*,5a*t*,9b*c*)-2,3,3a,4,5,5a,8,9b-octahydro-naphtho[1,2-*b*]=
furan-3*t*-carbonsäure, *rac*-(11*S*)-6β-Hydroxy-11-methyl-3-oxo-15-nor-eudesma-1,4-dien-
12,13-disäure-lacton [2] $C_{15}H_{16}O_5$, Formel XIV + Spiegelbild.

B. In kleiner Menge beim Erwärmen einer Lösung von *rac*-11-Methyl-3-oxo-15-nor-
eudesma-1,4-dien-12,13-disäure-diäthylester in Tetrachlormethan mit *N*-Brom-succinimid
und Erwärmen einer Lösung des Reaktionsprodukts in Aceton mit Bariumhydroxid in
Wasser und anschliessend mit wss. Kalilauge (*Harukawa*, J. pharm. Soc. Japan **75** [1955]
525, 528; C. A. **1956** 5584).

Krystalle (aus Ae.); F: 184—185° [Zers.]. IR-Spektrum (Nujol; 2—15 μ): *Ha.*, l. c.
S. 526. Absorptionsmaximum (Me.): 243 nm (*Ha.*, l. c. S. 528).

S-Benzyl-isothiuronium-Salz [$C_8H_{11}N_2S$] $C_{15}H_{15}O_5$. Krystalle (aus A. + Ae.);
F: 170° [Zers.].

(±)-5a,9-Dimethyl-2,8-dioxo-(3a*r*,5a*c*,9b*c*)-2,3,3a,4,5,5a,8,9b-octahydro-naphtho[1,2-*b*]=
furan-3ξ-carbonsäure-äthylester, *rac*-(11Ξ)-6α-Hydroxy-3-oxo-7βH-eudesma-1,4-dien-
12,13-disäure-äthylester-lacton [2] $C_{17}H_{20}O_5$, Formel XV + Spiegelbild.

B. Beim Behandeln von *rac*-(11Ξ)-6α-Hydroxy-3-oxo-7βH-eudesm-4-en-12,13-disäure-
äthylester-lacton (S. 6038) mit Brom in Äther und Erhitzen des Reaktionsprodukts mit
5-Äthyl-2-methyl-pyridin auf 180° (*Ishikawa*, J. pharm. Soc. Japan **76** [1956] 494, 498;
C. A. **1957** 301).

Krystalle (aus wss. Me.); F: 117°. Absorptionsmaximum (A.): 243 nm (*Is.*).

Beim Erwärmen mit wss. Kalilauge und Erhitzen des nach dem Ansäuern mit wss.
Salzsäure isolierten Reaktionsprodukts mit 2,4,6-Trimethyl-pyridin ist *rac*-6α-Hydroxy-
3-oxo-13-nor-7βH-eudesma-1,4-dien-12-säure-lacton erhalten worden.

XV   XVI

---

[1] Stellungsbezeichnung bei von Apotrichothecan abgeleiteten Namen s. S. 1216.
[2] Stellungsbezeichnung bei von Eudesman abgeleiteten Namen s. E IV **5** 355.

(±)-4,5a,7-Trimethyl-1,3-dioxo-(3ar,4ac,5ac,6ac)-octahydro-4t,6t-ätheno-cycloprop[f]iso=
benzofuran-5c-carbonsäure-methylester, (±)-1a,5,7-Trimethyl-(1ar)-hexahydro-
2t,5t-ätheno-cyclopropabenzen-1c,3t,4t-tricarbonsäure-3,4-anhydrid-1-methylester,
(±)-1,4,9-Trimethyl-(1rC⁸,2tH,4tH)-tricyclo[3.2.2.0²,⁴]non-8-en-3t,6c,7c-tricarbonsäure-
6,7-anhydrid-3-methylester $C_{16}H_{18}O_5$, Formel XVI + Spiegelbild.

B. Bei der Bestrahlung eines Gemisches von Mesitylen und Diazoessigsäure-methyl=
ester mit UV-Licht und Umsetzung des Reaktionsprodukts mit Maleinsäure-anhydrid
(*Alder et al.*, A. **627** [1959] 59, 71).

Krystalle (aus E. + PAe.); F: 189°.

Oxocarbonsäuren $C_{16}H_{18}O_5$

(±)-2-[2]Furyl-3-methyl-4-oxo-1-[3-oxo-butyl]-cyclohex-2-encarbonsäure $C_{16}H_{18}O_5$,
Formel I, und Tautomeres ((±)-7-[2]Furyl-3-hydroxy-3,8-dimethyl-2-oxa-
spiro[5.5]dec-7-en-1,9-dion).

B. In kleiner Menge beim Behandeln von (±)-2-[2]Furyl-3-methyl-4-oxo-cyclohex-
2-encarbonsäure-äthylester mit Butenon und Kalium-*tert*-butylat in Äther und Erwärmen der bei 180—190°/0,2 Torr destillierbaren Anteile des Reaktionsprodukts mit wss.-
methanol. Kalilauge (*Mukharji*, J. Indian chem. Soc. **33** [1956] 99, 109).

Krystalle (aus Bzl. + Me.); F: 233° [Zers.]. Absorptionsmaximum (A.): 323 nm.

I　　　　　　　　　　　　　II

(±)-7c-[7t-Methyl-1,3-dioxo-(3ar,7ac)-1,3,3a,4,7,7a-hexahydro-isobenzofuran-4t-yl]-
hepta-2t,6-diensäure-isobutylamid, (±)-3c-[6t-Isobutylcarbamoyl-hexa-1,5-dien-c-yl]-
6c-methyl-cyclohex-4-en-1r,2c-dicarbonsäure-anhydrid $C_{20}H_{27}NO_4$, Formel II + Spiegelbild.

Bezüglich der Zuordnung der Konfiguration an den C-Atomen 4 und 7 (Isobenzofuran-
Bezifferung) vgl. *Martin, Hill*, Chem. Reviews **61** [1961] 537, 544; *Wollweber*, Houben-
Weyl **5** Tl. 3 [1970] 977, 987.

B. Beim Erwärmen von α-Sanshool (Dodeca-2t,6c,8t,10t-tetraensäure-isobutylamid)
mit Maleinsäure-anhydrid in Benzol (*Crombie, Tayler*, Soc. **1957** 2760, 2762).

Krystalle (aus Ae. + PAe.); F: 99—100,5° (*Cr., Ta.*). IR-Banden (Paraffin) im Bereich
von 3300 cm⁻¹ bis 970 cm⁻¹: *Cr., Ta.*, l. c. S. 2766.

(±)-3c,5a,9-Trimethyl-2,8-dioxo-(5ar)-2,3,4,5,5a,6,7,8-octahydro-naphtho[1,2-*b*]furan-
3t-carbonsäure-äthylester, *rac*-(11*R*)-6-Hydroxy-11-methyl-3-oxo-eudesma-4,6-dien-
12,13-disäure-äthylester-lacton [1]) $C_{18}H_{22}O_5$, Formel III + Spiegelbild.

B. Neben *rac*-(11*R*)-6β-Hydroxy-11-methyl-3-oxo-eudesm-4-en-12,13-disäure-äthyl=
ester-lacton (Hauptprodukt) beim Erhitzen von *rac*-(11*R*)-6α-Hydroxy-11-methyl-3-oxo-
eudesm-4-en-12,13-disäure-äthylester-lacton mit Chlorwasserstoff enthaltendem Di=
methylformamid (*Ishikawa*, J. pharm. Soc. Japan **76** [1956] 507, 510; C. A. **1957** 303).
Neben *rac*-(11*R*)-6β-Hydroxy-11-methyl-3-oxo-eudesma-1,4-dien-12,13-disäure-äthyl=
ester-lacton (Hauptprodukt) beim Erhitzen von *rac*-(11*R*)-2ξ-Brom-6α-hydroxy-
11-methyl-3-oxo-eudesm-4-en-12,13-disäure-äthylester-lacton (F: 126° [S. 6043]) mit
Lithiumchlorid enthaltendem Dimethylformamid (*Ish.*).

Krystalle (aus Me. oder E.); F: 129° (*Ish.*). UV-Absoptionsmaximum (A.): 303 nm (*Ish.*).

Beim Behandeln mit wss.-äthanol. Kalilauge und Ansäuern der Reaktionslösung mit

---

[1]) Stellungsbezeichnung bei von Eudesman abgeleiteten Namen s. E IV **5** 355.

Essigsäure ist Dihydrosantonen (E III/IV **17** 6229) erhalten worden (*Nishikawa et al.*, J. pharm. Soc. Japan **75** [1955] 1202, 1205; C. A. **1956** 8542).

3,5a,9-Trimethyl-2,8-dioxo-2,3,3a,4,5,5a,8,9b-octahydro-naphtho[1,2,b]furan-3-carbon-säure $C_{16}H_{18}O_5$.

a) **(±)-3ξ,5a,9-Trimethyl-2,8-dioxo-(3ar,5at,9bc)-2,3,3a,4,5,5a,8,9b-octahydro-naphtho[1,2-b]furan-3ξ-carbonsäure, rac-(11Ξ)-6β-Hydroxy-11-methyl-3-oxo-eudesma-1,4-dien-12,13-disäure-lacton**[1]) $C_{16}H_{18}O_5$, Formel IV + Spiegelbild.

Die beiden Racemate (a) Krystalle [aus wss. Me.] mit 1 Mol H_2O, F: 194° [Zers.]; λ_{max} [A]: 246 nm [ε: 12000]; b) Krystalle [aus wss. Me.] mit 1 Mol H_2O, F: 174° [Zers.]; λ_{max} [A.]: 246 nm [ε: 14200]) dieser Konstitution und Konfiguration sind beim Erhitzen von   rac-(11R)-6β-Hydroxy-11-methyl-3-oxo-eudesma-1,4-dien-12,13-disäure-äthylester-lacton mit wss. Kalilauge und Erwärmen der Reaktionslösung mit wss. Salzsäure erhalten worden (*Ishikawa*, J. pharm. Soc. Japan **76** [1956] 500, 503; C. A. **1957** 302).

b) **(−)(3aS)-3ξ,5a,9-Trimethyl-2,8-dioxo-(3ar,5at,9bt)-2,3,3a,4,5,5a,8,9b-octahydro-naphtho[1,2-b]furan-3ξ-carbonsäure, (−)(11Ξ)-6α-Hydroxy-11-methyl-3-oxo-eudesma-1,4-dien-12,13-disäure-lacton**[1]) $C_{16}H_{18}O_5$, Formel V, vom F: 213°.

Gewinnung aus dem unter e) beschriebenen Racemat mit Hilfe von Brucin: *Abe et al.*, Am. Soc. **78** [1956] 1422, 1426.

Krystalle; F: 213° [unkorr.; Zers.]. $[\alpha]_D^{18}$: −75,1° [A.]. UV-Absorptionsmaximum (A.): 241 nm.

Beim Erhitzen mit 2,4,6-Trimethyl-pyridin ist (−)-α-Santonin ((11S)-6α-Hydroxy-3-oxo-eudesma-1,4-dien-12-säure-lacton [E III/IV **17** 6232]) erhalten worden.

Brucin-Salz. Krystalle (aus Me.); F: 134—138° [korr.; Zers.]. $[\alpha]_D^{20}$: −9,8° [A.].

III   IV   V

c) **(+)(3aR)-3ξ,5a,9-Trimethyl-2,8-dioxo-(3ar,5at,9bt)-2,3,3a,4,5,5a,8,9b-octahydro-naphtho[1,2-b]furan-3ξ-carbonsäure, (+)-ent-(11Ξ)-6α-Hydroxy-11-methyl-3-oxo-eudesma-1,4-dien-12,13-disäure-lacton**[1]) $C_{16}H_{18}O_5$, Formel VI, vom F: 213°.

Gewinnung aus dem unter f) beschriebenen Racemat mit Hilfe von Chinin: *Abe et al.*, Am. Soc. **78** [1956] 1422, 1426.

Krystalle (aus Me.); F: 213° [unkorr.; Zers.]. $[\alpha]_D^{18}$: +75,4° [A.]. UV-Absorptions-maximum (A.): 241 nm.

Beim Erhitzen mit 2,4,6-Trimethyl-pyridin ist (+)-α-Santonin (ent-(11S)-6α-Hydroxy-3-oxo-eudesma-1,4-dien-12-säure-lacton [E III/IV **17** 6232]) erhalten worden.

Chinin-Salz $C_{20}H_{24}N_2O_2 \cdot C_{16}H_{18}O_5$. Krystalle (aus Me.); F: 182° [unkorr.; Zers.]. $[\alpha]_D^{18}$: −57,7° [A.].

d) **(+)(3aR)-3ξ,5a,9-Trimethyl-2,8-dioxo-(3ar,5at,9bt)-2,3,3a,4,5,5a,8,9b-octahydro-naphtho[1,2-b]furan-3ξ-carbonsäure, (+)-ent-(11Ξ)-6α-Hydroxy-11-methyl-3-oxo-eudesma-1,4-dien-12,13-disäure-lacton**[1]) $C_{16}H_{18}O_5$, Formel VI, vom F: 200°.

Gewinnung aus unter e) beschriebenen Racemat mit Hilfe von Chinin: *Abe et al.*, Am. Soc. **78** [1956] 1422, 1426.

Krystalle (aus Me.); F: 200° [unkorr.; Zers.]. $[\alpha]_D^{20}$: +140,7° [A.]. UV-Absorptions-maximum (A.): 241 nm.

Beim Erhitzen mit 2,4,6-Trimethyl-pyridin ist (+)-α-Santonin (ent-(11S)-6α-Hydroxy-3-oxo-eudesma-1,4-dien-12-säure-lacton [E III/IV **17** 6232]) erhalten worden.

Chinin-Salz $C_{20}H_{24}N_2O_2 \cdot C_{16}H_{18}O_5$. Krystalle (aus Me.); F: 170° [unkorr.; Zers.]. $[\alpha]_D^{18}$: −41,6° [A.].

---

[1]) Stellungsbezeichnung bei von Eudesman abgeleiteten Namen s. E IV **5** 355.

e) (±)-3ξ,5a,9-Trimethyl-2,8-dioxo-(3ar,5a*t*,9b*t*)-2,3,3a,4,5,5a,8,9b-octahydro-naphtho[1,2-*b*]furan-3ξ-carbonsäure, *rac*-(11Ξ)-6α-Hydroxy-11-methyl-3-oxo-eudesma-1,4-dien-12,13-disäure-lacton [1]) $C_{16}H_{18}O_5$, Formel V + Spiegelbild, **vom F: 210°**.

B. Neben dem unter f) beschriebenen Racemat beim Erwärmen von *rac*-(11*R*)-6α-Hydroxy-11-methyl-3-oxo-eudesma-1,4-dien-12,13-disäure-äthylester-lacton mit meth-anol. Kalilauge und Ansäuern einer Lösung des erhaltenen Kalium-Salzes in Wasser mit wss. Salzsäure (*Abe et al.*, Am. Soc. **78** [1956] 1422, 1426).

Krystalle (aus wss. Me.); F: 210° [unkorr.; Zers.] (*Abe et al.*). UV-Absorptionsmaximum (A.): 241 nm [log ε: 4,17] (*Abe et al.*).

Beim Erhitzen mit 2,4,6-Trimethyl-pyridin ist (±)-α-Santonin (*rac*-(11S)-6α-Hydroxy-3-oxo-eudesma-1,4-dien-12-säure-lacton [E III/IV **17** 6234]) erhalten worden (*Abe et al.*; *Sumi*, Pharm. Bl. **4** [1956] 152, 156).

VI   VII   VIII

f) (±)-3ξ,5a,9-Trimethyl-2,8-dioxo-(3ar,5a*t*,9b*t*)-2,3,3a,4,5,5a,8,9b-octahydro-naphtho[1,2-*b*]furan-3ξ-carbonsäure, *rac*-(11Ξ)-6α-Hydroxy-11-methyl-3-oxo-eudesma-1,4-dien-12,13-disäure-lacton [1]) $C_{16}H_{18}O_5$, Formel V + Spiegelbild, **vom F: 186°**.

B. Beim Behandeln einer Suspension von *rac*-(11S)-11-Cyan-6α-hydroxy-3-oxo-eudesma-1,4-dien-12-säure-lacton in Methanol mit wss. Kalilauge und Ansäuern der Reaktionslösung mit wss. Salzsäure (*Miki*, J. pharm. Soc. Japan **75** [1955] 407; C. A. **1956** 2520). Über eine weitere Bildungsweise s. bei dem unter e) beschriebenen Racemat.

Krystalle; F: 186° [aus E.] (*Sumi*, Pharm. Bl. **4** [1956] 152, 156), 186° (*Miki*), 185° [unkorr.; Zers.; aus wss. Me.] (*Abe et al.*, Am. Soc. **78** [1956] 1422, 1426). UV-Absorptions-maximum (A.): 241 nm [log ε: 4,19] (*Abe et al.*).

Beim Erhitzen mit 2,4,6-Trimethyl-pyridin ist (±)-α-Santonin (*rac*-(11S)-6α-Hydroxy-3-oxo-eudesma-1,4-dien-12-säure-lacton [E III/IV **17** 6234]) erhalten worden (*Miki*; *Abe et al.*; *Sumi*).

3,5a,9-Trimethyl-2,8-dioxo-2,3,3a,4,5,5a,8,9b-octahydro-naphtho[1,2-*b*]furan-3-carbon-säure-äthylester $C_{18}H_{22}O_5$.

a) (±)-3*t*,5a,9-Trimethyl-2,8-dioxo-(3ar,5a*t*,9b*c*)-2,3,3a,4,5,5a,8,9b-octahydro-naphtho[1,2-*b*]furan-3*c*-carbonsäure-äthylester, *rac*-(11*R*)-6β-Hydroxy-11-methyl-3-oxo-eudesma-1,4-dien-12,13-disäure-äthylester-lacton $C_{18}H_{22}O_5$, Formel VII + Spiegelbild.

B. Beim Erhitzen von *rac*-(11*R*)-2ξ-Brom-6β-hydroxy-11-methyl-3-oxo-eudesm-4-en-12,13-disäure-äthylester-lacton (F: 162° [S. 6043]) mit 2-Methyl-pyridin (*Sumi*, Pharm. Bl. **4** [1956] 152, 157) oder mit 5-Äthyl-2-methyl-pyridin (*Ishikawa*, J. pharm. Soc. Japan **76** [1956] 500, 503; C. A. **1957** 302). Neben kleinen Mengen *rac*-(11*R*)-6-Hydroxy-11-methyl-3-oxo-eudesma-4,6-dien-12,13-disäure-äthylester-lacton beim Erhitzen von *rac*-(11*R*)-2ξ-Brom-6α-hydroxy-11-methyl-3-oxo-eudesm-4-en-12,13-disäure-äthylester-lacton (F: 126° [S. 6043]) mit Lithiumchlorid enthaltendem Dimethylformamid (*Ishikawa*, J. pharm. Soc. Japan **76** [1956] 507, 510; C. A. **1957** 303). Beim Erhitzen von *rac*-(11*R*)-6α-Hydroxy-11-methyl-3-oxo-eudesma-1,4-dien-12,13-disäure-äthylester-lacton mit Chlorwasserstoff enthaltendem Dimethylformamid (*Ish.*, l. c. S. 510).

Krystalle; F: 143° [aus Me.] (*Ish.*, l. c. S. 503, 510), 142° [aus A.] (*Sumi*). UV-Absorp-tionsmaximum (A.): 246 nm (*Ish.*, l. c. S. 503).

Beim Erhitzen mit wss. Kalilauge und Erwärmen der Reaktionslösung mit wss. Salz-säure sind die beiden *rac*-(11Ξ)-6β-Hydroxy-11-methyl-3-oxo-eudesma-1,4-dien-12,13-di-säure-lactone (Monohydrate: F: 194° bzw. F: 174° [S. 6064]) erhalten worden (*Ish.*, l. c. S. 503).

---

[1]) Stellungsbezeichnung bei von Eudesman abgeleiteten Namen s. E IV **5** 355.

b) (±)-3c,5a,9-Trimethyl-2,8-dioxo-(3ar,5at,9bc)-2,3,3a,4,5,5a,8,9b-octahydro-naphtho[1,2-b]furan-3t-carbonsäure-äthylester, rac-(11S)-6β-Hydroxy-11-methyl-3-oxo-eudesma-1,4-dien-12,13-disäure-äthylester-lacton $C_{18}H_{22}O_5$, Formel VIII + Spiegelbild.

B. Beim Erhitzen von rac-(11S)-2ξ-Brom-6β-hydroxy-11-methyl-3-oxo-eudesm-4-en-12,13-disäure-äthylester-lacton (F: 165° [S. 6043]) mit 2-Methyl-pyridin oder 5-Äthyl-2-methyl-pyridin (Ishikawa, J. pharm. Soc. Japan 76 [1956] 500, 503; C. A. 1957 302).

Krystalle (aus Me.); F: 150°. UV-Absorptionsmaximum (A.): 246 nm.

c) (±)-3t,5a,9-Trimethyl-2,8-dioxo-(3ar,5at,9bt)-2,3,3a,4,5,5a,8,9b-octahydro-naphtho[1,2-b]furan-3c-carbonsäure-äthylester, rac-(11R)-6α-Hydroxy-11-methyl-3-oxo-eudesma-1,4-dien-12,13-disäure-äthylester-lacton $C_{18}H_{22}O_5$, Formel IX + Spiegelbild.

B. Beim Erhitzen einer Lösung von rac-(11R)-6α-Hydroxy-11-methyl-3-oxo-eudesm-4-en-12,13-disäure-äthylester-lacton in Essigsäure mit Selendioxid und Wasser (Miki, J. pharm. Soc. Japan 75 [1955] 403, 406; C. A. 1956 2519). Beim Erhitzen von rac-(11R)-2ξ-Brom-6α-hydroxy-11-methyl-3-oxo-eudesm-4-en-12,13-disäure-äthylester-lacton (F: 126° [S. 6043]) mit 2,4,6-Trimethyl-pyridin (Abe et al., Am. Soc. 78 [1956] 1422, 1426).

Krystalle (aus Me.); F: 129° [unkorr.] (Abe et al.). Kp$_2$: 220° (Miki). UV-Absorptions⸗ maximum (A.): 241 nm (Abe et al.).

Überführung in rac-(11R)-6β-Hydroxy-11-methyl-3-oxo-eudesma-1,4-dien-12,13-di⸗ säure-äthylester-lacton durch Erhitzen mit Chlorwasserstoff enthaltendem Dimethyl⸗ formamid: Ishikawa, J. pharm. Soc. Japan 76 [1956] 507, 510; C. A. 1957 303. Beim Erwärmen mit methanol. Kalilauge und Ansäuern einer wss. Lösung des erhaltenen Kalium-Salzes mit wss. Salzsäure sind die beiden rac-(11Ξ)-6α-Hydroxy-11-methyl-3-oxo-eudesma-1,4-dien-12,13-disäure-lactone (F: 210° bzw. F: 186° [S. 6065]) erhalten worden (Abe et al.).

IX   X

d) (±)-3c,5a,9-Trimethyl-2,8-dioxo-(3ar,5at,9bt)-2,3,3a,4,5,5a,8,9b-octahydro-naphtho[1,2-b]furan-3t-carbonsäure-äthylester, rac-(11S)-6α-Hydroxy-11-methyl-3-oxo-eudesma-1,4-dien-12,13-disäure-äthylester-lacton $C_{18}H_{22}O_5$, Formel X + Spiegelbild.

B. Beim Erhitzen von rac-(11S)-2ξ-Brom-6α-hydroxy-11-methyl-3-oxo-eudesm-4-en-12,13-disäure-äthylester-lacton (F: 167° [S. 6043]) mit 2-Methyl-pyridin (Sumi, Pharm. Bl. 4 [1956] 152, 156).

Krystalle (aus A.); F: 148°. UV-Absorptionsmaximum (A.): 241 nm.

Beim Erwärmen mit wss. Kalilauge und Ansäuern der Reaktionslösung sind die beiden rac-(11Ξ)-6α-Hydroxy-11-methyl-3-oxo-eudesma-1,4-dien-12,13-disäure-lactone (F: 210° bzw. F: 186° [S. 6065]) erhalten worden.

(±)-3c,5a,9-Trimethyl-2,8-dioxo-(3ar,5at,9bt)-2,3,3a,4,5,5a,8,9b-octahydro-naphtho⸗ [1,2-b]furan-3t-carbonitril, rac-(11S)-11-Cyan-6α-hydroxy-3-oxo-eudesma-1,4-dien-12-säure-lacton $C_{16}H_{17}NO_3$, Formel XI + Spiegelbild.

B. Beim Erhitzen einer Lösung von rac-(11S)-11-Cyan-3-oxo-eudesma-1,4-dien-12-säure in Essigsäure mit Selendioxid und Wasser (Miki, J. pharm. Soc. Japan 75 [1955] 407; C. A. 1956 2520).

Krystalle (aus Me.); F: 190°.

Beim Erwärmen mit wss.-methanol. Kalilauge und Ansäuern der Reaktionslösung mit wss. Salzsäure ist rac-(11Ξ)-6α-Hydroxy-11-methyl-3-oxo-eudesma-1,4-dien-12,13-di⸗ säure-lacton (F: 186° [S. 6065]) erhalten worden.

(±)-7-*tert*-Butyl-1,3-dioxo-(3a*r*,4a*c*,5a*c*,6a*c*)-octahydro-4*t*,6*t*-ätheno-cycloprop[*f*]iso=
benzofuran-5*c*-carbonsäure-methylester, (±)-6-*tert*-Butyl-(1a*r*)-hexahydro-2*t*,5*t*-ätheno-
cyclopropabenzen-1*c*,3*t*,4*t*-tricarbonsäure-3,4-anhydrid-1-methylester, (±)-8-*tert*-Butyl-
(1*r*C⁸,2*t*H,4*t*H)-tricyclo[3.2.2.0²,⁴]non-8-en-3*t*,6*c*,7*c*-tricarbonsäure-6,7-anhydrid-
3-methylester $C_{17}H_{20}O_5$, Formel XII + Spiegelbild.

B. Bei der Bestrahlung eines Gemisches von *tert*-Butyl-benzol und Diazoessigsäure-
methylester mit UV-Licht und Umsetzung des Reaktionsprodukts mit Maleinsäure-
anhydrid (*Alder et al.*, A. **627** [1959] 59, 72).

Zwischen 172° und 180° schmelzend.

XI   XII

Oxocarbonsäuren $C_{18}H_{22}O_5$

3,3,6,6-Tetramethyl-1,8-dioxo-1,2,3,4,5,6,7,8-octahydro-xanthen-9-carbonsäure
$C_{18}H_{22}O_5$, Formel I (R = H, und Tautomeres (2a-Hydroxy-4,4,8,8-tetramethyl-
2a,3,4,5,7,8,9,10b-octahydro-furo[2,3,4-*kl*]xanthen-1,10-dion) (E II 357).

B. Beim Erhitzen von Bis-[4,4-dimethyl-2,6-dioxo-cyclohexyl]-essigsäure mit 40%ig.
wss. Schwefelsäure (*Klein, Linser*, Mikroch. Festschrift F. Pregl [1929] S. 204, 216) oder
mit Essigsäure und wss. Salzsäure (*Gustafsson*, Suomen Kem. **21** B [1948] 3).

Krystalle; F: 245° [nach Sublimation] (*Kl., Li.*, l. c. S. 226), 239—240° (*Gu.*).

3,3,6,6-Tetramethyl-1,8-dioxo-1,2,3,4,5,6,7,8-octahydro-xanthen-9-carbonsäure-äthyl=
ester $C_{20}H_{26}O_5$, Formel I (R = C_2H_5) (E II 357).

F: 124—126° (*Gustafsson*, Suomen Kem. **21** B [1948] 3).

I   II   III

Oxocarbonsäuren $C_{20}H_{26}O_5$

rac-11β-Hydroxy-3-oxo-18-nor-5ξ,14β-androstan-13,15ξ-dicarbonsäure-13-lacton-
15-methylester $C_{21}H_{28}O_5$, Formel II + Spiegelbild.

B. Bei der Hydrierung von *rac*-11β-Hydroxy-3-oxo-18-nor-14β-androst-4-en-13,15ξ-di=
carbonsäure-13-lacton-15-methylester (S. 6082) an Platin in Essigsäure und Behandlung
der Reaktionslösung mit Chrom(VI)-oxid in Essigsäure (*Wieland et al.*, Helv. **41** [1958]
416, 433).

Krystalle (aus Acn. + Ae.); F: 244—249° [unkorr.].

4a-Methyl-2,7-dioxo-hexadecahydro-5,7a-methano-cyclopenta[*c*]naphth[2,1-*e*]oxepin-
8-carbonsäure-methylester $C_{21}H_{28}O_5$.

a) **11β-Hydroxy-3-oxo-18-nor-5α-androstan-13,17β-dicarbonsäure-13-lacton-**
17-methylester, 11β-Hydroxy-3-oxo-21-nor-5α-pregnan-18,20-disäure-18-lacton-
20-methylester $C_{21}H_{28}O_5$, Formel III.

B. Beim   Behandeln   von   3β,11β-Dihydroxy-21-nor-5α-pregnan-18,20-disäure-

18→11-lacton-20-methylester mit Chrom(VI)-oxid in Essigsäure (*Simpson et al.*, Helv. **37** [1954] 1200, 1217).

Krystalle (aus Ae.); F: 209—211° [korr.; Kofler-App.]. $[\alpha]_D^{25}$: +102° [CHCl$_3$; c = 0,3). IR-Spektrum (CS$_2$; 2—12 μ): *Si. et al.*, l. c. S. 1209.

b) **rac-11β-Hydroxy-3-oxo-18-nor-5ξ,14β-androstan-13,17α-dicarbonsäure-13-lacton-17-methylester, rac-11β-Hydroxy-3-oxo-21-nor-5ξ,14β,17βH-pregnan-18,20-di⁼ säure-18-lacton-20-methylester** $C_{21}H_{28}O_5$, Formel IV + Spiegelbild.

B. Bei der Hydrierung von *rac*-11β-Hydroxy-3-oxo-21-nor-14β,17βH-pregn-4-en-18,20-disäure-18-lacton-20-methylester an Platin in Essigsäure und Behandlung der Reaktionslösung mit Chrom(VI)-oxid in Essigsäure (*Wieland et al.*, Helv. **41** [1958] 416, 429, 430).

Krystalle, die bei 189—198° schmelzen [Präparat von ungewisser Einheitlichkeit].

IV   V

Oxocarbonsäuren $C_{21}H_{28}O_5$

11-Hydroxy-20-oxo-2,3-seco-5α-pregn-11-en-2,3-disäure-2-lacton $C_{21}H_{28}O_5$, Formel V.

B. Beim Erhitzen von 11,20-Dioxo-2,3-seco-5α-pregnen-2,3-disäure mit Acetanhydrid (*Rull, Ourisson*, Bl. **1958** 1573, 1578).

Krystalle (aus CH$_2$Cl$_2$ + A.); F: 216—217° [korr.]. $[\alpha]_{578}$: +66° [CHCl$_3$; c = 1].

Oxocarbonsäuren $C_{22}H_{30}O_5$

8-[7-Hexyl-1,3-dioxo-phthalan-4-yl]-octansäure, 3-[7-Carboxy-heptyl]-6-hexyl-phthalsäure-anhydrid $C_{22}H_{30}O_5$, Formel VI (R = H).

B. Beim Erhitzen von (±)-8-[7t-Hexyl-1,3-dioxo-(3ar,7ac)-1,3,3a,4,7,7a-hexahydro-isobenzofuran-4t-yl]-octansäure oder eines Gemisches von (±)-3c-[7-Carboxy-heptyl]-6c-hexyl-cyclohex-4-en-1r,2t-dicarbonsäure und (±)-3t-[7-Carboxy-heptyl]-6t-hexyl-cyclo⁼ hex-4-en-1r,2t-dicarbonsäure mit Schwefel bis auf 260° (*Alder, Kuth*, A. **609** [1957] 19, 30).

Krystalle (aus Ae. + PAe.); F: 116—118°.

VI   VII

8-[7-Hexyl-1,3-dioxo-phthalan-4-yl]-octansäure-methylester, 3-Hexyl-6-[7-methoxy⁼ carbonyl-heptyl]-phthalsäure-anhydrid $C_{23}H_{32}O_5$, Formel VI (R = CH$_3$).

B. Beim Erhitzen von (±)-3c-Hexyl-6c-[7-methoxycarbonyl-heptyl]-cyclohex-4-en-1r,2c-dicarbonsäure-anhydrid mit Palladium/Kohle auf 240° (*Alder, Kuth*, A. **609** [1957] 19, 31).

Krystalle (aus PAe.); F: 47—48°.

---

*Opt.-inakt. 3-[3,6-Diisopropyl-1,8-dioxo-1,2,3,4,5,6,7,8-octahydro-xanthen-9-yl]-propionitril $C_{22}H_{29}NO_3$, Formel VII.

B. Beim Erwärmen von 5-Isopropyl-cyclohexan-1,3-dion mit 3,3-Diäthoxy-propio⁼

nitril in Äthanol und Essigsäure und Erhitzen des Reaktionsprodukts mit Acetanhydrid (*Sonn, Schreiber*, J. pr. [2] **155** [1940] 65, 74).
Krystalle (aus wss. A.); F: 153—155°.

(1R)-1,2,2-Trimethyl-3c-[(5S)-8,9,9-trimethyl-2,4-dioxo-5,6,7,8-tetrahydro-2H-5,8-methano-chroman-3-yl]-cyclopentan-r-carbonsäure $C_{22}H_{30}O_5$, Formel VIII, und Tautomeres ((1R)-3c-[(5S)-4-Hydroxy-8,9,9-trimethyl-2-oxo-5,6,7,8-tetra-hydro-2H-5,8-methano-chromen-3-yl]-1,2,2-trimethyl-cyclopentan-r-carbonsäure).

Diese Konstitution und Konfiguration kommt wahrscheinlich auch der früher (s. H **10** 643) beschriebenen, aus (+)-4,7,7-Trimethyl-3-oxo-norbornan-2-carbonsäure („(+)-Cam=pher-carbonsäure-(3)") hergestellten Verbindung $C_{22}H_{30}O_5$ (F: 265°) und der früher (s. E II **10** 442) beschriebenen Oxocarbonsäure $C_{22}H_{30}O_5$ (F: 262°; aus (1S,2Ξ)-2-Brom-3-oxo-4,7,7-trimethyl-norbornan-2-carbonylbromid [„3-Brom-d-campher-carbonsäure-(3)-bromid"] hergestellt) zu (*Yates, Chandross*, Tetrahedron Letters **1959** Nr. 20, S. 1).

B. Beim Behandeln von (3S,5S,1′S)-8,9,9,4′,7′,7′-Hexamethyl-5,6,7,8-tetrahydro-spiro[5,8-methano-chroman-3,2′-norbornan]-2,4,3′-trion (E III/IV **17** 6775) oder von (3R,5S,1′S)-8,9,9,4′,7′,7′-Hexamethyl-5,6,7,8-tetrahydro-spiro[5,8-methano-chroman-3,2′-norbornan]-2,4,3′-trion (E III/IV **17** 6775) mit Essigsäure und wss. Salzsäure (*Ya., Ch.*, l. c. S. 3). Neben (1R)-1,2,2-Trimethyl-3c-[2-oxo-2-[(1S)-4,7,7-trimethyl-3-oxo-[2]norbornyl)-äthyl]-cyclopentan-r-carbonsäure beim Behandeln von (1R)-3c-[(5S)-4-Hydroxy-8,9,9-trimethyl-2-oxo-5,6,7,8-tetrahydro-2H-5,8-methano-chromen-3-yl]-1,2,2-trimethyl-cyclopentan-r-carbonsäure-lacton mit konz. wss. Salzsäure (*Ya., Ch.*, l. c. S. 5).

F: 258—258,5° [Zers.] (*Ya., Ch.*, l. c. S. 3). UV-Absorptionsmaximum einer Lösung in Äthanol: 316 nm; einer Lösung des Natrium-Salzes in äthanol. Natronlauge: 302 nm (*Ya., Ch.*, l. c. S. 3).

Beim Erhitzen unter vermindertem Druck erfolgt Umwandlung in (1R)-3c-[(5S)-4-Hydr=oxy-8,9,9-trimethyl-2-oxo-5,6,7,8-tetrahydro-2H-5,8-methano-chromen-3-yl]-1,2,2-tri=methyl-cyclopentan-r-carbonsäure-lacton (*Ya., Ch.*, l. c. S. 5, 6). Beim Erhitzen mit wss. Kalilauge ist (1R)-1,2,2-Trimethyl-3c-[2-oxo-2-((1S)-4,7,7-trimethyl-3-oxo-[2]norborn=yl)-äthyl]-cyclopentan-r-carbonsäure erhalten worden (*Ya., Ch.*, l. c. S. 3, 4).

VIII   IX

(R)-4-[(3aR)-3a,7a-Dimethyl-3,7-dioxo-(3ar,7ac,10at,10bc)-Δ^{5a(10c)}-dodecahydro-cyclopent[e]indeno[1,7-bc]oxepin-8c-yl]-valeriansäure $C_{22}H_{30}O_5$, Formel IX.

Diese Konstitution und Konfiguration kommt vermutlich der nachstehend beschrie-benen **Brenzprosolannellsäure** zu (vgl. *Windaus*, Z. physiol. Chem. **213** [1932] 147, 168).

B. Beim Erhitzen von Prosolannellsäure (5-Oxo-3,5;11,12-diseco-A-nor-9ξ-cholan-3,11,12,24-tetrasäure [E III **10** 4164]) im Hochvakuum bis auf 300° (*Wieland, Schulen-burg*, Z. physiol. Chem. **114** [1921] 167, 183).

Krystalle (aus Eg.); F: 172°.

Beim Erwärmen mit Natriumäthylat in Äthanol ist (R)-4-[(1R)-2t-Carboxy-2c-methyl-3ξ-((7aR)-7a-methyl-3,7-dioxo-(7ar,3aξ)-hexahydro-indan-4ξ-yl)-cyclopent-r-yl]-valerian-säure (F: 173° [E III **10** 4061]) erhalten worden (*Wi., Sch.*, l. c. S. 184).

Oxocarbonsäuren $C_{23}H_{32}O_5$

3β-Hydroxy-21-oxo-24-nor-5ξ,14ξ,20ξH-cholan-19,23-disäure-19-lacton $C_{23}H_{32}O_5$, Formel X.

B. Beim Erwärmen von 3β,21-Dihydroxy-24-nor-5ξ,14ξ-chol-20(22)-en-19,23-disäure-19 → 3; 23 → 21-dilacton (F: 275 — 277°) mit wss.-äthanol. Natronlauge (*Jacobs et al.*, J. biol. Chem. **70** [1926] 1, 10; s. a. *Jacobs, Collins*, J. biol. Chem. **65** [1925] 491, 504). Krystalle (aus wss. Eg.); F: 262° (*Ja. et al.*).

Oxim $C_{23}H_{33}NO_5$ (3β-Hydroxy-21-hydroxyimino-24-nor-5ξ,14ξ,20ξH-cholan-19,23-disäure-19-lacton). Krystalle (aus wss. A.); F: 248 — 249° (*Ja. et al.*).

14-Hydroxy-3-oxo-24-nor-5β,14β,20β_F(?)H-cholan-21,23-disäure-21-lacton $C_{23}H_{32}O_5$, vermutlich Formel XI (R = H).

Diese Konstitution und Konfiguration kommt der nachstehend beschriebenen **Desoxy-isoperiplogonsäure (Isodigitoxigonsäure)** zu.

B. Beim Erwärmen einer Suspension von 14-Hydroxy-3-oxo-24-nor-5β,14β,20β_F(?)H-cholan-21,23-disäure-21-lacton-23-methylester (s. u.) in wss. Äthanol mit Alkalilauge (*Jacobs, Elderfield*, J. biol. Chem. **92** [1931] 313, 319).

Krystalle (aus wss. A.); F: 206 — 208°.

Bei kurzem Behandeln mit wss. Salzsäure ist γ-Desoxyisoperiplogonsäure (γ-Isodigitoxigonsäure; $C_{23}H_{32}O_5$; Krystalle [aus wss. Acn.], F: 225 — 226°; $[\alpha]_D^{25}$: +70° [Me.]; vermutlich 14-Hydroxy-3-oxo-24-nor-5β,14ξ,20ξH-cholan-21,23-disäure-21-lacton) erhalten worden.

X

XI

[10a,12a-Dimethyl-3,8-dioxo-hexadecahydro-1,4a-äthano-naphtho[1,2-*h*]chromen-2-yl]-essigsäure-methylester $C_{24}H_{34}O_5$.

a) **14-Hydroxy-3-oxo-24-nor-5α,14β,20β_F(?)H-cholan-21,23-disäure-21-lacton-23-methylester** $C_{24}H_{34}O_5$, vermutlich Formel XII.

Bezüglich der Konfiguration am C-Atom 5 vgl. *L. F. Fieser, M. Fieser*, Steroids [New York 1959] S. 755; dtsch. Ausg.: Steroide [Weinheim 1961] S. 830; bezüglich der Konfiguration am C-Atom 20 s. *Krasso et al.*, Helv. **55** [1972] 1352, 1354.

B. s. bei dem unter b) beschriebenen Stereoisomeren.

Krystalle (aus Me.), F: 251 — 252°; $[\alpha]_D^{24}$: -44° [Py.; c = 1] (*Jacobs, Elderfield*, J. biol. Chem. **92** [1931] 313, 318).

b) **14-Hydroxy-3-oxo-24-nor-5β,14β,20β_F(?)H-cholan-21,23-disäure-21-lacton-23-methylester** $C_{24}H_{34}O_5$, vermutlich Formel XI (R = CH$_3$).

Diese Konstitution und Konfiguration kommt dem nachstehend beschriebenen **Desoxy-isoperiplogonsäure-methylester (Isodigitoxigonsäure-methylester)** zu.

Die Konfiguration am C-Atom 5 ergibt sich aus der genetischen Beziehung zu Digi-toxigenin (3β,14-Dihydroxy-5β,14β-card-20(22)-enolid); bezüglich der Konfiguration am C-Atom 20 s. *Krasso et al.*, Helv. **55** [1972] 1352, 1354.

B. Beim Behandeln von Isodigitoxigeninsäure-methylester (3β,14-Dihydroxy-21-oxo-24-nor-5β,14β,20β_F(?)H-cholan-23-säure-methylester [E III **10** 4582]) mit Chrom(VI)-oxid, Essigsäure und wss. Schwefelsäure (*Jacobs, Gustus*, J. biol. Chem. **78** [1928] 573, 578). Neben dem unter a) beschriebenen Stereoisomeren bei der Hydrierung von An-hydroisoperiplogonsäure-methylester (14-Hydroxy-3-oxo-24-nor-14β,20β_F(?)H-chol-4-en-21,23-disäure-21-lacton-23-methylester [S. 6084]) an Palladium in Essigsäure (*Jacobs, Elderfield*, J. biol. Chem. **92** [1931] 313, 318).

Krystalle; F: 192—193,5° [aus Ae.] (*Ja., El.*), 190° [aus wss. Me] (*Ja., Gu.*). [α]$_D^{25}$:
—40,5° [A.; c = 1] (*Ja., El.*).
Semicarbazon $C_{25}H_{37}N_3O_5$. Krystalle (aus wss. A.); F: 243° [Zers.] (*Ja., Gu.*).

XII   XIII

Oxocarbonsäuren $C_{24}H_{34}O_5$

3α,9-Epoxy-11,12-dioxo-5β-cholan-24-säure $C_{24}H_{34}O_5$, Formel XIII (R = H).
B. Beim wiederholten Behandeln von 3α,9-Epoxy-11ξ,12ξ-dihydroxy-5β-cholan-
24-säure (F: 240°) oder von 3α,9-Epoxy-11ξ,12ξ-dihydroxy-5β-cholan-24-säure (F: 149°)
mit Chrom(VI)-oxid und wasserhaltiger Essigsäure (*Mattox et al.*, J. biol. Chem. **164**
[1946] 569, 592).
Krystalle (aus wss. Me.); F: 204,5—205°. [α]$_D$: +189° [Me.; c = 1].

3α,9-Epoxy-11,12-dioxo-5β-cholan-24-säure-methylester $C_{25}H_{36}O_5$, Formel XIII
(R = CH$_3$).
B. Beim Behandeln von 3α,9-Epoxy-11,12-dioxo-5β-cholan-24-säure mit Diazomethan
in Äther (*Mattox et al.*, J. biol. Chem. **164** [1946] 569, 593).
Krystalle (aus wss. Me.); F: 115—115,5°. [α]$_D$: +184° [Me.; c = 1].

Oxocarbonsäuren $C_{27}H_{40}O_5$

(25R)-3,6-Dioxo-5α,22ξH-furostan-26-säure $C_{27}H_{40}O_5$, Formel XIV.
Diese Konstitution und Konfiguration kommt der nachstehend beschriebenen 3,6-De =
hydroanhydrotetrahydrochlorogensäure zu.
B. Beim Behandeln von Dihydrochlorogenin ((25R)-5α,22ξH-Furostan-3β,6α,26-triol
[E III/IV **17** 2348]) mit Chrom(VI)-oxid und wss. Essigsäure (*Marker, Rohrmann*, Am.
Soc. **61** [1939] 3479, 3481).
Krystalle (aus Acn.); F: 202—204°.
Disemicarbazon $C_{29}H_{46}N_6O_5$. Krystalle (aus A.); F: 240° [Zers.] (*Ma., Ro.*, l. c.
S. 3482).
Methylester $C_{28}H_{42}O_5$ (mit Hilfe von Diazomethan hergestellt). Krystalle (aus Ae. +
Pentan); F: 156,5—158° (*Ma., Ro.*, l. c. S. 3482).

XIV   XV

Oxocarbonsäuren $C_{29}H_{44}O_5$

1,3-Dioxo-2-oxa-lupan-28-säure [1]), **1,2-Seco-*A*-nor-lupan-1,2,28-trisäure-1,2-anhydrid** $C_{29}H_{44}O_5$, Formel XV (R = H).

B. Beim Erhitzen einer Lösung von 2-Oxo-*A*-nor-lupan-28-säure in Dioxan mit Selen=
dioxid auf 200° (*Ruzicka et al.*, Helv. **24** [1941] 515, 528).
Krystalle; F: 310—311° [korr.; geschlossene Kapillare].

**1,3-Dioxo-2-oxa-lupan-28-säure-methylester, 1,2-Seco-*A*-nor-lupan-1,2,28-trisäure-
1,2-anhydrid-28-methylester** $C_{30}H_{46}O_5$, Formel XV (R = CH_3).

B. Beim Behandeln von 1,3-Dioxo-2-oxa-lupan-28-säure mit Diazomethan in Äther
(*Ruzicka et al.*, Helv. **24** [1941] 515, 528). Beim Erhitzen einer Lösung von 2-Oxo-*A*-nor-
lupan-28-säure-methylester in Dioxan mit Selendioxid auf 200° (*Ru. et al.*, l. c. S. 527).
Krystalle (aus E. + A.); F: 269—270° [korr.; geschlossene Kapillare]. [α]$_D$: +42,5°
[CHCl$_3$; c = 1].

13-Hydroxy-4-oxo-3,4-seco-24-nor-18α-oleanan-3,28-disäure-28-lacton [2]), **Hedragenon=
disäure-lacton** $C_{29}H_{44}O_5$, Formel XVI (R = H, X = O).

B. Bei mehrtägigem Behandeln von 4-Oxo-3,4-seco-24-nor-olean-12-en-3,28-disäure-
3-methylester mit Bromwasserstoff in Essigsäure (*Kitasato*, Acta phytoch. Tokyo **8** [1935]
207, 217). Neben 13-Hydroxy-3-oxo-24-nor-18α-oleanan-28-säure-lacton beim Erhitzen
einer Lösung von Hederagenin-lacton (3β,13,23-Trihydroxy-18α-oleanan-28-säure-13-lac=
ton) in Essigsäure mit Chrom(VI)-oxid und wss. Essigsäure (*Ruzicka et al.*, Helv. **26**
[1943] 2242, 2247). Neben 13-Hydroxy-3-oxo-24-nor-18α-oleanan-28-säure-lacton beim
Behandeln einer Lösung von 3β,13-Dihydroxy-18α-oleanan-23,28-disäure-28 → 13-lacton
in Essigsäure mit Chrom(VI)-oxid und wss. Schwefelsäure (*Kon, Soper*, Soc. **1940** 617,
620).
Krystalle; F: 285° [Zers.; aus CHCl$_3$ + A.] (*Ki.*), 270—280° [aus A.] (*Kon, So.*),
266—267° [korr.; aus Acn.] (*Ru. et al.*). [α]$_D^{17}$: +8,1° [CHCl$_3$; c = 1] (*Ki.*, l. c. S. 219);
[α]$_D$: +23,7° [CHCl$_3$; c = 1] (*Ru. et al.*).

**13-Hydroxy-4-oxo-3,4-seco-24-nor-18α-oleanan-3,28-disäure-28-lacton-3-methylester,
Hedragenondisäure-lacton-methylester** $C_{30}H_{46}O_5$, Formel XVI (R = CH_3, X = O).

B. Beim Behandeln von 4-Oxo-3,4-seco-24-nor-olean-12-en-3,28-disäure-3-methylester
mit Bromwasserstoff in Essigsäure und Behandeln des Reaktionsprodukts mit Diazo=
methan in Äther (*Kitasato*, Acta phytoch. Tokyo **8** [1934] 1, 15). Beim Behandeln einer
Lösung von Hedragenondisäure-lacton (s. o.) in Chloroform mit Diazomethan in Äther
(*Ruzicka et al.*, Helv. **26** [1943] 2242, 2247).
Krystalle; F: 205° [aus Me.] (*Ki.*, Acta phytoch. Tokyo **8** 15), 199—200° [korr.; aus
Me.] (*Ru. et al.*), 191—192° [aus Me.] (*Kon, Soper*, Soc. **1940** 617, 620). [α]$_D$: +28,5°
[CHCl$_3$; c = 1] (*Ru. et al.*).
Beim Behandeln einer Lösung in Essigsäure mit Chrom(VI)-oxid und wss. Schwefel=
säure sind 13-Hydroxy-4-oxo-3,4-seco-24-nor-18α-oleanan-3,28-disäure-28-lacton,
13-Hydroxy-3,4-seco-23,24-dinor-18α-oleanan-3,4,28-trisäure-28-lacton und 13-Hydroxy-
3,5;5,6-diseco-*A*,23,24-trinor-18α-oleanan-3,5,6,28-tetrasäure-28-lacton erhalten worden
(*Ru. et al.*, l. c. S. 2248—2250; s. a. *Kitasato*, Acta phytoch. Tokyo **9** [1936] 43, 59).

XVI   XVII

---

[1]) Stellungsbezeichnung bei von Lupan abgeleiteten Namen s. E III **5** 1342.
[2]) Stellungsbezeichnung bei von Oleanan abgeleiteten Namen s. E III **5** 1341.

4-[2,4-Dinitro-phenylhydrazono]-13-hydroxy-3,4-seco-24-nor-18α-oleanan-3,28-disäure-28-lacton-3-methylester $C_{36}H_{50}N_4O_8$, Formel XVI (R = CH$_3$, X = N-NH-C$_6$H$_3$(NO$_2$)$_2$).

B. Aus 13-Hydroxy-4-oxo-3,4-seco-24-nor-18α-oleanan-3,28-disäure-28-lacton-3-methylester und [2,4-Dinitro-phenyl]-hydrazin (*Kon, Soper*, Soc. **1940** 617, 620).

Gelbe Krystalle; F: 246—247°.

12α-Brom-13-hydroxy-4-oxo-3,4-seco-24-nor-oleanan-3,28-disäure-28-lacton [1]) $C_{29}H_{43}BrO_5$, Formel XVII (R = H).

Diese Konstitution und Konfiguration kommt dem nachstehend beschriebenen **Hedragenondisäure-monobromlacton** zu.

B. Neben 12α-Brom-13-hydroxy-3-oxo-24-nor-oleanan-28-säure-lacton beim Behandeln einer Lösung von Hederagenin-bromlacton (12α-Brom-3β,13,23-trihydroxy-oleanan-28-säure-13-lacton) in Essigsäure mit Chrom(VI)-oxid und konz. Schwefelsäure (*Kitasato, Sone*, Acta phytoch. Tokyo **7** [1933] 1, 15).

Krystalle (aus E.); F: 192—193° [Zers.] (*Ki., Sone*). [α]$_D^{17}$: +52,6° [CHCl$_3$; c = 1] (*Kitasato*, Acta phytoch. Tokyo **8** [1935] 207, 220).

Beim Erhitzen mit Essigsäure und Zink-Pulver und Behandeln einer Suspension der erhaltenen Säure in Methanol mit Diazomethan in Äther ist 4-Oxo-3,4-seco-24-nor-olean-12-en-3,28-disäure-dimethylester erhalten worden (*Ki., Sone*, l. c. S. 18). Bildung von 4,12-Dioxo-3,4-seco-24-nor-13ξ-oleanan-3,28-disäure-dimethylester (F: 178° [E III **10** 4068] beim Erwärmen mit methanol. Kalilauge und Behandeln des Reaktionsprodukts mit Diazomethan in Äther: *Kitasato*, Acta phytoch. Tokyo **7** [1933] 169, 177.

Oxim $C_{29}H_{44}BrNO_5$ (12α-Brom-13-hydroxy-4-hydroxyimino-3,4-seco-24-nor-oleanan-3,28-disäure-28-lacton). Krystalle (aus wss. Eg.); F: 258° [Zers.] (*Ki., Sone*, l. c. S. 16).

12α-Brom-13-hydroxy-4-oxo-3,4-seco-24-nor-oleanan-3,28-disäure-28-lacton-3-methylester $C_{30}H_{45}BrO_5$, Formel XVII (R = CH$_3$).

Diese Konstitution und Konfiguration kommt dem nachstehend beschriebenen **Hedragenondisäure-methylester-monobromlacton** zu.

B. Aus Hedragenondisäure-monobromlacton (s. o.) beim Behandeln einer Suspension in Methanol mit Diazomethan in Äther sowie beim Erwärmen mit Methanol und wss. Salzsäure (*Kitasato, Sone*, Acta phytoch. Tokyo **7** [1933] 1, 16, 17).

Krystalle (aus Me.); F: 195° [Zers.].

Überführung in 4-Oxo-3,4-seco-24-nor-olean-12-en-3,28-disäure-3-methylester durch Erhitzen mit Essigsäure und Zink: *Ki., Sone*, l. c. S. 18. Beim Behandeln einer Lösung in Methanol mit Brom ist 12α,x-Dibrom-13-hydroxy-4-oxo-3,4-seco-24-nor-oleanan-3,28-disäure-28-lacton-3-methylester ($C_{30}H_{44}Br_2O_5$; Krystalle [aus Me.], F: 183° [Zers.]) erhalten worden (*Ki., Sone*, l. c. S. 17).

Oxim $C_{30}H_{46}BrNO_5$ (12α-Brom-13-hydroxy-4-hydroxyimino-3,4-seco-24-nor-oleanan-3,28-disäure-28-lacton-3-methylester). Krystalle (aus Me.); F: 236° bis 237° [Zers.] (*Ki., Sone*, l. c. S. 17).   [*G. Grimm*]

Oxocarbonsäuren $C_nH_{2n-16}O_5$

Oxocarbonsäuren $C_{11}H_6O_5$

2,5-Dioxo-4-phenyl-2,5-dihydro-furan-3-carbonsäure, Phenyl-äthylentricarbonsäure-1,2-anhydrid $C_{11}H_6O_5$, Formel I (X = OH).

B. Aus dem Monokalium-Salz der Phenyl-äthylentricarbonsäure beim Erwärmen unter 12 Torr auf 80° sowie beim Behandeln mit wasserhaltigem Benzol und mit Chlorwasserstoff (*Jerzmanowska, Jaworska-Królikowska*, Roczniki Chem. **28** [1954] 397, 409, 410; C. A. **1956** 287).

Hellgelbe Krystalle (aus Bzl.); F: 131—132°.

Verhalten beim Erhitzen mit Phosphor(V)-chlorid und Phosphorylchlorid auf 120° (Bildung von Chlorcarbonyl-phenyl-maleinsäure-anhydrid und Chlor-phenyl-maleinsäure-

---

[1]) Stellungsbezeichnung bei von Oleanan abgeleiteten Namen s. E III **5** 1341.

anhydrid): *Je., Ja.-Kr.*, l. c. S. 411. Beim Behandeln mit Anilin und Äther ist 2-Phenyl-3,3-bis-phenylcarbamoyl-acrylsäure, beim Erhitzen mit Anilin auf 170° ist 2-Anilino-3,*N*-diphenyl-succinimid erhalten worden (*Je., Ja.-Kr.*, l. c. S. 413).

2,5-Dioxo-4-phenyl-2,5-dihydro-furan-3-carbonsäure-äthylester, Phenyl-äthylentricarb=onsäure-1-äthylester-1,2-anhydrid $C_{13}H_{10}O_5$, Formel I (X = O-C_2H_5).
B. Beim Erwärmen von Phenyl-äthylentricarbonsäure-triäthylester mit äthanol. Kalilauge, Behandeln des Reaktionsprodukts mit wss. Salzsäure und Erhitzen des danach erhaltenen Reaktionsprodukts unter vermindertem Druck (*Jerzmanowska, Jaworska-Królikowska*, Roczniki Chem. **28** [1954] 397, 408; C. A. **1956** 287).
Krystalle (aus Hexan); F: 64—65°.

2,5-Dioxo-4-phenyl-2,5-dihydro-furan-3-carbonylchlorid, Chlorcarbonyl-phenyl-malein=säure-anhydrid $C_{11}H_5ClO_4$, Formel I (X = Cl).
B. Beim Erwärmen von Phenyl-äthylentricarbonsäure-1,2-anhydrid mit Thionyl=chlorid (*Jerzmanowska, Jaworska-Królikowska*, Roczniki Chem. **28** [1954] 397, 413; C. A. **1956** 287).
Kp_1: 156—158°.
Beim Behandeln mit Anilin und Äther ist 2,5-Dioxo-1,4-diphenyl-Δ^3-pyrrolin-3-carbon=säure-anilid erhalten worden (*Je., Ja.-Kr.*).

2,5-Dioxo-4-phenyl-2,5-dihydro-furan-3-carbonsäure-amid, Carbamoyl-phenyl-malein=säure-anhydrid $C_{11}H_7NO_4$, Formel I (X = NH_2).
B. In kleiner Menge beim Behandeln von 2,5-Dioxo-4-phenyl-2,5-dihydro-furan-3-carbonylchlorid mit wss. Ammoniak, Ansäuern der Reaktionslösung mit wss. Salzsäure und Erwärmen des Reaktionsprodukts unter vermindertem Druck (*Jerzmanowska, Jaworska-Królikowska*, Roczniki Chem. **28** [1954] 397, 414; C. A. **1956** 287).
Krystalle; F: 157—158°.

I   II

Oxocarbonsäuren $C_{12}H_8O_5$

2,4-Dioxo-6-phenyl-3,4-dihydro-2H-pyran-3-carbonsäure-äthylester $C_{14}H_{12}O_5$, Formel II, und Tautomeres (4-Hydroxy-2-oxo-6-phenyl-2H-pyran-3-carbonsäure-äthyl=ester).
B. Neben [3-Oxo-3-phenyl-propionyl]-malonsäure-diäthylester beim Behandeln von [β-Chlor-cinnamoyl]-malonsäure-diäthylester oder von [3-Chlor-1-(β-chlor-cinnamoyl=oxy)-3-phenyl-allyliden]-malonsäure-diäthylester (F: 97°) mit konz. Schwefelsäure (*Ma=cierewicz, Janiszewska-Brożek*, Roczniki Chem. **24** [1950] 167, 172, 173; C. A. **1954** 10014).
Krystalle (aus A.); F: 134—135°.

3-Oxo-3-[2-oxo-2H-cyclohepta[b]furan-3-yl]-propionsäure-äthylester $C_{14}H_{12}O_5$, Formel III, und Tautomeres (3-Hydroxy-3-[2-oxo-2H-cyclohepta[b]furan-3-yl]-acrylsäure-äthylester).
B. Beim Erwärmen von 2-Chlor-cyclohepta-2,4,6-trienon mit der Natrium-Verbindung des 3-Oxo-glutarsäure-diäthylesters in Äther (*Cook et al.*, Soc. **1954** 4041).
Gelbe Krystalle (aus A.); F: 126°. Absorptionsmaxima (A.): 225 nm, 250 nm, 275 nm und 422,5 nm.

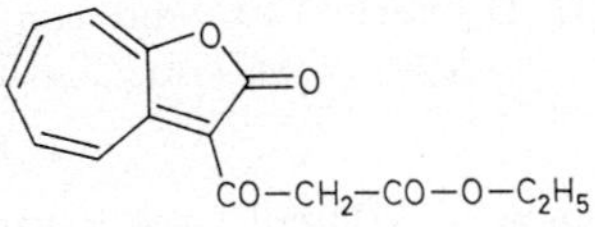

III

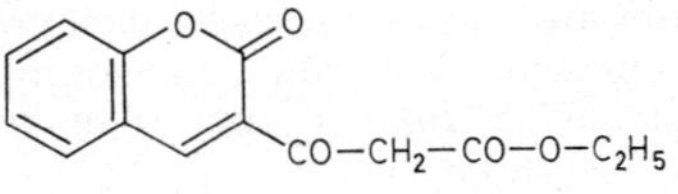

IV

3-Oxo-3-[2-oxo-2H-chromen-3-yl]-propionsäure-äthylester $C_{14}H_{12}O_5$, Formel IV, und
Tautomeres (3-Hydroxy-3-[2-oxo-2H-chromen-3-yl]-acrylsäure-äthylester)
(H 476).
B. Beim Erwärmen von Salicylaldehyd mit 3-Oxo-glutarsäure-diäthylester und wenig
Piperidin (*Lampe, Trenknerówa*, Roczniki Chem. **14** [1934] 1231, 1233; C. **1935** I 2360).
Kupfer(II)-Salz. Grüne Krystalle; F: 241—242°.

2-Benzoylimino-3-[2-oxo-2H-chromen-6-yl]-propionsäure-anilid $C_{25}H_{18}N_2O_4$, Formel V
(R = H), und **2-Benzoylamino-3-[2-oxo-2H-chromen-6-yl]-acrylsäure-anilid** $C_{25}H_{18}N_2O_4$,
Formel VI (R = H).
B. Beim Erhitzen von 4-[2-Oxo-2H-chromen-6-ylmethylen]-2-phenyl-Δ^2-oxazolin-5-on
(F: 245°) mit Anilin und Kupfer-Pulver auf 140° (*Banerjee*, J. Indian chem. Soc. **9**
[1932] 479).
Gelbliche Krystalle (aus Eg.); F: 178—180°.

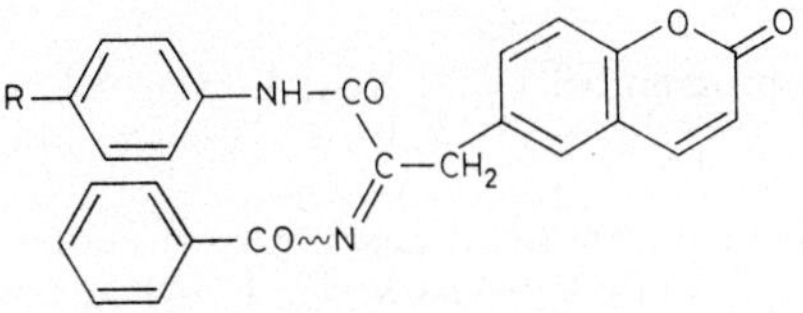

V

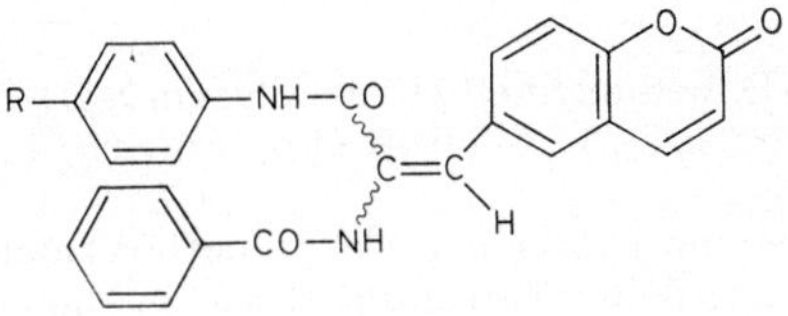

VI

2-Benzoylimino-3-[2-oxo-2H-chromen-6-yl]-propionsäure-p-toluidid $C_{26}H_{20}N_2O_4$,
Formel V (R = CH$_3$), und **2-Benzoylamino-3-[2-oxo-2H-chromen-6-yl]-acrylsäure-
p-toluidid** $C_{26}H_{20}N_2O_4$, Formel VI (R = CH$_3$).
B. Beim Erhitzen von 4-[2-Oxo-2H-chromen-6-ylmethylen]-2-phenyl-Δ^2-oxazolin-5-on
(F: 245°) mit p-Toluidin und Kupfer-Pulver auf 160° (*Banerjee*, J. Indian chem. Soc. **9**
[1932] 479).
Krystalle (aus Eg.); F: 258°.

2-Benzoylimino-3-[2-oxo-2H-chromen-6-yl]-propionsäure-[1]naphthylamid $C_{29}H_{20}N_2O_4$,
Formel VII, und **2-Benzoylamino-3-[2-oxo-2H-chromen-6-yl]-acrylsäure-[1]naphthyl=
amid** $C_{29}H_{20}N_2O_4$, Formel VIII.
B. Beim Erhitzen von 4-[2-Oxo-2H-chromen-6-ylmethylen]-2-phenyl-Δ^2-oxazolin-5-on
(F: 245°) mit [1]Naphthylamin und Kupfer-Pulver auf 150° (*Banerjee*, J. Indian chem.
Soc. **9** [1932] 479).
Gelbliche Krystalle (aus Eg.).

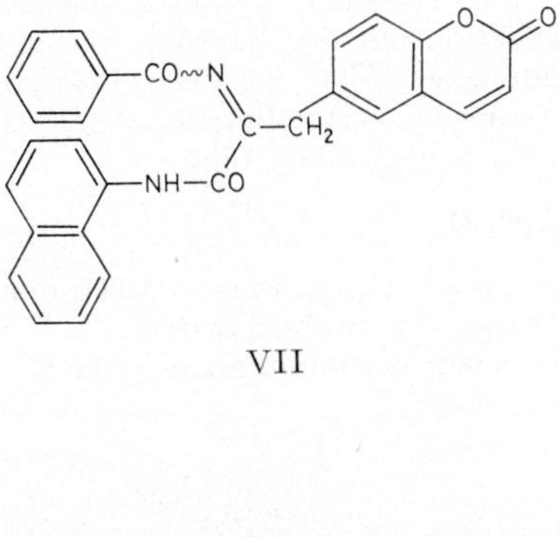

VII

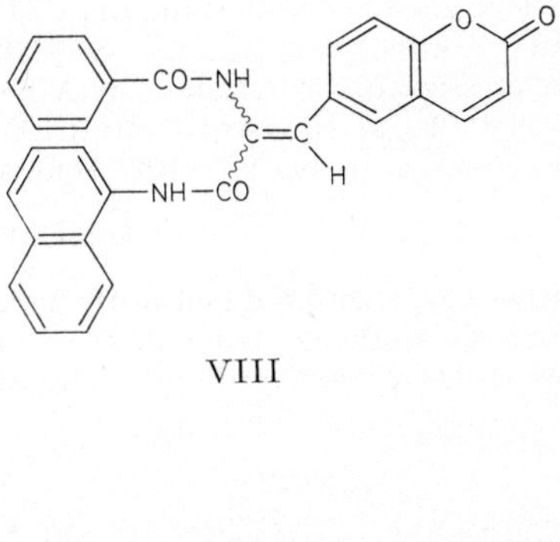

VIII

4-Benzofuran-2-yl-2,4-dioxo-buttersäure-äthylester $C_{14}H_{12}O_5$, Formel IX, und Tautomere.

B. Beim Behandeln von 1-Benzofuran-2-yl-äthanon mit Äther, Oxalsäure-diäthylester und Natrium (*Fatutta*, G. **89** [1959] 964, 972).

Gelbe Krystalle (aus A.); F: 73°.

Beim Erwärmen mit Hydroxylamin-hydrochlorid in wss. Äthanol ist 4-Benzofuran-2-yl-2,4-bis-hydroxyimino-buttersäure-äthylester, beim Erwärmen mit Hydroxylamin-hydrochlorid in Essigsäure ist hingegen 5-Benzofuran-2-yl-isoxazol-3-carbonsäure-äthyl= ester erhalten worden (*Fa.*, l. c. S. 973). Reaktion mit Cyanessigsäure-hydrazid in Äthanol in Gegenwart von Diäthylamin unter Bildung von 1-Amino-6-benzofuran-2-yl-3-cyan-2-oxo-1,2-dihydro-pyridin-4-carbonsäure-äthylester: *Fa.*, l. c. S. 977.

K u p f e r (II) - V e r b i n d u n g $Cu(C_{14}H_{11}O_5)_2$. Hellgrüne Krystalle (aus wss. A.).

E i s e n (III) - V e r b i n d u n g $Fe(C_{14}H_{11}O_5)_3$. — Rotbraune Krystalle.

IX   X

4-Benzofuran-2-yl-2,4-bis-hydroxyimino-buttersäure-äthylester $C_{14}H_{14}N_2O_5$, Formel X.

B. Beim Erwärmen von 4-Benzofuran-2-yl-2,4-dioxo-buttersäure-äthylester mit Hydroxylamin-hydrochlorid in wss. Äthanol (*Fatutta*, G. **89** [1959] 964, 973).

Krystalle (aus A.); F: 192°.

3-[5-Dimethoxymethyl-benzofuran-2-yl]-3-oxo-propionitril $C_{14}H_{13}NO_4$, Formel XI, und Tautomeres (3-[5-Dimethoxymethyl-benzofuran-2-yl]-3-hydroxy-acrylo= nitril).

B. Beim Erhitzen von 5-Dimethoxymethyl-benzofuran-2-carbonsäure-methylester mit Acetonitril und Natriummethylat in Dioxan (*Du Pont de Nemours & Co.*, U.S.P. 2 680 732 [1950]).

Krystalle (aus CH_2Cl_2 + Ae.); F: 100−102° [Zers.].

XI   XII

2-[($\varXi$)-Phthalidyliden]-acetessigsäure-äthylester $C_{14}H_{12}O_5$, Formel XII (vgl. H 476; E I 516; E II 357).

B. Beim Behandeln von Phthaloylchlorid mit der Natrium-Verbindung des Acetessig= säure-äthylesters in Äther (*Ruggli, Zickendraht*, Helv. **28** [1945] 1377, 1383).

Krystalle (aus Eg.); F: 124−125°.

Reaktion mit Äthanol unter Bildung von 2-[2-Äthoxycarbonyl-benzoyl]-acetessigsäure-äthylester: *Ru., Zi.*, l. c. S. 1385. Beim Erwärmen mit Phenylhydrazin und wss. Essig= säure sind eine als 2-[4-Oxo-2-phenyl-3,4-dihydro-2H-phthalazin-1-yliden]-acetessigsäure-äthylester angesehene Verbindung $C_{20}H_{18}N_2O_4$ (F: 239−241°) und N-Anilino-phthalimid erhalten worden (*Ru., Zi.*, l. c. S. 1379, 1384). Reaktion mit der Natrium-Verbindung des Acetessigsäure-äthylesters in Äther unter Bildung einer als 1,3-Bis-[1-äthoxy= carbonyl-2-oxo-propyliden]-phthalan angesehenen Verbindung $C_{20}H_{20}O_7$ (Kry= stalle [aus A.], die bei 96−102° schmelzen): *Ru., Zi.*, l. c. S. 1383, 1386.

Oxocarbonsäuren $C_{13}H_{10}O_5$

6-Benzyl-4,5-dioxo-5,6-dihydro-4H-pyran-2-carbonsäure $C_{13}H_{10}O_5$, Formel XIII, und Tautomeres (6-Benzyl-5-hydroxy-4-oxo-4H-pyran-2-carbonsäure).

Diese Konstitution wird der nachstehend beschriebenen Verbindung zugeordnet.

B. Beim Erhitzen von 6-Benzoyl-5-hydroxy-4-oxo-4*H*-pyran-2-carbonsäure (S. 6185) mit wss. Salzsäure und amalgamiertem Zink (*Woods*, J. org. Chem. **22** [1957] 339).

F: 119—121° [Fisher-Johns-App.; nach Sublimation unter vermindertem Druck].

2-Methyl-4,6-dioxo-5-phenyl-5,6-dihydro-4*H*-pyran-3-carbonsäure, 2-[(*E*)-1-Hydroxy-äthyliden]-3-oxo-4-phenyl-glutarsäure-5-lacton $C_{13}H_{10}O_5$, Formel XIV (R = H), und Tautomeres (4-Hydroxy-2-methyl-6-oxo-5-phenyl-6*H*-pyran-3-carbon=säure).

B. Beim Erwärmen von 2-Methyl-4,6-dioxo-5-phenyl-5,6-dihydro-4*H*-pyran-3-carbon=säure-äthylester mit Bariumhydroxid in Wasser (*Boltze, Heidenbluth*, B. **91** [1958] 2849, 2853).

Krystalle (aus wss. A.); F: 228° [unkorr.].

XIII   XIV   XV

2-Methyl-4,6-dioxo-5-phenyl-5,6-dihydro-4*H*-pyran-3-carbonsäure-äthylester, 2-[(*E*)-1-Hydroxy-äthyliden]-3-oxo-4-phenyl-glutarsäure-1-äthylester-5-lacton $C_{15}H_{14}O_5$, Formel XIV (R = C_2H_5), und Tautomeres (4-Hydroxy-2-methyl-6-oxo-5-phenyl-6*H*-pyran-3-carbonsäure-äthylester).

B. Beim Erhitzen von Phenylmalonylchlorid mit Acetessigsäure-äthylester bis auf 110° (*Boltze, Heidenbluth*, B. **91** [1958] 2849, 2852).

Krystalle (aus wss. A.); F: 78° (*Bo., He.*, l. c. S. 2853).

3-[5-Dimethoxymethyl-3-methyl-benzofuran-2-yl]-3-oxo-propionitril $C_{15}H_{15}NO_4$, Formel XV (R = CH_3), und Tautomeres (3-[5-Dimethoxymethyl-3-methyl-benzofuran-2-yl]-3-hydroxy-acrylonitril).

B. Beim Erwärmen von 5-Dimethoxymethyl-3-methyl-benzofuran-2-carbonsäure-methylester mit Acetonitril und Natriummethylat (*Du Pont de Nemours & Co.*, U.S.P. 2680732 [1950]).

Krystalle (aus CH_2Cl_2 + Ae.); F: 120—122°.

Oxocarbonsäuren $C_{14}H_{12}O_5$

5-Benzyl-2-methyl-4,6-dioxo-5,6-dihydro-4*H*-pyran-3-carbonsäure, 2-Benzyl-4-[(*E*)-1-hydroxy-äthyliden]-3-oxo-glutarsäure-1-lacton $C_{14}H_{12}O_5$, Formel I (R = H), und Tautomeres (5-Benzyl-4-hydroxy-2-methyl-6-oxo-6*H*-pyran-3-carbon=säure).

B. Beim Erwärmen von 5-Benzyl-2-methyl-4,6-dioxo-5,6-dihydro-4*H*-pyran-3-carbon=säure-äthylester mit Bariumhydroxid in Wasser (*Boltze, Heidenbluth*, B. **91** [1958] 2849, 2853).

Krystalle (aus wss. A.); F: 198° [unkorr.].

I   II

5-Benzyl-2-methyl-4,6-dioxo-5,6-dihydro-4*H*-pyran-3-carbonsäure-äthylester, 2-Benzyl-4-[(*E*)-1-hydroxy-äthyliden]-3-oxo-glutarsäure-5-äthylester-1-lacton $C_{16}H_{16}O_5$, Formel I (R = C_2H_5), und Tautomeres (5-Benzyl-4-hydroxy-2-methyl-6-oxo-6*H*-pyran-3-carbonsäure-äthylester).

B. Beim Erwärmen von Benzylmalonylchlorid mit Acetessigsäure-äthylester und

Benzol (*Boltze, Heidenbluth*, B. **91** [1958] 2849, 2852).
Krystalle (aus wss. A.); F: 110° [unkorr.].

————

(±)-3,4′-Dioxo-3*H*-spiro[benzofuran-2,1′-cyclohexan]-3′-carbonsäure-methylester
$C_{15}H_{14}O_5$, Formel II, und Tautomeres ((±)-4′-Hydroxy-3-oxo-3*H*-spiro[benzo=
furan-2,1′-cyclohex-3′-en]-3′-carbonsäure-methylester).
B. Beim Erhitzen einer Lösung von 2,2-Bis-[2-methoxycarbonyl-äthyl]-benzofuran-
3-on in Toluol und wenig Methanol mit Natrium (*McClosky*, Soc. **1958** 4732, 4734).
Krystalle (aus PAe. + Ae.); F: 122,5—124° [korr.].

————

2,4-Dioxo-3,4,6,7,8,9-hexahydro-2*H*-benzo[*g*]chromen-3-carbonsäure-äthylester $C_{16}H_{16}O_5$,
Formel III, und Tautomere (z. B. 4-Hydroxy-2-oxo-6,7,8,9-tetrahydro-2*H*-
benzo[*g*]chromen-3-carbonsäure-äthylester).
B. Bei der Hydrierung von 2,4-Dioxo-3,4-dihydro-2*H*-benzo[*g*]chromen-3-carbonsäure-
äthylester an Platin in Essigsäure (*Schieffelin & Co.*, U.S.P. 2596107 [1948]).
Krystalle (aus A.); F: 124—125,5°.

————

III   IV

1,3-Dioxo-1,2,7,8,9,10-hexahydro-3*H*-benzo[*f*]chromen-2-carbonsäure-äthylester
$C_{16}H_{16}O_5$, Formel IV, und Tautomere (z.B. 1-Hydroxy-3-oxo-7,8,9,10-tetrahydro-
3*H*-benzo[*f*]chromen-2-carbonsäure-äthylester).
B. Bei der Hydrierung von 1,3-Dioxo-2,3-dihydro-1*H*-benzo[*f*]chromen-2-carbonsäure-
äthylester an Platin in Essigsäure (*Schieffelin & Co.*, U.S.P. 2596107 [1948]).
Krystalle (aus A.); F: 139—141°.

Oxocarbonsäuren $C_{15}H_{14}O_5$

1,3-Dioxo-(3a*r*,8a*c*,9*synH*)-3,3a,4,5,6,7,8,8a-octahydro-1*H*-4*c*,8*c*-cyclopropano-
indeno[5,6-*c*]furan-11ξ-carbonsäure-methylester, (1a*r*)-1,1a,2,3,4,5,6,6a-Octahydro-
2*c*,6*c*-äthano-cycloprop[*f*]inden-1ξ,7*anti*,8*anti*-tricarbonsäure-7,8-anhydrid-1-methylester
$C_{16}H_{16}O_5$, Formel V.
Konstitutionszuordnung: *Alder et al.*, A. **627** [1959] 59, 65. Bezüglich der Konfigura-
tionszuordnung vgl. *Alder, Jacobs*, B. **86** [1953] 1528, 1532; *Hendrickson, Bolckman*,
Am. Soc. **91** [1969] 3269, 3270.
B. Neben dem in folgenden Artikel beschriebenen Isomeren bei der Bestrahlung eines
Gemisches von Diazoessigsäure-methylester und Indan mit UV-Licht und Behandlung
des Reaktionsprodukts mit Maleinsäure-anhydrid (*Al. et al.*, l. c. S. 72, 74; s. a. *Schenck,
Ziegler*, A. **584** [1953] 221, 236, 237).
Krystalle (aus E. + Bzn.); F: 112—113°.
Beim Erhitzen mit 1*t*,4*t*-Diphenyl-buta-1,3-dien auf 340° ist Azulen-6-carbonsäure-
methylester erhalten worden (*Al. et al.*, l. c. S. 64, 74).

V   VI

(±)-1,3-Dioxo-(3a*r*,8b*c*,9*synH*)-1,3,3a,4,6,7,8,8b-octahydro-4*c*,8a*c*-cyclopropano-indeno= [4,5-*c*]furan-11ξ-carbonsäure-methylester, (±)-(1a*r*)-1a,2,4,5,6,6b-Hexahydro-1*H*-2*c*,6a*c*-äthano-cycloprop[*e*]inden-1ξ,7*anti*,8*anti*-tricarbonsäure-7,8-anhydrid-1-methyl= ester $C_{16}H_{16}O_5$, Formel VI + Spiegelbild.

Konstitutionszuordnung: *Alder et al.*, A. **627** [1959] 59, 65. Bezüglich der Konfigurationszuordnung vgl. *Alder, Jacobs*, B. **86** [1953] 1528, 1532; *Hendrickson, Bolckman*, Am. Soc. **91** [1969] 3269, 3270.

B. s. im vorangehenden Artikel.

Krystalle (aus E. + Bzn.); F: 217° (*Al. et al.*, l. c. S. 74).

Beim Erhitzen mit 1*t*,4*t*-Diphenyl-buta-1,3-dien auf 340° ist Azulen-5-carbonsäure-methylester erhalten worden (*Al. et al.*, l. c. S. 64, 74).

Oxocarbonsäuren $C_{16}H_{16}O_5$

(±)-2-Methyl-4,6-dioxo-5-[1-phenyl-propyl]-5,6-dihydro-4*H*-pyran-3-carbonsäure, (±)-2-[(*E*)-1-Hydroxy-äthyliden]-3-oxo-4-[1-phenyl-propyl]-glutarsäure-5-lacton $C_{16}H_{16}O_5$, Formel VII (R = H), und Tautomeres ((±)-4-Hydroxy-2-methyl-6-oxo-5-[1-phenyl-propyl]-6*H*-pyran-3-carbonsäure).

B. Beim Erwärmen von (±)-2-Methyl-4,6-dioxo-5-[1-phenyl-propyl]-5,6-dihydro-4*H*-pyran-3-carbonsäure-äthylester mit Bariumhydroxid in Wasser (*Boltze, Heidenbluth*, B. **92** [1959] 982, 985).

Krystalle (aus A.); F: 214°.

VII   VIII   IX

(±)-2-Methyl-4,6-dioxo-5-[1-phenyl-propyl]-5,6-dihydro-4*H*-pyran-3-carbonsäure-äthyl= ester, (±)-2-[(*E*)-1-Hydroxy-äthyliden]-3-oxo-4-[1-phenyl-propyl]-glutarsäure-1-äthyl= ester-5-lacton $C_{18}H_{20}O_5$, Formel VII (R = C_2H_5), und Tautomeres ((±)-4-Hydroxy-2-methyl-6-oxo-5-[1-phenyl-propyl]-6*H*-pyran-3-carbonsäure-äthylester).

B. Beim Erwärmen von (±)-[1-Phenyl-propyl]-malonsäure mit Thionylchlorid und Behandeln des Reaktionsprodukts mit Acetessigsäure-äthylester und Pyridin (*Boltze, Heidenbluth*, B. **92** [1959] 982, 985).

Krystalle (aus A.); F: 78°.

1,3-Dioxo-(3a*r*,9a*c*,10*synH*)-1,3,3a,4,5,6,7,8,9,9a-decahydro-4*c*,9*c*-cyclopropano-naphtho= [2,3-*c*]furan-12ξ-carbonsäure-methylester, (1a*r*)-1a,2,3,4,5,6,7,7a-Octahydro-1*H*-2*c*,7*c*-äthano-cyclopropa[*b*]naphthalin-1ξ,8*anti*,9*anti*-tricarbonsäure-8,9-anhydrid-1-methylester $C_{17}H_{18}O_5$, Formel VIII, und (±)-1,3-Dioxo-(3a*r*,9b*c*,10*synH*)-1,3,3a,4,6,7,8,9,= 9b-octahydro-3*H*-4*c*,9a*c*-cyclopropano-naphtho[1,2-*c*]furan-12ξ-carbonsäure-methylester, (±)-(1a*r*)-1,1a,2,4,5,6,7,7b-Octahydro-2*c*,7a*c*-äthano-cyclopropa[*a*]naphthalin-1ξ,8*anti*,= 9*anti*-tricarbonsäure-8,9-anhydrid-1-methylester $C_{17}H_{18}O_5$, Formel IX + Spiegelbild.

Zwei Verbindungen (Krystalle [nach Sublimation] vom F: 189° bzw. vom F: 175—177°), für die jeweils eine dieser beiden Formeln in Betracht kommt (bezüglich der Konfigurationszuordnung vgl. *Alder, Jacobs*, B. **86** [1953] 1528, 1532), sind bei der Bestrahlung eines Gemisches von Tetralin und Diazoessigsäure-methylester mit UV-Licht und Behandlung des Reaktionsgemisches mit Maleinsäure-anhydrid erhalten worden (*Alder et al.*, A. **627** [1959] 59, 74, 75; s. a. *Schenck, Ziegler*, A. **584** [1953] 221, 236, 237).

Oxocarbonsäuren $C_{17}H_{18}O_5$

(±)-2-Methyl-5-[2-methyl-1-phenyl-propyl]-4,6-dioxo-5,6-dihydro-4*H*-pyran-3-carbon= säure, (±)-2-[(*E*)-1-Hydroxy-äthyliden]-4-[2-methyl-1-phenyl-propyl]-3-oxo-glutar= säure-5-lacton $C_{17}H_{18}O_5$, Formel X (R = H), und Tautomeres ((±)-4-Hydroxy-2-methyl-5-[2-methyl-1-phenyl-propyl]-6-oxo-6*H*-pyran-3-carbonsäure).

B. Beim Erwärmen von (±)-2-Methyl-5-[2-methyl-1-phenyl-propyl]-4,6-dioxo-5,6-di=

hydro-4*H*-pyran-3-carbonsäure-äthylester mit Bariumhydroxid in Wasser (*Boltze, Heidenbluth*, B. **92** [1959] 982, 985).
Krystalle (aus A.); F: 208°.

X   XI   XII

(±)-2-Methyl-5-[2-methyl-1-phenyl-propyl]-4,6-dioxo-5,6-dihydro-4*H*-pyran-3-carbon=
säure-äthylester, (±)-2-[(*E*)-1-Hydroxy-äthyliden]-4-[2-methyl-1-phenyl-propyl]-3-oxo-
glutarsäure-1-äthylester-5-lacton $C_{19}H_{22}O_5$, Formel X (R = C_2H_5), und Tautomeres
((±)-4-Hydroxy-2-methyl-5-[2-methyl-1-phenyl-propyl]-6-oxo-6*H*-pyran-
3-carbonsäure-äthylester).
B. Beim Erwärmen von (±)-[2-Methyl-1-phenyl-propyl]-malonsäure mit Thionyl=
chlorid und Behandeln des Reaktionsprodukts mit Acetessigsäure-äthylester und Pyridin
(*Boltze, Heidenbluth*, B. **92** [1959] 982, 985).
Krystalle (aus A.); F: 103°.

4,8-Dimethyl-1,3-dioxo-(3a*r*,8a*c*,9syn*H*)-3,3a,4,5,6,7,8,8a-octahydro-1*H*-4*c*,8*c*-cyclo=
propano-indeno[5,6-*c*]furan-11ξ-carbonsäure-methylester, 2,6-Dimethyl-(1a*r*)-1,1a,2,3,4,=
5,6,6a-octahydro-2*c*,6*c*-äthano-cycloprop[*f*]inden-1ξ,7anti,8anti-tricarbonsäure-7,8-an=
hydrid-1-methylester $C_{18}H_{20}O_5$, Formel XI, und (±)-5,9-Dimethyl-1,3-dioxo-(3a*r*,8b*c*,=
9syn*H*)-1,3,3a,4,6,7,8,8b-octahydro-4*c*,8a*c*-cyclopropano-indeno[4,5-*c*]furan-11ξ-carbon=
säure-methylester, (±)-3,6b-Dimethyl-(1a*r*)-1a,2,4,5,6,6b-hexahydro-1*H*-2*c*,6a*c*-äthano-
cycloprop[*e*]inden-1ξ,7anti,8anti-tricarbonsäure-7,8-anhydrid-1-methylester $C_{18}H_{20}O_5$,
Formel XII + Spiegelbild.
Zwei Verbindungen (Krystalle [aus Bzl.] vom F: 222° bzw. vom F: 198°), für die
jeweils eine dieser beiden Formeln in Betracht kommt (bezüglich der Konfigurationszuordnung vgl. *Alder, Jacobs*, B. **86** [1953] 1528, 1532), sind bei der Bestrahlung eines
Gemisches von 4,7-Dimethyl-indan und Diazoessigsäure-methylester mit UV-Licht und
Behandlung des Reaktionsprodukts mit Maleinsäure-anhydrid erhalten worden (*Alder
et al.*, A. **627** [1959] 59, 75, 76).

Oxocarbonsäuren $C_{19}H_{22}O_5$

*Opt.-inakt. [4-Acetonyl-5-oxo-2-(1,2,3,4-tetrahydro-[2]naphthyl)-tetrahydro-[2]furyl]-
essigsäure, 2-Acetonyl-4-hydroxy-4-[1,2,3,4-tetrahydro-[2]naphthyl]-adipinsäure-1-lacton
$C_{19}H_{22}O_5$, Formel XIII.
B. Beim Behandeln von (±)-4-Oxo-4-[1,2,3,4-tetrahydro-[2]naphthyl]-*trans*-croton=
säure mit Pentan-2,4-dion und wss. Natronlauge und Ansäuern des Reaktionsgemisches
(*Julia, Varech*, Bl. **1959** 1463, 1465).
Krystalle (aus Bzl. + Bzn.); F: 145—147°.

(4a*R*)-1*t*,7*c*-Dimethyl-8,13-dioxo-(4b*t*,10a*t*)-1,4,4b,5,6,7,8,9,10,10a-decahydro-7*t*,9a*t*-
methano-4a*r*,1*c*-oxaäthano-benz[*a*]azulen-10*t*-carbonsäure, 4a-Hydroxy-1β,7-dimethyl-
8-oxo-4aα,7α-gibb-2-en-1α,10β-dicarbonsäure-1-lacton [1]) $C_{19}H_{22}O_5$, Formel XIV
(R = H).
B. Beim Erwärmen von Gibberellin-A₅ (4a,7-Dihydroxy-1β-methyl-8-methylen-4aα,=

---

[1]) Für den Kohlenwasserstoff (9a*S*)-(4aξ,4b*c*,10a*c*)-Dodecahydro-7*c*,9a*r*-methano-
benz[*a*]azulen (Formel XV) ist die Bezeichnung **7α-Gibban** eingeführt worden (*Grove,
Mulholland*, Soc. **1960** 3007 Anm.; *Bourn et al.*, Soc. **1963** 154, 158); die im III. Ergän-
zungswerk (s. E III **10** 1135 Anm.) gegebene Definition von **Gibban** bezieht sich auf
7β-Gibban.

7β-gibb-2-en-1α,10β-dicarbonsäure-1→4a-lacton) mit wss.-äthanol. Salzsäure (*Mac Millan et al.*, Pr. chem. Soc. **1959** 325; Tetrahedron **11** [1960] 60, 64). Beim Erhitzen des im folgenden Artikel beschriebenen Methylesters mit wss. Salzsäure (*Mac Mi. et al.*, Tetrahedron **11** 65).

Krystalle (aus Acn. + PAe.); F: 263—265° (*Mac Mi. et al.*, Tetrahedron **11** 64). $[\alpha]_D^{19}$: −61° [Me.; c = 0,6] (*Mac Mi. et al.*, Tetrahedron **11** 65). UV-Absorptionsmaxima (A.): 221 nm und 275 nm (*Mac Mi. et al.*, Tetrahedron **11** 64).

XIII   XIV   XV

(4aR)-1t,7-Dimethyl-8,13-dioxo-(4bt,10at)-1,4,4b,5,6,7,8,9,10,10a-decahydro-7t,9at-methano-4ar,1c-oxaäthano-benz[a]azulen-10t-carbonsäure-methylester, 4a-Hydroxy-1β,7-dimethyl-8-oxo-4aα,7α-gibb-2-en-1α,10β-dicarbonsäure-1-lacton-10-methylester $C_{20}H_{24}O_5$, Formel XIV (R = CH_3).

Über die Konfiguration s. *Aldridge et al.*, Soc. **1963** 2569, 2572, 2573.

B. Beim Erhitzen von 4a-Hydroxy-1β,7-dimethyl-8-oxo-2β-[toluol-4-sulfonyloxy]-4aα,7α-gibban-1α,10β-dicarbonsäure-1-lacton-10-methylester mit 2,4,6-Trimethyl-pyridin (*Cross et al.*, Pr. chem. Soc. **1959** 302; *Mac Millan et al.*, Pr. chem. Soc. **1959** 325; Tetrahedron **11** [1960] 60, 65). Aus der im vorangehenden Artikel beschriebenen Säure mit Hilfe von Diazomethan (*Mac Mi. et al.*, Tetrahedron **11** 64).

Krystalle (aus Acn. + PAe.), F: 160—164°; $[\alpha]_D^{19}$: −55° [Me.; c = 0,8] (*Mac Mi. et al.*, Tetrahedron **11** 65).

Oxocarbonsäuren $C_{20}H_{24}O_5$

(±)-10-[2,3-Epoxy-1,4-dioxo-1,2,3,4-tetrahydro-[2]naphthyl]-decansäure $C_{20}H_{24}O_5$, Formel I (R = H).

B. Beim Erwärmen einer Lösung von 10-[1,4-Dioxo-1,4-dihydro-[2]naphthyl]-decansäure in Dioxan mit wss. Wasserstoffperoxid und wss. Natriumcarbonat-Lösung (*Fawaz, Fieser*, Am. Soc. **72** [1950] 996, 999).

Krystalle (aus Bzl. + Bzn. oder aus wss. Me.); F: 99,5—100,5°.

(±)-10-[2,3-Epoxy-1,4-dioxo-1,2,3,4-tetrahydro-[2]naphthyl]-decansäure-äthylester $C_{22}H_{28}O_5$, Formel I (R = C_2H_5).

B. Beim Erwärmen einer Lösung von 10-[1,4-Dioxo-1,4-dihydro-[2]naphthyl]-decansäure-äthylester in Dioxan mit wss. Wasserstoffperoxid und wss. Natriumcarbonat-Lösung (*Fawaz, Fieser*, Am. Soc. **72** [1950] 996, 999).

Krystalle (aus Bzn.); F: 56—58°.

I   II

rac-16α,17α-Epoxy-3,11-dioxo-androst-4-en-17β-carbonsäure, rac-16α,17-Epoxy-3,11-dioxo-21-nor-pregn-4-en-20-säure $C_{20}H_{24}O_5$, Formel II (X = OH) + Spiegelbild.

B. Beim Behandeln von rac-16α,17α-Epoxy-3,11-dioxo-androst-4-en-17β-carbaldehyd mit Silberoxid, wss. Natronlauge und Dioxan (*Barkley et al.*, Am. Soc. **76** [1954] 5017,

5019).

Krystalle (aus Ae. + E.) mit 0,5 Mol (?) H_2O; F: 217—220° [Zers.].

***rac*-16α,17α-Epoxy-3,11-dioxo-androst-4-en-17β-carbonsäure-methylester,**
***rac*-16α,17-Epoxy-3,11-dioxo-21-nor-pregn-4-en-20-säure-methylester** $C_{21}H_{26}O_5$, Formel II
(X = O-CH_3) + Spiegelbild.

B. Aus *rac*-16α,17α-Epoxy-3,11-dioxo-androst-4-en-17β-carbonsäure mit Hilfe von
Diazomethan (*Barkley et al.*, Am. Soc. **76** [1954] 5017, 5019).

F: 197—199°.

***rac*-16α,17α-Epoxy-3,11-dioxo-androst-4-en-17β-carbonylchlorid, *rac*-16α,17-Epoxy-**
3,11-dioxo-21-nor-pregn-4-en-20-oylchlorid $C_{20}H_{23}ClO_4$, Formel II (X = Cl) + Spiegelbild.

B. Beim Behandeln von *rac*-16α,17α-Epoxy-3,11-dioxo-androst-4-en-17β-carbonsäure
mit Natriummethylat in Methanol und Behandeln der Suspension des Reaktionsprodukts
in Benzol mit Oxalylchlorid und Pyridin (*Barkley et al.*, Am. Soc. **76** [1954] 5017, 5019;
Monsanto Chem. Co., U.S.P. 2759928 [1953]).

Krystalle; F: 222—224° (*Monsanto Chem. Co.*).

8-Hydroxy-3-oxo-19-nor-androst-4-en-10,17α-dicarbonsäure-17-äthylester-10-lacton,
8-Hydroxy-3-oxo-21-nor-17βH-pregn-4-en-19,20-disäure-20-äthylester-19-lacton
$C_{22}H_{28}O_5$, Formel III.

B. Beim Behandeln von 3β,5,8-Trihydroxy-21-nor-5β,17βH-pregnan-19,20-disäure-
20-äthylester-19→8-lacton mit Chrom(VI)-oxid und wasserhaltiger Essigsäure und
Behandeln einer Lösung des Reaktionsprodukts in Äthanol mit Trimethylammonio-
essigsäure-hydrazid-chlorid und Essigsäure (*Barber, Ehrenstein*, J. org. Chem. **16** [1951]
1615, 1619).

Krystalle (aus wss. Me.); F: 133° [unkorr.; Fisher-Johns-App.]. $[\alpha]_D^{29}$: +87° [CHCl_3;
c = 0,3]. UV-Absorptionsmaximum (A.): 243,5 nm (*Ba., Eh.*).

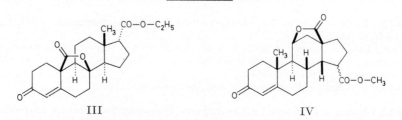

III   IV

***rac*-11β-Hydroxy-3-oxo-18-nor-14β-androst-4-en-13,15ξ-dicarbonsäure-13-lacton-**
15-methylester $C_{21}H_{26}O_5$, Formel IV + Spiegelbild.

B. Beim Behandeln einer Lösung von *rac*-11β,18ac-Epoxy-18a*t*-methyl-3-oxo-18-homo-
14β-androsta-4,18-dien-15ξ-carbonsäure-methylester (F: 190—193° [S. 5648]) in Tetrahydrofuran und Pyridin mit Osmium(VIII)-oxid in Äther, Behandeln einer Lösung des
Reaktionsprodukts in Methanol und Pyridin mit wss. Perjodsäure, Erwärmen des erhaltenen Oxydationsprodukts mit Kaliumcarbonat in wss. Äthanol und Behandeln des
danach isolierten Reaktionsprodukts mit Chrom(VI)-oxid und Essigsäure (*Wieland et al.*,
Helv. **41** [1958] 416, 433).

F: 255° [unkorr.; nach Sublimation im Hochvakuum bei 200°].

11β-Hydroxy-3-oxo-18-nor-androst-4-en-13,17β-dicarbonsäure-13-lacton, 11β-Hydroxy-
3-oxo-21-nor-pregn-4-en-18,20-disäure-18-lacton $C_{20}H_{24}O_5$, Formel V (R = H).

B. Beim Behandeln einer Lösung von 11β,21-Dihydroxy-3,20-dioxo-pregn-4-en-
18-säure-11-lacton in Methanol mit wss. Natriumperjodat-Lösung (*Simpson et al.*, Helv.
37 [1954] 1200, 1222). Beim Behandeln von 11β,18-Epoxy-18-hydroxy-3-oxo-androst-
4-en-17β-carbonsäure (F: 285—300° [Zers.] [Syst. Nr. 1438]) mit Chrom(VI)-oxid und
wasserhaltiger Essigsäure (*Ham et al.*, Am. Soc. **77** [1955] 1637, 1639).

Krystalle (aus Acn. + Ae.), die zwischen 310° und 320° [korr.; Zers.; Kofler-App.] schmelzen (*Si. et al.*).

V　　　　　　　　　　　　　　　VI

4a-Methyl-2,7-dioxo-$\Delta^{1(12a)}$-tetradecahydro-5,7a-methano-cyclopenta[*b*]naphth[2,1-*e*]= oxepin-8-carbonsäure-methylester $C_{21}H_{26}O_5$.

a) *rac*-11β-Hydroxy-3-oxo-18-nor-14β-androst-4-en-13,17α-dicarbonsäure-13-lacton-17-methylester, *rac*-11β-Hydroxy-3-oxo-21-nor-14β,17βH-pregn-4-en-18,20-disäure-18-lacton-20-methylester $C_{21}H_{26}O_5$, Formel VI + Spiegelbild.

B. Beim Behandeln einer Lösung von *rac*-11β,21-Dihydroxy-3,20-dioxo-14β,17βH-pregn-4-en-18-säure-11-lacton in Methanol, Dioxan und Pyridin mit wss. Perjodsäure und Behandeln einer Lösung des Reaktionsprodukts in Chloroform mit Diazomethan in Äther (*Wieland et al.*, Helv. **41** [1958] 416, 428).

F: 227,5−231,5° [unkorr.; aus Acn. + Ae.] (*Wi. et al.*, l. c. S. 429).

b) 11β-Hydroxy-3-oxo-18-nor-androst-4-en-13,17β-dicarbonsäure-13-lacton-17-methylester, 11β-Hydroxy-3-oxo-21-nor-pregn-4-en-18,20-disäure-18-lacton-20-methylester $C_{21}H_{26}O_5$, Formel V (R = CH$_3$).

B. Aus 11β-Hydroxy-3-oxo-21-nor-pregn-4-en-18,20-disäure-18-lacton mit Hilfe von Diazomethan (*Simpson et al.*, Helv. **37** [1954] 1200, 1222).

Krystalle (aus Acn. + Ae.); F: 219° und (nach Wiedererstarren bei weiterem Erhitzen) F: 225° [korr.; Kofler-App.].

c) *rac*-11β-Hydroxy-3-oxo-18-nor-androst-4-en-13,17β-dicarbonsäure-13-lacton-17-methylester, *rac*-11β-Hydroxy-3-oxo-21-nor-pregn-4-en-18,20-disäure-18-lacton-20-methylester $C_{21}H_{26}O_5$, Formel V (R = CH$_3$) + Spiegelbild.

B. Beim Behandeln einer Lösung von *rac*-11β,21-Dihydroxy-3,20-dioxo-pregn-4-en-18-säure-11-lacton in Methanol, Dioxan und Pyridin mit wss. Perjodsäure und Behandeln einer Lösung des Reaktionsprodukts in Chloroform mit Diazomethan in Äther (*Wieland et al.*, Helv. **41** [1958] 416, 438).

F: 241−244° [unkorr.; aus Acn. + PAe.].

Beim Erwärmen mit methanol. Kalilauge und Behandeln einer Lösung des Reaktionsprodukts in Chloroform mit Diazomethan in Äther ist *rac*-11β-Hydroxy-3-oxo-21-nor-17βH-pregn-4-en-18,20-disäure-18-lacton-20-methylester erhalten worden (*Wi. et al.*, l. c. S. 439).

d) *rac*-11β-Hydroxy-3-oxo-18-nor-androst-4-en-13,17α-dicarbonsäure-13-lacton-17-methylester, *rac*-11β-Hydroxy-3-oxo-21-nor-17βH-pregn-4-en-18,20-disäure-18-lacton-20-methylester $C_{21}H_{26}O_5$, Formel VII + Spiegelbild.

B. Beim Behandeln einer Lösung von *rac*-11β,21-Dihydroxy-3,20-dioxo-17βH-pregn-4-en-18-säure-11-lacton in Dioxan, Methanol und Pyridin mit wss. Perjodsäure und Behandeln einer Lösung des Reaktionsprodukts in Chloroform mit Diazomethan in Äther (*Wieland et al.*, Helv. **41** [1958] 416, 438). Über eine weitere Bildungsweise s. die Angaben bei dem unter c) beschriebenen Stereoisomeren.

F: 199°−201,5° [unkorr.; aus Acn. + Ae.].

VII　　　　　　　　　　　　　　VIII

Oxocarbonsäuren $C_{23}H_{30}O_5$

14-Hydroxy-3-oxo-24-nor-14β,20β_F(?)H-chol-4-en-21,23-disäure-21-lacton-23-methyl= ester $C_{24}H_{32}O_5$, vermutlich Formel VIII.

Diese Konstitution und Konfiguration kommt dem nachstehend beschriebenen **An-hydroisoperiplogonsäure-methylester** zu; die Konstitution und Konfiguration ergibt sich aus der genetischen Beziehung zu Desoxyisoperiplogonsäure-methylester (S. 6070).

B. Beim Erwärmen von Isoperiplogonsäure-methylester (5,14-Dihydroxy-3-oxo-24-nor-5β,14β,20β_F(?)H-cholan-21,23-disäure-21$\rightarrow$14-lacton-23-methylester [S. 6523]) mit wss.-methanol. Salzsäure (*Jacobs, Elderfield*, J. biol. Chem. **92** [1931] 313, 318).

Krystalle (aus Me.); F: 225—226° [nach Sintern].

Oxocarbonsäuren $C_{24}H_{32}O_5$

(3aS)-12-Isopropyl-6t,9a-dimethyl-1,3-dioxo-(3ar,5ac,9at,9bc,11ac)-tetradecahydro-3bt,11t-ätheno-phenanthro[1,2-c]furan-6c-carbonsäure, 13-Isopropyl-17,18-dinor-atis-13-en-4,15β,16β-tricarbonsäure-15,16-anhydrid [1]), **Maleopimarsäure, Maleoabietin= säure** $C_{24}H_{32}O_5$, Formel IX (R = H).

Konstitution: *Tsutsui*, J. chem. Soc. Japan Pure Chem. Sect. **72** [1951] 10; C. A. **1952** 8066. Konfiguration: *Lloyd, Hedrick*, J. org. Chem. **26** [1961] 2029; *Meyer, Huffman*, Tetrahedron Letters **1962** 691; *Ayer et al.*, Canad. J. Chem. **41** [1963] 1113.

B. Beim Behandeln von Lävopimarsäure (E III **9** 2903) mit Maleinsäure-anhydrid in Benzol, Äther oder Methanol (*Wienhaus, Sandermann*, B. **69** [1936] 2202, 2204; *Ruzicka, Bacon*, Helv. **20** [1937] 1542, 1550; *Malewskaja*, Ž. prikl. Chim. **13** [1940] 1085, 1090; C. A. **1941** 2149). Beim Erhitzen von Abietinsäure (E III **9** 2904) mit Maleinsäure-anhydrid in Benzol auf 170° (*Arbusow*, Ž. obšč. Chim. **2** [1932] 806, 809; C. **1933** II 1192) oder in Xylol bis auf 180° (*Ts.; Brus et al.*, Peintures **28** [1952] 783, 784; *Le-Van-Thoi*, Peintures **29** [1953] 125, 131; *Wi., Sa.*, l. c. S. 2206; *Garkuscha*, Ž. obšč. Chim. **8** [1938] 1042, 1051; C. **1939** II 3587).

Gewinnung aus Colophonium durch Erhitzen mit Maleinsäure-anhydrid auf 150°: *Ruzicka et al.*, Helv. **15** [1932] 1289, 1293; aus Harzsäure-Gemischen (aus Fichten) durch Behandeln mit Maleinsäure-anhydrid in Benzol: *Ru., Ba.*, l. c. S. 1552; s. a. *E. E. Fleck*, U.S.P. 2359980 [1944].

Krystalle (aus A.) mit 1 Mol H_2O, F: 226°; nach dem Trocknen bei 130° liegt der Schmelzpunkt bei 229—230° (*Brus et al.*); Krystalle (aus Bzl. + CCl$_4$), F: 226—229° [korr.] (*Wi., Sa.*), Krystalle (aus Ae. oder wss. Acn.), F: 226—227° [korr.] (*Ru., Ba.*, l. c. S. 1551); Krystalle (aus CCl$_4$) mit ca. 2 Mol Tetrachlormethan, F: 125—130° [Fisher-Johns-App.] (*Lawrence, Eckhardt*, U.S.P. 2628226 [1951]). [α]$_D$: —29,6° [CHCl$_3$] (*Ru., Ba.*); [α]$_{578}$: —26° [A.] [lösungsmittelfreies Präparat] (*Brus et al.*). Raman-Spektrum (CHCl$_3$): *Brus et al.*, l. c. S. 788.

Beim Erhitzen unter 20 Torr bis auf 260° sind Lävopimarsäure [E III **9** 2903] und Abietinsäure [E III **9** 2904] (*Ts.*; s. a. *Sandermann, Höhn*, B. **76** [1943] 1257, 1260), beim Erhitzen auf 320° ist (+)-Dehydroabietinsäure [E III **9** 3121] (*Arbusow, Chismatullina*, Izv. Akad. S.S.S.R. Otd. chim. **1961** 1630, 1633; engl. Ausg. S. 1520, 1523; s. a. *Ar.*, Ž. obšč. Chim. **2** 810) erhalten worden. Bildung von 7-Isopropyl-1-methyl-phenanthren beim Erhitzen unter 1 Torr bis auf 340°: *Trost*, Ann. Chimica applic. **27** [1937] 188, 194; beim Erhitzen mit Selen auf 300°: *Ar.*, Ž. obšč. Chim. **2** 810. Verhalten gegen konz. Schwefelsäure bei —5° (Bildung von 13*anti*-Hydroxy-13*syn*-isopropyl-17,18-dinor-atisan-4,15β,16β-tri= carbonsäure-15-lacton [S. 6172] und 13*anti*-Hydroxy-13*syn*-isopropyl-atisan-4,15β,16β-tricarbonsäure-16-lacton [S. 6173]): *Arbusow*, Ž. obšč. Chim. **12** [1942] 343, 347; C. A. **1943** 3099. Beim Erwärmen einer Lösung in Äthanol mit Natronlauge bei pH 6,2 und anschliessenden Ansäuern mit wss. Salzsäure ist 13*anti*-Hydroxy-13*syn*-isopropyl-17,18-dinor-atisan-4,15β,16β-tricarbonsäure-15-lacton (*Brus et al.*, Peintures **28** [1952] 865, 869), beim Erhitzen mit wss. Natronlauge unter 125 at auf 225° ist 13-Iso=

---

[1]) Für den Kohlenwasserstoff (4aS)-2c,4b,8,8-Tetramethyl-(4ar,4bt,8ac)-dodeca= hydro-3t,10at-äthano-phenanthren (Formel X) ist die Bezeichnung **Atisan** vorge-schlagen worden (*Ayer, Deshpande*, Canad. J. Chem. **51** [1973] 77). Die Stellungsbezeich-nung bei von **Atisan** abgeleiteten Namen entspricht der in Formel X angegebenen.

propyl-17,18-dinor-atis-13-en-4,15β,16α-tricarbonsäure [über die Konfiguration dieser Verbindung s. *Girotra*, J. org. Chem. **28** [1963] 2033, 2034] (*Hercules Powder Co.*, U.S.P. 2 517 563 [1946]) erhalten worden. Bildung von 14*anti*-Hydroxy-13-isopropyliden-17,18-dinor-atisan-4,15β,16β-tricarbonsäure-15-lacton (S. 6183) und kleinen Mengen 13*anti*-Hydroxy-13*syn*-isopropyl-17,18-dinor-atisan-4,15β,16β-tricarbonsäure-16-lacton beim Behandeln mit wss. Natronlauge und wss. Kaliumpermanganat-Lösung und anschliessend mit wss. Salzsäure: *Ruzicka, Lalande*, Helv. **23** [1940] 1357, 1363; *Zalkow et al.*, J. org. Chem. **27** [1962] 3535, 3538. Bildung von 2*t*-Carboxymethyl-1,3*t*-dimethyl-cyclohexan-1*r*,3*c*-dicarbonsäure (E III **9** 4765) beim Erhitzen mit wss. Salpetersäure: *Sandermann*, B. **76** [1943] 1261, 1268.

IX   X   XI

(3a*S*)-12-Isopropyl-6*t*,9a-dimethyl-1,3-dioxo-(3a*r*,5a*c*,9a*t*,9b*c*,11a*c*)-tetradecahydro-3b*t*,11*t*-ätheno-phenanthro[1,2-*c*]furan-6*c*-carbonsäure-methylester, 13-Isopropyl-17,18-dinor-atis-13-en-4,15β,16β-tricarbonsäure-15,16-anhydrid-4-methylester, Maleo=pimarsäure-methylester $C_{25}H_{34}O_5$, Formel IX (R = CH_3).

B. Aus Abietinsäure-methylester (E III **9** 2907) beim Erhitzen mit Maleinsäure-an=hydrid auf 160° (*Ruzicka et al.*, Helv. **15** [1932] 1289, 1291) sowie beim Erhitzen mit Xylol auf 150° (*Brus et al.*, Peintures **28** [1952] 783, 784). Beim Behandeln von Maleopimar=säure (S. 6084) mit Diazomethan in Äther (*Wienhaus, Sandermann*, B. **69** [1936] 2202, 2204; *Ruzicka, Bacon*, Helv. **20** [1937] 1542, 1551; *Brus et al.*, Peintures **28** [1952] 865, 868). Beim Behandeln von Maleopimarsäure mit Phosphor(III)-chlorid und Erwärmen des Reaktionsprodukts mit Methanol (*Graff*, Am. Soc. **68** [1946] 1937).

Krystalle; F: 216—217° [korr.; aus wss. A.] (*Gr.*), 216—217° [aus Acn.] (*Brus et al.*, l. c. S. 868), 215—216° [korr.; aus wss. Acn] (*Ru., Ba.*). [α]$_D$: —29,7° [CHCl$_3$ (?)] (*Ru., Ba.*); [α]$_D$: —28,9° [CHCl$_3$; c = 5] (*Gr.*); [α]$_{578}$: —29° [CHCl$_3$] (*Brus et al.*, l. c. S. 868). Raman-Spektrum (CHCl$_3$): *Le-Van-Thoi*, Peintures **29** [1952] 125, 131.

Beim Behandeln einer Lösung in Essigsäure und Äthylacetat mit Ozon sind 12β-Iso=butyryl-15-nor-podocarpan-4,8,13β,14β-tetracarbonsäure-8,13-anhydrid-4-methylester, 13*anti*, 14*anti*-Epoxy-13*syn*-isopropyl-17,18-dinor-atisan-4,15β,16β-tricarbonsäure-15,16-anhydrid-4-methylester und 14*anti*-Hydroxy-13-isopropyliden-17,18-dinor-atisan-4,15β,16β-tricarbonsäure-15-lacton-4-methylester erhalten worden (*Ruzicka, Lalande*, Helv. **23** [1940] 1357, 1361; s. a. *Ruzicka et al.*, Helv. **21** [1938] 583, 586, **16** [1933] 169, 177; *Wi., Sa.*, l. c. S. 2204; über die Konstitution und Konfiguration der genannten Verbindungen s. *Zalkow et al.*, J. org. Chem. **30** [1965] 1679).

(3a*S*)-12-Isopropyl-6*t*,9a-dimethyl-1,3-dioxo-(3a*r*,5a*c*,9a*t*,9b*c*,11a*c*)-tetradecahydro-3b*t*,11*t*-ätheno-phenanthro[1,2-*c*]furan-6*c*-carbonsäure-äthylester, 13-Isopropyl-17,18-dinor-atis-13-en-4,15β,16β-tricarbonsäure-4-äthylester-15,16-anhydrid, Maleo=pimarsäure-äthylester $C_{26}H_{36}O_5$, Formel IX (R = C_2H_5).

B. Beim Behandeln von Maleopimarsäure (S. 6084) mit Phosphor(III)-chlorid und Er=wärmen des Reaktionsprodukts mit Äthanol (*Graff*, Am. Soc. **68** [1946] 1937).

Krystalle; F: 154,5—155,5° [korr.]. [α]$_D$: —31,6° [CHCl$_3$].

(3a*S*)-12-Isopropyl-6*t*,9a-dimethyl-1,3-dioxo-(3a*r*,5a*c*,9a*t*,9b*c*,11a*c*)-tetradecahydro-3b*t*,11*t*-ätheno-phenanthro[1,2-*c*]furan-6*c*-carbonsäure-propylester, 13-Isopropyl-17,18-dinor-atis-13-en-4,15β,16β-tricarbonsäure-15,16-anhydrid-4-propylester, Maleo=pimarsäure-propylester $C_{27}H_{38}O_5$, Formel IX (R = CH_2-CH_2-CH_3).

B. Beim Behandeln von Maleopimarsäure (S. 6084) mit Phosphor(III)-chlorid und Er=

wärmen des Reaktionsprodukts mit Propan-1-ol (*Graff*, Am. Soc. **68** [1946] 1937).
Krystalle; F: 146—147° [korr.]. [α]$_D$: —31,9° [CHCl$_3$].

(3a*S*)-12-Isopropyl-6*t*,9a-dimethyl-1,3-dioxo-(3a*r*,5a*c*,9a*t*,9b*c*,11a*c*)-tetradecahydro-
3b*t*,11*t*-ätheno-phenanthro[1,2-*c*]furan-6*c*-carbonsäure-butylester, 13-Isopropyl-
17,18-dinor-atis-13-en-4,15β,16β-tricarbonsäure-15,16-anhydrid-4-butylester, Maleo⸗
pimarsäure-butylester C$_{28}$H$_{40}$O$_5$, Formel IX (R = [CH$_2$]$_3$-CH$_3$).
    B. Beim Behandeln von Maleopimarsäure (S. 6084) mit Phosphor(III)-chlorid und Er-
hitzen des Reaktionsprodukts mit Butan-1-ol (*Graff*, Am. Soc. **68** [1946] 1937).
    Krystalle; F: 144,5—145,5° [korr.]. [α]$_D$: —31,2° [CHCl$_3$].

Oxocarbonsäuren C$_{25}$H$_{34}$O$_5$

(2*Ξ*,4a*R*)-12-Isopropyl-4b,8*t*-dimethyl-2′,5′-dioxo-(4a*r*,4b*t*,8a*c*)-tetradecahydro-spiro⸗
[3*t*,10a*t*-ätheno-phenanthren-2,3′-furan]-8*c*-carbonsäure C$_{25}$H$_{34}$O$_5$, Formel XI, und
(1*Ξ*,4a*R*)-12-Isopropyl-4b,8*t*-dimethyl-2′,5′-dioxo-(4a*r*,4b*t*,8a*c*)-tetradecahydro-spiro⸗
[3*t*,10a*t*-ätheno-phenanthren-1,3′-furan]-8*c*-carbonsäure C$_{25}$H$_{34}$O$_5$, Formel XII.
    Eine Verbindung oder ein Gemisch von Verbindungen dieser Konstitution und Kon-
figuration hat vermutlich in dem nachstehend beschriebenen Präparat vorgelegen.
    B. Beim Erwärmen von Lävopimarsäure (E III **9** 2903) mit Methylenbernsteinsäure-
anhydrid in Benzol (*Rivett*, J. appl. Chem. **1** [1951] 377, 379).
    Krystalle (aus wss. Acn.); F: 243—243,5°.

Oxocarbonsäuren C$_{30}$H$_{44}$O$_5$

12-Nitro-2,4-dioxo-3-oxa-*A*-homo-olean-12(?)-en-28-säure[1]), 12-Nitro-2,3-seco-olean-
12(?)-en-2,3,28-trisäure-2,3-anhydrid C$_{30}$H$_{43}$NO$_7$, vermutlich Formel XIII.
    Diese Konstitution kommt vermutlich der nachstehend beschriebenen Verbindung zu.
    B. Beim Erhitzen von 12-Nitro-2,3-seco-olean-12(?)-en-2,3,28-trisäure (E III **9** 4830)
mit Acetanhydrid (*Kuwada, Takeda*, J. pharm. Soc. Japan **59** [1939] 398, 404; dtsch.
Ref. S. 121; C. A. **1940** 5452).
    Krystalle (aus Eg.); Zers. bei 230° [korr.].

XII   XIII   XIV

20-Hydroxy-3-oxo-18α,19β*H*-ursan-27,28-disäure-28-lacton[2]), 20-Hydroxy-3-oxo-
20β*H*-taraxastan-27,28-disäure-28-lacton[2]) C$_{30}$H$_{44}$O$_5$, Formel XIV (R = H).
    Konstitution und Konfiguration: *Chopra et al.*, Tetrahedron **21** [1965] 2585, 2586.
    B. Beim Behandeln von Phillyrigenin (S. 1517) mit Chrom(VI)-oxid und Essigsäure
(*Beckwith et al.*, Austral. J. Chem. **9** [1956] 428).
    Krystalle (aus CHCl$_3$ + Me.); F: ca. 400° [korr.; evakuierte Kapillare]. [α]$_D^{25}$: + 68°
[CHCl$_3$; c = 0,6].

---

[1]) Stellungsbezeichnung bei von Oleanan abgeleiteten Namen s. E III **5** 1341.
[2]) Stellungsbezeichnung bei von Ursan und von Taraxastan abgeleiteten Namen
s. E III **5** 1340.

20-Hydroxy-3-oxo-18α,19βH-ursan-27,28-disäure-28-lacton-27-methylester, 20-Hydroxy-3-oxo-20βH-taraxastan-27,28-disäure-28-lacton-27-methylester $C_{31}H_{46}O_5$, Formel XIV (R = CH₃).

B. Beim Behandeln der im vorangehenden Artikel beschriebenen Verbindung mit wss.-äthanol. Kalilauge und mit Dimethylsulfat (*Beckwith et al.*, Austral. J. Chem. **9** [1956] 428).

Krystalle (aus wss. A. oder aus CH₂Cl₂ + Me.); F: 252° [korr.; evakuierte Kapillare]. $[\alpha]_D^{25}$: + 68° [CHCl₃; c = 0,6].

Oxocarbonsäuren $C_nH_{2n-18}O_5$

Oxocarbonsäuren $C_{14}H_{10}O_5$

4,6-Dioxo-2-trans-styryl-5,6-dihydro-4H-pyran-3-carbonsäure, 2-[(E)-α-Hydroxy-trans-cinnamyliden]-3-oxo-glutarsäure-5-lacton $C_{14}H_{10}O_5$, Formel I (R = H), und Tautomeres (4-Hydroxy-6-oxo-2-trans-styryl-6H-pyran-3-carbonsäure).

B. Beim Erwärmen von 4,6-Dioxo-2-trans-styryl-5,6-dihydro-4H-pyran-3-carbonsäure-äthylester mit wss. Natronlauge (*Lampé, Sandrowski*, Bl. [4] **47** [1930] 469, 475; Roczniki Chem. **10** [1930] 199, 205).

Gelbe Krystalle (aus CHCl₃ + Bzn.); F: 203° [Zers.].

4,6-Dioxo-2-trans-styryl-5,6-dihydro-4H-pyran-3-carbonsäure-äthylester, 2-[(E)-α-Hydroxy-trans-cinnamyliden]-3-oxo-glutarsäure-1-äthylester-5-lacton $C_{16}H_{14}O_5$, Formel I (R = C₂H₅), und Tautomeres (4-Hydroxy-6-oxo-2-trans-styryl-6H-pyran-3-carbonsäure-äthylester).

B. Beim Behandeln von 2-trans-Cinnamoyl-3-oxo-glutarsäure-1-äthylester mit konz. Schwefelsäure (*Lampé, Sandrowski*, Bl. [4] **47** [1930] 469, 474; Roczniki Chem. **10** [1930] 199, 204).

Krystalle (aus A.); F: 158—160°.

2,4-Dioxo-6-trans-styryl-3,4-dihydro-2H-pyran-3-carbonsäure-methylester, [3-Hydroxy-5t-phenyl-penta-2t,4-dienoyl]-malonsäure-lacton-methylester $C_{15}H_{12}O_5$, Formel II, und Tautomeres (4-Hydroxy-2-oxo-6-trans-styryl-2H-pyran-3-carbonsäure-methylester).

B. Beim Behandeln von [3-Chlor-5t-phenyl-penta-2t,4-dienoyl]-malonsäure-dimethylester mit konz. Schwefelsäure (*Macierewicz*, Roczniki Chem. **24** [1950] 144, 163; C. A. **1954** 10013).

Gelbe Krystalle (aus Me.); F: 203—205° [Zers.].

I   II   III

Oxocarbonsäuren $C_{15}H_{12}O_5$

2-[2,6-Dimethyl-4-oxo-4H-pyran-3-carbonyl]-benzoesäure $C_{15}H_{12}O_5$, Formel III, und Tautomeres (3-[2,6-Dimethyl-4-oxo-4H-pyran-3-yl]-3-hydroxy-phthalid).

B. Beim Erhitzen von 2,6-Dimethyl-pyran-4-on mit Phthalsäure-anhydrid und Trifluoressigsäure (*Woods*, J. org. Chem. **24** [1959] 1804).

Krystalle (aus Heptan); F: 133,5° [Fisher-Johns-App.]. IR-Banden (KBr) im Bereich von 2010 cm⁻¹ bis 850 cm⁻¹: *Wo.*

1,3-Dioxo-7-phenyl-1,3,3a,4,7,7a-hexahydro-isobenzofuran-4-carbonsäure-methylester,
6-Phenyl-cyclohex-4-en-1,2,3-tricarbonsäure-1,2-anhydrid-3-methylester $C_{16}H_{14}O_5$.

a) **(±)-6c-Phenyl-cyclohex-4-en-1r,2c,3c-tricarbonsäure-1,2-anhydrid-3-methylester**
$C_{16}H_{14}O_5$, Formel IV + Spiegelbild.

B. Beim Erhitzen von 5*t*-Phenyl-penta-2*t*,4-diensäure-methylester oder von 5*c*-Phenyl-penta-2*t*,4-diensäure-methylester mit Maleinsäure-anhydrid (*Alder, Schumacher,* A. **571** [1951] 108, 115, 122).

Krystalle (aus Acetonitril); F: 186°.

Beim Erhitzen auf 260° erfolgt Umwandlung in das unter b) beschriebene Stereoisomere (*Al., Sch.,* l. c. S. 121 Anm. 17). Beim Erhitzen mit wss. Natriumcarbonat-Lösung ist 6*c*-Phenyl-cyclohex-4-en-1*r*,2*c*,3*t*-tricarbonsäure erhalten worden (*Al., Sch.,* l. c. S. 111, 116).

b) **(±)-6c-Phenyl-cyclohex-4-en-1r,2c,3t-tricarbonsäure-1,2-anhydrid-3-methylester**
$C_{16}H_{14}O_5$, Formel V + Spiegelbild.

B. Beim Erhitzen von 5*t*-Phenyl-penta-2*c*,4-diensäure-methylester mit Maleinsäure-anhydrid (*Alder, Schumacher,* A. **571** [1951] 108, 121).

Krystalle (aus Acetonitril); F: 157—158°.

IV   V   VI   VII

c) **(±)-6c-Phenyl-cyclohex-4-en-1r,2t,3c-tricarbonsäure-1,2-anhydrid-3-methylester**
$C_{16}H_{14}O_5$, Formel VI + Spiegelbild, und **(±)-6t-Phenyl-cyclohex-4-en-1r,2t,3t-tricarbon=säure-1,2-anhydrid-3-methylester** $C_{16}H_{14}O_5$, Formel VII + Spiegelbild.

Diese beiden Formeln kommen für die nachstehend beschriebene Verbindung in Betracht.

B. Beim Behandeln von 5*t*-Phenyl-penta-2*t*,4-diensäure-methylester mit Fumaroyl=chlorid unter Ausschluss von Licht und Erwärmen des Reaktionsprodukts mit Wasser (*Alder, Schumacher,* A. **571** [1951] 108, 119, 120).

Krystalle (aus Acetonitril); F: 197—198°.

Oxocarbonsäuren $C_{16}H_{14}O_5$

(±)-4,6,2′-Trimethyl-3,4′-dioxo-3H-spiro[benzofuran-2,1′-cyclopent-2′-en]-3′-carbon=säure $C_{16}H_{14}O_5$, Formel VIII (R = H).

B. Beim Behandeln von (±)-4,6,2′-Trimethyl-3-methylen-4′-oxo-3H-spiro[benzofuran-2,1′-cyclopent-2′-en]-3′-carbonsäure in Tetrachlormethan mit Ozon und Behandeln des Reaktionsprodukts mit Wasser (*Dean et al.,* Soc. **1953** 1250, 1257).

Hellbraune Krystalle (aus Bzl. + PAe.); F: 158—159° [Zers.]. Absorptionsspektrum (A.; 210—340 nm): *Dean et al.,* l. c. S. 1253.

Oxim $C_{16}H_{15}NO_5$. Krystalle (aus wss. A.); F: 215° [Zers.].

(±)-4,6,2′-Trimethyl-3,4′-dioxo-3H-spiro-[benzofuran-2,1′-cyclopent-2′-en]-3′-carbon=säure-äthylester $C_{18}H_{18}O_5$, Formel VIII (R = C₂H₅).

B. Beim Behandeln von (±)-4,6,2′-Trimethyl-3-methylen-4′-oxo-3H-spiro[benzofuran-2,1′-cyclopent-2′-en]-3′-carbonsäure-äthylester in Tetrachlormethan mit Ozon und Behandeln des Reaktionsprodukts mit Wasser (*Dean et al.,* Soc. **1953** 1250, 1256).

Krystalle (aus Me. oder PAe.); F: 91—92°.

Oxim $C_{18}H_{19}NO_5$. Krystalle (aus A.); F: 226° [Zers.].

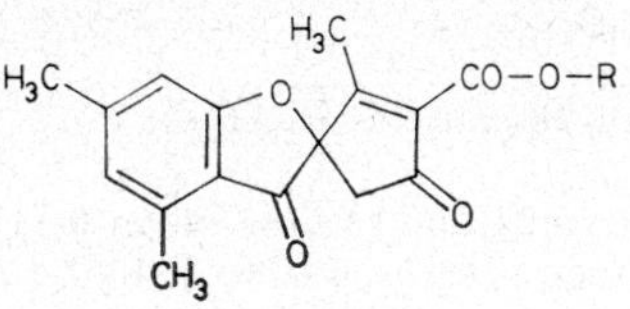

VIII 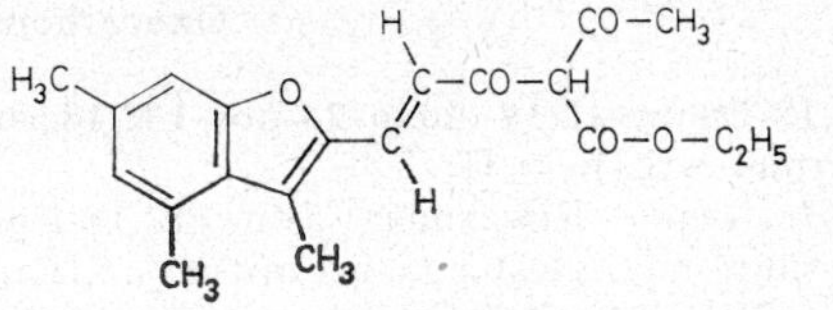   IX

Oxocarbonsäuren $C_{18}H_{18}O_5$

2-Acetyl-3-oxo-5t(?)-[3,4,6-trimethyl-benzofuran-2-yl]-pent-4-ensäure-äthylester
$C_{20}H_{22}O_5$, vermutlich Formel IX, und Tautomere.

B. Beim Behandeln von 3t(?)-[3,4,6-Trimethyl-benzofuran-2-yl]-acrylsäure (F: 259°)
mit Phosphor(V)-chlorid in Chloroform und Erwärmen des Reaktionsprodukts mit
2-Methoxomagnesio-acetessigsäure-äthylester in Äther (*Dean et al.*, Soc. **1958** 4551, 4555).
Gelbe Krystalle (aus A.); F: 125°.

(±)-2-[2-(6-Methoxy-[2]naphthyl)-5-oxo-tetrahydro-[2]furyl]-2-methyl-propionsäure-methylester, (±)-3-Hydroxy-3-[6-methoxy-[2]naphthyl]-2,2-dimethyl-adipinsäure-6-lacton-1-methylester $C_{20}H_{22}O_5$, Formel X (R = CH_3).

B. Beim Erwärmen einer Lösung von 4-[6-Methoxy-[2]naphthyl]-4-oxo-buttersäure-
äthylester in Benzol mit Zink, einer äther. Lösung von α-Brom-isobuttersäure-methylester
und wenig Quecksilber(II)-chlorid unter Entfernen des Äthers (*Horeau, Jacques*, Bl. **1952**
527, 531).
F: 119—120°.

(±)-2-[2-(6-Methoxy-[2]naphthyl)-5-oxo-tetrahydro-[2]furyl]-2-methyl-propionsäure-äthylester, (±)-3-Hydroxy-3-[6-methoxy-[2]naphthyl]-2,2-dimethyl-adipinsäure-1-äthyl-ester-6-lacton $C_{21}H_{24}O_5$, Formel X (R = C_2H_5).

B. Beim Erwärmen einer Lösung von 4-[6-Methoxy-[2]naphthyl]-4-oxo-buttersäure-
äthylester in Benzol mit Zink, einer äther. Lösung von α-Brom-isobuttersäure-äthylester
und wenig Quecksilber(II)-chlorid unter Entfernen des Äthers (*Horeau, Jacques*, Bl. **1952**
527, 531).
Krystalle (aus Me.); F: 98°.

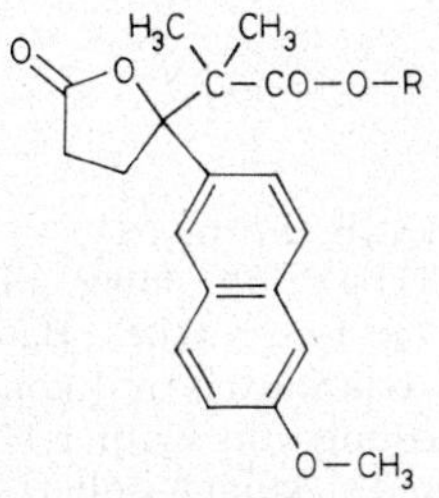

X 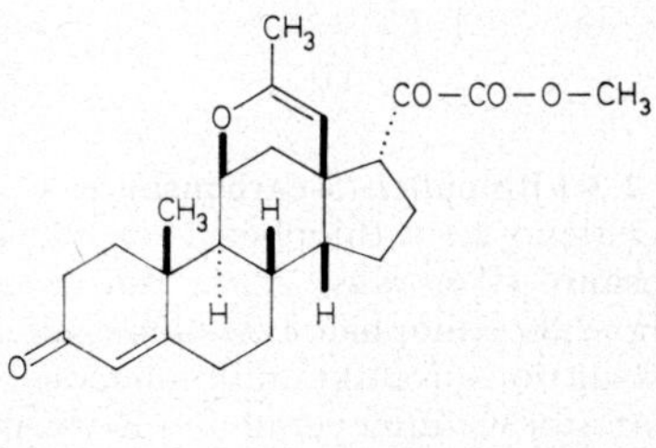   XI 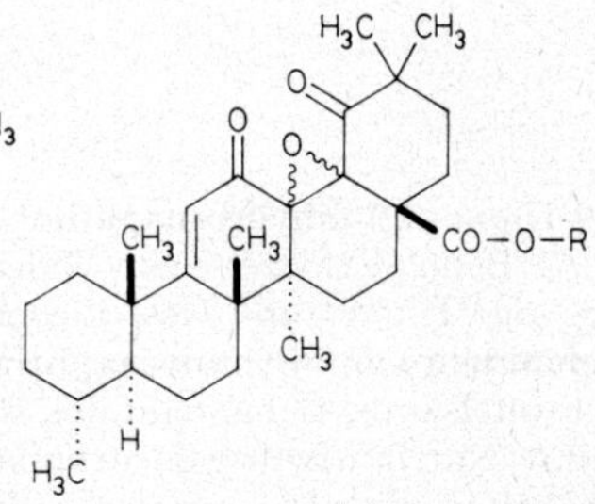   XII

Oxocarbonsäuren $C_{23}H_{28}O_5$

rac-11β,18a-Epoxy-18a-methyl-3,20-dioxo-18-homo-14β,17βH-pregna-4,18-dien-21-säure-methylester $C_{24}H_{30}O_5$, Formel XI + Spiegelbild.

B. Beim Erwärmen von *rac*-3,3-Äthandiyldioxy-11β,18a-epoxy-18a-methyl-20-oxo-
18-homo-14β,17βH-pregna-5,18-dien-21-säure-methylester mit wss. Essigsäure (*Heusler
et al.*, Helv. **41** [1958] 997, 1016).
Krystalle (aus Me.); F: 182—185° [unkorr.]. UV-Absorptionsmaximum (A.): 239 nm.

Oxocarbonsäuren $C_{29}H_{40}O_5$

13,18-Epoxy-12,19-dioxo-24-nor-13ξ,18ξ-olean-9(11)-en-28-säure [1] $C_{29}H_{40}O_5$,
Formel XII (R = H).

B. Beim Erwärmen von 13,18-Epoxy-12,19-dioxo-24-nor-13ξ,18ξ-olean-9(11)-en-
28-säure-methylester·(s. u.) mit wss.-äthanol. Natronlauge (*Jacobs, Fleck*, J. biol. Chem.
88 [1930] 153, 158).
Krystalle (aus wss. Acn.); F: 255—256° [Zers.].

13,18-Epoxy-12,19-dioxo-24-nor-13ξ,18ξ-olean-9(11)-en-28-säure-methylester $C_{30}H_{42}O_5$,
Formel XII (R = CH₃).
Bezüglich der Konstitutionszuordnung vgl. *Ruzicka, Jeger*, Helv. **25** [1942] 1409, 1413.
B. Neben 12,19-Dioxo-24-nor-oleana-9(11),13(18)-dien-28-säure-methylester (E III **10**
3623) beim Behandeln einer Lösung von 12,19-Epithio-24-nor-oleana-9(11),12,18-trien-
28-säure-methylester (S. 4382) in Essigsäure mit wss. Kaliumpermanganat-Lösung
(*Jacobs, Fleck*, J. biol. Chem. **88** [1930] 153, 157).
Krystalle (aus Acn.); F: 274—275°; [α]$_D^{25}$: —16° [Py.] (*Ja., Fl.*).
Beim Erhitzen mit äthanol. Kalilauge auf 140° ist eine Verbindung $C_{28}H_{42}O_4$ vom
F: 209—210° erhalten worden (*Ja., Fl.*, l. c. S. 158).

Oxocarbonsäuren $C_nH_{2n-20}O_5$

Oxocarbonsäuren $C_{13}H_6O_5$

4,9-Dioxo-4,9-dihydro-naphtho[2,3-*b*]thiophen-2-carbonsäure $C_{13}H_6O_4S$, Formel I.
B. Beim Erhitzen von Naphtho[2,3-*b*]thiophen-4,9-chinon mit Tetrachlormethan und
Kupfer-Pulver auf 200° und Erwärmen des Reaktionsprodukts mit wss. Natronlauge
(*Weinmayr*, Am. Soc. **74** [1952] 4353, 4355). Beim Erhitzen von 2-Methyl-naphtho[2,3-*b*]=
thiophen-4,9-chinon mit Chrom(VI)-oxid und wss. Essigsäure (*We.*).
Hellgelbe Krystalle (aus Chlorbenzol); F: 293—294°.

I   II   III

4,9-Dioxo-4,9-dihydro-naphtho[2,3-*b*]thiophen-5-carbonsäure $C_{13}H_6O_4S$, Formel II.
B. Beim Erhitzen von Phenaleno[2,1-*b*]thiophen-7-on (s. E III/IV **17** 5490) mit
Chrom(VI)-oxid und wss. Essigsäure (*Weinmayr et al.*, Am. Soc. **74** [1952] 4361). Beim
Behandeln von 5-Amino-naphtho[2,3-*b*]thiophen-4,9-chinon mit Natriumnitrit und konz.
Schwefelsäure, Behandeln des Reaktionsprodukts mit einer wss. Lösung von Kupfer(II)-
sulfat, Natriumhydrogencarbonat und Kaliumcyanid und Erwärmen des danach isolierten
Reaktionsprodukts mit wasserhaltiger Schwefelsäure und anschliessend mit Natrium=
nitrit (*We. et al.*).
Krystalle (aus Me.); F: 283—284°. IR-Spektrum (Nujol; 3—15 μ): *We. et al.*

4,9-Dioxo-4,9-dihydro-naphtho[2,3-*b*]thiophen-8-carbonsäure $C_{13}H_6O_4S$, Formel III.
B. Beim Behandeln von 8-Amino-naphtho[2,3-*b*]thiophen-4,9-chinon mit Natrium=
nitrit und Schwefelsäure, Behandeln des Reaktionsprodukts mit einer wss. Lösung von
Kupfer(II)-sulfat, Natriumhydrogencarbonat und Kaliumcyanid und Erwärmen des
danach isolierten Reaktionsprodukts mit wasserhaltiger Schwefelsäure und anschliessend

---

[1] Stellungsbezeichnung bei von Oleanan abgeleiteten Namen s. E III **5** 1341.

mit Natriumnitrit (*Weinmayr et al.*, Am. Soc. **74** [1952] 4361).
Krystalle (aus A.); F: 273—274°. IR-Spektrum (Nujol; 3—15 μ): *We. et al.*

1,3-Dioxo-1*H*,3*H*-benz[*de*]isochromen-4-carbonsäure, Naphthalin-1,2,8-tricarbonsäure-1,8-anhydrid $C_{13}H_6O_5$, Formel IV (R = H).
B. Beim Erhitzen von Acenaphthen-3-carbonsäure mit Natriumdichromat und Essig=säure (*Fieser, Cason*, Am. Soc. **61** [1939] 1740, 1742).
Krystalle (aus Eg. + Acetanhydrid); F: 297,5—298,5° [korr.].

1,3-Dioxo-1*H*,3*H*-benz[*de*]isochromen-4-carbonsäure-methylester, Naphthalin-1,2,8-tri=carbonsäure-1,8-anhydrid-2-methylester $C_{14}H_8O_5$, Formel IV (R = CH₃).
B. Beim Behandeln von Naphthalin-1,2,8-tricarbonsäure-1,8-anhydrid mit Diazo=methan in Äther (*Fieser, Cason*, Am. Soc. **61** [1939] 1740, 1742).
Krystalle (aus Eg. + Acetanhydrid); F: 191—192° [korr.].

1,3-Dioxo-1*H*,3*H*-benz[*de*]isochromen-5-carbonsäure, Naphthalin-1,3,8-tricarbonsäure-1,8-anhydrid $C_{13}H_6O_5$, Formel V (R = H).
B. Beim Behandeln von 3-Äthyl-naphthalin-1,8-dicarbonsäure-anhydrid mit Kalium=permanganat und wss. Natronlauge und anschliessenden Ansäuern (*Nürsten, Peters*, Soc. **1950** 2389, 2391).
Krystalle (aus Eg. + Acetanhydrid); F: 289—290° [korr.; nach Sintern bei 283°].

1,3-Dioxo-1*H*,3*H*-benz[*de*]isochromen-5-carbonsäure-methylester, Naphthalin-1,3,8-tricarbonsäure-1,8-anhydrid-3-methylester $C_{14}H_8O_5$, Formel V (R = CH₃).
B. Aus Naphthalin-1,3,8-tricarbonsäure-1,8-anhydrid mit Hilfe von Diazomethan (*Nürsten, Peters*, Soc. **1950** 2389, 2392).
Krystalle (aus Eg.); F: 226—227° [korr.].

IV   V   VI

1,3-Dioxo-1*H*,3*H*-benz[*de*]isochromen-6-carbonsäure, Naphthalin-1,4,5-tricarbonsäure-4,5-anhydrid $C_{13}H_6O_5$, Formel VI (X = OH).
In den früher beschriebenen Präparaten (s. H 477; E II 358) haben Gemische von Naphthalin-1,4,5-tricarbonsäure-4,5-anhydrid und Naphthalin-1,8-dicarbonsäure-an=hydrid vorgelegen (*Dziewoński et al.*, Roczniki Chem. **13** [1933] 154, 156 Anm. 4; Bl. Acad. polon. [A] **1933** 194, 195 Anm. 4).
B. Beim Erhitzen von 1-Acenaphthen-5-yl-äthanon mit wss. Kaliumpermanganat-Lösung und anschliessenden Behandeln mit Säure (*Dz. et al.*, Roczniki Chem. **13** 162; Bl. Acad. polon. [A] **1933** 202). Beim Behandeln von 4-[Acenaphthen-5-yl]-4-oxo-butter=säure mit alkal. wss. Kaliumpermanganat-Lösung und Erwärmen der Reaktionslösung mit wss. Salzsäure (*Fieser, Peters*, Am. Soc. **54** [1932] 4347, 4352).
Gelbe Krystalle; F: 274—275° [korr.; aus Eg. + Acetanhydrid] (*Fieser, Hershberg*, Am. Soc. **61** [1939] 1272, 1280; *Nürsten, Peters*, Soc. **1950** 2389, 2390), 272—273° [aus W. oder Eg.] (*Dz. et al.*).
O x i m $C_{13}H_7NO_5$. Gelbe Krystalle (aus Eg.); F: 302—303° (*Dz. et al.*, Roczniki Chem. **13** 163; Bl. Acad. polon. [A] **1933** 204).
P h e n y l h y d r a z o n $C_{19}H_{12}N_2O_4$. Gelbe Krystalle (aus Eg.); F: 318—320° (*Dz. et al.*, Roczniki Chem. **13** 163; Bl. Acad. polon. [A] **1933** 204).

1,3-Dioxo-1*H*,3*H*-benz[*de*]isochromen-6-carbonsäure-methylester, Naphthalin-1,4,5-tricarbonsäure-4,5-anhydrid-1-methylester $C_{14}H_8O_5$, Formel VI (X = O-CH₃).
B. Beim Erwärmen von Naphthalin-1,4,5-tricarbonsäure-4,5-anhydrid mit Methanol

und Schwefelsäure (*Fieser*, *Peters*, Am. Soc. **54** [1932] 4347, 4352).
Krystalle (aus Eg.); F: 222° [korr.].

1,3-Dioxo-1*H*,3*H*-benz[*de*]isochromen-6-carbonsäure-äthylester, Naphthalin-1,4,5-tricarbonsäure-1-äthylester-4,5-anhydrid $C_{15}H_{10}O_5$, Formel VI (X = O-C$_2$H$_5$).
B. Aus Naphthalin-1,4,5-tricarbonsäure-4,5-anhydrid beim Behandeln mit Äthanol und Chlorwasserstoff sowie beim Erwärmen mit Äthanol und konz. Schwefelsäure (*Dziewoński et al.*, Roczniki Chem. **13** [1933] 154, 164; Bl. Acad. polon. [A] **1933** 194, 205).
Krystalle (aus A.); F: 182—183°.

1,3-Dioxo-1*H*,3*H*-benz[*de*]isochromen-6-carbonsäure-[*N*-äthyl-anilid], 4-[Äthyl-phenyl-carbamoyl]-naphthalin-1,8-dicarbonsäure-anhydrid $C_{21}H_{15}NO_4$, Formel VI (X = N(C$_2$H$_5$)-C$_6$H$_5$).
B. Beim Erhitzen von Acenaphthen-5-carbonsäure-[*N*-äthyl-anilid] (E III **12** 541) mit Natriumdichromat und Essigsäure (*ICI*, U.S.P. 2088829 [1934]; D.R.P. 654559 [1935]; Frdl. **24** 969).
Hellgelbe Krystalle (aus Eg.).

Oxocarbonsäuren $C_{14}H_8O_5$

2,4-Dioxo-3,4-dihydro-2*H*-benzo[*g*]chromen-3-carbonsäure-äthylester $C_{16}H_{12}O_5$, Formel VII, und Tautomere (z. B. 4-Hydroxy-2-oxo-2*H*-benzo[*g*]chromen-3-carbonsäure-äthylester) (H 477).
B. Bei der Umsetzung von 3-Acetoxy-[2]naphthoylchlorid mit Äthoxomagnesio-malonsäure-diäthylester und Behandlung des Reaktionsprodukts mit wss. Schwefelsäure (*Schieffelin & Co.*, U.S.P. 2596107 [1948]).
Krystalle (aus Eg.); F: 175—177°.

VII   VIII   IX

2,4-Dioxo-3,4-dihydro-2*H*-benzo[*h*]chromen-3-carbonsäure-äthylester $C_{16}H_{12}O_5$, Formel VIII, und Tautomere (z. B. 4-Hydroxy-2-oxo-2*H*-benzo[*h*]chromen-3-carbonsäure-äthylester) (H 478).
B. Beim Behandeln von 1-Acetoxy-[2]naphthoylchlorid in Benzol mit der Natrium-Verbindung des Malonsäure-diäthylesters, zuletzt bei Siedetemperatur (*Anand, Venkataraman*, Pr. Indian Acad. [A] **28** [1948] 151, 155).
Gelbe Krystalle (aus A.); F: 179°.

1,3-Dioxo-2,3-dihydro-1*H*-benzo[*f*]chromen-2-carbonsäure-äthylester $C_{16}H_{12}O_5$, Formel IX, und Tautomere (z. B. 1-Hydroxy-3-oxo-3*H*-benzo[*f*]chromen-2-carbonsäure-äthylester).
B. Beim Erwärmen von 2-Hydroxy-[1]naphthoesäure mit Thionylchlorid und wenig Pyridin, Erhitzen des Reaktionsprodukts mit der Natrium-Verbindung des Malonsäure-diäthylesters in Toluol und Behandeln der Lösung des danach isolierten Reaktionsprodukts in Äthanol mit wss. Salzsäure (*Schieffelin & Co.*, U.S.P. 2596107 [1948]).
Krystalle (aus A.); F: 155—157°.

2-Methyl-4,9-dioxo-4,9-dihydro-naphtho[2,3-*b*]furan-3-carbonsäure-äthylester $C_{16}H_{12}O_5$, Formel X.
B. Beim Erwärmen von [3-Chlor-1,4-dioxo-1,4-dihydro-[2]naphthyl]-acetessigsäure-äthylester mit Tributylamin und Äthanol (*Pratt, Rice*, Am. Soc. **79** [1957] 5489, 5491).

Hellgelbe Krystalle (aus E. + PAe.); F: 163—163,5° [korr.]. UV-Absorptionsmaxima (CHCl₃): 249 nm, 291 nm, 339 nm und 372 nm.

X   XI   XII

Oxocarbonsäuren $C_{15}H_{10}O_5$

(±)-4-[2,5-Dioxo-tetrahydro-[3]furyl]-[2]naphthoesäure, (±)-[3-Carboxy-[1]naphthyl]-bernsteinsäure-anhydrid $C_{15}H_{10}O_5$, Formel XI, und (±)-4-[2,5-Dioxo-tetrahydro-[3]furyl]-[1]naphthoesäure, (±)-[4-Carboxy-[1]naphthyl]-bernsteinsäure-anhydrid $C_{15}H_{10}O_5$, Formel XII.

Diese Konstitutionsformeln kommen für die nachstehend beschriebene Verbindung in Betracht.

B. Beim Erwärmen von (±)-[3(oder 4)-Methoxycarbonyl-[1]naphthyl]-bernsteinsäure-dimethylester (F: 99°) mit wss.-äthanol. Kalilauge und Ansäuern der Reaktionslösung mit wss. Salzsäure (*Alder, Schmitz-Josten*, A. **595** [1955] 1, 30).

Krystalle (aus Eg.); F: 224° [Zers.].

Oxocarbonsäuren $C_{19}H_{18}O_5$

*Opt.-inakt. 1,3-Dioxo-9-phenyl-1,3,3a,4,5,6,7,8,9,9a-decahydro-naphtho[2,3-c]furan-4-carbonsäure-methylester, 4-Phenyl-1,2,3,4,5,6,7,8-octahydro-naphthalin-1,2,3-tricarbonsäure-2,3-anhydrid-1-methylester $C_{20}H_{20}O_5$, Formel XIII.

B. Beim Behandeln einer Lösung von opt.-inakt. [(E)-2-(α-Hydroxy-benzyl)-cyclohexyliden]-essigsäure-methylester (F: 106,5°) in Benzol mit Phosphor(III)-bromid, Erhitzen des Reaktionsprodukts mit Collidin auf 200° und Erhitzen des danach isolierten Reaktionsprodukts mit Maleinsäure-anhydrid in Toluol (*Schmid, Karrer*, Helv. **31** [1948] 1067, 1072).

Krystalle (aus Me.); F: 164,5—165,5°.

XIII   XIV   XV

Oxocarbonsäuren $C_{22}H_{24}O_5$

14-Hydroxy-11-oxo-19,24-dinor-14β,20β_F(?)H-chola-1,3,5(10)-trien-21,23-disäure-21-lacton-23-methylester $C_{23}H_{26}O_5$, vermutlich Formel XIV (R = CH₃).

Bezüglich der Konfiguration am C-Atom 20 vgl. *Krasso et al.*, Helv. **55** [1972] 1352, 1354, 1357.

B. Beim Behandeln von (20S?,21S?)-11α-Acetoxy-14,21-epoxy-19-nor-14β-carda-1,3,5(10)-trienolid (bezüglich der Konstitution und Konfiguration dieser Verbindung vgl. *Sneeden, Turner*, Am. Soc. **77** [1955] 130, 132; *Turner, Meschino*, Am. Soc. **78** [1956] 5130) mit wss.-äthanol. Natronlauge und anschliessend mit wss. Essigsäure und Behandeln des nach der Umsetzung mit Diazomethan erhaltenen 14,21-Epoxy-11α,21-dihydroxy-19,24-dinor-14β,20β(?)H-chola-1,3,5(10)-trien-23-säure-methylesters

($C_{23}H_{30}O_5$; Krystalle [aus A.], F: 214—216° [Zers.]; $[\alpha]_D^{23}$: +1,6° [Py.]) mit wss. Essig=
säure, Natriumdichromat und wss. Schwefelsäure (*Jacobs, Bigelow*, J. biol. Chem. **101**
[1933] 15, 19, 20).
Krystalle (aus $CHCl_3$ + A.); F: 210—213°. $[\alpha]_D^{23}$: +172,5° [Py.; c = 1].

Oxocarbonsäuren $C_{23}H_{26}O_5$

**21-Hydroxy-3-oxo-24-nor-chola-4,14,20(22)-trien-19,23-disäure-23-lacton-19-methyl=
ester, Dianhydrostrophanthidonsäure-methylester** $C_{24}H_{28}O_5$, Formel XV.
Konstitution und Konfiguration: *L. F. Fieser, M. Fieser*, Steroids [New York 1959]
S. 743; Steroide [Weinheim 1961] S. 817.
B. Beim Behandeln einer Lösung von Δ^{14}-Anhydrostrophanthidinsäure-methyl=
ester(3β,5,21-Trihydroxy-24-nor-5β-chola-14,20(22)t-dien-19,23-disäure-23→21-lacton-
19-methylester [S. 6536]) in Essigsäure mit Chrom(VI)-oxid und mit wss. Schwefelsäure
(*Jacobs, Gustus*, J. biol. Chem. **74** [1927] 795, 803).
Krystalle (aus Me.); F: 202—203°; $[\alpha]_D$: +131° [Py.; c = 1] (*Ja., Gu.*).

Oxocarbonsäuren $C_{29}H_{38}O_5$

2-[(Ξ)-Furfuryliden]-3,6-dioxo-5ξ-cholan-24-säure $C_{29}H_{38}O_5$, Formel XVI, und
4-[(Ξ)-Furfuryliden]-3,6-dioxo-5ξ-cholan-24-säure $C_{29}H_{38}O_5$, Formel XVII.
Diese Formeln kommen für die nachstehend beschriebene Verbindung in Betracht.
B. Beim Behandeln von 3,6-Dioxo-5ξ-cholan-24-säure mit Furfural und wss. Natron=
lauge (*Kaziro*, J. Biochem. Tokyo **7** [1927] 283, 288).
Gelbe Krystalle (aus A.) mit 1 Mol H_2O; F: 237—239°.

XVI   XVII

Oxocarbonsäuren $C_nH_{2n-22}O_5$

Oxocarbonsäuren $C_{15}H_8O_5$

1,3-Dioxo-7-phenyl-phthalan-4-carbonsäure, Biphenyl-2,3,4-tricarbonsäure-2,3-anhydrid
$C_{15}H_8O_5$, Formel I (R = H).
B. Beim Behandeln von 1,3-Dioxo-7-phenyl-phthalan-4-carbonsäure-methylester mit
wss. Natriumcarbonat-Lösung (*Alder, Schumacher*, A. **571** [1951] 108, 118). Beim Behan-
deln einer Suspension von 3-Fluoren-9-ylidenmethyl-6-phenyl-phthalsäure-anhydrid in
Äthylacetat mit Ozon, Behandeln des Reaktionsprodukts mit Essigsäure und wss.
Wasserstoffperoxid und Erwärmen der Reaktionslösung mit wss. Natriumcarbonat-
Lösung (*Alder, Schumacher*, A. **570** [1950] 178, 190).
Krystalle (aus E.); F: 217° (*Al., Sch.*, A. **571** 118).
Ein Präparat (F: 210—212°), in dem wahrscheinlich 1,3-Dioxo-7-phenyl-phthalan-
4-carbonsäure als Hauptbestandteil vorgelegen hat, ist von *Charrier, Ghigi* (B. **69** [1936]
2211, 2223) beim Erwärmen von Biphenyl-2,3,4-tricarbonsäure erhalten worden.

1,3-Dioxo-7-phenyl-phthalan-4-carbonsäure-methylester, Biphenyl-2,3,4-tricarbonsäure-2,3-anhydrid-4-methylester $C_{16}H_{10}O_5$, Formel I (R $=$ CH₃).

B. Beim Erhitzen von ($\pm$)-6*c*-Phenyl-cyclohex-4-en-1*r*,2*c*,3*c*-tricarbonsäure-1,2-an⸗ hydrid-3-methylester mit Selendioxid und Acetanhydrid (*Alder, Schumacher,* A. **571** [1951] 108, 118).

Krystalle (aus E.); F: 164°.

[9-Oxo-xanthen-1-yl]-glyoxylsäure $C_{15}H_8O_5$, Formel II, und Tautomeres (11b-Hydr⸗ oxy-11b*H*-pyrano[4,3,2-*kl*]xanthen-2,3-dion).

B. Beim Erwärmen einer Suspension von 3-[9-Oxo-xanthen-1-yl]-propionsäure in Wasser mit wss. Kaliumpermanganat-Lösung (*Kruber,* B. **70** [1937] 1556, 1564).

Krystalle (aus Eg.); F: 187—188°.

I   II   III   IV

Oxocarbonsäuren $C_{16}H_{10}O_5$

3,4-Dioxo-2-phenyl-chroman-6-carbonsäure $C_{16}H_{10}O_5$, Formel III, und Tautomeres (3-Hydroxy-4-oxo-2-phenyl-4*H*-chromen-6-carbonsäure).

B. Beim Behandeln einer Lösung von 3-*trans*(?)-Cinnamoyl-4-hydroxy-benzoesäure (E III **10** 4464) in Äthanol mit wss. Natronlauge und wss. Wasserstoffperoxid und anschliessend mit wss. Salzsäure und Eis (*Shah et al.,* Am. Soc. **77** [1955] 2223).

Gelbe Krystalle (aus Nitrobenzol); F: 313° [Zers.].

2-[1,3-Dioxo-phthalan-4-ylmethyl]-benzoesäure, 3-[2-Carboxy-benzyl]-phthal⸗ säure-anhydrid $C_{16}H_{10}O_5$, Formel IV.

B. Beim Erhitzen von 3-[2-Carboxy-benzyl]-phthalsäure unter vermindertem Druck (*Fieser, Fieser,* Am. Soc. **55** [1933] 3010, 3014).

Krystalle (aus Xylol); F: 202°.

2-Acetyl-3-oxo-3*H*-benzo[*f*]chromen-5-carbonsäure-methylester $C_{17}H_{12}O_5$, Formel V (X $=$ O-CH₃).

B. Beim Erwärmen von 4-Formyl-3-hydroxy-[2]naphthoesäure-methylester mit Acet⸗ essigsäure-äthylester und wenig Piperidin (*Desai et al.,* Pr. Indian Acad. [A] **23** [1946] 182, 184).

Gelbe Krystalle; F: 240—241°.

2-Acetyl-3-oxo-3*H*-benzo[*f*]chromen-5-carbonsäure-anilid $C_{22}H_{15}NO_4$, Formel V (X $=$ NH-C₆H₅).

B. Beim Behandeln einer Lösung von 4-Formyl-3-hydroxy-[2]naphthoesäure-anilid in Pyridin mit Acetessigsäure-äthylester und wenig Piperidin (*Choubal et al.,* J. Indian chem. Soc. **35** [1958] 860, 861).

Braune Krystalle (aus A.); F: 178°.

2-Acetyl-3-oxo-3*H*-benzo[*f*]chromen-5-carbonsäure-[3-nitro-anilid] $C_{22}H_{14}N_2O_6$, Formel V (X $=$ NH-C₆H₄-NO₂).

B. Beim Behandeln einer Lösung von 4-Formyl-3-hydroxy-[2]naphthoesäure-[3-nitro-anilid] in Pyridin mit Acetessigsäure-äthylester und wenig Piperidin (*Choubal et al.,*

J. Indian chem. Soc. **35** [1958] 860, 863).
Braune Krystalle (aus A.); F: 171°.

V   VI   VII

2-Acetyl-3-oxo-3H-benzo[f]chromen-5-carbonsäure-[1]naphthylamid $C_{26}H_{17}NO_4$,
Formel VI.
B. Beim Behandeln einer Lösung von 4-Formyl-3-hydroxy-[2]naphthoesäure-[1]naph=
thylamid in Pyridin mit Acetessigsäure-äthylester und wenig Piperidin (*Choubal et al.*,
J. Indian chem. Soc. **35** [1958] 860, 862).
Gelblichrote Krystalle (aus A.); F: 247°.

2-Acetyl-3-oxo-3H-benzo[f]chromen-5-carbonsäure-[2]naphthylamid $C_{26}H_{17}NO_4$,
Formel VII.
B. Beim Behandeln einer Lösung von 4-Formyl-3-hydroxy-[2]naphthoesäure-[2]naph=
thylamid in Pyridin mit Acetessigsäure-äthylester und wenig Piperidin (*Choubal et al.*,
J. Indian chem. Soc. **35** [1958] 860, 863).
Braune Krystalle (aus A.); F: 167°.

Oxocarbonsäuren $C_{17}H_{12}O_5$

(±)-[7t-Hepta-1,3,5-triinyl-1,3-dioxo-(3ar,7ac)-1,3,3a,4,7,7a-hexahydro-isobenzofuran-4t-yl]-essigsäure-methylester, (±)-3c-Hepta-1,3,5-triinyl-6c-methoxycarbonylmethyl-cyclohex-4-en-1r,2c-dicarbonsäure-anhydrid $C_{18}H_{14}O_5$, Formel VIII + Spiegelbild.
Diese Konstitution und Konfiguration kommt wahrscheinlich der nachstehend be=
schriebenen Verbindung zu.
B. Beim Erwärmen von Trideca-3t,5t-dien-7,9,11-triinsäure-methylester (E IV **2** 1818)
mit Maleinsäure-anhydrid (*Celmer, Solomons*, Am. Soc. **74** [1952] 3838, 3842; *Bohl-mann, Viehe*, B. **87** [1954] 712, 723).
Krystalle; F: 178° [Zers.; Kofler-App.; aus Acn. + PAe.] (*Bo., Vi.*), 177—178° [aus
Acn. + Hexan] (*Ce., So.*, l. c. S. 3839). IR-Spektrum (Nujol; 2—16 μ): *Ce., So.*, l. c.
S. 3839. UV-Spektrum (Me.; 210—320 nm): *Ce., So.*, l. c. S. 3840.

VIII   IX

**2,4-Dioxo-5,5-diphenyl-tetrahydro-furan-3-carbonsäure-äthylester, Benziloyl-malon=
säure-äthylester-lacton** $C_{19}H_{16}O_5$, Formel IX, und Tautomeres (4-Hydroxy-2-oxo-5,5-diphenyl-2,5-dihydro-furan-3-carbonsäure-äthylester).
B. Beim Behandeln einer Suspension der Natrium-Verbindung des Malonsäure-diäthyl=
esters in Äther mit Chlor-diphenyl-acetylchlorid (*Lecocq*, C. r. **222** [1946] 299).
Krystalle (aus A.); F: 136°.

2-Methyl-5-[1]naphthyl-4,6-dioxo-5,6-dihydro-4*H*-pyran-3-carbonsäure, 2-[(*E*)-1-Hydr‑ oxy-äthyliden]-4-[1]naphthyl-3-oxo-glutarsäure-5-lacton $C_{17}H_{12}O_5$, Formel X (R = H), und Tautomeres (4-Hydroxy-2-methyl-5-[1]naphthyl-6-oxo-6*H*-pyran-3-carbonsäure).

B. Beim Erwärmen von 2-Methyl-5-[1]naphthyl-4,6-dioxo-5,6-dihydro-4*H*-pyran-3-carbonsäure-äthylester mit wss. Bariumhydroxid-Lösung (*Boltze, Heidenbluth*, B. **91** [1958] 2849, 2853).

Krystalle (aus wss. A.) mit 1 Mol H_2O; F: 230° [unkorr.; nach Trocknen oberhalb 150°].

2-Methyl-5-[1]naphthyl-4,6-dioxo-5,6-dihydro-4*H*-pyran-3-carbonsäure-äthylester, 2-[(*E*)-1-Hydroxy-äthyliden]-4-[1]naphthyl-3-oxo-glutarsäure-1-äthylester-5-lacton $C_{19}H_{16}O_5$, Formel X (R = C_2H_5), und Tautomeres (4-Hydroxy-2-methyl-5-[1]naphthyl-6-oxo-6*H*-pyran-3-carbonsäure-äthylester).

B. Beim Erwärmen von [1]Naphthylmalonsäure (E III **9** 4473) mit Thionylchlorid und Behandeln des erhaltenen Säurechlorids mit Acetessigsäure-äthylester und Pyridin (*Boltze, Heidenbluth*, B. **91** [1958] 2849, 2852).

Krystalle (aus wss. A.); F: 132° [unkorr.].

2-[4-Oxo-chroman-3-carbonyl]-benzoesäure $C_{17}H_{12}O_5$, Formel XI (R = H), und Tautomere.

B. Beim Erhitzen von Chroman-4-on mit Phthalsäure-anhydrid und Kaliumacetat auf 130° (*Woods, Dix*, J. org. Chem. **24** [1959] 1126).

Krystalle (aus A. oder Heptan); F: 229° [Fisher-Johns-App.].

X   XI   XII

2-[4-Oxo-chroman-3-carbonyl]-benzoesäure-phenacylester $C_{25}H_{18}O_6$, Formel XI (R = CH_2-CO-C_6H_5), und Tautomere.

B. Beim Behandeln von 2-[4-Oxo-chroman-3-carbonyl]-benzoesäure mit wss. Na‑ triumhydrogencarbonat-Lösung und anschliessenden Erwärmen mit Phenacylbromid und Äthanol (*Woods, Dix*, J. org. Chem. **24** [1959] 1126).

Krystalle (aus A.); F: 229—231° [Fisher-Johns-App.].

2-Acetyl-3-methyl-1-oxo-1*H*-benzo[*f*]chromen-5-carbonsäure $C_{17}H_{12}O_5$, Formel XII (R = H).

B. Beim Erhitzen von 4-Acetyl-3-hydroxy-[2]naphthoesäure mit Acetanhydrid und Natriumacetat auf 170° (*Joshi, Shah*, J. Indian chem. Soc. **31** [1954] 223, 229).

Krystalle (aus A.); F: 230—231°.

2-Acetyl-3-methyl-1-oxo-1*H*-benzo[*f*]chromen-5-carbonsäure-methylester $C_{18}H_{14}O_5$, Formel XII (R = CH_3).

B. Beim Erhitzen von 4-Acetyl-3-hydroxy-[2]naphthoesäure-methylester mit Acet‑ anhydrid und Natriumacetat auf 170° (*Joshi, Shah*, J. Indian chem. Soc. **31** [1954] 223, 228). Beim Behandeln von 2-Acetyl-3-methyl-1-oxo-1*H*-benzo[*f*]chromen-5-carbonsäure mit Methanol und Schwefelsäure (*Jo., Shah*).

Krystalle (aus Bzl.); F: 178°.

Oxocarbonsäuren $C_{18}H_{14}O_5$

Opt.-inakt. [3,5-Dioxo-4-phenyl-tetrahydro-[2]furyl]-phenyl-essigsäure, 3-Hydroxy-4-oxo-2,5-diphenyl-adipinsäure-6-lacton $C_{18}H_{14}O_5$, Formel I (R = H), und Tautomere (z. B. [3-Hydroxy-5-oxo-4-phenyl-2,5-dihydro-[2]furyl]-phenyl-essigsäure), vom F: 208—210°; Dihydropulvinsäure.

B. Beim Erhitzen von Dihydrovulpinsäure (S. 6098) oder von Isodihydrovulpinsäure

(s. u.) mit Bariumhydroxid in Wasser (*Asano, Arata,* J. pharm. Soc. Japan **59** [1939] 679, 683; dtsch. Ref. S. 286, 287; C. A. **1940** 1982). Bei der Hydrierung von Pulvin=säure-lacton (3,6-Diphenyl-furo[3,2-*b*]furan-2,5-dion) an Palladium/Kohle in Essigsäure und Behandlung des Reaktionsprodukts mit wss. Natronlauge (*Arata,* J. pharm. Soc. Japan **68** [1948] 241, 242; C. A. **1954** 3955).

Krystalle (aus Acn. + CHCl₃); F: 208—210° [Zers.] (*As., Ar.*).

Beim Erhitzen unter vermindertem Druck ist Cornicularlacton (E III/IV **17** 5499), beim Erhitzen mit Acetanhydrid ist [5-Oxo-4-phenyl-5*H*-[2]furyliden]-phenyl-essigsäure (E III/IV **18** 5694) erhalten worden (*As., Ar.; Ar.*).

I   II   III

[3,5-Dioxo-4-phenyl-tetrahydro-[2]furyl]-phenyl-essigsäure-methylester, 3-Hydroxy-4-oxo-2,5-diphenyl-adipinsäure-6-lacton-1-methylester $C_{19}H_{16}O_5$, Formel I (R = CH₃), und Tautomere.

a) **Opt.-inakt. [3-Hydroxy-5-oxo-4-phenyl-4,5-dihydro-[2]furyl]-phenyl-essigsäure-methylester** $C_{19}H_{16}O_5$, Formel II, vom F: 123—127°; Isodihydrovulpinsäure.

B. Neben Dihydrovulpinsäure (s. u.) und kleinen Mengen Dihydrocornicularsäure-methylester (4-Oxo-2,5-diphenyl-valeriansäure-methylester) beim Behandeln von Vulpin=säure (S. 6101) mit wss. Natriumcarbonat-Lösung und Natrium-Amalgam unter Einleiten von Kohlendioxid (*Asano, Arata,* J. pharm. Soc. Japan **59** [1939] 679, 683; dtsch. Ref. S. 286, 287; C. A. **1940** 1982).

Krystalle (aus wss. Eg.); F: 123—127°.

b) **Opt.-inakt. [3-Hydroxy-5-oxo-4-phenyl-2,5-dihydro-[2]furyl]-phenyl-essigsäure-methylester** $C_{19}H_{16}O_5$, Formel III, vom F: 194—196°; Dihydrovulpinsäure.

B. Neben Dihydrocornicularsäure-methylester (4-Oxo-2,5-diphenyl-valeriansäure-methylester) beim Erwärmen von Vulpinsäure (S. 6101) mit Essigsäure und Zink-Pulver (*Asano, Kameda,* B. **68** [1935] 1565; J. pharm. Soc. Japan **55** [1935] 1231, 1234). Weitere Bildungsweise s. bei dem unter a) beschriebenen Isomeren.

Krystalle (aus Eg.); F: 194—196° (*Asano, Arata,* J. pharm. Soc. Japan **59** [1939] 679, 682; dtsch. Ref. S. 286, 287; C. A. **1940** 1982).

Charakterisierung als *O*-Benzoyl-Derivat (F: 138—139° [S. 6436]): *As., Ar.*

(±)-2-Benzyl-4,5-dioxo-3-phenyl-tetrahydro-furan-2-carbonsäure, (±)-2-Benzyl-2-hydroxy-4-oxo-3-phenyl-glutarsäure-5-lacton $C_{18}H_{14}O_5$, Formel IV (R = X = H), und Tautomeres ((±)-2-Benzyl-4-hydroxy-5-oxo-3-phenyl-2,5-dihydro-furan-2-carbonsäure).

B. Beim Behandeln des im folgenden Artikel beschriebenen Methylesters mit wss. Natronlauge (*Jarrousse,* A. ch. [11] **9** [1938] 157, 177).

Krystalle (aus wss. A.); F: ca. 200° [Zers.; Block].

Beim Erhitzen mit wss. Natriumacetat-Lösung ist 5-Benzyl-4-phenyl-dihydro-furan-2,3-dion erhalten worden (*Ja.,* l. c. S. 202).

(±)-2-Benzyl-4,5-dioxo-3-phenyl-tetrahydro-furan-2-carbonsäure-methylester, (±)-2-Benzyl-2-hydroxy-4-oxo-3-phenyl-glutarsäure-5-lacton-1-methylester $C_{19}H_{16}O_5$, Formel IV (R = CH₃, X = H), und Tautomeres ((±)-2-Benzyl-4-hydroxy-5-oxo-3-phenyl-2,5-dihydro-furan-2-carbonsäure-methylester) (E I 517).

B. Beim Erwärmen von Phenylbrenztraubensäure-methylester mit wss. Kalium=hydrogencarbonat-Lösung (*Jarrousse,* A. ch. [11] **9** [1938] 157, 177).

Krystalle (aus wss. A.).

Beim Erwärmen mit wss. Natronlauge sind die beiden 2-Benzyl-3-phenyl-bernstein=säuren (F: 215° bzw. F: 185°) erhalten worden (*Ja.,* l. c. S. 207, 215).

IV   V

(±)-2-[4-Nitro-benzyl]-3-[4-nitro-phenyl]-4,5-dioxo-tetrahydro-furan-2-carbonsäure,
(±)-2-Hydroxy-2-[4-nitro-benzyl]-3-[4-nitro-phenyl]-4-oxo-glutarsäure-5-lacton
$C_{18}H_{12}N_2O_9$, Formel IV (R = H, X = NO_2), und Tautomeres ((±)-4-Hydroxy-
2-[4-nitro-benzyl]-3-[4-nitro-phenyl]-5-oxo-2,5-dihydro-furan-2-carbon-
säure).

    a) Isomeres vom F: 193°.
    B. Neben grösseren Mengen des unter b) beschriebenen Isomeren beim Behandeln von
[4-Nitro-phenyl]-brenztraubensäure-äthylester mit äthanol. Kalilauge (*Cagniant*, A. ch.
[12] **7** [1952] 442, 473).
    Krystalle (aus Bzl.); F: 193° [Block].

    b) Isomeres vom F: 135°.
    B. s. bei dem unter a) beschriebenen Isomeren.
    Krystalle (aus Bzl. + A.); F: 135° [Block] (*Cagniant*, A. ch. [12] **7** [1952] 442, 473).
    Beim Erwärmen auf 100° erfolgt Umwandlung in das unter a) beschriebene Isomere
(*Ca.*, l. c. S. 474). Beim Erwärmen mit Essigsäure und wss. Salzsäure ist 5-[4-Nitro-
benzyl]-4-[4-nitro-phenyl]-dihydro-furan-2,3-dion erhalten worden (*Ca.*, l. c. S. 474).

(±)-[1,3-Dioxo-(11a*t*)-1,10,11,11a-tetrahydro-phenanthro[1,2-*c*]furan-3a*r*-yl]-
essigsäure, (±)-1-Carboxymethyl-1,2,3,4-tetrahydro-phenanthren-1*r*,2*t*-di-
carbonsäure-anhydrid $C_{18}H_{14}O_5$, Formel V (R = H) + Spiegelbild.
    Diese Konstitution und Konfiguration kommt vermutlich der nachstehend beschriebe-
nen Verbindung zu.
    B. Beim Erhitzen von 1-Vinyl-naphthalin mit *trans*-Aconitsäure (Propen-1*c*,2,3-tri-
carbonsäure) in Essigsäure (*Bachmann, Deno*, Am. Soc. **71** [1949] 3062, 3067, 3068).
    Krystalle (aus E. + Bzl.); F: 218—219°. UV-Spektrum (A.; 240—310 nm): *Ba., Deno*,
l. c. S. 3063.
    Beim Erhitzen mit Schwefel auf 320° ist Phenanthren-1,2-dicarbonsäure-anhydrid
erhalten worden.

(±)-[1,3-Dioxo-(11a*t*)-1,10,11,11a-tetrahydro-phenanthro[1,2-*c*]furan-3a*r*-yl]-essig-
säure-methylester, (±)-1-Methoxycarbonylmethyl-1,2,3,4-tetrahydro-phenanthren-
1*r*,2*t*-dicarbonsäure-anhydrid $C_{19}H_{16}O_5$, Formel V (R = CH_3) + Spiegelbild.
    B. Beim Behandeln von (±)-[1,3-Dioxo-(11a*t*)-1,10,11,11a-tetrahydro-phenanthro-
[1,2-*c*]furan-3a*r*-yl]-essigsäure mit Diazomethan in Äther (*Bachmann, Deno*, Am. Soc. **71**
[1949] 3062, 3068).
    Krystalle (aus Bzl. + PAe.); F: 178,5—179,5°.

Oxocarbonsäuren $C_{19}H_{16}O_5$

*Opt.-inakt. 2,4-Dioxo-3-[1-phenyl-propyl]-chroman-3-carbonsäure-äthylester,
[1-Phenyl-propyl]-salicyloyl-malonsäure-äthylester-lacton $C_{21}H_{20}O_5$, Formel VI.
    B. Beim Behandeln von (±)-[2-Acetoxy-benzoyl]-[1-phenyl-propyl]-malonsäure-di-
äthylester mit Natriummethylat in Äther (*Hoffmann-La Roche & Co.*, D.B.P. 924540
[1953]; U.S.P. 2701804 [1953]).
    Krystalle (aus Dibutyläther); F: 108—109°.

9-Isopropyl-4-methyl-5,7-dioxo-5,7-dihydro-dibenz[*c,e*]oxepin-2-carbonsäure,
4'-Isopropyl-3-methyl-biphenyl-2,5,2'-tricarbonsäure-2,2'-anhydrid $C_{19}H_{16}O_5$, Formel VII.
    B. Beim Erhitzen von 4'-Isopropyl-3-methyl-biphenyl-2,5,2'-tricarbonsäure mit

Acetanhydrid (*Nyman*, Ann. Acad. Sci. fenn. [A] **48** Nr. 6 [1937] 3, 26).
Krystalle (aus Bzl. + PAe.); F: 167—168°.

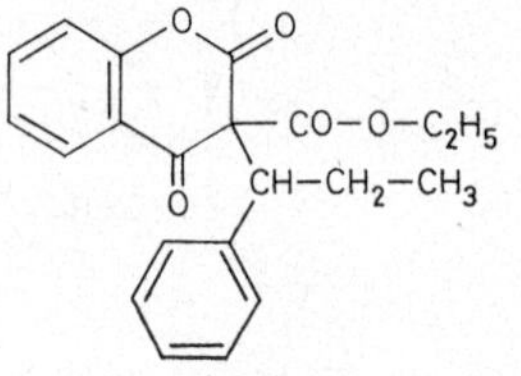

VI 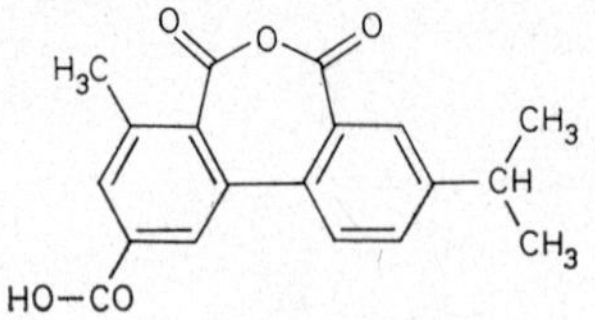   VII

Oxocarbonsäuren $C_{20}H_{18}O_5$

3,4-Dibenzyl-5,6-dioxo-tetrahydro-pyran-2-carbonsäure, 3,4-Dibenzyl-2-hydroxy-5-oxo-adipinsäure-6-lacton $C_{20}H_{18}O_5$, Formel VIII, und Tautomeres (3,4-Dibenzyl-5-hydr=oxy-6-oxo-3,6-dihydro-2H-pyran-2-carbonsäure).
Diese Konstitution ist der nachstehend beschriebenen opt.-inakt. Verbindung zugeordnet worden (*Cordier*, C. r. **244** [1957] 620).
B. Beim Erhitzen von opt.-inakt. 3,4-Dibenzyl-2-hydroxy-5-oxo-adipinsäure (E III **10** 4786) auf 150° (*Co.*).
Krystalle (aus wss. A.); F: 224° [Zers.].

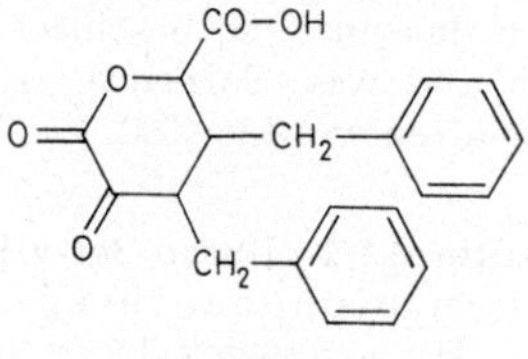

VIII 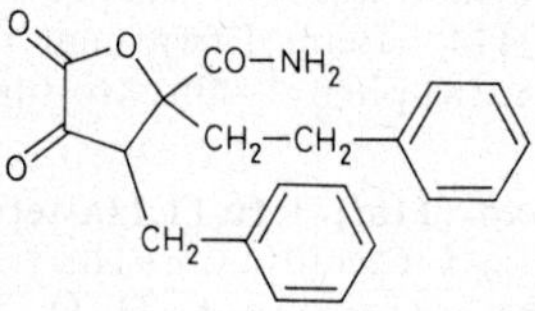   IX

3-Benzyl-4,5-dioxo-2-phenäthyl-tetrahydro-furan-2-carbonsäure-amid, 3-Benzyl-4-hydroxy-2-oxo-4-phenäthyl-glutaramidsäure-lacton $C_{20}H_{19}NO_4$, Formel IX.
Diese Konstitution ist der früher (s. E I **10** 137) beschriebenen opt.-inakt. Verbindung $C_{20}H_{19}NO_4$ vom F: 230° zugeordnet worden (*Bougault, Cordier*, Bl. **1951** 430, 431).

Oxocarbonsäuren $C_nH_{2n-24}O_5$

Oxocarbonsäuren $C_{17}H_{10}O_5$

6,9-Dioxo-6,7,8,9-tetrahydro-benzo[h]cyclopenta[c]chromen-8-carbonsäure-äthylester $C_{19}H_{14}O_5$, Formel I (R = C_2H_5), und Tautomeres (9-Hydroxy-6-oxo-6,7-dihydro-benzo[h]cyclopenta[c]chromen-8-carbonsäure-äthylester).
B. Beim Behandeln einer Lösung von 4,5-Dioxo-cyclopentan-1,3-dicarbonsäure-diäthyl=ester (F: 118°) und [1]Naphthol in Essigsäure mit Chlorwasserstoff (*Chakravarti, Buu-Hoi*, Bl. **1959** 1498).
Gelbe Krystalle (aus Acn. + CHCl₃), die zwischen 250° und 260° [Zers.] schmelzen.

Oxocarbonsäuren $C_{18}H_{12}O_5$

[(E)-3,5-Dioxo-4-phenyl-dihydro-[2]furyliden]-phenyl-essigsäure, 3-Hydroxy-4-oxo-2,5-diphenyl-hex-2c-endisäure-6-lacton $C_{18}H_{12}O_5$, Formel II (X = OH), und Tautomeres ([(E)-3-Hydroxy-5-oxo-4-phenyl-5H-[2]furyliden]-phenyl-essigsäure);
Pulvinsäure (H 480; E II 359).
Über die Konfiguration s. *Foden et al.*, J. med. Chem. **18** [1975] 199, 200.
Isolierung aus Sticta coronata: *Murray*, Soc. **1952** 1345, 1349.
B. Beim Erhitzen von Pulvinsäure-lacton (3,6-Diphenyl-furo[3,2-b]furan-2,5-dion) mit

wss. Natronlauge (*Frank et al.*, Am. Soc. **72** [1950] 1824; *Runge, Koch*, B. **91** [1958] 1217, 1223).

Orangefarbene Krystalle (aus Bzl.); F: 216—217° [korr.] (*Fr. et al.*). IR-Spektrum (Nujol; 3700—650 cm⁻¹): *Fr. et al.*

Beim Erhitzen mit Chinolin und einem Kupferoxid-Chromoxid-Katalysator auf 210° ist Pulvinon (E III/IV **17** 6482) erhalten worden (*Schönberg, Sina*, Soc. **1946** 601). Bildung von 5-[(*E*)-Benzimidazol-2-yl-phenyl-methylen]-3-phenyl-furan-2,4-dion beim Erhitzen mit *o*-Phenylendiamin-hydrochlorid und *N,N*-Dimethyl-anilin: *Sch., Sina*.

I   II

[(*E*)-3,5-Dioxo-4-phenyl-dihydro-[2]furyliden]-phenyl-essigsäure-methylester,
3-Hydroxy-4-oxo-2,5-diphenyl-hex-2*c*-endisäure-6-lacton-1-methylester $C_{19}H_{14}O_5$,
Formel II (X = O-CH₃), und Tautomeres ([(*E*)-3-Hydroxy-5-oxo-4-phenyl-5*H*-[2]furyliden]-phenyl-essigsäure-methylester); **Vulpinsäure** (H 480; E II 360).

Über die Konfiguration s. *Foden et al.*, J. med. Chem. **18** [1975] 199, 200.

Isolierung aus Cetraria juniperina und Cetraria pinastri: *Asano, Kameda*, B. **68** [1935] 1565; J. pharm. Soc. Japan **55** [1935] 1231; aus Lepraria flava: *Klosa*, Pharmazie 7 [1952] 687; aus Letharia vulpina: *Santesson*, Upsala Läkaref. Förhandl. **45** [1939] 1, 2.

B. Aus Pulvinsäure-lacton (3,6-Diphenyl-furo[3,2-*b*]furan-2,5-dion) beim Erwärmen mit Methanol und wss. Salzsäure (*Frank et al.*, Am. Soc. **72** [1950] 1824) sowie beim Behandeln mit wss.-methanol. Kalilauge (*Runge, Koch*, B. **91** [1958] 1217, 1223; *Grover, Seshadri*, J. scient. ind. Res. India **18** B [1959] 238).

Gelbe Krystalle; F: 148—149° (*Gr., Se.*), 147,5—149,5° (*Ru., Koch*). IR-Spektrum (Nujol; 3700—650 cm⁻¹): *Fr. et al.*

Beim Erwärmen mit Essigsäure und Zink sind Dihydrovulpinsäure (S. 6098) und Dihydrocorniculasäure-methylester [4-Oxo-2,5-diphenyl-valeriansäure-methylester] (*As., Ka.*), beim Behandeln mit wss. Natriumcarbonat-Lösung und Natrium-Amalgam unter Durchleiten von Kohlendioxid sind Dihydrovulpinsäure, Isodihydrovulpinsäure (S. 6098) und Dihydrocorniculasäure-methylester (*Asano, Arata*, J. pharm. Soc. Japan **59** [1939] 679, 683; dtsch. Ref. S. 286, 287; C. A. **1940** 1982) erhalten worden.

[(*E*)-3,5-Dioxo-4-phenyl-dihydro-[2]furyliden]-phenyl-essigsäure-äthylester,
3-Hydroxy-4-oxo-2,5-diphenyl-hex-2*c*-endisäure-1-äthylester-6-lacton $C_{20}H_{16}O_5$,
Formel II (X = O-C₂H₅), und Tautomeres ([(*E*)-3-Hydroxy-5-oxo-4-phenyl-5*H*-[2]furyliden]-phenyl-essigsäure-äthylester); **Pulvinsäure-äthylester** (H 481).

Diese Verbindung hat auch in dem von *Spiegel* (A. **219** [1883] 1, 10, 15) als Isovulpinsäure ($C_{19}H_{14}O_5$) bezeichneten Präparat (s. H **18** 481) vorgelegen (*Frank et al.*, Am. Soc. **72** [1950] 1824).

B. Beim Erwärmen von Pulvinsäure-lacton (3,6-Diphenyl-furo[3,2-*b*]furan-2,5-dion) mit Äthanol und wss. Salzsäure (*Fr. et al.*) oder mit Äthanol (*Murray*, Soc. **1952** 1345, 1348).

Gelbe Krystalle (aus A.); F: 128° (*Mu.*), 126—127° [korr.] (*Fr. et al.*). IR-Spektrum (Nujol; 3700—650 cm⁻¹): *Fr. et al.*

[(*E*)-3,5-Dioxo-4-phenyl-dihydro-[2]furyliden]-phenyl-essigsäure-anilid, 4-Hydroxy-3-oxo-2,5*t*-diphenyl-5*c*-phenylcarbamoyl-pent-4-ensäure-lacton $C_{24}H_{17}NO_4$, Formel II (X = NH-C₆H₅), und Tautomeres ([(*E*)-3-Hydroxy-5-oxo-4-phenyl-5*H*-[2]furyliden]-phenyl-essigsäure-anilid); **Pulvinsäure-anilid** (H 482).

B. Beim Behandeln von Pulvinsäure-lacton (3,6-Diphenyl-furo[3,2-*b*]furan-2,5-dion) mit Anilin (*Runge, Koch*, B. **91** [1958] 1217, 1223).

Gelbe Krystalle (aus Toluol); F: 187—188°.

N-[(3,5-Dioxo-4-phenyl-dihydro-[2]furyliden)-phenyl-acetyl]-leucin-methylester $C_{25}H_{25}NO_6$.

a) *N*-[((*E*)-3,5-Dioxo-4-phenyl-dihydro-[2]furyliden)-phenyl-acetyl]-L-leucin-methylester $C_{25}H_{25}NO_6$, Formel III, und Tautomeres (*N*-[((*E*)-3-Hydroxy-5-oxo-4-phenyl-5*H*-[2]furyliden)-phenyl-acetyl]-L-leucin-methylester); (−)-Epanorin (E II 360).

$[\alpha]_D^{26}$: −1,9° [CHCl$_3$; c = 6] (*Frank et al.*, Am. Soc. **72** [1950] 4454). IR-Spektrum (3700−650 cm^{-1}): *Fr. et al.*

b) *N*-[((*E*)-3,5-Dioxo-4-phenyl-dihydro-[2]furyliden)-phenyl-acetyl]-DL-leucin-methylester $C_{25}H_{25}NO_6$, Formel III + Spiegelbild, und Tautomeres (*N*-[((*E*)-3-Hydroxy-5-oxo-4-phenyl-5*H*-[2]furyliden)-phenyl-acetyl]-DL-leucin-methylester); (±)-Epanorin.

B. Beim Erwärmen von DL-Leucin-methylester mit Pulvinsäure-lacton (3,6-Diphenyl-furo[3,2-*b*]furan-2,5-dion) in Chloroform (*Frank et al.*, Am. Soc. **72** [1950] 4454, 4457).

Gelbe Krystalle (aus Me.); F: 162−163° [korr.].

III   IV

N-[(3,5-Dioxo-4-phenyl-dihydro-[2]furyliden)-phenyl-acetyl]-phenylalanin-methylester $C_{28}H_{23}NO_6$.

a) *N*-[((*E*)-3,5-Dioxo-4-phenyl-dihydro-[2]furyliden)-phenyl-acetyl]-L-phenylalanin-methylester $C_{28}H_{23}NO_6$, Formel IV (R = CH$_3$), und Tautomeres (*N*-[((*E*)-3-Hydroxy-5-oxo-4-phenyl-5*H*-[2]furyliden)-phenyl-acetyl]-L-phenylalanin-methylester); (+)-Rhizocarpsäure (E II 360).

Isolierung aus Lecanora epanora: *Jones et al.*, Nature **154** [1944] 580.

IR-Spektrum (3700−650 cm^{-1}): *Frank et al.*, Am. Soc. **72** [1950] 4454.

b) *N*-[((*E*)-3,5-Dioxo-4-phenyl-dihydro-[2]furyliden)-phenyl-acetyl]-DL-phenylalanin-methylester $C_{28}H_{23}NO_6$, Formel IV (R = CH$_3$) + Spiegelbild, und Tautomeres (*N*-[((*E*)-3-Hydroxy-5-oxo-4-phenyl-5*H*-[2]furyliden)-phenyl-acetyl]-DL-phenylalanin-methylester); (±)-Rhizocarpsäure.

B. Beim Erwärmen von DL-Phenylalanin-methylester mit Pulvinsäure-lacton (3,6-Diphenyl-furo[3,2-*b*]furan-2,5-dion) in Chloroform (*Frank et al.*, Am. Soc. **72** [1950] 4454).

Gelbe Krystalle (aus A.); F: 144−145° [korr.].

N-[((*E*)-3,5-Dioxo-4-phenyl-dihydro-[2]furyliden)-phenyl-acetyl]-DL-phenylalanin-äthylester $C_{29}H_{25}NO_6$, Formel IV (R = C$_2$H$_5$) + Spiegelbild, und Tautomeres (*N*-[((*E*)-3-Hydroxy-5-oxo-4-phenyl-5*H*-[2]furyliden)-phenyl-acetyl]-DL-phenylalanin-äthylester); (±)-Norrhizocarpsäure-äthylester.

B. Beim Erwärmen von DL-Phenylalanin-äthylester mit Pulvinsäure-lacton (3,6-Diphenyl-furo[3,2-*b*]furan-2,5-dion) in Chloroform (*Frank et al.*, Am. Soc. **72** [1950] 4454).

Gelbe Krystalle (aus A.); F: 143−144° [korr.].

[4-Chlor-phenyl]-[(*E*)-4-(4-chlor-phenyl)-3,5-dioxo-dihydro-[2]furyliden]-essigsäure-methylester, 2,5-Bis-[4-chlor-phenyl]-3-hydroxy-4-oxo-hex-2*c*-endisäure-6-lacton-1-methylester $C_{19}H_{12}Cl_2O_5$, Formel V, und Tautomeres ([4-Chlor-phenyl]-[(*E*)-4-(4-chlor-phenyl)-3-hydroxy-5-oxo-5*H*-[2]furyliden]-essigsäure-methylester) (E II 361).

Über die Konfiguration s. *Foden et al.*, J. med. Chem. **18** [1975] 199, 200.
Krystalle (aus Butan-1-ol); F: 183—185° (*Fo. et al.*).

V   VI

3-[5-Dimethoxymethyl-3-phenyl-benzofuran-2-yl]-3-oxo-propionitril $C_{20}H_{17}NO_4$,
Formel VI, und Tautomeres (3-[5-Dimethoxymethyl-3-phenyl-benzofuran-2-yl]-3-hydroxy-acrylonitril).
  B. Beim Erwärmen von 5-Dimethoxymethyl-3-phenyl-benzofuran-2-carbonsäure-methylester mit Natriummethylat und Acetonitril (*Du Pont de Nemours & Co.*, U.S.P. 2680732 [1950]).
  Krystalle (aus CH_2Cl_2 + Ae.); F: 141—142°.

Oxocarbonsäuren $C_nH_{2n—26}O_5$

Oxocarbonsäuren $C_{17}H_8O_5$

6,11-Dioxo-6,11-dihydro-anthra[1,2-*b*]thiophen-2-carbonsäure $C_{17}H_8O_4S$, Formel I.
  B. Beim Erhitzen von 3*t*(?)-[1-Chlor-9,10-dioxo-9,10-dihydro-[2]anthryl]-acrylsäure (F: 286,5—287,5°) mit wss. Natronlauge, Natriumsulfid und Schwefel (*Hershberg, Fieser*, Am. Soc. **63** [1941] 2561, 2562; s. a. *Du Pont de Nemours & Co.*, U.S.P. 2097860 [1936]).
  Gelbe Krystalle (aus Eg.); F: 361—363° [korr.; Zers.; Block; nach Sintern bei 345° bis 350°] (*He., Fi.*).

I   II

6,11-Dioxo-6,11-dihydro-anthra[1,2-*b*]selenophen-2-carbonsäure $C_{17}H_8O_4Se$, Formel II.
  B. Beim Erhitzen von 3*t*(?)-[1-Chlor-9,10-dioxo-9,10-dihydro-[2]anthryl]-acrylsäure (F: 286,5—287,5°) mit wss.-äthanol. Natriumpolyselenid-Lösung (*Hershberg, Fieser*, Am. Soc. **63** [1941] 2561, 2563; s. a. *Du Pont de Nemours & Co.*, U.S.P. 2097860 [1936]).
  Gelbe Krystalle (aus Eg.); F: 347—349° [korr.; Zers.; Block] (*He., Fi.*).

6,11-Dioxo-6,11-dihydro-benzo[*b*]naphtho[2,3-*d*]thiophen-7-carbonsäure $C_{17}H_8O_4S$,
Formel III (X = OH), und **6,11-Dioxo-6,11-dihydro-benzo[*b*]naphtho[2,3-*d*]thiophen-10-carbonsäure** $C_{17}H_8O_4S$, Formel IV (X = OH).
  Diese beiden Konstitutionsformeln kommen für die nachstehend beschriebene Verbindung in Betracht.
  B. Beim Erwärmen von Benzo[*b*]phenaleno[2,1-*d*]thiophen-7-on (oder Benzo[*b*]phenaleno[1,2-*d*]thiophen-7-on (?) [E III/IV 17 5581]) mit Chrom(VI)-oxid und wss. Schwefelsäure (*Mayer*, A. **488** [1931] 259, 285).
  Gelbe Krystalle (aus Nitrobenzol); F: 278°.

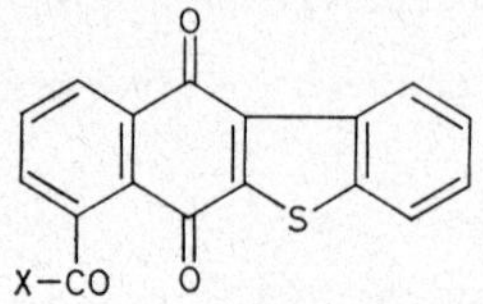

III 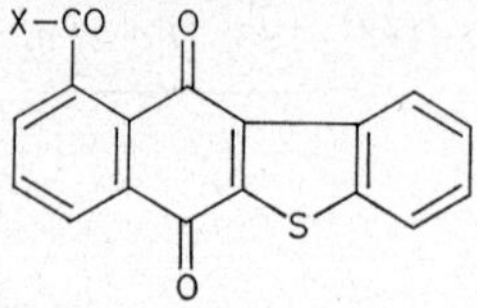   IV 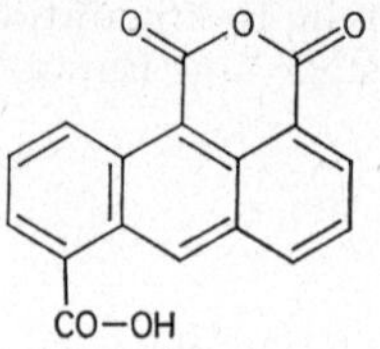   V

6,11-Dioxo-6,11-dihydro-benzo[*b*]naphtho[2,3-*d*]thiophen-7-carbonylchlorid
$C_{17}H_7ClO_3S$, Formel III (X = Cl), und **6,11-Dioxo-6,11-dihydro-benzo[*b*]naphtho=[2,3-*d*]thiophen-10-carbonylchlorid** $C_{17}H_7ClO_3S$, Formel IV (X = Cl).

Diese beiden Konstitutionsformeln kommen für die nachstehend beschriebene Verbindung in Betracht.

B. Aus der im vorangehenden Artikel beschriebenen Verbindung mit Hilfe von Phos=phor(V)-chlorid und Phosphorylchlorid (*Mayer*, A. **488** [1931] 259, 285).

Gelbe Krystalle (aus Phosphorylchlorid); F: 225°.

6,11-Dioxo-6,11-dihydro-benzo[*b*]naphtho[2,3-*d*]thiophen-7-carbonsäure-amid
$C_{17}H_9NO_3S$, Formel III (X = NH₂), und **6,11-Dioxo-6,11-dihydro-benzo[*b*]naphtho=[2,3-*d*]thiophen-10-carbonsäure-amid** $C_{17}H_9NO_3S$, Formel IV (X = NH₂).

Diese beiden Konstitutionsformeln kommen für die nachstehend beschriebene Verbindung in Betracht.

B. Aus der im vorangehenden Artikel beschriebenen Verbindung mit Hilfe von Am=moniak (*Mayer*, A. **488** [1931] 259, 285).

Krystalle (aus Nitrobenzol); F: 297°.

1,3-Dioxo-1*H*,3*H*-dibenz[*de,h*]isochromen-8-carbonsäure, Anthracen-1,5,9-tricarbonsäure-1,9-anhydrid $C_{17}H_8O_5$, Formel V.

B. Beim Erhitzen des Natrium-Salzes der Anthracen-1,5,9-tricarbonsäure mit wss. Salzsäure (*I.G. Farbenind.*, D.R.P. 642717 [1934]; Frdl. **23** 936).

Amorph; F: ca. 360° [aus Nitrobenzol].

Oxocarbonsäuren $C_{18}H_{10}O_5$

1-Acetyl-6-oxo-6*H*-anthra[1,9-*bc*]thiophen-3-carbonsäure $C_{18}H_{10}O_4S$, Formel VI (X = OH).

B. Beim Erhitzen von 1-Chlor-9,10-dioxo-9,10-dihydro-anthracen-2-carbonsäure mit wss. Natronlauge, Natriumsulfid und Schwefel und Erwärmen des Reaktionsprodukts mit wss. Natriumcarbonat-Lösung und mit Chloraceton (*Du Pont de Nemours & Co.*, U.S.P. 2217849 [1939]). Beim Erhitzen des Kalium-Salzes der 1-Mercapto-9,10-dioxo-9,10-dihydro-anthracen-2-carbonsäure mit Chloraceton (*I.G. Farbenind.*, D.R.P. 745335 [1941]; D.R.P. Org. Chem. **1**, Tl. 2, S. 363).

F: 298° (*I.G. Farbenind.*).

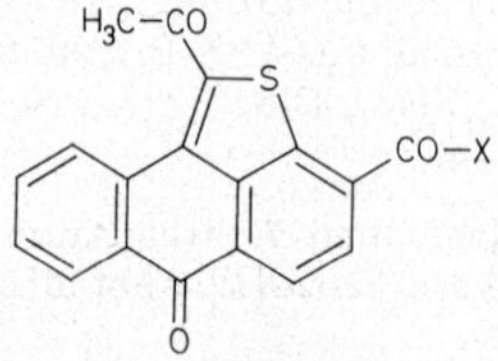

VI 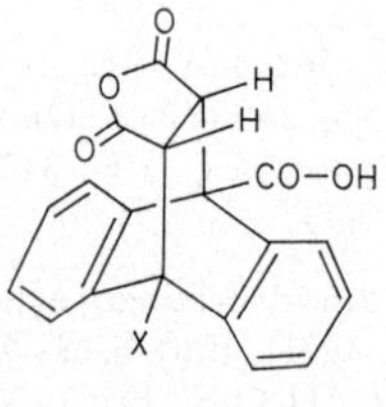   VII

1-Acetyl-6-oxo-6*H*-anthra[1,9-*bc*]thiophen-3-carbonylchlorid $C_{18}H_9ClO_3S$, Formel VI (X = Cl).

B. Beim Erhitzen von 1-Acetyl-6-oxo-6*H*-anthra[1,9-*bc*]thiophen-3-carbonsäure mit Phosphor(V)-chlorid in Chlorbenzol (*I.G. Farbenind.*, D.R.P. 745335 [1941]; D.R.P.

Org. Chem. **1**, Tl. 2, S. 363) oder in 1,2-Dichlor-benzol (*Du Pont de Nemours & Co.*, U.S.P. 2217849 [1939]).

Krystalle; F: 248° (*I.G. Farbenind.*).

Oxocarbonsäuren $C_{19}H_{12}O_5$

**(±)-13,15-Dioxo-11,12,13,15-tetrahydro-10*H*-9,10-furo[3,4]ätheno-anthracen-9-carbon=
säure, (±)-10*H*-9,10-Äthano-anthracen-9,11*r*,12*c*-tricarbonsäure-11,12-anhydrid**
$C_{19}H_{12}O_5$, Formel VII (X = H) + Spiegelbild.

B. Beim Erhitzen von Anthracen-9-carbonsäure mit Maleinsäure-anhydrid in Xylol (*Alder, Heimbach*, B. **86** [1953] 1312, 1316).

Krystalle (aus E. + Bzn.); F: 268° [Zers.].

**(±)-10-Brom-13,15-dioxo-11,12,13,15-tetrahydro-10*H*-9,10-furo[3,4]ätheno-anthracen-
9-carbonsäure, (±)-10-Brom-10*H*-9,10-äthano-anthracen-9,11*r*,12*c*-tricarbonsäure-
11,12-anhydrid** $C_{19}H_{11}BrO_5$, Formel VII (X = Br) + Spiegelbild.

Bezüglich der Zuordnung der Konstitution vgl. die analog hergestellte, im vorangehenden Artikel beschriebene Verbindung.

B. Beim Erhitzen von 10-Brom-anthracen-9-carbonsäure mit Maleinsäure-anhydrid auf 220° (*Beyer, Fritsch*, B. **74** [1941] 494, 498).

Krystalle (aus Eg.); F: 265° [Zers.].

Oxocarbonsäuren $C_{20}H_{14}O_5$

**2-Oxo-3-phenacyl-6-phenyl-2*H*-pyran-4-carbonsäure-methylester, 2-[β-Hydroxy-*trans*-
styryl]-3-phenacyl-fumarsäure-4-lacton-1-methylester** $C_{21}H_{16}O_5$, Formel VIII.

Diese Konstitution kommt wahrscheinlich der nachstehend beschriebenen, von *Chovin* (C. r. **209** [1939] 169) als 4-Oxo-2-[2-oxo-5-phenyl-[3]furyliden]-4-phenyl-buttersäure-methylester angesehenen Verbindung zu (*Klingsberg*, Chem. Reviews **54** [1954] 59, 71, 75).

B. Aus Diphenacylfumarsäure mit Hilfe von Diazomethan (*Ch.*).

Gelb; F: 165° [Zers.; Block] (*Ch.*).

VIII   IX

**4-Oxo-2-[(*E*)-2-oxo-5-phenyl-[3]furyliden]-4-phenyl-buttersäure, 2-[β-Hydroxy-*trans*-
styryl]-3-phenacyl-fumarsäure-1-lacton** $C_{20}H_{14}O_5$, Formel IX, und Tautomeres
((*E*)-5-Hydroxy-5,5′-diphenyl-4,5-dihydro-[3,3′]bifuryliden-2,2′-dion).

Diese Konstitution und Konfiguration kommt wahrscheinlich der nachstehend beschriebenen, von *Dufraisse, Chovin* (Bl. [5] **1** [1934] 790, 794) sowie von *Chovin* (A. ch. [11] **9** [1938] 447, 521, 546) als 2-Oxo-3-phenacyl-6-phenyl-2*H*-pyran-4-carbonsäure angesehenen Verbindung zu (*Klingsberg*, Chem. Reviews **54** [1954] 59, 70, 75).

B. Beim Behandeln des Dikalium-Salzes der Diphenacylfumarsäure mit einem Gemisch von Methanol und Essigsäure (*Ch.*, l. c. S. 512).

Krystalle (aus Ae.); F: 214° [Zers.; Block] (*Dufraisse, Chovin*, Bl. [5] **1** [1934] 771, 785).

Beim Erhitzen mit Acetanhydrid ist eine nach *Klingsberg* (l. c. S. 61) als 5,5′-Diphenyl-[3,3′]bifuryliden-2,2′-dion zu formulierende Verbindung (F: 317°) erhalten worden (*Du., Ch.*, l. c. S. 785).

**4-Oxo-4-[5-oxo-4(?)-phenyl-2,5-dihydro-[2]furyl]-2(?)-phenyl-ξ-crotonsäure, 4-Hydr=
oxy-5-oxo-2(?),7(?)-diphenyl-octa-2*c*,6ξ-diendisäure-1-lacton** $C_{20}H_{14}O_5$, vermutlich
Formel X (R = H), und Tautomere (z. B. 4-Hydroxy-4-[5-oxo-4(?)-phenyl-5*H*-
[2]furyliden]-2(?)-phenyl-ξ-crotonsäure).

Eine Verbindung dieser Konstitution und Konfiguration hat vermutlich in dem nachstehend beschriebenen Präparat vorgelegen.

B. Beim Erwärmen von 4(?),4'(?)-Diphenyl-[2,2']bifuryliden-5,5'-dion (aus Äthinyl=
benzol und Kohlenoxid in Gegenwart von Octacarbonyldikobalt bei 100°/800 at her=
gestellt) mit wss. Natronlauge (*Holmquist et al.*, Am. Soc. **81** [1959] 3686, 3691).
Orangegelbe Krystalle (aus E.); F: 132—134°.

X   XI

4-Oxo-4-[5-oxo-4(?)-phenyl-2,5-dihydro-[2]furyl]-2(?)-phenyl-ξ-crotonsäure-methyl=
ester, 4-Hydroxy-5-oxo-2(?),7(?)-diphenyl-octa-2c,6ξ-diendisäure-1-lacton-8-methylester
$C_{21}H_{16}O_5$, vermutlich Formel X (R = CH₃), und Tautomeres (4-Hydroxy-4-[5-oxo-
4(?)-phenyl-5H-[2]furyliden]-2(?)-phenyl-ξ-crotonsäure-methylester).

Eine Verbindung dieser Konstitution hat vermutlich in einem als rotes amorphes
Natrium-Salz (NaC₂₁H₁₅O₅) isolierten Präparat vorgelegen, das beim Behandeln von
4(?),4'(?)-Diphenyl-[2,2']bifuryliden-5,5'-dion (Rohprodukt) mit Natriummethylat in
Methanol erhalten und durch Behandlung einer Lösung in Methanol mit Essigsäure in
(Z)-4(?),4'(?)-Diphenyl-[2,2']bifuryliden-5,5'-dion (F: 208°) übergeführt worden ist
(*Holmquist et al.*, Am. Soc. **81** [1959] 3686, 3691).

(±)-[13,15-Dioxo-9,10,12,13,-tetrahydro-9,10-furo[3,4]ätheno-anthracen-11-yl]-
essigsäure, (±)-11-Carboxymethyl-9,10-dihydro-9,10-äthano-anthracen-
11r,12c-dicarbonsäure-anhydrid $C_{20}H_{14}O_5$, Formel XI + Spiegelbild.

Bezüglich der Konstitutionszuordnung vgl. *Alder, Heimbach*, B. **86** [1953] 1312, 1314.

B. Beim Erhitzen von Anthracen mit [2,5-Dioxo-2,5-dihydro-[3]furyl]-essigsäure oder
mit 2,6-Dioxo-3,6-dihydro-2H-pyran-4-carbonsäure in Xylol (*Werner, Nawiasky*, Am.
Soc. **68** [1946] 151).

Krystalle (aus E.); F: 262—263° [Zers.] (*We., Na.*).

Oxocarbonsäuren $C_{21}H_{16}O_5$

(±)-1,3-Dioxo-5,6-diphenyl-(3ar,7ac)-1,3,3a,4,7,7a-hexahydro-isobenzofuran-4ξ-carbon=
säure-methylester, (±)-4,5-Diphenyl-cyclohex-4-en-1r,2c,3ξ-tricarbonsäure-1,2-anhydrid-
3-methylester $C_{22}H_{18}O_5$, Formel XII + Spiegelbild.

B. Beim Erhitzen von (±)-1,1-Dioxo-3,4-diphenyl-2,5-dihydro-1λ⁶-thiophen-2-carbon=
säure-methylester mit Maleinsäure-anhydrid auf 190° (*Melles*, R. **71** [1952] 869, 878).

Krystalle (aus Bzl.); F: 220,5—221,5°.

XII   XIII

Oxocarbonsäuren $C_{22}H_{18}O_5$

4-Oxo-2-[(E)-2-oxo-5-p-tolyl-[3]furyliden]-4-p-tolyl-buttersäure, 2-[β-Hydroxy-
4-methyl-trans-styryl]-3-[4-methyl-phenacyl]-fumarsäure-1-lacton $C_{22}H_{18}O_5$,
Formel XIII, und Tautomeres ((E)-5-Hydroxy-5,5'-di-p-tolyl-4,5-dihydro-
[3,3']bifuryliden-2,2'-dion).

Diese Konstitution und Konfiguration ist wahrscheinlich der nachstehend beschriebenen, von *Chovin* (A. ch. [11] **9** [1938] 447, 548) als 2-Oxo-3-[4-methyl-phenacyl]-6-*p*-tolyl-2*H*-pyran-4-carbonsäure angesehenen Verbindung zuzuordnen (vgl. die analog hergestellte 4-Oxo-2-[(*E*)-2-oxo-5-phenyl-[3]furyliden]-4-phenyl-buttersäure [S. 6105]).

B. Beim Behandeln des Dikalium-Salzes der Bis-[4-methyl-phenacyl]-fumarsäure (E III **10** 4091) mit Methanol und Essigsäure (*Ch.*, l. c. S. 512, 522).

Krystalle (aus E.); F: 269° [Zers.; Block].

Oxocarbonsäuren C$_{23}$H$_{20}$O$_5$

(±)-4ξ,7ξ-Dimethyl-1,3-dioxo-5,6-diphenyl-(3a*r*,7a*c*)-1,3,3a,4,7,7a-hexahydro-isobenzo=furan-4ξ-carbonsäure, (±)-3ξ,6ξ-Dimethyl-4,5-diphenyl-cyclohex-4-en-1*r*,2*c*,3ξ-tricarbon=säure-1,2-anhydrid C$_{23}$H$_{20}$O$_5$, Formel XIV + Spiegelbild.

B. Beim Erwärmen von (1Ξ,2Ξ)-1,4-Dimethyl-7-oxo-5,6-diphenyl-norborn-5-en-2*r*,3*c*-dicarbonsäure-anhydrid (F: 191° [E III/IV **17** 6811]) mit äthanol. Kalilauge und An-säuern des Reaktionsgemisches (*Allen et al.*, J. org. Chem. **11** [1946] 268, 273).

F: 207—210°.

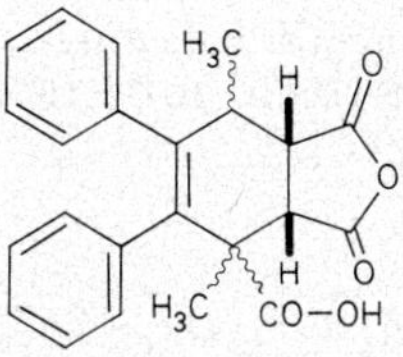

XIV 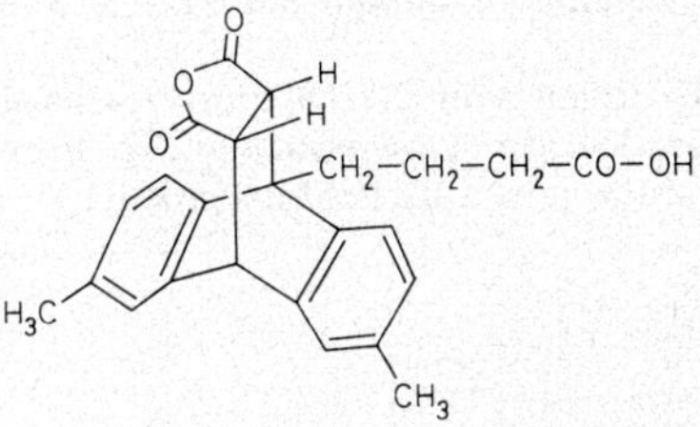   XV

Oxocarbonsäuren C$_{24}$H$_{22}$O$_5$

(±)-4-[3,6-Dimethyl-13,15-dioxo-11,12,13,15-tetrahydro-10*H*-9,10-furo[3,4]ätheno-anthracen-9-yl]-buttersäure, (±)-10-[3-Carboxy-propyl]-2,7-dimethyl-9,10-di hydro-9,10-äthano-anthracen-11*r*,12*c*-dicarbonsäure-anhydrid C$_{24}$H$_{22}$O$_5$, Formel XV + Spiegelbild.

B. Beim Erhitzen von 4-[3,6-Dimethyl-[9]anthryl]-buttersäure mit Maleinsäure-anhydrid bis auf 150° (*Beyer*, B. **70** [1937] 1482, 1486, 1491).

Krystalle (aus Ae. + Bzn.); F: 221—223° [Zers.; nach Sintern bei 218°].

Oxocarbonsäuren C$_n$H$_{2n-28}$O$_5$

Oxocarbonsäuren C$_{19}$H$_{10}$O$_5$

4,9-Dioxo-2-phenyl-4,9-dihydro-naphtho[2,3-*b*]furan-3-carbonitril C$_{19}$H$_9$NO$_3$, Formel I.

B. Beim Erwärmen von 2,3-Dichlor-[1,4]naphthochinon oder von 3-Brom-2-hydroxy-[1,4]naphthochinon mit 3-Oxo-3-phenyl-propionitril, Pyridin und Äthanol (*Pratt, Rice*, Am. Soc. **79** [1957] 5489).

Gelbe Krystalle (aus 1-Nitro-propan); F: 252—253° [korr.]. Absorptionsmaxima (Acetonitril): 226 nm, 249 nm, 297 nm, 341 nm und 391 nm.

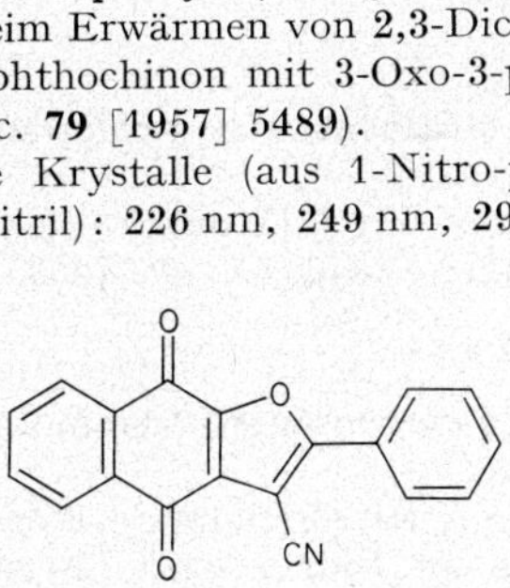

I 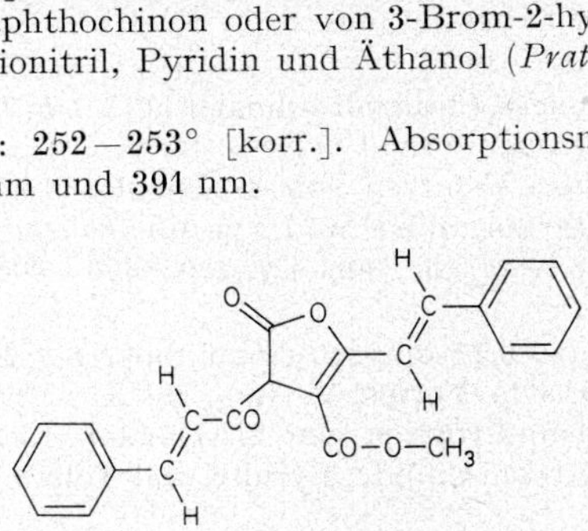   II

Oxocarbonsäuren $C_{22}H_{16}O_5$

**4-*trans*-Cinnamoyl-5-oxo-2-*trans*-styryl-4,5-dihydro-furan-3-carbonsäure-methylester,
2-*trans*-Cinnamoyl-3-[(*E*)-α-hydroxy-*trans*-cinnamyliden]-bernsteinsäure-1-lacton-
4-methylester** $C_{23}H_{18}O_5$, Formel II, und Tautomeres (4-[α-Hydroxy-*trans*-cinnam ⁼
yliden]-5-oxo-2-*trans*-styryl-4,5-dihydro-furan-3-carbonsäure-methyl ⁼
ester).

B. Beim Erwärmen von 2,3-Di-*trans*-cinnamoyl-bernsteinsäure-dimethylester (F: 135°
bis 137°) mit wss. Kaliumcarbonat-Lösung (*Lampe et al.*, Roczniki Chem. **17** [1937]
216, 221; C. **1937** II 2988).

Rote Krystalle (aus E.); F: 240—245°.

Oxocarbonsäuren $C_nH_{2n-32}O_5$

Oxocarbonsäuren $C_{21}H_{10}O_5$

7,12-Dioxo-7,12-dihydro-dinaphtho[1,2-*b*;2′,3′-*d*]furan-5-carbonsäure-anilid $C_{27}H_{15}NO_4$,
Formel III.

B. Beim Erhitzen von 2,3-Dichlor-[1,4]naphthochinon mit 4-Hydroxy-[1]naphthoe ⁼
säure-anilid in Pyridin (*Acharya et al.*, J. scient. ind. Res. India **16**B [1957] 400, 405).
Gelbe Krystalle (aus 1,2-Dichlor-benzol); F: 361°.

III   IV

8,13-Dioxo-8,13-dihydro-dinaphtho[2,1-*b*;2′,3′-*d*]furan-3-carbonsäure-anilid $C_{27}H_{15}NO_4$,
Formel IV.

B. Beim Erhitzen von 2,3-Dichlor-[1,4]naphthochinon mit 6-Hydroxy-[2]naphthoe ⁼
säure-anilid in Pyridin (*Acharya et al.*, J. scient. ind. Res. India **16**B [1957] 400, 405).
Orangefarbene Krystalle (aus 1,2-Dichlor-benzol); F: 357°.

8,13-Dioxo-8,13-dihydro-dinaphtho[2,1-*b*;2′,3′-*d*]furan-6-carbonsäure-anilid $C_{27}H_{15}NO_4$,
Formel V (R = X = H).

B. Beim Erhitzen von 2,3-Dichlor-[1,4]naphthochinon mit 3-Hydroxy-[2]naphthoe ⁼
säure-anilid, Pyridin und Toluol (*Suryanarayana, Tilak*, Pr. Indian Acad. [A] **37** [1953]
81, 89).
Gelbe Krystalle (aus Py.); F: 316°.

8,13-Dioxo-8,13-dihydro-dinaphtho[2,1-*b*;2′,3′-*d*]furan-6-carbonsäure-[4-chlor-anilid]
$C_{27}H_{14}ClNO_4$, Formel V (R = H, X = Cl).

B. Beim Erhitzen von 2,3-Dichlor-[1,4]naphthochinon mit 3-Hydroxy-[2]naphthoe ⁼
säure-[4-chlor-anilid] und Pyridin (*Dikshit et al.*, Pr. Indian Acad. [A] **37** [1953] 92, 94).
Gelbe Krystalle (aus Py.); F: 306—308°.

8,13-Dioxo-8,13-dihydro-dinaphtho[2,1-*b*;2′,3′-*d*]furan-6-carbonsäure-[4-brom-anilid]
$C_{27}H_{14}BrNO_4$, Formel V (R = H, X = Br).

B. Beim Erhitzen von 2,3-Dichlor-[1,4]naphthochinon mit 3-Hydroxy-[2]naphthoe ⁼
säure-[4-brom-anilid], Pyridin und Toluol (*Dikshit et al.*, Pr. Indian Acad. [A] **37** [1953]
92, 94).
Orangegelbe Krystalle (aus 1,2-Dichlor-benzol); F: 305—306°.

8,13-Dioxo-8,13-dihydro-dinaphtho[2,1-b; 2′,3′-d]furan-6-carbonsäure-[3-nitro-anilid] $C_{27}H_{14}N_2O_6$, Formel VI.
B. Beim Erhitzen von 2,3-Dichlor-[1,4]naphthochinon mit 3-Hydroxy-[2]naphthoe≈ säure-[3-nitro-anilid] und Pyridin (*Dikshit et al.*, Pr. Indian Acad. [A] **37** [1953] 92, 96). Orangegelbe Krystalle (aus Chinolin); F: 332°.

8,13-Dioxo-8,13-dihydro-dinaphtho[2,1-b; 2′,3′-d]furan-6-carbonsäure-o-toluidid $C_{28}H_{17}NO_4$, Formel V (R = CH_3, X = H).
B. Beim Erhitzen von 2,3-Dichlor-[1,4]naphthochinon mit 3-Hydroxy-[2]naphthoe≈ säure-o-toluidid und Pyridin (*Dikshit et al.*, Pr. Indian Acad. [A] **37** [1953] 92, 95). Orangefarbene Krystalle (aus Py.); F: 307°.

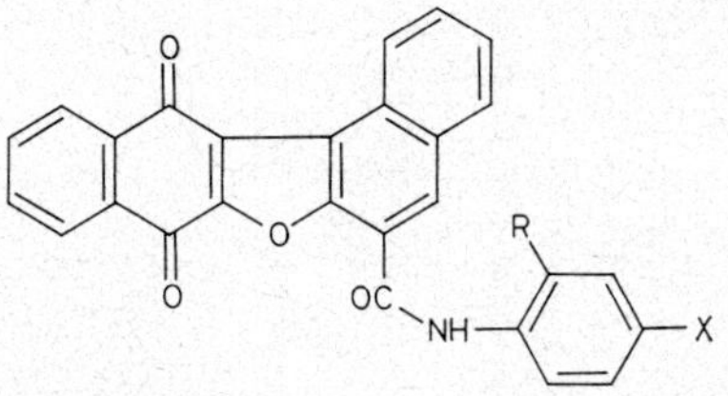

V 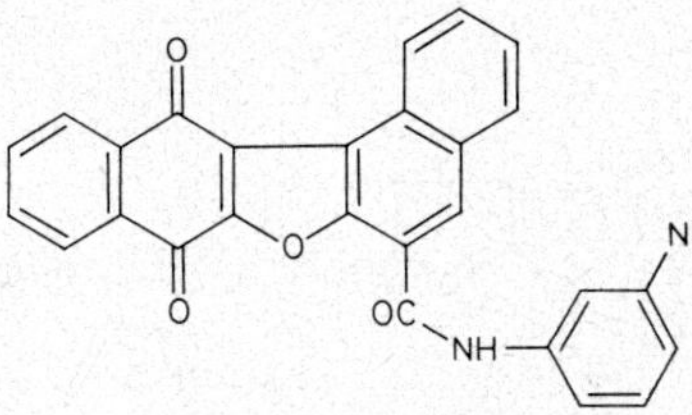   VI

8,13-Dioxo-8,13-dihydro-dinaphtho[2,1-b; 2′,3′-d]furan-6-carbonsäure-[4-chlor-2-methyl-anilid] $C_{28}H_{16}ClNO_4$, Formel V (R = CH_3, X = Cl).
B. Beim Erhitzen von 2,3-Dichlor-[1,4]naphthochinon mit 3-Hydroxy-[2]naphthoe≈ säure-[4-chlor-2-methyl-anilid] und Pyridin (*Dikshit et al.*, Pr. Indian Acad. [A] **37** [1953] 92, 95).
Gelbe Krystalle (aus Py.); F: 336—337°.

8,13-Dioxo-8,13-dihydro-dinaphtho[2,1-b; 2′,3′-d]furan-6-carbonsäure-[1]naphthylamid $C_{31}H_{17}NO_4$, Formel VII.
B. Beim Erhitzen von 2,3-Dichlor-[1,4]naphthochinon mit 3-Hydroxy-[2]naphthoe≈ säure-[1]naphthylamid und Pyridin (*Suryanarayana, Tilak*, Pr. Indian Acad. [A] **37** [1953] 99, 101).
Rote Krystalle (aus Nitrobenzol); F: 328°.

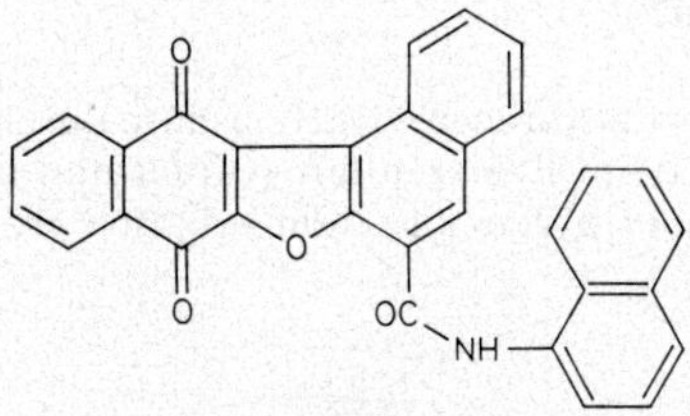

VII 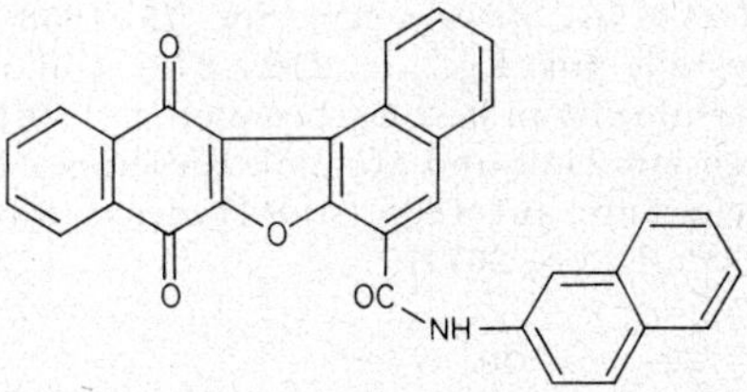   VIII

8,13-Dioxo-8,13-dihydro-dinaphtho[2,1-b;2′,3′-d]furan-6-carbonsäure-[2]naphthylamid $C_{31}H_{17}NO_4$, Formel VIII.
B. Beim Erhitzen von 2,3-Dichlor-[1,4]naphthochinon mit 3-Hydroxy-[2]naphthoe≈ säure-[2]naphthylamid und Pyridin (*Suryanarayana, Tilak*, Pr. Indian Acad. [A] **37** [1953] 99, 101).
Gelbe Krystalle (aus Py.); F: 292°.

8,13-Dioxo-8,13-dihydro-dinaphtho[2,1-b;2′,3′-d]furan-6-carbonsäure-o-anisidid $C_{28}H_{17}NO_5$, Formel V (R = O-CH_3, X = H).
B. Beim Erhitzen von 2,3-Dichlor-[1,4]naphthochinon mit 3-Hydroxy-[2]naphthoe≈ säure-o-anisidid und Pyridin (*Dikshit et al.*, Pr. Indian Acad. [A] **37** [1953] 92, 96).
Gelbe Krystalle (aus Py.); F: 300°.

8,13-Dioxo-8,13-dihydro-dinaphtho[2,1-b;2′,3′-d]furan-6-carbonsäure-p-anisidid
$C_{28}H_{17}NO_5$, Formel V (R = H, X = O-CH₃).

B. Beim Erhitzen von 2,3-Dichlor-[1,4]naphthochinon mit 3-Hydroxy-[2]naphthoe-
säure-*p*-anisidid und Pyridin (*Dikshit et al.*, Pr. Indian Acad. [A] **37** [1953] 92, 95).

Gelbe Krystalle (aus Py.); F: 299°.

8,13-Dioxo-8,13-dihydro-dinaphtho[2,1-b;2′,3′-d]furan-6-carbonsäure-[2,5-dimethoxy-anilid] $C_{29}H_{19}NO_6$, Formel IX.

B. Beim Erhitzen von 2,3-Dichlor-[1,4]naphthochinon mit 3-Hydroxy-[2]naphthoe-
säure-[2,5-dimethoxy-anilid] und Pyridin (*Dikshit et al.*, Pr. Indian Acad. [A] **37** [1953]
92, 96).

Violette Krystalle (aus Nitrobenzol); F: 290—291°.

IX   X

3-Brom-8,13-dioxo-8,13-dihydro-dinaphtho[2,1-b;2′,3′-d]furan-6-carbonsäure-anilid
$C_{27}H_{14}BrNO_4$, Formel X.

B. Beim Erhitzen von 2,3-Dichlor-[1,4]naphthochinon mit 7-Brom-3-hydroxy-[2]-
naphthoesäure-anilid, Pyridin und Toluol (*Dikshit et al.*, Pr. Indian Acad. [A] **37** [1953]
92, 95).

Gelbe Krystalle (aus Xylol); F: 332°.

Oxocarbonsäuren $C_{22}H_{12}O_5$

(±)-2-[2,6-Dioxo-2H,6H-anthra[9,1-bc]furan-10b-yl]-benzoesäure $C_{22}H_{12}O_5$, Formel I.

B. Als Hauptprodukt neben einer bei 312—314° schmelzenden Substanz beim Erhitzen
von (±)-10-Hydroxy-4-methyl-10-*o*-tolyl-10*H*-anthracen-9-on mit wss. Salpetersäure
auf 200° (*Clar, Stewart*, Am. Soc. **75** [1953] 2667, 2670).

Krystalle (aus Eg.); F: 270—275° [unkorr.; Zers.].

Überführung in 9-[2-Carboxy-phenyl]-9,10-dihydro-anthracen-1-carbonsäure durch Er-
wärmen mit Zink und äthanol. Kalilauge: *Clar, St.* Beim Erhitzen mit Kupfer und konz.
Schwefelsäure auf 120° ist 8-Hydroxy-dibenzo[*cd,mn*]pyren-4,12-dion erhalten worden
(*Clar, St.*, l. c. S. 2671).

I   II   III

(±)-2,6-Dioxo-10b-phenyl-6,10b-dihydro-2H-anthra[9,1-bc]furan-3-carbonsäure,
(±)-9-Hydroxy-10-oxo-9-phenyl-9,10-dihydro-anthracen-1,2-dicarbonsäure-1-lacton
$C_{22}H_{12}O_5$, Formel II.

B. Beim Erhitzen von (±)-3-Methyl-10b-phenyl-10b*H*-anthra[9,1-*bc*]furan-2,6-dion mit
wss. Salpetersäure auf 190° und Erhitzen des Reaktionsprodukts mit Essigsäure (*Scholl*

et al., A. **493** [1932] 56, 83).

Krystalle (aus wss. Eg.); F: 203—204°.

Beim Erwärmen mit methanol. Kalilauge und anschliessenden Erhitzen mit Zink und Wasser unter Entfernen des Methanols ist 9-Phenyl-anthracen-1,2-dicarbonsäure, beim Erhitzen mit Zinn(II)-chlorid, wss. Salzsäure und Essigsäure ist 10-Oxo-9-phenyl-9,10-di=hydro-anthracen-1,2-dicarbonsäure erhalten worden (*Sch. et al.*, l. c. S. 84).

(±)-10,3'-Dioxo-10H-spiro[anthracen-9,1'-phthalan]-4-carbonsäure $C_{22}H_{12}O_5$, Formel III (E II 362).

B. Beim Erwärmen von (±)-4-Methyl-spiro[anthracen-9,1'-phthalan]-10,3'-dion mit methanol. Kalilauge, Erwärmen der mit Wasser versetzten Reaktionslösung nach Entfernung des Methanols mit Kaliumpermanganat und Behandeln der Reaktionslösung mit wss. Salzsäure (*Scholl et al.*, A. **512** [1934] 30, 36).

Krystalle (aus Eg.); F: 236—237°.

Oxocarbonsäuren $C_{23}H_{14}O_5$

1,3-Dioxo-2-xanthen-9-yl-indan-2-carbonsäure-äthylester $C_{25}H_{18}O_5$, Formel IV.

B. Beim Behandeln von 1,3-Dioxo-indan-2-carbonsäure-äthylester mit Xanthen-9-ol in Essigsäure und Äthanol (*Wanag, Aren*, Chim. Nauka Promyšl. **3** [1958] 537; C. A. **1959** 4266).

Krystalle; F: 150—151°.

IV   V

Oxocarbonsäuren $C_{24}H_{16}O_5$

2-[(E)-5-[2]Naphthyl-2-oxo-[3]furyliden]-4-oxo-4-phenyl-buttersäure, 2-[2c-Hydroxy-2t-[2]naphthyl-vinyl]-3-phenacyl-fumarsäure-1-lacton $C_{24}H_{16}O_5$, Formel V, und Tauto-meres ((E)-5-Hydroxy-5'-[2]naphthyl-5-phenyl-4,5-dihydro-[3,3']bifuryl=liden-2,2'-dion).

Diese Konstitution und Konfiguration ist wahrscheinlich der nachstehend beschriebenen, von *Chovin* (C. r. **208** [1939] 1228) als 6-[2]Naphthyl-2-oxo-3-phenacyl-2H-pyran-4-carbonsäure angesehenen Verbindung zuzuordnen (vgl. die analog hergestellte 4-Oxo-2-[(E)-2-oxo-5-phenyl-[3]furyliden]-4-phenyl-buttersäure [S. 6105]).

B. Beim Erwärmen von 5-[2]Naphthyl-5'-phenyl-[3,3']bifuryliden-2,2'-dion (F: 297°; über diese Verbindung s. *Klingsberg*, Chem. Reviews **54** [1954] 59, 61) mit äthanol. Kali=lauge und anschliessenden Behandeln mit Essigsäure (*Ch.*).

F: 246° [Zers.; Block] (*Ch.*).

Oxocarbonsäuren $C_nH_{2n-34}O_5$

Oxocarbonsäuren $C_{23}H_{12}O_5$

1-Benzoyl-6-oxo-6H-anthra[1,9-bc]thiophen-3-carbonsäure $C_{23}H_{12}O_4S$, Formel VI (X = OH).

B. Beim Erhitzen von 1-Chlor-9,10-dioxo-9,10-dihydro-anthracen-2-carbonsäure mit wss. Natronlauge, Natriumsulfid und Schwefel und Erwärmen des Reaktionsprodukts mit wss. Natriumcarbonat-Lösung und Phenacylchlorid (*Du Pont de Nemours & Co.*, U.S.P. 2217849 [1939]). Beim Erhitzen des Kalium-Salzes der 1-Mercapto-9,10-dioxo-9,10-dihydro-anthracen-2-carbonsäure mit Phenacylchlorid oder mit Phenacylbromid (*I. G. Farbenind.*, D.R.P. 745335 [1941]; D.R.P. Org. Chem. **1**, Tl. 2, S. 363).

Unterhalb 300° nicht schmelzend.

1-Benzoyl-6-oxo-6H-anthra[1,9-bc]thiophen-3-carbonylchlorid $C_{23}H_{11}ClO_3S$, Formel VI (X = Cl).

B. Beim Erhitzen von 1-Benzoyl-6-oxo-6H-anthra[1,9-bc]thiophen-3-carbonsäure mit Phosphor(V)-chlorid in Chlorbenzol (*I. G. Farbenind.*, D.R.P. 745335 [1941]; D.R.P. Org. Chem. **1**, Tl. 2, S. 363).

F: 245°.

VI   VII

Oxocarbonsäuren $C_{25}H_{16}O_5$

(±)-13,15-Dioxo-10-phenyl-11,12,13,15-tetrahydro-10H-9,10-furo[3,4]ätheno-anthracen-9-carbonitril, (±)-9-Cyan-10-phenyl-9,10-dihydro-9,10-äthano-anthracen-11r,12c-dicarbonsäure-anhydrid $C_{25}H_{15}NO_3$, Formel VII + Spiegelbild.

B. Beim Erhitzen von 10-Phenyl-anthracen-9-carbonitril mit Maleinsäure-anhydrid auf 170° (*Dufraisse, Mathieu*, Bl. **1947** 302, 310).

F: 300—302° [Zers.].

Oxocarbonsäuren $C_nH_{2n-38}O_5$

9,14-Dioxo-9,14-dihydro-anthra[2,1-b]naphtho[2,3-d]furan-7-carbonsäure-o-toluidid $C_{32}H_{19}NO_4$, Formel VIII.

B. Beim Erhitzen von 2,3-Dichlor-[1,4]naphthochinon mit 3-Hydroxy-anthracen-2-carbonsäure-o-toluidid in Pyridin (*Suryanarayana, Tilak*, Pr. Indian Acad. [A] **37** [1953] 99, 102).

Violette Krystalle (aus 1,2-Dichlor-benzol); F: 346—347°.

VIII   IX

Oxocarbonsäuren $C_nH_{2n-46}O_5$

8,15-Dioxo-8,9,14,15-tetrahydro-9,14-o-benzeno-anthra[2,3-b]naphtho[1,2-d]furan-6-carbonsäure-anilid $C_{37}H_{21}NO_4$, Formel IX.

B. Aus 2,3-Dichlor-9,10-dihydro-9,10-o-benzeno-anthracen-1,4-chinon und 3-Hydroxy-[2]naphthoesäure-anilid in Pyridin (*Tilak, Rao*, Chem. and Ind. **1957** 1320).

Rote Krystalle (aus Nitrobenzol), die unterhalb 360° nicht schmelzen.

[*Wente*]

3. Oxocarbonsäuren mit sechs Sauerstoff-Atomen

Oxocarbonsäuren $C_nH_{2n-6}O_6$

Oxocarbonsäuren $C_5H_4O_6$

4-Oxo-oxetan-2,2-dicarbonitril, 3,3-Dicyan-3-hydroxy-propionsäure-lacton $C_5H_2N_2O_2$, Formel I.

Konstitution: *Achmatowicz, Leplawy*, Bl. Acad. polon. **6** [1958] 417.

B. Aus Mesoxalonitril beim Behandeln mit Keten (*Ach., Le.*) sowie beim Erwärmen mit Acetanhydrid (*Matachowski*, Roczniki Chem. **24** [1950] 229, 237; C. A. **1953** 8653).

Krystalle (aus Acetanhydrid); F: 182° (*Ma.*). IR-Spektrum (2—15 μ): *Ach., Le.*

I   II   III

Oxocarbonsäuren $C_6H_6O_6$

(±)-4-Oxo-tetrahydro-furan-2,3-dicarbonsäure-diäthylester $C_{10}H_{14}O_6$, Formel II, und Tautomeres ((±)-4-Hydroxy-2,5-dihydro-furan-2,3-dicarbonsäure-diäthyl=ester).

Diese Konstitution kommt der früher (s. E II 3 501) als Acetyloxalessigsäure-diäthyl=ester beschriebenen Verbindung zu (*Erickson*, Tetrahedron Letters **1966** 1753, 1756).

B. Beim Behandeln von Glykolsäure-äthylester mit Natrium in Äther und Erwärmen des Reaktionsgemisches mit Maleinsäure-diäthylester (*Zwicky et al.*, Helv. **42** [1959] 1177, 1186).

Bei 95—105°/0,005 Torr destillierbar. IR-Spektrum (CCl₄; 2—12 μ): *Zw. et al.*

(±)-4-Oxo-tetrahydro-thiophen-2,3-dicarbonsäure-dimethylester $C_8H_{10}O_5S$, Formel III (R = CH₃), und Tautomeres ((±)-4-Hydroxy-2,5-dihydro-thiophen-2,3-dicarb=onsäure-dimethylester).

B. Beim Erwärmen von Mercaptoessigsäure-methylester mit Fumarsäure-dimethyl=ester und Natriummethylat in Benzol und wenig Methanol (*Fiesselmann, Schipprak*, B. **87** [1954] 835, 839). Beim Erwärmen von (±)-Methoxycarbonylmethylmercapto-bernstein=säure-dimethylester mit Natriummethylat in Benzol oder Toluol (*Fi., Sch.; Larsson*, Svensk kem. Tidskr. **66** [1954] 114).

Kp₁₁: 156—157° (*La.*); Kp₀,₃: 141—143° (*Fi., Sch.*).

(±)-4-[2,4-Dinitro-phenylhydrazono]-tetrahydro-thiophen-2,3-dicarbonsäure-dimethyl=ester $C_{14}H_{14}N_4O_8S$, Formel IV (R = $C_6H_3(NO_2)_2$, und Tautomeres.

B. Aus (±)-4-Oxo-tetrahydro-thiophen-2,3-dicarbonsäure-dimethylester und [2,4-Di=nitro-phenyl]-hydrazin (*Fiesselmann, Schipprak*, B. **87** [1954] 835, 840).

Orangefarbene Krystalle (aus Me.); F: 68°.

(±)-4-Semicarbazono-tetrahydro-thiophen-2,3-dicarbonsäure-dimethylester $C_9H_{13}N_3O_5S$, Formel IV (R = CO-NH₂), und Tautomeres.

B. Beim Erwärmen von (±)-4-Oxo-tetrahydro-thiophen-2,3-dicarbonsäure-dimethyl=ester mit Semicarbazid-hydrochlorid und Natriumacetat in wss. Methanol (*Fiesselmann, Schipprak*, B. **87** [1954] 835, 840).

Krystalle (aus A.); F: 208°.

(±)-4-Oxo-tetrahydro-thiophen-2,3-dicarbonsäure-diäthylester $C_{10}H_{14}O_5S$, Formel III ($R = C_2H_5$), und Tautomeres ((±)-4-Hydroxy-2,5-dihydro-thiophen-2,3-dicarbonsäure-diäthylester).

B. Beim Erwärmen von Mercaptoessigsäure-äthylester mit Maleinsäure-diäthylester und Natriumäthylat in Benzol (*Am. Cyanamid Co.*, U.S.P. 2475580 [1945]).

Kp_1: 135—139°.

5-Oxo-tetrahydro-furan-2,3-dicarbonsäure, 1-Hydroxy-propan-1,2,3-tricarbonsäure-3-lacton $C_6H_6O_6$.

Über die Konfiguration der folgenden Stereoisomeren s. *Gawron et al.*, Am. Soc. **80** [1958] 5856; *Katsura*, J. chem. Soc. Japan Pure Chem. Sect. **82** [1961] 92, 98; C. A. **56** [1962] 9950, 9951; *Patterson et al.*, Am. Soc. **84** [1962] 309.

     a) **(2R)-5-Oxo-tetrahydro-furan-2r,3c-dicarbonsäure, (−)-Isocitronensäure-lacton** $C_6H_6O_6$, Formel V (R = H).

B. Beim Behandeln von (1R,2S)-1-Amino-propan-1,2,3-tricarbonsäure mit wss. Salzsäure und Silbernitrit und Erhitzen des Reaktionsprodukts unter vermindertem Druck auf 100° (*Greenstein et al.*, Am. Soc. **77** [1955] 707, 715). Beim Erhitzen von (+)-Isocitronensäure (E III **3** 1088) unter vermindertem Druck sowie beim Erhitzen von (2R)-5-Oxo-tetrahydro-furan-2r,3c-dicarbonsäure-dimethylester mit wss. Salzsäure und Erhitzen des Reaktionsprodukts unter vermindertem Druck auf 100° (*Bruce*, Am. Soc. **57** [1935] 1725, 1727; *Pucher et al.*, J. biol. Chem. **172** [1948] 579, 582, 584; *Vickery*, Biochem. Prepar. **3** [1953] 44, 47, 50).

Krystalle; F: 156—157° [aus A. + Toluol] (*Vi.*), 154° [korr.; aus E. + CHCl₃] (*Gr. et al.*), 153—154° [aus E.] (*Br.*), 152—153° [aus CHCl₃] (*Pu. et al.*). $[\alpha]_D$: −61,1° [W.; c = 1] (*Gr. et al.*); $[\alpha]_D^{26}$: −62,0°; $[\alpha]_{546}^{26}$: −73,2°; $[\alpha]_{486}^{26}$: −93,7° [jeweils W.; c = 13] (*Br.*). Änderung des optischen Drehungsvermögens beim Behandeln mit wss. Salzsäure und mit wss. Natronlauge: *Br.*, l. c. S. 1726.

     b) **(2S)-5-Oxo-tetrahydro-furan-2r,3c-dicarbonsäure, (+)-Isocitronensäure-lacton** $C_6H_6O_6$, Formel VI (R = H).

B. Beim Behandeln von (1S,2R)-1-Amino-propan-1,2,3-tricarbonsäure mit wss. Salzsäure und Silbernitrit und Erhitzen des Reaktionsprodukts unter vermindertem Druck auf 100° (*Greenstein et al.*, Am. Soc. **77** [1955] 707, 715).

Krystalle (aus E. + CHCl₃); F: 154° [korr.]. $[\alpha]_D$: +60,9° [W.; c = 1].

         IV   V   VI

     c) **(±)-5-Oxo-tetrahydro-furan-2r,3c-dicarbonsäure, (±)-Isocitronensäure-lacton** $C_6H_6O_6$, Formel VI (R = H) + Spiegelbild (H 483).

B. Beim Behandeln von (1RS,2SR)-1-Amino-propan-1,2,3-tricarbonsäure mit wss. Salzsäure und Silbernitrit und Erhitzen des Reaktionsprodukts unter vermindertem Druck auf 100° (*Greenstein et al.*, Am. Soc. **77** [1955] 707, 715). Beim Behandeln von (±)-*trans*-Oxiran-2,3-dicarbonsäure-dimethylester mit Malonsäure-dimethylester und Natriummethylat in Methanol, Erwärmen des erhaltenen Esters mit wss. Salzsäure und Erhitzen des Reaktionsprodukts unter vermindertem Druck auf 100° (*Gawron et al.*, Am. Soc. **80** [1958] 5856, 5857). Beim Erwärmen von opt.-inakt. 5-Oxo-2-trichlormethyl-tetrahydro-furan-3-carbonsäure (F: 97°) mit wss. Natronlauge oder Bariumhydroxid in Wasser, Ansäuern des Reaktionsgemisches mit wss. Salzsäure bzw. wss. Schwefelsäure und Erwärmen des Reaktionsprodukts unter vermindertem Druck (*Krebs, Eggleston*, Biochem. J. **38** [1944] 426, 431; *Pucher, Vickery*, J. biol. Chem. **163** [1946] 169, 177; *Kato, Dickman*, Biochem. Prepar. **3** [1953] 52, 54).

Krystalle [aus E.]; F: 163° (*Kr., Eg.*), 162—163° (*Pu., Vi.*), 161° [korr.] (*Gr. et al.*). Brechungsindices der Krystalle: *Nelson*, Am. Soc. **52** [1930] 2928, 2930. IR-Spektrum (KBr; 2—15 μ): *Koegel et al.*, Am. Soc. **77** [1955] 5708, 5720. Scheinbare Dissoziationsexponenten pK'_{a1} und pK'_{a2} (Wasser; potentiometrisch ermittelt) bei 28°: 2,26 bzw. 4,50

(*Gawron, Glaid*, Am. Soc. **77** [1955] 6638).

Beim Erhitzen mit wss. Pyridin auf 150° ist 5-Oxo-tetrahydro-furan-2*r*,3*t*-dicarbon=
säure erhalten worden (*Senear*, Am. Soc. **77** [1955] 2564).

Mono-*p*-toluidin-Salz $C_7H_9N \cdot C_6H_6O_6$. Krystalle (aus A.); Zers. bei 146—148°
[nach Sintern bei 142°] (*Pu., Vi.*, l. c. S. 180).

Bis-[4-chlor-benzyl-isothiuronium]-Salz $[C_8H_{10}ClN_2S]_2C_6H_4O_6$. Krystalle (aus
W.); F: 167—168° (*Pu., Vi.*).

Bis-[4-nitro-benzyl-isothiuronium]-Salz $[C_8H_{10}N_3O_2S]_2C_6H_4O_6$. Krystalle (aus
W.); F: 153—155° (*Pu., Vi.*).

d) **(2R)-5-Oxo-tetrahydro-furan-2r,3t-dicarbonsäure, (−)-Alloisocitronensäure-**
lacton $C_6H_6O_6$, Formel VII (R = H).

B. Beim Behandeln von (1*R*,2*R*)-1-Amino-propan-1,2,3-tricarbonsäure mit wss. Salz=
säure und Silbernitrit (*Greenstein et al.*, Am. Soc. **77** [1955] 707, 714).

Krystalle (aus E. + PAe.); F: 143° [korr.]. $[\alpha]_D$: −40,5° [W.; c = 1].

e) **(2S)-5-Oxo-tetrahydro-furan-2r,3t-dicarbonsäure, (+)-Alloisocitronensäure-lacton**
$C_6H_6O_6$, Formel VIII (R = H).

B. Beim Behandeln von (1*S*,2*S*)-1-Amino-propan-1,2,3-tricarbonsäure mit wss. Salz=
säure und Silbernitrit (*Greenstein et al.*, Am. Soc. **77** [1955] 707, 714).

Krystalle; F: 143° [korr.; aus E. + PAe.] (*Gr. et al.*), 141—142° [nach Erweichen bei
137°; aus E. + CHCl₃] (*Beppu et al.*, J. agric. chem. Soc. Japan **32** [1958] 207, 208;
C. A. **1959** 5397; *Sakaguchi, Beppu*, Arch. Biochem. **83** [1959] 131, 132). $[\alpha]_D^{19}$: +42,3°
[W.; c = 5] (*Be. et al.; Sa., Be.*); $[\alpha]_D$: +41,0° [W.; c = 1] (*Gr. et al.*). Scheinbare
Dissoziationsexponenten pK'_{a1} und pK'_{a2} (Wasser; potentiometrisch ermittelt): 2,4 bzw.
3,7 (*Sa., Be.*).

f) **(±)-5-Oxo-tetrahydro-furan-2r,3t-dicarbonsäure, (±)-Alloisocitronensäure-lacton**
$C_6H_6O_6$, Formel VIII (R = H) + Spiegelbild.

B. Beim Behandeln von (1*RS*,2*RS*)-1-Amino-propan-1,2,3-tricarbonsäure mit wss.
Salzsäure und mit Silbernitrit (*Greenstein et al.*, Am. Soc. **77** [1955] 707, 714). Beim Behandeln von *cis*-Oxiran-2,3-dicarbonsäure-dimethylester mit Malonsäure-dimethylester
und Natriummethylat in Methanol, Erwärmen des erhaltenen Esters mit wss. Salzsäure
und Erhitzen des Reaktionsprodukts unter vermindertem Druck auf 100° (*Gawron et al.*,
Am. Soc. **80** [1958] 5856, 5857). Beim Erhitzen von (±)-5-Oxo-tetrahydro-furan-2*r*,3*c*-di=
carbonsäure mit wss. Pyridin auf 150° (*Senear*, Am. Soc. **77** [1955] 2564).

Krystalle (aus E. + PAe.); F: 158,2—159,4° [korr.] (*Se.*), 154—156° (*Gawron, Glaid*,
Am. Soc. **77** [1955] 6638, 6640), 153° [korr.] (*Gr. et al.*). IR-Spektrum (KBr; 2—15 μ):
Koegel et al., Am. Soc. **77** [1955] 5708, 5720. Scheinbare Dissoziationsexponenten pK'_{a1} und
pK'_{a2} (Wasser; potentiometrisch ermittelt) bei 28°: 2,13 bzw. 3,95 (*Ga., Gl.*).

5-Oxo-tetrahydro-furan-2,3-dicarbonsäure-dimethylester, 1-Hydroxy-propan-1,2,3-tri=
carbonsäure-3-lacton-1,2-dimethylester $C_8H_{10}O_6$.

a) **(2R)-5-Oxo-tetrahydro-furan-2r,3c-dicarbonsäure-dimethylester** $C_8H_{10}O_6$,
Formel V (R = CH₃).

B. Beim Erwärmen von (2*R*)-5-Oxo-tetrahydro-furan-2*r*,3*c*-dicarbonsäure mit Chlor=
wasserstoff enthaltendem Methanol (*Bruce*, Am. Soc. **57** [1935] 1725, 1727) oder mit
Methanol unter Zusatz des Borfluorid-Äther-Addukts (*Pucher et al.*, J. biol. Chem. **172**
[1948] 579, 582; *Vickery*, Biochem. Prepar. **3** [1953] 44, 48).

Krystalle; F: 108,5—109° [korr.; aus Me.] (*Pucher*, J. biol. Chem. **145** [1942] 511, 516),
106—107° [nach Destillation] (*Br.*). Kp₂₆: 204—206° (*Br.*). $[\alpha]_D^{27}$: −65,3°; $[\alpha]_{546}^{27}$: −77,6°;
$[\alpha]_{486}^{27}$: −100,0° [jeweils in Dioxan; c = 11] (*Br.*). Änderung des optischen Drehungsvermögens beim Behandeln mit wss. Salzsäure und mit wss. Natronlauge: *Br.*, l. c. S.1726.

b) **(±)-5-Oxo-tetrahydro-furan-2r,3c-dicarbonsäure-dimethylester** $C_8H_{10}O_6$,
Formel VI (R = CH₃) + Spiegelbild.

B. Beim Behandeln von (±)-5-Oxo-tetrahydro-furan-2*r*,3*c*-dicarbonsäure mit Äthanol
und mit Diazomethan in Äther (*Tomizawa*, J. Biochem. Tokyo **41** [1954] 567, 568).

Krystalle (aus A.); F: 89°.

c) **(2S)-5-Oxo-tetrahydro-furan-2r,3t-dicarbonsäure-dimethylester** $C_8H_{10}O_6$,
Formel VIII (R = CH₃).

B. Beim Behandeln von (2*S*)-5-Oxo-tetrahydro-furan-2*r*,3*t*-dicarbonsäure mit Diazo=

methan in Äther (*Beppu et al.*, J. agric. chem. Soc. Japan **32** [1958] 207, 208; C. A. **1959** 5397; *Sakaguchi, Beppu*, Arch. Biochem. **83** [1959] 131, 133).
Krystalle (aus A.); F: 49−50°. $[\alpha]_D^{22}$: +56,2° [Me.; c = 1].

VII   VIII   IX

(2R)-5-Oxo-tetrahydro-furan-2r,3c-dicarbonsäure-diäthylester, (1R,2S)-1-Hydroxy-propan-1,2,3-tricarbonsäure-1,2-diäthylester-3-lacton $C_{10}H_{14}O_6$, Formel V (R = C_2H_5) auf S. 6114.
B. Beim Erwärmen von (2R)-5-Oxo-tetrahydro-furan-2r,3c-dicarbonsäure mit Chlor= wasserstoff enthaltendem Äthanol (*Bruce*, Am. Soc. **57** [1935] 1725, 1727).
$Kp_{2,5}$: 167−169°. $[\alpha]_D^{26}$: −54,2° [W.]; $[\alpha]_{546}^{26}$: −64,4° [W.]; $[\alpha]_{486}^{26}$: −83,6° [W.].

5-Oxo-tetrahydro-furan-2,3-dicarbonsäure-bis-[4-brom-phenacylester], 1-Hydroxy-propan-1,2,3-tricarbonsäure-1,2-bis-[4-brom-phenacylester]-3-lacton $C_{22}H_{16}Br_2O_8$.

a) **(±)-5-Oxo-tetrahydro-furan-2r,3c-dicarbonsäure-bis-[4-brom-phenacylester]** $C_{22}H_{16}Br_2O_8$, Formel VI (R = $CH_2\text{-}CO\text{-}C_6H_4\text{-}Br$) [auf S. 6114] + Spiegelbild.
B. Beim Erwärmen einer Lösung des Dilithium-Salzes der (±)-5-Oxo-tetrahydro-furan-2r,3c-dicarbonsäure in Wasser mit 4-Brom-phenacylbromid in Äthanol (*Pucher, Vickery*, J. biol. Chem. **163** [1946] 169, 179).
Krystalle (aus A.); F: 189−190°.

b) **(±)-5-Oxo-tetrahydro-furan-2r,3t-dicarbonsäure-bis-[4-brom-phenacylester]** $C_{22}H_{16}Br_2O_8$, Formel VIII (R = $CH_2\text{-}CO\text{-}C_6H_4\text{-}Br$) + Spiegelbild.
B. Beim Erwärmen einer Lösung des Dilithium-Salzes der (±)-5-Oxo-tetrahydro-furan-2r,3t-dicarbonsäure in Wasser mit 4-Brom-phenacylbromid in Äthanol (*Senear*, Am. Soc. **77** [1955] 2564).
Krystalle (aus A.); F: 166,8−167,2° [korr.].

2-Oxo-dihydro-furan-3,3-dicarbonsäure-diäthylester, 3-Hydroxy-propan-1,1,1-tricarbon= säure-diäthylester-lacton $C_{10}H_{14}O_6$, Formel IX.
Diese Konstitution ist der nachstehend beschriebenen Verbindung zugeordnet worden (*Ghosh, Raha*, J. Indian chem. Soc. **31** [1954] 461).
B. Beim Behandeln von Methantricarbonsäure-triäthylester mit Natriumäthylat in Äthanol und Erwärmen des Reaktionsgemisches mit 2-Chlor-äthanol (*Gh., Raha*).
Krystalle (aus A.); F: 99,5°.

Oxocarbonsäuren $C_7H_8O_6$

6-Oxo-tetrahydro-pyran-2,4-dicarbonsäure, 4-Hydroxy-butan-1,2,4-tricarbonsäure-1-lacton $C_7H_8O_6$ und **[5-Carboxy-2-oxo-tetrahydro-[3]furyl]-essigsäure, 4-Carboxymethyl-5-oxo-tetrahydro-furan-2-carbonsäure, 4-Hydroxy-butan-1,2,4-tricarbonsäure-2-lacton** $C_7H_8O_6$.

a) **(2R)-6-Oxo-tetrahydro-pyran-2r,4c-dicarbonsäure** $C_7H_8O_6$, Formel I, und **[(3R)-5t-Carboxy-2-oxo-tetrahydro-[3r]furyl]-essigsäure** $C_7H_8O_6$, Formel II.
Diese Formeln kommen für die nachstehend beschriebene Verbindung in Betracht.
B. Beim Behandeln von (1S)-3t-Acetoxy-4c,5c-dihydroxy-cyclohexan-r-carbonsäure-methylester mit Perjodsäure in Wasser, Behandeln des Reaktionsprodukts mit Peroxy= essigsäure in Essigsäure, Erwärmen des danach isolierten Reaktionsprodukts mit wss. Kalilauge und anschliessendem Ansäuern (*Freudenberg, Geiger*, A. **575** [1952] 145, 150).
Krystalle (aus Acn. + Bzl.); F: 110−111°. $[\alpha]_D^{20}$: −31,4° [Acn.].

b) Eine als **6-Oxo-tetrahydro-pyran-2,4-dicarbonsäure** oder als **[5-Carboxy-2-oxo-tetrahydro-[3]furyl]-essigsäure** zu formulierende opt.-inakt. Verbindung (Krystalle [aus Acetonitril], F: 154°) ist beim Erhitzen von (±)-[4-Phenyl-but-2-enyl]-bernsteinsäure (F: 110°) mit wss. Salpetersäure (D: 1,4) erhalten worden (*Alder et al.*, A. **565** [1949] 73, 76, 91).

*Opt.-inakt. **4-Oxo-tetrahydro-pyran-2,6-dicarbonsäure** $C_7H_8O_6$, Formel III (R = H).

B. Beim Behandeln von opt.-inakt. 2,6-Dihydroxy-4-oxo-heptandisäure-diäthylester ($n_D^{20,7}$: 1,4688) mit Chlorwasserstoff (*Attenburrow et al.*, Soc. **1945** 571, 576). Beim Erwärmen von opt.-inakt. 4-Oxo-tetrahydro-pyran-2,6-dicarbonsäure-diäthylester mit wss. Schwefelsäure (*At. et al.*, l. c. S. 575).

Krystalle (aus E.); F: 194—195° [Präparat aus 4-Oxo-tetrahydro-pyran-2,6-dicarbon≠ säure-diäthylester].

I   II   III

*Opt.-inakt. **4-Oxo-tetrahydro-pyran-2,6-dicarbonsäure-dimethylester** $C_9H_{12}O_6$, Formel III (R = CH_3).

B. Bei der Hydrierung von 4-Oxo-4H-pyran-2,6-dicarbonsäure-dimethylester an Raney-Nickel in Methanol (*Attenburrow et al.*, Soc. **1945** 571, 576).

Krystalle (aus Bzl.); F: 105—106°.

*Opt.-inakt. **4-Oxo-tetrahydro-pyran-2,6-dicarbonsäure-diäthylester** $C_{11}H_{16}O_6$, Formel III (R = C_2H_5) (vgl. E I 519).

B. Bei der Hydrierung von 4-Oxo-4H-pyran-2,6-dicarbonsäure-diäthylester an Palladi≠ um/Bariumsulfat oder Raney-Nickel in Äthanol (*Attenburrow et al.*, Soc. **1945** 571, 575).

Krystalle (aus Ae.); F: 82—83°.

(±)-[3-Methoxycarbonyl-4-semicarbazono-tetrahydro-[2]thienyl]-essigsäure-methylester, (±)-2-Methoxycarbonylmethyl-4-semicarbazono-tetrahydro-thiophen-3-carbonsäure-methylester $C_{10}H_{15}N_3O_5S$, Formel IV, und Tautomeres.

B. Bei der Behandlung von 3-Methoxycarbonylmethylmercapto-glutarsäure-dimethyl≠ ester mit Natriummethylat in heissem Toluol und Umsetzung des Reaktionsprodukts mit Semicarbazid (*Baker et al.*, J. org. Chem. **13** [1948] 123, 131).

Krystalle (aus wss. Me.); F: 159—164°.

[5-Carboxy-2-oxo-tetrahydro-[3]furyl]-essigsäure, 4-Carboxymethyl-5-oxo-tetrahydro-furan-2-carbonsäure, 4-Hydroxy-butan-1,2,4-tricarbonsäure-2-lacton $C_7H_8O_6$, Formel V.

Verbindungen dieser Konstitution haben in den nachstehend beschriebenen opt.-inakt. Präparaten vorgelegen (*Mayer et al.*, B. **88** [1955] 316, 318).

a) Opt.-inakt. Präparat vom F: 182°.

B. Neben dem unter b) beschriebenen Präparat beim Behandeln von 3,3,5,5-Tetrahydr≠ oxy-4-oxo-cyclohexancarbonsäure mit wss. Natronlauge und anschliessendem Ansäuern (*Ma. et al.*, l. c. S. 325).

Krystalle (aus E.); F: 180—182° [unkorr.].

Überführung in einen Dimethylester $C_9H_{12}O_6$ (Krystalle [aus Ae. + PAe.], F: 51°) mit Hilfe von Diazomethan: *Ma. et al.*, l. c. S. 326.

b) Opt.-inakt. Präparat vom F: 148°.

B. s. bei dem unter a) beschriebenen Präparat.

Krystalle (aus E. + Bzl.); F: 147—148,5° [unkorr.] (*Ma. et al.*, l. c. S. 326).

Überführung in einen Dimethylester $C_9H_{12}O_6$ (Flüssigkeit; bei 175°/0,3 Torr destil-lierbar) mit Hilfe von Diazomethan: *Ma. et al.*

(±)-[4-Methoxycarbonyl-3-oxo-tetrahydro-[2]thienyl]-essigsäure-methylester, (±)-5-Methoxycarbonylmethyl-4-oxo-tetrahydro-thiophen-3-carbonsäure-methylester $C_9H_{12}O_5S$, Formel VI, und Tautomeres ((±)-[3-Hydroxy-4-methoxycarbonyl-2,5-dihydro-[2]thienyl]-essigsäure-methylester).

B. Beim Erhitzen einer Lösung von (±)-[2-Methoxycarbonyl-äthylmercapto]-bernstein≠

säure-dimethylester in Toluol und Methanol mit Natriummethylat und anschliessenden Ansäuern (*Baker et al.*, J. org. Chem. **13** [1948] 123, 130).
Krystalle (aus Bzl. + PAe.); F: 71—74°.

IV   V   VI   VII

(±)-[3-Carboxy-2-oxo-tetrahydro-[3]furyl]-essigsäure, (±)-3-Carboxymethyl-2-oxo-tetrahydro-furan-3-carbonsäure, (±)-4-Hydroxy-butan-1,2,2-tricarbonsäure-2-lacton $C_7H_8O_6$, Formel VII (R = H).
B. Beim Erwärmen von (±)-[3-Äthoxycarbonyl-2-oxo-tetrahydro-[3]furyl]-essigsäure-äthylester mit wss. Natronlauge und anschliessenden Neutralisieren (*McRae et al.*, Canad. J. Res. [B] **21** [1943] 186, 189).
Krystalle (aus Eg.); F: 165° [unkorr.; Zers.].

(±)-[3-Äthoxycarbonyl-2-oxo-tetrahydro-[3]furyl]-essigsäure-äthylester, (±)-3-Äthoxy-carbonylmethyl-2-oxo-tetrahydro-furan-3-carbonsäure-äthylester, (±)-4-Hydroxy-butan-1,2,2-tricarbonsäure-1,2-diäthylester-2-lacton $C_{11}H_{16}O_6$, Formel VII (R = C_2H_5).
B. Beim Behandeln von Malonsäure-diäthylester mit Natriumäthylat in Äthanol und anschliessend mit Äthylenoxid und mit Chloressigsäure-äthylester (*McRae et al.*, Canad. J. Res. [B] **21** [1943] 186, 189).
Kp_{15}: 204—206° [unkorr.].

(±)-2-Methyl-5-oxo-dihydro-furan-3,3-dicarbonsäure, (±)-3-Hydroxy-butan-1,2,2-tri-carbonsäure-1-lacton $C_7H_8O_6$, Formel VIII.
B. Beim Behandeln von Äthantricarbonsäure mit Paraldehyd, Essigsäure, Acet-anhydrid und wenig Schwefelsäure (*Michael, Ross*, Am. Soc. **55** [1933] 3684, 3693).
Krystalle (aus Ae. + PAe.); F: 165°.

4-Methyl-5-oxo-tetrahydro-furan-2,3-dicarbonsäure, 1-Hydroxy-butan-1,2,3-tricarbon-säure-3-lacton $C_7H_8O_6$, Formel IX (X = OH).
Opt.-inakt. Präparate (a) Krystalle [aus W.], F: 186°; b) Krystalle [aus Ae. + PAe.], F: 185°; c) Krystalle [aus Ae. + PAe.], F: 182°) sind beim Behandeln von 1-Oxo-butan-1,2,3-tricarbonsäure-triäthylester mit wasserhaltigem Äther und amalgamiertem Alumini-um, Erhitzen des Reaktionsprodukts unter vermindertem Druck und Erhitzen der danach isolierten 4-Methyl-5-oxo-tetrahydro-furan-2,3-dicarbonsäure-di-äthylester-Präparate ($C_{11}H_{16}O_6$; a) Kp_{13}: 186—187°; D^{20}: 1,1747; $n_D^{20(?)}$: 1,4507; b) Krystalle [aus A.], F: 70°; c) Kp_{13}: 182—183°; D^{20}: 1,1717; $n_D^{20(?)}$: 1,4498) mit wss. Salzsäure erhalten worden (*Tschitschibabin, Schtschukina*, B. **63** [1930] 2793, 2799, 2801).

VIII   IX   X

*Opt.-inakt. 4-Methyl-5-oxo-tetrahydro-furan-2,3-dicarbonsäure-dianilid, 4-Hydroxy-2-methyl-3,4-bis-phenylcarbamoyl-buttersäure-lacton $C_{19}H_{18}N_2O_4$, Formel IX (X = NH-C_6H_5).
B. Beim Erhitzen von opt.-inakt. 4-Methyl-5-oxo-tetrahydro-furan-2,3-dicarbonsäure-anhydrid (F: 201° oder F: 162°) mit Anilin (*Tschitschibabin, Schtschukina*, B. **63** [1930]

2793, 2800, 2802).
Krystalle (aus wss. A.); F: 212—214°.

5-Methyl-4-oxo-tetrahydro-furan-2,3-dicarbonsäure-diäthylester $C_{11}H_{16}O_6$, Formel X, und Tautomeres (4-Hydroxy-5-methyl 2,5-dihydro-furan-2,3-dicarbonsäure-diäthylester).
Opt.-inakt. Präparate, aus denen sich eine Kupfer(II)-Verbindung $Cu(C_{11}H_{15}O_6)_2$ (grüne Krystalle [aus Bzl. + PAe.], F: 177—181° [korr.]) hat herstellen lassen, sind beim Behandeln von DL-Milchsäure-äthylester mit Natrium in Äther und anschliessend mit Fumarsäure-diäthylester oder Maleinsäure-diäthylester (*Co. et al.*, l. c. S. 2458) sowie beim Erwärmen von opt.-inakt. [1-Äthoxycarbonyl-äthoxy]-bernsteinsäure-diäthylester ($Kp_{0,1}$: 133—135°) mit Natriumäthylat in Äther erhalten worden (*Corrodi et al.*, Helv. **40** [1957] 2454, 2458).

Oxocarbonsäuren $C_8H_{10}O_6$

(±)-3-[2-Äthoxycarbonyl-3-oxo-tetrahydro-[2]thienyl]-propionsäure-äthylester,
(±)-2-[2-Äthoxycarbonyl-äthyl]-3-oxo-tetrahydro-thiophen-2-carbonsäure-äthylester $C_{12}H_{18}O_5S$, Formel I.
B. Beim Erwärmen von 3-Oxo-tetrahydro-thiophen-2-carbonsäure-äthylester mit 3-Jod-propionsäure-äthylester und Natriumäthylat in Äthanol (*Roche Prod. Ltd.*, U.S.P. 2399974 [1943]).
Kp_{15}: 195—198°.

(±)-3-[4-Äthoxycarbonyl-3-oxo-tetrahydro-[2]thienyl]-propionsäure-äthylester,
(±)-5-[2-Äthoxycarbonyl-äthyl]-4-oxo-tetrahydro-thiophen-3-carbonsäure-äthylester $C_{12}H_{18}O_5S$, Formel II, und Tautomeres ((±)-3-[4-Äthoxycarbonyl-3-hydroxy-2,5-dihydro-[2]thienyl]-propionsäure-äthylester).
B. Beim Erwärmen von (±)-2-[2-Äthoxycarbonyl-äthylmercapto]-glutarsäure-diäthylester mit Natriumäthylat in Toluol (*Karrer, Kehrer*, Helv. **27** [1944] 142, 147).
$Kp_{0,04}$: 130—133°.

(±)-3-[3-Carboxy-2-oxo-tetrahydro-[3]furyl]-propionsäure, (±)-3-[2-Carboxy-äthyl]-2-oxo-tetrahydro-furan-3-carbonsäure, (±)-5-Hydroxy-pentan-1,3,3-tricarbonsäure-3-lacton $C_8H_{10}O_6$, Formel III (R = H).
B. Beim Erwärmen von (±)-3-[3-Äthoxycarbonyl-2-oxo-tetrahydro-[3]furyl]-propionsäure-äthylester mit wss. Natronlauge und anschliessenden Ansäuern (*McRae et al.*, Canad. J. Res. [B] **21** [1943] 186, 190).
Krystalle (aus E. + PAe.); F: 125° [unkorr.; Zers.].

I   II   III

(±)-3-[3-Äthoxycarbonyl-2-oxo-tetrahydro-[3]furyl]-propionsäure-äthylester,
(±)-3-[2-Äthoxycarbonyl-äthyl]-2-oxo-tetrahydro-furan-3-carbonsäure-äthylester,
(±)-5-Hydroxy-pentan-1,3,3-tricarbonsäure-1,3-diäthylester-3-lacton $C_{12}H_{18}O_6$, Formel III (R = C_2H_5).
B. Beim Behandeln von Malonsäure-diäthylester mit Natriumäthylat in Äthanol und anschliessend mit Äthylenoxid und mit 3-Brom-propionsäure-äthylester (*McRae et al.*, Canad. J. Res. [B] **21** [1943] 187, 190).
Kp_{15}: 204—206° [unkorr.].

*Opt.-inakt. **2-[2-Äthoxycarbonyl-5-oxo-tetrahydro-[2]furyl]-propionsäure-äthylester,
2-[1-Äthoxycarbonyl-äthyl]-5-oxo-tetrahydro-furan-2-carbonsäure-äthylester,
3-Hydroxy-pentan-1,3,4-tricarbonsäure-3,4-diäthylester-1-lacton** $C_{12}H_{18}O_6$, Formel IV
$(R = C_2H_5)$.

B. Beim Erwärmen von 2-Oxo-glutarsäure-diäthylester mit $(\pm)$-2-Brom-propionsäure-
äthylester, Zink und wenig Jod in Benzol (*Dutta et al.*, J. Indian chem. Soc. **31** [1954]
881, 889).

Kp_8: 175—180°.

IV   V   VI   VII

**[5-Carboxy-5-methyl-2-oxo-tetrahydro-[3]furyl]-essigsäure, 4-Carboxymethyl-2-methyl-
5-oxo-tetrahydro-furan-2-carbonsäure, 4-Hydroxy-pentan-1,2,4-tricarbonsäure-2-lacton**
$C_8H_{10}O_6$, Formel V.

Opt.-inakt. Präparate vom F: 162—165° und vom F: 155—158° (jeweils Krystalle
[aus E.]) sind beim Erhitzen von Brenztraubensäure mit wss. Äthanol, Aluminiumchlorid
und wss. Natronlauge und anschliessenden Erwärmen mit wss. Salzsäure erhalten worden
(*Schellenberger*, Z. physiol. Chem. **309** [1957] 16, 20, 22).

*Opt.-inakt. **[2-Carboxy-4-methyl-5-oxo-tetrahydro-[2]furyl]-essigsäure, 2-Carboxy-
methyl-4-methyl-5-oxo-tetrahydro-furan-2-carbonsäure, 2-Hydroxy-pentan-1,2,4-tri-
carbonsäure-4-lacton** $C_8H_{10}O_6$, Formel VI.

B. Beim Erhitzen von opt.-inakt. 2-Hydroxy-pentan-1,1,2,4-tetracarbonsäure-4-äthyl-
ester-1,1,2-trimethylester (F: 107,5°) mit wss. Salzsäure (*Baker, Laufer*, Soc. **1937** 1342,
1347).

Krystalle (aus E. + PAe.); F: 186°.

*Opt.-inakt. **2,4-Dimethyl-5-oxo-tetrahydro-furan-2,3-dicarbonsäure, 2-Hydroxy-pentan-
2,3,4-tricarbonsäure-4-lacton** $C_8H_{10}O_6$, Formel VII $(R = H)$.

B. Beim Behandeln von 2-Acetyl-ξ-crotonsäure (aus Acetaldehyd und Acetessigsäure-
äthylester mit Hilfe von Piperidin hergestellt) mit wss.-äthanol. Kaliumcyanid-Lösung und
anschliessend mit Essigsäure und Erwärmen des Reaktionsgemisches mit wss. Salzsäure
(*Huan*, Bl. [5] **5** [1938] 1345, 1347).

Krystalle (aus Toluol + Acn.); F: 188°.

*Opt.-inakt. **2,4-Dimethyl-5-oxo-tetrahydro-furan-2,3-dicarbonsäure-diäthylester,
2-Hydroxy-pentan-2,3,4-tricarbonsäure-2,3-diäthylester-4-lacton** $C_{12}H_{18}O_6$, Formel VII
$(R = C_2H_5)$.

B. Beim Erwärmen von opt.-inakt. 2,4-Dimethyl-5-oxo-tetrahydro-furan-2,3-dicarbon-
säure (s. o.) mit Äthanol und Schwefelsäure (*Huan*, Bl. [5] **5** [1938] 1345, 1348).

Kp_{22}: 183—184°.

Oxocarbonsäuren $C_9H_{12}O_6$

*Opt.-inakt. **5,5-Dimethyl-2-oxo-tetrahydro-pyran-3,4-dicarbonsäure, 4-Hydroxy-
3,3-dimethyl-butan-1,1,2-tricarbonsäure-1-lacton** $C_9H_{12}O_6$, Formel VIII $(R = H)$, vom
F: **165°**; Dihydrobiglandulinsäure.

B. Bei der Hydrierung von Biglandulinsäure (S. 6129) an Palladium/Nickel in Äthanol
(*Kir'jalow*, Ž. obšč. Chim. **8** [1938] 740, 744; C. **1939** I 967).

F: 165°.

VIII   IX   X

Opt.-inakt. **5,5-Dimethyl-2-oxo-tetrahydro-pyran-3,4-dicarbonsäure-dimethylester,**
4-Hydroxy-3,3-dimethyl-butan-1,1,2-tricarbonsäure-1-lacton-1,2-dimethylester $C_{11}H_{16}O_6$
Formel VIII (R = CH_3), vom F: 56°.
Diese Konstitution kommt dem von *Kir'jalow* (Ž. obšč. Chim. **9** [1939] 401; C. **1940** I
563) als 2-[4-Methoxycarbonyl-2-oxo-tetrahydro-[3]furyl]-2-methyl-prop=
ionsäure-methylester ($C_{11}H_{16}O_6$) formulierten **Dihydrobiglandulinsäure-dimethylester**
zu (*Falsone, Noack*, A. **1976** 1009).
B. Bei der Hydrierung von Biglandulinsäure-dimethylester (S. 6129) an einem Palla=
dium-Nickel-Katalysator in Äthanol (*Kir'jalow*, Ž. obšč. Chim. **8** [1938] 740, 745; C. **1939**
I 967).
Krystalle; F: 56° [aus PAe.] (*Ki.*, Ž. obšč. Chim. **8** 745); 45—46° [chromatographisch
gereinigt] (*Fa., No.*). ¹H-NMR-Spektrum (CDCl₃): *Fa., No.*

---

*Opt.-inakt. **2,6-Dimethyl-4-phenylhydrazono-tetrahydro-pyran-3,5-dicarbonsäure-**
diäthylester $C_{19}H_{26}N_2O_5$, Formel IX, und Tautomere.
B. Beim Behandeln einer Lösung von opt.-inakt. 2,6-Dimethyl-4-oxo-tetrahydro-
pyran-3,5-dicarbonsäure-diäthylester (F: 102°) in Methanol mit Phenylhydrazin (*Mannich,
Mück*, Ar. **268** [1930] 137).
Krystalle (aus Me.); F: 147—148°.

---

*Opt.-inakt. **2,6-Dimethyl-4-oxo-tetrahydro-thiopyran-3,5-dicarbonsäure-diäthylester**
$C_{13}H_{20}O_5S$, Formel X, und Tautomeres (4-Hydroxy-2,6-dimethyl-3,6-dihydro-
2H-thiopyran-3,5-dicarbonsäure-diäthylester).
B. Beim Erwärmen von 3-Oxo-glutarsäure-diäthylester mit Äthanol, Acetaldehyd,
Piperidin und Schwefelwasserstoff (*Horák, Černý*, Collect. **18** [1953] 379, 381).
Krystalle (aus A.); F: 142°.

(±)-**2-[2-Carboxy-5-oxo-tetrahydro-[2]furyl]-2-methyl-propionsäure**, (±)-**2-[1-Carboxy-**
1-methyl-äthyl]-5-oxo-tetrahydro-furan-2-carbonsäure, (±)-**3-Hydroxy-4-methyl-**
pentan-1,3,4-tricarbonsäure-1-lacton $C_9H_{12}O_6$, Formel XI (E I 520; dort als Butyrolacton-
γ-carbonsäure-γ-[α-isobuttersäure] bezeichnet).
B. Beim Behandeln von 2,2-Dimethyl-3-oxo-adipinsäure-diäthylester mit Cyanwasser=
stoff und Triäthylamin und anschliessend mit wss. Salzsäure und Erhitzen des Reaktionsgemisches (*Merck & Co. Inc.*, U.S.P. 2783247 [1954]).
Krystalle (aus Ae.); F: 166—167°.

XI   XII   XIII

3-[(2S)-2r-Carboxy-4c-methyl-5-oxo-tetrahydro-[3t]furyl]-propionsäure,
(2S)-3t-[2-Carboxy-äthyl]-4c-methyl-5-oxo-tetrahydro-furan-2r-carbonsäure $C_9H_{12}O_6$,
Formel XII.
B. Beim Behandeln einer Lösung von Photosantonsäure (S. 5507) in Dichlormethan
mit Ozon bei −78° und Behandeln des Reaktionsgemisches mit wss. Wasserstoffperoxid

(*van Tamelen et al.*, Am. Soc. **81** [1959] 1666, 1675).
Krystalle (aus Ae.); F: 128—130°.

---

*Opt.-inakt. **3-[4-Carboxy-4-methyl-2-oxo-tetrahydro-[3]furyl]-propionsäure,
4-[2-Carboxy-äthyl]-3-methyl-5-oxo-tetrahydro-furan-3-carbonsäure, 5-Hydroxy-
4-methyl-pentan-1,3,4-tricarbonsäure-3-lacton** $C_9H_{12}O_6$, Formel XIII (R = H).
B. Beim Erhitzen von opt.-inakt. 2,3-Dicyan-2-[2-cyan-äthyl]-4-methoxy-3-methyl-
buttersäure-äthylester (F: 106—107°) mit wss. Schwefelsäure (*Kasturi*, Festschrift Indian
Inst. Sci. [Bangalore 1959] S. 57, 62; C. A. **1961** 23374).
Krystalle (Ae. + Bzl.); F: 136° [unkorr.].

---

*Opt.-inakt. **3-[4-Äthoxycarbonyl-4-methyl-2-oxo-tetrahydro-[3]furyl]-propionsäure-
äthylester, 4-[2-Äthoxycarbonyl-äthyl]-3-methyl-5-oxo-tetrahydro-furan-3-carbonsäure-
äthylester, 5-Hydroxy-4-methyl-pentan-1,3,4-tricarbonsäure-2,4-diäthylester-3-lacton**
$C_{13}H_{20}O_6$, Formel XIII (R = C_2H_5).
B. Beim Erwärmen von opt.-inakt. 3-[4-Carboxy-4-methyl-2-oxo-tetrahydro-[3]furyl]-
propionsäure (s. o.) mit Äthanol und Schwefelsäure (*Kasturi*, Festschrift Indian Inst. Sci.
[Bangalore 1959] S. 57, 62; C. A. **1961** 23374).
Kp_2: 152—153°. n_D^{27}: 1,4551.

Oxocarbonsäuren $C_{10}H_{14}O_6$

(±)-**5-[3-Methoxycarbonyl-4-oxo-tetrahydro-[2]thienyl]-valeriansäure-methylester,
(±)-2-[4-Methoxycarbonyl-butyl]-4-oxo-tetrahydro-thiophen-3-carbonsäure-methylester**
$C_{12}H_{18}O_5S$, Formel I (R = CH_3), und Tautomeres ((±)-5-[4-Hydroxy-3-methoxy=
carbonyl-2,5-dihydro-[2]thienyl]-valeriansäure-methylester).
B. Neben 5-[5-Methoxycarbonyl-4-oxo-tetrahydro-[2]thienyl]-valeriansäure-methyl=
ester (Semicarbazon: F: 128—129°) beim Erwärmen von (±)-3-Methoxycarbonylmethyl=
mercapto-octandisäure-dimethylester mit Natriummethylat in Toluol (*Brown et al.*, J.
org. Chem. **12** [1947] 160, 164).
Als Semicarbazon (s. u.) charakterisiert.

(±)-**5-[3-Methoxycarbonyl-4-semicarbazono-tetrahydro-[2]thienyl]-valeriansäure-
methylester, (±)-2-[4-Methoxycarbonyl-butyl]-4-semicarbazono-tetrahydro-thiophen-
3-carbonsäure-methylester** $C_{13}H_{21}N_3O_5S$, Formel II (R = CH_3), und Tautomeres.
B. Aus (±)-5-[3-Methoxycarbonyl-4-oxo-tetrahydro-[2]thienyl]-valeriansäure-methyl=
ester (s. o.) und Semicarbazid (*Brown et al.*, J. org. Chem. **12** [1947] 160, 164).
Krystalle (aus wss. Me.); F: 127—129°.

(±)-**5-[3-Äthoxycarbonyl-4-oxo-tetrahydro-[2]thienyl]-valeriansäure-äthylester,
(±)-2-[4-Äthoxycarbonyl-butyl]-4-oxo-tetrahydro-thiophen-3-carbonsäure-äthylester**
$C_{14}H_{22}O_5S$, Formel I (R = C_2H_5), und Tautomeres ((±)-5-[3-Äthoxycarbonyl-
4-hydroxy-2,5-dihydro-[2]thienyl]-valeriansäure-äthylester).
B. Beim Erwärmen von Oct-2-endisäure-diäthylester mit Mercaptoessigsäure-äthyl=
ester und Natriumäthylat in Benzol (*Am. Cyanamid Co.*, U.S.P. 2475580 [1945]).
Als Semicarbazon (s. u.) charakterisiert.

(±)-**5-[3-Äthoxycarbonyl-4-semicarbazono-tetrahydro-[2]thienyl]-valeriansäure-
äthylester, (±)-2-[4-Äthoxycarbonyl-butyl]-4-semicarbazono-tetrahydro-thiophen-
3-carbonsäure-äthylester** $C_{15}H_{25}N_3O_5S$, Formel II (R = C_2H_5), und Tautomeres.
B. Aus (±)-5-[3-Äthoxycarbonyl-4-oxo-tetrahydro-[2]thienyl]-valeriansäure-äthylester
(s. o.) und Semicarbazid (*Am. Cyanamid Co.*, U.S.P. 2475580 [1945]).
F: 130—133°.

(±)-5-[4-Methoxycarbonyl-3-oxo-tetrahydro-[2]thienyl]-valeriansäure-methylester,
(±)-5-[4-Methoxycarbonyl-butyl]-4-oxo-tetrahydro-thiophen-3-carbonsäure-methylester
$C_{12}H_{18}O_5S$, Formel III (R = CH_3), und Tautomeres ((±)-5-[3-Hydroxy-4-methoxy=
carbonyl-2,5-dihydro-[2]thienyl]-valeriansäure-methylester).
B. Beim Behandeln von (±)-2-[2-Methoxycarbonyl-äthylmercapto]-heptandisäure-
dimethylester mit Natriummethylat in Benzol (*Baker et al.*, J. org. Chem. **12** [1947]
167, 171).
Gelbes Öl; nicht näher beschrieben.

(±)-5-[4-Äthoxycarbonyl-3-oxo-tetrahydro-[2]thienyl]-valeriansäure-äthylester,
(±)-5-[4-Äthoxycarbonyl-butyl]-4-oxo-tetrahydro-thiophen-3-carbonsäure-äthylester
$C_{14}H_{22}O_5S$, Formel III (R = C_2H_5), und Tautomeres ((±)-5-[4-Äthoxycarbonyl-
3-hydroxy-2,5-dihydro-[2]thienyl]-valeriansäure-äthylester).
B. Beim Behandeln von (±)-2-[2-Äthoxycarbonyl-äthylmercapto]-heptandisäure-
diäthylester mit Natriumäthylat in Benzol, Toluol oder Äther (*Karrer et al.*, Helv. **27**
[1944] 237, 244; *Cheney, Piening*, Am. Soc. **67** [1945] 731, 734; *Abbott Labor.*, U.S.P.
2424007 [1943]).
Kp_6: 173—177° (*Abbott Labor.*); $Kp_{0,02}$: 148—155° (*Ka. et al.*).
Kupfer(II)-Verbindung $Cu(C_{14}H_{21}O_5S)_2$. Grüne Krystalle (aus Ae. + PAe.); F:
118,5—119,5° [korr.] (*Ch., Pi.*).

III   IV   V

(±)-5-[4-Cyan-butyl]-4-oxo-tetrahydro-thiophen-3-carbonsäure-äthylester $C_{12}H_{17}NO_3S$,
Formel IV, und Tautomeres ((±)-5-[4-Cyan-butyl]-3-hydroxy-2,5-dihydro-
thiophen-3-carbonsäure-äthylester).
B. Beim Behandeln von (±)-2-[2-Äthoxycarbonyl-äthylmercapto]-6-cyan-hexansäure-
methylester mit Natriumäthylat in Toluol (*Karrer et al.*, Helv. **27** [1944] 237, 241).
$Kp_{0,01}$: 153—155°.

(±)-5-[5-Methoxycarbonyl-4-oxo-tetrahydro-[2]thienyl]-valeriansäure-methylester,
(±)-5-[4-Methoxycarbonyl-butyl]-3-oxo-tetrahydro-thiophen-2-carbonsäure-methylester
$C_{12}H_{18}O_5S$, Formel V, und Tautomeres ((±)-5-[4-Hydroxy-5-methoxycarbonyl-
2,3-dihydro-[2]thienyl]-valeriansäure-methylester).
B. Neben 5-[3-Methoxycarbonyl-4-oxo-tetrahydro-[2]thienyl]-valeriansäure-methyl=
ester (S. 6122) beim Erhitzen von (±)-3-Methoxycarbonylmethylmercapto-octandisäure-
dimethylester mit Natriummethylat in Toluol (*Brown et al.*, J. org. Chem. **12** [1947] 160,
164).
Öl; als Semicarbazon (s. u.) charakterisiert.

(±)-5-[5-Methoxycarbonyl-4-semicarbazono-tetrahydro-[2]thienyl]-valeriansäure-
methylester, (±)-5-[4-Methoxycarbonyl-butyl]-3-semicarbazono-tetrahydro-thiophen-
2-carbonsäure-methylester $C_{13}H_{21}N_3O_5S$, Formel VI, und Tautomeres.
B. Aus der im vorangehenden Artikel beschriebenen Verbindung und Semicarbazid
(*Brown et al.*, J. org. Chem. **12** [1947] 160, 164).
Krystalle (aus wss. Me.); F: 128—129°.

5,5-Bis-[2-carboxy-äthyl]-dihydro-furan-2-on, 3,3'-[5-Oxo-dihydro-furan-2,2-diyl]-di-
propionsäure $C_{10}H_{14}O_6$, Formel VII (R = H).
B. Bei mehrtägigem Erhitzen von Tris-[2-cyan-äthyl]-nitro-methan mit wss. Salzsäure
(*Rohm & Haas Co.*, U.S.P. 2839538 [1953]).
Krystalle (aus W.); F: 56—58°.

VI   VII   VIII

5,5-Bis-[2-butoxycarbonyl-äthyl]-dihydro-furan-2-on, 3,3'-[5-Oxo-dihydro-furan-2,2-diyl]-di-propionsäure-dibutylester $C_{18}H_{30}O_6$, Formel VII (R = $[CH_2]_3$-CH_3).

B. Beim Erwärmen von 5,5-Bis-[2-carboxy-äthyl]-dihydro-furan-2-on mit Butan-1-ol und Toluol-4-sulfonsäure (*Rohm & Haas Co.*, U.S.P. 2 839 538 [1953]).

$Kp_{0,1}$: 202—207°. n_D^{25}: 1,4635.

*****Opt.-inakt. 2-Methyl-5-oxo-4-propyl-tetrahydro-furan-2,3-dicarbonsäure, 2-Hydroxy-heptan-2,3,4-tricarbonsäure-4-lacton** $C_{10}H_{14}O_6$, Formel VIII (R = H).

B. Beim Behandeln von 2-Acetyl-hex-2-ensäure-äthylester (Kp_{20}: 120—121°) mit Kaliumcyanid in wss. Äthanol und anschliessend mit Essigsäure und Erwärmen des Reaktionsgemisches mit wss. Salzsäure (*Huan*, Bl. [5] **5** [1938] 1345, 1348).

Krystalle (aus Toluol + Acn.); F: 190°.

*****Opt.-inakt. 2-Methyl-5-oxo-4-propyl-tetrahydro-furan-2,3-dicarbonsäure-diäthylester, 2-Hydroxy-heptan-2,3,4-tricarbonsäure-2,3-diäthylester-4-lacton** $C_{14}H_{22}O_6$, Formel VIII (R = C_2H_5)

B. Beim Erwärmen von opt.-inakt. 2-Methyl-5-oxo-4-propyl-tetrahydro-furan-2,3-di= carbonsäure (s. o.) mit Äthanol und Schwefelsäure (*Huan*, Bl. [5] **5** [1938] 1345, 1349).

Kp_{21}: 195—196°.

*****Opt.-inakt. [5-Carboxy-4,4,5-trimethyl-2-oxo-tetrahydro-[3]furyl]-essigsäure, 4-Carboxymethyl-2,3,3-trimethyl-5-oxo-tetrahydro-furan-2-carbonsäure, 4-Hydroxy-3,3-dimethyl-pentan-1,2,4-tricarbonsäure-2-lacton** $C_{10}H_{14}O_6$, Formel IX.

B. Beim Behandeln von opt.-inakt. [4-Oxo-2,2,3-trimethyl-cyclopentyl]-essigsäure (F: 66°) mit alkal. wss. Natriumhypobromit-Lösung (*Beckmann*, B. **83** [1950] 315).

Krystalle (aus E.); F: 212—213°.

IX   X   XI

(2R)-4t-Äthyl-2,3c-dimethyl-5-oxo-tetrahydro-furan-2r,4c-dicarbonsäure, (2R,3S,4S)-2-Hydroxy-3-methyl-hexan-2,4,4-tricarbonsäure-4-lacton, Retusaminsäure $C_{10}H_{14}O_6$, Formel X.

Über die Konstitution und Konfiguration s. *Wunderlich*, Acta cryst. **23** [1967] 846; *Culvenor et al.*, Austral. J. Chem. **20** [1967] 801.

B. Beim Hydrieren von Retusamin ((3S,6R,14aR,14bS,15S)-3-Äthyl-14b-hydroxy-6,12,15-trimethyl-2,4,7-trioxo-3,4,6,7,9,11,13,14,14a,14b-decahydro-2H-3,6-methano-[1,4,8]trioxacyclododeca[9,10,11-gh]pyrrolizinium-betain) an Platin in Äthanol und Erwärmen des Reaktionsprodukts mit wss. Natronlauge (*Culvenor*, *Smith*, Austral. J. Chem. **10** [1957] 464, 472; *Cu. et al.*).

Krystalle (aus Bzl. + Acn.); F: 181° [Zers.] (*Cu.*, *Sm.*), 164—164,5° (*Cu. et al.*). $[\alpha]_D^{20}$: −45° [A.; c = 0,4] (*Cu. et al.*).

2,2,5,5-Tetramethyl-4-oxo-dihydro-furan-3,3-dicarbonitril $C_{10}H_{12}N_2O_2$, Formel XI.

B. Beim Erhitzen von 4,4-Dibrom-2,2,5,5-tetramethyl-dihydro-furan-3-on mit wss. Kaliumcyanid-Lösung (*Richet*, A. ch. [12] **3** [1948] 317, 338).

Krystalle (aus Ae.); F: 134°.

Oxocarbonsäuren $C_{11}H_{16}O_6$

*Opt.-inakt. 4-[2-Äthoxycarbonylmethyl-5-oxo-tetrahydro-[2]furyl]-valeriansäure-äthylester, 4-Äthoxycarbonylmethyl-4-hydroxy-5-methyl-octandisäure-8-äthylester-1-1-lacton $C_{15}H_{24}O_6$, Formel XII.

B. Beim Erwärmen von (±)-4-Methyl-5-oxo-octandisäure mit Bromessigsäure-äthyl=ester, Zink und wenig Jod in Benzol (*Mukherjee*, J. Indian chem. Soc. **24** [1947] 449, 452).

Kp$_6$: 186°.

(S)-3-[(2S)-3t-Carboxymethyl-4ξ-methyl-5-oxo-tetrahydro-[2r]furyl]-2-methyl-propion=säure $C_{11}H_{16}O_6$, Formel XIII (R = H).

B. Beim Behandeln von (–)-Dihydroxanthatin ((3aR)-3ξ,7t-Dimethyl-6-[3-oxo-but-1-en-ξ-yl]-(3ar,8at)-3,3a,4,7,8,8a-hexahydro-cyclohepta[b]furan-2-on) mit wss. Essigsäure und Kaliumpermanganat (*Dolejš et al.*, Collect. **23** [1958] 504, 511).

Charakterisierung als Bis-4-brom-phenacylester (s. u.).

XII   XIII

(S)-3-[(2S)-3t-(4-Brom-phenacyloxycarbonylmethyl)-4ξ-methyl-5-oxo-tetrahydro-[2r]furyl]-2-methyl-propionsäure-[4-brom-phenacylester] $C_{27}H_{26}Br_2O_8$, Formel XIII (R = CH$_2$-CO-C$_6$H$_4$-Br).

B. Aus (S)-3-[(2S)-3t-Carboxymethyl-4ξ-methyl-5-oxo-tetrahydro-[2r]furyl]-2-methyl-propionsäure [s. o.] (*Dolejš et al.*, Collect. **23** [1958] 504, 511).

Krystalle (aus Acn. + Me.); F: 116°.

Oxocarbonsäuren $C_{13}H_{20}O_6$

5,5-Bis-[2-cyan-äthyl]-2,2-dimethyl-tetrahydro-pyran-4-on, 3,3'-[6,6-Dimethyl-4-oxo-5,6-dihydro-4H-pyran-3,3-diyl]-di-propionitril $C_{13}H_{18}N_2O_2$, Formel XIV.

B. Beim Behandeln von 2,2-Dimethyl-tetrahydro-pyran-4-on mit wss. Kalilauge und Acrylnitril (*Nasarow et al.*, Ž. obšč. Chim. **24** [1954] 319, 328; engl. Ausg. S. 325, 333).

Krystalle (aus A.); F: 105,5—106,5°.

XIV   XV   XVI

Oxocarbonsäuren $C_{14}H_{22}O_6$

4,4-Bis-[2-carboxy-äthyl]-2,2,5,5-tetramethyl-dihydro-furan-3-on, 3,3'-[2,2,5,5-Tetra=methyl-4-oxo-dihydro-furan-3,3-diyl]-di-propionsäure $C_{14}H_{22}O_6$, Formel XV.

B. Beim Erhitzen von 4,4-Bis-[2-cyan-äthyl]-2,2,5,5-tetramethyl-dihydro-furan-3-on mit wss. Natronlauge (*Bruson, Riener*, Am. Soc. **64** [1942] 2850, 2855).

Krystalle (aus W.); F: 170—171°.

4,4-Bis-[2-cyan-äthyl]-2,2,5,5-tetramethyl-dihydro-furan-3-on, 3,3'-[2,2,5,5-Tetramethyl-4-oxo-dihydro-furan-3,3-diyl]-di-propionitril $C_{14}H_{20}N_2O_2$, Formel XVI.

B. Beim Behandeln von 2,2,5,5-Tetramethyl-dihydro-furan-3-on mit Acrylonitril und Dioxan unter Zusatz von wss. Benzyl-trimethyl-ammonium-hydroxid-Lösung (*Bruson, Riener,* Am. Soc. **64** [1942] 2850, 2855).

Krystalle (aus A.); F: 153°.

Oxocarbonsäuren $C_{17}H_{28}O_6$

2-[2-Carboxy-5-oxo-tetrahydro-[2]furyl]-dodecansäure, 2-[1-Carboxy-undecyl]-5-oxo-tetrahydro-furan-2-carbonsäure, 3-Hydroxy-tetradecan-1,3,4-tricarbonsäure-1-lacton $C_{17}H_{28}O_6$, Formel XVII.

Diese Konstitution kommt der nachstehend beschriebenen, von *Clutterbuck et al.* (Phil. Trans. [B] **220** [1931] 308, 330) als 2-[3-Carboxy-5-oxo-tetrahydro-[2]furyl]-dodecansäure ($C_{17}H_{28}O_6$) formulierten **Spiculisporsäure** zu (*Asano, Kameda,* J. pharm. Soc. Japan **61** [1941] 80, 82; dtsch. Ref. S. 57, 59; C. A. **1942** 1592).

Isolierung aus Kulturlösungen von Penicillium spiculisporum: *Cl. et al.; As., Ka.;* von Penicillium minio-luteum: *Birkinshaw, Raistrick,* Biochem. J. **28** [1934] 828, 830; von Penicillum crateriforme: *Oxford, Raistrick,* Biochem. J. **28** [1934] 1321, 1324.

Krystalle (aus PAe. + Ae.); F: 145–146° (*Cl. et al.; As., Ka.*). $[\alpha]_{546}$: –15° [A.; c = 1] (*Ox., Ra.*); $[\alpha]_{546}$: –14,8° [A.; c = 4] (*Cl. et al.*). $[\alpha]_{546}$: +18° [Dinatrium-Salz in Wasser] (*Ox., Ra.*); $[\alpha]_{546}$: +15,0° [Dinatrium-Salz in Wasser] (*Cl. et al.*).

Beim Erhitzen auf 160° sind 3-[4-Decyl-2,5-dioxo-2,5-dihydro-[3]furyl]-propionsäure und Äthyl-decyl-maleinsäure-anhydrid erhalten worden (*Kameda,* J. pharm. Soc. Japan **61** [1941] 261, 264; dtsch. Ref. S. 117, 120; C. A. **1951** 2870).

XVII   XVIII

Oxocarbonsäuren $C_{19}H_{32}O_6$

(±)-2-Oxo-5t-tridecyl-tetrahydro-furan-3ξ,4r-dicarbonsäure, (1Ξ,2RS,3SR)-3-Hydroxy-hexadecan-1,1,2-tricarbonsäure-1-lacton $C_{19}H_{32}O_6$, Formel XVIII + Spiegelbild.

B. Beim Erwärmen von (±)-*trans*-3-Tridecyl-oxirancarbonsäure-methylester mit der Natrium-Verbindung des Malonsäure-dimethylesters in Methanol und Erwärmen des Reaktionsprodukts mit wss.-methanol. Kalilauge (*van Tamelen, Bach,* Am. Soc. **80** [1958] 3079, 3085).

Kalium-Salz $KC_{19}H_{31}O_6$. Krystalle (aus Me.); F: 124° [korr.; Zers.].

Oxocarbonsäuren $C_nH_{2n-8}O_6$

Oxocarbonsäuren $C_6H_4O_6$

3,4,5-Trioxo-tetrahydro-pyran-2-carbonsäure $C_6H_4O_6$, Formel I, und Tautomere (z. B. 3,5-Dihydroxy-4-oxo-4H-pyran-2-carbonsäure); **Rubiginsäure.**

B. Aus D-Glucose mit Hilfe von Gluconoacetobacter liquefaciens (*Aida et al.,* J. agric. chem. Soc. Japan **28** [1954] 517, 518; C. A. **1956** 16964; *Aida,* Bl. agric. chem. Soc. Japan **19** [1955] 97, 99).

Krystalle (aus W.); F: 230° [unkorr.; Zers.] (*Aida et al.; Aida*). IR-Spektrum (2–15 μ): *Aida.*

2,4,6-Trioxo-tetrahydro-pyran-3-carbonsäure-anilid, 3-Oxo-2-phenylcarbamoyl-glutar‌säure-anhydrid $C_{12}H_9NO_5$, Formel II (X = H), und Tautomere (z.B. 4-Hydroxy-2,6-dioxo-5,6-dihydro-2*H*-pyran-3-carbonsäure-anilid).

B. Beim Erhitzen der Anilin-Verbindung des 7-Hydroxy-2,2-dimethyl-pyrano[4,3-*d*]‌[1,3]dioxin-4,5-dions (Syst. Nr. 2961) mit Toluol (*Malawski et al.*, Roczniki Chem. **33** [1959] 33, 41; C. A. **1954** 16137).

Krystalle (aus E.); F: 164—165°.

I   II

2,4,6-Trioxo-tetrahydro-pyran-3-carbonsäure-*p*-toluidid, 3-Oxo-2-*p*-tolylcarbamoyl-glutarsäure-anhydrid $C_{13}H_{11}NO_5$, Formel II (X = CH₃), und Tautomere (z.B. 4-Hydr‌oxy-2,6-dioxo-5,6-dihydro-2*H*-pyran-3-carbonsäure-*p*-toluidid).

B. Beim Erhitzen der *p*-Toluidin-Verbindung des 7-Hydroxy-2,2-dimethyl-pyrano‌[4,3-*d*][1,3]dioxin-4,5-dions (Syst. Nr. 2961) mit Toluol (*Malawski et al.*, Roczniki Chem. **33** [1959] 33, 41; C. A. **1959** 16137).

Krystalle (aus E.); F: 172—173° [Zers.].

2,4,6-Trioxo-tetrahydro-pyran-3-carbonsäure-*p*-phenetidid, 2-[4-Äthoxy-phenylcarb‌amoyl]-3-oxo-glutarsäure-anhydrid $C_{14}H_{13}NO_6$, Formel II (X = O-C₂H₅), und Tauto‌mere (z.B. 4-Hydroxy-2,6-dioxo-5,6-dihydro-2*H*-pyran-3-carbonsäure-*p*-phenetidid).

B. Beim Erhitzen der *p*-Phenetidin-Verbindung des 7-Hydroxy-2,2-dimethyl-pyrano‌[4,3-*d*][1,3]dioxin-4,5-dions (Syst. Nr. 2961) mit Toluol (*Malawski et al.*, Roczniki Chem. **33** [1959] 33, 41; C. A. **1959** 16137).

Krystalle (aus E.); F: 165—168° [Zers.].

Oxocarbonsäuren $C_7H_6O_6$

(±)-4-Oxo-3,4-dihydro-2*H*-pyran-2,6-dicarbonsäure-dimethylester, Dihydrochelidon‌säure-dimethylester $C_9H_{10}O_6$, Formel III (R = CH₃).

B. Neben 4-Oxo-tetrahydro-pyran-2,6-dicarbonsäure-dimethylester (F: 104—105°) bei der Hydrierung von 4-Oxo-4*H*-pyran-2,6-dicarbonsäure-dimethylester an Raney-Nickel in Methanol (*Attenburrow et al.*, Soc. **1945** 571, 575).

Krystalle (aus E.); F: 181—182° [Zers.; nach Sintern bei 178°].

(±)-4-[2,4-Dinitro-phenylhydrazono]-3,4-dihydro-2*H*-pyran-2,6-dicarbonsäure-dimethyl‌ester $C_{15}H_{14}N_4O_9$, Formel IV.

B. Aus (±)-4-Oxo-3,4-dihydro-2*H*-pyran-2,6-dicarbonsäure-dimethylester und [2,4-Di‌nitro-phenyl]-hydrazin (*Attenburrow et al.*, Soc. **1945** 571, 575).

F: 197—198°.

III   IV   V

(±)-4-Oxo-3,4-dihydro-2*H*-pyran-2,6-dicarbonsäure-diäthylester $C_{11}H_{14}O_6$, Formel III (R = C₂H₅).

B. Neben 4-Oxo-tetrahydro-pyran-2,6-dicarbonsäure-diäthylester (F: 82—83°) bei der Hydrierung von 4-Oxo-4*H*-pyran-2,6-dicarbonsäure-diäthylester an Raney-Nickel in Äthanol (*Attenburrow et al.*, Soc. **1945** 571, 575).

Krystalle (aus Bzl.); F: 94°.

*Opt.-inakt. Cyan-[3,4-dichlor-5-oxo-2,5-dihydro-[2]furyl]-essigsäure-amid,
5-Carbamoyl-2,3-dichlor-5-cyan-4-hydroxy-pent-2c-ensäure-lacton $C_7H_4Cl_2N_2O_3$,
Formel V.

B. Beim Behandeln von Mucochlorsäure (Dichlormaleinaldehydsäure) mit Cyanessig=
säure-amid und wss.-methanol. Natronlauge und anschliessenden Ansäuern (*Mowry*, Am.
Soc. **75** [1933] 1909, **76** [1954] 6417).

F: 163° [korr.].

[5-Oxo-dihydro-[2]furyliden]-malonsäure-diäthylester, 2-Hydroxy-but-1-en-1,1,4-tri=
carbonsäure-1,1-diäthylester-4-lacton $C_{11}H_{14}O_6$, Formel VI (H 489; E I 522; E II 365; dort
als „Succinylmalonsäure-diäthylester" bezeichnet).

B. Beim Erwärmen von Bernsteinsäure-dichlorid oder von Bernsteinsäure-anhydrid mit
der Natrium-Verbindung des Malonsäure-diäthylesters in Äther (*Ruggli*, *Maeder*, Helv. **26**
[1943] 1476, 1487, **27** [1944] 436, 439; vgl. H 489).

Krystalle (aus Ae.); F: 68° (*Ru*., *Ma*., Helv. **26** 1488).

Hydrierung an Platin in Äthanol unter Bildung von Butan-1,1,4-tricarbonsäure-1,1-di=
äthylester: *Re*., *Ma*., Helv. **26** 1489. Beim Erwärmen mit der Natrium-Verbindung des
Cyanessigsäure-äthylesters in Äther ist 6-Cyan-2,5-dioxo-hexan-1,1,6-tricarbonsäure-tri=
äthylester erhalten worden (*Ru*., *Ma*., Helv. **27** 440).

[3-Carboxy-5-oxo-2,5-dihydro-[2]furyl]-essigsäure, 2-Carboxymethyl-5-oxo-2,5-dihydro-
furan-3-carbonsäure, 3-Hydroxy-but-1-en-1,2,4-tricarbonsäure-1-lacton $C_7H_6O_6$.

a) [(2*S*)-3-Carboxy-5-oxo-2,5-dihydro-[2]furyl]-essigsäure $C_7H_6O_6$, Formel VII.
Über die Konfiguration s. *Kirby et al.*, J.C.S. Chem. Commun. **1975** 402.

B. Aus Buta-1,3-dien-1c,2,4c-tricarbonsäure mit Hilfe eines Enzym-Präparats aus
Neurospora crassa (*Gross et al.*, J. biol. Chem. **219** [1956] 781, 787).

Krystalle (aus E. + Bzl.); F: 164−165° (*Gr. et al.*). $[\alpha]_D^{28}$: −58° [Lösungsmittel nicht
angegeben]. IR-Spektrum (Nujol; 3−17 μ): *Gr. et al.* UV-Spektrum (210−280 nm):
Gr. et al.

VI   VII   VIII

b) (±)-[3-Carboxy-5-oxo-2,5-dihydro-[2]furyl]-essigsäure $C_7H_6O_6$, Formel VII
+ Spiegelbild.

B. Beim Erhitzen von Buta-1,3-dien-1,2,4-tricarbonsäure (F: 160−165°; Gemisch der
Stereoisomeren) mit wss. Ameisensäure (*MacDonald et al.*, J. biol. Chem. **210** [1954] 809,
817).

Krystalle (aus Eg.); F: 187−189° [im vorgeheizten Bad] (*MacD.*). IR-Spektrum
(Nujol; 3−7 μ): *Gross et al.*, J. biol. Chem. **219** [1956] 781, 788. UV-Spektrum (210 nm
bis 280 nm): *Gr. et al.*

(±)-3-Acetyl-2,4-dioxo-tetrahydro-furan-3-carbonsäure-äthylester, (±)-Acetyl-glykoloyl-
malonsäure-äthylester-lacton $C_9H_{10}O_6$, Formel VIII.

B. Beim Behandeln der Natrium-Verbindung des 2,4-Dioxo-tetrahydro-furan-3-carb=
onsäure-äthylesters mit Dioxan und Acetylchlorid (*Reuter*, *Welch*, J. Pr. Soc. N.S. Wales
72 [1938] 120, 127).

Krystalle (aus Me.); F: 95°.

Oxocarbonsäuren $C_8H_8O_6$

4-[4,5-Dioxo-tetrahydro-[3]furyl]-4-oxo-buttersäure-äthylester, 3-Hydroxymethyl-
2,4-dioxo-heptandisäure-7-äthylester-1-lacton $C_{10}H_{12}O_6$, Formel IX, und Tautomere.

B. Beim Behandeln von 2,4-Dioxo-heptandisäure-diäthylester mit wss. Kaliumcarb=

onat-Lösung und Paraformaldehyd und anschliessenden Ansäuern (*Földi et al.*, Soc. **1948**
1295, 1298).
   F: 75—77°.

            IX   X

**(±)-[4-Methyl-5-oxo-2,5-dihydro-[2]furyl]-malonsäure, (±)-2-Hydroxy-pent-3*t*-en-
1,1,4-tricarbonsäure-4-lacton** $C_8H_8O_6$, Formel X.
   B. Beim Erhitzen von (±)-[2-Methoxycarbonyl-4-methyl-5-oxo-2,5-dihydro-[2]furyl]-
malonsäure-dimethylester mit Bariumhydroxid in Wasser und Behandeln des Reaktionsprodukts mit konz. wss. Salzsäure (*Baker, Laufer*, Soc. **1937** 1342, 1346).
   Krystalle (aus Ae. + PAe.); F: 136° [Zers.].

**(±)-[2-Methoxycarbonyl-4-methyl-5-oxo-2,5-dihydro-[2]furyl]-essigsäure, (±)-2-Hydr-
oxy-pent-3*t*-en-1,2,4-tricarbonsäure-4-lacton-2-methylester** $C_9H_{10}O_6$, Formel XI.
   B. Beim Erhitzen von (±)-[2-Methoxycarbonyl-4-methyl-5-oxo-2,5-dihydro-[2]furyl]-
malonsäure auf 145° (*Baker, Laufer*, Soc. **1937** 1342, 1346).
   Krystalle (aus Ae. + PAe.); F: 144°.

            XI   XII

(±)-7-Semicarbazono-1-oxa-spiro[2.4]heptan-4,4-dicarbonsäure-diäthylester $C_{13}H_{19}N_3O_6$,
Formel XII (R = C_2H_5).
   B. Beim Erwärmen von (±)-2-Brommethyl-2-hydroxy-3-semicarbazono-cyclopentan-
1,1-dicarbonsäure-diäthylester mit Methanol und Triäthylamin (*Schemjakin et al.*, Izv.
Akad. S.S.S.R. Otd. chim. **1959** 2177, 2185; engl. Ausg. S. 2073, 2081).
   Krystalle (aus W.); F: 167—169° [Zers.].

Oxocarbonsäuren $C_9H_{10}O_6$

**5,5-Dimethyl-2-oxo-5,6-dihydro-2*H*-pyran-3,4-dicarbonsäure, 4-Hydroxy-3,3-dimethyl-
but-1-en-1,1,2-tricarbonsäure-1-lacton** $C_9H_{10}O_6$, Formel I (R = H).
   Diese Konstitution kommt der von *Kir'jalow* (Ž. obšč. Chim. **9** [1939] 401, 403;
C. **1940** I 563) als 2-[4-Carboxy-2-oxo-2,5-dihydro-[3]furyl]-2-methyl-propi-
onsäure ($C_9H_{10}O_6$) formulierten **Biglandulinsäure** zu (*Falsone, Noack*, A. **1976** 1009).
   Isolierung aus Euphorbia biglandulosa: *Kir'jalow*, Ž. obšč. Chim. **8** [1938] 740, 741;
C. **1939** I 967.
   Krystalle (chromatographisch gereinigt), F: 161—163° [korr.] (*Fa., No.*), Krystalle
(aus W.) mit 1 Mol H_2O; F: 170—171° (*Ki.*, Ž. obšč. Chim. **8** 741). ¹H-NMR-Absorption:
Fa., No.
   Beim Erwärmen mit wss. Jodwasserstoffsäure und rotem Phosphor ist eine als
2-Methyl-2-[2-oxo-tetrahydro-[3]furyl]-propionsäure angesehene Verbindung
($C_8H_{12}O_4$, F: 129—131°) erhalten worden (*Ki*, Ž. obšč. Chim. **8** 743).
     Calcium-Salz $CaC_9H_8O_6 \cdot 2 H_2O$. Amorph (*Fa., No.*).
     Charakterisierung als Brucin-Salz (F: 185—187° [Zers.]): *Ki.*, Ž. obšč. Chim. **9** 405.

**5,5-Dimethyl-2-oxo-5,6-dihydro-2*H*-pyran-3,4-dicarbonsäure-dimethylester, 4-Hydroxy-
3,3-dimethyl-but-1-en-1,1,2-tricarbonsäure-1-lacton-1,2-dimethylester, Biglandulinsäure-
dimethylester** $C_{11}H_{14}O_6$, Formel I (R = CH_3).
   B. Beim Erwärmen des Disilber-Salzes der Biglandulinsäure (s. o.) mit Benzol und

Methyljodid (*Kir'jalow*, Ž. obšč. Chim. **8** [1938] 740, 743; C. **1939** I 967).
Krystalle (aus wss. A.); F: 63—64°.

5,5-Dimethyl-2-oxo-5,6-dihydro-2H-pyran-3,4-dicarbonsäure-diäthylester, 4-Hydroxy-3,3-dimethyl-but-1-en-1,1,2-tricarbonsäure-1,2-diäthylester-1-lacton, Biglandulinsäure-diäthylester $C_{13}H_{18}O_6$, Formel I (R = C_2H_5).
B. Beim Erwärmen des Disilber-Salzes der Biglandulinsäure (S. 6129) mit Benzol und Äthyljodid (*Kir'jalow*, Ž. obšč. Chim. **8** [1938] 740, 743; C. **1939** I 967).
Krystalle (aus wss. A.); F: 57—58°.

4-[5-Methyl-2,4-dioxo-tetrahydro-[3]furyl]-4-oxo-buttersäure $C_9H_{10}O_6$.

a) **4-[(5R)-5-Methyl-2,4-dioxo-tetrahydro-[3]furyl]-4-oxo-buttersäure, (+)-Carolinsäure** $C_9H_{10}O_6$, Formel II, und Tautomere.
Konfigurationszuordnung: *Boll et al.*, Acta chem. scand. **22** [1968] 3251, 3253.
Isolierung aus dem Kulturmedium von Penicillium charlesii: *Clutterbuck et al.*, Biochem. J. **28** [1934] 94, 106, **29** [1935] 1300, 1305.
Krystalle, F: 129° (*Clutterbuck et al.*, Biochem. J. **29** [1935] 300, 307); Krystalle (aus Acn.) mit 1 Mol H_2O, F: 123° [Zers.] (*Cl. et al.*, Biochem. J. **28** 106). $[\alpha]_{546}$: +60° [W.; c = 0,3]; $[\alpha]_{546}$: +54° [Dinatrium-Salz in Wasser] (*Cl. et al.*, Biochem. J. **28** 106). UV-Absorptionsmaxima von Lösungen der Säure in Wasser und in wss. Schwefelsäure: ca. 200 nm, 230 nm, 242 nm und 265 nm; einer Lösung des Natrium-Salzes in wss. Natronlauge: 216 nm, 230 nm, 244 nm und 265 nm (*Herbert*, *Hirst*, Biochem. J. **29** [1935] 1881, 1884).

b) **(±)-4-[5-Methyl-2,4-dioxo-tetrahydro-[3]furyl]-4-oxo-buttersäure, (±)-Carolinsäure** $C_9H_{10}O_6$, Formel II + Spiegelbild, und Tautomere.
B. Beim Behandeln von 3-Oxo-adipinsäure-diäthylester mit Magnesiumäthylat in Benzol, Erwärmen des Reaktionsprodukts mit (±)-2-Chlor-propionylchlorid und Benzol, Erhitzen des danach isolierten Reaktionsprodukts unter 25 Torr auf 120° und anschliessenden Behandeln mit wss. Natronlauge (*Haynes et al.*, Soc. **1956** 4661, 4663).
Krystalle (aus E.); F: 137,5°.

4-[2,4-Dinitro-phenylhydrazono]-4-[5-methyl-2,4-dioxo-tetrahydro-[3]furyl]-buttersäure $C_{15}H_{14}N_4O_9$.

a) **4-[2,4-Dinitro-phenylhydrazono]-4-[(5R)-5-methyl-2,4-dioxo-tetrahydro-[3]furyl]-buttersäure** $C_{15}H_{14}N_4O_9$, Formel III, und Tautomere.
B. Aus (+)-Carolinsäure (s. o.) und [2,4-Dinitro-phenyl]-hydrazin (*Clutterbuck et al.*, Biochem. J. **29** [1935] 300, 320).
Orangefarbene Krystalle (aus Nitrobenzol + Toluol); F: 228°.

I   II   III

b) **(±)-4-[2,4-Dinitro-phenylhydrazono]-4-[5-methyl-2,4-dioxo-tetrahydro-[3]furyl]-buttersäure** $C_{15}H_{14}N_4O_9$, Formel III + Spiegelbild, und Tautomere.
B. Aus (±)-4-[5-Methyl-2,4-dioxo-tetrahydro-[3]furyl]-4-oxo-buttersäure und [2,4-Dinitro-phenyl]-hydrazin (*Haynes et al.*, Soc. **1956** 4661, 4664).
Krystalle (aus Nitrobenzol + Toluol); F: 228—229° [Zers.].

(±)-1-Formyl-7-oxa-norbornan-2exo,3exo-dicarbonsäure $C_9H_{10}O_6$, Formel IV + Spiegelbild, und Tautomeres (3ξ-Hydroxy-1-oxo-(7at)-1,4,5,6,7,7a-hexahydro-3ar,6c-epoxido-isobenzofuran-7c-carbonsäure).
Über die Konfiguration s. *Mavoungou-Gomès*, Bl. **1967** 1758, 1760.
B. Beim Erwärmen von 1-Diacetoxymethyl-7-oxa-norbornan-2exo,3exo-dicarbonsäure-

anhydrid oder von 1-Diacetoxymethyl-7-oxa-norbornan-2*exo*,3*exo*-dicarbonsäure-2(oder 3)-methylester (F: 163—164°) mit wss. Salzsäure (*Suzuki*, J. chem. Soc. Japan Pure Chem. Sect. **78** [1957] 153, 156; *Murakami, Suzuki*, Mem. Inst. scient. ind. Res. Osaka Univ. **15** [1958] 191).
Krystalle (aus W.); F: 170—172° [Zers.] (*Su.; Mu., Su.*).

IV   V   VI

(±)-**1-[2,4-Dinitro-phenylhydrazono-methyl]-7-oxa-norbornan-2*exo*,3*exo*-dicarbonsäure** $C_{15}H_{14}N_4O_9$, Formel V + Spiegelbild.
B. Aus (±)-1-Formyl-7-oxa-norbornan-2*exo*,3*exo*-dicarbonsäure und [2,4-Dinitrophenyl]-hydrazin (*Suzuki*, J. chem. Soc. Japan Pure Chem. Sect. **78** [1957] 153, 156).
F: 142° [Zers.].

(±)-**1-Diacetoxymethyl-7-oxa-norbornan-2*exo*,3*exo*-dicarbonsäure-2-methylester** $C_{14}H_{18}O_9$, Formel VI (R = CH$_3$, X = H) + Spiegelbild, und (±)-**1-Diacetoxymethyl-7-oxa-norbornan-2*exo*,3*exo*-dicarbonsäure-3-methylester** $C_{14}H_{18}O_9$, Formel VI (R = H, X = CH$_3$) + Spiegelbild.
Diese Formeln kommen für die nachstehend beschriebene Verbindung in Betracht; über die Konfiguration s. *Mavoungou-Gomès*, Bl. **1967** 1758, 1760.
B. Bei der Hydrierung von (±)-1-Diacetoxymethyl-7-oxa-norborn-5-en-2*exo*,3*exo*-dicarbonsäure-anhydrid an Palladium/Kohle oder Raney-Nickel in Methanol (*Suzuki*, J. chem. Soc. Japan Pure Chem. Sect. **78** [1957] 153, 155; *Murakami, Suzuki*, Mem. Inst. scient. ind. Res. Osaka Univ. **15** [1958] 191).
Krystalle; F: 163—164° [Zers.] (*Su.; Mu., Su.*).

Oxocarbonsäuren $C_{10}H_{12}O_6$

[(2*S*)-**3*c*-Formyl-5-methoxycarbonyl-2*r*-methyl-3,4-dihydro-2*H*-pyran-4*t*-yl]-essigsäure**, **Elenolsäure** $C_{11}H_{14}O_6$, Formel VII.
Konstitution und Konfiguration: *MacKellar et al.*, Am. Soc. **95** [1973] 7155.
B. Beim Behandeln von Elenolid ((*S*)-4-[1-Formyl-*trans*-propenyl]-6-oxo-5,6-dihydro-4*H*-pyran-3-carbonsäure-methylester) mit Wasser (*Veer et al.*, R. **76** [1957] 839).
^{1}H-NMR-Absorption (CDCl$_3$) und ^{1}H,^{1}H-Spin-Kopplungskonstanten: *Mac K.*
Als Calcium-Salz Ca(C$_{11}$H$_{13}$O$_6$)$_2$ (Krystalle) isoliert (*Veer et al.*).

[(2*S*)-**4-Butyryl-3,5-dioxo-tetrahydro-[2]furyl]-essigsäure**, (4*S*)-**2-Butyryl-4-hydroxy-3-oxo-adipinsäure-1-lacton** $C_{10}H_{12}O_6$, Formel VIII, und Tautomere (z. B. [(*S*)-4-Butyryl-3-hydroxy-5-oxo-2,5-dihydro-[2]furyl]-essigsäure); **Carlossäure**.
Konfiguration: *Bloomer, Kappler*, J.C.S. Chem. Commun. **1972** 1047.
Isolierung aus Kulturmedien von Penicillium charlesii: *Clutterbuck et al.*, Biochem. J. **28** [1934] 94, 107; *Lybing, Reio*, Acta chem. scand. **12** [1958] 1575, 1577; von Penicillium cinerascens: *Bracken, Raistrick*, Biochem. J. **41** [1947] 569, 571; von Penicillium fellutanum: *Vora*, J. scient. ind. Res. India **13** B [1954] 504.
Krystalle (aus Bzl.); F: 181° (*Cl. et al.; Ly., Reio*), 179—180° (*Vora*), 178° (*Br., Ra.*).
$[\alpha]_{546}^{19}$: −160° [W.; c = 1] (*Br., Ra.*); $[\alpha]_{546}$: −160° [W.; c = 0,2]; $[\alpha]_{546}$: −150° [Dinatrium-Salz in Wasser] (*Cl. et al.*). UV-Absorptionsmaxima von Lösungen der Säure in Wasser und in wss. Schwefelsäure: ca. 200 nm, 230 nm, 245 nm und 265 nm; in wss. Salzsäure: 211 nm, 232 nm und 269 nm (*Stickings*, Biochem. J. **72** [1959] 332, 334); einer Lösung des Natrium-Salzes in wss. Natronlauge: 217 nm, 230 nm, 245 nm und 265 nm (*Herbert, Hirst*, Biochem. J. **29** [1935] 1881, 1884).

VII   VIII   IX

{(2*S*)-4-[1-(2,4-Dinitro-phenylhydrazono)-butyl]-3,5-dioxo-tetrahydro-[2]furyl}-essig=
säure, (4*S*)-2-[1-(2,4-Dinitro-phenylhydrazono)-butyl]-4-hydroxy-3-oxo-adipinsäure-
1-lacton $C_{16}H_{16}N_4O_9$, Formel IX, und Tautomere.

B. Aus Carlossäure (S. 6131) und [2,4-Dinitro-phenyl]-hydrazin (*Clutterbuck et al.*, Biochem. J. **29** [1935] 870, 882).

Orangegelbe Krystalle (aus A.); F: 182°.

(±)-2-Acetonyl-3-äthyl-4,5-dioxo-tetrahydro-furan-2-carbonsäure-methylester,
(±)-2-Acetonyl-3-äthyl-2-hydroxy-4-oxo-glutarsäure-5-lacton-1-methylester $C_{11}H_{14}O_6$,
Formel X, und Tautomeres ((±)-2-Acetonyl-3-äthyl-4-hydroxy-5-oxo-2,5-di=
hydro-furan-2-carbonsäure-methylester).

Diese Konstitution kommt der nachstehend beschriebenen, von *Berner, Laland* (Acta
chem. scand. **3** [1949] 335, 347) als [2-Carboxy-2-hydroxy-6-methyl-4-oxo-cyclohexyl]-
hydroxy-essigsäure-methylester ($C_{11}H_{16}O_7$) angesehenen Verbindung zu (*Berner, Kolsaker*,
Acta chem. scand. **23** [1969] 597, 604).

B. Bei der Hydrierung von (±)-2-Acetonyl-3-acetyl-4,5-dioxo-tetrahydro-furan-
2-carbonsäure-methylester an Platin in Methanol (*Be., La.; Be., Ko.*, l. c. S. 607).

Krystalle; F: 164—165° [aus W.] (*Be., Ko.*), 162—163° [nach Sublimation unter vermindertem Druck] (*Be., La.*). Krystalle (aus W.) mit 1 Mol H_2O, F: 164—165° (*Be., Ko.*),
164—165° [Zers.] (*Be., La.*).

X   XI   XII

(±)-3-Äthyl-2-[2-(2,4-dinitro-phenylhydrazono)-propyl]-4,5-dioxo-tetrahydro-furan-
2-carbonsäure-methylester, 3-Äthyl-2-[2-(2,4-dinitro-phenylhydrazono)-propyl]-2-hydr=
oxy-4-oxo-glutarsäure-5-lacton-1-methylester $C_{17}H_{18}N_4O_9$, Formel XI, und Tautomeres.

B. Aus (±)-2-Acetonyl-3-äthyl-4,5-dioxo-tetrahydro-furan-2-carbonsäure-methylester
und [2,4-Dinitro-phenyl]-hydrazin (*Berner, Laland*, Acta chem. scand. **3** [1949] 335, 348).

Orangegelbe Krystalle (aus A.); F: 186—187°.

(±)-4,4-Dimethyl-7-oxo-6-oxa-bicyclo[3.2.0]heptan-1*r*,3*t*-dicarbonsäure-dimethylester,
(±)-5*c*-Hydroxy-4,4-dimethyl-cyclopentan-1,1,3*r*-tricarbonsäure-1*c*-lacton-1*t*,3-dimethyl=
ester $C_{12}H_{16}O_6$, Formel XII + Spiegelbild.

B. Beim Behandeln von (±)-5*c*-Acetoxy-4,4-dimethyl-cyclopentan-1,1,3*r*-tricarbon=
säure-1*c*,3-anhydrid-1*t*-methylester mit Natriummethylat in Methanol und Behandeln des
Reaktionsprodukts mit Acetanhydrid und Natriumacetat oder mit Acetylchlorid (*Kuusi-
nen*, Ann. Acad. Sci. fenn. [A II] Nr. 69 [1956] 49).

Öl; im Hochvakuum bei 90° destillierbar (*Ku.*). IR-Spektrum (2,5—15 μ): *Ku.*, l. c.
S. 31.

Oxocarbonsäuren $C_{11}H_{14}O_6$

(±)-[2-Oxo-(3a*r*,7a*c*)-octahydro-benzofuran-7ξ-yl]-malonsäure-diäthylester $C_{15}H_{22}O_6$,
Formel I (R = C_2H_5) + Spiegelbild.

B. Neben 7ξ-Äthoxy-(3a*r*,7a*c*)-hexahydro-benzofuran-2-on (S. 66) und [2-Oxo-(3a*r*,⸗
7a*c*)-octahydro-benzofuran-7ξ-yl]-essigsäure-äthylester (S. 5358) beim Erwärmen von
(±)-7*c*-Jod-(3a*r*,7a*c*)-hexahydro-benzofuran-2-on mit der Natrium-Verbindung des
Malonsäure-diäthylesters in Äthanol (*Klein*, Am. Soc. **81** [1959] 3611, 3614).
Kp$_1$: 180—185°.

---

*Opt.-inakt. [4-Äthoxycarbonyl-4-methyl-2-oxo-hexahydro-cyclopenta[*b*]furan-3-yl]-
essigsäure-äthylester, 3-Äthoxycarbonylmethyl-4-methyl-2-oxo-hexahydro-cyclopenta[*b*]⸗
furan-4-carbonsäure-äthylester $C_{15}H_{22}O_6$, Formel II (R = C_2H_5).

B. Aus opt.-inakt. 2-[5-Äthoxycarbonyl-5-methyl-cyclopent-1-enyl]-2-cyan-bernstein⸗
säure-diäthylester (Kp$_{0,6}$: 175—176°) durch Hydrolyse und Veresterung (*Sen*, *Bagchi*,
Sci. Culture **21** [1956] 545).
Bei 185—194°/4 Torr destillierbar.

(±)-1,8*syn*-Dimethyl-7-oxo-6-oxa-bicyclo[3.2.1]octan-2ξ,8*anti*-dicarbonsäure,
(±)-6*c*-Hydroxy-1,2*t*-dimethyl-cyclohexan-1*r*,2*c*,3ξ-tricarbonsäure-2-lacton $C_{11}H_{14}O_6$,
Formel III (R = H), + Spiegelbild, und (±)(1*Ξ*)-5,6*t*-Dimethyl-3-oxo-2-oxa-bicyclo⸗
[2.2.2]octan-5*r*,6*c*-dicarbonsäure, (±)-6ξ-Hydroxy-1,2*t*-dimethyl-cyclohexan-1*r*,2*c*,3ξ-tri⸗
carbonsäure-3-lacton $C_{11}H_{14}O_6$, Formel IV + Spiegelbild.

Diese beiden Formeln sind für die nachstehend beschriebene Verbindung in Betracht
gezogen worden (*Ziegler et al.*, A. **551** [1942] 1, 43).

B. Beim Erhitzen der im folgenden Artikel beschriebenen Verbindung mit wss. Brom⸗
wasserstoffsäure (*Zi. et al.*, l. c. S. 79).

Krystalle (aus W.).

Beim Erhitzen auf über 205° ist ein Anhydrid vom F: 296—297° erhalten worden.

I　　　　　　　　　II　　　　　　　　　III　　　　　　　　　IV

(±)1,8*syn*-Dimethyl-7-oxo-6-oxa-bicyclo[3.2.1]octan-2ξ,8*anti*-dicarbonsäure-8-methyl⸗
ester, (±)-6*c*-Hydroxy-1,2*t*-dimethyl-cyclohexan-1*r*,2*c*,3ξ-tricarbonsäure-2-lacton-
1-methylester $C_{12}H_{16}O_6$, Formel III (R = CH_3) + Spiegelbild.

Diese Formel ist für die nachstehend beschriebene Verbindung in Betracht gezogen
worden (*Ziegler et al.*, A. **551** [1942] 1, 43).

B. Neben anderen Verbindungen beim Erwärmen des Silber-Salzes des 2*c*,3*c*-Dimethyl-
cyclohexan-1*r*,2*t*,3*t*,4*c*-tetracarbonsäure-2,3-dimethylesters mit Brom in Tetrachlormethan
(*Zi. et al.*, l. c. S. 78).

Krystalle (aus Ae.); F: 184—185°.

Oxocarbonsäuren $C_{12}H_{16}O_6$

*Opt.-inakt. 6-Methyl-2-oxo-1-oxa-spiro[4.5]decan-3,6-dicarbonsäure $C_{12}H_{16}O_6$,
Formel V (R = H).

B. Neben anderen Verbindungen beim Erhitzen von opt.-inakt. 2-[6-Äthoxycarbonyl-
6-methyl-cyclohex-1-enyl]-2-cyan-bernsteinsäure-diäthylester (n_D^{25}: 1,4780) mit wss.
Salzsäure (*Chatterjee*, *Bhattacharyya*, J. Indian chem. Soc. **34** [1957] 515, 520).

Krystalle (aus Ae. + PAe.); F: 184—185° [unkorr.].

*Opt.-inakt. 6-Methyl-2-oxo-1-oxa-spiro[4.5]decan-3,6-dicarbonsäure-dimethylester $C_{14}H_{20}O_6$, Formel V (R = CH_3).

B. Beim Behandeln von opt.-inakt. 6-Methyl-2-oxo-1-oxa-spiro[4.5]decan-3,6-di=
carbonsäure (S. 6133) mit Diazomethan in Äther (*Chatterjee, Bhattacharyya*, J. Indian
chem. Soc. **34** [1957] 515, 521).

$Kp_{0,5}$: 160—162°.

3-Äthyl-2-oxo-1-oxa-spiro[4,4]nonan-6,7-dicarbonsäure-dimethylester $C_{14}H_{20}O_6$.

a) **(3R,5R,6R)-3-Äthyl-2-oxo-1-oxa-spiro[4.4]nonan-6r,7c-dicarbonsäure-dimethyl=
ester** $C_{14}H_{20}O_6$, Formel VI.

B. Beim Erwärmen von (3R,5R,6R)-3-Äthyl-2-oxo-1-oxa-spiro[4.4]nonan-6r,7c-di=
carbonsäure-anhydrid mit Methanol und Behandeln des Reaktionsgemisches mit Diazo=
methan in Äther (*Halpern, Schmid*, Helv. **41** [1958] 1109, 1153).

Krystalle (aus Ae. + PAe.); F: 73—74°. $[\alpha]_D^{22}$: −1,3° [$CHCl_3$; c = 0,5].

V   VI   VII

b) **(3R,5R,6S)-3-Äthyl-2-oxo-1-oxa-spiro[4.4]nonan-6r,7c-dicarbonsäure-dimethyl=
ester** $C_{14}H_{20}O_6$, Formel VII.

B. Beim Erwärmen von (3R,5R,6S)-3-Äthyl-2-oxo-1-oxa-spiro[4.4]nonan-6r,7c-di=
carbonsäure-anhydrid mit Methanol und Behandeln des Reaktionsgemisches mit Diazo=
methan in Äther (*Halpern, Schmid*, Helv. **41** [1958] 1109, 1150).

Krystalle (aus Ae. + PAe.); F: 64—64,5°. $[\alpha]_D^{17,5}$: +84,4° [$CHCl_3$; c = 1].

c) **(3R,5S,6S)-3-Äthyl-2-oxo-1-oxa-spiro[4.4]nonan-6r,7c-dicarbonsäure-dimethyl=
ester** $C_{14}H_{20}O_6$, Formel VIII.

B. Beim Erwärmen von (3R,5S,6S)-3-Äthyl-2-oxo-1-oxa-spiro[4.4]nonan-6r,7c-di=
carbonsäure-anhydrid mit Methanol und Behandeln des Reaktionsgemisches mit Diazo=
methan in Äther (*Halpern, Schmid*, Helv. **41** [1958] 1109, 1152).

Öl; im Hochvakuum bei 140° destillierbar. $[\alpha]_D^{19}$: +67,2° [$CHCl_3$; c = 0,5].

VIII   IX   X

(±)-3a,7c-Dimethyl-3-oxo-(3ar,7at)-octahydro-isobenzofuran-1ξ,7t-dicarbonsäure
$C_{12}H_{16}O_6$, Formel IX + Spiegelbild.

Diese Konstitution und Konfiguration kommt vermutlich der nachstehend beschriebenen Verbindung zu.

B. Aus 2t-Carboxymethyl-1,3t-dimethyl-cyclohexan-1r,3c-dicarbonsäure beim Erhitzen mit rotem Phosphor und Brom sowie beim Erhitzen mit Phosphor(V)-chlorid und
anschliessend mit Brom unter Belichtung (*Ruzicka et al.*, Helv. **16** [1933] 169, 177).

Krystalle (aus Bzl. + Acn.); F: 267—268°.

***Opt.-inakt. 3-[4-Äthoxycarbonyl-4-methyl-2-oxo-hexahydro-cyclopenta[b]furan-3-yl]-
propionsäure-äthylester, 3-[2-Äthoxycarbonyl-äthyl]-4-methyl-2-oxo-hexahydro-cyclo=
penta[b]furan-4-carbonsäure-äthylester** $C_{16}H_{24}O_6$, Formel X (R = C_2H_5).

B. Aus opt.-inakt. 2-[5-Äthoxycarbonyl-5-methyl-cyclopent-1-enyl]-2-cyan-glutar=

säure-diäthylester (bei 195—204°/0,6 Torr destillierbar) durch Hydrolyse und Veresterung (*Sen, Bagchi*, Sci. Culture **21** [1956] 545).
$Kp_{0,4}$: 185—190°.

Oxocarbonsäuren $C_{13}H_{18}O_6$

(±)-3-[3a-Methyl-2-oxo-(3a*r*,6a*c*)-hexahydro-cyclopenta[*b*]furan-4*c*-yl]-glutarsäure $C_{13}H_{18}O_6$, Formel XI (R = H) + Spiegelbild.

B. Aus (±)-3-[3a-Methyl-2-oxo-(3a*r*,6a*c*)-hexahydro-cyclopenta[*b*]furan-4*c*-yl]-glutar= säure-dimethylester (*Research Corp.*, U.S.P. 2793233, 2843603 [1954]).
Krystalle (aus E.); F: 154—156°.

(±)-3-[3a-Methyl-2-oxo-(3a*r*,6a*c*)-hexahydro-cyclopenta[*b*]furan-4*c*-yl]-glutarsäure-dimethylester $C_{15}H_{22}O_6$, Formel XI (R = CH_3) + Spiegelbild.

B. Beim Hydrieren von (±)-3a-Methyl-4*c*-[3-oxo-cyclopent-1-enyl]-(3a*r*,6a*c*)-hexa= hydro-cyclopenta[*b*]furan-2-on an Palladium/Kohle in Äthanol, Behandeln des Reaktions- produkts mit Oxalsäure-diäthylester und Natriumäthylat in Äthanol, Behandeln einer Lösung des danach isolierten Reaktionsprodukts in Äthylacetat mit Ozon und anschlies- senden Erwärmen mit Wasser (*Research Corp.*, U.S.P. 2793233, 2843603 [1954]).
F: 48—50°.

XI   XII

Oxocarbonsäuren $C_{15}H_{22}O_6$

(*S*)-2-[(3a*R*)-4*t*-Carboxymethyl-3*t*,4*c*-dimethyl-2-oxo-(3a*r*,7a*c*)-octahydro-benzofuran-7*c*-yl]-propionsäure $C_{15}H_{22}O_6$, Formel XII.

B. Beim Erhitzen von (*R*)-2-[(3a*S*)-6*c*-Carboxymethyl-3*c*,6*t*-dimethyl-2-oxo-(3a*r*,7a*t*)- octahydro-benzofuran-7*c*-yl]-propionsäure mit wss. Salzsäure (*Yanagita, Yamakawa*, J. org. Chem. **24** [1959] 903, 908). Beim Erwärmen von (11*S*)-6α-Hydroxy-3-oxo-5β-eudes= man-12-säure-lacton (E III/IV **17** 6055) mit Salpetersäure und Ammoniumvanadat (*Ya.*, *Ya.*).
Krystalle (aus W.); F: 248—250° [unkorr.]. $[\alpha]_D^{26}$: —22,4° [A.; c = 1].

2-[6-Carboxymethyl-3,6-dimethyl-2-oxo-octahydro-benzofuran-7-yl]-propionsäure $C_{15}H_{22}O_6$.

a) **(*R*)-2-[(3a*S*)-6*c*-Carboxymethyl-3*c*,6*t*-dimethyl-2-oxo-(3a*r*,7a*t*)-octahydro-benzo= furan-7*c*-yl]-propionsäure** $C_{15}H_{22}O_6$, Formel XIII.

B. Beim Behandeln einer Lösung von (11*S*)-6α-Hydroxy-5β-eudesm-2-en-12-säure- lacton (E III/IV **17** 4765) in Pyridin mit Mangan(II)-sulfat und Kaliumpermanganat in Wasser (*Yanagita, Yamakawa*, J. org. Chem. **24** [1959] 903, 908).
Krystalle (aus W.); F: 220—222° [unkorr.]. $[\alpha]_D^{26}$: —4,28° [A.; c = 1].

b) **(*S*)-2-[(3a*S*)-6*c*-Carboxymethyl-3*c*,6*t*-dimethyl-2-oxo-(3a*r*,7a*t*)-octahydro-benzofuran-7*t*-yl]-propionsäure** $C_{15}H_{22}O_6$, Formel XIV.

B. Beim Behandeln einer Lösung von (11*S*)-6α-Hydroxy-4β*H*-eudesm-2-en-12-säure- lacton (E III/IV **17** 4765) in Pyridin mit Mangan(II)-sulfat und Kaliumpermanganat in Wasser (*Yamakawa*, J. org. Chem. **24** [1959] 897, 900). Beim Behandeln von (+)-α-Tetrahydrosantonin ((11*S*)-6α-Hydroxy-3-oxo-4β*H*-eudesman-12-säure-lacton (E III/IV **17** 6052]) mit Salpetersäure und Ammoniumvanadat (*Ya.*, l. c. S. 901).

Krystalle (aus W.); F: 193—195° [unkorr.]. $[\alpha]_D^{26}$: —15,0° [A.; c = 1].

[*Sauer*]

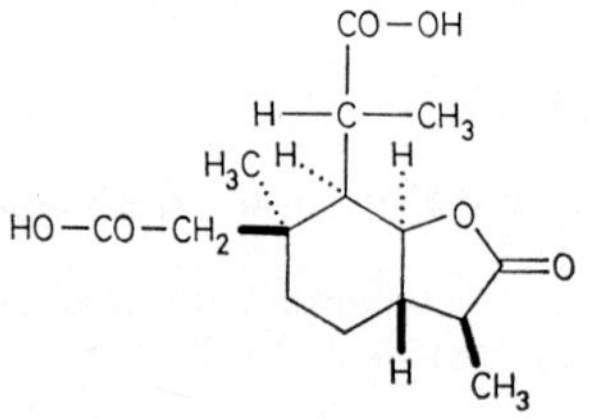

XIII 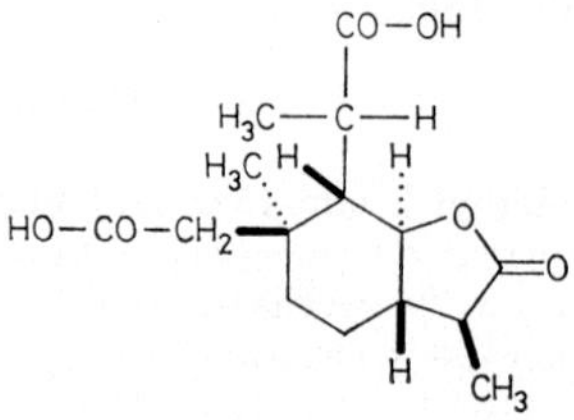   XIV

Oxocarbonsäuren $C_nH_{2n-10}O_6$

Oxocarbonsäuren $C_6H_2O_6$

4,5-Dioxo-6-phenylhydrazono-5,6-dihydro-4*H*-pyran-2-carbonsäure $C_{12}H_8N_2O_5$, Formel I (R = X = H).
B. Beim Behandeln einer Suspension des Kalium-Salzes der Komensäure (S. 5985) in wss. Kaliumcarbonat-Lösung mit wss. Benzoldiazoniumchlorid-Lösung (*Garkuscha*, Ž. obšč. Chim. **23** [1953] 1578, 1582; engl. Ausg. S. 1657, 1660).
Schwarze, rotviolett glänzende Krystalle; F: 195—198° [Zers.]. 1 g löst sich bei 45° in 40 ml Wasser.
Beim Erwärmen mit Wasser auf 60° erfolgt Zersetzung.

**4,5-Dioxo-6-[4-sulfamoyl-phenylhydrazono]-5,6-dihydro-4*H*-pyran-2-carbonsäure-äthyl=
ester** $C_{14}H_{13}N_3O_7S$, Formel I (R = C_2H_5, X = SO_2-NH_2).
B. Beim Behandeln von Sulfanilamid mit wss. Salzsäure und Natriumnitrit und an-
schliessend mit Komensäure-äthylester (S. 5985) und Natriumacetat in wss. Essigsäure
(*Garkuscha*, Ž. obšč. Chim. **23** [1953] 1578, 1581; engl. Ausg. S. 1657, 1659).
Rote Krystalle (aus Nitrobenzol + Bzl.); F: 173—175° [Zers.].

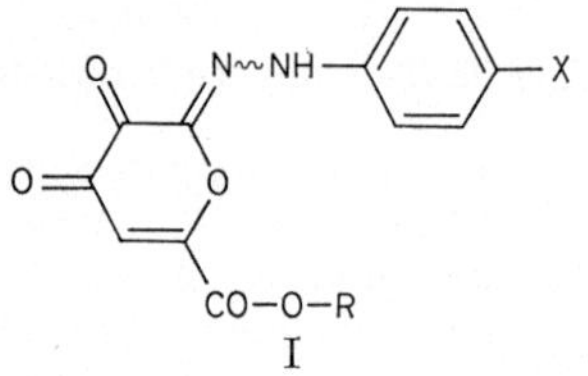

I 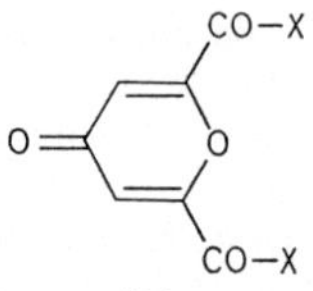   II 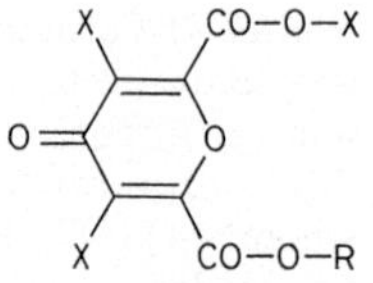   III

Oxocarbonsäuren $C_7H_4O_6$

4-Oxo-4*H*-pyran-2,6-dicarbonsäure, Chelidonsäure $C_7H_4O_6$, Formel II (X = OH) (H 490; E I 523; E II 367).
Isolierung aus Asparagus officinalis: *Ramstad*, Medd. norsk farm. Selsk. **4** [1942] 52; C. A. **1943** 5760.
B. Beim Behandeln eines Gemisches von Aceton und Oxalsäure-diäthylester mit Natriumäthylat in Äthanol und Erwärmen des Reaktionsprodukts mit konz. wss. Salz=
säure (*Toomey, Riegel*, J. org. Chem. **17** [1952] 1492). Beim Erhitzen von 2,4,6-Trioxo-
heptandisäure-diäthylester mit konz. wss. Salzsäure (*Cornubert et al.*, Bl. **1950** 36).
Äthylendiamin-Salz $C_2H_8N_2 \cdot C_7H_4O_6$. Krystalle (aus W.); F: 239—240° [Zers.] (*Schwab*, Am. Soc. **76** [1954] 1189).

Tetradeuterio-4-oxo-4*H*-pyran-2,6-dicarbonsäure, Tetradeuteriochelidonsäure $C_7D_4O_6$, Formel III (R = X = D).
B. Beim Behandeln eines Gemisches von Hexadeuterioaceton und Oxalsäure-diäthyl=
ester mit Natriumäthylat in Äthanol und Erwärmen des Reaktionsprodukts mit Deu=
teriumchlorid in Deuteriumoxid (*Lord, Phillips*, Am. Soc. **74** [1952] 2429).

4-Oxo-4H-pyran-2,6-dicarbonsäure-dimethylester, Chelidonsäure-dimethylester $C_9H_8O_6$, Formel II (X = O-CH$_3$) (H 491).

B. Beim Behandeln von Chelidonsäure-diäthylester (s. u.) mit Methanol unter Zusatz von Kaliumacetat oder von wenig Natriummethylat (*Attenburrow et al.*, Soc. **1945** 571, 575).

Krystalle; F: 122°.

4-Oxo-4H-pyran-2,6-dicarbonsäure-monoäthylester, Chelidonsäure-monoäthylester $C_9H_8O_6$, Formel III (R = C$_2$H$_5$, X = H) (H 491).

B. Als Hauptprodukt neben Chelidonsäure-diäthylester (s. u.) beim Behandeln einer warmen Lösung von 2,4,6-Trioxo-heptandisäure-diäthylester in wss. Äthanol mit Chlor= wasserstoff (*Heyns, Vogelsang*, B. **87** [1954] 1440, 1444). Neben Chelidonsäure-diäthyl= ester beim Erwärmen von Chelidonsäure (S. 6136) mit Chlorwasserstoff enthaltendem Äthanol (*Attenburrow et al.*, Soc. **1945** 571, 574). Beim Behandeln einer warmen Lösung von Chelidonsäure-diäthylester in wss. Äthanol mit Chlorwasserstoff (*He., Vo.*).

Krystalle; F: 222—223° [Zers.] (*He., Vo.*), 218—220° (*At. et al.*), 184° [aus W.] (*Traverso*, Ann. Chimica **45** [1955] 687, 690). Wahre Dissoziationskonstante K_a (Wasser; konduktometrisch ermittelt) bei 25°: 0,0521 (*Sanesi*, Ann. Chimica **47** [1957] 203, 214).

4-Oxo-4H-pyran-2,6-dicarbonsäure-diäthylester, Chelidonsäure-diäthylester $C_{11}H_{12}O_6$, Formel II (X = O-C$_2$H$_5$) (H 492; E I 523; E II 367).

Dipolmoment (ε; Bzl.): 3,34 D (*Lüttringhaus, Grohmann*, Z. Naturf. **10b** [1955] 365). Krystalle; F: 62,3—63,2° [aus wss. A.] (*Franzosini, Traverso*, Ann. Chimica **47** [1957] 346, 347), 62° [aus Bzn. + A.] (*Eiden*, Ar. **292** [1959] 355, 361). UV-Spektrum einer Lösung in Methanol (210—300 nm): *Ei.*, l. c. S. 359; von Lösungen in Äthanol (220 nm bis 300 nm): *Attenburrow et al.*, Soc. **1945** 571, 573; *Fr., Tr.*, l. c. S. 351.

Bei der Hydrierung an Platin in Essigsäure ist *cis*-Tetrahydro-pyran-2,6-dicarbonsäure-diäthylester (S. 4435), bei der Hydrierung an Platin in Decalin ist 4-Hydroxy-tetra= hydro-pyran-2,6-dicarbonsäure-diäthylester [S. 5075] (*Dávila*, An. Soc. españ. **27** [1929] 637, 638, 643), bei der Hydrierung an Raney-Nickel in Äthanol sind 4-Oxo-3,4-dihydro-2H-pyran-2,6-dicarbonsäure-diäthylester (S. 6127) und 4-Oxo-tetrahydro-pyran-2,6-di= carbonsäure-diäthylester (S. 6117), bei der Hydrierung an Palladium/Bariumsulfat in Äthanol sind 4-Hydroxy-tetrahydro-pyran-2,6-dicarbonsäure-diäthylester [F: 48—50°] und 4-Oxo-tetrahydro-pyran-2,6-dicarbonsäure-diäthylester (*At. et al.*, l. c. S. 575) er= halten worden.

4-Oxo-4H-pyran-2,6-dicarbonsäure-bis-[2-chlor-äthylester], Chelidonsäure-bis-[2-chlor-äthylester] $C_{11}H_{10}Cl_2O_6$, Formel II (X = O-CH$_2$-CH$_2$Cl).

B. Beim Erhitzen von Chelidonsäure (S. 6136) mit 2-Chlor-äthanol und konz. Schwe= felsäure auf 105° (*Jerzmanowska, Orchowicz*, Acta Polon. pharm. **13** [1956] 11, 23; C. A. **1956** 16671).

Krystalle (aus A.); F: 94,5—95,5°.

4-[4-Nitro-phenylhydrazono]-4H-pyran-2,6-dicarbonsäure-diäthylester $C_{17}H_{17}N_3O_7$, Formel IV (X = H).

B. Beim Erwärmen von Chelidonsäure-diäthylester (s. o.) mit [4-Nitro-phenyl]-hydr= azin in Äthanol (*Bedekar et al.*, J. Indian chem. Soc. **12** [1935] 465, 467).

Gelbe Krystalle (aus A.); rote Krystalle (aus Bzl.), F: 216°.

4-Oxo-4H-pyran-2,6-dicarbonsäure-diisopropylester, Chelidonsäure-diisopropylester $C_{13}H_{16}O_6$, Formel II (X = O-CH(CH$_3$)$_2$).

B. Beim Erwärmen von Chelidonsäure (S. 6136) mit Isopropylalkohol und 2-Dimethyl= amino-äthanol-hydrochlorid (*Jerzmanowska, Orchowicz*, Acta Polon. pharm. **13** [1956] 11, 23; C. A. **1956** 16671).

Krystalle (aus Bzn.); F: 74,5—76°.

4-Oxo-4H-pyran-2,6-dicarbonsäure-dianilid, Chelidonsäure-dianilid $C_{19}H_{14}N_2O_4$, Formel II (X = NH-C$_6$H$_5$).

B. In mässiger Ausbeute beim Erhitzen von Chelidonsäure (S. 6136) mit Phosphor(V)-

chlorid und Phosphorylchlorid und Behandeln des Reaktionsprodukts mit Äthylacetat, Anilin und Äther (*Jerzmanowska, Orchowicz*, Acta Polon. pharm. **13** [1956] 11, 20; C. A. **1956** 16671).

Gelbe oder orangefarbene Krystalle (aus A.); F: 292—293° [korr.].

IV   V   VI

3,5-Dibrom-4-[4-nitro-phenylhydrazono]-4H-pyran-2,6-dicarbonsäure-diäthylester $C_{17}H_{15}Br_2N_3O_7$, Formel IV (X = Br).

B. Beim Erwärmen von 3,5-Dibrom-4-oxo-4H-pyran-2,6-dicarbonsäure-diäthylester mit [4-Nitro-phenyl]-hydrazin in Äthanol (*Bedekar et al.*, J. Indian chem. Soc. **12** [1935] 465, 468).

Krystalle (aus A.); F: 120°.

4-Thioxo-4H-pyran-2,6-dicarbonsäure-diäthylester $C_{11}H_{12}O_5S$, Formel V (E II 368).

Dipolmoment (ε; Bzl.): 3,36 D (*Lüttringhaus, Grohmann*, Z. Naturf. **10b** [1955] 365).

Grüne Krystalle (aus PAe.); F: 51—52° (*Eiden*, Ar. **292** [1959] 461, 467), 46,3—47° (*Franzosini, Traverso*, Ann. Chimica **47** [1957] 346, 347). Absorptionsspektrum von Lösungen in Methanol und in Hexan (200—420 nm): *Ei.*, l. c. S. 463, 465; einer Lösung in Äthanol (200—420 nm): *Fr., Tr.*, l. c. S. 351.

[5-Oxo-5H-[2]furyliden]-malonsäure-diäthylester, 2-Hydroxy-buta-1,3-dien-1,1,4c-tri= carbonsäure-1,1-diäthylester-4-lacton $C_{11}H_{12}O_6$, Formel VI.

B. Beim Erwärmen von 2-Oxo-but-3-en-1,1,4t-tricarbonsäure-1,1-diäthylester mit Acetanhydrid unter Durchleiten von Bromwasserstoff (*Eisner et al.*, Soc. **1951** 1501, 1510).

Krystalle (aus Ae. + PAe.); F: 62°. Absorptionsmaxima (Dioxan): 250 nm, 281 nm und 290 nm (*Ei. et al.*, l. c. S. 1504).

Überführung in Butan-1,1,4-tricarbonsäure durch Hydrierung an Platin in Äthanol und Behandlung des Reaktionsprodukts mit heisser wss. Kalilauge: *Ei. et al.* Bildung von Maleinsäure und Malonsäure-diäthylester beim Behandeln einer Lösung in Dioxan mit wss. Kalilauge: *Ei. et al.*, l. c. S. 1511. Beim Erwärmen mit Äthanol und kleinen Mengen Salzsäure ist 2-Oxo-but-3-en-1,1,4t-tricarbonsäure-triäthylester, beim Behandeln mit Natriumäthylat in Äthanol ist 2-Oxo-but-3-en-1,1,4c-tricarbonsäure-triäthylester erhalten worden. Reaktion mit Anilin in Dioxan-Lösung unter Bildung von [3t-Phenyl= carbamoyl-acryloyl]-malonsäure-diäthylester: *Ei. et al.*

Oxocarbonsäuren $C_8H_6O_6$

[2]Furyloxalessigsäure-diäthylester $C_{12}H_{14}O_6$, Formel VII und Tautomeres.

B. Beim Behandeln von [2]Furylessigsäure-äthylester mit Oxalsäure-diäthylester und Natriumäthylat in Äther (*Hinz et al.*, B. **76** [1943] 676, 683).

Gelbes Öl; nicht näher beschrieben.

Beim Erhitzen unter vermindertem Druck auf 127° ist [2]Furylmalonsäure-diäthyl= ester erhalten worden.

VII   VIII

Cyan-[2]thienyl-brenztraubensäure-äthylester $C_{10}H_9NO_3S$, Formel VIII, und Tautomeres.

B. Beim Behandeln von [2]Thienylacetonitril mit Oxalsäure-diäthylester und Natrium=

äthylat in Äthanol (*Cagniant*, A. ch. [12] **7** [1952] 442, 477).
  Krystalle (aus Bzl. + PAe.); F: 111°.

[α-Imino-furfuryl]-malononitril C₈H₅N₃O, Formel IX, und **[α-Amino-furfuryliden]-malononitril** C₈H₅N₃O, Formel X.

B. Beim Behandeln einer Lösung von Furan-2-carbamidin oder von Furan-2-carbimid-säure-äthylester in Äthanol mit Malononitril (*Kenner et al.*, Soc. **1943** 388).
  Krystalle (aus W.); F: 182°.
  Beim Erwärmen mit Furan-2-carbamidin-hydrochlorid und Natriumäthylat in Äthanol ist 4-Amino-2,6-di-[2]furyl-pyrimidin-5-carbonitril erhalten worden.

5-Cyanacetyl-thiophen-2-carbonsäure C₈H₅NO₃S, Formel XI (R = H), und Tautomeres (5-[2-Cyan-1-hydroxy-vinyl]-thiophen-2-carbonsäure).

B. Beim Erwärmen von 5-Cyanacetyl-thiophen-2-carbonsäure-methylester mit wss. Kalilauge (*Du Pont de Nemours & Co.*, U.S.P. 2680731 [1950]).
  Krystalle (aus A.), F: 204—207° [Zers.].

IX   X   XI   XII

5-Cyanacetyl-thiophen-2-carbonsäure-methylester C₉H₇NO₃S, Formel XI (R = CH₃), und Tautomeres (5-[2-Cyan-1-hydroxy-vinyl]-thiophen-2-carbonsäure-methylester).

B. Beim Erhitzen von Thiophen-2,5-dicarbonsäure-dimethylester mit Acetonitril, Natriummethylat und Dioxan (*Du Pont de Nemours & Co.*, U.S.P. 2680731 [1950]).
  Krystalle (aus CH₂Cl₂ + PAe.); F: 143—145°.

2-Acetyl-furan-3,4-dicarbonsäure-dimethylester C₁₀H₁₀O₆, Formel XII (R = CH₃).

B. Beim Behandeln von Furan-3,4-dicarbonsäure-dimethylester mit Acetanhydrid, Zinn(IV)-chlorid und Benzol (*Gilman et al.*, Am. Soc. **57** [1935] 907).
  Krystalle (aus CCl₄ oder A.), F: 78° (*Mavoungou-Gomès*, C. r. [C] **265** [1967] 677); F: 108° (*Gi. et al.*).

2-Acetyl-furan-3,4-dicarbonsäure-diäthylester C₁₂H₁₄O₆, Formel XII (R = C₂H₅).

B. Beim Erhitzen von 1-[2]Furyl-äthanon mit Butindisäure-diäthylester auf 105°, Hydrieren des Reaktionsprodukts an Palladium/Calciumcarbonat in Äthylacetat und Erhitzen des erhaltenen Hydrierungsprodukts auf 210° (*Williams et al.*, J. org. Chem. **20** [1955] 1139, 1144).
  Kp₂: 131—134°; n$_D^{20}$: 1,4891 (*Wi. et al.*). IR-Banden im Bereich von 3 μ bis 13 μ: *Kubota*, Tetrahedron **4** [1958] 68, 82; *Yamaguchi*, Japan Analyst **7** [1958] 210, 211. UV-Absorptionsmaximum (A.): 263 nm (*Wi. et al.*).

[3-Carboxy-4-methyl-[2]furyl]-hydroxyimino-essigsäure, 2-[Carboxy-hydroxyimino-methyl]-4-methyl-furan-3-carbonsäure C₈H₇NO₆, Formel XIII (R = H).

B. Beim Erwärmen der im folgenden Artikel beschriebenen Verbindung mit wss. Kalilauge (*Reichstein, Zschokke*, Helv. **14** [1931] 1270, 1273).
  Krystalle (aus W.); F: 187—191° [korr.; Zers.].

[3-Äthoxycarbonyl-4-methyl-[2]furyl]-hydroxyimino-essigsäure-äthylester, 2-[Äthoxy-carbonyl-hydroxyimino-methyl]-4-methyl-furan-3-carbonsäure-äthylester C₁₂H₁₅NO₆, Formel XIII (R = C₂H₅).

B. Beim Behandeln von [3-Äthoxycarbonyl-4-methyl-[2]furyl]-essigsäure-äthylester mit Äthylnitrit und Natriumäthylat in Äther (*Reichstein, Zschokke*, Helv. **14** [1931] 1270,

1272) oder mit Amylnitrit und Natriumäthylat in Äthanol (*Rinkes*, R. **50** [1931] 1127, 1129).

Krystalle; F: 83—84° [aus Bzl. + Bzn.] (*Re.*, *Zsch.*), 82° [aus PAe. + Bzl.] (*Ri.*). Hautreizende Wirkung: *Re.*, *Zsch.*

[3-Äthoxycarbonyl-5-formyl-[2]furyl]-essigsäure-äthylester, 2-Äthoxycarbonylmethyl-5-formyl-furan-3-carbonsäure-äthylester $C_{12}H_{14}O_6$, Formel XIV.

B. Beim Behandeln einer Suspension von [3-Äthoxycarbonyl-5-(D_r-1t_F,2c_F,3r_F,4-tetra-hydroxy-but-cat_F-yl)-[2]furyl]-essigsäure-äthylester in Essigsäure und Benzol mit Blei(IV)-acetat (*Széki*, *László*, B. **73** [1940] 924, 928).

Gelbes Öl; als Phenylhydrazon (s. u.) charakterisiert.

$$\text{XIII} \qquad\qquad \text{XIV} \qquad\qquad \text{XV}$$

[3-Äthoxycarbonyl-5-(phenylhydrazono-methyl)-[2]furyl]-essigsäure-äthylester, 2-Äthoxycarbonylmethyl-5-[phenylhydrazono-methyl]-furan-3-carbonsäure-äthylester $C_{18}H_{20}N_2O_5$, Formel XV (R = C_6H_5).

B. Beim Behandeln der im vorangehenden Artikel beschriebenen Verbindung mit Phenylhydrazin und Äthanol (*Széki*, *László*, B. **73** [1940] 924, 929).

Gelbe Krystalle (aus A.); F: 96—97°.

{3-Äthoxycarbonyl-5-[(3,5-dinitro-phenylhydrazono)-methyl]-[2]furyl}-essigsäure-äthylester, 2-Äthoxycarbonylmethyl-5-[(3,5-dinitro-phenylhydrazono)-methyl]-furan-3-carbonsäure-äthylester $C_{18}H_{18}N_4O_9$, Formel XV (R = $C_6H_3(NO_2)_2$).

B. Beim Behandeln einer Lösung von [3-Äthoxycarbonyl-5-formyl-[2]furyl]-essigsäure-äthylester in Äthanol mit [3,5-Dinitro-phenyl]-hydrazin und Essigsäure (*Széki*, *László*, B. **73** [1940] 924, 929).

Rote Krystalle; F: 168—170°.

[3-Äthoxycarbonyl-5-semicarbazonomethyl-[2]furyl]-essigsäure-äthylester, 2-Äthoxycarbonylmethyl-5-semicarbazonomethyl-furan-3-carbonsäure-äthylester $C_{13}H_{17}N_3O_6$, Formel XV (R = CO-NH$_2$).

B. Beim Behandeln einer Lösung von [3-Äthoxycarbonyl-5-formyl-[2]furyl]-essigsäure-äthylester in Äthanol mit Semicarbazid-hydrochlorid und Natriumacetat in Wasser (*Széki*, *László*, B. **73** [1940] 924, 929).

Krystalle (aus A.); F: 180—182°.

Oxocarbonsäuren $C_9H_8O_6$

5-Acetyl-2-methyl-4,6-dioxo-5,6-dihydro-4H-pyran-3-carbonsäure, 2-Acetyl-4-[(E)-1-hydroxy-äthyliden]-3-oxo-glutarsäure-1-lacton $C_9H_8O_6$, Formel I, und Tautomere.

Die früher (s. H **18** 493) unter dieser Konstitution beschriebene, von *Szuchnik* (Roczniki Chem. **30** [1956] 73, 78; C. A. **1956** 12483) als [5-Acetyl-4,6-dioxo-5,6-dihydro-4H-pyran-2-yl]-essigsäure angesehene „Dehydracetsäure-carbonsäure" ist als 3,5-Diacetyl-pyran-2,4,6-trion (E III/IV **17** 6841) zu formulieren (*Kato*, *Kubota*, Chem. pharm. Bl. **14** [1966] 931; *Jansing*, *White*, Am. Soc. **92** [1970] 7187).

2,6-Dimethyl-4-oxo-4H-pyran-3,5-dicarbonsäure-diäthylester $C_{13}H_{16}O_6$, Formel II (H 494; E I 523; E II 368).

Beim Erhitzen mit Anilin und Essigsäure ist 2,4-Bis-[1-anilino-äthyliden]-3-oxo-glutarsäure-diäthylester (F: 137°) erhalten worden (*Ettel*, *Hebký*, Collect. **15** [1950] 639, 643).

I   II   III

2,6-Dimethyl-4-thioxo-4H-pyran-3,5-dicarbonsäure-diäthylester $C_{13}H_{16}O_5S$, Formel III (H 495).

B. Beim Erwärmen einer Lösung von 2,6-Dimethyl-4-oxo-4H-pyran-3,5-dicarbonsäure-diäthylester in Benzol mit Phosphor(V)-sulfid (*Traverso*, Ann. Chimica **45** [1955] 695, 701).

Gelbe Krystalle (aus Bzn.); F: 107,8—108,4° (*Franzosini*, *Traverso*, Ann. Chimica **47** [1957] 346, 348), 107—108° (*Tr.*). Absorptionsspektrum (A.; 220—380 nm): *Fr.*, *Tr.*, l. c. S. 351.

4-Hydroxyimino-2,6-dimethyl-4H-thiopyran-3,5-dicarbonsäure-diäthylester $C_{13}H_{17}NO_5S$, Formel IV.

B. Beim Erwärmen von 2,6-Dimethyl-4-thioxo-4H-thiopyran-3,5-dicarbonsäure-diäthylester mit Hydroxylamin-hydrochlorid und Natriumacetat in Methanol (*Traverso*, Ann. Chimica **45** [1955] 695, 704).

Krystalle (aus Me. oder A.); F: 135°.

IV   V   VI

2,6-Dimethyl-4-thioxo-4H-thiopyran-3,5-dicarbonsäure-diäthylester $C_{13}H_{16}O_4S_2$, Formel V.

B. Beim Erwärmen einer Lösung von 2,6-Dimethyl-4-thioxo-4H-pyran-3,5-dicarbonsäure-diäthylester in Äthanol mit Kaliumhydrogensulfid (*Traverso*, Ann. Chimica **45** [1955] 695, 701).

Rote Krystalle (aus Bzn.); F: 99—100° (*Tr.*). Absorptionsspektrum (A.; 220—420 nm): *Franzosini*, *Traverso*, Ann. Chimica **47** [1957] 346, 351.

[Furan-2-carbonyl]-bernsteinsäure-diäthylester $C_{13}H_{16}O_6$, Formel VI, und Tautomeres ([α-Hydroxy-furfuryliden]-bernsteinsäure-diäthylester).

B. Aus 3-[2]Furyl-3-oxo-propionsäure-äthylester beim Erhitzen mit Chloressigsäure-äthylester und Natriumäthylat in Äthanol auf 120° (*Asano*, *Nakatomi*, J. pharm. Soc. Japan **53** [1933] 176, 180; dtsch. Ref. S. 36, 38; C. A. **1933** 2703) sowie beim Behandeln mit Natriumäthylat in Äthanol und anschliessenden Erwärmen mit Bromessigsäure-äthylester und Benzol (*Gruber*, B. **88** [1955] 178, 183).

F: 56° (*As.*, *Na.*). Kp$_{0,5}$: 143—146° (*Gr.*). IR-Banden im Bereich von 3 μ bis 13 μ: *Kubota*, Tetrahedron **4** [1958] 68, 82; *Yamaguchi*, Japan Analyst **7** [1958] 210, 211.

[2-[2]Furyl-2-oxo-äthyl]-malonsäure $C_9H_8O_6$, Formel VII (R = H), und Tautomeres (2-Hydroxy-5-oxo-2,3,4,5-tetrahydro-[2,2′]bifuryl-4-carbonsäure).

B. Beim Erwärmen von [2-[2]Furyl-2-oxo-äthyl]-malonsäure-diäthylester mit methanol. Kalilauge (*Elming*, Acta chem. scand. **11** [1957] 1493).

Krystalle (aus Me. + Ae.); F: 159—162° [Zers.].

[2-[2]Furyl-2-oxo-äthyl]-malonsäure-dimethylester $C_{11}H_{12}O_6$, Formel VII (R = CH$_3$).

B. Beim Erwärmen von 2-Brom-1-[2]furyl-äthanon mit der Natrium-Verbindung des Malonsäure-dimethylesters in Äther (*Elming*, Acta chem. scand. **11** [1957] 1493).

Krystalle (aus Ae.); F: 69—71°.

VII   VIII   IX

[2-[2]Furyl-2-oxo-äthyl]-malonsäure-diäthylester $C_{13}H_{16}O_6$, Formel VII (R = C_2H_5).

B. Beim Erwärmen von 2-Brom-1-[2]furyl-äthanon mit der Natrium-Verbindung des Malonsäure-diäthylesters in Äther (*Elming*, Acta chem. scand. **11** [1957] 1493).
$Kp_{0,1}$: 141 — 143°. n_D^{25}: 1,4853.

---

[2]Thienylacetyl-malonsäure-diäthylester $C_{13}H_{16}O_5S$, Formel VIII, und Tautomeres ([1-Hydroxy-2-[2]thienyl-äthyliden]-malonsäure-diäthylester).

Bildung beim Erwärmen eines Gemisches von Malonsäure-äthylester-*tert*-butylester und Malonsäure-diäthylester mit Magnesiumäthylat in Äther und anschliessend mit [2]Thi=enylacetylchlorid: *Miller et al.*, Am. Soc. **70** [1948] 500, 502.
$Kp_{1,5}$: 150 — 152°.

[4-Carboxy-5-methyl-[2]furyl]-brenztraubensäure, 5-[2-Carboxy-2-oxo-äthyl]-2-methyl-furan-3-carbonsäure $C_9H_8O_6$, Formel IX (R = H), und Tautomeres.

B. Beim Erhitzen von 2-Methyl-5-[5-oxo-2-phenyl-Δ^2-oxazolin-4-ylidenmethyl]-furan-3-carbonsäure-äthylester (F: 127 — 130°) mit wss. Natronlauge (*Fernández-Bolaños et al.*, An. Soc. españ. [B] **49** [1953] 57, 60).
Krystalle (aus wss. A.); F: 251 — 253° [Zers.].

2-Benzoylimino-3-[4-carboxy-5-methyl-[2]furyl]-propionsäure, 5-[2-Benzoylimino-2-carboxy-äthyl]-2-methyl-furan-3-carbonsäure $C_{16}H_{13}NO_6$, Formel X (R = H, X = CO-C_6H_5), und **2-Benzoylamino-3-[4-carboxy-5-methyl-[2]furyl]-acrylsäure, 5-[2-Benzoylamino-2-carboxy-vinyl]-2-methyl-furan-3-carbonsäure** $C_{16}H_{13}NO_6$, Formel XI (R = H).

B. Beim Erwärmen von 2-Methyl-5-[5-oxo-2-phenyl-Δ^2-oxazolin-4-ylidenmethyl]-furan-3-carbonsäure-äthylester (F: 127 — 130°) mit wss. Natronlauge (*Fernández-Bolaños, Fiestas Ros de Ursinos*, An. Soc. españ. [B] **46** [1950] 659, 663).
Krystalle (aus A. oder Eg.); F: 250 — 252°.

3-[4-Carboxy-5-methyl-[2]furyl]-2-hydroxyimino-propionsäure, 5-[2-Carboxy-2-hydr=oxyimino-äthyl]-2-methyl-furan-3-carbonsäure $C_9H_9NO_6$, Formel X (R = H, X = OH).

B. Beim Behandeln einer Lösung von [4-Carboxy-5-methyl-[2]furyl]-brenztraubensäure oder von 3-[4-Carboxy-5-methyl-[2]furyl]-2-thioxo-propionsäure in wss. Natronlauge mit Hydroxylamin-hydrochlorid (*Fernández-Bolaños et al.*, An. Soc. españ. [B] **49** [1953] 57, 62).
Krystalle (aus wss. A.); F: 173 — 175°.

[4-Äthoxycarbonyl-5-methyl-[2]furyl]-brenztraubensäure $C_{11}H_{12}O_6$, Formel IX (R = C_2H_5), und Tautomeres.

B. Beim Erhitzen von 2-Methyl-5-[2-methyl-5-oxo-Δ^2-oxazolin-4-ylidenmethyl]-furan-3-carbonsäure-äthylester (F: 105 — 110°) mit wss. Salzsäure (*Fernández-Bolaños et al.*, An. Soc. españ. [B] **49** [1953] 57, 60).
Krystalle (aus A.); F: 208° [Zers.].

X   XI

2-Acetylimino-3-[4-äthoxycarbonyl-5-methyl-[2]furyl]-propionsäure $C_{13}H_{15}NO_6$,
Formel XII (R = H, X = CO-CH$_3$), und **2-Acetylamino-3-[4-äthoxycarbonyl-5-methyl-[2]furyl]-acrylsäure** $C_{13}H_{15}NO_6$, Formel XIII (R = H).

B. Beim Erwärmen von 2-Methyl-5-[2-methyl-5-oxo-$\varDelta^2$-oxazolin-4-ylidenmethyl]-furan-3-carbonsäure-äthylester (F: 105—110°) mit wss. Dioxan (*Gómez-Sánchez, Fernández-Bolaños*, An. Soc. españ. [B] **49** [1953] 51, 54).
Krystalle (aus Bzl.); F: 197—199°.

XII   XIII

3-[4-Äthoxycarbonyl-5-methyl-[2]furyl]-2-hydroxyimino-propionsäure $C_{11}H_{13}NO_6$, Formel XIV.

a) Stereoisomeres vom F: 151°.
B. Neben dem unter b) beschriebenen Stereoisomeren beim Behandeln von [4-Äthoxy-carbonyl-5-methyl-[2]furyl]-brenztraubensäure mit wss. Natronlauge und Hydroxyl-amin-hydrochlorid (*Fernández-Bolaños et al.*, An. Soc. españ. [B] **49** [1953] 57, 61).
Krystalle (aus wss. A.); F: 150—151° [Zers.].

b) Stereoisomeres vom F: 206°.
B. s. bei dem unter a) beschriebenen Stereoisomeren.
Krystalle (aus A.); F: 205—206° (*Fernández-Bolaños et al.*, An. Soc. españ. [B] **49** [1953] 57, 61).

2-Acetylimino-3-[4-äthoxycarbonyl-5-methyl-[2]furyl]-propionsäure-äthylester,
5-[2-Acetylimino-2-äthoxycarbonyl-äthyl]-2-methyl-furan-3-carbonsäure-äthylester
$C_{15}H_{19}NO_6$, Formel XII (R = C$_2$H$_5$, X = CO-CH$_3$), und **2-Acetylamino-3-[4-äthoxy-carbonyl-5-methyl-[2]furyl]-acrylsäure-äthylester, 5-[2-Acetylamino-2-äthoxycarbonyl-vinyl]-2-methyl-furan-3-carbonsäure-äthylester** $C_{15}H_{19}NO_6$, Formel XIII (R = C$_2$H$_5$).
B. Beim Erwärmen von 2-Methyl-5-[2-methyl-5-oxo-$\varDelta^2$-oxazolin-4-ylidenmethyl]-furan-3-carbonsäure-äthylester (F: 105—110°) mit Natriumcarbonat und wss. Äthanol (*Gómez-Sánchez, Fernández-Bolaños*, An. Soc. españ. [B] **49** [1953] 51, 54).
Krystalle (aus wss. A.); F: 140—141°.

3-[4-Äthoxycarbonyl-5-methyl-[2]furyl]-2-benzoylimino-propionsäure-äthylester,
5-[2-Äthoxycarbonyl-2-benzoylimino-äthyl]-2-methyl-furan-3-carbonsäure-äthylester
$C_{20}H_{21}NO_6$, Formel X (R = C$_2$H$_5$, X = CO-C$_6$H$_5$), und **3-[4-Äthoxycarbonyl-5-methyl-[2]furyl]-2-benzoylamino-acrylsäure-äthylester, 5-[2-Äthoxycarbonyl-2-benzoylamino-vinyl]-2-methyl-furan-3-carbonsäure-äthylester** $C_{20}H_{21}NO_6$, Formel XI (R = C$_2$H$_5$).
B. Beim Erwärmen von 2-Methyl-5-[5-oxo-2-phenyl-$\varDelta^2$-oxazolin-4-ylidenmethyl]-furan-3-carbonsäure-äthylester (F: 127—130°) mit Natriumcarbonat und wss. Äthanol (*Fernández-Bolaños, Fiestas Ros de Ursinos*, An. Soc. españ. [B] **46** [1950] 659, 663).
Krystalle (aus A.); F: 122—125°.

XIV   XV

3-[4-Carboxy-5-methyl-[2]furyl]-2-thioxo-propionsäure, 5-[2-Carboxy-2-thioxo-äthyl]-2-methyl-furan-3-carbonsäure $C_9H_8O_5S$, Formel XV, und **Tautomeres.**
B. Beim Erwärmen von 2-Methyl-5-[4-oxo-2-thioxo-thiazolidin-5-ylidenmethyl]-furan-3-carbonsäure-äthylester oder von 5-[2,4-Dioxo-thiazolidin-5-ylidenmethyl]-2-methyl-furan-3-carbonsäure-äthylester mit wss. Natronlauge (*Fernández-Bolaños et al.*, An. Soc. españ. [B] **49** [1953] 57, 61).
Krystalle (aus A.); F: 260—262° [Zers.] (unreines Präparat).

Oxocarbonsäuren $C_{10}H_{10}O_6$

4-[6-Methyl-2,4-dioxo-3,4-dihydro-2*H*-pyran-3-yl]-4-oxo-buttersäure, 2-[3-Hydroxy-*trans*-crotonoyl]-3-oxo-adipinsäure-1-lacton $C_{10}H_{10}O_6$, Formel I (R = H), und Tautomere (z. B. **4-[4-Hydroxy-6-methyl-2-oxo-2*H*-pyran-3-yl]-4-oxo-buttersäure** [Formel II (R = H)]).

B. Beim Erwärmen der im folgenden Artikel beschriebenen Verbindung mit methanol. Kalilauge (*Iguchi, Hisatsune,* J. pharm. Soc. Japan 77 [1957] 94, 97; C. A. **1957** 8733). Krystalle (aus wss. A.); F: 105—106°.

I   II

4-[6-Methyl-2,4-dioxo-3,4-dihydro-2*H*-pyran-3-yl]-4-oxo-buttersäure-äthylester, 2-[3-Hydroxy-*trans*-crotonoyl]-3-oxo-adipinsäure-6-äthylester-1-lacton $C_{12}H_{14}O_6$, Formel I (R = C_2H_5), und Tautomere (z. B. **4-[4-Hydroxy-6-methyl-2-oxo-2*H*-pyran-3-yl]-4-oxo-buttersäure-äthylester** [Formel II (R = C_2H_5)]).

B. Beim Erwärmen einer Lösung von Triacetsäure-lacton (E III/IV **17** 5915) in Pyridin mit Bernsteinsäure-äthylester-chlorid (*Iguchi, Hisatsune,* J. pharm. Soc. Japan 77 [1957] 94, 97; C. A. **1957** 8733).

Krystalle (aus wss. A.); F: 78,5—79,5°.

2-[2-Cyan-äthyl]-3-[2]furyl-3-oxo-propionsäure-äthylester, 4-Cyan-2-[furan-2-carbonyl]-buttersäure-äthylester $C_{12}H_{13}NO_4$, Formel III, und Tautomeres (2-[2-Cyan-äthyl]-3-[2]furyl-3-hydroxy-acrylsäure-äthylester).

B. Beim Erwärmen von 3-[2]Furyl-3-oxo-propionsäure-äthylester mit Natrium, Äthanol und Acrylonitril (*Yoho, Levine,* Am. Soc. 74 [1952] 5597).

$Kp_{2,5}$: 180—180,5°.

III   IV   V

2-[2-Cyan-äthyl]-3-oxo-3-[2]thienyl-propionsäure-äthylester, 4-Cyan-2-[thiophen-2-carbonyl]-buttersäure-äthylester $C_{12}H_{13}NO_3S$, Formel IV, und Tautomeres (2-[2-Cyan-äthyl]-3-hydroxy-3-[2]thienyl-acrylsäure-äthylester).

B. Beim Erwärmen von 3-Oxo-3-[2]thienyl-propionsäure-äthylester mit Natrium, Äthanol und Acrylonitril (*Yoho, Levine,* Am. Soc. 74 [1952] 5597).

Kp_1: 175—176°.

Methyl-[2-oxo-2-[2]thienyl-äthyl]-malonsäure $C_{10}H_{10}O_5S$, Formel V, und Tautomeres (5-Hydroxy-3-methyl-2-oxo-5-[2]thienyl-tetrahydro-furan-3-carbon säure).

B. Bei der Umsetzung von 2-Brom-1-[2]thienyl-äthanon mit der Natrium-Verbindung des Methylmalonsäure-diäthylesters und anschliessenden Hydrolyse (*Kitchen, Sandin,* Am. Soc. 67 [1945] 1645).

Krystalle (aus W.); F: 165—166° [korr.; Zers.].

5-[3-Äthoxycarbonyl-2-oxo-propyl]-2-methyl-furan-3-carbonsäure-äthylester $C_{14}H_{18}O_6$, Formel VI, und Tautomeres; **4-[4-Äthoxycarbonyl-5-methyl-[2]furyl]-acetessigsäure-äthylester**.

B. Beim Behandeln von 5-Chlorcarbonylmethyl-2-methyl-furan-3-carbonsäure-äthyl=

ester mit der Natrium-Verbindung des Acetessigsäure-äthylesters und Erwärmen des Reaktionsprodukts mit wss. Ammoniak (*Robinson, Thompson*, Soc. **1938** 2009, 2011).

Kp_{14}: 153—154°.

An der Luft erfolgt Dunkelfärbung.

VI   VII

5-[1-Äthoxycarbonyl-2-oxo-propyl]-2-methyl-furan-3-carbonsäure-äthylester $C_{14}H_{18}O_6$, Formel VII, und Tautomeres; **2-[4-Äthoxycarbonyl-5-methyl-[2]furyl]-acetessigsäure-äthylester** (H 495; E II 368).

Ein krystallines Präparat (F: 140°) ist aus 2-[4-Äthoxycarbonyl-3-hydroxy-5-methyl-2,3-dihydro-[2]furyl]-acetessigsäure-äthylester (F: 121°) beim Erhitzen auf 121° sowie beim Behandeln mit Acetanhydrid, ein flüssiges Präparat (braunes Öl; $Kp_{0,1}$: 145°; n_D^{16}: 1,5040) ist beim Behandeln des gleichen Esters mit 50%ig. wss. Schwefelsäure erhalten worden (*Gault et al.*, Bl. **1959** 1170, 1172).

(±)-6ξ-Brom-2-oxo-(3ar)-hexahydro-3,5-methano-cyclopenta[b]furan-5,7syn-dicarbon= säure-5-methylester, (±)-6ξ-Brom-5endo-hydroxy-norbornan-1,2endo,3endo-tricarbon= säure-3-lacton-1-methylester $C_{11}H_{11}BrO_6$, Formel VIII + Spiegelbild.

Die Konstitution und Konfiguration der beiden nachstehend beschriebenen, von *Alder, Stein* (A. **514** [1934] 1, 12, 26) als (±)-5ξ-Brom-6endo-hydroxy-norbornan-2endo,3endo,7anti-tricarbonsäure-2-lacton-7-methylester ($C_{11}H_{11}BrO_6$; Formel IX + Spiegelbild) angesehenen Verbindungen ergibt sich aus ihrer genetischen Beziehung zu (±)-Norborn-5-en-1,2endo,3endo-tricarbonsäure-2,3-anhydrid-1-methylester (S. 6034).

a) **Stereoisomeres vom F: 197°.**

B. Neben dem unter b) beschriebenen Stereoisomeren beim Behandeln einer warmen Lösung von (±)-Norborn-5-en-1,2endo,3endo-tricarbonsäure-2,3-anhydrid-1-methylester in Wasser mit Brom (*Alder, Stein*, A. **514** [1934] 1, 26).

Krystalle (aus E.); F: 197°.

Beim Behandeln mit äthanol. Kalilauge ist 5endo,6endo-Dihydroxy-norbornan-1,2endo,= 3endo-tricarbonsäure-3→5-lacton erhalten worden.

b) **Stereoisomeres vom F: 157°.**

B. s. bei dem unter a) beschriebenen Stereoisomeren.

Krystalle (aus E.); F: 155—157° (*Alder, Stein*, A. **514** [1934] 1, 26).

Beim Behandeln mit äthanol. Kalilauge ist 5endo,6endo-Dihydroxy-norbornan-1,2endo,= 3endo-tricarbonsäure-3→5-lacton erhalten worden.

VIII   IX   X   XI

4-Oxo-3-oxa-tricyclo[3.2.2.0²,⁷]nonan-6,7-dicarbonsäure, 7-Hydroxy-norcaran-1,2,3-tri= carbonsäure-3-lacton $C_{10}H_{10}O_6$, Formel X, und **3-Oxo-4-oxa-tricyclo[3.2.2.0²,⁷]nonan-6,7-dicarbonsäure, 3-Hydroxy-norcaran-1,2,7-tricarbonsäure-7-lacton** $C_{10}H_{10}O_6$, Formel XI.

Diese Konstitutionsformeln kommen für die nachstehend beschriebene opt.-inakt. Verindung in Betracht.

B. Beim Erwärmen von opt.-inakt. 5-Oxo-tricyclo[2.2.2.0^{2,6}]octan-2,3-dicarbonsäure (F: 227°) mit wss. Wasserstoffperoxid und Essigsäure (*Alder et al.*, A. **593** [1955] 1, 21). Krystalle (aus Me. + E. + Bzn.); F: 224°.

Dimethylester $C_{12}H_{14}O_6$ (mit Hilfe von Diazomethan hergestellt). Krystalle (aus Ae. + PAe.); F: 94° (*Al. et al.*, l. c. S. 22).

Oxocarbonsäuren $C_{11}H_{12}O_6$

2-Äthyl-4,6-dioxo-5-propionyl-5,6-dihydro-4*H***-pyran-3-carbonsäure, 2-[(*E*)-1-Hydroxy-propyliden]-3-oxo-4-propionyl-glutarsäure-5-lacton** $C_{11}H_{12}O_6$, Formel XII, und Tautomere (H 495).

Für die unter dieser Konstitution beschriebene ,,Dehydropropionylessigsäure-carbonsäure`` ist auf Grund ihrer Bildungsweise auch die Formulierung als 3,5-Di= propionyl-pyran-2,4,6-trion(3-Oxo-2,4-dipropionyl-glutarsäure-anhydrid; $C_{11}H_{12}O_6$; Formel XIII) in Betracht zu ziehen (vgl. die Angaben im Artikel 3,5-Diacetyl-pyran-2,4,6-trion (E III/IV **17** 6841).

B. Beim Behandeln von 3-Oxo-glutarsäure mit Propionsäure-anhydrid (*Deshapande*, J. Indian chem. Soc. **9** [1932] 303, 304), auch in Gegenwart von Schwefelsäure (*Namiki et al.*, J. agric. chem. Soc. Japan **25** [1951] 472, 473; C. A. **1954** 4527). Krystalle; F: 114—115° [aus wss. A.] (*De.*), 114—115° (*Na. et al.*).

XII XIII XIV

2-[5-Methyl-furan-2-carbonyl]-glutarsäure-diäthylester $C_{15}H_{20}O_6$, Formel XIV (R = C_2H_5), und Tautomeres (2-[α-Hydroxy-5-methyl-furfuryliden]-glutar= säure-diäthylester).

B. Beim Behandeln von 3-[5-Methyl-[2]furyl]-3-oxo-propionsäure-äthylester mit Natriumäthylat in Äthanol und anschliessenden Erwärmen mit 3-Brom-propionsäure-äthylester und Benzol (*Gruber*, B. **88** [1955] 178, 183).

$Kp_{0,5}$: 167—170°.

Oxocarbonsäuren $C_{12}H_{14}O_6$

6-[6-Methyl-2,4-dioxo-3,4-dihydro-2*H***-pyran-3-yl]-6-oxo-hexansäure, 2-[3-Hydroxy-*trans*-crotonoyl]-3-oxo-octandisäure-1-lacton** $C_{12}H_{14}O_6$, Formel I (R = H), und Tauto-mere (z. B. 6-[4-Hydroxy-6-methyl-2-oxo-2*H*-pyran-3-yl]-6-oxo-hexan= säure [Formel II (R = H)]).

B. Beim Erwärmen der im folgenden Artikel beschriebenen Verbindung mit methanol. Kalilauge (*Iguchi, Hisatsune*, J. pharm. Soc. Japan **77** [1957] 94, 97; C. A. **1957** 8733). Krystalle (aus wss. A.); F: 118—119°. UV-Spektrum (A.; 250—350 nm): *Ig., Hi.*, l. c. S. 96.

I II

6-[6-Methyl-2,4-dioxo-3,4-dihydro-2*H***-pyran-3-yl]-6-oxo-hexansäure-äthylester, 2-[3-Hydroxy-*trans*-crotonoyl]-3-oxo-octandisäure-8-äthylester-1-lacton** $C_{14}H_{18}O_6$, Formel I (R = C_2H_5), und Tautomere (z. B. 6-[4-Hydroxy-6-methyl-2-oxo-2*H*-pyran-3-yl]-6-oxo-hexansäure-äthylester [Formel II (R = C_2H_5)]).

B. Beim Behandeln von Triacetsäure-lacton (E III/IV **17** 5915) mit Adipinsäure-

äthylester-chlorid und Pyridin (*Iguchi, Hisatsune,* J. pharm. Soc. Japan **77** [1957] 94, 97;
C. A. **1957** 8733).
  Krystalle (aus wss. A.); F: 80—82°. UV-Spektrum (A.; 250—350 nm): *Ig., Hi.,* l. c.
S. 96.

[Furan-3-carbonyl]-isobutyl-malonsäure-diäthylester $C_{16}H_{22}O_6$, Formel III (R = C_2H_5).
  B. Beim Erwärmen einer Lösung von Isobutylmalonsäure-diäthylester in Äthanol und
Äther mit einem Gemisch von Magnesium, Äthanol und Tetrachlormethan und Er-
wärmen der Reaktionslösung mit einer äther. Lösung von Furan-3-carbonylchlorid
(*Arata, Achiwa,* Ann. Rep. Fac. Pharm. Kanazawa Univ. **8** [1958] 29; C. A. **1959** 5228).
  $Kp_{4,5}$: 143—146°.

III   IV   V

**(±)-2-[4-Carboxy-5-methyl-furfuryl]-4-oxo-valeriansäure, (±)-5-[2-Carboxy-4-oxo-
pentyl]-2-methyl-furan-3-carbonsäure** $C_{12}H_{14}O_6$, Formel IV, und Tautomeres
(5-[5-Hydroxy-5-methyl-2-oxo-tetrahydro-[3]furylmethyl]-2-methyl-
furan-3-carbonsäure).
  B. Beim Behandeln von 2-Methyl-5-[5-methyl-2-oxo-[3]furylidenmethyl]-furan-
3-carbonsäure-äthylester (F: 143—144°) mit wss. Äthanol und Natrium-Amalgam
(*Russell et al.,* Biochem. J. **45** [1949] 530, 532).
  Krystalle (aus W.); F: 126—129°.

(±)-[8,8-Dimethyl-4-oxo-3-oxa-bicyclo[3.2.1]oct-2-yliden]-malonsäure-diäthylester
$C_{16}H_{22}O_6$, Formel V (R = C_2H_5) + Spiegelbild (in der Literatur auch als Apocampheryl-
malonsäure-diäthylester bezeichnet).
  B. Beim Erwärmen von *cis*-Apocamphersäure-anhydrid (8,8-Dimethyl-3-oxa-bicyclo-
[3.2.1]octan-2,4-dion) mit der Natrium-Verbindung des Malonsäure-diäthylesters in
Benzol (*Komppa, Bergström,* B. **75** [1942] 1607, 1608).
  Krystalle (aus Bzn.); F: 63,5—64°. $Kp_{6,5}$: 204,5—206°.

Oxocarbonsäuren $C_{13}H_{16}O_6$

**5-Butyryl-4,6-dioxo-2-propyl-5,6-dihydro-4H-pyran-3-carbonsäure, 2-Butyryl-
4-[(E)-1-hydroxy-butyliden]-3-oxo-glutarsäure-1-lacton** $C_{13}H_{16}O_6$, Formel VI, und
Tautomere.
  Für die nachstehend beschriebene Verbindung ist auf Grund ihrer Bildungsweise auch
die Formulierung als 3,5-Dibutyryl-pyran-2,4,6-trion (2,4-Dibutyryl-3-oxo-
glutarsäure-anhydrid; $C_{13}H_{16}O_6$; Formel VII) in Betracht zu ziehen (vgl. die Angaben
im Artikel 3,5-Diacetyl-pyran-2,4,6-trion (E III/IV **17** 6841).
  B. Beim Behandeln von 3-Oxo-glutarsäure mit Butyrylchlorid und wenig Schwefelsäure
(*Deshapande,* J. Indian chem. Soc. **9** [1932] 303, 306; *Namiki et al.,* J. agric. chem. Soc.
Japan **25** [1951] 472, 474; C. A. **1954** 4527).
  Krystalle; F: 80—81° (*Na. et al.*), 80° [aus A.] (*De.*).
  Kalium-Salz $KC_{13}H_{15}O_6$. Krystalle (aus W.); F: 164° (*De.*).

VI   VII

2-[Furan-2-carbonyl]-octandisäure-diäthylester $C_{17}H_{24}O_6$, Formel VIII, und Tautomeres (2-[α-Hydroxy-furfuryliden]-octandisäure-diäthylester).

B. Beim Behandeln von 3-[2]Furyl-3-oxo-propionsäure-äthylester mit Natriumäthylat in Äthanol und anschliessenden Erwärmen mit 6-Brom-hexansäure-äthylester in Benzol (*Gruber*, B. **88** [1955] 178, 183).

$Kp_{0,5}$: 182—184°.

VIII   IX

4-[Furan-2-carbonyl]-4-methyl-heptandinitril $C_{13}H_{14}N_2O_2$, Formel IX.

B. Beim Behandeln eines Gemisches von 1-[2]Furyl-propan-1-on, *tert*-Butylalkohol und wss. Benzyl-trimethyl-ammoniumhydroxid-Lösung mit Acrylonitril (*Bruson, Riener*, Am. Soc. **70** [1948] 214, 216).

Krystalle (aus A.); F: 49°.

4-Methyl-4-[thiophen-2-carbonyl]-heptandisäure $C_{13}H_{16}O_5S$, Formel X, und Tautomeres (3-[2-Hydroxy-3-methyl-6-oxo-2-[2]thienyl-tetrahydro-pyran-3-yl]-propionsäure).

B. Beim Erwärmen der im folgenden Artikel beschriebenen Verbindung mit wss. Natronlauge (*Bruson, Riener*, Am. Soc. **70** [1948] 214, 216).

Krystalle (aus Nitromethan); F: 137—138° [unkorr.].

X   XI   XII

4-Methyl-4-[thiophen-2-carbonyl]-heptandinitril $C_{13}H_{14}N_2OS$, Formel XI.

B. Beim Behandeln eines Gemisches von 1-[2]Thienyl-propan-1-on, *tert*-Butylalkohol und wss. Benzyl-trimethyl-ammonium-hydroxid-Lösung mit Acrylonitril (*Bruson, Riener*, Am. Soc. **70** [1948] 214, 216).

F: 81—82° [aus A.].

4-Methyl-4-[selenophen-2-carbonyl]-heptandisäure $C_{13}H_{16}O_5Se$, Formel XII, und Tautomeres (3-[2-Hydroxy-3-methyl-6-oxo-2-selenophen-2-yl-tetrahydro-pyran-3-yl]-propionsäure).

B. Beim Erhitzen der im folgenden Artikel beschriebenen Verbindung mit wss. Natron= lauge (*Jur'ew et al.*, Ž. obšč. Chim. **28** [1958] 3036, 3040; engl. Ausg. S. 3066, 3069).

Krystalle (aus W.); F: 130—131°.

4-Methyl-4-[selenophen-2-carbonyl]-heptandinitril $C_{13}H_{14}N_2OSe$, Formel I.

B. Beim Behandeln einer Lösung von 1-Selenophen-2-yl-propan-1-on in *tert*-Butyl= alkohol mit Acrylonitril und äthanol. Kalilauge (*Jur'ew et al.*, Ž. obšč. Chim. **28** [1958] 3036, 3039; engl. Ausg. S. 3066, 3069).

Krystalle (aus wss. A.); F: 91—91,5°.

[(1S)-5,8,8-Trimethyl-4-oxo-3-oxa-bicyclo[3.2.1]oct-2-yliden]-malonsäure-diäthylester $C_{17}H_{24}O_6$, Formel II (R = C_2H_5) (H 495; E II 369; dort als Campherylmalonsäure-diäthylester bezeichnet).

B. Beim Erwärmen von (1R)-*cis*-Camphersäure-anhydrid (E III/IV **17** 5957) mit der Natrium-Verbindung des Malonsäure-diäthylesters in Benzol (*Buser, Rupe*, Helv. **26** [1943] 857, 860).

Krystalle; F: 83—84°. Bei 212—218°/12 Torr destillierbar.

Bei der Hydrierung an einem Nickel-Katalysator in einem Gemisch von Äthanol, Äthylacetat und Wasser bei 120°/130 at und Behandlung des Reaktionsprodukts mit warmer methanol. Kalilauge ist [(1R)-3c-Carboxy-2,2,3t-trimethyl-cyclopent-r-ylmethyl]-malonsäure erhalten worden.

I   II   III

(3aS)-3a-Methyl-1-oxo-(3ar,3bt,7ac)-octahydro-pentaleno[1,2-c]furan-6t,6at-dicarbon=säure, (3aS)-4c-Hydroxymethyl-4t-methyl-(3ar)-hexahydro-pentalen-1c,5c,6ac-tricarbon=säure-5-lacton $C_{13}H_{16}O_6$, Formel III (R = H).

Diese Konstitution (und Konfiguration) kommt wahrscheinlich der nachstehend beschriebenen Verbindung zu (*Yates*, *Field*, Tetrahedron **26** [1970] 3135, 3149, 3150).

B. Beim Behandeln von Schellolsäure (E III **10** 2465) mit wss. Kaliumpermanganat-Lösung und wss. Schwefelsäure (*Nagel*, *Mertens*, B. **72** [1939] 985, 992).

Krystalle (aus W.) mit 2 Mol H_2O; F: 153—155° [Zers.] (*Na.*, *Me.*).

(3aS)-3a-Methyl-1-oxo-(3ar,3bt,7ac)-octahydro-pentaleno[1,2-c]furan-6t,6at-dicarbon=säure-dimethylester, (3aS)-4c-Hydroxymethyl-4t-methyl-(3ar)-hexahydro-pentalen-1c,5c,6ac-tricarbonsäure-5-lacton-1,6-dimethylester $C_{15}H_{20}O_6$, Formel III (R = CH$_3$).

Diese Konstitution (und Konfiguration) kommt wahrscheinlich der nachstehend beschriebenen Verbindung zu.

B. Aus der im vorangehenden Artikel beschriebenen Verbindung mit Hilfe von Diazo=methan (*Nagel*, *Mertens*, B. **72** [1939] 985, 992).

Krystalle (aus Me. + W.); F: 79—80°.

IV   V   VI   VII

(±)-6c-Brom-3a,4,4-trimethyl-2-oxo-(3ar)-hexahydro-3,5-methano-cyclopenta[b]furan-5,7syn-dicarbonsäure-5-methylester, (±)-6exo-Brom-5endo-hydroxy-4,7,7-trimethyl-nor=bornan-1,2endo,3endo-tricarbonsäure-3-lacton-1-methylester $C_{14}H_{17}BrO_6$, Formel IV + Spiegelbild, und (±)-6c-Brom-4,5-trimethyl-2-oxo-hexahydro-3,5-methano-cyclo=penta[b]furan-3ar,7syn-dicarbonsäure-3a-methylester, (±)-5exo-Brom-6endo-hydroxy-4,7,7-trimethyl-norbornan-1,2endo,3endo-tricarbonsäure-2-lacton-1-methylester $C_{14}H_{17}BrO_6$, Formel V + Spiegelbild.

Diese beiden Formeln kommen für die nachstehend beschriebene Verbindung in Betracht.

B. Beim Behandeln einer heissen Lösung von (±)-4,7,7-Trimethyl-norborn-5-en-1,2endo,3endo-tricarbonsäure-1-methylester in Wasser mit Brom (*Alder*, *Windemuth*, A. **543** [1940] 56, 74).

Krystalle (aus E. + Bzn.); F: 185°.

Dimethylester $C_{15}H_{19}BrO_6$ (mit Hilfe von Diazomethan hergestellt). Krystalle (aus Me.); F: 172° (*Al., Wi.*, l. c. S. 75).

(±)-6*c*-Brom-4,4,5-trimethyl-2-oxo-(3a*r*)-hexahydro-3,5-methano-cyclopenta[*b*]furan-6*t*,7*syn*-dicarbonsäure-6-methylester, (±)-5*exo*-Brom-6*endo*-hydroxy-4,7,7-trimethyl-norbornan-2*endo*,3*endo*,5*endo*-tricarbonsäure-2-lacton-5-methylester $C_{14}H_{17}BrO_6$, Formel VI + Spiegelbild, und (±)-6*c*-Brom-3a,4,4-trimethyl-2-oxo-(3a*r*)-hexahydro-3,5-methano-cyclopenta[*b*]furan-6a,7*syn*-dicarbonsäure-6a-methylester, (±)-6*exo*-Brom-5*endo*-hydroxy-4,7,7-trimethyl-norbornan-2*endo*,3*endo*,5*exo*-tricarbonsäure-3-lacton-5-methylester $C_{14}H_{17}BrO_6$, Formel VII + Spiegelbild.

Diese beiden Formeln kommen für das nachstehend beschriebene Präparat in Betracht.

B. Beim Erwärmen von (±)-4,7,7-Trimethyl-norborn-5-en-2*endo*,3*endo*,5-tricarbonsäure-5-methylester mit wss. Kaliumcarbonat-Lösung und mit Brom (*Alder, Windemuth*, A. **543** [1940] 56, 78).

Krystalle (aus Acetonitril); F: 230° [Präparat von ungewisser Einheitlichkeit].

Oxocarbonsäuren $C_{14}H_{18}O_6$

2-[Furan-2-carbonyl]-nonandisäure-diäthylester $C_{18}H_{26}O_6$, Formel VIII (R = C_2H_5), und Tautomeres (2-[α-Hydroxy-furfuryliden]-nonandisäure-diäthylester).

B. Beim Behandeln von 3-[2]Furyl-3-oxo-propionsäure-äthylester mit Natriumäthylat in Äthanol und anschliessenden Erwärmen mit 7-Brom-heptansäure-äthylester in Benzol (*Gruber*, B. **88** [1955] 178, 183).

$Kp_{0,2}$: 183—185°.

VIII   IX   X

4-Äthyl-4-[furan-2-carbonyl]-heptandinitril $C_{14}H_{16}N_2O_2$, Formel IX.

B. Beim Behandeln eines Gemisches von 1-[2]Furyl-butan-1-on, *tert*-Butylalkohol und wss. Benzyl-trimethyl-ammonium-hydroxid-Lösung mit Acrylonitril (*Bruson, Riener*, Am. Soc. **70** [1948] 214, 216).

Krystalle (aus A.); F: 102° [unkorr.].

4-Äthyl-4-[thiophen-2-carbonyl]-heptandinitril $C_{14}H_{16}N_2OS$, Formel X.

B. Neben kleineren Mengen 4-Äthyl-5-oxo-5-[2]thienyl-valeronitril beim Behandeln eines Gemisches von 1-[2]Thienyl-butan-1-on, *tert*-Butylalkohol und wss. Benzyl-trimethyl-ammonium-hydroxid-Lösung mit Acrylonitril (*Acara, Levine*, Am. Soc. **72** [1950] 2864).

Krystalle (aus PAe. + Bzl.); F: 95,5—96°.

4-Methyl-4-[5-methyl-furan-2-carbonyl]-heptandinitril $C_{14}H_{16}N_2O_2$, Formel XI.

B. Beim Behandeln eines Gemisches von 1-[5-Methyl-[2]furyl]-propan-1-on, *tert*-Butylalkohol und wss. Benzyl-trimethyl-ammonium-hydroxid-Lösung mit Acrylonitril (*Acara, Levine*, Am. Soc. **72** [1950] 2864).

Krystalle (aus A.); F: 58—59°. Kp_3: 215—218°.

XI   XII   XIII

4-Methyl-4-[5-methyl-thiophen-2-carbonyl]-heptandinitril $C_{14}H_{16}N_2OS$, Formel XII.

B. Beim Behandeln eines Gemisches von 1-[5-Methyl-[2]thienyl]-propan-1-on, *tert*-Butylalkohol und wss. Benzyl-trimethyl-ammonium-hydroxid-Lösung mit Acrylonitril (*Acara, Levine*, Am. Soc. **72** [1950] 2864).

Krystalle (aus A.); F: 79—80°.

2-[4-Methoxycarbonyl-butyl]-5-[4-methoxycarbonyl-butyryl]-thiophen, 5-[5-(4-Methoxycarbonyl-butyl)-[2]thienyl]-5-oxo-valeriansäure-methylester, 5-Oxo-5,5'-thiophen-2,5-diyl-di-valeriansäure-dimethylester $C_{16}H_{22}O_5S$, Formel XIII (R = CH_3).

B. Aus 5-[2]Thienyl-valeriansäure-methylester (*Gol'dfarb et al.*, Izv. Akad. S.S.S.R. Otd. chim. **1957** 1262, 1264; engl. Ausg. S. 1287, 1289).

F: 67,5—69°.

Oxocarbonsäuren $C_{15}H_{20}O_6$

2-Butyl-4,6-dioxo-5-valeryl-5,6-dihydro-4H-pyran-3-carbonsäure, 2-[(E)-1-Hydroxy-pentyliden]-3-oxo-4-valeryl-glutarsäure-5-lacton $C_{15}H_{20}O_6$, Formel I, und Tautomere.

Für die nachstehend beschriebene Verbindung ist auf Grund ihrer Bildungsweise auch die Formulierung als 3,5-Divaleryl-pyran-2,4,6-trion (3-Oxo-2,4-divaleryl-glutarsäure-anhydrid; $C_{15}H_{20}O_6$; Formel II) in Betracht zu ziehen (vgl. die Angaben im Artikel 3,5-Diacetyl-pyran-2,4,6-trion (E III/IV **17** 6841).

B. Beim Behandeln von 3-Oxo-glutarsäure mit Valerylchlorid und wenig Schwefelsäure (*Namiki et al.*, J. agric. chem. Soc. Japan **25** [1951] 472, 474; C. A. **1954** 4527).

Krystalle (aus wss. A.); F: 78—79°.

I   II

2-Isobutyl-5-isovaleryl-4,6-dioxo-5,6-dihydro-4H-pyran-3-carbonsäure, 2-[(E)-1-Hydroxy-3-methyl-butyliden]-4-isovaleryl-3-oxo-glutarsäure-5-lacton $C_{15}H_{20}O_6$, Formel III, und Tautomere.

Für die nachstehend beschriebene Verbindung ist auf Grund ihrer Bildungsweise auch die Formulierung als 3,5-Diisovaleryl-pyran-2,4,6-trion (2,4-Diisovaleryl-3-oxo-glutarsäure-anhydrid; $C_{15}H_{20}O_6$; Formel IV) in Betracht zu ziehen (vgl. die Angaben im Artikel 3,5-Diacetyl-pyran-2,4,6-trion (E III/IV **17** 6841).

B. Beim Behandeln von 3-Oxo-glutarsäure mit Isovalerylchlorid und wenig Schwefelsäure (*Namiki et al.*, J. agric. chem. Soc. Japan **25** [1951] 472, 474; C. A. **1954** 4527).

Krystalle (aus wss. A.); F: 74°.

III   IV

2-[5-Methyl-furan-2-carbonyl]-nonandisäure-diäthylester $C_{19}H_{28}O_6$, Formel V, und Tautomeres (2-[α-Hydroxy-5-methyl-furfuryliden]-nonandisäure-diäthylester).

B. Beim Behandeln von 3-[5-Methyl-[2]furyl]-3-oxo-propionsäure-äthylester mit

Natriumäthylat in Äthanol und anschliessenden Erwärmen mit 7-Brom-heptansäure-äthylester in Benzol (*Gruber*, B. **88** [1955] 178, 183).
$Kp_{0,1}$: $215-217°$.

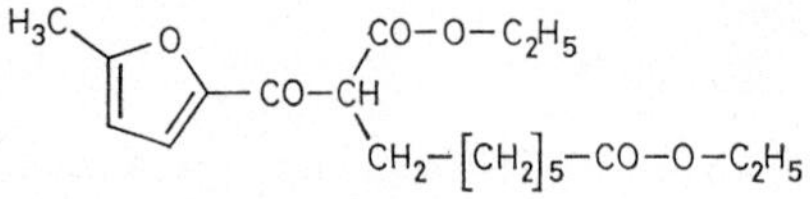

V 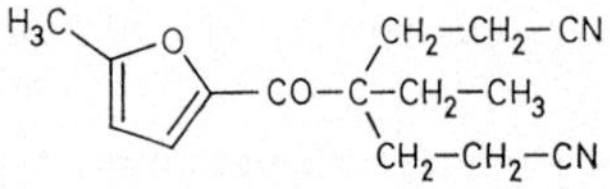   VI

4-Äthyl-4-[5-methyl-furan-2-carbonyl]-heptandinitril $C_{15}H_{18}N_2O_2$, Formel VI.

B. Als Hauptprodukt neben 4-Äthyl-5-[5-methyl-[2]furyl]-5-oxo-valeronitril beim Behandeln eines Gemisches von 1-[5-Methyl-[2]furyl]-butan-1-on, *tert*-Butylalkohol und wss. Benzyl-trimethyl-ammonium-hydroxid-Lösung mit Acrylonitril (*Acara*, *Levine*, Am. Soc. **72** [1950] 2864).

Krystalle (aus A.); F: $93-94°$.

4-Äthyl-4-[5-methyl-thiophen-2-carbonyl]-heptandinitril $C_{15}H_{18}N_2OS$, Formel VII.

B. Neben 4-Äthyl-5-[5-methyl-[2]thienyl]-5-oxo-valeronitril beim Behandeln eines Gemisches von 1-[5-Methyl-[2]thienyl]-butan-1-on, *tert*-Butylalkohol und wss. Benzyl-trimethyl-ammonium-hydroxid-Lösung mit Acrylonitril (*Acara*, *Levine*, Am. Soc. **72** [1950] 2864).

Krystalle (aus PAe. + Bzl.); F: $87-88°$.

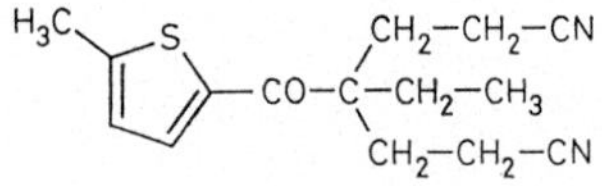

VII 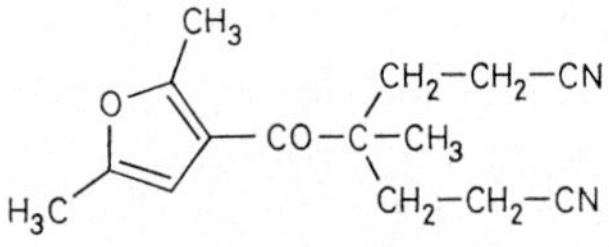   VIII

4-[2,5-Dimethyl-furan-3-carbonyl]-4-methyl-heptandinitril $C_{15}H_{18}N_2O_2$, Formel VIII.

B. Als Hauptprodukt neben 5-[2,5-Dimethyl-[3]furyl]-4-methyl-5-oxo-valeronitril beim Behandeln eines Gemisches von 1-[2,5-Dimethyl-[3]furyl]-propan-1-on, *tert*-Butyl-alkohol und wss. Benzyl-trimethyl-ammonium-hydroxid-Lösung mit Acrylonitril (*Acara*, *Levine*, Am. Soc. **72** [1950] 2864).

Krystalle (aus A.); F: $86-87°$. Kp_3: $217-221°$.

Oxocarbonsäuren $C_{16}H_{22}O_6$

10-[6-Methyl-2,4-dioxo-3,4-dihydro-2H-pyran-3-yl]-10-oxo-decansäure, 2-[3-Hydroxy-*trans*-crotonoyl]-3-oxo-dodecandisäure-1-lacton $C_{16}H_{22}O_6$, Formel IX (R = H), und Tautomere (z. B. 10-[4-Hydroxy-6-methyl-2-oxo-2H-pyran-3-yl]-10-oxo-decansäure [Formel X (R = H)]).

B. Beim Erwärmen der im folgenden Artikel beschriebenen Verbindung mit methanol. Kalilauge (*Iguchi*, *Hisatsune*, J. pharm. Soc. Japan **77** [1957] 94, 97; C. A. **1957** 8733).

Hellgelbe Krystalle (aus wss. A.); F: $113-114°$.

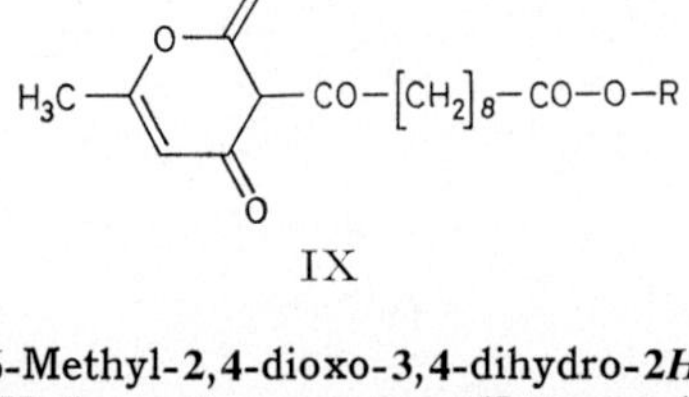

IX 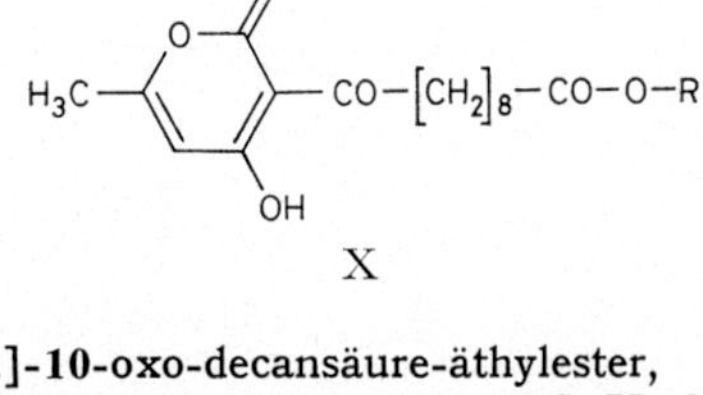   X

10-[6-Methyl-2,4-dioxo-3,4-dihydro-2H-pyran-3-yl]-10-oxo-decansäure-äthylester, 2-[3-Hydroxy-*trans*-crotonoyl]-3-oxo-dodecandisäure-12-äthylester-1-lacton $C_{18}H_{26}O_6$, Formel IX (R = C_2H_5), und Tautomere (z. B. 10-[4-Hydroxy-6-methyl-2-oxo-2H-pyran-3-yl]-10-oxo-decansäure-äthylester [Formel X (R = C_2H_5)]).

B. Beim Erhitzen von Triacetsäure-lacton (E III/IV **17** 5915) mit Sebacinsäureäthylester-chlorid und Pyridin (*Iguchi, Hisatsune*, J. pharm. Soc. Japan **77** [1957] 94, 97; C. A. **1957** 8733).

Krystalle (aus wss. A.); F: 52—53°.

Oxocarbonsäuren $C_{17}H_{24}O_6$

5-Hexanoyl-4,6-dioxo-2-pentyl-5,6-dihydro-4*H*-pyran-3-carbonsäure, 2-Hexanoyl-4-[(*E*)-1-hydroxy-hexyliden]-3-oxo-glutarsäure-1-lacton $C_{17}H_{24}O_6$, Formel XI, und Tautomere.

Für die nachstehend beschriebene Verbindung ist auf Grund ihrer Bildungsweise auch die Formulierung als 3,5-Dihexanoyl-pyran-2,4,6-trion (2,4-Dihexanoyl-3-oxo-glutarsäure-anhydrid; $C_{17}H_{24}O_6$; Formel XII) in Betracht zu ziehen (vgl. die Angaben im Artikel 3,5-Diacetyl-pyran-2,4,6-trion (E III/IV **17** 6841).

B. Beim Erwärmen von 3-Oxo-glutarsäure mit Hexanoylchlorid und wenig Schwefel=säure (*Namiki et al.*, J. agric. chem. Soc. Japan **25** [1951] 472, 474; C. A. **1954** 4527).

Krystalle (aus wss. A.); F: 90—92°.

XI   XII

9-[5-(3-Carboxy-propyl)-[2]thienyl]-9-oxo-nonansäure $C_{17}H_{24}O_5S$, Formel XIII.

B. Beim Behandeln von 4-[2]Thienyl-buttersäure-äthylester mit Azelainsäure-äthyl=ester-chlorid, Zinn(IV)-chlorid und Schwefelkohlenstoff und Erwärmen des Reaktions=produkts mit wss.-äthanol. Natronlauge (*Buu-Hoi et al.*, Bl. **1955** 1583, 1585).

Gelbliche Krystalle (aus Bzl.); F: 61—62°.

XIII   XIV

Oxocarbonsäuren $C_{19}H_{28}O_6$

6-[5-(8-Carboxy-octyl)-[2]thienyl]-6-oxo-hexansäure, 9-[5-(5-Carboxy-valeryl)-[2]thienyl]-nonansäure $C_{19}H_{28}O_5S$, Formel XIV.

Diese Konstitution ist der nachstehend beschriebenen Verbindung zugeordnet worden (*Buu-Hoi et al.*, Bl. **1955** 1583, 1586).

B. Beim Behandeln eines als 9-[2]Thienyl-nonansäure-äthylester angesehenen Prä=parats (S. 4137) mit Adipinsäure-äthylester-chlorid, Zinn(IV)-chlorid und Schwefel=kohlenstoff und Erwärmen des Reaktionsprodukts mit wss.-äthanol. Natronlauge (*Buu-Hoi et al.*).

Gelbliche Krystalle (aus A.); F: 103°.

Oxocarbonsäuren $C_{20}H_{30}O_6$

(4a*S*)-6*ξ*,7*ξ*-Epoxy-1*c*,4a-dimethyl-5*c*-[4-methyl-3-oxo-pentyl]-(4a*r*,8a*t*)-decahydro-naphthalin-1*t*,6*ξ*-dicarbonsäure, 7*ξ*,8-Epoxy-13-oxo-13,14-seco-8*ξ*-abietan-14,18-di=säure [1] $C_{20}H_{30}O_6$, Formel XV.

B. Beim Erwärmen von 7*ξ*,8-Epoxy-13,14*ξ*-dihydroxy-8*ξ*,13*ξH*-abietan-18-säure (S. 5007) mit Blei(IV)-acetat in Essigsäure und Behandeln der erhaltenen 7*ξ*,8-Epoxy-

---

[1] Stellungsbezeichnung bei von Abietan abgeleiteten Namen s. E III **5** 1310.

13,14-dioxo-13,14-seco-8ξ-abietan-18-säure ($C_{20}H_{30}O_5$; Krystalle, F: 132—134°;
Dioxim $C_{20}H_{32}N_2O_5$, F: 195,5—197° [aus Me.]) mit äther. Monoperoxyphthalsäure-
Lösung und Essigsäure (*Ruzicka, Sternbach*, Helv. **23** [1940] 341, 352).
Krystalle (aus E. + Hexan); F: 156—158° [korr.].
Bildung einer Verbindung $C_{20}H_{29}ClO_5$ (Krystalle [aus E. + Hexan], F: 117—121°
[korr.]) beim Behandeln einer Lösung in Äther mit Chlorwasserstoff: *Ru., St.*, l. c. S. 354.
Beim Erwärmen mit wss. Methanol oder beim Behandeln mit Methanol und wss. Schwefel=
säure und Behandeln des jeweiligen Reaktionsprodukts mit Hydroxylamin-acetat in
Methanol ist eine Verbindung $C_{20}H_{30}O_6$ (Krystalle [aus Me. + Ae. + Hexan], F:
184,5—185° [korr.]) erhalten worden (*Ru., St.*, l. c. S. 354).

XV   XVI

Oxocarbonsäuren $C_{22}H_{34}O_6$

2-[8-Carboxy-octanoyl]-5-[8-carboxy-octyl]-thiophen, 9-[5-(8-Carboxy-octyl)-
[2]thienyl]-9-oxo-nonansäure, 9-Oxo-9,9'-thiophen-2,5-diyl-di-nonansäure $C_{22}H_{34}O_5S$,
Formel XVI.
Diese Konstitution ist der nachstehend beschriebenen Verbindung zugeordnet worden
(*Buu-Hoi et al.*, Bl. **1955** 1583, 1586).
B. Beim Behandeln eines als 9-[2]Thienyl-nonansäure-äthylester angesehenen Prä-
parats (S. 4137) mit Azelainsäure-äthylester-chlorid, Zinn(IV)-chlorid und Schwefel=
kohlenstoff und Erwärmen des Reaktionsprodukts mit wss.-äthanol. Natronlauge (*Buu-
Hoi et al.*).
Gelbliche Krystalle (aus A.); F: 93°.

(±)-10-[7*t*-Butyl-1,3-dioxo-(3a*r*,7a*c*)-octahydro-isobenzofuran-4*t*-yl]-4-oxo-decansäure,
3*c*-Butyl-6*c*-[9-carboxy-7-oxo-nonyl]-cyclohexan-1*r*,2*c*-dicarbonsäure-an=
hydrid $C_{22}H_{34}O_6$, Formel XVII + Spiegelbild, und Tautomeres ((±)-3*c*-Butyl-
6*c*-[6-(2-hydroxy-5-oxo-tetrahydro-[2]furyl)-hexyl]-cyclohexan-1*r*,2*c*-di=
carbonsäure-anhydrid).
B. Bei der Hydrierung von (±)-10*c*-[7*t*-Butyl-1,3-dioxo-(3a*r*,7a*c*)-1,3,3a,4,7,7a-hexa=
hydro-isobenzofuran-4*t*-yl]-4-oxo-dec-9-ensäure (F: 79° [S. 6170]) an Platin in Essig=
säure unter Druck (*Morrell, Davis*, Soc. **1936** 1481, 1482, 1483).
Krystalle (aus Acn. + PAe.); F: 111°.

XVII   XVIII

(±)-8-[7*t*-Hexyl-1,3-dioxo-(3a*r*,7a*c*)-octahydro-isobenzofuran-4*t*-yl]-4-oxo-octansäure,
3*c*-[7-Carboxy-5-oxo-heptyl]-6*c*-hexyl-cyclohexan-1*r*,2*c*-dicarbonsäure-an=
hydrid $C_{22}H_{34}O_6$, Formel XVIII + Spiegelbild, und Tautomeres ((±)-3*c*-Hexyl-
6*c*-[4-(2-hydroxy-5-oxo-tetrahydro-[2]furyl)-butyl]-cyclohexan-1*r*,2*c*-di=
carbonsäure-anhydrid).
B. Bei der Hydrierung von (±)-8-[7*t*-Hex-1-en-*t*-yl-1,3-dioxo-(3a*r*,7a*c*)-1,3,3a,4,7,=

7a-hexahydro-isobenzofuran-4t-yl]-4-oxo-octansäure (F: 97—98° [S. 6171]) an Platin in Essigsäure unter Druck (*Morrell, Davis*, Soc. **1936** 1481, 1483).
Krystalle (aus Ae.); F: 72—73°.

Oxocarbonsäuren $C_nH_{2n-12}O_6$

Oxocarbonsäuren $C_{10}H_8O_6$

6-Acetoacetyl-4-oxo-4H-pyran-2-carbonsäure $C_{10}H_8O_6$, Formel I (R = X = H) und Tautomere.
B. Aus 6-Acetoacetyl-4-oxo-4H-pyran-2-carbonsäure-äthylester beim Erwärmen mit wss. Natriumcarbonat-Lösung (*Lehmann, Grabow*, B. **68** [1935] 703, 706), beim Erhitzen mit wss. Salzsäure sowie beim Behandeln mit wss. Natronlauge (*Schmitt*, A. **569** [1950] 17, 25).
Krystalle; F: 213° [aus W.] (*Le., Gr.*), 211° [Zers.; aus Me. oder W.] (*Sch.*).

6-Acetoacetyl-4-oxo-4H-pyran-2-carbonsäure-methylester $C_{11}H_{10}O_6$, Formel I (R = CH$_3$, X = H) und Tautomere.
B. Aus der im vorangehenden Artikel beschriebenen Verbindung (*Lehmann, Grabow*, B. **68** [1935] 703, 706).
Gelbliche Krystalle; F: 124°.

6-Acetoacetyl-4-oxo-4H-pyran-2-carbonsäure-äthylester $C_{12}H_{12}O_6$, Formel I (R = C$_2$H$_5$, X = H) und Tautomere.
B. Aus 2,4,6,7,9-Pentaoxo-decansäure-äthylester beim Behandeln einer Suspension in Äthanol mit Chlorwasserstoff (*Lehmann, Grabow*, B. **68** [1935] 703, 705, 706) sowie beim Erhitzen unter 1 Torr bis auf 230° (*Schmitt*, A. **569** [1950] 17, 25).
Krystalle; F: 99° [aus Ae.] (*Le., Gr.*), 98—99° [aus Me.] (*Sch.*).

6-[2-Brom-acetoacetyl]-4-oxo-4H-pyran-2-carbonsäure-äthylester $C_{12}H_{11}BrO_6$, Formel I (R = C$_2$H$_5$, X = Br) und Tautomere.
B. Beim Behandeln einer Lösung der im vorangehenden Artikel beschriebenen Verbindung in Chloroform mit Brom (*Lehmann, Grabow*, B. **68** [1935] 703, 706).
Krystalle (aus A.); F: 140°.

I   II   III

Oxocarbonsäuren $C_{12}H_{12}O_6$

5-[Furan-3-carbonyl]-3-methyl-hex-2ξ-endisäure-diäthylester $C_{16}H_{20}O_6$, Formel II, und Tautomeres (5-[[3]Furyl-hydroxy-methylen]-3-methyl-hex-2ξ-endisäure-diäthylester).
B. Beim Erwärmen von 3-[3]Furyl-3-oxo-propionsäure-äthylester mit Natrium, Toluol und Benzol und anschliessenden Behandeln mit 4-Brom-3-methyl-crotonsäureäthylester [vermutlich Stereoisomeren-Gemisch] (*Kubota, Matsuura*, J. chem. Soc. Japan Pure Chem. Sect. **78** [1957] 389, 392; Soc. **1958** 3667, 3670).
Kp$_{0,01}$: 145—148°; n$_D^{24}$: 1,4972 [vermutlich Stereoisomeren-Gemisch].
Überführung in ein Semicarbazon $C_{17}H_{23}N_3O_6$ (5-[[3]Furyl-semicarbazonomethyl]-3-methyl-hex-2ξ-endisäure-diäthylester; Krystalle [aus A.], F: 199° bis 200°): *Ku., Ma.*

2-Acetonyl-3ξ-[4-carboxy-5-methyl-[2]furyl]-acrylsäure, 5-[2-Carboxy-4-oxo-pent-1-en-ξ-yl]-2-methyl-furan-3-carbonsäure $C_{12}H_{12}O_6$, Formel III, und Tautomeres (5-[5-Hydroxy-5-methyl-2-oxo-dihydro-[3]furylidenmethyl]-2-methyl-furan-3-carbonsäure).

B. Beim Erwärmen von 2-Methyl-5-[5-methyl-2-oxo-[3]furylidenmethyl]-furan-3-carbonsäure-äthylester (F: 143—144°) mit methanol. Kalilauge (*Russell et al.*, Biochem. J. **45** [1949] 530).

Gelbe Krystalle (aus wss. A.); F: 225—226°.

(±)-4c-Brom-2-oxo-(3ar,5at,6at,6bc)-octahydro-1t,5t-methano-cyclopropa[e]benzofuran-5,7syn-dicarbonsäure, (±)-8syn-Brom-9anti-hydroxy-(1rC⁸,2tH,4tH)-tricyclo[3.2.2.0²,⁴]nonan-1,6c,7c-tricarbonsäure-6-lacton $C_{12}H_{11}BrO_6$, Formel IVa ≡ IVb + Spiegelbild.

B. Beim Behandeln von (±)-(1rC⁸,2tH,4tH)-Tricyclo[3.2.2.0²,⁴]non-8-en-1,6c,7c-tricarbonsäure-6,7-anhydrid (S. 6054) mit wss. Natriumcarbonat-Lösung und mit Brom in Methanol (*Alder et al.*, A. **602** [1957] 94, 111).

Krystalle (aus W.); F: 232—234°.

(±)-4c-Brom-2-oxo-(3ar,5at,6at,6bc)-octahydro-1t,5t-methano-cyclopropa[e]benzofuran-6t,7syn-dicarbonsäure-6-methylester, (±)-8syn-Brom-9anti-hydroxy-(1rC⁸,2tH,4tH)-tricyclo[3.2.2.0²,⁴]nonan-3t,6c,7c-tricarbonsäure-6-lacton-3-methylester $C_{13}H_{13}BrO_6$, Formel Va ≡ Vb (R = CH₃, X = OH) + Spiegelbild.

B. Beim Behandeln von (1rC⁸,2tH,4tH)-Tricyclo[3.2.2.0²,⁴]non-8-en-3t,6c,7c-tricarbonsäure-6,7-anhydrid-3-methylester (S. 6055) mit wss. Natriumcarbonat-Lösung und mit Brom in Methanol (*Alder et al.*, A. **602** [1957] 94, 106).

Krystalle (aus Me. + W.); F: 235—236°.

IVa   IVb   Va   Vb

(±)-4c-Brom-2-oxo-(3ar,5at,6at,6bc)-octahydro-1t,5t-methano-cyclopropa[e]benzofuran-6t,7syn-dicarbonsäure-dimethylester, (±)-8syn-Brom-9anti-hydroxy-(1rC⁸,2tH,4tH)-tricyclo[3.2.2.0²,⁴]nonan-3t,6c,7c-tricarbonsäure-6-lacton-3,7-dimethylester $C_{14}H_{15}BrO_6$, Formel Va ≡ Vb (R = CH₃, X = OCH₃) + Spiegelbild.

B. Beim Behandeln der im vorangehenden Artikel beschriebenen Verbindung mit Methanol und mit Diazomethan in Äther (*Alder et al.*, A. **602** [1957] 94, 106).

Krystalle (aus Me. + W.); F: 191° [durch Sublimation im Hochvakuum gereinigtes Präparat].

(±)-4c-Brom-2-oxo-(3ar,5at,6at,6bc)-octahydro-1t,5t-methano-cyclopropa[e]benzofuran-6t,7syn-dicarbonsäure-6-äthylester, (±)-8syn-Brom-9anti-hydroxy-(1rC⁸,2tH,4tH)-tricyclo[3.2.2.0²,⁴]nonan-3t,6c,7c-tricarbonsäure-3-äthylester-6-lacton $C_{14}H_{15}BrO_6$, Formel Va ≡ Vb (R = C₂H₅, X = OH) + Spiegelbild.

B. Beim Behandeln einer Lösung von (1rC⁸,2tH,4tH)-Tricyclo[3.2.2.0²,⁴]non-8-en-3t,6c,7c-tricarbonsäure-3-äthylester mit wss. Natriumcarbonat-Lösung und mit Brom in Methanol (*Alder et al.*, A. **602** [1957] 94, 106).

Krystalle (aus Eg. + W.); F: 194—195°.

Oxocarbonsäuren $C_{15}H_{18}O_6$

(3aS)-3ξ,6t-Dimethyl-2,4,7-trioxo-(3ar,6ac,9ac,9bt)-dodecahydro-azuleno[4,5-b]furan-9ξ-carbonsäure, (11Ξ)-6α-Hydroxy-2,8-dioxo-4ξH-guajan-12,15-disäure-12-lacton [1] $C_{15}H_{18}O_6$, Formel VI.

B. Beim Behandeln von Hexahydrolactucin (11Ξ)-6α,8α,15-Trihydroxy-2-oxo-4ξH-

---

[1] Stellungsbezeichnung bei von G u a j a n abgeleiteten Namen s. E III/IV **17** 4677.

guajan-12-säure-6-lacton [S. 2330]) mit Chrom(VI)-oxid und Essigsäure (*Dolejš et al.*, Collect. **23** [1958] 2195, 2199).

Krystalle (aus Acn. + PAe.); F: 174—177° [Kofler-App.].

VI   VIIa   VIIb

(3a*S*)-3a-Methyl-8-oxo-(3a*r*,3b*t*,7a*c*)-octahydro-1*t*,6a*t*-äthano-pentaleno[1,2-*c*]furan-1*c*,6*t*-dicarbonsäure $C_{15}H_{18}O_6$, Formel VIIa ≡ VIIb.

Über die Konstitution und Konfiguration s. *Yates et al.*, Tetrahedron **26** [1970] 3159, 3163.

B. Beim Erwärmen von (3a*R*,9a*S*,10*S*)-10-Brom-5b-methyl-3-oxo-(3a*r*,5a*t*,5b*c*,8a*c*)-octahydro-1*t*,8*t*-methano-pentaleno[1,2-*c*;3a,4-*c'*]difuran-8*c*-carbonsäure (aus Schellol= säure hergestellt) mit wss. Kaliumcarbonat-Lösung (*Nagel, Mertens*, B. **72** [1939] 985, 989; *Ya. et al.*, l. c. S. 3168).

Krystalle (aus Acn. + Bzl. und aus E.); F: 237—238,5° [unkorr.; Fisher-Johns-App.] (*Ya. et al.*).

Oxocarbonsäuren $C_{16}H_{20}O_6$

rac-1ξ,2ξ-Episeleno-11-methyl-3-oxo-eudesm-4-en-12,13-disäure-diäthylester [1)]
$C_{20}H_{28}O_5Se$, Formel VIII (R = C_2H_5) + Spiegelbild.

Diese Konstitution kommt vielleicht der nachstehend beschriebenen Verbindung zu (*Miki*, J. pharm. Soc. Japan **75** [1955] 403, 406; C. A. **1956** 2519).

B. Beim Erhitzen von *rac*-11-Methyl-3-oxo-eudesm-4-en-12,13-disäure-diäthylester (über die Konfiguration dieser Verbindung s. *Abe et al.*, Am. Soc. **78** [1956] 1416, 1419) mit Selendioxid und wss. Essigsäure (*Miki*).

Hellgelbe Krystalle (aus $CHCl_3$ + Me.); F: 208—209° (*Miki*). IR-Spektrum ($CHCl_3$; 2—12,5 µ): *Miki*, l. c. S. 405. Absorptionsmaxima (A.): 242 nm und 246 nm (*Miki*).

Beim Erhitzen unter vermindertem Druck ist 11-Methyl-3-oxo-eudesma-1,4-dien-12,13-disäure-diäthylester erhalten worden (*Miki*).

VIII   IX

Oxocarbonsäuren $C_{21}H_{30}O_6$

22-Oxo-2,3-seco-*A*,23,24,25,26,27-hexanor-5α-furostan-2,3-disäure, 16β-Hydroxy-20β_F-methyl-2,3-seco-*A*-nor-5α-pregnan-2,3,21-trisäure-21-lacton, 16β-Hydroxy-2,3-seco-*A*,23,24-trinor-5α-cholan-2,3,22-trisäure-22-lacton $C_{21}H_{30}O_6$, Formel IX (R = H).

B. Beim Erwärmen von 16β-Hydroxy-2-oxo-*A*,23,24-trinor-5α-cholan-22-säure-lacton (E III/IV **17** 6267) mit Salpetersäure und Essigsäure (*Windaus, Linsert*, Z. physiol. Chem. **147** [1925] 275, 283).

Krystalle (aus Eg. oder aus Ae. + PAe.); F: 325° [Zers.].

[1)] Stellungsbezeichnung bei von Eudesman abgeleiteten Namen s. E IV **5** 355.

22-Oxo-2,3-seco-A,23,24,25,26,27-hexanor-5α-furostan-2,3-disäure-dimethylester,
16β-Hydroxy-20β$_F$-methyl-2,3-seco-A-nor-5α-pregnan-2,3,21-trisäure-21-lacton-2,3-di=
methylester, 16β-Hydroxy-2,3-seco-A,23,24-trinor-5α-cholan-2,3,22-trisäure-22-lacton-
2,3-dimethylester $C_{23}H_{34}O_6$, Formel IX (R = CH_3).

B. Aus der im vorangehenden Artikel beschriebenen Verbindung mit Hilfe von Diazo=
methan (*Windaus, Linsert*, Z. physiol. Chem. **147** [1925] 275, 284).
Krystalle (aus Me. oder aus Ae. + PAe.); F: 156°.

Oxocarbonsäuren $C_{22}H_{32}O_6$

22-Oxo-3,4-seco-23,24,25,26,27-pentanor-5β-furostan-3,4-disäure, 16β-Hydroxy-
20β$_F$-methyl-3,4-seco-5β-pregnan-3,4,21-trisäure-21-lacton, 16β-Hydroxy-3,4-seco-
23,24-dinor-5β-cholan-3,4,22-trisäure-22-lacton $C_{22}H_{32}O_6$, Formel X (R = H).

Bezüglich der Zuordnung der Position der Carboxy-Gruppen vgl. die analog hergestellte
3,4-Seco-5β-cholan-3,4,24-trisäure (E III 9 4788).

B. Beim Erwärmen von Sarsasapogeninlacton (3β,16β-Dihydroxy-23,24-dinor-
5β-cholan-22-säure-16-lacton [S. 258]) mit Chrom(VI)-oxid und Essigsäure (*Marker,
Rohrmann*, Am. Soc. **62** [1940] 76). Beim Erwärmen einer Suspension von Sarsasapogenon
((25S)-5β,22αO-Spirostan-3-on) in Essigsäure mit Salpetersäure (*Ma., Ro.*).
Krystalle (aus Me. + Ae. oder aus Ae. + Acn.); F: 285−289° [Zers.] (*Ma., Ro.*).

Die gleiche Verbindung hat wahrscheinlich in einem Präparat (Krystalle [aus Eg. +
W.]; F: 295°) vorgelegen, das von *Simpson, Jacobs* (J. biol. Chem. **109** [1935] 573, 583)
beim Erwärmen einer wahrscheinlich als (25S)-3,4-Seco-5β,22αO-spirostan-3,4-disäure
zu formulierenden Verbindung $C_{27}H_{42}O_6$ (F: 280°) mit Salpetersäure erhalten worden
und mit Hilfe von Diazomethan in den Dimethylester $C_{24}H_{36}O_6$ (Krystalle [aus Me.],
F: 171−172°) übergeführt worden ist.

X   XI

22-Oxo-3,4-seco-23,24,25,26,27-pentanor-5β-furostan-3,4-disäure-dimethylester,
16β-Hydroxy-20β$_F$-methyl-3,4-seco-5β-pregnan-3,4,21-trisäure-21-lacton-3,4-dimethyl=
ester, 16β-Hydroxy-3,4-seco-23,24-dinor-5β-cholan-3,4,22-trisäure-22-lacton-3,4-di=
methylester $C_{24}H_{36}O_6$, Formel X (R = CH_3).

B. Beim Behandeln der im vorangehenden Artikel beschriebenen Verbindung vom
F: 285−289° mit Diazomethan in Äther (*Marker, Rohrmann*, Am. Soc. **62** [1940] 76).
Krystalle (aus Ae. + Pentan); F: 170−171,5°.

Über ein Präparat vom F: 171−172°, in dem vermutlich die gleiche Verbindung vorgelegen hat, s. im vorangehenden Artikel.

22-Oxo-2,3-seco-23,24,25,26,27-pentanor-5α-furostan-2,3-disäure, 16β-Hydroxy-
20β$_F$-methyl-2,3-seco-5α-pregnan-2,3,21-trisäure-21-lacton, 16β-Hydroxy-2,3-seco-
23,24-dinor-5α-cholan-2,3,22-trisäure-22-lacton $C_{22}H_{32}O_6$, Formel XI (R = H).
Über die Konstitution s. *Tschesche, Hagedorn*, B. **69** [1936] 797, 803.

B. Bei der Hydrierung von 16-Oxo-2,3-seco-23,24-dinor-5α-cholan-2,3,22-trisäure an
Platin in Äthanol und Äther (*Marker et al.*, Am. Soc. **63** [1941] 763, 766). Beim Erwärmen
von Tigogeninlacton (3β,16β-Dihydroxy-23,24-dinor-5α-cholan-22-säure-16-lacton [S.
259]) mit Chrom(VI)-oxid und Essigsäure (*Tsch., Ha.*, l. c. S. 805). Beim Behandeln von
Gitogeninlacton(2α,3β,16β-Trihydroxy-23,24-dinor-5α-cholan-22-säure-16-lacton[S.1302])
mit Chrom(VI)-oxid und Essigsäure (*Ma. et al.*, l. c. S. 765). Beim Erwärmen einer Suspension von Tigogenon ((25R)-5α,22αO-Spirostan-3-on) in Essigsäure mit Salpetersäure

(*Ma. et al.*). Beim Behandeln von Gitogensäure ((25R)-2,3-Seco-5α,22αO-spirostan-2,3-di= säure) mit Salpetersäure (*Windaus, Linsert,* Z. physiol. Chem. **147** [1925] 275, 279). Krystalle (aus wss. Eg.); F: 244—245° (*Ma. et al.*). Krystalle (aus Eg. + W.) mit 0,5 Mol H₂O; F: 238° (*Wi., Li.; Tsch., Ha.,* l. c. S. 805).

22-Oxo-2,3-seco-23,24,25,26,27-pentanor-5α-furostan-2,3-disäure-diäthylester, 16β-Hydr= oxy-20β_F-methyl-2,3-seco-5α-pregnan-2,3,21-trisäure-2,3-diäthylester-21-lacton, 16β-Hydroxy-2,3-seco-23,24-dinor-5α-cholan-2,3,22-trisäure-2,3-diäthylester-22-lacton C₂₆H₄₀O₆, Formel XI (R = C₂H₅).

B. Neben einem Monoäthylester C₂₄H₃₆O₆ (Krystalle [aus A. oder aus Ae. + PAe.], F: 175°) beim Erwärmen der im vorangehenden Artikel beschriebenen Verbindung mit Äthanol und wenig Schwefelsäure (*Windaus, Linsert,* Z. physiol. Chem. **147** [1925] 275, 281).

Krystalle (aus A. oder aus Ae. + PAe.); F: 134°.

14-Hydroxy-3,5-seco-A,24-dinor-14β,20β_F(?)H-cholan-3,21,23-trisäure-21-lacton-23-methylester C₂₃H₃₄O₆, vermutlich Formel XII.

Diese Konstitution kommt dem nachstehend beschriebenen **Undeplogandisäure-mono= methylester** zu; die Konstitution und Konfiguration ergibt sich aus der genetischen Beziehung zu Anhydroisoperiplogonsäure-methylester (14-Hydroxy-3-oxo-24-nor-14β,20β_F(?)H-chol-4-en-21,23-disäure-21-lacton-23-methylester [S. 6084]).

B. Neben grösseren Mengen einer bei 189—190° schmelzenden neutralen Substanz bei der Hydrierung von 5,14-Dihydroxy-3,5-seco-A,24-dinor-14β,20β_F(?)H-chol-5-en-3,21,23-trisäure-3→5;21→14-dilacton-23-methylester (F: 235—236°) an Platin in Essig= säure (*Jacobs, Elderfield,* J. biol. Chem. **102** [1933] 237, 246).

Krystalle (aus wss. Acn.); F: 212°.

XII

Oxocarbonsäuren C₂₃H₃₄O₆

6-[2-Carboxy-äthyl]-3a,6-dimethyl-3-[5-oxo-tetrahydro-[3]furyl]-dodecahydro-cyclo= penta[a]naphthalin-7-carbonsäure C₂₃H₃₄O₆.

a) **21-Hydroxy-3,4-seco-24-nor-5β,14β,17βH-cholan-3,4,23-trisäure-23-lacton** C₂₃H₃₄O₆, Formel I (R = H).

B. Beim Erwärmen einer Lösung von Tetrahydrodianhydrogitoxigenon (3-Oxo-5β,14β,17βH-cardanolid [E III/IV **17** 6271]) in Essigsäure mit Chrom(VI)-oxid und wss. Schwefelsäure (*Windaus et al.,* B. **61** [1928] 1847, 1851).

Krystalle (aus Acn.); F: 282°. [α]²⁰_D: +100° [Eg.; c = 0,5].

b) **21-Hydroxy-3,4-seco-24-nor-5β-cholan-3,4,23-trisäure-23-lacton** C₂₃H₃₄O₆, Formel II (R = H).

Diese Konfiguration kommt wahrscheinlich der nachstehend beschriebenen Verbin= dung zu.

B. Beim Erwärmen von Tetrahydro-β-anhydrodigitoxigenon (3-Oxo-5β,14α-cardanolid [E III/IV **17** 6271]) mit Chrom(VI)-oxid und Essigsäure (*Windaus, Stein,* B. **61** [1928] 2436, 2438).

Krystalle (aus Acn.) F: 296°.

6-[2-Methoxycarbonyl-äthyl]-3a,6-dimethyl-3-[5-oxo-tetrahydro-[3]furyl]-dodecahydro-cyclopenta[a]naphthalin-7-carbonsäure-methylester C₂₅H₃₈O₆.

a) **21-Hydroxy-3,4-seco-24-nor-5β,14β,17βH-cholan-3,4,23-trisäure-23-lacton-3,4-di= methylester** C₂₅H₃₈O₆, Formel I (R = CH₃).

B. Aus 21-Hydroxy-3,4-seco-24-nor-5β,14β,17βH-cholan-3,4,23-trisäure-23-lacton mit

Hilfe von Diazomethan (*Windaus et al.*, B. **61** [1928] 1847, 1852).
Krystalle (aus Me.); F: 163°. $[\alpha]_D^{20}$: $+82{,}3°$ [$CHCl_3$; c = 1].

I   II

   b) **21-Hydroxy-3,4-seco-24-nor-5β-cholan-3,4,23-trisäure-23-lacton-3,4-dimethyl=**
ester $C_{25}H_{38}O_6$, Formel II (R = CH_3).
Diese Konfiguration kommt wahrscheinlich der nachstehend beschriebenen Verbindung
zu.
B. Aus 21-Hydroxy-3,4-seco-24-nor-5β-cholan-3,4,23-trisäure-23-lacton (?) (S. 6159) mit
Hilfe von Diazomethan (*Windaus, Stein*, B. **61** [1928] 2436, 2439).
Krystalle; F: 128°.

6,7-Bis-carboxymethyl-3a,6-dimethyl-3-[5-oxo-tetrahydro-[3]furyl]-dodecahydro-
cyclopenta[a]naphthalin $C_{23}H_{34}O_6$.
Bezüglich der Zuordnung der Position der Carboxy-Gruppen bei den unter a) und b) beschriebenen Stereoisomeren vgl. die analog hergestellte 2,3-Seco-5α-cholan-2,3,24-tri=
säure (E III **9** 4789).

   a) **21-Hydroxy-2,3-seco-24-nor-5α,20α_F(?)H-cholan-2,3,23-trisäure-23-lacton**
$C_{23}H_{34}O_6$, vermutlich Formel III (R = H).
B. Beim Erwärmen von (20R?)-3β-Hydroxy-5α,14α-cardanolid (,,α_2-Hexahydrodian=
hydrouzarigenin'') [S. 264]) mit Chrom(VI)-oxid und Essigsäure (*Tschesche*, Z. physiol.
Chem. **222** [1933] 50, 56).
Krystalle (aus Acn.); F: 245—246°. $[\alpha]_D^{18}$: $+38{,}5°$ [Eg.; c = 1].

   b) **21-Hydroxy-2,3-seco-24-nor-5α,20β_F(?)H-cholan-2,3,23-trisäure-23-lacton**
$C_{23}H_{34}O_6$, vermutlich Formel IV (R = H).
B. Beim Erwärmen von (20S?)-3β-Hydroxy-5α,14α-cardanolid (,,α_1-Hexahydrodian=
hydrouzarigenin'') [S. 264]) mit Chrom(VI)-oxid und Essigsäure (*Tschesche*, Z. physiol.
Chem. **222** [1933] 50, 55).
Krystalle (aus Acn.); F: 270°. $[\alpha]_D^{18}$: $+37{,}6°$ [Eg.; c = 1].

III   IV

6,7-Bis-methoxycarbonylmethyl-3a,6-dimethyl-3-[5-oxo-tetrahydro-[3]furyl]-dodeca=
hydro-cyclopenta[a]naphthalin $C_{25}H_{38}O_6$.
   a) **21-Hydroxy-2,3-seco-24-nor-5α,20α_F(?)H-cholan-2,3,23-trisäure-23-lacton-**
2,3-dimethylester $C_{25}H_{38}O_6$, vermutlich Formel III (R = CH_3).
B. Aus 21-Hydroxy-2,3-seco-24-nor-5α,20α_F(?)H-cholan-2,3,23-trisäure-23-lacton (s. o.)
mit Hilfe von Diazomethan (*Tschesche*, Z. physiol. Chem. **222** [1933] 50, 56).
Krystalle; F: 146—147°. $[\alpha]_D^{18}$: $+25{,}0°$ [$CHCl_3$; c = 1].

b) **21-Hydroxy-2,3-seco-24-nor-5α,20β_F(?)H-cholan-2,3,23-trisäure-23-lacton-2,3-dimethylester** $C_{25}H_{38}O_6$, vermutlich Formel IV (R = CH_3).

B. Aus 21-Hydroxy-2,3-seco-24-nor-5α,20β_F(?)H-cholan-2,3,23-trisäure-23-lacton (S. 6160) mit Hilfe von Diazomethan (*Tschesche*, Z. physiol. Chem. **222** [1933] 50, 55).
Krystalle (aus Me.); F: 134—135°. $[α]_D^{18}$: +18,7° [$CHCl_3$; c = 1].

7α-Hydroxy-3,4-seco-24-nor-5β-cholan-3,4,23-trisäure-4-lacton, N o r d e s o x y b i l i o b a n - s ä u r e $C_{23}H_{34}O_6$, Formel V (R = H).

Die Konstitution und Konfiguration ergibt sich aus der genetischen Beziehung zu β-Phocaecholsäure (E III **10** 2182).

B. Beim Behandeln von 7α,23ξ-Dihydroxy-3,4-seco-5β-cholan-3,4,24-trisäure-4→7-lacton (S. 6593) mit Chrom(VI)-oxid und Essigsäure (*Windaus, van Schoor*, Z. physiol. Chem. **173** [1928] 312, 318).
Krystalle (aus Eg.); F: 256°.

7α-Hydroxy-3,4-seco-24-nor-5β-cholan-3,4,23-trisäure-4-lacton-3,23-dimethylester $C_{25}H_{38}O_6$, Formel V (R = CH_3).

B. Aus der im vorangehenden Artikel beschriebenen Verbindung mit Hilfe von Diazomethan (*Windaus, van Schoor*, Z. physiol. Chem. **173** [1928] 312, 319).
Krystalle; F: 125°.

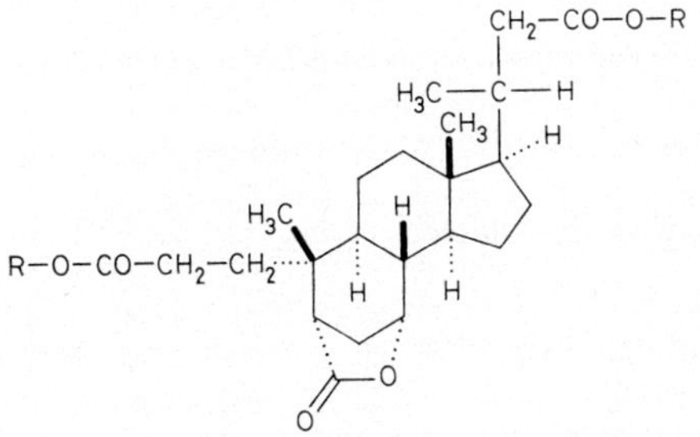

V 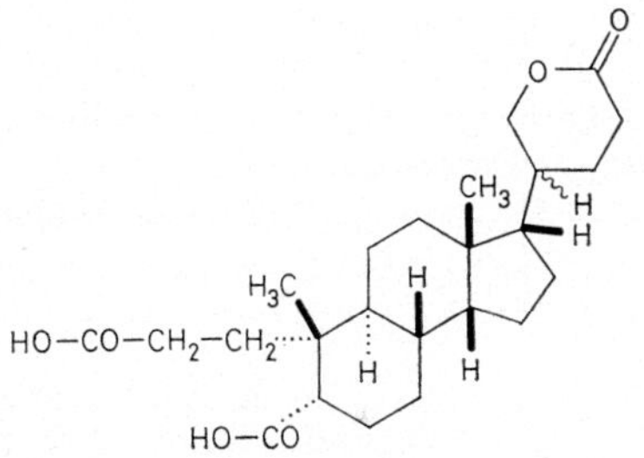   VI

Oxocarbonsäuren $C_{24}H_{36}O_6$

21-Hydroxy-3,4-seco-5β,14β,17βH,20ξH-cholan-3,4,24-trisäure-24-lacton $C_{24}H_{36}O_6$, Formel VI.

a) S t e r e o i s o m e r e s vom F: 253°.

B. Beim Behandeln von α-Bufotalenglykol ((20Ξ)-3β(?),4β(?)-Dihydroxy-5β,14β,17βH-bufanolid [S. 1311]) mit Blei(IV)-acetat in Essigsäure und anschliessend mit Peroxyessig-säure (*Wieland, Behringer*, A. **549** [1941] 209, 223).
Krystalle (aus A.); F: 251—253°.

b) S t e r e o i s o m e r e s vom F: 267°.

B. Aus β-Bufotalenglykol ((20Ξ)-3β(?),4β(?)-Dihydroxy-5β,14β,17βH-bufanolid [S. 1311]) analog dem unter a) beschriebenen Stereoisomeren (*Wieland, Behringer*, A. **549** [1941] 209, 224).
Krystalle (aus A. + $CHCl_3$ oder aus Eg. + W.); F: 266—267° [Zers.].

3α-Hydroxy-6,7-seco-5β-cholan-6,7,24-trisäure-6-lacton, N e o d e s o x y b i l i o b a n s ä u r e $C_{24}H_{36}O_6$, Formel VII (R = H).

B. Beim Erhitzen von 3α-Acetoxy-6,7-seco-5β-cholan-6,7,24-trisäure mit wss. Natron-lauge und Erwärmen des mit wss. Salzsäure angesäuerten Reaktionsgemisches (*Yamasaki, Chang*, J. Biochem. Tokyo **39** [1952] 185, 188, 189).
Krystalle (aus wss. Me. + Acn.) mit 1 Mol H_2O; F: 228—229°.

VII   VIII

3α-Hydroxy-6,7-seco-5β-cholan-6,7,24-trisäure-6-lacton-7,24-dimethylester $C_{26}H_{40}O_6$, Formel VII (R = CH$_3$).

B. Beim Erwärmen einer Lösung des Dinatrium-Salzes des 3α-Hydroxy-6,7-seco-5β-cholan-6,7,24-trisäure-6-lactons in Wasser mit Dimethylsulfat (*Yamasaki, Chang,* J. Biochem. Tokyo **39** [1952] 185, 189). Beim Behandeln von 3-Oxo-6,7-seco-5β-cholan-6,7,24-trisäure-trimethylester mit Natriumboranat in Methanol und anschliessend mit Säure und Behandeln des Reaktionsprodukts mit Diazomethan in Äther (*Ziegler,* Canad. J. Chem. **34** [1956] 523, 528).

Krystalle; F: 157—159° [aus Ae. + Hexan] (*Zi.*), 157—158° [aus wss. Me.] (*Ya., Ch.*). [α]$_D^{24}$: —18,9° [Dioxan; c = 0,6] (*Zi.*).

4-[6-Carboxymethyl-3a,6-dimethyl-8-oxo-tetradecahydro-cyclopenta[7,8]naphtho[2,3-*b*]= furan-3-yl]-valeriansäure $C_{24}H_{36}O_6$.

Über die Konfiguration der beiden folgenden Stereoisomeren s. *Shoppee, Summers,* Soc. **1952** 3374, 3375.

a) **6β-Hydroxy-2,3-seco-5α-cholan-2,3,24-trisäure-3-lacton** $C_{24}H_{36}O_6$, Formel VIII (R = H).

B. Bei der Hydrierung von Oxostadensäure (6-Oxo-2,3-seco-5α-cholan-2,3,24-trisäure) an Platin in Essigsäure (*Windaus,* A. **447** [1926] 233, 249).

Krystalle (aus Eg. + W.); F: 226—227°.

Beim Erwärmen mit Natriumäthylat in Äthanol erfolgt Umwandlung in das unter b) beschriebene Stereoisomere (*Wi.*, l. c. S. 250).

b) **6α-Hydroxy-2,3-seco-5α-cholan-2,3,24-trisäure-3-lacton** $C_{24}H_{36}O_6$, Formel IX (R = H).

B. Beim Erhitzen von Oxostadensäure (6-Oxo-2,3-seco-5α-cholan-2,3,24-trisäure) mit Äthanol und Natrium auf 190° (*Windaus,* A. **447** [1926] 233, 250). Weitere Bildungsweise s. bei dem unter a) beschriebenen Stereoisomeren.

Krystalle (aus Eg.); F: 270°. Unter 0,3 Torr destillierbar.

4-[6-Methoxycarbonylmethyl-3a,6-dimethyl-8-oxo-tetradecahydro-cyclopenta[7,8]= naphtho[2,3-*b*]furan-3-yl]-valeriansäure-methylester $C_{26}H_{40}O_6$.

a) **6β-Hydroxy-2,3-seco-5α-cholan-2,3,24-trisäure-3-lacton-2,24-dimethylester** $C_{26}H_{40}O_6$, Formel VIII (R = CH$_3$).

B. Beim Behandeln von 6β-Hydroxy-2,3-seco-5α-cholan-2,3,24-trisäure-3-lacton mit Diazomethan in Äther (*Windaus,* A. **447** [1926] 233, 250).

Krystalle (aus Me.); F: 148°.

b) **6α-Hydroxy-2,3-seco-5α-cholan-2,3,24-trisäure-3-lacton-2,24-dimethylester** $C_{26}H_{40}O_6$, Formel IX (R = CH$_3$).

B. Aus 6α-Hydroxy-2,3-seco-5α-cholan-2,3,24-trisäure-3-lacton (*Windaus,* A. **447** [1926] 233, 250).

Krystalle (aus Me.); F: 148°.

7α-Hydroxy-3,4-seco-5β-cholan-3,4,24-trisäure-4-lacton, Desoxybiliobansäure, Chenodesoxybiliobansäure $C_{24}H_{36}O_6$, Formel X (R = H).

B. Beim Behandeln einer wss. Lösung des Natrium-Salzes der Chenodesoxycholsäure

(3α,7α-Dihydroxy-5β-cholan-24-säure [E III **10** 1635]) mit alkal. wss. Kaliumhypobromit-Lösung (*Windaus, van Schoor*, Z. physiol. Chem. **148** [1925] 225, 230). Bei der Hydrierung von Chenodesoxybiliansäure (7-Oxo-3,4-seco-5β-cholan-3,4,24-trisäure [E III **10** 4125]) an Platin in Essigsäure (*Windaus, van Schoor*, Z. physiol. Chem. **157** [1926] 177, 183). Beim Erhitzen von Biliobansäure (7α-Hydroxy-12-oxo-3,4-seco-5β-cholan-3,4,24-trisäure-4-lacton [S. 6222]) mit Essigsäure, amalgamiertem Zink und konz. wss. Salzsäure (*Borsche, Frank*, B. **59** [1926] 1748, 1753).

Krystalle; F: 253° [aus Eg. bzw. A.] (*Wi., v. Sch.*, Z. physiol. Chem. **148** 230; *Bo., Fr.*), 250° [aus Acn.] (*Wi., v. Sch.*, Z. physiol. Chem. **157** 183).

IX   X

7α-Hydroxy-3,4-seco-5β-cholan-3,4,24-trisäure-4-lacton-3,24-dimethylester $C_{26}H_{40}O_6$, Formel X (R = CH_3).

B. Beim Behandeln von 7α-Hydroxy-3,4-seco-5β-cholan-3,4,24-trisäure-4-lacton mit Diazomethan in Äther (*Windaus, van Schoor*, Z. physiol. Chem. **148** [1925] 225, 230).

Krystalle; F: 107° [aus Me. oder PAe.] (*Wi., v. Sch.*, Z. physiol. Chem. **148** 230), 106° [aus Me.] (*Borsche, Frank*, B. **59** [1926] 1748, 1753), 105° [aus wss. Me.] (*Windaus, van Schoor*, Z. physiol. Chem. **157** [1926] 177, 183).

Oxocarbonsäuren $C_{27}H_{42}O_6$

20-Hydroxy-4,4,8,14-tetramethyl-2,3-seco-18-nor-5α-cholan-2,3,24-trisäure-24-lacton, 20-Hydroxy-18(13→8)-abeo-2,3-seco-25,26,27-trinor-lanostan-2,3,24-trisäure-24-lacton, 20-Hydroxy-2,3-seco-25,26,27-trinor-dammaran-2,3,24-trisäure-24-lacton [1]) $C_{27}H_{42}O_6$, Formel XI.

B. Beim Erwärmen von 20-Hydroxy-3-oxo-25,26,27-trinor-dammaran-24-säure-lacton mit Chrom(VI)-oxid und Essigsäure (*Hanna et al.*, Bl. **1959** 1454, 1458).

Krystalle (aus Eg.); F: 235—237°. $[α]_{578}$: +45° [$CHCl_3$; c = 1].

Oxocarbonsäuren $C_{28}H_{44}O_6$

(3aS)-3ξ-[2-((3S)-2ξ-Carboxy-3r,4t-dimethyl-cyclohex-ξ-yl)-äthyl]-6ξ-isopropyl-3a,5a-dimethyl-2-oxo-(3ar,5aξ,8aξ)-decahydro-indeno[4,5-b]furan-8bc-carbonsäuremethylester, 9-Hydroxy-3ξ-isopropyl-5-methyl-5ξ,10ξ,14ξ,17ξ,18ξ-11,13;13,14-diseco-A,C,23,24,25,28-hexanor-ursan-11,13,27-trisäure-27-lacton-11-methylester [2]) $C_{29}H_{46}O_6$, Formel XII.

Diese Konstitution kommt vermutlich der nachstehend beschriebenen Verbindung zu (s. dazu *J. Simonsen, W.C.J. Ross*, The Terpenes, Bd. 5 [Cambridge 1957] S. 84); die Konfiguration ergibt sich aus der genetischen Beziehung zu Novasäure (S. 5649).

B. Aus (3aS)-3ξ-[2-((3aS)-6c,7t-Dimethyl-3-oxo-4,5,6,7-tetrahydro-isobenzofuran-3ar-yl)-äthyl]-6ξ-isopropyl-3a,5a-dimethyl-2-oxo-(3ar,5aξ,8aξ)-decahydro-indeno[4,5-b]=furan-8bc-carbonsäure-methylester (F: 146—148°) mit Hilfe von Ozon (*Schmitt, Wieland*, A. **557** [1947] 1, 19, 20).

Krystalle (aus Me.); F: 190—192° (*Sch., Wi.*).

Methylester $C_{30}H_{48}O_6$ (mit Hilfe von Diazomethan hergestellt). Krystalle (aus Me.);

---

[1]) Stellungsbezeichnung bei von Dammaran abgeleiteten Namen s. E III **6** 2717 Anm.

[2]) Stellungsbezeichnung bei von Ursan abgeleiteten Namen s. E III **5** 1340.

F: 174° (*Sch., Wi.*).

Säurechlorid $C_{29}H_{45}ClO_5$ (mit Hilfe von Thionylchlorid hergestellt). Krystalle (aus Ae. + PAe.); F: 140—144° (*Sch., Wi.*, l. c. S. 23).   [*E. Deuring*]

XI   XII

Oxocarbonsäuren $C_nH_{2n—14}O_6$

Oxocarbonsäuren $C_{10}H_6O_6$

2-Oxo-2,3-dihydro-benzofuran-4,6-dicarbonsäure $C_{10}H_6O_6$, Formel I.

B. Beim Erwärmen von 4-Carboxymethyl-5-methoxy-isophthalsäure mit wss. Jod=
wasserstoffsäure und rotem Phosphor und Erhitzen des Reaktionsprodukts im Hochvakuum (*Berner*, Soc. **1946** 1052, 1058).

Ohne definierten Schmelzpunkt.

I   II   III

Oxocarbonsäuren $C_{11}H_8O_6$

6-Methyl-2-oxo-2,3-dihydro-benzofuran-4,7-dicarbonsäure $C_{11}H_8O_6$, Formel II.

B. Beim Erhitzen von 2-Carboxymethyl-3-hydroxy-5-methyl-terephthalsäure im
Hochvakuum (*Berner*, Soc. **1946** 1052, 1058).

Nicht näher beschrieben.

(±)-Phthalidylmalonsäure-diäthylester $C_{15}H_{16}O_6$, Formel III (R = C_2H_5).

B Neben Diphthalidylamin beim Erwärmen von 2-Formyl-benzoesäure mit Malon=
säure-diäthylester und Ammoniak in Äthanol (*Rodionow, Tschuchina*, Ž. obšč. Chim. **26**
[1956] 142, 144; engl. Ausg. S. 143).

Krystalle (aus wss. A.); F: 89—90°.

Oxocarbonsäuren $C_{12}H_{10}O_6$

*Opt.-inakt. 2-Oxo-5-phenyl-tetrahydro-furan-3,4-dicarbonsäure-diäthylester,
3-Hydroxy-3-phenyl-propan-1,1,2-tricarbonsäure-1,2-diäthylester-1-lacton $C_{16}H_{18}O_6$,
Formel IV.

B. Beim Erwärmen von Malonsäure-diäthylester mit Natriumäthylat in Äthanol und
mit opt.-inakt. 3-Phenyl-oxirancarbonsäure-äthylester [Kp_{13}: 152—153°] (*Tschelinzew,
Ošetrowa*, Ž. obšč. Chim. **7** [1937] 2373; C. **1938** II 845; *Takeda et al.*, Mem. School Eng.
Okayama Univ. **2** [1967] Nr. 1, S. 80, 83).

Krystalle (aus Hexan); F: 67—68°; $Kp_{0,5}$: 191—192° (*Ta. et al.*). Kp_1: 225—227° (*Tsch.*, *Oš.*).

IV   V   VI

(±)-[2-Oxo-chroman-4-yl]-malonsäure-diäthylester, (±)-2-[2-Hydroxy-phenyl]-propan-1,1,3-tricarbonsäure-1,1-diäthylester-3-lacton $C_{16}H_{18}O_6$, Formel V.

Für die nachstehend beschriebene Verbindung ist auf Grund ihrer Bildungsweise auch die Formulierung als [3-Äthoxycarbonyl-2-oxo-chroman-4-yl]-essig= säure-äthylester ($C_{16}H_{18}O_6$; Formel VI) in Betracht zu ziehen (vgl. das analog herge-stellte [3-Cyan-2-oxo-chroman-4-yl]-essigsäure-amid [s. u.]).

B. Beim Behandeln von Cumarin mit Malonsäure-diäthylester und Natriumäthylat (1 Mol) in Äthanol (*Cardinali, Houghton*, zit. bei *Connor, McClellan*, J. org. Chem. 3 [1938] 570, 573, 577) oder mit Malonsäure-diäthylester und einem basischen Ionenaustauscher (*Trivedi*, J. scient. ind. Res. India 18 B [1959] 397).

Krystalle (aus A.); F: 52° (*Ca., Ho.*; *Tr.*). Kp_4: 203° (*Ca., Ho.*).

[3-Cyan-2-oxo-chroman-4-yl]-essigsäure-amid, 2-Cyan-3-[2-hydroxy-phenyl]-glutar= amidsäure-lacton $C_{12}H_{10}N_2O_3$, Formel VII.

Diese Konstitution kommt der früher (s. E II 18 369) als Cyan-[2-oxo-chroman-4-yl]-essigsäure-amid („3.4-Dihydro-cumarin-cyanessigsäure-(4)-amid") beschrie-benen opt.-inakt. Verbindung (F: 219—220° [Zers.]) zu (*Junek, Sterk*, M. 98 [1967] 144). Dementsprechend sind die früher als Cyan-[2-oxo-chroman-4-yl]-essigsäure („3.4-Dihydro-cumarin-cyanessigsäure-(4)") und als Cyan-[6-nitro-2-oxo-chroman-4-yl]-essigsäure-amid („6-Nitro-3.4-dihydro-cumarin-cyanessigsäure-(4)-amid") be-schriebenen Derivate als [3-Cyan-2-oxo-chroman-4-yl]-essigsäure ($C_{12}H_9NO_4$) bzw. als [3-Cyan-6-nitro-2-oxo-chroman-4-yl]-essigsäure-amid ($C_{12}H_9N_3O_5$) zu formulieren.

1,1-Dimethyl-3-oxo-phthalan-4,5-dicarbonsäure, 4-[α-Hydroxy-isopropyl]-benzol-1,2,3-tricarbonsäure-3-lacton $C_{12}H_{10}O_6$, Formel VIII (R = H) (E I 523; E II 369).

B. Beim Erhitzen von Picrotin ((3a*R*)-1*c*,2*c*-Epoxy-3a,6*t*,7*t*-trihydroxy-5*c*-[α-hydr= oxy-isopropyl]-7a-methyl-(3a*r*,7a*c*)-hexahydro-indan-1*t*,4*t*-dicarbonsäure-1 → 7;4 → 6-di= lacton) oder von Picrotoxinin ((3a*R*)-1*c*,2*c*-Epoxy-3a,6*t*,7*t*-trihydroxy-5*c*-isopropenyl-7a-methyl-(3a*r*,7a*c*)-hexahydro-indan-1*t*,4*t*-dicarbonsäure-1 → 7;4 → 6-dilacton) mit 57 % ig. wss. Schwefelsäure und Mangan(IV)-oxid (*Hansen*, B. 66 [1933] 849, 852). Beim Erhitzen von Coriarinsäure (2-[4-Carboxy-1,1-dimethyl-3-oxo-phthalan-5-yl]-2-methyl-propion= säure [S. 6170]) mit wss. Salpetersäure auf 150° (*Kariyone, Oosumi*, J. pharm. Soc. Japan 62 [1942] 510, 514; dtsch. Ref. S. 158; C. A. 1951 4708).

Krystalle (aus W.) mit 1 Mol H_2O; F: 220° [Zers.] (*Ha.*), 210° [Zers.] (*Ka., Oo.*), 209—210° [Zers.] (*Horrmann*, Ar. 273 [1935] 433, 436).

Silber-Salz $Ag_2C_{12}H_8O_6$. Krystalle (*Ho.*).

1,1-Dimethyl-3-oxo-phthalan-4,5-dicarbonsäure-dimethylester, 4-[α-Hydroxy-isopropyl]-benzol-1,2,3-tricarbonsäure-3-lacton-1,2-dimethylester $C_{14}H_{14}O_6$, Formel VIII (R = CH_3).

B. Aus 1,1-Dimethyl-3-oxo-phthalan-4,5-dicarbonsäure mit Hilfe von Diazomethan (*Hansen*, B. 66 [1933] 849, 852; *Kariyone, Oosumi*, J. pharm. Soc. Japan 62 [1942] 510, 514; dtsch. Ref. S. 158; C. A. 1951 4708). Aus dem Silber-Salz der 1,1-Dimethyl-3-oxo-phthalan-4,5-dicarbonsäure mit Hilfe von Methyljodid (*Ha.*).

Krystalle (aus Me.); F: 103° (*Ha.*; *Ka., Oo.*).

VII   VIII   IX

1,1-Dimethyl-3-oxo-pthalan-4,5-dicarbonsäure-diäthylester, 4-[α-Hydroxy-isopropyl]-benzol-1,2,3-tricarbonsäure-1,2-diäthylester-3-lacton $C_{16}H_{18}O_6$, Formel VIII ($R = C_2H_5$).
B. Aus dem Silber-Salz der 1,1-Dimethyl-3-oxo-phthalan-4,5-dicarbonsäure mit Hilfe von Äthyljodid (*Hansen*, B. **66** [1933] 849, 852).
Krystalle (aus wss. A.); F: 93°.

1,1-Dimethyl-3-oxo-phthalan-4,6-dicarbonsäure, 6-[α-Hydroxy-isopropyl]-benzol-1,2,4-tricarbonsäure-1-lacton $C_{12}H_{10}O_6$, Formel IX ($R = H$).
B. Aus 3-Isopropyl-5-methyl-phthalsäure-anhydrid mit Hilfe von Kaliumpermanganat (*Woods, Viola*, Am. Soc. **78** [1956] 4380, 4382).
Krystalle (aus Bzl. + Dioxan); F: 273-275°.

1,1-Dimethyl-3-oxo-phthalan-4,6-dicarbonsäure-dimethylester, 6-[α-Hydroxy-isopropyl]-benzol-1,2,4-tricarbonsäure-1-lacton-2,4-dimethylester $C_{14}H_{14}O_6$, Formel IX ($R = CH_3$).
B. Beim Behandeln von 1,1-Dimethyl-3-oxo-phthalan-4,6-dicarbonsäure mit Diazo=methan in Äther (*Woods, Viola*, Am. Soc. **78** [1956] 4380, 4382).
Krystalle (aus Me. + W.); F: 165-166°.

Oxocarbonsäuren $C_{13}H_{12}O_6$

6-[5-Methyl-3-oxo-hex-4-enoyl]-4-oxo-4H-pyran-2-carbonsäure-äthylester $C_{15}H_{16}O_6$, Formel X, und Tautomere.
B. Beim Erwärmen von 11-Methyl-2,4,6,7,9-pentaoxo-dodec-10-ensäure-äthylester mit Äthanol und konz. wss. Salzsäure (*Schmitt*, A. **569** [1950] 32, 37).
Gelbe Krystalle (aus Me.); F: 127-128°.
Beim Erwärmen mit konz. wss. Salzsäure ist 6',6'-Dimethyl-4,4'-dioxo-5',6'-dihydro-4H,4'H-[2,2']bipyranyl-6-carbonsäure erhalten worden.

---

*Opt.-inakt. 2-Methyl-5-oxo-4-phenyl-tetrahydro-furan-2,3-dicarbonsäure, 3-Hydroxy-1-phenyl-butan-1,2,3-tricarbonsäure-1-lacton $C_{13}H_{12}O_6$, Formel XI ($R = H$).
B. Beim aufeinanderfolgenden Behandeln von 2-Acetyl-3-phenyl-acrylsäure-äthyl=ester mit Kaliumcyanid in wss. Äthanol, mit Essigsäure und mit wss. Salzsäure und Erwärmen des Reaktionsprodukts mit wss. Essigsäure (*Huan*, Bl. [5] **5** [1938] 1345, 1349).
Krystalle (aus Toluol + Acn.); F: 217° [Block] bzw. F: ca. 207° [Kapillare; bei lang-samem Erhitzen].

X   XI   XII

*Opt.-inakt. 2-Methyl-5-oxo-4-phenyl-tetrahydro-furan-2,3-dicarbonsäure-diäthylester, 3-Hydroxy-1-phenyl-butan-1,2,3-tricarbonsäure-2,3-diäthylester-1-lacton $C_{17}H_{20}O_6$, Formel XI ($R = C_2H_5$).
B. Beim Erwärmen der im vorangehenden Artikel beschriebenen Verbindung mit

Äthanol und Schwefelsäure (*Huan*, Bl. [5] **5** [1938] 1345, 1350).
    Krystalle (aus A.); F: 69°.

3-[6-Carboxy-2-oxo-chroman-8-yl]-propionsäure, 8-[2-Carboxy-äthyl]-2-oxo-chroman-6-carbonsäure $C_{13}H_{12}O_6$, Formel XII (R = H).
    B. Beim Erwärmen von 3,3'-[5-Cyan-2-methoxy-*m*-phenylen]-di-propionsäure mit wss. Bromwasserstoffsäure (*Openshaw, Robinson*, Soc. **1946** 912, 916).
    Krystalle (aus Eg.); F: 228—229° [unreines Präparat].

3-[6-Methoxycarbonyl-2-oxo-chroman-8-yl]-propionsäure-methylester, 8-[2-Methoxy-carbonyl-äthyl]-2-oxo-chroman-6-carbonsäure-methylester $C_{15}H_{16}O_6$, Formel XII (R = CH_3).
    B. Beim Erwärmen von 3-[6-Carboxy-2-oxo-chroman-8-yl]-propionsäure mit Chlor-wasserstoff enthaltendem Methanol (*Openshaw, Robinson*, Soc. **1946** 912, 916). Beim Erwärmen von 3,5-Bis-[2-äthoxycarbonyl-äthyl]-4-hydroxy-benzoesäure-äthylester mit konz. wss. Salzsäure und Erwärmen des Reaktionsprodukts mit Chlorwasserstoff ent-haltendem Methanol (*Op., Ro.*).
    Krystalle (aus Eg.); F: 107°. $Kp_{0,8}$: 210—211°.

Oxocarbonsäuren $C_{14}H_{14}O_6$

2,2-Bis-[2-carboxy-äthyl]-benzofuran-3-on, 3,3'-[3-Oxo-3H-benzofuran-2,2-diyl]-di-propionsäure $C_{14}H_{14}O_6$, Formel I (R = H), und Tautomeres (3-[9b-Hydroxy-2-oxo-3,4-dihydro-2H,9bH-pyrano[3,2-*b*]benzofuran-4a-yl]-propionsäure).
    B. Beim Erwärmen von 2,2-Bis-[2-cyan-äthyl]-benzofuran-3-on mit wss. Natronlauge (*McCloskey*, Soc. **1958** 4732, 4734).
    Krystalle (aus W.); F: 137—138° [korr.].

2,2-Bis-[2-methoxycarbonyl-äthyl]-benzofuran-3-on, 3,3'-[3-Oxo-3H-benzofuran-2,2-diyl]-di-propionsäure-dimethylester $C_{16}H_{18}O_6$, Formel I (R = CH_3).
    B. Beim Erwärmen von 2,2-Bis-[2-cyan-äthyl]-benzofuran-3-on mit wss.-methanol. Salzsäure (*McCloskey*, Soc. **1958** 4732, 4734).
    $Kp_{0,4}$: 166—168°.
    Beim Erhitzen mit Methanol enthaltendem Toluol und mit Natrium ist 3,4'-Dioxo-3H-spiro[benzofuran-2,1'-cyclohexan]-3'-carbonsäure-methylester (S. 6078) erhalten worden.

I   II

2,2-Bis-[2-äthoxycarbonyl-äthyl]-benzofuran-3-on, 3,3'-[3-Oxo-3H-benzofuran-2,2-diyl]-di-propionsäure-diäthylester $C_{18}H_{22}O_6$, Formel I (R = C_2H_5).
    B. Beim Erwärmen von 2,2-Bis-[2-carboxy-äthyl]-benzofuran-3-on mit Äthanol und wenig Schwefelsäure (*McCloskey*, Soc. **1958** 4732, 4734).
    Krystalle (aus Ae.); F: 27—28°.

2,2-Bis-[2-cyan-äthyl]-benzofuran-3-on $C_{14}H_{12}N_2O_2$, Formel II.
    B. Beim Behandeln von Benzofuran-3-ol mit Acrylnitril und Kalium-*tert*-butylat in Dioxan (*McCloskey*, Soc. **1958** 4732, 4734).
    Krystalle (aus Ae.); F: 83,5—84,5°.

3-[5-Carboxy-1,1-dimethyl-3-oxo-phthalan-4-yl]-propionsäure, 4-[2-Carboxy-äthyl]-1,1-dimethyl-3-oxo-phthalan-5-carbonsäure $C_{14}H_{14}O_6$, Formel III.
    B. Neben 1,1-Dimethyl-3-oxo-phthalan-4,5-dicarbonsäure beim Erwärmen von 3,3-Di-methyl-8,9-dihydro-3H,7H-naphtho[1,2-*c*]furan-1,6-dion mit wss. Salpetersäure (*Horr-*

mann, Ar. **273** [1935] 433, 442).

Krystalle (aus W.) mit 1 Mol H_2O; F: 235° [Zers.].

Beim Erhitzen unter vermindertem Druck bis auf 340° ist 3,3-Dimethyl-7,8-dihydro-3H-indeno[4,5-c]furan-1,6-dion erhalten worden.

Silber-Salz $Ag_2C_{14}H_{12}O_6$: *Ho.*

(6Ξ,6aS)-6a-Methyl-1,3,9-trioxo-4,5,6,6a,7,8,9,9a-octahydro-1H,3H-benz[de]isochromen-6-carbonsäure, (1Ξ,8aS)-8a-Methyl-6-oxo-1,2,3,5,6,7,8,8a-octahydro-naphthalin-1,4,5-tricarbonsäure-4,5-anhydrid $C_{14}H_{14}O_6$, Formel IV (R = H), und Tautomere.

Die nachstehend beschriebene **Decevinsäure** ist als (6Ξ,6aS)-1-Hydroxy-6a-methyl-3,9-dioxo-5,6,6a,7,8,9-hexahydro-3H,4H-benz[de]isochromen-6-carbonsäure (Formel V [R = H]) zu formulieren (*Gautschi et al.*, Helv. **37** [1954] 2280; *Jeger et al.*, Helv. **37** [1954] 2295).

B. Beim Erwärmen von Cevin ((22S,25S)-4α,9-Epoxy-5β-cevan-3α,4β,12,14,16β,17,20-heptaol; über die Konfiguration dieser Verbindung s. *Kupchan et al.*, Tetrahedron **7** [1959] 47) mit Chrom(VI)-oxid und wss. Schwefelsäure und Erhitzen des Reaktionsprodukts auf 180° (*Craig, Jacobs*, J. biol. Chem. **134** [1940] 123, 129).

Krystalle; F: 276—277° [korr.; Zers.; aus Acn. + A.] (*Ga. et al.*), 273—278° [Zers.; aus Acn.] (*Cr., Ja.*). $[\alpha]_D^{25}$: +47,6° [Py.] (*Cr., Ja.*). IR-Spektrum (Nujol; 2—16 μ): *Ga. et al.*, l. c. S. 2284. UV-Spektrum (A.; 220—380 nm): *Ga. et al.*, l. c. S. 2283. Elektrolytische Dissoziation in wss. 2-Methoxy-äthanol: *Ga. et al.*, l. c. S. 2291.

Verhalten beim Erhitzen mit Schwefel auf 300° (Bildung von 2-Hydroxy-naphthalin-1,8-dicarbonsäure-anhydrid): *Cr., Ja.*, l. c. S. 127. Beim Hydrieren an Platin in Äthanol unter Druck und Erhitzen des Reaktionsprodukts unter vermindertem Druck ist eine Säure $C_{14}H_{20}O_4$ vom F: 237—239° (Methylester $C_{15}H_{22}O_4$: F: 127—128°) erhalten worden (*Cr., Ja.*, l. c. S. 134). Bildung von (1Ξ,4Ξ,4aS)-4a-Methyl-7-oxo-1,2,3,4,4a,5,6,7-octahydro-naphthalin-1,4-dicarbonsäure (E III **10** 3943) beim Behandeln mit wss. Natronlauge: *Cr., Ja.*, l. c. S. 132; *Ga. et al.*, l. c. S. 2292. Reaktion mit *o*-Phenylendiamin (Bildung einer Verbindung $C_{20}H_{20}N_2O_5$, vom F: 300—302°): *Cr., Ja.*, l. c. S. 132.

III   IV   V

(6Ξ,6aS)-6a-Methyl-1,3,9-trioxo-4,5,6,6a,7,8,9,9a-octahydro-1H,3H-benz[de]isochromen-6-carbonsäure-methylester, (1Ξ,8aS)-8a-Methyl-6-oxo-1,2,3,5,6,7,8,8a-octahydro-naphthalin-1,4,5-tricarbonsäure-4,5-anhydrid-1-methylester $C_{15}H_{16}O_6$, Formel IV (R = CH_3), und Tautomere.

Der nachstehend beschriebene **Decevinsäure-methylester** ist als (6Ξ,6aS)-1-Hydroxy-6a-methyl-3,9-dioxo-5,6,6a,7,8,9-hexahydro-3H,4H-benz[de]isochromen-6-carbonsäure-methylester (Formel V [R = CH_3]) zu formulieren.

B. Beim Erwärmen von O-Methyl-decevinsäure-methylester (S. 6512) mit wss. Natronlauge (*Craig, Jacobs*, J. biol. Chem. **134** [1940] 123, 132; *Gautschi et al.*, Helv. **37** [1954] 2280, 2283).

Krystalle; F: 128—130° [korr.; aus CH_2Cl_2 + Ae.] (*Ga. et al.*, l. c. S. 2292), 128° (*Cr., Ja.*). IR-Spektrum (Nujol; 2—16 μ): *Ga. et al.*, l. c. S. 2285.

Essigsäure-[(6Ξ,6aS)-6a-methyl-1,3,9-trioxo-4,5,6,6a,7,8,9,9a-octahydro-1H,3H-benz[de]isochromen-6-carbonsäure]-anhydrid $C_{16}H_{16}O_7$, Formel IV (R = $CO-CH_3$), und Tautomere.

Das nachstehend beschriebene **Decevinsäure-essigsäure-anhydrid** ist als Essigsäure-[(6Ξ,6aS)-1-hydroxy-6a-methyl-3,9-dioxo-5,6,6a,7,8,9-hexahydro-3H,4H-benz[de]isochromen-6-carbonsäure]-anhydrid (Formel V [R = $CO-CH_3$]) zu formulieren (*Gautschi et al.*, Helv. **37** [1954] 2280, 2282, 2284).

B. Beim Erhitzen von Decevinsäure (S. 6168) mit Acetanhydrid (*Craig, Jacobs,* J. biol. Chem. **134** [1940] 123, 131).

Krystalle; F: 169—171° [aus Acn.; nach Sintern] (*Cr., Ja.*), 165—167° [korr.; aus Acn. oder Bzl.] (*Ga. et al.*, l. c. S. 2292). IR-Spektrum (Nujol; 2—16 μ): *Ga. et al.*, l. c. S. 2285.

Oxocarbonsäuren $C_{15}H_{16}O_6$

*Opt.-inakt. 3-[4-Methoxycarbonyl-5-methyl-2-oxo-2,3,4,5-tetrahydro-benz[*b*]oxepin-5-yl]-propionsäure-methylester, 5-[2-Methoxycarbonyl-äthyl]-5-methyl-2-oxo-2,3,4,5-tetrahydro-benz[*b*]oxepin-4-carbonsäure-methylester, 3-[2-Hydroxy-phenyl]-3-methyl-pentan-1,2,5-tricarbonsäure-1-lacton-2,5-dimethylester $C_{17}H_{20}O_6$, Formel VI.

B. Beim Behandeln von 3-[2-Methoxycarbonyl-1-methyl-4-oxo-1,2,3,4-tetrahydro-[1]naphthyl]-propionsäure-methylester (F: 78°) mit Peroxybenzoesäure in Chloroform unter Ausschluss von Licht (*Jeger et al.*, Helv. **37** [1954] 2295, 2300).

Krystalle (aus Acn. + Ae.); F: 132—133° [korr.].

3,3-Bis-[2-carboxy-äthyl]-chroman-4-on, 3,3'-[4-Oxo-chroman-3,3-diyl]-di-propionsäure $C_{15}H_{16}O_6$, Formel VII (R = H), und Tautomeres (3-[10b-Hydroxy-2-oxo-3,4-dihydro-2*H*,10b*H*-pyrano[3,2-*c*]chromen-4a-yl]-propionsäure).

B. Beim Erwärmen von 3,3-Bis-[2-cyan-äthyl]-chroman-4-on mit konz. wss. Salzsäure (*Padfield, Tomlinson,* Soc. **1950** 2272, 2276).

Krystalle (aus wss. Eg.); F: 169° [nach Sintern bei 155°].

VI   VII

3,3-Bis-[2-phenoxycarbonyl-äthyl]-chroman-4-on, 3,3'-[4-Oxo-chroman-3,3-diyl]-di-propionsäure-diphenylester $C_{27}H_{24}O_6$, Formel VII (R = C_6H_5).

B. Beim Erwärmen von 3,3-Bis-[2-carboxy-äthyl]-chroman-4-on mit Thionylchlorid und Erwärmen des Reaktionsprodukts mit Phenol (*Padfield, Tomlinson,* Soc. **1950** 2272, 2276).

Krystalle (aus A.); F: 102°.

3,3-Bis-[2-cyan-äthyl]-chroman-4-on $C_{15}H_{14}N_2O_2$, Formel VIII.

B. Beim Behandeln von Chroman-4-on mit Dioxan, methanol. Kalilauge und Acrylonitril (*Padfield, Tomlinson,* Soc. **1950** 2272, 2276).

Krystalle (aus Eg.); F: 87°.

VIII   IX   X

4-[5-Carboxy-1,1-dimethyl-3-oxo-phthalan-4-yl]-buttersäure, 4-[3-Carboxy-propyl]-1,1-dimethyl-3-oxo-phthalan-5-carbonsäure $C_{15}H_{16}O_6$, Formel IX (E II 370).

B. Beim Erwärmen von Picrotinsäure (4-[1,1,5-Trimethyl-3-oxo-phthalan-4-yl]-buttersäure) mit wss. Kalilauge und wss. Kaliumpermanganat-Lösung (*Horrmann,* Ar. **273** [1935] 433, 440).

Beim Erhitzen unter vermindertem Druck bis auf 330° (*Ho.*) sowie beim Erhitzen mit Acetanhydrid und weiterem Erhitzen des Reaktionsprodukts unter 18 Torr auf 250° (*Tettweiler, Drishaus*, A. 520 [1935] 163, 180) ist 3,3-Dimethyl-8,9-dihydro-3*H*,7*H*-naphtho=[1,2-*c*]furan-1,6-dion erhalten worden. Bildung von [5-Carboxy-1,1-dimethyl-3-oxo-phthalan-4-yl]-glyoxylsäure beim Erwärmen mit wss. Natriumcarbonat-Lösung und Kaliumpermanganat: *Te., Dr.*, l. c. S. 176.

2-[4-Carboxy-1,1-dimethyl-3-oxo-phthalan-5-yl]-2-methyl-propionsäure, 5-[1-Carboxy-1-methyl-äthyl]-1,1-dimethyl-3-oxo-phthalan-4-carbonsäure, Coriarinsäure $C_{15}H_{16}O_6$, Formel X.

Konstitution: *Kariyone, Okuda*, J. pharm. Soc. Japan 73 [1953] 928; C.A. 1954 12055; *Porter*, Chem. Reviews 67 [1967] 441, 449.

B. Beim Behandeln von Coriarialacton (3,3,6,6-Tetramethyl-3,6,7,8-tetrahydro-indeno=[4,5-*c*]furan-1-on [E III/IV 17 5159]) mit alkal. wss. Kaliumpermanganat-Lösung (*Kariyone, Oosumi*, J. pharm. Soc. Japan 62 [1942] 510, 514; dtsch. Ref. S. 158; C.A. 1951 4708).

Krystalle (aus wss. A. oder E.); F: 212° [Zers.].

Oxocarbonsäuren $C_{16}H_{18}O_6$

2,2-Bis-[2-carboxy-äthyl]-4,6-dimethyl-benzofuran-3-on, 3,3′-[4,6-Dimethyl-3-oxo-3*H*-benzofuran-2,2-diyl]-di-propionsäure $C_{16}H_{18}O_6$, Formel I (R = H), und Tautomeres (3-[9b-Hydroxy-7,9-dimethyl-2-oxo-3,4-dihydro-2*H*,9b*H*-pyrano=[3,2-*b*]benzofuran-4a-yl]-propionsäure).

B. Beim Erwärmen von 2,2-Bis-[2-cyan-äthyl]-4,6-dimethyl-benzofuran-3-on mit wss. Natronlauge (*Dean, Manunapichu*, Soc. 1957 3112, 3117).

Krystalle (aus wss. Me.); F: 176—178°.

I

II

2,2-Bis-[2-methoxycarbonyl-äthyl]-4,6-dimethyl-benzofuran-3-on, 3,3′-[4,6-Dimethyl-3-oxo-3*H*-benzofuran-2,2-diyl]-di-propionsäure-dimethylester $C_{18}H_{22}O_6$, Formel I (R = CH₃).

B. Beim Behandeln von ?, -- i?-[2-carboxy-äthyl]-4,6-dimethyl-benzofuran-3-on mit Diazomethan in Äther (*Dean, Manunapichu*, Soc. 1957 3112, 3117).

Krystalle (aus wss. Me.); F: 104—105°.

2,2-Bis-[2-cyan-äthyl]-4,6-dimethyl-benzofuran-3-on $C_{16}H_{16}N_2O_2$, Formel II.

B. Beim Erwärmen von 4,6-Dimethyl-benzofuran-3-ol mit Dioxan, Acrylonitril und wss. Benzyl-trimethyl-ammonium-hydroxid-Lösung (*Dean, Manunapichu*, Soc. 1957 3112, 3117).

Krystalle (aus A.); F: 96—97°.

Oxocarbonsäuren $C_{22}H_{30}O_6$

(±)-10*c*-[7*t*-Butyl-1,3-dioxo-(3a*r*,7a*c*)-1,3,3a,4,7,7a-hexahydro-isobenzofuran-4*t*-yl]-4-oxo-dec-9-ensäure, (±)-3*c*-Butyl-6*c*-[9-carboxy-7-oxo-non-1-en-*c*-yl]-cyclo=hex-4-en-1*r*,2*c*-dicarbonsäure-anhydrid $C_{22}H_{30}O_6$, Formel III + Spiegelbild, und Tautomeres ((±)-3*c*-Butyl-6*c*-[6-(2-hydroxy-5-oxo-tetrahydro-[2]furyl)-hex-1-en-*c*-yl]-cyclohex-4-en-1*r*,2*c*-dicarbonsäure-anhydrid).

B. Beim Behandeln von α-Licansäure (4-Oxo-octadeca-9*c*,11*t*,13*t*-triensäure) mit Maleinsäure-anhydrid in Benzol (*Kaufmann, Baltes*, B. 69 [1936] 2679, 2681; s. a. *Morrell, Davis*, Soc. 1936 1481).

Krystalle; F: 81—82° [aus wss. A.] (*Ka., Ba.*), 79° [aus A.] (*Mo., Da.*).

III   IV

(±)-8-[7*t*-Hex-1-en-*t*-yl-1,3-dioxo-(3a*r*,7a*c*)-1,3,3a,4,7,7a-hexahydro-isobenzofuran-4*t*-yl]-4-oxo-octansäure, (±)-3*c*-[7-Carboxy-5-oxo-heptyl]-6*c*-hex-1-en-*t*-yl-cyclohex-4-en-1*r*,2*c*-dicarbonsäure-anhydrid $C_{22}H_{30}O_6$, Formel IV + Spiegelbild, und Tautomeres ((±)-3*c*-Hex-1-en-*t*-yl-6*c*-[4-(2-hydroxy-5-oxo-tetrahydro-[2]furyl)-butyl]-cyclohex-4-en-1*r*,2*c*-dicarbonsäure-anhydrid).

B. Beim Erwärmen von β-Licansäure (4-Oxo-octadeca-9*t*,11*t*,13*t*-triensäure) mit Maleinsäure-anhydrid (*Morrell, Davis*, Soc. **1936** 1481, 1483).
Krystalle (aus Ae.); F: 97—98°.

Oxocarbonsäuren $C_{23}H_{32}O_6$

(20*R*?)-21-Hydroxy-3,14-dioxo-14,15-seco-24-nor-5β-cholan-15,23-disäure-23-lacton $C_{23}H_{32}O_6$, vermutlich Formel V.
Konstitution: *Jacobs, Elderfield*, J. biol. Chem. **108** [1935] 497, 508.
B. Beim Behandeln von Hydroxydihydrodigitoxigenin ((20*R*?)-3β,14,15ξ-Trihydroxy-5β,14ξ-cardanolid [S. 2362]) mit wss. Essigsäure, Chrom(VI)-oxid und wss. Schwefelsäure (*Jacobs, Elderfield*, J. biol. Chem. **99** [1933] 693, 698).
Krystalle (aus wss. Acn.); F: 196—200° [nach Sintern bei 192°].

V   VI

3-Hydroxy-11,12-seco-*A*-nor-5β?,9ξ-chol-2-en-11,12,24-trisäure-12-lacton $C_{23}H_{32}O_6$, vermutlich Formel VI (R = H).
Diese Konstitution und Konfiguration kommt wahrscheinlich der nachstehend beschriebenen **Brenzcholoidansäure** zu (s. a. *Wieland et al.*, Z. physiol. Chem. **211** [1932] 177, 178).
B. Beim Erhitzen von Choloidansäure [3,4;11,12-Diseco-5β-cholan-3,4,11,12,24-pentasäure (E III 9 4905)] (*Wieland, Schulenburg*, Z. physiol. Chem. **114** [1921] 167, 178; *Wieland*, Z. physiol. Chem. **108** [1919] 306, 326) oder von β-Choloidansäure [3,4;11,12-Diseco-5α-cholan-3,4,11,12,24-pentasäure (E III 9 4905)] (*Wieland et al.*, Z. physiol. Chem. **197** [1931] 31, 36) unter vermindertem Druck bis auf 300°.
Krystalle (aus E.); F: 224° (*Wi. et al.*, Z. physiol. Chem. **197** 36), 222° (*Wi.*, Z. physiol. Chem. **108** 326; *Wi., Sch.*). $[\alpha]_D^{13}$: +55,8° [A.]; $[\alpha]_D^{14}$: +55,6° [A.] (*Wi., Sch.*).
Beim Erwärmen mit Salpetersäure ist eine Verbindung $C_{23}H_{30}O_{10}$ vom F: 278° [Zers.] (Trimethylester $C_{26}H_{36}O_{10}$: F: 132°) erhalten worden, die sich durch Erwärmen mit wss. Kalilauge in eine Verbindung $C_{23}H_{32}O_{11}$ vom F: 298° hat überführen lassen (*Wieland*, Z. physiol. Chem. **142** [1925] 191, 203). Reaktion mit Brom in Essigsäure in Gegenwart von wss. Bromwasserstoffsäure unter Bildung einer Verbindung $C_{23}H_{31}BrO_6$ vom F: 223° [Zers.]: *Wi. et al.*, Z. physiol. Chem. **211** 185. Bildung von 3-Oxo-11,12-seco-*A*-nor-5β,9ξ-cholan-11,12,24-trisäure vom F: 264° und vom F: 180—185° beim Erhitzen

mit wss. Salzsäure und Essigsäure: *Wi. et al., Z.* physiol. Chem. **211** 180; beim Behandeln mit wss. Kalilauge: *Wi., Sch.,* l. c. S. 179; *Wi., Z.* physiol. Chem. **108** 327.

Brenzcholoidansäure-dimethylester $C_{25}H_{36}O_6$ (mit Hilfe von Diazomethan hergestellt). Krystalle (aus Ae.); F: 95° (*Wi. et al., Z.* physiol. Chem. **197** 37).

Oxocarbonsäuren $C_{24}H_{34}O_6$

3,4a,12-Trioxo-4-oxa-*A*-homo-5β-cholan-24-säure, 12-Oxo-3,4-seco-5β-cholan-3,4,24-trisäure-3,4-anhydrid $C_{24}H_{34}O_6$, Formel VII.

B. Beim Erhitzen von Desoxybiliansäure (12-Oxo-3,4-seco-5β-cholan-3,4,24-trisäure) mit Acetanhydrid (*Lettré, Scholtissek,* A. **599** [1956] 38, 42).

Krystalle (aus Bzl. + PAe.); F: 230—233° [Zers.].

Beim Behandeln mit Dimethylamin und Äthanol ist 12-Oxo-3,4-seco-5β-cholan-3,4,24-trisäure-3-dimethylamid erhalten worden.

VII   VIII

6,7a,12-Trioxo-7-oxa-*B*-homo-5β-cholan-24-säure, 12-Oxo-6,7-seco-5β-cholan-6,7,24-trisäure-6,7-anhydrid $C_{24}H_{34}O_6$, Formel VIII.

B. Beim Erhitzen von 12-Oxo-6,7-seco-5β-cholan-6,7,24-trisäure unter vermindertem Druck (*Borsche,* Nachr. Ges. Wiss. Göttingen **1920** 188, 193; s. a. *Wieland et al., Z.* physiol. Chem. **130** [1923] 326, 334).

Krystalle (aus Eg.); F: 205—207° (*Bo.*).

6-Hydroxy-2,3-seco-chol-5(?)-en-2,3,24-trisäure-3-lacton-2,24-dimethylester $C_{26}H_{38}O_6$, vermutlich Formel IX.

B. Beim Erhitzen von Hyodesoxybiliansäure (6-Oxo-2,3-seco-5α-cholan-2,3,24-trisäure) unter Wasserstoff auf 275° und Behandeln des Reaktionsprodukts mit Diazomethan in Äther (*Windaus, Bohne,* A. **442** [1925] 7, 15).

F: 123°.

(4a*R*)-12*syn*-Hydroxy-12*anti*-isopropyl-4b,8*t*-dimethyl-(4a*r*,4b*t*,8a*c*)-dodecahydro-3*t*,10a*t*-äthano-phenanthren-1*t*,2*t*,8c-tricarbonsäure-1-lacton, 13*anti*-Hydroxy-13*syn*-iso≈propyl-17,18-dinor-atisan-4,15β,16β-tricarbonsäure-15-lacton[1]** $C_{24}H_{34}O_6$, Formel X (R = H).

Über die Konstitution s. *Brus et al.,* Peintures **28** [1952] 865, 867; *Zalkow et al.,* J. org. Chem. **27** [1962] 3535, 3537.

B. Beim Erwärmen einer mit wss. Natronlauge auf pH 6,2 gestellten Lösung von Maleopimarsäure (13-Isopropyl-17,18-dinor-atis-13-en-4,15β,16β-tricarbonsäure-15,16-an≈hydrid [S. 6084]) in Äthanol und anschliessenden Ansäuern mit wss. Salzsäure (*Brus et al.,* l. c. S. 869). Neben 13*anti*-Hydroxy-13*syn*-isopropyl-17,18-dinor-atisan-4,15β,16β-tri≈carbonsäure-16-lacton (S. 6173) beim Behandeln von Maleopimarsäure mit konz. Schwe≈felsäure (*Arbusow,* Ž. obšč. Chim. **12** [1942] 343, 347; C. A. **1943** 3099).

Krystalle (aus A.) mit 2 Mol H_2O, F: 315°; nach dem Trocknen bei 140° liegt der Schmelzpunkt bei 317—318° (*Brus et al.*). Krystalle (aus wss. Eg.), F: 278—279° (*Ar.*). $[\alpha]_{578}$: −11° [A.] [getrocknetes Präparat]; $[\alpha]_{578}$: −3° [A.] [Dihydrat] (*Brus et al.*).

---

[1] Stellungsbezeichnung bei von **Atisan** abgeleiteten Namen s. S. 6084.

CH_2–CH_2–CO–O–CH_3

H_3C—C—H

CH_3

H_3C

H_3C–O–CO–CH_2

H_3C–CH CO—O—R

CH_3

CH_3

H_3C CO—O—R

IX   **X**

(4aR)-12syn-Hydroxy-12$anti$-isopropyl-4b,8t-dimethyl-(4ar,4bt,8ac)-dodecahydro-3t,10at-äthano-phenanthren-1t,2t,8c-tricarbonsäure-1-lacton-2,8-dimethylester, 13$anti$-Hydroxy-13syn-isopropyl-17,18-dinor-atisan-4,15β,16β-tricarbonsäure-15-lacton-4,16-dimethylester $C_{26}H_{38}O_6$, Formel X (R = CH_3).

B. Aus der im vorangehenden Artikel beschriebenen Säure beim Behandeln mit Diazo=methan in Äther (*Brus et al.*, Peintures **28** [1952] 865, 870) sowie beim Behandeln des Silber-Salzes mit Methyljodid und Benzol (*Arbusow*, Ž. obšč. Chim. **12** [1942] 343, 348; C. A. **1943** 3099).

Krystalle (aus Me.); F: 218° (*Brus et al.*), 216—219° (*Ar.*). [α]$_{578}$: —7° [$CHCl_3$] (*Brus et al.*).

(4aR)-12syn-Hydroxy-12$anti$-isopropyl-4b,8t-dimethyl-(4ar,4bt,8ac)-dodecahydro-3t,10at-äthano-phenanthren-1t,2t,8c-tricarbonsäure-2-lacton, 13$anti$-Hydroxy-13syn-iso=propyl-17,18-dinor-atisan-4,15β,16β-tricarbonsäure-16-lacton [1]) $C_{24}H_{34}O_6$, Formel I (R = H).

Konstitution: *Zalkow et al.*, J. org. Chem. **27** [1962] 3535, 3537.

B. Neben 13$anti$-Hydroxy-13syn-isopropyl-17,18-dinor-atisan-4,15β,16β-tricarbon=säure-15-lacton (S. 6172) beim Behandeln von Maleopimarsäure (13-Isopropyl-17,18-di=nor-atis-en-4,15β,16β-tricarbonsäure-15,16-anhydrid [S. 6084]) mit konz. Schwefel=säure (*Arbusow*, Ž. obšč. Chim. **12** [1942] 343, 347; C. A. **1943** 3099).

Krystalle; F: 252—254° [aus Acn.] (*Ar.*), 252—254° [unkorr.; Fisher-Johns-App.] (*Za. et al.*), 250—252° [korr.; nach Sintern] (*Ruzicka, LaLande*, Helv. **23** [1940] 1357, 1364).

(4aR)-12syn-Hydroxy-12$anti$-isopropyl-4b,8t-dimethyl-(4ar,4bt,8ac)-dodecahydro-3t,10at-äthano-phenanthren-1t,2t,8c-tricarbonsäure-2-lacton-1,8-dimethylester, 13$anti$-Hydroxy-13syn-isopropyl-17,18-dinor-atisan-4,15β,16β-tricarbonsäure-16-lacton-4,15-dimethylester $C_{26}H_{38}O_6$, Formel I (R = CH_3).

B. Beim Behandeln der im vorangehenden Artikel beschriebenen Säure mit Diazo=methan in Äther (*Ruzicka, LaLande*, Helv. **23** [1940] 1357, 1364).

Krystalle; F: 218—220° [korr.; aus Bzl. + PAe.] (*Ru., LaL.*), 219—220° [unkorr.; Fisher-Johns-App.] (*Zalkow et al.*, J. org. Chem. **27** [1962] 3535, 3539).

H_3C CH_3

CH_3

H_3C–CH

CH_3

H_3C

CO—O—R

H_3C CO—O—R

HO—CO—CH_2

CH_3

CH_3

H_3C–O–CO

I   **II**

---

[1]) Stellungsbezeichnung bei von **Atisan** abgeleiteten Namen s. S. 6084.

Oxocarbonsäuren $C_{27}H_{40}O_6$

**13-Hydroxy-2,3-seco-A,23,24-trinor-18α-oleanan-2,3,28-trisäure-28-lacton-2,3-dimethyl=
ester** [1]) $C_{29}H_{44}O_6$, Formel II.

Diese Konstitution (und Konfiguration) kommt wahrscheinlich der nachstehend be=
schriebenen Verbindung zu.

B. Neben 13-Hydroxy-2,5;5,6-diseco-A,A,23,24-tetranor-18α-oleanan-2,5,6,28-tetra=
säure-28-lacton-2,5,6-trimethylester (S. 6244) beim Erwärmen von 13-Hydroxy-2-oxo-
A,24-dinor-18α-oleanan-28-säure-lacton mit Chrom(VI)-oxid und wasserhaltiger Essig=
säure und Behandeln der sauren Anteile des Reaktionsprodukts mit Diazomethan in
Äther (*Ruzicka et al.*, Helv. **27** [1944] 1185, 1195).

Krystalle (aus Me.); F: 233—234° [korr.].

Oxocarbonsäuren $C_{28}H_{42}O_6$

13-Hydroxy-3,4-seco-23,24-dinor-18α-oleanan-3,4,28-trisäure-28-lacton [1]), Hedratri=
säure-lacton $C_{28}H_{42}O_6$, Formel III (R = X = H).

B. Beim Behandeln einer Lösung von Hedragenondisäure-lacton-methylester (13-Hydr=
oxy-4-oxo-3,4-seco-24-nor-18α-oleanan-3,28-disäure-28-lacton-3-methylester [S. 6072]) in
Essigsäure und konz. Schwefelsäure mit Chrom(VI)-oxid und wasserhaltiger Essigsäure
(*Ruzicka et al.*, Helv. **26** [1943] 2242, 2248; s. a. *Kitasato*, Acta phytoch. Tokyo **9** [1936] 43,
59).

Krystalle (aus Acn. + Hexan); F: 238—239° [korr.] (*Ru. et al.*).

Beim Erhitzen im Hochvakuum bis auf 250° (*Ru. et al.*) sowie beim Erhitzen unter
Normaldruck bis auf 340° (*Kitasato*, Acta phytoch. Tokyo **10** [1938] 239, 256) ist 13-Hydr=
oxy-3-oxo-A,23,24-trinor-18α-oleanan-28-säure-lacton erhalten worden.

13-Hydroxy-3,4-seco-23,24-dinor-18α-oleanan-3,4,28-trisäure-28-lacton-4-methylester,
Hedratrisäure-lacton-methylester $C_{29}H_{44}O_6$, Formel III (R = H, X = CH_3).

B. Beim Erwärmen des im folgenden Artikel beschriebenen Esters mit methanol. Kali=
lauge (*Kitasato*, Acta phytoch. Tokyo **10** [1937] 199, 204).

Krystalle (aus Me.); F: 237—240°.

III   IV

**13-Hydroxy-3,4-seco-23,24-dinor-18α-oleanan-3,4,28-trisäure-28-lacton-3,4-dimethyl=
ester**, Hedratrisäure-lacton-dimethylester $C_{30}H_{46}O_6$, Formel III (R = X = CH_3).

B. Beim Behandeln einer Lösung von 13-Hydroxy-3,4-seco-23,24-dinor-18α-oleanan-
3,4,28-trisäure-28-lacton in Chloroform mit Diazomethan in Äther (*Ruzicka et al.*, Helv. **26**
[1943] 2242, 2249; s. a. *Kitasato*, Acta phytoch. Tokyo **9** [1936] 43, 59). Beim Behandeln
von Hedratrisäure-trimethylester (3,4-Seco-23,24-dinor-olean-12-en-3,4,28-trisäure-tri=
methylester) mit Bromwasserstoff in Essigsäure und Behandeln des Reaktionsprodukts
mit Diazomethan in Äther (*Ki.*, l. c. S. 60).

Krystalle; F: 170—170,5° [korr.; aus Me.] (*Ru. et al.*), 168—170° [aus A.] (*Ki.*). $[\alpha]_D^{25}$:
0° [CHCl_3] (*Ki.*); $[\alpha]_D$: +23,9° [CHCl_3] (*Ru. et al.*).

**12α-Brom-13-hydroxy-3,4-seco-23,24-dinor-oleanan-3,4,28-trisäure-28-lacton-3-methyl=
ester** [1]), Hedratrisäure-monobromlacton-monomethylester $C_{29}H_{43}BrO_6$,
Formel IV (R = H).

Bezüglich der Zuordnung der Konfiguration am C-Atom 12 vgl. *Corey*, *Ursprung*, Am.

---

[1]) Stellungsbezeichnung bei von Oleanan abgeleiteten Namen s. E III **5** 1341.

Soc. **78** [1956] 183, 184.

B. Beim Behandeln von Hedragenondisäure (s. E III **10** 3997) mit wss. Kalilauge und mit Brom und Behandeln einer Lösung des Reaktionsprodukts in Methanol mit Brom (*Kitasato, Sone,* Acta phytoch. Tokyo **7** [1933] 1, 19).

Krystalle (aus Me.) mit $^2/_3$ Mol Methanol; Zers. bei 200°.

Beim Erwärmen mit Essigsäure und Zink und Erwärmen des Reaktionsprodukts mit methanol. Kalilauge ist 3,4-Seco-23,24-dinor-olean-12-en-3,4,28-trisäure erhalten worden. Bildung von 12-Oxo-3,4-seco-23,24-dinor-13ξ-oleanan-3,4,28-trisäure beim Erwärmen mit äthanol. Kalilauge: *Ki., Sone.*

12α-Brom-13-hydroxy-3,4-seco-23,24-dinor-oleanan-3,4,28-trisäure-28-lacton-3,4-dimethylester [1]) $C_{30}H_{45}BrO_6$, Formel IV (R = CH_3).

B. Beim Behandeln der im vorangehenden Artikel beschriebenen Säure mit Diazomethan in Äther (*Kitasato, Sone,* Acta phytoch. Tokyo **7** [1933] 1, 20).

Krystalle (aus Me.); F: 187° [Zers.].

Oxocarbonsäuren $C_{29}H_{44}O_6$

19β-Hydroxy-1,2-seco-*A*-nor-18α-oleanan-1,2,28-trisäure-28-lacton-1,2-dimethylester [1]) $C_{31}H_{48}O_6$, Formel V.

B. Beim Erwärmen von 19β-Hydroxy-1,2-seco-*A*-nor-18α-oleanan-1,2,28-trisäure-1,2-anhydrid-28-lacton mit Natriummethylat in Methanol und mit Methyljodid (*Ruzicka et al.,* Helv. **17** [1934] 426, 435).

Krystalle (aus Me.); F: 265–266°.

V   VI

14-Brom-13-hydroxy-2,3-seco-27-nor-14α(?)-ursan-2,3,28-trisäure-28-lacton [2]) $C_{29}H_{43}BrO_6$, vermutlich Formel VI.

B. Beim Behandeln von 14-Brom-3β,13-dihydroxy-27-nor-14α(?)-ursan-28-säure-13-lacton (S. 484) mit Chrom(VI)-oxid und wasserhaltiger Essigsäure (*Wieland, Kraus,* A. **497** [1932] 140, 148).

Krystalle (aus Me.); F: 205° [Zers.].

Beim Erhitzen mit Pyridin ist 2,3-Seco-27-nor-ursa-12,14-dien-2,3,28-trisäure erhalten worden.

13-Hydroxy-1,2-seco-*A*-nor-18α-oleanan-1,2,28-trisäure-28-lacton-1-methylester [1]) $C_{30}H_{46}O_6$, Formel VII.

Diese Konstitution und Konfiguration kommt vermutlich dem nachstehend beschriebenen **Oleanintrisäure-lacton-monomethylester** zu.

B. Beim Erwärmen von Oleanintrisäure-anhydrid-monolacton (13-Hydroxy-1,2-seco-*A*-nor-18α-oleanan-1,2,28-trisäure-1,2-anhydrid-28-lacton(?)) mit methanol. Kalilauge (*Kitasato,* Acta phytoch. Tokyo **10** [1938] 239, 255).

Krystalle (aus Me.); F: 265–267°.

---

[1]) Stellungsbezeichnung bei von Oleanan abgeleiteten Namen s. E III **5** 1341.

[2]) Stellungsbezeichnung bei von Ursan abgeleiteten Namen s. E III **5** 1340.

Methylester $C_{31}H_{48}O_6$; Oleanintrisäure-lacton-dimethylester (mit Hilfe von Diazomethan hergestellt). Krystalle (aus Me.); F: 222° (*Ki.*, l. c. S. 256).

13-Hydroxy-2,3-seco-24-nor-18α-oleanan-2,3,28-trisäure-28-lacton [1] $C_{29}H_{44}O_6$, Formel VIII (R = H).

B. Beim Erwärmen von 13-Hydroxy-2,3-seco-24-nor-18α-oleanan-2,3,28-trisäure-28-lacton-2,3-dimethylester mit wss. Kalilauge (*Ruzicka et al.*, Helv. **27** [1944] 1185, 1194).

Krystalle (aus Acn. + Hexan); F: 265—266° [korr.; Zers.].

Beim Erhitzen mit Acetanhydrid und Kaliumacetat und Erhitzen des Reaktionsprodukts im Hochvakuum auf 230° ist 13-Hydroxy-2-oxo-A,24-dinor-18α-oleanan-28-säure-lacton erhalten worden.

VII   VIII

13-Hydroxy-2,3-seco-24-nor-18α-oleanan-2,3,28-trisäure-28-lacton-2,3-dimethylester $C_{31}H_{48}O_6$, Formel VIII (R = CH$_3$).

B. Beim Behandeln einer Lösung von 13-Hydroxy-3-oxo-24-nor-18α-oleanan-28-säure-lacton in Essigsäure und konz. Schwefelsäure mit Chrom(VI)-oxid und wss. Essigsäure und Behandeln der sauren Anteile des Reaktionsgemisches mit Diazomethan in Äther (*Ruzicka et al.*, Helv. **27** [1944] 1185, 1194).

Krystalle (aus Me.); F: 241—242° [korr.]. Im Hochvakuum bei 220° sublimierbar. $[\alpha]_D$: +22,7° [CHCl$_3$; c = 1].

Oxocarbonsäuren $C_{30}H_{46}O_6$

19β-Hydroxy-2,3-seco-18α-oleanan-2,3,28-trisäure-28-lacton [1] $C_{30}H_{46}O_6$, Formel IX.

Diese Konstitution kommt der früher (s. E II **6** 940) beschriebenen Oxyallobetulin-disäure zu; Entsprechendes gilt für die dort beschriebenen Ester, die als 19β-Hydroxy-2,3-seco-18α-oleanan-2,3,28-trisäure-28-lacton-2,3-dimethylester ($C_{32}H_{50}O_6$) bzw. als 19β-Hydroxy-2,3-seco-18α-oleanan-2,3,28-trisäure-2,3-diäthylester-28-lacton ($C_{34}H_{54}O_6$) zu formulieren sind (*J. Simonsen, W.C.J. Ross*, The Terpenes, Bd. 4 [Cambridge 1957] S. 322).

B. Beim Behandeln von Allobetulin [19β,28-Epoxy-18α-oleanan-3β-ol] (*Ruzicka et al.*, Helv. **17** [1934] 426, 433) oder von Oxyallobetulon [19β-Hydroxy-3-oxo-18α-oleanan-28-säure-lacton] (*Dischendorfer, Juvan*, M. **56** [1930] 272, 280) mit Essigsäure und Salpetersäure (D: 1,52) in der Kälte.

Krystalle (aus wss. A.); F: 283—284° [Zers.]. (*Di., Ju.; Ru. et al.*).

Beim Erhitzen im Stickstoff-Strom bis auf 310° ist 19β-Hydroxy-2-oxo-A-nor-18α-oleanan-28-säure-lacton erhalten worden (*Ru. et al.*).

13-Hydroxy-2,3-seco-18α-oleanan-2,3,28-trisäure-28-lacton-2,3-dimethylester [1] $C_{32}H_{50}O_6$, Formel X.

Bezüglich der Zuordnung der Konfiguration am C-Atom 18 vgl. *Barton, Holness*, Soc. **1952** 78, 80.

B. Beim Behandeln von Oleanoltrisäure (2,3-Seco-olean-12-en-2,3,28-trisäure) mit Bromwasserstoff in Essigsäure und mit Chloroform und Behandeln des Reaktionsprodukts

---

[1] Stellungsbezeichnung bei von Oleanan abgeleiteten Namen s. E III **5** 1341.

mit Diazomethan in Äther (*Kitasato*, Acta phytoch. Tokyo **10** [1938] 239, 255).
Krystalle (aus Me.) mit 0,5 Mol H_2O; F: 216° (*Ki.*).

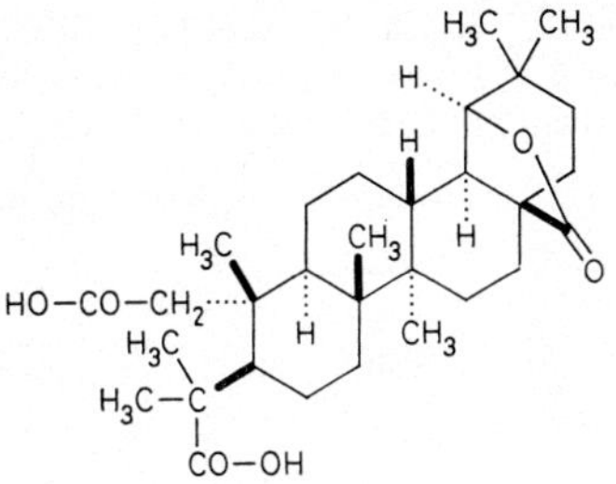

IX 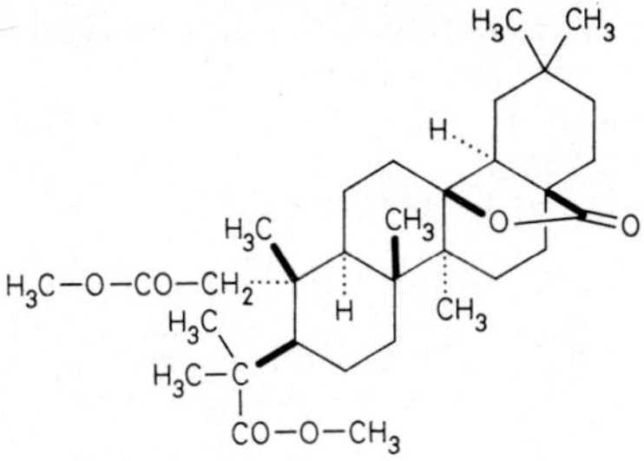   X

12α-Brom-13-hydroxy-2,3-seco-oleanan-2,3,28-trisäure-28-lacton [1]), Oleanoltrisäure-bromlacton $C_{30}H_{45}BrO_6$, Formel XI (R = H).

B. Beim Behandeln einer Lösung von Oleanonsäure-bromlacton (12α-Brom-13-hydr=oxy-3-oxo-oleanan-28-säure-lacton) in Essigsäure und konz. Schwefelsäure mit Chrom(VI)-oxid in Essigsäure (*Ruzicka, van der Sluys-Veer*, Helv. **21** [1938] 1371, 1379; *Kitasato*, Acta phytoch. Tokyo **10** [1938] 239, 249; s. a. *Kitasato*, Acta phytoch. Tokyo **10** [1937] 199, 205).

Krystalle (aus $CHCl_3$ + A.); F: 270° [Zers.] (*Ki.*, l. c. S. 205), 267—268° [korr.] (*Ru.*, *v.d. Sl.-Ve.*).

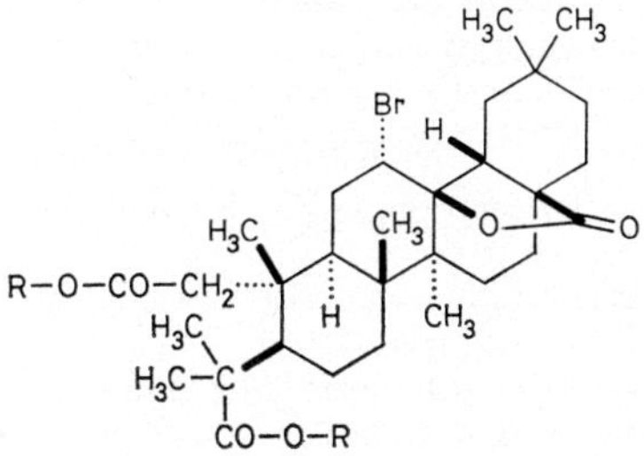

XI

12α-Brom-13-hydroxy-2,3-seco-oleanan-2,3,28-trisäure-28-lacton-2,3-dimethylester $C_{32}H_{49}BrO_6$, Formel XI (R = CH_3).

B. Beim Behandeln von 12α-Brom-13-hydroxy-2,3-seco-oleanan-2,3,28-trisäure-28-lac=ton mit Diazomethan in Äther (*Ruzicka, van der Sluys-Veer*, Helv. **21** [1938] 1371, 1380; *Kitasato*, Acta phytoch. Tokyo **10** [1937] 199, 206; s. dazu *Kitasato*, Acta phytoch. Tokyo **10** [1938] 239 Anm. 3).

Krystalle; F: 190° [aus Me. + Ae.] (*Ki.*, l. c. S. 206), 187—188° [korr.; aus wss. Me.] (*Ru., v.d. Sl.-Ve.*).

Oxocarbonsäuren $C_nH_{2n-16}O_6$

Oxocarbonsäuren $C_{11}H_6O_6$

1-Oxo-1H-isochromen-3,4-dicarbonsäure-dimethylester $C_{13}H_{10}O_6$, Formel I (R = CH_3).

B. Beim Behandeln von [2-Methoxycarbonyl-phenyl]-essigsäure-methylester mit Oxalsäure-dimethylester, Natrium und Äther und Erwärmen des Reaktionsprodukts auf 100° (*Woroshzow, Bogušewitsch*, Ž. obšč. Chim. **10** [1940] 2014; C. **1941** I 3076; *Johnston et al.*, J. org. Chem. **13** [1948] 477, 482).

Krystalle (aus Me.); F: 134° (*Wo., Bo.*), 130,5—131,7° (*Jo. et al.*).

---

[1]) Stellungsbezeichnung bei von Oleanan abgeleiteten Namen s. E III **5** 1341.

Beim Erwärmen mit konz. wss. Salzsäure ist 1-Oxo-1H-isochromen-3-carbonsäure erhalten worden (*Wo.*, *Bo.*; *Jo. et al.*).

1-Oxo-1H-isochromen-3,4-dicarbonsäure-4-äthylester $C_{13}H_{10}O_6$, Formel II.

B. Beim Erwärmen von 1-Oxo-1H-isochromen-3,4-dicarbonsäure-diäthylester mit wss. Salzsäure (*Woroshzow*, *Petuschkowa*, Ž. obšč. Chim. **27** [1957] 2282, 2285; engl. Ausg. S. 2342, 2344).

Krystalle; F: 144,5—145°.

I   II   III   IV

1-Oxo-1H-isochromen-3,4-dicarbonsäure-diäthylester $C_{15}H_{14}O_6$, Formel I (R = C_2H_5).

B. Beim Behandeln von [2-Äthoxycarbonyl-phenyl]-essigsäure-äthylester mit Oxal= säure-diäthylester, Natrium und Äther und Erwärmen des Reaktionsprodukts auf 100° (*Woroshzow*, *Petuschkowa*, Ž. obšč. Chim. **27** [1957] 2282, 2284; engl. Ausg. S. 2342, 2344).

Krystalle (aus A.); F: 65—66°.

Beim Erhitzen mit Wasser auf 180° sowie beim Erwärmen mit wss. Salzsäure ist 1-Oxo-1H-isochromen-3-carbonsäure, beim Behandeln mit wss. Natronlauge ist [2-Carboxy-phenyl]-essigsäure-äthylester erhalten worden. Bildung von 1-Oxo-1,2-dihydro-isochinolin-3,4-dicarbonsäure-4-äthylester beim Erhitzen mit wss. Ammoniak auf 140°: *Wo.*, *Pe.*

Phthalidylidenmalonsäure-diäthylester $C_{15}H_{14}O_6$, Formel III (R = C_2H_5) (H 498; E I 524; E II 370).

Bestätigung der Konstitution: *Suszko*, *Kinastowski*, Bl. Acad. polon. Ser. chim. **14** [1966] 157.

B. Beim Erwärmen von Phthaloylchlorid mit Äthoxomagnesio-malonsäure-diäthyl= ester in Äther und anschliessenden Behandeln mit Wasser (*Lund et al.*, Danske Vid. Selsk. Math. fys. Medd. **12** Nr. 9 [1933] 19).

Krystalle (aus A.); F: 74,5° (*Lund et al.*).

Beim Erwärmen mit konz. Schwefelsäure auf 80° sind Indan-1,3-dion, Bindon (E III 7 4656) und Truxenchinon (Diindeno[1,2-*a*;1′,2′-*c*]fluoren-5,10,15-trion), beim Erwärmen mit konz. Schwefelsäure bis auf 75° sind Indan-1,3-dion und Phthalidylidenessigsäure, beim Erwärmen mit 75%ig. wss. Schwefelsäure sind Phthalidylidenessigsäure, Phthal= säure und 2-Acetyl-benzoesäure, beim Erwärmen mit 20—50%ig. wss. Schwefelsäure sind 2-Acetyl-benzoesäure und kleine Mengen Phthalsäure erhalten worden (*Suszko*, *Wójciń-ski*, B. **69** [1936] 2452, 2453).

Cyan-[(Ξ)-phthalidyliden]-essigsäure-äthylester $C_{13}H_9NO_4$, Formel IV (vgl. H 498; E I 524; dort als Phthalylcyanessigsäure-äthylester bezeichnet).

B. Beim Erwärmen von Phthalsäure-anhydrid mit der Natrium-Verbindung des Cyanessigsäure-äthylesters in Benzol (*Šorm et al.*, Collect. **15** [1950] 99, 105).

Krystalle (aus Bzl.); F: 200—202°. Bei 160°/1,5 Torr sublimierbar.

Oxocarbonsäuren $C_{12}H_8O_6$

3-[2,4-Dioxo-chroman-3-yl]-3-oxo-propionsäure-äthylester $C_{14}H_{12}O_6$, Formel V, und Tautomere (z.B. 3-[4-Hydroxy-2-oxo-2H-chromen-3-yl]-3-oxo-propionsäure-äthylester).

B. Beim Erwärmen von 4-Hydroxy-cumarin (E III/IV **17** 6153) mit Malonsäure-äthyl= ester-chlorid und Pyridin (*Iguchi*, *Hisatsune*, J. pharm. Soc. Japan **77** [1957] 94, 97; C. A. **1957** 8733).

Gelbe Krystalle (aus wss. A.); F: 96—97°.

V

VI

Benzo[*b*]thiophen-3-yl-cyan-brenztraubensäure-äthylester $C_{14}H_{11}NO_3S$, Formel VI, und Tautomeres.

B. Beim Behandeln von Benzo[*b*]thiophen-3-yl-acetonitril mit Oxalsäure-diäthylester und Natriumäthylat in Äthanol (*Cagniant, Cagniant*, C. r. **232** [1951] 238).

Krystalle (aus Bzl.); F: 132,5°.

Oxocarbonsäuren $C_{13}H_{10}O_6$

4-[2,4-Dioxo-chroman-3-yl]-4-oxo-buttersäure $C_{13}H_{10}O_6$, Formel VII (R = H), und Tautomere (z. B. 4-[4-Hydroxy-2-oxo-2*H*-chromen-3-yl]-4-oxo-buttersäure).

B. Beim Erwärmen des im folgenden Artikel beschriebenen Äthylesters mit methanol. Kalilauge (*Iguchi, Hisatsune*, J. pharm. Soc. Japan **77** [1957] 94, 98; C. A. **1957** 8733).

Krystalle (aus wss. A.); F: 198°.

VII

VIII

4-[2,4-Dioxo-chroman-3-yl]-4-oxo-buttersäure-äthylester $C_{15}H_{14}O_6$, Formel VII (R = C_2H_5), und Tautomere (z. B. 4-[4-Hydroxy-2-oxo-2*H*-chromen-3-yl]-4-oxo-buttersäure-äthylester).

B. Beim Erhitzen von 4-Hydroxy-cumarin (E III/IV **17** 6153) mit Bernsteinsäure-äthylester-chlorid und Pyridin (*Iguchi, Hisatsune*, J. pharm. Soc. Japan **77** [1957] 94, 97; C. A. **1957** 8733).

Krystalle (aus wss. A.); F: 102—103°.

[2-Benzofuran-2-yl-2-oxo-äthyl]-malonsäure $C_{13}H_{10}O_6$, Formel VIII, und Tautomeres (5-Benzofuran-2-yl-5-hydroxy-2-oxo-tetrahydro-furan-3-carbonsäure).

B. Beim Behandeln von 1-Benzofuran-2-yl-2-brom-äthanon mit der Natrium-Verbin= dung des Malonsäure-diäthylesters in Benzol und Erwärmen des Reaktionsprodukts mit wss.-äthanol Kalilauge (*Chatterjea*, J. Indian chem. Soc. **34** [1957] 306, 307).

Krystalle (aus E. + PAe.); F: 178° [unkorr.; Zers.].

Oxocarbonsäuren $C_{15}H_{14}O_6$

6-[2,4-Dioxo-chroman-3-yl]-6-oxo-hexansäure $C_{15}H_{14}O_6$, Formel IX (X = OH), und Tautomere (z. B. 6-[4-Hydroxy-2-oxo-2*H*-chromen-3-yl]-6-oxo-hexansäure).

B. Beim Erwärmen des im folgenden Artikel beschriebenen Äthylesters mit methanol. Kalilauge (*Iguchi, Hisatsune*, J. pharm. Soc. Japan **77** [1957] 94, 98; C. A. **1957** 8733).

Krystalle (aus wss. A.); F: 172—174°. UV-Spektrum (A.; 250—350 nm): *Ig., Hi.*, l. c. S. 96.

6-[2,4-Dioxo-chroman-3-yl]-6-oxo-hexansäure-äthylester $C_{17}H_{18}O_6$, Formel IX (X = O-C_2H_5), und Tautomere (z. B. 6-[4-Hydroxy-2-oxo-2*H*-chromen-3-yl]-6-oxo-hexansäure-äthylester).

B. Beim Erhitzen von 4-Hydroxy-cumarin (E III/IV **17** 6153) mit Adipinsäure-äthyl=

ester-chlorid und Pyridin (*Iguchi, Hisatsune*, J. pharm. Soc. Japan **77** [1957] 94, 97; C. A. **1957** 8733).
Krystalle (aus wss. A.); F: 88,5—89,5°. UV-Spektrum (A.; 250—350 nm): *Ig., Hi.*

6-[2,4-Dioxo-chroman-3-yl]-6-imino-hexansäure-äthylester $C_{17}H_{19}NO_5$, Formel X
(X = O-C$_2$H$_5$), und **6-Amino-6-[2,4-dioxo-chroman-3-yliden]-hexansäure-äthylester**
$C_{17}H_{19}NO_5$, Formel XI (X = O-C$_2$H$_5$).
B. Beim Behandeln der im vorangehenden Artikel beschriebenen Verbindung mit wss.
Ammoniak (*Iguchi, Hisatsune*, J. pharm. Soc. Japan **77** [1957] 98, 101; C. A. **1957** 8734).
Krystalle (aus wss. A.); F: 116—116,5°.

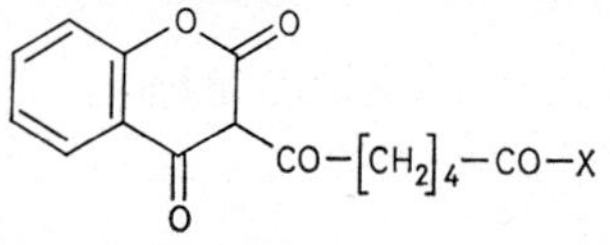

IX

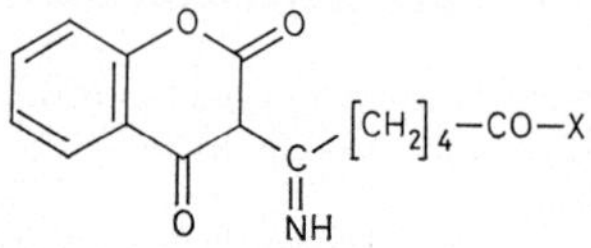

X

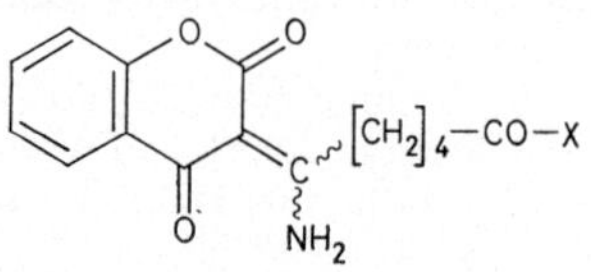

XI

6-[2,4-Dioxo-chroman-3-yl]-6-oxo-hexansäure-amid $C_{15}H_{15}NO_5$, Formel IX (X = NH$_2$),
und Tautomere (z.B. 6-[4-Hydroxy-2-oxo-2*H*-chromen-3-yl]-6-oxo-hexan=
säure-amid).
B. Beim Erwärmen von 6-[2,4-Dioxo-chroman-3-yl]-6-oxo-hexansäure mit Thionyl=
chlorid und Erwärmen des Reaktionsprodukts mit Ammoniumcarbonat in Benzol (*Iguchi,
Hisatsune*, J. pharm. Soc. Japan **77** [1957] 98, 101; C. A. **1957** 8734).
Krystalle (aus A.); F: 208,5—209,5°.

6-[2,4-Dioxo-chroman-3-yl]-6-imino-hexansäure-amid $C_{15}H_{16}N_2O_4$, Formel X
(X = NH$_2$), und **6-Amino-6-[2,4-dioxo-chroman-3-yliden]-hexansäure-amid**
$C_{15}H_{16}N_2O_4$, Formel XI (X = NH$_2$).
B. Beim Erwärmen von 6-[2,4-Dioxo-chroman-3-yl]-6-oxo-hexansäure mit Thionyl=
chlorid und Behandeln des Reaktionsprodukts mit wss. Ammoniak (*Iguchi, Hisatsune*,
J. pharm. Soc. Japan **77** [1957] 98, 101; C. A. **1957** 8734).
Krystalle (aus wss. A.); F: 193—194°.

Oxocarbonsäuren $C_{16}H_{16}O_6$

**(±)-4-[4-Brom-phenyl]-2-cyan-2-[3,6-dihydro-2*H*-pyran-4-yl]-4-oxo-buttersäure-äthyl=
ester** $C_{18}H_{18}BrNO_4$, Formel I.
B. Beim Erwärmen von Cyan-tetrahydropyran-4-yliden-essigsäure-äthylester (S. 4454)
mit Natriumäthylat in Äthanol und 2-Brom-1-[4-brom-phenyl]-äthanon (*Prelog et al.*, A.
532 [1937] 69, 79).
Krystalle (aus A.); F: 153—154°.

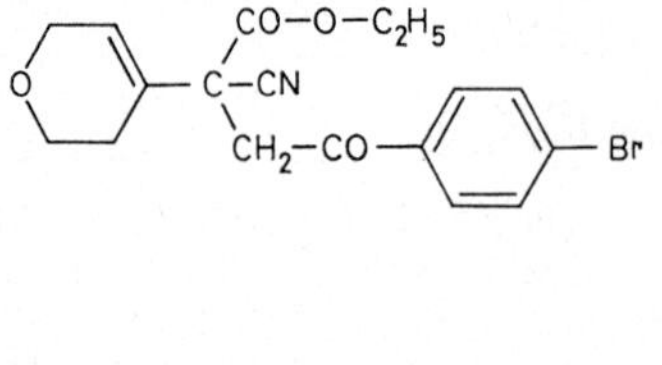

I

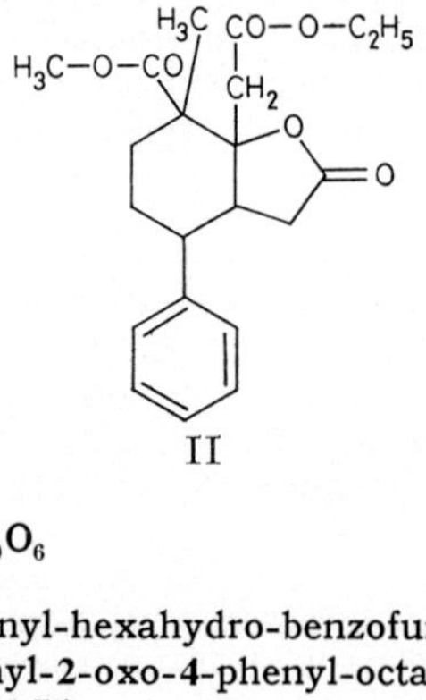

II

Oxocarbonsäuren $C_{18}H_{20}O_6$

*Opt.-inakt. [7-Methoxycarbonyl-7-methyl-2-oxo-4-phenyl-hexahydro-benzofuran-7a-yl]-
essigsäure-äthylester, 7a-Äthoxycarbonylmethyl-7-methyl-2-oxo-4-phenyl-octahydro-
benzofuran-7-carbonsäure-methylester* $C_{21}H_{26}O_6$, Formel II.
B. Beim Erwärmen von opt.-inakt. [3-Methoxycarbonyl-3-methyl-2-oxo-6-phenyl-

cyclohexyl]-essigsäure-methylester (F: 111°) mit Bromessigsäure-äthylester, Zink und Jod in Benzol und Äther (*Turner*, Am. Soc. Soc. **79** [1957] 2271, 2273).

Krystalle (aus Isopropylalkohol); F: 125—127,5°.

Beim Erwärmen mit Methanol und wss. Kaliumhydrogencarbonat-Lösung ist [2-Äthoxy=carbonylmethylen-3-methoxycarbonyl-3-methyl-6-phenyl-cyclohexyl]-essigsäure (F: 154° bis 155°) erhalten worden.

Oxocarbonsäuren $C_{19}H_{22}O_6$

10-[2,4-Dioxo-chroman-3-yl]-10-oxo-decansäure $C_{19}H_{22}O_6$, Formel III (X = OH), und Tautomere (z. B. 10-[4-Hydroxy-2-oxo-2*H*-chromen-3-yl]-10-oxo-decan=säure).

B. Beim Erwärmen des im folgenden Artikel beschriebenen Äthylesters mit methanol. Kalilauge (*Iguchi, Hisatsune,* J. pharm. Soc. Japan **77** [1957] 94, 98; C. A. **1957** 8733).

Krystalle (aus A.); F: 151—152°.

10-[2,4-Dioxo-chroman-3-yl]-10-oxo-decansäure-äthylester $C_{21}H_{26}O_6$, Formel III (X = O-C_2H_5), und Tautomere (z. B. 10-[4-Hydroxy-2-oxo-2*H*-chromen-3-yl]-10-oxo-decansäure-äthylester).

B. Beim Erhitzen von 4-Hydroxy-cumarin (E III/IV **17** 6153) mit Sebacinsäure-äthyl=ester-chlorid und Pyridin (*Iguchi, Hisatsune,* J. pharm. Soc. Japan **77** [1957] 94, 97; C. A. **1957** 8733).

Krystalle (aus A.); F: 94,5—95,0°.

10-[2,4-Dioxo-chroman-3-yl]-10-imino-decansäure-äthylester $C_{21}H_{27}NO_5$, Formel IV (X = O-C_2H_5), und **10-Amino-10-[2,4-dioxo-chroman-3-yliden]-decansäure-äthylester** $C_{21}H_{27}NO_5$, Formel V (X = O-C_2H_5).

B. Beim Behandeln der im vorangehenden Artikel beschriebenen Verbindung mit Ammoniak in Äthanol (*Iguchi, Hisatsune,* J. pharm. Soc. Japan **77** [1957] 98, 101; C. A. **1957** 8734).

Krystalle (aus wss. A.); F: 116—117,5°.

III   IV   V

10-[2,4-Dioxo-chroman-3-yl]-10-oxo-decansäure-amid $C_{19}H_{23}NO_5$, Formel III (X = NH_2), und Tautomere (z. B. 10-[4-Hydroxy-2-oxo-2*H*-chromen-3-yl]-10-oxo-decansäure-amid).

B. Beim Erwärmen von 10-[2,4-Dioxo-chroman-3-yl]-10-oxo-decansäure mit Thionyl=chlorid und Erwärmen des Reaktionsprodukts mit Ammoniumcarbonat in Benzol (*Iguchi, Hisatsune,* J. pharm. Soc. Japan **77** [1957] 98, 101; C. A. **1957** 8734).

Krystalle; F: 201—202°.

10-[2,4-Dioxo-chroman-3-yl]-10-imino-decansäure-amid $C_{19}H_{24}N_2O_4$, Formel IV (X = NH_2), und **10-Amino-10-[2,4-dioxo-chroman-3-yliden]-decansäure-amid** $C_{19}H_{24}N_2O_4$, Formel V (X = NH_2).

B. Beim Erwärmen von 10-[2,4-Dioxo-chroman-3-yl]-10-oxo-decansäure mit Thionyl=chlorid und Behandeln des Reaktionsprodukts mit wss. Ammoniak (*Iguchi, Hisatsune,* J. pharm. Soc. Japan **77** [1957] 98, 101; C. A. **1957** 8734).

Krystalle (aus wss. A.); F: 167—169°.

(±)-[12a-Methyl-3,6,10-trioxo-(6a*r*,12a*c*,12b*t*)-1,3,4,6,6a,7,8,10,11,12,12a,12b-dodeca=hydro-1*t*,5*t*-methano-naphth[1,2-*c*]oxocin-5-yl]-essigsäure, rac-11β-Hydroxy-3,14-dioxo-14,15-seco-18-homo-*D*-nor-androst-4-en-15,18a-disäure-18a-lacton $C_{19}H_{22}O_6$, Formel VI (R = H) + Spiegelbild, und Tautomeres (*rac*-11β,14-Dihydroxy-3,16-dioxo-15-oxa-18-homo-14ξ-androst-4-en-18a-säure-11-lacton).

B. Beim Behandeln von *rac*-(18a*Ξ*)-11β,18a-Epoxy-14,16ξ,18a-trihydroxy-15-oxa-

18-homo-14ξ-androst-4-en-3-on (F: 178°; Syst. Nr. 827) mit Natriumdichromat in Essig=
säure und Benzol (*Heusler et al.*, Helv. **40** [1957] 787, 801).

Krystalle (aus Me. + CHCl₃); F: 286° [unkorr.; Zers.]. IR-Banden (Nujol) im Bereich
von 2,9 μ bis 6,2 μ: *He. et al.* UV-Absorptionsmaximum: 237 nm.

(±)-[12a-Methyl-3,6,10-trioxo-(6a*r*,12a*c*,12b*t*)-1,3,4,6,6a,7,8,10,11,12,12a,12b-dodeca=
hydro-1*t*,5*t*-methano-naphth[1,2-*c*]oxocin-5-yl]-essigsäure-methylester, *rac*-11β-Hydr=
oxy-3,14-dioxo-14,15-seco-18-homo-*D*-nor-androst-4-en-15,18a-disäure-18a-lacton-
15-methylester $C_{20}H_{24}O_6$, Formel VI (R = CH₃) + Spiegelbild.

B. Beim Behandeln der im vorangehenden Artikel beschriebenen Verbindung mit
Methanol und mit Diazomethan in Äther (*Heusler et al.*, Helv. **40** [1957] 787, 801).

Methanol enthaltende Krystalle (aus Me.); F: 132° [unkorr.].

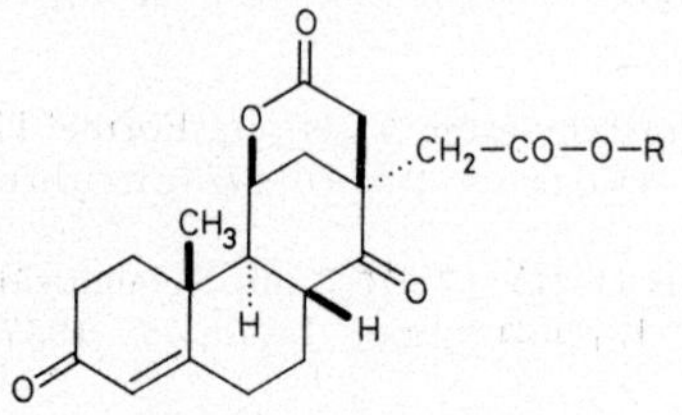

VI 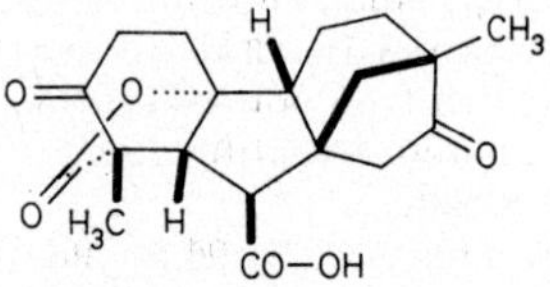   VII

(4a*R*)-1,7-Dimethyl-2,8,13-trioxo-(4b*t*,10a*t*)-dodecahydro-7*t*,9a*t*-methano-4a*r*,1c-oxa=
äthano-benz[*a*]azulen-10*t*-carbonsäure, 4a-Hydroxy-1β,7-dimethyl-2,8-dioxo-4aα,7α-gib=
ban-1α,10β-dicarbonsäure-1-lacton [1]) $C_{19}H_{22}O_6$, Formel VII.

B. Beim Behandeln von Gibberellin-C (2β,4a-Dihydroxy-1β,7-dimethyl-8-oxo-4aα,7α-
gibban-1α,10β-dicarbonsäure-1 → 4a-lacton) mit Chrom(VI)-oxid in Aceton (*Cross*, Soc.
1960 3022, 3031; s. a. *Cross et al.*, Pr. chem. Soc. **1958** 221).

Krystalle (aus Butanon + PAe.), F: 281—283° [korr.; Zers.]; $[\alpha]_D^{16}$: +154° [A.; c = 1]
(*Cr.*). UV-Absorptionsmaximum (A.): 288—291 nm (*Cr.*).

Beim Erhitzen mit Selen auf 340° ist 1,7-Dimethyl-fluoren-2-ol erhalten worden (*Cr.*;
Cr. et al.).

Oxocarbonsäuren $C_{23}H_{30}O_6$

3-Oxo-24-nor-5ξ,8ξ,14ξ,20ξ*H*-cholan-19,21,23-trisäure-21,23-anhydrid $C_{23}H_{30}O_6$,
Formel VIII.

Diese Konstitution und Konfiguration kommt vermutlich der nachstehend beschriebenen Verbindung zu.

B. Beim Erhitzen von 3-Oxo-24-nor-5ξ,8ξ,14ξ,20ξ*H*-cholan-19,21,23-trisäure (?) (E III
10 4133) unter 1 Torr auf 220° (*Jacobs, Elderfield*, J. biol. Chem. **96** [1932] 357, 364).

Krystalle (aus Acn.); F: 273—274°.

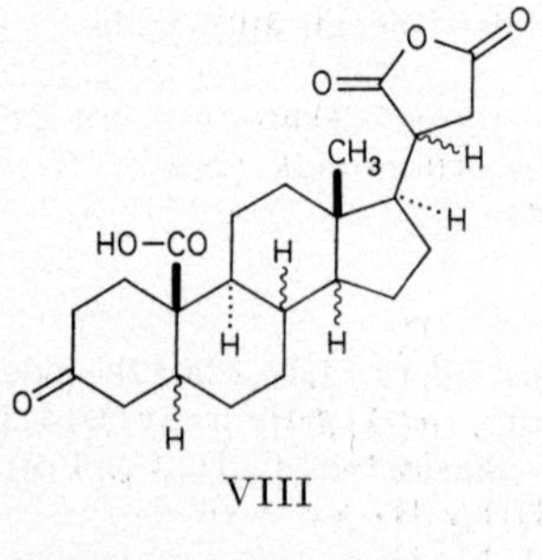

VIII 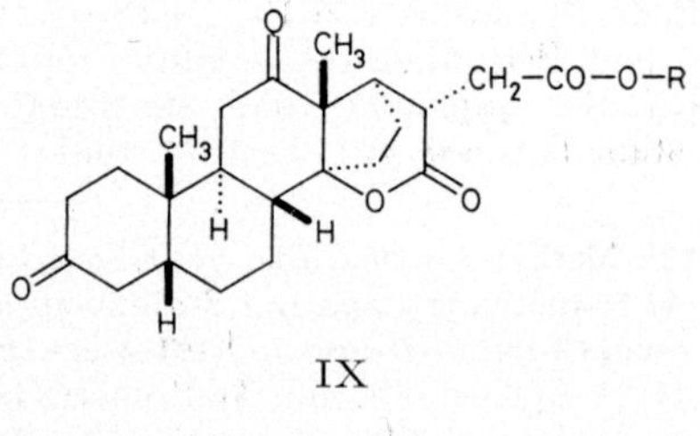   IX

---

[1]) Stellungsbezeichnung bei von 7α-Gibban abgeleiteten Namen s. S. 6080.

**14-Hydroxy-3,12-dioxo-24-nor-5β,14β,20β_FH-cholan-21,23-disäure-21-lacton,
Isodigoxigonsäure** $C_{23}H_{30}O_6$, Formel IX (R = H).

B. Beim Behandeln von 3β,12β,14-Trihydroxy-24-nor-5β,14β,20β_FH-cholan-21,23-di=
säure-21 → 14-lacton mit Chrom(VI)-oxid, Essigsäure und wss. Schwefelsäure (*Smith*, Soc.
1935 1305, 1308).

Krystalle (aus wss. Me.); F: 260°. [α]$_{546}^{20}$: +56,6° [Acn.; c = 1].

**14-Hydroxy-3,12-dioxo-24-nor-5β,14β,20β_FH-cholan-21,23-disäure-21-lacton-23-methyl=
ester, Isodigoxigonsäure-methylester** $C_{24}H_{32}O_6$, Formel IX (R = CH$_3$).

B. Beim Behandeln von 3β,12β,14-Trihydroxy-24-nor-5β,14β,20β_FH-cholan-21,23-di=
säure-21 → 14-lacton-23-methylester mit Chrom(VI)-oxid, Essigsäure und wss. Schwefel=
säure (*Smith*, Soc. **1935** 1305, 1308). Aus Isodigoxigonsäure (s. o.) mit Hilfe von Diazo=
methan (*Sm.*).

Krystalle (aus Me.); F: 253°. [α]$_{546}^{20}$: +48,0° [Acn.; c = 0,5].

Oxocarbonsäuren $C_{24}H_{32}O_6$

**(4aR)-11syn-Hydroxy-12-isopropyliden-4b,8t-dimethyl-(4ar,4bt,8ac)-dodecahydro-
3t,10at-äthano-phenanthren-1t,2t,8c-tricarbonsäure-1-lacton, 14anti-Hydroxy-13-iso=
propyliden-17,18-dinor-atisan-4,15β,16β-tricarbonsäure-15-lacton** [1] $C_{24}H_{32}O_6$,
Formel X (R = X = H).

Konstitution: *Zalkow et al.*, J. org. Chem. **27** [1962] 3535.

B. Beim Behandeln von Maleopimarsäure (S. 6084) mit wss. Natronlauge und wss.
Kaliumpermanganat-Lösung und anschliessenden Behandeln mit wss. Salzsäure (*Za.
et al.*, l. c. S. 3538; s. a. *Ruzicka, LaLande*, Helv. **23** [1940] 1357, 1363).

Krystalle (aus E.), F: 211—212° [korr.] (*Ru., LaL.*); Krystalle (aus W.) mit 0,25 Mol
H$_2$O, F: 211—212° [unkorr.; Fisher-Johns-App.]; [α]$_D$: −37,3° [Me.; c = 3] (*Za. et al.*).

Bei 3-tägigem Behandeln mit wss. Natronlauge und wss. Kaliumpermanganat-Lösung
ist 13ξ,14anti-Dihydroxy-13ξ-[α-hydroxy-isopropyl]-17,18-dinor-atisan-4,15β,16β-tri=
carbonsäure-15 → 14-lacton (F: 307—308°) erhalten worden (*Ru., LaL.*; *Za. et al.*, l. c.
S. 3536, 3539).

**(4aR)-11syn-Hydroxy-12-isopropyliden-4b,8t-dimethyl-(4ar,4bt,8ac)-dodecahydro-
3t,10at-äthano-phenanthren-1t,2t,8c-tricarbonsäure-1-lacton-8-methylester, 14anti-
Hydroxy-13-isopropyliden-17,18-dinor-atisan-4,15β,16β-tricarbonsäure-15-lacton-
4-methylester** $C_{25}H_{34}O_6$, Formel X (R = H, X = CH$_3$).

B. Neben anderen Verbindungen beim Behandeln einer Lösung von Maleopimarsäure-
methylester (S. 6085) in Essigsäure und Äthylacetat mit Ozon und anschliessenden Er=
wärmen mit Wasser (*Ruzicka, LaLande*, Helv. **23** [1940] 1357, 1361).

Krystalle; F: 226—227° [korr.; aus wss. A.], 220—221° [korr.; aus Acn. + PAe.].
UV-Spektrum (A.; 220—310 nm): *Ru., LaL.*

X   XI

**(4aR)-11syn-Hydroxy-12-isopropyliden-4b,8t-dimethyl-(4ar,4bt,8ac)-dodecahydro-
3t,10at-äthano-phenanthren-1t,2t,8c-tricarbonsäure-1-lacton-2,8-dimethylester, 14anti-
Hydroxy-13-isopropyliden-17,18-dinor-atisan-4,15β,16β-tricarbonsäure-15-lacton-
4,16-dimethylester** $C_{26}H_{36}O_6$, Formel X (R = X = CH$_3$).

B. Beim Behandeln von 14anti-Hydroxy-13-isopropyliden-17,18-dinor-atisan-4,15β,=

---

[1] Stellungsbezeichnung bei von Atisan abgeleiteten Namen s. S. 6084.

16β-tricarbonsäure-15-lacton oder von 14*anti*-Hydroxy-13-isopropyliden-17,18-dinoratisan-4,15β,16β-tricarbonsäure-15-lacton-4-methylester mit Diazomethan in Äther (*Ruzicka, LaLande,* Helv. **23** [1940] 1357, 1363, 1364).

Krystalle; F: 185° [aus wss. Me.] (*Zalkow et al.,* J. org. Chem. **27** [1962] 3535, 3538), 182—184° [korr.; aus Ae. + Pentan oder aus Bzl.] (*Ru., LaL.*).

Oxocarbonsäuren $C_{26}H_{36}O_6$

3-[(4a*R*)-1*c*,4a,4b,6a,9*t*,10*c*-Hexamethyl-2,4,12-trioxo-(4a*r*,4b*t*,6a*c*,10a*c*,12a*t*)-Δ^{10b}-tetradecahydro-naphth[1,2-*h*]isochromen-1*t*-yl]-propionsäure, 11-Oxo-3,5;5,6-di=seco-*A*,*B*,23,24-tetranor-urs-12-en-3,5,6-trisäure-5,6-anhydrid [1]) $C_{26}H_{36}O_6$, Formel XI.

B. Beim Erwärmen von α-Amyradienon-II (*A*-Neo-ursa-3(5),12-dien-11-on) oder von α-Amyradienon-I (*A*-Neo-ursa-3,12-dien-11-on) mit Chrom(VI)-oxid und wasserhaltiger Essigsäure und Erhitzen des Reaktionsprodukts mit Acetanhydrid (*Ruzicka et al.,* Helv. **28** [1945] 1628, 1634).

Krystalle (aus CH_2Cl_2 + Ae.); F: 228—232° [korr.; Zers.]. $[\alpha]_D$: —141° [$CHCl_3$; c = 0,8].

Oxocarbonsäuren $C_{27}H_{38}O_6$

(24*Ξ*,25*Ξ*)-24,27-Epoxy-3,7,12-trioxo-5β-cholestan-26-säure $C_{27}H_{38}O_6$, Formel XII.

B. Beim Erwärmen von (24*Ξ*,25*Ξ*)-24,27-Epoxy-5β-cholestan-3α,7α,12α,26-tetraol (F: 187° [E III/IV **17** 2675]) mit Chrom(VI)-oxid in Essigsäure (*Windaus et al.,* Z. physiol. Chem. **189** [1930] 148, 153).

Krystalle (aus $CHCl_3$ + PAe.); F: 236° (*Wi. et al.*).

Beim Behandeln mit konz. wss. Salzsäure und Essigsäure ist (25*Ξ*)-24*ξ*-Chlor-27-hydroxy-3,7,12-trioxo-5β-cholestan-26-säure (E III **10** 4759) erhalten worden (*Bergmann, Pace,* Am. Soc. **65** [1943] 477).

Trioxim $C_{27}H_{41}N_3O_6$ ((24*Ξ*,25*Ξ*)-24,27-Epoxy-3,7,12-tris-hydroxyimino-5β-cholestan-26-säure). Krystalle (aus $CHCl_3$ + PAe.); Zers. bei 240—250° (*Wi. et al.*).

XII   XIII

Oxocarbonsäuren $C_{29}H_{42}O_6$

13-Hydroxy-4,12-dioxo-3,4-seco-24-nor-oleanan-3,28-disäure-28-lacton [2]) $C_{29}H_{42}O_6$, Formel XIII (X = O).

B. Beim Behandeln von Hedragenondisäure (s. E III **10** 3997) mit Chrom(VI)-oxid in Essigsäure (*Kitasato,* Acta phytoch. Tokyo **7** [1933] 169, 176).

Krystalle (aus Ae.); F: 140° (*Ki.,* Acta phytoch. Tokyo **7** 176). $[\alpha]_D^{19}$: —1,1° [$CHCl_3$; c = 1] (*Kitasato,* Acta phytoch. Tokyo **8** [1935] 205, 220).

13-Hydroxy-4,12-bis-hydroxyimino-3,4-seco-24-nor-oleanan-3,28-disäure-28-lacton $C_{29}H_{44}N_2O_6$, Formel XIII (X = N-OH).

B. Beim Erwärmen von 13-Hydroxy-4,12-dioxo-3,4-seco-24-nor-oleanan-3,28-disäure-

---

[1]) Stellungsbezeichnung bei von Ursan abgeleiteten Namen s. E III **5** 1340.

[2]) Stellungsbezeichnung bei von Oleanan abgeleiteten Namen s. E III **5** 1341.

28-lacton mit Hydroxylamin-hydrochlorid und Natriumacetat in Äthanol (*Kitasato*, Acta phytoch. Tokyo **7** [1933] 169, 177).

Krystalle (aus Me.); F: 221° [Zers.].

Oxocarbonsäuren $C_nH_{2n-18}O_6$

Oxocarbonsäuren $C_{12}H_6O_6$

4-Benzofuran-2-yl-3-[4-nitro-phenylhydrazono]-2,4-dioxo-buttersäure-äthylester $C_{20}H_{15}N_3O_7$, Formel I, und Tautomeres (z. B. 4-Benzofuran-2-yl-3-[4-nitrophenylazo]-2,4-dioxo-buttersäure-äthylester).

B. Beim Behandeln einer Lösung der Natrium-Verbindung des 4-Benzofuran-2-yl-2,4-dioxo-buttersäure-äthylesters in Wasser mit wss. 4-Nitro-benzoldiazonium-chlorid-Lösung (*Fatutta*, G. **89** [1959] 964, 976).

Braune Krystalle (aus A.); F: 166°.

Beim Erwärmen mit Hydrazin, Essigsäure und Wasser ist 5-Benzofuran-2-yl-4-[4-nitrophenylazo]-pyrazol-3-carbonsäure-äthylester erhalten worden.

I   II

Oxocarbonsäuren $C_{13}H_8O_6$

(±)-6-Benzoyl-4,5-dioxo-5,6-dihydro-4H-pyran-2-carbonsäure $C_{13}H_8O_6$, Formel II, und Tautomere (z. B. 6-Benzoyl-5-hydroxy-4-oxo-4H-pyran-2-carbonsäure).

Diese Konstitution wird der nachstehend beschriebenen Verbindung zugeordnet.

B. Bei 24-stdg. Erhitzen von Mekonsäure (3,4-Dioxo-3,4-dihydro-2H-pyran-2,6-dicarbonsäure) mit Benzoylchlorid auf 145° (*Woods*, J. org. Chem. **22** [1957] 339).

Krystalle (aus A.); Zers. bei 284° [unkorr.]. IR-Banden (Nujol) im Bereich von 3530 cm⁻¹ bis 1500 cm⁻¹: *Wo.*

(±)-6-[α-(2,4-Dinitro-phenylhydrazono)-benzyl]-4,5-dioxo-5,6-dihydro-4H-pyran-2-carbonsäure $C_{19}H_{12}N_4O_9$, Formel III, und Tautomere.

B. Beim Erwärmen der im vorangehenden Artikel beschriebenen Verbindung mit [2,4-Dinitro-phenyl]-hydrazin und wss.-äthanol. Salzsäure (*Woods*, J. org. Chem. **22** [1957] 339).

Krystalle (aus A.); F: 189—194° [unkorr.; Zers.; Fisher-Johns-App.].

2-Oxo-6-phenyl-2H-pyran-3,5-dicarbonsäure-diäthylester, 4c-Hydroxy-4t-phenyl-buta-1,3-dien-1,1,3-tricarbonsäure-1,3-diäthylester-1-lacton $C_{17}H_{16}O_6$, Formel IV.

B. Beim Behandeln von 3-Oxo-3-phenyl-propionsäure-äthylester mit Äthylmagnesiumbromid in Äther und Benzol, anschliessenden Erwärmen mit Äthoxymethylen-malonsäure-diäthylester in Benzol und Behandeln des Reaktionsprodukts mit wss. Schwefelsäure (*Castañer*, *Pascual*, An. Soc. españ. [B] **53** [1957] 651, 657).

Gelbliche Krystalle (aus A.); F: 91,5—93°.

III   IV   V

4-Oxo-3-phenyl-4H-pyran-2,6-dicarbonsäure $C_{13}H_8O_6$, Formel V (R = H).
B. Beim Erwärmen von 4-Oxo-3-phenyl-4H-pyran-2,6-dicarbonsäure-diäthylester mit konz. wss. Salzsäure (*Neelakantan et al.*, J. Indian Inst. Sci. [A] **31** [1949] 51, 54).
Krystalle (aus W.); F: 160°.

4-Oxo-3-phenyl-4H-pyran-2,6-dicarbonsäure-diäthylester $C_{17}H_{16}O_6$, Formel V (R = C_2H_5).
B. Beim Behandeln von Phenylaceton mit Oxalsäure-diäthylester und Natriumäthylat in Äthanol und Behandeln des Reaktionsprodukts mit wss. Salzsäure (*Neelakantan et al.*, J. Indian Inst. Sci. [A] **31** [1949] 51, 54).
Gelbe Krystalle (aus A.); F: 130°.

[2-Oxo-2H-chromen-3-ylmethylen]-malonsäure $C_{13}H_8O_6$, Formel VI (R = H).
B. Beim Erwärmen von 2-Oxo-2H-chromen-3-carbaldehyd mit Malonsäure und Essig‑säure (*Boehm*, Ar. **271** [1933] 490, 505).
Gelbliche Krystalle (aus W.) mit 1 Mol H_2O; F: 207° [Zers.].

[2-Oxo-2H-chromen-3-ylmethylen]-malonsäure-diäthylester $C_{17}H_{16}O_6$, Formel VI (R = C_2H_5).
B. Beim Behandeln von (±)-[Hydroxy-(2-oxo-2H-chromen-3-yl)-methyl]-malonsäure-diäthylester mit Acetanhydrid und Pyridin (*Boehm*, Ar. **271** [1933] 490, 506).
Krystalle (aus Eg. oder wss. Me.); F: 93—95°.

2-Cyan-3ξ-[2-oxo-2H-chromen-3-yl]-acrylsäure-äthylester $C_{15}H_{11}NO_4$, Formel VII (X = O-C_2H_5).
B. Beim Behandeln von 2-Oxo-2H-chromen-3-carbaldehyd mit Cyanessigsäure-äthyl‑ester und Äthanol (*Boehm*, Ar. **271** [1933] 490, 507).
Gelbe Krystalle (aus $CHCl_3$); F: 202°.

2-Cyan-3ξ-[2-oxo-2H-chromen-3-yl]-acrylsäure-amid, 3-[2-Carbamoyl-2-cyan-vinyl]-cumarin $C_{13}H_8N_2O_3$, Formel VII (X = NH_2).
B. Beim Behandeln von 2-Oxo-2H-chromen-3-carbaldehyd mit Cyanessigsäure-amid und Äthanol unter Zusatz von Natrium (*Boehm*, Ar. **271** [1933] 490, 507).
Gelbe Krystalle (aus Eg.); F: 233°.

VI   VII   VIII

[2-Oxo-2H-chromen-3-ylmethylen]-malononitril, 3-[2,2-Dicyan-vinyl]-cumarin $C_{13}H_6N_2O_2$, Formel VIII.
B. Beim Erwärmen von 2-Oxo-2H-chromen-3-carbaldehyd mit Malononitril und Äthanol (*Boehm*, Ar. **271** [1933] 490, 507).
Gelbe Krystalle (aus Me.); F: 198° [Zers.].

Oxocarbonsäuren $C_{14}H_{10}O_6$

[4-Methyl-3,6-dioxo-cyclohexa-1,4-dienyl]-[(Ξ)-4-methyl-5-oxo-5H-[2]furyliden]-essig‑säure, 3-Hydroxy-5-methyl-2-[4-methyl-3,6-dioxo-cyclohexa-1,4-dienyl]-hexa-2ξ,4c-dien‑disäure-6-lacton $C_{14}H_{10}O_6$, Formel IX, und Tautomeres (7a-Hydroxy-6-methyl-3-[(Ξ)-4-methyl-5-oxo-5H-[2]furyliden]-3H,7aH-benzofuran-2,5-dion).
B. Neben einer Verbindung $(C_8H_6O_3)_x$ (F: 313—314° [korr.]) beim Behandeln von 5-Hydroxy-6-methyl-3-[(Ξ)-4-methyl-5-oxo-5H-[2]furyliden]-3H-benzofuran-2-on (F: 271—273°) mit Chrom(VI)-oxid in Essigsäure (*Posternak et al.*, Helv. **39** [1956] 1564, 1573).
Gelbe Krystalle (aus Eg.); F: 239—240° [korr.; Zers.; Block].

IX   X

2-Acetyl-3-oxo-3-[2-oxo-2H-chromen-3-yl]-propionsäure-äthylester $C_{16}H_{14}O_6$, Formel X, und Tautomere; **2-[2-Oxo-2H-chromen-3-carbonyl]-acetessigsäure-äthylester.**
B. Beim Erwärmen von 2-Oxo-2H-chromen-3-carbonylchlorid mit der Kupfer(II)-Ver-
bindung des Acetessigsäure-äthylesters in Chloroform (*Trenknerówna*, Roczniki Chem. **16**
[1936] 6,8; C. **1936** II 1163).
Krystalle (aus A.); F: 125—126°.

Oxocarbonsäuren $C_{16}H_{14}O_6$

(±)-[1-[2]Furyl-3-oxo-3-phenyl-propyl]-malonsäure-diäthylester $C_{20}H_{22}O_6$, Formel XI
(R = C_2H_5).
B. Beim Erwärmen von 3t-[2]Furyl-1-phenyl-propenon mit Malonsäure-diäthylester
und Natriummethylat in Äthanol (*Turner*, Am. Soc. **73** [1951] 1285, 1287).
Krystalle (aus Ae. + Pentan); F: 42—43°.

XI   XII

Oxocarbonsäuren $C_{30}H_{42}O_6$

**13-Hydroxy-2,12-dioxo-A,28-dinor-oleanan-1ξ,17-dicarbonsäure-17-lacton-1-methyl-
ester** [1]), **(2Ξ)-13-Hydroxy-3,12-dioxo-10(1→2)-abeo-oleanan-1,28-disäure-
28-lacton-1-methylester** $C_{31}H_{44}O_6$, Formel XII (X = O), und Tautomeres (2,13-Di-
hydroxy-12-oxo-A,28-dinor-olean-1-en-1,17-dicarbonsäure-17→13-lacton-
1-methylester).
Konstitution: *J. Simonsen, W. C. J. Ross*, The Terpenes, Bd. 5 [Cambridge 1957] S. 271.
B. Neben 2,12-Dioxo-A-nor-olean-9(11)-en-28-säure beim Erwärmen von 13-Hydroxy-
12-oxo-2,3-seco-oleanan-2,3,28-trisäure-28-lacton-2,3-dimethylester (S. 6229) mit methanol. Kalilauge (*Kuwada, Takeda*, J. pharm. Soc. Japan **59** [1939] 773, 780; dtsch. Ref.
S. 294, 298).
Krystalle (aus CHCl_3 + Me.); F: 315—318° [korr.; Zers.]; $[\alpha]_D^{18}$: −37,7° [CHCl_3] (*Ku.,
Ta.*).

**13-Hydroxy-2-hydroxyimino-12-oxo-A,28-dinor-oleanan-1ξ,17-dicarbonsäure-17-lacton-
1-methylester** $C_{31}H_{45}NO_6$, Formel XII (X = N-OH), und Tautomeres.
B. Beim Behandeln der vorangehenden Verbindung mit Hydroxylamin-acetat in
Äthanol (*Kuwada, Takeda*, J. pharm. Soc. Japan **59** [1939] 773, 781; dtsch. Ref. S. 294,
298).
Krystalle (aus CHCl_3 + Me.); F: 266—266,5° [korr.; Zers.].

---

[1]) Stellungsbezeichnung bei von Oleanan abgeleiteten Namen s. E III **5** 1341.

Oxocarbonsäuren $C_nH_{2n-20}O_6$

Oxocarbonsäuren $C_{15}H_{10}O_6$

4-Oxo-6-[3-oxo-3-phenyl-propionyl]-4H-pyran-2-carbonsäure $C_{15}H_{10}O_6$, Formel I (R = H), und Tautomere.

B. Beim Erwärmen von 4-Oxo-6-[3-oxo-3-phenyl-propionyl]-4H-pyran-2-carbonsäure-äthylester mit konz. wss. Salzsäure (*Schmitt*, A. **569** [1950] 17, 27).

Gelbe Krystalle (aus Eg.); F: 254° [Zers.].

4-Oxo-6-[3-oxo-3-phenyl-propionyl]-4H-pyran-2-carbonsäure-äthylester $C_{17}H_{14}O_6$, Formel I (R = C_2H_5), und Tautomere.

B. Aus 2,4,6,7,9-Pentaoxo-9-phenyl-nonansäure-äthylester beim Erhitzen unter vermindertem Druck bis auf 270° sowie beim Behandeln einer heissen Lösung in Essigsäure mit konz. wss. Salzsäure (*Schmitt*, A. **569** [1950] 17, 26).

Gelbe Krystalle (aus Me.); F: 138°.

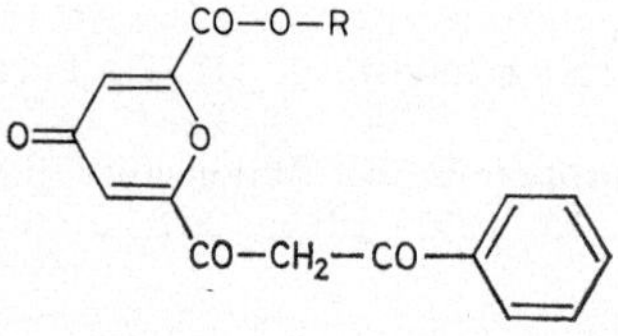

I 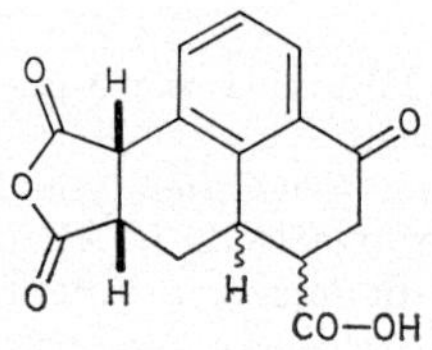   II

Oxocarbonsäuren $C_{16}H_{12}O_6$

(±)-4,8,10-Trioxo-(6aξ,7ar,10ac)-5,6,6a,7,7a,8,10,10a-octahydro-4H-phenaleno[1,2-c]=furan-6ξ-carbonsäure, (±)-6-Oxo-(3aξ)-2,3,3a,4,5,6-hexahydro-phenalen-1r,2c,4ξ-tri=carbonsäure-1,2-anhydrid $C_{16}H_{12}O_6$, Formel II + Spiegelbild.

B. Beim Behandeln von (±)-5ξ-[(Ξ)-2,5-Dioxo-tetrahydro-[3]furyl]-(3ar,9bc)-3a,4,5,9b-tetrahydro-naphtho[1,2 c]furan-1,3-dion (F: 203°) mit Aluminiumchlorid in Nitrobenzol (*Alder, Schmitz-Josten*, A. **595** [1955] 1, 31).

Krystalle (aus Eg.); F: 288—295° [Zers.].

Oxocarbonsäuren $C_{17}H_{14}O_6$

(±)-4,7-Dimethyl-1,3-dioxo-6-phenyl-(3ar,7ac)-1,3,3a,4,7,7a-hexahydro-4c,7c-epoxido-isobenzofuran-5-carbonsäure-äthylester, (±)-1,4-Dimethyl-6-phenyl-7-oxa-norborn-5-en-2endo,3endo,5-tricarbonsäure-5-äthylester-2,3-anhydrid $C_{19}H_{18}O_6$, Formel III + Spiegelbild, und **(±)-4,7-Dimethyl-1,3-dioxo-6-phenyl-(3ar,7ac)-1,3,3a,4,7,7a-hexahydro-4t,7t-epoxido-isobenzofuran-5-carbonsäure-äthylester, (±)-1,4-Dimethyl-6-phenyl-7-oxa-norborn-5-en-2exo,3exo,5-tricarbonsäure-5-äthylester-2,3-anhydrid** $C_{19}H_{18}O_6$, Formel IV + Spiegelbild.

Diese beiden Formeln kommen für die nachstehend beschriebene Verbindung in Betracht.

B. Beim Erwärmen von 2,5-Dimethyl-4-phenyl-furan-3-carbonsäure-äthylester mit Maleinsäure-anhydrid (*Boberg, Schultze*, B. **90** [1957] 1215, 1224).

Krystalle (aus Me.); F: 89° [Zers.].

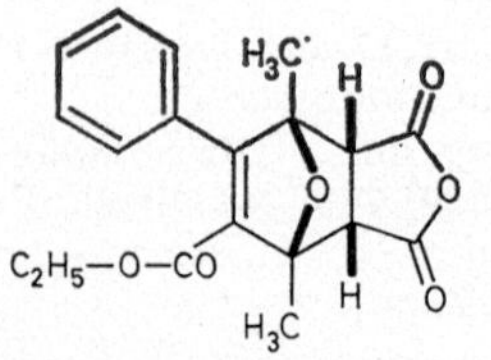

III 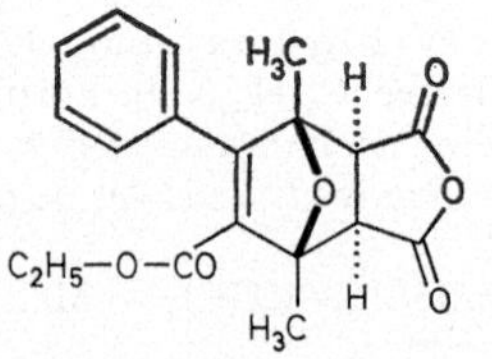   IV

Oxocarbonsäuren C$_{18}$H$_{16}$O$_6$

(±)-7-Äthyl-4-methyl-1,3-dioxo-6-phenyl-(3ar,7ac)-1,3,3a,4,7,7a-hexahydro-4c,7c-ep=oxido-isobenzofuran-5-carbonsäure-äthylester, (±)-1-Äthyl-4-methyl-6-phenyl-7-oxa-norborn-5-en-2$endo$,3$endo$,5-tricarbonsäure-5-äthylester-2,3-anhydrid C$_{20}$H$_{20}$O$_6$, Formel V + Spiegelbild, und (±)-7-Äthyl-4-methyl-1,3-dioxo-6-phenyl-(3ar,7ac)-1,3,3a,4,7,7a-hexahydro-4t,7t-epoxido-isobenzofuran-5-carbonsäure-äthylester, (±)-1-Äthyl-4-methyl-6-phenyl-7-oxa-norborn-5-en-2exo,3exo,5-tricarbonsäure-5-äthylester-2,3-anhydrid C$_{20}$H$_{20}$O$_6$, Formel VI + Spiegelbild.

Diese beiden Formeln kommen für die nachstehend beschriebene Verbindung in Betracht.

B. Beim Erwärmen von 5-Äthyl-2-methyl-4-phenyl-furan-3-carbonsäure-äthylester mit Maleinsäure-anhydrid (*Boberg, Schultze,* B. **90** [1957] 1215, 1225).

Krystalle (aus Me.); F: 94°.

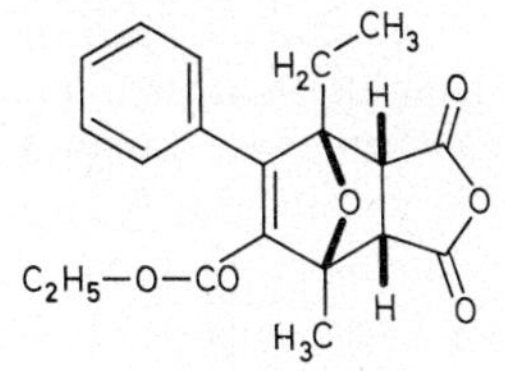

V 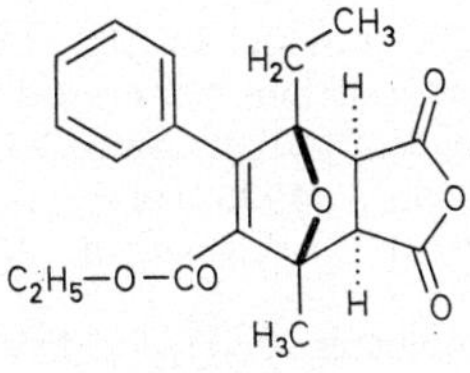   VI 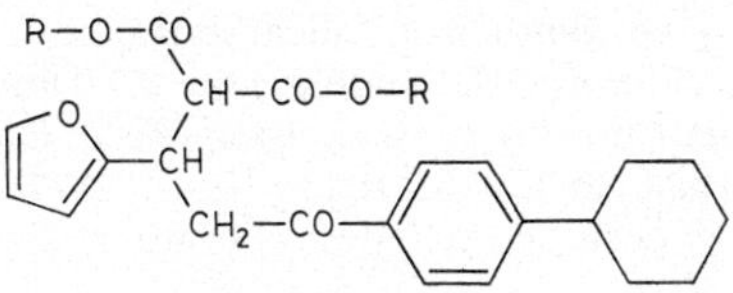   VII

Oxocarbonsäuren C$_{22}$H$_{24}$O$_6$

(±)-[3-(4-Cyclohexyl-phenyl)-1-[2]furyl-3-oxo-propyl]-malonsäure C$_{22}$H$_{24}$O$_6$, Formel VII (R = H), und Tautomeres ((±)-6-[4-Cyclohexyl-phenyl]-4-[2]furyl-6-hydroxy-2-oxo-tetrahydro-pyran-3-carbonsäure).

B. Beim Behandeln von (±)-[3-(4-Cyclohexyl-phenyl)-1-[2]furyl-3-oxo-propyl]-malon=säure-dimethylester mit äthanol. Kalilauge (*Turner,* Am. Soc. **73** [1951] 1284, 1285, 1287).

Krystalle (aus Ae. + Pentan); F: 116—118°.

(±)-[3-(4-Cyclohexyl-phenyl)-1-[2]furyl-3-oxo-propyl]-malonsäure-dimethylester C$_{24}$H$_{28}$O$_6$, Formel VII (R = CH$_3$).

B. Beim Erwärmen von 1-[4-Cyclohexyl-phenyl]-3t-[2]furyl-propenon (E III/IV **17** 5401) mit Malonsäure-dimethylester und Natriummethylat in Methanol (*Turner,* Am. Soc. **73** [1951] 1284, 1285, 1287).

Krystalle (aus A. + Pentan); F: 86—87°.

Oxocarbonsäuren C$_n$H$_{2n-22}$O$_6$

Oxocarbonsäuren C$_{14}$H$_6$O$_6$

[1,3-Dioxo-1H,3H-benz[de]isochromen-6-yl]-glyoxylsäure, 4-Hydroxyoxalyl-naphthalin-1,8-dicarbonsäure-anhydrid C$_{14}$H$_6$O$_6$, Formel I.

B. Beim Behandeln von 4-Hydroxyoxalyl-naphthalin-1,8-dicarbonsäure mit Acet=anhydrid und Essigsäure (*Nürsten, Peters,* Soc. **1950** 2389, 2390).

Gelbe Krystalle (aus Acetanhydrid + Eg.); F: 202—204° [korr.; Zers.].

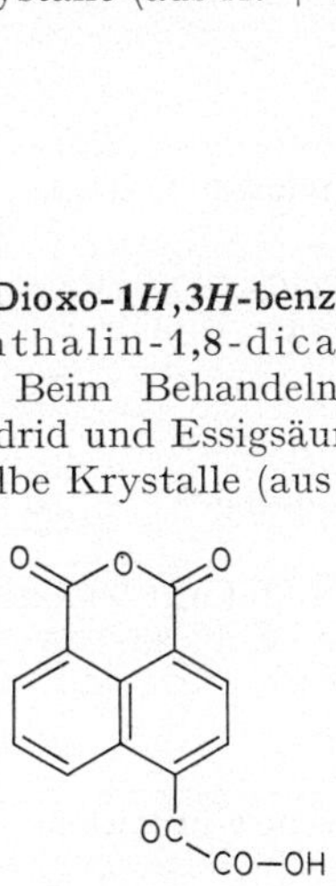

I 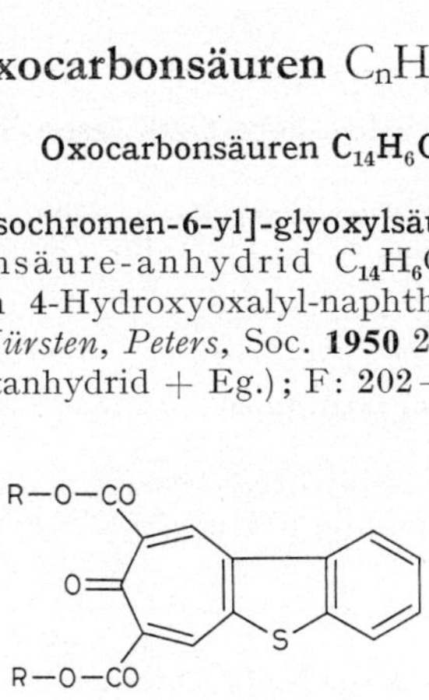   II 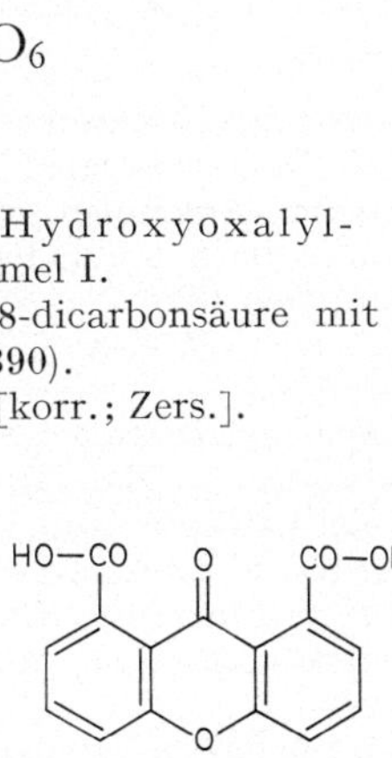   III

Oxocarbonsäuren $C_{15}H_8O_6$

8-Oxo-8H-benzo[b]cyclohepta[d]thiophen-7,9-dicarbonsäure-diäthylester $C_{19}H_{16}O_5S$,
Formel II (R = C_2H_5).

B. Beim Erhitzen von Benzo[b]thiophen-2,3-dicarbaldehyd mit 3-Oxo-glutarsäure-diäthylester und Diäthylamin bis auf 140° (*Ried, Bender*, B. **89** [1956] 1574, 1577).
Hellgelbe Krystalle (aus A.); F: 150—151°.

9-Oxo-xanthen-1,8-dicarbonsäure $C_{15}H_8O_6$, Formel III, und Tautomeres (10b-Hydroxy-2-oxo-2,10b-dihydro-furo[4,3,2-kl]xanthen-10-carbonsäure).

B. Beim Behandeln von 1,8-Bis-hydroxyoxalyl-xanthen-9-on mit wss. Natronlauge und wss. Wasserstoffperoxid (*Kruber*, B. **74** [1941] 1688, 1692).
Krystalle (aus wss. A.) mit 2,5 Mol H_2O; F: 314—315°.

9-Oxo-xanthen-2,7-dicarbonsäure $C_{15}H_8O_6$, Formel IV (R = H).

B. Beim Behandeln von 2,7-Dimethyl-xanthen oder von 2,7-Dimethyl-xanthen-9-on mit Chrom(VI)-oxid, Essigsäure und Acetanhydrid (*Sengoku*, J. pharm. Soc. Japan **53** [1933] 962, 976; dtsch. Ref. S. 177, 180; C. A. **1935** 5444).
Krystalle (aus Me.), die unterhalb 300° nicht schmelzen.

9-Oxo-xanthen-2,7-dicarbonsäure-dimethylester $C_{17}H_{12}O_6$, Formel IV (R = CH_3).

B. Beim Erwärmen von 9-Oxo-xanthen-2,7-dicarbonsäure mit Chlorwasserstoff enthaltendem Methanol (*Sengoku*, J. pharm. Soc. Japan **53** [1933] 962, 976; dtsch. Ref. S.177, 180; C. A. **1935** 5444).
Krystalle (aus Me.); F: 257°.

IV   V   VI

9-Oxo-xanthen-2,7-dicarbonitril $C_{15}H_6N_2O_2$, Formel V.

B. Beim Behandeln einer aus 2,7-Diamino-xanthen-9-on, wss. Salzsäure und Natrium=nitrit bereiteten Diazoniumsalz-Lösung mit einer aus Kaliumcyanid, Kupfer(II)-sulfat und Wasser bereiteten Lösung (*Fisher*, Am. Soc. **65** [1943] 991).
Krystalle (aus Benzonitril).

3-Oxo-3H-benzo[f]chromen-2,5-dicarbonsäure-2-äthylester-5-methylester $C_{18}H_{14}O_6$,
Formel VI (X = O-CH_3).

B. Beim Erwärmen von 4-Formyl-3-hydroxy-[2]naphthoesäure-methylester mit Malonsäure-diäthylester, Pyridin und wenig Piperidin (*Desai et al.*, Pr. Indian Acad. [A] **23** [1946] 182, 183).
Grünlichgelbe Krystalle (aus A.); F: 157—158°.

3-Oxo-5-phenylcarbamoyl-3H-benzo[f]chromen-2-carbonsäure-äthylester $C_{23}H_{17}NO_5$,
Formel VI (X = NH-C_6H_5).

B. Beim Erwärmen von 4-Formyl-3-hydroxy-[2]naphthoesäure-anilid mit Malonsäure-diäthylester, Pyridin und wenig Piperidin (*Choubal et al.*, J. Indian chem. Soc. **35** [1958] 860, 861).
Krystalle (aus A.); F: 234°.

5-[3-Nitro-phenylcarbamoyl]-3-oxo-3H-benzo[f]chromen-2-carbonsäure-äthylester
$C_{23}H_{16}N_2O_7$, Formel VI (X = NH-C_6H_4-NO_2).

B. Beim Erwärmen von 4-Formyl-3-hydroxy-[2]naphthoesäure-[3-nitro-anilid] mit

Malonsäure-diäthylester, Pyridin und wenig Piperidin (*Choubal et al.*, J. Indian chem. Soc. **35** [1958] 860, 864).
Krystalle (aus A.); F: 135°.

5-[1]Naphthylcarbamoyl-3-oxo-3H-benzo[f]chromen-2-carbonsäure-äthylester

$C_{27}H_{19}NO_5$, Formel VII.

B. Beim Erwärmen von 4-Formyl-3-hydroxy-[2]naphthoesäure-[1]naphthylamid mit Malonsäure-diäthylester, Pyridin und wenig Piperidin (*Choubal et al.*, J. Indian chem. Soc. **35** [1958] 860, 862).
Orangefarbene Krystalle (aus wss. A.); F: 241°.

[3-Oxo-3H-benz[de]isochromen-1-yliden]-malonsäure-diäthylester $C_{19}H_{16}O_6$, Formel VIII (R = C_2H_5).

Konstitution: *Suszko, Kinastowski*, Bl. Acad. polon. **14** [1966] 277.

B. Beim Behandeln von Naphthalin-1,8-dicarbonylchlorid mit der Natrium-Verbindung des Malonsäure-diäthylesters in Benzol (*Suszko, Wdowicki*, Bl. Acad. polon. [A] **1936** 293, 295).
Krystalle (aus wss. A.); F: 143° (*Su., Wd.*).
Beim Behandeln mit konz. Schwefelsäure ist 1,3-Dioxo-2,3-dihydro-phenalen-2-carbonsäure-äthylester erhalten worden (*Su., Wd.*).

5-Acetyl-1,3-dioxo-1H,3H-benz[de]isochromen-6-carbonsäure, 2-Acetyl-naphthalin-1,4,5-tricarbonsäure-4,5-anhydrid $C_{15}H_8O_6$, Formel IX (R = H), und Tautomeres (8-Hydroxy-8-methyl-8H-benzo[de]furo[3,4-g]isochromen-4,6,10-trion).

B. Beim Erhitzen von 2-Acetyl-naphthalin-1,4,5-tricarbonsäure auf 220° (*Fieser, Hershberg*, Am. Soc. **61** [1939] 1272, 1280).
Gelbliche Krystalle (aus Bzl.); F: 217—218° [korr.].

VII   VIII   IX

5-Acetyl-1,3-dioxo-1H,3H-benz[de]isochromen-6-carbonsäure-methylester, 2-Acetyl-naphthalin-1,4,5-tricarbonsäure-4,5-anhydrid-1-methylester $C_{16}H_{10}O_6$, Formel IX (R = CH_3).

B. Beim Behandeln der im vorangehenden Artikel beschriebenen Verbindung mit Diazomethan in Äther (*Fieser, Hershberg*, Am. Soc. **61** [1939] 1272, 1280).
Krystalle (aus Bzl.); F: 261—262° [korr.].

Oxocarbonsäuren $C_{16}H_{10}O_6$

(±)-3-Phthalidyl-phthalsäure $C_{16}H_{10}O_6$, Formel X (R = H).

Konstitution: *Fieser, Fieser*, Am. Soc. **55** [1933] 3010, 3011.

B. Beim Erwärmen von 1-Hydroxy-pleiaden-7,12-dion mit wss. alkal. Kaliumpermanganat-Lösung (*Fieser*, Am. Soc. **53** [1931] 3546, 3554; *Fi., Fi.*, l. c. S. 3013; vgl. *Rieche et al.*, B. **65** [1932] 1371, 1379).
Krystalle (aus wss. A.); F: 214° (*Fi.*).
Beim Erwärmen mit wss. Natronlauge und wss. Kaliumpermanganat-Lösung ist 3,3'-Dioxo-[1,1']spirobiphthalan-4-carbonsäure erhalten worden (*Fi.*).

(±)-3-Phthalidyl-phthalsäure-dimethylester $C_{18}H_{14}O_6$, Formel X (R = CH_3).

B. Aus (±)-3-Phthalidyl-phthalsäure mit Hilfe von Diazomethan (*Fieser*, Am. Soc.

53 [1931] 3546, 3555).
Krystalle (aus A.); F: 149°.

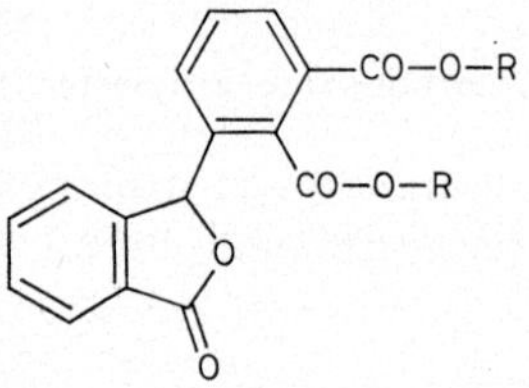

X

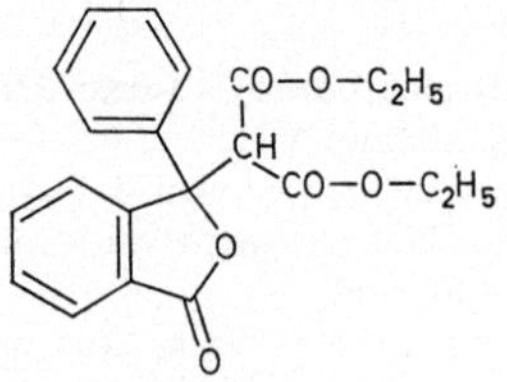

XI

Oxocarbonsäuren $C_{17}H_{12}O_6$

(±)-[3-Oxo-1-phenyl-phthalan-1-yl]-malonsäure-diäthylester $C_{21}H_{20}O_6$, Formel XI.

B. Beim Erwärmen von 3-Chlor-3-phenyl-phthalid mit Äthoxomagnesio-malonsäure-diäthylester in Äther (*Yost, Burger*, J. org. Chem. **15** [1950] 1113, 1115).
Krystalle (aus Ae.); F: 77—79°.
Beim Erwärmen mit wss. Natriumcarbonat-Lösung ist 1-Oxo-3-phenyl-inden-2-carbon=säure-äthylester, beim Erwärmen mit wss.-äthanol. Kalilauge ist [3-Oxo-1-phenyl-phthalan-1-yl]-essigsäure erhalten worden.

Oxocarbonsäuren $C_{19}H_{16}O_6$

4-Oxo-2,6-diphenyl-tetrahydro-thiopyran-3,5-dicarbonsäure-dimethylester $C_{21}H_{20}O_5S$, Formel XII (R = CH₃), und Tautomeres (4-Hydroxy-2,6-diphenyl-3,6-dihydro-2H-thiopyran-3,5-dicarbonsäure-dimethylester).

a) Opt.-inakt. Stereoisomeres vom F: 200°.
B. Neben dem unter b) beschriebenen Stereoisomeren beim Erwärmen von opt.-inakt. 4-Oxo-1,2,6-triphenyl-piperidin-3,5-dicarbonsäure-dimethylester (F: 173—174°) mit Piperidin, Methanol und Schwefelwasserstoff (*Horák et al.*, Acta chim. hung. **21** [1959] 97, 101).
Krystalle (aus Me. + Acn.); F: 199—200° [Kofler-App.].

b) Opt.-inakt. Stereoisomeres vom F: 145°.
B. s. bei dem unter a) beschriebenen Stereoisomeren.
Krystalle (aus Me. + Acn.); F: 144—145° [Kofler-App.] (*Horák et al.*, Acta chim. hung. **21** [1959] 97, 101).

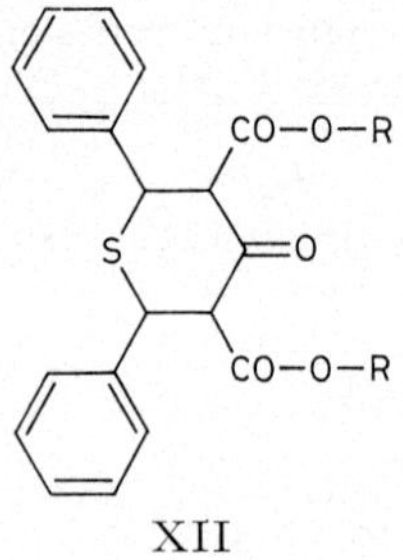

XII

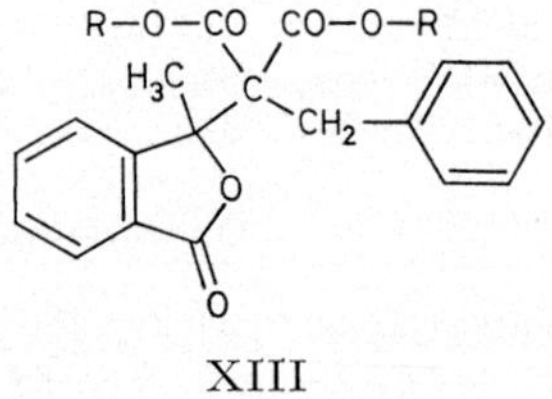

XIII

*Opt.-inakt. **4-Oxo-2,6-diphenyl-tetrahydro-thiopyran-3,5-dicarbonsäure-diäthylester** $C_{23}H_{24}O_5S$, Formel XII (R = C₂H₅), und Tautomeres (4-Hydroxy-2,6-diphenyl-3,6-dihydro-2H-thiopyran-3,5-dicarbonsäure-diäthylester).
B. Beim Behandeln von 3-Oxo-glutarsäure-diäthylester mit Benzaldehyd, Äthanol und Piperidin und anschliessend mit Schwefelkohlenstoff (*Horák, Černý*, Collect. **18** [1953] 379, 382).
Krystalle (aus CCl₄); F: 192—194°.

(±)-Benzyl-[1-methyl-3-oxo-phthalan-1-yl]-malonsäure-diäthylester $C_{23}H_{24}O_6$,
Formel XIII (R = C_2H_5).

B. Beim Erwärmen der Natrium-Verbindung des Benzylmalonsäure-diäthylesters mit
3-Chlor-3-methyl-phthalid in Benzol (*Matsui, Nishizawa*, Bl. agric. chem. Soc. Japan **23**
[1959] 1; s. a. *Chian et al.*, Acta chim. sinica **22** [1956] 264, 267; C. A. **1958** 7266).
Krystalle (aus Eg.); F: 145—146° (*Ma., Ni.*).

Oxocarbonsäuren $C_nH_{2n-24}O_6$

Oxocarbonsäuren $C_{16}H_8O_6$

6-Benzoyl-1,3-dioxo-phthalan-5-carbonsäure, 5-Benzoyl-benzol-1,2,4-tricarbonsäure-
1,2-anhydrid $C_{16}H_8O_6$, Formel I.

B. Beim Erhitzen von 5-Benzoyl-benzol-1,2,4-tricarbonsäure auf 275° (*Clar*, B. **81**
[1948] 63, 67).
Krystalle (aus Nitrobenzol); F: 220—222°.

I   II   III

Oxocarbonsäuren $C_{17}H_{10}O_6$

2-[2-Carboxy-benzoyl]-benzofuran-3-carbonsäure, 2-[3-Carboxy-benzofuran-2-carbonyl]-
benzoesäure $C_{17}H_{10}O_6$, Formel II, und Tautomere.

B. Beim Erwärmen von Benzofuran-2,3-dion mit Natriummethylat in Methanol und
mit 2-Bromacetyl-benzoesäure-methylester und Erwärmen des Reaktionsprodukts mit
wss.-äthanol. Natronlauge (*Chatterjea*, J. Indian chem. Soc. **32** [1955] 265, 269).
Krystalle (aus Eg.); F: 222° [unkorr.].

2-[2-Carboxy-benzoyl]-benzo[*b*]thiophen-3-carbonsäure, 2-[3-Carboxy-benzo[*b*]thio=
phen-2-carbonyl]-benzoesäure $C_{17}H_{10}O_5S$, Formel III, und Tautomere.

B. Beim Behandeln von Benzo[*b*]thiophen-2,3-dion mit 2-Bromacetyl-benzoesäure
und wss. Natriumcarbonat-Lösung (*Mayer*, A. **488** [1931] 259, 292).
Krystalle (aus Eg.); F: 234—235°.
Beim Erhitzen mit Acetanhydrid ist Spiro[benzo[4,5]thieno[2,3-*c*]furan-3,1'-phthal=
an]-1,3'-dion erhalten worden.

[7-Oxo-7*H*-dibenz[*c,e*]oxepin-5-yliden]-malonsäure-diäthylester $C_{21}H_{18}O_6$, Formel IV.

B. Beim Erhitzen von Diphensäure-dichlorid mit der Natrium-Verbindung des Malon=
säure-diäthylesters auf 100° (*Lucien, Taurins*, Canad. J. Chem. **30** [1952] 208, 218).
Krystalle (aus Bzl.); F: 95°.
Beim Erwärmen mit 80%ig. wss. Schwefelsäure ist 2'-Acetyl-biphenyl-2-carbonsäure
halten worden.

IV   V

Oxocarbonsäuren $C_{20}H_{16}O_6$

(±)-2-Acetyl-3-[2,4-dioxo-chroman-3-yl]-3-phenyl-propionsäure-äthylester $C_{22}H_{20}O_6$, Formel V, und Tautomere; 2-[(4-Hydroxy-2-oxo-2H-chromen-3-yl)-phenyl-methyl]-acet=
essigsäure-äthylester.

B. Beim Erwärmen von 4-Hydroxy-cumarin (E III/IV **17** 6153) mit 2-Acetyl-3-phenyl-
acrylsäure-äthylester und Natriumphosphat in Wasser (*C. F. Spiess & Sohn*, D.B.P.
947165 [1952]; *Norddeutsche Affinerie, Spiess & Sohn*, U.S.P. 2743283 [1954]).

Krystalle (aus Acn. + W.), F: 149—151°; Krystalle (aus wasserhaltigem Toluol oder
wasserhaltigem Benzol) mit 1 Mol H_2O, F: 114—116°.

Beim Erwärmen mit wss. Natronlauge ist 3-[3-Oxo-1-phenyl-butyl]-chroman-2,4-dion
(F: 162°) erhalten worden.

Oxocarbonsäuren $C_nH_{2n-26}O_6$

Oxocarbonsäuren $C_{17}H_8O_6$

6-Oxo-6H-anthra[1,9-bc]thiophen-1,3-dicarbonsäure $C_{17}H_8O_5S$, Formel VI (X = OH).

B. Beim Erwärmen des Natrium-Salzes der 1-Mercapto-9,10-dioxo-9,10-dihydro-
anthracen-2-carbonsäure mit Chloressigsäure und wss. Natronlauge (*I. G. Farbenind.*,
D.R.P. 546512 [1930]; Frdl. **18** 1378).

Gelb.

6-Oxo-6H-anthra[1,9-bc]thiophen-1,3-dicarbonylchlorid $C_{17}H_6Cl_2O_3S$, Formel VI
(X = Cl).

B. Beim Erwärmen von 6-Oxo-6H-anthra[1,9-bc]thiophen-1,3-dicarbonsäure mit Phos=
phor(V)-chlorid in Benzol (*Gen. Aniline Works*, U.S.P. 1931196 [1930]; *I. G. Farbenind.*,
D.R.P. 549663 [1930]; Frdl. **18** 1382).

Gelbe Krystalle (aus Chlorbenzol); F: 206—212° [Zers.] (*I. G. Farbenind.*, D.R.P.
546512 [1930]; Frdl. **18** 1378), 202—208° (*Gen. Aniline Works*; *I. G. Farbenind.*, D.R.P.
549663).

VI   VII

**6-Oxo-6H-anthra[1,9-bc]thiophen-1,3-dicarbonsäure-bis-[5-benzoylamino-9,10-dioxo-
9,10-dihydro-[1]anthrylamid]** $C_{59}H_{32}N_4O_9S$, Formel VII.

B. Beim Erhitzen von 6-Oxo-6H-anthra[1,9-bc]thiophen-1,3-dicarbonylchlorid mit
1-Amino-5-benzoylamino-anthrachinon in Trichlorbenzol auf 180° (*I. G. Farbenind.*,
D.R.P. 549663 [1930]; Frdl. **18** 1382; *Gen. Aniline Works*, U.S.P. 1931196 [1930]).

Orangegelbe Krystalle (aus Chinolin).

Oxocarbonsäuren $C_{19}H_{12}O_6$

4-Oxo-2,6-diphenyl-4H-pyran-3,5-dicarbonsäure-diäthylester $C_{23}H_{20}O_6$, Formel VIII
(H 500).

B. Beim Erwärmen von 3-Oxo-glutarsäure-diäthylester mit Natrium in Äther und anschliessend mit Benzoylchlorid und Natrium (*Traverso*, Ann. Chimica **45** [1955] 695, 702).

Krystalle (aus Bzn.); F: 141° (*Tr.*). UV-Spektrum (A.; 220—340 nm): *Franzosini*, *Traverso*, Ann. Chimica **47** [1957] 346, 351.

2,6-Diphenyl-4-thioxo-4H-pyran-3,5-dicarbonsäure-diäthylester $C_{23}H_{20}O_5S$, Formel IX.

B. Beim Erwärmen von 4-Oxo-2,6-diphenyl-4H-pyran-3,5-dicarbonsäure-diäthylester mit Phosphor(V)-sulfid in Benzol (*Traverso*, Ann. Chimica **45** [1955] 695, 702).

Rote Krystalle (aus Me.); F: 148—149° (*Tr.*). Absorptionsspektrum (A.; 220—420 nm): *Franzosini*, *Traverso*, Ann. Chimica **47** [1957] 346, 351.

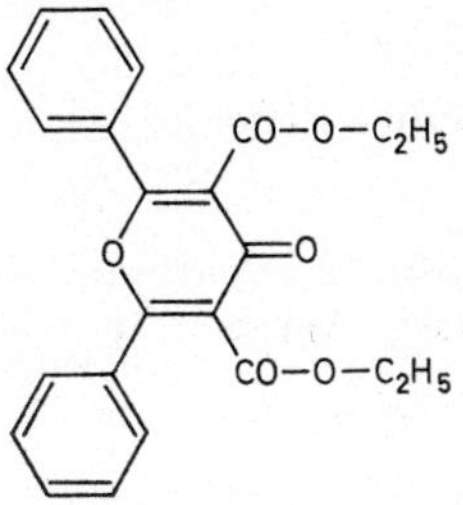

VIII 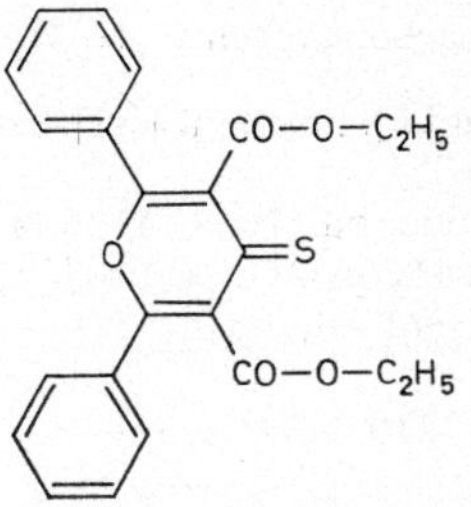   IX 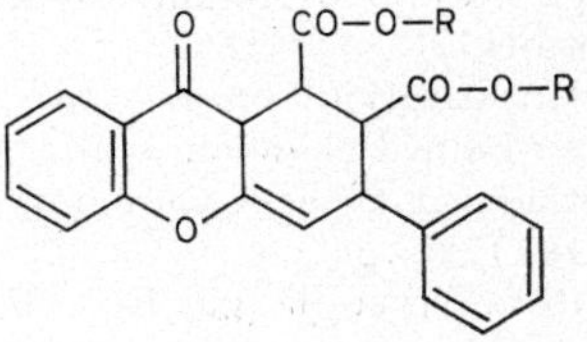   X

Oxocarbonsäuren $C_{21}H_{16}O_6$

*Opt.-inakt. **9-Oxo-3-phenyl-1,2,3,9a-tetrahydro-xanthen-1,2-dicarbonsäure** $C_{21}H_{16}O_6$, Formel X (R = H), und Tautomeres (10b-Hydroxy-2-oxo-4-phenyl-2,2a,3,4,= 10b,10c-hexahydro-furo[4,3,2-kl]xanthen-3-carbonsäure).

B. Beim Erwärmen von opt.-inakt. 9-Oxo-3-phenyl-1,2,3,9a-tetrahydro-xanthen-1,2-di= carbonsäure-anhydrid (F: 246°) mit methanol. Natronlauge (*Schönberg et al.*, Am. Soc. **76** [1954] 4576).

Krystalle (aus wss. Me.) mit 1 Mol H_2O; F: ca. 258° [Zers.].

*Opt.-inakt. **9-Oxo-3-phenyl-1,2,3,9a-tetrahydro-xanthen-1,2-dicarbonsäure-dimethyl=** ester $C_{23}H_{20}O_6$, Formel X (R = CH_3).

B. Beim Behandeln der im vorangehenden Artikel beschriebenen Säure mit Chlor= wasserstoff enthaltendem Methanol (*Schönberg et al.*, Am. Soc. **76** [1954] 4576).

Krystalle (aus PAe.); F: 66—68°.

Oxocarbonsäuren $C_nH_{2n-28}O_6$

Oxocarbonsäuren $C_{19}H_{10}O_6$

9-Oxo-9H-cyclohepta[b]naphtho[2,1-d]thiophen-8,10-dicarbonsäure-diäthylester $C_{23}H_{18}O_5S$, Formel I.

B. Beim Erhitzen von Naphtho[1,2-b]thiophen-2,3-dicarbaldehyd mit 3-Oxo-glutar= säure-diäthylester und wenig Piperidin auf 130° (*Ried*, *Gross*, B. **90** [1957] 2646, 2649).

Krystalle (aus Isoamylalkohol); F: 240°.

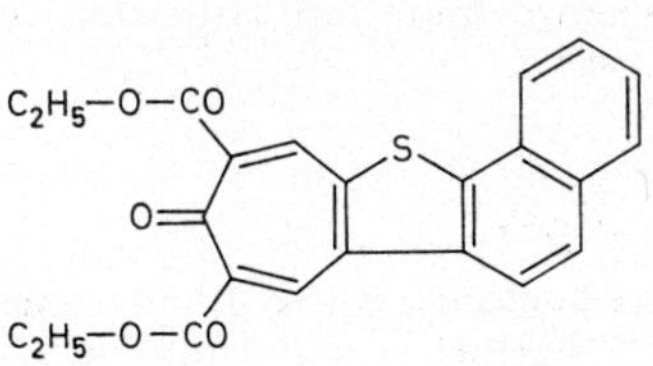

I 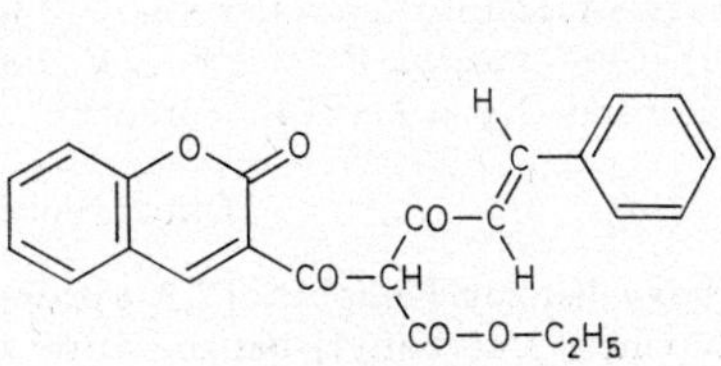   II

Oxocarbonsäuren $C_{21}H_{14}O_6$

3-Oxo-2-[2-oxo-2H-chromen-3-carbonyl]-5t-phenyl-pent-4-ensäure-äthylester $C_{23}H_{18}O_6$, Formel II, und Tautomere.

B. Beim Erwärmen einer Suspension der Kupfer(II)-Verbindung des 3-Oxo-3-[2-oxo-2H-chromen-3-yl]-propionsäure-äthylesters in Chloroform mit *trans*-Cinnamoylchlorid (*Lampe, Trennerówna,* Roczniki Chem. **14** [1934] 1231, 1234; C. **1935** I 2360).

Krystalle (aus Bzl. + PAe.); F: 220—222° [Zers.].

Oxocarbonsäuren $C_nH_{2n-30}O_6$

Oxocarbonsäuren $C_{20}H_{10}O_6$

2-[2,5,6-Trioxo-5,6-dihydro-2H-benzo[h]chromen-4-yl]-benzoesäure $C_{20}H_{10}O_6$, Formel III.

Konstitution: *Fieser, Sachs,* Am. Soc. **90** [1968] 4129, 4132.

B. Beim Behandeln von (±)-[1-(3-Hydroxy-1,4-dioxo-1,4-dihydro-[2]naphthyl)-3-oxo-phthalan-1-yl]-essigsäure mit konz. Schwefelsäure (*Hooker, Fieser,* Am. Soc. **58** [1936] 1216, 1222).

Rote Krystalle (aus Eg.); F: 248—249,5° (*Ho., Fi.*).

2-[1,3-Dioxo-1H,3H-benz[de]isochromen-6-carbonyl]-benzoesäure, 4-[2-Carboxy-benzoyl]-naphthalin-1,8-dicarbonsäure-anhydrid $C_{20}H_{10}O_6$, Formel IV (X = H), und Tautomeres (4-[1-Hydroxy-3-oxo-phthalan-1-yl]-naphthalin-1,8-dicarbonsäure-anhydrid) (H 501).

B. Beim Erwärmen von 4-[2-Carboxy-benzoyl]-naphthalin-1,8-dicarbonsäure mit Essigsäure (*Akiyoshi, Tsuge,* J. chem. Soc. Japan Ind. Chem. Sect. **59** [1956] 455; C. A. **1958** 3754).

Gelbe Krystalle (aus Eg.); F: 240—240,5° (*Ak., Ts.*).

Beim Erhitzen mit konz. Schwefelsäure auf 180° ist 7,12-Dioxo-7,12-dihydro-benz[a]anthracen-4,5-dicarbonsäure-anhydrid erhalten worden (*Peters, Rowe,* J. Soc. Dyers Col. **59** [1943] 52; s. a. *Ak., Ts.; Gen. Aniline Works,* U.S.P. 1804870 [1927]). Reaktion mit *o*-Phenylendiamin in Essigsäure (Bildung von 2-[7-Oxo-7H-benzo[de]benz[4,5]imidazo[2,1-a]isochinolin-10(oder 11)-carbonyl]-benzoesäure [F: 285—287°]): *Pe., Rowe.*

III   IV

3,6-Dichlor-2-[1,3-dioxo-1H,3H-benz[de]isochromen-6-carbonyl]-benzoesäure, 4-[2-Carboxy-3,6-dichlor-benzoyl]-naphthalin-1,8-dicarbonsäure-anhydrid $C_{20}H_8Cl_2O_6$, Formel IV (X = Cl), und Tautomeres (4-[4,7-Dichlor-1-hydroxy-3-oxo-phthalan-1-yl]-naphthalin-1,8-dicarbonsäure-anhydrid).

B. Aus 2-[Acenaphthen-5-carbonyl]-3,6-dichlor-benzoesäure mit Hilfe von Natrium-dichromat (*Gen. Aniline Works,* U.S.P. 1804870 [1927]).

Krystalle (aus Eg.); F: 274° [unkorr.].

Oxocarbonsäuren $C_{21}H_{12}O_6$

2-[2-Carboxy-benzoyl]-naphtho[2,3-b]thiophen-3-carbonsäure, 2-[3-Carboxy-naphtho[2,3-b]thiophen-2-carbonyl]-benzoesäure $C_{21}H_{12}O_5S$, Formel V, und Tautomere.

B. Beim Behandeln von Naphtho[2,3-b]thiophen-2,3-dion mit 2-Bromacetyl-benzoe-

säure und wss. Natriumcarbonat-Lösung (*Mayer*, A. **488** [1931] 25ᴕ, 293).
   F: 228°.

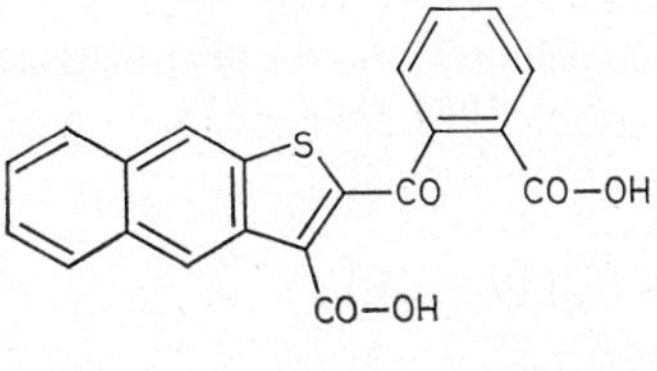

V 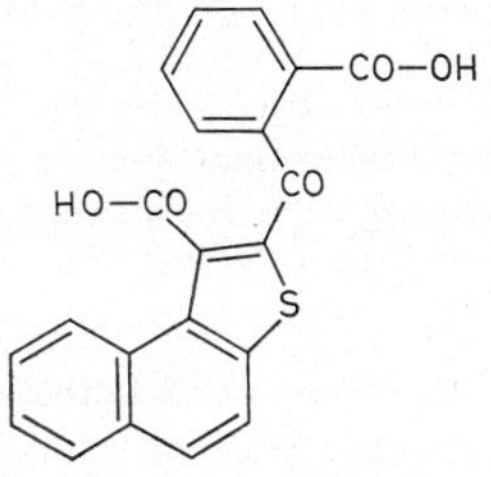   VI

2-[2-Carboxy-benzoyl]-naphtho[2,1-*b*]thiophen-1-carbonsäure, 2-[1-Carboxy-naphtho=[2,1-*b*]thiophen-2-carbonyl]-benzoesäure $C_{21}H_{12}O_5S$, Formel VI, und Tautomere.
   B. Beim Behandeln von Naphtho[2,1-*b*]thiophen-1,2-dion mit 2-Bromacetyl-benzoe=säure und wss. Natriumcarbonat-Lösung (*Mayer*, A. **488** [1931] 259, 292).
   Gelbliche Krystalle (aus Nitrobenzol); F: 245—246°.

Oxocarbonsäuren $C_{22}H_{14}O_6$

3,3-Bis-[4-carboxy-phenyl]-phthalid, 4,4′-[3-Oxo-phthalan-1,1-diyl]-di-benzoesäure $C_{22}H_{14}O_6$, Formel VII (X = OH) (H 501).
   B. Beim Erwärmen von 3,3′-Di-*p*-tolyl-phthalid mit Chrom(VI)-oxid in Essigsäure (*Schwarzenbach, Brandenberger*, Helv. **20** [1937] 1253, 1258).
   Krystalle (aus Me.); F: 304°.

3,3-Bis-[4-carbamoyl-phenyl]-phthalid, 4,4′-[3-Oxo-phthalan-1,1-diyl]-di-benzoesäure-diamid $C_{22}H_{16}N_2O_4$, Formel VII (X = NH₂).
   B. Beim Erwärmen von 3,3-Bis-[4-carboxy-phenyl]-phthalid mit Thionylchlorid und Behandeln einer Lösung des Reaktionsprodukts in Tetrachlormethan mit Ammoniak (*Schwarzenbach, Brandenberger*, Helv. **20** [1937] 1253, 1259).
   Krystalle (aus wss. Eg.); F: 313°.

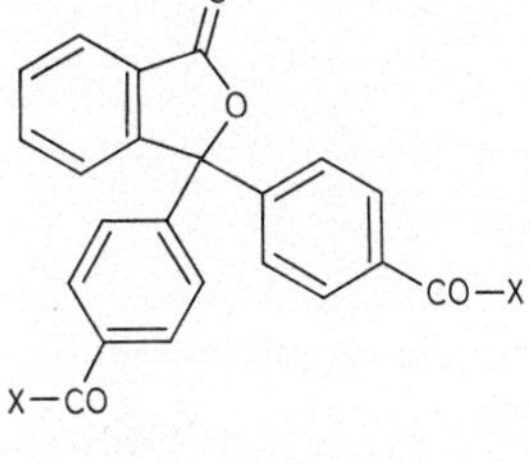

VII 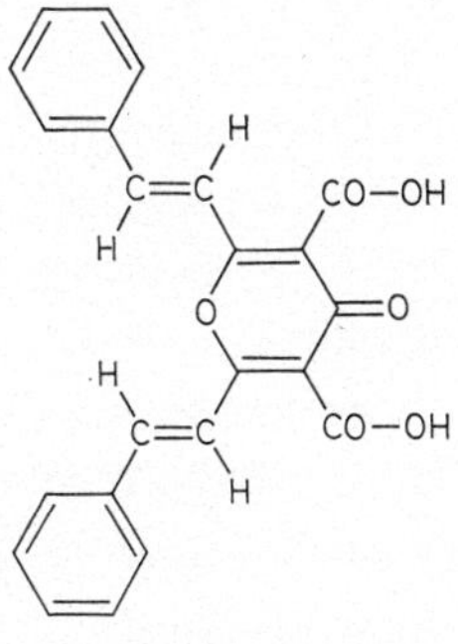   VIII 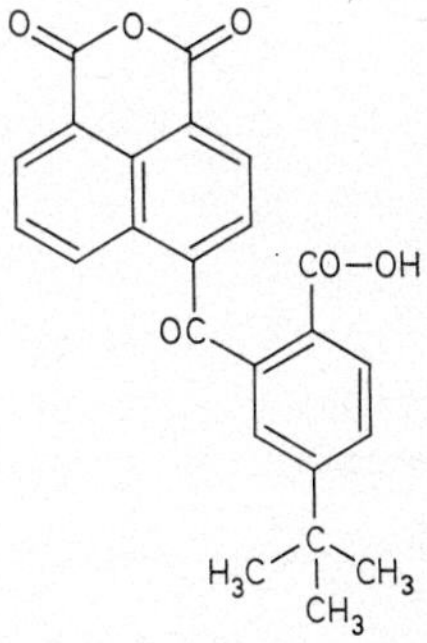   IX

Oxocarbonsäuren $C_{23}H_{16}O_6$

4-Oxo-2,6-di-*trans*(?)-styryl-4*H*-pyran-3,5-dicarbonsäure $C_{23}H_{18}O_6$, vermutlich Formel VIII.
   B. Beim Behandeln von 2,6-Dimethyl-4-oxo-4*H*-pyran-3,5-dicarbonsäure-diäthylester mit Benzaldehyd und äthanol. Natronlauge (*Hebký et al.*, Chem. Listy **46** [1952] 736, 737; C. A. **1953** 11 187).
   Krystalle (aus Eg.); F: 237—238° [Zers.].

Oxocarbonsäuren $C_{24}H_{18}O_6$

4-*tert*-Butyl-2-[1,3-dioxo-1*H*,3*H*-benz[*de*]isochromen-6-carbonyl]-benzoesäure,
4-[5-*tert*-Butyl-2-carboxy-benzoyl]-naphthalin-1,8-dicarbonsäure-an=
hydrid $C_{24}H_{18}O_6$, Formel IX, und Tautomeres (4-[6-*tert*-Butyl-1-hydroxy-3-oxo-
phthalan-1-yl]-naphthalin-1,8-dicarbonsäure-anhydrid).

B. Beim Erwärmen von 2-[Acenaphthen-5-carbonyl]-4-*tert*-butyl-benzoesäure mit
Natriumdichromat in Essigsäure (*Larner, Peters*, Soc. **1952** 1368, 1372).

Gelbe Krystalle (aus wss. Eg.); F: 238—240°.

Oxocarbonsäuren $C_nH_{2n-34}O_6$

2-[Benzofuran-2-carbonyl]-7-[1,3-dioxo-indan-2-yliden]-hepta-3ξ,5ξ-diennitril
$C_{25}H_{15}NO_4$, Formel X, und Tautomeres (2-[Benzofuran-2-yl-hydroxy-methylen]-
7-[1,3-dioxo-indan-2-yliden]-hepta-3ξ,5ξ-diennitril).

B. Beim Erwärmen von 7-[*N*-Acetyl-anilino]-2-[benzofuran-2-carbonyl]-hepta-2ξ,4ξ,6ξ-
triennitril (hergestellt durch Erhitzen von 3-Benzofuran-2-yl-3-oxo-propionitril mit
Pentendial-bis-phenylimin-hydrochlorid [vgl. E III **12** 339], Acetanhydrid und Natrium=
acetat) mit Indan-1,3-dion in Pyridin unter Zusatz von Triäthylamin (*Eastman Kodak Co.*,
U.S.P. 2533472 [1947]).

Schwarz, amorph; F: 185—187° [Zers.].   [*Lange*]

X

4. Oxocarbonsäuren mit sieben Sauerstoff-Atomen

Oxocarbonsäuren $C_nH_{2n-8}O_7$

Oxocarbonsäuren $C_6H_4O_7$

2-Allylimino-4-oxo-dihydro-thiophen-3,3-dicarbonsäure-dimethylester $C_{11}H_{13}NO_5S$, Formel I.

B. Beim Behandeln von Allylthiocarbamoyl-malonsäure-dimethylester mit Chloressig≈ säure-äthylester und Natriummethylat in Methanol (*Worrall*, Am. Soc. **54** [1932] 2061, 2065).

Krystalle (aus wss. A.); F: 78—79°.

(±)-3-Cyan-4-oxo-2-thioxo-tetrahydro-thiophen-3-carbonsäure-äthylester $C_8H_7NO_3S_2$, Formel II.

B. Beim Behandeln einer Suspension der Kalium-Verbindung des Cyanessigsäure-äthylesters in Äthanol mit Schwefelkohlenstoff und Erhitzen des Reaktionsprodukts mit wss. Natrium-chloracetat-Lösung (*Eastman Kodak Co.*, U.S.P. 2685509 [1951]).

Krystalle (aus wss. Acn.); F: 134°.

2,5-Diimino-tetrahydro-thiophen-3,4-dicarbonitril $C_6H_4N_4S$, Formel III (R = H), und **2,5-Diamino-thiophen-3,4-dicarbonitril** $C_6H_4N_4S$, Formel IV (R = H).

B. Beim Behandeln einer Lösung von Äthan-1,1,2,2-tetracarbonitril in Aceton mit Natriumsulfid in Wasser (*Middleton et al.*, Am. Soc. **80** [1958] 2822, 2825). Beim Behandeln einer Lösung von Äthylentetracarbonitril in Aceton und Schwefelkohlenstoff mit Schwefel≈ wasserstoff, Versetzen des Reaktionsgemisches mit Pyridin und erneutem Behandeln mit Schwefelwasserstoff (*Mi. et al.*; *Middleton*, Org. Synth. Coll. Vol. IV [1963] 243).

Krystalle (aus wss. Dimethylformamid); bei 240—244° sublimierend (*Mi. et al.*). In verd. wss. Mineralsäuren nicht löslich (*Mi. et al.*, l. c. S. 2822).

Verhalten beim Erhitzen mit wss. Natronlauge (Bildung von 2-Amino-5-mercapto-pyrrol-3,4-dicarbonitril): *Mi. et al.*, l. c. S. 2826. Beim Erhitzen mit Benzaldehyd (Über-schuss) auf 180° und Erhitzen des Reaktionsgemisches mit Nitrobenzol unter Entfernen des entstehenden Reaktionswassers ist 2,5-Bis-benzylidenamino-thiophen-3,4-dicarbo≈ nitril, bei Anwendung von 2,4-Dihydroxy-benzaldehyd an Stelle des Benzaldehyds ist hingegen 2-Amino-5-[2,4-dihydroxy-benzylidenamino]-thiophen-3,4-dicarbonitril erhalten worden (*Mi. et al.*, l. c. S. 2826). Reaktion mit Salicylaldehyd in Gegenwart von Toluol-4-sulfonsäure unter Bildung von 2,5-Bis-salicylidenamino-thiophen-3,4-dicarbonitril: *Mi. et al.*, l. c. S. 2826.

I   II   III   IV

2,5-Bis-acetylimino-tetrahydro-thiophen-3,4-dicarbonitril $C_{10}H_8N_4O_2S$, Formel III (R = CO-CH₃), und **2,5-Bis-acetylamino-thiophen-3,4-dicarbonitril** $C_{10}H_8N_4O_2S$, Formel IV (R = CO-CH₃).

B. Beim Erhitzen von 2,5-Diamino-thiophen-3,4-dicarbonitril (s. o.) mit Acetanhydrid (*Middleton et al.*, Am. Soc. **80** [1958] 2822, 2825).

Krystalle (aus wss. Dimethylformamid), die unterhalb 300° nicht schmelzen.

2,5-Bis-benzoylimino-tetrahydro-thiophen-3,4-dicarbonitril $C_{20}H_{12}N_4O_2S$, Formel III
(R = CO-C_6H_5), und **2,5-Bis-benzoylamino-thiophen-3,4-dicarbonitril** $C_{20}H_{12}N_4O_2S$,
Formel IV (R = CO-C_6H_5).

B. Beim Behandeln von 2,5-Diamino-thiophen-3,4-dicarbonitril (S. 6199) mit Benzoyl=
chlorid [4 Mol] und Pyridin [2 Mol] (*Middleton et al.*, Am. Soc. **80** [1958] 2822, 2825).
Pulver (aus wss. Dimethylformamid); unterhalb 300° nicht schmelzend.

Oxocarbonsäuren $C_7H_6O_7$

[2-Carboxy-4,5-dioxo-tetrahydro-[2]furyl]-essigsäure, 2-Carboxymethyl-4,5-dioxo-tetra=
hydro-furan-2-carbonsäure, 2-Hydroxy-4-oxo-butan-1,2,4-tricarbonsäure-4-lacton $C_7H_6O_7$
und Tautomeres ([2-Carboxy-4-hydroxy-5-oxo-2,5-dihydro-[2]furyl]-essig=
säure).

a) **(+)-[2-Carboxy-4,5-dioxo-tetrahydro-[2]furyl]-essigsäure** $C_7H_6O_7$, Formel V
oder Spiegelbild, und Tautomeres; (+)-Oxalcitramalsäure-lacton.

Gewinnung aus dem unter c) beschriebenen Racemat mit Hilfe von Brucin: *Martius*,
Schorre, A. **570** [1950] 140, 142.

Krystalle (aus E. + PAe.); F: 161,5—162,5° [Zers.]. $[\alpha]_{546}^{20}$: +213° [W.].

b) **(−)-[2-Carboxy-4,5-dioxo-tetrahydro-[2]furyl]-essigsäure** $C_7H_6O_7$, Formel V
oder Spiegelbild, und Tautomeres; (−)-Oxalcitramalsäure-lacton.

Gewinnung aus dem unter c) beschriebenen Racemat mit Hilfe von Brucin: *Martius*,
Schorre, A. **570** [1950] 140, 142.

Krystalle (aus E. + PAe.); F: 162—163° [Zers.]. $[\alpha]_{546}^{20}$: −215° [W.].

c) **(±)-[2-Carboxy-4,5-dioxo-tetrahydro-[2]furyl]-essigsäure** $C_7H_6O_7$, Formel V
+ Spiegelbild, und Tautomeres; (±)-Oxalcitramalsäure-lacton.

B. Beim Behandeln von Oxalessigsäure mit Brenztraubensäure und wss. Natriumcarb=
onat-Lösung und anschliessenden Ansäuern mit Phosphorsäure (*Martius*, Z. physiol.
Chem. **279** [1943] 96, 102; s. a. *Martius, Schorre*, A. **570** [1950] 140, 142).

Krystalle (aus E. + PAe.); F: 178° [Zers.] (*Ma.*).

| V | VI | VII |

(±)-[3-Äthoxycarbonyl-4,5-dioxo-tetrahydro-[3]furyl]-essigsäure-äthylester,
(±)-3-Äthoxycarbonylmethyl-4,5-dioxo-tetrahydro-furan-3-carbonsäure-äthylester,
(±)-2-Hydroxymethyl-1-oxo-propan-1,2,3-tricarbonsäure-2,3-diäthylester-1-lacton
$C_{11}H_{14}O_7$, Formel VI.

B. Beim Behandeln von 1-Oxo-propan-1,2,3-tricarbonsäure-triäthylester mit wss.
Formaldehyd-Lösung und Kaliumcarbonat (*Little et al.*, Soc. **1954** 2636; *Gault, Laloi*,
Bl. **1955** 154).

Gelbliches Öl; $Kp_{0,9}$: 172° (*Ga., La.*); $Kp_{2,5}$: 140—145° (*Li. et al.*).

Beim Behandeln einer Lösung in Äther mit wss. Kaliumhydrogencarbonat-Lösung
sind Oxalsäure und Methylenbernsteinsäure erhalten worden (*Ga., La.; Gordon et al.*, Bl.
1955 293).

Oxocarbonsäuren $C_8H_8O_7$

(±)-trans-3,4-Bis-äthoxycarbonylmethyl-dihydro-furan-2,5-dion, racem.-Butan-
1,2,3,4-tetracarbonsäure-1,4-diäthylester-2,3-anhydrid $C_{12}H_{16}O_7$, Formel VII
+ Spiegelbild.

B. Beim Behandeln von Butindisäure mit Äthinyl-äthyl-äther und wasserhaltigem
Diäthyläther (*Cley, Arens*, R. **78** [1959] 929, 931).

Krystalle (aus PAe.); F: 96—97°.

Oxocarbonsäuren $C_9H_{10}O_7$

*Opt.-inakt. [5-Äthoxycarbonyl-6-methyl-2-oxo-tetrahydro-pyran-3-yl]-glyoxylsäure-äthylester, 5-Äthoxyoxalyl-2-methyl-6-oxo-tetrahydro-pyran-3-carbonsäure-äthylester, 5-Hydroxy-1-oxo-hexan-1,2,4-tricarbonsäure-1,4-diäthylester-2-lacton $C_{13}H_{18}O_7$, Formel VIII, und Tautomeres ([5-Äthoxycarbonyl-6-methyl-2-oxo-dihydro-pyran-3-yliden]-hydroxy-essigsäure-äthylester).

Enol-Gehalt einer Lösung in Methanol: 83,6% (*Korte et al.*, B. **90** [1957] 2280, 2284).

B. Beim Behandeln von opt.-inakt. 2-Methyl-6-oxo-tetrahydro-pyran-3-carbonsäure-äthylester ($Kp_{0,05}$: 92—95°) mit Oxalsäure-diäthylester und Magnesium-bromid-diisopropylamid in Äther (*Ko. et al.*).

$Kp_{0,02}$: 117—119°. Absorptionsmaximum (Me.): 284 nm (*Ko. et al.*).

Bei 3-tägigem Behandeln mit Chlorwasserstoff enthaltendem Äthanol ist 5-Hydroxy-1-oxo-hexan-1,2,4-tricarbonsäure-triäthylester ($\rightleftharpoons$2-Hydroxy-6-methyl-tetrahydro-pyran-2,3,5-tricarbonsäure-triäthylester [$Kp_{0,01}$: 125—126°]) erhalten worden.

VIII   IX   X

(±)-2-Cyan-3-imino-3-[5-methyl-2-oxo-tetrahydro-[3]furyl]-propionsäure-äthylester, (±)-2-Cyan-4-[2-hydroxy-propyl]-3-imino-glutarsäure-1-äthylester-5-lacton $C_{11}H_{14}N_2O_4$, Formel IX, und Tautomere (z. B. 3ξ-Amino-2-cyan-3ξ-[5-methyl-2-oxo-tetrahydro-[3]furyl]-acrylsäure-äthylester [Formel X]).

B. Neben 2-Amino-5-methyl-4,5-dihydro-furan-3-carbonsäure-äthylester (S. 5271) beim Erwärmen von (±)-Propylenoxid mit Cyanessigsäure-äthylester und wenig Natriumäthylat in Äthanol (*Glickman, Cope*, Am. Soc. **67** [1945] 1012, 1016). Beim Erwärmen von (±)-Propylenoxid mit 2-Cyan-3-imino-glutarsäure-diäthylester und Natriumäthylat in Äthanol (*Gl., Cope*).

Krystalle (aus A.); F: 160,5—161° [unkorr.].

Oxocarbonsäuren $C_{10}H_{12}O_7$

2-Cyan-3-[5,5-dimethyl-2-oxo-tetrahydro-[3]furyl]-3-imino-propionsäure-äthylester, 2-Cyan-4-[β-hydroxy-isobutyl]-3-imino-glutarsäure-1-äthylester-5-lacton $C_{12}H_{16}N_2O_4$, Formel XI, und Tautomere (z. B. 3ξ-Amino-2-cyan-3ξ-[5,5-dimethyl-2-oxo-tetrahydro-[3]furyl]-acrylsäure-äthylester [Formel XII]).

B. Beim Erwärmen von 2,2-Dimethyl-oxiran mit 2-Cyan-3-imino-glutarsäure-diäthylester und Natriumäthylat in Äthanol (*Glickman, Cope*, Am. Soc. **67** [1945] 1012, 1015). In kleiner Menge neben 2-Amino-5,5-dimethyl-4,5-dihydro-furan-3-carbonsäure-äthylester (S. 5288) beim Erwärmen von 2,2-Dimethyl-oxiran mit Cyanessigsäure-äthylester und wenig Natriumäthylat in Äthanol (*Gl., Cope*).

Krystalle (aus A.); F: 199,5—200,5° [unkorr.].

XI   XII   XIII

Oxocarbonsäuren $C_{11}H_{14}O_7$

*Opt.-inakt. **3,5-Diacetyl-tetrahydro-pyran-3,5-dicarbonsäure** $C_{11}H_{14}O_7$, Formel XIII
(R = X = H) (vgl. E III **3** 1198, Zeile 18 v. u.; dort als „Dicarbonsäure $C_{11}H_{14}O_7$"
bezeichnet).
B. Beim Erhitzen von opt.-inakt. 3,5-Diacetyl-tetrahydro-pyran-3,5-dicarbonsäure-
diäthylester (s. u.) mit wss. Kalilauge (*Décombe*, Bl. [5] **6** [1939] 1061, 1065).
Krystalle (aus Ae. oder W.); F: 289—290°.

*Opt.-inakt. **3,5-Diacetyl-tetrahydro-pyran-3,5-dicarbonsäure-monoäthylester** $C_{13}H_{18}O_7$,
Formel XIII (R = C_2H_5, X = H) (vgl. E III **3** 1198, Zeile 19 v. u.; dort als „Estersäure
$C_{13}H_{18}O_7$" bezeichnet).
B. Beim Behandeln einer Lösung von opt.-inakt. 3,5-Diacetyl-tetrahydro-pyran-3,5-di=
carbonsäure-diäthylester (s. u.) in Äthanol mit wss. Kalilauge (*Décombe*, Bl. [5] **6** [1939]
1061, 1065).
Krystalle (aus Ae.); F: 158°.

*Opt.-inakt. **3,5-Diacetyl-tetrahydro-pyran-3,5-dicarbonsäure-diäthylester** $C_{15}H_{22}O_7$,
Formel XIII (R = X = C_2H_5) (vgl. E III **3** 1198, Zeile 21 v. u.; dort als „Verbindung
$C_{15}H_{22}O_7$" bezeichnet).
Konstitution: *Wesslén*, Acta chem. scand. **23** [1969] 1023, 1028.
B. Neben kleineren Mengen einer vermutlich als 3-Hydroxymethyl-4-methyl-6-oxo-
cyclohex-4-en-1,3-dicarbonsäure-diäthylester zu formulierenden Verbindung (Kp$_{19}$: 194°
bis 195°) beim Behandeln von opt.-inakt. 2,4-Diacetyl-2,4-bis-hydroxymethyl-glutarsäure-
diäthylester (F: 101° [E III **3** 1198; dort als „Verbindung $C_{15}H_{24}O_8$" bezeichnet]) mit
wss. Salzsäure (*Décombe*, Bl. [5] **6** [1939] 1061, 1064).
Krystalle (aus wss. A.); F: 89—90° (*Dé.*).
Beim Erwärmen mit Methylmagnesiumjodid (4 Mol) in Äther ist eine **Verbindung**
$C_{16}H_{26}O_7$ vom F: 87—88° erhalten worden (*Dé.*, l. c. S. 1065, 1066).
Verbindung mit **Quecksilber(II)-chlorid** $C_{15}H_{22}O_7 \cdot HgCl_2$. Krystalle; F: ca. 100°
[Zers.] (*Dé.*).

Oxocarbonsäuren $C_nH_{2n-10}O_7$

Oxocarbonsäuren $C_6H_2O_7$

**2,5-Dioxo-2,5-dihydro-furan-3,4-dicarbonsäure-diäthylester, Äthylentetracarbonsäure-
1,2-diäthylester-1,2-anhydrid** $C_{10}H_{10}O_7$, Formel I (X = $O-C_2H_5$) auf S. 6204.
B. Beim Erhitzen von Äthylentetracarbonsäure-triäthylester unter vermindertem
Druck (*Malachowski, Sienkiewiczowa*, B. **68** [1935] 29, 36).
F: 33—35°. Kp$_9$: 162—163°.

**2,5-Dioxo-2,5-dihydro-furan-3,4-dicarbonsäure-diphenylester, Äthylentetracarbonsäure-
1,2-anhydrid-1,2-diphenylester** $C_{18}H_{10}O_7$, Formel I (X = $O-C_6H_5$) auf S. 6204.
B. Beim Behandeln von 2,5-Dioxo-2,5-dihydro-furan-3,4-dicarbonylchlorid mit Phenol
in Äther bei —10° (*Malachowski, Sienkiewiczowa*, B. **68** [1935] 29, 37).
Krystalle; F: 103—104°.

**2,5-Dioxo-2,5-dihydro-furan-3,4-dicarbonylchlorid, Bis-chlorcarbonyl-maleinsäure-
anhydrid, Äthylentetracarbonsäure-1,2-anhydrid-1,2-dichlorid** $C_6Cl_2O_5$, Formel I (X = Cl)
auf S. 6204.
B. Beim Behandeln von Äthylentetracarbonsäure mit Phosphorylchlorid und mit
Phosphor(V)-chlorid (3 Mol) und Erhitzen des nach Entfernen des Phosphorylchlorids
erhaltenen Reaktionsprodukts auf 100° (*Malachowski, Sienkiewiczowa*, B. **68** [1935]
29, 35).
Hygroskopisches Öl; Kp$_8$: 115,5—116°.
Beim Erwärmen mit Phosphor(V)-chlorid (1 Mol) ist ein Gemisch von Äthylentetra=
carbonylchlorid und Äthylentricarbonylchlorid erhalten worden (*Ma., Si.*, l. c. S. 36).
Reaktion mit Äthanol (Bildung von Äthylentetracarbonsäure-triäthylester) sowie Reaktion

mit Phenol (Bildung von Äthylentetracarbonsäure-1,2-anhydrid-1,2-diphenylester): *Ma.*, *Si.*, l. c. S. 36, 37.

Oxocarbonsäuren $C_7H_4O_7$

3,6-Dioxo-3,6-dihydro-2*H*-pyran-2,4-dicarbonsäure-diäthylester, 4-Hydroxy-3-oxo-but-1-en-1,2,4-tricarbonsäure-2,4-diäthylester-1-lacton $C_{11}H_{12}O_7$, Formel II, und Tautomeres (3-Hydroxy-6-oxo-6*H*-pyran-2,4-dicarbonsäure-diäthylester).

B. Neben kleineren Mengen Furan-2,3,5-tricarbonsäure-triäthylester beim Behandeln von 4,4-Diäthoxy-1-oxo-butan-1,2,4-tricarbonsäure-triäthylester mit konz. Schwefelsäure (*Jones*, Am. Soc. **77** [1955] 4074).

Krystalle (aus W.); F: 124,5—125°.

3,4-Dioxo-3,4-dihydro-2*H*-pyran-2,6-dicarbonsäure $C_7H_4O_7$, Formel III (X = OH), und Tautomeres (3-Hydroxy-4-oxo-4*H*-pyran-2,6-dicarbonsäure [Formel IV (X = OH)]; **Mekonsäure** (H 503; E I 526; E II 372).

Mekonsäure ist nach *Gorjaew et al.* (Ž. obšč. Chim. **28** [1958] 2102, 2103; engl. Ausg. S. 2140, 2141) als 3-Hydroxy-4-oxo-4*H*-pyran-2,6-dicarbonsäure zu formulieren.

Gewinnung aus Opium-Mutterlaugen: *Wolkowa, Gorjaew,* Vestnik Akad. Kazachsk. S.S.R. **13** [1957] Nr. 4, S. 80, 81; C. A. **1957** 15457.

Krystalle (aus W.) mit 3 Mol H_2O (*Wo., Go.*). Mekonsäure zersetzt sich zwischen 285° und 290° [Fisher-Johns-App.] (*Farmilo et al.,* Bl. Narcotics **6** [1954] Nr. 1, S. 7, 17) bzw. zwischen 260° und 280° [Kofler-App.] (*L. u. A. Kofler,* Thermo-Mikro-Methoden, 3. Aufl. [Weinheim 1954] S. 599) bzw. bei ca. 265° [Kapillare] (*Wibaut, Kleipool,* R. **66** [1947] 24, 27; s. a. *Wo., Go.,* l. c. S. 81). Rhombisch; aus dem Röntgen-Diagramm ermittelte Dimensionen der Elementarzelle: a = 19,5 Å; b = 16,0 Å; c = 6,48 Å; n = 8 (*Neuhaus,* Z. physik. Chem. [A] **191** [1942] 359, 361). IR-Spektrum (Nujol; 2—16 μ): *Levi et al.,* Bl. Narcotics **7** [1955] Nr. 1, S. 42, 48. Absorptionsspektren von Lösungen in Äthanol (220—410 nm): *Tolštikow,* Ž. obšč. Chim. **29** [1959] 2372, 2376; engl. Ausg. S. 2337, 2340; in Methanol (220—370 nm): *Eiden,* Ar. **292** [1959] 355, 359; in Wasser (200 nm bis 340 nm): *Oestreicher et al.,* Bl. Narcotics **6** [1954] Nr. 3/4, S. 42, 50. Absorptionsmaxima einer wss. Lösung vom pH 9,4: 236 nm und 303 nm (*Bradford, Brackett,* Mikroch. Acta **1958** 353, 367). Wahrer Dissoziationsexponent pK_a (Wasser; potentiometrisch ermittelt) bei 24°: 10,81 (*Tsuji,* J. scient. Res. Inst. Tokyo **48** [1954] 126, 129). Scheinbare Dissoziationskonstanten K'_{a1}, K'_{a2} und K'_{a3} (Wasser; potentiometrisch ermittelt) bei Raumtemperatur: $6,4 \cdot 10^{-2}$ bis $2,5 \cdot 10^{-1}$ bzw. $1,6 \cdot 10^{-2}$ bzw. $1,5 \cdot 10^{-10}$ (*Go. et al.,* l. c. S. 2106). Polarographie: *Hobza, Šantavý,* Č. čsl. Lekárn. **62** [1949] 86, 88; C. A. **1952** 4173; *Matsumoto, Matsui,* J. pharm. Soc. Japan **73** [1953] 652; C. A. **1953** 9563. *Glad'eschew, Tolštikow,* Izv. Akad. Kazachsk. S.S.R. Ser. chim. **1959** Nr. 1, S. 47—53; C. A. **1960** 24021.

Verhalten beim Erhitzen mit Kupfer-Pulver (Bildung von Pyromekonsäure [E III/IV 17 5906]): *Berlin,* Ž. obšč. Chim. **19** [1949] 1177; engl. Ausg. S. 1171. Beim Behandeln einer Suspension in Aceton mit Diazomethan in Äther ist 3-Methoxy-4-oxo-4*H*-pyran-2,6-dicarbonsäure-dimethylester, beim Erwärmen mit Methanol unter Durchleiten von Chlorwasserstoff ist Mekonsäure-dimethylester (S. 6204) erhalten worden (*Fukushima,* J. pharm. Soc. Japan **77** [1957] 383, 385; C. A. **1957** 12083). Bildung von 3-Benzoyloxy-4-oxo-4*H*-pyran-2,6-dicarbonsäure beim Erwärmen mit Benzoylchlorid und Benzol sowie Bildung von 6-Benzoyl-5-hydroxy-4-oxo-4*H*-pyran-2-carbonsäure beim Erhitzen mit Benzoylchlorid auf 145°: *Woods,* J. org. Chem. **22** [1957] 339. Reaktion mit Methylamin in Wasser bei 100° unter Bildung von 5-Hydroxy-1-methyl-4-oxo-1,4-dihydro-pyridin-2-carbonsäure: *Kleipool, Wibaut,* R. **69** [1950] 1045. Beim Behandeln einer Lösung in Äthanol mit Phenylisocyanid ist das *N,N'*-Diphenyl-formamidin-Salz (s. u.) erhalten worden (*Passerini, Ragni,* G. **61** [1931] 964, 969).

Äthylamin-Salz. Zers. bei 190° (*Tsuda, Matsumoto,* J. pharm. Soc. Japan **67** [1947] 109; C. A. **1951** 9465).

Diäthylamin-Salz. Zers. bei 163° (*Ts., Ma.*).

N,N'-Diphenyl-formamidin-Salz $C_{13}H_{12}N_2 \cdot C_7H_4O_7$. Krystalle (aus A.); F: 197° (*Pa., Ra.*).

I   II   III   IV

3,4-Dioxo-3,4-dihydro-2H-pyran-2,6-dicarbonsäure-dimethylester $C_9H_8O_7$, Formel III
(X = O-CH₃), und Tautomeres (3-Hydroxy-4-oxo-4H-pyran-2,6-dicarbonsäure-
dimethylester [Formel IV (X = O-CH₃)]); **Mekonsäure-dimethylester** (E I 526).
Krystalle (aus W. oder Me.); F: 163—164° (*Fukushima*, J. pharm. Soc. Japan **77** [1957]
383, 385; C. A. **1957** 12083).

3,4-Dioxo-3,4-dihydro-2H-pyran-2,6-dicarbonsäure-6-äthylester $C_9H_8O_7$, Formel V, und
Tautomeres (3-Hydroxy-4-oxo-4H-pyran-2,6-dicarbonsäure-6-äthylester
[Formel VI]); **Mekonsäure-monoäthylester** (H 506; E I 527).
B. Beim Behandeln von Mekonsäure (S. 6203) mit Äthanol bei 55° unter Durchleiten
von Chlorwasserstoff (*Fukushima, Kimura*, Ann. Rep. Fac. Pharm. Tokushima Univ. **5**
[1956] 5, 8; C. A. **1959** 7157).
Krystalle (aus W. oder Acn.); F: 179° [Zers.] (*Fu., Ki.*). Änderung der elektrischen
Leitfähigkeit von wss. Lösungen des Mononatrium-Salzes bei Zusatz von Calciumnitrat,
Strontiumnitrat oder Bariumnitrat: *Fukushima*, J. pharm. Soc. Japan **78** [1958] 873;
C. A. **1958** 19647.

V   VI

3,4-Dioxo-3,4-dihydro-2H-pyran-2,6-dicarbonsäure-diäthylester $C_{11}H_{12}O_7$, Formel III
(X = O-C₂H₅), und Tautomeres (3-Hydroxy-4-oxo-4H-pyran-2,6-dicarbonsäure-
diäthylester [Formel IV (X = O-C₂H₅)]); **Mekonsäure-diäthylester** (H 506; E I 526).
B. Beim Erwärmen von Mekonsäure (S. 6203) mit Äthanol auf 80° unter Durchleiten
von Chlorwasserstoff (*Wolkowa, Gorjaew*, Vestnik Akad. Kazachsk. S.S.R. **13** [1957] Nr. 4,
S. 80, 82; C. A. **1957** 15457). Beim Erwärmen von Mekonsäure mit Chlorwasserstoff
enthaltendem Äthanol (*Fukushima, Kimura*, Ann. Rep. Fac. Pharm. Tokushima Univ. **5**
[1956] 5, 8; C. A. **1959** 7157).
Krystalle; F: 111—112° [aus wss. A. oder W.] (*Fu., Ki.*), 111° [aus PAe.] (*Eiden*,
Ar. **292** [1959] 355, 361). Absorptionsspektrum einer Lösung in Heptan (220—420 nm):
Tolstikow, Ž. obšč. Chim. **29** [1959] 2372, 2376; engl. Ausg. S. 2337, 2340; einer Lösung in
Methanol (200—380 nm): *Ei.*, l. c. S. 357; einer Lösung in Wasser (220—420 nm): *To.*
Reaktion mit Phosphor(V)-sulfid in Benzol (Bildung von 3-Hydroxy-4-thioxo-4H-pyran-
2,6-dicarbonsäure-äthylester): *Eiden*, Ar. **292** [1959] 153, 156. Beim Erwärmen mit
Äthyljodid, Silberoxid und Äther ist 3-Äthoxy-4-oxo-4H-pyran-2,6-dicarbonsäure-di≠
äthylester erhalten worden (*Gorjaew et al.*, Ž. obšč. Chim. **28** [1958] 2102, 2104; engl.
Ausg. S. 2140, 2141).

3,4-Dioxo-3,4-dihydro-2H-pyran-2,6-dicarbonsäure-dihydrazid $C_7H_8N_4O_5$, Formel III
(X = NH-NH₂), und Tautomeres (3-Hydroxy-4-oxo-4H-pyran-2,6-dicarbon≠
säure-dihydrazid [Formel IV (X = NH-NH₂)]); **Mekonsäure-dihydrazid.**
B. Beim Behandeln von Mekonsäure-diäthylester (s. o.) mit Äthanol und Hydrazin-
hydrat (*Wolkowa, Gorjaew*, Vestnik. Akad. Kazachsk. S.S.R. **13** [1957] Nr. 4, S. 80, 82;
C. A. **1957** 15457).
Gelbe Krystalle (aus wss. A.); F: 208—210° [Zers.].

3,4-Dioxo-3,4-dihydro-2H-pyran-2,6-dicarbonsäure-bis-benzylidenhydrazid $C_{21}H_{16}N_4O_5$,
Formel VII (R = X = H), und Tautomeres (3-Hydroxy-4-oxo-4H-pyran-
2,6-dicarbonsäure-bis-benzylidenhydrazid [Formel VIII (R = X = H)]);
Mekonsäure-bis-benzylidenhydrazid.

B. Beim Erwärmen einer Lösung von Mekonsäure-dihydrazid (S. 6204) in wss. Äthanol
mit Benzaldehyd (*Wolkowa, Gorjaew*, Vestnik. Akad. Kazachsk. S.S.R. **13** [1957] Nr. 4,
S. 80, 83; C. A. **1957** 15457).

Krystalle (aus A.); F: 272—273°.

3,4-Dioxo-3,4-dihydro-2H-pyran-2,6-dicarbonsäure-bis-[1-phenyl-äthylidenhydrazid]
$C_{23}H_{20}N_4O_5$, Formel III (X = NH-N=C(CH_3)-C_6H_5), und Tautomeres (3-Hydroxy-
4-oxo-4H-pyran-2,6-dicarbonsäure-bis-[1-phenyl-äthylidenhydrazid]
[Formel IV (X = NH-N=C(CH_3)-C_6H_5)]); **Mekonsäure-bis-[1-phenyl-äthylidenhydrazid].**

B. Beim Erwärmen einer Lösung von Mekonsäure-dihydrazid (S. 6204) in wss. Äthanol
mit Acetophenon (*Wolkowa, Gorjaew*, Trudy Inst. klin. eksp. Chirurgii Akad. Kazachsk.
S.S.R. **4** [1958] 130, 132; C. A. **1960** 380).

Rote Krystalle (aus wss. A.); F: 275—280° [Zers.].

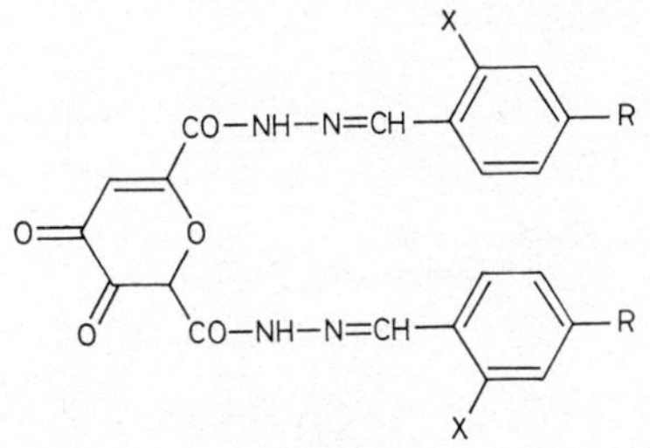

VII 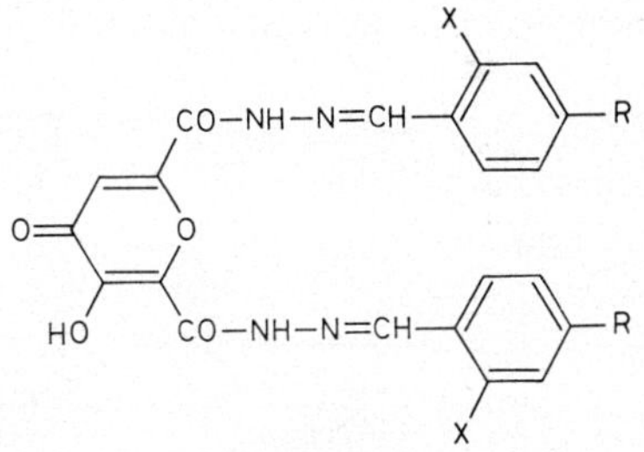　　　　　　　　　　　　　　　　VIII

3,4-Dioxo-3,4-dihydro-2H-pyran-2,6-dicarbonsäure-bis-salicylidenhydrazid $C_{21}H_{16}N_4O_7$,
Formel VII (R = H, X = OH), und Tautomeres (3-Hydroxy-4-oxo-4H-pyran-
2,6-dicarbonsäure-bis-salicylidenhydrazid [Formel VIII (R = H, X = OH)]);
Mekonsäure-bis-salicylidenhydrazid.

B. Beim Erwärmen einer Lösung von Mekonsäure-dihydrazid (S. 6204) in wss. Äthanol
mit Salicylaldehyd (*Wolkowa, Gorjaew*, Trudy Inst. klin. eksp. Chirurgii Akad. Kazachsk.
S.S.R. **4** [1958] 130, 131; C. A. **1960** 380).

Gelbe Krystalle (aus wss. A.); F: 225—226° [Zers.].

3,4-Dioxo-3,4-dihydro-2H-pyran-2,6-dicarbonsäure-bis-vanillylidenhydrazid $C_{23}H_{20}N_4O_9$,
Formel IX (R = H, X = OH), und Tautomeres (3-Hydroxy-4-oxo-4H-pyran-
2,6-dicarbonsäure-2,6-bis-vanillylidenhydrazid [Formel X (R = H, X = OH)]);
Mekonsäure-bis-vanillylidenhydrazid.

B. Beim Erwärmen einer Lösung von Mekonsäure-dihydrazid (S. 6204) in wss. Äthanol
mit Vanillin in Äthanol (*Wolkowa, Gorjaew* Vestnik. Akad. Kazachsk. S.S.R. **13** [1957]
Nr. 4, S. 80, 84; C. A. **1957** 15457).

Orangerotes Pulver (aus wss. Lösung); F: 255—260° [Zers.].

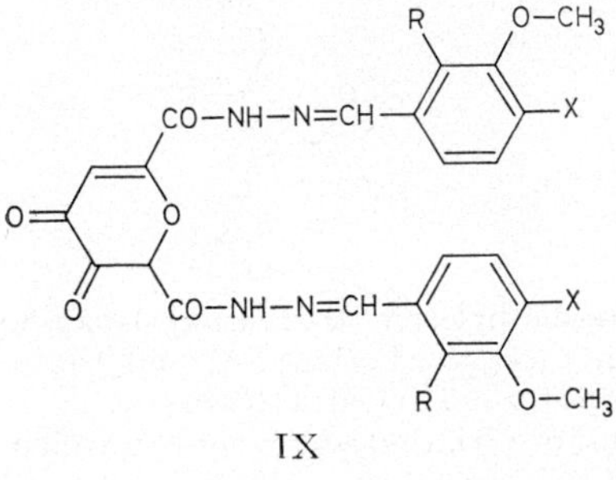

IX 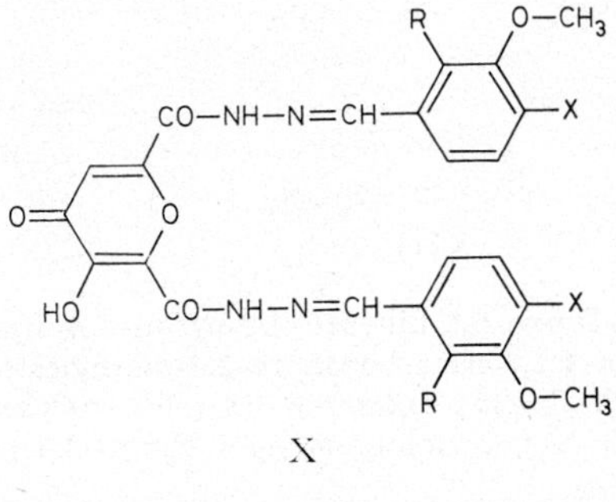　　　　　　　　　　　　　　　　X

3,4-Dioxo-3,4-dihydro-2H-pyran-2,6-dicarbonsäure-bis-[2-carboxy-3,4-dimethoxy-benzylidenhydrazid] $C_{27}H_{24}N_4O_{13}$, Formel IX (R = COOH, X = OCH₃), und Tautomeres (3-Hydroxy-4-oxo-4H-pyran-2,6-dicarbonsäure-bis-[2-carboxy-3,4-dimethoxy-benzylidenhydrazid] [Formel X (R = COOH, X = OCH₃)]); **Mekonsäure-bis-[2-carboxy-3,4-dimethoxy-benzylidenhydrazid]**.

B. Beim Erwärmen einer Lösung von Mekonsäure-dihydrazid (S. 6204) in wss. Äthanol mit Opiansäure (*Wolkowa, Gorjaew*, Trudy Inst. klin. eksp. Chirurgii Akad. Kazachsk. S.S.R. **4** [1958] 130, 133; C. A. **1960** 380).

Gelbe Krystalle (aus A.); F: 269—270° [Zers.].

3,4-Dioxo-3,4-dihydro-2H-pyran-2,6-dicarbonsäure-bis-[4-dimethylamino-benzyliden-hydrazid] $C_{25}H_{26}N_6O_5$, Formel VII (R = N(CH₃)₂, X = H), und Tautomeres (3-Hydroxy-4-oxo-4H-pyran-2,6-dicarbonsäure-bis-[4-dimethylamino-benzyliden-hydrazid] [Formel VIII (R = N(CH₃)₂, X = H)]); **Mekonsäure-bis-[4-dimethylamino-benzylidenhydrazid]**.

B. Beim Erwärmen einer Lösung von Mekonsäure-dihydrazid (S. 6204) in wss. Äthanol mit 4-Dimethylamino-benzaldehyd (*Wolkowa, Gorjaew*, Trudy Inst. klin. eksp. Chirurgii Akad. Kazachsk. S.S.R. **4** [1958] 130; C. A. **1960** 380).

Orangefarbene Krystalle (aus wss. A.); F: 257—258° [Zers.].

XI   XII

3,4-Dioxo-3,4-dihydro-2H-pyran-2,6-dicarbonsäure-bis-furfurylidenhydrazid $C_{17}H_{12}N_4O_7$, Formel XI, und Tautomeres (3-Hydroxy-4-oxo-4H-pyran-dicarbonsäure-2,6-bis-furfurylidenhydrazid [Formel XII]); **Mekonsäure-bis-furfurylidenhydrazid**.

B. Beim Erwärmen einer Lösung von Mekonsäure-dihydrazid (S. 6204) in wss. Äthanol mit Furfural (*Wolkowa, Gorjaew*, Trudy Inst. klin. eksp. Chirurgii Akad. Kazachsk. S.S.R. **4** [1958] 130, 131; C. A. **1960** 380).

Gelbe Krystalle (aus wss. A.); F: 294—295° [Zers.].

3-Oxo-4-thioxo-3,4-dihydro-2H-pyran-2,6-dicarbonsäure-diäthylester $C_{11}H_{12}O_6S$, Formel XIII, und Tautomeres (3-Hydroxy-4-thioxo-4H-pyran-2,6-dicarbonsäure-diäthylester [Formel XIV]).

B. Beim Erwärmen von Mekonsäure (S. 6203) mit Phosphor(V)-sulfid in Benzol (*Eiden*, Ar. **292** [1959] 153, 156).

Bräunlichgrüne Krystalle (aus wss. A.); F: 88° (*Ei.*, l. c. S. 156). Absorptionsspektren (200—480 nm) von Lösungen in Hexan und in Methanol: *Eiden*, Ar. **292** [1959] 461, 463, 465.

XIII   XIV   XV

5,6-Dioxo-5,6-dihydro-4H-pyran-3,4-dicarbonsäure-diäthylester, 4c-Hydroxy-1-oxo-but-3-en-1,2,3-tricarbonsäure-2,3-diäthylester-1-lacton $C_{11}H_{12}O_7$, Formel XV, und Tautomeres (5-Hydroxy-6-oxo-6H-pyran-3,4-dicarbonsäure-diäthylester).

B. Neben kleinen Mengen Furan-2,3,4-tricarbonsäure-triäthylester beim Erwärmen von

4,4-Diäthoxy-1-oxo-butan-1,2,3-tricarbonsäure-triäthylester mit konz. Schwefelsäure (*Kornfeld, Jones*, J. org. Chem. **19** [1954] 1671, 1678). Beim Erwärmen von 4,4-Diäthoxy-1-oxo-butan-1,2,3-tricarbonsäure-2,3-diäthylester-1-*tert*-butylester mit konz. Schwefel= säure (*Ko., Jo.*, l. c. S. 1679).

Krystalle; F: 93—94° [aus wss. Eg.], 92—93° [aus Ae. + PAe.]. Elektrolytische Dissoziation in 66%ig. wss. Dimethylformamid: *Ko., Jo.*

Oxocarbonsäuren $C_9H_8O_7$

(±)-[4-Methyl-2,5-dioxo-2,5-dihydro-[3]furyl]-bernsteinsäure, (±)-Pent-3*c*-en-1,2,3,4-tetracarbonsäure-3,4-anhydrid $C_9H_8O_7$, Formel I.

B. Beim Erhitzen von 3,7,13,17-Tetrakis-[1,2-bis-methoxycarbonyl-äthyl]-2,8,12,18-tetramethyl-porphin mit wss. Natronlauge, Ansäuern der Reaktionslösung mit Schwefel= säure und anschliessenden Behandeln mit Chrom(VI)-oxid und Wasser (*Fischer, Staff,* Z. physiol. Chem. **234** [1935] 97, 117).

Krystalle (aus Ae. + PAe.); F: 173°.

1,3-Dioxo-hexahydro-cyclopenta[*c*]furan-4,5-dicarbonsäure, Cyclopentan-1,2,3,4-tetra= carbonsäure-1,2-anhydrid $C_9H_8O_7$.

Über die Konfiguration der beiden folgenden Stereoisomeren s. *Alder et al.*, A. **611** [1958] 7, 10, 11.

    a) (±)-Cyclopentan-1*r*,2*c*,3*t*,4*c*-tetracarbonsäure-1,2-anhydrid $C_9H_8O_7$, Formel II (R = H) + Spiegelbild.

B. Beim Behandeln von (±)-Cyclopentan-1*r*,2*c*,3*t*,4*c*-tetracarbonsäure mit Acetylchlorid (*Alder et al.*, A. **611** [1958] 7, 23).

Krystalle (aus Ae.); F: 211°.

Beim Erhitzen auf 240° und anschliessenden Behandeln mit Diazomethan in Äther sind Cyclopentan-1*r*,2*c*,3*t*,4*t*-tetracarbonsäure-1,2;3,4-dianhydrid, Cyclopentan-1*r*,2*t*,3*c*,4*t*-te= tracarbonsäure-tetramethylester und kleine Mengen Cyclopentan-1*r*,2*c*,3*t*,4*c*-tetracarbon= säure-1,2-anhydrid-3,4-dimethylester erhalten worden (*Al. et al.*, l. c. S. 26).

        I   II   III

    b) (±)-Cyclopentan-1*r*,2*c*,3*c*,4*c*-tetracarbonsäure-1,2-anhydrid $C_9H_8O_7$, Formel III (R = H) + Spiegelbild.

B. Beim Erhitzen von (±)-Cyclopentan-1*r*,2*c*,3*c*,4*c*-tetracarbonsäure-1,2;3,4-dianhydrid mit Essigsäure (*Alder et al.*, A. **611** [1958] 7, 22).

F: 198°.

Beim Erhitzen auf 240° und anschliessenden Behandeln mit Diazomethan in Äther sind Cyclopentan-1*r*,2*c*,3*c*,4*c*-tetracarbonsäure-1,2;3,4-dianhydrid, Cyclopentan-1*r*,2*c*,3*t*,4*t*-tetracarbonsäure-1,2;3,4-dianhydrid, Cyclopentan-1*r*,2*t*,3*c*,4*t*-tetracarbonsäure-tetra= methylester und Cyclopentan-1*r*,2*c*,3*t*,4*c*-tetracarbonsäure-1,2-anhydrid-3,4-dimethylester (s. u.) erhalten worden (*Al. et al.*, l. c. S. 26).

1,3-Dioxo-hexahydro-cyclopenta[*c*]furan-4,5-dicarbonsäure-dimethylester, Cyclopentan-1,2,3,4-tetracarbonsäure-1,2-anhydrid-3,4-dimethylester $C_{11}H_{12}O_7$.

    a) (±)-Cyclopentan-1*r*,2*c*,3*t*,4*c*-tetracarbonsäure-1,2-anhydrid-3,4-dimethylester $C_{11}H_{12}O_7$, Formel II (R = CH_3) + Spiegelbild.

B. Beim Behandeln von (±)- Cyclopentan-1*r*,2*c*,3*t*,4*c*-tetracarbonsäure-1,2-anhydrid mit Diazomethan in Äther (*Alder et al.*, A. **611** [1958] 7, 23).

Krystalle (aus Ae.); F: 83°.

    b) (±)-Cyclopentan-1*r*,2*c*,3*c*,4*c*-tetracarbonsäure-1,2-anhydrid-3,4-dimethylester $C_{11}H_{12}O_7$, Formel III (R = CH_3) + Spiegelbild.

B. Beim Behandeln von (±)-Cyclopentan-1*r*,2*c*,3*c*,4*c*-tetracarbonsäure-1,2-anhydrid mit

Diazomethan in Äther (*Alder et al.*, A. **611** [1958] 7, 22).
Krystalle (aus E. + PAe.); F: 106°.

1,3-Dioxo-(3ar,6ac)-hexahydro-cyclopenta[c]furan-4c,6c-dicarbonsäure, Cyclopentan-1r,2t,3t,4c-tetracarbonsäure-2,3-anhydrid $C_9H_8O_7$, Formel IV (R = H).
B. Aus Cyclopentan-1r,2t,3t,4c-tetracarbonsäure beim Erwärmen mit Acetylchlorid sowie beim Erhitzen mit Acetanhydrid (*Alder et al.*, A. **611** [1958] 7, 24).
Krystalle (aus E.); F: 218—219° [Zers.].

1,3-Dioxo-(3ar,6ac)-hexahydro-cyclopenta[c]furan-4c,6c-dicarbonsäure-dimethylester, Cyclopentan-1r,2t,3t,4c-tetracarbonsäure-2,3-anhydrid-1,4-dimethylester $C_{11}H_{12}O_7$, Formel IV (R = CH₃).
B. Beim Behandeln von Cyclopentan-1r,2t,3t,4c-tetracarbonsäure-2,3-anhydrid mit Diazomethan in Äther (*Alder et al.*, A. **611** [1958] 7, 24).
Krystalle (aus Ae.); F: 89°.

Oxocarbonsäuren $C_{10}H_{10}O_7$

(±)-2-Acetonyl-3-acetyl-4,5-dioxo-tetrahydro-furan-2-carbonsäure-methylester, (±)-2-Acetonyl-3-acetyl-2-hydroxy-4-oxo-glutarsäure-5-lacton-1-methylester $C_{11}H_{12}O_7$, Formel V (R = CH₃), und Tautomere (z. B. (±)-2-Acetonyl-3-acetyl-4-hydroxy-5-oxo-2,5-dihydro-furan-2-carbonsäure-methylester).
Über die Konstitution s. *Berner, Kolsaker*, Acta chem. scand. **23** [1969] 597, 598, 599.
B. Beim Behandeln von 2,4-Dioxo-valeriansäure-methylester mit wss. Natriumacetat-Lösung (*Berner, Laland*, Acta chem. scand. **3** [1949] 335, 346).
Krystalle (aus wss. Me. oder wss. A.) mit 1 Mol H₂O; F: 76° (*Be., Ko.*, l. c. S. 599,606; s. a. *Be., La.*, l. c. S. 347).
Beim Behandeln mit Chlorwasserstoff enthaltendem Methanol ist 4'-Hydroxy-5,2'-dimethoxy-5,2'-dimethyl-5H,2'H-[3,3']bifuryl-2,5'-dion (F: 156°) erhalten worden (*Be., La.*; s. a. *Be., Ko.*).

2-Acetonyl-3-acetyl-4,5-dioxo-tetrahydro-furan-2-carbonsäure-äthylester, 2-Acetonyl-3-acetyl-2-hydroxy-4-oxo-glutarsäure-1-äthylester-5-lacton $C_{12}H_{14}O_7$, Formel V (R = C₂H₅), und Tautomere (z. B. 2-Acetonyl-3-acetyl-4-hydroxy-5-oxo-2,5-dihydro-furan-2-carbonsäure-äthylester).
   a) **(+)-2-Acetonyl-3-acetyl-4,5-dioxo-tetrahydro-furan-2-carbonsäure-äthylester** $C_{12}H_{14}O_7$, und Tautomere.
Gewinnung aus dem unter c) beschriebenen Racemat mit Hilfe von Strychnin: *Berner, Laland*, Acta chem. scand. **3** [1949] 335, 346.
Zwischen 80° und 90° schmelzend; $[\alpha]_D^{20}$: +58,6° [A.] (unreines Präparat).
   b) **(−)-2-Acetonyl-3-acetyl-4,5-dioxo-tetrahydro-furan-2-carbonsäure-äthylester** $C_{12}H_{14}O_7$, und Tautomere.
Gewinnung aus dem unter c) beschriebenen Racemat mit Hilfe von Strychnin: *Berner, Laland*, Acta chem. scand. **3** [1949] 335, 346.
Zwischen 81° und 92° schmelzend [unreines Präparat] (*Be., La.*). $[\alpha]_D^{20}$: −89,2° [A.] (*Berner, Kolsaker*, Acta chem. scand. **23** [1969] 597, 606).

IV   V   VI

   c) **(±)-2-Acetonyl-3-acetyl-4,5-dioxo-tetrahydro-furan-2-carbonsäure-äthylester** $C_{12}H_{14}O_7$, und Tautomere.
Das Monohydrat dieser Verbindung hat in dem früher (s. H **3** 888) als 2-Acetonyl-3-acetyl-2-hydroxy-4-oxo-glutarsäure-5-äthylester („Äthylon-4-methylsäure-heptan-4-ol-2,6-dion-1-säure-monoäthylester"; s. a. E III **3** 1479) beschriebenen Präparat sowie in

einem von *Heikel* (Suomen Kem. **11**B [1938] 5) als [2-Carboxy-6-hydroxy-4-methyl-phenyl]-glyoxylsäure-äthylester-dihydrat angesehenen Präparat vorgelegen (*Berner, Kolsaker*, Acta chem. scand. **23** [1969] 597, 598; s. a. *Turner, Gearien*, J. org. Chem. **24** [1959] 1952, 1953).

B. Beim Behandeln von 2,4-Dioxo-valeriansäure-äthylester mit wss. Natriumacetat-Lösung (*Ollero, Fernández Giménez*, An. Soc. españ. **41** [1945] 1165, 1169; *Berner, Laland*, Acta chem. scand. **3** [1949] 335, 344). Beim Behandeln der Natrium-Verbindung des 2,4-Dioxo-valeriansäure-äthylesters mit wss. Essigsäure (*Tu., Ge.*).

Krystalle (aus W.) mit 1 Mol H_2O, F: 90—91° (*He.*), 89—91° (*Tu., Ge.*), 90° (*Ol., Fe. Gi.*); die wasserfreie Verbindung schmilzt bei 85° (*He.*).

1,3-Dioxo-octahydro-isobenzofuran-4,5-dicarbonsäure, Cyclohexan-1,2,3,4-tetracarbonsäure-1,2-anhydrid $C_{10}H_{10}O_7$.

a) **(±)-Cyclohexan-1*r*,2*c*,3*c*,4*c*-tetracarbonsäure-1,2-anhydrid** $C_{10}H_{10}O_7$, Formel VI + Spiegelbild.

B. Beim kurzen Erhitzen von Cyclohexan-1*r*,2*c*,3*c*,4*c*-tetracarbonsäure-1,2;3,4-dianhydrid mit Essigsäure (*Alder et al.*, A. **611** [1958] 7, 27).

F: 215°.

Beim Erhitzen auf 230°, Erwärmen des Reaktionsprodukts mit Methanol und Behandeln des danach isolierten Reaktionsprodukts mit Diazomethan in Äther ist Cyclohexan-1*r*,2*c*,3*t*,4*t*-tetracarbonsäure-tetramethylester als einziges Produkt erhalten worden (*Al. et al.*, l. c. S. 31).

b) **(±)-Cyclohexan-1*r*,2*c*,3*t*,4*t*-tetracarbonsäure-1,2-anhydrid** $C_{10}H_{10}O_7$, Formel VII + Spiegelbild.

Diese Konstitution und Konfiguration ist vermutlich der nachstehend beschriebenen Verbindung zuzuordnen.

B. Beim Erhitzen von (±)-Cyclohexan-1*r*,2*c*,3*t*,4*t*-tetracarbonsäure-1,2;3,4-dianhydrid mit Essigsäure (*Alder et al.*, A. **611** [1958] 7, 30).

Krystalle; F: 209—210°.

1,3-Dioxo-octahydro-isobenzofuran-4,7-dicarbonsäure-dimethylester, Cyclohexan-1,2,3,4-tetracarbonsäure-2,3-anhydrid-1,4-dimethylester $C_{12}H_{14}O_7$.

a) **Cyclohexan-1*r*,2*t*,3*t*,4*c*-tetracarbonsäure-2,3-anhydrid-1,4-dimethylester** $C_{12}H_{14}O_7$, Formel VIII.

B. Bei der Hydrierung von Cyclohex-5-en-1*c*,2*t*,3*t*,4*c*-tetracarbonsäure-2,3-anhydrid-1,4-dimethylester an Platin in Äthylacetat (*Alder et al.*, A. **611** [1958] 7, 29).

Krystalle (aus E.); F: 106—107°.

VII   VIII   IX

b) **Cyclohexan-1*r*,2*c*,3*c*,4*c*-tetracarbonsäure-2,3-anhydrid-1,4-dimethylester** $C_{12}H_{14}O_7$, Formel IX.

B. Bei der Hydrierung von Cyclohex-5-en-1*r*,2*c*,3*c*,4*c*-tetracarbonsäure-2,3-anhydrid-1,4-dimethylester an Platin in Äthylacetat (*Alder, Vagt*, A. **571** [1951] 153, 156).

Krystalle (aus Acetonitril); F: 167°.

Oxocarbonsäuren $C_{11}H_{12}O_7$

2-Methyl-3-[4-methyl-2,5-dioxo-2,5-dihydro-[3]furylmethyl]-bernsteinsäure, Hept-2*c*-en-2,3,5,6-tetracarbonsäure-2,3-anhydrid $C_{11}H_{12}O_7$, Formel X.

Diese Konstitution kommt der nachstehend beschriebenen Verbindung zu.

B. Bei der partiellen Hydrierung von sog. Glauconin-dimethylester (Methyl-[4-methyl-2,5-dioxo-2,5-dihydro-[3]furylmethyl]-maleinsäure-dimethylester) an Platin in Methanol, Behandlung des Reaktionsprodukts mit heisser verdünnter wss. Natronlauge und anschliessend mit Säure (*Kraft*, A. **530** [1937] 20, 28).

Krystalle (aus W.); F: 195°.

––––––––––

Methyl-[4-methyl-2,5-dioxo-tetrahydro-[3]furylmethyl]-but-2-endisäure, Hept-2-en-2,3,5,6-tetracarbonsäure-5,6-anhydrid $C_{11}H_{12}O_7$, Formel XI.

Diese Konstitution kommt vermutlich der nachstehend beschriebenen **Dihydroglauconinsäure** zu.

B. Beim Erhitzen von Glauconin (Hepta-2*c*,5*c*-dien-2,3,5,6-tetracarbonsäure-2,3;5,6-dianhydrid; über die Konstitution dieser Verbindung s. *Baldwin et al.*, Experientia **18** [1962] 345) mit wss. Jodwasserstoffsäure und wenig Phosphor auf 150° (*Kraft*, A. **530** [1937] 20, 27).

Krystalle (aus W.); F: 199–200°.

X   XI   XII

1,3-Dioxo-(3a*r*,8a*c*)-octahydro-cyclohepta[*c*]furan-4*t*,8*t*-dicarbonsäure, Cycloheptan-1*r*,2*c*,3*c*,4*c*-tetracarbonsäure-2,3-anhydrid $C_{11}H_{12}O_7$, Formel XII (R = H).

B. In kleiner Menge beim Behandeln einer Lösung von Bicyclo[3.2.2]non-8-en-6*exo*,7*exo*-dicarbonsäure-anhydrid (E III/IV **17** 6077) in Essigsäure mit Ozon und Behandeln des Reaktionsprodukts mit wss. Wasserstoffperoxid sowie beim Erhitzen von Bicyclo-[3.2.2]non-8-en-6*exo*,7*exo*-dicarbonsäure-anhydrid mit wss. Salpetersäure (D: 1,4) auf 170° (*Alder*, *Mölls*, B. **89** [1956] 1960, 1967, 1968). Beim Erhitzen von 8,9-Dioxo-bicyclo-[3.2.2]nonan-6*exo*,7*exo*-dicarbonsäure mit wss. Wasserstoffperoxid und Essigsäure (*Al.*, *Mö.*, l. c. S. 1968).

Krystalle (aus wss. Ameisensäure); F: 216° [Zers.].

––––––––––

1,3-Dioxo-(3a*r*,8a*c*)-octahydro-cyclohepta[*c*]furan-4*t*,8*t*-dicarbonsäure-dimethylester, Cycloheptan-1*r*,2*c*,3*c*,4*c*-tetracarbonsäure-2,3-anhydrid-1,4-dimethylester $C_{13}H_{16}O_7$, Formel XII (R = CH$_3$).

B. Beim Behandeln von Cycloheptan-1*r*,2*c*,3*c*,4*c*-tetracarbonsäure-2,3-anhydrid mit Diazomethan in Äther (*Alder*, *Mölls*, B. **89** [1956] 1960, 1968).

Krystalle (aus E.); F: 163°.

Oxocarbonsäuren $C_{12}H_{14}O_7$

*Opt.-inakt. 2-Cyan-3-imino-3-[2-oxo-octahydro-benzofuran-3-yl]-propionsäure-äthylester, 2-Cyan-4-[2-hydroxy-cyclohexyl]-3-imino-glutarsäure-1-äthylester-5-lacton $C_{14}H_{18}N_2O_4$, Formel XIII, und Tautomere (z. B. 3ξ-Amino-2-cyan-3ξ-[2-oxo-octahydro-benzofuran-3-yl]-acrylsäure-äthylester [Formel XIV]).

B. Beim Erwärmen von 1,2-Epoxy-cyclohexan mit Cyanessigsäure-äthylester und wenig Natriumäthylat in Äthanol (*Glickman*, *Cope*, Am. Soc. **67** [1945] 1012, 1016).

Krystalle (aus A.); F: 172,5–173°.

––––––––––

XIII   XIV   XV

(±)-3a,4c-Dimethyl-1,3-dioxo-(3ar,7ac)-octahydro-isobenzofuran-4t,5t-dicarbonsäure-
dimethylester, (±)-2t,3t-Dimethyl-cyclohexan-1r,2c,3c,4c-tetracarbonsäure-1,2-anhydrid-
3,4-dimethylester $C_{14}H_{18}O_7$, Formel XV + Spiegelbild.

Diese Konstitution (und Konfiguration) ist der nachstehend beschriebenen Verbindung
zugeordnet worden (*Ziegler et al.*, A. **551** [1942] 1, 68).

B. Beim mehrtägigen Behandeln einer Lösung von 2t,3t-Dimethyl-cyclohexan-1r,2c,=
3c,4c-tetracarbonsäure-1,2;3,4-dianhydrid in Aceton mit Wasser und Behandeln des
Reaktionsprodukts mit Diazomethan in Äther (*Zi. et al.*).

Krystalle (aus Me.); F: 156°.

Oxocarbonsäuren $C_nH_{2n-12}O_7$

Oxocarbonsäuren $C_{10}H_8O_7$

**2,5-Bis-[*N*-phenyl-malonamoyl]-furan, 3,3′-Dioxo-3,3′-furan-2,5-diyl-di-propionsäure-
dianilid** $C_{22}H_{18}N_2O_5$, Formel I (R = X = H), und Tautomere (z. B. 2,5-Bis-[1-hydr=
oxy-2-phenylcarbamoyl-vinyl]-furan).

B. Beim Behandeln einer Suspension von Furan-2,5-dicarbonylchlorid in Äther mit
Acetessigsäure-anilid und mit Natriumäthylat in Äthanol und Behandeln des nach dem
Ansäuern mit wss. Schwefelsäure isolierten Reaktionsprodukts mit Ammoniak in wss.
Äthanol (*Modena, Passerini*, Boll. scient. Fac. Chim. ind. Bologna **13** [1955] 72, 73).

Krystalle (aus A.); F: 213—214° (*Mo., Pa.*). Absorptionsmaxima einer Lösung in wss.
Natronlauge: 257—258 nm und 384 nm (*Cordella*, Boll. scient. Fac. Chim. ind. Bologna
16 [1958] 117, 120).

**2,5-Bis-[*N*-(2-chlor-phenyl)-malonamoyl]-furan, 3,3′-Dioxo-3,3′-furan-2,5-diyl-di-
propionsäure-bis-[2-chlor-anilid]** $C_{22}H_{16}Cl_2N_2O_5$, Formel I (R = H, X = Cl), und Tautomere (z. B. 2,5-Bis-[2-(2-chlor-phenylcarbamoyl)-1-hydroxy-vinyl]-furan).

B. Beim Behandeln von Furan-2,5-dicarbonylchlorid mit Acetessigsäure-äthylester in
Benzol und mit wss. Natriumcarbonat-Lösung, Behandeln des nach dem Ansäuern mit
wss. Salzsäure erhaltenen Reaktionsprodukts mit wss. Ammoniak und Ammonium=
chlorid und Erhitzen des danach isolierten 2,5-Bis-äthoxycarbonylacetyl-furans
($C_{14}H_{16}O_7$; Öl) mit 2-Chlor-anilin, wenig Piperidin und Xylol (*Modena*, Boll. scient. Fac.
Chim. ind. Bologna **14** [1956] 17, 19).

Krystalle (aus Xylol); F: 165°.

**2,5-Bis-[*N*-(4-chlor-phenyl)-malonamoyl]-furan, 3,3′-Dioxo-3,3′-furan-2,5-diyl-di-
propionsäure-bis-[4-chlor-anilid]** $C_{22}H_{16}Cl_2N_2O_5$, Formel I (R = Cl, X = H), und Tautomere (z. B. 2,5-Bis-[2-(4-chlor-phenylcarbamoyl)-1-hydroxy-vinyl]-furan).

B. Aus 2,5-Bis-äthoxycarbonylacetyl-furan und 4-Chlor-anilin analog 2,5-Bis-
[*N*-(2-chlor-phenyl)-malonamoyl]-furan [s. o.] (*Modena*, Boll. scient. Fac. Chim. ind.
Bologna **14** [1956] 17, 19).

Krystalle (aus Py.); F: 250° (*Mo.*). Absorptionsmaxima (Py.): 261 nm und 395 nm
(*Cordella*, Boll. scient. Fac. Chim. ind. Bologna **16** [1958] 117, 120).

**2,5-Bis-[*N*-(2,5-dichlor-phenyl)-malonamoyl]-furan, 3,3′-Dioxo-3,3′-furan-2,5-diyl-di-
propionsäure-bis-[2,5-dichlor-anilid]** $C_{22}H_{14}Cl_4N_2O_5$, Formel II (R = X = Cl), und Tautomere (z. B. 2,5-Bis-[2-(2,5-dichlor-phenylcarbamoyl)-1-hydroxy-vinyl]-
furan).

B. Aus 2,5-Bis-äthoxycarbonylacetyl-furan und 2,5-Dichlor-anilin analog 2,5-Bis-
[*N*-(2-chlor-phenyl)-malonamoyl]-furan [s. o.] (*Modena*, Boll. scient. Fac. Chim. ind.
Bologna **14** [1956] 17, 19).

Krystalle (aus Xylol); F: 222°.

**2,5-Bis-[*N*-(2-nitro-phenyl)-malonamoyl]-furan, 3,3′-Dioxo-3,3′-furan-2,5-diyl-di-
propionsäure-bis-[2-nitro-anilid]** $C_{22}H_{16}N_4O_9$, Formel I (R = H, X = NO_2), und Tautomere (z. B. 2,5-Bis-[1-hydroxy-2-(2-nitro-phenylcarbamoyl)-vinyl]-furan).

B. Aus 2,5-Bis-äthoxycarbonylacetyl-furan und 2-Nitro-anilin analog 2,5-Bis-
[*N*-(2-chlor-phenyl)-malonamoyl]-furan [s. o.] (*Modena*, Boll. scient. Fac. Chim. Ind.

Bologna **14** [1956] 17, 19).
Krystalle (aus Chlorbenzol); F: 191°.

2,5-Bis-[N-(3-nitro-phenyl)-malonamoyl]-furan, 3,3'-Dioxo-3,3'-furan-2,5-diyl-di-propionsäure-bis-[3-nitro-anilid] $C_{22}H_{16}N_4O_9$, Formel II (R = H, X = NO$_2$), und Tautomere (z. B. 2,5-Bis-[1-hydroxy-2-(3-nitro-phenylcarbamoyl)-vinyl]-furan).
B. Aus 2,5-Bis-äthoxycarbonylacetyl-furan und 3-Nitro-anilin analog 2,5-Bis-[N-(2-chlor-phenyl)-malonamoyl]-furan [S. 6211] (*Modena*, Boll. scient. Fac. Chim. ind. Bologna **14** [1956] 17, 19).
Krystalle (aus Py.); F: 207°.

2,5-Bis-[N-(4-nitro-phenyl)-malonamoyl]-furan, 3,3'-Dioxo-3,3'-furan-2,5-diyl-di-propionsäure-bis-[4-nitro-anilid] $C_{22}H_{16}N_4O_9$, Formel I (R = NO$_2$, X = H), und Tautomere (z. B. 2,5-Bis-[1-hydroxy-2-(4-nitro-phenylcarbamoyl)-vinyl]-furan).
B. Aus 2,5-Bis-äthoxycarbonylacetyl-furan und 4-Nitro-anilin analog 2,5-Bis-[N-(2-chlor-phenyl)-malonamoyl]-furan [S. 6211] (*Modena*, Boll. scient. Fac. Chim. ind. Bologna **14** [1956] 17, 19).
Krystalle (aus Py.); F: 227°.

I   II

2,5-Bis-[N-o-tolyl-malonamoyl]-furan, 3,3'-Dioxo-3,3'-furan-2,5-diyl-di-propionsäure-di-o-toluidid $C_{24}H_{22}N_2O_5$, Formel I (R = H, X = CH$_3$), und Tautomere (z. B. 2,5-Bis-[1-hydroxy-2-o-tolylcarbamoyl-vinyl]-furan).
B. Aus 2,5-Bis-äthoxycarbonylacetyl-furan und *o*-Toluidin analog 2,5-Bis-[N-(2-chlor-phenyl)-malonamoyl]-furan [S. 6211] (*Modena*, Boll. scient. Fac. Chim. ind. Bologna **14** [1956] 17, 19).
Krystalle (aus Py.); F: 223°.

2,5-Bis-[N-(4-chlor-2-methyl-phenyl)-malonamoyl]-furan, 3,3'-Dioxo-3,3'-furan-2,5-diyl-di-propionsäure-bis-[4-chlor-2-methyl-anilid] $C_{24}H_{20}Cl_2N_2O_5$, Formel I (R = Cl, X = CH$_3$), und Tautomere (z. B. 2,5-Bis-[2-(4-chlor-2-methyl-phenylcarbamoyl)-1-hydroxy-vinyl]-furan).
B. Aus 2,5-Bis-äthoxycarbonylacetyl-furan und 4-Chlor-2-methyl-anilin analog 2,5-Bis-[N-(2-chlor-phenyl)-malonamoyl]-furan [S. 6211] (*Modena*, Boll. scient. Fac. Chim. ind. Bologna **14** [1956] 17, 19).
Krystalle (aus Py.); F: 225°.

2,5-Bis-[N-(5-chlor-2-methyl-phenyl)-malonamoyl]-furan, 3,3'-Dioxo-3,3'-furan-2,5-diyl-di-propionsäure-bis-[5-chlor-2-methyl-anilid] $C_{24}H_{20}Cl_2N_2O_5$, Formel II (R = CH$_3$, X = Cl), und Tautomere (z. B. 2,5-Bis-[2-(5-chlor-2-methyl-phenylcarbamoyl)-1-hydroxy-vinyl]-furan).
B. Aus 2,5-Bis-äthoxycarbonylacetyl-furan und 5-Chlor-2-methyl-anilin analog 2,5-Bis-[N-(2-chlor-phenyl)-malonamoyl]-furan [S. 6211] (*Modena*, Boll. scient. Fac. Chim. Ind. Bologna **14** [1956] 17, 19).
Krystalle (aus Py.); F: 238°.

2,5-Bis-[N-p-tolyl-malonamoyl]-furan, 3,3'-Dioxo-3,3'-furan-2,5-diyl-di-propionsäure-di-p-toluidid $C_{24}H_{22}N_2O_5$, Formel I (R = CH$_3$, X = H), und Tautomere (z. B. 2,5-Bis-[1-hydroxy-2-p-tolylcarbamoyl-vinyl]-furan).
B. Aus 2,5-Bis-äthoxycarbonylacetyl-furan und *p*-Toluidin analog 2,5-Bis-[N-(2-chlor-

phenyl)-malonamoyl]-furan [S. 6211] (*Modena*, Boll. scient. Fac. Chim. ind. Bologna **14** [1956] 17, 19).

Krystalle (aus Py.); F: 245°.

2,5-Bis-[N-[1]naphthyl-malonamoyl]-furan, 3,3′-Dioxo-3,3′-furan-2,5-diyl-di-propion⸗ säure-bis-[1]naphthylamid $C_{30}H_{22}N_2O_5$, Formel III, und Tautomere (z. B. 2,5-Bis- [1-hydroxy-2-[1]naphthylcarbamoyl-vinyl]-furan).

B. Aus 2,5-Bis-äthoxycarbonylacetyl-furan und [1]Naphthylamin analog 2,5-Bis- [N-(2-chlor-phenyl)-malonamoyl]-furan [S. 6211] (*Modena*, Boll. scient. Fac. Chim. ind. Bologna **14** [1956] 17, 19).

Krystalle (aus Py.); F: 238°.

III   IV

2,5-Bis-[N-[2]naphthyl-malonamoyl]-furan, 3,3′-Dioxo-3,3′-furan-2,5-diyl-di-propion⸗ säure-bis-[2]naphthylamid $C_{30}H_{22}N_2O_5$, Formel IV, und Tautomere (z. B. 2,5-Bis- [1-hydroxy-2-[2]naphthylcarbamoyl-vinyl]-furan).

B. Beim Behandeln einer Suspension von Furan-2,5-dicarbonylchlorid in Äther mit Acetessigsäure-[2]naphthylamid und Natriumäthylat in Äthanol und Behandeln des nach dem Ansäuern mit wss. Schwefelsäure erhaltenen Reaktionsprodukts mit Ammoniak in wss. Äthanol (*Modena*, *Passerini*, Boll. scient. Fac. Chim. ind. Bologna **13** [1955] 72, 74).

Krystalle (aus Py.); F: 265—266°.

2,5-Bis-[N-(2-methoxy-phenyl)-malonamoyl]-furan, 3,3′-Dioxo-3,3′-furan-2,5-diyl-di- propionsäure-di-o-anisidid $C_{24}H_{22}N_2O_7$, Formel I (R = H, X = O-CH₃), und Tautomere (z. B. 2,5-Bis-[1-hydroxy-2-(2-methoxy-phenylcarbamoyl)-vinyl]-furan).

B. Aus 2,5-Bis-äthoxycarbonylacetyl-furan und o-Anisidin analog 2,5-Bis-[N-(2-chlor- phenyl)-malonamoyl]-furan [S. 6211] (*Modena*, Boll. scient. Fac. Chim. ind. Bologna **14** [1956] 17, 19).

Krystalle (aus Xylol); F: 151°.

2,5-Bis-[N-(4-methoxy-phenyl)-malonamoyl]-furan, 3,3′-Dioxo-3,3′-furan-2,5-diyl-di- propionsäure-di-p-anisidid $C_{24}H_{22}N_2O_7$, Formel I (R = O-CH₃, X = H), und Tautomere (z. B. 2,5-Bis-[1-hydroxy-2-(4-methoxy-phenylcarbamoyl)-vinyl]-furan).

B. Aus 2,5-Bis-äthoxycarbonylacetyl-furan und p-Anisidin analog 2,5-Bis-[N-(2-chlor- phenyl)-malonamoyl]-furan [S. 6211] (*Modena*, Boll. scient. Fac. Chim. ind. Bologna **14** [1956] 17, 19).

Krystalle (aus Py.); F: 236°.

2,5-Bis-[N-(2,5-diäthoxy-phenyl)-malonamoyl]-furan, 3,3′-Dioxo-3,3′-furan-2,5-diyl-di- propionsäure-bis-[2,5-diäthoxy-anilid] $C_{30}H_{34}N_2O_9$, Formel V (R = C₂H₅, X = H), und Tautomere (z. B. 2,5-Bis-[2-(2,5-diäthoxy-phenylcarbamoyl)-1-hydroxy- vinyl]-furan).

B. Aus 2,5-Bis-äthoxycarbonylacetyl-furan und 2,5-Diäthoxy-anilin analog 2,5-Bis- [N-(2-chlor-phenyl)-malonamoyl]-furan [S. 6211] (*Modena*, Boll. scient. Fac. Chim. ind. Bologna **14** [1956] 17, 19).

Krystalle (aus Xylol); F: 173°.

2,5-Bis-[N-(5-chlor-2,4-dimethoxy-phenyl)-malonamoyl]-furan, 3,3'-Dioxo-3,3'-furan-2,5-diyl-di-propionsäure-bis-[5-chlor-2,4-dimethoxy-anilid] $C_{26}H_{24}Cl_2N_2O_9$, Formel VI, und Tautomere (z. B. 2,5-Bis-[2-(5-chlor-2,4-dimethoxy-phenylcarbamoyl)-1-hydroxy-vinyl]-furan).

B. Aus 2,5-Bis-äthoxycarbonylacetyl-furan und 5-Chlor-2,4-dimethoxy-anilin analog 2,5-Bis-[N-(2-chlor-phenyl)-malonamoyl]-furan [S. 6211] (*Modena*, Boll. scient. Fac. Chim. ind. Bologna **14** [1956] 17, 19).

Krystalle (aus Chlorbenzol); F: 225°.

V   VI

2,5-Bis-[N-(2,5-diäthoxy-4-chlor-phenyl)-malonamoyl]-furan, 3,3'-Dioxo-3,3'-furan-2,5-diyl-di-propionsäure-bis-[2,5-diäthoxy-4-chlor-anilid] $C_{30}H_{32}Cl_2N_2O_9$, Formel V (R = C_2H_5, X = Cl), und Tautomere (z. B. 2,5-Bis-[2-(2,5-diäthoxy-4-chlor-phenylcarbamoyl)-1-hydroxy-vinyl]-furan).

B. Aus 2,5-Bis-äthoxycarbonylacetyl-furan und 2,5-Diäthoxy-4-chlor-anilin analog 2,5-Bis-[N-(2-chlor-phenyl)-malonamoyl]-furan [S. 6211] (*Modena*, Boll. scient. Fac. Chim. ind. Bologna **14** [1956] 17, 19).

Krystalle (aus A.); F: 150°.

2,5-Bis-[N-(3H-indeno[2,1-b]pyran-2-yliden)-malonamoyl]-furan $C_{34}H_{22}N_2O_7$, Formel VII, und **2,5-Bis-[N-indeno[2,1-b]pyran-2-yl-malonamoyl]-furan** $C_{34}H_{22}N_2O_7$, Formel VIII, sowie Tautomere.

B. Aus 2,5-Bis-äthoxycarbonylacetyl-furan und Indeno[2,1-b]pyran-2-ylamin analog 2,5-Bis-[N-(2-chlor-phenyl)-malonamoyl]-furan [S. 6211] (*Modena*, Boll. scient. Fac. Chim. ind. Bologna **14** [1956] 17, 19).

Krystalle (aus Nitrobenzol); F: 250°.

VII   VIII

2,5-Bis-[N-phenyl-malonamoyl]-thiophen, 3,3'-Dioxo-3,3'-thiophen-2,5-diyl-di-propion-säure-dianilid $C_{22}H_{18}N_2O_4S$, Formel IX (X = H), und Tautomere (z. B. 2,5-Bis-[1-hydroxy-2-phenylcarbamoyl-vinyl]-thiophen).

B. Beim Behandeln einer Suspension von Acetessigsäure-anilid in Äther mit Thiophen-2,5-dicarbonylchlorid und Natriumäthylat in Äthanol und Behandeln des nach dem An-säuern mit wss. Schwefelsäure erhaltenen Reaktionsprodukts mit Ammoniak in wss. Äthanol (*Cordella*, Boll. scient. Fac. Chim. ind. Bologna **16** [1958] 117, 119).

Gelbliche Krystalle (aus Py.); F: 206°. Absorptionsmaxima einer Lösung in wss. Natronlauge: 262 nm und 392 nm (*Co.*, l. c. S. 120).

2,5-Bis-[N-(4-chlor-phenyl)-malonamoyl]-thiophen, 3,3′-Dioxo-3,3′-thiophen-2,5-diyl-di-propionsäure-bis-[4-chlor-anilid] $C_{22}H_{16}Cl_2N_2O_4S$, Formel IX (X = Cl), und Tautomere (z. B. 2,5-Bis-[2-(4-chlor-phenylcarbamoyl)-1-hydroxy-vinyl]-thiophen).

B. Aus Acetessigsäure-[4-chlor-anilid] und Thiophen-2,5-dicarbonylchlorid analog der im vorangehenden Artikel beschriebenen Verbindung (*Cordella*, Boll. scient. Fac. Chim. ind. Bologna **16** [1958] 117, 119).

Gelbliche Krystalle (aus Py.); F: 236—237°. Absorptionsmaxima einer Lösung in wss. Natronlauge: 266 nm und 395 nm (*Co.*, l. c. S. 120).

1,3-Dioxo-1,3,3a,4,7,7a-hexahydro-isobenzofuran-4,7-dicarbonsäure-dimethylester, Cyclohex-5-en-1,2,3,4-tetracarbonsäure-2,3-anhydrid-1,4-dimethylester $C_{12}H_{12}O_7$.

Über die Konfiguration der folgenden Stereoisomeren s. *Alder et al.*, A. **611** [1958] 7, 14, 17.

a) **Cyclohex-5-en-1r,2t,3t,4c-tetracarbonsäure-2,3-anhydrid-1,4-dimethylester** $C_{12}H_{12}O_7$, Formel X.

B. Beim 15-stdg. Erhitzen von *trans,trans*-Muconsäure-dimethylester (Hexa-2t,4t-dien-disäure-dimethylester) mit Maleinsäure-anhydrid in Benzol und Acetanhydrid auf 175° (*Alder et al.*, A. **611** [1958] 7, 29).

Krystalle (aus E.); F: 128°.

IX   X   XI   XII

b) **Cyclohex-5-en-1r,2c,3c,4c-tetracarbonsäure-2,3-anhydrid-1,4-dimethylester** $C_{12}H_{12}O_7$, Formel XI.

B. Beim 1-stdg. bzw. 4-stdg. Erhitzen von *trans,trans*-Muconsäure-dimethylester (Hexa-2t,4t-dien-disäure-dimethylester) mit Maleinsäure-anhydrid ohne Lösungsmittel auf 160° (*Alder, Vagt*, A. **571** [1951] 153, 156) oder in Benzol auf 170° (*Alder et al.*, A. **611** [1958] 7, 28).

Krystalle (aus E.); F: 171° (*Al., Vagt; Al. et al.*).

1,3-Dioxo-(3a r,7a c)-1,3,3a,4,7,7a-hexahydro-isobenzofuran-5,6-dicarbonsäure-dimethyl-ester, Cyclohex-1-en-1,2,4r,5c-tetracarbonsäure-4,5-anhydrid-1,2-dimethylester $C_{12}H_{12}O_7$, Formel XII (R = CH_3).

B. Beim 15-stdg. Erhitzen von Cyclobut-1-en-1,2-dicarbonsäure-dimethylester mit Maleinsäure-anhydrid in Benzol auf 170° (*Vogel*, A. **615** [1958] 14, 21).

Krystalle (aus E.); F: 154—155°.

Oxocarbonsäuren $C_{11}H_{10}O_7$

Methyl-[4-methyl-2,5-dioxo-2,5-dihydro-[3]furylmethyl]-maleinsäure-dimethylester, Hepta-2c,5c-dien-2,3,5,6-tetracarbonsäure-2,3-anhydrid-5,6-dimethylester $C_{13}H_{14}O_7$, Formel I (in der Literatur als Glauconin-dimethylester bezeichnet).

Konstitutionszuordnung: *Baldwin et al.*, Experientia **18** [1962] 345.

B. Beim Erhitzen von Glauconin (Hepta-2c,5c-dien-2,3,5,6-tetracarbonsäure-2,3;5,6-dianhydrid) mit wss. Kalilauge und Behandeln des Reaktionsgemisches mit Dimethylsulfat (*Kraft, Porsch*, A. **527** [1937] 168, 172).

Krystalle (aus CCl_4); F: 77°.

I   II

(±)-5-Methyl-1,3-dioxo-(3a r,7a c)-1,3,3a,4,7,7a-hexahydro-isobenzofuran-4t,7t-di-
carbonsäure-dimethylester, (±)-5-Methyl-cyclohex-5-en-1r,2c,3c,4c-tetracarbonsäure-
2,3-anhydrid-1,4-dimethylester $C_{13}H_{14}O_7$, Formel II + Spiegelbild.

Bezüglich der Konfigurationszuordnung vgl. den analog hergestellten Cyclohex-5-en-
1r,2c,3c,4c-tetracarbonsäure-2,3-anhydrid-1,4-dimethylester (S. 6215).

B. Beim Erhitzen von 2-Methyl-hexa-2t,4t-diendisäure-dimethylester mit Maleinsäure-
anhydrid in Xylol (*Alder, Krüger*, B. **86** [1953] 985, 990).

Krystalle (aus E.); F: 152°.

Oxocarbonsäuren $C_{13}H_{14}O_7$

4,4,5-Triacetyl-2-imino-6-methyl-3,4-dihydro-2H-pyran-3-carbonsäure-äthylester
$C_{15}H_{19}NO_6$, Formel III, und **4,4,5-Triacetyl-2-amino-6-methyl-4H-pyran-3-carbonsäure-
äthylester** $C_{15}H_{19}NO_6$, Formel IV.

In den Krystallen liegt nach Ausweis der IR-Absorption 4,4,5-Triacetyl-2-amino-
6-methyl-4H-pyran-3-carbonsäure-äthylester (Formel IV vor (*Westöö*, Acta chem. scand.
13 [1959] 692).

B. Beim Behandeln von Pentan-2,4-dion mit wss.-äthanol. Natronlauge und mit Brom
und anschliessend mit Cyanessigsäure-äthylester und wss. Natronlauge (*We.*).

Krystalle; F: 166° [Zers.].

2,4-Diacetyl-3-[5-chlor-[2]furyl]-glutarsäure-diäthylester $C_{17}H_{21}ClO_7$, Formel V
(X = Cl), und Tautomere (z. B. 3-[5-Chlor-[2]furyl]-2,4-bis-[1-hydroxy-äthyl-
iden]-glutarsäure-diäthylester).

Eine von *Smith, Shelton* (Am. Soc. **76** [1954] 2731) unter dieser Konstitution beschriebene Verbindung (F: 95—96°) ist wahrscheinlich als 2-[5-Chlor-[2]furyl]-4-hydroxy-
4-methyl-6-oxo-cyclohexan-1,3-dicarbonsäure-diäthylester (S. 6586) zu formulieren (vgl.
Finar, Soc. **1961** 674).

III   IV   V

2,4-Diacetyl-3-[5-brom-[2]furyl]-glutarsäure-diäthylester $C_{17}H_{21}BrO_7$, Formel V
(X = Br), und Tautomere (z. B. 3-[5-Brom-[2]furyl]-2,4-bis-[1-hydroxy-äthyl-
iden]-glutarsäure-diäthylester).

Eine von *Smith, Shelton* (Am. Soc. **76** [1954] 2731) unter dieser Konstitution beschriebene Verbindung (F: 101—103°) ist wahrscheinlich als 2-[5-Brom-[2]furyl]-4-hydr-
oxy-4-methyl-6-oxo-cyclohexan-1,3-dicarbonsäure-diäthylester (S. 6586) zu formulieren
(vgl. *Finar*, Soc. **1961** 674).

2,4-Diacetyl-3-[2]thienyl-glutarsäure-diäthylester $C_{17}H_{22}O_6S$, Formel VI (X = H), und
Tautomere (z. B. 2,4-Bis-[1-hydroxy-äthyliden]-3-[2]thienyl-glutarsäure-
diäthylester).

Eine von *Smith, Shelton* (Am. Soc. **76** [1954] 2731) unter dieser Konstitution beschriebene Verbindung (F: 107—108°) ist wahrscheinlich als 4-Hydroxy-4-methyl-6-oxo-
2-[2]thienyl-cyclohexan-1,3-dicarbonsäure-diäthylester (S. 6586) zu formulieren (vgl.
Finar, Soc. **1961** 674).

2,4-Diacetyl-3-[5-chlor-[2]thienyl]-glutarsäure-diäthylester $C_{17}H_{21}ClO_6S$, Formel VI
(X = Cl), und Tautomere (z. B. 3-[5-Chlor-[2]thienyl]-2,4-bis-[1-hydroxy-äthyl=
iden]-glutarsäure-diäthylester).
Eine von *Smith, Shelton* (Am. Soc. **76** [1954] 2731) unter dieser Konstitution beschriebene Verbindung (F: 136—137°) ist wahrscheinlich als 2-[5-Chlor-[2]thienyl]-
4-hydroxy-4-methyl-6-oxo-cyclohexan-1,3-dicarbonsäure-diäthylester (S. 6587) zu formulieren (vgl. *Finar*, Soc. **1961** 674).

Oxocarbonsäuren $C_{14}H_{16}O_7$

4-Acetyl-4-[thiophen-2-carbonyl]-heptandinitril $C_{14}H_{14}N_2O_2S$, Formel VII.
B. Beim Behandeln von 1-[2]Thienyl-butan-1,3-dion mit Acrylnitril, *tert*-Butyl=
alkohol und wss. Benzyl-trimethyl-ammonium-hydroxid-Lösung (*Zellars, Levine*, J. org.
Chem. **13** [1948] 911, 913, 914).
Krystalle (aus A.); F: 127—127,5°.

VI   VII

2,4-Diacetyl-3-[5-methyl-[2]furyl]-glutarsäure-diäthylester $C_{18}H_{24}O_7$, Formel V
(X = CH₃), und Tautomere (z. B. 2,4-Bis-[1-hydroxy-äthyliden]-3-[5-methyl-
[2]furyl]-glutarsäure-diäthylester).
Eine von *Smith, Shelton* (Am. Soc. **76** [1954] 2731) unter dieser Konstitution beschriebene Verbindung (F: 99—100°) ist wahrscheinlich als 4-Hydroxy-4-methyl-
2-[5-methyl-[2]furyl]-6-oxo-cyclohexan-1,3-dicarbonsäure-diäthylester (S. 6587) zu formulieren (vgl. *Finar*, Soc. **1961** 674).

2,4-Diacetyl-3-[5-methyl-[2]thienyl]-glutarsäure-diäthylester $C_{18}H_{24}O_6S$, Formel VI
(X = CH₃), und Tautomere (z. B. 2,4-Bis-[1-hydroxy-äthyliden]-3-[5-methyl-
[2]thienyl]-glutarsäure-diäthylester).
Eine von *Smith, Shelton* (Am. Soc. **76** [1954] 2731) unter dieser Konstitution beschriebene Verbindung (F: 114—116°) ist wahrscheinlich als 4-Hydroxy-4-methyl-
2-[5-methyl-[2]thienyl]-6-oxo-cyclohexan-1,3-dicarbonsäure-diäthylester (S. 6587) zu formulieren (vgl. *Finar*, Soc. **1961** 674).

**2,5-Bis-[2-äthoxycarbonyl-3-oxo-butyl]-thiophen, 2,2'-Diacetyl-3,3'-thiophen-2,5-diyl-
dipropionsäure-diäthylester** $C_{18}H_{24}O_6S$, Formel VIII, und Tautomere (z. B. 2,5-Bis-
[2-äthoxycarbonyl-3-hydroxy-but-2-enyl]-thiophen).
B. Beim Behandeln von 2,5-Bis-chlormethyl-thiophen mit der Natrium-Verbindung des
Acetessigsäure-äthylesters in Dioxan (*Griffing, Salisbury*, Am. Soc. **70** [1948] 3416, 3418).
$Kp_{0,0001}$: 158—160°. n_D^{25}: 1,5032.

Oxocarbonsäuren $C_{15}H_{18}O_7$

2,4-Diacetyl-3-[5-äthyl-[2]thienyl]-glutarsäure-diäthylester $C_{19}H_{26}O_6S$, Formel VI
(X = C₂H₅), und Tautomere (z. B. 3-[5-Äthyl-[2]thienyl]-2,4-bis-[1-hydroxy-
äthyliden]-glutarsäure-diäthylester).
Eine von *Smith, Shelton* (Am. Soc. **76** [1954] 2731) unter dieser Konstitution beschriebene Verbindung (F: 99—100°) ist wahrscheinlich als 2-[5-Äthyl-[2]thienyl]-
4-hydroxy-4-methyl-6-oxo-cyclohexan-1,3-dicarbonsäure-diäthylester (S. 6587) zu formulieren (vgl. *Finar*, Soc. **1961** 674).

2,4-Diacetyl-3-[2,5-dimethyl-[3]thienyl]-glutarsäure-diäthylester $C_{19}H_{26}O_6S$, Formel IX,
und Tautomere (z. B. 3-[2,5-Dimethyl-[3]thienyl]-2,4-bis-[1-hydroxy-äthyl=
iden]-glutarsäure-diäthylester).
Eine von *Smith, Shelton* (Am. Soc. **76** [1954] 2731) unter dieser Konstitution be-

schriebene Verbindung (F: 116—117°) ist wahrscheinlich als 2-[2,5-Dimethyl-[3]thienyl]-4-hydroxy-4-methyl-6-oxo-cyclohexan-1,3-dicarbonsäure-diäthylester (S. 6588) zu formulieren (vgl. *Finar*, Soc. **1961** 674).

VIII   IX   X

Oxocarbonsäuren $C_{16}H_{20}O_7$

2,4-Diacetyl-3-[5-propyl-[2]thienyl]-glutarsäure-diäthylester $C_{20}H_{28}O_6S$, Formel VI
(X = CH_2-CH_2-CH_3), und Tautomere (2,4-Bis-[1-hydroxy-äthyliden]-3-[5-propyl-[2]thienyl]-glutarsäure-diäthylester).

Eine von *Smith, Shelton* (Am. Soc. **76** [1954] 2731) unter dieser Konstitution beschriebene Verbindung (F: 96—97°) ist wahrscheinlich als 4-Hydroxy-4-methyl-6-oxo-2-[5-propyl-[2]thienyl]-cyclohexan-1,3-dicarbonsäure-diäthylester (S. 6588) zu formulieren (vgl. *Finar*, Soc. **1961** 674).

Oxocarbonsäuren $C_{18}H_{24}O_7$

(3aR)-8t,9t-Diäthyl-3a-methyl-1,3-dioxo-(3ar)-3,3a,4,5,6,7,8,9-octahydro-1H-cyclonona[c]furan-5ξ,6ξ-dicarbonsäure, (4R)-7c,8c-Diäthyl-4-methyl-cyclonon-5-en-1ξ,2ξ,4r,5-tetracarbonsäure-4,5-anhydrid $C_{18}H_{24}O_7$, Formel X.

Diese Konstitution und Konfiguration kommt der nachstehend beschriebenen Dihydroglaucandicarbonsäure zu (*Barton, Sutherland*, Soc. **1965** 1769, 1770).

B. Neben anderen Verbindungen beim Erhitzen von Glaucansäure ((4R)-7c,8c-Diäthyl-4-methyl-cyclonona-1,5-dien-1,2,4r,5-tetracarbonsäure-1,2;4,5-dianhydrid) mit Essigsäure und Zink-Pulver (*Sutter et al.*, A. **521** [1936] 189, 196).

Krystalle (aus wss. A.); F: 209° (*Sutter et al.*).

Dimethylester $C_{20}H_{28}O_7$ (mit Hilfe von Diazomethan hergestellt). Krystalle (aus Me.); F: 161° (*Sutter et al.*, l. c. S. 197).

Oxocarbonsäuren $C_nH_{2n-14}O_7$

Oxocarbonsäuren $C_{12}H_{10}O_7$

(±)-2,4-Dioxo-(3ar,5at,6at,6bc)-octahydro-1t,5t-methano-cyclopropa[e]benzofuran-6t,7syn-dicarbonsäure, (±)-6$anti$-Hydroxy-7-oxo-(1ar,5ac)-hexahydro-2t,5t-äthano-cyclopropabenzen-1c,3t,4t-tricarbonsäure-4-lacton, (±)-(1rC^8,2tH,4tH)-8$anti$-Hydroxy-9-oxo-tricyclo[3.2.2.0^{2,4}]nonan-3t,6c,7c-tricarbonsäure-7-lacton $C_{12}H_{10}O_7$, Formel I a ≡ I b (R = H) + Spiegelbild.

B. Beim Erhitzen von (1ar)-Hexahydro-2t,5t-ätheno-cyclopropabenzen-1c,3t,4t-tricarbonsäure-1-äthylester-3,4-anhydrid (S. 6055) mit wss. Salpetersäure [D: 1,4] (*Alder et al.*, A. **602** [1957] 94, 107).

Krystalle [aus Eg.]; F: 278—280°.

I a   I b

(±)-2,4-Dioxo-(3a*r*,5a*t*,6a*t*,6b*c*)-octahydro-1*t*,5*t*-methano-cyclopropa[*e*]benzofuran-
6*t*,7*syn*-dicarbonsäure-dimethylester, (±)-6*anti*-Hydroxy-7-oxo-(1a*r*,5a*c*)-hexahydro-
2*t*,5*t*-äthano-cyclopropabenzen-1*c*,3*t*,4*t*-tricarbonsäure-4-lacton-1,3-dimethylester,
(±)-(1*r*C^8,2*tH*,4*tH*)-8*anti*-Hydroxy-9-oxo-tricyclo[3.2.2.0^{2,4}]nonan-3*t*,6*c*,7*c*-tricarbon=
säure-7-lacton-3,6-dimethylester C$_{14}$H$_{14}$O$_7$, Formel I a ≡ I b (R = CH$_3$) + Spiegelbild.

  B. Beim Behandeln der im vorangehenden Artikel beschriebenen Verbindung mit
Diazomethan in Äther unter Zusatz von Methanol (*Alder et al.*, A. **602** [1957] 94, 107).
Krystalle (aus Me.); F: 203°.

Oxocarbonsäuren C$_{14}$H$_{14}$O$_7$

7-[2,5-Dioxo-tetrahydro-[3]furyl]-bicyclo[2.2.2]oct-5-en-2,3-dicarbonsäure C$_{14}$H$_{14}$O$_7$,
Formel II, und [1,3-Dioxo-octahydro-4,7-ätheno-isobenzofuran-5-yl]-bernsteinsäure,
7-[1,2-Dicarboxy-äthyl]-bicyclo[2.2.2]oct-5-en-2,3-dicarbonsäure-
anhydrid, C$_{14}$H$_{14}$O$_7$, Formel III.
  Diese beiden Konstitutionsformeln kommen für die nachstehend beschriebene opt.-
inakt. Verbindung in Betracht.
  B. Beim Behandeln von opt.-inakt. 7-[2,5-Dioxo-tetrahydro-[3]furyl]-bicyclo[2.2.2]oct-
5-en-2,3-dicarbonsäure-anhydrid (F: 183°) mit Wasser (*Alder, Münz*, A. **565** [1949] 126,
134).
  Krystalle (aus Acetonitril); F: 222° [Zers.].
  Hydrierung an Platin in Essigsäure (Bildung einer als 5-[2,5-Dioxo-tetrahydro-
[3]furyl]-bicyclo[2.2.2]octan-2,3-dicarbonsäure oder [1,3-Dioxo-octahydro-
4,7-äthano-isobenzofuran-5-yl]-bernsteinsäure zu formulierenden Verbindung
C$_{14}$H$_{16}$O$_7$ vom F: 215°): *Al., Münz*, l. c. S. 135. Beim Erwärmen mit Methanol und konz.
Schwefelsäure ist 7-[1,2-Dimethoxycarbonyl-äthyl]-bicyclo[2.2.2]oct-5-en-2,3-dicarbon=
säure-dimethylester (F: 113°) erhalten worden (*Al., Münz*, l. c. S. 134). Überführung in
den Dimethylester (C$_{16}$H$_{18}$O$_7$; Krystalle [aus E. + PAe.]; F: 128—129°) mit Hilfe von
Diazomethan in Äther: *Al., Münz*.

II   III

Oxocarbonsäuren C$_{18}$H$_{22}$O$_7$

(3a*R*)-8*t*,9*t*-Diäthyl-3a-methyl-1,3-dioxo-(3a*r*)-3,3a,4,7,8,9-hexahydro-1*H*-cyclonona[*c*]=
furan-5,6-dicarbonsäure-dimethylester, (4*R*)-7*c*,8*c*-Diäthyl-4-methyl-cyclonona-1,5-dien-
1,2,4*r*,5-tetracarbonsäure-4,5-anhydrid-1,2-dimethylester C$_{20}$H$_{26}$O$_7$, Formel IV, und
(5*R*)-8*c*,9*c*-Diäthyl-5-methyl-1,3-dioxo-3,4,5,8,9,10-hexahydro-1*H*-cyclonona[*c*]furan-
5*r*,6-dicarbonsäure-dimethylester, (4*R*)-7*c*,8*c*-Diäthyl-4-methyl-cyclonona-1,5-dien-
1,2,4*r*,5-tetracarbonsäure-1,2-anhydrid-4,5-dimethylester C$_{20}$H$_{26}$O$_7$, Formel V.
  Diese beiden Formeln kommen für den nachstehend beschriebenen **Glaucansäure-di=
methylester** in Betracht.
  B. Beim Erwärmen von Glaucansäure ((4*R*)-7*c*,8*c*-Diäthyl-4-methyl-cyclonona-1,5-dien-
1,2,4*r*,5-tetracarbonsäure-1,2;4,5-dianhydrid) mit wss. Natronlauge, anschliessenden Behandeln mit wss. Silbernitrat-Lösung und Erwärmen des erhaltenen Tetrasilber-Salzes
mit Methyljodid und Methanol (*Sutter et al.*, A. **521** [1936] 189, 195).
  Krystalle (aus Ae.); F: 145°.
  Beim Erwärmen mit wss.-methanol. Natronlauge und anschliessenden Ansäuern ist
Glaucansäure erhalten worden.

IV

V

Oxocarbonsäuren $C_{21}H_{28}O_7$

14-Hydroxy-5-oxo-3,5-seco-A,19,24-trinor-14β,20β_F(?)H-cholan-3,21,23-trisäure-21-lacton $C_{21}H_{28}O_7$, vermutlich Formel VI.

Diese Konstitution und Konfiguration ist der nachstehend beschriebenen **Duodephan=thondisäure** zugeordnet worden (*L. F. Fieser*, *M. Fieser*, Steroids [New York 1959] S. 746; dtsch. Ausg. Steroide [Weinheim 1961] S. 821).

B. Beim Erhitzen von Undephanthontrisäure-dimethylester (S. 6255) mit Piperidin und Wasser unter Stickstoff und Ansäuern einer wss. Lösung des Reaktionsprodukts (*Jacobs*, *Gustus*, J. biol. Chem. **92** [1931] 323, 334).

Krystalle; F: 266—268° [aus Acn.] (*Jacobs*, *Gustus*, J. biol. Chem. **79** [1928] 539, 548), 264° [aus Acn.] (*Ja.*, *Gu.*, J. biol. Chem. **92** 334), 253—254° [aus Me.] (*Ja.*, *Gu.*, J. biol. Chem. **79** 548).

Hydrierung an Platin in Äthanol (Bildung von 5α,14-Dihydroxy-3,5-seco-A,19,24-trinor-14β,20β_F(?)H-cholan-3,21,23-trisäure-3→5;21→14-dilacton [F: 253°]): *Ja.*, *Gu.*, J. biol. Chem. **92** 335, 336. Beim Erwärmen mit Acetanhydrid und wenig Acetylchlorid ist 5-Hydroxy-3,5-seco-A,19,24-trinor-20β_F(?)H-chola-5(10),14-dien-3,21,23-trisäure-21,23-anhydrid-3-lacton (F: 242°) erhalten worden (*Ja.*, *Gu.*, J. biol. Chem. **92** 337).

Duodephanthondisäure-dimethylester $C_{23}H_{32}O_7$ (mit Hilfe von Methanol und Chlorwasserstoff oder von Diazomethan hergestellt). Krystalle; F: 166—167° [aus wss. Acn.] (*Ja.*, *Gu.*, J. biol. Chem. **79** 549), 166° [aus Me.] (*Ja.*, *Gu.*, J. biol. Chem. **92** 334).

Duodephanthondisäure-dimethylester-oxim $C_{23}H_{33}NO_7$. Krystalle (aus Me.); F: 187—189° (*Ja.*, *Gu.*, J. biol. Chem. **79** 549).

Duodephanthondisäure-dimethylester-azin $C_{46}H_{64}N_2O_{12}$. Krystalle (aus Me.); F: 184° (*Ja.*, *Gu.*, J. biol. Chem. **92** 335).

VI

VII

Oxocarbonsäuren $C_{22}H_{30}O_7$

14-Hydroxy-5-oxo-3,5-seco-A,24-dinor-14β,20β_F(?)H-cholan-3,21,23-trisäure-21-lacton-23-methylester $C_{23}H_{32}O_7$, vermutlich Formel VII.

Diese Konstitution und Konfiguration kommt dem nachstehend beschriebenen **Undeplogondisäure-monomethylester** zu.

B. Beim Behandeln einer Lösung von Anhydroisoperiplogonsäure-methylester (S. 6084) in Essigsäure mit Ozon, Behandeln des Reaktionsprodukts mit Wasser und anschliessenden Erhitzen (*Jacobs*, *Gustus*, J. biol. Chem. **92** [1931] 323, 339).

Krystalle (aus wss. Acn.); F: 182—184°.

Beim Erwärmen mit Acetanhydrid und Acetylchlorid ist 5,14-Dihydroxy-3,5-seco-A,24-dinor-14β,20β_F(?)H-chol-5-en-3,21,23-trisäure-3→5;21→14-dilacton-23-methylester (F: 235—236°) erhalten worden.

Oxocarbonsäuren C₂₃H₃₂O₇

21-Hydroxy-12-oxo-3,4-seco-24-nor-5β,20α_F(?)H-cholan-3,4,23-trisäure-23-lacton
$C_{23}H_{32}O_7$, vermutlich Formel VIII.

B. Beim Erwärmen einer Lösung von Tetrahydro-β-anhydrodigoxigenon ((20*R*?)-3,12-Dioxo-5β,14α-cardanolid [E III/IV **17** 6765]) in Essigsäure mit Chrom(VI)-oxid in wss. Essigsäure (*Tschesche, Bohle,* B. **69** [1936] 793, 796).

Krystalle (aus Acn.); F: 306°.

Beim Erhitzen mit Acetanhydrid und Erhitzen des Reaktionsprodukts unter vermindertem Druck ist (20*R*?)-3,12-Dioxo-*A*-nor-5β,14α-cardanolid (E III/IV **17** 6764) erhalten worden (*Tsch., Bo.,* l. c. S. 797).

Dimethylester $C_{25}H_{36}O_7$ (mit Hilfe von Diazomethan hergestellt). Krystalle (aus wss. Me.); F: 160—161°.

VIII   IX

21-Hydroxy-11-oxo-3,4-seco-24-nor-5β,20β_F(?)H-cholan-3,4,23-trisäure-23-lacton
$C_{23}H_{32}O_7$, vermutlich Formel IX.

B. Beim Erwärmen einer Lösung von α₁-Tetrahydroanhydrosarmentogenon ((20*S*?)-3,11-Dioxo-5β,14α-cardanolid [E III/IV **17** 6765]) in Essigsäure mit Chrom(VI)-oxid und Wasser (*Tschesche, Bohle,* B. **69** [1936] 2497, 2501).

Krystalle (aus Acn.); F: 297—298° [Zers.; Block].

Beim Erhitzen mit Acetanhydrid und Erhitzen des Reaktionsprodukts unter vermindertem Druck ist (20*S*?)-3,11-Dioxo-*A*-nor-5β,14α-cardanolid (E III/IV **17** 6764) erhalten worden (*Tsch., Bo.,* l. c. S. 2502).

Dimethylester $C_{25}H_{36}O_7$ (mit Hilfe von Diazomethan hergestellt). Krystalle (aus Me.); F: 198—199°. $[\alpha]_D^{16}$: +36,7° [CHCl₃].

2ξ-Hydroxy-3-oxo-11,12-seco-*A*-nor-5ξ,9ξ-cholan-11,12,24-trisäure-12-lacton $C_{23}H_{32}O_7$, Formel X (X = H).

Diese Konstitution und Konfiguration kommt vermutlich der nachstehend beschriebenen Verbindung zu.

B. Neben einer vermutlich als 3-Oxo-11,12-seco-*A*-nor-5ξ,9ξ-chol-1-en-11,12,24-trisäure zu formulierenden Verbindung (E III **10** 4132) beim Erwärmen von 2ξ-Brom-3-oxo-11,12-seco-*A*-nor-5ξ,9ξ-cholan-11,12,14-trisäure (?; F: 219—220° [s. E III **10** 4118 im Artikel 3-Oxo-11,12-seco-*A*-nor-5ξ,9ξ-cholan-11,12,24-trisäure]) mit Pyridin (*Wieland et al.,* Z. physiol. Chem. **211** [1932] 177, 182).

Krystalle (aus Ae.); F: 236—238°.

Beim Erhitzen mit verd. wss. Natronlauge ist 2ξ-Hydroxy-3-oxo-11,12-seco-*A*-nor-5ξ,9ξ-cholan-11,12,24-trisäure (F: 219° [E III **10** 4843]) erhalten worden (*Wi. et al.,* l. c. S. 183).

2ξ-Brom-2ξ-hydroxy-3-oxo-11,12-seco-*A*-nor-5ξ,9ξ-cholan-11,12,24-trisäure-12-lacton $C_{23}H_{31}BrO_7$, Formel X (X = Br).

Diese Konstitution und Konfiguration kommt vermutlich der nachstehend beschriebenen Verbindung zu.

B. Beim Behandeln der im vorangehenden Artikel beschriebenen Verbindung mit Bromwasserstoffsäure enthaltender Essigsäure und mit Brom in Essigsäure (*Wieland et al.,*

Z. physiol. Chem. **211** [1932] 177, 183).
Krystalle (aus Eg.); F: 236° [Zers.].
Beim Erhitzen mit verd. wss. Natronlauge ist eine als 3-Hydroxy-2-oxo-11,12-seco-*A*-nor-9ξ-chol-3-en-11,12,24-trisäure angesehene Verbindung (F: 271° [E III **10** 4145]) erhalten worden (*Wi. et al.*, l. c. S. 184).

X   XI   XII

Oxocarbonsäuren $C_{24}H_{34}O_7$

3α-Hydroxy-12-oxo-6,7-seco-5β,8ξ-cholan-6,7,24-trisäure-6-lacton $C_{24}H_{34}O_7$, Formel XI.
B. Bei der Behandlung einer Lösung von 3α,7-Diacetoxy-12-oxo-5β-chol-6-en-24-säure-methylester in Chloroform mit Ozon bei −70° und anschliessend mit Peroxyessigsäure in Essigsäure und Hydrolyse des Reaktionsprodukts (*Hirschmann*, *Wendler*, Am. Soc. **75** [1953] 2361, 2363).
Krystalle (aus Ae. + PAe.); F: ca. 145° [Präparat von ungewisser Einheitlichkeit].

(6aS)-2t-Isobutyl-9t,12a-dimethyl-4,6-dioxo-(8ac,12at,12bc)-dodecahydro-3c,6ar-methano-naphth[2,1-c]oxocin-9c,13anti-dicarbonsäure, 12β-Isobutyl-15-nor-podocarpan-4,8,13β,14β-tetracarbonsäure-8,13-anhydrid [1]) $C_{24}H_{34}O_7$, Formel XII (R = H).
B. In kleiner Menge beim Erhitzen von 12β-Isobutyryl-15-nor-podocarpan-4,8,13β,14β-tetracarbonsäure-8,13-anhydrid-4-methylester (S. 6249) mit Essigsäure, Zink und konz. wss. Salzsäure (*Ruzicka et al.*, Helv. **21** [1938] 583, 587).
Krystalle (aus E.); F: 295°.

(6aS)-2t-Isobutyl-9t,12a-dimethyl-4,6-dioxo-(8ac,12at,12bc)-dodecahydro-3c,6ar-methano-naphth[2,1-c]oxocin-9c,13anti-dicarbonsäure-dimethylester, 12β-Isobutyl-15-nor-podocarpan-4,8,13β,14β-tetracarbonsäure-8,13-anhydrid-4,14-dimethylester $C_{26}H_{38}O_7$, Formel XII (R = CH$_3$).
B. Beim Behandeln der im vorangehenden Artikel beschriebenen Verbindung mit Diazomethan in Äther (*Ruzicka et al.*, Helv. **21** [1938] 583, 587).
Krystalle (aus Me.); F: 200°.

7α-Hydroxy-12-oxo-3,4-seco-5β-cholan-3,4,24-trisäure-4-lacton, Biliobansäure $C_{24}H_{34}O_7$, Formel XIII (R = H, X = O).
B. Beim Erwärmen von Cholsäure (E III **10** 2162) mit wss. Kaliumhypobromit-Lösung (*Wieland*, *Fukelman*, Z. physiol. Chem. **130** [1923] 144, 147). Neben 7α,12α-Dihydroxy-3,4-seco-5β-cholan-3,4,24-trisäure-4→7-lacton (,,Reductobiliobansäure" [S. 6593]) bei der Hydrierung von Biliansäure (7,12-Dioxo-3,4-seco-5β-cholan-3,4,24-trisäure) an Platin in Esssigsäure bei 80° (*Borsche*, *Frank*, B. **59** [1926] 1748, 1751; *Borsche*, *Feske*, Z. physiol. Chem. **176** [1928] 109, 117; s. dazu *Borsche*, *Frank*, B. **60** [1927] 723, 731). Beim Behandeln

---

[1]) Stellungsbezeichnung bei von Podocarpan abgeleiteten Namen s. E III **6** 2098.

von 7α,12α-Dihydroxy-3,4-seco-5β-cholan-3,4,24-trisäure-4→7-lacton (,,Reductobilioban=
säure'') mit Chrom(VI)-oxid in Essigsäure (*Bo., Fe.*, l. c. S. 118).

Krystalle; F: 307° [aus wss. Eg.] (*Bo., Fe.*, l. c. S. 118), 303° [Zers.; aus wss. A.]
(*Wi., Fu.*, l. c. S. 148; *Schenck, Kirchhof*, Z. physiol. Chem. **186** [1930] 271, 279).

Beim Erhitzen mit Salpetersäure ist Isociliansäure (S. 6258) erhalten worden (*Wi.,
Fu.*, l. c. S. 149).

Dinatrium-Salz $Na_2C_{24}H_{32}O_7$ und Barium-Salz: *Wi., Fu.*, l. c. S. 148.

7α-Hydroxy-12-hydroxyimino-3,4-seco-5β-cholan-3,4,24-trisäure-4-lacton, Biloban=
säure-oxim $C_{24}H_{35}NO_7$, Formel XIII (R = H, X = N-OH).

B. Aus Biliobansäure (S. 6222) und Hydroxylamin (*Wieland, Fukelman*, Z. physiol.
Chem. **130** [1923] 144, 149; *Schenck, Kirchhof*, Z. physiol. Chem. **186** [1930] 271, 274).

Krystalle (aus wss. A.); F: 196° (*Wi., Fu.*).

Beim Behandeln einer Lösung in Essigsäure mit wss. Natriumnitrit-Lösung sind
Biliobansäure und eine als Pernitrosobiliobansäure bezeichnete, vermutlich als 7α-Hydr=
oxy-12-nitroimino-3,4-seco-5β-cholan-3,4,24-trisäure-4-lacton (Formel XIII
[R = H, X = N-NO₂]) zu formulierende Verbindung $C_{24}H_{34}N_2O_8$ erhalten worden
(*Schenck*, B. **76** [1943] 874, 878).

**7α-Hydroxy-12-oxo-3,4-seco-5β-cholan-3,4,24-trisäure-4-lacton-3,24-dimethylester,
Biliobansäure-dimethylester** $C_{26}H_{38}O_7$, Formel XIII (R = CH₃, X = O).

B. Beim Erwärmen einer Lösung von Biliansäure-trimethylester (7,12-Dioxo-3,4-seco-
5β-cholan-3,4,24-trisäure-trimethylester) mit amalgamiertem Aluminium und wasserhaltigem Äther (*Borsche, Frank*, B. **59** [1926] 1748, 1752). Bei der Hydrierung von
Biliansäure-trimethylester an Platin in Essigsäure (*Bo., Fr.*). Aus Biliobansäure (S. 6222)
beim Erwärmen mit Methanol unter Durchleiten von Chlorwasserstoff (*Wieland,
Fukelman*, Z. physiol. Chem. **130** [1923] 144, 148) sowie beim Behandeln mit Diazo=
methan in Äther (*Bo., Fr.*).

Krystalle (aus Me.); F: 186—187° (*Wi., Fu.; Bo., Fr.*).

XIII   XIV

**7α-Hydroxy-12-hydroxyimino-3,4-seco-5β-cholan-3,4,24-trisäure-4-lacton-3,24-di=
methylester,** Biliobansäure-dimethylester-oxim $C_{26}H_{39}NO_7$, Formel XIII
(R = CH₃, X = N-OH).

B. Aus Biliobansäure [S. 6222] (*Hallwass*, zit. bei *Borsche, Frank*, B. **59** [1926] 1748,
1752).

Krystalle (aus wss. Me.); F: 187°.

12β-Hydroxy-11-oxo-3,4-seco-5α-cholan-3,4,24-trisäure-24-lacton $C_{24}H_{34}O_7$,
Formel XIV.

Diese Konstitution kommt möglicherweise der nachstehend beschriebenen Verbindung
zu.

B. Beim Erhitzen einer wahrscheinlich als 12β-Hydroxy-11-oxo-3,4-seco-5α-cholan-
3,4,24-trisäure zu formulierenden Verbindung (s. E III **10** 4844) auf 200° und Erhitzen
der Schmelze unter vermindertem Druck auf 200° (*Wieland et al.*, Z. physiol. Chem.
197 [1931] 31, 39).

Krystalle (aus Eg.); F: 263°.

Dimethylester $C_{26}H_{38}O_7$ (mit Hilfe von Diazomethan hergestellt). Krystalle (aus CHCl₃ + Ae.); F: 200° (*Wi. et al.*, l. c. S. 40).

12α-Hydroxy-7-oxo-2,3-seco-5β-cholan-2,3,24-trisäure-2-lacton, Isobiliobansäure $C_{24}H_{34}O_7$, Formel XV (R = H, X = O).
B. Beim Behandeln von 7α,12α-Dihydroxy-2,3-seco-5β-cholan-2,3,24-trisäure-2→12-lacton („Reductoisobiliobansäure" [S. 6593]) mit wss. Salpetersäure [D: 1,4] (*Borsche, Feske*, Z. physiol. Chem. **176** [1928] 109, 120).
Krystalle (aus wss. A.); F: 266—267°.

12α-Hydroxy-7-hydroxyimino-2,3-seco-5β-cholan-2,3,24-trisäure-2-lacton, Isobiliobansäure-oxim $C_{24}H_{35}NO_7$, Formel XV (R = H, X = N-OH).
B. Aus Isobiliobansäure (s. o.) und Hydroxylamin (*Borsche, Feske*, Z. physiol. Chem. **176** [1928] 109, 120).
Krystalle (aus wss. A.); F: ca. 215° [Zers.].

12α-Hydroxy-7-oxo-2,3-seco-5β-cholan-2,3,24-trisäure-2-lacton-3,24-dimethylester, Isobiliobansäure-dimethylester $C_{26}H_{38}O_7$, Formel XV (R = CH₃, X = O).
B. Aus Isobiliobansäure [s. o.] (*Borsche, Feske*, Z. physiol. Chem. **176** [1928] 109, 121).
F: 172°.

12α-Hydroxy-7-hydroxyimino-2,3-seco-5β-cholan-2,3,24-trisäure-2-lacton-3,24-dimethylester, Isobiliobansäure-dimethylester-oxim $C_{26}H_{39}NO_7$, Formel XV (R = CH₃, X = N-OH).
B. Aus Isobiliobansäure-dimethylester [s. o.] (*Borsche, Feske*, Z. physiol. Chem. **176** [1928] 109, 121).
Krystalle (aus Me.); F: 188° [Zers.].

XV   XVI

Oxocarbonsäuren $C_{28}H_{42}O_7$

(3aS)-3ξ-[2-((1S)-1-Carboxy-3t,4c-dimethyl-2-oxo-cyclohex-r-yl)-äthyl]-6ξ-isopropyl-3a,5a-dimethyl-2-oxo-(3ar,5aξ,8aξ)-decahydro-indeno[4,5-b]furan-8bc-carbonsäure-methylester, 9-Hydroxy-3ξ-isopropyl-5-methyl-18-oxo-5ξ,10ξ,14ξ-11,13;13,18-diseco-A,C,23,24,25,27-hexanor-ursan-11,13,28-trisäure-13-lacton-11-methylester [1] $C_{29}H_{44}O_7$, Formel XVI.
Diese Konstitution kommt vermutlich der nachstehend beschriebenen Verbindung zu (s. dazu *J. Simonsen, W. C. J. Ross*, The Terpenes, Bd. 5 [Cambridge 1957] S. 84); die Konfiguration ergibt sich aus der genetischen Beziehung zu Novasäure (S. 5649).
B. Neben anderen Verbindungen bei der Behandlung einer Lösung von (3aS)-3ξ-[2-((3aS)-6c,7t-Dimethyl-3-oxo-5,6,7-tetrahydro-isobenzofuran-3ar-yl)-äthyl]-6ξ-isoprop-yl-3a,5a-dimethyl-2-oxo-(3ar,5aξ,8aξ)-decahydro-indeno[4,5-b]furan-8bc-carbonsäure-methylester (F: 148°) in Essigsäure mit Ozon und anschliessender Hydrierung an Palla-dium/Kohle (*Schmitt, Wieland*, A. **557** [1947] 1, 18).

---

[1] Stellungsbezeichnung bei von Ursan abgeleiteten Namen s. E III **5** 1340.

Krystalle (aus Ae.); F: 132—134° [Zers.] (*Sch., Wi.*).
Methylester $C_{30}H_{46}O_7$ (mit Hilfe von Diazomethan hergestellt). Krystalle (aus A.);
F: 149° (*Sch., Wi.*).

Oxocarbonsäuren $C_nH_{2n—16}O_7$

Oxocarbonsäuren $C_{10}H_4O_7$

1,3-Dioxo-phthalan-4,6-dicarbonsäure, Benzol-1,2,3,5-tetracarbonsäure-1,2-anhydrid
$C_{10}H_4O_7$, Formel I (H 508).
B. Beim Erhitzen von Benzol-1,2,3,5-tetracarbonsäure bis auf 270° (*Kotschetkow et al.*,
Ž. obšč. Chim. **29** [1959] 650, 656; engl. Ausg. S. 643, 647).
Krystalle (nach Sublimation); F: 238°.

     I   II   III   IV

Oxocarbonsäuren $C_{13}H_{10}O_7$

7-Acetyl-6-methyl-2-oxo-2,3-dihydro-benzofuran-4,5-dicarbonsäure $C_{13}H_{10}O_7$ und
7-Acetyl-2-hydroxy-6-methyl-benzofuran-4,5-dicarbonsäure $C_{13}H_{10}O_7$.

a) **7-Acetyl-6-methyl-2-oxo-2,3-dihydro-benzofuran-4,5-dicarbonsäure** $C_{13}H_{10}O_7$,
Formel II.
Herstellung aus dem unter b) beschriebenen Tautomeren durch Umkrystallisieren aus
Wasser unter Verwendung von Impfkrystallen: *Berner*, Soc. **1946** 1052, 1054, 1057.
Farblose Krystalle; F: 176°.
In wss. Lösung, insbesondere beim Erwärmen, erfolgt partielle Umwandlung in das
Tautomere. Beim Behandeln mit Diazomethan in Äther sowie beim Behandeln mit
Diazomethan in Methanol sind die gleichen Produkte wie aus dem Tautomeren erhalten
worden.

b) **7-Acetyl-2-hydroxy-6-methyl-benzofuran-4,5-dicarbonsäure** $C_{13}H_{10}O_7$, Formel III.
B. Beim Behandeln von 7-Acetyl-6-methyl-2-oxo-2,3-dihydro-benzofuran-4,5-dicarb=
onsäure-anhydrid mit wss. Natriumcarbonat-Lösung oder wss. Natronlauge bis zur Gelb-
färbung der Reaktionslösung und anschliessenden Ansäuern (*Berner*, Soc. **1946** 1052,
1054, 1057).
Gelbe Krystalle (aus W.); F: 160°.
Beim Behandeln mit Diazomethan in Äther ist eine **Verbindung** $C_{15}H_{14}O_7$ vom
F: 148—150°, beim Behandeln mit Diazomethan in Methanol ist 4-Acetyl-5-methoxy-
6-methoxycarbonylmethyl-3-methyl-phthalsäure-dimethylester erhalten worden.

**[5-Carboxy-1,1-dimethyl-3-oxo-phthalan-4-yl]-glyoxylsäure, 4-Hydroxyoxalyl-1,1-di=
methyl-3-oxo-phthalan-5-carbonsäure** $C_{13}H_{10}O_7$, Formel IV.
B. Beim Behandeln von 4-[5-Carboxy-1,1-dimethyl-3-oxo-phthalan-4-yl]-buttersäure
mit wss. Natriumcarbonat-Lösung und anschliessenden Erhitzen mit wss. Kaliumper=
manganat-Lösung (*Tettweiler, Drishaus*, A. **520** [1935] 163, 176).
Krystalle (aus E. + PAe.) mit 1 Mol Äthylacetat; F: 194° [Zers.].

Oxocarbonsäuren $C_{14}H_{12}O_7$

**[3-Acetyl-2-oxo-chroman-4-yl]-cyan-essigsäure-amid, 2-Acetyl-4-cyan-3-[2-hydroxy-
phenyl]-glutaramidsäure-lacton** $C_{14}H_{12}N_2O_4$, Formel V.
Eine von *Sastry, Seshadri* (Pr. Indian Acad. [A] **16** [1942] 29, 32) unter dieser Kon-

stitution beschriebene, aus 3-Acetyl-cumarin und Cyanessigsäure-amid erhaltene Verbindung ist als 4-Methyl-2-[2-oxo-2H-chromen-3-yl]-chromeno[3,4-c]pyridin-5-on zu formulieren (*Koelsch, Sundet*, Am. Soc. **72** [1950] 1681, 1683).

V   VI

Oxocarbonsäuren $C_{21}H_{26}O_7$

(±)-5,6ξ-Bis-methoxycarbonylmethyl-12a-methyl-(6a*r*,12a*c*,12b*t*)-4,5,6,6a,7,8,11,12,= 12a,12b-decahydro-1H-1*t*,5*t*-methano-naphth[1,2-*c*]oxocin-3,10-dion, *rac*-11β-Hydroxy-3-oxo-16,17-seco-*D*,18-dihomo-14ξ-androst-4-en-16,17,18a-trisäure-18a-lacton-16,17-di= methylester $C_{23}H_{30}O_7$, Formel VI + Spiegelbild.

B. In kleiner Menge beim Behandeln einer Lösung von *rac*-11β-Hydroxy-3-oxo-18-vinyl-6,17-seco-14ξ-pregna-4,20-dien-16-säure-methylester (F: 138° und F: 155,5−157°) in Chloroform und Essigsäure mit Ozon und anschliessend mit Wasser und Zink-Pulver, Behandeln des Reaktionsprodukts mit Essigsäure und Natriumdichromat und anschliessend mit Natriumacetat und Natriumhydrogensulfit in Wasser und Behandeln einer Lösung des nach dem Neutralisieren mit wss. Salzsäure erhaltenen Reaktionsprodukts mit Diazomethan in Äther (*Heusler et al.*, Helv. **40** [1957] 787, 806).

Krystalle (aus Acn. + Ae.); F: 197,5−200° [unkorr.].

Oxocarbonsäuren $C_{23}H_{30}O_7$

14-Hydroxy-3-oxo-24-nor-5α(?),14β,20$β_F$(?)H-cholan-19,21,23-trisäure-21-lacton $C_{23}H_{30}O_7$, vermutlich Formel VII (R = H).

Diese Konfiguration kommt der nachstehend beschriebenen Desoxy-α-iso= strophanthonsäure zu.

B. Beim Erwärmen von 14-Hydroxy-3-oxo-24-nor-5α(?),14β,20$β_F$(?)H-cholan-19,21,23-trisäure-21-lacton-19,23-dimethylester (F: 206° [S. 6227]) mit wss.-äthanol. Natronlauge und Ansäuern der Reaktionslösung mit wss. Salzsäure (*Jacobs, Elderfield*, J. biol. Chem. **96** [1932] 357, 362).

Krystalle (aus Acn.); F: 260−262° [Zers.].

Beim Erwärmen mit Acetanhydrid und Acetylchlorid ist eine vermutlich als 3α-Acet= oxy-3β-hydroxy-24-nor-5α,20$β_F$(?)H-chol-14-en-19,21,23-trisäure-21,23-anhydrid-19-lacton zu formulierende Verbindung $C_{25}H_{30}O_7$ (F: 245−247°) erhalten worden (*Ja., El.*, l. c. S. 363).

VII   VIII

2-Methoxycarbonylmethyl-12a-methyl-3,8-dioxo-tetradecahydro-1,4a-äthano-naphtho= [1,2-*h*]chromen-10a-carbonsäure-methylester $C_{25}H_{34}O_7$.

a) **14-Hydroxy-3-oxo-24-nor-5β(?),14β,20$β_F$(?)H-cholan-19,21,23-trisäure-21-lacton-19,23-dimethylester** $C_{25}H_{34}O_7$, vermutlich Formel VIII.

B. s. bei dem unter b) beschriebenen Stereoisomeren (*Jacobs, Gustus*, J. biol. Chem. **74**

[1927] 811, 820, **92** [1931] 323, 343).

Krystalle (aus Me.); F: 207—208° [nach Sintern] (*Ja., Gu.*, J. biol. Chem. **74** 820).

$[\alpha]_D$: −57° [Py.] (*Ja., Gu.*, J. biol. Chem. **74** 820).

Beim Erwärmen einer Lösung in Essigsäure mit Chrom(VI)-oxid und wss. Schwefel=
säure ist 14-Hydroxy-3,4-seco-24-nor-5β(?),14β,20β_F(?)H-cholan-3,4,19,21,23-pentasäure-
21-lacton-19,23-dimethylester (S. 6259) erhalten worden (*Ja.,Gu.*, J. biol. Chem. **92** 344).

b) **14-Hydroxy-3-oxo-24-nor-5α(?),14β,20β_F(?)H-cholan-19,21,23-trisäure-
21-lacton-19,23-dimethylester** $C_{25}H_{34}O_7$, vermutlich Formel VII (R = CH_3).

Diese Konfiguration kommt dem nachstehend beschriebenen Desoxy-α-iso=
strophanthonsäure-dimethylester zu.

B. Als Hauptprodukt neben dem unter b) beschriebenen Stereoisomeren bei der
Hydrierung von Anhydro-α-isostrophanthonsäure-dimethylester (S. 6231) an Palladium
in Essigsäure (*Jacobs, Gustus*, J. biol. Chem. **74** [1927] 811, 820, **92** [1931] 323, 343).

Krystalle (aus Acn.); F: 206° [nach Sintern bei 200°] (*Ja., Gu.*, J. biol. Chem. **74** 820).

$[\alpha]_D$: +8° [Py.] (*Ja., Gu.*, J. biol. Chem. **92** 344).

Oxocarbonsäuren $C_{24}H_{32}O_7$

7,12-Dioxo-3,4-seco-5α-cholan-3,4,24-trisäure-3,4-anhydrid, Allobiliansäure-anhydrid
$C_{24}H_{32}O_7$, Formel IX.

B. Beim Behandeln einer Lösung von 3β,7α,12α-Trihydroxy-5α-cholan-24-säure in
Essigsäure mit Chrom(VI)-oxid (*Kazuno, Baba*, Pr. Japan Acad. **27** [1951] 255, 261).

Krystalle (aus Me.); Zers. bei 305°.

11-Hydroxy-12-oxo-3,4-seco-5β-chol-9(11)-en-3,4,24-trisäure-3-lacton $C_{24}H_{32}O_7$,
Formel X (R = H).

B. Beim Erwärmen von 11,11-Dibrom-12-oxo-3,4-seco-5β-cholan-3,4,24-trisäure oder
von 11-Brom-12-oxo-3,4-seco-5β-chol-9(11)-en-3,4,24-trisäure mit methanol. Kalilauge
(*Wieland et al.*, Z. physiol. Chem. **211** [1932] 177, 186).

Krystalle (aus Eg.); F: 235—240° [Zers.].

Beim Behandeln mit Essigsäure, Zink und wss. Salzsäure ist eine vermutlich als 12-Oxo-
3,4-seco-5β,9β-cholan-3,4,24-trisäure zu formulierende Verbindung (E III **10** 4120) erhalten worden.

IX   X

**11-Hydroxy-12-oxo-3,4-seco-5β-chol-9(11)-en-3,4,24-trisäure-3-lacton-4,24-dimethyl=
ester** $C_{26}H_{36}O_7$, Formel X (R = CH_3).

B. Beim Behandeln von 11-Hydroxy-12-oxo-3,4-seco-5β-chol-9(11)-en-3,4,24-trisäure-
3-lacton mit Diazomethan in Äther (*Wieland et al.*, Z. physiol. Chem. **211** [1932] 177,
186).

Krystalle (aus Me.); F: 195°.

Oxocarbonsäuren $C_{29}H_{42}O_7$

13-Hydroxy-12-oxo-1,2-seco-A-nor-oleanan-1,2,28-trisäure-28-lacton-1,2-dimethylester [1])
$C_{31}H_{46}O_7$, Formel XI.

Diese Konstitution und Konfiguration kommt vermutlich der nachstehend beschrie-

---

[1]) Stellungsbezeichnung bei von Oleanan abgeleiteten Namen s. E III **5** 1341.

benen Verbindung zu; über die Position der Oxo-Gruppe s. *J. Simonsen, W. C. J. Ross,* The Terpenes, Bd. 5 [Cambridge 1957] S. 271, 272.

B. Beim Erhitzen von 12-Nitro-1,2-seco-*A*-nor-olean-12-en-1,2,28-trisäure-trimethyl= ester mit Essigsäure und Zink-Pulver (*Kuwada, Takeda,* J. pharm. Soc. Japan **59** [1939] 773, 782; dtsch. Ref. S. 294, 296; C. A. **1941** 461).

Krystalle (aus Me. oder aus Acn. + Hexan), F: 237—240° [korr.]. $[\alpha]_D^{18}$: +97,7° [CHCl$_3$; c = 1] (*Ku., Ta.*).

Die gleiche Verbindung hat möglicherweise in einem von *Kitasato* (Acta phytoch. Tokyo **11** [1939] 1, 14) bei der Behandlung von Oleanintrisäure (1,2-Seco-*A*-nor-olean-12-en-1,2,28-trisäure) mit Chrom(VI)-oxid in Essigsäure und Umsetzung des Reaktions-produkts mit Diazomethan erhaltenen, als „Ketooleanintrisäure-diester-monolacton" bezeichneten Präparat (Krystalle [aus A.], F: 227°) vorgelegen (*J. Simonsen, W. C. J. Ross,* The Terpenes, Bd. 5 [Cambridge 1957] S. 272).

XI

XII

Oxocarbonsäuren C$_{30}$H$_{44}$O$_7$

13-Hydroxy-16-oxo-11,12-seco-9β(?)-oleanan-11,12,28-trisäure-28-lacton-11,12-di=methylester [1]) C$_{32}$H$_{48}$O$_7$, vermutlich Formel XII.

B. Beim $^1/_4$-stdg. Behandeln einer Lösung von 13,16α-Dihydroxy-11,12-seco-9β(?)-oleanan-11,12,28-trisäure-28 → 13-lacton-11,12-dimethylester (F: 294—295° [S. 6615]) in Essigsäure mit Chrom(VI)-oxid (*Jeger et al.,* Helv. **31** [1948] 1319, 1324).

Krystalle (aus CH$_2$Cl$_2$ + Me.), F: 246—247° [korr.; evakuierte Kapillare; im Hoch-vakuum bei 220° sublimierbar] (*Je. et al.*). $[\alpha]_D$: —75° [CHCl$_3$] (*Je. et al.*).

Beim Erhitzen im Hochvakuum auf 360° ist 4-Hydroxy-2,7,7-trimethyl-5,6,7,8-tetra= hydro-[1]naphthoesäure-methylester erhalten worden (*Bischof et al.,* Helv. **32** [1949] 1911, 1920).

13-Hydroxy-3-oxo-11,12-seco-9β,18ξ-oleanan-11,12,28-trisäure-28-lacton-12-methyl=ester [1]) C$_{31}$H$_{46}$O$_7$, Formel XIII (R = H), vom F: 259°; Isooleanonlactondisäure-mono=methylester.

B. Beim Behandeln von 3β,13-Dihydroxy-11,12-seco-9β,18ξ-oleanan-11,12,28-trisäure-28 → 13-lacton-12-methylester (F: 300—304° [S. 6616]) mit Chrom(VI)-oxid in Essigsäure (*Ruzicka et al.,* Helv. **22** [1939] 350, 356).

Krystalle (aus wss. Acn.); F: 258—259° [korr.] (*Ru. et al.,* Helv. **22** 356).

Verhalten bei der Pyrolyse: *Ruzicka et al.,* Helv. **22** 356, **26** [1943] 280, 285.

Isooleanonlactondisäure-monomethylester-oxim C$_{31}$H$_{47}$NO$_7$. Krystalle (aus wss. Me.); F: 273—274° [korr.] (*Ru. et al.,* Helv. **22** 356).

13-Hydroxy-3-oxo-11,12-seco-9β,18ξ-oleanan-11,12,28-trisäure-28-lacton-dimethylester C$_{32}$H$_{48}$O$_7$, Formel XIII (R = CH$_3$), vom F: 225°; Isooleanonlactondisäure-dimethyl=ester.

B. Beim Behandeln von 3β,13-Dihydroxy-11,12-seco-9β,18ξ-oleanan-11,12,28-trisäure-28 → 13-lacton-11,12-dimethylester (F: 213—214° [S. 6617]) mit Chrom(VI)-oxid in Essigsäure (*Ruzicka, Hofmann,* Helv. **19** [1936] 114, 127).

---

[1]) Stellungsbezeichnung bei von Oleanan abgeleiteten Namen s. E III **5** 1341.

Krystalle; F: 224—225° [korr.; evakuierte Kapillare; aus CHCl₃ + Me.] (*Ruzicka et al.*, Helv. **31** [1948] 1746, 1749), 219—220° [korr.; aus Me.] (*Ru., Ho.*). [α]_D: +6° [CHCl₃; c = 1] (*Ru. et al.*).

Verhalten bei der Pyrolyse im Hochvakuum bei 350°: *Ru. et al.*, l. c. S. 1749, 1750.

Isooleanonlactondisäure-dimethylester-oxim C₃₂H₄₉NO₇. Krystalle (aus A.); F: 257—258° [korr.; Zers.] (*Ru., Ho.*).

XIII   XIV

13-Hydroxy-12-oxo-2,3-seco-oleanan-2,3,28-trisäure-28-lacton-2,3-dimethylester [1)] C₃₂H₄₈O₇, Formel XIV.

Diese Konstitution (und Konfiguration) kommt vermutlich der nachstehend beschriebenen Verbindung zu; über die Position der Oxo-Gruppe s. *J. Simonsen, W. C. J. Ross,* The Terpenes, Bd. 5 [Cambridge 1957] S. 270, 271.

B. Beim Erwärmen von 12-Nitro-2,3-seco-olean-12-en-2,3,28-trisäure-trimethylester mit Essigsäure und Zink-Pulver (*Kuwada, Takeda,* J. pharm. Soc. Japan **59** [1939] 773, 780; dtsch. Ref. S. 294, 297; C. A. **1941** 461).

Krystalle (aus Acn. + Hexan); F: 229—232° [korr.]. [α]_D^{24}: +98,5° [CHCl₃; c = 0,3]. UV-Spektrum (A.; 210—310 nm): *Ku., Ta.,* l. c. S. 782.

Beim Erwärmen mit methanol. Kalilauge sind 13-Hydroxy-2,12-dioxo-*A*,28-dinor-oleanan-1ξ,17-dicarbonsäure-17-lacton-1-methylester (S. 6187) und 2,12-Dioxo-*A*-nor-olean-9(11)-en-28-säure erhalten worden (*Ku., Ta.,* l. c. S. 780, 781).

Oxocarbonsäuren C_nH_{2n—18}O₇

Oxocarbonsäuren C₁₃H₈O₇

2-Cyan-3-imino-3-[2-oxo-2*H*-chromen-3-yl]-propionsäure-äthylester C₁₅H₁₂N₂O₄, Formel I (X = O-C₂H₅), und **3-Amino-2-cyan-3-[2-oxo-2*H*-chromen-3-yl]-acrylsäure-äthylester** C₁₅H₁₂N₂O₄, Formel II (X = O-C₂H₅).

Über die Konstitution s. *Matsumura,* Bl. chem. Soc. Japan **34** [1961] 995, 998.

B. Beim Erwärmen von 2-Oxo-2*H*-chromen-3-carbonitril mit Cyanessigsäure-äthylester, Äthanol und wenig Piperidin (*Sastry, Seshadri,* Pr. Indian Acad. [A] **16** [1942] 29, 34; s. a. *Trivedi,* J. scient. ind. Res. India **18** B [1959] 397). Beim Erwärmen von [3-Äthoxycarbonyl-2-amino-2*H*-chromen-2-yl]-cyan-essigsäure-äthylester (F: 140—141°) mit Äthanol und wenig Piperidin (*Ma.,* l. c. S. 999; vgl. *Sa., Se.,* l. c. S. 34).

Krystalle (aus A.); F: 247—248° (*Sa., Se.*), 247° (*Tr.*), 245—246° (*Ma.*). IR-Spektrum (KBr; 3500—800 cm⁻¹): *Ma.,* l. c. S. 998. UV-Spektrum (Me.; 220—350 nm): *Ma.,* l. c. S. 996.

I   II

[1)] Stellungsbezeichnung bei von Oleanan abgeleiteten Namen s. E III **5** 1341.

2-Cyan-3-imino-3-[2-oxo-2H-chromen-3-yl]-propionamid $C_{13}H_9N_3O_3$, Formel I
(X = NH$_2$), und **3-Amino-2-cyan-3-[2-oxo-2H-chromen-3-yl]-acrylsäure-amid**
$C_{13}H_9N_3O_3$, Formel II (X = NH$_2$).

Bezüglich der Konstitutionszuordnung vgl. die im vorangehenden Artikel beschriebene,
analog hergestellte Verbindung; s. aber *Junek, Sterk*, M. **98** [1967] 144, 146.

B. Beim Erwärmen von 2-Oxo-2H-chromen-3-carbonitril mit Cyanessigsäure-amid,
Äthanol und wenig Piperidin (*Sastry, Seshadri*, Pr. Indian Acad. [A] **16** [1942] 29, 33;
s. a. *Trivedi*, J. scient. ind. Res. India **18** B [1959] 397).

Krystalle (aus Py.), die unterhalb 360° nicht schmelzen (*Sa., Se.; Tr.*).

Oxocarbonsäuren $C_{16}H_{14}O_7$

(±)-**1,3-Dioxo-(3a r,4a c,9a c)-1,3,3a,4,4a,5,6,7,9,9a-decahydro-4t,9t-ätheno-naphtho-
[2,3-c]furan-5t,6t-dicarbonsäure**, (±)-**(4a r)-1,2,3,4,4a,5,6,7-Octahydro-1t,4t-ätheno-
naphthalin-2t,3t,5t,6t-tetracarbonsäure-2,3-anhydrid** $C_{16}H_{14}O_7$, Formel III + Spiegelbild,
und (±)-**1,3-Dioxo-(3a r,9a c,9b c)-1,3,3a,4,6,7,8,9,9a,9b-decahydro-6t,9t-ätheno-naphtho-
[1,2-c]furan-7t,8t-dicarbonsäure**, (±)-**(4a r)-1,2,3,4,4a,5,6,7-Octahydro-1t,4t-ätheno-
naphthalin-2t,3t,5t,6t-tetracarbonsäure-5,6-anhydrid** $C_{16}H_{14}O_7$, Formel IV + Spiegelbild.

Diese beiden Formeln kommen für die nachstehend beschriebene Verbindung in Betracht.

B. Beim Erhitzen von (±)-(4a r)-1,2,3,4,4a,5,6,7-Octahydro-1t,4t-ätheno-naphthalin-
2t,3t,5t,6t-tetracarbonsäure (aus (±)-(4a r)-1,2,3,4,4a,5,6,7-Octahydro-1t,4t-ätheno-naphth-
alin-2t,3t,5t,6t-tetracarbonsäure-2,3;5,6-dianhydrid hergestellt) mit Benzol unter vermindertem Druck auf 100° (*Alder, Schmitz-Josten*, A. **595** [1955] 1, 25).

Krystalle (aus Acn.); F: 263° [Zers.].

Beim Erhitzen mit 40%ig. wss. Schwefelsäure ist 1,2,3,4-Tetrahydro-naphthalin-
1r,2c-dicarbonsäure erhalten worden (*Al., Sch.-Jo.*, l. c. S. 33).

III   IV

Oxocarbonsäuren $C_{18}H_{18}O_7$

(±)-**8,11-Dimethyl-1,3-dioxo-(3a r,4a c,9a c)-1,3,3a,4,4a,5,6,7,9,9a-decahydro-4t,9t-
ätheno-naphtho[2,3-c]furan-5t,6t-dicarbonsäure**, (±)-**8,9-Dimethyl-(4a r)-1,2,3,4,4a,5,-
6,7-octahydro-1t,4t-ätheno-naphthalin-2t,3t,5t,6t-tetracarbonsäure-2,3-anhydrid** $C_{18}H_{18}O_7$,
Formel V + Spiegelbild, und (±)-**5,10-Dimethyl-1,3-dioxo-(3a r,9a c,9b c)-1,3,3a,4,6,7,8,-
9,9a,9b-decahydro-6t,9t-ätheno-naphtho[1,2-c]furan-7t,8t-dicarbonsäure**, (±)-**8,9-Di-
methyl-(4a r)-1,2,3,4,4a,5,6,7-octahydro-1t,4t-ätheno-naphthalin-2t,3t,5t,6t-tetracarbon-
säure-5,6-anhydrid** $C_{18}H_{18}O_7$, Formel VI + Spiegelbild.

Diese beiden Formeln kommen für die nachstehend beschriebene Verbindung in Betracht; bezüglich der Konfigurationszuordnung vgl. *Alder, Schmitz-Josten*, A. **595** [1955]
1, 17, 21.

B. Beim Erwärmen von (±)-8,9-Dimethyl-(4a r)-1,2,3,4,4a,5,6,7-octahydro-1t,4t-ätheno-
naphthalin-2t,3t,5t,6t-tetracarbonsäure-2,3;5,6-dianhydrid mit wss. Kalilauge und Neutralisieren der warmen Reaktionslösung mit wss. Salzsäure (*Hukki*, Acta chem. scand.
5 [1951] 31, 44; Ann. Acad. Sci. fenn. [AII] Nr. 44 [1952] 45).

Krystalle (aus Eg.), F: 307—308° [unkorr.; Zers.].

Oxocarbonsäuren $C_{23}H_{28}O_7$

**5-[Bis-(4,4-dimethyl-2,6-dioxo-cyclohexyl)-methyl]-2-methyl-furan-3-carbonsäure-
äthylester** $C_{25}H_{32}O_7$, Formel VII und Tautomere (z. B. 5-[Bis-(2-hydroxy-4,4-di-
methyl-6-oxo-cyclohex-1-enyl)-methyl]-2-methyl-furan-3-carbonsäure-
äthylester).

Diese Konstitution ist der nachstehend beschriebenen Verbindung zuzuordnen.

B. Beim Erwärmen von 5-Formyl-2-methyl-furan-3-carbonsäure-äthylester mit Di=
medon (5,5-Dimethyl-cyclohexan-1,3-dion) in Äthanol (*Müller, Varga,* B. **72** [1939] 1993,
1998).
Gelbliche Krystalle (aus A.); F: 183—184°. Lösungen sind gelb.

V   VI

**14-Hydroxy-3-oxo-24-nor-14β,20β$_F$(?)H-chol-4-en-19,21,23-trisäure-21-lacton-
19-methylester** C$_{24}$H$_{30}$O$_7$, vermutlich Formel VIII (R = H).
Diese Konstitution und Konfiguration ist dem nachstehend beschriebenen **Anhydro-
α-isostrophanthonsäure-monomethylester** zuzuordnen.
B. Beim kurzen Erwärmen von Anhydro-α-isostrophanthonsäure-dimethylester
(s. u.) mit wss.-methanol. Natronlauge und Ansäuern der Reaktionslösung mit Essig=
säure (*Jacobs, Gustus,* J. biol. Chem. **74** [1927] 811, 820).
Krystalle (aus Me.), die oberhalb 245° erweichen und bei 260° schmelzen (*Ja., Gu.,*
J. biol. Chem. **74** 820).
Beim Behandeln einer wenig Ammoniak enthaltenden wss. Lösung mit Kaliumperman=
ganat und Ansäuern der Reaktionslösung mit wss. Salzsäure ist Undephanthontrisäure-
monomethylester (S. 6255) erhalten worden (*Jacobs, Gustus,* J. biol. Chem. **79** [1928]
539, 547).

VII   VIII

**2-Methoxycarbonylmethyl-12a-methyl-3,8-dioxo-Δ^{6a}-dodecahydro-1,4a-äthano-naphtho=
[1,2-*h*]chromen-10a-carbonsäure-methylester** C$_{25}$H$_{32}$O$_7$.
a) **14-Hydroxy-3-oxo-24-nor-14β,20β$_F$(?)H-chol-4-en-19,21,23-trisäure-21-lacton-
19,23-dimethylester** C$_{25}$H$_{32}$O$_7$, vermutlich Formel VIII (R = CH$_3$).
Diese Konstitution und Konfiguration kommt vermutlich dem nachstehend beschriebenen **Anhydro-α-isostrophanthonsäure-dimethylester** zu; bezüglich der Konfiguration
am C-Atom 20 vgl. *Krasso et al.,* Helv. **55** [1972] 1352.
B. Beim Erwärmen (30 min) einer Suspension von α-Isostrophanthonsäure-dimethyl=
ester (S. 6668) in Äthanol mit wss. Salzsäure (*Jacobs, Gustus,* J. biol. Chem. **74** [1927]
811, 819). Beim Erwärmen von β-Isostrophanthonsäure-dimethylester (S. 6669) mit Meth=
anol und wss. Salzsäure (*Jacobs, Gustus,* J. biol. Chem. **92** [1931] 323, 343).
Krystalle [aus Me.] (*Ja., Gu.,* J. biol. Chem. **74** 819, **92** 343). F: 210—211° [nach
Sintern] (*Ja., Gu.,* J. biol. Chem. **74** 819), 206° (*Ja., Gu.,* J. biol. Chem. **92** 343). [α]$_D^{20}$:
+72° [Py.; c = 0,6] (*Ja., Gu.,* J. biol. Chem. **92** 343); [α]$_D^{25}$: +74° [Py.; c = 1] (*Ja., Gu.,*
J. biol. Chem. **74** 819).
Überführung in die im vorangehenden Artikel beschriebene Verbindung durch kurzes
Erwärmen mit wss.-methanol. Natronlauge und Ansäuern der Reaktionslösung mit Essig=

säure: *Ja.*, *Gu.*, J. biol. Chem. **74** 820. Beim Behandeln einer Lösung in Essigsäure mit Ozon, Versetzen mit Wasser und anschliessenden Erhitzen sowie beim Behandeln mit Kaliumpermanganat in Aceton, Versetzen mit Wasser und Ansäuern mit Essigsäure ist Undephanthontrisäure-dimethylester (S. 6255) erhalten worden (*Ja. Gu.* J. biol. Chem. **92** 333).

b) **14-Hydroxy-3-oxo-24-nor-14β,20ξH-chol-4-en-19,21,23-trisäure-21-lacton-19,23-dimethylester** $C_{25}H_{32}O_7$, Formel IX.

Diese Konstitution und Konfiguration kommt vermutlich dem nachstehend beschriebenen γ-Anhydroisostrophanthonsäure-dimethylester zu.

B. Beim Erwärmen von γ-Isostrophanthonsäure-dimethylester (S. 6669) mit Äthanol und kleinen Mengen wss. Salzsäure (*Jacobs*, *Gustus*, J. biol. Chem. **74** [1927] 829, 836).

Krystalle (aus Me.); F: 168—171°. [α]$_D$: +160° [Py.; c = 1].

IX   X

Oxocarbonsäuren $C_{30}H_{42}O_7$

13,18-Epoxy-12,19-dioxo-2,3-seco-13ξ,18ξ-olean-9(11)-en-2,3-disäure-dimethylester [1] $C_{32}H_{46}O_7$, Formel X (R = CH_3).

Über die Konstitution s. *J. Simonsen*, *W. C. J. Ross*, The Terpenes, Bd. 4 [Cambridge 1957] S. 239.

B. Bei der Behandlung von β-Amyradiendionoloxid (13,18-Epoxy 3β-hydroxy-13ξ,18ξ-olean-9(11)-en-12,19-dion [S. 1667]) mit Chrom(VI)-oxid, Essigsäure und wss. Schwefelsäure und Umsetzung der neben anderen Substanzen erhaltenen 13,18-Epoxy-12,19-dioxo-2,3-seco-13ξ,18ξ-olean-9(11)-en-2,3-disäure ($C_{30}H_{42}O_7$; Formel X [R = H]) mit Diazomethan (*Simpson*, Soc. **1939** 755, 758, 759; *Simpson*, *Morton*, Soc. **1943** 477, 485).

Krystalle (aus wss. Me.), F: 216,5—217,5° [unkorr.]; [α]$_D^{18}$: —31,7° [CHCl$_3$; c = 3] (*Simp.*).

Oxocarbonsäuren $C_nH_{2n-20}O_7$

Oxocarbonsäuren $C_{21}H_{22}O_7$

1,3-Dioxo-$\Delta^{7a,12a}$-tetradecahydro-cyclopenta[1,2]phenanthro[9,10-c]furan-8,9-dicarbon-säure-9-äthylester, $\Delta^{8(14),9}$-**Dodecahydro-cyclopenta[a]phenanthren-6,7,11,12-tetracarbon-säure-12-äthylester-6,7-anhydrid** $C_{23}H_{26}O_7$, Formel XI.

Diese Konstitution ist der nachstehend beschriebenen opt.-inakt. Verbindung zugeordnet worden (*Butz*, *Joshel*, Am. Soc. **63** [1941] 3344).

B. Beim Erwärmen von opt.-inakt. $\Delta^{8(14),9}$-Dodecahydro-cyclopenta[a]phenanthren-6,7,11,12-tetracarbonsäure-dianhydrid (F: 252—255°) mit Äthanol (*Butz*, *Jo.*, l. c. S. 3346).

Krystalle (aus A.), die bei 223—230° unter Gasentwicklung schmelzen.

Beim kurzen Erhitzen auf 250° ist $\Delta^{8(14),9}$-Dodecahydro-cyclopenta[a]phenanthren-6,7,11,12-tetracarbonsäure-dianhydrid (F: 252—255°) erhalten worden.

---

[1] Stellungsbezeichnung bei von Oleanan abgeleiteten Namen s. E III **5** 1341.

Oxocarbonsäuren $C_{25}H_{30}O_7$

9,11α-Epoxy-3,20-dioxo-5β,8-ätheno-pregnan-6β,7β-dicarbonsäure $C_{25}H_{30}O_7$, Formel XII
(R = H).

B. Beim Behandeln von 9,11α-Epoxy-3β-hydroxy-20-oxo-5β,8-ätheno-pregnan-6β,7β-di≠
carbonsäure mit Chrom(VI)-oxid und wasserhaltiger Essigsäure (*Upjohn Co.*, U.S.P.
2577778 [1950]).

Krystalle (aus wss. Lösung); F: 268—272°.

9,11α-Epoxy-3,20-dioxo-5β,8-ätheno-pregnan-6β,7β-dicarbonsäure-dimethylester
$C_{27}H_{34}O_7$, Formel XII (R = CH₃).

B. Beim Behandeln einer Suspension von 9,11α-Epoxy-3,20-dioxo-5β,8-ätheno-
pregnan-6β,7β-dicarbonsäure in Methanol mit Diazomethan in Dichlormethan (*Upjohn Co.*,
U.S.P. 2617801 [1950]).

Krystalle (aus wss. Me.); F: 215—220°.

XI   XII   XIII

Oxocarbonsäuren $C_nH_{2n-22}O_7$

**1,3-Dioxo-1*H*,3*H*-benz[*de*]isochromen-6,7-dicarbonsäure-bis-[*N*-äthyl-anilid], 4,5-Bis-
[äthyl-phenyl-carbamoyl]-naphthalin-1,8-dicarbonsäure-anhydrid** $C_{30}H_{24}N_2O_5$,
Formel XIII.

B. Beim Behandeln einer heissen Lösung von Acenaphthen-5,6-dicarbonsäure-bis-
[*N*-äthyl-anilid] in Essigsäure mit Natriumdichromat (*ICI*, U.S.P. 2088829 [1935];
D.R.P. 654559 [1935]; Frdl. **24** 969).

Hellgelbe Krystalle (aus A.); F: 206°.

Oxocarbonsäuren $C_nH_{2n-24}O_7$

Oxocarbonsäuren $C_{16}H_8O_7$

**5,7-Dioxo-5,7-dihydro-dibenz[*c,e*]oxepin-2,8-dicarbonsäure, Biphenyl-2,3,2′,5′-tetracarb≠
onsäure-2,2′-anhydrid** $C_{16}H_8O_7$, Formel I, und **[1,3-Dioxo-phthalan-4-yl]-terephthalsäure,
Biphenyl-2,3,2′,5′-tetracarbonsäure-2,3-anhydrid** $C_{16}H_8O_7$, Formel II.

Diese beiden Konstitutionsformeln kommen für die nachstehend beschriebene Verbindung in Betracht.

B. Beim Erhitzen von Biphenyl-2,3,2′,5′-tetracarbonsäure mit wss. Salpetersäure und
wenig Mangan(II)-nitrat (*Craig, Jacobs*, J. biol. Chem. **152** [1944] 651, 656).

Krystalle (aus Acn.); F: 338—340°.

Oxocarbonsäuren $C_{19}H_{14}O_7$

*Opt.-inakt. **[3-Benzoyl-2-oxo-chroman-4-yl]-cyan-essigsäure-amid, 2-Benzoyl-4-cyan-
3-[2-hydroxy-phenyl]-glutaramidsäure-lacton** $C_{19}H_{14}N_2O_4$, Formel III, und Tautomere.

B. Beim Erwärmen von 3-Benzoyl-cumarin mit Cyanessigsäure-amid und Äthanol in

Gegenwart von Piperidin (*Sastry, Seshadri*, Pr. Indian Acad. [A] **16** [1942] 29, 33) oder in Gegenwart eines basischen Ionenaustauschers (*Trivedi*, J. scient. ind. Res. India **18** B [1959] 397).

Hellgelbe Krystalle [aus Py.] (*Sa., Se.*; *Tr.*); F: 315° [Zers.; nach Sintern bei 308°] (*Sa., Se.*), 314° (*Tr.*).

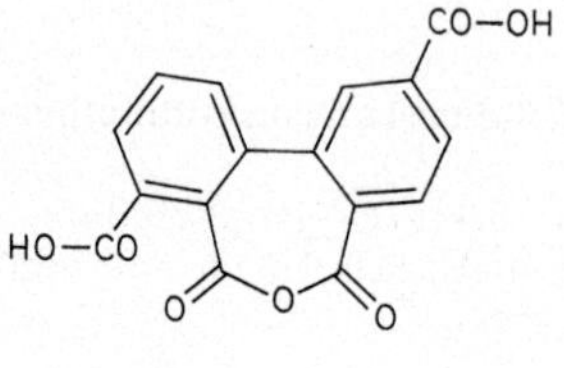

I

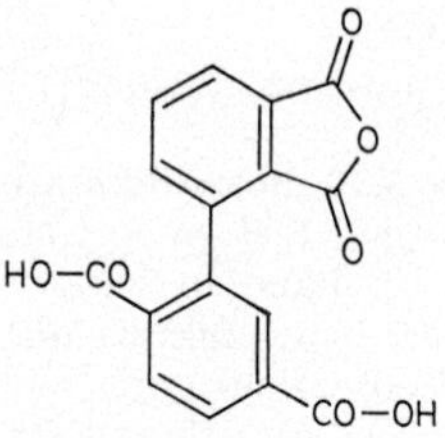

II

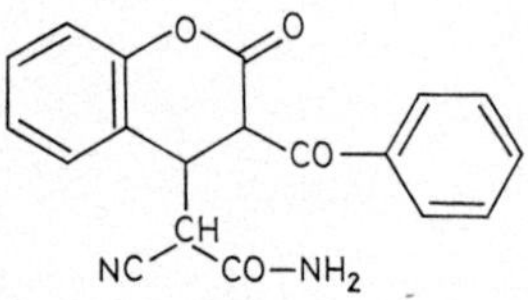

III

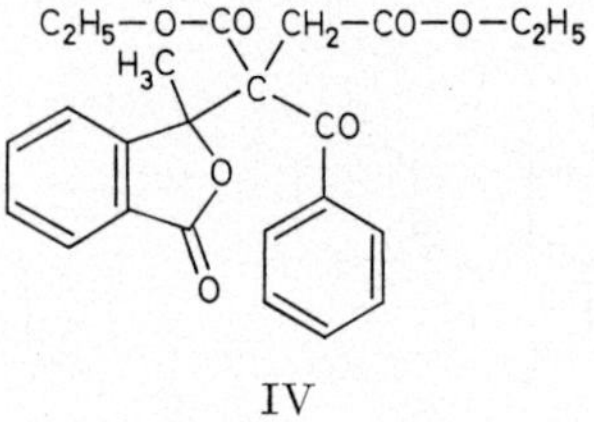

IV

Oxocarbonsäuren $C_{20}H_{16}O_7$

*Opt.-inakt. 2-Benzoyl-2-[1-methyl-3-oxo-phthalan-1-yl]-bernsteinsäure-diäthylester $C_{24}H_{24}O_7$, Formel IV.

B. Beim Behandeln von (±)-3-Chlor-3-methyl-phthalid mit der Natrium-Verbindung des Benzoylbernsteinsäure-diäthylesters in Benzol (*Matsui, Nishizawa*, Bl. agric. chem. Soc. Japan **23** [1959] 1).

Krystalle; F: 220—221°.

Oxocarbonsäuren $C_nH_{2n-26}O_7$

(±)-1,3-Dioxo-8-phenyl-(3ar,4ac,9ac)-1,3,3a,4,4a,5,6,7,9,9a-decahydro-4*t*,9*t*-ätheno-naphtho[2,3-*c*]furan-5*t*,6*t*-dicarbonsäure, (±)-8-Phenyl-(4a*r*)-1,2,3,4,4a,5,6,7-octahydro-1*t*,4*t*-ätheno-naphthalin-2*t*,3*t*,5*t*,6*t*-tetracarbonsäure-2,3-anhydrid $C_{22}H_{18}O_7$, Formel V + Spiegelbild, und (±)-1,3-Dioxo-5-phenyl-(3ar,9ac,9bc)-1,3,3a,4,6,7,8,9,9a,9b-deca=hydro-6*t*,9*t*-ätheno-naphtho[1,2-*c*]furan-7*t*,8*t*-dicarbonsäure, (±)-8-Phenyl-(4a*r*)-1,2,3,=4,4a,5,6,7-octahydro-1*t*,4*t*-ätheno-naphthalin-2*t*,3*t*,5*t*,6*t*-tetracarbonsäure-5,6-anhydrid $C_{22}H_{18}O_7$, Formel VI + Spiegelbild.

Diese beiden Formeln kommen für die nachstehend beschriebene Verbindung in Betracht.

B. Aus (±)-8-Phenyl-(4a*r*)-1,2,3,4,4a,5,6,7-octahydro-1*t*,4*t*-ätheno-naphthalin-2*t*,3*t*,5*t*,=6*t*-tetracarbonsäure-2,3;5,6-dianhydrid (bezüglich der Konstitution und Konfiguration dieser Verbindung vgl. *Alder, Schmitz-Josten*, A. **595** [1955] 1, 21) beim Erwärmen mit wss. Natronlauge, Ansäuern der Reaktionslösung mit wss. Salzsäure und weiterem Erwärmen sowie beim Erhitzen mit Essigsäure und konz. wss. Salzsäure (*Wagner-Jauregg*, A. **491** [1931] 1, 7, 8).

Krystalle; F: 277,5° [korr.; Zers.], 272,5—273,5° [aus Ameisensäure] (*Wa.-Ja.*).

Beim mehrtägigen Hydrieren an Platin in Essigsäure und Erhitzen des Reaktions-produkts in Acetanhydrid ist ein Dianhydrid $C_{22}H_{24}O_6$ (F: 279° [korr.; Zers.]) erhalten worden (*Wa.-Ja.*, l. c. S. 9).

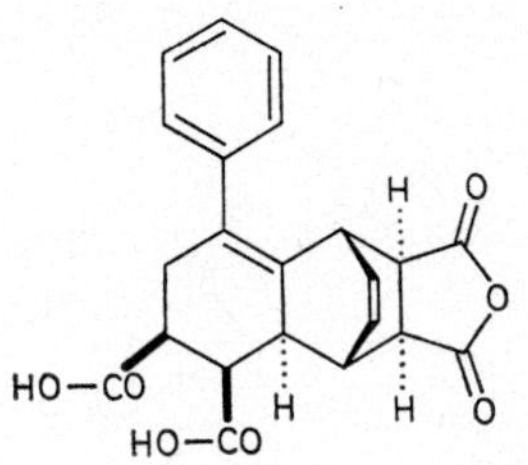

V 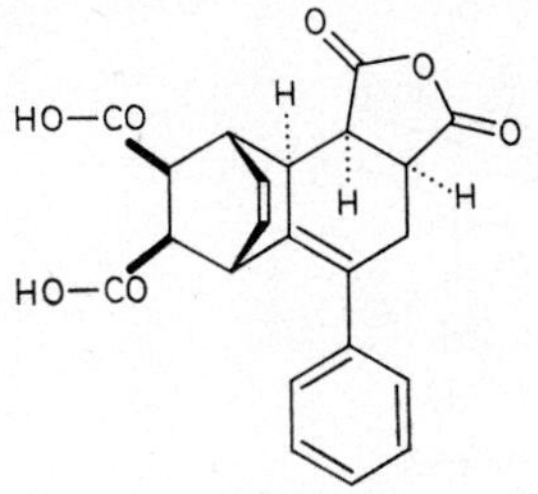   VI

Oxocarbonsäuren $C_n H_{2n-28} O_7$

Oxocarbonsäuren $C_{18}H_8O_7$

1,3-Dioxo-1,3-dihydro-phenanthro[9,10-c]furan-4,11-dicarbonsäure-dimethylester,
Phenanthren-1,8,9,10-tetracarbonsäure-9,10-anhydrid-1,8-dimethylester $C_{20}H_{12}O_7$,
Formel VII.

Diese Konstitution ist für die nachstehend beschriebene Verbindung in Betracht
gezogen worden (*Zinke*, M. **57** [1931] 405, 409, 418).

B. Beim Erwärmen von Phenanthren-1,8,9,10-tetracarbonsäure-1,10;8,9-dianhydrid
mit Methanol und konz. wss. Salzsäure (*Zi.*).

Krystalle (aus Me.); F: 225—227° [unkorr.].

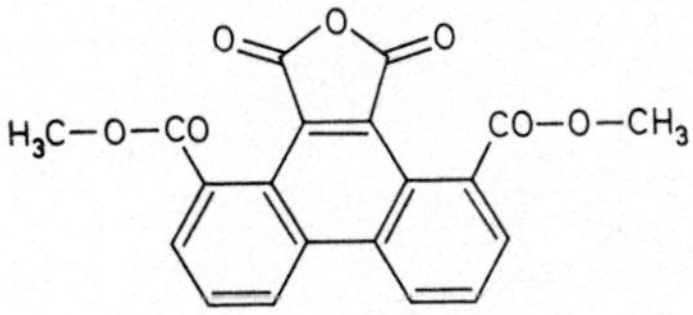

VII 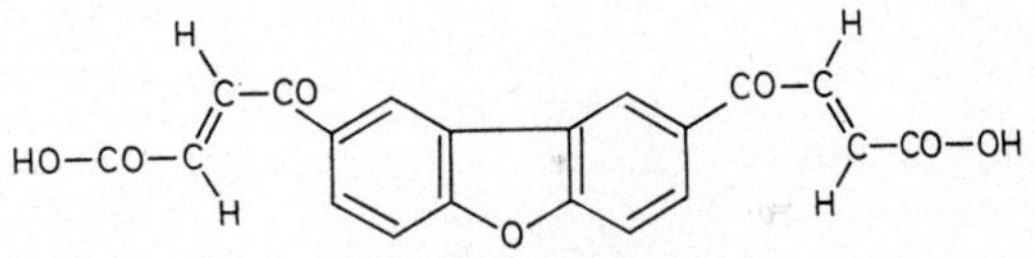   VIII

Oxocarbonsäuren $C_{20}H_{12}O_7$

2,8-Bis-[3t-carboxy-acryloyl]-dibenzofuran, 4,4'-Dioxo-4,4'-dibenzofuran-2,8-diyl-di-
***trans*-crotonsäure** $C_{20}H_{12}O_7$, Formel VIII.

Bezüglich der Konfigurationszuordnung vgl. die analog hergestellte 4-Oxo-4-phenyl-
trans-crotonsäure (E III **10** 3144).

B. Aus Dibenzofuran und Maleinsäure-anhydrid mit Hilfe von Aluminiumchlorid
(*Cramer et al.*, J. Am. pharm. Assoc. **37** [1948] 439, 444).

Krystalle; F: 222° [unkorr.].

Oxocarbonsäuren $C_{24}H_{20}O_7$

9,10-Bis-[2-carboxy-äthyl]-9,10,11,12-tetrahydro-9,10-furo[3,4]ätheno-anthracen-
13,15-dion, 9,10-Bis-[2-carboxy-äthyl]-9,10-dihydro-9,10-äthano-anthracen-
11r,12c-dicarbonsäure-anhydrid $C_{24}H_{20}O_7$, Formel IX.

Diese Konstitution kommt wahrscheinlich der nachstehend beschriebenen Verbindung
zu.

B. Beim Erhitzen von 9,10-Bis-[2-carboxy-äthyl]-anthracen mit Maleinsäure-anhydrid
in Nitrobenzol (*Postowškiǐ, Bednjagina*, Ž. obšč. Chim. **7** [1937] 2919, 2923; C. **1938** II
3920).

Krystalle; F: 305—306° [Block].

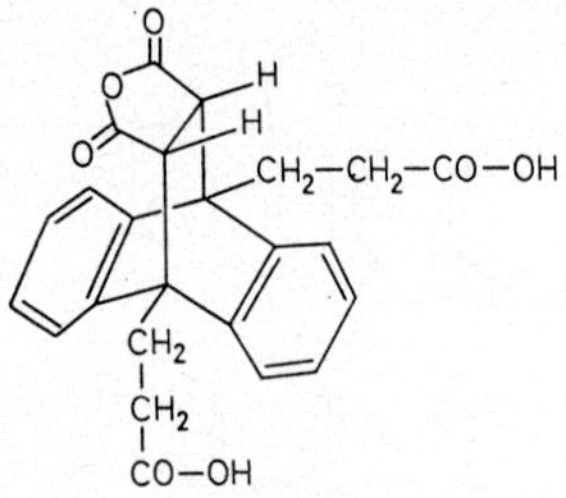

IX

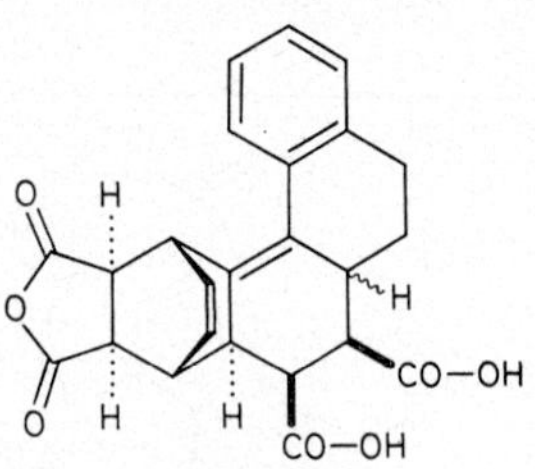

X

(±)-10,12-Dioxo-(6aξ,8ar,9ac,12ac)-5,6,6a,7,8,8a,9,9a,10,12,12a,13-dodecahydro-9t,13t-ätheno-benzo[5,6]phenanthro[2,3-c]furan-7t,8t-dicarbonsäure, (±)-(4ar,6aξ)-1,2,3,4,4a,5,6,6a,7,8-Decahydro-1t,4t-ätheno-benzo[c]phenanthren-2t,3t,5t,6t-tetracarbon=säure-2,3-anhydrid $C_{24}H_{20}O_7$, Formel X + Spiegelbild, und (±)-5,7-Dioxo-(4ar,4bc,=7ac,7bξ)-1,2,3,4,4a,4b,5,7,7a,7b,8,9-dodecahydro-1t,4t-ätheno-benzo[3,4]phenanthro=[1,2-c]furan-2t,3t-dicarbonsäure, (±)-(4ar,6aξ)-1,2,3,4,4a,5,6,6a,7,8-Decahydro-1t,4t-ätheno-benzo[c]phenanthren-2t,3t,5t,6t-tetracarbonsäure-5,6-anhydrid $C_{24}H_{20}O_7$, Formel XI + Spiegelbild.

Diese beiden Formeln kommen für die nachstehend beschriebene Verbindung in Betracht; bezüglich der Konfigurationszuordnung vgl. *Alder, Schmitz-Josten*, A. **595** [1955] 1, 15.

B. Beim Erhitzen von 4-Phenyl-1,2-dihydro-naphthalin mit Maleinsäure-anhydrid auf 160° und Erhitzen des Reaktionsprodukts mit Essigsäure (*Szmuszkovicz, Modest*, Am. Soc. **70** [1948] 2542; s. a. *Newman et al.*, Am. Soc. **75** [1953] 347).

Krystalle (aus Eg.), F: 315—316° [korr.; Zers.] (*Sz., Mo.*); Krystalle (aus Acn.), F: ca. 314° [unkorr.] (*Ne. et al.*).

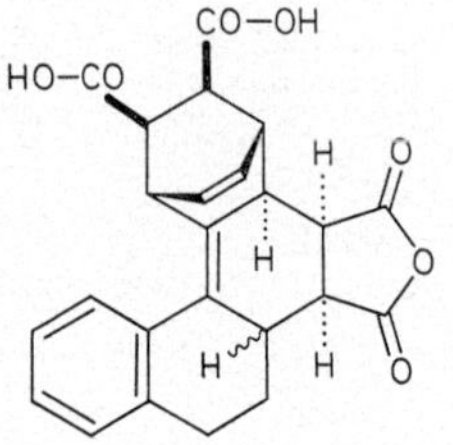

XI

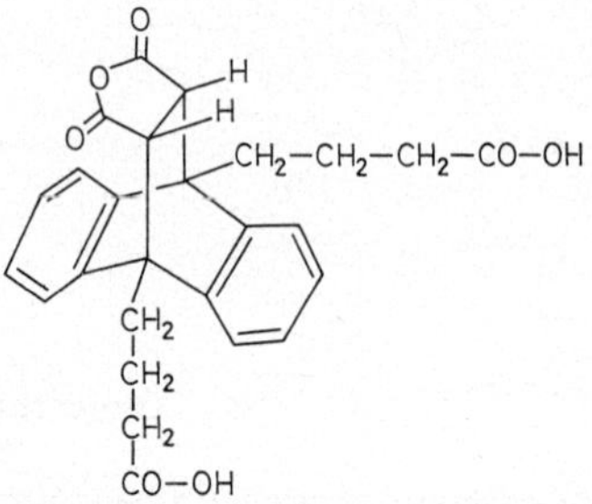

XII

Oxocarbonsäuren $C_{26}H_{24}O_7$

9,10-Bis-[3-carboxy-propyl]-9,10,11,12-tetrahydro-9,10-furo[3,4]ätheno-anthracen-13,15-dion, 9,10-Bis-[3-carboxy-propyl]-9,10-dihydro-9,10-äthano-anthr=acen-11r,12c-dicarbonsäure-anhydrid $C_{26}H_{24}O_7$, Formel XII.

Diese Konstitutionsformel kommt wahrscheinlich der nachstehend beschriebenen Verbindung zu.

B. Beim Erhitzen von 9,10-Bis-[3-carboxy-propyl]-anthracen mit Maleinsäure-anhydrid (*Beyer*, B. **70** [1937] 1101, 1113).

Krystalle (aus Eg. + HCl); F: 283—285° [Zers.].

Dimethylester $C_{28}H_{28}O_7$; wahrscheinlich 9,10-Bis-[3-methoxycarbonyl-prop=yl]-9,10-dihydro-9,10-äthano-anthracen-11r,12c-dicarbonsäure-anhydrid (mit Hilfe von Chlorwasserstoff enthaltendem Methanol hergestellt). Krystalle (aus Me.); F: 187—189° [nach Sintern bei 170°]. [*G. Grimm*]

5. Oxocarbonsäuren mit acht Sauerstoff-Atomen

Oxocarbonsäuren $C_nH_{2n-8}O_8$

Oxocarbonsäuren $C_7H_6O_8$

*Opt.-inakt. 5-Oxo-tetrahydro-furan-2,3,4-tricarbonsäure, 3-Hydroxy-propan-1,1,2,3-tetracarbonsäure-1-lacton $C_7H_6O_8$, Formel I (R = H).
B. Beim Erwärmen von opt.-inakt. 5-Oxo-tetrahydro-furan-2,3,4-tricarbonsäure-triäthylester (Kp$_{10}$: 202°) mit Bariumhydroxid in Wasser (*Loginow*, Trudy Vorošilovsk. pedagog. Inst. **2** [1940] 213, 221; C. A. **1943** 4364).
Amorph, hygroskopisch; bei ca. 58−60° schmelzend.
Barium-Salz $Ba_3C_{14}H_6O_{16}$: *Lo.*

*Opt.-inakt. 5-Oxo-tetrahydro-furan-2,3,4-tricarbonsäure-trimethylester, 3-Hydroxy-propan-1,1,2,3-tetracarbonsäure-1-lacton-1,2,3-trimethylester $C_{10}H_{12}O_8$, Formel I (R = CH$_3$).
B. Beim Behandeln von Malonsäure-dimethylester mit Natriummethylat in Methanol und anschliessend mit *trans*-Oxiran-2,3-dicarbonsäure-dimethylester (*Loginow*, Trudy Vorošilovsk. pedagog. Inst. **2** [1940] 213, 219; C. A. **1943** 4364).
Kp$_{15}$: 212−214°.

*Opt.-inakt. 5-Oxo-tetrahydro-furan-2,3,4-tricarbonsäure-triäthylester, 3-Hydroxy-propan-1,1,2,3-tetracarbonsäure-1,2,3-triäthylester-1-lacton $C_{13}H_{18}O_8$, Formel I (R = C$_2$H$_5$).
B. Beim Behandeln von Malonsäure-diäthylester mit Natriumäthylat in Äthanol und anschliessend mit *trans*-Oxiran-2,3-dicarbonsäure-dimethylester (*Loginow*, Trudy Vorošilovsk. pedagog. Inst. **2** [1940] 213, 216; C. A. **1943** 4364).
Kp$_{10}$: 202°; D$_4^{20}$: 1,2180; n$_D^{20}$: 1,4534 (*Lo.*, l. c. S. 220).

I   II   III   IV

Oxocarbonsäuren $C_8H_8O_8$

2-Carboxymethyl-5-oxo-tetrahydro-furan-2,3-dicarbonsäure, 2-Hydroxy-butan-1,2,3,4-tetracarbonsäure-4-lacton $C_8H_8O_8$, Formel II (R = H).

a) Opt.-inakt. Isomeres vom F: 197°.
B. Beim Erwärmen von opt.-inakt. 2-Methoxycarbonylmethyl-5-oxo-tetrahydro-furan-2,3-dicarbonsäure-dimethylester vom F: 106° mit Methanol und wss. Salzsäure (*Mayer et al.*, B. **86** [1953] 488, 494).
Krystalle (aus Eg.); F: 196−197° [Zers.].

b) Opt.-inakt. Isomeres vom F: 180°.
B. Neben anderen Verbindungen beim Erwärmen von opt.-inakt. 2-Methoxycarbonylmethyl-5-oxo-tetrahydro-furan-2,3-dicarbonsäure-dimethylester vom F: 115° mit wss. Natronlauge (*Mayer et al.*, B. **86** [1953] 488, 493).
Krystalle (aus Eg.); F: 178−180° [Zers.].

*Opt.-inakt. 2-Carboxymethyl-5-oxo-tetrahydro-furan-2,3-dicarbonsäure-2(?)-methyl=
ester, 2-Hydroxy-butan-1,2,3,4-tetracarbonsäure-4-lacton-2(?)-methylester $C_9H_{10}O_8$,
vermutlich Formel III.
  Über die Konstitution s. *Mayer et al.*, B. **86** [1953] 488, 490.
  B. Beim Erwärmen von opt.-inakt. 2-Methoxycarbonylmethyl-5-oxo-tetrahydro-furan-
2,3-dicarbonsäure-dimethylester vom F: 115° mit Methanol und mit wss. Salzsäure
(*Ma. et al.*, l. c. S. 494).
  Krystalle (aus Me. + E. oder aus Acn. + $CHCl_3$); F: 192—196° [Zers.; nach Sintern
bei 185°].

2-Methoxycarbonylmethyl-5-oxo-tetrahydro-furan-2,3-dicarbonsäure-dimethylester,
2-Hydroxy-butan-1,2,3,4-tetracarbonsäure-4-lacton-1,2,3-trimethylester $C_{11}H_{14}O_8$,
Formel II (R = CH_3).
  a) Opt.-inakt. Isomeres vom F: 115°.
  B. Neben dem unter b) beschriebenen Isomeren beim Behandeln von 3-Oxo-butan-
1,2,4-tricarbonsäure-trimethylester mit Cyanwasserstoff und wss. Kaliumcarbonat-
Lösung, Versetzen einer Lösung des Reaktionsprodukts in Äther mit konz. wss. Salzsäure
und Behandeln des danach isolierten Reaktionsprodukts mit Diazomethan in Äther
(*Mayer et al.*, B. **86** [1953] 488, 491).
  Krystalle (aus Me.); F: 113—115°.

  b) Opt.-inakt. Isomeres vom F: 106°.
  B. s. bei dem unter a) beschriebenen Isomeren.
  Krystalle (aus Me.); F: 104—106° (*Mayer et al.*, B. **86** [1953] 488, 491).
  Beim Erwärmen mit wss. Natronlauge sind 2-Carboxymethyl-5-oxo-tetrahydro-furan-
2,3-dicarbonsäure (F: 197°) sowie kleine Mengen But-1(?)-en-1,2,3,4-tetracarbonsäure
(F: 216—218°) und einer Verbindung $C_8H_6O_7$ vom F: 152—154° [Zers.] erhalten worden.

*(+)-4-Carboxymethyl-5-oxo-tetrahydro-furan-2,3-dicarbonsäure, (+)-1-Hydroxy-butan-
1,2,3,4-tetracarbonsäure-3-lacton $C_8H_8O_8$, Formel IV (X = OH).
  B. Beim Erhitzen des im folgenden Artikel beschriebenen Trimethylesters mit wss.
Natronlauge und Behandeln des erhaltenen Natrium-Salzes der 1-Hydroxy-butan-
1,2,3,4-tetracarbonsäure mit wss. Salzsäure (*Schmidt, Mayer*, A. **571** [1951] 1, 12).
  Hygroskopische Krystalle (aus Ae.), die zwischen 200° und 207° [unkorr.] unter
Zersetzung schmelzen. $[\alpha]_D^{20}$: +104,9° (nach 15 min) → +85,9° (nach 14 d) [W.].

*(+)-4-Methoxycarbonylmethyl-5-oxo-tetrahydro-furan-2,3-dicarbonsäure-dimethyl=
ester, (±)-1-Hydroxy-butan-1,2,3,4-tetracarbonsäure-3-lacton-1,2,4-trimethylester
$C_{11}H_{14}O_8$, Formel IV (X = O-CH_3).
  B. Beim Behandeln von (+)(Ξ)-[(3Ξ)-3r-Carboxy-5,6,7-trimethoxy-1-oxo-isochroman-
4c-yl]-bernsteinsäure ($[\alpha]_D^{20}$: +37,4° [W.]; aus Chebulinsäure hergestellt) mit wss. Schwe=
felsäure und wss. Kaliumpermanganat-Lösung und Behandeln des Reaktionsprodukts
mit Diazomethan in Äther (*Schmidt, Mayer*, A. **571** [1951] 1, 11).
  Krystalle (aus heissem Wasser, aus Aceton + Wasser oder aus Benzol + Cyclohexan);
F: 81—82°. $Kp_{0,02}$: 150—153°. $[\alpha]_D^{20}$: +117,5° [Me.].

*Opt.-inakt. 4-Äthoxycarbonylmethyl-5-oxo-tetrahydro-furan-2,3-dicarbonsäure-diäthyl=
ester, 1-Hydroxy-butan-1,2,3,4-tetracarbonsäure-1,2,4-triäthylester-3-lacton $C_{14}H_{20}O_8$,
Formel IV (X = O-C_2H_5).
  B. Bei der Hydrierung von (±)-1-Oxo-butan-1,2,3,4-tetracarbonsäure-tetraäthylester
an Raney-Nickel in Äthanol bei 100°/100 at (*Haworth, de Silva*, Soc. **1954** 3611, 3615).
  $Kp_{0,3}$: 176—178°.

4-Carbamoylmethyl-5-oxo-tetrahydro-furan-2,3-dicarbonsäure-diamid, 3,4-Dicarbamoyl-
2-carbamoylmethyl-4-hydroxy-buttersäure-lacton $C_8H_{11}N_3O_5$, Formel IV (X = NH_2).
  a) Opt.-akt. Isomeres vom F: 216°.
  B. Neben 1-Hydroxy-butan-1,2,3,4-tetracarbonsäure-tetraamid (F: 211°) bei 5-tägigem
Behandeln von (+)-4-Methoxycarbonylmethyl-5-oxo-tetrahydro-furan-2,3-dicarbonsäure-

dimethylester ([α]$_D^{20}$: +117,5° [Me.]) [S. 6238] mit Ammoniak in Methanol und anschliessendem Erwärmen (*Schmidt, Mayer*, A. **571** [1951] 1, 13).

Krystalle (aus wss. A.); F: 216° [unkorr.; Zers.].

    b) Opt.-inakt. Isomeres vom F: 245°.

B. Bei 4-tägigem Behandeln von opt.-inakt. 4-Äthoxycarbonylmethyl-5-oxo-tetra=
hydro-furan-2,3-dicarbonsäure-diäthylester (Kp$_{0,3}$: 176—178°) mit Ammoniak in Meth=
anol und anschliessendem Erwärmen (*Haworth, de Silva*, Soc. **1954** 3611, 3615).

Krystalle (aus W.); F: 244—245° [Zers.].

Oxocarbonsäuren C$_{11}$H$_{14}$O$_8$

*Opt.-inakt. [3-Methoxycarbonyl-6,6-dimethyl-2-oxo-tetrahydro-pyran-4-yl]-malonsäure-
dimethylester, 2-[β-Hydroxy-isobutyl]-propan-1,1,3,3-tetracarbonsäure-lacton-trimethyl=
ester C$_{14}$H$_{20}$O$_8$, Formel V.

B. Beim Behandeln einer Lösung von 2-[2-Methyl-propenyl]-propan-1,1,3,3-tetracarb=
onsäure-tetramethylester in Tetrachlormethan mit Bromwasserstoff und mehrtägigen
Aufbewahren des vom Tetrachlormethan befreiten Reaktionsgemisches (*Reid, Sause*,
Soc. **1954** 516, 520).

Krystalle (aus Bzl. + Hexan); F: 76—77°.

Beim Behandeln mit Bromwasserstoff und Methanol sind Malonsäure-dimethylester
und [3-Methyl-but-2-enyliden]-malonsäure-dimethylester erhalten worden.

               V   VI

(±)-[3-(2-Äthoxycarbonyl-3-oxo-tetrahydro-[2]thienyl)-propyl]-malonsäure-diäthylester
C$_{17}$H$_{26}$O$_7$S, Formel VI.

B. Beim Erhitzen von (±)-3-Oxo-tetrahydro-thiophen-2-carbonsäure-äthylester mit
[3-Jod-propyl]-malonsäure-diäthylester und Natriumäthylat in Äthanol (*Roche Prod.
Ltd.*, U.S.P. 2399974 [1943]).

Öl; bei 170—180°/0,2 Torr destillierbar [Präparat von ungewisser Einheitlichkeit].

Oxocarbonsäuren C$_n$H$_{2n-10}$O$_8$

Oxocarbonsäuren C$_7$H$_4$O$_8$

2,6-Bis-äthoxycarbonylimino-4-oxo-tetrahydro-thiopyran-3,5-dicarbonsäure-diäthylester
C$_{17}$H$_{22}$N$_2$O$_9$S, Formel VII (R = C$_2$H$_5$), und Tautomere (z. B. 2,6-Bis-äthoxycarbonyl=
amino-4-oxo-4H-thiopyran-3,5-dicarbonsäure-diäthylester).

B. Beim Behandeln von Thiocarbonylcarbamidsäure-äthylester mit Toluol und der
Natrium-Verbindung des 3-Oxo-glutarsäure-diäthylesters in Äther (*Gosh*, J. Indian chem.
Soc. **12** [1935] 692, 698).

Krystalle (aus Bzl. + PAe.); F: 122—123°.

      VII   VIII   IX   X

4-Oxo-2,6-dithioxo-tetrahydro-thiopyran-3,5-dicarbonsäure-diäthylester $C_{11}H_{12}O_5S_3$,
Formel VIII (R = C_2H_5), und Tautomere (**2,6-Dimercapto-4-oxo-4H-thiopyran-3,5-dicarbonsäure-diäthylester** [Formel IX (R = C_2H_5)] und **4-Hydroxy-6-mercapto-2-thioxo-2H-thiopyran-3,5-dicarbonsäure-diäthylester** [Formel X (R = C_2H_5)]) (H 510).

In den Krystallen liegt nach Ausweis des IR-Spektrums 4-Hydroxy-6-mercapto-2-thioxo-2H-thiopyran-3,5-dicarbonsäure-diäthylester vor (*Schönberg, v. Ardenne*, B. **99** [1966] 3327).

B. Beim Behandeln von 3-Oxo-glutarsäure-diäthylester mit Schwefelkohlenstoff und Kaliumhydroxid (*Arndt, Bekir*, B. **63** [1930] 2393, 2396).

Orangefarbene Krystalle (aus CHCl$_3$ + PAe.), F: 134° (*Sch., v. Ar.*); F: 131—132° (*Ar., Be.*).

Oxocarbonsäuren C$_9$H$_8$O$_8$

(±)-[2-Methoxycarbonyl-4-methyl-5-oxo-2,5-dihydro-[2]furyl]-malonsäure, (±)-2-Hydroxy-pent-3-en-1,1,2,4-tetracarbonsäure-4-lacton-2-methylester $C_{10}H_{10}O_8$, Formel XI (R = H).

B. Beim Erwärmen von (±)-[2-Methoxycarbonyl-4-methyl-5-oxo-2,5-dihydro-[2]furyl]-malonsäure-dimethylester mit wss. Kalilauge (*Baker, Laufer*, Soc. **1937** 1342, 1346).

Krystalle (aus Ae. + CHCl$_3$); F: 145° [Zers.].

(±)-[2-Methoxycarbonyl-4-methyl-5-oxo-2,5-dihydro-[2]furyl]-malonsäure-dimethylester, (±)-2-Hydroxy-pent-3-en-1,1,2,4-tetracarbonsäure-4-lacton-1,1,2-trimethylester $C_{12}H_{14}O_8$, Formel XI (R = CH$_3$).

B. Beim Erwärmen von Malonsäure-dimethylester mit Brenztraubensäure-methylester (1 Mol) und Zinkchlorid (*Baker, Laufer*, Soc. **1937** 1342, 1345).

Krystalle (aus wss. A.); F: 119°.

Hydrierung an Platin in Äthanol (Bildung von 2-Hydroxy-pentan-1,1,2,4-tetracarbonsäure-4-äthylester-1,1,2-trimethylester): *Ba., La.* Beim Erwärmen mit konz. wss. Salzsäure sind [4-Methyl-5-oxo-2,5-dihydro-[2]furyl]-essigsäure und 2-Methyl-4-oxo-valeriansäure, beim Erwärmen mit Bariumhydroxid in Wasser und Behandeln des Reaktionsprodukts mit konz. wss. Salzsäure ist [4-Methyl-5-oxo-2,5-dihydro-[2]furyl]-malonsäure erhalten worden.

XI   XII

Oxocarbonsäuren C$_{14}$H$_{18}$O$_8$

(1S)-8anti-[2-Methoxycarbonyl-äthyl]-5-methoxycarbonylmethyl-8syn-methyl-7-oxo-6-oxa-bicyclo[3.2.1]octan-4endo-carbonsäure-methylester, (1R)-2c-Hydroxy-3c-[2-methoxycarbonyl-äthyl]-2t-methoxycarbonylmethyl-3t-methyl-cyclohexan-1r,4c-dicarbonsäure-4-lacton-1-methylester $C_{17}H_{24}O_8$, Formel XII.

B. Beim Erwärmen von Cevin ((22S,25S)-4α,9-Epoxy-5β-cevan-3α,4β,12,14,16β,17,20-heptaol; über die Konfiguration dieser Verbindung s. *Kupchan et al.*, Tetrahedron **7** [1959] 47) mit Chrom(VI)-oxid und wss. Schwefelsäure und Behandeln der sauren Anteile des Reaktionsprodukts mit Diazomethan in Äther (*Gautschi et al.*, Helv. **37** [1954] 2280, 2291; s. a. *Craig, Jacobs*, J. biol. Chem. **141** [1941] 253, 260, 265).

$Kp_{0,07}$: 187—189°; $[\alpha]_D^{22}$: −15,3° [Acn.; c = 2] (*Ga. et al.*). IR-Spektrum (CS$_2$; 2—16 μ): *Ga. et al.*, l. c. S. 2284.

Beim Erwärmen in äthanol. Natronlauge ist Decevinsäure (S. 6168) erhalten worden (*Ga. et al.*).

Oxoxarbonsäuren $C_nH_{2n-12}O_8$

Oxocarbonsäuren $C_8H_4O_8$

**4-[($\varXi$)-Methoxycarbonylmethylen]-5-oxo-4,5-dihydro-furan-2,3-dicarbonsäure-dimethyl=
ester, 1c-Hydroxy-buta-1,3-dien-1t,2,3,4ξ-tetracarbonsäure-3-lacton-1,2,4-trimethylester**
$C_{11}H_{10}O_8$, Formel I.
Diese Konstitution kommt wahrscheinlich der nachstehend beschriebenen Verbindung
zu.

B. Beim Behandeln von Butindisäure-dimethylester mit Methanol, Pyridin und Essig=
säure und Erhitzen des Reaktionsprodukts (F: 155—156°) unter vermindertem Druck
bis auf 210° (*Diels, Kock*, A. **556** [1944] 38, 46).
Krystalle (aus Me.); F: 129—130°.
Beim Erwärmen mit wss. Kalilauge sind Oxalsäure und Propen-1t,2,3-tricarbonsäure
erhalten worden.

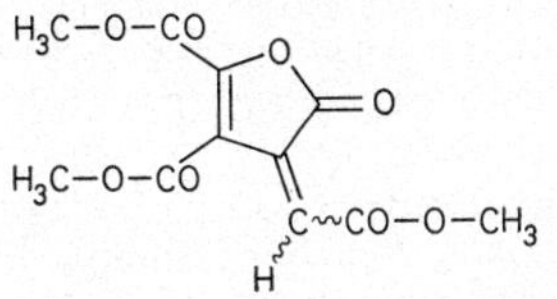

I 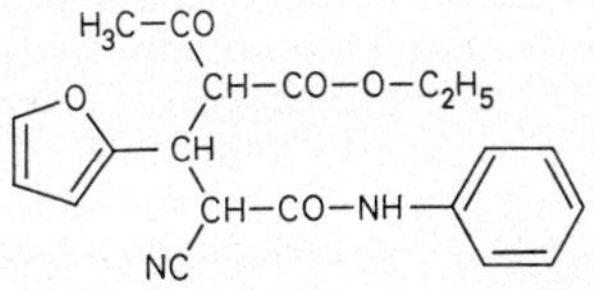   II

Oxocarbonsäuren $C_{12}H_{12}O_8$

*Opt.-inakt. 2-Acetyl-4-cyan-3-[2]furyl-N-phenyl-glutaramidsäure-äthylester
$C_{20}H_{20}N_2O_5$, Formel II, und Tautomeres (4-Cyan-3-[2]furyl-2-[1-hydroxy-äthyl=
iden]-N-phenyl-glutaramidsäure-äthylester).
B. Beim Erwärmen von Furfural mit Cyanessigsäure-anilid, Acetessigsäure-äthylester,
Äthanol und Piperidin (*Hoffmann-La Roche*, Schweiz.P. 221159 [1940]).
Gelbliche Krystalle (aus Eg.); F: 181°.

Oxocarbonsäuren $C_{13}H_{14}O_8$

**2,2-Bis-[2-Cyan-äthyl]-3-[2]furyl-3-oxo-propionsäure-äthylester, 4-Cyan-2-[2-cyan-
äthyl]-2-[furan-2-carbonyl]-buttersäure-äthylester** $C_{15}H_{16}N_2O_4$, Formel III.
B. Beim Behandeln eines Gemisches von 3-[2]Furyl-3-oxo-propionsäure-äthylester,
tert-Butylalkohol und wss. Benzyl-trimethyl-ammonium-hydroxid-Lösung mit Acrylo=
nitril (*Zellars, Levine*, J. org. Chem. **13** [1948] 911, 913, 914).
Krystalle (aus A.); F: 91—91,5°.

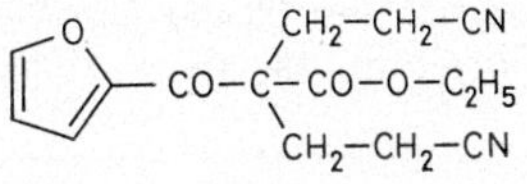

III 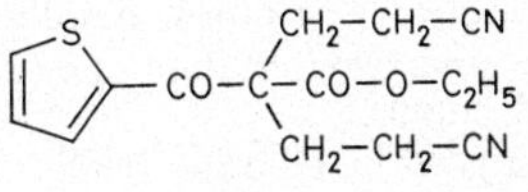   IV

**2,2-Bis-[2-Cyan-äthyl]-3-oxo-3-[2]thienyl-propionsäure-äthylester, 4-Cyan-2-[2-cyan-
äthyl]-2-[thiophen-2-carbonyl]-buttersäure-äthylester** $C_{15}H_{16}N_2O_3S$, Formel IV.
B. Beim Behandeln eines Gemisches von 3-Oxo-3-[2]thienyl-propionsäure-äthylester,
tert-Butylalkohol und wss. Benzyl-trimethyl-ammonium-hydroxid-Lösung mit Acrylo=
nitril (*Zellars, Levine*, J. org. Chem. **13** [1948] 911, 913, 914).
Krystalle (aus A.); F: 100,5—101°.

Oxocarbonsäuren $C_{15}H_{18}O_8$

4-[2-Cyan-äthyl]-4-[furan-2-carbonyl]-heptandinitril $C_{15}H_{15}N_3O_2$, Formel V.
B. Beim Behandeln eines Gemisches von 1-[2]Furyl-äthanon, *tert*-Butylalkohol und

wss. Benzyl-trimethyl-ammonium-hydroxid-Lösung mit Acrylonitril (*Bruson, Riener,* Am. Soc. **70** [1948] 214; s. a. *Zellars, Levine,* J. org. Chem. **13** [1948] 911, 912, 914). Krystalle (aus A.); F: 121—122° [unkorr.] (*Br., Ri.*), 120—121° (*Ze., Le.*).

$$\begin{array}{cc} \text{V} & \text{VI} \end{array}$$

4-[2-Carboxy-äthyl]-4-[thiophen-2-carbonyl]-heptandisäure $C_{15}H_{18}O_7S$, Formel VI.

B. Beim Erwärmen von 4-[2-Cyan-äthyl]-4-[thiophen-2-carbonyl]-heptandinitril mit wss. Natronlauge (*Bruson, Riener,* Am. Soc. **70** [1948] 214).

Krystalle (aus Nitromethan); F: 183—184° [unkorr.].

4-[2-Cyan-äthyl]-4-[thiophen-2-carbonyl]-heptandinitril $C_{15}H_{15}N_3OS$, Formel VII.

B. Beim Behandeln eines Gemisches von 1-[2]Thienyl-äthanon, *tert*-Butylalkohol und wss. Benzyl-trimethyl-ammonium-hydroxid-Lösung mit Acrylonitril (*Bruson, Riener,* Am. Soc. **70** [1948] 214; s. a. *Zellars, Levine,* J. org. Chem. **13** [1948] 911, 912, 914).

Krystalle (aus A.); F: 146—147° [unkorr.] (*Br., Ri.*), 145—146° (*Ze., Le.*).

4-[2-Carboxy-äthyl]-4-[selenophen-2-carbonyl]-heptandisäure $C_{15}H_{18}O_7Se$, Formel VIII.

B. Beim Erwärmen von 4-[2-Cyan-äthyl]-4-[selenophen-2-carbonyl]-heptandinitril mit wss. Natronlauge (*Jur'ew et al.,* Ž. obšč. Chim. **28** [1958] 3036, 3039; engl. Ausg. S. 3066, 3069).

Krystalle (aus W.); F: 165—165,5°.

$$\begin{array}{ccc} \text{VII} & \text{VIII} & \text{IX} \end{array}$$

4-[2-Cyan-äthyl]-4-[selenophen-2-carbonyl]-heptandinitril $C_{15}H_{15}N_3OSe$, Formel IX.

B. Beim Behandeln eines Gemisches von 1-Selenophen-2-yl-äthanon, *tert*-Butylalkohol und äthanol. Kalilauge mit Acrylonitril (*Jur'ew et al.,* Ž. obšč. Chim. **28** [1958] 3036, 3039; engl. Ausg. S. 3066, 3068).

Krystalle (aus *sec*-Butylalkohol); F: 138—139°.

Oxocarbonsäuren $C_{16}H_{20}O_8$

4-[2-Carboxy-äthyl]-4-[3-methyl-selenophen-2-carbonyl]-heptandisäure $C_{16}H_{20}O_7Se$, Formel X.

B. Beim Behandeln eines Gemisches von 1-[3-Methyl-selenophen-2-yl]-äthanon, *tert*-Butylalkohol und äthanol. Kalilauge mit Acrylonitril und Erwärmen des Reaktions-produkts mit wss. Natronlauge (*Jur'ew et al.,* Ž. obšč. Chim. **28** [1958] 3036, 3040; engl. Ausg. S. 3066, 3069).

Krystalle (aus W.); F: 179—180°.

$$\begin{array}{cc} \text{X} & \text{XI} \end{array}$$

4-[2-Cyan-äthyl]-4-[5-methyl-furan-2-carbonyl]-heptandinitril $C_{16}H_{17}N_3O_2$, Formel XI.

B. Beim Behandeln eines Gemisches von 1-[5-Methyl-[2]furyl]-äthanon, *tert*-Butyl-alkohol und wss. Benzyl-trimethyl-ammonium-hydroxid-Lösung mit Acrylonitril (*Acara. Levine,* Am. Soc. **72** [1950] 2864).

Krystalle (aus A.); F: 177—177,7°.

Oxocarbonsäuren $C_{17}H_{22}O_8$

4-[2-Cyan-äthyl]-4-[2,5-dimethyl-furan-3-carbonyl]-heptandinitril $C_{17}H_{19}N_3O_2$, Formel XII.

B. Beim Behandeln eines Gemisches von 1-[2,5-Dimethyl-[3]furyl]-äthanon, *tert*-Butyl≈ alkohol und wss. Benzyl-trimethyl-ammonium-hydroxid-Lösung mit Acrylnitril (*Acara*, *Levine*, Am. Soc. **72** [1950] 2864).

Krystalle (aus A.); F: 169,5—170°.

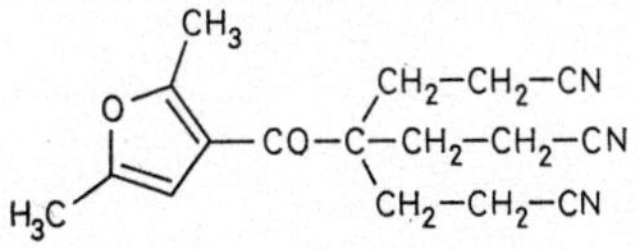

XII 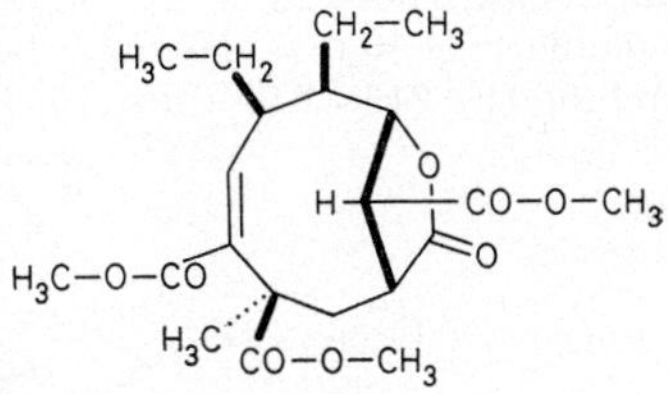   XIII

Oxocarbonsäuren $C_{18}H_{24}O_8$

(1*R***)-6***exo*,**7***exo*-**Diäthyl-3***endo*-**methyl-10-oxo-9-oxa-bicyclo[6.2.1]undec-4-en-3***exo*,**4,11***anti*-**tricarbonsäure-trimethylester, (1***S***)-7***t*,**8***t*-**Diäthyl-9***c*-**hydroxy-4***c*-**methyl-cyclonon-5-en-1***r*,**2***c*,**4***t*,**5-tetracarbonsäure-2-lacton-1,4,5-trimethylester** $C_{21}H_{30}O_8$, Formel XIII.

B. Neben Dihydroglauconsäure-monomethylester (F: 201°) beim Erwärmen von Di≈ hydroglauconsäure   ((1*S*)-7*t*,8*t*-Diäthyl-9*c*-hydroxy-4*c*-methyl-cyclonon-5-en-1*r*,2*c*,4*t*,5-tetracarbonsäure-4,5-anhydrid-2-lacton; über die Konfiguration dieser Verbindung s. *Barton*, *Sutherland*, Soc. **1965** 1769) mit wss. Kalilauge und anschliessenden Behandeln mit Dimethylsulfat (*Kraft*, A. **530** [1937] 20, 32).

Krystalle (aus wss. A.); F: 112°.

Oxocarbonsäuren $C_nH_{2n-14}O_8$

Oxocarbonsäuren $C_{22}H_{30}O_8$

14-Hydroxy-3,5-seco-*A*,**24-dinor-14***β*,**20***β*$_F$**(?)***H*-**cholan-3,19,21,23-tetrasäure-21-lacton-19,23-dimethylester** $C_{24}H_{34}O_8$, vermutlich Formel I (X = OH).

Diese Konstitution und Konfiguration kommt dem nachstehend beschriebenen **Undephanthantrisäure-dimethylester** zu.

B. Bei der Hydrierung von 5,14-Dihydroxy-3,5-seco-*A*,24-dinor-14*β*,20*β*$_F$(?)*H*-chol-5-en-3,19,21,23-tetrasäure-3→5;21→14-dilacton-19,23-dimethylester (F: 199°) an Platin in Essigsäure (*Jacobs*, *Elderfield*, J. biol. Chem. **102** [1933] 237, 244).

Krystalle (aus wss. Acn.); F: 201°.

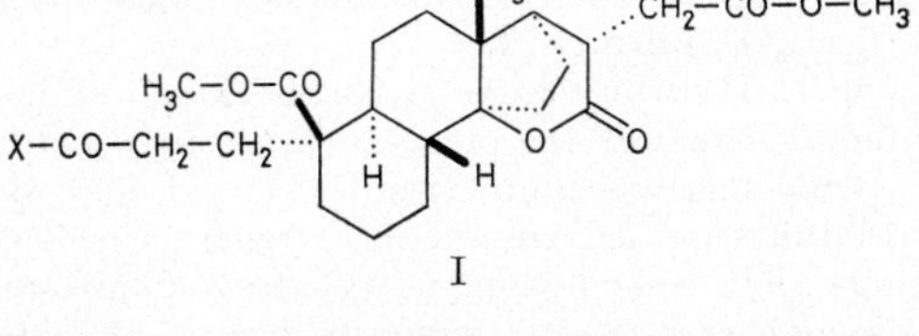

I

14-Hydroxy-3,5-seco-*A*,**24-dinor-14***β*,**20***β*$_F$**(?)***H*-**cholan-3,19,21,23-tetrasäure-3-amid-21-lacton-19,23-dimethylester** $C_{24}H_{35}NO_7$, vermutlich Formel I (X = NH$_2$).

B. Beim Behandeln der im vorangehenden Artikel beschriebenen Verbindung mit Thionylchlorid und Behandeln einer Lösung des Reaktionsprodukts in Chloroform mit Ammoniak (*Jacobs*, *Elderfield*, J. biol. Chem. **102** [1933] 237, 245).

Krystalle (aus wss. Acn.); F: 205° [nach Erweichen bei 110—115°].

Oxocarbonsäuren $C_{26}H_{38}O_8$

(*R*)-2-[(4a*S*)-1*t*-Carboxy-1*c*,6,6,10a-tetramethyl-11-oxo-(4b*t*,10a*t*)-decahydro-4a*r*,8a*c*-oxaäthano-phenanthren-2*c*-yl]-2-methyl-glutarsäure, 13-Hydroxy-3,5;5,6-di= seco-*A*,*B*,23,24-tetranor-18α-oleanan-3,5,6,28-tetrasäure-28-lacton [1]) $C_{26}H_{38}O_8$, Formel II (R = H).

B. Beim Erwärmen von 13-Hydroxy-3,5;5,6-diseco-*A*,*B*,23,24-tetranor-18α-oleanan-3,5,6,28-tetrasäure-5,6-anhydrid-28-lacton-3-methylester mit wss.-äthanol. Kalilauge (*Ruzicka et al.*, Helv. **28** [1945] 380, 385).

Krystalle (aus Acn. + Hexan); beim Erhitzen erfolgt Umwandlung in die Ausgangs-verbindung (F: 245−246° [korr.]).

II   III

(*R*)-2-[(4a*S*)-1*t*-Methoxycarbonyl-1*c*,6,6,10a-tetramethyl-11-oxo-(4b*t*,10a*t*)-deca= hydro-4a*r*,8a*c*-oxaäthano-phenanthren-2*c*-yl]-2-methyl-glutarsäure-dimethylester, 13-Hydroxy-3,5;5,6-diseco-*A*,*B*,23,24-tetranor-18α-oleanan-3,5,6,28-tetrasäure-28-lacton-3,5,6-trimethylester $C_{29}H_{44}O_8$, Formel II (R = CH_3).

B. Aus der im vorangehenden Artikel beschriebenen Verbindung mit Hilfe von Diazo= methan (*Ruzicka et al.*, Helv. **28** [1945] 380, 385).

Krystalle (aus wss. Me.); F: 139° [korr.]. $[\alpha]_D$: −29,6° [$CHCl_3$; c = 1].

(*R*)-2-[(4a*S*)-1*t*-Methoxycarbonylmethyl-1*c*,6,6,10a-tetramethyl-11-oxo-(4b*t*,10a*t*)-decahydro-4a*r*,8a*c*-oxaäthano-phenanthren-2*c*-yl]-2-methyl-bernsteinsäure-dimethyl= ester, 13-Hydroxy-2,5;5,6-diseco-*A*,*A*,23,24-tetranor-18α-oleanan-2,5,6,28-tetrasäure-28-lacton-2,5,6-trimethylester [1]) $C_{29}H_{44}O_8$, Formel III.

B. Neben anderen Verbindungen beim Erhitzen von 3-Acetoxy-13-hydroxy-2-oxo-24-nor-18α-olean-3-en-28-säure-lacton mit wasserhaltiger Essigsäure und Chrom(VI)-oxid und Behandeln der sauren Anteile des Reaktionsprodukts mit Diazomethan in Äther (*Ruzicka et al.*, Helv. **27** [1944] 1185, 1192).

Krystalle (aus Me.); F: 231−232° [korr.]. $[\alpha]_D$: −17,8° [$CHCl_3$; c = 1].

Oxocarbonsäuren $C_{27}H_{40}O_8$

(*R*)-2-[(4a*S*)-1*t*-Methoxycarbonylmethyl-1*c*,6,6,10a-tetramethyl-11-oxo-(4b*t*,10a*t*)-decahydro-4a*r*,8a*c*-oxaäthano-phenanthren-2*c*-yl]-2-methyl-glutarsäure-dimethylester, 13-Hydroxy-3,5;5,6-diseco-*A*,23,24-trinor-18α-oleanan-3,5,6,28-tetrasäure-28-lacton-3,5,6-trimethylester [1]) $C_{30}H_{46}O_8$, Formel IV.

B. Beim Behandeln von 13-Hydroxy-3-oxo-*A*,23,24-trinor-18α-oleanan-28-säure-lacton oder von 13-Hydroxy-6-oxo-*A*-neo-5ξ,18α-olean-3-en-28-säure-lacton (E III/IV **17** 6385) mit Essigsäure, konz. Schwefelsäure und Chrom(VI)-oxid und Behandeln der sauren Anteile des Reaktionsprodukts mit Diazomethan in Äther (*Ruzicka et al.*, Helv. **28** [1945] 380, 384, 387). Beim Behandeln einer Lösung von Hedragenondisäure-lacton-methylester (13-Hydroxy-4-oxo-3,4-seco-24-nor-18α-oleanan-3,28-disäure-28-lacton-3-methylester [S. 6072]) in Essigsäure und konz. Schwefelsäure mit Chrom(VI)-oxid und wasserhaltiger Essigsäure und Behandeln der sauren Anteile des Reaktionsprodukts mit Diazomethan in Äther (*Ruzicka et al.*, Helv. **26** [1943] 2242, 2248; s. a. *Kitasato*, Acta phytoch. Tokyo **9** [1936] 41, 59).

---

[1]) Stellungsbezeichnung bei von Oleanan abgeleiteten Namen s. E III **5** 1341.

Krystalle (aus Me.); F: 201—202° [korr.]; im Hochvakuum bei 190° sublimierbar (*Ru. et al.*, Helv. **28** 387). $[\alpha]_D$: —27,4° [CHCl$_3$; c = 0,6] (*Ru. et al.*, Helv. **28** 387).

IV   V

Oxocarbonsäuren C$_{29}$H$_{44}$O$_8$

(1*S*)-1-[2-((3a*S*)-8b-Carboxy-6ξ-isopropyl-3a,5a-dimethyl-2-oxo-(3a*r*,5aξ,8aξ,8b*c*)-decahydro-indeno[4,5-*b*]furan-3ξ-yl)-äthyl]-3*c*,4*t*-dimethyl-cyclohexan-1*r*,2ξ-dicarbon= säure-1-methylester, 9-Hydroxy-3ξ-isopropyl-5-methyl-5ξ,10ξ,14ξ,18ξ-11,13;13,14-diseco-*A*,*C*,23,24,25-pentanor-ursan-11,13,27,28-tetrasäure-27-lacton-28-methylester [1]) C$_{30}$H$_{46}$O$_8$, Formel V (R = H).

a) Höherschmelzendes Stereoisomeres.

B. Beim Erwärmen von 9-Hydroxy-13-oxo-3ξ*H*,5ξ,10ξ,14ξ,18ξ-*A*:*B*-neo-11,12;13,14-diseco-ursan-11,12,27,28-tetrasäure-27-lacton-11,28-dimethylester (F: 183° [S. 6256]) mit konz. Schwefelsäure (*Schmitt*, *Wieland*, A. **542** [1939] 258, 270).

Krystalle (aus E. + Ae.); Zers. bei 240—250°.

Beim Erhitzen auf 250° ist 9-Hydroxy-3ξ-isopropyl-5-methyl-5ξ,10ξ,14ξ,18ξ-11,13;= 13,14-diseco-*A*,*C*,23,24,25-pentanor-ursan-11,13,27,28-tetrasäure-11,13-anhydrid-27-lact= on-28-methylester (F: 185°) erhalten worden.

b) Niedrigerschmelzendes Stereoisomeres.

B. Beim Behandeln von 9-Hydroxy-3ξ-isopropyl-5-methyl-5ξ,10ξ,14ξ,18ξ-11,13;13,14-diseco-*A*,*C*,23,24,25-pentanor-ursan-11,13,27,28-tetrasäure-11,13-anhydrid-27-lacton-28-methylester (F: 185°) mit methanol. Kalilauge (*Schmitt*, *Wieland*, A. **542** [1939] 258, 272).

Krystalle (aus Me. + E.); Zers. bei 190—200°.

(1*S*)-1-[2-((3a*S*)-6ξ-Isopropyl-8b-methoxycarbonyl-3a,5a-dimethyl-2-oxo-(3a*r*,5aξ,8aξ,= 8b*c*)-decahydro-indeno[4,5-*b*]furan-3ξ-yl)-äthyl]-3*c*,4*t*-dimethyl-cyclohexan-1*r*,2ξ-di= carbonsäure-dimethylester, 9-Hydroxy-3ξ-isopropyl-5-methyl-5ξ,10ξ,14ξ,18ξ-11,13;13,14-diseco-*A*,*C*,23,24,25-pentanor-ursan-11,13,27,28-tetrasäure-27-lacton-11,13,28-trimethyl= ester C$_{32}$H$_{50}$O$_8$, Formel V (R = CH$_3$).

a) Stereoisomeres vom F: 179°.

B. Beim Behandeln von höherschmelzendem 9-Hydroxy-3ξ-isopropyl-5-methyl-5ξ,= 10ξ,14ξ,18ξ-11,13;13,14-diseco-*A*,*C*,23,24,25-pentanor-ursan-11,13,27,28-tetrasäure-27-lacton-28-methylester (s. o.) mit Diazomethan in Äther (*Schmitt*, *Wieland*, A. **542** [1939] 258, 271).

Krystalle; F: 179°.

b) Stereoisomeres vom F: 186°.

B. Beim Behandeln von niedrigerschmelzendem 9-Hydroxy-3ξ-isopropyl-5-methyl-5ξ,10ξ,14ξ,18ξ-11,13;13,14-diseco-*A*,*C*,23,24,25-pentanor-ursan-11,13,27,28-tetrasäure-27-lacton-28-methylester (s. o.) mit Diazomethan in Äther (*Schmitt*, *Wieland*, A. **542** [1939] 258, 272).

F: 186°.

Oxocarbonsäuren C$_n$H$_{2n-16}$O$_8$

Oxocarbonsäuren C$_{13}$H$_{10}$O$_8$

Cyan-[3-cyan-2-oxo-chroman-4-yl]-essigsäure-amid 2,4-Dicyan-3-[2-hydroxy-phenyl]-glutaramidsäure-lacton C$_{13}$H$_9$N$_3$O$_3$, Formel VI auf S. 6247.

Diese Konstitution ist der nachstehend beschriebenen opt.-inakt. Verbindung zuge-

---

[1]) Stellungsbezeichnung bei von Ursan abgeleiteten Namen s. E III **5** 1340.

ordnet worden (*Junek, Sterk*, M. **98** [1967] 144, 150).

B. Beim Erwärmen von 2-Oxo-2*H*-chromen-3-carbonitril mit Cyanessigsäure-amid und wss. Ammoniak (*Ju., St.*; s. a. *Sastry, Seshadri*, Pr. Indian Acad. [A] **16** [1942] 29, 33). Gelbliche Krystalle (aus Dimethylformamid); F: 270° (*Ju., St.*).

Oxocarbonsäuren $C_{14}H_{12}O_8$

2-Acetyl-4*t*-[5-acetyl-3-methoxycarbonyl-6-oxo-6*H*-pyran-2-yl]-but-3-ensäure-methylester, 5-Acetyl-2-[3-methoxycarbonyl-4-oxo-pent-1-en-*t*-yl]-6-oxo-6*H*-pyran-3-carbonsäure-methylester, 6-Hydroxy-2,10-dioxo-undeca-3*t*,5*t*,7*t*-trien-3,5,9-tricarbonsäure-3-lacton-5,9-dimethylester $C_{16}H_{16}O_8$, Formel VII (R = X = CH$_3$), und Tautomeres (4*t*-[5-Acetyl-3-methoxycarbonyl-6-oxo-6*H*-pyran-2-yl]-2-[(*Z*)-1-hydroxy-äthyliden]-but-3-ensäure-methylester [Formel VIII (R = X = CH$_3$)]).

Die nachstehend beschriebene, früher (s. E II **10** 661; s. a. H **3** 878) als 2-Acetyl-3-[5-acetyl-5-methoxycarbonyl-2,6-dioxo-cyclohex-3-enyl]-acrylsäure-methylester („3-[β-Acetyl-β-carbomethoxy-vinyl]-1-acetyl-cyclohexen-(5)-dion-(2.4)-carbonsäure-(1)-methylester") bzw. 2-Acetyl-3-[5-acetyl-5-methoxycarbonyl-2,6-dioxo-cyclohex-3-enyliden]-propionsäure-methylester („3-[β-Acetyl-β-carbomethoxy-äthyliden]-1-acetyl-cyclohexen-(5)-dion-(2.4)-carbonsäure-(1)-methylester") angesehene **Dimethylxanthophansäure** ist als 4*t*-[5-Acetyl-3-methoxycarbonyl-6-oxo-6*H*-pyran-2-yl]-2-[(*Z*)-1-hydroxy-äthyliden]-but-3-ensäure-methylester (Formel VIII [R = X = CH$_3$]) zu formulieren (*Crombie et al.*, Soc. [C] **1967** 757, 758).

B. Beim Erhitzen der Natrium-Verbindung des Acetessigsäure-methylesters mit 2-Acetyl-3-methoxy-acrylsäure-methylester auf 100° (*Cr. et al.*, l. c. S. 761).

Rote Krystalle (aus Bzl.); F: 185° (*Cr. et al.*, l. c. S. 761). ^{1}H-NMR-Absorption und ^{1}H-^{1}H-Spin-Spin-Kopplungskonstanten: *Cr. et al.*, l. c. S. 761. IR-Banden (Nujol sowie CHCl$_3$) im Bereich von 1750 cm^{-1} bis 1490 cm^{-1}: *Cr. et al.*, l. c. S. 761.

Die beim Behandeln mit konz. Schwefelsäure erhaltene Verbindung $C_{14}H_{10}O_7$ (s. H **3** 878, 881; E II **10** 662) ist als 5,5'-Diacetyl-6'-hydroxy-[2,3']bipyranyl-6,2'-dion, die beim Behandeln mit Hydrazin-hydrat und Methanol erhaltene Verbindung $C_{11}H_{10}N_2O_4$ (s. H **3** 878) ist als 7-Methyl-pyrazolo[1,5-*a*]pyridin-4,6-dicarbonsäure-4-methylester zu formulieren (*Crombie et al.*, Soc. [C] **1967** 763, 767, 772). In dem beim Behandeln mit Magnesiummethylat in Benzol erhaltenen Präparat (s. H **3** 878) hat 5-[2,4-Dihydroxy-5-methoxycarbonyl-phenyl]-2-[(*Z*)-1-hydroxy-äthyliden]-5-oxo-pent-3*t*-ensäure-methylester vorgelegen (*Cr. et al.*, l. c. S. 765, 770).

2-Acetyl-4*t*-[5-acetyl-3-äthoxycarbonyl-6-oxo-6*H*-pyran-2-yl]-but-3-ensäure-methylester, 5-Acetyl-2-[3-methoxycarbonyl-4-oxo-pent-1-en-*t*-yl]-6-oxo-6*H*-pyran-3-carbonsäure-äthylester, 6-Hydroxy-2,10-dioxo-undeca-3*t*,5*t*,7*t*-trien-3,5,9-tricarbonsäure-5-äthylester-3-lacton-9-methylester $C_{17}H_{18}O_8$, Formel VII (R = C$_2$H$_5$, X = CH$_3$), und Tautomeres (4*t*-[5-Acetyl-3-äthoxycarbonyl-6-oxo-6*H*-pyran-2-yl]-2-[(*Z*)-1-hydroxy-äthyliden]-but-3-ensäure-methylester [Formel VIII (R = C$_2$H$_5$, X = CH$_3$)]).

Die nachstehend beschriebene, früher (s. E II **10** 661) als 2-Acetyl-3-[5-acetyl-5-methoxycarbonyl-2,6-dioxo-cyclohex-3-enyl]-acrylsäure-äthylester („3-[β-Acetyl-β-carbäthoxy-vinyl]-1-acetyl-cyclohexen-(5)-dion-(2.4)-carbonsäure-(1)-methylester") bzw. 2-Acetyl-3-[5-acetyl-5-methoxycarbonyl-2,6-dioxo-cyclohex-3-enyliden]-propionsäure-äthylester („3-[β-Acetyl-β-carbäthoxy-äthyliden]-1-acetyl-cyclohexen-(5)-dion-(2.4)-carbonsäure-(1)-methylester") angesehene **Methyläthylxanthophansäure** ist als 4*t*-[5-Acetyl-3-äthoxycarbonyl-6-oxo-6*H*-pyran-2-yl]-2-[(*Z*)-1-hydroxy-äthyliden]-but-3-ensäure-methylester (Formel VIII [R = C$_2$H$_5$, X = CH$_3$]) zu formulieren (*Crombie et al.*, Soc. [C] **1967** 757, 758).

B. Beim Erhitzen von 2,4-Diacetyl-pentendisäure-diäthylester mit 2-Acetyl-3-methoxy-acrylsäure-methylester und Natriumäthylat in Äthanol (*Cr. et al.*, l. c. S. 761).

Rote Krystalle (aus Bzl.); F: 154°. ^{1}H-NMR-Absorption und ^{1}H-^{1}H-Spin-Spin-Kopplungskonstanten: *Cr. et al.*, l. c. S. 761. IR-Banden (Nujol sowie CHCl$_3$) im Bereich von 1750 cm^{-1} bis 1550 cm^{-1}: *Cr. et al.*, l. c. S. 761.

VI   VII   VIII

2-Acetyl-4*t*-[5-acetyl-3-methoxycarbonyl-6-oxo-6*H*-pyran-2-yl]-but-3-ensäure-äthylester, 5-Acetyl-2-[3-äthoxycarbonyl-4-oxo-pent-1-en-*t*-yl]-6-oxo-6*H*-pyran-3-carbonsäure-methylester, 6-Hydroxy-2,10-dioxo-undeca-3*t*,5*t*,7*t*-trien-3,5,9-tricarbonsäure-9-äthylester-3-lacton-5-methylester $C_{17}H_{18}O_8$, Formel VII (R = CH$_3$, X = C$_2$H$_5$), und Tautomeres (4*t*-[5-Acetyl-3-methoxycarbonyl-6-oxo-6*H*-pyran-2-yl]-2-[(*Z*)-1-hydroxy-äthyliden]-but-3-ensäure-äthylester [Formel VIII (R = CH$_3$, X = C$_2$H$_5$)]).

Die nachstehend beschriebene, früher (s. E II **10** 661) als 2-Acetyl-3-[5-acetyl-5-äthoxycarbonyl-2,6-dioxo-cyclohex-3-enyl]-acrylsäure-methylester (,,3-[β-Acetyl-β-carbomethoxy-vinyl]-1-acetyl-cyclohexen-(5)-dion-(2.4)-carbonsäure-(1)-äthylester") bzw. 2-Acetyl-3-[5-acetyl-5-äthoxycarbonyl-2,6-dioxo-cyclohex-3-enyliden]-propionsäure-methylester (,,3-[β-Acetyl-β-carbomethoxy-äthyliden]-1-acetyl-cyclohexen-(5)-dion-(2.4)-carbonsäure-(1)-äthylester") angesehene Äthylmethylxanthophansäure ist als 4*t*-[5-Acetyl-3-methoxycarbonyl-6-oxo-6*H*-pyran-2-yl]-2-[(*Z*)-1-hydroxy-äthyliden]-but-3-ensäure-äthylester (Formel VIII [R = CH$_3$, X = C$_2$H$_5$]) zu formulieren (*Crombie et al.*, Soc. [C] **1967** 757, 758).

B. Beim Erhitzen von 2,4-Diacetyl-pentendisäure-dimethylester mit 2-Acetyl-3-äthoxy-acrylsäure-äthylester und Natriumäthylat in Äthanol (*Cr. et al.*, l. c. S. 761).

Krystalle (aus Bzl.); F: 168°. ¹H-NMR-Absorption und ¹H-¹H-Spin-Spin-Kopplungskonstanten: *Cr. et al.* IR-Banden (Nujol sowie CHCl$_3$) im Bereich von 1750 cm⁻¹ bis 1550 cm⁻¹: *Cr. et al.*

2-Acetyl-4*t*-[5-acetyl-3-äthoxycarbonyl-6-oxo-6*H*-pyran-2-yl]-but-3-ensäure-äthylester, 5-Acetyl-2-[3-äthoxycarbonyl-4-oxo-pent-1-en-*t*-yl]-6-oxo-6*H*-pyran-3-carbonsäure-äthylester, 6-Hydroxy-2,10-dioxo-undeca-3*t*,5*t*,7*t*-trien-3,5,9-tricarbonsäure-5,9-diäthylester-3-lacton $C_{18}H_{20}O_8$, Formel VII (R = X = C$_2$H$_5$), und Tautomeres (4*t*-[5-Acetyl-3-äthoxycarbonyl-6-oxo-6*H*-pyran-2-yl]-2-[(*Z*)-1-hydroxy-äthyliden]-but-3-ensäure-äthylester [Formel VIII (R = X = C$_2$H$_5$)]).

Die nachstehend beschriebene, früher (s. E II **10** 662; s. a. H **3** 880) als 2-Acetyl-3-[5-acetyl-5-äthoxycarbonyl-2,6-dioxo-cyclohex-3-enyl]-acrylsäure-äthylester (,,3-[β-Acetyl-β-carbäthoxy-vinyl]-1-acetyl-cyclohexen-(5)-dion-(2.4)-carbonsäure-(1)-äthylester") bzw. 2-Acetyl-3-[5-acetyl-5-äthoxycarbonyl-2,6-dioxo-cyclohex-3-enyliden]-propionsäure-äthylester (,,3-[β-Acetyl-β-carbäthoxy-äthyliden]-1-acetyl-cyclohexen-(5)-dion-(2.4)-carbonsäure-(1)-äthylester") angesehene Diäthylxanthophansäure ist als 4*t*-[5-Acetyl-3-äthoxycarbonyl-6-oxo-6*H*-pyran-2-yl]-2-[(*Z*)-1-hydroxy-äthyliden]-but-3-ensäure-äthylester (Formel VIII [R = X = C$_2$H$_5$]) zu formulieren (*Crombie et al.*, Soc. [C] **1967** 757, 758).

B. Beim Erhitzen der Natrium-Verbindung des Acetessigsäure-äthylesters mit 2-Acetyl-3-äthoxy-acrylsäure-äthylester auf 100° (*Cr. et al.*, l. c. S. 760).

Gelbe Krystalle (aus A.) bzw. rote Krystalle (aus Bzl.); F: 144—145° (*Cr. et al.*, l. c. S. 760). ¹H-NMR-Absorption und ¹H-¹H-Spin-Spin-Kopplungskonstanten: *Cr. et al.*, l. c. S. 758, 761. IR-Banden (Nujol sowie CHCl$_3$) im Bereich von 1750 cm⁻¹ bis 1490 cm⁻¹: *Cr. et al.*, l. c. S. 760. Absorptionsspektren (225—545 nm) von Chlorwasserstoff und von Kaliumhydroxid enthaltenden Lösungen in Äthanol: *Cr. et al.*, l. c. S. 758.

Die beim Behandeln mit konz. Schwefelsäure erhaltene Verbindung $C_{14}H_{10}O_7$ (s. H **3** 881; E II **10** 662) ist als 5,5'-Diacetyl-6'-hydroxy-[2,3']bipyranyl-6,2'-dion, die beim Behandeln mit Hydrazin-sulfat und Natriumacetat in Äthanol erhaltene Verbindung $C_{12}H_{12}N_2O_4$ (s. H **3** 881; E II **10** 662) ist als 7-Methyl-pyrazolo[1,5-*a*]pyridin-4,6-dicarbonsäure-4-äthylester zu formulieren (*Crombie et al.*, Soc. [C] **1967** 763, 767, 772). In dem beim Behandeln mit Magnesiummethylat in Benzol erhaltenen Präparat (s. H 3 880; E II 10 662) hat 5-[2,4-Dihydroxy-5-methoxycarbonyl-phenyl]-2-[(Z)-1-hydroxy-äthyliden]-5-oxo-pent-3t-ensäure-äthylester vorgelegen (Cr. et al., l. c. S. 765, 770). Reaktion mit [4-Brom-phenyl]-hydrazin (s. H 3 880) unter Bildung von 4t-[5-Acetyl-3-äthoxy= carbonyl-1-(4-brom-anilino)-6-oxo-1,6-dihydro-[2]pyridyl]-2-[(Z)-1-hydroxy-äthyliden]-but-3-ensäure-äthylester: Cr. et al., l. c. S. 766, 772.

Oxocarbonsäuren $C_{16}H_{16}O_8$

(±)-9-Oxo-(8a t)-octahydro-1c,4c-ätheno-4a r,8c-oxaäthano-naphthalin-2c,3c,7c-tricarb= onsäure, (±)-8a-Hydroxy-(4a r,8a t)-decahydro-1t,4t-ätheno-naphthalin-2t,3t,5t,6t-tetra= carbonsäure-5-lacton $C_{16}H_{16}O_8$, Formel IX (R = H) + Spiegelbild.

B. Beim Erwärmen von (±)-(4a r)-1,2,3,4,4a,5,6,7-Octahydro-1t,4t-ätheno-naphthalin-2t,3t,5t,6t-tetracarbonsäure-2,3;5,6-dianhydrid (F: 268°) mit Wasser und mit Schwefel= säure und 8-tägigen Aufbewahren des Reaktionsgemisches (*Alder, Schmitz-Josten*, A. **595** [1955] 1, 34).

Krystalle (aus W.) mit 2 Mol H_2O; F: 285° [Zers.].

IX   X   XI

(±)-9-Oxo-(8a t)-octahydro-1c,4c-ätheno-4a r,8c-oxaäthano-naphthalin-2c,3c,7c-tricarb= onsäure-trimethylester, (±)-8a-Hydroxy-(4a r,8a t)-decahydro-1t,4t-ätheno-naphthalin-2t,3t,5t,6t-tetracarbonsäure-5-lacton-2,3,6-trimethylester $C_{19}H_{22}O_8$, Formel IX (R = CH_3) + Spiegelbild.

B. Aus der im vorangehenden Artikel beschriebenen Verbindung mit Hilfe von Diazo= methan (*Alder, Schmitz-Josten*, A. **595** [1955] 1, 35.)

Krystalle (aus Me.); F: 237—238°.

(±)-8a-Nitro-3-oxo-(4a r,8a ξ)-octahydro-1c,4c-äthano-5t,8t-ätheno-isochromen-6t,7t,11syn-tricarbonsäure-trimethylester, (±)-8t-Hydroxy-8a-nitro-(4a r,8a ξ)-decahydro-1t,4t-ätheno-naphthalin-2t,3t,5t,6t-tetracarbonsäure-5-lacton-2,3,6-trimethylester $C_{19}H_{21}NO_{10}$, Formel X + Spiegelbild, und (±)-9a-Nitro-3-oxo-(5a r,9a ξ)-octahydro-6t,9t-ätheno-1c,4c-methano-benz[c]oxepin-5t,7t,8t-tricarbonsäure-trimethylester, (±)-8t-Hydroxy-8a-nitro-(4a r,8a ξ)-decahydro-1t,4t-ätheno-naphthalin-2t,3t,5t,6t-tetra= carbonsäure-6-lacton-2,3,5-trimethylester $C_{19}H_{21}NO_{10}$, Formel XI + Spiegelbild.

Diese beiden Formeln kommen für die nachstehend beschriebene Verbindung in Betracht.

B. Beim Erwärmen von (±)-8t-Hydroxy-8a-nitro-(4a r,8a ξ)-decahydro-1t,4t-ätheno-naphthalin-2t,3t,5t,6t-tetracarbonsäure-2,3;5,6-dianhydrid (Zers. bei 300—320°) mit Methanol und Dimethylsulfat (*Alder, Schmitz-Josten*, A. **595** [1955] 1, 13, 36).

Krystalle (aus Me.); F: 242° [Zers.].

Oxocarbonsäuren $C_{23}H_{30}O_8$

3-Hydroxy-11,12-seco-*A*-nor-5β,9ξ-chol-2-en-11,12,19,24-tetrasäure-12-lacton, $C_{23}H_{30}O_8$, Formel XII.

Diese Konstitution und Konfiguration kommt wahrscheinlich der nachstehend be= schriebenen **Brenzchollepidansäure** zu.

B. Beim Erhitzen von Chollepidansäure (3,4;11,12-Diseco-5β-cholan-3,4,11,12,19,24-hexasäure [E III **9** 4913]) im Vakuum bis auf 270° (*Wieland*, Z. physiol. Chem. **134** [1924] 140, 147; *Wieland, Kraft*, Z. physiol. Chem. **211** [1932] 203, 206).

Krystalle (aus Eg.); F: 268° (*Wi., Kr.*).

Beim Erwärmen mit wss. Natronlauge sowie beim Erhitzen mit Essigsäure und konz. Salzsäure ist 3-Oxo-11,12-seco-*A*-nor-5ξ,9ξ-cholan-11,12,19,24-tetrasäure (F: 253°) erhalten worden (*Wi.*; *Wi.*, *Kr.*).

Brenzchollepidansäure-trimethylester $C_{26}H_{36}O_8$ (mit Hilfe von Diazomethan hergestellt). Krystalle (aus Me.); F: 127° (*Wi.*, *Kr.*).

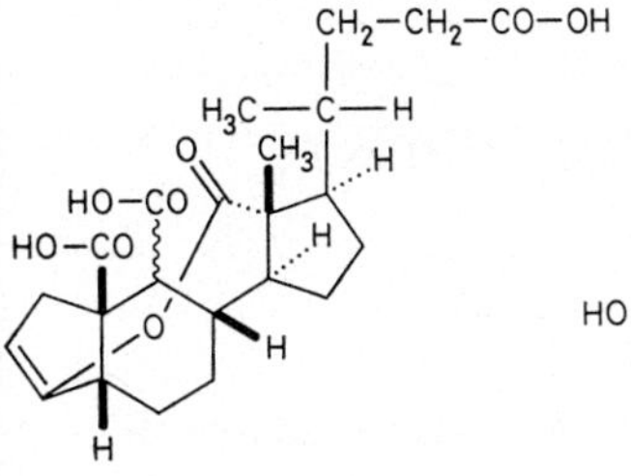

XII 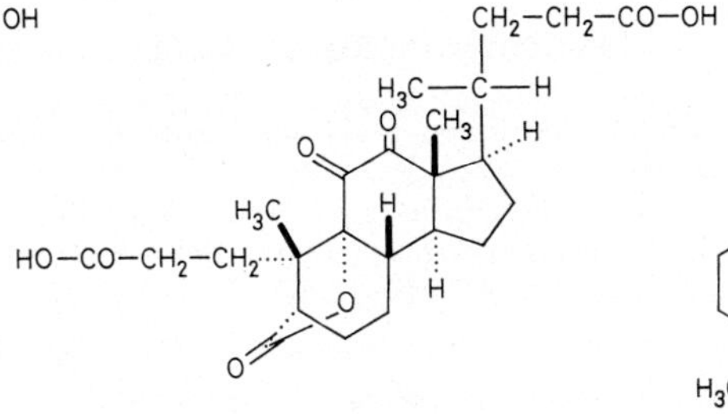   XIII 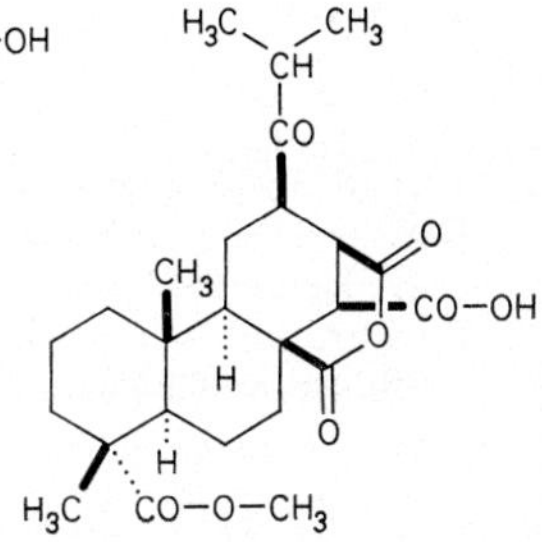   XIV

Oxocarbonsäuren $C_{24}H_{32}O_8$

9-Hydroxy-11,12-dioxo-3,4-seco-5β-cholan-3,4,24-trisäure-4-lacton $C_{24}H_{32}O_8$, Formel XIII.

B. Beim Erhitzen von 9-Hydroxy-11,12-dioxo-3,4-seco-5β-cholan-3,4,24-trisäure mit Essigsäure und konz. wss. Salzsäure (*Dane*, *Wieland*, Z. physiol. Chem. **194** [1931] 119, 122).

Krystalle (aus Eg.); F: 258—260° [Zers.].

Bei der Hydrierung an Platin in Essigsäure ist 11,12-Dioxo-3,4-seco-5β,9ξ-cholan-3,4,24-trisäure (F: 255°) erhalten worden.

(6aS)-2t-Isobutyryl-9t,12a-dimethyl-4,6-dioxo-(8ac,12at,12bc)-dodecahydro-3c,6ar-methano-naphth[2,1-c]oxocin-9c,13$anti$-dicarbonsäure-9-methylester, 12β-Iso=butyryl-15-nor-podocarpan-4,8,13β,14β-tetracarbonsäure-8,13-anhydrid-4-methylester [1]) $C_{25}H_{34}O_8$, Formel XIV.

Konstitution: *Zalkow et al.*, J. org. Chem. **30** [1965] 1679.

B. Neben anderen Verbindungen aus Maleopimarsäure-methylester (S. 6085) mit Hilfe von Ozon (*Ruzicka*, *LaLande*, Helv. **23** [1940] 1357, 1361; *Ruzicka et al.*, Helv. **21** [1938] 583, 586).

Krystalle (aus Eg.); F: 252—253° [korr.; Zers.; nach Sintern] (*Ru.*, *LaLa.*). UV-Spek=trum (wss.-äthanol. Kalilauge; 220—360 nm): *Ru.*, *LaLa.*, l. c. S. 1359.

Oxocarbonsäuren $C_nH_{2n-18}O_8$

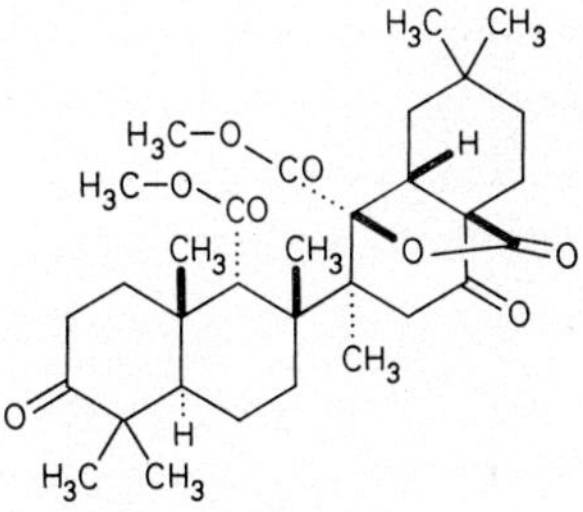

I

13-Hydroxy-3,16-dioxo-11,12-seco-9β(?)-oleanan-11,12,28-trisäure-28-lacton-11,12-di=methylester [2]) $C_{32}H_{46}O_8$, vermutlich Formel I.

B. Beim Behandeln von 3β,13,16α-Trihydroxy-11,12-seco-9β(?)-oleanan-11,12,28-tri=

---

[1]) Stellungsbezeichnung bei von Podocarpan abgeleiteten Namen s. E III **6** 2098 Anm. 2.

[2]) Stellungsbezeichnung bei von Oleanan abgeleiteten Namen s. E III **5** 1341.

säure-28→13-lacton-11,12-dimethylester (F: 264—265°) mit Chrom(VI)-oxid in Essig=
säure (*Bischof et al.*, Helv. **32** [1949] 1911, 1919).

Krystalle (aus CH_2Cl_2 + Me.); F: 254—255° [korr.]. $[\alpha]_D$: —52° [$CHCl_3$; c = 2].

Oxocarbonsäuren $C_nH_{2n-20}O_8$

2-Cyan-3ξ-[3-cyan-2-oxo-2*H*-chromen-6-yl]-acrylsäure-äthylester $C_{16}H_{10}N_2O_4$,
Formel II (R = C_2H_5).

B. Beim Behandeln von 4-Hydroxy-isophthalaldehyd mit Cyanessigsäure-äthylester,
Pyridin und wenig Piperidin (*Reichert, Hoss*, Ar. **280** [1942] 157, 165).

Hellbraune Krystalle (aus A.); F: 149—150°.

II   III   IV

Oxocarbonsäuren $C_nH_{2n-22}O_8$

*Opt.-inakt. **Cyan-[3-cyan-2-oxo-3,4-dihydro-2*H*-benzo[*g*]chromen-4-yl]-essigsäure-
äthylester, 2,4-Dicyan-3-[3-hydroxy-[2]naphthyl]-glutarsäure-äthylester-lacton**
$C_{19}H_{14}N_2O_4$, Formel III.

B. Beim Behandeln von 3-Hydroxy-naphthalin-2-carbaldehyd mit Cyanessigsäure-
äthylester, Äthanol und wenig Piperidin (*Boehm, Profft*, Ar. **269** [1931] 25, 37).

Krystalle (aus A. + Acn.); F: 158—159°.

Oxocarbonsäuren $C_nH_{2n-26}O_8$

1,8-Bis-hydroxyoxalyl-xanthen-9-on, [9-Oxo-xanthen-1,8-diyl]-di-glyoxylsäure $C_{17}H_8O_8$,
Formel IV, und Tautomeres ([11b-Hydroxy-2,3-dioxo-3,11b-dihydro-2*H*-pyrano=
[4,3,2-*kl*]xanthen-11-yl]-glyoxylsäure).

B. Beim Erwärmen von 1,2,10,11,11a,11b-Hexahydro-naphtho[2,1,8,7-*klmn*]xanthen
mit Kaliumpermanganat in Wasser (*Kruber*, B. **74** [1941] 1688, 1692).

Gelbliche Krystalle (aus W.); F: 292—293° [Zers.; nach Sintern von 230° an].

6. Oxocarbonsäuren mit neun Sauerstoff-Atomen

Oxocarbonsäuren $C_nH_{2n-10}O_9$

3-Oxo-6-thioxo-dihydro-thiopyran-2,5,5-tricarbonsäure-triäthylester $C_{14}H_{18}O_7S_2$,
Formel I, und Tautomeres (3-Hydroxy-6-thioxo-4H-thiopyran-2,5,5-tricarbon=
säure-triäthylester).
Diese Verbindung hat möglicherweise in dem nachstehend beschriebenen Präparat
vorgelegen.
B. Beim Behandeln der Natrium-Verbindung des Malonsäure-diäthylesters in Äthanol
und Äther mit Schwefelkohlenstoff und anschliessenden Erwärmen mit Chloressigsäure-
äthylester (*Ilford Ltd.*, U.S.P. 2493071 [1946]).
Krystalle (aus A.); F: 87°.

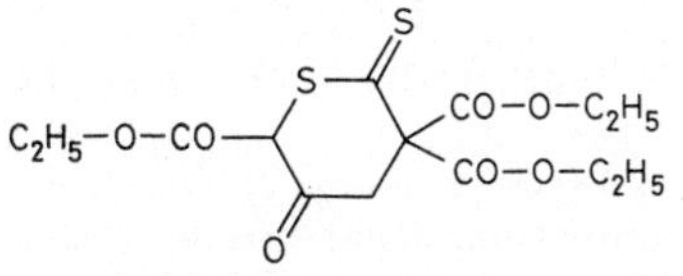

I 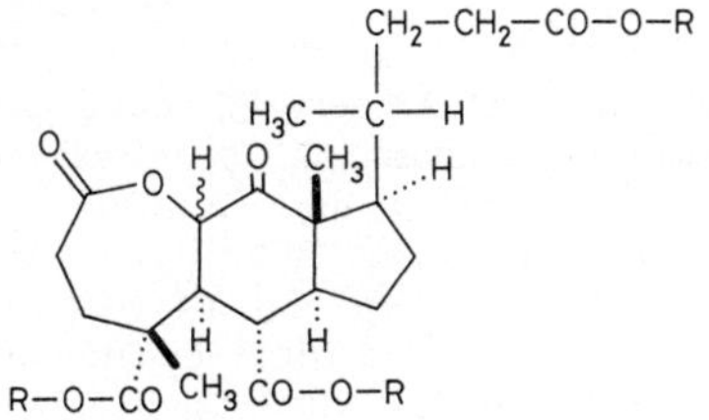   II

Oxocarbonsäuren $C_nH_{2n-14}O_9$

Oxocarbonsäuren $C_{22}H_{30}O_9$

**(5a*S*)-9*t*-[(*R*)-3-Carboxy-1-methyl-propyl]-5*t*,9a-dimethyl-2,10-dioxo-(5a*r*,6a*c*,=
9a*t*,10a*ξ*)-dodecahydro-indeno[5,6-*b*]oxepin-5*c*,6*c*-dicarbonsäure,11*ξ*-Hydroxy-12-oxo-
3,5;5,6-diseco-*A*,*B*-dinor-cholan-3,5,6,24-tetrasäure-3-lacton** $C_{22}H_{30}O_9$, Formel II (R = H).
Diese Konstitution und Konfiguration kommt vermutlich der nachstehend beschriebenen
Verbindung zu.
B. Beim Erwärmen von 11*ξ*-Brom-5,6*ξ*-dihydroxy-12-oxo-3,4-seco-*B*-nor-5*ξ*-cholan-
3,4,24-trisäure (F: 252°) mit Chrom(VI)-oxid und wss. Essigsäure (*Wieland*, *Dane*,
Z. physiol. Chem. **206** [1932] 225, 233).
Krystalle (aus Eg.); F: 210—213°.

**(5a*S*)-9*t*-[(*R*)-3-Methoxycarbonyl-1-methyl-propyl]-5*t*,9a-dimethyl-2,10-dioxo-
(5a*r*,6a*c*,9a*t*,10a*ξ*)-dodecahydro-indeno[5,6-*b*]oxepin-5*c*,6*c*-dicarbonsäure-dimethylester,
11*ξ*-Hydroxy-12-oxo-3,5;5,6-diseco-*A*,*B*-dinor-cholan-3,5,6,24-tetrasäure-3-lacton-
5,6,24-trimethylester** $C_{25}H_{36}O_9$, Formel II (R = CH₃).
Diese Konstitution und Konfiguration kommt vermutlich der nachstehend beschriebenen Verbindung zu.
B. Aus der im vorangehenden Artikel beschriebenen Verbindung mit Hilfe von Diazo=
methan (*Wieland*, *Dane*, Z. physiol. Chem. **206** [1932] 225, 233).
Krystalle (aus Ae.); F: 115°.

**(3a*S*)-3*t*-[2-Carboxy-äthyl]-7*t*-[(*R*)-3-carboxy-1-methyl-propyl]-3*c*,7a-dimethyl-2,8-di=
oxo-(3a*r*,4a*c*,7a*t*,8a*ξ*)-decahydro-indeno[5,6-*b*]furan-4*c*-carbonsäure, 11*ξ*-Hydroxy-
12-oxo-3,5;5,6-diseco-*A*,*B*-dinor-cholan-3,5,6,24-tetrasäure-5-lacton** $C_{22}H_{30}O_9$,
Formel III.
Diese Konstitution und Konfiguration kommt vermutlich der nachstehend beschrie-

benen Verbindung zu.

B. Beim Erwärmen von 11ξ-Hydroxy-12-oxo-3,5;5,6-diseco-*A*,*B*-dinor-cholan-3,5,⸗ 6,24-tetrasäure-3-lacton (F: 210—213° [S. 6251]) mit wss. Natronlauge und Ansäuern der Reaktionslösung mit Schwefelsäure (*Wieland, Dane,* Z. physiol. Chem. **206** [1932] 225, 233).

Krystalle (aus wss. Eg.); F: 253—256°.

III   IV

Oxocarbonsäuren $C_{23}H_{32}O_9$

7,12-Dioxo-6-oxa-3,4-seco-5ξ-cholan-3,4,24-trisäure, 5-Hydroxy-12-oxo-3,5;6,7-di⸗ seco-*A*-nor-5ξ-cholan-3,6,7,24-tetrasäure-7-lacton $C_{23}H_{32}O_9$, Formel IV (R = H).

Diese Konstitution und Konfiguration kommt vermutlich der nachstehend beschriebenen Verbindung zu.

B. Beim Behandeln von 5-Hydroxy-6,12-dioxo-3,5-seco-*A*-nor-5ξ-cholan-3,24-disäure (F: 219°) mit wss. Natronlauge und mit wss. Kaliumpermanganat-Lösung (*Dane, Klee,* Z. physiol. Chem. **221** [1933] 55, 61). Beim Behandeln von 5-Hydroxy-6,12-dioxo-3,4-seco-*B*-nor-5ξ-cholan-3,4,24-trisäure (F: 228°) mit wss. Alkalilauge (*Dane, Klee,* l. c. S. 56, 61).

Krystalle (aus wss. Eg.) mit 1 Mol H_2O, die bei 150—160° und (nach Wiedererstarren bei weiterem Erhitzen) bei 206° schmelzen. $[\alpha]_D$: +51,3° [A.].

Bei kurzem Erwärmen mit Salpetersäure ist 5-Hydroxy-3,5;6,7;11,12-triseco-*A*-nor-5ξ-cholan-3,6,7,11,12,24-hexasäure-7-lacton (F: 245—250° [S. 6261]), bei 3-stdg. Erwärmen mit Salpetersäure sowie beim Behandeln mit alkal. wss. Kaliumhypobromit-Lösung ist 5-Hydroxy-3,5;6,7;11,12-triseco-*A*-nor-5ξ-cholan-3,6,7,11,12,24-hexasäure-11-lacton (F: 252° [S. 6261]) erhalten worden (*Dane, Klee,* l. c. S. 62, 64).

7,12-Dioxo-6-oxa-3,4-seco-5ξ-cholan-3,4,24-trisäure-trimethylester, 5-Hydroxy-12-oxo-3,5;6,7-diseco-*A*-nor-5ξ-cholan-3,6,7,24-tetrasäure-7-lacton-3,6,24-trimethylester $C_{26}H_{38}O_9$, Formel IV (R = CH_3).

Diese Konstitution und Konfiguration kommt vermutlich der nachstehend beschriebenen Verbindung zu.

B. Aus der im vorangehenden Artikel beschriebenen Verbindung mit Hilfe von Diazo⸗ methan in Äther (*Dane, Klee,* Z. physiol. Chem. **221** [1933] 55, 61).

Krystalle (aus Me.); F: 138—140°.

Oxocarbonsäuren $C_nH_{2n-16}O_9$

Oxocarbonsäuren $C_{19}H_4O_9$

2,5-Bis-[*N*-phenyl-2-phenylhydrazono-malonamoyl]-furan, 3,3′-Dioxo-2,2′-bis-phenyl⸗ hydrazono-3,3′-furan-2,5-diyl-di-propionsäure-dianilid $C_{34}H_{26}N_6O_5$, Formel V (R = X = H), und Tautomere (z. B. 2,5-Bis-[*N*-phenyl-2-phenylazo-malon⸗ amoyl]-furan).

B. Beim Behandeln von 2,5-Bis-[*N*-phenyl-malonamoyl]-furan mit Äthanol und wss. Natronlauge und anschliessend mit wss. Benzoldiazonium-Salz-Lösung (*Modena, Passerini,* Boll. scient. Fac. Chim. ind. Bologna **13** [1955] 72, 74).

Gelbe Krystalle (aus Nitrobenzol); F: 258—259°. Absorptionsmaximum (Dioxan): 400 nm.

2,5-Bis-[2-(4-chlor-phenylhydrazono)-*N*-phenyl-malonamoyl]-furan, 2,2′-Bis-[4-chlor-phenylhydrazono]-3,3′-dioxo-3,3′-furan-2,5-diyl-di-propionsäure-dianilid $C_{34}H_{24}Cl_2N_6O_5$, Formel V (R = Cl, X = H), und Tautomere (z. B. 2,5-Bis-[2-(4-chlor-phenylazo)-*N*-phenyl-malonamoyl]-furan).

B. Beim Behandeln von 2,5-Bis-[*N*-phenyl-malonamoyl]-furan mit Äthanol und wss. Natronlauge und anschliessend mit wss. 4-Chlor-benzoldiazonium-Salz-Lösung (*Modena, Passerini*, Boll. scient. Fac. Chim. ind. Bologna **13** [1955] 72, 74).

Gelbe Krystalle (aus Nitrobenzol); F: 275—276°. Absorptionsmaximum (Dioxan): 404—408 nm.

2,5-Bis-[2-(2,5-dichlor-phenylhydrazono)-*N*-phenyl-malonamoyl]-furan, 2,2′-Bis-[2,5-dichlor-phenylhydrazono]-3,3′-dioxo-3,3′-furan-2,5-diyl-di-propionsäure-dianilid $C_{34}H_{22}Cl_4N_6O_5$, Formel V (R = H, X = Cl), und Tautomere (z. B. 2,5-Bis-[2-(2,5-dichlor-phenylazo)-*N*-phenyl-malonamoyl]-furan).

B. Beim Behandeln von 2,5-Bis-[*N*-phenyl-malonamoyl]-furan mit Äthanol und wss. Natronlauge und anschliessend mit wss. 2,5-Dichlor-benzoldiazonium-Salz-Lösung (*Modena, Passerini*, Boll. scient. Fac. Chim. ind. Bologna **13** [1955] 72, 74).

Gelbe Krystalle (aus Nitrobenzol); F: 301—302°. Absorptionsmaximum (Dioxan): 398—402 nm.

2,5-Bis-[2-(4-nitro-phenylhydrazono)-*N*-phenyl-malonamoyl]-furan, 2,2′-Bis-[4-nitro-phenylhydrazono]-3,3′-dioxo-3,3′-furan-2,5-diyl-di-propionsäure-dianilid $C_{34}H_{24}N_8O_9$, Formel V (R = NO$_2$, X = H), und Tautomere (z. B. 2,5-Bis-[2-(4-nitro-phenylazo)-*N*-phenyl-malonamoyl]-furan).

B. Beim Behandeln von 2,5-Bis-[*N*-phenyl-malonamoyl]-furan mit Äthanol und wss. Natronlauge und anschliessend mit wss. 4-Nitro-benzoldiazonium-Salz-Lösung (*Modena, Passerini*, Boll. scient. Fac. Chim. ind. Bologna **13** [1955] 72, 74).

Gelbbraune Krystalle (aus Nitrobenzol); F: 306—307°. Absorptionsmaximum (Dioxan): 416—418 nm.

2,5-Bis-[*N*-phenyl-2-*p*-tolylhydrazono-malonamoyl]-furan, 3,3′-Dioxo-2,2′-bis-*p*-tolylhydrazono-3,3′-furan-2,5-diyl-di-propionsäure-dianilid $C_{36}H_{30}N_6O_5$, Formel V (R = CH$_3$, X = H), und Tautomere (z. B. 2,5-Bis-[*N*-phenyl-2-*p*-tolylazo-malonamoyl]-furan).

B. Beim Behandeln von 2,5-Bis-[*N*-phenyl-malonamoyl]-furan mit Äthanol und wss. Natronlauge und anschliessend mit Toluol-4-diazonium-Salz-Lösung (*Modena, Passerini*, Boll. scient. Fac. Chim. ind. Bologna **13** [1955] 72, 74).

Gelbe Krystalle (aus Nitrobenzol); F: 263—264°. Absorptionsmaximum (Dioxan): 406—410 nm.

2,5-Bis-[2-(4-methoxy-phenylhydrazono)-*N*-phenyl-malonamoyl]-furan, 2,2′-Bis-[4-methoxy-phenylhydrazono]-3,3′-dioxo-3,3′-furan-2,5-diyl-di-propionsäure-dianilid $C_{36}H_{30}N_6O_7$, Formel V (R = O-CH$_3$, X = H), und Tautomere (z. B. 2,5-Bis-[2-(4-methoxy-phenylazo)-*N*-phenyl-malonamoyl]-furan).

B. Beim Behandeln von 2,5-Bis-[*N*-phenyl-malonamoyl]-furan mit Äthanol und wss. Natronlauge und anschliessend mit wss. 4-Methoxy-benzoldiazonium-Salz-Lösung (*Modena, Passerini*, Boll. scient. Fac. Chim. ind. Bologna **13** [1955] 72, 74).

Orangefarbene Krystalle (aus Nitrobenzol); F: 251—252°. Absorptionsmaximum (Dioxan): 420—424 nm.

V

2,5-Bis-[N-[2]naphthyl-2-phenylhydrazono-malonamoyl]-furan, 3,3′-Dioxo-2,2′-bis-phenylhydrazono-3,3′-furan-2,5-diyl-di-propionsäure-bis-[2]naphthylamid $C_{42}H_{30}N_6O_5$, Formel VI (R = X = H), und Tautomere (z. B. 2,5-Bis-[N-[2]naphthyl-2-phenylazo-malonamoyl]-furan).

B. Beim Behandeln von 2,5-Bis-[N-[2]naphthyl-malonamoyl]-furan mit Äthanol und wss. Natronlauge und anschliessend mit wss. Benzoldiazonium-Salz-Lösung (*Modena, Passerini*, Boll. scient. Fac. Chim. ind. Bologna **13** [1955] 72, 74).

Gelbe Krystalle (aus Nitrobenzol); F: 277−278°. Absorptionsmaximum (Dioxan): 400−404 nm.

2,5-Bis-[2-(2-chlor-phenylhydrazono)-N-[2]naphthyl-malonamoyl]-furan, 2,2′-Bis-[2-chlor-phenylhydrazono]-3,3′-dioxo-3,3′-furan-2,5-diyl-di-propionsäure-bis-[2]naphthylamid $C_{42}H_{28}Cl_2N_6O_5$, Formel VI (R = H, X = Cl), und Tautomere (z. B. 2,5-Bis-[2-(2-chlor-phenylazo)-N-[2]naphthyl-malonamoyl]-furan).

B. Beim Behandeln von 2,5-Bis-[N-[2]naphthyl-malonamoyl]-furan mit Äthanol und wss. Natronlauge und anschliessend mit wss. 2-Chlor-benzoldiazonium-Salz-Lösung (*Modena, Passerini*, Boll. scient. Fac. Chim. ind. Bologna **13** [1955] 72, 74).

Gelborangefarbene Krystalle (aus Nitrobenzol); F: 265−266°. Absorptionsmaximum (Dioxan): 400−402 nm.

VI

2,5-Bis-[2-(4-chlor-phenylhydrazono)-N-[2]naphthyl-malonamoyl]-furan, 2,2′-Bis-[4-chlor-phenylhydrazono]-3,3′-dioxo-3,3′-furan-2,5-diyl-di-propionsäure-bis-[2]naphthylamid $C_{42}H_{28}Cl_2N_6O_5$, Formel VII (X = Cl), und Tautomere (z. B. 2,5-Bis-[2-(4-chlor-phenylazo)-N-[2]naphthyl-malonamoyl]-furan).

B. Beim Behandeln von 2,5-Bis-[N-[2]naphthyl-malonamoyl]-furan mit Äthanol und wss. Natronlauge und anschliessend mit wss. 4-Chlor-benzoldiazonium-Salz-Lösung (*Modena, Passerini*, Boll. scient. Fac. Chim. ind. Bologna **13** [1955] 72, 74).

Gelborangefarbene Krystalle (aus Nitrobenzol); F: 281−282°. Absorptionsmaximum (Dioxan): 408−410 nm.

2,5-Bis-[2-(2,5-dichlor-phenylhydrazono)-N-[2]naphthyl-malonamoyl]-furan, 2,2′-Bis-[2,5-dichlor-phenylhydrazono]-3,3′-dioxo-3,3′-furan-2,5-diyl-di-propionsäure-bis-[2]naphthylamid $C_{42}H_{26}Cl_4N_6O_5$, Formel VI (R = X = Cl), und Tautomere (z. B. 2,5-Bis-[2-(2,5-dichlor-phenylazo)-N-[2]naphthyl-malonamoyl]-furan).

B. Beim Behandeln von 2,5-Bis-[N-[2]naphthyl-malonamoyl]-furan mit Äthanol und wss. Natronlauge und anschliessend mit wss. 2,5-Dichlor-benzoldiazonium-Salz-Lösung (*Modena, Passerini*, Boll. scient. Fac. Chim. ind. Bologna **13** [1955] 72, 74).

Gelbbraune Krystalle (aus Nitrobenzol); F: 271−272°. Absorptionsmaximum (Dioxan): 398−400 nm.

2,5-Bis-[N-[2]naphthyl-2-(4-nitro-phenylhydrazono)-malonamoyl]-furan, 2,2′-Bis-[4-nitro-phenylhydrazono]-3,3′-dioxo-3,3′-furan-2,5-diyl-di-propionsäure-bis-[2]naphthylamid $C_{42}H_{28}N_8O_9$, Formel VII (X = NO₂), und Tautomere (z. B. 2,5-Bis-[N-[2]naphthyl-2-(4-nitro-phenylazo)-malonamoyl]-furan).

B. Beim Behandeln von 2,5-Bis-[N-[2]naphthyl-malonamoyl]-furan mit Äthanol und wss. Natronlauge und anschliessend mit wss. 4-Nitro-benzoldiazonium-Salz-Lösung (*Modena, Passerini*, Boll. scient. Fac. Chim. ind. Bologna **13** [1955] 72, 74).

Orangefarbene Krystalle (aus Nitrobenzol); F: 298−299°. Absorptionsmaximum (Dioxan): 416−420 nm.

VII

2,5-Bis-[2-(4-methoxy-phenylhydrazono)-*N*-[2]naphthyl-malonamoyl]-furan, 2,2′-Bis-
[4-methoxy-phenylhydrazono]-3,3′-dioxo-3,3′-furan-2,5-diyl-di-propionsäure-bis-
[2]naphthylamid $C_{44}H_{34}N_6O_7$, Formel VII (X = O-CH$_3$), und Tautomere (z. B.
2,5-Bis-[2-(4-methoxy-phenylazo)-*N*-[2]naphthyl-malonamoyl]-furan).
B. Beim Behandeln von 2,5-Bis-[*N*-[2]naphthyl-malonamoyl]-furan mit Äthanol und
wss. Natronlauge und mit wss. 4-Methoxy-benzoldiazonium-Salz-Lösung (*Modena*,
Passerini, Boll. scient. Fac. Chim. ind. Bologna **13** [1955] 72, 74).
Orangefarbene Krystalle (aus Nitrobenzol); 270—271°. Absorptionsmaximum (Di=
oxan): 424—426 nm.

Oxocarbonsäuren $C_{22}H_{28}O_9$

**14-Hydroxy-5-oxo-3,5-seco-*A*,24-dinor-14β,20β$_F$(?)*H*-cholan-3,19,21,23-tetrasäure-
21-lacton-19-methylester** $C_{23}H_{30}O_9$, vermutlich Formel VIII (R = X = H).
Diese Konstitution und Konfiguration kommt dem nachstehend beschriebenen **Unde=
phanthontrisäure-monomethylester** zu.
B. Beim Behandeln von Anhydro-α-isostrophanthonsäure-monomethylester (14-Hydr=
oxy-3-oxo-24-nor-14β,20β$_F$(?)*H*-chol-4-en-19,21,23-trisäure-21-lacton-19-methylester) [S.
6231]) mit wss. Ammoniak und wss. Kaliumpermanganat-Lösung und anschliessenden
Behandeln mit Säure (*Jacobs*, *Gustus*, J. biol. Chem. **79** [1928] 539, 547). Beim Behandeln von Undephanthontrisäure-dimethylester (s. u.) mit Methanol und wss. Natron=
lauge (*Ja.*, *Gu.*).
Krystalle (aus Me.); F: 239—240°.

**14-Hydroxy-5-oxo-3,5-seco-*A*,24-dinor-14β,20β$_F$(?)*H*-cholan-3,19,21,23-tetrasäure-
21-lacton-19,23-dimethylester** $C_{24}H_{32}O_9$, vermutlich Formel VIII (R = CH$_3$, X = H).
Diese Konstitution kommt dem nachstehend beschriebenen **Undephanthontrisäure-
dimethylester** zu.
B. Aus Anhydro-α-isostrophanthonsäure-dimethylester (14-Hydroxy-3-oxo-24-nor-
14β,20β$_F$(?)*H*-chol-4-en-19,21,23-trisäure-21-lacton-19,23-dimethylester [S. 6231]) mit
Hilfe von Ozon (*Jacobs*, *Gustus*, J. biol. Chem. **92** [1931] 323, 333).
Krystalle (aus Me.); F: 179—180° (*Jacobs*, *Gustus*, J. biol. Chem. **79** [1928] 539, 543).

VIII   IX

**14-Hydroxy-5-oxo-3,5-seco-*A*,24-dinor-14β,20β$_F$(?)*H*-cholan-3,19,21,23-tetrasäure-
21-lacton-3,19,23-trimethylester** $C_{25}H_{34}O_9$, vermutlich Formel VIII (R = X = CH$_3$).
Diese Konstitution und Konfiguration kommt dem nachstehend beschriebenen **Unde=
phanthontrisäure-trimethylester** zu.
B. Beim Behandeln von Undephanthontrisäure-dimethylester (s. o.) mit Diazomethan
in Aceton (*Jacobs*, *Gustus*, J. biol. Chem. **79** [1928] 539, 544).

Krystalle (aus Me.); F: 154,5—155,5°.

Oxim $C_{25}H_{35}NO_9$. Krystalle (aus Me.); F: 226—227° und F: 188—189° [dimorph] (*Ja., Gu.*, l. c. S. 545).

Phenylhydrazon $C_{31}H_{40}N_2O_8$. Krystalle (aus Me.); F: 196,5—197,5° (*Ja., Gu.*, l. c. S. 545). — Beim Erwärmen mit Essigsäure und konz. wss. Salzsäure ist 14-Hydroxy-3-oxo-4-phenyl-4,4a-diaza-*A*-homo-24-nor-14β,20β_F(?)H-chol-4a-en-19,21,23-trisäure-21-lacton-19,23-dimethylester (F: 155—157°) erhalten worden.

Oxocarbonsäuren $C_{30}H_{44}O_9$

(3a*S*)-3ξ-[2-((1*S*)-2ξ-Hydroxyoxalyl-1-methoxycarbonyl-3*t*,4*c*-dimethyl-cyclohex-*r*-yl)-äthyl]-6ξ-isopropyl-3a,5a-dimethyl-2-oxo-(3a*r*,5aξ,8aξ)-decahydro-indeno[4,5-*b*]furan-8b*c*-carbonsäure-methylester, 9-Hydroxy-13-oxo-3ξ*H*,5ξ,10ξ,14ξ,18ξ-*A*:*B*-neo-11,12;13,14-diseco-ursan-11,12,27,28-tetrasäure-27-lacton-11,28-dimethylester [1]) $C_{32}H_{48}O_9$, Formel IX (R = H).

B. Aus dem im folgenden Artikel beschriebenen Trimethylester beim Behandeln einer Lösung in Methanol und Chloroform mit methanol. Kalilauge (*Schmitt, Wieland*, A. **557** [1947] 1, 15) sowie beim Erwärmen mit methanol. Kalilauge (*Schmitt, Wieland*, A. **542** [1939] 258, 270).

Krystalle [aus Ae. + PAe.] (*Sch., Wi.*, A. **557** 16); F: 183° [bei 100° im Hochvakuum getrocknetes Präparat] (*Sch., Wi.*, A. **542** 270).

Beim Erwärmen mit konz. Schwefelsäure ist 9-Hydroxy-3ξ-isopropyl-5-methyl-5ξ,10ξ,14ξ,18ξ-11,13;13,14-diseco-*A*,*C*,23,24,25-pentanor-ursan-11,13,27,28-tetrasäure-27-lacton-28-methylester (Zers. bei 240—250° [S. 6245]) erhalten worden (*Sch., Wi.*, A. **542** 270). Überführung in 9,13ξ-Dihydroxy-3ξ*H*,5ξ,10ξ,14ξ,18ξ-*A*:*B*-neo-11,12;13,14-diseco-ursan-11,12,27,28-tetrasäure-27→9;28→13-dilacton-11-methylester (Dimethylester; F: 238°) durch Erhitzen mit Essigsäure und Zink: *Sch., Wi.*, A. **557** 16.

(3a*S*)-6ξ-Isopropyl-3ξ-[2-((1*S*)-1-methoxycarbonyl-2ξ-methoxyoxalyl-3*t*,4*c*-dimethyl-cyclohex-*r*-yl)-äthyl]-3a,5a-dimethyl-2-oxo-(3a*r*,5aξ,8aξ)-decahydro-indeno[4,5-*b*]furan-8b*c*-carbonsäure-methylester, 9-Hydroxy-13-oxo-3ξ*H*,5ξ,10ξ,14ξ,18ξ-*A*:*B*-neo-11,12;13,14-diseco-ursan-11,12,27,28-tetrasäure-27-lacton-11,12,28-trimethylester $C_{33}H_{50}O_9$, Formel IX (R = CH$_3$).

Über die Konstitution s. *J. Simonsen, W. C. J. Ross*, The Terpenes Bd. 5 [Cambridge 1957] S. 83; die Konfiguration ergibt sich aus der genetischen Beziehung zu Novasäure (S. 5649).

B. Beim Erwärmen von 9,13-Dihydroxy-3ξ*H*,5ξ,10ξ-*A*:*B*-neo-11,12-seco-ursan-11,12,27,28-tetrasäure-11,12-anhydrid-27→9;28→13-dilacton [F: 260°] (*Schmitt, Wieland*, A. **557** [1947] 1, 15) oder von 9,13-Dihydroxy-3ξ*H*,5ξ,10ξ-*A*:*B*-neo-11,12-seco-ursan-11,12,27,28-tetrasäure-27→9;28→13-dilacton-11,12-dimethylester [F: 240°] (*Schmitt, Wieland*, A. **542** [1939] 258, 269) mit methanol. Kalilauge und Behandeln des jeweiligen Reaktionsprodukts mit Diazomethan in Äther.

Krystalle (aus A.); F: 180° (*Sch., Wi.*, A. **542** 269).

Oxocarbonsäuren $C_nH_{2n-18}O_9$

(±)-7-[Äthoxycarbonyl-cyan-methyl]-4,5-dioxo-4,5-dihydro-benzo[*b*]thiophen-2-carbonsäure $C_{14}H_9NO_6S$, Formel X.

B. Bei der Hydrierung von 5-Hydroxy-4-nitro-benzo[*b*]thiophen-2-carbonsäure an Raney-Nickel in Äthanol und Behandlung der Reaktionslösung mit Cyanessigsäure-äthylester und Triäthylamin und anschliessend mit Kalium-hexacyano-ferrat(III) in Wasser (*Martin-Smith, Gates*, Am. Soc. **78** [1956] 5351, 5355, 5356).

Orangefarbene Krystalle (aus Eg.); F: 268—270° [unkorr.; Zers.].

X

---

[1]) Stellungsbezeichnung bei von Ursan abgeleiteten Namen s. E III **5** 1340; über die Bezeichnung „*A*:*B*-neo". s. *Allard, Ourisson*, Tetrahedron **1** [1957] 277.

Oxocarbonsäuren $C_nH_{2n-36}O_9$

(±)-4-[4-Carboxy-2,6-dioxo-2*H*,6*H*-anthra[9,1-*bc*]furan-10b-yl]-isophthalsäure $C_{24}H_{12}O_9$, Formel XI.

B. Beim Erhitzen von 10-[2,4-Dimethyl-phenyl]-2,4-dimethyl-anthron mit Nitrobenzol und wss. Salpetersäure und Behandeln des Reaktionsprodukts mit wss. Natronlauge und mit Kaliumpermanganat (*Clar, Stewart,* Am. Soc. **76** [1954] 3504, 3506).

Krystalle (aus Nitrobenzol + Eg.); Zers. bei 335—340° unter Bildung eines violett-blauen Sublimats.

XI   XII

(±)-2-[5-Carboxy-2,6-dioxo-2*H*,6*H*-anthra[9,1-*bc*]furan-10b-yl]-terephthalsäure $C_{24}H_{12}O_9$, Formel XII.

B. Beim Erhitzen von 10-[2,5-Dimethyl-phenyl]-1,4-dimethyl-anthron mit Nitrobenzol und wss. Salpetersäure und Behandeln des Reaktionsprodukts mit wss. Natronlauge und mit Kaliumpermanganat (*Clar, Stewart,* Am. Soc. **76** [1954] 3504, 3506).

Krystalle (aus Nitrobenzol + A.); Zers. bei 330—340° unter Bildung eines violett-blauen Sublimats.

7. Oxocarbonsäuren mit zehn Sauerstoff-Atomen

Oxocarbonsäuren $C_nH_{2n-14}O_{10}$

7α-Hydroxy-3,4;11,12-diseco-5β-cholan-3,4,11,12,24-pentasäure-4-lacton, Isociliansäure $C_{24}H_{34}O_{10}$, Formel I (R = H).

B. Beim Erwärmen von Biliobansäure (7α-Hydroxy-12-oxo-3,4-seco-5β-cholan-3,4,24-trisäure-4-lacton) mit Salpetersäure (*Wieland, Fukelman*, Z. physiol. Chem. **130** [1923] 144, 149). Neben Biliobansäure beim Behandeln von Cholsäure (3α,7α,12α-Trihydroxy-5β-cholan-24-säure) mit Salpetersäure (*Wi., Fu.*).

Krystalle; F: 323° [Zers.; aus A.] (*Borsche, Frank*, B. **60** [1927] 723, 731), 316—317° [Zers.; aus wss. A.] (*Wi., Fu.*). $[\alpha]_{578}^{16}$: $-27,2°$ [A.; c = 1] (*Wi., Fu.*).

Beim Erwärmen mit konz. Schwefelsäure auf 100° ist eine Verbindung $C_{23}H_{32}O_7$ (Krystalle [aus wss. A.], F: 320—321°) erhalten worden (*Wi., Fu.*).

I

7α-Hydroxy-3,4;11,12-diseco-5β-cholan-3,4,11,12,24-pentasäure-4-lacton-3,11,12,24-tetramethylester, Isociliansäure-tetramethylester $C_{28}H_{42}O_{10}$, Formel I (R = CH₃).

B. Beim Behandeln von 7α-Hydroxy-3,4;11,12-diseco-5β-cholan-3,4,11,12,24-pentasäure-4-lacton mit Methanol und mit Chlorwasserstoff und Behandeln des Reaktionsprodukts mit Diazomethan in Äther (*Wieland, Fukelman*, Z. physiol. Chem. **130** [1923] 144, 150).

Krystalle (aus Me.); F: 187—188°.

9-Hydroxy-3,4;11,12-diseco-5β-cholan-3,4,11,12,24-pentasäure-4-lacton, Pseudocholoidansäure $C_{24}H_{34}O_{10}$, Formel II (R = X = H).

Konstitution: *Wieland et al.*, Z. physiol. Chem. **194** [1931] 107, 110.

B. Beim Erwärmen von 11-Brom-12-hydroxy-3,4-seco-5β-chol-9(11)-en-3,4,24-trisäure mit wss. Salpetersäure (*Wi. et al.*, l. c. S. 117). Neben Choloidansäure (3,4;11,12-Diseco-5β-cholan-3,4,11,12,24-pentasäure) beim Erwärmen von Desoxybiliansäure (12-Oxo-3,4-seco-5β-cholan-3,4,24-trisäure) mit wss. Salpetersäure [D: 1,4] (*Wieland*, Z. physiol. Chem. **108** [1920] 306, 320, 328, **123** [1922] 237, 240).

Krystalle (aus W.); F: 304° [Zers.] (*Wi. et al.*; *Wi.*, Z. physiol. Chem. **123** 240). $[\alpha]_D^{14}$: $+9,8°$ [A.; c = 1] (*Wi.*, Z. physiol. Chem. **108** 329).

Beim Erhitzen unter vermindertem Druck bis auf 300° sind eine Verbindung $C_{22}H_{32}O_5$ (Krystalle [aus E.], F: 199°) und eine als Brenzpseudocholoidansäure bezeichnete, vielleicht als (*R*)-4-[(3a*S*)-3a,7a-Dimethyl-7,12-dioxo-(3a*r*,7a*c*,10a*t*,10b*c*)-Δ⁵-dodecahydro-10c*t*,3*t*-oxaäthano-cyclopent[*e*]indeno[1,7-*bc*]oxepin-8c-yl]-valeriansäure (Formel III) zu formulierende Verbindung $C_{23}H_{30}O_6$ (Krystalle [aus Eg.], F: 246°; Methylester $C_{24}H_{32}O_6$; Krystalle [aus Me.], F: 192°) erhalten worden, die sich durch Erwärmen mit äthanol. Alkalilauge in eine Verbindung $C_{23}H_{32}O_7$ (Krystalle [aus E.], F: 212°; wasserhaltige Krystalle [aus wss. A.], F: 115—116° [Zers.])

und weiter durch Erwärmen mit Chrom(VI)-oxid und wasserhaltiger Essigsäure in eine Verbindung $C_{23}H_{32}O_{10}$ (Krystalle [aus E.], F: 180—182° [Zers.]) hat überführen lassen (*Wi.*, Z. physiol. Chem. **123** 242; *Wi. et al.*, l. c. S. 113).

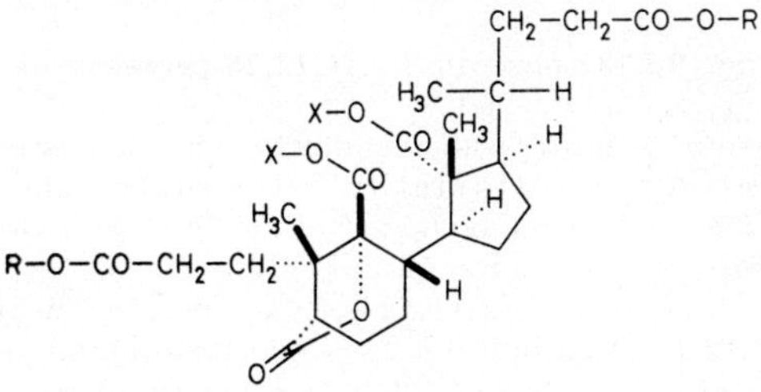

II 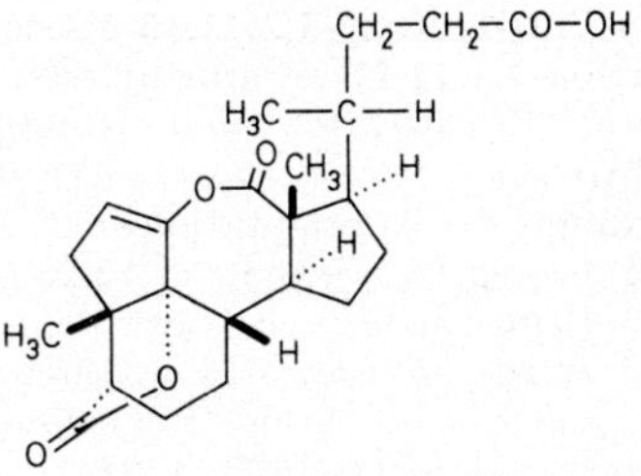   III

9-Hydroxy-3,4;11,12-diseco-5β-cholan-3,4,11,12,24-pentasäure-4-lacton-3,24-dimethyl=ester $C_{26}H_{38}O_{10}$, Formel II (R = CH_3, X = H).

Diese Konstitution kommt wahrscheinlich dem nachstehend beschriebenen Pseudo=choloidansäure-dimethylester zu.

B. Beim Behandeln von Pseudocholoidansäure (S. 6258) mit Methanol und mit Chlor=wasserstoff (*Wieland*, Z. physiol. Chem. **123** [1922] 237, 242).

Krystalle (aus Me.); F: 268° (*Wi.*).

Beim Erhitzen unter vermindertem Druck bis auf 285° ist eine Verbindung $C_{24}H_{32}O_6$ (Krystalle [aus Me.], F: 192°) erhalten worden (*Wi.*; *Wieland et al.*, Z. physiol. Chem. **194** [1931] 107, 115).

Barium-Salz $BaC_{26}H_{36}O_{10}$: *Wi.*

9-Hydroxy-3,4;11,12-diseco-5β-cholan-3,4,11,12,24-pentasäure-4-lacton-3,11,12,24-tetra=methylester, Pseudocholoidansäure-tetramethylester $C_{28}H_{42}O_{10}$, Formel II (R = X = CH_3).

B. Aus Pseudocholoidansäure (S. 6258) mit Hilfe von Diazomethan (*Wieland et al.*, Z. physiol. Chem. **194** [1931] 107, 113). Beim Behandeln des Silber-Salzes der Pseudo=choloidansäure mit Methyljodid [Überschuss] (*Wieland*, Z. physiol. Chem. **108** [1920] 306, 329).

Krystalle (aus Bzn.); F: 138° (*Wi. et al.*, l. c. S. 117), 132° (*Wi.*). $[\alpha]_D^{25}$: +8,3° [A.; c = 2] (*Wi. et al.*).

Oxocarbonsäuren $C_nH_{2n-16}O_{10}$

Oxocarbonsäuren $C_{23}H_{30}O_{10}$

14-Hydroxy-3,4-seco-24-nor-5β(?),14β,20β_F(?)H-cholan-3,4,19,21,23-pentasäure-21-lacton-19,23-dimethylester $C_{25}H_{34}O_{10}$, vermutlich Formel IV.

B. Beim Erwärmen von 14-Hydroxy-3-oxo-24-nor-5β(?),14β,20β_F(?)H-cholan-19,21,=23-trisäure-21-lacton-19,23-dimethylester (S, 6226) mit Chrom(VI)-oxid, Essigsäure und wss. Schwefelsäure (*Jacobs*, *Gustus*, J. biol. Chem. **92** [1931] 323, 344).

Krystalle (aus wss. Acn.); F: 191—193°.

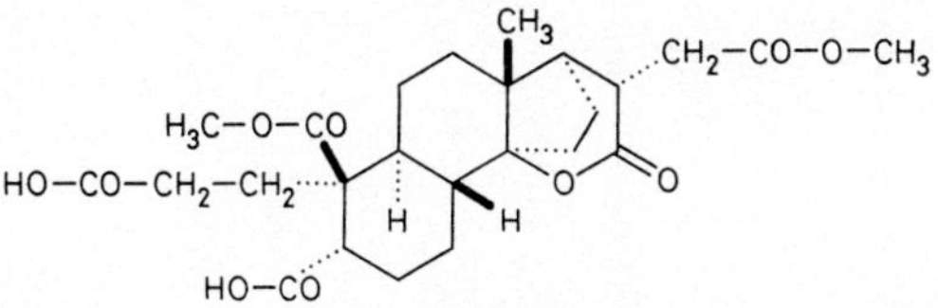

IV

Oxocarbonsäuren $C_{29}H_{42}O_{10}$

6-[1-Methoxycarbonyl-1-methyl-äthyl]-3-[1-methoxycarbonyl-2,7,7-trimethyl-octahydro-1,4a-oxaäthano-naphthalin-2-yl]-1,3-dimethyl-cyclohexan-1,2-dicarbonsäure-dimethylester $C_{33}H_{50}O_{10}$.

a) **13-Hydroxy-1,2;11,12-diseco-A-nor-9β,18ξ-oleanan-1,2,11,12,28-pentasäure-28-lacton-1,2,11,12-tetramethylester** [1] $C_{33}H_{50}O_{10}$, Formel V.

Diese Konstitution und Konfiguration kommt wahrscheinlich dem nachstehend beschriebenen Isooleanolpentasäure-lacton-tetramethylester zu; bezüglich der Zuordnung der Konfiguration am C-Atom 9 vgl. den analog hergestellten 3β,13-Dihydroxy-11,12-seco-9β,18ξ-oleanan-11,12,28-trisäure-28 → 13-lacton-12-methylester (S. 6616).

B. Beim 3-stdg. Erwärmen von 13-Hydroxy-1,2;11,12-diseco-A-nor-18ξ-oleanan-1,2,11,12,28-pentasäure-28-lacton-1,2,11,12-tetramethylester (s. u.) mit methanol. Kalilauge und Behandeln des Reaktionsprodukts mit Diazomethan in Äther (*Kitasato*, Acta phytoch. Tokyo **11** [1939] 1, 18).

Krystalle (aus Me.); F: 198—200°.

V   VI

b) **13-Hydroxy-1,2;11,12-diseco-A-nor-18ξ-oleanan-1,2,11,12,28-pentasäure-28-lacton-1,2,11,12-tetramethylester** [1] $C_{33}H_{50}O_{10}$, Formel VI.

Diese Konstitution und Konfiguration kommt wahrscheinlich dem nachstehend beschriebenen Oleanolpentasäure-lacton-tetramethylester zu.

Konstitution: *Kitasato*, Acta phytoch. Tokyo **11** [1939] 1, 5.

B. Beim $1/_2$-stdg. Erwärmen von 3β-Acetoxy-13-hydroxy-11,12-seco-18ξ-oleanan-11,12,28-trisäure-28-lacton-11,12-dimethylester (F: 178—180° [S. 6617]) mit methanol. Kalilauge, Behandeln des Reaktionsprodukts mit Essigsäure, konz. Schwefelsäure und Chrom(VI)-oxid und Behandeln des danach isolierten Reaktionsprodukts mit Diazomethan in Äther (*Kitasato*, Acta phytoch. Tokyo **9** [1936] 75, 81).

Krystalle (aus Me.); F: 205°. $[\alpha]_D^{25}$: —15,5° [CHCl$_3$; c = 0,8] (*Ki.*, Acta phytoch. Tokyo **9** 81).

---

[1] Stellungsbezeichnung bei von Oleanan abgeleiteten Namen s. E III **5** 1341.

8. Oxocarbonsäuren mit elf Sauerstoff-Atomen

Oxocarbonsäuren $C_nH_{2n-32}O_{11}$

9,10-Bis-[2,2-dicarboxy-äthyl]-9,10,11,12-tetrahydro-9,10-furo[3,4]ätheno-anthracen-13,15-dion, 9,10-Bis-[2,2-dicarboxy-äthyl]-9,10-dihydro-9,10-äthano-anthracen-11r,12c-dicarbonsäure-anhydrid $C_{26}H_{20}O_{11}$, Formel VII.
    B. Beim Erhitzen von 9,10-Bis-[2,2-dicarboxy-äthyl]-anthracen mit Maleinsäure-anhydrid in Nitrobenzol (*Poštowskiǐ, Bednjagina, Ž.* obšč. Chim. **7** [1937] 2919, 2923; C. **1938** II 3920).
    Krystalle; F: 280°.

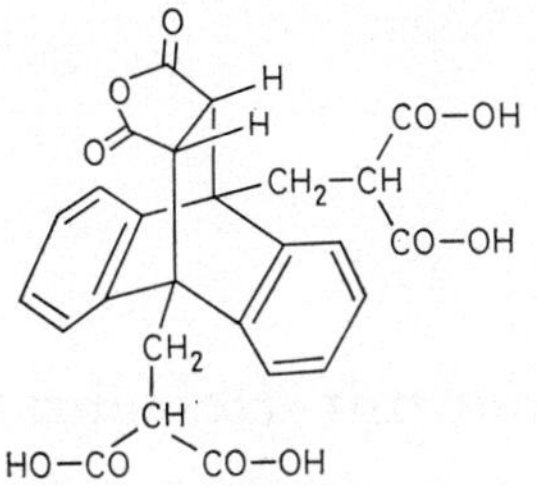

VII

9. Oxocarbonsäuren mit zwölf Sauerstoff-Atomen

Oxocarbonsäuren $C_nH_{2n-14}O_{12}$

7-Oxo-6-oxa-3,4;11,12-diseco-5ξ-cholan-3,4,11,12,24-pentasäure, 5-Hydroxy-3,5;6,7;11,12-triseco-A-nor-5ξ-cholan-3,6,7,11,12,24-hexasäure-7-lacton $C_{23}H_{32}O_{12}$, Formel VIII (R = H).
    Diese Konstitution und Konfiguration kommt vermutlich der nachstehend beschriebenen Verbindung zu.
    B. Beim Erwärmen von 5-Hydroxy-12-oxo-3,5;6,7-diseco-A-nor-5ξ-cholan-3,6,7,24-tetrasäure-7-lacton (F: 206° [S. 6252]) mit Salpetersäure bis auf 100° (*Dane, Klee,* Z. physiol. Chem. **221** [1933] 55, 62).
    Krystalle (aus W.) mit 1 Mol H_2O, F: 245—250° [Zers.]; $[\alpha]_D$: +40,8° [A.].

7-Oxo-6-oxa-3,4;11,12-diseco-5ξ-cholan-3,4,11,12,24-pentasäure-pentamethylester, 5-Hydroxy-3,5;6,7;11,12-triseco-A-nor-5ξ-cholan-3,6,7,11,12,24-hexasäure-7-lacton-3,6,11,12,24-pentamethylester $C_{28}H_{42}O_{12}$, Formel VIII (R = CH₃).
    Diese Konstitution und Konfiguration kommt vermutlich der nachstehend beschriebenen Verbindung zu.
    B. Beim Behandeln der im vorangehenden Artikel beschriebenen Verbindung mit Diazomethan in Äther (*Dane, Klee,* Z. physiol. Chem. **221** [1933] 55, 63).
    Krystalle (aus Me.); F: 165° [nach Sintern bei 160°].

(S)-[(3S)-5ξ-Carboxy-4c-(2-carboxy-äthyl)-4t-methyl-2-oxo-tetrahydro-[3r]furyl]-[(1S)-2t-carboxy-3c-((R)-3-carboxy-1-methyl-propyl)-2c-methyl-cyclopent-r-yl]-essigsäure, 5-Hydroxy-3,5;6,7;11,12-triseco-A-nor-5ξ-cholan-3,6,7,11,12,24-hexasäure-11-lacton $C_{23}H_{32}O_{12}$, Formel IX.
    Diese Konstitution und Konfiguration wird für die nachstehend beschriebene Ver-

bindung in Betracht gezogen (*Dane, Klee*, Z. physiol. Chem. **221** [1933] 55, 57).

B. Beim Erwärmen von 5-Hydroxy-3,5;6,7;11,12-triseco-*A*-nor-5ξ-cholan-3,6,7,11,=12,24-hexasäure-7-lacton (F: 245—250° [S. 6261]) mit konz. wss. Salzsäure (*Dane, Klee*, l. c. S. 63). Beim Behandeln von 5-Hydroxy-6,12-dioxo-3,4-seco-*B*-nor-5ξ-cholan-3,4,24-trisäure (F: 228° [E III **10** 4861]) mit wss. Kalilauge und mit wss. Kaliumhypobromit-Lösung (*Wieland, Dane*, Z. physiol. Chem. **206** [1932] 225, 240).

Krystalle; F: 252° [aus W.] (*Dane, Klee*), 250—252° [aus wss. Eg.] (*Wi., Dane*).

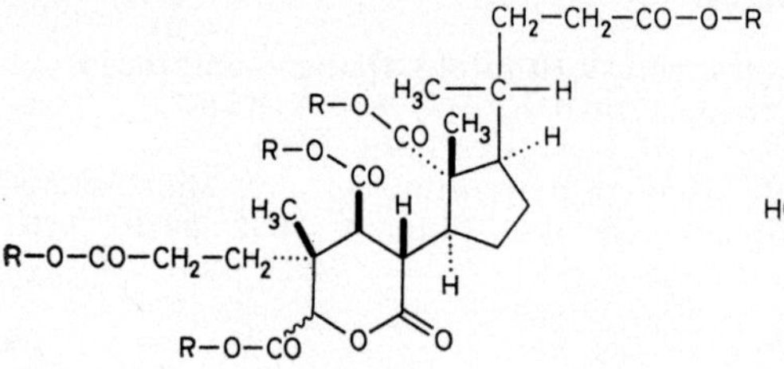

VIII 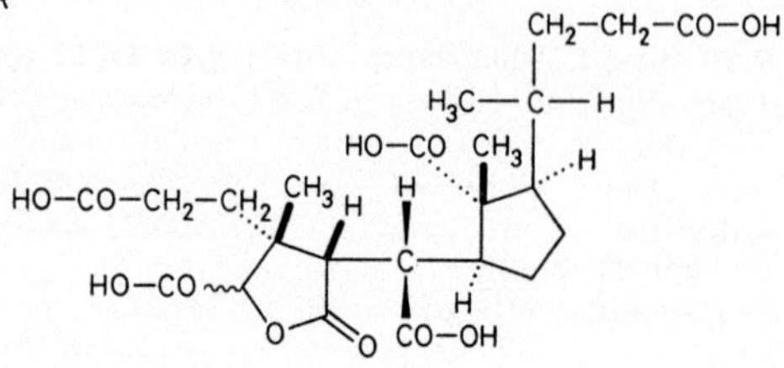   IX

10. Oxocarbonsäuren mit dreizehn Sauerstoff-Atomen

Oxocarbonsäuren $C_nH_{2n-20}O_{13}$

(±)-1,3-Dioxo-(3a*r*,7a*c*)-1,3,3a,4,7,7a-hexahydro-4*c*,7*c*-methano-isobenzofuran-4,5,6,7,8ξ-pentacarbonsäure-pentamethylester, Norborn-2-en-1,2,3,4,5*endo*,6*endo*,7ξ-hepta=carbonsäure-5,6-anhydrid-1,2,3,4,7-pentamethylester $C_{19}H_{18}O_{13}$, Formel X + Spiegelbild.

B. Beim Erwärmen von Cyclopenta-1,3-dien-1,2,3,4,5-pentacarbonsäure-pentamethyl=ester mit Maleinsäure-anhydrid in Benzol (*Diels*, B. **75** [1942] 1452, 1464).

Krystalle (aus Bzl.); F: 84—85°.

[*Lange*]

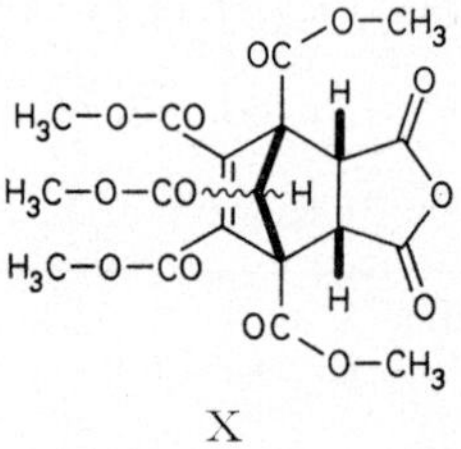

X

H. Hydroxy-oxo-carbonsäuren

1. Hydroxy-oxo-carbonsäuren mit fünf Sauerstoff-Atomen

Hydroxy-oxo-carbonsäuren $C_nH_{2n—4}O_5$

Hydroxy-oxo-carbonsäuren $C_5H_6O_5$

(±)-2,5,5-Trimethoxy-tetrahydro-furan-2-carbonsäure-äthylester $C_{10}H_{18}O_6$, Formel I
(X = H).
   B. Bei der Hydrierung von (±)-2,5,5-Trimethoxy-2,5-dihydro-furan-2-carbonsäure-
äthylester an Raney-Nickel in Methanol unter 100 at (*Murakami et al.*, Mem. Inst. scient.
ind. Res. Osaka Univ. **16** [1959] 219, 226; *Hata et al.*, J. chem. Soc. Japan Pure Chem.
Sect. **79** [1958] 1447, 1450; C. A. **1960** 24619).
   Kp_7: 117—118°; n_D^{25}: 1,4349 (*Mu. et al.*; *Hata et al.*).
   Beim Erwärmen mit wss. Schwefelsäure ist 2-Oxo-glutarsäure erhalten worden (*Mu.
et al.*; *Hata et al.*).

*Opt.-inakt. 3,4-Dibrom-2,5,5-trimethoxy-tetrahydro-furan-2-carbonsäure-äthylester
$C_{10}H_{16}Br_2O_6$, Formel I (X = Br).
   B. Beim Behandeln einer Lösung von (±)-2,5,5-Trimethoxy-2,5-dihydro-furan-2-carb=
onsäure-äthylester in Chloroform mit Brom (*Murakami et al.*, Mem. Inst. scient. ind. Res.
Osaka Univ. **16** [1959] 219, 227; *Hata*, J. chem. Soc. Japan Pure Chem. Sect. **79** [1958]
1528, 1531; C. A. **1960** 24619).
   Kp_4: 121°; n_D^{25}: 1,4923 (*Mu. et al.*; *Hata*).

(2S)-3t-Hydroxy-5-oxo-tetrahydro-furan-2r-carbonsäure, L-*erythro*-2,3-Dihydroxy-
glutarsäure-5→2-lacton, D-*erythro*-2-Desoxy-pentarsäure-1→4-lacton, *d*-Arabooortho=
saccharonsäure-lacton $C_5H_6O_5$, Formel II (R = H) (H 515).
   B. Beim Erwärmen einer wss. Lösung von L-*erythro*-2,3-Dihydroxy-glutarsäure
(„*d*-Arabooorthosaccharonsäure") unter vermindertem Druck (*Gachokidse*, Ž. obšč. Chim.
15 [1945] 539, 548; C. A. **1946** 4674; vgl. H 515).
   F: 121°. $[\alpha]_D^{20}$: +4,5° [W.; c = 2].

       I   II   III

(2S)-3t-Methoxy-5-oxo-tetrahydro-furan-2r-carbonsäure, L-*erythro*-2-Hydroxy-3-meth=
oxy-glutarsäure-5-lacton, O^3-Methyl-D-*erythro*-2-desoxy-pentarsäure-1-lacton $C_6H_8O_5$,
Formel II (R = CH_3).
   B. Beim Behandeln von D-Cymarose (O^3-Methyl-D-*ribo*-2,6-didesoxy-hexose [E IV **1**
4193]) mit wss. Salpetersäure und Eindampfen der Reaktionslösung unter vermindertem
Druck (*Elderfield*, J. biol. Chem. **111** [1935] 527, 530).
   Krystalle (aus 4-Methyl-pentan-2-on); F: 150—152°. $[\alpha]_D^{24}$: —1° [W.; c = 2].

(2R)-3c-Methoxy-5-oxo-tetrahydro-furan-2r-carbonsäure-[4-brom-phenacylester],
L_g-*threo*-2-Hydroxy-3-methoxy-glutarsäure-1-[4-brom-phenacylester]-5-lacton,
O^3-Methyl-L-*threo*-2-desoxy-pentarsäure-5-[4-brom-phenacylester]-1-lacton $C_{14}H_{13}BrO_6$,
Formel III.
   B. Aus L_g-*threo*-2-Hydroxy-3-methoxy-glutarsäure (*Els et al.*, Am. Soc. **80** [1958]

3777, 3781).

F: $155-156°$.

---

*Opt.-inakt. 4-Äthoxythiocarbonylmercapto-5-oxo-tetrahydro-furan-2-carbonsäure, 2-Äthoxythiocarbonylmercapto-4-hydroxy-glutarsäure-1-lacton $C_8H_{10}O_5S_2$, Formel IV.

B. Beim Behandeln des Dinatrium-Salzes der *meso*-2,4-Dibrom-glutarsäure oder der *racem.*-2,4-Dibrom-glutarsäure mit Kalium-*O*-äthyl-dithiocarbonat in Wasser (*Schotte*, Ark. Kemi **9** [1956] 377, 382).

Krystalle (aus Bzl.); F: $61-62°$. IR-Spektren (KBr; $5,4-6,5\ \mu$) der Säure, des Natrium-Salzes und des Kalium-Salzes: *Sch.*, l. c. S. 378, 379.

Natrium-Salz $NaC_8H_9O_5S_2$. Krystalle (aus W.) mit 2 Mol H_2O.

Verbindung des Kalium-Salzes mit der Säure $KC_8H_9O_5S_2 \cdot C_8H_{10}O_5S_2$. Krystalle (aus A.); F: $161-162°$ [Zers.].

IV   V   VI

(*S*?)-3-Hydroxy-5-oxo-tetrahydro-furan-3-carbonsäure-methylester, Itaweinsäure-lacton-methylester $C_6H_8O_5$, vermutlich Formel V.

Diese Konstitution kommt vermutlich der nachstehend beschriebenen Verbindung zu (*Stodola et al.*, J. biol. Chem. **161** [1945] 739, 740); über die Konfiguration s. *Kim Suh, Hite*, J. pharm. Sci. **60** [1971] 930.

B. Neben anderen Verbindungen bei der oxydativen Vergärung von D-Glucose mit Hilfe von Aspergillus terreus und Behandlung einer Lösung des Reaktionsprodukts in Methanol mit Diazomethan in Äther (*St. et al.*).

Kp_{2-3}: $151-154°$ (*St. et al.*).

Beim Erwärmen mit Benzylamin in Methanol ist (*S*?)-2-Hydroxy-2-hydroxymethyl-bernsteinsäure-bis-benzylamid (F: $103-104°$) erhalten worden (*St. et al.*).

---

*Opt.-inakt. 4-Hydroxy-5-oxo-tetrahydro-furan-3-carbonsäure $C_5H_6O_5$, Formel VI
(R = H).

B. In kleiner Menge aus 4,5-Dioxo-tetrahydro-furan-3-carbonsäure-äthylester mit Hilfe von Natrium-Amalgam (*Gault, Gottiniaux*, C. r. **231** [1950] 287).

Krystalle; F: $186°$.

---

*Opt.-inakt. 4-Hydroxy-5-oxo-tetrahydro-furan-3-carbonsäure-äthylester $C_7H_{10}O_5$,
Formel VI (R = C_2H_5).

B. Aus 4,5-Dioxo-tetrahydro-furan-3-carbonsäure-äthylester mit Hilfe von Natrium-Amalgam (*Gault, Gottiniaux*, C. r. **231** [1950] 287).

$Kp_{0,01}$: $100°$.

Hydroxy-oxo-carbonsäuren $C_6H_8O_5$

4-Hydroxy-3-oxo-tetrahydro-pyran-2-carbonsäure $C_6H_8O_5$, Formel VII, und Tautomeres (3,4-Dihydroxy-5,6-dihydro-4*H*-pyran-2-carbonsäure).

Diese Konstitution ist dem nachstehend beschriebenen Antitumorprotidosynthese-Acetobacteroxydase-Coenzym zugeordnet worden (*Antoniani, Lanzani*, R. A. L. [8] **27** [1959] 234, 236).

Isolierung aus Acetobacter aceti: *An., La.*

Krystalle mit 1 Mol H_2O; F: $184°$.

(±)-[3*t*-Hydroxy-5-oxo-tetrahydro-[2*r*]furyl]-essigsäure, (±)-*erythro*-3,4-Dihydroxy-adipinsäure-1→4-lacton $C_6H_8O_5$, Formel VIII (R = H) + Spiegelbild.

B. Beim Erwärmen von Hex-3*t*-endisäure mit wss. Wasserstoffperoxid und Ameisen= säure (*Linstead et al.*, Soc. **1953** 1225, 1229). Beim Behandeln einer Lösung von *cis*-Cyclo= hex-4-en-1,2-diol in Äthylacetat mit Ozon, anschliessenden Hydrieren an Palladium/ Calciumcarbonat und Erwärmen des Reaktionsprodukts mit Brom in Wasser (*Ali, Owen*, Soc. **1958** 1074, 1076).

Krystalle (aus E.); F: 98° (*Ali, Owen*). IR-Banden (Paraffin sowie $CHCl_3$) im Bereich von 3500 cm⁻¹ bis 800 cm⁻¹: *Ali, Owen*.

(±)-[3*t*-Hydroxy-5-oxo-tetrahydro-[2*r*]furyl]-essigsäure-methylester, (±)-*erythro*-3,4-Di= hydroxy-adipinsäure-1→4-lacton-6-methylester $C_7H_{10}O_5$, Formel VIII (R = CH_3) + Spiegelbild.

B. Beim Behandeln von (±)-[3*t*-Hydroxy-5-oxo-tetrahydro-[2*r*]furyl]-essigsäure mit Diazomethan in Äther (*Linstead et al.*, Soc. **1953** 1225, 1229).

Bei 125°/0,0001 Torr destillierbar.

---

*Opt.-inakt. Hydroxy-[5-oxo-tetrahydro-[2]furyl]-essigsäure, 2,3-Dihydroxy-adipinsäure-6→3-lacton $C_6H_8O_5$, Formel IX (R = X = H).

B. Bei der Hydrierung von opt.-inakt. Hydroxy-[5-oxo-2,5-dihydro-[2]furyl]-essig= säure (S. 6276) an Palladium/Bariumsulfat in Essigsäure (*Wacek, Fiedler*, M. **80** [1949] 170, 183).

Krystalle (aus E.); F: 140°.

*Opt.-inakt. Äthoxy-[5-oxo-tetrahydro-[2]furyl]-essigsäure, 2-Äthoxy-3-hydroxy-adipinsäure-6-lacton $C_8H_{12}O_5$, Formel IX (R = C_2H_5, X = H).

B. Bei der Hydrierung von opt.-inakt. Äthoxy-[5-oxo-2,5-dihydro-[2]furyl]-essigsäure (S. 6276) an Palladium/Bariumsulfat in Essigsäure (*Wacek, Fiedler*, M. **80** [1949] 170, 184).

F: 146°.

VII   VIII   IX   X

---

*Opt.-inakt. [3-Brom-5-oxo-tetrahydro-[2]furyl]-hydroxy-essigsäure, 4-Brom-2,3-di= hydroxy-adipinsäure-6→3-lacton $C_6H_7BrO_5$, Formel IX (R = H, X = Br).

B. Beim Erwärmen von opt.-inakt. 4-Brom-2,3-dihydroxy-adipinsäure-dimethylester (F: 115—120°) mit konz. wss. Salzsäure (*Legrand*, Bl. **1953** 540).

Krystalle (aus W.); F: 151°.

---

*Opt.-inakt. 4-Hydroxy-2-methyl-5-oxo-tetrahydro-furan-3-carbonsäure-äthylester $C_8H_{12}O_5$, Formel X (R = H).

B. Beim Erwärmen von opt.-inakt. 4-Acetoxy-2-methyl-5-oxo-tetrahydro-furan-3-carbonsäure-äthylester (s. u.) mit Chlorwasserstoff enthaltendem Äthanol (*Fleck et al.*, Helv. **33** [1950] 130, 138).

Krystalle (aus Ae. + PAe.); F: 44°.

---

*Opt.-inakt. 4-Acetoxy-2-methyl-5-oxo-tetrahydro-furan-3-carbonsäure-äthylester, 2-Acetoxy-3-[1-hydroxy-äthyl]-bernsteinsäure-4-äthylester-1-lacton $C_{10}H_{14}O_6$, Formel X (R = CO-CH_3).

B. Bei der Hydrierung von (±)-4-Acetoxy-2-methyl-5-oxo-2,5-dihydro-furan-3-carbon= säure-äthylester an Palladium/Calciumcarbonat oder Raney-Nickel in Äthanol (*Fleck et al.*, Helv. **33** [1950] 130, 138).

Krystalle (aus Bzl. + PAe.); F: 57—58°.

*Opt.-inakt. 2-Oxo-5-phenoxymethyl-tetrahydro-furan-3-carbonsäure, [2-Hydroxy-3-phenoxy-propyl]-malonsäure-lacton $C_{12}H_{12}O_5$, Formel XI (R = H) (vgl. H 516).

B. Beim Erwärmen von opt.-inakt. 2-Oxo-5-phenoxymethyl-tetrahydro-furan-3-carbo=nitril (S. 6267) mit wss. Natronlauge (*Van Zyl et al.*, Am. Soc. **75** [1953] 5002, 5006). Beim Erwärmen von opt.-inakt. 2-Oxo-5-phenoxymethyl-tetrahydro-furan-3-carbon=säure-äthylester (s. u.) mit wss. Kalilauge (*Van Zyl et al.*, l. c. S. 5004).

Krystalle (aus Bzl. + PAe.); F: 93—95° [Zers.].

*Opt.-inakt. 2-Oxo-5-phenoxymethyl-tetrahydro-furan-3-carbonsäure-methylester, [2-Hydroxy-3-phenoxy-propyl]-malonsäure-lacton-methylester $C_{13}H_{14}O_5$, Formel XI (R = CH_3).

B. Beim Behandeln von (±)-1,2-Epoxy-3-phenoxy-propan mit der Natrium-Verbindung des Malonsäure-diäthylesters in Methanol (*Beasley et al.*, J. Pharm. Pharmacol. **9** [1957] 10, 14).

Kp_1: 190°.

*Opt.-inakt. 5-Hydroxymethyl-2-oxo-tetrahydro-furan-3-carbonsäure-äthylester, [2,3-Dihydroxy-propyl]-malonsäure-äthylester-2-lacton $C_8H_{12}O_5$, Formel XII (R = H) (vgl. H 516).

B. Beim Erwärmen von (±)-2,3-Epoxy-propan-1-ol mit der Natrium-Verbindung des Malonsäure-diäthylesters in Äthanol (*Michael*, *Weiner*, Am. Soc. **58** [1936] 999, 1003). Auch bei vermindertem Druck nicht destillierbar.

*Opt.-inakt. 5-Äthoxymethyl-2-oxo-tetrahydro-furan-3-carbonsäure-äthylester, [3-Äth=oxy-2-hydroxy-propyl]-malonsäure-äthylester-lacton $C_{10}H_{16}O_5$, Formel XII (R = C_2H_5).

B. Beim Behandeln von (±)-1-Äthoxy-2,3-epoxy-propan mit der Natrium-Verbindung des Malonsäure-diäthylesters in Äthanol (*Van Zyl et al.*, Am. Soc. **75** [1953] 5002, 5004). Beim Erwärmen von opt.-inakt. 5-Chlormethyl-2-oxo-tetrahydro-furan-3-carbonsäure-äthylester (n_D^{25}: 1,4659) mit Natriumäthylat in Äthanol (*Van Zyl et al.*).

Kp_{8-9}: 173—176°. n_D^{25}: 1,4460.

XI   XII   XIII   XIV

*Opt.-inakt. 2-Oxo-5-phenoxymethyl-tetrahydro-furan-3-carbonsäure-äthylester, [2-Hydroxy-3-phenoxy-propyl]-malonsäure-äthylester-lacton $C_{14}H_{16}O_5$, Formel XI (R = C_2H_5).

B. Beim Erwärmen von (±)-1,2-Epoxy-3-phenoxy-propan mit der Natrium-Verbin=dung des Malonsäure-diäthylesters in Äthanol (*Van Zyl et al.*, Am. Soc. **75** [1953] 5002, 5004).

Kp_1: 215—217°.

*Opt.-inakt. 5-Acetoxymethyl-2-oxo-tetrahydro-furan-3-carbonsäure-äthylester, [3-Acetoxy-2-hydroxy-propyl]-malonsäure-äthylester-lacton $C_{10}H_{14}O_6$, Formel XII (R = CO-CH_3).

B. Beim Erwärmen von Allylmalonsäure-diäthylester mit Peroxyessigsäure in Essig=säure unter Zusatz von konz. Schwefelsäure (*Bush Inc.*, U.S.P. 2428015 [1946]).

D_4^{25}: 1,2117. n_D^{25}: 1,4558.

*Opt.-inakt. 5-Äthoxymethyl-2-oxo-tetrahydro-furan-3-carbonitril, 5-Äthoxy-2-cyan-4-hydroxy-valeriansäure-lacton $C_8H_{11}NO_3$, Formel XIII (R = C_2H_5).

B. Beim Erwärmen von (±)-1-Äthoxy-2,3-epoxy-propan mit der Natrium-Verbindung des Cyanessigsäure-äthylesters in Äthanol (*Van Zyl et al.*, Am. Soc. **75** [1953] 5002, 5005).

Kp_4: 184—186°. n_D^{25}: 1,4531.

*Opt.-inakt. 2-Oxo-5-phenoxymethyl-tetrahydro-furan-3-carbonitril, 2-Cyan-4-hydroxy-5-phenoxy-valeriansäure-lacton C₁₂H₁₁NO₃, Formel XIII (R = C₆H₅).

B. Beim Erwärmen von (±)-1,2-Epoxy-3-phenoxy-propan mit der Natrium-Verbindung des Cyanessigsäure-äthylesters in Äthanol (*Van Zyl et al.*, Am. Soc. **75** [1953] 5002, 5006). Krystalle; F: 136—136,5°.

(±)-4*t*-Hydroxymethyl-5-oxo-tetrahydro-furan-3*r*-carbonsäure, *meso*-2,3-Bis-hydroxy-methyl-bernsteinsäure-1→3-lacton C₆H₈O₅, Formel XIV + Spiegelbild.

B. Beim Behandeln des Dinatrium-Salzes der *racem.*-2,3-Bis-hydroxymethyl-bernstein-säure mit Chlorwasserstoff in Äther (*Michael, Ross*, Am. Soc. **55** [1933] 3684, 3694). Krystalle (aus Ae.); F: 122°.

Hydroxy-oxo-carbonsäuren C₇H₁₀O₅

*Opt.-inakt. 3-[4-Hydroxy-3-oxo-tetrahydro-[2]thienyl]-propionsäure C₇H₁₀O₄S, Formel I (R = H).

B. Beim Behandeln von (±)-3-[3-Oxo-tetrahydro-[2]thienyl]-propionsäure mit Brom und Calciumcarbonat in Wasser (*Karrer, Kehrer*, Helv. **27** [1944] 142, 148). Gelbe Krystalle (aus W.); F: 129—130°.

I   II   III

---

*Opt.-inakt. 3-[4-Hydroxy-3-oxo-tetrahydro-[2]thienyl]-propionsäure-methylester C₈H₁₂O₄S, Formel I (R = CH₃).

B. Beim Behandeln einer Lösung von opt.-inakt. 3-[4-Hydroxy-3-oxo-tetrahydro-[2]thienyl]-propionsäure (s. o.) in Dioxan und Methanol mit Diazomethan in Äther (*Karrer, Schmid*, Helv. **27** [1944] 1275, 1280). Krystalle (aus Ae.); F: 62°.

---

*Opt.-inakt. 4-Äthoxy-3-äthyl-2-oxo-tetrahydro-furan-3-carbonsäure-äthylester, [1-Äth-oxy-2-hydroxy-äthyl]-äthyl-malonsäure-äthylester-lacton C₁₁H₁₈O₅, Formel II.

B. Beim Behandeln einer Suspension der Natrium-Verbindung des Äthylmalonsäure-diäthylesters in Äther mit (±)-1-Äthoxy-1,2-dibrom-äthan (*Heyl, Cope*, Am. Soc. **65** [1943] 669, 671). Kp₈,₅: 149,5°. D²⁵₂₅: 1,1022. n²⁵_D: 1,4443.

(±)-[3-Hydroxymethyl-5-oxo-tetrahydro-[3]furyl]-essigsäure, (±)-3,3-Bis-hydroxy-methyl-glutarsäure-monolacton C₇H₁₀O₅, Formel III.

B. Beim Erwärmen von 3,3-Bis-hydroxymethyl-glutarsäure-dilacton mit Barium-hydroxid in Wasser und Behandeln des Reaktionsprodukts mit wss. Schwefelsäure (*Cornand, Govaert*, Meded. vlaam. Acad. **16** [1954] Nr. 14, S. 3, 9). Krystalle (aus A. + Ae.); F: 118°.

[4-Hydroxy-4-methyl-2-oxo-tetrahydro-[3]furyl]-essigsäure, 2-[α,β-Dihydroxy-iso-propyl]-bernsteinsäure-1→β-lacton C₇H₁₀O₅, Formel IV (vgl. H 517; dort als Oxyisoterebinsäure bezeichnet).

Diese Konstitution kommt wahrscheinlich der nachstehend beschriebenen opt.-inakt. Verbindung zu.

B. Beim Erwärmen von [α-Hydroxy-isopropyl]-butendinitril (?) (E III **3** 965) mit konz. wss. Salzsäure (*Jennen*, Bl. Soc. chim. Belg. **46** [1937] 258, 259). Krystalle (aus W.); F: 166—167°.

4-Hydroxy-2,4-dimethyl-5-oxo-tetrahydro-furan-2-carbonsäure, 2,4-Dihydroxy-2,4-dimethyl-glutarsäure-1 → 4-lacton $C_7H_{10}O_5$.

a) **(±)-4t-Hydroxy-2,4c-dimethyl-5-oxo-tetrahydro-furan-2r-carbonsäure, *meso*-2,4-Dihydroxy-2,4-dimethyl-glutarsäure-1 → 4-lacton** $C_7H_{10}O_5$, Formel V + Spiegelbild.
Diese Konfiguration kommt der früher (s. H **18** 517; E I **18** 529) beschriebenen höherschmelzenden 2,4-Dihydroxy-2,4-dimethyl-glutarsäure-1 → 4-lacton („Lacton der α.α'-Dioxy-α.α'-dimethyl-glutarsäure"; F: 189—190°) zu (*Mattocks*, Soc. **1964** 4845).

IV   V   VI   VII

b) **(±)-4c-Hydroxy-2,4t-dimethyl-5-oxo-tetrahydro-furan-2r-carbonsäure, *racem.*-2,4-Dihydroxy-2,4-dimethyl-glutarsäure-1 → 4-lacton** $C_7H_{10}O_5$, Formel VI + Spiegelbild.
Diese Konfiguration kommt der früher (s. H **18** 517; E I **18** 529) beschriebenen niedrigerschmelzenden 2,4-Dihydroxy-2,4-dimethyl-glutarsäure-1 → 4-lacton („Lacton der α.α'-Dioxy-α.α'-dimethyl-glutarsäure"; F: 107°) zu (*Mattocks*, Soc. **1964** 4845).

***Opt.-inakt. 4-Äthoxymethyl-2-methyl-5-oxo-tetrahydro-furan-3-carbonsäure-äthylester, 2-Äthoxymethyl-3-[1-hydroxy-äthyl]-bernsteinsäure-4-äthylester-1-lacton** $C_{11}H_{18}O_5$, Formel VII.
B. Bei der Hydrierung von (±)-4-Äthoxymethyl-2-methyl-5-oxo-2,5-dihydro-furan-3-carbonsäure-äthylester an Raney-Nickel in Äthanol bei 100°/126 at (*Huber et al.*, Am. Soc. **67** [1945] 1148, 1151).
$Kp_{0,6}$: 97—98°. D_4^{20}: 1,0786. n_D^{20}: 1,4440.

***Opt.-inakt. 5-Acetoxymethyl-4-methyl-2-oxo-tetrahydro-furan-3-carbonsäure-äthylester, [3-Acetoxy-2-hydroxy-1-methyl-propyl]-malonsäure-äthylester-lacton** $C_{11}H_{16}O_6$, Formel VIII.
B. Beim Erwärmen von (±)-[1-Methyl-allyl]-malonsäure-diäthylester mit Peroxyessigsäure in Essigsäure unter Zusatz von konz. Schwefelsäure (*Bush Inc.*, U.S.P. 2428015 [1946]).
Bei 125—160°/0,004—0,005 Torr destillierbar. D_4^{25}: 1,1752. n_D^{25}: 1,4534.

***Opt.-inakt. 4-Hydroxy-3,4-dimethyl-5-oxo-tetrahydro-furan-3-carbonsäure-äthylester** $C_9H_{14}O_5$, Formel IX.
B. Beim Behandeln von (±)-3-Methyl-4,5-dioxo-tetrahydro-furan-3-carbonsäure-äthylester mit Methylmagnesiumjodid in Äther (*Ghilardi*, *Gault*, C. r. **234** [1952] 337).
F: 58°. $Kp_{1,5}$: 129—130°.

(±)-3-Hydroxy-4,4-dimethyl-5-oxo-tetrahydro-furan-3-carbonsäure $C_7H_{10}O_5$, Formel X (R = X = H).
Diese Konstitution kommt der früher (s. H **18** 518) als 3-Hydroxy-4,4-dimethyl-5-oxo-tetrahydro-furan-2-carbonsäure („β-Oxy-α,α-dimethyl-butyrolacton-γ-carbonsäure"; $C_7H_{10}O_5$) beschriebenen Verbindung zu (*Koelsch*, Am. Soc. **66** [1944] 306).
B. Beim Behandeln von 3,3-Dimethyl-furan-2,4-dion mit Natriumcyanid und wss. Salzsäure und Erwärmen des Reaktionsprodukts mit wss. Salzsäure (*Ko.*).
Krystalle (aus W.); F: 213—217°.

(±)-3-Acetoxy-4,4-dimethyl-5-oxo-tetrahydro-furan-3-carbonsäure $C_9H_{12}O_6$, Formel X (R = H, X = CO-CH_3).
Diese Konstitution kommt der früher (s. H **18** 518) als 3-Acetoxy-4,4-dimethyl-5-oxo-tetrahydro-furan-2-carbonsäure („β-Acetoxy-α.α-dimethyl-butyrolacton-

γ-carbonsäure''; $C_9H_{12}O_6$) beschriebenen Verbindung vom F: 135° zu (*Koelsch*, Am. Soc. **66** [1944] 306).

VIII   IX   X

(±)-3-Benzoyloxy-4,4-dimethyl-5-oxo-tetrahydro-furan-3-carbonsäure $C_{14}H_{14}O_6$,
Formel X (R = H, X = CO-C_6H_5).
   Diese Konstitution kommt der früher (s. H **18** 518) als 3-Benzoyloxy-4,4-di=
methyl-5-oxo-tetrahydro-furan-2-carbonsäure   (,,β-Benzoyloxy-$\alpha.\alpha$-dimethyl-
butyrolacton-γ-carbonsäure''; $C_{14}H_{14}O_6$) beschriebenen Verbindung vom F: 209° zu
(*Koelsch*, Am. Soc. **66** [1944] 306).

(±)-3-Hydroxy-4,4-dimethyl-5-oxo-tetrahydro-furan-3-carbonsäure-methylester
$C_8H_{12}O_5$, Formel X (R = CH_3, X = H).
   Diese Konstitution kommt der früher (s. H **18** 518) als 3-Hydroxy-4,4-dimethyl-
5-oxo-tetrahydro-furan-2-carbonsäure-methylester   (,,β-Oxy-$\alpha.\alpha$-dimethyl-
butyrolacton-γ-carbonsäure-methylester''; $C_8H_{12}O_5$) beschriebenen Verbindung vom F:
104° zu (*Koelsch*, Am. Soc. **66** [1944] 306).

(±)-3-Hydroxy-4,4-dimethyl-5-oxo-tetrahydro-furan-3-carbonsäure-äthylester $C_9H_{14}O_5$,
Formel X (R = C_2H_5, X = H).
   Diese Konstitution kommt der früher (s. H **18** 518) als 3-Hydroxy-4,4-dimethyl-
5-oxo-tetrahydro-furan-2-carbonsäure-äthylester   (,,β-Oxy-$\alpha.\alpha$-dimethyl-
butyrolacton-γ-carbonsäure-äthylester''; $C_9H_{14}O_5$) beschriebenen Verbindung vom F: 49°
zu (*Koelsch*, Am. Soc. **66** [1944] 306).

Hydroxy-oxo-carbonsäuren $C_8H_{12}O_5$

*Opt.-inakt. **4-Hydroxy-4-[5-oxo-tetrahydro-[2]furyl]-buttersäure-anilid, 4,5-Dihydroxy-
7-phenylcarbamoyl-heptansäure-4-lacton** $C_{14}H_{17}NO_4$, Formel I (R = H).
   B. Beim Hydrieren von (Z)-[2,2′]Bifuranyliden-5,5′-dion oder von (E)-[2,2′]Bifuran=
yliden-5,5′-dion an Palladium in Dioxan und Erhitzen des Reaktionsprodukts mit Anilin
(*Holmquist et al.*, Am. Soc. **81** [1959] 3681, 3684).
   Krystalle; F: 168—171°.

I   II

*Opt.-inakt. **4-Hydroxy-4-[5-oxo-tetrahydro-[2]furyl]-buttersäure-*p*-toluidid, 4,5-Di=
hydroxy-7-*p*-tolylcarbamoyl-heptansäure-4-lacton** $C_{15}H_{19}NO_4$, Formel I (R = CH_3).
   B. Beim Hydrieren von (Z)-[2,2′]Bifuranyliden-5,5′-dion oder von (E)-[2,2′]Bifuran=
yliden-5,5′-dion an Palladium in Dioxan und Erhitzen des Reaktionsprodukts mit
p-Toluidin und Tetralin (*Holmquist et al.*, Am. Soc. **81** [1959] 3681, 3684).
   Krystalle; F: 172—173°.

(±)-4-Oxo-2-[3-phenoxy-propyl]-tetrahydro-thiophen-3-carbonsäure-methylester
$C_{15}H_{18}O_4S$, Formel II, und Tautomeres ((±)-4-Hydroxy-2-[3-phenoxy-propyl]-
2,5-dihydro-thiophen-3-carbonsäure-methylester).
   B. Beim Erwärmen von 6-Phenoxy-hex-2-ensäure-methylester (Kp$_1$: 135—138°) mit

Mercaptoessigsäure-methylester und Natriummethylat in Benzol (*Baker et al.*, J. org. Chem. **12** [1947] 138, 145).

Bei 110°/0,001 Torr destillierbar.

Charakterisierung durch Überführung in ein Semicarbazon $C_{16}H_{21}N_3O_4S$ (Krystalle [aus Me.], F: 143—144,5°): *Ba. et al.*

(±)-4-Oxo-5-[3-phenoxy-propyl]-tetrahydro-thiophen-3-carbonsäure-methylester $C_{15}H_{18}O_4S$, Formel III (R = CH_3, X = H), und Tautomeres ((±)-4-Hydroxy-5-[3-phenoxy-propyl]-2,5-dihydro-thiopen-3-carbonsäure-methylester).

B. Beim Behandeln von (±)-2-Mercapto-5-phenoxy-valeriansäure-methylester mit Methylacrylat und wenig Piperidin und anschliessend mit Natriummethylat in Äther (*Baker et al.*, J. org. Chem. **12** [1947] 138, 148).

Charakterisierung durch Überführung in ein Semicarbazon $C_{16}H_{21}N_3O_4S$ (Krystalle [aus wss. Acn.], F: 160—161°): *Ba. et al.*

(±)-5-[3-(4(?)-Chlor-phenoxy)-propyl]-4-oxo-tetrahydro-thiophen-3-carbonsäure-methylester $C_{15}H_{17}ClO_4S$, vermutlich Formel III (R = CH_3, X = Cl), und Tautomeres ((±)-5-[3-(4(?)-Chlor-phenoxy)-propyl]-4-hydroxy-2,5-dihydro-thiophen-3-carbonsäure-methylester).

B. Beim Behandeln von (±)-5-[4(?)-Chlor-phenoxy]-2-mercapto-valeriansäure-methylester (Kp$_1$: 155—158°) mit Methylacrylat und wenig Piperidin und anschliessend mit Natriummethylat in Äther (*Baker et al.*, J. org. Chem. **12** [1947] 138, 148).

Charakterisierung durch Überführung in ein Semicarbazon $C_{16}H_{20}ClN_3O_4S$ (Krystalle [aus wss. Acn.], F: 181—182°): *Ba. et al.*

III   IV   V

(±)-4-Oxo-5-[3-phenoxy-propyl]-tetrahydro-thiophen-3-carbonsäure-äthylester $C_{16}H_{20}O_4S$, Formel III (R = C_2H_5, X = H), und Tautomeres ((±)-4-Hydroxy-5-[3-phenoxy-propyl]-2,5-dihydro-thiophen-3-carbonsäure-äthylester).

B. Beim Behandeln von (±)-2-[2-Äthoxycarbonyl-äthylmercapto]-5-phenoxy-valeriansäure-äthylester mit Natriumäthylat in Benzol (*Cheney, Piening*, Am. Soc. **67** [1945] 2213, 2214).

Öl; n_D^{20}: 1,5481.

Kupfer(II)-Verbindung $Cu(C_{16}H_{19}O_4S)_2$. Hellgrüne Krystalle (aus Bzl.); F: 149° bis 150° [korr.; Zers.].

Charakterisierung durch Überführung in ein Oxim $C_{16}H_{21}NO_4S$ (Krystalle [aus wss. A.], F: 101° [korr.]), das sich mit Hilfe von Chlorwasserstoff enthaltendem Äthanol in 4-Amino-5-[3-phenoxy-propyl]-thiophen-3-carbonsäure-äthylester hat umwandeln lassen: *Ch., Pi.*

(±)-5-[3-Benzyloxy-propyl]-4-oxo-tetrahydro-thiophen-3-carbonsäure-äthylester $C_{17}H_{22}O_4S$, Formel IV (R = CH_2-C_6H_5, X = C_2H_5), und Tautomeres ((±)-5-[3-Benzyloxy-propyl]-4-hydroxy-2,5-dihydro-thiophen-3-carbonsäure-äthylester).

B. Beim Behandeln von (±)-2-[2-Äthoxycarbonyl-äthylmercapto]-5-benzyloxy-valeriansäure-äthylester mit Natriumäthylat in Benzol (*Cheney, Piening*, Am. Soc. **67** [1945] 2213, 2216).

Kupfer(II)-Verbindung $Cu(C_{17}H_{21}O_4S)_2$. Hellgrüne Krystalle (aus A.); F: 107° bis 108° [korr.].

---

*Opt.-inakt. 2-Hydroxy-2-[2-methyl-5-oxo-tetrahydro-[3]furyl]-propionsäure $C_8H_{12}O_5$, Formel V.

B. Beim Behandeln einer Lösung von opt.-inakt. 2,2'-Dimethyl-3',4'-dihydro-2H,2'H-

[2,3']bifuryl-5,5'-dion (F: 84,9—85,3°) oder von opt.-inakt. 4-Hydroxy-4-[2-methyl-5-oxo-tetrahydro-[3]furyl]-pent-2-ensäure (F: 159,7°) in Essigsäure mit Ozon und anschliessenden Erwärmen mit Wasser (*Lukeš, Syhora*, Collect. **19** [1954] 1205, 1211, 1212). Krystalle (aus Bzl.); F: 123—123,4° [korr.].

---

*Opt.-inakt. 3-[1-Hydroxy-äthyl]-2-methyl-5-oxo-tetrahydro-furan-3-carbonsäure-isopropylester, 2,2-Bis-[1-hydroxy-äthyl]-bernsteinsäure-1-isopropylester-4-lacton $C_{11}H_{18}O_5$, Formel VI.

B. Beim Erwärmen von opt.-inakt. 3-Acetyl-2-methyl-5-oxo-tetrahydro-furan-3-carbonsäure-äthylester (F: 48—49°) mit Aluminiumisopropylat in Isopropylalkohol (*U.S. Rubber Co.*, U.S.P. 2598803 [1950]).

$Kp_{0,6}$: 90—91°. D_{20}^{20}: 1,065. n_D^{20}: 1,4356.

---

*Opt.-inakt. 5-Äthoxymethyl-3-äthyl-2-oxo-tetrahydro-furan-3-carbonsäure-äthylester, [3-Äthoxy-2-hydroxy-propyl]-äthyl-malonsäure-äthylester-lacton $C_{12}H_{20}O_5$, Formel VII (R = C_2H_5).

B. Beim Behandeln von (±)-1-Äthoxy-2,3-epoxy-propan mit der Natrium-Verbindung des Äthylmalonsäure-diäthylesters in Äthanol (*Van Zyl et al.*, Am. Soc. **75** [1953] 5002, 5004).

Kp_1: 145—148°. n_D^{25}: 1,4462.

---

*Opt.-inakt. 3-Äthyl-2-oxo-5-phenoxymethyl-tetrahydro-furan-3-carbonsäure-äthylester, Äthyl-[2-hydroxy-3-phenoxy-propyl]-malonsäure-äthylester-lacton $C_{16}H_{20}O_5$, Formel VII (R = C_6H_5).

B. Beim Behandeln von (±)-1,2-Epoxy-3-phenoxy-propan mit der Natrium-Verbindung des Äthylmalonsäure-diäthylesters in Äthanol (*Van Zyl et al.*, Am. Soc. **75** [1953] 5002, 5005).

Kp_2: 198—200°. n_D^{25}: 1,5187.

---

*Opt.-inakt. 4-Äthyl-4-hydroxy-3-methyl-5-oxo-tetrahydro-furan-3-carbonsäure-äthylester $C_{10}H_{16}O_5$, Formel VIII (R = C_2H_5).

B. Beim Behandeln von (±)-3-Methyl-4,5-dioxo-tetrahydro-furan-3-carbonsäure-äthylester mit Äthylmagnesiumbromid in Äther (*Ghilardi, Gault*, C. r. **234** [1952] 337). Krystalle; F: 80°. Kp_{25}: 135—137°.

(2R)-3t-Hydroxy-2,3c,4c-trimethyl-5-oxo-tetrahydro-furan-2r-carbonsäure, D_r-2r_F,3c_F-Dihydroxy-2,3t_F,4t_F-trimethyl-glutarsäure-5 → 2-lacton, Monocrotalsäure $C_8H_{12}O_5$, Formel IX (R = H, X = OH).

Konstitution: *Adams, Govindachari*, Am. Soc. **72** [1950] 158; *Adams, Hauserman*, Am. Soc. **74** [1952] 694, 696. Konfiguration: *Robins, Crout*, Soc. [C] **1969** 1386, Soc. [C] **1970** 1334.

B. Neben Stereoisomeren bei der Behandlung von (±)-2,3,4-Trimethyl-*cis*-pentendisäure mit einer aus Wolfram(VI)-oxid und wss. Wasserstoffperoxid bereiteten Lösung und Zerlegung des erhaltenen Gemisches von Racematen mit Hilfe von Brucin (*Adams et al.*, Am. Soc. **74** [1952] 5608, 5611). Bei der Hydrierung von Monocrotalin ((3R,13aR,13bR)-4t,5t-Dihydroxy-3c,4c,5c-trimethyl-4,5,8,10,12,13,13a,13b-octahydro-3H-[1,6]dioxacycloundeca[2,3,4-gh]pyrrolizin-2,6-dion) an Platin in Essigsäure und Äthanol (*Adams, Rogers*, Am. Soc. **61** [1939] 2815, 2818; *Ad., Ha.*) oder an Raney-Nickel in Äthanol (*Adams, Rogers*, Am. Soc. **63** [1941] 537, 539). Beim Erwärmen von Spectabilin ((3R,13aR,13bR)-4t-Acetoxy-5t-hydroxy-3c,4c,5c-trimethyl-4,5,8,10,12,13,13a,13b-octahydro-3H-[1,6]dioxacycloundeca[2,3,4-gh]pyrrolizin-2,6-dion) mit wss. Salzsäure (*Culvenor, Smith*, Austral. J. Chem. **10** [1957] 474, 477).

Krystalle (aus Acn. + PAe.); F: 182—183° [korr.] (*Cu., Sm.*), 181—182° [korr.] (*Ad., Ro.*, Am. Soc. **61** 2818, **63** 539, 540). $[\alpha]_D^{26}$: −2,6° [A.; c = 2] (*Cu., Sm.*); $[\alpha]_D^{28}$: −5,0° [A.; c = 1] (*Ad. et al.*); $[\alpha]_D^{28}$: −5,3° [W.; c = 5] (*Ad., Ro.*, Am. Soc. **61** 2818). IR-Spektrum (KBr; 2,5—16,7 μ): *Adams, Gianturco*, Am. Soc. **78** [1956] 1922, 1923.

Brucin-Salz. Krystalle (aus A.); F: 213° [korr.; Zers.]; $[\alpha]_D^{26}$: −16,5° [CHCl₃; c = 0,4] (*Ad. et al.*).

VI VII VIII IX

(**2R**)-3*t*-Acetoxy-2,3*c*,4*c*-trimethyl-5-oxo-tetrahydro-furan-2*r*-carbonsäure, D*r*-3*c*F-Acetoxy-2*r*F-hydroxy-2,3*t*F,4*t*F-trimethyl-glutarsäure-5-lacton, *O*-Acetyl-mono-crotalsäure $C_{10}H_{14}O_6$, Formel IX (R = CO-CH₃, X = OH).

B. Beim Erhitzen von Monocrotalsäure (S. 6271) mit Acetanhydrid und Pyridin (*Culvenor, Smith*, Austral. J. Chem. **11** [1958] 97). Bei der Hydrierung von Spectabilin((3*R*,- 13a*R*,13b*R*)-4*t*-Acetoxy-5*t*-hydroxy-3*c*,4*c*,5*c*-trimethyl-4,5,8,10,12,13,13a,13b-octahydro-3*H*-[1,6]dioxacycloundeca[2,3,4-*gh*]pyrrolizin-2,6-dion) an Raney-Nickel in Äthanol (*Culvenor, Smith*, Austral. J. Chem. **10** [1957] 474, 477).

Krystalle (*Cu., Sm.*, Austral. J. Chem. **11** 97).

Brucin-Salz $C_{23}H_{26}N_2O_4 \cdot C_{10}H_{14}O_6$. Krystalle (aus A.); F: 185° (*Cu., Sm.*, Austral. J. Chem. **11** 97).

(**2R**)-3*t*-Hydroxy-2,3*c*,4*c*-trimethyl-5-oxo-tetrahydro-furan-2*r*-carbonsäure-methylester, D*r*-2*r*F,3*c*F-Dihydroxy-2,3*t*F,4*t*F-trimethyl-glutarsäure-5 → 2-lacton-1-methylester, Monocrotalsäure-methylester $C_9H_{14}O_5$, Formel IX (R = H, X = O-CH₃).

B. Beim Behandeln einer Suspension von Monocrotalsäure (S. 6271) in Chloroform mit Diazomethan in Äther (*Adams et al.*, Am. Soc. **61** [1939] 2822, 2823). Beim Erwärmen von Monocrotalsäure-chlorid (s. u.) mit Methanol (*Adams, Wilkinson*, Am. Soc. **65** [1943] 2203, 2205).

Krystalle (aus Ae.); F: 79−80° (*Ad. et al.*; *Ad., Wi.*). $[\alpha]_D^{30}$: −16,2° [A.; c = 5] (*Ad. et al.*). IR-Spektrum (Nujol; 2,5−16,7 µ): *Adams, Stewart*, Am. Soc. **74** [1952] 5876, 5878, 6321.

(**2R**)-3*t*-Hydroxy-2,3*c*,4*c*-trimethyl-5-oxo-tetrahydro-furan-2*r*-carbonsäure-[4-brom-phenacylester], D*r*-2*r*F,3*c*F-Dihydroxy-2,3*t*F,4*t*F-trimethyl-glutarsäure-1-[4-brom-phenacylester]-5 → 2-lacton, Monocrotalsäure-[4-brom-phenacylester] $C_{16}H_{17}BrO_6$, Formel IX (R = H, X = O-CH₂-CO-C₆H₄-Br).

B. Beim Erwärmen des Natrium-Salzes der Monocrotalsäure (S. 6271) mit 4-Brom-phen-acylbromid in wss. Äthanol (*Adams, Rogers*, Am. Soc. **61** [1939] 2815, 2819).

Krystalle (aus A.); F: 162−163° [korr.]. $[\alpha]_D^{30,5}$: −14,1° [A.; c = 4].

(**2R**)-3*t*-Hydroxy-2,3*c*,4*c*-trimethyl-5-oxo-tetrahydro-furan-2*r*-carbonylchlorid, D*r*-2*r*F,3*c*F-Dihydroxy-2,3*t*F,4*t*F-trimethyl-glutarsäure-1-chlorid-5 → 2-lacton, Monocrotalsäure-chlorid $C_8H_{11}ClO_4$, Formel IX (R = H, X = Cl).

B. Beim Erwärmen von Monocrotalsäure (S. 6271) mit Thionylchlorid (*Adams, Wilkinson*, Am. Soc. **65** [1943] 2203, 2205).

Krystalle (aus Ae.); F: 145−146° [korr.].

(**2R**)-3*t*-Hydroxy-2,3*c*,4*c*-trimethyl-5-oxo-tetrahydro-furan-2*r*-carbonsäure-amid, D*r*-2*r*F,3*c*F-Dihydroxy-2,3*t*F,4*t*F-trimethyl-glutarsäure-1-amid-5 → 2-lacton, Monocrotalsäure-amid $C_8H_{13}NO_4$, Formel IX (R = H, X = NH₂).

B. Beim Behandeln von Monocrotalsäure-methylester (s. o.) mit wss. Ammoniak (*Adams, Wilkinson*, Am. Soc. **65** [1943] 2203, 2206).

Krystalle (aus Butanon); F: 209−211° [korr.]. $[\alpha]_D^{29}$: −5,7° [A.; c = 1].

Hydroxy-oxo-carbonsäuren $C_9H_{14}O_5$

*Opt.-inakt. 5-[4-Hydroxy-3-oxo-tetrahydro-[2]thienyl]-valeriansäure $C_9H_{14}O_4S$, Formel I (R = H).

B. Beim Behandeln einer Lösung von (±)-5-[3-Oxo-tetrahydro-[2]thienyl]-valerian-

säure in Methanol mit Brom, Wasser und Calciumcarbonat (*Karrer et al.*, Helv. **27** [1944]
237, 245).

Krystalle (aus A.); F: 117—118°.

*Opt.-inakt. 5-[4-Hydroxy-3-oxo-tetrahydro-[2]thienyl]-valeriansäure-methylester
$C_{10}H_{16}O_4S$, Formel I (R = CH$_3$).

B. Beim Behandeln einer Lösung von opt.-inakt. 5-[4-Hydroxy-3-oxo-tetrahydro-
[2]thienyl]-valeriansäure (S. 6272) in Dioxan und Methanol mit Diazomethan in Äther
(*Karrer, Schmid*, Helv. **27** [1944] 1275, 1277).

Krystalle (aus Ae.); F: 66°.

Verhalten beim Erwärmen mit Aluminiumisopropylat in Isopropylalkohol und Benzol:
Ka., Sch.

I   II

(±)-5-[4-Methoxy-butyl]-4-oxo-tetrahydro-thiophen-3-carbonsäure-äthylester
$C_{12}H_{20}O_4S$, Formel II, und Tautomeres ((±)-4-Hydroxy-5-[4-methoxy-butyl]-
2,5-dihydro-thiophen-3-carbonsäure-äthylester).

B. Beim Behandeln von (±)-2-[2-Äthoxycarbonyl-äthylmercapto]-6-methoxy-hexan=
säure-äthylester mit Natriumäthylat in Toluol (*Schmid*, Helv. **27** [1944] 127, 136).

Kp$_{0,01}$: 115°.

Oxim $C_{12}H_{21}NO_4S$ ((±)-4-Hydroxyimino-5-[4-methoxy-butyl]-tetrahydro-
thiophen-3-carbonsäure-äthylester; bei 145—155°/0,02 Torr destillierbar): *Sch.*,
l. c. S. 137.

*Opt.-inakt. 4-Äthoxy-3-butyl-2-oxo-tetrahydro-furan-3-carbonsäure-äthylester,
[1-Äthoxy-2-hydroxy-äthyl]-butyl-malonsäure-äthylester-lacton $C_{13}H_{22}O_5$, Formel III.

B. Beim Behandeln von (±)-1-Äthoxy-1,2-dibrom-äthan mit der Natrium-Verbindung
des Butylmalonsäure-diäthylesters in Äther und Erhitzen des Reaktionsprodukts unter
vermindertem Druck (*Heyl, Cope*, Am. Soc. **65** [1943] 669, 670).

Kp$_2$: 129—130°. D$_{25}^{25}$: 1,0579. n$_D^{25}$: 1,4459.

*Opt.-inakt. 2-[4,4-Dimethyl-5-oxo-tetrahydro-[2]furyl]-2-hydroxy-propionsäure,
2,3-Dihydroxy-2,5,5-trimethyl-adipinsäure-6→3-lacton $C_9H_{14}O_5$, Formel IV.

B. Beim Behandeln von 2,5,5-Trimethyl-cyclohexa-1,3-dien mit alkal. wss. Kalium=
permanganat-Lösung (*Hirsjärvi*, Suomen Kem. **12** B [1939] 3).

Krystalle (aus W.); F: 192,5—194,5°.

III   IV   V   VI

(±)-3-Äthoxy-2,2,5,5-tetramethyl-4-oxo-tetrahydro-furan-3-carbonsäure-amid
$C_{11}H_{19}NO_4$, Formel V.

B. Beim Erwärmen von (±)-3-Brom-2,2,5,5-tetramethyl-4-oxo-tetrahydro-furan-
3-carbonsäure-amid mit Natriumäthylat in Äthanol (*Leonard et al.*, J. org. Chem. **21**
[1956] 1402).

Krystalle (aus Me. + Ae.); F: 114—115° [unkorr.].

(±)-2-Methoxy-3,3,4,4-tetramethyl-5-oxo-tetrahydro-furan-2-carbonsäure, (±)-2-Hydr=
oxy-2-methoxy-3,3,4,4-tetramethyl-glutarsäure-5-lacton $C_{10}H_{16}O_5$, Formel VI.

B. Beim Behandeln einer Lösung von 3,3-Dimethoxy-4,4,5,5-tetramethyl-cyclopentan-
1,2-dion in Aceton mit wss. Wasserstoffperoxid, Natriumhydrogencarbonat und kleinen
Mengen wss. Natronlauge (*Shoppee*, Soc. **1936** 269, 273).

Krystalle (aus Bzn.); F: 58°.

Hydroxy-oxo-carbonsäuren $C_{10}H_{16}O_5$

(2*R*)-3*t*-Hydroxy-4*c*-isopropyl-2,3*c*-dimethyl-5-oxo-tetrahydro-furan-2*r*-carbonsäure,
D,-2*r*F,3*c*F-Dihydroxy-4*t*F-isopropyl-2,3*t*F-dimethyl-glutarsäure-5 → 2-lacton,
Trichodesminsäure $C_{10}H_{16}O_5$, Formel VII.

Konstitution und Konfiguration: *Adams, Gianturco*, Am. Soc. **78** [1956] 1922, 1924;
Edwards, Matsumoto, J. org. Chem. **32** [1967] 2561; *Robins, Crout*, Soc. [C] **1969** 1386.

B. Aus Trichodesmin ((3*R*,13a*R*,13b*R*)-4*t*,5*t*-Dihydroxy-3*c*-isopropyl-4*c*,5*c*-dimethyl-
4,5,8,10,12,13,13a,13b-octahydro-3*H*-[1,6]dioxacycloundeca[2,3,4-*gh*]pyrrolizin-2,6-dion)
bei der Hydrierung an Platin in Essigsäure und Äthanol (*Ad., Gi.,* l. c. S. 1925) sowie beim
Erwärmen mit wss. Salzsäure (*Junušow, Plechanowa,* Ž. obšč. Chim. **29** [1959] 677, 683;
engl. Ausg. S. 670, 675).

Krystalle; F: 209–211° [korr.; aus Ae. + PAe.] (*Ad., Gi.*), 209–211° [unkorr.; Zers.;
Fisher-Johns-App.; aus Ae. + PAe.] (*Ed., Ma.*), 209° [aus wss. A.] (*Ju., Pl.*). [α]$_D$: +3,0°
[A.; c = 1] (*Ed., Ma.*). IR-Spektrum (KBr; 2,5–16,7 μ): *Ad., Gi.,* l. c. S. 1923.

VII   VIII   IX

Hydroxy-oxo-carbonsäuren $C_{11}H_{18}O_5$

*Opt.-inakt. **2-Hexyl-4-hydroxy-5-oxo-tetrahydro-furan-3-carbonsäure** $C_{11}H_{18}O_5$,
Formel VIII (R = H).

B. In kleiner Menge neben dem im folgenden Artikel beschriebenen Äthylester aus
(±)-2-Hexyl-4,5-dioxo-tetrahydro-furan-3-carbonsäure-äthylester mit Hilfe von Natrium-
Amalgam (*Gault, Gottiniaux*, C. r. **231** [1950] 287).

F: 105°.

*Opt.-inakt. **2-Hexyl-4-hydroxy-5-oxo-tetrahydro-furan-3-carbonsäure-äthylester**
$C_{13}H_{22}O_5$, Formel VIII (R = C_2H_5).

B. s. im vorangehenden Artikel.

Kp$_2$: 130° (*Gault, Gottiniaux*, C. r. **231** [1950] 287).

Hydroxy-oxo-carbonsäuren $C_{19}H_{34}O_5$

(2*S*)-4ξ-[((*R*)-2-Amino-2-carboxy-äthylmercapto)-methyl]-5-oxo-2*r*-tridecyl-tetrahydro-
furan-3*t*-carbonsäure, *S*-[(4*R*)-4*r*-Carboxy-2-oxo-5*t*-tridecyl-tetrahydro-[3ξ]furyl=
methyl]-L-cystein $C_{22}H_{39}NO_6S$, Formel IX.

B. Beim Behandeln von (−)-Protolichesterinsäure (S. 5378) mit L-Cystein-hydrochlorid
und wss. Natriumhydrogencarbonat-Lösung (*Cavallito et al.*, Am. Soc. **70** [1948] 3724,
3725).

Krystalle (aus A.); F: 185–188° [Zers.].

Hydroxy-oxo-carbonsäuren $C_nH_{2n-6}O_5$

Hydroxy-oxo-carbonsäuren $C_5H_4O_5$

5-Acetylimino-4-hydroxy-4,5-dihydro-furan-2-carbonsäure-äthylester $C_9H_{11}NO_5$,
Formel I, und **5-Acetylamino-4-hydroxy-furan-2-carbonsäure-äthylester** $C_9H_{11}NO_5$,
Formel II.

B. Beim Behandeln von 5-Acetylamino-4-amino-furan-2-carbonsäure-äthylester mit
wss. Natriumnitrit-Lösung und wss. Schwefelsäure und anschliessend mit wss. Kalium=
cyanid-Lösung und Kupfer-Pulver (*Gilman, Wright,* R. **53** [1934] 13, 16).

F: 143—144° [nach Sublimation bei 130—160°/25 Torr].

I   II

(±)-2,5,5-Trimethoxy-2,5-dihydro-furan-2-carbonsäure-methylester $C_9H_{14}O_6$, Formel III
(R = CH_3).

B. Bei der Elektrolyse eines Gemisches von 5-Brom-furan-2-carbonsäure-methylester,
Methanol und wenig Schwefelsäure (*Hata et al.,* J. chem. Soc. Japan Pure Chem. Sect. **79**
[1958] 1447, 1449; C. A. **1960** 24619; *Murakami et al.,* Mem. Inst. scient. ind. Res. Osaka
Univ. **16** [1959] 219, 225).

Kp_{11}: 131—133,5°; n_D^{25}: 1,4508 (*Hata et al.; Mu. et al.*).

(±)-2,5,5-Trimethoxy-2,5-dihydro-furan-2-carbonsäure-äthylester $C_{10}H_{16}O_6$, Formel III
(R = C_2H_5).

B. Bei der Elektrolyse eines Gemisches von 5-Brom-furan-2-carbonsäure-äthylester,
Methanol und wenig Schwefelsäure (*Hata et al.,* J. chem. Soc. Japan Pure Chem. Sect. **79**
[1958] 1447, 1449; C. A. **1960** 24619; *Murakami et al.,* Mem. Inst. scient. ind. Res. Osaka
Univ. **16** [1959] 219, 225).

Kp_9: 124—134°; n_D^{25}: 1,4499 (*Hata et al.; Mu. et al.*).

**4-Methoxy-5-oxo-2,5-dihydro-furan-3-carbonsäure-äthylester, 2-Hydroxymethyl-
3-methoxy-fumarsäure-1-äthylester-4-lacton** $C_8H_{10}O_5$, Formel IV (R = CH_3).

B. Beim Behandeln von 4,5-Dioxo-tetrahydro-furan-3-carbonsäure-äthylester mit
Diazomethan in Äther (*Fleck et al.,* Helv. **32** [1949] 998, 1010).

$Kp_{0,1}$: 98—99°. D_4^{20}: 1,2483. n_D^{20}: 1,4902.

III   IV   V

**4-Acetoxy-5-oxo-2,5-dihydro-furan-3-carbonsäure-äthylester, 2-Acetoxy-3-hydroxy=
methyl-fumarsäure-4-äthylester-1-lacton** $C_9H_{10}O_6$, Formel IV (R = $CO-CH_3$).

B. Beim Behandeln von 4,5-Dioxo-tetrahydro-furan-3-carbonsäure-äthylester mit
Acetylchlorid, Pyridin und Äther (*Fleck et al.,* Helv. **33** [1950] 130, 134).

Krystalle (aus Ae. + PAe.); F: 69—70°.

**4-Benzoyloxy-5-oxo-2,5-dihydro-furan-3-carbonsäure-äthylester, 2-Benzoyloxy-
3-hydroxymethyl-fumarsäure-4-äthylester-1-lacton** $C_{14}H_{12}O_6$, Formel IV (R = $CO-C_6H_5$).

B. Beim Erwärmen von 4,5-Dioxo-tetrahydro-furan-3-carbonsäure-äthylester mit
Benzoylchlorid, Pyridin und Äther (*Fleck et al.,* Helv. **33** [1950] 130, 134).

Krystalle (aus Bzl. + PAe.); F: 82,5—83°.

4-Methoxy-5-oxo-2,5-dihydro-furan-3-carbonitril, 3-Cyan-4-hydroxy-2-methoxy-cis-crotonsäure-lacton $C_6H_5NO_3$, Formel V (R = CH_3).

B. Beim Behandeln von 4,5-Dioxo-tetrahydro-furan-3-carbonitril mit Diazomethan in Äther (*Rossi, Schinz*, Helv. **31** [1948] 473, 489).

Krystalle (aus Bzl. + PAe.); F: 89°.

4-Benzoyloxy-5-oxo-2,5-dihydro-furan-3-carbonitril, 2-Benzoyloxy-3-cyan-4-hydroxy-cis-crotonsäure-lacton $C_{12}H_7NO_4$, Formel V (R = CO-C_6H_5).

B. Beim Erwärmen von 4,5-Dioxo-tetrahydro-furan-3-carbonitril mit Benzoylchlorid, Pyridin und Äther (*Rossi, Schinz*, Helv. **31** [1948] 473, 489).

Krystalle (aus Bzl. + PAe.); F: 122—123° [unkorr.].

Hydroxy-oxo-carbonsäuren $C_6H_6O_5$

(±)-4-Methoxy-6-oxo-3,6-dihydro-2*H*-pyran-2-carbonsäure-methylester, (±)-5-Hydroxy-3-methoxy-hex-2c-endisäure-1-lacton-6-methylester $C_8H_{10}O_5$, Formel VI.

B. Beim Behandeln von (±)-4,6-Dioxo-tetrahydro-pyran-2-carbonsäure mit Diazomethan in Äther (*Stetter, Schellhammer*, A. **605** [1957] 58, 65).

Krystalle (aus Bzn.); F: 122° [korr.; Zers.].

Hydroxy-[5-oxo-2,5-dihydro-[2]furyl]-essigsäure, 4,5-Dihydroxy-hex-2c-endisäure-1→4-lacton $C_6H_6O_5$, Formel VII (R = X = H).

Diese Konstitution kommt vielleicht der nachstehend beschriebenen opt.-inakt. Verbindung zu (*Wacek, Fiedler*, M. **80** [1949] 170, 174).

B. Neben einer (stereoisomeren?) Verbindung $C_6H_6O_5$ (Krystalle [aus E.]; F: 120°) beim Behandeln von 5c-Acetylperoxycarbonyl-penta-2c,4-diensäure mit Wasser (*Wa., Fi.*, l. c. S. 182).

Krystalle (aus E.); F: 154°.

Methoxy-[5-oxo-2,5-dihydro-[2]furyl]-essigsäure, 4-Hydroxy-5-methoxy-hex-2c-endisäure-1-lacton $C_7H_8O_5$, Formel VII (R = CH_3, X = H).

Diese Konstitution kommt vielleicht der nachstehend beschriebenen opt.-inakt. Verbindung zu (*Wacek, Fiedler*, M. **80** [1949] 170, 174).

B. Beim Erwärmen von 5c-Acetylperoxycarbonyl-penta-2c,4-diensäure mit Methanol (*Wa., Fi.*, l. c. S. 184).

Krystalle (aus W.); F: 157°.

Äthoxy-[5-oxo-2,5-dihydro-[2]furyl]-essigsäure, 5-Äthoxy-4-hydroxy-hex-2c-endisäure-1-lacton $C_8H_{10}O_5$, Formel VII (R = C_2H_5, X = H).

Diese Konstitution kommt vielleicht der nachstehend beschriebenen opt.-inakt. Verbindung zu (*Wacek, Fiedler*, M. **80** [1949] 170, 174).

B. Beim Erwärmen von 5c-Acetylperoxycarbonyl-penta-2c,4-diensäure mit Äthanol (*Wa., Fi.*, l. c. S. 183).

Krystalle (aus W.); F: 169—170° [Zers.].

*Opt.-inakt. [3-Chlor-5-oxo-2,5-dihydro-[2]furyl]-hydroxy-essigsäure, 3-Chlor-4,5-dihydroxy-hex-2c-endisäure-1 → 4-lacton $C_6H_5ClO_5$, Formel VII (R = H, X = Cl).

B. In kleiner Menge neben 3-Chlor-hexa-2c,4t-diendisäure bei mehrwöchigem Behandeln von 4-Chlor-phenol mit Peroxyessigsäure (*Böeseken, Metz*, R. **54** [1935] 345, 350).

Krystalle; F: 177°.

*Opt.-inakt. [3-Brom-5-oxo-2,5-dihydro-[2]furyl]-hydroxy-essigsäure, 3-Brom-4,5-dihydroxy-hex-2c-endisäure-1 → 4-lacton $C_6H_5BrO_5$, Formel VII (R = H, X = Br).

B. Neben anderen Verbindungen bei mehrwöchigem Behandeln von 4-Brom-phenol mit Peroxyessigsäure (*Böeseken, Metz*, R. **54** [1935] 345, 348).

Krystalle; F: 167—168°.

(±)-4-Methoxy-2-methyl-5-oxo-2,5-dihydro-furan-3-carbonsäure-äthylester,
(±)-2-[1-Hydroxy-äthyl]-3-methoxy-fumarsäure-1-äthylester-4-lacton $C_9H_{12}O_5$,
Formel VIII (R = CH_3, X = H).
    B. Beim Behandeln von (±)-2-Methyl-4,5-dioxo-tetrahydro-furan-3-carbonsäure-äthyl=
ester mit Diazomethan in Äther (*Rossi, Schinz,* Helv. **31** [1948] 473, 482).
    $Kp_{0,07}$: 91—92°. D_4^{20}: 1,1902. n_D^{20}: 1,4813.

CO—O—CH_3 O—R CX_3 CO—X

CH   CO—O—C_2H_5 O—R

CO—OH

O—CH_3 X   O—R CH_3

    VI   VII   VIII   IX

(±)-4-Acetoxy-2-methyl-5-oxo-2,5-dihydro-furan-3-carbonsäure-äthylester, (±)-2-Acet=
oxy-3-[1-hydroxy-äthyl]-fumarsäure-4-äthylester-1-lacton $C_{10}H_{12}O_6$, Formel VIII
(R = CO-CH_3, X = H).
    B. Beim Erwärmen von (±)-2-Methyl-4,5-dioxo-tetrahydro-furan-3-carbonsäure-äthyl=
ester mit Acetylchlorid, Pyridin und Äther (*Rossi, Schinz,* Helv. **31** [1948] 473, 482).
    $Kp_{0,1}$: 108°. D_4^{22}: 1,2110. n_D^{22}: 1,4661. Absorptionsmaximum: 230 nm (*Ro., Sch.,* l. c.
S. 475).

(±)-4-Acetoxy-5-oxo-2-trichlormethyl-2,5-dihydro-furan-3-carbonsäure-äthylester,
(±)-2-Acetoxy-3-[2,2,2-trichlor-1-hydroxy-äthyl]-fumarsäure-4-äthylester-1-lacton
$C_{10}H_9Cl_3O_6$, Formel VIII (R = CO-CH_3, X = Cl).
    B. Beim Behandeln von (±)-4,5-Dioxo-2-trichlormethyl-tetrahydro-furan-3-carbon=
säure-äthylester mit Acetylchlorid, Äther und Pyridin (*Rossi, Schinz,* Helv. **32** [1949]
1967, 1973).
    Krystalle (aus Cyclohexan); F: 84—84,5°.

3-Methoxy-4-methyl-5-oxo-4,5-dihydro-furan-2-carbonsäure, 2-Hydroxy-3-methoxy-
4-methyl-*trans*-pentendisäure-5-lacton $C_7H_8O_5$, Formel IX (R = CH_3, X = OH).
    Diese Konstitution kommt der nachstehend beschriebenen **O-Methyl-zymonsäure** zu.
    B. Beim Behandeln von O-Methyl-zymonsäure-methylester (s. u.) mit wss. Kalilauge
(*Stodola et al.,* Am. Soc. **74** [1952] 5415, 5417).
    Krystalle (aus wasserhaltigem Dibutyläther) mit 1 Mol H_2O; F: 86—90°. Absorptions-
maximum (A.): 234 nm.

3-Methoxy-4-methyl-5-oxo-4,5-dihydro-furan-2-carbonsäure-methylester, 2-Hydroxy-
3-methoxy-4-methyl-*trans*-pentendisäure-5-lacton-1-methylester $C_8H_{10}O_5$, Formel IX
(R = CH_3, X = O-CH_3).
    Diese Konstitution kommt dem nachstehend beschriebenen **O-Methyl-zymonsäure-
methylester** zu.
    B. Beim Behandeln einer aus der Kulturflüssigkeit von Trichosporon capitatum, von
Hansenula subpelliculosa und von Kloeckera brevis gewonnenen, als Zymonsäure
bezeichneten Säure mit Diazomethan in Äther (*Stodola et al.,* Am. Soc. **74** [1952] 5415,
5416, 5418).
    Kp_1: 118—123°. n_D^{28}: 1,4640. $[\alpha]_D^{27}$: +1,2° [Dimethylformamid; c = 6]. Absorptions-
maximum (A.): 231 nm.

3-Methoxy-4-methyl-5-oxo-4,5-dihydro-furan-2-carbonsäure-amid, 4*t*-Carbamoyl-
4*c*-hydroxy-3-methoxy-2-methyl-but-3-ensäure-lacton $C_7H_9NO_4$, Formel IX (R = CH_3,
X = NH_2).
    Diese Konstitution kommt dem nachstehend beschriebenen **O-Methyl-zymonsäure-
amid** zu.
    B. Beim Behandeln einer Lösung von O-Methyl-zymonsäure-methylester (s. o.) in
Äthanol mit flüssigem Ammoniak (*Stodola et al.,* Am. Soc. **74** [1952] 5415, 5417).
    Krystalle (aus Acn. + PAe.); F: 209—210° [korr.]. Absorptionsmaximum (A.): 233 nm.

3-Methoxy-4-methyl-5-oxo-4,5-dihydro-furan-2-carbonsäure-anilid, 4c-Hydroxy-3-methoxy-2-methyl-4t-phenylcarbamoyl-but-3-ensäure-lacton $C_{13}H_{13}NO_4$, Formel IX ($R = CH_3$, $X = NH-C_6H_5$).

Diese Konstitution kommt dem nachstehend beschriebenen *O*-Methyl-zymonsäure-anilid zu.

B. Beim Erwärmen von *O*-Methyl-zymonsäure (S. 6277) mit Thionylchlorid und Behandeln des Reaktionsprodukts mit Anilin (*Stodola et al.*, Am. Soc. **74** [1952] 5415, 5417).

Krystalle (aus A. + PAe.); F: 127—127,5° [korr.]. Absorptionsmaximum (A.): 239 nm.

3-Äthoxy-4-methyl-5-oxo-4,5-dihydro-furan-2-carbonsäure-amid, 3-Äthoxy-4t-carb=amoyl-4c-hydroxy-2-methyl-but-3-ensäure-lacton $C_8H_{11}NO_4$, Formel IX ($R = C_2H_5$, $X = NH_2$).

Diese Konstitution kommt dem nachstehend beschriebenen *O*-Äthyl-zymonsäure-amid zu.

B. Beim Behandeln einer aus der Kulturflüssigkeit von Trichosporon capitatum gewonnenen, als Zymonsäure bezeichneten Säure mit Diazoäthan in Äther und Behandeln des Reaktionsprodukts mit Ammoniak in Äthanol (*Stodola et al.*, Am. Soc. **74** [1952] 5415, 5417).

Krystalle (aus Acn. + PAe.); F: 195,5—196,5° [korr.].

Hydroxy-oxo-carbonsäuren $C_7H_8O_5$

(±)-Acetoxy-[4-oxo-5,6-dihydro-4H-pyran-3-yl]-essigsäure $C_9H_{10}O_6$, Formel I.

B. Beim Behandeln von (±)-Allopatulin ((±)-5,6-Dihydro-7aH-furo[2,3-b]pyran-2,4-dion) mit Essigsäure (*Woodward, Singh*, Am. Soc. **72** [1950] 5351).

F: 139—140°.

(±)-[4-(2,4-Dinitro-phenylhydrazono)-5,6-dihydro-4H-pyran-3-yl]-methoxy-essigsäure-methylester $C_{15}H_{16}N_4O_8$, Formel II ($R = X = CH_3$).

B. Bei der Umsetzung von (±)-Chlor-[4-oxo-5,6-dihydro-4H-pyran-3-yl]-essigsäure mit Diazomethan und mit [2,4-Dinitro-phenyl]-hydrazin (*Woodward, Singh*, Am. Soc. **72** [1950] 5351).

F: 194—195° [Zers.].

(±)-Äthoxy-[4-(2,4-dinitro-phenylhydrazono)-5,6-dihydro-4H-pyran-3-yl]-essigsäure-äthylester $C_{17}H_{20}N_4O_8$, Formel II ($R = X = C_2H_5$).

B. Beim Behandeln von (±)-Brom-[4-oxo-5,6-dihydro-4H-pyran-3-yl]-essigsäure-äthyl=ester (aus [4-Oxo-dihydro-pyran-3-yliden]-essigsäure-äthylester [F: 57—58°] mit Hilfe von *N*-Brom-succinimid hergestellt) mit [2,4-Dinitro-phenyl]-hydrazin und Schwefelsäure enthaltendem Äthanol (*Woodward, Singh*, Nature **165** [1950] 928).

F: 181—182°.

I   II   III   IV

(±)-Acetoxy-[4-(2,4-dinitro-phenylhydrazono)-5,6-dihydro-4H-pyran-3-yl]-essigsäure-äthylester $C_{17}H_{18}N_4O_9$, Formel II ($R = C_2H_5$, $X = CO-CH_3$).

B. Bei der Umsetzung von (±)-Brom-[4-oxo-5,6-dihydro-4H-pyran-3-yl]-essigsäure-äthylester (aus [4-Oxo-dihydro-pyran-3-yliden]-essigsäure-äthylester [F: 57—58°] mit Hilfe von *N*-Brom-succinimid hergestellt) mit Silberacetat und mit [2,4-Dinitro-phenyl]-hydrazin (*Woodward, Singh*, Nature **165** [1950] 928).

F: 153—155°.

(±)-3-[(Ξ)-Äthoxymethylen]-4-oxo-tetrahydro-pyran-2-carbonsäure-äthylester $C_{11}H_{16}O_5$,
Formel III, und (±)-5-[(Ξ)-Äthoxymethylen]-4-oxo-tetrahydro-pyran-2-carbonsäure-
äthylester $C_{11}H_{16}O_5$, Formel IV.
  Diese Konstitutionsformeln kommen für die nachstehend beschriebene Verbindung
in Betracht.
  B. Beim Erhitzen von (±)-4-Oxo-tetrahydro-pyran-2-carbonsäure-äthylester mit Orthoameisensäure-triäthylester und Acetanhydrid auf 200° (*Attenburrow et al.*, Soc. **1945**
571, 576).
  Krystalle (aus Ae.); F: 79—81°. Absorptionsmaximum (A.): 272 nm.
  2,4-Dinitro-phenylhydrazon $C_{17}H_{20}N_4O_8$. Rote Krystalle (aus A.); F: 168—170°.

(±)-6-Chlormethyl-4-hydroxy-3-oxo-3,4-dihydro-2*H*-pyran-4-carbonitril $C_7H_6ClNO_3$,
Formel V, und (±)-2-Chlormethyl-4,5-dihydroxy-4*H*-pyran-4-carbonitril $C_7H_6ClNO_3$,
Formel VI.
  Die Identität einer von *Woods* (Am. Soc. **77** [1955] 1702) als (±)-2-Chlormethyl-4,5-di-
hydroxy-4*H*-pyran-4-carbonitril beschriebenen, aus vermeintlicher (±)-4,5-Dihydroxy-
2-hydroxymethyl-4*H*-pyran-4-carbonitril mit Hilfe von Thionylchlorid hergestellten Verbindung (F: 166°) ist ungewiss; dies gilt auch für die aus ihr durch Hydrolyse erhaltene,
als (±)-2-Chlormethyl-4,5-dihydroxy-4*H*-pyran-4-carbonsäure ($C_7H_7ClO_5$;
Formel VII) angesehene Säure [F: 167—168°] (*Hurd, Trofimenko*, Am. Soc. **80** [1958]
2526).

V   VI   VII

(±)-2-Äthyl-4-methoxy-5-oxo-2,5-dihydro-furan-3-carbonsäure-äthylester,
(±)-2-[1-Hydroxy-propyl]-3-methoxy-fumarsäure-1-äthylester-4-lacton $C_{10}H_{14}O_5$,
Formel VIII (R = CH$_3$).
  B. Beim Behandeln von (±)-2-Äthyl-4,5-dioxo-tetrahydro-furan-3-carbonsäure-äthyl-
ester mit Diazomethan in Äther (*Rossi, Schinz*, Helv. **31** [1948] 473, 483).
  $Kp_{0,15}$: 88°. D_4^{23}: 1,1515. n_D^{23}: 1,4770.

(±)-4-Acetoxy-2-äthyl-5-oxo-2,5-dihydro-furan-3-carbonsäure-äthylester, (±)-2-Acet-
oxy-3-[1-hydroxy-propyl]-fumarsäure-4-äthylester-1-lacton $C_{11}H_{14}O_6$, Formel VIII
(R = CO-CH$_3$).
  B. Beim Erwärmen von (±)-2-Äthyl-4,5-dioxo-tetrahydro-furan-3-carbonsäure-äthyl-
ester mit Acetylchlorid, Pyridin und Äther (*Rossi, Schinz*, Helv. **31** [1948] 473, 483).
  $Kp_{0,1}$: 110°. D_4^{18}: 1,1816. n_D^{18}: 1,4670.

2,2-Dimethyl-4-[4-nitro-benzyloxy]-5-oxo-2,5-dihydro-furan-3-carbonsäure-äthylester,
2-[α-Hydroxy-isopropyl]-3-[4-nitro-benzyloxy]-fumarsäure-1-äthylester-4-lacton
$C_{16}H_{17}NO_7$, Formel IX (R = CH$_2$-C$_6$H$_4$-NO$_2$).
  B. Beim Erwärmen der Natrium-Verbindung des 4-Hydroxy-2,2-dimethyl-5-oxo-
2,5-dihydro-furan-3-carbonsäure-äthylesters (S. 5969) mit 4-Nitro-benzylchlorid in
Dimethylformamid (*Stacy et al.*, J. org. Chem. **22** [1957] 765, 768).
  Krystalle (aus Bzl. + Bzn.); F: 113—114,5° [korr.]. IR-Banden (KBr) im Bereich
von 1800 cm^{-1} bis 1200 cm^{-1}: *St. et al.*

VIII   IX   X

2,2-Dimethyl-4-[4-nitro-benzoyloxy]-5-oxo-2,5-dihydro-furan-3-carbonsäure-äthylester,
2-[α-Hydroxy-isopropyl]-3-[4-nitro-benzoyloxy]-fumarsäure-1-äthylester-4-lacton
$C_{16}H_{15}NO_8$, Formel IX (R = CO-C$_6$H$_4$-NO$_2$).

B. Beim Erwärmen von 4-Hydroxy-2,2-dimethyl-5-oxo-2,5-dihydro-furan-3-carbon=
säure-äthylester (S. 5969) mit 4-Nitro-benzoylchlorid und Pyridin (*Stacy et al.*, Am. Soc.
79 [1957] 1451, 1453).

Krystalle (aus Bzl. + Bzn.); F: 110,5° [korr.]. IR-Banden (KBr) im Bereich von
1800 cm^{-1} bis 1600 cm^{-1}: *St. et al.*

(±)-4-Äthoxymethyl-2-methyl-5-oxo-2,5-dihydro-furan-3-carbonsäure-äthylester,
(±)-2-Äthoxymethyl-3-[1-hydroxy-äthyl]-fumarsäure-4-äthylester-1-lacton $C_{11}H_{16}O_5$,
Formel X.

B. Beim Erwärmen von (±)-3-Äthoxy-2-brom-propionsäure-äthylester mit der Natrium-
Verbindung des Acetessigsäure-äthylesters in Äthanol (*Huber et al.*, Am. Soc. **67** [1945]
1148, 1151).

$Kp_{0,5}$: 115—117°. D_4^{20}: 1,0679. n_D^{20}: 1,4400. UV-Absorptionsmaximum (A.): 235 nm
(*Hu. et al.*, l. c. S. 1149).

Hydroxy-oxo-carbonsäuren $C_8H_{10}O_5$

(±)-4-Acetoxy-5-oxo-2-propyl-2,5-dihydro-furan-3-carbonsäure-äthylester, (±)-2-Acet=
oxy-3-[1-hydroxy-butyl]-fumarsäure-4-äthylester-1-lacton $C_{12}H_{16}O_6$, Formel I.

B. Beim Behandeln von (±)-4,5-Dioxo-2-propyl-tetrahydro-furan-3-carbonsäure-äthyl=
ester mit Acetylchlorid, Pyridin und Äther (*Schinz, Rossi*, Helv. **31** [1948] 1953, 1958).

$Kp_{0,05}$: 117°. D_4^{17}: 1,1505. n_D^{17}: 1,4659.

(±)-2-Isopropyl-4-methoxy-5-oxo-2,5-dihydro-furan-3-carbonsäure-äthylester,
(±)-2-[α-Hydroxy-isobutyl]-3-methoxy-fumarsäure-1-äthylester-4-lacton $C_{11}H_{16}O_5$,
Formel II (R = CH$_3$).

B. Beim Behandeln von (±)-2-Isopropyl-4,5-dioxo-tetrahydro-furan-3-carbonsäure-
äthylester mit Diazomethan in Äther (*Rossi, Schinz*, Helv. **31** [1948] 473, 484).

$Kp_{0,1}$: 98°. D_4^{20}: 1,1240. n_D^{20}: 1,4758.

I   II   III   IV

(±)-4-Acetoxy-2-isopropyl-5-oxo-2,5-dihydro-furan-3-carbonsäure-äthylester,
(±)-2-Acetoxy-3-[α-hydroxy-isobutyl]-fumarsäure-4-äthylester-1-lacton $C_{12}H_{16}O_6$,
Formel II (R = CO-CH$_3$).

B. Beim Erwärmen von (±)-2-Isopropyl-4,5-dioxo-tetrahydro-furan-3-carbonsäure-
äthylester mit Acetylchlorid, Pyridin und Äther (*Rossi, Schinz*, Helv. **31** [1948] 473,
483).

$Kp_{0,1}$: 110—111°. $D_4^{18,5}$: 1,1548. $n_D^{18,5}$: 1,4652.

(±)-4-Acetoxy-2-äthyl-3-methyl-5-oxo-2,5-dihydro-furan-2-carbonsäure-äthylester,
(±)-2-Acetoxy-4-äthyl-4-hydroxy-3-methyl-*cis*-pentendisäure-5-äthylester-1-lacton
$C_{12}H_{16}O_6$, Formel III.

B. Beim Behandeln von (±)-2-Äthyl-3-methyl-4,5-dioxo-tetrahydro-furan-2-carbon=
säure-äthylester mit Acetanhydrid und Pyridin (*Monnin*, Helv. **40** [1957] 1983, 1987).

$Kp_{0,01}$: 100—102°. D_4^{21}: 1,151. n_D^{21}: 1,4636.

2-Hydroxy-7-oxo-6-oxa-bicyclo[3.2.1]octan-4-carbonsäure-methylester, 2,5-Dihydroxy-cyclohexan-1,4-dicarbonsäure-1 → 5-lacton-4-methylester $C_9H_{12}O_5$, Formel IV.

Über eine opt.-inakt. Verbindung (F: 117°) dieser Konstitution s. *ICI*, D.B.P. 954060 [1956].

Hydroxy-oxo-carbonsäuren $C_9H_{12}O_5$

3-Hydroxymethyl-6,6-dimethyl-4-oxo-5,6-dihydro-4H-pyran-2-carbonsäure-amid $C_9H_{13}NO_4$ Formel V.

B. Beim Behandeln von 2,2-Dimethyl-2,3-dihydro-5H-furo[3,4-b]pyran-4,7-dion mit wss. Ammoniak (*Puetzer et al.*, Am. Soc. **67** [1945] 832, 837).

Krystalle (aus Isopropylalkohol); F: 157—158° [Zers.].

(±)-2-Isobutyl-4-[4-nitro-benzyloxy]-5-oxo-2,5-dihydro-furan-3-carbonsäure-äthylester, (±)-2-[1-Hydroxy-3-methyl-butyl]-3-[4-nitro-benzyloxy]-fumarsäure-1-äthylester-4-lacton $C_{18}H_{21}NO_7$, Formel VI.

B. Beim Erwärmen der Natrium-Verbindung des (±)-4-Hydroxy-2-isobutyl-5-oxo-2,5-dihydro-furan-3-carbonsäure-äthylesters (S. 5977) mit 4-Nitro-benzylchlorid in Dimethylformamid (*Stacy et al.*, J. org. Chem. **22** [1957] 765, 768).

Krystalle (aus A.); F: 97—98°.

V   VI   VII

*****Opt.-inakt. 3-Hydroxy-2-oxo-octahydro-benzofuran-3-carbonsäure-äthylester** $C_{11}H_{16}O_5$, Formel VII.

B. Beim Behandeln einer Lösung von (±)-Hydroxy-[2-oxo-cyclohexyl]-malonsäure-diäthylester in Äthanol und Essigsäure mit Natrium-Amalgam (*Rosenmund et al.*, Ar. **287** [1954] 441, 444).

$Kp_{1,3}$: 180°.

7-Hydroxy-2-oxo-octahydro-benzofuran-3-carbonsäure, [2,3-Dihydroxy-cyclohexyl]-malonsäure-2-lacton $C_9H_{12}O_5$.

Über die Konfiguration der beiden folgenden Stereoisomeren s. *Rosenmund, Kositzke*, B. **92** [1959] 486, 487; *Arbusow et al.*, Doklady Akad. S.S.S.R. **137** [1961] 1106; Pr. Acad. Sci. U.S.S.R. Chem. Sect. **137** [1961] 365; Ž. obšč. Chim. **34** [1964] 1100; engl. Ausg. S. 1090.

a) **(±)-7c-Hydroxy-2-oxo-(3ar,7at)-octahydro-benzofuran-3ξ-carbonsäure** $C_9H_{12}O_5$, Formel VIII (R = H) + Spiegelbild.

B. Beim Behandeln von (±)-Cyclohex-2-enyl-malonsäure mit wss. Natronlauge und Kaliumpermanganat (*Abe et al.*, J. pharm. Soc. Japan **72** [1952] 394, 396; C. A. **1953** 6358).

Krystalle (aus E.); F: 197° [Zers.].

b) **(±)-7t-Hydroxy-2-oxo-(3ar,7at)-octahydro-benzofuran-3ξ-carbonsäure** $C_9H_{12}O_5$, Formel IX (R = H) + Spiegelbild.

B. Beim Behandeln einer Suspension von (±)-Cyclohex-2-enyl-malonsäure in Ameisensäure mit wss. Wasserstoffperoxid und Erwärmen des Reaktionsprodukts mit wss. Natronlauge (*Abe et al.*, J. pharm. Soc. Japan **72** [1952] 394, 396; C. A. **1953** 6358). Beim Behandeln einer Lösung von (±)-Cyclohex-2-enyl-malonsäure-diäthylester in Ameisensäure mit wss. Wasserstoffperoxid, Behandeln des Reaktionsprodukts mit wss. Kalilauge und anschliessend mit wss. Salzsäure (*Rosenmund, Kositzke*, B. **92** [1959] 486, 490). Beim

Erwärmen von (±)-7t-Brom-2-oxo-(3ar,7at)-octahydro-benzofuran-3ξ-carbonsäure (F: 156°) mit wss. Natronlauge (*Abe, Sumi*, J. pharm. Soc. Japan **72** [1952] 652, 654; C. A. **1953** 6358).

Krystalle (aus E.); F: 169° [Zers.] (*Abe et al.; Abe, Sumi*), 168—169° (*Ro., Ko.*).

7-Hydroxy-2-oxo-octahydro-benzofuran-3-carbonsäure-methylester, [2,3-Dihydroxy-cyclohexyl]-malonsäure-2-lacton-methylester $C_{10}H_{14}O_5$.

a) (±)-7c-Hydroxy-2-oxo-(3ar,7at)-octahydro-benzofuran-3ξ-carbonsäure-methyl=ester $C_{10}H_{14}O_5$, Formel VIII (R = CH_3) + Spiegelbild.

B. Beim Behandeln von (±)-7c-Hydroxy-2-oxo-(3ar,7at)-octahydro-benzofuran-3ξ-carbonsäure (S. 6281) mit Diazomethan in Äther (*Miki*, J. pharm. Soc. Japan **72** [1952] 483; C. A. **1953** 2715).

Krystalle (aus Bzn.); F: 87°.

VIII   IX   X

b) (±)-7t-Hydroxy-2-oxo-(3ar,7at)-octahydro-benzofuran-3ξ-carbonsäure-methyl=ester $C_{10}H_{14}O_5$, Formel IX (R = CH_3) + Spiegelbild.

B. Beim Behandeln von (±)-7t-Hydroxy-2-oxo-(3ar,7at)-octahydro-benzofuran-3ξ-carbonsäure (S. 6281) mit Diazomethan in Äther (*Miki*, J. pharm. Soc. Japan **72** [1952] 483; C. A. **1953** 2715).

Charakterisierung als 4-Nitro-benzoyl-Derivat $C_{17}H_{17}NO_8$ ((±)-7t-[4-Nitro-benzo=yloxy]-2-oxo-(3ar,7at)-octahydro-benzofuran-3ξ-carbonsäure-methylester; Krystalle [aus Me.]; F: 138°): *Miki*.

(±)-7t-Hydroxy-2-oxo-(3ar,7at)-octahydro-benzofuran-3ξ-carbonsäure-äthylester, (±)(Ξ)-[(1Ξ)-2t,3c-Dihydroxy-cyclohex-r-yl]-malonsäure-äthylester-2-lacton $C_{11}H_{16}O_5$, Formel IX (R = C_2H_5) + Spiegelbild.

B. Beim Behandeln einer Lösung von (±)-Cyclohex-2-enyl-malonsäure-diäthylester in Ameisensäure mit wss. Wasserstoffperoxid und Erwärmen des Reaktionsprodukts mit Wasser (*Rosenmund, Kositzke*, B. **92** [1959] 486, 490).

$Kp_{0,2}$: 165—168°.

---

*Opt.-inakt. 4-Hydroxy-3a-methyl-1-oxo-hexahydro-cyclopenta[c]furan-4-carbonitril $C_9H_{11}NO_3$, Formel X.

B. Beim Behandeln von opt.-inakt. 3a-Methyl-tetrahydro-cyclopenta[c]furan-1,4-dion (F: 79—80°) mit Kaliumhydroxid in wss. Dioxan und anschliessend mit Cyanwasser=stoff (*Kasturi*, Indian Inst. Sci. Festschrift [Bangalore 1959] S. 57, 65).

Krystalle, die bei 180—188° [unkorr.] schmelzen.

Hydroxy-oxo-carbonsäuren $C_{10}H_{14}O_5$

(2S)-5-[(E)-Äthyliden]-2-hydroxymethyl-3t-methyl-6-oxo-tetrahydro-pyran-2r-carbon=säure, Retronecinsäure-lacton $C_{10}H_{14}O_5$, Formel I (R = H).

Konstitution und Konfiguration: *Christie et al.*, Soc. **1949** 1700, 1703; *Culvenor et al.*, Soc. [C] **1971** 3653, 3658.

B. Beim Erwärmen des Dikalium-Salzes der Retronecinsäure (E III **3** 1049) mit wss. Salzsäure (*Manske*, Canad. J. Res. **5** [1931] 651, 656). Beim Erwärmen von Isatinecinsäure (E III **3** 1048) mit äthanol. Kalilauge und Erwärmen des erhaltenen Kalium-Salzes mit wss. Mineralsäure (*Ch. et al.*, l. c. S. 1702). Beim Behandeln von Isatidin (Syst. Nr. 4447) mit Bariumhydroxid in Wasser und Erwärmen des erhaltenen Barium-Salzes mit wss. Schwefelsäure (*De Waal*, Onderstepoort J. veterin. Sci. **14** [1940] 433, 444).

Krystalle (aus E.); F: 197—198° (*De Waal*), 186° [korr.] (*Ma.*), 185—186° (*Ch. et al.*, l. c. S. 1702). [α]$_D^{20}$: +108,8° [W.; c = 0,6] (*De Waal*).

(2*S*)-5-[(*E*)-Äthyliden]-2-hydroxymethyl-3*t*-methyl-6-oxo-tetrahydro-pyran-2*r*-carbon⸗ säure-acetonylester, Retronecinsäure-acetonylester-lacton C$_{13}$H$_{18}$O$_6$, Formel I (R = CH$_2$-CO-CH$_3$).

B. Beim Behandeln einer Lösung von Retronecinsäure-lacton (S. 6282) in Aceton mit wss. Kaliumcarbonat-Lösung und Erwärmen des Reaktionsprodukts mit Chloraceton und Methanol (*Manske*, Canad. J. Res. [B] **14** [1936] 6, 10).

Krystalle (aus Ae.); F: 137° [korr.].

4-Hydroxy-4-[2-methyl-5-oxo-tetrahydro-[3]furyl]-pent-2-ensäure C$_{10}$H$_{14}$O$_5$, Formel II (X = OH).

Über die Konstitution der beiden folgenden Stereoisomeren s. *Eskola et al.*, Suomen Kem. **30** B [1957] 34, 35; *Lukeš, Syhora*, Collect. **19** [1954] 1205, 1206; *Lukeš et al.*, Collect. **29** [1964] 1663.

a) Opt.-inakt. Stereoisomeres vom F: 124°.

B. Aus opt.-inakt. 2,2′-Dimethyl-3′,4′-dihydro-2*H*,2′*H*-[2,3′]bifuryl-5,5′-dion vom F: 83—84° beim Behandeln mit wss. Kalilauge (*Lukeš et al.*, Collect. **29** [1964] 1663, 1666) sowie beim Erwärmen mit Bariumhydroxid in Wasser (*Staley Mfg. Co.*, U.S.P. 2493375 [1946]).

Krystalle; F:123—124° [aus W.] (*Staley Mfg. Co.*), 121—122° [unkorr.; aus Acn. + Bzl.] (*Lu. et al.*).

b) Opt.-inakt. Stereoisomeres vom F: 159°.

B. Neben anderen Verbindungen beim Erwärmen von β-Angelicalacton (E III/IV **17** 4302) mit Natriummethylat in Äther (*Eskola et al.*, Suomen Kem. **20** B [1947] 13, 15, **30** B [1957] 34, 35). Aus opt.-inakt. 2,2′-Dimethyl-3′,4′-dihydro-2*H*,2′*H*-[2,3′]bifuryl-5,5′-dion vom F: 87—88° beim Behandeln mit wss. Kalilauge (*Lukeš, Syhora*, Collect. **19** [1954] 1205, 1209) sowie beim Erwärmen mit Bariumhydroxid in Wasser (*Staley Mfg. Co.*, U.S.P. 2493375 [1946]).

Krystalle; F: 159,7° [korr.; aus W.] (*Lu., Sy.*), 156° [aus A.] (*Es. et al.*, Suomen Kem. **30** B 35), 155—156° (*Staley Mfg. Co.*).

I   II   III

4-Hydroxy-4-[2-methyl-5-oxo-tetrahydro-[3]furyl]-pent-2-ensäure-methylester C$_{11}$H$_{16}$O$_5$, Formel II (X = O-CH$_3$).

a) Opt.-inakt. Stereoisomeres vom F: 74°.

B. Beim Erwärmen einer Lösung von opt.-inakt. 4-Hydroxy-4-[2-methyl-5-oxo-tetra⸗ hydro-[3]furyl]-pent-2-ensäure vom F: 124° (s. o.) in Methanol und Tetrachlormethan mit Schwefelsäure (*Staley Mfg. Co.*, U.S.P. 2493375 [1946]).

Krystalle (aus Bzl.); F: 73—74°.

b) Opt.-inakt. Stereoisomeres vom F: 65°.

B. Aus opt.-inakt. 4-Hydroxy-4-[2-methyl-5-oxo-tetrahydro-[3]furyl]-pent-2-ensäure vom F: 159° (s. o.) beim Behandeln einer Lösung in Methanol mit Diazomethan in Äther (*Lukeš, Syhora*, Collect. **19** [1954] 1205, 1210) sowie beim Erwärmen einer Lösung in Methanol und Tetrachlormethan mit Schwefelsäure (*Staley Mfg. Co.*, U.S.P. 2493375 [1946]).

Krystalle; F: 64—65° [aus Bzl.] (*Staley Mfg. Co.*), 59,1° [aus W.] (*Lu., Sy.*).

4-Hydroxy-4-[2-methyl-5-oxo-tetrahydro-[3]furyl]-pent-2-ensäure-äthylester
$C_{12}H_{18}O_5$, Formel II (X = O-C$_2$H$_5$).

a) Flüssiges opt.-inakt. Stereoisomeres.

B. Beim Erwärmen einer Lösung von opt.-inakt. 4-Hydroxy-4-[2-methyl-5-oxo-tetra=
hydro-[3]furyl]-pent-2-ensäure vom F: 124° (S. 6283) in Äthanol und Tetrachlormethan
mit Schwefelsäure (*Staley Mfg. Co.*, U.S.P. 2493375 [1946]).

Kp$_2$: 168—173°.

b) Opt.-inakt. Stereoisomeres vom F: 79°.

B. Aus opt.-inakt. 4-Hydroxy-4-[2-methyl-5-oxo-tetrahydro-[3]furyl]-pent-2-ensäure
vom F: 159° (S. 6283) beim Behandeln mit Chlorwasserstoff enthaltendem Äthanol (*Lukeš,
Syhora*, Collect. **19** [1954] 1205, 1210) sowie beim Erwärmen einer Lösung in Äthanol und
Tetrachlormethan mit Schwefelsäure (*Staley Mfg. Co.*, U.S.P. 2493375 [1946]).

Krystalle; F: 78,5—79,3° [aus wss. A.] (*Lu., Sy.*), 61—62° [aus Bzl.] (*Stanley Mfg. Co.*).

*Opt.-inakt. **4-Hydroxy-4-[2-methyl-5-oxo-tetrahydro-[3]furyl]-pent-2-ensäure-amid**
$C_{10}H_{15}NO_4$, Formel II (X = NH$_2$).

B. Beim Behandeln einer Lösung von opt.-inakt. 2,2′-Dimethyl-3′,4′-dihydro-2H,2′H-
[2,3′]bifuryl-5,5′-dion vom F: 83—84° in Äthanol und Benzol mit Ammoniak (*Staley
Mfg. Co.*, U.S.P. 2493375 [1946]).

Krystalle (aus W.); F: 193—194°.

(±)-4-Acetoxy-3-äthyl-5-oxo-2-propyl-2,5-dihydro-furan-2-carbonsäure-äthylester,
(±)-2-Acetoxy-3-äthyl-4-hydroxy-4-propyl-*cis*-pentendisäure-5-äthylester-1-lacton
$C_{14}H_{20}O_6$, Formel III.

B. Beim Behandeln von (±)-3-Äthyl-4,5-dioxo-2-propyl-tetrahydro-furan-2-carbonsäure-
äthylester mit Acetanhydrid und Pyridin (*Monnin*, Helv. **40** [1957] 1983, 1987).

Kp$_{0,1}$: 133—134°. D$_4^{20}$: 1,116. n$_D^{20}$: 1,4635.

4-Hydroxy-7-methyl-3-oxo-2-oxa-spiro[4.4]nonan-1-carbonsäure $C_{10}H_{14}O_5$.

a) (±)(1Ξ,5Ξ,7Ξ)-4c-Hydroxy-7-methyl-3-oxo-2-oxa-spiro[4.4]nonan-1r-carbon=
säure $C_{10}H_{14}O_5$, Formel IV + Spiegelbild.

B. Neben dem unter b) beschriebenen Stereoisomeren und kleinen Mengen [1-Carboxy=
methyl-3-methyl-cyclopentyl]-glyoxylsäure (F: 121°) beim Erwärmen von opt.-inakt.
1-[Äthoxycarbonyl-brom-methyl]-1-[brom-carboxy-methyl]-3-methyl-cyclopentan (E III
9 3874) mit wss. Natriumcarbonat-Lösung und Behandeln des Reaktionsprodukts mit
konz. wss. Salzsäure (*Desai*, Soc. **1932** 1065, 1077).

Krystalle (aus Bzl. + PAe.); F: 125°.

b) (±)(1Ξ,5Ξ,7Ξ)-4t-Hydroxy-7-methyl-3-oxo-2-oxa-spiro[4.4]nonan-1r-carbon=
säure $C_{10}H_{14}O_5$, Formel V (R = H) + Spiegelbild.

B. s. bei dem unter a) beschriebenen Stereoisomeren.

Krystalle (aus Bzl.); F: 146° (*Desai*, Soc. **1932** 1065, 1077).

IV   V   VI

*Opt.-inakt. **4-Methoxy-7-methyl-3-oxo-2-oxa-spiro[4.4]nonan-1-carbonsäure**
$C_{11}H_{16}O_5$, Formel VI.

B. Neben anderen Verbindungen beim Erwärmen von opt.-inakt. 1,1-Bis-[äthoxy=
carbonyl-brom-methyl]-3-methyl-cyclopentan (E III **9** 3874) mit methanol. Kalilauge
und anschliessenden Behandeln mit wss. Salzsäure (*Desai*, Soc. **1932** 1065, 1075).

Krystalle (aus Bzl. + PAe.); F: 150° [nach Sintern].

(±)(1*Ξ*,5*Ξ*,7*Ξ*)-4*t*-Acetoxy-7-methyl-3-oxo-2-oxa-spiro[4.4]nonan-1*r*-carbonsäure $C_{12}H_{16}O_6$, Formel V (R = CO-CH₃).

B. Aus (±)(1*Ξ*,5*Ξ*,7*Ξ*)-4*t*-Hydroxy-7-methyl-3-oxo-2-oxa-spiro[4.4]nonan-1*r*-carbon= säure (S. 6284) mit Hilfe von Acetylchlorid (*Desai*, Soc. **1932** 1065, 1069, 1077).

Krystalle (aus Bzl.); F: 151°.

7-Hydroxy-3-methyl-2-oxo-octahydro-benzofuran-3-carbonsäure, [2,3-Dihydroxy-cyclohexyl]-methyl-malonsäure-2-lacton $C_{10}H_{14}O_5$.

Bezüglich der Konfiguration der beiden folgenden Stereoisomeren vgl. *Rosenmund, Kositzke*, B. **92** [1959] 486, 487; *Arbusow et al.*, Doklady Akad. S.S.S.R. **137** [1961] 1106; Pr. Acad. Sci. U.S.S.R. Chem. Sect. **137** [1961] 365; Ž. obšč. Chim. **34** [1964] 1100; engl. Ausg. S. 1090.

a) (±)-7*c*-Hydroxy-3*ξ*-methyl-2-oxo-(3a*r*,7a*t*)-octahydro-benzofuran-3*ξ*-carbon= säure $C_{10}H_{14}O_5$, Formel VII (R = H) + Spiegelbild.

B. Beim Behandeln von (±)-Cyclohex-2-enyl-methyl-malonsäure mit wss. Kalilauge und Kaliumpermanganat (*Abe et al.*, J. pharm. Soc. Japan **72** [1952] 418, 420; C. A. **1953** 6357). Beim Behandeln von (±)-Cyclohex-2-enyl-methyl-malonsäure-diäthylester mit Kaliumpermanganat und Magnesiumsulfat in wss. Äthanol und Erwärmen des Reaktionsprodukts mit wss. Natronlauge (*Abe et al.*, l. c. S. 421). Beim Erwärmen einer Lösung von (±)-7*c*-Hydroxy-2-oxo-(3a*r*,7a*t*)-octahydro-benzofuran-3*ξ*-carbonsäure-methylester (S. 6282) in Benzol mit Methyljodid unter Zusatz von Silberoxid und Er-wärmen des Reaktionsprodukts mit wss.-methanol. Natronlauge (*Miki*, J. pharm. Soc. Japan **72** [1952] 483; C. A. **1953** 2715).

Krystalle (aus E.); F: 210° [Zers.] (*Abe et al.*; *Miki*).

b) (±)-7*t*-Hydroxy-3*ξ*-methyl-2-oxo-(3a*r*,7a*t*)-octahydro-benzofuran-3*ξ*-carbon= säure $C_{10}H_{14}O_5$, Formel VIII (R = X = H) + Spiegelbild.

B. Neben kleinen Mengen einer **Verbindung** $C_{10}H_{14}O_5$ vom F: 163° [Zers.] beim Behandeln einer Lösung von (±)-Cyclohex-2-enyl-methyl-malonsäure in Essigsäure mit wss. Wasserstoffperoxid (*Abe et al.*, J. pharm. Soc. Japan **72** [1952] 418, 421; C. A. **1953** 6357). Aus (±)-Cyclohex-2-enyl-methyl-malonsäure-diäthylester beim Erwärmen einer Lösung in Ameisensäure mit wss. Wasserstoffperoxid sowie beim Erwärmen mit wss. Wasserstoffperoxid, Essigsäure, Acetanhydrid und Schwefelsäure und Erwärmen des jeweiligen Reaktionsprodukts mit wss.-methanol. Natronlauge (*Abe et al.*). Beim Er-wärmen einer Lösung von (±)-7*t*-Hydroxy-2-oxo-(3a*r*,7a*t*)-octahydro-benzofuran-3*ξ*-carb= onsäure-methylester (S. 6282) in Benzol mit Methyljodid und Silberoxid und Erwärmen des Reaktionsprodukts mit wss.-methanol. Natronlauge (*Miki*, J. pharm. Soc. Japan **72** [1952] 483; C. A. **1953** 2715). Beim Erwärmen von (±)-7*t*-Brom-3*ξ*-methyl-2-oxo-(3a*r*, 7a*t*)-octahydro-benzofuran-3*ξ*-carbonsäure (F: 148°) oder von (±)-7*t*-Chlor-3*ξ*-methyl-2-oxo-(3a*r*,7a*t*)-octahydro-benzofuran-3*ξ*-carbonsäure (F: 153°) mit wss. Natronlauge (*Abe, Sumi*, J. pharm. Soc. Japan **72** [1952] 652, 655; C. A. **1953** 6358).

Krystalle; F: 173° [Zers.; aus E.] (*Abe et al.*), 173° [Zers.] (*Miki*; *Abe, Sumi*).

7-Methoxy-3-methyl-2-oxo-octahydro-benzofuran-3-carbonsäure, [2-Hydroxy-3-meth= oxy-cyclohexyl]-methyl-malonsäure-lacton $C_{11}H_{16}O_5$.

a) (±)-7*c*-Methoxy-3*ξ*-methyl-2-oxo-(3a*r*,7a*t*)-octahydro-benzofuran-3*ξ*-carbon= säure $C_{11}H_{16}O_5$, Formel VII (R = CH₃) + Spiegelbild, vom F: 189°.

B. Neben kleinen Mengen des unter b) beschriebenen Stereoisomeren beim Erwärmen einer Lösung von (±)-7*c*-Hydroxy-2-oxo-(3a*r*,7a*t*)-octahydro-benzofuran-3*ξ*-carbonsäure-methylester (S. 6282) in Benzol mit Methyljodid und Silberoxid und Erwärmen des Reaktionsprodukts mit wss. Natronlauge (*Miki*, J. pharm. Soc. Japan **72** [1952] 483; C. A. **1953** 2715).

Krystalle (aus E. + Bzl.); F: 189° [Zers.].

b) (±)-7*c*-Methoxy-3*ξ*-methyl-2-oxo-(3a*r*,7a*t*)-octahydro-benzofuran-3*ξ*-carbon= säure $C_{11}H_{16}O_5$, Formel VII (R = CH₃) + Spiegelbild, vom F: 170°.

B. s. bei dem unter a) beschriebenen Stereoisomeren.

Krystalle (aus Bzl.); F: 170° (*Miki*, J. pharm. Soc. Japan **72** [1952] 483; C. A. **1953** 2715).

c) (±)-7*t*-Methoxy-3ξ-methyl-2-oxo-(3a*r*,7a*t*)-octahydro-benzofuran-3ξ-carbon=
säure $C_{11}H_{16}O_5$, Formel VIII (R = CH$_3$, X = H) + Spiegelbild, vom F: 89°.

B. Neben kleineren Mengen des unter d) beschriebenen Stereoisomeren beim Erwärmen
einer Lösung von (±)-7*t*-Hydroxy-2-oxo-(3a*r*,7a*t*)-octahydro-benzofuran-3ξ-carbonsäure-
methylester (S. 6282) in Benzol mit Methyljodid und Silberoxid und Erwärmen des
Reaktionsprodukts mit wss.-methanol. Natronlauge (*Miki*, J. pharm. Soc. Japan **72**
[1952] 483; C. A. **1953** 2715).

Krystalle (aus W.) mit 1 Mol H$_2$O; F: 89°.

VII   VIII   IX   X

d) (±)-7*t*-Methoxy-3ξ-methyl-2-oxo-(3a*r*,7a*t*)-octahydro-benzofuran-3ξ-carbon=
säure $C_{11}H_{16}O_5$, Formel VIII (R = CH$_3$, X = H) + Spiegelbild, vom F: 92°.

B. s. bei dem unter c) beschriebenen Stereoisomeren.

Krystalle (aus W.); F: 92° (*Miki*, J. pharm. Soc. Japan **72** [1952] 483; C. A. **1953**
2715).

(±)-7*t*-Hydroxy-3ξ-methyl-2-oxo-(3a*r*,7a*t*)-octahydro-benzofuran-3ξ-carbonsäure-
methylester, (±)(*Ξ*)-[(1*Ξ*)-2*t*,3*c*-Dihydroxy-cyclohex-*r*-yl]-methyl-malonsäure-2-lacton-
methylester $C_{11}H_{16}O_5$, Formel VIII (R = H, X = CH$_3$) + Spiegelbild.

B. Beim Behandeln von (±)-7*t*-Hydroxy-3ξ-methyl-2-oxo-(3a*r*,7a*t*)-octahydro-benzo=
furan-3ξ-carbonsäure (F: 173° [S. 6285]) mit Diazomethan in Äther (*Abe et al.*, J. pharm.
Soc. Japan **72** [1952] 418, 421; C. A. **1953** 6357; *Miki*, J. pharm. Soc. Japan **72** [1952]
483; C. A. **1953** 2715).

Krystalle (aus Bzl.); F: 90° (*Miki*), 88,5—90° (*Abe et al.*).

(±)-7*t*-Hydroxy-3ξ-methyl-2-oxo-(3a*r*,7a*t*)-octahydro-benzofuran-3ξ-carbonsäure-
äthylester, (±)(*Ξ*)-[(1*Ξ*)-2*t*,3*c*-Dihydroxy-cyclohex-*r*-yl]-methyl-malonsäure-äthylester-
2-lacton $C_{12}H_{18}O_5$, Formel VIII (R = H, X = C$_2$H$_5$) + Spiegelbild.

B. Beim Erwärmen von (±)-7*t*-Hydroxy-3ξ-methyl-2-oxo-(3a*r*,7a*t*)-octahydro-benzo=
furan-3ξ-carbonsäure (F: 173° [S. 6285]) mit Äthyljodid und Natriumäthylat in Äthanol
(*Abe et al.*, J. pharm. Soc. Japan **72** [1952] 418, 421; C. A. **1953** 6357).

Kp$_5$: 180—190°.

(±)-7*t*-Acetoxy-3ξ-methyl-2-oxo-(3a*r*,7a*t*)-octahydro-benzofuran-3ξ-carbonsäure-äthyl=
ester, (±)(*Ξ*)-[(1*Ξ*)-3*c*-Acetoxy-2*t*-hydroxy-cyclohex-*r*-yl]-methyl-malonsäure-äthylester-
lacton $C_{14}H_{20}O_6$, Formel VIII (R = CO-CH$_3$, X = C$_2$H$_5$) + Spiegelbild.

B. Beim Erwärmen einer Lösung von (±)-Cyclohex-2-enyl-methyl-malonsäure-diäthyl=
ester in Essigsäure mit wss. Wasserstoffperoxid und Schwefelsäure (*Abe et al.*, J. pharm.
Soc. Japan **72** [1952] 418, 421; C. A. **1953** 6357). Beim Erwärmen von (±)-7*t*-Hydroxy-
3ξ-methyl-2-oxo-(3a*r*,7a*t*)-octahydro-benzofuran-3ξ-carbonsäure-äthylester (s. o.) mit
Acetanhydrid und Natriumacetat (*Abe et al.*).

Krystalle (aus E.); F: 77—78°.

(±)-3a-Hydroxy-4*t*-methyl-2-oxo-(3aξ,7a*r*)-octahydro-benzofuran-4*c*-carbonsäure-äthyl=
ester $C_{12}H_{18}O_5$, Formel IX + Spiegelbild.

Diese Konstitution und Konfiguration ist für die nachstehend beschriebene Verbindung
in Betracht zu ziehen (*Protiva et al.*, Collect. **21** [1956] 159, 169).

B. Beim Erwärmen von (±)-3*t*(?)-Acetoxy-1-methyl-2-oxo-cyclohexan-*r*-carbonsäure-
äthylester (F: 76°) mit Bromessigsäure-äthylester, Zink und Jod in Äther und Benzol
(*Pr. et al.*, l. c. S. 179).

Krystalle (aus PAe. + Bzl.); F: 92—93°. IR-Spektrum (Paraffinöl; 5,2—14,3 μ): *Pr. et al.*, l. c. S. 170.

(±)-**4exo-Hydroxy-5,8anti-dimethyl-7-oxo-6-oxa-bicyclo[3.2.1]octan-2endo-carbonsäure**, (±)-**4c,5t-Dihydroxy-3c,4t-dimethyl-cyclohexan-1r,2c-dicarbonsäure-2 → 4-lacton** $C_{10}H_{14}O_5$, Formel X (R = X = H) + Spiegelbild.

B. Beim Behandeln von (±)-4t,5t-Epoxy-3c,4c-dimethyl-cyclohexan-1r,2c-dicarbon=säure-anhydrid mit wss. Natronlauge und anschliessenden Ansäuern mit wss. Salzsäure (*Nasarow et al.*, Croat. chem. Acta **29** [1957] 369, 390; C. **1962** 18809; *Kutscherow et al.*, Izv. Akad. S.S.S.R. Otd. chim. **1959** 1262, 1266; engl. Ausg. S. 1217, 1220).

Krystalle (aus Acn.); F: 183°.

(±)-**4exo-Hydroxy-5,8anti-dimethyl-7-oxo-6-oxa-bicyclo[3.2.1]octan-2endo-carbonsäure-methylester**, (±)-**4c,5t-Dihydroxy-3c,4t-dimethyl-cyclohexan-1r,2c-dicarbonsäure-2 → 4-lacton-1-methylester** $C_{11}H_{16}O_5$, Formel X (R = CH_3, X = H) + Spiegelbild.

B. Beim Behandeln von (±)-4exo-Hydroxy-5,8anti-dimethyl-7-oxo-6-oxa-bicyclo=[3.2.1]octan-2endo-carbonsäure mit Diazomethan in Äther (*Kutscherow et al.*, Izv. Akad. S.S.S.R. Otd. chim. **1959** 1262, 1266; engl. Ausg. S. 1217, 1221).

Krystalle; F: 91—92° [aus Ae.] (*Ku. et al.*), 90° (*Nasarow et al.*, Croat. chem. Acta **29** [1957] 369, 390).

(±)-**4exo-Acetoxy-5,8anti-dimethyl-7-oxo-6-oxa-bicyclo[3.2.1]octan-2endo-carbonsäure-methylester**, (±)-**5t-Acetoxy-4c-hydroxy-3c,4t-dimethyl-cyclohexan-1r,2c-dicarbonsäure-2-lacton-1-methylester** $C_{13}H_{18}O_6$, Formel X (R = CH_3, X = CO-CH_3) + Spiegelbild.

B. Beim Erwärmen von (±)-4exo-Hydroxy-5,8anti-dimethyl-7-oxo-6-oxa-bicyclo=[3.2.1]octan-2endo-carbonsäure-methylester mit Acetylchlorid (*Kutscherow et al.*, Izv. Acad. S.S.S.R. Otd. chim. **1959** 1262, 1266; engl. Ausg. S. 1217, 1221).

Krystalle (aus Ae. + Bzn.); F: 87—88°.

Hydroxy-oxo-carbonsäuren $C_{14}H_{22}O_5$

Opt.-inakt. **6-Hydroxy-3,3,6,7-tetramethyl-1-oxo-hexahydro-isochroman-8-carbonsäure** $C_{14}H_{22}O_5$, Formel XI.

B. Beim Erhitzen von opt.-inakt. 6-Hydroxy-3,3,6,7-tetramethyl-1-oxo-hexahydro-isochroman-8-carbonsäure-lacton (F: 189°) mit Kaliumhydroxid in Äthylenglykol (*Chrétien-Bessière*, A. ch. [13] **2** [1957] 301, 334).

Krystalle; F: 258°. IR-Banden im Bereich von 3350 cm⁻¹ bis 1650 cm⁻¹: *Ch.-Be.*

XI   XII

Hydroxy-oxo-carbonsäuren $C_{15}H_{24}O_5$

[(R)-2-((1R)-2c-Hydroxy-3c,5t-dimethyl-cyclohex-r-yl)-6-oxo-tetrahydro-pyran-4ξ-yl]-**essigsäure** $C_{15}H_{24}O_5$, Formel XII (R = H).

Diese Konstitution und Konfiguration kommt der nachstehend beschriebenen **Dihydro=actidionsäure** zu (vgl. *Johnson et al.*, Am. Soc. **87** [1965] 4612).

B. Beim Erwärmen von Dihydroactidion (3-[(R)-2-Hydroxy-2-((1S)-2c-hydroxy-3c,5t-dimethyl-cyclohex-r-yl)-äthyl]-glutarsäure-imid) mit wss. Natronlauge (*Kornfeld et al.*, Am. Soc. **71** [1949] 150, 157; *Okuda*, Chem. pharm. Bl. **7** [1959] 671, 679; s. a. *Jo. et al.*, l. c. S. 4613 Anm. 8).

Krystalle (aus wss. A.); F: 180—183° [korr.; Block] (*Ko. et al.*), 174—175° [unkorr.] (*Ok.*).

[(R)-2-((1R)-2c-Hydroxy-3c,5t-dimethyl-cyclohex-r-yl)-6-oxo-tetrahydro-pyran-4ξ-yl]-essigsäure-methylester $C_{16}H_{26}O_5$, Formel XII (R = CH_3).

Diese Konstitution und Konfiguration kommt dem nachstehend beschriebenen **Dihydro-actidionsäure-methylester** zu.

B. Beim Behandeln einer Lösung von Dihydroactidionsäure (S. 6287) in Methanol mit Diazomethan in Äther (*Kornfeld et al.*, Am. Soc. **71** [1949] 150, 157).

Krystalle (aus Me. + Ae.); F: 139—141° [korr.; Block].

Hydroxy-oxo-carbonsäuren $C_nH_{2n-8}O_5$

Hydroxy-oxo-carbonsäuren $C_6H_4O_5$

4-Methoxy-6-oxo-6H-pyran-2-carbonsäure, 2-Hydroxy-4-methoxy-hexa-2t,4c-dien-disäure-6-lacton $C_7H_6O_5$, Formel I (R = CH_3, X = OH).

B. Beim Behandeln von 3-Methoxy-crotonsäure-methylester (Kp: 175—177°) mit Oxalsäure-diäthylester und Kaliumäthylat in Äther, Erwärmen des Reaktionsprodukts mit Methanol und Behandeln des danach isolierten Reaktionsprodukts mit wss. Schwefel-säure (*Stetter, Schellhammer*, A. **605** [1957] 58, 62).

Krystalle (aus Me.), F: 206° [korr.; Zers.]; Krystalle (aus W.) mit 1 Mol H_2O.

4-Methoxy-6-oxo-6H-pyran-2-carbonsäure-methylester $C_8H_8O_5$, Formel I (R = CH_3, X = O-CH_3).

B. Beim Behandeln einer Lösung von 4-Methoxy-6-oxo-6H-pyran-2-carbonsäure in Methanol mit Chlorwasserstoff (*Stetter, Schellhammer*, A. **605** [1957] 58, 63).

Krystalle (aus W.); F: 175° [korr.].

4-Äthoxy-6-oxo-6H-pyran-2-carbonsäure-methylester $C_9H_{10}O_5$, Formel I (R = C_2H_5, X = O-CH_3).

B. Beim Behandeln einer Lösung von 4-Äthoxy-6-oxo-6H-pyran-2-carbonsäure in Methanol mit Chlorwasserstoff (*Stetter, Schellhammer*, A. **605** [1957] 58, 62).

Krystalle (aus Me.); F: 133° [korr.].

4-Methoxy-6-oxo-6H-pyran-2-carbonsäure-äthylester $C_9H_{10}O_5$, Formel I (R = CH_3, X = O-C_2H_5).

B. Beim Behandeln einer Lösung von 4-Methoxy-6-oxo-6H-pyran-2-carbonsäure in Äthanol mit Chlorwasserstoff (*Stetter, Schellhammer*, A. **605** [1957] 58, 63).

Krystalle (aus W.); F: 130° [korr.].

4-Acetoxy-6-oxo-6H-pyran-2-carbonsäure-äthylester $C_{10}H_{10}O_6$, Formel I (R = CO-CH_3, X = O-C_2H_5).

Diese Konstitution kommt vermutlich der nachstehend beschriebenen Verbindung zu (*Morgan, Wolfrom*, Am. Soc. **78** [1956] 1897).

B. Beim Erhitzen von DL-Galactarsäure-6-äthylester-1 → 4-lacton mit Acetanhydrid und Natriumacetat (*Mo., Wo.*).

Krystalle (aus Hexan); F: 69°.

4-Methoxy-6-oxo-6H-pyran-2-carbonsäure-amid $C_7H_7NO_4$, Formel I (R = CH_3, X = NH_2).

B. Beim Erwärmen von 4-Methoxy-6-oxo-6H-pyran-2-carbonsäure-äthylester mit Ammoniak in wss. Methanol (*Stetter, Schellhammer*, B. **90** [1957] 755, 757).

Krystalle (aus W.); F: 259°.

4-Äthoxy-6-oxo-6H-pyran-2-carbonsäure-amid $C_8H_9NO_4$, Formel I (R = C_2H_5, X = NH_2).

Diese Konstitution kommt der früher (s. E I **22** 562) als 4,6-Dihydroxy-pyridin-2-carbonsäure-äthylester beschriebenen Verbindung zu (*Stetter, Schellhammer*, B. **90** [1957] 755).

B. Beim Erwärmen von 4-Äthoxy-6-oxo-6H-pyran-2-carbonsäure-äthylester mit Ammoniak in wss. Äthanol (*St., Sch.*, l. c. S. 756).

Krystalle (aus W.); F: 203°.

5-Methoxy-6-oxo-6H-pyran-2-carbonsäure, 2-Hydroxy-5-methoxy-hexa-2t,4c-dien-disäure-6-lacton $C_7H_6O_5$, Formel II (R = H).

B. Beim Erwärmen von 2,5-Dimethoxy-hexa-2c(?),4t(?)-diendisäure (F: 196—197° [E III **3** 1050]) mit Wasser (*Schmidt, Kraft*, B. **74** [1941] 33, 37, 47).

Krystalle (aus W.); F: 261° [unkorr.; Zers.].

5-Methoxy-6-oxo-6H-pyran-2-carbonsäure-methylester $C_8H_8O_5$, Formel II (R = CH₃).

Konstitutionszuordnung: *Haworth et al.*, Soc. **1938** 710, 712.

B. Beim Behandeln von 5-Hydroxy-6-oxo-6H-pyran-2-carbonsäure (S. 5987) mit Diazomethan in Methanol (*Ha. et al.*, Soc. **1938** 714), mit Diazomethan in Äther (*Schmidt, Kraft*, B. **74** [1941] 33, 48) oder mit Methyljodid und Silberoxid (*Ha. et al.*, Soc. **1938** 714).

Krystalle; F: 215° [aus Me.] (*Ha. et al.*, Soc. **1938** 714), 215° [unkorr.; aus E.] (*Sch., Kr.*; *Schmidt et al.*, B. **70** [1937] 2402, 2414). $Kp_{0,01}$: 180° (*Haworth et al.*, Soc. **1944** 217, 223). Absorptionsspektrum einer Lösung in Methanol (245—350 nm): *Ha. et al.*, Soc. **1938** 715; von Lösungen in Wasser (250—360 nm) und in wss. Natronlauge (270—480 nm): *Ha. et al.*, Soc. **1944** 220.

5-Methoxy-4-oxo-4H-pyran-2-carbonsäure, O-Methyl-komensäure $C_7H_6O_5$, Formel III (R = CH₃, X = H) (E II 380).

B. Aus 2-Hydroxymethyl-5-methoxy-pyran-4-on beim Behandeln mit Salpetersäure sowie beim Behandeln einer warmen Lösung in Wasser mit Platin/Kohle und Luft (*Heyns, Vogelsang*, B. **87** [1954] 13, 16).

Krystalle; F: 282° (*He., Vo.*), 260—262° [Zers.; aus W.] (*Fukushima*, J. pharm. Soc. Japan **77** [1957] 383, 385; C. A. **1957** 12083); nach *Sanesi* (Ann. Chimica **50** [1960] 997, 1003) schmilzt die Verbindung je nach der Geschwindigkeit des Erhitzens zwischen 240° und 275°.

Beim Erwärmen mit Bariumhydroxid in Wasser sind Methoxyaceton und Oxalsäure erhalten worden (*Arnstein, Bentley*, Soc. **1951** 3436, 3428).

I   II   III   IV

5-Benzoyloxy-4-oxo-4H-pyran-2-carbonsäure, O-Benzoyl-komensäure $C_{13}H_8O_6$, Formel III (R = CO-C₆H₅, X = H) (vgl. E II 380).

Diese Konstitution ist der nachstehend beschriebenen Verbindung zugeordnet worden (*Woods*, J. org. Chem. **22** [1957] 339).

B. Beim Erhitzen von Komensäure (S. 5985) mit Benzoylchlorid (*Wo.*).

Krystalle (aus Heptan); F: 112—114° [Fisher-Johns-App.].

5-Methoxy-4-oxo-4H-pyran-2-carbonsäure-methylester, O-Methyl-komensäure-methylester $C_8H_8O_5$, Formel III (R = X = CH₃) (E II 380).

B. Beim Behandeln einer Lösung von Komensäure (S. 5985) in Methanol (*Aida*, Bl. agric. chem. Soc. Japan **19** [1955] 97, 101) oder einer Suspension von Komensäure in Aceton (*Fukushima, Mori*, J. pharm. Soc. Japan **77** [1957] 380; C. A. **1957** 12083) mit Diazomethan in Äther. Beim Erwärmen einer Lösung von Komensäure-methylester (S. 5985) in Aceton mit Dimethylsulfat und Kaliumcarbonat (*Fukushima*, J. pharm. Soc. Japan **77** [1957] 383, 385; C. A. **1957** 12083).

Krystalle (aus Me.); F: 197° (*Aida*; *Fu.*).

5-Acetoxy-4-oxo-4H-pyran-2-carbonsäure-methylester, O-Acetyl-komensäure-methylester $C_9H_8O_6$, Formel III (R = CO-CH₃, X = CH₃).

B. Beim Erwärmen von Komensäure-methylester (S. 5985) mit Acetylchlorid (*Fukushima*, J. pharm. Soc. Japan **77** [1957] 383, 385; C. A. **1957** 12083).

Krystalle (aus Me.); F: 116—117°. UV-Absorptionsmaximum (A.): 265—268 nm.

5-Methoxy-4-oxo-4H-pyran-2-carbonsäure-äthylester, O-Methyl-komensäure-äthylester $C_9H_{10}O_5$, Formel III (R = CH_3, X = C_2H_5) (E II 380).

B. Aus Komensäure-äthylester (S. 5985) beim Behandeln mit Diazomethan in Äther (*Gorja'ew et al.*, Ž. obšč. Chim. **28** [1958] 2102, 2104; engl. Ausg. S. 2140, 2141; *Eiden*, Ar. **292** [1959] 355, 361) sowie beim Behandeln einer Lösung in Aceton mit Dimethyl=sulfat und Kaliumcarbonat (*Fukushima*, J. pharm. Soc. Japan **77** [1957] 383, 385; C. A. **1957** 12083).

Krystalle; F: 160° [unter Sublimation; aus Bzn.] (*Ei.*), 156—157° [aus Bzl.] (*Go. et al.*). UV-Spektrum einer Lösung in Methanol (200—340 nm): *Ei.*, l. c. S. 357; von Lösungen in Äther und in Wasser (jeweils 220—380 nm): *Tolstikow*, Ž. obšč. Chim. **29** [1959] 2372, 2375; engl. Ausg. S. 2337.

5-Äthoxy-4-oxo-4H-pyran-2-carbonsäure-äthylester, O-Äthyl-komensäure-äthyl=ester $C_{10}H_{12}O_5$, Formel III (R = X = C_2H_5) (H 524; E I 532).

B. Beim Erhitzen der Silber-Verbindung des Komensäure-äthylesters (S. 5985) mit Äthylbromid und Dioxan (*Eiden*, Ar. **292** [1959] 355, 361; vgl. H 524; E I 532).

Krystalle (aus Bzn.); F: 78°. UV-Spektrum (Me.; 200—370 nm): *Ei.*, l. c. S. 357.

5-Acetoxy-4-oxo-4H-pyran-2-carbonsäure-äthylester, O-Acetyl-komensäure-äthyl=ester $C_{10}H_{10}O_6$, Formel III (R = CO-CH_3, X = C_2H_5) (H 524).

B. Beim Erwärmen von Komensäure-äthylester (S. 5985) mit Acetylchlorid (*Fukushima*, J. pharm. Soc. Japan **77** [1957] 383, 385; C. A. **1957** 12083; *Eiden*, Ar. **292** [1959] 355, 361).

Krystalle (aus A.); F: 104° (*Fu.*; *Ei.*). UV-Spektrum (Me.; 200—370 nm): *Ei.*, l. c. S. 358.

5-Benzoyloxy-4-oxo-4H-pyran-2-carbonsäure-äthylester, O-Benzoyl-komensäure-äthylester $C_{15}H_{12}O_6$, Formel III (R = CO-C_6H_5, X = C_2H_5).

B. Aus Komensäure-äthylester (S. 5985) beim Erhitzen mit Benzoylchlorid (*Eiden*, Ar. **292** [1959] 355, 361) oder mit Benzoylchlorid und wenig Schwefelsäure (*Garkuscha*, Ž. obšč. Chim. **16** [1946] 2025, 2028; C. A. **1948** 566) sowie beim Behandeln mit wss. Kalilauge und mit Benzoylchlorid (*Gorja'ew et al.*, Ž. obšč. Chim. **28** [1958] 2102, 2104; engl. Ausg. S. 2140, 2142).

Krystalle (aus A.); F: 118° (*Ei.*), 115—116° (*Ga.*; *Go. et al.*). UV-Spektrum (Me.; 200—370 nm): *Ei.*, l. c. S. 359.

5-Äthoxycarbonyloxy-4-oxo-4H-pyran-2-carbonsäure-äthylester, O-Äthoxycarbonyl-komensäure-äthylester $C_{11}H_{12}O_7$, Formel III (R = CO-O-C_2H_5, X = C_2H_5) (H 524).

B. Beim Erwärmen von Komensäure-äthylester (S. 5985) mit Chlorkohlensäure-äthyl=ester (*Eiden*, Ar. **292** [1959] 355, 361; vgl. H 524).

Krystalle (aus Bzn.); F: 88°. UV-Spektrum (Me.; 200—370 nm): *Ei.*, l. c. S. 359.

5-Acetoxy-4-thioxo-4H-pyran-2-carbonsäure-äthylester $C_{10}H_{10}O_5S$, Formel IV (R = CO-CH_3).

B. Beim Erwärmen von 5-Hydroxy-4-thioxo-4H-pyran-2-carbonsäure-äthylester (S. 5986) mit Acetylchlorid (*Eiden*, Ar. **292** [1959] 153, 157). Beim Erwärmen von 5-Acet=oxy-4-oxo-4H-pyran-2-carbonsäure-äthylester mit Phosphor(V)-sulfid in Benzol (*Ei.*, l. c. S. 158).

Rote Krystalle (aus Me.); F: 56—57° (*Ei.*, l. c. S. 157). Absorptionsspektrum von Lösungen in Hexan (200—420 nm) und in Dioxan (200—620 nm): *Eiden*, Ar. **292** [1959] 461, 465, 466.

5-Benzoyloxy-4-thioxo-4H-pyran-2-carbonsäure-äthylester $C_{15}H_{12}O_5S$, Formel IV (R = CO-C_6H_5).

B. Beim Erwärmen von 5-Hydroxy-4-thioxo-4H-pyran-2-carbonsäure-äthylester (S. 5986) mit Benzoylchlorid (*Eiden*, Ar. **292** [1959] 153, 158).

Rotbraune Krystalle (aus Me.); F: 98°.

[4-Methansulfonyloxy-5-oxo-5*H***-[2]furyliden]-essigsäure** $C_7H_6O_7S$.

Diese Konstitution und Konfiguration kommt wahrscheinlich den beiden folgenden Stereoisomeren zu (*Linstead et al.*, Soc. **1953** 1225, 1228).

   a) **[(***E***)-4-Methansulfonyloxy-5-oxo-5***H***-[2]furyliden]-essigsäure** $C_7H_6O_7S$, Formel V.

B. Beim Erwärmen von O^2,O^5-Bis-methansulfonyl-D-mannarsäure-1→4;6→3-dilacton ((3aS)-3t,6t-Bis-methansulfonyloxy-(3ar,6ac)-tetrahydro-furo[3,2-b]furan-2,5-dion) mit Calciumcarbonat in wss. Aceton (*Linstead et al.*, Soc. **1953** 1225, 1228, 1231).

Krystalle (aus 1,2-Dichlor-äthan); F: 144—145°. Absorptionsmaxima (Dioxan): 251 nm, 269 nm und 280 nm.

   b) **[(***Z***)-4-Methansulfonyloxy-5-oxo-5***H***-[2]furyliden]-essigsäure** $C_7H_6O_7S$, Formel VI (R = H).

B. Beim Erwärmen von O^2,O^5-Bis-methansulfonyl-D-mannarsäure-1→4;6→3-dilacton ((3aS)-3t,6t-Bis-methansulfonyloxy-(3ar,6ac)-tetrahydro-furo[3,2-b]furan-2,5-dion) mit Natriumjodid in Aceton (*Linstead et al.*, Soc. **1953** 1225, 1228, 1230).

Krystalle (aus 1,2-Dichlor-äthan); F: 155—156°. Absorptionsmaxima (Dioxan): 251 nm, 269 nm und 280 nm.

[(*Z***)-4-Methansulfonyloxy-5-oxo-5***H***-[2]furyliden]-essigsäure-methylester** $C_8H_8O_7S$, Formel VI (R = CH₃).

Diese Konstitution und Konfiguration kommt wahrscheinlich der nachstehend beschriebenen Verbindung zu.

B. Beim Behandeln von [(Z)-4-Methansulfonyloxy-5-oxo-5H-[2]furyliden]-essigsäure (?; s. o.) mit Diazomethan in Äther (*Linstead et al.*, Soc. **1953** 1225, 1230).

Krystalle (aus Me.); F: 111—112°.

           V   VI   VII

Chlor-[(*Ξ***)-3-chlor-4-methoxy-5-oxo-5***H***-[2]furyliden]-essigsäure-methylester** $C_8H_6Cl_2O_5$, Formel VII (X = Cl).

Bezüglich der Konstitutionszuordnung vgl. *Karrer, Albers*, Helv. **36** [1953] 573.

B. Beim Behandeln von Chlor-[3-chlor-4-hydroxy-5-oxo-5H-[2]furyliden]-essigsäure (F: 225° [S. 5988]) oder von Chlor-[3-chlor-4-hydroxy-5-oxo-5H-[2]furyliden]-essigsäure-methylester (F: 166,5—167° [S. 5988]) mit Diazomethan in Äther (*Karrer, Testa*, Helv. **32** [1949] 1019, 1026).

Krystalle (aus Me.); F: 99,5—100° (*Ka., Te.*).

Beim Erwärmen mit Wasser sind eine als Chlor-[3-hydroxy-4-methoxy-5-oxo-5H-[2]furyliden]-essigsäure-methylester oder [3-Chlor-4-methoxy-5-oxo-5H-[2]furyliden]-hydroxy-essigsäure-methylester angesehene Verbindung (F: 167—168° [S. 6461]) und 3,5-Dichlor-2-methoxy-4-oxo-hex-2-endisäure-6-methylester (F: 100—101°) erhalten worden (*Ka., Te.*).

Brom-[(*Ξ***)-3-brom-4-methoxy-5-oxo-5***H***-[2]furyliden]-essigsäure-methylester** $C_8H_6Br_2O_5$, Formel VII (X = Br).

Konstitutionszuordnung: *Karrer, Albers*, Helv. **36** [1953] 573.

B. Beim Behandeln von Brom-[3-brom-4-hydroxy-5-oxo-5H-[2]furyliden]-essigsäure (F: 228° [S. 5988]) mit Diazomethan in Äther (*Karrer, Hohl*, Helv. **32** [1949] 1028, 1033).

Krystalle (aus Me.); F: 110° (*Ka., Hohl*).

Beim Behandeln mit wss. Natronlauge ist 3,5-Dibrom-2-methoxy-4-oxo-hex-2-endisäure-6-methylester (F: 103°) erhalten worden (*Ka., Hohl*).

[(*Ξ***)-3,4-Dibrom-5-oxo-5***H***-[2]furyliden]-methoxy-essigsäure-methylester** $C_8H_6Br_2O_5$, Formel VIII.

Bezüglich der Konstitutionszuordnung s. *Karrer, Albers*, Helv. **36** [1953] 573.

B. Beim Behandeln von [3,4-Dibrom-5-oxo-5*H*-[2]furyliden]-hydroxy-essigsäure-methylester (F: 184° [S. 5988]) mit Diazomethan in Äther (*Karrer, Hohl*, Helv. **32** [1949] 1028, 1032).
Krystalle (aus Me.); F: 129° (*Ka., Hohl*).

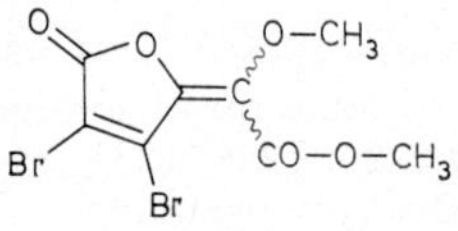

VIII 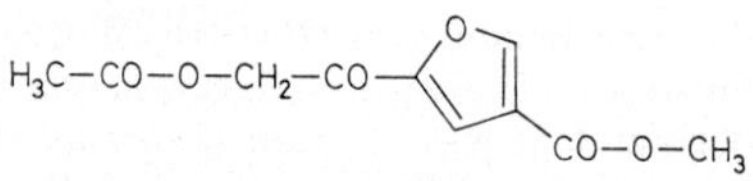   IX

Hydroxy-oxo-carbonsäuren $C_7H_6O_5$

5-Acetoxyacetyl-furan-3-carbonsäure-methylester $C_{10}H_{10}O_6$, Formel IX.
B. Beim Erwärmen von 5-Diazoacetyl-furan-3-carbonsäure-methylester mit Essigsäure, zuletzt unter Zusatz von Kaliumacetat (*Kuhn, Krüger*, B. **90** [1957] 264, 274).
Krystalle (aus Me. oder wss. Eg.); F: 123—126°.

Hydroxy-oxo-carbonsäuren $C_8H_8O_5$

3-[5-Methoxymethyl-[2]furyl]-3-oxo-propionsäure-äthylester $C_{11}H_{14}O_5$, Formel X
(R = CH_3), und Tautomeres (3-Hydroxy-3-[5-methoxymethyl-[2]furyl]-acryl-säure-äthylester).
B. Beim Erwärmen einer Lösung von 5-Methoxymethyl-furan-2-carbonsäure-äthyl-ester in Äthylacetat mit Natrium (*Andrisano*, G. **80** [1950] 426, 427).
Kp_{19}: 183—184°.

3-[5-Äthoxymethyl-[2]furyl]-3-oxo-propionsäure-äthylester $C_{12}H_{16}O_5$, Formel X
(R = C_2H_5), und Tautomeres (3-[5-Äthoxymethyl-[2]furyl]-3-hydroxy-acryl-säure-äthylester).
B. Beim Erwärmen einer Lösung von 5-Äthoxymethyl-furan-2-carbonsäure-äthylester in Äthylacetat mit Natrium (*Andrisano*, G. **80** [1950] 426, 427).
Kp_{18}: 191—192°.

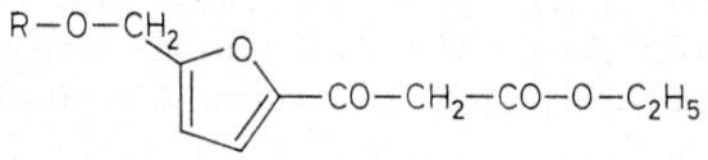

X 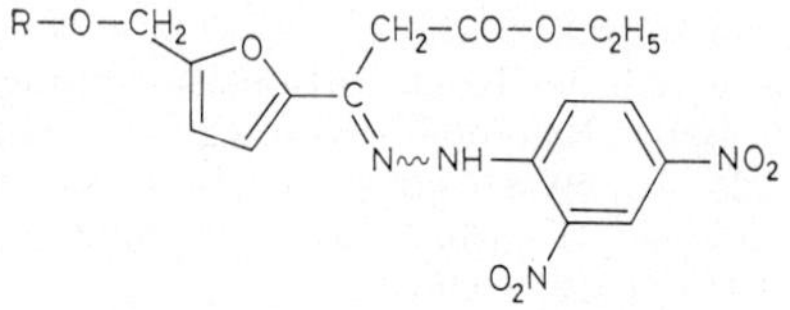   XI

3-[2,4-Dinitro-phenylhydrazono]-3-[5-methoxymethyl-[2]furyl]-propionsäure-äthylester $C_{17}H_{18}N_4O_8$, Formel XI (R = CH_3).
B. Beim Behandeln von 3-[5-Methoxymethyl-[2]furyl]-3-oxo-propionsäure-äthylester mit [2,4-Dinitro-phenyl]-hydrazin und Essigsäure (*Andrisano*, G. **80** [1950] 426, 427, 429).
Krystalle (aus A.); F: 134°.

3-[5-Äthoxymethyl-[2]furyl]-3-[2,4-dinitro-phenylhydrazono]-propionsäure-äthylester $C_{18}H_{20}N_4O_8$, Formel XI (R = C_2H_5).
B. Beim Behandeln von 3-[5-Äthoxymethyl-[2]furyl]-3-oxo-propionsäure-äthylester mit [2,4-Dinitro-phenyl]-hydrazin und Essigsäure (*Andrisano*, G. **80** [1950] 426, 429).
Krystalle (aus A.); F: 136°.

5-Acetyl-4-hydroxy-2-methyl-thiophen-3-carbonsäure $C_8H_8O_4S$, Formel XII
(R = X = H).
B. Beim Erwärmen einer Lösung von 5-Acetyl-4-hydroxy-2-methyl-thiophen-3-carb-onsäure-äthylester in Äthanol mit wss. Kalilauge (*Beynon, Jansen*, Soc. **1945** 600).
Krystalle (aus Eg.); F: ca. 265° [Zers.].

5-Acetyl-4-hydroxy-2-methyl-thiophen-3-carbonsäure-äthylester $C_{10}H_{12}O_4S$, Formel XII
(R = C_2H_5, X = H).
B. Beim Erwärmen von 4-Hydroxy-2-methyl-thiophen-3-carbonsäure-äthylester mit
Acetylchlorid, Aluminiumchlorid und Nitrobenzol (*Beynon, Jansen*, Soc. **1945** 600).
Krystalle (aus A.); F: 101—102°.

5-Chloracetyl-4-hydroxy-2-methyl-thiophen-3-carbonsäure $C_8H_7ClO_4S$, Formel XII
(R = H, X = Cl).
B. Neben 5-Chloracetyl-4-hydroxy-2-methyl-thiophen-3-carbonsäure-äthylester beim
Erwärmen von 4-Hydroxy-2-methyl-thiophen-3-carbonsäure-äthylester mit Chloracetyl=
chlorid, Aluminiumchlorid und Nitrobenzol und anschliessenden Behandeln mit wss.
Schwefelsäure (*Beynon, Jansen*, Soc. **1945** 600).
Krystalle (aus wss. A.) mit 1 Mol H_2O; F: ca. 195° [Zers.].

XII   XIII   XIV

5-Chloracetyl-4-hydroxy-2-methyl-thiophen-3-carbonsäure-äthylester $C_{10}H_{11}ClO_4S$,
Formel XII (R = C_2H_5, X = Cl).
B. Beim Erwärmen von 5-Chloracetyl-4-hydroxy-2-methyl-thiophen-3-carbonsäure mit
Thionylchlorid und Behandeln des Reaktionsprodukts mit Äthanol (*Beynon, Jansen*, Soc.
1945 600). Weitere Bildungsweise s. im vorangehenden Artikel.
Krystalle (aus A.); F: 145°.

5-[1-(2,2-Dihydroxy-äthoxy)-2-oxo-äthyl]-2-methyl-furan-3-carbonsäure $C_{10}H_{12}O_7$ und
Tautomere.

    5-[3,5-Dihydroxy-[1,4]dioxan-2-yl]-2-methyl-furan-3-carbonsäure $C_{10}H_{12}O_7$,
Formel XIII.
Diese Konstitution kommt der nachstehend beschriebenen, von *Jones* (Soc. **1945** 116,
118) als 6-Formyl-2-methyl-5-[2-oxo-äthoxy]-6*H*-pyran-3-carbonsäure
($C_{10}H_{10}O_6$) angesehenen Verbindung zu (*Colbran et al.*, Soc. **1960** 3532, 3534, 3539; s. a.
García González et al., An. Soc. españ. [B] **52** [1956] 717, 719).
B. Beim Behandeln von (2′R)-3′c,4′c-Dihydroxy-5-methyl-(2′rH)-2′,3′,4′,5′-tetrahydro-
[2,2′]bifuryl-4-carbonsäure mit Perjodsäure in Wasser (*Jo.*; s. dazu *Co. et al.*) oder mit
Blei(IV)-acetat in Essigsäure (*Ga. Go. et al.*, l. c. S. 721).
Krystalle; F: 146° (*Jo.*), 134—140° [aus W.] (*Ga. Go. et al.*). $[\alpha]_D^{20}$: —25° [W.; c = 0,4]
(*Jo.*). IR-Spektrum (Nujol; 2,8—8,7 μ): *Ga. Go. et al.*, l. c. S. 719. Polarographie: *López
Aparicio, Piazza Molini*, An. Soc. españ. [B] **52** [1956] 723.

*Opt.-akt. 2-Methyl-5-[1,2,2-trimethoxy-äthyl]-furan-3-carbonsäure-methylester
$C_{12}H_{18}O_6$, Formel XIV.
B. Beim Erwärmen der im vorangehenden Artikel beschriebenen Verbindung mit
Chlorwasserstoff enthaltendem Methanol (*García González et al.*, An. Soc. españ. [B] **52**
[1956] 717, 722).
Kp_3: 140°.

Hydroxy-oxo-carbonsäuren $C_9H_{10}O_5$

**6-Hydroxy-2-oxo-hexahydro-3,5-methano-cyclopenta[*b*]furan-7-carbonsäure, 5,6-Dihydr=
oxy-norbornan-2,3-dicarbonsäure-2→6-lacton** $C_9H_{10}O_5$.

    a) (±)-5*endo*,6*exo*-**Dihydroxy-norbornan-2*endo*,3*endo*-dicarbonsäure-3→5-lacton**
$C_9H_{10}O_5$, Formel I (R = H, X = OH) + Spiegelbild.
B. Beim Behandeln von Norborn-5-en-2*endo*,3*endo*-dicarbonsäure mit Essigsäure, wss.
Wasserstoffperoxid und Schwefelsäure (*Alder, Schneider*, A. **524** [1936] 189, 197, 202)

oder mit Peroxyessigsäure in Essigsäure (*Nasarow et al.*, Izv. Akad. S.S.S.R. Otd. chim. **1958** 192, 194; engl. Ausg. S. 179, 181). Beim Erwärmen von Norborn-5-en-2*endo*,3*endo*-di= carbonsäure-anhydrid mit Peroxyessigsäure in Essigsäure (*Alder et al.*, A. **611** [1958] 7, 21). Beim Erwärmen von 5*exo*,6*exo*-Epoxy-norbornan-2*endo*,3*endo*-dicarbonsäure-an= hydrid mit Wasser (*Berson, Suzuki*, Am. Soc. **80** [1958] 4341, 4344; *Na. et al.*).

Krystalle; F: 204—205° [korr.; aus W.] (*Be., Su.*), 202—203° [aus Acn.] (*Na. et al.*), 196—197° [aus Acetonitril] (*Al. et al.*).

b) (±)-5*endo*,6*endo*-Dihydroxy-norbornan-2*endo*,3*exo*-dicarbonsäure-2→6-lacton $C_9H_{10}O_5$, Formel II (R = H, X = OH) + Spiegelbild.

B. Beim Erwärmen von 5*endo*,6*endo*-Dihydroxy-norbornan-2*endo*,3*endo*-dicarbonsäure-2→6;3→5-dilacton mit methanol. Kalilauge (*Alder, Stein*, A. **514** [1934] 1, 5, 21).

Krystalle (aus W.); F: 200°.

c) (±)-5*exo*,6*endo*-Dihydroxy-norbornan-2*endo*,3*exo*-dicarbonsäure-2→6-lacton $C_9H_{10}O_5$, Formel III (R = H, X = OH) + Spiegelbild.

B. Beim Behandeln von (±)-Norborn-5-en-2*endo*,3*exo*-dicarbonsäure mit Peroxyessig= säure in Essigsäure (*Nasarow et al.*, Izv. Akad. S.S.S.R. Otd. chim. **1958** 192, 195; engl. Ausg. S. 179, 182). Beim Erwärmen von (±)-5*endo*,6*exo*-Dihydroxy-norbornan-2*endo*,= 3*endo*-dicarbonsäure-3→5-lacton-2-methylester mit Natriummethylat in Methanol (*Na. et al.*).

Krystalle (aus Acn. + Dioxan); F: 204—205°.

6-Acetoxy-2-oxo-hexahydro-3,5-methano-cyclopenta[b]furan-7-carbonsäure, 5-Acetoxy-6-hydroxy-norbornan-2,3-dicarbonsäure-2-lacton $C_{11}H_{12}O_6$.

a) (±)-5*exo*-Acetoxy-6*endo*-hydroxy-norbornan-2*endo*,3*endo*-dicarbonsäure-2-lacton $C_{11}H_{12}O_6$, Formel I (R = CO-CH₃, X = OH) + Spiegelbild.

B. Beim Erwärmen von (±)-5*endo*,6*exo*-Dihydroxy-norbornan-2*endo*,3*endo*-dicarbon= säure-3→5-lacton mit Acetylchlorid (*Alder, Schneider*, A. **524** [1936] 189, 202). F: 150—151°.

b) (±)-5*endo*-Acetoxy-6*endo*-hydroxy-norbornan-2*endo*,3*exo*-dicarbonsäure-2-lacton $C_{11}H_{12}O_6$, Formel II (R = CO-CH₃, X = OH) + Spiegelbild.

B. Beim Erhitzen von (±)-5*endo*,6*endo*-Dihydroxy-norbornan-2*endo*,3*exo*-dicarbon= säure-2→6-lacton mit Acetanhydrid (*Alder, Stein*, A. **514** [1934] 1, 22).

Krystalle (aus E.); F: 200°.

c) (±)-5*exo*-Acetoxy-6*endo*-hydroxy-norbornan-2*endo*,3*exo*-dicarbonsäure-2-lacton $C_{11}H_{12}O_6$, Formel III (R = CO-CH₃, X = OH) + Spiegelbild.

B. Beim Erwärmen von (±)-5*exo*,6*exo*-Epoxy-norbornan-2*endo*,3*exo*-dicarbonsäure-dimethylester mit wss. Natronlauge und Erhitzen des Reaktionsprodukts mit Acet= anhydrid (*Alder, Stein*, A. **504** [1933] 216, 233, 254).

Krystalle (aus W.); F: 152°.

I   II   III   IV

6-Hydroxy-2-oxo-hexahydro-3,5-methano-cyclopenta[b]furan-7-carbonsäure-methylester, 5,6-Dihydroxy-norbornan-2,3-dicarbonsäure-2→6-lacton-3-methylester $C_{10}H_{12}O_5$.

a) (±)-5*endo*,6*exo*-Dihydroxy-norbornan-2*endo*,3*endo*-dicarbonsäure-3→5-lacton-2-methylester $C_{10}H_{12}O_5$, Formel I (R = H, X = O-CH₃) + Spiegelbild.

B. Aus (±)-5*endo*,6*exo*-Dihydroxy-norbornan-2*endo*,3*endo*-dicarbonsäure-3→5-lacton beim Behandeln mit Diazomethan in Äther (*Berson, Suzuki*, Am. Soc. **80** [1958] 4341, 4344) sowie beim Behandeln einer Lösung in Benzol mit Diazomethan in Äther (*Nasarow et al.*, Izv. Akad. S.S.S.R. Otd. chim. **1958** 192, 195; engl. Ausg. S. 179, 181). Beim Erwär= men von 5*exo*,6*exo*-Epoxy-norbornan-2*endo*,3*endo*-dicarbonsäure-anhydrid mit Methanol (*Na. et al.*).

Krystalle, F: 91—92° [aus Bzl.] (*Na. et al.*), 90—90,8° [aus Ae.] (*Be., Su.*). Krystalle mit 1 Mol H_2O, F: 62—64° [aus W.] (*Na. et al.*), 61° [aus wasserhaltigem Äther] (*Be., Su.*).

b) (±)-5exo,6endo-Dihydroxy-norbornan-2endo,3exo-dicarbonsäure-2→6-lacton-
3-methylester C$_{10}$H$_{12}$O$_5$, Formel III (R = H, X = O-CH$_3$) + Spiegelbild.

B. Beim Behandeln von (±)-5exo,6endo-Dihydroxy-norbornan-2endo,3exo-dicarbon=
säure-2→6-lacton mit Diazomethan in Äther (*Nasarow et al.*, Izv. Akad. S.S.S.R. Otd.
chim. **1958** 192, 195; engl. Ausg. S. 179, 182).
Krystalle (aus Bzl.); F: 143—144°.

**6-Acetoxy-2-oxo-hexahydro-3,5-methano-cyclopenta[*b*]furan-7-carbonsäure-methylester,
5-Acetoxy-6-hydroxy-norbornan-2,3-dicarbonsäure-2-lacton-3-methylester C$_{12}$H$_{14}$O$_6$.**

a) (±)-5exo-Acetoxy-6endo-hydroxy-norbornan-2endo,3endo-dicarbonsäure-
2-lacton-3-methylester C$_{12}$H$_{14}$O$_6$, Formel I (R = CO-CH$_3$, X = O-CH$_3$) + Spiegelbild.

B. Beim Erwärmen von (±)-5endo,6exo-Dihydroxy-norbornan-2endo,3endo-dicarbon=
säure-3→5-lacton-2-methylester mit Acetylchlorid (*Nasarow et al.*, Izv. Akad. S.S.S.R.
Otd. chim. **1958** 192, 195; engl. Ausg. S. 179, 182). Aus (±)-5exo-Acetoxy-6endo-hydroxy-
norbornan-2endo,3endo-dicarbonsäure-2-lacton mit Hilfe von Diazomethan (*Alder,
Schneider*, A. **524** [1936] 189, 202). Beim Erhitzen von 5exo,6exo-Epoxy-norbornan-2endo,=
3endo-dicarbonsäure-dimethylester mit Acetanhydrid (*Alder, Stein*, A. **504** [1933] 216,
233, 254).
Krystalle; F: 76—77° [aus Bzl. + Ae.] (*Na. et al.*), 65° (*Al., Sch.*), 64—65° [aus E. +
Bzn.] (*Al., St.*).

b) (±)-5endo-Acetoxy-6endo-hydroxy-norbornan-2endo,3exo-dicarbonsäure-
2-lacton-3-methylester C$_{12}$H$_{14}$O$_6$, Formel II (R = CO-CH$_3$, X = O-CH$_3$) + Spiegelbild.

B. Beim Behandeln von (±)-5endo-Acetoxy-6endo-hydroxy-norbornan-2endo,3exo-di=
carbonsäure-2-lacton mit Diazomethan in Äther (*Alder, Stein*, A. **514** [1934] 1, 22).
Krystalle (aus E. + PAe.); F: 83°.

c) (±)-5exo-Acetoxy-6endo-hydroxy-norbornan-2endo,3exo-dicarbonsäure-2-lacton-
3-methylester C$_{12}$H$_{14}$O$_6$, Formel III (R = CO-CH$_3$, X = O-CH$_3$) + Spiegelbild.

B. Beim Behandeln von (±)-5exo-Acetoxy-6endo-hydroxy-norbornan-2endo,3exo-di=
carbonsäure-2-lacton mit Diazomethan in Äther (*Alder, Stein*, A. **504** [1933] 216, 255).
Beim Erwärmen von (±)-5exo,6endo-Dihydroxy-norbornan-2endo,3exo-dicarbonsäure-
2→6-lacton-3-methylester mit Acetylchlorid (*Nasarow et al.*, Izv. Akad. S.S.S.R. Otd.
chim. **1958** 192, 195; engl. Ausg. S. 179, 182).
Krystalle; F: 98° [aus Bzn.] (*Al., St.*), 96—97° (*Na. et al.*).

**(±)-6a-Acetoxy-2-oxo-hexahydro-3,5-methano-cyclopenta[*b*]furan-7anti-carbonsäure-
methylester, (±)-5exo-Acetoxy-5endo-hydroxy-norbornan-2exo,3endo-dicarbonsäure-
3-lacton-2-methylester C$_{12}$H$_{14}$O$_6$, Formel IV (R = CO-CH$_3$) + Spiegelbild.**

B. Beim Behandeln von (±)-5exo-Acetoxy-5endo-hydroxy-norbornan-2exo,3endo-di=
carbonsäure mit Diazomethan in Äther (*Alder, Stein*, A. **525** [1936] 183, 212).
Krystalle (aus Bzn.); F: 103°.

Hydroxy-oxo-carbonsäuren C$_{10}$H$_{12}$O$_5$

**3-[1]Naphthylmethoxy-2-oxo-1-oxa-spiro[4.5]dec-3-en-4-carbonsäure, 2-[1-Hydroxy-
cyclohexyl]-3-[1]naphthylmethoxy-fumarsäure-4-lacton C$_{21}$H$_{20}$O$_5$, Formel V (R = H).**

B. Beim Erwärmen von 3-[1]Naphthylmethoxy-2-oxo-1-oxa-spiro[4.5]dec-3-en-4-carb=
onsäure-äthylester mit wss. Kalilauge (*Stacy et al.*, J. org. Chem. **22** [1957] 765, 768).
Krystalle (aus wss. A.); F: 149° [korr.; Zers.]. IR-Banden (KBr) im Bereich von
1760 cm^{-1} bis 1180 cm^{-1}: *St. et al.*

**3-[4-Nitro-benzyloxy]-2-oxo-1-oxa-spiro[4.5]dec-3-en-4-carbonsäure-äthylester,
2-[1-Hydroxy-cyclohexyl]-3-[4-nitro-benzyloxy]-fumarsäure-1-äthylester-4-lacton
C$_{19}$H$_{21}$NO$_7$, Formel VI (R = CH$_2$-C$_6$H$_4$-NO$_2$).**

B. Beim Erwärmen der Natrium-Verbindung des 3-Hydroxy-2-oxo-1-oxa-spiro[4.5]dec-
3-en-4-carbonsäure-äthylesters (S. 5992) mit 4-Nitro-benzylchlorid in Dimethylformamid
(*Stacy et al.*, J. org. Chem. **22** [1957] 765, 768).
Krystalle (aus A.); F: 131—132° [korr.]. IR-Banden (KBr) im Bereich von 1760 cm^{-1}
bis 1190 cm^{-1}: *St. et al.*

3-[1]Naphthylmethoxy-2-oxo-1-oxa-spiro[4.5]dec-3-en-4-carbonsäure-äthylester,
2-[1-Hydroxy-cyclohexyl]-3-[1]naphthylmethoxy-fumarsäure-1-äthylester-4-lacton
$C_{23}H_{24}O_5$, Formel V (R = C_2H_5).

B. Beim Erwärmen der Natrium-Verbindung des 3-Hydroxy-2-oxo-1-oxa-spiro[4.5]dec-3-en-4-carbonsäure-äthylesters (S. 5992) mit 1-Chlormethyl-naphthalin in Dimethyl=
formamid (*Stacy et al.*, J. org. Chem. **22** [1957] 765, 767).

Krystalle (aus wss. A. sowie durch Sublimation); F: 119—120° [korr.]. IR-Banden
(KBr) im Bereich von 1750 cm^{-1} bis 1190 cm^{-1}: *St. et al.*

V   VI   VII

3-[4-Nitro-benzoyloxy]-2-oxo-1-oxa-spiro[4.5]dec-3-en-4-carbonsäure-äthylester,
2-[1-Hydroxy-cyclohexyl]-3-[4-nitro-benzoyloxy]-fumarsäure-1-äthylester-4-lacton
$C_{19}H_{19}NO_8$, Formel VI (R = $CO-C_6H_4-NO_2$).

B. Beim Erwärmen von 3-Hydroxy-2-oxo-1-oxa-spiro[4.5]dec-3-en-4-carbonsäure-
äthylester (S. 5992) mit 4-Nitro-benzoylchlorid und Pyridin (*Stacy et al.*, Am. Soc. **79**
[1957] 1451, 1454).

Krystalle (aus wss. A.); F: 98°. IR-Banden (KBr) im Bereich von 1770 cm^{-1} bis
1600 cm^{-1}: *St. et al.*

(4a*S*)-1*c*-β-D-Glucopyranosyloxy-7*c*-methyl-5-oxo-(4a*r*,7a*c*)-1,4a,5,6,7,7a-hexahydro-
cyclopenta[*c*]pyran-4-carbonsäure, Verbenalinsäure $C_{16}H_{22}O_{10}$, Formel VII
(R = X = H).

B. Beim Behandeln von Verbenalin (s. u.) mit Bariumhydroxid in Wasser (*Cheymol*,
Bl. [5] **5** [1938] 642, 646, 648).

Krystalle (aus E.); F: 212° [Block]. $[\alpha]_D^{22}$: —186,0° [W.; c = 1]. UV-Spektrum
(240—390 nm): *Ch.*, l. c. S. 652.

Natrium-Salz. $[\alpha]_D$: —179,1° [W.].

Barium-Salz. $[\alpha]_D$: —161,5° [W.].

(4a*S*)-1*c*-β-D-Glucopyranosyloxy-7*c*-methyl-5-oxo-(4a*r*,7a*c*)-1,4a,5,6,7,7a-hexahydro-
cyclopenta[*c*]pyran-4-carbonsäure-methylester, Verbenalin $C_{17}H_{24}O_{10}$, Formel VII
(R = H, X = CH_3).

Konstitution und Konfiguration: *Büchi, Manning*, Tetrahedron **18** [1962] 1049. Über
die Identität von Verbenin (*Kuwajima*, Tohoku J. exp. Med. **36** [1939] 28) mit Ver=
benalin s. *Winde et al.*, Ar. **294** [1961] 220.

Isolierung aus Cornus florida: *Miller*, J. Am. pharm. Assoc. **17** [1928] 744, 746;
Reichert, Ar. **273** [1935] 357, 359; aus Verbena officinalis: *Bourdier*, J. pharm. Chim. [6]
27 [1908] 49, 52, 101, 107; *Riedel A.G.*, D.R.P. 358873 [1920]; Frdl. **14** 1311; *Karrer,
Salomon*, Helv. **29** [1946] 1544, 1547; aus Verbena stricta: *Chatterjee, Parks*, Am. Soc. **71**
[1949] 2249.

Krystalle; F: 183° [korr.; aus E.] (*Re.*), 182—183° [korr.; Zers.; aus A. + E.] (*Cha.,
Pa.*), 181,5° [korr.; aus E.] (*Bo.*), 180—181° [aus W.] (*Ka., Sa.*), 180,5° [Block; aus W.]
(*Cheymol*, Bl. [5] **5** [1938] 633, 634). $[\alpha]_D^{20}$: —160,6° [Eg.; c = 0,9]; $[\alpha]_D^{20}$: —166,6°
[Acn.; c = 0,4]; $[\alpha]_D^{21}$: —175,1° [A.; c = 1]; $[\alpha]_D^{24}$: —168,8° [Me.; c = 2]; $[\alpha]_D^{20}$: —180,8°
[W.; c = 1] (*Che.*, l. c. S. 634); $[\alpha]_D$: —184° [W.] (*Ka., Sa.*); $[\alpha]_D$: —180,5° [W.; c = 2]
(*Bo.*); $[\alpha]_{579}^{24}$: —188,5° [W.; c = 1]; $[\alpha]_{546}^{24}$: —215,5° [W.; c = 1] (*Che.*, l. c. S. 634). UV-

Spektrum (200—260 nm bzw. 230—370 nm): *Cohn et al.*, Helv. **37** [1954] 790, 793; *Cheymol*, Bl. [5] **5** [1938] 642, 652. Bei 18° lösen sich in 100 g Wasser 21,1 g, in 100 g Äth= anol 1,15 g, in 100 g Methanol 4,2 g, in 100 g Äthylacetat 0,42 g, in 100 g Aceton 0,91 g (*Bo.*); in 100 g Essigsäure lösen sich 9,57 g (*Che.*, l. c. S. 634).

(4aS)-7c-Methyl-5-oxo-1c-[tetra-O-acetyl-β-D-glucopyranosyloxy]-(4ar,7ac)-1,4a,5,6,7,7a-hexahydro-cyclopenta[c]pyran-4-carbonsäure-methylester, Tetra-O-acetyl-verbenalin $C_{25}H_{32}O_{14}$, Formel VII (R = CO-CH$_3$, X = CH$_3$).

B. Beim Behandeln einer Lösung von Verbenalin (S. 6296) in Pyridin mit Acetanhydrid (*Reichert, Hoffmann*, Ar. **275** [1937] 474, 476; *Hoffmann*, Ar. **281** [1943] 269, 277).

Krystalle; F: 133° [aus A.] (*Re., Ho.*), 133° [aus wss. A.] (*Ho.*), 131° [Block; aus wss. Acn.] (*Cheymol*, Bl. [5] **5** [1938] 642, 650). [α]$_D^{20}$: −133,7° [90%ig. wss. A.; c = 1] (*Ch.*). IR-Spektrum (Nujol; 2—16 μ): *Cohn et al.*, Helv. **37** [1954] 790, 795.

Beim Behandeln einer Lösung in Benzol mit Peroxybenzoesäure in Chloroform ist eine Verbindung $C_{25}H_{32}O_{15}$ (Krystalle [aus A.], F: 146—148°) erhalten worden, die sich durch Behandlung mit Acetanhydrid und Pyridin in eine Verbindung $C_{29}H_{38}O_{18}$ (Krystalle [aus A.], F: 152—153°) hat überführen lassen (*Cohn et al.*, l. c. S. 797).

(4aS)-1c-β-D-Glucopyranosyloxy-5-hydroxyimino-7c-methyl-(4ar,7ac)-1,4a,5,6,7,7a-hexahydro-cyclopenta[c]pyran-4-carbonsäure-methylester, Verbenalin-oxim $C_{17}H_{25}NO_{10}$, Formel VIII (R = H, X = OH).

B. Beim Behandeln von Verbenalin (S. 6296) mit Hydroxylamin-hydrochlorid und wss. Natronlauge (*Cheymol*, Bl. [5] **5** [1938] 642, 651).

Krystalle; Zers. bei 155°.

(4aS)-5-Hydroxyimino-7c-methyl-1c-[tetra-O-acetyl-β-D-glucopyranosyloxy]-(4ar,7ac)-1,4a,5,6,7,7a-hexahydro-cyclopenta[c]pyran-4-carbonsäure-methylester, Tetra-O-acetyl-verbenalin-oxim $C_{25}H_{33}NO_{14}$, Formel VIII (R = CO-CH$_3$, X = OH).

B. Beim Erwärmen einer Lösung von Tetra-O-acetyl-verbenalin (s. o.) in Pyridin mit Hydroxylamin-hydrochlorid (*Reichert, Hoffmann*, Ar. **275** [1937] 474, 476).

Krystalle (aus W. oder A.); F: 175—176°.

(4aS)-5-Acetoxyimino-7c-methyl-1c-[tetra-O-acetyl-β-D-glucopyranosyloxy]-(4ar,7ac)-1,4a,5,6,7,7a-hexahydro-cyclopenta[c]pyran-4-carbonsäure-methylester, Tetra-O-acetyl-verbenalin-[O-acetyl-oxim] $C_{27}H_{35}NO_{15}$, Formel VIII (R = CO-CH$_3$, X = O-CO-CH$_3$).

B. Beim Behandeln von Tetra-O-acetyl-verbenalin-oxim (s. o.) mit Acetanhydrid (*Reichert, Hoffmann*, Ar. **275** [1937] 474, 477).

Krystalle (aus A.); F: 184°.

(4aS)-7c-Methyl-5-phenylhydrazono-1c-[tetra-O-acetyl-β-D-glucopyranosyloxy]-(4ar,7ac)-1,4a,5,6,7,7a-hexahydro-cyclopenta[c]pyran-4-carbonsäure-methylester, Tetra-O-acetyl-verbenalin-phenylhydrazon $C_{31}H_{38}N_2O_{13}$, Formel VIII (R = CO-CH$_3$, X = NH-C$_6$H$_5$).

B. Beim Behandeln von Tetra-O-acetyl-verbenalin (s. o.) mit Phenylhydrazin-hydro= chlorid und Pyridin (*Hoffmann*, Ar. **281** [1943] 269, 277).

Krystalle (aus A.); F: 197° [bei schnellem Erhitzen].

(4aS)-5-[4-Brom-phenylhydrazono]-7c-methyl-1c-[tetra-O-acetyl-β-D-glucopyranosyl=oxy]-(4ar,7ac)-1,4a,5,6,7,7a-hexahydro-cyclopenta[c]pyran-4-carbonsäure-methylester, Tetra-O-acetyl-verbenalin-[4-brom-phenylhydrazon] $C_{31}H_{37}BrN_2O_{13}$, Formel VIII (R = CO-CH$_3$, X = NH-C$_6$H$_4$-Br).

B. Beim Behandeln von Tetra-O-acetyl-verbenalin (s. o.) mit [4-Brom-phenyl]-hydrazin und Pyridin (*Hoffmann*, Ar. **281** [1943] 269, 278).

Krystalle (aus A.); F: 215° [Zers.].

6-Hydroxy-3-methyl-2-oxo-hexahydro-3,5-methano-cyclopenta[b]furan-7-carbonsäure, 5,6-Dihydroxy-2-methyl-norbornan-2,3-dicarbonsäure-2 → 6-lacton $C_{10}H_{12}O_5$.

a) **(±)-5exo,6endo-Dihydroxy-2exo-methyl-norbornan-2endo,3endo-dicarbonsäure-2 → 6-lacton** $C_{10}H_{12}O_5$, Formel IX (R = X = H) + Spiegelbild.

B. Beim Behandeln von (±)-2exo-Methyl-norborn-5-en-2endo,3endo-dicarbonsäure mit

Peroxyessigsäure in Essigsäure (*Nasarow et al.*, Izv. Akad. S.S.S.R. Otd. chim. **1958** 328, 331; engl. Ausg. S. 309, 311). Beim Erwärmen von ($\pm$)-*5exo,6exo*-Epoxy-2*exo*-methyl-norbornan-2*endo*,3*endo*-dicarbonsäure-anhydrid mit Wasser (*Na. et al.*).

Krystalle (aus W.); F: 192—193°.

VIII   IX   X

b) ($\pm$)-*5exo,6endo*-Dihydroxy-2*exo*-methyl-norbornan-2*endo*,3*exo*-dicarbonsäure-2 → 6-lacton $C_{10}H_{12}O_5$, Formel X (R = X = H) + Spiegelbild.

B. Beim Behandeln von ($\pm$)-2*exo*-Methyl-norborn-5-en-2*endo*,3*exo*-dicarbonsäure mit Peroxyessigsäure in Essigsäure (*Nasarow et al.*, Izv. Akad. S.S.S.R. Otd. chim. **1958** 328, 332; engl. Ausg. S. 309, 312). Beim Erwärmen von ($\pm$)-*5exo,6exo*-Epoxy-2*exo*-methyl-norbornan-2*endo*,3*exo*-dicarbonsäure-dimethylester mit wss.-methanol. Kalilauge (*Na. et al.*). Beim Erwärmen von ($\pm$)-*5exo,6endo*-Dihydroxy-2*exo*-methyl-norbornan-2*endo*,3*endo*-dicarbonsäure-2 → 6-lacton-3-methylester mit Natriummethylat in Methanol (*Na. et al.*).

Krystalle (aus W.); F: 203—204°.

6-Hydroxy-3-methyl-2-oxo-hexahydro-3,5-methano-cyclopenta[*b*]furan-7-carbonsäure-methylester, 5,6-Dihydroxy-2-methyl-norbornan-2,3-dicarbonsäure-2 → 6-lacton-3-methylester $C_{11}H_{14}O_5$.

a) ($\pm$)-*5exo,6endo*-Dihydroxy-2*exo*-methyl-norbornan-2*endo*,3*endo*-dicarbonsäure-2 → 6-lacton-3-methylester $C_{11}H_{14}O_5$, Formel IX (R = H, X = CH$_3$) + Spiegelbild.

B. Beim Behandeln von ($\pm$)-*5exo,6endo*-Dihydroxy-2*exo*-methyl-norbornan-2*endo*,3*endo*-dicarbonsäure-2 → 6-lacton mit Diazomethan in Äther (*Nasarow et al.*, Izv. Akad. S.S.S.R. Otd. chim. **1958** 328, 331; engl. Ausg. S. 309, 311). Beim Erwärmen von ($\pm$)-*5exo,6exo*-Epoxy-2*exo*-methyl-norbornan-2*endo*,3*endo*-dicarbonsäure-anhydrid   mit Methanol (*Na. et al.*).

Krystalle (aus Ae. + PAe.), F: 63—64°; Krystalle (aus W.), F: 72—73°.

b) ($\pm$)-*5exo,6endo*-Dihydroxy-2*exo*-methyl-norbornan-2*endo*,3*exo*-dicarbonsäure-2 → 6-lacton-3-methylester $C_{11}H_{14}O_5$, Formel X (R = H, X = CH$_3$) + Spiegelbild.

B. Beim Behandeln von ($\pm$)-*5exo,6endo*-Dihydroxy-2*exo*-methyl-norbornan-2*endo*,3*exo*-dicarbonsäure-2 → 6-lacton mit Diazomethan in Äther (*Nasarow et al.*, Izv. Akad. S.S.S.R. Otd. chim. **1958** 328, 332; engl. Ausg. S. 309, 312).

Krystalle (aus Ae.); F: 107—108°.

6-Acetoxy-3-methyl-2-oxo-hexahydro-3,5-methano-cyclopenta[*b*]furan-7-carbonsäure-methylester, 5-Acetoxy-6-hydroxy-2-methyl-norbornan-2,3-dicarbonsäure-2-lacton-3-methylester $C_{13}H_{16}O_6$.

a) ($\pm$)-*5exo*-Acetoxy-6*endo*-hydroxy-2*exo*-methyl-norbornan-2*endo*,3*endo*-dicarbonsäure-2-lacton-3-methylester $C_{13}H_{16}O_6$, Formel IX (R = CO-CH$_3$, X = CH$_3$) + Spiegelbild.

B. Beim Erwärmen von ($\pm$)-*5exo,6endo*-Dihydroxy-2*exo*-methyl-norbornan-2*endo*,3*endo*-dicarbonsäure-2 → 6-lacton-3-methylester mit Acetylchlorid (*Nasarow et al.*, Izv. Akad. S.S.S.R. Otd. chim. **1958** 328, 331; engl. Ausg. S. 309, 311).

Krystalle (aus Bzl. + Ae.); F: 106—107°.

b) (±)-5*exo*-Acetoxy-6*endo*-hydroxy-2*exo*-methyl-norbornan-2*endo*,3*exo*-dicarbon≠
säure-2-lacton-3-methylester $C_{13}H_{16}O_6$, Formel X (R = CO-CH₃, X = CH₃) + Spiegelbild.

B. Beim Erwärmen von (±)-5*exo*,6*endo*-Dihydroxy-2*exo*-methyl-norbornan-2*endo*,3*exo*-
dicarbonsäure-2 → 6-lacton-3-methylester mit Acetylchlorid (*Nasarow et al.*, Izv. Akad.
S.S.S.R. Otd. chim. **1958** 328, 332; engl. Ausg. S. 309, 312).
Krystalle (aus Bzl. + PAe.); F: 113—114°.

**6-Hydroxy-7-methyl-2-oxo-hexahydro-3,5-methano-cyclopenta[*b*]furan-7-carbonsäure,
5,6-Dihydroxy-2-methyl-norbornan-2,3-dicarbonsäure-3 → 5-lacton** $C_{10}H_{12}O_5$.

a) (±)-5*endo*,6*endo*-Dihydroxy-2*exo*-methyl-norbornan-2*endo*,3*endo*-dicarbonsäure-
3 → 5-lacton $C_{10}H_{12}O_5$, Formel XI + Spiegelbild.
Die Konstitution der nachstehend beschriebenen Verbindung ist nicht bewiesen (*Alder
et al.*, A. **593** [1955] 1, 3, 5).

B. Beim Behandeln einer Lösung von (±)-2*exo*-Methyl-norborn-5-en-2*endo*,3*endo*-di≠
carbonsäure-anhydrid in Wasser mit Brom und Erwärmen des Reaktionsprodukts mit
äthanol. Kalilauge (*Al. et al.*, l. c. S. 11).
Krystalle; F: 208° [Zers.].

b) (±)-5*endo*,6*exo*-Dihydroxy-2*endo*-methyl-norbornan-2*exo*,3*endo*-dicarbonsäure-
3 → 5-lacton $C_{10}H_{12}O_5$, Formel XII (R = X = H) + Spiegelbild.
B. Beim Behandeln von (±)-2*endo*-Methyl-norborn-5-en-2*exo*,3*endo*-dicarbonsäure mit
Peroxyessigsäure in Essigsäure (*Nasarow et al.*, Izv. Akad. S.S.S.R. Otd. chim. **1958** 328,
332; engl. Ausg. S. 309, 312).
Krystalle (aus E.); F: 185—186°.

(±)-6*c*-Hydroxy-7*syn*-methyl-2-oxo-(3a*r*)-hexahydro-3,5-methano-cyclopenta[*b*]furan-
7*anti*-carbonsäure-methylester, (±)-5*endo*,6*exo*-Dihydroxy-2*endo*-methyl-norbornan-2*exo*,≠
3*endo*-dicarbonsäure-3 → 5-lacton-2-methylester $C_{11}H_{14}O_5$, Formel XII (R = H,
X = CH₃) + Spiegelbild.
B. Beim Behandeln von (±)-5*endo*,6*exo*-Dihydroxy-2*endo*-methyl-norbornan-2*exo*,≠
3*endo*-dicarbonsäure-3 → 5-lacton mit Diazomethan in Äther (*Nasarow et al.*, Izv. Akad.
S.S.S.R. Otd. chim. **1958** 328, 333; engl. Ausg. S. 309, 313). Beim Erwärmen von
(±)-5*exo*,6*exo*-Epoxy-2*endo*-methyl-norbornan-2*exo*,3*endo*-dicarbonsäure-dimethylester
mit wss. Essigsäure (*Na. et al.*).
Krystalle (aus Bzl.); F: 130—131°.

XI   XII   XIII   XIV

(±)-6*c*-Acetoxy-7*syn*-methyl-2-oxo-(3a*r*)-hexahydro-3,5-methano-cyclopenta[*b*]furan-
7*anti*-carbonsäure-methylester, (±)-6*exo*-Acetoxy-5*endo*-hydroxy-2*endo*-methyl-nor≠
bornan-2*exo*,3*endo*-dicarbonsäure-3-lacton-2-methylester $C_{13}H_{16}O_6$, Formel XII
(R = CO-CH₃, X = CH₃) + Spiegelbild.
B. Beim Erwärmen von (±)-5*endo*,6*exo*-Dihydroxy-2*endo*-methyl-norbornan-2*exo*,≠
3*endo*-dicarbonsäure-3→5-lacton-2-methylester mit Acetylchlorid (*Nasarow et al.*, Izv.
Akad. S.S.S.R. Otd. chim. **1958** 328, 333; engl. Ausg. S. 309, 313).
Krystalle (aus Bzl. + Ae.); F: 127—128°.

**7-Hydroxy-2-oxo-octahydro-3,6-methano-benzofuran-8-carbonsäure, 5,6-Dihydroxy-
bicyclo[2.2.2]octan-2,3-dicarbonsäure-2 → 6-lacton** $C_{10}H_{12}O_5$.

a) (±)-5*endo*,6*exo*-Dihydroxy-bicyclo[2.2.2]octan-2*endo*,3*endo*-dicarbonsäure-
3→5-lacton $C_{10}H_{12}O_5$, Formel XIII (R = H) + Spiegelbild.
B. Beim Erwärmen von Bicyclo[2.2.2]oct-5-en-2*endo*,3*endo*-dicarbonsäure-anhydrid

mit Peroxyessigsäure in Essigsäure (*Alder et al.*, A. **611** [1958] 7, 14, 27).
Krystalle (aus E.); F: 217—218°.

b) (±)-5*endo*,6*endo*-Dihydroxy-bicyclo[2.2.2]octan-2*endo*,3*endo*-dicarbonsäure-
2→6-lacton $C_{10}H_{12}O_5$, Formel XIV (R = H) + Spiegelbild.
Diese Konstitution und Konfiguration kommt vermutlich der nachstehend beschriebenen Verbindung zu.

B. Beim Erwärmen von (±)-5*exo*-Brom-6*endo*-hydroxy-bicyclo[2.2.2]octan-2*endo*,⹀
3*endo*-dicarbonsäure-2-lacton-monohydrat (?) (S. 5457) mit methanol. Kalilauge (*Alder*,
Stein, A. **514** [1934] 1, 17, 29).
Krystalle (aus W.); F: 257° [Zers.].

7-Hydroxy-2-oxo-octahydro-3,6-methano-benzofuran-8-carbonsäure-methylester,
5,6-Dihydroxy-bicyclo[2.2.2]octan-2,3-dicarbonsäure-2→6-lacton-3-methylester
$C_{11}H_{14}O_5$.

a) (±)-5*endo*,6*exo*-Dihydroxy-bicyclo[2.2.2]octan-2*endo*,3*endo*-dicarbonsäure-
3→5-lacton-2-methylester $C_{11}H_{14}O_5$, Formel XIII (R = CH_3) + Spiegelbild.
B. Aus (±)-5*endo*,6*exo*-Dihydroxy-bicyclo[2.2.2]octan-2*endo*,3*endo*-dicarbonsäure-
3→5-lacton mit Hilfe von Diazomethan (*Alder et al.*, A. **611** [1958] 7, 27).
Krystalle (aus E. + PAe.); F: 77—78°.

b) (±)-5*endo*,6*endo*-Dihydroxy-bicyclo[2.2.2]octan-2*endo*,3*endo*-dicarbonsäure-
2→6-lacton-3-methylester $C_{11}H_{14}O_5$, Formel XIV (R = CH_3) + Spiegelbild.
Diese Konstitution und Konfiguration kommt vermutlich der nachstehend beschriebenen Verbindung zu.

B. Beim Behandeln von (±)-5*endo*,6*endo*-Dihydroxy-bicyclo[2.2.2]octan-2*endo*,3*endo*-
dicarbonsäure-2→6-lacton (?) (s. o.) mit Diazomethan in Äther (*Alder, Stein*, A. **514**
[1934] 1, 29).
Krystalle (aus Me.); F: 172°.

Hydroxy-oxo-carbonsäuren $C_{11}H_{14}O_5$

(±)-7*t*-Hydroxy-8*anti*-methyl-2-oxo-(3a*r*)-octahydro-3,6-methano-benzofuran-
8*syn*-carbonsäure, (±)-5*endo*,6*endo*-Dihydroxy-2*exo*-methyl-bicyclo[2.2.2]octan-
2*endo*,3*endo*-dicarbonsäure-3→5-lacton $C_{11}H_{14}O_5$, Formel I + Spiegelbild.
Die Konstitution der nachstehend beschriebenen Verbindung ist nicht bewiesen (*Alder
et al.*, A. **593** [1955] 1, 3, 5).

B. Beim Erwärmen von (±)-6*exo*(?)-Brom-5*endo*-hydroxy-2*exo*-methyl-bicyclo[2.2.2]⹀
octan-2*endo*,3*endo*-dicarbonsäure-3-lacton (?; S. 5464) mit äthanol. Kalilauge (*Al. et al.*,
l. c. S. 19).
Krystalle (aus W.); F: 266°.

8-Hydroxy-2-oxo-octahydro-3,7-methano-cyclohepta[*b*]furan-9-carbonsäure,
8,9-Dihydroxy-bicyclo[3.2.2]nonan-6,7-dicarbonsäure-6→9-lacton $C_{11}H_{14}O_5$.

a) (±)-8*syn*,9*anti*-Dihydroxy-bicyclo[3.2.2]nonan-6*exo*,7*exo*-dicarbonsäure-
6→9-lacton $C_{11}H_{14}O_5$, Formel IIa ≡ IIb (R = H) + Spiegelbild.
B. Beim Erwärmen von (±)-8*ξ*-Brom-9*syn*-hydroxy-bicyclo[3.2.2]nonan-6*exo*,7*exo*-di⹀
carbonsäure (F: 173°) mit methanol. Kalilauge (*Alder, Mölls*, B. **89** [1956] 1960, 1964,
1970).
Krystalle (aus Acetonitril + E.); F: 193° [Zers.].

I   IIa   IIb

b) **Opt.-inakt. 8,9-Dihydroxy-bicyclo[3.2.2]nonan-6,7-dicarbonsäure-6→9-lacton** $C_{11}H_{14}O_5$ vom F: 221°.

B. Beim Erwärmen von (±)-8ξ,9ξ-Diacetoxy-bicyclo[3.2.2]nonan-6exo,7exo-dicarbon= säure-anhydrid (F: 170°; S. 2328) mit wss. Salzsäure und Dioxan (*Alder, Mölls*, B. **89** [1956] 1960, 1964, 1970).
Krystalle (aus Me.); F: 221°.

8-Hydroxy-2-oxo-octahydro-3,7-methano-cyclohepta[b]furan-9-carbonsäure-methyl= ester, 8,9-Dihydroxy-bicyclo[3.2.2]nonan-6,7-dicarbonsäure-6→9-lacton-7-methyl= ester $C_{12}H_{16}O_5$.

a) **(±)-8syn,9anti-Dihydroxy-bicyclo[3.2.2]nonan-6exo,7exo-dicarbonsäure- 6→9-lacton-7-methylester** $C_{12}H_{16}O_5$, Formel IIa ≡ IIb (R = CH_3) + Spiegelbild.

B. Beim Behandeln von (±)-8syn,9anti-Dihydroxy-bicyclo[3.2.2]nonan-6exo,7exo-di= carbonsäure-6→9-lacton mit Diazomethan in Äther (*Alder, Mölls*, B. **89** [1956] 1960, 1970).
Krystalle (aus E.); F: 148°.

b) **Opt.-inakt. 8,9-Dihydroxy-bicyclo[3.2.2]nonan-6,7-dicarbonsäure-6→9-lacton- 7-methylester** $C_{12}H_{16}O_5$ vom F: 118°.

B. Beim Behandeln von opt.-inakt. 8,9-Dihydroxy-bicyclo[3.2.2]nonan-6,7-dicarbon= säure-6→9-lacton vom F: 221° (s. o.) mit Diazomethan in Äther (*Alder, Mölls*, B. **89** [1956] 1960, 1970).
Krystalle (aus E. + Bzn.); F: 118°.

Hydroxy-oxo-carbonsäuren $C_{12}H_{16}O_5$

(±)-9a-Hydroxy-3-oxo-(5ar,9at)-decahydro-1t,4t-methano-benz[c]oxepin-5c-carbon= säure, (±)-4t,4a-Dihydroxy-(4ar,8at)-decahydro-naphthalin-1t,2t-dicarbonsäure- 2→4-lacton $C_{12}H_{16}O_5$, Formel III (R = H) + Spiegelbild.

B. Beim Erhitzen von 4c,4a-Epoxy-(4ar,8at)-decahydro-naphthalin-1t,2t-dicarbon= säure-anhydrid mit wss. Dioxan (*Kutscherow et al.*, Ž. obšč. Chim. **29** [1959] 804, 806; engl. Ausg. S. 790, 792).
Krystalle (aus Acn. + Ae.); F: 207—208°.

(±)-9a-Hydroxy-3-oxo-(5ar,9at)-decahydro-1t,4t-methano-benz[c]oxepin-5c-carbon= säure-methylester, (±)-4t,4a-Dihydroxy-(4ar,8at)-decahydro-naphthalin-1t,2t-dicarbon= säure-2→4-lacton-1-methylester $C_{13}H_{18}O_5$, Formel III (R = CH_3) + Spiegelbild.

B. Beim Behandeln von (±)-4t,4a-Dihydroxy-(4ar,8at)-decahydro-naphthalin-1t,2t-di= carbonsäure-2→4-lacton mit Diazomethan in Äther (*Kutscherow et al.*, Ž. obšč. Chim. **29** [1959] 804, 807; engl. Ausg. S. 790, 792).
Krystalle (aus Ae.); F: 127—128°.

(±)-7t(?)-Hydroxy-3,8anti-dimethyl-2-oxo-(3ar)-octahydro-3,6-methano-benzofuran- 8syn-carbonsäure, (±)-5endo(?),6endo-Dihydroxy-2exo,3exo-dimethyl-bicyclo[2.2.2]octan- 2endo,3endo-dicarbonsäure-2→6-lacton $C_{12}H_{16}O_5$, Formel IV + Spiegelbild.

B. Beim Erwärmen von (±)-5exo(?)-Brom-6endo-hydroxy-2exo,3exo-dimethyl-bicyclo= [2.2.2]octan-2endo,3endo-dicarbonsäure-2-lacton (F: 231—232°; S. 5474) oder von 5endo,6endo-Dihydroxy-2exo,3exo-dimethyl-bicyclo[2.2.2]octan-2endo,3endo-dicarbonsäu= re-2→6;3→5-dilacton mit wss. Natronlauge (*Ziegler et al.*, A. **551** [1942] 1, 31, 64, 65).
Krystalle (aus A.) mit 1 Mol H_2O. Oberhalb 260° erfolgt Umwandlung in 5endo,6endo- Dihydroxy-2exo,3exo-dimethyl-bicyclo[2.2.2]octan-2endo,3endo-dicarbonsäure-2→6;3→5- dilacton (F: ca. 375°).
Methylester $C_{13}H_{18}O_5$ (mit Hilfe von Diazomethan hergestellt). F: 177—178°.

(±)-4-Hydroxy-3,3-dimethyl-1-oxo-(4ar,8ac)-octahydro-4t,7t-cyclo-isochromen- 8t-carbonsäure $C_{12}H_{16}O_5$ Formel Va ≡ Vb (R = H) + Spiegelbild.

B. Beim Behandeln von 7-Isopropyliden-norbornan-2exo,3exo-dicarbonsäure-anhydrid mit wss. Wasserstoffperoxid, Essigsäure und Schwefelsäure (*Alder, Rühmann*, A. **566** [1950] 1, 7, 20). Beim Behandeln einer Suspension des Natrium-Salzes der 7-Isopropyliden-norbornan-2exo,3exo-dicarbonsäure in wss. Natriumcarbonat-Lösung mit Ozon und anschliessend mit wss. Mineralsäure (Al., Rü., l. c. S. 21). Beim Erwärmen von (±)-4-Hydr=oxy-3,3-dimethyl-1-oxo-(4ar,8ac)-octahydro-4t,7t-cyclo-isochromen-8t-carbonsäure-äthyl=ester mit wss. Natronlauge (Wilder, Winston, Am. Soc. 77 [1955] 5598, 5600). Krystalle; F: 252° [aus E.] (Al., Rü.), 244−246° [aus W.] (Wi., Wi.).

III   IV   Va   Vb

(±)-4-Hydroxy-3,3-dimethyl-1-oxo-(4ar,8ac)-octahydro-4t,7t-cyclo-isochromen-8t-carbonsäure-methylester $C_{13}H_{18}O_5$, Formel Va ≡ Vb (R = CH_3) + Spiegelbild.

B. Beim Behandeln von (±)-4-Hydroxy-3,3-dimethyl-1-oxo-(4ar,8ac)-octahydro-4t,7t-cyclo-isochromen-8t-carbonsäure mit Diazomethan in Äther (Alder, Rühmann, A. 566 [1950] 1, 21).
Krystalle (aus Me.); F: 201°.

(±)-4-Hydroxy-3,3-dimethyl-1-oxo-(4ar,8ac)-octahydro-4t,7t-cyclo-isochromen-8t-carbonsäure-äthylester $C_{14}H_{20}O_5$, Formel Va ≡ Vb (R = C_2H_5) + Spiegelbild.

B. Beim Behandeln einer Lösung von 7-Isopropyliden-norbornan-2exo,3exo-dicarbon=säure-monoäthylester in Aceton mit Peroxyessigsäure (Wilder, Winston, Am. Soc. 77 [1955] 5598, 5600).
Krystalle (aus W.); F: 125−128°.

4-Hydroxy-10-oxo-octahydro-4a,1-oxaäthano-naphthalin-2-carbonsäure, 4,4a-Dihydr=oxy-decahydro-naphthalin-1,2-dicarbonsäure-1→4a-lacton $C_{12}H_{16}O_5$.

a) (±)-4c,4a-Dihydroxy-(4ar,8at)-decahydro-naphthalin-1c,2c-dicarbonsäure-1→4a-lacton $C_{12}H_{16}O_5$, Formel VI (R = X = H) + Spiegelbild.

B. Bei der Hydrierung von (±)-4a-Hydroxy-4-oxo-(4ar,8at)-decahydro-naphthalin-1c,2c-dicarbonsäure-1-lacton an Platin in Essigsäure (Kutscherow et al., Izv. Akad. S.S.S.R. Otd. chim. 1959 1253, 1258; engl. Ausg. S. 1209, 1213).
Krystalle (aus Acn.); F: 222−223°.

b) (±)-4t,4a-Dihydroxy-(4ar,8at)-decahydro-naphthalin-1c,2c-dicarbonsäure-1→4a-lacton $C_{12}H_{16}O_5$, Formel VII (R = X = H) + Spiegelbild.

B. Beim Erhitzen von (±)-4t,4a-Dihydroxy-(4ar,8at)-decahydro-naphthalin-1c,2c-di=carbonsäure unter vermindertem Druck auf 200° (Kutscherow et al., Izv. Akad. S.S.S.R. Otd. chim. 1959 1253, 1259; engl. Ausg. S. 1209, 1214). Aus (±)-4c,4a-Epoxy-(4ar,8at)-decahydro-naphthalin-1c,2c-dicarbonsäure-anhydrid beim Erwärmen mit wss. Natron=lauge und anschliessend mit wss. Schwefelsäure (Nasarow et al., Izv. Akad. S.S.S.R. Otd. chim. 1957 471, 475; engl. Ausg. S. 479, 483) sowie beim Erhitzen mit wss. Dioxan (Ku. et al.). Beim Erhitzen von (±)-4c,4a-Epoxy-(4ar,8ac)-decahydro-naphthalin-1t,2t-di=carbonsäure-anhydrid mit wss. Dioxan (Ku. et al., l. c. S. 1258).
Krystalle (aus Acn.); F: 224−225° [korr.] (Na. et al.).

(±)-4t-Methoxy-10-oxo-(8at)-octahydro-4ar,1c-oxaäthano-naphthalin-2c-carbonsäure, (±)-4a-Hydroxy-4t-methoxy-(4ar,8at)-decahydro-naphthalin-1c,2c-dicarbonsäure-1-lacton $C_{13}H_{18}O_5$, Formel VII (R = CH_3, X = H) + Spiegelbild.

B. Beim Erhitzen von (±)-4a-Hydroxy-4t-methoxy-(4ar,8at)-decahydro-naphthalin-1c,2c-dicarbonsäure-dimethylester mit wss. Kalilauge und Erhitzen des Reaktionsprodukts unter 100 Torr auf 160° (Kutscherow et al., Izv. Akad. S.S.S.R. Otd. chim. 1959 1253, 1260; engl. Ausg. S. 1209, 1215).
Krystalle (aus Acn. + Ae.); F: 165−166°.

4-Hydroxy-10-oxo-octahydro-4a,1-oxaäthano-naphthalin-2-carbonsäure-methylester,
4,4a-Dihydroxy-decahydro-naphthalin-1,2-dicarbonsäure-1 → 4a-lacton-2-methylester
$C_{13}H_{18}O_5$.

a) **(±)-4c,4a-Dihydroxy-(4ar,8at)-decahydro-naphthalin-1c,2c-dicarbonsäure-**
1→4a-lacton-2-methylester $C_{13}H_{18}O_5$, Formel VI (R = H, X = CH₃) + Spiegelbild.

B. Beim Behandeln von (±)-4c,4a-Dihydroxy-(4ar,8at)-decahydro-naphthalin-1c,2c-di=
carbonsäure-1→4a-lacton mit Diazomethan in Äther (*Kutscherow et al.*, Izv. Akad.
S.S.S.R. Otd. chim. **1959** 1253, 1258; engl. Ausg. S. 1209, 1213). Als Hauptprodukt bei
der Hydrierung von (±)-4a-Hydroxy-4-oxo-(4ar,8at)-decahydro-naphthalin-1c,2c-dicarb=
onsäure-1-lacton-2-methylester an Platin in Methanol (*Ku. et al.*).
Krystalle (aus Ae. + Bzn.); F: 143—144°.

b) **(±)-4t,4a-Dihydroxy-(4ar,8at)-decahydro-naphthalin-1c,2c-dicarbonsäure-**
1→4a-lacton-2-methylester $C_{13}H_{18}O_5$, Formel VII (R = H, X = CH₃) + Spiegelbild.

B. Beim Behandeln von (±)-4t,4a-Dihydroxy-(4ar,8at)-decahydro-naphthalin-1c,2c-di=
carbonsäure-1→4a-lacton mit Diazomethan in Äther (*Nasarow et al.*, Izv. Akad. S.S.S.R.
Otd. chim. **1957** 471, 475; engl. Ausg. S. 479, 483). Beim Erwärmen von (±)-4c,4a-Epoxy-
(4ar,8ac)-decahydro-naphthalin-1t,2t-dicarbonsäure-anhydrid mit Methanol (*Kutscherow
et al.*, Izv. Akad. S.S.S.R. Otd. chim. **1959** 1253, 1258; engl. Ausg. S. 1209, 1213).
Krystalle (aus Bzl.); F: 113,5—114,5° (*Ku. et al.*), 113—114° [korr.] (*Na. et al.*).

VI   VII

(±)-4t-Methoxy-10-oxo-(8at)-octahydro-4ar,1c-oxaäthano-naphthalin-2c-carbonsäure-
methylester, (±)-4a-Hydroxy-4t-methoxy-(4ar,8at)-decahydro-naphthalin-1c,2c-dicarb=
onsäure-1-lacton-2-methylester $C_{14}H_{20}O_5$, Formel VII (R = X = CH₃) + Spiegelbild.

B. Beim Behandeln von (±)-4a-Hydroxy-4t-methoxy-(4ar,8at)-decahydro-naphthalin-
1c,2c-dicarbonsäure-1-lacton mit Diazomethan in Äther (*Kutscherow et al.*, Izv. Akad.
S.S.S.R. Otd. chim. **1959** 1253, 1260; engl. Ausg. S. 1209, 1215). Beim Erwärmen von
(±)-4a-Hydroxy-4t-[toluol-4-sulfonyloxy]-(4ar,8at)-decahydro-naphthalin-1c,2c-dicarb=
onsäure-1-lacton-2-methylester mit Methanol und Natriumhydrogencarbonat (*Ku. et al.*,
l. c. S. 1259).
Krystalle (aus Ae. + Bzn.); F: 81—82°.

4-Acetoxy-10-oxo-octahydro-4a,1-oxaäthano-naphthalin-2-carbonsäure-methylester,
4-Acetoxy-4a-hydroxy-decahydro-naphthalin-1,2-dicarbonsäure-1-lacton-2-methylester
$C_{15}H_{20}O_6$.

a) **(±)-4c-Acetoxy-4a-hydroxy-(4ar,8at)-decahydro-naphthalin-1c,2c-dicarbon=**
säure-1-lacton-2-methylester $C_{15}H_{20}O_6$, Formel VI (R = CO-CH₃, X = CH₃) + Spiegelbild.

B. Beim Erwärmen von (±)-4t-Chlor-4a-hydroxy-(4ar,8at)-decahydro-naphthalin-
1c,2c-dicarbonsäure-1-lacton-2-methylester mit Kaliumacetat in Aceton (*Kutscherow
et al.*, Izv. Akad. S.S.S.R. Otd. chim. **1959** 1253, 1260; engl. Ausg. S. 1209, 1215). Beim
Erwärmen von (±)-4c,4a-Dihydroxy-(4ar,8at)-decahydro-naphthalin-1c,2c-dicarbon=
säure-1 → 4a-lacton-2-methylester mit Acetylchlorid (*Ku. et al.*, l. c. S. 1258).
Krystalle (aus Acn. + Ae.); F: 144—145°.

b) **(±)-4t-Acetoxy-4a-hydroxy-(4ar,8at)-decahydro-naphthalin-1c,2c-dicarbon=**
säure-1-lacton-2-methylester $C_{15}H_{20}O_6$, Formel VII (R = CO-CH₃, X = CH₃) + Spiegelbild.

B. Beim Erwärmen von (±)-4t,4a-Dihydroxy-(4ar,8at)-decahydro-naphthalin-1c,2c-di=
carbonsäure-1→4a-lacton-2-methylester mit Acetylchlorid (*Nasarow et al.*, Izv. Akad.
S.S.S.R. Otd. chim. **1957** 471, 475; engl. Ausg. S. 479, 483).

Krystalle; F: 108° (*Kutscherow et al.*, Izv. Akad. S.S.S.R. Otd. chim. **1959** 1253, 1258; engl. Ausg. S. 1209, 1213), 107—108° [korr.; aus Ae.] (*Na. et al.*).

10-Oxo-4-[toluol-4-sulfonyloxy]-octahydro-4a,1-oxaäthano-naphthalin-2-carbonsäure-methylester, 4a-Hydroxy-4-[toluol-4-sulfonyloxy]-decahydro-naphthalin-1,2-dicarbonsäure-1-lacton-2-methylester $C_{20}H_{24}O_7S$.

a) **(±)-4a-Hydroxy-4c-[toluol-4-sulfonyloxy]-(4ar,8at)-decahydro-naphthalin-1c,2c-dicarbonsäure-1-lacton-2-methylester** $C_{20}H_{24}O_7S$, Formel VI (R = SO_2-C_6H_4-CH_3, X = CH_3).

B. Beim Behandeln von (±)-4c,4a-Dihydroxy-(4ar,8at)-decahydro-naphthalin-1c,2c-dicarbonsäure-1 → 4a-lacton-2-methylester mit Toluol-4-sulfonylchlorid und Pyridin (*Kutscherow et al.*, Izv. Akad. S.S.S.R. Otd. chim. **1959** 1253, 1259; engl. Ausg. S. 1209, 1214).

Krystalle (aus Acn. + Ae.); F: 181—182°.

b) **(±)-4a-Hydroxy-4t-[toluol-4-sulfonyloxy]-(4ar,8at)-decahydro-naphthalin-1c,2c-dicarbonsäure-1-lacton-2-methylester** $C_{20}H_{24}O_7S$, Formel VII (R = SO_2-C_6H_4-CH_3, X = CH_3).

B. Beim Behandeln von (±)-4t,4a-Dihydroxy-(4ar,8at)-decahydro-naphthalin-1c,2c-dicarbonsäure-1 → 4a-lacton-2-methylester mit Toluol-4-sulfonylchlorid und Pyridin (*Kutscherow et al.*, Izv. Akad. S.S.S.R. Otd. chim. **1959** 1253, 1259; engl. Ausg. S. 1209, 1214).

Krystalle (aus Acn.); F: 173—174°.

Hydroxy-oxo-carbonsäuren $C_{13}H_{18}O_5$

4-Hydroxy-5-oxo-octahydro-spiro[furan-3,2'-indan]-2-carbonsäure $C_{13}H_{18}O_5$.

a) **(±)(2Ξ,3'aΞ)-4c-Hydroxy-5-oxo-(3'ar,7'at')-octahydro-spiro[furan-3,2'-indan]-2r-carbonsäure** $C_{13}H_{18}O_5$, Formel VIII + Spiegelbild.

B. Neben anderen Verbindungen beim Erwärmen von (±)(3aΞ)-2,2-Bis-[(Ξ)-äthoxy-carbonyl-brom-methyl]-(3ar,7at)-hexahydro-indan (E III **9** 4015) mit wss. Natrium-carbonat-Lösung (*Kandiah*, Soc. **1931** 952, 957, 970).

Krystalle (aus $CHCl_3$ + PAe.); F: 195°.

Anilin-Salz $C_6H_7N \cdot C_{13}H_{18}O_5$. Krystalle (aus Bzl.); F: 126°.

b) **(±)(2Ξ,3'aΞ)-4t-Hydroxy-5-oxo-(3'ar',7'at')-octahydro-spiro[furan-3,2'-indan]-2r-carbonsäure** $C_{13}H_{18}O_5$, Formel IX (R = H) + Spiegelbild.

B. Neben anderen Verbindungen beim Erwärmen von (±)(3aΞ)-2,2-Bis-[(Ξ)-äthoxy-carbonyl-brom-methyl]-(3ar,7at)-hexahydro-indan (E III **9** 4015) mit wss. Natriumcarb-onat-Lösung (*Kandiah*, Soc. **1931** 952, 957, 970).

Krystalle (aus Bzl.); F: 212°.

Anilin-Salz $C_6H_7N \cdot C_{13}H_{18}O_5$. Krystalle (aus Bzl.); F: 130°.

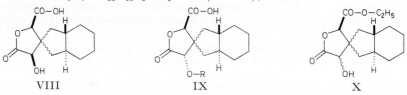

VIII   IX   X

(±)(2Ξ,3'aΞ)-4t-Acetoxy-5-oxo-(3'ar',7'at')-octahydro-spiro[furan-3,2'-indan]-2r-carbonsäure $C_{15}H_{20}O_6$, Formel IX (R = CO-CH_3) + Spiegelbild.

B. Beim Erwärmen von (±)(2Ξ,3'aΞ)-4t-Hydroxy-5-oxo-(3'ar',7'at')-octahydro-spiro[furan-3,2'-indan]-2r-carbonsäure (s.o.) mit Acetylchlorid (*Kandiah*, Soc. **1931** 952, 971).

Krystalle (aus Bzl.); F: 205°.

(±)(2Ξ,4Ξ,3'aΞ)-4-Hydroxy-5-oxo-(3'ar',7'at')-octahydro-spiro[furan-3,2'-indan]-2r-carbonsäure-äthylester $C_{15}H_{22}O_5$, Formel X + Spiegelbild.

B. In kleiner Menge neben anderen Verbindungen beim Erwärmen von (±)(3aΞ)-2,2-

Bis-[($\mathit{\Xi}$)-äthoxycarbonyl-brom-methyl]-(3ar,7at)-hexahydro-indan (E III **9** 4015) mit
wss. Natriumcarbonat-Lösung (*Kandiah*, Soc. **1931** 952, 958, 971).
Krystalle (aus PAe.); F: 129°.

Hydroxy-oxo-carbonsäuren $C_{15}H_{22}O_5$

(3aR)-3c-Chlor-1c-hydroxy-6ξ,8a,8b-trimethyl-7-oxo-(4at,8at,8bc)-decahydro-cyclo=
penta[b]benzofuran-3ar-carbonsäure, 2β-Chlor-4β-hydroxy-8-oxo-9ξH-apotrichothecan-
13-säure [1]) $C_{15}H_{21}ClO_5$, Formel I (R = H, X = OH).
Bezüglich der Konfigurationszuordnung s. *Godtfredsen*, *Vangedal*, Pr. chem. Soc. **1964**
188; *Godtfredsen et al.*, Helv. **50** [1967] 1666.
B. Beim Behandeln von 4β-Butyryloxy-2β-chlor-8-oxo-9ξH-apotrichothecan-13-säure
(s. u.) mit wss. Natronlauge (*Freeman et al.*, Soc. **1959** 1105, 1121).
Krystalle (aus Bzl.); F: 198—199° (*Fr. et al.*).

(3aR)-1c-Butyryloxy-3c-chlor-6ξ,8a,8b-trimethyl-7-oxo-(4at,8at,8bc)-decahydro-
cyclopenta[b]benzofuran-3ar-carbonsäure, 4β-Butyryloxy-2β-chlor-8-oxo-9ξH-apotri=
chothecan-13-säure $C_{19}H_{27}ClO_6$, Formel I (R = CO-CH$_2$-CH$_2$-CH$_3$, X = OH).
B. Bei der Hydrierung von 2β-Chlor-4β-*cis*-crotonoyloxy-8-oxo-apotrichothec-9-en-
13-säure (S. 6310) mit Hilfe von Palladium/Kohle (*Freeman et al.*, Soc. **1959** 1105, 1122).
Bei der Hydrierung von Trichothecinchlorhydrin (2β-Chlor-4β-*cis*-crotonoyloxy-13-hydr=
oxy-apotrichothec-9-en-8-on [S. 1217]) an Palladium/Kohle in Methanol und Behand=
lung des Reaktionsprodukts mit Chrom(VI)-oxid in Essigsäure (*Fr. et al.*, l. c. S. 1121).
Krystalle (aus wss. Me.); F: 171—172°. Die Verbindung ist mit der entsprechenden
Brom-Verbindung (s. u.) isomorph (*Fr. et al.*, l. c. S. 1129).

(3aR)-1c-Butyryloxy-3c-chlor-7-[2,4-dinitro-phenylhydrazono]-6ξ,8a,8b-trimethyl-
(4at,8at,8bc)-decahydro-cyclopenta[b]benzofuran-3ar-carbonsäure, 4β-Butyryloxy-
2β-chlor-8-[2,4-dinitro-phenylhydrazono]-9ξH-apotrichothecan-13-säure $C_{25}H_{31}ClN_4O_9$,
Formel II (R = N-NH-C$_6$H$_3$(NO$_2$)$_2$, X = Cl).
B. Aus 4β-Butyryloxy-2β-chlor-8-oxo-9ξH-apotrichothecan-13-säure (s. o.) und
[2,4-Dinitro-phenyl]-hydrazin (*Freeman et al.*, Soc. **1959** 1105, 1121).
Gelbe Krystalle (aus Bzl.); F: 125°.

I   II   III

(3aR)-1c-Butyryloxy-3c-chlor-6ξ,8a,8b-trimethyl-7-oxo-(4at,8at,8bc)-decahydro-
cyclopenta[b]benzofuran-3ar-carbonsäure-amid, 4β-Butyryloxy-2β-chlor-8-oxo-9ξH-
apotrichothecan-13-säure-amid $C_{19}H_{28}ClNO_5$, Formel I
(R = CO-CH$_2$-CH$_2$-CH$_3$, X = NH$_2$).
B. Beim Erwärmen von 4β-Butyryloxy-2β-chlor-8-oxo-9ξH-apotrichothecan-13-säure
(s.o.) mit Thionylchlorid und Behandeln einer Lösung des Reaktionsprodukts in Äther mit
Ammoniak (*Freeman et al.*, Soc. **1959** 1105, 1121).
Krystalle (aus wss. Me.); F: 165—166°.

(3aR)-3c-Brom-1c-butyryloxy-6ξ,8a,8b-trimethyl-7-oxo-(4at,8at,8bc)-decahydro-
cyclopenta[b]benzofuran-3ar-carbonsäure, 2β-Brom-4β-butyryloxy-8-oxo-9ξH-apotri=
chothecan-13-säure [1]) $C_{19}H_{27}BrO_6$, Formel II (R = O, X = Br).
B. Bei der Hydrierung von Trichothecinbromhydrin (2β-Brom-4β-*cis*-crotonoyloxy-
13-hydroxy-apotrichothec-9-en-8-on [S. 1218]) an Palladium/Kohle in Methanol und Be-

---

[1]) Stellungsbezeichnung bei von Apotrichothecan abgeleiteten Namen s. S. 1216
Anm. 2.

handlung des Reaktionsprodukts mit Chrom(VI)-oxid in Essigsäure (*Freeman et al.*, Soc. **1959** 1105, 1122).

Krystalle (aus wss. Me.); F: 176—177°. Orthorhombisch; Raumgruppe $P2_12_12_1$ ($= D_2^4$); aus dem Röntgen-Diagramm ermittelte Dimensionen der Elementarzelle: a = 9,0 Å; b = 9,9 Å; c = 22,1 Å; n = 4 (*Fr. et al.*, l.c. S. 1129).

(*R*)-2-[(8a*R*)-4*t*-Hydroxy-3*ξ*,8*c*-dimethyl-2-oxo-(8a*r*)-octahydro-3a*c*(?),6*c*(?)-epoxido-azulen-5*c*-yl]-propionsäure, (11*R*)-5,8*β*(?)-Epoxy-6*α*-hydroxy-3-oxo-1*β*,4*ξH*,5*β*(?)-guajan-12-säure [1] $C_{15}H_{22}O_5$, vermutlich Formel III (R = H).

Diese Konstitution und Konfiguration kommt der nachstehend beschriebenen **Allo-geigerinsäure** zu (*Barton, Levisalles*, Soc. **1958** 4518, 4520).

B. Beim Behandeln von Geigerin (S. 1272) mit wss.-äthanol. Kalilauge (*Perold*, Soc. **1957** 47, 50).

Krystalle (aus Butanon + Toluol); F: 177° [korr.]; $[\alpha]_D$: + 182° [$CHCl_3$; c = 1] (*Pe.*). UV-Absorptionsmaximum (A.): 282 nm (*Pe.*).

(*R*)-2-[(8a*R*)-4*t*-Hydroxy-3*ξ*,8*c*-dimethyl-2-oxo-(8a*r*)-octahydro-3a*c*(?),6*c*(?)-epoxido-azulen-5*c*-yl]-propionsäure-methylester, (11*R*)-5,8*β*(?)-Epoxy-6*α*-hydroxy-3-oxo-1*β*,4*ξH*,5*β*(?)-guajan-12-säure-methylester [1] $C_{16}H_{24}O_5$, vermutlich Formel III (R = CH_3).

Diese Konstitution und Konfiguration kommt dem nachstehend beschriebenen **Allogeigerinsäure-methylester** zu.

B. Beim Behandeln von Allogeigerinsäure (s. o.) mit Diazomethan in Äther (*Perold*, Soc. **1957** 47, 50).

Krystalle (aus Bzl. + PAe.); F: 101,5° [korr.]. $[\alpha]_D$: + 168° [$CHCl_3$; c = 1]. UV-Absorptionsmaximum (A.): 290 nm.

Hydroxy-oxo-carbonsäuren $C_{16}H_{24}O_5$

2-[(2a*S*)-6*c*(?)-Hydroxy-2a,5a,7*c*-trimethyl-2-oxo-(2a*r*,5a*t*,8a*c*,8b*c*)-decahydro-naphtho[1,8-*bc*]furan-6*t*(?)-yl]-acetohydroxamsäure, 6*β*,9-Dihydroxy-11-hydroxy-carbamoyl-8*βH*,9*α*(?)*H*-driman-14-säure-6-lacton [2] $C_{16}H_{25}NO_5$, vermutlich Formel IV.

Bezüglich der Konfigurationszuordnung s. *Stephens, Wheeler*, Tetrahedron **26** [1970] 1561.

B. Beim Behandeln einer Lösung von (4'a*R*)-4'*t*-Hydroxy-2'*c*,5'*c*,8'a-trimethyl-2,6-dioxo-(4*cO*,4a'*r*,8'a*t*)-octahydro-spiro[[1,3]dioxan-4,1'-naphthalin]-5'*t*-carbonsäure-lacton (aus Marrubiin hergestellt) in Pyridin mit Hydroxylamin-hydrochlorid (*Burn, Rigby*, Soc. **1957** 2964, 2971).

Krystalle (aus A.); F: 232,5—234,5° [Zers.] (*Burn, Ri.*).

IV V

Hydroxy-oxo-carbonsäuren $C_{17}H_{26}O_5$

(4'a*R*)-4'*t*-Hydroxy-2'*c*,5'*c*,8'a-trimethyl-5-oxo-(2*cO*,4a'*r*,8'a*t*)-decahydro-spiro-[furan-2,1'-naphthalin]-5'*t*-carbonsäure, 6*β*,9-Dihydroxy-14,15,16-trinor-8*βH*-labdan-13,19-disäure-13→9-lacton [3] $C_{17}H_{26}O_5$, Formel V (R = X = H).

Konstitution und Konfiguration: *Cocker et al.*, Soc. **1953** 2540, 2543; *Hardy et al.*, Soc.

[1] Stellungsbezeichnung bei von Guajan abgeleiteten Namen s. E III/IV **17** 4677 Anm. 2.

[2] Stellungsbezeichnung bei von Driman abgeleiteten Namen s. E III **9** 273 Anm. 3.

[3] Stellungsbezeichnung bei von Labdan abgeleiteten Namen s. E IV **5** 369.

1957 2955, 2957; *Appleton et al.*, Soc. [C] **1967** 1943, 1945; s.a. *Wheeler et al.*, Tetrahedron **23** [1967] 3909, 3915.

B. Beim Behandeln von Marrubinsäure (S. 5017) mit wss. Natronlauge und Kalium=permanganat (*Co. et al.*, l.c. S. 2546; *Ha. et al.*, l.c. S. 2961). Beim Erwärmen von 6β,9-Dihydroxy-14,15,16-trinor-8βH-labdan-13,19-disäure-13→9;19→6-dilacton mit methanol. Kalilauge (*Co. et al.*).

Krystalle; F: 214—215° [Zers.; aus Bzl. oder E.] (*Ha. et al.*), 205—207° [aus E.] (*Co. et al.*). $[\alpha]_D^{16}$: —15,0° [CHCl$_3$; c = 2] (*Co. et al.*); $[\alpha]_D^{22}$: —18,7° [CHCl$_3$; c = 6] (*Ha. et al.*).

(4′aR)-4′t-Acetoxy-2′c,5′c,8′a-trimethyl-5-oxo-(2cO,4′ar,8′at)-decahydro-spiro[furan-2,1′-naphthalin]-5′t-carbonsäure, 6β-Acetoxy-9-hydroxy-14,15,16-trinor-8βH-labdan-13,19-disäure-13-lacton C$_{19}$H$_{28}$O$_6$, Formel V (R = CO-CH$_3$, X = H).

B. Aus 6β,9-Dihydroxy-14,15,16-trinor-8βH-labdan-13,19-disäure-13→9-lacton (S. 6306) beim Behandeln mit Acetylchlorid und Pyridin (*Cocker et al.*, Soc. **1953** 2540, 2546), beim Behandeln mit Acetanhydrid und Pyridin (*Hardy et al.*, Soc. **1957** 2955, 2962) sowie beim Erhitzen mit Acetanhydrid und Natriumacetat (*Burn, Rigby*, Soc. **1957** 2964, 2970). Beim Behandeln von 6β-Acetoxy-15,16-epoxy-9-hydroxy-8βH-labda-13(16),14-dien-19-säure mit Chrom(VI)-oxid und wss. Essigsäure (*Co. et al.*).

Krystalle; F: 262—263° [Zers.; aus E. + Cyclohexan] (*Ha. et al.*), 246° [aus Cyclo=hexanon] (*Co. et al.*). $[\alpha]_D^{12}$: —15,1° [CHCl$_3$; c = 0,7] (*Co. et al.*).

(4′aR)-4′t-Hydroxy-2′c,5′c,8′a-trimethyl-5-oxo-(2cO,4′ar,8′at)-decahydro-spiro[furan-2,1′-naphthalin]-5′t-carbonsäure-methylester, 6β,9-Dihydroxy-14,15,16-trinor-8βH-labdan-13,19-disäure-13→9-lacton-19-methylester C$_{18}$H$_{28}$O$_5$, Formel V (R = H, X = CH$_3$).

B. Beim Behandeln von 6β,9-Dihydroxy-14,15,16-trinor-8βH-labdan-13,19-disäure-13→9-lacton (S. 6306) mit Diazomethan in Äther (*Cocker et al.*, Soc. **1953** 2540, 2546; *Hardy et al.*, Soc. **1957** 2955, 2961).

Krystalle (aus Bzl. + Cyclohexan bzw. aus A.); F: 154° (*Ha. et al.*; *Co. et al.*). $[\alpha]_D^{19}$: —18,8° [CHCl$_3$; c = 0,7] (*Co. et al.*).

(4′aR)-4′t-Acetoxy-2′c,5′c,8′a-trimethyl-5-oxo-(2cO,4′ar,8′at)-decahydro-spiro[furan-2,1′-naphthalin]-5′t-carbonsäure-methylester, 6β-Acetoxy-9-hydroxy-14,15,16-trinor-8βH-labdan-13,19-disäure-13-lacton-19-methylester C$_{20}$H$_{30}$O$_6$, Formel V (R = CO-CH$_3$, X = CH$_3$).

B. Beim Behandeln von 6β,9-Dihydroxy-14,15,16-trinor-8βH-labdan-13,19-disäure-13→9-lacton-19-methylester (s.o.) mit Acetylchlorid und Pyridin (*Cocker et al.*, Chem. and Ind. **1952** 827). Aus 6β-Acetoxy-9-hydroxy-14,15,16-trinor-8βH-labdan-13,19-di=säure-13-lacton (s.o.) mit Hilfe von Diazomethan (*Cocker et al.*, Soc. **1953** 2540, 2546).

Krystalle (aus Me.); F: 133° (*Co. et al.*, Soc. **1953** 2546).

Hydroxy-oxo-carbonsäuren C$_{20}$H$_{32}$O$_5$

(4aS)-5t-Hydroxy-1t,4a,6t-trimethyl-8-oxo-5c-[2-((Ξ)-tetrahydro[3]furyl)-äthyl]-(4ar,8at)-decahydro-naphthalin-1c-carbonsäure, (13Ξ)-15,16-Epoxy-9-hydroxy-6-oxo-8βH-labdan-19-säure[1]) C$_{20}$H$_{32}$O$_5$, Formel VI.

B. Beim Behandeln von Tetrahydromarrubinsäure ((13Ξ)-15,16-Epoxy-6β,9-dihydroxy-8βH-labdan-19-säure [S. 5007]) mit Chrom(VI)-oxid und wss. Essigsäure (*Hardy et al.*, Soc. **1957** 2955, 2959).

Krystalle (aus E. + PAe.); F: 159°. Absorptionsmaximum (A.): 280 nm.

VI   VII

---

[1]) Stellungsbezeichnung bei von **Labdan** abgeleiteten Namen s. E IV **5** 369.

Hydroxy-oxo-carbonsäuren $C_{24}H_{40}O_5$

4-Hydroxy-2-methyl-5-stearoyl-thiophen-3-carbonsäure $C_{24}H_{40}O_4S$, Formel VII
(R = H).
B. Beim Erwärmen einer Lösung von 4-Hydroxy-2-methyl-5-stearoyl-thiophen-3-carbonsäure-äthylester in Äthanol mit wss. Kalilauge (*Beynon, Jansen,* Soc. **1945** 600).
Krystalle (aus Bzl.); F: 132—133°.

4-Hydroxy-2-methyl-5-stearoyl-thiophen-3-carbonsäure-äthylester $C_{26}H_{44}O_4S$,
Formel VII (R = C_2H_5).
B. Beim Erhitzen von 4-Hydroxy-2-methyl-thiophen-3-carbonsäure-äthylester mit Stearoylchlorid, Aluminiumchlorid und Nitrobenzol (*Beynon, Jansen,* Soc. **1945** 600).
Krystalle (aus A.); F: 61—62°.

[*Stender*]

Hydroxy-oxo-carbonsäuren $C_nH_{2n-10}O_5$

Hydroxy-oxo-carbonsäuren $C_8H_6O_5$

4ξ-Benzoyloxy-4ξ-[2]furyl-2-oxo-but-3-ensäure-äthylester $C_{17}H_{14}O_6$, Formel I.
B. Beim Behandeln von 4-[2]Furyl-2,4-dioxo-buttersäure-äthylester mit Benzoylchlorid und Pyridin (*Musante, Fatutta,* G. **88** [1958] 879, 889).
Hellgelbe Krystalle (aus A.); F: 84—85°.

I   II

4ξ-Benzoyloxy-2-benzoyloxyimino-4ξ-[2]furyl-but-3-ensäure-äthylester $C_{24}H_{19}NO_7$,
Formel II.
B. Beim Behandeln von 4-[2]Furyl-2-hydroxyimino-4-oxo-buttersäure-äthylester mit Benzoylchlorid und Pyridin (*Musante, Fatutta,* G. **88** [1958] 879, 890).
Krystalle (aus A.); F: 131°.

Hydroxy-oxo-carbonsäuren $C_9H_8O_5$

3-Acetoxy-2-oxo-2,4,5,6-tetrahydro-benzofuran-7-carbonsäure-methylester
$C_{12}H_{12}O_6$, Formel III.
B. Beim Behandeln von 2,3-Dioxo-2,3,3a,4,5,6-hexahydro-benzofuran-7-carbonsäure-methylester mit Acetanhydrid und Pyridin (*Bachmann et al.,* Am. Soc. **72** [1950] 1995, 2000).
Krystalle (aus Me.); F: 88—89°.

($\pm$)-5*exo*-Acetoxy-5*endo*-hydroxy-2,6-cyclo-norbornan-2,3*endo*-dicarbonsäure-3-lacton
$C_{11}H_{10}O_6$, Formel IV (R = H) + Spiegelbild.
B. Beim Erhitzen von ($\pm$)-5-Oxo-2,6-cyclo-norbornan-2,3*endo*-dicarbonsäure mit Acetanhydrid (*Alder, Brochhagen,* B. **87** [1954] 167, 171, 178).
Krystalle (aus E. + Bzn.); F: 181°.

($\pm$)-5*exo*-Acetoxy-5*endo*-hydroxy-2,6-cyclo-norbornan-2,3*endo*-dicarbonsäure-3-lacton-2-methylester $C_{12}H_{12}O_6$, Formel IV (R = CH_3) + Spiegelbild.
B. Aus ($\pm$)-5*exo*-Acetoxy-5*endo*-hydroxy-2,6-cyclo-norbornan-2,3*endo*-dicarbonsäure-3-lacton mit Hilfe von Diazomethan (*Alder, Brochhagen,* B. **87** [1954] 167, 178).
Krystalle (aus wss. Me.); F: 118°.

III   IV

Hydroxy-oxo-carbonsäuren $C_{11}H_{12}O_5$

*Opt.-inakt. **2-[2]Furyl-2-hydroxy-4-oxo-cyclohexancarbonsäure-äthylester** $C_{13}H_{16}O_5$, Formel V.

B. Beim Behandeln von 3-[2]Furyl-3-oxo-propionsäure-äthylester mit Butenon und Natriumäthylat in Äthanol (*Mukharji*, J. Indian chem. Soc. **33** [1956] 99, 107).

Krystalle (aus Ae. + PAe.); F: 98°.

(±)-**2c,3c-Epoxy-5t-hydroxy-8-oxo-(4ar,8ac)-1,2,3,4,4a,5,8,8a-octahydro-[1t]naphthoe=** **säure** $C_{11}H_{12}O_5$, Formel VI (R = H) + Spiegelbild, und Tautomeres ((±)-**3c,4c-Epoxy-** **6t,8a-dihydroxy-(2ar,5ac,8bc)-2a,3,4,5,5a,6,8a,8b-octahydro-naphtho[1,8-bc]=** **furan-2-on**).

B. Beim Behandeln einer Lösung von (±)-5t-Hydroxy-8-oxo-(4ar,8ac)-1,4,4a,5,8,8a-hexahydro-[1t]naphthoesäure in Dioxan mit Peroxybenzoesäure in Benzol (*Woodward et al.*, Tetrahedron **2** [1958] 1, 32).

Krystalle (aus E.); F: 160—161° [Heiztisch]. IR-Spektrum (KI; 2—12 μ): *Wo. et al.* Absorptionsmaximum (A.): 223 nm.

V   VI   VIIa   VIIb

(±)-**2c,3c-Epoxy-5t-hydroxy-8-oxo-(4ar,8ac)-1,2,3,4,4a,5,8,8a-octahydro-[1t]naphthoe=** **säure-methylester** $C_{12}H_{14}O_5$, Formel VI (R = CH₃) + Spiegelbild.

B. Beim Behandeln einer Lösung von (±)-2c,3c-Epoxy-5t-hydroxy-8-oxo-(4ar,8ac)-1,2,= 3,4,4a,5,8,8a-octahydro-[1t]naphthoesäure in Dioxan mit Diazomethan in Äther (*Wood-ward et al.*, Tetrahedron **2** [1958] 1, 33).

Krystalle (aus Acn. + PAe.); F: 132° [Heiztisch]. IR-Spektrum (CHCl₃; 2—12 μ): *Wo. et al.*

Beim Erwärmen mit Aluminiumisopropylat in Isopropylalkohol sind 4t,6c-Dihydroxy-(4ar,8ac)-1,4,4a,5,6,7,8,8a-octahydro-1t,7t-epoxido-naphthalin-8t-carbonsäure-isopropyl= ester (?) (S. 5007) und eine durch Behandlung mit methanol. Natriummethylat-Lösung in 4t-Hydroxy-6c-methoxy-(4ar,8ac)-1,4,4a,5,6,7,8,8a-octahydro-1t,7t-epoxido-naphth= alin-5t-carbonsäure-lacton überführbare Verbindung erhalten worden (*Wo. et al.*, l. c. S. 41).

(±)-**6t-Hydroxy-2-oxo-(3ar,3bt,4at,6ac)-octahydro-3t,5t-methano-cyclopropa[e]benzo=** **furan-7syn-carbonsäure**, (±)-**6anti,7anti-Dihydroxy-(1ar,5ac)-hexahydro-2t,5t-äthano-** **cyclopropabenzen-3t,4t-dicarbonsäure-3→7-lacton**, (±)-**(1rC⁸,2tH,4tH)-8anti,9anti-Di=** **hydroxy-tricyclo[3.2.2.0²,⁴]nonan-6c,7c-dicarbonsäure-6→9-lacton** $C_{11}H_{12}O_5$, Formel VIIa ⇌ VIIb + Spiegelbild.

Diese Konstitution und Konfiguration ist der nachstehend beschriebenen Verbindung zugeordnet worden (*Alder, Jacobs*, B. **86** [1953] 1528, 1535); s. dazu aber *Fray et al.*, Soc. [C] **1966** 592, 593.

B. Beim Behandeln von (±)-(1rC⁸,2tH,4tH)-8anti-Brom-9anti-hydroxy-tricyclo= [3.2.2.0²,⁴]nonan-6c,7c-dicarbonsäure-6-lacton (S. 5502) mit äthanol. Kalilauge und an-

schliessenden Ansäuern mit wss. Salzsäure (*Al., Ja.*).
Krystalle (aus E.); F: 279—282° (*Al., Ja.*).

Hydroxy-oxo-carbonsäuren $C_{15}H_{20}O_5$

(3a*R*)-3*c*-Chlor-1*c*-*cis*-crotonoyloxy-6,8a,8b-trimethyl-7-oxo-(4a*t*,8a*t*,8b*c*)-1,2,3,4a,7,=
8,8a,8b-octahydro-cyclopenta[*b*]benzofuran-3a*r*-carbonsäure, 2*β*-Chlor-4*β*-*cis*-crotonoyl=
oxy-8-oxo-apotrichothec-9-en-13-säure [1] $C_{19}H_{23}ClO_6$, Formel VIII.

B. Beim Behandeln von Trichothecinchlorhydrin (2*β*-Chlor-4*β*-*cis*-crotonoyloxy-
13-hydroxy-apotrichothec-9-en-8-on [S. 1217]) mit Chrom(VI)-oxid in Essigsäure
(*Freeman et al.*, Soc. **1959** 1105, 1121).

F: 85—90°.

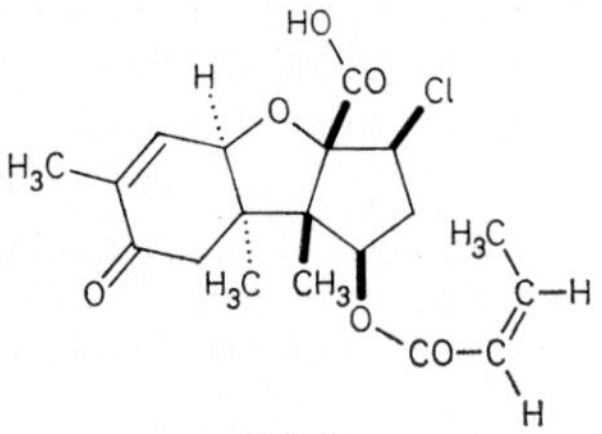

VIII 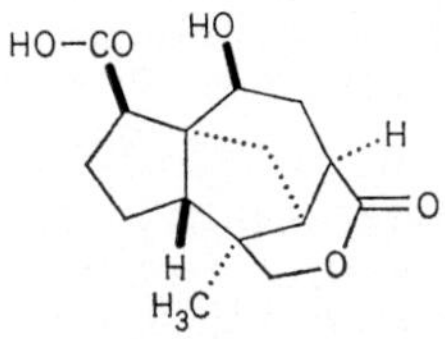 IX 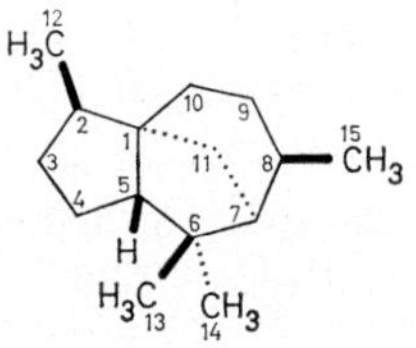 X

(1*S*,2*S*,4′*R*,4′a*S*)-7′*t*-Hydroxy-4′-methyl-1′-oxo-(4′a*r*,8′a*c*)-octahydro-2*r*,4′-cyclo-
spiro[cyclopentan-1,6′-isochromen]-5*t*-carbonsäure, 10*β*,13-Dihydroxy-cedran-12,15-di=
säure-15→13-lacton [2] Dihydroschellolsäure-δ-lacton $C_{15}H_{20}O_5$, Formel IX.

Konstitution und Konfiguration: *Cookson et al.*, Tetrahedron **18** [1962] 547; s. a. *Yates,
Field*, Am. Soc. **82** [1960] 5764.

B. Bei der Hydrierung von Schellolsäure (10*β*,13-Dihydroxy-cedr-8-en-12,15-disäure)
an Platin in Äthylacetat (*Co. et al.*, l. c. S. 554; s. a. *Kirk et al.*, Am. Soc. **63** [1941] 1243,
1244).

Krystalle; F: 157—158° (*Kirk et al.*); Krystalle (aus E.) mit 0,5 Mol H_2O, F: 150—153°;
$[\alpha]_D$: +44° [A.] (*Co. et al.*).

Hydroxy-oxo-carbonsäuren $C_{19}H_{28}O_5$

5,17*β*-Dihydroxy-2,3-seco-5α-androstan-2,3-disäure-2→5-lacton $C_{19}H_{28}O_5$, Formel XI
(R = X = H).

B. Neben 17*β*-Hydroxy-2,3-seco-androst-4-en-2,3-disäure beim Behandeln einer Lösung von 17*β*-Hydroxy-2-hydroxymethylen-androst-4-en-3-on in Äthylacetat und Essig=
säure mit Ozon und Behandeln der Reaktionslösung mit wss. Wasserstoffperoxid (*Weisenborn, Applegate*, Am. Soc. **81** [1959] 1960, 1962).

Krystalle (aus Me. + Ae.); F: 263—265°. $[\alpha]_D$: +36° [A.].

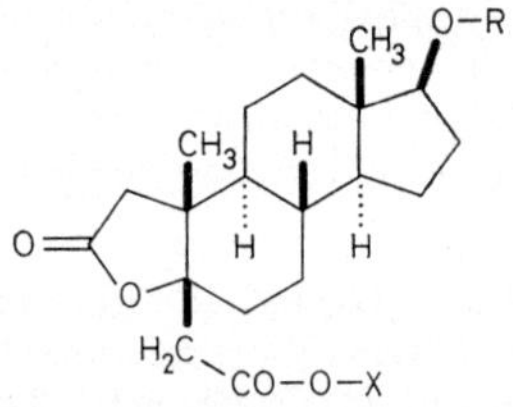

XI 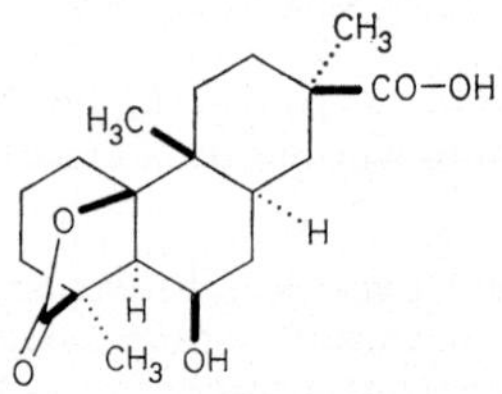 XII

---

[1] Stellungsbezeichnung bei von Apotrichothecan abgeleiteten Namen s. S. 1216.

[2] Für den Kohlenwasserstoff (3a*S*)-3*t*,6*t*,8,8-Tetramethyl-(8a*t*)-octahydro-
3a*r*,7*c*-methano-azulen (Formel X) ist die Bezeichnung **Cedran** vorgeschlagen worden.
Die Stellungsbezeichnung bei von Cedran abgeleiteten Namen entspricht der in Formel X
angegebenen.

17β-Acetoxy-5-hydroxy-2,3-seco-5α-androstan-2,3-disäure-2-lacton $C_{21}H_{30}O_6$, Formel XI
(R = CO-CH₃, X = H).

B. Beim Behandeln von 5,17β-Dihydroxy-2,3-seco-5α-androstan-2,3-disäure-2→5-lacton
mit Acetanhydrid und Pyridin (*Weisenborn, Applegate*, Am. Soc. **81** [1959] 1960, 1962).
Krystalle (aus wss. Me.); F: 267—268°. $[\alpha]_D$: +49° [A.].

5,17β-Dihydroxy-2,3-seco-5α-androstan-2,3-disäure-2→5-lacton-3-methylester $C_{20}H_{30}O_5$,
Formel XI (R = H, X = CH₃).

B. Neben 17β-Hydroxy-2,3-seco-androst-4-en-2,3-disäure-dimethylester beim Behan-
deln einer Lösung von 17β-Hydroxy-2-hydroxymethylen-androst-4-en-3-on in Äthylacetat
und Essigsäure mit Ozon, Behandeln der Reaktionslösung mit wss. Wasserstoffperoxid und
Behandeln einer Lösung des Reaktionsprodukts in Äther mit Diazomethan in Äther
(*Weisenborn, Applegate*, Am. Soc. **81** [1959] 1960, 1962).
Krystalle (aus Ae.); F: 183—183,5°. $[\alpha]_D$: +82° [CHCl₃].

**(4aR)-10c-Hydroxy-1,4b,7t-trimethyl-12-oxo-(4bc,8at,10at)-dodecahydro-4ar,1c-oxa=
äthano-phenanthren-7c-carbonsäure, 6β,10-Dihydroxy-16-nor-10β-rosan-15,19-disäure-
19→10-lacton** [1]) $C_{19}H_{28}O_5$, Formel XII.

B. Beim Behandeln einer Lösung von Rosololacton (6β,10-Dihydroxy-10β-ros-15-en-
19-säure-10-lacton [S. 248]) in Chloroform mit Sauerstoff und Ozon und Behandeln des
Reaktionsprodukts mit Wasser (*Harris et al.*, Soc. **1958** 1807, 1810).
Krystalle (aus A.); F: 286° [Zers.].

Hydroxy-oxo-carbonsäuren $C_{20}H_{30}O_5$

rac-3β,11β-Dihydroxy-17,17a-seco-D-homo-5α-androstan-17,18-disäure-18→11-lacton
$C_{20}H_{30}O_5$, Formel XIII + Spiegelbild.

B. Beim Behandeln einer Lösung von rac-3β,11β-Diacetoxy-17-[(E)-furfuryliden]-
D-homo-5α,13α-androstan-17a-on (S. 1666) in Äthylacetat mit Ozon bei —70°, Behandeln
des Reaktionsprodukts mit Essigsäure und mit wss. Wasserstoffperoxid, Erwärmen des
danach isolierten Reaktionsprodukts mit wss. Natronlauge und anschliessenden Ansäuern
mit wss. Salzsäure (*Johnson et al.*, Am. Soc. **78** [1956] 6339, 6344).
Krystalle (aus Butanon); F: 264—266° [korr.].

XIII   XIV

Hydroxy-oxo-carbonsäuren $C_{24}H_{38}O_5$

**12α-Acetoxy-3-oxo-4-oxa-A-homo-5β-cholan-24-säure-methylester, 12α-Acetoxy-4-hydr=
oxy-3,4-seco-5β-cholan-3,24-disäure-3-lacton-24-methylester** $C_{27}H_{42}O_6$, Formel XIV.

Diese Konstitution und Konfiguration kommt vermutlich der nachstehend beschriebenen Verbindung zu (*Burckhardt, Reichstein*, Helv. **25** [1942] 1434, 1435).

B. In kleiner Menge beim Behandeln von 12α-Acetoxy-3-oxo-5β-cholan-24-säure-
methylester mit Peroxybenzoesäure in Chloroform (*Bu., Re.*, l. c. S. 1438).
Krystalle (aus Me.); F: 187—190° [korr.; Kofler-App.].

---

[1]) Stellungsbezeichnung bei von Rosan abgeleiteten Namen siehe E III/IV **17** 4776
Anm. 2.

3α-Äthoxycarbonyloxy-12-oxo-12a-oxa-*C*-homo-5β,13ξ-cholan-24-säure-methylester,
3α-Äthoxycarbonyloxy-13-hydroxy-12,13-seco-5β,13ξ-cholan-12,24-disäure-12-lacton-
24-methylester C$_{28}$H$_{44}$O$_7$, Formel XV (R = C$_2$H$_5$).
Diese Konstitution und Konfiguration kommt vermutlich der nachstehend beschriebenen Verbindung zu (*Rothman et al.*, Am. Soc. **76** [1954] 527, 530).
B. Beim Behandeln von 3α-Äthoxycarbonyloxy-12-oxo-5β-cholan-24-säure-methylester
mit Peroxybenzoesäure in Chloroform unter Zusatz von Schwefelsäure und Essigsäure
(*Ro. et al.*, l. c. S. 532).
Krystalle; F: 105—106,5° [korr.; Kofler-App.]. [α]$_D^{25}$: +3,0° [CHCl$_3$].

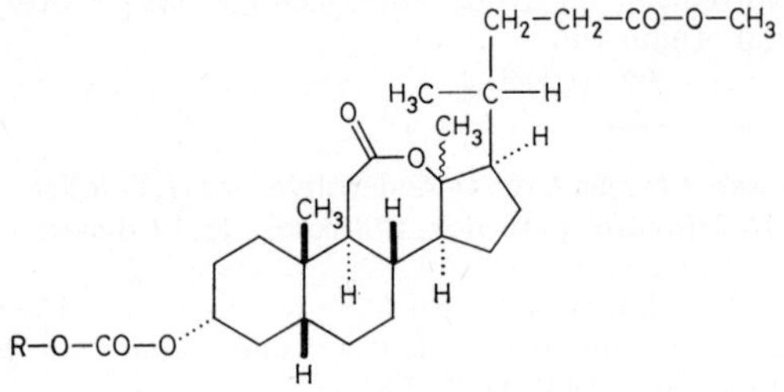

XV 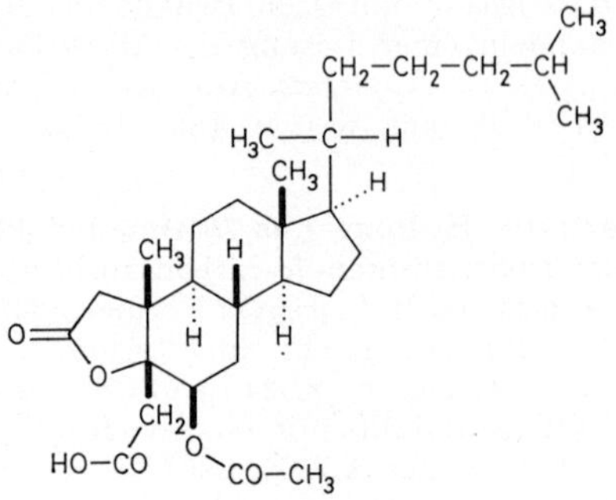   XVI

Hydroxy-oxo-carbonsäuren C$_{27}$H$_{44}$O$_5$

6β-Acetoxy-5-hydroxy-2,3-seco-5α-cholestan-2,3-disäure-2-lacton C$_{29}$H$_{46}$O$_6$, Formel XVI.
Diese Konstitution und Konfiguration kommt wahrscheinlich der nachstehend beschriebenen Verbindung zu (*Ellis, Petrow*, Soc. **1939** 1078, 1080).
B. In kleiner Menge neben 6β-Acetoxy-5-hydroxy-5α-cholestan-3-on beim Erwärmen
von 6β-Acetoxy-5α-cholestan-3β,5-diol mit Chrom(VI)-oxid und wasserhaltiger Essigsäure
(*El., Pe.*, l. c. S. 1082).
Krystalle (aus Acn. + PAe.); F: 217—218° [korr.; nach Sintern von 185° an]. [α]$_D^{20}$:
—10,4° [CHCl$_3$; c = 2].

Hydroxy-oxo-carbonsäuren C$_n$H$_{2n-12}$O$_5$

Hydroxy-oxo-carbonsäuren C$_9$H$_6$O$_5$

6-Hydroxy-2-oxo-2,3-dihydro-benzofuran-4-carbonsäure C$_9$H$_6$O$_5$, Formel I.
B. Beim Erhitzen von (±)-5,7-Dimethoxy-3-oxo-phthalan-1-carbonsäure mit wss.
Jodwasserstoffsäure und rotem Phosphor (*Kamal et al.*, Soc. **1950** 3375, 3380).
Krystalle (aus wss. Me.); F: 306° [Zers.].

(±)-7-Chlor-4-methoxy-3-oxo-phthalan-1-carbonsäure C$_{10}$H$_7$ClO$_5$, Formel II.
B. Beim Behandeln von 7-Chlor-1-hydroxy-4-methoxy-3-oxo-phthalan-1-carbonsäure
(⇌[2-Carboxy-6-chlor-3-methoxy-phenyl]-glyoxylsäure) mit wss. Natronlauge und
Natriumboranat (*Boothe et al.*, Am. Soc. **79** [1957] 4564).
F: 175—176° [Zers.]. Absorptionsmaxima (wss. Salzsäure): 216 nm, 240 nm und 313 nm.

5-Hydroxy-3-oxo-phthalan-4-carbonsäure C$_9$H$_6$O$_5$, Formel III (R = H).
B. Beim Behandeln von 7*H*-[1,3]Dioxino[5,4-*e*]isobenzofuran-1,9-dion mit wss. Natronlauge (*Buehler et al.*, Am. Soc. **73** [1951] 2347).
Krystalle (aus W.); F: 212—213°.

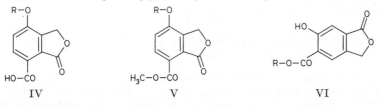

I   II   III

5-Methoxy-3-oxo-phthalan-4-carbonsäure, 3-Hydroxymethyl-6-methoxy-phthalsäure-2-lacton $C_{10}H_8O_5$, Formel III (R = CH₃).

B. Beim Behandeln von 5-Hydroxy-3-oxo-phthalan-4-carbonsäure mit wss. Natronlauge und Dimethylsulfat (*Buehler et al.*, Am. Soc. **73** [1951] 2347).

Krystalle (aus W.); F: 261—263°.

7-Hydroxy-3-oxo-phthalan-4-carbonsäure $C_9H_6O_5$, Formel IV (R = H).

B. Beim Erwärmen von 4*H*-Benzo[1,3]dioxin-5,6-dicarbonsäure mit wss. Salzsäure (*Buehler et al.*, Am. Soc. **68** [1946] 574, 576).

Krystalle (aus Me.); F: 285—286° [unkorr.; Zers.]; der Schmelzpunkt hängt von der Geschwindigkeit des Erhitzens ab.

7-Methoxy-3-oxo-phthalan-4-carbonsäure, 3-Hydroxymethyl-4-methoxy-phthalsäure-2-lacton $C_{10}H_8O_5$, Formel IV (R = CH₃).

B. Beim Erwärmen von 4-Methoxy-phthalsäure mit wss. Formaldehyd und wss. Salz=säure (*Ikeda et al.*, Ann. Rep. Fac. Pharm. Kanazawa Univ. **7** [1957] 64; C. A. **1958** 9025). Beim Erwärmen von 7-Hydroxymethyl-4-methoxy-phthalid mit wss. Kalilauge und wss. Kaliumpermangat-Lösung (*Ikeda et al.*, Ann. Rep. Fac. Pharm. Kanazawa Univ. **6** [1956] 48, 50; C. A. **1957** 4349). Beim Erwärmen von 7-Methoxy-3-oxo-phthalan-4-carbon=säure-methylester mit wss. Kalilauge (*Buehler et al.*, Am. Soc. **68** [1946] 574, 576).

Krystalle; F: 218—219° [unkorr.; aus W.] (*Bu. et al.*), 213—215° [Zers.; aus A.] (*Ik. et al.*).

7-Acetoxy-3-oxo-phthalan-4-carbonsäure, 4-Acetoxy-3-hydroxymethyl-phthalsäure-2-lacton $C_{11}H_8O_6$, Formel IV (R = CO-CH₃).

B. Beim Behandeln von 7-Hydroxy-3-oxo-phthalan-4-carbonsäure mit Acetanhydrid und Kaliumcarbonat (*Buehler et al.*, Am. Soc. **68** [1946] 574, 576).

Krystalle (aus A.); F: 121—122° [unkorr.].

7-Methoxy-3-oxo-phthalan-4-carbonsäure-methylester, 3-Hydroxymethyl-4-methoxy-phthalsäure-2-lacton-1-methylester $C_{11}H_{10}O_5$, Formel V (R = CH₃).

B. Beim Behandeln einer Lösung von 7-Hydroxy-3-oxo-phthalan-4-carbonsäure in Äthanol und Äther mit Diazomethan in Äther (*Buehler et al.*, Am. Soc. **68** [1946] 574, 576). Beim Behandeln einer Lösung von 7-Methoxy-3-oxo-phthalan-4-carbonsäure in Äthanol mit Diazomethan in Äther (*Ikeda et al.*, Ann. Rep. Fac. Pharm. Kanazawa Univ. **6** [1956] 48, 50, **7** [1957] 64; C. A. **1957** 4349, **1958** 9025).

Krystalle; F: 168—169° [aus A.] (*Ik. et al.*), 166—168° [unkorr.; aus Me.] (*Bu. et al.*).

IV   V   VI

7-Acetoxy-3-oxo-phthalan-4-carbonsäure-methylester, 4-Acetoxy-3-hydroxymethyl-phthalsäure-2-lacton-1-methylester $C_{12}H_{10}O_6$, Formel V (R = CO-CH₃).

B. Beim Behandeln von 7-Acetoxy-3-oxo-phthalan-4-carbonsäure mit Diazomethan in Äthanol und Äther (*Buehler et al.*, Am. Soc. **68** [1946] 574, 576).

Krystalle (aus Me.); F: 111—112° [unkorr.].

6-Hydroxy-1-oxo-phthalan-5-carbonsäure $C_9H_6O_5$, Formel VI (R = H).

B. Beim Behandeln von 6H-[1,3]Dioxino[4,5-f]isobenzofuran-4,8-dion mit wss. Natron=
lauge (*Buehler, Block*, Am. Soc. **72** [1950] 1861).

Krystalle (aus Me.); F: 275—276° [Zers.].

6-Hydroxy-1-oxo-phthalan-5-carbonsäure-methylester $C_{10}H_8O_5$, Formel VI (R = CH_3).

B. Beim Behandeln einer Lösung von 6-Hydroxy-1-oxo-phthalan-5-carbonsäure in
Methanol mit Diazomethan in Äther (*Buehler, Block*, Am. Soc. **72** [1950] 1861).

Krystalle (aus wss. Me.); F: 170—170,4°.

<h3 align="center">Hydroxy-oxo-carbonsäuren $C_{10}H_8O_5$</h3>

(±)-5-Hydroxy-4-oxo-chroman-2-carbonsäure $C_{10}H_8O_5$, Formel VII (R = H).

B. Beim Erwärmen von (±)-5-Hydroxy-4-oxo-chroman-2-carbonsäure-äthylester mit
wss. Natronlauge (*Jarowski et al.*, Am. Soc. **71** [1949] 944).

Krystalle (aus A.); F: 191° [unkorr.] (*Ja. et al.*). Absorptionsspektrum einer Lösung
der Säure in Äthanol (220—420 nm) sowie einer Lösung des Kalium-Salzes in äthanol.
Kalilauge (220—450 nm): *Jarowski, Hess*, Am. Soc. **71** [1949] 1711, 1712, 1713.

(±)-5-Hydroxy-4-oxo-chroman-2-carbonsäure-methylester $C_{11}H_{10}O_5$, Formel VII
(R = CH_3).

B. Beim Behandeln von (±)-5-Hydroxy-4-oxo-chroman-2-carbonsäure mit Diazomethan
in Äther (*Jarowski et al.*, Am. Soc. **71** [1949] 944).

Krystalle (aus Me.); F: 78,5°.

VII   VIII   IX   X

(±)-5-Hydroxy-4-oxo-chroman-2-carbonsäure-äthylester $C_{12}H_{12}O_5$, Formel VII
(R = C_2H_5).

B. Bei der Hydrierung von 5-Hydroxy-4-oxo-4H-chromen-2-carbonsäure-äthylester an
einem Nickel-Katalysator in Äthanol bei 80° (*Jarowski et al.*, Am. Soc. **71** [1949] 944).

Gelbe Krystalle (aus A.); F: 72—74° (*Ja. et al.*). Absorptionsspektrum (A.; 220 nm bis
450 nm): *Jarowski, Hess*, Am. Soc. **71** [1949] 1711, 1712, 1713.

7-Methoxy-3-oxo-chroman-4-carbonsäure-äthylester $C_{13}H_{14}O_5$, Formel VIII (R = C_2H_5),
und Tautomeres (3-Hydroxy-7-methoxy-2H-chromen-4-carbonsäure-äthyl=
ester).

B. Beim Erwärmen von [2-Äthoxycarbonylmethoxy-4-methoxy-phenyl]-essigsäure-
äthylester mit Natrium in Benzol (*O'Donnell et al.*, Soc. **1936** 419, 422).

Krystalle (aus A.); F: 62—63°.

8-Methoxy-3-oxo-chroman-4-carbonsäure-äthylester $C_{13}H_{14}O_5$, Formel IX (R = C_2H_5),
und Tautomeres (3-Hydroxy-8-methoxy-2H-chromen-4-carbonsäure-äthyl=
ester).

B. Beim Erwärmen von [2-Äthoxycarbonylmethoxy-3-methoxy-phenyl]-essigsäure-
äthylester mit Natrium in Benzol (*O'Donnell et al.*, Soc. **1936** 419, 421) oder mit Natrium
in Benzol und Xylol unter Zusatz kleiner Mengen Äthanol (*Offe, Jatzkewitz*, B. **80** [1947]
469, 477).

Krystalle; F: 87° [aus PAe.] (*O'Do. et al.*), 85° [aus A.] (*Offe, Ja.*).

*Opt.-inakt. **4-Hydroxy-1-oxo-isochroman-3-carbonsäure** $C_{10}H_8O_5$, Formel X (vgl. H 525).

B. Beim Behandeln von [1,2]Naphthochinon mit wss. Calciumhypochlorit-Lösung

(*Johnston et al.*, J. org. Chem. **13** [1948] 477, 480; vgl. H 525).

Krystalle (aus W.); F: 207—209° (*Jo. et al.*). 1 g löst sich bei 37° in 67 g Wasser (*Kitagawa*, J. pharm. Soc. Japan **76** [1956] 582, 583; C. A. **1956** 13 285). Verteilung zwischen Wasser und Äther: *Ki.*

Beim Erhitzen mit Wasser auf 250° ist Isocumarin erhalten worden (*Ochiai et al.*, B. **70** [1937] 2018, 2020).

(±)-4-Chlor-5-hydroxy-6-methyl-2-oxo-2,3-dihydro-benzofuran-3-carbonsäure-äthyl= ester, (±)-[2-Chlor-3,6-dihydroxy-4-methyl-phenyl]-malonsäure-äthylester-6-lacton $C_{12}H_{11}ClO_5$, Formel XI.

Diese Konstitution kommt vermutlich der nachstehend beschriebenen Verbindung zu (*Murakami, Senoh*, J. chem. Soc. Japan Pure Chem. Sect. **76** [1955] 1325, 1326; C. A. **1957** 17 874).

B. Beim Behandeln von 2-Chlor-6-methyl-[1,4]benzochinon mit der Natrium-Ver= bindung des Malonsäure-diäthylesters in Dioxan und Behandeln des Reaktionsprodukts mit wss. Salzsäure (*Mu., Se.*, l. c. S. 1327).

Krystalle (aus wss. A.); F: 127—128,5°.

(±)-4-Chlor-5-hydroxy-7-methyl-2-oxo-2,3-dihydro-benzofuran-3-carbonsäure-äthyl= ester, (±)-[2-Chlor-3,6-dihydroxy-5-methyl-phenyl]-malonsäure-äthylester-6-lacton $C_{12}H_{11}ClO_5$, Formel XII (X = H).

B. Beim Behandeln von 2-Chlor-5-methyl-[1,4]benzochinon mit der Natrium-Ver= bindung des Malonsäure-diäthylesters in Dioxan und Behandeln des Reaktionsprodukts mit wss. Salzsäure (*Murakami, Senoh*, J. chem. Soc. Japan Pure Chem. Sect. **76** [1955] 1325, 1327; C. A. **1957** 17 874).

Krystalle (aus A.); F: 145,5—146°.

XI   XII   XIII

(±)-4,6-Dichlor-5-hydroxy-7-methyl-2-oxo-2,3-dihydro-benzofuran-3-carbonsäure-äthylester, (±)-[2,4-Dichlor-3,6-dihydroxy-5-methyl-phenyl]-malonsäure-äthylester-6-lacton $C_{12}H_{10}Cl_2O_5$, Formel XII (X = Cl).

B. Beim Behandeln von 2,6-Dichlor-3-methyl-[1,4]benzochinon mit der Natrium-Ver= bindung des Malonsäure-diäthylesters in Dioxan und Behandeln des Reaktionsprodukts mit wss. Salzsäure (*Murakami, Senoh*, J. chem. Soc. Japan Pure Chem. Sect. **76** [1955] 1325, 1327; C. A. **1957** 17 874). Beim Behandeln einer Lösung von (±)-4-Chlor-5-hydroxy-7-methyl-2-oxo-2,3-dihydro-benzofuran-3-carbonsäure-äthylester in Chloroform mit Chlor (*Mu., Se.*).

Krystalle (aus A.); F: 128—129°.

(±)-4-Methoxy-1-methyl-3-oxo-phthalan-1-carbonsäure $C_{11}H_{10}O_5$, Formel XIII.

B. Beim Behandeln von 2-Acetyl-6-methoxy-benzonitril mit Cyanwasserstoff und kleinen Mengen wss. Kalilauge und Erwärmen des Reaktionsprodukts mit wss. Salzsäure (*Kushner et al.*, Am. Soc. **75** [1953] 1097, 1099).

F: 168—170° [Zers.].

7-Chlor-4-methoxy-1-methyl-3-oxo-phthalan-1-carbonsäure $C_{11}H_9ClO_5$.

a) **(R)-7-Chlor-4-methoxy-1-methyl-3-oxo-phthalan-1-carbonsäure** $C_{11}H_9ClO_5$, Formel I (X = OH).

Konfigurationszuordnung: *Dobrynin et al.*, Tetrahedron Letters **1962** 901, 902.

B. Aus Aureomycin (E III **14** 1710) durch Methylierung und Oxydation (*Hutchings* *et al.*, Am. Soc. **74** [1952] 3710).

Gewinnung aus dem unter b) beschriebenen Racemat mit Hilfe von Brucin: *Kushner et al.*, Am. Soc. **75** [1953] 1097, 1099.

Krystalle; F: 199—200° [aus wss. A.] bzw. F: 186° [aus E. + PAe.]; $[\alpha]_D^{28}$: $+25°$ [A.; c = 1] (*Ku. et al.*).

Brucin-Salz. Krystalle (aus W.); F: 116—118° [Zers.] (*Ku. et al.*).

b) **(±)-7-Chlor-4-methoxy-1-methyl-3-oxo-phthalan-1-carbonsäure** $C_{11}H_9ClO_5$, Formel I (X = OH) + Spiegelbild.

B. Aus (±)-4-Methoxy-1-methyl-3-oxo-phthalan-1-carbonsäure beim Behandeln mit Chlor in Essigsäure sowie beim Behandeln einer Lösung in konz. wss. Salzsäure mit wss. Natriumhypochlorit-Lösung (*Kushner et al.*, Am. Soc. **75** [1953] 1097, 1099).

Krystalle (aus wss. A. oder wss. Acn.); F: 178—180° [Zers.].

(R)-7-Chlor-4-methoxy-1-methyl-3-oxo-phthalan-1-carbonsäure-methylester $C_{12}H_{11}ClO_5$, Formel I (X = O-CH₃).

B. Aus (R)-7-Chlor-4-methoxy-1-methyl-3-oxo-phthalan-1-carbonsäure (*Hutchings et al.*, Am. Soc. **74** [1952] 3710).

F: 96—100°.

(R)-7-Chlor-4-methoxy-1-methyl-3-oxo-phthalan-1-carbonsäure-amid, (R)-3-Carbamoyl-4-chlor-7-methoxy-3-methyl-phthalid $C_{11}H_{10}ClNO_4$, Formel I (X = NH₂).

B. Beim Erwärmen von (R)-7-Chlor-4-methoxy-1-methyl-3-oxo-phthalan-1-carbon= säure mit Oxalylchlorid und Benzol und Behandeln einer Lösung des Reaktionsprodukts in Benzol mit Ammoniak (*Kushner et al.*, Am. Soc. **75** [1953] 1097, 1099).

Krystalle (aus W.), die unterhalb 250° nicht schmelzen.

I   II   III   IV

(±)-7-Chlor-4-methoxy-1-methyl-3-oxo-phthalan-1-thiocarbonsäure-S-äthylester $C_{13}H_{13}ClO_4S$, Formel I (X = S-C₂H₅) + Spiegelbild.

B. Beim Behandeln von (±)-7-Chlor-4-methoxy-1-methyl-3-oxo-phthalan-1-carbon= säure mit Phosphor(V)-chlorid und Behandeln einer Lösung des Reaktionsprodukts in Äther mit Blei(II)-äthanthiolat (*Kushner et al.*, Am. Soc. **75** [1953] 1097, 1099).

Krystalle (aus Ae. + PAe.); F: 100—103,5°.

(±)-7-Methoxy-4-methyl-3-oxo-phthalan-1-carbonsäure $C_{11}H_{10}O_5$, Formel II.

B. Beim Erwärmen von (±)-4-Methoxy-7-methyl-3-trichlormethyl-phthalid mit wss. Natronlauge und anschliessenden Ansäuern mit wss. Salzsäure (*Charlesworth et al.*, Canad. J. Res. [B] **23** [1945] 17, 23).

Gelbliche Krystalle (aus W.); F: 157—158° [unkorr.].

(±)-7-Hydroxy-5-methyl-3-oxo-phthalan-1-carbonsäure $C_{10}H_8O_5$, Formel III (R = X = H).

B. Beim Erwärmen von (±)-4-Hydroxy-6-methyl-3-trichlormethyl-phthalid mit wss. Natronlauge und Ansäuern einer Lösung des Reaktionsprodukts in Wasser mit wss. Schwefelsäure (*Meldrum, Vaidyanathan*, Pr. Indian Acad. [A] **1** [1935] 510, 518).

Krystalle (aus W.); F: 214°.

(±)-7-Methoxy-5-methyl-3-oxo-phthalan-1-carbonsäure $C_{11}H_{10}O_5$, Formel III (R = CH₃, X = H) (E I 532; dort als 4-Methoxy-6-methyl-phthalid-carbonsäure-(3) bezeichnet).

B. Beim Behandeln von (±)-7-Hydroxy-5-methyl-3-oxo-phthalan-1-carbonsäure mit wss. Natronlauge und Dimethylsulfat (*Meldrum, Vaidyanathan*, Pr. Indian Acad. [A] **1**

[1935] 510, 519). Beim Erwärmen von (±)-4-Methoxy-6-methyl-3-trichlormethyl-phthalid mit äthanol. Natronlauge und anschliessenden Ansäuern (*Me.*, *Va.*, l. c. S. 516; vgl. E I 532).

Krystalle (aus Eg.); F: 190°.

(±)-4,6-Dibrom-7-hydroxy-5-methyl-3-oxo-phthalan-1-carbonsäure $C_{10}H_6Br_2O_5$, Formel III (R = H, X = Br).

B. Beim Behandeln von (±)-5,7-Dibrom-4-methyl-6-methyl-3-trichlormethyl-phthalid mit wss. Natronlauge und anschliessenden Ansäuern mit wss. Schwefelsäure (*Meldrum, Vaidyanathan*, Pr. Indian Acad. [A] 1 [1935] 510, 523).

Krystalle (aus Bzl.); F: 230° [Zers.].

(±)-5-Methoxy-6-methyl-3-oxo-phthalan-1-carbonsäure $C_{11}H_{10}O_5$, Formel IV.

B. Beim Erwärmen von (±)-6-Methoxy-5-methyl-3-trichlormethyl-phthalid mit wss. Natronlauge und anschliessenden Ansäuern (*Meldrum, Kapadia*, J. Indian chem. Soc. 9 [1932] 483, 489).

Krystalle (aus Acn. + Toluol); F: 222°.

Barium-Salz $Ba(C_{11}H_9O_5)_2$. Krystalle mit 2 Mol H_2O.

(±)-5-Hydroxy-7-methyl-3-oxo-phthalan-1-carbonsäure $C_{10}H_8O_5$, Formel V (R = X = H).

B. Aus (±)-6-Hydroxy-4-methyl-3-trichlormethyl-phthalid mit Hilfe von wss. Natronlauge (*Meldrum, Vaidyanathan*, Pr. Indian Acad. [A] 1 [1935] 510, 519).

Krystalle (aus W.); F: 223°.

(±)-5-Methoxy-7-methyl-3-oxo-phthalan-1-carbonsäure $C_{11}H_{10}O_5$, Formel V (R = CH_3, X = H) (E I 532; dort als 6-Methoxy-4-methyl-phthalid-carbonsäure-(3) bezeichnet).

B. Beim Behandeln von (±)-5-Hydroxy-7-methyl-3-oxo-phthalan-1-carbonsäure mit wss. Natronlauge und Dimethylsulfat (*Meldrum, Vaidyanathan*, Pr. Indian Acad. [A] 1 [1935] 510, 519). Beim Erwärmen von (±)-6-Methoxy-4-methyl-3-trichlormethyl-phthalid mit äthanol. Natronlauge und anschliessenden Ansäuern (*Me.*, *Va.*, l. c. S. 516; vgl. E I 532).

Krystalle (aus Acn.); F: 170°.

(±)-4,6-Dibrom-5-hydroxy-7-methyl-3-oxo-phthalan-1-carbonsäure $C_{10}H_6Br_2O_5$, Formel V (R = H, X = Br).

B. Beim Behandeln von (±)-5,7-Dibrom-6-hydroxy-4-methyl-3-trichlormethyl-phthalid mit wss. Natronlauge und anschliessenden Ansäuern mit wss. Schwefelsäure (*Meldrum, Vaidyanathan*, Pr. Indian Acad. [A] 1 [1935] 510, 522).

Krystalle (aus A.); F: 268°.

5-Hydroxy-6-methyl-1-oxo-phthalan-4-carbonsäure, Norisogladiolsäure $C_{10}H_8O_5$, Formel VI.

Konstitutionszuordnung: *Duncanson et al.*, Soc. 1953 3637, 3638.

B. Beim Erhitzen von Isogladiolsäure (S. 6318) mit wss. Bromwasserstoffsäure (*Grove*, Biochem. J. 50 [1952] 648, 650, 664).

Krystalle (aus A.); F: 274° [korr.; Zers.] (*Du. et al.*, l. c. S. 3644).

Verhalten beim Erhitzen mit Kupferoxid-Chromoxid in Chinolin (Bildung von 5-Hydr‐oxy-6-methyl-phthalid und kleinen Mengen 7-Hydroxy-6-methyl-phthalid): *Du. et al.*, l. c. S. 3644. Beim Erwärmen mit Chlorwasserstoff enthaltendem Methanol sind 5-Hydr‐oxy-6-methyl-1-oxo-phthalan-4-carbonsäure-methylester und 7-Hydroxy-6-methyl-1-oxo-phthalan-4-carbonsäure-methylester, beim Behandeln einer Lösung in Methanol mit Diazomethan in Äther sind 5-Methoxy-6-methyl-1-oxo-phthalan-4-carbonsäure-methyl‐ester und kleinere Mengen 7-Methoxy-6-methyl-1-oxo-phthalan-4-carbonsäure-methyl‐ester erhalten worden (*Du. et al.*).

5-Hydroxy-6-methyl-1-oxo-phthalan-4-carbonsäure-methylester $C_{11}H_{10}O_5$, Formel VII (R = H).

B. s. im vorangehenden Artikel.

Krystalle (aus Me.); F: 212° [korr.] (*Duncanson et al.*, Soc. **1953** 3637, 3645).

Beim Behandeln einer Lösung in Methanol mit Diazomethan in Äther ist 7-Methoxy-6-methyl-1-oxo-phthalan-4-carbonsäure-methylester erhalten worden.

V   **VI**   **VII**   **VIII**

5-Methoxy-6-methyl-1-oxo-phthalan-4-carbonsäure-methylester, 2-Hydroxymethyl-4-methoxy-5-methyl-isophthalsäure-1-lacton-3-methylester $C_{12}H_{12}O_5$, Formel VII (R = CH$_3$).

B. Als Hauptprodukt beim Behandeln einer Lösung von 5-Hydroxy-6-methyl-1-oxo-phthalan-4-carbonsäure in Methanol mit Diazomethan in Äther (*Duncanson et al.*, Soc. **1953** 3637, 3645). Beim Erwärmen von 5-Hydroxy-6-methyl-1-oxo-phthalan-4-carb‌onsäure-methylester mit Methyljodid, Kaliumcarbonat und Aceton (*Du. et al.*).

Krystalle (aus Me.); F: 132° [korr.].

7-Methoxy-6-methyl-1-oxo-phthalan-4-carbonsäure, 2-Hydroxymethyl-4-methoxy-5-methyl-isophthalsäure-3-lacton, Isogladiolsäure $C_{11}H_{10}O_5$, Formel VIII.

Konstitutionszuordnung: *Grove*, Biochem. J. **50** [1952] 648, 657; *Brown, Newbold*, Soc. **1953** 1285, 1286; *Duncanson et al.*, Soc. **1953** 3637, 3638.

B. Aus 4-Hydroxymethyl-7-methoxy-6-methyl-phthalid beim Erwärmen mit wss. Schwefelsäure und Kaliumpermanganat (*Br., Ne.*, l. c. S. 1288) sowie beim Erwärmen einer Lösung in Tetrachlormethan und Benzol mit *N*-Brom-succinimid (3 Mol) und Erwärmen des Reaktionsprodukts mit Wasser (*Brown, Newbold*, Soc. **1953** 3648, 3651). Aus 7-Methoxy-6-methyl-1-oxo-phthalan-4-carbaldehyd beim Behandeln mit wss. Natron‌lauge und mit wss. Wasserstoffperoxid (*Du. et al.*, l. c. S. 3643), beim Behandeln einer Lösung in Methanol mit wss. Natronlauge und wss. Jod-Lösung (*Du. et al.*), beim Behandeln einer Lösung in Essigsäure mit Chrom(VI)-oxid und Wasser (*Du. et al.*) sowie beim Erwärmen mit wss. Schwefelsäure und wss. Kaliumpermanganat-Lösung (*Gr.*, Biochem. J. **50** 664). Beim Erwärmen von Gladiolsäure (E III **10** 4604) mit wss. Natron‌lauge und anschliessenden Ansäuern mit wss. Salzsäure (*Raistrick, Ross*, Biochem. J. **50** [1952] 635, 646; *Gr.*, Biochem. J. **50** 660).

Krystalle; F: 235,5−236,5° [unkorr.; aus W.] (*Ra., Ross*), 234° [korr.; aus W.] (*Du. et al.*), 234° [korr.; aus wss. A.] (*Gr.*, Biochem. J. **50** 660), 232−233° [aus wss. A.] (*Br., Ne.*, l. c. S. 3651). IR-Banden (Nujol) im Bereich von 2630 cm⁻¹ bis 1680 cm⁻¹: *Grove*, Soc. **1952** 3345, 3349. UV-Spektrum (A.; 230−325 nm): *Gr.*, Soc. **1952** 3351, 3353.

Beim Erhitzen mit Kupferoxid-Chromoxid in Chinolin ist 5-Hydroxy-6-methyl-phthalid erhalten worden (*Gr.*, Biochem. J. **50** 665; *Du. et al.*, l. c. S. 3638, 3645).

7-Hydroxy-6-methyl-1-oxo-phthalan-4-carbonsäure-methylester $C_{11}H_{10}O_5$, Formel IX (R = H).

B. Neben 5-Hydroxy-6-methyl-1-oxo-phthalan-4-carbonsäure-methylester beim Er‌wärmen von 5-Hydroxy-6-methyl-1-oxo-phthalan-4-carbonsäure mit Chlorwasserstoff enthaltendem Methanol (*Duncanson et al.*, Soc. **1953** 3637, 3645).

Krystalle (aus Bzl. oder Me.); F: 197° [korr.].

7-Methoxy-6-methyl-1-oxo-phthalan-4-carbonsäure-methylester, 2-Hydroxymethyl-4-methoxy-5-methyl-isophthalsäure-3-lacton-1-methylester, Isogladiolsäure-methylester $C_{12}H_{12}O_5$, Formel IX (R = CH$_3$).

B. Neben 5-Methoxy-6-methyl-1-oxo-phthalan-1-carbonsäure-methylester beim Be‌handeln einer Lösung von 5-Hydroxy-6-methyl-1-oxo-phthalan-4-carbonsäure in Meth‌anol mit Diazomethan in Äther (*Duncanson et al.*, Soc. **1953** 3637, 3645). Beim Behandeln einer Lösung von 5-Hydroxy-6-methyl-1-oxo-phthalan-4-carbonsäure-methylester in Methanol mit Diazomethan in Äther (*Du. et al.*). Aus Isogladiolsäure (s. o.) beim

Erwärmen mit Chlorwasserstoff enthaltendem Methanol (*Grove*, Biochem. J. **50** [1952] 648, 660) sowie beim Behandeln mit Diazomethan in Äther und Methanol (*Du. et al.*, l. c. S. 3644). Aus 7-Hydroxy-6-methyl-1-oxo-phthalan-4-carbonsäure-methylester beim Behandeln einer Lösung in Methanol mit Diazomethan in Äther sowie beim Erwärmen mit Methyljodid, Kaliumcarbonat und Aceton (*Du. et al.*).

Krystalle (aus Me.); F: 144° [korr.] (*Du. et al.*), 142° [korr.] (*Gr.*, Biochem. J. **50** 660). CO-Valenzschwingungsbanden: 1766 cm^{-1} und 1708 cm^{-1} [Nujol] (*Grove*, Soc. **1952** 3345, 3349) bzw. 1766 cm^{-1} und 1717 cm^{-1} [CHCl$_3$] (*Du. et al.*, l. c. S. 3639).

5-Hydroxy-6-methyl-3-oxo-phthalan-4-carbonsäure C$_{10}$H$_8$O$_5$, Formel X (R = H).

B. Beim Erwärmen von 5-Methoxy-6-methyl-3-oxo-phthalan-4-carbonsäure mit wss. Bromwasserstoffsäure (*Duncanson et al.*, Soc. **1953** 3637, 3643). Beim Erwärmen von 5-Methyl-7*H*-[1,3]dioxino[5,4-*e*]isobenzofuran-1,9-dion mit wss. Natronlauge und anschliessenden Ansäuern (*Du. et al.*, l. c. S. 3644).

Krystalle (aus W.); F: 198° [korr.].

IX   X   XI   XII

5-Methoxy-6-methyl-3-oxo-phthalan-4-carbonsäure, 6-Hydroxymethyl-3-methoxy-4-methyl-phthalsäure-1-lacton C$_{11}$H$_{10}$O$_5$, Formel X (R = CH$_3$).

B. Aus Dihydrogladiolsäure (2-Formyl-3-hydroxymethyl-6-methoxy-5-methyl-benzoe=säure) beim Erwärmen mit wss. Natronlauge und wss. Wasserstoffperoxid sowie beim Behandeln mit wss. Natronlauge und wss. Jod-Lösung (*Raistrick*, *Ross*, Biochem. J. **50** [1952] 635, 643; *Duncanson et al.*, Soc. **1953** 3637, 3639, 3643). Beim Erwärmen von 5-Hydroxy-6-methyl-3-oxo-phthalan-4-carbonsäure mit wss. Natronlauge und Dimethyl=sulfat (*Du. et al.*, l. c. S. 3644).

Krystalle; F: 216—216,5° [unkorr.; aus W.] (*Ra.*, *Ross*), 216° [korr.] (*Du. et al.*).

7-Hydroxy-6-methyl-3-oxo-phthalan-4-carbonsäure C$_{10}$H$_8$O$_5$, Formel XI (R = H).

B. Beim Erwärmen von 8-Methyl-4*H*-benzo[1,3]dioxin-5,6-dicarbonsäure mit wss. Salzsäure (*Charlesworth et al.*, Canad. J. Chem. **31** [1953] 65, 69).

Gelbe Krystalle (aus A. + PAe.); F: 269—270°.

7-Methoxy-6-methyl-3-oxo-phthalan-4-carbonsäure, 3-Hydroxymethyl-4-methoxy-5-methyl-phthalsäure-2-lacton C$_{11}$H$_{10}$O$_5$, Formel XI (R = CH$_3$).

B. Beim Behandeln von 7-Hydroxy-6-methyl-3-oxo-phthalan-4-carbonsäure mit wss. Natronlauge und Dimethylsulfat (*Charlesworth et al.*, Canad. J. Chem. **31** [1953] 65, 69).

Krystalle (aus Acn.); F: 154—155°.

7-Acetoxy-6-methyl-3-oxo-phthalan-4-carbonsäure, 4-Acetoxy-3-hydroxymethyl-5-methyl-phthalsäure-2-lacton C$_{12}$H$_{10}$O$_6$, Formel XI (R = CO-CH$_3$).

B. Aus dem Kalium-Salz der 7-Hydroxy-6-methyl-3-oxo-phthalan-4-carbonsäure mit Hilfe von Acetanhydrid (*Charlesworth et al.*, Canad. J. Chem. **31** [1953] 65, 69).

Krystalle (aus Acn.); F: 189—190°.

4-Hydroxy-7-methyl-1-oxo-phthalan-5-carbonsäure C$_{10}$H$_8$O$_5$, Formel XII (R = H).

B. Beim Erwärmen von 6-Methyl-9*H*-[1,3]dioxino[4,5-*e*]isobenzofuran-4,7-dion mit wss. Natronlauge und anschliessenden Ansäuern mit wss. Salzsäure (*Charlesworth et al.*, Canad. J. Chem. **32** [1954] 941, 945).

Krystalle (aus W.); F: 238°.

4-Methoxy-7-methyl-1-oxo-phthalan-5-carbonsäure, 3-Hydroxymethyl-2-methoxy-5-methyl-terephthalsäure-4-lacton $C_{11}H_{10}O_5$, Formel XII (R = CH$_3$).

B. Beim Behandeln von 4-Hydroxy-7-methyl-1-oxo-phthalan-5-carbonsäure mit wss. Natronlauge und Dimethylsulfat (*Charlesworth et al.*, Canad. J. Chem. **32** [1954] 941, 945). Krystalle (aus W.); F: 150—151°.

<h1 style="text-align:center">Hydroxy-oxo-carbonsäuren $C_{11}H_{10}O_5$</h1>

(±)-2-Äthoxycarbonylmethylmercapto-4-oxo-2-phenyl-tetrahydro-thiophen-3-carbon=säure-äthylester $C_{17}H_{20}O_5S_2$, Formel I, und Tautomeres ((±)-2-Äthoxycarbonyl=methylmercapto-4-hydroxy-2-phenyl-2,5-dihydro-thiophen-3-carbon=säure-äthylester).

B. Beim Behandeln von 3,3-Bis-äthoxycarbonylmethylmercapto-3-phenyl-propion=säure-äthylester mit Natriumäthylat in Äther (*Fiesselmann, Pfeiffer*, B. **87** [1954] 848, 855).

Gelbes Öl; Kp$_{0,4}$: 110°.

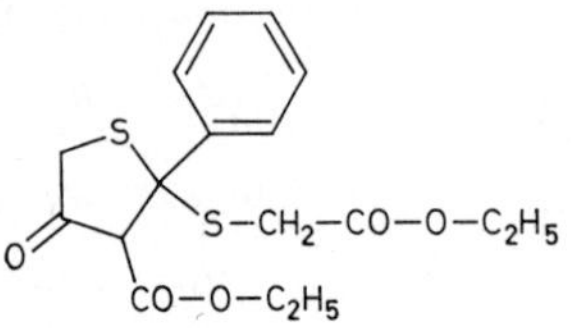

I 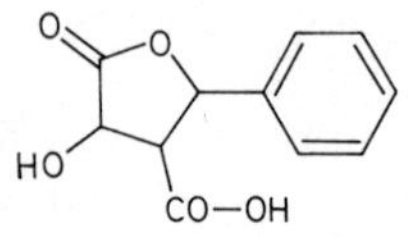   II 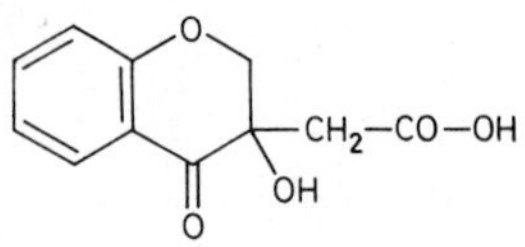   III

*Opt.-inakt. 4-Hydroxy-5-oxo-2-phenyl-tetrahydro-furan-3-carbonsäure $C_{11}H_{10}O_5$, Formel II.

B. In kleiner Menge neben dem entsprechenden Äthylester aus 4,5-Dioxo-2-phenyl-tetrahydro-furan-3-carbonsäure-äthylester mit Hilfe von Natrium-Amalgam (*Gault, Gottiniaux*, C. r. **231** [1950] 287).

F: 115°.

(±)-[3-Hydroxy-4-oxo-chroman-3-yl]-essigsäure $C_{11}H_{10}O_5$, Formel III, und Tautomeres ((±)-3a,9b-Dihydroxy-3a,9b-dihydro-3*H*,4*H*-furo[3,2-*c*]chromen-2-on).

B. Beim Erhitzen von (±)-2-Hydroxy-2-phenoxymethyl-bernsteinsäure-anhydrid mit Aluminiumchlorid (*Pfeiffer, Heinrich*, J. pr. [2] **147** [1936] 93, 97).

Öl; als Barium-Salz BaC$_{11}$H$_8$O$_5$ (Krystalle [aus W.]) isoliert.

(±)-[7-Hydroxy-2-oxo-chroman-4-yl]-essigsäure, (±)-3-[2,4-Dihydroxy-phenyl]-glutarsäure-2-lacton $C_{11}H_{10}O_5$, Formel IV (R = H).

B. Bei mehrtägigem Erwärmen von [7-Hydroxy-2-oxo-2*H*-chromen-4-yl]-essigsäure mit Natrium-Amalgam und Äthanol (*Seshadri, Venkateswarlu*, Pr. Indian Acad. [A] **15** [1942] 424, 427). Beim Erwärmen von opt.-inakt. Cyan-[7-hydroxy-2-oxo-chroman-4-yl]-essigsäure-amid mit konz. wss. Salzsäure (*Se., Ve.*).

Krystalle (aus W.); F: 180—181°.

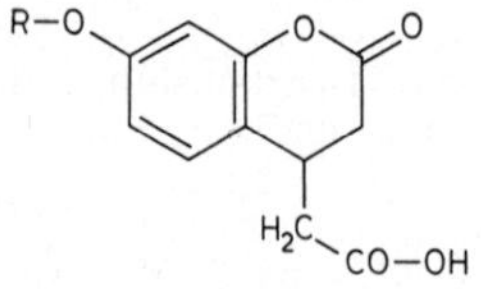

IV 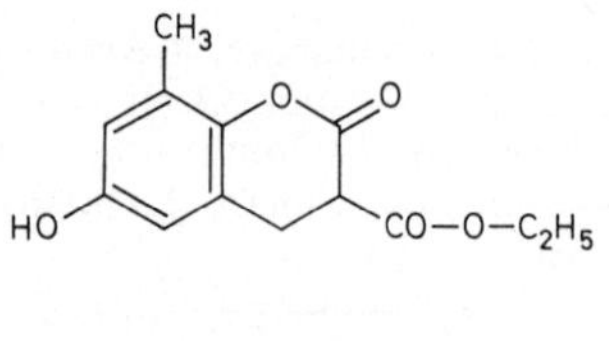   V 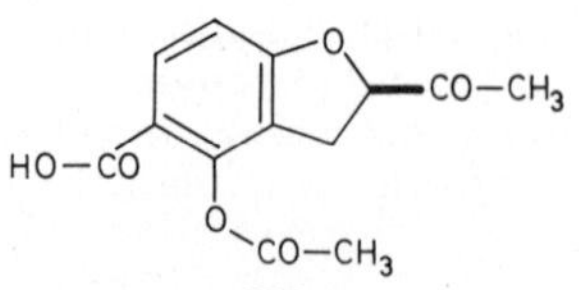   VI

(±)-[7-Methoxy-2-oxo-chroman-4-yl]-essigsäure, (±)-3-[2-Hydroxy-4-methoxy-phenyl]-glutarsäure-lacton $C_{12}H_{12}O_5$, Formel IV (R = CH$_3$).

B. Bei mehrtägigem Erwärmen von [7-Methoxy-2-oxo-2*H*-chromen-4-yl]-essigsäure

mit Natrium-Amalgam und Äthanol (*Seshadri, Venkateswarlu*, Pr. Indian Acad. [A] **15** [1942] 424, 426). Beim Erwärmen von opt.-inakt. Cyan-[7-methoxy-2-oxo-chroman-4-yl]-essigsäure-amid (F: 262—263°) mit konz. wss. Salzsäure (*Se., Ve.*).
Krystalle (aus W.); F: 122—123°.

(±)-**6-Hydroxy-8-methyl-2-oxo-chroman-3-carbonsäure-äthylester**, (±)-**[2,5-Dihydroxy-3-methyl-benzyl]-malonsäure-äthylester-2-lacton** $C_{13}H_{14}O_5$, Formel V.
B. Bei der Hydrierung von 5,7-Dibrom-6-hydroxy-8-methyl-2-oxo-2*H*-chromen-3-carbonsäure-äthylester an Palladium in Äthanol (*Smith, Byers*, Am. Soc. **63** [1941] 612, 615).
Krystalle (aus wss. A.); F: 133—134°.

(*R*)-**4-Acetoxy-2-acetyl-2,3-dihydro-benzofuran-5-carbonsäure** $C_{13}H_{12}O_6$, Formel VI.
B. Beim Behandeln einer Lösung des O-Acetyl-Derivats der (−)-Tubasäure ((*R*)-4-Acetoxy-2-isopropenyl-2,3-dihydro-benzofuran-5-carbonsäure) in Chloroform mit Ozon und Erwärmen des Reaktionsprodukts mit Wasser (*Haller, LaForge*, Am. Soc. **54** [1932] 1988, 1993).
Krystalle (aus Eg. + Dibutyläther); F: 145°.

(±)-**2-Acetyl-4-hydroxy-2,3-dihydro-benzofuran-5-carbonsäure-methylester** $C_{12}H_{12}O_5$, Formel VII (R = CH_3).
Die Identität einer von *Schamschurin* (Ž. obšč. Chim. **21** [1951] 2068, 2071; engl. Ausg. S. 2313, 2315) unter dieser Konstitution beschriebenen, bei der Hydrierung von 2-Acetyl-4-hydroxy-benzofuran-5-carbonsäure-methylester an Palladium/Kohle in Äthylacetat erhaltenen Verbindung (Krystalle [aus Bzn.], F: 182—183°) sowie der aus ihr hergestellten vermeintlichen (±)-2-Acetyl-4-hydroxy-2,3-dihydro-benzofuran-5-carbonsäure ($C_{11}H_{10}O_5$; Formel VII [R = H]; Krystalle [aus wss. Eg.], F: 236—237°) und ihrer Derivate (vermeintlicher (±)-4-Acetoxy-2-acetyl-2,3-dihydro-benzofuran-5-carbonsäure-methylester [$C_{14}H_{14}O_6$; F: 163—164°] und vermeintlicher (±)-4-Hydroxy-2-[1-semicarbazono-äthyl]-2,3-dihydro-benzofuran-5-carbonsäure-methylester [$C_{13}H_{15}N_3O_5$; F: 246,5—247°]) ist ungewiss (*Miyano, Matsui*, B. **93** [1960] 1194).

(±)-**7-Brom-5-hydroxy-4,6-dimethyl-2-oxo-2,3-dihydro-benzofuran-3-carbonsäure-äthylester**, (±)-**[3-Brom-2,5-dihydroxy-4,6-dimethyl-phenyl]-malonsäure-äthylester-2-lacton** $C_{13}H_{13}BrO_5$, Formel VIII.
B. Beim Behandeln von 2-Brom-3,5-dimethyl-[1,4]benzochinon mit der Natrium-Verbindung des Malonsäure-diäthylesters in Dioxan, anschliessenden Behandeln mit wss. Salzsäure und Erwärmen des Reaktionsprodukts unter vermindertem Druck (*Smith, Wiley*, Am. Soc. **68** [1946] 894).
Krystalle (aus A.); F: 147,5—148,5°.

(±)-**6-Brom-5-hydroxy-4,7-dimethyl-2-oxo-2,3-dihydro-benzofuran-3-carbonsäure-äthylester**, (±)-**[4-Brom-2,5-dihydroxy-3,6-dimethyl-phenyl]-malonsäure-äthylester-2-lacton** $C_{13}H_{13}BrO_5$, Formel IX (R = H).
B. Beim Behandeln einer Lösung von [4-Brom-2,5-dihydroxy-3,6-dimethyl-phenyl]-malonsäure-diäthylester in Chloroform mit 75%ig. wss. Schwefelsäure (*Smith, Nichols*, Am. Soc. **65** [1943] 1739, 1743).
Krystalle (aus PAe.); F: 117—118,5°.
Beim Erwärmen mit Dimethylsulfat und methanol. Natronlauge sind 6-Brom-5-methoxy-4,7-dimethyl-2-oxo-2,3-dihydro-benzofuran-3-carbonsäure-äthylester und kleine Mengen 6-Brom-2,5-dimethoxy-4,7-dimethyl-benzofuran-3-carbonsäure erhalten worden.

(±)-**6-Brom-5-methoxy-4,7-dimethyl-2-oxo-2,3-dihydro-benzofuran-3-carbonsäure-äthylester**, (±)-**[4-Brom-2-hydroxy-5-methoxy-3,6-dimethyl-phenyl]-malonsäure-äthylester-lacton** $C_{14}H_{15}BrO_5$, Formel IX (R = CH_3).
B. Als Hauptprodukt beim Erwärmen von [4-Brom-2,5-dihydroxy-3,6-dimethyl-phenyl]-malonsäure-diäthylester mit Dimethylsulfat und methanol. Kalilauge (*Smith, Nichols*,

Am. Soc. **65** [1943] 1739, 1744). Als Hauptprodukt beim Erwärmen von (±)-6-Brom-5-hydroxy-4,7-dimethyl-2-oxo-2,3-dihydro-benzofuran-3-carbonsäure-äthylester mit Di=methylsulfat und methanol. Natronlauge (*Sm., Ni.*).
Krystalle (aus PAe.); F: 96—97°.

VII   VIII   IX

(±)-5-Acetoxy-6-brom-4,7-dimethyl-2-oxo-2,3-dihydro-benzofuran-3-carbonsäure-äthylester, (±)-[3-Acetoxy-4-brom-6-hydroxy-2,5-dimethyl-phenyl]-malonsäure-äthylester-lacton $C_{15}H_{15}BrO_6$, Formel IX (R = CO-CH$_3$).
B. Beim Behandeln von (±)-6-Brom-5-hydroxy-4,7-dimethyl-2-oxo-2,3-dihydro-benzo=furan-3-carbonsäure-äthylester mit Acetanhydrid und wenig Schwefelsäure (*Smith, Nichols*, Am. Soc. **65** [1943] 1739, 1743).
Krystalle (aus PAe.); F: 120—122°.

(±)-4-Brom-5-hydroxy-6,7-dimethyl-2-oxo-2,3-dihydro-benzofuran-3-carbonsäure-äthylester, (±)-[2-Brom-3,6-dihydroxy-4,5-dimethyl-phenyl]-malonsäure-äthylester-6-lacton $C_{13}H_{13}BrO_5$, Formel X (R = H, X = C$_2$H$_5$).
B. Beim Behandeln einer Lösung von [2-Brom-3,6-dihydroxy-4,5-dimethyl-phenyl]-malonsäure-diäthylester in Chloroform mit 75%ig. wss. Schwefelsäure (*Smith, Austin*, Am. Soc. **64** [1942] 528, 531).
Krystalle (aus Bzl. + PAe.); F: 109—110°.

(±)-5-Acetoxy-4-brom-6,7-dimethyl-2-oxo-2,3-dihydro-benzofuran-3-carbonsäure-äthylester, (±)-[3-Acetoxy-2-brom-6-hydroxy-4,5-dimethyl-phenyl]-malonsäure-äthylester-lacton $C_{15}H_{15}BrO_6$, Formel X (R = CO-CH$_3$, X = C$_2$H$_5$).
B. Beim Erwärmen von (±)-4-Brom-5-hydroxy-6,7-dimethyl-2-oxo-2,3-dihydro-benzo=furan-3-carbonsäure-äthylester mit Acetanhydrid und wenig Schwefelsäure (*Smith, Austin*, Am. Soc. **64** [1942] 528, 531).
Krystalle (aus A.); F: 117—118°.

(±)-[7-Chlor-4-methoxy-1-methyl-3-oxo-phthalan-1-yl]-essigsäure $C_{12}H_{11}ClO_5$, Formel XI (R = CH$_3$, X = H).
B. Beim Behandeln einer Lösung des aus (±)-7-Chlor-4-methoxy-1-methyl-3-oxo-phthalan-1-carbonsäure mit Hilfe von Phosphor(V)-chlorid hergestellten Säurechlorids in Benzol mit Diazomethan in Äther, Erwärmen des erhaltenen Diazoketons mit Silber=oxid und Methanol, Erwärmen des Reaktionsprodukts mit wss.-methanol. Kalilauge und anschliessenden Ansäuern mit wss. Salzsäure (*Kushner et al.*, Am. Soc. **75** [1953] 1097, 1099).
Krystalle (aus wss. A.); F: 224—227° [nach Sublimation].

X   XI   XII   XIII

(±)-[7-Chlor-4-methoxy-1-methyl-3-oxo-phthalan-1-yl]-essigsäure-methylester $C_{13}H_{13}ClO_5$, Formel XI (R = X = CH$_3$).
B. Beim Erwärmen von (±)-[7-Chlor-4-methoxy-1-methyl-3-oxo-phthalan-1-yl]-essig=

säure mit Schwefelsäure enthaltendem Methanol (*Kushner et al.*, Am. Soc. **75** [1953] 1097, 1100).
Krystalle (aus Ae. + PAe.); F: 95—98°.

***

[5-Methoxy-7-methyl-3-oxo-phthalan-4-yl]-essigsäure $C_{12}H_{12}O_5$, Formel XII (R = CH_3).
B. Beim Erwärmen von [5-Methoxy-7-methyl-3-oxo-phthalan-4-yl]-acetonitril (s. u.) mit wss. Natronlauge und anschliessenden Ansäuern (*Charlesworth et al.*, Canad. J. Res. [B] **23** [1945] 17, 22).
Krystalle (aus wss. A.); F: 218—219° [unkorr.].

[5-Methoxy-7-methyl-3-oxo-phthalan-4-yl]-acetonitril, 7-Cyanmethyl-6-methoxy-4-methyl-phthalid $C_{12}H_{11}NO_3$, Formel XIII (R = CH_3).
Bezüglich der Konstitutionszuordnung s. *Charlesworth, Levene*, Canad. J. Chem. **41** [1963] 1071.
B. Beim Erwärmen von 7-Chlormethyl-6-methoxy-4-methyl-phthalid mit Natrium≈ cyanid in Äthanol (*Charlesworth et al.*, Canad. J. Res. [B] **23** [1945] 17, 22).
Krystalle (aus A.); F: 179—181,5° [unkorr.] (*Ch. et al.*).

Hydroxy-oxo-carbonsäuren $C_{12}H_{12}O_5$

*Opt.-inakt. **2-[2-Brom-5-methoxy-phenyl]-6-oxo-tetrahydro-pyran-3-carbonsäure, 2-[2-Brom-α-hydroxy-5-methoxy-benzyl]-glutarsäure-5-lacton** $C_{13}H_{13}BrO_5$, Formel I.
B. Beim Behandeln von 2-[(*Ξ*)-2-Brom-5-methoxy-benzyliden]-glutarsäure (F: 188° bis 189°) mit wss. Salzsäure (*Barltrop et al.*, Soc. **1951** 181, 185).
Krystalle (aus wss. A.); F: 231—233°.

***

*Opt.-inakt. **5-[3-Methoxy-benzyl]-2-oxo-tetrahydro-furan-3-carbonsäure-äthylester, [2-Hydroxy-3-(3-methoxy-phenyl)-propyl]-malonsäure-äthylester-lacton** $C_{15}H_{18}O_5$, Formel II (R = C_2H_5).
B. Beim Behandeln von (±)-1-Chlor-3-[3-methoxy-phenyl]-propan-2-ol mit wss. Na≈ tronlauge und Behandeln des erhaltenen (±)-1,2-Epoxy-3-[3-methoxy-phenyl]-propans ((±)-[3-Methoxy-benzyl]-oxiran; $C_{10}H_{12}O_2$; Kp$_{0,9}$: 80—84°) mit der Natrium-Verbindung des Malonsäure-diäthylesters in Äthanol (*Watanabe*, Bl. agric. chem. Soc. Japan **23** [1959] 263, 267).
Kp$_{0,8}$: 170—175°.

***

5-Hydroxy-2,2-dimethyl-4-oxo-chroman-6-carbonsäure $C_{12}H_{12}O_5$, Formel III (R = H).
B. Beim Erwärmen von 5-Hydroxy-2,2-dimethyl-4-oxo-chroman-6-carbonsäure-methylester mit wss.-methanol. Natronlauge (*Nickl*, B. **92** [1959] 1989, 1996).
Krystalle (aus Me.); F: 202° [Zers.]. UV-Absorptionsmaxima (Me.): 228 nm, 252 nm und 343 nm.

I   II   III

5-Hydroxy-2,2-dimethyl-4-oxo-chroman-6-carbonsäure-methylester $C_{13}H_{14}O_5$, Formel III (R = CH_3).
B. Neben anderen Verbindungen beim Behandeln von 2,4-Dihydroxy-benzoesäure-methylester mit 3-Methyl-crotonoylchlorid und Aluminiumchlorid in Schwefelkohlenstoff und Nitrobenzol (*Nickl*, B. **92** [1959] 1989, 1993).
Krystalle (aus Me.); F: 141°. UV-Absorptionsmaxima (Me.): 232 nm, 253 nm und 337 nm.

4-[2,4-Dinitro-phenylhydrazono]-5-hydroxy-2,2-dimethyl-chroman-6-carbonsäure-methylester $C_{19}H_{18}N_4O_8$, Formel IV ($R = C_6H_3(NO_2)_2$).

B. Aus 5-Hydroxy-2,2-dimethyl-4-oxo-chroman-6-carbonsäure-methylester und [2,4-Di=nitro-phenyl]-hydrazin (*Nickl*, B. **92** [1959] 1989, 1994).

Orangefarbene Krystalle (aus E.); F: 243° [Zers.].

7-Hydroxy-2,2-dimethyl-4-oxo-chroman-6-carbonsäure $C_{12}H_{12}O_5$, Formel V ($R = X = H$).

B. Beim Erwärmen von 7-Hydroxy-2,2-dimethyl-4-oxo-chroman-6-carbonsäure-methylester oder von 2,4-Dihydroxy-5-[3-methyl-crotonoyl]-benzoesäure-methylester mit wss. Natronlauge (*Nickl*, B. **92** [1959] 1989, 1994, 1997).

Krystalle (aus Me.); F: 235°.

IV   V   VI

7-Hydroxy-2,2-dimethyl-4-oxo-chroman-6-carbonsäure-methylester $C_{13}H_{14}O_5$, Formel V ($R = H$, $X = CH_3$).

In einem von *Huls* (Bl. Soc. Sci. Liège **23** [1954] 31, 36, 37) unter dieser Konstitution beschriebenen Präparat (F: 104°) hat ein Gemisch von 7-Hydroxy-2,2-dimethyl-4-oxo-chroman-6-carbonsäure-methylester und 5-Hydroxy-2,2-dimethyl-4-oxo-chroman-6-carb=onsäure-methylester vorgelegen (*Nickl*, B. **92** [1959] 1989, 1990, 1992).

B. Beim Behandeln von 2,4-Dihydroxy-benzoesäure-methylester mit 3-Methyl-crotonoylchlorid und Aluminiumchlorid in Schwefelkohlenstoff und Nitrobenzol oder mit 3-Methyl-crotonoylchlorid und Borfluorid in Äther (*Ni.*, l. c. S. 1993, 1998).

Krystalle (aus Me.); F: 133° (*Ni.*). UV-Absorptionsmaxima (Me.): 244 nm und 318 nm (*Ni.*).

7-Acetoxy-2,2-dimethyl-4-oxo-chroman-6-carbonsäure-methylester $C_{15}H_{16}O_6$, Formel V ($R = CO\text{-}CH_3$, $X = CH_3$).

B. Beim Behandeln von 7-Hydroxy-2,2-dimethyl-4-oxo-chroman-6-carbonsäure-methylester mit Acetanhydrid und Pyridin (*Nickl*, B. **92** [1959] 1989, 1994).

Krystalle (aus wss. Me.); F: 121°.

4-[2,4-Dinitro-phenylhydrazono]-7-hydroxy-2,2-dimethyl-chroman-6-carbonsäure-methylester $C_{19}H_{18}N_4O_8$, Formel VI ($R = C_6H_3(NO_2)_2$).

B. Aus 7-Hydroxy-2,2-dimethyl-4-oxo-chroman-6-carbonsäure-methylester und [2,4-Di=nitro-phenyl]-hydrazin (*Nickl*, B. **92** [1959] 1989, 1994).

Rote Krystalle (aus Toluol + A.); F: 263° [Zers.].

(±)-6-Hydroxy-5,7-dimethyl-2-oxo-chroman-3-carbonsäure-äthylester, (±)-[3,6-Di=hydroxy-2,4-dimethyl-benzyl]-malonsäure-äthylester-6-lacton $C_{14}H_{16}O_5$, Formel VII ($R = C_2H_5$).

Eine von *Smith, Johnson* (Am. Soc. **59** [1937] 673, 677, 678) unter dieser Konstitution beschriebene Verbindung ist als (±)-6-Hydroxy-7,8-dimethyl-2-oxo-chroman-3-carbon=säure-äthylester zu formulieren (*Smith, Wiley*, Am. Soc. **68** [1946] 887, 888).

B. Bei der Hydrierung von 8-Brom-6-hydroxy-5,7-dimethyl-2-oxo-2H-chromen-3-carb=onsäure-äthylester an Palladium/Bariumcarbonat in Äthanol (*Sm., Wi.*, l. c. S. 892).

Krystalle (aus wss. A.); F: 130—132° (*Sm., Wi.*).

(±)-6-Acetoxy-7,8-dimethyl-2-oxo-chroman-3-carbonsäure-methylester, (±)-[5-Acet=oxy-2-hydroxy-3,4-dimethyl-benzyl]-malonsäure-lacton-methylester $C_{15}H_{16}O_6$, Formel VIII ($R = CO\text{-}CH_3$, $X = H$).

B. Bei der Hydrierung von 6-Acetoxy-5-brom-7,8-dimethyl-2-oxo-2H-chromen-3-carb=

onsäure-methylester an Palladium/Calciumcarbonat in Äthanol (*Smith, Wiley*, Am. Soc. **68** [1946] 887, 893).
Krystalle (aus A.); F: 131,5—132°.

VII   VIII   IX

(±)-6-Hydroxy-7,8-dimethyl-2-oxo-chroman-3-carbonsäure-äthylester, (±)-[2,5-Di=
hydroxy-3,4-dimethyl-benzyl]-malonsäure-äthylester-2-lacton $C_{14}H_{16}O_5$, Formel IX.
Diese Verbindung hat auch in einem von *Smith, Johnson* (Am. Soc. **59** [1937] 673, 678)
als (±)-6-Hydroxy-5,7-dimethyl-2-oxo-chroman-3-carbonsäure-äthylester angesehenen
Präparat vorgelegen (*Smith, Wiley*, Am. Soc. **68** [1946] 887, 888).
B. Bei der Hydrierung von 6-Hydroxy-7,8-dimethyl-2-oxo-2*H*-chromen-3-carbonsäure-
äthylester an Palladium/Calciumcarbonat in Äthanol (*Sm., Jo.*). Bei der Hydrierung von
5-Brom-6-hydroxy-7,8-dimethyl-2-oxo-2*H*-chromen-3-carbonsäure-äthylester an Palla=
dium/Calciumcarbonat in Äthanol (*Sm., Jo.*) oder an Palladium/Bariumcarbonat in
Äthanol (*Sm., Wi.*, l. c. S. 892).
Krystalle (aus wss. A.); F: 142—143° (*Sm., Jo.*).

(±)-5-Brom-6-hydroxy-7,8-dimethyl-2-oxo-chroman-3-carbonsäure-methylester,
(±)-[2-Brom-3,6-dihydroxy-4,5-dimethyl-benzyl]-malonsäure-6-lacton-methylester
$C_{13}H_{13}BrO_5$, Formel VIII (R = H, X = Br).
B. Beim Erwärmen von Malonsäure-dimethylester mit Magnesiummethylat in Methanol
und anschliessend mit Brom-trimethyl-[1,4]benzochinon [0,5 Mol] (*Smith, Wiley*, Am.
Soc. **68** [1946] 887, 889).
Krystalle (aus Me.); F: 152—153°.
Beim Behandeln mit Eisen(III)-chlorid und wss.-methanol. Salzsäure ist [2-Brom-
4,5-dimethyl-3,6-dioxo-cyclohexa-1,4-dienylmethyl]-malonsäure-dimethylester erhalten
worden (*Sm., Wi.*, l. c. S. 890). Reaktion mit Diazomethan in Äther unter Bildung von
5-Brom-2,6-dimethoxy-7,8-dimethyl-4*H*-chromen-3-carbonsäure-methylester sowie Reaktion mit Acetanhydrid in Gegenwart von Schwefelsäure unter Bildung von 2,6-Diacetoxy-
5-brom-7,8-dimethyl-4*H*-chromen-3-carbonsäure-methylester: *Sm., Wi.*

(±)-5-Hydroxy-4,6,7-trimethyl-2-oxo-2,3-dihydro-benzofuran-3-carbonsäure-äthylester,
(±)-[2,5-Dihydroxy-3,4,6-trimethyl-phenyl]-malonsäure-äthylester-2-lacton $C_{14}H_{16}O_5$,
Formel X (R = H).
B. Beim Behandeln von Malonsäure-diäthylester mit Natriumäthylat in Äthanol und
anschliessend mit Trimethyl-[1,4]benzochinon (*Smith, Prichard*, J. org. Chem. **4** [1939]
342, 349).
Krystalle (aus Ae. + PAe.); F: 111—112°.

(±)-5-Acetoxy-4,6,7-trimethyl-2-oxo-2,3-dihydro-benzofuran-3-carbonsäure-äthylester,
(±)-[3-Acetoxy-6-hydroxy-2,4,5-trimethyl-phenyl]-malonsäure-äthylester-lacton
$C_{16}H_{18}O_6$, Formel X (R = CO-CH$_3$).
B. Aus (±)-5-Hydroxy-4,6,7-trimethyl-2-oxo-2,3-dihydro-benzofuran-3-carbonsäure-
äthylester beim Erwärmen mit Acetanhydrid und wenig Schwefelsäure sowie beim Behandeln der Natrium-Verbindung mit Acetylchlorid (*Smith, Prichard*, J. org. Chem. **4**
[1939] 342, 349).
Krystalle (aus Ae. + PAe.); F: 101—103°.

5-Hydroxy-2-imino-4,6,7-trimethyl-2,3-dihydro-benzofuran-3-carbonitril $C_{12}H_{12}N_2O_2$,
Formel XI (R = H), und 2-Amino-5-hydroxy-4,6,7-trimethyl-benzofuran-3-carbonitril
$C_{12}H_{12}N_2O_2$, Formel XII (R = H).
Für die nachstehend beschriebene Verbindung ist ausser diesen Formeln auch die Kon-

stitution des (±)-5-Hydroxy-4,6,7-trimethyl-2-oxo-indolin-3-carbonitrils ($C_{12}H_{12}N_2O_2$) in Betracht zu ziehen (*Smith, Dale*, J. org. Chem. **15** [1950] 832, 834).

B. Beim Behandeln von Cyanessigsäure-amid mit Natriummethylat in Methanol und anschliessend mit Trimethyl-[1,4]benzochinon (*Sm., Dale*, l. c. S. 838). Krystalle (aus Dioxan); F: 240—245° [Zers.].

X   **XI**   **XII**

5-Acetoxy-2-acetylimino-4,6,7-trimethyl-2,3-dihydro-benzofuran-3-carbonitril, $C_{16}H_{16}N_2O_4$, Formel XI (R = CO-CH$_3$), und **5-Acetoxy-2-acetylamino-4,6,7-trimethyl-benzofuran-3-carbonitril** $C_{16}H_{16}N_2O_4$, Formel XII (R = CO-CH$_3$).

Für die nachstehend beschriebene Verbindung ist ausser diesen Formeln auch die Konstitution des (±)-5-Acetoxy-1-acetyl-4,6,7-trimethyl-2-oxo-indolin-3-carbonitrils ($C_{16}H_{16}N_2O_4$) in Betracht zu ziehen (vgl. *Smith, Dale*, J. org. Chem. **15** [1950] 832, 834).

B. Beim Erhitzen der im vorangehenden Artikel beschriebenen Verbindung mit Acet= anhydrid und wenig Schwefelsäure (*Sm., Dale*, l. c. S. 838).

Krystalle (aus A.); F: 226—227,5°.

2-Benzoylimino-5-benzoyloxy-4,6,7-trimethyl-2,3-dihydro-benzofuran-3-carbonitril $C_{26}H_{20}N_2O_4$, Formel XI (R = CO-C$_6$H$_5$), und **2-Benzoylamino-5-benzoyloxy-4,6,7-tri= methyl-benzofuran-3-carbonitril** $C_{26}H_{20}N_2O_4$, Formel XII (R = CO-C$_6$H$_5$).

Für die nachstehend beschriebene Verbindung ist ausser diesen Formeln auch die Konstitution des (±)-1-Benzoyl-5-benzoyloxy-4,6,7-trimethyl-2-oxo-indolin-3-carbonitrils ($C_{20}H_{20}N_2O_4$) in Betracht zu ziehen (vgl. *Smith, Dale*, J. org. chem. **15** [1950] 832, 834).

B. Beim Erhitzen der im Artikel 5-Hydroxy-2-imino-4,6,7-trimethyl-2,3-dihydro-benzofuran-3-carbonitril (S. 6325) beschriebenen Verbindung mit Benzoylchlorid und Pyridin (*Sm., Dale*, l. c. S. 838).

Krystalle (aus A.); F: 238,5—241°.

(±)-[7-Methoxy-5-methyl-3-oxo-1-trichlormethyl-phthalan-4-yl]-essigsäure $C_{13}H_{11}Cl_3O_5$, Formel XIII.

B. Beim Behandeln von [2-Carboxy-4-methoxy-6-methyl-phenyl]-essigsäure mit Chloralhydrat und konz. Schwefelsäure (*Meldrum, Vaidyanathan*, Pr. Indian Acad. [A] **1** [1935] 510, 525).

Krystalle (aus Me.); F: 221° (*Me., Va.*).

Beim Erwärmen mit Essigsäure und Zink-Pulver ist eine wahrscheinlich als [2-Carb= oxy-3-(2,2-dichlor-vinyl)-4-methoxy-6-methyl-phenyl]-essigsäure zu formulierende Verbindung (E III **10** 2266) erhalten worden (*Me., Va.*; s. dazu *Dharwarkar, Alimchandani*, J. Univ. Bombay **9**, Tl. 3 [1940] 163).

(±)-[7-Hydroxy-6-methyl-3-oxo-1-trichlormethyl-phthalan-4-yl]-essigsäure $C_{12}H_9Cl_3O_5$, Formel XIV.

Diese Konstitution kommt wahrscheinlich der nachstehend beschriebenen, von *Meldrum, Kapadia* (J. Indian chem. Soc. **9** [1932] 483, 488) als (±)-[5-Hydroxy-6-methyl-3-oxo-1-trichlormethyl-phthalan-4-yl]-essigsäure ($C_{12}H_9Cl_3O_5$) angesehenen Verbindung zu (s. *Desai, Usgaonkar*, J. Indian chem. Soc. **42** [1965] 439, 441).

B. Beim Behandeln von 2-[2,2-Dichlor-vinyl]-5-hydroxy-4-methyl-benzoesäure (E III **10** 872) oder von [2-Carboxy-4-hydroxy-5-methyl-phenyl]-essigsäure (E III **10** 2222) mit Chloral und Schwefelsäure (*Me., Ka.*).

Krystalle (aus Acn. + Toluol); F: 249° (*Me., Ka.*).

Überführung in 2-[Carboxy-hydroxy-methyl]-6-carboxymethyl-3-hydroxy-4-methyl-benzoesäure durch Behandlung mit wss. Natronlauge: *Me., Ka.* Beim Erhitzen mit Essigsäure und Zink-Pulver ist eine wahrscheinlich als [2-Carboxy-3-(2,2-dichlor-vinyl)-4-hydroxy-5-methyl-phenyl]-essigsäure zu formulierende Verbindung (E III **10** 2266) erhalten worden (*Me., Ka.*).

XIII   XIV   XV

(±)-[5-Methoxy-7-methyl-3-oxo-1-trichlormethyl-phthalan-4-yl]-essigsäure $C_{13}H_{11}Cl_3O_5$, Formel XV.

B. Beim Behandeln von [2-Carboxy-6-methoxy-4-methyl-phenyl]-essigsäure mit Chloralhydrat und Schwefelsäure (*Meldrum, Vaidyanathan,* Pr. Indian Acad. [A] **1** [1935] 510, 524).

Krystalle (aus Eg.); F: 241° (*Me., Va.*).

Beim Erwärmen mit Essigsäure und Zink-Pulver ist eine wahrscheinlich als [2-Carb=oxy-3-(2,2-dichlor-vinyl)-6-methoxy-4-methyl-phenyl]-essigsäure zu formulierende Verbindung (E III **10** 2266) erhalten worden (*Me., Va.*; s. dazu *Dharwarkar, Alimchandani,* J. Univ. Bombay **9**, Tl. 3 [1940] 163).

Hydroxy-oxo-carbonsäuren $C_{13}H_{14}O_5$

(±)-[2-(4-Methoxy-phenyl)-6-oxo-tetrahydro-pyran-2-yl]-essigsäure, (±)-3-Hydroxy-3-[4-methoxy-phenyl]-heptandisäure-1-äthylester-7-lacton $C_{16}H_{20}O_5$, Formel I.

B. Beim Erwärmen von 5-[4-Methoxy-phenyl]-5-oxo-valeriansäure-äthylester mit Bromessigsäure-äthylester, Zink und Benzol (*Banerjee,* J. Indian chem. Soc. **17** [1940] 573, 575).

Kp_4: 229—230°.

Beim Erwärmen mit wss. Natronlauge und Zink-Pulver ist 3-[4-Methoxy-phenyl]-hept-2-endisäure (E III **10** 2268) erhalten worden.

*Opt.-inakt. **Hydroxy-[2-oxo-6-phenyl-tetrahydro-pyran-4-yl]-essigsäure** $C_{13}H_{14}O_5$, Formel II (R = H).

Diese Konstitution ist für die nachstehend beschriebene Verbindung in Betracht gezogen worden (*Gandini,* G. **78** [1948] 135, 138, **81** [1951] 251, 252).

B. Neben einer als 3-Styryl-pentendisäure-1(oder 5)-methylester angesehenen Verbindung (E III **9** 4441) bei 2-tägigem Behandeln von 3-Cinnamoyloxy-crotonsäure-äthyl=ester (E III **9** 2705) mit Natriummethylat in Methanol (*Ga.,* G. **78** 140, **81** 255). Bei mehrtägigem Behandeln der als 3-Styryl-pentendisäure-1(oder 5)-methylester angesehenen Verbindung mit Natriummethylat in Methanol und Erwärmen des Reaktionsprodukts mit wss. Salzsäure (*Ga.,* G. **78** 141).

Krystalle; F: 132—134° [aus Ae. + PAe.] (*Ga.,* G. **81** 256), 128—130° [aus Me.] (*Ga.,* G. **78** 141).

Beim Erwärmen mit wss. Schwefelsäure ist [5-Phenyl-tetrahydro-[3]furyl]-essigsäure (F: 85—86°) erhalten worden (*Ga.,* G. **81** 258).

I   II   III

*Opt.-inakt. Hydroxy-[2-oxo-6-phenyl-tetrahydro-pyran-4-yl]-essigsäure-methylester $C_{14}H_{16}O_5$, Formel II (R = CH$_3$).

Diese Konstitution ist der nachstehend beschriebenen Verbindung zugeschrieben worden (*Gandini*, G. **81** [1951] 251, 252).

B. Beim Behandeln der im vorangehenden Artikel beschriebenen Verbindung mit Di= azomethan in Äther (*Ga.*, l. c. S. 257).

Krystalle (aus Ae.); F: 108—108,5°.

(±)-[2-(2-Methoxy-5-methyl-phenyl)-5-oxo-tetrahydro-[2]furyl]-essigsäure, (±)-3-Hydr= **oxy-3-[2-methoxy-5-methyl-phenyl]-adipinsäure-6-lacton** $C_{14}H_{16}O_5$, Formel III (R = H).

B. Beim Erwärmen von (±)-[2-(2-Methoxy-5-methyl-phenyl)-5-oxo-tetrahydro- [2]furyl]-essigsäure-methylester mit wss. Natronlauge und anschliessenden Ansäuern (*Dreiding, Tomasewski*, Am. Soc. **76** [1954] 540, 542).

Krystalle (aus Acn.); F: 145—146,5° [unkorr.]. UV-Absorptionsmaxima (A.): 224 nm und 277 nm.

Beim Erwärmen mit Natriummethylat in Methanol sind 3-[2-Methoxy-5-methyl-phenyl]-hex-2c-endisäure und 3-[2-Methoxy-5-methyl-phenyl]-hex-2t-endisäure erhalten worden.

(±)-[2-(2-Methoxy-5-methyl-phenyl)-5-oxo-tetrahydro-[2]furyl]-essigsäure-methyl= **ester, (±)-3-Hydroxy-3-[2-methoxy-5-methyl-phenyl]-adipinsäure-6-lacton-1-methyl=** **ester** $C_{15}H_{18}O_5$, Formel III (R = CH$_3$).

B. Beim Erwärmen von 4-[2-Methoxy-5-methyl-phenyl]-4-oxo-buttersäure-methyl= ester mit Bromessigsäure-methylester, Zink, Benzol und Äther (*Dreiding, Tomasewski*, Am. Soc. **76** [1954] 540, 542).

Krystalle (aus Ae. + PAe.); F: 59—61°.

---

*Opt.-inakt. 3-[4-Hydroxy-2-oxo-3-phenyl-tetrahydro-[3]furyl]-propionsäure, **2-[1,2-Dihydroxy-äthyl]-2-phenyl-glutarsäure-1 → 2-lacton** $C_{13}H_{14}O_5$, Formel IV.

B. Beim Erwärmen von opt.-inakt. 2-Oxiranyl-2-phenyl-glutarsäure-imid (F: 144° bis 146°) mit wss. Schwefelsäure (*Hoffmann et al.*, Helv. **40** [1957] 387, 394).

Krystalle (aus E. + Pentan); F: 145—146° [korr.]. Bei 120°/0,01 Torr sublimierbar.

(±)-6-Hydroxy-5,7,8-trimethyl-2-oxo-chroman-3-carbonsäure-äthylester, (±)-[2,5-Di= **hydroxy-3,4,6-trimethyl-benzyl]-malonsäure-äthylester-2-lacton** $C_{15}H_{18}O_5$, Formel V (R = H).

B. Bei der Hydrierung von 6-Hydroxy-5,7,8-trimethyl-2-oxo-2H-chromen-3-carbon= säure-äthylester an Platin in Äthanol (*Smith, Denyes*, Am. Soc. **58** [1936] 304, 306, 307).

Krystalle (aus wss. A.); F: 104—105°.

IV   V   VI

(±)-6-Acetoxy-5,7,8-trimethyl-2-oxo-chroman-3-carbonsäure-äthylester, (±)-[3-Acet= **oxy-6-hydroxy-2,4,5-trimethyl-benzyl]-malonsäure-äthylester-lacton** $C_{17}H_{20}O_6$, Formel V (R = CO-CH$_3$).

B. Bei mehrtägigem Behandeln von 4-Acetoxy-2-chlormethyl-3,5,6-trimethyl-phenol mit der Natrium-Verbindung des Malonsäure-diäthylesters in Äther (*Smith, Carlin*, Am. Soc. **64** [1942] 524, 527). Aus (±)-6-Hydroxy-5,7,8-trimethyl-2-oxo-chroman-3-carb= onsäure-äthylester mit Hilfe von Acetanhydrid und Natriumacetat (*Smith, Denyes*, Am. Soc. **58** [1936] 304, 306). Bei der Hydrierung von 6-Acetoxy-5,7,8-trimethyl-2-oxo- 2H-chromen-3-carbonsäure-äthylester an Platin in Äthanol (*Sm., De.*).

Krystalle (aus wss. A.); F: 117—118° (*Sm., Ca.*), 116—117° (*Sm., De.*).

8-Hydroxy-3,4,5-trimethyl-6-oxo-4,6-dihydro-3H-isochromen-7-carbonsäure $C_{13}H_{14}O_5$ und Tautomere.

a) **(3R)-8-Hydroxy-3r,4t,5-trimethyl-6-oxo-4,6-dihydro-3H-isochromen-7-carbon=** säure, **(−)-Citrinin** $C_{13}H_{14}O_5$, Formel VI, und Tautomere.

Konstitution: *Brown et al.*, Soc. **1949** 867; *Cartwright et al.*, Soc. **1949** 1563. Konfiguration: *Mehta, Whalley*, Soc. **1963** 3777; *Hill, Gardella*, J. org. Chem. **29** [1964] 766.

Antimycin (*van Beyma thoe Kingma, Jungman*, Chem. Courant **53** [1954] 220) ist mit (−)-Citrinin identisch (*Haese*, Ar. **296** [1963] 227).

Isolierung aus der Kulturflüssigkeit von Aspergillus candidus: *Timonin, Rouatt*, Canad. J. publ. Health **35** [1944] 80; *Wyllie*, Canad. J. publ. Health **36** [1945] 477; s. a. *Birch et al.*, Soc. **1958** 4576, 4578, 4580; von Aspergillus terreus: *Raistrick, Smith*, Biochem. J. **29** [1935] 606, 610; von Penicillium citrinum: *Hetherington, Raistrick*, Phil. Trans. [B] **220** [1931] 269, 270; *Tauber et al.*, Am. Soc. **64** [1942] 2228; *Taira, Yoshida*, J. agric. chem. Soc. Japan **29** [1955] 420; C. A. **1958** 9461; s. a. *Schwenk et al.*, J. biol. Chem. **233** [1958] 1211; von Penicillium expansum: *van Beyma thoe Kingma, Jungman*, Chem. Courant **53** [1954] 220; s. a. *Haese*, Ar. **296** [1963] 227; von Penicillium velutinum: *Terui, Shibazaki*, J. Fermentat. Technol. Japan **26** [1948] 257; C. A. **1950** 7384; von weiteren Penicillium-Arten: *Pollock*, Nature **160** [1947] 331. Isolierung aus Blättern von Crotalaria crispata: *Ewart*, Ann. Bot. **47** [1933] 913.

B. Aus 2,6-Dihydroxy-4-[(1S,2R)-2-hydroxy-1-methyl-propyl]-3-methyl-benzoesäure beim Behandeln mit Cyanwasserstoff, Zinkchlorid und Äther und anschliessend mit Chlor= wasserstoff, Erwärmen des Reaktionsprodukts mit Wasser und Behandeln des danach isolierten Reaktionsprodukts mit konz. Schwefelsäure (*Cartwright et al.*, Soc. **1949** 1563, 1566), beim Behandeln einer Lösung in Äther mit Zinkcyanid und mit Chlorwasserstoff und Erwärmen des Reaktionsprodukts mit Wasser (*Asano et al.*, J. pharm. Soc. Japan **71** [1951] 268, 272; C. A. **1952** 485), beim Behandeln mit Orthoameisensäure-triäthylester (*Gore et al.*, Curr. Sci. **19** [1950] 20) sowie beim Behandeln mit wss. Formaldehyd und wss. Salzsäure und Erwärmen des Reaktionsprodukts mit Eisen(III)-chlorid in Äthanol (*Wang, Ting*, Sci. Rec. China **4** [1951] 269, 271). Aus (−)-Dihydrocitrinin (S. 5014) beim Erhitzen mit Palladium/Kohle in Nitrobenzol unter Durchleiten von Sauerstoff (*Warren et al.*, Am. Soc. **79** [1957] 3812, 3815) sowie beim Behandeln einer Lösung in Chloroform mit Brom (*Schwenk et al.*, Arch. Biochem. **20** [1949] 220, 224; *Warren et al.*, Am. Soc. **71** [1949] 3422).

Gewinnung aus dem unter c) beschriebenen Racemat mit Hilfe von Brucin: *Johnson et al.*, Soc. **1950** 2971, 2973.

Gelbe Krystalle; F: 179° [Zers.; aus A.] (*Johnson et al.*, Soc. **1950** 2971, 2974); F: 178° bis 179° [Zers.; aus Me.] (*Brown et al.*, Soc. **1949** 867, 873); F: 178−179° [Zers.; bei schnellem Erhitzen; aus A.] bzw. F: 175° [Zers.; bei langsamem Erhitzen; aus A.] (*Cartwright et al.*, Soc. **1949** 1563, 1566); F: 175,8−176,3° [Zers.; aus wss. A.] (*Warren et al.*, Am. Soc. **71** [1949] 3422); F: 173−174° [Zers.; aus A.] (*Wang, Ting*, Sci. Rec. China **4** [1951] 269, 272). Orthorhombisch; Raumgruppe $P2_12_12_1$ ($= D_2^4$); aus dem Röntgen-Diagramm ermittelte Dimensionen der Elementarzelle: a=13,455 Å; b=7,300 Å; c=12,261 Å; n=4 (*Rodig et al.*, Chem. Commun. **1971** 1553; s. a. *Clarke, King*, Acta cryst. **4** [1951] 182). Dichte der Krystalle: 1,335 (*Cl., King*). Brechungsindices der Krystalle: *Cl., King*. $[\alpha]_D^{11}$: −37° [A.; c = 1] (*Wang, Ting*); $[\alpha]_D^{18}$: −37,4° [A.; c = 1] (*Ca. et al.*); $[\alpha]_D^{20}$: −34,5° [A.; c = 0,6] (*Jo. et al.*); $[\alpha]_{546}^{23}$: −43,1° [A., c= 1] (*Raistrick, Smith*, Biochem. J. **29** [1935] 606, 610). Absorptionsspektrum von Lösungen in Äthanol (230−440 nm bzw. 220−370 nm): *Ca. et al.*, l. c. S. 1564; *Wang, Ting*, l. c. S. 270; *Wang et al.*, Sci. Technol. China **2** [1949] 83, 85; einer Lösung der Säure in wss.-äthanol. Salzsäure sowie einer Lösung des Natrium-Salzes in wss.-äthanol. Natronlauge (jeweils 220−440 nm): *Cram*, Am. Soc. **72** [1950] 1001. Polarographie: *Hirschy, Ruoff*, Am. Soc. **64** [1942] 1490; *Page, Robinson*, Soc. **1943** 133; *Tachi et al.*, J. agric. chem. Soc. Japan **29** [1955] 541; C. A. **1957** 8549. Bei 25° lösen sich in 100 ml Petroläther 0,056 g, in 100 ml Diäthyläther 0,578 g, in 100 ml Äthanol 0,708 g, in 100 ml Äthylacetat 2,11 g, in 100 ml Benzol 2,858 g, in 100 ml Aceton 4,94 g, in 100 ml Chloroform 7,74 g (*Ambrose, DeEds*, J. Pharmacol. exp. Therap. **88** [1946] 173, 174).

Überführung in (−)-Dihydrocitrinin (S. 5014) durch Hydrierung an Palladium/Kohle in Methanol: *Brown et al.*, Soc. **1949** 867, 874; durch Hydrierung an Platin in Äthanol:

Wang et al., Sci. Technol. China **2** [1949] 83, 86; durch Hydrierung des Kalium-Salzes an Palladium/Kohle in wss. Kalilauge: *Schwenk et al.*, Arch. Biochem. **20** [1949] 220, 222; durch Behandlung mit wss. Natronlauge und Nickel-Aluminium-Legierung: *Sch. et al.* Beim Behandeln einer Lösung in Methanol mit Zink-Pulver und Essigsäure ist Citrino-pinakol („α-Dihydrocitrinin"; (3*R*,3'*R*)-6,8,6',8'-Tetrahydroxy-3*r*,4*t*,5,3'*r*',4'*t*',5'-hexa-methyl-3,4,3',4'-tetrahydro-6*H*,6'*H*-[6ξ,6'ξ]biisochromenyl-7,7'-dicarbonsäure, F: 241,5° bis 242,5°) erhalten worden (*Hetherington, Raistrick*, Phil. Trans. [B] **220** [1931] 269, 278; *Wang et al.*, Sci. Technol. China **2** 86; Sci. Rec. China **3** [1950] 213, 215; *Asano et al.*, J. pharm. Soc. Japan **71** [1951] 268, 270; C. A. **1952** 485). Verhalten beim Er-wärmen mit wss. Schwefelsäure (Bildung von D$_g$-*threo*-3-[3,5-Dihydroxy-2-methyl-phenyl]-butan-2-ol und kleinen Mengen des entsprechenden Racemats sowie von Ameisensäure und Kohlendioxid): *He., Ra.,* l. c. S. 281; *Cram,* Am. Soc. **70** [1948] 4244, 4247; *Gore et al.*, Pr. Indian Acad. [A] **29** [1949] 289, 300; *Brown et al.*, Soc. **1949** 859. Bildung von D$_g$-*threo*-3-[3,5-Dihydroxy-2-methyl-phenyl]-butan-2-ol beim Er-wärmen mit wss. Ammoniak: *Sch. et al.*, l. c. S. 225; beim Erwärmen mit wss. Natron-lauge: *Br. et al.*, l. c. S. 862; *Johnson et al.*, Soc. **1950** 2971, 2974. Beim Behandeln mit wss. Benzoldiazonium-Salz-Lösung sind D$_g$-*threo*-3-[3,5-Dihydroxy-2-methyl-6-phenylazo-phenyl]-butan-2-ol, D$_g$-*threo*-3-[3,5-Dihydroxy-2-methyl-4,6-bis-phenylazo-phenyl]-but-an-2-ol und 2,4-Dihydroxy-6-[(1*S*,2*R*)-2-hydroxy-1-methyl-propyl]-5-methyl-azobenzol-3-carbonsäure (*Gore et al.*, l. c. S. 294, 300), beim Behandeln mit wss. 2,5-Dichlor-benzol-diazonium-Salz-Lösung ist D$_g$-*threo*-3-[4,6-Bis-(2,5-dichlor-phenylazo)-3,5-dihydroxy-2-methyl-phenyl]-butan-2-ol (*Cartwright et al.*, Soc. **1949** 1563, 1567) erhalten worden.

Salz des 4-Amino-benzoesäure-[2-diäthylamino-äthylesters] $C_{13}H_{20}N_2O_2 \cdot C_{13}H_{14}O_5$. Krystalle; F: 205° (*Wang et al.*, Sci. Technol. China **2** [1949] 53).

Brucin-Salz $C_{23}H_{26}N_2O_4 \cdot C_{13}H_{14}O_5$. Krystalle (aus Me.) mit 1 Mol H_2O; F: 182—183° [Zers.] (*Johnson et al.*, Soc. **1950** 2971, 2974).

b) (3*S*)-8-Hydroxy-3*r*,4*t*,5-trimethyl-6-oxo-4,6-dihydro-3*H*-isochromen-7-carbon-säure, (+)-Citrinin $C_{13}H_{14}O_5$, Formel VII, und Tautomere.

B. Beim Behandeln von 2,6-Dihydroxy-4-[(1*R*,2*S*)-2-hydroxy-1-methyl-propyl]-3-methyl-benzoesäure mit wss. Formaldehyd und wss. Salzsäure und Erwärmen des Reaktionsprodukts mit Eisen(III)-chlorid in Äthanol (*Wang, Ting*, Sci. Rec. China **4** [1951] 269, 273).

Gewinnung aus dem unter c) beschriebenen Racemat mit Hilfe von Brucin: *Johnson et al.*, Soc. **1950** 2971, 2973.

Gelbe Krystalle (aus A.); F: 179° [Zers.] (*Jo. et al.*), 173—174° [Zers.] (*Wang, Ting*). [α]$_D^{11}$: +36,8° [A.; c = 1] (*Wang, Ting*); [α]$_D^{20}$: +33,0° [A.; c = 0,6] (*Jo. et al.*). UV-Spektrum (A.; 220—370 nm): *Wang, Ting*, l. c. S. 270.

Brucin-Salz $C_{23}H_{26}N_2O_4 \cdot C_{13}H_{14}O_5$. Krystalle (aus Me.); F: 167—168° [Zers.] (*Jo. et al.*).

c) (±)-8-Hydroxy-3*r*,4*t*,5-trimethyl-6-oxo-4,6-dihydro-3*H*-isochromen-7-carbon-säure, (±)-Citrinin $C_{13}H_{14}O_5$, Formel VII + Spiegelbild, und Tautomere.

B. Beim Behandeln von 2,6-Dihydroxy-4-[(1*RS*,2*SR*)-2-hydroxy-1-methyl-propyl]-3-methyl-benzoesäure mit Cyanwasserstoff, Zinkchlorid und Äther und anschliessend mit Chlorwasserstoff, Erwärmen des Reaktionsprodukts mit Wasser und Behandeln des danach isolierten Reaktionsprodukts mit konz. Schwefelsäure (*Cartwright et al.*, Soc. **1949** 1563, 1566).

Gelbe Krystalle; F: 175° [Zers.; aus Me.] (*Ca. et al.*), 173—174° [Zers.] (*Wang, Ting*, Sci. Rec. China **4** [1951] 269, 273).

VII   VIII   IX

(3R)-8-Acetoxy-3r,4t,5-trimethyl-6-oxo-4,6-dihydro-3H-isochromen-7-carbonsäure
$C_{15}H_{16}O_6$, Formel VIII (R = CO-CH$_3$, X = OH).

B. Beim Erwärmen von (–)-Citrinin (S. 6329) mit Acetanhydrid und Pyridin (*Haese*, Ar. **296** [1963] 227, 231; s. a. *Hetherington, Raistrick*, Phil. Trans. [B] **220** [1931] 269, 277).

Hellgelbe Krystalle (aus Bzl. + PAe.); F: 115–117° [korr.; Kofler-App.] (*Ha*.). UV-Absorptionsmaxima (Me.): 287 nm und 313 nm (*Ha*.).

(3R)-8-Hydroxy-3r,4t,5-trimethyl-6-oxo-4,6-dihydro-3H-isochromen-7-carbonsäure-methylester $C_{14}H_{16}O_5$, Formel VIII (R = H, X = O-CH$_3$), und Tautomere.

B. Beim Behandeln von 2,6-Dihydroxy-4-[(1S,2R)-2-hydroxy-1-methyl-propyl]-3-methyl-benzoesäure-methylester mit Cyanwasserstoff, Zinkchlorid und Äther und anschliessend mit Chlorwasserstoff, Erwärmen des Reaktionsprodukts mit Wasser und Behandeln des danach isolierten Reaktionsprodukts mit konz. Schwefelsäure (*Cartwright et al.*, Soc. **1949** 1563, 1566). Aus (–)-Citrinin (S. 6329) beim Erwärmen mit wss. Natrium=hydrogencarbonat-Lösung und mit Dimethylsulfat (*Brown et al.*, Soc. **1949** 867, 873), beim Erwärmen einer Lösung in Aceton oder in Pentan-3-on mit Methyljodid und Kaliumcarbonat (*Br. et al.*, l. c. S. 874) sowie beim Behandeln einer Lösung in Äther (*Wang et al.*, Sci. Technol. China **2** [1949] 83, 85) oder einer Lösung in Chloroform und Methanol (*Br. et al.*) mit Diazomethan in Äther.

Krystalle; F: 139° [Zers.; aus Bzl.] (*Ca. et al.*), 138° [Zers.; aus Bzl. oder Acn.] (*Br. et al.*); F: 137° [unkorr.; aus A.] bzw. F: 128–128,1° [aus Bzl.] (*Wang et al.*). [α]$_D^{20}$: +96,9° [CHCl$_3$; c = 2] (*Br. et al.*); [α]$_D^{18}$: +217,1° [Acn.; c = 0,4]; [α]$_D^{18}$: +211,3° [Acn.; c = 1] (*Ca. et al.*). UV-Spektrum (A.; 220–370 nm): *Ca. et al.*, l. c. S. 1564; *Wang et al.*

Bei mehrtägigem Erwärmen mit Methyljodid, Kaliumcarbonat und Aceton sind kleine Mengen einer möglicherweise als (3R)-3r,4t,5,7ξ-Tetramethyl-6,8-dioxo-4,6,7,8-tetrahydro-3H-isochromen-7ξ-carbonsäure-methylester zu formulierenden Verbindung $C_{15}H_{18}O_5$ (Krystalle [aus PAe. + Me.], F: 94°; [α]$_D^{20}$: –25,2° [Me.]; λ_{max}: 230 nm und 315 nm) erhalten worden (*Br. et al.*, l. c. S. 871, 876). Bildung einer vermutlich als 3-[(2,4-Dinitro-phenylhydrazono)-methyl]-2,6-dihydroxy-4-[(1S,2R)-2-hydroxy-1-methyl-propyl]-5-methyl-benzoesäure-methylester zu formulierenden Verbindung $C_{20}H_{22}N_4O_9$ (gelbe Krystalle [aus Me.], F: 165–166° [Zers.]) beim Behandeln mit [2,4-Dinitro-phenyl]-hydrazin und Schwefelsäure enthaltendem Methanol: *Br. et al.*, l. c. S. 870, 874.

(3R)-8-Hydroxy-3r,4t,5-trimethyl-6-oxo-4,6-dihydro-3H-isochromen-7-carbonsäure-[N'-phenyl-hydrazid] $C_{19}H_{20}N_2O_4$, Formel VIII (R = H, X = NH-NH-C$_6$H$_5$), und Tautomere.

Diese Konstitution ist der nachstehend beschriebenen Verbindung zugeordnet worden (*Hetherington, Raistrick*, Phil. Trans. [B] **220** [1931] 269, 280).

B. Beim Erwärmen von (–)-Citrinin (S. 6329) mit Phenylhydrazin und wss. Essigsäure (*He., Ra.*).

Hellgelbe Krystalle (aus A.); F: 207° [Zers.].

(±)-3-[3-Äthyl-7-methoxy-2-oxo-2,3-dihydro-benzofuran-3-yl]-propionsäure,
(±)-2-Äthyl-2-[2-hydroxy-3-methoxy-phenyl]-glutarsäure-1-lacton $C_{14}H_{16}O_5$, Formel IX (X = OH).

B. Beim Erhitzen von (±)-2-Äthyl-2-[2,3-dimethoxy-phenyl]-glutaronitril mit wss. Bromwasserstoffsäure und Essigsäure (*Horning, Schock*, Am. Soc. **70** [1948] 2941, 2943). Krystalle (aus wss. A.); F: 136–137° [korr.].

Beim Behandeln des mit Hilfe von Thionylchlorid erhaltenen Säurechlorids mit Alu=miniumbromid und Benzol ist 3-Äthyl-7-methoxy-3-[3-oxo-3-phenyl-propyl]-3H-benzo=furan-2-on erhalten worden.

(±)-3-[3-Äthyl-7-methoxy-2-oxo-2,3-dihydro-benzofuran-3-yl]-propionsäure-anilid,
(±)-2-Äthyl-2-[2-hydroxy-3-methoxy-phenyl]-N-phenyl-glutaramidsäure-lacton $C_{20}H_{21}NO_4$, Formel IX (X = NH-C$_6$H$_5$).

B. Bei der Umsetzung des aus (±)-3-[3-Äthyl-7-methoxy-2-oxo-2,3-dihydro-benzo=furan-3-yl]-propionsäure mit Hilfe von Thionylchlorid hergestellten Säurechlorids mit

Anilin (*Horning, Schock*, Am. Soc. **70** [1948] 2941, 2943).
Krystalle (aus wss. A.); F: 122—123° [korr.].

Hydroxy-oxo-carbonsäuren $C_{14}H_{16}O_5$

*Opt.-inakt. 4-[5-(4-Methoxy-phenyl)-2-oxo-tetrahydro-furan-3-yl]-buttersäure, 2-[β-Hydroxy-4-methoxy-phenäthyl]-adipinsäure-1-lacton $C_{15}H_{18}O_5$, Formel X.
B. Beim Behandeln von (±)-2-[4-Methoxy-phenacyl]-adipinsäure mit wss. Natronlauge, anschliessenden Hydrieren an Raney-Nickel und Erwärmen der mit wss. Salzsäure neutralisierten Reaktionslösung (*Horeau, Jacques*, Bl. **1946** 382, 384).
Krystalle (aus A.); F: 143—144°.

X   XI

(±)-6-Acetoxy-8-äthyl-5,7-dimethyl-2-oxo-chroman-3-carbonsäure-äthylester, (±)-[3-Acetoxy-5-äthyl-6-hydroxy-2,4-dimethyl-benzyl]-malonsäure-äthylester-lacton $C_{18}H_{22}O_6$, Formel XI.
B. Beim Behandeln von 4-Acetoxy-2-äthyl-6-chlormethyl-3,5-dimethyl-phenol mit der Natrium-Verbindung des Malonsäure-diäthylesters in Äther (*Smith, Opie*, Am. Soc. **63** [1941] 937, 940).
Krystalle (aus PAe.); F: 128,5—129,5°.

(±)-8-Methoxy-7-methyl-1-oxo-3-propyl-isochroman-6-carbonsäure, (±)-5-[2-Hydroxy-pentyl]-3-methoxy-2-methyl-terephthalsäure-4-lacton $C_{15}H_{18}O_5$, Formel XII.
B. Beim Erwärmen von (±)-1-[8-Methoxy-7-methyl-3-propyl-isochroman-6-yl]-heptan-2-on mit Kaliumpermanganat in Aceton (*Haws et al.*, Soc. **1959** 3598, 3610).
Krystalle (aus W.); F: 151—152°. IR-Banden (Mineralöl) im Bereich von 2650 cm^{-1} bis 1560 cm^{-1}: *Haws et al.*

(3R)-8-Hydroxy-1,3r,4t,5-tetramethyl-6-oxo-4,6-dihydro-3H-isochromen-7-carbonsäure $C_{14}H_{16}O_5$, Formel XIII, und Tautomere.
B. Beim Behandeln von (3R)-6,8-Dihydroxy-1ξ,3r,4t,5-tetramethyl-isochroman-7-carb=onsäure (F: 152—153° [S. 5016]) mit Brom in Chloroform (*Warren et al.*, Am. Soc. **79** [1957] 3812, 3814).
Gelbe Krystalle (aus A.); F: 259,2—260° [korr.; Zers.].

4-[6-Hydroxy-1,5-dimethyl-3-oxo-phthalan-4-yl]-buttersäure $C_{14}H_{16}O_5$, Formel XIV (R = X = H).
Diese Konstitution kommt der nachstehend beschriebenen **Hydroxynorpicrotinsäure** zu (*Harland, Robertson*, Soc. **1939** 937, 940; *Porter*, Chem. Reviews **67** [1967] 441, 443).
B. Neben anderen Verbindungen beim Behandeln einer Lösung von α-Picrotoxininsäure ((3aR)-1c,2c-Epoxy-3a,6t,7t-trihydroxy-5c-isopropenyl-7a-methyl-(3ar,7ac)-hexahydro-indan-1t,4t-dicarbonsäure-4→7-lacton) in Äthylacetat mit Ozon, Behandeln des Reaktionsprodukts mit Wasser und Erhitzen des danach isolierten Reaktionsprodukts mit wss. Jodwasserstoffsäure und rotem Phosphor (*O'Donnell et al.*, Soc. **1939** 1261, 1265). Neben anderen Verbindungen beim Erhitzen von α-Picrotoxinon ((3aR)-5c-Acetyl-1c,2c-Epoxy-3a,6t,7t-trihydroxy-7a-methyl-(3ar,7ac)-hexahydro-indan-1t,4t-dicarbonsäure-1→7;4→6-dilacton) oder von Picrotoxinonsäure ((3aR)-5c-Acetyl-1c,3a,7t-trihydroxy-7a-methyl-octahydro-2t,6t-epoxido-inden-1t,4t-dicarbonsäure-1→7-lacton) mit wss. Jod=

wasserstoffsäure und rotem Phosphor (*Ha., Ro.*).
Krystalle (aus wss. Acn. oder wss. A.); F: 213°.

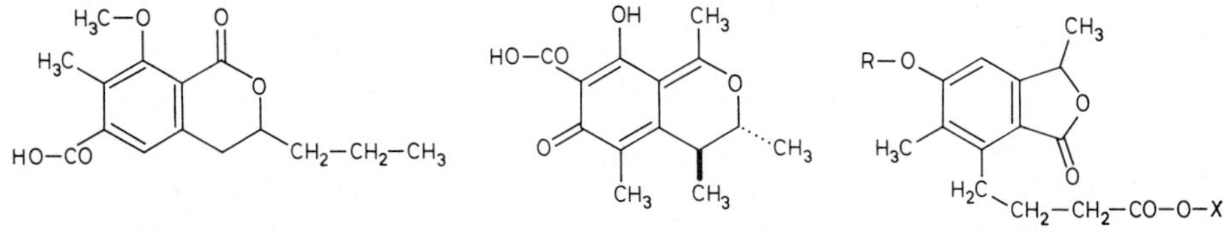

XII   XIII   XIV

4-[6-Methoxy-1,5-dimethyl-3-oxo-phthalan-4-yl]-buttersäure $C_{15}H_{18}O_5$, Formel XIV
(R = CH₃, X = H).
Diese Konstitution kommt der nachstehend beschriebenen **Methoxynorpicrotinsäure** zu.
B. Beim Erwärmen von Methoxynorpicrotinsäure-methylester (s. u.) mit wss.-methanol.
Natronlauge (*Harland, Robertson*, Soc. **1939** 937, 942).
Krystalle (aus wss. A.); F: 177°.

4-[6-Methoxy-1,5-dimethyl-3-oxo-phthalan-4-yl]-buttersäure-methylester $C_{16}H_{20}O_5$,
Formel XIV (R = X = CH₃).
Diese Konstitution kommt dem nachstehend beschriebenen **Methoxynorpicrotinsäure-methylester** zu.
B. Beim Behandeln von Hydroxynorpicrotinsäure (S. 6332) mit Diazomethan in Äther
(*Harland, Robertson*, Soc. **1939** 937, 942).
Krystalle (aus PAe.); F: 93°.

4-[6-Hydroxy-1,5-dimethyl-3-oxo-phthalan-4-yl]-buttersäure-äthylester $C_{16}H_{20}O_5$,
Formel XIV (R = H, X = C₂H₅).
Diese Konstitution kommt dem nachstehend beschriebenen **Hydroxynorpicrotinsäure-äthylester** zu.
B. Beim Behandeln von Hydroxynorpicrotinsäure (S. 6332) mit Schwefelsäure enthaltendem Äthanol (*Harland, Robertson*, Soc. **1939** 937, 942).
Krystalle (aus Bzl.); F: 125°.

Hydroxy-oxo-carbonsäuren $C_{15}H_{18}O_5$

(S)-8-Hydroxy-6-oxo-3-pentyl-4,6-dihydro-3H-isochromen-7-carbonsäure, Pulvillorsäure
$C_{15}H_{18}O_5$, Formel I, und Tautomere.
Konstitution: *McOmie et al.*, Soc. [C] **1966** 1608; *Bullimore et al.*, Soc. [C] **1967** 1289.
Konfiguration: *Barrett et al.*, Soc. [C] **1969** 1068.
Isolierung aus Kulturen von Penicillium pulvillorum: *Brian et al.*, Trans. Brit. mycol.
Soc. **40** [1957] 369, 372.
Gelbes Pulver; F: 74—75° [nach Erweichen bei 70°] (*McO. et al.*, Soc. [C] **1966** 1611).
$[\alpha]_D^{20}$: +72,5° [A.; c = 0,8] (*McOmie et al.*, Chem. and Ind. **1963** 1689). Absorptionsmaxima (Cyclohexan): 215 nm, 317 nm und 387 nm (*McO. et al.*, Soc. [C] **1966** 1611).

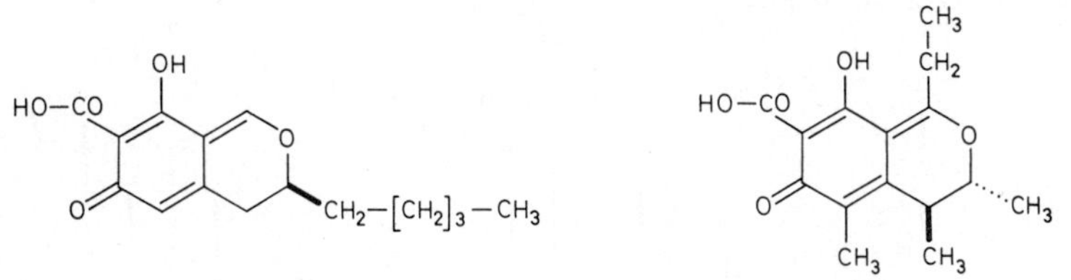

I   II

(3R)-1-Äthyl-8-hydroxy-3r,4t,5-trimethyl-6-oxo-4,6-dihydro-3H-isochromen-7-carbonsäure $C_{15}H_{18}O_5$, Formel II, und Tautomere.
B. Beim Erwärmen von (3R)-1ξ-Äthyl-6,8-dihydroxy-3r,4t,5-trimethyl-isochroman-

7-carbonsäure (F: 170,6—171,4° [S. 5017]) mit Quecksilber(II)-oxid und Magnesium=
sulfat in Benzol (*Warren et al.*, Am. Soc. **79** [1957] 3812, 3814).

Gelbe Krystalle (aus wss. A.); F: 139—139,8° und [nach Wiedererstarren] F: 263° bis
267° [korr.; Zers.].

Hydroxy-oxo-carbonsäuren $C_{19}H_{26}O_5$

**(4a*R*)-2*t*-Hydroxy-1,8ξ-dimethyl-13-oxo-(4b*t*,10a*t*)-dodecahydro-7*c*,9a*c*-methano-
4a*r*,1*c*-oxaäthano-benz[*a*]azulen-10*t*-carbonsäure-methylester, 2β,4a-Dihydroxy-
1β,8ξ-dimethyl-4aα,7β-gibban-1α,10β-dicarbonsäure-1 → 4a-lacton-10-methylester** [1])
$C_{20}H_{28}O_5$, Formel III.

Diese Konstitution und Konfiguration kommt dem nachstehend beschriebenen **Dihydro=
gibberellin-A$_4$-methylester** zu.

B. Bei der Hydrierung von Gibberellin-A$_4$-methylester (S. 6398) an Platin in Methanol
(*Takahashi et al.*, Bl. agric. chem. Soc. Japan **21** [1957] 396, **23** [1959] 405).

Krystalle (aus E. + Bzn.); F: 141° (*Ta. et al.*, Bl. agric. chem. Soc. Japan **23** 407).
IR-Spektrum (2—15 μ): *Ta. et al.*, Bl. agric. chem. Soc. Japan **21** 397.

III   IV

**(4a*R*)-7-Hydroxy-1,8ξ-dimethyl-13-oxo-(4b*t*,10a*t*)-dodecahydro-7*c*,9a*c*-methano-
4a*r*,1*c*-oxaäthano-benz[*a*]azulen-10*t*-carbonsäure-methylester, 4a,7-Dihydroxy-
1β,8ξ-dimethyl-4aα,7β-gibban-1α,10β-dicarbonsäure-1 → 4a-lacton-10-methylester** [1])
$C_{20}H_{28}O_5$, Formel IV.

Diese Konstitution und Konfiguration kommt dem nachstehend beschriebenen **Tetra=
hydrogibberellin-A$_5$-methylester** zu.

B. Bei der Hydrierung von Gibberellin-A$_5$-methylester [S. 6407] (*MacMillan et al.*,
Pr. chem. Soc. **1959** 325).

F: 205—207°. $[\alpha]_D^{25}$: +30° [Me.].

Hydroxy-oxo-carbonsäuren $C_{20}H_{28}O_5$

**7β,8-Epoxy-14-hydroxy-3-oxo-5β,14β-androstan-17β-carbonsäure-methylester,
7β,8-Epoxy-14-hydroxy-3-oxo-21-nor-5β,14β-pregnan-20-säure-methylester** $C_{21}H_{30}O_5$,
Formel V.

B. Beim Behandeln von 7β,8-Epoxy-3α,14-dihydroxy-5β,14β-androstan-17β-carbon=
säure-methylester oder von 7β,8-Epoxy-3β,14-dihydroxy-5β,14β-androstan-17β-carbon=
säure-methylester mit Chrom(VI)-oxid in Essigsäure (*Sigg et al.*, Helv. **38** [1955] 1721,
1743).

Krystalle (aus Ae. + Pentan); F: 78—80° und F: 113—117° [korr.; Kofler-App.].
$[\alpha]_D^{25}$: +12,8° [CHCl$_3$; c = 1].

V   VI   VII

---

[1]) Stellungsbezeichnung bei von Gibban abgeleiteten Namen s. S. 6080.

14,15β-Epoxy-5-hydroxy-3-oxo-5β,14β-androstan-17β-carbonsäure-methylester,
14,15β-Epoxy-5-hydroxy-3-oxo-21-nor-5β,14β-pregnan-20-säure-methylester $C_{21}H_{30}O_5$,
Formel VI.

Bezüglich der Konstitution und Konfiguration s. *Schröter et al.*, Helv. **42** [1959] 1385, 1390.

B. Beim Behandeln von 14,15β-Epoxy-3β,5-dihydroxy-5β,14β-androstan-17β-carbon‑säure-methylester mit Chrom(VI)-oxid in Essigsäure (*Pataki, Meyer*, Helv. **38** [1955] 1631, 1645).

Krystalle (aus Acn. + Ae.), F: 203—206° [nach Erweichen von 188° an]; $[\alpha]_D^{18}$: +95,1° [CHCl₃; c = 0,7] (*Pa., Me.*). Absorptionsmaximum (A.): 295 nm (*Pa., Me.*).

3β-Acetoxy-3α,9-epoxy-11-oxo-5β-androstan-17β-carbonsäure-methylester, 3β-Acetoxy-
3α,9-epoxy-11-oxo-21-nor-5β-pregnan-20-säure-methylester $C_{23}H_{32}O_6$, Formel VII
(R = CO-CH₃).

B. Beim Behandeln von 3α,9-Epoxy-3β-hydroxy-11-oxo-5β-androstan-17β-carbonsäure-methylester (Syst. Nr. 1437) mit Acetanhydrid und Borfluorid (*Heymann, Fieser*, Am. Soc. **74** [1952] 5938, 5940).

Krystalle (aus wss. Me.); F: 123,8—125,3° [korr.]. $[\alpha]_D^{25}$: +135° [CHCl₃; c = 3].

8,19-Epoxy-5-hydroxy-3-oxo-5β-androstan-17β-carbonsäure-äthylester, 8,19-Epoxy-
5-hydroxy-3-oxo-21-nor-5β-pregnan-20-säure-äthylester $C_{22}H_{32}O_5$, Formel VIII.

B. Beim Behandeln von 8,19-Epoxy-3β,5-dihydroxy-5β-androstan-17β-carbonsäure-äthylester mit Chrom(VI)-oxid in Essigsäure oder mit *N*-Brom-acetamid in wss. *tert*-Butylalkohol (*Ehrenstein, Neumann*, J. org. Chem. **16** [1951] 335, 346).

Krystalle (aus Acn.); F: 201—202,5° [Fisher-Johns-App.]. $[\alpha]_D^{27}$: +60,1° [CHCl₃; c = 1].

3β,11β-Dihydroxy-18-nor-5α-androstan-13β,17β-dicarbonsäure-13 → 11-lacton,
3β,11β-Dihydroxy-21-nor-5α-pregnan-18,20-disäure-18 → 11-lacton $C_{20}H_{28}O_5$, Formel IX
(R = X = H).

B. Neben anderen Verbindungen beim Hydrieren von (18Ξ)-11β,18-Epoxy-18-hydroxy-3-oxo-androst-4-en-17β-carbonsäure-lacton (F: 307—311°) an Platin in Essigsäure und Erhitzen des Reaktionsprodukts mit Hydrazin-hydrat und Natriumäthylat in Äthanol auf 150° (*Simpson et al.*, Helv. **37** [1954] 1200, 1217).

Krystalle (aus Acn. + Ae.); F: 270—275° [korr.; Zers.; Kofler-App.].

VIII   IX

3β,11β-Dihydroxy-18-nor-5α-androstan-13β,17β-dicarbonsäure-13 → 11-lacton-17-methyl‑
ester, 3β,11β-Dihydroxy-21-nor-5α-pregnan-18,20-disäure-18 → 11-lacton-20-methylester
$C_{21}H_{30}O_5$, Formel IX (R = CH₃, X = H).

B. Bei der Hydrierung von 11β-Hydroxy-3-oxo-21-nor-pregn-4-en-18,20-disäure-18-lacton-20-methylester an Platin in Essigsäure (*Simpson et al.*, Helv. **37** [1954] 1200, 1222). Aus 3β,11β-Dihydroxy-21-nor-5α-pregnan-18,20-disäure-18→11-lacton mit Hilfe von Diazomethan (*Si. et al.*, l. c. S. 1217). Neben anderen Verbindungen beim Erhitzen von (18Ξ)-3β-Acetoxy-11β,18-epoxy-18-hydroxy-5α-androstan-17β-carbonsäure-lacton (F: 225°) mit Hydrazin-hydrat und Natriumäthylat in Äthanol auf 150° und Behandeln des Reaktionsprodukts mit Diazomethan in Äther (*Si. et al.*, l. c. S. 1220).

Krystalle (aus Acn. + Ae. + Pentan); F: 232—236° [korr.; Kofler-App.]. $[\alpha]_D^{25}$: +81,5° [CHCl₃; c = 0,4].

3β-Acetoxy-11β-hydroxy-18-nor-5α-androstan-13β,17β-dicarbonsäure-13-lacton-17-methylester, 3β-Acetoxy-11β-hydroxy-21-nor-5α-pregnan-18,20-disäure-18-lacton-20-methylester $C_{23}H_{32}O_6$, Formel IX (R = CH$_3$, X = CO-CH$_3$).

B. Beim Behandeln von 3β,11β-Dihydroxy-21-nor-5α-pregnan-18,20-disäure-18→11-lacton-20-methylester mit Acetanhydrid und Pyridin (*Simpson et al.*, Helv. **37** [1954] 1200, 1220).

Krystalle (aus Me.); F: 194−195° [korr.; Kofler-App.]. $[\alpha]_D^{26}$: +64,1° [CHCl$_3$; c = 0,5]. IR-Spektrum (CS$_2$; 2−12 μ): *Si. et al.*, l. c. S. 1208.

Hydroxy-oxo-carbonsäuren $C_{23}H_{34}O_5$

14-Chlor-3β,16β-dihydroxy-24-nor-5β,14ξ,20ξH-cholan-21,23-disäure-21→16-lacton $C_{23}H_{33}ClO_5$, Formel X (R = H).

Diese Konstitution und Konfiguration kommt der nachstehend beschriebenen **Chlor-γ-isogitoxigensäure** zu.

B. Beim Behandeln von Isogitoxigensäure (3β,14,16β-Trihydroxy-24-nor-5β,14β,-20β$_F$(?)H-cholan-21,23-disäure-21→16-lacton) mit konz. wss. Salzsäure (*Jacobs, Gustus*, J. biol. Chem. **86** [1930] 199, 208).

Krystalle (aus Acn.); F: 255° [Zers.; nach Erweichen]. $[\alpha]_D^{20}$: −101° [A.; c = 0,7].

14-Chlor-3β,16β-dihydroxy-24-nor-5β,14ξ,20ξH-cholan-21,23-disäure-21→16-lacton-23-methylester $C_{24}H_{35}ClO_5$, Formel X (R = CH$_3$).

Diese Konstitution und Konfiguration kommt dem nachstehend beschriebenen **Chlor-γ-isogitoxigensäure-methylester** zu.

B. Beim Behandeln einer Suspension von Chlor-γ-isogitoxigensäure (s. o.) in Aceton mit Diazomethan in Äther (*Jacobs, Gustus*, J. biol. Chem. **86** [1930] 199, 208).

Lösungsmittelhaltige Krystalle (aus wss. Me.); Zers. bei 155° [nach Erweichen].

Bei der Hydrierung an Platin in Methanol ist γ-Digitoxanoldisäure-monomethylester (3β-Hydroxy-24-nor-5βH,20ξH-cholan-21,23-disäure-23-methylester [E III **10** 2249]) erhalten worden (*Ja., Gu.*, l. c. S. 211).

3β,14-Dihydroxy-24-nor-5β,14β,20β$_F$H-cholan-21,23-disäure-21→14-lacton $C_{23}H_{34}O_5$, Formel XI (R = X = H).

Diese Konstitution und Konfiguration kommt vermutlich der nachstehend beschriebenen **Isodigitoxigensäure** zu (*Schindler, Reichstein*, Helv. **39** [1956] 1876, 1884; s. a. *Krasso et al.*, Helv. **55** [1972] 1352, 1357).

B. Beim Behandeln von Isodigitoxigeninsäure (E III **10** 4581) mit alkal. wss. Natriumhypobromit-Lösung und anschliessend mit wss. Salzsäure (*Jacobs, Gustus*, J. biol. Chem. **78** [1928] 573, 580).

Lösungsmittelhaltige Krystalle (aus wss. A.); F: 229° (*Ja., Gu.*, J. biol. Chem. **78** 580).

Beim Behandeln mit konz. wss. Salzsäure ist γ-Isodigitoxigensäure (C$_{23}$H$_{34}$O$_5$; Krystalle [aus wss.-äthanol. Lösung] mit 1 Mol H$_2$O, F: 118° [Zers.]; $[\alpha]_D^{22}$: +60° [A.]; vermutlich 3β,14-Dihydroxy-24-nor-5β,14ξ,20ξH-cholan-21,23-disäure-21→14-lacton) erhalten worden, die sich durch Erhitzen mit Acetylchlorid und Acetanhydrid in *O*-Acetyl-γ-digitoxenoldisäure-anhydrid (3β-Acetoxy-24-nor-5β,20ξH-chol-14-en-21,23-disäure-anhydrid [S. 1617]) hat überführen lassen (*Jacobs, Gustus*, J. biol. Chem. **86** [1930] 199, 213, 214).

X   XI

**3β,14-Dihydroxy-24-nor-5β,14β,20βₓH-cholan-21,23-disäure-21 → 14-lacton-23-methyl⸗
ester** $C_{24}H_{36}O_5$, Formel XI (R = CH_3, X = H).

Diese Konstitution und Konfiguration kommt vermutlich dem nachstehend beschriebenen **Isodigitoxigensäure-methylester** zu.

B. Beim Behandeln einer Lösung von Isodigitoxigensäure (S. 6336) in Aceton (*Jacobs,
Gustus*, J. biol. Chem. **86** [1930] 199, 212) oder in Chloroform (*Schindler, Reichstein*,
Helv. **39** [1956] 1876, 1886, 2139) mit Diazomethan in Äther.

Krystalle; F: 181—183° [korr.; Kofler-App.; aus Ae. + Pentan] (*Sch., Re.*, l. c.
S. 1888), 174° [aus wss. Me.] (*Ja., Gu.*). $[\alpha]_D^{24,5}$: −40,8° [$CHCl_3$; c = 1] (*Sch., Re.*).

**3β-Acetoxy-14-hydroxy-24-nor-5β,14β,20βₓH-cholan-21,23-disäure-21-lacton-23-methyl⸗
ester** $C_{26}H_{38}O_6$, Formel XI (R = CH_3, X = $CO-CH_3$).

Diese Konstitution und Konfiguration kommt vermutlich dem nachstehend beschriebenen **O-Acetyl-isodigitoxigensäure-methylester** zu.

B. Beim Behandeln von Isodigitoxigensäure-methylester (s. o.) mit Acetanhydrid und
Pyridin (*Schindler, Reichstein*, Helv. **39** [1956] 1876, 1889; s. a. *Simpson et al.*, Helv. **37**
[1954] 1200, 1212, 1216).

Krystalle; F: 149—152° [korr.; Kofler-App.; aus Acn. + Pentan] (*Si. et al.*, l. c.
S. 1217), 148—150° [korr.; Kofler-App.; aus Ae. + Pentan oder aus Acn. + Pentan]
(*Sch., Re.*). $[\alpha]_D^{25}$: −33,7° [$CHCl_3$; c = 2] (*Si. et al.; Sch., Re.*). IR-Spektrum (Nujol;
2—16 μ): *Sch., Re.*, l. c. S. 1882.

Hydroxy-oxo-carbonsäuren $C_{24}H_{36}O_5$

**3β-Acetoxy-16-oxo-15-oxa-D-homo-14ξ-chol-5-en-24-säure-methylester, 3β-Acetoxy-
14-hydroxy-14,15-seco-14ξ-chol-5-en-15,24-disäure-15-lacton-24-methylester** $C_{27}H_{40}O_6$,
Formel XII.

B. Bei der Hydrierung von 3β-Acetoxy-14-oxo-14,15-seco-chol-5-en-15,24-disäure-di⸗
methylester an Platin in Äthanol (*Wieland, Miescher*, Helv. **31** [1948] 211, 217).

Krystalle (aus Me.); F: 154—155° [korr.]. $[\alpha]_D^{21}$: +28° [A.; c = 0,4].

XII   XIII

9,11ξ-Epoxy-12α-methoxy-3-oxo-5β,9ξ-cholan-24-säure-methylester $C_{26}H_{40}O_5$,
Formel XIII.

B. Beim Behandeln von 9,11ξ-Epoxy-3α-hydroxy-12α-methoxy-5β,9ξ-cholan-24-säure-
methylester (F: 181°; S. 5027) mit Chrom(VI)-oxid und wss. Essigsäure (*Sarett*, J. biol.
Chem. **162** [1946] 591, 597).

Krystalle (aus Ae. + Pentan); F: 85°.

Oxim $C_{26}H_{41}NO_5$ (9,11ξ-Epoxy-3-hydroxyimino-12α-methoxy-5β,9ξ-cholan-
24-säure-methylester). Krystalle; F: 144—145° [unkorr.] (*Sa.*, l. c. S. 598).

3α-Acetoxy-9,11ξ-epoxy-7-oxo-5β,9ξ-cholan-24-säure-methylester $C_{27}H_{40}O_6$, Formel XIV.

Diese Konstitution und Konfiguration ist für die nachstehend beschriebene Verbindung
in Betracht gezogen worden (*Fieser et al.*, Am. Soc. **75** [1953] 116, 118).

B. Neben anderen Verbindungen beim Behandeln von 3α-Acetoxy-5β-chola-7,9(11)-
dien-24-säure-methylester mit Peroxybenzoesäure in Chloroform (*Fi. et al.*, l. c. S. 120).

Krystalle (aus $CHCl_3$ + Me.); F: 152—153,5°. $[\alpha]_D^{25}$: +39,2° [$CHCl_3$].

3α,9-Epoxy-3β-methoxy-11-oxo-5β-cholan-24-säure $C_{25}H_{38}O_5$, Formel XV (R = H, X = O-CH$_3$).

B. Aus 3α,9-Epoxy-3β-methoxy-11-oxo-5β-cholan-24-säure-methylester mit Hilfe von Alkalilauge (*Heymann, Fieser*, Am. Soc. **73** [1951] 5252, 5261).

Krystalle (aus wss. Me.); F: 169,5—170,5° [korr.]. $[\alpha]_D^{20}$: +86,9° [CHCl$_3$; c = 0,2].

3α,9-Epoxy-3β-methoxy-11-oxo-5β-cholan-24-säure-methylester $C_{26}H_{40}O_5$, Formel XV (R = CH$_3$, X = O-CH$_3$).

B. Beim Behandeln einer Lösung von 3α,9-Epoxy-3β-hydroxy-11-oxo-5β-cholan-24-säure-methylester (Syst. Nr. 1437) in Methanol mit wenig wss. Bromwasserstoffsäure (*Heymann, Fieser*, Am. Soc. **73** [1951] 5252, 5261).

Krystalle (aus Me.); F: 124,8—125,5° [korr.]. $[\alpha]_D^{18}$: +92,3° [CHCl$_3$; c = 3].

Beim Erhitzen einer Lösung in Essigsäure mit amalgamiertem Zink und wss. Salzsäure und Behandeln des Reaktionsprodukts mit Diazomethan ist 11-Oxo-5β-cholan-24-säure-methylester erhalten worden (*He., Fi.,* l. c. S. 5264).

XIV   XV

3β-Äthoxy-3α,9-epoxy-11-oxo-5β-cholan-24-säure-methylester $C_{27}H_{42}O_5$, Formel XV (R = CH$_3$, X = O-C$_2$H$_5$).

B. Beim Behandeln einer Lösung von 3α,9-Epoxy-3β-hydroxy-11-oxo-5β-cholan-24-säure-methylester (Syst. Nr. 1437) in Äthanol mit wenig wss. Bromwasserstoffsäure (*Heymann, Fieser*, Am. Soc. **73** [1951] 5252, 5261).

Krystalle (aus wss. Acn.); F: 96,5—98,2°. $[\alpha]_D^{20}$: +91° [CHCl$_3$; c = 2].

3β-Acetoxy-3α,9-epoxy-11-oxo-5β-cholan-24-säure-methylester $C_{27}H_{40}O_6$, Formel XV (R = CH$_3$, X = O-CO-CH$_3$).

B. Aus 3α,9-Epoxy-3β-hydroxy-11-oxo-5β-cholan-24-säure-methylester (Syst. Nr. 1437) beim Erhitzen mit Acetanhydrid und wenig Pyridin (*Fieser, Rajagopalan*, Am. Soc. **73** [1951] 118, 121) sowie beim Behandeln mit Acetanhydrid und dem Borfluorid-Äther-Addukt (*Heymann, Fieser*, Am. Soc. **73** [1951] 5252, 5260).

Krystalle (aus Me. oder A.); F: 148,6—149,8° [korr.] (*He., Fi.*). $[\alpha]_D^{21}$: +96° [Dioxan] (*Fi., Ra.*); $[\alpha]_D^{24}$: +100,3° [CHCl$_3$; c = 2] (*He., Fi.*).

Überführung in 12α-Brom-3,11-dioxo-5β-cholan-24-säure-methylester durch Behandlung mit flüssigem Bromwasserstoff: *He., Fi.,* l. c. S. 5264. Bildung von 5β-Chol-9(11)-en-24-säure beim Erhitzen mit Hydrazin-hydrat, Kaliumhydroxid und Triäthylenglykol (*He., Fi.,* l. c. S. 5261). Beim Erwärmen mit wss.-äthanol. Natronlauge und mit Natrium=boranat, Behandeln des Reaktionsprodukts mit Chlorwasserstoff enthaltendem Methanol und Erwärmen des danach isolierten Reaktionsprodukts mit Acetanhydrid und Pyridin sind 3α-Acetoxy-9,11β-dihydroxy-5β-cholan-24-säure-methylester und kleine Mengen 3β-Acetoxy-9,11β-dihydroxy-5β-cholan-24-säure-methylester erhalten worden (*He., Fi.,* l. c. S. 5262).

3β-Äthylmercapto-3a,9-epoxy-11-oxo-5β-cholan-24-säure-methylester $C_{27}H_{42}O_4S$, Formel XV (R = CH$_3$, X = S-C$_2$H$_5$).

B. Beim Behandeln von 3α,9-Epoxy-3β-methoxy-11-oxo-5β-cholan-24-säure-methyl=ester mit Äthanthiol, Bromwasserstoff in Essigsäure und mit Natriumsulfat (*Heymann, Fieser*, Am. Soc. **73** [1951] 5252, 5261).

Krystalle (aus Me.); F: 67,2—68,5°. $[\alpha]_D^{22}$: +100° [CHCl$_3$; c = 2].

[*Bohle*]

Hydroxy-oxo-carbonsäuren $C_nH_{2n-14}O_5$

Hydroxy-oxo-carbonsäuren $C_{10}H_6O_5$

5-Hydroxy-4-oxo-4H-chromen-2-carbonsäure $C_{10}H_6O_5$, Formel I (R = H).

B. Beim Behandeln eines Gemisches von 1-[2,6-Dihydroxy-phenyl]-äthanon, Oxal≠
säure-diäthylester und Äther mit Natriumäthylat in Xylol und Erhitzen des Reaktionsprodukts mit Essigsäure und konz. Salzsäure (*Jarowski et al.*, Am. Soc. **71** [1949] 944).
Hellgelbe Krystalle (aus wss. Eg.); F: 264° [unkorr.].

5-Hydroxy-4-oxo-4H-chromen-2-carbonsäure-äthylester $C_{12}H_{10}O_5$, Formel I (R = C_2H_5).

B. Beim Erwärmen von 5-Hydroxy-4-oxo-4H-chromen-2-carbonsäure mit Äthanol und
wenig konz. Schwefelsäure (*Jarowski et al.*, Am. Soc. **71** [1949] 944).
Gelbe Krystalle (aus Bzl.); F: 148° [unkorr.] (*Ja. et al.*). UV-Spektrum (A.; 200 nm
bis 450 nm): *Jarowski, Hess*, Am. Soc. **71** [1949] 1711, 1712, 1713.

6-Methoxy-4-oxo-4H-chromen-2-carbonsäure $C_{11}H_8O_5$, Formel II (R = H).

B. Beim Behandeln von 1-[2-Hydroxy-5-methoxy-phenyl]-äthanon mit Oxalsäure-
diäthylester, Dioxan und Natrium und Erhitzen des Reaktionsprodukts mit Äthanol
und konz. wss. Salzsäure (*Wiley*, Am. Soc. **74** [1952] 4326).
Krystalle (aus A.); F: 268° [unkorr.; Zers.].

I   II   III

6-Methoxy-4-oxo-4H-chromen-2-carbonsäure-äthylester $C_{13}H_{12}O_5$, Formel II (R = C_2H_5).

B. Beim Behandeln von 1-[2-Hydroxy-5-methoxy-phenyl]-äthanon mit Oxalsäure-
diäthylester und Natriumäthylat in Äthanol und Behandeln des Reaktionsgemisches mit
wss.-äthanol. Salzsäure (*Šagorewškiǐ et al.*, Ž. obšč. Chim. **29** [1959] 1026, 1030; engl. Ausg.
S. 1004, 1007).
Krystalle (aus wss. A. und Bzn.); F: 100,5—101°.

7-Hydroxy-4-oxo-4H-chromen-2-carbonsäure $C_{10}H_6O_5$, Formel III (R = X = H).

B. Beim Erwärmen einer Lösung von 7-Benzyloxy-4-oxo-4H-chromen-2-carbonsäure-
äthylester in Äthanol mit konz. wss. Salzsäure (*Naylor et al.*, Soc. **1958** 1190, 1191).
Beim Erhitzen von 7-Benzyloxy-4-oxo-4H-chromen-2-carbonsäure-äthylester mit Essig≠
säure und wss. Bromwasserstoffsäure (*Jacobson et al.*, J. org. Chem. **18** [1953] 1117, 1122).
Krystalle; F: 330° [Zers.] (*Ja. et al.*), 312° [Zers.; aus Me.] (*Na. et al.*).

7-Methoxy-4-oxo-4H-chromen-2-carbonsäure $C_{11}H_8O_5$, Formel III (R = CH_3, X = H)
(H 527; dort als 7-Methoxy-chromon-carbonsäure-(2) bezeichnet).

B. Beim Behandeln von 7-Methoxy-4-oxo-4H-chromen-2-carbonsäure-äthylester mit
Natriumhydrogencarbonat in Wasser (*Šagorewškiǐ et al.*, Ž. obšč. Chim. **29** [1959] 1026,
1029; engl. Ausg. S. 1004, 1006).
Krystalle; F: 265° [Zers.].

7-Benzyloxy-4-oxo-4H-chromen-2-carbonsäure $C_{17}H_{12}O_5$, Formel III (R = CH_2-C_6H_5,
X = H).

B. Beim Behandeln einer Lösung von 7-Benzyloxy-2-trans-styryl-chromen-4-on in
Pyridin und Wasser mit wss. Kaliumpermanganat-Lösung (*O'Toole, Wheeler*, Soc. **1956**
4411, 4413).
Krystalle (aus A.); F: 237°.

7-Methoxy-4-oxo-4H-chromen-2-carbonsäure-äthylester $C_{13}H_{12}O_5$, Formel III (R = CH_3, X = C_2H_5).

B. Beim Erwärmen von 1-[2-Hydroxy-4-methoxy-phenyl]-äthanon mit Oxalsäure-di-äthylester und Natriumäthylat in Äthanol und Erhitzen des Reaktionsgemisches mit konz. wss. Salzsäure (*Šagorewškiĭ et al., Ž.* obšč. Chim. **29** [1959] 1026, 1029; engl. Ausg. S. 1004, 1006).

Krystalle (aus A. + Bzl.); F: 122—123°.

7-Benzyloxy-4-oxo-4H-chromen-2-carbonsäure-äthylester $C_{19}H_{16}O_5$, Formel III (R = CH_2-C_6H_5, X = C_2H_5).

B. Beim Erhitzen von 4-[4-Benzyloxy-2-hydroxy-phenyl]-2,4-dioxo-buttersäure-äthyl-ester mit Essigsäure und konz. wss. Salzsäure (*Jacobson et al., J.* org. Chem. **18** [1953] 1117, 1122). Beim Erwärmen von 4-[4-Benzyloxy-2-hydroxy-phenyl]-2,4-dioxo-butter-säure-äthylester mit Chlorwasserstoff enthaltendem Äthanol (*Naylor et al.,* Soc. **1958** 1190, 1191).

Krystalle; F: 172,5—173,5° [aus Eg.] (*Ja. et al.,* l. c. S. 1119), 172° [aus A.] (*Na. et al.*). UV-Spektrum (A.; 200—380 nm): *Ja. et al.,* l. c. S. 1120, 1121.

7-Hydroxy-4-oxo-4H-chromen-2-carbonsäure-butylester $C_{14}H_{14}O_5$, Formel III (R = H, X = $[CH_2]_3$-CH_3).

B. Beim Erhitzen von 7-Hydroxy-4-oxo-4H-chromen-2-carbonsäure mit Butan-1-ol und konz. Schwefelsäure (*Jacobson et al., J.* org. Chem. **18** [1953] 1117, 1122).

Krystalle (aus wss. A.); F: 135—137°. UV-Absorptionsmaxima (A.): 211 nm, 242 nm und 315 nm (*Ja. et al.,* l. c. S. 1121).

4-Methoxy-2-oxo-2H-chromen-3-carbonsäure-äthylester $C_{13}H_{12}O_5$, Formel IV.

B. Beim Behandeln von 4-Hydroxy-2-oxo-2H-chromen-3-carbonsäure-äthylester (H **18** 469) mit Diazomethan in Äther (*Arndt et al.,* B. **84** [1951] 319, 325).

Krystalle (aus A.); F: 95—97°.

5-Hydroxy-2-oxo-2H-chromen-3-carbonsäure, [2,6-Dihydroxy-benzyliden]-malonsäure-monolacton $C_{10}H_6O_5$, Formel V (R = X = H).

B. Beim Behandeln von 2,6-Dihydroxy-benzaldehyd mit wss. Natrium-cyanacetat-Lösung und Erhitzen des Reaktionsprodukts mit wss. Salzsäure (*Shah, Shah,* Soc. **1938** 1832). Beim Erwärmen von 2,6-Dihydroxy-benzaldehyd mit Malonsäure, Pyridin und wenig Anilin (*Adams, Bockstahler,* Am. Soc. **74** [1952] 5346).

Krystalle (aus Nitrobenzol), F: 277° [korr.; Zers.] (*Ad., Bo.*); Krystalle (aus Nitro-benzol) mit 0,25 Mol H_2O (?), F: 272—274° (*Shah, Shah*).

5-Hydroxy-2-oxo-2H-chromen-3-carbonsäure-äthylester $C_{12}H_{10}O_5$, Formel V (R = C_2H_5, X = H).

B. Beim Behandeln von 2,6-Dihydroxy-benzaldehyd mit Malonsäure-diäthylester und Piperidin (*Shah, Laiwalla,* Soc. **1938** 1828, 1831).

Gelbe Krystalle (aus A.); F: 229—230°.

IV   V   VI

5-Hydroxy-6-nitro-2-oxo-2H-chromen-3-carbonsäure-äthylester $C_{12}H_9NO_7$, Formel V (R = C_2H_5, X = NO_2).

Beim Erwärmen einer Lösung von 2,6-Dihydroxy-3-nitro-benzaldehyd in Pyridin mit Malonsäure-diäthylester und Piperidin (*Chandrashekhar, Shah,* Pr. Indian Acad. [A] **29** [1949] 227, 229).

Gelbe Krystalle (aus A.); F: 167°.

6-Hydroxy-2-oxo-2H-chromen-3-carbonsäure, [2,5-Dihydroxy-benzyliden]-malonsäure-2-lacton $C_{10}H_6O_5$, Formel VI (R = H).

B. Beim Erwärmen von 6-Hydroxy-2-oxo-2*H*-chromen-3-carbonsäure-äthylester mit methanol. Kalilauge (*Cramer, Windel,* B. **89** [1956] 354, 364).

Gelbe Krystalle (aus A.); F: 280°.

6-Hydroxy-2-oxo-2H-chromen-3-carbonsäure-äthylester $C_{12}H_{10}O_5$, Formel VI (R = C_2H_5).

B. Beim Erhitzen von 2,5-Dihydroxy-benzaldehyd mit Malonsäure-diäthylester und Piperidin (*Cramer, Windel,* B. **89** [1956] 354, 363).

Gelbe Krystalle (aus A.); F: 192°.

7-Hydroxy-2-oxo-2H-chromen-3-carbonsäure, [2,4-Dihydroxy-benzyliden]-malonsäure-2-lacton $C_{10}H_6O_5$, Formel VII (R = X = H) (H 528; E I 533; E II 382; dort als 7-Oxy-cumarin-carbonsäure-(3) und als Umbelliferon-carbonsäure-(3) bezeichnet).

B. Beim Erwärmen von 2,4-Dihydroxy-benzaldehyd mit Malonsäure, Pyridin und wenig Anilin (*Adams, Bockstahler,* Am. Soc. **74** [1952] 5346).

F: 262° [korr.; Zers.] (*Ad., Bo.*). Absorptionsmaximum (A.): 330 nm (*Czapska-Narkiewicz,* Bl. Acad. polon. [A] **1935** 445). Fluorescenzmaximum (A.): 459,6 nm (*Cz.-Na.*). Fluorescenz von wss. oder wss.-äthanol. Lösungen vom pH −1,6 bis pH 12,6: *Goodwin, Kavanagh,* Arch. Biochem. **27** [1950] 152, 157.

7-Methoxy-2-oxo-2H-chromen-3-carbonsäure $C_{11}H_8O_5$, Formel VII (R = CH_3, X = H).

B. Beim Behandeln von 7-Methoxy-2-oxo-2*H*-chromen-3-carbonsäure-äthylester mit wss.-äthanol. Kalilauge (*Rangaswami et al.,* Pr. Indian Acad. [A] **13** [1941] 316, 317, 318). Beim Erwärmen von 2-Cyan-3*t*-[2-hydroxy-4-methoxy-phenyl]-acrylsäure (E III **10** 2468) mit Wasser und Ansäuern des Reaktionsgemisches (*Baker, Collis,* Soc. **1949** Spl. 12, 13).

Krystalle (aus wss. A.); F: 195° (*Ba., Co.*; s. a. *Ra. et al.*). Fluorescenz von wss. oder wss.-äthanol. Lösungen vom pH −1,6 bis pH 12,6: *Goodwin, Kavanagh,* Arch. Biochem. **27** [1950] 152, 159.

2-Oxo-7-propoxy-2H-chromen-3-carbonsäure $C_{13}H_{12}O_5$, Formel VII (R = CH_2-CH_2-CH_3, X = H).

B. Beim Behandeln von 7-Hydroxy-2-oxo-2*H*-chromen-3-carbonsäure-äthylester mit Propyljodid und methanol. Kalilauge und Behandeln des Reaktionsprodukts mit wss. Alkalilauge (*Baltzly,* Am. Soc. **74** [1952] 2692).

Krystalle (aus wss. Acn. oder Eg.); F: 199—200° [korr.] (*Ba.*). Fluorescenz von wss. oder wss.-äthanol. Lösungen vom pH −1,6 bis pH 12,6: *Goodwin, Kavanagh,* Arch. Biochem. **27** [1950] 152, 160.

7-Acetoxy-2-oxo-2H-chromen-3-carbonsäure $C_{12}H_8O_6$, Formel VII (R = CO-CH_3, X = H).

B. Beim Behandeln von 7-Hydroxy-2-oxo-2*H*-chromen-3-carbonsäure mit Acet=anhydrid und Pyridin (*Boehm,* Ar. **271** [1933] 490, 508).

Krystalle (aus Eg.); F: 210—211°.

7-Methoxycarbonyloxy-2-oxo-2H-chromen-3-carbonsäure $C_{12}H_8O_7$, Formel VII (R = CO-O-CH_3, X = H).

B. Beim Behandeln von 7-Hydroxy-2-oxo-2*H*-chromen-3-carbonsäure-äthylester mit wss. Natronlauge und Chlorokohlensäure-methylester (*Trenknerówna,* Roczniki Chem. **16** [1936] 12,13; C. **1936** II 1163). Beim Behandeln von 7-Hydroxy-2-oxo-2*H*-chromen-3-carbonsäure mit wss. Kalilauge und Chlorokohlensäure-methylester (*Boehm,* Ar. **271** [1933] 490, 510).

Krystalle; F: 214—215° [aus A. oder Eg.] (*Bo.*), 210° [aus A.] (*Tr.*).

7-Äthoxycarbonyloxy-2-oxo-2H-chromen-3-carbonsäure $C_{13}H_{10}O_7$, Formel VII (R = CO-O-C_2H_5, X = H).

B. Beim Behandeln von 7-Hydroxy-2-oxo-2*H*-chromen-3-carbonsäure mit wss. Kali=lauge und Chlorokohlensäure-äthylester (*Boehm,* Ar. **271** [1933] 490, 510).

Krystalle; F: 167°.

7-Hydroxy-2-imino-2H-chromen-3-carbonsäure $C_{10}H_7NO_4$, Formel VIII.
Diese Konstitution kommt möglicherweise der früher (s. E II **10** 391) als 2-Cyan-3-[2,4-dihydroxy-phenyl]-acrylsäure (,,2,4-Dioxy-benzylidencyanessigsäure'') beschriebenen Verbindung zu (*Schiemenz*, B. **95** [1962] 483). Über ein möglicherweise analog zu formulierendes *O*-Methyl-Derivat s. E III **10** 2468.

7-Methoxy-2-oxo-2H-chromen-3-carbonsäure-methylester $C_{12}H_{10}O_5$, Formel VII (R = X = CH_3).
B. Beim Erwärmen von 7-Methoxy-2-oxo-2H-chromen-3-carbonylchlorid mit Methanol (*Baker, Collis*, Soc. **1949** Spl. 12, 14).
Krystalle (aus Me.); F: 201—202°.

VII   VIII   IX

7-Hydroxy-2-oxo-2H-chromen-3-carbonsäure-äthylester $C_{12}H_{10}O_5$, Formel VII (R = H, X = C_2H_5) (H 528; E II 382).
B. Beim Behandeln von 2,4-Dihydroxy-benzaldehyd mit Malonsäure-diäthylester und Piperidin (*Boehm*, Ar. **271** [1933] 490, 508). Beim Erhitzen von Resorcin mit Äthoxy= methylen-malonsäure-diäthylester (*Gerphagnon et al.*, C. r. **246** [1958] 1701, 1702). Beim Erwärmen einer aus 7-Amino-2-oxo-2H-chromen-3-carbonsäure bereiteten Diazonium= salz-Lösung mit wss. Schwefelsäure und Behandeln des Reaktionsprodukts mit Äthanol und Chlorwasserstoff (*Kuwayama, Ichibagase*, J. pharm. Soc. Japan **78** [1958] 196; C. A. **1958** 11021).
Krystalle; F: 171,9—172,3° [unkorr.; aus wss. A.] (*Wheelock*, Am. Soc. **81** [1959] 1348, 1349), 171° (*Bo.*), 168—169° [aus wss. A.] (*Ku., Ich.*), 168° [aus A.] (*Ge. et al.*). UV-Absorptionsmaximum: 350 nm (*Ge. et al.*). Fluorescenzmaximum (A.): 454 nm (*Wh.*). Fluorescenz von wss. oder wss.-äthanol. Lösungen vom pH −1,6 bis pH 12,6: *Goodwin, Kavanagh*, Arch. Biochem. **27** [1950] 152, 157.
Beim Behandeln mit 1 Mol Brom in Essigsäure sind 6-Brom-7-hydroxy-2-oxo-2H-chromen-3-carbonsäure-äthylester und 8-Brom-7-hydroxy-2-oxo-2H-chromen-3-carbon= säure-äthylester, beim Behandeln mit 2 Mol Brom in Essigsäure ist 6,8-Dibrom-7-hydroxy-2-oxo-2H-chromen-3-carbonsäure-äthylester, beim Behandeln mit überschüssigem Brom ist 4(?),6,8-Tribrom-7-hydroxy-2-oxo-2H-chromen-3-carbonsäure-äthylester (S. 6344) er-halten worden (*Lele, Sethna*, J. scient. ind. Res. India **14** B [1955] 101, 102, 103).

7-Methoxy-2-oxo-2H-chromen-3-carbonsäure-äthylester $C_{13}H_{12}O_5$, Formel VII (R = CH_3, X = C_2H_5).
B. Beim Behandeln von 2-Hydroxy-4-methoxy-benzaldehyd mit Malonsäure-diäthyl= ester, Äthanol und Piperidin (*Rangaswami et al.*, Pr. Indian Acad. [A] **13** [1941] 316, 318). Beim Erwärmen von 7-Methoxy-2-oxo-2H-chromen-3-carbonylchlorid mit Äthanol (*Baker, Collis*, Soc. **1949** Spl. 12, 14).
Krystalle (aus A.); F: 134° (*Ba., Co.; Ra. et al.*). Fluorescenz von wss. oder wss.-äthanol. Lösungen vom pH −1,6 bis pH 12,6: *Goodwin, Kavanagh*, Arch. Biochem. **27** [1950] 152, 159.

7-Acetoxy-2-oxo-2H-chromen-3-carbonsäure-äthylester $C_{14}H_{12}O_6$, Formel VII (R = CO-CH_3, X = C_2H_5).
B. Beim Behandeln von 7-Hydroxy-2-oxo-2H-chromen-3-carbonsäure-äthylester mit Acetanhydrid und Pyridin (*Boehm*, Ar. **271** [1933] 490, 508; *Shah, Shah*, J. org. Chem. **13** [1954] 1681, 1685).
Krystalle (aus A.); F: 153—154° (*Bo.*), 152° (*Shah, Shah*).

7-Methoxy-2-oxo-2H-chromen-3-carbonylchlorid, 3-Chlorcarbonyl-7-methoxy-cumarin $C_{11}H_7ClO_4$, Formel IX (R = CH_3, X = Cl).
B. Beim Erwärmen von 7-Methoxy-2-oxo-2H-chromen-3-carbonsäure mit Thionyl= chlorid und Chloroform (*Baker, Collis*, Soc. **1949** Spl. 12, 13).

Krystalle (aus CHCl$_3$ + PAe.); F: 143° (*Ba., Co.*).

Beim Behandeln mit Resorcin und Aluminiumchlorid in Nitrobenzol ist 10-Hydroxy-3-methoxy-6a,12a-dihydro-chromeno[4,3-*b*]chromen-6,7-dion (F: 214° [Zers.]) erhalten worden (*Parker, Robertson*, Soc. **1950** 1121, 1123, 1124).

7-Acetoxy-2-oxo-2H-chromen-3-carbonylchlorid, 7-Acetoxy-3-chlorcarbonyl-cumarin C$_{12}$H$_7$ClO$_5$, Formel IX (R = CO-CH$_3$, X = Cl).

B. Beim Erwärmen von 7-Acetoxy-2-oxo-2H-chromen-3-carbonsäure mit Thionyl= chlorid (*Boehm*, Ar. **271** [1933] 490, 509).

Krystalle (aus Xylol); F: 189—190°.

7-Äthoxycarbonyloxy-2-oxo-2H-chromen-3-carbonylchlorid, 7-Äthoxycarbonyloxy-3-chlorcarbonyl-cumarin C$_{13}$H$_9$ClO$_6$, Formel IX (R = CO-O-C$_2$H$_5$, X = Cl).

B. Beim Erwärmen von 7-Äthoxycarbonyloxy-2-oxo-2H-chromen-3-carbonsäure mit Thionylchlorid (*Boehm*, Ar. **271** [1933] 490, 510).

Krystalle (aus Xylol); F: 144—145°.

7-Methoxy-2-oxo-2H-chromen-3-carbonsäure-anilid, 7-Methoxy-3-phenylcarbamoyl-cumarin C$_{17}$H$_{13}$NO$_4$, Formel IX (R = CH$_3$, X = NH-C$_6$H$_5$).

B. Aus 7-Methoxy-2-oxo-2H-chromen-3-carbonylchlorid und Anilin (*Parker, Robertson*, Soc. **1950** 1121, 1124).

Krystalle (aus Eg.); F: 232°.

7-Hydroxy-2-oxo-2H-chromen-3-carbonitril, 3-Cyan-7-hydroxy-cumarin C$_{10}$H$_5$NO$_3$, Formel X (R = H).

B. Beim Behandeln von 2,4-Dihydroxy-benzaldehyd mit Cyanessigsäure-äthylester und Piperidin (*Balaiah et al.*, Pr. Indian Acad. [A] **16** [1942] 68, 77).

Gelbe Krystalle (aus A.); F: 262°.

7-Methoxy-2-oxo-2H-chromen-3-carbonitril, 3-Cyan-7-methoxy-cumarin C$_{11}$H$_7$NO$_3$, Formel X (R = CH$_3$).

B. Beim Behandeln von [2-Hydroxy-4-methoxy-benzyliden]-malononitril mit wss. Salzsäure (*Baker, Howes*, Soc. **1953** 119, 123).

Krystalle (aus A.); F: 221—222° [unkorr.].

6-Chlor-7-hydroxy-2-oxo-2H-chromen-3-carbonsäure C$_{10}$H$_5$ClO$_5$, Formel XI (R = H, X = Cl).

B. Beim Erwärmen von 5-Chlor-2,4-bis-methoxycarbonyloxy-benzaldehyd mit Malon= säure und Essigsäure und Erhitzen des Reaktionsprodukts mit wss. Natriumcarbonat-Lösung (*Chakravarti, Ghosh*, J. Indian chem. Soc. **12** [1935] 791, 796).

Krystalle (aus A.); F: 284°.

6-Brom-7-hydroxy-2-oxo-2H-chromen-3-carbonsäure-äthylester C$_{12}$H$_9$BrO$_5$, Formel XI (R = C$_2$H$_5$, X = Br).

B. Neben 8-Brom-7-hydroxy-2-oxo-2H-chromen-3-carbonsäure-äthylester beim Behan= deln von 7-Hydroxy-2-oxo-2H-chromen-3-carbonsäure-äthylester mit Brom (1 Mol) in Essigsäure (*Lele, Sethna*, J. scient. ind. Res. India **14** B [1955] 101, 102).

Krystalle (aus wss. A.); F: 274°.

8-Brom-7-hydroxy-2-oxo-2H-chromen-3-carbonsäure-äthylester C$_{12}$H$_9$BrO$_5$, Formel XII (X = Br).

B. s. im vorangehenden Artikel.

Krystalle (aus A.); F: 264° (*Lele, Sethna*, J. scient. ind. Res. India **14** B [1955] 101, 102).

X   XI   XII

6,8-Dibrom-7-hydroxy-2-oxo-2H-chromen-3-carbonsäure $C_{10}H_4Br_2O_5$, Formel XIII (R = X = H).

B. Beim Behandeln von 6,8-Dibrom-7-hydroxy-2-oxo-2H-chromen-3-carbonsäure-äthylester mit wss. Natronlauge (*Lele, Sethna,* J. scient. ind. Res. India **14** B [1955] 101, 103).
Krystalle (aus A.); F: 258°.

6,8-Dibrom-7-hydroxy-2-oxo-2H-chromen-3-carbonsäure-äthylester $C_{12}H_8Br_2O_5$, Formel XIII (R = C_2H_5, X = H).

B. Beim Behandeln von 7-Hydroxy-2-oxo-2H-chromen-3-carbonsäure-äthylester mit Brom (2 Mol) in Essigsäure (*Lele, Sethna,* J. scient. ind. Res. India **14** B [1955] 101, 102).
Krystalle (aus Eg.); F: 238°.

4(?),6,8-Tribrom-7-hydroxy-2-oxo-2H-chromen-3-carbonsäure $C_{10}H_3Br_3O_5$, vermutlich Formel XIII (R = H, X = Br).

B. Beim Behandeln des im folgenden Artikel beschriebenen Äthylesters mit wss. Natronlauge (*Lele, Sethna,* J. scient. ind. Res. India **14** B [1955] 101, 103).
Krystalle (aus A.); F: 282°.

4(?),6,8-Tribrom-7-hydroxy-2-oxo-2H-chromen-3-carbonsäure-äthylester $C_{12}H_7Br_3O_5$, vermutlich Formel XIII (R = C_2H_5, X = Br).

B. Beim Behandeln von 7-Hydroxy-2-oxo-2H-chromen-3-carbonsäure-äthylester mit Brom [Überschuss] (*Lele, Sethna,* J. scient. ind. Res. India **14** B [1955] 101, 103).
Krystalle (aus wss. A.); F: 198—200°.

7-Hydroxy-8-nitro-2-oxo-2H-chromen-3-carbonsäure-äthylester $C_{12}H_9NO_7$, Formel XII (X = NO_2).

B. Beim Erhitzen von 2,4-Dihydroxy-3-nitro-benzaldehyd mit Malonsäure-diäthylﬂ ester, Pyridin und Piperidin (*Chandrashekhar, Shah,* Pr. Indian Acad. [A] **29** [1949] 227, 230).
Krystalle (aus A.); F: 153—154°.

8-Methoxy-2-oxo-2H-chromen-3-carbonsäure $C_{11}H_8O_5$, Formel XIV (X = OH) (E I 533; dort als 8-Methoxy-cumarin-carbonsäure-(3) bezeichnet).

B. Beim Behandeln einer Lösung von 2-Hydroxy-3-methoxy-benzaldehyd in Äthanol mit Malonsäure und Anilin (*Cingolani,* G. **84** [1954] 843, 844, 848). Beim Erhitzen von 2-Cyan-3t-[2-hydroxy-3-methoxy-phenyl]-acrylsäure (E III **10** 2467) mit Wasser und Ansäuern der Reaktionslösung (*Ci.,* l. c. S. 849). Beim Erwärmen von 2-Cyan-3t-[2-hydrﬂ oxy-3-methoxy-phenyl]-acrylsäure mit wss.-äthanol. Salzsäure (*Hopkins et al.,* Canad. J. Res. [B] **23** [1945] 84, 86; *Endo Prod. Inc.,* U.S.P. 2683720 [1949]). Beim Behandeln von 8-Methoxy-2-oxo-2H-chromen-3-carbonitril mit wss. Natronlauge und Pyridin (*Ci.,* l. c. S. 849). Beim Behandeln von 8-Methoxy-2-oxo-2H-chromen-3-carbonsäure-äthylester mit wss. Natronlauge (*Dey, Kutti,* Pr. nation. Inst. Sci. India **6** [1940] 641, 654) oder mit äthanol. Natronlauge (*Buu-Hoi et al.,* Bl. **1957** 561).
Krystalle; F: 218° [korr.; aus A.] (*Ho. et al.*), 215° [aus wss. Acn.] (*Endo Prod. Inc.*), 212° [aus wss. Eg.] (*Buu-Hoi et al.; Ci.,* l. c. S. 849), 210° [aus A.] (*Dey, Ku.*).

XIII   XIV   XV

8-Methoxy-2-oxo-2H-chromen-3-carbonsäure-äthylester $C_{13}H_{12}O_5$, Formel XIV (X = O-C_2H_5) (E I 533).

B. Beim Erwärmen einer Lösung von 2-Hydroxy-3-methoxy-benzaldehyd in Äthanol mit Malonsäure-diäthylester und Piperidin (*Horning, Horning,* Am. Soc. **69** [1947] 968;

Dey, Kutti, Pr. nation. Inst. Sci. India **6** [1940] 641, 653; *Buu-Hoi et al.*, Bl. **1957** 561).
Krystalle; F: 96° (*Dey, Ku.*), 88—90° [aus Bzl. + PAe.] (*Ho., Ho.*).

8-Methoxy-2-oxo-2H-chromen-3-carbonsäure-[2-diäthylamino-äthylester] $C_{17}H_{21}NO_5$,
Formel XIV (X = O-CH$_2$-CH$_2$-N(C$_2$H$_5$)$_2$).
B. Beim Erwärmen einer Suspension von 8-Methoxy-2-oxo-2H-chromen-3-carbonyl=
chlorid in Benzol mit 2-Diäthylamino-äthanol und Benzol (*Endo Prod. Inc.*, U.S.P.
2683720 [1949]). Beim Behandeln von 8-Methoxy-2-oxo-2H-chromen-3-carbonsäure mit
Diäthyl-[2-chlor-äthyl]-amin und Isopropylalkohol (*Clinton, Laskowski*, Am. Soc. **71**
[1949] 3602, 3603, 3605).
Hydrochlorid $C_{17}H_{21}NO_5 \cdot HCl$. Krystalle; F: 198° [aus A.] (*Endo Prod. Inc.*), 195° bis
196° [korr.] (*Cl., La.*).

8-Methoxy-2-oxo-2H-chromen-3-carbonsäure-[2-dibenzylamino-äthylester] $C_{27}H_{25}NO_5$,
Formel XIV (X = O-CH$_2$-CH$_2$-N(CH$_2$-C$_6$H$_5$)$_2$).
B. Beim Erwärmen einer Suspension von 8-Methoxy-2-oxo-2H-chromen-3-carbonyl=
chlorid in Benzol mit 2-Dibenzylamino-äthanol und Benzol (*Endo Prod. Inc.*, U.S.P.
2683720 [1949]).
Krystalle (aus Acn.); F: 127°.
Hydrochlorid $C_{27}H_{25}NO_5 \cdot HCl$. Krystalle (aus CHCl$_3$ + Hexan); F: 207,5°.

8-Methoxy-2-oxo-2H-chromen-3-carbonsäure-[3-diäthylamino-propylester] $C_{18}H_{23}NO_5$,
Formel XIV (X = O-[CH$_2$]$_3$-N(C$_2$H$_5$)$_2$).
Hydrochlorid $C_{18}H_{23}NO_5 \cdot HCl$. *B.* Beim Erwärmen einer Suspension von 8-Methoxy-
2-oxo-2H-chromen-3-carbonylchlorid in Benzol mit 3-Diäthylamino-propan-1-ol und
Benzol (*Endo Prod. Inc.*, U.S.P. 2683720 [1949]). — Krystalle (aus A.); F: 181°.

8-Methoxy-2-oxo-2H-chromen-3-carbonylchlorid, 3-Chlorcarbonyl-8-methoxy-cumarin
$C_{11}H_7ClO_4$, Formel XIV (X = Cl).
B. Beim Erwärmen von 8-Methoxy-2-oxo-2H-chromen-3-carbonsäure mit Thionyl=
chlorid (*Clinton, Laskowski*, Am. Soc. **71** [1949] 3602, 3603; *Cingolani*, G. **84** [1954] 843,
850).
Krystalle (aus Bzl.); F: 181° (*Ci.*), 171—172° [korr.] (*Cl., La.*).

8-Methoxy-2-oxo-2H-chromen-3-carbonsäure-amid, 3-Carbamoyl-8-methoxy-cumarin
$C_{11}H_9NO_4$, Formel XIV (X = NH$_2$).
B. Beim Behandeln von 8-Methoxy-2-oxo-2H-chromen-3-carbonylchlorid mit wss.
Ammoniak (*Buu-Hoi et al.*, Bl. **1957** 561).
Krystalle; F: 254° [aus wss. Dioxan] (*Cingolani*, G. **84** [1954] 843, 850), 247° [aus A.]
(*Buu-Hoi et al.*).

8-Methoxy-2-oxo-2H-chromen-3-carbonsäure-diäthylamid, 3-Diäthylcarbamoyl-
8-methoxy-cumarin $C_{15}H_{17}NO_4$, Formel XIV (X = N(C$_2$H$_5$)$_2$).
B. Beim Behandeln von 8-Methoxy-2-oxo-2H-chromen-3-carbonylchlorid mit Diäthyl=
amin und Benzol (*Clinton, Laskowski*, Am. Soc. **71** [1949] 3602, 3604, 3605).
Krystalle; F: 107—108° [korr.].

8-Methoxy-2-oxo-2H-chromen-3-carbonitril, 3-Cyan-8-methoxy-cumarin $C_{11}H_7NO_3$,
Formel XV.
B. Beim Erwärmen einer Lösung von 2-Hydroxy-3-methoxy-benzaldehyd in Äthanol
mit Cyanessigsäure-äthylester und Piperidin (*Horning, Horning*, Am. Soc. **69** [1947] 968;
Cingolani, G. **84** [1954] 843, 851).
Krystalle; F: 224—226° [aus E. + PAe.] (*Ho., Ho.*), 225° [Zers.; aus Eg. oder A.] (*Ci.*).

6-Jod-8-methoxy-2-oxo-2H-chromen-3-carbonsäure $C_{11}H_7IO_5$, Formel I (R = OH,
X = I).
B. Aus 6-Jod-8-methoxy-2-oxo-2H-chromen-3-carbonsäure-äthylester (*Buu-Hoi et al.*,
C. r. **243** [1956] 1126, 1128).
Krystalle (aus Eg.); F: 246°.

6-Jod-8-methoxy-2-oxo-2H-chromen-3-carbonsäure-äthylester $C_{13}H_{11}IO_5$, Formel I
($R = O\text{-}C_2H_5$, $X = I$).
B. Beim Behandeln von 2-Hydroxy-5-jod-3-methoxy-benzaldehyd mit Malonsäure-diäthylester und Piperidin (*Buu-Hoi et al.*, C. r. **243** [1956] 1126, 1128).
Krystalle (aus A.); F: 190°.

8-Methoxy-5-nitro-2-oxo-2H-chromen-3-carbonsäure $C_{11}H_7NO_7$, Formel II ($R = H$).
B. Beim Behandeln von 8-Methoxy-2-oxo-2H-chromen-3-carbonsäure mit wss. Sal=
petersäure (*Dey, Kutti*, Pr. nation. Inst. Sci. India **6** [1940] 641, 668). Aus 8-Methoxy-5-nitro-2-oxo-2H-chromen-3-carbonsäure-äthylester (*Clinton, Laskowski*, Am. Soc. **71** [1949] 3602, 3603).
Krystalle; F: 215—217° [korr.] (*Cl., La.*), 203° (*Dey, Ku.*).

8-Methoxy-5-nitro-2-oxo-2H-chromen-3-carbonsäure-äthylester $C_{13}H_{11}NO_7$, Formel II
($R = C_2H_5$).
B. Beim Behandeln von 8-Methoxy-2-oxo-2H-chromen-3-carbonsäure-äthylester mit wss. Salpetersäure (*Clinton, Laskowski*, Am. Soc. **71** [1949] 3602, 3603).
Krystalle (aus E.); F: 184—186° [korr.].

8-Methoxy-6-nitro-2-oxo-2H-chromen-3-carbonsäure $C_{11}H_7NO_7$, Formel I
($R = OH$, $X = NO_2$).
B. Beim Erhitzen von 8-Methoxy-6-nitro-2-oxo-2H-chromen-3-carbonsäure-äthylester mit wss. Natronlauge (*Clinton, Laskowski*, Am. Soc. **71** [1949] 3602, 3603, 3605).
Krystalle; F: 219—220° [korr.].

I II III

8-Methoxy-6-nitro-2-oxo-2H-chromen-3-carbonsäure-äthylester $C_{13}H_{11}NO_7$, Formel I
($R = O\text{-}C_2H_5$, $X = NO_2$).
B. Beim Erwärmen von 2-Hydroxy-3-methoxy-5-nitro-benzaldehyd mit Malonsäure-diäthylester, Äthanol und Piperidin (*Clinton, Laskowski*, Am. Soc. **71** [1949] 3602, 3603, 3605).
Krystalle (aus E.); F: 210—210,5° [korr.].

8-Methoxy-6-nitro-2-oxo-2H-chromen-3-carbonsäure-[2-diäthylamino-äthylester]
$C_{17}H_{20}N_2O_7$, Formel I ($R = O\text{-}CH_2\text{-}CH_2\text{-}N(C_2H_5)_2$, $X = NO_2$).
Hydrochlorid $C_{17}H_{20}N_2O_7 \cdot HCl$. B. Beim Behandeln von 8-Methoxy-6-nitro-2-oxo-2H-chromen-3-carbonsäure mit Diäthyl-[2-chlor-äthyl]-amin und Isopropylalkohol (*Clinton, Laskowski*, Am. Soc. **71** [1949] 3602, 3603, 3605). — F: 191—192° [korr.].

8-Methoxy-6-nitro-2-oxo-2H-chromen-3-carbonylchlorid, 3-Chlorcarbonyl-8-methoxy-6-nitro-cumarin $C_{11}H_6ClNO_6$, Formel I ($R = Cl$, $X = NO_2$).
B. Beim Erwärmen von 8-Methoxy-6-nitro-2-oxo-2H-chromen-3-carbonsäure mit Thionylchlorid (*Clinton, Laskowski*, Am. Soc. **71** [1949] 3602, 3603, 3605).
Krystalle (aus Bzl.); F: 179—180° [korr.].

8-Methoxy-6-nitro-2-oxo-2H-chromen-3-carbonsäure-diäthylamid, 3-Diäthylcarbamoyl-8-methoxy-6-nitro-cumarin $C_{15}H_{16}N_2O_6$, Formel I ($R = N(C_2H_5)_2$, $X = NO_2$).
B. Beim Behandeln von 8-Methoxy-6-nitro-2-oxo-2H-chromen-3-carbonylchlorid mit Diäthylamin und Benzol (*Clinton, Laskowski*, Am. Soc. **71** [1949] 3602, 3604, 3605).
Krystalle; F: 192—193° [korr.].

8-Methoxy-7-nitro-2-oxo-2H-chromen-3-carbonsäure $C_{11}H_7NO_7$, Formel III ($R = H$).
B. Beim Erhitzen von 8-Methoxy-7-nitro-2-oxo-2H-chromen-3-carbonsäure-äthylester

mit wss. Natronlauge (*Dey, Kutti,* Pr. nation. Inst. Sci. India **6** [1940] 641, 664).
Krystalle (aus Eg.); F: 146°.

8-Methoxy-7-nitro-2-oxo-2H-chromen-3-carbonsäure-äthylester $C_{13}H_{11}NO_7$, Formel III
(R = C_2H_5).
B. Beim Erwärmen von 2-Hydroxy-3-methoxy-4-nitro-benzaldehyd mit Malonsäure-
diäthylester und Piperidin (*Dey, Kutti,* Pr. nation. Inst. Sci. India **6** [1940] 641, 664).
Krystalle (aus A.); F: 146°.

**7-Hydroxy-2-oxo-2H-chromen-4-carbonsäure, 2-[2,4-Dihydroxy-phenyl]-fumarsäure-
4→2-lacton** $C_{10}H_6O_5$, Formel IV (R = H, X = OH) (H 529; dort als 7-Oxy-cumarin-
carbonsäure-(4) und als Umbelliferon-carbonsäure-(4) bezeichnet).
B. Beim Behandeln   von 7-Hydroxy-2-oxo-2H-chromen-4-carbonsäure-äthylester
mit wss. Natronlauge (*Clinton, Laskowski,* Am. Soc. **71** [1949] 3602, 3604).
Krystalle; F: 245—246° [korr.].

7-Methoxy-2-oxo-2H-chromen-4-carbonsäure $C_{11}H_8O_5$, Formel IV (R = CH_3, X = OH)
(H 529).
B. Beim Erwärmen von 7-Methoxy-2-oxo-2H-chromen-4-carbaldehyd mit einer aus
Silbernitrat, wss. Kalilauge und wss. Ammoniak bereiteten Lösung (*Schiavello, Cingolani,*
G. **81** [1951] 717, 722).
Gelbe Krystalle (aus W.); F: 219°.

7-Hydroxy-2-oxo-2H-chromen-4-carbonsäure-äthylester $C_{12}H_{10}O_5$, Formel IV (R = H,
X = O-C_2H_5) (H 529).
B. Beim Behandeln der Natrium-Verbindung des Oxalessigsäure-diäthylesters mit
Resorcin (*Clinton, Laskowski,* Am. Soc. **71** [1949] 3602, 3604).

7-Methoxy-2-oxo-2H-chromen-4-carbonsäure-äthylester $C_{13}H_{12}O_5$, Formel IV
(R = CH_3, X = O-C_2H_5).
B. In kleiner Menge beim Erwärmen von 4-[2,4-Dihydroxy-benzoyl]-7-methoxy-cuma=
rin mit Chlorwasserstoff oder Schwefelsäure enthaltendem Äthanol (*Parker, Robertson,*
Soc. **1950** 1121, 1123).
Krystalle (aus A. oder wss. Eg.); F: 63°.

7-Hydroxy-2-oxo-2H-chromen-4-carbonsäure-[2-diäthylamino-äthylester] $C_{16}H_{19}NO_5$,
Formel IV (R = H, X = O-CH_2-CH_2-N(C_2H_5)$_2$).
Hydrochlorid $C_{16}H_{19}NO_5 \cdot$ HCl. *B.* Beim Erwärmen von 7-Hydroxy-2-oxo-2H-chrom=
en-4-carbonsäure mit Diäthyl-[2-chlor-äthyl]-amin und Isopropylalkohol (*Clinton, Laskowski,* Am. Soc. **71** [1949] 3602, 3604). — Gelbe Krystalle (aus A.); F: 192,7—193,9°
[korr.].

**7-Methoxy-2-oxo-2H-chromen-4-carbonsäure-anilid, 7-Methoxy-4-phenylcarbamoyl-
cumarin** $C_{17}H_{13}NO_4$, Formel IV (R = CH_3, X = NH-C_6H_5).
B. Beim Erwärmen von 7-Methoxy-2-oxo-2H-chromen-4-carbonsäure mit Phosphor(V)-
chlorid in Chloroform und Behandeln des Reaktionsprodukts mit Anilin (*Parker, Robertson,* Soc. **1950** 1121, 1122).
Krystalle (aus A.); F: 181°.

3-Chlor-7-methoxy-2-oxo-2H-chromen-4-carbonsäure $C_{11}H_7ClO_5$, Formel V (R = CH_3,
X = OH).
B. Beim Erhitzen von 3-Chlor-7-methoxy-2-oxo-2H-chromen-4-carbonsäure-äthylester
mit wss. Schwefelsäure (*Holton et al.,* Soc. **1949** 2049, 2051).
Krystalle (aus A. oder Eg.); F: 272° [Zers.; nach Sintern von 262° an].

3-Chlor-7-hydroxy-2-oxo-2H-chromen-4-carbonsäure-methylester $C_{11}H_7ClO_5$, Formel V
(R = H, X = O-CH_3).
B. Beim Behandeln von Chlor-oxalessigsäure-dimethylester mit Resorcin und mit
Chlorwasserstoff enthaltendem Methanol (*Holton et al.,* Soc. **1949** 2049, 2051).
Gelbe Krystalle (aus Me.); F: 212—214°.

IV   V   VI

3-Chlor-7-methoxy-2-oxo-2H-chromen-4-carbonsäure-methylester $C_{12}H_9ClO_5$, Formel V
(R = CH$_3$, X = O-CH$_3$).
B. Beim Erwärmen von 3-Chlor-7-hydroxy-2-oxo-2H-chromen-carbonsäure-methyl⸗
ester mit Methyljodid, Kaliumcarbonat und Aceton (*Holton et al.*, Soc. **1949** 2049, 2051).
Krystalle (aus Bzl. oder Me.); F: 152—153°.

3-Chlor-7-hydroxy-2-oxo-2H-chromen-4-carbonsäure-äthylester $C_{12}H_9ClO_5$, Formel V
(R = H, X = O-C$_2$H$_5$).
B. Beim Behandeln von Chlor-oxalessigsäure-diäthylester mit Resorcin und mit Chlor⸗
wasserstoff enthaltendem Äthanol (*Holton et al.*, Soc. **1949** 2049, 2051).
Krystalle (aus A. oder Eg.); F: 234°.

3-Chlor-7-methoxy-2-oxo-2H-chromen-4-carbonsäure-äthylester $C_{13}H_{11}ClO_5$, Formel V
(R = CH$_3$, X = O-C$_2$H$_5$).
B. Beim Behandeln von Chlor-oxalessigsäure-diäthylester mit 3-Methoxy-phenol und
mit Chlorwasserstoff enthaltendem Äthanol (*Holton et al.*, Soc. **1949** 2049, 2051). Beim
Behandeln von 3-Chlor-7-hydroxy-2-oxo-2H-chromen-4-carbonsäure-äthylester mit
Methyljodid, Kaliumcarbonat und Aceton oder mit Diazomethan in Äther (*Ho. et al.*).
Krystalle (aus Me.); F: 119°.

**3-Chlor-7-methoxy-2-oxo-2H-chromen-4-carbonsäure-anilid, 3-Chlor-7-methoxy-
4-phenylcarbamoyl-cumarin** $C_{17}H_{12}ClNO_4$, Formel V (R = CH$_3$, X = NH-C$_6$H$_5$).
B. Beim Behandeln von 3-Chlor-7-methoxy-2-oxo-2H-chromen-4-carbonsäure mit
Phosphor(V)-chlorid in Chloroform und Behandeln des Reaktionsprodukts mit Anilin
(*Holton et al.*, Soc. **1949** 2049, 2051).
Krystalle (aus A. oder E.); F: 245°.

———————

7-Hydroxy-2-oxo-2H-chromen-5-carbonsäure $C_{10}H_6O_5$, Formel VI (R = X = H).
B. Neben 7-Hydroxy-2-oxo-2H-chromen-5-carbonsäure-methylester beim Behandeln
von 3,5-Dihydroxy-benzoesäure-methylester mit Äpfelsäure und konz. Schwefelsäure
(*Mody, Shah*, Pr. Indian Acad. [A] **34** [1951] 77, 85).
Krystalle (aus wss. A.), die unterhalb 280° nicht schmelzen.

7-Acetoxy-2-oxo-2H-chromen-5-carbonsäure $C_{12}H_8O_6$, Formel VI (R = CO-CH$_3$, X = H).
B. Aus 7-Hydroxy-2-oxo-2H-chromen-5-carbonsäure (*Mody, Shah*, Pr. Indian Acad.
[A] **34** [1951] 77, 85).
Krystalle (aus wss. A.); F: 212—213°.

7-Hydroxy-2-oxo-2H-chromen-5-carbonsäure-methylester $C_{11}H_8O_5$, Formel VI
(R = H, X = CH$_3$).
B. s. o. im Artikel 7-Hydroxy-2-oxo-2H-chromen-5-carbonsäure.
Krystalle (aus A.); F: 293—294° (*Mody, Shah*, Pr. Indian Acad. [A] **34** [1951] 77, 85).

7-Acetoxy-2-oxo-2H-chromen-5-carbonsäure-methylester $C_{13}H_{10}O_6$, Formel VI
(R = CO-CH$_3$, X = CH$_3$).
B. Aus 7-Hydroxy-2-oxo-2H-chromen-5-carbonsäure-methylester (*Mody, Shah*, Pr.
Indian Acad. [A] **34** [1951] 77, 85).
Krystalle (aus wss. A.); F: 149—150°·

———————

8-Methoxy-2-oxo-2H-chromen-5-carbonitril, 5-Cyan-8-methoxy-cumarin $C_{11}H_7NO_3$,
Formel VII.
B. Beim Erwärmen einer aus 5-Amino-8-methoxy-cumarin bereiteten wss. Diazonium⸗

salz-Lösung mit Kupfer(I)-cyanid (*Dey, Kutti,* Pr. nation. Inst. Sci. India **6** [1940] 641, 656).

Krystalle (aus A.); F: 175°.

7-Hydroxy-2-oxo-2H-chromen-6-carbonsäure $C_{10}H_6O_5$, Formel VIII (R = H, X = OH) (E II 382; dort als 7-Oxy-cumarin-carbonsäure-(6) und als Umbelliferon-carbonsäure-(6) bezeichnet).

Krystalle (aus A.) mit 1 Mol H_2O; F: 268—269° (*Shah et al.,* J. Indian chem. Soc. **14** [1937] 717, 720), 268—269° [korr.; Zers.] (*v. Bruchhausen, Hoffmann,* B. **74** [1941] 1584, 1588).

7-Methoxy-2-oxo-2H-chromen-6-carbonsäure, *O*-Methyl-ostruthinsäure $C_{11}H_8O_5$, Formel VIII (R = CH₃, X = OH).

B. Beim Behandeln von 7-Methoxy-2-oxo-2H-chromen-6-carbonsäure-methylester mit wss Natronlauge (*v. Bruchhausen, Hoffmann,* B. **74** [1941] 1584, 1590; *Kumar et al.,* J. Indian chem. Soc. **23** [1946] 365, 369). Beim Erwärmen von 7-Methoxy-2-oxo-2H-chrom‑ en-6-carbaldehyd mit Chrom(VI)-oxid und wss. Essigsäure (*Butenandt, Marten,* A. **495** [1932] 187, 204). Neben anderen Verbindungen beim Behandeln von Suberosin (S. 517) mit Chrom(VI)-oxid und wss. Essigäsure (*Ewing et al.,* Austral. J. scient. Res. [A] **3** [1950] 342, 344, 345).

Krystalle; F: 274° [aus wss. Eg.] (*Ku. et al.*), 268—270° [korr.; Zers.; aus W.] (*v. Br., Ho.*), 268° [aus wss. Eg.] (*Bu., Ma.*), 264° [aus Me.] (*Ew. et al.*).

7-Hydroxy-2-oxo-2H-chromen-6-carbonsäure-methylester $C_{11}H_8O_5$, Formel VIII (R = H, X = O-CH₃).

B. Beim Erwärmen von 2-Oxo-7-propionyloxy-2H-chromen-6-carbonylchlorid (aus 7-Hydroxy-2-oxo-2H-chromen-6-carbonsäure mit Hilfe von Propionylchlorid und Thion‑ ylchlorid hergestellt) mit Methanol (*v. Bruchhausen, Hoffmann,* B. **74** [1941] 1584, 1589).

Krystalle (aus Me.); F: 197° [korr.].

7-Methoxy-2-oxo-2H-chromen-6-carbonsäure-methylester $C_{12}H_{10}O_5$, Formel VIII (R = CH₃, X = O-CH₃) (E II 382).

B. Beim Behandeln einer Lösung von 7-Hydroxy-2-oxo-2H-chromen-6-carbonsäure in Aceton mit Diazomethan in Äther (*v. Bruchhausen, Hoffmann,* B. **74** [1941] 1584, 1591) oder mit Dimethylsulfat und Kaliumcarbonat (*Kumar et al.,* J. Indian chem. Soc. **23** [1946] 365, 368).

Krystalle; F: 172° [aus A.] (*Ku. et al.*), 169—170° [korr.; aus Me.] (*v. Br., Ho.*).

VII   VIII   IX

7-Methoxy-2-oxo-2H-chromen-6-carbonsäure-äthylester $C_{13}H_{12}O_5$, Formel VIII (R = CH₃, X = O-C₂H₅).

B. Beim Behandeln von 7-Methoxy-2-oxo-2H-chromen-6-carbonylchlorid mit Äthanol (*Kumar et al.,* J. Indian chem. Soc. **23** [1946] 365, 369).

Krystalle; F: 147—148°.

7-Methoxy-2-oxo-2H-chromen-6-carbonsäure-isobutylester $C_{15}H_{16}O_5$, Formel VIII (R = CH₃, X = O-CH₂-CH(CH₃)₂).

B. Beim Behandeln von 7-Methoxy-2-oxo-2H-chromen-6-carbonylchlorid mit Iso‑ butylzinkjodid in Toluol (*Kumar et al.,* J. Indian chem. Soc. **23** [1946] 365, 370).

Krystalle (aus PAe.); F: 87—89°.

[Kohlensäure-monomethylester]-[7-methoxycarbonyloxy-2-oxo-2H-chromen-6-carbon= säure]-anhydrid, Methoxycarbonyl-[7-methoxycarbonyloxy-2-oxo-2H-chromen- 6-carbonyl]-oxid $C_{14}H_{10}O_9$, Formel VIII (R = CO-O-CH$_3$, X = O-CO-O-CH$_3$).

B. Beim Behandeln von 7-Hydroxy-2-oxo-2H-chromen-6-carbonsäure mit *N,N*-Di= methyl-anilin und Dioxan und Behandeln des Reaktionsgemisches mit Chlorokohlen= säure-methylester (*v. Bruchhausen, Hoffmann*, B. **74** [1941] 1584, 1589).

Krystalle (aus Bzl. + PAe.); F: 141° [korr.; Zers.].

7-Methoxy-2-oxo-2H-chromen-6-carbonylchlorid, 6-Chlorcarbonyl-7-methoxy-cumarin $C_{11}H_7ClO_4$, Formel VIII (R = CH$_3$, X = Cl).

B. Beim Erwärmen von 7-Methoxy-2-oxo-2H-chromen-6-carbonsäure mit Thionyl= chlorid (*Kumar et al.*, J. Indian chem. Soc. **23** [1946] 365, 369).

Krystalle (aus Toluol); F: 190—191°.

7-Methoxy-2-oxo-2H-chromen-6-carbonsäure-amid, 6-Carbamoyl-7-methoxy-cumarin $C_{11}H_9NO_4$, Formel VIII (R = CH$_3$, X = NH$_2$).

B. Aus 7-Methoxy-2-oxo-2H-chromen-6-carbonsäure-äthylester (*Kumar et al.*, J. Indian chem. Soc. **23** [1946] 365, 369).

Krystalle (aus wss. A.); F: 297—298°.

7-Methoxy-2-oxo-2H-chromen-6-carbonitril, 6-Cyan-7-methoxy-cumarin $C_{11}H_7NO_3$, Formel IX.

B. Beim Erhitzen von 7-Methoxy-2-oxo-2H-chromen-6-carbaldehyd-oxim mit Acet= anhydrid (*Späth, Klager*, B. **67** [1934] 859, 864).

Krystalle (nach Sublimation unter 0,02 Torr); F: 282° [evakuierte Kapillare].

7-Hydroxy-2-oxo-2H-chromen-8-carbonsäure $C_{10}H_6O_5$, Formel X (R = H).

B. Beim Behandeln von 8,8-Dimethyl-10H-pyrano[2,3-*f*]chromen-2,9-dion mit wss. Kalilauge und mit Sauerstoff (*Schroeder et al.*, B. **92** [1959] 2338, 2346, 2359).

Krystalle (aus Acn. + W.); F: 255—257° [korr.; Kofler-App.].

7-Methoxy-2-oxo-2H-chromen-8-carbonsäure-methylester $C_{12}H_{10}O_5$, Formel X (R = CH$_3$).

B. Beim Behandeln einer Lösung von 7-Hydroxy-2-oxo-2H-chromen-8-carbonsäure in Methanol mit Diazomethan in Äther (*Schroeder et al.*, B. **92** [1959] 2338, 2359).

Krystalle (aus Acn. + PAe.); F: 186,5—187° [korr.; Kofler-App.]. Bei 140—150°/ 0,02 Torr sublimierbar.

6-Methoxy-1-oxo-1H-isochromen-4-carbonsäure $C_{11}H_8O_5$, Formel XI (R = H).

B. Beim Erhitzen von 6-Methoxy-1-oxo-1H-isochromen-4-carbonsäure-methylester mit Essigsäure und konz. wss. Salzsäure (*Kamal et al.*, Soc. **1950** 3375, 3378).

Krystalle (aus wss. Eg.); F: 256° [Zers.].

X   XI   XII

6-Methoxy-1-oxo-1H-isochromen-4-carbonsäure-methylester $C_{12}H_{10}O_5$, Formel XI (R = CH$_3$).

B. Beim Behandeln von [2-Carboxy-5-methoxy-phenyl]-essigsäure mit Diazomethan in Äther, Behandeln des Reaktionsprodukts mit Methylformiat und Natriummethylat in Äther und Erwärmen des danach isolierten Reaktionsprodukts mit konz. wss. Salzsäure (*Kamal et al.*, Soc. **1950** 3375, 3378).

Krystalle (aus Me.); F: 128,5°.

7-Methoxy-1-oxo-1H-isochromen-4-carbonsäure $C_{11}H_8O_5$, Formel XII (R = H).

B. Beim Erhitzen von 7-Methoxy-1-oxo-1H-isochromen-4-carbonsäure-methylester mit konz. wss. Salzsäure und Essigsäure (*Ungnade et al.*, J. org. Chem. **10** [1945] 533, 535; s.a. *Kamal et al.*, Soc. **1950** 3375, 3377).

Krystalle; F: 255° (*Ka. et al.*), 254,5—255° [aus Eg.] (*Un. et al.*).

Beim Erhitzen mit wss. Ammoniak sind 7-Methoxy-2H-isochinolin-1-on und kleine Mengen 7-Methoxy-1-oxo-1,2-dihydro-isochinolin-4-carbonsäure erhalten wurden (*Un. et al.*).

7-Methoxy-1-oxo-1H-isochromen-4-carbonsäure-methylester $C_{12}H_{10}O_5$, Formel XII (R = CH$_3$).

B. Beim Erwärmen von 2-[4-Methoxy-2-methoxycarbonyl-phenyl]-3-oxo-propionsäure-methylester mit kleinen Mengen konz. wss. Salzsäure (*Kamal et al.*, Soc. **1950** 3375, 3377; s.a. *Ungnade et al.*, J. org. Chem. **10** [1945] 533, 535).

Krystalle; F: 124—125° [aus Me.] (*Un. et al.*), 124° (*Ka. et al.*).

Beim Erwärmen mit wss. Ammoniak ist 7-Methoxy-1-oxo-1,2-dihydro-isochinolin-4-carbonsäure-methylester erhalten worden (*Un. et al.*).

[3-Hydroxy-benzo[b]thiophen-2-yl]-glyoxylsäure $C_{10}H_6O_4S$, Formel XIII, und Tautomere (z. B. [3-Oxo-2,3-dihydro-benzo[b]thiophen-2-yl]-glyoxylsäure [Formel XIV]) (E I 533; E II 382; dort als 3-Oxy-thionaphthenyl-(2)-glyoxylsäure bzw. 3-Oxo-dihydrothionaphthyl-(2)-glyoxylsäure bezeichnet).

B. Beim Erhitzen von 2-Benzolsulfonyl-benz[d]isothiazol-3-on mit Brenztraubensäure und Pyridin (*Barton, McClelland*, Soc. **1947** 1574, 1577).

Gelbe Krystalle; F: 174°.

XIII   XIV   XV

[6-Methoxy-benzofuran-2-yl]-glyoxylonitril $C_{11}H_7NO_3$, Formel XV.

B. Beim Behandeln von 6-Methoxy-benzofuran-2-carbonylchlorid mit Cyanwasserstoff, Pyridin und Äther (*McGookin et al.*, Soc. **1940** 787, 795).

Krystalle (aus Bzl.); F: 101°.

Hydroxy-oxo-carbonsäuren $C_{11}H_8O_5$

[7-Methoxy-4-oxo-4H-chromen-3-yl]-essigsäure $C_{12}H_{10}O_5$, Formel I, und Tautomeres (9b-Hydroxy-7-methoxy-3H,9bH-furo[3,2-c]chromen-2-on); **Anhydrobrasil-säure** (H 530).

B. Neben Brasilsäure (S. 6476) beim Behandeln von [3-Amino-7-methoxy-4-oxo-chroman-3-yl]-essigsäure mit wss. Salzsäure und Natriumnitrit (*Pfeiffer, Heinrich*, J. pr. [2] **156** [1940] 241, 258).

Krystalle; F: 196°.

I   II   III

[4-Methoxy-2-oxo-2H-chromen-3-yl]-essigsäure-methylester $C_{13}H_{12}O_5$, Formel II.

B. Beim Behandeln von [2,4-Dioxo-chroman-3-yl]-essigsäure (⇌ [4-Hydroxy-2-oxo-2H-chromen-3-yl]-essigsäure) mit Methanol und mit Diazomethan in Äther (*Müller, Schneyder*, M. **80** [1949] 232).

Krystalle (aus Isopropylalkohol); F: 100—101° [korr.].

[(Ξ)-7-Methoxy-4-oxo-chroman-3-yliden]-essigsäure $C_{12}H_{10}O_5$, Formel III, und Tautomeres.

Diese Konstitution kommt der nachstehend beschriebenen **Isoanhydrobrasilsäure** zu.

B. Beim Erwärmen von (±)-2-Hydroxy-2-[3-methoxy-phenoxymethyl]-bernsteinsäure mit Acetylchlorid (*Pfeiffer, Heinrich,* J. pr. [2] **156** [1940] 241, 251).

Krystalle (aus CS_2); F: 136°.

[6-Hydroxy-2-oxo-2H-chromen-4-yl]-essigsäure $C_{11}H_8O_5$, Formel IV (R = X = H) auf S. 6354.

B. Beim Erwärmen von Citronensäure mit konz. Schwefelsäure und anschliessenden Behandeln mit Eis und mit Hydrochinon (*Dixit, Padukone,* J. Indian chem. Soc. **27** [1950] 127, 128). Beim Erwärmen von 3,3-Bis-[2,5-dihydroxy-phenyl]-glutarsäure (E III **10** 2611) mit konz. Schwefelsäure (*Dixit, Gokhale,* J. Univ. Bombay **3** [1934] 80, 94).

Krystalle; F: 186° [Zers.; aus W.] (*Di., Pa.*), 165° (*Di., Go.*).

[6-Methoxy-2-oxo-2H-chromen-4-yl]-essigsäure $C_{12}H_{10}O_5$, Formel IV (R = CH_3, X = H) auf S. 6354.

B. Beim Erwärmen von Citronensäure-monohydrat mit konz. Schwefelsäure und Behandeln des Reaktionsgemisches mit 4-Methoxy-phenol und konz. Schwefelsäure (*Laskowski, Clinton,* Am. Soc. **72** [1950] 3987, 3990) oder mit 1,4-Dimethoxy-benzol (*Dixit, Padukone,* J. Indian chem. Soc. **27** [1950] 127, 129).

Krystalle; F: 191—192° [korr.; aus A.] (*La., Cl.*), 181° [Zers.; aus W.] (*Di., Pa.*).

[6-Acetoxy-2-oxo-2H-chromen-4-yl]-essigsäure $C_{13}H_{10}O_6$, Formel IV (R = CO-CH_3, X = H) auf S. 6354.

B. Beim Erwärmen von [6-Hydroxy-2-oxo-2H-chromen-4-yl]-essigsäure mit Acetylchlorid (*Dixit, Padukone,* J. Indian chem. Soc. **27** [1950] 127, 128).

Krystalle (aus A.); F: 183° [Zers.].

[6-Benzoyloxy-2-oxo-2H-chromen-4-yl]-essigsäure $C_{18}H_{12}O_6$, Formel IV (R = CO-C_6H_5, X = H) auf S. 6354.

B. Beim Behandeln von [6-Hydroxy-2-oxo-2H-chromen-4-yl]-essigsäure mit Benzoylchlorid und Pyridin (*Dixit, Padukone,* J. Indian chem. Soc. **27** [1950] 127, 128).

Krystalle (aus wss. Eg.); F: 220°.

[6-Hydroxy-2-oxo-2H-chromen-4-yl]-essigsäure-methylester $C_{12}H_{10}O_5$, Formel IV (R = H, X = CH_3) auf S. 6354.

B. Beim Behandeln von [6-Hydroxy-2-oxo-2H-chromen-4-yl]-essigsäure mit Chlorwasserstoff enthaltendem Methanol (*Dixit, Padukone,* J. Indian chem. Soc. **27** [1950] 127, 129).

Gelbe Krystalle (aus Me.); F: 172°.

[6-Hydroxy-2-oxo-2H-chromen-4-yl]-essigsäure-äthylester $C_{13}H_{12}O_5$, Formel IV (R = H, X = C_2H_5) (E I 533) auf S. 6354.

Gelbliche Krystalle (aus A.); F: 180° (*Dixit, Padukone,* J. Indian chem. Soc. **27** [1950] 127, 129).

[7-Hydroxy-2-oxo-2H-chromen-4-yl]-essigsäure $C_{11}H_8O_5$, Formel V (R = X = H) auf S. 6354 (H 530; E I 534; dort als [7-Oxy-cumarinyl-(4)]-essigsäure und als Umbelliferon-essigsäure-(4) bezeichnet).

B. Beim Erwärmen von Citronensäure mit konz. Schwefelsäure und Behandeln des Reaktionsgemisches mit Resorcin und mit konz. Schwefelsäure (*Baker et al.,* Soc. **1950** 170, 173; *Laskowski, Clinton,* Am. Soc. **72** [1950] 3987, 3990). Aus 3-[2,4-Dihydroxy-phenyl]-*cis*-pentendisäure beim Erhitzen ohne Zusatz auf 130° sowie beim Erwärmen mit 60%ig. wss. Schwefelsäure, mit Essigsäure, mit wss. Essigsäure oder mit wss. Natronlauge (*Dixit, Mulay,* Pr. Indian Acad. [A] **27** [1948] 14, 18, 21).

Krystalle; F: 210° [aus A.] (*Ba. et al.*), 203° [Zers.; aus W.] (*Di., Mu.*), 201—202° [korr.] (*La., Cl.*). UV-Spektrum (A.; 200—350 nm): *Mangini, Passerini,* G. **87** [1957] 243,

251, 271. Absorptionsspektren (210—400 nm) und Fluoreszenzspektren (400—625 nm) von Lösungen der Säure in 87%ig. wss. Äthanol und in Chlorwasserstoff enthaltendem 87%ig. wss. Äthanol sowie einer Lösung des Kalium-Salzes in Kaliumhydroxid enthaltendem 87%ig. wss. Äthanol: *Mattoo*, Trans. Faraday Soc. **52** [1956] 1184, 1190. Fluorescenz von wss. oder wss.-äthanol. Lösungen vom pH 0,3 bis pH 11,7: *Goodwin*, *Kavanagh*, Arch. Biochem. **36** [1952] 442, 445. Wahrer Dissoziationsexponent pK_a der phenolischen OH-Gruppe (Wasser; spektrophotometrisch ermittelt) bei 25°: 8,09 (*Mattoo*, Z. physik. Chem. [N.F.] **12** [1957] 232, 237).

Verhalten gegen Alkalilauge: *Limaye*, *Kulkarni*, Rasayanam **1** [1941] 213; *La.*, *Cl.*, l. c. S. 3988.

[7-Methoxy-2-oxo-2*H*-chromen-4-yl]-essigsäure $C_{12}H_{10}O_5$, Formel V (R = CH_3, X = H) (E I 534).

B. Beim Erwärmen von Citronensäure mit konz. Schwefelsäure und Behandeln des Reaktionsgemisches mit 3-Methoxy-phenol und konz. Schwefelsäure (*Laskowski*, *Clinton*, Am. Soc. **72** [1950] 3987, 3900). Neben [7-Methoxy-2-oxo-2*H*-chromen-4-yl]-essigsäure-methylester beim Behandeln von [7-Hydroxy-2-oxo-2*H*-chromen-4-yl]-essigsäure mit wss. Natronlauge und mit Dimethylsulfat (*Limaye*, *Bhide*, Rasayanam **1** [1938] 136, 140; *Baker et al.*, Soc. **1950** 170, 173).

Krystalle; F: 186° [aus A.] (*Ba. et al.*), 185° [aus Eg.] (*Li.*, *Bh.*), 175—176° [korr.] (*La.*, *Cl.*). Fluorescenz von wss. oder wss.-äthanol. Lösungen vom pH 0,3 bis pH 11,7: *Goodwin*, *Kavanagh*, Arch. Biochem. **36** [1952] 442, 446.

Verhalten gegen Alkalilauge: *La.*, *Cl.*, l. c. S. 3988. Beim Behandeln mit Brom in Essigsäure sind [3-Brom-7-methoxy-2-oxo-2*H*-chromen-4-yl]-essigsäure und eine möglicherweise als [3,6-Dibrom-7-methoxy-2-oxo-2*H*-chromen-4-yl]-essigsäure zu formulierende Verbindung erhalten worden (*Li.*, *Bh.*).

[7-Butoxy-2-oxo-2*H*-chromen-4-yl]-essigsäure $C_{15}H_{16}O_5$, Formel V (R = $[CH_2]_3$-CH_3, X = H).

B. Beim Erwärmen von Citronensäure mit konz. Schwefelsäure und Behandeln des Reaktionsgemisches mit 3-Butoxy-phenol und konz. Schwefelsäure (*Laskowski*, *Clinton*, Am. Soc. **72** [1950] 3987, 3990).

Krystalle (aus A. + Ae.), die bei 91—97° schmelzen [unreines Präparat].

[7-Hexyloxy-2-oxo-2*H*-chromen-4-yl]-essigsäure $C_{17}H_{20}O_5$, Formel V (R = $[CH_2]_5$-CH_3, X = H).

B. Beim Erwärmen von Citronensäure mit konz. Schwefelsäure und Behandeln des Reaktionsgemisches mit 3-Hexyloxy-phenol und konz. Schwefelsäure (*Laskowski*, *Clinton*, Am. Soc. **72** [1950] 3987, 3990).

Krystalle (aus Ae.); F: 131—133° [korr.] (*La.*, *Cl.*). Fluorescenz von wss. oder wss.-äthanol. Lösungen vom pH 0,3 bis pH 11,7: *Goodwin*, *Kavanagh*, Arch. Biochem. **36** [1952] 442, 444.

[7-Hydroxy-2-oxo-2*H*-chromen-4-yl]-essigsäure-methylester $C_{12}H_{10}O_5$, Formel V (R = H, X = CH_3).

B. Beim Erwärmen von [7-Hydroxy-2-oxo-2*H*-chromen-4-yl]-essigsäure mit Methanol in Gegenwart von Säure (*Baker et al.*, Soc. **1950** 170, 173).

Krystalle (aus Me.); F: 220°.

[7-Methoxy-2-oxo-2*H*-chromen-4-yl]-essigsäure-methylester $C_{13}H_{12}O_5$, Formel V (R = X = CH_3) (E I 534).

B. Beim Erwärmen von [7-Methoxy-2-oxo-2*H*-chromen-4-yl]-essigsäure mit Methanol in Gegenwart von Säure (*Baker et al.*, Soc. **1950** 170, 173).

Krystalle; F: 122°.

[7-Hydroxy-2-oxo-2*H*-chromen-4-yl]-essigsäure-äthylester $C_{13}H_{12}O_5$, Formel V (R = H, X = C_2H_5) (E I 534).

B. Beim Erwärmen von [7-Hydroxy-2-oxo-2*H*-chromen-4-yl]-essigsäure mit Äthanol, Benzol und konz. Schwefelsäure (*Laskowski*, *Clinton*, Am. Soc. **72** [1950] 3987, 3991).

Krystalle; F: 155—157° (*Ito et al.*, J. pharm. Soc. Japan **70** [1950] 730, 732; C.A. **1951** 7113), 155—156° [korr.] (*La., Cl.*).

[7-Hydroxy-2-oxo-2H-chromen-4-yl]-essigsäure-[2-brom-äthylester] $C_{13}H_{11}BrO_5$, Formel V (R = H, X = CH_2-CH_2Br).

B. Beim Erwärmen von [7-Hydroxy-2-oxo-2H-chromen-4-yl]-essigsäure mit 2-Brom-äthanol, Benzol und konz. Schwefelsäure (*Laskowski, Clinton*, Am. Soc. **72** [1950] 3987, 3989, 3990).

Krystalle; F: 147—148° [korr.] (*La., Cl.*). Fluorescenz von wss. oder wss.-äthanol. Lösungen vom pH 0,3 bis pH 11,7: *Goodwin, Kavanagh*, Arch. Biochem. **36** [1952] 442, 445.

IV   V   VI

[7-Methoxy-2-oxo-2H-chromen-4-yl]-essigsäure-äthylester $C_{14}H_{14}O_5$, Formel V (R = CH_3, X = C_2H_5) (E I 534).

B. Beim Erwärmen von [7-Methoxy-2-oxo-2H-chromen-4-yl]-essigsäure mit Äthanol, Benzol und konz. Schwefelsäure (*Laskowski, Clinton*, Am. Soc. **72** [1950] 3987, 3991).

Krystalle; F: 101—102° [korr.].

[7-Methoxy-2-oxo-2H-chromen-4-yl]-essigsäure-[2-brom-äthylester] $C_{14}H_{13}BrO_5$, Formel V (R = CH_3, X = CH_2-CH_2Br).

B. Beim Erwärmen von [7-Methoxy-2-oxo-2H-chromen-4-yl]-essigsäure mit 2-Brom-äthanol, Benzol und konz. Schwefelsäure (*Laskowski, Clinton*, Am. Soc. **72** [1950] 3987, 3989, 3990).

Krystalle; F: 94—95° (*La., Cl.*). Fluorescenz von wss. oder wss.-äthanol. Lösungen vom pH 0,3 bis pH 11,7: *Goodwin, Kavanagh*, Arch. Biochem. **36** [1952] 442, 446.

[7-Butoxy-2-oxo-2H-chromen-4-yl]-essigsäure-[2-chlor-äthylester] $C_{17}H_{19}ClO_5$, Formel V (R = $[CH_2]_3$-CH_3, X = CH_2-CH_2Cl).

B. Beim Erwärmen von [7-Butoxy-2-oxo-2H-chromen-4-yl]-essigsäure mit 2-Chlor-äthanol, Benzol und konz. Schwefelsäure (*Laskowski, Clinton*, Am. Soc. **72** [1950] 3987, 3989, 3990).

Krystalle; F: 78—79° (*La., Cl.*). Fluorescenz von wss. oder wss.-äthanol. Lösungen vom pH 0,3 bis pH 11,7: *Goodwin, Kavanagh*, Arch. Biochem. **36** [1952] 442, 444.

[7-Hydroxy-2-oxo-2H-chromen-4-yl]-essigsäure-[3-brom-propylester] $C_{14}H_{13}BrO_5$, Formel V (R = H, X = CH_2-CH_2-CH_2Br).

B. Beim Erwärmen von [7-Hydroxy-2-oxo-2H-chromen-4-yl]-essigsäure mit 3-Brom-propan-1-ol, Benzol und konz. Schwefelsäure (*Laskowski, Clinton*, Am. Soc. **72** [1950] 3987, 3989, 3990).

Krystalle; F: 127—130° [korr.].

[7-Methoxy-2-oxo-2H-chromen-4-yl]-essigsäure-[3-brom-propylester] $C_{15}H_{15}BrO_5$, Formel V (R = CH_3, X = CH_2-CH_2-CH_2Br).

B. Beim Erwärmen von [7-Methoxy-2-oxo-2H-chromen-4-yl]-essigsäure mit 3-Brom-propan-1-ol, Benzol und konz. Schwefelsäure (*Laskowski, Clinton*, Am. Soc. **72** [1950] 3987, 3989, 3990).

Krystalle; F: 73—75°.

[7-Methoxy-2-oxo-2H-chromen-4-yl]-essigsäure-[2-diäthylamino-äthylester] $C_{18}H_{23}NO_5$, Formel V (R = CH_3, X = CH_2-CH_2-N$(C_2H_5)_2$).

Hydrochlorid $C_{18}H_{23}NO_5 \cdot HCl$. *B.* Beim Erhitzen von [7-Methoxy-2-oxo-2H-chromen-4-yl]-essigsäure-[2-brom-äthylester] mit Diäthylamin (2 Mol) und Toluol (*Laskowski, Clinton*, Am. Soc. **72** [1950] 3987, 3989, 3991). — Krystalle (aus A.); F: 167,6—169,9° [korr.].

[7-Methoxy-2-oxo-2H-chromen-4-yl]-essigsäure-[2-dibutylamino-äthylester] $C_{22}H_{31}NO_5$, Formel V (R = CH_3, X = CH_2-CH_2-N(CH_2-CH_2-C_2H_5)$_2$).
Hydrochlorid $C_{22}H_{31}NO_5 \cdot HCl$. *B.* Beim Erhitzen von [7-Methoxy-2-oxo-2H-chrom-en-4-yl]-essigsäure-[2-brom-äthylester] mit Dibutylamin (2 Mol) und Toluol (*Laskowski, Clinton*, Am. Soc. **72** [1950] 3987, 3989, 3991). — Krystalle (aus A.); F: 75—80°.

[7-Methoxy-2-oxo-2H-chromen-4-yl]-essigsäure-[3-diäthylamino-propylester] $C_{19}H_{25}NO_5$, Formel V (R = CH_3, X = [CH_2]$_3$-N(C_2H_5)$_2$).
Hydrochlorid $C_{19}H_{25}NO_5 \cdot HCl$. *B.* Beim Erhitzen von 7-Methoxy-2-oxo-2H-chrom-en-4-yl]-essigsäure-[3-brom-propylester] mit Diäthylamin (2 Mol) und Toluol (*Laskowski, Clinton*, Am. Soc. **72** [1950] 3987, 3989, 3991). — Krystalle (aus A.); F: 134—136° [korr.].

[7-Hydroxy-2-oxo-2H-chromen-4-yl]-essigsäure-[2-hydroxy-äthylamid] $C_{13}H_{13}NO_5$, Formel VI (R = H, X = CH_2-CH_2-OH).
B. Beim Erhitzen von 7-Hydroxy-2-oxo-2H-chromen-4-yl]-essigsäure-äthylester mit 2-Amino-äthanol (*Jones et al.*, Am. Soc. **70** [1948] 2843, 2844, 2845).
Krystalle; F: 114—116°.

[7-Methoxy-2-oxo-2H-chromen-4-yl]-essigsäure-[2-(2-diäthylamino-äthylmercapto)-äthylamid] $C_{20}H_{28}N_2O_4S$, Formel VI (R = CH_3, X = CH_2-CH_2-S-CH_2-CH_2-N(C_2H_5)$_2$).
B. Beim Erhitzen von [7-Methoxy-2-oxo-2H-chromen-4-yl]-essigsäure-äthylester mit [2-Amino-äthyl]-[2-diäthylamino-äthyl]-sulfid und Xylol (*Sterling Drug Inc.*, U.S.P. 2615024 [1949]).
Krystalle (aus Bzl. + PAe.); F: 123—124°.

[7-Methoxy-2-oxo-2H-chromen-4-yl]-essigsäure-[3-diäthylamino-propylamid] $C_{19}H_{26}N_2O_4$, Formel VI (R = CH_3, X = [CH_2]$_3$-N(C_2H_5)$_2$).
B. Beim Erhitzen von [7-Methoxy-2-oxo-2H-chromen-4-yl]-essigsäure-äthylester mit *N,N*-Diäthyl-propandiyldiamin und Xylol (*Laskowski, Clinton*, Am. Soc. **72** [1950] 3987, 3990, 3991).
Krystalle (aus Bzl. + PAe.); F: 122—123° [korr.] (*La., Cl.*). Fluorescenz von wss. oder wss.-äthanol. Lösungen vom pH 0,3 bis pH 11,7: *Goodwin, Kavanagh*, Arch. Biochem. **36** [1952] 442, 446.
Hydrochlorid $C_{19}H_{26}N_2O_4 \cdot HCl$. Krystalle (aus A.); F: 150—151° (*La., Cl.*).

[7-Methoxy-2-oxo-2H-chromen-4-yl]-essigsäure-[4-diäthylamino-butylamid] $C_{20}H_{28}N_2O_4$, Formel VI (R = CH_3, X = [CH_2]$_4$-N(C_2H_5)$_2$).
B. Beim Erhitzen von [7-Methoxy-2-oxo-2H-chromen-4-yl]-essigsäure-äthylester mit *N,N*-Diäthyl-butandiyldiamin und Xylol (*Laskowski, Clinton*, Am. Soc. **72** [1950] 3987, 3990, 3991).
Krystalle (aus Bzl. + PAe.); F: 140—141° [korr.] (*La., Cl.*). Fluorescenz von wss. oder wss.-äthanol. Lösungen vom pH 0,3 bis pH 11,7: *Goodwin, Kavanagh*, Arch. Biochem. **36** [1952] 442, 446.
Hydrochlorid $C_{20}H_{28}N_2O_4 \cdot HCl$. Krystalle (aus A.); F: 164—165° [korr.] (*La., Cl.*).

(±)-[7-Methoxy-2-oxo-2H-chromen-4-yl]-essigsäure-[4-diäthylamino-1-methyl-butyl-amid] $C_{21}H_{30}N_2O_4$, Formel VI (R = CH_3, X = CH(CH_3)-[CH_2]$_3$-N(C_2H_5)$_2$).
B. Beim Erhitzen von [7-Methoxy-2-oxo-2H-chromen-4-yl]-essigsäure-äthylester mit (±)-4-Amino-1-diäthylamino-pentan in Xylol (*Laskowski, Clinton*, Am. Soc. **72** [1950] 3987, 3990, 3991).
Krystalle (aus Bzl. + PAe.); F: 159—160° [korr.].
Hydrochlorid $C_{21}H_{30}N_2O_4 \cdot HCl$. Krystalle (aus A.); F: 146—148° [korr.].

[7-Methoxy-2-oxo-2H-chromen-4-yl]-essigsäure-hydrazid $C_{12}H_{12}N_2O_4$, Formel VI (R = CH_3, X = NH_2).
B. Beim Behandeln einer Lösung von [7-Methoxy-2-oxo-2H-chromen-4-yl]-essigsäure-methylester in Methanol mit Hydrazin-hydrat und Wasser (*Baker et al.*, Soc. **1950** 170, 173).
Krystalle (aus Me. oder A.); F: 206°.

[7-Methoxy-2-oxo-2H-chromen-4-yl]-essigsäure-methylenhydrazid, Formaldehyd-{[(7-methoxy-2-oxo-2H-chromen-4-yl)-acetyl]-hydrazon} $C_{13}H_{12}N_2O_4$, Formel VI (R = CH$_3$, X = N=CH$_2$) auf S. 6354.

B. Aus [7-Methoxy-2-oxo-2H-chromen-4-yl]-essigsäure-hydrazid und Formaldehyd (*Baker et al.*, Soc. **1950** 170, 173).

Krystalle (aus A.); F: 156°.

[7-Methoxy-2-oxo-2H-chromen-4-yl]-essigsäure-äthylidenhydrazid, Acetaldehyd-{[(7-methoxy-2-oxo-2H-chromen-4-yl)-acetyl]-hydrazon} $C_{14}H_{14}N_2O_4$, Formel VI (R = CH$_3$, X = N=CH-CH$_3$) auf S. 6354.

B. Aus [7-Methoxy-2-oxo-2H-chromen-4-yl]-essigsäure-hydrazid und Acetaldehyd (*Baker et al.*, Soc. **1950** 170, 173).

Krystalle (aus A.); F: 194°.

[7-Methoxy-2-oxo-2H-chromen-4-yl]-essigsäure-isopropylidenhydrazid, Aceton-{[(7-methoxy-2-oxo-2H-chromen-4-yl)-acetyl]-hydrazon} $C_{15}H_{16}N_2O_4$, Formel VI (R = CH$_3$, X = N=C(CH$_3$)$_2$) auf S. 6354.

B. Aus [7-Methoxy-2-oxo-2H-chromen-4-yl]-essigsäure-hydrazid und Aceton (*Baker et al.*, Soc. **1950** 170, 173).

Krystalle (aus wss. A.); F: 209°.

[7-Methoxy-2-oxo-2H-chromen-4-yl]-essigsäure-[1-methyl-propylidenhydrazid], Butanon-{[(7-methoxy-2-oxo-2H-chromen-4-yl)-acetyl]-hydrazon} $C_{16}H_{18}N_2O_4$, Formel VI (R = CH$_3$, X = N=C(CH$_3$)-C$_2$H$_5$) auf S. 6354.

B. Aus [7-Methoxy-2-oxo-2H-chromen-4-yl]-essigsäure-hydrazid und Butanon (*Baker et al.*, Soc. **1950** 170, 173).

Krystalle (aus wss. A.); F: 176°.

[7-Methoxy-2-oxo-2H-chromen-4-yl]-essigsäure-benzylidenhydrazid, Benzaldehyd-{[(7-methoxy-2-oxo-2H-chromen-4-yl)-acetyl]-hydrazon} $C_{19}H_{16}N_2O_4$, Formel VI (R = CH$_3$, X = N=CH-C$_6$H$_5$) auf S. 6354.

B. Aus [7-Methoxy-2-oxo-2H-chromen-4-yl]-essigsäure-hydrazid und Benzaldehyd (*Baker et al.*, Soc. **1950** 170, 173).

Krystalle (aus A.); F: 264°.

[7-Methoxy-2-oxo-2H-chromen-4-yl]-essigsäure-[1-phenyl-äthylidenhydrazid], Acetophenon-{[(7-methoxy-2-oxo-2H-chromen-4-yl)-acetyl]-hydrazon} $C_{20}H_{18}N_2O_4$, Formel VI (R = CH$_3$, X = N=C(CH$_3$)-C$_6$H$_5$) auf S. 6354.

B. Aus [7-Methoxy-2-oxo-2H-chromen-4-yl]-essigsäure-hydrazid und Acetophenon (*Baker et al.*, Soc. **1950** 170, 173).

Krystalle (aus A.); F: 215°.

($\pm$)-[7-Methoxy-2-oxo-2H-chromen-4-yl]-essigsäure-[3-methyl-5-oxo-cyclohexyliden-hydrazid], ($\pm$)-5-Methyl-cyclohexan-1,3-dion-mono-{[(7-methoxy-2-oxo-2H-chromen-4-yl)-acetyl]-hydrazon} $C_{19}H_{20}N_2O_5$, Formel VII.

B. Beim Erwärmen von [7-Methoxy-2-oxo-2H-chromen-4-yl]-essigsäure-hydrazid mit 5-Methyl-cyclohexan-1,3-dion, Äthanol und wenig Essigsäure (*Baker et al.*, Soc. **1950** 170, 173).

Krystalle (aus wss. A.); F: 258° [Zers.].

2-{[(7-Methoxy-2-oxo-2H-chromen-4-yl)-acetyl]-hydrazono}-propionsäure $C_{15}H_{14}N_2O_6$, Formel VI (R = CH$_3$, X = N=C(CH$_3$)-CO-OH) auf S. 6354.

B. Beim Erwärmen von [7-Methoxy-2-oxo-2H-chromen-4-yl]-essigsäure-hydrazid mit Brenztraubensäure, Äthanol und wenig Essigsäure (*Baker et al.*, Soc. **1950** 170, 173).

Krystalle (aus wss. A.); F: 220°.

[6-Chlor-7-hydroxy-2-oxo-2H-chromen-4-yl]-essigsäure $C_{11}H_7ClO_5$, Formel VIII (R = X = H).

B. Beim Behandeln von 3-Oxo-glutarsäure mit 4-Chlor-resorcin und konz. Schwefelsäure (*Kansara, Shah*, J. Univ. Bombay **17**, Tl. 3A [1948] 57, 58, 60; s. a. *Chakravarti, Ghosh*,

J. Indian chem. Soc. **12** [1935] 622, 626).
Krystalle; F: 212° [Zers.] (*Ka., Shah*), 210° [aus wss. A.] (*Ch., Gh.*).

VII   VIII   IX

[7-Acetoxy-6-chlor-2-oxo-2*H*-chromen-4-yl]-essigsäure $C_{13}H_9ClO_6$, Formel VIII
(R = CO-CH$_3$, X = H).
B. Beim Behandeln von [6-Chlor-7-hydroxy-2-oxo-2*H*-chromen-4-yl]-essigsäure mit
Acetanhydrid und Schwefelsäure (*Kansara, Shah*, J. Univ. Bombay **17**, Tl. 3A [1948]
57, 60).
Krystalle (aus Eg.); F: 190°.

[6-Chlor-7-hydroxy-2-oxo-2*H*-chromen-4-yl]-essigsäure-äthylester $C_{13}H_{11}ClO_5$, Formel
VIII (R = H, X = C$_2$H$_5$).
B. Beim Erwärmen von [6-Chlor-7-hydroxy-2-oxo-2*H*-chromen-4-yl]-essigsäure mit
Äthanol und konz. Schwefelsäure (*Kansara, Shah*, J. Univ. Bombay **17**, Tl. 3A [1948]
57, 60).
Krystalle (aus A.); F: 199°.

[7-Acetoxy-6-chlor-2-oxo-2*H*-chromen-4-yl]-essigsäure-äthylester $C_{15}H_{13}ClO_6$,
Formel VIII (R = CO-CH$_3$, X = C$_2$H$_5$).
B. Beim Behandeln von [6-Chlor-7-hydroxy-2-oxo-2*H*-chromen-4-yl]-essigsäure-äthyl=
ester mit Acetanhydrid und Schwefelsäure (*Kansara, Shah*, J. Univ. Bombay **17**, Tl. 3A
[1948] 57, 60).
Krystalle (aus wss. A.); F: 159°.

[3-Brom-7-methoxy-2-oxo-2*H*-chromen-4-yl]-essigsäure $C_{12}H_9BrO_5$, Formel IX.
B. Neben [3,6(?)-Dibrom-7-methoxy-2-oxo-2*H*-chromen-4-yl]-essigsäure (nicht charakterisiert) beim Behandeln von 7-Methoxy-2-oxo-2*H*-chromen-4-yl]-essigsäure mit Brom
in Essigsäure (*Limaye, Bhide*, Rasayanam **1** [1938] 136, 140).
Krystalle (aus A.); F: 181°.

[6-Brom-7-hydroxy-2-oxo-2*H*-chromen-4-yl]-essigsäure $C_{11}H_7BrO_5$, Formel X
(R = H, X = OH).
B. Beim Behandeln von 3-Oxo-glutarsäure mit 4-Brom-resorcin und konz. Schwefel=
säure (*Kansara, Shah*, J. Univ. Bombay **17**, Tl. 3A [1948] 57, 58, 60).
Krystalle (aus A.); F: 230° [Zers.].

[7-Acetoxy-6-brom-2-oxo-2*H*-chromen-4-yl]-essigsäure $C_{13}H_9BrO_6$, Formel X
(R = CO-CH$_3$, X = OH).
B. Beim Behandeln von [6-Brom-7-hydroxy-2-oxo-2*H*-chromen-4-yl]-essigsäure mit
Acetanhydrid und konz. Schwefelsäure (*Kansara, Shah*, J. Univ. Bombay **17**, Tl. 3A
[1948] 57, 60).
Krystalle (aus Eg.); F: 274°.

[6-Brom-7-hydroxy-2-oxo-2*H*-chromen-4-yl]-essigsäure-äthylester $C_{13}H_{11}BrO_5$,
Formel X (R = H, X = O-C$_2$H$_5$).
B. Beim Erwärmen von [6-Brom-7-hydroxy-2-oxo-2*H*-chromen-4-yl]-essigsäure mit
Äthanol und konz. Schwefelsäure (*Kansara, Shah*, J. Univ. Bombay **17**, Tl. 3A [1948]
57, 60).
Krystalle (aus A.); F: 206°.

[7-Acetoxy-6-brom-2-oxo-2H-chromen-4-yl]-essigsäure-äthylester $C_{15}H_{13}BrO_6$, Formel X
(R = CO-CH$_3$, X = O-C$_2$H$_5$).

B. Beim Behandeln von [6-Brom-7-hydroxy-2-oxo-2H-chromen-4-yl]-essigsäure-äthyl=
ester mit Acetanhydrid und konz. Schwefelsäure (*Kansara, Shah,* J. Univ. Bombay **17**,
Tl. 3 A [1948] 57, 60).

Krystalle (aus wss. A.); F: 152—153°.

X   XI   XII

(±)-Brom-[7-methoxy-2-oxo-2H-chromen-4-yl]-essigsäure $C_{12}H_9BrO_5$, Formel XI.

B. Neben 4-Brommethyl-7-methoxy-cumarin beim Erwärmen von [7-Methoxy-2-oxo-
2H-chromen-4-yl]-essigsäure mit Brom in Essigsäure (*Dey, Radhabai,* J. Indian chem.
Soc. **11** [1934] 635, 647).

Krystalle (aus A.); F: 168° [Zers.].

[7-Methoxy-2-oxo-2H-chromen-8-yl]-essigsäure, Ostholsäure $C_{12}H_{10}O_5$, Formel XII
(R = H).

B. Beim Behandeln einer Lösung von Osthol (7-Methoxy-8-[3-methyl-but-2-enyl]·
cumarin) in Essigsäure mit Chrom(VI)-oxid und wss. Essigsäure (*Butenandt, Marten,*
A. **495** [1932] 187, 201). Beim Behandeln einer Lösung von [7-Methoxy-2-oxo-2H-chromen-
8-yl]-acetaldehyd in Äthanol mit wss. Silbernitrat-Lösung und mit wss. Natronlauge
(*Böhme, Schneider,* B. **72** [1939] 780, 784).

Krystalle; F: 255° [aus CHCl$_3$ + PAe.] (*Bu., Ma.*), 254—255° [nach Sublimation bei
0,01 Torr] (*Bö., Sch.; Späth, Pesta,* B. **66** [1933] 754, 759).

[7-Methoxy-2-oxo-2H-chromen-8-yl]-essigsäure-methylester, Ostholsäure-methylester
$C_{13}H_{12}O_5$, Formel XII (R = CH$_3$).

B. Aus Ostholsäure (s. o.) mit Hilfe von Diazomethan (*Butenandt, Marten,* A. **495**
[1932] 187, 201; *Böhme, Schneider,* B. **72** [1939] 780, 783) oder mit Hilfe von Methyljodid
und Silberoxid (*Bu., Ma.,* l. c. S. 202).

Krystalle; F: 155° [aus wss. Me.] (*Bu., Ma.*), 154—155° [nach Sublimation unter
0,01 Torr] (*Bö., Sch.*).

6-Hydroxy-3-methyl-4-oxo-4H-chromen-2-carbonsäure $C_{11}H_8O_5$, Formel I.

B. Beim Erhitzen einer Lösung von 1-[2,5-Dihydroxy-phenyl]-propan-1-on in Pyridin
mit Oxalsäure-äthylester-chlorid und Behandeln des Reaktionsprodukts mit wss.-äthanol.
Kalilauge (*Clerc-Bory et al.,* Bl. **1955** 1083, 1085).

Krystalle (aus Eg.); F: 299°.

7-Hydroxy-3-methyl-4-oxo-4H-chromen-2-carbonsäure $C_{11}H_8O_5$, Formel II.

B. Beim Erhitzen einer Lösung von 1-[2,4-Dihydroxy-phenyl]-propan-1-on in Pyridin
mit Oxalsäure-äthylester-chlorid und Behandeln des Reaktionsprodukts mit wss.-äthanol.
Kalilauge (*Clerc-Bory et al.,* Bl. **1955** 1083, 1085).

Krystalle (aus Eg.); F: 323°.

7-Hydroxy-2-methyl-4-oxo-4H-chromen-5-carbonsäure $C_{11}H_8O_5$, Formel III
(R = X = H), und Tautomeres (4,8a-Dihydroxy-7-methyl-8aH-furo[2,3,4-de]=
chromen-2-on).

B. Beim Erwärmen von 3,5-Dihydroxy-benzoesäure mit Acetessigsäure-äthylester und
konz. Schwefelsäure (*Mody, Shah,* Pr. Indian Acad. [A] **34** [1951] 77, 85). Beim Behan=
deln von 7-Hydroxy-2-methyl-4-oxo-4H-chromen-5-carbonsäure-methylester mit Natri=

umhydrogencarbonat in Wasser oder mit wss. Natronlauge (*Mody, Shah*).
Krystalle (aus A.); F: 276—278°.

7-Hydroxy-2-methyl-4-oxo-4H-chromen-5-carbonsäure-methylester $C_{12}H_{10}O_5$, Formel III
(R = H, X = CH_3).
B. Neben anderen Verbindungen beim Behandeln von **3,5-Dihydroxy-benzoesäure-**
methylester mit Acetessigsäure-äthylester und konz. Schwefelsäure (*Mody, Shah*, Pr.
Indian Acad. [A] **34** [1951] 77, 83).
Krystalle (aus A.); F: 244—245°.

I   II   III

7-Acetoxy-2-methyl-4-oxo-4H-chromen-5-carbonsäure-methylester $C_{14}H_{12}O_6$, Formel III
(R = CO-CH_3, X = CH_3).
B. Aus 7-Hydroxy-2-methyl-4-oxo-4H-chromen-5-carbonsäure-methylester (*Mody,*
Shah, Pr. Indian Acad. [A] **34** [1951] 77, 83).
Krystalle (aus wss. A.); F: 107—108°.

7-Benzoyloxy-2-methyl-4-oxo-4H-chromen-5-carbonsäure-methylester $C_{19}H_{14}O_6$
Formel III (R = CO-C_6H_5, X = CH_3).
B. Aus 7-Hydroxy-2-methyl-4-oxo-4H-chromen-5-carbonsäure-methylester (*Mody,*
Shah, Pr. Indian Acad. [A] **34** [1951] 77, 83).
Krystalle (aus wss. A.); F: 139—140°.

8-Brom-7-hydroxy-2-methyl-4-oxo-4H-chromen-6-carbonsäure $C_{11}H_7BrO_5$, Formel IV.
B. Beim Behandeln von 3-Acetyl-8-brom-7-hydroxy-2-methyl-4-oxo-4H-chromen-
6-carbonsäure-methylester mit wss. Natronlauge (*Desai, Desai*, J. Scient. ind. Res. India
13 B [1954] 249).
Krystalle (aus A.); F: 265°.

7-Hydroxy-4-methyl-2-oxo-2H-chromen-3-carbonsäure, [1-(2,4-Dihydroxy-phenyl)-
äthyliden]-malonsäure-2-lacton $C_{11}H_8O_5$, Formel V (R = H, X = OH).
B. Beim Behandeln eines Gemisches von Resorcin, Acetylmalonsäure-diäthylester und
Äthanol mit Chlorwasserstoff und Erwärmen des Reaktionsprodukts mit wss. Natronlauge
(*Baker, Collis*, Soc. **1949** Spl. 12, 14).
Krystalle (aus wss. A.); F: 239—241° [Zers.].

7-Methoxy-4-methyl-2-oxo-2H-chromen-3-carbonsäure $C_{12}H_{10}O_5$, Formel V
(R = CH_3, X = OH).
B. Beim Behandeln von 1-[2-Acetoxy-4-methoxy-phenyl]-äthanon mit Brommalon≠
säure-diäthylester, Zink und Benzol und Erwärmen des Reaktionsprodukts mit wss.-
äthanol. Salzsäure (*Baker, Collis*, Soc. **1949** Spl. 12, 14).
Krystalle (aus wss. A.); F: 184—185°.

7-Hydroxy-4-methyl-2-oxo-2H-chromen-3-carbonsäure-methylester $C_{12}H_{10}O_5$,
Formel V (R = H, X = O-CH_3).
B. Beim Erwärmen von 7-Hydroxy-4-methyl-2-oxo-2H-chromen-3-carbonsäure mit
Chlorwasserstoff enthaltendem Methanol (*Baker, Collis*, Soc. **1949** Spl. 12, 14).
Krystalle (aus Me.); F: 195°.

7-Methoxy-4-methyl-2-oxo-2H-chromen-3-carbonsäure-methylester $C_{13}H_{12}O_5$, Formel V
(R = CH_3, X = O-CH_3).
B. Beim Erwärmen von 7-Methoxy-4-methyl-2-oxo-2H-chromen-3-carbonsäure mit

Chlorwasserstoff oder Schwefelsäure enthaltendem Methanol (*Baker, Collis*, Soc. **1949** Spl. 12, 14).
Krystalle; F: 129°.

7-Methoxy-4-methyl-2-oxo-2H-chromen-3-carbonsäure-äthylester $C_{14}H_{14}O_5$, Formel V (R = CH$_3$, X = O-C$_2$H$_5$).
B. Beim Erwärmen von 7-Methoxy-4-methyl-2-oxo-2H-chromen-3-carbonsäure mit Chlorwasserstoff oder Schwefelsäure enthaltendem Äthanol (*Baker, Collis*, Soc. **1949** Spl. 12, 14).
Krystalle (aus PAe. + CHCl$_3$); F: 61—62°.

7-Acetoxy-4-methyl-2-oxo-2H-chromen-3-carbonsäure-äthylester $C_{15}H_{14}O_6$, Formel V (R = CO-CH$_3$, X = O-C$_2$H$_5$).
B. Beim Erwärmen von 1-[2,4-Diacetoxy-phenyl]-äthanon mit Brommalonsäure-diäthylester, Zink und Benzol (*Baker, Collis*, Soc. **1949** Spl. 12, 14).
Krystalle (aus A.); F: 130—131°.

IV   V   VI

7-Methoxy-4-methyl-2-oxo-2H-chromen-3-carbonylchlorid, 3-Chlorcarbonyl-7-methoxy-4-methyl-cumarin $C_{12}H_9ClO_4$, Formel V (R = CH$_3$, X = Cl).
B. Beim Erwärmen von 7-Methoxy-4-methyl-2-oxo-2H-chromen-3-carbonsäure mit Thionylchlorid (*Baker et al.*, Soc. **1950** 170, 172).
Krystalle (aus PAe.); F: 94—95°.

7-Methoxy-4-methyl-2-oxo-2H-chromen-3-carbonsäure-hydrazid, 3-Carbazoyl-7-methoxy-4-methyl-cumarin $C_{12}H_{12}N_2O_4$, Formel V (R = CH$_3$, X = NH-NH$_2$).
B. Beim Behandeln einer Lösung von 7-Methoxy-4-methyl-2-oxo-2H-chromen-3-carbonsäure-methylester in Methanol mit Hydrazin-hydrat und Wasser (*Baker et al.*, Soc. **1950** 170, 173).
Krystalle (aus Me. oder A.); F: 210°.

7-Methoxy-4-methyl-2-oxo-2H-chromen-3-carbonsäure-isopropylidenhydrazid, Aceton-[7-methoxy-4-methyl-2-oxo-2H-chromen-3-carbonylhydrazon] $C_{15}H_{16}N_2O_4$, Formel V (R = CH$_3$, X = NH-N=C(CH$_3$)$_2$).
B. Beim Erwärmen von 7-Methoxy-4-methyl-2-oxo-2H-chromen-3-carbonsäure-hydrazid mit Aceton und Äthanol (*Baker et al.*, Soc. **1950** 170, 173).
Krystalle (aus wss. A.); F: 237°.

7-Methoxy-4-methyl-2-oxo-2H-chromen-3-carbonsäure-benzylidenhydrazid, Benzaldehyd-[7-methoxy-4-methyl-2-oxo-2H-chromen-3-carbonylhydrazon] $C_{19}H_{16}N_2O_4$, Formel V (R = CH$_3$, X = NH-N=CH-C$_6$H$_5$).
B. Beim Erwärmen einer Lösung von 7-Methoxy-4-methyl-2-oxo-2H-chromen-3-carbonsäure-hydrazid in Äthanol mit Benzaldehyd (*Baker et al.*, Soc. **1950** 170, 173).
Krystalle (aus A.); F: 250°.

4-Chlormethyl-7-methoxy-2-oxo-2H-chromen-3-carbonsäure-äthylester $C_{14}H_{13}ClO_5$, Formel VI (X = O-C$_2$H$_5$).
B. Beim Behandeln von 4-Chlormethyl-7-methoxy-2-oxo-2H-chromen-3-carbonylchlorid mit Äthanol (*Baker, Collis*, Soc. **1949** Spl. 12, 14).
Krystalle (aus wss. A.); F: 117—119°.

4-Chlormethyl-7-methoxy-2-oxo-2H-chromen-3-carbonylchlorid, 3-Chlorcarbonyl-4-chlormethyl-7-methoxy-cumarin $C_{12}H_8Cl_2O_4$, Formel VI (X = Cl).

B. Beim Behandeln von 7-Methoxy-4-methyl-2-oxo-2H-chromen-3-carbonsäure mit Sulfurylchlorid und wenig Dibenzoylperoxid (*Baker et al.*, Soc. **1950** 170, 172).

Krystalle; F: 198—200° [Zers.] (*Baker, Collis*, Soc. **1949** Spl. 12, 14), 198° [aus Toluol + PAe.] (*Ba. et al.*).

7-Hydroxy-3-methyl-2-oxo-2H-chromen-4-carbonsäure-äthylester $C_{13}H_{12}O_5$, Formel VII.

B. Beim Erwärmen von 3-Cyan-2-oxo-buttersäure-äthylester mit Resorcin, Essigsäure, Zinkchlorid und Chlorwasserstoff (*Borsche, Manteuffel*, A. **512** [1934] 97, 106).

Krystalle (aus A.); F: 195°.

7-Hydroxy-5-methyl-2-oxo-2H-chromen-3-carbonsäure, [2,4-Dihydroxy-6-methyl-benzyliden]-malonsäure-2-lacton $C_{11}H_8O_5$, Formel VIII (R = H).

B. Beim Behandeln von 7-Hydroxy-5-methyl-2-oxo-2H-chromen-3-carbonsäure-äthyl-ester mit wss. Natronlauge (*Rao, Seshadri*, Pr. Indian Acad. [A] **13** [1941] 255, 257).

Gelbe Krystalle (aus A.); F: 240° [Zers.].

VII   VIII   IX

7-Hydroxy-5-methyl-2-oxo-2H-chromen-3-carbonsäure-äthylester $C_{13}H_{12}O_5$, Formel VIII (R = C$_2$H$_5$).

B. Beim Behandeln von 2,4-Dihydroxy-6-methyl-benzaldehyd mit Malonsäure-diäthyl-ester und Piperidin (*Rao, Seshadri*, Pr. Indian Acad. [A] **13** [1941] 255, 256).

Gelbe Krystalle (aus A.) mit 1 Mol H_2O; F: 193—194°.

6-Hydroxymethyl-2-oxo-2H-chromen-3-carbonsäure $C_{11}H_8O_5$, Formel IX (R = H).

B. Beim Erwärmen von 6-Hydroxymethyl-2-oxo-2H-chromen-3-carbonsäure-äthyl-ester mit äthanol. Kalilauge (*Reichert, Hoss*, Ar. **280** [1942] 157, 163).

Krystalle (aus W.); F: 223,5—225°.

6-Hydroxymethyl-2-oxo-2H-chromen-3-carbonsäure-äthylester $C_{13}H_{12}O_5$, Formel IX (R = C$_2$H$_5$).

B. Beim Erhitzen von 2-Hydroxy-5-hydroxymethyl-benzaldehyd mit Malonsäure-di-äthylester, Pyridin und wenig Piperidin (*Reichert, Hoss*, Ar. **280** [1942] 157, 163).

Krystalle (aus A.); F: 109—110°.

5-Hydroxy-7-methyl-2-oxo-2H-chromen-3-carbonsäure, [2,6-Dihydroxy-4-methyl-benzyliden]-malonsäure-monolacton $C_{11}H_8O_5$, Formel X.

Diese Konstitution kommt vermutlich auch der von *Sastry, Seshadri* (Pr. Indian Acad. [A] **12** [1940] 498, 502) als 5-Hydroxy-7-methyl-2-oxo-2H-chromen-8-carb-onsäure angesehenen, beim Behandeln von 5-Hydroxy-7-methyl-2-oxo-2H-chromen-3,6(?)-dicarbonsäure-diäthylester (S. 6622) mit wss. Kalilauge erhaltenen Verbindung $C_{11}H_8O_5$ (F: 270—271°) zu (*Adams, Mathieu*, Am. Soc. **70** [1948] 2120, 2121, 2122).

B. Beim Erwärmen von 2,6-Dihydroxy-4-methyl-benzaldehyd mit Malonsäure, Pyridin und wenig Anilin (*Ad., Ma.*).

Gelbe Krystalle (aus Acetophenon); F: 270—271° (*Ad., Ma.*).

5,7-Dibrom-6-hydroxy-8-methyl-2-oxo-2H-chromen-3-carbonsäure $C_{11}H_6Br_2O_5$, Formel XI (R = X = H).

B. Beim Erwärmen einer Suspension von 5,7-Dibrom-6-hydroxy-8-methyl-2-oxo-

2H-chromen-3-carbonsäure-äthylester in Aceton mit wss. Salzsäure (*Smith, Byers*, Am. Soc. **63** [1941] 612, 614).
Gelbe Krystalle (aus Dioxan); F: 260—260,5° [Zers.].

X   XI   XII

5,7-Dibrom-6-methoxy-8-methyl-2-oxo-2H-chromen-3-carbonsäure $C_{12}H_8Br_2O_5$, Formel XI (R = CH_3, X = H).
B. Neben [2,4-Dibrom-3,6-dimethoxy-5-methyl-benzyliden]-malonsäure beim Erwärmen einer Lösung von 5,7-Dibrom-6-hydroxy-8-methyl-2-oxo-2H-chromen-3-carbon=säure-äthylester in Methanol mit Dimethylsulfat und wss. Natronlauge (*Smith, Byers*, Am. Soc. **63** [1941] 612, 615).
Krystalle (aus Eg.); F: 206—207°.

6-Acetoxy-5,7-dibrom-8-methyl-2-oxo-2H-chromen-3-carbonsäure $C_{13}H_8Br_2O_6$, Formel XI (R = $CO\text{-}CH_3$, X = H).
B. Beim Erwärmen von 5,7-Dibrom-6-hydroxy-8-methyl-2-oxo-2H-chromen-3-carbon=säure mit Acetanhydrid und wenig Schwefelsäure (*Smith, Byers*, Am. Soc. **63** [1941] 612, 614).
Krystalle (aus A.); F: 209,5—210°.

5,7-Dibrom-6-methoxy-8-methyl-2-oxo-2H-chromen-3-carbonsäure-methylester $C_{13}H_{10}Br_2O_5$, Formel XI (R = X = CH_3).
B. Beim Erwärmen von 5,7-Dibrom-6-methoxy-8-methyl-2-oxo-2H-chromen-3-carbon=säure mit Methanol und konz. Schwefelsäure (*Smith, Byers*, Am. Soc. **63** [1941] 612, 615).
Krystalle (aus Me.); F: 170—171°.

5,7-Dibrom-6-hydroxy-8-methyl-2-oxo-2H-chromen-3-carbonsäure-äthylester $C_{13}H_{10}Br_2O_5$, Formel XI (R = H, X = C_2H_5).
B. Beim Erwärmen von 2,6-Dibrom-3,5-dimethyl-[1,4]benzochinon mit der Natrium-Verbindung des Malonsäure-diäthylesters in Dioxan (*Smith, Byers*, Am. Soc. **63** [1941] 612, 614).
Krystalle (aus Acn.); F: 192—193° [Zers.].

6-Acetoxy-5,7-dibrom-8-methyl-2-oxo-2H-chromen-3-carbonsäure-äthylester $C_{15}H_{12}Br_2O_6$, Formel XI (R = $CO\text{-}CH_3$, X = C_2H_5).
B. Beim Erwärmen von 5,7-Dibrom-6-hydroxy-8-methyl-2-oxo-2H-chromen-3-carbon=säure-äthylester mit Acetanhydrid und wenig Schwefelsäure (*Smith, Byers*, Am. Soc. **63** [1941] 612, 614).
Krystalle (aus Acn.); F: 183,5—184°.

7-Hydroxy-8-methyl-2-oxo-2H-chromen-3-carbonsäure, [2,4-Dihydroxy-3-methyl-benzyliden]-malonsäure-2-lacton $C_{11}H_8O_5$, Formel XII (R = X = H).
B. Beim Behandeln von 7-Hydroxy-8-methyl-2-oxo-4H-chromen-3-carbonsäure-äthyl=ester mit methanol. Kalilauge (*Balaiah et al.*, Pr. Indian Acad. [A] **16** [1942] 68, 78).
Krystalle (aus A.); F: 277—278°.

7-Methoxy-8-methyl-2-oxo-2H-chromen-3-carbonsäure $C_{12}H_{10}O_5$, Formel XII (R = CH_3, X = H).
B. Beim Behandeln von 7-Methoxy-8-methyl-2-oxo-2H-chromen-3-carbonsäure-äthyl=ester mit äthanol. Kalilauge (*Seshadri, Venkateswarlu*, Pr. Indian Acad. [A] **14** [1941] 297, 304).
Krystalle (aus A.); F: 211—212°.

7-Hydroxy-8-methyl-2-oxo-2H-chromen-3-carbonsäure-äthylester $C_{13}H_{12}O_5$, Formel XII (R = H, X = C_2H_5).

B. Beim Behandeln von 2,4-Dihydroxy-3-methyl-benzaldehyd mit Malonsäure-diäthyl= ester und Piperidin (*Balaiah et al.*, Pr. Indian Acad. [A] **16** [1942] 68, 77).

Krystalle (aus A.); F: 250—251°.

7-Methoxy-8-methyl-2-oxo-2H-chromen-3-carbonsäure-äthylester $C_{14}H_{14}O_5$, Formel XII (R = CH_3, X = C_2H_5).

B. Beim Behandeln von 2-Hydroxy-4-methoxy-3-methyl-benzaldehyd mit Malonsäure-diäthylester und Piperidin (*Seshadri, Venkateswarlu*, Pr. Indian Acad. [A] **14** [1941] 297, 303).

Krystalle (aus A.); F: 159—160°.

5-Hydroxy-4-methyl-2-oxo-2H-chromen-6-carbonsäure $C_{11}H_8O_5$, Formel I (R = H, X = OH).

B. Beim Erhitzen von 2,4-Dihydroxy-benzoesäure mit Acetessigsäure-äthylester, Alu= miniumchlorid und Nitrobenzol (*Sethna et al.*, Soc. **1938** 228, 231). Aus 5-Hydroxy-4-methyl-2-oxo-2H-chromen-6-carbonsäure-methylester beim Behandeln mit wss. Natron= lauge sowie beim Erhitzen mit Essigsäure und konz. wss. Salzsäure (*Se. et al.*).

Krystalle (aus A.) mit 0,25 Mol H_2O; F: 244° [Zers.] (*Se. et al.*).

Beim Behandeln mit wss. Natronlauge und mit wss. Kaliumperoxodisulfat-Lösung ist 5,8-Dihydroxy-4-methyl-2-oxo-2H-chromen-6-carbonsäure erhalten worden (*Dalvi et al.*, J. Indian chem. Soc. **28** [1951] 366, 369).

5-Methoxy-4-methyl-2-oxo-2H-chromen-6-carbonsäure $C_{12}H_{10}O_5$, Formel I (R = CH_3, X = OH).

B. Beim Erwärmen von 5-Methoxy-4-methyl-2-oxo-2H-chromen-6-carbonsäure-methyl= ester mit wss. Natronlauge (*Merchant, Shah*, J. Indian chem. Soc. **34** [1957] 45, 49).

Krystalle; F: 216—218° [korr.].

5-Hydroxy-4-methyl-2-oxo-2H-chromen-6-carbonsäure-methylester $C_{12}H_{10}O_5$, Formel I (R = H, X = O-CH_3).

B. Aus 2,4-Dihydroxy-benzoesäure-methylester beim Erhitzen mit Acetessigsäure-äthylester, Nitrobenzol und Aluminiumchlorid (*Sethna et al.*, Soc. **1938** 228, 230, 231) sowie beim Behandeln mit Acetessigsäure-äthylester und Nitrobenzol unter Einleiten von Borfluorid (*Shah et al.*, J. Indian chem. Soc. **32** [1955] 302) jeweils neben kleineren Mengen 7-Hydroxy-4-methyl-2-oxo-2H-chromen-6-carbonsäure-methylester.

Krystalle (aus A.); F: 185—187° (*Shah et al.*), 185—186° (*Se. et al.*).

5-Methoxy-4-methyl-2-oxo-2H-chromen-6-carbonsäure-methylester $C_{13}H_{12}O_5$, Formel I (R = CH_3, X = O-CH_3).

B. Beim Erwärmen einer Lösung von 5-Hydroxy-4-methyl-2-oxo-2H-chromen-6-carb= onsäure-methylester in Aceton mit Methyljodid und Kaliumcarbonat (*Sethna et al.*, Soc. **1938** 228, 231).

Krystalle (aus A.); F: 106—107°.

5-Acetoxy-4-methyl-2-oxo-2H-chromen-6-carbonsäure-methylester $C_{14}H_{12}O_6$, Formel I (R = CO-CH_3, X = O-CH_3).

B. Beim Erhitzen von 5-Hydroxy-4-methyl-2-oxo-2H-chromen-6-carbonsäure-methyl= ester mit Acetanhydrid und Pyridin (*Sethna et al.*, Soc. **1938** 228, 230).

Krystalle (aus wss. A.); F: 153—155°.

5-Benzoyloxy-4-methyl-2-oxo-2H-chromen-6-carbonsäure-methylester $C_{19}H_{14}O_6$, Formel I (R = CO-C_6H_5, X = O-CH_3).

B. Aus 5-Hydroxy-4-methyl-2-oxo-2H-chromen-6-carbonsäure-methylester (*Sethna et al.*, Soc. **1938** 228, 231).

Krystalle (aus A.); F: 164—166°.

I   II

5-Hydroxy-4-methyl-2-oxo-2H-chromen-6-carbonsäure-amid, 6-Carbamoyl-5-hydroxy-4-methyl-cumarin $C_{11}H_9NO_4$, Formel I (R = H, X = NH$_2$).

B. Beim Behandeln von 2,4-Dihydroxy-benzoesäure-amid mit Acetessigsäure-äthyl=
ester, Aluminiumchlorid und Nitrobenzol und Erhitzen des Reaktionsgemisches auf 120°
(*Byatnal et al.*, J. Indian chem. Soc. **29** [1952] 443, 445).

Krystalle (aus A.); F: 262°.

5-Hydroxy-4-methyl-2-oxo-2H-chromen-6-carbonsäure-anilid, 5-Hydroxy-4-methyl-6-phenylcarbamoyl-cumarin $C_{17}H_{13}NO_4$, Formel I (R = H, X = NH-C$_6$H$_5$).

B. Beim Behandeln von 2,4-Dihydroxy-benzoesäure-anilid mit Acetessigsäure-äthyl=
ester, Aluminiumchlorid und Nitrobenzol und Erhitzen des Reaktionsgemisches auf 120°
(*Byatnal et al.*, J. Indian chem. Soc. **29** [1952] 443, 445).

Krystalle (aus A.); F: 220°.

5-Hydroxy-4-methyl-2-oxo-2H-chromen-6-carbonsäure-p-toluidid, 5-Hydroxy-4-methyl-6-p-tolylcarbamoyl-cumarin $C_{18}H_{15}NO_4$, Formel I (R = H, X = NH-C$_6$H$_4$-CH$_3$).

B. Beim Behandeln von 2,4-Dihydroxy-benzoesäure-p-toluidid mit Acetessigsäure-
äthylester, Aluminiumchlorid und Nitrobenzol und Erhitzen des Reaktionsgemisches auf
120° (*Byatnal et al.*, J. Indian chem. Soc. **29** [1952] 443, 445).

Krystalle (aus A.); F: 249°.

5-Hydroxy-4-methyl-2-oxo-2H-chromen-6-carbonsäure-[1]naphthylamid, 5-Hydroxy-4-methyl-6-[1]naphthylcarbamoyl-cumarin $C_{21}H_{15}NO_4$, Formel II.

B. Beim Behandeln von 2,4-Dihydroxy-benzoesäure-[1]naphthylamid mit Acetessig=
säure-äthylester, Aluminiumchlorid und Nitrobenzol und Erhitzen des Reaktionsgemisches auf 120° (*Byatnal et al.*, J. Indian chem. Soc. **29** [1952] 443, 445).

Krystalle (aus A.); F: 235°.

5-Hydroxy-4-methyl-2-oxo-2H-chromen-6-carbonsäure-[2]naphthylamid, 5-Hydroxy-4-methyl-6-[2]naphthylcarbamoyl-cumarin $C_{21}H_{15}NO_4$, Formel III.

B. Beim Behandeln von 2,4-Dihydroxy-benzoesäure-[2]naphthylamid mit Acetessig=
säure-äthylester, Aluminiumchlorid und Nitrobenzol und Erhitzen des Reaktionsgemisches auf 120° (*Byatnal et al.*, J. Indian chem. Soc. **29** [1952] 443, 445).

Krystalle (aus Eg.); F: 238—239°.

5-Hydroxy-4-methyl-2-oxo-2H-chromen-6-carbonsäure-p-anisidid, 5-Hydroxy-6-[4-meth=oxy-phenylcarbamoyl]-4-methyl-cumarin $C_{18}H_{15}NO_5$, Formel I (R = H,
X = NH-C$_6$H$_4$-O-CH$_3$).

B. Beim Behandeln von 2,4-Dihydroxy-benzoesäure-p-anisidid mit Acetessigsäure-
äthylester, Aluminiumchlorid und Erhitzen des Reaktionsgemisches auf 120° (*Byatnal
et al.*, J. Indian chem. Soc. **29** [1952] 443, 445).

Krystalle (aus A.); F: 255—256°.

8-Brom-5-hydroxy-4-methyl-2-oxo-2H-chromen-6-carbonsäure $C_{11}H_7BrO_5$, Formel IV
(R = H, X = OH).

B. Beim Erwärmen von 5-Hydroxy-4-methyl-2-oxo-2H-chromen-6-carbonsäure mit
Brom (1 Mol) in Essigsäure (*Lele et al.*, J. Indian chem. Soc. **30** [1953] 610, 614). Beim
Behandeln von 8-Brom-5-hydroxy-4-methyl-2-oxo-2H-chromen-6-carbonsäure-methyl=
ester mit wss. Natronlauge (*Lele et al.*).

Krystalle (aus Eg.); F: 266°.

8-Brom-5-methoxy-4-methyl-2-oxo-2H-chromen-6-carbonsäure $C_{12}H_9BrO_5$, Formel IV
(R = CH$_3$, X = OH).

B. Beim Erhitzen von 8-Brom-5-methoxy-4-methyl-2-oxo-2H-chromen-6-carbonsäure-

methylester mit wss. Natronlauge (*Lele et al.*, J. Indian chem. Soc. **30** [1953] 610, 614).
Krystalle (aus A.); F: 144°.

III   IV   V

8-Brom-5-hydroxy-4-methyl-2-oxo-2H-chromen-6-carbonsäure-methylester $C_{12}H_9BrO_5$,
Formel IV (R = H, X = O-CH_3).
B. Beim Erwärmen von 5-Hydroxy-4-methyl-2-oxo-2H-chromen-6-carbonsäure-
methylester mit Brom (1 Mol) in Essigsäure (*Lele et al.*, J. Indian chem. Soc. **30** [1953]
610, 614).
Gelbe Krystalle (aus wss. A.); F: 214°.

8-Brom-5-methoxy-4-methyl-2-oxo-2H-chromen-6-carbonsäure-methylester $C_{13}H_{11}BrO_5$,
Formel IV (R = CH_3, X = O-CH_3).
B. Beim Erwärmen einer Lösung von 8-Brom-5-hydroxy-4-methyl-2-oxo-2H-chromen-
6-carbonsäure-methylester in Aceton mit Methyljodid und Kaliumcarbonat (*Lele et al.*,
J. Indian chem. Soc. **30** [1953] 610, 614).
Krystalle (aus A.); F: 100—102°.

5-Hydroxy-4-methyl-8-nitro-2-oxo-2H-chromen-6-carbonsäure $C_{11}H_7NO_7$, Formel V
(R = H).
B. Beim Behandeln einer Lösung von 5-Hydroxy-4-methyl-2-oxo-2H-chromen-
6-carbonsäure in Essigsäure mit wss. Salpetersäure [D: 1,42] (*Parekh, Shah*, J. Indian
chem. Soc. **19** [1942] 335, 338). Beim Behandeln von 5-Hydroxy-4-methyl-8-nitro-2-oxo-
2H-chromen-6-carbonsäure-methylester mit wss. Natronlauge (*Pa., Shah*, l. c. S. 337).
Gelbe Krystalle (aus W.); F: 220—221° [Zers.].

5-Hydroxy-4-methyl-8-nitro-2-oxo-2H-chromen-6-carbonsäure-methylester $C_{12}H_9NO_7$,
Formel V (R = CH_3).
B. Beim Behandeln einer Lösung von 5-Hydroxy-4-methyl-2-oxo-2H-chromen-
6-carbonsäure-methylester in Essigsäure mit wss. Salpetersäure [D:1,42] (*Parekh, Shah*,
J. Indian chem. Soc. **19** [1942] 335, 337).
Gelbe Krystalle (aus Eg.); F: 201—202°.

7-Hydroxy-4-methyl-2-oxo-2H-chromen-6-carbonsäure $C_{11}H_8O_5$, Formel VI (R = H,
X = OH).
B. Beim Erwärmen eines Gemisches von 2,4-Dihydroxy-benzoesäure und Acetessigsäure-äthylester mit dem Borfluorid-Äther-Addukt (*Shah et al.*, J. Indian chem. Soc. **32**
[1955] 302) oder mit konz. Schwefelsäure (*Shah et al.*, J. Indian chem. Soc. **14** [1937]
717, 719). Neben 7-Hydroxy-4-methyl-2-oxo-2H-chromen-8-carbonsäure beim Erhitzen
von 7-Hydroxy-4-methyl-cumarin mit Kaliumhydrogencarbonat und Wasser unter
Kohlendioxid auf 180° (*Hale et al.*, Soc. **1952** 3503, 3506). Aus 7-Hydroxy-4-methyl-
2-oxo-2H-chromen-6-carbonsäure-methylester beim Behandeln mit wss. Natronlauge oder
konz. Schwefelsäure sowie beim Erwärmen mit wss. Essigsäure und wss. Salzsäure oder
mit wss. Essigsäure und Schwefelsäure (*Shah et al.*, J. Indian chem. Soc. **14** 718). Beim
Erwärmen von [7-Hydroxy-6-methoxycarbonyl-2-oxo-2H-chromen-4-yl]-essigsäure-
äthylester mit wss. Natronlauge (*Sethna, Shah*, J. Indian chem. Soc. **17** [1940] 37, 39).
Krystalle; F: 285° [aus A.] (*Se., Shah*), 284—285° [aus A. oder Eg.] (*Shah et al.*,
J. Indian chem. Soc. **14** 718, 719), 283—285° [aus A.] (*Shah et al.*, J. Indian chem. Soc.
32 303), 282—284° [Zers.; aus wss. A.] (*Hale et al.*).
Beim Behandeln einer Suspension in Essigsäure mit Salpetersäure sind 7-Hydroxy-
4-methyl-6,8-dinitro-cumarin, und 7-Hydroxy-4-methyl-3,6,8-trinitro-cumarin erhalten
worden (*Naik, Jadhav*, J. Indian chem. Soc. **25** [1948] 171, 174).

7-Methoxy-4-methyl-2-oxo-2H-chromen-6-carbonsäure $C_{12}H_{10}O_5$, Formel VI (R = CH$_3$, X = OH).

B. Beim Erwärmen von 7-Methoxy-4-methyl-2-oxo-2H-chromen-6-carbonsäure-methylester mit wss. Natronlauge (*Dalvi, Sethna*, J. Indian chem. Soc. **26** [1949] 359, 363; *Baker, Collis*, Soc. **1949** Spl. 12, 14).

Krystalle; F: 291° [aus W.] (*Ba., Co.*), 268—270° [Zers.; aus Eg.] (*Da., Se.*).

7-Hydroxy-4-methyl-2-oxo-2H-chromen-6-carbonsäure-methylester $C_{12}H_{10}O_5$, Formel VI (R = H, X = O-CH$_3$).

B. Aus 2,4-Dihydroxy-benzoesäure-methylester und Acetessigsäure-äthylester beim Behandeln mit 80%ig. wss. Schwefelsäure oder mit Chlorwasserstoff enthaltendem Äthanol (*Shah et al.*, J. Indian chem. Soc. **14** [1937] 717, 720) oder mit Zinkchlorid unter Erhitzen (*Sethna et al.*, Soc. **1938** 228, 231) oder mit dem Borfluorid-Äther-Addukt (*Shah et al.*, J. Indian chem. Soc. **32** [1955] 302, 303). Beim Erhitzen von [7-Hydroxy-6-meth≈ oxycarbonyl-2-oxo-2H-chromen-4-yl]-essigsäure auf Schmelztemperatur (*Sethna, Shah*, J. Indian chem. Soc. **17** [1940] 37, 39).

Krystalle (aus A.); F: 212—214° (*Se. et al.*, l. c. S. 230; *Shah et al.*, J. Indian chem. Soc. **14** 718, **32** 303; *Se., Shah*). Fluorescenz von wss. oder wss.-äthanol. Lösungen vom pH 0,3 bis pH 11,7: *Goodwin, Kavanagh*, Arch. Biochem. **36** [1952] 442, 445.

7-Methoxy-4-methyl-2-oxo-2H-chromen-6-carbonsäure-methylester $C_{13}H_{12}O_5$, Formel VI (R = CH$_3$, X = O-CH$_3$).

B. Beim Erwärmen einer Lösung von 7-Hydroxy-4-methyl-2-oxo-2H-chromen-6-carb≈ onsäure-methylester in Aceton mit Methyljodid und Kaliumcarbonat (*Shah et al.*, J. Indian chem. Soc. **14** [1937] 717, 718).

Krystalle (aus A.); F: 186—188° (*Shah et al.*).

Beim Behandeln einer Suspension in Essigsäure mit Salpetersäure ist 7-Methoxy-4-methyl-6-nitro-cumarin, beim Behandeln mit Schwefelsäure und wss. Salpetersäure (D: 1,42) ist 7-Methoxy-4-methyl-3,8-dinitro-2-oxo-2H-chromen-6-carbonsäure-methyl≈ ester erhalten worden (*Naik, Jadhav*, J. Univ. Bombay **16**, Tl. 5 A [1948] 46).

7-Acetoxy-4-methyl-2-oxo-2H-chromen-6-carbonsäure-methylester $C_{14}H_{12}O_6$, Formel VI (R = CO-CH$_3$, X = O-CH$_3$).

B. Beim Erhitzen von 7-Hydroxy-4-methyl-2-oxo-2H-chromen-6-carbonsäure-methyl≈ ester mit Acetanhydrid und Pyridin (*Shah et al.*, J. Indian chem. Soc. **14** [1937] 717, 718).

Krystalle (aus A.); F: 172—173° (*Shah, Shah*, J. Indian chem. Soc. **19** [1942] 486, 487), 171—173° (*Shah et al.*).

VI   VII   VIII

7-Benzoyloxy-4-methyl-2-oxo-2H-chromen-6-carbonsäure-methylester $C_{19}H_{14}O_6$, Formel VI (R = CO-C$_6$H$_5$, X = O-CH$_3$).

B. Beim Erwärmen einer Lösung von 7-Hydroxy-4-methyl-2-oxo-2H-chromen-6-carb≈ onsäure-methylester in Pyridin mit Benzoylchlorid (*Shah et al.*, J. Indian chem. Soc. **14** [1937] 717, 718).

Krystalle (aus Xylol); F: 173—174°.

7-Hydroxy-4-methyl-2-oxo-2H-chromen-6-carbonsäure-amid, 6-Carbamoyl-7-hydroxy-4-methyl-cumarin $C_{11}H_9NO_4$, Formel VI (R = H, X = NH$_2$).

B. Beim Behandeln von 2,4-Dihydroxy-benzoesäure-amid mit Acetessigsäure-äthyl≈ ester und konz. Schwefelsäure (*Byatnal et al.*, J. Indian chem. Soc. **29** [1952] 443, 444).

Krystalle (aus A.); F: 304—305°.

7-Hydroxy-4-methyl-2-oxo-2H-chromen-6-carbonsäure-anilid, 7-Hydroxy-4-methyl-6-phenylcarbamoyl-cumarin $C_{17}H_{13}NO_4$, Formel VI (R = H, X = NH-C_6H_5).

B. Beim Behandeln von 2,4-Dihydroxy-benzoesäure-anilid mit Acetessigsäure-äthyl=ester und konz. Schwefelsäure (*Byatnal et al.*, J. Indian chem. Soc. **29** [1952] 443, 444).

Krystalle (aus A.); F: 256—257°.

7-Hydroxy-4-methyl-2-oxo-2H-chromen-6-carbonsäure-*p*-toluidid, 7-Hydroxy-4-methyl-6-*p*-tolylcarbamoyl-cumarin $C_{18}H_{15}NO_4$, Formel VI (R = H, X = NH-C_6H_4-CH_3).

B. Beim Behandeln von 2,4-Dihydroxy-benzoesäure-*p*-toluidid mit Acetessigsäure-äthylester und konz. Schwefelsäure (*Byatnal et al.*, J. Indian chem. Soc. **29** [1952] 443, 444).

Krystalle (aus A.); F: 293—294°.

7-Hydroxy-4-methyl-2-oxo-2H-chromen-6-carbonsäure-[1]naphthylamid, 7-Hydroxy-4-methyl-6-[1]naphthylcarbamoyl-cumarin $C_{21}H_{15}NO_4$, Formel VII.

B. Beim Behandeln von 2,4-Dihydroxy-benzoesäure-[1]naphthylamid mit Acetessig=säure-äthylester und konz. Schwefelsäure (*Byatnal et al.*, J. Indian chem. Soc. **29** [1952] 443, 444).

Krystalle (aus A.); F: 252—253°.

7-Hydroxy-4-methyl-2-oxo-2H-chromen-6-carbonsäure-*p*-anisidid, 7-Hydroxy-6-[4-meth=oxy-phenylcarbamoyl]-4-methyl-cumarin $C_{18}H_{15}NO_5$, Formel VI (R = H, X = NH-C_6H_4-O-CH_3).

B. Beim Behandeln von 2,4-Dihydroxy-benzoesäure-*p*-anisidid mit Acetessigsäure-äthylester und konz. Schwefelsäure (*Byatnal et al.*, J. Indian chem. Soc. **29** [1952] 443, 444).

Krystalle (aus A.); F: 239—240°.

3-Chlor-7-hydroxy-4-methyl-2-oxo-2H-chromen-6-carbonsäure $C_{11}H_7ClO_5$, Formel VIII (R = H, X = OH).

B. Beim Behandeln von 3-Chlor-7-hydroxy-4-methyl-2-oxo-2H-chromen-6-carbon=säure-methylester mit wss. Natronlauge (*Sethna, Shah*, J. Indian chem. Soc. **17** [1940] 37, 38).

Krystalle (aus A.) mit 1 Mol H_2O; F: 265—267° [Zers.].

3-Chlor-7-hydroxy-4-methyl-2-oxo-2H-chromen-6-carbonsäure-methylester $C_{12}H_9ClO_5$, Formel VIII (R = H, X = O-CH_3).

B. Beim Behandeln von 2,4-Dihydroxy-benzoesäure-methylester mit 2-Chlor-acet=essigsäure-äthylester und 80%ig. wss. Schwefelsäure (*Sethna, Shah*, J. Indian chem. Soc. **17** [1940] 37, 38).

Krystalle (aus A.); F: 218—220°.

3-Chlor-7-methoxy-4-methyl-2-oxo-2H-chromen-6-carbonsäure-methylester $C_{13}H_{11}ClO_5$, Formel VIII (R = CH_3, X = O-CH_3).

B. Beim Erwärmen einer Lösung von 3-Chlor-7-hydroxy-4-methyl-2-oxo-2H-chromen-6-carbonsäure-methylester in Aceton mit Methyljodid und Kaliumcarbonat (*Sethna, Shah*, J. Indian chem. Soc. **17** [1940] 37, 38).

Krystalle (aus A.); F: 218—219°.

7-Acetoxy-3-chlor-4-methyl-2-oxo-2H-chromen-6-carbonsäure-methylester $C_{14}H_{11}ClO_6$, Formel VIII (R = CO-CH_3, X = O-CH_3).

B. Beim Erhitzen von 3-Chlor-7-hydroxy-4-methyl-2-oxo-2H-chromen-6-carbonsäure-methylester mit Acetanhydrid und Pyridin (*Sethna, Shah*, J. Indian chem. Soc. **17** [1940] 37, 38).

Krystalle (aus A.); F: 169—170°.

3-Brom-7-hydroxy-4-methyl-2-oxo-2H-chromen-6-carbonsäure $C_{11}H_7BrO_5$, Formel I (R = H, X = OH).

B. Beim Erwärmen einer Suspension von 7-Hydroxy-4-methyl-2-oxo-2H-chromen-6-carbonsäure in Essigsäure mit Brom [1 Mol] (*Dalvi, Sethna*, J. Indian chem. Soc. **26**

[1949] 359, 364). Beim Behandeln von 3-Brom-7-hydroxy-4-methyl-2-oxo-2H-chromen-6-carbonsäure-methylester mit wss. Alkalilauge (*Da., Se.*).
Krystalle (aus wss. A.); F: 260° [Zers.].

3-Brom-7-methoxy-4-methyl-2-oxo-2H-chromen-6-carbonsäure $C_{12}H_9BrO_5$, Formel I (R = CH_3, X = OH).
B. Beim Erwärmen von 7-Methoxy-4-methyl-2-oxo-2H-chromen-6-carbonsäure mit Brom (1 Mol) in Essigsäure (*Dalvi, Sethna,* J. Indian chem. Soc. **26** [1949] 359, 364). Beim Behandeln von 3-Brom-7-methoxy-4-methyl-2-oxo-2H-chromen-6-carbonsäure-methylester mit wss. Alkalilauge (*Da., Se.*).
Krystalle (aus Eg.); F: 263—265° [Zers.].

3-Brom-7-hydroxy-4-methyl-2-oxo-2H-chromen-6-carbonsäure-methylester $C_{12}H_9BrO_5$, Formel I (R = H, X = O-CH_3).
B. Beim Erwärmen von 7-Hydroxy-4-methyl-2-oxo-2H-chromen-6-carbonsäure-methylester mit Brom (1 Mol) in Essigsäure (*Dalvi, Sethna,* J. Indian chem. Soc. **26** [1949] 359, 364).
Krystalle (aus Eg.); F: 196—198°.

3-Brom-7-methoxy-4-methyl-2-oxo-2H-chromen-6-carbonsäure-methylester $C_{13}H_{11}BrO_5$, Formel I (R = CH_3, X = O-CH_3).
B. Beim Erwärmen von 7-Methoxy-4-methyl-2-oxo-2H-chromen-6-carbonsäure-methylester mit Brom (1 Mol) in Essigsäure (*Dalvi, Sethna,* J. Indian chem. Soc. **26** [1949] 359, 364). Beim Erwärmen einer Lösung von 3-Brom-7-hydroxy-4-methyl-2-oxo-2H-chromen-6-carbonsäure-methylester in Aceton mit Methyljodid und Kaliumcarbonat (*Da., Se.*).
Krystalle (aus Eg.); F: 208—210°.

3,8-Dibrom-7-hydroxy-4-methyl-2-oxo-2H-chromen-6-carbonsäure $C_{11}H_6Br_2O_5$, Formel II (R = H, X = OH).
B. Beim Erhitzen von 7-Hydroxy-4-methyl-2-oxo-2H-chromen-6-carbonsäure mit Brom (2 Mol) in Essigsäure (*Dalvi, Sethna,* J. Indian chem. Soc. **26** [1949] 359, 365).
Krystalle (aus Eg.); F: 286° [Zers.].

I   II   III   IV

3,8-Dibrom-7-methoxy-4-methyl-2-oxo-2H-chromen-6-carbonsäure $C_{12}H_8Br_2O_5$, Formel II (R = CH_3, X = OH).
B. Beim Behandeln von 3,8-Dibrom-7-methoxy-4-methyl-2-oxo-2H-chromen-6-carbonsäure-methylester mit wss. Natronlauge (*Dalvi, Sethna,* J. Indian chem. Soc. **26** [1949] 359, 365).
Krystalle (aus Eg.); F: 248—250° [Zers.].

3,8-Dibrom-7-hydroxy-4-methyl-2-oxo-2H-chromen-6-carbonsäure-methylester $C_{12}H_8Br_2O_5$, Formel II (R = H, X = O-CH_3).
B. Beim Behandeln von 7-Hydroxy-4-methyl-2-oxo-2H-chromen-6-carbonsäure-methylester mit Brom [Überschuss] (*Dalvi, Sethna,* J. Indian chem. Soc. **26** [1949] 359, 365).
Krystalle (aus Eg.); F: 240—242°.

3,8-Dibrom-7-methoxy-4-methyl-2-oxo-2H-chromen-6-carbonsäure-methylester $C_{13}H_{10}Br_2O_5$, Formel II (R = CH_3, X = O-CH_3).
B. Beim Erwärmen einer Lösung von 3,8-Dibrom-7-hydroxy-4-methyl-2-oxo-2H-chrom=

en-6-carbonsäure-methylester in Aceton mit Methyljodid und Kaliumcarbonat (*Dalvi*, *Sethna*, J. Indian chem. Soc. **26** [1949] 359, 365).
Krystalle (aus Eg.); F: 184—186°.

7-Hydroxy-4-methyl-8-nitro-2-oxo-2H-chromen-6-carbonsäure $C_{11}H_7NO_7$, Formel III (R = H, X = OH).
B.   Aus   7-Hydroxy-4-methyl-8-nitro-2-oxo-2H-chromen-6-carbonsäure-methylester beim Behandeln mit wss. Natronlauge sowie beim Erhitzen mit Schwefelsäure und Essig‐säure (*Naik*, *Jadhav*, J. Indian chem. Soc. **25** [1948] 171, 172).
Gelbe Krystalle (aus Eg.); F: 288° [Zers.].

7-Hydroxy-4-methyl-8-nitro-2-oxo-2H-chromen-6-carbonsäure-methylester $C_{12}H_9NO_7$, Formel III (R = H, X = O-CH$_3$).
B. Beim Behandeln einer Suspension von 7-Hydroxy-4-methyl-2-oxo-2H-chromen-6-carbonsäure-methylester in Essigsäure mit wss. Salpetersäure [D: 1,42] (*Naik*, *Jadhav*, J. Indian chem. Soc. **25** [1948] 171, 172).
Gelbe Krystalle (aus Eg.); F: 256—257°.

7-Methoxy-4-methyl-8-nitro-2-oxo-2H-chromen-6-carbonsäure-methylester $C_{13}H_{11}NO_7$, Formel III (R = CH$_3$, X = O-CH$_3$).
B. Beim Behandeln einer Lösung von 7-Hydroxy-4-methyl-8-nitro-2-oxo-2H-chromen-6-carbonsäure-methylester in Äthanol mit wss. Natronlauge und Erhitzen des Reaktions-produkts mit Toluol und Dimethylsulfat (*Naik*, *Jadhav*, J. Indian chem. Soc. **25** [1948] 171, 173).
Gelbe Krystalle (aus Me.); F: 189—190°.

7-Acetoxy-4-methyl-8-nitro-2-oxo-2H-chromen-6-carbonsäure-methylester $C_{14}H_{11}NO_8$, Formel III (R = CO-CH$_3$, X = O-CH$_3$).
B. Beim Erhitzen von 7-Hydroxy-4-methyl-8-nitro-2-oxo-2H-chromen-6-carbonsäure-methylester mit Acetanhydrid und Pyridin (*Naik*, *Jadhav*, J. Indian chem. Soc. **25** [1948] 171, 173).
Krystalle (aus Eg.); F: 222—223°.

7-Hydroxy-4-methyl-3,8-dinitro-2-oxo-2H-chromen-6-carbonsäure $C_{11}H_6N_2O_9$, Formel IV (R = H, X = OH).
B. Beim Erhitzen von 7-Hydroxy-4-methyl-3,8-dinitro-2-oxo-2H-chromen-6-carbon‐säure-methylester mit Schwefelsäure und Essigsäure (*Naik*, *Jadhav*, J. Indian chem. Soc. **25** [1948] 171, 174).
Gelbe Krystalle (aus A.); F: 275—276° [Zers.].

7-Hydroxy-4-methyl-3,8-dinitro-2-oxo-2H-chromen-6-carbonsäure-methylester $C_{12}H_8N_2O_9$, Formel IV (R = H, X = O-CH$_3$).
B. Beim Behandeln von 7-Hydroxy-4-methyl-2-oxo-2H-chromen-6-carbonsäure-methylester mit Essigsäure und wss. Salpetersäure (D: 1,42) oder mit Schwefelsäure und Salpetersäure (*Naik*, *Jadhav*, J. Indian chem. Soc. **25** [1948] 171, 173).
Gelbe Krystalle; F: 246—247° [Zers.].

7-Methoxy-4-methyl-3,8-dinitro-2-oxo-2H-chromen-6-carbonsäure-methylester $C_{13}H_{10}N_2O_9$, Formel IV (R = CH$_3$, X = O-CH$_3$).
B. Beim Behandeln von 7-Methoxy-4-methyl-2-oxo-2H-chromen-6-carbonsäure-methylester mit Schwefelsäure und wss. Salpetersäure [D: 1,42] (*Naik*, *Jadhav*, J. Univ. Bombay **16**, Tl. 5A [1948] 46).
Gelbe Krystalle (aus Eg.); F: 232—233°.

7-Acetoxy-4-methyl-3,8-dinitro-2-oxo-2H-chromen-6-carbonsäure-methylester $C_{14}H_{10}N_2O_{10}$, Formel IV (R = CO-CH$_3$, X = O-CH$_3$).
B. Beim Erhitzen von 7-Hydroxy-4-methyl-3,8-dinitro-2-oxo-2H-chromen-6-carbon‐säure-methylester mit Acetanhydrid und Pyridin (*Naik*, *Jadhav*, J. Indian chem. Soc. **25** [1948] 171, 173).
Gelbe Krystalle; F: 198—199°.

5-Hydroxy-4-methyl-2-oxo-2H-chromen-7-carbonsäure $C_{11}H_8O_5$, Formel V (R = X = H).
B. Beim Behandeln von 5-Hydroxy-4-methyl-2-oxo-2H-chromen-7-carbonsäure-methylester mit wss. Natronlauge (*Mody, Shah*, Pr. Indian Acad. [A] **34** [1951] 77, 83).
Krystalle (aus Eg.), die unterhalb 280° nicht schmelzen.

5-Hydroxy-4-methyl-2-oxo-2H-chromen-7-carbonsäure-methylester $C_{12}H_{10}O_5$, Formel V (R = H, X = CH_3).
B. Neben anderen Verbindungen beim Behandeln von 3,5-Dihydroxy-benzoesäure-methylester mit Acetessigsäure-äthylester und konz. Schwefelsäure (*Mody, Shah*, Pr. Indian Acad. [A] **34** [1951] 77, 82).
Krystalle (aus A.); F: 249—250°.

5-Acetoxy-4-methyl-2-oxo-2H-chromen-7-carbonsäure-methylester $C_{14}H_{12}O_6$, Formel V (R = CO-CH_3, X = CH_3).
B. Aus 5-Hydroxy-4-methyl-2-oxo-2H-chromen-7-carbonsäure-methylester (*Mody, Shah*, Pr. Indian Acad. [A] **34** [1951] 77, 82).
Krystalle (aus wss. A.); F: 168—169°.

7-Hydroxy-4-methyl-2-oxo-2H-chromen-8-carbonsäure $C_{11}H_8O_5$, Formel VI (R = H, X = OH).
B. Beim Behandeln von 2,6-Dihydroxy-benzoesäure mit Acetessigsäure-äthylester und konz. Schwefelsäure (*Limaye, Kulkarni*, Rasayanam **1** [1943] 251, 253; s. a. *Hale et al.*, Soc. **1952** 3503, 3506). Neben 7-Hydroxy-4-methyl-2-oxo-2H-chromen-6-carbonsäure beim Erhitzen von 7-Hydroxy-4-methyl-cumarin mit Kaliumhydrogencarbonat in Wasser unter Kohlendioxid auf 180° (*Hale et al.*).
Krystalle; F: 263° [Zers.; aus Eg.] (*Li., Ku.*), 254—257° [aus A. + Dimethylformamid] (*Boltze, Dell*, Ang. Ch. **78** [1966] 114), 201—202° [Zers.; aus wss. A.] (*Hale et al.*).

7-Methoxy-4-methyl-2-oxo-2H-chromen-8-carbonsäure $C_{12}H_{10}O_5$, Formel VI (R = CH_3, X = OH).
B. Beim Behandeln von 7-Methoxy-4-methyl-2-oxo-2H-chromen-8-carbonsäure-methylester mit Natriumhydrogencarbonat in Wasser (*Limaye, Kulkarni*, Rasayanam **1** [1943] 251, 253).
Krystalle (aus Eg.); F: 246° [Zers.].

V　　　　　　　　VI　　　　　　　　VII

7-Methoxy-4-methyl-2-oxo-2H-chromen-8-carbonsäure-methylester $C_{13}H_{12}O_5$, Formel VI (R = CH_3, X = O-CH_3).
B. Beim Behandeln von 7-Hydroxy-4-methyl-2-oxo-2H-chromen-8-carbonsäure mit wss. Natronlauge und mit Dimethylsulfat (*Limaye, Kulkarni*, Rasayanam **1** [1943] 251, 253).
Krystalle (aus A.); F: 189°.

7-Methoxy-4-methyl-2-oxo-2H-chromen-8-carbonsäure-äthylester $C_{14}H_{14}O_5$, Formel VI (R = CH_3, X = O-C_2H_5).
B. Beim Erwärmen von 7-Methoxy-4-methyl-2-oxo-2H-chromen-8-carbonsäure mit Schwefelsäure oder Chlorwasserstoff enthaltendem Äthanol (*Limaye, Kulkarni*, Rasaya-

nam **1** [1943] 251, 253).

  F: 163°.

7-Hydroxy-4-methyl-2-oxo-2*H*-chromen-8-carbonsäure-anilid, 7-Hydroxy-4-methyl-8-phenylcarbamoyl-cumarin $C_{17}H_{13}NO_4$, Formel VI (R = H, X = NH-C$_6$H$_5$).

  B. Beim Behandeln von 2,6-Dihydroxy-benzoesäure-anilid mit Acetessigsäure-äthyl= ester und konz. Schwefelsäure (*Desai, Marballi*, J. scient. ind. Res. India **11** B [1952] 292).

  Krystalle (aus A.); F: 192—193°.

7-Hydroxy-4-methyl-2-oxo-2*H*-chromen-8-carbonsäure-*p*-toluidid, 7-Hydroxy-4-methyl-8-*p*-tolylcarbamoyl-cumarin $C_{18}H_{15}NO_4$, Formel VI (R = H, X = NH-C$_6$H$_4$-CH$_3$).

  B. Beim Behandeln von 2,6-Dihydroxy-benzoesäure-*p*-toluidid mit Acetessigsäure-äthylester und konz. Schwefelsäure (*Desai, Marballi*, J. scient. ind. Res. India **11** B [1952] 292).

  Krystalle (aus A.); F: 190—191°.

7-Hydroxy-4-methyl-2-oxo-2*H*-chromen-8-carbonsäure-[1]naphthylamid, 7-Hydroxy-4-methyl-8-[1]naphthylcarbamoyl-cumarin $C_{21}H_{15}NO_4$, Formel VII.

  B. Beim Behandeln von 2,6-Dihydroxy-benzoesäure-[1]naphthylamid mit Acetessig= säure-äthylester und konz. Schwefelsäure (*Desai, Marballi*, J. scient. ind. Res. India **11** B [1952] 292).

  Krystalle (aus Eg.); F: 234—235°.

7-Hydroxy-4-methyl-2-oxo-2*H*-chromen-8-carbonsäure-[2]naphthylamid, 7-Hydroxy-4-methyl-8-[2]naphthylcarbamoyl-cumarin $C_{21}H_{15}NO_4$, Formel VIII.

  B. Beim Behandeln von 2,6-Dihydroxy-benzoesäure-[2]naphthylamid mit Acetessig= säure-äthylester, Aluminiumchlorid und Nitrobenzol (*Desai, Marballi*, J. scient. ind. Res. India **11** B [1952] 292).

  Krystalle (aus E.); F: 180—181°.

7-Hydroxy-4-methyl-2-oxo-2*H*-chromen-8-carbonsäure-*p*-anisidid, 7-Hydroxy-8-[4-meth= oxy-phenylcarbamoyl]-4-methyl-cumarin $C_{18}H_{15}NO_5$, Formel VI (R = H, X = NH-C$_6$H$_4$-O-CH$_3$).

  B. Beim Behandeln von 2,6-Dihydroxy-benzoesäure-*p*-anisidid mit Acetessigsäure-äthylester und konz. Schwefelsäure (*Desai, Marballi*, J. scient. ind. Res. India **11** B [1952] 292).

  Krystalle (aus A.); F: 207—208°.

5-Hydroxy-7-methyl-1-oxo-1*H*-isochromen-4-carbonsäure $C_{11}H_8O_5$, Formel IX (R = H).

  B. Beim Erhitzen von 5-Methoxy-7-methyl-1-oxo-1*H*-isochromen-4-carbonsäure-methylester mit wss. Jodwasserstoffsäure und Essigsäure (*Kamal et al.*, Soc. **1950** 3375, 3378).

  Krystalle (aus W.); F: 265—267° [Zers.].

VIII   IX   X

5-Methoxy-7-methyl-1-oxo-1*H*-isochromen-4-carbonsäure-methylester $C_{13}H_{12}O_5$, Formel IX (R = CH$_3$).

  B. Beim Behandeln von [2-Methoxy-6-methoxycarbonyl-4-methyl-phenyl]-essigsäure-

methylester mit Methylformiat und Natriummethylat in Äther und Erwärmen des Reaktionsprodukts mit konz. wss. Salzsäure (*Kamal et al.*, Soc. **1950** 3375, 3378).
Krystalle (aus wss. Eg. oder Me.); F: 160°.

2-[(2-Hydroxyoxalyl-phenylmercapto)-acetyl]-benzo[*b*]thiophen-3-carbonsäure
$C_{19}H_{12}O_6S_2$, Formel X, und Tautomeres ([2-(3-Hydroxy-1-oxo-1,3-dihydro-benzo[4,5]thieno[2,3-*c*]furan-3-ylmethylmercapto)-phenyl]-glyoxylsäure).
Diese Konstitution ist der nachstehend beschriebenen Verbindung zugeordnet worden (*Mayer*, A. **488** [1931] 259, 291).
B. Beim kurzen Erhitzen von Benzo[*b*]thiophen-2,3-dion (E III/IV **17** 6131) mit Natriumcarbonat (1 Mol) in Wasser und anschliessend mit 1,3-Dichlor-aceton (*Ma.*).
Krystalle (aus Eg.); F: 201−202°.

2-Acetyl-4-hydroxy-benzofuran-5-carbonsäure $C_{11}H_8O_5$, Formel XI (R = X = H).
B. Beim Erwärmen von 2-Acetyl-4-hydroxy-benzofuran-5-carbonsäure-methylester mit wss.-äthanol. Natronlauge (*Schamschurin*, Ž. obšč. Chim. **16** [1946] 1877, 1882; C. A. **1947** 6237). Beim Erhitzen von 2-Acetyl-4-hydroxy-benzofuran mit Natrium=methylat in Methanol und mit festem Kohlendioxid auf 180° (*Sch.*).
Krystalle (aus wss. Eg.); F: 230,5−321°.

2-Acetyl-4-hydroxy-benzofuran-5-carbonsäure-methylester $C_{12}H_{10}O_5$, Formel XI (R = H, X = CH$_3$).
B. Beim Erwärmen von 3-Formyl-2,4-dihydroxy-benzoesäure-methylester mit Natri=umäthylat in Äthanol und mit Chloraceton (*Schamschurin*, Ž. obšč. Chim. **16** [1946] 1877, 1880; C. A. **1947** 6237).
Krystalle (aus PAe.); F: 178−179°.

2-Acetyl-4-methoxy-benzofuran-5-carbonsäure-methylester $C_{13}H_{12}O_5$, Formel XI (R = X = CH$_3$).
B. Beim Erwärmen von 2-Acetyl-4-hydroxy-benzofuran-5-carbonsäure-methylester mit Aceton, Methyljodid und Kaliumcarbonat (*Schamschurin*, Ž. obšč. Chim. **16** [1946] 1877, 1880; C. A. **1947** 6237).
Krystalle (aus PAe.); F: 81−82°.

XI   XII

4-Acetoxy-2-acetyl-benzofuran-5-carbonsäure-methylester $C_{14}H_{12}O_6$, Formel XI (R = CO-CH$_3$, X = CH$_3$).
B. Beim Behandeln von 2-Acetyl-4-hydroxy-benzofuran-5-carbonsäure-methylester mit Acetanhydrid und Pyridin (*Schamschurin*, Ž. obšč. Chim. **16** [1946] 1877, 1881; C. A. **1947** 6237).
Krystalle (aus PAe.); F: 160−160,5°.

2-Acetyl-4-benzoyloxy-benzofuran-5-carbonsäure-methylester $C_{19}H_{14}O_6$, Formel XI (R = CO-C$_6$H$_5$, X = CH$_3$).
B. Beim Behandeln von 2-Acetyl-4-hydroxy-benzofuran-5-carbonsäure-methylester mit Benzoylchlorid und Pyridin (*Schamschurin*, Ž. obšč. Chim. **16** [1946] 1877, 1881; C. A. **1947** 6237).
Krystalle (aus wss. A.); F: 148−149°.

4-Hydroxy-2-[1-hydroxyimino-äthyl]-benzofuran-5-carbonsäure-methylester $C_{12}H_{11}NO_5$, Formel XII (X = OH).
B. Beim Erwärmen von 2-Acetyl-4-hydroxy-benzofuran-5-carbonsäure-methylester

mit Hydroxylamin-hydrochlorid und Kaliumacetat in wss. Äthanol (*Schamschurin*, Ž. obšč. Chim. **16** [1946] 1877, 1881; C. A. **1947** 6237). Krystalle (aus wss. A.); F: 227—228° [Zers.].

2-[1-(2,4-Dinitro-phenylhydrazono)-äthyl]-4-hydroxy-benzofuran-5-carbonsäure-methyl=ester $C_{18}H_{14}N_4O_8$, Formel XII (X = NH-$C_6H_3(NO_2)_2$).

B. Beim Erwärmen einer Lösung von 2-Acetyl-4-hydroxy-benzofuran-5-carbonsäure-methylester mit [2,4-Dinitro-phenyl]-hydrazin und Essigsäure (*Schamschurin*, Ž. obšč. Chim. **16** [1946] 1877, 1881; C. A. **1947** 6237). Rote Krystalle (aus wss. Eg.); F: 265—266° [Zers.].

4-Hydroxy-2-[1-semicarbazono-äthyl]-benzofuran-5-carbonsäure-methylester $C_{13}H_{13}N_3O_5$, Formel XII (X = NH-CO-NH$_2$).

B. Beim Behandeln einer Lösung von 2-Acetyl-4-hydroxy-benzofuran-5-carbonsäure-methylester in Methanol mit Semicarbazid-hydrochlorid und Natriumacetat (*Schamschurin*, Ž. obšč. Chim. **16** [1946] 1877, 1881; C. A. **1947** 6237). Krystalle (aus Me.); F: 243—244°.

Hydroxy-oxo-carbonsäuren $C_{12}H_{10}O_5$

6-Äthyl-7-hydroxy-4-oxo-4*H*-chromen-2-carbonsäure $C_{12}H_{10}O_5$, Formel I (R = X = H).

B. Beim Erhitzen von 6-Äthyl-7-benzyloxy-4-oxo-4*H*-chromen-2-carbonsäure-äthyl=ester mit Essigsäure und wss. Bromwasserstoffsäure (*Jacobson et al.*, J. org. Chem. **18** [1953] 1117, 1122). Krystalle (aus A.); F: 293—294° [Zers.] (*Naylor et al.*, Soc. **1958** 1190, 1192).

6-Äthyl-7-benzyloxy-4-oxo-4*H*-chromen-2-carbonsäure $C_{19}H_{16}O_5$, Formel I (R = CH$_2$-C$_6$H$_5$, X = H).

B. Neben kleinen Mengen 6-Äthyl-7-hydroxy-4-oxo-4*H*-chromen-2-carbonsäure beim Erhitzen von 6-Äthyl-7-benzyloxy-4-oxo-4*H*-chromen-2-carbonsäure-äthylester mit wss. Salzsäure (*Naylor et al.*, Soc. **1958** 1190, 1192). Krystalle (aus A.); F: 248° [Zers.].

6-Äthyl-7-benzyloxy-4-oxo-4*H*-chromen-2-carbonsäure-äthylester $C_{21}H_{20}O_5$, Formel I (R = CH$_2$-C$_6$H$_5$, X = C$_2$H$_5$).

B. Aus 4-[5-Äthyl-4-benzyloxy-2-hydroxy-phenyl]-2,4-dioxo-buttersäure-äthylester beim Erhitzen mit Essigsäure und kleinen Mengen wss. Salzsäure (*Jacobson et al.*, J. org. Chem. **18** [1953] 1117, 1122) sowie beim Erwärmen mit Chlorwasserstoff in Äthanol (*Naylor et al.*, Soc. **1958** 1190, 1191). Krystalle; F: 111—112° [aus A.] (*Na. et al.*), 109—110° [aus A. + W.] (*Ja. et al.*, l. c. S. 1119). UV-Absorptionsmaxima (A.): 214 nm, 238 nm und 320 nm (*Ja. et al.*, l. c. S. 1121).

6-Äthyl-7-hydroxy-4-oxo-4*H*-chromen-2-carbonsäure-butylester $C_{16}H_{18}O_5$, Formel I (R = H, X = [CH$_2$]$_3$-CH$_3$).

B. Beim Erwärmen von 6-Äthyl-7-hydroxy-4-oxo-4*H*-chromen-2-carbonsäure mit Butan-1-ol und wenig Schwefelsäure (*Jacobson et al.*, J. org. Chem. **18** [1953] 1117, 1119, 1122). Krystalle (aus wss. A.); F: 177—178°.

[7-Hydroxy-4-methyl-2-oxo-2*H*-chromen-3-yl]-essigsäure, 2-[(Z)-1-(2,4-Dihydroxy-phenyl)-äthyliden]-bernsteinsäure-1 → 2-lacton $C_{12}H_{10}O_5$, Formel II (R = H, X = OH).

B. Aus [7-Hydroxy-4-methyl-2-oxo-2*H*-chromen-3-yl]-essigsäure-äthylester mit Hilfe von äthanol. Kalilauge (*Banerjee*, J. Indian chem. Soc. **8** [1931] 777, 781) oder von wss. Natronlauge (*Dey, Sankaranarayanan*, J. Indian chem. Soc. **8** [1931] 817, 823). Krystalle; F: 268° [aus wss. A.] (*Ba.*), 265—268° [korr.] (*Laskowski, Clinton*, Am. Soc. **72** [1950] 3987, 3990), 265—266° (*Shah, Shah*, J. Indian chem. Soc. **19** [1942] 481, 483), 265° [aus wss. A.] (*Dey, Sa.*). Fluorescenz von wss. oder wss.-äthanol. Lösungen vom pH 0 bis pH 10: *Goodwin, Kavanagh*, Arch. Biochem. **36** [1952] 442, 445.

Verhalten gegen Alkalilauge: *La., Cl.*, l. c. S. 3988.
Silber-Salz $AgC_{12}H_9O_5$, Calcium-Salz $Ca(C_{12}H_9O_5)_2$ und Barium-Salz
$Ba(C_{12}H_9O_5)_2$: *Dey, Sa.*

[7-Methoxy-4-methyl-2-oxo-2H-chromen-3-yl]-essigsäure $C_{13}H_{12}O_5$, Formel II
(R = CH_3, X = OH).
B. Beim Erwärmen von [7-Methoxy-4-methyl-2-oxo-2H-chromen-3-yl]-essigsäure-
äthylester mit wss. Natronlauge und anschliessenden Ansäuern (*Dey, Sankaranarayanan,*
J. Indian chem. Soc. **8** [1931] 817, 823; *Baker, Collis,* Soc. **1949** Spl. 12, 14; *Laskowski,
Clinton,* Am. Soc. **72** [1950] 3987, 3990).
Krystalle; F: 199° [aus E.] (*Ba., Co.*), 198° [aus wss. A.] (*Dey, Sa.*), 196—197° (*La., Cl.*).
Fluorescenz von wss. oder wss.-äthanol. Lösungen vom pH 0 bis pH 10: *Goodwin,
Kavanagh,* Arch. Biochem. **36** [1952] 442, 446.
Verhalten gegen Alkalilauge: *La., Cl.*, l. c. S. 3988.

[7-Acetoxy-4-methyl-2-oxo-2H-chromen-3-yl]-essigsäure $C_{14}H_{12}O_6$, Formel II
(R = $CO-CH_3$, X = OH).
B. Beim Behandeln von [7-Hydroxy-4-methyl-2-oxo-2H-chromen-3-yl]-essigsäure mit
Acetanhydrid und wenig Schwefelsäure (*Shah, Shah,* J. Indian chem. Soc. **19** [1942] 481,
483).
Krystalle (aus W.); F: 199—200°.

[7-Benzoyloxy-4-methyl-2-oxo-2H-chromen-3-yl]-essigsäure $C_{19}H_{14}O_6$, Formel II
(R = $CO-C_6H_5$, X = OH).
B. Aus [7-Hydroxy-4-methyl-2-oxo-2H-chromen-3-yl]-essigsäure (*Shah, Shah,* J.
Indian chem. Soc. **19** [1942] 481, 483).
Krystalle (aus A.); F: 190—191°.

I   II   III

[7-Methoxy-4-methyl-2-oxo-2H-chromen-3-yl]-essigsäure-methylester $C_{14}H_{14}O_5$,
Formel II (R = CH_3, X = $O-CH_3$).
B. Beim Behandeln von [7-Methoxy-4-methyl-2-oxo-2H-chromen-3-yl]-essigsäure mit
Chlorwasserstoff enthaltendem Methanol (*Dey, Sankaranarayanan,* J. Indian chem. Soc. **8**
[1931] 817, 823).
Krystalle; F: 122°.

[7-Hydroxy-4-methyl-2-oxo-2H-chromen-3-yl]-essigsäure-äthylester $C_{14}H_{14}O_5$, Formel II
(R = H, X = $O-C_2H_5$).
B. Beim Behandeln eines Gemisches von Resorcin und Acetylbernsteinsäure-diäthylester mit konz. Schwefelsäure (*Dey, Sankaranarayanan,* J. Indian chem. Soc. **8** [1931] 817,
823; *Banerjee,* J. Indian chem. Soc. **8** [1931] 777, 781) mit Phosphor(V)-oxid oder Phosphorsäure (*Chakravarti,* J. Indian chem. Soc. **12** [1935] 536, 538), mit Phosphorylchlorid
(*Shah, Shah,* J. Indian chem. Soc. **19** [1942] 481, 483) oder mit Aluminiumchlorid (2 Mol)
und Nitrobenzol unter Erhitzen (*Shah, Shah*).
Krystalle; F: 163° [aus A.] (*Dey, Sa.*; *Ch.*; *Shah, Shah*), 162° [aus Acn. + A.] (*Ba.*).

[7-Methoxy-4-methyl-2-oxo-2H-chromen-3-yl]-essigsäure-äthylester $C_{15}H_{16}O_5$, Formel II
(R = CH_3, X = $O-C_2H_5$).
B. Beim Behandeln von 3-Methoxy-phenol mit Acetylbernsteinsäure-diäthylester und
konz. Schwefelsäure (*Baker, Collis,* Soc. **1949** Spl. 12, 14). Aus [7-Hydroxy-4-methyl-2-oxo-
2H-chromen-3-yl]-essigsäure-äthylester beim Behandeln mit wss. Natronlauge und
Dimethylsulfat (*Banerjee,* J. Indian chem. Soc. **8** [1931] 777, 781; *Dey, Sankaranarayanan,*
J. Indian chem. Soc. **8** [1931] 817, 823) sowie beim Erwärmen einer Lösung in Aceton mit

Methyljodid und Kaliumcarbonat (*Balaiah et al.*, Pr. Indian Acad. [A] **16** [1942] 68, 80).
Krystalle; F: 80° (*Dey, Sa.*), 78° [aus wss. A.] (*Ba.*).

[7-Acetoxy-4-methyl-2-oxo-2H-chromen-3-yl]-essigsäure-äthylester $C_{16}H_{16}O_6$, Formel II (R = CO-CH$_3$, X = O-C$_2$H$_5$).
B. Beim Behandeln von [7-Hydroxy-4-methyl-2-oxo-2H-chromen-3-yl]-essigsäure-äthylester mit Acetylchlorid und Pyridin (*Banerjee*, J. Indian chem. Soc. **8** [1931] 777, 781).
Krystalle (aus A.); F: 98° (*Ba.*; *Dey, Sankaranarayanan*, J. Indian chem. Soc. **8** [1931] 817, 823; *Shah, Shah*, J. Indian chem. Soc. **19** [1942] 481, 483).

[7-Benzoyloxy-4-methyl-2-oxo-2H-chromen-3-yl]-essigsäure-äthylester $C_{21}H_{18}O_6$, Formel II (R = CO-C$_6$H$_5$, X = O-C$_2$H$_5$).
B. Beim Behandeln von [7-Hydroxy-4-methyl-2-oxo-2H-chromen-3-yl]-essigsäure-äthylester mit Benzoylchlorid und Pyridin (*Banerjee*, J. Indian chem. Soc. **8** [1931] 777, 781).
Krystalle; F: 138° [aus CHCl$_3$ + PAe.] (*Shah, Shah*, J. Indian chem. Soc. **19** [1942] 481, 483), 127° [aus A.] (*Ba.*).

[7-Hydroxy-4-methyl-2-oxo-2H-chromen-3-yl]-essigsäure-amid, 3-Carbamoylmethyl-7-hydroxy-4-methyl-cumarin $C_{12}H_{11}NO_4$, Formel II (R = H, X = NH$_2$).
B. Beim Erhitzen von [7-Hydroxy-4-methyl-2-oxo-2H-chromen-3-yl]-essigsäure mit Ammoniak auf 270° (*Dey, Sankaranarayanan*, J. Indian chem. Soc. **8** [1931] 817, 824).
Krystalle (aus Eg.); F: 300° [Zers.].

[7-Hydroxy-4-methyl-2-oxo-2H-chromen-3-yl]-essigsäure-anilid, 7-Hydroxy-4-methyl-3-[phenylcarbamoyl-methyl]-cumarin $C_{18}H_{15}NO_4$, Formel II (R = H, X = NH-C$_6$H$_5$).
B. Beim Erhitzen von [7-Hydroxy-4-methyl-2-oxo-2H-chromen-3-yl]-essigsäure mit Anilin (*Dey, Sankaranarayanan*, J. Indian chem. Soc. **8** [1931] 817, 824).
Krystalle (aus A.); F: 242°.

[7-Methoxy-4-methyl-2-oxo-2H-chromen-3-yl]-essigsäure-anilid, 7-Methoxy-4-methyl-3-[phenylcarbamoyl-methyl]-cumarin $C_{19}H_{17}NO_4$, Formel II (R = CH$_3$, X = NH-C$_6$H$_5$).
B. Beim Erhitzen von [7-Methoxy-4-methyl-2-oxo-2H-chromen-3-yl]-essigsäure mit Anilin (*Baker, Collis*, Soc. **1949** Spl. 12, 14).
Krystalle (aus A.); F: 222—223°.

[6-Chlor-7-hydroxy-4-methyl-2-oxo-2H-chromen-3-yl]-essigsäure $C_{12}H_9ClO_5$, Formel III (R = H, X = OH).
B. Beim Erhitzen von [6-Chlor-7-hydroxy-4-methyl-2-oxo-2H-chromen-3-yl]-essig-säure-äthylester mit wss. Natronlauge und anschliessenden Ansäuern (*Shah, Shah*, J. Indian chem. Soc. **19** [1942] 486, 488).
Krystalle (aus wss. A.); F: 263°.

[6-Chlor-7-hydroxy-4-methyl-2-oxo-2H-chromen-3-yl]-essigsäure-äthylester $C_{14}H_{13}ClO_5$, Formel III (R = H, X = O-C$_2$H$_5$).
B. Beim Behandeln eines Gemisches von 4-Chlor-resorcin und Acetylbernsteinsäure-diäthylester mit konz. Schwefelsäure (*Chakravarti, Ghosh*, J. Indian chem. Soc. **12** [1935] 622, 626; *Shah, Shah*, J. Indian chem. Soc. **19** [1942] 486, 488) oder mit Phosphoryl-chlorid (*Shah, Shah*).
Krystalle; F: 174° [aus wss. A. bzw. aus Eg.] (*Ch., Gh.*; *Shah, Shah*).

[7-Acetoxy-6-chlor-4-methyl-2-oxo-2H-chromen-3-yl]-essigsäure-äthylester $C_{16}H_{15}ClO_6$, Formel III (R = CO-CH$_3$, X = O-C$_2$H$_5$).
B. Aus [6-Chlor-7-hydroxy-4-methyl-2-oxo-2H-chromen-3-yl]-essigsäure-äthylester (*Shah, Shah*, J. Indian chem. Soc. **19** [1942] 486, 488).
Krystalle (aus A.); F: 169°.

6-Äthyl-7-hydroxy-2-oxo-2H-chromen-3-carbonsäure-äthylester $C_{14}H_{14}O_5$, Formel IV ($R = C_2H_5$).

B. Beim Erwärmen von 5-Äthyl-2,4-dihydroxy-benzaldehyd mit Malonsäure-diäthyl= ester, Äthanol und Piperidin (*Jacobson et al.*, J. org. Chem. **18** [1953] 1117, 1119, 1121). Krystalle (aus A.); F: 192—193°. UV-Absorptionsmaximum (A.): 363 nm.

6-Äthyl-7-hydroxy-2-oxo-2H-chromen-3-carbonsäure-butylester $C_{16}H_{18}O_5$, Formel IV ($R = [CH_2]_3\text{-}CH_3$).

B. Beim Erwärmen von 5-Äthyl-2,4-dihydroxy-benzaldehyd mit Malonsäure-dibutyl= ester, Äthanol und Piperidin (*Jacobson et al.*, J. org. Chem. **18** [1953] 1117, 1119, 1121). Krystalle (aus A. + W.); F: 158—158,5°. UV-Absorptionsmaximum (A.): 365 nm.

[7-Methoxy-5-methyl-2-oxo-2H-chromen-4-yl]-essigsäure $C_{13}H_{12}O_5$, Formel V ($R = CH_3$, $X = H$).

B. Beim Erwärmen von [7-Methoxy-5-methyl-2-oxo-2H-chromen-4-yl]-essigsäure-äthylester (s. u.) mit äthanol. Natronlauge (*Bose, Shah*, Curr. Sci. **25** [1956] 333; Indian J. Chem. **11** [1973] 729).
Krystalle (aus wss. A.); F: 177—178°.

IV   V   VI

[7-Hydroxy-5-methyl-2-oxo-2H-chromen-4-yl]-essigsäure-äthylester $C_{14}H_{14}O_5$, Formel V ($R = H$, $X = C_2H_5$).

Diese Konstitution ist von *Woods, Sapp* (J. chem. eng. Data **8** [1963] 235) der früher (s. E I **18** 535) als [5-Hydroxy-7-methyl-2-oxo-2H-chromen-4-yl]-essig= säure-äthylester ("[5-Oxy-7-methyl-cumarinyl-(4)]-essigsäure-äthylester"; Formel VI [$R = C_2H_5$, $X = H$]) angesehenen Verbindung (F: 219°), von *Bose, Shah* (Curr. Sci. **25** [1956] 333; Indian J. Chem. **11** [1973] 729) hingegen der nachstehend beschriebenen Ver= bindung zugeordnet worden.

B. Beim Erhitzen von 4-Äthoxycarbonylmethyl-7-hydroxy-5-methyl-2-oxo-2H-chrom= en-8-carbonsäure (S. 6623) auf 260° (*Bose, Shah*).
Krystalle (aus A.); F: 171—172° (*Bose, Shah*).

[7-Methoxy-5-methyl-2-oxo-2H-chromen-4-yl]-essigsäure-äthylester $C_{15}H_{16}O_5$, Formel V ($R = CH_3$, $X = C_2H_5$).

B. Beim Erwärmen einer Lösung von [7-Hydroxy-5-methyl-2-oxo-2H-chromen-4-yl]- essigsäure-äthylester (s. o.) in Aceton mit Dimethylsulfat und Kaliumcarbonat (*Bose, Shah*, Curr. Sci. **25** [1956] 333; Indian J. Chem. **11** [1973] 729).
Krystalle (aus A.); F: 126—127°.

[5-Hydroxy-7-methyl-2-oxo-2H-chromen-4-yl]-essigsäure $C_{12}H_{10}O_5$, Formel VI ($R = X = H$).

Die früher (s. E I **18** 534 und E II **18** 383) unter dieser Konstitution beschriebene, als [5-Oxy-7-methyl-cumarinyl-(4)]-essigsäure bzw. 5-Oxy-7-methyl-cumarin-essigsäure-(4) bezeichnete Verbindung wird von *Woods, Sapp* (J. chem. eng. Data **8** [1963] 235) als [7-Hydroxy-5-methyl-2-oxo-2H-chromen-4-yl]-essigsäure (Formel V [$R = X = H$]) formuliert.

[6-Chlor-5-hydroxy-7-methyl-2-oxo-2H-chromen-4-yl]-essigsäure $C_{12}H_9ClO_5$, Formel VI ($R = H$, $X = Cl$).

Diese Konstitution ist der nachstehend beschriebenen Verbindung zugeordnet worden (*Chakravarti, Mukerjee*, J. Indian chem. Soc. **14** [1937] 725, 727 Anm.; s. dagegen *Woods*,

Sapp, J. chem. eng. Data **8** [1963] 235).

B. Beim Behandeln von 4-Chlor-5-methyl-resorcin mit Citronensäure und konz. Schwefelsäure (*Ch.*, *Mu.*, l. c. S. **731**).

Krystalle (aus A.); F: 275—280° (*Ch.*, *Mu.*).

7-Hydroxy-2,5-dimethyl-4-oxo-4*H*-chromen-8-carbonsäure $C_{12}H_{10}O_5$, Formel VII.

Diese Konstitution kommt der nachstehend beschriebenen, von *Sethna*, *Shah* (J. Indian chem. Soc. **17** [1940] 211; s. a. *Bose*, *Shah*, Curr. Sci. **25** [1956] 333; Indian J. Chem. **11** [1973] 729) als 7-Hydroxy-4,5-dimethyl-2-oxo-2*H*-chromen-8-carbonsäure angesehenen Verbindung zu (*Hirata*, *Suga*, Bl. chem. Soc. Japan **47** [1974] 244).

B. Beim Erwärmen von 2,6-Dihydroxy-4-methyl-benzoesäure mit Acetessigsäure-äthylester und konz. Schwefelsäure (*Se.*, *Shah*) oder mit 3-Oxo-glutarsäure und konz. Schwefelsäure (*Bose*, *Shah*).

Krystalle (aus A.); F: 225° [Zers.] (*Se.*, *Shah*).

7-Hydroxy-3,4-dimethyl-2-oxo-2*H*-chromen-6-carbonsäure $C_{12}H_{10}O_5$, Formel VIII (R = X = H).

B. Neben 7-Hydroxy-3,4-dimethyl-2-oxo-2*H*-chromen-6-carbonsäure-methylester beim Behandeln von 2,4-Dihydroxy-benzoesäure-methylester mit 2-Methyl-acetessigsäure-äthylester und 80%ig. wss. Schwefelsäure (*Sethna*, *Shah*, J. Indian chem. Soc. **15** [1938] 383, 385). Beim Behandeln von 7-Hydroxy-3,4-dimethyl-2-oxo-2*H*-chromen-6-carbonsäure-methylester mit wss. Natronlauge (*Se.*, *Shah*).

Krystalle (aus A.) mit 1 Mol H_2O; F: 263°.

7-Hydroxy-3,4-dimethyl-2-oxo-2*H*-chromen-6-carbonsäure-methylester $C_{13}H_{12}O_5$, Formel VIII (R = H, X = CH_3).

B. Neben 7-Hydroxy-3,4-dimethyl-2-oxo-2*H*-chromen-6-carbonsäure beim Behandeln von 2,4-Dihydroxy-benzoesäure-methylester mit 2-Methyl-acetessigsäure-äthylester und 80%ig. wss. Schwefelsäure (*Sethna*, *Shah*, J. Indian chem. Soc. **15** [1938] 383, 384).

Krystalle (aus A.); F: 212—213°.

VII   VIII   IX

7-Methoxy-3,4-dimethyl-2-oxo-2*H*-chromen-6-carbonsäure-methylester $C_{14}H_{14}O_5$, Formel VIII (R = X = CH_3).

B. Beim Erwärmen einer Lösung von 7-Hydroxy-3,4-dimethyl-2-oxo-2*H*-chromen-6-carbonsäure-methylester in Aceton mit Methyljodid und Kaliumcarbonat (*Sethna*, *Shah*, J. Indian chem. Soc. **15** [1938] 383, 384).

Krystalle (aus wss. A.); F: 185—187°.

7-Acetoxy-3,4-dimethyl-2-oxo-2*H*-chromen-6-carbonsäure-methylester $C_{15}H_{14}O_6$, Formel VIII (R = CO-CH_3, X = CH_3).

B. Beim Erhitzen von 7-Hydroxy-3,4-dimethyl-2-oxo-2*H*-chromen-6-carbonsäure-methylester mit Acetanhydrid und Pyridin (*Sethna*, *Shah*, J. Indian chem. Soc. **15** [1938] 383, 384).

Krystalle (aus wss. A.); F: 178—180°.

7-Benzoyloxy-3,4-dimethyl-2-oxo-2*H*-chromen-6-carbonsäure-methylester $C_{20}H_{16}O_6$, Formel VIII (R = CO-C_6H_5, X = CH_3).

B. Beim Erwärmen einer Lösung von 7-Hydroxy-3,4-dimethyl-2-oxo-2*H*-chromen-

6-carbonsäure-methylester in Pyridin mit Benzoylchlorid (*Sethna, Shah,* J. Indian chem. Soc. **15** [1938] 383, 384).
Krystalle (aus A.); F: 159—160°.

6-Hydroxy-5,7-dimethyl-2-oxo-2H-chromen-3-carbonsäure, [3,6-Dihydroxy-2,4-dimethyl-benzyliden]-malonsäure-6-lacton $C_{12}H_{10}O_5$, Formel IX.
Die Identität einer von *Smith, Johnson* (Am. Soc. **59** [1937] 673, 678) unter dieser Konstitution beschriebenen Verbindung (Krystalle [aus wss. Me.], F: 235—236°; Äthyl= ester $C_{14}H_{14}O_5$: Krystalle [aus wss. A.], F: 165—166°) ist ungewiss (*Smith, Wiley,* Am. Soc. **68** [1946] 887, 888).

8-Brom-6-hydroxy-5,7-dimethyl-2-oxo-2H-chromen-3-carbonsäure-methylester $C_{13}H_{11}BrO_5$, Formel X (R = CH_3).
B. Beim Behandeln von 2-Brom-6-chlormethyl-3,5-dimethyl-hydrochinon mit der Natrium-Verbindung des Malonsäure-dimethylesters in Dioxan und Behandeln des Reaktionsgemisches mit wss. Salzsäure (*Smith, Wiley,* Am. Soc. **68** [1946] 887, 891). Beim Behandeln von 3-Brom-2,5-dihydroxy-4,6-dimethyl-benzaldehyd mit Malonsäure-di= methylester, Methanol und Piperidin.
Gelbe Krystalle (aus Me.); F: 263—264° [Zers.].

8-Brom-6-hydroxy-5,7-dimethyl-2-oxo-2H-chromen-3-carbonsäure-äthylester $C_{14}H_{13}BrO_5$, Formel X (R = C_2H_5).
B. Beim Behandeln von 2-Brom-6-chlormethyl-3,5-dimethyl-hydrochinon mit der Natrium-Verbindung des Malonsäure-diäthylesters in Dioxan und Behandeln des Reaktionsgemisches mit wss. Salzsäure (*Smith, Wiley,* Am. Soc. **68** [1946] 887, 892).
Krystalle (aus A.); F: 206—207°.

6-Methoxy-5,8-dimethyl-2-oxo-2H-chromen-3-carbonsäure $C_{13}H_{12}O_5$, Formel XI (R = CH_3, X = H).
B. Beim Erwärmen von 2,5-Dimethoxy-3,6-dimethyl-benzaldehyd mit Malonsäure, Äthanol und Piperidin (*Smith, Johnson,* Am. Soc. **59** [1937] 673, 678). Beim Erhitzen von [2,5-Dimethoxy-3,6-dimethyl-benzyliden]-malonsäure auf Schmelztemperatur (*Sm., Jo.*).
Gelbe Krystalle (aus Me.); F: 229—230°.

7-Chlor-6-hydroxy-5,8-dimethyl-2-oxo-2H-chromen-3-carbonsäure-äthylester $C_{14}H_{13}ClO_5$, Formel XII (R = H, X = Cl).
B. Beim Erwärmen einer aus 7-Amino-6-hydroxy-5,8-dimethyl-2-oxo-2H-chromen-3-carbonsäure-äthylester, wss. Salzsäure und Natriumnitrit bereiteten Diazoniumsalz-Lösung mit Kupfer(II)-sulfat (*Smith, Cutler,* J. org. Chem. **14** [1949] 740, 744).
Krystalle (aus wss. A.); F: 171,5—173° [nach Sintern bei 166,5°].

7-Brom-6-hydroxy-5,8-dimethyl-2-oxo-2H-chromen-3-carbonsäure $C_{12}H_9BrO_5$, Formel XI (R = H, X = Br).
B. Beim Erwärmen von 7-Brom-6-hydroxy-5,8-dimethyl-2-oxo-2H-chromen-3-carbon= säure-äthylester mit wss. Salzsäure (*Smith, Cutler,* J. org. Chem. **14** [1949] 740, 745).
Krystalle (aus Bzl.); F: 250,5—251,5° [Zers.].

6-Acetoxy-7-brom-5,8-dimethyl-2-oxo-2H-chromen-3-carbonsäure $C_{14}H_{11}BrO_6$, Formel XI (R = $CO\text{-}CH_3$, X = Br).
B. Beim Erwärmen von 7-Brom-6-hydroxy-5,8-dimethyl-2-oxo-2H-chromen-3-carbon= säure mit Acetanhydrid und wenig Schwefelsäure (*Smith, Cutler,* J. org. Chem. **14** [1949] 740, 745).
Krystalle (aus wss. A.); F: 219,5—220,5°.

7-Brom-6-hydroxy-5,8-dimethyl-2-oxo-2H-chromen-3-carbonsäure-äthylester $C_{14}H_{13}BrO_5$, Formel XII (R = H, X = Br).
B. Beim Erwärmen einer aus 7-Amino-6-hydroxy-5,8-dimethyl-2-oxo-2H-chromen-3-carbonsäure-äthylester, wss. Bromwasserstoffsäure und Natriumnitrit bereiteten Di=

azoniumsalz-Lösung mit Kupfer(I)-bromid (*Smith, Cutler,* J. org. Chem. **14** [1949] 740, 744). Beim Behandeln von 2-Brom-5-chlormethyl-3,6-dimethyl-hydrochinon mit der Natrium-Verbindung des Malonsäure-diäthylesters in Dioxan (*Sm., Cu.,* l. c. S. 746). Krystalle (aus wss. A.); F: 151—153°; beim Abkühlen der Schmelze entstehen Krystalle, die bei 151—153°, bei 158—159,5° oder bei 160,5—162° schmelzen.

6-Acetoxy-7-brom-5,8-dimethyl-2-oxo-2*H*-chromen-3-carbonsäure-äthylester

$C_{16}H_{15}BrO_6$, Formel XII (R = CO-CH$_3$, X = Br).

B. Beim Erwärmen von 7-Brom-6-hydroxy-5,8-dimethyl-2-oxo-2*H*-chromen-3-carbon= säure-äthylester mit Acetanhydrid und wenig Schwefelsäure (*Smith, Cutler,* J. org. Chem. **14** [1949] 740, 745).

Krystalle (aus wss. A.); F: 160—161°.

5-Brom-6-hydroxy-7,8-dimethyl-2-oxo-2*H*-chromen-3-carbonsäure $C_{12}H_9BrO_5$, Formel I (R = X = H).

Über die Konstitution s. *Smith, Wiley,* Am. Soc. **68** [1946] 887, 888, 889.

B. Beim Erwärmen einer Lösung von 5-Brom-6-hydroxy-7,8-dimethyl-2-oxo-2*H*-chromen-3-carbonsäure-äthylester (S. 6380) in Aceton mit wss. Salzsäure (*Sm., Wi.,* l. c. S. 892; *Smith, Johnson,* Am. Soc. **59** [1937] 673, 677). Beim Erhitzen von 5-Brom-6-hydr= oxy-7,8-dimethyl-2-oxo-2*H*-chromen-3-carbonsäure-methylester (s. u.) mit Essigsäure und wss. Bromwasserstoffsäure (*Sm., Wi.,* l. c. S. 893; *Sm., Jo.,* l. c. S. 679).

Gelbe Krystalle; F: 250° [aus Bzl.] (*Sm., Jo.,* l. c. S. 677), 245—247° [aus Me.] (*Sm., Wi.,* l. c. S. 892).

5-Brom-6-methoxy-7,8-dimethyl-2-oxo-2*H*-chromen-3-carbonsäure $C_{13}H_{11}BrO_5$, Formel I (R = CH$_3$, X = H).

Über die Konstitution s. *Smith, Wiley,* Am. Soc. **68** [1946] 887, 888.

B. Beim Behandeln von 5-Brom-6-hydroxy-7,8-dimethyl-2-oxo-2*H*-chromen-3-carbon= säure (s. o.) oder dem Äthylester dieser Säure mit Dimethylsulfat und methanol. Kalilauge (*Smith, Johnson,* Am. Soc. **59** [1937] 673, 677, 679). Beim Erhitzen von 5-Brom-6-meth= oxy-7,8-dimethyl-2-oxo-2*H*-chromen-3-carbonsäure-methylester mit Essigsäure und wss. Salzsäure (*Sm., Wi.,* l. c. S. 893).

Krystalle (aus Me.); F: 210° (*Sm., Jo.,* l. c. S. 677), 205—207° (*Sm., Wi.*).

6-Acetoxy-5-brom-7,8-dimethyl-2-oxo-2*H*-chromen-3-carbonsäure $C_{14}H_{11}BrO_6$, Formel I (R = CO-CH$_3$, X = H).

Über die Konstitution s. *Smith, Wiley,* Am. Soc. **68** [1946] 887, 888.

B. Beim Erwärmen von 5-Brom-6-hydroxy-7,8-dimethyl-2-oxo-2*H*-chromen-3-carbon= säure mit Acetanhydrid und konz. Schwefelsäure (*Sm., Wi.,* l. c. S. 893; *Smith, Johnson,* Am. Soc. **59** [1937] 673, 677).

Krystalle; F: 223° (*Sm., Jo.*).

5-Brom-6-hydroxy-7,8-dimethyl-2-oxo-2*H*-chromen-3-carbonsäure-methylester

$C_{13}H_{11}BrO_5$, Formel I (R = H, X = CH$_3$).

Diese Konstitution kommt der nachstehend beschriebenen, ursprünglich (*Smith, Johnson,* Am. Soc. **59** [1937] 673, 676, 679) als [3-Brom-5-hydroxy-2-methoxy-4,6-dimethyl-benzyliden]-malonsäure ($C_{13}H_{13}BrO_6$) angesehenen Verbindung zu (*Smith, Wiley,* Am. Soc. **68** [1946] 887, 889).

B. Beim Behandeln von 2-Brom-3-chlormethyl-5,6-dimethyl-hydrochinon mit der Natrium-Verbindung des Malonsäure-dimethylesters in Dioxan (*Sm., Wi.,* l. c. S. 892).

Beim Behandeln von 2-Brom-3,6-dihydroxy-4,5-dimethyl-benzaldehyd mit Malonsäure-dimethylester, Methanol und wenig Trimethylamin (*Sm.*, *Wi.*, l. c. S. 892). Neben 5-Brom-6-methoxy-7,8-dimethyl-2-oxo-2*H*-chromen-3-carbonsäure-methylester (s. u.) beim Erwärmen von Brom-trimethyl-[1,4]benzochinon mit einer aus Malonsäure-diäthylester und Magnesiumäthylat in Äthanol bereiteten Lösung unter Durchleiten von Luft und Erwärmen des Reaktionsprodukts mit Methanol und Dimethylsulfat (*Sm.*, *Jo.*, l. c. S. 677, 679; *Sm.*, *Wi.*, l. c. S. 892). Beim Erwärmen von 5-Brom-6-hydroxy-7,8-dimethyl-2-oxo-2*H*-chromen-3-carbonsäure mit Methanol und wenig Schwefelsäure (*Sm.*, *Wi.*, l. c. S. 892).

Krystalle; F: 241−242° [aus Me.] (*Sm.*, *Wi.*), 240−241° [aus Eg.] (*Sm.*, *Jo.*).

5-Brom-6-methoxy-7,8-dimethyl-2-oxo-2*H*-chromen-3-carbonsäure-methylester
$C_{14}H_{13}BrO_5$, Formel I (R = X = CH_3).
B. s. S. 6379 im Artikel 5-Brom-6-hydroxy-7,8-dimethyl-2-oxo-2*H*-chromen-3-carbon-säure-methylester.
Hellgelbe Krystalle (aus A.); F: 170−171° (*Smith*, *Wiley*, Am. Soc. **68** [1946] 887, 893).

I   II   III

6-Acetoxy-5-brom-7,8-dimethyl-2-oxo-2*H*-chromen-3-carbonsäure-methylester
$C_{15}H_{13}BrO_6$, Formel I (R = $CO-CH_3$, X = CH_3).
B. Beim Erwärmen von 5-Brom-6-hydroxy-7,8-dimethyl-2-oxo-2*H*-chromen-3-carbon-säure-methylester (S. 6379) mit Acetanhydrid und wenig Schwefelsäure (*Smith*, *Wiley*, Am. Soc. **68** [1946] 887, 889, 893; s. a. *Smith*, *Johnson*, Am. Soc. **59** [1937] 673, 679).
Krystalle (aus Me.); F: 191−192° (*Sm.*, *Wi.*).

5-Brom-6-hydroxy-7,8-dimethyl-2-oxo-2*H*-chromen-3-carbonsäure-äthylester
$C_{14}H_{13}BrO_5$, Formel I (R = H, X = C_2H_5).
Über die Konstitution s. *Smith*, *Wiley*, Am. Soc. **68** [1946] 887, 888.
B. Beim Erwärmen von Brom-trimethyl-[1,4]benzochinon mit einer aus Malonsäure-diäthylester und Magnesiumäthylat in Äthanol bereiteten Lösung unter Durchleiten von Luft oder mit der Natrium-Verbindung des Malonsäure-diäthylesters in Äthanol und Behandeln des jeweiligen Reaktionsgemisches mit wss. Salzsäure (*Sm.*, *Wi.*, l. c. S. 889, 892); *Smith*, *Johnson*, Am. Soc. **59** [1937] 673, 677).
Gelbe Krystalle (aus A.); F: 200° (*Sm.*, *Jo.*), 198−200° (*Sm.*, *Wi.*).

6-Acetoxy-5-brom-7,8-dimethyl-2-oxo-2*H*-chromen-3-carbonsäure-äthylester
$C_{16}H_{15}BrO_6$, Formel I (R = $CO-CH_3$, X = C_2H_5).
Über die Konstitution s. *Smith*, *Wiley*, Am. Soc. **68** [1946] 887, 888.
B. Beim Erhitzen von 5-Brom-6-hydroxy-7,8-dimethyl-2-oxo-2*H*-chromen-3-carbon-säure-äthylester mit Acetanhydrid und wenig Schwefelsäure (*Smith*, *Johnson*, Am. Soc. **59** [1937] 673, 677).
Krystalle (aus A.); F: 160−161° (*Sm.*, *Jo.*).

5-Hydroxy-4,7-dimethyl-2-oxo-2*H*-chromen-6-carbonsäure $C_{12}H_{10}O_5$, Formel II (R = H).
B. Beim Behandeln von 5-Hydroxy-4,7-dimethyl-2-oxo-2*H*-chromen-6-carbonsäure-äthylester (*Sastry*, *Seshadri*, Pr. Indian Acad. [A] **12** [1940] 498, 504) oder von 5-Hydroxy-4,7-dimethyl-2-oxo-2*H*-chromen-6-carbonsäure-methylester (*Saraiya*, *Shah*, Pr. Indian Acad. [A] **31** [1950] 213, 217) mit wss. Kalilauge.
Krystalle (aus A.); F: 248° (*Sa.*, *Shah*), 247° [Zers.] (*Sa.*, *Se.*).

5-Hydroxy-4,7-dimethyl-2-oxo-2*H*-chromen-6-carbonsäure-methylester $C_{13}H_{12}O_5$,
Formel II (R = CH_3).
B. Beim Behandeln von 2,4-Dihydroxy-6-methyl-benzoesäure-methylester mit Acet-

essigsäure-äthylester und konz. Schwefelsäure (*Saraiya, Shah*, Pr. Indian Acad. [A] **31** [1950] 213, 216).

Krystalle (aus A.); F: 195—196°.

5-Hydroxy-4,7-dimethyl-2-oxo-2*H*-chromen-6-carbonsäure-äthylester $C_{14}H_{14}O_5$, Formel II (R = C_2H_5).

B. Beim Behandeln von 2,4-Dihydroxy-6-methyl-benzoesäure-äthylester mit Acet= essigsäure-äthylester und konz. Schwefelsäure (*Sastry, Seshadri*, Pr. Indian Acad. [A] **12** [1940] 498, 504).

Krystalle (aus A.); F: 179—180°.

4-[3-Hydroxy-benzo[*b*]thiophen-2-yl]-4-oxo-buttersäure $C_{12}H_{10}O_4S$, Formel III, und Tautomere (z. B. 4-Oxo-4-[3-oxo-2,3-dihydro-benzo[*b*]thiophen-2-yl]-butter= säure).

B. Beim Behandeln von 3-Methoxy-benzo[*b*]thiophen mit Bernsteinsäure-anhydrid und Aluminiumchlorid in 1,1,2,2-Tetrachlor-äthan (*Burtner, Brown*, Am. Soc. **73** [1951] 897, 899).

Krystalle (aus E.); F: 190°.

[6-Methoxy-3-methyl-benzofuran-2-yl]-brenztraubensäure $C_{13}H_{12}O_5$, Formel IV, und Tautomeres.

B. Beim Erhitzen von 4-[6-Methoxy-3-methyl-benzofuran-2-ylmethylen]-2-phenyl-Δ^2-oxazolin-5-on (F: 194°) mit wss. Natronlauge und Erwärmen der mit Schwefeldioxid behandelten und von Benzoesäure befreiten Reaktionslösung mit konz. wss. Salzsäure (*Foster et al.*, Soc. **1939** 1594, 1598).

Gelbe Krystalle (aus wss. Me.); F: 196°.

IV   V

2-Hydroxyimino-3-[6-methoxy-3-methyl-benzofuran-2-yl]-propionsäure $C_{13}H_{13}NO_5$, Formel V.

B. Aus [6-Methoxy-3-methyl-benzofuran-2-yl]-brenztraubensäure und Hydroxylamin (*Foster et al.*, Soc. **1939** 1594, 1598).

Krystalle (aus E. + PAe.); F: 166°.

5-Acetyl-6-hydroxy-3-methyl-benzofuran-2-carbonsäure $C_{12}H_{10}O_5$, Formel VI.

B. Neben anderen Verbindungen beim Erhitzen von 6-Acetyl-3-brom-7-hydroxy-4-methyl-cumarin mit Natriumcarbonat in Wasser (*Desai, Hamid*, Pr. Indian Acad. [A] **6** [1937] 185, 188).

Krystalle (aus wss. A.); F: 260° [Zers.].

7-Acetyl-6-hydroxy-3-methyl-benzofuran-2-carbonsäure $C_{12}H_{10}O_5$, Formel VII (R = X = H).

B. Beim Erhitzen von 6-Acetoxy-3-methyl-benzofuran-2-carbonsäure mit Aluminium= chlorid auf 150° (*Shah, Shah*, B. **92** [1959] 2933, 2934). Neben anderen Verbindungen beim Erhitzen von 8-Acetyl-3-brom-7-hydroxy-4-methyl-cumarin (*Limaye, Sathe*, Rasayanam **1** [1936] 48, 56) oder von 8-Acetyl-3-chlor-7-hydroxy-4-methyl-cumarin (*Limaye, Panse*, Rasayanam **2** [1950] 27, 30) mit wss. Natronlauge.

Krystalle (aus Eg.); F: 252° [Zers.] (*Li., Sa.*, l. c. S. 55; *Li., Pa.*), 247° [Zers.] (*Shah, Shah*).

7-Acetyl-6-methoxy-3-methyl-benzofuran-2-carbonsäure $C_{13}H_{12}O_5$, Formel VII
(R = CH_3, X = H).

B. Beim Erhitzen von 8-Acetyl-3-brom-7-methoxy-4-methyl-cumarin mit wss. Natron=
lauge (*Limaye, Sathe*, Rasayanam **1** [1936] 48, 54). Beim Behandeln von 7-Acetyl-6-meth=
oxy-3-methyl-benzofuran-2-carbonsäure-methylester mit wss. Natronlauge (*Li., Sa.*, l. c.
S. 57).

Krystalle (aus A. oder Eg.); F: 234° [Zers.].

6-Acetoxy-7-acetyl-3-methyl-benzofuran-2-carbonsäure $C_{14}H_{12}O_6$, Formel VII
(R = CO-CH_3, X = H).

B. Beim Behandeln von 7-Acetyl-6-hydroxy-3-methyl-benzofuran-2-carbonsäure mit
Acetanhydrid und Natriumacetat (*Shah, Shah*, B. **92** [1959] 2933, 2935).

Krystalle (aus wss. A.); F: 195°.

VI   VII   VIII

7-Acetyl-6-benzoyloxy-3-methyl-benzofuran-2-carbonsäure $C_{19}H_{14}O_6$, Formel VII
(R = CO-C_6H_5, X = H).

B. Beim Behandeln von 7-Acetyl-6-hydroxy-3-methyl-benzofuran-2-carbonsäure mit
Benzoylchlorid und wss. Natronlauge (*Shah, Shah*, B. **92** [1959] 2933, 2935).

Krystalle (aus Eg.); F: 161°.

6-Hydroxy-7-[1-hydroxyimino-äthyl]-3-methyl-benzofuran-2-carbonsäure $C_{12}H_{11}NO_5$,
Formel VIII (X = OH).

B. Aus 7-Acetyl-6-hydroxy-3-methyl-benzofuran-2-carbonsäure und Hydroxylamin
(*Shah, Shah*, B. **92** [1959] 2933, 2935).

Krystalle (aus wss. A.); F: 255—257° [Zers.].

6-Hydroxy-3-methyl-7-[1-semicarbazono-äthyl]-benzofuran-2-carbonsäure $C_{13}H_{13}N_3O_5$,
Formel VIII (X = NH-CO-NH_2).

B. Aus 7-Acetyl-6-hydroxy-3-methyl-benzofuran-2-carbonsäure und Semicarbazid
(*Shah, Shah*, B. **92** [1959] 2933, 2935).

Gelbe Krystalle (aus A.); 255° [Zers.].

7-Acetyl-6-hydroxy-3-methyl-benzofuran-2-carbonsäure-methylester $C_{13}H_{12}O_5$,
Formel VII (R = H, X = CH_3).

B. Beim Erwärmen von 7-Acetyl-6-hydroxy-3-methyl-benzofuran-2-carbonsäure mit
Schwefelsäure enthaltendem Methanol (*Limaye, Sathe*, Rasayanam **1** [1936] 48, 56).

Krystalle (aus A.); F: 156°.

7-Acetyl-6-methoxy-3-methyl-benzofuran-2-carbonsäure-methylester $C_{14}H_{14}O_5$,
Formel VII (R = X = CH_3).

B. Beim Behandeln von 7-Acetyl-6-hydroxy-3-methyl-benzofuran-2-carbonsäure mit
wss. Natronlauge und Dimethylsulfat (*Limaye, Sathe*, Rasayanam **1** [1936] 48, 57).

Krystalle (aus wss. A.); F: 132°.

7-Acetyl-6-hydroxy-3-methyl-benzofuran-2-carbonsäure-äthylester $C_{14}H_{14}O_5$, Formel VII
(R = H, X = C_2H_5).

B. Beim Behandeln von 7-Acetyl-6-hydroxy-3-methyl-benzofuran-2-carbonsäure mit
Schwefelsäure enthaltendem Äthanol (*Limaye, Sathe*, Rasayanam **1** [1936] 48, 57).

Krystalle (aus wss. A.); F: 103°.

[7-Acetyl-6-hydroxy-3-methyl-benzofuran-2-carbonsäure]-essigsäure-anhydrid, Acetyl-
[7-acetyl-6-hydroxy-3-methyl-benzofuran-2-carbonyl]-oxid $C_{14}H_{12}O_6$, Formel VII
(R = H, X = CO-CH₃).

B. Beim Erhitzen von 7-Acetyl-6-hydroxy-3-methyl-benzofuran-2-carbonsäure mit
Acetanhydrid auf 150° (*Limaye, Sathe*, Rasayanam **1** [1936] 48, 56).
Krystalle; F: 87°.

7-Acetyl-5-chlor-6-hydroxy-3-methyl-benzofuran-2-carbonsäure $C_{12}H_9ClO_5$, Formel IX
(R = X = H).

B. Neben anderen Verbindungen beim Erhitzen von 8-Acetyl-3,6-dichlor-7-hydroxy-
4-methyl-cumarin mit wss. Natronlauge (*Limaye, Panse*, Rasayanam **2** [1950] 27, 31).
Krystalle (aus Eg.); F: 254° [Zers.].

7-Acetyl-5-chlor-6-methoxy-3-methyl-benzofuran-2-carbonsäure-methylester
$C_{14}H_{13}ClO_5$, Formel IX (R = X = CH₃).

B. Aus 7-Acetyl-5-chlor-6-hydroxy-3-methyl-benzofuran-2-carbonsäure (*Limaye,
Panse*, Rasayanam **2** [1950] 27, 31).
Krystalle; F: 110°.

IX   X

7-Acetyl-5-chlor-6-hydroxy-3-methyl-benzofuran-2-carbonsäure-äthylester $C_{14}H_{13}ClO_5$,
Formel IX (R = H, X = C₂H₅).

B. Aus 7-Acetyl-5-chlor-6-hydroxy-3-methyl-benzofuran-2-carbonsäure (*Limaye,
Panse*, Rasayanam **2** [1950] 27, 31).
Krystalle; F: 150°.

[3-Hydroxy-4,6-dimethyl-benzofuran-2-yl]-glyoxylsäure-äthylester $C_{14}H_{14}O_5$, Formel X,
und Tautomere (z. B. [4,6-Dimethyl-3-oxo-2,3-dihydro-benzofuran-2-yl]-
glyoxylsäure-äthylester).

B. Beim Behandeln eines Gemisches von 4,6-Dimethyl-benzofuran-3-on (⇌ 4,6-Di-
methyl-benzofuran-3-ol), Oxalsäure-diäthylester und Äther mit Natriumäthylat in
Äthanol (*Dean, Manunapichu*, Soc. **1957** 3112, 3117).
Gelbe Krystalle (aus A.); F: 113°.

Hydroxy-oxo-carbonsäuren $C_{13}H_{12}O_5$

4-[4-Methoxy-2-oxo-2H-chromen-3-yl]-buttersäure-methylester $C_{15}H_{16}O_5$, Formel I.

B. Aus 4-[4-Hydroxy-2-oxo-2H-chromen-3-yl]-buttersäure (S. 6058) mit Hilfe von Diazomethan sowie aus dem Silber-Salz dieser Säure mit Hilfe von Methyljodid (*Müller
et al.*, M. **81** [1950] 174, 177).
Öl; bei 145—147° im Hochvakuum destillierbar.

**3-[7-Hydroxy-4-methyl-2-oxo-2H-chromen-3-yl]-propionsäure, 2-[(Z)-1-(2,4-Dihydr-
oxy-phenyl)-äthyliden]-glutarsäure-1 → 2-lacton** $C_{13}H_{12}O_5$, Formel II (R = X = H).

B. Neben 3-[7-Hydroxy-4-methyl-2-oxo-2H-chromen-3-yl]-propionsäure-äthylester
beim Behandeln eines Gemisches von Resorcin und 2-Acetyl-glutarsäure-diäthylester
mit konz. Schwefelsäure (*Shah, Shah*, B. **71** [1938] 2075, 2077) oder mit Aluminiumchlorid, mit Phosphor(V)-oxid oder mit Phosphorsäure (*Shah*, J. Univ. Bombay **8**, Tl. 3
[1939] 205). Beim Erhitzen von 3-[7-Hydroxy-4-methyl-2-oxo-2H-chromen-3-yl]-pro-

pionsäure-äthylester mit wss. Schwefelsäure oder mit wss. Natronlauge und anschliessen-den Ansäuern (*Shah, Shah*).

Krystalle (aus wss. A.) mit 2 Mol H_2O; F: 224° (*Shah, Shah; Shah*).
Calcium-Salz $Ca(C_{13}H_{11}O_5)_2$. Krystalle [aus W.] (*Shah, Shah*).
Silber-Salz $AgC_{13}H_{11}O_5$. Krystalle (*Shah, Shah*).

I   II

3-[7-Methoxy-4-methyl-2-oxo-2H-chromen-3-yl]-propionsäure $C_{14}H_{14}O_5$, Formel II
($R = CH_3$, $X = H$).

B. Aus 3-[7-Hydroxy-4-methyl-2-oxo-2H-chromen-3-yl]-propionsäure oder dem Äthyl-ester dieser Säure (*Shah, Shah,* B. **71** [1938] 2075, 2078).

Krystalle (aus wss. A.); F: 172—173°.

3-[7-Acetoxy-4-methyl-2-oxo-2H-chromen-3-yl]-propionsäure $C_{15}H_{14}O_6$, Formel II
($R = CO-CH_3$, $X = H$).

B. Aus 3-[7-Hydroxy-4-methyl-2-oxo-2H-chromen-3-yl]-propionsäure (*Shah, Shah,*
B. **71** [1938] 2075, 2078).

Krystalle (aus A.); F: 195—196°.

3-[7-Hydroxy-4-methyl-2-oxo-2H-chromen-3-yl]-propionsäure-äthylester $C_{15}H_{16}O_5$,
Formel II ($R = H$, $X = C_2H_5$).

B. s. S. 6383 im Artikel 3-[7-Hydroxy-4-methyl-2-oxo-2H-chromen-3-yl]-propionsäure.

Krystalle (aus wss. A.); F: 124° (*Shah, Shah,* B. **71** [1938] 2075, 2077; *Shah,* J. Univ.
Bombay **8**, Tl. 3 [1939] 205).

3-[7-Acetoxy-4-methyl-2-oxo-2H-chromen-3-yl]-propionsäure-äthylester $C_{17}H_{18}O_6$,
Formel II ($R = CO-CH_3$, $X = C_2H_5$).

B. Aus 3-[7-Hydroxy-4-methyl-2-oxo-2H-chromen-3-yl]-propionsäure-äthylester (*Shah,
Shah,* B. **71** [1938] 2075, 2078).

Krystalle (aus A.); F: 113°.

3-[7-Benzoyloxy-4-methyl-2-oxo-2H-chromen-3-yl]-propionsäure-äthylester $C_{22}H_{20}O_6$,
Formel II ($R = CO-C_6H_5$, $X = C_2H_5$).

B. Aus 3-[7-Hydroxy-4-methyl-2-oxo-2H-chromen-3-yl]-propionsäure-äthylester (*Shah,
Shah,* B. **71** [1938] 2075, 2078).

Krystalle (aus A.); F: 84°.

[6-Äthyl-7-hydroxy-2-oxo-2H-chromen-4-yl]-essigsäure $C_{13}H_{12}O_5$, Formel III ($R = H$,
$X = OH$).

B. Beim Behandeln von 4-Äthyl-resorcin mit 3-Oxo-glutarsäure und konz. Schwefel-säure (*Kansara, Shah,* J. Univ. Bombay **17**, Tl. 3 A [1948] 57, 59).

Krystalle (aus wss. A.); F: 206° [Zers.].

[7-Acetoxy-6-äthyl-2-oxo-2H-chromen-4-yl]-essigsäure $C_{15}H_{14}O_6$, Formel III
($R = CO-CH_3$, $X = OH$).

B. Beim Behandeln von [6-Äthyl-7-hydroxy-2-oxo-2H-chromen-4-yl]-essigsäure mit
Acetanhydrid und konz. Schwefelsäure (*Kansara, Shah,* J. Univ. Bombay **17**, Tl. 3 A
[1948] 57, 59).

Krystalle (aus Eg.); F: 182—183°.

[6-Äthyl-7-hydroxy-2-oxo-2H-chromen-4-yl]-essigsäure-methylester $C_{14}H_{14}O_5$, Formel III
($R = H$, $X = O-CH_3$).

B. Beim Erwärmen von [6-Äthyl-7-hydroxy-2-oxo-2H-chromen-4-yl]-essigsäure mit

Schwefelsäure enthaltendem Methanol (*Kansara, Shah*, J. Univ. Bombay **17**, Tl. 3 A [1948] 57, 59).
Krystalle (aus A.); F: 159°.

[6-Äthyl-7-hydroxy-2-oxo-2*H***-chromen-4-yl]-essigsäure-äthylester** $C_{15}H_{16}O_5$, Formel III (R = H, X = O-C_2H_5).
B. Beim Erwärmen von [6-Äthyl-7-hydroxy-2-oxo-2*H*-chromen-4-yl]-essigsäure mit Schwefelsäure enthaltendem Äthanol (*Kansara, Shah*, J. Univ. Bombay **17**, Tl. 3 A [1948] 57, 59).
Krystalle (aus A.); F: 165—166°.

[7-Acetoxy-6-äthyl-2-oxo-2*H***-chromen-4-yl]-essigsäure-äthylester** $C_{17}H_{18}O_6$, Formel III (R = CO-CH_3, X = O-C_2H_5).
B. Beim Behandeln von [6-Äthyl-7-hydroxy-2-oxo-2*H*-chromen-4-yl]-essigsäure-äthyl=ester mit Acetanhydrid und konz. Schwefelsäure (*Kansara, Shah*, J. Univ. Bombay **17**, Tl. 3 A [1948] 57, 59).
Krystalle (aus Eg.); F: 148°.

III   IV   V

[6-Äthyl-7-hydroxy-2-oxo-2*H***-chromen-4-yl]-essigsäure-anilid, 6-Äthyl-7-hydroxy-4-[phenylcarbamoyl-methyl]-cumarin** $C_{19}H_{17}NO_4$, Formel III (R = H, X = NH-C_6H_5).
B. Beim Erhitzen von [6-Äthyl-7-hydroxy-2-oxo-2*H*-chromen-4-yl]-essigsäure-äthyl=ester mit Anilin auf 160° (*Kansara, Shah*, J. Univ. Bombay **17**, Tl. 3 A [1948] 57, 59).
Krystalle (aus A.); F: 169°.

[7-Äthyl-6-hydroxy-2-oxo-2*H***-chromen-4-yl]-essigsäure** $C_{13}H_{12}O_5$, Formel IV (R = X = H).
B. Aus 2-Äthyl-hydrochinon und 3-Oxo-glutarsäure (*Mehta et al.*, J. Indian chem. Soc. **33** [1956] 135, 136).
Krystalle (aus Eg.); F: 192° [Zers.].

[6-Acetoxy-7-äthyl-2-oxo-2*H***-chromen-4-yl]-essigsäure** $C_{15}H_{14}O_6$, Formel IV (R = CO-CH_3, X = H).
B. Aus [7-Äthyl-6-hydroxy-2-oxo-2*H*-chromen-4-yl]-essigsäure (*Mehta et al.*, J. Indian chem. Soc. **33** [1956] 135, 137).
Krystalle (aus A.); F: 182° [Zers.].

[7-Äthyl-6-hydroxy-2-oxo-2*H***-chromen-4-yl]-essigsäure-methylester** $C_{14}H_{14}O_5$,
Formel IV (R = H, X = CH_3).
B. Aus [7-Äthyl-6-hydroxy-2-oxo-2*H*-chromen-4-yl]-essigsäure (*Mehta et al.*, J. Indian chem. Soc. **33** [1956] 135, 137).
Krystalle (aus A.); F: 185°.

[7-Äthyl-6-hydroxy-2-oxo-2*H***-chromen-4-yl]-essigsäure-äthylester** $C_{15}H_{16}O_5$, Formel IV (R = H, X = C_2H_5).
B. Aus [7-Äthyl-6-hydroxy-2-oxo-2*H*-chromen-4-yl]-essigsäure (*Mehta et al.*, J. Indian chem. Soc. **33** [1956] 135, 137).
Krystalle; F: 188°.

3-Äthyl-7-hydroxy-4-methyl-2-oxo-2*H***-chromen-6-carbonsäure** $C_{13}H_{12}O_5$, Formel V (R = X = H).
B. Beim Behandeln von 3-Äthyl-7-hydroxy-4-methyl-2-oxo-2*H*-chromen-6-carbon=

säure-methylester mit wss. Natronlauge (*Sethna, Shah,* J. Indian chem. Soc. **15** [1938] 383, 385).
Krystalle (aus wss. A.); F: 243—245°.

3-Äthyl-7-hydroxy-4-methyl-2-oxo-2H-chromen-6-carbonsäure-methylester $C_{14}H_{14}O_5$, Formel V (R = H, X = CH_3).
B. Neben 3-Äthyl-7-hydroxy-4-methyl-2-oxo-2H-chromen-6-carbonsäure beim Behandeln von 2,4-Dihydroxy-benzoesäure-methylester mit 2-Äthyl-acetessigsäure-äthylester und 80%ig. wss. Schwefelsäure (*Sethna, Shah,* J. Indian chem. Soc. **15** [1938] 383, 385).
Krystalle (aus A.); F: 144—146°.

7-Acetoxy-3-äthyl-4-methyl-2-oxo-2H-chromen-6-carbonsäure-methylester $C_{16}H_{16}O_6$, Formel V (R = CO-CH_3, X = CH_3).
B. Beim Erhitzen von 3-Äthyl-7-hydroxy-4-methyl-2-oxo-2H-chromen-6-carbonsäure-methylester mit Acetanhydrid und Natriumacetat (*Sethna, Shah,* J. Indian chem. Soc. **15** [1938] 383, 385).
Krystalle (aus wss. A.); F: 146—147°.

[7-Hydroxy-4,6-dimethyl-2-oxo-2H-chromen-3-yl]-essigsäure-äthylester $C_{15}H_{16}O_5$, Formel VI (R = H).
B. Aus 4-Methyl-resorcin und Acetylbernsteinsäure-diäthylester mit Hilfe von Phosphorylchlorid (*Shah, Shah,* J. Indian chem. Soc. **19** [1942] 489).
Krystalle (aus wss. A.); F: 183—184°.

[7-Acetoxy-4,6-dimethyl-2-oxo-2H-chromen-3-yl]-essigsäure-äthylester $C_{17}H_{18}O_6$, Formel VI (R = CO-CH_3).
B. Aus [7-Hydroxy-4,6-dimethyl-2-oxo-2H-chromen-3-yl]-essigsäure-äthylester (*Shah, Shah,* J. Indian chem. Soc. **19** [1942] 489).
Krystalle (aus A.); F: 168—169°.

[5-Hydroxy-4,7-dimethyl-2-oxo-2H-chromen-3-yl]-essigsäure, 2-[(Z)-1-(2,6-Dihydroxy-4-methyl-phenyl)-äthyliden]-bernsteinsäure-1-lacton $C_{13}H_{12}O_5$, Formel VII (R = X = H).
B. Beim Erwärmen von [5-Hydroxy-4,7-dimethyl-2-oxo-2H-chromen-3-yl]-essigsäure-äthylester mit wss. Natronlauge und anschliessenden Ansäuern (*Shah, Shah,* J. Indian chem. Soc. **19** [1942] 481, 484; *Balaiah et al.,* Pr. Indian Acad. [A] **16** [1942] 68, 78).
Krystalle (aus A.); F: 271° (*Ba. et al.*), 270° (*Shah, Shah*).

VI   VII

[5-Methoxy-4,7-dimethyl-2-oxo-2H-chromen-3-yl]-essigsäure $C_{14}H_{14}O_5$, Formel VII (R = CH_3, X = H).
B. Beim Erwärmen von [5-Methoxy-4,7-dimethyl-2-oxo-2H-chromen-3-yl]-essigsäure-äthylester mit wss.-äthanol. Kalilauge (*Balaiah et al.,* Pr. Indian Acad. [A] **16** [1942] 68, 80).
Krystalle (aus A.); F: 225°.

[5-Acetoxy-4,7-dimethyl-2-oxo-2H-chromen-3-yl]-essigsäure $C_{15}H_{14}O_6$, Formel VII (R = CO-CH_3, X = H).
B. Aus [5-Hydroxy-4,7-dimethyl-2-oxo-2H-chromen-3-yl]-essigsäure (*Shah, Shah,* J. Indian chem. Soc. **19** [1942] 481, 484).
Krystalle (aus wss. A.); F: 183—184°.

[5-Hydroxy-4,7-dimethyl-2-oxo-2*H*-chromen-3-yl]-essigsäure-äthylester $C_{15}H_{16}O_5$,
Formel VII (R = H, X = C_2H_5).
   B. Aus 5-Methyl-resorcin und Acetylbernsteinsäure-diäthylester mit Hilfe von konz.
Schwefelsäure, von Phosphor(V)-oxid oder von Phosphorsäure (*Chakravarti*, J. Indian
chem. Soc. **12** [1935] 536, 538) sowie mit Hilfe von Phosphorylchlorid (*Shah, Shah*, J. In-
dian chem. Soc. **19** [1942] 481, 483).
   Krystalle (aus A.); F: 206° (*Shah, Shah*), 198—200° (*Ch.*).

[5-Methoxy-4,7-dimethyl-2-oxo-2*H*-chromen-3-yl]-essigsäure-äthylester $C_{16}H_{18}O_5$,
Formel VII (R = CH_3, X = C_2H_5).
   B. Beim Erwärmen einer Lösung von [5-Hydroxy-4,7-dimethyl-2-oxo-2*H*-chromen-
3-yl]-essigsäure-äthylester in Aceton mit Methyljodid und Kaliumcarbonat (*Balaiah et
al.*, Pr. Indian Acad. [A] **16** [1942] 68, 80).
   Krystalle (aus A.); F: 117°.

[5-Acetoxy-4,7-dimethyl-2-oxo-2*H*-chromen-3-yl]-essigsäure-äthylester $C_{17}H_{18}O_6$,
Formel VII (R = CO-CH_3, X = C_2H_5).
   B. Aus [5-Hydroxy-4,7-dimethyl-2-oxo-2*H*-chromen-3-yl]-essigsäure-äthylester (*Shah,
Shah*, J. Indian chem. Soc. **19** [1942] 481, 484).
   Krystalle (aus A.); F: 91—92°.

6-Äthyl-7-hydroxy-5-methyl-2-oxo-2*H*-chromen-3-carbonsäure-äthylester $C_{15}H_{16}O_5$,
Formel VIII.
   B. Aus 3-Äthyl-4,6-dihydroxy-2-methyl-benzaldehyd und Malonsäure-diäthylester mit
Hilfe von Piperidin (*Shah, Mehta*, J. Indian chem. Soc. **13** [1936] 358, 364).
   Krystalle (aus Bzl.); F: 165—167°.

8-Äthyl-5-hydroxy-4-methyl-2-oxo-2*H*-chromen-6-carbonsäure $C_{13}H_{12}O_5$, Formel IX
(R = X = H).
   B. Beim Erhitzen von 5-Äthyl-2,4-dihydroxy-benzoesäure mit Acetessigsäure-äthyl=
ester und konz. Schwefelsäure oder mit Acetessigsäure-äthylester, Nitrobenzol und Alu=
miniumchlorid (*Sethna, Shah*, Soc. **1938** 1066, 1068, 1069). Aus 8-Äthyl-5-hydroxy-
4-methyl-2-oxo-2*H*-chromen-6-carbonsäure-methylester beim Behandeln mit wss. Natron=
lauge (*Desai, Ekhlas*, Pr. Indian Acad. [A] **8** [1938] 567, 572; *Se., Shah*, l. c. S. 1068)
sowie beim Erhitzen mit Essigsäure und konz. wss. Salzsäure auf 130° (*Se., Shah*, l. c.
S. 1067)
   Krystalle (aus A.); F: 242° [Zers.] (*Se., Shah*), 240° [Zers.] (*De., Ek.*).

8-Äthyl-5-hydroxy-4-methyl-2-oxo-2*H*-chromen-6-carbonsäure-methylester $C_{14}H_{14}O_5$,
Formel IX (R = H, X = CH_3).
   B. Aus 5-Äthyl-2,4-dihydroxy-benzoesäure-methylester beim Erhitzen mit Acetessig=
säure-äthylester, Aluminiumchlorid und Nitrobenzol (*Sethna, Shah*, Soc. **1938** 1066, 1067)
sowie beim Behandeln mit Acetessigsäure-äthylester und 73%ig. bzw. 80%ig. wss.
Schwefelsäure (*Desai, Ekhlas*, Pr. Indian Acad. [A] **8** [1938] 567, 572; *Se., Shah*).
   Krystalle (aus A.); F: 186—187° (*Se., Shah*), 185—186° (*De., Ek.*).

VIII   IX   X

8-Äthyl-5-methoxy-4-methyl-2-oxo-2*H*-chromen-6-carbonsäure-methylester $C_{15}H_{16}O_5$,
Formel IX (R = X = CH_3).
   B. Beim Erwärmen einer Lösung von 8-Äthyl-5-hydroxy-4-methyl-2-oxo-2*H*-chromen-

6-carbonsäure-methylester in Aceton mit Methyljodid und Kaliumcarbonat (*Sethna, Shah*, Soc. **1938** 1066, 1067).
Krystalle (aus wss. A.); F: 87—88°.

5-Acetoxy-8-äthyl-4-methyl-2-oxo-2H-chromen-6-carbonsäure-methylester $C_{16}H_{16}O_6$, Formel IX (R = CO-CH$_3$, X = CH$_3$).
B. Beim Erhitzen von 8-Äthyl-5-hydroxy-4-methyl-2-oxo-2H-chromen-6-carbonsäure-methylester mit Acetanhydrid und Natriumacetat (*Sethna, Shah*, Soc. **1938** 1066, 1067).
Krystalle (aus A.); F: 183—185°.

8-Äthyl-5-benzoyloxy-4-methyl-2-oxo-2H-chromen-6-carbonsäure-methylester $C_{21}H_{18}O_6$, Formel IX (R = CO-C$_6$H$_5$, X = CH$_3$).
B. Beim Behandeln von 8-Äthyl-5-hydroxy-4-methyl-2-oxo-2H-chromen-6-carbon= säure-methylester mit Benzoylchlorid und Pyridin (*Sethna, Shah*, Soc. **1938** 1066, 1067).
Krystalle (aus A.); F: 154—156°.

8-Äthyl-5-hydroxy-4-methyl-2-oxo-2H-chromen-6-carbonsäure-phenylester $C_{19}H_{16}O_5$, Formel IX (R = H, X = C$_6$H$_5$).
B. Beim Erhitzen von 8-Äthyl-5-hydroxy-4-methyl-2-oxo-2H-chromen-6-carbonsäure mit Phenol und Acetanhydrid (*Sethna, Shah*, Soc. **1938** 1066, 1068).
Krystalle (aus A.); F: 134—135°.

8-Äthyl-7-hydroxy-4-methyl-2-oxo-2H-chromen-6-carbonsäure $C_{13}H_{12}O_5$, Formel X.
B. Neben anderen Verbindungen beim Erhitzen von 7-Acetyl-10-äthyl-4,8-dimethyl-pyrano[3,2-g]chromen-2,6-dion mit wss. Natronlauge und anschliessenden Ansäuern mit wss. Salzsäure (*Limaye, Ghate*, Rasayanam **1** [1939] 169, 174).
Krystalle (aus Eg.); F: 275° [Zers.].

**6-Hydroxy-5,7,8-trimethyl-2-oxo-2H-chromen-3-carbonsäure, [2,5-Dihydroxy-3,4,6-tri=
methyl-benzyliden]-malonsäure-2-lacton** $C_{13}H_{12}O_5$, Formel XI (R = H, X = OH)
(E II 383; dort als 6-Oxy-5.7.8-trimethyl-cumarin-carbonsäure-(3) bezeichnet).
B. Beim Erwärmen einer Lösung von 6-Hydroxy-5,7,8-trimethyl-2-oxo-2H-chromen-3-carbonsäure-äthylester in Aceton mit wss. Salzsäure (*Smith, Denyes*, Am. Soc. **58** [1936] 304, 306). Beim Behandeln von 3-Acetyl-6-hydroxy-5,7,8-trimethyl-cumarin mit wss. Natronlauge und mit Brom (*Smith, Tenenbaum*, Am. Soc. **59** [1937] 667, 670).
Krystalle; F: 260° [Zers.; aus Eg.] (*Sm., Te.*), 256—258° [Zers.] (*Sm., De.*).
Beim Erhitzen einer Lösung in Essigsäure mit Zink sind 6-Hydroxy-5,7,8-trimethyl-chroman-2-on und 6,6'-Dihydroxy-5,7,8,5',7',8'-hexamethyl-3,4,3',4'-tetrahydro-[4,4']bi= chromenyl-2,2'-dion (F: 290—292°) erhalten worden (*Sm., De.*, l. c. S. 308).

6-Hydroxy-5,7,8-trimethyl-2-oxo-2H-chromen-3-carbonsäure-äthylester $C_{15}H_{16}O_5$,
Formel XI (R = H, X = O-C$_2$H$_5$) (E II 384; dort als 6-Oxy-5.7.8-trimethyl-cumarin-carbonsäure-(3)-äthylester bezeichnet).
UV-Spektrum (A.; 280—360 nm): *Webb et al.*, J. org. Chem. **4** [1939] 389, 394.
Beim Erhitzen einer Lösung in Essigsäure mit Zink sind 6-Hydroxy-5,7,8-trimethyl-2-oxo-chroman-3-carbonsäure-äthylester und 6,6'-Dihydroxy-5,7,8,5',7',8'-hexamethyl-2,2'-dioxo-3,4,3',4'-tetrahydro-2H,2'H-[4,4']bichromenyl-3,3'-dicarbonsäure-diäthylester (F: 212—213°) sowie kleine Mengen 6,6'-Dihydroxy-5,7,8,5',7',8'-hexamethyl-3,4,3',4'-tetrahydro-[4,4']bichromenyl-2,2'-dion (F: 290—292°) erhalten worden (*Smith, Denyes*, Am. Soc. **58** [1936] 304, 307).

**6-Hydroxy-5,7,8-trimethyl-2-oxo-2H-chromen-3-carbonsäure-amid, 3-Carbamoyl-
6-hydroxy-5,7,8-trimethyl-cumarin** $C_{13}H_{13}NO_4$, Formel XI (R = H, X = NH$_2$).
B. Beim Erwärmen von 6-Hydroxy-5,7,8-trimethyl-2-oxo-2H-chromen-3-carbonitril (S. 6389) mit 80%ig. wss. Schwefelsäure (*Smith, Kaiser*, Am. Soc. **62** [1940] 138). Beim Erwärmen von 6-Hydroxy-5,7,8-trimethyl-2-oxo-2H-chromen-3-carbonsäure mit Thionyl= chlorid und Behandeln des Reaktionsprodukts mit Ammoniak (*Sm., Ka.*).
Krystalle (aus Eg.); F: 302° [Zers.; Block] bzw. F: 288—290° [Zers.; Kapillare].

Beim Erhitzen mit Acetanhydrid und konz. Schwefelsäure ist ein Präparat vom F: 243° bis 244,5° [aus Eg.] erhalten worden, in dem wahrscheinlich 6-Acetoxy-5,7,8-tri=methyl-2-oxo-2H-chromen-3-carbonsäure-acetylamid ($C_{17}H_{17}NO_6$; Formel XI [R = CO-CH$_3$, X = NH-CO-CH$_3$]) vorgelegen hat.

6-Methoxy-5,7,8-trimethyl-2-oxo-2H-chromen-3-carbonsäure-methylamid, 6-Methoxy-5,7,8-trimethyl-3-methylcarbamoyl-cumarin $C_{15}H_{17}NO_4$, Formel XI (R = CH$_3$, X = NH-CH$_3$).
B. Beim Erwärmen von 6-Methoxy-5,7,8-trimethyl-2-oxo-2H-chromen-3-carbonsäure mit Thionylchlorid und Behandeln einer Lösung des Reaktionsprodukts in Benzol mit Methylamin (*Smith, Tenenbaum*, Am. Soc. **59** [1937] 667, 671).
Krystalle (aus wss. Eg.); F: 214—215°.

           XI   XII   XIII

6-Hydroxy-5,7,8-trimethyl-2-oxo-2H-chromen-3-carbonitril, 3-Cyan-6-hydroxy-5,7,8-tri=methyl-cumarin $C_{13}H_{11}NO_3$, Formel XII (R = H).
B. Beim mehrtägigen Erwärmen einer Lösung von Tetramethyl-[1,4]benzochinon in Benzol mit der Natrium-Verbindung des Cyanessigsäure-methylesters und Behandeln einer Suspension des Reaktionsprodukts in Äthanol mit wss. Salzsäure (*Smith, Kaiser*, Am. Soc. **62** [1940] 138).
Gelbe Krystalle (aus Eg.); F: 261,5—263°.

6-Acetoxy-5,7,8-trimethyl-2-oxo-2H-chromen-3-carbonitril, 6-Acetoxy-3-cyan-5,7,8-tri=methyl-cumarin $C_{15}H_{13}NO_4$, Formel XII (R = CO-CH$_3$).
B. Beim Behandeln von 6-Hydroxy-5,7,8-trimethyl-2-oxo-2H-chromen-3-carbonitril mit Acetanhydrid und wenig Schwefelsäure (*Smith, Kaiser*, Am. Soc. **62** [1940] 138).
Krystalle (aus wss. Eg.); F: 227—228°.

6-Methoxy-5,7,8-trimethyl-2-oxo-2H-chromen-3-carbonsäure-hydroxyamid, 6-Methoxy-5,7,8-trimethyl-2-oxo-2H-chromen-3-carbohydroxamsäure, 3-Hydroxycarbamoyl-6-methoxy-5,7,8-trimethyl-cumarin $C_{14}H_{15}NO_5$, Formel XI (R = CH$_3$, X = NH-OH).
B. Beim Behandeln einer Suspension von 6-Methoxy-5,7,8-trimethyl-2-oxo-2H-chrom=en-3-carbonsäure (E II 383) in Äthanol mit Hydroxylamin-hydrochlorid und anschliessend mit wss. Natronlauge (*Smith, Tenenbaum*, Am. Soc. **59** [1937] 667, 671).
Krystalle (aus wss. A.); F: 236—237°.

6-Methoxy-5,7,8-trimethyl-2-oxo-2H-chromen-3-carbonsäure-hydrazid, 3-Carbazoyl-6-methoxy-5,7,8-trimethyl-cumarin $C_{14}H_{16}N_2O_4$, Formel XI (R = CH$_3$, X = NH-NH$_2$).
B. Beim Behandeln einer Suspension von 6-Methoxy-5,7,8-trimethyl-2-oxo-2H-chrom=en-3-carbonsäure (E II 383) in Äthanol mit einer wss. Lösung von Hydrazin (*Smith, Tenenbaum*, Am. Soc. **59** [1937] 667, 671).
Krystalle (aus A.); F: 184—185° [unter heftiger Zers.].

6-Hydroxy-3-methyl-7-propionyl-benzofuran-2-carbonsäure $C_{13}H_{12}O_5$, Formel XIII (R = H).
B. Beim Erhitzen von 3-Methyl-6-propionyloxy-benzofuran-2-carbonsäure mit Alu=miniumchlorid (*Shah, Shah*, B. **92** [1959] 2933, 2935). Neben 1-[6-Hydroxy-3-methyl-benzofuran-7-yl]-propan-1-on beim Erwärmen von 3-Chlor-7-hydroxy-4-methyl-8-propi=onyl-cumarin mit Natriumcarbonat in Wasser (*Shah, Shah*, l. c. S. 2936).
Krystalle (aus Eg.). F: 240°.

6-Methoxy-3-methyl-7-propionyl-benzofuran-2-carbonsäure $C_{14}H_{14}O_5$, Formel XIII (R = CH_3).

B. Beim Behandeln einer Lösung von 6-Hydroxy-3-methyl-7-propionyl-benzofuran-2-carbonsäure in Aceton mit Methyljodid und Kaliumcarbonat (*Shah, Shah*, B. **92** [1959] 2933, 2935).

Krystalle (aus wss. A.); F: 93°.

6-Acetoxy-3-methyl-7-propionyl-benzofuran-2-carbonsäure $C_{15}H_{14}O_6$, Formel XIII (R = CO-CH_3).

B. Beim Behandeln von 6-Hydroxy-3-methyl-7-propionyl-benzofuran-2-carbonsäure mit Acetanhydrid und Pyridin (*Shah, Shah*, B. **92** [1959] 2933, 2935).

Krystalle (aus Eg.); F: 223° [Zers.].

6-Hydroxy-3-methyl-7-[1-semicarbazono-propyl]-benzofuran-2-carbonsäure $C_{14}H_{15}N_3O_5$, Formel XIV.

B. Aus 6-Hydroxy-3-methyl-7-propionyl-benzofuran-2-carbonsäure und Semicarbazid (*Shah, Shah*, B. **92** [1959] 2933, 2935).

Krystalle (aus wss. Eg.); F: 249—250° [Zers.].

[6-Methoxy-3,7-dimethyl-benzofuran-2-yl]-brenztraubensäure $C_{14}H_{14}O_5$, Formel XV, und Tautomeres.

B. Beim Erhitzen von 4-[6-Methoxy-3,7-dimethyl-benzofuran-2-ylmethylen]-2-phenyl-Δ^2-oxazolin-5-on (F: 218°) mit wss. Natronlauge und Erwärmen der mit Schwefeldioxid behandelten und von Benzoesäure befreiten Reaktionslösung mit konz. wss. Salzsäure (*Foster et al.*, Soc. **1939** 1594, 1600).

Krystalle (aus A.); F: 228°.

XIV   XV   XVI

2-Hydroxyimino-3-[6-methoxy-3,7-dimethyl-benzofuran-2-yl]-propionsäure $C_{14}H_{15}NO_5$, Formel XVI (R = CH_3).

B. Aus [6-Methoxy-3,7-dimethyl-benzofuran-2-yl]-brenztraubensäure und Hydroxylamin (*Foster et al.*, Soc. **1939** 1594, 1600).

Krystalle (aus wss. Eg.); F: 162° [Zers.].

Hydroxy-oxo-carbonsäuren $C_{14}H_{14}O_5$

[7-Hydroxy-2-oxo-6-propyl-2H-chromen-4-yl]-essigsäure $C_{14}H_{14}O_5$, Formel I (R = X = H).

B. Beim Erwärmen von Citronensäure mit konz. Schwefelsäure und Behandeln des Reaktionsgemisches mit 4-Propyl-resorcin (*Kansara, Shah*, J. Univ. Bombay **17**, Tl. 3 A [1948] 57, 59).

Krystalle (aus A.); F: 197—198° [Zers.].

[7-Acetoxy-2-oxo-6-propyl-2H-chromen-4-yl]-essigsäure $C_{16}H_{16}O_6$, Formel I (R = CO-CH_3, X = H).

B. Aus [7-Hydroxy-2-oxo-6-propyl-2H-chromen-4-yl]-essigsäure (*Kansara, Shah*, J. Univ. Bombay **17**, Tl. 3 A [1948] 57, 60).

Krystalle (aus Eg.); F: 179°.

[7-Hydroxy-2-oxo-6-propyl-2H-chromen-4-yl]-essigsäure-äthylester $C_{16}H_{18}O_5$, Formel I (R = H, X = C_2H_5).

B. Beim Erwärmen von [7-Hydroxy-2-oxo-6-propyl-2H-chromen-4-yl]-essigsäure mit

Äthanol und wenig Schwefelsäure (*Kansara, Shah*, J. Univ. Bombay **17**, Tl. 3 A [1948]
57, 60).
Krystalle (aus A.); F: 162—163°.

R—O ... H₃C—CH₂—CH₂ ... H₂C—CO—O—X

R—O ... X—O—CO ... CH₂—CH₂—CH₃ ... CH₃

I   II

[7-Acetoxy-2-oxo-6-propyl-2H-chromen-4-yl]-essigsäure-äthylester $C_{18}H_{20}O_6$, Formel I
(R = CO-CH₃, X = C₂H₅).
B. Beim Behandeln von [7-Hydroxy-2-oxo-6-propyl-2H-chromen-4-yl]-essigsäure-
äthylester mit Acetanhydrid und konz. Schwefelsäure (*Kansara, Shah*, J. Univ. Bombay
17, Tl. 3 A [1948] 57, 60).
Krystalle; F: 121°.

_____

7-Hydroxy-4-methyl-2-oxo-3-propyl-2H-chromen-6-carbonsäure $C_{14}H_{14}O_5$, Formel II
(R = X = H).
B. Neben 7-Hydroxy-4-methyl-2-oxo-3-propyl-2H-chromen-6-carbonsäure-methylester
beim Behandeln von 2,4-Dihydroxy-benzoesäure-methylester mit 2-Propyl-acetessigsäure-
äthylester und 80%ig. wss. Schwefelsäure (*Sethna, Shah*, J. Indian chem. Soc. **15** [1938]
383, 386).
Krystalle (aus A.); F: 230—231°.

7-Hydroxy-4-methyl-2-oxo-3-propyl-2H-chromen-6-carbonsäure-methylester $C_{15}H_{16}O_5$,
Formel II (R = H, X = CH₃).
B. s. im vorangehenden Artikel.
Krystalle (aus A.); F: 142—144° (*Sethna, Shah*, J. Indian chem. Soc. **15** [1938] 383,
386).

7-Methoxy-4-methyl-2-oxo-3-propyl-2H-chromen-6-carbonsäure-methylester $C_{16}H_{18}O_5$,
Formel II (R = X = CH₃).
B. Beim Erwärmen einer Lösung von 7-Hydroxy-4-methyl-2-oxo-3-propyl-2H-chromen-
6-carbonsäure-methylester in Aceton mit Methyljodid und Kaliumcarbonat (*Sethna, Shah*,
J. Indian chem. Soc. **15** [1938] 383, 386).
Krystalle (aus wss. A.); F: 138—140°.

7-Acetoxy-4-methyl-2-oxo-3-propyl-2H-chromen-6-carbonsäure-methylester $C_{17}H_{18}O_6$,
Formel II (R = CO-CH₃, X = CH₃).
B. Beim Erhitzen von 7-Hydroxy-4-methyl-2-oxo-3-propyl-2H-chromen-6-carbonsäure-
methylester mit Acetanhydrid und Natriumacetat (*Sethna, Shah*, J. Indian chem. Soc.
15 [1938] 383, 386).
Krystalle (aus wss. A.); F: 113°.

_____

3-[5-Hydroxy-4,7-dimethyl-2-oxo-2H-chromen-3-yl]-propionsäure, 2-[(Z)-1-(2,6-Di⸗
hydroxy-4-methyl-phenyl)-äthyliden]-glutarsäure-1-lacton $C_{14}H_{14}O_5$, Formel III (R = H).
B. Aus 5-Methyl-resorcin und 2-Acetyl-glutarsäure-diäthylester mit Hilfe von
Phosphor(V)-oxid (*Shah*, J. Univ. Bombay **8**, Tl. 3 [1939] 205). Neben 3-[5-Hydroxy-
4,7-dimethyl-2-oxo-2H-chromen-3-yl]-propionsäure-äthylester beim Behandeln eines
Gemisches von 5-Methyl-resorcin und 2-Acetyl-glutarsäure-diäthylester mit Chlorwasser⸗
stoff enthaltendem Äthanol (*Shah*) oder mit konz. Schwefelsäure (*Shah, Shah*, B. **71**
[1938] 2075, 2080).
Krystalle (aus A.); F: 258—260° (*Shah, Shah*).

3-[5-Hydroxy-4,7-dimethyl-2-oxo-2H-chromen-3-yl]-propionsäure-äthylester $C_{16}H_{18}O_5$,
Formel III (R = C₂H₅).
B. s. im vorangehenden Artikel.

Krystalle; F: 165° [aus Me.] (*Shah, Shah*, B. **71** [1938] 2075, 2080), 162–163° [aus A.] (*Shah*, J. Univ. Bombay **8**, Tl. 3 [1939] 205).

[6-Äthyl-7-hydroxy-4-methyl-2-oxo-2H-chromen-3-yl]-essigsäure, 2-[(Z)-1-(5-Äthyl-2,4-dihydroxy-phenyl)-äthyliden]-bernsteinsäure-1 → 2-lacton $C_{14}H_{14}O_5$, Formel IV (R = H, X = OH).

B. Beim Erwärmen von [6-Äthyl-7-hydroxy-4-methyl-2-oxo-2H-chromen-3-yl]-essig= säure-äthylester mit wss. Natronlauge und anschliessenden Ansäuern (*Shah, Shah*, J. Indian chem. Soc. **19** [1942] 489).

Krystalle (aus wss. Eg.); F: 221–222°.

[7-Acetoxy-6-äthyl-4-methyl-2-oxo-2H-chromen-3-yl]-essigsäure $C_{16}H_{16}O_6$, Formel IV (R = CO-CH$_3$, X = OH).

B. Aus [6-Äthyl-7-hydroxy-4-methyl-2-oxo-2H-chromen-3-yl]-essigsäure (*Shah, Shah*, J. Indian chem. Soc. **19** [1942] 489).

Krystalle (aus A.); F: 209°.

III   IV

[6-Äthyl-7-benzoyloxy-4-methyl-2-oxo-2H-chromen-3-yl]-essigsäure $C_{21}H_{18}O_6$, Formel IV (R = CO-C$_6$H$_5$, X = OH).

B. Aus [6-Äthyl-7-hydroxy-4-methyl-2-oxo-2H-chromen-3-yl]-essigsäure (*Shah, Shah*, J. Indian chem. Soc. **19** [1942] 489).

Krystalle (aus A.); F: 160°.

[6-Äthyl-7-hydroxy-4-methyl-2-oxo-2H-chromen-3-yl]-essigsäure-äthylester $C_{16}H_{18}O_5$, Formel IV (R = H, X = O-C$_2$H$_5$).

B. Aus 4-Äthyl-resorcin und Acetylbernsteinsäure-diäthylester mit Hilfe von 80%ig. wss. Schwefelsäure oder von Phosphorylchlorid (*Shah, Shah*, J. Indian chem. Soc. **19** [1942] 489).

Krystalle (aus A.); F: 185°.

[6-Äthyl-7-methoxy-4-methyl-2-oxo-2H-chromen-3-yl]-essigsäure-äthylester $C_{17}H_{20}O_5$, Formel IV (R = CH$_3$, X = O-C$_2$H$_5$).

B. Aus [6-Äthyl-7-hydroxy-4-methyl-2-oxo-2H-chromen-3-yl]-essigsäure-äthylester mit Hilfe von Dimethylsulfat (*Shah, Shah*, J. Indian chem. Soc. **19** [1942] 489).

Krystalle (aus wss. A.); F: 93–94°.

[7-Acetoxy-6-äthyl-4-methyl-2-oxo-2H-chromen-3-yl]-essigsäure-äthylester $C_{18}H_{20}O_6$, Formel IV (R = CO-CH$_3$, X = O-C$_2$H$_5$).

B. Beim Behandeln von [6-Äthyl-7-hydroxy-4-methyl-2-oxo-2H-chromen-3-yl]-essig= säure-äthylester mit Acetanhydrid und wenig Schwefelsäure (*Shah, Shah*, J. Indian chem. Soc. **19** [1942] 489).

Krystalle (aus A.); F: 146–147°.

[6-Äthyl-7-benzoyloxy-4-methyl-2-oxo-2H-chromen-3-yl]-essigsäure-äthylester $C_{23}H_{22}O_6$, Formel IV (R = CO-C$_6$H$_5$, X = O-C$_2$H$_5$).

B. Beim Behandeln von [6-Äthyl-7-hydroxy-4-methyl-2-oxo-2H-chromen-3-yl]-essig= säure-äthylester mit Benzoylchlorid und Pyridin (*Shah, Shah*, J. Indian chem. Soc. **19** [1942] 489).

Krystalle (aus A.); F: 123°.

[6-Äthyl-7-hydroxy-4-methyl-2-oxo-2H-chromen-3-yl]-essigsäure-anilid, 6-Äthyl-7-hydroxy-4-methyl-3-[phenylcarbamoyl-methyl]-cumarin $C_{20}H_{19}NO_4$, Formel IV
(R = H, X = NH-C_6H_5).
B. Aus [6-Äthyl-7-hydroxy-4-methyl-2-oxo-2H-chromen-3-yl]-essigsäure (*Shah, Shah,*
J. Indian chem. Soc. **19** [1942] 489).
Krystalle (aus A.); F: 257°.

***

[7-Äthyl-6-hydroxy-4-methyl-2-oxo-2H-chromen-3-yl]-essigsäure, 2-[(Z)-1-(4-Äthyl-2,5-dihydroxy-phenyl)-äthyliden]-bernsteinsäure-1 → 2-lacton $C_{14}H_{14}O_5$, Formel V
(R = X = H).
B. Neben [7-Äthyl-6-hydroxy-4-methyl-2-oxo-2H-chromen-3-yl]-essigsäure-äthylester
aus 2-Äthyl-hydrochinon und Acetylbernsteinsäure-diäthylester mit Hilfe von konz.
Schwefelsäure oder von Phosphorylchlorid (*Mehta et al.,* J. Indian chem. Soc. **33** [1956]
135, 137). Beim Behandeln von [7-Äthyl-6-hydroxy-4-methyl-2-oxo-2H-chromen-3-yl]-
essigsäure-äthylester mit äthanol. Natronlauge (*Me. et al.*).
Krystalle (aus Eg.); F: 285°.

[6-Acetoxy-7-äthyl-4-methyl-2-oxo-2H-chromen-3-yl]-essigsäure $C_{16}H_{16}O_6$, Formel V
(R = CO-CH_3, X = H).
B. Aus 7-Äthyl-6-hydroxy-4-methyl-2-oxo-2H-chromen-3-yl]-essigsäure (*Mehta et al.,*
J. Indian chem. Soc. **33** [1956] 135, 137).
Krystalle (aus A.); F: 215°.

[7-Äthyl-6-hydroxy-4-methyl-2-oxo-2H-chromen-3-yl]-essigsäure-äthylester $C_{16}H_{18}O_5$,
Formel V (R = H, X = C_2H_5).
B. s. o. im Artikel [7-Äthyl-6-hydroxy-4-methyl-2-oxo-2H-chromen-3-yl]-essigsäure.
Krystalle (aus A.); F: 189° (*Mehta et al.,* J. Indian chem. Soc. **33** [1956] 135, 137).

[7-Äthyl-6-methoxy-4-methyl-2-oxo-2H-chromen-3-yl]-essigsäure-äthylester $C_{17}H_{20}O_5$,
Formel V (R = CH_3, X = C_2H_5).
B. Beim Behandeln einer Lösung von [7-Äthyl-6-hydroxy-4-methyl-2-oxo-2H-chromen-
3-yl]-essigsäure-äthylester in Aceton mit Dimethylsulfat und Natriumhydrogencarbonat
(*Mehta et al.,* J. Indian chem. Soc. **33** [1956] 135, 137).
Krystalle (aus A.); F: 169°.

V   VI

[6-Acetoxy-7-äthyl-4-methyl-2-oxo-2H-chromen-3-yl]-essigsäure-äthylester $C_{18}H_{20}O_6$,
Formel V (R = CO-CH_3, X = C_2H_5).
B. Aus [7-Äthyl-6-hydroxy-4-methyl-2-oxo-2H-chromen-3-yl]-essigsäure-äthylester
(*Mehta et al.,* J. Indian chem. Soc. **33** [1956] 135, 137).
Krystalle (aus A.); F: 126°.

[7-Äthyl-6-benzoyloxy-4-methyl-2-oxo-2H-chromen-3-yl]-essigsäure-äthylester
$C_{23}H_{22}O_6$, Formel V (R = CO-C_6H_5, X = C_2H_5).
B. Aus [7-Äthyl-6-hydroxy-4-methyl-2-oxo-2H-chromen-3-yl]-essigsäure-äthylester
(*Mehta et al.,* J. Indian chem. Soc. **33** [1956] 135, 137).
Krystalle (aus A.); F: 145°.

***

6,8-Diäthyl-5-hydroxy-2-oxo-2H-chromen-3-carbonsäure-äthylester $C_{16}H_{18}O_5$, Formel VI
(E II 385; dort als 5-Oxy-6.8-diäthyl-cumarin-carbonsäure-(3)-äthylester bezeichnet).
B. Beim Behandeln von 3,5-Diäthyl-2,6-dihydroxy-benzaldehyd mit Malonsäure-di=

äthylester und Piperidin (*Shah, Mehta,* J. Indian chem. Soc. **13** [1936] 358, 362).
Gelbe Krystalle (aus Bzl.); F: 155—157°.

8-Äthyl-6-hydroxy-5,7-dimethyl-2-oxo-2H-chromen-3-carbonsäure, [3-Äthyl-2,5-dihydr=oxy-4,6-dimethyl-benzyliden]-malonsäure-2-lacton $C_{14}H_{14}O_5$, Formel VII (R = H).

B. Beim Behandeln von 3-Äthyl-2,5-dimethoxy-4,6-dimethyl-benzaldehyd mit der Natrium-Verbindung des Malonsäure-diäthylesters in Äthanol und Erhitzen des Reaktionsprodukts mit wss. Bromwasserstoffsäure und Essigsäure (*Smith, Opie,* Am. Soc. **63** [1941] 937, 940).
Gelbe Krystalle (aus Eg.); F: 232—234°.

8-Äthyl-6-hydroxy-5,7-dimethyl-2-oxo-2H-chromen-3-carbonsäure-äthylester $C_{16}H_{18}O_5$, Formel VII (R = C_2H_5).

B. Beim Erwärmen von 8-Äthyl-6-hydroxy-5,7-dimethyl-2-oxo-2H-chromen-3-carbon=säure mit Äthanol und wenig Schwefelsäure (*Smith, Opie,* Am. Soc. **63** [1941] 937, 940).
Krystalle (aus PAe.); F: 173—174,5°.

7-Äthyl-6-hydroxy-5,8-dimethyl-2-oxo-2H-chromen-3-carbonsäure, [4-Äthyl-2,5-dihydr=oxy-3,6-dimethyl-benzyliden]-malonsäure-2-lacton $C_{14}H_{14}O_5$, Formel VIII (R = H).

B. Beim Behandeln von 4-Äthyl-2,5-dimethoxy-3,6-dimethyl-benzaldehyd mit der Natrium-Verbindung des Malonsäure-diäthylesters in Äthanol und Erhitzen des Reaktionsprodukts mit wss. Bromwasserstoffsäure und Essigsäure (*Smith, Opie,* Am. Soc. **63** [1941] 937, 940).
Gelbe Krystalle (aus Eg.); F: 250°.

VII   VIII   IX

7-Äthyl-6-hydroxy-5,8-dimethyl-2-oxo-2H-chromen-3-carbonsäure-äthylester $C_{16}H_{18}O_5$, Formel VIII (R = C_2H_5).

B. Beim Erwärmen von 7-Äthyl-6-hydroxy-5,8-dimethyl-2-oxo-2H-chromen-3-carbon=säure mit Äthanol und wenig Schwefelsäure (*Smith, Opie,* Am. Soc. **63** [1941] 937, 940).
Krystalle (aus A.); F: 199—201°.

5-Äthyl-6-hydroxy-7,8-dimethyl-2-oxo-2H-chromen-3-carbonsäure, [2-Äthyl-3,6-dihydr=oxy-4,5-dimethyl-benzyliden]-malonsäure-6-lacton $C_{14}H_{14}O_5$, Formel IX (R = H).

B. Beim Behandeln von 2-Äthyl-3,6-dimethoxy-4,5-dimethyl-benzaldehyd mit der Natrium-Verbindung des Malonsäure-diäthylesters in Äthanol und Erhitzen des Reaktionsprodukts mit wss. Bromwasserstoffsäure und Essigsäure (*Smith, Opie,* Am. Soc. **63** [1941] 937, 939).
Gelbe Krystalle (aus Eg.); F: 223—224°.

5-Äthyl-6-hydroxy-7,8-dimethyl-2-oxo-2H-chromen-3-carbonsäure-äthylester $C_{16}H_{18}O_5$, Formel IX (R = C_2H_5).

B. Beim Erwärmen von 5-Äthyl-6-hydroxy-7,8-dimethyl-2-oxo-2H-chromen-3-carbon=säure mit Äthanol und wenig Schwefelsäure (*Smith, Opie,* Am. Soc. **63** [1941] 937, 939).
Krystalle (aus Ae.); F: 180°.

7-Butyryl-6-hydroxy-3-methyl-benzofuran-2-carbonsäure $C_{14}H_{14}O_5$, Formel X (R = H).

B. Beim Erhitzen von 6-Butyryloxy-3-methyl-benzofuran-2-carbonsäure mit Alu=

miniumchlorid (*Shah, Shah*, B. **92** [1959] 2933, 2936). Neben 1-[6-Hydroxy-3-methyl-benzofuran-7-yl]-butan-1-on beim Behandeln von 3-Brom-8-butyryl-7-hydroxy-4-methyl-cumarin mit wss. Alkalilauge (*Shah, Shah*).

Gelbe Krystalle (aus Eg.); F: 218° [Zers.].

X   **XI**   **XII**

7-Butyryl-6-methoxy-3-methyl-benzofuran-2-carbonsäure $C_{15}H_{16}O_5$, Formel X
(R = CH_3).
B. Aus 7-Butyryl-6-hydroxy-3-methyl-benzofuran-2-carbonsäure (*Shah, Shah*, B. **92** [1959] 2933, 2936).
Gelbe Krystalle (aus wss. A.); F: 107—108°.

6-Acetoxy-7-butyryl-3-methyl-benzofuran-2-carbonsäure $C_{16}H_{16}O_6$, Formel X
(R = CO-CH_3).
B. Aus 7-Butyryl-6-hydroxy-3-methyl-benzofuran-2-carbonsäure (*Shah, Shah*, B. **92** [1959] 2933, 2936).
Krystalle (aus wss. Eg.); F: 211° [Zers.].

6-Hydroxy-7-[1-hydroxyimino-butyl]-3-methyl-benzofuran-2-carbonsäure $C_{14}H_{15}NO_5$, Formel XI.
B. Aus 7-Butyryl-6-hydroxy-3-methyl-benzofuran-2-carbonsäure und Hydroxylamin (*Shah, Shah*, B. **92** [1959] 2933, 2936).
Krystalle (aus A.); F: 248° [Zers.].

7-Acetyl-5-äthyl-6-hydroxy-3-methyl-benzofuran-2-carbonsäure $C_{14}H_{14}O_5$, Formel XII.
B. Neben 1-[5-Äthyl-6-hydroxy-3-methyl-benzofuran-7-yl]-äthanon beim Erhitzen von 8-Acetyl-6-äthyl-3-brom-7-hydroxy-4-methyl-cumarin mit Natriumcarbonat in Wasser (*Desai, Ekhlas*, Pr. Indian Acad. [A] **8** [1938] 194, 199).
F: 204—206° [Zers.].

Hydroxy-oxo-carbonsäuren $C_{15}H_{16}O_5$

7-Hydroxy-8-isopentyl-2-oxo-2*H*-chromen-6-carbonsäure $C_{15}H_{16}O_5$, Formel I (R = H).
B. Beim Erwärmen von 2,4-Dihydroxy-3-isopentyl-benzoesäure mit Äpfelsäure und konz. Schwefelsäure (*Haller, Acree*, Am. Soc. **56** [1934] 1389).
Krystalle (aus Me.); F: 224—225°.

7-Acetoxy-8-isopentyl-2-oxo-2*H*-chromen-6-carbonsäure $C_{17}H_{18}O_6$, Formel I
(R = CO-CH_3).
B. Aus 7-Hydroxy-8-isopentyl-2-oxo-2*H*-chromen-6-carbonsäure mit Hilfe von Acet=anhydrid (*Haller, Acree*, Am. Soc. **56** [1934] 1389).
Krystalle (aus Me.); F: 173—175°.

3-Butyl-7-hydroxy-4-methyl-2-oxo-2*H*-chromen-6-carbonsäure $C_{15}H_{16}O_5$, Formel II
(R = X = H).
B. Neben 3-Butyl-7-hydroxy-4-methyl-2-oxo-2*H*-chromen-6-carbonsäure-methylester beim Behandeln von 2,4-Dihydroxy-benzoesäure-methylester mit 2-Butyl-acetessigsäure-äthylester und 80%ig. wss. Schwefelsäure (*Sethna, Shah*, J. Indian chem. Soc. **15** [1938] 383, 387). Beim Behandeln von 3-Butyl-7-hydroxy-4-methyl-2-oxo-2*H*-chromen-6-carb=onsäure-methylester mit wss. Natronlauge (*Se., Shah*).
Krystalle (aus A.); F: 222°.

I   II

3-Butyl-7-hydroxy-4-methyl-2-oxo-2H-chromen-6-carbonsäure-methylester $C_{16}H_{18}O_5$,
Formel II (R = H, X = CH₃).
B. s. im vorangehenden Artikel.
Krystalle (aus A.); F: 163—165° (*Sethna, Shah*, J. Indian chem. Soc. **15** [1938] 383, 386).

3-Butyl-7-methoxy-4-methyl-2-oxo-2H-chromen-6-carbonsäure-methylester $C_{17}H_{20}O_5$,
Formel II (R = X = CH₃).
B. Beim Erwärmen einer Lösung von 3-Butyl-7-hydroxy-4-methyl-2-oxo-2H-chromen-
6-carbonsäure-methylester in Aceton mit Methyljodid und Kaliumcarbonat (*Sethna, Shah,*
J. Indian chem. Soc. **15** [1938] 383, 387).
Krystalle (aus wss. A.); F: 150—152°.

7-Acetoxy-3-butyl-4-methyl-2-oxo-2H-chromen-6-carbonsäure-methylester $C_{18}H_{20}O_6$,
Formel II (R = CO-CH₃, X = CH₃).
B. Beim Erhitzen von 3-Butyl-7-hydroxy-4-methyl-2-oxo-2H-chromen-6-carbonsäure-
methylester mit Acetanhydrid und Natriumacetat oder Pyridin (*Sethna, Shah,* J. Indian
chem. Soc. **15** [1938] 383, 387).
Krystalle (aus A.); F: 111—113°.

**[7-Hydroxy-4-methyl-2-oxo-6-propyl-2H-chromen-3-yl]-essigsäure, 2-[(Z)-1-(2,4-Di⸗
hydroxy-5-propyl-phenyl)-äthyliden]-bernsteinsäure-1 → 2-lacton** $C_{15}H_{16}O_5$, Formel III
(R = X = H).
B. Beim Erwärmen von [7-Hydroxy-4-methyl-2-oxo-6-propyl-2H-chromen-3-yl]-
essigsäure-äthylester mit wss. Natronlauge und anschliessenden Ansäuern (*Shah, Shah,*
J. Indian chem. Soc. **19** [1942] 489).
Krystalle (aus wss. A.); F: 199—200°.

[7-Methoxy-4-methyl-2-oxo-6-propyl-2H-chromen-3-yl]-essigsäure $C_{16}H_{18}O_5$, Formel III
(R = CH₃, X = H).
B. Neben [7-Methoxy-4-methyl-2-oxo-6-propyl-2H-chromen-3-yl]-essigsäure-äthyl⸗
ester beim Behandeln von [7-Hydroxy-4-methyl-2-oxo-6-propyl-2H-chromen-3-yl]-essig⸗
säure-äthylester mit Dimethylsulfat und Alkalilauge (*Shah, Shah,* J. Indian chem. Soc. **19**
[1942] 489).
Krystalle (aus wss. Eg.); F: 176°.

[7-Acetoxy-4-methyl-2-oxo-6-propyl-2H-chromen-3-yl]-essigsäure $C_{17}H_{18}O_6$, Formel III
(R = CO-CH₃, X = H).
B. Aus [7-Hydroxy-4-methyl-2-oxo-6-propyl-2H-chromen-3-yl]-essigsäure (*Shah, Shah,*
J. Indian chem. Soc. **19** [1942] 489).
Krystalle (aus A.); F: 203°.

[7-Hydroxy-4-methyl-2-oxo-6-propyl-2H-chromen-3-yl]-essigsäure-äthylester $C_{17}H_{20}O_5$,
Formel III (R = H, X = C₂H₅).
B. Aus 4-Propyl-resorcin und Acetylbernsteinsäure-diäthylester mit Hilfe von konz.
Schwefelsäure oder Phosphorylchlorid (*Shah, Shah,* J. Indian chem. Soc. **19** [1942] 489).
Krystalle (aus A.); F: 170°.

[7-Methoxy-4-methyl-2-oxo-6-propyl-2H-chromen-3-yl]-essigsäure-äthylester $C_{18}H_{22}O_5$,
Formel III (R = CH_3, X = C_2H_5).
B. s. S. 6396 im Artikel [7-Methoxy-4-methyl-2-oxo-6-propyl-2H-chromen-3-yl]-essig=
säure.
Krystalle (aus A.); F: 94—95° (*Shah, Shah,* J. Indian chem. Soc. **19** [1942] 489).

[7-Acetoxy-4-methyl-2-oxo-6-propyl-2H-chromen-3-yl]-essigsäure-äthylester $C_{19}H_{22}O_6$,
Formel III (R = CO-CH_3, X = C_2H_5).
B. Aus [7-Hydroxy-4-methyl-2-oxo-6-propyl-2H-chromen-3-yl]-essigsäure-äthylester
(*Shah, Shah,* J. Indian chem. Soc. **19** [1942] 489).
Krystalle (aus A.); F: 100—101°.

III   IV

[7-Benzoyloxy-4-methyl-2-oxo-6-propyl-2H-chromen-3-yl]-essigsäure-äthylester
$C_{24}H_{24}O_6$, Formel III (R = CO-C_6H_5, X = C_2H_5).
B. Aus [7-Hydroxy-4-methyl-2-oxo-6-propyl-2H-chromen-3-yl]-essigsäure-äthylester
(*Shah, Shah,* J. Indian chem. Soc. **19** [1942] 489).
Krystalle (aus A.); F: 115—116°.

6,8-Diäthyl-5-hydroxy-7-methyl-2-oxo-2H-chromen-3-carbonsäure-äthylester $C_{17}H_{20}O_5$,
Formel IV.
B. Beim Behandeln von 3,5-Diäthyl-2,6-dihydroxy-4-methyl-benzaldehyd mit Malon=
säure-diäthylester und Piperidin (*Shah, Mehta,* J. Indian chem. Soc. **13** [1936] 358, 366).
Gelbe Krystalle (aus wss. A.); F: 181—183°.

Hydroxy-oxo-carbonsäuren $C_{16}H_{18}O_5$

[6-Butyl-7-hydroxy-4-methyl-2-oxo-2H-chromen-3-yl]-essigsäure, 2-[(Z)-1-(5-Butyl-2,4-dihydroxy-phenyl)-äthyliden]-bernsteinsäure-1 → 2-lacton $C_{16}H_{18}O_5$, Formel V
(R = X = H).
B. Beim Erwärmen von [6-Butyl-7-hydroxy-4-methyl-2-oxo-2H-chromen-3-yl]-essig=
säure-äthylester mit wss. Natronlauge (*Shah, Shah,* J. Indian chem. Soc. **19** [1942] 489).
Krystalle (aus wss. A.); F: 205°.

[6-Butyl-7-methoxy-4-methyl-2-oxo-2H-chromen-3-yl]-essigsäure $C_{17}H_{20}O_5$, Formel V
(R = CH_3, X = H).
B. Beim Erwärmen von [6-Butyl-7-methoxy-4-methyl-2-oxo-2H-chromen-
3-yl]-essigsäure-äthylester ($C_{19}H_{24}O_5$; Krystalle [aus A.]; F: 88°) mit wss. Na=
tronlauge und anschliessenden Ansäuern (*Shah, Shah,* J. Indian chem. Soc. **19** [1942] 489).
Krystalle (aus wss. Eg.); F: 160°.

[6-Butyl-7-hydroxy-4-methyl-2-oxo-2H-chromen-3-yl]-essigsäure-äthylester $C_{18}H_{22}O_5$,
Formel V (R = H, X = C_2H_5).
B. Aus 4-Butyl-resorcin und Acetylbernsteinsäure-diäthylester mit Hilfe von Phosphor=
ylchlorid (*Shah, Shah,* J. Indian chem. Soc. **19** [1942] 489).
Krystalle (aus A.); F: 165—166°.

[7-Acetoxy-6-butyl-4-methyl-2-oxo-2H-chromen-3-yl]-essigsäure-äthylester $C_{20}H_{24}O_6$,
Formel V (R = CO-CH_3, X = C_2H_5).
B. Aus [6-Butyl-7-hydroxy-4-methyl-2-oxo-2H-chromen-3-yl]-essigsäure-äthylester
(*Shah, Shah,* J. Indian chem. Soc. **19** [1942] 489).
Krystalle (aus A.); F: 116—117°.

[7-Benzoyloxy-6-butyl-4-methyl-2-oxo-2*H*-chromen-3-yl]-essigsäure-äthylester
$C_{25}H_{26}O_6$, Formel V (R = $CO-C_6H_5$, X = C_2H_5).
B. Aus [6-Butyl-7-hydroxy-4-methyl-2-oxo-2*H*-chromen-3-yl]-essigsäure-äthylester
(*Shah, Shah,* J. Indian chem. Soc. **19** [1942] 489).
Krystalle (aus A.); F: 124°.

V VI

Hydroxy-oxo-carbonsäuren $C_{19}H_{24}O_5$

*Opt.-inakt. 7a-Hydroxy-1,1,3,3-tetramethyl-6-oxo-4-phenyl-octahydro-isobenzofuran-
5-carbonsäure-äthylester $C_{21}H_{28}O_5$, Formel VI (R = C_2H_5), und Tautomeres (6,7a-Di=
hydroxy-1,1,3,3-tetramethyl-4-phenyl-1,3,3a,4,7,7a-hexahydro-isobenzo=
furan-5-carbonsäure-äthylester).
B. Neben kleineren Mengen 1,1,3,3-Tetramethyl-7-phenyl-1,6,7,7a-tetrahydro-3*H*-iso=
benzofuran-5-on (F: 119−120°) beim Behandeln von 4-Benzyliden-2,2,5,5-tetramethyl-
dihydro-furan-3-on (F: 78−79°) mit Acetessigsäure-äthylester, Benzol und Natrium=
äthylat in Äthanol (*Tamate,* J. chem. Soc. Japan Pure Chem. Sect. **80** [1959] 1047, 1049;
C. A. **1961** 4470).
Krystalle (aus A.); F: 195−200° [Zers.]. IR-Spektrum (Nujol; 4000−600 cm⁻¹): *Ta.*
Beim Erhitzen auf 200° und Erhitzen des von flüssigen Anteilen befreiten Reaktionsprodukts mit wss. Kalilauge sind 4-Benzyliden-2,2,5,5-tetramethyl-dihydro-furan-3-on
(F: 78−79°), 1,1,3,3-Tetramethyl-7-phenyl-1,6,7,7a-tetrahydro-3*H*-isobenzofuran-5-on
(F: 119−120°) und eine als 2,4-Dinitro-phenylhydrazon (F: 185−186°) isolierte Verbindung erhalten worden. Verhalten beim Erhitzen mit wss. Kalilauge auf 120° (Bildung
von 3-[4-Carboxymethyl-4-hydroxy-2,2,5,5-tetramethyl-tetrahydro-[3]furyl]-3-phenyl-
propionsäure [S. 5095] sowie kleineren Mengen 3-Hydroxy-3,4-bis-[α-hydroxy-iso-
propyl]-5-phenyl-heptandisäure [F: 230−231°] und 1,1,3,3-Tetramethyl-7-phenyl-
1,6,7,7a-tetrahydro-3*H*-isobenzofuran-5-on [F:119−120°]): *Ta.* Bildung von 6-Hydroxy-
1,1,3,3-tetramethyl-4-phenyl-phthalan-5-carbonsäure-äthylester beim Behandeln mit wss.
Wasserstoffperoxid und wss.-äthanol. Kalilauge: *Ta.*
2,4-Dinitro-phenylhydrazon $C_{27}H_{32}N_4O_8$ (6-[2,4-Dinitro-phenylhydrazono]-
7a-hydroxy-1,1,3,3-tetramethyl-4-phenyl-octahydro-isobenzofuran-5-carb=
onsäure-äthylester). F: 193−195°.

(4a*R*)-2*t*-Hydroxy-1-methyl-8-methylen-13-oxo-(4b*t*,10a*t*)-dodecahydro-7*c*,9a*c*-
methano-4a*r*,1*c*-oxaäthano-benz[*a*]azulen-10*t*-carbonsäure, 2β,4a-Dihydroxy-1β-methyl-
8-methylen-4aα,7β-gibban-1α,10β-dicarbonsäure-1 → 4a-lacton [1]), Gibberellin-A₄
$C_{19}H_{24}O_5$, Formel VII (R = X = H).
Konstitution und Konfiguration: *Grove et al.,* Soc. **1960** 3049; *Cross et al.,* Tetrahedron
18 [1962] 451; *Cavell et al.,* Phytochemistry **6** [1967] 867.
Isolierung aus Gibberella fujikuroi: *Takahashi et al.,* Bl. agric. chem. Soc. Japan **21**
[1957] 396, **23** [1959] 405.
Krystalle (aus E. + Bzn.); F: 222° [Zers.] (*Ta. et al.,* Bl. agric. chem. Soc. Japan **23**
407). $[\alpha]_D^{20}$: −20,8° [Me.; c = 0,3] (*Ta. et al.,* Bl. agric. chem. Soc. Japan **21** 396); $[\alpha]_D^{20}$:
−14,7° [Me.; c = 4] (*Ta. et al.,* Bl. agric. chem. Soc. Japan **23** 407). IR-Spektrum
(2−15 μ): *Ta. et al.,* Bl. agric. chem. Soc. Japan **21** 396.

---

[1]) Stellungsbezeichnung bei von Gibban abgeleiteten Namen s. S. 6080.

(4aR)-2t-Hydroxy-1-methyl-8-methylen-13-oxo-(4bt,10at)-dodecahydro-7c,9ac-methano-4ar,1c-oxaäthano-benz[a]azulen-10t-carbonsäure-methylester, 2β,4a-Di=hydroxy-1β-methyl-8-methylen-4aα,7β-gibban-1α,10β-dicarbonsäure-1 → 4a-lacton-10-methylester, Gibberellin-A$_4$-methylester C$_{20}$H$_{26}$O$_5$, Formel VII (R = H, X = CH$_3$).

B. Beim Behandeln einer Lösung von Gibberellin-A$_4$ (S. 6398) in Methanol mit Diazo=methan in Äther (*Takahashi et al.*, Bl. agric. chem. Soc. Japan **23** [1959] 405).

Krystalle (aus E. + Bzn.); F: 175—176°; [α]$_D^{15}$: —14,2° [Me.; c = 3] (*Ta. et al.*, Bl. agric. chem. Soc. Japan **23** 406). IR-Spektrum (2—15 µ): *Takahashi et al.*, Bl. agric. chem. Soc. Japan **21** [1957] 396.

(4aR)-2t-Acetoxy-1-methyl-8-methylen-13-oxo-(4bt,10at)-dodecahydro-7c,9ac-methano-4ar,1c-oxaäthano-benz[a]azulen-10t-carbonsäure-methylester, 2β-Acetoxy-4a-hydroxy-1β-methyl-8-methylen-4aα,7β-gibban-1α,10β-dicarbonsäure-1-lacton-10-methyl=ester, *O*-Acetyl-gibberellin-A$_4$-methylester C$_{22}$H$_{28}$O$_6$, Formel VII (R = CO-CH$_3$, X = CH$_3$).

B. Beim Behandeln von Gibberellin-A$_4$-methylester (s. o.) mit Acetanhydrid und Pyridin (*Takahashi et al.*, Bl. agric. chem. Soc. Japan **21** [1957] 396, **23** [1959] 405).

Krystalle; F: 131—133° [aus Bzn.] (*Ta. et al.*, Bl. agric. chem. Soc. Japan **23** 407), 131—132° (*Ta. et al.*, Bl. agric. chem. Soc. Japan **21** 398). IR-Spektrum (2—15 µ): *Ta. et al.*, Bl. agric. chem. Soc. Japan **21** 397.

VII   VIII

Hydroxy-oxo-carbonsäuren C$_{23}$H$_{32}$O$_5$

3β,16β-Dihydroxy-24-nor-5β,20ξH-chol-14-en-21,23-disäure-21 → 16-lacton C$_{23}$H$_{32}$O$_5$, Formel VIII (R = H).

Diese Konstitution und Konfiguration kommt der nachstehend beschriebenen **Anhydro-γ-isogitoxigensäure** zu.

B. Beim Behandeln von Chlor-γ-isogitoxigensäure (14-Chlor-3β,16β-dihydroxy-24-nor-5β,14ξ,20ξH-cholan-21,23-disäure-21 →16-lacton; S. 6336) mit wss.-äthanol. Natronlauge (*Jacobs, Gustus*, J. biol. Chem. **86** [1930] 199, 202, 209; s. a. *Jacobs, Gustus*, J. biol. Chem. **82** [1929] 403, 408).

Krystalle, F: 210°; [α]$_D^{20}$: +61° [A.; c = 0,7] (*Ja.,Gu.*, J. biol. Chem. **86** 209, 210).

3β,16β-Dihydroxy-24-nor-5β,20ξH-chol-14-en-21,23-disäure-21 → 16-lacton-23-methyl=ester C$_{24}$H$_{34}$O$_5$, Formel VIII (R = CH$_3$).

Diese Konstitution und Konfiguration kommt dem nachstehend beschriebenen **Anhydro-γ-isogitoxigensäure-methylester** zu.

B. Beim Behandeln einer Suspension von Anhydro-γ-isogitoxigensäure (s. o.) in Aceton mit Diazomethan in Äther (*Jacobs, Gustus*, J. biol. Chem. **86** [1930] 199, 210).

Krystalle (aus Me. + W.); F: 151°.

Hydroxy-oxo-carbonsäuren C$_{28}$H$_{42}$O$_5$

3β-Acetoxy-21β-hydroxy-29,30-dinor-lupan-20,28-disäure-28-lacton-20-methylester [1]) C$_{31}$H$_{46}$O$_6$, Formel IX.

Die Konstitution und Konfiguration ergibt sich aus der genetischen Beziehung zu Thurberogenin (S. 568).

B. Beim Behandeln einer Lösung von 3β-Acetoxy-21β-hydroxy-30-oxo-lup-20(29)-en-

---

[1]) Stellungsbezeichnung bei von Lupan abgeleiteten Namen s. E III **5** 1342.

28-säure-lacton (S. 1672) in Essigsäure und Chloroform mit Ozon, Erhitzen der Reaktionslösung unter Durchleiten von Wasserdampf und Behandeln des Reaktionsprodukts mit Diazomethan in Äther (*Djerassi et al.*, Am. Soc. **77** [1955] 5330, 5334).

Krystalle (aus Me. + CHCl$_3$); F: 220—223° [Kofler-App.]. [α]$_D^{28}$: +30° [CHCl$_3$].

IX   **X**

Hydroxy-oxo-carbonsäuren C$_{30}$H$_{46}$O$_5$

3β,19α(?)-Dihydroxy-11,12-seco-9β(?)-olean-13(18)-en-11,12-disäure-12 → 19-lacton [1)]
C$_{30}$H$_{46}$O$_5$, vermutlich Formel X (R = X = H).

Diese Konstitution und Konfiguration kommt vermutlich der nachstehend beschriebenen Verbindung zu (*McKean, Spring*, Soc. **1954** 1989, 1990; *Brownlie, Spring*, Soc. **1956** 1949, 1952).

B. Neben anderen Verbindungen beim Erwärmen von 3β-Acetoxy-19-hydroxy-11-oxo-C-nor-9ξ,13α-olean-18-en-13-carbonsäure-lacton (?) (S. 1668) mit äthanol. Kalilauge (*Jeger et al.*, Helv. **27** [1944] 1532, 1538) oder mit wss.-methanol. Kalilauge (*McK., Sp.*, l. c. S. 1991).

Krystalle; F: 279—281° [evakuierte Kapillare; aus Acn. + PAe.] (*McK., Sp.*), 274° bis 275° [korr.; evakuierte Kapillare; aus Acn. + Hexan] (*Je. et al.*), 272—274° [aus Acn. + PAe.] (*McK., Sp.*). [α]$_D$: −36° [CHCl$_3$; c = 1] (*McK., Sp.*). UV-Spektrum (A.; 220 nm bis 300 nm): *Je. et al.*, l. c. S. 1535.

3β,19α(?)-Dihydroxy-11,12-seco-9β(?)-olean-13(18)-en-11,12-disäure-12 → 19-lacton-11-methylester C$_{31}$H$_{48}$O$_5$, vermutlich Formel X (R = H, X = CH$_3$).

B. Aus der im vorangehenden Artikel beschriebenen Verbindung mit Hilfe von Diazomethan (*McKean, Spring*, Soc. **1954** 1989, 1992). Neben anderen Verbindungen beim Erwärmen von 3β-Acetoxy-19-hydroxy-11-oxo-C-nor-9ξ,13α-olean-18-en-13-carbonsäurelacton (?) (S. 1668) mit methanol. Kalilauge (*McK., Sp.*, l. c. S. 1991).

Krystalle (aus wss. Me.); F: 234—236°. [α]$_D$: −46° [CHCl$_3$; c = 2]. Absorptionsmaximum (A.): 225 nm.

3β-Acetoxy-19α(?)-hydroxy-11,12-seco-9β(?)-olean-13(18)-en-11,12-disäure-12-lacton-11-methylester C$_{33}$H$_{50}$O$_6$, vermutlich Formel X (R = CO-CH$_3$, X = CH$_3$).

B. Beim Erwärmen der im vorangehenden Artikel beschriebenen Verbindung mit Acetanhydrid und Pyridin (*McKean, Spring*, Soc. **1954** 1989, 1991).

Krystalle (aus wss. Me.); F: 192—194°. [α]$_D$: −33° [CHCl$_3$; c = 1]. Absorptionsmaximum (A.): 224 nm.

3β,13-Dihydroxy-18α-oleanan-23,28-disäure-28 → 13-lacton [1)] C$_{30}$H$_{46}$O$_5$, Formel XI (R = H).

B. Beim Behandeln von Isoacetylgypsogeninlacton (3β-Acetoxy-13-hydroxy-23-oxo-18α-oleanan-28-säure-lacton) mit Chrom(VI)-oxid, Essigsäure und wss. Schwefelsäure, Erwärmen des Reaktionsprodukts mit wss. Kalilauge und anschliessenden Ansäuern (*Kon, Soper*, Soc. **1940** 617, 619).

Krystalle (aus A.) mit 1 Mol H$_2$O; F: 353—355°.

Beim Behandeln einer Lösung in Essigsäure mit Chrom(VI)-oxid und wss. Schwefel-

---

[1)] Stellungsbezeichnung bei von Oleanan abgeleiteten Namen s. E III **5** 1341.

säure sind Hedragenondisäure-lacton (13-Hydroxy-4-oxo-3,4 seco-24-nor-18α-oleanan-3,28-disäure-28-lacton) und 13-Hydroxy-3-oxo-24-nor-18α-oleanan-28-säure-lacton erhalten worden.

3β,13-Dihydroxy-18α-oleanan-23,28-disäure-28 → 13-lacton-23-methylester $C_{31}H_{48}O_5$, Formel XI (R = CH_3).

B. Aus 3β,13-Dihydroxy-18α-oleanan-23,28-disäure-28 → 13-lacton (*Kon, Soper*, Soc. **1940** 617, 620).

F: 344—345°.

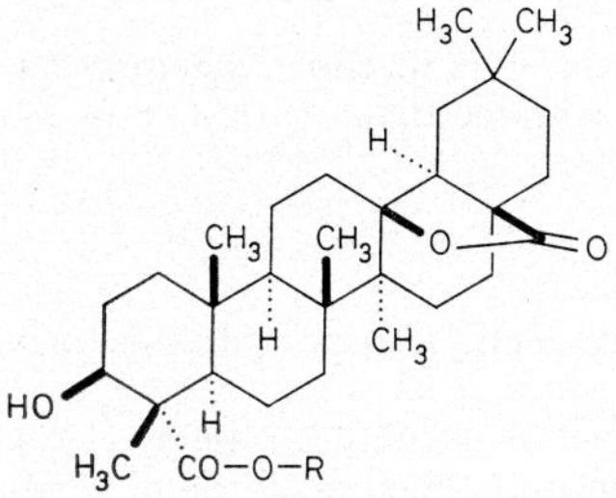

XI 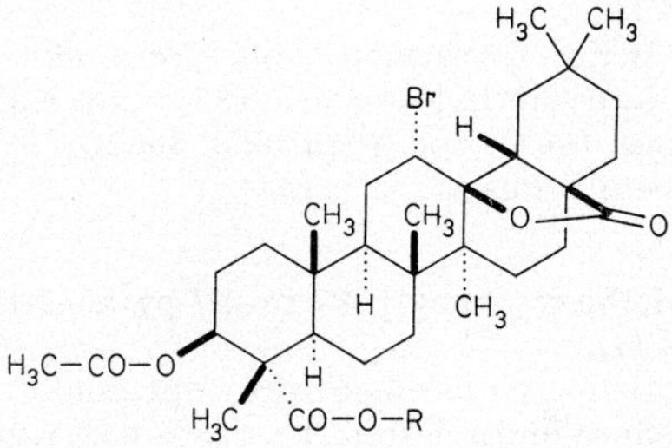　　　　　　　　　　　　XII

3β-Acetoxy-12α(?)-brom-13-hydroxy-oleanan-23,28-disäure-28-lacton $C_{32}H_{47}BrO_6$, vermutlich Formel XII (R = H).

B. Beim Behandeln von 3β-Acetoxy-12α(?)-brom-13-hydroxy-23-oxo-oleanan-28-säure-lacton (F: 180—181°) mit Chrom(VI)-oxid, Essigsäure und konz. Schwefelsäure (*Ruzicka, Giacomello*, Helv. **20** [1937] 299, 307).

Krystalle (aus Me.), die unterhalb 310° nicht schmelzen.

3β-Acetoxy-12α(?)-brom-13-hydroxy-oleanan-23,28-disäure-28-lacton-23-methylester $C_{33}H_{49}BrO_6$, vermutlich Formel XII (R = CH_3).

B. Beim Behandeln einer Lösung der im vorangehenden Artikel beschriebenen Verbindung in Methanol mit Diazomethan in Äther (*Ruzicka, Giacomello*, Helv. **20** [1937] 299, 307).

Krystalle; F: 255—256° [korr.; Zers.; evakuierte Kapillare; aus Dichlormethan + Me.] (*Vogel et al.*, Helv. **34** [1951] 2321, 2324), 238—240° [korr.; Zers.; aus Me.] (*Ru., Gi.*). $[\alpha]_D$: +80° [$CHCl_3$; c = 1] (*Vo. et al.*).

[*Mischon*]

Hydroxy-oxo-carbonsäuren $C_nH_{2n-16}O_5$

Hydroxy-oxo-carbonsäuren $C_{12}H_8O_5$

6-[4-Methoxy-phenyl]-2-oxo-2H-pyran-4-carbonsäure, 2-[β-Hydroxy-4-methoxy-*trans*-styryl]-fumarsäure-4-lacton $C_{13}H_{10}O_5$, Formel I (R = H).

B. Beim Behandeln von (±)-[3-Acetoxy-2,5-dioxo-tetrahydro-[3]furyl]-essigsäure-methylester mit Anisol, Aluminiumchlorid und 1,1,2,2-Tetrachlor-äthan (*Branchini et al.*, Ann. Chimica **49** [1959] 1850, 1863).

Krystalle (aus wss. A.); F: 218—221° [unkorr.; Kofler-App.]. Scheinbarer Dissoziationsexponent pK$_a'$ (Wasser (?); potentiometrisch ermittelt): 3,8. UV-Absorptionsmaxima (A.): 266 nm und 367 nm.

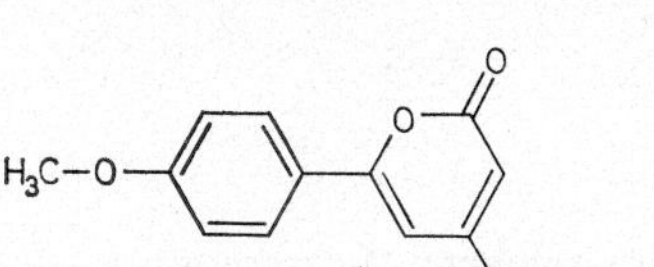

I 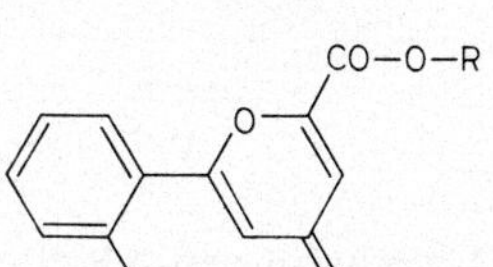　　　　　　　　II 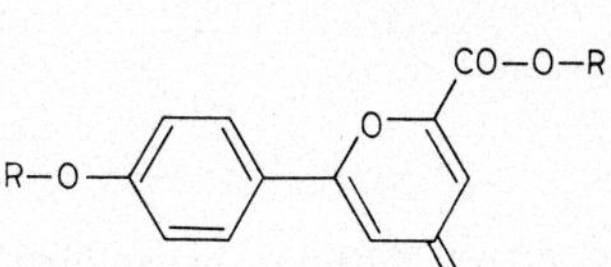　　　　　　　　III

6-[4-Methoxy-phenyl]-2-oxo-2H-pyran-4-carbonsäure-methylester, 2-[β-Hydroxy-4-methoxy-trans-styryl]-fumarsäure-4-lacton-1-methylester $C_{14}H_{12}O_5$, Formel I
(R = CH₃).

B. Beim Behandeln von 6-[4-Methoxy-phenyl]-2-oxo-2H-pyran-4-carbonsäure mit Schwefelsäure enthaltendem Methanol (*Branchini et al.*, Ann. Chimica **49** [1959] 1850, 1864).

Gelbe Krystalle; F: 134° [unkorr.; Kofler-App.].

6-[2-Methoxy-phenyl]-4-oxo-4H-pyran-2-carbonsäure-methylester $C_{14}H_{12}O_5$, Formel II
(R = CH₃).

B. Beim Erwärmen von opt.-inakt. 5,6-Dibrom-6-[2-methoxy-phenyl]-2,4-dioxo-hexansäure-methylester (F: 133°) mit Kaliumacetat und Calciumcarbonat in Methanol (*Soliman, Rateb*, Soc. **1956** 3663, 3667).

Krystalle (aus W.); F: 148°.

6-[4-Methoxy-phenyl]-4-oxo-4H-pyran-2-carbonsäure-methylester $C_{14}H_{12}O_5$, Formel III
(R = CH₃).

B. Beim Erwärmen von opt.-inakt. 5,6-Dibrom-6-[4-methoxy-phenyl]-2,4-dioxo-hexansäure-methylester (F: 118°) mit Kaliumacetat und Calciumcarbonat in Methanol (*Soliman, Rateb*, Soc. **1956** 3663, 3666).

Krystalle (aus W.); F: 131—133°.

Verbindung mit Picrinsäure $C_{14}H_{12}O_5 \cdot C_6H_3N_3O_7$; vermutlich 4-Hydroxy-2-methoxycarbonyl-6-[4-methoxy-phenyl]-pyrylium-picrat $[C_{14}H_{13}O_5]C_6H_2N_3O_7$. Krystalle (aus A.); F: 110°.

Hydroxy-oxo-carbonsäuren $C_{13}H_{10}O_5$

4-[4-Methoxy-phenyl]-2-methyl-6-oxo-6H-pyran-3-carbonsäure, 4-[(E)-1-Hydroxy-äthyliden]-3-[4-methoxy-phenyl]-cis-pentendisäure-1-lacton $C_{14}H_{12}O_5$, Formel IV
(R = H).

B. Beim Behandeln von 4-Acetyl-3-[4-methoxy-phenyl]-cis-pentendisäure-anhydrid mit 90%ig. wss. Schwefelsäure (*Gogte*, Pr. Indian Acad. [A] **7** [1938] 214, 225).

Krystalle (aus Me.); F: 181°.

Beim Erhitzen mit wss. Salzsäure ist 4-[4-Methoxy-phenyl]-6-methyl-pyran-2-on erhalten worden (*Go.*, l. c. S. 226).

4-[4-Methoxy-phenyl]-2-methyl-6-oxo-6H-pyran-3-carbonsäure-äthylester,
4-[(E)-1-Hydroxy-äthyliden]-3-[4-methoxy-phenyl]-cis-pentendisäure-5-äthylester-1-lacton $C_{16}H_{16}O_5$, Formel IV (R = C₂H₅).

B. Neben 4-Acetyl-3-[4-methoxy-phenyl]-cis-pentendisäure-5-äthylester (? [E III **10** 4751]) beim Erwärmen von 4-Acetyl-3-[4-methoxy-phenyl]-cis-pentendisäure-anhydrid mit Äthanol (*Gogte*, Pr. Indian Acad. [A] **7** [1938] 214, 224). Beim Erhitzen von 4-Acetyl-3-[4-methoxy-phenyl]-cis-pentendisäure-5-äthylester (? [E III **10** 4751]) mit konz. wss. Salzsäure (*Go.*).

Krystalle (aus Me.); F: 106°.

IV   V   VI

4-[(Ξ)-2-Methoxy-benzyliden]-2-methyl-5-oxo-4,5-dihydro-thiophen-3-carbonsäure $C_{14}H_{12}O_4S$, Formel V.

B. Beim Behandeln von 5-Hydroxy-2-methyl-thiophen-3-carbonsäure (S. 5340) mit

2-Methoxy-benzaldehyd und Chlorwasserstoff enthaltendem Äthanol (*Mitra et al.*, Soc. **1939** 1116).
Orangegelbe Krystalle (aus A.); F: 152°.

7-Hydroxy-4-oxo-1,2,3,4-tetrahydro-cyclopenta[c]chromen-8-carbonsäure $C_{13}H_{10}O_5$, Formel VI (R = X = H).
B. Aus dem im folgenden Artikel beschriebenen Methylester mit Hilfe von Alkalilauge (*Desai et al.*, Pr. Indian Acad. [A] **25** [1947] 345, 348).
Krystalle (aus A.); F: 261° [Zers.].

7-Hydroxy-4-oxo-1,2,3,4-tetrahydro-cyclopenta[c]chromen-8-carbonsäure-methylester
$C_{14}H_{12}O_5$, Formel VI (R = H, X = CH$_3$).
B. Aus 2-Oxo-cyclopentancarbonsäure-äthylester und 2,4-Dihydroxy-benzoesäure-methylester beim Behandeln mit 73%ig. wss. Schwefelsäure, beim Erwärmen mit Phos=phorylchlorid oder beim Erhitzen einer Lösung in Nitrobenzol mit Aluminiumchlorid (*Desai et al.*, Pr. Indian Acad. [A] **25** [1947] 345, 347).
Krystalle (aus A.); F: 223°.

7-Acetoxy-4-oxo-1,2,3,4-tetrahydro-cyclopenta[c]chromen-8-carbonsäure-methylester
$C_{16}H_{14}O_6$, Formel VI (R = CO-CH$_3$, X = CH$_3$).
B. Aus 7-Hydroxy-4-oxo-1,2,3,4-tetrahydro-cyclopenta[c]chromen-8-carbonsäure-methylester (*Desai et al.*, Pr. Indian Acad. [A] **25** [1947] 345, 348).
Krystalle (aus A.); F: 182—183°.

7-Hydroxy-4-oxo-1,2,3,4-tetrahydro-cyclopenta[c]chromen-8-carbonsäure-phenylester
$C_{19}H_{14}O_5$, Formel VI (R = H, X = C$_6$H$_5$).
B. Beim Erhitzen von 7-Hydroxy-4-oxo-1,2,3,4-tetrahydro-cyclopenta[c]chromen-8-carbonsäure mit Phenol und Acetanhydrid (*Desai et al.*, Pr. Indian Acad. [A] **25** [1947] 345, 348).
Krystalle (aus A.); F: 160—161°.

Hydroxy-oxo-carbonsäuren $C_{14}H_{12}O_5$

4-[2-Methoxy-5-methyl-phenyl]-2-methyl-6-oxo-6H-pyran-3-carbonsäure,
4-[(E)-1-Hydroxy-äthyliden]-3-[2-methoxy-5-methyl-phenyl]-cis-pentendisäure-1-lacton
$C_{15}H_{14}O_5$, Formel VII.
B. Beim Behandeln von 4-Acetyl-3-[2-methoxy-5-methyl-phenyl]-cis-pentendisäure-anhydrid mit 75%ig. wss. Schwefelsäure (*Gogte*, Pr. Indian Acad. [A] **7** [1938] 214, 226).
Krystalle (aus Me. + W.); F: 179°.

3-Hydroxy-6-oxo-7,8,9,10-tetrahydro-6H-benzo[c]chromen-2-carbonsäure $C_{14}H_{12}O_5$, Formel VIII (R = X = H).
B. Beim Behandeln von 2-Oxo-cyclohexancarbonsäure-äthylester mit 2,4-Dihydroxy-benzoesäure und 73%ig. wss. Schwefelsäure (*Desai et al.*, Pr. Indian Acad. [A] **25** [1947] 345, 347). Aus dem im folgenden Artikel beschriebenen Methylester mit Hilfe von Alkali=lauge (*De.*).
Krystalle (aus A.); F: 263° [Zers.].

          VII   VIII

3-Hydroxy-6-oxo-7,8,9,10-tetrahydro-6H-benzo[c]chromen-2-carbonsäure-methylester $C_{15}H_{14}O_5$, Formel VIII (R = H, X = CH_3).

B. Aus 2-Oxo-cyclohexancarbonsäure-äthylester und 2,4-Dihydroxy-benzoesäure-methylester beim Behandeln mit 73%ig. wss. Schwefelsäure, beim Erwärmen mit Phos‐phorylchlorid oder beim Erhitzen einer Lösung in Nitrobenzol mit Aluminiumchlorid (*Desai et al.*, Pr. Indian Acad. [A] **25** [1947] 345, 346).

Krystalle (aus A.); F: 226°.

3-Acetoxy-6-oxo-7,8,9,10-tetrahydro-6H-benzo[c]chromen-2-carbonsäure-methylester $C_{17}H_{16}O_6$, Formel VIII (R = CO-CH_3, X = CH_3).

B. Aus 3-Hydroxy-6-oxo-7,8,9,10-tetrahydro-6H-benzo[c]chromen-2-carbonsäure-methylester (*Desai et al.*, Pr. Indian Acad. [A] **25** [1947] 345, 347).

Krystalle (aus A.); F: 185°.

(±)-7-Hydroxy-2-methyl-4-oxo-1,2,3,4-tetrahydro-cyclopenta[c]chromen-8-carbonsäure $C_{14}H_{12}O_5$, Formel IX (R = X = H).

B. Beim Behandeln von (±)-4-Methyl-2-oxo-cyclopentancarbonsäure-äthylester mit 2,4-Dihydroxy-benzoesäure und 73%ig. wss. Schwefelsäure (*Desai et al.*, Pr. Indian Acad. [A] **25** [1947] 345, 349).

Krystalle (aus A.); F: 243–244° [Zers.].

(±)-7-Hydroxy-2-methyl-4-oxo-1,2,3,4-tetrahydro-cyclopenta[c]chromen-8-carbonsäure-methylester $C_{15}H_{14}O_5$, Formel IX (R = H, X = CH_3).

B. Beim Behandeln von (±)-4-Methyl-2-oxo-cyclopentancarbonsäure-äthylester mit 2,4-Dihydroxy-benzoesäure-methylester und 73%ig. wss. Schwefelsäure (*Desai et al.*, Pr. Indian Acad. [A] **25** [1947] 345, 349).

Krystalle (aus A.); F: 168°.

IX   X

(±)-7-Acetoxy-2-methyl-4-oxo-1,2,3,4-tetrahydro-cyclopenta[c]chromen-8-carbonsäure-methylester $C_{17}H_{16}O_6$, Formel IX (R = CO-CH_3, X = CH_3).

B. Aus (±)-7-Hydroxy-2-methyl-4-oxo-1,2,3,4-tetrahydro-cyclopenta[c]chromen-8-carb‐onsäure-methylester (*Desai et al.*, Pr. Indian Acad. [A] **25** [1947] 345, 349).

Krystalle (aus A.); F: 132°.

(±)-7-Methoxy-3-methyl-4-oxo-1,2,3,4-tetrahydro-dibenzofuran-3-carbonitril $C_{15}H_{13}NO_3$, Formel X.

B. Beim Behandeln von 8-Methoxy-4,5-dihydro-benzofuro[2',3';3,4]benz[1,2-d]oxazol mit Methyljodid und mit Kalium-*tert*-butylat in *tert*-Butylalkohol (*Bhide et al.*, Chem. and Ind. **1957** 1319).

F: 121°.

Hydroxy-oxo-carbonsäuren $C_{15}H_{14}O_5$

(±)-3-[2]Furyl-5-[4-methoxy-phenyl]-5-oxo-valeriansäure $C_{16}H_{16}O_5$, Formel XI (R = H, X = O), und Tautomeres ((±)-4-[2]Furyl-6-hydroxy-6-[4-methoxy-phenyl]-tetrahydro-pyran-2-on).

B. Beim Erwärmen von 3-[2]Furyl-1-[4-methoxy-phenyl]-propenon (E II **18** 28) mit Malonsäure-diäthylester und Natriummethylat in Äthanol, Erwärmen der Reaktions‐lösung mit wss. Kalilauge und Erhitzen des nach dem Ansäuern mit wss. Salzsäure

isolierten Reaktionsprodukts auf 180° (*Turner*, Am. Soc. **73** [1951] 1284, 1285, 1287).
Krystalle (aus Ae. + Pentan); F: 124—125°.

(±)-3-[2]Furyl-5-[4-methoxy-phenyl]-5-oxo-valeriansäure-methylester $C_{17}H_{18}O_5$,
Formel XI (R = CH₃, X = O).
B. Aus (±)-3-[2]Furyl-5-[4-methoxy-phenyl]-5-oxo-valeriansäure (*Turner*, Am. Soc.
73 [1951] 1284, 1285, 1287).
Kp₃: 236°.

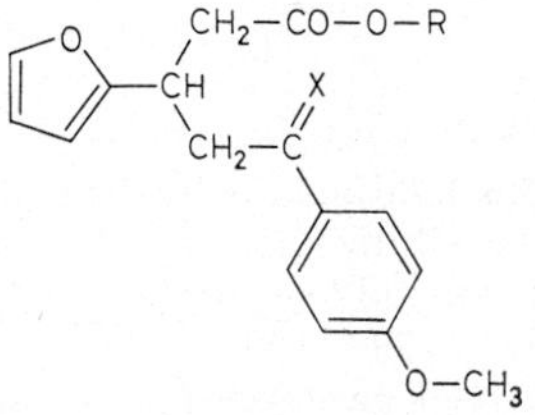

XI 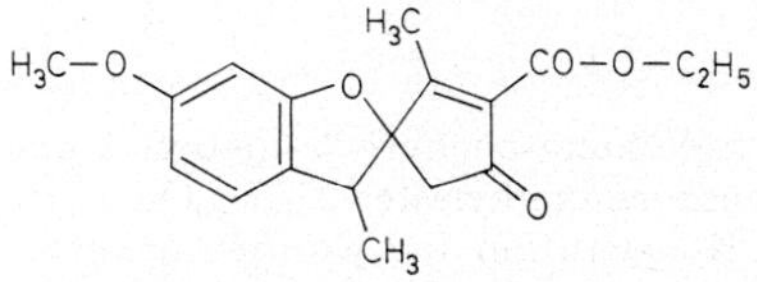　　　　　　　　　　　　　　　　　　　　XII

(±)-3-[2]Furyl-5-[4-methoxy-phenyl]-5-semicarbazono-valeriansäure-methylester
$C_{18}H_{21}N_3O_5$, Formel XI (R = CH₃, X = N-NH-CO-NH₂).
B. Aus (±)-3-[2]Furyl-5-[4-methoxy-phenyl]-5-oxo-valeriansäure-methylester und
Semicarbazid (*Turner*, Am. Soc. **73** [1951] 1284, 1285).
Krystalle (aus E.); F: 140—142°.

---

*Opt.-inakt. 6-Methoxy-3,2′-dimethyl-4′-oxo-3H-spiro[benzofuran-2,1′-cyclopent-2′-en]-3′-carbonsäure-äthylester $C_{18}H_{20}O_5$, Formel XII.
B. Bei der Hydrierung von (±)-6-Methoxy-2′-methyl-3-methylen-4′-oxo-3H-spiro⸗
[benzofuran-2,1′-cyclopent-2′-en]-3′-carbonsäure-äthylester an Palladium/Kohle in Essig⸗
säure (*Dawkins*, *Mulholland*, Soc. **1959** 2211, 2215).
Krystalle (aus PAe.); F: 77—78°. Absorptionsmaxima (A.): 228 nm, ca. 263 nm,
281 nm, 302 nm und 320 nm.
2,4-Dinitro-phenylhydrazon $C_{24}H_{24}N_4O_8$ (4′-[2,4-Dinitro-phenylhydrazono]-
6-methoxy-3,2′-dimethyl-3H-spiro[benzofuran-2,1′-cyclopent-2′-en]-
3′-carbonsäure-äthylester). Orangefarbene Krystalle (aus Bzl. + PAe.); F: 160°
[korr.].

Hydroxy-oxo-carbonsäuren $C_{16}H_{16}O_5$

3-[8-Äthyl-7-hydroxy-2-methyl-4-oxo-4H-chromen-6-yl]-ξ-crotonsäure $C_{16}H_{16}O_5$,
Formel I.
B. Beim Erhitzen von 10-Äthyl-4,8-dimethyl-pyrano[3,2-g]chromen-2,6-dion oder von
7-Acetyl-10-äthyl-4,8-dimethyl-pyrano[3,2-g]chromen-2,6-dion mit wss. Natronlauge
(*Limaye*, *Ghate*, Rasayanam **1** [1939] 169, 174).
Krystalle (aus wss. A.) mit 1 Mol H₂O; F: 205° [Zers.]. Das Krystallwasser wird bei
105° abgegeben.
Beim Erhitzen mit konz. Schwefelsäure ist 10-Äthyl-4,8-dimethyl-pyrano[3,2-g]chrom⸗
en-2,6-dion erhalten worden.

3-[8-Äthyl-7-hydroxy-4-methyl-2-oxo-2H-chromen-6-yl]-ξ-crotonsäure $C_{16}H_{16}O_5$,
Formel II.
B. Beim Erhitzen von 10-Äthyl-4,6-dimethyl-pyrano[3,2-g]chromen-2,8-dion mit wss.
Natronlauge (*Limaye*, *Ghate*, Rasayanam **1** [1939] 169, 175).
F: 171° [aus wss. Lösung].
Beim Erhitzen mit konz. Schwefelsäure ist 10-Äthyl-4,6-dimethyl-pyrano[3,2-g]chrom⸗
en-2,8-dion erhalten worden.

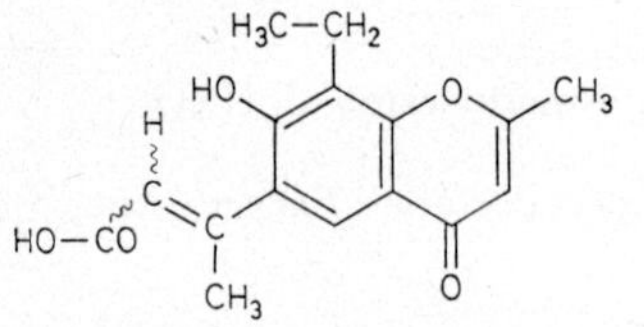

I 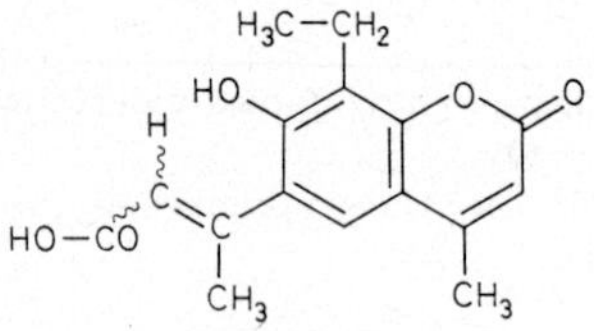 II 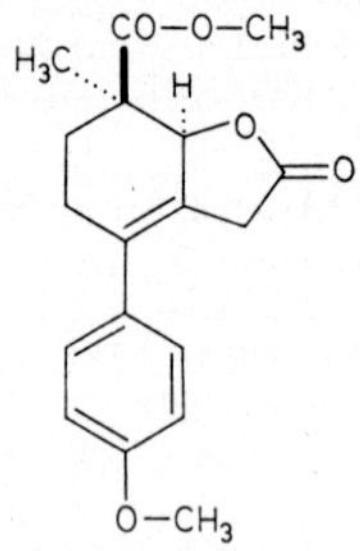 III

(±)-4-[4-Methoxy-phenyl]-7c-methyl-2-oxo-(7ar)-2,3,5,6,7,7a-hexahydro-benzofuran-7t-carbonsäure-methylester $C_{18}H_{20}O_5$, Formel III + Spiegelbild.

Diese Konstitution und Konfiguration ist für die nachstehend beschriebene Verbindung vorgeschlagen worden (*Johnson et al.*, Am. Soc. **79** [1957] 1995, 1999).

B. Bei der Hydrierung von (±)-[5-Methoxycarbonyl-2-(4-methoxy-phenyl)-5-methyl-6-oxo-cyclohex-1-enyl]-essigsäure an Palladium/Kohle in Äthanol (*Jo. et al.*, l. c. S. 2004).

Krystalle (aus PAe.); F: 109—110,5° [korr.]. UV-Absorptionsmaximum (A.): 256 nm.

4-[4-Methoxy-phenyl]-7-methyl-2-oxo-2,3,4,5,6,7-hexahydro-benzofuran-7-carbonsäure-methylester $C_{18}H_{20}O_5$.

a) **(±)-4r-[4-Methoxy-phenyl]-7t-methyl-2-oxo-2,3,4,5,6,7-hexahydro-benzofuran-7c-carbonsäure-methylester** $C_{18}H_{20}O_5$, Formel IV + Spiegelbild.

Über die Konstitution und Konfiguration s. *Johnson et al.*, Am. Soc. **79** [1957] 1995, 1999.

B. Bei der Hydrierung von (±)-4-[4-Methoxy-phenyl]-7-methyl-2-oxo-2,3,6,7-tetrahydro-benzofuran-7-carbonsäure-methylester an Palladium/Kohle in Benzol (*Jo. et al.*, l. c. S. 2005).

Krystalle (aus Bzl. + PAe.); F: 127,6—128,5° [korr.]. UV-Absorptionsmaxima (A.): 226 nm, 276 nm und 282 nm.

b) **(±)-4r-[4-Methoxy-phenyl]-7c-methyl-2-oxo-2,3,4,5,6,7-hexahydro-benzofuran-7t-carbonsäure-methylester** $C_{18}H_{20}O_5$, Formel V + Spiegelbild.

B. Beim Erhitzen von (±)-[3c-Methoxycarbonyl-6t-(4-methoxy-phenyl)-3t-methyl-2-oxo-cyclohex-r-yl]-essigsäure mit Acetanhydrid und Acetylchlorid (*Johnson et al.*, Am. Soc. **79** [1957] 1995, 2001).

Krystalle (aus Me.); F: 117—117,4° [korr.].

(±)-4r-[4-Methoxy-phenyl]-7t-methyl-2-oxo-2,3,4,5,6,7-hexahydro-benzofuran-7c-carbonitril, **(±)-[3r-Cyan-2-hydroxy-6c-(4-methoxy-phenyl)-3-methyl-cyclohex-1-enyl]-essigsäure-lacton** $C_{17}H_{17}NO_3$, Formel VI + Spiegelbild.

B. Bei der Hydrierung von (±)-4-[4-Methoxy-phenyl]-7-methyl-2-oxo-2,3,6,7-tetrahydro-benzofuran-7-carbonitril an Palladium/Kohle in Benzol (*Wisconsin Alumni Research Found.*, U.S.P. 2842559 [1954]).

Krystalle (aus E. sowie durch Sublimation bei 132—135°/0,01 Torr); F: 161,2—162,7° [nach Erweichen bei 159,7°].

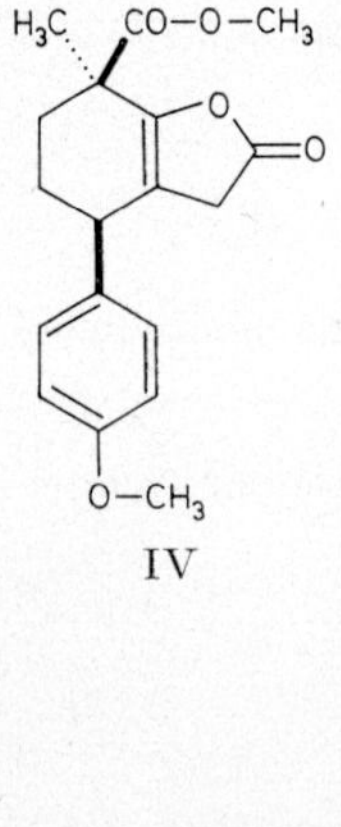

IV 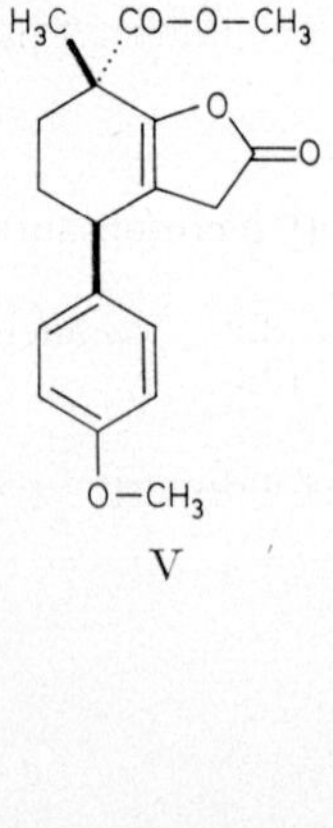 V 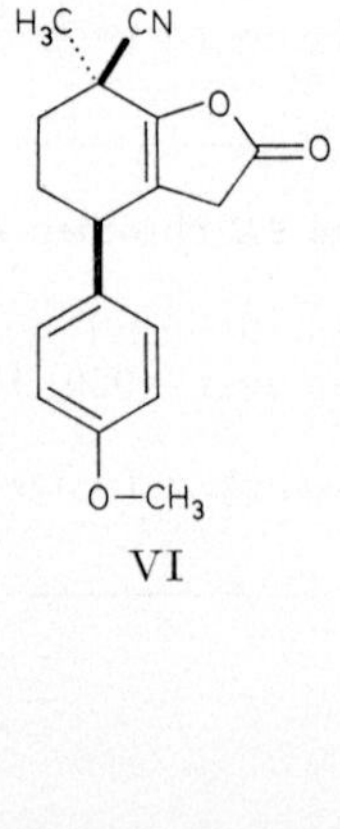 VI 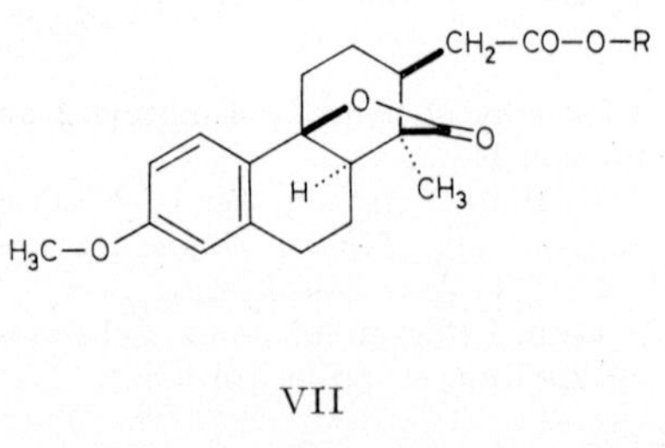 VII

Hydroxy-oxo-carbonsäuren $C_{18}H_{20}O_5$

($\pm$)-[7-Methoxy-1*t*-methyl-12-oxo-(10a*t*)-1,3,4,9,10,10a-hexahydro-2*H*-4a*r*,1*c*-oxa=
äthano-phenanthren-2*c*-yl]-essigsäure $C_{19}H_{22}O_5$, Formel VII (R = H) + Spiegelbild.
Diese Konstitution und Konfiguration kommt vermutlich der nachstehend beschrie-
benen Verbindung zu.
B. Beim Behandeln einer Lösung von ($\pm$)-[1*r*-Carboxy-7-methoxy-1-methyl-1,2,3,4,=
9,10-hexahydro-[2*c*]phenanthryl]-essigsäure in Essigsäure mit Chlorwasserstoff (*Singh*,
Am. Soc. **78** [1956] 6109, 6114).
Krystalle (aus E. + Cyclohexan); F: 192—193° [korr.].

($\pm$)-[7-Methoxy-1*t*-methyl-12-oxo-(10a*t*)-1,3,4,9,10,10a-hexahydro-2*H*-4a*r*,1*c*-oxa=
äthano-phenanthren-2*c*-yl]-essigsäure-methylester $C_{20}H_{24}O_5$, Formel VII (R = CH$_3$)
+ Spiegelbild.
Diese Konstitution und Konfiguration kommt vermutlich der nachstehend beschrie-
benen Verbindung zu.
B. Beim Behandeln der im vorangehenden Artikel beschriebenen Verbindung mit
Diazomethan in Äther (*Singh*, Am. Soc. **78** [1956] 6109, 6114). Beim Behandeln einer
Lösung von   ($\pm$)-[1*r*-Carboxy-7-methoxy-1-methyl-1,2,3,4,9,10-hexahydro-[2*c*]phen=
anthryl]-essigsäure in Methanol mit Chlorwasserstoff (*Si.*).
Krystalle (aus Me.); F: 125° [korr.].

Hydroxy-oxo-carbonsäuren $C_{19}H_{22}O_5$

(4a*R*)-7-Hydroxy-1-methyl-8-methylen-13-oxo-(4b*t*,10a*t*)-1,4,4b,5,6,7,8,9,10,10a-deca=
hydro-7*c*,9a*c*-methano-4a*r*,1*c*-oxaäthano-benz[*a*]azulen-10*t*-carbonsäure, 4a,7-Dihydroxy-
1*β*-methyl-8-methylen-4a*α*,7*β*-gibb-2-en-1*α*,10*β*-dicarbonsäure-1→4a-lacton [1]), Gibber=
ellin-A$_5$ $C_{19}H_{22}O_5$, Formel VIII (R = H).
Die Konstitution und Konfiguration ergibt sich aus der genetischen Beziehung zu
Gibberellin-A$_1$ (2*β*,4a,7-Trihydroxy-1*β*-methyl-8-methylen-4a*α*,7*β*-gibban-1*α*,10*β*-di=
carbonsäure-1→4a-lacton [S. 6516]).
Isolierung aus Phaseolus multiflorus: *MacMillan et al.*, Pr. chem. Soc. **1959** 325.
Krystalle (aus Ae.), F: 260—261°; [α]$_D^{21}$: −76° [Me.; c = 0,8] (*MacMillan et al.*,
Tetrahedron **11** [1960] 60, 66).
Beim Behandeln mit wss. Salzsäure ist 4a-Hydroxy-1*β*,7-dimethyl-8-oxo-4a*α*,7*α*-gibb-
2-en-1*α*,10*β*-dicarbonsäure-1-lacton erhalten worden (*MacM. et al.*, Pr. chem. Soc. **1959**
325).

(4a*R*)-7-Hydroxy-1-methyl-8-methylen-13-oxo-(4b*t*,10a*t*)-1,4,4b,5,6,7,8,9,10,10a-deca=
hydro-7*c*,9a*c*-methano-4a*r*,1*c*-oxaäthano-benz[*a*]azulen-10*t*-carbonsäure-methylester,
4a,7-Dihydroxy-1*β*-methyl-8-methylen-4a*α*,7*β*-gibb-2-en-1*α*,10*β*-dicarbonsäure-1→4a-
lacton-10-methylester, Gibberellin-A$_5$-methylester $C_{20}H_{24}O_5$, Formel VIII (R = CH$_3$).
B. Aus Gibberellin-A$_5$ [s. o.] (*MacMillan et al.*, Pr. chem. Soc. **1959** 325).
F: 190—191°. [α]$_D^{25}$: −75° [Me.].

Hydroxy-oxo-carbonsäuren $C_{23}H_{30}O_5$

(19*Ξ*)-19-Äthoxy-3*β*,19-epoxy-21-oxo-24-nor-20*ξH*-chola-5,14-dien-23-säure $C_{25}H_{34}O_5$,
Formel IX   (R = H),   und   Tautomeres   ((19*Ξ*,20*Ξ*,21*Ξ*)-19-Äthoxy-3*β*,19-epoxy-
21-hydroxy-carda-5,14-dienolid).
B. Beim Erwärmen von (19*Ξ*)-19-Äthoxy-3*β*,19-epoxy-carda-5,14,20(22)-trienolid
(F: 249—251°; aus Strophanthidin hergestellt) mit wss.-äthanol. Natronlauge und An-
säuern der Reaktionslösung mit Essigsäure (*Jacobs, Collins*, J. biol. Chem. **59** [1924]
713, 724).
Krystalle (aus wss. A.); F: 198—200° [Zers.]; [α]$_D^{26}$: −85,5° [CHCl$_3$; c = 1] (*Ja., Co.*,
J. biol. Chem. **59** 724).
Oxim $C_{25}H_{35}NO_5$ ((19*Ξ*)-19-Äthoxy-3*β*,19-epoxy-21-hydroxyimino-24-nor-

---
[1]) Stellungsbezeichnung bei von **Gibban** abgeleiteten Namen s. S. 6080.

$20\xi H$-chola-5,14-dien-23-säure). Krystalle (aus wss. A.); F: 170—172° [Zers.] (*Jacobs*, *Collins*, J. biol. Chem. **64** [1925] 383, 387).

VIII   IX

(19$\varXi$)-19-Äthoxy-3β,19-epoxy-21-oxo-24-nor-20ξH-chola-5,14-dien-23-säure-methyl-**ester** $C_{26}H_{36}O_5$, Formel IX (R = CH_3).

B.   Aus   (19$\varXi$)-19-Äthoxy-3β,19-epoxy-21-oxo-24-nor-20ξH-chola-5,14-dien-23-säure (S. 6407) mit Hilfe von Diazomethan (*Jacobs*, *Collins*, J. biol. Chem. **59** [1924] 713, 725). Krystalle (aus Me.); F: 152—156°.

Hydroxy-oxo-carbonsäuren $C_{24}H_{32}O_5$

16β-Acetoxy-14,21-epoxy-3-oxo-5β,14β-chola-20,22t(?)-dien-24-säure $C_{26}H_{34}O_6$, ver-mutlich Formel X (R = $CO\text{-}CH_3$).

Diese Konstitution und Konfiguration kommt der nachstehend beschriebenen **Anhydro**-**bufotalonsäure** zu; bezüglich der Konfigurationszuordnung an der Doppelbildung $C^{22} = C^{23}$ vgl. *Pettit et al.*, J. org. Chem. **35** [1970] 1410.

B. Aus Bufotalon (16β-Acetoxy-14-hydroxy-3-oxo-5β,14β-bufa-20,22-dienolid [S. 2592]) beim Behandeln einer Lösung in Äthanol mit äthanol. Kalilauge, beim Erwärmen einer Lösung in Pyridin mit wss. Natronlauge oder beim Behandeln einer Lösung in Äthanol mit einer aus Silberoxid und wss. Ammoniak bereiteten Lösung (*Wieland*, *Hesse*, A. **517** [1935] 22, 29, 30).

Krystalle (aus E.); F: 233° [Zers.] (*Wi.*, *He.*).

X   XI

Hydroxy-oxo-carbonsäuren $C_{30}H_{44}O_5$

(2R,5$\varXi$)-2-[(3aR)-8t-Hydroxy-3a,7,7,11,11b-pentamethyl-4-oxo-(3ar,11bt)-1,2,3,3a,-4,7,8,9,10,11b-decahydro-benzo[g]cyclopenta[c]chromen-3c-yl]-5,6-dimethyl-heptan-**säure-methylester**, **(24$\varXi$)-3β,7-Dihydroxy-24-methyl-11,12-seco-19-nor-lanosta-5,7,9-trien-12,21-disäure-12 → 7-lacton-21-methylester, 3β,7-Dihydroxy-11,12-seco-19-nor-24ξH-eburica-5,7,9-trien-12,21-disäure-12 → 7-lacton-21-methylester** [1] $C_{31}H_{46}O_5$, Formel XI.

Die Konfiguration ergibt sich aus der genetischen Beziehung zu Eburicosäure (E III **10** 1064).

B. Beim Erhitzen von 3β-Hydroxy-7-oxo-11,12-seco-24ξH-eburica-5,8-dien-11,12,21-tri-säure-21-methylester (F: 260—262° [Zers.]) unter vermindertem Druck auf 270° (*Dauben*, *Richards*, Am. Soc. **78** [1956] 5329, 5335).

Öl. IR-Banden (CS_2) im Bereich von 5,6 μ bis 6,2 μ: *Da.*, *Ri.* UV-Absorptionsmaxima: 207 nm und 276 nm.

---

[1] Stellungsbezeichnung bei von **Eburican** abgeleiteten Namen s. E III **10** 1064.

Hydroxy-oxo-carbonsäuren $C_nH_{2n-18}O_5$

Hydroxy-oxo-carbonsäuren $C_{14}H_{10}O_5$

4-Acetoxy-6-oxo-2-*trans*-styryl-6*H*-pyran-3-carbonsäure-äthylester, 3-Acetoxy-4-[(*E*)-α-hydroxy-*trans*-cinnamyliden]-*cis*-pentendisäure-5-äthylester-1-lacton $C_{18}H_{16}O_6$, Formel I (R = CO-CH$_3$).

Diese Konstitution und Konfiguration kommt wahrscheinlich der nachstehend beschriebenen Verbindung zu.

B. Beim Erhitzen von 2-*trans*-Cinnamoyl-3-oxo-glutarsäure-diäthylester oder von 4,6-Dioxo-2-*trans*-styryl-5,6-dihydro-4*H*-pyran-3-carbonsäure-äthylester mit Acet= anhydrid (*Lampé, Sandrowski*, Bl. [4] **47** [1930] 469, 475; Roczniki Chem. **10** [1930] 199, 204).

Krystalle (aus Bzn.); F: 124−126°.

I   II   III

Hydroxy-oxo-carbonsäuren $C_{15}H_{12}O_5$

(±)-**6-Methoxy-2'-methyl-3-methylen-4'-oxo-3*H*-spiro[benzofuran-2,1'-cyclopent-2'-en]-3'-carbonsäure** $C_{16}H_{14}O_5$, Formel II (R = H).

Diese Konstitution kommt der nachstehend beschriebenen, von *Foster et al.* (Soc. **1939** 1594, 1596) als 7-Methoxy-1,9b-dimethyl-3-oxo-3,9b-dihydro-dibenzofuran-2-carbonsäure ($C_{16}H_{14}O_5$) formulierten Verbindung zu (*Dean et al.*, Soc. **1953** 1250, 1251, 1253).

B. Neben kleinen Mengen 6-Methoxy-2'-methyl-3-methylen-4'-oxo-3*H*-spiro[benzo= furan-2,1'-cyclopent-2'-en]-3'-carbonsäure-äthylester beim Erwärmen von 2-Acetyl-4-[6-methoxy-3-methyl-benzofuran-2-yl]-3-oxo-buttersäure-äthylester mit konz. Schwe= felsäure (*Fo. et al.*).

Gelbliche Krystalle (aus wss. A.) mit 1 Mol H$_2$O; F: 147° (*Fo. et al.*). Das Krystallwasser wird im Hochvakuum bei 100° abgegeben (*Fo. et al.*).

(±)-**6-Methoxy-2'-methyl-3-methylen-4'-oxo-3*H*-spiro[benzofuran-2,1'-cyclopent-2'-en]-3'-carbonsäure-methylester** $C_{17}H_{16}O_5$, Formel II (R = CH$_3$).

Diese Konstitution kommt der nachstehend beschriebenen, von *Foster et al.* (Soc. **1939** 1594, 1596) als 7-Methoxy-1,9b-dimethyl-3-oxo-3,9b-dihydro-dibenzofuran-2-carbonsäure-methylester ($C_{17}H_{16}O_5$) formulierten Verbindung zu (*Dean et al.*, Soc. **1953** 1250, 1251, 1253).

B. Beim Behandeln von (±)-6-Methoxy-2'-methyl-3-methylen-4'-oxo-3*H*-spiro[benzo= furan-2,1'-cyclopent-2'-en]-3'-carbonsäure mit Diazomethan in Äther (*Fo. et al.*, l. c. S. 1599).

Krystalle (aus PAe. + Bzl.); F: 101° (*Fo. et al.*).

(±)-**6-Methoxy-2'-methyl-3-methylen-4'-oxo-3*H*-spiro[benzofuran-2,1'-cyclopent-2'-en]-3'-carbonsäure-äthylester** $C_{18}H_{18}O_5$, Formel II (R = C$_2$H$_5$).

Diese Konstitution kommt auch einer von *Foster et al.* (Soc. **1939** 1594, 1596) als 7-Methoxy-1,9b-dimethyl-3-oxo-3,9b-dihydro-dibenzofuran-2-carbon= säure-äthylester ($C_{18}H_{18}O_5$) formulierten Verbindung zu (*Dean et al.*, Soc. **1953** 1250, 1251, 1253).

B. Beim Behandeln von 2-Acetyl-4-[6-methoxy-3-methyl-benzofuran-2-yl]-3-oxo-buttersäure-äthylester mit konz. Schwefelsäure (*Dawkins, Mulholland*, Soc. **1959** 2211,

2215). Beim Behandeln von (±)-6-Methoxy-2′-methyl-3-methylen-4′-oxo-3H-spiro[benzo=furan-2,1′-cyclopent-2′-en]-3′-carbonsäure mit Diazoäthan in Äther (*Fo. et al.*, l. c. S. 1599).

Krystalle; F: 122° [korr.; aus Bzn.] (*Da., Mu.*), 122° [aus wss. A.] (*Fo. et al.*). IR-Banden (Nujol) im Bereich von 1750 cm^{-1} bis 1550 cm^{-1}: *Da., Mu.* Absorptionsmaxima (A.): 214 nm, 231 nm, 263 nm und 327 nm (*Da., Mu.*).

2,4-Dinitro-phenylhydrazon $C_{24}H_{22}N_4O_8$ ((±)-4′-[2,4-Dinitro-phenylhydrazono]-6-methoxy-2′-methyl-3-methylen-3H-spiro[benzofuran-2,1′-cyclopent-2′-en]-3′-carbonsäure-äthylester). Orangefarbene Krystalle (aus Bzl. + Bzn.); F: 175–176° [korr.] (*Da., Mu.*).

(±)-6-Hydroxy-5-methyl-2-oxo-3,4-dihydro-2H-benzo[*h*]chromen-3-carbonsäure-äthyl=ester $C_{17}H_{16}O_5$, Formel III (R = H, X = C_2H_5).

B. Bei der Hydrierung von 6-Hydroxy-5-methyl-2-oxo-2H-benzo[*h*]chromen-3-carbon=säure-äthylester an Palladium/Calciumcarbonat in Methanol oder Äthanol (*Smith, Webster*, Am. Soc. **59** [1937] 662, 665).

Krystalle (aus A.); F: 175–176°.

An der Luft nicht beständig.

(±)-6-Acetoxy-5-methyl-2-oxo-3,4-dihydro-2H-benzo[*h*]chromen-3-carbonsäure-äthyl=ester $C_{19}H_{18}O_6$, Formel III (R = CO-CH$_3$, X = C_2H_5).

B. Beim Erhitzen von (±)-6-Hydroxy-5-methyl-2-oxo-3,4-dihydro-2H-benzo[*h*]chrom=en-3-carbonsäure-äthylester mit Acetanhydrid (*Smith, Webster*, Am. Soc. **59** [1937] 662, 665). Bei der Hydrierung von 6-Acetoxy-5-methyl-2-oxo-2H-benzo[*h*]chromen-3-carbon=säure-äthylester an Palladium/Calciumcarbonat in Methanol oder Äthanol (*Sm., We.*).

Krystalle (aus A.); F: 145–145,5°.

Hydroxy-oxo-carbonsäuren $C_{16}H_{14}O_5$

(±)-[2-(6-Methoxy-[2]naphthyl)-5-oxo-tetrahydro-[2]furyl]-essigsäure-methylester, (±)-3-Hydroxy-3-[6-methoxy-[2]naphthyl]-adipinsäure-6-lacton-1-methylester $C_{18}H_{18}O_5$, Formel IV.

B. Beim Erwärmen von 4-[6-Methoxy-[2]naphthyl]-4-oxo-buttersäure-äthylester mit Bromessigsäure-methylester, Zink, wenig Jod, Benzol und Äther (*Bachmann, Morin*, Am. Soc. **66** [1944] 553, 555).

Krystalle (aus Me.); F: 121–122°.

(±)-4-[4-Methoxy-phenyl]-7-methyl-2-oxo-2,3,6,7-tetrahydro-benzofuran-7-carbonsäure-methylester $C_{18}H_{18}O_5$, Formel V.

B. Beim Erhitzen von (±)-[5-Methoxycarbonyl-2-(4-methoxy-phenyl)-5-methyl-6-oxo-cyclohex-1-enyl]-essigsäure mit Acetanhydrid und Acetylchlorid (*Johnson et al.*, Am. Soc. **79** [1957] 1995, 2004).

Krystalle (aus Bzl. + PAe. sowie durch Sublimation bei 110°/0,01 Torr); F: 132° bis 134,5° [korr.]. Absorptionsmaximum (A.): 248 nm.

Hydrierung an Palladium/Kohle in Benzol unter Bildung von 4*r*-[4-Methoxy-phenyl]-7*t*-methyl-2-oxo-2,3,4,5,6,7-hexahydro-benzofuran-7*c*-carbonsäure-methylester: *Jo. et al.* Beim Behandeln mit Ameisensäure und wss. Wasserstoffperoxid und Behandeln des Reaktionsprodukts mit Toluol-4-sulfonsäure in Methanol sind zwei 4,5-Dihydroxy-4-[4-methoxy-phenyl]-7-methyl-2-oxo-2,3,4,5,6,7-hexahydro-benzofuran-7-carbonsäure-methylester-Präparate vom F: 173° [korr.] bzw. vom F: 150° [korr.] erhalten worden.

(±)-4-[4-Methoxy-phenyl]-7-methyl-2-oxo-2,3,6,7-tetrahydro-benzofuran-7-carbonitril, (±)-[3-Cyan-2-hydroxy-6-(4-methoxy-phenyl)-3-methyl-cyclohexa-1,5-dienyl]-essig=säure-lacton $C_{17}H_{15}NO_3$, Formel VI.

B. Beim Erhitzen von (±)-[5-Cyan-2-(4-methoxy-phenyl)-5-methyl-6-oxo-cyclohex-1-enyl]-essigsäure mit Acetanhydrid (*Wisconsin Alumni Research Found.*, U.S.P. 2842559 [1954]).

Krystalle (aus A.); F: 176–177,4° [nach Erweichen bei 162°].

IV   V   VI

(±)-6-Methoxy-2'-methyl-3-methylen-4'-oxo-3H-spiro[benzofuran-2,1'-cyclohex-2'-en]-3'-carbonsäure-äthylester $C_{19}H_{20}O_5$, Formel VII.

B. Beim Behandeln von 3-[6-Methoxy-3-methyl-benzofuran-2-yl]-propionylchlorid (aus der Säure mit Hilfe von Phosphor(V)-chlorid hergestellt) mit einer aus Acetessig=säure-äthylester, Äthanol, Äther und Magnesium hergestellten Lösung und Behandeln des erhaltenen 2-Acetyl-5-[6-methoxy-3-methyl-benzofuran-2-yl]-3-oxo-valeriansäure-äthylesters ($C_{19}H_{22}O_6$) mit konz. Schwefelsäure oder mit Polyphos=phorsäure (*Dawkins, Mulholland*, Soc. **1959** 2211, 2217).

Gelbe Krystalle (aus wss. A.); F: 97—98°. IR-Banden (Nujol) im Bereich von 1750 cm⁻¹ bis 1600 cm⁻¹: *Da., Mu.* Absorptionsmaxima (A.): 215 nm, 233 nm, 260 nm, 273 nm, 316 nm und 326 nm.

2,4-Dinitro-phenylhydrazon $C_{25}H_{24}N_4O_8$ ((±)-4'-[2,4-Dinitro-phenylhydrazono]-6-methoxy-2'-methyl-3-methylen-3H-spiro[benzofuran-2,1'-cyclohex-2'-en]-3'-carbonsäure-äthylester). Orangerote Krystalle (aus Eg. + A.); F: 182° [korr.; Zers.].

(±)-6-Methoxy-7,2'-dimethyl-3-methylen-4'-oxo-3H-spiro[benzofuran-2,1'-cyclopent-2'-en]-3'-carbonsäure $C_{17}H_{16}O_5$, Formel VIII (R = H).

Diese Konstitution kommt der nachstehend beschriebenen, von *Foster et al.* (Soc. **1939** 1594, 1601) als 7-Methoxy-1,6,9b-trimethyl-3-oxo-3,9b-dihydro-dibenzofuran-2-carbonsäure ($C_{17}H_{16}O_5$) formulierten Verbindung zu (*Dean et al.*, Soc. **1953** 1250, 1251, 1253).

B. Neben kleineren Mengen 6-Methoxy-7,2'-dimethyl-3-methylen-4'-oxo-3H-spiro=[benzofuran-2,1'-cyclopent-2'-en]-3'-carbonsäure-äthylester beim Erwärmen einer Lösung des aus [6-Methoxy-3,7-dimethyl-benzofuran-2-yl]-essigsäure mit Hilfe von Phosphor(V)-chlorid hergestellten Säurechlorids in Äther mit der Natrium-Verbindung des Acetessig=säure-äthylesters und Erwärmen des Reaktionsprodukts mit konz. Schwefelsäure (*Fo. et al.*).

Gelbliche Krystalle (aus wss. Acn.); F: 150° (*Fo. et al.*).

VII   VIII

(±)-6-Methoxy-7,2'-dimethyl-3-methylen-4'-oxo-3H-spiro[benzofuran-2,1'-cyclopent-2'-en]-3'-carbonsäure-äthylester $C_{19}H_{20}O_5$, Formel VIII (R = C_2H_5).

Diese Konstitution kommt der nachstehend beschriebenen, von *Foster et al.* (Soc. **1939** 1594, 1601) als 7-Methoxy-1,6,9b-trimethyl-3-oxo-3,9b-dihydro-dibenzo=furan-2-carbonsäure-äthylester ($C_{19}H_{20}O_5$) formulierten Verbindung zu (*Dean et al.*, Soc. **1953** 1250, 1251, 1253).

B. Beim Behandeln der im vorangehenden Artikel beschriebenen Verbindung mit Diazoäthan in Äther (*Fo. et al.*).

Krystalle (aus wss. A.); F: 115° (*Fo. et al.*).

Hydroxy-oxo-carbonsäuren $C_{18}H_{18}O_5$

(±)-2-[2-(6-Methoxy-[2]naphthyl)-5-oxo-tetrahydro-[2]furyl]-2-methyl-propionsäure-methylester, (±)-3-Hydroxy-3-[6-methoxy-[2]naphthyl]-2,2-dimethyl-adipinsäure-6-lacton-1-methylester $C_{20}H_{22}O_5$, Formel IX (R = CH$_3$).

B. Beim Erwärmen einer Lösung von 4-[6-Methoxy-[2]naphthyl]-4-oxo-buttersäure-äthylester in Benzol mit Zink, einer äther. Lösung von α-Brom-isobuttersäure-methyl=ester und wenig Quecksilber(II)-chlorid (*Horeau, Jacques*, Bl. **1952** 527, 531; *Courrier et al.*, C. r. **233** [1951] 1542).

F: 119—120° (*Ho., Ja.; Cou.*).

(±)-2-[2-(6-Methoxy-[2]naphthyl)-5-oxo-tetrahydro-[2]furyl]-2-methyl-propionsäure-äthylester, (±)-3-Hydroxy-3-[6-methoxy-[2]naphthyl]-2,2-dimethyl-adipinsäure-1-äthyl=ester-6-lacton $C_{21}H_{24}O_5$, Formel IX (R = C$_2$H$_5$).

B. Beim Erwärmen einer Lösung von 4-[6-Methoxy-[2]naphthyl]-4-oxo-buttersäure-äthylester in Benzol mit Zink, einer äther. Lösung von α-Brom-isobuttersäure-äthylester und wenig Quecksilber(II)-chlorid (*Horeau, Jacques*, Bl. **1952** 527, 531).

Krystalle (aus Me.); F: 98°.

(±)-2r-Äthyl-2-[6-hydroxy-[2]naphthyl]-3t(?)-methyl-5-oxo-tetrahydro-furan-3c(?)-carbonsäure-äthylester $C_{20}H_{22}O_5$, vermutlich Formel X (R = H) + Spiegelbild.

B. Beim Behandeln von (±)-2r-Äthyl-2-[6-methoxy-[2]naphthyl]-3t(?)-methyl-5-oxo-tetrahydro-furan-3c(?)-carbonsäure-äthylester (s. u.) mit wss. Bromwasserstoffsäure (*Gast-ambide, Gastambide-Odier*, Bl. **1956** 1203, 1206).

Krystalle (aus Diisopropyläther); F: 158,3—159° [korr.].

IX   X   XI

2-Äthyl-2-[6-methoxy-[2]naphthyl]-3-methyl-5-oxo-tetrahydro-furan-3-carbonsäure-äthylester, 2-[1-Hydroxy-1-(6-methoxy-[2]naphthyl)-propyl]-2-methyl-bernsteinsäure-1-äthylester-4-lacton $C_{21}H_{24}O_5$.

a) (±)-2r-Äthyl-2-[6-methoxy-[2]naphthyl]-3t(?)-methyl-5-oxo-tetrahydro-furan-3c(?)-carbonsäure-äthylester $C_{21}H_{24}O_5$, vermutlich Formel X (R = CH$_3$) + Spiegelbild.

B. Neben dem unter b) beschriebenen Stereoisomeren beim Erhitzen von 1-[6-Meth=oxy-[2]naphthyl]-propan-1-on mit (±)-2-Brom-2-methyl-bernsteinsäure-diäthylester, Zink und kleinen Mengen der Kupfer(II)-Verbindung des Acetessigsäure-äthylesters in Xylol und Behandeln des Reaktionsgemisches mit Dioxan und wss. Schwefelsäure (*Gastambide, Gastambide-Odier*, Bl. **1956** 1203, 1206).

Krystalle (aus Diisopropyläther); F: 133—133,3° [korr.]. IR-Banden (CCl$_4$) im Bereich von 5000 cm^{-1} bis 1500 cm^{-1}: *Ga., Ga.-Od.*

b) (±)-2r-Äthyl-2-[6-methoxy-[2]naphthyl]-3c(?)-methyl-5-oxo-tetrahydro-furan-3t(?)-carbonsäure-äthylester $C_{21}H_{24}O_5$, vermutlich Formel XI + Spiegelbild.

B. s. bei dem unter a) beschriebenen Stereoisomeren.

Kp$_{0,03}$: 160° (*Gastambide, Gastambide-Odier*, Bl. **1956** 1203, 1208). IR-Banden (CCl$_4$) im Bereich von 5000 cm^{-1} bis 1500 cm^{-1}: *Ga., Ga.-Od.*

(±)-7-Methoxy-3a-methyl-3-oxo-(3a r,11a c)-1,3,3a,4,5,10,11,11a-octahydro-phenanthro=[1,2-c]furan-1ξ-carbonsäure-methylester, rac-17ξ-Hydroxy-3-methoxy-14-methyl-15,16-seco-18-nor-13α-östra-1,3,5(10),8-tetraen-15,16-disäure-15-lacton-16-methylester $C_{20}H_{22}O_5$, Formel XII (R = CH$_3$) + Spiegelbild.

B. In kleiner Menge neben [7-Methoxy-1r-methoxycarbonyl-1-methyl-1,2,3,4,9,10-

hexahydro-[2c]phenanthryl]-essigsäure-methylester beim Behandeln von (±)-3-Methoxy-14c-methyl-(13r)-7,11,12,13,14,17-hexahydro-6H-cyclopenta[a]phenanthren-15,16-dion mit wss. Kalilauge und wss. Wasserstoffperoxid und Behandeln des nach dem Ansäuern der Reaktionslösung mit wss. Salzsäure erhaltenen Reaktionsprodukts mit Diazomethan in Äther (*Singh*, Am. Soc. **78** [1956] 6109, 6114).

Krystalle (aus E.); F: 201—203° [korr.].

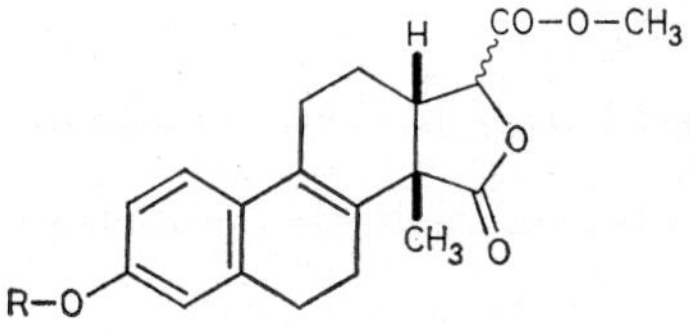

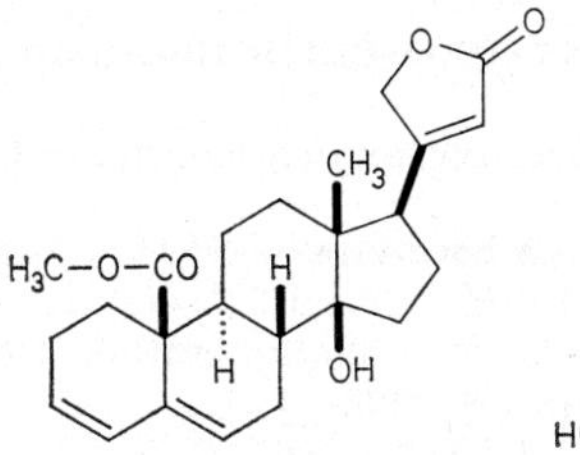

Hydroxy-oxo-carbonsäuren C_{23}H_{28}O_{5}

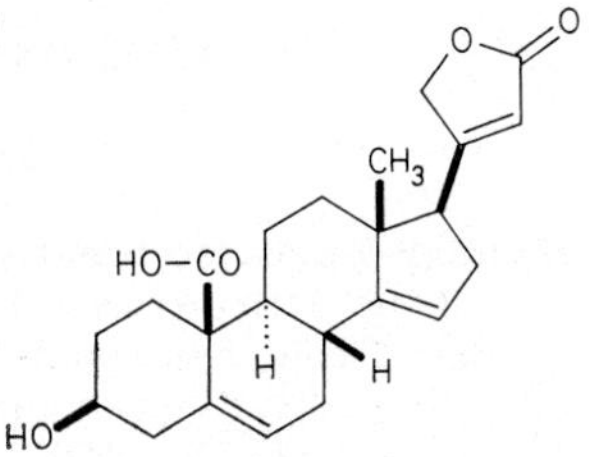

14,21-Dihydroxy-24-nor-14β-chola-3,5,20(22)t-trien-19,23-disäure-23 → 21-lacton-19-methylester, $\Delta^{3,5}$-**Dianhydrostrophanthidinsäure-methylester** C_{24}H_{30}O_{5}, Formel XIII.

B. Beim Erwärmen von Δ^4-Anhydrostrophanthidinsäure-methylester (S. 6536) mit wss.-methanol. Schwefelsäure (*Stoll et al.*, Helv. **36** [1953] 1557, 1564).

Krystalle (aus Acn.); F: 221—230° [durch Chromatographie an Aluminiumoxid gereinigtes Präparat]. $[\alpha]_D^{20}$: —111° [CHCl_3; c = 0,5]. UV-Spektrum (A.; 210—280 nm): *St. et al.*, l. c. S. 1560.

3β,21-Dihydroxy-24-nor-chola-5,14(?),20(22)t-trien-19,23-disäure-23 → 21-lacton C_{23}H_{28}O_{5}, vermutlich Formel XIV.

B. In kleiner Menge beim Behandeln von 3β-Hydroxy-19-oxo-carda-5,14,20(22)-trienolid mit Kaliumpermanganat in Aceton (*Jacobs, Collins*, J. biol. Chem. **65** [1925] 491, 502).

Krystalle (aus wss. Acn.) mit 1 Mol H_2O; F: 272—274° [Zers.]. $[\alpha]_D^{25}$: —102° [A.].

---

rac-11β,18a-Epoxy-3-methoxy-18a-methyl-20-oxo-18-homo-14β,17βH-pregna-3,5,18-trien-21-säure-methylester C_{25}H_{32}O_{5}, Formel XV + Spiegelbild.

B. Beim Behandeln von rac-3,3-Äthandiyldioxy-11β,18a-epoxy-18a-methyl-20-oxo-18-homo-14β,17βH-pregna-5,18-dien-21-säure-methylester mit Orthoameisensäure-trimethylester und einer aus Acetylchlorid und Methanol bereiteten Lösung (*Heusler et al.*, Helv. **41** [1958] 997, 1016).

Krystalle (aus Me.); F: 147—153° [unkorr.].

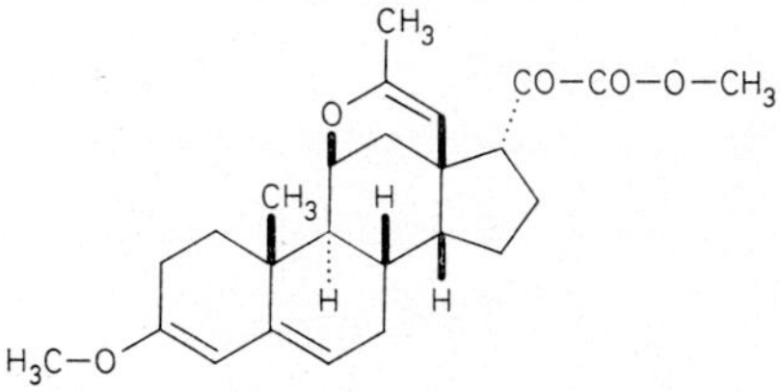

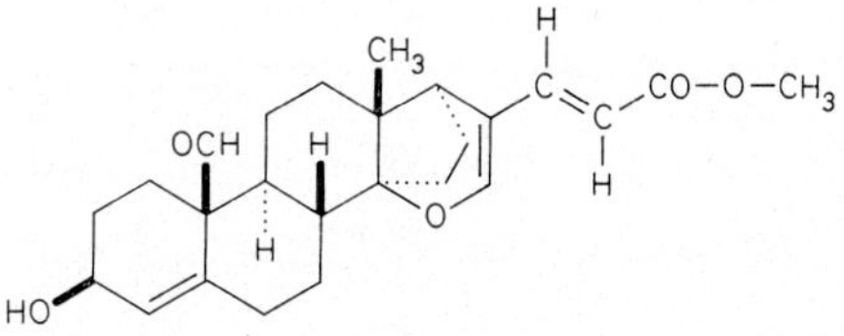

Hydroxy-oxo-carbonsäuren C_{24}H_{30}O_{5}

14,21-Epoxy-3β-hydroxy-19-oxo-14β-chola-4,20,22t(?)-trien-24-säure-methylester C_{25}H_{32}O_{5}, vermutlich Formel XVI.

Diese Konstitution und Konfiguration kommt dem nachstehend beschriebenen **Isoscilliglaucosidinsäure-methylester** zu; bezüglich der Konfigurationszuordnung an der Doppelbindung C²²=C²³ vgl. *Pettit et al.*, J. org. Chem. **35** [1970] 1410.

B. Beim Behandeln von Scilliglaucosidin (S. 2666) mit methanol. Kalilauge und Ansäuern der Reaktionslösung mit wss. Schwefelsäure (*Stoll et al.*, Helv. **36** [1953] 1531, 1549).

Krystalle (aus Acn. + Ae.); F: 192—194° [Kofler-App.; nach Sintern bei 185°]; $[\alpha]_D^{20}$: —17° [CHCl$_3$; c = 0,6] (*St. et al.*).

Hydroxy-oxo-carbonsäuren $C_nH_{2n-20}O_5$

Hydroxy-oxo-carbonsäuren $C_{14}H_8O_5$

2-Hydroxy-9-oxo-xanthen-1-carbonsäure $C_{14}H_8O_5$, Formel I (R = X = H), und Tautomeres (3,10b-Dihydroxy-10bH-furo[4,3,2-*kl*]xanthen-2-on).

B. Beim Behandeln von 2-Acetoxy-9-oxo-xanthen-1-carbonsäure mit wss. Natronlauge (*Lamb, Suschitzky*, Tetrahedron **5** [1959] 1, 7).

Gelbe Krystalle (aus Bzl.); F: 185—186° [Zers.].

2-Methoxy-9-oxo-xanthen-1-carbonsäure $C_{15}H_{10}O_5$, Formel I (R = CH$_3$, X = H), und Tautomeres (10b-Hydroxy-3-methoxy-10bH-furo[4,3,2-*kl*]xanthen-2-on).

B. Beim Erwärmen von 2-Methoxy-9-oxo-xanthen-1-carbaldehyd mit Kaliumperman= ganat in Aceton (*Lamb, Suschitzky*, Tetrahedron **5** [1959] 1, 8). Beim Behandeln einer Lösung von 1-Acetyl-2-methoxy-xanthen-9-on in konz. Schwefelsäure mit Chrom(VI)-oxid (*Lamb, Su.*).

Krystalle; F: 246° [Zers.].

2-Acetoxy-9-oxo-xanthen-1-carbonsäure $C_{16}H_{10}O_6$, Formel I (R = CO-CH$_3$, X = H), und Tautomeres (3-Acetoxy-10b-hydroxy-10bH-furo[4,3,2-*kl*]xanthen-2-on).

B. Beim Erwärmen von 2-Acetoxy-9-oxo-xanthen-1-carbaldehyd mit Kaliumperman= ganat in Aceton (*Lamb, Suschitzky*, Tetrahedron **5** [1959] 1, 7).

Krystalle (aus A.); F: 172—175° [Zers.].

2-Acetoxy-9-oxo-xanthen-1-carbonsäure-äthylester $C_{18}H_{14}O_6$, Formel I (R = CO-CH$_3$, X = C$_2$H$_5$).

B. Beim Erwärmen von 2-Acetoxy-9-oxo-xanthen-1-carbonsäure mit Thionylchlorid und Erwärmen des erhaltenen 2-Acetoxy-9-oxo-xanthen-1-carbonylchlorids mit Äthanol (*Lamb, Suschitzky*, Tetrahedron **5** [1959] 1, 8).

Krystalle (aus A.); F: 190°.

5-Hydroxy-3-oxo-3H-benzo[*f*]chromen-2-carbonsäure, [2,3-Dihydroxy-[1]naphthyl= methylen]-malonsäure-2-lacton $C_{14}H_8O_5$, Formel II (R = H).

B. Beim Erwärmen von 5-Hydroxy-3-oxo-3H-benzo[*f*]chromen-2-carbonsäure-äthyl= ester mit wss.-methanol. Kalilauge (*Cramer, Windel*, B. **89** [1956] 354, 363).

Krystalle (aus A.); F: ca. 310° [Zers.].

I   II   III

5-Hydroxy-3-oxo-3H-benzo[*f*]chromen-2-carbonsäure-äthylester $C_{16}H_{12}O_5$, Formel II (R = C$_2$H$_5$).

B. Beim Erhitzen von 2,3-Dihydroxy-[1]naphthaldehyd mit Malonsäure-diäthylester und wenig Piperidin (*Cramer, Windel*, B. **89** [1956] 354, 363).

Gelbe Krystalle (aus A.); F: 222°.

9-Hydroxy-3-oxo-3*H*-benzo[*f*]chromen-2-carbonsäure, [2,7-Dihydroxy-[1]naphthyl⸗ methylen]-malonsäure-2-lacton $C_{14}H_8O_5$, Formel III (R = H).

B. Beim Erwärmen von 9-Hydroxy-3-oxo-3*H*-benzo[*f*]chromen-2-carbonsäure-äthyl⸗ ester mit wss.-methanol. Kalilauge (*Cramer, Windel*, B. **89** [1956] 354, 363).

Gelbe Krystalle; F: 303° [braune Schmelze].

9-Hydroxy-3-oxo-3*H*-benzo[*f*]chromen-2-carbonsäure-äthylester $C_{16}H_{12}O_5$, Formel III (R = C_2H_5).

B. Beim Erhitzen von 2,7-Dihydroxy-[1]naphthaldehyd mit Malonsäure-diäthylester und wenig Piperidin (*Cramer, Windel*, B. **89** [1956] 354, 363).

Krystalle (aus A.); F: 233°.

7-Hydroxy-6-oxo-6*H*-benzo[*c*]chromen-10-carbonsäure, 3,2′-Dihydroxy-biphenyl-2,6-di⸗ carbonsäure-2 → 2′-lacton $C_{14}H_8O_5$, Formel IV, und **9-Hydroxy-6-oxo-6*H*-benzo[*c*]⸗ chromen-10-carbonsäure, 3,2′-Dihydroxy-biphenyl-2,6-dicarbonsäure-6 → 2′-lacton** $C_{14}H_8O_5$, Formel V.

Diese beiden Konstitutionsformeln kommen für die nachstehend beschriebene Ver⸗ bindung in Betracht.

B. Bei kurzem Erhitzen von 3,8-Dichlor-9-oxo-fluoren-4-carbonsäure mit Kaliumhydr⸗ oxid und Diphenyläther und anschliessendem Behandeln mit Säure (*Huntress, Seikel*, Am. Soc. **61** [1939] 1358, 1363).

Krystalle (aus Eg.); F: 299—301° [unkorr.; Zers.].

[4-Methoxy-dibenzofuran-1-yl]-glyoxylsäure $C_{15}H_{10}O_5$, Formel VI (R = H).

B. Beim Erhitzen von [4-Methoxy-dibenzofuran-1-yl]-glyoxylsäure-äthylester mit wss. Natronlauge (*Gilman, Cheney*, Am. Soc. **61** [1939] 3149, 3152).

Gelbliche Krystalle (aus A.); F: 187°.

IV   V   VI   VII

[4-Methoxy-dibenzofuran-1-yl]-semicarbazono-essigsäure $C_{16}H_{13}N_3O_5$, Formel VII.

B. Aus [4-Methoxy-dibenzofuran-1-yl]-glyoxylsäure und Semicarbazid (*Gilman, Cheney*, Am. Soc. **61** [1939] 3149, 3152).

Krystalle (aus A.); F: 211,5—212° [Zers.].

[4-Methoxy-dibenzofuran-1-yl]-glyoxylsäure-äthylester $C_{17}H_{14}O_5$, Formel VI (R = C_2H_5).

B. Beim Behandeln von 4-Methoxy-dibenzofuran mit Oxalsäure-äthylester-chlorid, Aluminiumchlorid und Nitrobenzol (*Gilman, Cheney*, Am. Soc. **61** [1939] 3149, 3152).

Krystalle (aus A.); F: 113°.

Hydroxy-oxo-carbonsäuren $C_{15}H_{10}O_5$

(±)-2-Hydroxy-5-phthalidyl-benzoesäure $C_{15}H_{10}O_5$, Formel VIII (R = H).

B. Beim Erhitzen einer Lösung von 6′-Hydroxy-2,3′-carbonyl-di-benzoesäure in Essig⸗ säure mit Zink und konz. wss. Salzsäure (*Mitter, Ray*, J. Indian chem. Soc. **9** [1932] 247, 249).

Krystalle (aus wss. A.); F: 211—212°.

(±)-2-Methoxy-5-phthalidyl-benzoesäure $C_{16}H_{12}O_5$, Formel VIII (R = CH_3).

B. Beim Erhitzen einer Lösung von 6′-Methoxy-2,3′-carbonyl-di-benzoesäure in Essig⸗

säure mit Zink und konz. wss. Salzsäure (*Mitter, Ray*, J. Indian chem. Soc. **9** [1932] 247, 249).

F: 164°.

6-Hydroxy-5-methyl-2-oxo-2H-benzo[*h*]chromen-3-carbonsäure, [1,4-Dihydroxy-3-methyl-[2]naphthylmethylen]-malonsäure-1-lacton $C_{15}H_{10}O_5$, Formel IX (R = X = H).

B. Beim Erwärmen von 1,4-Dihydroxy-3-methyl-[2]naphthaldehyd mit Malonsäure, Methanol und wenig Piperidin (*Smith, Webster*, Am. Soc. **59** [1937] 662, 667). Beim Erwärmen einer Suspension von 6-Hydroxy-5-methyl-2-oxo-2H-benzo[*h*]chromen-3-carbonsäure-äthylester in Aceton mit wss. Salzsäure (*Sm., We.*).

Orangefarbene Krystalle (aus Eg. oder A.); F: 263° [Zers.] bzw. F: 275—276° [Zers.; im vorgeheizten Bad].

6-Methoxy-5-methyl-2-oxo-2H-benzo[*h*]chromen-3-carbonsäure $C_{16}H_{12}O_5$, Formel IX (R = CH₃, X = H).

B. Beim Erwärmen von 6-Hydroxy-5-methyl-2-oxo-2H-benzo[*h*]chromen-3-carbonsäure oder von 6-Hydroxy-5-methyl-2-oxo-2H-benzo[*h*]chromen-3-carbonsäure-äthylester mit Methanol, wss. Alkalilauge und Dimethylsulfat (*Smith, Webster*, Am. Soc. **59** [1937] 662, 665).

Krystalle (aus Me.); F: 222—225°.

VIII IX X

6-Acetoxy-5-methyl-2-oxo-2H-benzo[*h*]chromen-3-carbonsäure $C_{17}H_{12}O_6$, Formel IX (R = CO-CH₃, X = H).

B. Beim Behandeln von 1,4-Dihydroxy-3-methyl-[2]naphthaldehyd mit Malonsäure-diäthylester und Essigsäure (*Smith, Webster*, Am. Soc. **59** [1937] 662, 667). Beim Erhitzen von 6-Hydroxy-5-methyl-2-oxo-2H-benzo[*h*]chromen-3-carbonsäure mit Acetanhydrid (*Sm., We.*).

Krystalle (aus Eg.); F: 258° [Zers.].

6-Methoxy-5-methyl-2-oxo-2H-benzo[*h*]chromen-3-carbonsäure-methylester $C_{17}H_{14}O_5$, Formel IX (R = X = CH₃).

B. Beim Erwärmen von 6-Hydroxy-5-methyl-2-oxo-2H-benzo[*h*]chromen-3-carbonsäure mit Natriummethylat in Methanol und Behandeln der Reaktionslösung mit Dimethylsulfat und mit Natriummethylat in Methanol (*Smith, Webster*, Am. Soc. **59** [1937] 662, 666).

Krystalle (aus Me.); F: 182—183°.

6-Hydroxy-5-methyl-2-oxo-2H-benzo[*h*]chromen-3-carbonsäure-äthylester $C_{17}H_{14}O_5$, Formel IX (R = H, X = C₂H₅).

B. Beim Erwärmen einer Lösung von 2,3-Dimethyl-[1,4]naphthochinon in Äther mit der Natrium-Verbindung des Malonsäure-diäthylesters in Äthanol und Behandeln einer Suspension des Reaktionsprodukts in Äthanol mit wss. Salzsäure (*Smith, Webster*, Am. Soc. **59** [1937] 662, 664). Beim Erwärmen von 1,4-Dihydroxy-3-methyl-[2]naphthaldehyd mit Malonsäure-diäthylester, Äthanol und wenig Piperidin und Behandeln des Reaktionsgemisches mit wss. Salzsäure (*Sm., We.*).

Gelbe Krystalle (aus A.); F: 212—213°.

6-Acetoxy-5-methyl-2-oxo-2H-benzo[h]chromen-3-carbonsäure-äthylester $C_{19}H_{16}O_6$,
Formel IX (R = CO-CH$_3$, X = C$_2$H$_5$).
B. Beim Erhitzen von 6-Hydroxy-5-methyl-2-oxo-2H-benzo[h]chromen-3-carbonsäure-
äthylester mit Acetanhydrid (*Smith, Webster*, Am. Soc. **59** [1937] 662, 665).
Krystalle (aus Eg. oder A.); F: 195—196°.

[7-Hydroxy-6-oxo-6H-benzo[c]chromen-9-yl]-essigsäure $C_{15}H_{10}O_5$, Formel X.
Diese Konstitution kommt vermutlich der nachstehend beschriebenen Verbindung zu.
B. Beim Erhitzen einer vermutlich als 7-Hydroxy-9-[2-oxo-2H-chromen-3-yl]-benzo=
[c]chromen-6-on zu formulierenden Verbindung (F: 298°; aus 3-Acetyl-cumarin mit
Hilfe vom Piperidin hergestellt) mit Natriumhydroxid und wenig Wasser (*Koelsch,
Sundet*, Am. Soc. **72** [1950] 1844).
Krystalle (aus Acn.); F: 209—210°.

Hydroxy-oxo-carbonsäuren $C_{16}H_{12}O_5$

(±)-2-[4-Methoxy-phenyl]-4-oxo-chroman-6-carbonsäure $C_{17}H_{14}O_5$, Formel XI.
B. Beim Erwärmen von 4-Hydroxy-3-[4-methoxy-*trans*(?)-cinnamoyl]-benzoesäure
(F: 235°) mit wss.-äthanol. Salzsäure (*Shah et al.*, Am. Soc. **77** [1955] 2223).
Gelbliche Krystalle (aus A.); F: 217°.

---

*Opt.-inakt. 3-[2-Methoxy-phenyl]-1-oxo-isochroman-4-carbonsäure $C_{17}H_{14}O_5$,
Formel XII (R = H).
B. Beim Behandeln von 2-Methoxy-benzaldehyd mit der Natrium-Verbindung des
Isochroman-1,3-dions in Benzol und Behandeln der in Wasser löslichen Anteile des
Reaktionsprodukts mit wss. Schwefelsäure (*Müller et al.*, A. **515** [1935] 97, 106).
Krystalle (aus Acn. + W.); F: 186,5° [Zers.].

XI   XII   XIII

*Opt.-inakt. 3-[2-Methoxy-phenyl]-1-oxo-isochroman-4-carbonsäure-methylester
$C_{18}H_{16}O_5$, Formel XII (R = CH$_3$).
B. Aus opt.-inakt. 3-[2-Methoxy-phenyl]-1-oxo-isochroman-4-carbonsäure (s. o.) mit
Hilfe von Diazomethan (*Müller et al.*, A. **515** [1935] 97, 107).
Krystalle (aus Me.); F: 104,5°.

(±)-2-Hydroxy-3-methyl-5-phthalidyl-benzoesäure $C_{16}H_{12}O_5$, Formel XIII (R = X = H).
B. Beim Erhitzen einer Lösung von 6'-Hydroxy-5'-methyl-2,3'-carbonyl-di-benzoe=
säure in Essigsäure mit Zink und konz. wss. Salzsäure (*Mitter, Ray*, J. Indian chem.
Soc. **9** [1932] 247, 250).
F: 204—205° [aus wss. A.].

(±)-2-Methoxy-3-methyl-5-phthalidyl-benzoesäure $C_{17}H_{14}O_5$, Formel XIII (R = CH$_3$,
X = H).
B. Beim Erhitzen einer Lösung von 6'-Methoxy-5'-methyl-2,3'-carbonyl-di-benzoesäure
in Essigsäure mit Zink und konz. wss. Salzsäure (*Mitter, Ray*, J. Indian chem. Soc. **9**
[1932] 247, 250).
Krystalle (aus wss. A.); F: 160°.

(±)-2-Hydroxy-3-methyl-5-phthalidyl-benzoesäure-methylester $C_{17}H_{14}O_5$, Formel XIII (R = H, X = CH$_3$).

B. Aus (±)-2-Hydroxy-3-methyl-5-phthalidyl-benzoesäure (*Mitter, Ray*, J. Indian chem. Soc. **9** [1932] 247, 250).

Krystalle (aus wss. A.); F: 114—115°.

4-[4-Methoxy-dibenzofuran-1-yl]-4-oxo-buttersäure $C_{17}H_{14}O_5$, Formel XIV (X = H), und Tautomeres (5-Hydroxy-5-[4-methoxy-dibenzofuran-1-yl]-dihydro-furan-2-on).

B. Beim Behandeln von 4-Methoxy-dibenzofuran mit Bernsteinsäure-anhydrid und Aluminiumchlorid in Nitrobenzol und 1,1,2,2-Tetrachlor-äthan (*Gilman et al.*, Am. Soc. **75** [1953] 6310).

F: 224—225° [unkorr.].

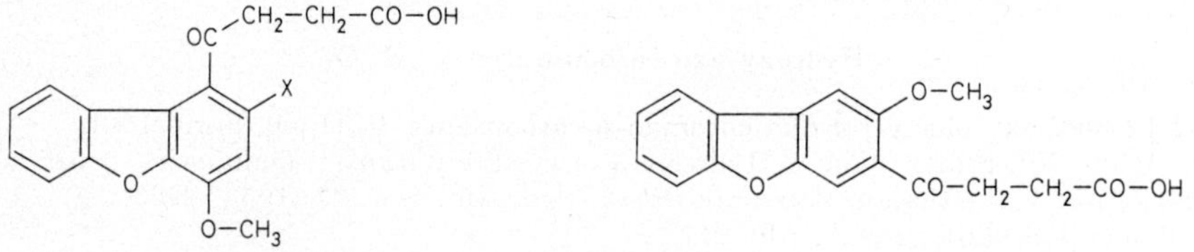

XIV   XV

4-[2-Brom-4-methoxy-dibenzofuran-1-yl]-4-oxo-buttersäure $C_{17}H_{13}BrO_5$, Formel XIV (X = Br), und Tautomeres (5-[2-Brom-4-methoxy-dibenzofuran-1-yl]-5-hydr=oxy-dihydro-furan-2-on).

B. Beim Behandeln von 2-Brom-4-methoxy-dibenzofuran mit Bernsteinsäure-anhydrid und Aluminiumchlorid in Nitrobenzol und 1,1,2,2-Tetrachlor-äthan (*Gilman et al.*, Am. Soc. **75** [1953] 6310).

F: 194—195° [unkorr.].

4-[2-Methoxy-dibenzofuran-3-yl]-4-oxo-buttersäure $C_{17}H_{14}O_5$, Formel XV, und Tauto-meres (5-Hydroxy-5-[2-methoxy-dibenzofuran-3-yl]-dihydro-furan-2-on).

B. Beim Behandeln von 2-Methoxy-dibenzofuran mit Bernsteinsäure-anhydrid und Aluminiumchlorid in Nitrobenzol (*Routier et al.*, Soc. **1956** 4276, 4278).

Krystalle (aus Bzl.); F: 195—196°.

Hydroxy-oxo-carbonsäuren $C_{17}H_{14}O_5$

(±)-6-[2]Furyl-4-[4-methoxy-phenyl]-2-oxo-cyclohex-3-encarbonsäure-äthylester $C_{20}H_{20}O_5$, Formel I, und Tautomeres ((±)-6-[2]Furyl-2-hydroxy-4-[4-methoxy-phenyl]-cyclohexa-1,3-diencarbonsäure-äthylester).

B. Beim Erwärmen eines Gemisches von 3*t*(?)-[2]Furyl-1-[4-methoxy-phenyl]-propenon (F: 79°), Acetessigsäure-äthylester und Äthanol mit wss. Natronlauge (*Hanson*, Bl. Soc. chim. Belg. **67** [1958] 91, 93).

Krystalle (aus A.); F: 85—86°.

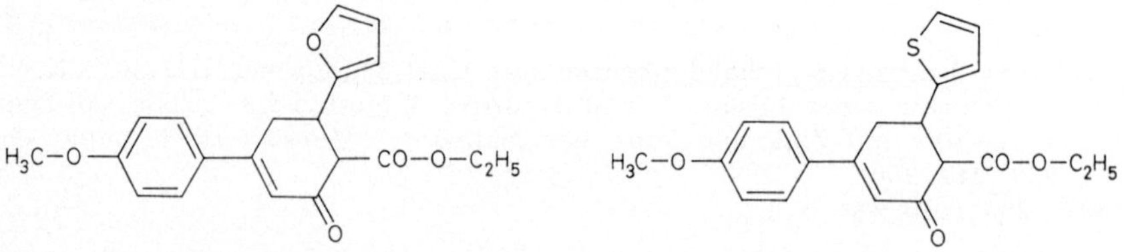

I   II

(±)-4-[4-Methoxy-phenyl]-2-oxo-6-[2]thienyl-cyclohex-3-encarbonsäure-äthylester $C_{20}H_{20}O_4S$, Formel II, und Tautomeres ((±)-2-Hydroxy-4-[4-methoxy-phenyl]-6-[2]thienyl-cyclohexa-1,3-diencarbonsäure-äthylester).

B. Beim Erwärmen eines Gemisches von 1-[4-Methoxy-phenyl]-3*t*(?)-[2]thienyl-propenon (F: 107°), Acetessigsäure-äthylester und Äthanol mit wss. Natronlauge (*Hanson*, Bl. Soc. chim. Belg. **67** [1958] 712, 715).

Krystalle (aus A.); F: 112—114°.

(±)-4-[2]Furyl-6-[2-methoxy-phenyl]-2-oxo-cyclohex-3-encarbonsäure-äthylester

$C_{20}H_{20}O_5$, Formel III (R = C_2H_5), und Tautomeres ((±)-4-[2]Furyl-2-hydroxy-6-[2-methoxy-phenyl]-cyclohexa-1,3-diencarbonsäure-äthylester).

B. Beim Erwärmen eines Gemisches von 1-[2]Furyl-3*t*(?)-[2-methoxy-phenyl]-propenon (F: 85°), Acetessigsäure-äthylester und Äthanol mit wss. Natronlauge (*Hanson*, Bl. Soc. chim. Belg. **67** [1958] 91, 95).

Krystalle (aus A.); F: 109—111°.

H₃C—O   CO—O—R   H₃C—O   CO—O—R   O—CH₃   CO—O—R

        III   **IV**   **V**

(±)-6-[2-Methoxy-phenyl]-2-oxo-4-[2]thienyl-cyclohex-3-encarbonsäure-äthylester

$C_{20}H_{20}O_4S$, Formel IV (R = C_2H_5), und Tautomeres ((±)-2-Hydroxy-6-[2-methoxy-phenyl]-4-[2]thienyl-cyclohexa-1,3-diencarbonsäure-äthylester).

B. Beim Erwärmen eines Gemisches von 3*t*(?)-[2-Methoxy-phenyl]-1-[2]thienyl-propenon (F: 76°), Acetessigsäure-äthylester und Äthanol mit wss. Natronlauge (*Hanson*, Bl. Soc. chim. Belg. **67** [1958] 712, 716).

Krystalle (aus A.); F: 136—137°.

(±)-4-[2]Furyl-6-[4-methoxy-phenyl]-2-oxo-cyclohex-3-encarbonsäure-äthylester

$C_{20}H_{20}O_5$, Formel V (R = C_2H_5), und Tautomeres ((±)-4-[2]Furyl-2-hydroxy-6-[4-methoxy-phenyl]-cyclohexa-1,3-diencarbonsäure-äthylester).

B. Beim Erwärmen eines Gemisches von 1-[2]Furyl-3*t*(?)-[4-methoxy-phenyl]-propenon (F: 82°), Acetessigsäure-äthylester und Äthanol mit wss. Natronlauge (*Hanson*, Bl. Soc. chim. Belg. **67** [1958] 91, 94).

Krystalle (aus A.); F: 105—107°.

(±)-6-[4-Methoxy-phenyl]-2-oxo-4-[2]thienyl-cyclohex-3-encarbonsäure-äthylester

$C_{20}H_{20}O_4S$, Formel VI, und Tautomeres ((±)-2-Hydroxy-6-[4-methoxy-phenyl]-4-[2]thienyl-cyclohexa-1,3-diencarbonsäure-äthylester).

B. Beim Erwärmen eines Gemisches von 3*t*(?)-[4-Methoxy-phenyl]-1-[2]thienyl-propenon (F: 83°), Acetessigsäure-äthylester und Äthanol mit wss. Natronlauge (*Hanson*, Bl. Soc. chim. Belg. **67** [1958] 712, 715).

Krystalle (aus A.); F: 135°.

(±)-3-Hydroxy-2-oxo-5,5-diphenyl-tetrahydro-furan-3-carbonsäure $C_{17}H_{14}O_5$, Formel VII (R = H, X = OH).

Diese Konstitution kommt der nachstehend beschriebenen, ursprünglich (*Achmatowicz, Leplawy*, Bl. Acad. polon. [III] **3** [1955] 547, 548) als 2-Hydroxy-5-oxo-3,3-diphenyl-tetrahydro-furan-2-carbonsäure (Syst. Nr. 1344) angesehenen Verbindung zu (*Achmatowicz, Leplawy*, Bl. Acad. polon. Ser. chim. **6** [1958] 409, 412).

B. Beim Behandeln des Dikalium-Salzes der 4,4-Diphenyl-oxetan-2,2-dicarbonsäure mit wss. Salzsäure (*Achmatowicz, Leplawy*, Roczniki Chem. **33** [1959] 1349, 1361; C. A. **1960** 13056; Bl. Acad. polon. [III] **3** 548; Bl. Acad. polon. Ser. chim. **6** 412).

Krystalle (aus Bzl.), F: 163,5—165°; Krystalle (aus wss. Me.) mit 1 Mol H_2O, F: 73—76°

(*Ach.*, *Le.*, Roczniki Chem. **33** 1349, 1361). Das Krystallwasser wird bei 105° abgegeben (*Ach.*, *Le.*, Roczniki Chem. **33** 1361). IR-Spektrum (Paraffinöl; 2—15 μ) der wasserfreien Verbindung: *Ach.*, *Le.*, Roczniki Chem. **33** 1356.

Beim Erhitzen unter Stickstoff sind 3-Hydroxy-5,5-diphenyl-dihydro-furan-2-on und 5,5-Diphenyl-5*H*-furan-2-on erhalten worden (*Ach.*, *Le.*, Roczniki Chem. **33** 1363). Bildung von [2,2-Diphenyl-vinyl]-hydroxy-malonsäure-dimethylester und 3-Hydroxy-2-oxo-5,5-diphenyl-tetrahydro-furan-3-carbonsäure-methylester beim Behandeln mit Chlorwasserstoff enthaltendem Methanol sowie beim aufeinanderfolgenden Behandeln mit Thionylchlorid und mit Methanol: *Ach.*, *Le.*, Roczniki Chem. **33** 1362.

(±)-3-Acetoxy-2-oxo-5,5-diphenyl-tetrahydro-furan-3-carbonsäure, (±)-Acetoxy-[2-hydroxy-2,2-diphenyl-äthyl]-malonsäure-lacton $C_{19}H_{16}O_6$, Formel VII (R = CO-CH₃, X = OH).

Diese Konstitution kommt der nachstehend beschriebenen, ursprünglich (*Achmatowicz*, *Leplawy*, Bl. Acad. polon. [III] **3** [1955] 547, 548) als 2-Acetoxy-5-oxo-3,3-diphen=yl-tetrahydro-furan-2-carbonsäure ($C_{19}H_{16}O_6$) angesehenen Verbindung zu (*Achmatowicz*, *Leplawy*, Bl. Acad. polon. Ser. chim. **6** [1958] 409, 412).

B. Beim Erwärmen von (±)-3-Hydroxy-2-oxo-5,5-diphenyl-tetrahydro-furan-3-carbon=säure mit Acetylchlorid (*Achmatowicz*, *Leplawy*, Roczniki Chem. **33** [1959] 1349, 1363; C. A. **1960** 13056; Bl. Acad. polon. [III] **3** 548; Bl. Acad. polon. Ser. chim. **6** 412).

Krystalle (aus Bzl.); F: 144—145° (*Ach.*, *Le.*, Roczniki Chem. **33** 1363).

VI   VII   VIII

(±)-3-Hydroxy-2-oxo-5,5-diphenyl-tetrahydro-furan-3-carbonsäure-methylester $C_{18}H_{16}O_5$, Formel VII (R = H, X = O-CH₃).

Diese Konstitution kommt der nachstehend beschriebenen, ursprünglich (*Achmatowicz*, *Leplawy*, Bl. Acad. polon. [III] **3** [1955] 547, 550) als 1-Hydroxy-3,3-diphenyl-cyclo=propan-1,2-dicarbonsäure-dimethylester angesehenen Verbindung zu (*Achmatowicz*, *Leplawy*, Bl. Acad. polon. Ser. chim. **6** [1958] 409, 412).

B. Aus (±)-3-Hydroxy-2-oxo-5,5-diphenyl-tetrahydro-furan-3-carbonsäure beim Be-handeln mit Diazomethan in Äther sowie beim Behandeln einer Lösung in Äthanol mit wss. Kalilauge, Behandeln des Reaktionsprodukts mit Silbernitrat in Wasser und Er-wärmen des danach isolierten Reaktionsprodukts mit Methyljodid (*Achmatowicz*, *Leplawy*, Roczniki Chem. **33** [1959] 1349, 1362; C. A. **1960** 13056).

Krystalle (aus Me.); F: 124,5—125,5° (*Ach.*, *Le.*, Roczniki Chem. **33** 1362). IR-Spek=trum (Paraffinöl; 3—15 μ): *Ach.*, *Le.*, Roczniki Chem. **33** 1356.

(±)-3-Acetoxy-2-oxo-5,5-diphenyl-tetrahydro-furan-3-carbonsäure-methylester, (±)-Acetoxy-[2-hydroxy-2,2-diphenyl-äthyl]-malonsäure-lacton-methylester $C_{20}H_{18}O_6$, Formel VII (R = CO-CH₃, X = O-CH₃).

Diese Konstitution kommt der nachstehend beschriebenen, ursprünglich (*Achmatowicz*, *Leplawy*, Bl. Acad. polon. [III] **3** [1955] 547, 550) als 1-Acetoxy-3,3-diphenyl-cyclo=propan-1,2-dicarbonsäure-dimethylester angesehenen Verbindung zu (*Achmatowicz*, *Leplawy*, Bl. Acad. polon. Ser. chim. **6** [1958] 409, 412).

B. Beim Erwärmen von (±)-3-Hydroxy-2-oxo-5,5-diphenyl-tetrahydro-furan-3-carbon=säure-methylester mit Acetylchlorid (*Achmatowicz*, *Leplawy*, Roczniki Chem. **33** [1959] 1349, 1363; C. A. **1960** 13056; Bl. Acad. polon. [III] **3** 550; Bl. Acad. polon. Ser. chim. **6** 412).

Krystalle (aus Me.); F: 103—105° (*Ach.*, *Le.*, Roczniki Chem. **33** 1363).

(±)-3-Hydroxy-2-oxo-5,5-diphenyl-tetrahydro-furan-3-carbonsäure-amid $C_{17}H_{15}NO_4$,
Formel VII (R = H, X = NH$_2$).
  Diese Konstitution kommt der nachstehend beschriebenen, ursprünglich (*Achmatowicz,
Leplawy*, Bl. Acad. polon. [III] **3** [1955] 547, 550) als 2-Hydroxy-5-oxo-3,3-diphenyl-
tetrahydro-furan-2-carbonsäure-amid [Syst. Nr. 1344] angesehenen Verbindung zu
(*Achmatowicz, Leplawy*, Bl. Acad. polon. Ser. chim. **6** [1958] 409, 412).
  B. Beim Erwärmen von 4,4-Diphenyl-oxetan-2,2-dicarbonitril mit wss. Kalilauge
(*Achmatowicz, Leplawy*, Roczniki Chem. **33** [1959] 1349, 1361; C. A. **1960** 13056; Bl.
Acad. polon. [III] **3** 548; Bl. Acad. polon. Ser. chim. **6** 412).
  Krystalle (aus Acn.); F: 207—209° (*Ach., Le.*, Roczniki Chem. **33** 1361).

(±)-2-Methoxy-5-oxo-3,3-diphenyl-tetrahydro-furan-2-carbonsäure-methylester,
(±)-2-Hydroxy-2-methoxy-3,3-diphenyl-glutarsäure-5-lacton-1-methylester $C_{19}H_{18}O_5$,
Formel VIII.
  Eine ursprünglich (*Achmatowicz, Leplawy*, Bl. Acad. polon. [III] **3** [1955] 547, 548)
unter dieser Konstitution beschriebene Verbindung ist als [2,2-Diphenyl-vinyl]-hydroxy-
malonsäure-dimethylester zu formulieren (*Achmatowicz, Leplawy*, Bl. Acad. polon. Ser.
chim. **6** [1958] 409, 412).

(±)-[2-(4-Hydroxy-phenyl)-4-oxo-chroman-6-yl]-essigsäure $C_{17}H_{14}O_5$, Formel IX
(R = H).
  B. Beim Erhitzen von [4-Hydroxy-3-(4-hydroxy-*trans*(?)-cinnamoyl)-phenyl]-essig≈
säure mit Essigsäure und konz. wss. Salzsäure (*Matsuoka*, J. chem. Soc. Japan Pure
Chem. Sect. **78** [1957] 651; C. A. **1959** 5258).
  Krystalle (aus wss. Me.); F: 198—199°.

IX   X

(±)-[2-(4-Methoxy-phenyl)-4-oxo-chroman-6-yl]-essigsäure $C_{18}H_{16}O_5$, Formel IX
(R = CH$_3$).
  B. Beim Erhitzen von [4-Hydroxy-3-(4-methoxy-*trans*(?)-cinnamoyl)-phenyl]-essig≈
säure mit Essigsäure und konz. wss. Salzsäure (*Matsuoka*, J. chem. Soc. Japan Pure
Chem. Sect. **78** [1957] 651; C. A. **1959** 5258).
  Krystalle (aus wss. Acn.); F: 163—164°.

(±)-8-Methoxy-3a-methyl-3-oxo-3,3a,4,5-tetrahydro-2*H*-benz[*b*]indeno[5,4-*d*]furan-
1-carbonsäure-äthylester $C_{20}H_{20}O_5$, Formel X (R = C$_2$H$_5$).
  B. Beim Behandeln von (±)-7-Methoxy-3-methyl-4-oxo-1,2,3,4-tetrahydro-dibenzo≈
furan-3-carbonitril mit Bernsteinsäure-diäthylester und Kalium-*tert*-butylat in *tert*-Butyl≈
alkohol (*Bhide et al.*, Chem. and Ind. **1957** 1319).
  F: 135°.

Hydroxy-oxo-carbonsäuren C$_{18}$H$_{16}$O$_5$

*Opt.-inakt. 5-Hydroxy-6-oxo-3,4-diphenyl-tetrahydro-pyran-2-carbonsäure, 2,5-Dihydr≈
oxy-3,4-diphenyl-adipinsäure-1→5-lacton $C_{18}H_{16}O_5$, Formel I.
  B. Beim Erhitzen von opt.-inakt. 2,5-Dibrom-3,4-diphenyl-adipinsäure-dimethylester
(F: 191°) mit wss. Natriumcarbonat-Lösung und Behandeln der Reaktionslösung mit
wss. Salzsäure (*Fierz-David et al.*, Helv. **32** [1949] 1414, 1428).
  Krystalle (aus Me. + W.); F: 157—158° [korr.].

2-Benzyl-4-hydroxy-5-oxo-3-phenyl-tetrahydro-furan-2-carbonsäure, 2-Benzyl-2,4-dihydroxy-3-phenyl-glutarsäure-5→2-lacton $C_{18}H_{16}O_5$, Formel II (R = X = H).
Diese Konstitution kommt vermutlich der nachstehend beschriebenen opt.-inakt. Verbindung zu.

B. Beim Behandeln einer Lösung von (±)-2-Benzyl-4,5-dioxo-3-phenyl-tetrahydro-furan-2-carbonsäure in verd. wss. Essigsäure mit Natrium-Amalgam (*Jarrousse*, A. ch. [11] **9** [1938] 157, 182).

Krystalle (aus Bzl.); F: 225° [Block] (*Ja.*).

Beim Erwärmen mit wss. Natronlauge ist 2-Benzyl-2,4-dihydroxy-3-phenyl-glutarsäure (F: ca. 140°) erhalten worden (*Ja.*, l. c. S. 185).

Eine möglicherweise ebenfalls als 2-Benzyl-4-hydroxy-5-oxo-3-phenyl-tetrahydro-furan-2-carbonsäure oder aber als 4-Benzyl-4-hydroxy-5-oxo-3-phenyl-tetrahydro-furan-2-carbonsäure zu formulierende opt.-inakt. Verbindung $C_{18}H_{16}O_5$ (Krystalle [aus Bzl.], F: 136—137° [Block]) ist beim Erhitzen von opt.-inakt. 2-Benzyl-2,4-dihydroxy-3-phenyl-glutarsäure (F: ca. 140°) auf 180° erhalten worden (*Jarrousse*, A. ch. [11] **9** [1938] 157, 179, 187).

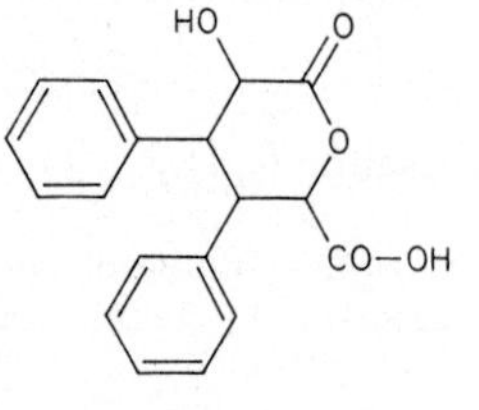

I

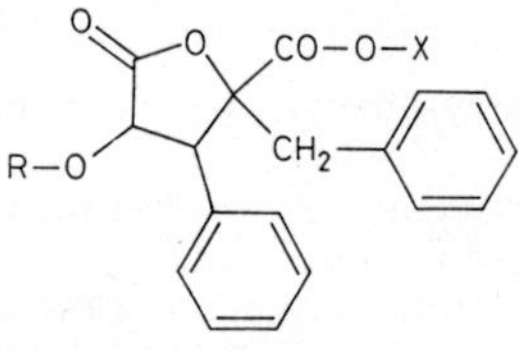

II

4-Acetoxy-2-benzyl-5-oxo-3-phenyl-tetrahydro-furan-2-carbonsäure, 4-Acetoxy-2-benzyl-2-hydroxy-3-phenyl-glutarsäure-5-lacton $C_{20}H_{18}O_6$, Formel II (R = CO-CH_3, X = H).
Diese Konstitution kommt vermutlich der nachstehend beschriebenen opt.-inakt. Verbindung zu.

B. Beim Erwärmen der im vorangehenden Artikel beschriebenen Verbindung vom F: 225° mit Acetanhydrid und wenig Natriumacetat (*Jarrousse*, A. ch. [11] **9** [1938] 157, 184).

Krystalle (aus Bzl.); F: 168° [Block].

2-Benzyl-4-hydroxy-5-oxo-3-phenyl-tetrahydro-furan-2-carbonsäure-methylester, 2-Benzyl-2,4-dihydroxy-3-phenyl-glutarsäure-5→2-lacton-1-methylester $C_{19}H_{18}O_5$, Formel II (R = H, X = CH_3).
Diese Konstitution kommt vermutlich der nachstehend beschriebenen opt.-inakt. Verbindung zu.

B. Beim Behandeln einer Lösung von (±)-2-Benzyl-4,5-dioxo-3-phenyl-tetrahydro-furan-2-carbonsäure-methylester in wss. Äthanol mit Natrium-Amalgam unter ständigem Neutralisieren mit Essigsäure (*Jarousse*, A. ch. [11] **9** [1938] 157, 179, 188).

Krystalle (aus Ae. + PAe.); F: 132—133° [Block].

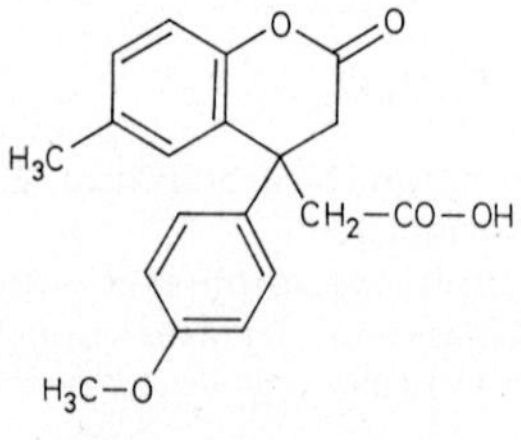

III

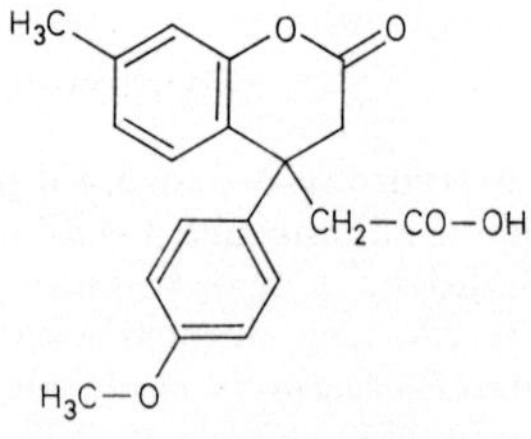

IV

(±)-[4-(4-Methoxy-phenyl)-6-methyl-2-oxo-chroman-4-yl]-essigsäure, (±)-3-[2-Hydr=
oxy-5-methyl-phenyl]-3-[4-methoxy-phenyl]-glutarsäure-lacton $C_{19}H_{18}O_5$, Formel III.
   B. Beim Behandeln einer Lösung von 3-[4-Methoxy-phenyl]-pentendisäure (F: 176°)
in 80%ig. wss. Schwefelsäure mit *p*-Kresol (*Gogte, Atre*, J. Univ. Bombay **25**, Tl. 3 A
[1956] 31, 37).
   Krystalle (aus Acn.); F: 155°.

(±)-[4-(4-Methoxy-phenyl)-7-methyl-2-oxo-chroman-4-yl]-essigsäure, (±)-3-[2-Hydr=
oxy-4-methyl-phenyl]-3-[4-methoxy-phenyl]-glutarsäure-lacton $C_{19}H_{18}O_5$, Formel IV.
   B. Beim Behandeln einer Lösung von 3-[4-Methoxy-phenyl]-pentendisäure (F: 176°)
in 60%ig. wss. Schwefelsäure mit *m*-Kresol (*Gogte, Atre*, J. Univ. Bombay **25**, Tl. 3 A
[1956] 31, 37).
   Krystalle (aus wss. Acn.); F: 160°.

Hydroxy-oxo-carbonsäuren $C_{19}H_{18}O_5$

6-Benzoyl-3-nitro-2-nitryloxy-2-phenyl-tetrahydro-pyran-3-carbonitril $C_{19}H_{15}N_3O_7$,
Formel V.
   Diese Konstitution ist der nachstehend beschriebenen opt.-inakt. Verbindung zuge-
ordnet worden (*Hully et al.*, Am. Soc. **58** [1936] 2634).
   B. Beim Behandeln von opt.-inakt. 6-[α-Hydroxy-benzyl]-2-phenyl-5,6-dihydro-
4*H*-pyran-3-carbonitril (S. 4989) mit Salpetersäure (*Hu. et al.*). Beim Erwärmen einer
Lösung von (±)-6-Benzoyl-2-phenyl-5,6-dihydro-4*H*-pyran-3-carbonitril in Essigsäure
mit wss. Salpetersäure [D: 1,42] (*Hu. et al.*).
   Krystalle (aus A.); F: 139,5−140° [Zers.].

---

*Opt.-inakt. 5-Hydroxymethyl-6-oxo-3,5-diphenyl-tetrahydro-pyran-3-carbonsäure,
2,4-Bis-hydroxymethyl-2,4-diphenyl-glutarsäure-monolacton $C_{19}H_{18}O_5$,
Formel VI (R = H, X = OH).
   B. Beim Erhitzen von opt.-inakt. 2,4-Bis-hydroxymethyl-2,4-diphenyl-glutaronitril
(F: 166°) mit konz. wss. Salzsäure (*Jäger*, Ar. **289** [1956] 165, 169).
   Krystalle (aus Acn. + W.); F: ca. 225−230°.

V   VI   VII

*Opt.-inakt. 5-Hydroxymethyl-6-oxo-3,5-diphenyl-tetrahydro-pyran-3-carbonsäure-
methylester $C_{20}H_{20}O_5$, Formel VI (R = H, X = O-CH$_3$).
   B. Beim Erwärmen von opt.-inakt. 2,4-Bis-hydroxymethyl-2,4-diphenyl-glutaronitril
(F: 166°) mit Chlorwasserstoff enthaltendem Methanol (*Jäger*, Ar. **289** [1956] 165, 169).
   Krystalle (aus Me.); F: 148°.

*Opt.-inakt. 5-Hydroxymethyl-6-oxo-3,5-diphenyl-tetrahydro-pyran-3-carbonsäure-
äthylester $C_{21}H_{22}O_5$, Formel VI (R = H, X = O-C$_2$H$_5$).
   B. Beim Erwärmen von opt.-inakt. 2,4-Bis-hydroxymethyl-2,4-diphenyl-glutaronitril
(F: 166°) mit Chlorwasserstoff enthaltendem Äthanol (*Jäger*, Ar. **289** [1956] 165, 169).
   Krystalle; F: 104°.

*Opt.-inakt. 5-[4-Nitro-benzoyloxymethyl]-6-oxo-3,5-diphenyl-tetrahydro-pyran-3-carb=
onsäure-äthylester, 2-Hydroxymethyl-4-[4-nitro-benzoyloxymethyl]-2,4-diphenyl-
glutarsäure-1-äthylester-5-lacton $C_{28}H_{25}NO_8$, Formel VI (R = $CO-C_6H_4-NO_2$,
X = $O-C_2H_5$).

B. Beim Behandeln einer Lösung von opt.-inakt. 5-Hydroxymethyl-6-oxo-3,5-diphenyl-
tetrahydro-pyran-3-carbonsäure-äthylester (F: 104°) in Pyridin mit 4-Nitro-benzoyl=
chlorid (*Jäger*, Ar. **289** [1956] 165, 169).

Krystalle (aus E. + PAe.); F: 134°.

*Opt.-inakt. 5-Acetoxymethyl-6-oxo-3,5-diphenyl-tetrahydro-pyran-3-carbonylchlorid,
2-Acetoxymethyl-4-hydroxymethyl-2,4-diphenyl-glutarsäure-5-chlorid-1-lacton
$C_{21}H_{19}ClO_5$, Formel VI (R = $CO-CH_3$, X = Cl).

B. Beim Erwärmen des aus opt.-inakt. 5-Hydroxymethyl-6-oxo-3,5-diphenyl-tetra=
hydro-pyran-3-carbonsäure (S. 6423) hergestellten *O*-Acetyl-Derivats mit Thionylchlorid
(*Jäger*, Ar. **289** [1956] 165, 170).

Krystalle (aus Bzl.); F: 145°.

———

(±)-3-Hydroxy-2-oxo-5,5-di-*p*-tolyl-tetrahydro-furan-3-carbonsäure $C_{19}H_{18}O_5$,
Formel VII (R = X = H).

B. Beim Behandeln des Dikalium-Salzes der 4,4-Di-*p*-tolyl-oxetan-2,2-dicarbonsäure
mit wss. Salzsäure (*Achmatowicz, Leplawy*, Roczniki Chem. **33** [1959] 1371, 1374; C. A.
1960 13056).

Krystalle (aus A.); F: 169—170°.

(±)-3-Acetoxy-2-oxo-5,5-di-*p*-tolyl-tetrahydro-furan-3-carbonsäure, (±)-Acetoxy-
[2-hydroxy-2,2-di-*p*-tolyl-äthyl]-malonsäure-lacton $C_{21}H_{20}O_6$, Formel VII (R = $CO-CH_3$,
X = H).

B. Beim Erwärmen von (±)-3-Hydroxy-2-oxo-5,5-di-*p*-tolyl-tetrahydro-furan-3-carb=
onsäure mit Acetylchlorid (*Achmatowicz, Leplawy*, Roczniki Chem. **33** [1959] 1371, 1374;
C. A. **1960** 13056).

Krystalle (aus Bzl.); F: 161—164°.

(±)-3-Hydroxy-2-oxo-5,5-di-*p*-tolyl-tetrahydro-furan-3-carbonsäure-methylester
$C_{20}H_{20}O_5$, Formel VII (R = H, X = CH_3).

B. Aus (±)-3-Hydroxy-2-oxo-5,5-di-*p*-tolyl-tetrahydro-furan-3-carbonsäure mit Hilfe
von Diazomethan (*Achmatowicz, Leplawy*, Roczniki Chem. **33** [1959] 1371, 1374; C. A.
1960 13056).

Krystalle (aus Me.); F: 118—119°.

———

(±)-[4-(2-Methoxy-5-methyl-phenyl)-6-methyl-2-oxo-chroman-4-yl]-essigsäure,
(±)-3-[2-Hydroxy-5-methyl-phenyl]-3-[2-methoxy-5-methyl-phenyl]-glutarsäure-lacton
$C_{20}H_{20}O_5$, Formel VIII (R = CH_3, X = H).

B. Beim Behandeln einer Lösung von 3-[2-Methoxy-5-methyl-phenyl]-pentendisäure
(F: 169°) in 80%ig. wss. Schwefelsäure mit *p*-Kresol (*Gogte, Palkar*, J. Univ. Bombay **27**,
Tl. 5 A [1959] 6, 9).

Krystalle (aus wss. Eg.); F: 220°.

(±)-[4-(2-Äthoxy-5-methyl-phenyl)-6-methyl-2-oxo-chroman-4-yl]-essigsäure,
(±)-3-[2-Äthoxy-5-methyl-phenyl]-3-[2-hydroxy-5-methyl-phenyl]-glutarsäure-lacton
$C_{21}H_{22}O_5$, Formel VIII (R = C_2H_5, X = H).

B. Neben 3-[2-Äthoxy-5-methyl-phenyl]-pentendisäure (F: 153°) und 3,5-Bis-[2-äthoxy-
5-methyl-phenyl]-5-oxo-pent-3-ensäure (F: 232°) beim Behandeln von 3-Oxo-glutar=
säure mit 4-Methyl-phenetol und konz. Schwefelsäure (*Gogte*, Pr. Indian Acad. [A] **2** [1935]
185, 190). Neben anderen Verbindungen beim Behandeln einer Lösung von 3-[2-Äthoxy-
5-methyl-phenyl]-pentendisäure (F: 153°) in 80%ig. wss. Schwefelsäure mit 4-Methyl-
phenetol (*Go.*).

Krystalle (aus A.); F: 205°.

VIII   IX   X

(±)-[4-(2-Äthoxy-5-methyl-phenyl)-6-methyl-2-oxo-chroman-4-yl]-essigsäure-äthyl=
ester, (±)-3-[2-Äthoxy-5-methyl-phenyl]-3-[2-hydroxy-5-methyl-phenyl]-glutarsäure-
äthylester-lacton $C_{23}H_{26}O_5$, Formel VIII (R = X = C_2H_5).
B. Beim Behandeln von (±)-[4-(2-Äthoxy-5-methyl-phenyl)-6-methyl-2-oxo-chroman-
4-yl]-essigsäure mit Schwefelsäure enthaltendem Äthanol (*Gogte*, Pr. Indian Acad. [A] **2**
[1935] 185, 192).
Krystalle (aus Me.); F: 124°.

(±)-[4-(2-Methoxy-5-methyl-phenyl)-7-methyl-2-oxo-chroman-4-yl]-essigsäure,
(±)-3-[2-Hydroxy-4-methyl-phenyl]-3-[2-methoxy-5-methyl-phenyl]-glutarsäure-lacton
$C_{20}H_{20}O_5$, Formel IX.
B. Beim Behandeln einer Lösung von 3-[2-Methoxy-5-methyl-phenyl]-pentendisäure
(F: 169°) in 80%ig. wss. Schwefelsäure mit *m*-Kresol (*Gogte, Palkar*, J. Univ. Bombay **27**,
Tl. 5 A [1959] 6, 10).
Krystalle (aus wss. Eg.); F: 194°.

(±)-[4-(2-Methoxy-4-methyl-phenyl)-6-methyl-2-oxo-chroman-4-yl]-essigsäure,
(±)-3-[2-Hydroxy-5-methyl-phenyl]-3-[2-methoxy-4-methyl-phenyl]-glutarsäure-lacton
$C_{20}H_{20}O_5$, Formel X.
B. Beim Behandeln einer Lösung von 3-[2-Methoxy-4-methyl-phenyl]-pentendisäure
(F: 174°) in 80%ig. wss. Schwefelsäure mit *p*-Kresol (*Gogte, Palkar*, J. Univ. Bombay
27, Tl. 5 A [1959] 6, 10).
Krystalle (aus wss. Eg.); F: 255°.

(±)-[4-(2-Methoxy-4-methyl-phenyl)-7-methyl-2-oxo-chroman-4-yl]-essigsäure,
(±)-3-[2-Hydroxy-4-methyl-phenyl]-3-[2-methoxy-4-methyl-phenyl]-glutarsäure-lacton
$C_{20}H_{20}O_5$, Formel XI.
B. Beim Behandeln einer Lösung von 3-[2-Methoxy-4-methyl-phenyl]-pentendisäure
(F: 174°) in 80%ig. wss. Schwefelsäure mit *m*-Kresol (*Gogte, Palkar*, J. Univ. Bombay **27**,
Tl. 5 A [1959] 6, 10).
Krystalle (aus wss. Eg.); F: 226°.

(3*R*)-8-Hydroxy-3*r*,4*t*,5-trimethyl-6-oxo-1-phenyl-4,6-dihydro-3*H*-isochromen-7-carbon=
säure $C_{19}H_{18}O_5$, Formel XII, und Tautomere.
B. Beim Behandeln einer Lösung von (3*R*)-6,8-Dihydroxy-3*r*,4*t*,5-trimethyl-1ξ-phenyl-
isochroman-7-carbonsäure (F: 169,5° [S. 5057]) in Chloroform mit Brom (*Warren et al.*,
Am. Soc. **79** [1957] 3812, 3814).
Orangefarbene Krystalle (aus wss. A.); F: 249,5−251,5° [korr.; Zers.].

---

*Opt.-inakt. 7'-Methoxy-2'-methyl-5-oxo-4,5,3',4'-tetrahydro-3*H*,2'*H*-spiro[furan-
2,1'-phenanthren]-2'-carbonsäure $C_{20}H_{20}O_5$, Formel XIII (R = H).
B. Beim Erwärmen eines von opt.-inakt. 7'-Methoxy-2'-methyl-5-oxo-4,5,3',4'-tetra=
hydro-3*H*,2'*H*-spiro[furan-2,1'-phenanthren]-2'-carbonsäure-äthylester (Stereoisomeren-
Gemisch) mit wss.-äthanol. Kalilauge, in einem Fall neben einem stereoisomeren (?)
Präparat vom F: 206−209° [korr.; Zers.] (*Bachmann, Holmen*, Am. Soc. **73** [1951] 3660,

3665).

Krystalle (aus E.); F: 210—212° [korr.; Zers.].

*Opt.-inakt. 7'-Methoxy-2'-methyl-5-oxo-4,5,3',4'-tetrahydro-3H,2'H-spiro[furan-2,1'-phenanthren]-2'-carbonsäure-methylester $C_{21}H_{22}O_5$, Formel XIII (R = CH$_3$).

B. Aus opt.-inakt. 7'-Methoxy-2'-methyl-5-oxo-4,5,3',4'-tetrahydro-3H,2'H-spiro=[furan-2,1'-phenanthren]-2'-carbonsäure vom F: 210—212° (S. 6425) mit Hilfe von Diazo=methan (*Bachmann, Holmen*, Am. Soc. **73** [1951] 3660, 3665).

Krystalle (aus E. + PAe.); F: 166,5—168° [korr.].

XI   XII   XIII

7'-Methoxy-2'-methyl-5-oxo-4,5,3',4'-tetrahydro-3H,2'H-spiro[furan-2,1'-phenanthren]-2'-carbonsäure-äthylester $C_{22}H_{24}O_5$, Formel XIII (R = C$_2$H$_5$).

a) Opt.-inakt. Präparat vom F: 160,5—162°.

B. Neben dem unter b) beschriebenen Präparat beim Behandeln einer Lösung von 2-Methyl-3-oxo-adipinsäure-diäthylester in Äther mit Kalium-*tert*-butylat in Benzol unter Stickstoff und anschliessend mit 1-[2-Jod-äthyl]-6-methoxy-naphthalin und Behandeln einer Lösung des Reaktionsprodukts in Äther mit 85%ig. wss. Schwefelsäure (*Bachmann, Holmen*, Am. Soc. **73** [1951] 3660, 3665).

Krystalle (aus E. + PAe.); F: 160,5—162° [korr.].

b) Opt.-inakt. Präparat vom F: 143,5—145°.

B. s. bei dem unter a) beschriebenen Präparat.

Krystalle (aus E. + PAe.); F: 143,5—145° (*Bachmann, Holmen*, Am. Soc. **73** [1951] 3660, 3665).

Beim Erwärmen mit methanol. Kalilauge und Ansäuern der mehrere Wochen lang aufbewahrten Reaktionslösung ist 3-[7-Methoxy-2-methyl-3,4-dihydro-[1]phenanthryl]-propionsäure erhalten worden. Bildung von 3-Methoxy-13-methyl-11,12,13,16-tetrahydro-cyclopenta[a]phenanthren-17-on beim Erwärmen eines Gemisches der beiden Präparate vom F: 162° und F: 145° mit Natriummethylat in Benzol und Erhitzen des nach dem Ansäuern mit Essigsäure isolierten Reaktionsprodukts unter 0,1 Torr auf 165°: *Ba., Ho.*

Hydroxy-oxo-carbonsäuren C$_n$H$_{2n-22}$O$_5$

Hydroxy-oxo-carbonsäuren C$_{16}$H$_{10}$O$_5$

7-Hydroxy-4-oxo-3-phenyl-4H-chromen-2-carbonsäure $C_{16}H_{10}O_5$, Formel I (R = X = H).

B. Aus 7-Hydroxy-4-oxo-3-phenyl-4H-chromen-2-carbonsäure-äthylester mit Hilfe von Alkalilauge (*Baker et al.*, Soc. **1953** 1852, 1856).

Krystalle (aus wss. A.) mit 1 Mol H$_2$O; F: 247° [Zers.].

7-Methoxy-4-oxo-3-phenyl-4H-chromen-2-carbonsäure $C_{17}H_{12}O_5$, Formel I (R = CH$_3$, X = H) (E II 386).

B. Beim Behandeln einer Lösung von 7-Methoxy-4-oxo-3-phenyl-4H-chromen-2-carb=onsäure-äthylester in Äthanol mit wss. Natronlauge (*Baker et al.*, Soc. **1953** 1852, 1859).

Krystalle (aus wss. A.); F: 243° [Zers.].

7-Hydroxy-4-oxo-3-phenyl-4H-chromen-2-carbonsäure-methylester $C_{17}H_{12}O_5$, Formel I (R = H, X = CH$_3$).

B. Aus 2,4-Dihydroxy-desoxybenzoin und Oxalsäure-chlorid-methylester (*Farooq et al.*,

Curr. Sci. **28** [1959] 151).

F: 220—222°.

7-Hydroxy-4-oxo-3-phenyl-4H-chromen-2-carbonsäure-äthylester C₁₈H₁₄O₅, Formel I
(R = H, X = C₂H₅).

B. Beim Behandeln einer Lösung von 2,4-Dihydroxy-desoxybenzoin in Pyridin mit Oxalsäure-äthylester-chlorid (*Baker et al.*, Soc. **1953** 1852, 1855).

Krystalle (aus A.); F: 211,5°.

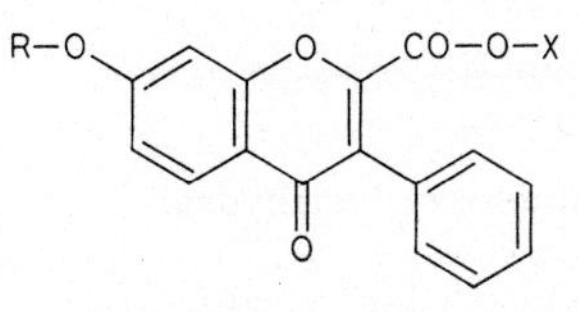

I 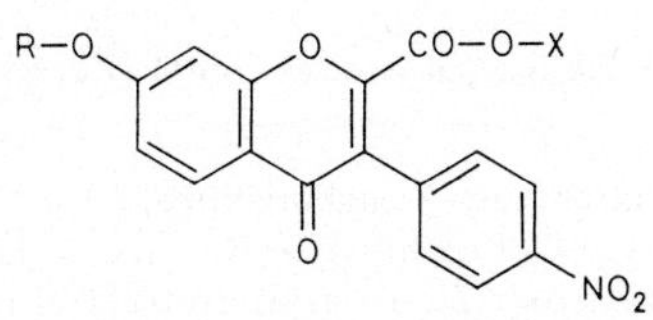   II 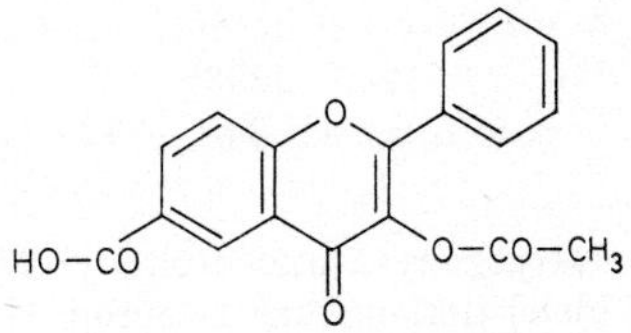   III

7-Methoxy-4-oxo-3-phenyl-4H-chromen-2-carbonsäure-äthylester C₁₉H₁₆O₅, Formel I
(R = CH₃, X = C₂H₅).

B. Beim Behandeln einer Lösung von 2-Hydroxy-4-methoxy-desoxybenzoin in Pyridin mit Oxalsäure-äthylester-chlorid und Erwärmen des Reaktionsprodukts mit Essigsäure und konz. wss. Salzsäure (*Baker et al.*, Soc. **1953** 1852, 1858). Aus 2-Hydroxy-4-methoxy-desoxybenzoin und Oxalsäure-diäthylester mit Hilfe von Natrium (*Ba. et al.*). Aus 7-Hydroxy-4-oxo-3-phenyl-4H-chromen-2-carbonsäure-äthylester (*Ba. et al.*).

Krystalle (aus A.); F: 130—131°.

7-Acetoxy-4-oxo-3-phenyl-4H-chromen-2-carbonsäure-äthylester C₂₀H₁₆O₆, Formel I
(R = CO-CH₃, X = C₂H₅).

B. Aus 7-Hydroxy-4-oxo-3-phenyl-4H-chromen-2-carbonsäure-äthylester (*Baker et al.*, Soc. **1953** 1852, 1855).

F: 76—77°.

7-Hydroxy-3-[4-nitro-phenyl]-4-oxo-4H-chromen-2-carbonsäure C₁₆H₉NO₇, Formel II
(R = X = H).

B. Aus 7-Hydroxy-3-[4-nitro-phenyl]-4-oxo-4H-chromen-2-carbonsäure-äthylester mit Hilfe von Alkalilauge (*Baker et al.*, Soc. **1953** 1852, 1857).

F: 252°.

7-Hydroxy-3-[4-nitro-phenyl]-4-oxo-4H-chromen-2-carbonsäure-äthylester C₁₈H₁₃NO₇,
Formel II (R = H, X = C₂H₅).

B. Beim Behandeln einer Lösung von 2,4-Dihydroxy-4'-nitro-desoxybenzoin in Pyridin mit Oxalsäure-äthylester-chlorid (*Baker et al.*, Soc. **1953** 1852, 1855).

F: 229°.

7-Acetoxy-3-[4-nitro-phenyl]-4-oxo-4H-chromen-2-carbonsäure-äthylester C₂₀H₁₅NO₈,
Formel II (R = CO-CH₃, X = C₂H₅).

B. Aus 7-Hydroxy-3-[4-nitro-phenyl]-4-oxo-4H-chromen-2-carbonsäure-äthylester (*Baker et al.*, Soc. **1953** 1852, 1855).

F: 143°.

3-Acetoxy-4-oxo-2-phenyl-4H-chromen-6-carbonsäure C₁₈H₁₂O₆, Formel III.

B. Beim Behandeln von 3,4-Dioxo-2-phenyl-chroman-6-carbonsäure mit Acetanhydrid und Natriumacetat (*Shah et al.*, Am. Soc. **77** [1955] 2223).

Krystalle (aus A.); F: 237—238°.

2-[3-Hydroxy-phenyl]-4-oxo-4H-chromen-6-carbonsäure C₁₆H₁₀O₅, Formel IV.

B. Beim Erhitzen einer Lösung von 4-Hydroxy-3-[3-hydroxy-*trans*(?)-cinnamoyl]-

benzoesäure in Amylalkohol mit Selendioxid (*Shah et al.*, Am. Soc. **77** [1955] 2223).
Krystalle (aus Eg.); F: 302° [Zers.].

2-[4-Methoxy-phenyl]-4-oxo-4H-chromen-6-carbonsäure $C_{17}H_{12}O_5$, Formel V
(R = CH₃).

B. Beim Behandeln einer Lösung von opt.-inakt. 3-[2,3-Dibrom-3-(4-methoxy-phenyl)-propionyl]-4-hydroxy-benzoesäure (F: 163°) in Äthanol mit wss. Natronlauge (*Marathey*, J. org. Chem. **20** [1955] 563, 570). Beim Erhitzen einer Lösung von 4-Hydroxy-3-[4-methoxy-*trans*(?)-cinnamoyl]-benzoesäure in Amylalkohol mit Selendioxid (*Shah et al.*, Am. Soc. **77** [1955] 2223).
Krystalle; F: 340—342° [aus Eg.] (*Ma.*), 328—330° [Zers.; aus A.] (*Shah et al.*).

7-Hydroxy-2-oxo-4-phenyl-2H-chromen-3-carbonsäure, [2,4-Dihydroxy-benzhydryl-iden]-malonsäure-2-lacton $C_{16}H_{10}O_5$, Formel VI (R = X = H).

B. Beim Behandeln von 7-Hydroxy-2-oxo-4-phenyl-2H-chromen-3-carbonsäure-äthyl-ester mit wss. Natronlauge (*Borsche, Wannagat*, A. **569** [1950] 81, 89).
Krystalle (aus W. oder wss. Me.); F: 225° [Zers.].

IV   V   VI

7-Methoxy-2-oxo-4-phenyl-2H-chromen-3-carbonsäure $C_{17}H_{12}O_5$, Formel VI (R = CH₃, X = H).

B. Beim Behandeln von 7-Methoxy-2-oxo-4-phenyl-2H-chromen-3-carbonsäure-äthyl-ester mit wss. Natronlauge (*Borsche, Wannagat*, A. **569** [1950] 81, 89).
Krystalle (aus wss. Me.); F: 173°.

7-Hydroxy-2-oxo-4-phenyl-2H-chromen-3-carbonsäure-äthylester $C_{18}H_{14}O_5$, Formel VI
(R = H, X = C₂H₅).

B. Beim Behandeln einer Lösung von Resorcin und Benzoylmalonsäure-diäthylester in Essigsäure mit Zinkchlorid und Chlorwasserstoff (*Borsche, Wannagat*, A. **569** [1950] 81, 88).
Krystalle (aus wss. Me. oder Eg.); F: 200°.
Beim Erhitzen unter vermindertem Druck auf Temperaturen oberhalb des Schmelz-punkts sind 7-Hydroxy-4-phenyl-cumarin und kleine Mengen einer als 3-Hydroxy-6,6-bis-[7-hydroxy-2-oxo-4-phenyl-2H-chromen-3-carbonyloxy]-6H-indeno[2,1-c]chromen-7-on angesehenen Verbindung (S. 6429), beim Erhitzen mit konz. Schwefelsäure sind die zuletzt genannte Verbindung und kleine Mengen 7-Hydroxy-4-phenyl-cumarin erhalten worden.

7-Methoxy-2-oxo-4-phenyl-2H-chromen-3-carbonsäure-äthylester $C_{19}H_{16}O_5$, Formel VI
(R = CH₃, X = C₂H₅).

B. Aus 7-Hydroxy-2-oxo-4-phenyl-2H-chromen-3-carbonsäure-äthylester mit Hilfe von Diazomethan (*Borsche, Wannagat*, A. **569** [1950] 81, 89).
Krystalle (aus Me.); F: 107°.

7-Benzoyloxy-2-oxo-4-phenyl-2H-chromen-3-carbonsäure-äthylester $C_{25}H_{18}O_6$,
Formel VI (R = CO-C₆H₅, X = C₂H₅).

B. Aus 7-Hydroxy-2-oxo-4-phenyl-2H-chromen-3-carbonsäure-äthylester (*Borsche, Wannagat*, A. **569** [1950] 81, 89).
Krystalle (aus Me.); F: 132°.

**3-Hydroxy-6,6-bis-[7-hydroxy-2-oxo-4-phenyl-2H-chromen-3-carbonyloxy]-6H-indeno=
[2,1-c]chromen-7-on** $C_{48}H_{26}O_{13}$, Formel VII.

Diese Konstitution ist der nachstehend beschriebenen Verbindung zugeordnet worden (*Borsche, Wannagat*, A. **569** [1950] 81, 83).

B. Beim Erhitzen von 7-Hydroxy-2-oxo-4-phenyl-2H-chromen-3-carbonsäure-äthyl=
ester mit konz. Schwefelsäure (*Bo., Wa.*, l. c. S. 94).

Orangerote Krystalle (aus Me.); F: 360° [nach Sintern bei 340°].

Überführung in ein Tri-O-acetyl-Derivat ($C_{54}H_{32}O_{16}$; gelbe Krystalle, F: 270—272°) durch Erhitzen mit Acetanhydrid: *Bo., Wa.*

7-Hydroxy-4-[4-nitro-phenyl]-2-oxo-2H-chromen-3-carbonsäure $C_{16}H_9NO_7$, Formel VIII (R = X = H).

B. Beim Erwärmen von 7-Hydroxy-4-[4-nitro-phenyl]-2-oxo-2H-chromen-3-carbon=
säure-äthylester mit wss. Natronlauge (*Borsche, Wannagat*, A. **569** [1950] 81, 92).

Gelbliche Krystalle (aus wss. Me.); Zers. oberhalb 320°.

VII   VIII

7-Methoxy-4-[4-nitro-phenyl]-2-oxo-2H-chromen-3-carbonsäure $C_{17}H_{11}NO_7$, Formel VIII (R = CH$_3$, X = H).

B. Beim Erwärmen von 7-Methoxy-4-[4-nitro-phenyl]-2-oxo-2H-chromen-3-carbon=
säure-äthylester mit wss.-methanol. Natronlauge (*Borsche, Wannagat*, A. **569** [1950] 81, 92).

Krystalle (aus Me.); F: 231°.

7-Hydroxy-4-[4-nitro-phenyl]-2-oxo-2H-chromen-3-carbonsäure-äthylester $C_{18}H_{13}NO_7$, Formel VIII (R = H, X = C$_2$H$_5$).

B. Beim Behandeln von [4-Nitro-benzoyl]-malonsäure-diäthylester mit Resorcin und konz. Schwefelsäure oder mit Resorcin, Essigsäure, Zinkchlorid und Chlorwasserstoff (*Borsche, Wannagat*, A. **569** [1950] 81, 92).

Gelbliche Krystalle (aus Me.); F: 191°.

7-Methoxy-4-[4-nitro-phenyl]-2-oxo-2H-chromen-3-carbonsäure-äthylester $C_{19}H_{15}NO_7$, Formel VIII (R = CH$_3$, X = C$_2$H$_5$).

B. Beim Behandeln von 7-Hydroxy-4-[4-nitro-phenyl]-2-oxo-2H-chromen-3-carbon=
säure-äthylester mit Diazomethan in Äther (*Borsche, Wannagat*, A. **569** [1950] 81, 92).

Krystalle (aus Me.); F: 172°.

7-Benzoyloxy-4-[4-nitro-phenyl]-2-oxo-2H-chromen-3-carbonsäure-äthylester
$C_{25}H_{17}NO_8$, Formel VIII (R = CO-C$_6$H$_5$, X = C$_2$H$_5$).

B. Aus 7-Hydroxy-4-[4-nitro-phenyl]-2-oxo-2H-chromen-3-carbonsäure-äthylester (*Borsche, Wannagat*, A. **569** [1950] 81, 92).

Krystalle (aus Me.); F: 157°.

**7-Hydroxy-2-oxo-3-phenyl-2H-chromen-4-carbonsäure, 2-[2,4-Dihydroxy-phenyl]-
3-phenyl-fumarsäure-4 → 2-lacton** $C_{16}H_{10}O_5$, Formel IX (R = H, X = OH) (E II 387; dort als 7-Oxy-3-phenyl-cumarin-carbonsäure-(4) bezeichnet).

Beim Erwärmen mit Phosphorylchlorid ist eine Verbindung $C_{48}H_{26}O_{13}$ (violette Krystalle [aus Eg.], F: 320° [nach Sintern bei 305°]; Tri-O-acetyl-Derivat $C_{54}H_{32}O_{16}$: F: 268°), möglicherweise 3-Hydroxy-6,6-bis-[7-hydroxy-2-oxo-3-phenyl-2H-chromen-4-carbonyloxy]-6H-indeno[1,2-c]chromen-11-on (Formel X) erhalten worden (*Borsche, Wannagat*, A. **569** [1950] 81, 83 Anm. 3a, 87).

7-Methoxy-2-oxo-3-phenyl-2H-chromen-4-carbonsäure $C_{17}H_{12}O_5$, Formel IX (R = CH$_3$, X = OH) (E II 387; dort als 7-Methoxy-3-phenyl-cumarin-carbonsäure-(4) bezeichnet).

Beim Erwärmen mit Phosphorylchlorid ist 3-Methoxy-indeno[1,2-c]chromen-6,11-dion erhalten worden (*Borsche, Wannagat*, A. **569** [1950] 81, 87).

IX   X

7-Methoxy-2-oxo-3-phenyl-2H-chromen-4-carbonylchlorid, 4-Chlorcarbonyl-7-methoxy-3-phenyl-cumarin $C_{17}H_{11}ClO_4$, Formel IX (R = CH$_3$, X = Cl).

B. Beim Erwärmen von 7-Methoxy-2-oxo-3-phenyl-2H-chromen-4-carbonsäure mit Thionylchlorid (*Borsche, Wannagat*, A. **569** [1950] 81, 85).

Krystalle (aus Bzl.); F: 148—149°.

7-Methoxy-2-oxo-3-phenyl-2H-chromen-4-carbonsäure-anilid, 7-Methoxy-3-phenyl-4-phenylcarbamoyl-cumarin $C_{23}H_{17}NO_4$, Formel IX (R = CH$_3$, X = NH-C$_6$H$_5$).

B. Aus 7-Methoxy-2-oxo-3-phenyl-2H-chromen-4-carbonylchlorid (*Borsche, Wannagat*, A. **569** [1950] 81, 85).

Krystalle (aus Me.); F: 193°.

7-Hydroxy-3-[4-nitro-phenyl]-2-oxo-2H-chromen-4-carbonsäure-äthylester $C_{18}H_{13}NO_7$, Formel XI (R = C$_2$H$_5$).

B. Beim Behandeln eines Gemisches von Cyan-[4-nitro-phenyl]-brenztraubensäure-äthylester, Resorcin, Essigsäure und Zinkchlorid mit Chlorwasserstoff (*Klosa*, B. **85** [1952] 229, 232).

Orangefarbene Krystalle (aus A.); F: 223—225°.

7-Hydroxy-2-oxo-4-phenyl-2H-chromen-6-carbonsäure $C_{16}H_{10}O_5$, Formel XII (R = X = H).

B. Neben dem im folgenden Artikel beschriebenen Methylester beim Behandeln von 2,4-Dihydroxy-benzoesäure-methylester mit 2-Benzoyl-acetessigsäure-äthylester und wss. Schwefelsäure (*Sethna, Shah*, J. Indian chem. Soc. **17** [1940] 37, 38). Beim Behandeln des im folgenden Artikel beschriebenen Methylesters mit wss. Natronlauge (*Se., Shah*).

Krystalle (aus A.); F: 285°.

XI   XII   XIII

7-Hydroxy-2-oxo-4-phenyl-2H-chromen-6-carbonsäure-methylester $C_{17}H_{12}O_5$,
Formel XII (R = H, X = CH_3).
B. s. im vorangehenden Artikel.
Krystalle (aus A.); F: 200—201° (*Sethna, Shah*, J. Indian chem. Soc. **17** [1940] 37, 38).

7-Acetoxy-2-oxo-4-phenyl-2H-chromen-6-carbonsäure-methylester $C_{19}H_{14}O_6$,
Formel XII (R = CO-CH_3, X = CH_3).
B. Aus 7-Hydroxy-2-oxo-4-phenyl-2H-chromen-6-carbonsäure-methylester (*Sethna, Shah*, J. Indian chem. Soc. **17** [1940] 37, 39).
Krystalle (aus A.); F: 160—161°.

3-[4-Methoxy-benzoyl]-benzo[b]thiophen-2-carbonsäure $C_{17}H_{12}O_4S$, Formel XIII, und
Tautomeres (1-Hydroxy-1-[4-methoxy-phenyl]-1H-benzo[4,5]thieno[2,3-c]=
furan-3-on).
B. Beim Behandeln von Benzo[b]thiophen-2,3-dicarbonsäure-anhydrid mit Anisol und
Aluminiumchlorid (*Mayer*, A. **488** [1931] 259, 271, 273).
Krystalle (aus Bzl.); F: 195°.

2-Benzoyl-6-methoxy-benzofuran-3-carbonsäure $C_{17}H_{12}O_5$, Formel I (R = H), und Tautomeres (3-Hydroxy-6-methoxy-3-phenyl-3H-furo[3,4-b]benzofuran-1-on).
B. Beim Erwärmen von 2-Benzoyl-6-methoxy-benzofuran-3-carbonsäure-äthylester
mit wss.-äthanol. Kalilauge (*Chatterjea*, J. Indian chem. Soc. **31** [1954] 101, 105).
Gelbe Krystalle (aus Eg.); F: 165—166° [unkorr.].

2-[α-Hydroxyimino-benzyl]-6-methoxy-benzofuran-3-carbonsäure $C_{17}H_{13}NO_5$,
Formel II.
B. Aus 2-Benzoyl-6-methoxy-benzofuran-3-carbonsäure und Hydroxylamin (*Chatter-
jea*, J. Indian chem. Soc. **31** [1954] 101, 105).
Krystalle (aus Eg.); F: 176—178° [unkorr.; Zers.].

I   II

2-Benzoyl-6-methoxy-benzofuran-3-carbonsäure-äthylester $C_{19}H_{16}O_5$, Formel I
(R = C_2H_5).
B. Beim Behandeln von 6-Methoxy-benzofuran-2,3-dion mit Phenacylbromid und
Natriumäthylat in Äthanol (*Chatterjea*, J. Indian chem. Soc. **31** [1954] 101, 105).
Krystalle (aus A.); F: 96—97°.

6-Äthoxy-2-benzoyl-benzo[b]thiophen-3-carbonsäure $C_{18}H_{14}O_4S$, Formel III
(R = C_2H_5), und Tautomeres (6-Äthoxy-3-hydroxy-3-phenyl-3H-benzo[4,5]=
thieno[2,3-c]furan-1-on).
B. Beim Behandeln von 6-Äthoxy-benzo[b]thiophen-2,3-dion mit wss. Natronlauge
und mit Phenacylbromid (*Mayer*, A. **488** [1931] 259, 277, 278).
Gelbe Krystalle (aus Eg.); F: 233—234°.

2-Salicyloyl-benzofuran-3-carbonsäure $C_{16}H_{10}O_5$, Formel IV (R = X = H), und Tauto-
meres (3-Hydroxy-3-[2-hydroxy-phenyl]-3H-furo[3,4-b]benzofuran-1-on).
B. Beim Erhitzen von 2-[2-Methoxy-benzoyl]-benzofuran-3-carbonsäure-äthylester mit
Essigsäure und wss. Bromwasserstoffsäure (*Chatterjea*, J. Indian chem. Soc. **32** [1955]
265, 272).
Gelbe Krystalle (aus A.); F: 164—166° [unkorr.].

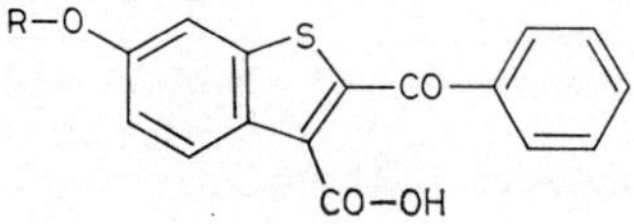

III 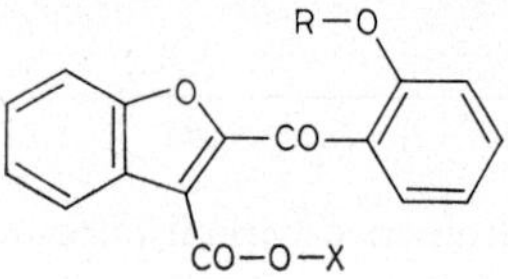   IV 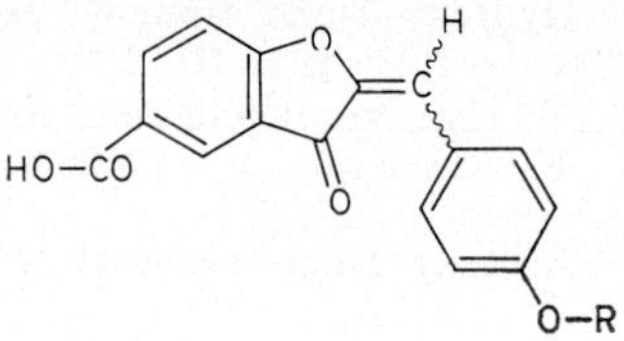   V

2-[2-Methoxy-benzoyl]-benzofuran-3-carbonsäure-äthylester $C_{19}H_{16}O_5$, Formel IV
($R = CH_3$, $X = C_2H_5$).

B. Beim Behandeln von Benzofuran-2,3-dion mit 2-Chlor-1-[2-methoxy-phenyl]-äthanon und Natriumäthylat in Äthanol (*Chatterjea*, J. Indian chem. Soc. **32** [1955] 265, 271).

Krystalle (aus A.); F: 94—95°.

2-[(Ξ)-4-Methoxy-benzyliden]-3-oxo-2,3-dihydro-benzofuran-5-carbonsäure $C_{17}H_{12}O_5$, Formel V ($R = CH_3$).

B. Beim Behandeln einer Lösung von opt.-inakt. 3-[3-Äthoxy-2-brom-3-(4-methoxy-phenyl)-propionyl]-4-hydroxy-benzoesäure (F: 165°) in Äthanol mit wss. Natronlauge (*Marathey*, J. org. Chem. **20** [1955] 563, 570).

Gelbe Krystalle (aus Eg.); F: 332—334°.

7-Benzoyl-6-hydroxy-benzofuran-2-carbonsäure $C_{16}H_{10}O_5$, Formel VI.

B. Beim Erhitzen von 8-Benzoyl-3-brom-7-hydroxy-cumarin mit wss. Natronlauge (*Marathey, Athavale*, J. Univ. Poona Nr. 4 [1953] 94, 98).

Krystalle (aus Eg.); F: 245° [Zers.].

[2-Methoxy-phenyl]-[(Ξ)-phthalidyliden]-acetonitril, [(Ξ)-Cyan-(2-methoxy-phenyl)-methylen]-phthalid $C_{17}H_{11}NO_3$, Formel VII.

B. Beim Behandeln von Phthalsäure-diäthylester mit [2-Methoxy-phenyl]-acetonitril und Natriumäthylat und Erhitzen des Reaktionsprodukts mit Essigsäure und wss. Brom-wasserstoffsäure (*Chatterjea, Roy*, J. Indian chem. Soc. **34** [1957] 98).

Gelbe Krystalle (aus A.); F: 159—160° [unkorr.].

3t-[2-Methoxy-9-oxo-xanthen-1-yl]-acrylsäure $C_{17}H_{12}O_5$, Formel VIII ($R = H$).

B. Beim Behandeln von 3t-[2-Methoxy-9-oxo-xanthen-1-yl]-acrylsäure-methylester mit äthanol. Natronlauge (*Davies et al.*, Soc. **1958** 1790, 1793).

Gelbliche Krystalle; F: 212°.

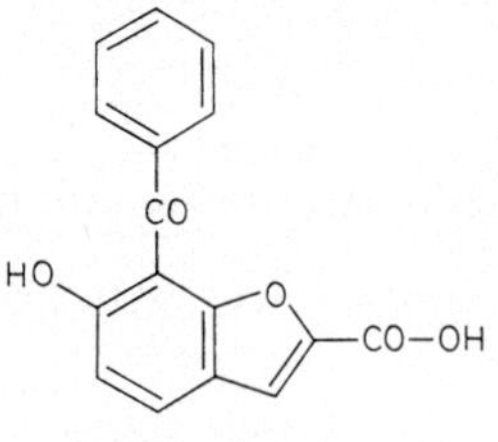

VI 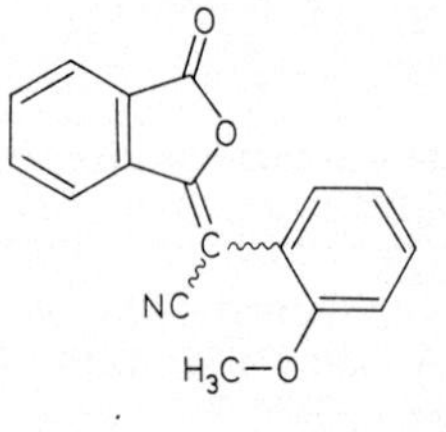   VII 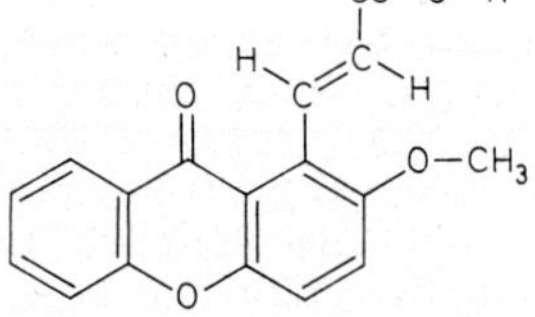   VIII

3t-[2-Methoxy-9-oxo-xanthen-1-yl]-acrylsäure-methylester $C_{18}H_{14}O_5$, Formel VIII ($R = CH_3$).

B. Beim Erwärmen einer Suspension von Pyrano[3,2-*a*]xanthen-3,12-dion in Aceton mit Dimethylsulfat und wss. Natronlauge (*Davies et al.*, Soc. **1958** 1790, 1793).

Krystalle (aus wss. A.); F: 135°.

Hydroxy-oxo-carbonsäuren $C_{17}H_{12}O_5$

6-Benzyl-8-methoxy-2-oxo-2H-chromen-3-carbonsäure $C_{18}H_{14}O_5$, Formel IX (R = H).

B. Beim Behandeln von 6-Benzyl-8-methoxy-2-oxo-2H-chromen-3-carbonsäure-äthyl=
ester mit wss.-äthanol. Kalilauge (*Buu-Hoi et al.*, Bl. **1956** 1650, 1652).

Krystalle (aus Me.); F: 170°.

6-Benzyl-8-methoxy-2-oxo-2H-chromen-3-carbonsäure-äthylester $C_{20}H_{18}O_5$, Formel IX
(R = C_2H_5).

B. Aus 5-Benzyl-2-hydroxy-3-methoxy-benzaldehyd und Malonsäure-diäthylester mit
Hilfe von Piperidin (*Buu-Hoi et al.*, Bl. **1956** 1650, 1652).

Krystalle (aus Me.); F: 103°.

**[7-Hydroxy-2-oxo-4-phenyl-2H-chromen-3-yl]-essigsäure, 2-[(Z)-2,4-Dihydroxy-benz=
hydryliden]-bernsteinsäure-1 → 2-lacton** $C_{17}H_{12}O_5$, Formel X (R = X = H).

B. Beim Erhitzen von [7-Hydroxy-2-oxo-4-phenyl-2H-chromen-3-yl]-essigsäure-
äthylester mit wss. Natronlauge (*Robinson, Rose*, Soc. **1933** 1469, 1470).

Krystalle (aus Eg.); F: 249−250° [nach Dunkelfärbung ab 205°].

Beim Behandeln mit wss. Natronlauge und Dimethylsulfat (Überschuss) ist [2,4-Di=
methoxy-benzhydryliden]-bernsteinsäure-dimethylester (F: 101°) erhalten worden.

IX   X

[7-Methoxy-2-oxo-4-phenyl-2H-chromen-3-yl]-essigsäure $C_{18}H_{14}O_5$, Formel X
(R = CH_3, X = H).

B. Beim Behandeln von [7-Hydroxy-2-oxo-4-phenyl-2H-chromen-3-yl]-essigsäure-
äthylester mit wss. Natronlauge und Dimethylsulfat (*Robinson, Rose*, Soc. **1933** 1469,
1470).

Krystalle (aus Eg.); F: 209°.

[7-Hydroxy-2-oxo-4-phenyl-2H-chromen-3-yl]-essigsäure-äthylester $C_{19}H_{16}O_5$, Formel X
(R = H, X = C_2H_5).

B. Beim Behandeln von Benzoylbernsteinsäure-diäthylester mit Resorcin und wss.
Schwefelsäure (*Robinson, Rose*, Soc. **1933** 1469).

Krystalle (aus A.); F: 177°.

Beim Behandeln mit wss. Natronlauge und Dimethylsulfat (Überschuss) ist 2-[2,4-Di=
methoxy-benzhydryliden]-bernsteinsäure-4-äthylester-1-methylester (F: 93°) erhalten
worden.

**[7-Methoxy-2-oxo-4-phenyl-2H-chromen-3-yl]-essigsäure-[3-methoxy-6-oxo-
6H-naphtho[2,1-c]chromen-8-ylester]** $C_{36}H_{24}O_8$, Formel XI.

Diese Konstitution kommt vermutlich der nachstehend beschriebenen Verbindung zu
(*Robinson, Rose*, Soc. **1933** 1469, 1471).

B. Beim Erhitzen von [7-Methoxy-2-oxo-4-phenyl-2H-chromen-3-yl]-essigsäure mit
Phosphor(V)-oxid in Xylol (*Rob., Rose*).

Gelbe Krystalle (aus Xylol); F: 237°.

[4-(2-Methoxy-phenyl)-2-oxo-2H-chromen-3-yl]-essigsäure $C_{18}H_{14}O_5$, Formel XII.

B. Beim Behandeln einer Lösung von [2,2′-Dimethoxy-benzhydryliden]-bernstein=
säure-anhydrid in Nitrobenzol mit Aluminiumchlorid (*Baddar et al.*, Soc. **1955** 1714, 1718).

Krystalle (aus Bzl. + PAe.); F: 185−186°.

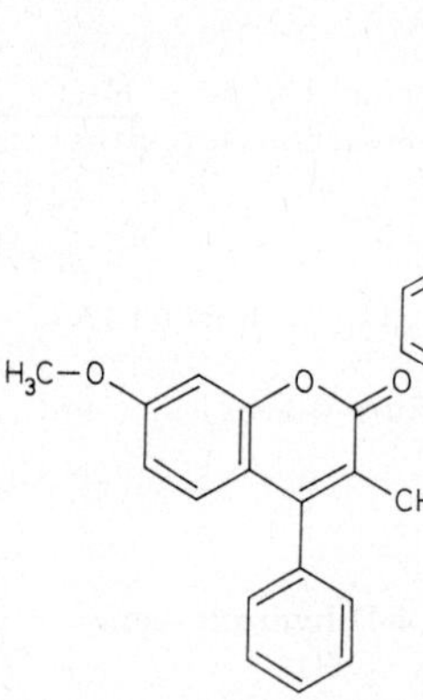

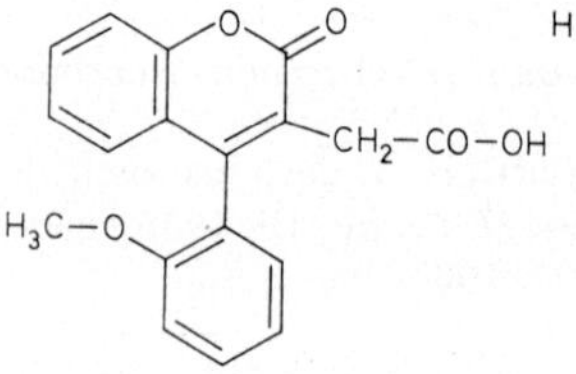

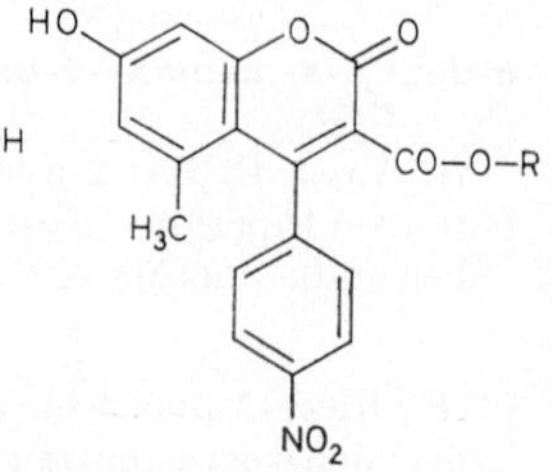

XI   XII   XIII

7-Hydroxy-5-methyl-4-[4-nitro-phenyl]-2-oxo-2H-chromen-3-carbonsäure-äthylester
$C_{19}H_{15}NO_7$, Formel XIII (R = C_2H_5).
Diese Konstitution wird der nachstehend beschriebenen Verbindung zugeordnet.
B. Aus [4-Nitro-benzoyl]-malonsäure-diäthylester und 5-Methyl-resorcin mit Hilfe von
wss. Schwefelsäure (*Borsche, Wannagat,* A. **569** [1950] 81, 92).
Gelbe Krystalle (aus Me.); Zers. ab 245°.

7-Hydroxy-6-methyl-4-[4-nitro-phenyl]-2-oxo-2H-chromen-3-carbonsäure-äthylester
$C_{19}H_{15}NO_7$, Formel I.
B. Beim Behandeln von [4-Nitro-benzoyl]-malonsäure-diäthylester mit 4-Methyl-
resorcin und wss. Schwefelsäure (*Borsche, Wannagat,* A. **569** [1950] 81, 93).
Gelbe Krystalle (aus A.); F: 232°.

4-Hydroxy-5-phenylacetyl-benzofuran-2-carbonsäure $C_{17}H_{12}O_5$, Formel II (R = H).
B. Beim Erhitzen von 4-Oxo-3-phenyl-4H-furo[2,3-h]chromen-8-carbonsäure-äthyl=
ester (*Fukui, Kawase,* Bl. chem. Soc. Japan **31** [1958] 693) oder von 2-Methyl-4-oxo-
3-phenyl-4H-furo[2,3-h]chromen-8-carbonsäure-äthylester (*Matsumoto et al.,* Bl. chem.
Soc. Japan **31** [1958] 688) mit wss. Natronlauge.
Krystalle (aus Me. oder A.); F: 256—257° [unkorr.].

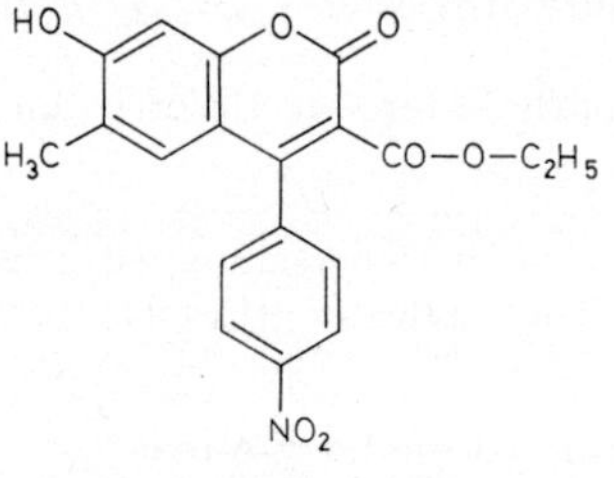

I 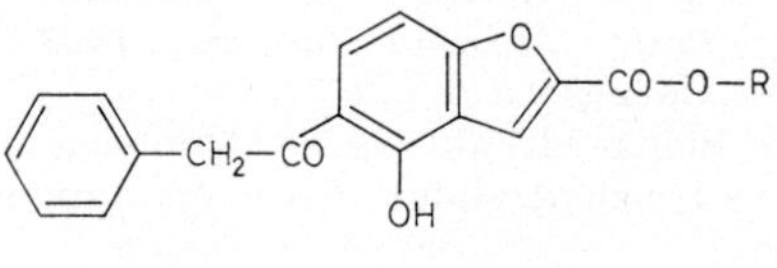   II

4-Hydroxy-5-phenylacetyl-benzofuran-2-carbonsäure-äthylester $C_{19}H_{16}O_5$, Formel II
(R = C_2H_5).
B. Beim Erwärmen von 4-Hydroxy-5-phenylacetyl-benzofuran-2-carbonsäure mit
Schwefelsäure enthaltendem Äthanol (*Matsumoto et al.,* Bl. chem. Soc. Japan **31** [1958]
688; *Fukui, Kawase,* Bl. chem. Soc. Japan **31** [1958] 693).
Krystalle (aus A.); F: 166—166,5° [unkorr.] (*Ma. et al.*), 163—164° [unkorr.] (*Fu., Ka.*).

7-Benzoyl-6-hydroxy-3-methyl-benzofuran-2-carbonsäure $C_{17}H_{12}O_5$, Formel III
(R = X = H).
B. Beim Erhitzen von 6-Benzoyloxy-3-methyl-benzofuran-2-carbonsäure mit Alu=

miniumchlorid auf 160° (*Shah, Shah*, B. **92** [1959] 2933, 2937). Beim Erhitzen von
8-Benzoyl-3-chlor-7-hydroxy-4-methyl-cumarin mit wss. Natriumcarbonat-Lösung und
Ansäuern der Reaktionslösung (*Shah, Shah*). Beim Erhitzen von 8-Benzoyl-3-brom-
7-hydroxy-4-methyl-cumarin mit wss. Natronlauge und Ansäuern der Reaktionslösung
(*Limaye, Patwardhan*, Rasayanam **2** [1950] 32, 33).

Krystalle (aus Eg.); F: 240° [Zers.] (*Shah, Shah*), 239° [Zers.] (*Li., Pa.*).

III   IV

6-Acetoxy-7-benzoyl-3-methyl-benzofuran-2-carbonsäure $C_{19}H_{14}O_6$, Formel III
(R = CO-CH$_3$, X = H).

B. Aus 7-Benzoyl-6-hydroxy-3-methyl-benzofuran-2-carbonsäure (*Shah, Shah*, B. **92**
[1959] 2933, 2937).

Krystalle (aus wss. A.); F: 239°.

7-Benzoyl-6-benzoyloxy-3-methyl-benzofuran-2-carbonsäure $C_{24}H_{16}O_6$, Formel III
(R = CO-C$_6$H$_5$, X = H).

B. Aus 7-Benzoyl-6-hydroxy-3-methyl-benzofuran-2-carbonsäure (*Shah, Shah*, B. **92**
[1959] 2933, 2937).

Krystalle (aus A.); F: 160°.

6-Hydroxy-3-methyl-7-[α-semicarbazono-benzyl]-benzofuran-2-carbonsäure $C_{18}H_{15}N_3O_5$,
Formel IV.

B. Aus 7-Benzoyl-6-hydroxy-3-methyl-benzofuran-2-carbonsäure und Semicarbazid
(*Shah, Shah*, B. **92** [1959] 2933, 2937).

Gelbe Krystalle (aus A.); F: 235°.

7-Benzoyl-6-hydroxy-3-methyl-benzofuran-2-carbonsäure-methylester $C_{18}H_{14}O_5$,
Formel III (R = H, X = CH$_3$).

B. Aus 7-Benzoyl-6-hydroxy-3-methyl-benzofuran-2-carbonsäure (*Limaye, Patwardhan*,
Rasayanam **2** [1950] 32, 33).

F: 185°.

7-Benzoyl-6-methoxy-3-methyl-benzofuran-2-carbonsäure-methylester $C_{19}H_{16}O_5$,
Formel III (R = X = CH$_3$).

B. Aus 7-Benzoyl-6-hydroxy-3-methyl-benzofuran-2-carbonsäure (*Limaye, Patwardhan*,
Rasayanam **2** [1950] 32, 33).

F: 128°.

7-Benzoyl-6-hydroxy-3-methyl-benzofuran-2-carbonsäure-äthylester $C_{19}H_{16}O_5$, Formel III
(R = H, X = C$_2$H$_5$).

B. Aus 7-Benzoyl-6-hydroxy-3-methyl-benzofuran-2-carbonsäure (*Limaye, Patwardhan*,
Rasayanam **2** [1950] 32, 33).

F: 171°.

7-Benzoyl-5-chlor-6-hydroxy-3-methyl-benzofuran-2-carbonsäure $C_{17}H_{11}ClO_5$, Formel V
(R = X = H).

B. In kleiner Menge neben [5-Chlor-6-hydroxy-3-methyl-benzofuran-7-yl]-phenyl-keton
beim Erhitzen von 8-Benzoyl-3,6-dichlor-7-hydroxy-4-methyl-cumarin mit wss. Natron≈
lauge (*Limaye, Patwardhan*, Rasayanam **2** [1950] 32, 35).

Krystalle (aus Eg.); F: 250° [Zers.].

7-Benzoyl-5-chlor-6-methoxy-3-methyl-benzofuran-2-carbonsäure-methylester
$C_{19}H_{15}ClO_5$, Formel V (R = X = CH$_3$).

B. Aus 7-Benzoyl-5-chlor-6-hydroxy-3-methyl-benzofuran-2-carbonsäure (*Limaye*, *Patwardhan*, Rasayanam **2** [1950] 32, 35).

F: 150°.

V   VI

7-Benzoyl-5-chlor-6-hydroxy-3-methyl-benzofuran-2-carbonsäure-äthylester $C_{19}H_{15}ClO_5$,
Formel V (R = H, X = C$_2$H$_5$).

B. Aus 7-Benzoyl-5-chlor-6-hydroxy-3-methyl-benzofuran-2-carbonsäure (*Limaye*, *Patwardhan*, Rasayanam **2** [1950] 32, 35).

F: 178°.

3*t*-[2-Methoxy-9-oxo-xanthen-1-yl]-2-methyl-acrylsäure $C_{18}H_{14}O_5$, Formel VI (R = H).

B. Beim Behandeln von 3*t*-[2-Methoxy-9-oxo-xanthen-1-yl]-2-methyl-acrylsäure-methylester mit äthanol. Natronlauge (*Davies et al.*, Soc. **1958** 1790, 1793).

Hellgelbe Krystalle; F: 208° [Zers.].

3*t*-[2-Methoxy-9-oxo-xanthen-1-yl]-2-methyl-acrylsäure-methylester $C_{19}H_{16}O_5$,
Formel VI (R = CH$_3$).

B. Beim Erwärmen von 2-Methyl-pyrano[3,2-*a*]xanthen-3,12-dion mit Aceton, Dimethylsulfat und wss. Natronlauge (*Davies et al.*, Soc. **1958** 1790, 1793).

Krystalle; F: 160°.

Hydroxy-oxo-carbonsäuren $C_{18}H_{14}O_5$

*Opt.-inakt. [3-Benzoyloxy-5-oxo-4-phenyl-2,5-dihydro-[2]furyl]-phenyl-essigsäure-methylester, 3-Benzoyloxy-4-hydroxy-2,5-diphenyl-hex-2*c*-endisäure-1-lacton-6-methylester $C_{26}H_{20}O_6$, Formel VII (R = CO-C$_6$H$_5$).

B. Beim Behandeln von Dihydrovulpinsäure ([3-Hydroxy-5-oxo-4-phenyl-2,5-dihydro-[2]furyl]-phenyl-essigsäure-methylester; F: 196° [S. 6098]) mit Benzoylchlorid und Pyridin (*Asano*, *Arata*, J. pharm. Soc. Japan **59** [1939] 679, 683; dtsch. Ref. S. 286, 287; C. A. **1940** 1982).

Krystalle (aus Me.); F: 138—139°.

**(±)-2-Benzyl-4-methoxy-5-oxo-3-phenyl-2,5-dihydro-furan-2-carbonsäure-methylester,
(±)-4-Benzyl-4-hydroxy-2-methoxy-3-phenyl-*cis*-pentendisäure-1-lacton-5-methylester**
$C_{20}H_{18}O_5$, Formel VIII (X = H).

B. Beim Behandeln von (±)-2-Benzyl-4-hydroxy-5-oxo-3-phenyl-2,5-dihydro-furan-2-carbonsäure (S. 6098) mit wss. Natronlauge und Dimethylsulfat (*Jarrousse*, A. ch. [11] **9** [1938] 157, 223).

Krystalle (aus Ae. + PAe.); F: 84°

(±)-4-Methoxy-2-[4-nitro-benzyl]-3-[4-nitro-phenyl]-5-oxo-2,5-dihydro-furan-2-carbonsäure-methylester, (±)-4-Hydroxy-2-methoxy-4-[4-nitro-benzyl]-3-[4-nitro-phenyl]-*cis*-pentendisäure-1-lacton-5-methylester $C_{20}H_{16}N_2O_9$, Formel VIII (X = NO$_2$).

B. Beim Behandeln von (±)-4-Hydroxy-2-[4-nitro-benzyl]-3-[4-nitro-phenyl]-5-oxo-2,5-dihydro-furan-2-carbonsäure vom F: 193° oder vom F: 135° (S. 6099) mit wss.

Natronlauge und Dimethylsulfat (*Cagniant*, A. ch. [12] **7** [1952] 442, 474).
Krystalle (aus Bzl. + PAe.); F: 173°.

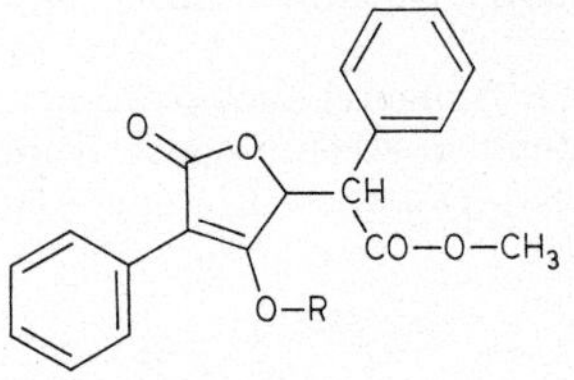

VII 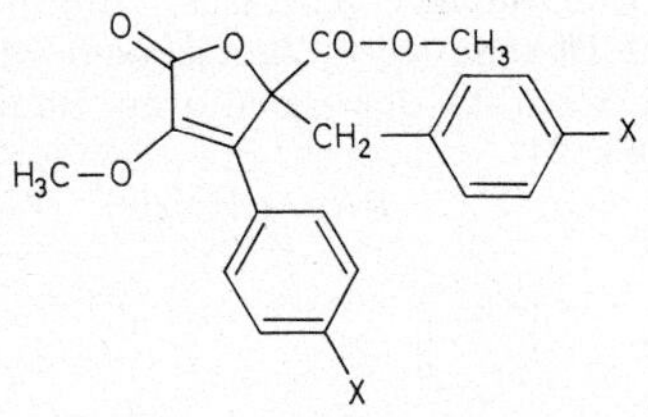   VIII

3-Benzyl-7-hydroxy-4-methyl-2-oxo-2*H*-chromen-6-carbonsäure $C_{18}H_{14}O_5$, Formel IX
(R = X = H).
B. Aus 3-Benzyl-7-hydroxy-4-methyl-2-oxo-2*H*-chromen-6-carbonsäure-methylester
mit Hilfe von wss. Natronlauge (*Sethna, Shah*, J. Indian chem. Soc. **15** [1938] 383, 387).
Krystalle (aus A.); F: 247—248°.

3-Benzyl-7-hydroxy-4-methyl-2-oxo-2*H*-chromen-6-carbonsäure-methylester $C_{19}H_{16}O_5$,
Formel IX (R = H, X = CH₃).
B. Beim Behandeln von 2,4-Dihydroxy-benzoesäure-methylester mit 2-Benzyl-acet=
essigsäure-äthylester und wss. Schwefelsäure (*Sethna, Shah*, J. Indian chem. Soc.
15 [1938] 383, 387).
Krystalle (aus A.); F: 186—188°.

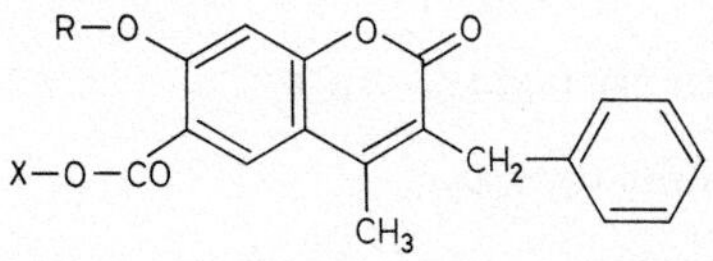

IX 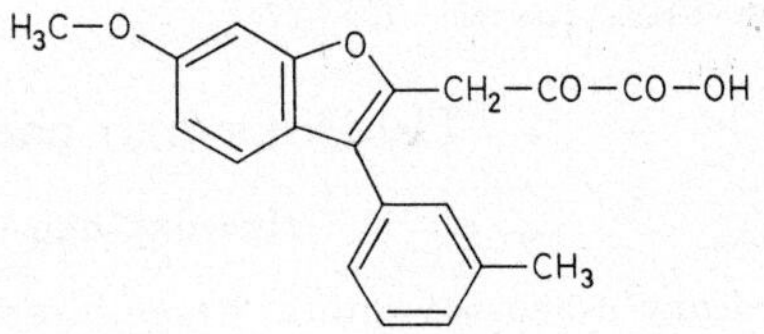   X

3-Benzyl-7-methoxy-4-methyl-2-oxo-2*H*-chromen-6-carbonsäure-methylester $C_{20}H_{18}O_5$,
Formel IX (R = X = CH₃).
B. Beim Erwärmen einer Lösung von 3-Benzyl-7-hydroxy-4-methyl-2-oxo-2*H*-chromen-
6-carbonsäure-methylester in Aceton mit Methyljodid und Kaliumcarbonat (*Sethna,
Shah*, J. Indian chem. Soc. **15** [1938] 383, 387).
Krystalle (aus A.); F: 146—148°.

7-Acetoxy-3-benzyl-4-methyl-2-oxo-2*H*-chromen-6-carbonsäure-methylester $C_{21}H_{18}O_6$,
Formel IX (R = CO-CH₃, X = CH₃).
B. Beim Erhitzen von 3-Benzyl-7-hydroxy-4-methyl-2-oxo-2*H*-chromen-6-carbonsäure-
methylester mit Acetanhydrid und Natriumacetat (*Sethna, Shah*, J. Indian chem. Soc. **15**
[1938] 383, 387).
Krystalle (aus A.); F: 132—134°.

[6-Methoxy-3-*m*-tolyl-benzofuran-2-yl]-brenztraubensäure $C_{19}H_{16}O_5$, Formel X.
B. In kleiner Menge beim Erwärmen von 4-[6-Methoxy-3-*m*-tolyl-benzofuran-2-yl=
methylen]-2-phenyl-Δ²-oxazolin-5-on (F: 207°) mit wss.-äthanol. Natronlauge und Er=
wärmen der mit Schwefeldioxid behandelten und mit wss. Salzsäure angesäuerten Reaktionslösung (*Chatterjea*, J. Indian chem. Soc. **30** [1953] 103, 110).
Gelbe Krystalle (aus E. + PAe.); F: 190° [unkorr.; Zers.].

Hydroxy-oxo-carbonsäuren $C_{19}H_{16}O_5$

(±)-6endo(?)-Hydroxy-3-oxo-1,6exo(?)-diphenyl-2-oxa-norbornan-4-carbonsäure,
(±)-3r,4c(?)-Dihydroxy-3,4t(?)-diphenyl-cyclopentan-1,1-dicarbonsäure-monolacton
$C_{19}H_{16}O_5$, vermutlich Formel XI + Spiegelbild.

B. Beim Behandeln von 3r,4c(?)-Dihydroxy-3,4t(?)-diphenyl-cyclopentan-1,1-dicarbon=
säure (E III 10 2535) mit Chlorwasserstoff enthaltendem Aceton sowie beim Erwärmen
des Benzol-Addukts der genannten Säure auf 100° (Larsson, Chalmers Handl. Nr. 51
[1946] 19, 23, 24).

Krystalle (aus E. + PAe.); F: 208° [Zers.].

XI   XII

(±)-1-[2]Furyl-7-methoxy-3-oxo-1,2,3,4,9,10-hexahydro-phenanthren-2-carbonsäure-
äthylester $C_{22}H_{22}O_5$, Formel XII, und Tautomeres ((±)-1-[2]Furyl-3-hydroxy-
7-methoxy-1,4,9,10-tetrahydro-phenanthren-2-carbonsäure-äthylester).

Diese Konstitution kommt vermutlich der nachstehend beschriebenen Verbindung zu
(Peak et al., Soc. 1936 752, 753).

B. Beim Erwärmen von 2-Furfuryliden-6-methoxy-3,4-dihydro-2H-naphthalin-1-on
(F: 104,5°) mit Acetessigsäure-äthylester und Natriumäthylat in Äthanol (Peak et al.,
l. c. S. 756).

Krystalle (aus A.); F: 122°.

Hydroxy-oxo-carbonsäuren $C_nH_{2n-24}O_5$

Hydroxy-oxo-carbonsäuren $C_{16}H_8O_5$

2-Hydroxy-6-oxo-6H-anthra[9,1-bc]furan-3-carbonsäure $C_{16}H_8O_5$, Formel I, 6-Hydroxy-
2-oxo-2H-anthra[9,1-bc]furan-3-carbonsäure, 9,10-Dihydroxy-anthracen-1,2-dicarbon=
säure-1→9-lacton $C_{16}H_8O_5$, Formel II, und 5,10a-Dihydroxy-10aH-1,10-dioxa-pent=
aleno[2,1,6-mna]anthracen-2-on $C_{16}H_8O_5$, Formel III.

In den Krystallen liegt 2-Hydroxy-6-oxo-6H-anthra[9,1-bc]furan-3-carbonsäure (Formel I) vor (Scholl et al., B. 74 [1941] 1182, 1184).

B. Beim Erhitzen von 9,10-Dioxo-9,10-dihydro-anthracen-1,2-dicarbonsäure mit
Natriumdithionit und Essigsäure (Scholl, Böttger, B. 63 [1930] 2432, 2437).

Blaue Krystalle (aus Eg.), die nach dem Trocknen bei 120° oberhalb 290° unter Zersetzung schmelzen (Sch., Bö.). Absorptionsspektrum (E.; 250—500 nm): Sch., Bö., l. c.
S. 2434.

Beim Erhitzen mit Acetanhydrid ist 10a-Acetoxy-5-hydroxy-10aH-1,10-dioxa-pent=
aleno[2,1,6-mna]anthracen-2-on, beim Erhitzen mit Acetanhydrid und Natriumacetat
ist hingegen 5,10a-Diacetoxy-10aH-1,10-dioxa-pentaleno[2,1,6-mna]anthracen-2-on erhalten worden (Sch., Bö., l. c. S. 2439).

I   II   III

2-Hydroxy-6-oxo-6H-anthra[9,1-bc]furan-5-carbonsäure $C_{16}H_8O_5$, Formel IV, **6-Hydr
oxy-2-oxo-2H-anthra[9,1-bc]furan-5-carbonsäure, 9,10-Dihydroxy-anthracen-1,4-di
carbonsäure-1 → 9-lacton** $C_{16}H_8O_5$, Formel V (R = X = H), und **2,6-Dioxo-6,10b-di
hydro-2H-anthra[9,1-bc]furan-5-carbonsäure, 9-Hydroxy-10-oxo-9,10-dihydro-anthr
acen-1,4-dicarbonsäure-1-lacton** $C_{16}H_8O_5$, Formel VI.

In den Krystallen liegt 2-Hydroxy-6-oxo-6H-anthra[9,1-bc]furan-5-carbonsäure (Formel IV) vor (*Scholl et al.*, B. **74** [1941] 1182, 1183).

B. Beim Erhitzen von 9,10-Dioxo-9,10-dihydro-anthracen-1,4-dicarbonsäure mit Natriumdithionit und Essigsäure (*Scholl, Böttger*, B. **63** [1930] 2128, 2137).

Blauschwarze Krystalle (aus Acn.) mit 1 Mol Aceton (*Sch., Bö.*, l. c. S. 2136). Absorptionsspektrum einer Lösung in Äthylacetat (250—500 nm): *Sch., Bö.*, l. c. S. 2131; einer Lösung in Pyridin (430—600 nm): *Sch. et al.*, l. c. S. 1188.

Beim Erhitzen mit Acetanhydrid ist [6-Acetoxy-2-oxo-2H-anthra[9,1-bc]furan-5-carbonsäure]-essigsäure-anhydrid erhalten worden (*Sch., Bö.*, l. c. S. 2137).

Pyridin-Salz $C_5H_5N \cdot C_{16}H_8O_5$. Blaue Krystalle [aus Py.] (*Sch., Bö.*, l. c. S. 2136).

IV   V   VI

**6-Acetoxy-2-oxo-2H-anthra[9,1-bc]furan-5-carbonsäure, 9-Acetoxy-10-hydroxy-anthr
acen-1,4-dicarbonsäure-4-lacton** $C_{18}H_{10}O_6$, Formel V (R = CO-CH$_3$, X = H).

B. Beim Behandeln von 9,10-Dihydroxy-anthracen-1,4-dicarbonsäure mit Acetanhydrid und Essigsäure (*Scholl, Böttger*, B. **63** [1930] 2128, 2138). Bei kurzem Erhitzen von [6-Acetoxy-2-oxo-2H-anthra[9,1-bc]furan-5-carbonsäure]-essigsäure-anhydrid mit Essigsäure (*Sch., Bö.*).

Rote Krystalle (aus Eg.); F: 239—240°.

**[6-Acetoxy-2-oxo-2H-anthra[9,1-bc]furan-5-carbonsäure]-essigsäure-anhydrid, [6-Acet
oxy-2-oxo-2H-anthra[9,1-bc]furan-5-carbonyl]-acetyl-oxid** $C_{20}H_{12}O_7$, Formel V
(R = X = CO-CH$_3$).

B. Bei kurzem Erhitzen von 9,10-Dihydroxy-anthracen-1,4-dicarbonsäure oder von 9,10-Dihydroxy-anthracen-1,4-dicarbonsäure-1 → 9-lacton   (s. o.)   mit   Acetanhydrid (*Scholl, Böttger*, B. **63** [1930] 2128, 2137, 2138).

Rote Krystalle (aus Bzl. + Ae.), die von 193° an schmelzen.

Hydroxy-oxo-carbonsäuren $C_{18}H_{12}O_5$

**[(E)-3-Methoxy-5-oxo-4-phenyl-5H-[2]furyliden]-phenyl-essigsäure-methylester, 3-Hydr
oxy-4-methoxy-2,5-diphenyl-hexa-2c,4c-diendisäure-6-lacton-1-methylester, O-Methyl-
pulvinsäure-methylester, O-Methyl-vulpinsäure** $C_{20}H_{16}O_5$, Formel VII (R = X = CH$_3$)
(H 535; E I 388).

Über die Konfiguration s. *Foden et al.*, J. med. Chem. **18** [1975] 199, 200.

B. Beim Behandeln von Vulpinsäure (S. 6101) mit Diazomethan in Äther (*Koller, Pfeiffer*, M. **62** [1933] 160, 164). Beim Behandeln von Pulvinsäure (S. 6100) mit Diazomethan in Äther (*Schönberg, Sina*, Soc. **1946** 601, 604).

Krystalle; F: 143—144° [aus A.] (*Ko., Pf.*), 142—143° [aus Me.] (*Sch., Sina*).

**[(E)-3-Acetoxy-5-oxo-4-phenyl-5H-[2]furyliden]-phenyl-essigsäure-methylester, 3-Acet
oxy-4-hydroxy-2,5-diphenyl-hexa-2c,4c-diendisäure-1-lacton-6-methylester, O-Acetyl-
pulvinsäure-methylester, O-Acetyl-vulpinsäure** $C_{21}H_{16}O_6$, Formel VII (R = CO-CH$_3$,
X = CH$_3$) (H 535; E II 388).

Über die Konfiguration s. *Foden et al.*, J. med. Chem. **18** [1975] 199, 200.

B. Beim Erhitzen von Vulpinsäure (S. 6101) mit Acetylchlorid (*Frank et al.*, Am. Soc.

72 [1950] 1824).
Krystalle (aus Me.); F: 149—150° [korr.] (*Fr. et al.*).

VII   VIII   IX

[(*E*)-3-Acetoxy-5-oxo-4-phenyl-5*H*-[2]furyliden]-phenyl-essigsäure-äthylester, 3-Acet=
oxy-4-hydroxy-2,5-diphenyl-hexa-2*c*,4*c*-diendisäure-6-äthylester-1-lacton, *O*-Acetyl-
pulvinsäure-äthylester $C_{22}H_{18}O_6$, Formel VII (R = CO-CH₃, X = C₂H₅) (H 535).
Über die Konfiguration s. *Foden et al.*, J. med. Chem. **18** [1975] 199, 200.
B. Beim Erwärmen von Pulvinsäure-äthylester (S. 6101) mit Acetylchlorid (*Frank et al.*, Am. Soc. **72** [1950] 1824).
Gelbliche Krystalle (aus A.); F: 139—140° [korr.] (*Fr. et al.*). IR-Spektrum (Nujol; 3800—650 cm⁻¹): *Fr. et al.*

3ξ-[3-Hydroxy-phenyl]-2-[2-oxo-2*H*-chromen-3-yl]-acrylsäure $C_{18}H_{12}O_5$, Formel VIII
(R = H).
Für die nachstehend beschriebene Verbindung kommt ausser dieser Konstitution auch die Formulierung als 3-[(*Ξ*)-3-Hydroxy-benzyliden]-3a,9b-dihydro-3*H*-furo=
[3,2-*c*]chromen-2,4-dion (Formel IX [R = H]) in Betracht (*Dey, Sankaranarayanan*, J. Indian chem. Soc. **11** [1934] 381, 383).
B. Beim Erhitzen der im folgenden Artikel beschriebenen Verbindung mit wss. Alkali=
lauge (*Dey, Sa.*).
Krystalle (aus A.); F: 242°.

3ξ-[3-Acetoxy-phenyl]-2-[2-oxo-2*H*-chromen-3-yl]-acrylsäure $C_{20}H_{14}O_6$, Formel VIII
(R = CO-CH₃).
Für die nachstehend beschriebene Verbindung kommt ausser dieser Konstitution auch die Formulierung als 3-[(*Ξ*)-3-Acetoxy-benzyliden]-3a,9b-dihydro-3*H*-furo=
[3,2-*c*]chromen-2,4-dion (Formel IX [R = CO-CH₃]) in Betracht (*Dey, Sankarana-rayanan*, J. Indian chem. Soc. **11** [1934] 381, 383).
B. Beim Erhitzen des Natrium-Salzes der [2-Oxo-2*H*-chromen-3-yl]-essigsäure mit 3-Hydroxy-benzaldehyd und Acetanhydrid (*Dey, Sa.*).
Krystalle (aus A.); F: 188°.

3ξ-[4-Hydroxy-phenyl]-2-[2-oxo-2*H*-chromen-3-yl]-acrylsäure $C_{18}H_{12}O_5$, Formel X
(R = H).
Für die nachstehend beschriebene Verbindung kommt ausser dieser Konstitution auch die Formulierung als 3-[(*Ξ*)-4-Hydroxy-benzyliden]-3a,9b-dihydro-3*H*-furo=
[3,2-*c*]chromen-2,4-dion (Formel XI [R = H]) in Betracht (*Dey, Sankaranarayanan*, J. Indian chem. Soc. **11** [1934] 381, 383).
B. Beim Erhitzen von 3ξ-[4-Acetoxy-phenyl]-2-[2-oxo-2*H*-chromen-3-yl]-acrylsäure(?)
(S. 6441) mit wss. Alkalilauge (*Dey, Sa.*).
Gelbe Krystalle (aus Me.); F: 272° [Zers.].

3ξ-[4-Methoxy-phenyl]-2-[2-oxo-2*H*-chromen-3-yl]-acrylsäure $C_{19}H_{14}O_5$, Formel X
(R = CH₃).
Für die nachstehend beschriebene Verbindung kommt ausser dieser Konstitution auch die Formulierung als 3-[(*Ξ*)-4-Methoxy-benzyliden]-3a,9b-dihydro-3*H*-furo=
[3,2-*c*]chromen-2,4-dion (Formel XI [R = CH₃]) in Betracht (*Dey, Sankanaraya-*

nan, J. Indian chem. Soc. **11** [1934] 381, 383).

B. Beim Erhitzen des Natrium-Salzes der [2-Oxo-2*H*-chromen-3-yl]-essigsäure mit 4-Methoxy-benzaldehyd und Acetanhydrid (*Dey, Sa*.).

Krystalle (aus A.); F: 225°.

| X | XI | XII |

3ξ-[4-Acetoxy-phenyl]-2-[2-oxo-2*H*-chromen-3-yl]-acrylsäure $C_{20}H_{14}O_6$, Formel X (R = CO-CH$_3$).

Für die nachstehend beschriebene Verbindung kommt ausser dieser Konstitution auch die Formulierung als 3-[(*Ξ*)-4-Acetoxy-benzyliden]-3a,9b-dihydro-3*H*-furo-[3,2-*c*]chromen-2,4-ion (Formel XI [R = CO-CH$_3$]) in Betracht (*Dey, Sankaranarayanan*, J. Indian chem. Soc. **11** [1934] 381, 383).

B. Beim Erhitzen des Natrium-Salzes der [2-Oxo-2*H*-chromen-3-yl]-essigsäure mit 4-Hydroxy-benzaldehyd und Acetanhydrid (*Dey, Sa*.).

Krystalle (aus Eg.); F: 244° [Zers.].

3ξ-[4-Methoxy-phenyl]-3ξ-[2-oxo-2*H*-chromen-3-yl]-acrylsäure $C_{19}H_{14}O_5$, Formel XII (R = H).

a) Präparat vom F: 213°.

B. Beim Erwärmen von 3-[4-Methoxy-phenyl]-3-[2-oxo-2*H*-chromen-3-yl]-acrylsäure-methylester vom F: 163° (s. u.) oder von 3-[4-Methoxy-phenyl]-3-[2-oxo-2*H*-chromen-3-yl]-acrylsäure-äthylester vom F: 165° (S. 6442) mit äthanol. Natronlauge (*Bhave*, J. Indian chem. Soc. **27** [1950] 317, 320).

Hellgelbe Krystalle (aus Eg.); F: 213°.

Beim Behandeln mit konz. Schwefelsäure erfolgt Umwandlung in das unter b) beschriebene Präparat.

b) Präparat vom F: 198°.

B. Beim Erwärmen von 3-[4-Methoxy-phenyl]-pentendisäure-diäthylester (Kp$_5$: 195—200°) mit Salicylaldehyd, Äthanol und wenig Piperidin und Erhitzen des von 3-[4-Methoxy-phenyl]-3-[2-oxo-2*H*-chromen-3-yl]-acrylsäure-äthylester (F: 165°) befreiten Reaktionsgemisches mit Wasser unter Durchleiten von Wasserdampf (*Bhave*, J. Indian chem. Soc. **27** [1950] 317, 321). Beim Behandeln des unter a) beschriebenen Präparats mit konz. Schwefelsäure (*Bh*.).

Krystalle (aus Eg.); F: 198° [Zers.].

3ξ-[4-Methoxy-phenyl]-3ξ-[2-oxo-2*H*-chromen-3-yl]-acrylsäure-methylester $C_{20}H_{16}O_5$, Formel XII (R = CH$_3$).

a) Präparat vom F: 163°.

B. Neben dem unter b) beschriebenen Präparat beim Erwärmen von 3-[4-Methoxy-phenyl]-pentendisäure-dimethylester mit Salicylaldehyd, Äthanol und wenig Piperidin (*Bhave*, J. Indian chem. Soc. **27** [1950] 317, 320).

Gelbliche Krystalle (aus A.); F: 163°.

b) Präparat vom F: 147°.

B. Beim Erwärmen von 3-[4-Methoxy-phenyl]-3-[2-oxo-2*H*-chromen-3-yl]-acrylsäure vom F: 198° (s. o.) mit Chlorwasserstoff oder Schwefelsäure enthaltendem Methanol (*Bhave*, J. Indian chem. Soc. **27** [1950] 317, 320, 322).

F: 147°.

3ξ-[4-Methoxy-phenyl]-3ξ-[2-oxo-2H-chromen-3-yl]-acrylsäure-äthylester $C_{21}H_{18}O_5$, Formel XII (R = C_2H_5).

a) Präparat vom F: 165°.

B. Neben dem unter b) beschriebenen Präparat beim Erwärmen von 3-[4-Methoxy-phenyl]-pentendisäure-diäthylester (Kp$_5$: 195—200°) mit Salicylaldehyd, Äthanol und wenig Piperidin (*Bhave*, J. Indian chem. Soc. **27** [1950] 317, 319).

Krystalle (aus A.); F: 165°.

b) Präparat vom F: 127°.

B. Beim Erwärmen von 3-[4-Methoxy-phenyl]-3-[2-oxo-2H-chromen-3-yl]-acrylsäure vom F: 198° (S. 6441) mit Chlorwasserstoff oder Schwefelsäure enthaltendem Äthanol (*Bhave*, J. Indian chem. Soc. **27** [1950] 317, 320, 322).

F: 127°.

Hydroxy-oxo-carbonsäuren $C_{19}H_{14}O_5$

3ξ-[4-Methoxy-3-methyl-phenyl]-3ξ-[2-oxo-2H-chromen-3-yl]-acrylsäure $C_{20}H_{16}O_5$, Formel XIII (R = H).

a) Präparat vom F: 240°.

B. Beim Erwärmen des aus 3-[4-Methoxy-3-methyl-phenyl]-pentendisäure vom F: 173° hergestellten Dimethylesters oder Diäthylesters mit Salicylaldehyd, Äthanol und wenig Piperidin und Erhitzen des von 3-[4-Methoxy-3-methyl-phenyl]-3-[2-oxo-2H-chromen-3-yl]-acrylsäure-methylester (F: 168°) bzw. 3-[4-Methoxy-3-methyl-phenyl]-3-[2-oxo-2H-chromen-3-yl]-acrylsäure-äthylester (F: 152°) befreiten Reaktionsgemisches mit Wasser unter Durchleiten von Wasserdampf (*Bhave*, J. Indian chem. Soc. **27** [1950] 317, 321).

F: 240° [Zers.].

b) Präparat vom F: 212°.

B. Beim Erwärmen von 3-[4-Methoxy-3-methyl-phenyl]-3-[2-oxo-2H-chromen-3-yl]-acrylsäure-methylester vom F: 168° (s. u.) oder von 3-[4-Methoxy-3-methyl-phenyl]-3-[2-oxo-2H-chromen-3-yl]-acrylsäure-äthylester vom F: 152° (s. u.) mit äthanol. Natron=lauge (*Bhave*, J. Indian chem. Soc. **27** [1950] 317, 321).

F: 212°.

3ξ-[4-Methoxy-3-methyl-phenyl]-3ξ-[2-oxo-2H-chromen-3-yl]-acrylsäure-methylester $C_{21}H_{18}O_5$, Formel XIII (R = CH_3).

a) Präparat vom F: 153°.

B. Beim Erwärmen von 3-[4-Methoxy-3-methyl-phenyl]-3-[2-oxo-2H-chromen-3-yl]-acrylsäure vom F: 240° (s. o.) mit Chlorwasserstoff oder Schwefelsäure enthaltendem Methanol (*Bhave*, J. Indian chem. Soc. **27** [1950] 317, 321).

F: 153°.

b) Präparat vom F: 168°.

B. Neben dem unter a) beschriebenen Präparat beim Erwärmen des aus 3-[4-Methoxy-3-methyl-phenyl]-pentendisäure vom F: 173° hergestellten Dimethylesters mit Salicylal=dehyd, Äthanol und wenig Piperidin (*Bhave*, J. Indian chem. Soc. **27** [1950] 317, 321).

F: 168°.

3ξ-[4-Methoxy-3-methyl-phenyl]-3ξ-[2-oxo-2H-chromen-3-yl]-acrylsäure-äthylester $C_{22}H_{20}O_5$, Formel XIII (R = C_2H_5).

a) Präparat vom F: 150°.

B. Beim Erwärmen von 3-[4-Methoxy-3-methyl-phenyl]-3-[2-oxo-2H-chromen-3-yl]-acrylsäure von F: 240° (s. o.) mit Chlorwasserstoff oder Schwefelsäure enthaltendem Äthanol (*Bhave*, J. Indian chem. Soc. **27** [1950] 317, 321).

F: 150°.

b) Präparat vom F: 152°.

B. Neben dem unter a) beschriebenen Präparat beim Erwärmen des aus 3-[4-Methoxy-3-methyl-phenyl]-pentendisäure vom F: 173° hergestellten Diäthylesters mit Salicyl=aldehyd, Äthanol und wenig Piperidin (*Bhave*, J. Indian chem. Soc. **27** [1950] 317, 321).

F: 152°.

3ξ-[2-Methoxy-5-methyl-phenyl]-3ξ-[2-oxo-2H-chromen-3-yl]-acrylsäure $C_{20}H_{16}O_5$, Formel XIV (R = H).

a) Präparat von F: 233°.

B. Beim Erwärmen des aus 3-[2-Methoxy-5-methyl-phenyl]-pentendisäure von F: 169° hergestellten Dimethylesters oder Diäthylesters mit Salicylaldehyd, Äthanol und wenig Piperidin und Erhitzen des von 3-[2-Methoxy-5-methyl-phenyl]-3-[2-oxo-2H-chromen-3-yl]-acrylsäure-methylester (F: 147°) bzw. 3-[2-Methoxy-5-methyl-phenyl]-3-[2-oxo-2H-chromen-3-yl]-acrylsäure-äthylester (F: 120°) befreiten Reaktionsgemisches mit Wasser unter Durchleiten von Wasserdampf (*Bhave*, J. Indian chem. Soc. **27** [1950] 317, 321).

F: 233° [Zers.].

b) Präparat vom F: 200°.

B. Beim Erwärmen von 3-[2-Methoxy-5-methyl-phenyl]-3-[2-oxo-2H-chromen-3-yl]-acrylsäure-methylester vom F: 147° (s. u.) oder von 3-[2-Methoxy-5-methyl-phenyl]-3-[2-oxo-2H-chromen-3-yl]-acrylsäure-äthylester vom F: 120° (s. u.) mit äthanol. Natronlauge (*Bhave*, J. Indian chem. Soc. **27** [1950] 317, 321).

F: 200°.

XIII   XIV   XV

3ξ-[2-Methoxy-5-methyl-phenyl]-3ξ-[2-oxo-2H-chromen-3-yl]-acrylsäure-methylester $C_{21}H_{18}O_5$, Formel XIV (R = CH$_3$).

a) Präparat vom F: 153°.

B. Beim Erwärmen von 3-[2-Methoxy-5-methyl-phenyl]-3-[2-oxo-2H-chromen-3-yl]-acrylsäure vom F: 233° (s. o.) mit Chlorwasserstoff oder Schwefelsäure enthaltendem Methanol (*Bhave*, J. Indian chem. Soc. **27** [1950] 317, 321).

F: 153°.

b) Präparat vom F: 147°.

B. Neben dem unter a) beschriebenen Präparat beim Erwärmen des aus 3-[2-Methoxy-5-methyl-phenyl]-pentendisäure vom F: 169° hergestellten Dimethylesters mit Salicylaldehyd, Äthanol und wenig Piperidin (*Bhave*, J. Indian chem. Soc. **27** [1950] 317, 321).

F: 147°.

3ξ-[2-Methoxy-5-methyl-phenyl]-3ξ-[2-oxo-2H-chromen-3-yl]-acrylsäure-äthylester $C_{22}H_{20}O_5$, Formel XIV (R = C$_2$H$_5$).

a) Präparat vom F: 145°.

B. Beim Erwärmen von 3-[2-Methoxy-5-methyl-phenyl]-3-[2-oxo-2H-chromen-3-yl]-acrylsäure vom F: 233° (s. o.) mit Chlorwasserstoff oder Schwefelsäure enthaltendem Äthanol (*Bhave*, J. Indian chem. Soc. **27** [1950] 317, 321).

F: 145°.

b) Präparat vom F: 120°.

B. Neben dem unter a) beschriebenen Präparat beim Erwärmen des aus 3-[2-Methoxy-5-methyl-phenyl]-pentendisäure vom F: 169° hergestellten Diäthylesters mit Salicylaldehyd, Äthanol und wenig Piperidin (*Bhave*, J. Indian chem. Soc. **27** [1950] 317, 321).

F: 120°.

3ξ-[2-Methoxy-4-methyl-phenyl]-3ξ-[2-oxo-2H-chromen-3-yl]-acrylsäure $C_{20}H_{16}O_5$, Formel XV (R = H).

a) Präparat vom F: 228°.

B. Beim Erwärmen des aus 3-[2-Methoxy-4-methyl-phenyl]-pentendisäure vom F: 174° hergestellten Dimethylesters oder Diäthylesters mit Salicylaldehyd, Äthanol und wenig Piperidin und Erhitzen des von 3-[2-Methoxy-4-methyl-phenyl]-3-[2-oxo-2H-chromen-3-yl]-acrylsäure-methylester (F: 165°) bzw. 3-[2-Methoxy-4-methyl-phenyl]-3-[2-oxo-2H-chromen-3-yl]-acrylsäure-äthylester (F: 140°) befreiten Reaktionsgemisches mit Wasser unter Durchleiten von Wasserdampf (*Bhave*, J. Indian chem. Soc. **27** [1950] 317, 321).

F: 228° [Zers.].

b) Präparat vom F: 220°.

B. Beim Erwärmen von 3-[2-Methoxy-4-methyl-phenyl]-3-[2-oxo-2H-chromen-3-yl]-acrylsäure-methylester vom F: 165° (s. u.) oder von 3-[2-Methoxy-4-methyl-phenyl]-3-[2-oxo-2H-chromen-3-yl]-acrylsäure-äthylester vom F: 140° (s. u.) mit äthanol. Natron=lauge (*Bhave*, J. Indian chem. Soc. **27** [1950] 317, 321).

F: 220°.

3ξ-[2-Methoxy-4-methyl-phenyl]-3ξ-[2-oxo-2H-chromen-3-yl]-acrylsäure-methylester $C_{21}H_{18}O_5$, Formel XV (R = CH_3).

a) Präparat vom F: 110°.

B. Beim Erwärmen von 3-[2-Methoxy-4-methyl-phenyl]-3-[2-oxo-2H-chromen-3-yl]-acrylsäure vom F: 228° (s. o.) mit Chlorwasserstoff oder Schwefelsäure enthaltendem Methanol (*Bhave*, J. Indian chem. Soc. **27** [1950] 317, 321).

F: 110°.

b) Präparat vom F: 165°.

B. Neben dem unter a) beschriebenen Präparat beim Erwärmen des aus 3-[2-Methoxy-4-methyl-phenyl]-pentendisäure vom F: 174° hergestellten Dimethylesters mit Salicyl=aldehyd, Äthanol und wenig Piperidin (*Bhave*, J. Indian chem. Soc. **27** [1950] 317, 321).

F: 165°.

3ξ-[2-Methoxy-4-methyl-phenyl]-3ξ-[2-oxo-2H-chromen-3-yl]-acrylsäure-äthylester $C_{22}H_{20}O_5$, Formel XV (R = C_2H_5).

B. Beim Erwärmen des aus 3-[2-Methoxy-4-methyl-phenyl]-pentendisäure vom F: 174° hergestellten Diäthylesters mit Salicylaldehyd, Äthanol und wenig Piperidin (*Bhave*, J. Indian chem. Soc. **27** [1950] 317, 321).

F: 140°.

XVI   XVII

Opt.-inakt. **4-[4-Methoxy-phenyl]-2-oxo-2,3,4,4a-tetrahydro-dibenzofuran-3-carbon=säure-äthylester** $C_{22}H_{20}O_5$, Formel XVI, und Tautomeres (2-Hydroxy-4-[4-meth=oxy-phenyl]-4,4a-dihydro-dibenzofuran-3-carbonsäure-äthylester).

B. Beim Erwärmen von 2-[(Z)-4-Methoxy-benzyliden]-benzofuran-3-on (S. 725) mit Acetessigsäure-äthylester und Natriumäthylat in Äthanol (*Panse et al.*, J. Indian chem. Soc. **18** [1941] 453, 455).

Krystalle (aus A.); F: 159°.

Überführung in ein Oxim $C_{22}H_{21}NO_5$ (2-Hydroxyimino-4-[4-methoxy-phenyl]-

2,3,4,4a-tetrahydro-dibenzofuran-3-carbonsäure-äthylester [F: 183° (Zers.; aus wss. A.)]), in ein 2,4-Dinitro-phenylhydrazon $C_{28}H_{24}N_4O_8$ (2-[2,4-Dinitro-phenyl‍hydrazono]-4-[4-methoxy-phenyl]-2,3,4,4a-tetrahydro-dibenzofuran-3-carbonsäure-äthylester [F: 209—210° (aus Eg.)]) und in ein Semicarbazon $C_{23}H_{23}N_3O_5$ (4-[4-Methoxy-phenyl]-2-semicarbazono-2,3,4,4a-tetrahydro-dibenzofuran-3-carbonsäure-äthylester [F: 253—255°]): *Pa. et al.*

Kupfer(II)-Verbindung $Cu(C_{22}H_{19}O_5)_2$. F: 210°.

Hydroxy-oxo-carbonsäuren $C_{22}H_{20}O_5$

3ξ-[5-Isopropyl-4-methoxy-2-methyl-phenyl]-3ξ-[2-oxo-2H-chromen-3-yl]-acrylsäure $C_{23}H_{22}O_5$, Formel XVII (R = H).

     a) **Präparat vom F: 190°.**

     B. Beim Erwärmen des aus 3-[5-Isopropyl-4-methoxy-2-methyl-phenyl]-pentendisäure vom F: 174° hergestellten Dimethylesters oder Diäthylesters mit Salicylaldehyd, Äthanol und wenig Piperidin und Erhitzen des von 3-[5-Isopropyl-4-methoxy-2-methyl-phenyl]-3-[2-oxo-2H-chromen-3-yl]-acrylsäure-methylester (F: 147°) bzw. 3-[5-Isopropyl-4-meth‍oxy-2-methyl-phenyl]-3-[2-oxo-2H-chromen-3-yl]-acrylsäure-äthylester (F: 125°) befreiten Reaktionsgemisches mit Wasser unter Durchleiten von Wasserdampf (*Bhave*, J. Indian chem. Soc. **27** [1950] 317, 321).

     F: 190° [Zers.].

     b) **Präparat vom F: 172°.**

     B. Beim Erwärmen von 3-[5-Isopropyl-4-methoxy-2-methyl-phenyl]-3-[2-oxo-2H-chromen-3-yl]-acrylsäure-methylester vom F: 147° (s. u.) oder von 3-[5-Isopropyl-4-methoxy-2-methyl-phenyl]-3-[2-oxo-2H-chromen-3-yl]-acrylsäure-äthylester vom F: 125° (s. u.) mit äthanol. Natronlauge (*Bhave*, J. Indian chem. Soc. **27** [1950] 317, 321).

     F: 172°.

3ξ-[5-Isopropyl-4-methoxy-2-methyl-phenyl]-3ξ-[2-oxo-2H-chromen-3-yl]-acrylsäure-methylester $C_{24}H_{24}O_5$, Formel XVII (R = CH$_3$).

     a) **Präparat vom F: 158°.**

     B. Beim Erwärmen von 3-[5-Isopropyl-4-methoxy-2-methyl-phenyl]-3-[2-oxo-2H-chromen-3-yl]-acrylsäure vom F: 190° (s. o.) mit Chlorwasserstoff oder Schwefelsäure enthaltendem Methanol (*Bhave*, J. Indian chem. Soc. **27** [1950] 317, 321).

     F: 158°.

     b) **Präparat vom F: 147°.**

     B. Neben dem unter a) beschriebenen Präparat beim Erwärmen des aus 3-[5-Isopropyl-4-methoxy-2-methyl-phenyl]-pentendisäure vom F: 174° hergestellten Dimethylesters mit Salicylaldehyd, Äthanol und wenig Piperidin (*Bhave*, J. Indian chem. Soc. **27** [1950] 317, 321).

     F: 147°.

3ξ-[5-Isopropyl-4-methoxy-2-methyl-phenyl]-3ξ-[2-oxo-2H-chromen-3-yl]-acrylsäure-äthylester $C_{25}H_{26}O_5$, Formel XVII (R = C$_2$H$_5$).

     a) **Präparat vom F: 138°.**

     B. Beim Erwärmen von 3-[5-Isopropyl-4-methoxy-2-methyl-phenyl]-3-[2-oxo-2H-chromen-3-yl]-acrylsäure vom F: 190° (s. o.) mit Chlorwasserstoff oder Schwefelsäure enthaltendem Äthanol (*Bhave*, J. Indian chem. Soc. **27** [1950] 317, 321).

     F: 138°.

     b) **Präparat vom F: 125°.**

     B. Neben dem unter a) beschriebenen Präparat beim Erwärmen des aus 3-[5-Isopropyl-4-methoxy-2-methyl-phenyl]-pentendisäure vom F: 174° hergestellten Diäthylesters mit Salicylaldehyd, Äthanol und wenig Piperidin (*Bhave*, J. Indian chem. Soc. **27** [1950] 317, 321).

     F: 125°.

Hydroxy-oxo-carbonsäuren $C_nH_{2n-26}O_5$

Hydroxy-oxo-carbonsäuren $C_{21}H_{16}O_5$

3-Furfuryl-2-[4-methoxy-phenyl]-4-oxo-4-phenyl-ξ-crotonsäure, 3-Benzoyl-4-[2]furyl-2-[4-methoxy-phenyl]-ξ-crotonsäure $C_{22}H_{18}O_5$, Formel I.

B. Beim Behandeln von (±)-2-[4-Methoxy-phenyl]-4-oxo-4-phenyl-buttersäure-methyl=ester mit Furfural und Natriummethylat in Methanol (*Allen et al.*, Canad. J. Res. **11** [1934] 382, 390).

Krystalle; F: 121°.

I   II   III

Hydroxy-oxo-carbonsäuren $C_{22}H_{18}O_5$

(±)-4-Benzhydryliden-6*t*-hydroxy-2-oxo-(3a*r*)-hexahydro-3,5-methano-cyclopenta=[*b*]furan-7*syn*-carbonsäure-methylester, (±)-7-Benzhydryliden-5*endo*,6*endo*-dihydroxy-norbornan-2*endo*,3*endo*-dicarbonsäure-2→6-lacton-3-methylester $C_{23}H_{20}O_5$, Formel II + Spiegelbild.

B. Beim Erhitzen von 7-Benzhydryliden-5*endo*,6*endo*-dihydroxy-norbornan-2*endo*,=3*endo*-dicarbonsäure-2→6;3→5-dilacton mit wss. Natronlauge und Behandeln des nach dem Ansäuern erhaltenen Reaktionsprodukts mit Diazomethan in Äther (*Alder et al.*, A. **566** [1950] 27, 49).

Krystalle (aus Me.); F: 165° [Zers.].

Beim Erhitzen auf Temperaturen oberhalb des Schmelzpunkts ist 7-Benzhydryliden-5*endo*,6*endo*-dihydroxy-norbornan-2*endo*,3*endo*-dicarbonsäure-2→6;3→5-dilacton zurück-erhalten worden.

(±)-6-Benzhydryliden-4ξ-hydroxy-2-oxo-(3a*r*)-hexahydro-3,5-methano-cyclopenta=[*b*]furan-7*syn*-carbonsäure-methylester, (±)-5-Benzhydryliden-6*endo*,7ξ-dihydroxy-norbornan-2*endo*,3*endo*-dicarbonsäure-2→6-lacton-3-methylester $C_{23}H_{20}O_5$, Formel III + Spiegelbild.

B. Beim Erwärmen von 7-Benzhydryliden-norborn-5-en-2*exo*,3*exo*-dicarbonsäure-anhydrid mit Essigsäure, wss. Wasserstoffperoxid und wenig Schwefelsäure und Behan-deln des Reaktionsprodukts mit Diazomethan in Äther und Äthylacetat (*Alder et al.*, A. **566** [1950] 27, 51).

Krystalle (aus Me.); F: 204°.

Hydroxy-oxo-carbonsäuren $C_nH_{2n-28}O_5$

2-[6-Hydroxy-3-oxo-3*H*-xanthen-9-yl]-benzoesäure-methylester, Fluorescein-methyl=ester $C_{21}H_{14}O_5$, Formel IV (R = H, X = CH₃) (H 536; E I 538; E II 389; dort als 6-Oxy-9-[2-carbomethoxy-phenyl]-fluoron bezeichnet).

Absorptionsspektren (400—550 nm) von Lösungen in Wasser und in Dioxan-Wasser-Gemischen: *Lawrence*, Biochem. J. **51** [1952] 168, 175, 176.

2-[6-Hydroxy-3-oxo-3*H*-xanthen-9-yl]-benzoesäure-äthylester, Fluorescein-äthyl=ester $C_{22}H_{16}O_5$, Formel IV (R = H, X = C₂H₅) (H 536; E II 389; dort als 6-Oxy-9-[2-carbäthoxy-phenyl]-fluoron bezeichnet).

Absorptionsspektrum einer Lösung in Äthanol sowie einer Natriumcarbonat enthaltenden wss. Lösung (jeweils 550—1250 nm): *Ramart-Lucas*, C. r. **205** [1937] 1409; von gepufferten wss. Lösungen vom pH 1 bis pH 13 (240—520 nm): *Nagase et al.*, J. pharm. Soc. Japan **73** [1953] 1033, 1034; C. A. **1954** 9983.

2-[6-Äthoxy-3-oxo-3H-xanthen-9-yl]-benzoesäure-äthylester $C_{24}H_{20}O_5$, Formel IV
(R = X = C_2H_5) (H 536; E I 538; dort als 6-Äthoxy-9-[2-carbäthoxy-phenyl]-fluoron bezeichnet).

Absorptionsspektren (240—520 nm) von gepufferten wss. Lösungen vom pH 1 bis pH 6,13: *Nagase et al.*, J. pharm. Soc. Japan **73** [1953] 1033, 1034; C. A. **1954** 9983. Fluorescenzspektrum (500—700 nm): *Fujimori*, J. chem. Soc. Japan Pure Chem. Sect. **75** [1954] 24, 26; C. A. **1954** 4982.

2-[6-Hydroxy-3-oxo-3H-xanthen-9-yl]-benzoesäure-allylester, Fluorescein-allylester
$C_{23}H_{16}O_5$, Formel IV (R = H, X = CH_2-CH=CH_2).

B. In kleiner Menge neben anderen Verbindungen beim Erwärmen von Fluorescein (Syst. Nr. 2835) mit Allylbromid, Kaliumcarbonat und Aceton (*Hurd, Schmerling*, Am. Soc. **59** [1937] 112, 115).

Rote Krystalle (aus A.); F: 233°.

IV   V

2-[6-Allyloxy-3-oxo-3H-xanthen-9-yl]-benzoesäure-allylester $C_{26}H_{20}O_5$, Formel IV
(R = X = CH_2-CH=CH_2).

B. Beim Erwärmen des Dinatrium-Salzes des Fluoresceins (Syst. Nr. 2835) mit Allyl= bromid (Überschuss) und wss. Aceton (*Hurd, Schmerling*, Am. Soc. **59** [1937] 112, 115).

Orangefarbene Krystalle (aus CCl_4); F: 155°.

Beim Erhitzen auf 220° ist ein als 2-[7-Allyl-6-hydroxy-3-oxo-3H-xanthen-9-yl]-benzoesäure-allylester ($C_{26}H_{20}O_5$) formuliertes Präparat (bei 137—143° schmelzend) erhalten worden. Verhalten beim Erwärmen mit methanol. Natronlauge bzw. äthanol. Natronlauge (Bildung von 2-[3,9-Dihydroxy-6-methoxy-xanthen-9-yl]-benzoesäure-9-lacton bzw. 2-[3-Äthoxy-6,9-dihydroxy-xanthen-9-yl]-benzoesäure-9-lacton): *Hurd, Sch.*

2-[3-Oxo-6-pent-2t(?)-enyloxy-3H-xanthen-9-yl]-benzoesäure-pent-2t(?)-enylester
$C_{30}H_{28}O_5$, vermutlich Formel V (R = H).

B. Neben Di-O-pent-2t(?)-enyl-fluorescein (2-[3,6-Bis-pent-2t(?)-enyloxy-9-hydroxy-xanthen-9-yl]-benzoesäure-lacton) beim Erwärmen von Fluorescein (Syst. Nr. 2835) mit 1-Brom-pent-2t(?)-en (2 Mol), Kaliumcarbonat und Aceton (*Hurd, Schmerling*, Am. Soc. **59** [1937] 112, 115).

Orangefarbene Krystalle (aus CCl_4); F: 118°.

2-[6-Hex-2t(?)-enyloxy-3-oxo-3H-xanthen-9-yl]-benzoesäure-hex-2t(?)-enylester
$C_{32}H_{32}O_5$, vermutlich Formel V (R = CH_3).

B. Neben Di-O-hex-2t(?)-enyl-fluorescein (2-[3,6-Bis-hex-2t(?)-enyloxy-9-hydroxy-xanthen-9-yl]-benzoesäure-lacton) beim Erwärmen von Fluorescein (Syst. Nr. 2835) mit 1-Brom-hex-2t(?)-en (2 Mol), Kaliumcarbonat und Aceton (*Hurd, Schmerling*, Am. Soc. **59** [1937] 112, 116).

Orangefarbene Krystalle; F: 109°.

2-[2,4,5,7-Tetrabrom-6-hydroxy-3-oxo-3H-xanthen-9-yl]-benzoesäure-methylester,
Eosin-methylester $C_{21}H_{10}Br_4O_5$, Formel VI (R = CH_3) (H 537; E II 389; dort als
2,4,5,7-Tetrabrom-6-oxy-9-[2-carbomethoxy-phenyl]-fluoron bezeichnet).

Absorptionsspektrum (W.; 405—720 nm) des Kalium-Salzes: *Auškāps*, Acta latviens.
Chem. **1** [1930] 279, 343, 356.

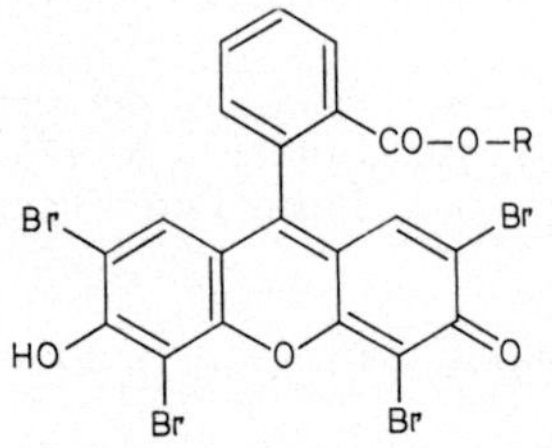

VI 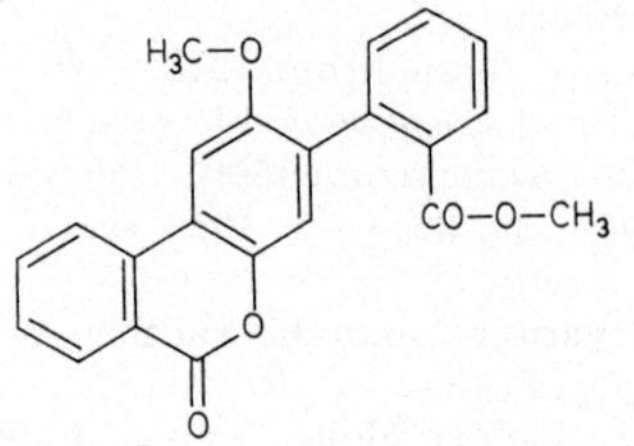　　　　　　　　　　　　　　　　VII

2-[2,4,5,7-Tetrabrom-6-hydroxy-3-oxo-3H-xanthen-9-yl]-benzoesäure-äthylester,
Eosin-äthylester $C_{22}H_{12}Br_4O_5$, Formel VI (R = C_2H_5) (H 537; dort als 2,4,5,7-Tetra-
brom-6-oxy-9-[2-carbäthoxy-phenyl]-fluoron bezeichnet).

Kalium-Salz. Absorptionsspektren der festen Verbindung (460—600 nm) sowie von
Lösungen in Äthanol (460—560 nm) und in Wasser (460—550 nm): *Holmes, Peterson,* J.
phys. Chem. **36** [1932] 1248, 1251, 1252; s. a. *Peterson, Holmes,* J. phys. Chem. **36** [1932]
633, 636. Absorptionsspektrum (240—560 nm): *Mohler, Forster,* Z. anal. Chem. **108**
[1937] 167, 175. Halbleiter-Photoeffekt: *Petrikalu,* Z. physik. Chem. [B] **10** [1930] 9, 18,
19.

2-[2-Methoxy-6-oxo-6H-benzo[c]chromen-3-yl]-benzoesäure-methylester $C_{22}H_{16}O_5$,
Formel VII.

B. Beim Erwärmen von Benzo[1,2-c;4,5-c′]diisochromen-5,12-dion mit methanol.
Kalilauge und Methyljodid (*Erdman, Nilsson,* Acta chem. scand. **10** [1956] 735, 737).

Krystalle (aus Me.); F: 197—198° [unkorr.].

2-[2-Methoxy-dibenzofuran-3(?)-carbonyl]-benzoesäure $C_{21}H_{14}O_5$, vermutlich
Formel VIII.

Bezüglich der Konstitutionszuordnung vgl. die Angaben im Artikel 3-Benzoyl-2-meth-
oxy-dibenzofuran (S. 827).

B. Beim Behandeln von 2-Methoxy-dibenzofuran mit Phthalsäure-anhydrid und
Aluminiumchlorid in Nitrobenzol (*Routier et al.,* Soc. **1956** 4276, 4278).

Krystalle; F: 236°.

Hydroxy-oxo-carbonsäuren $C_nH_{2n-30}O_5$

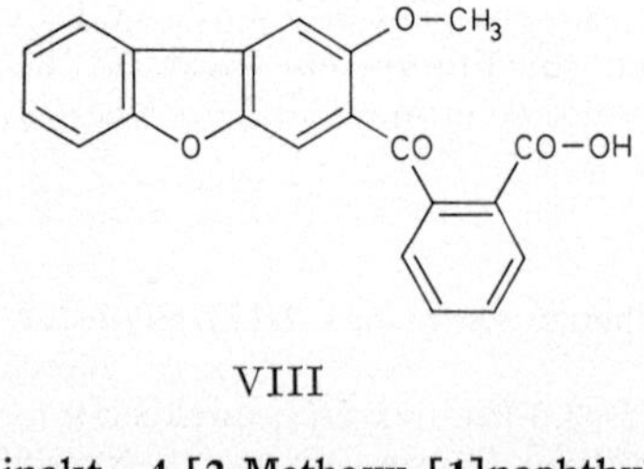

VIII 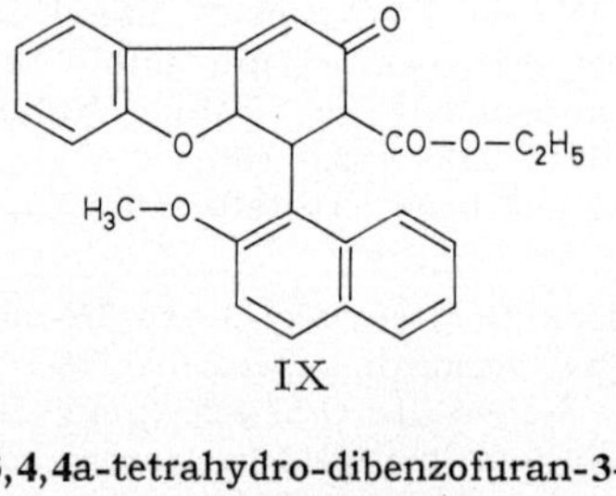　　　　　　　　　　　　　　　　IX

*Opt.-inakt. 4-[2-Methoxy-[1]naphthyl]-2-oxo-2,3,4,4a-tetrahydro-dibenzofuran-3-carb-
onsäure-äthylester* $C_{26}H_{22}O_5$, Formel IX, und Tautomeres (2-Hydroxy-4-[2-meth-
oxy-[1]naphthyl]-4,4a-dihydro-dibenzofuran-3-carbonsäure-äthylester).

B. Beim Erwärmen von 2-[(Z?)-2-Methoxy-[1]naphthylmethylen]-benzofuran-3-on

(S. 829) mit Acetessigsäure-äthylester und Natriumäthylat in Äthanol (*Acharya et al.*, Soc. **1940** 817, 819).

Krystalle (aus A.); F: 174°.

Oxim $C_{26}H_{23}NO_5$ (2-Hydroxyimino-4-[2-methoxy-[1]naphthyl]-2,3,4,4a-tetrahydro-dibenzofuran-3-carbonsäure-äthylester). Krystalle (aus wss. Eg.): F: 188°.

Hydroxy-oxo-carbonsäuren $C_nH_{2n-38}O_5$

*Opt.-inakt. 6-Hydroxy-2-oxo-6,10b-di-*p*-tolyl-6,10b-dihydro-2*H*-anthra[9,1-*bc*]furan-5-carbonsäure, 9,10-Dihydroxy-9,10-di-*p*-tolyl-9,10-dihydro-anthracen-1,4-dicarbon=säure-1 → 9-lacton $C_{30}H_{22}O_5$, Formel X.

B. Aus opt.-inakt. 6a,10b-Di-*p*-tolyl-6a,10b-dihydro-anthra[9,1-*bc*;10,4-*b'c'*]difuran-2,5-dion (F: 253°) beim Erhitzen mit Essigsäure sowie beim Erwärmen mit methanol. Kalilauge und Erhitzen des Reaktionsprodukts mit Essigsäure (*Scholl, Meyer*, A. **512** [1934] 112, 120).

Krystalle (aus Eg.); F: ca. 260° [bei schnellem Erhitzen].

Beim Erhitzen auf Temperaturen oberhalb des Schmelzpunkts sowie beim Erhitzen mit Acetanhydrid ist 6a,10b-Di-*p*-tolyl-6a,10b-dihydro-anthra[9,1-*bc*;10,4-*b'c'*]difuran-2,5-dion (F: 253°) zurückerhalten worden.

X   XI   XII

Hydroxy-oxo-carbonsäuren $C_nH_{2n-46}O_5$

3-[10-Hydroxy-[9]phenanthryl]-2-oxo-2*H*-dibenzo[*f,h*]chromen-4-carbonsäure-anilid $C_{38}H_{23}NO_4$, Formel XI (R = X = H).

Diese Konstitution kommt vermutlich der nachstehend beschriebenen, von *Diels, Kassebart* (A. **536** [1938] 78, 81, 85) als 19-Anilino-19-hydroxy-diphenanthro[9,10-*b*;9',10'-*g*]oxocin-18,20-dion ($C_{37}H_{23}NO_4$) angesehenen Verbindung zu (s. dazu *Bloom*, Am. Soc. **83** [1961] 3808, 3810).

B. Beim Erwärmen von [3,3']Bi[phenanthro[9,10-*b*]furanyliden]-2,2'-dion (von den Autoren als Diphenanthro[9,10-*b*;9',10'-*g*]oxocin-18,19,20-trion formuliert) mit Anilin (*Di., Ka.*).

Gelbe Krystalle (aus Nitrobenzol + Acetonitril), die unterhalb 360° nicht schmelzen (*Di., Ka.*).

3-[10-Hydroxy-[9]phenanthryl]-2-oxo-2*H*-dibenzo[*f,h*]chromen-4-carbonsäure-[*N*-methyl-anilid] $C_{39}H_{25}NO_4$, Formel XI (R = H, X = CH_3).

Diese Konstitution ist der nachstehend beschriebenen, von *Diels, Kassebart* (A. **536** [1938] 78, 81, 85) als 19-Hydroxy-19-[*N*-methyl-anilino]-diphenanthro[9,10-*b*;9',10'-*g*]oxocin-18,20-dion ($C_{38}H_{25}NO_4$) angesehenen Verbindung zuzuordnen (*Bloom*, Am. Soc. **83** [1961] 3808, 3810).

B. Beim Erwärmen von [3,3']Bi[phenanthro[9,10-*b*]furanyliden]-2,2'-dion (von

den Autoren als Diphenanthro[9,10-*b*;9′,10′-*g*]oxocin-18,19,20-trion formuliert) mit *N*-Methyl-anilin (*Di., Ka.*).
Gelbe Krystalle (aus Nitrobenzol + Acetonitril) (*Di., Ka.*).

3-[10-Acetoxy-[9]phenanthryl]-2-oxo-2*H*-dibenzo[*f,h*]chromen-4-carbonsäure-anilid
$C_{40}H_{25}NO_5$, Formel XI (R = CO-CH$_3$, X = H).
Diese Konstitution kommt vermutlich der nachstehend beschriebenen, von *Diels*, *Kassebart* (A. **536** [1938] 78, 85) als 19-Acetoxy-19-anilino-diphenanthro[9,10-*b*; 9′,10′-*g*]oxocin-18,20-dion ($C_{39}H_{25}NO_5$) angesehenen Verbindung zu (s. dazu *Bloom*, Am. Soc. **83** [1961] 3808, 3810).
B. Beim Erhitzen von 3-[10-Hydroxy-[9]phenanthryl]-2-oxo-2*H*-dibenzo[*f,h*]chromen-4-carbonsäure-anilid (S. 6449) mit Acetanhydrid und Schwefelsäure (*Di., Ka.*).
Gelbliche Krystalle (aus Acetanhydrid + Eg.) mit 1 Mol Essigsäure, die bei 192—195° sintern und sich bei weiterem Erhitzen olivgrün, danach braun und bei ca. 300° rot färben (*Di., Ka.*).

Hydroxy-oxo-carbonsäuren $C_nH_{2n-52}O_5$

2-[14-Hydroxy-16-oxo-16*H*-naphtho[2,1-*e*]phenanthro[10,1-*bc*]oxepin-13-yl]-[1]naphthoesäure $C_{36}H_{20}O_5$, Formel XII, und Tautomere (z. B. 20a-Hydroxy-20a,20b-dihydro-dinaphtho[2,1-*e*;2′,1′-*e*′]phenanthro[10,1-*bc*;9,8-*b*′*c*′]bis-oxepin-19,22-dion).
Eine ursprünglich (*Zinke et al.*, M. **80** [1949] 204, 211) als 20a-Hydroxy-20a,20b-dihydro-dinaphtho[2,1-*e*;2′,1′-*e*′]phenanthro[10,1-*bc*;9,8-*b*′*c*′]bisoxepin-19,22-dion beschriebene Verbindung (F: 233°) ist als 14-Hydroxy-benzo[*h*]phenanthro[1,10,9-*cde*]chromen-6-on (S. 861) zu formulieren; Entsprechendes gilt für das *O*-Acetyl-Derivat (*Zinke, Zimmer*, M. **82** [1951] 348, 351, 356).

[*Bohle*]

2. Hydroxy-oxo-carbonsäuren mit sechs Sauerstoff-Atomen

Hydroxy-oxo-carbonsäuren $C_nH_{2n-4}O_6$

Hydroxy-oxo-carbonsäuren $C_5H_6O_6$

(±)-3*t*,4*t*-Dihydroxy-5-oxo-tetrahydro-furan-2*r*-carbonsäure, DL-*ribo*-2,3,4-Trihydroxy-glutarsäure-1 → 4-lacton, DL-Ribarsäure-1 → 4-lacton $C_5H_6O_6$, Formel I + Spiegelbild (H 538).

F: 168—170° (*Bien, Ginsburg*, Soc. **1958** 3189, 3190).

(±)-3*c*,4*t*-Dimethoxy-5-oxo-tetrahydro-2*r*-carbonsäure, DL-*xylo*-2-Hydroxy-3,4-dimethoxy-glutarsäure-5-lacton, DL-O^2,O^3-Dimethyl-xylarsäure-1-lacton $C_7H_{10}O_6$, Formel II + Spiegelbild.

B. Beim Erwärmen von DL-O^2,O^3-Dimethyl-xylarsäure-dimethylester mit wss. Natronlauge und Erhitzen des Reaktionsprodukts unter 0,003 Torr auf 150° (*Schmidt, Zeiser*, B. **67** [1934] 2120, 2124).

Krystalle (aus E. + PAe.); F: 109,5—110,5°.

I   II   III

Hydroxy-oxo-carbonsäuren $C_6H_8O_6$

[(2*R*)-3*t*,4*c*-Dihydroxy-5-oxo-tetrahydro-[2*r*]furyl]-essigsäure, D-*arabino*-2,3,4-Trihydroxy-adipinsäure-1 → 4-lacton, D-*arabino*-5-Desoxy-hexarsäure-1 → 4-lacton $C_6H_8O_6$, Formel III.

B. Beim Behandeln von D-*lyxo*-2-Desoxy-hexose mit Distickstofftetraoxid (*Overend et al.*, Soc. **1951** 1487). Beim Erwärmen von O^3,O^4-Isopropyliden-O^1-methyl-α-D-*lyxo*-2-desoxy-hexopyranuronsäure-methylester mit wss. Salzsäure und Behandeln einer wss. Lösung des Reaktionsprodukts mit Brom (*Ov. et al.*).

Krystalle (aus Acn. + Ae.); F: ca. 155—157°. $[α]_D^{21}$: —43,4° [W.; c = 1].

Acridin-Salz $C_6H_8O_6 \cdot C_{13}H_9N$. Krystalle (aus Me. + Ae.); F: 148°. $[α]_D^{19,5}$: —25,3° [Me.; c = 2].

(*R*)-Methoxy-[(2*S*)-4*t*-methoxy-5-oxo-tetrahydro-[2*r*]furyl]-essigsäure, O^2,O^5-Dimethyl-L-*arabino*-4-desoxy-hexarsäure-6-lacton $C_8H_{12}O_6$, Formel IV (R = H), und (*R*)-Methoxy-[(2*S*)-4*c*-methoxy-5-oxo-tetrahydro-[2*r*]furyl]-essigsäure, O^2,O^5-Dimethyl-L-*xylo*-3-desoxy-hexarsäure-1-lacton $C_8H_{12}O_6$, Formel V (R = H).

Diese Formeln kommen für die beiden nachstehend beschriebenen Stereoisomeren in Betracht.

a) Stereoisomeres vom F: 145°.
B. Beim Hydrieren von (*R*)-Methoxy-[(*S*)-4-methoxy-5-oxo-2,5-dihydro-[2]furyl]-essigsäure-methylester an Platin in Methanol und Erhitzen des Reaktionsprodukts mit wss. Schwefelsäure (*Schmidt et al.*, B. **70** [1937] 2402, 2410).

Krystalle (aus Bzl.); F: 144—145°. $[α]_D^{20}$: +84,7° (Anfangswert) [W.; c = 3].

b) Stereoisomeres vom F: 131°.
B. Bei der Hydrierung von (*R*)-Methoxy-[(*S*)-4-methoxy-5-oxo-2,5-dihydro-[2]furyl]-essigsäure an Platin in Methanol (*Schmidt et al.*, B. **70** [1937] 2402, 2410) oder an Palladium/

Kohle in Methanol (*Smith*, Soc. **1944** 510, 515). Aus einer als O^2,O^5-Dimethyl-L-*arabino*-4-desoxy-hexarsäure oder O^2,O^5-Dimethyl-L-*xylo*-3-desoxy-hexarsäure zu formulierenden Verbindung (F: 161° [E III **3** 1086]) beim Erhitzen auf Temperaturen oberhalb des Schmelzpunkts sowie beim Erhitzen unter 0,01 Torr auf 165° (*Sm.*, l. c. S. 517). Beim Behandeln einer Lösung von (*R*)-Methoxy-[(*S*)-4-methoxy-5-oxo-2,5-dihydro-[2]furyl]-essigsäure-methylester in Wasser mit Natrium-Amalgam und Behandeln des Reaktionsprodukts mit wss. Schwefelsäure (*Sm.*, l. c. S. 516).

Krystalle; F: 131° [nach Sublimation] (*Sm.*), 128—129° [aus Ae.] (*Sch. et al.*). $[\alpha]_D^{18}$: +72° [Me.; c = 1]; $[\alpha]_D$: +101° (Anfangswert) → +22,5° (nach 267 h) [W.; c = 2] (*Sm.*); $[\alpha]_D^{20}$: +98,4° (Anfangswert) [W.; c = 5] (*Sch. et al.*).

IV   V   VI   VII

Methoxy-[4-methoxy-5-oxo-tetrahydro-[2]furyl]-essigsäure-methylester, 3-Hydroxy-2,5-dimethoxy-adipinsäure-6-lacton-1-methylester $C_9H_{14}O_6$.

a) (*S*)**-Methoxy-[(2*S*)-4*c*-methoxy-5-oxo-tetrahydro-[2*r*]furyl]-essigsäure-methylester,** O^2,O^5**-Dimethyl-D-*arabino*-3-desoxy-hexarsäure-1-lacton-6-methylester** $C_9H_{14}O_6$, Formel VI, und (*S*)**-Methoxy-[(2*S*)-4*t*-methoxy-5-oxo-tetrahydro-[2*r*]furyl]-essigsäure-methylester,** O^2,O^5**-Dimethyl-D-*ribo*-3-desoxy-hexarsäure-1-lacton-6-methylester** $C_9H_{14}O_6$, Formel VII.

Diese beiden Formeln kommen für die nachstehend beschriebene Verbindung in Betracht.

B. Neben anderen Verbindungen bei aufeinanderfolgender Hydrierung von (*S*)-Methoxy-[(*S*)-4-methoxy-5-oxo-2,5-dihydro-[2]furyl]-essigsäure-methylester an Platin in Äthanol und an Palladium/Kohle in Äthanol (*Haworth et al.*, Soc. **1944** 217, 224).

Bei 160°/0,03 Torr destillierbar. n_D^{20}: 1,4524. $[\alpha]_D^{20}$: −4° [W.; c = 1].

b) (*R*)**-Methoxy-[(2*S*)-4*t*-methoxy-5-oxo-tetrahydro-[2*r*]furyl]-essigsäure-methylester,** O^2,O^5**-Dimethyl-L-*arabino*-4-desoxy-hexarsäure-6-lacton-1-methylester** $C_9H_{14}O_6$, Formel IV (R = CH$_3$), und (*R*)**-Methoxy-[(2*S*)-4*c*-methoxy-5-oxo-tetrahydro-[2*r*]furyl]-essigsäure-methylester,** O^2,O^5**-Dimethyl-L-*xylo*-3-desoxy-hexarsäure-1-lacton-6-methylester** $C_9H_{14}O_6$, Formel V (R = CH$_3$).

Diese beiden Formeln kommen für die nachstehend beschriebene Verbindung in Betracht.

B. Neben einer als O^2,O^5-Dimethyl-L-*arabino*-4-desoxy-hexarsäure-dimethylester oder O^2,O^5-Dimethyl-L-*xylo*-3-desoxy-hexarsäure-dimethylester zu formulierenden Verbindung (F: 89° [E III **3** 1087]) beim Erwärmen einer als O^2,O^5-Dimethyl-L-*arabino*-4-desoxy-hexarsäure-6-lacton oder O^2,O^5-Dimethyl-L-*xylo*-3-desoxy-hexarsäure-1-lacton zu formulierenden Verbindung (S. 6451) mit Chlorwasserstoff enthaltendem Methanol (*Smith*, Soc. **1944** 510, 516).

Krystalle (aus A. + Ae. + PAe.); F: 77°. $[\alpha]_D^{17}$: +117° [W.; c = 1].

3-[(2*R*)-3*c*,4*c*-Dihydroxy-α-phenylhydrazono-tetrahydro-[2*r*]furfuryl]-1,5-diphenyl-formazan, 1-Phenylazo-D-*arabino*-3,6-anhydro-[2]hexosulose-bis-phenylhydrazon $C_{24}H_{24}N_6O_3$, Formel VIII (R = H).

B. Beim Behandeln einer Lösung von D-*arabino*-3,6-Anhydro-[2]hexosulose-bis-phenylhydrazon in Äthanol, Pyridin und wss. Natronlauge mit wss. Benzoldiazoniumchlorid-Lösung (*Mester, Major*, Am. Soc. **77** [1955] 4305).

Schwarze Krystalle (aus Butan-1-ol + Py.); F: 182—183°. Absorptionsspektrum (200—650 nm): *Me., Ma.*

VIII   IX

3-[(2R)-3c,4c-Diacetoxy-α-phenylhydrazono-tetrahydro-[2r]furfuryl]-1,5-diphenyl-formazan, O^1,O^5-Diacetyl-1-phenylazo-D-*arabino*-3,6-anhydro-[2]hexosulose-bis-phenyl=hydrazon $C_{28}H_{28}N_6O_5$, Formel VIII (R = CO-CH$_3$).

B. Beim Behandeln der im vorangehenden Artikel beschriebenen Verbindung mit Acetanhydrid und Pyridin (*Mester, Major,* Am. Soc. **77** [1955] 4305).

Schwarze Krystalle (aus Butan-1-ol); F: 169–170°. Absorptionsspektrum (200 nm bis 650 nm): *Me., Ma.*

(2S)-3c,4c-Dihydroxy-2r-methyl-5-oxo-tetrahydro-furan-3t-carbonsäure, 3-Carboxy-5-desoxy-L-lyxonsäure-1 → 4-lacton, Streptosonsäure-monolacton $C_6H_8O_6$, Formel IX (R = H).

Konstitution: *Kuehl et al.,* Am. Soc. **68** [1946] 2679, 2680. Konfiguration: *Kuehl et al.,* Am. Soc. **71** [1949] 1445, 1446.

B. Beim Erhitzen von O^3-Acetyl-3-carboxy-O^2-[tri-O-acetyl-2-(acetyl-methyl-amino)-2-desoxy-α-L-glucopyranosyl]-5-desoxy-L-lyxonsäure-1-lacton mit wss. Salzsäure (*Ku. et al.,* Am. Soc. **68** 2683).

Krystalle (aus Pentan-2-on + CHCl$_3$), F: 146–148°; $[\alpha]_D^{25}$: −38° [W.; c = 0,4] (*Ku. et al.,* Am. Soc. **68** 2683).

(2S)-3c,4c-Diacetoxy-2r-methyl-5-oxo-tetrahydro-furan-3t-carbonsäure, O^2,O^3-Diacetyl-3-carboxy-5-desoxy-L-lyxonsäure-1-lacton, Di-O-acetyl-streptosonsäure-lacton $C_{10}H_{12}O_8$, Formel IX (R = CO-CH$_3$).

B. Beim Behandeln der im vorangehenden Artikel beschriebenen Verbindung mit Acetanhydrid und Pyridin (*Kuehl et al.,* Am. Soc. **68** [1946] 2679, 2683).

Krystalle (aus CHCl$_3$ + CCl$_4$); F: 186–188°. $[\alpha]_D^{25}$: +26° [Me.; c = 0,5].

Hydroxy-oxo-carbonsäuren $C_7H_{10}O_6$

***Opt.-inakt. 3-[2,5-Dimethoxy-tetrahydro-[2]furyl]-3-oxo-propionsäure-methylester** $C_{10}H_{16}O_6$, Formel X, und Tautomeres (3-[2,5-Dimethoxy-tetrahydro-[2]furyl]-3-hydroxy-acrylsäure-methylester).

B. Beim Erwärmen von opt.-inakt. 2,5-Dimethoxy-tetrahydro-furan-2-carbonsäure-methylester (n_D^{25}: 1,4348) mit Methylacetat und Natrium (*Clauson-Kaas, Nedenskov,* Acta chem. scand. **9** [1955] 27).

Kp$_{0,1-0,2}$: 98–99°. n_D^{25}: 1,4559.

Beim Erhitzen mit wss. Schwefelsäure sind 2,3-Dihydroxy-benzoesäure-methylester und kleine Mengen 2,3-Dihydroxy-benzoesäure erhalten worden.

X   XI   XII

Hydroxy-oxo-carbonsäuren $C_9H_{14}O_6$

(±)-[5,5-Bis-hydroxymethyl-4-oxo-tetrahydro-pyran-3-yl]-essigsäure $C_9H_{14}O_6$, Formel XI, und Tautomeres ((±)-7a-Hydroxy-7,7-bis-hydroxymethyl-tetra=hydro-furo[3,2-c]pyran-2-on).

B. Beim Behandeln von (±)-9,9-Bis-hydroxymethyl-2,7-dioxa-spiro[4.5]decan-3,10-dion mit einer aus Silbernitrat, Natriumhydroxid und wss. Ammoniak in Wasser bereiteten Lösung (*Olsen et al.*, B. **90** [1957] 765, 771). Beim Erhitzen von (±)-[11-Oxo-2,4,8-trioxa-spiro[5.5]undec-10-yl]-essigsäure mit Essigsäure und wenig Schwefelsäure und Erhitzen des Reaktionsprodukts mit wss. Salzsäure (*Olsen et al.*, B. **90** [1957] 1389, 1397, 1398).

Krystalle; F: 172—173° [aus E. + Me.] (*Ol. et al.*, l. c. S. 771). IR-Spektrum (NaCl; 2,5—15,4 μ): *Ol. et al.*, l. c. S. 767.

Hydroxy-oxo-carbonsäuren $C_{10}H_{16}O_6$

3-Hydroxy-2-hydroxymethyl-4-isopropyl-3-methyl-5-oxo-tetrahydro-furan-2-carbon=säure $C_{10}H_{16}O_6$, Formel XII.

Diese Konstitution kommt der nachstehend beschriebenen **Junceinsäure** zu.

B. Bei der Hydrierung von Juncein (Syst. Nr. 4447) an Palladium/Strontiumcarbonat in wss. Äthanol und Behandlung des erhaltenen Tetrahydrojunceins mit wss. Salzsäure (*Adams, Gianturco*, Am. Soc. **78** [1956] 1926).

Krystalle (aus Tetrahydrofuran + PAe.); F: 182° [korr.; Zers; nach Sintern bei 180°]. IR-Banden (Nujol) im Bereich von 3400 cm⁻¹ bis 1700 cm⁻¹: *Ad., Gi.*

Hydroxy-oxo-carbonsäuren $C_nH_{2n-6}O_6$

Hydroxy-oxo-carbonsäuren $C_5H_4O_6$

(±)-2-Acetoxy-4-chlor-3-methoxy-5-oxo-2,5-dihydro-furan-2-carbonsäure-[3,4,5-tri=chlor-2,6-dimethoxy-phenylester], **(±)-4-Acetoxy-2-chlor-4-hydroxy-3-methoxy-*cis*-pentendisäure-1-lacton-5-[3,4,5-trichlor-2,6-dimethoxy-phenylester]** $C_{16}H_{12}Cl_4O_9$, Formel I (R = CO-CH₃, X = Cl).

Diese Konstitution kommt vermutlich der nachstehend beschriebenen Verbindung zu (*Hunter, Sprung*, Am. Soc. **53** [1931] 700, 703).

B. Beim Erhitzen einer vermutlich als (±)-4-Chlor-2-hydroxy-3-methoxy-5-oxo-2,5-di=hydro-furan-2-carbonsäure-[3,4,5-trichlor-2,6-dimethoxy-phenylester] zu formulierenden Verbindung (E III 6 6273) mit Acetanhydrid (*Hu., Sp.*, l. c. S. 710).

Krystalle (aus wss. A.); F: 135—136° [Zers.].

(±)-2-Acetoxy-4-brom-3-methoxy-5-oxo-2,5-dihydro-furan-2-carbonsäure-[3,4,5-tri=brom-2,6-dimethoxy-phenylester], **(±)-4-Acetoxy-2-brom-4-hydroxy-3-methoxy-*cis*-pentendisäure-1-lacton-5-[3,4,5-tribrom-2,6-dimethoxy-phenylester]** $C_{16}H_{12}Br_4O_9$, Formel I (R = CO-CH₃, X = Br).

Diese Konstitution kommt vermutlich der nachstehend beschriebenen Verbindung zu (*Hunter, Sprung*, Am. Soc. **53** [1931] 700, 705).

B. Aus der im nachfolgenden Artikel beschriebenen Verbindung beim Erwärmen mit Acetylchlorid und wenig Schwefelsäure sowie beim Erhitzen mit Acetanhydrid und Essig=säure (*Hu., Sp.*, l. c. S. 708).

Krystalle (aus wss. A.); F: 141—144° [Zers.].

I   II

Bis-[4-brom-3-methoxy-5-oxo-2-(3,4,5-tribrom-2,6-dimethoxy-phenoxycarbonyl)-2,5-di⸗
hydro-[2]furyl]-äther, 4,4′-Dibrom-3,3′-dimethoxy-5,5′-dioxo-2,5,2′,5′-tetrahydro-
2,2′-oxy-bis-furan-2-carbonsäure-bis-[3,4,5-tribrom-2,6-dimethoxy-phenylester]
$C_{28}H_{18}Br_8O_{15}$, Formel II, und 2-Brom-3-methoxy-4-oxo-ξ-pentendisäure-1-[4-brom-
3-methoxy-5-oxo-2-(3,4,5-tribrom-2,6-dimethoxy-phenoxycarbonyl)-2,5-dihydro-
[2]furylester]-5-[3,4,5-tribrom-2,6-dimethoxy-phenylester] $C_{28}H_{18}Br_8O_{15}$, Formel III.

Diese beiden Formeln kommen für die nachstehend beschriebene opt.-inakt. Verbindung in Betracht (*Hunter*, *Sprung*, Am. Soc. **53** [1931] 700, 705).

B. Neben 3,5-Dibrom-6-methoxy-2-[3,4,5-tribrom-2,6-dimethoxy-phenoxy]-[1,4]⸗
benzochinon beim Erwärmen von 3,4,5-Tribrom-2,6-dimethoxy-phenol mit Chrom(VI)-
oxid und wss. Essigsäure (*Hu., Sp.*, l. c. S. 707).

Krystalle (aus wss. Me. oder wss. A.); F: 206−206,6° [Zers.; im vorgeheizten Bad].

III

Hydroxy-oxo-carbonsäuren $C_6H_6O_6$

Hydroxy-[4-hydroxy-5-oxo-2,5-dihydro-[2]furyl]-essigsäure, 2,4,5-Trihydroxy-hex-
2-endisäure-1 → 4-lacton $C_6H_6O_6$, und Tautomeres (Hydroxy-[4,5-dioxo-tetra⸗
hydro-[2]furyl]-essigsäure).

a) (*S*)-Hydroxy-[(*S*)-4-hydroxy-5-oxo-2,5-dihydro-[2]furyl]-essigsäure, D-*erythro*-
2,4,5-Trihydroxy-hex-2*c*-endisäure-1 → 4-lacton $C_6H_6O_6$, Formel IV, und Tautomeres.
Konstitution und Konfiguration: *Heslop*, *Smith*, Soc. **1944** 577, 579.

B. Beim Behandeln von D-Mannarsäure-1 → 4;6 → 3-dilacton mit Natriumethylat in
Methanol (*He., Sm.*, l. c. S. 582).

Krystalle; F: 142°. Krystalle (aus E. oder aus Ae. + A.) mit 1 Mol H_2O, F: 82°;
nach dem Trocknen unter vermindertem Druck bei 60−100° liegt der Schmelzpunkt bei
142°. $[\alpha]_D^{17}$: −53° (Anfangswert) → +15,5° (Endwert nach 10 d) [W.; c = 2] [wasser-
freies Präparat]; $[\alpha]_D^{18}$: −48° (Anfangswert) → +15° (Endwert nach 11 d) [W.; c = 1]
[Monohydrat]. UV-Spektrum (W.; 200−260 nm): *He., Sm.*, l. c. S. 577, 579.

b) (*R*)-Hydroxy-[(*S*)-4-hydroxy-5-oxo-2,5-dihydro-[2]furyl]-essigsäure,
L_g-*threo*-2,4,5-Trihydroxy-hex-2*c*-endisäure-1 → 4-lacton $C_6H_6O_6$, Formel V (R = H),
und Tautomeres.
Konstitution und Konfiguration: *Heslop*, *Smith*, Soc. **1944** 637, 640.

B. Beim Behandeln von D-Glucarsäure-1 → 4;6 → 3-dilacton, von D-Glucarsäure-
1 → 4-lacton-6-methylester oder von D-Glucarsäure-6 → 3-lacton-1-methylester mit Natri⸗
ummethylat in Methanol (*He., Sm.*, l. c. S. 641).

Krystalle (aus Ae. + Acn.); F: 159°. $[\alpha]_D^{18}$: +39° [W.; c = 2]. UV-Spektrum (W.;
200−260 nm): *He., Sm.*, l. c. S. 639.

(*R*)-Methoxy-[(*S*)-4-methoxy-5-oxo-2,5-dihydro-[2]furyl]-essigsäure, L_g-*threo*-4-Hydr⸗
oxy-2,5-dimethoxy-hex-2*c*-endisäure-1-lacton $C_8H_{10}O_6$, Formel V (R = CH_3).

B. Beim Erwärmen von (*R*)-Methoxy-[(*S*)-4-methoxy-5-oxo-2,5-dihydro-[2]furyl]-
essigsäure-methylester mit wss. Salzsäure (*Schmidt et al.*, B. **70** [1937] 2402, 2409) oder
mit wss. Natronlauge (*Smith*, Soc. **1944** 510, 515).

Krystalle; F: 171° [aus Acn. + PAe.] (*Smith*, Soc. **1944** 584, 586), 168° [aus W.]
(*Sch. et al.*). $[\alpha]_D^{18}$: +76° [Me.; c = 0,7] (*Sm.*, l. c. S. 586); $[\alpha]_D^{16}$: +73,5° [W.; c = 0,7]

(*Sm.*, 1. c. S. 515); $[\alpha]_D^{20}$: $+72{,}5°$ [W.; c = 2] (*Sch. et al.*). UV-Spektrum (W.; 200 nm bis 270 nm): *Sm.*, l. c. S. 511.

(*S*)-Hydroxy-[(*S*)-4-hydroxy-5-oxo-2,5-dihydro-[2]furyl]-essigsäure-methylester, D-*erythro*-2,4,5-Trihydroxy-hex-2c-endisäure-1 → 4-lacton-6-methylester $C_7H_8O_6$, Formel VI (R = X = H), und Tautomeres ((*S*)-Hydroxy-[(*S*)-4,5-dioxo-tetrahydro-[2]furyl]-essigsäure-methylester).

B. Beim Behandeln von D-Mannarsäure-1 → 4;6 → 3-dilacton mit Natriummethylat (3 Mol) in Methanol (*Heslop, Smith*, Soc. **1944** 577, 584).

Krystalle (aus A. + Ae.); F: 111°. $[\alpha]_D^{17}$: $-41{,}3°$ (Anfangswert) → $+8°$ (Endwert nach 70 h) [W.; c = 0,6]. Absorptionsmaximum (W.): 229 nm.

IV   V   VI   VII

Hydroxy-[4-methoxy-5-oxo-2,5-dihydro-[2]furyl]-essigsäure-methylester, 4,5-Dihydroxy-2-methoxy-hex-2-endisäure-1 → 4-lacton-6-methylester $C_8H_{10}O_6$.

a) (*S*)-Hydroxy-[(*S*)-4-methoxy-5-oxo-2,5-dihydro-[2]furyl]-essigsäure-methylester, D-*erythro*-4,5-Dihydroxy-2-methoxy-hex-2c-endisäure-1 → 4-lacton-6-methylester $C_8H_{10}O_6$, Formel VI (R = CH_3, X = H).

B. Beim Behandeln einer Lösung von (*S*)-Hydroxy-[(*S*)-4-hydroxy-5-oxo-2,5-dihydro-[2]furyl]-essigsäure in Methanol mit Diazomethan in Äther (*Heslop, Smith*, Soc. **1944** 577, 583).

Sirup. $[\alpha]_D^{18}$: $-30°$ [W.; c = 1]. UV-Spektrum (W.; 200−270 nm): *He., Sm.*, l. c. S. 579.

b) (*R*)-Hydroxy-[(*S*)-4-methoxy-5-oxo-2,5-dihydro-[2]furyl]-essigsäure-methylester, L$_g$-*threo*-4,5-Dihydroxy-2-methoxy-hex-2c-endisäure-1 → 4-lacton-6-methylester $C_8H_{10}O_6$, Formel VII (R = CH_3, X = H).

B. Beim Behandeln einer Lösung von (*R*)-Hydroxy-[(*S*)-4-hydroxy-5-oxo-2,5-dihydro-[2]furyl]-essigsäure in Methanol mit Diazomethan in Äther (*Heslop, Smith*, Soc. **1944** 637, 642).

Krystalle (aus A.); F: 142°. $[\alpha]_D^{18}$: $+91°$ [W.; c = 2]. UV-Spektrum (W.; 200 nm bis 270 nm): *He., Sm.*, l. c. S. 637.

Methoxy-[4-methoxy-5-oxo-2,5-dihydro-[2]furyl]-essigsäure-methylester, 4-Hydroxy-2,5-dimethoxy-hex-2-endisäure-1-lacton-6-methylester $C_9H_{12}O_6$.

a) (*S*)-Methoxy-[(*S*)-4-methoxy-5-oxo-2,5-dihydro-[2]furyl]-essigsäure-methylester, D-*erythro*-4-Hydroxy-2,5-dimethoxy-hex-2c-endisäure-1-lacton-6-methylester $C_9H_{12}O_6$, Formel VI (R = X = CH_3).

Konstitution und Konfiguration: *Haworth et al.*, Soc. **1944** 217, 219.

B. Als Hauptprodukt beim Behandeln einer Lösung von D-Mannarsäure-1 → 4; 6 → 3-dilacton in Methanol mit Methyljodid und Silberoxid oder mit Diazomethan in Äther (*Ha. et al.*, l. c. S. 222, 223). Beim Erwärmen von (*S*)-Hydroxy-[(*S*)-4-methoxy-5-oxo-2,5-dihydro-[2]furyl]-essigsäure-methylester mit Aceton, Methyljodid und Silberoxid (*Heslop, Smith*, Soc. **1944** 577, 583).

Krystalle (aus Ae.); F: 58°; $[\alpha]_D^{18}$: $-40°$ [W.; c = 4] (*He., Sm.*). UV-Spektrum (W.; 200−260 nm): *Ha. et al.*, l. c. S. 220; *He., Sm.*, l. c. S. 579.

b) (*R*)-Methoxy-[(*S*)-4-methoxy-5-oxo-2,5-dihydro-[2]furyl]-essigsäure-methylester, L$_g$-*threo*-4-Hydroxy-2,5-dimethoxy-hex-2c-endisäure-1-lacton-6-methylester $C_9H_{12}O_6$, Formel VII (R = X = CH_3).

Konstitution und Konfiguration: *Schmidt et al.*, B. **70** [1937] 2402; *Smith*, Soc. **1944** 510, 511.

B. Aus D-Glucarsäure beim Behandeln mit Diazomethan in Äther (*Sch. et al.*, l. c. S. 2407) sowie beim Erwärmen des Silber-Salzes mit Methyljodid und Methanol (*Sm.*, l. c. S. 514). Aus D-Glucarsäure-6 → 3-lacton oder aus D-Glucarsäure-1 → 4;6 → 3-dilacton beim Behandeln einer Lösung in Methanol mit Diazomethan in Äther sowie beim Erwärmen mit Aceton, Methyljodid und Silberoxid (*Sm.*, l. c. S. 513, 514; s. a. *Sch. et al.*, l. c. S. 2409). Beim Behandeln von D-Glucuronsäure-6 → 3-lacton mit Methanol, Methyl= jodid und Silberoxid (*Sm.*, l. c. S. 514; s. a. *Pryde, Williams*, Biochem. J. **27** [1933] 1205, 1208). Beim Behandeln von D-Glucarsäure-6 → 3-lacton-1-methylester mit Diazomethan in Äther (*Reeves*, Am. Soc. **61** [1939] 664).

Krystalle; F: 89° [aus A. + Ae.] (*Sm.*), 89° [aus A.] (*Owen et al.*, Soc. **1941** 339, 343), 88° [aus Ae. + Me.] (*Pr., Wi.*), 87° [aus W. oder PAe.] (*Sch. et al.*). $[\alpha]_D^{17}$: +84° [Me.; c = 0,7] (*Sm.*); $[\alpha]_D^{20}$: +84,1° [Me.; c = 4] (*Sch. et al.*); $[\alpha]_D^{21}$: +79,5° [Me.; c = 1] (*Re.*); $[\alpha]_D^{17}$: +92° [W.; c = 1] (*Heslop, Smith*, Soc. **1944** 637, 642); $[\alpha]_D^{19}$: +98° [W.; c = 0,7] (*Sm.*); $[\alpha]_{546}^{17}$: +108° [Me.; c = 1] (*Owen et al.*); $[\alpha]_{546}^{18}$: +110,8° [W.; c = 0,6] (*Pr., Wi.*). UV-Spektrum (Me. bzw. W.; 200—270 nm): *Sch. et al.*, l. c. S. 2402; *Sm.*, l. c. S. 511.

Beim Erwärmen mit wss. Natronlauge sind (*R*)-Methoxy-[(*S*)-4-methoxy-5-oxo-2,5-di= hydro-[2]furyl]-essigsäure und kleine Mengen einer Verbindung $C_8H_{10}O_6$ (gelbliche Krystalle [aus W.], F: 266° [Zers.]) erhalten worden (*Sm.*, l. c. S. 517).

(*R*)-Methoxy-[(*S*)-4-methoxy-5-oxo-2,5-dihydro-[2]furyl]-essigsäure-amid, (4*S*,5*R*)- 5-Carbamoyl-4-hydroxy-2,5-dimethoxy-pent-2*c*-ensäure-lacton $C_8H_{11}NO_5$, Formel VIII.

B. Beim Behandeln des im vorangehenden Artikel beschriebenen Methylesters mit Ammoniak in Methanol (*Smith*, Soc. **1944** 510, 514).

Krystalle (aus A.); F: 193°. $[\alpha]_D^{18}$: +75° [W.; c = 0,3]. UV-Absorptionsmaximum (W.): 230 nm.

(±)-[3-Acetoxy-2,5-dioxo-tetrahydro-[3]furyl]-essigsäure, (±)-2-Acetoxy-propan- 1,2,3-tricarbonsäure-1,2-anhydrid, (±)-*O*-Acetyl-citronensäure-anhydrid $C_8H_8O_7$, Formel IX (X = OH) (H 539; dort als *O*-Acetyl-anhydrocitronensäure be= zeichnet).

B. Beim Behandeln von Citronensäure mit Acetanhydrid und wenig Schwefelsäure (*Michelotti et al.*, J. chem. eng. Data **4** [1959] 79, 80; *Emulsol Corp.*, U.S.P. 2520139 [1948]).

F: 123—125° (*Mi. et al.*), 121° (*Smith*, Z. physik. Chem. [A] **177** [1936] 131, 149).

(±)-[3-Acetoxy-2,5-dioxo-tetrahydro-[3]furyl]-essigsäure-methylester, (±)-2-Acetoxy- propan-1,2,3-tricarbonsäure-1,2-anhydrid-3-methylester $C_9H_{10}O_7$, Formel IX (X = O-CH$_3$) (H 539; dort als *O*-Acetyl-[α.β-anhydro-citronensäure]-methylester be= zeichnet).

B. Beim Behandeln einer Lösung der im vorangehenden Artikel beschriebenen Ver= bindung in Aceton mit Diazomethan in Äther (*Branchini et al.*, Ann. Chimica **49** [1959] 1850, 1859).

Krystalle (aus Bzl.); F: 108° [unkorr.; Kofler-App.].

Beim Behandeln mit Benzol und Aluminiumchlorid sind 2-Oxo-6-phenyl-2*H*-pyran- 4-carbonsäure und Acetophenon erhalten worden.

VIII   IX   X

(±)-[3-Acetoxy-2,5-dioxo-tetrahydro-[3]furyl]-acetylchlorid, (±)-2-Acetoxy-2-chlor= carbonylmethyl-bernsteinsäure-anhydrid $C_8H_7ClO_6$, Formel IX (X = Cl).

B. Beim Behandeln von (±)-[3-Acetoxy-2,5-dioxo-tetrahydro-[3]furyl]-essigsäure mit

Phosphor(V)-chlorid in Petroläther (*Dietzler, Nelson*, Am. Soc. **55** [1933] 1605, 1607).
Krystalle (aus $CHCl_3$ + PAe.); F: 92−93°.

Beim Behandeln einer Lösung in Chloroform mit Natriumsalicylat ist eine als 4-Acet=
oxy-2,6,8-trioxo-3,4,5,6-tetrahydro-2H,8H-benzo[b][1,5]dioxecin-4-carbonsäure oder als
[3-Acetoxy-2,5,7-trioxo-2,3,4,5-tetrahydro-7H-benzo[b][1,5]dioxonin-3-yl]-essigsäure angesehene Verbindung (F: 162−163°) erhalten worden.

**(±)-3-Hydroxymethyl-4,5-dioxo-tetrahydro-furan-3-carbonsäure-äthylester, (±)-Bis-
hydroxymethyl-oxalessigsäure-4-äthylester-1-lacton** $C_8H_{10}O_6$, Formel X (R = H).

B. Beim Behandeln der Kalium-Verbindung des 4,5-Dioxo-tetrahydro-furan-3-carbon=
säure-äthylesters mit wss. Formaldehyd-Lösung (*Fischhof*, A. ch. [12] **6** [1951] 227, 233).
Krystalle (aus Ae.); F: 119°.

Beim Erhitzen ohne Zusatz sowie beim Erhitzen mit Wasser sind 4,5-Dioxo-tetra=
hydro-furan-3-carbonsäure-äthylester und Formaldehyd erhalten worden.

**(±)-3-Acetoxymethyl-4,5-dioxo-tetrahydro-furan-3-carbonsäure-äthylester, (±)-Acet=
oxymethyl-hydroxymethyl-oxalessigsäure-4-äthylester-1-lacton** $C_{10}H_{12}O_7$, Formel X
(R = CO-CH₃).

B. Beim Behandeln der im vorangehenden Artikel beschriebenen Verbindung mit
Acetylchlorid und Pyridin (*Fischhof*, A. ch. [12] **6** [1951] 227, 235).
Krystalle (aus Ae.); F: 96°.

Hydroxy-oxo-carbonsäuren $C_7H_8O_6$

*Opt.-inakt. 3-[2,5-Dimethoxy-2,5-dihydro-[2]furyl]-3-oxo-propionsäure-methylester
$C_{10}H_{14}O_6$, Formel XI, und Tautomeres (opt.-inakt. 3-[2,5-Dimethoxy-2,5-dihydro-
[2]furyl]-3-hydroxy-acrylsäure-methylester).

B. Beim Erwärmen von opt.-inakt. 2,5-Dimethoxy-2,5-dihydro-furan-2-carbonsäure-
methylester (n_D^{25}: 1,4476) mit Methylacetat und Natrium (*Clauson-Kaas, Nedenskov*, Acta
chem. scand. **9** [1955] 27).
Öl; bei 104−114°/0,1−0,2 Torr destillierbar. n_D^{25}: 1,4588.

Beim Behandeln mit wss. Salzsäure unter Kohlendioxid ist 2,3,6-Trihydroxy-benzoe=
säure-methylester erhalten worden.

XI   XII   XIII

Hydroxy-oxo-carbonsäuren $C_8H_{10}O_6$

**(±)-4-Äthoxy-2-[5-oxo-tetrahydro-[3]furyl]-acetessigsäure-äthylester, (±)-2-Äthoxy=
acetyl-3-hydroxymethyl-glutarsäure-1-äthylester-5-lacton** $C_{12}H_{18}O_6$, Formel XII
(R = C_2H_5) und Tautomeres.

B. Beim Behandeln der Natrium-Verbindung des 4-Äthoxy-acetessigsäure-äthylesters
mit 5H-Furan-2-on in Dioxan (*Drjamowa et al.*, Ž. obšč. Chim. **18** [1948] 1733; C. A. 1949
2625).
Kp_7: 182−184°. D_4^{20}: 1,2171. n_D^{20}: 1,4800.

**(±)-6t-Chlor-5t-hydroxy-1ξ-methoxy-3-oxo-(3ar,6ac)-hexahydro-cyclopenta[c]furan-
4t-carbonsäure-methylester** $C_{10}H_{13}ClO_6$, Formel XIII (R = H, X = Cl) + Spiegelbild.

Diese Konstitution und Konfiguration kommt wahrscheinlich der nachstehend beschriebenen, von *Jolivet* (C. r. **243** [1956] 2085; A. ch. [13] **5** [1960] 1165, 1188) als
5-Chlor-6-hydroxy-7-oxa-norbornan-2,3-dicarbonsäure-dimethylester
($C_{10}H_{13}ClO_6$) angesehenen Verbindung zu (*Jur'ew, Sefirow*, Ž. obšč. Chim. **33** [1963] 804,
806, 810; engl. Ausg. S. 791, 792, 794, 795).

B. Beim Behandeln einer wss. Lösung von 7-Oxa-norborn-5-en-2exo,3exo-dicarbon=

säure-dimethylester mit Chlor (*Jo.*).

　Krystalle; F: 184° (*Jo.*).

(±)-6*t*-Brom-5*t*-hydroxy-1ξ-methoxy-3-oxo-(3a*r*,6a*c*)-hexahydro-cyclopenta[*c*]furan-4*t*-carbonsäure-methylester $C_{10}H_{13}BrO_6$, Formel XIII (R = H, X = Br) + Spiegelbild.

　B. Beim Erwärmen von (±)-7*syn*-Brom-3ξ-hydroxy-2-oxa-norbornan-5*endo*,6*endo*-dicarbonsäure-dimethylester (F: 57° [E III **10** 4711]) oder von (±)-7*syn*-Brom-3*endo*-hydroxy-2-oxa-norbornan-5*endo*,6*endo*-dicarbonsäure-5-lacton mit Methanol unter Zusatz von Schwefeltrioxid enthaltender Schwefelsäure (*Woodward, Baer*, Am. Soc. **70** [1948] 1161, 1165).

　Krystalle (aus Me.); F: 163° [Zers.].

　Beim Erwärmen mit wss. Salpetersäure ist eine als 7*syn*-Brom-3ξ-hydroxy-2-oxa-norbornan-5*endo*,6*endo*-dicarbonsäure oder als 6*t*-Brom-1ξ,5*t*-dihydroxy-3-oxo-(3a*r*,6a*c*)-hexahydro-cyclopenta[*c*]furan-4*t*-carbonsäure zu formulierende Verbindung (F: ca. 136° bis 137° [E III **10** 4711]) erhalten worden.

(±)-5*t*-Acetoxy-6*t*-brom-1ξ-methoxy-3-oxo-(3a*r*,6a*c*)-hexahydro-cyclopenta[*c*]furan-4*t*-carbonsäure-methylester, (±)-3*c*-Acetoxy-4*c*-brom-5*c*-[hydroxy-methoxy-methyl]-cyclopentan-1*r*,2*c*-dicarbonsäure-1-lacton-2-methylester $C_{12}H_{15}BrO_7$, Formel XIII (R = CO-CH$_3$, X = Br) + Spiegelbild.

　B. Beim Erwärmen der im vorangehenden Artikel beschriebenen Verbindung mit Acetylchlorid (*Woodward, Baer*, Am. Soc. **70** [1948] 1161, 1165).

　Krystalle (aus Me.); F: 146,5—147°.

Hydroxy-oxo-carbonsäuren $C_{10}H_{14}O_6$

[4-(4-Hydroxy-butyl)-3,5-dioxo-tetrahydro-[2]furyl]-essigsäure $C_{10}H_{14}O_6$, Formel XIV und Tautomere.

　Diese Konstitution kommt wahrscheinlich der nachstehend beschriebenen Verbindung zu (*Clutterbuck et al.*, Biochem. J. **29** [1935] 871, 875).

　B. Bei der Hydrierung von Carlsäure ((−)-[5,6-Dioxo-2,3,4,5,6,8-hexahydro-furo[3,4-*b*]-oxepin-8-yl]-essigsäure) an Palladium/Kohle in Wasser (*Cl. et al.*, l. c. S. 881). Krystalle (aus Ae. + PAe.); F: 157,5° (*Cl. et al.*, l. c. S. 881). UV-Absorptionsmaximum einer Lösung in Äthanol: 270 nm; einer Lösung in Wasser: 258 nm; einer Lösung in wss. Schwefelsäure: 234 nm; einer Lösung des Natrium-Salzes in wss. Natronlauge: 258 nm (*Herbert et al.*, Biochem. J. **29** [1935] 1881, 1884).

XIV　　　　　　　　　　　　　　XV

*Opt.-inakt. 5-[3-Methoxy-butyryl]-5-methyl-2-oxo-tetrahydro-furan-3-carbonsäure-äthylester, [2-Hydroxy-5-methoxy-2-methyl-3-oxo-hexyl]-malonsäure-äthylester-lacton $C_{13}H_{20}O_6$, Formel XV.

　B. Beim Erwärmen von opt.-inakt. 1,2-Epoxy-5-methoxy-2-methyl-hexan-3-on (2,4-Dinitro-phenylhydrazon, F: 146—148°) mit Malonsäure-diäthylester und Natriumäthylat in Äthanol (*Nasarow et al.*, Ž. obšč. Chim. **25** [1955] 708, 721; engl. Ausg. S. 677, 687).

　Kp$_3$: 160—163°.

Hydroxy-oxo-carbonsäuren $C_nH_{2n-8}O_6$

Hydroxy-oxo-carbonsäuren $C_6H_4O_6$

3,5-Dimethoxy-4-oxo-4*H*-pyran-2-carbonsäure-methylester $C_9H_{10}O_6$, Formel I (R = CH$_3$).

　B. Beim Behandeln einer Lösung von Rubiginsäure (S. 6126) in Methanol mit Diazo-

methan in Äther (*Aida*, Bl. agric. chem. Soc. Japan **19** [1955] 97, 100).
Krystalle (aus Me.); F: 138°.
Beim Erhitzen mit Bariumhydroxid in Wasser sind 1,3-Dimethoxy-aceton, Ameisen=
säure und Oxalsäure erhalten worden.

**4,5-Dihydroxy-6-oxo-6H-pyran-2-carbonsäure, 2,3,5-Trihydroxy-hexa-2c,4t-diendisäure-
1→5-lacton** $C_6H_4O_6$, Formel II, **5,6-Dihydroxy-4-oxo-4H-pyran-2-carbonsäure** $C_6H_4O_6$,
Formel III, und weitere Tautomere; 6-Hydroxy-komensäure (H 540).
Krystalle (aus A.), F: 272—273° [Zers.] (*Garkuscha*, Ž. obšč. Chim. **16** [1946] 2025,
2029; C. A. **1948** 566); Krystalle (aus E.) mit 1 Mol H_2O, F: 243° (*v. Euler, Hasselquist*,
A. **604** [1957] 41, 46).
Beim Behandeln einer Lösung in Wasser mit Brom in Chloroform ist eine Verbindung
$C_5H_5BrO_5$ (Krystalle [aus E.], F: 120° und [nach Wiedererstarren bei weiterem Erhit-
zen] F: 170° [Zers.]) erhalten worden (*v. Eu., Ha.*, A. **604** 46; vgl. H 540). Geschwindigkeit der Reaktion mit [1,4]Benzochinon-mono-[3,5-dichlor-4-hydroxy-phenylimin] in
gepufferten wss. Lösungen vom pH 1,8 bis pH 12: *v. Euler, Hasselquist*, Ark. Kemi **11**
[1957] 407, 408.

I   II   III   IV

**5-Hydroxy-4-methoxy-6-oxo-6H-pyran-2-carbonsäure-methylester, 2,5-Dihydroxy-
3-methoxy-hexa-2c,4t-diensäure-1→5-lacton-6-methylester** $C_8H_8O_6$, Formel IV (R = H).
B. Beim Erwärmen von O^1,O^3,O^4,O^6-Tetramethyl-D-fructose mit wss. Salpetersäure
(D: 1,42), Erwärmen des Reaktionsprodukts mit Natriummethylat in Methanol und
Behandeln des danach isolierten Reaktionsprodukts mit Chlorwasserstoff enthaltendem
Methanol (*Haworth et al.*, Soc. **1938** 710, 712).
Krystalle (aus Me.); F: 207°. Absorptionsspektrum (Me.; 230—400 nm): *Ha. et al.*, l. c.
S. 713.

**4,5-Dimethoxy-6-oxo-6H-pyran-2-carbonsäure-methylester, 5-Hydroxy-2,3-dimethoxy-
hexa-2c,4t-diendisäure-1-lacton-6-methylester** $C_9H_{10}O_6$, Formel IV (R = CH_3).
B. Beim Behandeln einer Lösung der im vorangehenden Artikel beschriebenen Verbindung in Methanol mit Diazomethan in Äther (*Haworth et al.*, Soc. **1938** 710, 713).
Krystalle (aus Me.); F: 93°. UV-Spektrum (Me.; 220—370 nm): *Ha. et al.*

**4-Hydroxy-6-methoxy-2-oxo-2H-pyran-3-carbonsäure-methylester, [1,3c-Dihydroxy-
3t-methoxy-allyliden]-malonsäure-3-lacton-methylester** $C_8H_8O_6$, Formel V (R = CH_3),
und Tautomeres (6-Methoxy-2,4-dioxo-3,4-dihydro-2H-pyran-3-carbon=
säure-methylester) (E I 540).
B. Beim Behandeln einer Lösung von 6-Chlor-4-hydroxy-2-oxo-2H-pyran-3-carb=
onsäure-methylester in Dioxan mit Natriummethylat in Methanol (*Davis, Elvidge*, Soc.
1952 4109, 4113).
Krystalle (aus Bzl. + PAe.); F: 148,5°. Absorptionsmaximum (Dioxan): 305 nm
(*Da., El.*, l. c. S. 4111).

6-Äthoxy-4-hydroxy-2-oxo-2H-pyran-3-carbonsäure-äthylester $C_{10}H_{12}O_6$, Formel V
(R = C_2H_5), und Tautomeres (6-Äthoxy-2,4-dioxo-3,4-dihydro-2H-pyran-
3-carbonsäure-äthylester) (E I 540).
Absorptionsmaximum (Dioxan): 304 nm (*Davis, Elvidge*, Soc. **1952** 4109, 4111).

4-Hydroxy-2-oxo-6-phenoxy-2H-pyran-3-carbonsäure-phenylester $C_{18}H_{12}O_6$, Formel V
(R = C_6H_5), und Tautomere (2,4-Dioxo-6-phenoxy-3,4-dihydro-2H-pyran-
3-carbonsäure-phenylester).
B. Neben anderen Verbindungen beim Behandeln von Malonsäure-monophenylester

mit Phosphor(V)-chlorid in Nitrobenzol und mit Aluminiumchlorid (*Nakata*, J. chem. Soc. Japan Pure Chem. Sect. **78** [1957] 1780, 1781; C. A. **1960** 1505).

Krystalle (aus Bzl.); F: 156—157,5°.

Verhalten beim Erhitzen mit Wasser (Bildung von Aceton und Phenol): *Na*. Beim Behandeln mit Chlorwasserstoff enthaltendem Äthanol sind 3-Oxo-glutarsäure-diäthyl=ester und 2-Oxo-propan-1,1,3-tricarbonsäure-triäthylester erhalten worden.

[($Ξ$)-3-Hydroxy-4-methoxy-5-oxo-5*H*-[2]furyliden]-essigsäure-methylester, 3,4-Dihydr=oxy-2-methoxy-hexa-2*c*,4$ξ$-diendisäure-1 → 4-lacton-6-methylester $C_8H_8O_6$, Formel VI (X = H), und Hydroxy-[($Ξ$)-4-methoxy-5-oxo-5*H*-[2]furyliden]-essigsäure-methylester, 2,3-Dihydroxy-5-methoxy-hexa-2$ξ$,4*c*-diendisäure-6 → 3-lacton-1-methylester $C_8H_8O_6$, Formel VII (X = H), sowie Tautomere.

Diese Formeln kommen für die nachstehend beschriebene Verbindung in Betracht (*Karrer, Hohl*, Helv. **32** [1949] 1028, 1032; *Karrer, Albers*, Helv. **36** [1953] 573, 574).

B. Aus der im übernächsten Artikel beschriebenen Verbindung (F: 166°) bei der Hydrierung an Platin in Äthanol (*Ka., Hohl*, l. c. S. 1034) sowie bei der Behandlung mit verkupfertem Zink, Essigsäure und kleinen Mengen wss. Salzsäure (*Ka., Al.*, l. c. S. 575).

Krystalle (aus Me.); Zers. bei 245° (*Ka., Hohl; Ka., Al.*).

V   VI   VII

Chlor-[($Ξ$)-3-hydroxy-4-methoxy-5-oxo-5*H*-[2]furyliden]-essigsäure-methylester, 2-Chlor-3,4-dihydroxy-5-methoxy-hexa-2$ξ$,4*c*-diendisäure-6 → 3-lacton-1-methylester $C_8H_7ClO_6$, Formel VI (X = Cl), und [($Ξ$)-3-Chlor-4-methoxy-5-oxo-5*H*-[2]furyliden]-hydroxy-essigsäure-methylester, 3-Chlor-4,5-dihydroxy-2-methoxy-hexa-2*c*,4$ξ$-diendi=säure-1 → 4-lacton-6-methylester $C_8H_7ClO_6$, Formel VII (X = Cl), sowie Tautomere.

Diese Formeln kommen für die nachstehend beschriebene Verbindung in Betracht (*Karrer, Testa*, Helv. **32** [1949] 1019, 1021).

B. Neben 3,5-Dichlor-2-methoxy-4-oxo-hex-2$ξ$-endisäure-6-methylester (F: 100—101°) beim Erwärmen von Chlor-[($Ξ$)-3-chlor-4-methoxy-5-oxo-5*H*-[2]furyliden]-essigsäure-methylester (F: 99,5—100° [S. 6291]) mit Wasser (*Ka., Te.*, l. c. S. 1026).

Krystalle (aus Me.); F: 167—168° [unkorr.].

Brom-[($Ξ$)-3-hydroxy-4-methoxy-5-oxo-5*H*-[2]furyliden]-essigsäure-methylester, 2-Brom-3,4-dihydroxy-5-methoxy-hexa-2$ξ$,4*c*-diendisäure-6 → 3-lacton-1-methylester $C_8H_7BrO_6$, Formel VI (X = Br), und [($Ξ$)-3-Brom-4-methoxy-5-oxo-5*H*-[2]furyliden]-hydroxy-essigsäure-methylester, 3-Brom-4,5-dihydroxy-2-methoxy-hexa-2*c*,4$ξ$-diendi=säure-1 → 4-lacton-6-methylester $C_8H_7BrO_6$, Formel VII (X = Br), sowie Tautomere.

Diese Formeln kommen für die nachstehend beschriebene Verbindung in Betracht (*Karrer, Hohl*, Helv. **32** [1949] 1028, 1030).

B. Beim Erwärmen von 3,5-Dibrom-2-methoxy-4-oxo-hex-2$ξ$-endisäure-6-methyl=ester (F: 103°) mit Wasser (*Ka., Hohl*, l. c. S. 1033).

Krystalle (aus Me.); F: 166°.

Hydroxy-oxo-carbonsäuren $C_7H_6O_6$

4-Hydroxy-6-hydroxymethyl-2-oxo-2*H*-pyran-3-carbonsäure-methylester, [1,3,4-Tri=hydroxy-but-2*t*-enyliden]-malonsäure-3-lacton-methylester $C_8H_8O_6$, Formel VIII, und Tautomeres (6-Hydroxymethyl-2,4-dioxo-3,4-dihydro-2*H*-pyran-3-carbon=säure-methylester).

B. Beim Behandeln einer Lösung von 6-Chlor-4-hydroxy-2-oxo-2*H*-pyran-3-carbon=säure oder dem Methylester dieser Säure in Dioxan mit Diazomethan in Äther (*Davis, Elvidge*, Soc. **1952** 4109, 4113).

Krystalle (aus Bzl.); F: 147°.

VIII   IX   X

Hydroxy-oxo-carbonsäuren $C_8H_8O_6$

(±)-6-Äthoxy-3,5-dimethyl-2,4-dioxo-3,4-dihydro-2*H*-pyran-3-carbonsäure-äthylester,
(±)-[3*t*-Äthoxy-3*c*-hydroxy-2-methyl-acryloyl]-methyl-malonsäure-äthylester-lacton
$C_{12}H_{16}O_6$, Formel IX (R = C_2H_5).
Diese Konstitution kommt möglicherweise der früher (s. E I **10** 387 im Artikel
1.3-Dimethyl-cyclobutandion-(2.4)-carbonsäure-(1)-äthylester) beschriebenen Verbin-
dung $C_{12}H_{16}O_6$ zu (*Schroeter*, B. **59** [1926] 973, 978; s. dazu *Reid*, Am. Soc. **72** [1950] 2853;
Reid, Groszos, Am. Soc. **75** [1953] 1655).

4-[3,4-Dimethoxy-[2]thienyl]-4-oxo-buttersäure $C_{10}H_{12}O_5S$, Formel X, und Tautomeres
(5-[3,4-Dimethoxy-[2]thienyl]-5-hydroxy-dihydro-furan-2-on).
B. Beim Behandeln von 3,4-Dimethoxy-thiophen mit Bernsteinsäure-chlorid-methyl-
ester, Zinn(IV)-chlorid und Benzol (*Fager*, Am. Soc. **67** [1945] 2217).
Krystalle (aus W.); F: 134,5—135,5°.

Hydroxy-oxo-carbonsäuren $C_9H_{10}O_6$

5-[3,4-Dimethoxy-[2]thienyl]-5-oxo-valeriansäure $C_{11}H_{14}O_5S$, Formel I (R = X = CH_3),
und Tautomeres (6-[3,4-Dimethoxy-[2]thienyl]-6-hydroxy-tetrahydro-pyran-
2-on).
B. Beim Behandeln von 3,4-Dimethoxy-thiophen mit Glutarsäure-anhydrid und
Aluminiumchlorid in Nitrobenzol (*Du Pont de Nemours & Co.*, U.S.P. 2442027 [1944]).
Wasserhaltige Krystalle (aus A.); F: 172—174°.

5-[4-Benzyloxy-3-hydroxy-[2]thienyl]-5-oxo-valeriansäure $C_{16}H_{16}O_5S$, Formel I (R = H,
X = CH_2-C_6H_5), und Tautomeres (6-[4-Benzyloxy-3-hydroxy-[2]thienyl]-
6-hydroxy-tetrahydro-pyran-2-on).
B. Beim Behandeln von 3,4-Bis-benzyloxy-thiophen mit Glutarsäure-anhydrid und
Aluminiumchlorid (2,4-Mol) in Nitrobenzol (*Du Pont de Nemours & Co.*, U.S.P. 2442027
[1944]).
F: 100—102°.

5-[3,4-Bis-benzyloxy-[2]thienyl]-5-oxo-valeriansäure $C_{23}H_{22}O_5S$, Formel I
(R = X = CH_2-C_6H_5), und Tautomeres (6-[3,4-Bis-benzyloxy-[2]thienyl]-6-hydr-
oxy-tetrahydro-pyran-2-on).
B. Beim Behandeln von 3,4-Bis-benzyloxy-thiophen mit Glutarsäure-anhydrid und
Aluminiumchlorid (1,2 Mol) in Nitrobenzol (*Du Pont de Nemours & Co.*, U.S.P. 2442027
[1944]).
Krystalle (aus E.); F: 190—193°.

I   II   III

Hydroxy-oxo-carbonsäuren $C_{10}H_{12}O_6$

[7a-Acetoxy-2,5-dioxo-octahydro-benzofuran-6-yl]-essigsäure, [2-Acetoxy-2-hydr⹃
oxy-5-oxo-cyclohexan-1,4-diyl]-di-essigsäure-1-lacton $C_{12}H_{14}O_7$, Formel II,
und Tautomeres (4a-Acetoxy-8a-hydroxy-octahydro-benzo[1,2-b; 4,5-b']di⹃
furan-2,6-dion).
Diese Konstitution kommt wahrscheinlich der nachstehend beschriebenen, von *Chang
et al.* (J. Chin. chem. Soc. [II] **2** [1955] 71, 84) als 4-Acetoxy-2,5-bis-carboxymethyl-
cyclohexanon angesehenen opt.-inakt. Verbindung zu (*Chang et al.*, J. Chin. chem. Soc.
[II] **7** [1960] 41, 45).
B. Beim Erwärmen von opt.-inakt. 2,5-Bis-carboxymethyl-cyclohexan-1,4-dion (F:
182—183°) mit Acetanhydrid und wenig Schwefelsäure (*Ch. et al.*, J. Chin. chem. Soc.
[II] **2** 84).
Krystalle (aus A.); F: 143—145° (*Ch. et al.*, J. Chin. chem. Soc. [II] **2** 84).

**(±)-7endo-Acetoxy-6,6-dimethyl-2,4-dioxo-3-oxa-bicyclo[3.2.1]octan-1-carbonsäure-
methylester,** (±)-5c-Acetoxy-4,4-dimethyl-cyclopentan-1,1,3r-tricarbonsäure-
1c,3-anhydrid-1t-methylester $C_{13}H_{16}O_7$, Formel III + Spiegelbild.
B. Beim Behandeln einer Lösung von (±)-2endo-Acetoxy-3,3-dimethyl-5,6-dioxo-
norbornan-1-carbonsäure-methylester in Essigsäure mit wss. Wasserstoffperoxid (*Kuusi-
nen*, Ann. Acad. Sci. fenn. [A II] Nr. 69 [1956] 29, 48).
Krystalle (aus Ae. + PAe.); F: 136—137°.

Hydroxy-oxo-carbonsäuren $C_{12}H_{16}O_6$

**(±)-4-Hydroxy-3ξ-hydroxymethyl-3ξ-methyl-1-oxo-(4ar,8ac)-octahydro-4t,7t-cyclo-
isochromen-8t-carbonsäure** $C_{12}H_{16}O_6$, Formel IVa ≡ IVb (R = H) + Spiegelbild.
B. Beim Behandeln von 7-Isopropyliden-norbornan-2exo,3exo-dicarbonsäure mit wss.
Natriumcarbonat-Lösung und mit wss. Kaliumpermanganat-Lösung (*Alder, Rühmann*,
A. **566** [1950] 1, 20).
Krystalle (aus Acetonitril); F: 205° [Zers.].

IVa   IVb

**(±)-4-Hydroxy-3ξ-hydroxymethyl-3ξ-methyl-1-oxo-(4ar,8ac)-octahydro-4t,7t-cyclo-
isochromen-8t-carbonsäure-methylester** $C_{13}H_{18}O_6$, Formel IVa ≡ IVb (R = CH_3) +
Spiegelbild.
B. Beim Behandeln der im vorangehenden Artikel beschriebenen Verbindung mit
Diazomethan in Äther (*Alder, Rühmann*, A. **566** [1950] 1, 20).
Krystalle (aus Bzn. + E.); F: 150°.

Hydroxy-oxo-carbonsäuren $C_{14}H_{20}O_6$

**(3aR)-4t-Acetoxy-6t-formyl-3c,5t,7c-trimethyl-2-oxo-(3ar,8at)-octahydro-cyclohepta⹃
[b]furan-5c-carbonsäure** $C_{16}H_{22}O_7$, Formel V, und Tautomeres.
Die nachstehend beschriebene Verbindung wird als **(3aR)-4t-Acetoxy-7ξ-hydroxy-
3c,4a,8c-trimethyl-(3ar,4at,7ac,9at)-octahydro-cyclohepta[1,2-b;4,5-c']difuran-2,5-dion**
(Formel VI) formuliert (*Herz et al.*, Am. Soc. **84** [1962] 3857, 3858, 3861).
B. Aus Isotenulin (S. 1270) beim Behandeln einer Lösung in Chloroform mit Ozon und

anschliessend mit Wasser (*Barton, de Mayo*, Soc. **1956** 142, 147; *Herz et al.*, l. c. S. 3863) sowie beim Behandeln mit Osmium(VIII)-oxid in Dioxan und anschliessend mit Schwefel= wasserstoff und Behandeln des Reaktionsprodukts mit Perjodsäure in wss. Methanol (*Herz et al.*).

Krystalle; F: 233—235° [unkorr.; aus CHCl₃ + PAe.], 233—234° [unkorr.; aus wss. Me.] (*Herz et al.*, l. c. S. 3863, 3864), 233—236° [aus wss. Me.] (*Ba., de Mayo*). [α]_D: +64° [CHCl₃; c = 1] (*Ba., de Mayo*).

2-[3-Äthyl-6-formyl-2-oxo-1-oxa-spiro[4.4]non-7-yl]-3-hydroxy-propionsäure-methyl=
ester $C_{15}H_{22}O_6$ **und Tautomeres.**

(4aS,7R,4'R)-4'-Äthyl-1ξ-hydroxy-5'-oxo-(4ar,7ac)-octahydro-spiro[cyclo=
penta[c]pyran-7,2'-furan]-4t-carbonsäure-methylester $C_{15}H_{22}O_6$, Formel VII (R = CH₃).
Konstitution und Konfiguration: *Halpern, Schmid*, Helv. **41** [1958] 1109, 1121, 1134.

B. Beim Erhitzen von (4aS,7R,4'R)-4'-Äthyl-1c-β-D-glucopyranosyloxy-5'-oxo-(4ar,=
7ac)-octahydro-spiro[cyclopenta[c]pyran-7,2'-furan]-4t-carbonsäure-methylester,   von
(4aS,7R,4'R)-4'-Äthyl-1c-methoxy-5'-oxo-(4ar,7ac)-octahydro-spiro[cyclopenta[c]pyran-
7,2'-furan]-4t-carbonsäure-methylester   oder   von   (4aS,7R,4'R)-4'-Äthyl-1t-methoxy-
5'-oxo-(4ar,7ac)-octahydro-spiro[cyclopenta[c]pyran-7,2'-furan]-4t-carbonsäure-methyl=
ester (sämtlich aus Plumierid hergestellt) mit wss. Schwefelsäure (*Ha., Sch.*, l. c. S. 1146).

Krystalle (aus CH₂Cl₂ + Ae.); F: 134—136° [Kofler-App.] (*Ha., Sch.*, l. c. S. 1145). [α]_D^{20}: +10,7° [CHCl₃; c = 1]; [α]_D^{17}: +34,3° [Me.; c = 1].

Beim Erhitzen mit Chrom(VI)-oxid und wss. Schwefelsäure sind (3R,5R,6S)-3-Äthyl-2-oxo-1-oxa-spiro[4.4]nonan-6r,7c-dicarbonsäure-anhydrid,   (3R,5R)-3-Äthyl-1,6-dioxa-spiro[4.4]nonan-2,7-dion, (R)-Äthylbernsteinsäure, Bernsteinsäure, Propionsäure, Oxal= säure und Essigsäure erhalten worden (*Ha., Sch.*, l. c. S. 1123, 1147).

V   VI   VII   VIII

(3aR)-4t,7a-Dihydroxy-6c-isopropyl-3a-methyl-3-oxo-(3ar,7ac)-octahydro-2t,5t-epoxido-
inden-7t-carbonsäure-methylester $C_{15}H_{22}O_6$, Formel VIII (R = H).
B. Beim Behandeln der im folgenden Artikel beschriebenen Verbindung mit wss. Schwefelsäure (*Burkhill et al.*, Soc. **1957** 4945, 4952).

Krystalle (aus E.); F: 200—204°. [α]_D^{26}: +114° [A.; c = 1]. Absorptionsmaximum (A.): 304 nm.

Beim Erhitzen mit Wasser ist eine als (1S)-3*endo*-Formyl-4*endo*-isopropyl-7-methyl-8-oxo-2-oxa-bicyclo[4.2.1]non-6-en-5-*exo*-carbonsäure-methylester   formulierte Verbin= dung (F: 161—162° [S. 6025]) erhalten worden.

2,4-Dinitro-phenylhydrazon $C_{21}H_{26}N_4O_9$ ((3aR)-3-[2,4-Dinitro-phenylhydr=
azono]-4t,7a-dihydroxy-6c-isopropyl-3a-methyl-(3ar,7ac)-octahydro-2t,5t-
epoxido-inden-7t-carbonsäure-methylester). Gelbe Krystalle (aus Me.); F: 233° bis 234° [Zers.].

(3aR)-4t-Formyloxy-7a-hydroxy-6c-isopropyl-3a-methyl-3-oxo-(3ar,7ac)-octahydro-
2t,5t-epoxido-inden-7t-carbonsäure-methylester $C_{16}H_{22}O_7$, Formel VIII (R = CHO).
Über die Konstitution s. *Burkhill et al.*, Soc. **1957** 4945, 4947; die Konfiguration ergibt sich aus der genetischen Beziehung zu Picrotoxinin (Syst. Nr. 2966).

B. Beim Behandeln von (2aS)-2ξ,2a,4a-Trihydroxy-6c-isopropyl-7b-methyl-(2ar,4ac,=
7ac,7bc)-decahydro-3t,7t-epoxido-indeno[7,1-bc]furan-5t-carbonsäure-methylester   (F: 157—161°; aus Picrotoxinin hergestellt) mit Natriumperjodat in Wasser (*Bu. et al.*, l. c.

S. 4952).
Krystalle (aus E.); F: 208—211° [Zers.]. Absorptionsmaximum (A.): 307 nm.

(3aR)-4t-Acetoxy-7a-hydroxy-6c-isopropyl-3a-methyl-3-oxo-(3ar,7ac)-octahydro-2t,5t-epoxido-inden-7t-carbonsäure-methylester $C_{17}H_{24}O_7$, Formel VIII (R = CO-CH$_3$).
B. Beim Behandeln von (3aR)-4t,7a-Dihydroxy-6c-isopropyl-3a-methyl-3-oxo-(3ar,7ac)-octahydro-2t,5t-epoxido-inden-7t-carbonsäure-methylester mit Acetanhydrid und Pyridin (*Burkhill et al.*, Soc. **1957** 4945, 4947, 4952).
Krystalle (aus E.); F: 184—187°.

Hydroxy-oxo-carbonsäuren $C_nH_{2n-10}O_6$

Hydroxy-oxo-carbonsäuren $C_9H_8O_6$

*Opt.-inakt. **5-Äthoxy-1,3-dioxo-1,3,3a,4,7,7a-hexahydro-isobenzofuran-4-carbonsäure-äthylester, 4-Äthoxy-cyclohex-4-en-1,2,3-tricarbonsäure-3-äthylester-1,2-anhydrid** $C_{13}H_{16}O_6$, Formel I (R = C$_2$H$_5$).
B. Beim Erhitzen von 3-Äthoxy-penta-2,4-diensäure-äthylester (n$_D^{25}$: 1,4819) mit Maleinsäure-anhydrid, wenig Hydrochinon und wenig N',N'-Diphenyl-N-picryl-hydrazyl in Chlorbenzol (*Cairns et al.*, Am. Soc. **77** [1955] 4669).
Krystalle (aus Toluol + Ae.); F: 74,6—75,5°.

Hydroxy-oxo-carbonsäuren $C_{10}H_{10}O_6$

*Opt.-inakt. **7-Methyl-1,3-dioxo-6-phenoxy-1,3,3a,4,7,7a-hexahydro-isobenzofuran-4-carbonsäure-äthylester, 6-Methyl-5-phenoxy-cyclohex-4-en-1,2,3-tricarbonsäure-3-äthylester-1,2-anhydrid** $C_{18}H_{18}O_6$, Formel II.
B. Beim Erhitzen von 4-Phenoxy-hexa-2t(?),4t(?)-diensäure-äthylester (n$_D^{21}$: 1,5512) mit Maleinsäure-anhydrid auf 150° (*Ungnade, Hopkins*, Am. Soc. **73** [1951] 3091).
Krystalle; F: 273—276° [unkorr.].

I   II   IIIa   IIIb

Hydroxy-oxo-carbonsäuren $C_{11}H_{12}O_6$

(±)-6-Hydroxy-2,7-dioxo-(3ar,8ac)-octahydro-3t,6t-methano-cyclohepta[b]furan-9syn-carbonsäure, (±)-1,4$endo$-Dihydroxy-2-oxo-bicyclo[3.2.2]nonan-6$endo$,7$endo$-dicarbonsäure-6→4-lacton $C_{11}H_{12}O_6$, Formel IIIa ≡ IIIb (R = X = H) + Spiegelbild.
B. Bei der Hydrierung von (±)-1,4$endo$-Dihydroxy-2-oxo-bicyclo[3.2.2]non-8-en-6$endo$,7$endo$-dicarbonsäure-6→4-lacton (S. 6478) mit Hilfe von Palladium/Kohle (*Sebe, Itsuno*, Pr. Japan Acad. **29** [1953] 107; *Sebe et al.*, Kumamoto med. J. **6** [1953] 9, 14).
Krystalle; F: 189—191° [Zers.] (*Sebe, It.*; *Sebe et al.*).

(±)-6-Acetoxy-2,7-dioxo-(3ar,8ac)-octahydro-3t,6t-methano-cyclohepta[b]furan-9syn-carbonsäure, (±)-1-Acetoxy-4$endo$-hydroxy-2-oxo-bicyclo[3.2.2]nonan-6$endo$,7$endo$-dicarbonsäure-6-lacton $C_{13}H_{14}O_7$, Formel IIIa ≡ IIIb (R = CO-CH$_3$, X = H) + Spiegelbild.
B. Beim Erwärmen der im vorangehenden Artikel beschriebenen Verbindung mit Acetylchlorid und Acetanhydrid (*Sebe, Itsuno*, Pr. Japan Acad. **29** [1953] 107; *Sebe et al.*, Kumamoto med. J. **6** [1953] 9, 14).
Krystalle; F: 236—237° [Zers.; nach Sintern bei 224°] (*Sebe, It.*; *Sebe et al.*).

(±)-4ξ,5ξ-Dibrom-6-hydroxy-2,7-dioxo-(3a*r*,8a*c*)-octahydro-3*t*,6*t*-methano-cyclo≈
hepta[*b*]furan-9*syn*-carbonsäure, (±)-8ξ,9ξ-Dibrom-1,4*endo*-dihydroxy-2-oxo-bicyclo≈
[3.2.2]nonan-6*endo*,7*endo*-dicarbonsäure-6 → 4-lacton $C_{11}H_{10}Br_2O_6$, Formel IIIa ≡ IIIb
(R = H, X = Br) + Spiegelbild.

Diese Konstitution und Konfiguration kommt wahrscheinlich der nachstehend beschriebenen Verbindung zu (s. dazu *Itô et al.*, Tetrahedron Letters **1968** 3215).

B. Beim Behandeln einer wss. Lösung von (±)-1,4*endo*-Dihydroxy-2-oxo-bicyclo≈
[3.2.2]non-8-en-6*endo*,7*endo*-dicarbonsäure-6 → 4-lacton (S. 6478) mit Brom in Essigsäure
(*Sebe, Itsuno*, Pr. Japan Acad. **29** [1953] 107; *Sebe et al.*, Kumamoto med. J. **6** [1953]
9, 15). Beim Behandeln von (±)-3-Brom-5-hydroxy-4-oxo-bicyclo[3.2.2]nona-2,8-dien-
6*exo*,7*exo*-dicarbonsäure-anhydrid (S. 2512) mit Brom und Wasser (*Sebe, Itsuno*, Pr.
Japan Acad. **29** [1953] 110, 112; *Sebe et al.*, l. c. S. 18).

Krystalle; F: 162—163° [Zers.] (*Sebe, It.*, l. c. S. 109; *Sebe et al.*, l. c. S. 15).

Hydroxy-oxo-carbonsäuren $C_{14}H_{18}O_6$

(*S*)-3-[(3a*S*)-3*c*,6-Dimethyl-2-oxo-(3a*r*,7a*t*)-2,3,3a,4,5,7a-hexahydro-benzofuran-7-yl]-
3-hydroxy-2-oxo-buttersäure $C_{14}H_{18}O_6$, Formel IV.

Diese Konstitution und Konfiguration kommt der früher (s. H **18** 508 und E I **18** 527)
beschriebenen, aus Santoninoxid hergestellten Verbindung der vermeintlichen Zu-
sammensetzung $C_{15}H_{18}O_7$ zu (*Hendrickson, Bogard*, Soc. **1962** 1678, 1685).

B. Neben Heptan-2,2,5,6-tetracarbonsäure (F: 165°) beim Behandeln von (−)-α-San≈
tonin (E III/IV **17** 6232) mit wss. Natronlauge und Kaliumpermanganat (*Wedekind,
Tettweiler*, B. **64** [1931] 1796, 1801).

Krystalle; F: 210° [aus E. + PAe. sowie nach Sublimation bei 195—200°/0,03 Torr]
(*He., Bo.*, l. c. S. 1689), 207—208° [aus wss. A.] (*We., Te.*, l. c. S. 1800).

Oxim $C_{14}H_{19}NO_6$. Krystalle (aus wss. A.); Zers. bei 228° (*We., Te.*, l. c. S. 1801).

(3a*R*)-4*t*,7a-Dihydroxy-6*c*-isopropenyl-3a-methyl-3-oxo-(3a*r*,7a*c*)-octahydro-2*t*,5*t*-
epoxido-inden-7*t*-carbonsäure-methylester $C_{15}H_{20}O_6$, Formel V (R = H).

B. Beim Behandeln der im folgenden Artikel beschriebenen Verbindung mit wss.
Schwefelsäure (*Burkhill et al.*, Soc. **1957** 4945, 4951).

Krystalle (aus E.); F: 167—172°. $[\alpha]_D^{25}$: +137° [A.; c = 1]. UV-Absorptionsmaximum
(A.): 304 nm.

Beim Erhitzen mit Wasser ist eine als (1*S*)-3*endo*-Formyl-4*endo*-isopropenyl-7-methyl-
8-oxo-2-oxa-bicyclo[4.2.1]non-6-en-5*exo*-carbonsäure-methylester formulierte Verbindung
(F: 150—152° [S. 6037]) erhalten worden.

2,4-Dinitro-phenylhydrazon $C_{21}H_{24}N_4O_9$ ((3a*R*)-3-[2,4-Dinitro-phenylhydr≈
azono]-4*t*,7a-dihydroxy-6*c*-isopropenyl-3a-methyl-(3a*r*,7a*c*)-octahydro-
2*t*,5*t*-epoxido-inden-7*t*-carbonsäure-methylester). Gelbe Krystalle (aus A.);
F: 228—233° [Zers.].

IV V

(3a*R*)-4*t*-Formyloxy-7a-hydroxy-6*c*-isopropenyl-3a-methyl-3-oxo-(3a*r*,7a*c*)-octahydro-
2*t*,5*t*-epoxido-inden-7*t*-carbonsäure-methylester $C_{16}H_{20}O_7$, Formel V (R = CHO).

Über die Konstitution s. *Burkhill et al.*, Soc. **1957** 4945, 4947. Die Konfiguration ergibt
sich aus der genetischen Beziehung zu Picrotoxinin (Syst. Nr. 2966).

B. Beim Behandeln von (2a*S*)-2ξ,2a,4a-Trihydroxy-6*c*-isopropenyl-7b-methyl-
(2a*r*,4a*c*,7a*c*,7b*c*)-decahydro-3*t*,7*t*-epoxido-indeno[7,1-*bc*]furan-5*t*-carbonsäure-methyl≈
ester (F: 166,5—170°; aus Picrotoxinin hergestellt) mit Natriumperjodat in Wasser

(*Bu. et al.*, l. c. S. 4951).

Krystalle (aus E.); F: 185—202° [Zers.]. [α]$_D^{23}$: +125° [CHCl$_3$; c = 0,8]. UV-Ab=
sorptionsmaximum (A.): 306 nm.

(3aR)-4t-Acetoxy-7a-hydroxy-6c-isopropenyl-3a-methyl-3-oxo-(3ar,7ac)-octahydro-
2t,5t-epoxido-inden-7t-carbonsäure-methylester C$_{17}$H$_{22}$O$_7$, Formel V (R = CO-CH$_3$).

B. Beim Behandeln von (3aR)-4t,7a-Dihydroxy-6c-isopropenyl-3a-methyl-3-oxo-(3ar,=
7ac)-octahydro-2t,5t-epoxido-inden-7t-carbonsäure-methylester (S. 6466) mit Acetan=
hydrid und Pyridin (*Burkhill et al.*, Soc. **1957** 4945, 4947, 4951).

Krystalle (aus E. + PAe.); F: 135—136°.

Hydroxy-oxo-carbonsäuren C$_{17}$H$_{24}$O$_6$

(4′aR)-3′ξ-Hydroxy-2′c,5′c,8′a-trimethyl-5,4′-dioxo-(2cO,4′ar,8′at)-decahydro-spiro=
[furan-2,1′-naphthalin]-5′t-carbonsäure, 7ξ,9-Dihydroxy-6-oxo-14,15,16-trinor-8βH-
labdan-13,19-disäure-13 → 9-lacton [1] C$_{17}$H$_{24}$O$_6$, Formel VI (R = H)

Die Konfiguration ergibt sich aus der genetischen Beziehung zu Marrubiin (Syst. Nr.
2806).

B. Neben einer **Verbindung** C$_{17}$H$_{22}$O$_5$ (F: 216—219°) beim Behandeln einer Lösung
von 6,9-Dihydroxy-14,15,16-trinor-8βH-labd-6-en-13,19-disäure-13 → 9;19 → 6-dilacton in
tert-Butylalkohol mit Osmium(VIII)-oxid und wss. Wasserstoffperoxid (*Hardy et al.*,
Soc. **1957** 2955, 2957, 2964).

Krystalle (aus A.); F: 211—215° [Zers.].

(4′aR)-3′ξ-Hydroxy-2′c,5′c,8′a-trimethyl-5,4′-dioxo-(2cO,4′ar,8′at)-decahydro-spiro=
[furan-2,1′-naphthalin]-5′t-carbonsäure-methylester, 7ξ,9-Dihydroxy-6-oxo-14,15,16-tri=
nor-8βH-labdan-13,19-disäure-13 → 9-lacton-19-methylester C$_{18}$H$_{26}$O$_6$, Formel VI
(R = CH$_3$).

B. Aus der im vorangehenden Artikel beschriebenen Verbindung mit Hilfe von Diazo=
methan (*Hardy et al.*, Soc. **1957** 2955, 2964).

Krystalle; F: 199—200°.

VI   VII

3-[(6aR)-7t-Hydroxy-3,6a,8t-trimethyl-2,10-dioxo-(6ar)-octahydro-3t,9at-methano-
cyclopent[b]oxocin-7c-yl]-propionsäure C$_{17}$H$_{24}$O$_6$, Formel VII (R = H).

Diese Konstitution kommt wahrscheinlich der nachstehend beschriebenen Verbindung
zu (*Hardy et al.*, Soc. **1957** 2955, 2958); die Konfiguration ergibt sich aus der genetischen
Beziehung zu Marrubiin (Syst. Nr. 2806).

B. Beim Behandeln von 9-Hydroxy-6-oxo-14,15,16-trinor-8βH-labdan-13,19-disäure-
13-lacton mit wss. Natronlauge und Kaliumpermanganat (*Cocker et al.*, Chem. and Ind.
1955 1484; *Ha. et al.*, l. c. S. 2962).

Krystalle; F: 210—210,5° [Zers.; aus Me.] (*Ha. et al.*), 205° (*Co. et al.*). [α]$_D^{20}$: +101°
[CHCl$_3$; c = 0,8] (*Co. et al.*). Absorptionsmaximum (A.): 296 nm (*Ha. et al.*).

Beim Erhitzen mit Kaliumhydroxid in wasserhaltigem 2-Äthoxy-äthanol sind 5,9-Di=
hydroxy-6-oxo-14,15,16,19-tetranor-8βH-labdan-13-säure-9-lacton und 3-[(3aR)-1t,3a-
Dihydroxy-2t,5t,8a-trimethyl-4-oxo-(3ar,8ac)-decahydro-azulen-1c-yl]-propionsäure-
1-lacton erhalten worden (*Ha. et al.*, l. c. S. 2963).

---

[1]) Stellungsbezeichnung bei von Labdan abgeleiteten Namen s. E IV **5** 369.

3-[(6aR)-7t-Hydroxy-3,6a,8t-trimethyl-2,10-dioxo-(6ar)-octahydro-3t,9at-methano-cyclopent[b]oxocin-7c-yl]-propionsäure-methylester $C_{18}H_{26}O_6$, Formel VII (R = CH_3).

B. Aus der im vorangehenden Artikel beschriebenen Verbindung mit Hilfe von Diazo-methan (*Hardy et al.*, Soc. **1957** 2955, 2962; *Cocker et al.*, Chem. and Ind. **1955** 1484).

Krystalle; F: 109° (*Co. et al.*), 108—108,5° [aus Methylacetat + Cyclohexan oder aus Bzl. + Ae.] (*Ha. et al.*). Absorptionsmaximum (A.): 294—296 nm (*Ha. et al.*).

Oxim $C_{18}H_{27}NO_6$. Krystalle (aus A.); F: 279—281° [Zers.].

Hydroxy-oxo-carbonsäuren $C_{21}H_{32}O_6$

3β-Acetoxy-16α,17-epoxy-13-hydroxy-20-oxo-12,13-seco-5α,13αH-pregnan-12-säure $C_{23}H_{34}O_7$, Formel VIII.

B. Beim Behandeln von 3β-Acetoxy-13-hydroxy-20-oxo-12,13-seco-5α,13αH-pregn-16-en-12-säure-lacton mit wss. Wasserstoffperoxid und wss.-methanol. Natronlauge (*Rothman, Wall*, Am. Soc. **77** [1955] 2228).

F: 210—213,5°. $[\alpha]_D^{25}$: +38,4° [Me.].

VIII   IX

Hydroxy-oxo-carbonsäuren $C_{22}H_{34}O_6$

(S)-2-[(3aR,4Ξ,3'Ξ)-3'-((S)-4-Hydroxy-2,7-dioxo-octyl)-7a-methyl-(3ar,7at)-tetra-hydro-spiro[indan-4,2'-oxiran]-1t-yl]-propionsäure, (3S)-7ξ,8-Epoxy-3-hydroxy-5,10-di-oxo-5,10;9,10-diseco-23,24-dinor-8ξ-cholan-22-säure $C_{22}H_{34}O_6$, Formel IX (R = X = H).

B. Beim Erwärmen der im folgenden Artikel beschriebenen Verbindung mit äthanol. Kalilauge (*v. Reichel, Deppe*, Z. physiol. Chem. **239** [1936] 143, 145).

Krystalle (aus Acn. + E.); F: 244°.

(S)-2-[(3aR,4Ξ,3'Ξ)-3'-((S)-4-Allophanoyloxy-2,7-dioxo-octyl)-7a-methyl-(3ar,7at)-tetrahydro-spiro[indan-4,2'-oxiran]-1t-yl]-propionsäure, (3S)-3-Allophanoyloxy-7ξ,8-epoxy-5,10-dioxo-5,10;9,10-diseco-23,24-dinor-8ξ-cholan-22-säure $C_{24}H_{36}N_2O_8$, Formel IX (R = CO-NH-CO-NH₂, X = H).

Die Konstitution und Konfiguration ergibt sich aus der genetischen Beziehung zu Dihydroergocalciferol-I (E III **6** 2831).

B. Neben einer Verbindung $C_{30}H_{48}N_2O_8$ (F: 239—240°) beim Behandeln von (−)(3S,5Ξ,10Ξ)-3-Allophanoyloxy-5,10;7ξ,8;22ξ,23ξ-triepoxy-9,10-seco-8ξ-ergostan (F: 190°; aus Ergocalciferol hergestellt) mit Chrom(VI)-oxid und wasserhaltiger Essigsäure (*v. Reichel, Deppe*, Z. physiol. Chem. **239** [1936] 143, 145).

Krystalle (aus wss. Eg.); F: 219°. $[\alpha]_D^{20}$: −23,3° [Eg.; c = 0,4].

(S)-2-[(3aR,4Ξ,3'Ξ)-3'-((S)-4-Hydroxy-2,7-dioxo-octyl)-7a-methyl-(3ar,7at)-tetra-hydro-spiro[indan-4,2'-oxiran]-1t-yl]-propionsäure-methylester, (3S)-7ξ,8-Epoxy-3-hydr-oxy-5,10-dioxo-5,10;9,10-diseco-23,24-dinor-8ξ-cholan-22-säure-methylester $C_{23}H_{36}O_6$, Formel IX (R = H, X = CH_3).

B. Aus (3S)-7ξ,8-Epoxy-3-hydroxy-5,10-dioxo-5,10;9,10-diseco-23,24-dinor-8ξ-cholan-22-säure (s. o.) mit Hilfe von Diazomethan (*v. Reichel, Deppe*, Z. physiol. Chem. **239** [1936] 143, 146).

Krystalle (aus Eg. oder Me.); F: 216°.

(S)-2-[(3aR,4Ξ,3'Ξ)-3'-((S)-4-Acetoxy-2,7-dioxo-octyl)-7a-methyl-(3ar,7at)-tetra≠
hydro-spiro[indan-4,2'-oxiran]-1t-yl]-propionsäure-methylester, (3S)-3-Acetoxy-
7ξ,8-epoxy-5,10-dioxo-5,10;9,10-diseco-23,24-dinor-8ξ-cholan-22-säure-methylester
$C_{25}H_{38}O_7$, Formel IX (R = CO-CH$_3$, X = CH$_3$).

B. Beim Behandeln der im vorangehenden Artikel beschriebenen Verbindung mit
Acetanhydrid und Pyridin (*v. Reichel, Deppe*, Z. physiol. Chem. **239** [1936] 143, 146).
Krystalle (aus wss. Me.); F: 155—156°. [α]$_D^{19}$: —55° [CHCl$_3$; c = 0,4].

Hydroxy-oxo-carbonsäuren $C_nH_{2n-12}O_6$

Hydroxy-oxo-carbonsäuren $C_9H_6O_6$

(±)-5-Hydroxy-6-methoxy-2-oxo-2,3-dihydro-benzofuran-3-carbonsäure-äthylester,
(±)-[2,5-Dihydroxy-4-methoxy-phenyl]-malonsäure-äthylester-2-lacton $C_{12}H_{12}O_6$,
Formel I.

B. Beim Chromatographieren einer Lösung von [2,5-Dihydroxy-4-methoxy-phenyl]-
malonsäure-diäthylester in Äther an Aluminiumoxid (*Jeffreys*, Soc. **1959** 2153, 2156).
Krystalle (aus Ae.); F: 204° [Zers. ab 180°].

I   II   III

5-Hydroxy-2-imino-6-methoxy-2,3-dihydro-benzofuran-3-carbonsäure-äthylester
$C_{12}H_{13}NO_5$, Formel II, und 2-Amino-5-hydroxy-6-methoxy-benzofuran-3-carbonsäure-
äthylester $C_{12}H_{13}NO_5$, Formel III.

2-Amino-5-hydroxy-6-methoxy-benzofuran-3-carbonsäure-äthylester hat vermutlich in
zwei von *Jeffreys* (Soc. **1959** 2153, 2155, 2156) als (±)-Cyan-[2,5-dihydroxy-4-methoxy-
phenyl]-essigsäure-äthylester (Krystalle [aus Ae. + PAe.]; F: 120° und [nach Wiedererstarren bei weiterem Erhitzen] F: 175°) und als 2-Äthoxy-5-hydroxy-6-methoxy-
benzofuran-3-carbonsäure-amid ($C_{12}H_{13}NO_5$; Krystalle [aus Bzl.] F: 173°) angesehenen Präparaten vorgelegen (s. dazu *Derkosch, Specht*, M. **92** [1961] 542, 544; *King,
Newall*, Soc. **1965** 974), die aus Methoxy-[1,4]benzochinon beim Behandeln einer Lösung in Chloroform mit der Natrium-Verbindung des Cyanessigsäure-äthylesters in
Äthanol sowie beim Behandeln mit Cyanessigsäure-äthylester und Ammoniak in Äthanol
erhalten worden sind (*Je.*).

6-Hydroxy-7-methoxy-2-oxo-2,3-dihydro-benzofuran-4-carbonsäure $C_{10}H_8O_6$, Formel IV
(R = X = H).

B. Beim Erhitzen von [6-Carboxy-2,4-dihydroxy-3-methoxy-phenyl]-essigsäure unter
vermindertem Druck auf 180° (*Hasegawa*, J. pharm. Soc. Japan **61** [1941] 318; engl. Ref.
S. 101; C. A. **1951** 582). Beim Erhitzen von 5,7-Dihydroxy-6-methoxy-3-oxo-phthal≠
an-1-carbonsäure auf 180° (*Ha.*).
Krystalle (aus E. oder Me.); Zers. bei 253°.

6,7-Dimethoxy-2-oxo-2,3-dihydro-benzofuran-4-carbonsäure $C_{11}H_{10}O_6$, Formel IV
(R = CH$_3$, X = H).

B. Beim Erhitzen von [6-Carboxy-2-hydroxy-3,4-dimethoxy-phenyl]-essigsäure auf
180° (*Hasegawa*, J. pharm. Soc. Japan **61** [1941] 313, 316; engl. Ref. S. 98, 100; C. A.
1951 582). Beim Erhitzen von 6,7-Dimethoxy-2-oxo-2,3-dihydro-benzofuran-4-carbon≠
säure-methylester mit wss. Schwefelsäure (*Ha.*).
Krystalle (nach Sublimation); F: 205°.

6-Acetoxy-7-methoxy-2-oxo-2,3-dihydro-benzofuran-4-carbonsäure $C_{12}H_{10}O_7$, Formel IV
(R = CO-CH$_3$, X = H).
B. Beim Behandeln von 6-Hydroxy-7-methoxy-2-oxo-2,3-dihydro-benzofuran-4-carb≠

onsäure mit Acetanhydrid und wenig Schwefelsäure (*Hasegawa*, J. pharm. Soc. Japan **61** [1941] 307, 312; engl. Ref. S. 95, 97; C. A. **1951** 582).
Krystalle; Zers. bei 242°.

6-Hydroxy-7-methoxy-2-oxo-2,3-dihydro-benzofuran-4-carbonsäure-methylester
$C_{11}H_{10}O_6$, Formel IV (R = H, X = CH$_3$).
B. Beim Behandeln einer Lösung von 6-Hydroxy-7-methoxy-2-oxo-2,3-dihydro-benzo=
furan-4-carbonsäure in Aceton mit Diazomethan in Äther (*Hasegawa*, J. pharm. Soc.
Japan **61** [1941] 313, 316; engl. Ref. S. 98, 100; C. A. **1951** 582). Beim Erwärmen von
[6-Carboxy-2,4-dihydroxy-3-methoxy-phenyl]-essigsäure mit Chlorwasserstoff enthaltendem Methanol (*Hasegawa*, J. pharm. Soc. Japan **61** [1941] 318; engl. Ref. S. 101; C. A.
1951 582).
Krystalle (aus Acn.); F: 175° (*Ha.*, l. c. S. 316).

6,7-Dimethoxy-2-oxo-2,3-dihydro-benzofuran-4-carbonsäure-methylester $C_{12}H_{12}O_6$,
Formel IV (R = X = CH$_3$).
B. Beim Erwärmen von 2,6,7-Trimethoxy-benzofuran-4-carbonsäure-methylester mit
äthanol. Kalilauge (*Hasegawa*, J. pharm. Soc. Japan **61** [1941] 313, 316; engl. Ref. S. 98,
100; C. A. **1951** 582).
Krystalle (aus Ae.); F: 227°.

6-Hydroxy-7-methoxy-2-oxo-2,3-dihydro-benzofuran-4-carbonsäure-äthylester $C_{12}H_{12}O_6$,
Formel IV (R = H, X = C$_2$H$_5$).
B. Beim Behandeln von 6-Hydroxy-7-methoxy-2-oxo-2,3-dihydro-benzofuran-4-carb=
onsäure oder von [6-Carboxy-2,4-dihydroxy-3-methoxy-phenyl]-essigsäure mit Chlor=
wasserstoff enthaltendem Äthanol (*Hasegawa*, J. pharm. Soc. Japan **61** [1941] 307, 312;
engl. Ref. S. 95, 96; C. A. **1951** 582).
Krystalle; F: 175,5°.

(±)-4,5-Dihydroxy-3-oxo-phthalan-1-carbonsäure $C_9H_6O_6$, Formel V (R = X = H)
(E II 390).
B. Beim Erhitzen von (±)-4,5-Dimethoxy-3-oxo-phthalan-1-carbonsäure mit wss.
Bromwasserstoffsäure (*Schöpf et al.*, A. **544** [1940] 77, 85).
Krystalle (aus W.); F: 215°.
Beim Erhitzen mit wss. Jodwasserstoffsäure und rotem Phosphor ist [2-Carboxy-
3,4-dihydroxy-phenyl]-essigsäure erhalten worden.

IV   V   VI

(±)-4-Hydroxy-5-methoxy-3-oxo-phthalan-1-carbonsäure $C_{10}H_8O_6$, Formel V (R = CH$_3$,
X = H), und **(±)-5-Hydroxy-4-methoxy-3-oxo-phthalan-1-carbonsäure** $C_{10}H_8O_6$,
Formel V (R = H, X = CH$_3$) (vgl. E II 390; dort als 6(oder 7)-Oxy-7(oder 6)-methoxy-
phthalid-carbonsäure-(3) bezeichnet).
Diese beiden Formeln kommen für die nachstehend beschriebene Verbindung in Be-
tracht.
B. Beim Erhitzen von [2-Carboxy-3,4-dimethoxy-phenyl]-glyoxylsäure mit wss. Jod=
wasserstoffsäure (*Schöpf et al.*, A. **544** [1940] 77, 100).
F: 192°.

(±)-4,5-Dimethoxy-3-oxo-phthalan-1-carbonsäure-äthylester $C_{13}H_{14}O_6$, Formel VI
(X = O-C$_2$H$_5$).
B. Beim Behandeln einer Lösung von (±)-4,5-Dimethoxy-3-oxo-phthalan-1-carbo=
nitril in Äthanol mit Chlorwasserstoff (*Winogradowa, Archangel'skaja*, Ž. obšč. Chim. **16**

[1946] 301, 304; C. A. **1947** 425).
Krystalle (aus A.); F: 91—93°.

**(±)-4,5-Dimethoxy-3-oxo-phthalan-1-carbonsäure-amid, (±)-3-Carbamoyl-6,7-dimeth=
oxy-phthalid** $C_{11}H_{11}NO_5$, Formel VI (X = NH_2) (E I 541).
B. Beim Behandeln einer Lösung von (±)-4,5-Dimethoxy-3-oxo-phthalan-1-carbo=
nitril in Essigsäure mit Chlorwasserstoff (*Winogradowa, Archangel'škaja*, Ž. obšč. Chim. **16**
[1946] 301, 304; C. A. **1947** 425).
Krystalle (aus W.); F: 175—177°.

**(±)-4,5-Dimethoxy-3-oxo-phthalan-1-carbonsäure-methylamid, (±)-6,7-Dimethoxy-
3-methylcarbamoyl-phthalid** $C_{12}H_{13}NO_5$, Formel VI (X = $NH\text{-}CH_3$).
B. Beim Behandeln von (±)-4,5-Dimethoxy-3-oxo-phthalan-1-carbonsäure-äthylester
mit Methylamin in Äthanol (*Winogradowa, Archangel'škaja*, Ž. obšč. Chim. **16** [1946]
301, 304; C. A. **1947** 425).
Krystalle (aus W.); F: 149,5—150,5°.
Bei der Reduktion an einer Blei-Kathode in wss.-äthanol. Schwefelsäure ist 7,8-Di=
methoxy-2-methyl-4*H*-isochinolin-1,3-dion erhalten worden.

**(±)-4,5-Dimethoxy-3-oxo-phthalan-1-carbonsäure-anilid, (±)-6,7-Dimethoxy-3-phenyl=
carbamoyl-phthalid** $C_{17}H_{15}NO_5$, Formel VI (X = $NH\text{-}C_6H_5$).
B. Beim Behandeln einer Lösung von Opiansäure (6-Formyl-2,3-dimethoxy-benzoe=
säure) in Äthanol mit Phenylisocyanid und Erhitzen des Reaktionsprodukts mit *N,N'*-Di=
phenyl-formamidin und wss. Kalilauge (*Passerini, Ragni*, G. **61** [1931] 964, 968).
Krystalle (aus A.); F: 182—185°.
Verbindung mit *N,N'*-Diphenyl-formamidin $C_{17}H_{15}NO_5 \cdot C_{13}H_{12}N_2$. Krystalle
(aus A.); F: 235°.

**(±)-4,5-Dimethoxy-3-oxo-phthalan-1-carbonsäure-[3,4-dimethoxy-phenäthylamid],
(±)-3-[3,4-Dimethoxy-phenäthylcarbamoyl]-6,7-dimethoxy-phthalid** $C_{21}H_{23}NO_7$,
Formel VII (R = X = CH_3) (E II 391).
B. Beim Behandeln von (±)-4,5-Dimethoxy-3-oxo-phthalan-1-carbonylchlorid (aus
(±)-4,5-Dimethoxy-3-oxo-phthalan-1-carbonsäure hergestellt) mit 3,4-Dimethoxy-phen=
äthylamin, Benzol und wss. Natronlauge (*Govindachari et al.*, Soc. **1957** 2943; vgl.
E II 391).
Krystalle (aus Me.); F: 144—145°.

**(±)-4,5-Dimethoxy-3-oxo-phthalan-1-carbonsäure-[3-benzyloxy-4-methoxy-phenäthyl=
amid], (±)-3-[3-Benzyloxy-4-methoxy-phenäthylcarbamoyl]-6,7-dimethoxy-phthalid**
$C_{27}H_{27}NO_7$, Formel VII (R = $CH_2\text{-}C_6H_5$, X = CH_3).
B. Beim Behandeln von (±)-4,5-Dimethoxy-3-oxo-phthalan-1-carbonylchlorid (aus
(±)-4,5-Dimethoxy-3-oxo-phthalan-1-carbonsäure hergestellt) mit 3-Benzyloxy-4-meth=
oxy-phenäthylamin, Benzol und wss. Natronlauge (*Govindachari et al.*, B. **92** [1959] 1654,
1656).
Krystalle (aus Me.); F: 161°.

VII   VIII

**(±)-4,5-Dimethoxy-3-oxo-phthalan-1-carbonsäure-[4-benzyloxy-3-methoxy-phenäthyl=
amid], (±)-3-[4-Benzyloxy-3-methoxy-phenäthylcarbamoyl]-6,7-dimethoxy-phthalid**
$C_{27}H_{27}NO_7$, Formel VII (R = CH_3, X = $CH_2\text{-}C_6H_5$).
B. Beim Behandeln von (±)-4,5-Dimethoxy-3-oxo-phthalan-1-carbonylchlorid (aus

(±)-4,5-Dimethoxy-3-oxo-phthalan-1-carbonsäure hergestellt) mit 4-Benzyloxy-3-meth=
oxy-phenäthylamin, Benzol und wss. Natronlauge (*Govindachari et al.*, B. **92** [1959] 1654,
1657).
Krystalle (aus Me.); F: 163—164°.

**(±)-4,5-Dimethoxy-3-oxo-phthalan-1-carbonsäure-[(3,4-dimethoxy-phenäthyl)-methyl-
amid], (±)-3-[(3,4-Dimethoxy-phenäthyl)-methyl-carbamoyl]-6,7-dimethoxy-phthalid**
$C_{22}H_{25}NO_7$, Formel VIII (R = CH_3, X = H).
B. Beim Behandeln von (±)-4,5-Dimethoxy-3-oxo-phthalan-1-carbonylchlorid (aus
(±)-4,5-Dimethoxy-3-oxo-phthalan-1-carbonsäure hergestellt) mit [3,4-Dimethoxy-phen=
äthyl]-methyl-amin, Benzol und wss. Natronlauge (*Haworth, Pinder*, Soc. **1950** 1776,
1780).
Krystalle (aus Me.); F: 123—124°.

**(±)-4,5-Dimethoxy-3-oxo-phthalan-1-carbonsäure-[3,4,5-trimethoxy-phenäthylamid],
(±)-6,7-Dimethoxy-3-[3,4,5-trimethoxy-phenäthylcarbamoyl]-phthalid** $C_{22}H_{25}NO_8$,
Formel VIII (R = H, X = O-CH_3).
B. Beim Behandeln von (±)-4,5-Dimethoxy-3-oxo-phthalan-1-carbonylchlorid (aus
(±)-4,5-Dimethoxy-3-oxo-phthalan-1-carbonsäure hergestellt) mit 3,4,5-Trimethoxy-
phenäthylamin, Benzol und wss. Natronlauge (*Govindachari et al.*, Soc. **1957** 2943).
Krystalle (aus Me.); F: 173—174°.

(±)-4,5-Dimethoxy-3-oxo-phthalan-1-carbonitril, (±)-3-Cyan-6,7-dimethoxy-phthalid
$C_{11}H_9NO_4$, Formel IX (E II 391).
B. Beim Erhitzen von Opiansäure (6-Formyl-2,3-dimethoxy-benzoesäure) mit Kalium=
cyanid und wss. Salzsäure (*Rodionow, Fedorowa*, Ž. obšč. Chim. **11** [1941] 266; C. A. **1941**
7405; vgl. E II 391).
Krystalle (aus A.); F: 103—104°.

IX   X   XI

**(±)-4,5-Dimethoxy-3-oxo-phthalan-1-thiocarbonsäure-amid, (±)-6,7-Dimethoxy-3-thio=
carbamoyl-phthalid** $C_{11}H_{11}NO_4S$, Formel X.
B. Beim aufeinanderfolgenden Behandeln einer Lösung der im vorangehenden Artikel
beschriebenen Verbindung in Benzol mit Ammoniak in Äthanol und mit Schwefelwasser=
stoff (*Rodionow, Fedorowa*, Ž. obšč. Chim. **11** [1941] 266; C. A. **1941** 7405).
Krystalle (aus Bzl.); F: 193—195°.

(±)-4,6-Dimethoxy-3-oxo-phthalan-1-carbonsäure $C_{11}H_{10}O_6$, Formel XI.
B. Beim Behandeln von 2,4-Dimethoxy-benzoesäure mit Chloral und konz. Schwefel=
säure und Erwärmen des Reaktionsprodukts mit wss. Natronlauge (*Barger, Sargent*,
Soc. **1939** 991, 997).
F: 149—150° [Zers.].

(±)-4,7-Dimethoxy-3-oxo-phthalan-1-carbonsäure $C_{11}H_{10}O_6$, Formel XII.
B. Beim Behandeln von 2,5-Dimethoxy-benzoesäure mit Chloral und konz. Schwefel=
säure und Erwärmen des Reaktionsprodukts mit wss. Natronlauge (*Barger, Sargent*,
Soc. **1939** 991, 997).
F: 186—187° [Zers.].

(±)-5,6-Dimethoxy-3-oxo-phthalan-1-carbonsäure $C_{11}H_{10}O_6$, Formel XIII (H 542; dort
als 5.6-Dimethoxy-phthalid-carbonsäure-(3) und als Metamekonin-carbonsäure-(3) bezeichnet).
B. Beim Erwärmen von (±)-5,6-Dimethoxy-3-trichlormethyl-phthalid mit wss. Natron=

lauge (*Meldrum, Parikh*, Pr. Indian Acad. [A] **1** [1935] 437).
Krystalle (aus Acn.); F: 212°.
Natrium-Salz. $NaC_{11}H_9O_6$. Krystalle mit 3 Mol H_2O. Das Krystallwasser wird bei 110° abgegeben.

XII   XIII   XIV   XV

6,7-Dimethoxy-1-oxo-phthalan-4-carbonsäure, 2-Hydroxymethyl-4,5-dimethoxy-iso=phthalsäure-3-lacton $C_{11}H_{10}O_6$, Formel XIV.
B. Beim Erhitzen von 2,3-Diformyl-5,6-dimethoxy-benzoesäure mit wss. Natronlauge (*Brown, Newbold*, Soc. **1952** 4878, 4880). Aus 4-Hydroxymethyl-6,7-dimethoxy-phthalid beim Erwärmen einer Lösung in Aceton mit Kaliumpermanganat und Magnesiumsulfat in Wasser (*Br., Ne.*, Soc. **1952** 4881) sowie beim Erwärmen mit *N*-Brom-succinimid (3 Mol) in Tetrachlormethan und Benzol und Erwärmen des Reaktionsprodukts mit Wasser (*Brown, Newbold*, Soc. **1953** 3648, 3651).
Krystalle; F: 220—221° [aus wss. A.] (*Br., Ne.*, Soc. **1953** 3651), 220—222° [Zers.; aus wss. A.] (*Br., Ne.*, Soc. **1952** 4881). Absorptionsmaxima (A.): 218 nm und 316 nm (*Br., Ne.*, Soc. **1953** 3651).

5,6-Dimethoxy-3-oxo-phthalan-4-carbonsäure, 6-Hydroxymethyl-3,4-dimethoxy-phthal=säure-1-lacton $C_{11}H_{10}O_6$, Formel XV.
B. Beim Behandeln von Artabotrin (Isocorydin; 4-Hydroxy-3,5,6-trimethoxy-apor=phin) mit Kaliumpermanganat in Wasser (*Barger, Sargent*, Soc. **1939** 991, 996).
Gelbliche Krystalle (aus A.); F: 203—204°. Bei 200—225°/15 Torr sublimierbar.

Hydroxy-oxo-carbonsäuren $C_{10}H_8O_6$

(±)-5,7-Dihydroxy-4-oxo-chroman-2-carbonsäure $C_{10}H_8O_6$, Formel I.
B. Beim Behandeln von Phloroglucin mit Maleinsäure-anhydrid und Aluminium=chlorid in Nitrobenzol und Behandeln des Reaktionsgemisches mit wss. Salzsäure (*Jarowski et al.*, Am. Soc. **71** [1949] 944).
Krystalle (aus W.); F: 262,5° [unkorr.; Zers.] (*Ja. et al.*). Absorptionsspektrum (200—450 nm) einer Lösung der Säure in Äthanol sowie einer Lösung des Kalium-Salzes in Äthanol: *Jarowski, Hess*, Am. Soc. **71** [1949] 1711, 1712, 1713.

I   II   III

6,7-Dimethoxy-3-oxo-chroman-2-carbonsäure-äthylester $C_{14}H_{16}O_6$, Formel II, und Tautomeres (3-Hydroxy-6,7-dimethoxy-4*H*-chromen-2-carbonsäure-äthyl=ester).
B. Neben 6,7-Dimethoxy-3-oxo-chroman-4-carbonsäure-äthylester beim Erhitzen von [2-Äthoxycarbonylmethoxy-4,5-dimethoxy-phenyl]-essigsäure-äthylester mit Natrium in Toluol und Xylol (*Miyano, Matsui*, Bl. chem. Soc. Japan **31** [1958] 267, 268).
Krystalle (aus A.); F: 95°. Absorptionsmaximum (Isopropylalkohol): 295 nm.

**(±)-6,7-Dimethoxy-2-oxo-chroman-3-carbonsäure-methylester, (±)-[2-Hydroxy-4,5-di=
methoxy-benzyl]-malonsäure-lacton-methylester** $C_{13}H_{14}O_6$, Formel III.

B. Bei der Hydrierung des Natrium-Salzes der 6,7-Dimethoxy-2-oxo-2*H*-chromen-
3-carbonsäure an Palladium/Kohle in wss. Lösung und Behandlung des Reaktionsprodukts mit Diazomethan in Äther (*Dean et al.*, Soc. **1950** 895, 898).

Krystalle (aus A.); F: 151—152°.

6,7-Dimethoxy-3-oxo-chroman-4-carbonsäure-äthylester $C_{14}H_{16}O_6$, Formel IV, und Tautomeres (3-Hydroxy-6,7-dimethoxy-2*H*-chromen-4-carbonsäure-äthylester).

B. Aus [2-Äthoxycarbonylmethoxy-4,5-dimethoxy-phenyl]-essigsäure-äthylester beim
Erwärmen mit Natrium in Toluol (*Robertson, Rusby*, Soc. **1936** 212) sowie beim Erhitzen
mit Natrium in Toluol und Xylol, in diesem Falle neben 6,7-Dimethoxy-3-oxo-chroman-
2-carbonsäure-äthylester (*Miyano, Matsui*, Bl. chem. Soc. Japan **31** [1958] 267, 268).

Krystalle; F: 109—110° [aus PAe.] (*Ro., Ru.*), 109° [unkorr.; aus A.] (*Mi., Ma.*).
Absorptionsmaximum (Isopropylalkohol): 247 nm (*Mi., Ma.*).

(±)-[4,5-Dihydroxy-3-oxo-phthalan-1-yl]-essigsäure $C_{10}H_8O_6$, Formel V (R = H) (H 542;
dort als [6.7-Dioxy-phthalidyl-(3)]-essigsäure und als Normekonin-essigsäure-(3) bezeichnet).

B. Beim Erhitzen der im folgenden Artikel beschriebenen Verbindung mit wss. Brom=
wasserstoffsäure (*Schöpf et al.*, A. **544** [1940] 77, 99; vgl. H 542).

Krystalle (aus W.) mit 1 Mol H_2O; F: 228—229° [Zers.].

IV   V   VI

(±)-[4,5-Dimethoxy-3-oxo-phthalan-1-yl]-essigsäure $C_{12}H_{12}O_6$, Formel V (R = CH$_3$)
(H 542; dort als [6.7-Dimethoxy-phthalidyl-(3)]-essigsäure und als Mekonin-essigsäure-(3)
bezeichnet).

B. Aus 2-Carboxy-3,4-dimethoxy-zimtsäure (F: 171—172°) beim Erhitzen auf Schmelztemperatur sowie beim Erhitzen mit wss. Salzsäure (*Dijksman, Newbold*, Soc. **1952** 13, 15).

Krystalle (aus W.); F: 167° (*Di., Ne.*). Absorptionsmaxima (A.): 213 nm und 306 nm
(*Di., Ne.*).

Beim Erwärmen mit wss. Kalilauge unter Eindampfen ist 2-Carboxy-3,4-dimethoxy-
zimtsäure (F: 178—180° bzw. F: 171—172°) erhalten worden (*Schöpf et al.*, A. **544** [1940]
77, 86; *Di., Ne.*). Verhalten beim Erhitzen mit *N,N*-Dimethyl-anilin (Bildung von 6,7-Di=
methoxy-3-methyl-phthalid [Hauptprodukt], 2-Methoxy-5-vinyl-phenol und [4,5-Di=
methoxy-3-oxo-phthalan-1-yl]-esssigsäure-methylester): *Rodionow, Fedorowa*, Izv. Akad.
S.S.S.R. Otd. chim. **1940** 239, 241; C. A. **1942** 1033.

[7-Äthoxy-6-methoxy-1-oxo-phthalan-4-yl]-essigsäure $C_{13}H_{14}O_6$, Formel VI (R = C$_2$H$_5$).

B. Beim Erwärmen des im folgenden Artikel beschriebenen Nitrils mit äthanol. Natron=
lauge (*Manske, Ledingham*, Canad. J. Res. [B] **22** [1944] 115, 119).

Krystalle (aus Ae.); F: 151° [korr.].

**[7-Äthoxy-6-methoxy-1-oxo-phthalan-4-yl]-acetonitril, 7-Äthoxy-4-cyanmethyl-6-meth=
oxy-phthalid** $C_{13}H_{13}NO_4$, Formel VII (R = C$_2$H$_5$).

B. Beim Erwärmen von 7-Äthoxy-4-chlormethyl-6-methoxy-phthalid mit Cyanwasser=
stoff und mit Natriummethylat in Methanol (*Manske, Ledingham*, Canad. J. Res. [B] **22**
[1944] 115, 118).

Krystalle (aus Acn. + Ae.); F: 132° [korr.]. Kp$_2$: 145°.

VII   VIII   IX

(±)-5,7-Dimethoxy-6-methyl-3-oxo-phthalan-1-carbonsäure $C_{12}H_{12}O_6$, Formel VIII.

B. Beim Erwärmen von (±)-4,6-Dimethoxy-5-methyl-3-trichlormethyl-phthalid mit wss. Natronlauge (*Asahina, Hayashi,* B. **66** [1933] 1023, 1030; *Charlesworth, Robinson,* Soc. **1934** 1531).

Krystalle (aus W.); F: 175° (*As., Ha.*), 174—175° (*Ch., Ro.*).

6,7-Dimethoxy-5-methyl-1-oxo-phthalan-4-carbonsäure, 2-Hydroxymethyl-4,5-dimethoxy-6-methyl-isophthalsäure-3-lacton $C_{12}H_{12}O_6$, Formel IX.

B. Beim Erhitzen von 2,3-Diformyl-5,6-dimethoxy-4-methyl-benzoesäure mit wss. Natronlauge (*Blair, Newbold,* Soc. **1954** 3935, 3938). Beim Behandeln von 5,6-Dimethoxy-7-methyl-phthalan-4-carbonsäure mit Chrom(VI)-oxid und Essigsäure (*Bl., Ne.*).

Krystalle (aus wss. A.); F: 195—196,5°. Absorptionsmaxima (A.): 220 nm und 300 nm.

(±)-3-Acetoxy-7-methoxy-6-methyl-1-oxo-phthalan-4-carbonsäure, (±)-2-[Acetoxy-hydroxy-methyl]-4-methoxy-5-methyl-isophthalsäure-3-lacton $C_{13}H_{12}O_7$, Formel X.

B. Beim Erwärmen von 2-Formyl-4-methoxy-5-methyl-isophthalsäure mit Acetanhydrid und Essigsäure (*Grove,* Biochem. J. **50** [1952] 648, 651, 657, 662). Beim Behandeln von (±)-3-Acetoxy-7-methoxy-6-methyl-1-oxo-phthalan-4-carbaldehyd mit Kaliumpermanganat in Aceton (*Gr.,* l. c. S. 663).

Krystalle (aus wss. A.), F: 213° [korr.]; Krystalle (aus wss. Eg.), F: 199° [korr.].

5,7-Dihydroxy-6-methyl-1-oxo-phthalan-4-carbonsäure $C_{10}H_8O_6$, Formel XI (R = H).

B. Neben 5,7-Dihydroxy-6-methyl-phthalid beim Behandeln eines Gemisches von 3,5-Dihydroxy-4-methyl-benzylalkohol, Kaliumhydrogencarbonat und Glycerin mit Kohlendioxid bei 150° (*Birkinshaw et al.,* Biochem. J. **50** [1952] 610, 627).

Krystalle (aus Acn.); F: 260—261° [unkorr.; Zers.].

X   XI   XII

5-Hydroxy-7-methoxy-6-methyl-1-oxo-phthalan-4-carbonsäure, Isocyclopaldsäure $C_{11}H_{10}O_6$, Formel XII (R = H).

B. Beim Erhitzen von Cyclopolsäure (2-Formyl-4-hydroxy-3-hydroxymethyl-6-methoxy-5-methyl-benzoesäure) mit wss. Kalilauge auf 150° (*Birkinshaw et al.,* Biochem. J. **50** [1952] 610, 621). Beim Erhitzen von Cyclopaldsäure (2,3-Diformyl-4-hydroxy-6-methoxy-5-methyl-benzoesäure) mit wss. Natronlauge (*Bi. et al.,* l. c. S. 625).

Krystalle (aus wss. Me.) mit 1 Mol H_2O; F: 223,5—224° [unkorr.; Zers.] (*Bi. et al.,* l. c. S. 621).

Beim Erhitzen mit wss. Jodwasserstoffsäure und rotem Phosphor ist 2,5-Dimethyl-resorcin erhalten worden (*Bi. et al.,* l. c. S. 621).

5,7-Dimethoxy-6-methyl-1-oxo-phthalan-4-carbonsäure, 2-Hydroxymethyl-4,6-dimethoxy-5-methyl-isophthalsäure-lacton $C_{12}H_{12}O_6$, Formel XII (R = CH_3).

B. Beim Behandeln von 4-Formyl-5,7-dimethoxy-6-methyl-phthalid mit wss. Kalilauge und Kaliumpermanganat (*Birkinshaw et al.*, Biochem. J. **50** [1952] 610, 623). Beim Erwärmen von 5,7-Dimethoxy-6-methyl-1-oxo-phthalan-4-carbonsäure-methylester mit wss.-äthanol. Kalilauge oder mit wss. Natronlauge (*Bi. et al.*, l. c. S. 621, 627). Krystalle (aus wss. Me.); F: 198—198,5° [unkorr.].

5,7-Dimethoxy-6-methyl-1-oxo-phthalan-4-carbonsäure-methylester, 2-Hydroxymethyl-4,6-dimethoxy-5-methyl-isophthalsäure-lacton-methylester $C_{13}H_{14}O_6$, Formel XI (R = CH₃).

B. Beim Erwärmen von 5,7-Dihydroxy-6-methyl-1-oxo-phthalan-4-carbonsäure oder von Isocyclopaldsäure (S. 6475) mit Aceton, Dimethylsulfat und Kaliumcarbonat (*Birkinshaw et al.*, Biochem. J. **50** [1952] 610, 621, 627).

Krystalle (aus PAe.); F: 139—139,5° [unkorr.].

Hydroxy-oxo-carbonsäuren $C_{11}H_{10}O_6$

(±)-[3-Hydroxy-7-methoxy-4-oxo-chroman-3-yl]-essigsäure $C_{12}H_{12}O_6$, Formel I, und Tautomeres ((±)-3a,9b-Dihydroxy-7-methoxy-3a,9b-dihydro-3*H*,4*H*-furo=[3,2-*c*]chromen-2-on); **(±)-Brasilsäure** (vgl. H 543).

B. Beim Erhitzen von (±)-[3-Acetylamino-7-methoxy-4-oxo-chroman-3-yl]-essigsäure mit wss. Salzsäure und anschliessenden Behandeln mit wss. Natriumnitrit-Lösung (*Pfeiffer, Heinrich*, J. pr. [2] **156** [1940] 241, 257).

Amorph; F: 115°.

Kupfer(II)-Salz $Cu(C_{12}H_{11}O_6)_2$. Graugrünes Pulver.

Barium-Salz $BaC_{12}H_{10}O_6$ (vgl. H 543). Krystalle [aus W.] (*Pf., He.*, l. c. S. 259).

Blei(II)-Salze. $Pb(C_{12}H_{11}O_6)_2$. Gelbliches Pulver. — $PbC_{12}H_{10}O_6$. Gelbliches Pulver.

I   II

(±)-[8-Brom-5,6-dimethoxy-3-oxo-isochroman-4-yl]-essigsäure, (±)-2-[3-Brom-2-hydr=oxymethyl-5,6-dimethoxy-phenyl]-bernsteinsäure-1-lacton $C_{13}H_{13}BrO_6$, Formel II.

B. Beim Erhitzen von (±)-[5-Brom-2,3-dimethoxy-phenyl]-bernsteinsäure mit wss. Formaldehyd und wss. Schwefelsäure (*Stork, Conroy*, Am. Soc. **73** [1951] 4743, 4746).

Krystalle (aus wss. Eg.) mit 0,5 Mol H_2O; F: 138—139° [unter Aufschäumen] und (nach Wiedererstarren bei weiterem Erhitzen) F: 161°.

Beim Behandeln mit Methanol und Bromwasserstoff unterhalb 10° ist [3-Brom-2-brom=methyl-5,6-dimethoxy-phenyl]-bernsteinsäure-dimethylester, oberhalb 10° ist daneben eine wahrscheinlich als 3-Brom-5,6-dimethoxy-2-methoxymethyl-bernsteinsäure-dimethyl=ester zu formulierende Verbindung (F: 80°) erhalten worden (*St., Co.*, l. c. S. 4743 Anm. 11, 4746).

3-[6,7-Dimethoxy-1-oxo-phthalan-4-yl]-propionsäure $C_{13}H_{14}O_6$, Formel III (R = H).

B. Beim Erhitzen von [6,7-Dimethoxy-1-oxo-phthalan-4-ylmethyl]-malonsäure auf 200° (*Blair et al.*, Soc. **1956** 3608, 3611).

Krystalle (aus Me.); F: 166—168°. Absorptionsmaxima (A.): 210 nm und 312 nm.

3-[6,7-Dimethoxy-1-oxo-phthalan-4-yl]-propionsäure-methylester $C_{14}H_{16}O_6$, Formel III (R = CH₃).

B. Beim Behandeln der im vorangehenden Artikel beschriebenen Verbindung mit Diazomethan in Äther (*Blair et al.*, Soc. **1956** 3608, 3611).

Krystalle (aus wss. Me.); F: 93—94°. Absorptionsmaxima (A.): 213 nm und 312 nm.

[4,6-Dimethoxy-7-methyl-3-oxo-phthalan-5-yl]-essigsäure $C_{13}H_{14}O_6$, Formel IV (R = H).

B. Beim Behandeln einer Lösung von [4,6-Dimethoxy-7-methyl-3-oxo-phthalan-5-yl]-acetaldehyd in Methanol mit wss. Silbernitrat-Lösung und wss. Natronlauge (*Birkinshaw et al.*, Biochem. J. **50** [1952] 630, 634) oder mit Jod und wss. Natronlauge, in diesem Falle neben dem im folgenden Artikel beschriebenen Methylester (*Birkinshaw et al.*, Biochem. J. **43** [1948] 216, 221). Beim Erhitzen von [4,6-Dimethoxy-7-methyl-3-oxo-phthalan-5-yl]-acetonitril mit wss. Kalilauge (*Logan, Newbold*, Soc. **1957** 1946, 1950).

Krystalle; F: 153° [aus CHCl$_3$ + PAe.] (*Bi. et al.*, Biochem. J. **43** 221), 152—153° [aus Bzl. + PAe.] (*Lo., Ne.*). Absorptionsmaxima (A.): 216 nm, 250 nm und 293 nm (*Lo., Ne.*).

Beim Erhitzen mit wss. Jodwasserstoffsäure und rotem Phosphor ist eine Verbindung $C_{10}H_{10}O_3$ (Krystalle [aus Bzl.], F: 184—185°) erhalten worden (*Bi. et al.*, Biochem. J. **50** 632, 634).

III   IV   V

[4,6-Dimethoxy-7-methyl-3-oxo-phthalan-5-yl]-essigsäure-methylester $C_{14}H_{16}O_6$, Formel IV (R = CH$_3$).

B. Aus der im vorangehenden Artikel beschriebenen Verbindung mit Hilfe von Diazo= methan (*Logan, Newbold*, Soc. **1957** 1946, 1950). Über eine weitere Bildungsweise s. im vorangehenden Artikel.

Krystalle; F: 94—95° [aus Ae.] (*Birkinshaw et al.*, Biochem. J. **43** [1948] 216, 221), 93—94° [aus Me.] (*Lo., Ne.*).

[4,6-Dimethoxy-7-methyl-3-oxo-phthalan-5-yl]-acetonitril, 6-Cyanmethyl-5,7-dimethoxy-4-methyl-phthalid $C_{13}H_{13}NO_4$, Formel V.

B. Beim Erwärmen einer Lösung von 6-Chlormethyl-5,7-dimethoxy-4-methyl-phthalid in Äthanol mit wss. Kaliumcyanid-Lösung (*Logan, Newbold*, Soc. **1957** 1946, 1950).

Krystalle (aus Bzl. + PAe.); F: 129—131,5°. Absorptionsmaxima (A.): 214 nm, 246 nm und 291,5 nm.

VIa   VIb   VIIa   VIIb

(±)-8c-Brom-3a-methoxy-2,6-dioxo-(3ar,8ac)-3,3a,6,7,8,8a-hexahydro-2H-3t,7t-meth= ano-cyclohepta[b]furan-9syn-carbonsäure, (±)-9syn-Brom-8anti-hydroxy-1-methoxy-4-oxo-bicyclo[3.2.2]non-2-en-6exo,7exo-dicarbonsäure-7-lacton $C_{12}H_{11}BrO_6$, Formel VIa ≡ VIb + Spiegelbild, und (±)-8c-Brom-7-methoxy-2,4-dioxo-(3ar,8ac)-3,3a,4,7,8,= 8a-hexahydro-2H-3t,7t-methano-cyclohepta[b]furan-9syn-carbonsäure, (±)-8syn-Brom-9anti-hydroxy-1-methoxy-4-oxo-bicyclo[3.2.2]non-2-en-6exo,7exo-dicarbonsäure-6-lacton $C_{12}H_{11}BrO_6$, Formel VIIa ≡ VIIb + Spiegelbild.

Eine dieser beiden Formeln kommt der nachstehend beschriebenen Verbindung zu (*Chapman, Pasto*, Am. Soc. **81** [1959] 3696).

B. Beim Behandeln von (±)-1-Methoxy-4-oxo-bicyclo[3.2.2]nona-2,8-dien-6exo,7exo-di= carbonsäure-anhydrid mit Brom und Wasser (*Ch., Pa.*).

Krystalle (aus E.); F: 100,5—103°. Absorptionsmaximum (A.): 227 nm.

(±)-6-Hydroxy-2,7-dioxo-(3ar,8ac)-3,3a,6,7,8,8a-hexahydro-2H-3t,6t-methano-cyclo$=$
hepta[b]furan-9syn-carbonsäure, (±)-1,4$endo$-Dihydroxy-2-oxo-bicyclo[3.2.2]non-8-en-
6$endo$,7$endo$-dicarbonsäure-6 → 4-lacton $C_{11}H_{10}O_6$, Formel VIIIa ≡ VIIIb (R = X = H)
+ Spiegelbild.

Diese Konstitution und Konfiguration kommt der nachstehend beschriebenen, von
Sebe, Itsuno (Pr. Japan Acad. **29** [1953] 107) und *Sebe et al.* (Kumamoto med. J. **6**
[1953] 9, 13, 16) als (±)-2,2-Dihydroxy-3-oxo-bicyclo[3,2,2]non-8-en-6$endo$,$=$
7$endo$-dicarbonsäure-7→2$endo$-lacton ($C_{11}H_{10}O_6$) angesehenen Verbindung zu
(*Itô et al.*, Tetrahedron Letters **1968** 3215).

B. Beim Erhitzen von (±)-5-Hydroxy-4-oxo-bicyclo[3.2.2]nona-2,8-dien-6$endo$,7$endo$-di$=$
carbonsäure-anhydrid mit Wasser (*Nozoe et al.*, Pr. Japan Acad. **27** [1951] 655; *Sebe,
It.*; *Sebe et al.*).

Krystalle (aus W.) mit 1 Mol H_2O, F: 183—184° [Zers.] (*No. et al.*; *Sebe, It.*; *Sebe et al.*);
die wasserfreie Verbindung schmilzt bei 193—194° [Zers.] (*Sebe, It.*; *Sebe et al.*).

Beim Erwärmen mit Brom und Wasser ist eine Verbindung $C_{11}H_9BrO_6$ (Krystalle,
F: 124—126° [Zers.]), beim Behandeln einer wss. Lösung mit Brom und Essigsäure ist
hingegen 8ξ,9ξ-Dibrom-1,4$endo$-dihydroxy-2-oxo-bicyclo[3.2.2]nonan-6$endo$,7$endo$-dicarb$=$
onsäure-6→4-lacton (F: 162—163° [S. 6466]) erhalten worden (*Sebe, It.*; *Sebe et al.*,
l. c. S. 15). Verhalten beim Erwärmen mit Acetylchlorid und Acetanhydrid (Bildung
von 1-Acetoxy-4$endo$-hydroxy-2-oxo-bicyclo[3.2.2]non-8-en-6$endo$,7$endo$-dicarbonsäure-
6-lacton und einer Verbindung $C_{11}H_8O_5$ vom F: 228—229°): *Sebe, It.*; *Sebe et al.*

VIIIa   VIIIb

(±)-6-Acetoxy-2,7-dioxo-(3ar,8ac)-3,3a,6,7,8,8a-hexahydro-2H-3t,6t-methano-cyclo$=$
hepta[b]furan-9syn-carbonsäure, (±)-1-Acetoxy-4$endo$-hydroxy-2-oxo-bicyclo[3.2.2]non-
8-en-6$endo$,7$endo$-dicarbonsäure-6-lacton $C_{13}H_{12}O_7$, Formel VIIIa ≡ VIIIb (R = CO-CH$_3$,
X = H) + Spiegelbild.

B. s. im vorangehenden Artikel.

Krystalle (aus Bzl.); F: 203—204° [Zers.] (*Sebe, Itsuno*, Pr. Japan Acad. **29** [1953] 107;
Sebe et al., Kumamoto med. J. **6** [1953] 9, 14).

(±)-5-Brom-6-hydroxy-2,7-dioxo-(3ar,8ac)-3,3a,6,7,8,8a-hexahydro-2H-3t,6t-methano-
cyclohepta[b]furan-9syn-carbonsäure, (±)-8-Brom-1,4$endo$-dihydroxy-2-oxo-bicyclo$=$
[3.2.2]non-8-en-6$endo$,7$endo$-dicarbonsäure-6 → 4-lacton $C_{11}H_9BrO_6$, Formel VIIIa ≡
VIIIb (R = H, X = Br) + Spiegelbild.

Diese Konstitution und Konfiguration kommt wahrscheinlich der nachstehend beschriebenen Verbindung zu (*Itô et al.*, Tetrahedron Letters **1968** 3215).

B. Neben 3-Brom-5-hydroxy-4-oxo-bicyclo[3.2.2]nona-2,8-dien-6exo,7exo-dicarbon$=$
säure-anhydrid (F: 183—184° [S. 2512]) beim Erhitzen von 2-Brom-7-hydroxy-cyclo$=$
hepta-2,4,6-trienon mit Maleinsäure-anhydrid und Behandeln des Reaktionsprodukts mit
wss. Natriumhydrogencarbonat-Lösung (*Sebe, Itsuno*, Pr. Japan Acad. **29** [1953] 110;
Sebe et al., Kumamoto med. J. **6** [1953] 9, 17).

Krystalle (aus E.); F: 232—233° [Zers.] (*Sebe, It.*; *Sebe et al.*).

(±)-6-Acetoxy-5-brom-2,7-dioxo-(3ar,8ac)-3,3a,6,7,8,8a-hexahydro-2H-3t,6t-methano-
cyclohepta[b]furan-9syn-carbonsäure, (±)-1-Acetoxy-8-brom-4$endo$-hydroxy-2-oxo-
bicyclo[3.2.2]non-8-en-6$endo$,7$endo$-dicarbonsäure-6-lacton $C_{13}H_{11}BrO_7$, Formel VIIIa ≡
VIIIb (R = CO-CH$_3$, X = Br) + Spiegelbild.

Diese Konstitution und Konfiguration kommt wahrscheinlich der nachstehend beschriebenen Verbindung zu.

B. Beim Erwärmen der im vorangehenden Artikel beschriebenen Verbindung mit

Acetylchlorid und Acetanhydrid (*Sebe, Itsuno*, Pr. Japan Acad. **29** [1953] 110; *Sebe et al.*, Kumamoto med. J. **6** [1953] 9, 17).

Krystalle (aus Eg.) mit 1 Mol H_2O; F: $220-221°$ [Zers.] (*Sebe et al.*).

Hydroxy-oxo-carbonsäuren $C_{13}H_{14}O_6$

[7,8-Dimethoxy-2,2-dimethyl-4-oxo-chroman-5-yl]-essigsäure $C_{15}H_{18}O_6$, Formel IX, und Tautomeres (9a-Hydroxy-5,6-dimethoxy-8,8-dimethyl-3,8,9,9a-tetrahydro-pyrano[2,3,4-*de*]chromen-2-on).

B. Beim Erwärmen von [3,4,5-Trimethoxy-phenyl]-essigsäure-methylester mit 3-Methyl-crotonoylchlorid und Aluminiumchlorid in Äther (*Barton, Hendrickson*, Soc. **1956** 1033).

Krystalle (aus Bzl. + A.); F: $187-188°$. IR-Banden (Nujol) im Bereich von $1750\ cm^{-1}$ bis $1300\ cm^{-1}$: *Ba., He.* Absorptionsmaxima (A.): 222 nm und 285 nm.

IX   X

[4-(2,4-Dinitro-phenylhydrazono)-7,8-dimethoxy-2,2-dimethyl-chroman-5-yl]-essigsäure $C_{21}H_{22}N_4O_9$, Formel X.

B. Aus der im vorangehenden Artikel beschriebenen Verbindung und [2,4-Dinitro-phenyl]-hydrazin (*Barton, Hendrickson*, Soc. **1956** 1028, 1033).

Krystalle (aus A.); F: $198-200°$.

[5,7-Dimethoxy-2,2-dimethyl-chroman-6-yl]-glyoxylsäure $C_{15}H_{18}O_6$, Formel XI.

B. Beim Behandeln von 1-[5,7-Dimethoxy-2,2-dimethyl-chroman-6-yl]-3*t*(?)-phenyl-propenon (F: 104°) mit Aceton und mit wss. Kaliumpermanganat-Lösung (*Lahey*, Univ. Queensland Pap. Dep. Chem. **1** Nr. 20 [1942] 2, 13).

Krystalle; F: 169° [Zers.].

(3R)-6,8-Dimethoxy-3r,4t,5-trimethyl-1-oxo-isochroman-7-carbonsäure, Di-*O*-methyl-dihydrocitrinon $C_{15}H_{18}O_6$, Formel XII (R = CH_3, X = H).

B. Beim Erwärmen von (3R)-6,8-Dimethoxy-3r,4t,5-trimethyl-1-oxo-isochroman-7-carbonsäure-methylester (s. u.) mit methanol. Kalilauge (*Brown et al.*, Soc. **1949** 867, 875).

Krystalle (aus Bzl. + Acn.); F: $233-234°$ [Zers.]. $[\alpha]_D^{20}$: $+141,9°$ [Me.; c = 2].

(3R)-6,8-Diacetoxy-3r,4t,5-trimethyl-1-oxo-isochroman-7-carbonsäure, Di-*O*-acetyl-dihydrocitrinon $C_{17}H_{18}O_8$, Formel XII (R = $CO\text{-}CH_3$, X = H).

Die Konstitution und Konfiguration ergibt sich aus der genetischen Beziehung zu (−)-Citrinin (S. 6329).

B. Beim Behandeln von (3R)-6,8-Diacetoxy-3r,4t,5-trimethyl-isochroman-7-carbon‧ säure mit Chrom(VI)-oxid und wasserhaltiger Essigsäure (*Schwenk et al.*, Arch. Biochem. **20** [1949] 220, 225).

Krystalle (aus wss. Acn.); F: $177,5-178°$ [korr.].

(3R)-6,8-Dimethoxy-3r,4t,5-trimethyl-1-oxo-isochroman-7-carbonsäure-methylester, Di-*O*-methyl-dihydrocitrinon-methylester $C_{16}H_{20}O_6$, Formel XII (R = X = CH_3).

Die Konfiguration ergibt sich aus der genetischen Beziehung zu (−)-Citrinin (S. 6329).

B. Beim Behandeln von $(3R)$-6,8-Dimethoxy-3r,4t,5-trimethyl-isochroman-7-carbon= säure-methylester mit Chrom(VI)-oxid und Essigsäure (*Brown et al.*, Soc. **1949** 867, 875). Krystalle (aus PAe.); F: 104°. $[\alpha]_D^{20}$: $+145°$ [$CHCl_3$; c = 3].

Beim Erwärmen mit Kaliumpermanganat in Wasser ist ein Methylester $C_{16}H_{18}O_8$ (Krystalle [aus W.], F: 206°; $[\alpha]_D^{20}$: $+142,6°$ [Lösungsmittel nicht angegeben]) erhalten worden, der sich durch Erwärmen mit wss. Natronlauge in eine Carbonsäure $C_{15}H_{16}O_8$ (Krystalle [aus Acn.], F: 200°) hat überführen lassen (*Br., et al.*, l. c. S. 876).

XI   XII   XIII

Hydroxy-oxo-carbonsäuren $C_{14}H_{16}O_6$

*Opt.-inakt. [7-Acetyl-4,6-dihydroxy-3,5-dimethyl-2,3-dihydro-benzofuran-2-yl]-essig= säure $C_{14}H_{16}O_6$, Formel XIII (R = H).
Diese Konstitution kommt der nachstehend beschriebenen **Dihydrousnetinsäure** zu.
B. Bei der Hydrierung von Usnetinsäure (S. 6511) an Palladium in Essigsäure (*Asahina, Yanagita*, B. **71** [1938] 2260, 2264).
Hellgelbe Krystalle (aus Eg.); F: 214°.

*Opt.-inakt. [7-Acetyl-4,6-dihydroxy-3,5-dimethyl-2,3-dihydro-benzofuran-2-yl]-essig= säure-methylester $C_{15}H_{18}O_6$, Formel XIII (R = CH_3).
Diese Konstitution kommt dem nachstehend beschriebenen **Dihydrousnetinsäure-methylester** zu.
B. Aus der im vorangehenden Artikel beschriebenen Säure mit Hilfe von Diazomethan (*Asahina, Yanagita*, B. **71** [1938] 2260, 2264).
Hellgelbe Krystalle; F: 161°.

Hydroxy-oxo-carbonsäuren $C_{15}H_{18}O_6$

[6-Acetyl-7,8-dimethoxy-2,2-dimethyl-chroman-5-yl]-essigsäure $C_{17}H_{22}O_6$, Formel XIV, und Tautomeres (4-Hydroxy-5,6-dimethoxy-4,8,8-trimethyl-1,8,9,10-tetra= hydro-4H-pyrano[4,3-f]chromen-2-on).
B. Beim Erwärmen einer Lösung von [7,8-Dimethoxy-2,2-dimethyl-chroman-5-yl]- essigsäure-methylester (aus der Säure mit Hilfe von Diazomethan in Äther hergestellt) in Äther mit Acetylchlorid und Aluminiumchlorid und Erwärmen des Reaktionsprodukts mit wss.-äthanol. Natronlauge (*Barton, Hendrickson*, Soc. **1956** 1028, 1033).
Krystalle (aus Bzl. + PAe.); F: 147—148°. UV-Absorptionsmaxima (A.): 225 nm und 273 nm.

XIV   XV

Hydroxy-oxo-carbonsäuren $C_{16}H_{20}O_6$

($\pm$)-6-[4-Hydroxy-6-methoxy-7-methyl-3-oxo-phthalan-5-yl]-4-methyl-hexansäure, ($\pm$)-Dihydromycophenolsäure $C_{17}H_{22}O_6$, Formel XV.
B. Bei der Hydrierung von Mycophenolsäure (S. 6513) an Palladium in Äthanol

(Clutterbuck, Raistrick, Biochem. J. **27** [1933] 654, 661).
Krystalle (aus W. oder wss. A.); F: 139°.

Hydroxy-oxo-carbonsäuren $C_{19}H_{26}O_6$

2,7-Dihydroxy-1,8-dimethyl-13-oxo-dodecahydro-7,9a-methano-4a,1-oxaäthano-benz[a]‌azulen-10-carbonsäure $C_{19}H_{26}O_6$.

a) **(4aR)-2c,7-Dihydroxy-1,8ξ-dimethyl-13-oxo-(4b t,10a t)-dodecahydro-7c,9a c-methano-4a r,1c-oxaäthano-benz[a]azulen-10t-carbonsäure, 2α,4a,7-Trihydroxy-1β,8ξ-di‌methyl-4aα,7β-gibban-1α,10β-dicarbonsäure-1 → 4a-lacton** [1]) $C_{19}H_{26}O_6$, Formel I (R = H).
Diese Konstitution und Konfiguration kommt dem nachstehend beschriebenen **Di‌hydropseudogibberellin-A₁** zu.
B. Bei der Hydrierung von Pseudogibberellin-A₁ (S. 6516) an Platin in Methanol (*Takahashi et al.*, Bl. agric. chem. Soc. Japan **23** [1959] 493, 497). Beim Erwärmen von 2α,4a,7-Trihydroxy-1β,8ξ-dimethyl-4aα,7β-gibban-1α,10β-dicarbonsäure (Dimethylester: F: 185—187°) mit Äthylacetat und kleinen Mengen wss. Salzsäure (*Stork, Newman,* Am. Soc. **81** [1959] 5518). Beim Erhitzen des unter b) beschriebenen Stereoisomeren mit wss. Natronlauge und Ansäuern der Reaktionslösung (*Ta. et al.*).
Krystalle; F: 293—295° (*St., Ne.*), 292—295° [Zers.; aus Ae.] (*Ta. et al.*). Die Präpa‌rate sind bezüglich der Konfiguration am C-Atom 8 nicht einheitlich gewesen (*Cross et al.*, Soc. **1961** 2498, 2499, 2508).

b) **(4aR)-2t,7-Dihydroxy-1,8ξ-dimethyl-13-oxo-(4b t,10a t)-dodecahydro-7c,9a c-methano-4a r,1c-oxaäthano-benz[a]azulen-10t-carbonsäure, 2β,4a,7-Trihydroxy-1β,8ξ-di‌methyl-4aα,7β-gibban-1α,10β-dicarbonsäure-1 → 4a-lacton** [1]) $C_{19}H_{26}O_6$, Formel II.
Diese Konstitution und Konfiguration kommt dem nachstehend beschriebenen **Di‌hydrogibberellin-A₁** (Tetrahydrogibberellinsäure) zu.
B. Neben anderen Verbindungen bei der Hydrierung von Gibberellinsäure (S. 6533) an Platin in Methanol (*Takahashi et al.*, Bl. agric. chem. Soc. Japan **23** [1959] 509, 510, 516; *Mulholland,* Soc. **1963** 2606, 2608, 2612).
Krystalle; F: 288—290° [Zers.; aus Me. + E.] (*Mu.*), 273—275° (*Stork, Newman,* Am. Soc. **81** [1959] 5518), 270—272° [Zers.; aus wss. A.] (*Ta. et al.*, l. c. S. 516). IR-Spektrum (2—15 μ): *Ta. et al.*, l. c. S. 517.
Beim Behandeln mit wss. Natronlauge bei Raumtemperatur ist 2α,4a,7-Trihydroxy-1β,8ξ-dimethyl-4aα,7β-gibban-1α,10β-dicarbonsäure [Dimethylester: F: 185—187°] (*St., Ne.*), beim Erhitzen mit wss. Natronlauge und Ansäuern der Reaktionslösung ist das im vorangehenden Artikel beschriebene Stereoisomere (*Takahashi et al.*, Bl. agric. chem. Soc. Japan **23** [1959] 493, 497) erhalten worden.

I   II

2,7-Dihydroxy-1,8-dimethyl-13-oxo-dodecahydro-7,9a-methano-4a,1-oxaäthano-benz[a]‌azulen-10-carbonsäure-methylester $C_{20}H_{28}O_6$.

a) **(4aR)-2c,7-Dihydroxy-1,8ξ-dimethyl-13-oxo-(4b t,10a t)-dodecahydro-7c,9a c-methano-4a r,1c-oxaäthano-benz[a]azulen-10t-carbonsäure-methylester, 2α,4a,7-Tri‌hydroxy-1β,8ξ-dimethyl-4aα,7β-gibban-1α,10β-dicarbonsäure-1 → 4a-lacton-10-methyl‌ester** $C_{20}H_{28}O_6$, Formel I (R = CH₃).
Diese Konstitution und Konfiguration kommt dem nachstehend beschriebenen **Di‌hydropseudogibberellin-A₁-methylester** zu.
B. Aus 2α,4a,7-Trihydroxy-1β,8ξ-dimethyl-4aα,7β-gibban-1α,10β-dicarbonsäure-1 → 4a-lacton [s. o.] (*Stork, Newman,* Am. Soc. **81** [1959] 5518).
F: 196—200°. [α]$_D$: +34,4° [A].

---

[1]) Stellungsbezeichnung bei von Gibban abgeleiteten Namen s. S. 6080.

b) **(4aR)-2t,7-Dihydroxy-1,8ξ-dimethyl-13-oxo-(4bt,10at)-dodecahydro-7c,9ac-methano-4ar,1c-oxaäthano-benz[a]azulen-10t-carbonsäure-methylester, 2β,4a,7-Trihydroxy-1β,8ξ-dimethyl-4aα,7β-gibban-1α,10β-dicarbonsäure-1 → 4a-lacton-10-methylester** $C_{20}H_{28}O_6$, Formel III (R = X = H).

Diese Konstitution und Konfiguration kommt den nachstehend beschriebenen **Dihydrogibberellin-A$_1$-methylestern** (Tetrahydrogibberellinsäure-methylestern) zu.

1) Dihydrogibberellin-A$_1$-methylester vom F: 272°.

B. s. bei dem unter 2) beschriebenen Stereoisomeren.

Krystalle (aus wss. Me.); F: 271—272° [korr.] (*Cross*, Soc. **1960** 3022, 3028). $[\alpha]_D^{20}$: +54° [Me.].

2) Dihydrogibberellin-A$_1$-methylester vom F: 236°.

B. Neben anderen Verbindungen und dem Stereoisomeren vom F: 272° (s. o.) bei der Hydrierung von Gibberellinsäure-methylester (S. 6534) an Palladium/Kohle in Äthylacetat oder an Platin in Methanol (*Cross*, Soc. **1960** 3022, 3023, 3028; s. a. *Aldridge et al.*, Soc. **1963** 2569, 2579; *Takahashi et al.*, Bl. agric. chem. Soc. Japan **23** [1959] 509, 516). Bei der Hydrierung von Gibberellin-A$_1$-methylester (S. 6517) an Platin in Methanol (*Kawarada et al.*, Bl. agric. chem. Soc. Japan **19** [1955] 278, 279).

Krystalle; F: 235—238° (*Ta. et al.*), 233—236° [korr.; aus E. + PAe.] (*Cr.*), 234—236° (*Ka. et al.*). $[\alpha]_D^{23}$: +43° [A.; c = 1] (*Cr.*). IR-Spektrum (2—15 µ): *Ta. et al.*

III   IV

(4aR)-2t,7-Diacetoxy-1,8ξ-dimethyl-13-oxo-(4bt,10at)-dodecahydro-7c,9ac-methano-4ar,1c-oxaäthano-benz[a]azulen-10t-carbonsäure-methylester, 2β,7-Diacetoxy-4a-hydroxy-1β,8ξ-dimethyl-4aα,7β-gibban-1α,10β-dicarbonsäure-1 → 4a-lacton-10-methylester $C_{24}H_{32}O_8$, Formel III (R = X = CO-CH$_3$).

Diese Konstitution und Konfiguration kommt den nachstehend beschriebenen O^2,O^7-**Diacetyl-dihydrogibberellin-A$_1$-methylestern** zu.

a) Stereoisomeres vom F: 216°.

B. Neben dem unter b) beschriebenen Stereoisomeren beim Erhitzen von Gibberellin-A$_1$-methylester (S. 6517) mit Acetanhydrid und Natriumacetat und Hydrieren des Reaktionsprodukts an Palladium in Methanol (*Kitamura et al.*, Bl. agric. chem. Soc. Japan **23** [1959] 408, 410). Beim Behandeln von 2β,4a,7-Trihydroxy-1β,8ξ-dimethyl-4aα,7β-gibban-1α,10β-dicarbonsäure-1 →4a-lacton-10-methylester vom F: 272° (s. o.) mit Acetanhydrid und Pyridin (*Cross*, Soc. **1960** 3022, 3023, 3028; s. a. *Ki. et al.*).

Krystalle; F: 213—216° [korr.; aus E. + PAe.] (*Cr.*), 210—212° [aus E. + Bzl.] (*Ki. et al.*).

b) Stereoisomeres vom F: 186°.

B. Beim Behandeln von 2β,4a,7-Trihydroxy-1β,8ξ-dimethyl-4aα,7β-gibban-1α,10β-dicarbonsäure-1 →4a-lacton-10-methylester vom F: 236° (s. o.) mit Acetanhydrid und Pyridin (*Cross*, Soc. **1960** 3022, 3023, 3029; s. a. *Kitamura et al.*, Bl. agric. chem. Soc. Japan **23** [1959] 408, 410). Über eine weitere Bildungsweise s. bei dem unter a) beschriebenen Stereoisomeren.

Krystalle; F: 184—186° [korr.] (*Cr.*), 176—178° [aus E. + Bzl.] (*Ki. et al.*).

(4aR)-2t,8ξ-Dihydroxy-1,8ξ-dimethyl-13-oxo-(4bt,10at)-dodecahydro-7c,9ac-methano-4ar,1c-oxaäthano-benz[a]azulen-10t-carbonsäure, 2β,4a,8ξ-Trihydroxy-1β,8ξ-dimethyl-4aα,7β-gibban-1α,10β-dicarbonsäure-1 → 4a-lacton [1]) $C_{19}H_{26}O_6$, Formel IV (R = X = H).

Diese Konstitution und Konfiguration kommt dem nachstehend beschriebenen **Gibberellin-A$_2$** zu (*Brian et al.*, Fortschr. Ch. org. Naturst. **18** [1960] 350, 353; *Grove*, Soc. **1961**

---

[1]) Stellungsbezeichnung bei von Gibban abgeleiteten Namen s. S. 6080.

3545; s. a. *Bourn et al.*, Soc. **1963** 154, 157).

Isolierung aus Gibberella fujikuroi: *Takahashi et al.*, Bl. agric. chem. Soc. Japan **19** [1955] 267, 275.

Krystalle (aus E. + Bzn.); F: 235—237° [Zers.]; $[\alpha]_D^{15}$: +11,7° [Me.; c = 3] (*Ta. et al.*). IR-Spektrum (2—16 μ): *Ta. et al.*, l. c. S. 272.

(4a*R*)-2*t*,8ξ-Dihydroxy-1,8ξ-dimethyl-13-oxo-(4b*t*,10a*t*)-dodecahydro-7*c*,9a*c*-methano-4a*r*,1*c*-oxaäthano-benz[*a*]azulen-10*t*-carbonsäure-methylester, 2β,4a,8ξ-Trihydroxy-1β,8ξ-dimethyl-4aα,7β-gibban-1α,10β-dicarbonsäure-1 → 4a-lacton-10-methylester C₂₀H₂₈O₆, Formel IV (R = CH₃, X = H).

Diese Konstitution und Konfiguration kommt dem nachstehend beschriebenen **Gibber**=ellin-A₂-methylester zu.

B. Beim Behandeln einer Lösung von Gibberellin-A₂ (S. 6482) in Äthanol und Äther mit Diazomethan in Äther (*Takahashi et al.*, Bl. agric. chem. Soc. Japan **19** [1955] 267, 274).

Krystalle (aus E.) mit 1 Mol H₂O; F: 190—192° [nach Sintern bei 165—170°] (*Ta. et al.*). $[\alpha]_D^{15}$: +28,1° [Me.; c = 3] (*Ta. et al.*). IR-Spektrum (2—16 μ): *Ta. et al.*, l. c. S. 272, 273.

Beim Erhitzen mit Selen bis auf 360° ist 1,7-Dimethyl-fluoren erhalten worden (*Kitamura et al.*, Bl. agric. chem. Soc. Japan **23** [1959] 408, 411).

(4a*R*)-2*t*-Acetoxy-8ξ-hydroxy-1,8ξ-dimethyl-13-oxo-(4b*t*,10a*t*)-dodecahydro-7*c*,9a*c*-methano-4a*r*,1*c*-oxaäthano-benz[*a*]azulen-10*t*-carbonsäure-methylester, 2β-Acetoxy-4a,8ξ-dihydroxy-1β,8ξ-dimethyl-4aα,7β-gibban-1α,10β-dicarbonsäure-1 → 4a-lacton-10-methylester C₂₂H₃₀O₇, Formel IV (R = CH₃, X = CO-CH₃).

Diese Konstitution und Konfiguration kommt wahrscheinlich dem nachstehend beschriebenen *O*²-**Acetyl-gibberellin-A₂-methylester** zu.

B. Beim Behandeln der im vorangehenden Artikel beschriebenen Verbindung mit Acetanhydrid und Pyridin (*Kitamura et al.*, Bl. agric. chem. Soc. Japan **23** [1959] 408, 411).

Krystalle (aus E. + Bzn.); F: 204—205°. $[\alpha]_D^{10}$: +40,0° [A.; c = 3].

Hydroxy-oxo-carbonsäuren C₂₀H₂₈O₆

(3a*R*)-10ξ-Hydroxy-2-methoxy-3,8*t*,10a,10c-tetramethyl-1-oxo-(3a*r*,6a*c*,7a*t*,10a*c*,10bξ,=10c*c*)-Δ²-dodecahydro-benzo[*de*]cyclopenta[*g*]chromen-10ξ-carbonsäure, 1ξ-Hydroxy-12-methoxy-11-oxo-*A*-nor-9ξ-picras-12-en-1ξ-carbonsäure ¹) C₂₁H₃₀O₆, Formel V (R = H).

Diese Konstitution und Konfiguration kommt der nachstehend beschriebenen **Desoxo**=norquassinsäure zu (*Valenta et al.*, Tetrahedron **15** [1961] 100, 102).

B. Beim Erhitzen von Desoxonorquassin (2-Hydroxy-12-methoxy-picrasa-2,12-dien-1,11-dion) mit wss. Natronlauge (*Beer et al.*, Soc. **1956** 3280, 3284).

Krystalle (aus E. + PAe.), F: 194—196°; $[M]_D^{22}$: −90° [CHCl₃; c = 1] (*Beer et al.*). Absorptionsmaximum einer Lösung in Äthanol: 258 nm; einer Lösung des Kalium-Salzes in äthanol. Kalilauge: 253 nm (*Beer et al.*).

(3a*R*)-10ξ-Hydroxy-2-methoxy-3,8*t*,10a,10c-tetramethyl-1-oxo-(3a*r*,6a*c*,7a*t*,10a*c*,10bξ,=10c*c*)-Δ²-dodecahydro-benzo[*de*]cyclopenta[*g*]chromen-10ξ-carbonsäure-methylester, 1ξ-Hydroxy-12-methoxy-11-oxo-*A*-nor-9ξ-picras-12-en-1ξ-carbonsäure-methylester C₂₂H₃₂O₆, Formel V (R = CH₃).

Diese Konstitution und Konfiguration kommt dem nachstehend beschriebenen **Des**=oxonorquassinsäure-methylester zu.

B. Beim Behandeln der im vorangehenden Artikel beschriebenen Verbindung mit Diazomethan in Äther, mit Dimethylsulfat und wss. Alkalilauge oder mit Chlorwasserstoff enthaltendem Methanol (*Beer et al.*, Soc. **1956** 3280, 3284).

Krystalle (aus Bzl. + PAe.); F: 225°. $[M]_D^{22}$: −66° [CHCl₃; c = 1]. UV-Absorptions=maximum (A.): 259 nm.

---

¹) Stellungsbezeichnung bei von Picrasan abgeleiteten Namen s. S. 2531.

3β,5,8-Trihydroxy-5β,14β-östran-10,17α-dicarbonsäure-10 → 8-lacton, 3β,5,8-Trihydroxy-21-nor-5β,14β,17βH-pregnan-19,20-disäure-19 → 8-lacton $C_{20}H_{28}O_6$, Formel VI
(R = X = H).

Diese Verbindung hat auch in einem von Ehrenstein (J. org. Chem. **9** [1944] 435, 445, 446 Anm. 17) beim Erwärmen von 3β,5,14-Trihydroxy-21-nor-5β,14β,17βH-pregnan-19,20-disäure mit wss. Schwefelsäure und Dioxan erhaltenen, ursprünglich als 3α,5-Di=hydroxy-21-nor-5β,17βH-pregn-8(14)-en-19,20-disäure $(C_{20}H_{28}O_6)$ angesehenen Präparat vorgelegen (*Ehrenstein et al.*, J. org. Chem. **16** [1951] 349, 357; *Barber, Ehrenstein*, J. org. Chem. **16** [1951] 1615).

B. Beim Behandeln von 3β,5-Dihydroxy-21-nor-5β,17βH-pregn-14-en-19,20-disäure mit wss. Salzsäure (*Ba., Eh.*, J. org. Chem. **16** 1618). Beim Behandeln von 3β,5,14-Tri=hydroxy-21-nor-5β,14β,17βH-pregnan-19,20-disäure mit konz. wss. Salzsäure (*Barber, Ehrenstein*, A. **603** [1957] 89, 94, 102). Beim Behandeln von 3β,5,8-Trihydroxy-21-nor-5β,14β,17βH-pregnan-19,20-disäure-20-äthylester-19 → 8-lacton mit wss.-äthanol. Kali=lauge (*Ba., Eh.*, J. org. Chem. **16** 1618).

Krystalle; F: 305—307° [Zers.; Fisher-Johns-App.; aus Acn. + Ae.] (*Ba., Eh.*, J. org. Chem. **16** 1618), 303—306° [unkorr.; Fisher-Johns-App.; aus Acn. + Ae.] (*Ba., Eh.*, A. **603** 102). $[\alpha]_D^{25}$: +68° [A.; c = 0,4] (*Ba., Eh.*, J. org. Chem. **16** 1618).

V   VI

3β,5,8-Trihydroxy-5β,14β-östran-10,17α-dicarbonsäure-10 → 8-lacton-17-methylester, 3β,5,8-Trihydroxy-21-nor-5β,14β,17βH-pregnan-19,20-disäure-19 → 8-lacton-20-methyl=ester $C_{21}H_{30}O_6$, Formel VI (R = CH$_3$, X = H).

B. Beim Behandeln einer Lösung der im vorangehenden Artikel beschriebenen Ver-bindung in Aceton mit Diazomethan in Äther (*Ehrenstein et al.*, J. org. Chem. **16** [1951] 349, 369; *Barber, Ehrenstein*, J. org. Chem. **16** [1951] 1615, 1619).

Krystalle (aus Acn. + Ae.); F: 239° [Fisher-Johns-App.] (*Ba., Eh.*).

3β,5,8-Trihydroxy-5β,14β-östran-10,17α-dicarbonsäure-17-äthylester-10 → 8-lacton, 3β,5,8-Trihydroxy-21-nor-5β,14β,17βH-pregnan-19,20-disäure-20-äthylester-19 → 8-lacton $C_{22}H_{32}O_6$, Formel VI (R = C$_2$H$_5$, X = H).

B. Beim Behandeln von 3β,5-Dihydroxy-21-nor-5β,17βH-pregn-14-en-19,20-disäure-20-äthylester mit konz. wss. Salzsäure (*Barber, Ehrenstein*, J. org. Chem. **16** [1951] 1615, 1618).

Krystalle; F: 233—238° [Fisher-Johns-App.; aus Ae.] (*Ba., Eh.*), 234—235° [Fisher-Johns-App.; aus Acn.] (*Ehrenstein et al.*, J. org. Chem. **16** [1951] 349, 368). $[\alpha]_D^{25}$: +35° [CHCl$_3$ + wenig Äthanol] (*Eh. et al.*).

3β-Benzoyloxy-5,8-dihydroxy-5β,14β-östran-10,17α-dicarbonsäure-17-äthylester-10 → 8-lacton, 3β-Benzoyloxy-5,8-dihydroxy-21-nor-5β,14β,17βH-pregnan-19,20-disäure-20-äthylester-19 → 8-lacton $C_{29}H_{36}O_7$, Formel VI (R = C$_2$H$_5$, X = CO-C$_6$H$_5$).

B. Beim Behandeln der im vorangehenden Artikel beschriebenen Verbindung mit Benzoylchlorid und Pyridin (*Ehrenstein et al.*, J. org. Chem. **16** [1951] 349, 369).

Krystalle (aus E. + PAe.); F: 230—231° [Fisher-Johns-App.]. $[\alpha]_D^{29,5}$: +48° [CHCl$_3$; c = 0,5].

Hydroxy-oxo-carbonsäuren $C_{21}H_{30}O_6$

3β-Acetoxy-12α,20α$_F$-epoxy-9,15-dioxo-9,11-seco-5α,14β,17βH-pregnan-11-säure $C_{23}H_{32}O_7$, Formel VII (R = H).

Konstitution und Konfiguration: *Shoppee et al.*, Soc. **1962** 3610, 3618.

B. Beim Erwärmen von 3β-Acetoxy-12α,20α_F-epoxy-5α,14β,17βH-pregnan-11,15-dion mit Acetanhydrid und Pyridin, Behandeln einer Lösung des Reaktionsprodukts in Chloroform mit Ozon und Erhitzen des danach isolierten Reaktionsprodukts mit Wasser (*Shoppee*, Helv. **27** [1944] 426, 432).

Krystalle (aus Dioxan + Ae.); F: 302—304° [korr.; Kofler-App.] (*Sh.*).

3β-Acetoxy-12α,20α_F-epoxy-9,15-dioxo-9,11-seco-5α,14β,17βH-pregnan-11-säure-methylester $C_{24}H_{34}O_7$, Formel VII (R = CH_3).

B. Aus der im vorangehenden Artikel beschriebenen Säure mit Hilfe von Diazomethan (*Shoppee*, Helv. **27** [1944] 426, 432, 433).

Krystalle (aus Ae.); F: 203—204° [korr.; Kofler-App.].

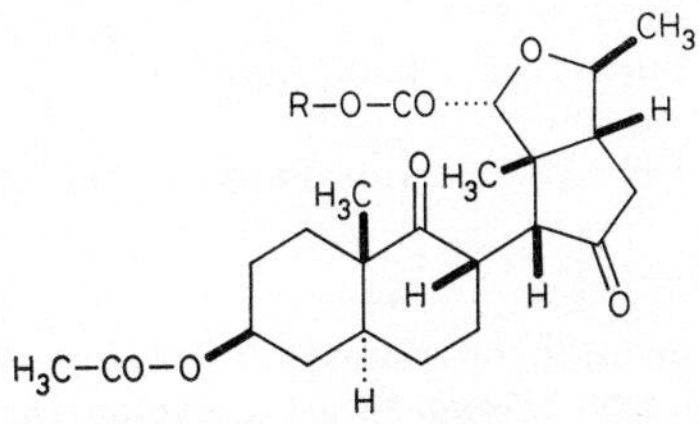

VII 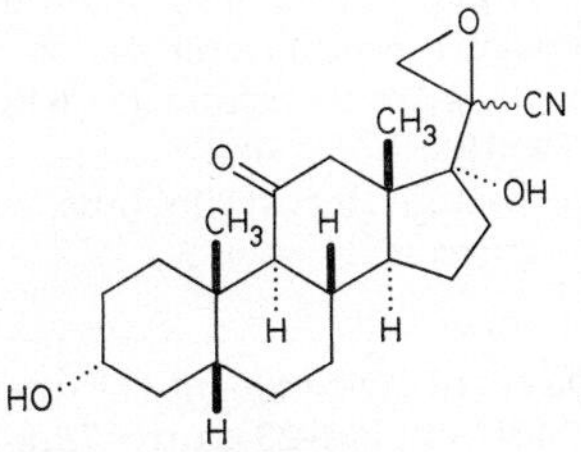   VIII

Hydroxy-oxo-carbonsäuren $C_{22}H_{32}O_6$

20,22-Epoxy-3α,17-dihydroxy-11-oxo-23,24-dinor-5β(?),20ξH-cholan-21-nitril,
20,21-Epoxy-3α,17-dihydroxy-11-oxo-5β(?)-pregnan-20ξ-carbonitril $C_{22}H_{31}NO_4$, vermutlich Formel VIII.

B. Beim Erwärmen von 21-Brom-3α,17-dihydroxy-5β(?)-pregnan-11,20-dion (nicht charakterisiert) mit Natriumcyanid in wss. Äthanol (*Upjohn Co.*, U.S.P. 2 813 860 [1954], 2 832 774 [1956]).

Krystalle (aus E. + PAe.); F: 243—246°.

Hydroxy-oxo-carbonsäuren $C_{23}H_{34}O_6$

[2,10a-Dihydroxy-4a,6a-dimethyl-8-oxo-octadecahydro-naphth[2′,1′;4,5]indeno[2,1-*b*]-furan-7-yl]-essigsäure $C_{23}H_{34}O_6$.

a) **3β,14,16β-Trihydroxy-24-nor-5β,14β,20β_F(?)H-cholan-21,23-disäure-21→16-lacton** $C_{23}H_{34}O_6$, vermutlich Formel IX (R = H).

Diese Konstitution und Konfiguration kommt der nachstehend beschriebenen Iso=gitoxigensäure zu; bezüglich der Konfiguration am C-Atom 20 s. *Krasso et al.*, Helv. **55** [1972] 1352, 1364.

B. Beim Behandeln von Isogitoxigeninsäure (E III **10** 4735) mit wss. Natriumhypo=bromit-Lösung (*Jacobs, Gustus*, J. biol. Chem. **79** [1928] 553, 561, **82** [1929] 403, 407).

Krystalle, F: 260°; $[\alpha]_D^{23}$: −50° [A.; c = 1] (*Ja., Gu.*, J. biol. Chem. **82** 408).

Beim Behandeln mit konz. wss. Salzsäure ist 14-Chlor-3β,16β-dihydroxy-24-nor-5β,14ξ,20ξH-cholan-21,23-disäure-21→16-lacton (F: 255° [S. 6336]) erhalten worden (*Jacobs, Gustus*, J. biol. Chem. **86** [1930] 199, 208).

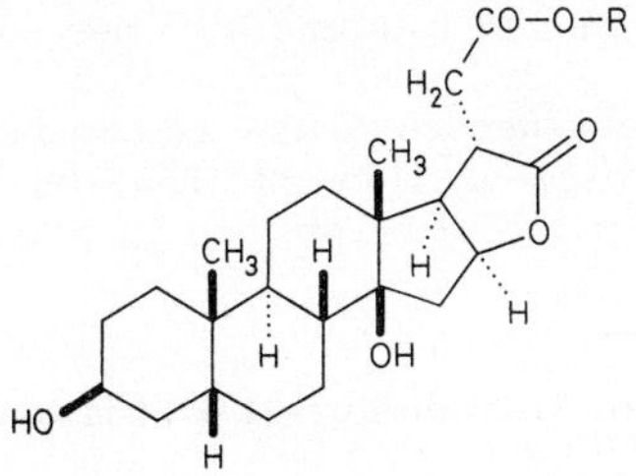

IX 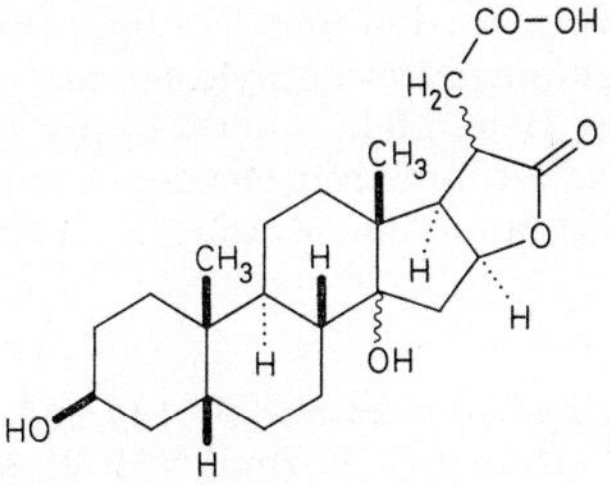   X

b) **3β,14,16β-Trihydroxy-24-nor-5β,14ξ,20ξH-cholan-21,23-disäure-21 → 16-lacton** $C_{23}H_{34}O_6$, vermutlich Formel X.
Diese Konstitution und Konfiguration kommt wahrscheinlich der nachstehend beschriebenen γ-**Isogitoxigensäure** zu.
B. Beim Behandeln von 14-Chlor-3β,16β-dihydroxy-24-nor-5β,14ξ,20ξH-cholan-21,23-disäure-21 → 16-lacton (F: 255° [S. 6336]) mit wss. Ammoniak (*Jacobs, Gustus,* J. biol. Chem. **86** [1930] 199, 209).
Krystalle (aus wss. A.), Zers. bei 260°. $[\alpha]_D^{20}$: −27° [A.; c = 0,6].

3β,14,16β-Trihydroxy-24-nor-5β,14β,20β_F(?)H-cholan-21,23-disäure-21 → 16-lacton-23-methylester $C_{24}H_{36}O_6$, vermutlich Formel IX (R = CH$_3$).
Diese Konstitution und Konfiguration kommt dem nachstehend beschriebenen **Isogitoxigensäure-methylester** zu.
B. Aus Isogitoxigensäure (S. 6485) mit Hilfe von Diazomethan (*Jacobs, Gustus,* J. biol. Chem. **79** [1928] 553, 562).
Wasserhaltige Krystalle (aus wss. Me.); F: 180° [nach Aufschäumen bei 105° und Wiedererstarren].

7β,8-Epoxy-14-hydroxy-3β-[O^3-methyl-6-desoxy-α-L-glucopyranosyloxy]-21-oxo-24-nor-5β,14β,20ξH-cholan-23-säure, 7β,8-Epoxy-14-hydroxy-21-oxo-3β-α-L-thevetopyranosyloxy-24-nor-5β,14β,20ξH-cholan-23-säure $C_{30}H_{46}O_{10}$, Formel XI (R = H), und Tautomeres.
Diese Konstitution und Konfiguration kommt der nachstehend beschriebenen **Isodesacetyltanghininsäure** zu.
B. Beim Erwärmen von Desacetyltanghinin (7β,8-Epoxy-14-hydroxy-3β-[O^3-methyl-6-desoxy-α-L-glucopyranosyloxy]-5β,14β-card-20(22)-enolid) mit wss.-methanol. Kalilauge (*Sigg et al.,* Helv. **38** [1955] 166, 176).
Krystalle (aus Me. + Ae.) mit 3 Mol H$_2$O; F: 138−142° [korr.; Kofler-App.]. $[\alpha]_D^{18}$: −64,7° [A.; c = 1] (wasserfreies Präparat).
Natrium-Salz NaC$_{30}$H$_{45}$O$_{10}$. Krystalle (aus Me. + Ae.) mit 4 Mol H$_2$O; F: 182−184° [korr.; Kofler-App.]. $[\alpha]_D^{25}$: −66,3° [Me.; c = 1] (wasserfreies Präparat).

XI   XII

7β,8-Epoxy-14-hydroxy-3β-[O^3-methyl-6-desoxy-α-L-glucopyranosyloxy]-21-oxo-24-nor-5β,14β,20ξH-cholan-23-säure-methylester, 7β,8-Epoxy-14-hydroxy-21-oxo-3β-α-L-thevetopyranosyloxy-24-nor-5β,14β,20ξH-cholan-23-säure-methylester $C_{31}H_{48}O_{10}$, Formel XI (R = CH$_3$).
Diese Konstitution und Konfiguration kommt dem nachstehend beschriebenen **Isodesacetyltanghininsäure-methylester** zu.
B. Beim Behandeln einer Lösung der im vorangehenden Artikel beschriebenen Verbindung in Methanol mit Diazomethan in Äther (*Sigg et al.,* Helv. **38** [1955] 166, 177).
Krystalle (aus Acn. + Ae.); F: 147−150° [korr.; Kofler-App.]. $[\alpha]_D^{27}$: −58,2° [Me.; c = 1].

3β,5,14-Trihydroxy-24-nor-5β,14β,20β_F(?)H-cholan-21,23-disäure-21 → 14-lacton $C_{23}H_{34}O_6$, vermutlich Formel XII (R = H).
Diese Konstitution und Konfiguration kommt der nachstehend beschriebenen **Iso-**

periplogensäure zu; bezüglich der Konfiguration am C-Atom 20 vgl. *Krasso et al.*, Helv. **55** [1972] 1352.

B. Beim Behandeln einer Lösung von Isoperiplogenin ((20*S*?,21*S*?)-14,21-Epoxy-3β,5-dihydroxy-5β,14β-cardanolid) in Pyridin mit wss. Natronlauge und mit wss. Natrium=hypobromit-Lösung (*Jacobs, Hoffmann*, J. biol. Chem. **79** [1928] 519, 529). Beim Erhitzen von 3β,5,14-Trihydroxy-19-semicarbazono-24-nor-5β,14β,20β$_F$(?)*H*-cholan-21,23-disäure-21→14-lacton (F: 305° [S. 6614]) mit Natriumäthylat in Äthanol auf 180° und an-schliessenden Behandeln mit wss. Säure (*Jacobs et al.*, J. biol. Chem. **91** [1931] 617, 620).

Krystalle (aus wss. Me.) mit 1 Mol H$_2$O, F: 215—217° [Zers.]; [α]$_D^{24}$: −23,3° [A.] (*Ja. et al.*).

3β,5,14-Trihydroxy-24-nor-5β,14β,20β$_F$(?)*H*-cholan-21,23-disäure-21 → 14-lacton-23-methylester C$_{24}$H$_{36}$O$_6$, vermutlich Formel XII (R = CH$_3$).

Diese Konstitution und Konfiguration kommt dem nachstehend beschriebenen **Isoperiplogensäure-methylester** zu.

B. Aus Isoperiplogensäure (S. 6486) mit Hilfe von Diazomethan (*Jacobs, Hoffmann*, J. biol. Chem. **79** [1928] 519, 530; *Jacobs, Elderfield*, J. biol. Chem. **91** [1931] 625, 626).

Krystalle (aus Acn.); F: 242°; [α]$_D^{23}$: −33,2° [Py.; c = 1] (*Ja., El.*).

3β,11α,14-Trihydroxy-24-nor-5β,14β,20β$_F$(?)*H*-cholan-21,23-disäure-21 → 14-lacton C$_{23}$H$_{34}$O$_6$, vermutlich Formel XIII (R = H).

Diese Konstitution und Konfiguration kommt der nachstehend beschriebenen **Iso=sarmentogensäure** zu; bezüglich der Konfiguration am C-Atom 20 vgl. *Krasso et al.*, Helv. **55** [1972] 1352.

B. Beim aufeinanderfolgenden Behandeln einer Lösung von Isosarmentogenin ((20*S*?,21*S*?)-14,21-Epoxy-3β,11α-dihydroxy-5β,14β-cardanolid) in Pyridin mit wss. Natronlauge und mit wss. Natriumhypobromit-Lösung (*Jacobs, Heidelberger*, J. biol. Chem. **81** [1929] 765, 778).

Hygroskopische Krystalle (aus wss. A.); F: 212° [Zers.].

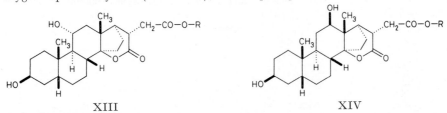

XIII   XIV

3β,11α,14-Trihydroxy-24-nor-5β,14β,20β$_F$(?)*H*-cholan-21,23-disäure-21 → 14-lacton-23-methylester C$_{24}$H$_{36}$O$_6$, Formel XIII (R = CH$_3$).

Diese Konstitution und Konfiguration kommt dem nachstehend beschriebenen **Iso=sarmentogensäure-methylester** zu.

B. Aus der im vorangehenden Artikel beschriebenen Verbindung mit Hilfe von Diazo=methan (*Jacobs, Heidelberger*, J. biol. Chem. **81** [1929] 765, 774).

Krystalle (aus Acn.); F: 274° [Zers.].

3β,12β,14-Trihydroxy-24-nor-5β,14β,20β$_F$*H*-cholan-21,23-disäure-21 → 14-lacton, Isodigoxigensäure C$_{23}$H$_{34}$O$_6$, Formel XIV (R = H).

Über die Konfiguration am C-Atom 20 s. *Krasso et al.*, Helv. **55** [1972] 1352, 1364.

B. Beim Erwärmen von Isodigoxigenin ((20*S*,21*S*)-14,21-Epoxy-3β,12β-dihydroxy-5β,14β-cardanolid) mit wss.-äthanol. Natronlauge und Behandeln des Reaktionsprodukts mit wss. Natriumhypobromit-Lösung (*Smith*, Soc. **1935** 1305, 1308).

Krystalle; F: 235° [Zers.]; [α]$_{546}^{20}$: −36,5° [Py.; c = 1] (*Sm.*).

3β,12β,14-Trihydroxy-24-nor-5β,14β,20β$_F$*H*-cholan-21,23-disäure-21 → 14-lacton-23-methylester, Isodigoxigensäure-methylester C$_{24}$H$_{36}$O$_6$, Formel XIV (R = CH$_3$).

B. Beim Behandeln einer Suspension der im vorangehenden Artikel beschriebenen Ver-bindung in Aceton mit Diazomethan in Äther (*Smith*, Soc. **1935** 1305, 1308).

Krystalle (aus E.); F: 208°. [α]$_{546}^{20}$: −45.6° [Me.; c = 0,6].

Hydroxy-oxo-carbonsäuren $C_{24}H_{36}O_6$

3α-Acetoxy-11,12a-dioxo-12-oxa-C-homo-5β-cholan-24-säure-methylester, 3α-Acetoxy-11,12-seco-5β-cholan-11,12,24-trisäure-11,12-anhydrid-24-methylester $C_{27}H_{40}O_7$, Formel XV.

B. Beim Erwärmen von 3α-Acetoxy-11,12-seco-5β-cholan-11,12,24-trisäure-24-methyl≈ ester mit Thionylchlorid (*Brink, Wallis*, J. biol. Chem. **162** [1946] 667, 676).

Krystalle (aus Ae.); F: 206—206,5° [unkorr.]. $[\alpha]_D^{17}$: +110° [Acn.; c = 1].

XV

Hydroxy-oxo-carbonsäuren $C_nH_{2n-14}O_6$

Hydroxy-oxo-carbonsäuren $C_9H_4O_6$

6-Chlor-5-hydroxy-4-oxo-7-phenylimino-4,7-dihydro-benzo[b]thiophen-2-carbonsäure $C_{15}H_8ClNO_4S$, Formel I, und 7-Anilino-6-chlor-4,5-dioxo-4,5-dihydro-benzo[b]thiophen-2-carbonsäure $C_{15}H_8ClNO_4S$, Formel II.

B. Beim Behandeln einer Lösung von 6,7-Dichlor-4,5-dioxo-4,5-dihydro-benzo[b]thio≈ phen-2-carbonsäure in Äthanol mit Anilin (*Fries et al.*, A. **527** [1937] 83, 96).

Krystalle (aus Nitrobenzol); F: 255°.

I   II   III

6-Methoxy-1,3-dioxo-phthalan-4-carbonsäure, 5-Methoxy-benzol-1,2,3-tricarbonsäure-1,2-anhydrid $C_{10}H_6O_6$, Formel III.

B. Beim Erhitzen von 5-Methoxy-benzol-1,2,3-tricarbonsäure unter 0,1 Torr auf 200° (*Gardner et al.*, Soc. **1954** 1817).

F: 198° [korr.].

7-Methoxy-1,3-dioxo-phthalan-4-carbonsäure, 4-Methoxy-benzol-1,2,3-tricarbonsäure-2,3-anhydrid $C_{10}H_6O_6$, Formel IV.

Diese Konstitution kommt wahrscheinlich der nachstehend beschriebenen Verbindung zu (*Eisenhuth, Schmid*, Helv. **41** [1958] 2021, 2028).

B. Beim Erhitzen von 4-Methoxy-benzol-1,2,3-tricarbonsäure unter 0,1 Torr auf 200° (*Gardner et al.*, Soc. **1954** 1817). Beim Behandeln einer Lösung von (±)-1-[5-Acetoxy-6-methoxy-2-methyl-2,3-dihydro-naphtho[1,2-b]furan-9-yl]-äthanon in Dioxan mit alkal. wss. Natriumhypobromit-Lösung und Erwärmen des Reaktionsprodukts mit Kalium≈ permanganat in Wasser (*Ei., Sch.*, l. c. S. 2038).

Krystalle; F: 222° [korr.] (*Ga. et al.*), 217—218° [Kofler-App.; aus Acn. + Bzl. sowie durch Sublimation im Hochvakuum] (*Ei., Sch.*).

4-Methoxy-1,3-dioxo-phthalan-5-carbonsäure, 3-Methoxy-benzol-1,2,4-tricarbonsäure-1,2-anhydrid $C_{10}H_6O_6$, Formel V.

B. Beim Erhitzen von 3-Methoxy-benzol-1,2,4-tricarbonsäure unter 0,1 Torr bis auf 180° (*Gardner et al.*, Soc. **1954** 1817).

Krystalle; F: 165—168° [korr.].

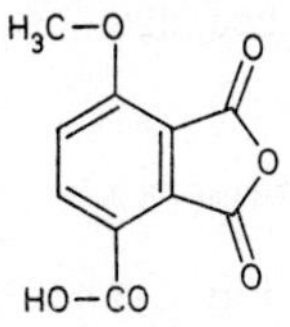

IV 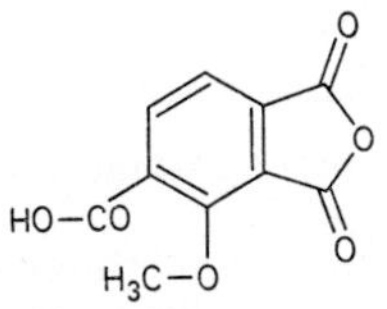   V 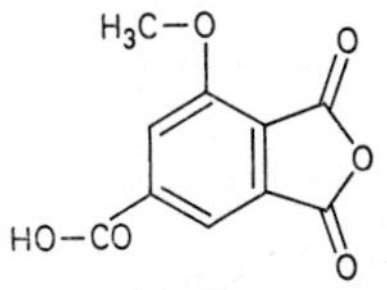   VI

7-Methoxy-1,3-dioxo-phthalan-5-carbonsäure, 6-Methoxy-benzol-1,2,4-tricarbonsäure-1,2-anhydrid $C_{10}H_6O_6$, Formel VI.

B. Aus 6-Methoxy-benzol-1,2,4-tricarbonsäure beim Erhitzen im Hochvakuum (*Berner*, Soc. **1946** 1052, 1058) sowie beim Erhitzen mit Acetanhydrid (*Posternak*, Helv. **23** [1940] 1046, 1053).

Krystalle; F: 254° [unkorr.] (*Be.*), 252° [aus *m*-Xylol] (*Po.*).

Hydroxy-oxo-carbonsäuren $C_{10}H_6O_6$

5,8-Dimethoxy-4-oxo-4H-chromen-2-carbonsäure $C_{12}H_{10}O_6$, Formel VII (R = H).

B. Beim Erwärmen von 5,8-Dimethoxy-4-oxo-4H-chromen-2-carbonsäure-äthylester mit wss. Schwefelsäure und Essigsäure (*Vargha, Rados*, Acta chim. hung. **3** [1953] 223, 227).

Gelbe Krystalle (aus Eg.); F: 230—231°.

5,8-Dimethoxy-4-oxo-4H-chromen-2-carbonsäure-äthylester $C_{14}H_{14}O_6$, Formel VII (R = C_2H_5).

B. Beim Erwärmen von 4-[2-Hydroxy-3,6-dimethoxy-phenyl]-2,4-dioxo-buttersäure-äthylester mit konz. wss. Salzsäure und Essigsäure (*Vargha, Rados*, Acta chim. hung. **3** [1953] 223, 227).

Gelbe Krystalle (aus A.); F: 173—174°.

5,8-Dimethoxy-4-oxo-4H-chromen-2-carbonsäure-butylester $C_{16}H_{18}O_6$, Formel VII (R = $[CH_2]_3$-CH_3).

B. Beim Erhitzen von 5,8-Dimethoxy-4-oxo-4H-chromen-2-carbonsäure mit Butan-1-ol und konz. Schwefelsäure (*Vargha, Rados*, Acta chim. hung. **3** [1953] 223, 228).

Gelbliche Krystalle (aus wss. Me.); F: 95—96°.

6,7-Dimethoxy-4-oxo-4H-chromen-2-carbonsäure $C_{12}H_{10}O_6$, Formel VIII (R = H).

B. Beim Erwärmen von 6,7-Dimethoxy-4-oxo-4H-chromen-2-carbonsäure-äthylester mit wss.-äthanol. Salzsäure (*Badcock et al.*, Soc. **1950** 903, 907).

Gelbliche Krystalle (aus Nitrobenzol); F: 303° [Zers.].

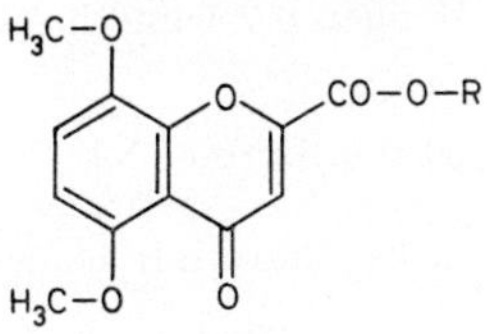

VII 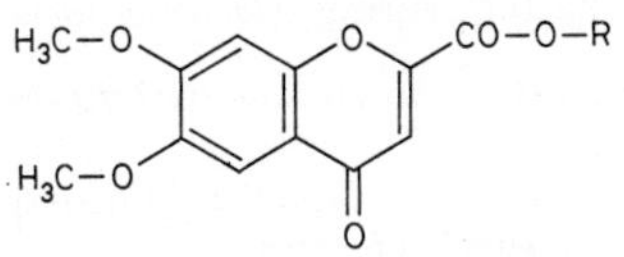   VIII 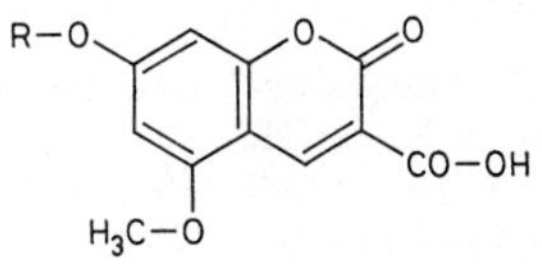   IX

6,7-Dimethoxy-4-oxo-4H-chromen-2-carbonsäure-äthylester $C_{14}H_{14}O_6$, Formel VIII
$(R = C_2H_5)$.

B. Beim Erwärmen von 4-[2-Hydroxy-4,5-dimethoxy-phenyl]-2,4-dioxo-buttersäure-äthylester mit Essigsäure und kleinen Mengen wss. Salzsäure (*Badcock et al.*, Soc. **1950** 903, 907).

Gelbliche Krystalle (aus A. oder aus E. + PAe.); F: 182°.

6,7-Dimethoxy-4-oxo-4H-chromen-2-carbonsäure-butylester $C_{16}H_{18}O_6$, Formel VIII
$(R = [CH_2]_3\text{-}CH_3)$.

B. Beim Erhitzen von 6,7-Dimethoxy-4-oxo-4H-chromen-2-carbonsäure mit Butan-1-ol und konz. Schwefelsäure (*Vargha, Rados*, Acta chim. hung. **3** [1953] 223, 228).

Krystalle (aus wss. A.); F: 131—132,5°.

7-Hydroxy-5-methoxy-2-oxo-2H-chromen-3-carbonsäure $C_{11}H_8O_6$, Formel IX
$(R = H)$.

B. Beim Behandeln von 2,4-Dihydroxy-6-methoxy-benzaldehyd mit Cyanessigsäure und wss. Natronlauge und Erwärmen des Reaktionsprodukts mit wss. Salzsäure (*Howell, Robertson*, Soc. **1937** 293). Beim Behandeln von 2,4-Dihydroxy-6-methoxy-benzaldehyd mit Cyanessigsäure-äthylester und wss. Natronlauge und Erwärmen des Reaktionsgemisches mit wss. Salzsäure (*Rodighiero, Antonello*, Farmaco Ed. scient. **10** [1955] 889, 893).

Krystalle; F: 264° [aus A.] (*Rod., An.*), 264° [aus wss. A.] (*Ho., Rob.*).

5,7-Dimethoxy-2-oxo-2H-chromen-3-carbonsäure $C_{12}H_{10}O_6$, Formel IX $(R = CH_3)$.

B. Beim Behandeln von 2-Hydroxy-4,6-dimethoxy-benzaldehyd mit Cyanessigsäure und wss. Natronlauge und Erhitzen des Reaktionsprodukts mit wss. Salzsäure (*Heyes, Robertson*, Soc. **1936** 1831).

Gelbliche Krystalle (aus Acn.); F: 249° [Zers.].

5,7-Dihydroxy-2-oxo-2H-chromen-3-carbonsäure-äthylester $C_{12}H_{10}O_6$, Formel X.

B. Beim Erhitzen von Phloroglucin mit Äthoxymethylen-malonsäure-diäthylester auf 170° (*Gerphagnon et al.*, C. r. **246** [1958] 1701).

Krystalle (aus A.); F: 300° [Zers.].

7-Hydroxy-6-methoxy-2-oxo-2H-chromen-3-carbonsäure $C_{11}H_8O_6$, Formel XI
$(R = X = H)$.

B. Beim Behandeln der Natrium-Verbindung des 2,4-Dihydroxy-5-methoxy-benzaldehyds mit Cyanessigsäure in Wasser und Erwärmen des Reaktionsprodukts mit wss. Salzsäure (*Chaudhury et al.*, Soc. **1948** 1671).

Gelbe Krystalle (aus A.); F: 260—263° [nach Sintern bei 250°].

6,7-Dimethoxy-2-oxo-2H-chromen-3-carbonsäure $C_{12}H_{10}O_6$, Formel XI $(R = CH_3,$
$X = H)$.

B. Beim Behandeln von 2-Hydroxy-4,5-dimethoxy-benzaldehyd mit Natrium-cyanacetat und wss. Natronlauge und Erwärmen des Reaktionsgemisches mit wss. Salzsäure (*Dean et al.*, Soc. **1950** 895, 898). Beim Behandeln von 6,7-Dimethoxy-2-oxo-2H-chromen-3-carbonsäure-äthylester mit wss. Kalilauge (*Baltzly*, Am. Soc. **74** [1952] 2692).

Gelbliche Krystalle; F: 266° [Zers.; aus A.] (*Dean et al.*), 252—252,5° [Zers.; aus Eg.] (*Ba.*). Fluorescenz in wss. oder wss.-äthanol. Lösungen vom pH —1,6 bis pH +12,6: *Goodwin, Kavanagh*, Arch. Biochem. **27** [1950] 152, 160.

Bei der Hydrierung des Natrium-Salzes an Palladium/Kohle in Wasser ist ein Gemisch von [2-Hydroxy-4,5-dimethoxy-benzyl]-malonsäure und kleinen Mengen 6,7-Dimethoxy-2-oxo-chroman-3-carbonsäure erhalten worden (*Dean et al.*).

6,7-Dimethoxy-2-oxo-2H-chromen-3-carbonsäure-methylester $C_{13}H_{12}O_6$, Formel XI
$(R = X = CH_3)$.

B. Beim Behandeln von 6,7-Dimethoxy-2-oxo-2H-chromen-3-carbonsäure mit Diazomethan in Äther (*Dean et al.*, Soc. **1950** 895, 898).

Gelbe Krystalle (aus A.); F: 212°.

X   XI   XII

6,7-Dimethoxy-2-oxo-2H-chromen-3-carbonsäure-äthylester $C_{14}H_{14}O_6$, Formel XI
(R = CH$_3$, X = C$_2$H$_5$).
    B. Beim Erwärmen von 2-Hydroxy-4,5-dimethoxy-benzaldehyd mit Malonsäure-di=
äthylester, Äthanol, wenig Piperidin und wenig Essigsäure (*Baltzly*, Am. Soc. **74** [1952]
2692).
    Gelbliche Krystalle (aus A.); F: 197—197,5° [korr.]. Fluorescenz in wss. oder wss.-
äthanol. Lösungen vom pH −1,6 bis pH +12,6: *Goodwin, Kavanagh*, Arch. Biochem. **27**
[1950] 152, 160.

**7,8-Dihydroxy-2-oxo-2H-chromen-3-carbonsäure, [2,3,4-Trihydroxy-benzyliden]-malon=
säure-2-lacton** $C_{10}H_6O_6$, Formel XII (R = X = H).
    B. Beim Behandeln von 2,3,4-Trihydroxy-benzaldehyd mit Malonsäure, Pyridin und
wenig Anilin (*Vorsatz*, J. pr. [2] **145** [1936] 265, 268; s. a. *Ray et al.*, Soc. **1935** 813, 815).
Beim Erwärmen von 7,8-Dihydroxy-2-oxo-2H-chromen-3-carbonsäure-äthylester mit
konz. Schwefelsäure (*Labey*, Ann. pharm. franç. **7** [1949] 439) oder mit wss. Kalilauge
und Ansäuern der Reaktionslösung mit wss. Schwefelsäure (*Boehm*, Ar. **271** [1933] 490,
513).
    Gelbe Krystalle; F: 272° [unkorr.; Zers.; aus W. oder wss. Dioxan] (*Vo.*), 270° (*La.*),
263° [aus Eg.] (*Bo.*).

7-Hydroxy-8-methoxy-2-oxo-2H-chromen-3-carbonsäure $C_{11}H_8O_6$, Formel XII
(R = H, X = CH$_3$).
    B. Beim Behandeln von 2,4-Dihydroxy-3-methoxy-benzaldehyd mit Cyanessigsäure-
äthylester und wss. Natronlauge und Erwärmen des Reaktionsgemisches mit wss. Salz=
säure (*Rodighiero, Antonello*, Ann. Chimica **46** [1956] 960, 965).
    Hellgelbe Krystalle (aus Toluol); F: 211—212° [Zers.].

7,8-Diacetoxy-2-oxo-2H-chromen-3-carbonsäure $C_{14}H_{10}O_8$, Formel XII
(R = X = CO-CH$_3$).
    B. Beim Behandeln von 7,8-Dihydroxy-2-oxo-2H-chromen-3-carbonsäure mit Acet=
anhydrid und Pyridin (*Boehm*, Ar. **271** [1933] 490, 513).
    Krystalle (aus Eg. oder E. + PAe.); F: 213—214°.

7,8-Dihydroxy-2-oxo-2H-chromen-3-carbonsäure-äthylester $C_{12}H_{10}O_6$, Formel XIII
(R = H).
    B. Beim Behandeln von 2,3,4-Trihydroxy-benzaldehyd mit Malonsäure-diäthylester
und Piperidin (*Boehm*, Ar. **271** [1933] 490, 512) oder mit Malonsäure-diäthylester und
Pyridin (*Labey*, Ann. pharm. franç. **7** [1949] 439).
    Krystalle (aus Me. oder E.); F: 231—232° (*Bo.*).

7,8-Diacetoxy-2-oxo-2H-chromen-3-carbonsäure-äthylester $C_{16}H_{14}O_8$, Formel XIII
(R = CO-CH$_3$).
    B. Beim Behandeln von 7,8-Dihydroxy-2-oxo-2H-chromen-3-carbonsäure-äthylester
mit Acetanhydrid und Pyridin (*Boehm*, Ar. **271** [1933] 490, 513).
    Krystalle (aus wss. Eg. oder wss. A.); F: 129—130°.

3-Chlor-5,7-dimethoxy-2-oxo-2H-chromen-4-carbonsäure $C_{12}H_9ClO_6$, Formel XIV
(R = CH$_3$, X = H).
    B. Beim Erwärmen von 3-Chlor-5,7-dimethoxy-2-oxo-2H-chromen-4-carbonsäure-
äthylester mit wss. Schwefelsäure oder mit wss. Kalilauge und anschliessenden An-

säuern (*Holton et al.*, Soc. **1949** 2049, 2052).
Krystalle (aus E., Eg. oder Me.); F: 270—272°.

XIII   XIV   XV

3-Chlor-5,7-dihydroxy-2-oxo-2*H*-chromen-4-carbonsäure-methylester $C_{11}H_7ClO_6$,
Formel XIV (R = H, X = CH₃).

B. Beim Behandeln von Phloroglucin mit Chloroxalessigsäure-dimethylester und mit
Chlorwasserstoff enthaltendem Methanol (*Holton et al.*, Soc. **1949** 2049, 2052).
Gelbliche Krystalle; F: 255—258°.

3-Chlor-5,7-dimethoxy-2-oxo-2*H*-chromen-4-carbonsäure-methylester $C_{13}H_{11}ClO_6$,
Formel XIV (R = X = CH_3).
B. Aus 3-Chlor-5,7-dihydroxy-2-oxo-2*H*-chromen-4-carbonsäure-methylester oder aus
3-Chlor-5,7-dimethoxy-2-oxo-2*H*-chromen-4-carbonsäure mit Hilfe von Diazomethan
(*Holton et al.*, Soc. **1949** 2049, 2052).
Gelbliche Krystalle; F: 171°.

3-Chlor-5,7-dihydroxy-2-oxo-2*H*-chromen-4-carbonsäure-äthylester $C_{12}H_9ClO_6$,
Formel XIV (R = H, X = C_2H_5).
B. Beim Behandeln von Phloroglucin mit Chloroxalessigsäure-diäthylester und mit
Chlorwasserstoff enthaltendem Äthanol (*Holton et al.*, Soc. **1949** 2049, 2052).
Krystalle (aus E., Eg., wss. Acn. oder A.); F: 257° [bei schnellem Erhitzen].

3-Chlor-5,7-dimethoxy-2-oxo-2*H*-chromen-4-carbonsäure-äthylester $C_{14}H_{13}ClO_6$,
Formel XIV (R = CH_3, X = C_2H_5).
B. Beim Behandeln von 3,5-Dimethoxy-phenol mit Chloroxalessigsäure-diäthylester
und mit Chlorwasserstoff enthaltendem Äthanol (*Holton et al.*, Soc. **1949** 2049, 2052).
Beim Behandeln von 3-Chlor-5,7-dihydroxy-2-oxo-2*H*-chromen-4-carbonsäure-äthylester
mit Methyljodid, Kaliumcarbonat und Aceton oder mit Diazomethan in Äther (*Ho.
et al.*).
Gelbliche Krystalle (aus Bzl., E. oder Acn.), F: 155—156°; gelbliche Krystalle (aus Me.
oder A.), F: 141—143°.

**6,7-Dihydroxy-2-oxo-2*H*-chromen-4-carbonsäure, 2-[2,4,5-Trihydroxy-phenyl]-fumar⸗
säure-4 → 2-lacton** $C_{10}H_6O_6$, Formel XV (R = H) (H 544; dort auch als Äsculetin-carb⸗
bonsäure-(4) bezeichnet).
F: 295° (*Labey*, Ann. pharm. franç. 7 [1949] 439).

6,7-Dimethoxy-2-oxo-2*H*-chromen-4-carbonsäure $C_{12}H_{10}O_6$, Formel XV (R = CH_3)
(H 544).
B. Beim Erwärmen von 6,7-Dimethoxy-2-oxo-2*H*-chromen-4-carbaldehyd mit einer
aus wss. Kalilauge, wss. Ammoniak und Silbernitrat bereiteten Lösung (*Schiavello, Cingolani*, G. **81** [1951] 717, 723).

3-Chlor-7-hydroxy-6-methoxy-2-oxo-2*H*-chromen-4-carbonsäure-äthylester $C_{13}H_{11}ClO_6$,
Formel I (R = H).
B. Beim Behandeln von 4-Methoxy-resorcin mit Chloroxalessigsäure-diäthylester und
mit Chlorwasserstoff enthaltendem Äthanol (*Holton et al.*, Soc. **1949** 2049, 2053).
Gelbliche Krystalle (aus Eg.); F: 220°.

3-Chlor-6,7-dimethoxy-2-oxo-2*H*-chromen-4-carbonsäure-äthylester $C_{14}H_{13}ClO_6$,
Formel I (R = CH_3).
B. Beim Behandeln von 3,4-Dimethoxy-phenol mit Chloroxalessigsäure-diäthylester

und mit Chlorwasserstoff enthaltendem Äthanol (*Holton et al.*, Soc. **1949** 2049, 2053).
Beim Behandeln von 3-Chlor-7-hydroxy-6-methoxy-2-oxo-2*H*-chromen-4-carbonsäure-äthylester mit Diazomethan in Äther (*Ho. et al.*).
Gelbliche Krystalle (aus Bzl. oder E.); F: 174—176° [nach Sintern bei 170°].

3-Chlor-7,8-dihydroxy-2-oxo-2*H*-chromen-4-carbonsäure-äthylester C₁₂H₉ClO₆,
Formel II (R = H).
B. Beim Behandeln von Pyrogallol mit Chloroxalessigsäure-diäthylester und mit Chlor=
wasserstoff enthaltendem Äthanol (*Holton et al.*, Soc. **1949** 2049, 2053).
Krystalle (aus Eg.); F: 232—234°.

I   II   III

3-Chlor-7,8-dimethoxy-2-oxo-2*H*-chromen-4-carbonsäure-äthylester C₁₄H₁₃ClO₆,
Formel II (R = CH₃).
B. Beim Behandeln von 3-Chlor-7,8-dihydroxy-2-oxo-2*H*-chromen-4-carbonsäure-äthylester mit Diazomethan in Äther oder mit Methyljodid, Kaliumcarbonat und Aceton
(*Holton et al.*, Soc. **1949** 2049, 2053).
Krystalle (aus wss. Eg., Bzl. oder A.); F: 116—117°.

3,7-Dimethoxy-2-oxo-2*H*-chromen-4-carbonsäure C₁₂H₁₀O₆, Formel III (R = CH₃,
X = OH).
B. Beim Erwärmen von 3,7-Dimethoxy-2-oxo-2*H*-chromen-4-carbonsäure-äthylester
mit wss. Schwefelsäure (*Parker*, *Robertson*, Soc. **1950** 1121, 1124).
Krystalle (aus Ae.); F: 212°.

7-Hydroxy-3-methoxy-2-oxo-2*H*-chromen-4-carbonsäure-äthylester C₁₃H₁₂O₆, Formel III
(R = H, X = O-C₂H₅).
B. Beim Erwärmen von Resorcin mit der Natrium-Verbindung des Methoxyoxalessig=
säure-1-äthylester-4-methylesters in Äthanol (*Holton et al.*, Soc. **1949** 2049, 2051).
Krystalle (aus wss. A. oder Eg.); F: 184°.
Beim Erwärmen mit wss.-methanol. Kalilauge ist 6-Hydroxy-benzofuran-2,3-dicarbon=
säure erhalten worden.

3,7-Dimethoxy-2-oxo-2*H*-chromen-4-carbonsäure-äthylester C₁₄H₁₄O₆, Formel III
(R = CH₃, X = O-C₂H₅).
B. Beim Behandeln von 7-Hydroxy-3-methoxy-2-oxo-2*H*-chromen-4-carbonsäure-äthylester mit Diazomethan in Äther oder mit Methyljodid, Kaliumcarbonat und Aceton
(*Holton et al.*, Soc. **1949** 2049, 2052).
Krystalle (aus PAe.); F: 83,5—84°.

**3,7-Dimethoxy-2-oxo-2*H*-chromen-4-carbonsäure-anilid, 3,7-Dimethoxy-4-phenylcarb=
amoyl-cumarin** C₁₈H₁₅NO₅, Formel III (R = CH₃, X = NH-C₆H₅).
B. Aus 3,7-Dimethoxy-2-oxo-2*H*-chromen-4-carbonylchlorid (hergestellt aus der Säure
mit Hilfe von Phosphor(V)-chlorid) und Anilin (*Parker*, *Robertson*, Soc. **1950** 1121, 1124).
Krystalle (aus A. oder Eg.); F: 191°.

7-Hydroxy-8-methoxy-2-oxo-2*H*-chromen-5-carbonsäure-methylester C₁₂H₁₀O₆,
Formel IV.
B. Beim Erwärmen von 3,5-Dihydroxy-4-methoxy-benzoesäure-methylester mit Äpfel=
säure und konz. Schwefelsäure (*Caporale*, Atti Ist. veneto **115** [1956/57] 29, 34).
Krystalle (aus Me.); F: 210°. Bei 150—170°/0,001 Torr sublimierbar.

5,7-Dimethoxy-2-oxo-2H-chromen-8-carbonsäure $C_{12}H_{10}O_6$, Formel V (R = CH₃).

B. Beim Erwärmen von 5,7-Dimethoxy-2-oxo-2H-chromen-8-carbonsäure-methylester mit wss.-methanol. Kalilauge und Ansäuern der Reaktionslösung mit wss. Salzsäure (*Caporale*, Atti Ist. veneto **115** [1956/57] 29, 35).

Krystalle (aus Me.); F: 256°.

7-Äthoxy-5-methoxy-2-oxo-2H-chromen-8-carbonsäure $C_{13}H_{12}O_6$, Formel V (R = C₂H₅).

B. Beim Erwärmen von 7-Äthoxy-5-methoxy-2-oxo-2H-chromen-8-carbonsäure-methylester mit wss.-methanol. Kalilauge (*Caporale*, Atti Ist. veneto **115** [1956/57] 29, 35).

Krystalle (aus Me.); F: 245°.

5,7-Dihydroxy-2-oxo-2H-chromen-8-carbonsäure-methylester $C_{11}H_8O_6$, Formel VI (R = X = H).

B. Beim Erwärmen von 2,4,6-Trihydroxy-benzoesäure-methylester mit Äpfelsäure und konz. Schwefelsäure (*Caporale*, Atti Ist. veneto **115** [1956/57] 29, 33).

Krystalle (aus Me.); F: 240°. Bei 150–160°/0,005 Torr sublimierbar.

7-Hydroxy-5-methoxy-2-oxo-2H-chromen-8-carbonsäure-methylester $C_{12}H_{10}O_6$, Formel VI (R = H, X = CH₃).

B. Beim Erwärmen von 2,6-Dihydroxy-4-methoxy-benzoesäure-methylester mit Äpfelsäure und konz. Schwefelsäure (*Caporale*, Atti Ist. veneto **115** [1956/57] 29, 32).

Krystalle (aus Me.); F: 218°.

IV   V   VI   VII

5,7-Dimethoxy-2-oxo-2H-chromen-8-carbonsäure-methylester $C_{13}H_{12}O_6$, Formel VI (R = X = CH₃).

B. Beim Behandeln von 7-Hydroxy-5-methoxy-2-oxo-2H-chromen-8-carbonsäure-methylester mit Diazomethan in Äther oder mit Methyljodid, Kaliumcarbonat und Aceton (*Caporale*, Atti Ist. veneto **115** [1956/57] 29, 34).

Krystalle (aus Me.); F: 172°. Bei 110–130°/0,001 Torr sublimierbar.

7-Äthoxy-5-methoxy-2-oxo-2H-chromen-8-carbonsäure-methylester $C_{14}H_{14}O_6$, Formel VI (R = C₂H₅, X = CH₃).

B. Beim Behandeln von 7-Hydroxy-5-methoxy-2-oxo-2H-chromen-8-carbonsäure-methylester mit Diazoäthan in Äther oder mit Äthylbromid, Kaliumcarbonat und Aceton (*Caporale*, Atti Ist. veneto **115** [1956/57] 29, 34).

Krystalle (aus Me.); F: 184°. Bei 110–130°/0,001 Torr sublimierbar.

5,7-Dimethoxy-1-oxo-1H-isothiochromen-3-carbonsäure $C_{12}H_{10}O_5S$, Formel VII.

B. Beim Erwärmen von 3,5-Dimethoxy-2-[4-oxo-2-thioxo-thiazolidin-5-ylidenmethyl]-benzoesäure-methylester (F: 217,5°) mit wss. Natronlauge und anschliessenden Ansäuern mit wss. Salzsäure (*Kamal et al.*, Soc. **1950** 3375, 3380).

Gelbliche Krystalle (aus Me.); F: 264°.

6,7-Dimethoxy-1-oxo-1H-isothiochromen-3-carbonsäure $C_{12}H_{10}O_5S$, Formel VIII (R = H).

B. Beim Erwärmen des Natrium-Salzes der 4,5-Dimethoxy-2-[4-oxo-2-thioxo-thiazolidin-5-ylidenmethyl]-benzoesäure (F: 260°) mit wss. Natronlauge und anschliessenden Ansäuern mit wss. Salzsäure (*Brown, Newbold*, Soc. **1952** 4397, 4401).

Gelbe Krystalle (aus A.); F: 306–307°. UV-Absorptionsmaxima (A.): 232 nm, 272 nm,

328 nm, 350 nm und 366 nm.

Beim Erwärmen mit Raney-Nickel und Äthanol ist 5,6-Dimethoxy-indan-1-on erhalten worden.

6,7-Dimethoxy-1-oxo-1H-isothiochromen-3-carbonsäure-methylester $C_{13}H_{12}O_5S$, Formel VIII (R = CH$_3$).

B. Beim Behandeln von 6,7-Dimethoxy-1-oxo-1H-isothiochromen-3-carbonsäure mit Diazomethan in Äther (*Brown, Newbold*, Soc. **1952** 4397, 4401).

Hellgelbe Krystalle (aus Me.); F: 212°. UV-Absorptionsmaxima (A.): 232 nm, 258 nm, 276 nm, 284 nm, 338 nm, 352 nm und 368 nm.

7,8-Dimethoxy-1-oxo-1H-isochromen-3-carbonsäure $C_{12}H_{10}O_6$, Formel IX.

B. Beim Erwärmen von 3-Acetyl-7,8-dimethoxy-isocumarin mit der Natrium-Verbin=dung des *N*-Chlor-benzolsulfonamids in Wasser (*Kanewškaja, Malinina*, Ž. obšč. Chim. **25** [1955] 761; engl. Ausg. S. 727). Neben 3-Äthoxy-6,7-dimethoxy-phthalid beim Erwärmen von [6-Formyl-2,3-dimethoxy-benzoyloxy]-essigsäure-äthylester mit Natrium in Xylol (*Schorigin et al.*, B. **64** [1931] 1931, 1935).

Krystalle; F: 264—265° [aus Eg.] (*Sch. et al.*), 264° [aus A.] (*Ka., Ma.*).

Beim Erwärmen mit wss. Ammoniak ist 1-Hydroxy-7,8-dimethoxy-isochinolin-3-carbonsäure erhalten worden (*Ka., Ma.*).

8-Hydroxy-7-methoxy-1-oxo-1H-isothiochromen-3-carbonsäure $C_{11}H_8O_5S$, Formel X (R = X = H).

B. Beim Erhitzen von 7,8-Dimethoxy-1-oxo-1H-isothiochromen-3-carbonsäure mit wss. Bromwasserstoffsäure (*Dijksman, Newbold*, Soc. **1951** 1213, 1216).

Krystalle (aus A.); F: 304—305°.

VIII   IX   X

7,8-Dimethoxy-1-oxo-1H-isothiochromen-3-carbonsäure $C_{12}H_{10}O_5S$, Formel X (R = CH$_3$, X = H).

B. Beim Erwärmen von 2,3-Dimethoxy-6-[4-oxo-2-thioxo-thiazolidin-5-ylidenmethyl]-benzoesäure (F: 237—240°) oder dem Methylester dieser Säure (F: 191—193°) mit wss. Natronlauge und Ansäuern der jeweiligen Reaktionslösung mit wss. Salzsäure (*Brown, Newbold*, Soc. **1952** 4397, 4401; *Dijksman, Newbold*, Soc. **1951** 1213, 1216).

Gelbe Krystalle (aus A.); F: 257—258° (*Br., Ne.; Di., Ne.*, Soc. **1951** 1216). Absorptionsmaxima einer Lösung in Äthanol: 246 nm, 332 nm, 370 nm und 388 nm (*Di., Ne.*, Soc. **1951** 1216); einer Lösung des Natrium-Salzes in wss. Natronlauge: 329 nm (*Br., Ne.*).

Beim Erwärmen mit Raney-Nickel und Äthanol ist 6,7-Dimethoxy-indan-1-on erhalten worden (*Dijksman, Newbold*, Soc. **1952** 13, 16).

7,8-Dimethoxy-1-oxo-1H-isothiochromen-3-carbonsäure-methylester $C_{13}H_{12}O_5S$, Formel X (R = X = CH$_3$).

B. Beim Behandeln von 7,8-Dimethoxy-1-oxo-1H-isothiochromen-3-carbonsäure mit Diazomethan in Äther (*Dijksman, Newbold*, Soc. **1951** 1213, 1216).

Gelbliche Krystalle (aus A.); F: 152—153°.

5,7-Dimethoxy-1-oxo-1H-isochromen-4-carbonsäure-methylester $C_{13}H_{12}O_6$, Formel I.

B. Beim Behandeln von [2,4-Dimethoxy-6-methoxycarbonyl-phenyl]-essigsäure-methylester mit Methylformiat und Natriumäthylat in Äther und Behandeln des Reaktionsprodukts mit wss. Salzsäure (*Kamal et al.*, Soc. **1950** 3375, 3380).

Krystalle (aus Me.); F: 161°.

6,7-Dimethoxy-1-oxo-1H-isochromen-4-carbonsäure $C_{12}H_{10}O_6$, Formel II (R = H).

B. Beim Erwärmen von 6,7-Dimethoxy-1-oxo-1H-isochromen-4-carbonsäure-methyl=
ester mit wss. Salzsäure und Essigsäure (*Kamal et al.*, Soc. **1950** 3375, 3378).
Krystalle (aus Eg.); F: 313° [Zers.].

H₃C—O ... (Strukturformeln)

I   II   III

6,7-Dimethoxy-1-oxo-1H-isochromen-4-carbonsäure-methylester $C_{13}H_{12}O_6$, Formel II (R = CH₃).

B. Beim Behandeln von [4,5-Dimethoxy-2-methoxycarbonyl-phenyl]-essigsäure-meth=
ylester mit Methylformiat und Natriummethylat in Äther und Erwärmen des Reaktionsprodukts mit wss. Salzsäure (*Kamal et al.*, Soc. **1950** 3375, 3378).
Krystalle (aus Me.); F: 175°.

6,7-Dimethoxy-1-oxo-1H-isochromen-4-carbonsäure-äthylester $C_{14}H_{14}O_6$, Formel II (R = C₂H₅).

B. Beim Behandeln von [4,5-Dimethoxy-2-methoxycarbonyl-phenyl]-essigsäure-
methyl(?)ester mit Äthylformiat und Natriumäthylat in Äther und Erwärmen des Reaktionsprodukts mit wss. Salzsäure (*Kamal et al.*, Soc. **1950** 3375, 3378).
Krystalle (aus A.); F: 156°.

6,7-Dimethoxy-1-oxo-1H-isochromen-4-carbonitril, 4-Cyan-6,7-dimethoxy-isocumarin $C_{12}H_9NO_4$, Formel III.

B. Beim Behandeln von 2-Cyanmethyl-4,5-dimethoxy-benzoesäure-methylester mit
Methylformiat und Natriummethylat in Äther und Erwärmen des Reaktionsprodukts
mit wss. Salzsäure (*Chatterjea*, J. Indian chem. Soc. **30** [1953] 103, 108).
Krystalle (aus Eg.); F: 298° [korr.].

6,8-Dimethoxy-1-oxo-1H-isochromen-4-carbonsäure-äthylester $C_{14}H_{14}O_6$, Formel IV.

B. Beim Behandeln von [2-Äthoxycarbonyl-3,5-dimethoxy-phenyl]-essigsäure-äthyl=
ester mit Äthylformiat und Natriumäthylat in Äther und Erwärmen des Reaktionsprodukts mit wss. Salzsäure (*Kamal et al.*, Soc. **1950** 3375, 3379).
Krystalle (aus A. oder Eg.); F: 148°.

5-Methoxy-2-methyl-4,7-dioxo-4,7-dihydro-benzofuran-3-carbonsäure-äthylester $C_{13}H_{12}O_6$, Formel V.

B. Beim Behandeln von 4-Amino-5-methoxy-2-methyl-benzofuran-3-carbonsäure-
äthylester mit Kaliumdichromat und wss. Schwefelsäure (*Grinew, Terent'ew*, Ž. obšč.
Chim. **28** [1958] 78, 84; engl. Ausg. S. 80, 85).
Krystalle (aus wss. Dioxan); F: 155—157°.

7-Formyl-6-hydroxy-4-methoxy-benzofuran-2-carbonsäure $C_{11}H_8O_6$, Formel VI (R = X = H).

B. Beim Erwärmen von 7-Formyl-6-hydroxy-4-methoxy-benzofuran-2-carbonsäure-
äthylester mit wss.-äthanol. Kalilauge (*Foster et al.*, Soc. **1939** 930, 932).
Krystalle (aus wss. Acn.); F: 281° [Zers.].

7-Formyl-6-hydroxy-4-methoxy-benzofuran-2-carbonsäure-äthylester $C_{13}H_{12}O_6$, Formel VI (R = H, X = C₂H₅).

B. Beim Behandeln eines Gemisches von 6-Hydroxy-4-methoxy-benzofuran-2-carbon=
säure-äthylester, Cyanwasserstoff, Zinkcyanid und Äther mit Chlorwasserstoff und Er-

wärmen des Reaktionsprodukts mit Wasser (*Foster et al.*, Soc. **1939** 930, 931).
Krystalle (aus wss. A.); F: 178°.
Beim Erhitzen mit Acetanhydrid und Natriumacetat ist 4-Methoxy-7-oxo-7*H*-furo=
[2,3-*f*]chromen-2-carbonsäure-äthylester erhalten worden.

IV   V   VI

7-Formyl-4,6-dimethoxy-benzofuran-2-carbonsäure-äthylester $C_{14}H_{14}O_6$, Formel VI
(R = CH_3, X = C_2H_5).
B. Beim Behandeln eines Gemisches von 4,6-Dimethoxy-benzofuran-2-carbonsäure-
äthylester, Cyanwasserstoff, Aluminiumchlorid und Äther mit Chlorwasserstoff und Er-
wärmen des Reaktionsprodukts mit Wasser (*Foster, Robertson*, Soc. **1939** 921, 924).
Krystalle (aus A.); F: 201°.

7-[(2,4-Dinitro-phenylhydrazono)-methyl]-6-hydroxy-4-methoxy-benzofuran-2-carbon=
säure-äthylester $C_{19}H_{16}N_4O_9$, Formel VII.
B. Aus 7-Formyl-6-hydroxy-4-methoxy-benzofuran-2-carbonsäure-äthylester und
[2,4-Dinitro-phenyl]-hydrazin (*Foster et al.*, Soc. **1939** 930, 932).
Rote Krystalle (aus A.); F: 252°.

VII   VIII   IX

[(*Ξ*)-4,7-Dimethoxy-3-oxo-phthalan-1-yliden]-essigsäure $C_{12}H_{10}O_6$, Formel VIII.
B. Beim Erhitzen von 3,6-Dimethoxy-phthalsäure-anhydrid mit Acetanhydrid und
Kaliumacetat (*Garden, Thomson*, Soc. **1957** 2851, 2853).
Gelbe Krystalle (aus Dioxan); F: 264°.

6-Hydroxy-4-methyl-1,3-dioxo-phthalan-5-carbonsäure, 5-Hydroxy-3-methyl-benzol-
1,2,4-tricarbonsäure-1,2-anhydrid $C_{10}H_6O_6$, Formel IX.
Diese Konstitution kommt der früher (s. H **18** 545) beschriebenen **Anhydrocochenille=**
säure (Cochenillesäure-anhydrid) zu (*Overeem, van der Kerk*, R. **83** [1964] 1023, 1028).
Entsprechend sind zu formulieren: *O*-Acetyl-anhydrocochenillesäure (H 545)
als 5-Acetoxy-3-methyl-benzol-1,2,4-tricarbonsäure-1,2-anhydrid ($C_{12}H_8O_7$),
O-Benzoyl-anhydrocochenillesäure (H 545) als 5-Benzoyloxy-3-methyl-
benzol-1,2,4-tricarbonsäure-1,2-anhydrid ($C_{17}H_{10}O_7$), *O*-Methyl-anhydro=
cochenillesäure-methylester (E I 542) als 5-Methoxy-3-methyl-benzol-1,2,4-
tricarbonsäure-1,2-anhydrid-4-methylester ($C_{12}H_{10}O_6$), *O*-Acetyl-anhydro=
cochenillesäure-methylester (H 545) als 5-Acetoxy-3-methyl-benzol-1,2,4-
tricarbonsäure-1,2-anhydrid-4-methylester ($C_{13}H_{10}O_7$).

5-Hydroxy-6-methyl-1,3-dioxo-phthalan-4-carbonsäure, 4-Hydroxy-5-methyl-benzol-1,2,3-tricarbonsäure-1,2-anhydrid $C_{10}H_6O_6$, Formel X (R = H), und **7-Hydroxy-6-methyl-1,3-dioxo-phthalan-4-carbonsäure, 4-Hydroxy-5-methyl-benzol-1,2,3-tricarbonsäure-2,3-anhydrid** $C_{10}H_6O_6$, Formel XI (R = H).

Diese beiden Konstitutionsformeln kommen für die nachstehend beschriebene Verbindung in Betracht.

B. Beim Erhitzen von 4-Hydroxy-5-methyl-benzol-1,2,3-tricarbonsäure im Hochvakuum auf 155° (*Raistrick, Ross*, Biochem. J. **50** [1952] 635, 645).

Krystalle (aus Bzl.); F: 146,5—147° [unkorr.].

X   XI   XII

5-Methoxy-6-methyl-1,3-dioxo-phthalan-4-carbonsäure, 4-Methoxy-5-methyl-benzol-1,2,3-tricarbonsäure-1,2-anhydrid $C_{11}H_8O_6$, Formel X (R = CH$_3$), und **7-Methoxy-6-methyl-1,3-dioxo-phthalan-4-carbonsäure, 4-Methoxy-5-methyl-benzol-1,2,3-tricarbonsäure-2,3-anhydrid** $C_{11}H_8O_6$, Formel XI (R = CH$_3$).

Diese beiden Konstitutionsformeln kommen für die nachstehend beschriebene Verbindung in Betracht.

B. Beim Erhitzen von 4-Methoxy-5-methyl-benzol-1,2,3-tricarbonsäure im Hochvakuum auf 125° (*Raistrick, Ross*, Biochem. J. **50** [1952] 635, 642).

Krystalle (aus Bzl. + PAe.); F: 165—166,5° [unkorr.].

4-Methoxy-6-methyl-1,3-dioxo-phthalan-5-carbonsäure, 3-Methoxy-5-methyl-benzol-1,2,4-tricarbonsäure-1,2-anhydrid $C_{11}H_8O_6$, Formel XII (R = CH$_3$).

B. Aus 3-Methoxy-5-methyl-benzol-1,2,4-tricarbonsäure beim Erhitzen auf 205° (*Asahina, Fuzikawa*, B. **68** [1935] 1558, 1565) sowie beim Erhitzen mit Acetanhydrid (*Mühlemann*, Pharm. Acta Helv. **24** [1949] 351, 355).

Krystalle (aus Bzl.); F: 181° [unkorr.; Block] (*Mü.*), 180° (*As., Fu.*).

4-Acetoxy-6-methyl-1,3-dioxo-phthalan-5-carbonsäure, 3-Acetoxy-5-methyl-benzol-1,2,4-tricarbonsäure-1,2-anhydrid $C_{12}H_8O_7$, Formel XII (R = CO-CH$_3$).

B. Beim Erhitzen von Isococchenillesäure (3-Hydroxy-5-methyl-benzol-1,2,4-tricarbonsäure) mit Acetanhydrid (*Mühlemann*, Pharm. Acta Helv. **24** [1949] 351, 355).

Krystalle (aus Bzl.); F: 150—152° [unkorr.; Block].

Hydroxy-oxo-carbonsäuren $C_{11}H_8O_6$

(±)-4-Hydroxy-2-[2-hydroxy-phenyl]-5-oxo-2,5-dihydro-furan-3-carbonsäure-äthylester $C_{13}H_{12}O_6$, Formel I, und Tautomeres ((±)-2-[2-Hydroxy-phenyl]-4,5-dioxo-tetrahydro-furan-3-carbonsäure-äthylester).

B. Beim Behandeln einer Lösung der Kalium-Verbindung des Oxalessigsäure-diäthylesters in Wasser mit Salicylaldehyd und anschliessend mit wss. Salzsäure (*Suprin*, A. ch. [12] **6** [1951] 294, 296).

Krystalle (aus wss. A.); Zers. bei ca. 155°.

[4,7-Dihydroxy-2-oxo-2H-chromen-3-yl]-essigsäure, 2-[(E)-2,4,α-Trihydroxy-benzyliden]-bernsteinsäure-1 → 2-lacton $C_{11}H_8O_6$, Formel II (R = X = H), und Tautomere (z. B. [7-Hydroxy-2,4-dioxo-chroman-3-yl]-essigsäure).

Diese Konstitution kommt wahrscheinlich der nachstehend beschriebenen Verbindung zu (*Kunz, Hoops*, B. **69** [1936] 2174, 2177).

B. Beim Erwärmen von 7-Acetoxy-3H-furo[3,2-c]chromen-2,4-dion mit wss. Natriumcarbonat-Lösung (*Kunz, Ho.*, l. c. S. 2180).

Wasserhaltige Krystalle (aus W.); F: ca. 233° [Zers.].

[4,7-Diacetoxy-2-oxo-2H-chromen-3-yl]-essigsäure $C_{15}H_{12}O_8$, Formel II (R = CO-CH$_3$, X = H).

B. Aus [4,7-Diacetoxy-2-oxo-2H-chromen-3-yl]-acetaldehyd mit Hilfe von Ozon (*Kunz, Hoops*, B. **69** [1936] 2174, 2177, 2180).

Krystalle (aus CHCl$_3$ + PAe.); F: ca. 205° [Zers.; nach Sintern von 165° an].

Beim Erhitzen unter vermindertem Druck bis auf 170° sowie beim Erwärmen mit Methanol oder Äthanol ist 7-Acetoxy-3H-furo[3,2-c]chromen-2,4-dion, beim Erhitzen mit Kaliumhydroxid auf 180° sind kleine Mengen 4-[2,4-Dihydroxy-phenyl]-4-oxo-butter-säure erhalten worden.

I   II   III

[4,7-Dihydroxy-2-oxo-2H-chromen-3-yl]-essigsäure-methylester $C_{12}H_{10}O_6$, Formel II (R = H, X = CH$_3$), und Tautomeres ([7-Hydroxy-2,4-dioxo-chroman-3-yl]-essigsäure-methylester).

Diese Konstitution kommt vermutlich der nachstehend beschriebenen Verbindung zu (*Kunz, Hoops*, B. **69** [1936] 2174, 2177).

B. Beim Erwärmen von 7-Acetoxy-3H-furo[3,2-c]chromen-2,4-dion mit Methanol (*Kunz, Ho.*, l. c. S. 2181).

Krystalle (aus E.); F: 158,5°.

[4,7-Dihydroxy-2-oxo-2H-chromen-3-yl]-essigsäure-äthylester $C_{13}H_{12}O_6$, Formel II (R = H, X = C$_2$H$_5$), und Tautomeres ([7-Hydroxy-2,4-dioxo-chroman-3-yl]-essigsäure-äthylester).

Diese Konstitution kommt vermutlich der nachstehend beschriebenen Verbindung zu (*Kunz, Hoops*, B. **69** [1936] 2174, 2177).

B. Beim Erwärmen von 7-Acetoxy-3H-furo[3,2-c]chromen-2,4-dion mit Äthanol (*Kunz, Ho.*, l. c. S. 2181).

F: 152,5°.

[5,7-Dihydroxy-2-oxo-2H-chromen-4-yl]-essigsäure $C_{11}H_8O_6$, Formel III (R = H) (E I 542).

F: 204—205° (*Labey*, Ann. pharm. franç. **7** [1949] 439).

[5,7-Dimethoxy-2-oxo-2H-chromen-4-yl]-essigsäure $C_{13}H_{12}O_6$, Formel III (R = CH$_3$).

B. Aus 3,5-Dimethoxy-phenol und 3-Oxo-glutarsäure (*Ponniah, Seshadri*, Pr. Indian Acad. [A] **37** [1953] 534, 539).

F: 205° [Zers.] und F: 177° [Zers.] (dimorph).

[6,7-Dihydroxy-2-oxo-2H-chromen-4-yl]-essigsäure $C_{11}H_8O_6$, Formel IV (E I 542).

B. Beim Behandeln von 1,2,4-Triacetoxy-benzol mit 3-Oxo-glutarsäure und konz. Schwefelsäure (*Labey*, Ann. pharm. franç. **7** [1949] 439).

F: 214°.

[7,8-Dihydroxy-2-oxo-2H-chromen-4-yl]-essigsäure $C_{11}H_8O_6$, Formel V (R = H) (E I 542).

B. Neben 7,8,7′,8′-Tetrahydroxy-[4,4′]spirobichroman-2,2′-dion beim Behandeln einer Suspension von Pyrogallol und 3-Oxo-glutarsäure in Schwefelkohlenstoff mit Aluminium-chlorid (*Dixit, Kanakudati*, J. Indian chem. Soc. **28** [1951] 323, 325; vgl. E I 542). Beim Behandeln von 7,8,7′,8′-Tetrahydroxy-[4,4′]spirobichroman-2,2′-dion mit wss. Schwefel-säure (*Di., Ka.*, l. c. S. 326).

Krystalle; F: 218° [Zers.; aus wss. A.] (*Di., Ka.*), 214—215° (*Labey*, Ann. pharm. franç. **7** [1949] 439).

IV   V   VI

[7,8-Dihydroxy-2-oxo-2H-chromen-4-yl]-essigsäure-äthylester $C_{13}H_{12}O_6$, Formel V
(R = C_2H_5) (E I 543; dort als [7.8-Dioxy-cumarinyl-(4)]-essigsäure-äthylester bezeichnet).
B. Aus [7,8-Dihydroxy-2-oxo-2H-chromen-4-yl]-essigsäure (*Dixit, Kanakudati*, J.
Indian chem. Soc. **28** [1951] 323, 325).
Krystalle (aus wss. A.); F: 196°.

6,7-Dimethoxy-2-methyl-4-oxo-4H-chromen-3-carbonsäure $C_{13}H_{12}O_6$, Formel VI.
Eine von *Jones et al.* (Soc. **1949** 562, 568) unter dieser Konstitution beschriebene
Verbindung ist als 3-Acetyl-4-hydroxy-6,7-dimethoxy-cumarin zu formulieren (*Badcock
et al.*, Soc. **1950** 903, 904).
B. Beim Erwärmen von [6,7-Dimethoxy-2-methyl-4-oxo-4H-chromen-3-yl]-glyoxyl=
säure-äthylester mit konz. Schwefelsäure (*Ba. et al.*, l. c. S. 908).
Krystalle (aus Eg. oder aus $CHCl_3$ + PAe.); F: 224° [Zers.] (*Ba. et al.*).

6,7-Dimethoxy-2-methyl-4-oxo-4H-chromen-5-carbonsäure $C_{13}H_{12}O_6$, Formel VII.
Eine von *Robertson et al.* (Soc. **1951** 2013, 2016, 2017) unter dieser Konstitution beschriebene Verbindung ist als 2-Acetyl-7-hydroxy-4,5-dimethoxy-indan-1,3-dion zu formulieren (*Dean et al.*, Soc. **1957** 3497, 3498, 3508).

7-Hydroxy-5-methoxy-6-methyl-2-oxo-2H-chromen-3-carbonsäure $C_{12}H_{10}O_6$, Formel VIII
(R = H).
Diese Konstitution kommt vermutlich der nachstehend beschriebenen Verbindung zu.
B. Beim Erwärmen der im folgenden Artikel beschriebenen Verbindung mit wss.
Salzsäure (*Robertson, Whalley*, Soc. **1951** 1935).
Grünlichgelbe Krystalle; F: 263—264°.

VII   VIII   IX

5,7-Dimethoxy-6-methyl-2-oxo-2H-chromen-3-carbonsäure $C_{13}H_{12}O_6$, Formel VIII
(R = CH_3).
B. Beim Erwärmen der im folgenden Artikel beschriebenen Verbindung mit wss.
Salzsäure (*Robertson, Subramaniam*, Soc. **1937** 286, 289).
Gelbliche Krystalle (aus wss. A.); F: 233—234°.

7-Hydroxy-2-imino-5-methoxy-6-methyl-2H-chromen-3-carbonsäure $C_{12}H_{11}NO_5$,
Formel IX (R = H).
Diese Konstitution kommt vermutlich der nachstehend beschriebenen, von *Robertson,
Whalley* (Soc. **1951** 1935) als 2-Cyan-3-[4,6-dihydroxy-2-methoxy-3-methyl-phenyl]-
acrylsäure angesehenen Verbindung zu (*Schiemenz*, B. **95** [1962] 483, 484).
B. Beim Behandeln von 4,6-Dihydroxy-2-methoxy-3-methyl-benzaldehyd mit Cyan=
essigsäure und wss. Natronlauge (*Ro., Wh.*).
Gelbliche Krystalle; F: 291° [Zers.] (*Ro., Wh.*).

2-Imino-5,7-dimethoxy-6-methyl-2H-chromen-3-carbonsäure $C_{13}H_{13}NO_5$, Formel IX
(R = CH$_3$).
Diese Konstitution kommt vermutlich der nachstehend beschriebenen, von *Robertson, Subramaniam* (Soc. **1937** 286, 289) als 2-Cyan-3-[6-hydroxy-2,4-dimethoxy-3-methyl-phenyl]-acrylsäure angesehenen Verbindung zu (*Schiemenz*, B. **95** [1962] 483, 484).
B. Beim Behandeln von 6-Hydroxy-2,4-dimethoxy-3-methyl-benzaldehyd mit Cyan=
essigsäure und wss. Natronlauge (*Ro., Su.*).
Gelbe Krystalle; F: 240—243° [Zers.] (*Ro., Su.*).

6-Hydroxymethyl-8-methoxy-2-oxo-2H-chromen-3-carbonsäure-äthylester $C_{14}H_{14}O_6$,
Formel X (R = H).
B. Bei der Hydrierung von 6-Formyl-8-methoxy-2-oxo-2H-chromen-3-carbonsäure-
äthylester an Platin in Essigsäure bei 90° (*Merz, Hotzel*, Ar. **274** [1936] 292, 306).
Krystalle (aus wss. Eg.); F: 171—172°.

6-Acetoxymethyl-8-methoxy-2-oxo-2H-chromen-3-carbonsäure-äthylester $C_{16}H_{16}O_7$,
Formel X (R = CO-CH$_3$).
B. Bei der Hydrierung von 6-Diacetoxymethyl-8-methoxy-2-oxo-2H-chromen-3-carb=
onsäure-äthylester an Platin in Essigsäure (*Merz, Hotzel*, Ar. **274** [1936] 292, 307).
Krystalle (aus A.); F: 139°.

6-Benzoyloxymethyl-8-methoxy-2-oxo-2H-chromen-3-carbonsäure-äthylester $C_{21}H_{18}O_7$,
Formel X (R = CO-C$_6$H$_5$).
B. Beim Behandeln von 6-Hydroxymethyl-8-methoxy-2-oxo-2H-chromen-3-carbon=
säure-äthylester mit Benzoylchlorid und Pyridin (*Merz, Hotzel*, Ar. **274** [1936] 292, 306).
Krystalle (aus A.); F: 155°.

5,7-Dimethoxy-8-methyl-2-oxo-2H-chromen-3-carbonsäure $C_{13}H_{12}O_6$, Formel XI
(R = CH$_3$).
B. Beim Erwärmen von 2-Imino-5,7-dimethoxy-8-methyl-2H-chromen-3-carbonsäure
(s. u.) mit wss. Salzsäure (*Bell et al.*, Soc. **1936** 627, 633).
F: 244—245° [Zers.].

X   XI   XII

7-Äthoxy-5-methoxy-8-methyl-2-oxo-2H-chromen-3-carbonsäure $C_{14}H_{14}O_6$, Formel XI
(R = C$_2$H$_5$).
B. Beim Behandeln von 4-Äthoxy-2-hydroxy-6-methoxy-3-methyl-benzaldehyd mit
Cyanessigsäure und wss. Natronlauge und Erwärmen des Reaktionsprodukts mit wss.
Salzsäure (*Robertson, Subramaniam*, Soc. **1937** 286, 290).
Krystalle (aus Acn.); F: 238—239° [nach Sintern bei 230°].

2-Imino-5,7-dimethoxy-8-methyl-2H-chromen-3-carbonsäure $C_{13}H_{13}NO_5$, Formel XII.
Diese Konstitution kommt vermutlich der nachstehend beschriebenen, von *Bell et al.*
(Soc. **1936** 627, 633) als 2-Cyan-3-[2-hydroxy-4,6-dimethoxy-3-methyl-phenyl]-acrylsäure
angesehenen Verbindung zu (*Schiemenz*, B. **95** [1962] 483, 484).
B. Beim Behandeln von 2-Hydroxy-4,6-dimethoxy-3-methyl-benzaldehyd mit Cyan=
essigsäure und wss. Natronlauge (*Bell et al.*).
Gelb; F: 221—222° [Zers.] (*Bell et al.*).

5,7-Dihydroxy-4-methyl-2-oxo-2H-chromen-6-carbonsäure-methylester $C_{12}H_{10}O_6$,
Formel I (R = H), und **5,7-Dihydroxy-4-methyl-2-oxo-2H-chromen-8-carbonsäure-
methylester** $C_{12}H_{10}O_6$, Formel II (R = H).
Diese beiden Konstitutionsformeln kommen für die nachstehend beschriebene Verbin-
dung in Betracht.
B. Beim Behandeln eines Gemisches von 2,4,6-Trihydroxy-benzoesäure-methylester
und Acetessigsäure-äthylester mit Aluminiumchlorid und Äther oder mit 80%ig. wss.
Schwefelsäure (*Sethna*, J. Univ. Bombay **9**, Tl. 3 [1940] 104).
Krystalle (aus A.); F: 230—231°.

5,7-Dimethoxy-4-methyl-2-oxo-2H-chromen-6-carbonsäure-methylester $C_{14}H_{14}O_6$,
Formel I (R = CH₃), und **5,7-Dimethoxy-4-methyl-2-oxo-2H-chromen-8-carbonsäure-
methylester** $C_{14}H_{14}O_6$, Formel II (R = CH₃).
Diese beiden Konstitutionsformeln kommen für die nachstehend beschriebene Verbin-
dung in Betracht.
B. Beim Erwärmen der im vorangehenden Artikel beschriebenen Verbindung mit
Methyljodid und Kaliumcarbonat (*Sethna*, J. Univ. Bombay **9**, Tl. 3 [1940] 104).
Krystalle (aus wss. A.); F: 182—183°.

I   II   III

5,7-Diacetoxy-4-methyl-2-oxo-2H-chromen-6-carbonsäure-methylester $C_{16}H_{14}O_8$,
Formel I (R = CO-CH₃), und **5,7-Diacetoxy-4-methyl-2-oxo-2H-chromen-8-carbonsäure-
methylester** $C_{16}H_{14}O_8$, Formel II (R = CO-CH₃).
Diese beiden Konstitutionsformeln kommen für die nachstehend beschriebene Verbindung in Betracht.
B. Beim Erhitzen von 5,7-Dihydroxy-4-methyl-2-oxo-2H-chromen-6(oder 8)-carbon=
säure-methylester (s. o.) mit Acetanhydrid mit Natriumacetat (*Sethna*, J. Univ. Bombay
9, Tl. 3 [1940] 104).
Krystalle (aus A.); F: 161—162°.

5,8-Dihydroxy-4-methyl-2-oxo-2H-chromen-6-carbonsäure $C_{11}H_8O_6$, Formel III.
B. Beim Behandeln des Natrium-Salzes der 5-Hydroxy-4-methyl-2-oxo-2H-chromen-
6-carbonsäure mit wss. Natronlauge und Kaliumperoxodisulfat und Erwärmen der nach
dem Ansäuern erhaltenen, von 5-Hydroxy-4-methyl-2-oxo-2H-chromen-6-carbonsäure
befreiten Reaktionslösung mit wss. Salzsäure (*Dalvi et al.*, J. Indian chem. Soc. **28**
[1951] 366, 369).
Gelbe Krystalle (aus A.); F: 273—275° [Zers.].

7,8-Dihydroxy-4-methyl-2-oxo-2H-chromen-6-carbonsäure-methylester $C_{12}H_{10}O_6$,
Formel IV (R = CH₃).
B. Beim Behandeln von 2,3,4-Trihydroxy-benzoesäure-methylester mit Acetessigsäure-
äthylester und 73%ig. wss. Schwefelsäure (*Desai, Mavani*, Pr. Indian Acad. [A] **15** [1942]
1, 2).
Krystalle (aus A.); F: 209°.

7,8-Dihydroxy-4-methyl-2-oxo-2H-chromen-6-carbonsäure-äthylester $C_{13}H_{12}O_6$,
Formel IV (R = C₂H₅).
B. Beim Behandeln von 2,3,4-Trihydroxy-benzoesäure-äthylester mit Acetessigsäure-
äthylester und 73%ig. wss. Schwefelsäure (*Desai, Mavani*, Pr. Indian Acad. [A] **15** [1942]
1, 2).
Krystalle (aus A.); F: 211°.

7-Hydroxy-5-methoxy-4-methyl-2-oxo-2*H*-chromen-8-carbonsäure-methylester $C_{13}H_{12}O_6$,
Formel V.

B. Beim Behandeln von 2,6-Dihydroxy-4-methoxy-benzoesäure-methylester mit Acet‑
essigsäure-äthylester und 80%ig. wss. Schwefelsäure (*Caporale*, Atti Ist. veneto **115**
[1956/57] 29, 33).
Krystalle (aus Me.); F: 231°.

IV   V   VI

7-Acetyl-6-hydroxy-4-methoxy-benzofuran-2-carbonsäure $C_{12}H_{10}O_6$, Formel VI (R = H).
B. Beim Erwärmen von 7-Acetyl-6-hydroxy-4-methoxy-benzofuran-2-carbonsäure-
äthylester mit wss.-äthanol. Kalilauge (*Clarke et al.*, Soc. **1948** 2260, 2263).
Krystalle (aus A.); F: 307—309° [Zers.].

7-Acetyl-6-hydroxy-4-methoxy-benzofuran-2-carbonsäure-äthylester $C_{14}H_{14}O_6$, Formel VI
(R = C_2H_5).
B. Aus 6-Hydroxy-4-methoxy-benzofuran-2-carbonsäure-äthylester beim Behandeln
mit Acetylchlorid und Aluminiumchlorid in Nitrobenzol sowie beim Behandeln mit
Acetonitril, Zinkchlorid, Äther und Chlorwasserstoff und Erwärmen einer mit Natrium‑
carbonat neutralisierten wss. Lösung des Reaktionsprodukts (*Clarke et al.*, Soc. **1948** 2260,
2262, 2263).
Krystalle (aus Me.); F: 162°.

**7-[1-(2,4-Dinitro-phenylhydrazono)-äthyl]-6-hydroxy-4-methoxy-benzofuran-2-carbon‑
säure-äthylester** $C_{20}H_{18}N_4O_9$, Formel VII.
B. Aus 7-Acetyl-6-hydroxy-4-methoxy-benzofuran-2-carbonsäure-äthylester und
[2,4-Dinitro-phenyl]-hydrazin (*Clarke et al.*, Soc. **1948** 2260, 2263).
Rote Krystalle (aus E.); F: 295°.

5-Acetyl-4,6-dihydroxy-benzofuran-7-carbonsäure-äthylester $C_{13}H_{12}O_6$, Formel VIII
(R = X = H).
B. Beim Hydrieren von 3,4,6-Triacetoxy-5-acetyl-benzofuran-7-carbonsäure-äthylester
an Platin in Essigsäure, Erwärmen des Reaktionsprodukts mit wss. Salzsäure und Er‑
hitzen des danach isolierten Reaktionsprodukts unter vermindertem Druck (*Gruber*,
Horváth, M. **81** [1950] 819, 825).
Krystalle (aus Me.); F: 134—135°.

VII   VIII   IX

5-Acetyl-6-hydroxy-4-methoxy-benzofuran-7-carbonsäure-äthylester $C_{14}H_{14}O_6$,
Formel VIII (R = CH_3, X = H).
B. Neben kleinen Mengen 5-Acetyl-4,6-dimethoxy-benzofuran-7-carbonsäure-äthyl‑

ester beim Behandeln einer Lösung von 5-Acetyl-4,6-dihydroxy-benzofuran-7-carbonsäure-äthylester in Methanol mit Diazomethan in Äther (*Gruber, Horváth*, M. **81** [1950] 819, 825).

Krystalle (aus Me.); F: 153—155°.

5-Acetyl-4,6-dimethoxy-benzofuran-7-carbonsäure-äthylester $C_{15}H_{16}O_6$, Formel VIII (R = X = CH₃).

B. s. im vorangehenden Artikel.

Bei 110—130°/0,005 Torr destillierbar (*Gruber, Horváth*, M. **81** [1950] 819, 826).

5-Methoxy-2,6-dimethyl-4,7-dioxo-4,7-dihydro-benzofuran-3-carbonsäure-äthylester $C_{14}H_{14}O_6$, Formel IX.

B. Beim Erwärmen von 5-Methoxy-2-methyl-4,7-dioxo-4,7-dihydro-benzofuran-3-carbonsäure-äthylester mit Malonsäure und Blei(IV)-acetat in Essigsäure (*Grinew, Terent'ew*, Ž. obšč. Chim. **28** [1958] 78, 85; engl. Ausg. S. 80, 85). Beim Behandeln von 4-Amino-5-methoxy-2,6-dimethyl-benzofuran-3-carbonsäure-äthylester mit Kaliumdichromat und wss. Schwefelsäure (*Gr., Te.*).

Krystalle (aus A.); F: 116—117°.

Hydroxy-oxo-carbonsäuren $C_{12}H_{10}O_6$

[5,7-Dihydroxy-4-methyl-2-oxo-2*H*-chromen-3-yl]-essigsäure, 2-[(*Z*)-1-(2,4,6-Trihydroxy-phenyl)-äthyliden]-bernsteinsäure-1 → 2-lacton $C_{12}H_{10}O_6$, Formel I (R = X = H).

B. Beim Behandeln von Phloroglucin mit Acetylbernsteinsäure-diäthylester und 80%ig. wss. Schwefelsäure (*Shah, Shah*, J. Indian chem. Soc. **19** [1942] 481, 484). Beim Erwärmen von [5,7-Dihydroxy-4-methyl-2-oxo-2*H*-chromen-3-yl]-essigsäure-äthylester mit wss. Natronlauge und anschliessenden Ansäuern mit wss. Salzsäure (*Balaiah et al.*, Pr. Indian Acad. [A] **16** [1942] 68, 78; *Shah, Shah*).

Krystalle; F: ca. 285° [aus wss. A.] (*Shah, Shah*), 264° [aus A.] (*Ba. et al.*).

[5,7-Dimethoxy-4-methyl-2-oxo-2*H*-chromen-3-yl]-essigsäure $C_{14}H_{14}O_6$, Formel I (R = CH₃, X = H).

B. Beim Behandeln von [5,7-Dimethoxy-4-methyl-2-oxo-2*H*-chromen-3-yl]-essigsäure-äthylester mit wss.-äthanol. Kalilauge (*Balaiah et al.*, Pr. Indian Acad. [A] **16** [1942] 68, 80).

Krystalle (aus A.); F: 218—220°.

[5,7-Diacetoxy-4-methyl-2-oxo-2*H*-chromen-3-yl]-essigsäure $C_{16}H_{14}O_8$, Formel I (R = CO-CH₃, X = H).

B. Aus [5,7-Dihydroxy-4-methyl-2-oxo-2*H*-chromen-3-yl]-essigsäure (*Shah, Shah*, J. Indian chem. Soc. **19** [1942] 481, 485).

Krystalle (aus A.); F: 169—170°.

[5,7-Dihydroxy-4-methyl-2-oxo-2*H*-chromen-3-yl]-essigsäure-äthylester $C_{14}H_{14}O_6$, Formel I (R = H, X = C₂H₅).

B. Beim Behandeln eines Gemisches von Phloroglucin und Acetylbernsteinsäure-diäthylester mit Phosphorylchlorid (*Shah, Shah*, J. Indian chem. Soc. **19** [1942] 481, 484) oder mit konz. Schwefelsäure (*Balaiah et al.*, Pr. Indian Acad. [A] **16** [1942] 68, 78).

Krystalle (aus A.); F: 250° (*Shah, Shah*), 240° (*Ba. et al.*).

[5,7-Dimethoxy-4-methyl-2-oxo-2*H*-chromen-3-yl]-essigsäure-äthylester $C_{16}H_{18}O_6$, Formel I (R = CH₃, X = C₂H₅).

B. Beim Erwärmen einer Lösung von [5,7-Dihydroxy-4-methyl-2-oxo-2*H*-chromen-3-yl]-essigsäure-äthylester in Aceton mit Methyljodid und Kaliumcarbonat (*Balaiah et al.*, Pr. Indian Acad. [A] **16** [1942] 68, 80).

Krystalle (aus wss. A.); F: 134° (*Ba. et al.*). Fluorescenz in wss. oder wss.-äthanol. Lösungen vom pH −1,6 bis pH + 12,6: *Goodwin, Kavanagh*, Arch. Biochem. **27** [1950] 152, 160.

I   II   III

[5,7-Diacetoxy-4-methyl-2-oxo-2H-chromen-3-yl]-essigsäure-äthylester $C_{18}H_{18}O_8$, Formel I (R = CO-CH$_3$, X = C$_2$H$_5$).

B. Aus [5,7-Dihydroxy-4-methyl-2-oxo-2H-chromen-3-yl]-essigsäure-äthylester (*Shah, Shah,* J. Indian chem. Soc. **19** [1942] 481, 484).

Krystalle (aus A.); F: 114—115°.

[7,8-Dihydroxy-4-methyl-2-oxo-2H-chromen-3-yl]-essigsäure, 2-[(Z)-1-(2,3,4-Trihydr‑ oxy-phenyl)-äthyliden]-bernsteinsäure-1 → 2-lacton $C_{12}H_{10}O_6$, Formel II (R = X = H).

B. Beim Behandeln von Pyrogallol mit Acetylbernsteinsäure-diäthylester und konz. Schwefelsäure (*Shah, Shah,* J. Indian chem. Soc. **19** [1942] 481, 484). Beim Erwärmen von [7,8-Dihydroxy-4-methyl-2-oxo-2H-chromen-3-yl]-essigsäure-äthylester mit wss. Natron‑ lauge und anschliessenden Ansäuern (*Balaiah et al.,* Pr. Indian Acad. [A] **16** [1942] 68, 78; *Shah, Shah*).

Krystalle (aus wss. A.), F: 277° (*Ba. et al.*); Krystalle (aus wss. Acn.), F: 240°; nach dem Trocknen liegt der Schmelzpunkt bei 270° (*Shah, Shah*).

[7,8-Dimethoxy-4-methyl-2-oxo-2H-chromen-3-yl]-essigsäure $C_{14}H_{14}O_6$, Formel II (R = CH$_3$, X = H).

B. Beim Behandeln von [7,8-Dimethoxy-4-methyl-2-oxo-2H-chromen-3-yl]-essigsäure- äthylester mit wss.-äthanol. Kalilauge (*Balaiah et al.,* Pr. Indian Acad. [A] **16** [1942] 68, 81).

Krystalle (aus A.); F: 194°.

[7,8-Diacetoxy-4-methyl-2-oxo-2H-chromen-3-yl]-essigsäure $C_{16}H_{14}O_8$, Formel II (R = CO-CH$_3$, X = H).

B. Aus [7,8-Dihydroxy-4-methyl-2-oxo-2H-chromen-3-yl]-essigsäure (*Shah, Shah,* J. Indian chem. Soc. **19** [1942] 481, 484).

Krystalle (aus wss. Eg.); F: 224—225°.

[7,8-Dihydroxy-4-methyl-2-oxo-2H-chromen-3-yl]-essigsäure-äthylester $C_{14}H_{14}O_6$, Formel II (R = H, X = C$_2$H$_5$).

B. Beim Behandeln eines Gemisches von Pyrogallol und Acetylbernsteinsäure-diäthyl‑ ester mit konz. Schwefelsäure (*Chakravarti,* J. Indian chem. Soc. **12** [1935] 536, 538; s. a. *Shah, Shah,* J. Indian chem. Soc. **19** [1942] 481, 484) oder mit Phosphorylchlorid (*Shah, Shah*).

Krystalle; F: 206° [aus wss. Acn.] (*Shah, Shah*), 186° [aus A.] (*Ch.*).

[7,8-Dimethoxy-4-methyl-2-oxo-2H-chromen-3-yl]-essigsäure-äthylester $C_{16}H_{18}O_6$, Formel II (R = CH$_3$, X = C$_2$H$_5$).

B. Beim Erwärmen einer Lösung von [7,8-Dihydroxy-4-methyl-2-oxo-2H-chromen- 3-yl]-essigsäure-äthylester in Aceton mit Methyljodid und Kaliumcarbonat (*Balaiah et al.,* Pr. Indian Acad. [A] **16** [1942] 68, 80).

Krystalle (aus wss. A.); F: 87°.

[7,8-Diacetoxy-4-methyl-2-oxo-2H-chromen-3-yl]-essigsäure-äthylester $C_{18}H_{18}O_8$, Formel II (R = CO-CH$_3$, X = C$_2$H$_5$).

B. Aus [7,8-Dihydroxy-4-methyl-2-oxo-2H-chromen-3-yl]-essigsäure-äthylester (*Shah, Shah,* J. Indian chem. Soc. **19** [1942] 481, 484).

Krystalle (aus A.); F: 123—124°.

7,8-Dihydroxy-3,4-dimethyl-2-oxo-2H-chromen-6-carbonsäure-äthylester $C_{14}H_{14}O_6$,
Formel III (R = C_2H_5).

B. Beim Behandeln von 2,3,4-Trihydroxy-benzoesäure-äthylester mit 2-Methyl-acet≈
essigsäure-äthylester und wss. Schwefelsäure (*Desai, Mavani,* Pr. Indian Acad. [A] **15**
[1942] 1, 2).

Krystalle (aus A.); F: 230°.

5,7-Dimethoxy-4,8-dimethyl-2-oxo-2H-chromen-6-carbonsäure $C_{14}H_{14}O_6$, Formel IV.

B. Beim Erwärmen von 5,7-Dimethoxy-4,8-dimethyl-2-oxo-2H-chromen-6-carbon≈
säure-methylester mit wss. Natronlauge (*Dean et al.,* Soc. **1954** 4565, 4570).

Krystalle (aus Bzl.); F: 220°.

5,7-Dihydroxy-4,8-dimethyl-2-oxo-2H-chromen-6-carbonsäure-methylester $C_{13}H_{12}O_6$,
Formel V (R = X = H).

B. Beim Behandeln eines Gemisches von 2,4,6-Trihydroxy-3-methyl-benzoesäure-
methylester, Acetessigsäure-äthylester und Essigsäure mit Chlorwasserstoff (*Dean et al.,*
Soc. **1954** 4565, 4570).

Krystalle (aus Me. oder Eg.); F: 249° [Zers.].

5,7-Dimethoxy-4,8-dimethyl-2-oxo-2H-chromen-6-carbonsäure-methylester $C_{15}H_{16}O_6$,
Formel V (R = CH_3, X = H).

B. Beim Erwärmen von 5,7-Dihydroxy-4,8-dimethyl-2-oxo-2H-chromen-6-carbonsäure-
methylester mit Aceton, Dimethylsulfat und Kaliumcarbonat (*Dean et al.,* Soc. **1954**
4565, 4570).

Krystalle (aus PAe.); F: 113°.

3-Chlor-5,7-dihydroxy-4,8-dimethyl-2-oxo-2H-chromen-6-carbonsäure-methylester
$C_{13}H_{11}ClO_6$, Formel VI (R = H, X = Cl).

B. Beim Behandeln eines Gemisches von 2,4,6-Trihydroxy-3-methyl-benzoesäure-
methylester, 2-Chlor-acetessigsäure-äthylester und Essigsäure mit Chlorwasserstoff (*Dean
et al.,* Soc. **1954** 4565, 4570).

Krystalle (aus Eg.); F: 228° [Zers.].

3-Chlor-5,7-dimethoxy-4,8-dimethyl-2-oxo-2H-chromen-6-carbonsäure-methylester
$C_{15}H_{15}ClO_6$, Formel VI (R = CH_3, X = Cl).

B. Beim Erwärmen von 3-Chlor-5,7-dihydroxy-4,8-dimethyl-2-oxo-2H-chromen-6-carb≈
onsäure-methylester mit Aceton, Dimethylsulfat und Kaliumcarbonat (*Dean et al.,* Soc.
1954 4565, 4570).

Krystalle (aus PAe.); F: 140°.

IV   V   VI

3-Brom-5,7-dihydroxy-4,8-dimethyl-2-oxo-2H-chromen-6-carbonsäure-methylester
$C_{13}H_{11}BrO_6$, Formel VI (R = H, X = Br).

B. Beim Erwärmen von 5,7-Dihydroxy-4,8-dimethyl-2-oxo-2H-chromen-6-carbon≈
säure-methylester mit Brom in Essigsäure (*Dean et al.,* Soc. **1954** 4565, 4570).

Krystalle (aus Eg.); F: 232°.

3-Brom-5,7-dimethoxy-4,8-dimethyl-2-oxo-2H-chromen-6-carbonsäure-methylester
$C_{15}H_{15}BrO_6$, Formel VI (R = CH_3, X = Br).

B. Beim Erwärmen von 5,7-Dimethoxy-4,8-dimethyl-2-oxo-2H-chromen-6-carbon≈
säure-methylester mit Brom in Essigsäure (*Dean et al.,* Soc. **1954** 4565, 4570).

Krystalle (aus PAe.); F: 132°.

5,7-Diacetoxy-3-brom-4,8-dimethyl-2-oxo-2H-chromen-6-carbonsäure-methylester
$C_{17}H_{15}BrO_8$, Formel VI (R = CO-CH$_3$, X = Br).

B. Aus 3-Brom-5,7-dihydroxy-4,8-dimethyl-2-oxo-2H-chromen-6-carbonsäure-methyl≠
ester (*Dean et al.*, Soc. **1954** 4565, 4570).
Krystalle (aus PAe.); F: 164°.

5,7-Diacetoxy-4-brommethyl-8-methyl-2-oxo-2H-chromen-6-carbonsäure-methylester
$C_{17}H_{15}BrO_8$, Formel V (R = CO-CH$_3$, X = Br).

Diese Konstitution kommt vermutlich der nachstehend beschriebenen Verbindung zu
(*Dean et al.*, Soc. **1954** 4565, 4566).

B. Beim Behandeln eines Gemisches von 2,4,6-Trihydroxy-3-methyl-benzoesäure-
methylester, 2-Brom-acetessigsäure-äthylester mit Bromwasserstoff und Behandeln des
Reaktionsprodukts mit Acetanhydrid und wenig Schwefelsäure (*Dean et al.*, l. c. S. 4570).
Krystalle (aus Bzl. + PAe.); F: 154°.

4-[6-Hydroxy-2,3-dihydro-benzofuran-5-yl]-2,4-dioxo-buttersäure-äthylester $C_{14}H_{14}O_6$,
Formel VII, und Tautomere.

B. Beim Erwärmen von 1-[6-Hydroxy-2,3-dihydro-benzofuran-5-yl]-äthanon mit Oxal≠
säure-diäthylester und Natrium in Äther (*Davies et al.*, Soc. **1950** 3206, 3213).
Krystalle (aus A.); F: 145° [unkorr.].

C$_2$H$_5$—O—CO—CO—CH$_2$—CO (VII)   C$_2$H$_5$—O—CO—CO—CH$_2$—CO (VIII)

          VII   VIII

4-[5-Hydroxy-2,3-dihydro-benzofuran-6-yl]-2,4-dioxo-buttersäure-äthylester $C_{14}H_{14}O_6$,
Formel VIII, und Tautomere.

B. Beim Erwärmen von 1-[5-Hydroxy-2,3-dihydro-benzofuran-6-yl]-äthanon mit Oxal≠
säure-diäthylester und Natrium (*Ramage, Stead*, Soc. **1953** 3602, 3605).
Krystalle (aus A.); F: 133—134°.

[4,6-Dimethoxy-3-methyl-benzofuran-2-yl]-brenztraubensäure $C_{14}H_{14}O_6$, Formel IX,
und Tautomeres.

B. Beim Erwärmen von 4-[4,6-Dimethoxy-3-methyl-benzofuran-2-ylmethylen]-2-phen≠
yl-Δ^2-oxazolin-5-on (F: 183,5°) mit wss. Natronlauge (*Birch, Robertson*, Soc. **1938** 306,
308).
Gelbliche Krystalle (aus wss. Me.); F: 213—214° [Zers.].

H$_3$C—O ... —CH$_2$—CO—CO—OH / H$_3$C—O ... CH$_3$ (IX)
      H$_3$C—O ... —CH$_2$—C(N~OH)—CO—OH / H$_3$C—O ... CH$_3$ (X)

          IX   X

3-[4,6-Dimethoxy-3-methyl-benzofuran-2-yl]-2-hydroxyimino-propionsäure $C_{14}H_{15}NO_6$,
Formel X.

B. Aus [4,6-Dimethoxy-3-methyl-benzofuran-2-yl]-brenztraubensäure und Hydroxyl≠
amin (*Birch, Robertson*, Soc. **1938** 306, 308).
Krystalle (aus W.); F: 153° [Zers.].

[4,6-Dimethoxy-3,5-dimethyl-benzofuran-2-yl]-hydroxyimino-essigsäure $C_{14}H_{15}NO_6$,
Formel XI (R = H).

B. Beim Erwärmen des im folgenden Artikel beschriebenen Methylesters mit wss. Kali≠
lauge (*Asahina, Yanagita*, B. **70** [1937] 66, 67).
Krystalle; F: ca. 116° [Zers.].

XI · XII

[4,6-Dimethoxy-3,5-dimethyl-benzofuran-2-yl]-hydroxyimino-essigsäure-methylester $C_{15}H_{17}NO_6$, Formel XI (R = CH_3).

B. Beim Behandeln von [4,6-Dimethoxy-3,5-dimethyl-benzofuran-2-yl]-essigsäure-methylester mit Amylnitrit und Natriumäthylat in Äthanol (*Asahina, Yanagita,* B. **70** [1937] 66, 67).

Gelbliche Krystalle (aus E. + PAe.); F: 191°.

(±)-3ξ-[3-Acetoxy-7-methoxy-6-methyl-1-oxo-phthalan-4-yl]-acrylsäure $C_{15}H_{14}O_7$, Formel XII.

B. Beim Erhitzen von Gladiolsäure (2,3-Diformyl-6-methoxy-5-methyl-benzoesäure) mit Acetanhydrid und Natriumacetat (*Grove,* Biochem. J. **50** [1952] 648, 657, 661).

Krystalle (aus Acn.); F: 280° [korr.; Zers.].

Hydroxy-oxo-carbonsäuren $C_{13}H_{12}O_6$

4-[7,8-Dimethoxy-2-oxo-2H-chromen-4-yl]-buttersäure $C_{15}H_{16}O_6$, Formel I (R = H).

B. Beim Behandeln von Pyrogallol mit 3-Oxo-heptandisäure-diäthylester und Schwefelsäure, Erwärmen einer Suspension des Reaktionsprodukts in Aceton mit Dimethylsulfat und Kaliumcarbonat, Erwärmen des danach isolierten Reaktionsprodukts mit wss. Natronlauge und anschliessenden Ansäuern (*Loewenthal,* Soc. **1953** 3962, 3966).

Krystalle (aus W.); F: 167°.

I · II

4-[7,8-Dimethoxy-2-oxo-2H-chromen-4-yl]-buttersäure-methylester $C_{16}H_{18}O_6$, Formel I (R = CH_3).

B. Beim Behandeln von 4-[7,8-Dimethoxy-2-oxo-2H-chromen-4-yl]-buttersäure mit Schwefelsäure enthaltendem Methanol (*Loewenthal,* Soc. **1953** 3962, 3966).

Krystalle (aus wss. Me.); F: 101°. UV-Spektrum (A.; 250—350 nm): *Lo.*

3-[5,7-Dihydroxy-4-methyl-2-oxo-2H-chromen-3-yl]-propionsäure, 2-[(Z)-1-(2,4,6-Trihydroxy-phenyl)-äthyliden]-glutarsäure-1 → 2-lacton $C_{13}H_{12}O_6$, Formel II.

B. Beim Behandeln von Phloroglucin mit 2-Acetyl-glutarsäure-diäthylester und konz. Schwefelsäure (*Shah, Shah,* B. **71** [1938] 2075, 2080).

Gelbliche Krystalle (aus W.) mit 1 Mol H_2O; F: 257—258° [Zers.] (*Shah, Shah*). Fluorescenz von wss. oder wss.-äthanol. Lösungen vom pH −1,6 bis pH +12,6: *Goodwin, Kavanagh,* Arch. Biochem. **36** [1952] 442, 445.

3-[7,8-Dihydroxy-4-methyl-2-oxo-2H-chromen-3-yl]-propionsäure, 2-[(Z)-1-(2,3,4-Trihydroxy-phenyl)-äthyliden]-glutarsäure-1 → 2-lacton $C_{13}H_{12}O_6$, Formel III (R = X = H).

B. Beim Behandeln von Pyrogallol mit 2-Acetyl-glutarsäure-diäthylester und 78%ig.

wss. Schwefelsäure (*Shah, Shah*, B. **71** [1938] 2075, 2079).
Krystalle (aus wss. A. oder Acn.) mit 1 Mol H_2O; F: 185° (*Shah, Shah*, B. **71** 2079, **72** [1939] 215).

3-[7,8-Dimethoxy-4-methyl-2-oxo-2H-chromen-3-yl]-propionsäure $C_{15}H_{16}O_6$, Formel III (R = CH_3, X = H).
B. Aus 3-[7,8-Dihydroxy-4-methyl-2-oxo-2*H*-chromen-3-yl]-propionsäure mit Hilfe von Dimethylsulfat (*Shah, Shah*, B. **71** [1938] 2075, 2079).
Krystalle (aus wss. A.); F: 207—208°.

3-[7,8-Diacetoxy-4-methyl-2-oxo-2H-chromen-3-yl]-propionsäure $C_{17}H_{16}O_8$, Formel III (R = CO-CH_3, X = H).
B. Aus 3-[7,8-Dihydroxy-4-methyl-2-oxo-2*H*-chromen-3-yl]-propionsäure (*Shah, Shah*, B. **71** [1938] 2075, 2079).
Krystalle (aus wss. A.); F: 182°.

III   IV

3-[7,8-Dihydroxy-4-methyl-2-oxo-2H-chromen-3-yl]-propionsäure-äthylester $C_{15}H_{16}O_6$, Formel III (R = H, X = C_2H_5).
B. Aus 3-[7,8-Dihydroxy-4-methyl-2-oxo-2*H*-chromen-3-yl]-propionsäure (*Shah, Shah*, B. **71** [1938] 2075, 2079).
Krystalle; F: 157°.

[6-Äthyl-7,8-dihydroxy-2-oxo-2H-chromen-4-yl]-essigsäure $C_{13}H_{12}O_6$, Formel IV (R = X = H).
B. Beim Behandeln von 4-Äthyl-pyrogallol mit 3-Oxo-glutarsäure und konz. Schwefel= säure (*Kansara, Shah*, J. Univ. Bombay **17**, Tl. 3 A [1948] 57, 61; *Mehta et al.*, J. Indian chem. Soc. **33** [1956] 135, 138).
Krystalle; F: 215—216° [Zers.; aus Eg.] (*Me. et al.*), 202° [Zers.; aus wss. A.] (*Ka., Shah*).

[6-Äthyl-7,8-dimethoxy-2-oxo-2H-chromen-4-yl]-essigsäure $C_{15}H_{16}O_6$, Formel IV (R = CH_3, X = H).
B. Beim Behandeln von [6-Äthyl-7,8-dihydroxy-2-oxo-2*H*-chromen-4-yl]-essigsäure mit Aceton, Dimethylsulfat und Kaliumcarbonat (*Mehta et al.*, J. Indian chem. Soc. **33** [1956] 135, 138).
Krystalle (aus W.); F: 112°.

[7,8-Diacetoxy-6-äthyl-2-oxo-2H-chromen-4-yl]-essigsäure $C_{17}H_{16}O_8$, Formel IV (R = CO-CH_3, X = H).
B. Beim Behandeln von [6-Äthyl-7,8-dihydroxy-2-oxo-2*H*-chromen-4-yl]-essigsäure mit Acetanhydrid und konz. Schwefelsäure (*Mehta et al.*, J. Indian chem. Soc. **33** [1956] 135, 138).
Krystalle; F: 202—203° [aus wss. A.] (*Me. et al.*), 173—174° [aus Eg.] (*Kansara, Shah*, J. Univ. Bombay **17**, Tl. 3 A [1948] 57, 61).

[6-Äthyl-7,8-bis-benzoyloxy-2-oxo-2H-chromen-4-yl]-essigsäure $C_{27}H_{20}O_8$, Formel IV (R = CO-C_6H_5, X = H).
B. Aus [6-Äthyl-7,8-dihydroxy-2-oxo-2*H*-chromen-4-yl]-essigsäure mit Hilfe von Benzoylchlorid (*Mehta et al.*, J. Indian chem. Soc. **33** [1956] 135, 138).
Krystalle (aus A.); F: 110°.

[6-Äthyl-7,8-dihydroxy-2-oxo-2*H***-chromen-4-yl]-essigsäure-äthylester** $C_{15}H_{16}O_6$,
Formel IV (R = H, X = C_2H_5).
B. Beim Erwärmen von [6-Äthyl-7,8-dihydroxy-2-oxo-2*H*-chromen-4-yl]-essigsäure
mit Schwefelsäure enthaltendem Äthanol (*Mehta et al.*, J. Indian chem. Soc. **33** [1956]
135, 139).
Krystalle (aus A.); F: 212—213° (*Me. et al.*), 210° (*Kansara, Shah*, J. Univ. Bombay
17, Tl. 3 A [1948] 57, 61).

[6-Äthyl-7,8-dimethoxy-2-oxo-2*H***-chromen-4-yl]-essigsäure-äthylester** $C_{17}H_{20}O_6$,
Formel IV (R = CH_3, X = C_2H_5).
B. Beim Behandeln von [6-Äthyl-7,8-dihydroxy-2-oxo-2*H*-chromen-4-yl]-essigsäure-
äthylester mit Aceton, Dimethylsulfat und Natriumhydrogencarbonat (*Mehta et al.*,
J. Indian chem. Soc. **33** [1956] 135, 139).
Krystalle (aus A.); F: 158°.

[7,8-Diacetoxy-6-äthyl-2-oxo-2*H***-chromen-4-yl]-essigsäure-äthylester** $C_{19}H_{20}O_8$,
Formel IV (R = CO-CH_3, X = C_2H_5).
B. Beim Behandeln von [6-Äthyl-7,8-dihydroxy-2-oxo-2*H*-chromen-4-yl]-essigsäure-
äthylester mit Acetanhydrid und konz. Schwefelsäure (*Mehta et al.*, J. Indian chem. Soc.
33 [1956] 135, 139).
Krystalle; F: 100° [aus A.] (*Me. et al.*), 94—95° (*Kansara, Shah*, J. Univ. Bombay **17**,
Tl. 3 A [1948] 57, 61).

3-Äthyl-7,8-dihydroxy-4-methyl-2-oxo-2*H***-chromen-6-carbonsäure-äthylester** $C_{15}H_{16}O_6$,
Formel V.
B. Beim Behandeln von 2,3,4-Trihydroxy-benzoesäure-äthylester mit 2-Äthyl-acet-
essigsäure-äthylester und 73%ig. wss. Schwefelsäure (*Desai, Mavani*, Pr. Indian Acad.
[A] **15** [1942] 1, 3).
Krystalle (aus A.); F: 209—210°.

V   VI

[4,6-Dimethoxy-3,5-dimethyl-benzofuran-2-yl]-brenztraubensäure $C_{15}H_{16}O_6$, Formel VI,
und Tautomeres.
B. Beim Erwärmen von 4-[4,6-Dimethoxy-3,5-dimethyl-benzofuran-2-ylmethylen]-
2-phenyl-Δ^2-oxazolin-5-on (F: 205°) mit wss. Natronlauge und Erwärmen der mit
Schwefeldioxid behandelten, von Benzoesäure befreiten Reaktionslösung mit wss. Salzsäure (*Birch, Robertson*, Soc. **1938** 306, 309).
Gelbliche Krystalle (aus wss. Eg.) mit 1 Mol H_2O; F: 190° [Zers.].

Hydroxy-oxo-carbonsäuren $C_{14}H_{14}O_6$

7,8-Dihydroxy-4-methyl-2-oxo-3-propyl-2*H***-chromen-6-carbonsäure-äthylester** $C_{16}H_{18}O_6$,
Formel VII (R = C_2H_5).
B. Beim Behandeln von 2,3,4-Trihydroxy-benzoesäure-äthylester mit 2-Propyl-acet-
essigsäure-äthylester und 73%ig. wss. Schwefelsäure (*Desai, Mavani*, Pr. Indian Acad.
[A] **15** [1942] 1, 3).
Krystalle (aus A.); F: 203—204°.

[6-Äthyl-7,8-dihydroxy-4-methyl-2-oxo-2*H***-chromen-3-yl]-essigsäure,**
2-[(*Z***)-1-(5-Äthyl-2,3,4-trihydroxy-phenyl)-äthyliden]-bernsteinsäure-1 → 2-lacton**
$C_{14}H_{14}O_6$, Formel VIII (R = X = H).
B. Aus [6-Äthyl-7,8-dihydroxy-4-methyl-2-oxo-2*H*-chromen-3-yl]-essigsäure-äthylester

beim Erwärmen mit konz. wss. Salzsäure und Essigsäure (*Shah, Shah,* J. Indian chem. Soc. **19** [1942] 489) sowie beim Behandeln mit konz. wss. Salzsäure (*Mehta et al.,* J. Indian chem. Soc. **33** [1956] 135, 139).

Krystalle; F: 275° [aus A.] (*Shah, Shah*), 275° [aus Eg.] (*Me. et al.*).

[7,8-Diacetoxy-6-äthyl-4-methyl-2-oxo-2*H*-chromen-3-yl]-essigsäure $C_{18}H_{18}O_8$,
Formel VIII (R = CO-CH$_3$, X = H).

B. Aus [6-Äthyl-7,8-dihydroxy-4-methyl-2-oxo-2*H*-chromen-3-yl]-essigsäure (*Shah, Shah,* J. Indian chem. Soc. **19** [1942] 489).

Krystalle (aus A.); F: 153—154°.

[6-Äthyl-7,8-dihydroxy-4-methyl-2-oxo-2*H*-chromen-3-yl]-essigsäure-äthylester
$C_{16}H_{18}O_6$, Formel VIII (R = H, X = C$_2$H$_5$).

B. Beim Behandeln von 4-Äthyl-pyrogallol mit Acetylbernsteinsäure-diäthylester und Phosphorylchlorid (*Shah, Shah,* J. Indian chem. Soc. **19** [1942] 486, 491; *Mehta et al.,* J. Indian chem. Soc. **33** [1956] 135, 139).

Krystalle (aus Bzl.); F: 152° (*Me. et al.*), 150—151° (*Shah, Shah*).

VII　　　　　　　　　　　　　　　　　　VIII

[7,8-Diacetoxy-6-äthyl-4-methyl-2-oxo-2*H*-chromen-3-yl]-essigsäure-äthylester
$C_{20}H_{22}O_8$, Formel VIII (R = CO-CH$_3$, X = C$_2$H$_5$).

B. Aus [6-Äthyl-7,8-dihydroxy-4-methyl-2-oxo-2*H*-chromen-3-yl]-essigsäure-äthylester (*Shah, Shah,* J. Indian chem. Soc. **19** [1942] 489).

Krystalle (aus A.); F: 149°.

[6-Äthyl-7,8-bis-benzoyloxy-4-methyl-2-oxo-2*H*-chromen-3-yl]-essigsäure-äthylester
$C_{30}H_{26}O_8$, Formel VIII (R = CO-C$_6$H$_5$, X = C$_2$H$_5$).

B. Aus [6-Äthyl-7,8-dihydroxy-4-methyl-2-oxo-2*H*-chromen-3-yl]-essigsäure-äthylester (*Shah, Shah,* J. Indian chem. Soc. **19** [1942] 489).

Krystalle (aus A.); F: 163°.

[7-Acetyl-4,6-dihydroxy-3,5-dimethyl-benzofuran-2-yl]-essigsäure, Usnetinsäure
$C_{14}H_{14}O_6$, Formel IX (R = X = H) (E II 392).

B. Beim Erhitzen von [7-Acetyl-6-hydroxy-4-methoxy-3,5-dimethyl-benzofuran-2-yl]-essigsäure mit Magnesiumjodid auf 190° und Erwärmen des Reaktionsprodukts mit wss. Schwefelsäure (*Dean et al.,* Soc. **1957** 1577, 1581).

Krystalle (aus wss. Eg.), F: 211° [Zers.; nach Sintern bei 190°] (*Curd, Robertson,* Soc. **1937** 894, 901); Krystalle (aus Me.), F: 202° [Zers.] (*Asahina et al.,* B. **70** [1937] 2462, 2465). UV-Spektrum (A.; 220—380 nm): *MacKenzie,* Am. Soc. **74** [1952] 4067.

[7-Acetyl-6-hydroxy-4-methoxy-3,5-dimethyl-benzofuran-2-yl]-essigsäure $C_{15}H_{16}O_6$,
Formel IX (R = H, X = CH$_3$).

B. Beim Behandeln von [4,6-Dimethoxy-3,5-dimethyl-benzofuran-2-yl]-essigsäure mit Essigsäure, Acetanhydrid und Borfluorid (*Dean et al.,* Soc. **1957** 1577, 1580). Beim Erwärmen von [7-Acetyl-6-hydroxy-4-methoxy-3,5-dimethyl-benzofuran-2-yl]-essigsäuremethylester mit wss.-methanol. Kalilauge (*Curd, Robertson,* Soc. **1933** 1173, 1178).

Krystalle; F: 166° [aus Bzl.] (*Dean et al.*), 164—165° [aus wss. A.] (*Curd, Ro.*).

[6-Acetoxy-7-acetyl-4-methoxy-3,5-dimethyl-benzofuran-2-yl]-essigsäure $C_{17}H_{18}O_7$,
Formel IX (R = CO-CH$_3$, X = CH$_3$).

B. Beim Behandeln der im vorangehenden Artikel beschriebenen Verbindung mit Acetanhydrid und wenig Schwefelsäure (*Dean et al.,* Soc. **1957** 1577, 1581).

Krystalle (aus Bzl.); F: 134°.

[4,6-Diacetoxy-7-acetyl-3,5-dimethyl-benzofuran-2-yl]-essigsäure, Di-*O*-acetyl-usnetinsäure $C_{18}H_{18}O_8$, Formel IX (R = X = CO-CH₃).

B. Beim Behandeln von Usnetinsäure (S. 6511) mit Acetanhydrid und wenig Schwefelsäure (*Dean et al.*, Soc. **1957** 1577, 1581).

Krystalle (aus wss. Me.); F: 173°.

[7-Acetyl-4,6-dihydroxy-3,5-dimethyl-benzofuran-2-yl]-essigsäure-methylester, Usnetinsäure-methylester $C_{15}H_{16}O_6$, Formel X (R = H, X = CH₃) (E II 393).

F: 192° (*Shibata et al.*, J. pharm. Soc. Japan **72** [1952] 825, 829; C. A. **1954** 3336).

IX   X   XI

[7-Acetyl-6-hydroxy-4-methoxy-3,5-dimethyl-benzofuran-2-yl]-essigsäure-methylester, $C_{16}H_{18}O_6$, Formel X (R = X = CH₃) (E II 393; dort als „Monomethyläther des Usnetinsäure-methylesters" bezeichnet).

Krystalle (aus Me.); F: 117—118° (*Curd, Robertson*, Soc. **1933** 1173, 1178).

[7-Acetyl-4,6-dihydroxy-3,5-dimethyl-benzofuran-2-yl]-essigsäure-äthylester, Usnetinsäure-äthylester $C_{16}H_{18}O_6$, Formel X (R = H, X = C₂H₅).

B. Beim Erwärmen von Usnetinsäure (S. 6511) mit Schwefelsäure enthaltendem Äthanol (*Asahina et al.*, B. **70** [1937] 2462, 2465).

Hellgelbe Krystalle (aus A.); F: 147°.

(6*Ξ*,6a*S*)-1-Methoxy-6a-methyl-3,9-dioxo-5,6,6a,7,8,9-hexahydro-3*H*,4*H*-benz[*de*]isochromen-6-carbonsäure, *O*-Methyl-decevinsäure $C_{15}H_{16}O_6$, Formel XI (R = H).

B. Beim Erwärmen von Essigsäure-[*O*-methyl-decevinsäure]-anhydrid (s. u.) mit Methanol (*Craig, Jacobs*, J. biol. Chem. **134** [1940] 123, 131).

Krystalle; F: 242—245°.

(6*Ξ*,6a*S*)-1-Methoxy-6a-methyl-3,9-dioxo-5,6,6a,7,8,9-hexahydro-3*H*,4*H*-benz[*de*]isochromen-6-carbonsäure-methylester $C_{16}H_{18}O_6$, Formel XI (R = CH₃).

Diese Konstitution und Konfiguration kommt dem nachstehend beschriebenen **O-Methyl-decevinsäure-methylester** zu (*Gautschi et al.*, Helv. **37** [1954] 2280, 2282).

B. Aus Decevinsäure (S. 6168) mit Hilfe von Diazomethan (*Craig, Jacobs*, J. biol. Chem. **134** [1940] 123, 130).

Krystalle; F: 165—166° (*Cr., Ja.*), 165—166° [korr.; aus Me.] (*Ga. et al.*, l. c. S. 2292). IR-Spektrum (Nujol; 2—16 μ): *Ga. et al.*, l. c. S. 2285.

Essigsäure-[(6*Ξ*,6a*S*)-1-methoxy-6a-methyl-3,9-dioxo-5,6,6a,7,8,9-hexahydro-3*H*,4*H*-benz[*de*]isochromen-6-carbonsäure]-anhydrid, Acetyl-[(6*Ξ*,6a*S*)-1-methoxy-6a-methyl-3,9-dioxo-5,6,6a,7,8,9-hexahydro-3*H*,4*H*-benz[*de*]isochromen-6-carbonyl]-oxid $C_{17}H_{18}O_7$, Formel XI (R = CO-CH₃).

Diese Konstitution und Konfiguration kommt dem nachstehend beschriebenen **Essigsäure-[*O*-methyl-decevinsäure]-anhydrid** zu (*Gautschi et al.*, Helv. **37** [1954] 2280, 2282).

B. Aus Decevinsäure-essigsäure-anhydrid (S. 6168) mit Hilfe von Diazomethan (*Craig, Jacobs*, J. biol. Chem. **134** [1940] 123, 131).

Krystalle; F: 182—183° (*Cr., Ja.*), 162—164° [aus CH₂Cl₂ + Ae.] (*Ga. et al.*, l. c. S. 2292). IR-Spektrum (Nujol; 2—16 μ): *Ga. et al.*, l. c. S. 2285.

Hydroxy-oxo-carbonsäuren $C_{15}H_{16}O_6$

*Opt.-inakt. 2-[4-Methoxy-2,5-dimethyl-benzoyl]-4-methyl-5-oxo-tetrahydro-furan-3-carbonsäure, 2-[α-Hydroxy-4-methoxy-2,5-dimethyl-phenacyl]-3-methyl-bernstein-säure-4-lacton $C_{16}H_{18}O_6$, Formel XII, und Tautomeres (6-Hydroxy-6-[4-methoxy-2,5-dimethyl-phenyl]-3-methyl-tetrahydro-furo[3,4-*b*]furan-2,4-dion).

B. Beim Behandeln von opt.-inakt. 3-Methyl-dihydro-furo[3,4-*b*]furan-2,4,6-trion (F: 162°) mit 2,5-Dimethyl-anisol, Aluminiumchlorid und Benzol (*Tschitschibabin, Schtschukina*, B. **63** [1930] 2793, 2805).

Krystalle (aus Eg.); F: 207—208°.

Beim Erwärmen mit wss. Salzsäure und amalgamiertem Zink und anschliessend mit Essigsäure und amalgamiertem Zink ist 2-[4-Methoxy-2,5-dimethyl-phenäthyl]-3-methyl-bernsteinsäure (F: 131°) erhalten worden.

XII   XIII

Hydroxy-oxo-carbonsäuren $C_{16}H_{18}O_6$

6-[4-Hydroxy-6-methoxy-7-methyl-3-oxo-phthalan-5-yl]-4-methyl-hex-4*t*-ensäure, Mycophenolsäure $C_{17}H_{20}O_6$, Formel XIII (R = X = H) (E II 393).

Konstitution: *Barer et al.*, Nature **163** [1949] 198; *Logan, Newbold*, Soc. **1957** 1946. Konfiguration: *Birch et al.*, Austral. J. Chem. **22** [1969] 2635, 2638.

IR-Spektrum (3500—700 cm⁻¹) im polarisierten Licht: *Ba. et al.*

Beim Erwärmen mit Salpetersäure und Erwärmen des aus der gebildeten Säure mit Hilfe von Diazomethan hergestellten Methylesters $C_8H_{12}O_4$ (Kp₀,₁: 100°) mit wss.-äthanol. Natronlauge ist eine Dicarbonsäure $C_7H_{10}O_4$ (Krystalle [aus W.]; F: 163°) erhalten worden (*Clutterbuck, Raistrick*, Biochem. J. **27** [1933] 654, 663, 664). Bildung von 4,5-Dimethyl-resorcin beim Erhitzen mit Kaliumhydroxid auf 220°: *Cl., Ra.,* l. c. S. 662.

6-[4,6-Dimethoxy-7-methyl-3-oxo-phthalan-5-yl]-4-methyl-hex-4*t*-ensäure, *O*-Methyl-mycophenolsäure $C_{18}H_{22}O_6$, Formel XIII (R = CH₃, X = H).

B. Beim Erhitzen von *O*-Methyl-mycophenolsäure-methylester (s. u.) mit wss. Natron-lauge und anschliessenden Ansäuern (*Clutterbuck, Raistrick*, Biochem. J. **27** [1933] 654, 658).

Krystalle (aus W.); F: 112° (*Cl., Ra.*).

Beim Erhitzen mit wss. Kalilauge und Behandeln der Reaktionslösung mit Kalium-permanganat sind 4-[2-Hydroxy-2-(2-methyl-5-oxo-tetrahydro-[2]furyl)-äthyl]-3,5-di-methoxy-6-methyl-phthalsäure-anhydrid (F: 153°; über die Konstitution dieser Verbin-dung s. *Birch et al.*, Soc. **1958** 365, 367), 5-Hydroxyoxalyl-4,6-dimethoxy-benzol-1,2,3-tricarbonsäure-1,2-anhydrid (S. 6691), Essigsäure und Oxalsäure erhalten worden (*Cl., Ra.*, l. c. S. 659)

6-[4-Acetoxy-6-methoxy-7-methyl-3-oxo-phthalan-5-yl]-4-methyl-hex-4*t*-ensäure, *O*-Acetyl-mycophenolsäure $C_{19}H_{22}O_7$, Formel XIII (R = CO-CH₃, X = H).

B. Beim Erhitzen von Mycophenolsäure (s. o.) mit Acetanhydrid und Natriumacetat (*Clutterbuck, Raistrick*, Biochem. J. **27** [1933] 654, 656).

Krystalle (aus W.); F: 158—160° [nach Sintern bei 155°].

6-[4,6-Dimethoxy-7-methyl-3-oxo-phthalan-5-yl]-4-methyl-hex-4*t*-ensäure-methylester, *O*-Methyl-mycophenolsäure-methylester $C_{19}H_{24}O_6$, Formel XIII (R = X = CH₃).

B. Beim Behandeln von Mycophenolsäure (s. o.) mit Diazomethan in Äther (*Clutterbuck, Raistrick*, Biochem. J. **27** [1933] 654, 657).

Krystalle (aus wss. A.); F: 58°.

Hydroxy-oxo-carbonsäuren $C_{19}H_{24}O_6$

2-Hydroxy-1,7-dimethyl-8,13-dioxo-dodecahydro-7,9a-methano-4a,1-oxaäthano-benz[a]azulen-10-carbonsäure $C_{19}H_{24}O_6$.

a) **(4aR)-2c-Hydroxy-1,7-dimethyl-8,13-dioxo-(4bt,10at)-dodecahydro-7t,9at-methano-4ar,1c-oxaäthano-benz[a]azulen-10t-carbonsäure, 2α,4a-Dihydroxy-1β,7-dimethyl-8-oxo-4aα,7α-gibban-1α,10β-dicarbonsäure-1 → 4a-lacton** [1]), Isogibberellin-A_1 $C_{19}H_{24}O_6$, Formel I (R = H).
Konstitution und Konfiguration: *Cross et al.*, Soc. **1961** 2498, 2499.
B. Beim Erhitzen von Gibberellin-C (s. u.) mit wss. Natronlauge (*Takahashi et al.*, Bl. agric. chem. Soc. Japan **23** [1959] 493, 497). Beim Erhitzen von Pseudogibberellin-A_1 (S. 6516) mit wss. Schwefelsäure (*Ta. et al.*).
Krystalle (aus A. + Bzn.) mit 1 Mol H_2O; F: 260—262° [Zers.] (*Ta. et al.*). IR-Spektrum (2—15 μ): *Ta. et al.*, l. c. S. 496. Absorptionsmaximum: 285 nm (*Ta. et al.*, l. c. S. 493).

b) **(4aR)-2t-Hydroxy-1,7-dimethyl-8,13-dioxo-(4bt,10at)-dodecahydro-7t,9at-methano-4ar,1c-oxaäthano-benz[a]azulen-10t-carbonsäure, 2β,4a-Dihydroxy-1β,7-dimethyl-8-oxo-4aα,7α-gibban-1α,10β-dicarbonsäure-1 → 4a-lacton** [1]), Gibberellin-C $C_{19}H_{24}O_6$, Formel II (R = X = H).
Konstitution und Konfiguration: *Brian et al.*, Fortschr. Ch. org. Naturst. **18** [1960] 350, 379; *Bourn et al.*, Soc. **1963** 154, 157.
B. Beim Erhitzen von Gibberellin-A_1 (S. 6516) mit wss. Schwefelsäure (*Kawarada et al.*, Bl. agric. chem. Soc. Japan **19** [1955] 278, 279; s. a. *Yabuta et al.*, J. agric. chem. Soc. Japan **17** [1941] 894, 897; C. A. **1950** 10815). Als Hauptprodukt beim Erhitzen von Gibberellin-A_1-methylester (S. 6517) mit wss. Salzsäure (*Cross*, Soc. **1960** 3022, 3030) oder mit wss. Schwefelsäure (*Takahashi et al.*, Bl. agric. chem. Soc. Japan **19** [1955] 267, 275). Aus Bromgibberellin-A_1 (S. 6516) bei der Hydrierung des Natrium-Salzes an Palladium/Calciumcarbonat in wss. Lösung sowie beim Erhitzen mit Essigsäure und Zink (*Takahashi et al.*, Bl. agric. chem. Soc. Japan **23** [1959] 493, 497). Beim Erhitzen von Bromgibberellin-A_3 (S. 6532) mit Essigsäure und Zink (*Takahashi et al.*, Bl. agric. chem. Soc. Japan **23** [1959] 509, 523).
Krystalle mit 1 Mol H_2O; F: 265—267° [korr.; Zers.; aus wss. Me. oder aus Butanon + PAe.] (*Cr.*); F: 254—256° [Zers.; aus E. + Bzn.] (*Ta. et al.*, Bl. agric. chem. Soc. Japan **23** 497); F: 252—253° [aus wss. A.] (*Ka. et al.*); F: 251—252° [Zers.; aus wss. A. oder aus A. + Bzn.] (*Ya. et al.*). [α]$_D$: +49,9° [Me.] (*Ya. et al.*); [α]$_D^{19}$: +50° [A.] (*Cr.*). IR-Spektrum (2—15 μ): *Ta. et al.*, Bl. agric. chem. Soc. Japan **23** 495. Absorptionsmaximum: 280 nm (*Ta. et al.*, Bl. agric. chem. Soc. Japan **23** 493) bzw. 292,5 nm [A.] (*Cr.*).
Überführung in Isogibberellin-A_1 (s. o.) durch Erhitzen mit wss. Natronlauge: *Ta. et al.*, Bl. agric. chem. Soc. Japan **23** 497. Verhalten beim Erhitzen mit Selen auf 320° (Bildung von 1,7-Dimethyl-fluoren und Gibberon [1,7-Dimethyl-7α-gibba-1,3,4a(10a),4b-tetraen-8-on]): *Seta et al.*, Bl. agric. chem. Soc. Japan **23** [1959] 412, 417. Beim Erhitzen mit Äthanol und Selendioxid auf 130° sind Gibberellin-C-äthylester (S. 6515) und eine Verbindung $C_{19}H_{22}O_7$ (gelbliche Krystalle [aus A. + E. + Bzn.] mit 1 Mol H_2O, die bei 240—248° [Zers.] schmelzen) erhalten worden (*Ta. et al.*, Bl. agric. chem. Soc. Japan **23** 498). Reaktion mit Brom in Essigsäure (Bildung einer Verbindung $C_{19}H_{23}BrO_6$ vom F: 228—229° [Zers.] und einer Verbindung vom F: 202—205° [Zers.]): *Ta. et al.*, Bl. agric. chem. Soc. Japan **23** 498.

I   II

---

[1]) Stellungsbezeichnung bei von Gibban abgeleiteten Namen s. S. 6080.

(4a*R*)-2*t*-Acetoxy-1,7-dimethyl-8,13-dioxo-(4b*t*,10a*t*)-dodecahydro-7*t*,9a*t*-methano-4a*r*,1c-oxaäthano-benz[*a*]azulen-10*t*-carbonsäure, 2β-Acetoxy-4a-hydroxy-1β,7-dimethyl-8-oxo-4aα,7α-gibban-1α,10β-dicarbonsäure-1-lacton, *O*-Acetyl-gibberellin-C C$_{21}$H$_{26}$O$_{7}$, Formel II (R = H, X = CO-CH$_3$).

B. Aus Gibberellin-C (S. 6514) beim Erhitzen mit Acetanhydrid und Natriumacetat (*Takahashi et al.*, Bl. agric. chem. Soc. Japan **23** [1959] 493, 497) oder beim Behandeln mit Acetanhydrid und Pyridin (*Cross*, Soc. **1960** 3022, 3030).

Krystalle (aus Butanon + PAe.), F: 281—284° [korr.; Zers.] (*Cr.*); Krystalle (aus E. + Bzn.), F: 265—267° (*Ta. et al.*).

2-Hydroxy-1,7-dimethyl-8,13-dioxo-dodecahydro-7,9a-methano-4a,1-oxaäthano-benz[*a*]azulen-10-carbonsäure-methylester C$_{20}$H$_{26}$O$_{6}$.

a) (4a*R*)-2c-Hydroxy-1,7-dimethyl-8,13-dioxo-(4b*t*,10a*t*)-dodecahydro-7*t*,9a*t*-methano-4a*r*,1c-oxaäthano-benz[*a*]azulen-10*t*-carbonsäure-methylester, 2α,4a-Dihydroxy-1β,7-dimethyl-8-oxo-4aα,7α-gibban-1α,10β-dicarbonsäure-1 → 4a-lacton-10-methylester, Isogibberellin-A$_1$-methylester C$_{20}$H$_{26}$O$_{6}$, Formel I (R = CH$_3$).

B. Aus Isogibberellin-A$_1$ (S. 6514) mit Hilfe von Diazomethan (*Takahashi et al.*, Bl. agric. chem. Soc. Japan **23** [1959] 493, 497; *Cross et al.*, Soc. **1961** 2498, 2506). Neben Iso-gibberellin-A$_1$ beim Erwärmen von Pseudogibberellin-A$_1$-methylester (S. 6517) mit wss.-methanol. Salzsäure (*Cr. et al.*).

Krystalle, F: 270—272° [Zers.] (*Ta. et al.*); Krystalle (aus E. + PAe.), F: 238° [korr.] (*Cr. et al.*). [α]$_{D}^{18}$: +42° [Acn.; c = 0,5] (*Cr. et al.*).

b) (4a*R*)-2*t*-Hydroxy-1,7-dimethyl-8,13-dioxo-(4b*t*,10a*t*)-dodecahydro-7*t*,9a*t*-methano-4a*r*,1c-oxaäthano-benz[*a*]azulen-10*t*-carbonsäure-methylester, 2β,4a-Dihydroxy-1β,7-dimethyl-8-oxo-4aα,7α-gibban-1α,10β-dicarbonsäure-1 → 4a-lacton-10-methylester, Gibberellin-C-methylester C$_{20}$H$_{26}$O$_{6}$, Formel II (R = CH$_3$, X = H).

B. Beim Behandeln von Gibberellin-C (S. 6514) mit Diazomethan in Äther und Methanol (*Cross*, Soc. **1960** 3022, 3030; s. a. *Cross et al.*, Pr. chem. Soc. **1958** 221).

Krystalle (aus E. + PAe.); F: 226—228° [korr.]; [α]$_{D}^{19}$: +54° [Acn.; c = 1] (*Cr.*).

(4a*R*)-2*t*-Acetoxy-1,7-dimethyl-8,13-dioxo-(4b*t*,10a*t*)-dodecahydro-7*t*,9a*t*-methano-4a*r*,1c-oxaäthano-benz[*a*]azulen-10*t*-carbonsäure-methylester, 2β-Acetoxy-4a-hydroxy-1β,7-dimethyl-8-oxo-4aα,7α-gibban-1α,10β-dicarbonsäure-1-lacton-10-methylester, *O*-Acetyl-gibberellin-C-methylester C$_{22}$H$_{28}$O$_{7}$, Formel II (R = CH$_3$, X = CO-CH$_3$).

B. Aus *O*-Acetyl-gibberellin-C (s. o.) mit Hilfe von Diazomethan (*Takahashi et al.*, Bl. agric. chem. Soc. Japan **23** [1959] 493, 497).

Krystalle (aus E. + PAe.); F: 200°.

(4a*R*)-1,7-Dimethyl-8,13-dioxo-2*t*-[toluol-4-sulfonyloxy]-(4b*t*,10a*t*)-dodecahydro-7*t*,9a*t*-methano-4a*r*,1c-oxaäthano-benz[*a*]azulen-10*t*-carbonsäure-methylester, 4a-Hydroxy-1β,7-dimethyl-8-oxo-2β-[toluol-4-sulfonyloxy]-4aα,7α-gibban-1α,10β-dicarbonsäure-1-lacton-10-methylester C$_{27}$H$_{32}$O$_{8}$S, Formel II (R = CH$_3$, X = SO$_2$-C$_6$H$_4$-CH$_3$).

B. Beim Behandeln von Gibberellin-C-methylester (s. o.) mit Toluol-4-sulfonylchlorid und Pyridin (*MacMillan et al.*, Tetrahedron **11** [1960] 60, 65; s. a. *MacMillan et al.*, Pr. chem. Soc. **1959** 325).

Krystalle (aus Acn. + PAe.); F: 208—210° (*MacM. et al.*, Tetrahedron **11** 65). IR-Banden (Nujol) im Bereich von 1800 cm^{-1} bis 900 cm^{-1}: *MacM. et al.*, Tetrahedron **11** 65.

(4a*R*)-2*t*-Hydroxy-1,7-dimethyl-8,13-dioxo-(4b*t*,10a*t*)-dodecahydro-7*t*,9a*t*-methano-4a*r*,1c-oxaäthano-benz[*a*]azulen-10*t*-carbonsäure-äthylester, 2β,4a-Dihydroxy-1β,7-di-methyl-8-oxo-4aα,7α-gibban-1α,10β-dicarbonsäure-10-äthylester-1 → 4a-lacton, Gibberellin-C-äthylester C$_{21}$H$_{28}$O$_{6}$, Formel II (R = C$_2$H$_5$, X = H).

B. Neben einer Verbindung C$_{19}$H$_{22}$O$_{7}$ (F: 240—248° [Zers.]) beim Erhitzen von Gibber-ellin-C (S. 6514) mit Äthanol und Selendioxid auf 130° (*Takahashi et al.*, Bl. agric. chem. Soc. Japan **23** [1959] 493, 498).

Krystalle (aus E. + Bzl.); F: 206—207°.

(4aR)-7-Brommethyl-2t-hydroxy-1-methyl-8,13-dioxo-(4bt,10at)-dodecahydro-7t,9at-methano-4ar,1c-oxaäthano-benz[a]azulen-10t-carbonsäure, 7-Brommethyl-2β,4a-dihydroxy-1β-methyl-8-oxo-4aα,7α-gibban-1α,10β-dicarbonsäure-1 → 4a-lacton [1]) $C_{19}H_{23}BrO_6$, Formel III (R = H).

Diese Konstitution und Konfiguration kommt vermutlich dem nachstehend beschriebenen **Bromgibberellin-A$_1$** zu (*Takahashi et al.*, Bl. agric. chem. Soc. Japan **23** [1959] 493, 494; s. a. *McCapra et al.*, Soc. [C] **1966** 1577).

B. Beim Behandeln von Gibberellin-A$_1$ (s. u.) mit Brom in Dioxan und Äther (*Takahashi et al.*, Bl. agric. chem. Soc. Japan **19** [1955] 267, 275, **21** [1957] 75).

Krystalle (aus E. + Bzn.); F: 215—217° [Zers.] (*Ta. et al.*, Bl. agric. chem. Soc. Japan **19** 275). IR-Spektrum (2—15 μ): *Ta. et al.*, Bl. agric. chem. Soc. Japan **23** 496. UV-Absorptionsmaximum: 285 nm (*Ta. et al.*, Bl. agric. chem. Soc. Japan **23** 494).

Bei der Hydrierung des Natrium-Salzes an Palladium/Calciumcarbonat in wss. Lösung sowie beim Erhitzen der Säure mit Essigsäure und Zink ist Gibberellin-C (S. 6514) erhalten worden (*Ta. et al.*, Bl. agric. chem. Soc. Japan **23** 497).

(4aR)-7-Brommethyl-2t-hydroxy-1-methyl-8,13-dioxo-(4bt,10at)-dodecahydro-7t,9at-methano-4ar,1c-oxaäthano-benz[a]azulen-10t-carbonsäure-methylester, 7-Brommethyl-2β,4a-dihydroxy-1β-methyl-8-oxo-4aα,7α-gibban-1α,10β-dicarbonsäure-1 → 4a-lacton-10-methylester $C_{20}H_{25}BrO_6$, Formel III (R = CH$_3$).

Diese Konstitution und Konfiguration kommt dem nachstehend beschriebenen **Brom-gibberellin-A$_1$-methylester** zu.

B. Neben einer Verbindung $C_{20}H_{27}BrO_6$ vom F: 206° bei der Hydrierung von Brom-gibberellinsäure-methylester (S. 6533) an Platin in Methanol (*Takahashi et al.*, Bl. agric. chem. Soc. Japan **23** [1959] 509, 523).

Krystalle (aus A.); F: 264—266° [Zers.].

III   IV   V

2,7-Dihydroxy-1-methyl-8-methylen-13-oxo-dodecahydro-7,9a-methano-4a,1-oxaäthano-benz[a]azulen-10-carbonsäure $C_{19}H_{24}O_6$.

a) **(4aR)-2c,7-Dihydroxy-1-methyl-8-methylen-13-oxo-(4bt,10at)-dodecahydro-7c,9ac-methano-4ar,1c-oxaäthano-benz[a]azulen-10t-carbonsäure, 2α,4a,7-Trihydroxy-1β-methyl-8-methylen-4aα,7β-gibban-1α,10β-dicarbonsäure-1 → 4a-lacton** [1]), **Pseudogibberellin-A$_1$** $C_{19}H_{24}O_6$, Formel IV (R = H).

Konstitution und Konfiguration: *Cross et al.*, Soc. **1961** 2498, 2499.

B. Neben Gibberellin-A$_1$ (s. u.) beim Behandeln von Gibberellin-A$_1$-methylester (S. 6517) mit wss. Natronlauge (*Takahashi et al.*, Bl. agric. chem. Soc. Japan **19** [1955] 267, 276).

Krystalle (aus E. + A. + Bzn.); F: 225—227° [Zers.]; $[\alpha]_D^{28}$: +33,7° [Me.; c = 4] (*Ta. et al.*, Bl. agric. chem. Soc. Japan **19** 276). IR-Spektrum (2—15 μ): *Takahashi et al.*, Bl. agric. chem. Soc. Japan **23** [1959] 493, 496.

Beim Erhitzen mit wss. Schwefelsäure ist Isogibberellin-A$_1$ (S. 6514) erhalten worden (*Ta. et al.*, Bl. agric. chem. Soc. Japan **23** 497).

b) **(4aR)-2t,7-Dihydroxy-1-methyl-8-methylen-13-oxo-(4bt,10at)-dodecahydro-7c,9ac-methano-4ar,1c-oxaäthano-benz[a]azulen-10t-carbonsäure, 2β,4a,7-Trihydroxy-1β-methyl-8-methylen-4aα,7β-gibban-1α,10β-dicarbonsäure-1 → 4a-lacton** [1]), **Gibberellin-A$_1$, α-Dihydrogibberellinsäure** $C_{19}H_{24}O_6$, Formel V.

Konstitution: *Cross*, Soc. **1960** 3022, 3023, 3025. Die Konfiguration ergibt sich aus der genetischen Beziehung zu Gibberellinsäure (S. 6533).

Isolierung aus Gibberella fujikuroi: *Yabuta, Hayasi*, J. agric. chem. Soc. Japan **15** [1939] 257; C.A. **1939** 8238; *Yabuta et al.*, J. agric. chem. Soc. Japan **17** [1941] 721, 723;

---

[1]) Stellungsbezeichnung bei von Gibban abgeleiteten Namen s. S. 6080.

C.A. **1950** 10814; *Stodola et al.*, Arch. Biochem. **54** [1955] 240, 243, **66** [1957] 438, 439; *Takahashi et al.*, Bl. agric. chem. Soc. Japan **19** [1955] 267, 274, 276; aus Samen von Phaseolus multiflorus: *MacMillan, Suter*, Naturwiss. **45** [1958] 46; *MacMillan et al.*, Tetrahedron **11** [1960] 60, 64; aus Schösslingen von Citrus unshiu: *Kawarada, Sumiki*, Bl. agric. chem. Soc. Japan **23** [1959] 343.

Krystalle; F: 256—260° [Zers.; aus E. + PAe.] (*MacM. et al.*), 256—260° [Kofler-App.; aus E.] (*MacM., Su.*), 255—258° [korr.; Zers.; aus E.] (*Grove et al.*, Soc. **1958** 1236, 1238), 255—258° [Zers.; aus Acn. + PAe.] (*St. et al.*, Arch. Biochem. **66** 443). $[\alpha]_D^{20}$: $+38°$ [A.; c = 0,4] (*Gr. et al.*); $[\alpha]_D^{21}$: $+35°$ [A.; c = 1] (*MacM. et al.*); $[\alpha]_D^{25}$: $+36°$ [A.; c = 2] (*St. et al.*, Arch. Biochem. **66** 443). IR-Spektrum (2—16 µ): *Ta. et al.*, Bl. agric. chem. Soc. Japan **19** 272. Polarographie: *Kitamura, Sumiki*, J. agric. chem. Soc. Japan **28** [1954] 449; C. A. **1954** 12921.

Verhalten beim Erhitzen mit Selen (Bildung von 1,7-Dimethyl-fluoren): *Kitamura et al.*, Bl. agric. chem. Soc. Japan **21** [1957] 71. Reaktion mit Brom in Dioxan und Äther (Bildung von Bromgibberellin-A$_1$ [S. 6516]): *Takahashi et al.*, Bl. agric. chem. Soc. Japan **19** 275, **21** [1957] 75. Beim Erhitzen mit wss. Schwefelsäure ist Gibberellin-C (S. 6514) erhalten worden (*Kawarada et al.*, Bl. agric. chem. Soc. Japan **19** [1955] 278, 279).

2,7-Dihydroxy-1-methyl-8-methylen-13-oxo-dodecahydro-7,9a-methano-4a,1-oxaäthano-benz[a]azulen-10-carbonsäure-methylester $C_{20}H_{26}O_6$.

a) **(4aR)-2c,7-Dihydroxy-1-methyl-8-methylen-13-oxo-(4bt,10at)-dodecahydro-7c,9ac-methano-4ar,1c-oxaäthano-benz[a]azulen-10t-carbonsäure-methylester,** **2α,4a,7-Trihydroxy-1β-methyl-8-methylen-4aα,7β-gibban-1α,10β-dicarbonsäure-1 → 4a-lacton-10-methylester, Pseudogibberellin-A$_1$-methylester** $C_{20}H_{26}O_6$, Formel IV (R = CH$_3$).

B. Aus Pseudogibberellin-A$_1$ (S. 6516) mit Hilfe von Diazomethan (*Takahashi et al.*, Bl. agric. chem. Soc. Japan **19** [1955] 267, 276). Neben Gibberellin-A$_1$ (S. 6516) beim Behandeln von Gibberellin-A$_1$-methylester (s. u.) mit wss. Natronlauge (*Cross et al.*, Pr. chem. Soc. **1958** 221; Soc. **1961** 2498, 2505).

Krystalle; F: 193° [korr.; aus E. + PAe.] (*Cr. et al.*, Soc. **1961** 2505), 182—183° (*Ta. et al.*). $[\alpha]_D^{15}$: $+42°$ [A.; c = 0,5] (*Cr. et al.*, Soc. **1961** 2505).

Beim Erwärmen mit wss.-methanol. Salzsäure sind Isogibberellin-A$_1$ (S. 6514) und Isogibberellin-A$_1$-methylester (S. 6515) erhalten worden (*Cr. et al.*, Soc. **1961** 2506).

b) **(4aR)-2t,7-Dihydroxy-1-methyl-8-methylen-13-oxo-(4bt,10at)-dodecahydro-7c,9ac-methano-4ar,1c-oxaäthano-benz[a]azulen-10t-carbonsäure-methylester,** **2β,4a,7-Trihydroxy-1β-methyl-8-methylen-4aα,7β-gibban-1α,10β-dicarbonsäure-1 → 4a-lacton-10-methylester, Gibberellin-A$_1$-methylester, α-Dihydrogibberellin-säure-methylester** $C_{20}H_{26}O_6$, Formel VI (R = X = H).

B. Beim Behandeln von Gibberellin-A$_1$ (S. 6516) mit Diazomethan in Äther und Methanol (*Grove et al.*, Soc. **1958** 1236, 1238) oder in Äther und Äthanol (*Takahashi et al.*, Bl. agric. chem. Soc. Japan **19** [1955] 267, 274; s. a. *MacMillan, Suter*, Naturwiss. **45** [1958] 46; *MacMillan et al.*, Tetrahedron **11** [1960] 60, 64). Neben anderen Verbindungen bei der Hydrierung von Gibberellinsäure-methylester (S. 6534) an Palladium/Kohle in Äthylacetat (*Gr. et al.*, l. c. S. 1239).

Krystalle; F: 234—235° [korr.; aus E. + PAe.] (*Gr. et al.*), 232—234° [Kofler-App.; aus E. + PAe.] (*MacM., Su.*; *MacM. et al.*), 226—228° [aus E. + Bzn.] (*Ta. et al.*, Bl. agric. chem. Soc. Japan **19** 274). $[\alpha]_D^{20}$: $+36,5°$ [Acn.; c = 0,4]; $[\alpha]_D^{20}$: $+46°$ [A.; c = 0,4] (*Gr. et al.*); $[\alpha]_D^{22}$: $+35,1°$ [Me.; c = 5] (*Ta. et al.*, Bl. agric. chem. Soc. Japan **19** 274). IR-Spektrum (2—16 µ): *Ta. et al.*, Bl. agric. chem. Soc. Japan **19** 272.

Beim Behandeln einer Lösung in Äthylacetat mit Ozon bei $-40°$ und Behandeln des Reaktionsprodukts mit Wasser sind 2β,4a,7-Trihydroxy-1β-methyl-8-oxo-4aα,7β-gibban-1α,10β-dicarbonsäure-1 → 4a-lacton-10-methylester, [(4aR)-2t-Hydroxy-9t-methoxycarbonyl-1-methyl-7,11-dioxo-(4bt,9at)-decahydro-4ar,1c-oxaäthano-fluoren-8at-yl]-essigsäure, Formaldehyd und Ameisensäure erhalten worden (*Seta et al.*, Bl. agric. chem. Soc. Japan **23** [1959] 412, 415). Bildung von Gibberellin-C (S. 6514) und einer (isomeren) Verbindung $C_{19}H_{24}O_6$ (Krystalle vom F: 268—270° [korr.; Zers.]) beim Erhitzen mit wss. Salzsäure: *Cross*, Soc. **1960** 3022, 3030; s. a. *Ta. et al.*, Bl. agric. chem. Soc. Japan **19** 275. Beim Erwärmen mit Lithiumalanat in Tetrahydrofuran sind 1α,10β-Bis-hydroxymethyl-1β,8ξ-dimethyl-4aα,7β-gibban-2β,4a,7-triol (?) [F: 204°] (*Takahashi et al.*, Bl.

agric. chem. Soc. Japan **23** [1959] 509, 510, 514, 521) und $1\alpha,10\beta$-Bis-hydroxymethyl-1β-methyl-8-methylen-4aα,7β-gibban-2β,4a,7-triol (*Cr.*, l. c. S. 3027, 3037) erhalten worden. Verhalten gegen wss. Natronlauge (Bildung von Gibberellin-A$_1$ [S. 6516], Pseudo-gibberellin-A$_1$ [S. 6516] und Pseudogibberellin-A$_1$-methylester [S. 6517]): *Ta. et al.*, Bl. agric. chem. Soc. Japan **19** 276; *Cross et al.*, Soc. **1961** 2498, 2505.

(4aR)-2t-Acetoxy-7-hydroxy-1-methyl-8-methylen-13-oxo-(4bt,10at)-dodecahydro-7c,9ac-methano-4ar,1c-oxaäthano-benz[a]azulen-10t-carbonsäure-methylester, 2β-Acet-oxy-4a,7-dihydroxy-1β-methyl-8-methylen-4aα,7β-gibban-1α,10β-dicarbonsäure-1 → 4a-lacton-10-methylester, O^2-Acetyl-gibberellin-A$_1$-methylester $C_{22}H_{28}O_7$, Formel VI (R = CO-CH$_3$, X = H).

B. Neben der im folgenden Artikel beschriebenen Verbindung beim Behandeln von Gibberellin-A$_1$-methylester (S. 6517) mit Acetanhydrid und Pyridin (*Kitamura et al.*, Bl. agric. chem. Soc. Japan **23** [1959] 408, 410).

Krystalle (aus E. + Bzn.); F: 173—174°.

VI   VII   VIII

(4aR)-2t,7-Diacetoxy-1-methyl-8-methylen-13-oxo-(4bt,10at)-dodecahydro-7c,9ac-methano-4ar,1c-oxaäthano-benz[a]azulen-10t-carbonsäure-methylester, 2β,7-Diacetoxy-4a-hydroxy-1β-methyl-8-methylen-4aα,7β-gibban-1α,10β-dicarbonsäure-1-lacton-10-methylester, Di-O-acetyl-gibberellin-A$_1$-methylester $C_{24}H_{30}O_8$, Formel VI (R = X = CO-CH$_3$).

B. s. im vorangehenden Artikel.

Krystalle; F: 168—169° [aus E. + Bzn.] (*Kitamura et al.*, Bl. agric. chem. Soc. Japan **23** [1959] 408, 410), 166° (*Jones et al.*, Soc. **1964** 1835, 1838).

(4aR)-7-Hydroxy-1,8ξ-dimethyl-2,13-dioxo-(4bt,10at)-dodecahydro-7c,9ac-methano-4ar,1c-oxaäthano-benz[a]azulen-10t-carbonsäure, 4a,7-Dihydroxy-1β,8ξ-dimethyl-2-oxo-4aα,7β-gibban-1α,10β-dicarbonsäure-1 → 4a-lacton [1]) $C_{19}H_{24}O_6$, Formel VII (R = H).

Diese Konstitution und Konfiguration kommt dem nachstehend beschriebenen Oxo-dihydrogibberellin-A$_1$ zu.

B. Aus Dihydrogibberellin-A$_1$ vom F: 270—272° (S. 6481) beim Behandeln mit Chrom(VI)-oxid und Pyridin (*Seta et al.*, Bl. agric. chem. Soc. Japan **23** [1959] 499, 508) sowie beim Erwärmen mit Chrom(VI)-oxid und Essigsäure (*Kitamura et al.*, Bl. agric. chem. Soc. Japan **23** [1959] 408, 410). Beim Erwärmen von Dihydropseudogibberellin-A$_1$ (S. 6481) mit Chrom(VI)-oxid und Essigsäure (*Takahashi et al.*, Bl. agric. chem. Soc. Japan **23** [1959] 493, 497).

Krystalle; F: 256—258° [Zers.; aus E. + Bzn.] (*Seta et al.*), 256—258° [aus A. + Bzn.] (*Ki. et al.*), 254° [aus E. + Bzn.] (*Ta. et al.*).

Beim Erhitzen mit wss. Schwefelsäure sind 7-Hydroxy-1,8ξ-dimethyl-7β-gibb-1(10a)-en-2-on (F: 193°) und 7-Hydroxy-1ξ,8ξ-dimethyl-2-oxo-gibb-4a(10a)-en-10β-carbonsäure (F: 215—217°) erhalten worden (*Seta et al.*).

(4aR)-7-Hydroxy-1,8ξ-dimethyl-2,13-dioxo-(4bt,10at)-dodecahydro-7c,9ac-methano-4ar,1c-oxaäthano-benz[a]azulen-10t-carbonsäure-methylester, 4a,7-Dihydroxy-1β,8ξ-dimethyl-2-oxo-4aα,7β-gibban-1α,10β-dicarbonsäure-1 → 4a-lacton-10-methylester $C_{20}H_{26}O_6$, Formel VII (R = CH$_3$).

a) Stereoisomeres vom F: 163°.

B. Beim Behandeln von Tetrahydrogibberellinsäure-methylester vom F: 270,5—272° (S. 6482) mit Chrom(VI)-oxid und Pyridin (*Cross*, Soc. **1960** 3022, 3029; s. a. *Cross et al.*, Chem. and Ind. **1956** 954; Pr. chem. Soc. **1959** 302). Neben dem unter b) beschriebenen

---

[1]) Stellungsbezeichnung bei von Gibban abgeleiteten Namen s. S. 6080.

Stereoisomeren bei der Hydrierung von 2-Dehydro-gibberellinsäure-methylester (S. 6542) an Palladium/Kohle in Äthylacetat (*Cr.*, l. c. S. 3034; s. a. *Cr. et al.*, Pr. chem. Soc. **1959** 303).

Krystalle (aus E. + PAe.); F: 161—163° [korr.]; $[\alpha]_D^{16}$: +144° [Me.; c = 1] (*Cr.*, l. c. S. 3029). IR-Banden (Nujol sowie CCl_4) im Bereich von 3500 cm⁻¹ bis 1700 cm⁻¹: *Cr.*, l. c. S. 3029. UV-Absorptionsmaximum (A.): 290 nm (*Cr.*, l. c. S. 3029).

b) Stereoisomeres vom F: 133°.

B. Beim Behandeln von Tetrahydrogibberellinsäure-methylester vom F: 233—236° (S. 6482) mit Aceton, Chrom(VI)-oxid und wss. Schwefelsäure (*Cross*, Soc. **1960** 3022, 3030; s. a. *Cross et al.*, Pr. chem. Soc. **1959** 302). Weitere Bildungsweise s. bei dem unter a) beschriebenen Stereoisomeren.

Krystalle (aus E. + PAe.); F: 131—133° [korr.]; $[\alpha]_D^{23}$: +126° [Me.; c = 0,6] (*Cr.*). IR-Banden (Nujol) im Bereich von 3400 cm⁻¹ bis 1700 cm⁻¹: *Cr.* UV-Absorptionsmaximum (A.): 293 nm (*Cr.*).

(4a*R*)-8ξ-Hydroxy-1,8ξ-dimethyl-2,13-dioxo-(4b*t*,10a*t*)-dodecahydro-7c,9a*c*-methano-4a*r*,1*c*-oxaäthano-benz[*a*]azulen-10*t*-carbonsäure-methylester, 4a,8ξ-Dihydroxy-1β,8ξ-di=methyl-2-oxo-4aα,7β-gibban-1α,10β-dicarbonsäure-1 → 4a-lacton-10-methylester [1] $C_{20}H_{26}O_6$, Formel VIII.

Diese Konstitution und Konfiguration kommt dem nachstehend beschriebenen **Oxo=gibberellin-A₂-methylester** zu.

B. Beim Erwärmen von Gibberellin-A₂-methylester (S. 6483) mit Chrom(VI)-oxid und Essigsäure (*Kitamura et al.*, Bl. agric. chem. Soc. Japan **23** [1959] 408, 411).

Krystalle (aus E. + Bzl.) mit 1 Mol H_2O, F: 102—104°; die wasserfreie Verbindung schmilzt bei 177—178°. Absorptionsmaximum: 290 nm.

Oxim $C_{20}H_{27}NO_6$. Krystalle (aus A.); F: 206—208°.

Hydroxy-oxo-carbonsäuren $C_{20}H_{26}O_6$

4ξ,5-Epoxy-17α-hydroxy-3,11-dioxo-5ξ-androstan-17β-carbonsäure, 4ξ,5-Epoxy-17-hydr=oxy-3,11-dioxo-21-nor-5ξ-pregnan-20-säure $C_{20}H_{26}O_6$, Formel IX.

B. Neben 4α,5-Epoxy-5α-androstan-3,11,17-trion beim Behandeln einer Lösung von O^{21}-Acetyl-cortison (21-Acetoxy-17-hydroxy-pregn-4-en-3,11,20-trion) in Methanol mit wss. Wasserstoffperoxid und wss. Natronlauge (*Camerino*, *Patelli*, Farmaco Ed. scient. **11** [1956] 579, 584).

Krystalle (aus E.); F: 248—250° [Fisher-Johns-App.].

3β,11α-Diacetoxy-7β,8-epoxy-12-oxo-5β-androst-14-en-17β-carbonsäure-methylester, 3β,11α-Diacetoxy-7β,8-epoxy-12-oxo-21-nor-5β-pregn-14-en-20-säure-methylester $C_{25}H_{32}O_8$, Formel X (R = CH_3).

Diese Konstitution und Konfiguration kommt vermutlich dem nachstehend beschriebenen, von *Schindler* (Helv. **39** [1956] 375, 386) als 3β,11α-Diacetoxy-7α,15α-epoxy-12-oxo-5β-androst-8(14)-en-17β-carbonsäure-methylester ($C_{25}H_{32}O_8$) angesehenen Anhydro-di-*O*-acetyl-sarverogenin-ätiosäure-methylester zu (vgl. *Fuhrer et al.*, Helv. **52** [1969] 616).

B. Beim Behandeln einer Lösung von 3β,11α-Diacetoxy-7β,8-epoxy-14-hydroxy-12-oxo-5β,14β-androstan-17β-carbonsäure-methylester (?; S. 6590) in Pyridin mit Thionyl=chlorid (*Sch.*).

Krystalle (aus Ae. + Pentan), F: 171—172° [korr.; Kofler-App.]; $[\alpha]_D^{21}$: +20,7° [$CHCl_3$; c = 2] (*Sch.*). UV-Spektrum (A.; 200—340 nm): *Sch.*, l. c. S. 380.

3β,11α-Diacetoxy-7β,8-epoxy-12-oxo-5β-androst-14-en-17β-carbonsäure-benzhydrylester, 3β,11α-Diacetoxy-7β,8-epoxy-12-oxo-21-nor-5β-pregn-14-en-20-säure-benzhydrylester $C_{37}H_{40}O_8$, Formel X (R = $CH(C_6H_5)_2$).

Diese Konstitution und Konfiguration kommt vermutlich dem nachstehend be-schriebenen, von *Schindler* (Helv. **39** [1956] 375, 392) als 3β,11α-Diacetoxy-7α,15α-

---

[1] Stellungsbezeichnung bei von Gibban abgeleiteten Namen s. S. 6080.

epoxy-12-oxo-5β-androst-8(14)-en-17β-carbonsäure-benzhydrylester ($C_{37}H_{40}O_8$) angesehenen Anhydro-di-O-acetyl-sarverogenin-ätiosäure-benzhydrylester zu (vgl. *Fuhrer et al.*, Helv. **52** [1969] 616).

B. Beim Behandeln einer Lösung von 3β,11α-Diacetoxy-7β,8-epoxy-14-hydroxy-12-oxo-5β,14β-androstan-17β-carbonsäure-benzhydrylester (?; S. 6591) in Pyridin mit Thionyl≈ chlorid (*Sch.*).

Krystalle (aus Ae. + Pentan), F: 206—209° [korr.; Kofler-App.]; $[\alpha]_D^{21}$: +2,7° [CHCl$_3$; c = 1] (*Sch.*).

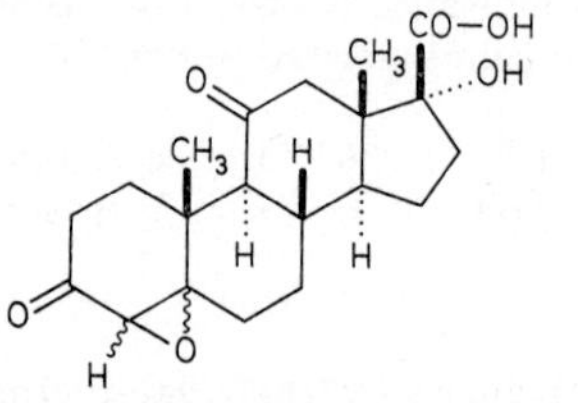

IX 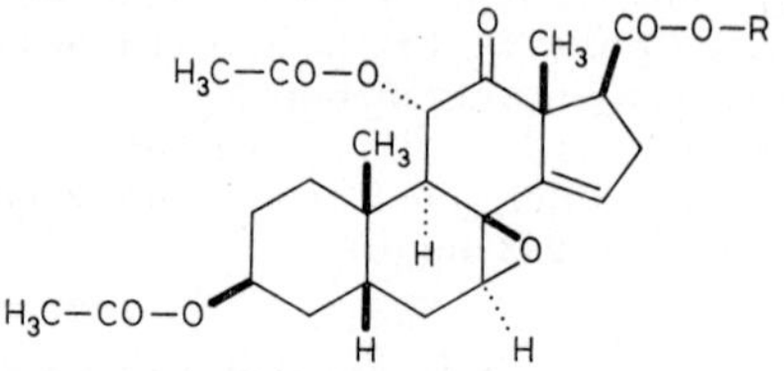   X

Hydroxy-oxo-carbonsäuren $C_{22}H_{30}O_6$

2-[8-Acetoxy-3a,5b-dimethyl-10,12-dioxo-dodecahydro-cyclopenta[3,4]biphenyleno≈[4a,4b-c]furan-3-yl]-propionsäure $C_{24}H_{32}O_7$.

a) **3β-Acetoxy-5α,8α-cyclo-6,7-seco-23,24-dinor-9β-cholan-6,7,22-trisäure-6,7-anhydrid, 3β-Acetoxy-20β$_F$-methyl-5α,8α-cyclo-6,7-seco-9β-pregnan-6,7,21-trisäure-6,7-anhydrid** $C_{24}H_{32}O_7$, Formel I.

Diese Konstitution und Konfiguration kommt wahrscheinlich der nachstehend beschriebenen Verbindung zu (*Dauben, Fonken*, Am. Soc. **81** [1959] 4060, 4062).

B. Beim Erhitzen von 3β-Acetoxy-5α,8α-cyclo-6,7-seco-23,24-dinor-9β-cholan-6,7,22-trisäure (?) (F: 272—275° [Zers.]) mit Acetanhydrid (*Da., Fo.*, l. c. S. 4066).

Krystalle (aus Bzl. + Acetonitril); F: 243—244° [korr.]. $[\alpha]_D^{20}$: +17,5° [CHCl$_3$].

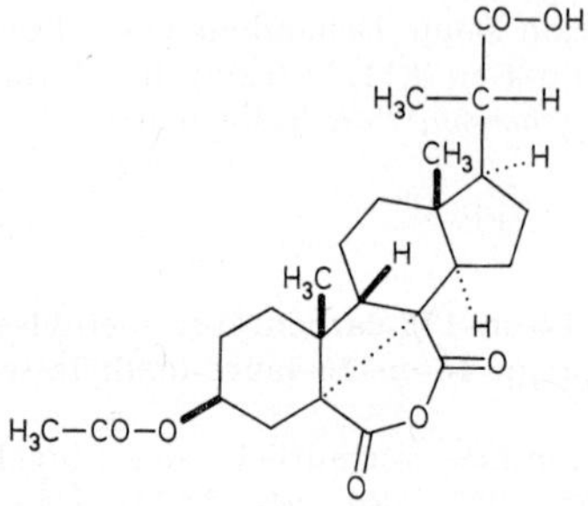

I 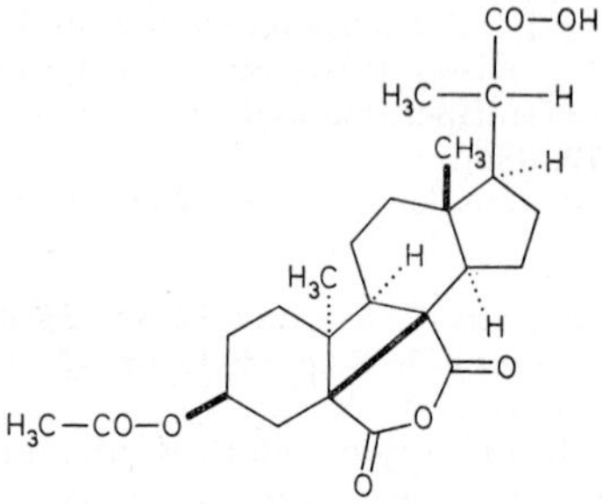   II

b) **3β-Acetoxy-5β,8-cyclo-6,7-seco-23,24-dinor-10α-cholan-6,7,22-trisäure-6,7-anhydrid, 3β-Acetoxy-20β$_F$-methyl-5β,8-cyclo-6,7-seco-10α-pregnan-6,7,21-trisäure-6,7-anhydrid** $C_{24}H_{32}O_7$, Formel II.

Diese Konstitution und Konfiguration kommt wahrscheinlich der nachstehend beschriebenen Verbindung zu (*Dauben, Fonken*, Am. Soc. **81** [1959] 4060, 4064).

B. Beim Erhitzen von 3β-Acetoxy-5β,8-cyclo-6,7-seco-23,24-dinor-10α-cholan-6,7,22-trisäure (?) (F: 259—262°) mit Acetanhydrid (*Da., Fo.*, l. c. S. 4068).

Krystalle (aus Bzl. + Acetonitril); F: 217—219° [korr.]. $[\alpha]_D^{21}$: −39,3° [CHCl$_3$].

Hydroxy-oxo-carbonsäuren $C_{23}H_{32}O_6$

3β,5,21-Trihydroxy-24-nor-5β,20ξH-chol-14-en-19,23-disäure-23 → 21-lacton $C_{23}H_{32}O_6$, Formel III.

Diese Konstitution und Konfiguration kommt der nachstehend beschriebenen **Mono≈**

anhydro-dihydrostrophanthidinsäure zu.

B. Beim Behandeln von Anhydrodihydrostrophanthidin (S. 2542) mit Kalium=permanganat in Aceton (*Jacobs, Elderfield*, J. biol. Chem. **97** [1932] 727, 732).

Krystalle (aus wss. Acn.); F: 185—186° [Zers.]. $[\alpha]_D^{24}$: +72° [Py.; c = 0,8].

3β,14,21-Trihydroxy-24-nor-5α,14β-chol-20(22)t-en-19,23-disäure-23 → 21-lacton, Uzarigeninsäure, Corotoxigeninsäure $C_{23}H_{32}O_6$, Formel IV (R = X = H).

B. Neben anderen Verbindungen beim Behandeln einer Lösung von Gofrusid (S. 2550) in Aceton mit wss. Salzsäure unter Zutritt von Luft (*Hunger, Reichstein*, Helv. **35** [1952] 1073, 1089).

Krystalle; F: 250—254° [korr.; Kofler-App.; aus Me. + Ae.], 239—245° [korr.; Zers.; Kofler-App; aus wss. Me.]; $[\alpha]_D^{22}$: +46,2° [Me.; c = 1] (*Hu., Re.,* l. c. S. 1090, 1092). UV-Spektrum (A.; 200—320 nm): *Hu., Re.,* l. c. S. 1074.

3β-Acetoxy-14,21-dihydroxy-24-nor-5α,14β-chol-20(22)t-en-19,23-disäure-23 → 21-lacton, O^3-Acetyl-uzarigeninsäure $C_{25}H_{34}O_7$, Formel IV (R = H, X = CO-CH$_3$).

B. Beim Behandeln von O^3-Acetyl-corotoxigenin (S. 2548) mit Chrom(VI)-oxid in Essigsäure (*Stoll et al.,* Helv. **32** [1949] 293, 312; *Schindler, Reichstein,* Helv. **35** [1952] 730, 742).

Krystalle; F: 223—225° [korr.; Kofler-App.; aus wss. Acn.] (*Sch., Re.*), 218—220° [Zers.; aus wss. Me.] (*St. et al.*).

III   IV

3β-[6-Desoxy-β-D-allopyranosyloxy]-14,21-dihydroxy-24-nor-5α,14β-chol-20(22)t-en-19,23-disäure-23 → 21-lacton, O^3-[6-Desoxy-β-D-allopyranosyl]-uzarigenin=säure $C_{29}H_{42}O_{10}$, Formel V.

Diese Konstitution und Konfiguration kommt wahrscheinlich der nachstehend be-schriebenen Verbindung zu (*Hunger, Reichstein,* Helv. **35** [1952] 1073, 1078, 1089).

B. Neben anderen Verbindungen beim Behandeln einer Lösung von Gofrusid (S. 2550) in Aceton mit wss. Salzsäure unter Zutritt von Luft (*Hu., Re.*).

Krystalle; F: 236—238° [korr.; Kofler-App.; aus Me. + Ae.], 224—228° [korr.; Kofler-App.; aus wss. Me.]; $[\alpha]_D^{19}$: 0° [Me.] (*Hu., Re.,* l. c. S. 1092). UV-Spektrum (A.; 200—320 nm): *Hu., Re.,* l. c. S. 1074.

3β,14,21-Trihydroxy-24-nor-5α,14β-chol-20(22)t-en-19,23-disäure-23 → 21-lacton-19-methylester, Uzarigeninsäure-methylester $C_{24}H_{34}O_6$, Formel IV (R = CH$_3$, X = H).

B. Beim Behandeln einer Lösung von Uzarigeninsäure (s. o.) in Methanol mit Diazo=methan in Äther (*Hunger, Reichstein,* Helv. **35** [1952] 1073, 1093).

Krystalle (aus Me. + Ae.); F: 224—228° [korr.; Kofler-App.]. $[\alpha]_D^{20}$: +32,1° [Me.; c = 1].

3β-Acetoxy-14,21-dihydroxy-24-nor-5α,14β-chol-20(22)t-en-19,23-disäure-23 → 21-lacton-19-methylester, O^3-Acetyl-uzarigeninsäure-methylester $C_{26}H_{36}O_7$, Formel IV (R = CH$_3$, X = CO-CH$_3$).

B. Beim Behandeln von Uzarigeninsäure-methylester (s. o.) mit Acetanhydrid und Pyridin (*Hunger, Reichstein,* Helv. **35** [1952] 1073, 1093). Beim Behandeln einer Lösung von O^3-Acetyl-uzarigeninsäure (s. o.) in Methanol mit Diazomethan in Äther (*Schindler, Reichstein,* Helv. **35** [1952] 730, 742; *Hu., Re.*).

Krystalle; F: 278—282° [korr.; Kofler-App.; aus Acn. + Ae.] (*Hu., Re.*), 277—279° [korr.; Kofler-App.; aus Me.] (*Sch., Re.*). $[\alpha]_D^{20}$: +24,3° [CHCl$_3$; c = 0,4] (*Sch., Re.*); $[\alpha]_D^{21}$: +23,7° [CHCl$_3$; c = 1] (*Hu., Re.*).

V   VI

14,16β-Dihydroxy-3-oxo-24-nor-5β,14β,20ξH-cholan-21,23-disäure-23$\rightarrow$16-lacton $C_{23}H_{32}O_6$, Formel VI.

Diese Konstitution und Konfiguration kommt wahrscheinlich der nachstehend beschriebenen Verbindung zu (vgl. *Tschesche*, Z. physiol. Chem. **229** [1934] 219, 228).

B. Als Hauptprodukt beim Behandeln von β-Dihydrogitoxigenin (S. 2363) mit Chrom(VI)-oxid und wss. Essigsäure (*Jacobs, Gustus*, J. biol. Chem. **88** [1930] 531, 540; *Jacobs, Elderfield*, J. biol. Chem. **100** [1933] 671, 675, 682).

Krystalle (aus wss. Acn.), F: 246° [Zers.]; $[\alpha]_D^{25}$: −74° [wss. Acn.] (*Ja., Gu.*, l. c. S. 542).

Methylester $C_{24}H_{34}O_6$ (mit Hilfe von Diazomethan hergestellt). Krystalle (aus wss. Me.); F: 212° (*Ja., Gu.*).

14,16β-Dihydroxy-3-oxo-24-nor-5β,14β,20β_F(?)H-cholan-21,23-disäure-21 $\rightarrow$ 16-lacton-23-methylester $C_{24}H_{34}O_6$, vermutlich Formel VII.

Diese Konstitution und Konfiguration kommt dem nachstehend beschriebenen **Isogitonsäure-methylester** zu; bezüglich der Konfiguration am C-Atom 20 vgl. *Krasso et al.*, Helv. **55** [1972] 1352.

B. Beim Behandeln von Isogitoxigeninsäure-methylester [E III **10** 4735] mit Chrom(VI)-oxid, wss. Essigsäure und Schwefelsäure (*Jacobs, Gustus*, J. biol. Chem. **79** [1928] 553, 561, **82** [1929] 403, 407).

Krystalle (aus Me. + Ae.); F: 174° (*Ja., Gu.*, J. biol. Chem. **82** 407).

VII   VIII   IX

(19Ξ)-19-Äthoxy-3β,19-epoxy-14-hydroxy-21-oxo-24-nor-14β,20ξH-chol-5-en-23-säure $C_{25}H_{36}O_6$, Formel VIII (R = H, X = C$_2$H$_5$), und Tautomeres.

B. Beim Erwärmen von (19Ξ)-19-Äthoxy-3β,19-epoxy-14-hydroxy-14β-carda-5,20(22)-dienolid (F: 223—230°; aus Strophanthidin hergestellt) mit wss.-äthanol. Natronlauge (*Jacobs, Collins*, J. biol. Chem. **59** [1924] 713, 719).

Krystalle (aus wss. A.) mit 1 Mol H$_2$O; F: ca. 125° [Zers.; nach Sintern bei 120°] (*Ja., Co.*).

Beim Erhitzen mit wss. Essigsäure ist Isoanhydrostrophanthidin ((20S?,21S?)-14,21-Ep=

oxy-3β-hydroxy-19-oxo-14β-card-5-enolid) erhalten worden (*Jacobs, Elderfield*, J. biol. Chem. **108** [1935] 693, 701).

Oxim $C_{25}H_{37}NO_6$. Krystalle (aus wss. A.) mit 1 Mol H_2O; F: 153—155° (*Jacobs et al.*, J. biol. Chem. **70** [1926] 1, 10).

(19Ξ)-19-Äthoxy-3β,19-epoxy-14-hydroxy-21-oxo-24-nor-14β,20ξH-chol-5-en-23-säure-methylester $C_{26}H_{38}O_6$, Formel VIII (R = CH_3, X = C_2H_5).

B. Aus der im vorangehenden Artikel beschriebenen Säure mit Hilfe von Diazomethan (*Jacobs, Collins*, J. biol. Chem. **59** [1924] 713, 720).

Krystalle (aus A.); F: 182—186° [nach Sintern bei 178°]. $[\alpha]_D^{26}$: —81,7° [$CHCl_3$; c = 1].

5,14-Dihydroxy-3-oxo-24-nor-5β,14β,20β_F(?)H-cholan-21,23-disäure-21 → 14-lacton-23-methylester $C_{24}H_{34}O_6$, vermutlich Formel IX (R = CH_3).

Diese Konstitution und Konfiguration kommt dem nachstehend beschriebenen **Isoperiplogonsäure-methylester** zu.

B. Beim Behandeln von Isoperiplogensäure-methylester (S. 6486) mit Chrom(VI)-oxid, wss. Essigsäure und Schwefelsäure (*Jacobs, Elderfield*, J. biol. Chem. **91** [1931] 625, 627).

Krystalle (aus Me.); F: 230°. $[\alpha]_D^{24}$: —23° [Py.; c = 0,8].

Hydroxy-oxo-carbonsäuren $C_{30}H_{46}O_6$

2α,3β-Diacetoxy-13-hydroxy-18α(?)-oleanan-23,28-disäure-28-lacton [1]) $C_{34}H_{50}O_8$, vermutlich Formel X.

Diese Konstitution und Konfiguration kommt dem nachstehend beschriebenen **Di-O-acetyl-barringtogensäure-lacton** zu.

B. Beim Behandeln von Barringtogensäure (2α,3β-Dihydroxy-olean-12-en-23,28-disäure) mit Bromwasserstoff in Essigsäure (*Anantaraman, Pillai*, Soc. **1956** 4369, 4372).

Krystalle (aus Me. + Acn.); F: 226° [Zers.]. $[\alpha]_D$: +132° [Me.; c = 0,8].

3β,13,16α-Trihydroxy-18α-oleanan-23,28-disäure-28 → 13-lacton [1]) $C_{30}H_{46}O_6$, Formel XI (R = X = H).

Über die Konfiguration am C-Atom 16 s. *Carlisle et al.*, J.C.S. Chem. Commun. **1974** 284.

B. Beim Erwärmen von 3β,16α-Diacetoxy-13-hydroxy-18α-oleanan-23,28-disäure-28-lacton mit äthanol. Kalilauge (*Elliott, Kon*, Soc. **1939** 1130, 1133).

Krystalle (aus Me.); F: 380° [unkorr.] (*El., Kon*).

Beim Behandeln mit Chrom(VI)-oxid in Essigsäure ist 13-Hydroxy-3,16-dioxo-24-nor-18α-oleanan-28-säure-lacton erhalten worden (*El., Kon*).

X   XI

3β,16α-Diacetoxy-13-hydroxy-18α-oleanan-23,28-disäure-28-lacton $C_{34}H_{50}O_8$, Formel XI (R = CO-CH_3, X = H).

B. Beim Behandeln von Di-O-acetyl-quillajasäure-lacton (S. 2563) mit Chrom(VI)-oxid in Essigsäure und Schwefelsäure (*Elliott, Kon*, Soc. **1939** 1130, 1133).

Krystalle (aus Me.); F: 278—280° [unkorr.; nach Erweichen bei 204° und Wiederverfestigen].

---

[1]) Stellungsbezeichnung bei von **Oleanan** abgeleiteten Namen s. E III **5** 1341.

3β,13,16α-Trihydroxy-18α-oleanan-23,28-disäure-28 → 13-lacton-23-methylester $C_{31}H_{48}O_6$, Formel XI (R = H, X = CH$_3$).

B. Beim Behandeln von 3β,13,16α-Trihydroxy-18α-oleanan-23,28-disäure-28 → 13-lac‌ton in Aceton mit Diazomethan in Äther (*Elliott, Kon*, Soc. **1939** 1130, 1133).

Krystalle (aus CHCl$_3$); F: 375° [unkorr.].

Hydroxy-oxo-carbonsäuren $C_nH_{2n-16}O_6$

Hydroxy-oxo-carbonsäuren $C_{11}H_6O_6$

4-[4-Methoxy-phenyl]-2,5-dioxo-2,5-dihydro-furan-3-carbonitril, Cyan-[4-methoxy-phenyl]-maleinsäure-anhydrid $C_{12}H_7NO_4$, Formel I.

Diese Konstitution kommt wahrscheinlich der nachstehend beschriebenen Verbindung zu.

B. Beim Erhitzen von 3-Cyan-2-hydroxy-2-[4-methoxy-phenyl]-bernsteinsäure (?) (F: 140—142°) unter 0,2 Torr auf 120° (*Rondestvedt, Filbey*, J. org. Chem. **19** [1954] 119, 127).

Orangefarben; F: 145° [durch Sublimation gereinigtes Präparat]. IR-Spektrum (CHCl$_3$; 2—16 μ): *Ro., Fi.*, l. c. S. 122.

6-Formyl-8-methoxy-2-oxo-2*H*-chromen-3-carbonsäure $C_{12}H_8O_6$, Formel II (R = H).

B. Beim Erwärmen von 6-Formyl-8-methoxy-2-oxo-2*H*-chromen-3-carbonsäure-äthyl‌ester mit wss. Natronlauge (*Merz, Hotzel*, Ar. **274** [1936] 292, 305).

Krystalle (aus W.); F: 243° [Zers.].

8-Methoxy-2-oxo-6-[phenylhydrazono-methyl]-2*H*-chromen-3-carbonsäure $C_{18}H_{14}N_2O_5$, Formel III (R = H, X = C$_6$H$_5$).

B. Aus 6-Formyl-8-methoxy-2-oxo-2*H*-chromen-3-carbonsäure und Phenylhydrazin (*Merz, Hotzel*, Ar. **274** [1936] 292, 305).

Krystalle (aus Py. + wss. Salzsäure); F: 250° [Zers.].

| I | II | III |

6-Formyl-8-methoxy-2-oxo-2*H*-chromen-3-carbonsäure-äthylester $C_{14}H_{12}O_6$, Formel II (R = C$_2$H$_5$).

B. Neben [3-Äthoxycarbonyl-8-methoxy-2-oxo-2*H*-chromen-6-ylmethylen]-malon‌säure-diäthylester beim Erwärmen von 4-Hydroxy-5-methoxy-isophthalaldehyd mit Malonsäure-diäthylester und Piperidin und Erwärmen des Reaktionsprodukts mit Essig‌säure (*Merz, Hotzel*, Ar. **274** [1936] 292, 304).

Gelbliche Krystalle (aus Eg.); F: 209—210°.

6-Diacetoxymethyl-8-methoxy-2-oxo-2*H*-chromen-3-carbonsäure-äthylester $C_{18}H_{18}O_9$, Formel IV (R = X = H).

B. Beim Erwärmen von 6-Formyl-8-methoxy-2-oxo-2*H*-chromen-3-carbonsäure-äthyl‌ester mit Acetanhydrid und Phosphor(V)-oxid (*Merz, Hotzel*, Ar. **274** [1936] 292, 307).

Gelbliche Krystalle (aus wss. Me.); F: 127—129°.

8-Methoxy-2-oxo-6-[phenylhydrazono-methyl]-2*H*-chromen-3-carbonsäure-äthylester $C_{20}H_{18}N_2O_5$, Formel III (R = C$_2$H$_5$, X = C$_6$H$_5$).

B. Aus 6-Formyl-8-methoxy-2-oxo-2*H*-chromen-3-carbonsäure-äthylester und Phenyl‌hydrazin (*Merz, Hotzel*, Ar. **274** [1936] 292, 305).

Krystalle (aus Eg.); F: 215°.

6-Formyl-8-methoxy-5-nitro-2-oxo-2H-chromen-3-carbonsäure $C_{12}H_7NO_8$, Formel V (R = H), und **6-Formyl-8-methoxy-7-nitro-2-oxo-2H-chromen-3-carbonsäure** $C_{12}H_7NO_8$, Formel VI (R = H).

a) Isomeres vom F: 178°.

B. Neben dem unter b) beschriebenen Isomeren beim Behandeln von 6-Formyl-8-methoxy-2-oxo-2H-chromen-3-carbonsäure mit wss. Salpetersäure und Schwefelsäure (*Merz, Hotzel*, Ar. **274** [1936] 292, 308).

Krystalle (aus wss. A.); F: 178°.

Phenylhydrazon $C_{18}H_{13}N_3O_7$. Gelbrote Krystalle; F: 269° [Zers.].

b) Isomeres vom F: 145°.

B. s. bei dem unter a) beschriebenen Isomeren.

Krystalle (aus A.); F: 145° (*Merz, Hotzel*, Ar. **274** [1936] 292, 308).

Phenylhydrazon $C_{18}H_{13}N_3O_7$. Gelbrote Krystalle; F: 236° [Zers.].

IV   V   VI

6-Formyl-8-methoxy-5-nitro-2-oxo-2H-chromen-3-carbonsäure-äthylester $C_{14}H_{11}NO_8$, Formel V (R = C_2H_5), und **6-Formyl-8-methoxy-7-nitro-2-oxo-2H-chromen-3-carbon-säure-äthylester** $C_{14}H_{11}NO_8$, Formel VI (R = C_2H_5).

a) Isomeres vom F: 186°.

B. Neben dem unter b) beschriebenen Isomeren beim Behandeln von 6-Formyl-8-methoxy-2-oxo-2H-chromen-3-carbonsäure-äthylester mit Kaliumnitrat und konz. Schwefelsäure (*Merz, Hotzel*, Ar. **274** [1936] 292, 308).

Gelbe Krystalle (aus wss. Eg.); F: 185—186°.

Bei der Hydrierung an Palladium/Bariumsulfat in Essigsäure ist eine als 9-Methoxy-7-oxo-7H-chromeno[7,6-c]isoxazol-6-carbonsäure-äthylester oder 5-Methoxy-7-oxo-7H-chromeno[5,6-c]isoxazol-8-carbonsäure-äthylester zu formulierende Verbindung (F: 208—210°) erhalten worden.

Phenylhydrazon $C_{20}H_{17}N_3O_7$. Rote Krystalle (aus wss. Acn.); F: 256° [Zers.].

b) Isomeres vom F: 124°.

B. s. bei dem unter a) beschriebenen Isomeren.

Krystalle (aus wss. Eg.); F: 124° (*Merz, Hotzel*, Ar. **274** [1936] 292, 308).

Bei der Hydrierung an Palladium/Bariumsulfat in Essigsäure ist eine als 9-Methoxy-7-oxo-7H-chromeno[7,6-c]isoxazol-6-carbonsäure-äthylester oder 5-Methoxy-7-oxo-7H-chromeno[5,6-c]isoxazol-8-carbonsäure-äthylester zu formulierende Verbindung (F: 246° [Zers.]) erhalten worden.

Phenylhydrazon $C_{20}H_{17}N_3O_7$. Rote Krystalle (aus wss. Acn.); F: 227,5° [Zers.].

6-Diacetoxymethyl-8-methoxy-5-nitro-2-oxo-2H-chromen-3-carbonsäure-äthylester $C_{18}H_{17}NO_{11}$, Formel IV (R = H, X = NO_2), und **6-Diacetoxymethyl-8-methoxy-7-nitro-2-oxo-2H-chromen-3-carbonsäure-äthylester** $C_{18}H_{17}NO_{11}$, Formel IV (R = NO_2, X = H).

a) Isomeres vom F: 197°.

B. Beim Erwärmen von 6-Formyl-8-methoxy-5(oder 7)-nitro-2-oxo-2H-chromen-3-carbonsäure-äthylester vom F: 186° (s. o.) mit Acetanhydrid und Phosphor(V)-oxid (*Merz, Hotzel*, Ar. **274** [1936] 292, 309).

Gelbe Krystalle (aus A.); F: 197°.

Bei der Hydrierung an Platin in Essigsäure ist 6-Acetoxymethyl-5(oder 7)-hydroxy-amino-8-methoxy-2-oxo-2H-chromen-3-carbonsäure-äthylester vom F: 165° erhalten worden.

b) **Isomeres vom F: 132°.**
B. Beim Erwärmen von 6-Formyl-8-methoxy-5(oder 7)-nitro-2-oxo-2*H*-chromen-3-carbonsäure-äthylester vom F: 124° (S. 6525) mit Acetanhydrid und Phosphor(V)-oxid (*Merz, Hotzel*, Ar. **274** [1936] 292, 310).
Krystalle (aus A.); F: 131—132°.
Bei der Hydrierung an Platin in Essigsäure ist 6-Acetoxymethyl-5(oder 7)-hydroxy-amino-8-methoxy-2-oxo-2*H*-chromen-3-carbonsäure-äthylester vom F: 116° erhalten worden.

Hydroxy-oxo-carbonsäuren $C_{12}H_8O_6$

6-[3,4-Dimethoxy-phenyl]-4-oxo-4*H*-pyran-2-carbonsäure-äthylester $C_{16}H_{16}O_6$, Formel VII.
B. Beim Erwärmen von 5,6-Dibrom-6-[3,4-dimethoxy-phenyl]-2,4-dioxo-hexansäure-äthylester (F: 134°) mit Kaliumacetat und Calciumcarbonat in Äthanol (*Soliman, Rateb*, Soc. **1956** 3663, 3667).
Krystalle (aus A.); F: 175°.

3-[7-Hydroxy-2-oxo-2*H*-chromen-3-yl]-3-oxo-propionsäure-äthylester $C_{14}H_{12}O_6$, Formel VIII (R = H), und Tautomeres (3-Hydroxy-3-[7-hydroxy-2-oxo-2*H*-chromen-3-yl]-acrylsäure-äthylester).
B. Beim Erwärmen von 2,4-Dihydroxy-benzaldehyd mit 3-Oxo-glutarsäure-diäthylester und Piperidin (*Trenknerówna*, Roczniki Chem. **16** [1936] 12).
Gelbe Krystalle (aus A.); F: 146—148° (*Tr.*). Absorptionsmaximum (A.): 431,4 nm (*Czapska-Narkiewicz*, Bl. Acad. polon. [A] **1935** 445). Fluorescenzmaximum (A.): 472,7 nm (*Cz.-Na.*).

VII   VIII

3-[7-Methoxycarbonyloxy-2-oxo-2*H*-chromen-3-yl]-3-oxo-propionsäure-äthylester $C_{16}H_{14}O_8$, Formel VIII (R = CO-O-CH$_3$), und Tautomeres (3-Hydroxy-3-[7-methoxy-carbonyloxy-2-oxo-2*H*-chromen-3-yl]-acrylsäure-äthylester).
B. Beim Behandeln von 3-[7-Hydroxy-2-oxo-2*H*-chromen-3-yl]-3-oxo-propionsäure-äthylester mit wss. Natronlauge und mit Chlorokohlensäure-methylester (*Trenknerówna*, Roczniki Chem. **16** [1936] 12, 13).
Gelbliche Krystalle (aus A.); F: 134°.
Kupfer(II)-Verbindung. Hellgrüne Krystalle (aus CHCl$_3$ + A.); F: 238—240°.

3-[8-Methoxy-2-oxo-2*H*-chromen-3-yl]-3-oxo-propionsäure-äthylester $C_{15}H_{14}O_6$, Formel IX (R = C$_2$H$_5$), und Tautomeres (3-Hydroxy-3-[8-methoxy-2-oxo-2*H*-chromen-3-yl]-acrylsäure-äthylester).
B. Beim Erwärmen einer Lösung von 2-Hydroxy-3-methoxy-benzaldehyd in Äthanol mit 3-Oxo-glutarsäure-diäthylester und Piperidin (*Horning, Horning*, Am. Soc. **69** [1947] 968).
Krystalle (aus E. + PAe.); F: 155—156,5° [korr.].

3-Acetyl-7-hydroxy-2-oxo-2*H*-chromen-5-carbonsäure-methylester $C_{13}H_{10}O_6$, Formel X.
B. Beim Behandeln von 2-Formyl-3,5-dihydroxy-benzoesäure-methylester mit Acet-essigsäure-äthylester und Piperidin (*Mody, Shah*, Pr. Indian Acad. [A] **34** [1951] 77, 81).
Gelbe Krystalle (aus A.); F: 224—225°.

6-Acetyl-5-hydroxy-2-oxo-2H-chromen-3-carbonsäure, [3-Acetyl-2,6-dihydroxy-benzyl=
iden]-malonsäure-6-lacton $C_{12}H_8O_6$, Formel XI (R = X = H).
B. Beim Behandeln von 3-Acetyl-2,6-dihydroxy-benzaldehyd mit wss. Natronlauge
und mit Cyanessigsäure und Erhitzen des Reaktionsprodukts mit wss. Salzsäure (*Shah,
Shah*, Soc. **1939** 132).
Gelbe Krystalle (aus wss. A.); F: 202—204° [Zers.].

6-Acetyl-5-carboxymethoxy-2-oxo-2H-chromen-3-carbonsäure $C_{14}H_{10}O_8$, Formel XI
(R = CH$_2$-CO-OH, X = H).
B. Beim Erwärmen von 6-Acetyl-5-äthoxycarbonylmethoxy-2-oxo-2H-chromen-
3-carbonsäure-äthylester mit wss. Natronlauge (*Shah, Shah*, J. Indian chem. Soc. **17** [1940]
41, 42).
Krystalle (aus W.); F: 189—191° [Zers.].

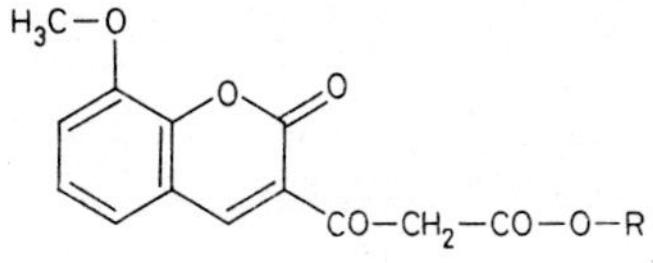

IX 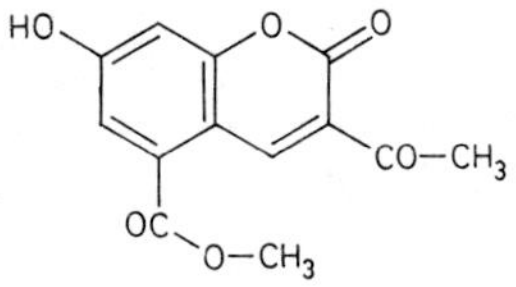   X 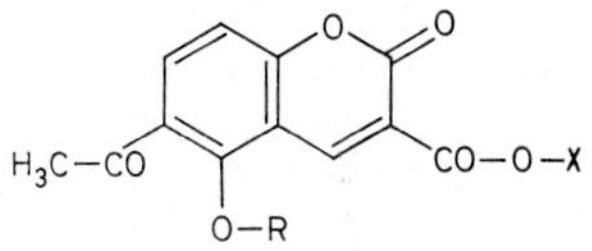   XI

6-Acetyl-5-hydroxy-2-oxo-2H-chromen-3-carbonsäure-äthylester $C_{14}H_{12}O_6$, Formel XI
(R = H, X = C$_2$H$_5$).
B. Beim Behandeln von 3-Acetyl-2,6-dihydroxy-benzaldehyd mit Malonsäure-diäthyl=
ester und Piperidin (*Shah, Shah*, Soc. **1939** 132). Beim Erwärmen von 6-Acetyl-5-hydroxy-
2-oxo-2H-chromen-3-carbonsäure mit Schwefelsäure enthaltendem Äthanol (*Shah, Shah*,
J. Indian chem. Soc. **17** [1940] 41, 42).
Gelbe Krystalle (aus A.); F: 155—156°.

6-Acetyl-5-äthoxycarbonylmethoxy-2-oxo-2H-chromen-3-carbonsäure-äthylester
$C_{18}H_{18}O_8$, Formel XI (R = CH$_2$-CO-O-C$_2$H$_5$, X = C$_2$H$_5$).
B. Beim Erwärmen von 6-Acetyl-5-hydroxy-2-oxo-2H-chromen-3-carbonsäure-äthyl=
ester mit Bromessigsäure-äthylester, Kaliumcarbonat und Aceton (*Shah, Shah*, J. Indian
chem. Soc. **17** [1940] 41, 42).
Gelbliche Krystalle (aus A.); F: 113—115°.

3-Acetyl-7-hydroxy-2-oxo-2H-chromen-6-carbonsäure $C_{12}H_8O_6$, Formel XII.
B. Beim Erwärmen von 5-Formyl-2,4-dihydroxy-benzoesäure mit Acetessigsäure-
äthylester, Piperidin und Pyridin (*Desai et al.*, Pr. Indian Acad. [A] **23** [1946] 338).
Krystalle (aus wss. A.); F: 167—168°.

8-Acetyl-7-hydroxy-2-oxo-2H-chromen-3-carbonsäure, [3-Acetyl-2,4-dihydroxy-benzyl=
iden]-malonsäure-2-lacton $C_{12}H_8O_6$, Formel XIII (R = H).
B. Beim Behandeln von 3-Acetyl-2,4-dihydroxy-benzaldehyd mit wss. Natronlauge und
mit Cyanessigsäure und Erhitzen des Reaktionsprodukts mit wss. Salzsäure (*Shah, Shah*,
Soc. **1939** 949).
Krystalle (aus A.); F: 200—201° [Zers.].

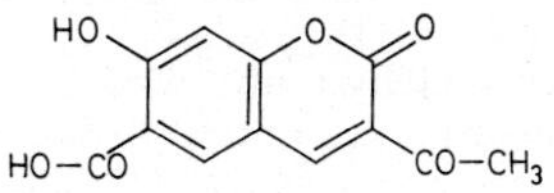

XII 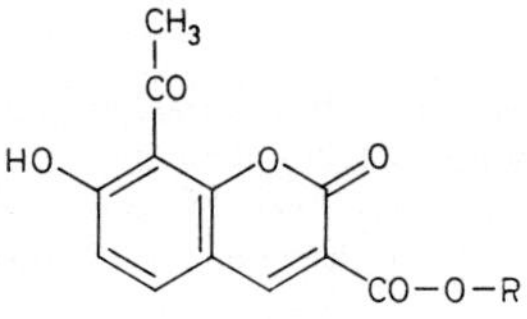   XIII 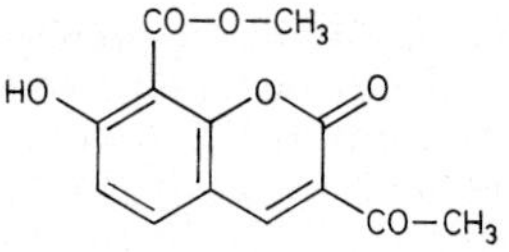   XIV

8-Acetyl-7-hydroxy-2-oxo-2H-chromen-3-carbonsäure-äthylester $C_{14}H_{12}O_6$, Formel XIII ($R = C_2H_5$).

B. Beim Behandeln von 3-Acetyl-2,4-dihydroxy-benzaldehyd mit Malonsäure-diäthyl=ester und Piperidin (*Shah, Shah,* Soc. **1939** 949).

Gelbe Krystalle (aus wss. A.); F: 158—159°.

3-Acetyl-7-hydroxy-2-oxo-2H-chromen-8-carbonsäure-methylester $C_{13}H_{10}O_6$, Formel XIV.

B. Beim Erwärmen von 3-Formyl-2,6-dihydroxy-benzoesäure-methylester mit Acet=essigsäure-äthylester, Piperidin und Pyridin (*Radha, Shah,* J. Indian chem. Soc. **19** [1942] 393).

Krystalle (aus A.); F: 245—246°.

5-Formyl-7-methoxy-8-methyl-2-oxo-2H-chromen-6-carbonsäure $C_{13}H_{10}O_6$, Formel XV, und Tautomeres (1-Hydroxy-4-methoxy-5-methyl-1H-furo[3,4-*f*]chromen-3,7-dion).

B. Beim Erhitzen von 1-Acetoxy-4-methoxy-5-methyl-1H-furo[3,4-*f*]chromen-3,7-dion mit wss. Schwefelsäure (*Birkinshaw et al.,* Biochem. J. **50** [1952] 610, 624).

Krystalle (aus A.); F: 275—277° [unkorr.].

XV   XVI   XVII

5-[(2,4-Dinitro-phenylhydrazono)-methyl]-7-methoxy-8-methyl-2-oxo-2H-chromen-6-carbonsäure $C_{19}H_{14}N_4O_9$, Formel XVI.

B. Aus 5-Formyl-7-methoxy-8-methyl-2-oxo-2H-chromen-6-carbonsäure und [2,4-Di=nitro-phenyl]-hydrazin (*Birkinshaw et al.,* Biochem. J. **50** [1952] 610, 624).

Gelbe Krystalle (aus A.) mit 1 Mol H_2O; F: 256—257° [unkorr.; Zers.].

4-[5-Hydroxy-benzofuran-6-yl]-2,4-dioxo-buttersäure-äthylester $C_{14}H_{12}O_6$, Formel XVII ($R = C_2H_5$), und Tautomere.

B. Beim Erwärmen von 1-[5-Hydroxy-benzofuran-6-yl]-äthanon mit Oxalsäure-diäthylester und Natrium (*Ramage, Stead,* Soc. **1953** 3602, 3606).

F: 145°.

Hydroxy-oxo-carbonsäuren $C_{13}H_{10}O_6$

4-[2,3-Dimethoxy-phenyl]-2-methyl-6-oxo-6H-pyran-3-carbonsäure-äthylester, 3-[2,3-Di=methoxy-phenyl]-4-[(E)-1-hydroxy-äthyliden]-cis-pentendisäure-5-äthylester-1-lacton $C_{17}H_{18}O_6$, Formel I.

B. Beim Erwärmen von [2,3-Dimethoxy-phenyl]-propiolsäure-äthylester mit Acet=essigsäure-äthylester und Natriumäthylat (*Walker,* Am. Soc. **76** [1954] 309).

Krystalle (aus Me.); F: 114—116°.

5-Hydroxy-2-oxo-6-propionyl-2H-chromen-3-carbonsäure, [2,6-Dihydroxy-3-propionyl-benzyliden]-malonsäure-6-lacton $C_{13}H_{10}O_6$, Formel II ($R = X = H$).

B. Beim Behandeln von 2,6-Dihydroxy-3-propionyl-benzaldehyd mit wss. Natron=lauge und mit Cyanessigsäure und Erhitzen des Reaktionsprodukts mit wss. Salzsäure (*Shah, Shah,* Soc. **1940** 245).

Gelbe Krystalle (aus A.); F: 185—186° [Zers.].

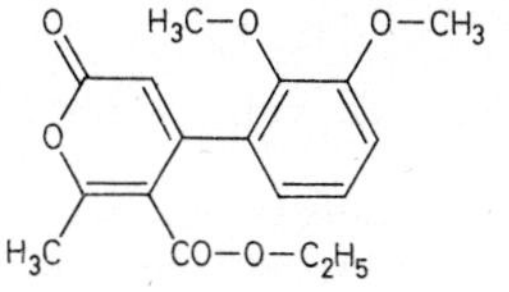

I 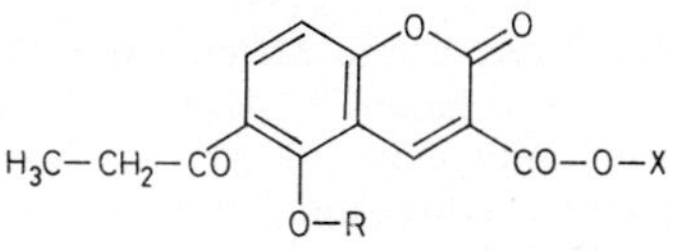   II

5-Carboxymethoxy-2-oxo-6-propionyl-2H-chromen-3-carbonsäure $C_{15}H_{12}O_8$, Formel II
(R = CH$_2$-CO-OH, X = H).
B. Beim Erwärmen von 5-Äthoxycarbonylmethoxy-2-oxo-6-propionyl-2H-chromen-
3-carbonsäure-äthylester mit wss. Natronlauge (*Shah, Shah,* J. Indian chem. Soc. **17**
[1940] 41, 43).
Krystalle (aus W.); F: 194—196°.

5-Hydroxy-2-oxo-6-propionyl-2H-chromen-3-carbonsäure-äthylester $C_{15}H_{14}O_6$, Formel II
(R = H, X = C$_2$H$_5$).
B. Beim Erwärmen von 5-Hydroxy-2-oxo-6-propionyl-2H-chromen-3-carbonsäure mit
Schwefelsäure enthaltendem Äthanol (*Shah, Shah,* J. Indian chem. Soc. **17** [1940] 41, 43).
Gelbe Krystalle (aus A.); F: 152—154°.

5-Äthoxycarbonylmethoxy-2-oxo-6-propionyl-2H-chromen-3-carbonsäure-äthylester
$C_{19}H_{20}O_8$, Formel II (R = CH$_2$-CO-O-C$_2$H$_5$, X = C$_2$H$_5$).
B. Beim Erwärmen von 5-Hydroxy-2-oxo-6-propionyl-2H-chromen-3-carbonsäure-
äthylester mit Bromessigsäure-äthylester, Kaliumcarbonat und Aceton (*Shah, Shah,*
J. Indian chem. Soc. **17** [1940] 41, 43).
Krystalle (aus A.); F: 103—105°.

[8-Acetyl-7-hydroxy-2-oxo-2H-chromen-4-yl]-essigsäure $C_{13}H_{10}O_6$, Formel III.
B. Beim Erwärmen von Citronensäure mit konz. Schwefelsäure und Behandeln des
Reaktionsgemisches mit 1-[2,6-Dihydroxy-phenyl]-äthanon und konz. Schwefelsäure
(*Kansara, Shah,* J. Univ. Bombay **17**, Tl. 3 A [1948] 57, 60).
Krystalle (aus wss. A.); F: 183° [Zers.].

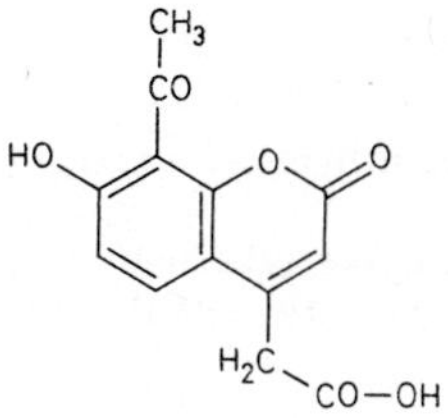

III 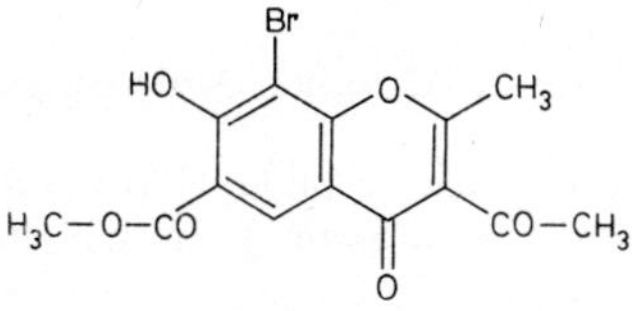   IV 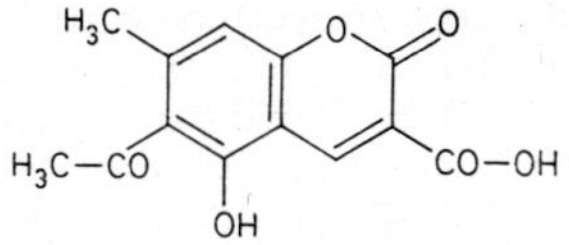   V

3-Acetyl-8-brom-7-hydroxy-2-methyl-4-oxo-4H-chromen-6-carbonsäure-methylester
$C_{14}H_{11}BrO_6$, Formel IV.
B. Beim Erhitzen von 5-Acetyl-3-brom-2,4-dihydroxy-benzoesäure-methylester mit
Acetanhydrid und Natriumacetat (*Desai, Desai,* J. scient. ind. Res. India **13** B [1954] 249).
Krystalle (aus A.); F: 165°.

**6-Acetyl-5-hydroxy-7-methyl-2-oxo-2H-chromen-3-carbonsäure, [3-Acetyl-2,6-dihydr-
oxy-4-methyl-benzyliden]-malonsäure-6-lacton** $C_{13}H_{10}O_6$, Formel V.
B. Beim Behandeln von 3-Acetyl-2,6-dihydroxy-4-methyl-benzaldehyd mit wss.
Natronlauge und mit Cyanessigsäure und Erhitzen des Reaktionsprodukts mit wss.
Salzsäure (*Shah, Shah,* Soc. **1939** 949).
Gelbe Krystalle (aus wss. A.); F: 220—222° [Zers.].

Hydroxy-oxo-carbonsäuren $C_{14}H_{12}O_6$

6-Butyryl-5-hydroxy-2-oxo-2H-chromen-3-carbonsäure, [3-Butyryl-2,6-dihydroxy-benzyl iden]-malonsäure-6-lacton $C_{14}H_{12}O_6$, Formel VI.

B. Beim Behandeln von 3-Butyryl-2,6-dihydroxy-benzaldehyd mit wss. Natronlauge und mit Cyanessigsäure und Erhitzen des Reaktionsprodukts mit wss. Salzsäure (*Shah, Shah,* Soc. **1940** 245).

Gelbe Krystalle (aus A.); F: 198—200° [Zers.].

VI   VII

4-[7-Hydroxy-4-methyl-2-oxo-2H-chromen-8-yl]-4-oxo-buttersäure $C_{14}H_{12}O_6$, Formel VII, und Tautomeres (7-Hydroxy-8-[2-hydroxy-5-oxo-tetrahydro-[2]furyl]-4-methyl-cumarin).

B. Beim Erhitzen von 7-Hydroxy-4-methyl-chromen-2-on mit Bernsteinsäure-anhydrid und Aluminiumchlorid bis auf 180° (*Trivedi, Sethna,* J. Indian chem. Soc. **29** [1952] 141, 146).

Krystalle (aus A.); F: 219—221°.

[8-Acetyl-7-hydroxy-4-methyl-2-oxo-2H-chromen-3-yl]-essigsäure, 2-[1-(3-Acetyl-2,4-dihydroxy-phenyl)-äthyliden]-bernsteinsäure-1 → 2-lacton $C_{14}H_{12}O_6$, Formel VIII (R = X = H).

B. Beim Behandeln von 1-[2,6-Dihydroxy-phenyl]-äthanon mit Acetylbernsteinsäure-diäthylester und 80%ig. wss. Schwefelsäure (*Shah, Shah,* J. Indian chem. Soc. **19** [1942] 486). Beim Erwärmen von [8-Acetyl-7-hydroxy-4-methyl-2-oxo-2H-chromen-3-yl]-essig≈ säure-äthylester mit wss. Natronlauge (*Shah, Shah,* l. c. S. 487). Beim Erhitzen von [7-Acet≈ oxy-4-methyl-2-oxo-2H-chromen-3-yl]-essigsäure-äthylester mit Aluminiumchlorid auf 125° und anschliessenden Behandeln mit wss. Salzsäure (*Shah, Shah,* J. Indian chem. Soc. **19** [1942] 481, 483).

Krystalle (aus A.); F: 262—263° (*Shah, Shah,* l. c. S. 487).

[8-Acetyl-7-hydroxy-4-methyl-2-oxo-2H-chromen-3-yl]-essigsäure-äthylester $C_{16}H_{16}O_6$, Formel VIII (R = H, X = C_2H_5).

B. Beim Behandeln von 1-[2,6-Dihydroxy-phenyl]-äthanon mit Acetylbernsteinsäure-diäthylester und Phosphorylchlorid (*Shah, Shah,* J. Indian chem. Soc. **19** [1942] 486).

Krystalle (aus A.); F: 167—168°.

VIII   IX   X

[7-Acetoxy-8-acetyl-4-methyl-2-oxo-2H-chromen-3-yl]-essigsäure-äthylester $C_{18}H_{18}O_7$, Formel VIII (R = CO-CH₃, X = C_2H_5).

B. Aus der im vorangehenden Artikel beschriebenen Verbindung (*Shah, Shah,* J. Indian chem. Soc. **19** [1942] 486).

Krystalle (aus A.); F: 221—223°.

6-Acetyl-8-äthyl-5-hydroxy-2-oxo-2*H***-chromen-3-carbonsäure, [3-Acetyl-5-äthyl-2,6-di⹀ hydroxy-benzyliden]-malonsäure-6-lacton** $C_{14}H_{12}O_6$, Formel IX.

B. Beim Behandeln von 3-Acetyl-5-äthyl-2,6-dihydroxy-benzaldehyd mit wss. Natron⹀ lauge und mit Cyanessigsäure und Erhitzen des Reaktionsprodukts mit wss. Salzsäure (*Shah, Shah,* Soc. **1939** 949).

Gelbliche Krystalle (aus A.); F: 208—209° [Zers.].

3-Acetyl-8-äthyl-5-hydroxy-2-oxo-2*H***-chromen-6-carbonsäure-methylester** $C_{15}H_{14}O_6$, Formel X.

B. Beim Behandeln von 5-Äthyl-3-formyl-2,4-dihydroxy-benzoesäure-methylester mit Acetessigsäure-äthylester und Piperidin (*Shah, Shah,* Soc. **1939** 300).

Gelbe Krystalle (aus wss. A.); F: 138—140°.

5,7-Diacetyl-6-hydroxy-3-methyl-benzofuran-2-carbonsäure $C_{14}H_{12}O_6$, Formel XI.

B. Beim Behandeln von 7-Acetyl-6-hydroxy-3-methyl-benzofuran-2-carbonsäure mit Acetylchlorid, Aluminiumchlorid und Nitrobenzol (*Shah, Shah,* B. **92** [1959] 2927, 2931).

Gelbe Krystalle (aus Eg.); F: 250° [Zers.].

XI   XII

Hydroxy-oxo-carbonsäuren $C_{15}H_{14}O_6$

2-Acetyl-4-[6-methoxy-3-methyl-benzofuran-2-yl]-3-oxo-buttersäure-äthylester $C_{18}H_{20}O_6$, Formel XII und Tautomere.

B. Beim Behandeln von [6-Methoxy-3-methyl-benzofuran-2-yl]-acetylchlorid (aus der Säure mit Hilfe von Phosphor(V)-chlorid hergestellt) mit der Natrium-Verbindung des Acetessigsäure-äthylesters in Äther (*Foster et al.,* Soc. **1939** 1594, 1598) oder mit der Äthoxymagnesium-Verbindung des Acetessigsäure-äthylesters in Äther (*Dawkins, Mulhol- land,* Soc. **1959** 2211, 2215).

Orangegelbes Öl; nicht destillierbar (*Fo. et al.*). IR-Banden (Nujol) im Bereich von 1750 cm⁻¹ bis 1550 cm⁻¹: *Da., Mu.*

Beim Behandeln mit konz. Schwefelsäure sind 6-Methoxy-2′-methyl-3-methylen-4′-oxo-3*H*-spiro[benzofuran-2,1′-cyclopent-2′-en]-3′-carbonsäure (F: 147°), 6-Methoxy-2′-methyl-3-methylen-4′-oxo-3*H*-spiro[benzofuran-2,1′-cyclopent-2′-en]-3′-carbonsäure- äthylester (F: 122°) und kleine Mengen [6-Methoxy-3-methyl-benzofuran-2-yl]-essigsäure erhalten worden (*Fo. et al.; Dean et al.,* Soc. **1953** 1250, 1251, 1253; *Da., Mu.*).

Kupfer(II)-Verbindung $Cu(C_{18}H_{19}O_6)_2$. Grünblaue Krystalle (aus Me.); F: 175° [korr.] (*Da., Mu*).

Hydroxy-oxo-carbonsäuren $C_{16}H_{16}O_6$

(±)-2-Acetyl-3-[7-methoxy-4-methyl-2-oxo-2*H***-chromen-3-yl]-buttersäure-äthylester** $C_{19}H_{22}O_6$, Formel XIII, und Tautomeres ((±)-3-Hydroxy-2-[1-(7-methoxy- 4-methyl-2-oxo-2*H*-chromen-3-yl)-äthyl]-crotonsäure-äthylester).

B. Neben 3-Äthyl-6-brom-7-methoxy-4-methyl-cumarin beim Erwärmen von (±)-3-[1-Brom-äthyl]-7-methoxy-4-methyl-cumarin mit der Natrium-Verbindung des Acetessigsäure-äthylesters in Äthanol (*Molho, Mentzer,* C. r. **223** [1946] 1141, **224** [1947] 471).

Krystalle; F: 181°.

3-[4-Hydroxy-3-methoxy-6-oxo-7,8,9,10-tetrahydro-6H-benzo[c]chromen-1-yl]-propionsäure $C_{17}H_{18}O_6$, Formel XIV (R = H).

B. Beim Behandeln von 3-[3,4-Diacetoxy-5-methoxy-phenyl]-propionsäure mit 2-Oxocyclohexancarbonsäure-äthylester und Methansulfonsäure (*Boekelheide, Pennington*, Am. Soc. **74** [1952] 1558, 1561).

Krystalle (aus A.); F: 284—288° [Zers.].

XIII   XIV

3-[3,4-Dimethoxy-6-oxo-7,8,9,10-tetrahydro-6H-benzo[c]chromen-1-yl]-propionsäuremethylester $C_{19}H_{22}O_6$, Formel XIV (R = CH$_3$).

B. Beim Erwärmen einer Lösung der im vorangehenden Artikel beschriebenen Verbindung in Methanol mit Dimethylsulfat und wss. Kalilauge (*Boekelheide, Pennington*, Am. Soc. **74** [1952] 1558, 1561, 6317).

Krystalle (aus Me.); F: 133—134,5°.

Hydroxy-oxo-carbonsäuren $C_{19}H_{22}O_6$

(4bR)-2c,7-Dihydroxy-1-methyl-8-methylen-13-oxo-(4br,10ac)-2,3,4b,5,6,7,8,9,10,10a-decahydro-1H-7t,9at-methano-3t,1t-oxaäthano-benz[a]azulen-10c-carbonsäure-methylester, 2β,3α,7-Trihydroxy-1β-methyl-8-methylen-7β-gibb-4-en-1α,10β-dicarbonsäure-1 → 3-lacton-10-methylester [1]) $C_{20}H_{24}O_6$, Formel I auf S. 6534.

Konstitution und Konfiguration: *Cross et al.*, Chem. and Ind. **1959** 1345; Pr. chem. Soc. **1959** 302; *Cross*, Soc. **1960** 3022, 3027.

B. Beim Erhitzen von 2β,3α,7-Trihydroxy-1β-methyl-8-methylen-7β-gibb-4-en-1α,10β-dicarbonsäure in Toluol und Behandeln des Reaktionsprodukts mit Diazomethan (*Cross et al.*, Pr. chem. Soc. **1958** 221; *Cr.*, l. c. S. 3037). Beim Behandeln von Gibberellinsäure-methylester (S. 6534) mit wss. Natronlauge (*Cross et al.*, Pr. chem. Soc. **1958** 222; Chem. and Ind. **1959** 1346; Soc. **1961** 2498, 2509).

Krystalle (aus E. + PAe.); F: 174° [korr.]; $[\alpha]_D^{18}$: +122° [A.; c = 0,8] (*Cr.*). IR-Banden (Nujol sowie CH$_2$Cl$_2$) im Bereich von 3400 cm^{-1} bis 1650 cm^{-1}: *Cr.*

Bei der Hydrierung an Platin in Essigsäure ist 2β,7-Dihydroxy-1β,8ξ-dimethyl-4aβ,7β-gibban-1α,10β-dicarbonsäure-10-methylester (F: 269—271° [Zers.]) erhalten worden (*Cr. et al.*, Chem. and Ind. **1959** 1346; Soc. **1961** 2512; *Aldridge et al.*, Soc. **1963** 2569, 2578).

(4aR)-7-Brommethyl-2t-hydroxy-1-methyl-8,13-dioxo-(4bt,10at)-1,2,4b,5,6,7,8,9,-10,10a-decahydro-7t,9at-methano-4ar,1c-oxaäthano-benz[a]azulen-10t-carbonsäure, 7-Brommethyl-2β,4a-dihydroxy-1β-methyl-8-oxo-4aα,7α-gibb-3-en-1α,10β-dicarbonsäure-1 → 4a-lacton[1]), Bromgibberellinsäure, Bromgibberellin-A$_3$ $C_{19}H_{21}BrO_6$, Formel II (R = X = H) auf S. 6534.

Konstitution und Konfiguration: *McCapra et al.*, Soc. [C] **1966** 1577.

B. Als Hauptprodukt beim Behandeln von Gibberellinsäure (S. 6533) mit Brom in Tetrahydrofuran (*Takahashi et al.*, Bl. agric. chem. Soc. Japan **23** [1959] 509, 512, 522).

Krystalle; F: 242—244° [Zers.] (*Ta. et al.*). IR-Spektrum (2—15 μ): *Ta. et al.*, l. c. S. 520. UV-Absorptionsmaximum: 290 nm (*Ta. et al.*, l. c. S. 513).

Beim Erhitzen mit Essigsäure und Zink ist Gibberellin-C (S. 6514) erhalten worden (*Ta. et al.*, l. c. S. 523).

---

[1]) Stellungsbezeichnung bei von Gibban abgeleiteten Namen s. S. 6080 Anm.

(4a*R*)-2*t*-Acetoxy-7-brommethyl-1-methyl-8,13-dioxo-(4b*t*,10a*t*)-1,2,4b,5,6,7,8,9,⁼
10,10a-decahydro-7*t*,9a*t*-methano-4a*r*,1c-oxaäthano-benz[*a*]azulen-10*t*-carbonsäure,
2*β*-Acetoxy-7-brommethyl-4a-hydroxy-1*β*-methyl-8-oxo-4aα,7α-gibb-3-en-1α,10*β*-di⁼
carbonsäure-1-lacton, *O*-Acetyl-bromgibberellinsäure, *O*-Acetyl-brom⁼
gibberellin-A₃ C₂₁H₂₃BrO₇, Formel II (R = H, X = CO-CH₃).
B. Beim Behandeln der im vorangehenden Artikel beschriebenen Verbindung mit
Acetanhydrid und Pyridin (*Takahashi et al.*, Bl. agric. chem. Soc. Japan **23** [1959] 509,
523).
Krystalle (aus A. + E. + Bzn.) mit 1 Mol H₂O; F: 175°.

(4a*R*)-7-Brommethyl-2*t*-hydroxy-1-methyl-8,13-dioxo-(4b*t*,10a*t*)-1,2,4b,5,6,7,8,9,⁼
10,10a-decahydro-7*t*,9a*t*-methano-4a*r*,1c-oxaäthano-benz[*a*]azulen-10*t*-carbonsäure-
methylester, 7-Brommethyl-2*β*,4a-dihydroxy-1*β*-methyl-8-oxo-4aα,7α-gibb-3-en-
1α,10*β*-dicarbonsäure-1 → 4a-lacton-10-methylester, Bromgibberellinsäure-methyl⁼
ester C₂₀H₂₃BrO₆, Formel II (R = CH₃, X = H).
B. Aus Bromgibberellinsäure (S. 6532) mit Hilfe von Diazomethan (*Takahashi et al.*,
Bl. agric. chem. Soc. Japan **23** [1959] 509, 523).
Krystalle (aus E. + Ae. + Bzn.); F: 214−216°.
Bei der Hydrierung an Platin in Methanol sind Bromgibberellin-A₁-methylester
(S. 6516) und eine Verbindung C₂₀H₂₇BrO₆ vom F: 206° erhalten worden.

(4a*R*)-2*t*-Acetoxy-7-brommethyl-1-methyl-8,13-dioxo-(4b*t*,10a*t*)-1,2,4b,5,6,7,8,9,10,10a-
decahydro-7*t*,9a*t*-methano-4a*r*,1c-oxaäthano-benz[*a*]azulen-10*t*-carbonsäure-
methylester, 2*β*-Acetoxy-7-brommethyl-4a-hydroxy-1*β*-methyl-8-oxo-4aα,7α-gibb-3-en-
1α,10*β*-dicarbonsäure-1-lacton-10-methylester, *O*-Acetyl-bromgibberellinsäure-
methylester C₂₂H₂₅BrO₇, Formel II (R = CH₃, X = CO-CH₃).
B. Aus *O*-Acetyl-bromgibberellinsäure (s. o.) mit Hilfe von Diazomethan (*Takahashi et al.*, Bl. agric. chem. Soc. Japan **23** [1959] 509, 523).
Krystalle; F: 178−180°.

(4a*R*)-2*t*,7-Dihydroxy-1-methyl-8-methylen-13-oxo-(4b*t*,10a*t*)-1,2,4b,5,6,7,8,9,10,10a-
decahydro-7*c*,9a*c*-methano-4a*r*,1c-oxaäthano-benz[*a*]azulen-10*t*-carbonsäure,
2*β*,4a,7-Trihydroxy-1*β*-methyl-8-methylen-4aα,7*β*-gibb-3-en-1α,10*β*-dicarbonsäure-
1 → 4a-lacton¹), Gibberellinsäure, Gibberellin-A₃ C₁₉H₂₂O₆, Formel III (R = X = H).
Konstitution: *Cross*, Soc. **1960** 3022; *Takahashi et al.*, Agric. biol. Chem. Japan **25**
[1961] 860. Konfiguration: *Aldridge et al.*, Soc. **1963** 143; *Bourn et al.*, Soc. **1963** 154;
Scott et al., Tetrahedron **20** [1964] 1339, 1341, 1348; *McCapra et al.*, Soc. [C] **1966** 1577.
Isolierung aus Gibberella fujikuroi: *Curtis, Cross*, Chem. and Ind. **1954** 1066; *Stodola
et al.*, Arch. Biochem. **66** [1957] 438, 439; s. a. *Birch et al.*, Tetrahedron **7** [1959] 241, 250.
Krystalle; F: 233−235° [Zers.; aus E. + PAe.] (*Cu., Cr.*), 233−235° [korr.; Zers.; aus
E. oder aus Me. + PAe.] (*Cross*, Soc. **1954** 4670, 4673), 232−235° [Zers.; aus Acn.
+ PAe.] (*St. et al.*, l. c. S. 441), 232−235° [korr.; Zers.; aus E. + PAe.] (*Grove et al.*,
Soc. **1958** 1236, 1238). Tetragonal; aus dem Röntgen-Diagramm ermittelte Dimensionen
der Elementarzelle: a = b = 10,905 Å; c = 28,74 Å; n = 8 (*Cu., Cr.*). Dichte der Kry-
stalle: 1,34 (*Cu., Cr.*). [α]$_D^{14}$: +82° [A.; c = 2] (*Cu., Cr.*); [α]$_D^{19}$: +86° [A.; c = 2] (*Cr.*,
Soc. **1954** 4673); [α]$_D^{25}$: +92° [A.; c = 2] (*St. et al.*); [α]$_D^{20}$: +83° [Me.; c = 0,5] (*Cu., Cr.*).
IR-Spektrum (KBr; 5,5−14,3 μ): *West, Phinney*, Am. Soc. **81** [1959] 2424, 2425. Polarographie: *Head*, J. Am. pharm. Assoc. **48** [1959] 631.
Beim Erwärmen mit wss. Salzsäure auf 60° ist Allogibbersäure (7-Hydroxy-1-methyl-
8-methylen-4bα,7*β*-gibba-1,3,4a(10a)-trien-10*β*-carbonsäure), beim Erhitzen mit wss. Salz⁼
säure auf Siedetemperatur sind Gibbersäure (1,7-Dimethyl-8-oxo-4bα,7α-gibba-1,3,⁼
4a(10a)-trien-10*β*-carbonsäure), Epigibbersäure (1,7-Dimethyl-8-oxo-7α-gibba-1,3,4a⁼
(10a)-trien-10*β*-carbonsäure) und eine Verbindung C₁₉H₂₄O₇ vom F: 266−269° [korr.;
Zers.] erhalten worden (*Cr.*, Soc. **1954** 4674). Reaktion mit Brom in Tetrahydrofuran
(Bildung von Bromgibberellin-A₃ [S. 6532] und kleinen Mengen einer Verbindung

---

¹) Stellungsbezeichnung bei von Gibban abgeleiteten Namen s. S. 6080 Anm.

$C_{19}H_{21}BrO_6$ vom F: 268—270° [Zers.] [Methylester $C_{20}H_{23}BrO_6$; F: 202—204°]): *Takahashi et al.*, Bl. agric. chem. Soc. Japan **23** [1959] 509, 512, 522. Hydrierung an Platin in Methanol (Bildung von Dihydrogibberellin-A_1 [S. 6481], von 2β,7-Dihydroxy-1β,8ξ-dimethyl-4aβ,7β-gibban-1α,10β-dicarbonsäure [F: 300—302° (korr.; Zers.)] und von 2β,7-Dihydroxy-1β,8ξ-dimethyl-7β-gibb-4-en-1α,10β-dicarbonsäure [bei 170—200° (Zers.) schmelzend]): *Mulholland*, Soc. **1963** 2606, 2608, 2612; s. a. *Ta. et al.*, Bl. agric. chem. Soc. Japan **23** 510, 514, 516.

(4a*R*)-2*t*-Acetoxy-7-hydroxy-1-methyl-8-methylen-13-oxo-(4b*t*,10a*t*)-1,2,4b,5,6,7,8,9,-10,10a-decahydro-7c,9a*c*-methano-4a*r*,1*c*-oxaäthano-benz[*a*]azulen-10*t*-carbonsäure, 2β-Acetoxy-4a,7-dihydroxy-1β-methyl-8-methylen-4aα,7β-gibb-3-en-1α,10β-dicarbonsäure-1 → 4a-lacton, O^2-Acetyl-gibberellinsäure, O^2-Acetyl-gibberellin-A_3 $C_{21}H_{24}O_7$, Formel III (R = H, X = CO-CH_3).

B. Beim Behandeln von Gibberellinsäure (S. 6533) mit Acetanhydrid und Pyridin (*Cross*, Soc. **1954** 4670, 4674).

Krystalle (aus E. + PAe.); F: 233—234° [korr.; Zers.]. $[\alpha]_D^{17}$: +152° [A.; c = 0,5].

I   II   III

(4a*R*)-2*t*,7-Dihydroxy-1-methyl-8-methylen-13-oxo-(4b*t*,10a*t*)-1,2,4b,5,6,7,8,9,10,10a-decahydro-7c,9a*c*-methano-4a*r*,1*c*-oxaäthano-benz[*a*]azulen-10*t*-carbonsäure-methylester, 2β,4a,7-Trihydroxy-1β-methyl-8-methylen-4aα,7β-gibb-3-en-1α,10β-dicarbonsäure-1 → 4a-lacton-10-methylester, Gibberellinsäure-methylester, Gibberellin-A_3-methylester $C_{20}H_{24}O_6$, Formel III (R = CH_3, X = H).

B. Aus Gibberellinsäure (S. 6533) beim Behandeln einer Lösung in Äthanol und Äther mit Diazomethan in Äther (*Takahashi et al.*, Bl. agric. chem. Soc. Japan **19** [1955] 267, 274; s. a. *Cross*, Soc. **1954** 4670, 4673) sowie beim Erwärmen mit Methyljodid, Kaliumcarbonat und Aceton (*Cr.*, Soc. **1954** 4673; *Sell et al.*, J. org. Chem. **24** [1959] 1822).

Krystalle; F: 209—210° [korr.; aus Bzl. + Me.] (*Cr.*, Soc. **1954** 4673), 202° [aus E. + Bzl.] (*Sell et al.*), 200—202° [aus E. + Bzn.] (*Ta. et al.*, Bl. agric. chem. Soc. Japan **19** 274). $[\alpha]_D$: +75° [A.; c = 0,5] (*Cr.*, Soc. **1954** 4673); $[\alpha]_D^{22}$: +67,0° [Me.; c = 5] (*Ta. et al.*, Bl. agric. chem. Soc. Japan **19** 274). IR-Spektrum (2—16 μ): *Ta. et al.*, Bl. agric. chem. Soc. Japan **19** 273.

Verhalten gegen wss. Natronlauge (Bildung von 2β,3α,7-Trihydroxy-1β-methyl-8-methylen-7β-gibb-4-en-1α,10β-dicarbonsäure-1 → 3-lacton-10-methylester): *Cross et al.*, Pr. chem. Soc. **1958** 221; Chem. and Ind. **1959** 1345; Soc. **1961** 2498, 2509; über die Bildung einer Verbindung $C_{19}H_{26}O_8$ vom F: 152—154° [Zers.] beim Erhitzen mit wss. Natronlauge s. *Takahashi et al.*, Bl. agric. chem. Soc. Japan **23** [1959] 509, 512, 522. Bei der Hydrierung an Palladium/Kohle in Äthylacetat sind nach der Aufnahme von 1 Mol Wasserstoff Gibberellin-A_1-methylester (S. 6517) und 2β,7-Dihydroxy-1β-methyl-8-methylen-7β-gibb-4-en-1α,10β-dicarbonsäure-10-methylester (*Grove et al.*, Soc. **1958** 1236, 1239; *Mulholland*, Soc. **1963** 2606, 2610), nach der Aufnahme von 2 Mol Wasserstoff 2β,4a,7-Trihydroxy-1β,8ξ-dimethyl-4aα,7β-gibban-1α,10β-dicarbonsäure-1 → 4a-lacton-10-methylester (zwei Stereoisomere vom F: 271—272° bzw. F: 233° bis 236°), 2β,7-Dihydroxy-1β,8ξ-dimethyl-4aβ,7β-gibban-1α,10β-dicarbonsäure-10-methylester (zwei Stereoisomere vom F: 269—271° bzw. F: 240—241° und 253—254°), 2β,7-Dihydroxy-1β,8ξ-dimethyl-7β-gibb-4-en-1α,10β-dicarbonsäure-10-methylester (zwei Stereoisomere vom F: 240—241,5° bzw. F: 223—224°) und 2β,7-Dihydroxy-1β,8ξ-dimethyl-7β-gibb-4a-en-1α,10β-dicarbonsäure-10-methylester vom F: 218—221,5° (*Cross*, Soc. **1960** 3022, 3023, 3028; *Aldridge et al.*, Soc. **1963** 2569, 2570, 2579; s. a. *Ta. et al.*, Bl. agric. chem. Soc. Japan **23** 514, 516) erhalten worden.

(4a*R*)-2*t*-Acetoxy-7-hydroxy-1-methyl-8-methylen-13-oxo-(4b*t*,10a*t*)-1,2,4b,5,6,7,8,9,⁼
10,10a-decahydro-7*c*,9a*c*-methano-4a*r*,1*c*-oxaäthano-benz[*a*]azulen-10*t*-carbonsäure-
methylester, 2β-Acetoxy-4a,7-dihydroxy-1β-methyl-8-methylen-4aα,7β-gibb-3-en-
1α,10β-dicarbonsäure-1 → 4a-lacton-10-methylester, O^2-Acetyl-gibberellinsäure-
methylester, O^2-Acetyl-gibberellin-A₃-methylester $C_{22}H_{26}O_7$, Formel III
(R = CH₃, X = CO-CH₃).

B. Beim Behandeln von Gibberellinsäure-methylester (S. 6534) mit Acetanhydrid und
Pyridin (*Cross*, Soc. **1954** 4670, 4674). Beim Behandeln von O^2-Acetyl-gibberellinsäure
(S. 6534) mit Methanol und mit Diazomethan in Äther (*Cr.*).

Krystalle (aus Bzl. + PAe.); F: 180—181° [korr.]. $[\alpha]_D^{18}$: +150° [A.; c = 0,4].

(4a*R*)-2*t*,7-Dihydroxy-1-methyl-8-methylen-13-oxo-(4b*t*,10a*t*)-1,2,4b,5,6,7,8,9,10,10a-
decahydro-7*c*,9a*c*-methano-4a*r*,1*c*-oxaäthano-benz[*a*]azulen-10*t*-carbonsäure-äthylester,
2β,4a,7-Trihydroxy-1β-methyl-8-methylen-4aα,7β-gibb-3-en-1α,10β-dicarbonsäure-
10-äthylester-1 → 4a-lacton, Gibberellinsäure-äthylester, Gibberellin-A₃-äthylester
$C_{21}H_{26}O_6$, Formel III (R = C₂H₅, X = H).

B. Beim Erwärmen von Gibberellinsäure (S. 6533) mit Äthyljodid, Kaliumcarbonat und
Aceton (*Sell et al.*, J. org. Chem. **24** [1959] 1822).

Krystalle (aus E. + Bzl.); F: 155°.

(4a*R*)-2*t*,7-Dihydroxy-1-methyl-8-methylen-13-oxo-(4b*t*,10a*t*)-1,2,4b,5,6,7,8,9,10,10a-
decahydro-7*c*,9a*c*-methano-4a*r*,1*c*-oxaäthano-benz[*a*]azulen-10*t*-carbonsäure-
propylester, 2β,4a,7-Trihydroxy-1β-methyl-8-methylen-4aα,7β-gibb-3-en-1α,10β-dicarb⁼
onsäure-1 → 4a-lacton-10-propylester, Gibberellinsäure-propylester, Gibberellin-A₃-
propylester $C_{22}H_{28}O_6$, Formel III (R = CH₂-CH₂-CH₃, X = H).

B. Beim Erwärmen von Gibberellinsäure (S. 6533) mit Propyljodid, Kaliumcarbonat
und Aceton (*Sell et al.*, J. org. Chem. **24** [1959] 1822).

Krystalle (aus E. + Bzl.); F: 138°.

(4a*R*)-2*t*,7-Dihydroxy-1-methyl-8-methylen-13-oxo-(4b*t*,10a*t*)-1,2,4b,5,6,7,8,9,10,10a-
decahydro-7*c*,9a*c*-methano-4a*r*,1*c*-oxaäthano-benz[*a*]azulen-10*t*-carbonsäure-
butylester, 2β,4a,7-Trihydroxy-1β-methyl-8-methylen-4aα,7β-gibb-3-en-1α,10β-dicarbon⁼
säure-10-butylester-1 → 4a-lacton, Gibberellinsäure-butylester, Gibberellin-A₃-
butylester $C_{23}H_{30}O_6$, Formel III (R = [CH₂]₃-CH₃, X = H).

B. Beim Erwärmen von Gibberellinsäure (S. 6533) mit Butyljodid, Kaliumcarbonat
und Aceton (*Sell et al.*, J. org. Chem. **24** [1959] 1822).

Krystalle (aus E. + Bzl.); F: 145°.

(4a*R*)-2*t*,7-Dihydroxy-1-methyl-8-methylen-13-oxo-(4b*t*,10a*t*)-1,2,4b,5,6,7,8,9,10,10a-
decahydro-7*c*,9a*c*-methano-4a*r*,1*c*-oxaäthano-benz[*a*]azulen-10*t*-carbonsäure-pentyl⁼
ester, 2β,4a,7-Trihydroxy-1β-methyl-8-methylen-4aα,7β-gibb-3-en-1α,10β-dicarbonsäure-
1 → 4a-lacton-10-pentylester, Gibberellinsäure-pentylester, Gibberellin-A₃-pentyl⁼
ester $C_{24}H_{32}O_6$, Formel III (R = [CH₂]₄-CH₃, X = H).

B. Beim Erwärmen von Gibberellinsäure (S. 6533) mit Pentyljodid, Kaliumcarbonat
und Aceton (*Sell et al.*, J. org. Chem. **24** [1959] 1822).

Krystalle (aus E. + Bzl.); F: 165—166°.

(4a*R*)-2*t*,7-Dihydroxy-1-methyl-8-methylen-13-oxo-(4b*t*,10a*t*)-1,2,4b,5,6,7,8,9,10,10a-
decahydro-7*c*,9a*c*-methano-4a*r*,1*c*-oxaäthano-benz[*a*]azulen-10*t*-carbonsäure-hexyl⁼
ester, 2β,4a,7-Trihydroxy-1β-methyl-8-methylen-4aα,7β-gibb-3-en-1α,10β-dicarbonsäure-
10-hexylester-1 → 4a-lacton, Gibberellinsäure-hexylester, Gibberellin-A₃-hexylester
$C_{25}H_{34}O_6$, Formel III (R = [CH₂]₅-CH₃, X = H).

B. Beim Erwärmen von Gibberellinsäure (S. 6533) mit Hexyljodid, Kaliumcarbonat
und Aceton (*Sell et al.*, J. org. Chem. **24** [1959] 1822).

Krystalle (aus E. + Bzl.); F: 188—189°.

(4a*R*)-2*t*,7-Dihydroxy-1-methyl-8-methylen-13-oxo-(4b*t*,10a*t*)-1,2,4b,5,6,7,8,9,10,10a-
decahydro-7*c*,9a*c*-methano-4a*r*,1*c*-oxaäthano-benz[*a*]azulen-10*t*-carbonsäure-
heptylester, 2β,4a,7-Trihydroxy-1β-methyl-8-methylen-4aα,7β-gibb-3-en-1α,10β-dicarbon⁼
säure-10-heptylester-1 → 4a-lacton, Gibberellinsäure-heptylester, Gibberellin-A₃-
heptylester $C_{26}H_{36}O_6$, Formel III (R = [CH₂]₆-CH₃, X = H).

B. Beim Erwärmen von Gibberellinsäure (S. 6533) mit Heptyljodid, Kaliumcarbonat

und Aceton (*Sell et al.*, J. org. Chem. **24** [1959] 1822).
Krystalle (aus E. + Bzl.); F: 181—182°.

(4a*R*)-2*t*,7-Dihydroxy-1-methyl-8-methylen-13-oxo-(4b*t*,10a*t*)-1,2,4b,5,6,7,8,9,10,10a-decahydro-7*c*,9a*c*-methano-4a*r*,1*c*-oxaäthano-benz[*a*]azulen-10*t*-carbonsäure-octyl=ester, 2*β*,4a,7-Trihydroxy-1*β*-methyl-8-methylen-4a*α*,7*β*-gibb-3-en-1*α*,10*β*-dicarbonsäure-1 → 4a-lacton-10-octylester, Gibberellinsäure-octylester, Gibberellin-A₃-octylester $C_{27}H_{38}O_6$, Formel III (R = [CH₂]₇-CH₃, X = H) auf S. 6534.
B. Beim Erwärmen von Gibberellinsäure (S. 6533) mit Octyljodid, Kaliumcarbonat und Aceton (*Sell et al.*, J. org. Chem. **24** [1959] 1822).
Krystalle (aus E. + Bzl.); F: 157—158°.

(4a*R*)-2*t*,7-Dihydroxy-1-methyl-8-methylen-13-oxo-(4b*t*,10a*t*)-1,2,4b,5,6,7,8,9,10,10a-decahydro-7*c*,9a*c*-methano-4a*r*,1*c*-oxaäthano-benz[*a*]azulen-10*t*-carbonsäure-nonylester, 2*β*,4a,7-Trihydroxy-1*β*-methyl-8-methylen-4a*α*,7*β*-gibb-3-en-1*α*,10*β*-dicarbonsäure-1 → 4a-lacton-10-nonylester, Gibberellinsäure-nonylester, Gibberellin-A₃-nonylester $C_{28}H_{40}O_6$, Formel III (R = [CH₂]₈-CH₃, X = H) auf S. 6534.
B. Beim Erwärmen von Gibberellinsäure (S. 6533) mit Nonyljodid, Kaliumcarbonat und Aceton (*Sell et al.*, J. org. Chem. **24** [1959] 1822).
Krystalle (aus E. + Bzl.); F: 131—132°.

(4a*R*)-2*t*,7-Dihydroxy-1-methyl-8-methylen-13-oxo-(4b*t*,10a*t*)-1,2,4b,5,6,7,8,9,10,10a-decahydro-7*c*,9a*c*-methano-4a*r*,1*c*-oxaäthano-benz[*a*]azulen-10*t*-carbonsäure-decyl=ester, 2*β*,4a,7-Trihydroxy-1*β*-methyl-8-methylen-4a*α*,7*β*-gibb-3-en-1*α*,10*β*-dicarbonsäure-10-decylester-1 → 4a-lacton, Gibberellinsäure-decylester, Gibberellin-A₃-decylester $C_{29}H_{42}O_6$, Formel III (R = [CH₂]₉-CH₃, X = H) auf S. 6534.
B. Beim Erwärmen von Gibberellinsäure (S. 6533) mit Decyljodid, Kaliumcarbonat und Aceton (*Sell et al.*, J. org. Chem. **24** [1959] 1822).
Krystalle (aus E. + Bzl.); F: 102,5—108,5°.

(4a*R*)-2*t*,7-Dihydroxy-1-methyl-8-methylen-13-oxo-(4b*t*,10a*t*)-1,2,4b,5,6,7,8,9,10,10a-decahydro-7*c*,9a*c*-methano-4a*r*,1*c*-oxaäthano-benz[*a*]azulen-10*t*-carbonsäure-[4-brom-phenacylester], 2*β*,4a,7-Trihydroxy-1*β*-methyl-8-methylen-4a*α*,7*β*-gibb-3-en-1*α*,10*β*-dicarbonsäure-10-[4-brom-phenacylester]-1 → 4a-lacton, Gibberellinsäure-[4-brom-phenacylester], Gibberellin-A₃-[4-brom-phenacylester] $C_{27}H_{27}BrO_7$, Formel III (R = CH₂-CO-C₆H₄-Br, X = H) auf S. 6534.
B. Aus Gibberellinsäure [S. 6533] (*Cross*, Soc. **1954** 4670, 4673).
Krystalle (aus A.) mit 1 Mol H_2O; F: 218—219° [korr.].

Hydroxy-oxo-carbonsäuren $C_{23}H_{30}O_6$

3*β*,14,21-Trihydroxy-24-nor-14*β*-chola-4,20(22)*t*-dien-19,23-disäure-23 → 21-lacton-19-methylester, *Δ*⁴-Anhydrostrophanthidinsäure-methylester $C_{24}H_{32}O_6$, Formel IV.
B. Beim Erwärmen von 14,21-Dihydroxy-3-oxo-24-nor-14*β*-chola-4,20(22)*t*-dien-19,23-disäure-23 → 21-lacton-19-methylester mit Aluminiumisopropylat in Isopropylalkohol (*Stoll et al.*, Helv. **36** [1953] 1557, 1564).
Krystalle (aus Acn. + Ae.); die bei 221—235° schmelzen. $[α]_D^{20}$: +97,2° [CHCl₃ + Me.(4:1)]. UV-Spektrum (A.; 210—270 nm): *St. et al.*, l. c. S. 1560.

3*β*,5,21-Trihydroxy-24-nor-5*β*-chola-14,20(22)*t*-dien-19,23-disäure-23 → 21-lacton-19-methylester, *Δ*¹⁴-Anhydrostrophanthidinsäure-methylester $C_{24}H_{32}O_6$, Formel V.
B. Beim Erwärmen von Strophanthidinsäure-methylester (S. 6610) mit wss.-methanol. Salzsäure (*Jacobs, Gustus*, J. biol. Chem. **74** [1927] 795, 802).
Krystalle (aus wss. Me.); F: 205—206°. $[α]_D$: +25° [Py.; c = 1].

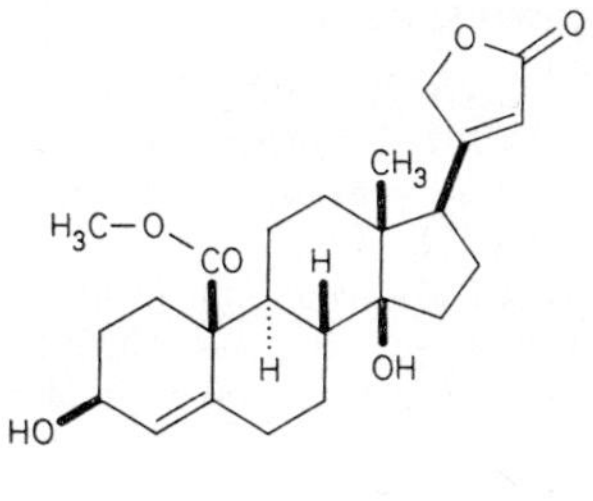

IV 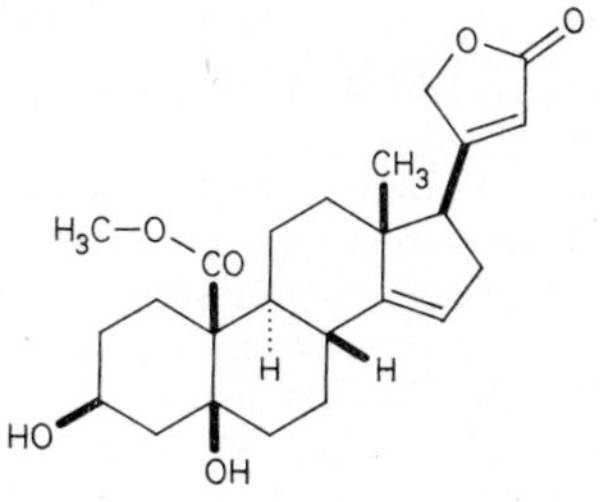 V

14,21-Dihydroxy-3-oxo-24-nor-5α,14β-chol-20(22)*t*-en-19,23-disäure-23 → 21-lacton, Uzarigenonsäure $C_{23}H_{30}O_6$, Formel VI (R = H).

B. Neben 3β,14,21-Trihydroxy-24-nor-5α,14β-chol-20(22)*t*-en-19,23-disäure-23→21-lac=ton beim Behandeln von Coroglaucigenin (S. 2485), von Gofrusid (S. 2550) oder von Frugosid (S. 2486) mit Chrom(VI)-oxid in Essigsäure (*Hunger, Reichstein*, Helv. **35** [1952] 1073, 1088, 1094, 1097).

Krystalle (aus Me. + Ae.); F: 262—268° [korr.; Kofler-App.].

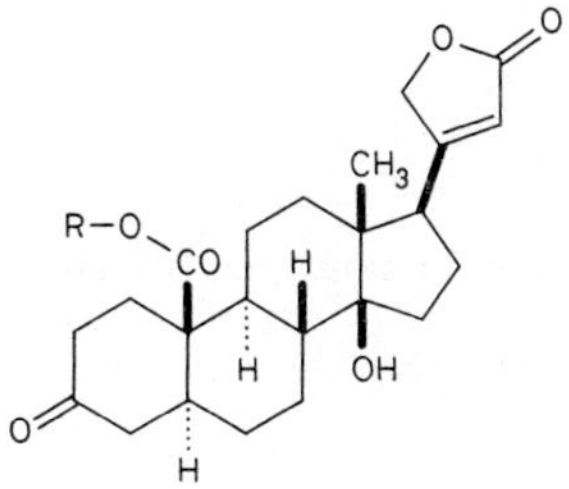

VI 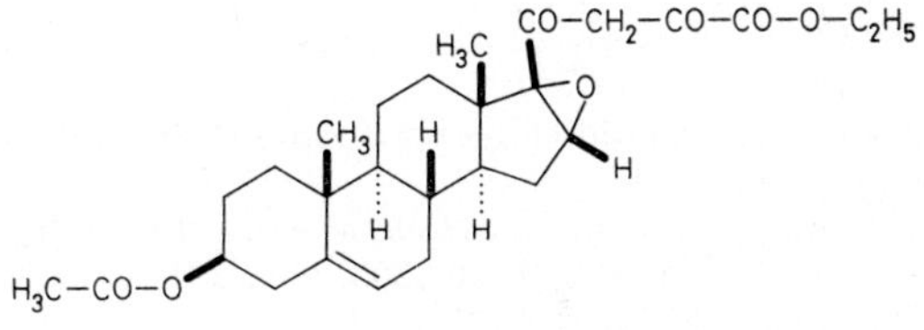 VII

14,21-Dihydroxy-3-oxo-24-nor-5α,14β-chol-20(22)*t*-en-19,23-disäure-23 → 21-lacton-19-methylester, Uzarigenonsäure-methylester $C_{24}H_{32}O_6$, Formel VI (R = CH₃).

Diese Konfiguration kommt wahrscheinlich auch einer von *Jacobs, Gustus* (J. biol. Chem. **74** [1927] 795, 802) bei der Hydrierung von 14,21-Dihydroxy-3-oxo-24-nor-14β-chola-4,20(22)*t*-dien-19,23-disäure-23→21-lacton-19-methylester an Palladium in Meth=anol oder Essigsäure erhaltenen, als Dihydromonoanhydrostrophanthidonsäure-methylester und als Desoxystrophanthidonsäure-methylester bezeichneten Verbindung zu.

B. Beim Behandeln einer Lösung der im vorangehenden Artikel beschriebenen Verbindung in Methanol mit Diazomethan in Äther (*Hunger, Reichstein*, Helv. **35** [1952] 1073, 1089, 1098). Beim Behandeln von Uzarigeninsäure-methylester (S. 6521) mit Chrom(VI)-oxid in Essigsäure (*Hu., Re.*, l. c. S. 1093).

Krystalle (aus Me. + Ae.), die bei 207—214° [korr.; Kofler-App.] schmelzen; Lösungs-mittel enthaltende Krystalle (aus Me. + Ae.) vom F: 210—215° [korr.; nach Schmelzen bei 100—110° und Wiedererstarren; Kofler-App.] (*Hu., Re.*, l. c. S. 1089, 1093, 1098). $[\alpha]_D^{20}$: +61,0° [CHCl₃; c = 1]; $[\alpha]_D^{23}$: +62,5° [CHCl₃; c = 1] (*Hu., Re.*, l. c. S. 1089, 1093). UV-Spektrum (A.; 200—360 nm): *Hu., Re.*, l. c. S. 1074.

3β-Acetoxy-16α,17-epoxy-20,23-dioxo-21-nor-chol-5-en-24-säure-äthylester $C_{27}H_{36}O_7$, Formel VII, und Tautomere.

Natrium-Verbindung. *B.* Beim Behandeln von 3β-Acetoxy-16α,17-epoxy-pregn-5-en-20-on mit Oxalsäure-diäthylester und Natriummethylat in Benzol (*Upjohn Co.*, U.S.P. 2750381 [1952]). — Bei 268—275° schmelzend.

Hydroxy-oxo-carbonsäuren $C_{24}H_{32}O_6$

14,21*t*-Dihydroxy-3β-[O^3-methyl-6-desoxy-α-L-glucopyranosyloxy]-5α,14β-chola-20,22*c*-dien-19,24-disäure-24 → 21-lacton-19-methylester, 14,21*t*-Dihydroxy-3β-α-L-theveto=pyranosyloxy-5α,14β-chola-20,22*c*-dien-19,24-disäure-24 → 21-lacton-19-methylester, Bovosid-A-19-säure-methylester $C_{32}H_{46}O_{10}$, Formel VIII.

B. Beim Behandeln einer Lösung von Bovosid-A (14-Hydroxy-3β-[O^3-methyl-6-desoxy-α-L-glucopyranosyloxy]-19-oxo-5α,14β-bufa-20,22-dienolid) in wss. Methanol mit Luft und Behandeln des Reaktionsprodukts mit Diazomethan in Äther und Methanol (*Katz*, Helv. **36** [1953] 1344, 1349, **37** [1954] 451, 454).

Krystalle (aus $CHCl_3$ + Bzl.); F: 216—225° [korr.; Kofler-App.]; $[α]_D^{26}$: −62,8° [Me.; c = 0,8] (*Katz*, Helv. **37** 454). UV-Absorptionsmaximum: 288 nm (*Katz*, Helv. **37** 454).

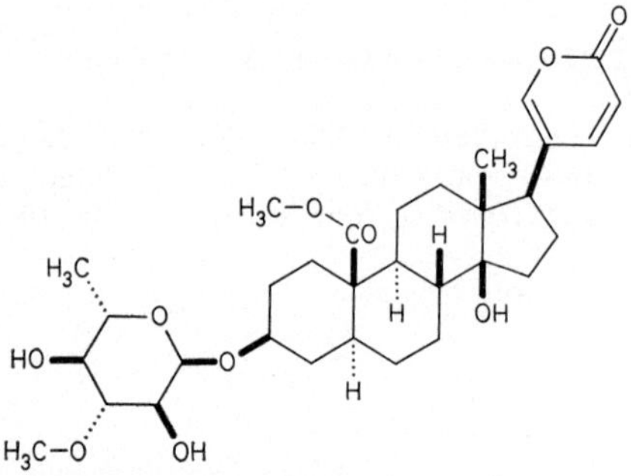

VIII 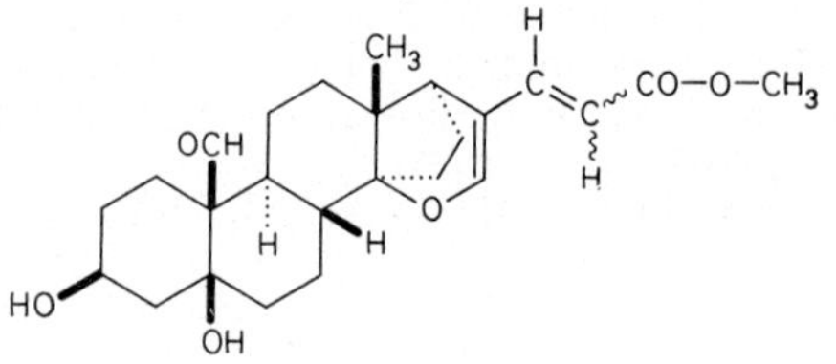   IX

14,21*c*-Epoxy-3β,5-dihydroxy-19-oxo-5β,14β-chola-20,22ξ-dien-24-säure-methylester $C_{25}H_{34}O_6$, Formel IX.

B. Beim Behandeln von Hellebrigenin (Bufotalidin [S. 3180]) mit methanol. Kalilauge (*Wieland et al.*, A. **524** [1936] 203, 208, 221).

Krystalle (aus A.); F: 237°.

14,21*c*-Epoxy-3β-[O^1-β-D-glucopyranosyl-α-L-rhamnopyranosyloxy]-5-hydroxy-19-oxo-5β,14β-chola-20,22ξ-dien-24-säure-methylester, 14,21*c*-Epoxy-5-hydroxy-19-oxo-3β-α-scillabiosyloxy-5β,14β-chola-20,22ξ-dien-24-säure-methylester $C_{37}H_{54}O_{15}$, Formel X.

Diese Konstitution und Konfiguration kommt dem nachstehend beschriebenen Iso=hellebrinsäure-methylester zu.

B. Beim Behandeln von Hellebrin (S. 3181) mit methanol. Kalilauge (*Karrer*, Helv. **26** [1943] 1353, 1366).

Krystalle (aus Me.); Zers. bei ca. 230° [nach Sintern bei 195—200°].

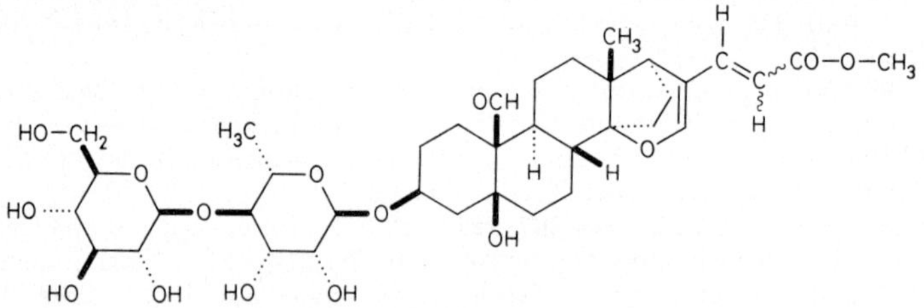

X

Hydroxy-oxo-carbonsäuren $C_{26}H_{36}O_6$

(3a*R*)-2*c*-Hydroxy-1,1,3b,5a,7,7,9a-heptamethyl-4,6-dioxo-(3a*r*,3b*t*,5a*t*,5b*t*,8a*t*,9a*c*,9b*t*)-Δ^{11}-hexadecahydro-indeno[5′,4′;4,5]indeno[2,1-*b*]furan-2*t*-carbonsäure, *ent*-2β-Hydr=oxy-3,3,9,14,22-pentamethyl-11,20-dioxo-*A*,19,21,24,25,26,27-heptanor-8α,13α,14β-furost-5-en-2α-carbonsäure, 16α,22-Epoxy-2α-hydroxy-22-methyl-11,20-dioxo-*A*,21,24,=25,26,27-hexanor-10α,17βH-cucurbit-5-en-2β-carbonsäure, Elaterinsäure $C_{26}H_{36}O_6$, Formel XI.

Konstitution und Konfiguration: *Lavie et al.*, Soc. **1964** 3543, 3544. Die früher als Elaterinsäure bezeichneten Präparate (*Berg*, Bl. [3] **35** [1906] 435; C. r. **143** [1906] 1161, **148** [1909] 1679; *v. Hemmelmayr*, M. **27** [1906] 1167, 1179; *Moore*, Soc. **97** [1910] 1797, 1802) sind nicht einheitlich gewesen (*La. et al.*, l. c. S. 3544 Anm.).

B. Neben anderen Verbindungen beim Erhitzen von α-Elaterin ((20Ξ)-25-Acetoxy-2,16α,20-trihydroxy-10α-cucurbita-1,5,23ξ-trien-3,11,22-trion [E III **8** 4377]) mit wss. Natronlauge und Ansäuern der Reaktionslösung (*La. et al.*, l. c. S. 3547).

Als Methylester (C$_{27}$H$_{38}$O$_6$; Krystalle [aus PAe.], F: 192−194° [korr.; Kofler-App.]; [α]$_D$: +185° [CHCl$_3$; c = 1]) isoliert (*La. et al.*).

XI   XII

Hydroxy-oxo-carbonsäuren C$_{30}$H$_{44}$O$_6$

6,23-Epoxy-2α,3β-dihydroxy-12-oxo-olean-5-en-28-säure-methylester [1]), 12-Oxo-anhydrodihydroterminonsäure-methylester C$_{31}$H$_{46}$O$_6$, Formel XII (R = H).

B. Beim Behandeln von 2α,3β,23-Trihydroxy-6,12-dioxo-oleanan-28-säure-methylester mit wss.-methanol. Salzsäure (*King, King*, Soc. **1956** 4469, 4475).

Krystalle (aus wss. Me.); F: 266−267°. [α]$_D$: −19° [CHCl$_3$; c = 1]. UV-Absorption (A.): *King, King*.

2α,3β-Diacetoxy-6,23-epoxy-12-oxo-olean-5-en-28-säure-methylester C$_{35}$H$_{50}$O$_8$, Formel XII (R = CO-CH$_3$).

B. Beim Behandeln der im vorangehenden Artikel beschriebenen Verbindung mit Acetanhydrid und Pyridin (*King, King*, Soc. **1956** 4469, 4475).

Krystalle (aus wss. Me.); F: 170−172°. [α]$_D$: −59° [CHCl$_3$; c = 1].

3β,13-Dihydroxy-12-oxo-oleanan-23,28-disäure-28 → 13-lacton [2]) C$_{30}$H$_{44}$O$_6$, Formel XIII (R = X = H).

B. Beim Erwärmen der im folgenden Artikel beschriebenen Verbindung mit äthanol. Kalilauge (*Ruzicka, Giacomello*, Helv. **20** [1937] 299, 306).

Krystalle (aus Me.); F: 329−332° [korr.; Zers.].

3β-Acetoxy-13-hydroxy-12-oxo-oleanan-23,28-disäure-28-lacton C$_{32}$H$_{46}$O$_7$, Formel XIII (R = H, X = CO-CH$_3$).

B. Neben 3β-Acetoxy-13-hydroxy-12,23-dioxo-oleanan-28-säure-lacton beim Behandeln von 3β-Acetoxy-12α,13-dihydroxy-23-oxo-oleanan-28-säure-13-lacton (S. 2563) mit Chrom(VI)-oxid, Essigsäure und konz. Schwefelsäure (*Ruzicka, Giacomello*, Helv. **20** [1937] 299, 305).

Krystalle (aus Me.); F: 309−311° [korr.] (*Ru., Gi.*). Rhombisch; Raumgruppe P2$_1$2$_1$2$_1$(= D$_2^4$); aus dem Röntgen-Diagramm ermittelte Dimensionen der Elementarzelle: a = 13,75 Å; b = 11,6 Å; c = 17,69 Å; n = 4 (*Giacomello*, G. **68** [1938] 363, 369). Dichte der Krystalle: 1,265 (*Gi.*).

Oxim C$_{32}$H$_{47}$NO$_7$ (3β-Acetoxy-13-hydroxy-12-hydroxyimino-oleanan-23,28-disäure-28-lacton). Krystalle (aus Me.); F: 239−240° [korr.; Zers.] (*Ru., Gi.*, l. c. S. 306).

---

[1]) Stellungsbezeichnung bei von Oleanan abgeleiteten Namen s. E III **5** 1341.

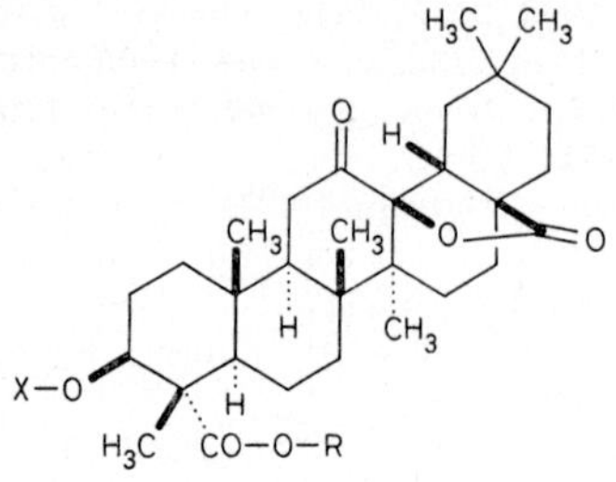

XIII

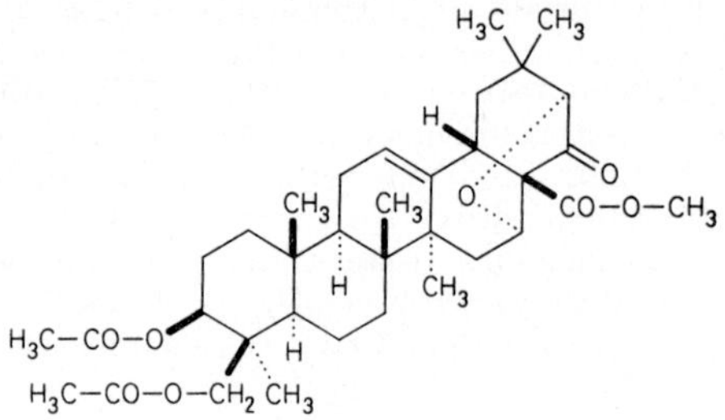

XIV

3β-Acetoxy-13-hydroxy-12-oxo-oleanan-23,28-disäure-28-lacton-23-methylester
$C_{33}H_{48}O_7$, Formel XIII (R = CH_3, X = CO-CH_3).

B. Beim Behandeln einer Lösung von 3β-Acetoxy-13-hydroxy-12-oxo-oleanan-23,28-disäure-28-lacton in Methanol mit Diazomethan in Äther (*Ruzicka, Giacomello*, Helv. **20** [1937] 299, 306).

Krystalle (aus Me.); F: 277—280° [korr.].

3β,24-Diacetoxy-16α,21α-epoxy-22-oxo-olean-12-en-28-säure-methylester [1] $C_{35}H_{50}O_8$, Formel XIV.

B. Neben 3β,24-Diacetoxy-16α,21α-epoxy-22α-hydroxy-olean-12-en-28-säure-methylester bei der Behandlung einer Lösung von 3β,24-Diacetoxy-16α,21α-epoxy-olean-12-en-22α,28-diol in Aceton mit Chrom(VI)-oxid und wss. Schwefelsäure und Umsetzung des Reaktionsprodukts mit Diazomethan (*Cainelli et al.*, Helv. **40** [1957] 2390, 2404).

Krystalle (aus wss. Me. sowie durch Sublimation im Hochvakuum bei 200°); F: 218° bis 219° [korr.; evakuierte Kapillare]. $[\alpha]_D$: —5° [$CHCl_3$; c = 0,8].

Beim Erwärmen mit äthanol. Kalilauge ist 16α,21α-Epoxy-3β,24-dihydroxy-17ξH-17,22-seco-olean-12-en-22,28-disäure (S. 5242) erhalten worden (*Ca. et al.*, l. c. S. 2405).

Hydroxy-oxo-carbonsäuren $C_nH_{2n-18}O_6$

Hydroxy-oxo-carbonsäuren $C_{13}H_8O_6$

6-Benzoyl-4-oxo-5-phenacyloxy-4H-pyran-2-carbonsäure-phenacylester $C_{29}H_{20}O_8$, Formel I.

B. Beim Behandeln von 6-Benzoyl-5-hydroxy-4-oxo-4H-pyran-2-carbonsäure (S. 6185) mit wss. Natriumhydrogencarbonat-Lösung und Erwärmen des Reaktionsgemisches mit Phenacylbromid und Äthanol (*Woods*, J. org. Chem. **22** [1957] 339).

Krystalle (aus A.); F: 119—121° [Fisher-Johns-App.].

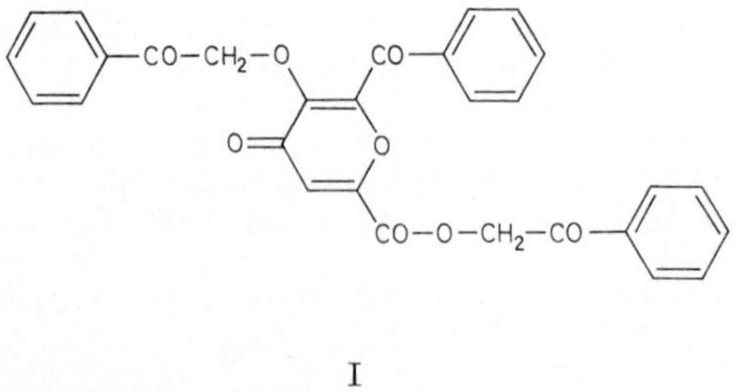

I

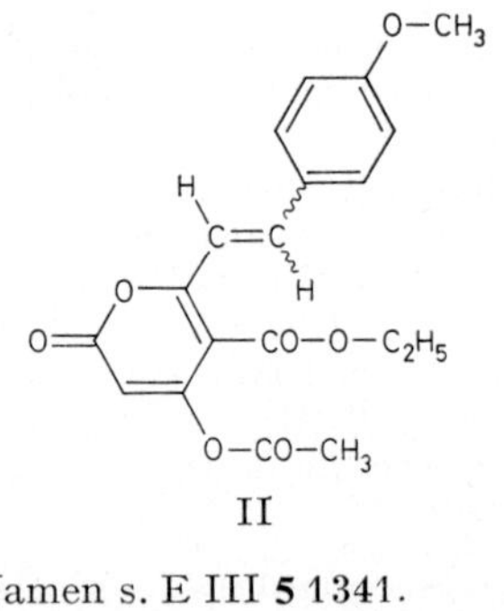

II

---

[1]) Stellungsbezeichnung bei von Oleanan abgeleiteten Namen s. E III **5** 1341.

Hydroxy-oxo-carbonsäuren C$_{14}$H$_{10}$O$_6$

4-Acetoxy-2-[4-methoxy-ξ-styryl]-6-oxo-6H-pyran-3-carbonsäure-äthylester C$_{19}$H$_{18}$O$_7$, Formel II.

Diese Konstitution kommt der früher (s. E II **18** 394) als 6-Acetoxy-2-[4-methoxy-styryl]-4-oxo-4H-pyran-3-carbonsäure-äthylester (C$_{19}$H$_{18}$O$_7$) formulierten Verbindung (F: 104—105°) zu (*Chmielewska, Cieślak*, Roczniki Chem. **28** [1954] 38, 40; C. A. **1955** 8266).

──────────

(±)-6-Methoxy-2'-methyl-3,4'-dioxo-3H-spiro[benzofuran-2,1'-cyclopent-2'-en]-3'-carbonsäure C$_{15}$H$_{12}$O$_6$, Formel III (R = H).

B. Beim Erwärmen des im folgenden Artikel beschriebenen Äthylesters mit wss.-äthanol. Salzsäure (*Dawkins, Mulholland*, Soc. **1959** 2211, 2216).

Krystalle (aus A.); F: 175—177° [korr.]. Absorptionsmaxima (A.): 210 nm, 232 nm, 273 nm und 318 nm.

──────────

(±)-6-Methoxy-2'-methyl-3,4'-dioxo-3H-spiro[benzofuran-2,1'-cyclopent-2'-en]-3'-carbonsäure-äthylester C$_{17}$H$_{16}$O$_6$, Formel III (R = C$_2$H$_5$).

B. Beim Behandeln einer Lösung von (±)-6-Methoxy-2'-methyl-3-methylen-4'-oxo-3H-spiro[benzofuran-2,1'-cyclopent-2'-en]-3'-carbonsäure-äthylester in Tetrachlormethan mit Ozon und Behandeln des Reaktionsprodukts mit Wasser (*Dawkins, Mulholland*, Soc. **1959** 2211, 2215).

Krystalle (aus PAe.); F: 115—117° [korr.]. Absorptionsmaxima (A.): 232 nm, 275 nm und 321 nm.

2,4-Dinitro-phenylhydrazon C$_{23}$H$_{20}$N$_4$O$_9$. Gelbe Krystalle (aus Bzl. + PAe.); F: 243° [korr.; Zers.].

III   IV

Hydroxy-oxo-carbonsäuren C$_{15}$H$_{12}$O$_6$

(±)-6-Methoxy-2'-methyl-3,4'-dioxo-3H-spiro[benzofuran-2,1'-cyclohex-2'-en]-3'-carbonsäure-äthylester C$_{18}$H$_{18}$O$_6$, Formel IV.

B. Beim Behandeln einer Lösung von (±)-6-Methoxy-2'-methyl-3-methylen-4'-oxo-3H-spiro[benzofuran-2,1'-cyclohex-2'-en]-3'-carbonsäure-äthylester in Tetrachlormethan mit Ozon und Behandeln des Reaktionsprodukts mit Wasser (*Dawkins, Mulholland*, Soc. **1959** 2211, 2217).

Krystalle (aus wss. A.); F: 110—111° [korr.]. Absorptionsmaxima (A.): 208 nm, 231 nm, 272 nm und 320 nm.

──────────

Hydroxy-oxo-carbonsäuren C$_{16}$H$_{14}$O$_6$

(±)-7-Chlor-4,6-dimethoxy-2'-methyl-3-methylen-4'-oxo-3H-spiro[benzofuran-2,1'-cyclohex-2'-en]-3'-carbonsäure-äthylester C$_{20}$H$_{21}$ClO$_6$, Formel V.

B. Aus 2-Acetyl-5-[7-chlor-4,6-dimethoxy-3-methyl-benzofuran-2-yl]-3-oxo-valeriansäure-äthylester bei 10-tägigem Behandeln der Kupfer(II)-Verbindung vom F: 100° mit Polyphosphorsäure sowie beim Erwärmen der Kupfer(II)-Verbindung vom F: 164° mit Polyphosphorsäure (*Dawkins, Mulholland*, Soc. **1959** 2211, 2222).

Krystalle (aus Me.); F: 137° [korr.]. Bei 120—130°/10^{-4} Torr sublimierbar. Absorptionsmaxima (A.): 253 nm, ca. 275 nm und 282 nm.

──────────

V   VI

(±)-4,6-Dimethoxy-5,2'-dimethyl-3-methylen-4'-oxo-3H-spiro[benzofuran-2,1'-cyclopent-2'-en]-3'-carbonsäure-methylester $C_{19}H_{20}O_6$, Formel VI.

B. Beim Behandeln einer Lösung von [4,6-Dimethoxy-3,5-dimethyl-benzofuran-2-yl]-acetylchlorid (aus der Säure mit Hilfe von Phosphor(V)-chlorid hergestellt) in Äther mit der Methoxymagnesium-Verbindung des Acetessigsäure-methylesters (aus Acetessig=säure-methylester durch Erwärmen mit Magnesium-Pulver, Methanol und Tetrachlor=methan hergestellt) in Methanol und Äther und Behandeln des Reaktionsprodukts mit Schwefelsäure (*Dean et al.*, Soc. **1957** 1577, 1581).

Krystalle (aus wss. Me.); F: 141°. Absorptionsmaxima: 235 nm, 267 nm und 323 nm.

(±)-4,6-Dimethoxy-7,2'-dimethyl-3-methylen-4'-oxo-3H-spiro[benzofuran-2,1'-cyclopent-2'-en]-3'-carbonsäure-methylester $C_{19}H_{20}O_6$, Formel VII.

B. Beim Behandeln einer Lösung von [4,6-Dimethoxy-3,7-dimethyl-benzofuran-2-yl]-acetylchlorid (aus der Säure mit Hilfe von Phosphor(V)-chlorid hergestellt) in Äther mit der Methoxymagnesium-Verbindung des Acetessigsäure-methylesters (aus Acetessigsäure-methylester durch Erwärmen mit Magnesium-Pulver, Methanol und Tetrachlormethan hergestellt) in Methanol und Äther und Behandeln des Reaktionsprodukts mit Schwefel=säure (*Dean et al.*, Soc. **1957** 1577, 1582).

Gelbe Krystalle (aus Me.); F: 143°. Absorptionsmaxima: 223 nm, 233 nm und 287 nm.

VII   VIII

Hydroxy-oxo-carbonsäuren $C_{19}H_{20}O_6$

(4aR)-7-Hydroxy-1-methyl-8-methylen-2,13-dioxo-(4bt,10at)-1,2,4b,5,6,7,8,9,10,10a-decahydro-7c,9ac-methano-4ar,1c-oxaäthano-benz[a]azulen-10t-carbonsäure-methylester, 4a,7-Dihydroxy-1β-methyl-8-methylen-2-oxo-4aα,7β-gibb-3-en-1α,10β-dicarbonsäure-1 → 4a-lacton-10-methylester [1]), 2-Dehydro-gibberellinsäure-methylester $C_{20}H_{22}O_6$, Formel VIII.

B. Beim Behandeln von Gibberellinsäure-methylester (S. 6534) mit Mangan(IV)-oxid in Chloroform (*Stork, Newman,* Am. Soc. **81** [1959] 5518; *Cross et al.,* Pr. chem. Soc. **1959** 302; *Cross,* Soc. **1960** 3022, 3025, 3033).

Krystalle; F: 186—188,7° (*St., Ne.*), 186—187° [korr.; aus E. + PAe.] (*Cr.*). $[\alpha]_D^{25}$: +49° [Acn.; c = 1] (*Cr.*). IR-Banden (Nujol sowie $CHCl_3$) im Bereich von 3600 cm^{-1} bis 1690 cm^{-1}: *Cr.* UV-Absorptionsmaximum (A.): 228 nm (*St., Ne.; Cr.*).

Hydroxy-oxo-carbonsäuren $C_{23}H_{28}O_6$

14-Hydroxy-13-methyl-3-oxo-17-[5-oxo-2,5-dihydro-[3]furyl]-Δ⁴-tetradecahydro-cyclopenta[a]phenanthren-10-carbonsäure-methylester $C_{24}H_{30}O_6$.

a) 14,21-Dihydroxy-3-oxo-24-nor-14β-chola-4,20(22)t-dien-19,23-disäure-23 → 21-lacton-19-methylester, Δ⁴-Anhydrostrophanthidonsäure-methylester $C_{24}H_{30}O_6$, Formel IX (X = O).

B. Aus Strophanthidonsäure-methylester (S. 6627) beim Erwärmen mit wss.-methan=

---

[1]) Stellungsbezeichnung bei von Gibban abgeleiteten Namen s. S. 6080.

ol. Salzsäure (*Jacobs, Gustus*, J. biol. Chem. **74** [1927] 795, 801) sowie beim Erhitzen mit Essigsäure (*Stoll et al.*, Helv. **36** [1953] 1557, 1563).

Krystalle (aus Me.); F: 210—212°; $[\alpha]_D^{20}$: +150,9° [CHCl$_3$; c = 0,7]; $[\alpha]_D^{20}$: +123,7° [Py.; c = 0,6] (*St. et al.*). UV-Spektrum (A.; 210—280 nm): *St. et al.*, l. c. S. 1560.

b) **14,21-Dihydroxy-3-oxo-24-nor-14β,17βH-chola-4,20(22)t-dien-19,23-disäure-23 → 21-lacton-19-methylester**, $\varDelta^4$-Anhydroallostrophanthidonsäure-methyl=ester C$_{24}$H$_{30}$O$_6$, Formel X.

B. Beim Erwärmen von Allostrophanthidonsäure-methylester (S. 6627) mit wss.-methanol. Salzsäure (*Bloch, Elderfield*, J. org. Chem. **4** [1943] 289, 296).

Krystalle (aus Acn. + Ae); F: 138—145°. $[\alpha]_D^{20}$: +118° [Py.; c = 0,7].

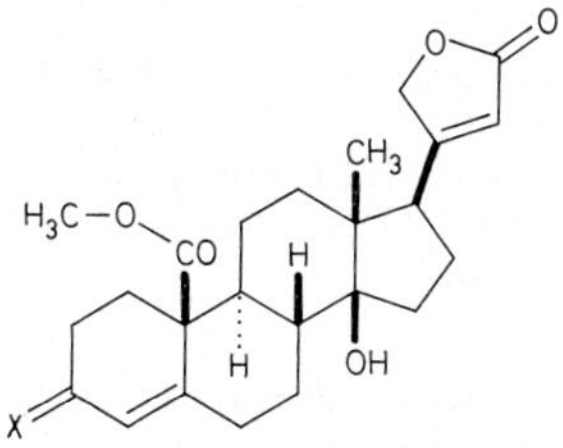

IX 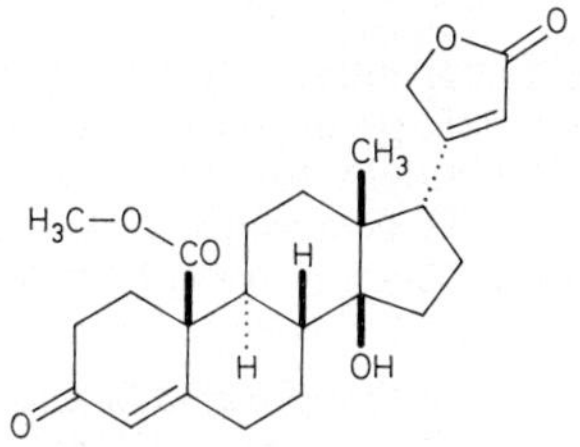   X

14,21-Dihydroxy-3-hydroxyimino-24-nor-14β-chola-4,20(22)t-dien-19,23-disäure-23 → 21-lacton-19-methylester, $\varDelta^4$-Anhydrostrophanthidonsäure-methylester-oxim C$_{24}$H$_{31}$NO$_6$, Formel IX (X = N-OH).

B. Beim Erwärmen von 14,21-Dihydroxy-3-oxo-24-nor-14β-chola-4,20(22)t-dien-19,23-disäure-23 → 21-lacton-19-methylester mit Hydroxylamin-hydrochlorid und Natrium=acetat in Methanol (*Jacobs, Gustus*, J. biol. Chem. **74** [1927] 795, 802).

Krystalle (aus Me.); F: 290—291° [Zers.].

10-Cyan-14-hydroxy-3-oxo-19-nor-14β-carda-4,20(22)-dienolid, $\varDelta^4$-Anhydro-strophanthidonsäure-nitril C$_{23}$H$_{27}$NO$_4$, Formel XI (X = O).

B. Beim Erhitzen von 10-Cyan-5,14-dihydroxy-3-oxo-19-nor-5β,14β-card-20(22)-enolid mit Essigsäure (*Oliveto et al.*, Am. Soc. **81** [1959] 2833).

Krystalle (aus E.); F: 270,6—272° [korr.]. $[\alpha]_D^{25}$: +124,0° [Py.; c = 1]. IR-Banden im Bereich von 2,9 μ bis 6,2 μ: *Ol. et al.* Absorptionsmaximum (Me.): 226 nm.

10-Cyan-14-hydroxy-3-semicarbazono-19-nor-14β-carda-4,20(22)-dienolid C$_{24}$H$_{30}$N$_4$O$_4$, Formel XI (X = N-NH-CO-NH$_2$).

B. Aus der im vorangehenden Artikel beschriebenen Verbindung und Semicarbazid (*Oliveto et al.*, Am. Soc. **81** [1959] 2833).

F: 280° [korr.; Zers.]. $[\alpha]_D^{25}$: +301° [Py.; c = 1]. Absorptionsmaxima (A.): 219 nm und 272 nm.

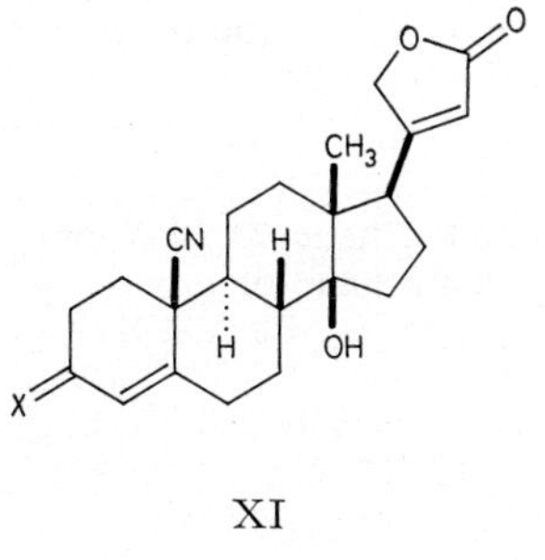

XI 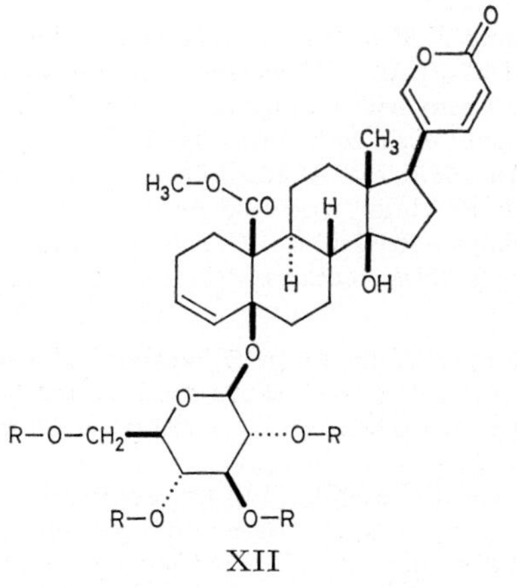   XII

Hydroxy-oxo-carbonsäuren $C_{24}H_{30}O_6$

14,21*t*-Dihydroxy-5-[tetra-*O*-acetyl-β-D-glucopyranosyloxy]-5β,14β-chola-3,20,22*c*-trien-19,24-disäure-24 → 21-lacton-19-methylester $C_{39}H_{50}O_{15}$, Formel XII (R = CO-CH$_3$).
Über die Konstitution und Konfiguration s. *Lichti et al.*, Helv. **56** [1973] 2083.

B. Bei der Behandlung von 14-Hydroxy-19-oxo-5-[tetra-*O*-acetyl-β-D-glucopyranosyl$=$oxy]-5β,14β-bufa-3,20,22-trienolid mit Chrom(VI)-oxid in Essigsäure und Umsetzung der erhaltenen Säure mit Diazomethan (*Stoll et al.*, Helv. **36** [1953] 1531, 1550).

Krystalle (aus Bzl. + Ae.), F: 168—172° [Kofler-App.]; Krystalle (aus Acn. + Ae.), F: 142—145° [Kofler-App.] (*St. et al.*). [α]$_D^{20}$: +90,1° [CHCl$_3$; c = 0,6] (*St. et al.*).

3β-Acetoxy-14,21*t*-dihydroxy-14β-chola-4,20,22*c*-trien-19,24-disäure-24 → 21-lacton, *O*^{3}-Acetyl-scilliglaucosidinsäure $C_{26}H_{32}O_7$, Formel XIII (R = H).
B. Beim Behandeln von 3β-Acetoxy-14-hydroxy-19-oxo-14β-bufa-4,20,22-trienolid mit Chrom(VI)-oxid in Essigsäure (*Stoll et al.*, Helv. **36** [1953] 1531, 1551).
Krystalle (aus Acn. + Ae.); F: 225—228° [Kofler-App.].

3β-Acetoxy-14,21*t*-dihydroxy-14β-chola-4,20,22*c*-trien-19,24-disäure-24 → 21-lacton-19-methylester, *O*^{3}-Acetyl-scilliglaucosidinsäure-methylester $C_{27}H_{34}O_7$, Formel XIII (R = CH$_3$).
B. Beim Behandeln einer Lösung der im vorangehenden Artikel beschriebenen Säure in Methanol mit Diazomethan in Äther bei $-10°$ (*Stoll et al.*, Helv. **36** [1953] 1531, 1551).
Krystalle (aus CHCl$_3$ + Bzl.), F: 252—255° [Kofler-App.]; Krystalle (aus Acn. + Ae.), F: 230—235° [Kofler-App.]. [α]$_D^{20}$: +27,4° [CHCl$_3$; c = 0,5]. UV-Spektrum (A.; 210 nm bis 360 nm): *St. et al.*, l. c. S. 1536.

XIII   XIV

Hydroxy-oxo-carbonsäuren $C_{26}H_{34}O_6$

3β-Acetoxy-2',5'-dioxo-(6αH,7αH)-6,7,2',5'-tetrahydro-5β,8-ätheno-23,24-dinor-cholano[6,7-*c*]furan-22-säure, 3β-Acetoxy-5β,8-ätheno-pregnan-6β,7β,20α_F-tricarbon$=$säure-6,7-anhydrid $C_{28}H_{36}O_7$, Formel XIV (R = H).
B. Beim Erhitzen von 3β-Hydroxy-5β,8-ätheno-pregnan-6β,7β,20α_F-tricarbonsäure (E III **10** 2585) mit Acetanhydrid (*Bergmann, Stevens*, J. org. Chem. **13** [1948] 10, 17). Beim Behandeln von 3β-Acetoxy-20β_F-methyl-21-oxo-5β,8-ätheno-pregnan-6β,7β-di$=$carbonsäure-anhydrid mit Chrom(VI)-oxid und wss. Essigsäure (*Be., St.*).
Krystalle (aus Acetanhydrid); F: 260° [korr.].

3β-Acetoxy-2',5'-dioxo-(6αH,7αH)-6,7,2',5'-tetrahydro-5β,8-ätheno-23,24-dinor-cholano[6,7-*c*]furan-22-säure-methylester, 3β-Acetoxy-5β,8-ätheno-pregnan-6β,7β,20α_F-tricarbonsäure-6,7-anhydrid-20-methylester $C_{29}H_{38}O_7$, Formel XIV (R = CH$_3$).
B. Beim Behandeln der im vorangehenden Artikel beschriebenen Verbindung mit Diazomethan in Äther (*Bergmann, Stevens*, J. org. Chem. **13** [1948] 10, 17).
Krystalle (aus Eg.); F: 272° [korr.]. [α]$_D^{25}$: $-10,8°$ [CHCl$_3$; c = 1].

Hydroxy-oxo-carbonsäuren $C_{30}H_{42}O_6$

3β-Acetoxy-13,18-epoxy-12,19-dioxo-13ξ,18ξ-olean-9(11)-en-30-säure-methylester [1])
$C_{33}H_{46}O_7$, Formel XV.

B. Beim Erwärmen von 3β-Acetoxy-12,19-dioxo-oleana-9(11),13(18)-dien-30-säure-methylester mit Chrom(VI)-oxid und wasserhaltiger Essigsäure (*Ruzicka et al.*, Helv. **26** [1943] 2278, 2281; *Jeger et al.*, Helv. **27** [1944] 1532, 1541 Anm. 4).

Krystalle (aus Ae.); F: 282—283° [korr.; evakuierte Kapillare]; $[\alpha]_D$: $+86°$ [CHCl$_3$; c = 1] (*Ru. et al.*). UV-Spektrum (A.; 220—390 nm): *Ru. et al.*, l. c. S. 2280.

Beim Erhitzen mit wss. Kalilauge auf 220° ist (20Ξ)-3β-Hydroxy-12,18-dioxo-18,19-seco-30-nor-13ξ-olean-9(11)-en-19-säure (F: 241°) erhalten worden (*Ru. et al.*).

13,18-Epoxy-3β-hydroxy-12,19-dioxo-13ξ,18ξ-olean-9(11)-en-28-säure [1]) $C_{30}H_{42}O_6$,
Formel XVI (R = X = H).

Diese Konstitution und Konfiguration kommt wahrscheinlich der nachstehend beschriebenen Verbindung zu (*Ruzicka et al.*, Helv. **26** [1943] 265, 268).

B. Neben 3β-Hydroxy-28-nor-13ξ-oleana-9(11),17-dien-12,19-dion (?; E III **8** 2780) beim Behandeln von 3β-Benzoyloxy-12,19-epithio-oleana-9(11),12,18-trien-28-säure-methylester (?; S. 4980) mit Kaliumpermanganat und wss. Essigsäure und Erwärmen des Reaktionsprodukts mit äthanol. Kalilauge (*Jacobs*, *Fleck*, J. biol. Chem. **96** [1932] 341, 347).

Krystalle (aus Acn.); F: 268—269°; $[\alpha]_D^{25}$: $-15°$ [CHCl$_3$; c = 1] (*Ja.*, *Fl.*).

XV   XVI

13,18-Epoxy-3β-hydroxy-12,19-dioxo-13ξ,18ξ-olean-9(11)-en-28-säure-methylester
$C_{31}H_{44}O_6$, Formel XVI (R = CH$_3$, X = H).

Diese Konstitution (und Konfiguration) kommt vermutlich der nachstehend beschriebenen Verbindung zu.

B. Aus der im vorangehenden Artikel beschriebenen Verbindung mit Hilfe von Diazomethan (*Jacobs*, *Fleck*, J. biol. Chem. **96** [1932] 341, 348).

Krystalle (aus Acn.); F: 288—289°.

3β-Acetoxy-13,18-epoxy-12,19-dioxo-13ξ,18ξ-olean-9(11)-en-28-säure-methylester
$C_{33}H_{46}O_7$, Formel XVI (R = CH$_3$, X = CO-CH$_3$).

B. Beim Erwärmen von 3β-Acetoxy-12,19-dioxo-oleana-9(11),13(18)-dien-28-säure-methylester mit Chrom(VI)-oxid und wasserhaltiger Essigsäure (*Ruzicka et al.*, Helv. **26** [1943] 265, 276).

Krystalle (aus Ae.); F: 243—245° [korr.]. $[\alpha]_D$: $-148°$ [CHCl$_3$; c = 1]. Absorptionsspektrum (220—410 nm): *Ru. et al.*, l. c. S. 266.

Beim Erhitzen mit methanol. Kalilauge auf 200° sind 3β-Hydroxy-12,18-dioxo-18,19-seco-28-nor-13ξ,17ξ-olean-9(11)-en-19-säure (F: 249—251°) und 28-Nor-β-amyradiendional (3β-Hydroxy-28-nor-13ξ-oleana-9(11),17-dien-12,19-dion; F: 295°) erhalten worden.

---

[1]) Stellungsbezeichnung bei von Oleanan abgeleiteten Namen s. E III **5** 1341.

(13*S*)-3*β*-Acetoxy-11,5′-dioxo-*C*-nor-9*ξ*-olean-18-eno[19,13-*bc*]furan-30-säure-methyl=
ester, 3*β*-Acetoxy-19-hydroxy-11-oxo-9*ξ*,13α-11(12 → 13)-abeo-olean-18-en-12,30-di=
säure-12-lacton-30-methylester [1]) $C_{33}H_{46}O_7$, Formel XVII.

Diese Konstitution und Konfiguration kommt wahrscheinlich der nachstehend beschriebenen Verbindung zu (*Brownlie, Spring*, Soc. **1956** 1949, 1950).

B. Beim Erhitzen von 3*β*-Acetoxy-olean-13(18)-en-30-säure-methylester oder von
3*β*-Acetoxy-oleana-11,13(18)-dien-30-säure-methylester mit Chrom(VI)-oxid und wasserhaltiger Essigsäure (*Jeger et al.*, Helv. **27** [1944] 1532, 1541, 1542). Beim Erhitzen
einer Lösung von 3*β*-Acetoxy-11-oxo-olean-12-en-30-säure-methylester in Essigsäure mit Selen=
dioxid (*Br., Sp.*, l. c. S. 1952). Beim Erhitzen von 3*β*-Acetoxy-11-oxo-oleana-12,18-dien-
30-säure-methylester mit Selendioxid in Dioxan auf 200° (*Je. et al.*).

Krystalle; F: 288—290° [aus CHCl$_3$ + Me.] (*Br., Sp.*), 285—286° [korr.; aus Me.]
(*Je. et al.*). [α]$_D$: +2,6° [CHCl$_3$; c = 0,6] (*Je. et al.*); [α]$_D$: +2,4° [CHCl$_3$; c = 4] (*Br., Sp.*).
UV-Spektrum (A.; 210—340 nm): *Je. et al.*, l. c. S. 1535.

Beim Erwärmen mit methanol. Kalilauge oder mit methanol. Natriummethylat-Lösung
sind 3*β*,19α-Dihydroxy-11,12-seco-9*β*-olean-13(18)-en-11,12,30-trisäure-12 → 19-lacton-
11-methylester (S. 6629) und 3*β*-Hydroxy-*C*,30-dinor-9*ξ*,13*ξ*,18α(?),20*ξ*-oleanan-
11,19-dion (F: 171—173°) erhalten worden (*Br., Sp.*).

(13*S*)-3*β*-Hydroxy-11,5′-dioxo-*C*-nor-9*ξ*-olean-18-eno[19,13-*bc*]furan-28-säure-methyl=
ester, 3*β*,19-Dihydroxy-11-oxo-9*ξ*,13α-11(12 → 13)-abeo-olean-18-en-12,28-disäure-
12-lacton-28-methylester [1]) $C_{31}H_{44}O_6$, Formel XVIII (R = H).

Diese Konstitution und Konfiguration kommt vermutlich der nachstehend beschriebenen Verbindung zu.

B. Beim Erwärmen der im folgenden Artikel beschriebenen Verbindung mit Chlor=
wasserstoff enthaltendem Methanol (*Mower et al.*, Soc. **1944** 256, 260).

Krystalle (aus Me.); F: 255—256°. [α]$_D^{16}$: —3,6° [Py.; c = 3].

XVII   XVIII

(13*S*)-3*β*-Acetoxy-11,5′-dioxo-*C*-nor-9*ξ*-olean-18-eno[19,13-*bc*]furan-28-säure-methyl=
ester, 3*β*-Acetoxy-19-hydroxy-11-oxo-9*ξ*,13α-11(12 → 13)-abeo-olean-18-en-12,28-di=
säure-12-lacton-28-methylester $C_{33}H_{46}O_7$, Formel XVIII (R = CO-CH$_3$).

Diese Konstitution und Konfiguration kommt vermutlich der nachstehend beschriebenen Verbindung zu (s. dazu *Brownlie, Spring*, Soc. **1956** 1949, 1950).

B. Beim Erhitzen von 3*β*-Acetoxy-olean-13(18)-en-28-säure-methylester oder von
3*β*-Acetoxy-oleana-11,13(18)-dien-28-säure-methylester mit Chrom(VI)-oxid und wasserhaltiger Essigsäure (*Jeger et al.*, Helv. **27** [1944] 1532, 1542, 1543; *Mower et al.*, Soc. **1944**
256, 260). Beim Erhitzen einer Lösung von 3*β*-Acetoxy-11-oxo-olean-12-en-28-säure-
methylester in Essigsäure mit Selendioxid (*Mo. et al.*).

Krystalle; F: 253—254° [aus Me.] (*Mo. et al.*), 253—254° [korr.; aus Me. oder PAe.]
(*Je. et al.*). [α]$_D$: +22,7° [CHCl$_3$; c = 0,7] (*Je. et al.*); [α]$_D^{15}$: +15,9° [Py.; c = 5] (*Mo.
et al.*). UV-Spektrum (A.; 210—340 nm): *Je. et al.*, l. c. S. 1535.

----

[1]) Stellungsbezeichnung bei von Oleanan abgeleiteten Namen s. E III **5** 1341.

Hydroxy-oxo-carbonsäuren $C_nH_{2n-20}O_6$

Hydroxy-oxo-Verbindungen $C_{14}H_8O_6$

[2,8-Dimethoxy-dibenzofuran-1-yl]-glyoxylsäure-methylester $C_{17}H_{14}O_6$, Formel I, und
[2,8-Dimethoxy-dibenzofuran-3-yl]-glyoxylsäure-methylester $C_{17}H_{14}O_6$, Formel II.
Diese beiden Konstitutionsformeln sind für die nachstehend beschriebene Verbindung in Betracht gezogen worden (*Swislowsky*, Iowa Coll. J. **14** [1939] 92, 93).

B. Aus einer als 8-Methoxy-benzo[*d*]benzo[1,2-*b*;4,5-*b'*]difuran-2,3-dion oder 9-Methoxy-benzo[*d*]benzo[1,2-*b*;4,3-*b'*]difuran-1,2-dion zu formulierenden Verbindung (F: 278°) mit Hilfe von Diazomethan (*Sw.*).
F: 206—207°.

I   II

Hydroxy-oxo-carbonsäuren $C_{15}H_{10}O_6$

2,8-Dihydroxy-6-methyl-9-oxo-xanthen-1-carbonsäure $C_{15}H_{10}O_6$, Formel III (R = X = H), und Tautomeres (3,10,10b-Trihydroxy-8-methyl-10b*H*-furo[4,3,2-*kl*]xanthen-2-on); **Pinselinsäure.**
Konstitution: *Munekata*, J. Biochem. Tokyo **40** [1953] 451, 455.
Isolierung aus Kulturen von Penicillium amarum: *Mu.*, l. c. S. 456.
Gelbe Krystalle (aus E. + Bzn.); F: 195—200° und (nach Wiedererstarren bei weiterem Erhitzen) F: 250—252°.

2,8-Diacetoxy-6-methyl-9-oxo-xanthen-1-carbonsäure $C_{19}H_{14}O_8$, Formel III (R = CO-CH$_3$, X = H), und Tautomeres (3,10-Diacetoxy-10b-hydroxy-8-methyl-10b*H*-furo[4,3,2-*kl*]xanthen-2-on), **Di-*O*-acetyl-pinselinsäure.**
B. Aus Pinselinsäure (s. o.) mit Hilfe von Acetanhydrid und Natriumacetat (*Munekata*, J. Biochem. Tokyo **40** [1953] 451, 456).
Krystalle (aus A.); F: 207°.

2,8-Dihydroxy-6-methyl-9-oxo-xanthen-1-carbonsäure-methylester, Pinselin $C_{16}H_{12}O_6$, Formel III (R = H, X = CH$_3$).
Konstitution: *Munekata*, J. Biochem. Tokyo **40** [1953] 451, 455.
Identität von Cassiollin (*Ginde et al.*, Soc. [C] **1970** 1285) mit Pinselin: *Kudav, Kulkarni*, Indian J. Chem. **12** [1974] 1042; *Kudav et al.*, Indian J. Chem. **12** [1974] 1045.
Isolierung aus Kulturen von Penicillium amarum: *Munekata*, J. agric. chem. Soc. Japan **19** [1943] 343, 344; C. A. **1951** 8078; J. Biochem. Tokyo **40** 456.
B. Beim Erwärmen von Pinselinsäure (s. o.) mit Chlorwasserstoff enthaltendem Methanol (*Mu.*, J. Biochem. Tokyo **40** 457).
Gelbe Krystalle (aus A.); F: 225° (*Mu.*, J. agric. chem. Soc. Japan **19** 344; J. Biochem. Tokyo **40** 457).

2,8-Dimethoxy-6-methyl-9-oxo-xanthen-1-carbonsäure-methylester, Di-*O*-methyl-pinselin $C_{18}H_{16}O_6$, Formel III (R = X = CH$_3$).
B. Beim Erwärmen von Pinselinsäure (s. o.) mit wss. Natronlauge und Dimethylsulfat und Behandeln des Reaktionsprodukts mit Diazomethan in Äther (*Munekata*, J. Biochem. Tokyo **40** [1953] 451, 457). Beim Behandeln von Pinselin (s. o.) mit Diazomethan in Äther (*Munekata*, J. agric. chem. Soc. Japan **19** [1943] 343, 346; C. A. **1951** 8078).
Gelbe Krystalle (aus E. + Bzn.); F: 212,5° (*Mu.*, J. Biochem. Tokyo **40** 457; J. agric. chem. Soc. Japan **19** 346).

2,8-Diacetoxy-6-methyl-9-oxo-xanthen-1-carbonsäure-methylester, Di-O-acetyl-pinselin $C_{20}H_{16}O_8$, Formel III (R = CO-CH$_3$, X = CH$_3$).

B. Beim Erhitzen von Pinselin (S. 6547) mit Acetanhydrid und Natriumacetat (*Munekata*, J. agric. chem. Soc. Japan **19** [1943] 343, 346; C. A. **1951** 8078).

Gelbliche Krystalle (aus Me.); F: 207°.

III   IV

2,8-Bis-benzoyloxy-6-methyl-9-oxo-xanthen-1-carbonsäure-methylester, Di-O-benzoyl-pinselin $C_{30}H_{20}O_8$, Formel III (R = CO-C$_6$H$_5$, X = CH$_3$).

B. Beim Behandeln von Pinselin (S. 6547) mit Benzoylchlorid und Pyridin (*Munekata*, J. agric. chem. Soc. Japan **19** [1943] 343, 345; C. A. **1951** 8078).

Krystalle (aus A.); F: 182,5°.

3,8-Dihydroxy-6-methyl-9-oxo-xanthen-1-carbonsäure $C_{15}H_{10}O_6$, Formel IV (R = X = H), und Tautomeres (4,10,10b-Trihydroxy-8-methyl-10bH-furo-[4,3,2-kl]xanthen-2-on).

B. Beim Behandeln von 2-[2,6-Dihydroxy-4-methyl-benzoyl]-3,5-dihydroxy-benzoe-säure mit konz. Schwefelsäure (*Nishikawa*, Acta phytoch. Tokyo **11** [1939] 167, 179). Aus Sulochrin (2-[2,6-Dihydroxy-4-methyl-benzoyl]-5-hydroxy-3-methoxy-benzoesäure-methylester) beim Erwärmen mit methanol. Kalilauge (*Ni.*, Acta phytoch. Tokyo **11** 179) sowie beim Erhitzen mit Kaliumhydroxid bis auf 230° (*Nishikawa*, Bl. agric. chem. Soc. Japan **13** [1937] 1, 3).

Gelbe Krystalle (aus wss. A.) mit 1 Mol H$_2$O; F: 295° [Zers.] (*Ni.*, Acta phytoch. Tokyo **11** 179).

8-Hydroxy-3-methoxy-6-methyl-9-oxo-xanthen-1-carbonsäure $C_{16}H_{12}O_6$, Formel IV (R = CH$_3$, X = H), und Tautomeres (10,10b-Dihydroxy-4-methoxy-8-methyl-10bH-furo[4,3,2-kl]xanthen-2-on).

B. Beim Erwärmen von 8-Hydroxy-3-methoxy-6-methyl-9-oxo-xanthen-1-carbon-säure-methylester mit methanol. Kalilauge (*Nishikawa*, Acta phytoch. Tokyo **11** [1939] 167, 182).

Krystalle (aus A.); F: 262°.

3,8-Dimethoxy-6-methyl-9-oxo-xanthen-1-carbonsäure $C_{17}H_{14}O_6$, Formel IV (R = X = CH$_3$), und Tautomeres (10b-Hydroxy-4,10-dimethoxy-8-methyl-10bH-furo[4,3,2-kl]xanthen-2-on).

B. Beim Erhitzen von 2-[2-Hydroxy-6-methoxy-4-methyl-benzoyl]-3,5-dimethoxy-benzoesäure-methylester mit wss. Kalilauge (*Nishikawa*, Acta phytoch. Tokyo **11** [1939] 167, 183).

Krystalle; F: 272°.

3,8-Diacetoxy-6-methyl-9-oxo-xanthen-1-carbonsäure $C_{19}H_{14}O_8$, Formel IV (R = X = CO-CH$_3$), und Tautomeres (4,10-Diacetoxy-10b-hydroxy-8-methyl-10bH-furo[4,3,2-kl]xanthen-2-on).

B. Beim Behandeln von 3,8-Dihydroxy-6-methyl-9-oxo-xanthen-1-carbonsäure mit Acetanhydrid und wenig Schwefelsäure (*Nishikawa*, Bl. agric. chem. Soc. Japan **13** [1937] 1, 4; Acta phytoch. Tokyo **11** [1939] 167, 181).

Krystalle (aus A.); F: 207° (*Ni.*, Acta phytoch. Tokyo **11** 181).

3,8-Dihydroxy-6-methyl-9-oxo-xanthen-1-carbonsäure-methylester $C_{16}H_{12}O_6$, Formel V (R = X = H).

B. Beim Erwärmen von 3,8-Dihydroxy-6-methyl-9-oxo-xanthen-1-carbonsäure mit

Schwefelsäure enthaltendem Methanol (*Nishikawa*, Acta phytoch. Tokyo **11** [1939] 167, 180). Neben 3,8-Dihydroxy-6-methyl-9-oxo-xanthen-1-carbonsäure beim Erwärmen von Sulochrin   (2-[2,6-Dihydroxy-4-methyl-benzoyl]-5-hydroxy-3-methoxy-benzoesäure-methylester) mit methanol. Kalilauge (*Ni.*, l. c. S. 179).

Hellgelbe Krystalle (aus A.); F: 266°.

8-Hydroxy-3-methoxy-6-methyl-9-oxo-xanthen-1-carbonsäure-methylester $C_{17}H_{14}O_6$, Formel V (R = CH_3, X = H).

B. Beim Behandeln einer Lösung von 3,8-Dihydroxy-6-methyl-9-oxo-xanthen-1-carb= onsäure oder dem Methylester dieser Säure in Äthanol mit Diazomethan in Äther (*Nishikawa*, Acta phytoch.Tokyo **11** [1939] 167, 180, 181).

Hellgelbe Krystalle (aus A.); F: 188°.

3,8-Dimethoxy-6-methyl-9-oxo-xanthen-1-carbonsäure-methylester $C_{18}H_{16}O_6$, Formel V (R = X = CH_3).

B. Beim Behandeln von 3,8-Dimethoxy-6-methyl-9-oxo-xanthen-1-carbonsäure oder von   8-Hydroxy-3-methoxy-6-methyl-9-oxo-xanthen-1-carbonsäure-methylester   mit Aceton und mit Diazomethan in Äther (*Nishikawa*, Acta phytoch. Tokyo **11** [1939] 167, 183, 185).

Krystalle (aus A.); F: 250°.

V   VI

8-Acetoxy-3-methoxy-6-methyl-9-oxo-xanthen-1-carbonsäure-methylester $C_{19}H_{16}O_7$, Formel V (R = CH_3, X = CO-CH_3).

B. Beim Behandeln von 8-Hydroxy-3-methoxy-6-methyl-9-oxo-xanthen-1-carbon= säure-methylester mit Acetanhydrid und wenig Schwefelsäure (*Nishikawa*, Acta phytoch. Tokyo **11** [1939] 167, 181).

Krystalle (aus Bzl.); F: 207°.

3,8-Diacetoxy-6-methyl-9-oxo-xanthen-1-carbonsäure-methylester $C_{20}H_{16}O_8$, Formel V (R = X = CO-CH_3).

B. Beim Behandeln einer Suspension von 3,8-Diacetoxy-6-methyl-9-oxo-xanthen-1-carbonsäure in Äthanol mit Diazomethan in Äther (*Nishikawa*, Acta phytoch. Tokyo **11** [1939] 167, 182).

Krystalle (aus Me.); F: 124°.

5,7-Dichlor-3,8-dihydroxy-6-methyl-9-oxo-xanthen-1-carbonsäure $C_{15}H_8Cl_2O_6$, Formel VI (R = H), und Tautomeres (7,9-Dichlor-4,10,10b-trihydroxy-8-methyl-10b*H*-furo[4,3,2-*kl*]xanthen-2-on).

B. Neben anderen Verbindungen beim Erwärmen von Dihydroerdin (2-[3,5-Dichlor-2,6-dihydroxy-4-methyl-benzoyl]-5-hydroxy-3-methoxy-benzoesäure) mit wss. Natron= lauge (*Barton, Scott*, Soc. **1958** 1767, 1771).

Gelbe Krystalle (aus A.); F: 330—335° [Kofler-App.]. Absorptionsmaxima (A.): 240 nm, 274 nm, 314 nm und 360 nm.

5,7-Dichlor-3,8-dimethoxy-6-methyl-9-oxo-xanthen-1-carbonsäure-methylester $C_{18}H_{14}Cl_2O_6$, Formel VI (R = CH_3).

B. Beim Behandeln der im vorangehenden Artikel beschriebenen Verbindung mit Diazomethan in Dichlormethan (*Barton, Scott*, Soc. **1958** 1767, 1771).

Gelbe Krystalle (aus CHCl$_3$ + Me.); F: 230—232° [Kofler-App.]. Absorptionsmaxima (A.): 243 nm, 305 nm und 340 nm.

Hydroxy-oxo-carbonsäuren $C_{16}H_{12}O_6$

*Opt.-inakt. 3-Hydroxy-2-[4-methoxy-phenyl]-4-oxo-chroman-6-carbonsäure $C_{17}H_{14}O_6$, Formel VII.

B. Beim Behandeln einer Suspension von 4-Hydroxy-3-[4-methoxy-*trans*(?)-cinnamoyl]-benzoesäure (F: 234°) in Äthanol mit wss. Natronlauge und wss. Wasserstoffperoxid (*Marathey*, J. org. Chem. **20** [1955] 563, 566, 570). Beim Erwärmen von opt.-inakt. 3-[2-Brom-3-hydroxy-3-(4-methoxy-phenyl)-propionyl]-4-hydroxy-benzoesäure (F: 167°) mit wss. Natriumcarbonat-Lösung (*Ma.*).

Gelbe Krystalle (aus Eg.); F: 340°.

(±)-7,8-Dihydroxy-2-oxo-4-phenyl-chroman-5-carbonsäure $C_{16}H_{12}O_6$, Formel VIII (R = X = H).

B. Beim Erhitzen von *trans*-Zimtsäure mit Gallussäure und konz. wss. Salzsäure (*Simpson, Stephen*, Soc. **1956** 1382).

Krystalle (aus A.); F: 248° [Zers.].

VII   VIII   IX

(±)-7,8-Diacetoxy-2-oxo-4-phenyl-chroman-5-carbonsäure $C_{20}H_{16}O_8$, Formel VIII (R = CO-CH$_3$, X = H).

B. Beim Erhitzen der im vorangehenden Artikel beschriebenen Verbindung mit Acet=anhydrid und Natriumacetat (*Simpson, Stephen*, Soc. **1956** 1382).

Krystalle (aus Me.); F: 243°.

(±)-7,8-Dimethoxy-2-oxo-4-phenyl-chroman-5-carbonsäure-methylester $C_{19}H_{18}O_6$, Formel VIII (R = X = CH$_3$).

B. Beim Erhitzen von (±)-7,8-Dihydroxy-2-oxo-4-phenyl-chroman-5-carbonsäure mit Dimethylsulfat und Kaliumcarbonat in Xylol (*Simpson, Stephen*, Soc. **1956** 1382).

Krystalle (aus Me.); F: 191°.

3,7-Dihydroxy-1,9-dimethyl-6-oxo-6*H*-benzo[*c*]chromen-4-carbonsäure, 3,2′,4′-Trihydr=oxy-5,6′-dimethyl-biphenyl-2,3′-dicarbonsäure-2 → 2′-lacton** $C_{16}H_{12}O_6$, Formel IX.

Diese Konstitution kommt wahrscheinlich der nachstehend beschriebenen Verbindung zu (*Sethna, Shah*, J. Indian chem. Soc. **17** [1940] 487, 488).

B. Beim Erwärmen von 2,6-Dihydroxy-4-methyl-benzoesäure mit konz. Schwefelsäure (*Se., Shah*, l. c. S. 492).

Krystalle (aus A.); F: 235—237° [Zers.].

4-[4,6-Dimethoxy-dibenzofuran-1-yl]-4-oxo-buttersäure $C_{18}H_{16}O_6$, Formel X, und Tautomeres (5-[4,6-Dimethoxy-dibenzofuran-1-yl]-5-hydroxy-dihydro-furan-2-on).

B. Beim Behandeln von 4,6-Dimethoxy-dibenzofuran mit Bernsteinsäure-anhydrid und Aluminiumchlorid in 1,1,2,2-Tetrachlor-äthan und Nitrobenzol (*Gilman et al.*, Am. Soc. **75** [1953] 6310). Weitere Bildungsweise s. S. 6551 im Artikel 4-[9-Brom-4,6-dimethoxy-dibenzofuran-3(?)-yl]-4-oxo-buttersäure.

F: 241—242° [unkorr.].

4-[4,6-Dimethoxy-dibenzofuran-3(?)-yl]-4-oxo-buttersäure $C_{18}H_{16}O_6$, vermutlich Formel XI (X = H), und Tautomeres (5-[4,6-Dimethoxy-dibenzofuran-3(?)-yl]-5-hydroxy-dihydro-furan-2-on).

B. Bei der Hydrierung der im folgenden Artikel beschriebenen Verbindung mit Hilfe von Palladium/Calciumcarbonat (*Hogg*, Iowa Coll. J. **20** [1945] 15, 18).

F: 167—168°.

X   XI

4-[9-Brom-4,6-dimethoxy-dibenzofuran-3(?)-yl]-4-oxo-buttersäure $C_{18}H_{15}BrO_6$, vermutlich Formel XI (X = Br), und Tautomeres (5-[9-Brom-4,6-dimethoxy-dibenzofuran-3(?)-yl]-5-hydroxy-dihydro-furan-2-on).

B. Neben 4-[4,6-Dimethoxy-dibenzofuran-1-yl]-4-oxo-buttersäure beim Behandeln von 1-Brom-4,6-dimethoxy-dibenzofuran mit Bernsteinsäure-anhydrid und Aluminiumchlorid in 1,1,2,2-Tetrachlor-äthan und Nitrobenzol (*Hogg*, Iowa Coll. J. **20** [1945] 15, 18).

F: 200—201°.

Hydroxy-oxo-carbonsäuren $C_{17}H_{14}O_6$

(±)-[2-(4-Hydroxy-3-methoxy-phenyl)-4-oxo-chroman-6-yl]-essigsäure $C_{18}H_{16}O_6$, Formel I.

B. Beim Erhitzen von [4-Hydroxy-3-(4-hydroxy-3-methoxy-*trans*(?)-cinnamoyl)-phenyl]-essigsäure (F: 207—208°) mit Essigsäure und wss. Salzsäure (*Matsuoka*, J. chem. Soc. Japan Pure Chem. Sect. **78** [1957] 651; C. A. **1959** 5258).

Krystalle (aus wss. Me.); F: 149—150°.

(±)-[7-Hydroxy-4-(4-methoxy-phenyl)-2-oxo-chroman-4-yl]-essigsäure, (±)-3-[2,4-Dihydroxy-phenyl]-3-[4-methoxy-phenyl]-glutarsäure-2-lacton $C_{18}H_{16}O_6$, Formel II (R = H).

B. Beim Behandeln von 3-[4-Methoxy-phenyl]-pentendisäure (F: 176°) mit Resorcin und 75%ig. wss. Schwefelsäure (*Gogte, Atre*, J. Univ. Bombay **25**, Tl. 3A [1956] 31, 38).

F: 172°.

I   II

(±)-[7-Acetoxy-4-(4-methoxy-phenyl)-2-oxo-chroman-4-yl]-essigsäure, (±)-3-[4-Acetoxy-2-hydroxy-phenyl]-3-[4-methoxy-phenyl]-glutarsäure-lacton $C_{20}H_{18}O_7$, Formel II (R = CO-CH$_3$).

B. Aus der im vorangehenden Artikel beschriebenen Verbindung (*Gogte, Atre*, J. Univ. Bombay **25**, Tl. 3A [1956] 31, 38).

Krystalle (aus Eg.); F: 159°.

Hydroxy-oxo-carbonsäuren $C_{18}H_{16}O_6$

*Opt.-inakt. [2,3-Bis-(4-methoxy-phenyl)-5-oxo-tetrahydro-[2]furyl]-essigsäure, 3-Hydroxy-3,4-bis-[4-methoxy-phenyl]-adipinsäure-6-lacton $C_{20}H_{20}O_6$, Formel III.

B. Beim Erwärmen von (±)-3,4-Bis-[4-methoxy-phenyl]-4-oxo-buttersäure-äthylester mit Bromessigsäure-äthylester, Zink, wenig Jod und Benzol und Erwärmen des Reaktions-produkts mit wss.-methanol. Kalilauge (*Goldberg, Robinson*, Soc. **1941** 575, 578).

Krystalle (aus Bzl.); F: 186° [Zers.].

III   IV   V

(±)-[5,5-Bis-(4-hydroxy-phenyl)-2-oxo-tetrahydro-[3]furyl]-essigsäure, (±)-Phenoltri=
carballylein $C_{18}H_{16}O_6$, Formel IV.

Diese Konstitution kommt vielleicht der nachstehend beschriebenen Verbindung zu.

B. Beim Erhitzen von Propan-1,2,3-tricarbonsäure mit Phenol und Zinn(IV)-chlorid (*Dikshit, Tewari*, Soc. **1931** 2511, 2513).

Braunes Pulver; F: 220° [Zers.]. Absorptionsmaximum: 548 nm.

(±)-[7-Hydroxy-4-(2-methoxy-5-methyl-phenyl)-2-oxo-chroman-4-yl]-essigsäure,
(±)-3-[2,4-Dihydroxy-phenyl]-3-[2-methoxy-5-methyl-phenyl]-glutarsäure-2-lacton
$C_{19}H_{18}O_6$, Formel V.

B. Beim Behandeln von 3-[2-Methoxy-5-methyl-phenyl]-pentendisäure (F: 169°) mit Resorcin und 80%ig. wss. Schwefelsäure (*Gogte, Palkar*, J. Univ. Bombay **27**, Tl. 5A [1959] 6, 10).

Krystalle (aus wss. Eg.); F: 235°.

Hydroxy-oxo-carbonsäuren $C_{20}H_{20}O_6$

(±)-[5,5-Bis-(4-hydroxy-2-methyl-phenyl)-2-oxo-tetrahydro-[3]furyl]-essigsäure,
(±)-*m*-Kresoltricarballylein $C_{20}H_{20}O_6$, Formel VI.

Diese Konstitution kommt vielleicht der nachstehend beschriebenen Verbindung zu.

B. Beim Erhitzen von Propan-1,2,3-tricarbonsäure mit *m*-Kresol und konz. Schwefel=säure (*Dikshit, Tewari*, Soc. **1931** 2511, 2514).

Schwarzes Pulver (aus A.); F: 220° [Zers.]. Absorptionsmaximum: 547 nm.

(±)-[5,5-Bis-(4-hydroxy-3-methyl-phenyl)-2-oxo-tetrahydro-[3]furyl]-essigsäure,
(±)-*o*-Kresoltricarballylein $C_{20}H_{20}O_6$, Formel VII.

Diese Konstitution kommt vielleicht der nachstehend beschriebenen Verbindung zu.

B. Beim Erhitzen von Propan-1,2,3-tricarbonsäure mit *o*-Kresol und konz. Schwefel=säure (*Dikshit, Tewari*, Soc. **1931** 2511, 2514).

Braunes Pulver (aus A.); F: 168° [Zers.]. Absorptionsmaximum: 550 nm.

VI   VII   VIII

Hydroxy-oxo-carbonsäuren $C_{23}H_{26}O_6$

(±)-3ξ,4c-Dihydroxy-2,4t-bis-[1-methyl-1-phenyl-äthyl]-5-oxo-tetrahydro-furan-2r-carbonsäure, (±)-2r_F,3ξ,4t_F-Trihydroxy-2,4c_F-bis-[1-methyl-1-phenyl-äthyl]-glutar=säure-1→4-lacton $C_{23}H_{26}O_6$, Formel VIII + Spiegelbild.

Diese Konstitution und Konfiguration kommt vermutlich der nachstehend beschriebenen Verbindung zu (*Jönsson*, Acta chem. scand. **9** [1955] 210, 211).

B. In kleiner Menge neben anderen Verbindungen beim Behandeln von 4,6-Bis-[1-methyl-1-phenyl-äthyl]-pyrogallol mit wss. Natronlauge und Kaliumpermanganat (*Jönsson*, Acta chem. scand. **8** [1954] 1203, 1207).

Krystalle (aus A.); F: 185—186° [unkorr.] (*Jö.*, Acta chem. scand. **8** 1207, **9** 214).

Cyclohexylamin-Salz $C_6H_{13}N \cdot C_{23}H_{26}O_6$. Krystalle (aus A.); F: 213—215° [unkorr.; Zers.] (*Jö.*, Acta chem. scand. **9** 214).

Methylester $C_{24}H_{28}O_6$ (mit Hilfe von Diazomethan hergestellt). Krystalle (aus Bzl. + PAe.); F: 162° [unkorr.] (*Jö.*, Acta chem. scand. **9** 214).

Hydroxy-oxo-carbonsäuren $C_{25}H_{30}O_6$

3-[7-Hydroxy-5-methoxy-2,2-dimethyl-6-(2-methyl-butyryl)-chroman-8-yl]-3-phenyl-propionsäure $C_{26}H_{32}O_6$, Formel IX (R = H).

Diese Konstitution kommt der nachstehend beschriebenen (±)-Hexahydrocalophyllon=säure zu (*Polonsky*, Bl. **1958** 929, 935).

B. Beim Erwärmen von opt.-inakt. 3-[7-Hydroxy-5-methoxy-2,2-dimethyl-6-(2-methyl-butyryl)-chroman-8-yl]-3-phenyl-propionsäure-lacton (F: 119—121°) mit methanol. Kalilauge (*Dietrich et al.*, Bl. **1953** 546, 549). Beim Erwärmen der im folgenden Artikel beschriebenen Verbindung mit methanol. Kalilauge (*Polonsky, Lederer*, Bl. **1954** 924, 930).

Gelbliche Krystalle; F: 150—152° [korr.; Kofler-App.; aus wss. Me.] (*Di. et al.*), 150—151° [korr.; Kofler-App.; aus Me.] (*Po., Le.*). UV-Spektrum (A.; 210—360 nm): *Di. et al.*, l. c. S. 547.

3-[7-Hydroxy-5-methoxy-2,2-dimethyl-6-(2-methyl-butyryl)-chroman-8-yl]-3-phenyl-propionsäure-äthylester $C_{28}H_{36}O_6$, Formel IX (R = C_2H_5).

Diese Konstitution kommt dem nachstehend beschriebenen (±)-Hexahydrocalophyllon=säure-äthylester zu (*Polonsky*, Bl. **1958** 929, 935, 939).

B. Neben anderen Verbindungen bei der Hydrierung von Calophyllolid (5-Methoxy-2,2-dimethyl-6-[2-methyl-*trans*(?)-crotonoyl]-10-phenyl-2*H*-pyrano[2,3-*f*]chromen-8-on) an Platin in Äthanol bei 90—120°/130 at (*Polonsky, Lederer*, Bl. **1954** 924, 929).

Krystalle (aus wss. Acn.); F: 65—68° (*Po., Le.*). UV-Absorptionsmaximum (A.): 295 nm (*Po., Le.*).

IX   X

Hydroxy-oxo-carbonsäuren $C_{26}H_{32}O_6$

3β-Acetoxy-2′,5′-dioxo-(6αH,7αH)-6,7,2′,5′-tetrahydro-5β,8-ätheno-23,24-dinor-chol-9(11)-eno[6,7-*c*]furan-22-säure, 3β-Acetoxy-5β,8-ätheno-pregn-9(11)-en-6β,7β,20$α_F$-tricarbonsäure-6,7-anhydrid $C_{28}H_{34}O_7$, Formel X (R = CO-CH₃, X = OH).

B. Beim Behandeln einer Lösung von 3β-Acetoxy-5β,8-ätheno-ergosta-9(11),22t-dien-

6β,7β-dicarbonsäure-anhydrid in Dichlormethan mit Ozon, Behandeln des Reaktionsprodukts mit Essigsäure und Zink und Behandeln des danach isolierten Reaktionsprodukts mit Chrom(VI)-oxid in Essigsäure (*Levin et al.*, Am. Soc. **70** [1948] 2834;
Upjohn Co., U.S.P. 2530390 [1949]).
Krystalle (aus Ae. + Hexan); F: 240—243° (*Le. et al.*).

**3β-Heptanoyloxy-2′,5′-dioxo-(6αH,7αH)-6,7,2′,5′-tetrahydro-5β,8-ätheno-23,24-dinor-
chol-9(11)-eno[6,7-c]furan-22-säure, 3β-Heptanoyloxy-5β,8-ätheno-pregn-9(11)-en-
6β,7β,20α$_F$-tricarbonsäure-6,7-anhydrid** $C_{33}H_{44}O_7$, Formel X (R = CO-[CH$_2$]$_5$-CH$_3$,
X = OH).
B. Beim Erhitzen von 3β-Hydroxy-5β,8-ätheno-pregn-9(11)-en-6β,7β,20α$_F$-tricarbon≈
säure mit Heptansäure-anhydrid und Pyridin (*Upjohn Co.*, U.S.P. 2575350 [1948]).
Krystalle (aus Cyclohexan); F: 209—211°.

**3β-Acetoxy-2′,5′-dioxo-(6αH,7αH)-6,7,2′,5′-tetrahydro-5β,8-ätheno-23,24-dinor-chol-
9(11)-eno[6,7-c]furan-22-säure-methylester, 3β-Acetoxy-5β,8-ätheno-pregn-9(11)-en-
6β,7β,20α$_F$-tricarbonsäure-6,7-anhydrid-20-methylester** $C_{29}H_{36}O_7$, Formel X
(R = CO-CH$_3$, X = O-CH$_3$).
B. Beim Behandeln einer Suspension von 3β-Acetoxy-5β,8-ätheno-pregn-9(11)-en-
6β,7β,20α$_F$-tricarbonsäure-6,7-anhydrid in Äther mit Diazomethan in Dichlormethan
(*Levin et al.*, Am. Soc. **70** [1948] 2834; *Upjohn Co.*, U.S.P. 2575350 [1948]).
Krystalle; F: 246—248° (*Le. et al.*), 245—247,5° [aus CH$_2$Cl$_2$ + Ae.] (*Upjohn Co.*).

**3β-Acetoxy-2′,5′-dioxo-(6αH,7αH)-6,7,2′,5′-tetrahydro-5β,8-ätheno-23,24-dinor-chol-
9(11)-eno[6,7-c]furan-22-oylchlorid, 3β-Acetoxy-20α$_F$-chlorcarbonyl-5β,8-ätheno-
pregn-9(11)-en-6β,7β-dicarbonsäure-anhydrid** $C_{28}H_{33}ClO_6$, Formel X (R = CO-CH$_3$,
X = Cl).
B. Beim Behandeln von 3β-Acetoxy-5β,8-ätheno-pregn-9(11)-en-6β,7β,20α$_F$-tricarbon≈
säure-6,7-anhydrid mit Thionylchlorid, Pyridin, Benzol und Äther (*Upjohn Co.*, U.S.P.
2530390 [1949]).
Krystalle (aus Ae.); F: 183—186°.

Hydroxy-oxo-carbonsäuren $C_nH_{2n-22}O_6$

Hydroxy-oxo-carbonsäuren $C_{16}H_{10}O_6$

2-[7-Hydroxy-3-methoxy-4-oxo-4H-chromen-2-yl]-benzoesäure $C_{17}H_{12}O_6$, Formel I
(R = H).
B. Beim Erhitzen von 1-[2,4-Bis-(2-methoxycarbonyl-benzoyloxy)-phenyl]-2-methoxy-
äthanon mit Kaliumcarbonat und Pyridin (*King et al.*, Soc. **1954** 4594, 4599).
Krystalle (aus wss. A.); F: 265—266°.

2-[3,7-Dimethoxy-4-oxo-4H-chromen-2-yl]-benzoesäure-methylester $C_{19}H_{16}O_6$, Formel I
(R = CH$_3$).
B. Beim Erwärmen der im vorangehenden Artikel beschriebenen Verbindung mit
Dimethylsulfat und Kaliumcarbonat (*King et al.*, Soc. **1954** 4594, 4599).
Krystalle (aus Bzl. + PAe.); F: 133—134°.

5,7-Dihydroxy-4-oxo-3-phenyl-4H-chromen-2-carbonsäure $C_{16}H_{10}O_6$, Formel II
(R = X = H).
B. Beim Behandeln einer Lösung von 5,7-Dihydroxy-4-oxo-3-phenyl-4H-chromen-
2-carbonsäure-äthylester in Aceton mit wss. Natronlauge oder mit wss. Natriumcarbonat-
Lösung (*Baker et al.*, Soc. **1953** 1852, 1857).
Gelbe Krystalle (aus wss. A.) mit 0,5 Mol H$_2$O; F: 255° [Zers.].

5,7-Dimethoxy-4-oxo-3-phenyl-4H-chromen-2-carbonsäure $C_{18}H_{14}O_6$, Formel II
(R = CH$_3$, X = H).
B. Beim Behandeln von 5,7-Dimethoxy-4-oxo-3-phenyl-4H-chromen-2-carbonsäure-

äthylester mit wss. Kalilauge (*Baker et al.*, Soc. **1953** 1852, 1859).
Krystalle (aus A.); F: 224° [Zers.].

5,7-Dihydroxy-4-oxo-3-phenyl-4H-chromen-2-carbonsäure-methylester $C_{17}H_{12}O_6$,
Formel II (R = H, X = CH$_3$).
B. Aus 2,4,6-Trihydroxy-desoxybenzoin und Oxalsäure-chlorid-methylester (*Farooq et al.*, Curr. Sci. **28** [1959] 151).
F: 220—221°.

I   II   III

5,7-Dihydroxy-4-oxo-3-phenyl-4H-chromen-2-carbonsäure-äthylester $C_{18}H_{14}O_6$, Formel II
(R = H, X = C$_2$H$_5$).
B. Beim Behandeln von 2,4,6-Trihydroxy-desoxybenzoin mit Oxalsäure-äthylester-chlorid und Pyridin (*Baker et al.*, Soc. **1953** 1852, 1856).
Hellgelbe Krystalle (aus A.); F: 230°.

5,7-Dimethoxy-4-oxo-3-phenyl-4H-chromen-2-carbonsäure-äthylester $C_{20}H_{18}O_6$,
Formel II (R = CH$_3$, X = C$_2$H$_5$).
B. Aus 5,7-Dihydroxy-4-oxo-3-phenyl-4H-chromen-2-carbonsäure-äthylester (*Baker et al.*, Soc. **1953** 1852, 1859). Beim Erhitzen von 2-Hydroxy-5,7-dimethoxy-4-oxo-3-phenyl-chroman-2-carbonsäure-äthylester (⇌-4-[2-Hydroxy-4,6-dimethoxy-phenyl]-2,4-dioxo-3-phenyl-buttersäure-äthylester) mit Essigsäure und wss. Salzsäure (*Ba. et al.*).
Gelbliche Krystalle (aus Me.); F: 159—160°.

5,7-Diacetoxy-4-oxo-3-phenyl-4H-chromen-2-carbonsäure-äthylester $C_{22}H_{18}O_8$, Formel II
(R = CO-CH$_3$, X = C$_2$H$_5$).
B. Aus 5,7-Dihydroxy-4-oxo-3-phenyl-4H-chromen-2-carbonsäure-äthylester (*Baker et al.*, Soc. **1953** 1852, 1856).
Krystalle (aus A.); F: 153—154°.

5,7-Dihydroxy-3-[4-nitro-phenyl]-4-oxo-4H-chromen-2-carbonsäure-äthylester
$C_{18}H_{13}NO_8$, Formel III (R = H).
B. Beim Behandeln von 2,4,6-Trihydroxy-4′-nitro-desoxybenzoin mit Oxalsäure-äthylester-chlorid und Pyridin (*Baker et al.*, Soc. **1953** 1852, 1856).
Gelbe Krystalle (aus wss. A.); F: 190—191°.

5,7-Diacetoxy-3-[4-nitro-phenyl]-4-oxo-4H-chromen-2-carbonsäure-äthylester
$C_{22}H_{17}NO_{10}$, Formel III (R = CO-CH$_3$).
B. Aus der im vorangehenden Artikel beschriebenen Verbindung (*Baker et al.*, Soc.
1953 1852, 1856).
Krystalle (aus A.); F: 210—211°.

7-Methoxy-3-[2-methoxy-phenyl]-4-oxo-4H-chromen-2-carbonsäure-äthylester $C_{20}H_{18}O_6$,
Formel IV.
B. Beim Erhitzen von 2-Hydroxy-7-methoxy-3-[2-methoxy-phenyl]-4-oxo-chroman-2-carbonsäure-äthylester (⇌ 4-[2-Hydroxy-4-methoxy-phenyl]-3-[2-methoxy-phenyl]-2,4-dioxo-buttersäure-äthylester) mit Essigsäure (*Whalley*, *Lloyd*, Soc. **1956** 3213, 3220).
Krystalle (aus Me.); F: 94°.

7-Hydroxy-3-[4-hydroxy-phenyl]-4-oxo-4H-chromen-2-carbonsäure $C_{16}H_{10}O_6$, Formel V
(R = X = H).
B. Beim Behandeln von 2,4,4′-Trihydroxy-desoxybenzoin mit Oxalsäure-äthylester-

chlorid und Pyridin und Behandeln des Reaktionsprodukts mit wss. Natronlauge (*Yoder et al.*, Pr. Iowa Acad. **61** [1954] 271, 275).
Krystalle mit 2 Mol H_2O; F: 293° [Zers.].

IV   V

7-Hydroxy-3-[4-methoxy-phenyl]-4-oxo-4H-chromen-2-carbonsäure $C_{17}H_{12}O_6$, Formel V
(R = CH_3, X = H).
B. Beim Behandeln von 2,4-Dihydroxy-4'-methoxy-desoxybenzoin mit Oxalsäure-
äthylester-chlorid und Pyridin und Behandeln des Reaktionsprodukts mit wss. Natron=
lauge (*Yoder et al.*, Pr. Iowa Acad. **61** [1954] 271, 275).
Krystalle (aus Me.) mit 1 Mol Methanol; F: 263—264° [Zers.].

7-Methoxy-3-[4-methoxy-phenyl]-4-oxo-4H-chromen-2-carbonsäure $C_{18}H_{14}O_6$, Formel V
(R = X = CH_3).
B. Beim Behandeln einer Lösung von 7-Methoxy-3-[4-methoxy-phenyl]-2-*trans*(?)-
styryl-chromen-4-on (F: 197—198°) in Pyridin mit wss. Kaliumpermanganat-Lösung
(*Baker et al.*, Soc. **1933** 274).
Krystalle (aus A.); F: 243° [Zers.].

7-Hydroxy-3-[4-hydroxy-phenyl]-4-oxo-4H-chromen-2-carbonsäure-äthylester $C_{18}H_{14}O_6$,
Formel VI (R = X = H).
B. Beim Behandeln von 2,4,4'-Trihydroxy-desoxybenzoin mit Oxalsäure-äthylester-
chlorid und Pyridin (*Baker et al.*, Soc. **1953** 1852, 1855).
Krystalle (aus wss. A.) mit 1 Mol H_2O; F: 194—195°.

7-Hydroxy-3-[4-methoxy-phenyl]-4-oxo-4H-chromen-2-carbonsäure-äthylester $C_{19}H_{16}O_6$,
Formel VI (R = CH_3, X = H).
B. Beim Behandeln von 2,4-Dihydroxy-4'-methoxy-desoxybenzoin mit Oxalsäure-
äthylester-chlorid und Pyridin (*Baker et al.*, Soc. **1953** 1852, 1855).
Krystalle (aus A.); F: 253°.

VI   VII

7-Acetoxy-3-[4-methoxy-phenyl]-4-oxo-4H-chromen-2-carbonsäure-äthylester $C_{21}H_{18}O_7$,
Formel VI (R = CH_3, X = CO-CH_3).
B. Aus der im vorangehenden Artikel beschriebenen Verbindung (*Baker et al.*, Soc.
1953 1852, 1855).
Krystalle (aus A.); F: 123°.

7-Acetoxy-3-[4-acetoxy-phenyl]-4-oxo-4H-chromen-2-carbonsäure-äthylester $C_{22}H_{18}O_8$,
Formel VI (R = X = CO-CH_3).
B. Aus 7-Hydroxy-3-[4-hydroxy-phenyl]-4-oxo-4H-chromen-2-carbonsäure-äthylester
(*Baker et al.*, Soc. **1953** 1852, 1855).
Krystalle (aus A.); F: 145°.

3-Hydroxy-2-[3-hydroxy-phenyl]-4-oxo-4H-chromen-6-carbonsäure $C_{16}H_{10}O_6$,
Formel VII, und Tautomeres (2-[3-Hydroxy-phenyl]-3,4-dioxo-chroman-6-carbonsäure).
    B. Beim Behandeln von 4-Hydroxy-3-[3-hydroxy-*trans*(?)-cinnamoyl]-benzoesäure mit wss.-äthanol. Natronlauge und mit wss. Wasserstoffperoxid (*Shah et al.*, Am. Soc. **77** [1955] 2223).
    Gelbe Krystalle (aus A.); F: 311°.

___

3-Hydroxy-2-[4-hydroxy-phenyl]-4-oxo-4H-chromen-6-carbonsäure $C_{16}H_{10}O_6$,
Formel VIII (R = X = H), und Tautomeres (2-[4-Hydroxy-phenyl]-3,4-dioxo-chroman-6-carbonsäure).
    B. Beim Behandeln von 4-Hydroxy-3-[4-hydroxy-*trans*(?)-cinnamoyl]-benzoesäure mit wss.-äthanol. Natronlauge und mit wss. Wasserstoffperoxid (*Shah et al.*, Am. Soc. **77** [1955] 2223).
    Gelbliche Krystalle (aus wss. A.); F: 241°.

VIII   IX

3-Hydroxy-2-[4-methoxy-phenyl]-4-oxo-4H-chromen-6-carbonsäure $C_{17}H_{12}O_6$,
Formel VIII (R = CH₃, X = H), und Tautomeres (2-[4-Methoxy-phenyl]-3,4-dioxo-chroman-6-carbonsäure).
    B. Beim Behandeln von 4-Hydroxy-3-[4-methoxy-*trans*(?)-cinnamoyl]-benzoesäure (F: 234°) mit wss.-äthanol. Natronlauge und mit wss. Wasserstoffperoxid (*Shah et al.*, Am. Soc. **77** [1955] 2223; s. a. *Marathey*, J. org. Chem. **20** [1955] 563, 566, 570). Neben 4-Hydroxy-3-[4-methoxy-*trans*(?)-cinnamoyl]-benzoesäure (F: 234°) beim Behandeln von 3-[2-Brom-3-hydroxy-3-(4-methoxy-phenyl)-propionyl]-4-hydroxy-benzoesäure (F: 167°) mit wss.-äthanol. Natronlauge (*Ma.*).
    Gelbe Krystalle; F: 335° [aus Eg.] (*Ma.*), 327° [Zers.; aus Nitrobenzol] (*Shah et al.*).

3-Acetoxy-2-[4-methoxy-phenyl]-4-oxo-4H-chromen-6-carbonsäure $C_{19}H_{14}O_7$,
Formel VIII (R = CH₃, X = CO-CH₃).
    B. Beim Behandeln der im vorangehenden Artikel beschriebenen Verbindung mit Acetanhydrid und Natriumacetat (*Shah et al.*, Am. Soc. **77** [1955] 2223).
    Gelbe Krystalle (aus A.); F: 220°.

___

6,7-Dihydroxy-2-oxo-4-phenyl-2H-chromen-3-carbonsäure-äthylester $C_{18}H_{14}O_6$,
Formel IX (X = H).
    B. Beim Erwärmen von Benzoylmalonsäure-diäthylester mit 1,2,4-Triacetoxy-benzol und 73%ig. wss. Schwefelsäure (*Borsche, Wannagat*, A. **569** [1950] 81, 90).
    Gelbe Krystalle (aus Me.); F: 232°.

6,6-Bis-[6,7-dihydroxy-2-oxo-4-phenyl-2H-chromen-3-carbonyloxy]-2,3-dihydroxy-6H-indeno[2,1-c]chromen-7-on $C_{48}H_{26}O_{16}$, Formel X (R = H).
    Diese Konstitution kommt vermutlich der nachstehend beschriebenen Verbindung zu (*Borsche, Wannagat*, A. **569** [1950] 81, 83).
    B. Beim Erwärmen von 6,7-Dihydroxy-2-oxo-4-phenyl-2H-chromen-3-carbonsäure-äthylester mit konz. Schwefelsäure (*Bo., Wa.*, l. c. S. 94, 96).
    Rote Krystalle (aus Me.), die unterhalb 350° nicht schmelzen.

2,3-Diacetoxy-6,6-bis-[6,7-diacetoxy-2-oxo-4-phenyl-2H-chromen-3-carbonyloxy]-6H-indeno[2,1-c]chromen-7-on $C_{60}H_{38}O_{22}$, Formel X (R = CO-CH$_3$).
Diese Konstitution kommt vermutlich der nachstehend beschriebenen Verbindung zu.
B. Beim Erhitzen der im vorangehenden Artikel beschriebenen Verbindung mit Acet=anhydrid (*Borsche, Wannagat,* A. **569** [1950] 81, 96).
Gelbe Krystalle (aus Acetanhydrid).

X   XI

6,7-Dihydroxy-4-[4-nitro-phenyl]-2-oxo-2H-chromen-3-carbonsäure-äthylester $C_{18}H_{13}NO_8$, Formel IX (X = NO$_2$).
B. Beim Erwärmen von [4-Nitro-benzoyl]-malonsäure-diäthylester mit 1,2,4-Triacet=oxy-benzol und 73%ig. wss. Schwefelsäure (*Borsche, Wannagat,* A. **569** [1950] 81, 93).
Gelbe Krystalle (aus Me.); F: 234°.

7,8-Dihydroxy-2-oxo-4-phenyl-2H-chromen-3-carbonsäure-äthylester $C_{18}H_{14}O_6$, Formel XI (R = X = H).
B. Beim Behandeln von Benzoylmalonsäure-diäthylester mit Pyrogallol und konz. Schwefelsäure (*Borsche, Wannagat,* A. **569** [1950] 81, 89).
Krystalle (aus wss. Me.) mit 1 Mol H$_2$O, F: 130—135° [bei schnellem Erhitzen]; Krystalle (aus Me.) mit 1 Mol Methanol, F: 120°; nach dem Trocknen bei 118° schmilzt die Verbindung bei 186°.

7,8-Bis-benzoyloxy-2-oxo-4-phenyl-2H-chromen-3-carbonsäure-äthylester $C_{32}H_{22}O_8$, Formel XI (R = CO-C$_6$H$_5$, X = H).
B. Aus der im vorangehenden Artikel beschriebenen Verbindung (*Borsche, Wannagat,* A. **569** [1950] 81, 90).
Krystalle (aus Me.); F: 157°.

6,6-Bis-[7,8-dihydroxy-2-oxo-4-phenyl-2H-chromen-3-carbonyloxy]-3,4-dihydroxy-6H-indeno[2,1-c]chromen-7-on $C_{48}H_{26}O_{16}$, Formel XII.
Diese Konstitution kommt vermutlich der nachstehend beschriebenen Verbindung zu (*Borsche, Wannagat,* A. **569** [1950] 81, 83).
B. Beim Erwärmen von 7,8-Dihydroxy-2-oxo-4-phenyl-2H-chromen-3-carbonsäure-äthylester mit konz. Schwefelsäure (*Bo., Wa.,* l. c. S. 94, 95).
Rote Krystalle (aus Me.); F: 317—318° [nach Sintern].
Beim Erhitzen mit Acetanhydrid ist ein Triacetyl-Derivat $C_{54}H_{32}O_{19}$ (gelbliche oder orangefarbene Krystalle [aus Acetanhydrid]; F: 268—270°) erhalten worden (*Bo., Wa.,* l. c. S. 96).

7,8-Dihydroxy-4-[4-nitro-phenyl]-2-oxo-2H-chromen-3-carbonsäure-äthylester $C_{18}H_{13}NO_8$, Formel XI (R = H, X = NO$_2$).
B. Beim Erwärmen von [4-Nitro-benzoyl]-malonsäure-diäthylester mit Pyrogallol und 73%ig. wss. Schwefelsäure (*Borsche, Wannagat,* A. **569** [1950] 81, 93).
Gelbliche Krystalle (aus wss. Me.); F: 205°.

7-Hydroxy-4-[4-methoxy-phenyl]-2-oxo-2*H*-chromen-3-carbonsäure $C_{17}H_{12}O_6$, Formel XIII (R = X = H).

B. Beim Behandeln des im folgenden Artikel beschriebenen Äthylesters mit wss. Natronlauge (*Borsche, Wannagat,* A. **569** [1950] 81, 91).

Krystalle (aus W.) mit 1 Mol H_2O, die bei schnellem Erhitzen bei 146 – 148° und (nach Wiedererstarren) bei 198 – 199° (unter Entwicklung von Kohlendioxid) schmelzen.

XII   XIII

7-Hydroxy-4-[4-methoxy-phenyl]-2-oxo-2*H*-chromen-3-carbonsäure-äthylester $C_{19}H_{16}O_6$, Formel XIII (R = C_2H_5, X = H).

B. Neben 7-Hydroxy-4-[4-methoxy-phenyl]-cumarin beim Erwärmen von [4-Methoxy-benzoyl]-malonsäure-diäthylester mit Resorcin und 73 %ig. wss. Schwefelsäure (*Borsche, Wannagat,* A. **569** [1950] 81, 91).

Krystalle (aus wss. Me.); F: 177°.

7-Benzoyloxy-4-[4-methoxy-phenyl]-2-oxo-2*H*-chromen-3-carbonsäure-äthylester $C_{26}H_{20}O_7$, Formel XIII (R = C_2H_5, X = CO-C_6H_5).

B. Aus der im vorangehenden Artikel beschriebenen Verbindung (*Borsche, Wannagat,* A. **569** [1950] 81, 91).

Krystalle (aus Me.); F: 133°.

5,7-Dihydroxy-2-oxo-3-phenyl-2*H*-chromen-4-carbonsäure, 2-Phenyl-3-[2,4,6-trihydroxy-phenyl]-fumarsäure-1 → 2-lacton $C_{16}H_{10}O_6$, Formel I (R = X = H).

B. Aus 5,7-Dihydroxy-2-oxo-3-phenyl-2*H*-chromen-4-carbonsäure-äthylester (*Borsche, Wannagat,* A. **569** [1950] 81, 86).

Orangegelbe Krystalle (aus W.); F: 251° [Zers.].

5,7-Dimethoxy-2-oxo-3-phenyl-2*H*-chromen-4-carbonsäure $C_{18}H_{14}O_6$, Formel I (R = CH_3, X = H).

B. Aus der im folgenden Artikel beschriebenen Verbindung (*Borsche, Wannagat,* A. **569** [1950] 81, 86).

Krystalle (aus Me.); F: 277°.

Beim Erwärmen mit Phosphorylchlorid ist 1,3-Dimethoxy-indeno[1,2-*c*]chromen-6,11-dion erhalten worden (*Bo., Wa.,* l. c. S. 88).

5,7-Dimethoxy-2-oxo-3-phenyl-2*H*-chromen-4-carbonsäure-äthylester $C_{20}H_{18}O_6$, Formel I (R = CH_3, X = C_2H_5).

B. Beim Behandeln von 5,7-Dihydroxy-2-oxo-3-phenyl-2*H*-chromen-4-carbonsäure-äthylester mit Aceton und mit Diazomethan in Äther (*Borsche, Wannagat,* A. **569** [1950] 81, 86).

Gelbliche Krystalle (aus Me.); F: 120°.

7,8-Dihydroxy-2-oxo-3-phenyl-2*H*-chromen-4-carbonsäure, 2-Phenyl-3-[2,3,4-trihydroxy-phenyl]-fumarsäure-1 → 2-lacton $C_{16}H_{10}O_6$, Formel II (R = X = H).

B. Aus 7,8-Dihydroxy-2-oxo-3-phenyl-2*H*-chromen-4-carbonsäure-äthylester (*Borsche,*

Wannagat, A. **569** [1950] 81, 86).

Gelbliche Krystalle (aus W.) mit 1 Mol H_2O; F: 264—265°.

Beim Erwärmen mit Phosphorylchlorid ist 3,4-Dihydroxy-indeno[1,2-c]chromen-6,11-dion erhalten worden (*Bo.*, *Wa.*, l. c. S. 88).

I   II   III

7,8-Dimethoxy-2-oxo-3-phenyl-2H-chromen-4-carbonsäure $C_{18}H_{14}O_6$, Formel II
(R = CH_3, X = H).

B. Aus 7,8-Dimethoxy-2-oxo-3-phenyl-2H-chromen-4-carbonsäure-äthylester (*Borsche*, *Wannagat*, A. **569** [1950] 81, 86).

F: 258°.

7,8-Dihydroxy-2-oxo-3-phenyl-2H-chromen-4-carbonsäure-äthylester $C_{18}H_{14}O_6$,
Formel II (R = H, X = C_2H_5).

B. Beim Behandeln eines Gemisches von Cyan-phenyl-brenztraubensäure-äthylester, Pyrogallol und Essigsäure mit Chlorwasserstoff und Erwärmen der Reaktionslösung mit Zinkchlorid und Chlorwasserstoff (*Borsche*, *Wannagat*, A. **569** [1950] 81, 86).

Krystalle (aus Me. oder wss. Me.); F: 204°.

7,8-Dimethoxy-2-oxo-3-phenyl-2H-chromen-4-carbonsäure-äthylester $C_{20}H_{18}O_6$,
Formel II (R = CH_3, X = C_2H_5).

B. Beim Behandeln der im vorangehenden Artikel beschriebenen Verbindung mit Aceton und mit Diazomethan in Äther (*Borsche*, *Wannagat*, A. **569** [1950] 81, 86).

Krystalle (aus Me.); F: 143°.

7,8-Dihydroxy-2-oxo-4-phenyl-2H-chromen-6-carbonsäure-äthylester $C_{18}H_{14}O_6$,
Formel III (R = C_2H_5).

B. Beim Behandeln von 2,3,4-Trihydroxy-benzoesäure-äthylester mit 3-Oxo-3-phenyl-propionsäure-äthylester und 73%ig. wss. Schwefelsäure (*Desai*, *Mavani*, Pr. Indian Acad. [A] **15** [1942] 1, 3).

Krystalle (aus A.); F: 217°.

3-[2-Hydroxy-4-methoxy-benzoyl]-benzofuran-2-carbonsäure $C_{17}H_{12}O_6$, Formel IV
(R = H), und Tautomeres (1-Hydroxy-1-[2-hydroxy-4-methoxy-phenyl]-1H-furo[3,4-b]benzofuran-3-on).

B. Beim Erwärmen von 9-Methoxy-chromeno[3,4-b]chromen-6,12-dion mit wss.-äthanol. Kalilauge (*Whalley*, *Lloyd*, Soc. **1956** 3213, 3220).

Krystalle (aus Bzl.); F: 212°.

Beim Erhitzen auf 250° ist 9-Methoxy-chromeno[3,4-b]chromen-6,12-dion erhalten worden.

3-[2,4-Dimethoxy-benzoyl]-benzofuran-2-carbonsäure-methylester $C_{19}H_{16}O_6$, Formel IV
(R = CH_3).

B. Beim Erwärmen der im vorangehenden Artikel beschriebenen Verbindung mit Dimethylsulfat, Kaliumcarbonat und Aceton (*Whalley*, *Lloyd*, Soc. **1956** 3213, 3221).

Gelbliche Krystalle (aus Me.); F: 146°.

Beim Erwärmen mit wss.-methanol. Kalilauge ist 2-[2,4-Dimethoxy-phenyl]-benzofuran erhalten worden.

3-[2,4-Dihydroxy-benzoyl]-benzo[*b*]thiophen-2-carbonsäure $C_{16}H_{10}O_5S$, Formel V
(R = X = H), und Tautomeres (1-[2,4-Dihydroxy-phenyl]-1-hydroxy-1*H*-benzo=
[4,5]thieno[2,3-*c*]furan-3-on).

B. Neben 3-[6-Hydroxy-3-oxo-3*H*-xanthen-9-yl]-benzo[*b*]thiophen-2-carbonsäure beim
Erhitzen von Benzo[*b*]thiophen-2,3-dicarbonsäure-anhydrid mit Resorcin und Zink=
chlorid bis auf 170° (*Peters, Walker*, Soc. **1956** 1429, 1434).
Krystalle (aus wss. Eg.); F: 254—255°.

3-[2,4-Dihydroxy-benzoyl]-benzo[*b*]thiophen-2-carbonsäure-methylester $C_{17}H_{12}O_5S$,
Formel V (R = H, X = CH_3).

B. Beim Erwärmen von 3-[2,4-Dihydroxy-benzoyl]-benzo[*b*]thiophen-2-carbonsäure-
2-lacton mit Methanol (*Peters, Walker*, Soc. **1956** 1429, 1435). Beim Erwärmen von
3-[2,4-Dihydroxy-benzoyl]-benzo[*b*]thiophen-2-carbonsäure mit Chlorwasserstoff enthaltendem Methanol (*Pe., Wa.*).
Krystalle (aus Eg.); F: 206—207°.

IV   V   VI

3-[4-Acetoxy-2-hydroxy-benzoyl]-benzo[*b*]thiophen-2-carbonsäure-methylester
$C_{19}H_{14}O_6S$, Formel V (R = $CO\text{-}CH_3$, X = CH_3).

B. Beim Erwärmen von 3-[4-Acetoxy-2-hydroxy-benzoyl]-benzo[*b*]thiophen-2-carbon=
säure-lacton mit Methanol (*Peters, Walker*, Soc. **1956** 1429, 1435).
Krystalle; F: 175—176°.

3-[3,5-Dibrom-2,4-dihydroxy-benzoyl]-benzo[*b*]thiophen-2-carbonsäure $C_{16}H_8Br_2O_5S$,
Formel VI (R = X = H), und Tautomeres (1-[3,5-Dibrom-2,4-dihydroxy-phenyl]-
1-hydroxy-1*H*-benzo[4,5]thieno[2,3-*c*]furan-3-on).

B. Beim Behandeln von 3-[2,4-Dihydroxy-benzoyl]-benzo[*b*]thiophen-2-carbonsäure
mit Brom in Äthanol (*Peters, Walker*, Soc. **1956** 1429, 1434).
Orangefarbene Krystalle (aus Eg.) mit 1 Mol Essigsäure; F: 256—257°.

3-[4-Acetoxy-3,5-dibrom-2-hydroxy-benzoyl]-benzo[*b*]thiophen-2-carbonsäure
$C_{18}H_{10}Br_2O_6S$, Formel VI (R = $CO\text{-}CH_3$, X = H), und Tautomeres (1-[4-Acetoxy-
3,5-dibrom-2-hydroxy-phenyl]-1-hydroxy-1*H*-benzo[4,5]thieno[2,3-*c*]=
furan-3-on).

B. Beim Erhitzen von 3-[4-Acetoxy-3,5-dibrom-2-hydroxy-benzoyl]-benzo[*b*]thiophen-
2-carbonsäure-lacton mit wss. Essigsäure (*Peters, Walker*, Soc. **1956** 1429, 1435).
Krystalle; F: 209—210°.

**3-[4-Acetoxy-3,5-dibrom-2-hydroxy-benzoyl]-benzo[*b*]thiophen-2-carbonsäure-methyl=
ester** $C_{19}H_{12}Br_2O_6S$, Formel VI (R = $CO\text{-}CH_3$, X = CH_3).

B. Beim Erwärmen von 3-[4-Acetoxy-3,5-dibrom-2-hydroxy-benzoyl]-benzo[*b*]thio=
phen-2-carbonsäure-lacton mit Methanol (*Peters, Walker*, Soc. **1956** 1429, 1436).
Gelbe Krystalle; F: 194—195°.

Hydroxy-oxo-carbonsäuren $C_{17}H_{12}O_6$

[6-Methoxy-3-(3-methoxy-phenyl)-benzofuran-2-yl]-brenztraubensäure $C_{19}H_{16}O_6$,
Formel VII und Tautomeres.

B. Beim Erhitzen von 4-[6-Methoxy-3-(3-methoxy-phenyl)-benzofuran-2-ylmethylen]-
2-phenyl-Δ^2-oxazolin-5-on (F: 226°) mit wss. Natronlauge (*Johnson, Robertson*, Soc. **1950**
2381, 2386).
Gelbe Krystalle (aus E. + PAe.); F: 170—172° [Zers.].

[6-Methoxy-3-(4-methoxy-phenyl)-benzofuran-2-yl]-brenztraubensäure $C_{19}H_{16}O_6$, Formel VIII (X = O) und Tautomeres.

B. Beim Erhitzen von 4-[6-Methoxy-3-(4-methoxy-phenyl)-benzofuran-2-ylmethylen]-2-phenyl-$\varDelta^2$-oxazolin-5-on (F: 226°) mit wss. Kalilauge (*Johnson, Robertson,* Soc. **1950** 2381, 2385).

Gelbliche Krystalle (aus wss. Eg.); F: 225—226° [Zers.].

            VII   VIII

2-Hydroxyimino-3-[6-methoxy-3-(4-methoxy-phenyl)-benzofuran-2-yl]-propionsäure $C_{19}H_{17}NO_6$, Formel VIII (X = N-OH).

B. Aus der im vorangehenden Artikel beschriebenen Verbindung und Hydroxylamin (*Johnson, Robertson,* Soc. **1950** 2381, 2385).

Krystalle (aus E. + PAe.); F: 164° [Zers.].

<h3 align="center">Hydroxy-oxo-carbonsäuren C₁₈H₁₄O₆</h3>

*Opt.-inakt. [3-Hydroxy-4-(4-methoxy-phenyl)-5-oxo-2,5-dihydro-[2]furyl]-phenyl-essig⸗ säure, 3,4-Dihydroxy-2-[4-methoxy-phenyl]-5-phenyl-hex-2c-endisäure-1 → 4-lacton $C_{19}H_{16}O_6$, Formel IX (R = CH$_3$), und Tautomeres ([4-(4-Methoxy-phenyl)-3,5-di⸗ oxo-tetrahydro-[2]furyl]-phenyl-essigsäure).

Diese Konstitution kommt wahrscheinlich der nachstehend beschriebenen Verbindung zu (*Asano, Kameda,* B. **68** [1935] 1565).

B. Neben 5-[4-Methoxy-phenyl]-4-oxo-2-phenyl-valeriansäure-methylester beim Er⸗ wärmen von Pinastrinsäure (S. 6563) mit Essigsäure und Zink (*As., Ka.*).

Krystalle (aus Acn. + Ae.); Zers. bei 218°.

[5,5-Bis-(4-hydroxy-phenyl)-2-oxo-2,5-dihydro-[3]furyl]-essigsäure, Phenolaconitein $C_{18}H_{14}O_6$, Formel X.

Diese Konstitution kommt vielleicht der nachstehend beschriebenen Verbindung zu.

B. Beim Erhitzen von Aconitsäure (Propen-1*t*,2,3-tricarbonsäure) mit Phenol und Zinn(IV)-chlorid (*Dikshit, Tewari,* Soc. **1931** 2511).

Krystalle; F: 250° [Zers.]. Absorptionsmaximum: 553 nm.

       IX   X   XI

<h3 align="center">Hydroxy-oxo-carbonsäuren C₁₉H₁₆O₆</h3>

(±)-6-[4-Methoxy-benzoyl]-2-[4-methoxy-phenyl]-5,6-dihydro-4H-pyran-3-carbonitril $C_{21}H_{19}NO_4$, Formel XI.

B. Beim Erwärmen von opt.-inakt. 2,5-Dibrom-1,6-bis-[4-methoxy-phenyl]-hexan-

1,6-dion mit Natriumcyanid in Äthanol und Äthylacetat (*Fuson et al.*, Am. Soc. **53** [1931] 4187, 4192).

Krystalle (aus E.); F: 141—141,5° [korr.].

Hydroxy-oxo-carbonsäuren $C_nH_{2n-24}O_6$

Hydroxy-oxo-carbonsäuren $C_{17}H_{10}O_6$

6-Benzoyl-5-hydroxy-2-oxo-2H-chromen-3-carbonsäure, [3-Benzoyl-2,6-dihydroxy-benzyliden]-malonsäure-6-lacton $C_{17}H_{10}O_6$, Formel I.

B. Beim Behandeln von 3-Benzoyl-2,6-dihydroxy-benzaldehyd mit wss. Natronlauge und mit Cyanessigsäure und Erhitzen des Reaktionsprodukts mit wss. Salzsäure (*Shah, Shah*, Soc. **1940** 245).

Krystalle (aus A.); F: 244° [Zers.].

I   II

Hydroxy-oxo-carbonsäuren $C_{18}H_{12}O_6$

[(E)-3-Hydroxy-4-(4-methoxy-phenyl)-5-oxo-5H-[2]furyliden]-phenyl-essigsäure, 3,4-Dihydroxy-2-[4-methoxy-phenyl]-5-phenyl-hexa-2c,4c-diendisäure-1→4-lacton $C_{19}H_{14}O_6$, Formel II, und Tautomeres ([[(E)-4-(4-Methoxy-phenyl)-3,5-dioxo-dihydro-[2]furyliden]-phenyl-essigsäure) (E II 395; dort als *p*-Methoxy-pulvinsäure bezeichnet).

Krystalle (aus Ae. + PAe.); F: 207—209° (*Grover, Seshadri*, Tetrahedron **4** [1958] 105, 108).

[(E)-3-Hydroxy-4-(4-methoxy-phenyl)-5-oxo-5H-[2]furyliden]-phenyl-essigsäure-methylester, 3,4-Dihydroxy-2-[4-methoxy-phenyl]-5-phenyl-hexa-2c,4c-diendisäure-1→4-lacton-6-methylester $C_{20}H_{16}O_6$, Formel III (R = H, X = CH₃), und Tautomeres ([[(E)-4-(4-Methoxy-phenyl)-3,5-dioxo-dihydro-[2]furyliden]-phenyl-essigsäure-methylester); **Pinastrinsäure** (E II 395).

Konstitution und Konfiguration: *Agarwal, Seshadri*, Tetrahedron **19** [1963] 1965, **20** [1964] 17; Indian J. Chem. **2** [1964] 17.

Isolierung aus Lepraria candelaris: *Grover, Seshadri*, J. scient. ind. Res. India **18**B [1959] 238; aus Lepraria flava: *Klosa*, Pharmazie **7** [1952] 687; *Mittal, Seshadri*, Soc. **1955** 3053.

B. Beim Behandeln von 3,4-Dihydroxy-2-[4-methoxy-phenyl]-5-phenyl-hexa-2c,4c-diendisäure-1→4;6→3-dilacton mit methanol. Kalilauge (*Asano, Kameda*, B. **67** [1934] 1522, 1523; J. pharm. Soc. Japan **54** [1934] 150, 155; dtsch. Ref. **53** [1933] 67, 69; s. a. *Koller, Klein*, M. **63** [1933] 213, 215).

Gelbe Krystalle; F: 204—205° [aus Ae. + PAe.] (*Mi., Se.*), 202—203° [aus A.] (*Klosa*). UV-Spektrum (Me.; 220—320 nm): *Grover, Seshadri*, Tetrahedron **4** [1958] 105, 107.

Beim Erwärmen mit Essigsäure und Zink sind 5-[4-Methoxy-phenyl]-4-oxo-2-phenyl-valeriansäure-methylester und [3-Hydroxy-4-(4-methoxy-phenyl)-5-oxo-2,5-dihydro-[2]furyl]-phenyl-essigsäure (?; S. 6562) erhalten worden (*Asano, Kameda*, B. **68** [1935] 1565).

[(E)-3-Methoxy-4-(4-methoxy-phenyl)-5-oxo-5H-[2]furyliden]-phenyl-essigsäure-methylester, 3-Hydroxy-4-methoxy-5-[4-methoxy-phenyl]-2-phenyl-hexa-2c,4c-diendisäure-6-lacton-1-methylester, O-Methyl-pinastrinsäure $C_{21}H_{18}O_6$, Formel III (R = X = CH₃) (E II 395).

B. Aus Pinastrinsäure (s. o.) mit Hilfe von Diazomethan (*Koller, Pfeiffer*, M. **62** [1933]

160, 163).

Grüngelbe Krystalle (aus A.); F: 153°.

[(*E*)-3-Acetoxy-4-(4-methoxy-phenyl)-5-oxo-5*H*-[2]furyliden]-phenyl-essigsäure-
methylester, 3-Acetoxy-4-hydroxy-2-[4-methoxy-phenyl]-5-phenyl-hexa-2*c*,4*c*-diendi⸗
säure-1-lacton-6-methylester, *O*-Acetyl-pinastrinsäure $C_{22}H_{18}O_7$, Formel III (R = CO-CH$_3$,
X = CH$_3$) (E II 395).

F: 170—171° (*Grover, Seshadri*, Tetrahedron **4** [1958] 105, 109).

[(*E*)-3-Acetoxy-4-(4-acetoxy-phenyl)-5-oxo-5*H*-[2]furyliden]-phenyl-essigsäure-
methylester, 3-Acetoxy-2-[4-acetoxy-phenyl]-4-hydroxy-5-phenyl-hexa-2*c*,4*c*-diendi⸗
säure-1-lacton-6-methylester $C_{23}H_{18}O_8$, Formel III (R = X = CO-CH$_3$).

B. Beim Erhitzen von Pinastrinsäure (S. 6563) mit wss. Jodwasserstoffsäure und Essig⸗
säure und Erhitzen des Reaktionsprodukts (rote Krystalle [aus Eg.], F: 220—226°) mit
Acetanhydrid (*Asano, Kameda*, B. **68** [1935] 1568, 1570).

Grünlichgelbe Krystalle; F: 175—177°.

III   IV

[(*E*)-3-Benzoyloxy-4-(4-methoxy-phenyl)-5-oxo-5*H*-[2]furyliden]-phenyl-essigsäure-
methylester, 3-Benzoyloxy-4-hydroxy-2-[4-methoxy-phenyl]-5-phenyl-hexa-2*c*,4*c*-diendi⸗
säure-1-lacton-6-methylester, *O*-Benzoyl-pinastrinsäure $C_{27}H_{20}O_7$, Formel III
(R = CO-C$_6$H$_5$, X = CH$_3$) (E II 396).

B. Beim Behandeln von Pinastrinsäure (S. 6563) mit Benzoylchlorid und Pyridin
(*Asano, Kameda*, J. pharm. Soc. Japan **54** [1934] 150, 155; dtsch. Ref. **53** [1933] 67, 69).

Grünlichgelbe Krystalle (aus A.); F: 173—175°.

[(*E*)-3-Hydroxy-5-oxo-4-phenyl-5*H*-[2]furyliden]-[2-methoxy-phenyl]-essigsäure,
3,4-Dihydroxy-2-[2-methoxy-phenyl]-5-phenyl-hexa-2*c*,4*c*-diendisäure-6→3-lacton
$C_{19}H_{14}O_6$, Formel IV (R = X = H), und Tautomeres ([(*E*)-3,5-Dioxo-4-phenyl-
dihydro-[2]furyliden]-[2-methoxy-phenyl]-essigsäure).

B. Beim Erhitzen von Leprapinsäure (s. u.) mit Bariumhydroxid in Wasser (*Mittal,
Seshadri*, Soc. **1955** 3053).

Gelbe Krystalle (aus Bzl.); F: 213—214°.

[(*E*)-3-Hydroxy-5-oxo-4-phenyl-5*H*-[2]furyliden]-[2-methoxy-phenyl]-essigsäure-
methylester, 3,4-Dihydroxy-2-[2-methoxy-phenyl]-5-phenyl-hexa-2*c*,4*c*-diendisäure-
6→3-lacton-1-methylester $C_{20}H_{16}O_6$, Formel IV (R = H, X = CH$_3$), und Tautomeres
([(*E*)-3,5-Dioxo-4-phenyl-dihydro-[2]furyliden]-[2-methoxy-phenyl]-
essigsäure-methylester); **Leprapinsäure**.

Konstitution und Konfiguration: *Agarwal, Seshadri*, Tetrahedron **21** [1965] 3205.

Isolierung aus Biatora lucida und aus Lepraria chlorina: *Grover, Seshadri*, J. scient. ind.
Res. India **18**B [1959] 238; aus Lepraria citrina: *Mittal, Seshadri*, Soc. **1955** 3053.

B. Beim Behandeln von 3,4-Dihydroxy-2-[2-methoxy-phenyl]-5-phenyl-hexa-2*c*,4*c*-
diendisäure-1→4;6→3-dilacton mit methanol. Kalilauge (*Mittal, Seshadri*, Soc. **1956**
1734).

Gelbe Krystalle; F: 159—160° [aus Ae. + PAe.] (*Mi., Se.*, Soc. **1955** 3054), 159—160°
[aus Me.] (*Mi., Se.*, Soc. **1956** 1735).

[(*E*)-3-Methoxy-5-oxo-4-phenyl-5*H*-[2]furyliden]-[2-methoxy-phenyl]-essigsäure-
methylester, 3-Hydroxy-4-methoxy-2-[2-methoxy-phenyl]-5-phenyl-hexa-2*c*,4*c*-diendi⸗
säure-6-lacton-1-methylester, *O*-Methyl-leprapinsäure $C_{21}H_{18}O_6$, Formel IV
(R = X = CH$_3$).

Isolierung aus Lepraria chlorina: *Grover, Seshadri*, J. scient. ind. Res. India **18**B [1959]

238.

B. Beim Behandeln von Leprapinsäure (S. 6564) mit Methyljodid, Kaliumcarbonat und Aceton (*Gr., Se.*) oder mit Diazomethan in Äther und wenig Methanol (*Agarwal, Seshadri,* Tetrahedron **21** [1965] 3205, 3207).

Krystalle (aus Me.); F: 150—152° (*Ag., Se.*).

[(*E*)-3-Hydroxy-5-oxo-4-phenyl-5*H*-[2]furyliden]-[4-methoxy-phenyl]-essigsäure, 3,4-Dihydroxy-2-[4-methoxy-phenyl]-5-phenyl-hexa-2*c*,4*c*-diendisäure-6→3-lacton C$_{19}$H$_{14}$O$_6$, Formel V (R = X = H), und Tautomeres ([[(*E*)-3,5-Dioxo-4-phenyl-dihydro-[2]furyliden]-[4-methoxy-phenyl]-essigsäure).

B. Beim Erhitzen von 3,4-Dihydroxy-2-[4-methoxy-phenyl]-5-phenyl-hexa-2*c*,4*c*-dien-dinitril mit wss. Essigsäure und Schwefelsäure (*Grover, Seshadri,* Tetrahedron **4** [1958] 105, 108). Beim Erhitzen von Isopinastrinsäure (s. u.) mit Bariumhydroxid in Wasser (*Gr., Se.*).

Orangefarbene Krystalle (aus Ae. + PAe.); F: 207—209°.

[(*E*)-3-Hydroxy-5-oxo-4-phenyl-5*H*-[2]furyliden]-[4-methoxy-phenyl]-essigsäure-methylester, 3,4-Dihydroxy-2-[4-methoxy-phenyl]-5-phenyl-hexa-2*c*,4*c*-diendisäure-6→3-lacton-1-methylester C$_{20}$H$_{16}$O$_6$, Formel V (R = H, X = CH$_3$), und Tautomeres ([[(*E*)-3,5-Dioxo-4-phenyl-dihydro-[2]furyliden]-[4-methoxy-phenyl]-essigsäure-methylester); **Isopinastrinsäure.**

Konstitution und Konfiguration: *Agarwal, Seshadri,* Tetrahedron **19** [1963] 1965; Indian J. Chem. **2** [1964] 17.

B. Neben Pinastrinsäure (S. 6563) aus 3,4-Dihydroxy-2-[4-methoxy-phenyl]-5-phenyl-hexa-2*c*,4*c*-diendisäure-1→4;6→3-dilacton beim Behandeln mit methanol. Kalilauge sowie beim Erwärmen mit wss.-methanol. Salzsäure (*Grover, Seshadri,* Tetrahedron **4** [1958] 105, 108).

Gelbe Krystalle (aus Me.); F: 127—129° (*Ag., Se.,* Indian J. Chem. **2** 19). UV-Spektrum (Me.; 220—340 nm): *Gr., Se.,* l. c. S. 107.

Beim Erhitzen auf 160°, beim Behandeln mit methanol. Kalilauge oder beim Erhitzen mit *N,N*-Dimethyl-anilin auf 180° ist Pinastrinsäure erhalten worden (*Gr., Se.,* l. c. S. 110).

V   VI   VII

[(*E*)-3-Methoxy-5-oxo-4-phenyl-5*H*-[2]furyliden]-[4-methoxy-phenyl]-essigsäure-methylester, 3-Hydroxy-4-methoxy-2-[4-methoxy-phenyl]-5-phenyl-hexa-2*c*,4*c*-diendi-säure-6-lacton-1-methylester, *O*-Methyl-isopinastrinsäure C$_{21}$H$_{18}$O$_6$, Formel V (R = X = CH$_3$).

B. Beim Erwärmen von 3,4-Dihydroxy-2-[4-methoxy-phenyl]-5-phenyl-hexa-2*c*,4*c*-diendisäure-6→3-lacton oder von Isopinastrinsäure (s. o.) mit Methyljodid, Kalium-carbonat und Aceton (*Grover, Seshadri,* Tetrahedron **4** [1958] 105, 109). Beim Erwärmen von 3,4-Dihydroxy-2-[4-methoxy-phenyl]-5-phenyl-hexa-2*c*,4*c*-diendisäure-1→4;6→3-di-lacton mit Dimethylsulfat, Kaliumcarbonat und Aceton (*Gr., Se.*). Beim Behandeln von Isopinastrinsäure (s. o.) mit Diazomethan in Äther und wenig Methanol (*Agarwal, Seshadri,* Indian J. Chem. **2** [1964] 17, 20).

Gelbliche Krystalle (aus Me.); F: 173—175° [unkorr.] (*Ag., Se.*).

[(*E*)-3-Acetoxy-5-oxo-4-phenyl-5*H*-[2]furyliden]-[4-methoxy-phenyl]-essigsäure-methylester, 3-Acetoxy-4-hydroxy-5-[4-methoxy-phenyl]-2-phenyl-hexa-2*c*,4*c*-diendi=säure-1-lacton-6-methylester, *O*-Acetyl-isopinastrinsäure $C_{22}H_{18}O_7$, Formel V
(R = CO-CH$_3$, X = CH$_3$).

B. Beim Erhitzen von Isopinastrinsäure (S. 6565) mit Acetanhydrid und Pyridin (*Grover, Seshadri*, Tetrahedron **4** [1958] 105, 109).

Gelbe Krystalle (aus E.); F: 159—161°.

3ξ-[4-Hydroxy-3-methoxy-phenyl]-2-[2-oxo-2*H*-chromen-3-yl]-acrylsäure $C_{19}H_{14}O_6$, Formel VI (R = H).

Für die nachstehend beschriebene Verbindung wird auch die Formulierung als 3-[(*Ξ*)-Vanillyliden]-3a,9b-dihydro-3*H*-furo[3,2-*c*]chromen-2,4-dion in Betracht gezogen (*Dey, Sankaranarayanan*, J. Indian chem. Soc. **11** [1934] 381, 383).

B. Aus [2-Oxo-2*H*-chromen-3-yl]-essigsäure und Vanillin (*Dey, Sa.*, l. c. S. 386). Aus der im folgenden Artikel beschriebenen Verbindung (*Dey, Sa.*).

Gelbe Krystalle; F: 211°.

3ξ-[4-Acetoxy-3-methoxy-phenyl]-2-[2-oxo-2*H*-chromen-3-yl]-acrylsäure $C_{21}H_{16}O_7$, Formel VI (R = CO-CH$_3$).

Für die nachstehend beschriebene Verbindung wird auch die Formulierung als 3-[(*Ξ*)-4-Acetoxy-3-methoxy-benzyliden]-3a,9b-dihydro-3*H*-furo[3,2-*c*]chromen-2,4-dion in Betracht gezogen (*Dey, Sankaranarayanan*, J. Indian chem. Soc. **11** [1934] 381, 383).

B. Beim Erhitzen des Natrium-Salzes der [2-Oxo-2*H*-chromen-3-yl]-essigsäure mit Vanillin und Acetanhydrid (*Dey, Sa.*, l. c. S. 386).

Krystalle; F: 207°.

5-Hydroxy-2-oxo-6-phenylacetyl-2*H*-chromen-3-carbonsäure, [2,6-Dihydroxy-3-phenyl=acetyl-benzyliden]-malonsäure-6-lacton $C_{18}H_{12}O_6$, Formel VII (R = H).

B. Beim Behandeln von 2,6-Dihydroxy-3-phenylacetyl-benzaldehyd mit wss. Natron=lauge und mit Cyanessigsäure und Erhitzen des Reaktionsprodukts mit wss. Salzsäure (*Shah, Shah*, Soc. **1940** 245).

Krystalle (aus A.); F: 215—217° [Zers.].

5-Hydroxy-2-oxo-6-phenylacetyl-2*H*-chromen-3-carbonsäure-äthylester $C_{20}H_{16}O_6$, Formel VII (R = C$_2$H$_5$).

B. Beim Behandeln von 2,6-Dihydroxy-3-phenylacetyl-benzaldehyd mit Malonsäure-diäthylester und Piperidin (*Shah, Shah*, Soc. **1940** 245).

Gelbe Krystalle (aus A.); F: 200—201°.

VIII   IX

Hydroxy-oxo-carbonsäuren $C_{19}H_{14}O_6$

[8-Benzoyl-7-hydroxy-4-methyl-2-oxo-2*H*-chromen-3-yl]-essigsäure, 2-[1-(3-Benzoyl-2,4-dihydroxy-phenyl)-äthyliden]-bernsteinsäure-1 → 2-lacton $C_{19}H_{14}O_6$, Formel VIII
(R = X = H).

B. Beim Behandeln des im folgenden Artikel beschriebenen Äthylesters mit wss.

Natronlauge (*Shah, Shah*, J. Indian chem. Soc. **19** [1942] 486).
Krystalle (aus wss. A.); F: 255°.

[8-Benzoyl-7-hydroxy-4-methyl-2-oxo-2H-chromen-3-yl]-essigsäure-äthylester $C_{21}H_{18}O_6$,
Formel VIII (R = H, X = C_2H_5).
B. Beim Behandeln von 2,6-Dihydroxy-benzophenon mit Acetylbernsteinsäure-diäthylester und Phosphorylchlorid (*Shah, Shah*, J. Indian chem. Soc. **19** [1942] 486).
Krystalle (aus A.); F: 196—197°.

[7-Acetoxy-8-benzoyl-4-methyl-2-oxo-2H-chromen-3-yl]-essigsäure-äthylester $C_{23}H_{20}O_7$,
Formel VIII (R = CO-CH₃, X = C_2H_5).
B. Aus der im vorangehenden Artikel beschriebenen Verbindung (*Shah, Shah*, J. Indian chem. Soc. **19** [1942] 486).
Krystalle (aus A.); F: 177°.

————————

*Opt.-inakt. 7-Methoxy-4-[4-methoxy-phenyl]-2-oxo-2,3,4,4a-tetrahydro-dibenzofuran-3-carbonsäure-äthylester $C_{23}H_{22}O_6$, Formel IX (R = CH₃, X = H), und Tautomeres
(2-Hydroxy-7-methoxy-4-[4-methoxy-phenyl]-4,4a-dihydro-dibenzo≠
furan-3-carbonsäure-äthylester).
B. Beim Erwärmen von 6-Methoxy-2-[(Z)-4-methoxy-benzyliden]-benzofuran-3-on
(S. 1824) mit Acetessigsäure-äthylester und Natriummethylat in Äthanol (*Panse et al.*, J.
Univ. Bombay **10**, Tl. 3A [1941] 83).
Krystalle (aus A.); F: 146°.
Kupfer(II)-Verbindung $Cu(C_{23}H_{21}O_6)_2$. F: 215°.

*Opt.-inakt. 2-Hydroxyimino-7-methoxy-4-[4-methoxy-phenyl]-2,3,4,4a-tetrahydro-dibenzofuran-3-carbonsäure-äthylester $C_{23}H_{23}NO_6$, Formel X (X = OH), und Tautomere.
B. Aus der im vorangehenden Artikel beschriebenen Verbindung und Hydroxylamin
(*Panse et al.*, J. Univ. Bombay **10**, Tl. 3A [1941] 83).
Krystalle (aus wss. A.); F: 142°.

*Opt.-inakt. 2-[2,4-Dinitro-phenylhydrazono]-7-methoxy-4-[4-methoxy-phenyl]-2,3,4,4a-tetrahydro-dibenzofuran-3-carbonsäure-äthylester $C_{29}H_{26}N_4O_9$, Formel X
(X = NH-C₆H₃(NO₂)₂), und Tautomere.
B. Aus opt.-inakt. 7-Methoxy-4-[4-methoxy-phenyl]-2-oxo-2,3,4,4a-tetrahydro-di≠
benzofuran-3-carbonsäure-äthylester (s. o.) und [2,4-Dinitro-phenyl]-hydrazin (*Panse
et al.*, J. Univ. Bombay **10**, Tl. 3A [1941] 83).
Gelbe Krystalle (aus Eg.); F: 192°.

*Opt.-inakt. 7-Methoxy-4-[4-methoxy-phenyl]-2-semicarbazono-2,3,4,4a-tetrahydro-dibenzofuran-3-carbonsäure-äthylester $C_{24}H_{25}N_3O_6$, Formel X (X = NH-CO-NH₂), und
Tautomere.
B. Aus opt.-inakt. 7-Methoxy-4-[4-methoxy-phenyl]-2-oxo-2,3,4,4a-tetrahydro-di≠
benzofuran-3-carbonsäure-äthylester (s. o.) und Semicarbazid (*Panse et al.*, J. Univ.
Bombay **10**, Tl. 3A [1941] 83).
F: 246° [Zers.].

X   XI

*Opt.-inakt. **7-Benzyloxy-8-brom-4-[4-methoxy-phenyl]-2-oxo-2,3,4,4a-tetrahydro-dibenzofuran-3-carbonsäure-äthylester** $C_{29}H_{25}BrO_6$, Formel IX (R = CH_2-C_6H_5, X = Br) [auf S. 6566] und Tautomeres (7-Benzyloxy-8-brom-2-hydroxy-4-[4-methoxy-phenyl]-4,4a-dihydro-dibenzofuran-3-carbonsäure-äthylester).

B. Beim Erwärmen von 6-Benzyloxy-5-brom-2-[(Z)-4-methoxy-benzyliden]-benzo≠furan-3-on (S. 1824) mit Acetessigsäure-äthylester und Natriumäthylat in Äthanol (*Dodwadmath*, J. Univ. Bombay **9**, Tl. 3 [1940] 172, 179).

Krystalle (aus Acn. + A.); F: 205—206°.

Hydroxy-oxo-carbonsäuren $C_{21}H_{18}O_6$

3-[8-Äthyl-3,5-dihydroxy-4-oxo-2-phenyl-4H-chromen-6-yl]-ξ-crotonsäure $C_{21}H_{18}O_6$, Formel XI, und Tautomeres (3-[8-Äthyl-5-hydroxy-3,4-dioxo-2-phenyl-chroman-6-yl]-ξ-crotonsäure).

B. Neben 6-Äthyl-9-hydroxy-4-methyl-8-phenyl-pyrano[2,3-*f*]chromen-2,10-dion beim Erwärmen einer Suspension von 6-Äthyl-8-*trans*(?)-cinnamoyl-7-hydroxy-4-methyl-cumarin (F: 145°) in Äthanol mit wss. Wasserstoffperoxid und wss. Natronlauge (*Mara-they et al.*, J. Univ. Poona Nr. 6 [1954] 83, 84).

Krystalle (aus Eg.); F: 239° [Zers.].

[*G. Richter*]

3. Hydroxy-oxo-carbonsäuren mit sieben Sauerstoff-Atomen

Hydroxy-oxo-carbonsäuren $C_nH_{2n-4}O_7$

(2*S*)-3*t*,4*c*,5*t*-Trimethoxy-6-oxo-tetrahydro-pyran-2*r*-carbonsäure-methylester,
O^2,O^3,O^4-Trimethyl-D-glucarsäure-1-lacton-6-methylester $C_{10}H_{16}O_7$, Formel I.

B. Beim Erwärmen von O^2,O^3,O^4-Trimethyl-D-glucose mit wss. Salpetersäure und
Behandeln des Reaktionsprodukts mit Chlorwasserstoff enthaltendem Methanol (*Charlton
et al.*, Soc. **1931** 2855; *Adams*, Canad. J. Chem. **35** [1957] 556, 562) oder mit Diazomethan
in Äther (*White*, Am. Soc. **76** [1954] 4906, 4908). Beim Erwärmen von O^2,O^3,O^4-Trimethyl-
D-gluconsäure-5-lacton mit wss. Salpetersäure und Erwärmen des Reaktionsprodukts mit
Chlorwasserstoff enthaltendem Methanol (*Anderson et al.*, Biochem. J. **33** [1939] 272, 278).
Beim Erwärmen von O^2,O^3,O^4-Trimethyl-D-glucuronsäure mit Brom in Wasser (*Hirst,
Jones*, Soc. **1938** 1174, 1180; s. a. *Hirst, Perlin*, Soc. **1954** 2622, 2626; *Aspinall et al.*, Soc.
1955 1160, 1165) oder mit wss. Salpetersäure (*Robertson, Waters*, Soc. **1931** 1709, 1713)
und Behandeln des jeweiligen Reaktionsprodukts mit Chlorwasserstoff enthaltendem
Methanol. Beim Erwärmen von Tetra-*O*-methyl-D-glucopyranuronsäure-methylester
(Anomeren-Gemisch) mit wss. Schwefelsäure, Behandeln des als Barium-Salz isolierten
Reaktionsprodukts mit Brom in Wasser (*Smith*, Soc. **1939** 1724, 1733; *Cunneen, Smith*,
Soc. **1948** 1141, 1145) oder mit alkal. wss. Hypojodit-Lösung (*White*, Am. Soc. **68** [1946]
272, 274) und Erwärmen des jeweiligen Reaktionsprodukts mit Chlorwasserstoff ent-
haltendem Methanol.

Krystalle; F: 110° (*Hi., Jo.*), 109—110° (*As. et al.*), 107° [aus A. + Ae. + PAe.] (*Sm.*),
107° [aus A. + Ae.] (*Cu., Sm.*), 107° [aus A.] (*Wh.*, Am. Soc. **68** 274). n_D^{19}: 1,4585 [unter-
kühlte Schmelze] (*Cu., Sm.*); n_D^{20}: 1,4600 [unterkühlte Schmelze] (*Hi., Jo.*); n_D^{21}: 1,4485
[unterkühlte Schmelze] (*An. et al.*). $[\alpha]_D^{18}$: +146,5° [Bzl.]; $[\alpha]_D^{24}$: +98° [CHCl_3]; $[\alpha]_D^{?}$:
+104,3° [A.] (*Ch. et al.*); $[\alpha]_D^{21}$: +102° [A.; c = 0,3] (*Hi., Jo.*); $[\alpha]_D^{20}$: +55° [Me.; c = 2]
(*Wh.*, Am. Soc. **76** 4908); $[\alpha]_D^{21}$: +102° (Anfangswert) $\rightarrow$ +52° (Endwert) [Me.; c = 1]
(*Sm.*); $[\alpha]_D^{25}$: +54° (nach 20 h) [Me.; c = 1] (*Ad.*); $[\alpha]_D^{16}$: +88° (nach 20 min) $\rightarrow$ +35°
(Endwert nach 29 h) [W.; c = 1] (*Cu., Sm.*); $[\alpha]_{546}^{15}$: +175,9° [Bzl.; c = 0,2] (*Pryde,
Williams*, Biochem. J. **27** [1933] 1197, 1203); $[\alpha]_{546}^{25}$: +175,3° [Bzl.; c = 0,8]; $[\alpha]_{546}^{25}$:
+182,6° (nach 10 min) $\rightarrow$ +68,9° (Endwert nach 6 h) [W.; c = 0,7] (*Ro., Wa.*).

[3,4-Dihydroxy-5-oxo-tetrahydro-[2]furyl]-hydroxy-essigsäure, 2,3,4,5-Tetrahydroxy-
adipinsäure-1 → 4-lacton $C_6H_8O_7$.

a) (*RS*)-[(2*RS*)-3*t*,4*t*-Dihydroxy-5-oxo-tetrahydro-[2*r*]furyl]-hydroxy-essigsäure,
DL-Allarsäure-1 → 4-lacton $C_6H_8O_7$, Formel II + Spiegelbild.

B. Beim Erwärmen von Allarsäure mit Wasser (*Posternak*, Helv. **18** [1935] 1283, 1286).
Krystalle (aus E.); F: 200—201° [Zers.].

I   II   III   IV

b) (*S*)-[(2*S*)-3*t*,4*c*-Dihydroxy-5-oxo-tetrahydro-[2*r*]furyl]-hydroxy-essigsäure,
D-Altrarsäure-1 → 4-lacton, D-Talarsäure-6→3-lacton $C_6H_8O_7$, Formel III.

B. Neben anderen Verbindungen beim Erwärmen von D-Talonsäure mit wss. Salpeter⸗

säure (*Steiger, Reichstein*, Helv. **19** [1936] 195, 198). Neben D-Altrarsäure-6 → 3-lacton beim Erwärmen von D-Altrarsäure mit Wasser (*St., Re.*, l. c. S. 201).

Krystalle (aus E.) mit 1 Mol H_2O; F: 66—70° und (nach Wiedererstarren bei weiterem Erhitzen) F: 133° [korr.] (*St., Re.*). $[\alpha]_D^{23}$: +32,5° (nach 5 min) → +10,6° (nach 60 d) [W.; c = 2] (*St., Re.*).

Geschwindigkeitskonstante der Hydrolyse in Wasser bei 18° (Bildung von D-Altrar=säure) sowie Gleichgewichtskonstante des Reaktionssystems: *Maĭ*, Z. obšč. Chim. **27** [1957] 3192, 3194; engl. Ausg. S. 3228, 3229.

c) (*S*)-[(2*R*)-3*t*,4*t*-Dihydroxy-5-oxo-tetrahydro-[2*r*]furyl]-hydroxy-essigsäure, D-**Altrarsäure-6** → **3-lacton**, D-Talarsäure-1 →4-lacton $C_6H_8O_7$, Formel IV.

B. Neben anderen Verbindungen beim Erwärmen von D-Talonsäure mit wss. Salpeter=säure) (*Steiger, Reichstein*, Helv. **19** [1936] 195, 198). Neben D-Altrarsäure-1 → 4-lacton beim Erwärmen von D-Altrarsäure mit Wasser (*St., Re.*, l. c. S. 201).

Krystalle (aus Dioxan oder Acn.); F: 187—189° [korr.; Zers.] (*St., Re.*). $[\alpha]_D^{14}$: −49,1° (nach 3 min) → +8,0° (nach 62 d) [W.; c = 2] (*St., Re.*).

Geschwindigkeitskonstante der Hydrolyse in Wasser bei 18° (Bildung von D-Altrar=säure) sowie Gleichgewichtskonstante des Reaktionssystems: *Maĭ*, Z. obšč. Chim. **27** [1957] 3192, 3194; engl. Ausg. S. 3228, 3229.

d) (*S*)-[(2*S*)-3*c*,4*t*-Dihydroxy-5-oxo-tetrahydro-[2*r*]furyl]-hydroxy-essigsäure, D-**Glucarsäure-1** → **4-lacton**, L-Gularsäure-6→3-lacton $C_6H_8O_7$, Formel V (R = H).

Die früher (s. H **18** 550 und E II **18** 397) unter dieser Konstitution und Konfiguration beschriebene Verbindung ist als D-Glucarsäure-6 → 3-lacton (s. u.) zu formulieren (*Schmidt et al.*, B. **70** [1937] 2402, 2405; *Schmidt, Günthert*, B. **71** [1938] 493; s. a. *Reichstein*, Soc. **1945** 320).

B. Neben D-Glucarsäure-6→3-lacton beim Eindampfen einer wss. Lösung von D-Glucar=säure unter vermindertem Druck (*Sutter, Reichstein*, Helv. **21** [1938] 1210, 1213; *Smith*, Soc. **1944** 633, 634).

Krystalle mit 1 Mol H_2O; F: 98° [nach Sintern bei 85°; aus Acn.] (*Sm.*), ca. 90° [aus Dioxan] (*Su., Re.*). $[\alpha]_D^{20}$: +34° (Anfangswert) → +20° (nach 22 d) [W.; c = 2] [Mono-hydrat] (*Sm.*); $[\alpha]_D^{21}$: +32,5° (nach 15 min) → +29,5° (nach 2 d) [W.; c = 4] [Mono-hydrat] (*Su., Re.*). Scheinbarer Dissoziationsexponent pK_a' (Wasser; potentiometrisch ermittelt) bei 25°: 2,72 (*Maĭ*, Ž. obšč. Chim. **26** [1956] 3206; engl. Ausg. S. 3575).

Geschwindigkeitskonstante der Hydrolyse in Wasser bei 18° (Bildung von D-Glucar=säure) sowie Gleichgewichtskonstante des Reaktionssystems: *Maĭ*, Ž. obšč. Chim. **27** [1957] 3192, 3194; engl. Ausg. S. 3228, 3229.

e) (*R*)-[(2*S*)-3*c*,4*c*-Dihydroxy-5-oxo-tetrahydro-[2*r*]furyl]-hydroxy-essigsäure, D-**Glucarsäure-6** → **3-lacton**, L-Gularsäure-1 →4-lacton $C_6H_8O_7$, Formel VI.

Diese Konstitution und Konfiguration kommt der früher (s. H **18** 550 und E II **18** 397) als D-Glucarsäure-1→4-lacton angesehenen Verbindung zu (*Schmidt et al.*, B. **70** [1937] 2402, 2405; *Schmidt, Günthert*, B. **71** [1938] 493; s. a. *Reichstein*, Soc. **1945** 320).

B. Neben D-Glucarsäure-1 →4-lacton beim Eindampfen einer wss. Lösung von D-Glucar=säure unter vermindertem Druck (*Sutter, Reichstein*, Helv. **21** [1938] 1210, 1213; *Smith*, Soc. **1944** 633, 634; vgl. H 550; E II 397). Beim Behandeln einer wss. Lösung des Mono=kalium-Salzes der D-Glucarsäure mit einem Kationenaustauscher und anschliessenden Eindampfen (*Zinner, Fischer*, B. **89** [1956] 1503, 1505).

Krystalle; F: 149° [aus Acn. + PAe.] (*Sm.*), 135—136° [aus E.] (*Schm. et al.*, l. c. S. 2409), 133—135° [korr.; aus E. oder Dioxan] (*Su., Re.*), 133° [unkorr.; aus Ae.] (*Rehorst, Scholz*, B. **69** [1936] 520, 524). $[\alpha]_D^{19}$: +40,2° [W.; c = 2] (*Reh., Scholz*); $[\alpha]_D^{20}$ +40,3° [W.; c = 2] (*Schm., Gü.*, l. c. S. 500); $[\alpha]_D^{20}$: +45° (Anfangswert) → +32,4° (nach 60 d) [W.; c = 1] (*Sm.*); $[\alpha]_D^{20}$: +46,3° [Natrium-Salz in Wasser] (*Schm., Gü.*). Scheinbarer Dissoziationsexponent pK_a' (Wasser; potentiometrisch ermittelt) bei 25°: 2,76 (*Maĭ*, Ž. obšč. Chim. **26** [1956] 3206; engl. Ausg. S. 3575).

Beim Erwärmen unter vermindertem Druck ist D-Glucarsäure-1 → 4;6 → 3-dilacton erhalten worden (*Hirasaka, Umemoto*, Chem. pharm. Bl. **13** [1965] 325, 328; s. a. *Reh., Scholz*, l. c. S. 525; *Sm.*, l. c. S. 636). Geschwindigkeitskonstante der Hydrolyse in Wasser bei 18° (Bildung von D-Glucarsäure) sowie Gleichgewichtskonstante des Reaktions-systems: *Maĭ*, Ž. obšč. Chim. **27** [1957] 3192, 3194; engl. Ausg. S. 3228, 3229.

```
    CO—OH            CO—OH            CO—OH            CO—OH
R—O—C—H          H—C—OH          HO—C—H          R—O—C—H
      H          H                      H                H
R—O                             R—O              R—O
                      OH

HO      O              OH      O    R—O      O    R—O      O
         V                VI               VII             VIII
```

f) **(RS)-[(2SR)-3t,4c-Dihydroxy-5-oxo-tetrahydro-[2r]furyl]-hydroxy-essigsäure**, DL-**Galactarsäure-1 → 4-lacton**, Schleimsäure-1→4-lacton $C_6H_8O_7$, Formel VII (R = H) + Spiegelbild (H 551; E I 544; E II 397; dort als „γ-Lacton der Schleimsäure" bezeichnet).

Krystalle; F: 128° (*Mapson, Isherwood*, Biochem. J. **64** [1956] 13, 14). Scheinbarer Dissoziationsexponent pK_a' (Wasser; potentiometrisch ermittelt) bei 25°: 2,72 (*Maĭ, Ž.* obšč. Chim. **26** [1956] 3206; engl. Ausg. S. 3575).

O^2,O^3-**Dimethyl-D-galactarsäure-1 → 4-lacton** $C_8H_{12}O_7$, Formel VII (R = CH$_3$).

B. Beim Erwärmen von O^2,O^3-Dimethyl-D-galactose mit wss. Salpetersäure (*Bell, Greville*, Soc. **1955** 1136, 1140).

Krystalle (aus Ae.); F: 126—126,5°. $[\alpha]_D^{18}$: −55,4° (nach 8 min) → −11,0° (Endwert nach 370 h) [W.; c = 2].

O^3,O^5-**Dimethyl-D-glucarsäure-1 → 4-lacton** $C_8H_{12}O_7$, Formel V (R = CH$_3$).

B. Beim Erwärmen von O^3,O^5-Dimethyl-D-glucose mit wss. Salpetersäure (*Bishop*, Canad. J. Chem. **35** [1957] 61, 64).

Öl. $[\alpha]_D^{25}$: +5° (Anfangswert) → −3° (nach 4 d) [W.; c = 2].

O^2,O^3,O^5-**Tribenzoyl-D-mannarsäure-1-lacton** $C_{27}H_{20}O_{10}$, Formel VIII (R = CO-C$_6$H$_5$).

B. Neben Tetra-O-benzoyl-D-mannarsäure beim Erwärmen des Zink-Salzes der D-Man=narsäure mit Benzoylchlorid (*Adelman, Breckenridge*, Canad. J. Res. [B] **24** [1946] 297, 300).

Krystalle (aus E. + PAe.); F: 196° [korr.]. $[\alpha]_D^{22}$: +245° [Acn.; c = 1].

[3,4-Dihydroxy-5-oxo-tetrahydro-[2]furyl]-hydroxy-essigsäure-methylester $C_7H_{10}O_7$.

a) D-**Glucarsäure-1 → 4-lacton-6-methylester** $C_7H_{10}O_7$, Formel IX (R = X = H).

B. Beim Behandeln einer Lösung von D-Glucarsäure-1 → 4-lacton in Aceton mit Diazo=methan in Äther (*Smith*, Soc. **1944** 633, 635).

Krystalle (aus A.); F: 165°; $[\alpha]_D^{18}$: +24° [W.; c = 0,5] (*Sm.*).

Beim Behandeln mit Natriummethylat in Methanol ist L$_g$-*threo*-2,4,5-Trihydroxy-hex-2c-endisäure-1 → 4-lacton erhalten worden (*Heslop, Smith*, Soc. **1944** 637, 641). Bildung von O^2,O^3,O^5-Trimethyl-D-glucarsäure-1-lacton-6-methylester und L$_g$-*threo*-4-Hydroxy-2,5-dimethoxy-hex-2c-endisäure-1-lacton-6-methylester beim Erwärmen einer Lösung in Aceton mit Methyljodid und Silberoxid: *Sm.*

b) D-**Glucarsäure-6 → 3-lacton-1-methylester** $C_7H_{10}O_7$, Formel X (R = H).

B. Aus D-Glucarsäure-6 → 3-lacton beim Behandeln einer Lösung in Aceton (*Smith*, Soc. **1944** 633, 635) oder in Methanol (*Reeves*, Am. Soc. **61** [1939] 664) mit Diazomethan in Äther sowie beim Erwärmen mit Methanol und Tetrachlormethan in Gegenwart eines Kationenaustauschers (*Zinner, Fischer*, B. **89** [1956] 1503, 1505).

Krystalle; F: 156° [aus Amylacetat] (*Zi., Fi.*), 115° [aus A.] (*Sm.*), 113—114° [Fisher-Johns-App.; aus A.] (*Re.*). $[\alpha]_D^{18}$: +30° [W.; c = 1] (*Sm.*); $[\alpha]_D^{21}$: +20,3° [W.; c = 2] (*Zi., Fi.*); $[\alpha]_D^{26}$: +29,0° [W.; c = 0,8] (*Re.*).

Verhalten beim Behandeln mit Natriummethylat in Methanol (Bildung von L$_g$-*threo*-2,4,5-Trihydroxy-hex-2c-endisäure-1 → 4-lacton): *Heslop, Smith*, Soc. **1944** 637, 641. Beim Erwärmen einer Lösung in Aceton mit Methyljodid und Silberoxid sind L$_g$-*threo*-4-Hydroxy-2,5-dimethoxy-hex-2c-endisäure-1-lacton-6-methylester und eine durch Behandlung mit Ammoniak in Methanol in O^2,O^4,O^5-Trimethyl-D-glucarsäure-diamid überführbare Substanz erhalten worden (*Sm.*).

[3,4-Dimethoxy-5-oxo-tetrahydro-[2]furyl]-hydroxy-essigsäure-methylester $C_9H_{14}O_7$.

a) O^2,O^3-**Dimethyl-D-glucarsäure-1 → 4-lacton-6-methylester** $C_9H_{14}O_7$, Formel IX ($R = CH_3$, $X = H$).

B. Beim Erwärmen des Barium-Salzes der O^2,O^3-Dimethyl-D-glucarsäure (E III **3** 1119) mit Chlorwasserstoff enthaltendem Methanol und Erhitzen des Reaktionsprodukts unter 0,03 Torr auf 190° (*Smith*, Soc. **1940** 1035, 1044; s. a. *Edington et al.*, Soc. **1955** 2281, 2288).

Krystalle; F: 101° [aus A. + Ae. + PAe.] (*Sm.*), 99—100° [Kofler-App.; aus Bzl.] (*Ed. et al.*). $[\alpha]_D^{18}$: +12,0° [W.; c = 1] (*Sm.*); $[\alpha]_D^{18}$: +17° [W.; c = 1] (*Ed. et al.*); $[\alpha]_D^{22}$: +14° (Anfangswert) → +27,7° (nach 10 d) [W.; c = 3] (*Sm.*, l. c. S. 1045).

b) O^2,O^3-**Dimethyl-D-galactarsäure-1 → 4-lacton-6-methylester** $C_9H_{14}O_7$, Formel XI ($R = H$).

B. Beim Erwärmen von O^2,O^3-Dimethyl-D-galactose mit wss. Salpetersäure und Erwärmen des Reaktionsprodukts mit Chlorwasserstoff enthaltendem Methanol (*Luckett, Smith*, Soc. **1940** 1106, 1113). Beim Behandeln einer Lösung von O^2,O^3-Dimethyl-D-galactᵁronsäure in Wasser mit Brom und Erwärmen des Reaktionsprodukts mit Chlorwasserᵁstoff enthaltendem Methanol (*Beavan, Jones*, Soc. **1947** 1218, 1220, 1221). Aus O^1,O^2,O^3-Triᵁmethyl-D-galactofuranuronsäure-methylester (Anomeren-Gemisch) beim Erwärmen mit wss. Salpetersäure und Erwärmen des Reaktionsprodukts mit Chlorwasserstoff enthaltenᵁdem Methanol (*Lu., Sm.; James, Smith*, Soc. **1945** 739, 745) sowie beim Erwärmen mit Bariumhydroxid in Wasser, Behandeln einer Lösung des erhaltenen Barium-Salzes in Wasser mit Brom und Erwärmen des Reaktionsprodukts mit Chlorwasserstoff enthaltenᵁdem Methanol (*Lu., Sm.*, l. c. S. 1112). Beim Erwärmen von Methyl-[O^4,O^6-((Ξ)-benzylᵁiden)-O^2,O^3-dimethyl-β-D-galactopyranosid] (F: 148°) mit wss. Salpetersäure und Erᵁwärmen des Reaktionsprodukts mit Chlorwasserstoff enthaltendem Methanol (*Reeves*, Am. Soc. **70** [1948] 3963).

Krystalle; F: 96° [aus Ae.; getrocknetes Präparat] (*Be., Jo.*), 92° [aus A. + Ae. + PAe.] (*Lu., Sm.*), 91° [aus Ae.] (*Ja., Sm.*); Krystalle (aus Ae.) F: 72—74° und F: 92° (*Re.*). n_D^{18}: 1,4658; n_D^{20}: 1,4650 [unterkühlte Schmelze] (*Be., Jo.*); n_D^{21}: 1,4600 [unterkühlte Schmelze] (*Lu., Sm.*). $[\alpha]_D^{17}$: −55,8° (Anfangswert) → −4° (Endwert nach 29 d) [W.; c = 0,6] (*Lu., Sm.*); $[\alpha]_D^{17}$: −56° [W.; c = 1] (*Ja., Sm.*); $[\alpha]_D^{20}$: −40° [W.] (*Be., Jo.*); $[\alpha]_D^{25}$: −54° (Anfangswert) → −7° (nach 29 d) [W.] (*Re.*).

IX   X   XI   XII

O^2,O^4-**Dimethyl-D-galactarsäure-6 → 3-lacton-1-methylester** $C_9H_{14}O_7$, Formel XII ($R = H$).

B. Beim Erwärmen von O^2,O^4-Dimethyl-D-galactose mit wss. Salpetersäure und Erᵁwärmen des Reaktionsprodukts mit Chlorwasserstoff enthaltendem Methanol (*Smith*, Soc. **1939** 1724, 1737).

Krystalle (aus Acn. + Ae. + PAe.); F: 111°. $[\alpha]_D^{14}$: +120° (Anfangswert) → +83° (nach 14 d) [W.; c = 1].

O^2,O^5-**Dimethyl-D-glucarsäure-6 → 3-lacton-1-methylester** $C_9H_{14}O_7$, Formel X ($R = CH_3$).

B. Neben L$_g$-*threo*-4-Hydroxy-2,5-dimethoxy-hex-2c-endisäure-1-lacton beim Erwärmen von O^2,O^5-Dimethyl-D-glucarsäure mit Chlorwasserstoff enthaltendem Methanol (*Smith*, Soc. **1944** 584, 586).

Bei 185°/0,02 Torr destillierbar. n_D^{12}: 1,4700. $[\alpha]_D^{16}$: +56° (Anfangswert) → +34° (nach 22 h) [W.; c = 0,5].

[3,4-Dimethoxy-5-oxo-tetrahydro-[2]furyl]-methoxy-essigsäure-methylester $C_{10}H_{16}O_7$.

a) O^2,O^3,O^5-**Trimethyl-D-glucarsäure-1-lacton-6-methylester** $C_{10}H_{16}O_7$, Formel IX (R = X = CH₃).

B. Neben anderen Verbindungen beim Erwärmen einer Lösung von D-Glucarsäure-1 → 4-lacton oder von D-Glucarsäure-1 → 4-lacton-6-methylester in Aceton mit Methyl‌jodid und Silberoxid (*Smith*, Soc. **1944** 571, 573, 633, 635). Aus O^2,O^3-Dimethyl-D-glucar‌säure-1 → 4-lacton-6-methylester mit Hilfe von Methyljodid und Silberoxid (*Smith*, Soc. **1940** 1035, 1045). Beim Erwärmen von O^2,O^3,O^5-Trimethyl-D-glucose oder von Methyl-[O^2,O^3,O^5-trimethyl-D-glucofuranosid] (Anomeren-Gemisch) mit wss. Salpetersäure und Erwärmen des Reaktionsprodukts mit Chlorwasserstoff enthaltendem Methanol (*Sm.*, Soc. **1944** 574). Beim Erwärmen einer Lösung von O^1,O^2,O^5-Trimethyl-β-D-glucofuranuron‌säure-3-lacton in wss. Aceton mit Dimethylsulfat und wss. Natronlauge, Erwärmen des Reaktionsprodukts mit wss. Bromwasserstoffsäure, Behandeln des Reaktionsgemisches mit Brom und Erwärmen des danach isolierten Reaktionsprodukts mit Chlorwasserstoff enthaltendem Methanol (*Owen et al.*, Soc. **1941** 339, 343).

Krystalle; F: 79° [aus Acn. + Ae. oder A. + Ae. + PAe.] (*Sm.*, Soc. **1944** 635), 77—78° [aus Ae. + PAe.] (*Owen et al.*). $[\alpha]_D^{20}$: −9,5° (Anfangswert) → +6° (nach 102 d) [W.; c = 1] (*Sm.*, Soc. **1944** 574); $[\alpha]_D^{20}$: −12° [W.; c = 3] (*Sm.*, Soc. **1944** 635).

b) O^2,O^3,O^5-**Trimethyl-D-galactarsäure-1-lacton-6-methylester** $C_{10}H_{16}O_7$, Formel XI (R = CH₃).

B. Neben Tetra-O-methyl-galactarsäure-dimethylester beim Behandeln von O^2,O^3-Di‌methyl-D-galactarsäure-1 → 4-lacton-6-methylester mit Methyljodid und Silberoxid (*Luckett, Smith*, Soc. **1940** 1106, 1113). Beim Erwärmen von Methyl-[O^2,O^3,O^5-trimethyl-D-galactofuranosid] (Anomeren-Gemisch) oder von Tetra-O-methyl-β-D-galactofuranuron‌säure-methylester mit wss. Salpetersäure und Erwärmen des Reaktionsprodukts mit Chlor‌wasserstoff enthaltendem Methanol (*Luckett, Smith*, Soc. **1940** 1112, 1114, 1117).

Krystalle (aus Ae.); F: 62°. n_D^{20}: 1,4500 [unterkühlte Schmelze] (*Lu., Sm.*, l. c. S. 1117). $[\alpha]_D^{16}$: −84° [W.; c = 1] (*Lu., Sm.*, l. c. S. 1117); $[\alpha]_D^{20}$: −83° [W.; c = 1] (*Lu., Sm.*, l. c. S. 1112).

c) O^2,O^4,O^5-**Trimethyl-D-galactarsäure-6-lacton-1-methylester** $C_{10}H_{16}O_7$, Formel XII (R = CH₃).

B. Neben Tetra-O-methyl-galactarsäure-dimethylester beim Behandeln von O^2,O^4-Di‌methyl-D-galactarsäure-6 → 3-lacton-1-methylester mit Methyljodid und Silberoxid (*Smith*, Soc. **1939** 1724, 1738).

Krystalle (aus Ae. + PAe.); F: 63—64°. $[\alpha]_D^{18}$: +85° [W.; c = 1].

[3,4-Dihydroxy-5-oxo-tetrahydro-[2]furyl]-hydroxy-essigsäure-äthylester $C_8H_{12}O_7$.

a) D-**Glucarsäure-1-äthylester-6 → 3-lacton** $C_8H_{12}O_7$, Formel XIII (R = C₂H₅, X = H).

B. Beim Erwärmen von D-Glucarsäure-6 → 3-lacton mit Äthanol und Tetrachlor‌methan in Gegenwart eines Kationenaustauschers (*Zinner, Fischer*, B. **89** [1956] 1503, 1505).

Krystalle; F: 126—127° [aus A.] (*Mayumi, Wada*, Bl. Inst. phys. chem. Res. Tokyo **21** [1942] 504, 507; C. A. **1949** 7904), 122° [aus Amylacetat] (*Zi., Fi.*). $[\alpha]_D^{21}$: +25,5° [W.; c = 1] (*Zi., Fi.*).

b) DL-**Galactarsäure-6-äthylester-1 → 4-lacton** $C_8H_{12}O_7$, Formel XIV (R = H, X = C₂H₅) + Spiegelbild.

B. Neben anderen Verbindungen beim Erwärmen von Galactarsäure mit Äthanol und konz. Schwefelsäure (*Morgan, Wolfrom*, Am. Soc. **78** [1956] 1897). Neben anderen Ver‌bindungen beim Behandeln von Galactarsäure-diäthylester mit konz. Schwefelsäure und Aceton (*Mo., Wo.*).

Krystalle (aus E.); F: 103—104° [korr.; Fisher-Johns-App.].

Beim Erwärmen mit Acetanhydrid und Natriumacetat ist 4-Acetoxy-6-oxo-6H-pyran-2-carbonsäure-äthylester (?) (S. 6288) erhalten worden.

O^3-**Methyl-D-glucarsäure-6-äthylester-1 → 4-lacton** $C_9H_{14}O_7$, Formel XV (R = H, X = O-C₂H₅).

Diese Konstitution und Konfiguration kommt vermutlich der nachstehend beschriebenen Verbindung zu (*Piwonka*, B. **69** [1936] 1965, 1966).

B. Neben O^3-Methyl-D-glucarsäure-diäthylester beim Erwärmen von O^3-Methyl-D-glucarsäure mit Äthanol und wss. Salpetersäure (*Pi.*, l. c. S. 1968).

Krystalle (aus Ae.); F: 103−104°. $[\alpha]_D^{20}$: +8,1° [Lösungsmittel nicht angegeben].

O^2,O^3,O^5-**Triacetyl-DL-galactarsäure-6-äthylester-1-lacton** $C_{14}H_{18}O_{10}$, Formel XIV ($R = CO\text{-}CH_3$, $X = C_2H_5$) + Spiegelbild (H 551; dort als „Lacton des Triacetyl-schleim≠säure-monoäthylesters" bezeichnet).

B. Bei kurzem Erwärmen von DL-Galactarsäure-monoäthylester oder von DL-Galactar≠säure-6-äthylester-1 → 4-lacton mit Acetanhydrid und Natriumacetat (*Morgan, Wolfrom*, Am. Soc. **78** [1956] 1897).

Krystalle (aus A.); F: 125° [korr.; Fisher-Johns-App.].

D-**Glucarsäure-6 → 3-lacton-1-propylester** $C_9H_{14}O_7$, Formel XIII ($R = CH_2\text{-}CH_2\text{-}CH_3$, $X = H$).

B. Beim Erwärmen von D-Glucarsäure-6 → 3-lacton mit Propan-1-ol und Tetrachlor≠methan in Gegenwart eines Kationenaustauschers (*Zinner, Fischer*, B. **89** [1956] 1503, 1505).

Krystalle (aus Amylacetat); F: 128°. $[\alpha]_D^{21}$: +26,0° [W.; c = 2].

O^2,O^4,O^5-**Tribenzoyl-D-glucarsäure-6-lacton-1-propylester** $C_{30}H_{26}O_{10}$, Formel XIII ($R = CH_2\text{-}CH_2\text{-}CH_3$, $X = CO\text{-}C_6H_5$).

B. Beim Behandeln von D-Glucarsäure-6 → 3-lacton-1-propylester mit Benzoylchlorid und Pyridin (*Zinner, Fischer*, B. **89** [1956] 1503, 1506).

Krystalle (aus Me.); F: 117°. $[\alpha]_D^{22}$: +71,2° [Py.; c = 2].

O^2,O^4,O^5-**Tris-[4-nitro-benzoyl]-D-glucarsäure-6-lacton-1-propylester** $C_{30}H_{23}N_3O_{16}$, Formel XIII ($R = CH_2\text{-}CH_2\text{-}CH_3$, $X = CO\text{-}C_6H_4\text{-}NO_2$).

B. Beim Erwärmen von D-Glucarsäure-6 → 3-lacton-1-propylester mit 4-Nitro-benzoyl≠chlorid und Pyridin (*Zinner, Fischer*, B. **89** [1956] 1503, 1506).

Krystalle (aus Acn.); F: 190°. $[\alpha]_D^{22}$: +53,7° [Py.; c = 1].

D-**Glucarsäure-1-isopropylester-6 → 3-lacton** $C_9H_{14}O_7$, Formel XIII ($R = CH(CH_3)_2$, $X = H$).

B. Beim Erwärmen von D-Glucarsäure-6 → 3-lacton mit Isopropylalkohol und Tetra≠chlormethan in Gegenwart eines Kationenaustauschers (*Zinner, Fischer*, B. **89** [1956] 1503, 1505).

Krystalle (aus Amylacetat); F: 168°. $[\alpha]_D^{21}$: +23,2° [W.; c = 2].

O^2,O^4,O^5-**Tribenzoyl-D-glucarsäure-1-isopropylester-6-lacton** $C_{30}H_{26}O_{10}$, Formel XIII ($R = CH(CH_3)_2$, $X = CO\text{-}C_6H_5$).

B. Beim Behandeln von D-Glucarsäure-1-isopropylester-6 → 3-lacton mit Benzoylchlorid und Pyridin (*Zinner, Fischer*, B. **89** [1956] 1503, 1506).

Krystalle (aus Me.); F: 160°. $[\alpha]_D^{22}$: +69,0° [Py.; c = 2].

XIII   XIV   XV   XVI

O^2,O^4,O^5-**Tris-[4-nitro-benzoyl]-D-glucarsäure-1-isopropylester-6-lacton** $C_{30}H_{23}N_3O_{16}$, Formel XIII ($R = CH(CH_3)_2$, $X = CO\text{-}C_6H_4\text{-}NO_2$).

B. Beim Erwärmen von D-Glucarsäure-1-isopropylester-6 → 3-lacton mit 4-Nitro-

benzoylchlorid und Pyridin (*Zinner, Fischer*, B. **89** [1956] 1503, 1506).
Krystalle (aus wss. Acn.); F: 204°. $[\alpha]_D^{22}$: $+65,5°$ [Py.; c = 2].

D-Glucarsäure-1-butylester-6 → 3-lacton $C_{10}H_{16}O_7$, Formel XIII (R = [CH$_2$]$_3$-CH$_3$, X = H).
B. Beim Erwärmen von D-Glucarsäure-6 → 3-lacton mit Butan-1-ol und Tetrachlor=
methan in Gegenwart eines Kationenaustauschers (*Zinner, Fischer*, B. **89** [1956] 1503, 1505).
Krystalle (aus Amylacetat); F: 111°. $[\alpha]_D^{21}$: $+25,6°$ [W.; c = 1].

O^2,O^4,O^5**-Tris-[4-nitro-benzoyl]-D-glucarsäure-1-butylester-6-lacton** $C_{31}H_{25}N_3O_{16}$,
Formel XIII (R = [CH$_2$]$_3$-CH$_3$, X = CO-C$_6$H$_4$-NO$_2$).
B. Beim Erwärmen von D-Glucarsäure-1-butylester-6 → 3-lacton mit 4-Nitro-benzoyl=
chlorid und Pyridin (*Zinner, Fischer*, B. **89** [1956] 1503, 1506).
Krystalle (aus wss. Acn.); F: 200°. $[\alpha]_D^{22}$: $+60,4°$ [Py.; c = 1].

D-Glucarsäure-1-isobutylester-6 → 3-lacton $C_{10}H_{16}O_7$, Formel XIII (R = CH$_2$-CH(CH$_3$)$_2$, X = H).
B. Beim Erwärmen von D-Glucarsäure-6 → 3-lacton mit Isobutylalkohol und Tetra=
chlormethan in Gegenwart eines Kationenaustauschers (*Zinner, Fischer*, B. **89** [1956] 1503, 1505).
Krystalle (aus Amylacetat); F: 140°. $[\alpha]_D^{21}$: $+24,6°$ [W.; c = 1].

O^2,O^4,O^5**-Tris-[4-nitro-benzoyl]-D-glucarsäure-1-isobutylester-6-lacton** $C_{31}H_{25}N_3O_{16}$,
Formel XIII (R = CH$_2$-CH(CH$_3$)$_2$, X = CO-C$_6$H$_4$-NO$_2$).
B. Beim Erwärmen von D-Glucarsäure-1-isobutylester-6 → 3-lacton mit 4-Nitro-benz=
oylchlorid und Pyridin (*Zinner, Fischer*, B. **89** [1956] 1503, 1506).
Krystalle (aus Acn.); F: 191°. $[\alpha]_D^{22}$: $+63,8°$ [Py.; c = 2].

D-Glucarsäure-1-isopentylester-6 → 3-lacton $C_{11}H_{18}O_7$, Formel XIII (R = CH$_2$-CH$_2$-CH(CH$_3$)$_2$, X = H).
B. Beim Erwärmen von D-Glucarsäure-6 → 3-lacton mit Isopentylalkohol und Tetra=
chlormethan in Gegenwart eines Kationenaustauschers (*Zinner, Fischer*, B. **89** [1956] 1503, 1505).
Krystalle (aus Amylacetat); F: 129°. $[\alpha]_D^{21}$: $+25,6°$ [W.; c = 2].

{2-[(*R*)-((2*S*)-3c,4c-Dihydroxy-5-oxo-tetrahydro-[2*r*]furyl)-hydroxy-acetoxy]-äthyl}-trimethyl-ammonium, D-Glucarsäure-6 → 3-lacton-1-[2-trimethylammonio-äthylester]
$[C_{11}H_{20}NO_7]^+$, Formel XIII (R = CH$_2$-CH$_2$-N(CH$_3$)$_3$]$^+$, X = H).
Chlorid $[C_{11}H_{20}NO_7]$Cl; *O*-[(*R*)-((2*S*)-3c,4c-Dihydroxy-5-oxo-tetrahydro-[2*r*]furyl)-hydroxy-acetyl]-cholin-chlorid.
B. Beim Erwärmen von D-Glucarsäure-6 → 3-lacton mit [2-Hydroxy-äthyl]-trimethyl-
ammonium-chlorid in Chloroform unter Zusatz von konz. Schwefelsäure (*Zinner, Fischer*,
B. **89** [1956] 1503, 1505). — Krystalle (aus wss. Acn.); F: 196°. $[\alpha]_D^{21}$: $+10,9°$ [W.; c = 2].

O^2,O^3**-Dimethyl-D-glucarsäure-6-amid-1 → 4-lacton** $C_8H_{13}NO_6$, Formel XV (R = CH$_3$, X = NH$_2$).
B. Aus O^2,O^3-Dimethyl-D-glucarsäure-1 → 4-lacton-6-methylester (*Edington et al.*, Soc.
1955 2281, 2288).
F: 154—155° [Kofler-App.].

**1,5-Diphenyl-3-[(2*R*,α*S*)-3c,4t,α-triacetoxy-5-oxo-(2*rH*)-tetrahydro-furfuryl]-formazan,
(5*S*)-O^2,O^3,O^5-Triacetyl-5-[1,5-diphenyl-formazanyl]-D-arabinonsäure-lacton,
O^2,O^3,O^5-Triacetyl-6-phenylazo-6-phenylhydrazono-6-desoxy-L-galactonsäure-lacton**
$C_{24}H_{24}N_4O_8$, Formel XVI.
B. Beim Behandeln von (5*S*)-5-[1,5-Diphenyl-formazanyl]-D-arabinonsäure mit Acet=
anhydrid und Pyridin (*Mester, Móczár*, Soc. **1958** 1699).
Rote Krystalle (aus A.); F: 187°.

Hydroxy-oxo-carbonsäuren $C_nH_{2n-6}O_7$

Hydroxy-oxo-carbonsäuren $C_6H_6O_7$

3-Hydroxy-5-oxo-tetrahydro-furan-2,3-dicarbonsäure, 1,2-Dihydroxy-propan-1,2,3-tri=carbonsäure-3 → 1-lacton $C_6H_6O_7$.

a) **(2S)-3t-Hydroxy-5-oxo-tetrahydro-furan-2r,3c-dicarbonsäure, Garciniasäure,** (+)-Hydroxycitronensäure-lacton $C_6H_6O_7$, Formel I (R = H).
Konfigurationszuordnung: *Boll et al.*, Acta chem. scand. **23** [1969] 286; *Glusker et al.*, Acta cryst. [B] **27** [1971] 1284; s. a. *Glusker et al.*, Acta cryst. [B] **28** [1972] 2499, 2501.
Isolierung aus Früchten von Garcinia cambogia: *Lewis, Neelakantan*, Phytochemistry **4** [1965] 619, 621.
Gewinnung aus dem unter b) beschriebenen Racemat mit Hilfe von Cinchonin: *Martius, Maué*, Z. physiol. Chem. **269** [1941] 33, 39.
Krystalle; F: 178° [aus Ae.] (*Le., Ne.*, l. c. S. 622), 164—165° [Zers.] (*Ma., Maué*). $[\alpha]_D^{21}$: +93° [W.; c = 3] (*Ma., Maué*); $[\alpha]_D^{20}$: +100° [Lösungsmittel nicht angegeben] (*Le., Ne.*).

b) **(±)-3t-Hydroxy-5-oxo-tetrahydro-furan-2r,3c-dicarbonsäure**, (±)-Hydroxy=citronensäure-lacton $C_6H_6O_7$, Formel I (R = H) + Spiegelbild.
B. Neben 3c-Hydroxy-5-oxo-tetrahydro-furan-2r,3t-dicarbonsäure beim Behandeln einer wss. Lösung des Calcium-Salzes der *trans*-Aconitsäure (Propen-1c,2,3-tricarbon=säure) mit wss. Natriumhydrogencarbonat-Lösung und mit Chlor (*Martius, Maué*, Z. physiol. Chem. **269** [1941] 33, 38).
Krystalle (aus E.); F: 152°.

c) **(2S)-3c-Hydroxy-5-oxo-tetrahydro-furan-2r,3t-dicarbonsäure, Hibiscussäure,** (+)-Allohydroxycitronensäure-lacton $C_6H_6O_7$, Formel II (R = H).
Konfigurationszuordnung: *Boll et al.*, Acta chem. scand. **23** [1969] 286; *Glusker et al.*, Acta cryst. [B] **28** [1972] 2499.
Isolierung aus Fruchtkelchen von Hibiscus sabdariffa: *Griebel*, Z. Unters. Lebensm. **77** [1939] 561, 563, 567, **83** [1942] 481, 484.
Gewinnung aus dem unter d) beschriebenen Racemat mit Hilfe von Cinchonin: *Gr.*, Z. Unters. Lebensm. **83** 482.
Krystalle; F: 183° [Zers.] (*Gr.*, Z. Unters. Lebensm. **83** 482), 181—183° [Zers.; aus Ae.] (*Gr.*, Z. Unters. Lebensm. **77** 568). $[\alpha]_D^{20}$: +122° [W.] (*Gr.*, Z. Unters. Lebensm. **83** 482). Löslichkeit in Diäthyläther bei 20°: 3,7 g/100 g (*Gr.*, Z. Unters. Lebensm. **77** 565).
Blei(II)-Salz $PbC_6H_4O_7$. Krystalle (aus W.) mit 1 Mol H_2O (*Gr.*, Z. Unters. Lebensm. **77** 565, 568).
S-Benzyl-isothiuronium-Salz $[C_8H_{11}N_2S]_2C_6H_4O_7$. Krystalle (aus A.); F: 156° bis 160° (*Bachstez*, Ciencia **9** [1948] 121).
Cinchonin-Salz. Krystalle; F: 205° [Zers.] (*Gr.*, Z. Unters. Lebensm. **83** 482).
Chinin-Salze. a) $C_{20}H_{24}N_2O_2 \cdot C_6H_6O_7$. Krystalle; F: 216—217° (*Ba.*). — b) $2C_{20}H_{24}N_2O_2 \cdot C_6H_6O_7$. Krystalle (aus W.) mit 1 Mol H_2O; F: 227—228° [Zers.] (*Gr.*, Z. Unters. Lebensm. **77** 568).

d) **(±)-3c-Hydroxy-5-oxo-tetrahydro-furan-2r,3t-dicarbonsäure**, (±)-Allohydr=oxycitronensäure-lacton $C_6H_6O_7$, Formel II (R = H) + Spiegelbild.
B. Neben 3t-Hydroxy-5-oxo-tetrahydro-furan-2r,3c-dicarbonsäure beim Behandeln einer wss. Lösung des Calcium-Salzes der *trans*-Aconitsäure (Propen-1c,2,3-tricarbon=säure) mit wss. Natriumhydrogencarbonat-Lösung und mit Chlor (*Martius, Maué*, Z. physiol. Chem. **269** [1941] 33, 38).
Krystalle (aus E.); F: 182°.

3-Hydroxy-5-oxo-tetrahydro-furan-2,3-dicarbonsäure-dimethylester, 1,2-Dihydroxy-propan-1,2,3-tricarbonsäure-3 → 1-lacton-1,2-dimethylester $C_8H_{10}O_7$.

a) **(±)-3t-Hydroxy-5-oxo-tetrahydro-furan-2r,3c-dicarbonsäure-dimethylester** $C_8H_{10}O_7$, Formel I (R = CH₃) + Spiegelbild.
B. Aus (±)-3t-Hydroxy-5-oxo-tetrahydro-furan-2r,3c-dicarbonsäure mit Hilfe von Diazomethan (*Martius, Maué*, Z. physiol. Chem. **269** [1941] 33, 38).
F: 82,5°.

b) **(±)-3c-Hydroxy-5-oxo-tetrahydro-furan-2r,3t-dicarbonsäure-dimethylester**
$C_8H_{10}O_7$, Formel II (R = CH_3) + Spiegelbild.

B. Aus (±)-3c-Hydroxy-5-oxo-tetrahydro-furan-2r,3t-dicarbonsäure mit Hilfe von Diazomethan (*Martius, Maué*, Z. physiol. Chem. **269** [1941] 33, 38).

F: 97°.

(2S)-3c-Hydroxy-5-oxo-tetrahydro-furan-2r,3t-dicarbonsäure-bis-[4-nitro-benzylester], **(1S,2R)-1,2-Dihydroxy-propan-1,2,3-tricarbonsäure-3 → 1-lacton-1,2-bis-[4-nitro-benzyl= ester]**, **Hibiscussäure-bis-[4-nitro-benzylester]** $C_{20}H_{16}N_2O_{11}$, Formel II (R = CH_2-C_6H_4-NO_2).

B. Beim Neutralisieren von Hibiscussäure (S. 6576) mit wss. Alkalilauge und Erwärmen der Reaktionslösung mit 4-Nitro-benzylbromid in Äthanol (*Griebel*, Z. Unters. Lebensm. **77** [1939] 561, 569).

Krystalle (aus wss. A.); F: 172°.

(2S)-3c-Hydroxy-5-oxo-tetrahydro-furan-2r,3t-dicarbonsäure-diphenacylester, **(1S,2R)-1,2-Dihydroxy-propan-1,2,3-tricarbonsäure-3 → 1-lacton-1,2-diphenacylester**, **Hibiscussäure-diphenacylester** $C_{22}H_{18}O_9$, Formel II (R = CH_2-CO-C_6H_5).

B. Beim Neutralisieren von Hibiscussäure (S. 6576) mit wss.-äthanol. Alkalilauge und anschliessenden Erwärmen mit Phenacylbromid (*Griebel*, Z. Unters. Lebensm. **77** [1939] 561, 568).

Krystalle; F: 178–179° (*Bachstez*, Ciencia **9** [1948] 121), 177° [Zers.; aus wss. A.] (*Gr.*).

I   II   III   IV

Hydroxy-oxo-carbonsäuren $C_7H_8O_7$

(R)-5-[(S)-1,2-Dihydroxy-äthyl]-4-hydroxy-2-oxo-2,5-dihydro-furan-3-carbonsäure-äthylester $C_9H_{12}O_7$, Formel III, und Tautomeres ((5R)-5-[(S)-1,2-Dihydroxy-äthyl]-2,4-dioxo-tetrahydro-furan-3-carbonsäure-äthylester).

B. Beim Behandeln von O^2-Acetyl-O^3,O^4-isopropyliden-L-threonsäure-chlorid mit der Natrium-Verbindung des Malonsäure-diäthylesters in Äther, Erwärmen des vom Äther befreiten Reaktionsgemisches mit Äthanol und Erwärmen des Reaktionsprodukts mit wss. Salzsäure (*Micheel, Hasse*, B. **69** [1936] 879).

Krystalle (aus A.); F: 116–117°. $[\alpha]_D^{20}$: +94,9° [A.; c = 0,8].

Hydroxy-oxo-carbonsäuren $C_8H_{10}O_7$

(±)-Hydroxy-[4-oxo-tetrahydro-pyran-3-yl]-malonsäure-diäthylester $C_{12}H_{18}O_7$, Formel IV.

B. Aus Tetrahydro-pyran-4-on und Mesoxalsäure-diäthylester (*Woodward, Singh*, Am. Soc. **71** [1949] 758).

F: 58,5–60°.

Beim Erhitzen der aus dem Ester hergestellten (±)-Hydroxy-[4-oxo-tetrahydro-4H-pyran-3-yl]-malonsäure mit Acetanhydrid und Essigsäure sind 7a-Hydroxy-7,7a-di= hydro-4H,6H-furo[3,2-c]pyran-2-on (S. 5341), 7a-Acetoxy-7,7a-dihydro-4H,6H-furo= [3,2-c]pyran-2-on und [(E)-4-Oxo-tetrahydro-pyran-3-yliden]-essigsäure erhalten worden.

Hydroxy-oxo-carbonsäuren $C_{11}H_{16}O_7$

*Opt.-inakt. **5-[3-Äthoxycarbonyl-4-äthoxymethyl-5-oxo-tetrahydro-[2]furyl]-valerian= säure-äthylester**, **2-[4-Äthoxycarbonyl-butyl]-4-äthoxymethyl-5-oxo-tetrahydro-furan-3-carbonsäure-äthylester** $C_{17}H_{28}O_7$, Formel V.

B. Bei der Hydrierung von (±)-5-[3-Äthoxycarbonyl-4-äthoxymethyl-5-oxo-2,5-di=

hydro-[2]furyl]-valeriansäure-äthylester an Raney-Nickel in Äthanol bei 100°/140 at (*Huber et al.*, Am. Soc. **67** [1945] 1148, 1151).

Bei $124-125°/4 \cdot 10^{-7}$ (?) Torr destillierbar. D_4^{20}: 1,1006. n_D^{20}: 1,4567.

V   VI   VII

Hydroxy-oxo-carbonsäuren $C_{14}H_{22}O_7$

[2-(3-Hydroxy-3,4,4-trimethyl-5-oxo-tetrahydro-[2]furyl)-propyl]-bernsteinsäure, 5,6-Dihydroxy-4,6,7-trimethyl-octan-1,2,7-tricarbonsäure-7→5-lacton $C_{14}H_{22}O_7$, Formel VI.

Diese Konstitution kommt wahrscheinlich der nachstehend beschriebenen opt.-inakt. Verbindung zu (*Kolobielski*, A. ch. [12] **10** [1955] 271, 279, 298).

B. Beim Behandeln einer Lösung von opt.-inakt. [2-Methyl-3-(2,3,3,5-tetramethyl-2,3-dihydro-[2]furyl)-allyl]-bernsteinsäure-anhydrid(?) (F: 94,5–95,5°) in Äthylacetat mit Ozon und Behandeln des Reaktionsprodukts mit Wasser (*Ko.*).

Krystalle (aus E. + PAe.); F: 132–133° [unkorr.].

Hydroxy-oxo-carbonsäuren $C_{16}H_{26}O_7$

4-Decyl-3-hydroxy-5-oxo-tetrahydro-furan-2,3-dicarbonsäure, 1,2-Dihydroxy-tridecan-1,2,3-tricarbonsäure-3→1-lacton $C_{16}H_{26}O_7$, Formel VII (R = H).

Diese Konstitution kommt vermutlich der nachstehend beschriebenen **Minioluteinsäure** zu (*Birkinshaw*, *Raistrick*, Biochem. J. **28** [1934] 828).

Isolierung aus der Kulturflüssigkeit von Penicillium minio-luteum: *Bi.*, *Ra.*, l.c. S. 829.

Krystalle (aus W.); F: 171°. $[\alpha]_{579}^{16}$: +94,5° [Acn.; c = 1]; $[\alpha]_{546}^{16}$: +108,1° [Acn.; c = 1] (*Bi.*, *Ra.*, l.c. S. 831).

Dinatrium-Salz $Na_2(C_{16}H_{24}O_7)$. $[\alpha]_{579}^{19}$: +54,6° [W.; c = 1]; $[\alpha]_{546}^{19}$: +62,4° [W.; c = 1] (*Bi.*, *Ra.*, l.c. S. 831).

Minioluteinsäure-dimethylester $C_{18}H_{30}O_7$ (mit Hilfe von Diazomethan hergestellt). Krystalle (aus CHCl$_3$ + PAe.); F: 86,5° (*Bi.*, *Ra.*, l.c. S. 832).

Hydroxy-oxo-carbonsäuren $C_nH_{2n-8}O_7$

Hydroxy-oxo-carbonsäuren $C_{10}H_{12}O_7$

Opt.-inakt. **2-[4-Äthoxycarbonyl-3-hydroxy-5-methyl-2,3-dihydro-[2]furyl]-acetessig-säure-äthylester, 5-[1-Äthoxycarbonyl-2-oxo-propyl]-4-hydroxy-2-methyl-4,5-dihydro-furan-3-carbonsäure-äthylester** $C_{14}H_{20}O_7$, Formel I (R = C$_2$H$_5$) und Tautomeres, vom F: 121°.

Diese Verbindung hat auch in dem früher (s. E II **3** 513) als 2,4-Diacetyl-3-formyl-glutarsäure-diäthylester angesehenen Präparat vorgelegen (*Gault et al.*, Bl. **1959** 1167, 1172).

B. Beim Behandeln einer neutralisierten wss. Lösung von Glyoxal mit Acetessigsäure-äthylester [2 Mol] (*Ga. et al.*, l.c. S. 1170; vgl. E II **3** 513).

Krystalle (aus A.); F: 121°.

I   II

Hydroxy-oxo-carbonsäuren $C_{11}H_{14}O_7$

(±)-5-[3-Äthoxycarbonyl-4-äthoxymethyl-5-oxo-2,5-dihydro-[2]furyl]-valeriansäure-äthylester, (±)-2-[4-Äthoxycarbonyl-butyl]-4-äthoxymethyl-5-oxo-2,5-dihydro-furan-3-carbonsäure-äthylester $C_{17}H_{26}O_7$, Formel II.

B. Beim Erwärmen von (±)-3-Äthoxy-2-brom-propionsäure-äthylester mit der Natrium-Verbindung des 3-Oxo-octandisäure-diäthylesters in Äthanol (*Huber et al.*, Am. Soc. **67** [1945] 1148, 1151).

Bei 133—134°/2·10^{-6}(?) Torr destillierbar. D_4^{20}: 1,1221. n_D^{20}: 1,4695. UV-Absorptionsmaximum (A.): 254 nm.

Hydroxy-oxo-carbonsäuren $C_{15}H_{22}O_7$

[(1*R*,2*Ξ*,3*Ξ*,4*Ξ*)-4-Acetoxy-3-hydroxy-2-((2*Ξ*)-3-hydroxy-4-methyl-5-oxo-2,5-dihydro-[2]furyl)-1,3-dimethyl-cyclohexyl]-essigsäure $C_{17}H_{24}O_8$, Formel III, und Tautomeres ([(1*R*,2*Ξ*,3*Ξ*,4*Ξ*)-4-Acetoxy-3-hydroxy-1,3-dimethyl-2-((2*Ξ*)-4-methyl-3,5-dioxo-tetrahydro-[2]furyl)-cyclohexyl]-essigsäure).

B. Beim Behandeln einer Lösung von *O*-Acetyl-mibulacton (S. 1209) in Chloroform mit Ozon und Behandeln des Reaktionsprodukts mit Essigsäure und Chrom(VI)-oxid (*Fukui*, J. pharm. Soc. Japan **78** [1958] 712, 715; C. A. **1958** 18507).

Krystalle (aus Me.); F: 214°.

Beim Erwärmen mit wss. Kalilauge und anschliessenden Ansäuern mit wss. Schwefelsäure ist (1*Ξ*,4a*R*,7*Ξ*,8*Ξ*,8a*Ξ*)-7,8-Dihydroxy-4a,8-dimethyl-1-propionyl-hexahydro-isochroman-3-on (S. 2322) erhalten worden.

III   IV

3-Formyl-3,4,7a-trihydroxy-6-isopropyl-3a-methyl-octahydro-2,5-epoxido-inden-7-carbonsäure-methylester $C_{16}H_{24}O_7$ und cyclisches Tautomeres.

(2a*S*)-2*ξ*,2a,4a-Trihydroxy-6*c*-isopropyl-7b-methyl-(2a*r*,4a*c*,7a*c*,7b*c*)-decahydro-3*t*,7*t*-epoxido-indeno[7,1-*bc*]furan-5*t*-carbonsäure-methylester $C_{16}H_{24}O_7$, Formel IV.

Diese Konstitution und Konfiguration kommt dem nachstehend beschriebenen Dihydropicrotoxolinsäure-methylester zu; die Konfiguration ergibt sich aus der genetischen Beziehung zu Picrotoxinsäure ((2a*S*)-2a,4a-Dihydroxy-6*c*-isopropenyl-7b-methyl-2-oxo-(2a*r*,4a*c*,7a*c*,7b*c*)-decahydro-3*t*,7*t*-epoxido-indeno[7,1-*bc*]furan-5*t*-carbonsäure).

B. Beim Behandeln einer Lösung von Dihydropicrotoxinsäure-methylester ((2a*S*)-2a,4a-Dihydroxy-6*c*-isopropyl-7b-methyl-2-oxo-(2a*r*,4a*c*,7a*c*,7b*c*)-decahydro-3*t*,7*t*-epoxido-indeno[7,1-*bc*]furan-5*t*-carbonsäure-methylester) in wss. Methanol mit Kaliumboranat in Wasser (*Burkhill et al.*, Soc. **1957** 4945, 4951). Bei der Hydrierung von Picrotoxinsäure-methylester (S. 6582) an Platin in Äthylacetat (*Bu. et al.*).

Krystalle (aus E.); F: 157—161°.

Hydroxy-oxo-carbonsäuren $C_nH_{2n-10}O_7$

Hydroxy-oxo-carbonsäuren $C_7H_4O_7$

3-Benzoyloxy-4-oxo-4*H*-pyran-2,6-dicarbonsäure, *O*-Benzoyl-mekonsäure $C_{14}H_8O_8$, Formel I (R = CO-C_6H_5, X = H) (E I 544).

B. Beim Erwärmen von Mekonsäure (3-Hydroxy-4-oxo-4*H*-pyran-2,6-dicarbonsäure) mit Benzoylchlorid und Benzol (*Woods*, J. org. Chem. **22** [1957] 339).

Krystalle (aus A.). Oberhalb 245° erfolgt Zersetzung.

3-Methoxy-4-oxo-4H-pyran-2,6-dicarbonsäure-dimethylester, O-Methyl-mekonsäure-dimethylester $C_{10}H_{10}O_7$, Formel I (R = X = CH_3).

B. Beim Behandeln einer Suspension von Mekonsäure (3-Hydroxy-4-oxo-4H-pyran-2,6-dicarbonsäure) in Aceton mit Diazomethan in Äther (*Fukushima, Mori,* J. pharm. Soc. Japan **77** [1957] 380; C.A. **1957** 12083).

Krystalle (aus W. oder Me.); F: $140-141°$.

3-Äthoxy-4-oxo-4H-pyran-2,6-dicarbonsäure-diäthylester, O-Äthyl-mekonsäure-diäthylester $C_{13}H_{16}O_7$, Formel I (R = X = C_2H_5) (H 552).

B. Beim Erwärmen von Mekonsäure-diäthylester (3-Hydroxy-4-oxo-4H-pyran-2,6-dicarbonsäure-diäthylester) mit Äthyljodid, Äther und Silberoxid (*Gorjaew et al.,* Ž. obšč. Chim. **28** [1958] 2102, 2104; engl. Ausg. S. 2140, 2141).

Krystalle; F: $61°$ (*Tolstikow,* Ž. obšč. Chim. **29** [1959] 2372, 2373; engl. Ausg. S. 2337), $60-61°$ (*Go. et al.*). UV-Spektrum (Me.; $200-350$ nm): *Eiden,* Ar. **292** [1959] 355, 357. Absorptionsmaximum: 282 nm [Heptan] bzw. 288 nm [W.] (*To.*).

3-Acetoxy-4-oxo-4H-pyran-2,6-dicarbonsäure-diäthylester, O-Acetyl-mekonsäure-diäthylester $C_{13}H_{14}O_8$, Formel I (R = $CO-CH_3$, X = C_2H_5).

B. Beim Erhitzen von Mekonsäure-diäthylester (3-Hydroxy-4-oxo-4H-pyran-2,6-dicarbonsäure-diäthylester) mit Acetylchlorid (*Eiden,* Ar. **292** [1959] 355, 361).

Krystalle (aus A.); F: $122°$. UV-Spektrum (Me.; $200-350$ nm): *Ei.,* l. c. S. 359.

3-Benzoyloxy-4-oxo-4H-pyran-2,6-dicarbonsäure-diäthylester, O-Benzoyl-mekonsäure-diäthylester $C_{18}H_{16}O_8$, Formel I (R = $CO-C_6H_5$, X = C_2H_5).

B. Beim Erwärmen der Natrium-Verbindung des Mekonsäure-diäthylesters (3-Hydroxy-4-oxo-4H-pyran-2,6-dicarbonsäure-diäthylesters) mit Benzoylchlorid in Dioxan (*Eiden,* Ar. **292** [1959] 355, 362).

Krystalle (aus Isopropylalkohol); F: $80°$. UV-Spektrum (Me.; $200-350$ nm): *Ei.,* l. c. S. 359.

3-Äthoxycarbonyloxy-4-oxo-4H-pyran-2,6-dicarbonsäure-diäthylester, O-Äthoxycarbonyl-mekonsäure-diäthylester $C_{14}H_{16}O_9$, Formel I (R = $CO-O-C_2H_5$, X = C_2H_5).

B. Beim Erwärmen der Natrium-Verbindung des Mekonsäure-diäthylesters (3-Hydroxy-4-oxo-4H-pyran-2,6-dicarbonsäure-diäthylesters) mit Chlorokohlensäure-äthylester in Dioxan (*Eiden,* Ar. **292** [1959] 355, 361).

Krystalle (aus Isopropylalkohol + PAe.); F: $79-80°$. UV-Spektrum (Me.; 200 nm bis 350 nm): *Ei.,* l. c. S. 359.

I   II   III

3-Acetoxy-4-thioxo-4H-pyran-2,6-dicarbonsäure-diäthylester $C_{13}H_{14}O_7S$, Formel II (R = C_2H_5).

B. Beim Erwärmen von 3-Hydroxy-4-thioxo-4H-pyran-2,6-dicarbonsäure-diäthylester mit Acetylchlorid (*Eiden,* Ar. **292** [1959] 153, 157).

Blaugrüne Krystalle (aus Me.); F: $93°$ (*Ei.,* l. c. S. 157). Absorptionsspektrum (Hexan; $200-450$ nm): *Eiden,* Ar. **292** [1959] 461, 465.

6-Methoxy-2-oxo-2H-pyran-3,5-dicarbonsäure-dimethylester, **4c-Hydroxy-4t-methoxy-buta-1,3-dien-1,1,3-tricarbonsäure-1-lacton-1,3-dimethylester** $C_{10}H_{10}O_7$, Formel III (R = CH_3) (H 552).

B. Beim Erhitzen von Hexa-1,5-dien-1,1,3,3,4,4,6,6-octacarbonsäure-octamethylester auf 200° (*Ingold et al.,* Soc. **1936** 142, 148, 152).

Krystalle (aus PAe.); F: $129°$.

6-Äthoxy-2-oxo-2*H*-pyran-3,5-dicarbonsäure-diäthylester, 4*t*-Äthoxy-4*c*-hydroxy-buta-1,3-dien-1,1,3-tricarbonsäure-1,3-diäthylester-1-lacton $C_{13}H_{16}O_7$, Formel III (R = C_2H_5) (H 553; E II 397).

B. Beim Erhitzen von Propen-1,1,3,3-tetracarbonsäure-tetraäthylester unter 11 Torr (*Bateman, Koch*, Soc. **1945** 216, 221).

Krystalle (aus Ae. + Cyclohexan); F: 95°. UV-Spektrum (Cyclohexan; 200—360 nm): *Ba., Koch.*

Hydroxy-oxo-carbonsäuren $C_{10}H_{10}O_7$

(±)-2-Acetonyl-3-acetyl-4-methoxy-5-oxo-2,5-dihydro-furan-2-carbonsäure-methylester, (±)-4-Acetonyl-3-acetyl-4-hydroxy-2-methoxy-*cis*-pentendisäure-1-lacton-5-methylester $C_{12}H_{14}O_7$, Formel IV (R = CH_3).

Diese Konstitution kommt der nachstehend beschriebenen Verbindung zu (*Berner, Kolsaker*, Acta chem. scand. **23** [1969] 597, 598, 601).

B. Beim Behandeln von (±)-2-Acetonyl-3-acetyl-4-hydroxy-5-oxo-2,5-dihydro-furan-2-carbonsäure-methylester (S. 6208) mit Diazomethan in Äther (*Berner, Laland*, Acta chem. scand. **3** [1949] 335, 347).

Krystalle (aus A.); F: 74—75° (*Be., La.*).

Beim Behandeln mit Chlorwasserstoff enthaltendem Methanol ist eine von *Berner, Laland* (l. c. S. 344, 351) ursprünglich als [5-Hydroxy-6-methoxycarbonyl-2-methyl-4-oxo-cyclohex-2-enyl]-glyoxylsäure-methylester angesehene, nach *Berner, Kolsaker* (l. c. S. 604, 609) aber als 4′-Hydroxy-5,2′-dimethoxy-5,2′-dimethyl-5*H*,2′*H*-[3,3′]bifuryl-2,5′-dion zu formulierende Verbindung (F: 156°) erhalten worden. Beim Erwärmen mit [2,4-Dinitro-phenyl]-hydrazin und wss.-methanol. Salzsäure ist eine als Bis-[2,4-dinitrophenylhydrazon] angesehene Verbindung $C_{24}H_{22}N_8O_{13}$ (Krystalle [aus wss. Eg.] mit 2 Mol H_2O; F: 212°) erhalten worden (*Be., La.*).

IV   V

(±)-2-Acetonyl-3-acetyl-4-methoxy-5-oxo-2,5-dihydro-furan-2-carbonsäure-äthylester, (±)-4-Acetonyl-3-acetyl-4-hydroxy-2-methoxy-*cis*-pentendisäure-5-äthylester-1-lacton $C_{13}H_{16}O_7$, Formel IV (R = C_2H_5).

Diese Konstitution kommt der nachstehend beschriebenen Verbindung zu (*Berner, Kolsaker*, Acta chem. scand. **23** [1969] 597, 598).

B. Beim Behandeln von (±)-2-Acetonyl-3-acetyl-4-hydroxy-5-oxo-2,5-dihydro-furan-2-carbonsäure-äthylester (S. 6208) mit Diazomethan in Äther (*Berner, Laland*, Acta chem. scand. **3** [1949] 335, 345).

Krystalle (aus A.); F: 58—59° (*Be., La.*).

(±)-6*t*-Hydroxy-2-oxo-(3a*r*)-hexahydro-3*t*,5*t*-methano-cyclopenta[*b*]furan-5,7*syn*-dicarbonsäure, (±)-5*endo*,6*endo*-Dihydroxy-norbornan-1,2*endo*,3*endo*-tricarbonsäure-3 → 5-lacton $C_{10}H_{10}O_7$, Formel V + Spiegelbild.

B. Beim Behandeln von 6*ξ*-Brom-5*endo*-hydroxy-norbornan-1,2*endo*,3*endo*-tricarbonsäure-3-lacton-1-methylester (F: 197° bzw. F: 158°; S. 6145) mit äthanol. Kalilauge und anschliessenden Ansäuern (*Alder, Stein*, A. **514** [1934] 1, 27).

Krystalle (aus E.); F: 263°.

Hydroxy-oxo-carbonsäuren $C_{11}H_{12}O_7$

(±)-4-Hydroxy-3-[3-hydroxy-6-hydroxymethyl-4-oxo-4*H*-pyran-2-yl]-pent-2*ξ*-ensäure $C_{11}H_{12}O_7$, Formel VI, und Tautomeres ((±)-4-Hydroxy-3-[6-hydroxymethyl-3,4-dioxo-3,4-dihydro-2*H*-pyran-2-yl]-pent-2*ξ*-ensäure).

Diese Konstitution ist der nachstehend beschriebenen Verbindung zugeordnet worden

(*Woods*, Am. Soc. **77** [1955] 3161).

B. Beim Erhitzen von 3-Hydroxy-6-hydroxymethyl-2-DL-lactoyl-pyran-4-on (S. 3068) mit Malonsäure und Essigsäure (*Wo.*).

Krystalle (aus A.); F: 153—154° [Fisher-Johns-App.; durch Sublimation gereinigtes Präparat].

Bis-[4-brom-phenacyl]-Derivat $C_{27}H_{22}Br_2O_9$. Krystalle (aus A.), die bei 273° bis 276° sublimieren, aber unterhalb 340° nicht schmelzen.

VI   VII

***8-Benzyloxy-4-cyan-1-oxo-2-oxa-spiro[4.5]dec-3-en-3-carbonsäure-äthylester** $C_{20}H_{21}NO_5$, Formel VII.

B. Beim Behandeln der Kalium-Verbindung des 3-[4-Benzyloxy-1-cyan-cyclohexyl]-3-cyan-2-hydroxy-acrylsäure-äthylesters (F: 180—195°) mit wss. Salzsäure (*Plieninger, Grasshoff*, B. **90** [1957] 1973, 1979).

Krystalle (aus A.); F: 126—127°.

(±)-**2c,3c-Epoxy-6c,7c-dihydroxy-5,8-dioxo-(4ar,8ac)-decahydro-[1t]naphthoesäure-methylester** $C_{12}H_{14}O_7$, Formel VIII + Spiegelbild.

B. Beim Behandeln einer Lösung von (±)-2c,3c-Epoxy-5,8-dioxo-(4ar,8ac)-1,2,3,4,4a,⁼5,8,8a-octahydro-[1t]naphthoesäure-methylester (S. 5040) in Benzol mit wss. Wasser⁼stoffperoxid und mit Osmium(VIII)-oxid in Äther (*Woodward et al.*, Tetrahedron **2** [1958] 1, 28).

Krystalle (aus Acn.); F: 159—161° [Zers.; Block].

VIII   IX

Hydroxy-oxo-carbonsäuren $C_{15}H_{20}O_7$

3-Formyl-3,4,7a-trihydroxy-6-isopropenyl-3a-methyl-octahydro-2,5-epoxido-inden-7-carbonsäure-methylester $C_{16}H_{22}O_7$ und cyclisches Tautomeres.

(2aS)-**2ξ,2a,4a-Trihydroxy-6c-isopropenyl-7b-methyl-(2ar,4ac,7ac,7bc)-decahydro-3t,7t-epoxido-indeno[7,1-bc]furan-5t-carbonsäure-methylester** $C_{16}H_{22}O_7$, Formel IX.

Diese Konstitution und Konfiguration kommt dem nachstehend beschriebenen **Picro⁼toxolinsäure-methylester** zu; die Konfiguration ergibt sich aus der genetischen Beziehung zu Picrotoxinsäure ((2aS)-2a,4a-Dihydroxy-6c-isopropenyl-7b-methyl-2-oxo-(2ar,4ac,⁼7ac,7bc)-decahydro-3t,7t-epoxido-indeno[7,1-bc]furan-5t-carbonsäure).

B. Beim Behandeln einer Lösung von Picrotoxinsäure-methylester in wss. Methanol mit Kaliumboranat in Wasser (*Burkhill et al.*, Soc. **1957** 4945, 4950).

Krystalle (aus E. + PAe.) mit 1 Mol H_2O; F: 166,5—170°. $[\alpha]_D^{21}$: +125° [A.; c = 1].

Hydroxy-oxo-carbonsäuren $C_nH_{2n-12}O_7$

Hydroxy-oxo-carbonsäuren $C_9H_6O_7$

(±)-**5,7-Dihydroxy-6-methoxy-3-oxo-phthalan-1-carbonsäure** $C_{10}H_8O_7$, Formel I (R = X = H).

B. Beim Erwärmen von (±)-4,6-Dihydroxy-5-methoxy-3-trichlormethyl-phthalid mit wss. Natronlauge (*Hasegawa*, J. pharm. Soc. Japan **61** [1941] 318; engl. Ref. S. 102; C. A. **1951** 582).

Gelbe Krystalle (aus Me. + Ae.); Zers. bei 173—175°.

Beim Erhitzen auf 180° ist 6-Hydroxy-7-methoxy-2-oxo-2,3-dihydro-benzofuran-4-carbonsäure erhalten worden.

(±)-5,6,7-Trimethoxy-3-oxo-phthalan-1-carbonsäure $C_{12}H_{12}O_7$, Formel I (R = CH$_3$, X = H) (E I 544; E II 398; dort als 4.5.6-Trimethoxy-phthalid-carbonsäure-(3) bezeichnet).

B. Beim Erwärmen von 3-Dichlormethylen-4,5,6-trimethoxy-phthalid oder von (±)-4,5,6-Trimethoxy-3-trichlormethyl-phthalid mit wss. Natronlauge (*Haworth*, *McLachlan*, Soc. **1952** 1583, 1587; *Maekawa*, *Nan'ya*, Bl. chem. Soc. Japan **32** [1959] 1311, 1316). Beim Behandeln von 3,4,5-Trimethoxy-benzoesäure mit Chloralhydrat und konz. Schwefelsäure, Erwärmen des Reaktionsprodukts mit wss. Natronlauge und Ansäuern der Reaktionslösung mit wss. Salzsäure (*Chopra*, *Ray*, J. Indian chem. Soc. **13** [1936] 478, 480).

Krystalle (aus W.); F: 147—148° [unkorr.; Heizmikroskop] (*Ma.*, *Na.*), 147° (*Ch.*, *Ray*).

(±)-5,6,7-Trimethoxy-3-oxo-phthalan-1-carbonsäure-äthylester $C_{14}H_{16}O_7$, Formel II (R = CH$_3$, X = O-C$_2$H$_5$).

B. Beim Erwärmen von (±)-5,6,7-Trimethoxy-3-oxo-phthalan-1-carbonsäure mit Äthanol und konz. Schwefelsäure (*Weygand et al.*, B. **90** [1957] 1879, 1890).

Krystalle (aus A.); F: 59,5—60°.

I　　　　　　　　　II　　　　　　　　　III

(±)-5,6,7-Trimethoxy-3-oxo-phthalan-1-carbonsäure-amid, (±)-3-Carbamoyl-4,5,6-trimethoxy-phthalid $C_{12}H_{13}NO_6$, Formel II (R = CH$_3$, X = NH$_2$).

B. Beim Erwärmen von (±)-5,6,7-Trimethoxy-3-oxo-phthalan-1-carbonsäure mit Thionylchlorid und Behandeln des Reaktionsprodukts mit wss. Ammoniak (*Haworth*, *McLachlan*, Soc. **1952** 1583, 1587).

Krystalle (aus A.); F: 203—205°.

(±)-5,6,7-Trimethoxy-3-oxo-phthalan-1-carbonsäure-[3,4-dimethoxy-phenäthylamid], (±)-3-[3,4-Dimethoxy-phenäthylcarbamoyl]-4,5,6-trimethoxy-phthalid $C_{22}H_{25}NO_8$, Formel III (R = CH$_3$).

B. Beim Erwärmen einer Lösung von (±)-5,6,7-Trimethoxy-3-oxo-phthalan-1-carbonsäure in Benzol mit Thionylchlorid und Behandeln einer Lösung des Reaktionsprodukts in Benzol mit 3,4-Dimethoxy-phenäthylamin in Pyridin (*Chopra*, *Ray*, J. Indian chem. Soc. **13** [1936] 478, 480).

Krystalle (aus A.); F: 154°.

Beim Erwärmen mit Phosphorylchlorid, Behandeln des Reaktionsprodukts mit Essigsäure und Zink und Behandeln einer Lösung des danach isolierten Reaktionsprodukts in Äthanol mit wss. Natronlauge ist 2,3,10,11,12-Pentamethoxy-5,6,13,13a-tetrahydro-dibenzo[*a,g*]chinolizin-8-on erhalten worden.

(±)-5,6,7-Trimethoxy-3-oxo-phthalan-1-carbonitril, (±)-3-Cyan-4,5,6-trimethoxy-phthalid $C_{12}H_{11}NO_5$, Formel IV.

B. Beim Erhitzen von (±)-5,6,7-Trimethoxy-3-oxo-phthalan-1-carbonsäure-amid mit Phosphor(V)-oxid in Toluol (*Haworth*, *McLachlan*, Soc. **1952** 1583, 1587).

Krystalle (aus A.); F: 136—138°.

(±)-4-Brom-5,6,7-trimethoxy-3-oxo-phthalan-1-carbonsäure $C_{12}H_{11}BrO_7$, Formel I
(R = CH₃, X = Br).

B. Beim Behandeln von (±)-5,6,7-Trimethoxy-3-oxo-phthalan-1-carbonsäure mit wss.
Kalilauge und Silbernitrat, Erwärmen einer Suspension des Reaktionsprodukts in Tetra=
chlormethan mit Brom, Behandeln des Reaktionsgemisches mit wss. Bromwasserstoff=
säure und Erhitzen des danach isolierten Reaktionsprodukts auf Schmelztemperatur
(*Maekawa, Nan'ya*, Bl. chem. Soc. Japan **32** [1959] 1311, 1316).
Krystalle; F: 137—138° [unkorr.; Heizmikroskop].

IV　　　　　　　　　　V

5,6,7-Trimethoxy-1-oxo-phthalan-4-carbonsäure $C_{12}H_{12}O_7$, Formel V.

B. Beim Erhitzen von 2,3-Diformyl-4,5,6-trimethoxy-benzoesäure mit wss. Natron=
lauge und anschliessenden Ansäuern mit wss. Salzsäure (*Blair, Newbold*, Soc. **1954** 3935,
3939).
Krystalle (aus Bzl.); F: 176°. UV-Absorptionsmaxima (A.): 227 nm und 300 nm.

Hydroxy-oxo-carbonsäuren $C_{10}H_8O_7$

(±)-5,6,7-Trimethoxy-1-oxo-isochroman-3-carbonsäure $C_{13}H_{14}O_7$, Formel VI (R = H).

B. Beim Erhitzen von (±)-5,6,7-Trimethoxy-1-oxo-isochroman-3-carbonsäure-äthyl=
ester (s. u.) mit wss. Salzsäure (*Haworth et al.*, Soc. **1954** 3617, 3624). Aus (±)-5,6,7-Tri=
methoxy-1-oxo-isochroman-3-carbaldehyd mit Hilfe von Alkalilauge (*Fujise et al.*, Bl.
chem. Soc. Japan **32** [1959] 97).
Krystalle; F: 166—167° [aus W.] (*Ha. et al.*), 157—158° (*Fu. et al.*). UV-Absorptions=
maxima: 220 nm, 265 nm und 303 nm (*Fu. et al.*).

(±)-5,6,7-Trimethoxy-1-oxo-isochroman-3-carbonsäure-äthylester $C_{15}H_{18}O_7$, Formel VI
(R = C₂H₅).

B. Bei der Hydrierung von 5,6,7-Trimethoxy-1-oxo-1*H*-isochromen-3-carbonsäure-
äthylester an Palladium/Kohle in Essigsäure (*Haworth, de Silva*, Soc. **1954** 3611, 3616;
Haworth et al., Soc. **1954** 3617, 3624).
Krystalle (aus A.); F: 84—85°.

VI　　　　　　VII　　　　　　VIII　　　　　　IX

(±)-5,6,7-Trimethoxy-1-oxo-isochroman-4-carbonsäure $C_{13}H_{14}O_7$, Formel VII
(R = CH₃).

B. Beim Hydrieren von 5,6,7-Trimethoxy-1-oxo-1*H*-isochromen-4-carbonsäure-äthyl=
ester an Palladium/Kohle in Essigsäure und Erhitzen des Reaktionsprodukts mit Essig=
säure und wss. Salzsäure (*Haworth et al.*, Soc. **1954** 3617, 3623).
Krystalle (aus wss. Eg.); F: 160—161° [Zers.].

[5,6,7-Trimethoxy-3-oxo-phthalan-4-yl]-essigsäure $C_{13}H_{14}O_7$, Formel VIII (R = CH₃).

B. Beim Erhitzen von [5,6,7-Trimethoxy-3-oxo-phthalan-4-yl]-acetonitril mit wss.

Natronlauge (*Paul*, J. Indian chem. Soc. **13** [1936] 599) oder wss. Kalilauge (*Haworth et al.*, Soc. **1954** 3617, 3623) und anschliessenden Ansäuern.

Krystalle; F: 126° [aus wss. A.] (*Paul*), 124—125° [aus W.] (*Ha. et al.*).

[5,6,7-Trimethoxy-3-oxo-phthalan-4-yl]-acetonitril, 7-Cyanmethyl-4,5,6-trimethoxy-phthalid $C_{13}H_{13}NO_5$, Formel IX (R = CH_3).

B. Beim Erwärmen einer Lösung von 7-Chlormethyl-4,5,6-trimethoxy-phthalid in Äthanol mit Kaliumcyanid in Wasser (*Paul*, J. Indian chem. Soc. **13** [1936] 599) oder mit Natriumcyanid in Wasser (*Haworth et al.*, Soc. **1954** 3617, 3623).

Krystalle; F: 105—106° [aus Me.] (*Ha. et al.*), 103° [aus A.] (*Paul*).

Hydroxy-oxo-carbonsäuren $C_{11}H_{10}O_7$

(±)-[5,6,7-Trimethoxy-1-oxo-isochroman-3-yl]-essigsäure $C_{14}H_{16}O_7$, Formel X (R = H).

B. Beim Hydrieren von [5,6,7-Trimethoxy-1-oxo-1*H*-isochromen-3-yl]-essigsäure-*tert*-butylester an Palladium/Kohle in Essigsäure und Erhitzen des Reaktionsprodukts mit Essigsäure und wss. Salzsäure (*Grimshaw et al.*, Soc. **1955** 833, 837). Beim Behandeln von 3-[2-Hydroxy-äthyl]-5,6,7-trimethoxy-isochroman-1-on mit Essigsäure, wss. Schwefel= säure und Kaliumdichromat (*Gr. et al.*).

Krystalle (aus wss. Eg.), F: 155—156°; aus übersättigten Lösungen ist eine Modifika-tion vom F: 140—141° erhalten worden, die sich durch weiteres Erhitzen in die höher-schmelzende Modifikation hat umwandeln lassen.

X   XI   XII

(±)-[5,6,7-Trimethoxy-1-oxo-isochroman-3-yl]-essigsäure-methylester $C_{15}H_{18}O_7$, Formel X (R = CH_3).

B. Beim Behandeln von (±)-[5,6,7-Trimethoxy-1-oxo-isochroman-3-yl]-essigsäure mit Methanol und mit Diazomethan in Äther (*Grimshaw et al.*, Soc. **1955** 833, 837).

Krystalle (aus Bzl. + PAe.); F: 109—110°.

(±)-[5,6,7-Trimethoxy-1-oxo-isochroman-4-yl]-essigsäure $C_{14}H_{16}O_7$, Formel XI (R = H).

B. Beim Behandeln von (±)-[5,6,7-Trimethoxy-1-oxo-isochroman-4-yl]-essigsäure-methylester mit wss. Kalilauge (*Haworth et al.*, Soc. **1954** 3617, 3621).

Krystalle (aus W.); F: 177—178°.

(±)-[5,6,7-Trimethoxy-1-oxo-isochroman-4-yl]-essigsäure-methylester $C_{15}H_{18}O_7$, Formel XI (R = CH_3).

B. Bei der Hydrierung von [5,6,7-Trimethoxy-1-oxo-1*H*-isochromen-4-yl]-essigsäure-methylester an Palladium/Kohle in Essigsäure (*Haworth et al.*, Soc. **1954** 3617, 3621).

Krystalle (aus Me.); F: 74—75°.

3-[6-Hydroxy-4,7-dimethoxy-2,3-dihydro-benzofuran-5-yl]-3-oxo-propionsäure-äthyl= ester $C_{15}H_{18}O_7$, Formel XII (R = C_2H_5), und Tautomeres (3-Hydroxy-3-[6-hydroxy-4,7-dimethoxy-2,3-dihydro-benzofuran-5-yl]-acrylsäure-äthylester).

B. Beim Behandeln von 1-[6-Hydroxy-4,7-dimethoxy-2,3-dihydro-benzofuran-5-yl]-äthanon mit Kohlensäure-diäthylester und Natrium (*Phillipps et al.*, Soc. **1952** 4951, 4956).

Gelbe Krystalle (aus wss. A.); F: 100—101°.

Beim Erhitzen mit Essigsäure und wss. Salzsäure ist 5-Hydroxy-4,9-dimethoxy-2,3-di= hydro-furo[3,2-g]chromen-7-on erhalten worden.

(±)-[5,6,7-Trimethoxy-3-oxo-1-trichlormethyl-phthalan-4-yl]-essigsäure $C_{14}H_{13}Cl_3O_7$, Formel XIII (R = CH₃).

B. Beim Behandeln von [6-Carboxy-2,3,4-trimethoxy-phenyl]-essigsäure mit Chloral und konz. Schwefelsäure (*Meldrum, Parikh,* Pr. Indian Acad. [A] **1** [1935] 431, 436).

Krystalle (aus Acn.); F: 194°.

(±)-[5,6,7-Triacetoxy-3-oxo-1-trichlormethyl-phthalan-4-yl]-essigsäure $C_{17}H_{13}Cl_3O_{10}$, Formel XIII (R = CO-CH₃).

B. Aus [6-Carboxy-2,3,4-trihydroxy-phenyl]-essigsäure durch Umsetzung mit Chloral und anschliessende Acetylierung (*Meldrum, Parikh,* Pr. Indian Acad. [A] **1** [1935] 431, 434).

Krystalle (aus Toluol); F: 179—180°.

XIII   XIV   XV

Hydroxy-oxo-carbonsäuren $C_{13}H_{14}O_7$

*Opt.-inakt. **2-[2]Furyl-4-hydroxy-4-methyl-6-oxo-cyclohexan-1,3-dicarbonsäure-di-äthylester** $C_{17}H_{22}O_7$, Formel XIV (X = H), und Tautomeres (2-[2]Furyl-4,6-dihydr-oxy-6-methyl-cyclohex-3-en-1,3-dicarbonsäure-diäthylester; vgl. H 553; dort als 1-Methyl-3-α-furyl-cyclohexanol-(1)-on-(5)-dicarbonsäure-(2.4)-diäthylester bezeichnet).

B. Beim Erhitzen von Furfural mit Acetessigsäure-äthylester in Gegenwart eines Ionenaustauschers (*Mastagli et al.,* Bl. **1956** 796).

Krystalle (aus PAe.); F: 72°.

Oxim. F: 117—118° [Block].

*Opt.-inakt. **2-[5-Chlor-[2]furyl]-4-hydroxy-4-methyl-6-oxo-cyclohexan-1,3-dicarbon-säure-diäthylester** $C_{17}H_{21}ClO_7$, Formel XIV (X = Cl), und Tautomeres (2-[5-Chlor-[2]furyl]-4,6-dihydroxy-6-methyl-cyclohex-3-en-1,3-dicarbonsäure-diäthylester).

Diese Konstitution kommt wahrscheinlich der nachstehend beschriebenen Verbindung zu (vgl. *Finar,* Soc. **1961** 674, 676).

B. Beim Behandeln von 5-Chlor-furfural mit Acetessigsäure-äthylester und Piperidin (*Smith, Shelton,* Am. Soc. **76** [1954] 2731).

Krystalle (aus Bzl. + PAe.); F: 95—96° (*Sm., Sh.*).

*Opt.-inakt. **2-[5-Brom-[2]furyl]-4-hydroxy-4-methyl-6-oxo-cyclohexan-1,3-dicarbon-säure-diäthylester** $C_{17}H_{21}BrO_7$, Formel XIV (X = Br), und Tautomeres (2-[5-Brom-[2]furyl]-4,6-dihydroxy-6-methyl-cyclohex-3-en-1,3-dicarbonsäure-diäthylester).

Diese Konstitution kommt wahrscheinlich der nachstehend beschriebenen Verbindung zu (vgl. *Finar,* Soc. **1961** 674, 676).

B. Beim Behandeln von 5-Brom-furfural mit Acetessigsäure-äthylester und Piperidin (*Smith, Shelton,* Am. Soc. **76** [1954] 2731).

Krystalle (aus Bzl. + PAe.); F: 101—103° (*Sm., Sh.*).

*Opt.-inakt. **4-Hydroxy-4-methyl-6-oxo-2-[2]thienyl-cyclohexan-1,3-dicarbonsäure-diäthylester** $C_{17}H_{22}O_6S$, Formel XV (X = H), und Tautomeres (4,6-Dihydroxy-6-methyl-2-[2]thienyl-cyclohex-3-en-1,3-dicarbonsäure-diäthylester).

Diese Konstitution kommt auch der von *Smith, Shelton* (Am. Soc. **76** [1954] 2731) als 2,4-Diacetyl-3-[2]thienyl-glutarsäure-diäthylester angesehenen Verbindung (F: 107° bis 108°) zu (vgl. *Finar,* Soc. **1961** 674, 676).

B. Aus Thiophen-2-carbaldehyd und Acetessigsäure-äthylester mit Hilfe von Piperidin (*Buu-Hoi et al.*, Soc. **1950** 2130, 2133; *Miller, Nord*, J. org. Chem. **16** [1951] 1720, 1727; *Sm., Sh.*).

Krystalle; F: 107—108° [aus Bzl. + PAe.] (*Sm., Sh.*), 106° [aus Ae.] (*Buu-Hoi et al.*), 105—105,5° [aus Ae.] (*Mi., Nord*).

*Opt.-inakt. 2-[5-Chlor-[2]thienyl]-4-hydroxy-4-methyl-6-oxo-cyclohexan-1,3-dicarbon⸗ säure-diäthylester $C_{17}H_{21}ClO_6S$, Formel XV (X = Cl), und Tautomeres (2-[5-Chlor-[2]thienyl]-4,6-dihydroxy-6-methyl-cyclohex-3-en-1,3-dicarbonsäure-diäthylester).

Diese Konstitution kommt wahrscheinlich auch der von *Smith, Shelton* (Am. Soc. **76** [1954] 2731) als 2,4-Diacetyl-3-[5-chlor-[2]thienyl]-glutarsäure-diäthylester angesehenen Verbindung (F: 136—137°) zu (vgl. *Finar*, Soc. **1961** 674, 676).

B. Aus 5-Chlor-thiophen-2-carbaldehyd und Acetessigsäure-äthylester mit Hilfe von Piperidin (*Buu-Hoi et al.*, Soc. **1950** 2130, 2131, 2133; *Sm., Sh.*).

Krystalle; F: 150° [aus Ae.] (*Buu-Hoi et al.*), 136—137° [aus Bzl. + PAe.] (*Sm., Sh.*).

Hydroxy-oxo-carbonsäuren $C_{14}H_{16}O_7$

*Opt.-inakt. 4-Hydroxy-4-methyl-2-[5-methyl-[2]furyl]-6-oxo-cyclohexan-1,3-dicarbon⸗ säure-diäthylester $C_{18}H_{24}O_7$, Formel XVI, und Tautomeres (4,6-Dihydroxy-6-methyl-2-[5-methyl-[2]furyl]-cyclohex-3-en-1,3-dicarbonsäure-diäthylester).

Diese Konstitution kommt wahrscheinlich der nachstehend beschriebenen Verbindung zu (vgl. *Finar*, Soc. **1961** 674, 676).

B. Beim Behandeln von 5-Methyl-furan-2-carbaldehyd mit Acetessigsäure-äthylester und Piperidin (*Smith, Shelton*, Am. Soc. **76** [1954] 2731).

Krystalle (aus Bzl. + PAe.); F: 99—100° (*Sm., Sh.*).

*Opt.-inakt. 4-Hydroxy-4-methyl-2-[5-methyl-[2]thienyl]-6-oxo-cyclohexan-1,3-di⸗ carbonsäure-diäthylester $C_{18}H_{24}O_6S$, Formel XVII (R = CH_3), und Tautomeres (4,6-Dihydroxy-6-methyl-2-[5-methyl-[2]thienyl]-cyclohex-3-en-1,3-dicarbonsäure-diäthylester).

Diese Konstitution kommt wahrscheinlich der nachstehend beschriebenen Verbindung zu (vgl. *Finar*, Soc. **1961** 674, 676).

B. Beim Behandeln von 5-Methyl-thiophen-2-carbaldehyd mit Acetessigsäure-äthyl⸗ ester und Piperidin (*Smith, Shelton*, Am. Soc. **76** [1954] 2731).

Krystalle (aus Bzl. + PAe.); F: 114—116° (*Sm., Sh.*).

Hydroxy-oxo-carbonsäuren $C_{15}H_{18}O_7$

*Opt.-inakt. 2-[5-Äthyl-[2]thienyl]-4-hydroxy-4-methyl-6-oxo-cyclohexan-1,3-dicarbon⸗ säure-diäthylester $C_{19}H_{26}O_6S$, Formel XVII (R = C_2H_5), und Tautomeres (2-[5-Äthyl-[2]thienyl]-4,6-dihydroxy-6-methyl-cyclohex-3-en-1,3-dicarbonsäure-diäthylester).

Diese Konstitution kommt wahrscheinlich der nachstehend beschriebenen Verbindung zu (vgl. *Finar*, Soc. **1961** 674, 676).

B. Beim Behandeln von 5-Äthyl-thiophen-2-carbaldehyd mit Acetessigsäure-äthylester und Piperidin (*Smith, Shelton*, Am. Soc. **76** [1954] 2731).

Krystalle (aus Bzl. + PAe.); F: 99—100° (*Sm., Sh.*).

XVI   XVII   XVIII

*Opt.-inakt. 2-[2,5-Dimethyl-[3]thienyl]-4-hydroxy-4-methyl-6-oxo-cyclohexan-1,3-di=
carbonsäure-diäthylester $C_{19}H_{26}O_6S$, Formel XVIII, und Tautomeres (2-[2,5-Dimethyl-
[3]thienyl]-4,6-dihydroxy-6-methyl-cyclohex-3-en-1,3-dicarbonsäure-
diäthylester).

Diese Konstitution kommt wahrscheinlich der nachstehend beschriebenen Verbindung
zu (vgl. *Finar*, Soc. **1961** 674, 676).

B. Beim Behandeln von 2,5-Dimethyl-thiophen-3-carbaldehyd mit Acetessigsäure-
äthylester und Piperidin (*Smith, Shelton*, Am. Soc. **76** [1954] 2731).

Krystalle (aus Bzl. + PAe.); F: 116—117° (*Sm., Sh.*).

Hydroxy-oxo-carbonsäuren $C_{16}H_{20}O_7$

*Opt.-inakt. 4-Hydroxy-4-methyl-6-oxo-2-[5-propyl-[2]thienyl]-cyclohexan-1,3-di=
carbonsäure-diäthylester $C_{20}H_{28}O_6S$, Formel XVII (R = CH_2-CH_2-CH_3), und Tautomeres
(4,6-Dihydroxy-6-methyl-2-[5-propyl-[2]thienyl]-cyclohex-3-en-1,3-di=
carbonsäure-diäthylester).

Diese Konstitution kommt wahrscheinlich der nachstehend beschriebenen Verbindung
zu (vgl. *Finar*, Soc. **1961** 674, 676).

B. Beim Behandeln von 5-Propyl-thiophen-2-carbaldehyd mit Acetessigsäure-äthyl=
ester und Piperidin (*Smith, Shelton*, Am. Soc. **76** [1954] 2731).

Krystalle (aus Bzl. + PAe.); F: 96—97° (*Sm., Sh.*).

Hydroxy-oxo-carbonsäuren $C_{17}H_{22}O_7$

*Opt.-inakt. 4-Hydroxy-2-[5-isobutyl-[2]thienyl]-4-methyl-6-oxo-cyclohexan-1,3-di=
carbonsäure-diäthylester $C_{21}H_{30}O_6S$, Formel I, und Tautomeres (4,6-Dihydroxy-
2-[5-isobutyl-[2]thienyl]-6-methyl-cyclohex-3-en-1,3-dicarbonsäure-
diäthylester).

B. Aus 5-Isobutyl-thiophen-2-carbaldehyd und Acetessigsäure-äthylester mit Hilfe von
Piperidin (*Buu-Hoi et al.*, Soc. **1952** 4590, 4593).

Krystalle (aus Ae. + PAe.); F: 96°.

**3,3-Dibutyl-5,6,7-trimethoxy-1-oxo-phthalan-4-carbonsäure, 2-[1-Butyl-1-hydroxy-
pentyl]-4,5,6-trimethoxy-isophthalsäure-lacton** $C_{20}H_{28}O_7$, Formel II (R = H).

B. Neben 4-Brom-3,3-dibutyl-5,6,7-trimethoxy-phthalid beim Behandeln von 2,6-Di=
brom-3,4,5-trimethoxy-benzoesäure-methylester mit Butyllithium in Äther bei —75° und
anschliessend mit festem Kohlendioxid (*Friedrich, Mirbach*, B. **92** [1959] 2751, 2755).

Krystalle (aus Cyclohexan + Acn.); F: 167—169°.

I   II

**3,3-Dibutyl-5,6,7-trimethoxy-1-oxo-phthalan-4-carbonsäure-methylester, 2-[1-Butyl-
1-hydroxy-pentyl]-4,5,6-trimethoxy-isophthalsäure-lacton-methylester** $C_{21}H_{30}O_7$,
Formel II (R = CH_3).

B. Beim Behandeln von 3,3-Dibutyl-5,6,7-trimethoxy-1-oxo-phthalan-4-carbonsäure
mit Diazomethan in Äther (*Friedrich, Mirbach*, B. **92** [1959] 2751, 2755).

F: 49—50°.

Hydroxy-oxo-carbonsäuren $C_{18}H_{24}O_7$

(4a*R*)-7*c*-Hydroxy-8*c*-methyl-11-oxo-(4b*t*,8a*c*)-decahydro-4a*r*,9a*c*-[1]oxapropano-
fluoren-8*t*,9*c*-dicarbonsäure-9-methylester $C_{19}H_{26}O_7$, Formel III (R = H).

Konstitution und Konfiguration: *Aldridge, Grove*, Soc. **1963** 2590, 2591.

B. Beim Erhitzen von (4a*R*)-8a-Carboxymethyl-2*t*,4a-dihydroxy-1*t*-methyl-7-oxo-(4a*r*,4b*t*,8a*t*,9a*t*)-dodecahydro-fluoren-1*c*,9*t*-dicarbonsäure-1→4a-lacton-9-methylester (S. 6657) mit amalgamiertem Zink und wss. Salzsäure (*Seta et al.*, Bl. agric. chem. Soc. Japan **23** [1959] 499, 506).
Krystalle (aus E. + Bzn.); F: 252—254°; $[\alpha]_D^{25}$: +46,2° [Me.; c = 2] (*Seta et al.*).

(4a*R*)-7*c*-Hydroxy-8*c*-methyl-11-oxo-(4b*t*,8a*c*)-decahydro-4a*r*,9a*c*-[1]oxapropano-fluoren-8*t*,9*c*-dicarbonsäure-dimethylester $C_{20}H_{28}O_7$, Formel III (R = CH$_3$).
B. Aus der im vorangehenden Artikel beschriebenen Verbindung mit Hilfe von Diazo=methan (*Seta et al.*, Bl. agric. chem. Soc. Japan **23** [1959] 499, 506).
Krystalle (aus wss. Me.); F: 154—156°. $[\alpha]_D^{25}$: +40,9° [Me.; c = 1].
Beim Erwärmen mit Lithiummalanat in Tetrahydrofuran ist eine Verbindung $C_{18}H_{32}O_5$ (Krystalle [aus Tetrahydrofuran + E.]; F: 214—219°) erhalten worden (*Seta et al.*, l. c. S. 508).

III   IV

Hydroxy-oxo-carbonsäuren $C_{20}H_{28}O_7$

(*R*)-3-[(3a*R*)-6*t*-Carboxy-8-methoxy-6*c*,9,9b-trimethyl-7-oxo-(3a*r*,6a*t*,9a*c*,9b*c*)-1,2,3a,=4,5,6,6a,7,9a,9b-decahydro-benzo[*de*]chromen-5*c*-yl]-buttersäure, 12-Methoxy-11-oxo-1,2-seco-picras-12-en-1,2-disäure [1]) $C_{21}H_{30}O_7$, Formel IV (R = X = H), und Tautomeres ((11*Ξ*)-1,11-Epoxy-11-hydroxy-12-methoxy-1-oxo-1,2-seco-picras-12-en-2-säure).
Über die Konstitution s. *Valenta et al.*, Tetrahedron **15** [1961] 100, 102; die Konfigura=tion ergibt sich aus der genetischen Beziehung zu Quassin (S. 3173).
B. Beim Erwärmen einer Lösung von Desoxonorquassin (2-Hydroxy-12-methoxy-picrasa-2,12-dien-1,11-dion [S. 2531]) in Äthanol mit wss. Wasserstoffperoxid und wss. Natronlauge (*Beer et al.*, Soc. **1956** 3280, 3283).
Krystalle (aus CHCl$_3$ + PAe.), F: 288—289°; $[M]_D^{20}$: —319° [CHCl$_3$; c = 0,2] (*Beer et al.*).
Absorptionsmaximum (A.): 253 nm (*Beer et al.*).

(*R*)-3-[(3a*R*)-8-Methoxy-6*t*-methoxycarbonyl-6*c*,9,9b-trimethyl-7-oxo-(3a*r*,6a*t*,9a*c*,9b*c*)-1,2,3a,4,5,6,6a,7,9a,9b-decahydro-benzo[*de*]chromen-5*c*-yl]-buttersäure, 12-Methoxy-11-oxo-1,2-seco-picras-12-en-1,2-disäure-1-methylester $C_{22}H_{32}O_7$, Formel IV (R = H, X = CH$_3$).
B. Beim Erwärmen von 12-Methoxy-11-oxo-1,2-seco-picras-12-en-1,2-disäure-dimethyl=ester mit wss.-methanol. Natronlauge (*Beer et al.*, Soc. **1956** 3280, 3283).
Krystalle (aus wss. Me.) mit 1 Mol H$_2$O; F: 90—92°.

(3a*R*)-8-Methoxy-5*c*-[(*R*)-2-methoxycarbonyl-1-methyl-äthyl]-6*c*,9,9b-trimethyl-7-oxo-(3a*r*,6a*t*,9a*c*,9b*c*)-1,2,3a,4,5,6,6a,7,9a,9b-decahydro-benzo[*de*]chromen-6*t*-carbonsäure, 12-Methoxy-11-oxo-1,2-seco-picras-12-en-1,2-disäure-2-methylester $C_{22}H_{32}O_7$, Formel IV (R = CH$_3$, X = H), und Tautomeres ((11*Ξ*)-1,11-Epoxy-11-hydroxy-12-methoxy-1-oxo-1,2-seco-picras-12-en-2-säure-methylester).
B. Beim Behandeln von 12-Methoxy-11-oxo-1,2-seco-picras-12-en-1,2-disäure mit Chlorwasserstoff enthaltendem Methanol (*Beer et al.*, Soc. **1956** 3280, 3283).
Krystalle (aus wss. Me.); F: 150—153°. Absorptionsmaximum (A.): 253 nm.

---

[1]) Stellungsbezeichnung bei von Picrasan abgeleiteten Namen s. S. 2531.

(*R*)-3-[(3a*R*)-8-Methoxy-6*t*-methoxycarbonyl-6*c*,9,9b-trimethyl-7-oxo-(3a*r*,6a*t*,9a*c*,9b*c*)-
1,2,3a,4,5,6,6a,7,9a,9b-decahydro-benzo[*de*]chromen-5*c*-yl]-buttersäure-methylester,
12-Methoxy-11-oxo-1,2-seco-picras-12-en-1,2-disäure-dimethylester $C_{23}H_{34}O_7$, Formel IV
(R = X = CH$_3$).

B. Beim Behandeln einer Lösung von 12-Methoxy-11-oxo-1,2-seco-picras-12-en-1,2-di≈
säure in Methanol mit Diazomethan in Äther (*Beer et al.*, Soc. **1956** 3280, 3283).

F: 80—82°. Absorptionsmaximum (A.): 254 nm.

**3β,11α-Diacetoxy-7β,8-epoxy-14-hydroxy-12-oxo-5β,14β-androstan-17β-carbonsäure,
3β,11α-Diacetoxy-7β,8-epoxy-14-hydroxy-12-oxo-21-nor-5β,14β-pregnan-20-säure**
$C_{24}H_{32}O_9$, Formel V (R = H), und Tautomeres.

Diese Konstitution und Konfiguration ist vermutlich der nachstehend beschriebenen
Di-*O*-acetyl-sarverogeninätiosäure auf Grund ihrer genetischen Beziehung zu
Sarverogenin (vermutlich 7β,8-Epoxy-3β,11α,14β-trihydroxy-12-oxo-5β-card-20(22)-en≈
olid [s. dazu *Fuhrer et al.*, Helv. **52** [1969] 616]) zuzuordnen.

B. Beim Behandeln einer Lösung von O^3,O^{11}-Diacetyl-sarverogenin (Syst. Nr. 2843) in
Äthylacetat mit Ozon, Behandeln der Reaktionslösung mit Essigsäure und Zink, Behan≈
deln des Reaktionsprodukts mit Kaliumhydrogencarbonat in wss. Methanol und Behan≈
deln einer Lösung des danach isolierten Reaktionsprodukts in Dioxan mit Perjodsäure in
Wasser (*Taylor*, Soc. **1952** 4832, 4835).

Krystalle (aus Me.), F: 234—236° [Kofler-App.]; $[\alpha]_D^{21}$: +38,0° [CHCl$_3$; c = 0,1] (*Ta.*).

Beim Behandeln mit Hydrazin-hydrat und Methanol ist eine Verbindung $C_{22}H_{30}O_8$
(Krystalle [aus Me.], F: 253—255° [Kofler-App.]; $[\alpha]_D^{19}$: +48,5° [CHCl$_3$]) erhalten wor≈
den (*Ta.*).

**3,11-Diacetoxy-7,8-epoxy-14-hydroxy-10,13-dimethyl-12-oxo-hexadecahydro-cyclo≈
penta[*a*]phenanthren-17-carbonsäure-methylester** $C_{25}H_{34}O_9$.

a) **3β,11α-Diacetoxy-7β,8-epoxy-14-hydroxy-12-oxo-5β,14β-androstan-17β-carbon≈
säure-methylester, 3β,11α-Diacetoxy-7β,8-epoxy-14-hydroxy-12-oxo-21-nor-5β,14β-
pregnan-20-säure-methylester** $C_{25}H_{34}O_9$, Formel V (R = CH$_3$).

Diese Konstitution und Konfiguration ist vermutlich dem nachstehend beschriebenen
Di-*O*-acetyl-sarverogeninätiosäure-methylester zuzuordnen.

B. Beim Behandeln der im vorangehenden Artikel beschriebenen Säure mit Diazo≈
methan in Äther (*Taylor*, Soc. **1952** 4832, 4835).

Krystalle (aus Me.) mit 1 Mol Methanol; F: 201—202° [Kofler-App.] (*Ta.*), 200° [korr.;
Kofler-App.] (*Schindler*, Helv. **39** [1956] 375, 377). $[\alpha]_D^{24}$: +27° [Dioxan; c = 0,1] (*Djerassi
et al.*, Helv. **41** [1958] 250, 272); $[\alpha]_D^{20}$: +40° [CHCl$_3$; c = 0,3] (*Ta.*); $[\alpha]_D$: +38,2° [CHCl$_3$]
(*Sch.*). Optisches Drehungsvermögen $[\alpha]^{24}$ einer Lösung in Dioxan (c = 0,1) für Licht der
Wellenlängen von 285 nm bis 700 nm: *Dj. et al.*, l. c. S. 264, 272. UV-Spektrum (A.;
200 nm bis 320 nm): *Sch.*, l. c. S. 380.

V	VI

b) **3β,11α-Diacetoxy-7β,8-epoxy-14-hydroxy-12-oxo-5β,14β-androstan-17α-carbon≈
säure-methylester, 3β,11α-Diacetoxy-7β,8-epoxy-14-hydroxy-12-oxo-21-nor-5β,14β,17βH-
pregnan-20-säure-methylester** $C_{25}H_{34}O_9$, Formel VI.

Diese Konstitution und Konfiguration kommt vermutlich der nachstehend beschrie≈
benen Verbindung zu (*Schindler*, Helv. **39** [1956] 375, 382; s. dazu *Fuhrer et al.*, Helv. **52**
[1969] 616).

B. Beim Behandeln einer Lösung von Di-*O*-acetyl-sarverogeninätiosäure (s. o.) in
Pyridin mit Thionylchlorid und anschliessend mit Eis und Behandeln einer Lösung der

sauren Anteile des Reaktionsprodukts in Chloroform mit Diazomethan in Äther (*Sch.*, l. c. S. 390).

Krystalle (aus Ae. + Pentan); F: 122−128° [korr.; Kofler-App.]; $[\alpha]_D^{25}$: −26,6° [CHCl$_3$; c = 2] (*Sch.*). UV-Spektrum (A.; 200−340 nm): *Sch.*, l. c. S. 380.

3β,11α-Diacetoxy-7β,8-epoxy-14-hydroxy-12-oxo-5β,14β-androstan-17β-carbonsäure-benzhydrylester, 3β,11α-Diacetoxy-7β,8-epoxy-14-hydroxy-12-oxo-21-nor-5β,14β-pregnan-20-säure-benzhydrylester C$_{37}$H$_{42}$O$_9$, Formel V (R = CH(C$_6$H$_5$)$_2$).

Diese Konstitution und Konfiguration ist vermutlich dem nachstehend beschriebenen **Di-O-acetyl-sarverogeninätiosäure-benzhydrylester** zuzuordnen.

B. Beim Erwärmen einer Lösung von Di-O-acetyl-sarverogeninätiosäure (S. 6590) in Dioxan mit Diazo-diphenyl-methan in Diisopropyläther (*Schindler*, Helv. **39** [1956] 375, 391).

Krystalle (aus Acn. + Ae. + Pentan); F: 227−228,5° [korr.; Kofler-App.]. $[\alpha]_D^{24}$: +7,4° [CHCl$_3$; c = 1].

Hydroxy-oxo-carbonsäuren C$_{23}$H$_{34}$O$_7$

12Ξ,21-Dihydroxy-3,4-seco-24-nor-5β,20α$_F$(?)H-cholan-3,4,23-trisäure-23 → 21-lacton C$_{23}$H$_{34}$O$_7$, vermutlich Formel VII.

B. Bei der Hydrierung von 21-Hydroxy-12-oxo-3,4-seco-24-nor-5β,20α$_F$(?)H-cholan-3,4,23-trisäure-23-lacton (S. 6221) an Platin in Essigsäure (*Tschesche, Bohle*, B. **69** [1936] 793, 797).

Krystalle (aus Acn.); F: 266−267°.

VII   VIII

(±)(Ξ)-3-[(5aS)-9t-Acetoxy-5c-(2-carboxy-äthyl)-11a-methyl-3-oxo-(5ar,7ac,11ac,≈ 11bt)-tetradecahydro-1t,4t-methano-naphth[1,2-c]oxepin-4-yl]-2-methyl-propionsäure, rac-3α-Acetoxy-11β-hydroxy-17,17a-seco-D-homo-23,24-dinor-5β,20ξH-cholan-17,18,21-trisäure-18-lacton C$_{25}$H$_{36}$O$_8$, Formel VIII + Spiegelbild.

B. Beim Erwärmen von rac-17-[(Ξ)-Furfuryliden]-3α,11β-dihydroxy-D-homo-18-nor-5β-androstan-17a-on (S. 1664) mit Methacrylnitril und Natriummethylat in Methanol und Tetrahydrofuran, Behandeln des erhaltenen Kondensationsprodukts mit Iso-propenylacetat und Toluol-4-sulfonsäure, Behandeln einer Lösung des Reaktions-produkts in Äthylacetat mit Ozon und anschliessend mit wss. Essigsäure und wss. Wasser-stoffperoxid, Erwärmen des erhaltenen Oxydationsprodukts mit wss. Natronlauge und Behandeln des danach isolierten Reaktionsprodukts mit Chlorwasserstoff enthaltender Essigsäure (*Johnson et al.*, Am. Soc. **80** [1958] 2585, **85** [1963] 1409, 1410, 1417).

Krystalle (aus E.); F: 251−254° (*Jo. et al.*, Am. Soc. **85** 1417).

3β,5,14,21-Tetrahydroxy-24-nor-5β,14β,20ξH-cholan-19,23-disäure-23 → 21-lacton C$_{23}$H$_{34}$O$_7$, Formel IX.

Diese Konstitution und Konfiguration kommt der nachstehend beschriebenen **Dihydro≈ strophanthidinsäure** zu.

B. Beim Behandeln von Dihydrostrophanthidin (S. 3096) mit wss. Natronlauge und Kaliumpermanganat (*Jacobs, Collins*, J. biol. Chem. **65** [1925] 491, 496).

Krystalle (aus wss. A.) mit 2 Mol H$_2$O, F: 132−133° [Zers.]; $[\alpha]_D^{28}$: +47° [Me.; c = 1]

[Dihydrat] (*Ja., Co.*).

Beim Behandeln mit konz. wss. Salzsäure ist 3β,5,8,21-Tetrahydroxy-24-nor-5β,20ξH-cholan-19,23-disäure-19→8;23→21-dilacton (F: 232—234°) erhalten worden (*Ja., Co.*; s. a. *Barber, Ehrenstein*, J. org. Chem. **26** [1961] 1230, 1233).

IX   X

[6a,8-Dihydroxy-10a-hydroxymethyl-12a-methyl-3-oxo-hexadecahydro-1,4a-äthano-naphtho[1,2-*h*]chromen-2-yl]-essigsäure-methylester $C_{24}H_{36}O_7$.

a) 3β,5,14,19-Tetrahydroxy-24-nor-5β,14β,20ξH-cholan-21,23-disäure-21→14-lacton-23-methylester $C_{24}H_{36}O_7$, Formel X.

Diese Konstitution und Konfiguration kommt vermutlich dem nachstehend beschriebenen γ-Isostrophanthidolsäure-methylester zu.

B. Beim Erwärmen von α-Isostrophanthidsäure (3β,5,14-Trihydroxy-19-oxo-24-nor-5β,14β,20β_F(?)H-cholan-21,23-disäure-21→14-lacton [S. 6613]) mit wss.-methanol. Salzsäure und amalgamiertem Zink (*Jacobs et al.*, J. biol. Chem. **91** [1931] 617, 621).

Krystalle (aus Me.); F: 229—231°. [α]$_D^{22}$: +98° [Py.; c = 1].

b) 3β,5,14,19-Tetrahydroxy-24-nor-5β,14β,20β_F(?)H-cholan-21,23-disäure-21→14-lacton-23-methylester $C_{24}H_{36}O_7$, vermutlich Formel XI (R = H).

Diese Konstitution und Konfiguration kommt dem nachstehend beschriebenen α-Isostrophanthidolsäure-methylester zu; bezüglich der Konfiguration am C-Atom 20 s. *Krasso et al.*, Helv. **55** [1972] 1352.

B. Beim Behandeln einer Lösung von α-Isostrophanthidsäure (3β,5,14-Trihydroxy-19-oxo-24-nor-5β,14β,20β_F(?)H-cholan-21,23-disäure-21→14-lacton [S. 6613]) in Methanol mit amalgamiertem Zink und konz. wss. Salzsäure (*Jacobs et al.*, J. biol. Chem. **91** [1931] 617, 621).

Krystalle (aus Me.); F: 223°. [α]$_D^{24}$: —18,5° [Py.; c = 1].

XI   XII

3β-Acetoxy-5,14,19-trihydroxy-24-nor-5β,14β,20β_F(?)H-cholan-21,23-disäure-21→14-lacton-23-methylester $C_{26}H_{38}O_8$, vermutlich Formel XI (R = CO-CH$_3$).

Diese Konstitution und Konfiguration kommt dem nachstehend beschriebenen Acetyl-α-isostrophanthidolsäure-methylester zu.

B. Bei der Hydrierung von 3β-Acetoxy-5,14-dihydroxy-19-oxo-24-nor-5β,14β,20β_F(?)H-cholan-21,23-disäure-21→14-lacton-23-methylester (S. 6614) an Platin in Äthanol (*Jacobs et al.*, J. biol. Chem. **91** [1931] 617, 622).

Krystalle (aus wss. Me.); F: 145° [Zers.; nach Sintern bei 125—126°]. [α]$_D^{23}$: —25° [Py.; c = 1].

14,19-Dihydroxy-3β,5-sulfinyldioxy-24-nor-5β,14β,20β_F(?)H-cholan-21,23-disäure-21$\to$14-lacton-23-methylester $C_{24}H_{34}O_8S$, vermutlich Formel XII.

B. Beim Behandeln der im vorangehenden Artikel beschriebenen Verbindung mit Thionylchlorid (*Jacobs et al.*, J. biol. Chem. **91** [1931] 617, 623).

Krystalle (aus Me.); F: 220°.

Hydroxy-oxo-carbonsäuren $C_{24}H_{36}O_7$

7α,12α-Dihydroxy-3,4-seco-5β-cholan-3,4,24-trisäure-4$\to$7-lacton, Reduktobiliobansäure $C_{24}H_{36}O_7$, Formel XIII (R = H).

B. Bei der Hydrierung von Biliansäure (7,12-Dioxo-3,4-seco-5β-cholan-3,4,24-trisäure) an Platin in Essigsäure bei 90—100° (*Borsche*, *Feske*, Z. physiol. Chem. **176** [1928] 109, 117).

Krystalle (aus wss. Acn.); F: 243°.

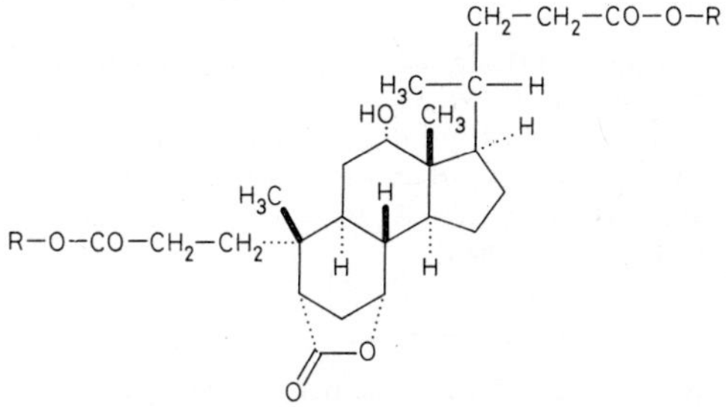

XIII

7α,12α-Dihydroxy-3,4-seco-5β-cholan-3,4,24-trisäure-4$\to$7-lacton-3,24-dimethylester, Reduktobiliobansäure-dimethylester $C_{26}H_{40}O_7$, Formel XIII (R = CH$_3$).

B. Aus der im vorangehenden Artikel beschriebenen Säure (*Borsche*, *Feske*, Z. physiol. Chem. **176** [1928] 109, 118).

Krystalle (aus wss. Me.); F: 135°.

7α,23ξ-Dihydroxy-3,4-seco-5β-cholan-3,4,24-trisäure-4$\to$7-lacton $C_{24}H_{36}O_7$, Formel XIV.

B. Beim Behandeln einer Lösung des Natrium-Salzes der β-Phocaecholsäure (3α,7α,23ξ-Trihydroxy-5β-cholan-24-säure) in Wasser mit alkal. wss. Kaliumhypobromit-Lösung (*Windaus*, *van Schoor*, Z. physiol. Chem. **173** [1928] 312, 318).

Krystalle (aus Eg.); F: 237°.

Beim Behandeln mit Chrom(VI)-oxid und Essigsäure ist 7α-Hydroxy-3,4-seco-24-nor-5β-cholan-3,4,23-trisäure-4-lacton erhalten worden.

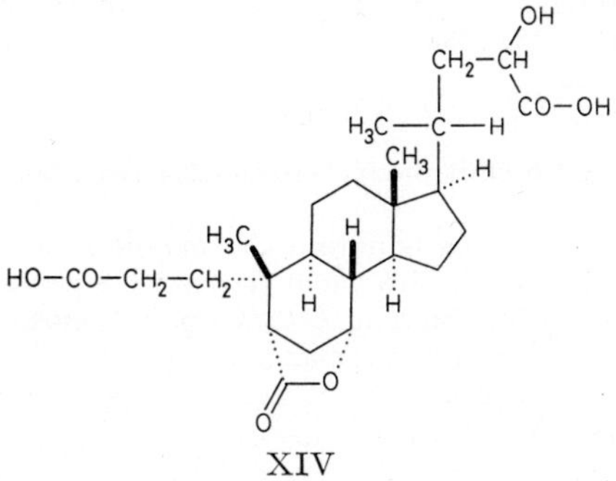

XIV 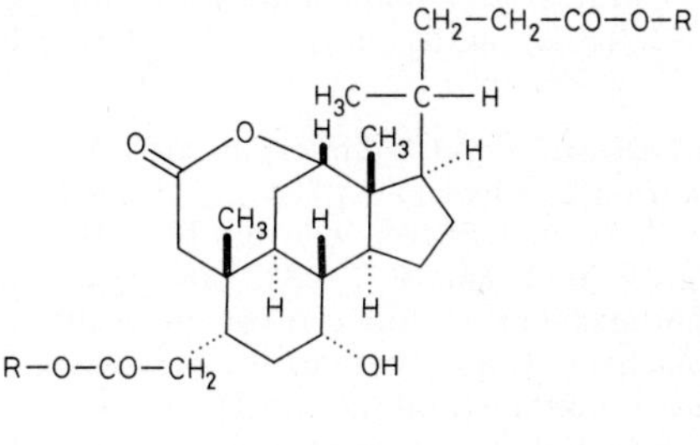   XV

7α,12α-Dihydroxy-2,3-seco-5β-cholan-2,3,24-trisäure-2$\to$12-lacton, Reduktoisobiliobansäure $C_{24}H_{36}O_7$, Formel XV (R = H).

B. Bei der Hydrierung von Isobiliansäure (7,12-Dioxo-2,3-seco-5β-cholan-2,3,24-säure)

an Platin in Essigsäure bei 80—100° (*Borsche, Frank*, B. **59** [1926] 1748, 1753; *Borsche, Feske*, Z. physiol. Chem. **176** [1928] 109, 119).

Krystalle; F: 278° [aus wss. A.] (*Bo., Fe.*), 276° [aus A.] (*Bo., Fr.*).

7α,12α-Dihydroxy-2,3-seco-5β-cholan-2,3,24-trisäure-2 → 12-lacton-3,24-dimethylester, Reduktoisobiliobansäure-dimethylester $C_{26}H_{40}O_7$, Formel XV (R = CH_3).

B. Aus der im vorangehenden Artikel beschriebenen Säure (*Borsche, Frank*, B. **59** [1926] 1748, 1754).

Krystalle (aus wss. Acn.); F: 162—163°.

[*Mischon*]

Hydroxy-oxo-carbonsäuren $C_nH_{2n-14}O_7$

Hydroxy-oxo-carbonsäuren $C_9H_4O_7$

5-Äthoxy-6-methoxy-1,3-dioxo-phthalan-4-carbonsäure, 4-Äthoxy-5-methoxy-benzol-1,2,3-tricarbonsäure-1,2-anhydrid $C_{12}H_{10}O_7$, Formel I (R = C_2H_5).

Diese Konstitution kommt vermutlich der nachstehend beschriebenen Verbindung zu.

B. Beim Erwärmen von 3-Äthoxy-6-cyan-4-methoxy-phthalsäure-dimethylester mit methanol. Kalilauge und Erhitzen des Reaktionsprodukts unter 0,005 Torr auf 200° (*Späth, Berger*, B. **64** [1931] 2038, 2044).

Krystalle (aus Ae.); F: 150—151°.

4,6-Dimethoxy-1,3-dioxo-phthalan-5-carbonsäure, 3,5-Dimethoxy-benzol-1,2,4-tricarbon=säure-1,2-anhydrid $C_{11}H_8O_7$, Formel II.

B. Beim Erhitzen von 3,5-Dimethoxy-benzol-1,2,4-tricarbonsäure mit Acetanhydrid (*Yao-Tseng Huang et al.*, Acta chim. sinica **24** [1958] 322, 325; C. A. **1959** 19990).

Krystalle (aus Bzl.); F: 232—234°.

I   II   III   IV

4,7-Dimethoxy-1,3-dioxo-phthalan-5-carbonsäure, 3,6-Dimethoxy-benzol-1,2,4-tricarbon=säure-1,2-anhydrid $C_{11}H_8O_7$, Formel III.

B. Beim Erwärmen von 3,6-Dimethoxy-4-methyl-phthalsäure-anhydrid mit wss. Natronlauge und Kaliumpermanganat und Erhitzen des Reaktionsprodukts in Hochvakuum (*Neelakantan et al.*, Biochem. J. **66** [1957] 234, 236).

Gelbe Krystalle (nach Sublimation); F: 220—221°.

6,7-Dimethoxy-1,3-dioxo-phthalan-5-carbonsäure, 5,6-Dimethoxy-benzol-1,2,4-tricarbon=säure-1,2-anhydrid $C_{11}H_8O_7$, Formel IV.

B. Beim Erhitzen von 5,6-Dimethoxy-benzol-1,2,4-tricarbonsäure (*Neelakantan et al.*, Biochem. J. **66** [1957] 234, 236). Beim Erwärmen von 3-Hydroxymethyl-1,2,5,6,8-penta=methoxy-anthrachinon (über die Konstitution dieser Verbindung s. *Birkinshaw, Gourlay*, Biochem. J. **81** [1961] 618) mit wss. Natronlauge und Kaliumpermanganat und Erhitzen des Reaktionsprodukts im Hochvakuum auf 140° (*Ne. et al.*).

Krystalle (aus Diisopropyläther); F: 157—158° (*Ne. et al.*).

Hydroxy-oxo-carbonsäuren $C_{10}H_6O_7$

6-Hydroxy-5,7-dimethoxy-2-oxo-2H-chromen-3-carbonsäure $C_{12}H_{10}O_7$, Formel V (R = H).

B. Beim Behandeln von 6-Hydroxy-5,7-dimethoxy-2-oxo-2H-chromen-3-carbonsäure-

äthylester mit wss. Natronlauge (*Balaiah et al.*, Pr. Indian Acad. [A] **16** [1942] 68, 79).
Krystalle (aus wss. A.); F: 252°.

6-Hydroxy-5,7-dimethoxy-2-oxo-2H-chromen-3-carbonsäure-äthylester $C_{14}H_{14}O_7$,
Formel V (R = C_2H_5).
   B. Beim Erwärmen von 3,6-Dihydroxy-2,4-dimethoxy-benzaldehyd mit Malonsäure-
diäthylester und Piperidin (*Balaiah et al.*, Pr. Indian Acad. [A] **16** [1942] 68, 79).
Gelbe Krystalle (aus A.); F: 190°.

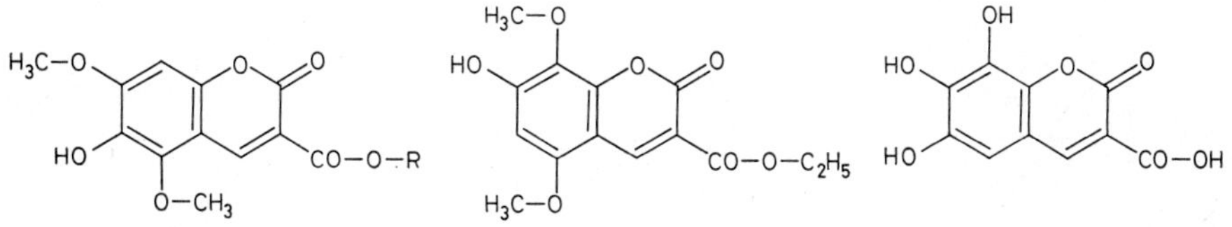

V   VI   VII

7-Hydroxy-5,8-dimethoxy-2-oxo-2H-chromen-3-carbonsäure-äthylester $C_{14}H_{14}O_7$,
Formel VI.
   B. Beim Behandeln von 2,4-Dihydroxy-3,6-dimethoxy-benzaldehyd mit Malonsäure-
diäthylester und Piperidin (*Sastri et al.*, Pr. Indian Acad. [A] **37** [1953] 681, 693).
Krystalle (aus A.); F: 230—232°.

**6,7,8-Trihydroxy-2-oxo-2H-chromen-3-carbonsäure, [2,3,4,5-Tetrahydroxy-benzyliden]-
malonsäure-2-lacton** $C_{10}H_6O_7$, Formel VII.
   B. Beim Behandeln von 2,3,4,5-Tetrahydroxy-benzaldehyd mit Malonsäure, Pyridin
und Anilin (*Späth, Dobrovolny*, B. **71** [1938] 1831, 1834).
Gelbliche Krystalle (aus wss. A.); F: 246—248° [evakuierte Kapillare].

6,7-Dimethoxy-2,4-dioxo-chroman-3-carbonsäure-äthylester $C_{14}H_{14}O_7$, Formel VIII, und
Tautomere (z. B. 4-Hydroxy-6,7-dimethoxy-2-oxo-2H-chromen-3-carbon=
säure-äthylester).
   B. Beim Behandeln einer Suspension von 2-Acetoxy-4,5-dimethoxy-benzoesäure in
Chloroform mit Phosphor(V)-chlorid und Erwärmen des erhaltenen Säurechlorids mit
der Natrium-Verbindung des Malonsäure-diäthylesters in Äther (*Jones et al.*, Soc. **1949**
562, 566).
Krystalle (aus A.); F: 240°.

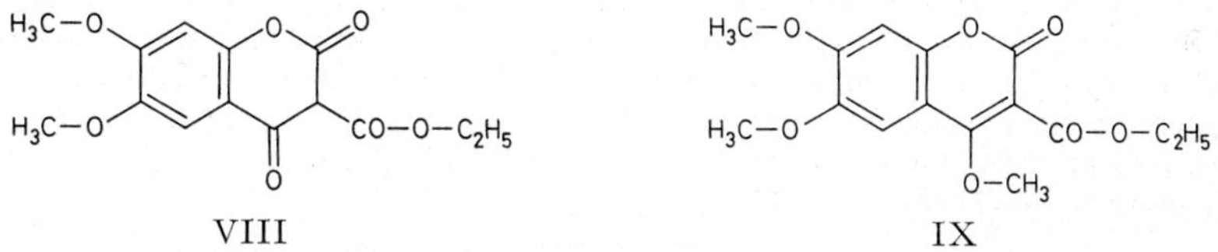

VIII   IX

4,6,7-Trimethoxy-2-oxo-2H-chromen-3-carbonsäure-äthylester $C_{15}H_{16}O_7$, Formel IX.
   B. Beim Behandeln von 6,7-Dimethoxy-2,4-dioxo-chroman-3-carbonsäure-äthylester
mit Diazomethan in Äther (*Jones et al.*, Soc. **1949** 562, 566).
Krystalle (aus wss. A.); F: 130°.

3,5,7-Trimethoxy-2-oxo-2H-chromen-4-carbonsäure-äthylester $C_{15}H_{16}O_7$, Formel X.
   B. Beim Behandeln von 3,5-Dimethoxy-phenol mit Methoxy-oxalessigsäure-1-äthyl=
ester-4-methylester und mit Chlorwasserstoff enthaltendem Äthanol (*Holton et al.*, Soc.
1949 2049, 2052).
Krystalle (aus A. oder Acn.); F: 131—132°.
Beim Erwärmen mit methanol. Kalilauge ist 4,6-Dimethoxy-benzofuran-2,3-dicarbon=
säure erhalten worden.

6,7-Dimethoxy-2,4-dioxo-chroman-5-carbonsäure $C_{12}H_{10}O_7$, Formel XI (R = H), und Tautomere (z. B. 4-Hydroxy-6,7-dimethoxy-2-oxo-2H-chromen-5-carbonsäure).

Diese Konstitution kommt vermutlich der nachstehend beschriebenen Verbindung zu (*Robertson et al.*, Soc. **1951** 2013, 2014, 2017; *Dean, Randell*, Soc. **1961** 798, 800).

B. Neben anderen Verbindungen beim Erhitzen von 8,9-Dimethoxy-2-methyl-4,5-dioxo-4,5-dihydro-pyrano[3,2-c]chromen-10-carbonsäure-methylester („Methyl-O-dimethyl-citromycetinon") mit wss. Natronlauge (*Ro. et al.*).

Krystalle; F: 256° [Zers.; aus wss. Me.] (*Dean, Ra.*, l. c. S. 802), 255° [aus Me.] (*Ro. et al.*).

X   XI   XII

6,7-Dimethoxy-2,4-dioxo-chroman-5-carbonsäure-methylester $C_{13}H_{12}O_7$, Formel XI (R = CH_3), und Tautomere (z. B. 4-Hydroxy-6,7-dimethoxy-2-oxo-2H-chromen-5-carbonsäure-methylester).

Diese Konstitution kommt vermutlich der nachstehend beschriebenen Verbindung zu (*Dean et al.*, Soc. **1957** 3497, 3498, 3508; *Dean, Randell*, Soc. **1961** 798, 800).

B. Neben anderen Verbindungen beim Erwärmen von 7,8-Dimethoxy-3-methyl-10-oxo-1H,10H-pyrano[4,3-b]chromen-9-carbonsäure-methylester („Anhydro-di-O-methyl-fulvinsäure-methylester") mit Kaliumpermanganat in Aceton (*Dean et al.*).

Gelbliche Krystalle (aus wss. Dioxan); F: 255–256° [Zers.] (*Dean et al.*).

4,5,7-Trimethoxy-2-oxo-2H-chromen-6-carbonsäure-methylester $C_{14}H_{14}O_7$, Formel XII.

B. Neben wenig 4,5,7-Trimethoxy-2-oxo-2H-chromen-8-carbonsäure-methylester beim Erwärmen von 3-Oxo-glutarsäure-dimethylester mit Natrium in Benzol und Behandeln des Reaktionsprodukts mit Diazomethan in Äther (*Gruber*, B. **76** [1943] 135, 139).

Krystalle (aus Me.); F: 179–181° [Zers.].

5,7-Dihydroxy-2,4-dioxo-chroman-6-carbonsäure-äthylester $C_{12}H_{10}O_7$, Formel XIII (R = C_2H_5), und Tautomere (z. B. 4,5,7-Trihydroxy-2-oxo-2H-chromen-6-carbonsäure-äthylester).

In dem früher (s. H 554 und E I 545) als 5,7-Dihydroxy-2,4-dioxo-chroman-6(oder 8)-carbonsäure-äthylester („5.7-Dioxy-benzotetronsäure-carbonsäure-6(oder 8)-äthylester") beschriebenen Präparat hat ein Gemisch von 5,7-Dihydroxy-2,4-dioxo-chroman-6-carbonsäure-äthylester (und Tautomeren) mit wenig 5,7-Dihydroxy-2,4-dioxo-chroman-8-carbonsäure-äthylester $C_{12}H_{10}O_7$ (und Tautomeren) vorgelegen (*Gruber*, B. **76** [1943] 135, 138).

XIII   XIV   XV

4,5,7-Trimethoxy-2-oxo-2H-chromen-8-carbonsäure-methylester $C_{14}H_{14}O_7$, Formel XIV.

B. s. o. im Artikel 4,5,7-Trimethoxy-2-oxo-2H-chromen-6-carbonsäure-methylester.

Krystalle (aus Ae.); F: 170–171° (*Gruber*, B. **76** [1943] 135, 139).

5,6,7-Trimethoxy-1-oxo-1H-isochromen-3-carbonsäure $C_{13}H_{12}O_7$, Formel XV (X = OH)
(E II 399; dort als 5.6.7-Trimethoxy-isocumarin-carbonsäure-(3) bezeichnet).

B. Beim Erhitzen von 5,6,7-Trimethoxy-1-oxo-1H-isochromen-3,4-dicarbonsäure-di=
äthylester mit wss. Schwefelsäure und Essigsäure (*Haworth et al.*, Soc. **1954** 3617, 3624).
Krystalle (aus A.); F: 262—264° (*Haw. et al.*). UV-Absorptionsmaxima: 334 nm,
298 nm, 288 nm und 252 nm (*Hay, Haynes*, Soc. **1958** 2231, 2232).

5,6,7-Trimethoxy-1-oxo-1H-isochromen-3-carbonsäure-äthylester $C_{15}H_{16}O_7$, Formel XV
(X = O-C_2H_5).

B. Aus 5,6,7-Trimethoxy-1-oxo-1H-isochromen-3-carbonylchlorid und Äthanol (*Ha=
worth et al.*, Soc. **1954** 3617, 3624).
Krystalle (aus A.); F: 118°.

5,6,7-Trimethoxy-1-oxo-1H-isochromen-3-carbonylchlorid $C_{13}H_{11}ClO_6$, Formel XV
(X = Cl).

B. Beim Erwärmen von 5,6,7-Trimethoxy-1-oxo-1H-isochromen-3-carbonsäure mit
Thionylchlorid (*Haworth et al.*, Soc. **1954** 3617, 3624).
Krystalle (aus Bzl.); F: 163—164°.

5,6,7-Trimethoxy-1-oxo-1H-isochromen-4-carbonsäure-äthylester $C_{15}H_{16}O_7$, Formel XVI.
B. Beim Behandeln von [6-Äthoxycarbonyl-2,3,4-trimethoxy-phenyl]-essigsäure-äthyl=
ester mit Äthylformiat und Kaliumäthylat in wenig Äthanol und Erwärmen des Reaktionsprodukts mit konz. wss. Salzsäure (*Haworth et al.*, Soc. **1954** 3617, 3623).
Krystalle (aus A.); F: 105—106°.

(±)-1-Methoxy-3-oxo-phthalan-1,7-dicarbonsäure-dimethylester $C_{13}H_{12}O_7$, Formel XVII.
Konstitution: *Buu-Hoi, Cagniant*, C. r. **212** [1941] 908; *Wenkert et al.*, J. org. Chem.
29 [1964] 2534, 2536.
B. Aus (±)-1-Hydroxy-3-oxo-phthalan-1,7-dicarbonsäure ($\rightleftharpoons$ 2-Hydroxyoxalyl-iso=
phthalsäure) beim Behandeln mit Diazomethan in Äther (*Tettweiler, Drishaus*, A. **520**
[1935] 163, 179) oder beim Erwärmen mit Chlorwasserstoff enthaltendem Methanol
(*Buu-Hoi, Ca.*) sowie beim Erwärmen des Trisilber-Salzes mit Methyljodid in Benzol
(*Buu-Hoi, Ca.*).
Krystalle; F: 149° (*Te., Dr.*), 146° [unkorr.] (*Buu-Hoi, Ca.*), 144—145° [aus A.]
(*Fishwick*, Soc. **1957** 1196, 1198). UV-Spektrum (A.; 230—300 nm): *Buu-Hoi, Ca.*

**5,7-Dimethoxy-6-methyl-1,3-dioxo-phthalan-4-carbonsäure, 4,6-Dimethoxy-5-methyl-
benzol-1,2,3-tricarbonsäure-1,2-anhydrid** $C_{12}H_{10}O_7$, Formel XVIII (R = H).
B. Beim Erhitzen von 4,6-Dimethoxy-5-methyl-benzol-1,2,3-tricarbonsäure (*Birkinshaw et al.*, Biochem. J. **50** [1952] 610, 623).
Krystalle; F: 198,5—199,5° [unkorr.].

XVI   XVII   XVIII

**5,7-Dimethoxy-6-methyl-1,3-dioxo-phthalan-4-carbonsäure-methylester, 4,6-Dimethoxy-
5-methyl-benzol-1,2,3-tricarbonsäure-1,2-anhydrid-3-methylester** $C_{13}H_{12}O_7$, Formel XVIII
(R = CH_3).
B. Beim Erhitzen von 4,6-Dimethoxy-5-methyl-benzol-1,2,3-tricarbonsäure-1-methyl=
ester (*Birkinshaw et al.*, Biochem. J. **50** [1952] 610, 626).
Krystalle (aus PAe.); F: 90° oder F: 101—103° [unkorr.].

Hydroxy-oxo-carbonsäuren $C_{11}H_8O_7$

[6-Hydroxy-5,7-dimethoxy-2-oxo-2H-chromen-4-yl]-essigsäure $C_{13}H_{12}O_7$, Formel I
(R = X = H).

B. Beim Behandeln von 2,6-Dimethoxy-hydrochinon mit 3-Oxo-glutarsäure und konz.
Schwefelsäure (*Ponniah, Seshadri*, Pr. Indian Acad. [A] **37** [1953] 534, 539).
Krystalle (aus A.); F: 200° [Zers.].

[5,6,7-Trimethoxy-2-oxo-2H-chromen-4-yl]-essigsäure $C_{14}H_{14}O_7$, Formel I (R = CH_3,
X = H).

B. Beim Erwärmen einer Lösung von [5,6,7-Trimethoxy-2-oxo-2H-chromen-4-yl]-
essigsäure-methylester in Äthanol mit wss. Natronlauge (*Ponniah, Seshadri*, Pr. Indian
Acad. [A] **37** [1953] 534, 540).
Krystalle (aus A.); F: 177° [Zers.].

I   II   III

[5,6,7-Trimethoxy-2-oxo-2H-chromen-4-yl]-essigsäure-methylester $C_{15}H_{16}O_7$, Formel I
(R = X = CH_3).

B. Beim Erwärmen einer Suspension von [6-Hydroxy-5,7-dimethoxy-2-oxo-2H-chrom=
en-4-yl]-essigsäure in Aceton mit Dimethylsulfat und Kaliumcarbonat (*Ponniah, Seshadri*,
Pr. Indian Acad. [A] **37** [1953] 534, 540).
Krystalle (aus Acn.); F: 140—141°.

[7-Hydroxy-5,8-dimethoxy-2-oxo-2H-chromen-4-yl]-essigsäure $C_{13}H_{12}O_7$, Formel II.

B. Beim Behandeln von 1,3-Bis-benzyloxy-2,5-dimethoxy-benzol mit 3-Oxo-glutar=
säure und konz. Schwefelsäure (*Ponniah, Seshadri*, Pr. Indian Acad. [A] **37** [1953] 534,
540).
Krystalle (aus A.) mit 1 Mol H_2O; F: 198° [Zers.].

[5,6,7-Trimethoxy-1-oxo-1H-isochromen-3-yl]-essigsäure-methylester $C_{15}H_{16}O_7$,
Formel III (R = CH_3).

B. Beim Erwärmen von 3-Diazoacetyl-5,6,7-trimethoxy-isocumarin mit Methanol und
Silberoxid (*Haworth et al.*, Soc. **1954** 3617, 3624).
Krystalle (aus Bzl. + PAe.); F: 127—128°.

[5,6,7-Trimethoxy-1-oxo-1H-isochromen-3-yl]-essigsäure-tert-butylester $C_{18}H_{22}O_7$,
Formel III (R = C(CH_3)$_3$).

B. Beim Erwärmen von 3-Diazoacetyl-5,6,7-trimethoxy-isocumarin mit *tert*-Butyl=
alkohol und mit Silberbenzoat in Triäthylamin (*Grimshaw et al.*, Soc. **1955** 833, 836).
Krystalle (aus Cyclohexan); F: 100—101°.

[5,6,7-Trihydroxy-1-oxo-1H-isochromen-4-yl]-essigsäure $C_{11}H_8O_7$, Formel IV (R = H,
X = OH).

B. Beim Behandeln von Flavellagsäure (1,2,3,7,8-Pentahydroxy-chromeno[5,4,3-*cde*]=
chromen-5,10-dion) mit wss. Kalilauge und wss. Wasserstoffperoxid (*Haworth et al.*, Soc.
1954 3617, 3621).
Krystalle (aus W.) mit 1 Mol H_2O; F: 280—290° [Zers.].

[5,6,7-Trimethoxy-1-oxo-1H-isochromen-4-yl]-essigsäure $C_{14}H_{14}O_7$, Formel IV (R = CH_3,
X = OH).

B. Beim Erhitzen von (±)-3-[6-Carboxy-2,3,4-trimethoxy-phenyl]-4-oxo-buttersäure oder von [5,6,7-Trimethoxy-1-oxo-1*H*-isochromen-4-yl]-essigsäure-methylester mit wss. Salzsäure (*Haworth et al.*, Soc. **1954** 3617, 3621, 3622). Krystalle (aus W. oder Me.); F: 210—211°.

[5,6,7-Trimethoxy-1-oxo-1*H*-isochromen-4-yl]-essigsäure-methylester $C_{15}H_{16}O_7$, Formel IV (R = CH_3, X = O-CH_3).
B. Beim Behandeln einer Lösung von [5,6,7-Trihydroxy-1-oxo-1*H*-isochromen-4-yl]-essigsäure in Aceton mit Diazomethan in Äther (*Haworth et al.*, Soc. **1954** 3617, 3621). Krystalle (aus Me.); F: 122—123° und F: 125—126° (dimorph).

[5,6,7-Trimethoxy-1-oxo-1*H*-isochromen-4-yl]-essigsäure-äthylester $C_{16}H_{18}O_7$, Formel IV (R = CH_3, X = O-C_2H_5).
B. Aus [5,6,7-Trimethoxy-1-oxo-1*H*-isochromen-4-yl]-acetylchlorid (*Haworth et al.*, Soc. **1954** 3617, 3621). Krystalle (aus A.); F: 138—139°.

IV   V   VI

[5,6,7-Trimethoxy-1-oxo-1*H*-isochromen-4-yl]-acetylchlorid $C_{14}H_{13}ClO_6$, Formel IV (R = CH_3, X = Cl).
B. Beim Erwärmen von [5,6,7-Trimethoxy-1-oxo-1*H*-isochromen-4-yl]-essigsäure mit Thionylchlorid (*Haworth et al.*, Soc. **1954** 3617, 3621). Krystalle (aus Bzl. oder Toluol); F: 124—125°.

[5,6,7-Trimethoxy-1-oxo-1*H*-isochromen-4-yl]-essigsäure-amid $C_{14}H_{15}NO_6$, Formel IV (R = CH_3, X = NH_2).
B. Beim Behandeln einer Lösung von [5,6,7-Trimethoxy-1-oxo-1*H*-isochromen-4-yl]-acetylchlorid in Benzol mit Ammoniak (*Haworth et al.*, Soc. **1954** 3617, 3621). Krystalle (aus W.); F: 230—231°.

3-[6-Hydroxy-4,7-dimethoxy-benzofuran-5-yl]-3-oxo-propionsäure-äthylester $C_{15}H_{16}O_7$, Formel V (R = C_2H_5), und Tautomeres (3-Hydroxy-3-[6-hydroxy-4,7-dimeth=oxy-benzofuran-5-yl]-acrylsäure-äthylester).
B. Beim Behandeln von Khellinon (1-[6-Hydroxy-4,7-dimethoxy-benzofuran-5-yl]-äthanon) mit Kohlensäure-diäthylester und Natrium (*Phillips et al.*, Soc. **1952** 4951, 4956).
Gelbe Krystalle (aus wss. A.); F: 71—72°.
Beim Erwärmen mit Essigsäure und konz. wss. Salzsäure ist 5-Hydroxy-4,9-dimethoxy-furo[3,2-*g*]chromen-7-on erhalten worden.

3-[6-Äthoxy-4,7-dimethoxy-benzofuran-5-yl]-3-oxo-propionitril $C_{15}H_{15}NO_5$, Formel VI (R = C_2H_5), und Tautomeres (3-[6-Äthoxy-4,7-dimethoxy-benzofuran-5-yl]-3-hydroxy-acrylonitril).
B. Beim Erhitzen von 5-[6-Äthoxy-4,7-dimethoxy-benzofuran-5-yl]-isoxazol-3-carbon=säure (*Stener, Fatutta*, G. **89** [1959] 2053, 2061).
Gelbe Krystalle (aus wss. A.); F: 75—77°. IR-Spektrum (4,3—7,2 μ): *St.*, *Fa.*, l. c. S. 2056.

5-Acetyl-6-hydroxy-4,7-dimethoxy-benzofuran-2-carbonsäure $C_{13}H_{12}O_7$, Formel VII.
B. Beim Behandeln einer Lösung von 6-Hydroxy-4,7-dimethoxy-benzofuran-2-carbon=säure-äthylester und Acetylchlorid in Nitrobenzol mit Aluminiumchlorid und Behandeln

des Reaktionsprodukts mit wss. Natronlauge (*Clarke, Robertson*, Soc. **1949** 302, 305). Gelbe Krystalle (aus Me.); F: 252°.

5-Acetyl-3,4,6-trihydroxy-benzofuran-7-carbonsäure-äthylester $C_{13}H_{12}O_7$, Formel VIII, und Tautomeres (5-Acetyl-4,6-dihydroxy-3-oxo-2,3-dihydro-benzofuran-7-carbonsäure-äthylester).

B. Beim Behandeln eines Gemisches von 3-Acetyl-2,4,6-trihydroxy-benzoesäure-äthyl= ester, Chloracetonitril, Aluminiumchlorid, Zinkchlorid und Äther mit Chlorwasserstoff (*Gruber, Horváth*, M. **81** [1950] 819, 824).

Krystalle (aus Bzl. + Me.); F: 193—195°.

Beim Erwärmen mit Acetanhydrid und Acetylchlorid ist eine als 3,4-Diacetoxy-5-acetyl-6-hydroxy-benzofuran-7-carbonsäure-äthylester (Formel VIII [R = CO-CH$_3$, X = H]) angesehene Verbindung $C_{17}H_{16}O_9$ (Krystalle [aus Bzl. + Me.], F: 156—160°), beim Erhitzen mit Acetanhydrid und Acetylchlorid ist hingegen 3,4,6-Tri= acetoxy-5-acetyl-benzofuran-7-carbonsäure-äthylester erhalten worden.

VII   VIII   IX

3,4,6-Triacetoxy-5-acetyl-benzofuran-7-carbonsäure-äthylester $C_{19}H_{18}O_{10}$, Formel VIII (R = X = CO-CH$_3$).

B. Beim Erhitzen von 5-Acetyl-3,4,6-trihydroxy-benzofuran-7-carbonsäure-äthylester mit Acetanhydrid und Acetylchlorid (*Gruber, Horváth*, M. **81** [1950] 819, 825).

Krystalle (aus Me. + Ae.); F: 121—123°.

[4,6-Dimethoxy-7-methyl-1,3-dioxo-phthalan-5-yl]-essigsäure, 4-Carboxymethyl-3,5-dimethoxy-6-methyl-phthalsäure-anhydrid $C_{13}H_{12}O_7$, Formel IX.

Diese Konstitution kommt wahrscheinlich der nachstehend beschriebenen Verbindung zu (*Birkinshaw et al.*, Biochem. J. **43** [1948] 216, 218).

B. Beim Erhitzen von [4,6-Dimethoxy-7-methyl-3-oxo-phthalan-5-yl]-essigsäure mit wss. Natronlauge und Behandeln der Reaktionslösung mit Kaliumpermanganat in Wasser (*Bi. et al.*, l. c. S. 221).

Krystalle (aus Ae. + PAe.); F: 162,5°.

Hydroxy-oxo-carbonsäuren $C_{12}H_{10}O_7$

*Opt.-inakt. **Cyan-[7-methoxy-2-oxo-chroman-4-yl]-essigsäure,** 2-Cyan-3-[2-hydroxy-4-methoxy-phenyl]-glutarsäure-5-lacton $C_{13}H_{11}NO_5$, Formel X.

B. Beim Behandeln von opt.-inakt. Cyan-[7-methoxy-2-oxo-chroman-4-yl]-essigsäure-amid (s. u.) mit konz. wss. Salzsäure (*Seshadri, Venkateswarlu*, Pr. Indian Acad. [A] **15** [1942] 424, 426).

Krystalle (aus W. oder wss. A.); F: 247—249°.

*Opt.-inakt. **Cyan-[7-hydroxy-2-oxo-chroman-4-yl]-essigsäure-amid,** 4-Cyan-3-[2,4-di= hydroxy-phenyl]-glutaramidsäure-2-lacton $C_{12}H_{10}N_2O_4$, Formel XI (R = H).

B. Bei mehrtägigem Erwärmen von 7-Hydroxy-cumarin mit Cyanessigsäure-amid, Piperidin und Äthanol (*Seshadri, Venkateswarlu*, Pr. Indian Acad. [A] **15** [1942] 424, 427).

Krystalle (aus wss. Py.) mit 0,5 Mol H$_2$O, die unterhalb 300° nicht schmelzen.

*Opt.-inakt. **Cyan-[7-methoxy-2-oxo-chroman-4-yl]-essigsäure-amid,** 4-Cyan-3-[2-hydr= oxy-4-methoxy-phenyl]-glutaramidsäure-lacton $C_{13}H_{12}N_2O_4$, Formel XI (R = CH$_3$).

B. Beim Erwärmen von 7-Methoxy-cumarin mit Cyanessigsäure-amid, Piperidin und Äthanol (*Seshadri, Venkateswarlu*, Pr. Indian Acad. [A] **15** [1942] 424, 425).

Krystalle (aus wss. Py.) mit 0,5 Mol H_2O; F: 262—263°.

3-[5,6,7-Trimethoxy-1-oxo-1H-isochromen-4-yl]-propionsäure $C_{15}H_{16}O_7$, Formel XII
(R = H).

B. Beim Erhitzen von 3-[5,6,7-Trimethoxy-1-oxo-1H-isochromen-4-yl]-propionsäure-methylester mit wss. Salzsäure und Essigsäure (*Grimshaw, Haworth*, Soc. **1956** 418, 422).
Krystalle (aus Bzl.); F: 179—180°.
Beim Erwärmen mit Phosphor(V)-oxid in Benzol ist Tri-O-methyl-brevifolin (S. 3152) erhalten worden.

X   XI   XII

3-[5,6,7-Trimethoxy-1-oxo-1H-isochromen-4-yl]-propionsäure-methylester $C_{16}H_{18}O_7$,
Formel XII (R = CH_3).

B. Beim Behandeln einer Lösung von 4-[3-Diazo-acetonyl]-5,6,7-trimethoxy-isocumarin in Methanol mit Silberbenzoat in Triäthylamin (*Grimshaw, Haworth*, Soc. **1956** 418, 422).
Krystalle (aus Me.); F: 97—98°.

(±)-[4-Methoxy-1-methyl-3-oxo-phthalan-1-yl]-malonsäure-diäthylester $C_{17}H_{20}O_7$,
Formel XIII.

B. Beim Behandeln von 3-Hydroxy-7-methoxy-3-methyl-phthalid (⇌2-Acetyl-6-methoxy-benzoesäure) mit Phosphor(V)-chlorid in Benzol und Behandeln des Reaktionsprodukts mit Äthoxomagnesio-malonsäure-diäthylester in Benzol (*Boothe et al.*, Am. Soc. **75** [1953] 3263).
Krystalle (aus A.); F: 125—126,5° [korr.].

5,6-Dihydroxy-7-isopropyl-1,3-dioxo-phthalan-4-carbonsäure, 4,5-Dihydroxy-6-isopropyl-benzol-1,2,3-tricarbonsäure-1,2-anhydrid $C_{12}H_{10}O_7$, Formel XIV (R = H).

B. Bei $^1/_2$-stdg. Erhitzen der im folgenden Artikel beschriebenen Verbindung mit wss. Bromwasserstoffsäure (*Adams, Morris*, Am. Soc. **60** [1938] 2188).
Krystalle (aus Acn. + Bzn.); F: 140—141°.

7-Isopropyl-5,6-dimethoxy-1,3-dioxo-phthalan-4-carbonsäure, 4-Isopropyl-5,6-dimethoxy-benzol-1,2,3-tricarbonsäure-2,3-anhydrid, Gossinsäure $C_{14}H_{14}O_7$, Formel XV
(R = CH_3).

Konstitutionszuordnung: *Adams et al.*, Chem. Reviews **60** [1960] 555, 562.

B. Neben Tetra-O-methyl-gossypolonsäure (5,5′-Diisopropyl-6,7,6′,7′-tetramethoxy-3,3′-dimethyl-1,4,1′,4′-tetraoxo-1,4,1′,4′-tetrahydro-[2,2′]binaphthyl-8,8′-dicarbonsäure) beim Erhitzen von Hexa-O-methyl-gossypol (5,5′-Diisopropyl-2,3,4,2′,3′,4′-hexamethoxy-7,7′-dimethyl-2H,2′H-[8,8′]bi[naphtho[1,8-bc]furanyl]; F: 239—241°) mit wss. Salpetersäure (*Adams et al.*, Am. Soc. **60** [1938] 2170, 2172).
Krystalle (aus Toluol sowie durch Sublimation bei 180°/2 Torr); F: 185—186° [korr.] (*Adams, Dial*, Am. Soc. **61** [1939] 2077, 2082).
Bei $^1/_2$-stdg. Erhitzen mit wss. Bromwasserstoffsäure ist 4,5-Dihydroxy-6-isopropyl-benzol-1,2,3-tricarbonsäure-1,2-anhydrid (*Adams, Morris*, Am. Soc. **60** [1938] 2188), bei 4-stdg. Erhitzen mit wss. Bromwasserstoffsäure ist hingegen 3,4-Dihydroxy-5-isopropyl-benzoesäure (über die Konstitution dieser Verbindung s. *Adams et al.*, Am. Soc. **61** [1939] 1134) erhalten worden (*Adams et al.*, Am. Soc. **60** [1938] 2191).

XIII   XIV   XV

6-Äthoxy-7-isopropyl-5-methoxy-1,3-dioxo-phthalan-4-carbonsäure, 5-Äthoxy-4-iso-propyl-6-methoxy-benzol-1,2,3-tricarbonsäure-2,3-anhydrid $C_{15}H_{16}O_7$, Formel XV (R = C_2H_5).

Konstitutionszuordnung: *Adams, Dial,* Am. Soc. **61** [1939] 2077, 2078; s. a. *Adams et al.,* Chem. Reviews **60** [1960] 555, 566.

B. Beim Erhitzen von 4,4'-Diäthoxy-5,5'-diisopropyl-2,3,2',3'-tetramethoxy-7,7'-di-methyl-2*H*,2'*H*-[8,8']bi[naphtho[1,8-*bc*]furanyl] (F: 271−272°) mit wss. Salpetersäure (*Ad., Dial,* l. c. S. 2080).

Krystalle (aus Toluol); F: 178−179° [korr.] (*Ad., Dial*).

7-Isopropyl-5,6-dimethoxy-1,3-dioxo-phthalan-4-carbonsäure-methylester, 4-Isopropyl-5,6-dimethoxy-benzol-1,2,3-tricarbonsäure-2,3-anhydrid-1-methylester, Gossinsäure-methylester $C_{15}H_{16}O_7$, Formel XIV (R = CH_3).

B. Beim Behandeln von Gossinsäure (S. 6601) mit Diazomethan in Äther (*Adams et al.,* Am. Soc. **60** [1938] 2170, 2173).

Krystalle (aus PAe.); F: 106°.

Hydroxy-oxo-carbonsäuren $C_{13}H_{12}O_7$

(±)-3-[2-Acetyl-4,6-dimethoxy-3-oxo-2,3-dihydro-benzofuran-2-yl]-propionsäure-methylester $C_{16}H_{18}O_7$, Formel I.

B. Beim Behandeln eines Gemisches von 1-[3-Hydroxy-4,6-dimethoxy-benzofuran-2-yl]-äthanon, Methylacrylat und Dioxan mit wss. Benzyl-trimethyl-ammonium-hydr-oxid-Lösung (*Dean, Manunapichu,* Soc. **1957** 3112, 3120).

Krystalle (aus PAe.); F: 92°. UV-Absorptionsmaxima (A.): 288 nm und 325 nm.

I   II

(±)-3-{2-[1-(2,4-Dinitro-phenylhydrazono)-äthyl]-4,6-dimethoxy-3-oxo-2,3-dihydro-benzofuran-2-yl}-propionsäure-methylester $C_{22}H_{22}N_4O_{10}$, Formel II (R = $C_6H_3(NO_2)_2$).

B. Aus (±)-3-[2-Acetyl-4,6-dimethoxy-3-oxo-2,3-dihydro-benzofuran-2-yl]-propion-säure-methylester und [2,4-Dinitro-phenyl]-hydrazin (*Dean, Manunapichu,* Soc. **1957** 3112, 3120).

Krystalle (aus A.); F: 166°.

(±)-3-[4,6-Dimethoxy-3-oxo-2-(1-semicarbazono-äthyl)-2,3-dihydro-benzofuran-2-yl]-propionsäure-methylester $C_{17}H_{21}N_3O_7$, Formel II (R = $CO-NH_2$).

B. Aus (±)-3-[2-Acetyl-4,6-dimethoxy-3-oxo-2,3-dihydro-benzofuran-2-yl]-propion-säure-methylester und Semicarbazid (*Dean, Manunapichu,* Soc. **1957** 3112, 3120).

Krystalle (aus A.); F: 214−216°.

(±)-3-[2-Acetyl-4,6-dimethoxy-3-oxo-2,3-dihydro-benzofuran-2-yl]-propionitril $C_{15}H_{15}NO_5$, Formel III.

B. Beim Behandeln eines Gemisches von 1-[3-Hydroxy-4,6-dimethoxy-benzofuran-

2-yl]-äthanon, Acrylonitril und Dioxan mit wss. Benzyl-trimethyl-ammonium-hydroxid-Lösung (*Dean, Manunapichu*, Soc. **1957** 3112, 3120).

Krystalle (aus wss. A.); F: 140°.

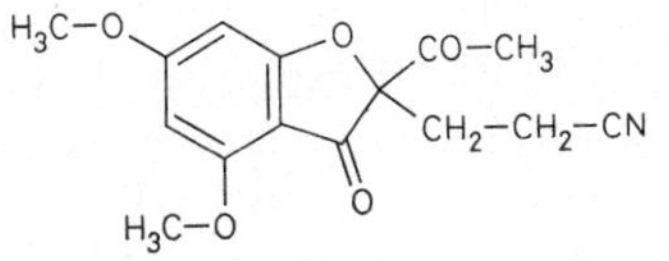

III 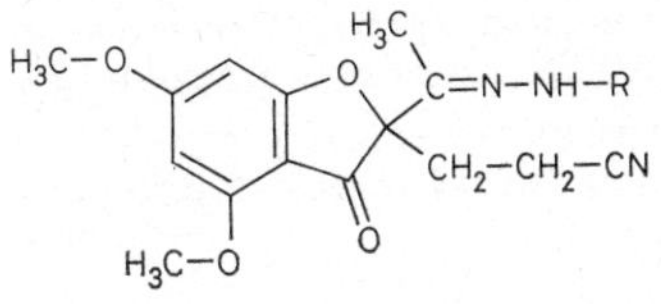   IV

(±)-3-{2-[1-(2,4-Dinitro-phenylhydrazono)-äthyl]-4,6-dimethoxy-3-oxo-2,3-dihydro-benzofuran-2-yl}-propionitril $C_{21}H_{19}N_5O_8$, Formel IV (R = $C_6H_3(NO_2)_2$).

B. Aus (±)-3-[2-Acetyl-4,6-dimethoxy-3-oxo-2,3-dihydro-benzofuran-2-yl]-propionitril und [2,4-Dinitro-phenyl]-hydrazin (*Dean, Manunapichu*, Soc. **1957** 3112, 3120).

Orangegelbe Krystalle (aus A.); F: 195°.

(±)-3-[4,6-Dimethoxy-3-oxo-2-(1-semicarbazono-äthyl)-2,3-dihydro-benzofuran-2-yl]-propionitril $C_{16}H_{18}N_4O_5$, Formel IV (R = CO-NH₂).

B. Aus (±)-3-[2-Acetyl-4,6-dimethoxy-3-oxo-2,3-dihydro-benzofuran-2-yl]-propionitril und Semicarbazid (*Dean, Manunapichu*, Soc. **1957** 3112, 3120).

Krystalle (aus wss. A.); F: 234°.

3-[(S)-7-Chlor-4-hydroxy-3-oxo-phthalan-1-yl]-glutarsäure $C_{13}H_{11}ClO_7$, Formel V (R = H).

Die Konfiguration ergibt sich aus der genetischen Beziehung zu Tetracyclin ((4aS)-3,6t,10,12,12a-Pentahydroxy-6c-methyl-4c-dimethylamino-1,11-dioxo-(4ar,5ac,12ac)-1,4,4a,5,5a,6,11,12a-octahydro-naphthacen-2-carbonsäure-amid).

B. Neben anderen Verbindungen beim Behandeln von (4aS)-7-Chlor-3,6t,10,12,12a-pentahydroxy-4c-dimethylamino-1,11-dioxo-(4ar,5ac,12ac)-1,4,4a,5,5a,6,11,12a-octahydro-naphthacen-2-carbonsäure-amid mit wss. Natronlauge und mit Sauerstoff (*Webb et al.*, Am. Soc. **79** [1957] 4563).

F: 194—195°. [α]$_D^{25}$: +2,5° [Me.; c = 2].

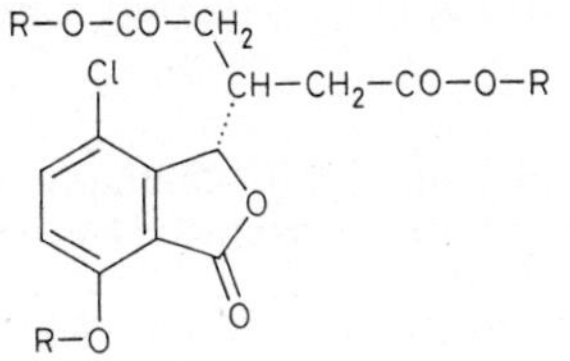

V 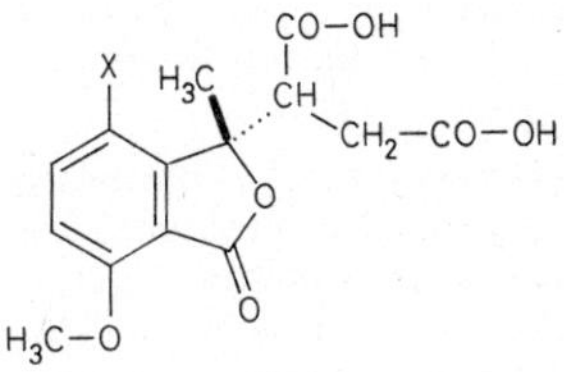   VI

3-[(S)-7-Chlor-4-methoxy-3-oxo-phthalan-1-yl]-glutarsäure-dimethylester $C_{16}H_{17}ClO_7$, Formel V (R = CH₃).

B. Aus 3-[(S)-7-Chlor-4-hydroxy-3-oxo-phthalan-1-yl]-glutarsäure mit Hilfe von Diazomethan (*Webb et al.*, Am. Soc. **79** [1957] 4563).

F: 119,5—120,5°.

[4-Methoxy-1-methyl-3-oxo-phthalan-1-yl]-bernsteinsäure $C_{14}H_{14}O_7$, Formel VI (X = H) und Spiegelbild.

a) Opt.-inakt. Stereoisomeres vom F: 209°.

B. Neben dem unter b) beschriebenen Stereoisomeren beim Erhitzen von (±)-1-[4-Methoxy-1-methyl-3-oxo-phthalan-1-yl]-äthan-1,1,2-tricarbonsäure-triäthylester mit konz. wss. Salzsäure (*Boothe et al.*, Am. Soc. **75** [1953] 3263).

Krystalle (aus W.); F: 207—209,5° [korr.].

b) Opt.-inakt. Stereoisomeres vom F: 191°.

B. s. bei dem unter a) beschriebenen Stereoisomeren.

Krystalle (aus E.); F: 190—191° [korr.] (*Boothe et al.*, Am. Soc. **75** [1953] 3263).

[7-Chlor-4-methoxy-1-methyl-3-oxo-phthalan-1-yl]-bernsteinsäure $C_{14}H_{13}ClO_7$,
Formel VI (X = Cl) und Spiegelbild.

a) Linksdrehendes Stereoisomeres vom F: 212°; vermutlich **(*Ξ*)-[(*S*)-7-Chlor-4-methoxy-1-methyl-3-oxo-phthalan-1-yl]-bernsteinsäure**, Formel VI (X = Cl).

B. Neben anderen Verbindungen beim Behandeln von Aureomycin-hydrochlorid
(E III **14** 1710) mit Dimethylsulfat und wss. Natriumcarbonat-Lösung und Behandeln
der Reaktionslösung mit Kaliumpermanganat (*Am. Cyanamid Co.*, U.S.P. 2704289
[1952]; *Hutchings et al.*, Am. Soc. **74** [1952] 3710).

Gewinnung aus dem unter b) beschriebenen Racemat mit Hilfe von Brucin: *Boothe
et al.*, Am. Soc. **75** [1953] 3263.

Krystalle (aus W.); F: 211—212° [korr.; Zers.] (*Bo. et al.*; s. a. *Hu. et al.*). $[\alpha]_D^{25}$:
—20,4° [A.] (*Bo. et al.*); $[\alpha]_D^{25}$: —20,2° [A.] (*Hu. et al.*).

b) Opt.-inakt. Stereoisomeres vom F: 229°.

B. Beim Behandeln von opt.-inakt. [4-Methoxy-1-methyl-3-oxo-phthalan-1-yl]-bern=
steinsäure vom F: 209° (S. 6603) mit Chlor in Essigsäure (*Boothe et al.*, Am. Soc. **75**
[1953] 3263).

Krystalle (aus W.); F: 228—229° [korr.; Zers.].

c) Opt.-inakt. Stereoisomeres vom F: 200°.

B. Beim Behandeln von opt.-inakt. [4-Methoxy-1-methyl-3-oxo-phthalan-1-yl]-bern=
steinsäure vom F: 191° (S. 6603) mit Chlor in Essigsäure (*Boothe et al.*, Am. Soc. **75**
[1953] 3263).

Krystalle (aus E. + PAe.); F: 199—200° [korr.; Zers.].

<hr>

Hydroxy-oxo-carbonsäuren $C_{14}H_{14}O_7$

*****Opt.-inakt. 4,6-Dimethoxy-2-[1-methyl-3-oxo-butyl]-3-oxo-2,3-dihydro-benzofuran-
2-carbonsäure-äthylester** $C_{18}H_{22}O_7$, Formel VII (R = CH_3).

B. Beim Behandeln eines Gemisches von (±)-4,6-Dimethoxy-3-oxo-2,3-dihydro-benzo=
furan-2-carbonsäure-äthylester, Pent-3*t*(?)-en-2-on (vgl. E IV **1** 3460) und Benzol mit
Natriumäthylat in Äthanol (*MacMillan et al.*, Soc. **1954** 429, 434).

Krystalle (aus Bzl. oder aus Bzl. + PAe.); F: 188—190°.

Beim Erhitzen mit wss. Natronlauge ist 7,9-Dimethoxy-4-methyl-3,4-dihydro-1*H*-
dibenzofuran-2-on erhalten worden.

<hr>

**3,3-Bis-[2-carboxy-äthyl]-7-methoxy-3*H*-benzofuran-2-on, 3,3'-[7-Methoxy-2-oxo-
benzofuran-3-yliden]-di-propionsäure, 3-[2-Hydroxy-3-methoxy-phenyl]-pentan-
1,3,5-tricarbonsäure-3-lacton** $C_{15}H_{16}O_7$, Formel VIII (R = CH_3).

B. Beim Erwärmen von 3-[2,3-Dimethoxy-phenyl]-pentan-1,3,5-tricarbonitril mit
Essigsäure und wss. Bromwasserstoffsäure (*Horning*, *Schock*, Am. Soc. **70** [1948] 2945,
2948).

Krystalle (aus W.); F: 148—149° [korr.].

<hr>

3-[(*S*)-7-Chlor-4-hydroxy-1-methyl-3-oxo-phthalan-1-yl]-glutarsäure $C_{14}H_{13}ClO_7$,
Formel IX (R = X = H).

Bezüglich der Konfigurationszuordnung s. *Dobrynin et al.*, Tetrahedron Letters **1962**
901, 902, 904; *Kamiya et al.*, Experientia **27** [1971] 363.

B. Beim Erhitzen von 3-[(*S*)-7-Chlor-4-methoxy-1-methyl-3-oxo-phthalan-1-yl]-glutar=
säure mit wss. Bromwasserstoffsäure (*Hutchings et al.*, Am. Soc. **74** [1952] 3710). Neben
3,4-Dihydroxy-2,5-dioxo-cyclopentancarbonsäure-amid (F: 198—200° [Zers.]) beim Behandeln von (*S*)-4-[4-Carbamoyl-2,3,5-trihydroxy-phenyl]-3-[(*S*)-7-chlor-4-hydroxy-
1-methyl-3-oxo-phthalan-1-yl]-buttersäure (*Waller et al.*, Am. Soc. **74** [1952] 4978) oder
von Aureomycin-methojodid [vgl. E III **14** 1710] (*Boothe et al.*, Am. Soc. **80** [1958] 1654,
1656) mit wss. Natronlauge und mit Sauerstoff.

Krystalle (aus E. + Bzl.); F: 172,5—175° (*Hu. et al.*). UV-Absorptionsmaxima:

268 nm und 310 nm [wss. Salzsäure] bzw. 258 nm und 350 nm [wss. Natriumtetraborat-Lösung] (*Bo. et al.*).

VII   VIII   IX

3-[(*S*)-7-Chlor-4-methoxy-1-methyl-3-oxo-phthalan-1-yl]-glutarsäure $C_{15}H_{15}ClO_7$, Formel IX (R = CH_3, X = H).

B. Neben anderen Verbindungen beim Behandeln von Aureomycin (E III **14** 1710) mit Dimethylsulfat und wss. Natriumcarbonat-Lösung und anschliessend mit wss. Natronlauge und mit Kaliumpermanganat (*Hutchings et al.*, Am. Soc. **74** [1952] 3710).

Krystalle (aus E., aus W. oder aus E. + PAe.); F: 203—204°.

3-[(*S*)-7-Chlor-4-methoxy-1-methyl-3-oxo-pthhalan-1-yl]-glutarsäure-dimethylester $C_{17}H_{19}ClO_7$, Formel IX (R = X = CH_3).

B. Beim Erwärmen von 3-[(*S*)-7-Chlor-4-methoxy-1-methyl-3-oxo-phthalan-1-yl]-glutarsäure mit Methanol und konz. Schwefelsäure (*Hutchings et al.*, Am. Soc. **74** [1932] 3710).

Krystalle (aus Ae. + PAe.); F: 108—109,5°.

Hydroxy-oxo-carbonsäuren $C_{16}H_{18}O_7$

[9,10,11-Trimethoxy-3-oxo-2,3,5,6,7,11b-hexahydro-1*H*-benzo[3,4]cyclohepta[1,2-*b*]pyran-4a-yl]-essigsäure-methylester, 3-[6-Hydroxy-2,3,4-trimethoxy-6-methoxycarbonylmethyl-6,7,8,9-tetrahydro-5*H*-benzocyclohepten-5-yl]-propionsäure-lacton $C_{20}H_{26}O_7$.

a) Opt.-inakt. Stereoisomeres vom F: 148°, vermutlich **(±)-[9,10,11-Trimethoxy-3-oxo-(11b*c*)-2,3,5,6,7,11b-hexahydro-1*H*-benzo[3,4]cyclohepta[1,2-*b*]pyran-4a*r*-yl]-essigsäure-methylester**, Formel X + Spiegelbild.

B. Beim Behandeln einer Lösung von (±)-3-[6*t*(?)-Carboxymethyl-6*c*(?)-hydroxy-2,3,4-trimethoxy-6,7,8,9-tetrahydro-5*H*-benzocyclohepten-5*r*-yl]-propionsäure (F: 83° bis 88°) in Pyridin mit Dicyclohexylcarbodiimid und Behandeln einer Lösung des Reaktionsprodukts in Methanol mit Diazomethan in Äther (*van Tamelen et al.*, Am. Soc. **81** [1959] 6341; Tetrahedron **14** [1961] 8, 18, 28).

Krystalle (aus Me.); F: 148,2—148,7° [korr.].

X   XI

b) Opt.-inakt. Stereoisomeres vom F: 150°, vermutlich **(±)-[9,10,11-Trimethoxy-3-oxo-(11b*t*)-2,3,5,6,7,11b-hexahydro-1*H*-benzo[3,4]cyclohepta[1,2-*b*]pyran-4a*r*-yl]-essigsäure-methylester**, Formel XI + Spiegelbild.

B. Aus (±)-3-[6*c*(?)-Carboxymethyl-6*t*(?)-hydroxy-2,3,4-trimethoxy-6,7,8,9-tetrahydro-5*H*-benzocyclohepten-5*r*-yl]-propionsäure (F: 206—208°) analog dem unter a) beschriebenen Stereoisomeren (*van Tamelen et al.*, Am. Soc. **81** [1959] 6341; Tetrahedron **14** [1961] 8, 18, 30).

Krystalle (aus Me.); F: 149,8—150,3° [korr.].

Hydroxy-oxo-carbonsäuren $C_{18}H_{22}O_7$

(4aR)-2t,7-Dihydroxy-1-methyl-8,13-dioxo-(4bt,10at)-dodecahydro-7c,9ac-methano-4ar,1c-oxaäthano-benz[a]azulen-10t-carbonsäure-methylester, 2β,4a,7-Trihydroxy-1β-methyl-8-oxo-4aα,7β-gibban-1α,10β-dicarbonsäure-1 → 4a-lacton-10-methylester [1]) $C_{19}H_{24}O_7$, Formel I.

B. Neben anderen Verbindungen beim Behandeln einer Lösung von Gibberellin-A₁-methylester (S. 6517) in Äthylacetat mit Ozon bei $-40°$ und Behandeln des Reaktionsprodukts mit Wasser (*Seta et al.*, Bl. agric. chem. Soc. Japan **23** [1959] 412, 415).

Krystalle (aus Bzn. + E.); F: 135° und (nach Wiedererstarren) F: 170°. $[\alpha]_D^{25}$: $+44,0°$ [Me.; c = 0,8].

I   II   III

Hydroxy-oxo-carbonsäuren $C_{20}H_{26}O_7$

(3aS)-10ξ-Hydroxy-3ξ,8t,10a,10c-tetramethyl-1,2,5-trioxo-(3ar,6ac,7at,10ac,10bξ,10cc)-tetradecahydro-benzo[de]cyclopenta[g]chromen-10ξ-carbonsäure, 1ξ-Hydroxy-11,12,16-trioxo-A-nor-9ξ,13ξ-picrasan-1ξ-carbonsäure [2]) $C_{20}H_{26}O_7$, Formel II.

Diese Konstitution und Konfiguration ist vermutlich der nachstehend beschriebenen **Isobisnorquassinsäure** auf Grund ihrer Bildungsweise zuzuordnen.

B. Beim Erwärmen von Norquassinsäure (s. u.) mit Essigsäure und konz. wss. Salzsäure (*Hanson et al.*, Soc. **1954** 4238, 4250).

Krystalle (aus wss. Me.); F: 238−240° [Zers.]. $[M]_D^{20}$: $-33°$ [CHCl₃; c = 1]. UV-Absorptionsmaximum einer Lösung in Äthanol: 282 nm; einer Lösung des Kalium-Salzes in äthanol. Kalilauge: 340 nm.

Beim Behandeln mit Dimethylsulfat und wss. Natronlauge ist Norquassinsäure (s. u.) erhalten worden.

Isobisnorquassinsäure-methylester $C_{21}H_{28}O_7$ (mit Hilfe von Diazomethan hergestellt). Krystalle (aus E. + PAe.); F: 227−228°. $[M]_D^{23}$: $-30°$ [CHCl₃; c = 1]. UV-Absorptionsmaxima: 284 nm [A.] bzw. 294 nm und 335 nm [0,04 %ig. äthanol. Kalilauge] bzw. 342 nm [0,2 %ig. äthanol. Kalilauge].

(3aR)-10ξ-Hydroxy-2-methoxy-3,8t,10a,10c-tetramethyl-1,5-dioxo-(3ar,6ac,7at,10ac,10bξ,10cc)-Δ²-dodecahydro-benzo[de]cyclopenta[g]chromen-10ξ-carbonsäure, 1ξ-Hydroxy-12-methoxy-11,16-dioxo-A-nor-9ξ-picras-12-en-1ξ-carbonsäure $C_{21}H_{28}O_7$, Formel III (R = H).

Diese Konstitution und Konfiguration kommt der nachstehend beschriebenen **Norquassinsäure** zu (*Valenta et al.*, Tetrahedron **15** [1961] 100, 102; *Polonsky*, Fortschr. Ch. org. Naturst. **30** [1973] 101, 111).

B. Beim Erwärmen von Norquassin (S. 3172) mit wss. Natronlauge und Ansäuern der Reaktionslösung (*Hanson et al.*, Soc. **1954** 4238, 4250). Beim Behandeln von Norneoquassinsäure (1ξ,16ξ-Dihydroxy-12-methoxy-11-oxo-A-nor-9ξ-picras-12-en-1ξ-carbonsäure [F: 217−218°; Syst. Nr. 1473]) mit wss. Natronlauge und Kaliumpermanganat (*Ha. et al.*, l. c. S. 4249).

Krystalle (aus Me. + E.) mit 1 Mol H₂O, F: 236−237°; bei 200°/0,001 Torr sublimierbar (*Ha. et al.*). $[M]_D^{22}$: $-120°$ [CHCl₃; c = 0,2] (*Ha. et al.*). UV-Absorptionsmaximum (A.): 259 nm (*Ha. et al.*).

Beim Erhitzen mit Acetanhydrid und Natriumacetat ist 1ξ-Acetoxy-11-hydroxy-

---

[1]) Stellungsbezeichnung bei von Gibban abgeleiteten Namen s. S. 6080.

[2]) Stellungsbezeichnung bei von Picrasan abgeleiteten Namen s. S. 2531.

12-methoxy-16-oxo-*A*-nor-picrasa-9(11),12-dien-1ξ-carbonsäure-lacton (F: 203°; über die Konstitution und Konfiguration dieser Verbindung s. *Va. et al.*; *Po.*) erhalten worden (*Ha. et al.*).

(3aR)-10ξ-Hydroxy-2-methoxy-3,8t,10a,10c-tetramethyl-1,5-dioxo-(3ar,6ac,7at,10ac,=10bξ,10cc)-Δ^2-dodecahydro-benzo[*de*]cyclopenta[*g*]chromen-10ξ-carbonsäure-methyl=ester, 1ξ-Hydroxy-12-methoxy-11,16-dioxo-*A*-nor-9ξ-picras-12-en-1ξ-carbonsäure-methylester $C_{22}H_{30}O_7$, Formel III (R = CH_3).

Diese Konstitution und Konfiguration kommt dem nachstehend beschriebenen **Nor=quassinsäure-methylester** zu.

B. Aus Norquassinsäure (S. 6606) mit Hilfe von Diazomethan oder von Chlorwasserstoff enthaltendem Methanol (*Hanson et al.*, Soc. **1954** 4238, 4249). Beim Erhitzen von Nor=neoquassinsäure-methylester (1ξ,16ξ-Dihydroxy-12-methoxy-11-oxo-*A*-nor-9ξ-picras-12-en-1ξ-carbonsäure-methylester [F: 168—170°; Syst. Nr. 1473]) mit Natriumdichromat, Natriumacetat und wss. Essigsäure (*Ha. et al.*, l. c. S. 4250).

Krystalle (aus Me. bzw. aus E. + PAe.); F: 295° bzw. F: 290—292° [Zers.]. $[M]_D^{22}$: −119° [$CHCl_3$]. UV-Absorptionsmaximum (A.): 257 nm.

Hydroxy-oxo-carbonsäuren $C_{21}H_{28}O_7$

3β,5,14-Trihydroxy-20-oxo-5β,14β-pregnan-19,21-disäure-21 → 14-lacton $C_{21}H_{28}O_7$, Formel IV (R = X = H).

B. Beim Behandeln von O^3-Acetyl-strophanthidin (S. 3129) mit wss. Natronlauge und Kaliumpermanganat (*Barber, Ehrenstein*, A. **603** [1957] 89, 91, 101).

Krystalle; F: 276—278° [Zers.; aus A.] (*Jacobs*, J. biol. Chem. **57** [1923] 553, 560; s. dazu *Elderfield*, J. biol. Chem. **113** [1936] 631, 633), 272—273° [unkorr.; Zers.; Fisher-Johns-App.; aus Me.] (*Ba., Eh.*). $[\alpha]_D^{28}$: +28,0° [Py.; c = 1] (*Ja.*).

3β,5,14-Trihydroxy-20-oxo-5β,14β-pregnan-19,21-disäure-21 → 14-lacton-19-methylester $C_{22}H_{30}O_7$, Formel IV (R = H, X = CH_3).

B. Aus 3β,5,14-Trihydroxy-20-oxo-5β,14β-pregnan-19,21-disäure-21 →14-lacton mit Hilfe von Diazomethan (*Jacobs*, J. biol. Chem. **57** [1923] 553, 561; s. a. *Elderfield*, J. biol. Chem. **113** [1936] 631, 633).

Krystalle (aus Me.); F: 251—252° [Zers.; nach Sintern bei 246°]; $[\alpha]_D^{22}$: −12,0° [Acn.; c = 1] (*Ja.*).

3β-Acetoxy-5,14-dihydroxy-20-oxo-5β,14β-pregnan-19,21-disäure-21 → 14-lacton-19-methylester $C_{24}H_{32}O_8$, Formel IV (R = $CO-CH_3$, X = CH_3).

B. Als Hauptprodukt beim Behandeln von 3β-Acetoxy-5,14,21-trihydroxy-20-oxo-5β,14β-pregnan-19-säure-methylester mit Chrom(VI)-oxid und Essigsäure (*Buzas, Reichstein*, Helv. **31** [1948] 84, 89).

Krystalle (aus Acn. + Ae.); F: 240—244° [korr.; Kofler-App.; Zers.; nach Sintern bei 230°]. $[\alpha]_D^{24}$: −7,0° [$CHCl_3$; c = 2].

IV　　　　　　　　　　　　　　　　V

3β-Benzoyloxy-5,14-dihydroxy-20-oxo-5β,14β-pregnan-19,21-disäure-21 → 14-lacton-19-methylester $C_{29}H_{34}O_8$, Formel IV (R = $CO-C_6H_5$, X = CH_3).

B. Beim Behandeln von 3β,5,14-Trihydroxy-20-oxo-5β,14β-pregnan-19,21-disäure-21 →14-lacton-19-methylester mit Benzoylchlorid und Pyridin (*Jacobs*, J. biol. Chem. **57** [1923] 553, 561; s. a. *Elderfield*, J. biol. Chem. **113** [1936] 631, 633).

Krystalle (aus Me.); F: 249—251° [Zers.]. $[\alpha]_D^{29}$: +7,5° [Acn.; c = 1] (*Ja.*).

3β,5,14-Trihydroxy-20-hydroxyimino-5β,14β-pregnan-19,21-disäure-21 → 14-lacton-19-methylester $C_{22}H_{31}NO_7$, Formel V (X = OH).

B. Beim Erwärmen von 3β,5,14-Trihydroxy-20-oxo-5β,14β-pregnan-19,21-disäure-21→14-lacton-19-methylester mit Hydroxylamin-hydrochlorid und Natriumacetat in Methanol (*Jacobs*, J. biol. Chem. **57** [1923] 553, 562; s. a. *Elderfield*, J. biol. Chem. **113** [1936] 631, 633).

Krystalle (aus wss. Me.); F: 272−274° [Zers.] (*Ja.*).

3β,5,14-Trihydroxy-20-phenylhydrazono-5β,14β-pregnan-19,21-disäure-21 → 14-lacton-19-methylester $C_{28}H_{36}N_2O_6$, Formel V (X = NH-C_6H_5).

B. Beim Erwärmen von 3β,5,14-Trihydroxy-20-oxo-5β,14β-pregnan-19,21-disäure-21→14-lacton-19-methylester mit Phenylhydrazin und Essigsäure (*Jacobs*, J. biol. Chem. **57** [1923] 553, 562; s. a. *Elderfield*, J. biol. Chem. **113** [1936] 631, 633).

Gelbliche Krystalle (aus Me.); F: 265−266° [Zers.] (*Ja.*).

20-[4-Brom-phenylhydrazono]-3β,5,14-trihydroxy-5β,14β-pregnan-19,21-disäure-21 → 14-lacton-19-methylester $C_{28}H_{35}BrN_2O_6$, Formel V (X = NH-C_6H_4-Br).

B. Beim Erwärmen von 3β,5,14-Trihydroxy-20-oxo-5β,14β-pregnan-19,21-disäure-21→14-lacton-19-methylester mit [4-Brom-phenyl]-hydrazin und Essigsäure (*Elderfield*, J. biol. Chem. **113** [1936] 631, 634).

Krystalle (aus E.); F: 273°.

Hydroxy-oxo-carbonsäuren $C_{23}H_{32}O_7$

2α,3β,14,21-Tetrahydroxy-24-nor-5α,14β-chol-20(22)*t*-en-19,23-disäure-23 → 21-lacton, Calotropageninsäure $C_{23}H_{32}O_7$, Formel VI.

Bezüglich der Konstitution und Konfiguration s. *Brüschweiler et al.*, Helv. **52** [1969] 2276.

B. Beim Behandeln einer Lösung von Calotropagenin (S. 3123) in Methanol und Chloroform mit Luft unter Belichtung (*Hesse et al.*, A. **625** [1959] 167, 171).

Krystalle (aus E.); F: 258−262° [unkorr.] (*He. et al.*).

VI   VII

2α,14,21-Trihydroxy-3β-[(2*S*)-4ξ-hydroxy-6*c*-methyl-3-oxo-tetrahydro-pyran-2*r*-yloxy]-24-nor-5α,14β-chol-20(22)-en-19,23-disäure-23 → 21-lacton $C_{29}H_{40}O_{10}$ und Tautomere.

14,8′ξ,8′a-Trihydroxy-6′α-methyl-17β-[5-oxo-2,5-dihydro-[3]furyl]-(2β,3α,5α,14β,= 4′aβ,8′aξ)-hexahydro-androstano[2,3-b]pyrano[2,3-e][1,4]dioxin-19-säure $C_{29}H_{40}O_{10}$, Formel VII.

Bezüglich der Konstitution und Konfiguration der nachstehend beschriebenen Calo= tropinsäure s. *Brüschweiler et al.*, Helv. **52** [1969] 2276, 2280.

B. Beim Behandeln einer Lösung von Calotropin (S. 3125) in Chloroform und Methanol mit Luft unter Belichtung (*Hesse et al.*, A. **625** [1959] 167, 171).

Krystalle (aus $CHCl_3$ + Me.) mit 1 Mol Chloroform, F: 208−210° [unkorr.]; $[α]_D^{21}$: +63,6° [Me.] (*He. et al.*).

3,5,14-Trihydroxy-13-methyl-17-[5-oxo-2,5-dihydro-[3]furyl]-hexadecahydro-cyclo= penta[a]phenanthren-10-carbonsäure $C_{23}H_{32}O_7$.

a) **3β,5,14,21-Tetrahydroxy-24-nor-5β,14β-chol-20(22)*t*-en-19,23-disäure-23 → 21-lacton, Strophanthidinsäure** $C_{23}H_{32}O_7$, Formel VIII (R = X = H).

B. Beim Behandeln von Strophanthidin (S. 3127) mit Kaliumpermanganat in Aceton

(*Butenandt, Gallagher*, B. **72** [1939] 1866, 1868; *Jacobs*, J. biol. Chem. **57** [1923] 553, 556; s. a. *Jacobs, Collins*, J. biol. Chem. **65** [1925] 491, 499).

Krystalle (aus wss. A.) mit 0,5 Mol H_2O, F: 185—190° [Zers.; nach Sintern bei 175°] (*Ja.*); Krystalle (aus Me. + Ae.), F: 174—177° [korr.; Kofler-App.] (*Keller, Tamm*, Helv. **42** [1959] 2467, 2483). $[\alpha]_D^{25}$: +54,4° [Me.; c = 1] (*Ke., Tamm*); $[\alpha]_D^{26}$: +54,8° [Me.] (*Ja.*). UV-Spektrum (A.; 210—280 nm): *Stoll et al.*, Helv. **36** [1953] 1557, 1560.

Überführung in 3β,5,8,21-Tetrahydroxy-24-nor-5β-chol-20(22)t-en-19,23-disäure-19→8; 23→21-dilacton durch Behandlung mit konz. wss. Salzsäure: *Ja., Co.*; *Barber, Ehrenstein*, J. org. Chem. **26** [1961] 1230, 1239. Beim Behandeln mit wss. Natronlauge und Kaliumpermanganat ist 3β,5,14-Trihydroxy-20-oxo-5β,14β-pregnan-19,21-disäure-21→14-lacton erhalten worden (*Ja.*, l. c. S. 559; s. a. *Elderfield*, J. biol. Chem. **113** [1936] 631, 633).

Silber-Salz $AgC_{23}H_{31}O_7$. Krystalle (aus W.) mit 2 Mol H_2O (*Ja.*, l. c. S. 557).

    b) **3β,5,14,21-Tetrahydroxy-24-nor-5β,14β,17βH-chol-20(22)t-en-19,23-disäure-23 → 21-lacton, Allostrophanthidinsäure** $C_{23}H_{32}O_7$, Formel IX (R = H).

B. Beim Behandeln von Allostrophanthidin (S. 3129) mit Kaliumpermanganat in Aceton (*Bloch, Elderfield*, J. org. Chem. **4** [1939] 289, 295).

Krystalle (aus wss. Acn.); F: 247° (*Bl., El.*), 206—207° [unkorr.; Fisher-Johns-App.] (*Manzetti, Ehrenstein*, Helv. **52** [1969] 482, 487, 496). $[\alpha]_D^{22}$: +39,2° [Me.; c = 1] (*Bl., El.*); $[\alpha]_D^{25}$: +41,2° [Me.; c = 0,6] (*Ma., Eh.*).

3β-Acetoxy-5,14,21-trihydroxy-24-nor-5β,14β-chol-20(22)t-en-19,23-disäure-23 → 21-lacton, O^3-Acetyl-strophanthidinsäure $C_{25}H_{34}O_8$, Formel VIII (R = CO-CH₃, X = H).

B. Beim Behandeln von O^3-Acetyl-strophanthidin (S. 3129) mit Chrom(VI)-oxid und Essigsäure (*Koechlin, Reichstein*, Helv. **30** [1947] 1673, 1679; *Buzas, Reichstein*, Helv. **31** [1948] 84, 86, 88) oder mit Natriumdichromat und Essigsäure (*Barber, Ehrenstein*, A. **603** [1957] 89, 91).

Krystalle (aus Acn. + Ae.), F: 260—261° [korr.; Zers.; Kofler-App.] (*Bu., Re.*); Krystalle (aus CHCl₃) mit 1,5 Mol H_2O, F: 155—163° und (nach Wiedererstarren bei weiterem Erhitzen) F: 237—240° [korr.; Zers.; Kofler-App.] (*Ko., Re.*). $[\alpha]_D^{19}$: +67,6° [CHCl₃; c = 0,7] [wasserfreies Präparat] (*Ko., Re.*).

VIII   IX

5,14,21-Trihydroxy-3β-[O^3-methyl-β-D-*ribo*-2,6-didesoxy-hexopyranosyloxy]-24-nor-5β,14β-chol-20(22)t-en-19,23-disäure-23 → 21-lacton, 3β-β-D-Cymaropyranosyloxy-5,14,21-trihydroxy-24-nor-5β,14β-chol-20(22)t-en-19,23-disäure-23 → 21-lacton, O^3-β-D-Cymaropyranosyl-strophanthidinsäure, **Cymarylsäure** $C_{30}H_{44}O_{10}$, Formel X (R = X = H).

Isolierung aus 10 Jahre alten Samen von Strophanthus hispidus: *Keller, Tamm*, Helv. **42** [1959] 2467, 2471, 2479, 2482.

B. Bei mehrtägigem Behandeln einer Lösung von O^3-[O-Acetyl-β-D-cymaropyranosyl]-strophanthidinsäure (S. 6610) in Methanol mit wss. Kaliumhydrogencarbonat-Lösung (*Blome, Reichstein*, Pharm. Acta Helv. **22** [1947] 235, 241).

Krystalle (aus Me. + Ae.) mit 0,5 Mol H_2O; F: 154—157° [korr.; Kofler-App.]; $[\alpha]_D^{23}$: +21,8° [CHCl₃; c = 1] (*Ke., Tamm*). UV-Absorptionsmaximum (A.): 217 nm (*Ke., Tamm*).

Kalium-Salz $KC_{30}H_{43}O_{10}$. Krystalle (aus Me. + Acn.) mit 6 Mol H_2O; F: 232—236° [korr.; Zers.; Kofler-App.] (*Bl., Re.*).

3β-[O^4-Acetyl-O^3-methyl-β-D-*ribo*-2,6-didesoxy-hexopyranosyloxy]-5,14,21-trihydroxy-24-nor-5β,14β-chol-20(22)t-en-19,23-disäure-23 → 21-lacton, 3β-[O-Acetyl-β-D-cymaro≠ pyranosyloxy]-5,14,21-trihydroxy-24-nor-5β,14β-chol-20(22)t-en-19,23-disäure-23 → 21- lacton, O^3-[O-Acetyl-β-D-cymaropyranosyl]-strophanthidinsäure $C_{32}H_{46}O_{11}$, Formel X (R = CO-CH$_3$, X = H).

B. Beim Behandeln von O^3-[O-Acetyl-β-D-cymaropyranosyl]-strophanthidin (S. 3137) mit Chrom(VI)-oxid und Essigsäure (*Blome, Reichstein*, Pharm. Acta Helv. **22** [1947] 235, 239).

Krystalle mit 1,5 Mol H$_2$O (nach Behandlung mit Wasser); F: 138—141° [korr.; Kofler-App.].

Kalium-Salz $KC_{32}H_{45}O_{11}$. Krystalle (aus Acn.) mit 2 Mol H$_2$O; F: 301—305° und F: 280—282° [korr.; Zers.; Kofler-App.] [zwei Präparate] (*Bl., Re.*, l. c. S. 241).

5,14,21-Trihydroxy-3β-[tri-O-acetyl-α-L-rhamnopyranosyloxy]-24-nor-5β,14β-chol-20(22)t-en-19,23-disäure-23 → 21-lacton, O^3-[Tri-O-acetyl-α-L-rhamnopyranosyl]-strophanthidinsäure $C_{35}H_{48}O_{14}$, Formel XI (R = H).

B. Beim Behandeln von O^3-[Tri-O-acetyl-α-L-rhamnopyranosyl]-strophanthidin (S. 3144) mit Chrom(VI)-oxid und Essigsäure (*Katz*, Pharm. Acta Helv. **22** [1947] 244).

Krystalle (aus Ae.); F: 162—165° [korr.; Kofler-App.].

X   XI

3β-[O^2,O^3-Diacetyl-O^4-(tetra-O-acetyl-β-D-glucopyranosyl)-6-desoxy-β-D-gulopyranosyl≠ oxy]-5,14,21-trihydroxy-24-nor-5β,14β-chol-20(22)t-en-19,23-disäure-23 → 21-lacton, Hexa-O-acetyl-cheirotoxinsäure $C_{47}H_{64}O_{22}$, Formel XII (R = CO-CH$_3$, X = H).

B. Beim Behandeln von Hexa-O-acetyl-cheirotoxin (S. 3146) mit Chrom(VI)-oxid in Essigsäure (*Schwarz et al.*, Pharm. Acta Helv. **21** [1946] 250, 270).

Wasserhaltige Krystalle (aus Acn. + Ae.); F: 157—158°.

3,5,14-Trihydroxy-13-methyl-17-[5-oxo-2,5-dihydro-[3]furyl]-hexadecahydro-cyclopenta[a]phenanthren-10-carbonsäure-methylester $C_{24}H_{34}O_7$.

a) **3β,5,14,21-Tetrahydroxy-24-nor-5β,14β-chol-20(22)t-en-19,23-disäure-23 → 21-lacton-19-methylester, Strophanthidinsäure-methylester** $C_{24}H_{34}O_7$, Formel VIII (R = H, X = CH$_3$).

B. Aus Strophanthidinsäure (S. 6608) mit Hilfe von Diazomethan (*Jacobs*, J. biol. Chem. **57** [1923] 553, 558).

Krystalle (aus Me.) mit 1 Mol H$_2$O; F: 160—163° [nach Sintern bei 150°]. $[\alpha]_D^{27}$: +57,6° [Me.; c = 1].

b) **3β,5,14,21-Tetrahydroxy-24-nor-5β,14β,17βH-chol-20(22)t-en-19,23-disäure-23 → 21-lacton-19-methylester, Allostrophanthidinsäure-methylester** $C_{24}H_{34}O_7$, Formel IX (R = CH$_3$).

B. Aus Allostrophanthidinsäure (S. 6609) mit Hilfe von Diazomethan (*Bloch, Elderfield*, J. org. Chem. **4** [1939] 289, 295).

Krystalle; F: 263—265° [aus Acn. + Ae.] (*Bl., El.*), 237—239° [unkorr.; Fisher-Johns-App.; aus Acn. + Hexan] (*Manzetti, Ehrenstein*, Helv. **52** [1969] 482, 487, 497).

3β-Acetoxy-5,14,21-trihydroxy-24-nor-5β,14β-chol-20(22)t-en-19,23-disäure-23 → 21-lacton-19-methylester, O^3-Acetyl-strophanthidinsäure-methylester $C_{26}H_{36}O_8$, Formel VIII (R = CO-CH$_3$, X = CH$_3$) auf S. 6609.

B. Beim Behandeln einer Lösung von O^3-Acetyl-strophanthidinsäure (S. 6609) in Methanol mit Diazomethan in Äther (*Koechlin, Reichstein*, Helv. **30** [1947] 1673, 1680).

Krystalle (aus Acn. + Ae.); F: 127—130° [korr.; Kofler-App.]. [α]$_D^{23}$: +65,1° [CHCl$_3$; c = 2].

3β-Benzoyloxy-5,14,21-trihydroxy-24-nor-5β,14β-chol-20(22)t-en-19,23-disäure-23 → 21-lacton-19-methylester, O^3-Benzoyl-strophanthidinsäure-methylester $C_{31}H_{38}O_8$, Formel VIII (R = CO-C$_6$H$_5$, X = CH$_3$) auf S. 6609.

B. Beim Behandeln von Strophanthidinsäure-methylester (S. 6610) mit Benzoyl= chlorid und Pyridin (*Jacobs*, J. biol. Chem. **57** [1923] 553, 559).

Krystalle (aus Me.); F: 243—244° [korr.]. [α]$_D^{20}$: +61,0° [Acn.; c = 1].

5,14,21-Trihydroxy-3β-[O^3-methyl-β-D-*ribo*-2,6-didesoxy-hexopyranosyloxy]-24-nor-5β,14β-chol-20(22)t-en-19,23-disäure-23 → 21-lacton-19-methylester, 3β-β-D-Cymaro= pyranosyloxy-5,14,21-trihydroxy-24-nor-5β,14β-chol-20(22)t-en-19,23-disäure-23 → 21-lacton-19-methylester, O^3-β-D-Cymaropyranosyl-strophanthidinsäure-methylester, Cymarylsäure-methylester $C_{31}H_{46}O_{10}$, Formel X (R = H, X = CH$_3$).

B. Beim Behandeln einer Lösung von Cymarylsäure (S. 6609) in Methanol mit Diazo= methan in Äther (*Blome, Reichstein*, Pharm. Acta Helv. **22** [1947] 235, 242; *Keller, Tamm*, Helv. **42** [1959] 2467, 2482).

Krystalle; F: 232—233° [korr.; Kofler-App.; aus Acn. + Ae.] (*Bl., Re.*), 225—226° [korr.; Kofler-App.; aus Me. + Ae.] (*Ke., Tamm*). [α]$_D^{15}$: +58,6° [CHCl$_3$; c = 2] (*Bl., Re.*); [α]$_D^{22}$: +56,5° [Me.; c = 1] (*Ke., Tamm*). Absorptionsmaximum (A.): 218 nm (*Ke., Tamm*).

3β-[O^4-Acetyl-O^3-methyl-β-D-*ribo*-2,6-didesoxy-hexopyranosyloxy]-5,14,21-trihydroxy-24-nor-5β,14β-chol-20(22)t-en-19,23-disäure-23 → 21-lacton-19-methylester, 3β-[O-Acetyl-β-D-cymaropyranosyloxy]-5,14,21-trihydroxy-24-nor-5β,14β-chol-20(22)t-en-19,23-disäure-23 → 21-lacton-19-methylester, O^3-[O-Acetyl-β-D-cymaro= pyranosyl]-strophanthidinsäure-methylester $C_{33}H_{48}O_{11}$, Formel X (R = CO-CH$_3$, X = CH$_3$).

B. Beim Behandeln einer Lösung von O^3-[O-Acetyl-β-D-cymaropyranosyl]-strophanth= idinsäure (S. 6610) in Chloroform mit Diazomethan in Äther (*Blome, Reichstein*, Pharm. Acta Helv. **22** [1947] 235, 240; s. a. *Keller, Tamm*, Helv. **42** [1959] 2467, 2483).

Krystalle; F: 120—123° [korr.; Kofler-App.; bei 80° getrocknetes Präparat] (*Bl., Re.*).

5,14,21-Trihydroxy-3β-[tri-O-acetyl-α-L-rhamnopyranosyloxy]-24-nor-5β,14β-chol-20(22)t-en-19,23-disäure-23 → 21-lacton-19-methylester, O^3-[Tri-O-acetyl-α-L-rham= nopyranosyl]-strophanthidinsäure-methylester $C_{36}H_{50}O_{14}$, Formel XI (R = CH$_3$).

B. Beim Behandeln einer Lösung von O^3-[Tri-O-acetyl-α-L-rhamnopyranosyl]-stroph= anthidinsäure (S. 6610) in Methanol und Äther mit Diazomethan in Äther (*Katz*, Pharm. Acta Helv. **22** [1947] 244).

Krystalle (aus Acn. + Ae.); F: 145—146° und (nach Wiedererstarren bei weiterem Erhitzen) F: 235—238° [korr.; Kofler-App.]. [α]$_D^{18}$: +3,3° [CHCl$_3$; c = 1].

XII   XIII

3β-[O²,O³-Diacetyl-O⁴-(tetra-O-acetyl-β-D-glucopyranosyl)-6-desoxy-β-D-gulopyranosyl⸗oxy]-5,14,21-trihydroxy-24-nor-5β,14β-chol-20(22)t-en-19,23-disäure-23 → 21-lacton-19-methylester, Hexa-O-acetyl-cheirotoxinsäure-methylester $C_{48}H_{66}O_{22}$, Formel XII (R = CO-CH₃, X = CH₃).

B. Beim Behandeln einer Lösung von Hexa-O-acetyl-cheirotoxinsäure (S. 6610) in Chloroform mit Diazomethan in Äther (*Schwarz et al.*, Pharm. Acta Helv. **21** [1946] 250, 270).

Wasserhaltige Krystalle (aus Acn. + Ae.); F: 215—216°. $[\alpha]_D^{16}$: +9,8° [CHCl₃] [bei 40° getrocknetes Präparat].

3,5,14-Trihydroxy-13-methyl-17-[5-oxo-2,5-dihydro-[3]furyl]-hexadecahydro-cyclo⸗penta[a]phenanthren-10-carbonitril $C_{23}H_{31}NO_5$.

a) **10-Cyan-3β,5,14-trihydroxy-19-nor-5β,14β-card-20(22)-enolid, Strophanthidin⸗säure-nitril** $C_{23}H_{31}NO_5$, Formel XIII (R = H).

B. Beim Erwärmen einer Lösung von O³-Acetyl-strophanthidinsäure-nitril (s. u.) in wss. Äthanol mit Toluol-4-sulfonsäure (*Oliveto et al.*, Am. Soc. **81** [1959] 2833).

Krystalle (aus E.); F: 230—233° [korr.]. $[\alpha]_D^{25}$: +26,2° [Py.; c = 1].

b) **10-Cyan-3α,5,14-trihydroxy-19-nor-5β,14β-card-20(22)-enolid** $C_{23}H_{31}NO_5$, Formel XIV.

B. Beim Erwärmen von Strophanthidonsäure-nitril (S. 6627) mit Kaliumboranat in Tetrahydrofuran (*Oliveto et al.*, Am. Soc. **81** [1959] 2833).

Krystalle (aus E.); F: 311—312° [korr.; Zers.]. $[\alpha]_D^{25}$: +27,0° [Py.; c = 1]. UV-Ab⸗sorptionsmaximum (Me.): 216 nm.

XIV   XV

3β-Acetoxy-10-cyan-5,14-dihydroxy-19-nor-5β,14β-card-20(22)-enolid, O³-Acetyl-strophanthidinsäure-nitril $C_{25}H_{33}NO_6$, Formel XIII (R = CO-CH₃).

B. Beim Behandeln von Strophanthidin-oxim (S. 3146) mit Acetanhydrid und Pyridin (*Oliveto et al.*, Am. Soc. **81** [1959] 2833).

Krystalle (aus E.); F: 289—291° [korr.]. $[\alpha]_D^{25}$: +7,5° [Py.; c = 1].

3β,15β-Diacetoxy-14,21-dihydroxy-24-nor-5α,14β-chol-20(22)t-en-19,23-disäure-23 → 21-lacton, O³,O¹⁵-Diacetyl-alloglaucotoxigeninsäure $C_{27}H_{36}O_9$, Formel XV.

Konstitution und Konfiguration: *Brandt et al.*, Helv. **49** [1966] 1662.

B. Beim Behandeln von O³,O¹⁵-Diacetyl-alloglaucotoxigenin (S. 3148) mit Chrom(VI)-oxid und Essigsäure (*Stoll et al.*, Helv. **32** [1949] 293, 309).

Krystalle (aus wss. Me.), F: 181°; $[\alpha]_D^{20}$: +3,0° [Me.; c = 0,2] (*St. et al.*).

16β-Acetoxy-14,21-dihydroxy-3β-[tri-O-acetyl-α-L-rhamnopyranosyloxy]-24-nor-5β,14β-chol-20(22)t-en-19,23-disäure-23 → 21-lacton, O¹⁶-Acetyl-O³-[tri-O-acetyl-α-L-rhamnopyranosyl]-adonitoxigeninsäure $C_{37}H_{50}O_{15}$, Formel I (R = H).

Bezüglich der Konstitution und Konfiguration s. *Tschesche*, *Petersen*, B. **86** [1953] 574.

B. Beim Behandeln von Tetra-O-acetyl-adonitoxin (S. 3149) mit Chrom(VI)-oxid und Essigsäure (*Katz, Reichstein*, Pharm. Acta Helv. **22** [1947] 437, 453).

Krystalle (aus Acn. + Ae.); F: 240—243° [korr.; Kofler-App.; nach Sintern bei 170°]; $[\alpha]_D^{16}$: −52,5° [CHCl₃; c = 1] (*Katz, Re.*).

16β-Acetoxy-14,21-dihydroxy-3β-[tri-*O*-acetyl-α-L-rhamnopyranosyloxy]-24-nor-5β,14β-chol-20(22)*t*-en-19,23-disäure-23 → 21-lacton-19-methylester, O^{16}-Acetyl-O^3-[tri-*O*-acetyl-α-L-rhamnopyranosyl]-adonitoxigeninsäure-methylester $C_{38}H_{52}O_{15}$, Formel I (R = CH_3).

B. Beim Behandeln einer Lösung von O^{16}-Acetyl-O^3-[tri-*O*-acetyl-α-L-rhamnopyranosyl]-adonitoxigeninsäure (S. 6612) in Methanol mit Diazomethan in Äther (*Katz, Reichstein,* Pharm. Acta Helv. **22** [1947] 437, 454).

Krystalle (aus Acn. + Ae.); F: 138—141° [korr.; Kofler-App.]. $[\alpha]_D^{15}$: —48,5° [$CHCl_3$; c = 1]. UV-Spektrum (A.; 200—240 nm): *Katz, Re.,* l. c. S. 440.

3β,5-Dihydroxy-24-nor-5α(?),14ξ,20β$_F$(?)*H*-cholan-19,21,23-trisäure-19 → 3-lacton $C_{23}H_{32}O_7$, vermutlich Formel II (R = H).

B. Beim Erwärmen des im folgenden Artikel beschriebenen Dimethylesters mit wss.-äthanol. Natronlauge (*Jacobs, Gustus,* J. biol. Chem. **92** [1931] 323, 341).

Krystalle (aus wss. Acn.) mit 2 Mol H_2O; F: 258° [Zers.].

I   II

3β,5-Dihydroxy-24-nor-5α(?),14ξ,20β$_F$(?)*H*-cholan-19,21,23-trisäure-19 → 3-lacton-21,23-dimethylester $C_{25}H_{36}O_7$, vermutlich Formel II (R = CH_3).

B. Bei der Hydrierung von 3β,5-Dihydroxy-24-nor-5α(?),20β$_F$(?)*H*-chol-14-en-19,21,23-trisäure-19 → 3-lacton-21,23-dimethylester (F: 199—200° [S. 6627]) an Platin in Methanol (*Jacobs, Gustus,* J. biol. Chem. **84** [1929] 183, 189).

Krystalle (aus Me.); F: 229—231° [nach Sintern bei 219°].

[10a-Formyl-6a,8-dihydroxy-12a-methyl-3-oxo-hexadecahydro-1,4a-äthano-naphtho-[1,2-*h*]chromen-2-yl]-essigsäure $C_{23}H_{32}O_7$.

a) **3β,5,14-Trihydroxy-19-oxo-24-nor-5β,14β,20β$_F$(?)*H*-cholan-21,23-disäure-21 → 14-lacton** $C_{23}H_{32}O_7$, vermutlich Formel III (R = X = H).

Diese Konstitution und Konfiguration kommt der nachstehend beschriebenen **α-Iso-strophanthidsäure** zu; bezüglich der Konfiguration am C-Atom 20 vgl. *Krasso et al.,* Helv. **55** [1972] 1352.

B. Beim Behandeln von Strophanthidin (S. 3127) mit methanol. Kalilauge und Behandeln der Reaktionslösung mit Brom und wss. Natronlauge (*Jacobs, Collins,* J. biol. Chem. **61** [1924] 387, 394).

Krystalle (aus A.) mit 1 Mol H_2O; F: 231—233° [Zers.] (*Ja., Co.*). $[\alpha]_D^{20}$: —14° [Py.] (*Jacobs et al.,* J. biol. Chem. **91** [1931] 617, 621); $[\alpha]_D^{23}$: —16,3° [A.] (*Ja., Co.*).

Beim Erhitzen mit wss. Natronlauge ist β-Isostrophanthidsäure [s. u.] (*Jacobs, Gustus,* J. biol. Chem. **74** [1927] 829, 832), beim Erhitzen mit wss. Natronlauge und Behandeln der Reaktionslösung mit Kaliumpermanganat sind β-Isostrophanthsäure [S. 6661] und wenig α-Isostrophanthsäure [S. 6661] (*Ja., Co.,* l. c. S. 401) erhalten worden. Bildung von α-Isostrophanthsäure beim Behandeln einer wenig Ammoniak enthaltenden wss. Lösung mit Kaliumpermanganat: *Ja., Co.,* l. c. S. 399.

b) **3β,5,14-Trihydroxy-19-oxo-24-nor-5α(?),14β,20β$_F$(?)*H*-cholan-21,23-disäure-21 → 14-lacton** $C_{23}H_{32}O_7$, vermutlich Formel IV.

Diese Konstitution und Konfiguration kommt der nachstehend beschriebenen **β-Iso-strophantidsäure** zu; bezüglich der Konfiguration am C-Atom 20 vgl. *Krasso et al.,* Helv.

55 [1972] 1352; bezüglich der Konfiguration am C-Atom 5 vgl. *Jacobs, Elderfield,* J. biol. Chem. **108** [1935] 497, 506; *Elderfield,* Chem. Reviews **17** [1935] 187, 229; *Tschesche, Bohle,* B. **69** [1936] 2443, 2446; *Plattner et al.,* Helv. **30** [1947] 1432.

B. Beim Erhitzen von α-Isostrophanthidsäure (S. 6613) mit wss. Natronlauge (*Jacobs, Gustus,* J. biol. Chem. **74** [1927] 829, 832).

Krystalle (aus A.), F: 175—180° [Zers.; nach Sintern bei 160°]; $[\alpha]_D$: —14° [A.] (*Ja., Gu.*).

Beim Behandeln mit Brom und wss. Natronlauge ist 3β,5,14-Trihydroxy-24-nor-5α(?),14β,20β_F(?)H-cholan-19,21,23-trisäure-19 → 3;21 → 14-dilacton (F: 255—257°) erhalten worden (*Ja., Gu.*). Bildung von β-Isostrophanthsäure (S. 6661) beim Behandeln einer wenig Ammoniak enthaltenden wss. Lösung mit Kaliumpermanganat: *Ja., Gu.*

III   IV

3β,5,14-Trihydroxy-19-semicarbazono-24-nor-5β,14β,20β_F(?)H-cholan-21,23-disäure-21 → 14-lacton $C_{24}H_{35}N_3O_7$, vermutlich Formel V (R = H, X = NH-CO-NH$_2$).

Diese Konstitution und Konfiguration kommt dem nachstehend beschriebenen α-Isostrophanthidsäure-semicarbazon zu.

B. Beim Erwärmen von α-Isostrophanthidsäure (S. 6613) mit Semicarbazid-hydrochlorid und Kaliumacetat in wss. Äthanol (*Jacobs et al.,* J. biol. Chem. **91** [1931] 617, 620).

Krystalle (aus wss. A.); F: 305°.

3β,5,14-Trihydroxy-19-oxo-24-nor-5β,14β,20β_F(?)H-cholan-21,23-disäure-21 → 14-lacton-23-methylester $C_{24}H_{34}O_7$, vermutlich Formel III (R = H, X = CH$_3$).

Diese Konstitution und Konfiguration kommt dem nachstehend beschriebenen α-Isostrophanthidsäure-methylester zu.

B. Aus α-Isostrophanthidsäure (S. 6613) mit Hilfe von Diazomethan (*Jacobs, Collins,* J. biol. Chem. **61** [1924] 387, 395).

Krystalle (aus Me. oder Acn.), die zwischen 210° und 249° schmelzen (*Ja., Co.*). $[\alpha]_D^{20}$: —15° [CHCl$_3$; c = 1] (*Ja., Co.*); $[\alpha]_D^{20}$: —15° [Py.; c = 1] (*Jacobs et al.,* J. biol. Chem. **91** [1931] 617, 621).

3β-Acetoxy-5,14-dihydroxy-19-oxo-24-nor-5β,14β,20β_F(?)H-cholan-21,23-disäure-21 → 14-lacton-23-methylester $C_{26}H_{36}O_8$, vermutlich Formel III (R = CO-CH$_3$, X = CH$_3$).

Diese Konstitution und Konfiguration kommt dem nachstehend beschriebenen O^3-Acetyl-α-isostrophanthidsäure-methylester zu.

B. Beim Behandeln von α-Isostrophanthidsäure-methylester (s. o.) mit Acetylchlorid (*Jacobs et al.,* J. biol. Chem. **91** [1931] 617, 622).

Krystalle (aus A.), die zwischen 127° und 157° [Zers.] schmelzen. $[\alpha]_D^{23}$: —16° [Py.; c = 1].

V   VI

3β-Benzoyloxy-5,14-dihydroxy-19-oxo-24-nor-5β,14β,20β_F(?)H-cholan-21,23-disäure-21 → 14-lacton-23-methylester C_{31}H_{38}O_8, vermutlich Formel III (R = CO-C_6H_5, X = CH_3).
Diese Konstitution und Konfiguration kommt dem nachstehend beschriebenen
O^3-Benzoyl-α-isostrophanthidsäure-methylester zu.
B. Beim Behandeln von α-Isostrophanthidsäure-methylester (S. 6614) mit Benzoyl=
chlorid und Pyridin (*Jacobs, Collins*, J. biol. Chem. **61** [1924] 387, 396).
Krystalle (aus Me.); F: 230° [Zers.; nach Sintern].

14-Hydroxy-19-oxo-3β,5-sulfinyldioxy-24-nor-5β,14β,20β_F(?)H-cholan-21,23-disäure-21 → 14-lacton-23-methylester C_{24}H_{32}O_8S, vermutlich Formel VI.
B. Beim Behandeln von α-Isostrophanthidsäure-methylester (S. 6614) mit Thionyl=
chlorid (*Jacobs et al.*, J. biol. Chem. **91** [1931] 617, 623).
Krystalle (aus Me.); F: 228°. [α]_D^{24}: −40° [Py.; c = 0,6].

3β,5,14-Trihydroxy-19-hydroxyimino-24-nor-5β,14β,20β_F(?)H-cholan-21,23-disäure-21 → 14-lacton-23-methylester C_{24}H_{35}NO_7, vermutlich Formel V (R = CH_3, X = OH).
Diese Konstitution und Konfiguration kommt dem nachstehend beschriebenen α-Iso=
strophanthidsäure-methylester-oxim zu.
B. Beim Erwärmen von α-Isostrophanthidsäure-methylester (S. 6614) mit Hydroxyl=
amin-hydrochlorid und Natriumacetat in Methanol (*Jacobs, Collins*, J. biol. Chem. **61**
[1924] 387, 396).
Krystalle (aus Me.); F: 263° [Zers.; nach Sintern].

Hydroxy-oxo-carbonsäuren C_{30}H_{46}O_7

13,16α-Dihydroxy-11,12-seco-9β(?)-oleanan-11,12,28-trisäure-28 → 13-lacton-12(?)-methylester [1]) C_{31}H_{48}O_7, vermutlich Formel VII (R = H, X = CH_3).
Bezüglich der Konstitution sowie der Konfiguration am C-Atom 9 vgl. *Gutmann et al.*,
Helv. **34** [1951] 1154, 1155; bezüglich der Konfiguration am C-Atom 16 vgl. *Carlisle et al.*,
J.C.S. Chem. Commun. **1974** 284.
B. Beim Erwärmen von 16α-Acetoxy-13-hydroxy-12-oxo-oleanan-28-säure-lacton mit
Chrom(VI)-oxid, Essigsäure und wenig Schwefelsäure, Behandeln der sauren Anteile des
Reaktionsprodukts mit Diazomethan in Äther und Erwärmen des erhaltenen Dimethyl=
esters mit methanol. Kalilauge (*Jeger et al.*, Helv. **31** [1948] 1319, 1323).
Krystalle (aus CH_2Cl_2 + Me.); F: 270−272° [korr.; evakuierte Kapillare]; [α]_D: −18°
[CHCl_3; c = 1] (*Je. et al.*).

13,16α-Dihydroxy-11,12-seco-9β(?)-oleanan-11,12,28-trisäure-28 → 13-lacton-11,12-di=methylester C_{32}H_{50}O_7, vermutlich Formel VII (R = X = CH_3).
B. Aus dem im vorangehenden Artikel beschriebenen Ester mit Hilfe von Diazomethan
(*Jeger et al.*, Helv. **31** [1948] 1319, 1324).
Krystalle (aus CH_2Cl_2 + Me.); F: 294−295° [korr.; evakuierte Kapillare]. Im Hoch-
vakuum bei 220° sublimierbar. [α]_D: −24° [CHCl_3; c = 1].

1,6'-Dihydroxy-2,7,7,2',5',5',8'a-heptamethyl-eicosahydro-[2,2']binaphthyl-1,4a,1'-tri=carbonsäure-4a → 1-lacton C_{30}H_{46}O_7.
Bezüglich der Konstitution und Konfiguration der beiden folgenden Stereoisomeren
s. *Gutmann et al.*, Helv. **34** [1951] 1154; bezüglich der Konfiguration am C-Atom 18
(Oleanan-Bezifferung) vgl. *J. Simonsen, W. C. J. Ross*, The Terpenes, Bd. 5 [Cambridge
1957] S. 236, 237.

   a) **3β,13-Dihydroxy-11,12-seco-9β,18ξ-oleanan-11,12,28-trisäure-28 → 13-lacton** [1])
C_{30}H_{46}O_7, Formel VIII (R = X = H).
B. Beim Erwärmen von 3β-Acetoxy-13-hydroxy-11,12-seco-9β,18ξ-oleanan-11,12,28-tri=
säure-28-lacton (S. 6616) mit wss. Kalilauge (*Kitasato, Sone*, Acta phytoch. Tokyo **6**
[1932] 305, 310).
Krystalle (aus wss. A.), die unterhalb 300° nicht schmelzen.

---

[1]) Stellungsbezeichnung bei von Oleanan abgeleiteten Namen s. E III **5** 1341.

H₃C CH₃

X—O—CO
R—O—CO
H₃C   CH₃   O   O
       CH₃   OH
       CH₃
H₃C H
H₃C CH₃

VII

H₃C CH₃

HO—CO
X—O—CO
H₃C   CH₃   O   O
       CH₃
       CH₃
R—O
H₃C CH₃

VIII

b) **3β,13-Dihydroxy-11,12-seco-18ξ-oleanan-11,12,28-trisäure-28 → 13-lacton** [1])
$C_{30}H_{46}O_7$, Formel IX (R = X = H).
Diese Konstitution und Konfiguration kommt der nachstehend beschriebenen **Viscol‑
säure** zu.

B. Beim Erwärmen von O^3-Acetyl-viscolsäure (s. u.) mit methanol. Kalilauge (*Schicke,
Wedekind*, Z. physiol. Chem. **215** [1933] 199, 204; *Ruzicka, Cohen*, Helv. **20** [1937] 1192,
1195, 1197).
Krystalle; F: 293—294° [korr.; Zers.; aus A. + Acn. + W.] (*Ru., Co.*), 292° [aus wss.
A.] (*Sch., We.*).

6'-Acetoxy-1-hydroxy-2,7,7,2',5',5',8'a-heptamethyl-eicosahydro-[2,2']binaphthyl-1,4a,1'-tricarbonsäure-4a-lacton $C_{32}H_{48}O_8$.
Über die Konstitution und Konfiguration der beiden folgenden Stereoisomeren s.
Gutmann et al., Helv. **34** [1951] 1154; über die Konfiguration am C-Atom 18 (Oleanan-
Bezifferung) vgl. *J. Simonsen, W. C. J. Ross*, The Terpenes, Bd. 5 [Cambridge 1957]
S. 236, 237.

a) **3β-Acetoxy-13-hydroxy-11,12-seco-9β,18ξ-oleanan-11,12,28-trisäure-28-lacton**
$C_{32}H_{48}O_8$, Formel VIII (R = CO-CH₃, X = H).
B. Beim Behandeln von 3β-Acetoxy-13-hydroxy-12-oxo-oleanan-28-säure-lacton mit
Salpetersäure und Essigsäure (*Kitasato, Sone*, Acta phytoch. Tokyo **6** [1932] 223). Beim
Behandeln des unter b) beschriebenen Stereoisomeren mit Salpetersäure und Essigsäure
(*Gutmann et al.*, Helv. **34** [1951] 1154, 1156, 1159).
Krystalle (aus Me.); F: 324—325° [korr.; Zers.; evakuierte Kapillare] (*Gu. et al.*).

b) **3β-Acetoxy-13-hydroxy-11,12-seco-18ξ-oleanan-11,12,28-trisäure-28-lacton**
$C_{32}H_{48}O_8$, Formel IX (R = CO-CH₃, X = H).
Diese Konstitution und Konfiguration kommt der nachstehend beschriebenen
O^3-Acetyl-viscolsäure zu.
B. Aus O-Acetyl-oleanolsäure (3β-Acetoxy-olean-12-en-28-säure) beim Erwärmen mit
Chrom(VI)-oxid und wasserhaltiger Essigsäure (*Schicke, Wedekind*, Z. physiol. Chem. **215**
[1933] 199, 202; *Aumüller et al.*, A. **517** [1935] 211, 219; *Ruzicka, Cohen*, Helv. **20** [1937]
1192, 1193, 1197) sowie beim Behandeln mit Chrom(VI)-oxid, Essigsäure und wenig
Schwefelsäure (*Ruzicka, Hofmann*, Helv. **19** [1936] 114, 123).
Krystalle (aus A. + W. + Acn.); F: 235° und (nach Wiedererstarren bei weiterem
Erhitzen) F: 303—304° [korr.] (*Ru., Co.*).

**3β,13-Dihydroxy-11,12-seco-9β,18ξ-oleanan-11,12,28-trisäure-28 → 13-lacton-
12-methylester** $C_{31}H_{48}O_7$, Formel X (R = X = H).
Konstitution und Konfiguration: *Gutmann et al.*, Helv. **34** [1951] 1154, 1155.
B. Beim Erwärmen von 3β-Acetoxy-13-hydroxy-11,12-seco-18ξ-oleanan-11,12,28-tri‑
säure-28-lacton-11,12-dimethylester (S. 6617) mit methanol. Kalilauge (*Ruzicka, Hofmann*, Helv. **19** [1936] 114, 126; *Ruzicka, Cohen*, Helv. **20** [1937] 1192, 1199).
Krystalle (aus E. oder wss. A.); F: 300—304° [korr.] (*Ru., Ho.; Ru., Co.*).

**3β-Acetoxy-13-hydroxy-11,12-seco-9β,18ξ-oleanan-11,12,28-trisäure-28-lacton-
12-methylester** $C_{33}H_{50}O_8$, Formel X (R = CO-CH₃, X = H).
Konstitution und Konfiguration: *Gutmann et al.*, Helv. **34** [1951] 1154, 1156.

---

[1]) Stellungsbezeichnung bei von Ole a n a n abgeleiteten Namen s. E III **5** 1341.

B. Beim Behandeln von 3β-Acetoxy-13-hydroxy-11,12-seco-18ξ-oleanan-11,12,28-tri≈
säure-28-lacton-11,12-dimethylester (s. u.) mit Bromwasserstoff in Essigsäure und
Behandeln der Reaktionslösung mit Wasser (*Kitasato*, Acta phytoch. Tokyo **10** [1937]
199, 209).

Krystalle (aus Me.) mit 0,5 Mol H_2O; F: 267—270° [Zers.] (*Ki*.).

IX   X

**3β,13-Dihydroxy-11,12-seco-9β,18ξ-oleanan-11,12,28-trisäure-28 → 13-lacton-11,12-di≈
methylester** $C_{32}H_{50}O_7$, Formel X (R = H, X = CH_3).

Konstitution und Konfiguration: *Gutmann et al.*, Helv. **34** [1951] 1154, 1156.

B. Aus 3β,13-Dihydroxy-11,12-seco-9β,18ξ-oleanan-11,12,28-trisäure-28 →13-lacton
(S. 6615) mit Hilfe von Diazomethan (*Kitasato*, Acta phytoch. Tokyo **7** [1933] 169, 186).
Beim Behandeln von 3β,13-Dihydroxy-11,12-seco-9β,18ξ-oleanan-11,12,28-trisäure-
28 →13-lacton-12-methylester (S. 6616) mit Diazomethan in Äther (*Ruzicka, Hofmann*,
Helv. **19** [1936] 114, 126). Beim Erwärmen von 3β-Acetoxy-13-hydroxy-11,12-seco-
9β,18ξ-oleanan-11,12,28-trisäure-28-lacton-11,12-dimethylester (s. u.) mit methanol. Kali≈
lauge (*Gu. et al.*, l. c. S. 1159).

Krystalle (aus Me.); F: 216—216,5° [korr.; evakuierte Kapillare] (*Gu. et al.*), 213—214°
[korr.] (*Ru., Ho.*), 213° (*Ki.*, Acta phytoch. Tokyo **7** 186).

Beim Behandeln mit Brom in Methanol ist eine Verbindung $C_{32}H_{49}BrO_7$ (Krystalle
[aus Me.], F: 244° [Zers.]) erhalten worden (*Kitasato*, Acta phytoch. Tokyo **8** [1935]
207, 217).

**6′-Acetoxy-1-hydroxy-2,7,7,2′,5′,5′,8′a-heptamethyl-eicosahydro-[2,2′]binaphthyl-
1,4a,1′-tricarbonsäure-1,1′-dimethylester-4a-lacton** $C_{34}H_{52}O_8$.

a) **3β-Acetoxy-13-hydroxy-11,12-seco-9β,18ξ-oleanan-11,12,28-trisäure-28-lacton-
11,12-dimethylester** $C_{34}H_{52}O_8$, Formel X (R = CO-CH_3, X = CH_3).

B. Beim Erhitzen von 3β,13-Dihydroxy-11,12-seco-9β,18ξ-oleanan-11,12,28-trisäure-
28 → 13-lacton-11,12-dimethylester (s. o.) mit Acetanhydrid (*Ruzicka, Hofmann*, Helv. **19**
[1936] 114, 127). Beim Behandeln von 3β-Acetoxy-13-hydroxy-11,12-seco-9β,18ξ-oleanan-
11,12,28-trisäure-28-lacton (S. 6616) mit Diazomethan in Äther (*Gutmann et al.*, Helv. **34**
[1951] 1154, 1159; s. a. *Kitasato, Sone*, Acta phytoch. Tokyo **6** [1932] 223).

Krystalle (aus Me.); F: 279—280° [korr.; evakuierte Kapillare] (*Gu. et al.*), 269—270°
(*Ki., Sone*). Bei 200°/0,07 Torr sublimierbar (*Gu. et al.*).

b) **3β-Acetoxy-13-hydroxy-11,12-seco-18ξ-oleanan-11,12,28-trisäure-28-lacton-
11,12-dimethylester** $C_{34}H_{52}O_8$, Formel IX (R = CO-CH_3, X = CH_3).

Diese Konstitution und Konfiguration kommt dem nachstehend beschriebenen
O³-Acetyl-viscolsäure-dimethylester zu.

B. Beim Behandeln einer Lösung von *O³-Acetyl-viscolsäure* (S. 6616) in Methanol
mit Diazomethan in Äther (*Ruzicka, Hofmann*, Helv. **19** [1936] 114, 124).

Krystalle (aus Me.) mit 1 Mol Methanol, F: 178—179° [korr.; Zers.]; die bei 120° im
Hochvakuum vom Methanol befreite Verbindung schmilzt bei 203—204° [korr.] (*Ru., Ho.*).
Krystalle (aus wss. Me.), F: 186—187° [korr.] (*Ruzicka, Cohen*, Helv. **20** [1937] 1192,
1195, 1199). Lösungsmittelhaltige Krystalle (aus Me.), F: 178—180°; nach dem Trocknen
bei 150° liegt der Schmelzpunkt bei 202—204° (*Kitasato*, Acta phytoch. Tokyo **9** [1936]
75, 80). $[\alpha]_D^{18}$: +15,9° [$CHCl_3$] (*Ki.*).

Hydroxy-oxo-carbonsäuren $C_nH_{2n-16}O_7$

Hydroxy-oxo-carbonsäuren $C_{11}H_6O_7$

8-Hydroxy-1,3,9-trioxo-1,3,4,9-tetrahydro-cyclohepta[c]pyran-6-carbonsäure $C_{11}H_6O_7$, Formel I, und Tautomere.

B. Beim Erwärmen von 2-Carboxymethyl-6-hydroxy-7-oxo-cyclohepta-1,3,5-trien-1,4-dicarbonsäure mit konz. Schwefelsäure (*Crow et al.*, Soc. **1952** 3705, 3711).

Rote Krystalle (aus Dioxan); F: 249—251° [Zers.; bei schnellem Erhitzen].

I   II   III

3-Acetoxy-8-hydroxy-1,9-dioxo-1,9-dihydro-cyclohepta[c]pyran-6-carbonsäure $C_{13}H_8O_8$, Formel II, und Tautomeres.

B. Beim Erhitzen von 2-Carboxymethyl-6-hydroxy-7-oxo-cyclohepta-1,3,5-trien-1,4-dicarbonsäure mit Acetanhydrid (*Crow et al.*, Soc. **1952** 3705, 3711).

Rote Krystalle (aus Toluol); F: 210—212° [Zers.].

7-Hydroxy-2-oxo-2H-chromen-3,5-dicarbonsäure-3-äthylester-5-methylester $C_{14}H_{12}O_7$, Formel III.

B. Beim Behandeln von 2-Formyl-3,5-dihydroxy-benzoesäure-methylester mit Malonsäure-diäthylester und Piperidin (*Mody, Shah*, Pr. Indian Acad. [A] **34** [1951] 77, 81).

Gelbe Krystalle (aus A.); F: 214—216°.

5-Hydroxy-2-oxo-2H-chromen-3,6-dicarbonsäure $C_{11}H_6O_7$, Formel IV (R = X = H).

B. Beim Behandeln von 3-Formyl-2,4-dihydroxy-benzoesäure mit Cyanessigsäure und wss. Natronlauge und Erhitzen des Reaktionsprodukts mit wss. Salzsäure (*Shah, Shah*, Soc. **1938** 1832). Beim Behandeln von 5-Hydroxy-2-oxo-2H-chromen-3,6-dicarbonsäure-3-äthylester-6-methylester mit wss. Natronlauge (*Shah, Shah*).

Gelbe Krystalle (aus A. oder wss. A.); F: 265—267° [Zers.].

5-Hydroxy-2-oxo-2H-chromen-3,6-dicarbonsäure-3-äthylester-6-methylester $C_{14}H_{12}O_7$, Formel IV (R = C_2H_5, X = CH_3).

B. Beim Erwärmen von 3-Formyl-2,4-dihydroxy-benzoesäure-methylester mit Malonsäure-diäthylester, Pyridin und wenig Piperidin (*Shah, Laiwalla*, Soc. **1938** 1828, 1830).

Krystalle (aus A.); F: 157—158°.

7-Hydroxy-2-oxo-2H-chromen-3,6-dicarbonsäure-3-äthylester $C_{13}H_{10}O_7$, Formel V.

B. Beim Erwärmen von 5-Formyl-2,4-dihydroxy-benzoesäure mit Malonsäure-diäthylester, Pyridin und wenig Piperidin (*Desai et al.*, Pr. Indian Acad. [A] **23** [1946] 338).

Gelbliche Krystalle (aus A.); F: 235—236°.

5-Methoxy-2-oxo-2H-chromen-3,8-dicarbonsäure $C_{12}H_8O_7$, Formel VI (R = X = H).

B. Beim Behandeln des im folgenden Artikel beschriebenen Esters mit wss. Natronlauge (*Shah, Shah*, Soc. **1938** 1832).

Krystalle (aus A.); F: 281° [Zers.].

5-Methoxy-2-oxo-2H-chromen-3,8-dicarbonsäure-3-äthylester-8-methylester $C_{15}H_{14}O_7$, Formel VI (R = C_2H_5, X = CH_3).

B. Beim Erhitzen von 3-Formyl-2-hydroxy-4-methoxy-benzoesäure-methylester mit

Malonsäure-diäthylester, Pyridin und wenig Piperidin (*Shah, Shah*, Soc. **1938** 1832).
Gelbe Krystalle (aus Me.); F: 186—188°.

IV   V   VI

7-Hydroxy-2-oxo-2H-chromen-3,8-dicarbonsäure-3-äthylester-8-methylester $C_{14}H_{12}O_7$,
Formel VII.

B. Beim Erwärmen von 3-Formyl-2,6-dihydroxy-benzoesäure-methylester mit Malon=
säure-diäthylester und wenig Piperidin (*Radha, Shah*, J. Indian chem. Soc. **19** [1942]
393).
Krystalle (aus A.); F: 255—256°.

Cyan-[(Ξ)-5-hydroxy-4-oxo-4H-benzo[b]thiophen-7-yliden]-essigsäure-äthylester
$C_{13}H_9NO_4S$, Formel VIII (X = H), und Tautomere (z.B. Cyan-[4,5-dioxo-4,5-di=
hydro-benzo[b]thiophen-7-yl]-essigsäure-äthylester).
Über die Konstitution s. *Martin-Smith, Gates*, Am. Soc. **78** [1956] 5351, 5353 Anm. 23.
B. Bei der Hydrierung von Benzo[b]thiophen-4,5-chinon-4-oxim (⇌ 4-Nitroso-benzo=
[b]thiophen-5-ol) an Raney-Nickel in Äthanol und Behandlung des Reaktionsprodukts
mit Cyanessigsäure-äthylester und Kalium-hexacyanoferrat(III) in Triäthylamin ent=
haltendem wss. Äthanol (*Ma.-Sm., Ga.,* l. c. S. 5352 Anm. 22, 5355). Beim Behandeln
einer Suspension von 6-Brom-benzo[b]thiophen-4,5-chinon in Triäthylamin enthaltendem
Äthanol mit Cyanessigsäure-äthylester und mit wss. Kalium-hexacyanoferrat(III)-Lösung
(*Ma.-Sm., Ga.,* l. c. S. 5355). Bei der Hydrierung von [2-Brom-5-hydroxy-4-oxo-
4H-benzo[b]thiophen-7-yliden]-cyan-essigsäure-äthylester an Palladium/Kohle in Äthanol
und Behandlung der Reaktionslösung mit Triäthylamin enthaltender wss. Kalium-
hexacyanoferrat(III)-Lösung (*Ma.-Sm., Ga.,* l. c. S. 5355).
Orangerote Krystalle (aus E.); F: 184—186° [unkorr.]. Alkalische Lösungen sind grün.

[(Ξ)-2-Brom-5-hydroxy-4-oxo-4H-benzo[b]thiophen-7-yliden]-cyan-essigsäure-äthylester
$C_{13}H_8BrNO_4S$, Formel VIII (X = Br), und Tautomere (z.B. [2-Brom-4,5-dioxo-
4,5-dihydro-benzo[b]thiophen-7-yl]-cyan-essigsäure-äthylester).
Über die Konstitution s. *Martin-Smith, Gates*, Am. Soc. **78** [1956] 5351, 5353 Anm. 23.
B. Beim Behandeln einer Suspension von 2,6-Dibrom-benzo[b]thiophen-4,5-chinon
in Triäthylamin enthaltendem Äthanol mit Cyanessigsäure-äthylester und mit wss.
Kalium-hexacyanoferrat(III)-Lösung (*Ma.-Sm., Ga.,* l. c. S. 5351, 5355).
Orangefarbene Krystalle (aus E.); F: 225—227° [unkorr.; Zers.].
Bildung von [2-Brom-4,5-dioxo-4,5-dihydro-benzo[b]thiophen-7-yl]-acetonitril beim
Behandeln mit wss. Benzyl-trimethyl-ammonium-hydroxid-Lösung: *Ma.-Sm., Ga.,* l. c.
S. 5357.

VII   VIII   IX

[(Ξ)-3-Brom-5-hydroxy-4-oxo-4H-benzo[b]thiophen-7-yliden]-cyan-essigsäure-äthylester
$C_{13}H_8BrNO_4S$, Formel IX (R = Br, X = H), und Tautomere (z.B. [3-Brom-4,5-dioxo-
4,5-dihydro-benzo[b]thiophen-7-yl]-cyan-essigsäure-äthylester).
Über die Konstitution s. *Martin-Smith, Gates*, Am. Soc. **78** [1956] 5351, 5353 Anm. 23.

B. Beim Behandeln einer Suspension von 3,4-Dibrom-benzo[*b*]thiophen-5-ol in Essig=
säure mit Salpetersäure, Erwärmen des erhaltenen 3,4-Dibrom-4-nitro-4*H*-benzo[*b*]=
thiophen-5-ons ($C_8H_3Br_2NO_3S$; gelbe Krystalle) mit Benzol und Behandeln des
danach isolierten Reaktionsprodukts mit Triäthylamin enthaltenem Äthanol, mit
Cyanessigsäure-äthylester und mit Kalium-hexacyanoferrat(III) und wss. Natrium=
carbonat-Lösung (*Ma.-Sm., Ga.*, l. c. S. 5356).
Krystalle (aus E.); F: 239—240° [unkorr.].

[(Ξ)-6-Brom-5-hydroxy-4-oxo-4*H*-benzo[*b*]thiophen-7-yliden]-cyan-essigsäure-äthylester
$C_{13}H_8BrNO_4S$, Formel IX (R = H, X = Br), und Tautomere (z.B. [6-Brom-4,5-dioxo-
4,5-dihydro-benzo[*b*]thiophen-7-yl]-cyan-essigsäure-äthylester).
Über die Konstitution s. *Martin-Smith, Gates*, Am. Soc. **78** [1956] 5351, 5353 Anm. 23.
B. Beim Behandeln einer Suspension von 6-Brom-benzo[*b*]thiophen-4,5-chinon in
Triäthylamin enthaltendem Äthanol mit Cyanessigsäure-äthylester (*Ma.-Sm., Ga.*, l. c.
S. 5355).
Orangefarbene Krystalle (aus E.); F: 191—192° [unkorr.].

Hydroxy-oxo-carbonsäuren $C_{12}H_8O_7$

5-Oxo-3-veratroyl-4,5-dihydro-furan-2-carbonsäure-äthylester $C_{16}H_{16}O_7$, Formel I.
Diese Konstitution kommt vermutlich der nachstehend beschriebenen Verbindung zu
(*Haworth et al.*, Soc. **1935** 1576, 1579).
B. Beim Behandeln von 4-[3,4-Dimethoxy-phenyl]-4-oxo-buttersäure-äthylester mit
Oxalsäure-diäthylester und mit Natrium in Benzol (*Ha. et al.*).
Gelbe Krystalle (aus CHCl₃ + Me.); F: 154—156°.

3-Acetyl-6,7-dimethoxy-4-oxo-4*H*-chromen-2-carbonsäure $C_{14}H_{12}O_7$, Formel II (R = H).
B. Bei kurzem Erwärmen von 3-Acetyl-6,7-dimethoxy-4-oxo-4*H*-chromen-2-carbon=
säure-äthylester mit konz. Schwefelsäure (*Badcock et al.*, Soc. **1950** 903, 908).
Krystalle (aus CHCl₃); F: 240—241° [Zers.].

I   II

3-Acetyl-6,7-dimethoxy-4-oxo-4*H*-chromen-2-carbonsäure-äthylester $C_{16}H_{16}O_7$, Formel II
(R = C_2H_5).
B. Neben kleinen Mengen [6,7-Dimethoxy-2-methyl-4-oxo-4*H*-chromen-3-yl]-glyoxyl=
säure-äthylester beim Erwärmen von 4-[2-Acetoxy-4,5-dimethoxy-phenyl]-2,4-dioxo-
buttersäure-äthylester mit Acetanhydrid und Natriumacetat (*Badcock et al.*, Soc. **1950**
903, 908).
Krystalle (aus E.); F: 147°.

[6,7-Dimethoxy-2-methyl-4-oxo-4*H*-chromen-3-yl]-glyoxylsäure-äthylester $C_{16}H_{16}O_7$,
Formel III.
B. In kleiner Menge aus 4-[2-Hydroxy-4,5-dimethoxy-phenyl]-2,4-dioxo-buttersäure-
äthylester beim Erwärmen mit Acetanhydrid und Natriumacetat sowie beim Behandeln
mit Borfluorid, Essigsäure und Acetanhydrid (*Badcock et al.*, Soc. **1950** 903, 907, 908).
Weitere Bildungsweise s. im vorangehenden Artikel.
Krystalle (aus E.); F: 182°.

[6,7-Dimethoxy-2-methyl-4-oxo-4*H*-chromen-3-yl]-semicarbazono-essigsäure-äthylester
$C_{17}H_{19}N_3O_7$, Formel IV.
B. Aus [6,7-Dimethoxy-2-methyl-4-oxo-4*H*-chromen-3-yl]-glyoxylsäure-äthylester und

Semicarbazid (*Badcock et al.*, Soc. **1950** 903, 908).
Krystalle (aus W.); F: 240° [Zers.].

III   IV

3-Acetyl-7,8-dihydroxy-2-oxo-2*H*-chromen-6-carbonsäure-methylester $C_{13}H_{10}O_7$,
Formel V.
B. Beim Erwärmen von 5-Formyl-2,3,4-trihydroxy-benzoesäure-methylester mit Acet≠
essigsäure-äthylester, Pyridin und wenig Piperidin (*Desai et al.*, Pr. Indian Acad. [A]
23 [1946] 179).
Krystalle (aus wss. A.); F: 263—264°.

[7-Hydroxy-6-methoxycarbonyl-2-oxo-2*H*-chromen-4-yl]-essigsäure $C_{13}H_{10}O_7$, Formel VI
(R = X = H).
B. Beim Behandeln von 2,4-Dihydroxy-benzoesäure-methylester mit 3-Oxo-glutarsäure
und konz. Schwefelsäure (*Kansara, Shah*, J. Univ. Bombay **17**, Tl. 3A [1948] 57, 61).
Neben   [7-Hydroxy-6-methoxycarbonyl-2-oxo-2*H*-chromen-4-yl]-essigsäure-äthylester
beim Behandeln von 2,4-Dihydroxy-benzoesäure-methylester mit 3-Oxo-glutarsäure-
diäthylester und 80%ig. wss. Schwefelsäure (*Sethna, Shah*, J. Indian chem. Soc. **17**
[1940] 37, 39).
Krystalle (aus A.); F: 185—186° [Zers.] (*Ka., Shah*).

V   VI

[7-Acetoxy-6-methoxycarbonyl-2-oxo-2*H*-chromen-4-yl]-essigsäure $C_{15}H_{12}O_8$, Formel VI
(R = CO-CH$_3$, X = H).
B. Beim Behandeln von [7-Hydroxy-6-methoxycarbonyl-2-oxo-2*H*-chromen-4-yl]-
essigsäure mit Acetanhydrid und Schwefelsäure (*Kansara, Shah*, J. Univ. Bombay **17**,
Tl. 3A [1948] 57, 61).
Krystalle (aus A.); F: 206°.

**[7-Hydroxy-6-methoxycarbonyl-2-oxo-2*H*-chromen-4-yl]-essigsäure-äthylester,
4-Äthoxycarbonylmethyl-7-hydroxy-2-oxo-2*H*-chromen-6-carbonsäure-methylester**
$C_{15}H_{14}O_7$, Formel VI (R = H, X = C$_2$H$_5$).
B. Neben [7-Hydroxy-6-methoxycarbonyl-2-oxo-2*H*-chromen-4-yl]-essigsäure beim
Behandeln von 2,4-Dihydroxy-benzoesäure-methylester mit 3-Oxo-glutarsäure-diäthyl≠
ester und 80%ig. wss. Schwefelsäure (*Sethna, Shah*, J. Indian chem. Soc. **17** [1940]
37, 39). Beim Erwärmen von [7-Hydroxy-6-methoxycarbonyl-2-oxo-2*H*-chromen-4-yl]-
essigsäure mit Äthanol und wenig Schwefelsäure (*Kansara, Shah*, J. Univ. Bombay **17**,
Tl. 3A [1948] 57, 61).
Krystalle (aus A.); F: 194—196° (*Se., Shah*), 195° (*Ka., Shah*).
Beim Erwärmen mit wss. Natronlauge ist 7-Hydroxy-4-methyl-2-oxo-2*H*-chromen-
6-carbonsäure erhalten worden (*Se., Shah*).

**[7-Acetoxy-6-methoxycarbonyl-2-oxo-2*H*-chromen-4-yl]-essigsäure-äthylester,
7-Acetoxy-4-äthoxycarbonylmethyl-2-oxo-2*H*-chromen-6-carbonsäure-methylester**
$C_{17}H_{16}O_8$, Formel VI (R = CO-CH$_3$, X = C$_2$H$_5$).
B. Aus [7-Hydroxy-6-methoxycarbonyl-2-oxo-2*H*-chromen-4-yl]-essigsäure-äthylester

(*Sethna, Shah*, J. Indian chem. Soc. **17** [1940] 37, 39).
Krystalle (aus wss. A.); F: 148—149°.

5-Hydroxy-7-methyl-2-oxo-2H-chromen-3,8-dicarbonsäure-diäthylester $C_{16}H_{16}O_7$,
Formel VII (R = C_2H_5).
Eine von *Sastri, Seshadri* (Pr. Indian Acad. [A] **12** [1940] 498, 502) unter dieser Konstitution beschriebene Verbindung (Krystalle [aus A.]; F: 141—142°), für die aber eher die Formulierung als **5-Hydroxy-7-methyl-2-oxo-2H-chromen-3,6-dicarbonsäure-diäthylester** ($C_{16}H_{16}O_7$; Formel VIII [R = C_2H_5]) in Betracht kommt (vgl. 5-Hydroxy-2-oxo-2H-chromen-3,6-dicarbonsäure-3-äthylester-6-methylester [S. 6618]), ist beim Behandeln von Hämatommsäure-äthylester (3-Formyl-2,4-dihydroxy-6-methyl-benzoesäure-äthylester) mit Malonsäure-diäthylester und wenig Piperidin erhalten worden (*Sa., Se.*).

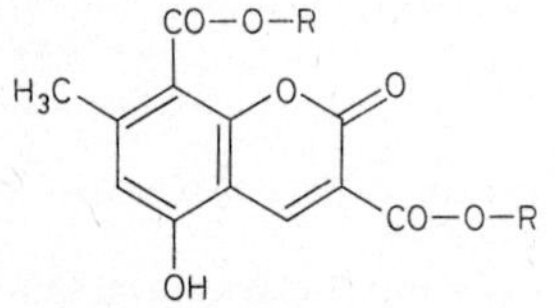

VII 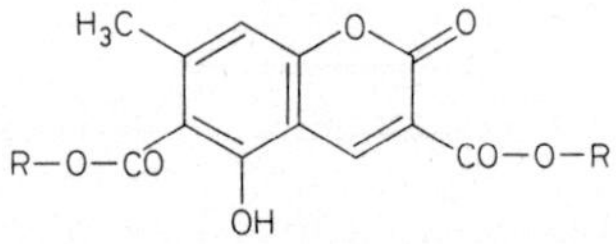   VIII 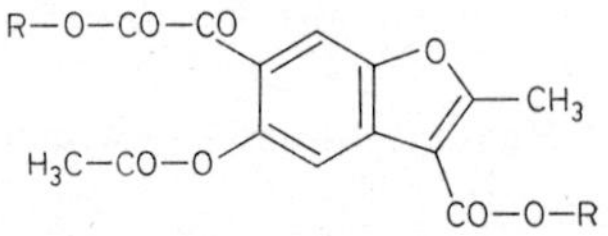   IX

**[5-Acetoxy-3-äthoxycarbonyl-2-methyl-benzofuran-6-yl]-glyoxylsäure-äthylester,
5-Acetoxy-6-äthoxyoxalyl-2-methyl-benzofuran-3-carbonsäure-äthylester** $C_{18}H_{18}O_8$,
Formel IX (R = C_2H_5).
B. Beim Behandeln einer Lösung von (±)-2,8-Dimethyl-5H-2,5-epoxido-furo[2′,3′;4,5]benzo[1,2-e][1,2,4]trioxepin-5,9-dicarbonsäure-diäthylester (F: 115°) in Äthylacetat mit Natriumjodid in Essigsäure (*Bernatek, Thoresen*, Acta chem. scand. **13** [1959] 342).
Krystalle (aus wss. A.); F: 99°.

Hydroxy-oxo-carbonsäuren $C_{13}H_{10}O_7$

3-Hydroxy-5,6-dimethoxy-2-[6-methyl-4-oxo-4H-pyran-2-yl]-benzoesäure $C_{15}H_{14}O_7$,
Formel I.
B. Neben anderen Verbindungen beim Erhitzen von 5-Hydroxy-8,9-dimethoxy-2-methyl-4-oxo-4H,5H-pyrano[3,2-c]chromen-10-carbonsäure-methylester (S. 6671) mit wss. Natronlauge (*Robertson et al.*, Soc. **1951** 2013, 2016).
Krystalle (aus Dioxan); F: 225—228° [Zers.].

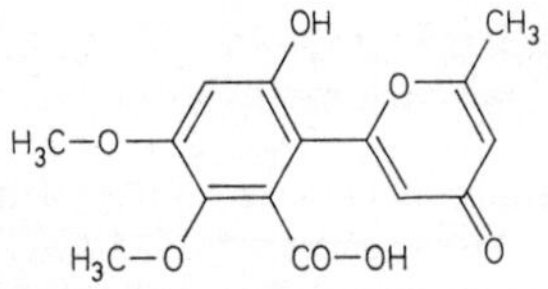

I 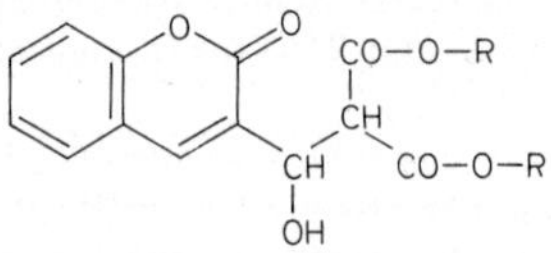   II 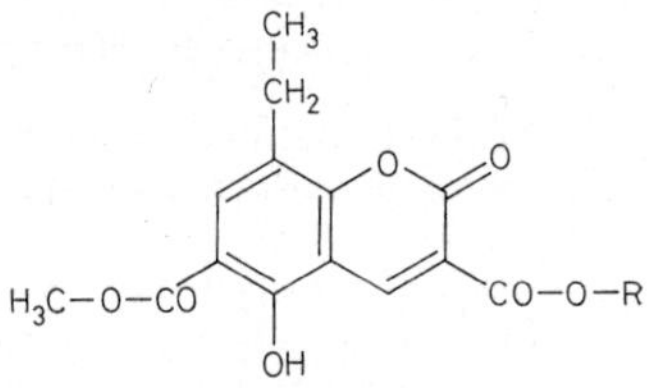   III

(±)-[Hydroxy-(2-oxo-2H-chromen-3-yl)-methyl]-malonsäure-diäthylester $C_{17}H_{18}O_7$,
Formel II (R = C_2H_5).
B. Beim Behandeln von 2-Oxo-2H-chromen-3-carbaldehyd mit Malonsäure-diäthylester, Äthanol und wenig Piperidin (*Boehm*, Ar. **271** [1933] 490, 505).
Krystalle (aus Bzl. oder aus E. + PAe); F: 117°.

8-Äthyl-5-hydroxy-2-oxo-2H-chromen-3,6-dicarbonsäure-3-äthylester-6-methylester
$C_{16}H_{16}O_7$, Formel III (R = C_2H_5).
B. Beim Behandeln von 5-Äthyl-3-formyl-2,4-dihydroxy-benzoesäure-äthylester mit

Malonsäure-diäthylester und wenig Piperidin (*Shah, Shah*, Soc. **1939** 300).
Krystalle (aus A.); F: 138°.

4-Äthoxycarbonylmethyl-7-hydroxy-5-methyl-2-oxo-2*H*-chromen-8-carbonsäure
$C_{15}H_{14}O_7$, Formel IV (R = C_2H_5).
Diese Konstitution kommt der nachstehend beschriebenen Verbindung zu (*Bose, Shah*,
Curr. Sci. **25** [1956] 333; Indian J. Chem. **11** [1973] 729).
B. Beim Behandeln von 2,6-Dihydroxy-4-methyl-benzoesäure mit 3-Oxo-glutarsäure-
diäthylester, Phosphorylchlorid und Zinkchlorid (*Bose, Shah*).
Krystalle (aus A.); F: 230° [Zers.].

7-Acetyl-2-methoxy-6-methyl-benzofuran-4,5-dicarbonsäure-dimethylester $C_{16}H_{16}O_7$,
Formel V.
B. Beim Erwärmen von 7-Acetyl-2-methoxy-6-methyl-benzofuran-4,5-dicarbonsäure-
anhydrid mit Methanol und Behandeln des Reaktionsprodukts mit Diazomethan in
Äther (*Berner*, Soc. **1946** 1052, 1057; s. dazu *Bird, Molton*, Tetrahedron **23** [1967] 4117,
4118).
Krystalle (aus Me.); F: 137° [unkorr.] (*Be.*).

IV   V   VI

Hydroxy-oxo-carbonsäuren $C_{14}H_{12}O_7$

2-[3-Äthoxycarbonyl-5-hydroxy-2-methyl-benzofuran-6-yl]-acetessigsäure-äthylester,
6-[1-Äthoxycarbonyl-2-oxo-propyl]-5-hydroxy-2-methyl-benzofuran-3-carbonsäure-
äthylester $C_{18}H_{20}O_7$, Formel VI (R = C_2H_5), und Tautomeres.
B. Beim Behandeln von [1,4]Benzochinon mit Acetessigsäure-äthylester, Zinkchlorid,
Äthanol und Äther (*Grinew et al.*, Ž. obšč. Chim. **28** [1958] 1856, 1859; engl. Ausg. S. 1900,
1903).
Krystalle (aus 1,2-Dichlor-äthan); F: 125—125,5°.
Beim Erwärmen mit Äthanol, Essigsäure oder wasserhaltigen Lösungsmitteln ist
2,6-Dimethyl-benzo[1,2-*b*;4,5-*b'*]difuran-3,7-dicarbonsäure-diäthylester erhalten worden.

Hydroxy-oxo-carbonsäuren $C_{16}H_{16}O_7$

2-Acetyl-5-[7-chlor-4,6-dimethoxy-3-methyl-benzofuran-2-yl]-3-oxo-valeriansäure-
äthylester $C_{20}H_{23}ClO_7$, Formel VII, und Tautomere.
B. Beim Erwärmen von 3-[7-Chlor-4,6-dimethoxy-3-methyl-benzofuran-2-yl]-propion≠
säure mit Phosphor(V)-chlorid in Chloroform und Erwärmen des erhaltenen Säurechlorids
mit einer Suspension des Äthoxymagnesium-Derivats des Acetessigsäure-äthylesters in
Äther (*Dawkins, Mulholland*, Soc. **1959** 2211, 2221).
Amorph.
Bei 10-tägigem Behandeln der Kupfer(II)-Verbindung vom F: 100° (S. 6624) mit Poly≠
phosphorsäure bei 20° sowie bei 1-stdg. Behandeln der Kupfer(II)-Verbindung vom F:
164° (S. 6624) mit Polyphosphorsäure bei 80° ist 7-Chlor-4,6-dimethoxy-2'-methyl-3-meth≠
ylen-4'-oxo-3*H*-spiro[benzofuran-2,1'-cyclohex-2'-en]-3'-carbonsäure-äthylester, bei 10-
tägigem Behandeln der Kupfer(II)-Verbindung vom F: 164° mit Polyphosphorsäure bei
20° sind hingegen 3-[7-Chlor-4,6-dimethoxy-3-methyl-benzofuran-2-yl]-propionsäure,
3-[7-Chlor-4,6-dimethoxy-3-methyl-benzofuran-2-yl]-propionsäure-äthylester und kleine
Mengen einer Verbindung $C_{15}H_{17}ClO_4$ (Krystalle [aus Me.], F: 181—182°; vermutlich

4-[7-Chlor-4,6-dimethoxy-3-methyl-benzofuran-2-yl]-butan-2-on) erhalten worden.

Kupfer(II)-Verbindungen $Cu(C_{20}H_{22}ClO_7)_2$. a) Hellblaue Krystalle (aus $CHCl_3$); F: 164° [korr.]. — b) Grüne Krystalle (aus A.); F: 98—100°. Beim Erhitzen auf 130° erfolgt Umwandlung in das Präparat vom F: 164°.

4-[7-Acetyl-4,6-dihydroxy-3,5-dimethyl-benzofuran-2-yl]-acetessigsäure-äthylester, Acetusnetinsäure-äthylester $C_{18}H_{20}O_7$, Formel VIII (R = X = H), und Tautomeres.

Konstitution: *Shibata et al.*, J. pharm. Soc. Japan **72** [1952] 825.

B. Beim Erhitzen von Usninsäure (S. 3522) mit wasserfreiem Äthanol auf 150° (*Asahina et al.*, B. **70** [1937] 2462, 2464).

Krystalle (aus Me.); F: 150° (*As. et al.*). UV-Spektrum (A.; 220—380 nm): *MacKenzie,* Am. Soc. **74** [1952] 4067.

Semicarbazon $C_{19}H_{23}N_3O_7$. Gelbliche Krystalle; F: 196° [Zers.] (*As. et al.*, l. c. S. 2465).

VII

VIII

4-[4-Acetoxy-7-acetyl-6-hydroxy-3,5-dimethyl-benzofuran-2-yl]-acetessigsäure-äthyl=ester $C_{20}H_{22}O_8$, Formel VIII (R = H, X = CO-CH$_3$), und Tautomeres.

Bezüglich der Konstitutionszuordnung vgl. *Forsén et al.*, Acta chem. scand. **16** [1962] 583, 584; *Bertilsson, Wachtmeister*, Acta chem. scand. **22** [1968] 1791, 1796, 1799.

B. Beim Erwärmen der im vorangehenden Artikel beschriebenen Verbindung mit Acetanhydrid (*Asahina, Yanagita*, B. **72** [1939] 1140, 1143). Beim Erhitzen von 4-[4-Acet=oxy-7-acetyl-6-hydroxy-3,5-dimethyl-benzofuran-2-yl]-2-acetyl-3-oxo-buttersäure-äthyl=ester mit wss. Essigsäure (*Asahina, Yanagita*, B. **71** [1938] 2260, 2266).

Krystalle (aus A.); F: 153° (*As., Ya.*, B. **71** 2266, **72** 1143).

4-[4,6-Diacetoxy-7-acetyl-3,5-dimethyl-benzofuran-2-yl]-acetessigsäure-äthylester, Di-O-acetyl-acetusnetinsäure-äthylester $C_{22}H_{24}O_9$, Formel VIII (R = X = CO-CH$_3$), und Tautomeres.

B. Beim Erwärmen von O^7,O^9-Diacetyl-usninsäure (S. 3523) mit Äthanol (*Yanagita,* J. pharm. Soc. Japan **72** [1952] 775, 779).

Krystalle; F: 137° [aus A.] (*Ya.*), 125° [aus wss. A.] (*Asahina, Yanagita*, B. **72** [1939] 1140, 1142).

4,5-Dihydroxy-4-[4-methoxy-phenyl]-7-methyl-2-oxo-2,3,4,5,6,7-hexahydro-benzofuran-7-carbonsäure-methylester $C_{18}H_{20}O_7$, Formel IX.

a) Opt.-inakt. Stereoisomeres vom F: 173°.

B. Neben kleinen Mengen des unter b) beschriebenen Stereoisomeren beim Behandeln von (±)-4-[4-Methoxy-phenyl]-7-methyl-2-oxo-2,3,6,7-tetrahydro-benzofuran-7-carbon=säure-methylester mit Ameisensäure und wss. Wasserstoffperoxid und Behandeln des Reaktionsprodukts mit Toluol-4-sulfonsäure und Methanol (*Johnson et al.*, Am. Soc. **79** [1957] 1995, 1999, 2005).

Krystalle (aus E.); F: 172,4—173,3° [korr.]. Absorptionsmaxima (A.): 222 nm, 274 nm und 280 nm.

b) Opt.-inakt. Stereoisomeres vom F: 150°.

B. s. bei dem unter a) beschriebenen Stereoisomeren.

Krystalle (aus A. + E.); F: 148—150° [korr.] (*Johnson et al.*, Am. Soc. **79** [1957] 1995, 2005).

IX   X

Hydroxy-oxo-carbonsäuren $C_{17}H_{18}O_7$

4-[7-Acetyl-4,6-dihydroxy-3,5-dimethyl-benzofuran-2-yl]-2-methyl-acetessigsäure
$C_{17}H_{18}O_7$, Formel X (R = X = H), und Tautomeres.

B. Neben 1-[7-Acetyl-4,6-dihydroxy-3,5-dimethyl-benzofuran-2-yl]-butan-2-on beim
Erwärmen von 4-[4,6-Diacetoxy-7-acetyl-3,5-dimethyl-benzofuran-2-yl]-2-methyl-acet≠
essigsäure-äthylester (s. u.) mit wss. Kalilauge (*Shibata et al.*, J. pharm. Soc. Japan **72**
[1952] 825, 829).

Krystalle; F: 165—166° [Zers.].

4-[7-Acetyl-4,6-dihydroxy-3,5-dimethyl-benzofuran-2-yl]-2-methyl-acetessigsäure-
äthylester $C_{19}H_{22}O_7$, Formel X (R = H, X = C_2H_5), und Tautomeres.

B. Aus 4-[4,6-Diacetoxy-7-acetyl-3,5-dimethyl-benzofuran-2-yl]-2-methyl-acetessig≠
säure-äthylester (s. u.) mit Hilfe von konz. Schwefelsäure (*Yanagita*, J. pharm. Soc. Japan
72 [1952] 775, 780).

F: 125°.

4-[4,6-Diacetoxy-7-acetyl-3,5-dimethyl-benzofuran-2-yl]-2-methyl-acetessigsäure-
äthylester $C_{23}H_{26}O_9$, Formel X (R = CO-CH$_3$, X = C_2H_5), und Tautomeres.

Konstitutionszuordnung: *Shibata et al.*, J. pharm. Soc. Japan **72** [1952] 825, 828.

B. Beim Erwärmen von Di-O-acetyl-acetusnetinsäure-äthylester (S. 6624) mit Methyl≠
jodid, Kaliumcarbonat und Aceton (*Yanagita*, J. pharm. Soc. Japan **72** [1952] 775, 779).

Krystalle; F: 123—123,5° (*Sh. et al.*, l. c. S. 829), 123° [aus A.] (*Ya.*).

Hydroxy-oxo-carbonsäuren $C_{18}H_{20}O_7$

[7-Methoxycarbonyl-4-(4-methoxy-phenyl)-7-methyl-2-oxo-hexahydro-benzofuran-
7a-yl]-essigsäure-methylester, 7a-Methoxycarbonylmethyl-4-[4-methoxy-phenyl]-
7-methyl-2-oxo-octahydro-benzofuran-7-carbonsäure-methylester $C_{21}H_{26}O_7$.

a) **(±)-7a-Methoxycarbonylmethyl-4c-[4-methoxy-phenyl]-7c-methyl-2-oxo-**
(3ar,7ac)-octahydro-benzofuran-7t-carbonsäure-methylester $C_{21}H_{26}O_7$, Formel XI
(R = CH$_3$) + Spiegelbild.

B. Neben 2t-Hydroxy-2c,3c-bis-methoxycarbonylmethyl-4t-[4-methoxy-phenyl]-
1-methyl-cyclohexan-r-carbonsäure-methylester beim Erwärmen von (±)-3c-Methoxy≠
carbonylmethyl-4t-[4-methoxy-phenyl]-1-methyl-2-oxo-cyclohexan-r-carbonsäure-meth≠
ylester mit Bromessigsäure-methylester, Zink, wenig Jod, Benzol und Äther (*Johnson et al.*,
Am. Soc. **79** [1957] 1995, 2001).

Krystalle (aus Bzn.); F: 112,5—113° [korr.].

b) **(±)-7a-Methoxycarbonylmethyl-4c-[4-methoxy-phenyl]-7c-methyl-2-oxo-**
(3ar,7at)-octahydro-benzofuran-7t-carbonsäure-methylester $C_{21}H_{26}O_7$, Formel XII
(R = CH$_3$) + Spiegelbild.

B. Beim Erwärmen von (±)-2t-Hydroxy-2c,3c-bis-methoxycarbonylmethyl-4t-[4-meth≠
oxy-phenyl]-1-methyl-cyclohexan-r-carbonsäure-methylester mit Ameisensäure (*Johnson
et al.*, Am. Soc. **79** [1957] 1995, 2001).

Krystalle (aus Bzn.); F: 136,5—137° [korr.].

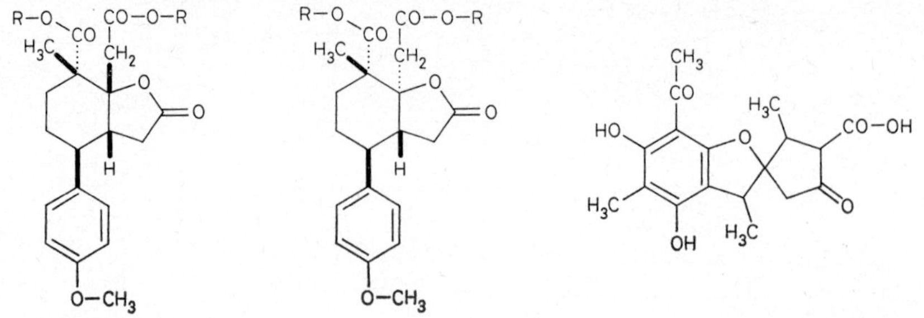

XI   XII   XIII

*Opt.-inakt. **7-Acetyl-4,6-dihydroxy-3,5,2′-trimethyl-4′-oxo-3H-spiro[benzofuran-2,1′-cyclopentan]-3′-carbonsäure**, Tetrahydrousnolsäure $C_{18}H_{20}O_7$, Formel XIII.

B. Bei der Hydrierung von Usnolsäure (S. 6637) an Platin in Äthylacetat (*Dean et al.*, Soc. **1953** 1250, 1261).

Gelbliche Krystalle (aus wss. Me.); F: 134° [Zers.].

(4aR)-2t,7-Dihydroxy-1-methyl-8,13-dioxo-(4bt,10at)-1,2,4b,5,6,7,8,9,10,10a-deca-hydro-7c,9ac-methano-4ar,1c-oxaäthano-benz[a]azulen-10t-carbonsäure-methylester, 2β,4a,7-Trihydroxy-1β-methyl-8-oxo-4aα,7β-gibb-3-en-1α,10β-dicarbonsäure-1→4a-lacton-10-methylester [1]) $C_{19}H_{22}O_7$, Formel I (R = CH_3).

B. Beim Behandeln einer Lösung von Gibberellinsäure-methylester (S. 6534) in Äthyl-acetat mit Ozon und Behandeln des Reaktionsprodukts mit Wasser (*Cross et al.*, Pr. chem. Soc. **1959** 302; *Cross*, Soc. **1960** 3022, 3032).

Krystalle (aus Butanon + PAe.); F: 230—232° [korr.; Zers.] (*Cr.*).

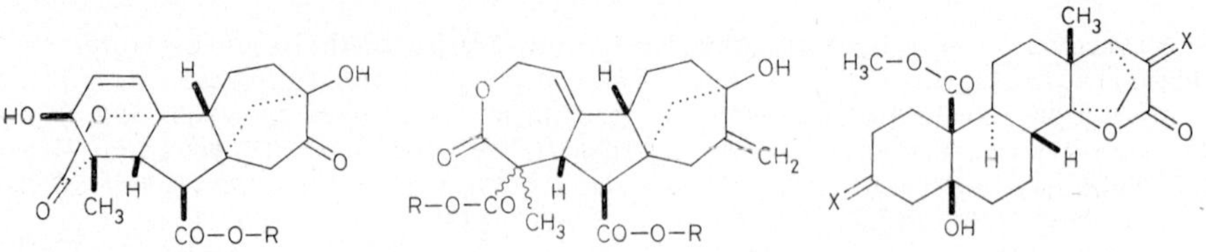

I   II   III

Hydroxy-oxo-carbonsäuren $C_{19}H_{22}O_7$

(5bR)-8-Hydroxy-1ξ-methyl-9-methylen-2-oxo-(5br,11ac)-1,2,5b,6,7,8,9,10,11,11a-deca-hydro-4H-8t,10at-methano-azuleno[1,2-d]oxepin-1ξ,11c-dicarbonsäure-dimethylester, (1Ξ)-3,7-Dihydroxy-8-methylen-2,3-seco-7β-gibb-4-en-1,1,10β-tricarbonsäure-1 → 3-lacton-1,10-dimethylester [1]) $C_{21}H_{26}O_7$, Formel II (R = CH_3).

Diese Konstitution und Konfiguration kommt vermutlich der nachstehend beschriebenen Verbindung zu (*Cross*, Soc. **1960** 3022, 3027).

B. Beim Behandeln von 2β,3α,7-Trihydroxy-1β-methyl-8-methylen-7β-gibb-4-en-1α,10β-dicarbonsäure-dimethylester mit Natriumperjodat in wss. Methanol (*Cross et al.*, Pr. chem. Soc. **1958** 221; *Cr.*, l. c. S. 3035).

Krystalle (aus PAe. + Ae. oder aus wss. Me.); F: 137—139° [korr.]; $[\alpha]_D^{23}$: +127° [Me.; c = 0,6] (*Cr.*).

Hydroxy-oxo-carbonsäuren $C_{21}H_{26}O_7$

5,14-Dihydroxy-3,20-dioxo-5β,14β-pregnan-19,21-disäure-21→14-lacton-19-methylester $C_{22}H_{28}O_7$, Formel III (X = O).

B. Beim Behandeln von 3β,5,14-Trihydroxy-20-oxo-5β,14β-pregnan-19,21-disäure-21→14-lacton-19-methylester mit Chrom(VI)-oxid, wss. Schwefelsäure und Essigsäure

---

[1]) Stellungsbezeichnung bei von Gibban abgeleiteten Namen s. S. 6080.

(*Elderfield*, J. biol. Chem. **113** [1936] 631, 634).
Krystalle (aus Acn. + Ae.); F: 228°.

**5,14-Dihydroxy-3,20-bis-hydroxyimino-5β,14β-pregnan-19,21-disäure-21→14-lacton-
19-methylester** $C_{22}H_{30}N_2O_7$, Formel III (X = N-OH).
B. Aus der im vorangehenden Artikel beschriebenen Verbindung und Hydroxylamin
(*Elderfield*, J. biol. Chem. **113** [1936] 631, 634).
Krystalle (aus wss. Me.); F: 233° [Zers.; nach Sintern bei 210°].

Hydroxy-oxo-carbonsäuren $C_{23}H_{30}O_7$

**5,14-Dihydroxy-13-methyl-3-oxo-17-[5-oxo-2,5-dihydro-[3]furyl]-hexadecahydro-cyclo-
penta[a]phenanthren-10-carbonsäure-methylester** $C_{24}H_{32}O_7$.

a) **5,14,21-Trihydroxy-3-oxo-24-nor-5β,14β-chol-20(22)t-en-19,23-disäure-
23→21-lacton-19-methylester, Strophanthidonsäure-methylester** $C_{24}H_{32}O_7$, Formel IV.
B. Beim Behandeln von Strophanthidinsäure-methylester (S. 6610) mit Chrom(VI)-
oxid, wss. Schwefelsäure und Essigsäure (*Jacobs*, *Gustus*, J. biol. Chem. **74** [1927] 795, 800).
Krystalle (aus W. oder wss. Me.) mit 0,5 Mol H_2O, F: 161–162°; $[\alpha]_D$: +26° [Py.].

IV   V

b) **5,14,21-Trihydroxy-3-oxo-24-nor-5β,14β,17βH-chol-20(22)t-en-19,23-disäure-
23→21-lacton-19-methylester, Allostrophanthidonsäure-methylester** $C_{24}H_{32}O_7$, Formel V.
B. Beim Behandeln von Allostrophanthidinsäure-methylester (S. 6610) mit Chrom(VI)-
oxid, wss. Schwefelsäure und Essigsäure (*Bloch*, *Elderfield*, J. org. Chem. **4** [1939] 289,
296).
Krystalle (aus wss. Me.); F: 258°. $[\alpha]_D^{20}$: +20,1° [Py.; c = 0,7].

**10-Cyan-5,14-dihydroxy-3-oxo-19-nor-5β,14β-card-20(22)-enolid, Strophantidonsäure-
nitril** $C_{23}H_{29}NO_5$, Formel VI.
B. Beim Behandeln von Strophanthidin-oxim (S. 3146) mit Chrom(VI)-oxid und Pyridin
(*Oliveto et al.*, Am. Soc. **81** [1959] 2833).
Krystalle (aus E.); F: 274–278° [korr.; Zers.]. $[\alpha]_D^{25}$: +17,6° [Py.; c = 1]. UV-Absorp-
tionsmaximum (A.): 216 nm.

3β,5-Dihydroxy-24-nor-5α(?),20β$_F$(?)H-chol-14-en-19,21,23-trisäure-19→3-lacton
$C_{23}H_{30}O_7$, vermutlich Formel VII (R = H).
Bezüglich der Konfiguration s. die Angaben im Artikel β-Isostrophantidsäure (S. 6613).
B. Beim Erwärmen von β-Isostrophanthsäure-lacton (3β,5,14-Trihydroxy-24-nor-
5α(?),14β,20β$_F$(?)H-cholan-19,21-23-trisäure-19→3; 21→14-dilacton) mit Acetanhydrid
und Acetylchlorid und Erwärmen des Reaktionsprodukts mit wss.-äthanol. Natronlauge
(*Jacobs*, *Gustus*, J. biol. Chem. **84** [1929] 183, 187).
Krystalle mit 0,5 Mol H_2O; F: 230–232° [nach Sintern].

**3β,5-Dihydroxy-24-nor-5α(?),20β$_F$(?)H-chol-14-en-19,21,23-trisäure-19→3-lacton-
21,23-dimethylester** $C_{25}H_{34}O_7$, vermutlich Formel VII (R = CH_3).
B. Aus der im vorangehenden Artikel beschriebenen Verbindung mit Hilfe von Diazomethan in Aceton (*Jacobs*, *Gustus*, J. biol. Chem. **84** [1929] 183, 188).
Krystalle (aus Me.); F: 199–200°. $[\alpha]_D^{29}$: −28,0° [Me.; c = 0,5].

VI   VII

Hydroxy-oxo-carbonsäuren C$_{24}$H$_{32}$O$_7$

3β-Acetoxy-5,14,21t-trihydroxy-5β,14β-chola-20,22c-dien-19,24-disäure-24→21-lacton,
O^3-Acetyl-hellebrigeninsäure C$_{26}$H$_{34}$O$_8$, Formel VIII (R = H).

B. Beim Behandeln von O^3-Acetyl-hellebrigenin (3β-Acetoxy-5,14-dihydroxy-19-oxo-
5β,14β-bufa-20,22-dienolid [S. 3180]) mit Chrom(VI)-oxid und Essigsäure (*Schmutz*, Helv.
32 [1949] 1442, 1448).

Krystalle (aus Me. + Ae.); F: 230—233° [korr.; Kofler-App.].

VIII   IX

**3β-Acetoxy-5,14,21t-trihydroxy-5β,14β-chola-20,22c-dien-19,24-disäure-24→21-lacton-
19-methylester,** O^3-Acetyl-hellebrigeninsäure-methylester C$_{27}$H$_{36}$O$_8$, Formel VIII
(R = CH$_3$).

B. Beim Behandeln einer Lösung der im vorangehenden Artikel beschriebenen Säure
in Aceton mit Diazomethan in Äther (*Schmutz*, Helv. **32** [1949] 1442, 1448).

Krystalle (aus Acn. + Ae.); F: 243—245° [korr.; Kofler-App.]. [α]$_D^{16}$: +52,0° [CHCl$_3$;
c = 1].

**5,14,21t-Trihydroxy-3β-[tri-O-acetyl-α-L-rhamnopyranosyloxy]-5β,14β-chola-20,22-dien-
19,24-disäure-24→21-lacton-19-methylester,** O^3-[Tri-O-acetyl-α-L-rhamnopyran=
osyl]-hellebrigeninsäure-methylester C$_{37}$H$_{50}$O$_{14}$, Formel IX.

B. Beim Behandeln von O^3-[Tri-O-acetyl-α-L-rhamnopyranosyl]-hellebrigenin (S. 3181)
mit Chrom(VI)-oxid und Essigsäure und Behandeln einer Lösung der sauren Anteile des
Reaktionsprodukts in Methanol mit Diazomethan in Äther (*Buzas, Reichstein*, Helv. **31**
[1948] 110).

Krystalle (aus Acn. + Ae.); F: 150—154° und (nach Wiedererstarren) F: 257—262°
[korr.; Kofler-App.]. [α]$_D^{19}$: −6,7° [CHCl$_3$; c = 1]. UV-Spektrum (A.; 210—390 nm):
Bu., Re.

**14,15β-Epoxy-3β,5-dihydroxy-19,21-dioxo-5β,14β,20ξH-chol-22c(?)-en-24-säure-
methylester** C$_{25}$H$_{34}$O$_7$, vermutlich Formel X, und Tautomeres (14,15β-Epoxy-3β,5,21-
trihydroxy-19-oxo-5β,14β-chola-20,22c(?)-dien-24-säure-methylester).

B. Beim Behandeln von Bufotalinin (14,15β-Epoxy-3β,5-dihydroxy-19-oxo-5β,14β-bufa-

20,22-dienolid; über die Konstitution und Konfiguration dieser Verbindung s. *Schröter et al.*, Helv. **41** [1958] 720) mit methanol. Kalilauge (*Wieland et al.*, A. **524** [1936] 203, 210, 220).

Krystalle (aus A.); F: 210—211° (*Wi. et al.*). UV-Spektrum (230—340 nm): *Wi. et al.*, l. c. S. 210.

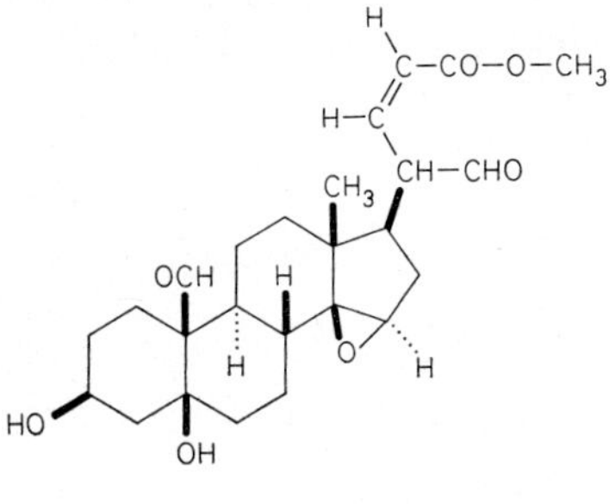

X 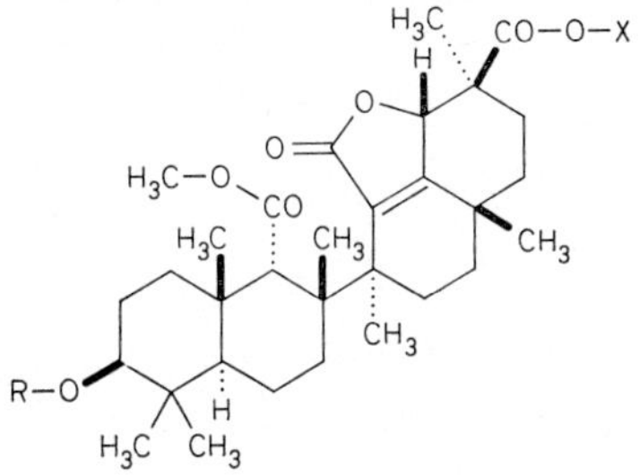   XI

Hydroxy-oxo-carbonsäuren $C_{30}H_{44}O_7$

3β,19α-Dihydroxy-11,12-seco-9β-olean-13(18)-en-11,12,30-trisäure-12 → 19-lacton-11-methylester [1]) $C_{31}H_{46}O_7$, Formel XI (R = X = H).

B. Neben 3β-Hydroxy-*C*,30-dinor-9ξ,13ξ,18α(?),20ξ-oleanan-11,19-dion (F: 171—173°) beim Erwärmen von 3β-Acetoxy-19-hydroxy-11-oxo-9ξ,13α-11(12 → 13)-abeo-olean-18-en-12,30-disäure-12-lacton-30-methylester (F: 288—290° [S. 6546]) mit methanol. Kalilauge oder mit Natriummethylat in Methanol (*Brownlie, Spring*, Soc. **1956** 1949, 1952).

Krystalle (aus Acn. + PAe.); F: 206—208°. [α]$_D$: —2° [CHCl$_3$; c = 2]. Absorptionsmaximum (A.): 224 nm.

3β-Acetoxy-19α-hydroxy-11,12-seco-9β-olean-13(18)-en-11,12,30-trisäure-12 → 19-lacton-11,30-dimethylester $C_{34}H_{50}O_8$, Formel XI (R = CO-CH$_3$, X = CH$_3$).

B. Beim Erwärmen der im vorangehenden Artikel beschriebenen Verbindung mit Acetanhydrid und Pyridin und Behandeln des Reaktionsprodukts mit Diazomethan in Äther (*Brownlie, Spring*, Soc. **1956** 1949, 1952).

Krystalle (aus Acn. + PAe.); F: 204—205°. [α]$_D$: —1,4° [CHCl$_3$; c = 4]. Absorptionsmaximum (A.): 223 nm.

Hydroxy-oxo-carbonsäuren $C_nH_{2n-18}O_7$

Hydroxy-oxo-carbonsäuren $C_{14}H_{10}O_7$

2-Acetyl-3-[7-methoxycarbonyloxy-2-oxo-2*H*-chromen-3-yl]-3-oxo-propionsäure-äthylester $C_{18}H_{16}O_9$, Formel I, und Tautomere; **2-[7-Methoxycarbonyloxy-2-oxo-2*H*-chromen-3-carbonyl]-acetessigsäure-äthylester.**

B. Beim Behandeln einer Lösung von 7-Methoxycarbonyloxy-2-oxo-2*H*-chromen-3-carbonsäure in Chloroform mit Thionylchlorid und Erwärmen der Reaktionslösung mit der Kupfer(II)-Verbindung des Acetessigsäure-äthylesters (*Trenknerówna*, Roczniki Chem. **16** [1936] 12, 14; C. A. **1936** II 1163).

Gelbliche Krystalle (aus A.); F: 131°.

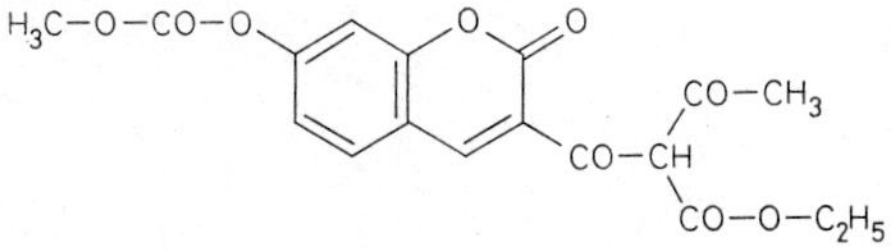

I

---

[1]) Stellungsbezeichnung bei von Oleanan abgeleiteten Namen s. E III **5** 1341.

Hydroxy-oxo-carbonsäuren $C_{15}H_{12}O_7$

(±)-7-Chlor-4,6-dimethoxy-2'-methyl-3,4'-dioxo-3*H*-spiro[benzofuran-2,1'-cyclohex-2'-en]-3'-carbonsäure-äthylester $C_{19}H_{19}ClO_7$, Formel II.

B. Neben anderen Verbindungen beim Behandeln einer Lösung von (±)-7-Chlor-4,6-dimethoxy-2'-methyl-3-methylen-4'-oxo-3*H*-spiro[benzofuran-2,1'-cyclohex-2'-en]-3'-carbonsäure-äthylester in Tetrachlormethan mit Ozon und Behandeln des Reaktionsprodukts mit Wasser (*Dawkins, Mulholland*, Soc. **1959** 2211, 2223).

Krystalle (aus A.); F: 174° [korr.].

II   III

3,4-Dimethoxy-6,8-dioxo-6,7,8,9,10,11-hexahydro-cyclohepta[*c*]chromen-7(?)-carbonsäure-methylester, 3-[2-Hydroxy-3,4-dimethoxy-phenyl]-7-oxo-cyclohept-2-en-1(?),2-dicarbonsäure-2-lacton-1-methylester $C_{18}H_{18}O_7$, vermutlich Formel III, und Tautomeres (8-Hydroxy-3,4-dimethoxy-6-oxo-6,9,10,11-tetrahydro-cyclohepta[*c*]chromen-7(?)-carbonsäure-methylester).

B. Beim Erwärmen von 4-[7,8-Dimethoxy-3-methoxycarbonylmethyl-2-oxo-2*H*-chromen-4-yl]-buttersäure-methylester mit Natriumhydrid oder Kalium-*tert*-butylat in Benzol (*Loewenthal*, Soc. **1953** 3962, 3966).

Krystalle (aus Me.); F: 190° [Zers.].

Hydroxy-oxo-carbonsäuren $C_{18}H_{18}O_7$

(±)-8,11-Dimethyl-1,3-dioxo-(3a*r*,4a*c*,9a*c*)-1,3,3a,4,4a,5,6,7,9,9a-decahydro-4*t*,9*t*-ätheno-naphtho[2,3-*c*]furan-5*t*,6*t*-dicarbonsäure, (±)-8,9-Dimethyl-(4a*r*)-1,2,3,4,4a,5,6,7-octahydro-1*t*,4*t*-ätheno-naphthalin-2*t*,3*t*,5*t*,6*t*-tetracarbonsäure-2,3-anhydrid $C_{18}H_{18}O_7$, Formel IV + Spiegelbild, und (±)-5,10-Dimethyl-1,3-dioxo-(3a*r*,9a*c*,9b*c*)-1,3,3a,4,6,7,8,9,9a,9b-decahydro-6*t*,9*t*-ätheno-naphtho[1,2-*c*]furan-7*t*,8*t*-dicarbonsäure, (±)-8,9-Dimethyl-(4a*r*)-1,2,3,4,4a,5,6,7-octahydro-1*t*,4*t*-ätheno-naphthalin-2*t*,3*t*,5*t*,6*t*-tetracarbonsäure-5,6-anhydrid $C_{18}H_{18}O_7$, Formel V + Spiegelbild.

Diese beiden Formeln kommen für die nachstehend beschriebene Verbindung in Betracht; bezüglich der Konfigurationszuordnung vgl. *Alder, Schmitz-Josten*, A. **595** [1955] 1, 17, 21.

B. Beim Erwärmen von (±)-8,9-Dimethyl-(4a*r*)-1,2,3,4,4a,5,6,7-octahydro-1*t*,4*t*-ätheno-naphthalin-2*t*,3*t*,5*t*,6*t*-tetracarbonsäure-dianhydrid mit wss. Kalilauge und Neutralisieren der warmen Reaktionslösung mit wss. Salzsäure (*Hukki*, Acta chem. scand. **5** [1951] 31, 44; Ann. Acad. Sci. fenn. [A II] Nr. 44 [1952] 45).

Krystalle (aus Eg.); F: 307—308° [unkorr.; Zers.] (*Hu.*).

IV   V   VI

(4a*R*)-7-Hydroxy-1-methyl-2,8,13-trioxo-(4b*t*,10a*t*)-1,2,4b,5,6,7,8,9,10,10a-decahydro-
7*c*,9a*c*-methano-4a*r*,1*c*-oxaäthano-benz[*a*]azulen-10*t*-carbonsäure-methylester, 4a,7-Di=
hydroxy-1β-methyl-2,8-dioxo-4aα,7β-gibb-3-en-1α,10β-dicarbonsäure-1 → 4a-lacton-
10-methylester [1]) $C_{19}H_{20}O_7$, Formel VI.

B. Beim Behandeln von 2β,4a,7-Trihydroxy-1β-methyl-8-oxo-4aα,7β-gibb-3-en-1α,=
10β-dicarbonsäure-1 → 4a-lacton-10-methylester mit Aceton, Chrom(VI)-oxid und wss.
Schwefelsäure (*Cross et al.*, Pr. chem. Soc. **1959** 302; *Cross*, Soc. **1960** 3022, 3032).

Krystalle (aus Butanon + PAe.); F: 215—229° [korr.; Zers.] (*Cr.*). Absorptionsmaximum (A.): 229 nm (*Cr.*).

Hydroxy-oxo-carbonsäuren $C_{23}H_{28}O_7$

14,21-Dihydroxy-2,3-dioxo-24-nor-5α,14β-chol-20(22)*t*-en-19,23-disäure-23 → 21-lacton
$C_{23}H_{28}O_7$, Formel VII.

Bezüglich der Konstitution und Konfiguration vgl. *Lardon et al.*, Helv. **52** [1969] 1940,
1942.

B. Aus Calotropagenin (2α,3β,14-Trihydroxy-19-oxo-5α,14β-card-20(22)-enolid) mit
Hilfe von Chrom(VI)-oxid (*Hassall*, *Reyle*, Chem. and Ind. **1956** 487).

F: 277—280° (*Ha.*, *Re.*).

VII   VIII

**3β,5-Dihydroxy-24-nor-5α(?),20β$_F$(?)*H*-chola-8,14-dien-19,21,23-trisäure-19 → 3-lacton-
21,23-dimethylester** $C_{25}H_{32}O_7$, vermutlich Formel VIII.

Diese Konstitution ist vermutlich der nachstehend beschriebenen Verbindung auf
Grund ihrer Bildungsweise zuzuordnen (s. dazu *L. F. Fieser*, *M. Fieser*, Steroids [New
York 1959] S. 114, 749; dtsch. Ausg.: Steroide [Weinheim 1961] S. 122, 824). Bezüg-
lich der Konfiguration vgl. die Angaben im Artikel β-Isostrophantidsäure (S. 6613).

B. Beim Erwärmen von 3β,5-Dihydroxy-14,15α-epoxy-24-nor-5α(?),20β$_F$(?)*H*-cholan-
19,21,23-trisäure-19 → 3-lacton-21,23-dimethylester (F: 244—245°) mit wss. Essigsäure
und wenig Schwefelsäure (*Jacobs*, *Elderfield*, J. biol. Chem. **113** [1936] 611, 623).

Krystalle (aus wss. Acn.); F: 178—180° (*Ja.*, *El.*).

Hydroxy-oxo-carbonsäuren $C_{25}H_{32}O_7$

9,11α-Epoxy-3β-hydroxy-20-oxo-5β,8-ätheno-pregnan-6β,7β-dicarbonsäure $C_{25}H_{32}O_7$,
Formel IX (R = X = H).

Bezüglich der Konfiguration an den C-Atomen 5, 6, 7, 8, 9 und 11 vgl. *Connolly et al.*,
Soc. [C] **1970** 508; s. a. *Jones et al.*, Tetrahedron **24** [1968] 297, 298, 307.

B. Beim Erwärmen von 3β-Hydroxy-20-oxo-5β,8-ätheno-pregn-9(11)-en-6β,7β-dicarb=
onsäure mit Essigsäure und wss. Wasserstoffperoxid (*Upjohn Co.*, U.S.P. 2595596 [1951]).
Beim Behandeln von 3β-Acetoxy-9,11α-epoxy-20-oxo-5β,8-ätheno-pregnan-6β,7β-dicarb=
onsäure-anhydrid mit wss. Natronlauge (*Upjohn Co.*, U.S.P. 2577778 [1950]).

Krystalle (aus W.); F: 229—233° [Zers.] (*Upjohn Co.*).

**9,11α-Epoxy-3β-hydroxy-20-oxo-5β,8-ätheno-pregnan-6β,7β-dicarbonsäure-6(oder 7)-
methylester** $C_{26}H_{34}O_7$, Formel IX (R = CH$_3$, X = H oder R = H, X = CH$_3$).

B. Beim Behandeln von 3β-Acetoxy-9,11α-epoxy-20-oxo-5β,8-ätheno-pregnan-6β,7β-di=

---

[1]) Stellungsbezeichnung bei von Gibban abgeleiteten Namen s. S. 6080.

carbonsäure-anhydrid mit wss.-methanol. Natronlauge (*Upjohn Co.*, U.S.P. 2582263 [1950]).

Krystalle (aus CHCl₃ + Me. + Ae.); F: 193—198°. [α]$_D^{25}$: +19,4° [CHCl₃].

9,11α-Epoxy-3β-hydroxy-20-oxo-5β,8-ätheno-pregnan-6β,7β-dicarbonsäure-dimethylester C₂₇H₃₆O₇, Formel IX (R = X = CH₃).

B. Aus 9,11α-Epoxy-3β-hydroxy-20-oxo-5β,8-ätheno-pregnan-6β,7β-dicarbonsäure oder aus 9,11α-Epoxy-3β-hydroxy-20-oxo-5β,8-ätheno-pregnan-6β,7β-dicarbonsäure-6(oder 7)-monomethylester (S. 6631) mit Hilfe von Diazomethan (*Upjohn Co.*, U.S.P. 2582263 [1950]). Beim Erwärmen von 3β-Hydroxy-20-oxo-5β,8-ätheno-pregn-9(11)-en-6β,7β-di≠carbonsäure-dimethylester mit Essigsäure und wss. Wasserstoffperoxid (*Upjohn Co.*).

Krystalle (aus Me.); F: 210—212°. [α]$_D^{26}$: +15,4° [CHCl₃].

IX   X

3β-Acetoxy-9,11α-epoxy-20-oxo-5β,8-ätheno-pregnan-6β,7β-dicarbonsäure-dimethylester C₂₉H₃₈O₈, Formel X (X = H).

B. Beim Erwärmen von 3β-Acetoxy-20-oxo-5β,8-ätheno-pregn-9(11)-en-6β,7β-dicarbon≠säure-dimethylester mit Essigsäure und wss. Wasserstoffperoxid (*Upjohn Co.*, U.S.P. 2582263 [1950]).

Krystalle (aus Me. oder aus Acn. + Hexan); F: 216—221°. [α]$_D^{26}$: +11,4° [CHCl₃].

3β-Acetoxy-17-brom-9,11α-epoxy-20-oxo-5β,8-ätheno-pregnan-6β,7β-dicarbonsäure-dimethylester C₂₉H₃₇BrO₈, Formel X (X = Br).

Bezüglich der Konfiguration am C-Atom 17 vgl. *Wendler et al.*, Tetrahedron **3** [1958] 144.

B. Beim Behandeln einer Lösung von 3β-Acetoxy-17-brom-9,11α-epoxy-20-oxo-5β,8-ätheno-pregnan-6β,7β-dicarbonsäure-anhydrid in Methanol und Dichlormethan mit Diazomethan in Dichlormethan (*Upjohn Co.*, U.S.P. 2621180 [1950]). Beim Behandeln der im vorangehenden Artikel beschriebenen Verbindung mit Brom in Essigsäure (*Up-john Co.*).

Krystalle (aus Acn. + CH₂Cl₂), F: 239—240,5°; [α]$_D^{24}$: −34,3° [CHCl₃] (*Upjohn Co.*).

Hydroxy-oxo-carbonsäuren C$_n$H$_{2n-20}$O$_7$

Hydroxy-oxo-carbonsäuren C₁₄H₈O₇

4,6,7-Trimethoxy-9-oxo-xanthen-1-carbonsäure C₁₇H₁₄O₇, Formel I (R = H).

B. Beim Erwärmen von 4,6,7-Trimethoxy-1-methyl-xanthen-9-on mit Chrom(VI)-oxid und Essigsäure (*Constantin, L'Écuyer*, Canad. J. Chem. **36** [1958] 1381). Neben 3-[2-Carb≠oxy-4,5-dimethoxy-phenoxy]-4-methoxy-phthalsäure beim Behandeln von 4,7,8-Trimeth≠oxy-1-vinyl-dibenz[b,f]oxepin mit Kaliumpermanganat in wss. Aceton (*Manske*, Am. Soc. **72** [1950] 55, 57).

Gelbliche Krystalle (aus Eg.); F: 304° [korr.] (*Ma.*), 301° [Fisher-Johns-App.] (*Co., L'Éc.*). UV-Spektrum (220—400 nm): *Co., L'Éc.*

4,6,7-Trimethoxy-9-oxo-xanthen-1-carbonsäure-methylester C₁₈H₁₆O₇, Formel I (R = CH₃).

B. Beim Behandeln einer Suspension von 4,6,7-Trimethoxy-9-oxo-xanthen-1-carbon≠

säure in Methanol mit Diazomethan in Äther (*Manske*, Am. Soc. **72** [1950] 55, 57).
Krystalle; F: 252° [korr.].

1,4-Dihydroxy-9-oxo-2-phenoxy-xanthen-3-carbonsäure $C_{20}H_{12}O_7$, Formel II (R = H).

B. Beim Erwärmen von 2,5-Dihydroxy-3,6-diphenoxy-terephthalsäure mit Thionyl=
chlorid und Erhitzen des Reaktionsprodukts mit wss. Kaliumcarbonat-Lösung (*Liebermann*, A. **513** [1934] 156, 169).
Orangebraune Krystalle (aus A.); F: 240°.

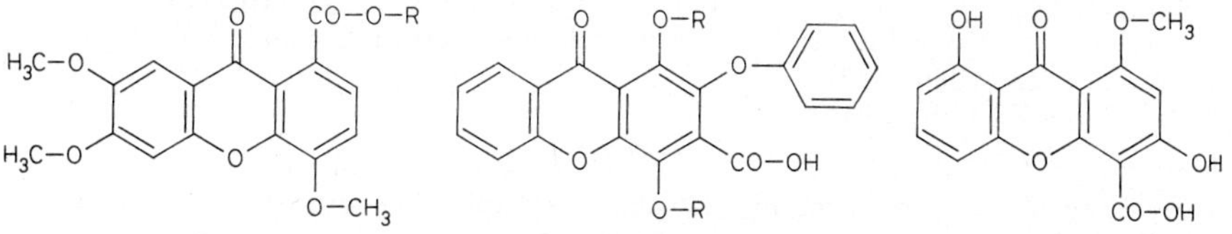

I   II   III

1,4-Diacetoxy-9-oxo-2-phenoxy-xanthen-3-carbonsäure $C_{24}H_{16}O_9$, Formel II
(R = CO-CH₃).

B. Aus 1,4-Dihydroxy-9-oxo-2-phenoxy-xanthen-3-carbonsäure (*Liebermann*, A. **513**
[1934] 156, 169).
Krystalle (aus A.); F: 275°.

3,8-Dihydroxy-1-methoxy-9-oxo-xanthen-4-carbonsäure $C_{15}H_{10}O_7$, Formel III.

B. Beim Behandeln von Sterigmatocystin ((−)-8-Hydroxy-6-methoxy-3a,12c-dihydro-
(3aξ,12cξ)-furo[3′,2′;4,5]furo[2,3-*c*]xanthen-7-on; über die Konstitution s. *Knight et al.*,
Soc. [C] **1966** 1308) mit Kaliumpermanganat in Aceton (*Hatsuda et al.*, J. agric. chem.
Soc. Japan **28** [1954] 998, 999; C. A. **1956** 15522; *Davies et al.*, Soc. **1960** 2169, 2176).
Gelbe Krystalle (aus A.), die bei 190—210° [Zers.] schmelzen (*Da. et al.*). Absorptions-
spektrum (A.; 250—400 nm): *Ha. et al.*

Hydroxy-oxo-carbonsäuren $C_{15}H_{10}O_7$

6-[3-(4-Methoxy-phenyl)-3-oxo-propionyl]-4-oxo-4*H*-pyran-2-carbonsäure-äthylester
$C_{18}H_{16}O_7$, Formel IV, und Tautomere.

B. Beim Erwärmen einer Lösung von 9-[4-Methoxy-phenyl]-2,4,6,7,9-pentaoxo-nonan=
säure-äthylester in Dioxan mit konz. wss. Salzsäure (*Schmitt*, A. **569** [1950] 17, 27).
Gelbe Krystalle (aus Dioxan); F: 172°.

(±)-5-Brom-3-[4,5-dimethoxy-3-oxo-phthalan-1-yl]-2-hydroxy-benzoesäure $C_{17}H_{13}BrO_7$,
Formel V (R = X = H).

B. Beim Erhitzen von (±)-5-Brom-3-[4,5-dimethoxy-3-oxo-phthalan-1-yl]-2-hydroxy-
benzoesäure-methylester mit wss. Kalilauge (*Mitter*, *Sen-Gupta*, J. Indian chem. Soc. **13**
[1936] 447).
Krystalle (aus Eg.); F: 253°.

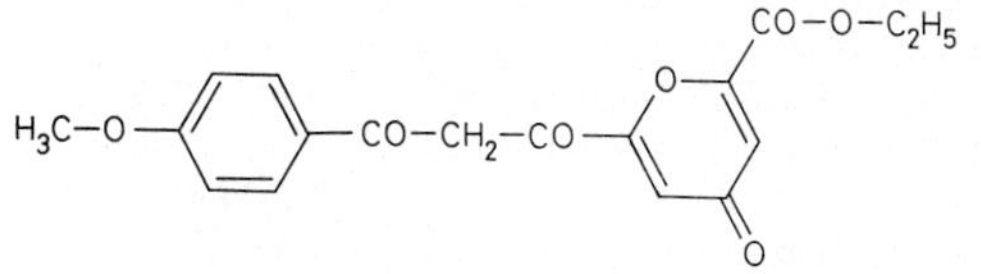

IV 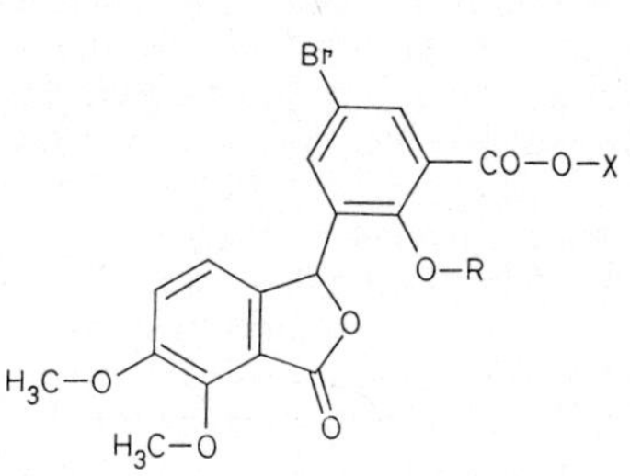   V

(±)-5-Brom-3-[4,5-dimethoxy-3-oxo-phthalan-1-yl]-2-hydroxy-benzoesäure-methylester $C_{18}H_{15}BrO_7$, Formel V (R = H, X = CH$_3$).

B. Beim Behandeln von 5-Brom-2-hydroxy-benzoesäure-methylester mit Opiansäure (6-Formyl-2,3-dimethoxy-benzoesäure) und konz. wss. Schwefelsäure (*Mitter, Sen-Gupta*, J. Indian chem. Soc. **13** [1936] 447).

Krystalle (aus Eg.); F: 215°.

(±)-2-Acetoxy-5-brom-3-[4,5-dimethoxy-3-oxo-phthalan-1-yl]-benzoesäure-methylester $C_{20}H_{17}BrO_8$, Formel V (R = CO-CH$_3$, X = CH$_3$).

B. Beim Behandeln von (±)-5-Brom-3-[4,5-dimethoxy-3-oxo-phthalan-1-yl]-2-hydr‌oxy-benzoesäure-methylester mit Acetanhydrid und Pyridin (*Mitter, Sen-Gupta*, J. Indian chem. Soc. **13** [1936] 447).

Krystalle (aus Eg.); F: 210°.

(−)-4-Hydroxy-6'-methoxy-6-methyl-3,4'-dioxo-3H-spiro[benzofuran-2,1'-cyclohexa-2',5'-dien]-2'-carbonsäure-methylester $C_{17}H_{14}O_7$, Formel VI oder Spiegelbild.

Konstitution: *Natori, Nishikawa*, Chem. pharm. Bl. **10** [1962] 117, 121.

Isolierung aus Kulturen von Oospora sulphurea-ochracea: *Nishikawa*, Bl. agric. chem. Soc. Japan **12** [1936] 47, 49, **13** [1937] 1, 2, 6.

Gelbliche Krystalle (aus PAe. + E.) mit 1 Mol H$_2$O; F: 147−148° [unkorr.] (*Na., Ni.*, l. c. S. 123). $[\alpha]_D^{15}$: −66° [A.] (*Na., Ni.*, l. c. S. 123; s. dazu *Natori, Nishikawa*, Chem. pharm. Bl. **10** [1962] 987 Anm. 4).

5,7-Dichlor-4-hydroxy-6'-methoxy-6-methyl-3,4'-dioxo-3H-spiro[benzofuran-2,1'-cyclo‌hexa-2',5'-dien]-2'-carbonsäure $C_{16}H_{10}Cl_2O_7$.

a) (+)-5,7-Dichlor-4-hydroxy-6'-methoxy-6-methyl-3,4'-dioxo-3H-spiro[benzo‌furan-2,1'-cyclohexa-2',5'-dien]-2'-carbonsäure, (+)-Erdin $C_{16}H_{10}Cl_2O_7$, Formel VII (R = X = H) oder Spiegelbild.

Gewinnung aus dem unter b) beschriebenen Racemat mit Hilfe des 1-Methyl-chininium-Salzes: *Barton, Scott*, Soc. **1958** 1767, 1770.

Krystalle (aus CHCl$_3$ + PAe.); F: 210−212° [Kofler-App.]. $[\alpha]_D$: +149° [Dioxan; c = 0,4].

Zeitlicher Verlauf der Racemisierung beim Behandeln mit Chlorwasserstoff in Dioxan bei 25°: *Ba., Sc.*, l. c. S. 1772.

b) (±)-5,7-Dichlor-4-hydroxy-6'-methoxy-6-methyl-3,4'-dioxo-3H-spiro[benzo‌furan-2,1'-cyclohexa-2',5'-dien]-2'-carbonsäure, (±)-Erdin $C_{16}H_{10}Cl_2O_7$, Formel VII (R = X = H) + Spiegelbild.

Über die Konstitution s. *Barton, Scott*, Soc. **1958** 1767, 1768.

Isolierung aus der Kulturflüssigkeit von Aspergillus terreus: *Raistrick, Smith*, Biochem. J. **30** [1936] 1315, 1316, 1320.

Gelbe Krystalle, F: 210−212° [Kofler-App.; aus CHCl$_3$ + Me.] (*Ba., Sc.*, l. c. S. 1770), 211° [Zers.; aus E.] (*Ra., Sm.*); gelbe Krystalle (aus wss. Dioxan) mit 2 Mol H$_2$O und 1 Mol Dioxan, F: 193° [Zers.] (*Ra., Sm.*). Absorptionsmaximum (A.): 274 nm (*Calam et al.*, Biochem. J. **41** [1947] 458, 459) bzw. 284 nm (*Ba., Sc.*).

Bildung von 4,6-Dichlor-5-methyl-resorcin beim Erhitzen auf 250°: *Calam et al.*, Biochem. J. **33** [1939] 579, 586. Beim Erhitzen mit wss. Jodwasserstoffsäure sind Norgeodin-B (S. 2611) und wenig Norgeodin-A (S. 2615) erhalten worden (*Ca. et al.*, Biochem. J. **41** 461; *Ba., Sc.*, l. c. S. 1769). Hydrierung an Palladium/Kohle in Äthanol (Bildung von 2-[3,5-Dichlor-2,6-dihydroxy-4-methyl-benzoyl]-5-hydroxy-3-methoxy-benzoesäure): *Ra., Sm.*, l. c. S. 1321; *Ba., Sc.*, l. c. S. 1768. Verhalten beim Erwärmen mit wss. Schwefelsäure (Bildung von 2-[2-Carboxy-4-hydroxy-6-methoxy-phenoxy]-3,5-di‌chlor-6-hydroxy-4-methyl-benzoesäure): *Ca. et al.*, Biochem. J. **41** 460; *Ba., Sc.*, l. c. S. 1769. Beim Behandeln mit Chlorwasserstoff enthaltendem Methanol sind 3,5-Dichlor-2-[2,4-dimethoxy-6-methoxycarbonyl-phenoxy]-6-hydroxy-4-methyl-benzoesäure-methylester erhalten worden (*Ba., Sc.*, l. c. S. 1772). Bildung von 2-[3,5-Dichlor-2,6-di‌methoxy-4-methyl-benzoyl]-3,5,6-trimethoxy-benzoesäure-methylester beim Behandeln einer Lösung in Aceton mit Dimethylsulfat und wss. Natronlauge: *Clutterbuck et al.*, Biochem. J. **31** [1937] 1089, 1091.

VI   VII   VIII

5,7-Dichlor-4-hydroxy-6'-methoxy-6-methyl-3,4'-dioxo-3H-spiro[benzofuran-2,1'-cyclo=hexa-2',5'-dien]-2'-carbonsäure-methylester $C_{17}H_{12}Cl_2O_7$.

a) **(+)-5,7-Dichlor-4-hydroxy-6'-methoxy-6-methyl-3,4'-dioxo-3H-spiro[benzofuran-2,1'-cyclohexa-2',5'-dien]-2'-carbonsäure-methylester, (+)-Geodin** $C_{17}H_{12}Cl_2O_7$, Formel VII (R = H, X = CH$_3$) oder Spiegelbild.

Über die Konstitution s. *Barton, Scott*, Soc. **1958** 1767, 1768.

Isolierung aus der Kulturflüssigkeit von Aspergillus terreus: *Raistrick, Smith*, Biochem. J. **30** [1936] 1315, 1318; von Penicillium paxilli: *Komatsu*, J. agric. chem. Soc. Japan **31** [1957] 349, 350; C. A. **1958** 16473. Über die Identität einer von *Delmotte-Plaquée, Bastin* (J. Pharm. Belg. [N S] **11** [1956] 200, 201) aus Aspergillus flavipes isolierten Verbindung (gelbliche Krystalle [aus CHCl$_3$ + Ae. oder aus E.], F: 229—230°; [α]$_D^{20}$: +175° [CHCl$_3$]) mit (+)-Geodin s. *Bar., Sc.*, l. c. S. 1769, 1770.

Gelbliche Krystalle; F: 235° [Zers.; aus CHCl$_3$ + Ae.] (*Ra., Sm.*), 233—235° [aus E.] (*Ko.*), 228—231° [Kofler-App.; aus CHCl$_3$ + Ae.] (*Bar., Sc.*). [α]$_D^{15}$: +146° [CHCl$_3$; c = 0,8] (*Ko.*); [α]$_D$: +140° [CHCl$_3$; c = 0,8] (*Bar., Sc.*); [α]$_{579}^{20}$: +149° [CHCl$_3$; c = 0,8], [α]$_{546}^{20}$: +179° [CHCl$_3$; c = 0,8] (*Ra., Sm.*). Absorptionsmaxima: 285 und 387 nm [Me.] (*Ko.*) bzw. 284 nm [A.] (*Calam et al.*, Biochem. J. **41** [1947] 458, 459; *Bar., Sc.*).

Zeitlicher Verlauf der Racemisierung beim Behandeln mit Chlorwasserstoff in Dioxan bei 25°: *Bar., Sc.*, l. c. S. 1772. Überführung in eine als Geodin-oxim angesehene Verbindung $C_{17}H_{13}Cl_2NO_7$ (gelbe Krystalle [aus CHCl$_3$ + PAe.], F: 285—286° [Zers.]; [α]: 0° [CHCl$_3$]) durch Erwärmen mit Hydroxylamin-hydrochlorid und Natriumacetat in Äthanol: *Ca. et al.*, l. c. S. 461. Beim Erhitzen mit Acetanhydrid, Essigsäure und Natriumacetat ist 2,3-Diacetoxy-6-[2,6-diacetoxy-3,5-dichlor-4-methyl-benzoyl]-5-methoxy-benzoesäure-methylester erhalten worden (*Clutterbuck et al.*, Biochem. J. **31** [1937] 1089, 1091; *Bar., Sc.*, l. c. S. 1769). Reaktion mit Pyridin (Bildung einer Verbindung $C_{22}H_{17}Cl_2NO_7$ [orangegelbe Krystalle (aus CHCl$_3$ + Me.), F: 320°; [α]$_D$: 0° [CHCl$_3$]; λ_{max} [A.]: 245 nm und 370 nm]): *Bar., Sc.*, l. c. S. 1772.

b) **(±)-5,7-Dichlor-4-hydroxy-6'-methoxy-6-methyl-3,4'-dioxo-3H-spiro[benzofuran-2,1'-cyclohexa-2',5'-dien]-2'-carbonsäure-methylester, (±)-Geodin** $C_{17}H_{12}Cl_2O_7$, Formel VII (R = H, X = CH$_3$) + Spiegelbild.

B. Beim Behandeln von (+)-Geodin (s. o.) mit Chlorwasserstoff in Dioxan (*Barton, Scott*, Soc. **1958** 1767, 1770).

Krystalle (aus CHCl$_3$ + Ae.); F: 225—227° [Kofler-App.]. Absorptionsmaximum (A.): 284 nm.

(+)-5,7-Dichlor-4,6'-dimethoxy-6-methyl-3,4'-dioxo-3H-spiro[benzofuran-2,1'-cyclohexa-2',5'-dien]-2'-carbonsäure-methylester, (+)-O-Methyl-geodin $C_{18}H_{14}Cl_2O_7$, Formel VII (R = X = CH$_3$) oder Spiegelbild.

B. Beim Erwärmen von (+)-Geodin (s. o.) mit Methyljodid, Kaliumcarbonat und Aceton (*Barton, Scott*, Soc. **1958** 1767, 1770).

Krystalle (aus CHCl$_3$ + Ae.); F: 173° [Kofler-App.]. [α]$_D$: +170° [CHCl$_3$; c = 0,5]. Absorptionsmaximum (A.): 280 nm.

(+)-4-Acetoxy-5,7-dichlor-6'-methoxy-6-methyl-3,4'-dioxo-3H-spiro[benzofuran-2,1'-cyclohexa-2',5'-dien]-2'-carbonsäure-methylester, (+)-O-Acetyl-geodin $C_{19}H_{14}Cl_2O_8$, Formel VII (R = CO-CH$_3$, X = CH$_3$) oder Spiegelbild.

B. Beim Behandeln von (+)-Geodin (s. o.) mit Acetanhydrid und Natriumacetat (*Barton, Scott*, Soc. **1958** 1767, 1770).

Krystalle (aus Me.); F: 174—175° [Kofler-App.]. [α]$_D$: +180° [Dioxan; c = 0,4].

3,5,7-Trihydroxy-1-methyl-9-oxo-xanthen-4-carbonsäure, Anhydroososäure $C_{15}H_{10}O_7$, Formel VIII (R = H).

Konstitution: *Natori, Nishikawa*, Chem. pharm. Bl. **10** [1962] 117, 118, 120.

B. Beim Erwärmen von Ososäure (2-[2-Carboxy-4,6-dihydroxy-phenoxy]-6-hydroxy-4-methyl-benzoesäure mit konz. Schwefelsäure (*Nishikawa*, Bl. agric. chem. Soc. Japan **18** [1942] 13, 18).

Krystalle (aus Acn.); F: ca. 270° [Zers.] (*Ni.*).

3,7-Dihydroxy-5-methoxy-1-methyl-9-oxo-xanthen-4-carbonsäure $C_{16}H_{12}O_7$, Formel VIII (R = CH_3).

Konstitution: *Natori, Nishikawa*, Chem. pharm. Bl. **10** [1962] 117, 118, 120.

B. Beim Erwärmen von 2-[2-Carboxy-4-hydroxy-6-methoxy-phenoxy]-6-hydroxy-4-methyl-benzoesäure oder von Asterrsäure (2-Hydroxy-6-[4-hydroxy-2-methoxy-6-methoxycarbonyl-phenoxy]-4-methyl-benzoesäure) mit konz. Schwefelsäure (*Nishikawa*, Bl. agric. chem. Soc. Japan **18** [1942] 13, 18).

Krystalle (aus Py.) mit 1 Mol Pyridin; Zers. oberhalb 340° (*Ni.*).

3,5,7-Trimethoxy-1-methyl-9-oxo-xanthen-4-carbonsäure, Tri-*O*-methyl-anhydroososäure $C_{18}H_{16}O_7$, Formel IX (R = H).

Konstitution: *Natori, Nishikawa*, Chem. pharm. Bl. **10** [1962] 117, 118, 120.

B. Beim Behandeln von Tri-*O*-methyl-ososäure (2-[2-Carboxy-4,6-dimethoxy-phenoxy]-6-methoxy-4-methyl-benzoesäure) mit konz. Schwefelsäure (*Nishikawa*, Bl. agric. chem. Soc. Japan **18** [1942] 13, 19). Beim Erwärmen von 3,5,7-Trimethoxy-1-methyl-9-oxo-xanthen-4-carbonsäure-methylester mit äthanol. Kalilauge (*Ni.*).

Krystalle (aus A.); F: ca. 280° [Zers.] (*Ni.*).

3,5,7-Trimethoxy-1-methyl-9-oxo-xanthen-4-carbonsäure-methylester, Tri-*O*-methyl-anhydroososäure-methylester $C_{19}H_{18}O_7$, Formel IX (R = CH_3).

B. Beim Behandeln einer Suspension von Anhydroososäure (s. o.) in Äthanol mit Diazomethan in Äther (*Nishikawa*, Bl. agric. chem. Soc. Japan **18** [1942] 13, 18).

Gelbliche Krystalle (aus A.); F: 205° [nach Sintern].

IX   X

Hydroxy-oxo-carbonsäuren $C_{16}H_{12}O_7$

*Opt.-inakt. 2-Äthoxyoxalyloxy-5,7-dimethoxy-4-oxo-3-phenyl-chroman-2-carbonsäure-äthylester $C_{24}H_{24}O_{10}$, Formel X.

B. Beim Erwärmen von 2-Hydroxy-4,6-dimethoxy-desoxybenzoin mit Oxalsäure-äthylester-chlorid, Pyridin und Benzol (*Baker et al.*, Soc. **1953** 1852, 1859).

Krystalle (aus A.); F: 111—112°.

(±)-5-[4,5-Dimethoxy-3-oxo-phthalan-1-yl]-2-hydroxy-4-methyl-benzoesäure $C_{18}H_{16}O_7$, Formel XI (R = H).

B. Beim Erwärmen des im folgenden Artikel beschriebenen Äthylesters mit äthanol. Kaliumcarbonat-Lösung (*Paul*, J. Indian chem. Soc. **9** [1932] 493, 496).

Krystalle (aus Eg.); F: 255°.

Beim Erhitzen mit wss. Natronlauge und Zink ist 5-[2-Carboxy-3,4-dimethoxy-benzyl]-2-hydroxy-4-methyl-benzoesäure erhalten worden.

(±)-5-[4,5-Dimethoxy-3-oxo-phthalan-1-yl]-2-hydroxy-4-methyl-benzoesäure-äthylester $C_{20}H_{20}O_7$, Formel XI (R = C_2H_5).

B. Beim Behandeln von Opiansäure (6-Formyl-2,3-dimethoxy-benzoesäure) mit 2-Hydr oxy-4-methyl-benzoesäure-äthylester und 85%ig. wss. Schwefelsäure (*Paul*, J. Indian chem. Soc. **9** [1932] 493, 494, 496).

Krystalle (aus A.); F: 93°.

XI   XII

(±)-5,7-Dichlor-4,6'-dimethoxy-6,3'-dimethyl-3,4'-dioxo-3H-spiro[benzofuran-2,1'-cyclo=
hexa-2',5'-dien]-2'-carbonsäure-methylester C$_{19}$H$_{16}$Cl$_2$O$_7$, Formel XII.

B. Beim Erhitzen von opt.-inakt. 5,7-Dichlor-4,6'-dimethoxy-6-methyl-3,4'-dioxo-3'a,4'-dihydro-3H,3'H-spiro[benzofuran-2,7'-indazol]-7'a-carbonsäure-methylester (F: 152—153° [Zers.]) auf 160° (*Barton, Scott*, Soc. **1958** 1767, 1769, 1771).

Krystalle (aus Ae.); F: 178—180° [Kofler-App.]. UV-Absorptionsmaximum (A.): 278 nm.

Hydroxy-oxo-carbonsäuren C$_{18}$H$_{16}$O$_7$

(±)-7-Acetyl-4,6-dihydroxy-5,2'-dimethyl-3-methylen-4'-oxo-3H-spiro[benzofuran-
2,1'-cyclopent-2'-en]-3'-carbonsäure C$_{18}$H$_{16}$O$_7$, Formel XIII (R = H).

Diese Konstitution kommt der nachstehend beschriebenen, früher (s. E II **18** 399) als (±)-6-Acetyl-7,9-dihydroxy-1,8,9b-trimethyl-3-oxo-3,9b-dihydro-dibenzofuran-2-carbon=
säure angesehenen (±)-Usnolsäure zu (*Dean et al.*, Soc. **1953** 1250, 1253, **1957** 1577; vgl. E II **20** 396).

B. Beim Erwärmen von Usninsäure (2,6-Diacetyl-3,7,9-trihydroxy-8,9b-dimethyl-9bH-dibenzofuran-1-on) mit konz. Schwefelsäure (*Asahina, Yanagita*, B. **70** [1937] 1500, 1504; *Dean et al.*, Soc. **1953** 1260; vgl. E II 399).

Gelbe Krystalle; F: 230—231° [Zers.; nach Sintern bei 210°; aus Bzl.] (*As., Ya.*), 230—231° [Zers.] (*Dean et al.*, Soc. **1953** 1260).

(±)-7-Acetyl-6-hydroxy-4-methoxy-5,2'-dimethyl-3-methylen-4'-oxo-3H-spiro[benzo=
furan-2,1'-cyclopent-2'-en]-3'-carbonsäure-methylester C$_{20}$H$_{20}$O$_7$, Formel XIII (R = CH$_3$).

B. Beim Behandeln von (±)-Usnolsäure (s. o.) mit Dimethylsulfat, Kaliumcarbonat und Aceton oder mit Diazomethan in Äther und Chloroform (*Dean et al.*, Soc. **1953** 1250, 1260, 1261).

Gelbliche Krystalle (aus wss. Eg.); F: 134°. UV-Spektrum (A.; 220—350 nm): *Dean et al.*, l. c. S. 1253.

XIII   XIV

Hydroxy-oxo-carbonsäuren C$_{20}$H$_{20}$O$_7$

*Opt.-inakt. 2-[5-Benzyl-[2]thienyl]-4-hydroxy-4-methyl-6-oxo-cyclohexan-1,3-dicarb‍onsäure-diäthylester C$_{24}$H$_{28}$O$_6$S, Formel XIV (R = C$_2$H$_5$), und Tautomeres (2-[5-Benz‍yl-[2]thienyl]-4,6-dihydroxy-6-methyl-cyclohex-3-en-1,3-dicarbonsäure-diäthylester).

B. Beim Behandeln von 5-Benzyl-thiophen-2-carbaldehyd mit Acetessigsäure-äthyl‍ester und Piperidin (*Buu-Hoi et al.*, Soc. **1952** 4590).

Krystalle (aus Ae.); F: 145°.

Hydroxy-oxo-carbonsäuren C$_{24}$H$_{28}$O$_7$

(±)-6-Hydroxy-2'-methoxy-2,4'-dioxo-4,6'-dipentyl-spiro[benzofuran-3,1'-cyclohexa-2',5'-dien]-5-carbonsäure, (±)-Picrolichensäure C$_{25}$H$_{30}$O$_7$, Formel XV (R = X = H) (in der Literatur auch als Picrolicheninsäure und als Picrolichenin bezeichnet).

Konstitution: *Wachtmeister*, Acta chem. scand. **12** [1958] 147; *Davidson, Scott*, Pr. chem. Soc. **1960** 390.

Isolierung aus Pertusaria amara: *Alms*, A. **1** [1832] 61; *Vogel*, J. **1857** 515; *Zopf*, A. **313** [1900] 317, 335, **321** [1902] 37, 38; *Hesse*, J. pr. [2] **94** [1916] 227, 238; *Wa.*, l. c. S. 158.

Krystalle; F: 187—190° [unkorr.; Zers.; Kofler-App.; aus wss. Eg.] bzw. F: 184—187° [unkorr.; Zers.; Kofler-App.; aus Bzl.] (*Wa.*, l. c. S. 158). IR-Spektrum (KBr; 2,5—15 μ): *Wa.*, l. c. S. 154. UV-Spektrum (A.; 220—330 nm): *Wa.*, l. c. S. 155.

Verhalten beim Erhitzen mit wss. Bromwasserstoffsäure und Essigsäure (Bildung von 6,6'-Dipentyl-biphenyl-2,4,2',4'-tetraol): *Wa.*, l. c. S. 160. Beim Behandeln mit wss. Natronlauge ist 4,6-Dihydroxy-3-[4-hydroxy-2-methoxy-6-pentyl-phenyl]-2-pentyl-benzoesäure erhalten worden (*Wa.*, l. c. S. 160). Reaktion mit Piperidin (Bildung von 4,6-Dihydroxy-3-[2-methoxy-4-oxo-6-pentyl-1-(piperidin-1-carbonyl)-cyclohexa-2,5-di‍enyl]-2-pentyl-benzoesäure): *Wa.*, l. c. S. 159.

(±)-6-Hydroxy-2'-methoxy-2,4'-dioxo-4,6'-dipentyl-spiro[benzofuran-3,1'-cyclohexa-2',5'-dien]-5-carbonsäure-methylester, (±)-Picrolichensäure-methylester C$_{26}$H$_{32}$O$_7$, Formel XV (R = CH$_3$, X = H).

B. Bei kurzem Behandeln (1 min) von (±)-Picrolichensäure (s. o.) mit Diazomethan in Äther (*Wachtmeister*, Acta chem. scand. **12** [1958] 147, 159).

Krystalle (aus Me.); F: 102—103,5° [Kofler-App.]. IR-Spektrum (KBr; 2,5—15 μ): *Wa.*, l. c. S. 154.

(±)-6,2'-Dimethoxy-2,4'-dioxo-4,6'-dipentyl-spiro[benzofuran-3,1'-cyclohexa-2',5'-dien]-5-carbonsäure-methylester, (±)-O-Methyl-picrolichensäure-methylester C$_{27}$H$_{34}$O$_7$, Formel XV (R = X = CH$_3$).

B. Bei 12-stdg. Behandeln von Picrolichensäure (s. o.) mit Diazomethan in Äther und Methanol (*Wachtmeister*, Acta chem. scand. **12** [1958] 147, 159).

Krystalle (aus Hexan); F: 80—82°. IR-Spektrum (KBr; 2,5—15 μ): *Wa.*, l. c. S. 154.

XV   XVI

Hydroxy-oxo-carbonsäuren $C_{27}H_{34}O_7$

(22Ξ)-3β-Acetoxy-22-cyan-22-hydroxy-5β,8-ätheno-23,24-dinor-chol-9(11)-en-6β,7β-di= **carbonsäure-anhydrid** $C_{29}H_{35}NO_6$, Formel XVI.

B. Beim Behandeln von 3β-Acetoxy-22-oxo-5β,8-ätheno-23,24-dinor-chol-9(11)-en-6β,7β-dicarbonsäure-anhydrid mit Natriumhydrogensulfit in wss. Dioxan und Erwärmen des Reaktionsgemisches mit Kaliumcyanid (*Upjohn Co.*, U.S.P. 2625545 [1949]).

F: 143—147°.

Hydroxy-oxo-carbonsäuren $C_nH_{2n-22}O_7$

Hydroxy-oxo-carbonsäuren $C_{15}H_8O_7$

8-Hydroxy-9-oxo-xanthen-1,3-dicarbonsäure, Cassiaxanthon $C_{15}H_8O_7$, Formel I (R = H).
Konstitution: *Nair et al.*, Phytochemistry **9** [1970] 1153.

Isolierung aus Blättern von Cassia alata: *Hauptmann, Nazáriô*, Am. Soc. **72** [1950] 1492, 1494; von Cassia reticulata: *Anchel*, J. biol. Chem. **177** [1949] 169, 172 Anm. 4; Am. Soc. **72** [1950] 1832.

Gelbliche Krystalle (aus Acn.); F: 335—336° [Kofler-App.] (*Ha., Na.*).

8-Hydroxy-9-oxo-xanthen-1,3-dicarbonsäure-dimethylester, Cassiaxanthon-dimethylester $C_{17}H_{12}O_7$, Formel I (R = CH₃).

B. Aus Cassiaxanthon (s. o.) mit Hilfe von Diazomethan (*Hauptmann, Nazáriô*, Am. Soc. **72** [1950] 1492, 1494).

Gelbe Krystalle (aus Me.); F: 186—187° [Kofler-App.].

I   II   III

Hydroxy-oxo-carbonsäuren $C_{16}H_{10}O_7$

2-[5,7-Dihydroxy-3-methoxy-4-oxo-4H-chromen-2-yl]-benzoesäure $C_{17}H_{12}O_7$, Formel II.
B. Beim Behandeln von Phthalsäure-methylester-chlorid mit 2-Methoxy-1-[2,4,6-tri= hydroxy-phenyl]-äthanon und Pyridin und Erhitzen des Reaktionsprodukts mit Kali= umcarbonat und Pyridin (*King et al.*, Soc. **1954** 4594, 4599).

Gelbe Krystalle (aus E.); F: 264—265°.

5,7-Dihydroxy-3-[2-methoxy-phenyl]-4-oxo-4H-chromen-2-carbonsäure-äthylester $C_{19}H_{16}O_7$, Formel III (R = H).
B. Beim Behandeln von 2,4,6-Trihydroxy-2'-methoxy-desoxybenzoin mit Oxalsäure-äthylester-chlorid und Pyridin (*Baker et al.*, Soc. **1953** 1860, 1863).

Gelbe Krystalle (aus wss. Me.); F: 154—156°.

5,7-Dimethoxy-3-[2-methoxy-phenyl]-4-oxo-4H-chromen-2-carbonsäure-äthylester $C_{21}H_{20}O_7$, Formel III (R = CH₃).
B. Beim Erwärmen von 5,7-Dihydroxy-3-[2-methoxy-phenyl]-4-oxo-4H-chromen-2-carbonsäure-äthylester mit Dimethylsulfat, Kaliumcarbonat und Aceton (*Baker et al.*, Soc. **1953** 1860, 1864).

Krystalle (aus A.); F: 142—144°.

5,7-Diacetoxy-3-[2-methoxy-phenyl]-4-oxo-4H-chromen-2-carbonsäure-äthylester $C_{23}H_{20}O_9$, Formel III (R = CO-CH₃).
B. Aus 5,7-Dihydroxy-3-[2-methoxy-phenyl]-4-oxo-4H-chromen-2-carbonsäure-äthyl=

ester (*Baker et al.*, Soc. **1953** 1860, 1863).
Krystalle (aus A.); F: 139—140°.

5,7-Dihydroxy-3-[4-hydroxy-phenyl]-4-oxo-4*H*-chromen-2-carbonsäure $C_{16}H_{10}O_7$,
Formel IV (R = X = H).
B. Beim Erwärmen von 2,4,6,4'-Tetrahydroxy-desoxybenzoin mit Oxalsäure-äthyl=
ester-chlorid und Pyridin und Behandeln des Reaktionsprodukts mit wss. Natronlauge
(*Yoder et al.*, Pr. Iowa Acad. **61** [1954] 271, 274).
Gelbe Krystalle (aus wss. Me.); F: 320° [Zers.] (*Yo. et al.*). Absorptionsspektren
(200—400 nm) einer Lösung der Säure in Äthanol sowie einer Lösung des Kalium-Salzes
in äthanol. Kalilauge: *Bognár et al.*, Acta Univ. Szeged **5** [1959] Nr. 3/4, S. 6, 14.

7-Hydroxy-3-[4-hydroxy-phenyl]-5-methoxy-4-oxo-4*H*-chromen-2-carbonsäure $C_{17}H_{12}O_7$,
Formel V (R = CH₃, X = H).
B. Aus 7-Hydroxy-3-[4-hydroxy-phenyl]-5-methoxy-4-oxo-4*H*-chromen-2-carbon=
säure-äthylester (*Baker et al.*, Soc. **1953** 1852, 1857).
Krystalle (aus A.); F: 254—256°.

5-Hydroxy-3-[4-hydroxy-phenyl]-7-methoxy-4-oxo-4*H*-chromen-2-carbonsäure $C_{17}H_{12}O_7$,
Formel V (R = H, X = CH₃).
B. Aus 3-[4-Benzoyloxy-phenyl]-5-hydroxy-7-methoxy-4-oxo-4*H*-chromen-2-carbon=
säure-äthylester (*Baker et al.*, Soc. **1953** 1852, 1858).
Krystalle (aus A.); F: 270°.

5,7-Dihydroxy-3-[4-methoxy-phenyl]-4-oxo-4*H*-chromen-2-carbonsäure $C_{17}H_{12}O_7$,
Formel IV (R = CH₃, X = H).
B. Beim Erwärmen von 2,4,6-Trihydroxy-4'-methoxy-desoxybenzoin mit Oxalsäure-
äthylester-chlorid und Pyridin und Behandeln des Reaktionsprodukts mit wss. Natron=
lauge (*Yoder et al.*, Pr. Iowa Acad. **61** [1954] 271, 275).
Krystalle (aus Me.) mit 1 Mol Methanol; F: 275° [Zers.].

5,7-Dihydroxy-3-[4-hydroxy-phenyl]-4-oxo-4*H*-chromen-2-carbonsäure-äthylester
$C_{18}H_{14}O_7$, Formel IV (R = H, X = C₂H₅).
B. Beim Behandeln von 2,4,6,4'-Tetrahydroxy-desoxybenzoin mit Oxalsäure-äthyl=
ester-chlorid und Pyridin (*Baker et al.*, Soc. **1953** 1852, 1856).
Gelbe Krystalle (aus A.); F: 240—242° [Zers.] (*Ba. et al.*). Absorptionsspektrum
(A.; 200—400 nm): *Bognár et al.*, Acta Univ. Szeged **5** [1959] Nr. 3/4, S. 6, 14.

IV   V   VI

7-Hydroxy-3-[4-hydroxy-phenyl]-5-methoxy-4-oxo-4*H*-chromen-2-carbonsäure-äthyl=
ester $C_{19}H_{16}O_7$, Formel VI (R = C₂H₅).
B. Beim Behandeln von 2,4,4'-Trihydroxy-6-methoxy-desoxybenzoin mit Oxalsäure-
äthylester-chlorid und Pyridin (*Baker et al.*, Soc. **1953** 1852, 1857).
Krystalle (aus wss. Me.); F: 223—224°.

5,7-Dihydroxy-3-[4-methoxy-phenyl]-4-oxo-4*H*-chromen-2-carbonsäure-äthylester
$C_{19}H_{16}O_7$, Formel IV (R = CH₃, X = C₂H₅).
B. Beim Behandeln von 2,4,6-Trihydroxy-4'-methoxy-desoxybenzoin mit Oxalsäure-
äthylester-chlorid und Pyridin (*Baker et al.*, Soc. **1953** 1852, 1856).
Gelbliche Krystalle (aus Bzl.); F: 189—190°.

5,7-Dimethoxy-3-[4-methoxy-phenyl]-4-oxo-4H-chromen-2-carbonsäure-äthylester
$C_{21}H_{20}O_7$, Formel VII (R = X = CH$_3$).
B. Aus 5,7-Dihydroxy-3-[4-methoxy-phenyl]-4-oxo-4H-chromen-2-carbonsäure-äthyl=
ester (*Baker et al.*, Soc. **1953** 1852, 1856).
Krystalle (aus A.); F: 150—151°.

5,7-Diacetoxy-3-[4-methoxy-phenyl]-4-oxo-4H-chromen-2-carbonsäure-äthylester
$C_{23}H_{20}O_9$, Formel VII (R = CO-CH$_3$, X = CH$_3$).
B. Aus 5,7-Dihydroxy-3-[4-methoxy-phenyl]-4-oxo-4H-chromen-2-carbonsäure-äthyl=
ester (*Baker et al.*, Soc. **1953** 1852, 1856).
Krystalle (aus A.); F: 166—167°.

5,7-Diacetoxy-3-[4-acetoxy-phenyl]-4-oxo-4H-chromen-2-carbonsäure-äthylester
$C_{24}H_{20}O_{10}$, Formel VII (R = X = CO-CH$_3$).
B. Aus 5,7-Dihydroxy-3-[4-hydroxy-phenyl]-4-oxo-4H-chromen-2-carbonsäure-äthyl=
ester (*Baker et al.*, Soc. **1953** 1852, 1856).
Krystalle (aus A.); F: 181—183°.

3-[4-Benzoyloxy-phenyl]-5,7-dihydroxy-4-oxo-4H-chromen-2-carbonsäure-äthylester
$C_{25}H_{18}O_8$, Formel VII (R = H, X = CO-C$_6$H$_5$).
B. Beim Behandeln von 4'-Benzoyloxy-2,4,6-trihydroxy-desoxybenzoin mit Oxalsäure-
äthylester-chlorid und Pyridin (*Baker et al.*, Soc. **1953** 1852, 1858).
Gelbe Krystalle (aus Me.); F: 248° [Zers.].

VII   VIII

**3-[4-Benzoyloxy-phenyl]-5-hydroxy-7-methoxy-4-oxo-4H-chromen-2-carbonsäure-äthyl=
ester** $C_{26}H_{20}O_8$, Formel VIII (R = CH$_3$, X = H).
B. Beim Erwärmen von 3-[4-Benzoyloxy-phenyl]-5,7-dihydroxy-4-oxo-4H-chromen-
2-carbonsäure-äthylester mit Dimethylsulfat, Kaliumcarbonat und Benzol (*Baker et al.*,
Soc. **1953** 1852, 1858).
Gelbliche Krystalle (aus Acn.); F: 202—204°.

5,7-Diacetoxy-3-[4-benzoyloxy-phenyl]-4-oxo-4H-chromen-2-carbonsäure-äthylester
$C_{29}H_{22}O_{10}$, Formel VIII (R = X = CO-CH$_3$).
B. Aus 3-[4-Benzoyloxy-phenyl]-5,7-dihydroxy-4-oxo-4H-chromen-2-carbonsäure-
äthylester (*Baker et al.*, Soc. **1953** 1852, 1858).
Krystalle (aus Acn.); F: 232°.

2-[3,4-Dihydroxy-phenyl]-3-hydroxy-4-oxo-4H-chromen-6-carbonsäure $C_{16}H_{10}O_7$,
Formel IX (R = H), und Tautomeres (2-[3,4-Dihydroxy-phenyl]-3,4-dioxo-
chroman-6-carbonsäure).
B. Beim Behandeln von 3-Hydroxy-2-[3,4-methylendioxy-phenyl]-4-oxo-4H-chromen-
6-carbonsäure mit einer Lösung von Aluminiumchlorid in Nitrobenzol (*Nagano, Matsumura*, Am. Soc. 75 [1953] 6237).
Gelbe Krystalle (aus A.); F: >320° [nach Dunkelfärbung bei 310° und Sintern bei
316°].

3-Acetoxy-2-[3,4-diacetoxy-phenyl]-4-oxo-4H-chromen-6-carbonsäure $C_{22}H_{16}O_{10}$,
Formel IX (R = CO-CH$_3$).
B. Beim Behandeln von 2-[3,4-Dihydroxy-phenyl]-3-hydroxy-4-oxo-4H-chromen-
6-carbonsäure (s. o.) mit Acetanhydrid und Pyridin (*Nagano, Matsumura*, Am. Soc.

75 [1953] 6237).
Krystalle (aus wss. Eg.); F: 218—220° [Zers.].

3-[2-Hydroxy-4,6-dimethoxy-benzoyl]-benzofuran-2-carbonsäure $C_{18}H_{14}O_7$, Formel X
(R = H, X = OH), und Tautomeres (1-Hydroxy-1-[2-hydroxy-4,6-dimethoxy-phenyl]-1H-furo[3,4-b]benzofuran-3-on).
B. Beim Erwärmen von 9,11-Dimethoxy-chromeno[3,4-b]chromen-6,12-dion mit wss.-äthanol. Kalilauge (*Whalley, Lloyd,* Soc. **1956** 3213, 3221).
Krystalle (aus Bzl. + Acn.); F: 192°.

3-[2,4,6-Trimethoxy-benzoyl]-benzofuran-2-carbonsäure $C_{19}H_{16}O_7$, Formel X (R = CH$_3$, X = OH), und Tautomeres (1-Hydroxy-1-[2,4,6-trimethoxy-phenyl]-1H-furo= [3,4-b]benzofuran-3-on).
B. Beim Behandeln von 3-[2,4,6-Trimethoxy-benzoyl]-benzofuran-2-carbonsäure-methylester mit wss.-methanol. Natronlauge (*Whalley, Lloyd,* Soc. **1956** 3213, 3221).
Gelbe Krystalle (aus wss. Acn.); F: 224° [Zers.].

IX   X   XI

3-[2,4,6-Trimethoxy-benzoyl]-benzofuran-2-carbonsäure-methylester $C_{20}H_{18}O_7$, Formel X
(R = CH$_3$, X = O-CH$_3$).
B. Beim Erwärmen von 3-[2-Hydroxy-4,6-dimethoxy-benzoyl]-benzofuran-2-carbon= säure mit Kaliumcarbonat, Dimethylsulfat und Aceton (*Whalley, Lloyd,* Soc. **1956** 3213, 3221).
Krystalle (aus wss. Me.); F: 128°.

6-Methoxy-2-veratroyl-benzofuran-3-carbonsäure $C_{19}H_{16}O_7$, Formel XI (R = CH$_3$,
X = OH), und Tautomeres (3-[3,4-Dimethoxy-phenyl]-3-hydroxy-6-methoxy-3H-furo[3,4-b]benzofuran-1-on).
B. Beim Erwärmen von 6-Methoxy-2-veratroyl-benzofuran-3-carbonsäure-äthylester mit wss.-äthanol. Kalilauge (*Chatterjea,* J. Indian chem. Soc. **31** [1954] 101, 105).
Gelbe Krystalle (aus Eg.); F: 208° [unkorr.].
Beim Erwärmen mit Phosphor(V)-chlorid in Benzol und Behandeln der Reaktions-lösung mit Aluminiumchlorid ist 3,8,9-Trimethoxy-benzo[b]naphtho[2,3-d]furan-6,11-dion erhalten worden.

6-Methoxy-2-veratroyl-benzofuran-3-carbonsäure-äthylester $C_{21}H_{20}O_7$, Formel XI
(R = CH$_3$, X = O-C$_2$H$_5$).
B. Beim Behandeln von 6-Methoxy-benzofuran-2,3-dion mit 2-Brom-1-[3,4-dimethoxy-phenyl]-äthanon und Natriumäthylat in Äthanol (*Chatterjea,* J. Indian chem. Soc. **31** [1954] 101, 105).
Krystalle (aus Eg.); F: 127—128° [unkorr.].

Hydroxy-oxo-carbonsäuren $C_{17}H_{12}O_7$

6-[5t-(4-Methoxy-phenyl)-3-oxo-pent-4-enoyl]-4-oxo-4H-pyran-2-carbonsäure-äthylester
$C_{20}H_{18}O_7$, Formel I, und Tautomere.
B. Beim Erhitzen von 11t-[4-Methoxy-phenyl]-2,4,6,7,9-pentaoxo-undec-10-ensäure-äthylester mit Essigsäure und konz. wss. Salzsäure (*Schmitt,* A. **569** [1950] 17, 28).
Orangefarbene Krystalle (aus Dioxan); F: 196°.

I   II

[5,7-Dimethoxy-2-(4-methoxy-phenyl)-4-oxo-4H-chromen-6-yl]-essigsäure $C_{20}H_{18}O_7$, Formel II (R = CH$_3$).

In einem von *Nakazawa, Tsubouchi* (J. pharm. Soc. Japan **75** [1955] 716, 719; C. A. **1956** 3419) unter dieser Konstitution beschriebenen Präparat (F: 276° [Zers.]) hat vermutlich [5,7-Dimethoxy-2-(4-methoxy-phenyl)-4-oxo-4H-chromen-8-yl]-essigsäure (s. u.) vorgelegen.

B. Beim Erhitzen von [5,7-Dimethoxy-2-(4-methoxy-phenyl)-4-oxo-4H-chromen-6-yl]-acetonitril mit wss. Schwefelsäure und Essigsäure (*Nakazawa, Matsuura*, J. pharm. Soc. Japan **73** [1953] 481; C. A. **1945** 3357).

Krystalle (aus wss. Eg.); F: 244° (*Na., Ma.*).

[5-Hydroxy-7-methoxy-2-(4-methoxy-phenyl)-4-oxo-4H-chromen-6-yl]-acetonitril $C_{19}H_{15}NO_5$, Formel III (R = H).

B. Beim Erwärmen von 6-Chlormethyl-5-hydroxy-7-methoxy-2-[4-methoxy-phenyl]-chromen-4-on mit Benzol und wss. Kaliumcyanid-Lösung (*Nakazawa, Matsuura*, J. pharm. Soc. Japan **73** [1953] 481; C. A. **1954** 3357).

Hellgelbe Krystalle (aus Eg.); F: 207°.

III   IV

[5,7-Dimethoxy-2-(4-methoxy-phenyl)-4-oxo-4H-chromen-6-yl]-acetonitril $C_{20}H_{17}NO_5$, Formel III (R = CH$_3$).

B. Beim Behandeln von [5-Hydroxy-7-methoxy-2-(4-methoxy-phenyl)-4-oxo-4H-chromen-6-yl]-acetonitril mit Dimethylsulfat, wss. Kalilauge, Dioxan und Äthanol (*Nakazawa, Matsuura*, J. pharm. Soc. Japan **73** [1953] 481; C. A. **1954** 3357).

Krystalle (aus wss. Eg.); F: 234°.

[5-Hydroxy-7-methoxy-2-(4-methoxy-phenyl)-4-oxo-4H-chromen-8-yl]-essigsäure $C_{19}H_{16}O_7$, Formel IV (R = H).

Diese Verbindung hat vermutlich auch in einem von *Nakazawa, Tsubouchi* (J. pharm. Soc. Japan **75** [1955] 716, 718; C. A. **1956** 3419) als [5-Hydroxy-7-methoxy-2-(4-methoxy-phenyl)-4-oxo-4H-chromen-6-yl]-essigsäure $C_{19}H_{16}O_7$ (Formel II [R = H]), angesehenen, aus 2,6-Diacetyl-3,5-dimethoxy-phenol (s. E III **8** 4019) über mehrere Stufen erhaltenen Präparat (F: 262° [Zers.]) vorgelegen.

B. Beim Erwärmen von [5-Hydroxy-7-methoxy-2-(4-methoxy-phenyl)-4-oxo-4H-chromen-8-yl]-acetonitril mit konz. Schwefelsäure und Essigsäure (*Nakazawa, Matsuura*, J. pharm. Soc. Japan **74** [1954] 40; C. A. **1955** 1714).

Krystalle (aus Eg.); F: 261° (*Na., Ma.*).

[5,7-Dimethoxy-2-(4-methoxy-phenyl)-4-oxo-4H-chromen-8-yl]-essigsäure $C_{20}H_{18}O_7$, Formel IV (R = CH$_3$).

Diese Verbindung hat vermutlich auch in einem von *Nakazawa, Tsubouchi* (J. pharm.

Soc. Japan **75** [1955] 716, 719; C.A. **1956** 3419) als [5,7-Dimethoxy-2-(4-methoxy-phenyl)-4-oxo-4*H*-chromen-6-yl]-essigsäure angesehenen, beim Erwärmen von [5-Hydroxy-7-methoxy-2-(4-methoxy-phenyl)-4-oxo-4*H*-chromen-8(?)-yl]-essigsäure (F: 262° [S. 6643]) mit Methyljodid, Kaliumcarbonat und Aceton erhaltenen Präparat (Krystalle [aus A.], F: 276° [Zers.]) vorgelegen.

B. Beim Erhitzen von [5,7-Dimethoxy-2-(4-methoxy-phenyl)-4-oxo-4*H*-chromen-8-yl]-acetonitril mit wss. Schwefelsäure und Essigsäure (*Nakazawa, Matsuura,* J. pharm. Soc. Japan **73** [1953] 481; C.A. **1954** 3357).

Krystalle (aus Eg.); F: 269° (*Na., Ma.*).

[5-Hydroxy-7-methoxy-2-(4-methoxy-phenyl)-4-oxo-4*H*-chromen-8-yl]-acetonitril $C_{19}H_{15}NO_5$, Formel V (R = H).

B. Beim Erwärmen von 8-Chlormethyl-5-hydroxy-7-methoxy-2-[4-methoxy-phenyl]-chromen-4-on mit Kaliumcyanid in einem Gemisch von Wasser, Äthanol und Dioxan (*Nakazawa, Matsuura,* J. pharm. Soc. Japan **73** [1953] 481; C. A. **1954** 3357).

Hellgelbe Krystalle (aus Eg.); F: 258°.

V   VI

[5,7-Dimethoxy-2-(4-methoxy-phenyl)-4-oxo-4*H*-chromen-8-yl]-acetonitril $C_{20}H_{17}NO_5$, Formel V (R = CH₃).

B. Beim Erwärmen von [5-Hydroxy-7-methoxy-2-(4-methoxy-phenyl)-4-oxo-4*H*-chromen-8-yl]-acetonitril mit Dimethylsulfat, wss. Kalilauge, Dioxan und Äthanol (*Nakazawa, Matsuura,* J. pharm. Soc. Japan **73** [1953] 481; C. A. **1954** 3357).

Krystalle (aus Eg.); F: 272°.

[4-(3,4-Dimethoxy-phenyl)-7-hydroxy-2-oxo-2*H*-chromen-3-yl]-essigsäure-äthylester $C_{21}H_{20}O_7$, Formel VI.

Diese Konstitution kommt wahrscheinlich der nachstehend beschriebenen Verbindung zu (*Robinson, Rose,* Soc. **1933** 1469, 1471).

B. Beim Behandeln von (±)-[3,4-Dimethoxy-benzoyl]-bernsteinsäure-diäthylester mit Resorcin und 84%ig. wss. Schwefelsäure (*Rob., Rose*).

Krystalle (aus Eg.) mit 1 Mol H_2O; F: 172°.

Beim Erwärmen mit äthanol. Kalilauge und Erhitzen des Reaktionsprodukts mit Acetanhydrid ist eine als 3,8-Diacetoxy-10,11-dimethoxy-naphtho[2,1-*c*]chromen-6-on angesehene Verbindung (F: 256—257°) erhalten worden.

5,7-Dihydroxy-3-[4-methoxy-phenyl]-6-methyl-4-oxo-4*H*-chromen-2-carbonsäure-äthylester $C_{20}H_{18}O_7$, Formel VII.

In einem von *Mehta, Seshadri* (Soc. **1954** 3823) unter dieser Konstitution beschriebenen Präparat (F: 176—178°) hat ein Gemisch von 5,7-Dihydroxy-3-[4-methoxy-phenyl]-6-methyl-4-oxo-4*H*-chromen-2-carbonsäure-äthylester und 5,7-Dihydroxy-3-[4-methoxy-phenyl]-8-methyl-4-oxo-4*H*-chromen-2-carbonsäure-äthylester (S. 6645) vorgelegen (*Rahman, Nasim,* J. org. Chem. **27** [1962] 4215, 4218).

B. Neben 5,7-Dihydroxy-3-[4-methoxy-phenyl]-8-methyl-4-oxo-4*H*-chromen-2-carbon≈säure-äthylester beim Behandeln von 2,4,6-Trihydroxy-4'-methoxy-3-methyl-desoxy≈benzoin mit Oxalsäure-äthylester-chlorid und Pyridin (*Ra., Na.*; s. a. *Me., Se.*).

Hellgelbe Krystalle (aus Bzl. + wss. Me.); F: 201—203° [korr.; Kofler-App.] (*Ra., Na.*).

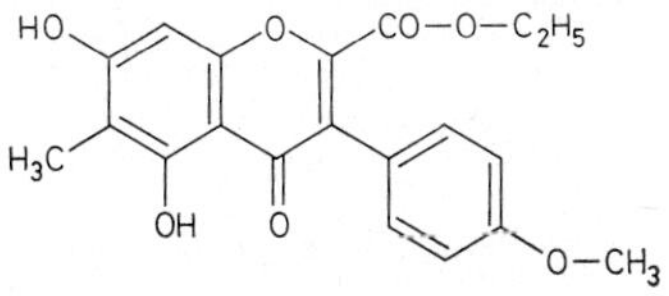

VII 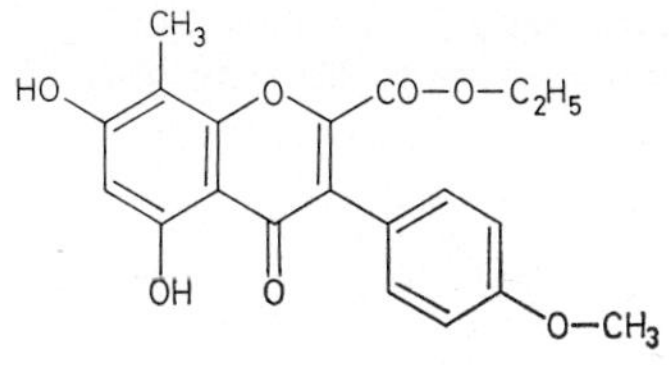   VIII

5,7-Dihydroxy-3-[4-methoxy-phenyl]-8-methyl-4-oxo-4H-chromen-2-carbonsäure-äthylester $C_{20}H_{18}O_7$, Formel VIII.

B. s. im vorangehenden Artikel.

Gelbe Krystalle (aus Bzl. + wss. Me.); F: 199—201° [korr.; Kofler-App.] (*Rahman, Nasim,* J. org. Chem. **27** [1962] 4215, 4218).

[3-(3,4-Dimethoxy-phenyl)-6-methoxy-benzofuran-2-yl]-brenztraubensäure $C_{20}H_{18}O_7$, Formel IX, und Tautomeres.

B. Beim Erhitzen von 4-[(*Ξ*)-3-(3,4-Dimethoxy-phenyl)-6-methoxy-benzofuran-2-yl≈ methylen]-2-phenyl-Δ^2-oxazolin-5-on (F: 219°) mit wss. Natronlauge (*Johnson, Robertson,* Soc. **1950** 2381, 2384).

Gelbe Krystalle (aus wss. Me.) mit 1 Mol H_2O; F: 195—196° [Zers.].

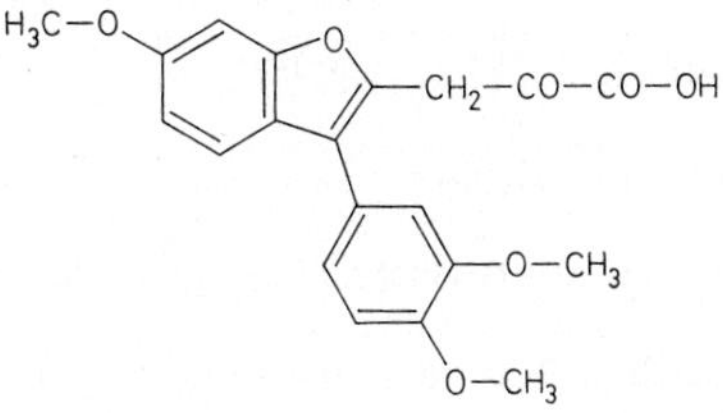

IX 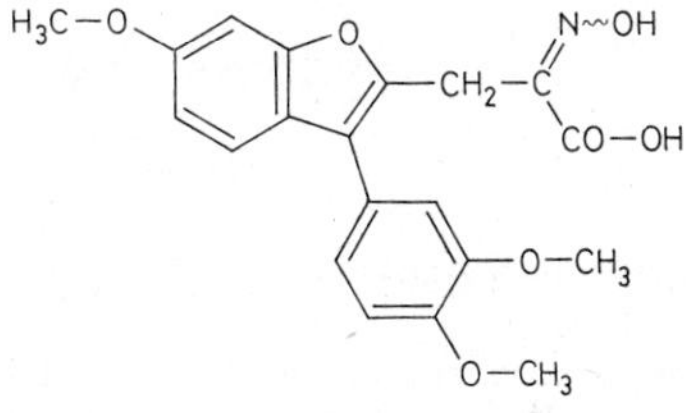   X

3-[3-(3,4-Dimethoxy-phenyl)-6-methoxy-benzofuran-2-yl]-2-hydroxyimino-propionsäure $C_{20}H_{19}NO_7$, Formel X.

B. Aus [3-(3,4-Dimethoxy-phenyl)-6-methoxy-benzofuran-2-yl]-brenztraubensäure und Hydroxylamin (*Johnson, Robertson,* Soc. **1950** 2381, 2384).

Krystalle (aus wss. Me.); F: 146°.

Hydroxy-oxo-carbonsäuren $C_{18}H_{14}O_7$

*Opt.-inakt. 2-[4-Methoxy-benzyl]-3-[4-methoxy-phenyl]-4,5-dioxo-tetrahydro-furan-2-carbonsäure, 2-Hydroxy-2-[4-methoxy-benzyl]-3-[4-methoxy-phenyl]-4-oxo-glutar≈ säure-5-lacton $C_{20}H_{18}O_7$, Formel XI, und Tautomeres.

B. Beim Behandeln einer Lösung von [4-Methoxy-phenyl]-brenztraubensäure-methyl≈ ester in Äthanol mit kleinen Mengen äthanol. Kalilauge (*Cagniant,* A. ch. [12] **7** [1952] 442, 475).

Krystalle (aus Bzl.); F: 177°.

3-[5,7-Dimethoxy-2-(4-methoxy-phenyl)-4-oxo-4H-chromen-8-yl]-propionsäure $C_{21}H_{20}O_7$, Formel XII (X = OH).

B. Beim Erwärmen von 3-{2-Hydroxy-4,6-dimethoxy-3-[3-(4-methoxy-phenyl)-3-oxo-propionyl]-phenyl}-propionsäure mit Essigsäure und konz. Schwefelsäure (*Naka-zawa, Matsuura,* J. pharm. Soc. Japan **75** [1955] 68, 71; C. A. **1956** 978). Beim Behandeln von 3-[2-Acetoxy-4,6-dimethoxy-3-(4-methoxy-cinnamoyl)-phenyl]-propionsäure-äthyl≈ ester (F: 138°) mit Brom in Tetrachlormethan und Behandeln des Reaktionsprodukts mit äthanol. Kalilauge und wenig Kaliumcyanid (*Nakazawa, Matsuura,* J. pharm. Soc. Japan **75** [1955] 467; C. A. **1956** 2569). Beim Erhitzen von 3-[5,7-Dimethoxy-2-(4-meth≈ oxy-phenyl)-4-oxo-4H-chromen-8-yl]-propionsäure-amid mit wss. Schwefelsäure und

Essigsäure (*Na., Ma.,* l. c. S. 71).
   Krystalle (aus wss. Eg.); F: 259° (*Na., Ma.,* l. c. S. 71).

XI   XII

3-[5,7-Dimethoxy-2-(4-methoxy-phenyl)-4-oxo-4H-chromen-8-yl]-propionsäure-amid
$C_{21}H_{21}NO_6$, Formel XII (X = NH_2).
   B. Beim Erhitzen von 3-[3-Acetyl-4,6-dimethoxy-2-(4-methoxy-benzoyloxy)-phenyl]-
propionsäure-methylester mit Natriumamid in Xylol und Erwärmen des Reaktionspro-
dukts (3-{2-Hydroxy-4,6-dimethoxy-3-[3-(4-methoxy-phenyl)-3-oxo-propionyl]-phenyl}-
propionsäure-amid) mit Essigsäure und konz. Schwefelsäure (*Nakazawa, Matsuura,*
J. pharm. Soc. Japan **75** [1955] 68, 71; C. A. **1956** 978).
   Krystalle (aus wss. Eg.); F: 282°.

Hydroxy-oxo-carbonsäuren $C_nH_{2n-24}O_7$

Hydroxy-oxo-carbonsäuren $C_{17}H_{10}O_7$

4-[1-Hydroxy-9-oxo-xanthen-2-yl]-2,4-dioxo-buttersäure-äthylester $C_{19}H_{14}O_7$, Formel I,
und Tautomere.
   B. Beim Erwärmen von 2-Acetyl-1-hydroxy-xanthen-9-on mit Oxalsäure-diäthylester,
Natrium und wenig Äthanol (*Davies et al.,* Soc. **1956** 2140, 2143).
   Hellgelbe Krystalle (aus Bzl. + A.); F: 202—204°.
   Beim Erhitzen mit Essigsäure und konz. wss. Salzsäure ist 4,12-Dioxo-4H,12H-pyrano=
[2,3-a]xanthen-2-carbonsäure erhalten worden.

I   II

Hydroxy-oxo-carbonsäuren $C_{18}H_{12}O_7$

**[4-Hydroxy-phenyl]-[(E)-4-(4-hydroxy-phenyl)-3,5-dioxo-dihydro-[2]furyliden]-essig=
säure** $C_{18}H_{12}O_7$, Formel II (R = X = H), und Tautomeres ([(E)-3-Hydroxy-
4-(4-hydroxy-phenyl)-5-oxo-5H-[2]furyliden]-[4-hydroxy-phenyl]-essig=
säure); **Atromentinsäure** (E II 401).
   Über die Konstitution und Konfiguration s. *Foden et al.,* J. med. Chem. **18** [1975]
199, 200.
   B. Beim Erhitzen von 2,5-Bis-[4-methoxy-phenyl]-3,4-dioxo-adiponitril (⇌
[(E?)-3-Hydroxy-5-imino-4-(4-methoxy-phenyl)-5H-[2]furyliden]-[4-methoxy-phenyl]-
acetonitril; F: 259—260°) mit Essigsäure und wss. Jodwasserstoffsäure (*Asano, Huziwara,* J. pharm. Soc. Japan **59** [1939] 675, 677; dtsch. Ref. S. 284; C. A. **1940** 1982).
   Rote Krystalle mit 1 Mol H_2O; F: 330—332° (*As., Hu.*).

[4-Methoxy-phenyl]-[(E)-4-(4-methoxy-phenyl)-3,5-dioxo-dihydro-[2]furyliden]-
essigsäure $C_{20}H_{16}O_7$, Formel II (R = CH_3, X = H), und Tautomeres ([(E)-3-Hydroxy-
4-(4-methoxy-phenyl)-5-oxo-5H-[2]furyliden]-[4-methoxy-phenyl]-essig‹
säure); Di-O-methyl-atromentinsäure.

B. Beim Behandeln von [4-Methoxy-phenyl]-[(E)-4-(4-methoxy-phenyl)-3,5-dioxo-
dihydro-[2]furyliden]-essigsäure-äthylester (s. u.) mit wss. Natronlauge (*Asano, Huziwara,* J. pharm. Soc. Japan **59** [1939] 675, 678; dtsch. Ref. S. 284; C. A. **1940** 1982).

Orangerote Krystalle mit 1 Mol H_2O; F: 212°.

[4-Hydroxy-phenyl]-[(E)-4-(4-hydroxy-phenyl)-3,5-dioxo-dihydro-[2]furyliden]-
essigsäure-methylester $C_{19}H_{14}O_7$, Formel II (R = H, X = CH_3), und Tautomeres
([(E)-3-Hydroxy-4-(4-hydroxy-phenyl)-5-oxo-5H-[2]furyliden]-[4-hydr‹
oxy-phenyl]-essigsäure-methylester); Atromentinsäure-methylester.

Über die Konstitution und Konfiguration s. *Foden et al.,* J. med. Chem. **18** [1975]
199, 200.

B. Beim Erwärmen von Atromentinsäure-lacton (3,6-Bis-[4-hydroxy-phenyl]-furo‹
[3,2-b]furan-2,5-dion [E II **19** 274]) mit Methanol (*Kögl, Becker,* A. **465** [1928] 211, 234).
Beim Behandeln von Di-O-acetyl-atromentinsäure-lacton (3,6-Bis-[4-acetoxy-phenyl]-
furo[3,2-b]furan-2,5-dion [E II **19** 274]) mit wss.-methanol. Natronlauge (*Fo. et al.,* l. c.
S. 203).

Krystalle (aus wss. Me.) mit 0,5 Mol H_2O; F: 360—362° (*Fo. et al.*).

[4-Methoxy-phenyl]-[(E)-4-(4-methoxy-phenyl)-3,5-dioxo-dihydro-[2]furyliden]-
essigsäure-äthylester $C_{22}H_{20}O_7$, Formel II (R = CH_3, X = C_2H_5), und Tautomeres
([(E)-3-Hydroxy-4-(4-methoxy-phenyl)-5-oxo-5H-[2]furyliden]-[4-meth‹
oxy-phenyl]-essigsäure-äthylester); Di-O-methyl-atromentinsäure-äthyl‹
ester.

Über die Konstitution und Konfiguration s. *Foden et al.,* J. med. Chem. **18** [1975]
199, 200.

B. Beim Erwärmen von 2,5-Bis-[4-methoxy-phenyl]-3,4-dioxo-adiponitril (⇌
[(E?)-3-Hydroxy-5-imino-4-(4-methoxy-phenyl)-5H-[2]furyliden]-[4-methoxy-phenyl]-
acetonitril; F: 259—260°) mit wss.-äthanol. Schwefelsäure (*Asano, Huziwara,* J. pharm.
Soc. Japan **59** [1939] 675, 678; dtsch. Ref. S. 284; C. A. **1940** 1982).

Orangerote Krystalle (aus A.); F: 160° (*As., Hu.*).

Hydroxy-oxo-carbonsäuren $C_{19}H_{14}O_7$

(±)-2-[4-Hydroxy-2-oxo-2H-chromen-3-yl]-4-[2-hydroxy-phenyl]-4-oxo-buttersäure
$C_{19}H_{14}O_7$, Formel III (R = H), und Tautomere (z. B. (±)-2-[2,4-Dioxo-chroman-
3-yl]-4-[2-hydroxy-phenyl]-4-oxo-buttersäure).

B. Beim Erwärmen von Bis-[4-hydroxy-2-oxo-2H-chromen-3-yl]-essigsäure-äthylester
mit wss. Natronlauge (*Procházka, Tichý,* Chem. Listy **46** [1952] 743, 745; C. A. **1953**
11186).

Krystalle (aus Acn.); F: 176—177° [Zers.].

(±)-2-[4-Hydroxy-2-oxo-2H-chromen-3-yl]-4-[2-hydroxy-phenyl]-4-oxo-buttersäure-
methylester $C_{20}H_{16}O_7$, Formel III (R = CH_3), und Tautomere (z. B. (±)-2-[2,4-Dioxo-
chroman-3-yl]-4-[2-hydroxy-phenyl]-4-oxo-buttersäure-methylester).

B. Beim Erwärmen der im vorangehenden Artikel beschriebenen Säure mit Methanol
und wss. Schwefelsäure (*Procházka, Tichý,* Chem. Listy **46** [1952] 747; C. A. **1953** 11186).
Beim Erwärmen von (±)-3-[2-Hydroxy-phenacyl]-3H-furo[3,2-c]chromen-2,4-dion mit
Methanol (*Pr., Ti.*).

Krystalle (aus Me.); F: 175—176°.

(±)-2-[4-Hydroxy-2-oxo-2H-chromen-3-yl]-4-[2-hydroxy-phenyl]-4-oxo-buttersäure-
äthylester $C_{21}H_{18}O_7$, Formel III (R = C_2H_5), und Tautomere (z. B. (±)-2-[2,4-Dioxo-
chroman-3-yl]-4-[2-hydroxy-phenyl]-4-oxo-buttersäure-äthylester).

B. Beim Erwärmen von (±)-2-[4-Hydroxy-2-oxo-2H-chromen-3-yl]-4-[2-hydroxy-
phenyl]-4-oxo-buttersäure (s. o.) mit Äthanol und wss. Schwefelsäure (*Procházka, Tichý,*
Chem. Listy **46** [1952] 747; C. A. **1953** 11186). Beim Erwärmen von (±)-3-[2-Hydroxy-

phenacyl]-3*H*-furo[3,2-*c*]chromen-2,4-dion mit Äthanol (*Pr.*, *Ti.*, l. c. S. 748). Neben anderen Verbindungen bei mehrtägigem Erwärmen von Bis-[4-hydroxy-2-oxo-2*H*-chromen-3-yl]-essigsäure mit wss.-äthanol. Salzsäure (*Procházka*, *Tichý*, Chem. Listy **46** [1952] 743, 746; C. A. **1953** 11 186).
Krystalle (aus Me.); F: 145—146° (*Pr.*, *Ti.*, l. c. S. 748).

(±)-2-[4-Hydroxy-2-oxo-2*H*-chromen-3-yl]-4-[2-hydroxy-phenyl]-4-oxo-buttersäure-propylester $C_{22}H_{20}O_7$, Formel III (R = CH₂-CH₂-CH₃), und Tautomere (z. B.
(±)-2-[2,4-Dioxo-chroman-3-yl]-4-[2-hydroxy-phenyl]-4-oxo-buttersäure-propylester).
B. Beim Erwärmen von (±)-3-[2-Hydroxy-phenacyl]-3*H*-furo[3,2-*c*]chromen-2,4-dion mit Propan-1-ol (*Procházka*, *Tichý*, Chem. Listy **46** [1952] 747; C. A. **1953** 11 186).
Krystalle (aus Propan-1-ol); F: 142—144°.

(±)-2-[4-Hydroxy-2-oxo-2*H*-chromen-3-yl]-4-[2-hydroxy-phenyl]-4-oxo-buttersäure-isopropylester $C_{22}H_{20}O_7$, Formel III (R = CH(CH₃)₂), und Tautomere (z. B.
(±)-2-[2,4-Dioxo-chroman-3-yl]-4-[2-hydroxy-phenyl]-4-oxo-buttersäure-isopropylester).
B. Analog dem im vorangehenden Artikel beschriebenen Propylester (*Procházka*, *Tichý*, Chem. Listy **46** [1952] 747; C. A. **1953** 11 186).
Krystalle (aus Acn. + Isopropylalkohol); F: 132—133°.

(±)-2-[4-Hydroxy-2-oxo-2*H*-chromen-3-yl]-4-[2-hydroxy-phenyl]-4-oxo-buttersäure-butylester $C_{23}H_{22}O_7$, Formel III (R = [CH₂]₃-CH₃), und Tautomere (z. B.
(±)-2-[2,4-Dioxo-chroman-3-yl]-4-[2-hydroxy-phenyl]-4-oxo-buttersäure-butylester).
B. Analog dem Propylester [s. o.] (*Procházka*, *Tichý*, Chem. Listy **46** [1952] 747; C. A. **1953** 11 186).
Krystalle (aus Butan-1-ol); F: 156—157°.

(±)-2-[4-Hydroxy-2-oxo-2*H*-chromen-3-yl]-4-[2-hydroxy-phenyl]-4-oxo-buttersäure-benzylester $C_{26}H_{20}O_7$, Formel III (R = CH₂-C₆H₅), und Tautomere (z. B. (±)-2-[2,4-Dioxo-chroman-3-yl]-4-[2-hydroxy-phenyl]-4-oxo-buttersäure-benzylester).
B. Beim Erwärmen von (±)-2-[4-Hydroxy-2-oxo-2*H*-chromen-3-yl]-4-[2-hydroxy-phenyl]-4-oxo-buttersäure (S. 6647) mit Benzylalkohol (*Procházka*, *Tichý*, Chem. Listy **46** [1952] 747; C. A. **1953** 11 186).
Krystalle (aus Me.); F: 187—188°.

III   IV

Hydroxy-oxo-carbonsäuren $C_{21}H_{18}O_7$

3-[8-Äthyl-3,5-dihydroxy-2-(4-methoxy-phenyl)-4-oxo-4*H*-chromen-6-yl]-*cis*(?)-croton-säure $C_{22}H_{20}O_7$, vermutlich Formel IV, und Tautomeres (3-[8-Äthyl-5-hydroxy-2-(4-methoxy-phenyl)-3,4-dioxo-chroman-6-yl]-*cis*(?)-crotonsäure).
B. In kleiner Menge neben 6-Äthyl-9-hydroxy-8-[4-methoxy-phenyl]-4-methyl-pyrano[2,3-*f*]chromen-2,10-dion beim Erwärmen einer Suspension von 6-Äthyl-7-hydroxy-8-[4-methoxy-ξ-cinnamoyl]-4-methyl-cumarin $C_{22}H_{20}O_5$ (F: 185°) in Äthanol mit wss. Natronlauge und wss. Wasserstoffperoxid (*Marathey et al.*, J. Univ. Poona Nr. 6 [1954] 83, 85).
Krystalle (aus Eg.); F: 175°.

Hydroxy-oxo-carbonsäuren $C_nH_{2n-26}O_7$

8,11-Dihydroxy-10-[2]naphthyloxy-12-oxo-12H-benzo[a]xanthen-9-carbonsäure
$C_{28}H_{16}O_7$, Formel V.
Diese Verbindung hat vermutlich in dem nachstehend beschriebenen Präparat vorgelegen (*Liebermann*, A. **513** [1934] 156, 158, 169).
B. In kleiner Menge neben 8,17-Dihydroxy-benzo[a]benzo[5,6]chromeno[3,2-i]xanthen-
9,18-dion beim Erwärmen von 2,5-Dihydroxy-3,6-bis-[2]naphthyloxy-terephthalsäure
mit Thionylchlorid (*Li.*)
Rotbraun; unterhalb 300° nicht schmelzend.

Hydroxy-oxo-carbonsäuren $C_nH_{2n-28}O_7$

(±)-[1-(3-Hydroxy-1,4-dioxo-1,4-dihydro-[2]naphthyl)-3-oxo-phthalan-1-yl]-essigsäure
$C_{20}H_{12}O_7$, Formel VI (R = H), und Tautomere.
Konstitution: *Fieser, Sachs*, Am. Soc. **90** [1968] 4129, 4131.
B. Beim Behandeln einer Lösung von 3′-Hydroxy-[1,2′]binaphthyl-3,4;1′,4′-dichinon
(F: 254°) in wss. Natronlauge mit Luft (*Hooker, Fieser*, Am. Soc. **58** [1936] 1216, 1220).
Gelbe Krystalle (aus Eg.); F: 203—205° [Zers.; nach Sintern bei 201°] (*Ho., Fi.*).
Beim Behandeln mit konz. Schwefelsäure ist 2-[2,5,6-Trioxo-5,6-dihydro-2H-benzo[h]
chromen-4-yl]-benzoesäure (F: 249,5°; S. 6196) erhalten worden (*Ho., Fi.*, l. c. S. 1222).
Verhalten beim Erhitzen mit Essigsäure: *Ho., Fi.*, l. c. S. 1221.

(±)-[1-(3-Methoxy-1,4-dioxo-1,4-dihydro-[2]naphthyl)-3-oxo-phthalan-1-yl]-essigsäuremethylester $C_{22}H_{16}O_7$, Formel VI (R = CH₃).
B. Beim Behandeln von (±)-[1-(3-Hydroxy-1,4-dioxo-1,4-dihydro-[2]naphthyl)-3-oxo-
phthalan-1-yl]-essigsäure (s. o.) mit Diazomethan in Äther (*Hooker, Fieser*, Am. Soc. **58**
[1936] 1216, 1221).
Gelbe Krystalle (aus wss. Eg.); F: 225—226° [nach Sintern bei 220°].

V   VI   VII

Hydroxy-oxo-carbonsäuren $C_nH_{2n-32}O_7$

(±)-2-Benzoyl-3-[4-hydroxy-2-oxo-2H-chromen-3-yl]-3-[4-methoxy-phenyl]-propionitril
$C_{26}H_{19}NO_5$, Formel VII (R = CH₃), und Tautomere (z. B. (±)-2-Benzoyl-3-[2,4-dioxo-chroman-3-yl]-3-[4-methoxy-phenyl]-propionitril).
B. Beim Erwärmen von 2-Benzoyl-3-[4-methoxy-phenyl]-acrylonitril (E I **10** 476) mit
4-Hydroxy-cumarin (E III/IV **17** 6153) in Äthanol (*Klosa*, Ar. **286** [1953] 397, 401).
Krystalle (aus A.); F: 188—190°.

***Opt.-inakt. 10-[4-Methoxy-phenyl]-7-oxo-7a,8,9,10-tetrahydro-7H-benzo[c]xanthen-
8,9-dicarbonsäure-dimethylester** $C_{28}H_{24}O_7$, Formel VIII.
B. Beim Erwärmen von opt.-inakt. 10-[4-Methoxy-phenyl]-7-oxo-7a,8,9,10-tetrahydro-
7H-benzo[c]xanthen-8,9-dicarbonsäure-anhydrid (F: 286°) mit methanol. Natronlauge
und Behandeln einer Lösung der erhaltenen Dicarbonsäure in Methanol mit Chlorwasser-

stoff (*Schönberg et al.*, Am. Soc. **78** [1956] 4689, 4691).
    Krystalle (aus Me.); F: 199°.

VIII   IX

*Opt.-inakt. **9-[4-Methoxy-phenyl]-6-oxo-6a,7,8,9-tetrahydro-6H-dibenzo[c,h]chromen-7,8-dicarbonsäure** $C_{26}H_{20}O_7$, Formel IX.

B. Beim Erhitzen von 4-[4-Methoxy-*trans*(?)-styryl]-benzo[*h*]chromen-2-on (S. 844) mit Maleinsäure in Xylol (*Mustafa, Kamel*, Am. Soc. **77** [1955] 1828). Beim Erwärmen von opt.-inakt.   9-[4-Methoxy-phenyl]-6-oxo-6a,7,8,9-tetrahydro-6H-dibenzo[*c,h*]chromen-7,8-dicarbonsäure-anhydrid (F: 274°) mit methanol. Natronlauge und Ansäuren der Reaktionslösung mit wss. Salzsäure (*Mu., Ka.*).
    Krystalle (aus A.); F: 266° [Zers.].

4. Hydroxy-oxo-carbonsäuren mit acht Sauerstoff-Atomen

Hydroxy-oxo-carbonsäuren $C_nH_{2n-4}O_8$

Hydroxy-oxo-carbonsäuren $C_7H_{10}O_8$

(2*RS*,3*SR*)-3-[(2*RS*)-3*c*,4*c*-Dihydroxy-5-oxo-tetrahydro-[2*r*]furyl]-2,3-dihydroxy-prop=
ionsäure-äthylester, DL-*glycero*-DL-*gulo*-2,3,4,5,6-Pentahydroxy-heptandisäure-1-äthyl=
ester-7 → 4-lacton, DL-*glycero*-DL-*gulo*-Heptarsäure-1-äthylester-7 → 4-lacton $C_9H_{14}O_8$,
Formel I (R = H) + Spiegelbild.
   B. Beim Erwärmen des Calcium-Salzes der D-*glycero*-D-*gulo*-Heptarsäure mit wss. Oxal=
säure und Erwärmen des Reaktionsprodukts mit Äthanol und Benzol (*Zemplén et al.*,
Acta chim. hung. **4** [1954] 161, 165).
   Krystalle (aus A.); F: 161°.

(2*RS*,3*SR*)-2,3-Diacetoxy-3-[(2*RS*)-3*c*,4*c*-diacetoxy-5-oxo-tetrahydro-[2*r*]furyl]-prop=
ionsäure-äthylester, DL-*glycero*-DL-*gulo*-2,3,5,6-Tetraacetoxy-4-hydroxy-heptandisäure-
1-äthylester-7-lacton, O^2,O^3,O^5,O^6-Tetraacetyl-DL-*glycero*-DL-*gulo*-heptarsäure-1-äthyl=
ester-7-lacton $C_{17}H_{22}O_{12}$, Formel I (R = CO-CH$_3$) + Spiegelbild.
   B. Aus DL-*glycero*-DL-*gulo*-Heptarsäure-1-äthylester-7→4-lacton beim Erwärmen mit
Acetanhydrid und Zinkchlorid sowie beim Behandeln mit Acetanhydrid und Pyridin
(*Zemplén et al.*, Acta chim. hung. **4** [1954] 161, 165).
   Krystalle (aus A.); F: 145—146°. Bei 230—240°/0,4 Torr destillierbar.

(2*RS*,3*SR*)-3-[(2*RS*)-3*c*,4*c*-Dihydroxy-5-oxo-tetrahydro-[2*r*]furyl]-2,3-dihydroxy-
propionsäure-propylester, DL-*glycero*-DL-*gulo*-2,3,4,5,6-Pentahydroxy-heptandisäure-
1→4-lacton-7-propylester, DL-*glycero*-DL-*gulo*-Heptarsäure-1→4-lacton-7-propylester
$C_{10}H_{16}O_8$, Formel II (R = H) + Spiegelbild.
   B. Beim Erwärmen von DL-*glycero*-DL-*gulo*-Heptarsäure-1-äthylester-7→4-lacton mit
Chlorwasserstoff enthaltendem Propan-1-ol (*Zemplén et al.*, Acta chim.hung. **4** [1954]
161, 166).
   Krystalle (aus Propan-1-ol + Ae.); F: 131—132°.

(2*RS*,3*SR*)-2,3-Diacetoxy-3-[(2*RS*)-3*c*,4*c*-diacetoxy-5-oxo-tetrahydro-[2*r*]furyl]-propion=
säure-propylester, DL-*glycero*-DL-*gulo*-2,3,5,6-Tetraacetoxy-4-hydroxy-heptandisäure-
1-lacton-7-propylester, O^2,O^3,O^5,O^6-Tetraacetyl-DL-*glycero*-DL-*gulo*-heptarsäure-1-lacton-
7-propylester $C_{18}H_{24}O_{12}$, Formel II (R = CO-CH$_3$) + Spiegelbild.
   B. Aus DL-*glycero*-DL-*gulo*-Heptarsäure-1→4-lacton-7-propylester beim Erwärmen mit
Acetanhydrid und Zinkchlorid sowie beim Behandeln mit Acetanhydrid und Pyridin
(*Zemplén et al.*, Acta chim. hung. **4** [1954] 161, 166).
   Krystalle (aus Propan-1-ol); F: 102°.

I   II   III

Hydroxy-oxo-carbonsäuren $C_8H_{12}O_8$

(2*S*,3*S*)-3-[(2*S*)-3*c*,4*ξ*-Dihydroxy-4*ξ*-methyl-5-oxo-tetrahydro-[2*r*]furyl]-2,3-dihydroxy-
propionsäure, (2*Ξ*)-D-*galacto*-2,3,4,5,6-Pentahydroxy-2-methyl-heptandisäure-
1→4-lacton, (2*Ξ*)-2-Methyl-D-*galacto*-heptarsäure-1→4-lacton $C_8H_{12}O_8$, Formel III.
Eine Verbindung dieser Konstitution und Konfiguration hat vermutlich in dem nachstehend beschriebenen Präparat vorgelegen (*Votoček*, *Wichterle*, Collect. **11** [1939] 266,
268).
B. Beim Behandeln einer wss. Lösung des Barium-Salzes der L-*galacto*-7-Desoxy-
[6]heptulosonsäure mit Cyanwasserstoff und Erhitzen der Reaktionslösung mit Barium=
hydroxid (*Vo.*, *Wi.*, l. c. S. 269).
Krystalle; F: 198°. $[α]_D$: −25,4° [Lösungsmittel nicht angegeben].

Hydroxy-oxo-carbonsäuren $C_nH_{2n-10}O_8$

Hydroxy-oxo-carbonsäuren $C_7H_4O_8$

2,6-Bis-methylmercapto-4-oxo-4*H*-thiopyran-3,5-dicarbonsäure $C_9H_8O_5S_3$, Formel IV
(R = X = H) (H 561).
B. Bei $3^1/_2$-stdg. Erhitzen von 2,6-Bis-methylmercapto-4-oxo-4*H*-thiopyran-3,5-di=
carbonsäure-diäthylester mit konz. wss. Salzsäure (*Arndt*, *Bekir*, B. **63** [1930] 2393, 2396).
Krystalle (aus Eg.); F: 243−245° [Zers.].

2,6-Bis-methylmercapto-4-oxo-4*H*-thiopyran-3,5-dicarbonsäure-monoäthylester
$C_{11}H_{12}O_5S_3$, Formel IV (R = C_2H_5, X = H).
B. Bei $^1/_2$-stdg. Erhitzen von 2,6-Bis-methylmercapto-4-oxo-4*H*-thiopyran-3,5-di=
carbonsäure-diäthylester mit konz. wss. Salzsäure (*Arndt*, *Bekir*, B. **63** [1930] 2393, 2396).
Krystalle (aus Eg.); F: 176°.

2,6-Bis-methylmercapto-4-oxo-4*H*-thiopyran-3,5-dicarbonsäure-diäthylester $C_{13}H_{16}O_5S_3$,
Formel IV (R = X = C_2H_5) (H 561).
B. Aus 2,6-Dimercapto-4-oxo-4*H*-thiopyran-3,5-dicarbonsäure-diäthylester ($\rightleftharpoons$4-Oxo-
2,6-dithioxo-tetrahydro-thiopyran-3.5-dicarbonsäure-diäthylester) beim Erwärmen mit
Dimethylsulfat und wss. Kalilauge (*Arndt*, *Bekir*, B. **63** [1930] 2393, 2396; *Schönberg*,
v. Ardenne, B. **99** [1966] 3327, 3330) sowie beim Behandeln mit Diazomethan in Äther
(*Schönberg*, *Asker*, Soc. **1945** 198).
Krystalle; F: 87° [Kofler-App.; aus Bzl. + PAe.] (*Sch.*, *v.Ar.*), 82−83° [aus Me.]
(*Ar.*, *Be.*).

IV   Va   Vb

Hydroxy-oxo-carbonsäuren $C_{15}H_{20}O_8$

**4a,6a,7*t*,10*syn*-Tetrahydroxy-9*c*,10*anti*-dimethyl-4-oxo-(4a*r*,6a*t*)-decahydro-2*t*,6*t*-
methano-pentaleno[1,6a-*c*]pyran-6*c*-carbonsäure, 1*t*,5*c*,6*t*,7a,9*syn*-Pentahydroxy-3*c*,6*c*-di=
methyl-(7a*t*)-hexahydro-3a*r*,7*c*-äthano-inden-7,9*anti*-dicarbonsäure-9→5-lacton**
$C_{15}H_{20}O_8$, Formel Va ≡ Vb oder Spiegelbild.
Diese Konstitution und Konfiguration kommt der nachstehend beschriebenen **Anisatin=
säure** zu (*Yamada et al.*, Tetrahedron **24** [1968] 1255).
B. Beim Behandeln von Anisatin ((−)(*rel*-6*R*,6a*S*)-1*t*,5*c*,6*a*,7*c*-Tetrahydroxy-5*t*,9*t*-di=
methyl-(6a*r*)-hexahydro-spiro[4*c*,9a*c*-methano-cyclopent[*d*]oxocin-6,3′-oxetan]-2,2′-dion)
mit Bariumhydroxid in Wasser (*Lane et al.*, Am. Soc. **74** [1952] 3211, 3213) oder mit wss.

Kalilauge (*Ya. et al.*, l. c. S. 1262).

Krystalle; F: 218—221° [Kofler-App.; aus CHCl₃ + E.] (*Lane et al.*), 216—218° [unkorr.; aus Acn.] (*Ya. et al.*, l. c. S. 1263). [α]$_D^{20}$: —27° [Dioxan; c = 0,5] (*Ya. et al.*, l. c. S. 1263); [α]$_D^{25}$: —46° [E.; c = 2] (*Lane et al.*). IR-Spektrum (Nujol; 2—16 μ): *Lane et al.*, l. c. S. 3211.

Silber-Salz AgC₁₅H₁₉O₈. Krystalle (aus W.); Zers. bei 250° (*Lane et al.*).

Brucin-Salz C₁₅H₂₀O₈·C₂₃H₂₆N₂O₄. Krystalle (aus A.); F: 233—236° [Kofler-App.] (*Lane et al.*).

Anisatinsäure-methylester C₁₆H₂₂O₈ (mit Hilfe von Diazomethan hergestellt). Krystalle (aus A.); F: 230—232° [Kofler-App.] (*Lane et al.*).

Hydroxy-oxo-carbonsäuren $C_nH_{2n-12}O_8$

Hydroxy-oxo-carbonsäuren C₁₂H₁₂O₈

3-Äthoxymethyl-2,4-dioxo-2,3,4,5,6,7-hexahydro-cyclohepta[*b*]furan-3a,5-dicarbonsäure-3a-äthylester-5-methylester C₁₇H₂₂O₈, Formel VI (R = C₂H₅).

Diese Konstitution kommt vermutlich der nachstehend beschriebenen opt.-inakt. Verbindung zu (*Huber et al.*, Am. Soc. **67** [1945] 1148, 1150).

B. Beim Erwärmen von Adipinsäure-chlorid-methylester mit der Natrium-Verbindung des (±)-3-Äthoxy-propan-1,1,2-tricarbonsäure-triäthylesters in Benzol (*Hu. et al.*).

Kp₀,₂: 183—185°.

VI   VII

Hydroxy-oxo-carbonsäuren C₁₅H₁₈O₈

(4a*S*)-4a,6*t*(?),9*anti*-Trihydroxy-8-isopropyl-5-methyl-1,7-dioxo-(4a*r*)-3,4,4a,5,6,7-hexahydro-1*H*-3*t*,5*t*-methano-isochromen-9*syn*-carbonsäure, (3a*S*)-1*c*,2*t*,3a,7*t*(?)-Tetrahydroxy-5-isopropyl-7a-methyl-6-oxo-(3a*r*,7a*c*)-2,3,3a,6,7,7a-hexahydro-inden-1*t*,4-dicarbonsäure-4→2-lacton C₁₅H₁₈O₈, vermutlich Formel VII.

Diese Konstitution und Konfiguration ist der nachstehend beschriebenen Verbindung zugeordnet worden (*Porter*, Chem. Reviews **67** [1967] 441, 448).

B. Neben (3a*R*)-1*c*,2*c*-Epoxy-3a,7*t*-dihydroxy-5-isopropyliden-7a-methyl-6-oxo-(3a*r*,7a*c*)-hexahydro-indan-1*t*,4*t*-dicarbonsäure-4→7-lacton beim Erwärmen von β-Bromoxopicrotoxinsäure ((5a*R*)-2*c*-Brommethyl-6*c*,7*c*-epoxy-5*t*-hydroxy-2*t*,5a-dimethyl-4-oxo-(5a*r*)-octahydro-3*t*,8a*t*-methano-cyclopent[*b*]oxepin-6*t*,9*anti*-dicarbonsäure-9→5-lacton) mit Zink und Ammoniumchlorid in wss. Äthanol und Behandeln des Reaktionsprodukts mit wss. Schwefelsäure (*Carman et al.*, Soc. **1959** 130, 134).

Krystalle (aus W.); F: 251° (*Ca. et al.*).

Beim Behandeln mit wss. Perjodsäure und Behandeln des Reaktionsprodukts mit [2,4-Dinitro-phenyl]-hydrazin und wss.-äthanol. Schwefelsäure ist eine Verbindung C₂₁H₂₀N₄O₁₁ (orangerote Krystalle [aus A.] vom F: 264° und orangegelbe Krystalle [aus A.] vom F: 255° [dimorph]; λ$_{max}$ [A.]: 285 nm und 363 nm) erhalten worden (*Ca. et al.*, l. c. S. 135).

Hydroxy-oxo-carbonsäuren C₂₁H₃₀O₈

(2*Ξ*)-2-Hydroxy-2-[(1*Ξ*,2*S*)-1-hydroxy-2-methyl-butyl]-9-[(6*R*)-4-hydroxy-6-methyl-2-oxo-5,6-dihydro-2*H*-pyran-3-yl]-6-methylen-9-oxo-non-3*ξ*-ensäure C₂₁H₃₀O₈, Formel VIII, und Tautomere.

Diese Konstitution und Konfiguration kommt der nachstehend beschriebenen **Alternarsäure** zu (*Bartels-Keith*, Soc. **1960** 860, 1662).

Isolierung aus dem Kulturmedium von Alternaria solani: *Brian et al.*, Nature **164** [1949] 534; *Darpoux et al.*, C. r. **230** [1950] 993; *Pound, Stahmann*, Phytopathology **41** [1951] 1104, 1111; *Grove*, Soc. **1952** 4056, 4057.

Krystalle (aus Me. oder A.), F: 138° [korr.]; Krystalle (aus W. oder wss. Me.) mit 1 Mol H_2O, F: 135° [korr.] (*Gr.*). Das Monohydrat krystallisiert orthorhombisch; Dimensionen der Elementarzelle: a = 49,96 Å; b = 5,778 Å; c = 7,754 Å; n = 4 (*Gr.*). Dichte der Krystalle des Monohydrats: 1,270 (*Gr.*). $[\alpha]_D$: ±3° [$CHCl_3$ oder Acn.] (*Gr.*). IR-Banden (Nujol) im Bereich von 3500 cm^{-1} bis 750 cm^{-1}: *Gr.* UV-Absorptionsmaxima einer Lösung in Wasser: 210 nm, 253 nm und 273 nm; einer Lösung in Äthanol: 210 nm und 274 nm; einer Lösung in wss.-methanol. Salzsäure: 210 nm und 273 nm; einer Lösung des Natrium-Salzes in wss. Natronlauge: 250 nm und 271 nm (*Gr.*).

Alternarsäure-methylester $C_{22}H_{32}O_8$ (mit Hilfe von Methanol und Schwefelsäure hergestellt). Krystalle (aus Me. oder Bzl.), F: 106—107° [korr.]; Krystalle (aus wss. Me.), F: 103° [korr.] (*Gr.*). $[\alpha]_D$: ±3° [Acn.]. IR-Banden (Nujol) im Bereich von 3500 cm^{-1} bis 1650 cm^{-1}: *Gr.* Absorptionsmaxima einer Lösung in Äthanol: 210 nm, 252 nm und 273 nm; einer Lösung in wss.-methanol. Salzsäure: 210 nm und 273 nm; einer Lösung in wss. Natronlauge: 250 nm und 273 nm (*Gr.*).

VIII

Hydroxy-oxo-carbonsäuren $C_{23}H_{34}O_8$

3β,5,14,15ξ,21-Pentahydroxy-24-nor-5β,14ξ,20ξH-cholan-19,23-disäure-23→21-lacton $C_{23}H_{34}O_8$, Formel IX (R = X = H).

B. Beim Behandeln einer Lösung von Anhydrodihydrostrophanthidin ((20Ξ)-3β,5-Dihydroxy-19-oxo-5β-card-14-enolid [S. 2542]) in Pyridin mit wss. Natronlauge und anschliessend mit wss. Kaliumpermanganat-Lösung (*Jacobs, Elderfield*, J. biol. Chem. **97** [1932] 727, 732).

Krystalle (aus wss. Acn.); F: 215—218° [Zers.; nach Sintern bei 160°].

3β,5,14,15ξ,21-Pentahydroxy-24-nor-5β,14ξ,20ξH-cholan-19,23-disäure-23→21-lacton-19-methylester $C_{24}H_{36}O_8$, Formel IX (R = H, X = CH_3).

B. Aus der im vorangehenden Artikel beschriebenen Säure mit Hilfe von Diazomethan (*Jacobs, Elderfield*, J. biol. Chem. **97** [1932] 727, 733).

Krystalle (aus Ae.); F: 207—208°. $[\alpha]_D^{28}$: +82° [Py.; c = 1].

3β,15ξ-Bis-[4-brom-benzoyloxy]-5,14,21-trihydroxy-24-nor-5β,14ξ,20ξH-cholan-19,23-disäure-23→21-lacton-19-methylester $C_{38}H_{42}Br_2O_{10}$, Formel IX (R = CO-C_6H_4-Br, X = CH_3).

B. Beim Behandeln der im vorangehenden Artikel beschriebenen Verbindung mit 4-Brom-benzoylchlorid und Pyridin (*Jacobs, Elderfield*, J. biol. Chem. **97** [1932] 727, 733).

Krystalle (aus Me.); F: 297—298°.

IX   X

Hydroxy-oxo-carbonsäuren $C_{24}H_{36}O_8$

(19Ξ,20Ξ)-3β-Benzoyloxy-19-cyan-5,14,19-trihydroxy-5β,14β-cardanolid $C_{31}H_{39}NO_7$, Formel X.

B. Beim Behandeln einer Lösung von O^3-Benzoyl-dihydrostrophanthidin (S. 3097) in Pyridin mit Kaliumcyanid und Ammoniumchlorid in Wasser (*Jacobs, Elderfield*, J. biol. Chem. **113** [1936] 625, 630).

Krystalle (aus Acn.); F: 258° [Zers.].

Beim Erwärmen mit wss. Essigsäure ist eine Verbindung $C_{31}H_{38}O_8$ (Krystalle [aus A.], F: 305—306° [Zers.]) erhalten worden, die sich durch Erwärmen mit wss.-äthanol. Salzsäure in eine Verbindung $C_{31}H_{36}O_7$ (Krystalle [aus A.], F: 265—268° [nach Sintern]; $[\alpha]_D^{26}$: —38° [Py.]) hat überführen lassen.

Hydroxy-oxo-carbonsäuren $C_{28}H_{44}O_8$

(1Ξ)-*trans*-2-[(9Ξ)-7-Cyan-8ξ,16ξ-dihydroxy-9r,11c,13c,15c-tetramethyl-18-oxo-oxa$=$ cyclooctadeca-4ξ,6ξ-dien-2ξ-yl]-cyclopentancarbonsäure $C_{28}H_{43}NO_6$, Formel XI oder Spiegelbild und Formel XII oder Spiegelbild.

Diese Formeln kommen für das nachstehend beschriebene **Borrelidin** in Betracht (*Keller-Schierlein*, Helv. **50** [1967] 731; *Keller-Schierlein et al.*, Helv. **54** [1971] 44, 46, 48; *Brufani, Fedeli*, Helv. **54** [1971] 51).

Isolierung aus dem Kulturmedium von Streptomyces rochei: *Berger et al.*, Arch. Biochem. **22** [1949] 476.

Krystalle (aus Bzl.), F: 145—146°; $[\alpha]_D^{27}$: —28° [A.] (*Be. et al.*). UV-Absorptions$=$ maximum (Isopropylalkohol): 256 nm (*Be. et al.*).

Borrelidin-methylester $C_{29}H_{45}NO_6$ (mit Hilfe von Diazomethan hergestellt). Krystalle; F: 156—157° [aus Ae. + PAe.] (*Ke.-Sch.*), 153—154° (*Be. et al.*).

Di-O-acetyl-borrelidin-methylester $C_{33}H_{49}NO_8$, (aus Borrelidin-methylester mit Hilfe von Acetanhydrid und Pyridin hergestellt). Krystalle; F: 189—191° (*Ke.-Sch.*), 190° (*Be. et al.*).

Bis-O-[4-nitro-benzoyl]-borrelidin-methylester $C_{43}H_{51}N_3O_{12}$ (aus Borrelidin-methylester hergestellt). Krystalle; F: 157° (*Be. et al.*).

Borrelidin-[4-nitro-benzylester] $C_{35}H_{48}N_2O_8$ (aus Borrelidin hergestellt). Krystalle; F: 161° (*Be. et al.*).

XI   XII

Hydroxy-oxo-carbonsäuren $C_nH_{2n-14}O_8$

Hydroxy-oxo-carbonsäuren $C_{10}H_6O_8$

($\pm$)-[5,6,7-Trimethoxy-3-oxo-phthalan-1-yl]-glyoxylsäure-äthylester $C_{15}H_{16}O_8$, Formel I.

B. Beim Erwärmen von 4,5,6-Trimethoxy-phthalid mit Oxalsäure-diäthylester und Natriumäthylat in Toluol (*King, King*, Soc. **1942** 726).

Gelbliche Krystalle (aus E. + Eg.); F: 188—189°.

I   II   III

Hydroxy-oxo-carbonsäuren $C_{11}H_8O_8$

(±)-[4,5-Dimethoxy-3-oxo-phthalan-1-yl]-malonsäure-diäthylester $C_{17}H_{20}O_8$, Formel II
(R = C_2H_5).

B. Beim Erwärmen von Opiansäure (6-Formyl-2,3-dimethoxy-benzoesäure) mit Malon=
säure-diäthylester und mit Ammoniak in Äthanol (*Rodionow, Fedorova,* Am. Soc. **52**
[1930] 368, 371; *Rodionow, Kanewskaia,* Bl. [5] **1** [1934] 653, 673).

Krystalle (aus A.); F: 74—75° (*Ro., Fe.; Ro., Ka.*).

Hydroxy-oxo-carbonsäuren $C_{12}H_{10}O_8$

[6,7-Dimethoxy-1-oxo-phthalan-4-ylmethyl]-malonsäure $C_{14}H_{14}O_8$, Formel III (R = H).

B. Beim Erhitzen von [6,7-Dimethoxy-1-oxo-phthalan-4-ylmethyl]-malonsäure-di=
methylester oder von [6,7-Dimethoxy-1-oxo-phthalan-4-ylmethyl]-malonsäure-diäthyl=
ester mit wss. Natronlauge (*Blair et al.*, Soc. **1956** 3608, 3611).

Krystalle (aus W.); F: 153—155° [Zers.]. UV-Absorptionsmaxima (A.): 210 nm und
313 nm.

[6,7-Dimethoxy-1-oxo-phthalan-4-ylmethyl]-malonsäure-dimethylester $C_{16}H_{18}O_8$,
Formel III (R = CH_3).

B. Neben anderen Verbindungen beim Erwärmen von 4-Chlormethyl-6,7-dimethoxy-
phthalid mit der Natrium-Verbindung des Malonsäure-dimethylesters in Methanol
(*Blair et al.*, Soc. **1956** 3608, 3610).

Krystalle (aus Me. oder aus Bzl. + PAe.); F: 123—125°. Bei 130°/10⁻⁴ Torr sublimierbar. UV-Absorptionsmaxima (A.): 210 nm und 311 nm.

Beim Erwärmen mit Natriummethylat in Methanol ist 5,6-Dimethoxy-indan-2,2,4-tri=
carbonsäure-2,2-dimethylester erhalten worden.

[6,7-Dimethoxy-1-oxo-phthalan-4-ylmethyl]-malonsäure-diäthylester $C_{18}H_{22}O_8$,
Formel III (R = C_2H_5).

B. Analog dem im vorangehenden Artikel beschriebenen Dimethylester (*Blair et al.*,
Soc. **1956** 3608, 3610).

Krystalle (aus Bzl. + PAe.); F: 114—115°. UV-Absorptionsmaxima (A.): 208 nm und
310 nm.

Hydroxy-oxo-carbonsäuren $C_{13}H_{12}O_8$

**(R)-3-[(R)-4,6-Dimethoxy-2-methoxycarbonyl-3-oxo-2,3-dihydro-benzofuran-2-yl]-
buttersäure** $C_{16}H_{18}O_8$, Formel IV.

Diese Konstitution und Konfiguration ist wahrscheinlich der nachstehend beschriebenen
Verbindung auf Grund ihrer Bildungsweise zuzuordnen.

B. Neben anderen Verbindungen beim Behandeln einer Lösung von Dechlorgriseofulvin
(S. 3156) in Aceton mit wss. Zinkpermanganat-Lösung (*MacMillan,* Soc. **1953** 1697, 1701).

Krystalle (aus wss. Me. oder E.); F: 213—215°. UV-Spektrum (210—340 nm) einer
Lösung der Säure in Äthanol sowie einer Lösung des Natrium-Salzes in wss. Natronlauge:
MacM., l. c. S. 1698.

IV

V

[6-Acetyl-7-hydroxy-7-methyl-1,3,5-trioxo-1,3,5,6,7,7a-hexahydro-isobenzofuran-4-yl]-essigsäure $C_{13}H_{12}O_8$, Formel V, und Tautomere (z.B. 5-Acetyl-4,5a-dihydroxy-4-methyl-3a,4,5,5a-tetrahydro-8H-benzo[1,2-b;3,4-c']difuran-1,3,7-trion [Formel VI]).

Eine von *Berner* (Soc. **1946** 1052, 1053, 1056) als 5-Acetyl-4,5a-dihydroxy-4-methyl-3a,4,5,5a-tetrahydro-8H-benzo[1,2-b;3,4-c']difuran-1,3,7-trion beschriebene opt.-inakt. Verbindung vom F: 180° ist als [6-Acetyl-7-methyl-1,3,5-trioxo-hexahydro-4,7-epoxido-isobenzofuran-4-yl]-essigsäure (Syst. Nr. 2898) zu formulieren (*Bailey, Strunz,* Canad. J. Chem. **44** [1966] 2584; *Bird, Molton,* Tetrahedron **23** [1967] 4117; *Berner, Kolsaker,* Tetrahedron **24** [1968] 1199, 1200).

VI

VII

Hydroxy-oxo-carbonsäuren $C_{14}H_{14}O_8$

2,2-Bis-[2-cyan-äthyl]-4,6-dimethoxy-benzofuran-3-on $C_{16}H_{16}N_2O_4$, Formel VII.

B. Beim Behandeln einer Lösung von 4,6-Dimethoxy-benzofuran-3-on ($\rightleftharpoons$ 4,6-Di=methoxy-benzofuran-3-ol) in Dioxan mit Acrylnitril unter Zusatz von wss. Trimethyl-benzyl-ammonium-hydroxid-Lösung (*Dean, Manunapichu,* Soc. **1957** 3112, 3117).

Krystalle (aus Me.); F: 154—155°.

Hydroxy-oxo-carbonsäuren $C_{18}H_{22}O_8$

[(4aR)-2t-Hydroxy-9t-methoxycarbonyl-1-methyl-7,11-dioxo-(4bt,9at)-decahydro-4ar,1c-oxaäthano-fluoren-8at-yl]-essigsäure, (4aR)-8a-Carboxymethyl-2t,4a-dihydroxy-1t-methyl-7-oxo-(4ar,4bt,8at,9at)-dodecahydro-fluoren-1c,9t-dicarbonsäure-1 → 4a-lacton-9-methylester $C_{19}H_{24}O_8$, Formel VIII (R = X = H).

B. Neben 2β,4a,7-Trihydroxy-1β-methyl-8-oxo-4aα,7β-gibban-1α,10β-dicarbonsäure-1 → 4a-lacton-10-methylester (S. 6606) beim Behandeln einer Lösung von Gibberellin-A₁-methylester (S. 6517) in Äthylacetat mit Ozon bei —40° und Behandeln des Reaktions-produkts mit Wasser (*Seta et al.,* Bl. agric. chem. Soc. Japan **23** [1959] 412, 415). Beim Behandeln einer Lösung von 2β,4a,7-Trihydroxy-1β-methyl-8-oxo-4aα,7β-gibban-1α,10β-dicarbonsäure-1 → 4a-lacton-10-methylester in wss. Methanol mit wss. Wasserstoffper=oxid und kleinen Mengen wss. Natronlauge (*Seta et al.,* l. c. S. 416).

Krystalle (aus W.), F: 98°; $[\alpha]_D^{25}$: +32,1° [Me.; c = 2] (*Seta et al.,* l. c. S. 416).

Beim Erhitzen mit wss. Salzsäure und amalgamiertem Zink ist (4aR)-7c-Hydroxy-8c-methyl-11-oxo-(4bt,8ac)-decahydro-4ar,9ac-[1]oxapropano-fluoren-8t,9c-dicarbonsäu=re-9-methylester (S. 6588) erhalten worden (*Seta et al.,* Bl. agric. chem. Soc. Japan **23** [1959] 499, 506).

(4aR)-2t-Hydroxy-8a-methoxycarbonylmethyl-1-methyl-7,11-dioxo-(4bt,8at,9at)-do$=$
decahydro-4ar,1c-oxaäthano-fluoren-9t-carbonsäure-methylester, (4aR)-2t,4a-Dihydroxy-
8a-methoxycarbonylmethyl-1t-methyl-7-oxo-(4ar,4bt,8at,9at)-dodecahydro-fluoren-
1c,9t-dicarbonsäure-1 → 4a-lacton-9-methylester $C_{20}H_{26}O_8$, Formel VIII (R = H,
X = CH$_3$).

B. Beim Behandeln der im vorangehenden Artikel beschriebenen Verbindung mit Diazo$=$
methan in Äther (*Seta et al.*, Bl. agric. chem. Soc. Japan **23** [1959] 412, 416).

Krystalle (aus E. + Bzn.), F: 169—170°; $[\alpha]_D^{25}$: +48,2° [Me.; c = 1] (*Seta et al.*, l. c.
S. 416). Absorptionsmaximum: 275 nm (*Seta et al.*, l. c. S. 416).

Beim Erwärmen einer Lösung in Pyridin mit Phosphorylchlorid und Behandeln des
Reaktionsprodukts mit Diazomethan in Äther ist eine Verbindung $C_{20}H_{24}O_7$ (Krystalle
[aus Bzl. + Bzn.], F: 135—136°; $[\alpha]_D^{25}$: −42,9° [Me.]; λ_{max}: 290 nm) erhalten worden,
die sich durch Hydrierung an Platin in Methanol in eine Verbindung $C_{20}H_{26}O_7$
(Krystalle [aus E. + Bzn.], F: 114—116°; $[\alpha]_D^{25}$: +27,2° [Lösungsmittel nicht angegeben])
und durch Behandlung einer Lösung in Essigsäure mit Ozon in eine Verbindung
$C_{19}H_{22}O_8$ (Krystalle [aus wss. A.] mit 1 Mol H$_2$O, F: 74—77°) hat überführen lassen (*Seta
et al.*, Bl. agric. chem. Soc. Japan **23** [1959] 499, 507).

(4aR)-2t-Acetoxy-8a-methoxycarbonylmethyl-1-methyl-7,11-dioxo-(4bt,8at,9at)-dodeca$=$
hydro-4ar,1c-oxaäthano-fluoren-9t-carbonsäure-methylester, (4aR)-2t-Acetoxy-4a-hydr$=$
oxy-8a-methoxycarbonylmethyl-1t-methyl-7-oxo-(4ar,4bt,8at,9at)-dodecahydro-fluoren-
1c,9t-dicarbonsäure-1-lacton-9-methylester $C_{22}H_{28}O_9$, Formel VIII (R = CO-CH$_3$,
X = CH$_3$).

B. Aus der im vorangehenden Artikel beschriebenen Verbindung beim Erhitzen mit
Acetanhydrid und Natriumacetat sowie beim Behandeln mit Acetanhydrid und Pyridin
(*Seta et al.*, Bl. agric. chem. Soc. Japan **23** [1959] 412, 416).

Krystalle (aus E. + Bzn.); F: 195°. $[\alpha]_D^{25}$: +71,0° [Me.; c = 1].

Beim Erwärmen mit Chrom(VI)-oxid und wss. Essigsäure ist eine Verbindung
$C_{22}H_{28}O_{12}$ (Krystalle [aus E. + Bzn.], F: 194—196°; $[\alpha]_D^{25}$: +87,2 [Me.]) erhalten worden.

VIII   IX

Hydroxy-oxo-carbonsäuren $C_{23}H_{32}O_8$

5,11,14-Trihydroxy-13-methyl-17-[5-oxo-2,5-dihydro-[3]furyl]-3-[3,4,5-trihydroxy-
6-methyl-tetrahydro-pyran-2-yloxy]-hexadecahydro-cyclopenta[a]phenanthren-10-carb$=$
onsäure $C_{29}H_{42}O_{12}$.

a) 5,11α,14,21-Tetrahydroxy-3β-α-L-rhamnopyranosyloxy-24-nor-5β,14β-chol-
20(22)t-en-19,23-disäure-23 → 21-lacton, O^3-α-L-Rhamnopyranosyl-sarmentosi$=$
genin-A-säure, **Thollosidsäure** $C_{29}H_{42}O_{12}$, Formel IX (R = X = H).

Konstitution und Konfiguration: *Fechtig et al.*, Helv. **43** [1960] 1570, 1574.

B. Beim Behandeln von Thollosid (S. 3414) mit wss. Kupfer(II)-acetat-Lösung und
mit Sauerstoff (*Weiss et al.*, Helv. **41** [1958] 736, 761).

Amorph; als Äthylester (S. 6659) charakterisiert.

Beim Behandeln mit Acetanhydrid und Pyridin ist O^3-[Tri-O-acetyl-α-L-rhamnopyr$=$
anosyl]-sarmentosigenin-E   (5,11α,14,21-Tetrahydroxy-3β-[tri-O-acetyl-α-L-rhamnopyr$=$
anosyloxy]-24-nor-5β,14β-chol-20(22)t-en-19,23-disäure-19→11;23→21-dilacton;   über
die Konstitution dieser Verbindung s. *Fe. et al.*) erhalten worden (*We. et al.*, l. c. S. 762).

b) **3β-[6-Desoxy-α-ʟ-talopyranosyloxy]-5,11α,14,21-tetrahydroxy-24-nor-5β,14β-chol-20(22)t-en-19,23-disäure-23 → 21-lacton**, O^3-[6-Desoxy-α-ʟ-talopyranosyl]-sarmentosigenin-A-säure, **Sarmentosid-A-säure** $C_{29}H_{42}O_{12}$, Formel X (R = X = H).

Konstitution und Konfiguration: *Fechtig et al.*, Helv. **43** [1960] 1570, 1574.

B. Beim Behandeln von Sarmentosid-A (S. 3415) mit wss. Kupfer(II)-acetat-Lösung und mit Sauerstoff (*Weiss et al.*, Helv. **41** [1958] 736, 758).

Amorph (*We. et al.*, Helv. **41** 758).

Beim Erwärmen des Calcium-Salzes (s. u.) mit Acetanhydrid und Pyridin ist Tri-*O*-acetyl-sarmentosid-E (5,11α,14,21-Tetrahydroxy-3β-[tri-*O*-acetyl-6-desoxy-α-ʟ-talopyranosyloxy]-24-nor-5β,14β-chol-20(22)t-en-19,23-disäure-19 → 11;23 → 21-dilacton; über die Konstitution und Konfiguration dieser Verbindung s. *Fe. et al.*) erhalten worden (*Weiss et al.*, Helv. **40** [1957] 980, 1014).

Calcium-Salz $Ca(C_{29}H_{41}O_{12})_2$. Isolierung aus Samen von Strophanthus tholloni: *We. et al.*, Helv. **40** 987, 1010, 1014; s. a. *We. et al.*, Helv. **41** 740. — Krystalle (aus wss. Me. + Acn.) mit 12 Mol H_2O, die bei 280−300° [Zers.] schmelzen; $[\alpha]_D^{23}$: −35,7° [wss. A.] [wasserhaltiges Präparat] (*We. et al.*, Helv. **40** 1014). UV-Absorptionsmaximum (A.): 221 nm (*We. et al.*, Helv. **40** 993).

11-Acetoxy-5,14-dihydroxy-13-methyl-17-[5-oxo-2,5-dihydro-[3]furyl]-3-[3,4,5-triacetoxy-6-methyl-tetrahydro-pyran-2-yloxy]-hexadecahydro-cyclopenta[a]phenanthren-10-carbonsäure-methylester $C_{38}H_{52}O_{16}$.

a) **11α-Acetoxy-5,14,21-trihydroxy-3β-[tri-*O*-acetyl-α-ʟ-rhamnopyranosyloxy]-24-nor-5β,14β-chol-20(22)t-en-19,23-disäure-23 → 21-lacton-19-methylester**, O^{11}-Acetyl-O^3-[tri-*O*-acetyl-α-ʟ-rhamnopyranosyl]-sarmentosigenin-A-säure-methylester, **Tetra-*O*-acetyl-thollosidsäure-methylester** $C_{38}H_{52}O_{16}$, Formel IX (R = CO-CH$_3$, X = CH$_3$).

Konstitution und Konfiguration: *Fechtig et al.*, Helv. **43** [1960] 1570, 1574.

Isolierung aus einem aus Samen von Strophanthus tholloni erhaltenen Glycosid-Gemisch nach Behandlung mit Acetanhydrid und Pyridin: *Weiss et al.*, Helv. **40** [1957] 980, 986, 1007, 1013.

Lösungsmittelhaltige Krystalle (aus Me. + Ae.), F: 178−182° [korr.; Kofler-App.]; $[\alpha]_D^{22}$: −17,7° [CHCl$_3$] (*We. et al.*, l. c. S. 1013). UV-Absorptionsmaximum (A.): 217 nm (*We. et al.*, l. c. S. 993).

b) **11α-Acetoxy-5,14,21-trihydroxy-3β-[tri-*O*-acetyl-6-desoxy-α-ʟ-talopyranosyloxy]-24-nor-5β,14β-chol-20(22)t-en-19,23-disäure-23 → 21-lacton-19-methylester**, O^{11}-Acetyl-O^3-[tri-*O*-acetyl-6-desoxy-α-ʟ-talopyranosyl]-sarmentosigenin-A-säure-methylester, **Tetra-*O*-acetyl-sarmentosid-A-säure-methylester** $C_{38}H_{52}O_{16}$, Formel X (R = CO-CH$_3$, X = CH$_3$).

Isolierung aus einem aus Samen von Strophanthus tholloni erhaltenen Glycosid-Gemisch nach Behandlung mit Acetanhydrid und Pyridin: *Weiss et al.*, Helv. **40** [1957] 980, 986, 1003, 1005, 1011.

B. Beim Behandeln einer Lösung von Sarmentosid-A-säure (s. o.) in Methanol und Chloroform mit Diazomethan in Äther und Erwärmen des erhaltenen Methylesters mit Acetanhydrid und Pyridin (*Weiss et al.*, Helv. **41** [1958] 736, 757). Bei der Behandlung von Tetra-*O*-acetyl-sarmentosid-A (S. 3416) mit Chrom(VI)-oxid und Essigsäure und Umsetzung des Reaktionsprodukts mit Diazomethan (*Schmutz, Reichstein*, Helv. **34** [1951] 1264, 1271).

Krystalle; F: 285−289° [korr.; Kofler-App.; aus Acn. + Ae.] (*We. et al.*, Helv. **40** 1011), 283−285° [korr.; Kofler-App.; aus Me. + Ae.] (*We. et al.*, Helv. **41** 757). $[\alpha]_D^{23}$: −26,8° [CHCl$_3$; c = 1] (*We. et al.*, Helv. **40** 1011); $[\alpha]_D^{17}$: −22,5° [Acn.; c = 1] (*Sch., Re.*); $[\alpha]_D^{24}$: −23,0° [Acn.; c = 1] (*We. et al.*, Helv. **41** 757). UV-Spektrum (A.; 210−360 nm): *Sch., Re.*, l. c. S. 1266.

5,11α,14,21-Tetrahydroxy-3β-α-ʟ-rhamnopyranosyloxy-24-nor-5β,14β-chol-20(22)t-en-19,23-disäure-19-äthylester-23 → 21-lacton, O^3-α-ʟ-Rhamnopyranosyl-sarmentosigenin-A-säure-äthylester, **Thollosidsäure-äthylester**, Thollathosid $C_{31}H_{46}O_{12}$, Formel IX (R = H, X = C$_2$H$_5$).

Konstitution und Konfiguration: *Fechtig et al.*, Helv. **43** [1960] 1570, 1574.

Isolierung aus Samen von Strophanthus tholloni: *Weiss et al.*, Helv. **40** [1957] 980, 984, 1006, 1011.

B. Beim Behandeln einer Lösung von Thollosidsäure (S. 6658) in Methanol mit Diazo≈ äthan in Äther (*Weiss et al.*, Helv. **41** [1958] 736, 761).

Lösungsmittelhaltige Krystalle (aus Me. + Ae.); F: 166—170° [korr.; Kofler-App.]; $[\alpha]_D^{25}$: +6,1° [80%ig. wss. Me.] (*We. et al.*, Helv. **40** 1011). UV-Absorptionsmaximum (A.): 217 nm (*We. et al.*, Helv. **40** 993).

X   XI

11-Acetoxy-5,14-dihydroxy-13-methyl-17-[5-oxo-2,5-dihydro-[3]furyl]-3-[3,4,5-triacet≈ oxy-6-methyl-tetrahydro-pyran-2-yloxy]-hexadecahydro-cyclopenta[a]phenanthren-10-carbonsäure-äthylester $C_{39}H_{54}O_{16}$.

a) **11α-Acetoxy-5,14,21-trihydroxy-3β-[tri-O-acetyl-α-L-rhamnopyranosyloxy]-24-nor-5β,14β-chol-20(22)*t*-en-19,23-disäure-19-äthylester-23 → 21-lacton**, O^{11}-Acetyl-O^3-[tri-O-acetyl-α-L-rhamnopyranosyl]-sarmentosigenin-A-säure-äthyl≈ ester, **Tetra-O-acetyl-thollosidsäure-äthylester** $C_{39}H_{54}O_{16}$, Formel IX (R = CO-CH₃, X = C_2H_5) auf S. 6658.

B. Beim Behandeln von Thollosidsäure-äthylester (S. 6659) mit Acetanhydrid und Pyridin (*Weiss et al.*, Helv. **41** [1958] 736, 761).

Lösungsmittelhaltige Krystalle (aus Me. + Ae.), F: 158—161° [korr.; Kofler-App.]; $[\alpha]_D^{25}$: −17,4° [CHCl₃; c = 1] (*Weiss et al.*, Helv. **40** [1957] 980, 1012). IR-Spektrum (CH₂Cl₂; 2,5—12,5 μ): *We. et al.*, Helv. **41** 746. UV-Absorptionsmaximum (A.): 216 nm (*We. et al.*, Helv. **40** 993).

b) **11α-Acetoxy-5,14,21-trihydroxy-3β-[tri-O-acetyl-6-desoxy-α-L-talopyranosyloxy]-24-nor-5β,14β-chol-20(22)*t*-en-19,23-disäure-19-äthylester-23 → 21-lacton**, O^{11}-Acetyl-O^3-[tri-O-acetyl-6-desoxy-α-L-talopyranosyl]-sarmentosigenin-A-säure-äthylester $C_{39}H_{54}O_{16}$, Formel X (R = CO-CH₃, X = C_2H_5).

Isolierung aus einem aus Samen von Strophanthus tholloni erhaltenen Glycosid-Ge≈ misch nach Behandlung mit Acetanhydrid und Pyridin: *Weiss et al.*, Helv. **40** [1957] 980, 986, 1003, 1010.

B. Beim Behandeln einer Lösung von Sarmentosid-A-säure (S. 6659) in Methanol mit Diazoäthan in Äther und Erwärmen des erhaltenen Äthylesters $C_{31}H_{46}O_{12}$ (Acarb≈ äthosid) mit Acetanhydrid und Pyridin (*Weiss et al.*, Helv. **41** [1958] 736, 760).

Krystalle (aus Me. + Ae.); F: 245—248° [korr.; Kofler-App.]; $[\alpha]_D^{23}$: −24,3° [CHCl₃; c = 1] (*We. et al.*, Helv. **40** 1010); $[\alpha]_D^{25}$: −28,1° [CHCl₃; c = 0,8] (*We. et al.*, Helv. **41** 760). IR-Spektrum (CH₂Cl₂; 2,5—12,5 μ): *We. et al.*, Helv. **41** 745. UV-Absorptions≈ maximum (A.): 217 nm (*We. et al.*, Helv. **40** 994).

3β,12β-Bis-benzoyloxy-5,14,21-trihydroxy-24-nor-5β,14β-chol-20(22)*t*-en-19,23-disäure-23 → 21-lacton-19-methylester, O^3,O^{12}-Dibenzoyl-antiarigeninsäure-methylester $C_{38}H_{42}O_{10}$, Formel XI (R = CO-C₆H₅).

B. Beim Behandeln von O^3,O^{12}-Dibenzoyl-antiarigenin (S. 3417) mit Chrom(VI)-oxid und Essigsäure und Behandeln des Reaktionsprodukts mit Methanol und mit Diazomethan in Äther (*Martin, Tamm*, Helv. **42** [1959] 696, 710).

Krystalle (aus Me.); F: 230—230,5° [korr.; Kofler-App.].

2-Carboxymethyl-6a,8-dihydroxy-12a-methyl-3-oxo-tetradecahydro-1,4a-äthano-naphtho‑[1,2-h]chromen-10a-carbonsäure $C_{23}H_{32}O_8$.

a) **3β,5,14-Trihydroxy-24-nor-5β,14β,20β$_F$(?)H-cholan-19,21,23-trisäure-21 → 14-lacton** $C_{23}H_{32}O_8$, vermutlich Formel I (R = X = H).

Diese Konstitution und Konfiguration kommt der nachstehend beschriebenen α-Iso‑strophanthsäure zu; bezüglich der Konfiguration am C-Atom 20 vgl. *Krasso et al.*, Helv. **55** [1972] 1352.

B. Beim Behandeln von Isostrophanthidin ((20S?,21S?)-14,21-Epoxy-3β,5-dihydr‑oxy-19-oxo-5β,14β-cardanolid [F: 255—257°]) mit wss. Natronlauge und Behandeln der Reaktionslösung mit Kaliumpermanganat (*Jacobs, Collins*, J. biol. Chem. **61** [1924] 387, 400). Beim Behandeln einer wenig Ammoniak enthaltenden wss. Lösung von α-Iso‑strophanthidsäure (S. 6613) mit Kaliumpermanganat (*Ja., Co.*, l. c. S. 399).

Krystalle (aus wss. A.) mit 1 Mol H_2O, F: 232—234° [Zers.]; $[\alpha]_D^{20}$: —8° [Me. oder A.] (*Ja., Co.*).

Beim Erhitzen auf 200° und weiteren Erhitzen nach Zusatz von Selen auf 340° ist ein Kohlenwasserstoff $C_{16}H_{14}$ (Krystalle [aus A.], F: 140—142°; Verbindung mit 1,3,5-Trinitro-benzol $C_{16}H_{14} \cdot 2C_6H_3N_3O_6$: orangefarbene Krystalle [aus A.], F: 128° bis 129°) erhalten worden (*Elderfield, Jacobs*, J. biol. Chem. **107** [1934] 143, 153). Verhalten beim Erwärmen mit Acetanhydrid und wenig Acetylchlorid (Bildung einer Verbindung $C_{27}H_{34}O_9$ vom F: 267—268° [Zers.]): *Jacobs, Elderfield*, J. biol. Chem. **96** [1932] 357, 365.

b) **3β,5,14-Trihydroxy-24-nor-5β,14β,20ξH-cholan-19,21,23-trisäure-21 → 14-lacton** $C_{23}H_{32}O_8$, Formel II.

Diese Konstitution und Konfiguration kommt vermutlich der nachstehend beschriebenen γ-Isostrophanthsäure zu.

B. Aus α-Isostrophanthsäure (s. o.) beim Behandeln mit konz. wss. Salzsäure sowie beim Erwärmen mit wss.-äthanol. Salzsäure (*Jacobs, Gustus*, J. biol. Chem. **74** [1927] 829, 835).

Wasserhaltige Krystalle (aus wss. A. oder W.); F: 231—232° [Zers.]. $[\alpha]_D$: +90° [A.; c = 1] (Monohydrat).

I   II

c) **3β,5,14-Trihydroxy-24-nor-5α(?),14β,20β$_F$(?)H-cholan-19,21,23-trisäure-21 → 14-lacton** $C_{23}H_{32}O_8$, vermutlich Formel III (R = X = H).

Diese Konstitution und Konfiguration kommt der nachstehend beschriebenen β-Iso‑strophanthsäure zu, die früher auch als Strophanthsäure bezeichnet worden ist (s. dazu *Jacobs, Collins*, J. biol. Chem. **61** [1924] 387, 390, 403).

B. Beim Erwärmen von Strophanthidin [S. 3127] (*Jacobs*, J. biol. Chem. **57** [1923] 553, 565; s. a. *Ja., Co.*) oder von Isostrophanthidin [(20S?,21S?)-14,21-Epoxy-3β,5-di‑hydroxy-19-oxo-5β,14β-cardanolid (F: 255—257°)] (*Ja., Co.*, l. c. S. 403) mit wss.-äthanol. Natronlauge und Behandeln der Reaktionslösung mit Kaliumpermanganat. Neben wenig α-Isostrophanthsäure (s. o.) beim Erhitzen von α-Isostrophanthidsäure (S. 6613) mit wss. Natronlauge und Behandeln der Reaktionslösung mit Kaliumper‑manganat (*Ja., Co.*, l. c. S. 401). Beim Behandeln einer wenig Ammoniak enthaltenden wss. Lösung von β-Isostrophanthidsäure (S. 6613) mit Kaliumpermanganat (*Jacobs, Gustus*, J. biol. Chem. **74** [1927] 829, 833).

Krystalle (aus wss. A.); F: 280° [Zers.] (*Ja., Co.*, l. c. S. 403; *Ja., Gu.*). $[\alpha]_D^{25}$: —26° [Me.; c = 1] (*Ja., Co.*, l. c. S. 401); $[\alpha]_D^{30}$: —25° [Me.; c = 1] (*Ja., Co.*, l. c. S. 403).

d) **3β,5,14-Trihydroxy-24-nor-5α(?),14β,20ξH-cholan-19,21,23-trisäure-21 → 14-lacton** $C_{23}H_{32}O_8$, vermutlich Formel IV.

Diese Konstitution und Konfiguration kommt vermutlich der nachstehend beschriebenen **δ-Isostrophanthsäure** zu.

B. Beim Erhitzen von δ-Isostrophanthsäure-lacton (3β,5,14-Trihydroxy-24-nor-5α(?),14β,20ξH-cholan-19,21,23-trisäure-19 → 3;21 → 14-dilacton [F: 230—231°]) mit wss. Natronlauge (*Jacobs, Gustus*, J. biol. Chem. **74** [1927] 829, 837).

Krystalle (aus W.); F: 209—210° [Zers.]. $[\alpha]_D^{27}$: +72° [Me.; c = 1].

3β,5,14-Trihydroxy-24-nor-5β,14β,20β_F(?)H-cholan-19,21,23-trisäure-21 → 14-lacton-19-methylester $C_{24}H_{34}O_8$, vermutlich Formel I (R = CH_3, X = H).

Diese Konstitution und Konfiguration kommt dem nachstehend beschriebenen **α-Isostrophanthsäure-monomethylester** zu.

B. Beim Behandeln von α-Isostrophanthsäure-dimethylester (s. u.) mit wss.-äthanol. Natronlauge (*Jacobs, Gustus*, J. biol. Chem. **74** [1927] 811, 818). Beim Behandeln einer Lösung von α-Isostrophanthidinsäure-methylester ((21S(?))-14,21-Epoxy-3β,5,21-trihydroxy-24-nor-5β,14β,20β_F(?)H-cholan-19,23-disäure-23 → 21-lacton-19-methylester [F: 270—271°]) in Pyridin mit wss. Natronlauge und Behandeln der mit Bromwasserstoff neutralisierten Reaktionslösung mit wss. Natriumhypobromit-Lösung (*Ja., Gu.*, l. c. S. 824).

Krystalle (aus wss. Me.) mit 1 Mol H_2O, F: 215—217° (*Ja., Gu.*, l. c. S. 825); Krystalle (aus Me.) mit 1 Mol H_2O, F: 235—237° (*Ja., Gu.*, l. c. S. 818). $[\alpha]_D^{25}$: +14° [Py.].

III   IV

3β-Benzoyloxy-5,14-dihydroxy-24-nor-5β,14β,20β_F(?)H-cholan-19,21,23-trisäure-21 → 14-lacton-23-methylester $C_{31}H_{38}O_9$, vermutlich Formel V (R = H, X = $CO-C_6H_5$).

Diese Konstitution und Konfiguration kommt dem nachstehend beschriebenen **O³-Benzoyl-α-isostrophanthsäure-monomethylester** zu.

B. Beim Behandeln von O³-Benzoyl-α-isostrophanthidsäure-methylester (S. 6615) mit Kaliumpermanganat in Aceton (*Jacobs, Elderfield*, J. biol. Chem. **96** [1932] 357, 365).

Krystalle (aus wss. Acn.); F: 261—262° [Zers.].

Beim Erhitzen mit Acetanhydrid oder mit einem Gemisch von Acetanhydrid und Acetylchlorid ist eine Verbindung $C_{33}H_{40}O_{10}$ (Krystalle [aus $CHCl_3$ + Ae.]; F: 220° bis 221° [Zers.]) erhalten worden.

6a,8-Dihydroxy-2-methoxycarbonylmethyl-12a-methyl-3-oxo-tetradecahydro-1,4a-äthano-naphtho[1,2-h]chromen-10a-carbonsäure-methylester $C_{25}H_{36}O_8$.

a) **3β,5,14-Trihydroxy-24-nor-5β,14β,20β_F(?)H-cholan-19,21,23-trisäure-21 → 14-lacton-19,23-dimethylester** $C_{25}H_{36}O_8$, vermutlich Formel V (R = CH_3, X = H).

Diese Konstitution und Konfiguration kommt dem nachstehend beschriebenen **α-Isostrophanthsäure-dimethylester** zu.

B. Aus α-Isostrophanthsäure (S. 6661) beim Behandeln einer Suspension in Aceton mit Diazomethan (*Jacobs, Collins*, J. biol. Chem. **61** [1924] 387, 400) sowie beim Behandeln des Dinatrium-Salzes mit Methanol und Methyljodid (*Jacobs, Gustus*, J. biol. Chem. **74** [1927] 811, 818 Anm.).

Krystalle (aus Me.), F: 224—225°; $[\alpha]_D^{26}$: —12° [$CHCl_3$; c = 1] (*Ja., Co.*).

b) **3β,5,14-Trihydroxy-24-nor-5β,14β,20ξH-cholan-19,21,23-trisäure-21 → 14-lacton-19,23-dimethylester** $C_{25}H_{36}O_8$, Formel II (R = CH_3).

Diese Konstitution und Konfiguration kommt vermutlich dem nachstehend beschriebenen **γ-Isostrophanthsäure-dimethylester** zu.

B. Beim Behandeln von γ-Isostrophanthsäure (S. 6661) mit Diazomethan in Aceton (*Jacobs, Gustus*, J. biol. Chem. **74** [1927] 829, 835).

Krystalle (aus Me.); F: 227°. $[\alpha]_D$: +120° [Py.; c = 1].

c) **3β,5,14-Trihydroxy-24-nor-5α(?),14β,20β_F(?)H-cholan-19,21,23-trisäure-21 → 14-lacton-19,23-dimethylester** $C_{25}H_{36}O_8$, vermutlich Formel III (R = CH₃, X = H).

Diese Konstitution und Konfiguration kommt dem nachstehend beschriebenen **β-Iso-strophanthsäure-dimethylester** zu.

B. Aus β-Isostrophanthsäure (S. 6661) mit Hilfe von Diazomethan (*Jacobs*, J. biol. Chem. **57** [1923] 553, 566).

F: 251—253°. $[\alpha]_D^{20}$: −28,0° [Me.; c = 1].

8-Benzoyloxy-6a-hydroxy-2-methoxycarbonylmethyl-12a-methyl-3-oxo-tetradecahydro-1,4a-äthano-naphtho[1,2-h]chromen-10a-carbonsäure-methylester $C_{32}H_{40}O_9$.

a) **3β-Benzoyloxy-5,14-dihydroxy-24-nor-5β,14β,20β_F(?)H-cholan-19,21,23-trisäure-21 → 14-lacton-19,23-dimethylester** $C_{32}H_{40}O_9$, vermutlich Formel V (R = CH₃, X = CO-C₆H₅).

Diese Konstitution und Konfiguration kommt dem nachstehend beschriebenen O³-Benz-oyl-α-isostrophanthsäure-dimethylester zu.

B. Beim Behandeln von α-Isostrophanthsäure-dimethylester (S. 6662) mit Benzoyl-chlorid und Pyridin (*Jacobs, Collins*, J. biol. Chem. **61** [1924] 387, 400).

Krystalle (aus Me.); F: 201—203°.

b) **3β-Benzoyloxy-5,14-dihydroxy-24-nor-5α(?),14β,20β_F(?)H-cholan-19,21,23-tri-säure-21 → 14-lacton-19,23-dimethylester** $C_{32}H_{40}O_9$, vermutlich Formel III (R = CH₃, X = CO-C₆H₅).

Diese Konstitution und Konfiguration kommt dem nachstehend beschriebenen O³-Benzoyl-β-isostrophanthsäure-dimethylester zu.

B. Beim Behandeln von β-Isostrophanthsäure-dimethylester (s. o.) mit Benzoylchlorid und Pyridin (*Jacobs*, J. biol. Chem. **57** [1923] 553, 567).

Krystalle (aus Me.); F: 233—235°. $[\alpha]_D^{20}$: −7,0° [Acn.; c = 1].

V   VI

Hydroxy-oxo-carbonsäuren $C_{24}H_{34}O_8$

(4aR)-11syn,12ξ-Dihydroxy-12ξ-[α-hydroxy-isopropyl]-4b,8t-dimethyl-(4ar,4bt,8ac)-dodecahydro-3t,10at-äthano-phenanthren-1t,2t,8c-tricarbonsäure-1 → 11-lacton, 13ξ,14anti-Dihydroxy-13ξ-[α-hydroxy-isopropyl]-17,18-dinor-atisan-4,15β,16β-tricarbon-säure-15 → 14-lacton [1]) $C_{24}H_{34}O_8$, Formel VI.

Diese Konstitution und Konfiguration kommt vermutlich der nachstehend beschriebenen, von *Ruzicka, LaLande* (Helv. **23** [1940] 1357, 1361, 1365) mit Vorbehalt als **12-Hydroxy-12-[α-hydroxy-isopropyl]-4b,8-dimethyl-11-oxo-dodecahydro-3,10a-äthano-phenanthren-1,2,8-tricarbonsäure-1,2-anhydrid** $C_{24}H_{32}O_8$ formulierten Verbindung zu (*Zalkow et al.*, J. org. Chem. **27** [1962] 3535, 3536, 3539).

B. In kleiner Menge beim Behandeln von **(4aR)-11syn-Hydroxy-12-isopropyliden-4b,8t-dimethyl-(4ar,4bt,8ac)-dodecahydro-3t,10at-äthano-phenanthren-1t,2t,8c-tricarb-onsäure-1-lacton** (**14anti-Hydroxy-13-isopropyliden-17,18-dinor-atisan-4,15β,16β-tricarb-onsäure-15-lacton**) mit wss. Natronlauge und Kaliumpermanganat (*Ru., LaL.*).

Krystalle (aus wss. Me.); F: 307—308° [korr.; Zers.] (*Ru., LaL.*).

Dimethylester $C_{26}H_{38}O_8$ (mit Hilfe von Diazomethan hergestellt). Krystalle (aus Bzl.); F: 276—278° [korr.; Zers.; nach Sintern] (*Ru., LaL.*).

---

[1]) Stellungsbezeichnung bei von Atisan abgeleiteten Namen s. S. 6084.

Hydroxy-oxo-carbonsäuren $C_{30}H_{46}O_8$

3β,13,16α-Trihydroxy-11,12-seco-9β(?)-oleanan-11,12,28-trisäure-28 → 13-lacton-12(?)-methylester [1]) $C_{31}H_{48}O_8$, vermutlich Formel VII (R = H).

Bezüglich der Konstitution sowie der Konfiguration am C-Atom 9 vgl. *Gutmann et al.*, Helv. **34** [1951] 1154, 1155.

B. Beim Erwärmen von 3β,16α-Diacetoxy-13-hydroxy-12-oxo-oleanan-28-säure-lacton (S. 2561) mit Chrom(VI)-oxid, Essigsäure und wenig Schwefelsäure, Behandeln des Reaktionsprodukts mit Diazomethan in Äther und Erwärmen des erhaltenen Dimethyl‌esters mit methanol. Kalilauge (*Bischof et al.*, Helv. **32** [1949] 1911, 1918).

Krystalle (aus wss. Me.); F: 298—301° [korr.; Zers.; evakuierte Kapillare]; $[\alpha]_D$: —26° [Py.; c = 1] (*Bi. et al.*).

VII   VIII

3β,16α-Diacetoxy-13-hydroxy-11,12-seco-oleanan-11,12,28-trisäure-28 → 13-lacton-11(?)-methylester $C_{35}H_{52}O_{10}$, vermutlich Formel VIII.

B. Beim Erwärmen von 3β,16α-Diacetoxy-13-hydroxy-12-oxo-oleanan-28-säure-lacton (S. 2561) mit Chrom(VI)-oxid, Essigsäure und wenig Schwefelsäure, Erhitzen des Reaktionsprodukts mit Acetanhydrid und Pyridin und Erwärmen des danach isolierten Reaktionsprodukts mit Methanol (*Bischof et al.*, Helv. **32** [1949] 1911, 1919).

Krystalle (aus Me. + CH_2Cl_2); F: 218—225° [korr.; evakuierte Kapillare]. $[\alpha]_D$: —22° [$CHCl_3$; c = 1].

3β,13,16α-Trihydroxy-11,12-seco-9β(?)-oleanan-11,12,28-trisäure-28 → 13-lacton-11,12-dimethylester $C_{32}H_{50}O_8$, vermutlich Formel VII (R = CH_3).

Bezüglich der Konfiguration am C-Atom 9 vgl. *Gutmann et al.*, Helv. **34** [1951] 1154, 1155.

B. Aus 3β,13,16α-Trihydroxy-11,12-seco-9β(?)-oleanan-11,12,28-trisäure-28 → 13-lacton-12(?)-methylester (s. o.) mit Hilfe von Diazomethan (*Bischof et al.*, Helv. **32** [1949] 1911, 1919). Beim Erwärmen des aus 3β,16α-Diacetoxy-13-hydroxy-11,12-seco-oleanan-11,12,28-trisäure-28 → 13-lacton-11(?)-methylester (s. o.) mit Hilfe von Diazomethan hergestellten Dimethylesters mit methanol. Kalilauge und Behandeln des Reaktions‌produkts mit Diazomethan in Äther (*Bi. et al.*).

Krystalle (aus Me. + CH_2Cl_2), F: 264—265° [korr.; evakuierte Kapillare]; im Hoch‌vakuum bei 200° sublimierbar (*Bi. et al.*). $[\alpha]_D$: —27° [$CHCl_3$; c = 1] (*Bi. et al.*).

Hydroxy-oxo-carbonsäuren $C_nH_{2n-16}O_8$

Hydroxy-oxo-carbonsäuren $C_{11}H_6O_8$

7,8-Dihydroxy-2-oxo-2H-chromen-3,6-dicarbonsäure-3-äthylester-6-methylester $C_{14}H_{12}O_8$, Formel I.

B. Beim Erwärmen von 5-Formyl-2,3,4-trihydroxy-benzoesäure-methylester mit Malon‌säure-diäthylester, Pyridin und wenig Piperidin (*Desai et al.*, Pr. Indian Acad. [A] **23** [1946] 179).

Krystalle (aus A.); F: 245—247°.

---

[1]) Stellungsbezeichnung bei von Oleanan abgeleiteten Namen s. E III **5** 1341.

I   II

6,8-Dimethoxy-1-oxo-1H-isochromen-4,7-dicarbonsäure-diäthylester $C_{17}H_{18}O_8$, Formel II
(R = C_2H_5).

B. Beim Behandeln von 4-Äthoxycarbonylmethyl-2,6-dimethoxy-isophthalsäure-di=
äthylester mit Äthylformiat, Äther und Natriumäthylat und Erwärmen des Reaktionsprodukts mit konz. Salzsäure (*Kamal et al.*, Soc. **1950** 3375, 3379).
Krystalle (aus A. + Eg.); F: 135,5°.

Beim Erwärmen mit wss. Jodwasserstoffsäure ist eine Verbindung $C_{16}H_{16}O_8$ (Krystalle
[aus A.], F: 112—113°), beim Erwärmen mit einem Gemisch von wss. Jodwasserstoff=
säure und Acetanhydrid ist eine Verbindung $C_{14}H_{12}O_8$ (Krystalle [aus wss. Me.], F: 238°
bis 239° [Zers.]; möglicherweise 6-Hydroxy-8-methoxy-1-oxo-1H-isochromen-
4,7-dicarbonsäure-7-äthylester) erhalten worden.

Hydroxy-oxo-carbonsäuren $C_{12}H_8O_8$

3-Acetyl-6,7-dimethoxy-2,4-dioxo-chroman-5-carbonsäure $C_{14}H_{12}O_8$, Formel III,
und Tautomere (z. B. 3-Acetyl-4-hydroxy-6,7-dimethoxy-2-oxo-2H-chromen-
5-carbonsäure).

Eine von *Robertson et al.* (Soc. **1951** 2013, 2017) als 3-Acetyl-4-hydroxy-6,7-dimethoxy-
2-oxo-2H-chromen-5-carbonsäure beschriebene Verbindung vom F: 314° [Zers.] ist als
8,9-Dimethoxy-2-methyl-4,5-dioxo-4H,5H-pyrano[3,2-c]chromen-10-carbonsäure zu formulieren; Entsprechendes gilt für den Methylester $C_{15}H_{14}O_8$ [F: 229° (Zers.)] (*Dean
et al.*, Soc. **1961** 792, 794, 797). Über authentische (±)-3-Acetyl-6,7-dimethoxy-2,4-dioxo-
chroman-5-carbonsäure (Krystalle [aus Me.]; F: 256° [Zers.]) s. *Dean, Randell*, Soc.
1961 798, 802.

III   IV

[7,8-Dihydroxy-6-methoxycarbonyl-2-oxo-2H-chromen-4-yl]-essigsäure $C_{13}H_{10}O_8$,
Formel IV.

B. Beim Behandeln von 2,3,4-Trihydroxy-benzoesäure-methylester mit 3-Oxo-glutar=
säure und konz. Schwefelsäure (*Kansara, Shah*, J. Univ. Bombay **17**, Tl. 3A [1948]
57, 61).
Krystalle (aus A.); F: 271°.

4-[6-Hydroxy-4,7-dimethoxy-benzofuran-5-yl]-2,4-dioxo-buttersäure-äthylester
$C_{16}H_{16}O_8$, Formel V (R = H), und Tautomere.

B. Beim Erwärmen von Khellinon (S. 2394) mit Oxalsäure-diäthylester und einer
Suspension von Natrium in Äther (*Schönberg, Sina*, Am. Soc. **72** [1950] 1611, 1614).
Krystalle (aus Me.); F: 161°.

2,4-Dioxo-4-[4,6,7-trimethoxy-benzofuran-5-yl]-buttersäure-äthylester $C_{17}H_{18}O_8$,
Formel V (R = CH_3), und Tautomere.

B. Beim Behandeln von 1-[4,6,7-Trimethoxy-benzofuran-5-yl]-äthanon mit Oxalsäure-diäthylester und einer Suspension von Natrium in Äther (*Stener, Fatutta*, G. **89** [1959] 2053, 2062).

Gelbe Krystalle (aus A.); F: 75°.

4-[6-Äthoxy-4,7-dimethoxy-benzofuran-5-yl]-2,4-dioxo-buttersäure-äthylester $C_{18}H_{20}O_8$, Formel V (R = C_2H_5), und Tautomere.

B. Beim Behandeln von 1-[6-Äthoxy-4,7-dimethoxy-benzofuran-5-yl]-äthanon mit Oxalsäure-diäthylester und einer Suspension von Natrium in Äther (*Stener, Fatutta*, G. **89** [1959] 2053, 2059).

Gelbe Krystalle (aus A.); F: 70°.

V

VI

4-[6-Äthoxy-4,7-dimethoxy-benzofuran-5-yl]-4-oxo-2-thiosemicarbazono-buttersäure-äthylester $C_{19}H_{23}N_3O_7S$, Formel VI.

B. Beim Erwärmen einer Lösung der im vorangehenden Artikel beschriebenen Verbindung in Äthanol mit Thiosemicarbazid-hydrochlorid in Wasser (*Stener, Fatutta*, G. **89** [1959] 2053, 2061).

Krystalle (aus wss. A.); F: 115°.

Hydroxy-oxo-carbonsäuren $C_{14}H_{12}O_8$

4*t*-[5-Acetyl-3-äthoxycarbonyl-6-oxo-6*H*-pyran-2-yl]-2-[(*Z*)-1-benzoyloxy-äthyliden]-but-3-ensäure-äthylester, 5-Acetyl-2-[3-äthoxycarbonyl-4-benzoyloxy-penta-1,3*c*-dien-*t*-yl]-6-oxo-6*H*-pyran-3-carbonsäure-äthylester $C_{25}H_{24}O_9$, Formel VII (R = CO-C_6H_5, X = C_2H_5).

Diese Konstitution und Konfiguration kommt dem früher (s. E II **10** 662) beschriebenen Benzoyl-Derivat der „Diäthylxanthophansäure" zu (*Crombie et al.*, Soc. [C] **1967** 757, 758, 761).

VII

VIII

IX

2-Acetonyl-6,7-dihydroxy-3-hydroxymethyl-4-oxo-4*H*-chromen-5-carbonsäure $C_{14}H_{12}O_8$, Formel VIII (R = H), und **3,7,8-Trihydroxy-3-methyl-10-oxo-4,10-dihydro-1*H*, 3*H*-pyrano[4,3-*b*]chromen-9-carbonsäure** $C_{14}H_{12}O_8$, Formel IX (R = H); **Fulvsäure** (in der Literatur auch als **Fulvinsäure** bezeichnet).

Über die Konstitution s. *Dean et al.*, Soc. **1957** 3497.

Isolierung aus den Kulturmedien von Penicillium brefeldianum, von Penicillium flexuosum und von Penicillium griseo-fulvum: *Oxford et al.*, Biochem. J. **29** [1935] 1102, 1104, 1105, 1107; *Dean et al.*, l. c. S. 3504.

Gelbliche Krystalle (aus Dioxan); F: 246° [Zers.; nach Sintern bei 236°] (*Ox. et al.*, l. c. S. 1111), 244° [Zers.; nach Sintern bei 200°] (*Dean et al.*). Absorptionsmaxima (A.): 225 nm, 318 nm und 343 nm (*Dean et al.*).

Beim Erwärmen mit Chlorwasserstoff enthaltendem Äthanol sind kleine Mengen einer Verbindung $C_{16}H_{16}O_8$ (Krystalle [aus wss. A.], F: 230—234° [Zers.]) erhalten worden (*Ox. et al.*, l. c. S. 1112).

2-Acetonyl-3-hydroxymethyl-6,7-dimethoxy-4-oxo-4H-chromen-5-carbonsäure-methyl-ester $C_{17}H_{18}O_8$, Formel VIII (R = CH$_3$), und **3-Hydroxy-7,8-dimethoxy-3-methyl-10-oxo-4,10-dihydro-1H,3H-pyrano[4,3-b]chromen-9-carbonsäure-methylester** $C_{17}H_{18}O_8$, Formel IX (R = CH$_3$).

B. Beim Behandeln von Fulvsäure (S. 6666) mit Diazomethan in Äther oder mit Di*methylsulfat und wss. Natriumhydrogencarbonat-Lösung (*Oxford et al.*, Biochem. J. **29** [1935] 1102, 1113).

Krystalle; F: 192° [Zers.; aus Dioxan] (*Ox. et al.*), 186—187° [Zers.; aus wss. Dioxan] (*Dean et al.*, Soc. **1957** 3497, 3505). UV-Absorptionsmaxima: 230 nm, 282 nm und 300 nm (*Dean et al.*).

2-Acetonyl-6,7-diäthoxy-3-hydroxymethyl-4-oxo-4H-chromen-5-carbonsäure-äthylester $C_{20}H_{24}O_8$, Formel VIII (R = C$_2$H$_5$), und **7,8-Diäthoxy-3-hydroxy-3-methyl-10-oxo-4,10-dihydro-1H,3H-pyrano[4,3-b]chromen-9-carbonsäure-äthylester** $C_{20}H_{24}O_8$, Formel IX (R = C$_2$H$_5$).

B. Beim Behandeln von Fulvsäure (S. 6666) mit Diazoäthan in Äther (*Oxford et al.*, Biochem. J. **29** [1935] 1102, 1113).

Krystalle (aus Bzl. + PAe.); F: 172—174° [Zers.].

Hydroxy-oxo-carbonsäuren $C_{15}H_{14}O_8$

4-[3-Carboxymethyl-7,8-dimethoxy-2-oxo-2H-chromen-4-yl]-buttersäure $C_{17}H_{18}O_8$, Formel X (R = H).

B. Beim Erhitzen des im folgenden Artikel beschriebenen Esters mit wss. Natronlauge (*Loewenthal*, Soc. **1953** 3962, 3965).

Krystalle (aus wss. Eg.); F: 240° [Zers.].

4-[7,8-Dimethoxy-3-methoxycarbonylmethyl-2-oxo-2H-chromen-4-yl]-buttersäure-methylester $C_{19}H_{22}O_8$, Formel X (R = CH$_3$).

B. Beim Behandeln von 5-Oxo-5-[2,3,4-trimethoxy-phenyl]-valeriansäure-methylester mit Bernsteinsäure-dimethylester und Kalium-*tert*-butylat in *tert*-Butylalkohol, 10-tägigen Behandeln des Reaktionsprodukts mit Bromwasserstoff in Essigsäure unter Belichtung und Erwärmen des danach isolierten Reaktionsprodukts mit Dimethylsulfat und Kalium-carbonat in Aceton (*Loewenthal*, Soc. **1953** 3962, 3964, 3965).

Krystalle (aus Me.); F: 115—116°. UV-Spektrum (A.; 250—350 nm): *Lo.*, l. c. S. 3966. Beim Erwärmen mit Natriumhydrid oder Kalium-*tert*-butylat in Benzol sind 3,4-Dimethoxy-6,8-dioxo-6,7,8,9,10,11-hexahydro-cyclohepta[c]chromen-7(?)-carbonsäu-re-methylester (S. 6630) und eine Säure $C_{17}H_{20}O_6$ (Krystalle [aus Bzn.], F: 113—116° bzw. Krystalle [aus CCl$_4$] mit 0,5 Mol CCl$_4$, F: 107° [Zers.]; Semicarbazon $C_{18}H_{23}N_3O_6$: Krystalle [aus wss. A.], F: 212—214° [Zers.]; Methylester $C_{18}H_{22}O_6$: Krystalle [aus PAe.], F: 90°, λ_{max} [A]: 233 nm und 287 nm; 2,4-Dinitro-phenylhydrazon $C_{24}H_{26}N_4O_9$ des Methylesters: rote Krystalle [aus A.], F: 174—175°, λ_{max} [CHCl$_3$]: 388 nm) erhalten worden.

X   XI

Hydroxy-oxo-carbonsäuren $C_{18}H_{20}O_8$

[(4aR)-2t-Hydroxy-9t-methoxycarbonyl-1-methyl-7,11-dioxo-(4bt,9at)-1,2,5,6,7,8,9,9a-octahydro-4bH-4ar,1c-oxaäthano-fluoren-8at-yl]-essigsäure, (4aR)-8a-Carboxymethyl-2t,4a-dihydroxy-1t-methyl-7-oxo-(4ar,4bt,8at,9at)-1,2,4a,4b,5,6,7,8,8a,9-decahydro-fluoren-1c,9t-dicarbonsäure-1 → 4a-lacton-9-methylester $C_{19}H_{22}O_8$, Formel XI (R = H).

B. Neben 2β,4a,7-Trihydroxy-1β-methyl-8-oxo-4aα,7β-gibb-3-en-1α,10β-dicarbonsäure-

1 → 4a-lacton-10-methylester (S. 6626) beim Behandeln einer Lösung von Gibberellinsäure-methylester (S. 6534) in Äthylacetat mit Ozon bei −70° und Behandeln des Reaktions-produkts mit Wasser (*Cross et al.*, Pr. chem. Soc. **1959** 302; *Cross*, Soc. **1960** 3022, 3032).

Krystalle (aus E. + PAe.) mit 1 Mol H_2O; F: 128−130° [korr.; Zers.] (*Cr.*).

(4a*R*)-2*t*-Hydroxy-8a-methoxycarbonylmethyl-1-methyl-7,11-dioxo-(4b*t*,8a*t*,9a*t*)-
1,2,4b,5,6,7,8,8a,9,9a-decahydro-4a*r*,1c-oxaäthano-fluoren-9*t*-carbonsäure-methylester,
(4a*R*)-2*t*,4a-Dihydroxy-8a-methoxycarbonylmethyl-1*t*-methyl-7-oxo-(4a*r*,4b*t*,8a*t*,9a*t*)-
1,2,4a,4b,5,6,7,8,8a,9a-decahydro-fluoren-1c,9*t*-dicarbonsäure-1 → 4a-lacton-9-methyl-
ester $C_{20}H_{24}O_8$, Formel XI (R = CH_3).

B. Beim Behandeln der im vorangehenden Artikel beschriebenen Säure mit Diazo-methan in Äther und Methanol (*Cross et al.*, Pr. chem. Soc. **1959** 302; *Cross*, Soc. **1960** 3022, 3032). Bei der Behandlung von 2β,4a,7-Trihydroxy-1β-methyl-8-oxo-4aα,7β-gibb-3-en-1α,10β-dicarbonsäure-1 → 4a-lacton-10-methylester (S. 6626) mit Methanol und wss. Natriumperjodat-Lösung und Umsetzung des Reaktionsprodukts mit Diazomethan (*Cr.*).

Krystalle (aus Bzl.), F: 172−174° [korr.]; $[\alpha]_D^{25}$: +100° [A.; c = 0,8] (*Cr.*). UV-Ab-sorptionsmaximum (A.): 289 nm (*Cr.*).

Hydroxy-oxo-carbonsäuren $C_{21}H_{26}O_8$

(±)-6ξ-Äthoxycarbonylmethyl-6ξ-hydroxy-5-methoxycarbonylmethyl-12a-methyl-
(6a*r*,12a*c*,12b*t*)-4,5,6,6a,7,8,11,12,12a,12b-decahydro-1*H*-1*t*,5*t*-methano-naphth[1,2-*c*]-
oxocin-3,10-dion, *rac*-11β,14-Dihydroxy-3-oxo-16,17-*seco*-*D*,18-dihomo-14ξ-androst-4-en-
16,17,18a-trisäure-16-äthylester-18a → 11-lacton-17-methylester $C_{24}H_{32}O_8$, Formel XII +
Spiegelbild.

B. Neben anderen Verbindungen beim Behandeln einer Lösung von *rac*-3,3-Äthandiyl-dioxy-11β-hydroxy-14-oxo-14,15-seco-18-homo-*D*-nor-androst-5-en-15,18a-disäure-18a-lacton-15-methylester in Benzol mit Äthoxy-äthinylmagnesium-bromid in Äther und Behandeln einer Lösung des Reaktionsprodukts in Tetrahydrofuran mit wss. Schwe-felsäure (*Heusler et al.*, Helv. **40** [1957] 787, 802).

Krystalle (aus Bzl. + Ae.); F: 179,5−181,5° [unkorr.]. UV-Absorptionsmaximum: 238 nm.

XII   XIII

Hydroxy-oxo-carbonsäuren $C_{23}H_{30}O_8$

6a-Hydroxy-2-methoxycarbonylmethyl-12a-methyl-3,8-dioxo-tetradecahydro-
1,4a-äthano-naphtho[1,2-*h*]chromen-10a-carbonsäure-methylester $C_{25}H_{34}O_8$.

a) **5,14-Dihydroxy-3-oxo-24-nor-5β,14β,20β$_F$(?)*H*-cholan-19,21,23-trisäure-
21 → 14-lacton-19,23-dimethylester** $C_{25}H_{34}O_8$, vermutlich Formel XIII.

Diese Konstitution und Konfiguration kommt dem nachstehend beschriebenen α-Iso-strophanthonsäure-dimethylester zu.

B. Beim Behandeln einer Lösung von α-Isostrophanthsäure-dimethylester (S. 6662) in Essigsäure mit Chrom(VI)-oxid und wss. Schwefelsäure (*Jacobs, Gustus*, J. biol. Chem. **74** [1927] 811, 819). Beim Behandeln einer Lösung von α-Isostrophanthidindisäure-di-methylester ((21*Ξ*)-14,21-Epoxy-3β,5,21-trihydroxy-24-nor-5β,14β,20β$_F$(?)*H*-cholan-19,-23-disäure-dimethylester ⇌ 3β,5,14-Trihydroxy-21-oxo-24-nor-5β,14β,20β$_F$(?)*H*-cholan-19,23-disäure-dimethylester [E III **10** 4844]) in Essigsäure mit Chrom(VI)-oxid und wss. Schwefelsäure (*Ja., Gu.*, l. c. S. 825).

Krystalle (aus Me.); F: 254−255°; $[\alpha]_D$: −6,2° [Py.; c = 1] (*Ja., Gu.*, l. c. S. 819);

$[\alpha]_D^{25}$: $-9,4°$ [Py.; c = 1] (*Ja.*, *Gu.*, l. c. S. 826).

α-Isostrophanthonsäure-dimethylester-oxim $C_{25}H_{35}NO_8$. Krystalle (aus wss. Me.); F: 228° [Zers.] (*Ja.*, *Gu.*, l. c. S. 819).

b) **5,14-Dihydroxy-3-oxo-24-nor-5β,14β,20ξH-cholan-19,21,23-trisäure-21 → 14-lacton-19,23-dimethylester** $C_{25}H_{34}O_8$, Formel XIV.

Diese Konstitution und Konfiguration kommt vermutlich dem nachstehend beschriebenen **γ-Isostrophanthonsäure-dimethylester** zu.

B. Beim Behandeln einer Lösung von γ-Isostrophanthsäure-dimethylester (S. 6662) in Essigsäure mit Chrom(VI)-oxid und wss. Schwefelsäure (*Jacobs*, *Gustus*, J. biol. Chem. **74** [1927] 829, 836).

Krystalle (aus Me.); F: 235°. $[\alpha]_D$: $+106°$ [Py.; c = 1].

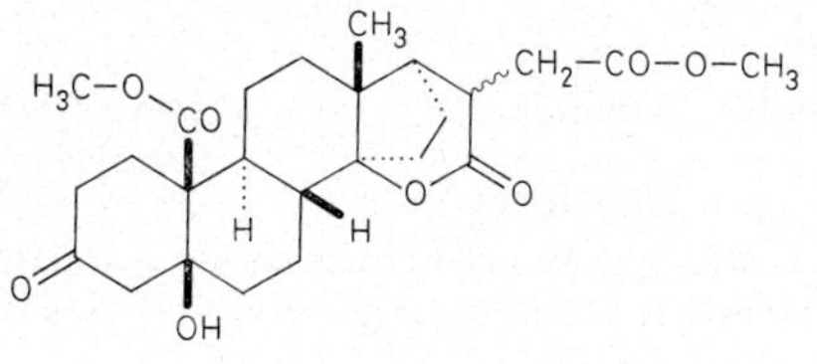

XIV 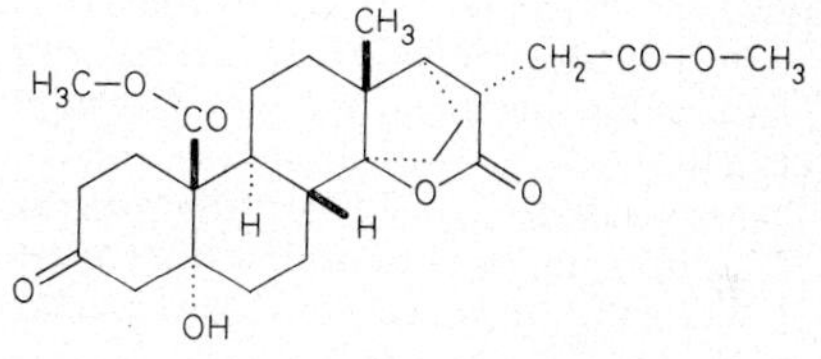   XV

c) **5,14-Dihydroxy-3-oxo-24-nor-5α(?),14β,20β$_F$(?)H-cholan-19,21,23-trisäure-21 → 14-lacton-19,23-dimethylester** $C_{25}H_{34}O_8$, vermutlich Formel XV.

Diese Konstitution und Konfiguration kommt dem nachstehend beschriebenen **β-Isostrophanthonsäure-dimethylester** zu.

B. Beim Behandeln einer Lösung von β-Isostrophanthsäure-dimethylester (S. 6663) in Essigsäure mit Chrom(VI)-oxid und wss. Schwefelsäure (*Jacobs*, *Gustus*, J. biol. Chem. **92** [1931] 323, 342).

Krystalle (aus Me.); F: 248−250°.

β-Isostrophanthonsäure-dimethylester-oxim $C_{25}H_{35}NO_8$. Krystalle (aus wss. Me.); F: 190° und (nach Wiedererstarren bei weiterem Erhitzen) F: 215−217° (*Ja.*, *Gu.*, l. c. S. 343).

Hydroxy-oxo-carbonsäuren $C_{25}H_{34}O_8$

3-[(3aR)-1t-Acetoxy-10t-hydroxy-3t,8t,11a,11c-tetramethyl-5,11-dioxo-(3ar,6ac,7at,11ac,11bt,11cc)-hexadecahydro-dibenzo[de,g]chromen-3c-carbonyl]-but-3-ensäure, 3-[11α-Acetoxy-2α-hydroxy-1,16-dioxo-picrasan-13-carbonyl]-but-3-ensäure [1]), Simarensäure $C_{27}H_{36}O_9$, Formel XVI (R = H).

Konstitution und Konfiguration: *Polonsky*, Pr. chem. Soc. **1964** 292.

B. Beim Behandeln von Simarolid (11α-Acetoxy-2α-hydroxy-13-[(R)-5-oxo-tetrahydro-furan-3-carbonyl]-picrasan-1,16-dion; über die Konstitution und Konfiguration dieser Verbindung s. *Brown*, *Sim*, Pr. chem. Soc. **1964** 293) mit wss. Kalilauge (*Polonsky*, Bl. **1959** 1546).

Krystalle, F: 248−250°; $[\alpha]_D$: $+48,5°$ [CHCl$_3$; c = 0,6] (*Po.*, Bl. **1959** 1547). Absorptionsmaximum: 221 nm (*Po.*, Bl. **1959** 1547).

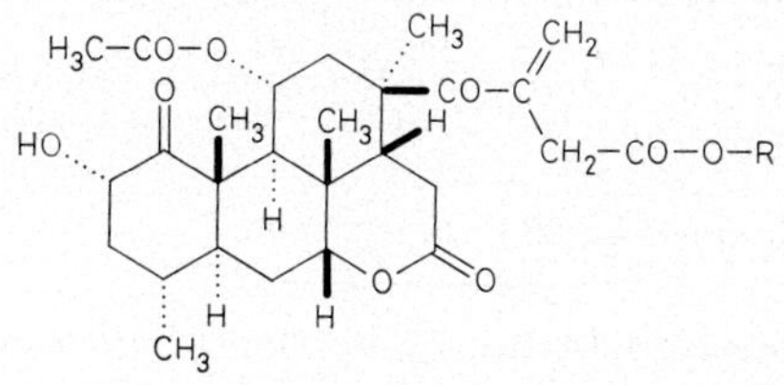

XVI

---

1) Stellungsbezeichnung bei von Picrasan abgeleiteten Namen s. S. 2531 Anm.

3-[(3aR)-1t-Acetoxy-10t-hydroxy-3t,8t,11a,11c-tetramethyl-5,11-dioxo-(3ar,6ac,7at,⁼
11ac,11bt,11cc)-hexadecahydro-dibenzo[de,g]chromen-3c-carbonyl]-but-3-ensäure-
methylester, 3-[11α-Acetoxy-2α-hydroxy-1,16-dioxo-picrasan-13-carbonyl]-but-3-en⁼
säure-methylester, Simarensäure-methylester C₂₈H₃₈O₉, Formel XVI (R = CH₃).

   B. Aus Simarensäure (S. 6669) mit Hilfe von Diazomethan (*Polonsky*, Bl. **1959** 1546).
   Krystalle; F: 161−162°. [α]_D: +65° [CHCl₃; c = 0,6].

Hydroxy-oxo-carbonsäuren C$_n$H$_{2n-18}$O$_8$

Hydroxy-oxo-carbonsäuren C₁₃H₈O₈

(±)-7,8,9-Trihydroxy-3,5-dioxo-1,2,3,5-tetrahydro-cyclopent[c]isochromen-1-carbon⁼
säure, (±)-Brevifolincarbonsäure C₁₃H₈O₈, Formel I (R = X = H).
   Konstitution: *Schmidt, Eckert*, A. **618** [1958] 71.
   Isolierung aus Schoten von Caesalpinia brevifolia: *Schmidt, Bernauer*, A. **588** [1954]
211, 218.
   Wasserhaltige gelbe Krystalle (aus W.); Zers. oberhalb 250° (*Sch., Be.*).
   Überführung in Brevifolin (S. 3152) durch Erwärmen mit Wasser sowie durch Erhitzen
mit wss. Schwefelsäure, mit Anilin oder mit N,N-Dimethyl-anilin: *Sch., Be.*, l. c. S. 219,
220.

(±)-7,8,9-Trimethoxy-3,5-dioxo-1,2,3,5-tetrahydro-cyclopent[c]isochromen-1-carbon⁼
säure, (±)-Tri-O-methyl-brevifolincarbonsäure C₁₆H₁₄O₈, Formel I (R = CH₃,
X = H).
   B. In kleiner Menge beim Behandeln von 2-Amino-3,4,5-trimethoxy-benzoesäure-
methylester mit wss. Salzsäure und Natriumnitrit und mehrtägigen Behandeln der Reaktionslösung mit 3,4-Dioxo-cyclopentancarbonsäure, Natriumacetat und Kupfer(II)-acetat
(*Schmidt, Eckert*, A. **618** [1958] 71, 81).
   Hellgelbe Krystalle (aus Me.); F: 190−192° [korr.; Zers.] und (nach Wiedererstarren
bei weiterem Erhitzen) F: 217−218° [korr.] (*Sch., Eck.*, l. c. S. 76, 81).

(±)-7,8,9-Trimethoxy-3,5-dioxo-1,2,3,5-tetrahydro-cyclopent[c]isochromen-1-carbon⁼
säure-methylester, (±)-Tri-O-methyl-brevifolincarbonsäure-methylester
C₁₇H₁₆O₈, Formel I (R = X = CH₃).
   B. Beim Behandeln einer Lösung von (±)-Brevifolincarbonsäure (s. o.) in Methanol
mit Diazomethan in Äther (*Schmidt, Bernauer*, A. **588** [1954] 211, 220).
   Krystalle (aus Me.); F: 166−167° [korr.] (*Schmidt, Eckert*, A. **618** [1958] 71, 81).

I   II   III

(±)-3-[2,4-Dinitro-phenylhydrazono]-7,8,9-trimethoxy-5-oxo-1,2,3,5-tetrahydro-cyclo⁼
pent[c]isochromen-1-carbonsäure-methylester C₂₃H₂₀N₄O₁₁, Formel II
(X = NH-C₆H₃(NO₂)₂).
   B. Beim Behandeln der im vorangehenden Artikel beschriebenen Verbindung mit
[2,4-Dinitro-phenyl]-hydrazin und wss.-methanol. Schwefelsäure (*Schmidt, Eckert*, A. **618**
[1958] 71, 81).
   Rote Krystalle (aus Dioxan); F: 283° [korr.; Zers.].

7,8,9-Trimethoxy-3,5-dioxo-1,2,3,5-tetrahydro-cyclopent[c]isochromen-2-carbonsäure-
methylester C₁₇H₁₆O₈, Formel III (R = CH₃, X = O), und Tautomeres (3-Hydroxy-
7,8,9-trimethoxy-5-oxo-1,5-dihydro-cyclopent[c]isochromen-2-carbon⁼
säure-methylester).
   B. Beim Behandeln des im übernächsten Artikel beschriebenen Äthylesters mit Chlor⁼

wasserstoff enthaltendem Methanol (*Schmidt, Eckert,* A. **618** [1958] 71, 79).
Gelbliche Krystalle (aus Me.); F: 124—125° [korr.].

(±)-3-[2,4-Dinitro-phenylhydrazono]-7,8,9-trimethoxy-5-oxo-1,2,3,5-tetrahydro-cyclo=
pent[*c*]isochromen-2-carbonsäure-methylester $C_{23}H_{20}N_4O_{11}$, Formel III (R = CH_3,
X = N-NH-$C_6H_3(NO_2)_2$), und Tautomeres.
B. Beim Behandeln der im vorangehenden Artikel beschriebenen Verbindung mit
[2,4-Dinitro-phenyl]-hydrazin und wss.-methanol. Schwefelsäure (*Schmidt, Eckert,* A. **618**
[1958] 71, 79).
Rote Krystalle (aus Dioxan); F: 253° [korr.].

**7,8,9-Trimethoxy-3,5-dioxo-1,2,3,5-tetrahydro-cyclopent[*c*]isochromen-2-carbonsäure-
äthylester** $C_{18}H_{18}O_8$, Formel III (R = C_2H_5, X = O), und Tautomeres (3-Hydroxy-
7,8,9-trimethoxy-5-oxo-1,5-dihydro-cyclopent[*c*]isochromen-2-carbon=
säure-äthylester).
B. In kleiner Menge beim Erwärmen von 2-Brom-3,4,5-trimethoxy-benzoesäure mit
4,5-Dioxo-cyclopentan-1,3-dicarbonsäure-diäthylester, Kupfer, Kupfer(II)-acetat und
Natriumäthylat in Äthanol (*Schmidt, Eckert,* A. **618** [1958] 71, 79).
Gelbliche Krystalle (aus A.); F: 135—136° [korr.].

Hydroxy-oxo-carbonsäuren $C_{14}H_{10}O_8$

**2-[3-Formyl-6-methyl-4-oxo-4*H*-pyran-2-yl]-3-hydroxy-5,6-dimethoxy-benzoesäure-
methylester** $C_{17}H_{16}O_8$, Formel IV (R = CH_3), und **5-Hydroxy-8,9-dimethoxy-2-methyl-
4-oxo-4*H*,5*H*-pyrano[3,2-*c*]chromen-10-carbonsäure-methylester** $C_{17}H_{16}O_8$, Formel V
(R = CH_3); Methyl-*O*-dimethyl-citromycetinol.
B. Bei mehrwöchigem Behandeln von Di-*O*-methyl-citromycetin-methylester (8,9-Di=
methoxy-2-methyl-4-oxo-4*H*,5*H*-pyrano[3,2-*c*]chromen-10-carbonsäure-methylester) mit
Blei(IV)-acetat in Essigsäure (*Robertson et al.*, Soc. **1951** 2013, 2015).
Krystalle (aus Me.); F: 234° [Zers.] (*Ro. et al.*).
Beim Erhitzen mit wss. Natronlauge sind 3-Hydroxy-5,6-dimethoxy-2-[6-methyl-
4-oxo-4*H*-pyran-2-yl]-benzoesäure, 2-Acetyl-7-hydroxy-4,5-dimethoxy-indan-1,3-dion
(über die Konstitution dieser Verbindung s. *Dean et al.*, Soc. **1957** 3497, 3498, 3508)
Aceton und Ameisensäure erhalten worden (*Ro. et al.*, l. c. S. 2016).

IV   V

Hydroxy-oxo-carbonsäuren $C_{16}H_{14}O_8$

Isopropyl-[7-methoxy-2-oxo-2*H*-chromen-6-carbonyl]-malonsäure-diäthylester $C_{21}H_{24}O_8$,
Formel VI (R = C_2H_5).
B. Beim Erhitzen von 7-Methoxy-2-oxo-2*H*-chromen-6-carbonylchlorid mit der
Natrium-Verbindung des Isopropylmalonsäure-diäthylesters in Toluol (*Kumar et al.*,
J. Indian chem. Soc. **23** [1946] 365, 369).
Krystalle (aus A.); F: 141—142°.

VI   VII

(±)-2-Cyan-2-[7-methoxy-2-oxo-2*H*-chromen-6-carbonyl]-3-methyl-buttersäure-äthyl=
ester C$_{19}$H$_{19}$NO$_6$, Formel VII (R = C$_2$H$_5$).
   B. Beim Erhitzen von 7-Methoxy-2-oxo-2*H*-chromen-6-carbonylchlorid mit der
Natrium-Verbindung des 2-Cyan-3-methyl-buttersäure-äthylesters in Toluol (*Kumar
et al.*, J. Indian chem. Soc. **23** [1946] 365, 370).
   Krystalle (aus A.); F: 156°.

Hydroxy-oxo-carbonsäuren C$_{18}$H$_{18}$O$_8$

4-[4-Acetoxy-7-acetyl-6-hydroxy-3,5-dimethyl-benzofuran-2-yl]-2-acetyl-3-oxo-butter=
säure-äthylester C$_{22}$H$_{24}$O$_9$, Formel VIII (R = H), und Tautomere.
   Konstitution: *Bertilsson, Wachtmeister*, Acta chem. scand. **22** [1968] 1791, 1796, 1799.
   B. Beim Erwärmen von O^9-Acetyl-usninsäure (S. 3523) mit Äthanol (*Asahina, Yana-
gita*, B. **71** [1938] 2260, 2265).
   Gelbliche Krystalle (aus A.); F: 112−113° [Kofler-App.] (*Be., Wa.*), 110° (*As., Ya.*).

2-Acetyl-4-[4,6-diacetoxy-7-acetyl-3,5-dimethyl-benzofuran-2-yl]-3-oxo-buttersäure-
äthylester C$_{24}$H$_{26}$O$_{10}$, Formel VIII (R = CO-CH$_3$), und Tautomere.
   B. Beim Erwärmen von O^7,O^9-Diacetyl-usninsäure (S. 3523, 3524) mit Äthanol (*Asahina, Yanagita*, B. **72** [1939] 1140, 1142).
   Krystalle (aus A.); F: 88−89°.

VIII   IX

Hydroxy-oxo-carbonsäuren C$_{25}$H$_{32}$O$_8$

9,11α-Epoxy-3β,17-dihydroxy-20-oxo-5β,8-ätheno-pregnan-6β,7β-dicarbonsäure-
dimethylester C$_{27}$H$_{36}$O$_8$, Formel IX (R = H).
   Bezüglich der Konfiguration an den C-Atomen 5, 6, 7 und 8 vgl. *Jones et al.*, Tetrahedron **24** [1968] 297, 298, 307.
   B. Beim Erwärmen von 3β,20-Diacetoxy-5β,8-ätheno-pregna-9(11),17(20)ξ-dien-
6β,7β-dicarbonsäure-dimethylester (F: 116−119° und [nach Wiedererstarren] F: 164°
bis 168°) mit Essigsäure und wss. Wasserstoffperoxid und Behandeln des Reaktionsprodukts mit wss.-methanol. Natronlauge (*Upjohn Co.*, U.S.P. 2686780 [1953]).
   Krystalle (aus Acn. + Diisopropyläther); F: 252−254,5°; [α]$_D^{24}$: +51,6° [CHCl$_3$]
(*Upjohn Co.*).

3β-Acetoxy-9,11α-epoxy-17-hydroxy-20-oxo-5β,8-ätheno-pregnan-6β,7β-dicarbonsäure-
dimethylester C$_{29}$H$_{38}$O$_9$, Formel IX (R = CO-CH$_3$).
   B. Beim Behandeln der im vorangehenden Artikel beschriebenen Verbindung mit
Acetanhydrid und Pyridin (*Upjohn Co.*, U.S.P. 2686780 [1953]).
   Krystalle (aus Acn. + Diisopropyläther); F: 246−248°. [α]$_D^{25}$: +45,1° [CHCl$_3$].

3β,21-Diacetoxy-9,11α-epoxy-20-oxo-5β,8-ätheno-pregnan-6β,7β-dicarbonsäure-
dimethylester C$_{31}$H$_{40}$O$_{10}$, Formel X.
   Bezüglich der Konfiguration an den C-Atomen 5, 6, 7 und 8 vgl. *Jones et al.*, Tetrahedron **24** [1968] 297, 298, 307.
   B. Beim Erwärmen von 3β,21-Diacetoxy-20-oxo-5β,8-ätheno-pregn-9(11)-en-6β,7β-di=

carbonsäure-dimethylester mit Essigsäure und wss. Wasserstoffperoxid (*Upjohn Co.*, U.S.P. 2 621 177 [1950]). Beim Behandeln von 3β,21-Diacetoxy-9,11α-epoxy-20-oxo-5β,8-ätheno-pregnan-6β,7β-dicarbonsäure-anhydrid mit Methanol und mit Diazomethan in Dichlormethan (*Upjohn Co.*).

Krystalle; F: 186—190° (*Upjohn Co.*).

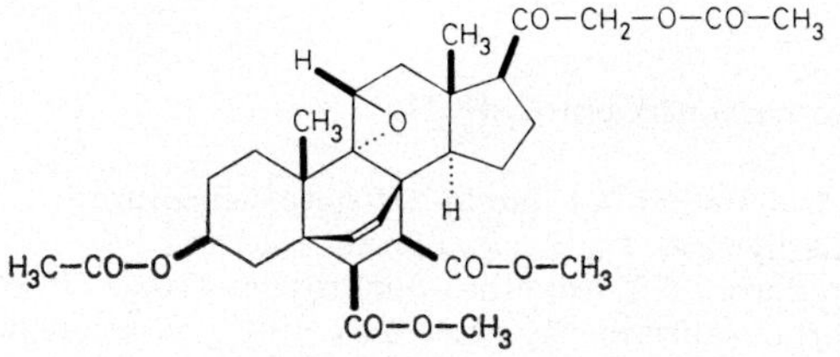

X 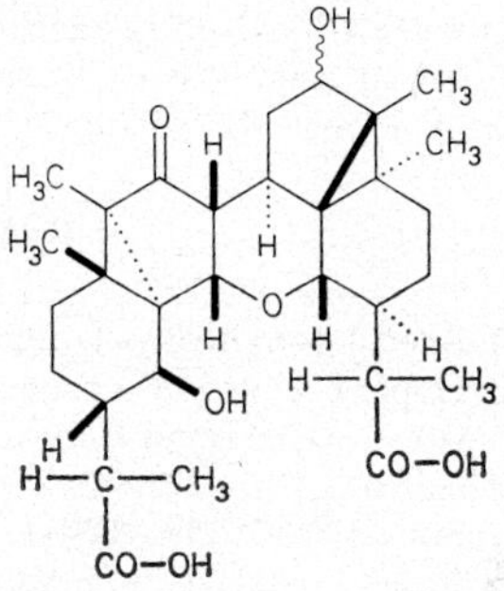   XI

Hydroxy-oxo-carbonsäuren $C_{30}H_{42}O_8$

(3a*R*)-6*t*,9*c*-Bis-[(*S*)-1-carboxy-äthyl]-2ξ,8*t*-dihydroxy-3,3a,11a,12-tetramethyl-(3a*r*,6a*t*,7a*t*,11a*t*,13a*t*,13b*c*)-hexadecahydro-3*t*,13c*t*;7b*c*,12*c*-dicyclo-dibenzo[*c,kl*]xanthen-13-on $C_{30}H_{42}O_8$, Formel XI.

Diese Konstitution und Konfiguration kommt vermutlich der nachstehend beschriebenen **Dihydrophotosantoninsäure** zu (vgl. *Satoda*, *Yoshii*, Tetrahedron Letters **1962** 331, 332; *Schott et al.*, Helv. **46** [1963] 307, 308, 310).

B. Bei der Hydrierung von Photosantoninsäure (S. 6674) an Platin in Äthylacetat (*Cocker et al.*, Soc. **1957** 3416, 3425).

Krystalle (aus A.); F: 275—280°; $[\alpha]_D^{15}$: −42° [CHCl₃; c = 0,6] (*Co. et al.*).

Hydroxy-oxo-carbonsäuren $C_nH_{2n-20}O_8$

Hydroxy-oxo-carbonsäuren $C_{14}H_8O_8$

3-[1-Carboxy-1-methyl-äthoxy]-1,5,6-trimethoxy-9-oxo-xanthen-2-carbonsäure, Tri-*O*-methyl-jacareubinsäure $C_{21}H_{20}O_{10}$, Formel I (R = H).

B. Beim Erwärmen von Tri-*O*-methyl-jacareubin (5,9,10-Trimethoxy-2,2-dimethyl-2*H*-pyrano[3,2-*b*]xanthen-6-on; über die Konstitution dieser Verbindung s. *Jefferson*, *Scheinmann*, Soc. [C] **1966** 175) mit Kaliumpermanganat in Aceton (*King et al.*, Soc. **1953** 3932, 3935).

Krystalle (aus wss. Me.); F: 249° [Zers.; bei schnellem Erhitzen] (*King et al.*).

1,5,6-Trimethoxy-3-[1-methoxycarbonyl-1-methyl-äthoxy]-9-oxo-xanthen-2-carbon‑säure-methylester, Tri-*O*-methyl-jacareubinsäure-dimethylester $C_{23}H_{24}O_{10}$, Formel I (R = CH₃).

B. Aus der im vorangehenden Artikel beschriebenen Säure mit Hilfe von Diazo‑methan (*King et al.*, Soc. **1953** 3932, 3935).

Krystalle (aus Me.); F: 186—187°.

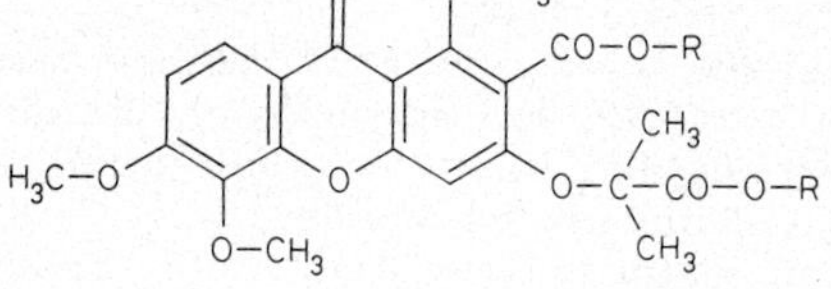

I 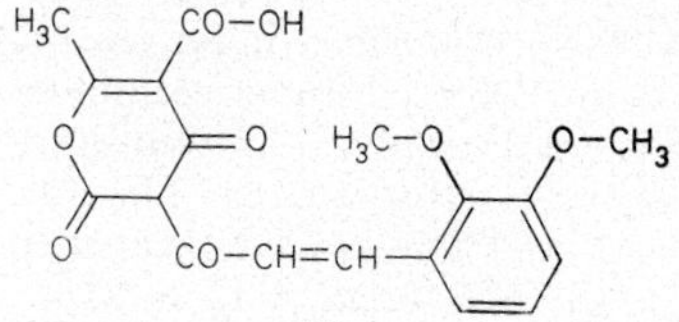   II

Hydroxy-oxo-carbonsäuren $C_{16}H_{12}O_8$

5-[2,3-Dimethoxy-cinnamoyl]-2-methyl-4,6-dioxo-5,6-dihydro-4H-pyran-3-carbonsäure $C_{18}H_{16}O_8$, Formel II, und Tautomere (z. B. 5-[2,3-Dimethoxy-cinnamoyl]-4-hydroxy-2-methyl-6-oxo-6H-pyran-3-carbonsäure).

Die Identität eines von *Wiley et al.* (J. org. Chem. **21** [1956] 686) als 5-[2,3-Dimethoxy-cinnamoyl]-4-hydroxy-2-methyl-6-oxo-6H-pyran-3-carbonsäure beschriebenen Präparats (F: 175°) ist ungewiss (s. dazu *Kato, Kubota,* Chem. pharm. Bl. **14** [1966] 931; *Jansing, White,* Am. Soc. **92** [1970] 7187).

Hydroxy-oxo-carbonsäuren $C_{17}H_{14}O_8$

(±)-7-Acetyl-6-hydroxy-4-methoxy-5,2′-dimethyl-3,4′-dioxo-3H-spiro[benzofuran-2,1′-cyclopent-2′-en]-3′-carbonsäure-methylester $C_{19}H_{18}O_8$, Formel III.

B. Aus (±)-7-Acetyl-6-hydroxy-4-methoxy-5,2′-dimethyl-3-methylen-4′-oxo-3H-spiro[benzofuran-2,1′-cyclopent-2′-en]-3′-carbonsäure-methylester mit Hilfe von Ozon (*Dean et al.,* Soc. **1953** 1250, 1261).

Krystalle (aus Bzl. + PAe.); F: 137—139°. UV-Spektrum (A.; 210—350 nm): *Dean et al.,* l. c. S. 1253.

Dioxim $C_{19}H_{20}N_2O_8$. Krystalle (aus Me.) mit 1 Mol Methanol; F: 243° [Zers.].

III

IV

Hydroxy-oxo-carbonsäuren $C_{30}H_{40}O_8$

(3aS)-6t,9c-Bis-[(S)-1-carboxy-äthyl]-8t-hydroxy-3,3a,11a,12-tetramethyl-(3ar,6at,7at,11at,13at,13bc)-hexadecahydro-3t,13ct;7bc,12c-dicyclo-dibenzo[c,kl]xanthen-2,13-dion, Photosantoninsäure $C_{30}H_{40}O_8$, Formel IV.

Konstitution und Konfiguration: *Satoda, Yoshii,* Tetrahedron Letters **1962** 331; *Schott et al.,* Helv. **46** [1963] 307, 314.

B. Bei 2-tägiger Bestrahlung einer Suspension von (−)-α-Santonin (E III/IV **17** 6232) in wss. Kalilauge mit UV-Licht (*Arigoni et al.,* Helv. **40** [1957] 1732, 1744; *Cocker et al.,* Soc. **1957** 3416, 3425; vgl. H **17** 504). Beim Behandeln von Lumisantonin (E III/IV **17** 6240) mit wss.-methanol. Kalilauge (*Ar. et al.,* l. c. S. 1745; *Co. et al.*).

Krystalle (aus wss. Me.) mit 1 Mol H_2O, die bei 175—190° und (nach Wiedererstarren) bei 289—290° [unkorr.; evakuierte Kapillare] schmelzen (*Sch. et al.,* l. c. S. 315); Krystalle (aus A.) mit 1 Mol H_2O, F: 272—273° (*Co. et al.*). $[\alpha]_D^{14}$: −33,0° [$CHCl_3$] (*Co. et al.*); $[\alpha]_D$: −35° [$CHCl_3$] (*Sch. et al.*). IR-Spektrum (KBr; 2—16 μ): *Ar. et al.,* l. c. S. 1735. UV-Absorptionsmaximum (A.): 216 nm (*Ar. et al.,* l. c. S. 1744).

Beim Erhitzen unter vermindertem Druck auf 200° sowie beim Erwärmen mit Essigsäure ist Pyrophotosantoninsäure ((S)-2-[(3aS)-3c,5a,6,10,10a-Pentamethyl-2,7,9-trioxo-(3ar,5ac,7ac,7bt,10at,13ac,14ac,14ct)-octadecahydro-6t,14bt;7bac,10c-dicyclo-benzo[kl]furo[2′,3′;3,4]benzo[1,2-c]xanthen-13c-yl]-propionsäure) erhalten worden (*Ar. et al.,* l. c. S. 1745; *Sch. et al.,* l. c. S. 316). Hydrierung an Platin in Äthylacetat unter Bildung von Dihydrophotosantoninsäure (S. 6673): *Co. et al.*

Hydroxy-oxo-carbonsäuren $C_nH_{2n-22}O_8$

Hydroxy-oxo-carbonsäuren $C_{16}H_{10}O_8$

5,7-Dihydroxy-3-[4-hydroxy-phenyl]-8-methoxy-4-oxo-4H-chromen-2-carbonsäure $C_{17}H_{12}O_8$, Formel V (R = H).

B. Beim Erwärmen des im folgenden Artikel beschriebenen Äthylesters mit Natrium=carbonat in wss. Aceton (*Kawase et al.*, Bl. chem. Soc. Japan **30** [1957] 689).
Orangegelbe Krystalle (aus wss. Me.); F: 288—289° [unkorr.; Zers.].

5,7-Dihydroxy-3-[4-hydroxy-phenyl]-8-methoxy-4-oxo-4H-chromen-2-carbonsäure-äthylester $C_{19}H_{16}O_8$, Formel V (R = C_2H_5).

B. Beim Behandeln von 2,4,6,4'-Tetrahydroxy-3-methoxy-desoxybenzoin mit Oxal=säure-äthylester-chlorid und Pyridin (*Kawase et al.*, Bl. chem. Soc. Japan **30** [1957] 689).
Krystalle (aus $CHCl_3$); F: 219—220° [unkorr.].

3-[2,4-Dimethoxy-phenyl]-5,7-dihydroxy-4-oxo-4H-chromen-2-carbonsäure $C_{18}H_{14}O_8$, Formel VI (R = H).

B. Beim Behandeln des im folgenden Artikel beschriebenen Äthylesters mit wss. Natronlauge (*Neill*, Soc. **1953** 3454).
Gelbe Krystalle (aus Me.) mit 1 Mol H_2O; F: 266—268° [Zers.].

V   VI

3-[2,4-Dimethoxy-phenyl]-5,7-dihydroxy-4-oxo-4H-chromen-2-carbonsäure-äthylester $C_{20}H_{18}O_8$, Formel VI (R = C_2H_5).

B. Beim Behandeln von 2,4,6-Trihydroxy-2',4'-dimethoxy-desoxybenzoin mit Oxal=säure-äthylester-chlorid und Pyridin (*Neill*, Soc. **1953** 3454).
Gelbe Krystalle (aus Me.) mit 0,5 Mol H_2O; F: 204—206°.

3-[2-Hydroxy-4,6-dimethoxy-benzoyl]-6-methoxy-benzofuran-2-carbonsäure $C_{19}H_{16}O_8$, Formel VII (R = X = H), und Tautomeres (1-Hydroxy-1-[2-hydroxy-4,6-di=methoxy-phenyl]-6-methoxy-1H-furo[3,4-b]benzofuran-3-on).

B. Beim Erwärmen von 3,9,11-Trimethoxy-chromeno[3,4-b]chromen-6,12-dion mit wss.-äthanol. Kalilauge (*Whalley, Lloyd*, Soc. **1956** 3213, 3223).
Krystalle (aus wss. Eg.); F: 204°.

6-Methoxy-3-[2,4,6-trimethoxy-benzoyl]-benzofuran-2-carbonsäure $C_{20}H_{18}O_8$, Formel VII (R = CH_3, X = H), und Tautomeres (1-Hydroxy-6-methoxy-1-[2,4,6-trimethoxy-phenyl]-1H-furo[3,4-b]benzofuran-3-on).

B. Beim Behandeln von 6-Methoxy-3-[2,4,6-trimethoxy-benzoyl]-benzofuran-2-carbon=säure-methylester mit wss.-methanol. Natronlauge (*Whalley, Lloyd*, Soc. **1956** 3213, 3223).
Gelbe Krystalle (aus wss. Acn.); F: 215°.

6-Methoxy-3-[2,4,6-trimethoxy-benzoyl]-benzofuran-2-carbonsäure-methylester $C_{21}H_{20}O_8$, Formel VII (R = X = CH_3).

B. Beim Behandeln von 3-[2-Hydroxy-4,6-dimethoxy-benzoyl]-6-methoxy-benzo=furan-2-carbonsäure mit Dimethylsulfat, Kaliumcarbonat und Aceton (*Whalley, Lloyd*, Soc. **1956** 3213, 3223).
Krystalle (aus Me.); F: 150°.

3-[2-Hydroxy-4,6-dimethoxy-benzoyl]-7-methoxy-benzofuran-2-carbonsäure $C_{19}H_{16}O_8$, Formel VIII (R = X = H), und Tautomeres (1-Hydroxy-1-[2-hydroxy-4,6-di‑ methoxy-phenyl]-5-methoxy-1H-furo[3,4-b]benzofuran-3-on).

B. Beim Erwärmen von 4,9,11-Trimethoxy-chromeno[3,4-b]chromen-6,12-dion mit wss.-äthanol. Kalilauge (*Whalley, Lloyd,* Soc. **1956** 3213, 3222).

Krystalle (aus wss. Eg.); F: 213° [Zers.].

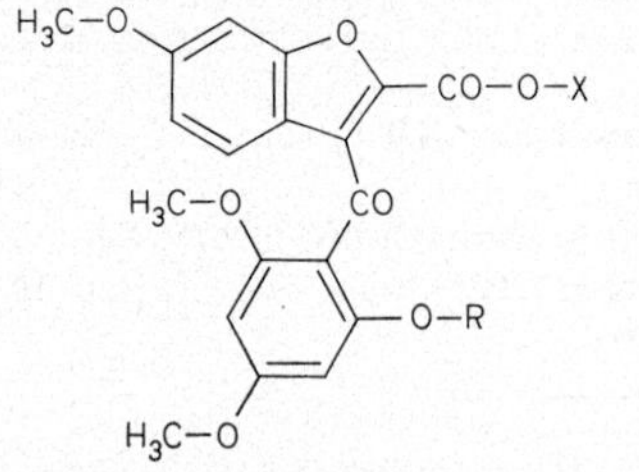

VII 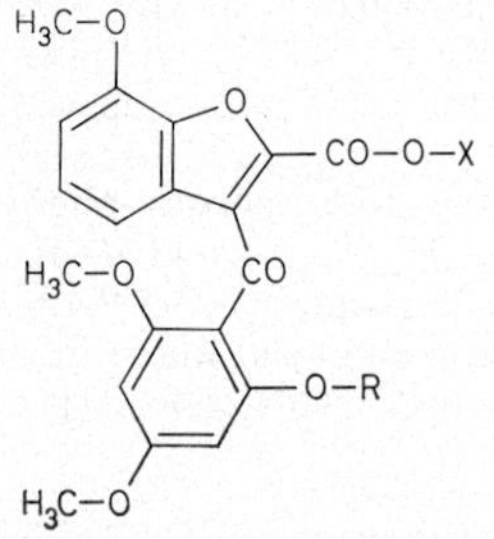   VIII

7-Methoxy-3-[2,4,6-trimethoxy-benzoyl]-benzofuran-2-carbonsäure $C_{20}H_{18}O_8$, Formel VIII (R = CH_3, X = H), und Tautomeres (1-Hydroxy-5-methoxy- 1-[2,4,6-trimethoxy-phenyl]-1H-furo[3,4-b]benzofuran-3-on).

B. Beim Behandeln von 7-Methoxy-3-[2,4,6-trimethoxy-benzoyl]-benzofuran-2-carbon‑ säure-methylester mit wss.-methanol. Natronlauge (*Whalley, Lloyd,* Soc. **1956** 3213, 3222).

Gelbe Krystalle (aus wss. Acn.); F: 209°.

7-Methoxy-3-[2,4,6-trimethoxy-benzoyl]-benzofuran-2-carbonsäure-methylester $C_{21}H_{20}O_8$, Formel VIII (R = X = CH_3).

B. Beim Behandeln von 3-[2-Hydroxy-4,6-dimethoxy-benzoyl]-7-methoxy-benzofuran- 2-carbonsäure mit Dimethylsulfat, Kaliumcarbonat und Aceton (*Whalley, Lloyd,* Soc. **1956** 3213, 3222).

Krystalle (aus wss. Me.); F: 144°.

6,7-Dimethoxy-2-veratroyl-benzofuran-3-carbonsäure $C_{20}H_{18}O_8$, Formel IX (R = H), und Tautomeres (3-[3,4-Dimethoxy-phenyl]-3-hydroxy-5,6-dimethoxy- 3H-furo[3,4-b]benzofuran-1-on).

B. Beim Behandeln des im folgenden Artikel beschriebenen Äthylesters mit äthanol. Kalilauge (*Chatterjea,* J. Indian chem. Soc. **31** [1954] 101, 107).

Gelbe Krystalle (aus Eg. oder Py.); F: 205° [unkorr.].

Beim Erwärmen mit Phosphor(V)-chlorid in Benzol und Behandeln der Reaktionslösung mit Aluminiumchlorid ist 3,4,8,9-Tetramethoxy-benzo[b]naphtho[2,3-d]furan-6,11-chinon erhalten worden.

6,7-Dimethoxy-2-veratroyl-benzofuran-3-carbonsäure-äthylester $C_{22}H_{22}O_8$, Formel IX (R = C_2H_5).

B. Beim Erwärmen von 6,7-Dimethoxy-benzofuran-2,3-dion mit 2-Brom-1-[3,4-di‑ methoxy-phenyl]-äthanon und Natriumäthylat in Äthanol (*Chatterjea,* J. Indian chem. Soc. **31** [1954] 101, 106).

Hellgelbe Krystalle (aus A.); F: 99—101° [unkorr.].

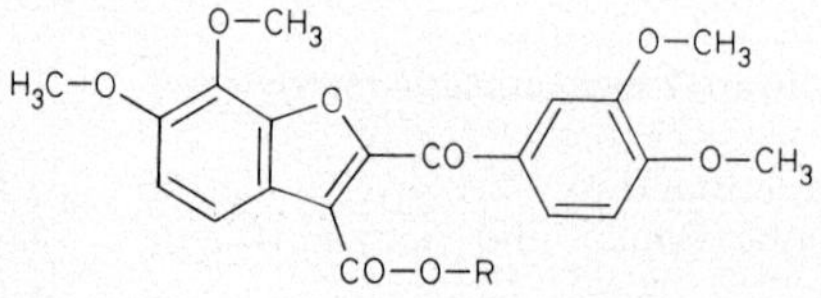

IX 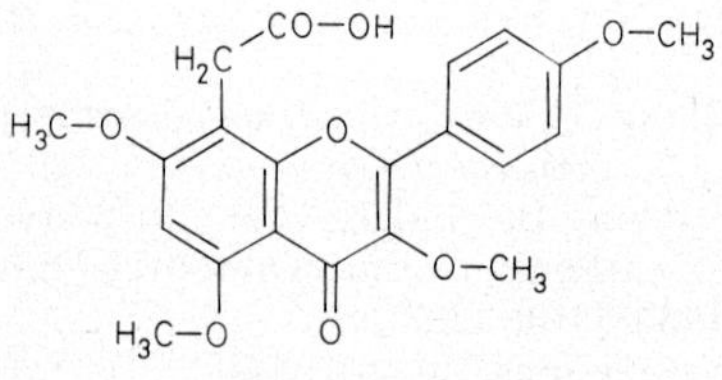   X

Hydroxy-oxo-carbonsäuren $C_{17}H_{12}O_8$

[3,5,7-Trimethoxy-2-(4-methoxy-phenyl)-4-oxo-4H-chromen-8-yl]-essigsäure, Tri-O-methyl-icaritinsäure $C_{21}H_{20}O_8$, Formel X.

B. Beim Behandeln einer Lösung von Tri-O-methyl-anhydroicaritin (3,5,7-Trimethoxy-2-[4-methoxy-phenyl]-8-[3-methyl-but-2-enyl]-chromen-4-on) in Chloroform mit Ozon und Erwärmen des Reaktionsprodukts mit Wasser (*Akai, Matsukawa,* J. pharm. Soc. Japan **55** [1935] 705, 715; dtsch. Ref. S. 129, 133; C. **1935** II 2957).

Krystalle (aus Me.); F: 250° [Zers.].

Hydroxy-oxo-carbonsäuren $C_{19}H_{16}O_8$

(±)-[3,5-Dimethoxy-benzyl]-[1-methyl-3-oxo-phthalan-1-yl]-malonsäure-diäthylester $C_{25}H_{28}O_8$, Formel XI (R = C_2H_5).

B. Beim Behandeln von [3,5-Dimethoxy-benzyl]-malonsäure-diäthylester mit (±)-3-Chlor-3-methyl-phthalid (E III/IV **17** 4967) und Magnesiummethylat in Benzol (*Chian et al.*, Acta chim. sinica **22** [1956] 264, 268; C. A. **1958** 7266).

Krystalle (aus A.); F: 90—91°.

XI   XII

Hydroxy-oxo-carbonsäuren $C_{20}H_{18}O_8$

(4aS)-6t-[(S)-7-Chlor-4-hydroxy-1-methyl-3-oxo-phthalan-1-yl]-3,8-dihydroxy-1-oxo-(4ar)-1,4,4a,5,6,7-hexahydro-[2]naphthoesäure-amid $C_{20}H_{18}ClNO_7$, Formel XII, und Tautomere (z. B. (4aS)-6t-[(S)-7-Chlor-4-hydroxy-1-methyl-3-oxo-phthalan-1-yl]-1,3,8-trioxo-(4ar,8aξ)-decahydro-[2ξ]naphthoesäure-amid); Isodes= oxydesdimethylaminoaureomycin.

B. Beim 3-tägigen Behandeln von Aureomycin-hydrochlorid (E III **14** 1710) mit Zink, Natriumacetat und Essigsäure und Behandeln des Reaktionsprodukts mit äthanol. Kali= lauge (*Stephens et al.*, Am. Soc. **76** [1954] 3568, 3574).

Krystalle (aus A.); F: 208—210° [Zers.]. UV-Absorptionsmaxima (Me.): 240 nm, 257 nm und 317 nm. Elektrolytische Dissoziation in wss. Dimethylformamid: *St. et al.*

Hydroxy-oxo-carbonsäuren $C_nH_{2n-24}O_8$

Hydroxy-oxo-carbonsäuren $C_{20}H_{16}O_8$

(±)-7-Methoxy-1,3-dioxo-(3ar,11ac)-3,3a,4,5,11,11a-hexahydro-1H-3bc,11c-äthano-phenanthro[1,2-c]furan-12anti,13anti-dicarbonsäure, (±)-7-Methoxy-2,3,9,10-tetrahydro-1H-3c,10ar-äthano-phenanthren-1t,2t,11anti,12anti-tetracarbonsäure-1,2-anhydrid $C_{21}H_{18}O_8$, Formel XIII + Spiegelbild.

Diese Konfiguration kommt vermutlich der nachstehend beschriebenen Verbindung zu (vgl. *Alder, Vagt,* A. **571** [1951] 153, 154).

B. Beim Behandeln von 1-Äthinyl-6-methoxy-3,4-dihydro-naphthalin mit Maleinsäure-anhydrid und Erwärmen des Reaktionsprodukts mit Wasser (*Dane et al.*, A. **532** [1937] 39, 45, 46).

Krystalle (aus Acn. + PAe.); F: 263° [Zers.] (*Dane et al.*).

Beim Erhitzen auf 300° sind 7-Methoxy-1,2,9,10-tetrahydro-phenanthren-1r,2c-di= carbonsäure-anhydrid und Maleinsäure erhalten worden (*Dane et al.*, l. c. S. 47). Über= führung in eine vermutlich als 7-Methoxy-2,3,9,10-tetrahydro-1H-3c,10ar-äthano-phenanthren-1*t*,2*t*,11*anti*,12*anti*-tetracarbonsäure-tetramethylester zu formulierende Verbindung $C_{25}H_{28}O_9$ (Krystalle [aus Me.], F: 195°) durch Behandlung einer Lösung in Methanol mit Diazomethan: *Dane et al.*

XIII   XIV

Hydroxy-oxo-carbonsäuren $C_{22}H_{20}O_8$

4-[2-Hydroxy-5-methyl-phenyl]-2-[2-methoxycarbonyl-6-methyl-4-oxo-chroman-3-yl]-4-oxo-buttersäure-methylester, 3-[3-(2-Hydroxy-5-methyl-phenyl)-1-methoxycarbonyl-3-oxo-propyl]-6-methyl-4-oxo-chroman-2-carbonsäure-methylester $C_{24}H_{24}O_8$, Formel XIV (R = H).

Diese Konstitution kommt vermutlich der nachstehend beschriebenen opt.-inakt. Verbindung zu (*Barr et al.*, Soc. **1959** 2425, 2427; s. dazu *Arora, Brassard*, Canad. J. Chem. **49** [1971] 3477, 3479).

B. Beim Behandeln von 4-[2-Hydroxy-5-methyl-phenyl]-4-oxo-*trans*-crotonsäure-methylester mit Tripropylamin und Äthanol oder mit Malonsäure-diäthylester und Äthanol (*Barr et al.*, l. c. S. 2430).

Krystalle (aus A.); F: 128—130° (*Barr et al.*).

O-Acetyl-Derivat $C_{26}H_{26}O_9$ (mit Hilfe von Acetanhydrid und Schwefelsäure hergestellt). Krystalle (aus A.), F: 155—157° (*Barr et al.*).

Hydroxy-oxo-carbonsäuren $C_{24}H_{24}O_8$

4-[2-Hydroxy-3,5-dimethyl-phenyl]-2-[2-methoxycarbonyl-6,8-dimethyl-4-oxo-chroman-3-yl]-4-oxo-buttersäure-methylester, 3-[3-(2-Hydroxy-3,5-dimethyl-phenyl)-1-methoxy-carbonyl-3-oxo-propyl]-6,8-dimethyl-4-oxo-chroman-2-carbonsäure-methylester $C_{26}H_{28}O_8$, Formel XIV (R = CH₃).

Diese Konstitution kommt vermutlich einer von *Cocker et al.* (Soc. **1955** 824, 826) mit Vorbehalt als 3,4-Bis-[2-hydroxy-3,5-dimethyl-benzoyl]-hex-3-endisäure-dimethylester formulierten opt.-inakt. Verbindung zu (*Barr et al.*, Soc. **1959** 2425, 2427, 2429; s. dazu *Arora, Brassard*, Canad. J. Chem. **49** [1971] 3477, 3479).

B. Als Hauptprodukt beim Behandeln von 4-[2-Hydroxy-3,5-dimethyl-phenyl]-4-oxo-*trans*-crotonsäure-methylester mit wenig Triäthylamin und Methanol (*Barr et al.*; s. a. *Co. et al.*).

Krystalle (aus Me.), F: 144° (*Barr et al.*); gelbe Krystalle (aus A.), F: 143—144° (*Co. et al.*). Absorptionsmaxima (A.): 218 nm, 261 nm und 344 nm (*Co. et al.*).

Beim Erwärmen mit Essigsäure und wss. Bromwasserstoffsäure ist ein Ester $C_{25}H_{26}O_8$ (Krystalle [aus Me.], F: 196°; λ_{max} [A.]: 219 nm, 262 nm und 351 nm) erhalten worden (*Barr et al.*).

O-Acetyl-Derivat $C_{28}H_{30}O_9$ (mit Hilfe von Acetanhydrid und wss. Perchlorsäure hergestellt). Krystalle (aus Me.); F: 120° (*Barr et al.*).

O-Methoxyacetyl-Derivat $C_{29}H_{32}O_{10}$ (mit Hilfe von Methoxyacetylchlorid und Pyridin hergestellt). Krystalle [aus Me.]; F: 123° (*Barr et al.*).

Hydroxy-oxo-carbonsäuren $C_nH_{2n-30}O_8$

Hydroxy-oxo-carbonsäuren $C_{22}H_{14}O_8$

3-[5,7-Dihydroxy-2-(4-methoxy-phenyl)-4-oxo-4*H*-chromen-8-yl]-4-methoxy-benzoesäure $C_{24}H_{18}O_8$, Formel XV (R = X = H).

Bezüglich der Konstitutionszuordnung vgl. *Kawano*, Chem. pharm. Bl. **7** [1959] 698,

700; *Baker et al.*, Soc. **1963** 1477, 1483.

B. Neben anderen Verbindungen beim Erhitzen von Sciadopitysin (5,7-Dihydroxy-8-[5-(5-hydroxy-7-methoxy-4-oxo-4*H*-chromen-2-yl)-2-methoxy-phenyl]-2-[4-methoxy-phenyl]-chromen-4-on) mit wss. Kalilauge (*Kariyone, Kawano,* J. pharm. Soc. Japan **76** [1956] 451; C. A. **1956** 16759).

Krystalle (aus Py.); F: 309—311° [Zers.] (*Ka., Ka.,* l. c. S. 453). UV-Spektrum (A.; 220—350 nm): *Kariyone, Kawano,* J. pharm. Soc. Japan **76** [1956] 453, 454; C. A. **1956** 16759.

3-[5,7-Dimethoxy-2-(4-methoxy-phenyl)-4-oxo-4*H*-chromen-8-yl]-4-methoxy-benzoe=säure $C_{26}H_{22}O_8$, Formel XVI (R = H, X = CH_3).

B. Beim Erwärmen von 3-[5,7-Dimethoxy-2-(4-methoxy-phenyl)-4-oxo-4*H*-chromen-8-yl]-4-methoxy-benzoesäure-methylester mit wss.-methanol. Kalilauge (*Kariyone, Kawano,* J. pharm. Soc. Japan **76** [1956] 453, 456; C. A. **1956** 16759).

Krystalle (aus Acn.); F: 287°.

3-[5,7-Dihydroxy-2-(4-methoxy-phenyl)-4-oxo-4*H*-chromen-8-yl]-4-methoxy-benzoe=säure-methylester $C_{25}H_{20}O_8$, Formel XV (R = CH_3, X = H).

B. Beim Erwärmen von 3-[5,7-Dihydroxy-2-(4-methoxy-phenyl)-4-oxo-4*H*-chromen-8-yl]-4-methoxy-benzoesäure mit Methanol und wenig Schwefelsäure (*Kariyone, Kawano,* J. pharm. Soc. Japan **76** [1956] 453, 456; C. A. **1956** 16759).

Krystalle (aus Me.); F: 227—228°.

XV   XVI

3-[5(?)-Hydroxy-7(?)-methoxy-2-(4-methoxy-phenyl)-4-oxo-4*H*-chromen-8-yl]-4-methoxy-benzoesäure-methylester $C_{26}H_{22}O_8$, vermutlich Formel XV (R = X = CH_3).

B. Beim Behandeln von 3-[5,7-Dihydroxy-2-(4-methoxy-phenyl)-4-oxo-4*H*-chromen-8-yl]-4-methoxy-benzoesäure mit Dimethylsulfat und wss.-methanol. Kalilauge (*Kariyone, Kawano,* J. pharm. Soc. Japan **76** [1956] 453, 456; C. A. **1956** 16759).

Hellgelbe Krystalle (aus A.); F: 210—211°.

3-[5,7-Dimethoxy-2-(4-methoxy-phenyl)-4-oxo-4*H*-chromen-8-yl]-4-methoxy-benzoe=säure-methylester $C_{27}H_{24}O_8$, Formel XVI (R = X = CH_3).

B. Beim Behandeln von 3-[5,7-Dihydroxy-2-(4-methoxy-phenyl)-4-oxo-4*H*-chromen-8-yl]-4-methoxy-benzoesäure mit Dimethylsulfat und wss. Kalilauge (*Kariyone, Kawano,* J. pharm. Soc. Japan **76** [1956] 453, 456; C. A. **1956** 16759).

Krystalle (aus Me.); F: 218—220°. UV-Spektrum (A.; 220—350 nm): *Ka., Ka.,* l. c. S. 454.

3-[5,7-Dihydroxy-2-(4-methoxy-phenyl)-4-oxo-4*H*-chromen-8-yl]-4-methoxy-benzoe=säure-äthylester $C_{26}H_{22}O_8$, Formel XV (R = C_2H_5, X = H).

B. Beim Erwärmen von 3-[5,7-Dihydroxy-2-(4-methoxy-phenyl)-4-oxo-4*H*-chromen-8-yl]-4-methoxy-benzoesäure mit Äthanol und wenig Schwefelsäure (*Kariyone, Kawano,* J. pharm. Soc. Japan **76** [1956] 453, 456; C. A. **1956** 16759).

Hellgelbe Krystalle (aus A.) mit 1 Mol H_2O; F: 127—130° und (nach Wiedererstarren bei weiterem Erhitzen) F: 190—191°. UV-Spektrum (A.; 220—350 nm): *Ka., Ka.,* l. c. S. 454.

3,3-Bis-[3-carboxy-4-hydroxy-phenyl]-phthalid, 6,6′-Dihydroxy-3,3′-phthalidyliden-di-benzoesäure $C_{22}H_{14}O_8$, Formel XVII.

Diese Konstitution kommt auch der früher (s. H **18** 564) als 3,3-Bis-[x-hydroxy-x-carb≠oxy-phenyl]-phthalid beschriebenen Verbindung (F: 276°) zu (*Kogan, Sergeewa*, Trudy Moskovsk. chim. technol. Inst. Nr. 5 [1940] 44, 51; C. A. **1943** 1416).

B. Beim Erhitzen von Phthalsäure-anhydrid mit Salicylsäure und Aluminiumchlorid in Nitrobenzol (*Ko., Se.*).

Gelbes Pulver; F: 272—273°.

XVII   XVIII

Hydroxy-oxo-carbonsäuren $C_{23}H_{16}O_8$

2,6-Bis-[4-methoxy-*trans*(?)-styryl]-4-oxo-4*H*-pyran-3,5-dicarbonsäure $C_{25}H_{20}O_8$, vermutlich Formel XVIII (R = CH₃).

B. Beim Behandeln von 2,6-Dimethyl-4-oxo-4*H*-pyran-3,5-dicarbonsäure-diäthylester mit 4-Methoxy-benzaldehyd und äthanol. Natronlauge (*Hebký et al.*, Chem. Listy **46** [1952] 736, 738; C. A. **1953** 11187).

Rote Krystalle (aus Eg.); F: 257—258° [Zers.].

2,6-Bis-[4-butoxy-*trans*(?)-styryl]-4-oxo-4*H*-pyran-3,5-dicarbonsäure $C_{31}H_{32}O_8$, vermutlich Formel XVIII (R = [CH₂]₃-CH₃).

B. Beim Behandeln von 2,6-Dimethyl-4-oxo-4*H*-pyran-3,5-dicarbonsäure-diäthylester mit 4-Butoxy-benzaldehyd und äthanol. Natronlauge (*Hebký, Kejha*, Chem. Listy **50** [1956] 834; Collect. **22** [1957] 324, 326; C. A. **1956** 15532).

Orangegelbe Krystalle (aus Eg.); F: 218° [unkorr.; Zers.].

[*Schunck*]

5. Hydroxy-oxo-carbonsäuren mit neun Sauerstoff-Atomen

Hydroxy-oxo-carbonsäuren $C_nH_{2n-14}O_9$

[6-Äthoxycarbonyl-7-hydroxy-7-methyl-1,3,5-trioxo-1,3,5,6,7,7a-hexahydro-isobenzo=
furan-4-yl]-essigsäure $C_{14}H_{14}O_9$, Formel I, und Tautomeres.

Eine von *Berner* (Soc. **1946** 1052, 1055, 1058) als 4,5a-Dihydroxy-4-methyl-
1,3,7-trioxo-1,3,3a,4,5,5a,7,8-octahydro-benzo[1,2-*b*;3,4-*c'*]difuran-5-carbon=
säure-äthylester (Formel II) beschriebene Verbindung (,,Addukt aus Maleinsäure-
anhydrid und Acetessigsäure-äthylester"; F: 157°) ist als [6-Äthoxycarbonyl-7-methyl-
1,3,5-trioxo-hexahydro-4,7-epoxido-isobenzofuran-4-yl]-essigsäure (Syst. Nr. 2899) zu formulieren (*Bird, Molton*, Tetrahedron **23** [1967] 4117, 4119; *Berner, Kolsaker*, Tetrahedron
24 [1968] 1199, 1200).

I   II   III

Hydroxy-oxo-carbonsäuren $C_nH_{2n-16}O_9$

Hydroxy-oxo-carbonsäuren $C_{10}H_4O_9$

**5,7-Dimethoxy-1,3-dioxo-phthalan-4,6-dicarbonsäure, 4,6-Dimethoxy-benzol-1,2,3,5-
tetracarbonsäure-1,2-anhydrid** $C_{12}H_8O_9$, Formel III.

Eine von *Clutterbuck, Raistrick* (Biochem. J. **27** [1933] 654, 660) unter dieser Konstitution beschriebene Verbindung (F: 220°) ist als 5-Hydroxyoxalyl-4,6-dimethoxy-
benzol-1,2,3-tricarbonsäure-1,2-anhydrid (S. 6691) zu formulieren (*Birkinshaw et al.*,
Biochem. J. **50** [1952] 630, 632).

B. Beim Erhitzen von 4,6-Dimethoxy-benzol-1,2,3,5-tetracarbonsäure unter vermindertem Druck (*Birkinshaw et al.*, Biochem. J. **50** [1952] 610, 623). Beim Behandeln von
5-Hydroxyoxalyl-4,6-dimethoxy-benzol-1,2,3-tricarbonsäure-1,2-anhydrid mit wss. Na=
tronlauge und wss. Wasserstoffperoxid (*Bi. et al.*, l. c. S. 633).

Krystalle; F: 225,5—228° [Zers.; aus E. + Bzl.] (*Bi. et al.*, l. c. S. 623), 225,5—227°
[Zers.; aus E. + PAe.] (*Bi. et al.*, l. c. S. 633).

Hydroxy-oxo-carbonsäuren $C_{11}H_6O_9$

5,6,7-Trimethoxy-1-oxo-1*H*-isochromen-3,4-dicarbonsäure-4(?)-äthylester $C_{16}H_{16}O_9$, vermutlich Formel IV (R = H).

B. Beim Erwärmen des im folgenden Artikel beschriebenen Esters mit wss. Schwefel=
säure und Essigsäure (*Haworth et al.*, Soc. **1954** 3617, 3624).

Krystalle (aus wss. A.); F: 174—175°.

5,6,7-Trimethoxy-1-oxo-1*H*-isochromen-3,4-dicarbonsäure-diäthylester $C_{18}H_{20}O_9$,
Formel IV (R = C_2H_5).

B. Beim Behandeln von [6-Äthoxycarbonyl-2,3,4-trimethoxy-phenyl]-essigsäure-äthyl=
ester mit Oxalsäure-diäthylester und Kaliumäthylat in Äther und Erhitzen des Reaktionsprodukts auf 140° (*Haworth et al.*, Soc. **1954** 3617, 3624).

Krystalle (aus A.); F: 159—162°.

IV   V

Hydroxy-oxo-carbonsäuren $C_{12}H_8O_9$

3-Acetoxymethyl-6,7-dimethoxy-4-oxo-4H-chromen-2,5-dicarbonsäure-5-methylester
$C_{17}H_{16}O_{10}$, Formel V (R = H).

B. Beim Behandeln von Di-*O*-methyl-anhydrofulvinsäure-methylester (7,8-Dimethoxy-3-methyl-10-oxo-1*H*,10*H*-pyrano[4,3-*b*]chromen-9-carbonsäure-methylester) mit Kalium-permanganat in Aceton (*Dean et al.*, Soc. **1957** 3497, 3509).

Krystalle (aus wss. Me.); F: 233—234° [Zers.]. UV-Absorptionsmaxima (A.): 221 nm und 314 nm.

3-Acetoxymethyl-6,7-dimethoxy-4-oxo-4H-chromen-2,5-dicarbonsäure-dimethylester
$C_{18}H_{18}O_{10}$, Formel V (R = CH_3).

B. Beim Behandeln von 3-Acetoxymethyl-6,7-dimethoxy-4-oxo-4*H*-chromen-2,5-di-carbonsäure-5-methylester mit Diazomethan in Äther (*Dean et al.*, Soc. **1957** 3497, 3509).

Krystalle (aus Me.); F: 195°.

(±)-[3-Äthoxycarbonyl-5-hydroxy-2-imino-2,3-dihydro-benzofuran-6-yl]-cyan-essig-säure-äthylester, (±)-6-[Äthoxycarbonyl-cyan-methyl]-5-hydroxy-2-imino-2,3-dihydro-benzofuran-3-carbonsäure-äthylester $C_{16}H_{16}N_2O_6$, Formel VI, und **(±)-[3-Äthoxycarb-onyl-2-amino-5-hydroxy-benzofuran-6-yl]-cyan-essigsäure-äthylester, (±)-6-[Äthoxy-carbonyl-cyan-methyl]-2-amino-5-hydroxy-benzofuran-3-carbonsäure-äthylester** $C_{16}H_{16}N_2O_6$, Formel VII.

Diese Konstitution kommt vermutlich der nachstehend beschriebenen, von *Jeffreys* (Soc. **1959** 2153, 2155, 2156) als [2-Äthoxy-3-carbamoyl-5-hydroxy-benzofuran-6-yl]-cyan-essigsäure-äthylester $C_{16}H_{16}N_2O_6$ (Formel VIII) angesehenen Verbindung zu (*Derkosch, Specht*, M. **92** [1961] 542, 544; *King, Newall*, Soc. **1965** 974).

B. Neben einer vermutlich als 2,6-Diamino-benzo[1,2-*b*;4,5-*b'*]difuran-3,7-dicarbon-säure-diäthylester zu formulierenden Verbindung (F: 268°) beim Behandeln einer Lösung von Methoxy-[1,4]benzochinon in Chloroform mit der Natrium-Verbindung des Cyan-essigsäure-äthylesters in Äthanol (*Je.*).

Krystalle (aus Ae. + PAe.); F: 193—195° und (nach Wiedererstarren bei weiterem Erhitzen) F: ca. 210° [Zers.] (*Je.*).

VI   VII   VIII

Hydroxy-oxo-carbonsäuren $C_{14}H_{12}O_9$

[3-Äthoxycarbonyl-8-methoxy-2-oxo-chroman-6-ylmethyl]-malonsäure-diäthylester
$C_{21}H_{26}O_9$, Formel IX (R = C_2H_5), und Tautomeres.

B. Bei der Hydrierung von [3-Äthoxycarbonyl-8-methoxy-2-oxo-2*H*-chromen-6-yl-methylen]-malonsäure-diäthylester an Platin in Essigsäure (*Merz, Hotzel*, Ar. **274** [1936] 292, 306).

Krystalle (aus wss. Eg.); F: 84°.

(±)-1-[4-Methoxy-1-methyl-3-oxo-phthalan-1-yl]-äthan-1,1,2-tricarbonsäure-1,1(?)-di=
äthylester $C_{19}H_{22}O_9$, vermutlich Formel X (R = H).
    B. Beim Erhitzen der im folgenden Artikel beschriebenen Verbindung mit konz. wss.
Salzsäure (*Boothe et al.*, Am. Soc. **75** [1953] 3263).
    Krystalle (aus Bzl.); F: 169—170,5° [korr.].

H₃C—O ... O O   (Struktur IX)

R—O—CO
    CH—CH₂   CO—O—R
R—O—CO

IX

R—O—CO—CH₂
    H₃C C—CO—O—C₂H₅
         CO—O—C₂H₅
    O
    H₃C—O

X

(±)-1-[4-Methoxy-1-methyl-3-oxo-phthalan-1-yl]-äthan-1,1,2-tricarbonsäure-triäthyl=
ester $C_{21}H_{26}O_9$, Formel X (R = C_2H_5).
    B. Beim Behandeln von 3-Hydroxy-7-methoxy-3-methyl-phthalid (⇌2-Acetyl-
6-methoxy-benzoesäure) mit Phosphor(V)-chlorid und Benzol und Erwärmen des Reaktionsprodukts mit der Natrium-Verbindung des Äthan-1,1,2-tricarbonsäure-triäthyl=
esters in Benzol (*Boothe et al.*, Am. Soc. **75** [1953] 3263).
    Krystalle (aus Ae.); F: 83—85°.
    Überführung in 3-Hydroxy-7-methoxy-3-methyl-phthalid durch Behandlung mit
wss.-äthanol. Natronlauge: *Bo. et al.* Bei kurzem Erhitzen mit konz. wss. Salzsäure ist die
im vorangehenden Artikel beschriebene Verbindung, bei langem Erhitzen mit konz. wss.
Salzsäure sind die beiden [4-Methoxy-1-methyl-3-oxo-phthalan-1-yl]-bernsteinsäuren
(F: 209° bzw. F: 191°) erhalten worden.

Hydroxy-oxo-carbonsäuren $C_{16}H_{16}O_9$

(±)-5ξ-Hydroxy-9-oxo-(8at)-octahydro-1c,4c-ätheno-4ar,8c-oxaäthano-naphthalin-
2c,3c,7c-tricarbonsäure, (±)-8ξ,8a-Dihydroxy-(4ar,8at)-decahydro-1t,4t-ätheno-naphth=
alin-2t,3t,5t,6t-tetracarbonsäure-5 → 8a-lacton $C_{16}H_{16}O_9$, Formel XI (R = X = H)
+ Spiegelbild.
    Über die Konstitution und Konfiguration s. *Alder, Schmitz-Josten*, A. **595** [1955]
1, 9, 18, 21.
    B. Beim Erhitzen von (±)(4ar)-1,2,3,4,4a,5,6,7-Octahydro-1t,4t-ätheno-naphthalin-
2t,3t,5t,6t-tetracarbonsäure-2,3;5,6-dianhydrid mit Wasser und Behandeln der abge-
kühlten Reaktionslösung mit Brom oder mit Schwefelsäure und Kaliumpermanganat
(*Al., Sch.-Jo.*, l. c. S. 33, 35).
    Krystalle (aus W.) mit 2 Mol H_2O, F: 255° [Zers.]; beim Trocknen im Vakuum bei 100°
ist ein Monohydrat von F: 260° [Zers.] erhalten worden.

(±)-5ξ-Hydroxy-9-oxo-(8at)-octahydro-1c,4c-ätheno-4ar,8c-oxaäthano-naphthalin-
2c,3c,7c-tricarbonsäure-trimethylester, (±)-8ξ,8a-Dihydroxy-(4ar,8at)-decahydro-
1t,4t-ätheno-naphthalin-2t,3t,5t,6t-tetracarbonsäure-5 → 8a-lacton-2,3,6-trimethylester
$C_{19}H_{22}O_9$, Formel XI (R = CH_3, X = H) + Spiegelbild.
    B. Beim Behandeln einer Lösung der im vorangehenden Artikel beschriebenen Ver-
bindung in Methanol mit Diazomethan in Äther (*Alder, Schmitz-Josten*, A. **595** [1955] 1, 33).
    Krystalle (aus Me.); F: 221°.

(±)-5ξ-Acetoxy-9-oxo-(8at)-octahydro-1c,4c-ätheno-4ar,8c-oxaäthano-naphthalin-
2c,3c,7c-tricarbonsäure-trimethylester, (±)-8ξ-Acetoxy-8a-hydroxy-(4ar,8at)-decahydro-
1t,4t-ätheno-naphthalin-2t,3t,5t,6t-tetracarbonsäure-5-lacton-2,3,6-trimethylester
$C_{21}H_{24}O_{10}$, Formel XI (R = CH_3, X = CO-CH_3) + Spiegelbild.
    B. Beim Erhitzen von (±)-8ξ,8a-Dihydroxy-(4ar,8at)-decahydro-1t,4t-ätheno-naphth=
alin-2t,3t,5t,6t-tetracarbonsäure-5→8a-lacton (s. o.) mit Acetanhydrid, Erwärmen der
eingeengten Reaktionslösung mit Methanol und Behandeln einer Lösung des Reaktionsprodukts in Methanol mit Diazomethan in Äther (*Alder, Schmitz-Josten*, A. **595** [1955]

1, 34).

Krystalle; F: 196°.

XI   XII   XIII

Hydroxy-oxo-carbonsäuren $C_{17}H_{18}O_9$

(±)-1-Methoxy-5*t*-methyl-3-oxo-(3a*r*,9a*c*,9b*c*)-3a,4,5,7,8,9,9a,9b-octahydro-1*H*,3*H*-1*t*,7*t*-methano-benz[*de*]isochromen-4*t*,8*t*,9*t*-tricarbonsäure, (±)-9*anti*-Hydroxy-9*syn*-methoxy-7*t*-methyl-(4a*r*)-1,2,3,4,4a,5,6,7-octahydro-1*t*,4*t*-äthano-naphthalin-2*t*,3*t*,5*t*,6*t*-tetracarbonsäure-5-lacton $C_{18}H_{20}O_9$, Formel XII (R = H) + Spiegelbild.

B. Bei kurzem Behandeln von (±)-9-Methoxy-7*t*-methyl-(4a*r*)-1,2,3,4,4a,5,6,7-octa= hydro-1*t*,4*t*-ätheno-naphthalin-2*t*,3*t*,5*t*,6*t*-tetracarbonsäure-2,3;5,6-dianhydrid mit wss. Natronlauge (*Bruckner, Kovács*, J. org. Chem. **13** [1948] 641, 647).

Krystalle mit 3 Mol H_2O, F: 270—273° [Zers.]; das Krystallwasser wird beim Trocknen im Vakuum bei 100° abgegeben. UV-Spektrum (W.; 220—240 nm): *Br., Ko.*

Beim Erhitzen mit Wasser ist 9-Oxo-7*t*-methyl-(4a*r*)-1,2,3,4,4a,5,6,7-octahydro-1*t*,4*t*-ätheno-naphthalin-2*t*,3*t*,5*t*,6*t*-tetracarbonsäure (E III **10** 4167), beim Erhitzen mit wss. Salzsäure ist 9-Oxo-7*c*-methyl-1,2,3,4,5,6,7,8-octahydro-1*r*,4*c*-ätheno-naphthalin-2*c*,3*t*,5*t*,6*c*-tetracarbonsäure (?; E III **10** 4166) erhalten worden.

(±)-1-Methoxy-5*t*-methyl-3-oxo-(3a*r*,9a*c*,9b*c*)-3a,4,5,7,8,9,9a,9b-octahydro-1*H*,3*H*-1*t*,7*t*-methano-benz[*de*]isochromen-4*t*,8*t*,9*t*-tricarbonsäure-trimethylester, (±)-9*anti*-Hydroxy-9*syn*-methoxy-7*t*-methyl-(4a*r*)-1,2,3,4,4a,5,6,7-octahydro-1*t*,4*t*-äthano-naphthalin-2*t*,3*t*,5*t*,6*t*-tetracarbonsäure-5-lacton-2,3,6-trimethylester $C_{21}H_{26}O_9$, Formel XII (R = CH_3) + Spiegelbild.

B. Beim Behandeln einer Lösung von (±)-9*anti*-Hydroxy-9*syn*-methoxy-7*t*-methyl-(4a*r*)-1,2,3,4,4a,5,6,7-octahydro-1*t*,4*t*-äthano-naphthalin-2*t*,3*t*,5*t*,6*t*-tetracarbonsäure-5-lacton in Methanol mit Diazomethan in Äther (*Bruckner, Kovács*, J. org. Chem. **13** [1948] 641, 648).

Krystalle (aus Me.); F: 178—179°.

Beim Erwärmen mit Ameisensäure ist 9-Oxo-7*t*-methyl-(4a*r*)-1,2,3,4,4a,5,6,7-octa= hydro-1*t*,4*t*-äthano-naphthalin-2*t*,3*t*,5*t*,6*t*-tetracarbonsäure-2,3,6-trimethylester erhalten worden.

Hydroxy-oxo-carbonsäuren $C_{23}H_{30}O_9$

(20*Ξ*)-5,21-Dihydroxy-3,14-dioxo-14,15-seco-24-nor-5*β*-cholan-15,19,23-trisäure-23 → 21-lacton-19-methylester $C_{24}H_{32}O_9$, Formel XIII (R = H).

B. Beim Behandeln einer Lösung von 3*β*,5,14,15*ξ*,21-Pentahydroxy-24-nor-5*β*,14*ξ*,=20*ξH*-cholan-19,23-disäure-23 → 21-lacton-19-methylester (F: 208°; S. 6654) in wss. Essigsäure mit Chrom(VI)-oxid und wss. Schwefelsäure (*Jacobs, Elderfield*, J. biol. Chem. **97** [1932] 727, 733).

Krystalle (aus Acn.); F: 220—221° [Zers.]. $[\alpha]_D^{21}$: +21° [Py.; c = 0,7].

(20*Ξ*)-5,21-Dihydroxy-3,14-dioxo-14,15-seco-24-nor-5*β*-cholan-15,19,23-trisäure-23 → 21-lacton-15,19-dimethylester $C_{25}H_{34}O_9$, Formel XIII (R = CH_3).

B. Beim Behandeln einer Suspension der im vorangehenden Artikel beschriebenen Verbindung in Aceton mit Diazomethan in Äther (*Jacobs, Elderfield*, J. biol. Chem. **97** [1932] 727, 734).

Krystalle (aus wss. Me.); F: 180° [Zers.; nach Erweichen bei 115—116°].

Hydroxy-oxo-carbonsäuren $C_nH_{2n-18}O_9$

3-Acetoacetyl-4-hydroxy-6,7-dimethoxy-2-oxo-2H-chromen-5-carbonsäure-methylester
$C_{17}H_{16}O_9$, Formel XIV, und Tautomere (z. B. 3-Acetoacetyl-6,7-dimethoxy-2,4-dioxo-chroman-5-carbonsäure-methylester).

B. Beim Erwärmen von 8,9-Dimethoxy-2-methyl-4,5-dioxo-4H,5H-pyrano[3,2-c]chrom=
en-10-carbonsäure-methylester (,,Methyl-di-O-methyl-cytromycetinon'') mit konz. wss.
Salzsäure (*Robertson et al.*, Soc. **1951** 2013, 2017).
Krystalle (aus E. + PAe.); F: 165,5° [Zers.].

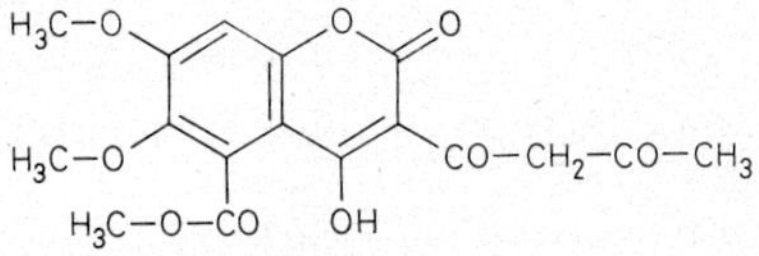

XIV 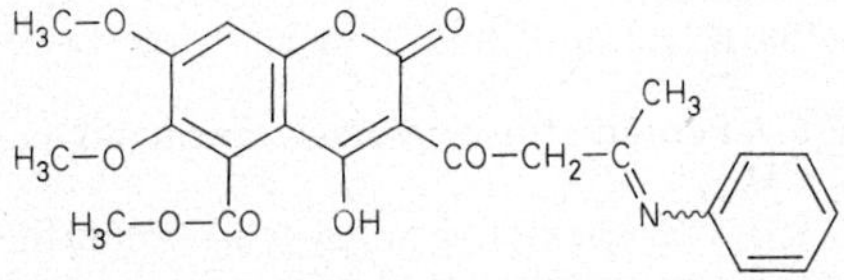   XV

4-Hydroxy-6,7-dimethoxy-2-oxo-3-[3-phenylimino-butyryl]-2H-chromen-5-carbonsäure-methylester $C_{23}H_{21}NO_8$, Formel XV, und Tautomere.
Diese Konstitution kommt wahrscheinlich der nachstehend beschriebenen Verbindung
zu (*Dean et al.*, Soc. **1961** 792, 794).
B. Beim Erwärmen von 8,9-Dimethoxy-2-methyl-4,5-dioxo-4H,5H-pyrano[3,2-c]chrom=
en-10-carbonsäure-methylester mit Anilin und Essigsäure (*Robertson et al.*, Soc. **1951**
2013, 2016).
Hellgelbe Krystalle (aus Me.); F: 226° (*Ro. et al.*).

Hydroxy-oxo-carbonsäuren $C_nH_{2n-20}O_9$

[3-Carboxy-8-methoxy-2-oxo-2H-chromen-6-ylmethylen]-malonsäure $C_{15}H_{10}O_9$,
Formel XVI (R = X = H).
B. Beim Erwärmen von [3-Äthoxycarbonyl-8-methoxy-2-oxo-2H-chromen-6-ylmeth=
ylen]-malonsäure-diäthylester (s. u.) mit wss. Natronlauge (*Merz, Hotzel*, Ar. **274** [1936]
292, 306).
Gelbliche Krystalle (aus Eg.); F: 265°.

**[3-Äthoxycarbonyl-8-methoxy-2-oxo-2H-chromen-6-ylmethylen]-malonsäure-diäthyl=
ester** $C_{21}H_{22}O_9$, Formel XVI (R = C_2H_5, X = H).
B. Neben 6-Formyl-8-methoxy-2-oxo-2H-chromen-3-carbonsäure-äthylester beim Er=
wärmen von 4-Hydroxy-5-methoxy-isophthalaldehyd mit Malonsäure-diäthylester
(2 Mol) und Piperidin (2 Mol) und Erwärmen des Reaktionsprodukts mit Essigsäure
(*Merz, Hotzel*, Ar. **274** [1936] 292, 304).
Krystalle (aus wss. Eg.); F: 148—149°.

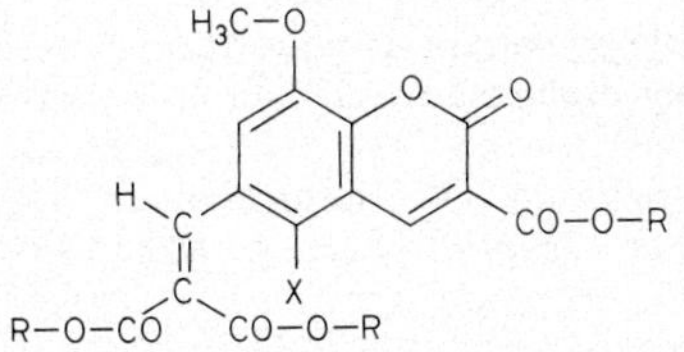

XVI 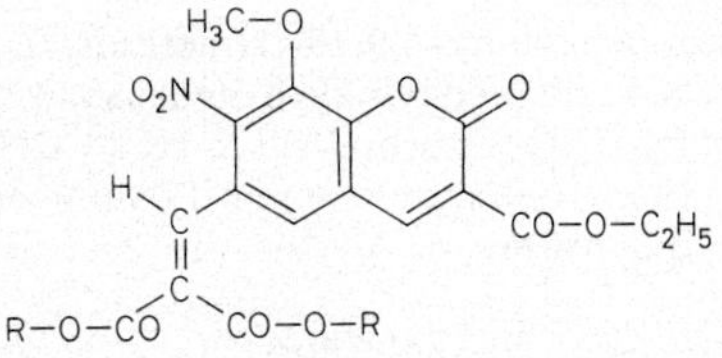   XVII

**[3-Äthoxycarbonyl-8-methoxy-5-nitro-2-oxo-2H-chromen-6-ylmethylen]-malonsäure-
diäthylester** $C_{21}H_{21}NO_{11}$, Formel XVI (R = C_2H_5, X = NO_2), und **[3-Äthoxycarbonyl-
8-methoxy-7-nitro-2-oxo-2H-chromen-6-ylmethylen]-malonsäure-diäthylester**
$C_{21}H_{21}NO_{11}$, Formel XVII (R = C_2H_5).
Diese beiden Formeln kommen für die nachstehend beschriebene Verbindung in
Betracht.

B. Beim Behandeln von [3-Äthoxycarbonyl-8-methoxy-2-oxo-2H-chromen-6-ylmeth=
ylen]-malonsäure-diäthylester mit konz. Schwefelsäure und mit Kaliumnitrat (*Merz,*
Hotzel, Ar. **274** [1936] 292, 307).
Gelbe Krystalle (aus wss. Eg.); F: 152—154°.

3,4,5,6,7-Pentahydroxy-9-oxo-xanthen-1-carbonsäure $C_{14}H_8O_9$, Formel XVIII
(R = X = H).
B. Beim Erhitzen von Dehydrodigallussäure ([5-Carboxy-2,3-dihydroxy-phenyl]-
[6-carboxy-2,3,4-trihydroxy-phenyl]-äther) mit konz. Schwefelsäure (*Mayer,* A. **578**
[1952] 34, 42).
Gelbe Krystalle; Zers. von 220° an.

3,4,5,6,7-Pentamethoxy-9-oxo-xanthen-1-carbonsäure $C_{19}H_{18}O_9$, Formel XVIII (R = H,
X = CH_3).
B. Beim Erwärmen von 3,4,5,6,7-Pentamethoxy-9-oxo-xanthen-1-carbonsäure-methyl=
ester mit wss.-methanol. Natronlauge (*Mayer,* A. **578** [1952] 34, 43).
Gelbliche Krystalle (aus wss. Lösung); F: 207—209° [Zers.].
Natrium-Salz $NaC_{19}H_{17}O_9$. Hygroskopische Krystalle.

XVIII   XIX

3,4,5,6,7-Pentamethoxy-9-oxo-xanthen-1-carbonsäure-methylester $C_{20}H_{20}O_9$,
Formel XVIII (R = X = CH_3).
B. Beim Behandeln von 3,4,5,6,7-Pentahydroxy-9-oxo-xanthen-1-carbonsäure mit
Diazomethan in Äther (*Mayer,* A. **578** [1952] 34, 42). Beim Erhitzen von [2,3-Dimethoxy-
5-methoxycarbonyl-phenyl]-[2,3,4-trimethoxy-6-methoxycarbonyl-phenyl]-äther   mit
konz. Schwefelsäure und Behandeln des Reaktionsprodukts mit Diazomethan in Äther
(*Ma.*).
Krystalle (aus Acn. + W.); F: 155,5—157,5°.

10-Hydroxy-3,4,8,9-tetramethoxy-6-oxo-6H-benzo[c]chromen-1-carbonsäure, 6,6'-Di=
hydroxy-4,5,4',5'-tetramethoxy-diphensäure-2 → 6'-lacton $C_{18}H_{16}O_9$, Formel XIX
(R = CH_3, X = H).
B. Beim Behandeln eines aus Lagerstroemia subcostata isolierten Tannin-Präparats
mit Aceton und mit Diazomethan in Äther und Erwärmen des Reaktionsprodukts mit
äthanol. Kalilauge (*Ishii,* J. agric. chem. Soc. Japan **18** [1942] 503; C. A. **1951** 2698).
Krystalle (aus A.); F: 255°.

3,8-Bis-benzyloxy-4,9,10-trimethoxy-6-oxo-6H-benzo[c]chromen-1-carbonsäure-methyl=
ester, 4,4'-Bis-benzyloxy-6-hydroxy-5,5',6'-trimethoxy-diphensäure-2'-lacton-2-methyl=
ester $C_{32}H_{28}O_9$, Formel XIX (R = CH_2-C_6H_5, X = CH_3).
B. Beim Behandeln einer Lösung von 4,4'-Bis-benzyloxy-6,6'-dihydroxy-5,5'-dimeth=
oxy-diphensäure in Aceton mit Diazomethan in Äther (*Schmidt et al.,* A. **602** [1957] 50,
56).
Krystalle; F: 185° [korr.].

Hydroxy-oxo-carbonsäuren $C_nH_{2n-22}O_9$

Hydroxy-oxo-carbonsäuren $C_{15}H_8O_9$

2-[5,6-Dimethoxy-1,3-dioxo-phthalan-4-yl]-3,4-dimethoxy-benzoesäure, 5,6,5',6'-Tetra=
methoxy-biphenyl-2,3,2'-tricarbonsäure-2,3-anhydrid $C_{19}H_{16}O_9$, Formel I.
B. Beim Erhitzen von 5,6,5',6'-Tetramethoxy-biphenyl-2,3,2'-tricarbonsäure unter

0,05 Torr auf 200° (*Platonowa et al.*, Ž. obšč. Chim. **26** [1956] 2651, 2656; engl. Ausg. S. 2957, 2960).

F: 233—234°. IR-Spektrum (Nujol; 3—15 μ): *Pl. et al.*

I   **II**   **III**

Hydroxy-oxo-carbonsäuren $C_{19}H_{16}O_9$

*Opt.-inakt. 4-[3,4-Dimethoxy-phenyl]-9-hydroxy-6,7-dimethoxy-3-oxo-1,3,3a,4,9,9a-hexahydro-naphtho[2,3-c]furan-1-carbonsäure $C_{23}H_{24}O_9$, Formel II.

B. Beim Behandeln eines Gemisches von opt.-inakt. 1-[3,4-Dimethoxy-phenyl]-6,7-di= methoxy-4-oxo-1,2,3,4-tetrahydro-[2]naphthoesäure-äthylester (F: 131°), Oxalsäure-di= äthylester und Benzol mit Kaliumäthylat in Äther, Behandeln einer Lösung des Reaktions= produkts in wasserhaltigem Äther mit amalgamiertem Aluminium, Erwärmen des danach isolierten Reaktionsprodukts mit wss. Natronlauge und Erhitzen der vom Methanol befreiten und angesäuerten Reaktionslösung (*Haworth, Sheldrick*, Soc. **1935** 636, 643).

Krystalle (aus Me.) mit 1 Mol H_2O; F: 212—213° [Zers.].

Beim Erhitzen unter Normaldruck auf 215° ist 1-[3,4-Dimethoxy-phenyl]-3-hydroxy= methyl-6,7-dimethoxy-1,4-dihydro-[2]naphthoesäure-lacton (S. 3370), beim Erhitzen unter 12 Torr auf 215° ist eine Verbindung $C_{22}H_{20}O_7$ [orangerote Krystalle (aus Eg.), F: 285°] erhalten worden. Verhalten beim Erwärmen mit Chlorwasserstoff enthaltendem Äthanol (Bildung einer Verbindung $C_{27}H_{32}O_9$ (Krystalle [aus Bzl. + PAe.], F: 145° bis 146°): *Ha., Sh.*

Hydroxy-oxo-carbonsäuren $C_{20}H_{18}O_9$

5-[1-Carboxy-1-methyl-äthoxy]-8-[(3,4-dimethoxy-phenyl)-glyoxyloyl]-7-methoxy-2,2-dimethyl-chroman-6-carbonsäure, Tri-*O*-methyl-isopomiferitinondisäure $C_{27}H_{30}O_{11}$, Formel III (R = H).

B. Beim Behandeln von Tri-*O*-methyl-isopomiferitin (2-[3,4-Dimethoxy-phenyl]-1-[5-methoxy-2,2,8,8-tetramethyl-9,10-dihydro-2*H*,8*H*-pyrano[2,3-*f*]chromen-6-yl]-äthanon) mit Kaliumpermanganat in Aceton (*Wolfrom et al.*, Am. Soc. **68** [1946] 406, 417).

Gelbe Krystalle (aus wss. Lösung); F: 205° [Zers.].

8-[(3,4-Dimethoxy-phenyl)-glyoxyloyl]-7-methoxy-5-[1-methoxycarbonyl-1-methyl-äthoxy]-2,2-dimethyl-chroman-6-carbonsäure-methylester, Tri-*O*-methyl-isopomi= feritinondisäure-dimethylester $C_{29}H_{34}O_{11}$, Formel III (R = CH₃).

B. Beim Behandeln der im vorangehenden Artikel beschriebenen Säure mit Diazo= methan in Äther (*Wolfrom et al.*, Am. Soc. **68** [1946] 406, 417).

Hellgelbe Krystalle (aus wss. Acn. oder A.); F: 133,5—134°.

(4aS)-1,3,5c-Trihydroxy-6t-[(S)-4-hydroxy-1-methyl-3-oxo-phthalan-1-yl]-8-oxo-(4ar)-4,4a,5,6,7,8-hexahydro-[2]naphthoesäure-amid, Isodesoxy-desdimethylamino= terramycin $C_{20}H_{19}NO_8$, Formel IV, und Tautomere.

B. Beim Behandeln von Desoxydesdimethylaminoterramycin ((4aS)-1,3,5c,6t,10,12-Hexahydroxy-6c-methyl-11-oxo-(4ar,5ac)-4,4a,5,5a,6,11-hexahydro-naphthacen-2-carb= onsäure-amid) mit äthanol. Kalilauge (*Hochstein et al.*, Am. Soc. **75** [1953] 5455, 5475).

Krystalle (aus wss. A.); Zers. bei $210-220°$. $[\alpha]_D^{25}: -32°$ [Acn.; c = 1]. UV-Absorptions=
maxima (A.): 242 nm, 256 nm und 314 nm. Elektrolytische Dissoziation in wss. Dimethyl=
formamid: *Ho. et al.*

IV   V

**(4aS)-6t-[(S)-7-Chlor-4-hydroxy-1-methyl-3-oxo-phthalan-1-yl]-3,8a-dihydroxy-
1,8-dioxo-(4ar,8ac)-1,4,4a,5,6,7,8,8a-octahydro-[2]naphthoesäure-amid**, Isodes=
dimethylaminoaureomycin $C_{20}H_{18}ClNO_8$, Formel V, und Tautomere.

B. Beim Behandeln von Desdimethylaminoaureomycin ((4aS)-7-Chlor-3,6t,10,12,12a-
pentahydroxy-6c-methyl-1,11-dioxo-(4ar,5ac,12ac)-1,4,4a,5,5a,6,11,12a-octahydro-
naphthacen-2-carbonsäure-amid) mit wss. Natronlauge (*Stephens et al.*, Am. Soc. **76**
[1954] 3568, 3573).

Krystalle (aus Bzl.); Zers. bei ca. $255°$. $[\alpha]_D^{25}: -132°$ [Dimethylformamid; c = 1].
Elektrolytische Dissoziation in wss. Dimethylformamid: *St. et al.*

Hydroxy-oxo-carbonsäuren $C_nH_{2n-24}O_9$

Hydroxy-oxo-carbonsäuren $C_{20}H_{16}O_9$

**(4S,5Ξ)-4-[(R)-4,5-Dihydroxy-9-methyl-3-oxo-1,3-dihydro-naphtho[2,3-c]furan-1-yl]-
2,5-dihydroxy-6-oxo-cyclohex-1-encarbonsäure-amid**, Desdimethylamino-apoterramycin $C_{20}H_{17}NO_8$, Formel VI, und Tautomere.

B. Beim Behandeln von Anhydrodesdimethylaminoterramycin ((4aR)-3,5c,10,11,12a-
Pentahydroxy-6-methyl-1,12-dioxo-(4ar,12ac)-1,4,4a,5,12,12a-hexahydro-naphthacen-
2-carbonsäure-amid) mit wss. Natronlauge (*Hochstein et al.*, Am. Soc. **75** [1953] 5455,
5474).

Krystalle (aus Dimethylformamid + Me.). UV-Absorptionsmaxima einer Lösung in
Chlorwasserstoff enthaltendem Äthanol: 251 nm und 375 nm. Elektrolytische Dissoziation
in wss. Dimethylformamid: *Ho. et al.*

VI   VII

**(S)-6-[(S)-7-Chlor-4-hydroxy-1-methyl-3-oxo-phthalan-1-yl]-1,3,4-trihydroxy-8-oxo-
5,6,7,8-tetrahydro-[2]naphthoesäure-amid**, Aureonamid $C_{20}H_{16}ClNO_8$, Formel VII.

B. Aus Desdimethylaminoaureomycinsäure (S. 6692) beim Erhitzen sowie beim Behandeln mit Schwefelsäure (*Waller et al.*, Am. Soc. **74** [1952] 4979).

Bei $295-305°$ [Zers.] schmelzend. $[\alpha]_D^{25}: +24,6°$ [2-Methoxy-äthanol].

Beim Behandeln mit wss. Natronlauge und Luft ist Aureochinonamid (S. 6690) erhalten
worden.

Hydroxy-oxo-carbonsäuren $C_{22}H_{20}O_9$

(±)-1-Methoxy-3-oxo-6-phenyl-(3a*r*,9a*c*,9b*c*)-3a,4,5,7,8,9,9a,9b-octahydro-1*H*,3*H*-1*t*,7*t*-methano-benz[*de*]isochromen-4*t*,8*t*,9*t*-tricarbonsäure, (±)-9*anti*-Hydroxy-9*syn*-meth=oxy-8-phenyl-(4a*r*)-1,2,3,4,4a,5,6,7-octahydro-1*t*,4*t*-äthano-naphthalin-2*t*,3*t*,5*t*,6*t*-tetra=carbonsäure-5-lacton $C_{23}H_{22}O_9$, Formel VIII (R = H) + Spiegelbild.

B. Bei kurzem Behandeln von (±)-9-Methoxy-8-phenyl-(4a*r*)-1,2,3,4,4a,5,6,7-octahydro-1*t*,4*t*-ätheno-naphthalin-2*t*,3*t*,5*t*,6*t*-tetracarbonsäure-2,3;5,6-dianhydrid mit wss. Natron=lauge (*Bruckner et al.*, J. org. Chem. **16** [1951] 1649, 1654).

Krystalle (aus W.) mit 0,5 Mol H_2O (nach Trocknen im Vakuum bei 100°); F: 210° bis 212°.

(±)-1-Methoxy-3-oxo-6-phenyl-(3a*r*,9a*c*,9b*c*)-3a,4,5,7,8,9,9a,9b-octahydro-1*H*,3*H*-1*t*,7*t*-methano-benz[*de*]isochromen-4*t*,8*t*,9*t*-tricarbonsäure-trimethylester, (±)-9*anti*-Hydr=oxy-9*syn*-methoxy-8-phenyl-(4a*r*)-1,2,3,4,4a,5,6,7-octahydro-1*t*,4*t*-äthano-naphthalin-2*t*,3*t*,5*t*,6*t*-tetracarbonsäure-5-lacton-2,3,6-trimethylester $C_{26}H_{28}O_9$, Formel VIII (R = CH_3).

B. Beim Behandeln der im vorangehenden Artikel beschriebenen Verbindung mit Diazomethan in Äther (*Bruckner et al.*, J. org. Chem. **16** [1951] 1649, 1654).

Krystalle (aus Me.); F: 204°.

VIII IX

Hydroxy-oxo-carbonsäuren $C_nH_{2n-26}O_9$

Hydroxy-oxo-carbonsäuren $C_{19}H_{12}O_9$

(±)-8,9-Dimethoxy-1-oxo-3-[2,3,5-trimethoxy-phenyl]-1,3-dihydro-naphtho[2,3-*c*]furan-4-carbonsäure, (±)-2-[α-Hydroxy-2,3,5-trimethoxy-benzyl]-4,5-dimethoxy-naphthalin-1,3-dicarbonsäure-3-lacton, (±)-Penta-*O*-methyl-decarboxamidoterrinolidsäure $C_{24}H_{22}O_9$, Formel IX.

B. Beim Erwärmen einer Lösung von (±)-3-[α-Hydroxy-2,3,5-trimethoxy-benzyl]-1,8-dimethoxy-4-methyl-[2]naphthoesäure-lacton in wss. Pyridin mit Kaliumpermanganat (*Hochstein et al.*, Am. Soc. **75** [1953] 5455, 5473).

Gelbliche Krystalle (aus wss. A.); F: 210—212,5° [korr.]. Absorptionsmaxima (A.): 256 nm und 340 nm. Elektrolytische Dissoziation in wss. Dimethylformamid: *Ho. et al.*

Hydroxy-oxo-carbonsäuren $C_{20}H_{14}O_9$

4-[4,5-Dihydroxy-9-methyl-3-oxo-1,3-dihydro-naphtho[2,3-*c*]furan-1-yl]-2,3,6-trihydr=oxy-benzoesäure-amid $C_{20}H_{15}NO_8$.

a) 4-[(*S*)-4,5-Dihydroxy-9-methyl-3-oxo-1,3-dihydro-naphtho[2,3-*c*]furan-1-yl]-2,3,6-trihydroxy-benzoesäure-amid, (−)-Terrinolid $C_{20}H_{15}NO_8$, Formel X (R = H).

B. Beim Erwärmen von Terramycin-hydrochlorid ((4a*R*)-4*c*-Dimethylamino-3,5*c*,6*t*,=10,12,12a-hexahydroxy-6*c*-methyl-1,11-dioxo-(4a*r*,5a*c*,12a*c*)-1,4,4a,5,5a,6,11,12a-octa=hydro-naphthacen-2-carbonsäure-amid-hydrochlorid) mit wss. Salzsäure unter Durch=leiten von Luft (*Hochstein et al.*, Am. Soc. **75** [1953] 5455, 5472).

Krystalle (aus Acn.); F: 210—215° [korr.; Zers.]. $[α]_D^{25}$: −16° [Me. + wss. Salzsäure (0,1 n) [1:1]]. UV-Spektrum (220—400 nm) einer Lösung in Chlorwasserstoff enthalten-

dem Äthanol: *Ho. et al.*, l. c. S. 5461. Elektrolytische Dissoziation in wss. Dimethyl=
formamid: *Ho. et al.* (−)-Terrinolid bildet mit Wasser und Methanol beständige Solvate.

Bei mehrtägigem Erhitzen mit wss. Schwefelsäure ist Decarboxamidoterrinolid
(S. 3537) erhalten worden. Verhalten beim Erhitzen mit Acetanhydrid und Natrium=
acetat (Bildung einer Verbindung $C_{30}H_{25}NO_{13}$ [Krystalle (aus Acn. + Me.), F: 229−230°
(korr.); $[\alpha]_D^{25}$: +34° (Acn.)]): *Ho. et al.*, l. c. S. 5472 Anm. 62.

b) (±)-4-[4,5-Dihydroxy-9-methyl-3-oxo-1,3-dihydro-naphtho[2,3-c]furan-1-yl]-
2,3,6-trihydroxy-benzoesäure-amid, (±)-Terrinolid $C_{20}H_{15}NO_8$, Formel X (R = H)
+ Spiegelbild.

B. Bei mehrtägigem Erhitzen von Terramycin-hydrochlorid ((4aR)-4c-Dimethylamino-
3,5c,6t,10,12,12a-hexahydroxy-6c-methyl-1,11-dioxo-(4ar,5ac,12ac)-1,4,4a,5,5a,6,11,12a-
octahydro-naphthacen-2-carbonsäure-amid-hydrochlorid) mit wss. Salzsäure (*Hochstein*
et al., Am. Soc. **75** [1953] 5455, 5473).

Krystalle (aus Dimethylformamid). UV-Spektrum (220−400 nm) einer Lösung in
Chlorwasserstoff enthaltendem Äthanol: *Ho. et al.*

Verhalten beim Behandeln mit Acetanhydrid und Pyridin (Bildung einer Verbindung
$C_{30}H_{25}NO_{13}$ vom F: 198−200° [korr.; Zers.]): *Ho. et al.*, l. c. S. 5472 Anm. 62.

4-[4,5-Dimethoxy-9-methyl-3-oxo-1,3-dihydro-naphtho[2,3-c]furan-1-yl]-2,3,6-tri=
methoxy-benzoesäure-amid, 3-[4-Carbamoyl-α-hydroxy-2,3,5-trimethoxy-benzyl]-1,8-di=
methoxy-4-methyl-[2]naphthoesäure-lacton $C_{25}H_{25}NO_8$.

a) 4-[(S)-4,5-Dimethoxy-9-methyl-3-oxo-1,3-dihydro-naphtho[2,3-c]furan-1-yl]-
2,3,6-trimethoxy-benzoesäure-amid, (−)-Penta-O-methyl-terrinolid $C_{25}H_{25}NO_8$,
Formel X (R = CH$_3$).

B. Bei mehrtägigem Erwärmen von (−)-Terrinolid (S. 6689) mit Methyljodid, Kalium=
hydrogencarbonat und Aceton (*Hochstein et al.*, Am. Soc. **75** [1953] 5455, 5472).

Krystalle (aus Acn. + A.); F: 225−227° [korr.]. $[\alpha]_D^{25}$: −9,2° [Acn.; c = 1]. UV-Ab=
sorptionsmaxima einer Lösung in Chlorwasserstoff enthaltendem Äthanol: 250 nm und
362 nm.

b) (±)-4-[4,5-Dimethoxy-9-methyl-3-oxo-1,3-dihydro-naphtho[2,3-c]furan-1-yl]-
2,3,6-trimethoxy-benzoesäure-amid, (±)-Penta-O-methyl-terrinolid $C_{25}H_{25}NO_8$,
Formel X (R = CH$_3$) +Spiegelbild.

B. Neben einem (±)-Tetra-O-methyl-terrinolid ($C_{24}H_{23}NO_8$; F: 238−239°
[korr.]) bei 2-tägigem Erwärmen von (±)-Terrinolid (s. o.) mit Methyljodid, Kalium=
hydrogencarbonat und Aceton (*Hochstein et al.*, Am. Soc. **75** [1953] 5455, 5473).

F: 234,5−235,5° [korr.].

X   XI

Hydroxy-oxo-carbonsäuren $C_nH_{2n-28}O_9$

6-[(S)-7-Chlor-4-hydroxy-1-methyl-3-oxo-phthalan-1-yl]-3,8-dihydroxy-1,4-dioxo-
1,4-dihydro-[2]naphthoesäure-amid, Aureochinonamid $C_{20}H_{12}ClNO_8$, Formel XI.

B. Beim Behandeln von Aureonamid (S. 6688) mit wss. Natronlauge und Luft (*Waller*
et al., Am. Soc. **74** [1952] 4979).

F: 142−148°.

6. Hydroxy-oxo-carbonsäuren mit zehn Sauerstoff-Atomen

Hydroxy-oxo-carbonsäuren $C_nH_{2n-18}O_{10}$

6-Hydroxyoxalyl-5,7-dimethoxy-1,3-dioxo-phthalan-4-carbonsäure, 5-Hydroxyoxalyl-4,6-dimethoxy-benzol-1,2,3-tricarbonsäure-1,2-anhydrid $C_{13}H_8O_{10}$, Formel I.
Diese Konstitution kommt der nachstehend beschriebenen, von *Clutterbuck, Raistrick* (Biochem. J. **27** [1933] 654, 660) als 4,6-Dimethoxy-benzol-1,2,3,5-tetracarbonsäure-1,2-anhydrid angesehenen Verbindung zu (*Birkinshaw et al.*, Biochem. J. **50** [1952] 630, 632).
B. Beim Erhitzen von *O*-Methyl-mycophenolsäure (S. 6513) mit wss. Kalilauge und mit Kaliumpermanganat (*Cl., Ra.; Bi. et al.*).
Krystalle; F: 223—225° [Zers.; aus E. + PAe.] (*Bi. et al.*), 220° [Zers.; aus Ae. + CHCl$_3$] (*Cl., Ra.*).

I   II

Hydroxy-oxo-carbonsäuren $C_nH_{2n-22}O_{10}$

Hydroxy-oxo-carbonsäuren $C_{16}H_{10}O_{10}$

2-Hydroxy-6-[5-hydroxy-3,6,7-trimethoxy-4-oxo-4H-chromen-2-yl]-3-methoxy-benzoesäure $C_{20}H_{18}O_{10}$, Formel II (R = CH$_3$, X = H).
B. Beim Behandeln von Distemonanthin (3,4,8,10-Tetrahydroxy-9-methoxy-isochromeno[4,3-b]chromen-5,7-dion) mit wss. Natronlauge und mit Dimethylsulfat (*King et al.*, Soc. **1954** 4594, 4597).
Gelbliche Krystalle (aus Bzl. + PAe.); F: 219—220°.

2,3-Dimethoxy-6-[3,5,6,7-tetramethoxy-4-oxo-4H-chromen-2-yl]-benzoesäure $C_{22}H_{22}O_{10}$, Formel II (R = X = CH$_3$).
B. Beim Erwärmen von 2,3-Dimethoxy-6-[3,5,6,7-tetramethoxy-4-oxo-4H-chromen-2-yl]-benzoesäure-methylester mit wss.-äthanol. Kalilauge (*King et al.*, Soc. **1954** 4594, 4597). Beim Erwärmen von Tetra-*O*-methyl-distemonanthin (3,4,8,9,10-Pentamethoxy-isochromeno[4,3-b]chromen-5,7-dion) mit wss. Natronlauge und anschliessend mit Dimethylsulfat (*King et al.*).
Krystalle (aus A.); F: 229—231° [Zers.].

2,3-Diäthoxy-6-[3,5,7-triäthoxy-6-methoxy-4-oxo-4H-chromen-2-yl]-benzoesäure $C_{27}H_{32}O_{10}$, Formel II (R = X = C$_2$H$_5$).
B. Beim Erwärmen von 2,3-Diäthoxy-6-[3,5,7-triäthoxy-6-methoxy-4-oxo-4H-chromen-2-yl]-benzoesäure-äthylester mit wss.-äthanol. Kalilauge (*King et al.*, Soc. **1954** 4594, 4598).
Krystalle (aus wss. Me.); F: 156—157°.

2,3-Dimethoxy-6-[3,5,6,7-tetramethoxy-4-oxo-4H-chromen-2-yl]-benzoesäure-methylester $C_{23}H_{24}O_{10}$, Formel III (R = CH$_3$).
B. Bei mehrtägigem Erwärmen von Distemonanthin (3,4,8,10-Tetrahydroxy-9-methoxy-

isochromeno[4,3-*b*]chromen-5,7-dion) mit Dimethylsulfat, Kaliumcarbonat und Aceton (*King et al.*, Soc. **1954** 4594, 4597).

Krystalle (aus Bzl. + PAe.); F: 151 — 152°.

2,3-Diäthoxy-6-[3,5,7-triäthoxy-6-methoxy-4-oxo-4*H*-chromen-2-yl]-benzoesäure-äthylester $C_{29}H_{36}O_{10}$, Formel III (R = C_2H_5).

B. Bei mehrtägigem Erwärmen von Distemonanthin (3,4,8,10-Tetrahydroxy-9-methoxy-isochromeno[4,3-*b*]chromen-5,7-dion) mit Diäthylsulfat, Kaliumcarbonat und Aceton (*King et al.*, Soc. **1954** 4594, 4598).

Krystalle (aus Bzl. + PAe.); F: 111 — 112°.

III   IV

Hydroxy-oxo-carbonsäuren $C_{20}H_{18}O_{10}$

(*S*)-4-[4-Carbamoyl-2,3,5-trihydroxy-phenyl]-3-[(*S*)-7-chlor-4-hydroxy-1-methyl-3-oxo-phthalan-1-yl]-buttersäure, Desdimethylaminoaureomycinsäure $C_{20}H_{18}ClNO_9$, Formel IV.

Über die Konstitution s. *Waller et al.*, Am. Soc. **74** [1952] 4979.

B. Beim Behandeln von Aureomycin (E III **14** 1710) mit wss. Natronlauge (*Waller et al.*, Am. Soc. **74** [1952] 4978).

F: 210 — 212°; $[\alpha]_D^{25}$: +100° [Me.] (*Wa.*, et al., l. c. S. 4978). Scheinbare Dissoziationsexponenten pK'_{a1}, pK'_{a2} und pK'_{a3} (Wasser?): 6,4, 7,8 und 10,2 (*Wa. et al.*, l. c. S. 4978).

Beim Erhitzen sowie beim Behandeln mit Schwefelsäure ist Aureonamid (S. 6688) erhalten worden (*Wa. et al.*, l. c. S. 4979). Beim Behandeln mit wss. Natronlauge und mit Sauerstoff entstehen 3-[(*S*)-7-Chlor-4-hydroxy-1-methyl-3-oxo-phthalan-1-yl]-glutarsäure und 3,4-Dihydroxy-2,5-dioxo-cyclopentancarbonsäure-amid (F: 198 — 200° [Zers.]).

Hydroxy-oxo-carbonsäuren $C_nH_{2n-42}O_{10}$

5-Benzhydryl-1-methoxy-6-[4-methoxy-phenyl]-3-oxo-3a,7,8,9,9a,9b-hexahydro-1*H*,3*H*-1,7-methano-benz[*de*]isochromen-4,8,9-tricarbonsäure-trimethylester, 7-Benzhydryl-9-hydroxy-9-methoxy-8-[4-methoxy-phenyl]-1,2,3,4,4a,5-hexahydro-1,4-äthano-naphthalin-2,3,5,6-tetracarbonsäure-5-lacton-2,3,6-trimethylester $C_{40}H_{38}O_{10}$.

a) Opt.-inakt. Stereoisomeres vom F: 250°, vermutlich (±)-7-Benzhydryl-9*anti*-hydroxy-9*syn*-methoxy-8-[4-methoxy-phenyl]-(4a*r*)-1,2,3,4,4a,5-hexahydro-1*t*,4*t*-äthano-naphthalin-2*t*,3*t*,5*t*,6-tetracarbonsäure-5-lacton-2,3,6-trimethylester, Formel V   + Spiegelbild.

Bezüglich der Konfiguration s. *Alder et al.*, B. **92** [1959] 99, 104.

B. Beim Behandeln von opt.-inakt. 7-Benzhydryl-9-methoxy-8-[4-methoxy-phenyl]-1,2,3,4,4a,5-hexahydro-1,4-ätheno-naphthalin-2,3,5,6-tetracarbonsäure-2,3;5,6-dianhydrid vom F: 263° (vermutlich (±)-7-Benzhydryl-9-methoxy-8-[4-methoxy-phenyl]-(4a*r*)-1,2,3,4,4a,5-hexahydro-1*t*,4*t*-ätheno-naphthalin-2*t*,3*t*,5*t*,6-tetracarbonsäure-2,3;5,6-dianhydrid) mit wss. Natronlauge und Behandeln einer Lösung des nach dem Ansäuern mit wss. Salzsäure erhaltenen 7-Benzhydryl-9*anti*-hydroxy-9*syn*-methoxy-8-[4-methoxy-phenyl]-(4a*r*)-1,2,3,4,4a,5-hexahydro-1*t*,4*t*-äthano-naphthalin-

2*t*,3*t*,5*t*,6-tetracarbonsäure-5-lactons (?; $C_{37}H_{32}O_{10}$; F: 205° [Zers.]) in Methanol
mit Diazomethan in Äther (*Al. et al.*, l. c. S. 112).
    Krystalle (aus Me.); F: 249—250°.
    Beim Erhitzen mit Ameisensäure und Behandeln des Reaktionsprodukts mit Diazo=
methan in Äther ist 7-Benzhydryl-8-[4-methoxy-phenyl]-9-oxo-1,2,3,4,4a,5-hexahydro-
1,4-äthano-naphthalin-2,3,5,6-tetracarbonsäure-tetramethylester vom F: 237° (vermutlich 7-Benzhydryl-8-[4-methoxy-phenyl]-9-oxo-(4a*r*)-1,2,3,4,4a,5-hexahydro-1*t*,4*t*-äthano-
naphthalin-2*t*,3*t*,5*t*,6-tetracarbonsäure-tetramethylester) erhalten worden.

    b) Opt.-inakt. Stereoisomeres vom F: 241°, vermutlich **(±)-7-Benzhydryl-
9*anti*-hydroxy-9*syn*-methoxy-8-[4-methoxy-phenyl]-(4a*r*)-1,2,3,4,4a,5-hexahydro-
1*t*,4*t*-äthano-naphthalin-2*c*,3*c*,5*t*,6-tetracarbonsäure-5-lacton-2,3,6-trimethylester,**
Formel VI + Spiegelbild.
    Bezüglich der Konfiguration s. *Alder et al.*, B. **92** [1959] 99, 104.
    B. Beim Behandeln von opt.-inakt. 7-Benzhydryl-9-methoxy-8-[4-methoxy-phenyl]-
1,2,3,4,4a,5-hexahydro-1,4-äthano-naphthalin-2,3,5,6-tetracarbonsäure-2,3;5,6-dianhydr=
id vom F: 287° (vermutlich (±)-7-Benzhydryl-9-methoxy-8-[4-methoxy-phenyl]-(4a*r*)-
1,2,3,4,4a,5-hexahydro-1*t*,4*t*-äthano-naphthalin-2*c*,3*c*,5*t*,6-tetracarbonsäure-2,3;5,6-di=
anhydrid) mit wss. Natronlauge und Behandeln einer Lösung des nach dem Ansäuern
mit wss. Salzsäure erhaltenen 7-Benzhydryl-9*anti*-hydroxy-9*syn*-methoxy-
8-[4-methoxy-phenyl]-(4a*r*)-1,2,3,4,4a,5-hexahydro-1*t*,4*t*-äthano-naphthalin-
2*c*,3*c*,5*t*,6-tetracarbonsäure-5-lactons (?; $C_{37}H_{32}O_{10}$; F: 225° [Zers.]) in Methanol
mit Diazomethan in Äther (*Al. et al.*, l. c. S. 112).
    Krystalle (aus Me.); F: 240—241°.
    Beim Erhitzen mit Ameisensäure und Behandeln des Reaktionsprodukts mit Diazo=
methan in Äther ist 7-Benzhydryl-8-[4-methoxy-phenyl]-9-oxo-1,2,3,4,4a,5-hexahydro-
1,4-äthano-naphthalin-2,3,5,6-tetracarbonsäure-tetramethylester vom F: 229° (vermutlich 7-Benzhydryl-8-[4-methoxy-phenyl]-9-oxo-(4a*r*)-1,2,3,4,4a,5-hexahydro-1*t*,4*t*-äthano-
naphthalin-2*c*,3*c*,5*t*,6-tetracarbonsäure-tetramethylester) erhalten worden.

7. Hydroxy-oxo-carbonsäuren mit elf Sauerstoff-Atomen

Hydroxy-oxo-carbonsäuren $C_nH_{2n-16}O_{11}$

(*Ξ*)-[(3*Ξ*)-3*r*-Carboxy-5,6,7-trihydroxy-1-oxo-isochroman-4*c*-yl]-bernsteinsäure
$C_{14}H_{12}O_{11}$, Formel I (R = H, X = OH) oder Spiegelbild.
    Diese Konstitution und Konfiguration kommt der früher (s. E II **18** 404) beschriebenen
Chebulsäure zu (*Haslam, Uddin*, Soc. [C] **1967** 2381, 2382; *Jochims et al.*, A. **717** [1968]
169, 177).
    UV-Spektrum (210—340 nm): *Schmidt, Mayer*, A. **571** [1951] 1, 3.

(*Ξ*)-[(3*Ξ*)-3*r*-Carboxy-5,6,7-trimethoxy-1-oxo-isochroman-4*c*-yl]-bernsteinsäure
$C_{17}H_{18}O_{11}$, Formel I (R = CH$_3$, X = OH) oder Spiegelbild.
    Diese Konstitution und Konfiguration kommt der nachstehend beschriebenen **Tri-
O-methyl-chebulsäure** zu.

B. Beim Erwärmen einer Lösung von Tri-*O*-methyl-chebulsäure-trimethylester (s. u.) in Methanol mit wss. Natronlauge (*Schmidt et al.*, B. **80** [1947] 510, 515; s. a. *Mayer*, A. **571** [1951] 15, 17). Beim Behandeln einer Lösung von Chebulagsäure (Syst. Nr. 3030) in Aceton mit Diazomethan in Äther und aufeinanderfolgenden Behandeln des Reaktions-produkts mit Kaliummethylat in Chloroform, mit wss.-methanol. Kalilauge und mit wss. Schwefelsäure (*Schmidt et al.*, A. **576** [1952] 75, 80).

$[\alpha]_D^{20}$: +38,1° [W.; c = 2] (*Sch. et al.*, B. **80** 515); $[\alpha]_D^{20}$: +37,8° [W.; c = 2] (*Ma.*).

Beim Erhitzen mit Kupfer unter 0,5 Torr bis auf 290° und Behandeln des Reaktions-produkts mit Diazomethan in Äther sind 5,6,7-Trimethoxy-1-oxo-1*H*-isochromen-3-carbonsäure-methylester, eine Verbindung $C_{17}H_{18}O_8$ (Krystalle [aus Me.], F: 141°, $[\alpha]_D^{20}$: 0° [Me.]; Phenylhydrazon $C_{23}H_{24}N_2O_7$, F: 214°; 2,4-Dinitro-phenyl-hydrazon $C_{23}H_{22}N_4O_{11}$, F: 233—234°) und eine Verbindung $C_{17}H_{18}O_8$ (Krystalle [aus Me.], F: 149°; $[\alpha]_D^{20}$: +238° [CHCl_3]; Phenylhydrazon $C_{23}H_{24}N_2O_7$, F: 197—198°) erhalten worden (*Haworth, de Silva*, Soc. **1954** 3611, 3615). Bildung von 4-Methoxy-carbonylmethyl-5-oxo-tetrahydro-furan-2,3-dicarbonsäure-dimethylester (F: 82°; $[\alpha]_D^{20}$: +117,5° [Me.]) beim Behandeln einer Lösung in wss. Schwefelsäure mit Kaliumper-manganat und Behandeln des Reaktionsprodukts mit Diazomethan: *Schmidt, Mayer*, A. **571** [1951] 1, 11.

(*Ξ*)-[(3*Ξ*)-3r-Methoxycarbonyl-5,6,7-trimethoxy-1-oxo-isochroman-4c-yl]-bernstein-säure-dimethylester $C_{20}H_{24}O_{11}$, Formel I (R = CH_3, X = O-CH_3) oder Spiegelbild.

Diese Konstitution und Konfiguration kommt dem nachstehend beschriebenen **Tri-*O*-methyl-chebulsäure-trimethylester** zu.

B. Beim Behandeln einer Lösung von Chebulsäure (S. 6693) in Methanol mit Diazo-methan in Äther (*Schmidt et al.*, B. **80** [1947] 510, 514). Beim Behandeln einer Lösung von Tri-*O*-methyl-chebulsäure (S. 6693) in Aceton mit Diazomethan in Äther (*Schmidt, Mayer*, A. **571** [1951] 1, 10; *Haworth, de Silva*, Soc. **1954** 3611, 3614).

Bei 202—204°/0,01 Torr (*Sch., Ma.*) bzw. bei 215°/0,01 Torr (*Sch. et al.*) destillierbar. $[\alpha]_D^{20}$: +49,3° [Me.; c = 2] (*Sch., Ma.*); $[\alpha]_D^{20}$: +49,2° [Me.; c = 2] (*Sch. et al.*).

I   II

(*Ξ*)-[(3*Ξ*)-3r-Äthoxycarbonyl-5,6,7-trihydroxy-1-oxo-isochroman-4c-yl]-bernsteinsäure-diäthylester $C_{20}H_{24}O_{11}$, Formel I (R = H, X = O-C_2H_5) oder Spiegelbild.

Diese Konstitution und Konfiguration kommt dem nachstehend beschriebenen **Chebul-säure-triäthylester** zu.

B. Beim Erwärmen von Chebulsäure (S. 6693) mit Chlorwasserstoff enthaltendem Äthanol (*Schmidt et al.*, B. **85** [1952] 408).

Krystalle (aus Me. + W. oder aus E.); F: 188° [unkorr.]. $[\alpha]_D^{20}$: +21,2° [A.; c = 1].

(*Ξ*)-[(3*Ξ*)-5,6,7-Triacetoxy-3r-äthoxycarbonyl-1-oxo-isochroman-4c-yl]-bernsteinsäure-diäthylester $C_{26}H_{30}O_{14}$, Formel I (R = CO-CH_3, X = O-C_2H_5) oder Spiegelbild.

Diese Konstitution und Konfiguration kommt dem nachstehend beschriebenen **Tri-**

O-acetyl-chebulsäure-triäthylester zu.

B. Beim Behandeln von Chebulsäure-triäthylester (S. 6694) mit Acetanhydrid und Pyridin (*Schmidt et al.*, B. **85** [1952] 408).

Krystalle (aus A.); F: 139—141° [unkorr.]. $[\alpha]_D^{20}$: +26,5° [Me.; c = 1].

(*Ξ*)-2-[(3*Ξ*)-3*r*-Carboxy-5,6,7-trihydroxy-1-oxo-isochroman-4*c*-yl]-bernsteinsäure-1-[*O*¹,*O*³,*O*⁶-trigalloyl-*β*-D-glucopyranose-4-ylester] $C_{41}H_{34}O_{28}$, vgl. Formel II (R = X = H).

Diese Konstitution kommt der nachstehend beschriebenen **Neochebulinsäure** zu (*Haslam, Uddin*, Soc. [C] **1967** 2381, 2384); die absolute Konfiguration des Aglycons ist ungewiss.

B. Bei mehrtägigem Erwärmen von Chebulinsäure (Syst. Nr. 2986) mit wss. Aceton (*Schmidt et al.*, A. **609** [1957] 192, 194).

Krystalle (aus W.) mit 6 Mol H_2O, F: 193—195° [korr.; Zers.]; $[\alpha]_D^{20}$: +12,4° [A.; c = 2] [wasserfreies Präparat] (*Sch. et al.*).

(*Ξ*)-2-[(*Ξ*)-5,6,7-Trimethoxy-3*r*-methoxycarbonyl-1-oxo-isochroman-4*c*-yl]-bernsteinsäure-4-methylester-1-[*O*¹,*O*³,*O*⁶-tris-(3,4,5-trimethoxy-benzoyl)-*β*-D-glucopyranose-4-ylester] $C_{55}H_{62}O_{28}$, vgl. Formel II (R = CH₃, X = H).

Diese Konstitution kommt dem nachstehend beschriebenen D o d e c a - *O* - m e t h y l - n e o c h e b u l i n s ä u r e - d i m e t h y l e s t e r zu; die absolute Konfiguration des Aglycons ist ungewiss.

B. Beim Behandeln einer Lösung von Neochebulinsäure (s. o.) in Aceton mit Diazomethan in Äther (*Schmidt et al.*, A. **609** [1957] 192, 195).

Amorph. $[\alpha]_D^{20}$: +29,4° [Acn.; c = 2].

(*Ξ*)-2-[(3*Ξ*)-5,6,7-Trimethoxy-3*r*-methoxycarbonyl-1-oxo-isochroman-4*c*-yl]-bernsteinsäure-4-methylester-1-[*O*²-methyl-*O*¹,*O*³,*O*⁶-tris-(3,4,5-trimethoxy-benzoyl)-*β*-D-glucopyranose-4-ylester] $C_{56}H_{64}O_{28}$, vgl. Formel II (R = X = CH₃).

Diese Konstitution kommt dem nachstehend beschriebenen **Trideca-*O*-methyl-neochebulinsäure-dimethylester** zu; die absolute Konfiguration des Aglycons ist ungewiss.

B. Beim Erwärmen von Dodeca-*O*-methyl-neochebulinsäure-dimethylester (s. o.) mit Methyljodid, Silberoxid und Calciumsulfat (*Schmidt et al.*, A. **609** [1957] 192, 196).

Amorph. $[\alpha]_D^{20}$: +20,9° [Acn.; c = 1].

(*Ξ*)-[(3*Ξ*)-3*r*-Carbamoyl-5,6,7-trimethoxy-1-oxo-isochroman-4*c*-yl]-bernsteinsäurediamid $C_{17}H_{21}N_3O_8$, Formel I (R = CH₃, X = NH₂) oder Spiegelbild.

Diese Konstitution und Konfiguration kommt dem nachstehend beschriebenen **Tri-*O*-methyl-chebulsäure-triamid** zu.

B. Beim Behandeln von Tri-*O*-methyl-chebulsäure-trimethylester (S. 6694) mit Ammoniak in Methanol (*Schmidt, Mayer*, A. **571** [1951] 1, 9).

Krystalle; F: 257° [unkorr.; Zers.; aus W. oder A.) (*Sch., Ma.*), 254° (*Schmidt et al.*, B. **85** [1952] 408). $[\alpha]_D^{20}$: +49,5° [W.] (*Sch. et al.*); $[\alpha]_D^{20}$: +48,7° [W.; c = 2] (*Sch., Ma.*).

Hydroxy-oxo-carbonsäuren $C_nH_{2n-32}O_{11}$

III

2-[9-Acetyl-9-äthoxycarbonyl-2,7-dihydroxy-xanthen-3-yl]-2-[2,5-dihydroxy-phenyl]-acetessigsäure-äthylester, 9-Acetyl-3-[1-äthoxycarbonyl-1-(2,5-dihydroxy-phenyl)-2-oxo-propyl]-2,7-dihydroxy-xanthen-9-carbonsäure-äthylester $C_{30}H_{28}O_{11}$, Formel III.

Diese Konstitution kommt vermutlich der nachstehend beschriebenen opt.-inakt. Verbindung zu (*Grinew et al.*, Ž. obšč. Chim. **28** [1958] 1856, 1857; engl. Ausg. S. 1900, 1901).

B. Beim Behandeln von [1,4]Benzochinon mit Acetessigsäure-äthylester, Äthanol, Äther und Zinkchlorid (*Gr. et al.*).

Krystalle; F: 206,5—207°.

8. Hydroxy-oxo-carbonsäuren mit zwölf Sauerstoff-Atomen

Hydroxy-oxo-carbonsäuren $C_nH_{2n-24}O_{12}$

7-ξ-D-Glucopyranosyl-3,5,8-trihydroxy-1-methyl-9,10-dioxo-9,10-dihydro-anthracen-2-carbonsäure $C_{22}H_{20}O_{12}$, Formel IV (R = H).

Diese Konstitution und Konfiguration ist der **Desoxycarminsäure** (s. E II **10** 776) auf Grund ihrer genetischen Beziehung zu Carminsäure (S. 6697) zuzuordnen. Dement-sprechend ist die Heptaacetyl-desoxycarminsäure ($C_{36}H_{34}O_{19}$; s. E II **10** 776) als 3,5,8-Triacetoxy-1-methyl-9,10-dioxo-7-[tetra-*O*-acetyl-ξ-D-glucopyran=osyl]-9,10-dihydro-anthracen-2-carbonsäure (Formel IV [R = CO-CH$_3$]) zu for-mulieren.

IV

Hydroxy-oxo-carbonsäuren $C_nH_{2n-30}O_{12}$

4-Oxo-2,6-bis-[3,4,5-trimethoxy-*trans*(?)-styryl]-4H-pyran-3,5-dicarbonsäure $C_{29}H_{28}O_{12}$, vermutlich Formel V.

B. Beim Behandeln von 2,6-Dimethyl-4-oxo-4*H*-pyran-3,5-dicarbonsäure-diäthylester mit 3,4,5-Trimethoxy-benzaldehyd und äthanol. Natronlauge (*Hebký*, *Kejha*, Chem. Listy **50** [1956] 834; C. A. **1956** 15532).

Oberhalb 270° erfolgt Zersetzung.

V   VI

Hydroxy-oxo-carbonsäuren $C_nH_{2n-38}O_{12}$

(±)-2',3',5'-Triacetoxy-6'-[7ξ-carboxy-1,3-dioxo-(3ar,7ac)-1,3,3a,4,7,7a-hexahydro-iso$_\flat$benzofuran-4ξ-yl]-p-terphenyl-2,2''-dicarbonsäure $C_{35}H_{26}O_{15}$, Formel VI (R = CO-CH$_3$) + Spiegelbild.

B. Beim Erwärmen von Tri-*O*-acetyl-leukomuscarufin (E III **10** 2631) mit Maleinsäureanhydrid in Benzol (*Kögl, Erxleben*, A. **479** [1930] 11, 25).

Krystalle (aus Eg.); F: 286° [unkorr.].

9. Hydroxy-oxo-carbonsäuren mit dreizehn Sauerstoff-Atomen

Hydroxy-oxo-carbonsäuren $C_nH_{2n-24}O_{13}$

7-ξ-D-Glucopyranosyl-3,5,6,8-tetrahydroxy-1-methyl-9,10-dioxo-9,10-dihydro-anthracen-2-carbonsäure $C_{22}H_{20}O_{13}$, Formel VII (R = H).

Diese Konstitution und Konfiguration kommt der **Carminsäure** (s. E II **10** 776) zu (*Ali, Haynes*, Soc. **1959** 1033; *Overeem, van der Kerk*, R. **83** [1964] 1023, 1031; *Bhatia, Venkataraman*, Indian J. Chem. **3** [1965] 92). Entsprechend ist die Octaacetylcarmin$_\flat$säure ($C_{38}H_{36}O_{21}$; s. E II **10** 779) als 3,5,6,8-Tetraacetoxy-1-methyl-9,10-dioxo-7-[tetra-*O*-acetyl-ξ-D-glucopyranosyl]-9,10-dihydro-anthracen-2-carbon$_\flat$säure zu formulieren.

IR-Banden (Nujol) im Bereich von 1710 cm^{-1} bis 1500 cm^{-1}: *Ali, Ha.* Absorptionsspektrum einer Lösung der Säure in Wasser (275—305 nm) sowie einer Lösung des Natrium-Salzes in wss. Natronlauge (215—400 nm): *Hertzowa, Marchlewski*, Bl. Acad. polon. [A] **1934** 45, 56. Polarographie: *Furman, Stone*, Am. Soc. **70** [1948] 3055, 3057, 3059.

VII

7-ξ-D-Glucopyranosyl-3,5,6,8-tetramethoxy-1-methyl-9,10-dioxo-9,10-dihydro-anthracen-2-carbonsäure-methylester $C_{27}H_{30}O_{13}$, Formel VII (R = CH$_3$).

Diese Konstitution und Konfiguration kommt dem nachstehend beschriebenen **Tetra-*O*-methyl-carminsäure-methylester** zu.

B. Beim Behandeln einer Lösung von Carminsäure (s. o.) in Methanol mit Diazomethan in Äther (*Ali, Haynes*, Soc. **1959** 1033).

Gelbe Krystalle (aus Bzl. + Bzn.); F: 185—188°.

10. Hydroxy-oxo-carbonsäuren mit vierzehn Sauerstoff-Atomen

Hydroxy-oxo-carbonsäuren $C_nH_{2n-30}O_{14}$

2-[6-Carboxy-2,3,4-trimethoxy-phenyl]-3,4,5,6,7-pentamethoxy-9-oxo-xanthen-1-carbon$_\flat$säure, Octa-*O*-methyl-valoneaxanthon $C_{29}H_{28}O_{14}$, Formel VIII (R = X = H).

B. Beim Erwärmen von Octa-*O*-methyl-valoneaxanthon-dimethylester (S. 6698) mit

Methanol und anschliessend mit wss.-methanol. Kalilauge (*Schmidt, Komarek*, A. **591** [1955] 156, 176).

Krystalle (aus wss. Me.), die bei ca. 240° schmelzen.

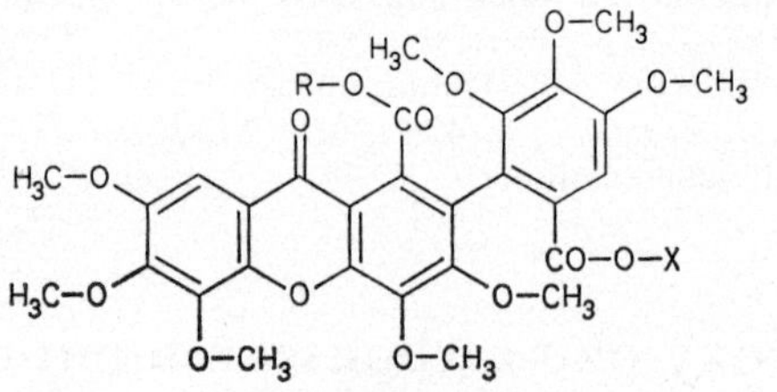

VIII

2-[6-Carboxy-2,3,4-trimethoxy-phenyl]-3,4,5,6,7-pentamethoxy-9-oxo-xanthen-1-carbon=säure-methylester, 3,4,5-Trimethoxy-2-[3,4,5,6,7-pentamethoxy-1-methoxycarbonyl-9-oxo-xanthen-2-yl]-benzoesäure, Octa-*O*-methyl-valoneaxanthon-mono=methylester $C_{30}H_{30}O_{14}$, Formel VIII (R = CH_3, X = H).

B. Beim Erwärmen von Octa-*O*-methyl-valoneaxanthon-dimethylester (s. u.) mit methanol. Kalilauge (*Schmidt, Komarek*, A. **591** [1955] 156, 176).

Krystalle (aus wss. Me.) mit 1 Mol H_2O, die bei ca. 148° schmelzen.

3,4,5,6,7-Pentamethoxy-9-oxo-2-[2,3,4-trimethoxy-6-methoxycarbonyl-phenyl]-xanthen-1-carbonsäure-methylester, Octa-*O*-methyl-valoneaxanthon-dimethylester $C_{31}H_{32}O_{14}$, Formel VIII (R = X = CH_3).

B. Beim Erwärmen von Valoneaxanthon (1,2,6,8,9,10-Hexahydroxy-5,7,14-trioxa-naphtho[2,1,8-*qra*]naphthacen-4,12,13-trion), von Hexa-*O*-methyl-valoneaxanthon oder von Hexa-*O*-acetyl-valoneaxanthon mit Dimethylsulfat und wss. Natronlauge (*Schmidt, Komarek*, A. **591** [1955] 156, 175).

Krystalle (aus Me.); F: 182° [korr.].

[*Bohle*]

V. Sulfinsäuren

A. Monosulfinsäuren

Monosulfinsäuren $C_nH_{2n-4}O_3S$

Furan-2-sulfinsäure $C_4H_4O_3S$, Formel I.

B. Beim Behandeln einer Lösung von [2]Furyllithium in Äther (aus Furan und Butyl=
lithium in Äther hergestellt) mit Schwefeldioxid bei —25° (*Scully, Brown,* J. org. Chem.
19 [1954] 894, 900) oder mit einer Lösung von Schwefeldioxid in Äther bei —40° (*Truce,
Wellisch,* Am. Soc. **74** [1952] 5177).

Lithium-Salz $LiC_4H_3O_3S$. Krystalle [aus Dimethylformamid] (*Tr., We.*). Beim An=
säuern von wss. Lösungen erfolgt Zersetzung (*Tr., We.*).

I   II   III   IV

Thiophen-2-sulfinsäure $C_4H_4O_2S_2$, Formel II (H 566).

B. Beim Behandeln einer Lösung von [2]Thienyllithium in Äther (aus Thiophen und
Butyllithium in Äther hergestellt) mit einer Lösung von Schwefeldioxid in Äther bei —30°
(*Truce, Wellisch,* Am. Soc. **74** [1952] 5177). Beim Behandeln von Thiophen-2-sulfonyl=
chlorid mit wss. Natriumsulfit-Lösung (*Burton, Davy,* Soc. **1948** 525; s. a. *Cymerman,
Lowe,* Soc. **1949** 1666).

Krystalle; F: 72—73° (*Bu., Davy*), 65—67° (*Tr., We.*).

Beim Behandeln einer wss. Lösung mit wss. Jodwasserstoffsäure ist eine als Di-
[2]thienyl-disulfoxid (Formel III) angesehene Verbindung $C_8H_6O_2S_4$ (Krystalle [aus
wss. A.]; F:46—47°), für die aber auch die Formulierung als Thiophen-2-thiosulfon=
säure-*S*-[2]thienylester ($C_8H_6O_2S_4$; Formel IV) in Betracht kommt, erhalten worden
(*Cy., Lowe*).

Lithium-Salz $LiC_4H_3O_2S_2$. Krystalle [aus Py.] (*Tr., We.*).

Thiophen-3-sulfinsäure $C_4H_4O_2S_2$, Formel V.

B. Beim Behandeln einer Lösung von [3]Thienyllithium in Äther mit einer Lösung von
Schwefeldioxid in Äther (*Gronowitz,* Ark. Kemi **13** [1958] 269, 277).

Bei 55—63° schmelzend [Rohprodukt; aus Ae.].

V   VI   VII

[2]Furyl-methanthiosulfinsäure-*S*-furfurylester, Difurfuryldisulfan-monooxid
$C_{10}H_{10}O_3S_2$, Formel VI.

B. Beim Behandeln von Difurfuryldisulfid mit Essigsäure und wss. Wasserstoffperoxid
(*Kametani et al.,* Japan. J. Pharm. Chem. **31** [1959] 125, 131; C. A. **1960** 11 018).

$Kp_{0,08}$: 92—98°. IR-Spektrum (2,5—15 μ): *Ka. et al.,* l. c. S. 128.

[2]Thienyl-methanthiosulfinsäure-*S*-[2]thienylmethylester, Bis-[2]thienylmethyl-
disulfan-monooxid $C_{10}H_{10}OS_4$, Formel VII.

B. Beim Behandeln von Bis-[2]thienylmethyl-disulfid mit Essigsäure und wss. Wasser=

stoffperoxid (*Kametani et al.*, Japan. J. Pharm. Chem. **31** [1959] 125, 130; C. A. **1960** 11018).

Kp$_{0,09}$: 140°. IR-Spektrum (2,5—15 μ): *Ka. et al.*, l. c. S. 128.

Monosulfinsäuren C$_n$H$_{2n-16}$O$_3$S

Dibenzofuran-2-sulfinsäure C$_{12}$H$_8$O$_3$S, Formel VIII.

B. Beim Erwärmen von Dibenzofuran-2-sulfonylchlorid mit Zink-Pulver und Wasser (*Gilman et al.*, Am. Soc. **56** [1934] 1412).

Natrium-Salz NaC$_{12}$H$_7$O$_3$S. Krystalle (aus W.).

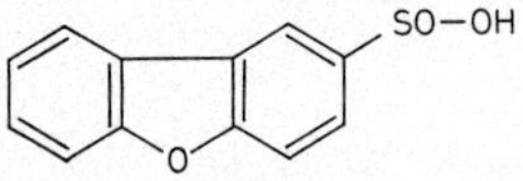

VIII 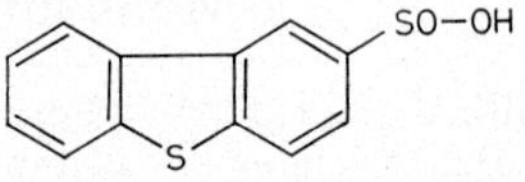 IX

Dibenzothiophen-2-sulfinsäure C$_{12}$H$_8$O$_2$S$_2$, Formel IX.

B. Beim Erwärmen von Dibenzothiophen-2-sulfonylchlorid mit Zink-Pulver und Wasser (*Courtot, Kelner*, C. r. **198** [1934] 2003).

Krystalle (aus W.) mit 1 Mol H$_2$O; F: 121°.

Beim weiteren Behandeln mit Zink-Pulver und Wasser ist Bis-dibenzothiophen-2-yl-disulfid erhalten worden.

Natrium-Salz. Krystalle [aus W.].

Barium-Salz. Krystalle [aus W.].

B. Disulfinsäuren

Disulfinsäuren C$_n$H$_{2n-16}$O$_5$S$_2$

Dibenzofuran-2,8-disulfinsäure C$_{12}$H$_8$O$_5$S$_2$, Formel I.

Dinatrium-Salz Na$_2$C$_{12}$H$_6$O$_5$S$_2$. *B.* Beim Erwärmen von Dibenzofuran-2,8-di= sulfonylchlorid mit Zink-Pulver und Wasser und Behandeln des Reaktionsgemisches mit wss. Natronlauge und Natriumcarbonat (*Gilman et al.*, Am. Soc. **56** [1934] 1412). — Krystalle. — Beim Erwärmen mit Quecksilber(II)-chlorid und Wasser ist 2,8-Bis-chloro= mercurio-dibenzofuran erhalten worden.

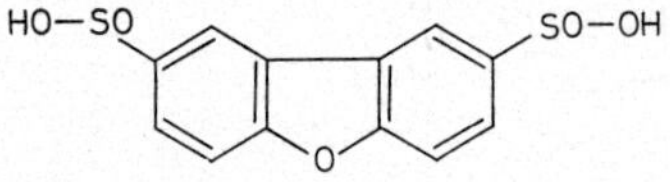

I 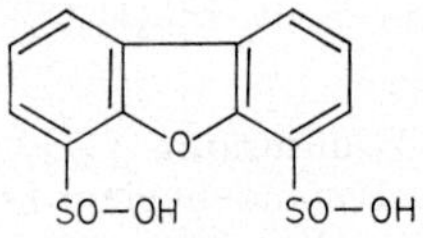 II

Dibenzofuran-4,6-disulfinsäure C$_{12}$H$_8$O$_5$S$_2$, Formel II.

B. Beim Behandeln von Dibenzofuran mit Butylnatrium in Äther und Behandeln einer Suspension des Reaktionsprodukts in Äther mit Schwefeldioxid bei —18° (*Gilman, Young*, Am. Soc. **57** [1935] 1121).

Bei 183—185° erfolgt Zersetzung.

C. Hydroxysulfinsäuren

Sulfino-Derivate der Hydroxy-Verbindungen C$_n$H$_{2n}$O$_5$

(2*S*)-3*t*,4*c*,5*t*-Triacetoxy-6*c*-acetoxymethyl-tetrahydro-pyran-2*r*-thiosulfinsäure-*S*-[tetra-*O*-acetyl-β-D-glucopyranosylester], Bis-[tetra-*O*-acetyl-β-D-glucopyranosyl]-disulfan-monooxid C$_{28}$H$_{38}$O$_{19}$S$_2$, Formel III (R = CO-CH$_3$).

B. Beim Behandeln von *O*^{2},*O*^{3},*O*^{4},*O*^{6}-Tetraacetyl-1-thio-D-glucose oder von *S*-[Tetra-

O-acetyl-β-D-glucopyranosyl]-isothiuronium-bromid mit Natriumnitrit bzw. Kaliumnitrit und wss. Essigsäure (*Schneider, Bansa*, B. **66** [1933] 1973). Beim Behandeln einer Lösung von Bis-[tetra-*O*-acetyl-β-D-glucopyranosyl]-disulfid in Essigsäure mit wss. Wasserstoff= peroxid (*Sch., Ba.*).

Krystalle (aus Dioxan + W.), F: 169°; $[\alpha]_D^{20}$: $-41,9°$ [1,1,2,2-Tetrachlor-äthan; c = 1] (*Sch., Ba.*).

Über eine unter der gleichen Konstitution und Konfiguration beschriebene Verbindung (Krystalle [aus A.], F: 152,5—153°; $[\alpha]_D^{22}$: $-52,1°$ [CHCl$_3$; c = 3]) s. *Bell, Horton*, Carbo-hydrate Res. **9** [1969] 187, 197.

III   IV

D. Oxosulfinsäuren

Sulfino-Derivate der Oxo-Verbindungen C$_n$H$_{2n-4}$O$_2$

N-[5-Sulfino-3*H*-[2]thienyliden]-phthalamidsäure C$_{12}$H$_9$NO$_5$S$_2$, Formel IV, und
N-[5-Sulfino-[2]thienyl]-phthalamidsäure C$_{12}$H$_9$NO$_5$S$_2$, Formel V.

B. Beim Erwärmen von 5-Phthalimido-thiophen-2-sulfonylchlorid mit wss. Natrium= sulfit-Lösung und Natriumhydrogencarbonat (*Cymerman-Craig et al.*, Soc. **1956** 4114, 4115).

Hemihydrat C$_{12}$H$_9$NO$_5$S$_2 \cdot$0,5 H$_2$O. F: 138°.

Beim Behandeln mit Säuren oder hydroxylgruppenhaltigen Lösungsmitteln ist *N*-[2]Thienyl-phthalimid, beim Behandeln mit aprotischen Lösungsmitteln ist *N*-[2]Thi= enyl-phthalamidsäure erhalten worden.

E. Hydroxy-oxo-sulfinsäuren

Sulfino-Derivate der Hydroxy-oxo-Verbindungen C$_n$H$_{2n-12}$O$_3$

6-Hydroxy-2-oxo-2*H*-chromen-5-sulfinsäure C$_9$H$_6$O$_5$S, Formel VI.

B. Beim Behandeln von 6-Hydroxy-cumarin mit Thionylchlorid und Aluminium= chlorid (*Usgaonkar, Jadhav*, J. Indian chem. Soc. **36** [1959] 346).

F: 153° [Zers.].

Ammonium-Salz [NH$_4$]C$_9$H$_5$O$_5$S. Krystalle [aus wss. A.].

Kalium-Salz. Krystalle [aus wss. A.].

S-Benzyl-isothiuronium-Salz [C$_8$H$_{11}$N$_2$S]C$_9$H$_5$O$_5$S. Krystalle (aus A.); F: 145° [Zers.].

V   VI   VII

5-Hydroxy-4-methyl-2-oxo-2H-chromen-6-sulfinsäure $C_{10}H_8O_5S$, Formel VII.

B. Beim Behandeln von 5-Hydroxy-4-methyl-cumarin mit Thionylchlorid und Alu=
miniumchlorid (*Usgaonkar, Jadhav,* J. Indian chem. Soc. **36** [1959] 176).

F: 145—147° [Zers.].

Ammonium-Salz $[NH_4]C_{10}H_7O_5S$. Krystalle (aus wss. A.); Zers. bei 190°.

S-Benzyl-isothiuronium-Salz $[C_8H_{11}N_2S]C_{10}H_7O_5S$. Krystalle (aus wss. A.); F:
145—147° [Zers.].

7-Hydroxy-4-methyl-2-oxo-2H-chromen-8-sulfinsäure $C_{10}H_8O_5S$, Formel VIII.

B. Beim Behandeln von 7-Hydroxy-4-methyl-cumarin mit Thionylchlorid und Alu=
miniumchlorid (*Usgaonkar, Jadhav,* J. Indian chem. Soc. **35** [1958] 251, 253).

F: 175—177° [Zers.].

Ammonium-Salz $[NH_4]C_{10}H_7O_5S$. Krystalle (aus wss. A.); F: 205—207° [Zers.].

S-Benzyl-isothiuronium-Salz $[C_8H_{11}N_2S]C_{10}H_7O_5S$. Krystalle (aus wss. A.); F:
121—123° [Zers.].

7-Hydroxy-3,4-dimethyl-2-oxo-2H-chromen-8-sulfinsäure $C_{11}H_{10}O_5S$, Formel IX.

B. Beim Behandeln von 7-Hydroxy-3,4-dimethyl-cumarin mit Thionylchlorid und
Aluminiumchlorid (*Usgaonkar, Jadhav,* J. Indian chem. Soc. **35** [1958] 251, 254).

Krystalle (aus A.); F: 169—170° [Zers.].

Ammonium-Salz $[NH_4]C_{11}H_9O_5S$. Krystalle (aus wss. A.); F: 205—207° [Zers.].

S-Benzyl-isothiuronium-Salz $[C_8H_{11}N_2S]C_{11}H_9O_5S$. Krystalle (aus A.); F: 185°
bis 187° [Zers.].

VIII   IX   X

5-Hydroxy-4,7-dimethyl-2-oxo-2H-chromen-6-sulfinsäure $C_{11}H_{10}O_5S$, Formel X.

B. Beim Behandeln von 5-Hydroxy-4,7-dimethyl-cumarin mit Thionylchlorid und
Aluminiumchlorid (*Usgaonkar, Jadhav,* J. Indian chem. Soc. **36** [1959] 176).

F: 165° [Zers.].

Ammonium-Salz $[NH_4]C_{11}H_9O_5S$. Krystalle (aus A.); F: 212—214° [Zers.].

S-Benzyl-isothiuronium-Salz $[C_8H_{11}N_2S]C_{11}H_9O_5S$. Krystalle (aus A.); F: 171°
bis 173° [Zers.].

6-Äthyl-7-hydroxy-4-methyl-2-oxo-2H-chromen-8-sulfinsäure $C_{12}H_{12}O_5S$, Formel XI.

B. Beim Behandeln von 6-Äthyl-7-hydroxy-4-methyl-cumarin mit Thionylchlorid und
Aluminiumchlorid (*Usgaonkar, Jadhav,* J. Indian chem. Soc. **35** [1958] 251, 255).

Krystalle (aus wss. A.); F: 165—167° [Zers.].

Ammonium-Salz $[NH_4]C_{12}H_{11}O_5S$. Krystalle (aus wss. A.), die bei 213—225° [Zers.]
schmelzen.

S-Benzyl-isothiuronium-Salz $[C_8H_{11}N_2S]C_{12}H_{11}O_5S$. Krystalle (aus wss. A.); F:
167—168° [Zers.].

8-Äthyl-7-hydroxy-4-methyl-2-oxo-2H-chromen-6-sulfinsäure $C_{12}H_{12}O_5S$, Formel XII.

B. Beim Behandeln von 8-Äthyl-7-hydroxy-4-methyl-cumarin mit Thionylchlorid und
Aluminiumchlorid (*Usgaonkar, Jadhav,* J. Indian chem. Soc. **35** [1958] 775, 777).

Krystalle (aus wss. A.); F: 155° [Zers.].

Ammonium-Salz $[NH_4]C_{12}H_{11}O_5S$. Krystalle (aus wss. A.); F: 204—205° [Zers.].

S-Benzyl-isothiuronium-Salz $[C_8H_{11}N_2S]C_{12}H_{11}O_5S$. Krystalle (aus wss. A.);
F: 190—192° [Zers.].

XI   XII   XIII

7-Hydroxy-4-methyl-2-oxo-6-propyl-2H-chromen-8-sulfinsäure $C_{13}H_{14}O_5S$, Formel XIII.

B. Beim Behandeln von 7-Hydroxy-4-methyl-6-propyl-cumarin mit Thionylchlorid und Aluminiumchlorid (*Usgaonkar, Jadhav*, J. Indian chem. Soc. **35** [1958] 775).

Krystalle (aus A.); F: 177—178° [Zers.].

Ammonium-Salz [NH_4]$C_{13}H_{13}O_5S$. Krystalle (aus wss. A.); F: 214—215° [Zers.].

S-Benzyl-isothiuronium-Salz [$C_8H_{11}N_2S$]$C_{13}H_{13}O_5S$. Krystalle (aus A.); F: 155° bis 156° [Zers.].

VI. Sulfonsäuren

A. Monosulfonsäuren

Monosulfonsäuren $C_nH_{2n}O_4S$

(±)-Tetrahydro[2]furyl-methansulfonylchlorid $C_5H_9ClO_3S$, Formel I.
B. Beim Behandeln von (±)-*S*-Tetrahydrofurfuryl-isothioharnstoff (*Sprague, Johnson,* Am. Soc. **59** [1937] 2439) oder von (±)-Tetrahydrofurfurylthiocyanat (*Röhm & Haas Co.,* U.S.P. 2174856 [1938]) mit Wasser und mit Chlor.
Kp_5: 115—116°. n_D^{25}: 1,4915 (*Sp., Jo.*).

I — Tetrahydrofuranyl–CH₂–SO₂–Cl

II — Tetrahydrofuranyl–CH₂–SO₂–NH₂

I   II

(±)-Tetrahydro[2]furyl-methansulfonsäure-amid $C_5H_{11}NO_3S$, Formel II.
B. Aus (±)-Tetrahydro[2]furyl-methansulfonylchlorid (*Sprague, Johnson,* Am. Soc. **59** [1937] 2439).
F: 81,5—82,5°.

Monosulfonsäuren $C_nH_{2n-4}O_4S$

Furan-2-sulfonsäure $C_4H_4O_4S$, Formel III (X = OH).
B. Beim Behandeln von Furan mit 1-Sulfo-pyridinium-betain ohne Zusatz bei 100° (*Terent'ew, Kasizyna,* Ž. obšč. Chim. **18** [1948] 723, 727; C.A. **1949** 214) oder unter Zusatz von 1,2-Dichlor-äthan bei Raumtemperatur (*Scully, Brown,* J. org. Chem. **19** [1954] 894, 895, 898).
Hygroskopische Krystalle (*Te., Ka.*).
Natrium-Salz $NaC_4H_3O_4S$ (*Te., Ka.*).
Barium-Salz $Ba(C_4H_3O_4S)_2$ (*Te., Ka.*).
S-Benzyl-isothiuronium-Salz $[C_8H_{11}N_2S]C_4H_3O_4S$. Hygroskopische Krystalle; F: 205° [Zers.] (*Te., Ka.*).
p-Toluidin-Salz $C_7H_9N \cdot C_4H_4O_4S$. Krystalle (aus W.); F: 139—140° [korr.] (*Sc., Br.*).

Furan-2-sulfonsäure-amid, Furan-2-sulfonamid $C_4H_5NO_3S$, Formel III (X = NH₂).
B. Beim Behandeln einer Lösung von Furan-2-sulfonylchlorid (aus dem Natrium-Salz der Furan-2-sulfonsäure mit Hilfe von Phosphor(V)-chlorid hergestellt) in Äther mit wss. Ammoniak (*Scully, Brown,* J. org. Chem. **19** [1954] 894, 898). Aus 5-Sulfamoyl-furan-2-carbonsäure beim Erhitzen mit Kupfer-Pulver und Chinolin auf 190° (*Sc., Br.,* l. c. S. 900) sowie beim Erhitzen des Natrium-Salzes mit Quecksilber(II)-chlorid in Wasser und Erhitzen des Reaktionsprodukts mit wss. Salzsäure (*Cinńeide,* Nature **160** [1947] 260).
Krystalle; F: 122—123,5° (*Ci.*), 121—122° [korr.; aus W. oder Bzl.] (*Sc., Br.*).

Furan-2-sulfonsäure-[*N*-methyl-anilid], *N*-Methyl-furan-2-sulfonanilid $C_{11}H_{11}NO_3S$, Formel III (X = N(CH₃)-C₆H₅).
B. Beim aufeinanderfolgenden Erhitzen des Natrium-Salzes der 5-[Methyl-phenyl-sulfamoyl]-furan-2-carbonsäure (aus 5-Sulfo-furan-2-carbonsäure über mehrere Stufen hergestellt) mit wss. Quecksilber(II)-chlorid-Lösung und mit wss. Salzsäure (*Cinńeide,*

Nature **160** [1947] 260).
F: 95—98°.

5-Nitro-furan-2-sulfonsäure $C_4H_3NO_6S$, Formel IV (X = OH) (H 567).

B. Beim Erwärmen von 5-Nitro-furan-2-sulfonylchlorid mit Wasser (*Sasaki*, Pharm. Bl. **1** [1953] 339, 341).

Hygroskopische Krystalle; an der Luft nicht beständig.

p-Toluidin-Salz $C_7H_9N \cdot C_4H_3NO_6S$. Gelbliche Krystalle (aus W.); F: 185° [unkorr.; Zers.].

5-Nitro-furan-2-sulfonylchlorid $C_4H_2ClNO_5S$, Formel IV (X = Cl).

B. Beim Erhitzen des Kalium-Salzes der 5-Nitro-furan-2-sulfonsäure mit Phosphor(V)-chlorid auf 140° (*Sasaki*, Pharm. Bl. **1** [1953] 339, 341).

Gelbe Krystalle; F: 43°.

5-Nitro-furan-2-sulfonsäure-amid $C_4H_4N_2O_5S$, Formel IV (X = NH$_2$).

B. Beim Erwärmen von 5-Nitro-furan-2-sulfonylchlorid mit Ammoniumcarbonat (*Sasaki*, Pharm. Bl. **1** [1953] 339, 341).

Hellgelbe Krystalle (aus Acn.); F: 184,5—185° [unkorr.; Zers.].

5-Nitro-furan-2-sulfonsäure-anilid $C_{10}H_8N_2O_5S$, Formel IV (X = NH-C$_6$H$_5$).

B. Beim Behandeln einer Lösung von 5-Nitro-furan-2-sulfonylchlorid in Äther mit Pyridin und anschliessend mit Anilin (*Sasaki*, Pharm. Bl. **1** [1953] 339, 342).

Gelbe Krystalle (aus wss. A.); F: 108,5—109°[unkorr.].

5-Nitro-furan-2-sulfonsäure-*p*-toluidid $C_{11}H_{10}N_2O_5S$, Formel V (X = CH$_3$).

B. Beim Behandeln einer Lösung von 5-Nitro-furan-2-sulfonylchlorid in Äther mit Pyridin und anschliessend mit *p*-Toluidin (*Sasaki*, Pharm. Bl. **1** [1953] 339, 342).

Braune Krystalle (aus wss. Me.); F: 133—134° [unkorr.].

     III   IV   V

5-Nitro-furan-2-sulfonsäure-[1]naphthylamid $C_{14}H_{10}N_2O_5S$, Formel VI.

B. Beim Erwärmen von 5-Nitro-furan-2-sulfonylchlorid mit [1]Naphthylamin in Aceton (*Sasaki*, Pharm. Bl. **1** [1953] 339, 342).

Krystalle (aus A.); F: 223° [unkorr.; Zers.].

5-Nitro-furan-2-sulfonsäure-*p*-anisidid $C_{11}H_{10}N_2O_6S$, Formel V (X = O-CH$_3$).

B. Beim Erwärmen von 5-Nitro-furan-2-sulfonylchlorid mit *p*-Anisidin in Aceton (*Sasaki*, Pharm. Bl. **1** [1953] 339, 342).

Braune Krystalle (aus wss. A.); F: 178—179°[unkorr.; Zers.].

5-Nitro-furan-2-sulfonsäure-*p*-phenetidid $C_{12}H_{12}N_2O_6S$, Formel V (X = O-C$_2$H$_5$).

B. Beim Erwärmen von 5-Nitro-furan-2-sulfonylchlorid mit *p*-Phenitidin in Aceton (*Sasaki*, Pharm. Bl. **1** [1953] 339, 342).

Gelbe Krystalle (aus A.); F: 175° [unkorr.; Zers.].

4-[5-Nitro-furan-2-sulfonylamino]-benzoesäure-äthylester $C_{13}H_{12}N_2O_7S$, Formel V (X = CO-O-C$_2$H$_5$).

B. Beim Erwärmen von 5-Nitro-furan-2-sulfonylchlorid mit 4-Amino-benzoesäure-äthylester in Aceton (*Sasaki*, Pharm. Bl. **1** [1953] 339, 342).

Braune Krystalle (aus Me.); F: 163° [unkorr.].

Thiophen-2-sulfonsäure $C_4H_4O_3S_2$, Formel VII (X = OH) (H 567; E II 405).

B. Beim Behandeln von Thiophen mit dem Schwefeltrioxid-Addukt des 1-Sulfo-pyridinium-betains in 1,2-Dichlor-äthan (*Terent'ew, Kadatškiĭ*, Ž. obšč. Chim. **22** [1952] 153, 155; engl. Ausg. S. 189, 191) oder mit dem Dioxan-Schwefeltrioxid-Addukt in

1,2-Dichlor-äthan (*Terent'ew, Kadatškiǐ*, Ž. obšč. Chim. **23** [1953] 251; engl. Ausg. S. 263).

Barium-Salz Ba$(C_4H_3O_3S_2)_2$. Krystalle (*Te., Ka.*, Ž. obšč. Chim. **22** 155).

S-[1]Naphthyl-isothiuronium-Salz [$C_{11}H_{11}N_2S$]$C_4H_3O_3S_2$. Krystalle (aus W.); F: 174,5—175° (*Te., Ka.*, Ž. obšč. Chim. **22** 155).

VI   VII   VIII

2-Methyl-2-nitro-1-[thiophen-2-sulfonyloxy]-propan, Thiophen-2-sulfonsäure-[β-nitro-isobutylester] $C_8H_{11}NO_5S_2$, Formel VII (X = O-CH_2-C(CH_3)$_2$-NO_2).

B. Aus Thiophen-2-sulfonylchlorid und 2-Methyl-2-nitro-propan-1-ol (*Boyd, Hansen,* Am. Soc. **75** [1953] 3737).

Krystalle (aus wss. Me.); F: 85,7—86,7°.

Thiophen-2-sulfonsäure-[3-methoxy-phenylester] $C_{11}H_{10}O_4S_2$, Formel VIII.

B. Beim Behandeln von Thiophen-2-sulfonylchlorid mit 3-Methoxy-phenol und Pyridin (*Burton, Davy,* Soc. **1948** 525).

Krystalle (aus A. + Bzn.); F: 51—53°.

Thiophen-2-sulfonsäure-fluorid, Thiophen-2-sulfonylfluorid $C_4H_3FO_2S_2$, Formel VII (X = F).

B. Beim Erwärmen von Thiophen-2-sulfonylchlorid mit wss. Ammoniumfluorid-Lösung (*Steinkopf, Höpner,* A. **501** [1933] 174, 187).

F: —1° bis 0°. Kp_{20}: 94—96°.

Thiophen-2-sulfonsäure-chlorid, Thiophen-2-sulfonylchlorid $C_4H_3ClO_2S_2$, Formel VII (X = Cl) (H 567).

B. Beim Behandeln von Thiophen mit Chloroschwefelsäure ohne Zusatz (*Cymerman-Craig et al.,* Soc. **1956** 4114, 4116) oder unter Zusatz von Chloroform (*Foye et al.,* J. Am. pharm. Assoc. **41** [1952] 273, 275; *Blatt et al.,* J. org. Chem. **22** [1957] 1693). Beim Behandeln von Thiophen mit dem Schwefeltrioxid-Addukt des 1-Sulfo-pyridinium-betains und Erwärmen des Reaktionsgemisches mit Phosphor(V)-chlorid (*Terent'ew, Kadatškiǐ,* Ž. obšč. Chim. **22** [1952] 153, 155; engl. Ausg. S. 189, 191).

Krystalle; F: 32—33° (*Foye et al.*), 31,5—33° [aus PAe.] (*Steinkopf, Höpner,* A. **501** [1933] 174, 182). ^{1}H-NMR-Spektrum: *Takahashi et al.,* Bl. chem. Soc. Japan **32** [1959] 156, 158, 160. ^{35}Cl-Kernquadrupolresonanz-Absorption bei —196°: *Bray, Esteva,* J. chem. Physics **22** [1954] 570.

Beim Behandeln mit Salpetersäure sind 4-Nitro-thiophen-2-sulfonylchlorid (Haupt-produkt) und 5-Nitro-thiophen-2-sulfonylchlorid erhalten worden (*Bl. et al.*).

Thiophen-2-sulfonsäure-amid, Thiophen-2-sulfonamid $C_4H_5NO_2S_2$, Formel IX (R = X = H) (H 567).

B. Aus Thiophen-2-sulfonylchlorid beim Behandeln mit flüssigem Ammoniak (*Stein-kopf, Höpner,* A. **501** [1933] 174, 175, 182) sowie beim Erwärmen mit Ammoniumcarbonat (*Terent'ew, Kadatškiǐ,* Ž. obšč. Chim. **22** [1952] 153, 156; engl. Ausg. S. 189, 192; vgl. H 567).

F: 146—147° (*St., Hö.*), 144,5—146° (*Te., Ka.*).

Thiophen-2-sulfonsäure-methylamid, N-Methyl-thiophen-2-sulfonamid $C_5H_7NO_2S_2$, Formel IX (R = CH_3, X = H).

B. Beim Behandeln von Thiophen-2-sulfonylfluorid mit äthanol. Methylamin-Lösung (*Steinkopf, Höpner,* A. **501** [1933] 174, 188).

Krystalle (aus Bzl.); F: 71—72°.

Thiophen-2-sulfonsäure-dibutylamid, N,N-Dibutyl-thiophen-2-sulfonamid $C_{12}H_{21}NO_2S_2$,
Formel IX (R = X = $[CH_2]_3$-CH_3).

B. Beim Behandeln von Thiophen-2-sulfonylchlorid mit Dibutylamin und Benzol
(*Aelony*, Ind. eng. Chem. **46** [1954] 587, 588).

$Kp_{0,05}$: 147°. D_4^{25}: 1,119. n_D^{25}: 1,5110.

Thiophen-2-sulfonsäure-dioctylamid, N,N-Dioctyl-thiophen-2-sulfonamid $C_{20}H_{37}NO_2S_2$,
Formel IX (R = X = $[CH_2]_7$-CH_3).

B. Beim Behandeln von Thiophen-2-sulfonylchlorid mit Dioctylamin und Benzol
(*Aelony*, Ind. eng. Chem. **46** [1954] 587, 588, 590).

$Kp_{0,07}$: 200—205°. D_4^{25}: 1,0198. n_D^{25}: 1,4940.

Thiophen-2-sulfonsäure-allylamid, N-Allyl-thiophen-2-sulfonamid $C_7H_9NO_2S_2$, Formel
IX (R = CH_2-CH=CH_2, X = H).

B. Beim Behandeln von Thiophen-2-sulfonylchlorid mit Allylamin und Benzol (*Foye
et al.*, J. Am. pharm. Assoc. **41** [1952] 273, 275).

Krystalle (aus W.); F: 54—56°.

Thiophen-2-sulfonsäure-anilid, Thiophen-2-sulfonanilid $C_{10}H_9NO_2S_2$, Formel IX
(R = C_6H_5, X = H) (H 567).

F: 99,5—100° [aus wss. A.] (*Terent'ew, Kadatškii*, Ž. obšč. Chim. **22** [1952] 153, 156;
engl. Ausg. S. 189, 192).

IX　　　　　　　　　　　　　X　　　　　　　　　　　　　XI

**Thiophen-2-sulfonsäure-[bis-(2-acetoxy-äthyl)-amid], N,N-Bis-[2-acetoxy-äthyl]-
thiophen-2-sulfonamid** $C_{12}H_{17}NO_6S_2$, Formel IX (R = X = CH_2-CH_2-O-CO-CH_3).

B. Beim Erhitzen von N,N-Bis-[2-hydroxy-äthyl]-thiophen-2-sulfonamid (aus Thio=
phen-2-sulfonylchlorid und Bis-[2-hydroxy-äthyl]-amin hergestellt) mit Acetanhydrid
(*Gen. Mills Inc.* U.S.P. 2496651 [1947]; *Aelony*, Ind. eng. Chem. **46** [1954] 587, 588).

Bei 192—205°/0,05—0,07 Torr destillierbar (*Gen. Mills Inc.*; *Ae.*). n_D^{30}: 1,5153 (*Gen.
Mills Inc.*), 1,5133 (*Ae.*).

**Thiophen-2-sulfonsäure-[bis-(2-stearoyloxy-äthyl)-amid], N,N-Bis-[2-stearoyloxy-
äthyl]-thiophen-2-sulfonamid** $C_{44}H_{81}NO_6S_2$, Formel IX
(R = X = CH_2-CH_2-O-CO-$[CH_2]_{16}$-CH_3).

B. Beim Erhitzen von N,N-Bis-[2-hydroxy-äthyl]-thiophen-2-sulfonamid (aus Thio=
phen-2-sulfonylchlorid und Bis-[2-hydroxy-äthyl]-amin hergestellt) mit Stearinsäure und
Toluol-4-sulfonsäure in Xylol (*Aelony*, Ind. eng. Chem. **46** [1954] 587, 589).

F: 73,5—77°.

[Thiophen-2-sulfonyl]-carbamidsäure-äthylester $C_7H_9NO_4S_2$, Formel IX
(R = CO-O-C_2H_5, X = H).

B. Beim Erwärmen von Thiophen-2-sulfonamid mit Chlorokohlensäure-äthylester,
Kaliumcarbonat und Aceton (*Cassady et al.*, J. org. Chem. **23** [1958] 923, 925).

F: 80—81°.

N-Propyl-N'-[thiophen-2-sulfonyl]-harnstoff $C_8H_{12}N_2O_3S_2$, Formel IX
(R = CO-NH-CH_2-CH_2-CH_3, X = H).

B. Beim Erhitzen von [Thiophen-2-sulfonyl]-carbamidsäure-äthylester mit Propyl=
amin unter vermindertem Druck auf 130° (*Cassady et al.*, J. org. Chem. **23** [1958] 923,
925).

Krystalle (aus wss. A.); F: 141—143° [unkorr.].

N-Butyl-N'-[thiophen-2-sulfonyl]-harnstoff $C_9H_{14}N_2O_3S_2$, Formel IX
(R = CO-NH-$[CH_2]_3$-CH_3, X = H).

B. Beim Erhitzen von [Thiophen-2-sulfonyl]-carbamidsäure-äthylester mit Butylamin

unter vermindertem Druck auf 130° (*Cassady et al.*, J. org. Chem. **23** [1958] 923, 925).
Krystalle (aus wss. A.); F: 151—152° [unkorr.].

N-Cyclohexyl-N′-[thiophen-2-sulfonyl]-harnstoff $C_{11}H_{16}N_2O_3S_2$, Formel X.
F: 190—191° (*Ruschig et al.*, Arzneimittel-Forsch. **8** [1958] 448, 453).

(±)-2-Methoxy-3-[thiophen-2-sulfonylamino]-propylquecksilber(1+) $[C_8H_{12}HgNO_3S_2]^+$,
Formel XI.
Acetat $[C_8H_{12}HgNO_3S_2]C_2H_3O_2$; N-[3-Acetoxomercurio-2-methoxy-propyl]-
thiophen-2-sulfonamid $C_{10}H_{15}HgNO_5S_2$. *B*. Beim Erwärmen von N-Allyl-thiophen-
2-sulfonamid mit Quecksilber(II)-acetat in Methanol (*Foye et al.*, J. Am. pharm. Assoc. **41**
[1952] 273, 275). — Krystalle (aus W.).

5-Chlor-thiophen-2-sulfonsäure $C_4H_3ClO_3S_2$, Formel I (X = OH).
B. Beim Erhitzen von 2-Chlor-thiophen mit 1-Sulfo-pyridinium-betain auf 120°
(*Terent'ew, Kadatskiǐ*, Ž. obšč. Chim. **21** [1951] 1524, 1525; engl. Ausg. S. 1667, 1668).
Barium-Salz $Ba(C_4H_2ClO_3S_2)_2$. Krystalle [aus wss. A.].
S-[1]Naphthylmethyl-isothiuronium-Salz $[C_{12}H_{13}N_2S]C_4H_2ClO_3S_2$. Krystalle
(aus wss. Me.); F: 138—139°.

5-Chlor-thiophen-2-sulfonylchlorid $C_4H_2Cl_2O_2S_2$, Formel I (X = Cl).
B. Beim Behandeln von 2-Chlor-thiophen mit Chloroschwefelsäure und Erwärmen
des Natrium-Salzes der erhaltenen Sulfonsäure mit Phosphor(V)-chlorid (*Steinkopf,
Köhler*, A. **532** [1937] 250, 264).
Krystalle (aus PAe.); F: 28°.

5-Chlor-thiophen-2-sulfonsäure-amid $C_4H_4ClNO_2S_2$, Formel I (X = NH$_2$).
B. Beim Erwärmen von 5-Chlor-thiophen-2-sulfonylchlorid mit Ammoniumcarbonat
(*Cundiff, Estes*, Am. Soc. **72** [1950] 1424; *Lew, Noller*, Am. Soc. **72** [1950] 5715).
Krystalle; F: 115—116° [aus Me.] (*Lew, No.*), 113,5° [korr.] (*Cu., Es.*).

5-Chlor-thiophen-2-sulfonsäure-methylamid $C_5H_6ClNO_2S_2$, Formel I (X = NH-CH$_3$).
B. Beim Behandeln von 5-Chlor-thiophen-2-sulfonylchlorid mit Methylamin in Äther
(*Cundiff, Estes*, Am. Soc. **72** [1950] 1424).
Krystalle (aus wss. Me.); F: 44°.

5-Chlor-thiophen-2-sulfonsäure-äthylamid $C_6H_8ClNO_2S_2$, Formel I (X = NH-C$_2$H$_5$).
B. Beim Behandeln von 5-Chlor-thiophen-2-sulfonylchlorid mit Äthylamin und Benzol
(*Cundiff, Estes*, Am. Soc. **72** [1950] 1424).
Krystalle (aus wss. A.); F: 52°.

5-Chlor-thiophen-2-sulfonsäure-propylamid $C_7H_{10}ClNO_2S_2$, Formel I
(X = NH-CH$_2$-CH$_2$-CH$_3$).
B. Beim Behandeln von 5-Chlor-thiophen-2-sulfonylchlorid mit Propylamin und Äther
(*Cundiff, Estes*, Am. Soc. **72** [1950] 1424).
Krystalle; F: 14°.

5-Chlor-thiophen-2-sulfonsäure-isopropylamid $C_7H_{10}ClNO_2S_2$, Formel I
(X = NH-CH(CH$_3$)$_2$).
B. Beim Behandeln von 5-Chlor-thiophen-2-sulfonylchlorid mit Isopropylamin und
Äther (*Cundiff, Estes*, Am. Soc. **72** [1950] 1424).
Krystalle; F: 41°.

5-Chlor-thiophen-2-sulfonsäure-butylamid $C_8H_{12}ClNO_2S_2$, Formel I
(X = NH-[CH$_2$]$_3$-CH$_3$).
B. Beim Behandeln von 5-Chlor-thiophen-2-sulfonylchlorid mit Butylamin und Äther
(*Cundiff, Estes*, Am. Soc. **72** [1950] 1424).
Krystalle; F: 19°.

5-Chlor-thiophen-2-sulfonsäure-pentylamid $C_9H_{14}ClNO_2S_2$, Formel I
(X = NH-[CH$_2$]$_4$-CH$_3$).
    B. Beim Behandeln von 5-Chlor-thiophen-2-sulfonylchlorid mit Pentylamin und Äther (*Cundiff, Estes*, Am. Soc. **72** [1950] 1424).
    Krystalle; F: 32°.

5-Chlor-thiophen-2-sulfonsäure-hexylamid $C_{10}H_{16}ClNO_2S_2$, Formel I
(X = NH-[CH$_2$]$_5$-CH$_3$).
    B. Beim Behandeln von 5-Chlor-thiophen-2-sulfonylchlorid mit Hexylamin und Äther (*Cundiff, Estes*, Am. Soc. **72** [1950] 1424).
    Krystalle (aus wss. A.); F: 47°.

5-Chlor-thiophen-2-sulfonsäure-heptylamid $C_{11}H_{18}ClNO_2S_2$, Formel I
(X = NH-[CH$_2$]$_6$-CH$_3$).
    B. Beim Behandeln von 5-Chlor-thiophen-2-sulfonylchlorid mit Heptylamin und Äther (*Cundiff, Estes*, Am. Soc. **72** [1950] 1424).
    Krystalle; F: 46°.

5-Chlor-thiophen-2-sulfonsäure-anilid $C_{10}H_8ClNO_2S_2$, Formel I (X = NH-C$_6$H$_5$).
    B. Beim Behandeln von 5-Chlor-thiophen-2-sulfonylchlorid mit Anilin und Äther (*Cundiff, Estes*, Am. Soc. **72** [1950] 1424; *Lew, Noller*, Am. Soc. **72** [1950] 5715).
    Krystalle (aus Me. bzw. wss. A.); F: 84—85° (*Lew, No.*), 83° (*Cu., Es.*).

5-Chlor-thiophen-2-sulfonsäure-chloramid $C_4H_3Cl_2NO_2S_2$, Formel I (X = NH-Cl).
    Natrium-Salz NaC$_4$H$_2$Cl$_2$NO$_2$S$_2$. *B.* Beim Behandeln von 5-Chlor-thiophen-2-sulfon=säure-amid mit wss. Natriumhypochlorit-Lösung und Natriumchlorid (*Cundiff, Estes*, Am. Soc. **72** [1950] 1424). — Krystalle mit 3 Mol H$_2$O; F: 124,5° [korr.; Zers.].

      I   II   III   IV

4,5-Dichlor-thiophen-2-sulfonsäure $C_4H_2Cl_2O_3S_2$, Formel II (X = OH).
    Diese Konstitution kommt der nachstehend beschriebenen, ursprünglich (*Profft, Kubat*, Wiss. Z. T.H. Leuna-Merseburg **2** [1959/60] 243, 244; A. **634** [1960] 185, 187) als 3,5-Di=chlor-thiophen-2-sulfonsäure (C$_4$H$_2$Cl$_2$O$_3$S$_2$) angesehenen Verbindung zu (*Profft, Solf*, A. **649** [1961] 100, 102).
    B. Beim Behandeln von 2,3-Dichlor-thiophen (E III/IV **17** 242) mit Schwefeltrioxid enthaltender Schwefelsäure (*Pr., Ku.*).
    Natrium-Salz NaC$_4$HCl$_2$O$_3$S$_2$. Krystalle (aus A.); Zers. oberhalb 360° (*Pr., Ku.*).

4,5-Dichlor-thiophen-2-sulfonylchlorid $C_4HCl_3O_2S_2$, Formel II (X = Cl).
    Diese Konstitution kommt der nachstehend beschriebenen, ursprünglich (*Profft, Kubat*, Wiss. Z. T.H. Leuna-Merseburg **2** [1959/60] 243, 245; A. **634** [1960] 185, 187) als 3,5-Di=chlor-thiophen-2-sulfonylchlorid (C$_4$HCl$_3$O$_2$S$_2$) angesehenen Verbindung zu (*Profft, Solf*, A. **649** [1961] 100, 102).
    B. Beim Behandeln von 2,3-Dichlor-thiophen (E III/IV **17** 242) mit Chloro=schwefelsäure (*Pr., Ku.*). Beim Erhitzen des Natrium-Salzes der 4,5-Dichlor-thiophen-2-sulfonsäure mit Phosphor(V)-chlorid auf 140° (*Pr., Ku.*; s.a. *Steinkopf, Köhler*, A. **532** [1937] 250, 273).
    Krystalle; F: 56° [aus Hexan sowie nach Sublimation] (*Pr., Ku.*), 55—56° [aus Bzn.] (*St., Kö.*).

4,5-Dichlor-thiophen-2-sulfonsäure-amid $C_4H_3Cl_2NO_2S_2$, Formel II (X = NH$_2$).
    Diese Konstitution kommt der nachstehend beschriebenen, ursprünglich (*Profft, Kubat*, Wiss. Z. T.H. Leuna-Merseburg **2** [1959/60] 243, 245; A. **634** [1960] 185, 188) als 3,5-Di=chlor-thiophen-2-sulfonsäure-amid (C$_4$H$_3$Cl$_2$NO$_2$S$_2$) angesehenen Verbindung zu

(*Profft, Solf*, A. **649** [1961] 100, 102).

B. Beim Erwärmen von 4,5-Dichlor-thiophen-2-sulfonylchlorid mit wss. Ammoniak (*Pr., Ku.*).

Krystalle (aus W.); F: 157° (*Pr., Ku.*).

4,5-Dichlor-thiophen-2-sulfonsäure-diäthylamid $C_8H_{11}Cl_2NO_2S_2$, Formel II (X = N(C_2H_5)$_2$).

Diese Konstitution kommt der nachstehend beschriebenen, ursprünglich (*Profft, Kubat,* Wiss. Z. T.H. Leuna-Merseburg **2** [1959/60] 243, 245; A. **634** [1960] 185, 188) als 3,5-Di = chlor-thiophen-2-sulfonsäure-diäthylamid ($C_8H_{11}Cl_2NO_2S_2$) angesehenen Verbindung zu (*Profft, Solf*, A. **649** [1961] 100, 102).

B. Beim Erwärmen von 4,5-Dichlor-thiophen-2-sulfonylchlorid mit Diäthylamin in Wasser (*Pr., Ku.*).

Krystalle (aus wss. A.); F: 91°.

4,5-Dichlor-thiophen-2-sulfonsäure-chloramid $C_4H_2Cl_3NO_2S_2$, Formel II (X = NHCl).

Natrium-Salz $NaC_4HCl_3NO_2S_2$. Diese Konstitution kommt der nachstehend beschriebenen, ursprünglich (*Profft, Kubat,* Wiss. Z. T.H. Leuna-Merseburg **2** [1959/60] 243, 245; A. **634** [1960] 185, 188) als Natrium-Salz des 3,5-Dichlor-thiophen-2-sulfonsäure-chloramids angesehenen Verbindung zu (*Profft, Solf*, A. **649** [1961] 100, 102). — *B.* Beim Erwärmen von 4,5-Dichlor-thiophen-2-sulfonsäure-dichloramid mit wss. Natronlauge (*Pr., Ku.*). — Krystalle; Zers. bei 187° (*Pr., Ku.*).

4,5-Dichlor-thiophen-2-sulfonsäure-dichloramid $C_4HCl_4NO_2S_2$, Formel II (X = NCl$_2$).

Diese Konstitution kommt der nachstehend beschriebenen, ursprünglich (*Profft, Kubat,* Wiss. Z. T.H. Leuna-Merseburg **2** [1959/60] 243, 245; A. **634** [1960] 185, 188) als 3,5-Di = chlor-thiophen-2-sulfonsäure-dichloramid ($C_4HCl_4NO_2S_2$) angesehenen Verbindung zu (*Profft, Solf*, A. **649** [1961] 100, 102).

B. Beim Behandeln von 4,5-Dichlor-thiophen-2-sulfonsäure-amid mit wss. Natronlauge und wss. Calciumhypochlorit-Lösung und Behandeln der Reaktionslösung mit wss. Essig = säure (*Pr., Ku.*).

F: 76—78°; bei 150° erfolgt heftige Zersetzung (*Pr., Ku.*). Hygroskopisch (*Pr., Ku.*).

3,4,5-Trichlor-thiophen-2-sulfonylchlorid $C_4Cl_4O_2S_2$, Formel III.

Diese Konstitution kommt der nachstehend beschriebenen, ursprünglich (*Steinkopf, Köhler*, A. **532** [1937] 250, 268) als 2,4,5-Trichlor-thiophen-3-sulfonylchlorid angesehenen Verbindung zu (*Coonradt et al.*, Am. Soc. **70** [1948] 2564, 2565).

B. Beim Behandeln von 2,3,4-Trichlor-thiophen (E III/IV **17** 244) mit Schwefeltrioxid enthaltender Schwefelsäure und Erhitzen des Natrium-Salzes der erhaltenen Sulfonsäure mit Phosphor(V)-chlorid auf 130° (*St., Kö.*, l. c. S. 270).

Krystalle (aus Bzn.); F: 55—56° (*St., Kö.*).

3-Brom-thiophen-2-sulfonsäure-amid $C_4H_4BrNO_2S_2$, Formel IV.

B. Beim Eintragen von 3-Brom-thiophen in Chloroschwefelsäure, Erhitzen des Natrium-Salzes der erhaltenen Sulfonsäure mit Phosphor(V)-chlorid und Erhitzen des danach isolierten Sulfonylchlorids (Öl) mit Ammoniumcarbonat (*Steinkopf*, A. **543** [1940] 128, 131).

Krystalle (aus W.); F: 163—164°.

5-Brom-thiophen-2-sulfonsäure $C_4H_3BrO_3S_2$, Formel V (X = OH).

B. Beim Erhitzen von 2-Brom-thiophen mit 1-Sulfo-pyridinium-betain und 1,2-Di = chlor-äthan auf 100° (*Terent'ew, Kadatskiǐ*, Ž. obšč. Chim. **21** [1951] 1524, 1526; engl. Ausg. S. 1667, 1669).

Barium-Salz $Ba(C_4H_2BrO_3S_2)$. Krystalle [aus wss. A.].

S-[1]Naphthylmethyl-isothiuronium-Salz $[C_{12}H_{13}N_2S]C_4H_2BrO_3S_2$. Krystalle; F: 142—143°.

5-Brom-thiophen-2-sulfonylchlorid $C_4H_2BrClO_2S_2$, Formel V (X = Cl).

B. Beim Eintragen von 2-Brom-thiophen in Schwefeltrioxid enthaltende Schwefelsäure und Behandeln des Natrium-Salzes der erhaltenen Sulfonsäure mit Phosphor(V)-chlorid (*Steinkopf et al.*, A. **512** [1934] 136, 148).

F: 44—46° [aus Bzn.].

Überführung in 5-Brom-thiophen-2,4-disulfonylchlorid mit Hilfe von Schwefeltrioxid enthaltender Schwefelsäure und Phosphor(V)-chlorid: *St. et al.*

5-Brom-thiophen-2-sulfonsäure-amid $C_4H_4BrNO_2S_2$, Formel V (X = NH_2).

B. Beim Behandeln von 5-Brom-thiophen-2-sulfonylchlorid mit flüssigem Ammoniak (*Steinkopf et al.*, A. **512** [1934] 136, 148; s. a. *Terent'ew, Kadatškiǐ*, Ž. obšč. Chim. **21** [1951] 1524, 1526; engl. Ausg. S. 1667, 1669).

Krystalle; F: 144° (*St. et al.*), 141—142° [aus wss. A.] (*Te., Ka.*).

5-Brom-thiophen-2-sulfonsäure-anilid $C_{10}H_8BrNO_2S_2$, Formel V (X = $NH-C_6H_5$).

B. Beim Erwärmen von 5-Brom-thiophen-2-sulfonylchlorid mit Anilin (*Terent'ew, Kadatškiǐ*, Ž. obšč. Chim. **21** [1951] 1524, 1526; engl. Ausg. S. 1667, 1669).

Krystalle (aus wss. A.); F: 94—95°.

3,4-Dibrom-thiophen-2-sulfonylchlorid $C_4HBr_2ClO_2S_2$, Formel VI.

B. Beim Eintragen von 3,4-Dibrom-thiophen in Chloroschwefelsäure und Erwärmen des Natrium-Salzes der erhaltenen Sulfonsäure mit Phosphor(V)-chlorid (*Steinkopf et al.*, A. **512** [1934] 136, 153).

Krystalle (aus Bzn.); F: 118°.

V   VI   VII   VIII

4,5-Dibrom-thiophen-2-sulfonylchlorid $C_4HBr_2ClO_2S_2$, Formel VII.

B. Beim Eintragen von 2,3-Dibrom-thiophen in Chloroschwefelsäure und Erwärmen des Natrium-Salzes der erhaltenen Sulfonsäure mit Phosphor(V)-chlorid (*Steinkopf et al.*, A. **512** [1934] 136, 156).

Krystalle (aus Bzn.); F: 80°.

5-Jod-thiophen-2-sulfonsäure $C_4H_3IO_3S_2$, Formel VIII (X = OH).

B. Beim Erhitzen von 2-Jod-thiophen mit 1-Sulfo-pyridinium-betain auf 100° (*Terent'ew, Kadatškiǐ*, Ž. obšč. Chim. **21** [1951] 1524, 1526; engl. Ausg. S. 1667, 1669).

Kalium-Salz $KC_4H_2IO_3S_2$. Krystalle.

Barium-Salz $Ba(C_4H_2IO_3S_2)_2$. Krystalle [aus W.].

S-[1]Naphthylmethyl-isothiuronium-Salz $[C_{12}H_{13}N_2S]C_4H_2IO_3S_2$. Krystalle; F: 151—152°.

5-Jod-thiophen-2-sulfonylchlorid $C_4H_2ClIO_2S_2$, Formel VIII (X = Cl).

B. Beim Behandeln von 2-Jod-thiophen mit Chloroschwefelsäure und Behandeln des Natrium-Salzes der erhaltenen Sulfonsäure mit Phosphor(V)-chlorid (*Steinkopf et al.*, A. **512** [1934] 136, 147).

Krystalle; F: 51—52° [aus PAe.] (*St. et al.*), 50—51° (*Terent'ew, Kadatškiǐ*, Ž. obšč. Chim. **21** [1951] 1524, 1527; engl. Ausg. S. 1667, 1670).

5-Jod-thiophen-2-sulfonsäure-amid $C_4H_4INO_2S_2$, Formel VIII (X = NH_2).

B. Beim Behandeln von 5-Jod-thiophen-2-sulfonylchlorid mit flüssigem Ammoniak (*Steinkopf et al.*, A. **512** [1934] 136, 147).

Krystalle; F: 165° [aus W.] (*St. et al.*), 163—164° [aus wss. A.] (*Terent'ew, Kadatškiǐ*, Ž. obšč. Chim. **21** [1951] 1524, 1527; engl. Ausg. S. 1667, 1670).

5-Jod-thiophen-2-sulfonsäure-anilid $C_{10}H_8INO_2S_2$, Formel VIII (X = $NH-C_6H_5$).

Krystalle (aus wss. A.); F: 124—125° (*Terent'ew, Kadatškiǐ*, Ž. obšč. Chim. **21** [1951] 1524, 1527; engl. Ausg. S. 1667, 1670).

4-Nitro-thiophen-2-sulfonylchlorid $C_4H_2ClNO_4S_2$, Formel IX (X = Cl).

B. Als Hauptprodukt neben 5-Nitro-thiophen-2-sulfonylchlorid beim Eintragen von

Thiophen-2-sulfonylchlorid in Salpetersäure (*Burton, Davy*, Soc. **1948** 525; *Blatt et al.*, J. org. Chem. **22** [1957] 1693).
Krystalle (aus Bzl. + Bzn.); F: 48° (*Bu., Davy*).

4-Nitro-thiophen-2-sulfonsäure-amid $C_4H_4N_2O_4S_2$, Formel IX (X = NH_2).
B. Beim Behandeln von 4-Nitro-thiophen-2-sulfonylchlorid mit Ammoniak in Aceton (*Burton, Davy*, Soc. **1948** 525).
Hellbraune Krystalle (aus W.); F: 164°.

IX   X   XI

5-Nitro-thiophen-2-sulfonylchlorid $C_4H_2ClNO_4S_2$, Formel X (X = Cl).
B. Neben 4-Nitro-thiophen-2-sulfonylchlorid (Hauptprodukt) beim Eintragen von Thiophen-2-sulfonylchlorid in Salpetersäure (*Cymerman-Craig et al.*, Soc. **1956** 4114, 4117; *Blatt et al.*, J. org. Chem. **22** [1957] 1693).
Kp_4: 133−136° (*Bl. et al.*); $Kp_{0,001}$: 100−103° (*Cy.-Cr. et al.*). n_D^{22}: 1,6020 (*Cy.-Cr. et al.*).
^{1}H-NMR-Absorption und ^{1}H-^{1}H-Spin-Spin-Kopplungskonstante: *Hoffman, Gronowitz*, Ark. Kemi **16** [1961] 563, 564, 577, 582.

5-Nitro-thiophen-2-sulfonsäure-amid $C_4H_4N_2O_4S_2$, Formel X (X = NH_2).
B. Beim Behandeln von 5-Nitro-thiophen-2-sulfonylchlorid mit Ammoniak in Aceton bzw. Chloroform (*Burton, Davy*, Soc. **1948** 525; *Cymerman-Craig et al.*, Soc. **1956** 4114, 4117).
Krystalle (aus W.); F: 138° (*Cy.-Cr. et al.*), 136° (*Bu., Davy*).

5-Chlor-4-nitro-thiophen-2-sulfonylchlorid $C_4HCl_2NO_4S_2$, Formel XI (X = Cl).
B. Beim Behandeln von 5-Chlor-thiophen-2-sulfonylchlorid mit Salpetersäure (*Hurd, Kreuz*, Am. Soc. **74** [1952] 2965, 2967).
Krystalle (aus Hexan); F: 51,5−52,5°.

5-Chlor-4-nitro-thiophen-2-sulfonsäure-äthylamid $C_6H_7ClN_2O_4S_2$, Formel XI (X = NH-C_2H_5).
B. Beim Behandeln einer Lösung von 5-Chlor-4-nitro-thiophen-2-sulfonylchlorid in Aceton mit wss. Äthylamin-Lösung (*Eastman Kodak Co.*, U.S.P. 2825726 [1955]).
Krystalle (aus wss. A.); F: 70−73°.

Thiophen-2-thiosulfonsäure-*S*-trichlormethylester $C_5H_3Cl_3O_2S_3$, Formel I.
B. Beim Behandeln einer wss. Lösung des Natrium-Salzes der Thiophen-2-sulfinsäure mit Trichlormethansulfenylchlorid und Natriumhydrogencarbonat (*Uhlenbroek et al.*, R. **76** [1957] 129, 138, 145).
Öl; n_D^{20}: 1,6190.

Selenophen-2-sulfonsäure $C_4H_4O_3SSe$, Formel II (X = OH).
Diese Konstitution kommt auch einer ursprünglich (*Kataew, Simkin*, Uč. Zap. Kazansk. Univ. **117** [1957] Nr. 2, S. 174, 176) als Selenophen-3-sulfonsäure angesehenen Verbindung zu (*Jur'ew, Šadowaja*, Ž. obšč. Chim. **34** [1964] 1803, 1804; engl. Ausg. S. 1814, 1815).
B. Beim Behandeln von Selenophen mit konz. Schwefelsäure und Acetanhydrid (*Umezawa*, Bl. chem. Soc. Japan **11** [1936] 775, 778) oder mit 1-Sulfo-pyridinium-betain in 1,2-Dichlor-äthan (*Ka., Si.*).
Kalium-Salz $KC_4H_3O_3SSe$. Krystalle (aus W.) mit 0,25 Mol H_2O (*Um.*).
Barium-Salz $Ba(C_4H_3O_3SSe)_2$. Krystalle mit 1 Mol H_2O (*Um.*; s. a. *Ka., Si.*).

I   II   III

Selenophen-2-sulfonsäure-chlorid, Selenophen-2-sulfonylchlorid $C_4H_3ClO_2SSe$, Formel II
(X = Cl).

Diese Konstitution kommt auch einer ursprünglich (*Kataew, Simkin*, Uč. Zap. Kazansk.
Univ. **117** [1957] Nr. 2, S. 174, 177) als Selenophen-3-sulfonylchlorid angesehenen Verbin-
dung (F: 30—32°) zu (*Jur'ew, Ŝadowaja*, Ž. obšč. Chim. **34** [1964] 1803, 1804; engl. Ausg.
S. 1814, 1815).

B. Aus dem Kalium-Salz der Selenophen-2-sulfonsäure mit Hilfe von Phosphor(V)-
chlorid (*Umezawa*, Bl. chem. Soc. Japan **11** [1936] 775, 779; *Ka., Si.*).

Krystalle (aus Bzn.); F: 31—32,5° (*Um.*), 30—32° (*Ka., Si.*).

Selenophen-2-sulfonsäure-amid, Selenophen-2-sulfonamid $C_4H_5NO_2SSe$, Formel II
(X = NH$_2$).

Diese Konstitution kommt auch einer von *Kataew, Simkin* (Uč. Zap. Kazansk. Univ.
117 [1957] Nr. 2, S. 174, 177) als Selenophen-3-sulfonamid angesehenen Verbindung zu
(*Jur'ew, Ŝadowaja*, Ž. obšč. Chim. **34** [1964] 1803, 1804; engl. Ausg. S. 1814, 1815).

B. Aus Selenophen-2-sulfonylchlorid mit Hilfe von Ammoniumcarbonat (*Umezawa*,
Bl. chem. Soc. Japan **11** [1936] 775, 779; *Ka., Si.*).

Krystalle (aus W.); F: 157—159° (*Um.; Ka., Si.*).

4-Nitro-selenophen-2-sulfonylchlorid $C_4H_2ClNO_4SSe$, Formel III.

B. Beim Behandeln von Selenophen-2-sulfonylchlorid mit Salpetersäure (*Umezawa*, Bl.
chem. Soc. Japan **12** [1937] 4, 6).

Gelbliche Krystalle (aus CS$_2$); F: 71—73,5°.

Furan-3-sulfonsäure $C_4H_4O_4S$, Formel IV (X = OH).

B. Beim Behandeln des Barium-Salzes der 2,5-Dibrom-furan-3-sulfonsäure (H 568)
mit wss. Ammoniak und Zink (*Cinńeide*, Nature **160** [1947] 260).

p-Toluidin-Salz. F: 172—173°.

Furan-3-sulfonsäure-amid, Furan-3-sulfonamid $C_4H_5NO_3S$, Formel IV (X = NH$_2$).

B. Aus dem Natrium-Salz der Furan-3-sulfonsäure über Furan-3-sulfonylchlorid
(*Cinńeide*, Nature **160** [1947] 260).

F: 106—108°.

Furan-3-sulfonsäure-[*N*-methyl-anilid], *N*-Methyl-furan-3-sulfonanilid $C_{11}H_{11}NO_3S$,
Formel IV (X = N(CH$_3$)-C$_6$H$_5$).

B. Aus dem Natrium-Salz der Furan-3-sulfonsäure über Furan-3-sulfonylchlorid
(*Cinńeide*, Nature **160** [1947] 260).

F: 95—97°.

5-Brom-2-chlor-furan-3-sulfonsäure $C_4H_2BrClO_4S$, Formel V (X = OH).

Diese Konstitution ist wahrscheinlich der früher (s. H **18** 568) als 2-Brom-5-chlor-
furan-3-sulfonsäure ($C_4H_2BrClO_4S$) beschriebenen Verbindung zuzuordnen, da in der
Ausgangssubstanz nicht 5-Chlor-3-sulfo-furan-2-carbonsäure, sondern wahrscheinlich
5-Chlor-4-sulfo-furan-2-carbonsäure (S. 6764) vorgelegen hat. Dementsprechend ist die
früher (s. H **18** 568) als 2-Brom-5-chlor-furan-3-sulfonsäure-amid ($C_4H_3BrClNO_3S$)
beschriebene Verbindung (F: 134—135°) wahrscheinlich als 5-Brom-2-chlor-
furan-3-sulfonsäure-amid ($C_4H_3BrClNO_3S$; Formel V [X = NH$_2$]) zu formulieren.

| IV | V | VI | VII |

Thiophen-3-sulfonsäure-chlorid, Thiophen-3-sulfonylchlorid $C_4H_3ClO_2S_2$, Formel VI
(X = Cl) (H 568).

B. Bei der Behandlung von 5-Jod-thiophen-2,4-disulfonylchlorid mit wss. Natronlauge

und mit Natrium-Amalgam und Umsetzung des Natrium-Salzes der erhaltenen Sulfon=
säure mit Phosphor(V)-chlorid (*Steinkopf et al.*, A. **512** [1934] 136, 137, 148).
F: 47—48°.

Thiophen-3-sulfonsäure-amid, Thiophen-3-sulfonamid $C_4H_5NO_2S_2$, Formel VI (X = NH$_2$)
(H 568).
B. Aus Thiophen-3-sulfonylchlorid (*Steinkopf et al.*, A. **512** [1934] 136, 148).
F: 155—157°.

2,4,5-Trichlor-thiophen-3-sulfonylchlorid $C_4Cl_4O_2S_2$, Formel VII.
Eine von *Steinkopf, Köhler* (A. **532** [1937] 250, 268) unter dieser Konstitution beschriebene Verbindung (F: 57—58°) ist als 3,4,5-Trichlor-thiophen-2-sulfonylchlorid zu formulieren (*Coonradt et al.*, Am. Soc. **70** [1948] 2564, 2565).

2,5-Dibrom-thiophen-3-sulfonsäure $C_4H_2Br_2O_3S_2$, Formel VIII (H 568).
(1R)-Bornylamin-Salz. Krystalle (aus W.); F: 266—267° (*Challenger et al.*, Soc.
1948 769).

5-Nitro-thiophen-3-sulfonsäure $C_4H_3NO_5S_2$, Formel IX (X = OH).
Diese Konstitution kommt wahrscheinlich der früher (s. H 569) als 2-Nitro-thiophen-
x-sulfonsäure beschriebenen Verbindung zu (*Lew, Noller*, Am. Soc. **72** [1950] 5715).

5-Nitro-thiophen-3-sulfonylchlorid $C_4H_2ClNO_4S_2$, Formel IX (X = Cl).
Diese Verbindung hat wahrscheinlich auch in dem früher (s. H 569) als 2-Nitro-thiophen-
x-sulfonylchlorid beschriebenen Präparat vorgelegen (*Lew, Noller*, Am. Soc. **72** [1950]
5715).
B. Beim Erwärmen von 2-Nitro-thiophen mit Chloroschwefelsäure und Chloroform
(*Lew, No.*). Beim Erwärmen von Thiophen-3-sulfonylchlorid mit Salpetersäure (*Steinkopf,
Höpner*, A. **501** [1933] 174, 180, 185).
Krystalle (aus CS$_2$); F: 45—47° [nach Sintern bei 40°] (*St., Hö.*).

5-Nitro-thiophen-3-sulfonsäure-amid $C_4H_4N_2O_4S_2$, Formel IX (X = NH$_2$).
Diese Verbindung hat wahrscheinlich auch in dem früher (s. H 569) als 2-Nitro-thiophen-
x-sulfonsäure-amid beschriebenen Präparat (F: 172—173°) vorgelegen (*Lew, Noller*, Am.
Soc. **72** [1950] 5715).
B. Beim Behandeln einer Lösung von 5-Nitro-thiophen-3-sulfonylchlorid in Aceton mit
Ammoniak (*Lew, No.*).
Krystalle (aus W.); F: 171—173°.

VIII   IX   X

5-Nitro-thiophen-3-sulfonsäure-anilid $C_{10}H_8N_2O_4S_2$, Formel IX (X = NH-C$_6$H$_5$).
B. Beim Erhitzen von 5-Nitro-thiophen-3-sulfonylchlorid mit Anilin (*Lew, Noller*, Am.
Soc. **72** [1950] 5715).
Krystalle (aus Bzl.); F: 135—136°.

Selenophen-3-sulfonsäure $C_4H_4O_3SSe$, Formel X.
Eine von *Kataew, Simkin* (Uč. Zap. Kazansk. Univ. **117** [1957] Nr. 2, S. 174, 176) unter
dieser Konstitution beschriebene Verbindung ist als Selenophen-2-sulfonsäure zu formulieren; Entsprechendes gilt für das aus ihr hergestellte vermeintliche Selenophen-
3-sulfonylchlorid (C$_4$H$_3$ClO$_2$SSe) und das daraus hergestellte vermeintliche Seleno=
phen-3-sulfonamid (C$_4$H$_5$NO$_2$SSe), die als Selenophen-2-sulfonylchlorid bzw. als
Selenophen-2-sulfonamid zu formulieren sind (*Jur'ew, Sadowaja*, Ž. obšč. Chim. **34** [1964]
1803, 1804; engl. Ausg. S. 1814).

2-Methyl-furan-3-sulfonsäure-amid $C_5H_7NO_3S$, Formel I.

B. Beim Erhitzen von 5-Methyl-4-sulfamoyl-furan-2-carbonsäure mit Kupfer-Pulver und Chinolin auf 230° (*Scully, Brown*, J. org. Chem. **19** [1954] 894, 900).

F: 115° [korr.].

2-Methyl-selenophen-3-sulfonsäure $C_5H_6O_3SSe$, Formel II.

Eine von *Kataew, Simkin* (Uč. Zap. Kazansk. Univ. **117** [1957] Nr. 2, S. 174, 176) unter dieser Konstitution beschriebene Verbindung ist als 5-Methyl-selenophen-2-sulfonsäure zu formulieren (*Jur'ew, Šadowaja*, Ž. obšč. Chim. **34** [1964] 1803, 1804; engl. Ausg. S. 1814, 1815).

5-Methyl-furan-2-sulfonsäure $C_5H_6O_4S$, Formel III (X = OH).

B. Beim Behandeln von 2-Methyl-furan mit 1-Sulfo-pyridinium-betain in 1,2-Dichlor-äthan (*Terent'ew, Kasizyna*, Ž. obšč. Chim. **19** [1949] 531, 534; engl. Ausg. S. 481, 484; *Scully, Brown*, J. org. Chem. **19** [1954] 894, 895, 898).

Barium-Salz $Ba(C_5H_5O_4S)_2$. Gelbliche Krystalle (aus W.) mit 2 Mol H_2O (*Te., Ka.*).

p-Toluidin-Salz $C_7H_9N \cdot C_5H_6O_4S$. Krystalle (aus W.); F: 151—152° [korr.] (*Sc., Br.*).

I   II   III   IV

5-Methyl-furan-2-sulfonsäure-amid $C_5H_7NO_3S$, Formel III (X = NH_2).

B. Beim Behandeln einer Lösung von 5-Methyl-furan-2-sulfonylchlorid (aus dem Natrium-Salz der 5-Methyl-furan-2-sulfonsäure mit Hilfe von Phosphor(V)-chlorid hergestellt) in Äther mit wss. Ammoniak (*Scully, Brown*, J. org. Chem. **19** [1954] 894, 898). Beim Erhitzen von 2-Methyl-5-sulfamoyl-furan-3-carbonsäure mit Kupfer-Pulver und Chinolin auf 230° (*Sc., Br.*, l. c. S. 900).

Krystalle (aus W. oder Bzl.); F: 117° [korr.].

5-Methyl-thiophen-2-sulfonsäure $C_5H_6O_3S_2$, Formel IV (X = OH).

Die Identität des früher (s. H 570) unter dieser Konstitution beschriebenen Präparats ist ungewiss (*Truce, Amos*, Am. Soc. **73** [1951] 3013, 3014).

B. Beim Eintragen von 2-Methyl-thiophen in ein Gemisch von Schwefeltrioxid, Dioxan und 1,2-Dichlor-äthan (*Tr., Amos*, l. c. S. 3017).

Charakterisierung als Amid (F: 119,5—121° [s. u.]): *Tr., Amos.*

5-Methyl-thiophen-2-sulfonylchlorid $C_5H_5ClO_2S_2$, Formel IV (X = Cl).

Die Identität des früher (s. H 570) unter dieser Konstitution beschriebenen Präparats ist ungewiss (vgl. *Truce, Amos*, Am. Soc. **73** [1951] 3013, 3014).

B. Beim Behandeln von 2-Methyl-thiophen mit Chloroschwefelsäure und Erwärmen des Reaktionsprodukts mit Phosphor(V)-chlorid (*Sone, Matsuki*, J. chem. Soc. Japan Pure Chem. Sect. **83** [1962] 496, 498; C. A. **59** [1963] 3862).

Kp_3: 96—98°; D_4^{20}: 1,4579; n_D^{20}: 1,5729 (*Sone, Ma.*). ^{1}H-NMR-Absorption und ^{1}H-^{1}H-Spin-Spin-Kopplungskonstante: *Takahashi et al.*, Bl. chem. Soc. Japan **32** [1959] 156, 158.

5-Methyl-thiophen-2-sulfonsäure-amid $C_5H_7NO_2S_2$, Formel IV (X = NH_2).

Die Identität des früher (s. H **18** 570) unter dieser Konstitution beschriebenen Präparats (F: 78—80°) ist ungewiss (*Truce, Amos*, Am. Soc. **73** [1951] 3013, 3014).

B. Beim Behandeln von 5-Methyl-thiophen-2-sulfonylchlorid mit flüssigem Ammoniak (*Tr., Amos*, l. c. S. 3017).

Krystalle; F: 119,5—121° [korr.; aus A.] (*Tr., Amos*), 119—119,5° [aus W.] (*Sone, Matsuki*, J. chem. Soc. Japan Pure Chem. Sect. **83** [1962] 496, 499; C. A. **59** [1963] 3862).

4-Brom-5-methyl-thiophen-2-sulfonsäure-amid $C_5H_6BrNO_2S_2$, Formel V.

B. Beim Eintragen von 3-Brom-2-methyl-thiophen in Schwefeltrioxid enthaltende

Schwefelsäure, Behandeln des Reaktionsprodukts mit Phosphor(V)-chlorid und Behandeln des danach isolierten Sulfonylchlorids mit flüssigem Ammoniak (*Steinkopf*, A. **513** [1934] 281, 291).
Krystalle (aus W.); F: 150—151°.

5-Methyl-selenophen-2-sulfonsäure $C_5H_6O_3SSe$, Formel VI (X = OH).
Diese Konstitution kommt der nachstehend beschriebenen, ursprünglich (*Kataew, Simkin*, Uč. Zap. Kazansk. Univ. **117** [1957] Nr. 2, S. 174, 176) als 2-Methyl-selenophen-3-sulfonsäure angesehenen Verbindung zu (*Jur'ew, Šadowaja*, Ž. obšč. Chim. **34** [1964] 1803, 1804; engl. Ausg. S. 1814, 1815).
B. Beim Behandeln von 2-Methyl-selenophen mit 1-Sulfo-pyridinium-betain in 1,2-Di≈ chlor-äthan (*Ka., Si.*).
Charakterisierung als Amid (F: 119—121° [s. u.]): *Ka., Si.*
Barium-Salz $Ba(C_5H_5O_3SSe)_2$. Krystalle [aus W.] (*Ka., Si.*).

| V | VI | VII | VIII |

5-Methyl-selenophen-2-sulfonsäure-amid $C_5H_7NO_2SSe$, Formel VI (X = NH$_2$).
Diese Konstitution kommt der nachstehend beschriebenen, ursprünglich (*Kataew, Simkin*, Uč. Zap. Kazansk. Univ. **117** [1957] Nr. 2, S. 174, 177) als 2-Methyl-selenophen-3-sulfonsäure-amid (F: 119—121°) angesehenen Verbindung zu (*Jur'ew, Šadowaja*, Ž. obšč. Chim. **34** [1964] 1803, 1804; engl. Ausg. S. 1814, 1815).
B. Beim Behandeln des Kalium-Salzes der 5-Methyl-selenophen-2-sulfonsäure mit Phosphor(V)-chlorid und Erhitzen des Reaktionsprodukts mit Ammoniumcarbonat (*Ka., Si.*).
Krystalle (aus W.); F: 119—121° (*Ka., Si.*).

3-Methyl-thiophen-2-sulfonylchlorid $C_5H_5ClO_2S_2$, Formel VII.
Kp$_3$: 98—100° (*Takahashi et al.*, Bl. chem. Soc. Japan **32** [1959] 156, 157). ^{1}H-NMR-Absorption und ^{1}H-^{1}H-Spin-Spin-Kopplungskonstante: *Ta.*, l. c. S. 158.
Ein Präparat (Kp$_{0,5}$: 98—99°), in dem möglicherweise ebenfalls 3-Methyl-thiophen-2-sulfonylchlorid vorgelegen hat, ist beim Behandeln von 3-Methyl-thiophen mit Chloro≈ schwefelsäure und Erhitzen des Natrium-Salzes der gebildeten Sulfonsäure mit Phos≈ phor(V)-chlorid erhalten und durch Behandlung mit wss.-äthanol. Ammoniak in eine möglicherweise als 3-Methyl-thiophen-2-sulfonsäure-amid zu formulierende Verbindung $C_5H_7NO_2S_2$ (Krystalle [aus W.], F: 146°) übergeführt worden (*Challenger et al.*, Soc. **1948** 769).

5-Brom-4-methyl-thiophen-2-sulfonsäure-amid $C_5H_6BrNO_2S_2$, Formel VIII.
B. Beim Eintragen von 2-Brom-3-methyl-thiophen in Schwefeltrioxid enthaltende Schwefelsäure, Erhitzen des Natrium-Salzes der erhaltenen Sulfonsäure mit Phosphor(V)-chlorid und Behandeln des gebildeten Sulfonylchlorids mit flüssigem Ammoniak (*Steinkopf, Jacob*, A. **515** [1935] 273, 277).
Krystalle (aus W.); F: 142°.

(±)-1-[2]Furyl-2-nitro-äthansulfonsäure $C_6H_7NO_6S$, Formel IX.
B. Aus 1-[2]Furyl-2-nitro-äthylen (E III/IV **17** 359) beim Behandeln mit Natrium≈ hydrogensulfit in wss. Dioxan (*Heath, Piggott*, Soc. **1947** 1481, 1484) sowie beim Erhitzen mit Kaliumdisulfit in wss. Äthanol (*Am. Cyanamid Co.*, U.S.P. 2 385 314 [1942]).
Natrium-Salz $NaC_6H_6NO_6S$. Krystalle (aus A.) mit 2 Mol H_2O (*He., Pi.*).

4,5-Dimethyl-thiophen-2-sulfonsäure-amid $C_6H_9NO_2S_2$, Formel X.

B. Beim Eintragen von 2,3-Dimethyl-thiophen in Schwefeltrioxid enthaltende Schwefel‐
säure, Behandeln des Natrium-Salzes der erhaltenen Sulfonsäure mit Phosphor(V)-chlorid
und Behandeln des danach isolierten Sulfonylchlorids mit flüssigem Ammoniak (*Steinkopf
et al.*, A. **512** [1934] 136, 163).

Krystalle (aus W.); F: 137—139° [nach Sintern].

2,5-Dimethyl-furan-3-sulfonsäure $C_6H_8O_4S$, Formel XI (X = OH).

B. Beim Erwärmen von 2,5-Dimethyl-furan mit 1-Sulfo-pyridinium-betain ohne Zusatz,
(*Terent'ew, Kasizyna*, Ž. obšč. Chim. **19** [1949] 531, 535; engl. Ausg. S. 481, 484) oder unter
Zusatz von 1,2-Dichlor-äthan (*Scully, Brown*, J. org. Chem. **19** [1954] 894, 895, 897).

Natrium-Salz $NaC_6H_7O_4S$. Krystalle [aus wss. A.] (*Te., Ka.*).

Barium-Salz $Ba(C_6H_7O_4S)_2$. Krystalle [aus W.] (*Te., Ka.*).

p-Toluidin-Salz $C_7H_9N \cdot C_6H_8O_4S$. Krystalle (aus W.); F: 159—160° [korr.] (*Sc.,
Br.*, l. c. S. 898).

IX   X   XI   XII

2,5-Dimethyl-furan-3-sulfonsäure-amid $C_6H_9NO_3S$, Formel XI (X = NH_2).

B. Beim Behandeln einer Lösung von 2,5-Dimethyl-furan-3-sulfonylchlorid (aus dem
Natrium-Salz der 2,5-Dimethyl-furan-3-sulfonsäure mit Hilfe von Phosphor(V)-chlorid
hergestellt) in Äther mit wss. Ammoniak (*Scully, Brown*, J. org. Chem. **19** [1954] 894, 898).

Krystalle (aus W. oder Bzl.); F: 94—95°.

2,5-Dimethyl-thiophen-3-sulfonsäure $C_6H_8O_3S_2$, Formel XII (X = OH).

B. Beim Behandeln von 2,5-Dimethyl-thiophen mit dem Schwefeltrioxid-Addukt des
1-Sulfo-pyridinium-betains oder mit dem Dioxan-Schwefeltrioxid-Addukt in 1,2-Dichlor‐
äthan (*Terent'ew, Kadatškiǐ*, Ž. obšč. Chim. **23** [1953] 251; engl. Ausg. S. 263).

Barium-Salz $Ba(C_6H_7O_3S_2)_2$. Krystalle.

S-[1]Naphthylmethyl-isothiuronium-Salz $[C_{12}H_{13}N_2S]C_6H_7O_3S_2$. Krystalle
(aus wss. A.); F: 195°.

2,5-Dimethyl-thiophen-3-sulfonylchlorid $C_6H_7ClO_2S_2$, Formel XII (X = Cl).

B. Beim Behandeln von 2,5-Dimethyl-thiophen mit Chloroschwefelsäure und Chloro‐
form (*Dann, Dimmling*, B. **87** [1954] 373, 376).

$Kp_{2,5}$: 115—130°; n_D^{20}: 1,561 [Rohprodukt].

2,5-Dimethyl-thiophen-3-sulfonsäure-amid $C_6H_9NO_2S_2$, Formel XII (X = NH_2) (H 570).

B. Beim Behandeln von 2,5-Dimethyl-thiophen-3-sulfonylchlorid mit Aceton und wss.
Ammoniak (*Dann, Dimmling*, B. **87** [1954] 373, 376; s. a. *Terent'ew, Kadatškiǐ*, Ž. obšč.
Chim. **23** [1953] 251; engl. Ausg. S. 263).

Krystalle; F: 141—142° (*Te., Ka.*), 138,5—140,5° [unkorr.; aus W.] (*Dann, Di.*).

2,5-Dimethyl-selenophen-3-sulfonsäure $C_6H_8O_3SSe$, Formel XIII (X = OH).

B. Beim Erhitzen von 2,5-Dimethyl-selenophen mit 1-Sulfo-pyridinium-betain in
1,2-Dichlor-äthan auf 100° (*Kataew, Simkin*, Uč. Zap. Kazansk. Univ. **117** [1957] Nr. 2,
S. 174, 176).

Barium-Salz $Ba(C_6H_7O_3SSe)_2$. Krystalle (aus W.).

2,5-Dimethyl-selenophen-3-sulfonsäure-amid $C_6H_9NO_2SSe$, Formel XIII (X = NH_2).

B. Beim Behandeln des Kalium-Salzes der 2,5-Dimethyl-selenophen-3-sulfonsäure mit
Phosphor(V)-chlorid und Erhitzen des Reaktionsprodukts mit Ammoniumcarbonat bis
auf 120° (*Kataew, Simkin*, Uč. Zap. Kazansk. Univ. **117** [1957] Nr. 2, S. 174, 177).

Krystalle (aus W.); F: 145—147°.

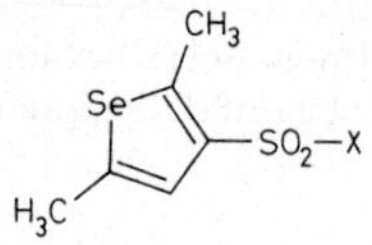

XIII 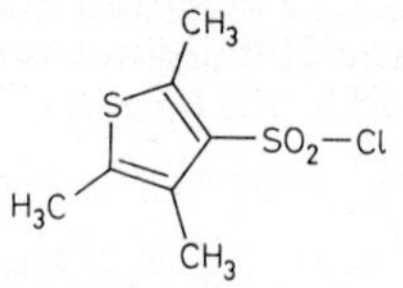   XIV 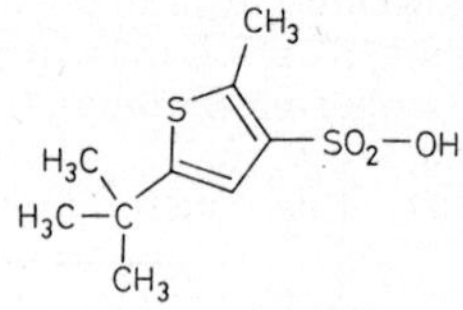   XV 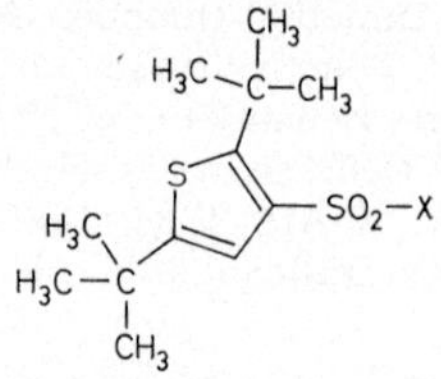   XVI

2,4,5-Trimethyl-thiophen-3-sulfonylchlorid $C_7H_9ClO_2S_2$, Formel XIV.

B. Beim Behandeln von 2,3,5-Trimethyl-thiophen mit Schwefelsäure und Erhitzen des Natrium-Salzes der erhaltenen Sulfonsäure mit Phosphorylchlorid bis auf 150° (*Birch et al.*, Tetrahedron **7** [1959] 311, 317).

Kp_{15}: 154°.

5-*tert*-Butyl-2-methyl-thiophen-3-sulfonsäure $C_9H_{14}O_3S_2$, Formel XV.

B. Beim Behandeln von 2-*tert*-Butyl-5-methyl-thiophen oder von 3,5-Di-*tert*-butyl-2-methyl-thiophen mit Schwefeltrioxid in 1,2-Dichlor-äthan (*Gol'dfarb et al.*, Izv. Akad. S.S.S.R. Otd. chim. **1956** 624, 627; engl. Ausg. S. 627, 629).

p-Toluidin-Salz $C_7H_9N \cdot C_9H_{14}O_3S_2$. Krystalle (aus W.); F: 184,5−185,5°.

2,5-Di-*tert*-butyl-thiophen-3-sulfonsäure $C_{12}H_{20}O_3S_2$, Formel XVI (X = OH).

B. Beim Behandeln von 2,5-Di-*tert*-butyl-thiophen mit dem Schwefeltrioxid-Addukt des 1-Sulfo-pyridinium-betains in 1,2-Dichlor-äthan oder mit Schwefeltrioxid in 1,2-Di=chlor-äthan (*Gol'dfarb et al.*, Izv. Akad. S.S.S.R. Otd. chim. **1956** 624; engl. Ausg. S. 627, 628).

Natrium-Salz $NaC_{12}H_{19}O_3S_2$. Krystalle (aus W.) mit 1 Mol H_2O.

p-Toluidin-Salz $C_7H_9N \cdot C_{12}H_{20}O_3S_2$. Krystalle (aus W.); F: 193−194°.

2,5-Di-*tert*-butyl-thiophen-3-sulfonylchlorid $C_{12}H_{19}ClO_2S_2$, Formel XVI (X = Cl).

B. Beim Erwärmen des Natrium-Salzes der 2,5-Di-*tert*-butyl-thiophen-3-sulfonsäure mit Phosphorylchlorid und Phosphor(V)-chlorid (*Gol'dfarb et al.*, Izv. Akad. S.S.S.R. Otd. chim. **1956** 624, 625; engl. Ausg. S. 627, 628).

Krystalle (aus Heptan); F: 91−92,5°.

Monosulfonsäuren $C_nH_{2n-8}O_4S$

(±)-Isochroman-1-sulfonsäure $C_9H_{10}O_4S$, Formel I.

B. Beim Behandeln von (±)-1-Äthoxy-isochroman mit wss. Natriumhydrogensulfit-Lösung (*Rieche, Schmitz*, B. **89** [1956] 1254, 1260).

Natrium-Salz $NaC_9H_9O_4S$. Krystalle [aus wss. Lösung].

(±)-2,4,6,7-Tetramethyl-2,3-dihydro-benzofuran-5-sulfonylchlorid $C_{12}H_{15}ClO_3S$, Formel II (X = Cl).

B. Beim Behandeln von (±)-2,4,6,7-Tetramethyl-2,3-dihydro-benzofuran mit Chloro=schwefelsäure (*Hromatka, Kirnig*, M. **85** [1954] 235, 237).

Krystalle (aus PAe.); F: 88−89°.

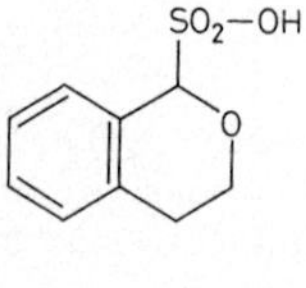

I 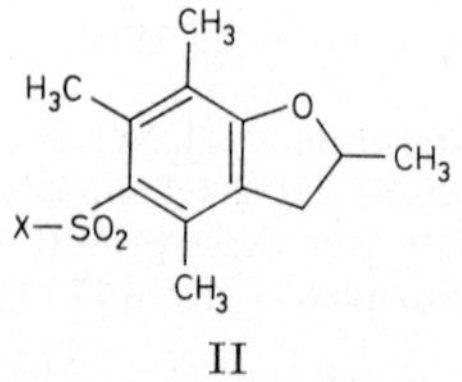   II 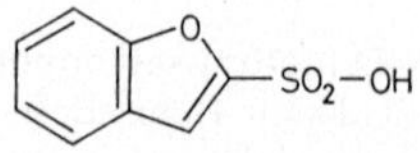   III

(±)-2,4,6,7-Tetramethyl-2,3-dihydro-benzofuran-5-sulfonsäure-anilid $C_{18}H_{21}NO_3S$,
Formel II (X = NH-C_6H_5).
   B. Beim Erwärmen von (±)-2,4,6,7-Tetramethyl-2,3-dihydro-benzofuran-5-sulfonyl=
chlorid mit Anilin (*Hromatka, Kirnig*, M. **85** [1954] 235, 237).
   Krystalle (aus A.); F: 132—133° [Kofler-App.].

Monosulfonsäuren $C_nH_{2n-10}O_4S$

Benzofuran-2-sulfonsäure $C_8H_6O_4S$, Formel III.
   B. Beim Erwärmen von Benzofuran mit 1-Sulfo-pyridinium-betain (*Terent'ew, Kasizyna*
Ž. obšč. Chim. **19** [1949] 531, 535; engl. Ausg. S. 481, 485).
   Natrium-Salz $NaC_8H_5O_4S$. Krystalle.
   Barium-Salz $Ba(C_8H_5O_4S)_2$. Krystalle [aus W.].

Monosulfonsäuren $C_nH_{2n-12}O_4S$

6,7,8,9-Tetrahydro-dibenzofuran-3-sulfonsäure $C_{12}H_{12}O_4S$, Formel IV (X = OH).
   B. Beim Behandeln einer Lösung von 1,2,3,4-Tetrahydro-dibenzofuran in Tetrachlor=
methan mit Chloroschwefelsäure (*Gilman et al.*, Am. Soc. **57** [1935] 2095, 2097).
   Barium-Salz $Ba(C_{12}H_{11}O_4S)_2$. Krystalle [aus W.].

**6,7,8,9-Tetrahydro-dibenzofuran-3-sulfonsäure-amid, 6,7,8,9-Tetrahydro-dibenzofuran-
3-sulfonamid** $C_{12}H_{13}NO_3S$, Formel IV (X = NH_2).
   B. Beim Behandeln des Natrium-Salzes der 6,7,8,9-Tetrahydro-dibenzofuran-3-sulfon=
säure mit Phosphorylchlorid und Behandeln des Reaktionsprodukts mit wss. Ammoniak
(*Gilman et al.*, Am. Soc. **57** [1935] 2095, 2097).
   Krystalle (aus wss. Eg.); F: 207,5—208,5°.

IV   V   VI

Monosulfonsäuren $C_nH_{2n-14}O_4S$

2-[ξ-2-[2]Furyl-vinyl]-5-nitro-benzolsulfonsäure-phenylester $C_{18}H_{13}NO_6S$, Formel V
(R = C_6H_5).
   B. Beim Erhitzen von 4-Nitro-toluol-2-sulfonsäure-phenylester mit Furan-2-carb=
aldehyd und Piperidin auf 140° (*Geigy A.G.*, U.S.P. 2657228 [1951]).
   Krystalle (aus Eg.); F: 142°.

Monosulfonsäuren $C_nH_{2n-16}O_4S$

Dibenzofuran-2-sulfonsäure $C_{12}H_8O_4S$, Formel VI.
   B. Beim Erwärmen von Dibenzofuran mit konz. Schwefelsäure auf 100° (*Wendland
et al.*, Am. Soc. **71** [1949] 1593). Beim Behandeln einer Lösung von Dibenzofuran in
Tetrachlormethan mit Chloroschwefelsäure (*Gilman et al.*, Am. Soc. **56** [1934] 1412).
   Krystalle (aus W.); F: 147—147,5° (*We. et al.*, Am. Soc. **71** 1593). Elektrische Leit-
fähigkeit von wss. Lösungen: *We. et al.*, Am. Soc. **71** 1593. Löslichkeit in Wasser bei
0°: 22 g/l; bei 25°: 85 g/l (*We. et al.*, Am. Soc. **71** 1593).
   Lithium-Salz. Löslichkeit in Wasser bei 0°: 7,4 g/l (*Wendland et al.*, Am. Soc. **71**
[1949] 1593).
   Natrium-Salz $NaC_{12}H_7O_4S$. Löslichkeit in Wasser bei 0°: 3,0 g/l (*Wendland et al.*,
Am. Soc. **71** [1949] 1593).

Kalium-Salz $KC_{12}H_7O_4S$. Löslichkeit in Wasser bei 0°: 5,2 g/l (*Wendland et al.*, Am. Soc. **71** [1949] 1593).

Barium-Salz $Ba(C_{12}H_7O_4S)_2$. Löslichkeit in Wasser bei 0°: 0,94 g/l (*Wendland et al.*, Am. Soc. **71** [1949] 1593).

Ammonium-Salz $[NH_4]C_{12}H_7O_4S$. Krystalle (aus W.); Zers. oberhalb 310° (*Wendland et al.*, Am. Soc. **75** [1953] 3606). Löslichkeit in Wasser bei 0°: 18,7 g/l (*Wendland et al.*, Am. Soc. **71** [1949] 1593).

Hydrazin-Salz $N_2H_4 \cdot 2C_{12}H_8O_4S$. Krystalle (aus W. oder wss. A.); F: 260° [unkorr.] (*Wendland et al.*, Am. Soc. **75** [1953] 3606). Löslichkeit in Wasser bei 0°: 7 g/l (*We. et al.*).

Verbindung mit Harnstoff $CH_4N_2O \cdot C_{12}H_8O_4S$. Krystalle (aus W.), die bei 203° schmelzen; die Schmelze erstarrt bei weiterem Erhitzen wieder (*Wendland et al.*, Am. Soc. **75** [1953] 3606). Löslichkeit in Wasser bei 0°: 19 g/l (*We. et al.*).

Guanidin-Salz $CH_5N_3 \cdot C_{12}H_8O_4S$. Krystalle (aus wss. A.), die unterhalb 310° nicht schmelzen (*Wendland et al.*, Am. Soc. **75** [1953] 3606). Löslichkeit in Wasser bei 0°: 1,0 g/l (*We. et al.*).

Butylamin-Salz $C_4H_{11}N \cdot C_{12}H_8O_4S$. Krystalle (aus W. oder wss. A.); F: 207−208° [unkorr.] (*Wendland et al.*, Am. Soc. **75** [1953] 3606). Löslichkeit in Wasser bei 0°: 8 g/l (*We. et al.*).

Dibutylamin-Salz $C_8H_{19}N \cdot C_{12}H_8O_4S$. Krystalle (aus W. oder aus wss. A.); F: 164° [unkorr.] (*Wendland et al.*, Am. Soc. **75** [1953] 3606). Löslichkeit in Wasser bei 0°: 2,4 g/l (*We. et al.*).

Tributylamin-Salz $C_{12}H_{27}N \cdot C_{12}H_8O_4S$. Krystalle (aus A.); F: 117−118° [unkorr.] (*Wendland et al.*, Am. Soc. **75** [1953] 3606). Löslichkeit in Wasser bei 0°: 4 g/l (*We. et al.*).

Diisobutylamin-Salz $C_8H_{19}N \cdot C_{12}H_8O_4S$. Krystalle (aus W. oder wss. A.); F: 168° [unkorr.] (*Wendland et al.*, Am. Soc. **75** [1953] 3606). Löslichkeit in Wasser bei 0°: 3 g/l (*We. et al.*).

Cyclohexylamin-Salz $C_6H_{13}N \cdot C_{12}H_8O_4S$. Krystalle (aus wss. A.); F: 214−216° [unkorr.] (*Wendland et al.*, Am. Soc. **75** [1953] 3606). Löslichkeit in Wasser bei 0°: 0,4 g/l (*We. et al.*).

Dicyclohexylamin-Salz $C_{12}H_{23}N \cdot C_{12}H_8O_4S$. Krystalle (aus wss. A.); F: 239−240° [unkorr.] (*Wendland et al.*, Am. Soc. **75** [1953] 3606). Löslichkeit in Wasser bei 0°: 0,5 g/l (*We. et al.*).

Anilin-Salz $C_6H_7N \cdot C_{12}H_8O_4S$. Krystalle (aus W. oder wss. A.); F: 258−260° [unkorr.] (*Wendland et al.*, Am. Soc. **75** [1953] 3606). Löslichkeit in Wasser bei 0°: 2,3 g/l (*We. et al.*).

N-Methyl-anilin-Salz $C_7H_9N \cdot C_{12}H_8O_4S$. Krystalle (aus W. oder wss. A.); F: 148° bis 149° [unkorr.] (*Wendland et al.*, Am. Soc. **75** [1953] 3606). Löslichkeit in Wasser bei 0°: 6 g/l (*We. et al.*).

N,N-Dimethyl-anilin-Salz $C_8H_{11}N \cdot C_{12}H_8O_4S$. Krystalle; F: 61−62° (*Wendland et al.*, Am. Soc. **75** [1953] 3606). Löslichkeit in Wasser bei 0°: 5,2 g/l (*We. et al.*).

N-Äthyl-anilin-Salz $C_8H_{11}N \cdot C_{12}H_8O_4S$. Krystalle; F: 128−129° [unkorr.] (*Wendland et al.*, Am. Soc. **75** [1953] 3606). Löslichkeit in Wasser bei 0°: 6 g/l (*We. et al.*).

N,N'-Diphenyl-guanidin-Salz $C_{13}H_{13}N_3 \cdot C_{12}H_8O_4S$. Krystalle (aus W. oder wss. A.); F: 195−196° [unkorr.] (*Wendland et al.*, Am. Soc. **75** [1953] 3606). Löslichkeit in Wasser bei 0°: 1 g/l (*We. et al.*).

2-Chlor-anilin-Salz $C_6H_6ClN \cdot C_{12}H_8O_4S$. Krystalle (aus W. oder wss. A.); F: 228° bis 230° [unkorr.] (*Wendland et al.*, Am. Soc. **75** [1953] 3606). Löslichkeit in Wasser bei 0°: 2,4 g/l (*We. et al.*).

3-Nitro-anilin-Salz $C_6H_6N_2O_2 \cdot C_{12}H_8O_4S$. Krystalle (aus W. oder wss. A.); F: 250° [unkorr.; Zers.] (*Wendland et al.*, Am. Soc. **75** [1953] 3606). Löslichkeit in Wasser bei 0°: 0,9 g/l (*We. et al.*).

4-Nitro-anilin-Salz $C_6H_6N_2O_2 \cdot C_{12}H_8O_4S$. Krystalle (aus W. oder wss. A.); F: 240° [unkorr.; Zers.] (*Wendland et al.*, Am. Soc. **75** [1953] 3606). Löslichkeit in Wasser bei 0°: 1 g/l (*We. et al.*).

o-Toluidin-Salz $C_7H_9N \cdot C_{12}H_8O_4S$. Krystalle (aus W. oder wss. A.); F: 242−243° [unkorr.; Zers.] (*Wendland et al.*, Am. Soc. **75** [1953] 3606). Löslichkeit in Wasser bei 0°: 1,4 g/l (*We. et al.*).

m-Toluidin-Salz $C_7H_9N \cdot C_{12}H_8O_4S$. Krystalle (aus W. oder wss. A.); F: 205−206° [unkorr.] (*Wendland et al.*, Am. Soc. **75** [1953] 3606). Löslichkeit in Wasser bei 0°: 2,4 g/l

(*We. et al.*).

p-Toluidin-Salz $C_7H_9N \cdot C_{12}H_8O_4S$. Krystalle (aus W. oder wss. A.); F: $232-234°$ [unkorr.] (*Wendland et al.*, Am. Soc. **75** [1953] 3606). Löslichkeit in Wasser bei 0°: 2 g/l (*We. et al.*).

[1]Naphthylamin-Salz $C_{10}H_9N \cdot C_{12}H_8O_4S$. Krystalle (aus W. oder wss. A.), F: $285°$ [unkorr.; Zers.] (*Wendland et al.*, Am. Soc. **75** [1953] 3606). Löslichkeit in Wasser bei 0°: 1 g/l (*We. et al.*).

[2]Naphthylamin-Salz $C_{10}H_9N \cdot C_{12}H_8O_4S$. Krystalle (aus W. oder aus wss. A.); F: $245-246°$ [unkorr.; Zers.] (*Wendland et al.*, Am. Soc. **75** [1953] 3606). Löslichkeit in Wasser bei 0°: 0,4 g/l (*We. et al.*).

Äthylendiamin-Salz $C_2H_8N_2 \cdot 2 C_{12}H_8O_4S$. Krystalle (aus W. oder wss. A.), die unterhalb 305° nicht schmelzen (*Wendland et al.*, Am. Soc. **75** [1953] 3606). Löslichkeit in Wasser bei 0°: 1,1 g/l (*We. et al.*).

o-Phenylendiamin-Salz $C_6H_8N_2 \cdot C_{12}H_8O_4S$. Krystalle (aus W. oder wss. A.), F: $252-254°$ [unkorr.; Zers.] (*Wendland et al.*, Am. Soc. **75** [1953] 3606). Löslichkeit in Wasser bei 0°: 3 g/l (*We. et al.*).

m-Phenylendiamin-Salz $C_6H_8N_2 \cdot 2 C_{12}H_8O_4S$. Krystalle (aus W. oder wss. A.); F: $280-290°$ [unkorr.; Zers.] (*Wendland et al.*, Am. Soc. **75** [1953] 3606). Löslichkeit in Wasser bei 0°: 2 g/l (*We. et al.*).

p-Phenylendiamin-Salz $C_6H_8N_2 \cdot 2 C_{12}H_8O_4S$. Krystalle (aus W. oder wss. A.), die unterhalb 305° nicht schmelzen (*Wendland et al.*, Am. Soc. **75** [1953] 3606). Löslichkeit in Wasser bei 0°: 1 g/l (*We. et al.*).

N-Acetyl-p-phenylendiamin-Salz $C_8H_{10}N_2O \cdot C_{12}H_8O_4S$. Krystalle (aus W.), die unterhalb 290° nicht schmelzen (*Wendland et al.*, Am. Soc. **75** [1953] 3606). Löslichkeit in Wasser bei 0°: 11 g/l (*We. et al.*).

Benzidin-Salz $C_{12}H_{12}N_2 \cdot 2C_{12}H_8O_4S$. Krystalle (aus W. oder wss. A.), die unterhalb 300° nicht schmelzen (*Wendland et al.*, Am. Soc. **75** [1953] 3606). Löslichkeit in Wasser bei 0°: 1,1 g/l (*We. et al.*).

2,4-Diamino-phenol-Salz $C_6H_8N_2O \cdot 2C_{12}H_8O_4S$. Krystalle (aus W. oder wss. A.); F: $250°$ [unkorr.; Zers.] (*Wendland et al.*, Am. Soc. **75** [1953] 3606). Löslichkeit in Wasser bei 0°: 1,6 g/l (*We. et al.*).

(±)-Ephedrin-Salz ((1RS,2SR)-2-Methylamino-1-phenyl-propan-1-ol-Salz) $C_{10}H_{15}NO \cdot C_{12}H_8O_4S$. F: $196-198°$ (*Miller*, Am. Soc. **72** [1950] 2303).

Glycin-Salz $C_2H_5NO_2 \cdot C_{12}H_8O_4S$. Krystalle; Zers. bei $234-235°$ (*Wendland, Smith*, Pr. N. Dakota Acad. **3** [1949] 31, 33). Löslichkeit in Wasser bei 0°: 80 g/l (*We., Sm.*).

DL-Alanin-Salz $C_3H_7NO_2 \cdot C_{12}H_8O_4S$. Krystalle; F: $247-248°$ (*Wendland, Smith*, Pr. N. Dakota Acad. **3** [1949] 31, 33). Löslichkeit in Wasser bei 0°: 23 g/l (*We., Sm.*).

L-Arginin-Salz $C_6H_{14}N_4O_2 \cdot 2C_{12}H_8O_4S$. Krystalle; Zers. bei $232-236°$ (*Wendland, Smith*, Pr. N. Dakota Acad. **3** [1949] 31, 33). Löslichkeit in Wasser bei 0°: 13 g/l (*We., Sm.*).

DL-Valin-Salz $C_5H_{11}NO_2 \cdot C_{12}H_8O_4S$. Krystalle; F: $196°$ (*Wendland, Smith*, Pr. N. Dakota Acad. **3** [1949] 31, 33). Löslichkeit in Wasser bei 0°: 39 g/l (*We., Sm.*).

DL-Lysin-Salz $C_6H_{14}N_2O_2 \cdot C_{12}H_8O_4S$. Krystalle; F: $228-230°$ (*Wendland, Smith*, Pr. N. Dakota Acad. **3** [1949] 31, 33). Löslichkeit in Wasser bei 0°: 10 g/l (*We., Sm.*).

L-Leucin-Salz $C_6H_{13}NO_2 \cdot C_{12}H_8O_4S$. Krystalle; F: $220°$ (*Wendland, Smith*, Pr. N. Dakota Acad. **3** [1949] 31, 33). Löslichkeit in Wasser bei 0°: 5 g/l (*We., Sm.*).

DL-Isoleucin-Salz $C_6H_{13}NO_2 \cdot C_{12}H_8O_4S$. Krystalle; F: $197-198°$ (*Wendland, Smith*, Pr. N. Dakota Acad. **3** [1949] 31, 33). Löslichkeit in Wasser bei 0°: 8 g/l (*We., Sm.*).

DL-Phenylalanin-Salz $C_9H_{11}NO_2 \cdot C_{12}H_8O_4S$. Krystalle; F: $228°$ [Zers.] (*Wendland, Smith*, Pr. N. Dakota Acad. **3** [1949] 31, 33). Löslichkeit in Wasser bei 0°: 2,5 g/l (*We., Sm.*).

DL-Asparaginsäure-Salz $C_4H_7NO_4 \cdot C_{12}H_8O_4S$. Krystalle; F: $214°$ (*Wendland, Smith*, Pr. N. Dakota Acad. **3** [1949] 31, 33). Löslichkeit in Wasser bei 0°: 20 g/l (*We., Sm.*).

DL-Asparagin-Salz $C_4H_8N_2O_3 \cdot C_{12}H_8O_4S$. Krystalle; Zers. bei $273-275°$ (*Wendland, Smith*, Pr. N. Dakota Acad. **3** [1949] 31, 33). Löslichkeit in Wasser bei 0°: 31 g/l (*We., Sm.*).

DL-Serin-Salz $C_3H_7NO_3 \cdot C_{12}H_8O_4S$. Krystalle; F: $207-210°$ [Zers.] (*Wendland, Smith*, Pr. N. Dakota Acad. **3** [1949] 31, 33). Löslichkeit in Wasser bei 0°: 35 g/l (*We., Sm.*).

L-Cystein-Salz $C_3H_7NO_2S \cdot C_{12}H_8O_4S$. Krystalle; F: $218°$ [Zers.] (*Wendland, Smith*, Pr. N. Dakota Acad. **3** [1949] 31, 33). Löslichkeit in Wasser bei 0°: 40 g/l (*We., Sm.*).

L-Cystin-Salz $C_6H_{12}N_2O_4S_2 \cdot C_{12}H_8O_4S$. Amorph; Zers. bei $207°$ (*Wendland, Smith*,

Pr. N. Dakota Acad. **3** [1949] 31, 33). Löslichkeit in Wasser bei 0°: 10 g/l (*We., Sm.*).

DL-Threonin-Salz $C_4H_9NO_3 \cdot C_{12}H_8O_4S$. Krystalle; F: 200° (*Wendland, Smith*, Pr. N. Dakota Acad. **3** [1949] 31, 33). Löslichkeit in Wasser bei 0°: 32 g/l (*We., Sm.*).

Sulfanilamid-Salz $C_6H_8N_2O_2S \cdot C_{12}H_8O_4S$. Krystalle (aus W. oder wss. A.); F: 245—246° [unkorr.; Zers.] (*Wendland et al.*, Am. Soc. **75** [1953] 3606). Löslichkeit in Wasser bei 0°: 1 g/l (*We. et al.*).

Phenylhydrazin-Salz $C_6H_8N_2 \cdot C_{12}H_8O_4S$. Krystalle (aus W. oder wss. A.); F: 193° bis 194° [unkorr.; Zers.] (*Wendland et al.*, Am. Soc. **75** [1953] 3606). Löslichkeit in Wasser bei 0°: 1 g/l (*We. et al.*).

Dibenzofuran-2-sulfonsäure-chlorid, Dibenzofuran-2-sulfonylchlorid $C_{12}H_7ClO_3S$, Formel VII (X = Cl).

B. Aus Dibenzofuran-2-sulfonsäure beim Erwärmen mit Phosphor(V)-chlorid und Phosphorylchlorid (*Bieber*, J. Am. pharm. Assoc. **42** [1953] 665) sowie beim Erhitzen des Natrium-Salzes mit Phosphorylchlorid bis auf 180° (*Gilman et al.*, Am. Soc. **56** [1934] 1412).

Krystalle (aus Toluol); F: 140° (*Gi. et al.*).

Dibenzofuran-2-sulfonsäure-amid, Dibenzofuran-2-sulfonamid $C_{12}H_9NO_3S$, Formel VII (X = NH₂).

B. Beim Behandeln von Dibenzofuran-2-sulfonylchlorid mit wss. Ammoniak (*Bieber*, J. Am. pharm. Assoc. **42** [1953] 665).

Krystalle (aus wss. A.); F: 236—237° [unkorr.].

Dibenzofuran-2-sulfonsäure-methylamid, *N*-Methyl-dibenzofuran-2-sulfonamid $C_{13}H_{11}NO_3S$, Formel VII (X = NH-CH₃).

B. Beim Behandeln von Dibenzofuran-2-sulfonylchlorid mit wss. Methylamin-Lösung (*Bieber*, J. Am. pharm. Assoc. **42** [1953] 665).

Krystalle (aus wss. A.); F: 133° [unkorr.].

Dibenzofuran-2-sulfonsäure-äthylamid, *N*-Äthyl-dibenzofuran-2-sulfonamid $C_{14}H_{13}NO_3S$, Formel VII (X = NH-C₂H₅).

B. Beim Behandeln von Dibenzofuran-2-sulfonylchlorid mit wss. Äthylamin-Lösung (*Bieber*, J. Am. pharm. Assoc. **42** [1953] 665).

Krystalle (aus wss. A.); F: 148,5° [unkorr.].

Dibenzofuran-2-sulfonsäure-anilid, Dibenzofuran-2-sulfonanilid $C_{18}H_{13}NO_3S$, Formel VII (X = NH-C₆H₅).

B. Beim Erwärmen von Dibenzofuran-2-sulfonylchlorid mit Anilin (*Bieber*, J. Am. pharm. Assoc. **42** [1953] 665).

Krystalle (aus wss. A.); F: 180,5° [unkorr.].

VII

VIII

7-Nitro-dibenzofuran-2-sulfonsäure $C_{12}H_7NO_6S$, Formel VIII (X = H) (E II 405; dort als 7-Nitro-diphenylenoxyd-sulfonsäure-(3) bezeichnet).

B. Beim Erwärmen von 3-Nitro-dibenzofuran mit konz. Schwefelsäure (*Yamashiro*, J. chem. Soc. Japan Ind. Chem. Sect. **54** [1951] 295; C. A. **1953** 2598; *Wendland et al.*, Am. Soc. **75** [1953] 3606; vgl. E II 405).

Gelbe Krystalle (aus Eg.); Zers. bei 240° (*We. et al.*).

Natrium-Salz $NaC_{12}H_6NO_6S$. UV-Spektrum (W.; 250—390 nm): *Ya*.

Verbindung mit Harnstoff $CH_4NO \cdot C_{12}H_7NO_6S$. Krystalle (aus A.); Zers. oberhalb 300° (*We. et al.*, l. c. S. 3608).

Butylamin-Salz. F: 264° (*We. et al.*, l. c. S. 3608).

Dibutylamin-Salz. F: 167° (*We. et al.*, l. c. S. 3608).

Anilin-Salz $C_6H_7N \cdot C_{12}H_7NO_6S$. Krystalle (aus A.); F: 258—260° [Zers.] (*We. et al.*, l. c. S. 3608).

$N,N'(?)$-Diphenyl-guanidin-Salz. F: 225° (*We. et al.*, l. c. S. 3608).

4-Brom-anilin-Salz $C_6H_6BrN \cdot C_{12}H_7NO_6S$. Krystalle (aus A.); F: 258—266° [Zers.] (*We. et al.*, l. c. S. 3608).

p-Toluidin-Salz $C_7H_9N \cdot C_{12}H_7NO_6S$. Krystalle (aus A.); F: 250° [Zers.] (*We. et al.*, l. c. S. 3608).

L-Arginin-Salz $C_6H_{14}N_4O_2 \cdot 2C_{12}H_7NO_6S$. F: 235—236° (*We. et al.*, l. c. S. 3608).

L-Leucin-Salz $C_6H_{13}NO_2 \cdot C_{12}H_7NO_6S$. F: 260—262° [Zers.] (*We. et al.*, l. c. S. 3608).

DL-Isoleucin-Salz $C_6H_{13}NO_2 \cdot C_{12}H_7NO_6S$. F: 246° (*We. et al.*, l. c. S. 3608).

DL-Phenylalanin-Salz $C_9H_{11}NO_2 \cdot C_{12}H_7NO_6S$. F: 247° (*We. et al.*, l. c. S. 3608).

L-Cystein-Salz $C_3H_7NO_2S \cdot C_{12}H_7NO_6S$. F: 219° (*We. et al.*, l. c. S. 3608).

L-Cystin-Salz $C_6H_{12}N_2O_4S_2 \cdot 2C_{12}H_7NO_6S$. F: 215° (*We. et al.*, l. c. S. 3608).

8-Nitro-dibenzofuran-2-sulfonsäure $C_{12}H_7NO_6S$, Formel IX (X = H).

B. Beim Erwärmen von 2-Nitro-dibenzofuran mit konz. Schwefelsäure (*Yamashiro*, J. chem. Soc. Japan Ind. Chem. Sect. **54** [1951] 295; C. A. **1953** 2598).

Natrium-Salz $NaC_{12}H_6NO_6S$. Hellgelbe Krystalle (aus W.) mit 2 Mol H_2O. UV-Spektrum (W.; 230—390 nm): *Ya.*

3,7-Dinitro-dibenzofuran-2-sulfonsäure $C_{12}H_6N_2O_8S$, Formel VIII (X = NO_2).

B. Beim Erhitzen von 3,7-Dinitro-dibenzofuran mit Schwefeltrioxid enthaltender Schwefelsäure auf 100° (*Yamashiro*, J. chem. Soc. Japan Ind. Chem. Sect. **54** [1951] 295; C. A. **1953** 2598).

Calcium-Salz $Ca(C_{12}H_5N_2O_8S)_2$. Gelbliche Krystalle. UV-Spektrum (W.; 230 nm bis 390 nm): *Ya.*

IX   X

3,8-Dinitro-dibenzofuran-2-sulfonsäure $C_{12}H_6N_2O_8S$, Formel IX (X = NO_2).

B. Beim Erhitzen von 2,7-Dinitro-dibenzofuran mit Schwefeltrioxid enthaltender Schwefelsäure auf 100° (*Yamashiro*, J. chem. Soc. Japan Ind. Chem. Sect. **54** [1951] 295; C. A. **1953** 2598).

UV-Spektrum (230—390 nm) einer wss. Lösung des Natrium-Salzes: *Ya.*

Calcium-Salz $Ca(C_{12}H_5N_2O_8S)_2$. Hellgelbe Krystalle (aus wss. A.).

4,6-Dinitro-dibenzofuran-2-sulfonsäure $C_{12}H_6N_2O_8S$, Formel X.

B. Beim Erhitzen von 4,6-Dinitro-dibenzofuran mit Schwefeltrioxid enthaltender Schwefelsäure auf 100° (*Yamashiro*, J. chem. Soc. Japan Ind. Chem. Sect. **54** [1951] 295; C. A. **1953** 2598).

Calcium-Salz $Ca(C_{12}H_5N_2O_8S)_2$. Gelbliche Krystalle. UV-Spektrum (W.; 230 nm bis 390 nm): *Ya.*

Dibenzothiophen-2-sulfonsäure $C_{12}H_8O_3S_2$, Formel XI (X = OH).

B. Beim Behandeln einer Lösung von Dibenzothiophen in Chloroform mit Chloroschwefelsäure (*M. C. Pomonis*, Diss. [Univ. Nancy 1926] S. 43).

Krystalle (aus $CHCl_3$); F: 172—173,5°. An feuchter Luft bildet sich ein bei ca. 90° schmelzendes Monohydrat.

Natrium-Salz $NaC_{12}H_7O_3S_2$. Krystalle [aus W.] (*Po.*, l. c. S. 45).

Kalium-Salz $KC_{12}H_7O_3S_2$. Krystalle [aus W.] (*Po.*, l. c. S. 45).

Barium-Salz $Ba(C_{12}H_7O_3S_2)_2$. Krystalle [aus W.] (*Po.*, l. c. S. 45).

5,5-Dioxo-5λ^6-dibenzothiophen-2-sulfonsäure $C_{12}H_8O_5S_2$, Formel XII (X = OH).

B. Aus Dibenzothiophen-2-sulfonsäure mit Hilfe von wss. Wasserstoffperoxid (*Courtot,*

C. r. **198** [1934] 2260).
F: 276°.

Dibenzothiophen-2-sulfonsäure-chlorid, Dibenzothiophen-2-sulfonylchlorid $C_{12}H_7ClO_2S_2$,
Formel XI (X = Cl).
B. Beim Erwärmen des Kalium-Salzes der Dibenzothiophen-2-sulfonsäure mit Phos⸗
phor(V)-chlorid (*M. C. Pomonis*, Diss. [Univ. Nancy 1926] S. 45).
Krystalle; F: 141° (*Courtot*, C. r. **198** [1934] 2260, 2261), 140—141° [aus Bzl.] (*Po.*).

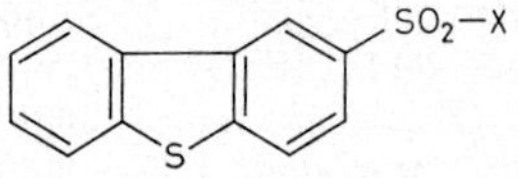

XI 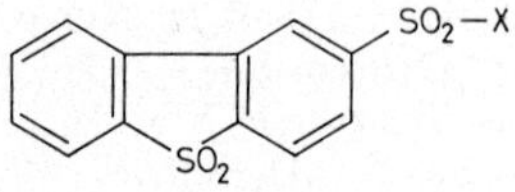   XII

5,5-Dioxo-5λ^6-dibenzothiophen-2-sulfonylchlorid $C_{12}H_7ClO_4S_2$, Formel XII (X = Cl).
B. Aus 5,5-Dioxo-5λ^6-dibenzothiophen-2-sulfonsäure (*Courtot*, C. r. **198** [1934] 2260).
Gelbliche Krystalle; F: 234—235°.

Dibenzothiophen-2-sulfonsäure-amid, Dibenzothiophen-2-sulfonamid $C_{12}H_9NO_2S_2$,
Formel XI (X = NH$_2$).
B. Beim Erhitzen von Dibenzothiophen-2-sulfonylchlorid mit wss. Ammoniak auf 160°
(*M. C. Pomonis*, Diss. [Univ. Nancy 1926] S. 46).
Krystalle (aus A.); F: 198,5—199°.

Dibenzofuran-3-sulfonsäure $C_{12}H_8O_4S$, Formel XIII (X = OH).
B. Beim Behandeln von Dibenzofuran-3-ylamin mit wss. Schwefelsäure und Natrium⸗
nitrit, Behandeln der Reaktionslösung mit Schwefeldioxid und anschliessend mit Kupfer-
Pulver und Behandeln des Kalium-Salzes der gebildeten Dibenzofuran-3-sulfinsäure mit
Kaliumpermanganat in Wasser (*Gilman et al.*, Am. Soc. **57** [1935] 2095, 2098).
Krystalle (aus W.).

Dibenzofuran-3-sulfonsäure-chlorid, Dibenzofuran-3-sulfonylchlorid $C_{12}H_7ClO_3S$,
Formel XIII (X = Cl).
B. Aus dem Kalium-Salz der Dibenzofuran-3-sulfonsäure mit Hilfe von Phosphor(V)-
chlorid (*Gilman et al.*, Am. Soc. **57** [1935] 2095, 2098).
Krystalle (aus PAe.); F: 148,5°.

Dibenzofuran-3-sulfonsäure-amid, Dibenzofuran-3-sulfonamid $C_{12}H_9NO_3S$, Formel XIII
(X = NH$_2$).
B. Beim Behandeln einer Lösung von Dibenzofuran-3-sulfonylchlorid in Äther mit
Ammoniak (*Gilman et al.*, Am. Soc. **57** [1935] 2095, 2098).
Krystalle (aus wss. Eg.); F: 241—242°.

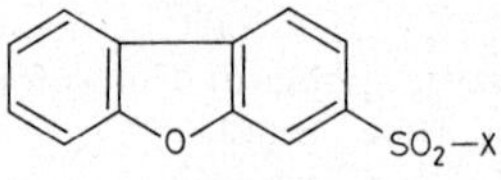

XIII 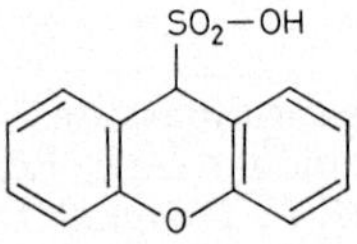   XIV

Xanthen-9-sulfonsäure $C_{13}H_{10}O_4S$, Formel XIV.
B. Beim Erhitzen von Xanthen-9-ol mit wss. Natriumsulfit-Lösung auf 135° (*Erdtman,
Spetz*, Acta chem. scand. **10** [1956] 1427, 1430).
Natrium-Salz NaC$_{13}$H$_9$O$_4$S. Krystalle [aus A.].
Cyclohexylamin-Salz $C_6H_{13}N \cdot C_{13}H_{10}O_4S$. Krystalle (aus A.); Zers. von 230° an.

B. Disulfonsäuren

Disulfonsäuren $C_nH_{2n}O_7S_2$

3,3-Bis-sulfomethyl-thietan-1,1-dioxid, [1,1-Dioxo-1λ^6-thietan-3,3-diyl]-bis-methan=sulfonsäure $C_5H_{10}O_8S_3$, Formel I (X = OH).

B. Beim Behandeln von 2,6,7,8-Tetrathia-spiro[3,5]nonan (F: 77—77,5°; über die Konstitution dieser Verbindung s. *Schotte*, Ark. Kemi **9** [1956] 361, 363, 375) mit Essig=säure und wss. Wasserstoffperoxid (*Backer, Evenhuis*, R. **56** [1937] 129, 134).

Krystalle mit 2 Mol H_2O (*Ba., Ev.*).

Barium-Salz $BaC_5H_8O_8S_3$. Krystalle (aus wss. A.) mit 3 Mol H_2O (*Ba., Ev.*).

Thallium(I)-Salz $Tl_2C_5H_8O_8S_3$. Krystalle (*Ba., Ev.*).

3,3-Bis-chlorsulfonylmethyl-thietan-1,1-dioxid, [1,1-Dioxo-1λ^6-thietan-3,3-diyl]-bis-methansulfonylchlorid $C_5H_8Cl_2O_6S_3$, Formel I (X = Cl).

B. Beim Erwärmen des Dinatrium-Salzes des 3,3-Bis-sulfomethyl-thietan-1,1-dioxids mit Phosphor(V)-chlorid (*Backer, Evenhuis*, R. **56** [1937] 129, 135).

Krystalle (aus CCl_4); F: 144—146° [Zers.].

3,3-Bis-phenylsulfamoylmethyl-thietan-1,1-dioxid, [1,1-Dioxo-1λ^6-thietan-3,3-diyl]-bis-methansulfonsäure-dianilid $C_{17}H_{20}N_2O_6S_3$, Formel I (X = NH-C_6H_5).

B. Beim Erwärmen von 3,3-Bis-chlorsulfonylmethyl-thietan-1,1-dioxid mit Anilin und Benzol (*Backer, Evenhuis*, R. **56** [1937] 129, 135).

Krystalle (aus wss. A.); F: 200—202°.

I II III IV

Disulfonsäuren $C_nH_{2n-4}O_7S_2$

4,5-Dichlor-thiophen-2,3-disulfonylchlorid $C_4Cl_4O_4S_3$, Formel II (X = Cl).

Diese Konstitution kommt der nachstehend beschriebenen, ursprünglich (*Profft, Kubat*, Wiss. Z. T.H. Leuna-Merseburg **2** [1959/60] 243, 245; A. **634** [1960] 185, 188) als 3,5-Di=chlor-thiophen-2,4-disulfonylchlorid angesehenen Verbindung zu (*Profft, Solf*, A. **649** [1961] 100, 102).

B. Beim Behandeln von 2,3-Dichlor-thiophen (E III/IV **17** 242) mit Schwefeltrioxid enthaltender Schwefelsäure und Erhitzen des Natrium-Salzes der erhaltenen Disulfon=säure mit Phosphor(V)-chlorid auf 130° (*Pr., Ku.*).

Gelbliche Krystalle (aus Hexan); F: 90,5° (*Pr., Ku.*).

4,5-Dichlor-thiophen-2,3-disulfonsäure-diamid $C_4H_4Cl_2N_2O_4S_3$, Formel II (X = NH$_2$).

Diese Konstitution kommt der nachstehend beschriebenen, ursprünglich (*Profft, Kubat*, Wiss. Z. T.H. Leuna-Merseburg **2** [1959/60] 243, 246; A. **634** [1960] 185, 189) als 3,5-Dichlor-thiophen-2,4-disulfonsäure-diamid angesehenen Verbindung zu (*Profft, Solf*, A. **649** [1961] 100, 102).

B. Beim Behandeln von 4,5-Dichlor-thiophen-2,3-disulfonylchlorid mit wss. Ammoniak (*Pr., Ku.*).

Krystalle (aus wss. Acn.); Zers. bei 312—315° (*Pr., Ku.*).

Thiophen-2,4-disulfonsäure $C_4H_4O_6S_3$, Formel III (X = OH) (H 571).

B. Beim Erwärmen von Thiophen mit 1-Sulfo-pyridinium-betain auf 100° (*Terent'ew*, Vestnik Moskovsk. Univ. **1947** Nr. 6, S. 9, 16; C. A. **1950** 1480; *Kasizyna*, Uč. Zap.

Moskovsk. Univ. Nr. 131 [1950] 5, 32; C. A. **1953** 10518). Beim Behandeln einer Lösung von 5-Amino-thiophen-2,4-disulfonsäure (S. 6737) in Äthanol mit Äthylnitrit und mit Chlorwasserstoff enthaltendem Äthanol und Erwärmen des Reaktionsgemisches (*Scheibler et al.*, B. **87** [1954] 1184).

Dinatrium-Salz $Na_2C_4H_2O_6S_3$. Krystalle (*Ka.*).

Barium-Salz $BaC_4H_2O_6S_3$. Krystalle (*Te.*; *Ka.*).

Thiophen-2,4-disulfonsäure-dichlorid, Thiophen-2,4-disulfonylchlorid $C_4H_2Cl_2O_4S_3$, Formel III (X = Cl).

B. Beim Erwärmen von Thiophen-3-sulfonylchlorid mit Schwefeltrioxid enthaltender Schwefelsäure und Behandeln des Dinatrium-Salzes der erhaltenen Disulfonsäure mit Phosphor(V)-chlorid (*Steinkopf, Höpner*, A. **501** [1933] 174, 179, 186). Neben Thiophen-2,5-disulfonylchlorid beim Behandeln von Thiophen-2-sulfonylchlorid mit Schwefel= trioxid enthaltender Schwefelsäure und Behandeln der Natrium-Salze der erhaltenen Sulfonsäuren mit Phosphor(V)-chlorid (*St., Hö.*). Beim Erwärmen von 5-Jod-thiophen-2,4-disulfonylchlorid mit wss. Natronlauge, Behandeln der Reaktionslösung mit Natri= um-Amalgam und Behandeln des Natrium-Salzes der erhaltenen Sulfonsäure mit Phosphor(V)-chlorid (*Steinkopf et al.*, A. **512** [1934] 136, 148).

F: 80° [aus PAe.] (*St. et al.*). ¹H-NMR-Absorption: *Takahashi et al.*, Bl. chem. Soc. Japan **32** [1959] 156, 158.

Thiophen-2,4-disulfonsäure-diamid, Thiophen-2,4-disulfonamid $C_4H_6N_2O_4S_3$, Formel III (X = NH₂) (H 571).

B. Aus Thiophen-2,4-disulfonylchlorid (*Steinkopf, Höpner*, A. **501** [1933] 174, 179, 186).

F: 219° (*St., Hö.*). Absorptionsmaximum: 242 nm (*deStevens et al.*, J. med. pharm. Chem. **1** [1959] 565, 571).

5-Chlor-thiophen-2,4-disulfonsäure-diamid $C_4H_5ClN_2O_4S_3$, Formel IV.

B. Beim Behandeln von 5-Chlor-thiophen-2,4-disulfonylchlorid mit wss. Ammoniak (*deStevens et al.*, J. med. pharm. Chem. **1** [1959] 565, 569).

F: 214—215° [unkorr.]. Absorptionsmaximum: 246 nm (*deSt. et al.*, l. c. S. 571).

5-Brom-thiophen-2,4-disulfonylchlorid $C_4HBrCl_2O_4S_3$, Formel V (R = H, X = Cl).

B. Beim Eintragen von 5-Brom-thiophen-2-sulfonylchlorid in Schwefeltrioxid ent= haltende Schwefelsäure und Behandeln des Dinatrium-Salzes der erhaltenen Disulfon= säure mit Phosphor(V)-chlorid (*Steinkopf et al.*, A. **512** [1934] 136, 149).

F: 98—101° [aus Bzn.].

5-Brom-thiophen-2,4-disulfonsäure-diamid $C_4H_5BrN_2O_4S_3$, Formel V (R = H, X = NH₂).

B. Beim Behandeln von 5-Brom-thiophen-2,4-disulfonylchlorid mit wss. Ammoniak (*deStevens et al.*, J. med. pharm. Chem. **1** [1959] 565, 569).

F: 229—232° [unkorr.]. Absorptionsmaximum: 259 nm (*deSt. et al.*, l. c. S. 571).

3,5-Dibrom-thiophen-2,4-disulfonylchlorid $C_4Br_2Cl_2O_4S_3$, Formel V (R = Br, X = Cl).

B. Beim Eintragen von 2,4-Dibrom-thiophen in geschmolzene Dischwefelsäure und Erwärmen des aus der erhaltenen Disulfonsäure hergestellten Natrium-Salzes mit Phos= phor(V)-chlorid (*Steinkopf et al.*, A. **512** [1934] 136, 157).

Krystalle (aus Bzn.); F: 157°.

5-Jod-thiophen-2,4-disulfonylchlorid $C_4HCl_2IO_4S_3$, Formel VI.

B. Beim Eintragen von 5-Jod-thiophen-2-sulfonylchlorid in Schwefeltrioxid ent= haltende Schwefelsäure und Behandeln des Dinatrium-Salzes der erhaltenen Disulfon= säure mit Phosphor(V)-chlorid (*Steinkopf et al.*, A. **512** [1934] 136, 148).

F: 87—88° [aus PAe.].

Selenophen-2,4-disulfonsäure $C_4H_4O_6S_2Se$, Formel VII (X = OH).

B. Aus Selenophen beim Behandeln mit konz. Schwefelsäure und Acetanhydrid (*Umezawa*, Bl. chem. Soc. Japan **11** [1936] 775, 779) sowie beim Erwärmen mit 1-Sulfo-pyridinium-betain in 1,2-Dichlor-äthan auf 100° (*Kataew, Simkin*, Uč. Zap. Kazansk. Univ. **117** [1957] Nr. 2, S. 174, 176).

Kalium-Salz $K_2C_4H_2O_6S_2Se$. Krystalle (aus wss. A.) mit 0,25 Mol H_2O (*Um.*).
Barium-Salz $BaC_4H_2O_6S_2Se$. Krystalle [aus W.] (*Ka., Si.*). Krystalle (aus wss. A.)
mit 2,5 Mol H_2O (*Um.*).

Selenophen-2,4-disulfonsäure-dichlorid, Selenophen-2,4-disulfonylchlorid $C_4H_2Cl_2O_4S_2Se$,
Formel VII (X = Cl).
B. Beim Behandeln des Dikalium-Salzes der Selenophen-2,4-disulfonsäure mit Phos‹
phor(V)-chlorid (*Umezawa*, Bl. chem. Soc. Japan **11** [1936] 775, 780; *Kataew, Simkin*,
Uč. Zap. Kazansk. Univ. **117** [1957] Nr. 2, S. 174, 177).
Krystalle (aus Bzn.); F: 73—74° (*Ka., Si.*), 70—72° (*Um.*).

V   VI   VII   VIII   IX

Selenophen-2,4-disulfonsäure-diamid, Selenophen-2,4-disulfonamid $C_4H_6N_2O_4S_2Se$,
Formel VII (X = NH_2).
B. Beim Erwärmen von Selenophen-2,4-disulfonylchlorid mit Ammoniumcarbonat
(*Umezawa*, Bl. chem. Soc. Japan **11** [1936] 775, 780; *Kataew, Simkin*, Uč. Zap. Kazansk.
Univ. **117** [1957] Nr. 2, S. 174, 177).
Krystalle (aus W.); F: 237—239° (*Um.; Ka., Si.*).

Furan-2,5-disulfonsäure $C_4H_4O_7S_2$, Formel VIII (X = OH).
B. Als Hauptprodukt neben Furan-2-sulfonsäure beim Behandeln von Furan mit
1-Sulfo-pyridinium-betain in 1,2-Dichlor-äthan (*Scully, Brown*, J. org. Chem. **19** [1954]
894, 895, 897).
p-Toluidin-Salz 2 $C_7H_9N·C_4H_4O_7S_2$. Krystalle (aus W.); F: 224—225° [korr.].

Furan-2,5-disulfonsäure-diamid, Furan-2,5-disulfonamid $C_4H_6N_2O_5S_2$, Formel VIII
(X = NH_2).
B. Beim Behandeln einer Lösung von Furan-2,5-disulfonylchlorid (aus dem Dinatrium-
Salz der Furan-2,5-disulfonsäure mit Hilfe von Phosphor(V)-chlorid hergestellt) in Äther
mit wss. Ammoniak (*Scully, Brown*, J. org. Chem. **19** [1954] 894, 898).
Krystalle (aus W.); F: 199—200° [korr.].

Thiophen-2,5-disulfonsäure-dichlorid, Thiophen-2,5-disulfonylchlorid $C_4H_2Cl_2O_4S_3$,
Formel IX (X = Cl).
B. Neben Thiophen-2,4-disulfonylchlorid beim Behandeln von Thiophen-2-sulfonyl‹
chlorid mit Schwefeltrioxid enthaltender Schwefelsäure und Behandeln der Natrium-
Salze der erhaltenen Sulfonsäuren mit Phosphor(V)-chlorid (*Steinkopf, Höpner*, A. **501**
[1933] 174, 179, 187).
Krystalle; F: 44—46° [aus Bzn.] (*St., Hö.*), 44—45° (*Takahashi et al.*, Bl. chem. Soc.
Japan **32** [1959] 156, 157). ¹H-NMR-Absorption: *Ta. et al.*, l. c. S. 158.

Thiophen-2,5-disulfonsäure-diamid, Thiophen-2,5-disulfonamid $C_4H_6N_2O_4S_3$, Formel IX
(X = NH_2).
B. Aus Thiophen-2,5-disulfonylchlorid (*Steinkopf, Höpner*, A. **501** [1933] 174, 179, 187).
Krystalle; F: ca. 240°.

3,4-Dibrom-thiophen-2,5-disulfonylchlorid $C_4Br_2Cl_2O_4S_3$, Formel X.
B. Beim Eintragen von 3,4-Dibrom-thiophen-2-sulfonylchlorid in Schwefeltrioxid ent‹
haltende Schwefelsäure und Erwärmen des Dinatrium-Salzes der erhaltenen Disulfon‹
säure mit Phosphor(V)-chlorid (*Steinkopf et al.*, A. **512** [1934] 136, 154).
Krystalle (aus Bzn.); F: 169°.

Thiophen-3,4-disulfonsäure-dichlorid, Thiophen-3,4-disulfonylchlorid $C_4H_2Cl_2O_4S_3$, Formel XI (X = Cl) (H 571).

F: 153—154° [Block] (*Buzas, Teste*, Bl. **1960** 793, 802).

| X | XI | XII | XIII |

Thiophen-3,4-disulfonsäure-diamid, Thiophen-3,4-disulfonamid $C_4H_6N_2O_4S_3$, Formel XI (X = NH$_2$) (H 571).

F: 308—310° [Block] (*Buzas, Teste*, Bl. **1960** 793, 802).

2,5-Dibrom-thiophen-3,4-disulfonylchlorid $C_4Br_2Cl_2O_4S_3$, Formel XII (X = Cl) (H 572).

F: 198—200° (*Steinkopf et al.*, A. **512** [1934] 136, 162).

2,5-Dibrom-thiophen-3,4-disulfonsäure-dianilid $C_{16}H_{12}Br_2N_2O_4S_3$, Formel XII (X = NH-C$_6H_5$).

B. Beim Behandeln von 2,5-Dibrom-thiophen-3,4-disulfonylchlorid mit Anilin und Benzol (*Steinkopf et al.*, A. **512** [1934] 136, 162).

Krystalle (aus W.); F: 175°.

2-Nitro-thiophen-3,4-disulfonylchlorid $C_4HCl_2NO_6S_3$, Formel XIII.

B. Beim Behandeln von Thiophen-3,4-disulfonylchlorid mit Salpetersäure und Schwefel=trioxid enthaltender Schwefelsäure (*Steinkopf, Höpner*, A. **501** [1933] 174, 187).

Gelbe Krystalle (aus Bzn.); F: 148—149°.

2-Methyl-thiophen-3,4-disulfonylchlorid $C_5H_4Cl_2O_4S_3$, Formel I (X = Cl).

B. Beim Erwärmen von 5-Brom-2-methyl-thiophen-3,4-disulfonsäure-anhydrid mit wss. Natronlauge, Behandeln der Reaktionslösung mit Natrium-Amalgam und Behandeln des Natrium-Salzes der erhaltenen Sulfonsäure mit Phosphor(V)-chlorid (*Steinkopf*, A. **513** [1934] 281, 290).

Krystalle (aus Bzn.); F: 138—139°.

2-Methyl-thiophen-3,4-disulfonsäure-diamid $C_5H_8N_2O_4S_3$, Formel I (X = NH$_2$).

B. Beim Behandeln von 2-Methyl-thiophen-3,4-disulfonylchlorid mit flüssigem Am=moniak (*Steinkopf*, A. **513** [1934] 281, 290).

F: 250—255° [Zers.; aus Acn. + PAe.].

2-Brom-5-methyl-thiophen-3,4-disulfonylchlorid $C_5H_3BrCl_2O_4S_3$, Formel II (X = Cl).

B. Beim Erhitzen von 2-Brom-5-methyl-thiophen-3,4-disulfonsäure-anhydrid mit Phos=phor(V)-chlorid und Phosphorylchlorid (*Steinkopf*, A. **513** [1934] 281, 283, 289).

Krystalle (aus Bzn.); F: 174°.

2-Brom-5-methyl-thiophen-3,4-disulfonsäure-diamid $C_5H_7BrN_2O_4S_3$, Formel II (X = NH$_2$).

B. Beim Behandeln von 2-Brom-5-methyl-thiophen-3,4-disulfonylchlorid mit flüssigem Ammoniak (*Steinkopf*, A. **513** [1934] 281, 289).

Zers. bei 300°.

| I | II | III |

2-Brom-5-methyl-thiophen-3,4-disulfonsäure-dianilid $C_{17}H_{15}BrN_2O_4S_3$, Formel II
(X = NH-C_6H_5).
  B. Beim Behandeln von 2-Brom-5-methyl-thiophen-3,4-disulfonylchlorid mit Anilin
und Benzol (*Steinkopf*, A. **513** [1934] 281, 284, 290).
  Krystalle (aus W.); F: 162°.

5-Methyl-furan-2,4-disulfonsäure $C_5H_6O_7S_2$, Formel III.
  B. Als Hauptprodukt neben 5-Methyl-furan-2-sulfonsäure beim Erwärmen von
2-Methyl-furan mit 1-Sulfo-pyridinium-betain auf 100° (*Terent'ew, Kasizyna, Ž.* obšč.
Chim. **19** [1949] 531, 533; engl. Ausg. S. 481, 483; *Scully, Brown,* J. org. Chem. **19**
[1954] 894, 895, 897).
  Natrium-Salz $Na_2C_5H_4O_7S_2$. Krystalle [aus wss. A.] (*Te., Ka.*).
  Barium-Salz $BaC_5H_4O_7S_2$. Krystalle (aus wss. A.) mit 2 Mol H_2O (*Te., Ka.*).
  p-Toluidin-Salz $2 C_7H_9N \cdot C_5H_6O_7S_2$. Krystalle (aus W.); F: 213—214° [korr.]
(*Sc., Br.,* l. c. S. 898).

5-Methyl-thiophen-2,4-disulfonsäure-diamid $C_5H_8N_2O_4S_3$, Formel IV.
  B. Aus 5-Methyl-thiophen-2,4-disulfonylchlorid (*de Stevens et al.,* J. med. pharm. Chem.
1 [1959] 565, 569).
  F: 195—196° [unkorr.]. Absorptionsmaximum: 245 nm (*de St. et al.,* l. c. S. 571).

5-Methyl-selenophen-2,4-disulfonsäure $C_5H_6O_6S_2Se$, Formel V.
  B. Beim Erwärmen von 2-Methyl-selenophen mit 1-Sulfo-pyridinium-betain in 1,2-Di=
chlor-äthan auf 100° (*Kataew, Simkin,* Uč. Zap. Kazansk. Univ. **117** [1957] Nr. 2, S. 174,
176).
  Barium-Salz $BaC_5H_4O_6S_2Se$. Krystalle [aus W.] (*Ka., Si.*).

3-Methyl-thiophen-2,4-disulfonylchlorid $C_5H_4Cl_2O_4S_3$, Formel VI (X = Cl).
  F: 96° (*Takahashi et al.,* Bl. chem. Soc. Japan **32** [1959] 156, 157). ¹H-NMR-Ab=
sorption: *Ta. et al.,* l. c. S. 158.

IV   V   VI   VII

3-Methyl-thiophen-2,4-disulfonsäure-diamid $C_5H_8N_2O_4S_3$, Formel VI (X = NH_2).
  B. Beim Behandeln von 3-Methyl-thiophen-2,4-disulfonylchlorid mit wss. Ammoniak
(*de Stevens et al.,* J. med. pharm. Chem. **1** [1959] 565, 571, 575).
  Krystalle (aus A.); F: 236—238° [unkorr.]. Absorptionsmaximum: 244 nm (*de St. et al.*).

3-Methyl-thiophen-2,5-disulfonylchlorid $C_5H_4Cl_2O_4S_3$, Formel VII (X = Cl).
  ¹H-NMR-Absorption: *Takahashi et al.,* Bl. chem. Soc. Japan **32** [1959] 156, 158.

3-Methyl-thiophen-2,5-disulfonsäure-diamid $C_5H_8N_2O_4S_3$, Formel VII (X = NH_2).
  B. Beim Behandeln von 3-Methyl-thiophen-2,5-disulfonylchlorid mit wss. Ammoniak
(*de Stevens et al.,* J. med. pharm. Chem. **1** [1959] 565, 571, 575).
  Krystalle (aus A.); F: 168° [unkorr.]. Absorptionsmaximum: 253 nm (*de St. et al.*).

5-Äthyl-thiophen-2,4-disulfonylchlorid $C_6H_6Cl_2O_4S_3$, Formel VIII (X = Cl).
  B. Beim Behandeln von 2-Äthyl-thiophen mit Chloroschwefelsäure (*de Stevens et al.,*
J. med. pharm. Chem. **1** [1959] 565, 574).
  Krystalle (aus Bzl. + Hexan); F: 102—103° [unkorr.].

5-Äthyl-thiophen-2,4-disulfonsäure-diamid $C_6H_{10}N_2O_4S_3$, Formel VIII (X = NH_2).

B. Beim Behandeln von 5-Äthyl-thiophen-2,4-disulfonylchlorid mit wss. Ammoniak (*de Stevens et al.*, J. med. pharm. Chem. **1** [1959] 565, 569, 574).

Krystalle (aus A.); F: 205—206° [unkorr.]. Absorptionsmaximum: 247 nm (*de St. et al.*, l. c. S. 571).

5-Äthyl-thiophen-2,4-disulfonsäure-bis-isobutylamid $C_{14}H_{26}N_2O_4S_3$, Formel VIII (X = NH-CH$_2$-CH(CH$_3$)$_2$).

B. Aus 5-Äthyl-thiophen-2,4-disulfonylchlorid und Isobutylamin (*de Stevens et al.*, J. med. pharm. Chem. **1** [1959] 565, 569).

F: 121—122° [unkorr.].

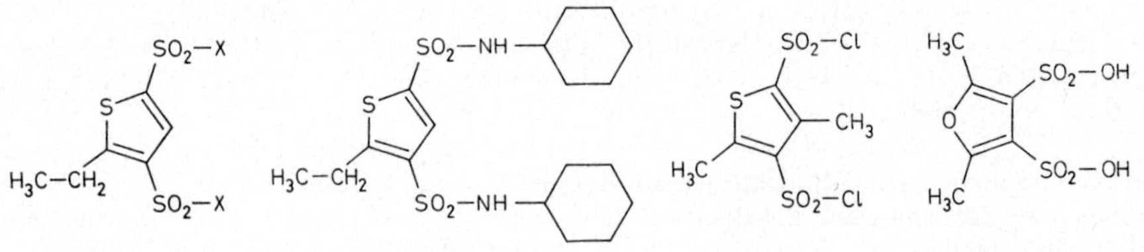

     VIII   IX   X   XI

5-Äthyl-thiophen-2,4-disulfonsäure-bis-cyclohexylamid $C_{18}H_{30}N_2O_4S_3$, Formel IX.

B. Aus 5-Äthyl-thiophen-2,4-disulfonylchlorid und Cyclohexylamin (*de Stevens et al.*, J. med. pharm. Chem. **1** [1959] 565, 569).

F: 118—120° [unkorr.].

3,5-Dimethyl-thiophen-2,4-disulfonylchlorid $C_6H_6Cl_2O_4S_3$, Formel X.

B. Beim Eintragen von 2,4-Dimethyl-thiophen in Schwefeltrioxid enthaltende Schwefel‍säure und Erwärmen des Dinatrium-Salzes der erhaltenen Disulfonsäure mit Phosphor(V)-chlorid (*Steinkopf et al.*, A. **512** [1934] 136, 163).

Krystalle (aus Bzn.); F: 74°.

2,5-Dimethyl-furan-3,4-disulfonsäure $C_6H_8O_7S_2$, Formel XI.

B. Neben 2,5-Dimethyl-furan-3-sulfonsäure (Hauptprodukt) beim Erwärmen von 2,5-Dimethyl-furan mit 1-Sulfo-pyridinium-betain auf 100° (*Scully, Brown*, J. org. Chem. **19** [1954] 894, 895, 897).

p-Toluidin-Salz 2$C_7H_9N \cdot C_6H_8O_7S_2$. Krystalle (aus W.); F: 209—210° [korr.] (*Sc., Br.*, l. c. S. 898).

2,5-Dimethyl-thiophen-3,4-disulfonylchlorid $C_6H_6Cl_2O_4S_3$, Formel XII.

B. Beim Erwärmen von 2,5-Dimethyl-thiophen-3,4-disulfonsäure-anhydrid mit wss. Alkalilauge und Erhitzen des Reaktionsprodukts mit Phosphorylchlorid (*Steinkopf et al.*, A. **512** [1934] 136, 163).

F: 146° [aus Bzn.].

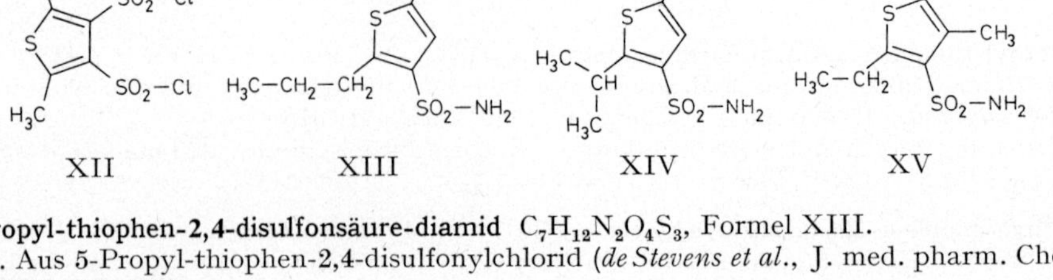

     XII   XIII   XIV   XV

5-Propyl-thiophen-2,4-disulfonsäure-diamid $C_7H_{12}N_2O_4S_3$, Formel XIII.

B. Aus 5-Propyl-thiophen-2,4-disulfonylchlorid (*de Stevens et al.*, J. med. pharm. Chem. **1** [1959] 565, 569).

F: 160—162° [unkorr.].

5-Isopropyl-thiophen-2,4-disulfonsäure-diamid $C_7H_{12}N_2O_4S_3$, Formel XIV.

B. Aus 5-Isopropyl-thiophen-2,4-disulfonylchlorid (*de Stevens et al.*, J. med. pharm. Chem. **1** [1959] 565, 569).

F: 210—212° [unkorr.].

5-Äthyl-3-methyl-thiophen-2,4-disulfonsäure-diamid $C_7H_{12}N_2O_4S_3$, Formel XV.

B. Beim Behandeln von 2-Äthyl-4-methyl-thiophen mit Chloroschwefelsäure und Erwärmen des erhaltenen Disulfonylchlorids mit wss. Ammoniak (*de Stevens et al.*, J. med. pharm. Chem. **1** [1959] 565, 575).

Krystalle (aus A.); F: 228—230° [unkorr.].

Disulfonsäuren $C_nH_{2n-16}O_7S_2$

3,8-Dinitro-dibenzofuran-2,6-disulfonsäure $C_{12}H_6N_2O_{11}S_2$, Formel I, und **3,8-Dinitro-dibenzofuran-2,7-disulfonsäure** $C_{12}H_6N_2O_{11}S_2$, Formel II.

Diese beiden Konstitutionsformeln kommen für die nachstehend beschriebene Verbindung in Betracht.

B. Beim Erhitzen von 2,7-Dinitro-dibenzofuran mit Schwefeltrioxid enthaltender Schwefelsäure bis auf 180° (*Yamashiro*, J. chem. Soc. Japan Ind. Chem. Sect. **54** [1951] 295; C. A. **1953** 2598).

Natrium-Salz $Na_2C_{12}H_4N_2O_{11}S_2$. UV-Spektrum (W.; 230—390 nm): *Ya.*

Calcium-Salz. Hellgelbe Krystalle [aus wss. A.].

I   II

Dibenzofuran-2,8-disulfonsäure $C_{12}H_8O_7S_2$, Formel III (X = OH).

Diese Konstitution kommt der früher (s. H 572) beschriebenen Dibenzofuran-x,x-disulfonsäure („Diphenylenoxyd-disulfonsäure-(x.x)") zu (*Gilman et al.*, Am. Soc. **56** [1934] 1412).

B. Beim Behandeln von Dibenzofuran oder von Dibenzofuran-2-sulfonsäure mit konz. Schwefelsäure (*Gi. et al.*).

Dibenzofuran-2,8-disulfonsäure-dichlorid, Dibenzofuran-2,8-disulfonylchlorid $C_{12}H_6Cl_2O_5S_2$, Formel III (X = Cl).

B. Beim Erhitzen des Dinatrium-Salzes der Dibenzofuran-2,8-disulfonsäure mit Phosphor(V)-chlorid bis auf 175° (*Gilman et al.*, Am. Soc. **56** [1934] 1412).

Krystalle (aus Toluol); F: 219°.

III   IV

3,7-Dinitro-dibenzofuran-2,8-disulfonsäure $C_{12}H_6N_2O_{11}S_2$, Formel IV.

B. Beim Erwärmen von 3,7-Dinitro-dibenzofuran-2-sulfonsäure mit Schwefeltrioxid enthaltender Schwefelsäure auf 100° (*Yamashiro*, J. chem. Soc. Japan Ind. Chem. Sect. **54** [1951] 295; C. A. **1953** 2598).

Calcium-Salz $CaC_{12}H_4N_2O_{11}S_2$. Gelbe Krystalle. UV-Spektrum (W.; 230 nm bis 390 nm): *Ya.*

4,6-Dinitro-dibenzofuran-2,8-disulfonsäure $C_{12}H_6N_2O_{11}S_2$, Formel V.

B. Beim Erwärmen von 4,6-Dinitro-dibenzofuran-2-sulfonsäure mit Schwefeltrioxid enthaltender Schwefelsäure auf 100° (*Yamashiro*, J. chem. Soc. Japan Ind. Chem. Sect. **54** [1951] 295; C. A. **1953** 2598).

Calcium-Salz $CaC_{12}H_4N_2O_{11}S_2$. Gelbliche Krystalle. UV-Spektrum (W.; 230 nm bis 390 nm): *Ya*.

V   VI

5,5-Dioxo-5λ⁶-dibenzothiophen-2,8-disulfonsäure $C_{12}H_8O_8S_3$, Formel VI (X = OH).

B. Aus Dibenzothiophen-2,8-disulfonsäure (über diese Verbindung s. *Gulf Oil Canada Ltd.*, D.O.S. 2159392 [1971]) mit Hilfe von wss. Wasserstoffperoxid (*Courtot*, C. r. **198** [1934] 2260).

Beim Erhitzen mit Natriumhydroxid bis auf 230° ist 5,5-Dioxo-5λ⁶-dibenzothiophen-2,8(?)-diol erhalten worden (*Co.*).

5,5-Dioxo-5λ⁶-dibenzothiophen-2,8-disulfonylchlorid $C_{12}H_6Cl_2O_6S_3$, Formel VI (X = Cl).

B. Aus 5,5-Dioxo-5λ⁶-dibenzothiophen-2,8-disulfonsäure (*Courtot*, C. r. **198** [1934] 2260). Bei 333−340° [Block] schmelzend.

3,7-Dibrom-5,5-dioxo-5λ⁶-dibenzothiophen-2,8-disulfonsäure $C_{12}H_6Br_2O_8S_3$, Formel VII (X = OH).

B. Neben 4,4′-Dibrom-biphenyl-3,3′-disulfonsäure (Hauptprodukt) beim Erwärmen von 4,4′-Dibrom-biphenyl mit Schwefeltrioxid enthaltender Schwefelsäure (*Courtot, Chang Chao Lin*, Bl. [4] **49** [1931] 1047, 1058, 1063).

Natrium-Salz $Na_2C_{12}H_4Br_2O_8S_3$. Krystalle (aus W.), die unterhalb 400° nicht schmelzen.

5,5-Dioxo-5λ⁶-dibenzothiophen-3,7-disulfonylchlorid $C_{12}H_6Cl_2O_6S_3$, Formel VIII (X = Cl).

B. Beim Behandeln von Biphenyl mit Chloroschwefelsäure [Überschuss] (*Pollak et al.*, M. **55** [1930] 358, 362, 376).

Krystalle (aus CHCl₃); F: 236°.

VII   VIII   IX

5,5-Dioxo-5λ⁶-dibenzothiophen-3,7-disulfonsäure-dianilid $C_{24}H_{18}N_2O_6S_3$, Formel VIII (X = NH-C₆H₅).

B. Aus 5,5-Dioxo-5λ⁶-dibenzothiophen-3,7-disulfonylchlorid (*Pollak et al.*, M. **55** [1930] 358, 377).

F: 207° [aus wss. A.].

Dibenzofuran-4,6-disulfonsäure $C_{12}H_8O_7S_2$, Formel IX.

B. Aus Dibenzofuran-4,6-disulfinsäure mit Hilfe von Kaliumpermanganat (*Gilman, Young*, Am. Soc. **57** [1935] 1121).

Zers. bei ca. 300°.

Disulfonsäuren $C_nH_{2n-24}O_7S_2$

5,5-Dioxo-7-[4-sulfo-phenyl]-5λ⁶-dibenzothiophen-3-sulfonsäure, 4-[5,5-Dioxo-7-sulfo-5λ⁶-dibenzothiophen-3-yl]-benzolsulfonsäure $C_{18}H_{12}O_8S_3$, Formel X.

B. Beim Behandeln von *p*-Terphenyl mit Chloroschwefelsäure oder mit Schwefel=

trioxid enthaltender Schwefelsäure (*VanAllan*, J. org. Chem. **21** [1956] 1152, 1154).

Natrium-Salz $Na_2C_{18}H_{10}O_8S_3$. Absorptionsmaxima (W.) des Monohydrats: 257 nm und 310 nm.

o-Toluidin-Salz $2C_7H_9N \cdot C_{18}H_{12}O_8S_3$. Absorptionsmaxima (Me.) des Dihydrats: 221 nm, 256 nm, 309 nm und 395 nm.

N,N'-Di-*o*-tolyl-guanidin-Salz $2C_{15}H_{17}N_3 \cdot C_{18}H_{12}O_8S_3$. F: 220—222° (aus wss. Me.). Absorptionsspektrum (Me.; 200—400 nm): *VanA*.

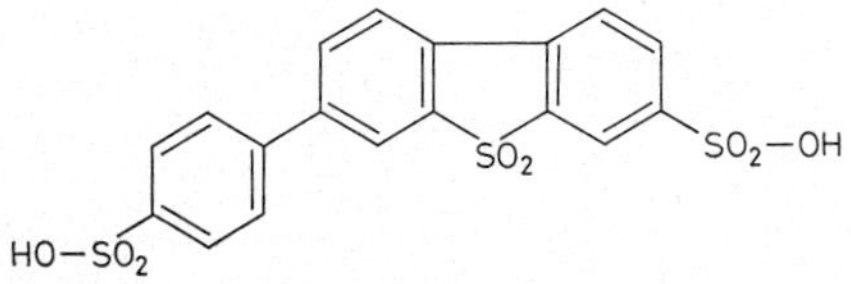

X 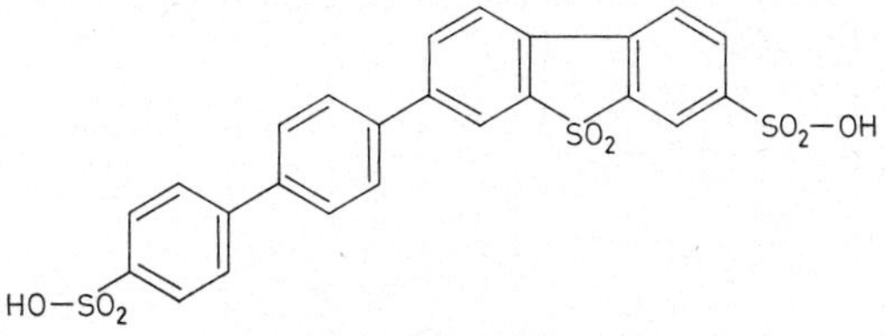   XI

Disulfonsäuren $C_nH_{2n-32}O_7S_2$

5,5-Dioxo-7-[4'-sulfo-biphenyl-4-yl]-5λ^6-dibenzothiophen-3-sulfonsäure, 4'-[5,5-Dioxo-7-sulfo-dibenzothiophen-3-yl]-biphenyl-4-sulfonsäure $C_{24}H_{16}O_8S_3$, Formel XI.

B. Beim Behandeln von *p*-Quaterphenyl mit Schwefeltrioxid enthaltender Schwefel= säure (*VanAllan*, J. org. Chem. **21** [1956] 1152, 1154).

N,N'-Di-*o*-tolyl-guanidin-Salz $2C_{15}H_{17}N_3 \cdot C_{24}H_{16}O_8S_3$. F: 195° (aus Butan-1-ol). Absorptionsspektrum (Me.; 200—400 nm): *VanA*.

C. Hydroxysulfonsäuren

Sulfo-Derivate der Monohydroxy-Verbindungen $C_nH_{2n-16}O_2$

9-Hydroxy-10,10-dioxo-10λ^6-thioxanthen-3,6-disulfonsäure $C_{13}H_{10}O_9S_3$, Formel I.

B. Beim Erhitzen von Diphenylmethan mit Schwefeltrioxid enthaltender Schwefelsäure bis auf 170° (*Ėtliš, Razuwaew*, Ž. obšč. Chim. **27** [1957] 3092, 3095; engl. Ausg. S. 3132, 3134).

Absorptionsspektrum (400—750 nm) einer Lösung des Natrium-Salzes in wss. Natron= lauge: *Ėt., Ra.*, l. c. S. 3094.

Anilin-Salz $2C_6H_7N \cdot C_{13}H_{10}O_9S_3$. Krystalle (aus W.); F: 235° [Block].

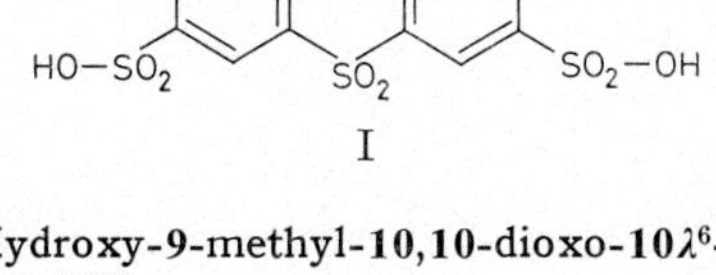

I 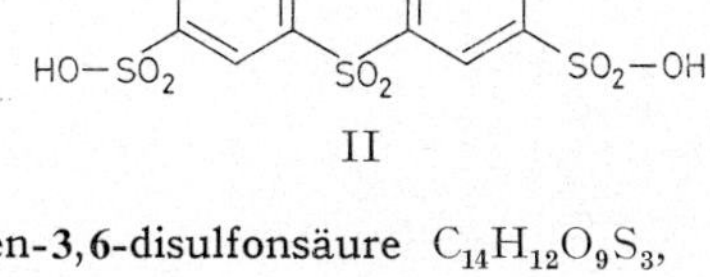   II

9-Hydroxy-9-methyl-10,10-dioxo-10λ^6-thioxanthen-3,6-disulfonsäure $C_{14}H_{12}O_9S_3$, Formel II.

B. Beim Erhitzen von 1,1-Diphenyl-äthan mit Schwefeltrioxid enthaltender Schwefel= säure bis auf 165° (*Ėtliš, Razuwaew*, Ž. obšč. Chim. **27** [1957] 3092, 3095; engl. Ausg. S. 3132, 3135).

Absorptionsspektrum (400—750 nm) einer Lösung des Natrium-Salzes in wss. Natron= lauge: *Ėt., Ra.*, l. c. S. 3094.

Benzidin-Salz $C_{12}H_{12}N_2 \cdot C_{14}H_{12}O_9S_3$: *Ėt., Ra.*

Sulfo-Derivate der Monohydroxy-Verbindungen $C_nH_{2n-24}O_2$

($\pm$)-9-Hydroxy-10,10-dioxo-6-[4-sulfo-phenyl]-10λ^6-thioxanthen-3-sulfonsäure,
($\pm$)-4-[9-Hydroxy-10,10-dioxo-6-sulfo-10λ^6-thioxanthen-3-yl]-benzolsulfonsäure
$C_{19}H_{14}O_9S_3$, Formel III.

B. Beim Erhitzen von 4-Benzyl-biphenyl mit Schwefeltrioxid enthaltender Schwefel=
säure bis auf 180° (*Ètliš, Razuwaew,* Ž. obšč. Chim. **28** [1958] 1225; engl. Ausg. S. 1280).

Barium-Salz $BaC_{19}H_{12}O_9S_3$. Absorptionsspektrum (wss. Natronlauge; 400—720 nm):
Èt., Ra.

III   IV

9-Hydroxy-10,10-dioxo-9-[4-sulfo-phenyl]-10λ^6-thioxanthen-3,6-disulfonsäure
$C_{19}H_{14}O_{12}S_4$, Formel IV.

Diese Konstitution kommt vermutlich der nachstehend beschriebenen Verbindung zu
(vgl. *Ètliš et al.,* Ž. org. Chim. **3** [1967] 1126; engl. Ausg. S. 1085).

B. Beim Erhitzen von Triphenylmethan mit Schwefeltrioxid enthaltender Schwefel=
säure bis auf 170° (*Ètliš, Razuwaew,* Ž. obšč. Chim. **27** [1957] 3092, 3096; engl. Ausg.
S. 3132, 3135).

Absorptionsspektrum (450—750 nm) einer Lösung des Natrium-Salzes in wss. Natron=
lauge: *Èt., Ra.,* l. c. S. 3094. Saure wss. Lösungen sind braun und fluorescieren hellblau;
alkalische wss. Lösungen sind gelb und fluorescieren gelb (*Korenman, Swesdowa,* Trudy
Chim. chim. Technol. **1** [1958] 393, 394; C. A. **1960** 5324). Scheinbare Dissoziationskonstante K_a' (Wasser; colorimetrisch ermittelt): $1,05 \cdot 10^{-9}$ (*Ko., Sw.*).

Kalium-Salz $K_3C_{19}H_{11}O_{12}S_4$: *Èt., Ra.,* l. c. S. 3096.

Sulfo-Derivate der Dihydroxy-Verbindungen $C_nH_{2n-20}O_3$

3,5-Dimethoxy-phenanthro[4,5-*bcd*]furan-1-sulfonsäure $C_{16}H_{12}O_6S$, Formel V.

Diese Konstitution ist der früher (s. E I **18** 552) beschriebenen x,x-Dimethoxy-phen=
anthro[4,5-*bcd*]furan-x-sulfonsäure   (,,x.x-Dimethoxy-4.5-oxido-phenanthren-sulfonsäu=
re-(x)") (Kalium-Salz $KC_{16}H_{11}O_6S$: Zers. bei 295°) auf Grund der Konstitution der Aus-
gangsverbindung (vgl. E II **27** 419, 420) zuzuordnen.

Sulfo-Derivate der Trihydroxy-Verbindungen $C_nH_{2n-18}O_4$

V   VI   VII

($\pm$)-[4-Hydroxy-3-methoxy-phenyl]-[7-methoxy-benzofuran-2-yl]-methansulfonsäure
$C_{17}H_{16}O_7S$, Formel VI.

B. Bei mehrtägigem Behandeln von ($\pm$)-[4-Benzyloxy-3-methoxy-phenyl]-[7-meth=

oxy-benzofuran-2-yl]-methanol mit wss. Natriumhydrogensulfit-Lösung (*Richtzenhain, Alfredsson*, B. **89** [1956] 378, 384).

Pyridin-Salz $C_5H_5N \cdot C_{17}H_{16}O_7S$. Hygroskopische Krystalle [aus Me. + Ae.].

Sulfo-Derivate der Tetrahydroxy-Verbindungen $C_nH_{2n}O_5$

(*S*)-2-Acetoxy-2-[(2*S*)-3*c*,4*t*,5*t*-triacetoxy-tetrahydro-[2*r*]furyl]-äthansulfonsäure, Tetra-*O*-acetyl-6-sulfo-6-desoxy-α-D-glucofuranose $C_{14}H_{20}O_{12}S$, Formel VII (R = CO-CH$_3$).

B. Beim Behandeln des Kalium-Salzes der 6-Sulfo-6-desoxy-D-glucose mit Acet≠ anhydrid und konz. Schwefelsäure (*Ohle, Mertens*, B. **68** [1935] 2176, 2178, 2183).

Kalium-Salz $KC_{14}H_{19}O_{12}S$. Krystalle (aus wss. A.). $[\alpha]_D^{20}$: +65,9° [W.; c = 1].

D. Oxosulfonsäuren

Sulfo-Derivate der Monooxo-Verbindungen $C_nH_{2n-2}O_2$

(±)-2-Oxo-tetrahydro-furan-3-sulfonsäure $C_4H_6O_5S$, Formel I.

B. Beim Einleiten von Schwefeltrioxid in ein Gemisch von Dihydro-furan-2-on und Chloroform (*BASF*, D.B.P. 800410 [1948]; D.R.B.P. Org. Chem. 1950—1951 **6** 1492; *Reppe et al.*, A. **596** [1955] 158, 165, 187). Beim Erhitzen von Dihydro-furan-2-on mit Chloroschwefelsäure auf 110° (*BASF*, D.B.P. 800410). Beim Erwärmen von (±)-3-Brom-dihydro-furan-2-on mit wss. Natriumhydrogensulfit-Lösung (*Re. et al.*; s. a. *BASF*, D.B.P. 801992 [1948]; D.R.B.P. Org. Chem. 1950—1951 **5** 3).

Hygroskopische Krystalle; F: 150° [Block] (*Le Berre et al.*, Bl. **1973** 214, 216).

Natrium-Salz. Krystalle (aus Me.); F: 241—243° (*BASF*, D.B.P. 800410; *Re. et al.*).

Ammonium-Salz. F: 156—158° (*BASF*, D.B.P. 800410).

(±)-5-Oxo-tetrahydro-furan-3-sulfonsäure $C_4H_6O_5S$, Formel II.

B. Beim Behandeln von 5*H*-Furan-2-on mit wss. Natriumsulfit-Lösung (*Yllner*, Acta chem. scand. **10** [1956] 1251, 1256).

Natrium-Salz. F: 210—215° [Zers.].

Pyridin-Salz $C_5H_5N \cdot C_4H_6O_5S$. Krystalle (aus A. + Ae.); F: 160—161°.

I   II   III   IV

Sulfo-Derivate der Monooxo-Verbindungen $C_nH_{2n-4}O_2$

5-Imino-4,5-dihydro-thiophen-2-sulfonsäure $C_4H_5NO_3S_2$, Formel III (R = H, X = OH), und 5-Amino-thiophen-2-sulfonsäure $C_4H_5NO_3S_2$, Formel IV (R = H, X = OH).

B. Beim Erwärmen von 5-Acetylamino-thiophen-2-sulfonsäure (S. 6736) mit Äthanol (*Scheibler et al.*, B. **87** [1954] 1184).

Barium-Salz $Ba(C_4H_4NO_3S_2)_2 \cdot 2 C_4H_5NO_3S_2$. Krystalle mit 2 Mol H_2O; nach Trocknen bei 100°/15 Torr liegt das wasserfreie Salz vor.

5-Imino-4,5-dihydro-thiophen-2-sulfonsäure-amid $C_4H_6N_2O_2S_2$, Formel III (R = H, X = NH$_2$), und 5-Amino-thiophen-2-sulfonsäure-amid $C_4H_6N_2O_2S_2$, Formel IV (R = H, X = NH$_2$).

B. Bei der Hydrierung von 5-Nitro-thiophen-2-sulfonsäure-amid an Raney-Nickel in Äthanol (*Burton, Davy*, Soc. **1948** 525).

Amorph; F: 116—118° [Zers.] (*Bur., Davy*). F: 137—138° (*Bulkacz et al.*, J. pharm. Sci. **57** [1968] 1017).

5-Acetylimino-4,5-dihydro-thiophen-2-sulfonsäure $C_6H_7NO_4S_2$, Formel III (R = CO-CH$_3$, X = OH), und **5-Acetylamino-thiophen-2-sulfonsäure** $C_6H_7NO_4S_2$, Formel IV (R = CO-CH$_3$, X = OH).

B. Beim Behandeln von *N*-[2]Thienyl-acetamid (E III/IV **17** 4286) mit wasserfreier Schwefelsäure (*Hurd, Priestley*, Am. Soc. **69** [1947] 859, 863; *Scheibler et al.*, B. **87** [1954] 1184).

Krystalle (*Sch. et al.*).

Beim Behandeln des Natrium-Salzes mit einer aus Benzidin, wss. Salzsäure und Natriumnitrit bereiteten Diazoniumsalz-Lösung ist eine möglicherweise als Biphenyl-4,4'-bis-diazonium-bis-[5-acetylamino-thiophen-2-sulfonat] zu formulierende rote Verbindung $C_{24}H_{20}N_6O_8S_4$ erhalten worden (*Hurd, Pr.*).

Barium-Salz Ba(C$_6$H$_6$NO$_4$S$_2$)$_2$. Krystalle mit 1 Mol H$_2$O (*Hurd, Pr.*; *Sch. et al.*); nach Trocknen bei 100°/15 Torr liegt das wasserfreie Salz vor (*Sch. et al.*).

5-Acetylimino-4,5-dihydro-thiophen-2-sulfonsäure-äthylester $C_8H_{11}NO_4S_2$, Formel III (R = CO-CH$_3$, X = O-C$_2$H$_5$), und **5-Acetylamino-thiophen-2-sulfonsäure-äthylester** $C_8H_{11}NO_4S_2$, Formel IV (R = CO-CH$_3$, X = O-C$_2$H$_5$).

B. Beim Erwärmen von 5-Acetylamino-thiophen-2-sulfonylchlorid (s. u.) mit Natriumäthylat in Äthanol (*Scheibler, Falk*, B. **87** [1954] 1186).

Krystalle (aus Bzl.); F: 106—108° [Zers.].

5-Acetylimino-4,5-dihydro-thiophen-2-sulfonylchlorid $C_6H_6ClNO_3S_2$, Formel III (R = CO-CH$_3$, X = Cl), und **5-Acetylamino-thiophen-2-sulfonylchlorid** $C_6H_6ClNO_3S_2$, Formel IV (R = CO-CH$_3$, X = Cl).

B. Beim Behandeln von 5-Acetylamino-thiophen-2-sulfonsäure (s. o.) mit Phosphor(V)-chlorid und Acetylchlorid (*Scheibler, Falk*, B. **87** [1954] 1186).

Krystalle (aus Bzl.); F: 139—141° [Zers.].

5-Acetylimino-4,5-dihydro-thiophen-2-sulfonsäure-amid, *N*-[5-Sulfamoyl-3*H*-[2]thienyliden]-acetamid $C_6H_8N_2O_3S_2$, Formel III (R = CO-CH$_3$, X = NH$_2$), und **5-Acetylamino-thiophen-2-sulfonsäure-amid, *N*-[5-Sulfamoyl-[2]thienyl]-acetamid** $C_6H_8N_2O_3S_2$, Formel IV (R = CO-CH$_3$, X = NH$_2$).

B. Beim Behandeln einer Lösung von 5-Acetylamino-thiophen-2-sulfonylchlorid (s. o.) in Äther mit Ammoniak (*Scheibler, Falk*, B. **87** [1954] 1186).

Krystalle (aus W.); F: 212—214° [Zers.].

5-Acetylimino-4,5-dihydro-thiophen-2-sulfonsäure-anilid, *N*-[5-Phenylsulfamoyl-3*H*-[2]thienyliden]-acetamid $C_{12}H_{12}N_2O_3S_2$, Formel III (R = CO-CH$_3$, X = NH-C$_6$H$_5$), und **5-Acetylamino-thiophen-2-sulfonsäure-anilid, *N*-[5-Phenylsulfamoyl-[2]thienyl]-acetamid** $C_{12}H_{12}N_2O_3S_2$, Formel IV (R = CO-CH$_3$, X = NH-C$_6$H$_5$).

B. Beim Behandeln von 5-Acetylamino-thiophen-2-sulfonylchlorid (s. o.) mit Anilin und Äther (*Scheibler, Falk*, B. **87** [1954] 1186).

Krystalle (aus wss. A.); F: 218—220° [Zers.].

***N*-[5-Sulfamoyl-3*H*-[2]thienyliden]-succinamidsäure** $C_8H_{10}N_2O_5S_2$, Formel III (R = CO-CH$_2$-CH$_2$-COOH, X = NH$_2$), und ***N*-[5-Sulfamoyl-[2]thienyl]-succinamidsäure** $C_8H_{10}N_2O_5S_2$, Formel IV (R = CO-CH$_2$-CH$_2$-COOH, X = NH$_2$).

B. Beim Erwärmen von 5-Nitro-thiophen-2-sulfonsäure-amid mit Bernsteinsäure-anhydrid, Eisen-Pulver und Essigsäure (*Cymerman-Craig et al.*, Soc. **1956** 4114, 4117). Beim Behandeln von *N*-[5-Sulfamoyl-[2]thienyl]-succinimid mit wss. Natronlauge (*Cy.-Cr. et al.*).

Krystalle; F: 216—218° [Zers.].

***N*-[5-Sulfamoyl-3*H*-[2]thienyliden]-phthalamidsäure** $C_{12}H_{10}N_2O_5S_2$, Formel V, und ***N*-[5-Sulfamoyl-[2]thienyl]-phthalamidsäure** $C_{12}H_{10}N_2O_5S_2$, Formel VI.

B. Beim Erwärmen von 5-Nitro-thiophen-2-sulfonsäure-amid mit Phthalsäure-anhydrid, Eisen-Pulver und Essigsäure (*Cymerman-Craig et al.*, Soc. **1956** 4114, 4117). Beim

Erwärmen von *N*-[5-Sulfamoyl-[2]thienyl]-phthalimid mit wss. Natriumhydrogen-carbonat-Lösung (*Cy.-Cr. et al.*).

Krystalle (aus Acn. + Bzn.); F: 261°.

     V   VI

5-Imino-4,5-dihydro-thiophen-3-sulfonsäure-amid $C_4H_6N_2O_2S_2$, Formel VII, und
5-Amino-thiophen-3-sulfonsäure-amid $C_4H_6N_2O_2S_2$, Formel VIII.

B. Bei der Hydrierung von 5-Nitro-thiophen-3-sulfonsäure-amid an Raney-Nickel in Äthanol (*Lew, Noller*, Am. Soc. **72** [1950] 5715).

Krystalle (aus A. + Isopropylalkohol); F: 158° [Zers.].

  VII   VIII   IX   X

5-Imino-4,5-dihydro-thiophen-2,4-disulfonsäure $C_4H_5NO_6S_3$, Formel IX, und **5-Amino-thiophen-2,4-disulfonsäure** $C_4H_5NO_6S_3$, Formel X.

B. Beim Erwärmen von *N*-[2]Thienyl-acetamid (E III/IV **17** 4286) mit wasserfreier Schwefelsäure (*Scheibler et al.*, B. **87** [1954] 1184).

Barium-Salz $BaC_4H_3NO_6S_3$. Krystalle mit 1 Mol H_2O; nach Trocknen bei 100°/15 Torr liegt das wasserfreie Salz vor.

5-Acetylimino-4,5-dihydro-thiophen-2,4-disulfonsäure $C_6H_7NO_7S_3$, Formel XI (X = OH), und **5-Acetylamino-thiophen-2,4-disulfonsäure** $C_6H_7NO_7S_3$, Formel XII (X = OH).

B. Beim Behandeln von *N*-[2]Thienyl-acetamid (E III/IV **17** 4286) mit Schwefel-trioxid enthaltender Schwefelsäure (*Hurd, Priestley*, Am. Soc. **69** [1947] 859, 863).

Beim Behandeln des Barium-Salzes mit einer aus Benzidin, wss. Salzsäure und Natriumnitrit bereiteten Diazoniumsalz-Lösung ist eine möglicherweise als Biphenyl-4,4′-bis-diazonium-[5-acetylamino-thiophen-2,4-disulfonat] zu formulierende orangefarbene Verbindung $C_{18}H_{13}N_5O_7S_3$ erhalten worden.

Barium-Salz $BaC_6H_5NO_7S_3$: *Hurd, Pr.*

5-Acetylimino-4,5-dihydro-thiophen-2,4-disulfonylchlorid $C_6H_5Cl_2NO_5S_3$, Formel XI (X = Cl), und **5-Acetylamino-thiophen-2,4-disulfonylchlorid** $C_6H_5Cl_2NO_5S_3$, Formel XII (X = Cl).

B. Beim Behandeln von *N*-[2]Thienyl-acetamid (E III/IV **17** 4286) mit Chloroschwefel-säure (*Lew, Noller*, Am. Soc. **72** [1950] 5715; *Hurd, Moffat*, Am. Soc. **73** [1951] 613).

Krystalle; F: 114—114,5° [aus Cyclohexan + Bzl.] (*Lew, No.*), 114° [unkorr.; aus Bzn. + Bzl.] (*Hurd, Mo.*).

5-Acetylimino-4,5-dihydro-thiophen-2,4-disulfonsäure-diamid, *N*-[3,5-Disulfamoyl-3*H*-[2]thienyliden]-acetamid $C_6H_9N_3O_5S_3$, Formel XI (X = NH$_2$), und **5-Acetylamino-thiophen-2,4-disulfonsäure-diamid, *N*-[3,5-Disulfamoyl-[2]thienyl]-acetamid** $C_6H_9N_3O_5S_3$, Formel XII (X = NH$_2$).

B. Beim Behandeln einer Lösung von 5-Acetylamino-thiophen-2,4-disulfonylchlorid (s. o.) in Benzol mit Ammoniak (*Lew, Noller*, Am. Soc. **72** [1950] 5715).

Krystalle (aus wss. A.); F: 246—247° [Zers.].

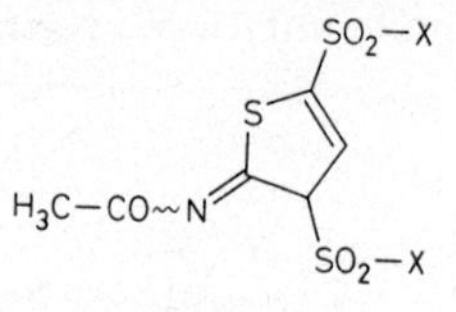

XI 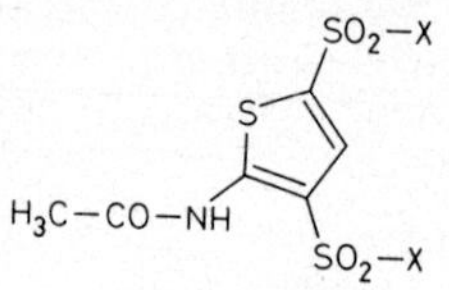   XII

5-Acetylimino-4,5-dihydro-thiophen-2,4-disulfonsäure-dianilid, *N*-[**3,5-Bis-phenylsulf**⹀
amoyl-3*H*-**[2]thienyliden]-acetamid** $C_{18}H_{17}N_3O_5S_3$, Formel XI (X = NH-C₆H₅), und
5-Acetylamino-thiophen-2,4-disulfonsäure-dianilid, *N*-[**3,5-Bis-phenylsulfamoyl-**
[2]thienyl]-acetamid $C_{18}H_{17}N_3O_5S_3$, Formel XII (X = NH-C₆H₅).

B. Aus 5-Acetylamino-thiophen-2,4-disulfonylchlorid (S. 6737) und Anilin (*Lew, Noller,*
Am. Soc. **72** [1950] 5715).

Krystalle (aus wss. A.); F: 170—171°.

Sulfo-Derivate der Monooxo-Verbindungen $C_nH_{2n-6}O_2$

5-Acetyl-furan-2-sulfonsäure $C_6H_6O_5S$, Formel I.

B. Beim Erhitzen von 1-[2]Furyl-äthanon mit 1-Sulfo-pyridinium-betain in 1,2-Di⹀
chlor-äthan auf 140° (*Terent'ew et al.,* Ž. obšč. Chim. **20** [1950] 185; engl. Ausg. S. 187).

Barium-Salz Ba(C₆H₅O₅S)₂. Krystalle [aus wss. A.].

2-Oxo-2-[2]thienyl-äthansulfonsäure $C_6H_6O_4S_2$, Formel II.

B. Beim Behandeln von 1-[2]Thienyl-äthanon mit dem Dioxan-Schwefeltrioxid-
Addukt und anschliessend mit Wasser (*Truce, Alfieri,* Am. Soc. **72** [1950] 2740, 2741).
Beim Erhitzen von 2-Brom-1-[2]thienyl-äthanon mit wss. Natriumsulfit-Lösung (*Tr., Al.*).

Natrium-Salz NaC₆H₅O₄S₂. Krystalle [aus wss. A.].

S-Benzyl-isothiuronium-Salz [C₈H₁₁N₂S]C₆H₅O₄S₂. Krystalle (aus wss. Salz⹀
säure); F: 140°.

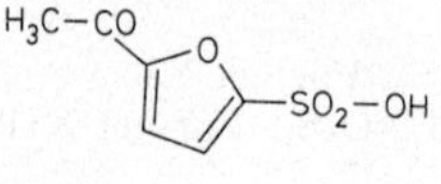

I 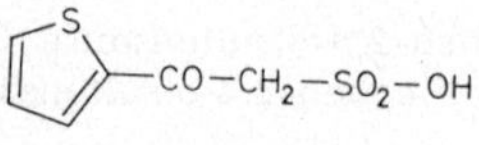   II 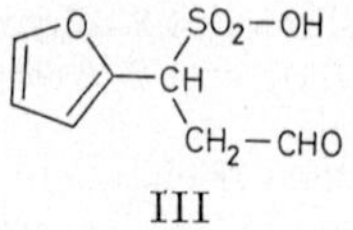   III

(±)-1-[2]Furyl-3-oxo-propan-1-sulfonsäure $C_7H_8O_5S$, Formel III.

B. Beim Erhitzen von 3*t*(?)-[2]Furyl-acrylaldehyd (E III/IV **17** 4695) mit Kalium⹀
disulfit und Wasser (*Am. Cyanamid Co.,* U.S.P. 2385314 [1942], 2402510 [1944],
2455282 [1945]).

Kalium-Salz: *Am. Cyanamid Co.*

(±)-1-[2]Furyl-3-oxo-butan-1-sulfonsäure $C_8H_{10}O_5S$, Formel IV.

B. Beim Erhitzen von 4*t*(?)-[2]Furyl-but-3-en-2-on (E III/IV **17** 4714) mit Kalium⹀
disulfit und Wasser (*Am. Cyanamid Co.,* U.S.P. 2385314 [1942], 2455282 [1945]).

Kalium-Salz KC₈H₉O₅S. Krystalle (aus wss. A.); F: ca. 212—213°.

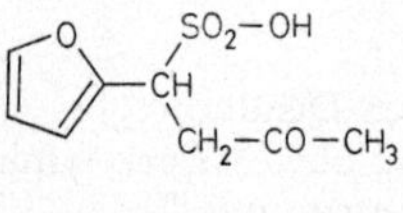

IV 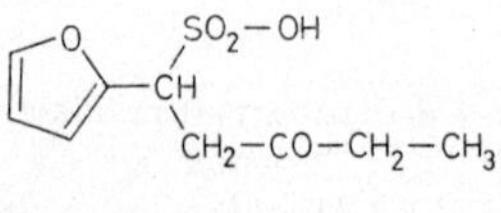   V 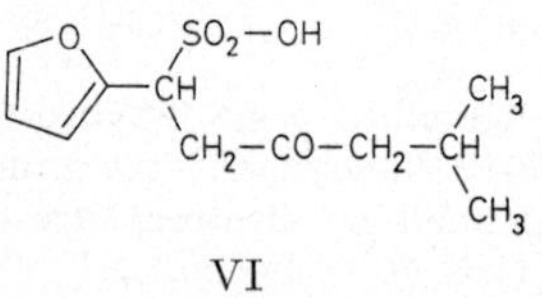   VI

(±)-1-[2]Furyl-3-oxo-pentan-1-sulfonsäure $C_9H_{12}O_5S$, Formel V.

B. Beim Erhitzen von 1*t*(?)-[2]Furyl-pent-1-en-3-on (E III/IV **17** 4727) mit Kalium⹀

disulfit und Wasser (*Am. Cyanamid Co.*, U.S.P. 2385314 [1942], 2455282 [1945]).
Kalium-Salz. Unterhalb 250° nicht schmelzend.

(±)-1-[2]Furyl-5-methyl-3-oxo-hexan-1-sulfonsäure $C_{11}H_{16}O_5S$, Formel VI.

B. Beim Erhitzen von 1t(?)-[2]Furyl-5-methyl-hex-1-en-3-on (E III/IV **17** 4743) mit
Kaliumdisulfit und Wasser (*Am. Cyanamid Co.*, U.S.P. 2385314 [1942], 2455282 [1945]).
Kalium-Salz. Krystalle (aus A.), die unterhalb 250° nicht schmelzen.

Sulfo-Derivate der Monooxo-Verbindungen $C_nH_{2n-10}O_2$

(±)-3-Oxo-phthalan-1-sulfonsäure $C_8H_6O_5S$, Formel VII (E I 552; dort als Phthalid-sulfonsäure-(3) (?) bezeichnet).

B. Beim Behandeln von Phthalonsäure ([2-Carboxy-phenyl]-glyoxylsäure) mit wss.
Natronlauge und anschliessend mit Schwefeldioxid bei 80° (*Dunet, Willemart*, Bl. **1948**
1081; vgl. E I 552).

Die beim Behandeln des Natrium-Salzes mit wss. Ammoniak erhaltene, früher (s. E I
552) als 3-Amino-phthalid angesehene Verbindung ist als 3-Hydroxy-isoindolin-1-on zu
formulieren (*Du., Wi.*).

Natrium-Salz (E I 552). F: 182° [Block] (*Du., Wi.*).

(±)-2-Oxo-chroman-3-sulfonsäure $C_9H_8O_5S$, Formel VIII.

Diese Konstitution kommt der früher (s. E I **18** 552) als 2-Oxo-chroman-3(oder 4)-sulfonsäure (,,3,4-Dihydro-cumarin-sulfonsäure-(3 oder 4)") angesehenen Verbindung zu
(*Daniewski*, Roczniki Chem. **32** [1958] 667, engl. Ref. S. 669; C. A. **1959** 3201).

B. Beim Behandeln von Cumarin mit wss. Natriumhydrogensulfit-Lösung (*Dodge*,
Am. Soc. **52** [1930] 1724). Beim Behandeln von 2-Oxo-2H-chromen-3-carbonsäure mit
wss. Natriumhydrogensulfit-Lösung und Erwärmen des Reaktionsgemisches (*Da.*).

VII   VIII   IX

2,5-Dimethyl-3-oxo-2,3-dihydro-benzofuran-2-sulfonsäure $C_{10}H_{10}O_5S$, Formel IX.

a) **(−)-2,5-Dimethyl-3-oxo-2,3-dihydro-benzofuran-2-sulfonsäure** $C_{10}H_{10}O_5S$.
Gewinnung aus dem unter b) beschriebenen Racemat mit Hilfe von Brucin: *Aulin-Erdtman et al.*, Svensk. Papperstidn. **50** [1947] Festschrift E. Hägglund S. 84.
Barium-Salz. $[\alpha]_D^0$: −272° [W. (?)]; $[\alpha]_D^{20}$: −270° [W. (?)].
Brucin-Salz. Krystalle (aus W.); $[\alpha]_D^{20}$: −154° [W. (?)].

b) **(±)-2,5-Dimethyl-3-oxo-2,3-dihydro-benzofuran-2-sulfonsäure** $C_{10}H_{10}O_5S$.
B. Beim Erhitzen von 2-Hydroxy-2,5-dimethyl-benzofuran-3-on (⇌ 1-[2-Hydroxy-5-methyl-phenyl]-propan-1,2-dion [E III **8** 2355]) mit einem durch Einleiten von Schwefel≈
dioxid in eine Suspension von Calciumcarbonat in Wasser hergestellten Reaktions-gemisch auf 135° (*Aulin-Erdtman et al.*, Svensk. Papperstidn. **50** [1947] Festschrift
E. Hägglund S. 84).
Barium-Salz $Ba(C_{10}H_9O_5S)_2$. Krystalle [aus wss. A.]. UV-Spektrum (200—400 nm):
Au.-Er. et al., l. c. S. 83. Die Krystalle sowie neutrale und alkal. wss. Lösungen fluorescie-ren blauviolett.

Sulfo-Derivate der Monooxo-Verbindungen $C_nH_{2n-12}O_2$

6-Nitro-2-oxo-2H-chromen-3-sulfonsäure $C_9H_5NO_7S$, Formel X (X = OH) (E II 407; dort als 6-Nitro-cumarin-sulfonsäure-(3) bezeichnet).

B. Neben der im folgenden Artikel beschriebenen Verbindung beim Erhitzen von 6-Nitro-cumarin mit Chloroschwefelsäure auf 140° (*Merchant, Shah*, J. Indian chem. Soc. **34** [1957] 35, 36, 39).

Barium-Salz Ba(C$_9$H$_4$NO$_7$S)$_2$. Krystalle [aus W.].

S-Benzyl-isothiuronium-Salz [C$_8$H$_{11}$N$_2$S]C$_9$H$_4$NO$_7$S. Krystalle (aus wss. A.); F: 230—232° [korr.].

6-Nitro-2-oxo-2*H*-chromen-3-sulfonylchlorid, 3-Chlorsulfonyl-6-nitro-cumarin C$_9$H$_4$ClNO$_6$S, Formel X (X = Cl) (E II 408).

B. s. im vorangehenden Artikel.

Krystalle (aus Bzl. oder Eg.); F: 204—205° [korr.] (*Merchant, Shah*, J. Indian chem. Soc. **34** [1957] 35, 39).

6-Nitro-2-oxo-2*H*-chromen-3-sulfonsäure-amid, 6-Nitro-3-sulfamoyl-cumarin C$_9$H$_6$N$_2$O$_6$S, Formel X (X = NH$_2$) (E II 408).

B. Aus 6-Nitro-2-oxo-2*H*-chromen-3-sulfonylchlorid mit Hilfe von Ammoniumcarbonat (*Merchant, Shah*, J. Indian chem. Soc. **34** [1957] 35, 39; vgl. E II 408).

Unterhalb 290° nicht schmelzend.

6-Nitro-2-oxo-2*H*-chromen-3-sulfonsäure-anilid, 6-Nitro-3-phenylsulfamoyl-cumarin C$_{15}$H$_{10}$N$_2$O$_6$S, Formel X (X = NH-C$_6$H$_5$) (E II 408).

B. Aus 6-Nitro-2-oxo-2*H*-chromen-3-sulfonylchlorid und Anilin (*Merchant, Shah*, J. Indian chem. Soc. **34** [1957] 35, 39; vgl. E II 408).

F: 130°.

2-Oxo-2*H*-chromen-6-sulfonsäure C$_9$H$_6$O$_5$S, Formel XI (X = OH) (H 574; E II 408; dort als Cumarin-sulfonsäure-(6) bezeichnet).

B. Neben der im folgenden Artikel beschriebenen Verbindung beim Erwärmen von Cumarin mit Chloroschwefelsäure (*Merchant, Shah*, J. Indian chem. Soc. **34** [1957] 35, 36, 39).

Barium-Salz Ba(C$_9$H$_5$O$_5$S)$_2$. Krystalle [aus W.].

S-Benzyl-isothiuronium-Salz [C$_8$H$_{11}$N$_2$S]C$_9$H$_5$O$_5$S. Krystalle (aus wss. A.); F: 212—214° [korr.].

      X   XI   XII

2-Oxo-2*H*-chromen-6-sulfonylchlorid, 6-Chlorsulfonyl-cumarin C$_9$H$_5$ClO$_4$S, Formel XI (X = Cl) (E II 408).

B. s. im vorangehenden Artikel.

Krystalle; F: 119—120° [korr.; aus Bzl. oder Eg.] (*Merchant, Shah*, J. Indian chem. Soc. **34** [1957] 35, 36, 39), 116° [aus 1,2-Dichlor-äthan] (*Rubzow, Fedošowa*, Ž. obšč. Chim. **14** [1944] 857, 862; C. A. **1946** 1803).

2-Oxo-2*H*-chromen-6-sulfonsäure-amid, 6-Sulfamoyl-cumarin C$_9$H$_7$NO$_4$S, Formel XI (X = NH$_2$).

B. Beim Erwärmen von 2-Oxo-2*H*-chromen-6-sulfonylchlorid mit wss. Ammoniak (*Rubzow, Fedošowa*, Ž. obšč. Chim. **14** [1944] 857, 862; C. A. **1946** 1803).

Krystalle (aus W.); F: 185°.

4-[2-Oxo-2*H*-chromen-6-sulfonylamino]-benzoesäure C$_{16}$H$_{11}$NO$_6$S, Formel XII (X = CO-OH).

B. Beim Erwärmen von 2-Oxo-2*H*-chromen-6-sulfonylchlorid mit 4-Amino-benzoesäure in Aceton (*Rubzow, Fedošowa*, Ž. obšč. Chim. **14** [1944] 857, 863; C. A. **1946** 1803).

Krystalle (aus wss. Eg.); F: 241° [Zers.].

***N*-[2-Oxo-2*H*-chromen-6-sulfonyl]-sulfanilsäure-amid, 6-[4-Sulfamoyl-phenylsulfamoyl]-cumarin** $C_{15}H_{12}N_2O_6S_2$, Formel XII (X = SO_2-NH_2).
B. Beim Erwärmen von 2-Oxo-2*H*-chromen-6-sulfonylchlorid mit Sulfanilsäure-amid in Aceton (*Rubzow, Fedošowa*, Ž. obšč. Chim. **14** [1944] 857, 862; C. A. **1946** 1803).
Krystalle (aus wss. A.); F: 219°.

2-Oxo-2*H*-chromen-6-sulfonsäure-[4-amino-anilid], 6-[4-Amino-phenylsulfamoyl]-cumarin $C_{15}H_{12}N_2O_4S$, Formel XII (X = NH_2).
B. Beim Erhitzen von 6-[4-Acetylamino-phenylsulfamoyl]-cumarin mit wss. Natron= lauge (*Rubzow, Fedošowa*, Ž. obšč. Chim. **14** [1944] 857, 863; C. A. **1946** 1803).
Krystalle (aus wss. A.); F: 209°.

***N*-Acetyl-*N'*-[2-oxo-2*H*-chromen-6-sulfonyl]-*p*-phenylendiamin, 6-[4-Acetylamino-phenylsulfamoyl]-cumarin** $C_{17}H_{14}N_2O_5S$, Formel XII (X = NH-CO-CH_3).
B. Beim Erwärmen von 2-Oxo-2*H*-chromen-6-sulfonylchlorid mit Essigsäure-[4-amino-anilid] in Aceton (*Rubzow, Fedošowa*, Ž. obšč. Chim. **14** [1944] 857, 863; C. A. **1946** 1803).
Krystalle (aus wss. Eg.); F: 280°.

2-Oxo-2*H*-chromen-3,6-disulfonsäure $C_9H_6O_8S_2$, Formel XIII (X = OH) (H 574; E II 408; dort als Cumarin-disulfonsäure-(3.6) bezeichnet).
B. Neben der im folgenden Artikel beschriebenen Verbindung beim Erhitzen von Cumarin mit Chloroschwefelsäure auf 140° (*Merchant, Shah*, J. Indian chem. Soc. **34** [1957] 35, 36, 39).
Barium-Salz $BaC_9H_4O_8S_2$. Krystalle [aus W.].
S-Benzyl-isothiuronium-Salz $[C_8H_{11}N_2S]_2C_9H_4O_8S_2$. Krystalle (aus wss. A.); F: 194—196° [korr.].

2-Oxo-2*H*-chromen-3,6-disulfonylchlorid, 3,6-Bis-chlorsulfonyl-cumarin $C_9H_4Cl_2O_6S_2$, Formel XIII (X = Cl) (E II 408).
B. s. im vorangehenden Artikel.
Krystalle (aus Bzl. oder Eg.); F: 173—175° [korr.] (*Merchant, Shah*, J. Indian chem. Soc. **34** [1957] 35, 39).

2-Oxo-2*H*-chromen-3,6-disulfonsäure-diamid, 3,6-Disulfamoyl-cumarin $C_9H_8N_2O_6S_2$, Formel XIII (X = NH_2) (E II 408).
B. Beim Erhitzen von 2-Oxo-2*H*-chromen-3,6-disulfonylchlorid mit Ammoniumcarb= onat (*Merchant, Shah*, J. Indian chem. Soc. **34** [1957] 35, 39).
Unterhalb 270° nicht schmelzend.

2-Oxo-2*H*-chromen-3,6-disulfonsäure-dianilid, 3,6-Bis-phenylsulfamoyl-cumarin $C_{21}H_{16}N_2O_6S_2$, Formel XIII (X = NH-C_6H_5) (E II 408).
B. Beim Erhitzen von 2-Oxo-2*H*-chromen-3,6-disulfonylchlorid mit Anilin (*Merchant, Shah*, J. Indian chem. Soc. **34** [1957] 35, 39).
F: 218—220° [korr.].

4-[(*Ξ*)-2-Oxo-dihydro-[3]furylidenmethyl]-benzolsulfonylchlorid, 3*ξ*-[4-Chlorsulfonyl-phenyl]-2-[2-hydroxy-äthyl]-acrylsäure-lacton $C_{11}H_9ClO_4S$, Formel XIV (X = Cl).
B. Beim Behandeln einer Lösung von 3-Benzyliden-dihydro-furan-2-on (F: 115—116°) in Chloroform mit Chloroschwefelsäure und 2-tägigen Aufbewahren des Reaktions-gemisches im geschlossenen Gefäss (*Zimmer, Rothe*, J. org. Chem. **24** [1959] 100, 102).
Krystalle (aus Dioxan + Ae.); F: 171—172° [unkorr.].

4-[(*Ξ*)-2-Oxo-dihydro-[3]furylidenmethyl]-benzolsulfonsäure-amid, 2-[2-Hydroxy-äthyl]-3*ξ*-[4-sulfamoyl-phenyl]-acrylsäure-lacton $C_{11}H_{11}NO_4S$, Formel XIV (X = NH_2).
B. Beim Behandeln des im vorangehenden Artikel beschriebenen Säurechlorids mit wss. Ammoniak (*Zimmer, Rothe*, J. org. Chem. **24** [1959] 100, 102).
Krystalle (aus Me.); F: 210—211° [unkorr.].

XIII   XIV   XV

4-[(Ξ)-2-Oxo-dihydro-[3]furylidenmethyl]-benzolsulfonsäure-anilid, 2-[2-Hydroxy-äthyl]-3ξ-[4-phenylsulfamoyl-phenyl]-acrylsäure-lacton $C_{17}H_{15}NO_4S$, Formel XIV (X = NH-C$_6$H$_5$).

B. Aus 4-[2-Oxo-dihydro-[3]furylidenmethyl]-benzolsulfonylchlorid (S. 6741) und Anilin (*Zimmer, Rothe,* J. org. Chem. **24** [1959] 100, 103).

Krystalle (aus Me. + Ae.); F: 173—173,5° [unkorr.; Zers.].

4-[(Ξ)-2-Oxo-dihydro-[3]furylidenmethyl]-benzolsulfonsäure-hydrazid, 3ξ-[4-Hydrazino-sulfonyl-phenyl]-2-[2-hydroxy-äthyl]-acrylsäure-lacton $C_{11}H_{12}N_2O_4S$, Formel XIV (X = NH-NH$_2$).

B. Beim Erwärmen von 4-[2-Oxo-dihydro-[3]furylidenmethyl]-benzolsulfonylchlorid (S. 6741) mit wss. Hydrazin (*Zimmer, Rothe,* J. org. Chem. **24** [1959] 100, 102).

Krystalle (aus Me.); Zers. bei 159—160° [unkorr.].

2,3-Dimethyl-4-oxo-4H-chromen-6-sulfonsäure $C_{11}H_{10}O_5S$, Formel XV (X = OH).

B. Neben der im folgenden Artikel beschriebenen Verbindung beim Erhitzen von 2,3-Dimethyl-chromen-4-on mit Chloroschwefelsäure auf 140° (*Joshi et al.,* J. org. Chem. **21** [1956] 1104, 1105, 1108).

Barium-Salz Ba(C$_{11}$H$_9$O$_5$S)$_2$. Krystalle [aus W.].

2,3-Dimethyl-4-oxo-4H-chromen-6-sulfonylchlorid $C_{11}H_9ClO_4S$, Formel XV (X = Cl).

B. s. im vorangehenden Artikel.

Krystalle (aus Bzl.); F: 157—158° [korr.] (*Joshi et al.,* J. org. Chem. **21** [1956] 1104, 1108).

2,3-Dimethyl-4-oxo-4H-chromen-6-sulfonsäure-anilid $C_{17}H_{15}NO_4S$, Formel XV (X = NH-C$_6$H$_5$).

B. Aus 2,3-Dimethyl-4-oxo-4H-chromen-6-sulfonylchlorid und Anilin (*Joshi et al.,* J. org. Chem. **21** [1956] 1104, 1106, 1108).

F: 277—279° [korr.].

Sulfo-Derivate der Monooxo-Verbindungen C$_n$H$_{2n-14}$O$_2$

4-[5-Formyl-[2]furyl]-benzolsulfonsäure $C_{11}H_8O_5S$, Formel I.

B. Beim Behandeln einer Lösung von Furan-2-carbaldehyd in Aceton mit einer Suspension des aus Sulfanilsäure, wss. Salzsäure und Natriumnitrit bereiteten Diazoniumsalzes in wss. Aceton unter Zusatz von Kupfer(II)-chlorid (*Akashi, Oda,* J. chem. Soc. Japan Ind. Chem. Sect. **53** [1950] 81; C. A. **1953** 2164; *Oda,* Mem. Fac. Eng. Kyoto **14** [1952] 195, 204; C. A. **1954** 1935).

Natrium-Salz NaC$_{11}$H$_7$O$_5$S. Krystalle (aus W.) mit 3 Mol H$_2$O, die sich beim Erhitzen auf 150° blaugrün färben (*Ak., Oda*).

I   II

(±)-1-[2]Furyl-3-oxo-3-phenyl-propan-1-sulfonsäure $C_{13}H_{12}O_5S$, Formel II.

B. Beim Erhitzen von 3*t*-[2]Furyl-1-phenyl-propenon mit Natriumdisulfit und Wasser (*Am. Cyanamid Co.*, U.S.P. 2385314 [1942], 2455282 [1945]).

Natrium-Salz. F: ca. 231°.

Sulfo-Derivate der Monooxo-Verbindungen $C_nH_{2n-18}O_2$

9-Oxo-thioxanthen-2-sulfonsäure $C_{13}H_8O_4S_2$, Formel III (X = OH).

B. Beim Erwärmen von 2-Mercapto-thioxanthen-9-on mit wss. Natronlauge und Kali=umpermanganat (*Kurihara, Niwa*, J. pharm. Soc. Japan **73** [1953] 1378; C. A. **1955** 313).

Absorptionsspektrum (konz. Schwefelsäure; 220–400 nm): *Ku., Niwa.*

Kalium-Salz. Krystalle [aus A.].

9-Oxo-thioxanthen-2-sulfonylchlorid $C_{13}H_7ClO_3S_2$, Formel III (X = Cl).

B. Beim Erwärmen des Kalium-Salzes der 9-Oxo-thioxanthen-2-sulfonsäure mit Phosphor(V)-chlorid (*Kurihara, Niwa*, J. pharm. Soc. Japan **73** [1953] 1378; C. A. **1955** 313).

Krystalle (aus Bzl.); F: 156°.

9-Oxo-thioxanthen-2-sulfonsäure-amid $C_{13}H_9NO_3S_2$, Formel III (X = NH₂).

B. Beim Erhitzen von 9-Oxo-thioxanthen-2-sulfonylchlorid mit Ammoniak in Äthanol auf 110° (*Kurihara, Niwa*, J. pharm. Soc. Japan **73** [1953] 1378; C. A. **1955** 313).

Krystalle (aus Acn.); F: 200–201°.

III   IV   V

(±)-2-Chlor-5-phthalidyl-benzolsulfonsäure-amid, (±)-3-[4-Chlor-3-sulfamoyl-phenyl]-phthalid $C_{14}H_{10}ClNO_4S$, Formel IV.

B. Beim Erwärmen einer Lösung von (±)-2-Chlor-5-[1-hydroxy-3-oxo-isoindolin-1-yl]-benzolsulfonsäure-amid in wss. Äthanol mit Zink-Pulver und wss. Salzsäure (*Graf et al.*, Helv. **42** [1959] 1085, 1099).

Krystalle (aus A.); F: 238–239° [korr.].

(±)-2-Chlor-5-[1-chlor-3-oxo-phthalan-1-yl]-benzolsulfonylchlorid, (±)-3-Chlor-3-[4-chlor-3-chlorsulfonyl-phenyl]-phthalid $C_{14}H_7Cl_3O_4S$, Formel V (X = Cl).

B. Beim Erwärmen von 2-[4-Chlor-3-chlorsulfonyl-benzoyl]-benzoesäure mit Thionyl=chlorid, mit Phosphor(III)-chlorid in Chloroform oder mit Phosphor(V)-chlorid in Chloro=form (*Graf et al.*, Helv. **42** [1959] 1085, 1086, 1098).

Krystalle (aus CHCl₃); F: 142–144,5° [korr.; Zers.].

Beim Behandeln einer Lösung in Chloroform mit wss.-äthanol. Ammoniak ist 2-Chlor-5-[1-hydroxy-3-oxo-isoindolin-1-yl]-benzolsulfonsäure-amid erhalten worden.

(±)-2-Chlor-5-[1-chlor-3-oxo-phthalan-1-yl]-benzolsulfonsäure-amid, (±)-3-Chlor-3-[4-chlor-3-sulfamoyl-phenyl]-phthalid $C_{14}H_9Cl_2NO_4S$, Formel V (X = NH₂).

B. Beim Erwärmen von 2-[4-Chlor-3-sulfamoyl-benzoyl]-benzoesäure mit Thionyl=chlorid (*Graf et al.*, Helv. **42** [1959] 1085, 1086, 1097).

Bei 165–179° [Zers.] schmelzend.

Sulfo-Derivate der Monooxo-Verbindungen $C_nH_{2n-20}O_2$

4-[2-Oxo-2H-chromen-3-yl]-benzolsulfonsäure $C_{15}H_{10}O_5S$, Formel VI.

B. Beim Behandeln einer mit Natriumacetat versetzten Lösung von Cumarin in Aceton mit einer aus Sulfanilsäure bereiteten wss. Diazoniumsalz-Lösung und Behandeln des Reaktionsgemisches mit Kupfer(II)-chlorid (*Meerwein et al.*, J. pr. [2] **152** [1939] 237, 254).

Natrium-Salz $NaC_{15}H_9O_5S$. Krystalle [aus W.].

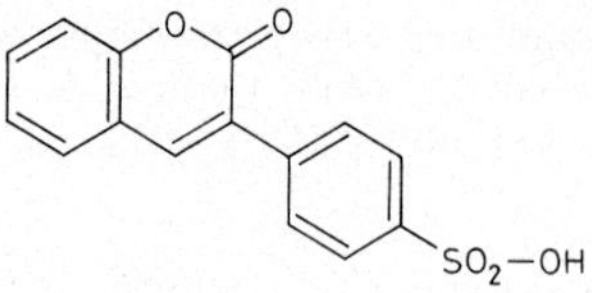

VI 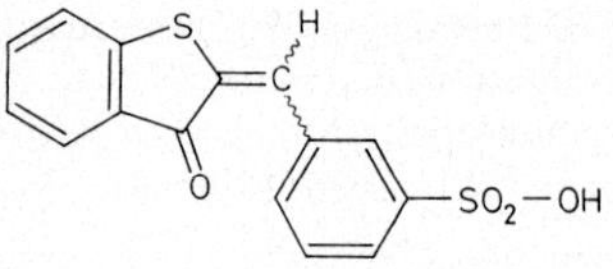   VII

3-[(Ξ)-3-Oxo-3H-benzo[b]thiophen-2-ylidenmethyl]-benzolsulfonsäure $C_{15}H_{10}O_4S_2$, Formel VII.

B. Beim Behandeln einer Lösung von Benzo[b]thiophen-3-ol in wss. Äthanol mit α-Oxo-toluol-3-sulfonsäure und wss. Salzsäure (*Gen. Aniline & Film Corp.*, U.S.P. 2449244 [1945]).

Krystalle [aus A.].

Sulfo-Derivate der Monooxo-Verbindungen $C_nH_{2n-24}O_2$

(±)-4-Oxo-2-phenyl-3,4-dihydro-2H-benzo[h]chromen-6-sulfonsäure $C_{19}H_{14}O_5S$, Formel VIII (X = H).

B. Beim Erwärmen einer Lösung des Natrium-Salzes (F: 250,5°) der 3-Cinnamoyl-4-hydroxy-naphthalin-1-sulfonsäure in wss. Äthanol mit wss. Salzsäure (*Suzuki*, J. chem. Soc. Japan Pure Chem. Sect. **75** [1954] 530; C. A. **1955** 10278).

Natrium-Salz $NaC_{19}H_{13}O_5S$. Krystalle (aus wss. A.) mit 3,5 Mol H_2O; F: 236° [Zers.].

(±)-2-[3-Nitro-phenyl]-4-oxo-3,4-dihydro-2H-benzo[h]chromen-6-sulfonsäure $C_{19}H_{13}NO_7S$, Formel VIII (X = NO_2).

B. Beim Erwärmen einer Lösung des Natrium-Salzes (F: 233°) der 4-Hydroxy-3-[3-nitro-cinnamoyl]-naphthalin-1-sulfonsäure in wss. Äthanol mit wss. Salzsäure (*Suzuki*, J. chem. Soc. Japan Pure Chem. Sect. **75** [1954] 530; C. A. **1955** 10278).

Natrium-Salz $NaC_{19}H_{12}NO_7S$. Krystalle (aus wss. A.) mit 3,5 Mol H_2O; F: 237,5° [Zers.].

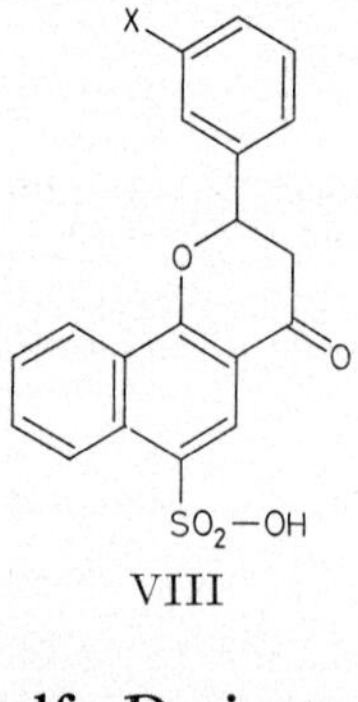

VIII 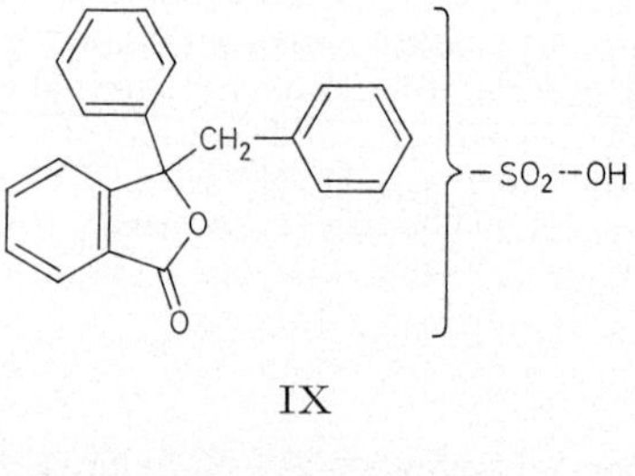   IX

Sulfo-Derivate der Monooxo-Verbindungen $C_nH_{2n-26}O_2$

(±)-1-Benzyl-3-oxo-1-phenyl-phthalan-x-sulfonsäure $C_{21}H_{16}O_5S$, Formel IX.

B. Beim Erhitzen von (±)-3-Benzyl-3-phenyl-phthalid mit konz. Schwefelsäure (*Hauser*

et al., J. org. Chem. **23** [1958] 861, 864).

Orangegelbes Pulver (aus Ae.); Zers. bei 240—250° [nach Erweichen bei 220°].

Sulfo-Derivate der Dioxo-Verbindungen $C_nH_{2n-12}O_3$

4,5-Dioxo-4,5-dihydro-benzo[*b*]thiophen-7-sulfonsäure $C_8H_4O_5S_2$, Formel I.

B. Beim Behandeln von 4-Amino-5-hydroxy-benzo[*b*]thiophen-7-sulfonsäure mit wss. Salpetersäure (*Fieser, Kennelly*, Am. Soc. **57** [1935] 1611, 1612, 1615).

Kalium-Salz $KC_8H_3O_5S_2$. Rote Krystalle (aus W.) mit 1 Mol H_2O. — Beim Erwärmen des Kalium-Salzes mit Schwefelsäure enthaltendem Methanol ist 5-Methoxy-benzo[*b*]thiophen-4,7-chinon erhalten worden.

1,3-Dioxo-phthalan-4-sulfonsäure, 3-Sulfo-phthalsäure-anhydrid $C_8H_4O_6S$, Formel II.

B. Als Barium-Salz $Ba(C_8H_3O_6S)_2$ beim Erhitzen des Barium-Salzes der 3-Sulfophthalsäure (E III **11** 698) auf 220° (*Schwenk, Waldmann*, Ang. Ch. **45** [1932] 17, 18).

Überführung in 9,10-Dioxo-9,10-dihydro-anthracen-1-sulfonsäure durch Erhitzen mit Benzol und Aluminiumchlorid bis auf 160° und Erhitzen des Kalium-Salzes der erhaltenen Säure mit Schwefeltrioxid enthaltender Schwefelsäure auf 120°: *Sch., Wa.*

I   II   III   IV

1,3-Dioxo-phthalan-5-sulfonsäure, 4-Sulfo-phthalsäure-anhydrid $C_8H_4O_6S$, Formel III.

B. Beim Behandeln von Phthalsäure-anhydrid mit Schwefeltrioxid bei 140° bzw. 200° (*CIBA*, Schweiz. P. 157518 [1931]; *Waldmann, Schwenk*, A. **487** [1931] 287, 290; s. a. *CIBA*, D.R.P. 572962 [1931]; Frdl. **19** 677).

Überführung in 9,10-Dioxo-9,10-dihydro-anthracen-2-sulfonsäure durch Erhitzen mit Benzol und Aluminiumchlorid auf 130° und Erhitzen des Natrium-Salzes der erhaltenen Säure mit Schwefeltrioxid enthaltender Schwefelsäure auf 120°: *Schwenk, Waldmann*, Ang. Ch. **45** [1932] 17, 19.

Kalium-Salz $KC_8H_3O_6S$. Krystalle (*Wa., Sch.*).

1,3-Dioxo-phthalan-4,6-disulfonsäure, 3,5-Disulfo-phthalsäure-anhydrid $C_8H_4O_9S_2$, Formel IV.

B. Beim Behandeln von Phthalsäure-anhydrid mit Schwefeltrioxid in Gegenwart von Quecksilber(I)-sulfat bei 200° sowie beim Erhitzen des Dikalium-Salzes der 3,5-Disulfophthalsäure auf 230° (*Waldmann, Schwenk*, A. **487** [1931] 287, 291).

Beim Erhitzen mit Thionylchlorid auf 180° und Erwärmen des Reaktionsprodukts mit Wasser ist 3,5-Dichlor-phthalsäure erhalten worden.

Kalium-Salz $K_2C_8H_2O_9S_2$. Krystalle mit 2 Mol H_2O.

3-Imino-2-oxo-chroman-6-sulfonsäure-amid $C_9H_8N_2O_4S$, Formel V (R = H, X = NH_2), und **3-Amino-2-oxo-2*H*-chromen-6-sulfonsäure-amid, 3-Amino-6-sulfamoyl-cumarin** $C_9H_8N_2O_4S$, Formel VI (R = H, X = NH_2).

B. Beim Erhitzen von 3-Acetylamino-2-oxo-2*H*-chromen-6-sulfonsäure-amid (S. 6746) mit wss.-äthanol. Salzsäure (*Fedošowa, Magidšon*, Ž. obšč. Chim. **18** [1948] 1459, 1463; C. A. **1949** 2179).

Gelbe Krystalle (aus wss. Eg.); F: 267°.

V   VI

3-Acetylimino-2-oxo-chroman-6-sulfonylchlorid $C_{11}H_8ClNO_5S$, Formel V (R = CO-CH$_3$, X = Cl), und **3-Acetylamino-2-oxo-2H-chromen-6-sulfonylchlorid, 3-Acetylamino-6-chlorsulfonyl-cumarin** $C_{11}H_8ClNO_5S$, Formel VI (R = CO-CH$_3$, X = Cl).
B. Beim Erwärmen von 3-Acetylamino-cumarin (E III/IV **17** 6152) mit Chloro=schwefelsäure (*Fedošowa, Magidšon,* Ž. obšč. Chim. **18** [1948] 1459, 1462; C. A. **1949** 2179).
Krystalle (aus 1,2-Dichlor-äthan); F: 213—214° [Zers.].

3-Acetylimino-2-oxo-chroman-6-sulfonsäure-amid $C_{11}H_{10}N_2O_5S$, Formel V (R = CO-CH$_3$, X = NH$_2$), und **3-Acetylamino-2-oxo-2H-chromen-6-sulfonsäure-amid, 3-Acetylamino-6-sulfamoyl-cumarin** $C_{11}H_{10}N_2O_5S$, Formel VI (R = CO-CH$_3$, X = NH$_2$).
B. Beim Erwärmen des im vorangehenden Artikel beschriebenen Säurechlorids mit wss. Ammoniak (*Fedošowa, Magidšon,* Ž. obšč. Chim. **18** [1948] 1459, 1462; C. A. **1949** 2179).
Krystalle (aus wss. Eg.); F: 274°.

2-Oxo-3-sulfanilylimino-chroman-6-sulfonsäure-amid $C_{15}H_{13}N_3O_6S_2$, Formel VII (R = H), und **2-Oxo-3-sulfanilylamino-2H-chromen-6-sulfonsäure-amid, 6-Sulfamoyl-3-sulfanilyl=amino-cumarin** $C_{15}H_{13}N_3O_6S_2$, Formel VIII (R = H).
B. Beim Erwärmen der im folgenden Artikel beschriebenen Verbindung mit wss. Salz=säure (*Fedošowa, Magidšon,* Ž. obšč. Chim. **18** [1948] 1459, 1463; C. A. **1949** 2179).
Hellgelbe Krystalle (aus wss. Eg.); F: 260—262°.

VII   VIII

3-[N-Acetyl-sulfanilylimino]-2-oxo-chroman-6-sulfonsäure-amid $C_{17}H_{15}N_3O_7S_2$, Formel VII (R = CO-CH$_3$), und **3-[(N-Acetyl-sulfanilyl)-amino]-2-oxo-2H-chromen-6-sulfonsäure-amid, 3-[(N-Acetyl-sulfanilyl)-amino]-6-sulfamoyl-cumarin** $C_{17}H_{15}N_3O_7S_2$, Formel VIII (R = CO-CH$_3$).
B. Beim Erwärmen von 3-Amino-2-oxo-2H-chromen-6-sulfonsäure-amid (S. 6745) mit *N*-Acetyl-sulfanilylchlorid (*Fedošowa, Magidšon,* Ž. obšč. Chim. **18** [1948] 1459, 1463; C. A. **1949** 2179).
Krystalle (aus wss. Eg.); F: 275°.

2,4-Dioxo-chroman-3-sulfonsäure $C_9H_6O_6S$, Formel IX, und Tautomere (z. B. 4-Hydr=oxy-2-oxo-2H-chromen-3-sulfonsäure).
B. Beim Behandeln von 4-Hydroxy-cumarin (E III/IV **17** 6153) mit Schwefeltrioxid enthaltender Schwefelsäure (*Huebner, Link,* Am. Soc. **67** [1945] 99, 101).
Natrium-Salz NaC$_9$H$_5$O$_6$S. Krystalle (aus W.) mit 2 Mol H$_2$O.
Glycin-Salz C$_2$H$_5$NO$_2$·C$_9$H$_6$O$_6$S. Krystalle (aus W.); F: 225—230°.

IX   X   XI

Sulfo-Derivate der Dioxo-Verbindungen $C_nH_{2n-14}O_3$

2,3-Epoxy-3-methyl-1,4-dioxo-1,2,3,4-tetrahydro-naphthalin-2-sulfonsäure $C_{11}H_8O_6S$, Formel X.

Kalium-Salz $KC_{11}H_7O_6S$. *B*. Beim Behandeln des Kalium-Salzes der 3-Methyl-1,4-dioxo-1,4-dihydro-naphthalin-2-sulfonsäure mit wss. Wasserstoffperoxid und anschliessend mit wss. Kaliumcarbonat-Lösung (*Schtschukina et al.*, Ž. obšč. Chim. **21** [1951] 1661, 1664; engl. Ausg. S. 1823, 1826). — Krystalle (aus W.).

Sulfo-Derivate der Dioxo-Verbindungen $C_nH_{2n-16}O_3$

(±)-2,2-Dimethyl-5,6-dioxo-3,4,5,6-tetrahydro-2H-benzo[*h*]chromen-3-sulfonsäure $C_{15}H_{14}O_6S$, Formel XI (X = OH).

B. Beim Behandeln von Lapachol (2-Hydroxy-3-[3-methyl-but-2-enyl]-[1,4]naphtho-chinon [E III **8** 2720]) mit konz. Schwefelsäure (oder Chloroschwefelsäure) und Acetanhydrid (*Fieser*, Am. Soc. **70** [1948] 3232, 3233, 3236).

Orangerotes Pulver.

Ammonium-Salz $[NH_4]C_{15}H_{13}O_6S$. Rote Krystalle (aus A.) mit 1 Mol H_2O.

Natrium-Salz $NaC_{15}H_{13}O_6S$. Rote Krystalle (aus A.) mit 0,5 Mol H_2O; F: 206—207° [Zers.].

(±)-2,2-Dimethyl-5,6-dioxo-3,4,5,6-tetrahydro-2H-benzo[*h*]chromen-3-sulfonsäure-äthylester $C_{17}H_{18}O_6S$, Formel XI (X = O-C_2H_5).

B. Aus (±)-2,2-Dimethyl-5,6-dioxo-3,4,5,6-tetrahydro-2H-benzo[*h*]chromen-3-sulfonyl-chlorid und Äthanol (*Fieser*, Am. Soc. **70** [1948] 3232, 3236).

Gelbe Krystalle (aus A.); F: 162—163°.

(±)-2,2-Dimethyl-5,6-dioxo-3,4,5,6-tetrahydro-2H-benzo[*h*]chromen-3-sulfonylchlorid $C_{15}H_{13}ClO_5S$, Formel XI (X = Cl).

B. Beim Erhitzen des Natrium-Salzes der (±)-2,2-Dimethyl-5,6-dioxo-3,4,5,6-tetrahydro-2H-benzo[*h*]chromen-3-sulfonsäure mit Phosphor(III)-chlorid (*Fieser*, Am. Soc. **70** [1948] 3232, 3236).

Orangefarbene Krystalle (aus A.); Zers. bei ca. 190°.

(±)-2,2-Dimethyl-5,6-dioxo-3,4,5,6-tetrahydro-2H-benzo[*h*]chromen-3-sulfonsäure-amid $C_{15}H_{15}NO_5S$, Formel XI (X = NH_2).

B. Beim Behandeln einer Lösung von (±)-2,2-Dimethyl-5,6-dioxo-3,4,5,6-tetrahydro-2H-benzo[*h*]chromen-3-sulfonylchlorid in Benzol mit Ammoniak (*Fieser*, Am. Soc. **70** [1948] 3232, 3236).

Hellgelbe Krystalle (aus wss. Dioxan); F: 188—189° [Zers.].

Sulfo-Derivate der Dioxo-Verbindungen $C_nH_{2n-18}O_3$

1,3-Dioxo-1H,3H-benz[*de*]isochromen-4-sulfonsäure, 2-Sulfo-naphthalin-1,8-dicarbonsäure-anhydrid $C_{12}H_6O_6S$, Formel I (X = H) (E I 553; E II 410; dort als 2-Sulfo-naphthalsäure-anhydrid bezeichnet).

B. Neben 1,2-Dioxo-acenaphthen-3-sulfonsäure (Hauptprodukt) beim Eintragen von Natriumdichromat in eine heisse Suspension von Natrium-[acenaphthen-3-sulfonat] in Essigsäure (*Dziewoński*, *Piasecki*, Bl. Acad. polon. [A] **1933** 108, 112, 115).

Natrium-Salz $NaC_{12}H_5O_6S$. Krystalle.

6,7-Dichlor-1,3-dioxo-1H,3H-benz[*de*]isochromen-4-sulfonsäure, 4,5-Dichlor-2-sulfo-naphthalin-1,8-dicarbonsäure-anhydrid $C_{12}H_4Cl_2O_6S$, Formel I (X = Cl).

B. Beim Erhitzen von 4,5-Dichlor-2-sulfo-naphthalin-1,8-dicarbonsäure auf 160° (*Daschewskiǐ*, *Karischin*, Promyšl. org. Chim. **6** [1939] 507, 510; C. A. **1940** 2362). Beim Erwärmen von 5,6-Dichlor-acenaphthen mit konz. Schwefelsäure und Erwärmen des Reaktionsprodukts mit Natriumdichromat und Essigsäure (*Gotoh*, *Nagai*, J. chem. Soc. Japan Ind. Chem. Sect. **62** [1959] 703, 704; C. A. **57** [1962] 8513).

F: 229—230° (*Da.*, *Ka.*).

6,7-Dibrom-1,3-dioxo-1*H*,3*H*-benz[*de*]isochromen-4-sulfonsäure, 4,5-Dibrom-2-sulfo-naphthalin-1,8-dicarbonsäure-anhydrid $C_{12}H_4Br_2O_6S$, Formel I (X = Br).

B. Beim Erhitzen von 4,5-Dibrom-2-sulfo-naphthalin-1,8-dicarbonsäure auf 154° (*Daschewskiĭ, Karischin*, Promyšl. org. Chim. **6** [1939] 507, 510; C. A. **1940** 2362).

F: 235—236° [Zers.].

1,3-Dioxo-1*H*,3*H*-benz[*de*]isochromen-5-sulfonsäure, 3-Sulfo-naphthalin-1,8-dicarbonsäure-anhydrid $C_{12}H_6O_6S$, Formel II (X = H) (H **11** 409; E II **18** 410).

B. Neben 3-Äthoxy-naphthalin-1,8-dicarbonsäure-anhydrid $C_{14}H_{10}O_4$ (Krystalle [aus A.]; F: 222—223°) beim Erwärmen von 1,3-Dioxo-5-sulfo-1*H*,3*H*-benz[*de*]isochromen-6-diazonium-betain (F: 275—283° [Zers.]) mit wss. Äthanol (*Okazaki et al.*, J. Soc. org. synth. Chem. Japan **14** [1956] 611, 613; C. A. **1958** 337).

Krystalle (aus Eg.); F: 198—199°.

7-Chlor-1,3-dioxo-1*H*,3*H*-benz[*de*]isochromen-5-sulfonsäure, 5-Chlor-3-sulfo-naphthalin-1,8-dicarbonsäure-anhydrid $C_{12}H_5ClO_6S$, Formel III (R = Cl, X = OH).

Konstitution: *Dziewoński et al.*, Bl. Acad. polon. [A] **1936** 43, 44, 46.

B. Beim Erwärmen von 4-Chlor-naphthalin-1,8-dicarbonsäure-anhydrid (E II **17** 495) mit Schwefeltrioxid enthaltender Schwefelsäure (*Dziewoński et al.*, Bl. Acad. polon. [A] **1928** 507, 509, 515).

Beim Erhitzen des Natrium-Salzes mit Kaliumhydroxid auf 180° ist 3,6-Dihydroxy-naphthalin-1,8-dicarbonsäure-anhydrid erhalten worden (*Dz. et al.*, Bl. Acad. polon. [A] **1928** 520, **1936** 46).

Natrium-Salz $NaC_{12}H_4ClO_6S$. Krystalle [aus W.] (*Dz. et al.*, Bl. Acad. polon. [A] **1928** 515).

Barium-Salz. Krystalle [aus W.] (*Dz. et al.*, Bl. Acad. polon. [A] **1928** 516).

Anilin-Salz $C_6H_7N \cdot C_{12}H_5ClO_6S$. Krystalle (aus W.); F: 257° (*Dz. et al.*, Bl. Acad. polon. [A] **1928** 516).

I   II   III   IV

7-Chlor-1,3-dioxo-1*H*,3*H*-benz[*de*]isochromen-5-sulfonylchlorid, 5-Chlor-3-chlorsulfonyl-naphthalin-1,8-dicarbonsäure-anhydrid $C_{12}H_4Cl_2O_5S$, Formel III (R = X = Cl).

B. Beim Erhitzen des Natrium-Salzes der 7-Chlor-1,3-dioxo-1*H*,3*H*-benz[*de*]isochromen-5-sulfonsäure mit Phosphor(V)-chlorid auf 160° (*Dziewoński et al.*, Bl. Acad. polon. [A] **1928** 507, 516).

Krystalle (aus CCl_4); F: 180—181°.

6,7-Dichlor-1,3-dioxo-1*H*,3*H*-benz[*de*]isochromen-5-sulfonsäure, 4,5-Dichlor-3-sulfo-naphthalin-1,8-dicarbonsäure-anhydrid $C_{12}H_4Cl_2O_6S$, Formel II (X = Cl).

B. Beim Erhitzen von 4,5-Dichlor-naphthalin-1,8-dicarbonsäure-anhydrid mit Schwefeltrioxid enthaltender Schwefelsäure (*Gotoh, Nagai*, J. chem. Soc. Japan Ind. Chem. Sect. **62** [1959] 703, 705; C. A. **57** [1962] 8513).

Überführung in 5,6,7-Trichlor-benz[*de*]isochromen-1,3-dion (3,4,5-Trichlor-naphthalin-1,8-dicarbonsäure-anhydrid) $C_{12}H_3Cl_3O_3$ (Krystalle [aus E.]; F: 235,5° bis 236°) mit Hilfe von Salzsäure und Natriumchlorat: *Go., Na.*

7-Brom-1,3-dioxo-1*H*,3*H*-benz[*de*]isochromen-5-sulfonsäure, 5-Brom-3-sulfo-naphthalin-1,8-dicarbonsäure-anhydrid $C_{12}H_5BrO_6S$, Formel III (R = Br, X = OH).

Bezüglich der Konstitutionszuordnung vgl. *Dziewoński et al.*, Bl. Acad. polon. [A] **1936**

43, 44, 46.

B. Beim Erwärmen von 4-Brom-naphthalin-1,8-dicarbonsäure-anhydrid mit Schwefel⹀trioxid enthaltender Schwefelsäure (*Dziewoński et al.*, Bl. Acad. polon. [A] **1928** 507, 514).

Natrium-Salz $NaC_{12}H_4BrO_6S$. Krystalle [aus W.] (*Dz. et al.*, Bl. Acad. polon. [A] **1928** 514).

Barium-Salz $Ba(C_{12}H_4BrO_5S)_2$. Krystalle [aus W.] mit 2 Mol H_2O (*Dz. et al.*, Bl. Acad. polon. [A] **1928** 514).

Anilin-Salz $C_6H_7N \cdot C_{12}H_5BrO_6S$. Krystalle (aus W.); F: 270° (*Dz. et al.*, Bl. Acad. polon. [A] **1928** 514).

7-Brom-1,3-dioxo-1*H*,3*H*-benz[*de*]isochromen-5-sulfonylchlorid, 5-Brom-3-chlorsulfonyl-naphthalin-1,8-dicarbonsäure-anhydrid $C_{12}H_4BrClO_5S$, Formel III (R = Br, X = Cl).

B. Beim Erhitzen des Natrium-Salzes der 7-Brom-1,3-dioxo-1*H*,3*H*-benz[*de*]iso⹀chromen-5-sulfonsäure mit Phosphor(V)-chlorid auf 160° (*Dziewoński et al.*, Bl. Acad. polon. [A] **1928** 507, 514).

Krystalle (aus CCl_4); F: 183—184°.

1,3-Dioxo-1*H*,3*H*-benz[*de*]isochromen-6-sulfonsäure-amid, 4-Sulfamoyl-naphthalin-1,8-dicarbonsäure-anhydrid $C_{12}H_7NO_5S$, Formel IV.

B. Beim Erhitzen von Acenaphthen-5-sulfonsäure-amid (E II **11** 107) mit Natrium⹀dichromat und Essigsäure (*Dziewoński et al.*, Bl. Acad. polon. [A] **1931** 400, 402).

Krystalle (aus W.); F: 249—250° [Zers.].

6,7-Dibrom-1,3-dioxo-1*H*,3*H*-benz[*de*]isochromen-4,9-disulfonsäure, 4,5-Dibrom-2,7-disulfo-naphthalin-1,8-dicarbonsäure-anhydrid $C_{12}H_4Br_2O_9S_2$, Formel V.

B. Beim Erhitzen von 4,5-Dibrom-2,7-disulfo-naphthalin-1,8-dicarbonsäure auf 126° (*Daschewskiĭ, Karischin*, Promyšl. org. Chim. **6** [1939] 507, 511; C. A. **1940** 2362).

F: 159—160° [Zers.].

1,3-Dioxo-1*H*,3*H*-benz[*de*]isochromen-5,8-disulfonsäure, 3,6-Disulfo-naphthalin-1,8-dicarbonsäure-anhydrid $C_{12}H_6O_9S_2$, Formel VI (X = OH).

Konstitution: *Dziewoński et al.*, Bl. Acad. polon. [A] **1936** 43, 44.

B. Beim Erhitzen von 1,3-Dioxo-1*H*,3*H*-benz[*de*]isochromen-5-sulfonsäure oder von Naphthalin-1,8-dicarbonsäure-anhydrid mit Schwefeltrioxid enthaltender Schwefelsäure bis auf 230° (*Dziewoński et al.*, Bl. Acad. polon. [A] **1928** 507, 517, **1936** 47).

Beim Erhitzen des Natrium-Salzes mit Phosphor(V)-chlorid auf 300° ist 3,6-Dichlor-naphthalin-1,8-dicarbonsäure-anhydrid erhalten worden (*Dz. et al.*, Bl. Acad. polon. [A] **1936** 48).

Natrium-Salz. Gelbe Krystalle [aus W.] (*Dz. et al.*, Bl. Acad. polon. [A] **1928** 517).

Barium-Salz. Krystalle [aus W.] (*Dz. et al.*, Bl. Acad. polon. [A] **1928** 517).

1,3-Dioxo-1*H*,3*H*-benz[*de*]isochromen-5,8-disulfonylchlorid, 3,6-Dichlorsulfonyl-naphth⹀alin-1,8-dicarbonsäure-anhydrid $C_{12}H_4Cl_2O_7S_2$, Formel VI (X = Cl).

B. Beim Erhitzen des Natrium-Salzes der 1,3-Dioxo-1*H*,3*H*-benz[*de*]isochromen-5,8-di⹀sulfonsäure mit Phosphor(V)-chlorid auf 200° (*Dziewoński et al.*, Bl. Acad. polon. [A] **1928** 507, 518).

Krystalle (aus CCl_4); Zers. bei 192°.

V   VI   VII

Sulfo-Derivate der Dioxo-Verbindungen $C_nH_{2n-20}O_3$

1,3-Dioxo-6,7-dihydro-1H,3H-indeno[5,4,3-def]isochromen-5-sulfonsäure, 3-Sulfo-acenaphthen-5,6-dicarbonsäure-anhydrid $C_{14}H_8O_6S$, Formel VII.

B. Beim Behandeln von Acenaphthen-5,6-dicarbonsäure mit Schwefeltrioxid enthalten-der Schwefelsäure (*I. G. Farbenind.*, D.R.P. 596003 [1932]; Frdl. **20** 1440).

Kalium-Salz. Lösungen in Wasser fluorescieren dunkelblau.

Sulfo-Derivate der Dioxo-Verbindungen $C_nH_{2n-24}O_3$

6,11-Dioxo-6,11-dihydro-benzo[b]naphtho[2,3-d]thiophen-x-sulfonsäure $C_{16}H_8O_5S_2$, Formel VIII.

Natrium-Salz $NaC_{16}H_7O_5S_2$. *B.* Beim Behandeln von 3-Benzoyl-benzo[b]thiophen-2-carbonsäure mit Schwefeltrioxid enthaltender Schwefelsäure und Eintragen des Reak-tionsgemisches in wss. Natriumchlorid-Lösung (*Mayer*, A. **488** [1931] 259, 261, 272). — Gelbe Krystalle [aus wss. A.].

VIII   IX

8-Methyl-6,11-dioxo-6,11-dihydro-benzo[b]naphtho[2,3-d]thiophen-x-sulfonsäure $C_{17}H_{10}O_5S_2$, Formel IX.

Natrium-Salz. *B.* Beim Behandeln von 3-p-Toluoyl-benzo[b]thiophen-2-carbonsäure mit Schwefeltrioxid enthaltender Schwefelsäure und Eintragen des Reaktionspro-dukts in wss. Natriumchlorid-Lösung (*Mayer*, A. **488** [1931] 259, 273). — Gelbe Kry-stalle [aus A.].

Sulfo-Derivate der Dioxo-Verbindungen $C_nH_{2n-30}O_3$

2-Oxo-1-[(Ξ)-3-oxo-3H-benzo[b]thiophen-2-yliden]-acenaphthen-3-sulfonsäure $C_{20}H_{10}O_5S_2$, Formel X oder Stereoisomeres.

B. Beim Behandeln des Natriumhydrogensulfit-Addukts des Natrium-[1,2-dioxo-acenaphthen-3-sulfonats] mit Benzo[b]thiophen-3-ol und wss. Natronlauge (*Dziewoński, Piasecki*, Bl. Acad. polon. [A] **1933** 108, 114).

Natrium-Salz $NaC_{20}H_9O_5S_2$. Rote Krystalle [aus Eg.].

X   XI

2-Oxo-1-[(Ξ)-3-oxo-3H-benzo[b]thiophen-2-yliden]-acenaphthen-5-sulfonsäure $C_{20}H_{10}O_5S_2$, Formel XI oder Stereoisomeres.

B. Beim Behandeln des Natriumhydrogensulfit-Addukts des Natrium-[1,2-dioxo-acenaphthen-5-sulfonats] mit Benzo[b]thiophen-3-ol und wss. Natronlauge (*Dziewoński Piasecki*, Bl. Acad. polon. [A] **1933** 108, 111).

Natrium-Salz $NaC_{20}H_9O_5S_2$. Rote Krystalle [aus wss. Eg.].

E. Hydroxy-oxo-sulfonsäuren

Sulfo-Derivate der Hydroxy-oxo-Verbindungen $C_nH_{2n-12}O_3$

6-Hydroxy-2-oxo-2H-chromen-5-sulfonsäure $C_9H_6O_6S$, Formel I.

B. Beim Erwärmen von 6-Hydroxy-cumarin mit Chloroschwefelsäure (*Usgaonkar, Jadhav*, J. Indian chem. Soc. **36** [1959] 346). Beim Behandeln von 6-Hydroxy-2-oxo-2H-chromen-5-sulfinsäure mit wss. Natriumhydrogencarbonat-Lösung und wss. Wasserstoffperoxid (*Us., Ja.*).

Natrium-Salz. Krystalle.

S-Benzyl-isothiuronium-Salz [$C_8H_{11}N_2S$]$C_9H_5O_6S$. Krystalle (aus W.); F: 148° bis 150°.

I   II   III   IV

5-Hydroxy-2-methyl-4-oxo-4H-chromen-8-sulfonsäure $C_{10}H_8O_6S$, Formel II (R = H).

B. Beim Erwärmen von 5-Hydroxy-2-methyl-chromen-4-on mit Chloroschwefelsäure und Chloroform (*Joshi et al.*, J. org. Chem. **21** [1956] 1104, 1106, 1108).

Barium-Salz Ba($C_{10}H_7O_6S$)$_2$. Krystalle [aus W.].

S-Benzyl-isothiuronium-Salz [$C_8H_{11}N_2S$]$C_{10}H_7O_6S$. Krystalle (aus wss. A.); F: 235° [korr.].

5-Methoxy-2-methyl-4-oxo-4H-chromen-8-sulfonsäure $C_{11}H_{10}O_6S$, Formel II (R = CH_3).

B. Beim Erwärmen von 5-Methoxy-2-methyl-chromen-4-on mit Chloroschwefelsäure und Chloroform (*Joshi et al.*, J. org. Chem. **21** [1956] 1104, 1106, 1108).

Barium-Salz Ba($C_{11}H_9O_6S$)$_2$. Krystalle [aus W.].

5-Hydroxy-2-methyl-4-oxo-4H-chromen-6,8-disulfonsäure $C_{10}H_8O_9S_2$, Formel III.

B. Beim Erwärmen von 5-Hydroxy-2-methyl-chromen-4-on mit Chloroschwefelsäure (*Joshi et al.*, J. org. Chem. **21** [1956] 1104, 1106, 1108).

Barium-Salz Ba$C_{10}H_6O_9S_2$. Krystalle [aus W.].

S-Benzyl-isothiuronium-Salz [$C_8H_{11}N_2S$]$_2$$C_{10}H_6O_9S_2$. Krystalle (aus wss. A.); F: 225—227° [korr.].

7-Hydroxy-2-methyl-4-oxo-4H-chromen-8-sulfonsäure $C_{10}H_8O_6S$, Formel IV (R = H).

B. Beim Erwärmen von 7-Hydroxy-2-methyl-chromen-4-on mit Chloroschwefelsäure (*Joshi et al.*, J. org. Chem. **21** [1956] 1104, 1106, 1108).

Krystalle (aus W.); F: 235° [korr.; Zers.].

Barium-Salz Ba($C_{10}H_7O_6S$)$_2$. Krystalle [aus W.].

S-Benzyl-isothiuronium-Salz [$C_8H_{11}N_2S$]$C_{10}H_7O_6S$. Krystalle (aus wss. A.); F: 178—180° [korr.].

7-Methoxy-2-methyl-4-oxo-4H-chromen-8-sulfonsäure $C_{11}H_{10}O_6S$, Formel IV (R = CH_3).

B. Beim Erwärmen von 7-Methoxy-2-methyl-chromen-4-on mit Chloroschwefelsäure (*Joshi et al.*, J. org. Chem. **21** [1956] 1104, 1106, 1108).

Barium-Salz Ba($C_{11}H_9O_6S$)$_2$. Krystalle [aus W.].

7-Hydroxy-2-methyl-4-oxo-4H-chromen-6,8-disulfonsäure $C_{10}H_8O_9S_2$, Formel V.

B. Beim Erhitzen von 7-Hydroxy-2-methyl-chromen-4-on mit Chloroschwefelsäure auf 140° (*Joshi et al.*, J. org. Chem. **21** [1956] 1104, 1106, 1108).

Barium-Salz BaC$_{10}$H$_6$O$_9$S$_2$. Krystalle [aus W.].

V   VI   VII

5-Hydroxy-4-methyl-2-oxo-2*H*-chromen-6-sulfonsäure C$_{10}$H$_8$O$_6$S, Formel VI.

B. Beim Behandeln von 5-Hydroxy-4-methyl-2-oxo-2*H*-chromen-6-sulfinsäure mit wss. Natriumhydrogencarbonat-Lösung und wss. Wasserstoffperoxid (*Usgaonkar, Jadhav,* J. Indian chem. Soc. **36** [1959] 176).

S-Benzyl-isothiuronium-Salz [C$_8$H$_{11}$N$_2$S]C$_{10}$H$_7$O$_6$S. Krystalle (aus wss. A.); F: 183—185°.

5-Methoxy-4-methyl-2-oxo-2*H*-chromen-x-sulfonsäure C$_{11}$H$_{10}$O$_6$S, Formel VII.

B. Beim Erwärmen von 5-Methoxy-4-methyl-cumarin mit Chloroschwefelsäure und Chloroform (*Merchant, Shah,* J. Indian chem. Soc. **34** [1957] 45, 47, 48).

Barium-Salz Ba(C$_{11}$H$_9$O$_6$S)$_2$. Krystalle [aus W.].

S-Benzyl-isothiuronium-Salz [C$_8$H$_{11}$N$_2$S]C$_{11}$H$_9$O$_6$S. Krystalle (aus wss. A.); F: 116—118° [korr.].

5-Hydroxy-4-methyl-2-oxo-2*H*-chromen-6,8-disulfonsäure C$_{10}$H$_8$O$_9$S$_2$, Formel VIII.

B. Beim Erwärmen von 5-Hydroxy-4-methyl-cumarin mit Chloroschwefelsäure (*Merchant, Shah,* J. Indian chem. Soc. **34** [1957] 45, 47, 48).

Barium-Salz BaC$_{10}$H$_6$O$_9$S$_2$. Krystalle [aus W.].

S-Benzyl-isothiuronium-Salz [C$_8$H$_{11}$N$_2$S]$_2$C$_{10}$H$_6$O$_9$S$_2$. Krystalle (aus wss. A.); F: 177—179° [korr.].

5-Hydroxy-4-methyl-2-oxo-2*H*-chromen-3,6,8-trisulfonsäure C$_{10}$H$_8$O$_{12}$S$_3$, Formel IX.

B. Beim Erhitzen von 5-Hydroxy-4-methyl-cumarin mit Chloroschwefelsäure auf 140° (*Merchant, Shah,* J. Indian chem. Soc. **34** [1957] 45, 47, 48).

Barium-Salz Ba$_3$(C$_{10}$H$_5$O$_{12}$S$_3$)$_2$. Krystalle [aus W.].

7-Hydroxy-4-methyl-2-oxo-2*H*-chromen-6-sulfonsäure C$_{10}$H$_8$O$_6$S, Formel X (R = H, X = OH) (E II 411; dort als 7-Oxy-4-methyl-cumarin-sulfonsäure-(6) bezeichnet).

B. Neben 7-Hydroxy-4-methyl-2-oxo-2*H*-chromen-6-sulfonylchlorid beim Erwärmen von 7-Hydroxy-4-methyl-cumarin mit Chloroschwefelsäure (*Merchant, Shah,* J. Indian chem. Soc. **34** [1957] 35, 36, 39).

Barium-Salz Ba(C$_{10}$H$_7$O$_6$S)$_2$. Krystalle [aus W.].

S-Benzyl-isothiuronium-Salz [C$_8$H$_{11}$N$_2$S]C$_{10}$H$_7$O$_6$S. Krystalle (aus wss. A.); F: 180—182° [korr.].

7-Methoxy-4-methyl-2-oxo-2*H*-chromen-6-sulfonsäure C$_{11}$H$_{10}$O$_6$S, Formel X (R = CH$_3$, X = OH) (E II 411; dort als 7-Methoxy-4-methyl-cumarin-sulfonsäure-(6) bezeichnet).

B. Neben 7-Methoxy-4-methyl-2-oxo-2*H*-chromen-6-sulfonylchlorid beim Erwärmen von 7-Methoxy-4-methyl-cumarin mit Chloroschwefelsäure (*Merchant, Shah,* J. Indian chem. Soc. **34** [1957] 35, 36, 39).

Krystalle (aus wss. Salzsäure); F: 175° [korr.; Zers.].

Barium-Salz Ba(C$_{11}$H$_9$O$_6$S)$_2$. Krystalle [aus W.].

S-Benzyl-isothiuronium-Salz [C$_8$H$_{11}$N$_2$S]C$_{11}$H$_9$O$_6$S. Krystalle (aus wss. A.); F: 250° [korr.].

VIII   IX   X

7-Hydroxy-4-methyl-2-oxo-2*H*-chromen-6-sulfonylchlorid, 6-Chlorsulfonyl-7-hydroxy-4-methyl-cumarin $C_{10}H_7ClO_5S$, Formel X (R = H, X = Cl).

B. Neben 7-Hydroxy-4-methyl-2-oxo-2*H*-chromen-6-sulfonsäure beim Erwärmen von 7-Hydroxy-4-methyl-cumarin mit Chloroschwefelsäure (*Merchant, Shah,* J. Indian chem. Soc. **34** [1957] 35, 36, 39).

Krystalle (aus Bzl. oder Eg.); F: 178—180° [korr.].

7-Methoxy-4-methyl-2-oxo-2*H*-chromen-6-sulfonylchlorid, 6-Chlorsulfonyl-7-methoxy-4-methyl-cumarin $C_{11}H_9ClO_5S$, Formel X (R = CH$_3$, X = Cl).

B. Neben 7-Methoxy-4-methyl-2-oxo-2*H*-chromen-6-sulfonsäure beim Erwärmen von 7-Methoxy-4-methyl-cumarin mit Chloroschwefelsäure (*Merchant, Shah,* J. Indian chem. Soc. **34** [1957] 35, 36, 39).

Krystalle (aus Bzl. oder Eg.); F: 203—204° [korr.].

7-Hydroxy-4-methyl-2-oxo-2*H*-chromen-6-sulfonsäure-amid, 7-Hydroxy-4-methyl-6-sulfamoyl-cumarin $C_{10}H_9NO_5S$, Formel X (R = H, X = NH$_2$).

B. Beim Erwärmen von 7-Hydroxy-4-methyl-2-oxo-2*H*-chromen-6-sulfonylchlorid mit Ammoniumcarbonat (*Merchant, Shah,* J. Indian chem. Soc. **34** [1957] 35, 39).

Unterhalb 290° nicht schmelzend.

7-Methoxy-4-methyl-2-oxo-2*H*-chromen-6-sulfonsäure-amid, 7-Methoxy-4-methyl-6-sulfamoyl-cumarin $C_{11}H_{11}NO_5S$, Formel X (R = CH$_3$, X = NH$_2$).

B. Beim Erwärmen von 7-Methoxy-4-methyl-2-oxo-2*H*-chromen-6-sulfonylchlorid mit Ammoniumcarbonat (*Merchant, Shah,* J. Indian chem. Soc. **34** [1957] 35, 39).

Unterhalb 310° nicht schmelzend.

7-Hydroxy-4-methyl-2-oxo-2*H*-chromen-6-sulfonsäure-anilid, 7-Hydroxy-4-methyl-6-phenylsulfamoyl-cumarin $C_{16}H_{13}NO_5S$, Formel X (R = H, X = NH-C$_6$H$_5$).

B. Beim Erwärmen von 7-Hydroxy-4-methyl-2-oxo-2*H*-chromen-6-sulfonylchlorid mit Anilin (*Merchant, Shah,* J. Indian chem. Soc. **34** [1957] 35, 39).

F: 245—247° [korr.].

7-Methoxy-4-methyl-2-oxo-2*H*-chromen-6-sulfonsäure-anilid, 7-Methoxy-4-methyl-6-phenylsulfamoyl-cumarin $C_{17}H_{15}NO_5S$, Formel X (R = CH$_3$, X = NH-C$_6$H$_5$).

B. Beim Erhitzen von 7-Methoxy-4-methyl-2-oxo-2*H*-chromen-6-sulfonylchlorid mit Anilin (*Merchant, Shah,* J. Indian chem. Soc. **34** [1957] 35, 39).

F: 209—210° [korr.].

3-Brom-7-methoxy-4-methyl-2-oxo-2*H*-chromen-6-sulfonsäure $C_{11}H_9BrO_6S$, Formel XI (X = OH).

B. Neben der im folgenden Artikel beschriebenen Verbindung beim Erwärmen von 3-Brom-7-methoxy-4-methyl-cumarin mit Chloroschwefelsäure (*Merchant, Shah,* J. Indian chem. Soc. **34** [1957] 35, 36, 39).

S-Benzyl-isothiuronium-Salz [C$_8$H$_{11}$N$_2$S]C$_{11}$H$_8$BrO$_5$S. Krystalle (aus wss. A.); F: 280° [korr.; Zers.].

3-Brom-7-methoxy-4-methyl-2-oxo-2*H*-chromen-6-sulfonylchlorid, 3-Brom-6-chlor⁼sulfonyl-7-methyl-4-methyl-cumarin $C_{11}H_8BrClO_5S$, Formel XI (X = Cl).

B. s. im vorangehenden Artikel.

Krystalle (aus Bzl. oder Eg.); F: 227—228° [korr.] (*Merchant, Shah,* J. Indian chem. Soc. **34** [1957] 35, 39).

3-Brom-7-methoxy-4-methyl-2-oxo-2H-chromen-6-sulfonsäure-anilid, 3-Brom-7-methoxy-4-methyl-6-phenylsulfamoyl-cumarin $C_{17}H_{14}BrNO_5S$, Formel XI (X = NH-C_6H_5).

B. Beim Erhitzen von 3-Brom-7-methoxy-4-methyl-2-oxo-2H-chromen-6-sulfonyl-chlorid mit Anilin (*Merchant, Shah*, J. Indian chem. Soc. **34** [1957] 35, 39).

F: 236—238° [korr.].

3,8-Dibrom-7-hydroxy-4-methyl-2-oxo-2H-chromen-6-sulfonsäure $C_{10}H_6Br_2O_6S$, Formel XII (X = OH).

B. Neben der im folgenden Artikel beschriebenen Verbindung beim Erwärmen von 3,8-Dibrom-7-hydroxy-4-methyl-cumarin mit Chloroschwefelsäure (*Merchant, Shah*, J. Indian chem. Soc. **34** [1957] 35, 36, 39).

S-Benzyl-isothiuronium-Salz $[C_8H_{11}N_2S]C_{10}H_5Br_2O_6S$. Krystalle (aus wss. A.); F: 238° [korr.; Zers.] .

XI   XII   XIII

3,8-Dibrom-7-hydroxy-4-methyl-2-oxo-2H-chromen-6-sulfonylchlorid, 3,8-Dibrom-6-chlorsulfonyl-7-hydroxy-4-methyl-cumarin $C_{10}H_5Br_2ClO_5S$, Formel XII (X = Cl).

B. s. im vorangehenden Artikel.

Krystalle (aus Eg.); F: 208—210° [korr.; Zers.] (*Merchant, Shah*, J. Indian chem. Soc. **34** [1957] 35, 40).

3,8-Dibrom-7-hydroxy-4-methyl-2-oxo-2H-chromen-6-sulfonsäure-anilid, 3,8-Dibrom-7-hydroxy-4-methyl-6-phenylsulfamoyl-cumarin $C_{16}H_{11}Br_2NO_5S$, Formel XII (X = NH-C_6H_5).

B. Beim Erhitzen von 3,8-Dibrom-7-hydroxy-4-methyl-2-oxo-2H-chromen-6-sulfonyl-chlorid mit Anilin (*Merchant, Shah*, J. Indian chem. Soc. **34** [1957] 35, 39).

F: 210—212° [korr.].

7-Hydroxy-4-methyl-2-oxo-2H-chromen-8-sulfonsäure $C_{10}H_8O_6S$, Formel XIII (X = H).

B. Beim Behandeln von 7-Hydroxy-4-methyl-2-oxo-2H-chromen-8-sulfinsäure mit wss. Natriumhydrogencarbonat-Lösung und wss. Wasserstoffperoxid (*Usgaonkar, Jadhav*, J. Indian chem. Soc. **35** [1958] 251, 253).

S-Benzyl-isothiuronium-Salz $[C_8H_{11}N_2S]C_{10}H_7O_6S$. Krystalle (aus wss. A.); F: 195—197°.

3,6-Dibrom-7-hydroxy-4-methyl-2-oxo-2H-chromen-8-sulfonsäure $C_{10}H_6Br_2O_6S$, Formel XIII (X = Br).

B. Beim Erwärmen von 3,6-Dibrom-7-hydroxy-4-methyl-cumarin mit Chloroschwefel-säure (*Merchant, Shah*, J. Indian chem. Soc. **34** [1957] 35, 36, 39).

S-Benzyl-isothiuronium-Salz $[C_8H_{11}N_2S]C_{10}H_5Br_2O_6S$. Krystalle (aus wss. A.); F: 205—206° [korr.].

7-Methoxy-4-methyl-2-oxo-2H-chromen-3,6-disulfonsäure $C_{11}H_{10}O_9S_2$, Formel XIV (X = OH).

B. Neben der im folgenden Artikel beschriebenen Verbindung beim Erwärmen von 7-Methoxy-4-methyl-cumarin mit Chloroschwefelsäure (*Merchant, Shah*, J. Indian chem. Soc. **34** [1957] 35, 36, 39).

Barium-Salz $BaC_{11}H_8O_9S_2$. Krystalle [aus W.].

S-Benzyl-isothiuronium-Salz $[C_8H_{11}N_2S]_2C_{11}H_8O_9S_2$. F: 244° [korr.; Zers.].

7-Methoxy-4-methyl-2-oxo-2H-chromen-3,6-disulfonylchlorid, 3,6-Bis-chlorsulfonyl-7-methoxy-4-methyl-cumarin $C_{11}H_8Cl_2O_7S_2$, Formel XIV (X = Cl).

B. s. im vorangehenden Artikel.

Krystalle (aus Bzl. oder Eg.); F: 230—232° [korr.] (*Merchant, Shah,* J. Indian chem. Soc. **34** [1957] 35, 39).

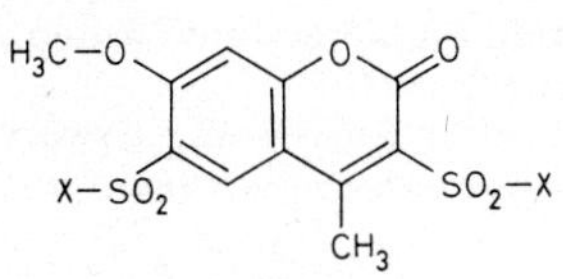

XIV 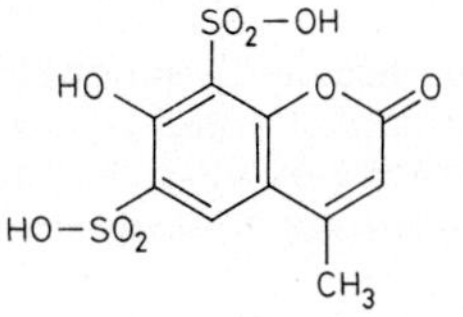   XV 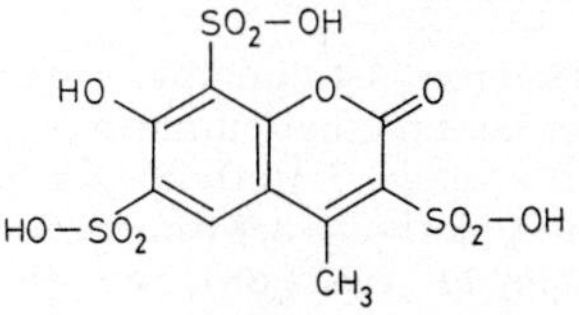   XVI

7-Methoxy-4-methyl-2-oxo-2H-chromen-3,6-disulfonsäure-dianilid, 7-Methoxy-4-methyl-3,6-bis-phenylsulfamoyl-cumarin $C_{23}H_{20}N_2O_7S_2$, Formel XIV (X = NH-C_6H_5).

B. Beim Erhitzen von 7-Methoxy-4-methyl-2-oxo-2H-chromen-3,6-disulfonylchlorid mit Anilin (*Merchant, Shah,* J. Indian chem. Soc. **34** [1957] 35, 39).

F: 245—247° [korr.].

7-Hydroxy-4-methyl-2-oxo-2H-chromen-6,8-disulfonsäure $C_{10}H_8O_9S_2$, Formel XV.

B. Beim Erhitzen von 7-Hydroxy-4-methyl-cumarin mit Chloroschwefelsäure auf 140° (*Merchant, Shah,* J. Indian chem. Soc. **34** [1957] 35, 36, 39).

Barium-Salz $BaC_{10}H_6O_9S_2$. Krystalle [aus W.].

7-Hydroxy-4-methyl-2-oxo-2H-chromen-3,6,8-trisulfonsäure $C_{10}H_8O_{12}S_3$, Formel XVI.

B. Beim Erhitzen von 7-Hydroxy-4-methyl-cumarin mit Chloroschwefelsäure auf 140° (*Merchant, Shah,* J. Indian chem. Soc. **34** [1957] 35, 36, 39).

Barium-Salz $Ba_3(C_{10}H_5O_{12}S_3)_2$. Krystalle [aus W.].

7-Hydroxy-3,4-dimethyl-2-oxo-2H-chromen-6-sulfonsäure $C_{11}H_{10}O_6S$, Formel I (R = H, X = OH).

B. Neben 7-Hydroxy-3,4-dimethyl-2-oxo-2H-chromen-6-sulfonylchlorid beim Erwärmen von 7-Hydroxy-3,4-dimethyl-cumarin mit Chloroschwefelsäure (*Merchant, Shah,* J. org. Chem. **22** [1957] 884, 885, 887).

Barium-Salz $Ba(C_{11}H_9O_6S)_2$. Krystalle [aus W.].

S-Benzyl-isothiuronium-Salz $[C_8H_{11}N_2S]C_{11}H_9O_6S$. Krystalle (aus wss. A.); F: 222—224° [korr.].

7-Methoxy-3,4-dimethyl-2-oxo-2H-chromen-6-sulfonsäure $C_{12}H_{12}O_6S$, Formel I (R = CH_3, X = OH).

B. Neben 7-Methoxy-3,4-dimethyl-2-oxo-2H-chromen-6-sulfonylchlorid beim Erwärmen von 7-Methoxy-3,4-dimethyl-cumarin mit Chloroschwefelsäure (*Merchant, Shah,* J. org. Chem. **22** [1957] 884, 885, 887).

Krystalle (aus wss. Salzsäure); F: 186° [korr.; Zers.].

Barium-Salz $Ba(C_{12}H_{11}O_6S)_2$. Krystalle [aus W.].

S-Benzyl-isothiuronium-Salz $[C_8H_{11}N_2S]C_{12}H_{11}O_6S$. Krystalle (aus wss. A.); F: 191—192° [korr.].

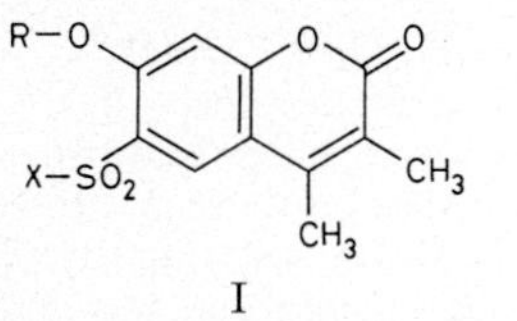

I 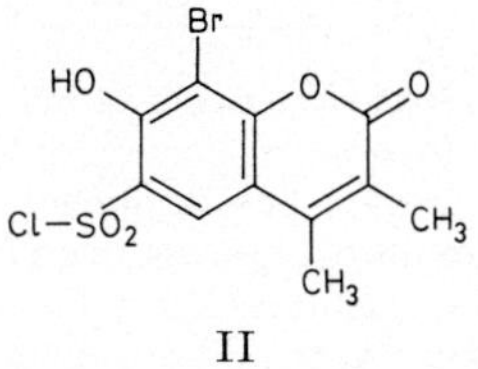   II 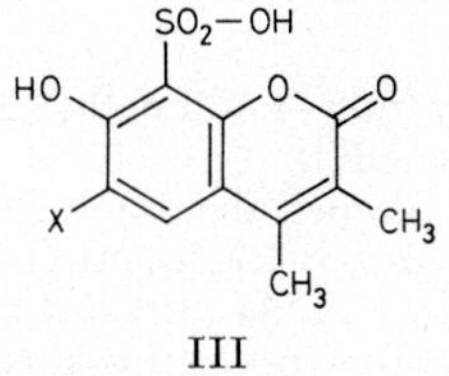   III

7-Hydroxy-3,4-dimethyl-2-oxo-2H-chromen-6-sulfonylchlorid, 6-Chlorsulfonyl-7-hydroxy 3,4-dimethyl-cumarin $C_{11}H_9ClO_5S$, Formel I (R = H, X = Cl).

B. Neben 7-Hydroxy-3,4-dimethyl-2-oxo-2H-chromen-6-sulfonsäure beim Erwärmen von 7-Hydroxy-3,4-dimethyl-cumarin mit Chloroschwefelsäure (*Merchant, Shah*, J. org. Chem. **22** [1957] 884, 885, 887).

Krystalle (aus Bzl.); F: 193—195° [korr.; Zers.].

7-Methoxy-3,4-dimethyl-2-oxo-2H-chromen-6-sulfonylchlorid, 6-Chlorsulfonyl-7-meth= oxy-3,4-dimethyl-cumarin $C_{12}H_{11}ClO_5S$, Formel I (R = CH₃, X = Cl).

B. Neben 7-Methoxy-3,4-dimethyl-2-oxo-2H-chromen-6-sulfonsäure beim Erwärmen von 7-Methoxy-3,4-dimethyl-cumarin mit Chloroschwefelsäure (*Merchant, Shah*, J. org. Chem. **22** [1957] 884, 885, 887).

Krystalle (aus Bzl.); F: 200—202° [korr.].

7-Hydroxy-3,4-dimethyl-2-oxo-2H-chromen-6-sulfonsäure-anilid, 7-Hydroxy-3,4-di= methyl-6-phenylsulfamoyl-cumarin $C_{17}H_{15}NO_5S$, Formel I (R = H, X = NH-C₆H₅).

B. Aus 7-Hydroxy-3,4-dimethyl-2-oxo-2H-chromen-6-sulfonylchlorid und Anilin (*Merchant, Shah*, J. org. Chem. **22** [1957] 884, 887).

F: 198—200° [korr.].

7-Methoxy-3,4-dimethyl-2-oxo-2H-chromen-6-sulfonsäure-anilid, 7-Methoxy-3,4-di= methyl-6-phenylsulfamoyl-cumarin $C_{18}H_{17}NO_5S$, Formel I (R = CH₃, X = NH-C₆H₅).

B. Aus 7-Methoxy-3,4-dimethyl-2-oxo-2H-chromen-6-sulfonylchlorid und Anilin (*Mer= chant, Shah*, J. org. Chem. **22** [1957] 884, 887).

F: 241—243° [korr.].

8-Brom-7-hydroxy-3,4-dimethyl-2-oxo-2H-chromen-6-sulfonylchlorid, 8-Brom-6-chlor= sulfonyl-7-hydroxy-3,4-dimethyl-cumarin $C_{11}H_8BrClO_5S$, Formel II.

B. Beim Erwärmen von 7-Hydroxy-3,4-dimethyl-2-oxo-2H-chromen-6-sulfonylchlorid mit Brom in Essigsäure (*Merchant, Shah*, J. org. Chem. **22** [1957] 884, 886).

Krystalle (aus Eg.); F: 195—196° [korr.].

7-Hydroxy-3,4-dimethyl-2-oxo-2H-chromen-8-sulfonsäure $C_{11}H_{10}O_6S$, Formel III (X = H).

B. Beim Behandeln von 7-Hydroxy-3,4-dimethyl-2-oxo-2H-chromen-8-sulfinsäure mit wss. Natriumhydrogencarbonat-Lösung und wss. Wasserstoffperoxid (*Usgaonkar, Jadhav*, J. Indian chem. Soc. **35** [1958] 251, 255).

S-Benzyl-isothiuronium-Salz [C₈H₁₁N₂S]C₁₁H₉O₆S. Krystalle (aus wss. A.); F: 185—187°.

6-Brom-7-hydroxy-3,4-dimethyl-2-oxo-2H-chromen-8-sulfonsäure $C_{11}H_9BrO_6S$, Formel III (X = Br).

B. Beim Erwärmen von 6-Brom-7-hydroxy-3,4-dimethyl-cumarin mit Chloroschwefel= säure (*Merchant, Shah*, J. org. Chem. **22** [1957] 884, 885, 887).

S-Benzyl-isothiuronium-Salz [C₈H₁₁N₂S]C₁₁H₈BrO₆S. Krystalle (aus wss. A.); F: 191—192° [korr.].

7-Hydroxy-3,4-dimethyl-2-oxo-2H-chromen-6,8-disulfonsäure $C_{11}H_{10}O_9S_2$, Formel IV.

B. Beim Erhitzen von 7-Hydroxy-3,4-dimethyl-cumarin mit Chloroschwefelsäure auf 140° (*Merchant, Shah*, J. org. Chem. **22** [1957] 884, 885, 887).

Barium-Salz BaC₁₁H₈O₉S₂. Krystalle [aus W.].

5-Hydroxy-4,7-dimethyl-2-oxo-2H-chromen-6-sulfonsäure $C_{11}H_{10}O_6S$, Formel V (X = OH).

B. Neben der im folgenden Artikel beschriebenen Verbindung beim Erwärmen von 5-Hydroxy-4,7-dimethyl-cumarin mit Chloroschwefelsäure (*Merchant, Shah*, J. Indian chem. Soc. **34** [1957] 45, 47, 48). Beim Behandeln von 5-Hydroxy-4,7-dimethyl-2-oxo-2H-chromen-6-sulfinsäure mit wss. Natriumhydrogencarbonat-Lösung und wss. Wasser=

stoffperoxid (*Usgaonkar, Jadhav,* J. Indian chem. Soc. **36** [1959] 176).

Barium-Salz Ba(C₁₁H₉O₆S)₂. Krystalle [aus W.] (*Me., Shah*).

S-Benzyl-isothiuronium-Salz [C₈H₁₁N₂S]C₁₁H₉O₆S. Krystalle; F: 183—184° [aus A.] (*Us., Ja.*), 182° [korr.; aus wss. A.] (*Me., Shah*).

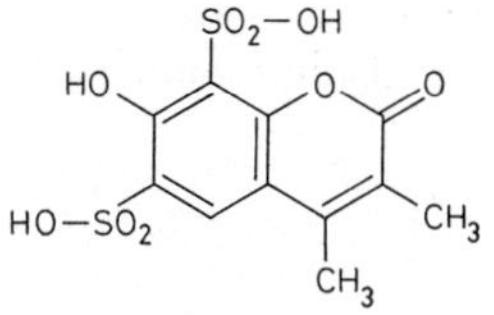

IV 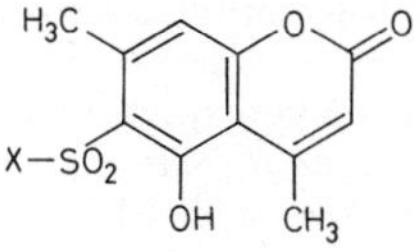   V

5-Hydroxy-4,7-dimethyl-2-oxo-2H-chromen-6-sulfonylchlorid, 6-Chlorsulfonyl-5-hydr=oxy-4,7-dimethyl-cumarin C₁₁H₉ClO₅S, Formel V (X = Cl).

B. s. im vorangehenden Artikel.

Krystalle (aus Bzl. oder Eg.); F: 164—166° [korr.] (*Merchant, Shah,* J. Indian chem. Soc. **34** [1957] 45, 48).

5-Hydroxy-4,7-dimethyl-2-oxo-2H-chromen-6-sulfonsäure-anilid, 5-Hydroxy-4,7-di=methyl-6-phenylsulfamoyl-cumarin C₁₇H₁₅NO₅S, Formel V (X = NH-C₆H₅).

B. Beim Erhitzen von 5-Hydroxy-4,7-dimethyl-2-oxo-2H-chromen-6-sulfonylchlorid mit Anilin (*Merchant, Shah,* J. Indian chem. Soc. **34** [1957] 45, 48).

F: 201—203° [korr.].

6-Äthyl-7-methoxy-4-methyl-2-oxo-2H-chromen-3-sulfonsäure C₁₃H₁₄O₆S, Formel VI (X = OH).

B. Neben der im folgenden Artikel beschriebenen Verbindung beim Erwärmen von 6-Äthyl-7-methoxy-4-methyl-cumarin mit Chloroschwefelsäure (*Merchant, Shah,* J. org. Chem. **22** [1957] 884, 885, 887).

Barium-Salz Ba(C₁₃H₁₃O₆S)₂. Krystalle [aus W.].

S-Benzyl-isothiuronium-Salz [C₈H₁₁N₂S]C₁₃H₁₃O₆S. Krystalle (aus wss. A.); F: 178° [korr.].

6-Äthyl-7-methoxy-4-methyl-2-oxo-2H-chromen-3-sulfonylchlorid, 6-Äthyl-3-chlor=sulfonyl-7-methoxy-4-methyl-cumarin C₁₃H₁₃ClO₅S, Formel VI (X = Cl).

B. s. im vorangehenden Artikel.

Krystalle (aus Bzl.); F: 196—197° [korr.; Zers.] (*Merchant, Shah,* J. org. Chem. **22** [1957] 884, 885, 887).

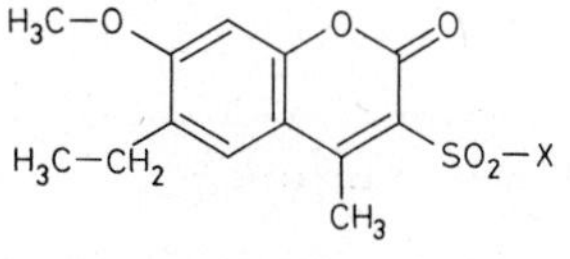

VI 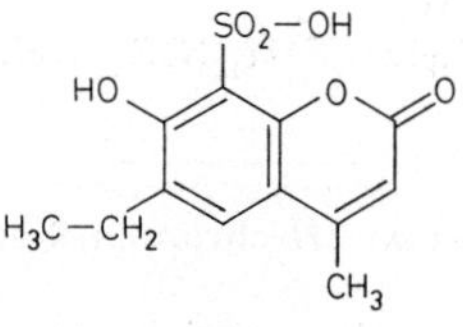   VII 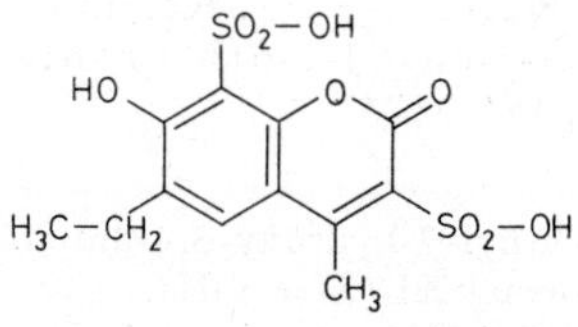   VIII

6-Äthyl-7-methoxy-4-methyl-2-oxo-2H-chromen-3-sulfonsäure-anilid, 6-Äthyl-7-meth=oxy-4-methyl-3-phenylsulfamoyl-cumarin C₁₉H₁₉NO₅S, Formel VI (X = NH-C₆H₅).

B. Aus 6-Äthyl-7-methoxy-4-methyl-2-oxo-2H-chromen-3-sulfonylchlorid und Anilin (*Merchant, Shah,* J. org. Chem. **22** [1957] 884, 887).

F: 197° [korr.].

6-Äthyl-7-hydroxy-4-methyl-2-oxo-2H-chromen-8-sulfonsäure C₁₂H₁₂O₆S, Formel VII.

B. Beim Erwärmen von 6-Äthyl-7-hydroxy-4-methyl-cumarin mit Chloroschwefelsäure (*Merchant, Shah,* J. org. Chem. **22** [1957] 884, 885, 887). Beim Behandeln von 6-Äthyl-7-hydroxy-4-methyl-2-oxo-2H-chromen-8-sulfinsäure mit wss. Wasserstoffperoxid und wss. Essigsäure (*Usgaonkar, Jadhav*, J. Indian chem. Soc. **35** [1958] 251, 255).

Barium-Salz Ba(C$_{12}$H$_{11}$O$_6$S)$_2$. Krystalle [aus W.] (*Me., Shah*).

S-Benzyl-isothiuronium-Salz [C$_8$H$_{11}$N$_2$S]C$_{12}$H$_{11}$O$_6$S. Krystalle (aus wss. A.); F: 161—162° (*Us., Ja.*), 159—161° [korr.] (*Me., Shah*).

6-Äthyl-7-hydroxy-4-methyl-2-oxo-2H-chromen-3,8-disulfonsäure C$_{12}$H$_{12}$O$_9$S$_2$, Formel VIII.

B. Beim Erhitzen von 6-Äthyl-7-hydroxy-4-methyl-cumarin mit Chloroschwefelsäure auf 130—140° (*Merchant, Shah*, J. org. Chem. **22** [1957] 884, 885, 887).

F: 185° [korr.] (*Me., Shah*, l. c. S. 886).

Barium-Salz BaC$_{12}$H$_{10}$O$_9$S$_2$. Krystalle [aus W.].

S-Benzyl-isothiuronium-Salz [C$_8$H$_{11}$N$_2$S]$_2$C$_{12}$H$_{10}$O$_9$S$_2$. Krystalle (aus wss. A.); F: 230—232° [korr.].

8-Äthyl-7-hydroxy-4-methyl-2-oxo-2H-chromen-6-sulfonsäure C$_{12}$H$_{12}$O$_6$S, Formel IX.

B. Beim Erwärmen von 8-Äthyl-7-hydroxy-4-methyl-cumarin mit Chloroschwefelsäure sowie beim Behandeln von 8-Äthyl-7-hydroxy-4-methyl-2-oxo-2H-chromen-6-sulfinsäure mit wss. Natriumhydrogencarbonat-Lösung und wss. Wasserstoffperoxid (*Usgaonkar, Jadhav*, J. Indian chem. Soc. **35** [1958] 775, 777).

S-Benzyl-isothiuronium-Salz [C$_8$H$_{11}$N$_2$S]C$_{12}$H$_{11}$O$_6$S. Krystalle (aus wss. A.); F: 125—127°.

IX   X   XI

7-Hydroxy-4-methyl-2-oxo-6-propyl-2H-chromen-8-sulfonsäure C$_{13}$H$_{14}$O$_6$S, Formel X.

B. Beim Erwärmen von 7-Hydroxy-4-methyl-6-propyl-cumarin mit Chloroschwefelsäure sowie beim Behandeln des Kalium-Salzes der 7-Hydroxy-4-methyl-2-oxo-6-propyl-2H-chromen-8-sulfinsäure mit wss. Wasserstoffperoxid (*Usgaonkar, Jadhav*, J. Indian chem. Soc. **35** [1958] 775, 776).

Kalium-Salz. Krystalle [aus W.].

S-Benzyl-isothiuronium-Salz [C$_8$H$_{11}$N$_2$S]C$_{13}$H$_{13}$O$_6$S. Krystalle (aus wss. A.); F: 174—175°.

6-Äthyl-7-hydroxy-3,4-dimethyl-2-oxo-2H-chromen-8-sulfonsäure C$_{13}$H$_{14}$O$_6$S, Formel XI (X = OH).

B. Neben der im folgenden Artikel beschriebenen Verbindung beim Erwärmen von 6-Äthyl-7-hydroxy-3,4-dimethyl-cumarin mit Chloroschwefelsäure (*Merchant, Shah*, J. org. Chem. **22** [1957] 884, 885, 887).

Krystalle (aus wss. Salzsäure); F: 170—172° [korr.].

Barium-Salz Ba(C$_{13}$H$_{13}$O$_6$S)$_2$. Krystalle [aus W.].

S-Benzyl-isothiuronium-Salz [C$_8$H$_{11}$N$_2$S]C$_{13}$H$_{13}$O$_6$S. Krystalle (aus wss. A.); F: 198—200° [korr.].

6-Äthyl-7-hydroxy-3,4-dimethyl-2-oxo-2H-chromen-8-sulfonylchlorid, 6-Äthyl-8-chlor-sulfonyl-7-hydroxy-3,4-dimethyl-cumarin C$_{13}$H$_{13}$ClO$_5$S, Formel XI (X = Cl).

B. s. im vorangehenden Artikel.

Krystalle (aus Bzl.); F: 135—137° [korr.] (*Merchant, Shah*, J. org. Chem. **22** [1957] 884, 885, 887).

6-Äthyl-7-hydroxy-3,4-dimethyl-2-oxo-2H-chromen-8-sulfonsäure-anilid, 6-Äthyl-7-hydroxy-3,4-dimethyl-8-phenylsulfamoyl-cumarin $C_{19}H_{19}NO_5S$, Formel XI (X = NH-C$_6$H$_5$).

B. Aus 6-Äthyl-7-hydroxy-3,4-dimethyl-2-oxo-2H-chromen-8-sulfonylchlorid und Anilin (*Merchant, Shah*, J. org. Chem. **22** [1957] 884, 887).

F: 260° [korr.].

Sulfo-Derivate der Hydroxy-oxo-Verbindungen $C_nH_{2n-20}O_3$

5-Hydroxy-4-oxo-2-phenyl-4H-chromen-8-sulfonsäure $C_{15}H_{10}O_6S$, Formel I.

B. Beim Erwärmen von 5-Hydroxy-2-phenyl-chromen-4-on mit Chloroschwefelsäure in Chloroform (*Joshi et al.*, J. org. Chem. **21** [1956] 1104, 1106, 1108).

F: 154—156° [korr.].

Barium-Salz Ba(C$_{15}$H$_9$O$_6$S)$_2$. Krystalle (aus W.).

S-Benzyl-isothiuronium-Salz [C$_8$H$_{11}$N$_2$S]C$_{15}$H$_9$O$_6$S. Krystalle (aus wss. A.); F: 234—235°.

5-Hydroxy-4-oxo-2-phenyl-4H-chromen-6,8-disulfonsäure $C_{15}H_{10}O_9S_2$, Formel II (X = OH).

B. Beim Erhitzen von 5-Hydroxy-2-phenyl-chromen-4-on mit Chloroschwefelsäure auf 140° (*Joshi et al.*, J. org. Chem. **21** [1956] 1104, 1106, 1108).

F: 151—152° [korr.].

Barium-Salz BaC$_{15}$H$_8$O$_9$S$_2$. Krystalle (aus W.) mit 4 Mol H$_2$O.

S-Benzyl-isothiuronium-Salz [C$_8$H$_{11}$N$_2$S]$_2$C$_{15}$H$_8$O$_9$S$_2$. Krystalle (aus wss. A.); F: 257° [korr.; Zers.].

5-Hydroxy-4-oxo-2-phenyl-4H-chromen-6,8-disulfonylchlorid $C_{15}H_8Cl_2O_7S_2$, Formel II (X = Cl).

B. Beim Erhitzen von 5-Hydroxy-2-phenyl-chromen-4-on mit Chloroschwefelsäure (10 Mol) auf 140° (*Joshi et al.*, J. org. Chem. **21** [1956] 1104, 1106, 1108).

Krystalle (aus Bzl.); F: 104—105° [Zers.].

I   II   III

5-Hydroxy-4-oxo-2-phenyl-4H-chromen-6,8-disulfonsäure-dianilid $C_{27}H_{20}N_2O_7S_2$, Formel II (X = NH-C$_6$H$_5$).

B. Aus 5-Hydroxy-4-oxo-2-phenyl-4H-chromen-6,8-disulfonylchlorid und Anilin (*Joshi et al.*, J. org. Chem. **21** [1956] 1104, 1108).

F: 280° [korr.; Zers.].

5-Hydroxy-4-oxo-2-[2-sulfo-phenyl]-4H-chromen-6,8-disulfonsäure $C_{15}H_{10}O_{12}S_3$, Formel III.

B. Beim Erhitzen von 5-Hydroxy-2-phenyl-chromen-4-on oder von 5-Hydroxy-4-oxo-2-phenyl-4H-chromen-6,8-disulfonylchlorid mit Chloroschwefelsäure auf 140° (*Joshi et al.*, J. org. Chem. **21** [1956] 1104, 1108).

Barium-Salz Ba$_3$(C$_{15}$H$_7$O$_{12}$S$_3$)$_2$. Krystalle [aus W.].

7-Hydroxy-4-oxo-2-phenyl-4H-chromen-8-sulfonsäure $C_{15}H_{10}O_6S$, Formel IV.

B. Beim Erwärmen von 7-Hydroxy-2-phenyl-chromen-4-on mit Chloroschwefelsäure und Chloroform (*Joshi et al.*, J. org. Chem. **21** [1956] 1104, 1106, 1108).

F: 271—273° [korr.].

Barium-Salz Ba(C$_{15}$H$_9$O$_6$S)$_2$. Krystalle (aus W.) mit 2,5 Mol H$_2$O.
S-Benzyl-isothiuronium-Salz [C$_8$H$_{11}$N$_2$S]C$_{15}$H$_9$O$_6$S. Krystalle (aus wss. A.); F:
201—202° [korr.].

IV   V   VI

7-Hydroxy-4-oxo-2-phenyl-4H-chromen-6,8-disulfonsäure C$_{15}$H$_{10}$O$_9$S$_2$, Formel V.
B. Beim Erhitzen von 7-Hydroxy-2-phenyl-chromen-4-on mit Chloroschwefelsäure auf
140° (*Joshi et al.*, J. org. Chem. **21** [1956] 1104, 1106, 1108).
F: 262—263° [korr.].
Barium-Salz BaC$_{15}$H$_8$O$_9$S$_2$. Krystalle (aus W.) mit 3 Mol H$_2$O.
S-Benzyl-isothiuronium-Salz [C$_8$H$_{11}$N$_2$S]$_2$C$_{15}$H$_8$O$_9$S$_2$. Krystalle (aus wss. A.);
F: 224° [korr.].

7-Hydroxy-4-oxo-2-[2-sulfo-phenyl]-4H-chromen-6,8-disulfonsäure C$_{15}$H$_{10}$O$_{12}$S$_3$,
Formel VI.
B. Beim Erhitzen von 7-Hydroxy-2-phenyl-chromen-4-on oder von 7-Hydroxy-4-oxo-
2-phenyl-4H-chromen-6,8-disulfonsäure mit Chloroschwefelsäure auf 140° (*Joshi et al.*,
J. org. Chem. **21** [1956] 1104, 1106, 1108).
Barium-Salz Ba$_3$(C$_{15}$H$_7$O$_{12}$S$_3$)$_2$. Krystalle [aus W.].

4-[5-Formyl-[2]furyl]-3-hydroxy-naphthalin-1-sulfonsäure C$_{15}$H$_{10}$O$_6$S, Formel VII.
Diese Konstitution kommt möglicherweise der nachstehend beschriebenen Verbindung
zu (vgl. *Oda*, Mem. Fac. Eng. Kyoto Univ. **14** [1952] 195, 202, 204).
B. Beim Behandeln von Furfural mit einer aus 4-Amino-3-hydroxy-naphthalin-1-sulf⸗
onsäure bereiteten wss. Diazoniumsalz-Lösung und Kupfer(II)-chlorid (*Akashi, Oda*, J.
chem. Soc. Japan Ind. Chem. Sect. **53** [1950] 202; C. A. **1952** 9312).

VII   VIII   IX

7-Hydroxy-2-methyl-4-oxo-3-phenyl-4H-chromen-8-sulfonsäure C$_{16}$H$_{12}$O$_6$S, Formel VIII.
B. Beim Erwärmen von 7-Hydroxy-2-methyl-3-phenyl-chromen-4-on mit Chloro⸗
schwefelsäure und Nitrobenzol (*Joshi et al.*, J. org. Chem. **21** [1956] 1104, 1106, 1108).
F: 208—209° [korr.].
Barium-Salz Ba(C$_{16}$H$_{11}$O$_6$S)$_2$. Krystalle (aus W.).
S-Benzyl-isothiuronium-Salz [C$_8$H$_{11}$N$_2$S]C$_{16}$H$_{11}$O$_6$S. Krystalle (aus wss. A.); F:
125° [korr.].

7-Hydroxy-2-methyl-4-oxo-3-phenyl-4H-chromen-6,8-disulfonsäure C$_{16}$H$_{12}$O$_9$S$_2$,
Formel IX (X = OH).
B. Neben der im folgenden Artikel beschriebenen Verbindung beim Erhitzen von

7-Hydroxy-2-methyl-3-phenyl-chromen-4-on mit Chloroschwefelsäure auf 140° (*Joshi et al.*, J. org. Chem. **21** [1956] 1104, 1106, 1108).

Barium-Salz $BaC_{16}H_{10}O_9S_2$. Krystalle [aus W.].

7-Hydroxy-2-methyl-4-oxo-3-phenyl-4H-chromen-6,8-disulfonylchlorid $C_{16}H_{10}Cl_2O_7S_2$, Formel IX (X = Cl).

B. s. im vorangehenden Artikel.

Hygroskopische Krystalle (aus Bzl.); F: 84—85° (*Joshi et al.*, J. org. Chem. **21** [1956] 1104, 1108).

7-Hydroxy-2-methyl-4-oxo-3-phenyl-4H-chromen-6,8-disulfonsäure-dianilid $C_{28}H_{22}N_2O_7S_2$, Formel IX (X = NH-C_6H_5).

B. Aus 7-Hydroxy-2-methyl-4-oxo-3-phenyl-4H-chromen-6,8-disulfonylchlorid und Anilin (*Joshi et al.*, J. org. Chem. **21** [1956] 1104, 1106, 1108).

F: 153° [korr.; Zers.].

Sulfo-Derivate der Hydroxy-oxo-Verbindungen $C_nH_{2n-24}O_3$

(±)-2-[4-Methoxy-phenyl]-4-oxo-3,4-dihydro-2H-benzo[h]chromen-6-sulfonsäure $C_{20}H_{16}O_6S$, Formel X.

B. Beim Erwärmen einer Lösung des Natrium-Salzes (F: 233° [Zers.]) einer 4-Hydroxy-3-[4-methoxy-cinnamoyl]-naphthalin-1-sulfonsäure in wss. Äthanol mit wss. Salzsäure (*Suzuki*, J. chem. Soc. Japan Pure Chem. Sect. **75** [1954] 530; C. A. **1955** 10278).

Natrium-Salz $NaC_{20}H_{15}O_6S$. Krystalle (aus wss. Acn.) mit 3,5 Mol H_2O; F: 215° [Zers.].

X   XI

Sulfo-Derivate der Hydroxy-oxo-Verbindungen $C_nH_{2n-26}O_3$

2-[2-Methoxy-phenyl]-4-oxo-4H-benzo[h]chromen-6-sulfonsäure $C_{20}H_{14}O_6S$, Formel XI.

Diese Konstitution ist der nachstehend beschriebenen Verbindung zugeordnet worden.

B. Beim Behandeln von 1-[1-Hydroxy-[2]naphthyl]-3-[2-methoxy-phenyl]-propan-1,3-dion mit konz. Schwefelsäure und anschliessend mit Eis (*Mahal, Venkataraman*, Soc. **1934** 1767).

Gelbe Krystalle (aus wss. Eg.); F: 326° [Zers.].

Sulfo-Derivate der Hydroxy-oxo-Verbindungen $C_nH_{2n-28}O_3$

7-Hydroxy-4-oxo-2,3-diphenyl-4H-chromen-8-sulfonsäure $C_{21}H_{14}O_6S$, Formel XII.

B. Beim Erwärmen von 7-Hydroxy-2,3-diphenyl-chromen-4-on mit Chloroschwefelsäure in Nitrobenzol (*Joshi et al.*, J. org. Chem. **21** [1956] 1104, 1106, 1108).

F: 221—222° [korr.].

Barium-Salz $Ba(C_{21}H_{13}O_6S)_2$. Krystalle (aus W.).

S-Benzyl-isothiuronium-Salz $[C_8H_{11}N_2S]C_{21}H_{13}O_6S$. Krystalle (aus wss. A.); F: 258—259° [korr.].

7-Hydroxy-4-oxo-2,3-diphenyl-4*H*-chromen-6,8-disulfonsäure $C_{21}H_{14}O_9S_2$, Formel XIII
(X = OH).

B. Beim Erwärmen von 7-Hydroxy-2,3-diphenyl-chromen-4-on mit Chloroschwefel=
säure und Chloroform (*Joshi et al.*, J. org. Chem. **21** [1956] 1104, 1106, 1108).

Barium-Salz $BaC_{21}H_{12}O_9S_2$. Krystalle [aus W.].

XII   XIII

7-Hydroxy-4-oxo-2,3-diphenyl-4*H*-chromen-6,8-disulfonylchlorid $C_{21}H_{12}Cl_2O_7S_2$,
Formel XIII (X = Cl).

B. Beim Erhitzen von 7-Hydroxy-2,3-diphenyl-chromen-4-on mit Chloroschwefelsäure
auf 140° (*Joshi et al.*, J. org. Chem. **21** [1956] 1104, 1106, 1108).

Krystalle (aus Bzl.); F: 99—101°.

7-Hydroxy-4-oxo-2,3-diphenyl-4*H*-chromen-6,8-disulfonsäure-dianilid $C_{33}H_{24}N_2O_7S_2$,
Formel XIII (X = NH-C$_6$H$_5$).

B. Aus 7-Hydroxy-4-oxo-2,3-diphenyl-4*H*-chromen-6,8-disulfonylchlorid und Anilin
(*Joshi et al.*, J. org. Chem. **21** [1956] 1104, 1106, 1108).

F: 153° [korr.; Zers.].

Sulfo-Derivate der Hydroxy-oxo-Verbindungen $C_nH_{2n-14}O_4$

8-Acetyl-7-hydroxy-4-methyl-2-oxo-2*H*-chromen-6-sulfonsäure $C_{12}H_{10}O_7S$, Formel I.

B. Beim Erwärmen von 8-Acetyl-7-hydroxy-4-methyl-cumarin mit Chloroschwefel=
säure (*Merchant, Shah*, J. org. Chem. **22** [1957] 1104).

Barium-Salz $Ba(C_{12}H_9O_7S)_2$. Krystalle [aus W.].

S-Benzyl-isothiuronium-Salz $[C_8H_{11}N_2S]C_{12}H_9O_7S$. Gelbliche Krystalle (aus wss.
A.); F: 212—214° [korr.].

I   II   III

8-Acetyl-7-hydroxy-4-methyl-2-oxo-2*H*-chromen-3,6-disulfonsäure $C_{12}H_{10}O_{10}S_2$,
Formel II.

B. Neben einer als 8,8′-Diacetyl-7,7′-dihydroxy-4,4′-dimethyl-2,2′-dioxo-
2*H*,2′*H*-bis-chromen-6-sulfonsäure-6 → 7′;6′ → 7-dilacton (Formel III) angesehe=
nen Verbindung $C_{24}H_{16}O_{12}S_2$ (Krystalle [aus A.], F: 215—217° [korr.]; Bis-[2,4-dinitro-
phenylhydrazon] $C_{36}H_{24}N_8O_{18}S_2$: orangefarbene Krystalle [aus A.], F: 254—255°
[korr.]) beim Erwärmen von 8-Acetyl-7-hydroxy-4-methyl-cumarin mit Chloroschwefel=
säure [Überschuss] (*Merchant, Shah*, J. org. Chem. **22** [1957] 1104).

Krystalle (aus wss. Salzsäure); F: 212—215° [korr.; Zers.].

Barium-Salz $BaC_{12}H_8O_{10}S_2$. Krystalle [aus W.].

S-Benzyl-isothiuronium-Salz $[C_8H_{11}N_2S]_2C_{12}H_8O_{10}S_2$. Krystalle (aus wss. A.);
F: 216—218° [korr.].

Sulfo-Derivate der Hydroxy-oxo-Verbindungen $C_nH_{2n-34}O_4$

1-Hydroxy-4-[(5-hydroxymethyl-[2]furyl)-((Ξ)-4-oxo-4H-[1]naphthyliden)-methyl]-naphthalin-2-sulfonsäure $C_{26}H_{18}O_7S$, Formel IV.

B. Beim Behandeln von [5-Hydroxymethyl-[2]furyl]-bis-[4-hydroxy-[1]naphthyl]-methan mit konz. Schwefelsäure (*Bredereck*, B. **65** [1932] 1110, 1113).

Hygroskopisch. Beim Behandeln mit Wasser und mit wss. Alkalilaugen werden braunrote, beim Behandeln mit konz. Schwefelsäure werden blauviolette Lösungen erhalten.

1-Hydroxy-4-[(5-hydroxymethyl-[2]furyl)-((Ξ)-4-oxo-4H-[1]naphthyliden)-methyl]-naphthalin-2,7-disulfonsäure $C_{26}H_{18}O_{10}S_2$, Formel V.

B. Beim Erwärmen von [5-Hydroxymethyl-[2]furyl]-bis-[4-hydroxy-[1]naphthyl]-methan mit konz. Schwefelsäure (*Bredereck*, B. **65** [1932] 1110, 1113).

Hygroskopisch. Beim Behandeln mit Wasser und mit wss. Alkalilaugen werden braunrote, beim Behandeln mit konz. Schwefelsäure werden blauviolette Lösungen erhalten.

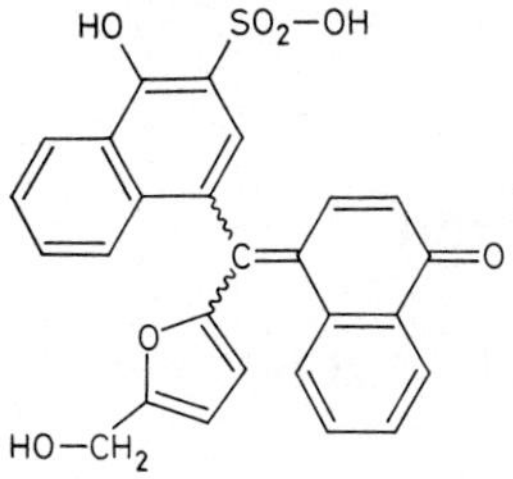

IV 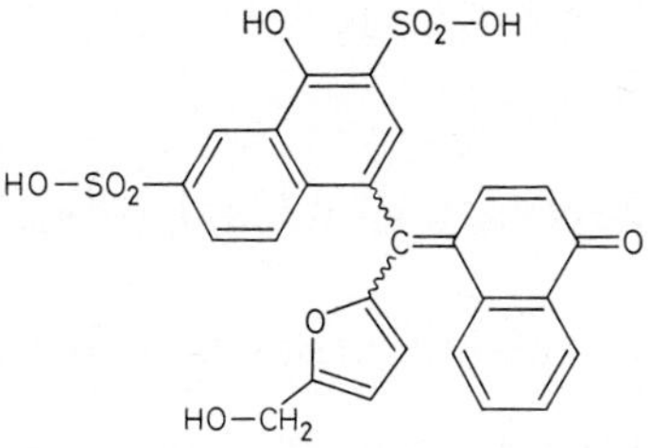   V 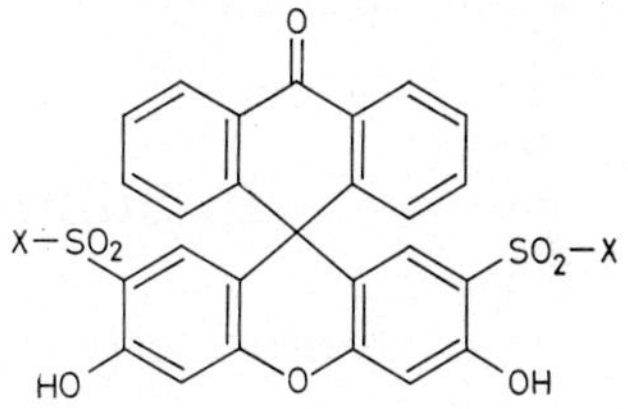   VI

Sulfo-Derivate der Hydroxy-oxo-Verbindungen $C_nH_{2n-36}O_4$

3′,6′-Dihydroxy-10-oxo-10H-spiro[anthracen-9,9′-xanthen]-2′,7′-disulfonsäure $C_{26}H_{16}O_{10}S_2$, Formel VI (X = OH).

Diese Konstitution kommt der nachstehend beschriebenen, ursprünglich (*Pavolini*, Ind. chimica **7** [1932] 877) als 7,9-Dihydroxy-9-phenyl-9H-naphtho[3,2,1-kl]xanthen-3-on ($C_{26}H_{16}O_4$) angesehenen Verbindung zu (*Charrier, Ghigi*, G. **63** [1933] 630, 632).

B. Beim Erhitzen von 2-Benzoyl-benzoesäure mit Resorcin und konz. Schwefelsäure auf 250° (*Pa.; Ch., Gh.*).

Unterhalb 350° nicht schmelzend (*Ch., Gh.*).

Barium-Salz $BaC_{26}H_{14}O_{10}S_2$. Schwarze Krystalle [aus wss. A.] (*Ch., Gh.*).

Sulfo-Derivate der Hydroxy-oxo-Verbindungen $C_nH_{2n-20}O_5$

4,5(?)-Dihydroxy-2-[3-hydroxy-4-oxo-4H-chromen-2-yl]-benzolsulfonsäure $C_{15}H_{10}O_8S$, vermutlich Formel VII, und Tautomeres (2-[3,4-Dioxo-chroman-2-yl]-4,5(?)-dihydroxy-benzolsulfonsäure).

B. Beim Behandeln von 3-Hydroxy-2-[3,4-dihydroxy-phenyl]-chromen-4-on mit konz. Schwefelsäure (*Ozawa et al.*, J. pharm. Soc. Japan **71** [1951] 1178, 1182; C. A. **1952** 6124).

Natrium-Salz $NaC_{15}H_9O_8S$. Hellgelbe Krystalle (aus W.); F: 315—317° [Zers.].

p-Toluidin-Salz $C_7H_9N\cdot C_{15}H_{10}O_8S$. Hellgelbe Krystalle (aus wss. A.) mit 0,5 Mol H_2O; F: 229° [Zers.].

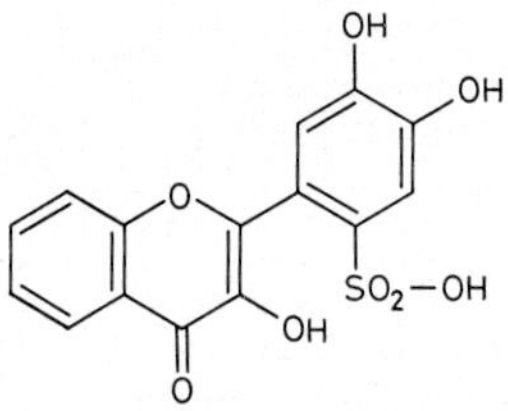

VII 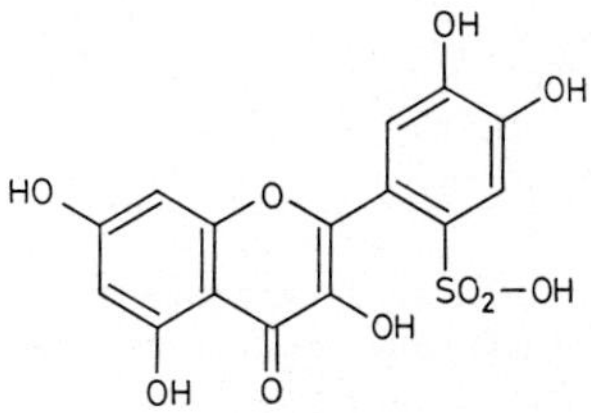   VIII

Sulfo-Derivate der Hydroxy-oxo-Verbindungen $C_nH_{2n-20}O_7$

4,5-Dihydroxy-2-[3,5,7-trihydroxy-4-oxo-4*H*-chromen-2-yl]-benzolsulfonsäure
$C_{15}H_{10}O_{10}S$, Formel VIII, und Tautomeres (2-[5,7-Dihydroxy-3,4-dioxo-chroman-2-yl]-4,5-dihydroxy-benzolsulfonsäure) (E I 553; dort als Quercetin-sulfon=
säure-(x) bezeichnet).

B. Beim Behandeln von Quercetin (2-[3,4-Dihydroxy-phenyl]-3,5,7-trihydroxy-chromen-4-on) mit konz. Schwefelsäure (*Kanno*, Sci. Rep. Res. Inst. Tohoku Univ. [A] **10** [1958] 251, 252; J. chem. Soc. Japan Pure Chem. Sect. **79** [1958] 306, 307; C. A. **1958** 19697).

Hellgelbe Krystalle [aus W.] (*Ka.*, Sci. Rep. Res. Inst. Tohoku Univ. [A] **10** 252; J. chem. Soc. Japan Pure Chem. Sect. **79** 307). Absorptionsspektrum einer Lösung in Wasser (200—400 nm): *Ka.*, Sci. Rep. Res. Inst. Tohoku Univ. [A] **10** 252; J. chem. Soc. Japan Pure Chem. Sect. **79** 307; einer Lösung in wss. Salzsäure (400—500 nm): *Kanno*, J. chem. Soc. Japan Pure Chem. Sect. **79** [1958] 310, 311; C. A. **1958** 19697; Sci. Rep. Res. Inst. Tohoku Univ. [A] **11** [1959] 145, 148.

F. Sulfo-Derivate der Carbonsäuren

Sulfo-Derivate der Monocarbonsäuren $C_nH_{2n-6}O_3$

4-Sulfo-furan-2-carbonsäure $C_5H_4O_6S$, Formel I (X = H).
Diese Konstitution kommt der früher (s. H **18** 579) als 3-Sulfo-furan-2-carbon=
säure („Furan-carbonsäure-(2)-sulfonsäure-(3)") beschriebenen Verbindung zu (*Gilman et al.*, Am. Soc. **56** [1934] 220).
Beim Erhitzen des Dinatrium-Salzes mit Natriumformiat sind kleine Mengen Furan-2,4-dicarbonsäure erhalten worden.

5-Chlor-4-sulfo-furan-2-carbonsäure $C_5H_3ClO_6S$, Formel I (X = Cl).
Diese Konstitution kommt wahrscheinlich der früher (s. H **18** 579) als 5-Chlor-3-sulfo-furan-2-carbonsäure („5-Chlor-brenzschleimsäure-sulfonsäure-(3)") be-schriebenen Verbindung zu (vgl. *Gilman et al.*, Am. Soc. **56** [1934] 220). Entsprechendes gilt für die früher (s. H **18** 580) als 5-Chlor-3-sulfamoyl-furan-2-carbonsäure und als 5-Chlor-3-sulfamoyl-furan-2-carbonsäure-amid beschriebenen Verbindun-gen (F: 194—195° bzw. F: 212°), die demnach wahrscheinlich als 5-Chlor-4-sulf=
amoyl-furan-2-carbonsäure ($C_5H_4ClNO_5S$) bzw. als 5-Chlor-4-sulfamoyl-furan-2-carbonsäure-amid ($C_5H_5ClN_2O_4S$) zu formulieren sind.

3,5-Dichlor-4-sulfo-furan-2-carbonsäure $C_5H_2Cl_2O_6S$, Formel II.
Diese Konstitution ist der früher (s. H **18** 580) als 4,5-Dichlor-3-sulfo-furan-2-carbonsäure („4,5-Dichlor-brenzschleimsäure-sulfonsäure-(3)") beschriebenen Ver-bindung zuzuordnen, nachdem sich die Ausgangssubstanz als 3,5-Dichlor-furan-2-carbon=
säure erwiesen hat (s. *VanderWal*, Iowa Coll. J. **11** [1936] 128; s. a. *Gilman et al.*, Am. Soc. **72** [1950] 3, 5).

| I | II | III | IV |

5-Brom-4-sulfo-furan-2-carbonsäure $C_5H_3BrO_6S$, Formel I (X = Br).
Diese Konstitution kommt der früher (s. H **18** 580) als 5-Brom-3-sulfo-furan-2-carbonsäure („5-Brom-brenzschleimsäure-sulfonsäure-(3)") beschriebenen Verbin-dung zu (*Gilman et al.*, Am. Soc. **56** [1934] 220). Entsprechendes gilt für die früher

(s. H **18** 580, 581) als 5-Brom-3-sulfamoyl-furan-2-carbonsäure und als 5-Brom-3-sulfamoyl-furan-2-carbonsäure-amid beschriebenen Verbindungen (F: 190° bis 191° bzw. F: 219–220°), die demnach als 5-Brom-4-sulfamoyl-furan-2-carbon=säure ($C_5H_4BrNO_5S$) bzw. als 5-Brom-4-sulfamoyl-furan-2-carbonsäure-amid ($C_5H_5BrN_2O_4S$) zu formulieren sind.

5-Sulfo-furan-2-carbonsäure $C_5H_4O_6S$, Formel III (X = OH) (H 581).

B. Beim Behandeln von Furan-2-carbonsäure mit Dichlormethan und Schwefeltrioxid (*CIBA*, D.B.P. 847749 [1950]; D.R.B.P. Org. Chem. 1950–1951 **6** 2312; U.S.P. 2623050 [1950]). Beim Behandeln von Furan-2-carbonsäure mit Schwefeltrioxid ent=haltender Schwefelsäure (*Scully, Brown*, J. org. Chem. **19** [1954] 894, 899; vgl. H 581).

An der Luft zerfliessendes Pulver (*CIBA*).

Beim Behandeln mit Salpetersäure sind 5-Nitro-furan-2-carbonsäure (Hauptprodukt) und 2,5-Dinitro-furan erhalten worden (*Sc., Br.*, l. c. S. 896, 900; s. a. *Sasaki*, Bl. chem. Soc. Japan **27** [1954] 395; vgl. H 581).

5-Chlorcarbonyl-furan-2-sulfonsäure $C_5H_3ClO_5S$, Formel IV.

B. Beim Behandeln einer Lösung von Furan-2-carbonylchlorid in Dichlormethan mit Schwefeltrioxid in Dichlormethan bei −10° (*CIBA*, U.S.P. 2623050, 2653927 [1950]).

Öl.

5-Chlorsulfonyl-furan-2-carbonsäure $C_5H_3ClO_5S$, Formel III (X = Cl).

B. Beim Erwärmen von Furan-2-carbonsäure mit Chloroschwefelsäure (*CIBA*, U.S.P. 2623050 [1950]).

Krystalle.

5-Sulfamoyl-furan-2-carbonsäure $C_5H_5NO_5S$, Formel III (X = NH_2).

B. Beim Erhitzen von 5-Sulfamoyl-furan-2-carbonsäure-amid mit Bariumhydroxid in Wasser (*Scully, Brown*, J. org. Chem. **19** [1954] 894, 899).

Krystalle (aus W.); F: 204–205°.

5-Sulfamoyl-furan-2-carbonsäure-amid $C_5H_6N_2O_4S$, Formel V (H 581; dort als Brenz=schleimsäure-sulfonsäure-(5)-diamid bezeichnet).

B. Beim Behandeln des Dinatrium-Salzes der 5-Sulfo-furan-2-carbonsäure mit Phos=phor(V)-chlorid und Behandeln einer Lösung des Reaktionsprodukts in Äther mit wss. Ammoniak (*Scully, Brown*, J. org. Chem. **19** [1954] 894, 898; vgl. H 581).

F: 212–213°.

4-Chlor-5-sulfo-furan-2-carbonsäure $C_5H_3ClO_6S$, Formel VI (X = Cl).

Diese Konstitution ist der früher (s. H **18** 581) als 3-Chlor-5-sulfo-furan-2-carb=onsäure („3-Chlor-brenzschleimsäure-sulfonsäure-(5)") beschriebenen Verbindung zu=zuordnen, nachdem sich die aus ihr mit Hilfe von Salpetersäure hergestellte Chlor-nitro-furan-carbonsäure (F: 140–141°) als 4-Chlor-5-nitro-furan-2-carbonsäure (S. 4001) erwiesen hat.

4-Brom-5-sulfo-furan-2-carbonsäure $C_5H_3BrO_6S$, Formel VI (X = Br).

Diese Konstitution ist der früher (s. H **18** 582) als 3-Brom-5-sulfo-furan-2-carb=onsäure („3-Brom-brenzschleimsäure-sulfonsäure-(5)") beschriebenen Verbindung zuzu=ordnen, nachdem sich die aus ihr mit Hilfe von Salpetersäure hergestellte Brom-nitro-furan-carbonsäure (F: 159–160°) als 4-Brom-5-nitro-furan-2-carbonsäure (S. 4001) er=wiesen hat.

V   VI   VII   VIII

5-Chlorsulfonyl-thiophen-2-carbonsäure-äthylester $C_7H_7ClO_4S_2$, Formel VII (X = Cl).

B. Beim Behandeln von Thiophen-2-carbonsäure-äthylester mit Chloroschwefelsäure und Chloroform (*Foye et al.*, J. Am. pharm. Assoc. **41** [1952] 273, 275).

Kp_{15}: 180—185°.

5-Dimethylsulfamoyl-thiophen-2-carbonsäure $C_7H_9NO_4S_2$, Formel VIII.

B. Aus 5-Chlorsulfonyl-thiophen-2-carbonsäure (über diese Verbindung [Krystalle (aus Bzl.); F: 132—133°] s. *Lora-Tamayo*, An. Soc. españ. [B] **62** [1966] 186, 189) und Dimethylamin (*CIBA*, D.B.P. 952120 [1953]; *Lora-Ta.*, l. c. S. 191).

Krystalle; F: 178° (*CIBA*), 164—166° [aus wss. A.] (*Lora-Ta.*, l. c. S. 191).

5-Allylsulfamoyl-thiophen-2-carbonsäure-äthylester $C_{10}H_{13}NO_4S_2$, Formel VII (X = NH-CH$_2$-CH=CH$_2$).

B. Beim Behandeln von 5-Chlorsulfonyl-thiophen-2-carbonsäure-äthylester mit Allyl=amin und Benzol (*Foye et al.*, J. Am. pharm. Assoc. **41** [1952] 273, 275).

Krystalle; F: 150—152°.

(±)-3-[5-Äthoxycarbonyl-thiophen-2-sulfonylamino]-2-methoxy-propylquecksilber(1+) $[C_{11}H_{16}HgNO_5S_2]^+$, Formel VII (X = NH-CH$_2$-CH(O-CH$_3$)-CH$_2$-Hg]$^+$).

Acetat $[C_{11}H_{16}HgNO_5S_2]C_2H_3O_2$; (±)-5-[3-Acetoxomercurio-2-methoxy-prop=ylsulfamoyl]-thiophen-2-carbonsäure-äthylester $C_{13}H_{19}HgNO_7S_2$. *B.* Beim Er=wärmen von 5-Allylsulfamoyl-thiophen-2-carbonsäure-äthylester mit Quecksilber(II)-acetat in Methanol (*Foye et al.*, J. Am. pharm. Assoc. **41** [1952] 273, 276). — F: 166—167° [aus wss. Me.].

1-Benzoylamino-6,7-dichlor-4-[5-dimethylsulfamoyl-thiophen-2-carbonylamino]-anthra=chinon, 5-Dimethylsulfamoyl-thiophen-2-carbonsäure-[4-benzoylamino-6,7-dichlor-9,10-dioxo-9,10-dihydro-[1]anthrylamid] $C_{28}H_{19}Cl_2N_3O_6S_2$, Formel IX (R = H, X = Cl).

B. Beim Erwärmen von 5-Dimethylsulfamoyl-thiophen-2-carbonsäure mit Thionyl=chlorid und Nitrobenzol und Erhitzen des Reaktionsgemisches mit 1-Amino-4-benzoyl=amino-6,7-dichlor-anthrachinon auf 120° (*CIBA*, D.B.P. 952120 [1953]).

Violettrote Krystalle.

6,7-Dichlor-1-[4-chlor-benzoylamino]-4-[5-dimethylsulfamoyl-thiophen-2-carbonyl=amino]-anthrachinon, 5-Dimethylsulfamoyl-thiophen-2-carbonsäure-[6,7-dichlor-4-(4-chlor-benzoylamino)-9,10-dioxo-9,10-dihydro-[1]anthrylamid] $C_{28}H_{18}Cl_3N_3O_6S_2$, Formel IX (R = X = Cl).

B. Beim Erwärmen von 5-Dimethylsulfamoyl-thiophen-2-carbonsäure mit Thionyl=chlorid und Nitrobenzol und Erhitzen des Reaktionsgemisches mit 1-Amino-6,7-dichlor-4-[4-chlor-benzoylamino]-anthrachinon auf 130° (*CIBA*, D.B.P. 952120 [1953]).

Krystalle.

IX

1-Benzoylamino-6-brom-7-chlor-4-[5-dimethylsulfamoyl-thiophen-2-carbonylamino]-anthrachinon, 5-Dimethylsulfamoyl-thiophen-2-carbonsäure-[4-benzoylamino-7-brom-6-chlor-9,10-dioxo-9,10-dihydro-[1]anthrylamid] $C_{28}H_{19}BrClN_3O_6S_2$, Formel IX (R = H, X = Br).

B. Beim Erwärmen von 5-Dimethylsulfamoyl-thiophen-2-carbonsäure mit Thionyl=chlorid und Nitrobenzol und Erhitzen des Reaktionsgemisches mit 1-Amino-4-benzoyl=amino-7-brom-6-chlor-anthrachinon auf 130° (*CIBA*, D.B.P. 952120 [1953]).

Violettrote Krystalle (aus Nitrobenzol).

2-Methyl-5-sulfo-furan-3-carbonsäure $C_6H_6O_6S$, Formel I (X = OH).

B. Beim Behandeln von 2-Methyl-furan-3-carbonsäure mit Schwefeltrioxid enthaltender Schwefelsäure (*Scully, Brown*, J. org. Chem. **19** [1954] 894, 899).

Als **Barium-Salz** (Krystalle) isoliert.

2-Methyl-5-sulfamoyl-furan-3-carbonsäure $C_6H_7NO_5S$, Formel I (X = NH_2).

B. Beim Erhitzen von 2-Methyl-5-sulfamoyl-furan-3-carbonsäure-amid mit Barium=hydroxid in Wasser (*Scully, Brown*, J. org. Chem. **19** [1954] 894, 899, 900).

Krystalle (aus W.); F: 209,5—210,5°.

2-Methyl-5-sulfamoyl-furan-3-carbonsäure-amid $C_6H_8N_2O_4S$, Formel II.

B. Beim Behandeln des Dinatrium-Salzes der 2-Methyl-5-sulfo-furan-3-carbonsäure mit Phosphor(V)-chlorid und Behandeln einer Lösung des Reaktionsprodukts in Äther mit wss. Ammoniak (*Scully, Brown*, J. org. Chem. **19** [1954] 894, 899).

F: 208—209°.

5-Methyl-4-sulfo-furan-2-carbonsäure $C_6H_6O_6S$, Formel III (X = OH).

Diese Konstitution kommt der früher (s. H **18** 582) als 5-Methyl-3-sulfo-furan-2-carbonsäure („5-Methyl-furan-carbonsäure-(2)-sulfonsäure-(3)") beschriebenen Verbindung zu (*Scully, Brown*, J. org. Chem. **19** [1954] 894, 896).

I   II   III   IV

5-Methyl-4-sulfamoyl-furan-2-carbonsäure $C_6H_7NO_5S$, Formel III (X = NH_2).

Diese Konstitution kommt der früher (s. H **18** 582) als 5-Methyl-3-sulfamoyl-furan-2-carbonsäure („5-Methyl-brenzschleimsäure-sulfamid-(3)") beschriebenen Verbindung zu (*Scully, Brown*, J. org. Chem. **19** [1954] 894, 896, 900).

B. Beim Erhitzen von 5-Methyl-4-sulfamoyl-furan-2-carbonsäure-amid mit Barium=hydroxid in Wasser (*Sc., Br.*; vgl. H 582).

Krystalle (aus W.); F: 216—217°.

5-Methyl-4-sulfamoyl-furan-2-carbonsäure-amid $C_6H_8N_2O_4S$, Formel IV.

Diese Konstitution kommt auch der früher (s. H **18** 582) als 5-Methyl-3-sulf=amoyl-furan-2-carbonsäure-amid („5-Methyl-brenzschleimsäure-sulfonsäure-(3)-diamid") beschriebenen Verbindung (F: 196—197°) zu (*Scully, Brown*, J. org. Chem. **19** [1954] 894, 899).

B. Beim Behandeln des Dinatrium-Salzes der 5-Methyl-4-sulfo-furan-2-carbonsäure mit Phosphor(V)-chlorid und Behandeln einer Lösung des Reaktionsprodukts in Äther mit wss. Ammoniak (*Sc., Br.*).

F: 196—197°.

(±)-3-[2]Furyl-3-sulfo-propionsäure $C_7H_8O_6S$, Formel V (X = OH).

B. Beim Erhitzen von 3-[2]Furyl-acrylsäure mit Natriumsulfit in Wasser (*Am. Cyanamid Co.*, U.S.P. 2385314 [1942], 2402511 [1944], 2455282 [1945]).

Dinatrium-Salz. Unterhalb 250° nicht schmelzend.

(±)-2-Äthoxycarbonyl-1-[2]furyl-äthansulfonsäure, (±)-3-[2]Furyl-3-sulfo-propionsäure-äthylester $C_9H_{12}O_6S$, Formel V (X = $O-C_2H_5$).

B. Beim Erhitzen von 3-[2]Furyl-acrylsäure-äthylester mit Kaliumdisulfit, 2-Methoxy-äthanol und Wasser (*Am. Cyanamid Co.*, U.S.P. 2385314 [1942], 2402511 [1944], 2455282 [1945]).

Kalium-Salz. Pulver.

(±)-2-Carbamoyl-1-[2]furyl-äthansulfonsäure $C_7H_9NO_5S$, Formel V (X = NH_2).

B. Beim Erhitzen von 3-[2]Furyl-acrylsäure-amid mit Natriumdisulfit in Wasser

(*Am. Cyanamid Co.*, U.S.P. 2402512 [1944]).
Natrium-Salz. Pulver.

     V   VI   VII

Sulfo-Derivate der Monocarbonsäuren $C_nH_{2n-12}O_3$

5-Chlorsulfonyl-benzofuran-2-carbonsäure-methylester $C_{10}H_7ClO_5S$, Formel VI.
B. Beim Behandeln von Benzofuran-2-carbonsäure-methylester mit Chloroschwefel=
säure (*Du Pont de Nemours & Co.*, U.S.P. 2680731 [1950]).
Krystalle (aus CH_2Cl_2 + PAe.); F: 104—105°.

Sulfo-Derivate der Monocarbonsäuren $C_nH_{2n-14}O_3$

5-[4-Sulfo-phenyl]-furan-2-carbonsäure $C_{11}H_8O_6S$, Formel VII.
B. Beim Behandeln einer Lösung von Furan-2-carbonsäure in Aceton mit einer aus
Sulfanilsäure bereiteten wss. Diazoniumsalz-Lösung und mit Kupfer(II)-chlorid (*Akashi*,
Oda, J. chem. Soc. Japan Ind. Chem. Sect. **55** [1952] 271; C. A. **1954** 3953).
Krystalle (aus A.).

Sulfo-Derivate der Monocarbonsäuren $C_nH_{2n-16}O_3$

3*t*(?)-[5-(4-Sulfo-phenyl)-[2]furyl]-acrylsäure $C_{13}H_{10}O_6S$, vermutlich Formel VIII.
B. Beim Behandeln einer mit Natriumacetat versetzten Lösung von 3*t*(?)-[2]Furyl-
acrylsäure in Aceton mit einer aus Sulfanilsäure bereiteten wss. Diazoniumsalz-Lösung
und anschliessend mit Kupfer(II)-chlorid (*Freund*, Soc. **1952** 3068, 3071; s. a. *Akashi*,
Oda, J. chem. Soc. Japan Ind. Chem. Sect. **55** [1952] 206; C. A. **1954** 9360).
Krystalle (aus W.), die unterhalb 300° nicht schmelzen (*Fr.*).

           VIII   IX

Sulfo-Derivate der Monocarbonsäuren $C_nH_{2n-22}O_3$

3*t*(?)-[5-(4-Sulfo-[1]naphthyl)-[2]furyl]-acrylsäure $C_{17}H_{12}O_6S$, vermutlich Formel IX.
B. Beim Behandeln einer Lösung von 3*t*(?)-[2]Furyl-acrylsäure in Aceton mit einer
Lösung eines aus 4-Amino-naphthalin-1-sulfonsäure bereiteten Diazoniumsalzes in wss.
Aceton und anschliessend mit Kupfer(II)-chlorid (*Akashi*, *Oda*, J. chem. Soc. Japan Ind.
Chem. Sect. **55** [1952] 206; C. A. **1954** 9360).
Krystalle.

G. Sulfo-Derivate der Hydroxycarbonsäuren

Sulfo-Derivate der Hydroxycarbonsäuren $C_nH_{2n-20}O_4$

5-[2-Hydroxy-4-sulfo-[1]naphthyl]-furan-2-carbonsäure $C_{15}H_{10}O_7S$, Formel I.
B. Beim Behandeln einer Lösung von Furan-2-carbonsäure in Aceton mit einer aus
4-Amino-3-hydroxy-naphthalin-1-sulfonsäure bereiteten, mit Natriumacetat versetzten

wss. Diazoniumsalz-Lösung und anschliessend mit Kupfer(II)-chlorid (*Akashi, Oda*, J. chem. Soc. Japan Ind. Chem. Sect. **55** [1952] 271; C. A. **1954** 3953).

Krystalle (aus A.).

I   II

Sulfo-Derivate der Hydroxycarbonsäuren $C_nH_{2n-22}O_4$

3*t*(?)-[5-(2-Hydroxy-4-sulfo-[1]naphthyl)-[2]furyl]-acrylsäure $C_{17}H_{12}O_7S$, vermutlich Formel II.

B. Beim Behandeln einer Lösung von 3*t*(?)-[2]Furyl-acrylsäure in Aceton mit einer aus 4-Amino-2-hydroxy-naphthalin-1-sulfonsäure bereiteten wss. Diazoniumsalz-Lösung und anschliessend mit Kupfer(II)-chlorid (*Akashi, Oda*, J. chem. Soc. Japan Ind. Chem. Sect. **55** [1952] 206; C. A. **1954** 9360).

Gelbliches Pulver.

H. Sulfo-Derivate der Oxocarbonsäuren

Sulfo-Derivate der Oxocarbonsäuren $C_nH_{2n-14}O_4$

2-Cyanacetyl-benzofuran-5-sulfonylchlorid $C_{11}H_6ClNO_4S$, Formel III (X = Cl), und Tautomeres (2-[2-Cyan-1-hydroxy-vinyl]-benzofuran-5-sulfonylchlorid).

B. Beim Behandeln von 3-Benzofuran-2-yl-3-oxo-propionitril mit Chloroschwefelsäure (*Eastman Kodak Co.*, U.S.P. 2350127 [1940], 2865747 [1955]; *Šolow'ewa, Arbusow*, Ž. obšč. Chim. **21** [1951] 765; engl. Ausg. S. 843).

Krystalle; F: 135—136° (*Eastman Kodak Co.*, U.S.P. 2865747), 134—135° [aus Bzl.] (*So., Ar.*).

2-Cyanacetyl-benzofuran-5-sulfonsäure-anilid $C_{17}H_{12}N_2O_4S$, Formel III (X = NH-C$_6$H$_5$), und Tautomeres (2-[2-Cyan-1-hydroxy-vinyl]-benzofuran-5-sulfonsäure-anilid).

B. Beim Behandeln von 2-Cyanacetyl-benzofuran-5-sulfonylchlorid mit Anilin und *N,N*-Dimethyl-anilin (*Šolow'ewa, Arbusow*, Ž. obšč. Chim. **21** [1951] 765; engl. Ausg. S. 843).

Hellgelbe Krystalle (aus W.); F: 83—84°.

III   IV

2-Cyanacetyl-benzofuran-5-sulfonsäure-*p*-toluidid $C_{18}H_{14}N_2O_4S$, Formel III (X = NH-C$_6$H$_4$-CH$_3$), und Tautomeres (2-[2-Cyan-1-hydroxy-vinyl]-benzofuran-5-sulfonsäure-*p*-toluidid).

B. Beim Erwärmen von 2-Cyanacetyl-benzofuran-5-sulfonylchlorid mit *p*-Toluidin in

Benzol (*Šolow'ewa, Arbusow, Ž.* obšč. Chim. **21** [1951] 765; engl. Ausg. S. 843).
Krystalle (aus wss. Eg.); F: 126—127°.

2-Cyanacetyl-benzofuran-5-sulfonsäure-[4-*tert*-pentyl-*N*-(3-phenyl-propyl)-anilid]
$C_{31}H_{32}N_2O_4S$, Formel IV, und Tautomeres (2-[2-Cyan-1-hydroxy-vinyl]-benzo≈
furan-5-sulfonsäure-[4-*tert*-pentyl-*N*-(3-phenyl-propyl)-anilid].
B. Beim Erwärmen von 2-Cyanacetyl-benzofuran-5-sulfonylchlorid mit 4-*tert*-Pentyl-
N-[3-phenyl-propyl]-anilin, Natriumacetat und Essigsäure (*Eastman Kodak Co.*, U.S.P.
2865747 [1955]).
F: 137—139°.

J. Sulfo-Derivate der Hydroxy-oxo-carbonsäuren

Sulfo-Derivate der Hydroxy-oxo-carbonsäuren $C_nH_{2n-14}O_5$

5-Hydroxy-4-methyl-2-oxo-8-sulfo-2*H*-chromen-6-carbonsäure $C_{11}H_8O_8S$, Formel V
(X = OH).
B. Beim Erwärmen des Natrium-Salzes der 5-Hydroxy-6-methoxycarbonyl-4-methyl-
2-oxo-2*H*-chromen-8-sulfonsäure mit wss. Natronlauge (*Merchant, Shah*, J. Indian chem.
Soc. **34** [1957] 45, 48).
S-Benzyl-isothiuronium-Salz $[C_8H_{11}N_2S]C_{11}H_7O_8S$. Krystalle (aus wss. A.); F:
198—200° [korr.; Zers.].

**5-Hydroxy-6-methoxycarbonyl-4-methyl-2-oxo-2*H*-chromen-8-sulfonsäure, 5-Hydroxy-
4-methyl-2-oxo-8-sulfo-2*H*-chromen-6-carbonsäure-methylester** $C_{12}H_{10}O_8S$, Formel VI
(X = OH).
B. Neben 8-Chlorsulfonyl-5-hydroxy-4-methyl-2-oxo-2*H*-chromen-6-carbonsäure-
methylester beim Erwärmen von 5-Hydroxy-4-methyl-2-oxo-2*H*-chromen-6-carbonsäure-
methylester mit Chloroschwefelsäure (*Merchant, Shah*, J. Indian chem. Soc. **34** [1957]
45, 47, 48).
Barium-Salz $Ba(C_{12}H_9O_8S)_2$. Krystalle [aus W.].
S-Benzyl-isothiuronium-Salz $[C_8H_{11}N_2S]C_{12}H_9O_8S$. Krystalle (aus wss. A.); F:
222—224° [korr.].

8-Chlorsulfonyl-5-hydroxy-4-methyl-2-oxo-2*H*-chromen-6-carbonsäure $C_{11}H_7ClO_7S$,
Formel V (X = Cl).
B. Beim Erwärmen von 5-Hydroxy-4-methyl-2-oxo-2*H*-chromen-6-carbonsäure mit
Chloroschwefelsäure (*Merchant, Shah*, J. Indian chem. Soc. **34** [1957] 45, 47, 48).
Krystalle (aus Bzl. oder Eg.); F: 218—220° [korr.].

8-Chlorsulfonyl-5-hydroxy-4-methyl-2-oxo-2*H*-chromen-6-carbonsäure-methylester
$C_{12}H_9ClO_7S$, Formel VI (X = Cl).
B. s. o. im Artikel 5-Hydroxy-6-methoxycarbonyl-4-methyl-2-oxo-2*H*-chromen-
8-sulfonsäure.
Krystalle (aus Bzl. oder Eg.); F: 178—180° [korr.] (*Merchant, Shah*, J. Indian chem.
Soc. **34** [1957] 45, 48).

V   VI   VII

5-Hydroxy-4-methyl-2-oxo-8-phenylsulfamoyl-2*H*-chromen-6-carbonsäure $C_{17}H_{13}NO_7S$,
Formel V (X = NH-C$_6$H$_5$).
B. Beim Erhitzen von 8-Chlorsulfonyl-5-hydroxy-4-methyl-2-oxo-2*H*-chromen-6-carb≈

onsäure mit Anilin (*Merchant, Shah*, J. Indian chem. Soc. **34** [1957] 45, 48).
F: 260° [korr.; Zers.].

5-Hydroxy-4-methyl-2-oxo-8-phenylsulfamoyl-2H-chromen-6-carbonsäure-methylester
$C_{18}H_{15}NO_7S$, Formel VI (X = NH-C$_6$H$_5$).
B. Beim Erhitzen von 8-Chlorsulfonyl-5-hydroxy-4-methyl-2-oxo-2H-chromen-6-carb≠
onsäure-methylester mit Anilin (*Merchant, Shah*, J. Indian chem. Soc. **34** [1957] 45, 48).
F: 238—240° [korr.].

5-Hydroxy-4-methyl-2-oxo-3,8-disulfo-2H-chromen-6-carbonsäure $C_{11}H_8O_{11}S_2$,
Formel VII.
B. Beim Erwärmen von 5-Hydroxy-4-methyl-2-oxo-2H-chromen-6-carbonsäure oder
von 5-Hydroxy-4-methyl-2-oxo-2H-chromen-6-carbonsäure-methylester mit Chloro≠
schwefelsäure (*Merchant, Shah*, J. Indian chem. Soc. **34** [1957] 45, 47, 48).
Krystalle (aus wss. Salzsäure); F: 202—203° [korr.] (*Me., Shah*, l. c. S. 49).
Barium-Salz BaC$_{11}$H$_6$O$_{11}$S$_2$. Krystalle [aus W.].
S-Benzyl-isothiuronium-Salz [C$_8$H$_{11}$N$_2$S]$_2$C$_{11}$H$_6$O$_{11}$S$_2$. Krystalle (aus wss. A.); F:
209—210° [korr.].

7-Hydroxy-4-methyl-2-oxo-8-sulfo-2H-chromen-6-carbonsäure $C_{11}H_8O_8S$, Formel VIII.
B. Beim Erwärmen von 7-Hydroxy-4-methyl-2-oxo-2H-chromen-6-carbonsäure-
methylester mit Chloroschwefelsäure und Chloroform (*Merchant, Shah*, J. Indian chem.
Soc. **34** [1957] 35, 36, 39).
Barium-Salz Ba(C$_{11}$H$_7$O$_8$S)$_2$. Krystalle [aus W.].
S-Benzyl-isothiuronium-Salz [C$_8$H$_{11}$N$_2$S]C$_{11}$H$_7$O$_8$S. Krystalle (aus wss. A.); F:
209—211° [korr.].

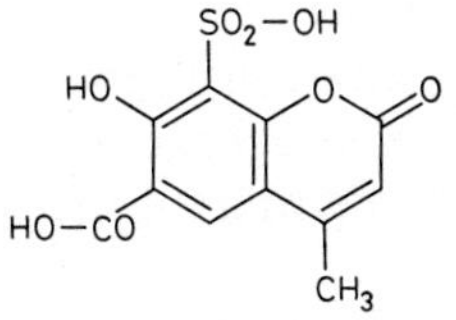

VIII 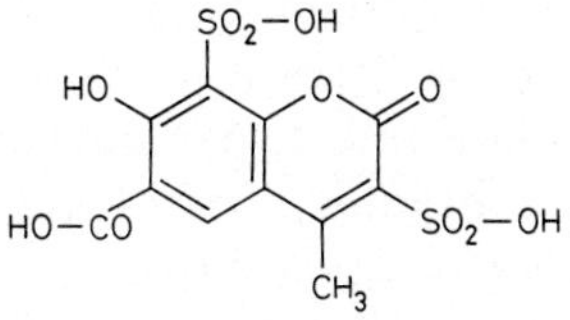   IX

7-Hydroxy-4-methyl-2-oxo-3,8-disulfo-2H-chromen-6-carbonsäure $C_{11}H_8O_{11}S_2$, Formel IX.
B. Beim Erwärmen von 7-Hydroxy-4-methyl-2-oxo-2H-chromen-6-carbonsäure mit
Chloroschwefelsäure (*Merchant, Shah*, J. Indian chem. Soc. **34** [1957] 35, 36, 39).
Barium-Salz BaC$_{11}$H$_6$O$_{11}$S$_2$. Krystalle [aus W.].   [*Staehle*]

Sachregister

Das Register enthält die Namen der in diesem Band abgehandelten Verbindungen mit Ausnahme von Salzen, deren Kationen aus Metallionen oder protonierten Basen bestehen, und von Additionsverbindungen.

Die im Register aufgeführten Namen („Registernamen") unterscheiden sich von den im Text verwendeten Namen im allgemeinen dadurch, dass Substitutionspräfixe und Hydrierungsgradpräfixe hinter den Stammnamen gesetzt („invertiert") sind, und dass alle zur Konfigurationskennzeichnung dienenden genormten Präfixe und Symbole (s. „Stereochemische Bezeichnungsweisen") weggelassen sind.

Der Registername enthält demnach die folgenden Bestandteile in der angegebenen Reihenfolge:

1. den Register-Stammnamen (in Fettdruck); dieser setzt sich zusammen aus
   a) dem Stammvervielfachungsaffix (z.B. Bi in [1,2′]Binaphthyl),
   b) stammabwandelnden Präfixen[1]),
   c) dem Namensstamm (z.B. Hex in Hexan; Pyrr in Pyrrol),
   d) Endungen (z.B. -an, -en, -in zur Kennzeichnung des Sättigungszustandes von Kohlenstoff-Gerüsten; -ol, -in, -olin, -olidin usw. zur Kennzeichnung von Ringgrösse und Sättigungszustand bei Heterocyclen),
   e) dem Funktionssuffix zur Kennzeichnung der Hauptfunktion (z.B. -ol, -dion, -säure, -tricarbonsäure),
   f) Additionssuffixen (z.B. oxid in Äthylenoxid).
2. Substitutionspräfixe, d.h. Präfixe, die den Ersatz von Wasserstoff-Atomen durch andere Substituenten kennzeichnen (z.B. Äthyl-chlor in 1-Äthyl-2-chlor-naphthalin; Epoxy in 1,4-Epoxy-*p*-menthan [vgl. dagegen das Brückenpräfix Epoxido]).
3. Hydrierungsgradpräfixe (z.B. Tetrahydro in 1,2,3,4-Tetrahydro-naphth=alin; Didehydro in 4,4′-Didehydro-β,β′-carotin-3,3′-dion).
4. Funktionsabwandlungssuffixe (z.B. oxim in Aceton-oxim; dimethylester in Bernsteinsäure-dimethylester).

Beispiele:
Dibrom-chlor-methan wird registriert als **Methan,** Dibrom-chlor-;
meso-1,6-Diphenyl-hex-3-in-2,5-diol wird registriert als **Hex-3-in-2,5-diol,** 1,6-Diphenyl-;
4a,8a-Dimethyl-octahydro-1*H*-naphthalin-2-on-semicarbazon wird registriert als **Naphthalin-2-on,** 4a,8a-Dimethyl-octahydro-1*H*-, semicarbazon;
8-Hydroxy-4,5,6,7-tetramethyl-3a,4,7,7a-tetrahydro-4,7-äthano-inden-9-on wird registriert als **4,7-Äthano-inden-9-on,** 8-Hydroxy-4,5,6,7-tetramethyl-3a,4,7,7a-tetrahydro-.

---

[1]) Zu den stammabwandelnden Präfixen gehören:
Austauschpräfixe (z.B. Dioxa in 3,9-Dioxa-undecan; Thio in Thioessigsäure),
Gerüstabwandlungspräfixe (z.B. Cyclo in 2,5-Cyclo-benzocyclohepten; Bicyclo in Bicyclo=[2.2.2]octan; Spiro in Spiro[4.5]octan; Seco in 5,6-Seco-cholestan-5-on),
Brückenpräfixe (nur zulässig in Namen, deren Stamm ein Ringgerüst ohne Seitenkette bezeichnet; z.B. Methano in 1,4-Methano-naphthalin; Epoxido in 4,7-Epoxido-inden [vgl. dagegen das Substitutionspräfix Epoxy]),
Anellierungspräfixe (z.B. Benzo in Benzocyclohepten; Cyclopenta in Cyclopenta[*a*]phen=anthren),
Erweiterungspräfixe (z.B. Homo in *D*-Homo-androst-5-en),
Subtraktionspräfixe (z.B. Nor in *A*-Nor-cholestan; Desoxy in 2-Desoxy-glucose).

Besondere Regelungen gelten für Radikofunktionalnamen, d.h. Namen, die aus einer oder mehreren Radikalbezeichnungen und der Bezeichnung einer Funktionsklasse oder eines Ions zusammengesetzt sind:

Bei Radikofunktionalnamen von Verbindungen, deren Funktionsgruppe (oder ional bezeichnete Gruppe) mit nur einem Radikal unmittelbar verknüpft ist, umfasst der (in Fettdruck gesetzte) Register-Stammname die Bezeichnung dieses Radikals und die Funktionsklassenbezeichnung (oder Ionenbezeichnung) in unveränderter Reihenfolge; Präfixe, die eine Veränderung des Radikals ausdrücken, werden hinter den Stammnamen gesetzt.

Beispiele:
Äthylbromid, Phenylbenzoat, Phenyllithium und Butylamin werden unverändert registriert; 4'-Brom-3-chlor-benzhydrylchlorid wird registriert als **Benzhydrylchlorid**, 4'-Brom-3-chlor-; 1-Methyl-butylamin wird registriert als **Butylamin**, 1-Methyl-.

Bei Radikofunktionalnamen von Verbindungen mit einem mehrwertigen Radikal, das unmittelbar mit den Funktionsgruppen (oder ional bezeichneten Gruppen) verknüpft ist, umfasst der Register-Stammname die Bezeichnung dieses Radikals und die (gegebenenfalls mit einem Vervielfachungsaffix versehene) Funktionsklassenbezeichnung (oder Ionenbezeichnung), nicht aber weitere im Namen enthaltene Radikalbezeichnungen, auch wenn sie sich auf unmittelbar mit einer der Funktionsgruppen verknüpfte Radikale beziehen.

Beispiele:
Benzylidendiacetat, Äthylendiamin und Äthylenchlorid werden unverändert registriert; 1,2,3,4-Tetrahydro-naphthalin-1,4-diyldiamin wird registriert als **Naphthalin-1,4-diyldiamin**, Tetrahydro-; N,N-Diäthyl-äthylendiamin wird registriert als **Äthylendiamin**, N,N-Diäthyl-.

Bei Radikofunktionalnamen, deren (einzige) Funktionsgruppe mit mehreren Radikalen unmittelbar verknüpft ist, besteht hingegen der Register-Stammname nur aus der Funktionsklassenbezeichnung (oder Ionenbezeichnung); die Radikalbezeichnungen werden sämtlich hinter dieser angeordnet.

Beispiele:
Benzyl-methyl-amin wird registriert als **Amin**, Benzyl-methyl-; Äthyl-trimethyl-ammonium wird registriert als **Ammonium**, Äthyl-trimethyl-; Diphenyläther wird registriert als **Äther**, Diphenyl-; [2-Äthyl-1-naphthyl]-phenyl-keton-oxim wird registriert als **Keton**, [2-Äthyl-1-naphthyl]-phenyl-, oxim.

Massgebend für die alphabetische Anordnung von Verbindungsnamen sind in erster Linie der Register-Stammname (wobei die durch Kursivbuchstaben oder Ziffern repräsentierten Differenzierungsmarken in erster Näherung unberücksichtigt bleiben), in zweiter Linie die nachgestellten Präfixe, in dritter Linie die Funktionsabwandlungssuffixe.

Beispiele:
o-**Phenylendiamin**, 3-Brom- erscheint unter dem Buchstaben P nach *m*-**Phenylendiamin**, 2,4,6-Trinitro-; **Cyclopenta[*b*]naphthalin**, 3-Brom- erscheint nach **Cyclopenta[*a*]naphthalin**, 3-Methyl-.

Von griechischen Zahlwörtern abgeleitete Namen oder Namensteile sind einheitlich mit c (nicht mit k) geschrieben.

Die Buchstaben i und j werden unterschieden.

Die Umlaute ä, ö und ü gelten hinsichtlich ihrer alphabetischen Einordnung als ae, oe bzw. ue.

A

10(1→2)-Abeo-oleanan-1,28-disäure
—, 13-Hydroxy-3,12-dioxo-,
— 28-lacton-1-methylester 6187
11(12→13)-Abeo-olean-18-en-12,28-disäure
—, 3-Acetoxy-19-hydroxy-11-oxo-,
— 12-lacton-28-methylester 6546
—, 3,19-Dihydroxy-11-oxo-,
— 12-lacton-28-methylester 6546
11(12→13)-Abeo-olean-18-en-12,30-disäure
—, 3-Acetoxy-19-hydroxy-11-oxo-,
— 12-lacton-30-methylester 6546
**18(13→8)-Abeo-2,3-seco-25,26,27-trinor-
lanostan-2,3,24-trisäure**
—, 20-Hydroxy-,
— 24-lacton 6163
Acenaphthen-5,6-dicarbonsäure
—, 3-Sulfo-,
— anhydrid 6750
Acenaphthen-3-sulfonsäure
—, 2-Oxo-1-[3-oxo-3H-benzo[b]thiophen-
2-yliden]- 6750
Acenaphthen-5-sulfonsäure
—, 2-Oxo-1-[3-oxo-3H-benzo[b]thiophen-
2-yliden]- 6750
Acetaldehyd
— {[(7-methoxy-2-oxo-2H-chromen-
4-yl)-acetyl]-hydrazon} 6356
Acetamid
—, N-[3,5-Bis-phenylsulfamoyl-[2]thienyl]-
6738
—, N-[3,5-Bis-phenylsulfamoyl-3H-
[2]thienyliden]- 6738
—, N-[3,5-Disulfamoyl-[2]thienyl]- 6737
—, N-[3,5-Disulfamoyl-3H-[2]thienyliden]-
6737
—, N-[5-Phenylsulfamoyl-[2]thienyl]-
6736
—, N-[5-Phenylsulfamoyl-3H-
[2]thienyliden]- 6736
—, N-[5-Sulfamoyl-[2]thienyl]- 6736
—, N-[5-Sulfamoyl-3H-[2]thienyliden]-
6736
Acetessigsäure
—, 4-[4-Acetoxy-7-acetyl-6-hydroxy-3,5-
dimethyl-benzofuran-2-yl]-,
— äthylester 6624
—, 2-[9-Acetyl-9-äthoxycarbonyl-2,7-
dihydroxy-xanthen-3-yl]-2-[2,5-dihydroxy-
phenyl]-,
— äthylester 6695
—, 4-[7-Acetyl-4,6-dihydroxy-3,5-
dimethyl-benzofuran-2-yl]-,
— äthylester 6624

—, 4-[7-Acetyl-4,6-dihydroxy-3,5-
dimethyl-benzofuran-2-yl]-2-methyl-
6625
— äthylester 6625
—, 2-[3-Äthoxycarbonyl-5-hydroxy-2-
methyl-benzofuran-6-yl]-,
— äthylester 6623
—, 2-[4-Äthoxycarbonyl-3-hydroxy-5-
methyl-2,3-dihydro-[2]furyl]-,
— äthylester 6578
—, 2-[4-Äthoxycarbonyl-5-methyl-
[2]furyl]-,
— äthylester 6145
—, 4-[4-Äthoxycarbonyl-5-methyl-
[2]furyl]-,
— äthylester 6144
—, 4-Äthoxy-2-[5-oxo-tetrahydro-
[3]furyl]-,
— äthylester 6458
—, 2-Brom-2-[2-cyan-2-hydroxy-propyl]-,
— lacton 5974
—, 2-[1-Chlor-5,8,8-trimethyl-4-oxo-3-
oxa-bicyclo[3.2.1]oct-2-yl]-,
— äthylester 6025
—, 2-[1-Chlor-5,8,8-trimethyl-4-oxo-3-
oxa-bicyclo[3.2.1]oct-2-yliden]-,
— äthylester 6025
—, 2-[2-Cyan-äthyl]-2-[2-hydroxy-äthyl]-,
— lacton 5977
—, 2-[2-Cyan-2-hydroxy-propyl]-,
— lacton 5974
—, 4-[4,6-Diacetoxy-7-acetyl-3,5-
dimethyl-benzofuran-2-yl]-,
— äthylester 6624
—, 4-[4,6-Diacetoxy-7-acetyl-3,5-
dimethyl-benzofuran-2-yl]-2-methyl-,
— äthylester 6625
—, 2-[Furan-2-carbonyl]-,
— äthylester 6018
—, 2-[(4-Hydroxy-2-oxo-2H-chromen-3-
yl)-phenyl-methyl]-,
— äthylester 6194
—, 2-[7-Methoxycarbonyloxy-2-oxo-
2H-chromen-3-carbonyl]-,
— äthylester 6629
—, 2-[2-Oxo-2H-chromen-3-carbonyl]-,
— äthylester 6187
—, 2-Phthalidyliden-,
— äthylester 6076
Acetohydroxamsäure
—, 2-[6-Hydroxy-2a,5a,7-trimethyl-2-
oxo-decahydro-naphtho[1,8-bc]furan-6-yl]-
6306
Aceton
— [7-methoxy-4-methyl-2-oxo-
2H-chromen-3-carbonylhydrazon]
6360
— {[(7-methoxy-2-oxo-2H-chromen-
4-yl)-acetyl]-hydrazon} 6356

Acetonitril

—, [7-Äthoxy-6-methoxy-1-oxo-phthalan-
4-yl]- 6474

—, [2-Brom-4,5-dioxo-4,5-dihydro-benzo≠
[b]thiophen-7-yl]- 6051

—, [5,7-Dimethoxy-2-(4-methoxy-phenyl)-
4-oxo-4H-chromen-6-yl]- 6643

—, [5,7-Dimethoxy-2-(4-methoxy-phenyl)-
4-oxo-4H-chromen-8-yl]- 6644

—, [4,6-Dimethoxy-7-methyl-3-oxo-
phthalan-5-yl]- 6477

—, [5-Hydroxy-7-methoxy-2-(4-methoxy-
phenyl)-4-oxo-4H-chromen-6-yl]- 6643

—, [5-Hydroxy-7-methoxy-2-(4-methoxy-
phenyl)-4-oxo-4H-chromen-8-yl]-
6644

—, [5-Methoxy-7-methyl-3-oxo-phthalan-
4-yl]- 6323

—, [2-Methoxy-phenyl]-phthalidyliden-
6432

—, [5,6,7-Trimethoxy-3-oxo-phthalan-4-
yl]- 6585

Acetophenon

— {[(7-methoxy-2-oxo-2H-chromen-
4-yl)-acetyl]-hydrazon} 6356

Acetusnetinsäure

— äthylester 6624

—, Di-O-acetyl-,

— äthylester 6624

Acetylchlorid

—, [3-Acetoxy-2,5-dioxo-tetrahydro-
[3]furyl]- 6457

—, [5,6,7-Trimethoxy-1-oxo-
1H-isochromen-4-yl]- 6599

Aconitsäure

— anhydrid 5989

Acrylonitril

—, 3-[6-Äthoxy-4,7-dimethoxy-
benzofuran-5-yl]-3-hydroxy- 6599

—, 3-[5-Dimethoxymethyl-benzofuran-2-
yl]-3-hydroxy- 6076

—, 3-[5-Dimethoxymethyl-3-methyl-
benzofuran-2-yl]-3-hydroxy- 6077

—, 3-[5-Dimethoxymethyl-3-phenyl-
benzofuran-2-yl]-3-hydroxy- 6103

—, 3-[1,3-Dioxo-1,3,3a,4,7,7a-hexahydro-
isobenzofuran-4-yl]- 6034

Acrylsäure

—, 2-Acetonyl-3-[4-carboxy-5-methyl-
[2]furyl]- 6156

—, 2-Acetonyl-3-[2]furyl-3-hydroxy-,
— äthylester 6020

—, 3-[3-Acetoxy-7-methoxy-6-methyl-1-
oxo-phthalan-4-yl]- 6508

—, 3-[4-Acetoxy-3-methoxy-phenyl]-2-
[2-oxo-2H-chromen-3-yl]- 6566

—, 3-[3-Acetoxy-phenyl]-2-[2-oxo-
2H-chromen-3-yl]- 6440

—, 3-[4-Acetoxy-phenyl]-2-[2-oxo-
2H-chromen-3-yl]- 6441

—, 2-Acetylamino-3-[4-äthoxycarbonyl-5-
methyl-[2]furyl]- 6143

— äthylester 6143

—, 3-[5-Acetylamino-[2]thienyl]-2-
benzoylamino-,

— äthylester 5989

—, 3-[4-Äthoxycarbonyl-5-methyl-
[2]furyl]-2-benzoylamino-,

— äthylester 6143

—, 3-[5-Äthoxymethyl-[2]furyl]-3-
hydroxy-,

— äthylester 6292

—, 3-Amino-2-cyan-3-[5,5-dimethyl-2-
oxo-tetrahydro-[3]furyl]-,

— äthylester 6201

—, 3-Amino-2-cyan-3-[5-methyl-2-oxo-
tetrahydro-[3]furyl]-,

— äthylester 6201

—, 3-Amino-2-cyan-3-[2-oxo-
2H-chromen-3-yl]-,

— äthylester 6229

— amid 6230

—, 3-Amino-2-cyan-3-[2-oxo-octahydro-
benzofuran-3-yl]-,

— äthylester 6210

—, 2-Benzoylamino-3-[4-carboxy-5-
methyl-[2]furyl]- 6142

—, 2-Benzoylamino-3-[2-oxo-
2H-chromen-6-yl]-,

— anilid 6075

— [1]naphthylamid 6075

— p-toluidid 6075

—, 3-[4-Chlorsulfonyl-phenyl]-2-
[2-hydroxy-äthyl]-,

— lacton 6741

—, 2-[2-Cyan-äthyl]-3-[2]furyl-3-hydroxy-,

— äthylester 6144

—, 2-[2-Cyan-äthyl]-3-hydroxy-3-
[2]thienyl-,

— äthylester 6144

—, 2-Cyan-3-[3-cyan-2-oxo-2H-chromen-
6-yl]-,

— äthylester 6250

—, 3-Cyan-2-hydroxy-3-[2]thienyl-,

— äthylester 6138

—, 2-Cyan-3-[2-oxo-2H-chromen-3-yl]-,

— äthylester 6186

— amid 6186

—, 3-[2,5-Dimethoxy-2,5-dihydro-
[2]furyl]-3-hydroxy-,

— methylester 6458

—, 3-[2,5-Dimethoxy-tetrahydro-
[2]furyl]-3-hydroxy-,

— methylester 6453

—, 3-[1,3-Dioxo-1,3,3a,4,7,7a-hexahydro-
isobenzofuran-4-yl]-,

— methylester 6034

Acrylsäure (Fortsetzung)

—, 3-[4-Hydrazinosulfonyl-phenyl]-2-[2-hydroxy-äthyl]-,
   — lacton 6742

—, 2-[2-Hydroxy-äthyl]-3-[4-phenylsulfamoyl-phenyl]-,
   — lacton 6742

—, 2-[2-Hydroxy-äthyl]-3-[4-sulfamoyl-phenyl]-,
   — lacton 6741

—, 3-Hydroxy-3-[6-hydroxy-4,7-dimethoxy-benzofuran-5-yl]-,
   — äthylester 6599

—, 3-Hydroxy-3-[6-hydroxy-4,7-dimethoxy-2,3-dihydro-benzofuran-5-yl]-,
   — äthylester 6585

—, 3-Hydroxy-3-[7-hydroxy-2-oxo-2H-chromen-3-yl]-,
   — äthylester 6526

—, 3-Hydroxy-3-[7-methoxy-carbonyloxy-2-oxo-2H-chromen-3-yl]-,
   — äthylester 6526

—, 3-Hydroxy-3-[5-methoxymethyl-[2]furyl]-,
   — äthylester 6292

—, 3-Hydroxy-3-[8-methoxy-2-oxo-2H-chromen-3-yl]-,
   — äthylester 6526

—, 3-[4-Hydroxy-3-methoxy-phenyl]-2-[2-oxo-2H-chromen-3-yl]- 6566

—, 3-Hydroxy-3-[3a-methyl-2-oxo-hexahydro-cyclopenta[b]furan-4-yl]-,
   — äthylester 5995

—, 3-Hydroxy-3-[2-oxo-2H-chromen-3-yl]-,
   — äthylester 6075

—, 3-Hydroxy-3-[2-oxo-2H-cyclohepta[b]furan-3-yl]-,
   — äthylester 6074

—, 3-[3-Hydroxy-phenyl]-2-[2-oxo-2H-chromen-3-yl]- 6440

—, 3-[4-Hydroxy-phenyl]-2-[2-oxo-2H-chromen-3-yl]- 6440

—, 3-[5-(2-Hydroxy-4-sulfo-[1]naphthyl)-[2]furyl]- 6769

—, 3-[5-Isopropyl-4-methoxy-2-methyl-phenyl]-3-[2-oxo-2H-chromen-3-yl]- 6445
   — äthylester 6445
   — methylester 6445

—, 3-[2-Methoxy-4-methyl-phenyl]-3-[2-oxo-2H-chromen-3-yl]- 6444
   — äthylester 6444
   — methylester 6444

—, 3-[2-Methoxy-5-methyl-phenyl]-3-[2-oxo-2H-chromen-3-yl]- 6443
   — äthylester 6443
   — methylester 6443

—, 3-[4-Methoxy-3-methyl-phenyl]-3-[2-oxo-2H-chromen-3-yl]- 6442

   — äthylester 6442
   — methylester 6442

—, 3-[2-Methoxy-9-oxo-xanthen-1-yl]-6432
   — methylester 6432

—, 3-[2-Methoxy-9-oxo-xanthen-1-yl]-2-methyl- 6436
   — methylester 6436

—, 3-[4-Methoxy-phenyl]-2-[2-oxo-2H-chromen-3-yl]- 6440

—, 3-[4-Methoxy-phenyl]-3-[2-oxo-2H-chromen-3-yl]- 6441
   — äthylester 6442
   — methylester 6441

—, 3-[5-(4-Sulfo-[1]naphthyl)-[2]furyl]-6768

—, 3-[5-(4-Sulfo-phenyl)-[2]furyl]- 6768

Actidionsäure

—, Dihydro- 6287
   — methylester 6288

Adipinsäure

—, 2-Acetonyl-4-hydroxy-4-phenyl-,
   — 1-lacton 6061

—, 2-Acetonyl-4-hydroxy-4-[1,2,3,4-tetrahydro-[2]naphthyl]-,
   — 1-lacton 6080

—, 2-Äthoxy-3-hydroxy-,
   — 6-lacton 6265

—, 4-Brom-2,3-dihydroxy-,
   — 6→3-lacton 6265

—, 2-Brom-4-hydroxy-3-oxo-,
   — 1-lacton 5962

—, 2-Butyl-4-hydroxy-3-oxo-,
   — 1-lacton 5980

—, 2-Butyryl-4-hydroxy-3-oxo-,
   — 1-lacton 6131

—, 3,4-Dibenzyl-2-hydroxy-5-oxo-,
   — 6-lacton 6100

—, 2,3-Dihydroxy-,
   — 6→3-lacton 6265

—, 3,4-Dihydroxy-,
   — 1→4-lacton 6265
   — 1→4-lacton-6-methylester 6265

—, 2,5-Dihydroxy-3,4-diphenyl-,
   — 1→5-lacton 6421

—, 2,3-Dihydroxy-2,5,5-trimethyl-,
   — 6→3-lacton 6273

—, 2-[1-(2,4-Dinitro-phenylhydrazono)-butyl]-4-hydroxy-3-oxo-,
   — 1-lacton 6132

—, 2-Heptyl-4-hydroxy-5-[3-methyl-but-2-enyliden]-3-oxo-,
   — 1-lacton 6030

—, 3-Hydroxy-3,4-bis-[4-methoxy-phenyl]-,
   — 6-lacton 6551

—, 2-[3-Hydroxy-crotonoyl]-3-oxo-,
   — 6-äthylester-1-lacton 6144
   — 1-lacton 6144

Adipinsäure (Fortsetzung)
—, 3-Hydroxy-2,5-dimethoxy-,
— 6-lacton-1-methylester 6452
—, 3-Hydroxy-3-[2-methoxy-5-methyl-
phenyl]-,
— 6-lacton 6328
— 6-lacton-1-methylester 6328
—, 3-Hydroxy-3-[6-methoxy-[2]naphthyl]-,
— 6-lacton-1-methylester 6410
—, 3-Hydroxy-3-[6-methoxy-[2]naphthyl]-
2,2-dimethyl-,
— 1-äthylester-6-lacton 6089
— 6-lacton-1-methylester 6089,
6412
—, 2-[β-Hydroxy-4-methoxy-phenäthyl]-,
— 1-lacton 6332
—, 2-Hydroxy-4-oxo-,
— 6-lacton 5962
—, 3-Hydroxy-4-oxo-,
— 6-lacton 5962
—, 3-Hydroxy-4-oxo-2,5-diphenyl-,
— 6-lacton 6097
— 6-lacton-1-methylester 6098
—, 2-Lactoyl-,
— 1-lacton 5976
—, 2-Salicyloyl-,
— 1-lacton 6058
—, 2,3,4,5-Tetrahydroxy-,
— 1→4-lacton 6569
—, 2,3,4-Trihydroxy-,
— 1→4-lacton 6451
Adonitoxigeninsäure
—, O^{16}-Acetyl-O^3-[tri-O-acetyl-
rhamnopyranosyl]- 6612
— methylester 6613
**1,4-Äthano-5,8-ätheno-isochromen-6,7,11-
tricarbonsäure**
—, 8a-Nitro-3-oxo-octahydro-,
— trimethylester 6248
9,10-Äthano-anthracen-11,12-dicarbonsäure
—, 9,10-Bis-[2-carboxy-äthyl]-9,10-
dihydro-,
— anhydrid 6235
—, 9,10-Bis-[3-carboxy-propyl]-9,10-
dihydro-,
— anhydrid 6236
—, 9,10-Bis-[2,2-dicarboxy-äthyl]-9,10-
dihydro-,
— anhydrid 6261
—, 9,10-Bis-[3-methoxycarbonyl-propyl]-
9,10-dihydro-,
— anhydrid 6236
—, 11-Carboxymethyl-9,10-dihydro-,
— anhydrid 6106
—, 10-[3-Carboxy-propyl]-2,7-dimethyl-
9,10-dihydro-,
— anhydrid 6107

—, 9-Cyan-10-phenyl-9,10-dihydro-,
— anhydrid 6112
**9,10-Äthano-anthracen-9,11,12-
tricarbonsäure**
—, 10H-,
— 11,12-anhydrid 6105
—, 10-Brom-10H-,
— 11,12-anhydrid 6105
**2,5-Äthano-cyclopropabenzen-3,4-
dicarbonsäure**
—, 6,7-Dihydroxy-hexahydro-,
— 3→7-lacton 6309
**2,5-Äthano-cyclopropabenzen-1a,3,4-
tricarbonsäure**
—, Hexahydro-,
— 3,4-anhydrid 6036
**2,5-Äthano-cyclopropabenzen-1,3,4-
tricarbonsäure**
—, Hexahydro-,
— 1-äthylester-3,4-anhydrid 6036
—, 6-Hydroxy-7-oxo-hexahydro-,
— 4-lacton 6218
— 4-lacton-1,3-dimethylester 6219
**2,5-Äthano-cyclopropabenzen-2,3,4-
tricarbonsäure**
—, Hexahydro-,
— 3,4-anhydrid 6035
**2,7a-Äthano-cyclopropa[a]naphthalin-1,8,9-
tricarbonsäure**
—, 1,1a,2,4,5,6,7,7b-Octahydro-,
— 8,9-anhydrid-1-methylester 6079
**2,7-Äthano-cyclopropa[b]naphthalin-1,8,9-
tricarbonsäure**
—, 1a,2,3,4,5,6,7,7a-Octahydro-1H-,
— 8,9-anhydrid-1-methylester 6079
**2,6a-Äthano-cycloprop[e]inden-1,7,8-
tricarbonsäure**
—, 3,6b-Dimethyl-1a,2,4,5,6,6b-
hexahydro-1H-,
— 7,8-anhydrid-1-methylester 6080
—, 1a,2,4,5,6,6b-Hexahydro-1H-,
— 7,8-anhydrid-1-methylester 6079
**2,6-Äthano-cycloprop[f]inden-1,7,8-
tricarbonsäure**
—, 2,6-Dimethyl-1,1a,2,3,4,5,6,6a-
octahydro-,
— 7,8-anhydrid-1-methylester 6080
—, 1,1a,2,3,4,5,6,6a-Octahydro-,
— 7,8-anhydrid-1-methylester 6078
**4,6-Äthano-cycloprop[f]isobenzofuran-4-
carbonsäure**
—, 1,3-Dioxo-octahydro- 6035
**4,6-Äthano-cycloprop[f]isobenzofuran-4a-
carbonsäure**
—, 1,3-Dioxo-hexahydro- 6036

4,6-Äthano-cycloprop[f]isobenzofuran-5-carbonsäure

—, 1,3-Dioxo-octahydro-,
— äthylester 6036

3a,7-Äthano-inden-7,9-dicarbonsäure

—, 1,5,6,7a,9-Pentahydroxy-3,6-dimethyl-hexahydro-,
— 9→5-lacton 6652

4,7-Äthano-isobenzofuran-4-carbonsäure

—, 1,3-Dioxo-octahydro- 6022
— äthylester 6022

4,7-Äthano-isobenzofuran-5-carbonsäure

—, 4,7-Dimethyl-1,3-dioxo-1,3,3a,4,7,7a-hexahydro- 6037

1,4-Äthano-naphthalin-2,3,5,6-tetracarbonsäure

—, 7-Benzhydryl-9-hydroxy-9-methoxy-8-[4-methoxy-phenyl]-1,2,3,4,4a,5-hexahydro-,
— 5-lacton 6692
— 5-lacton-2,3,6-trimethylester 6692
—, 9-Hydroxy-9-methoxy-7-methyl-1,2,3,4,4a,5,6,7-octahydro-,
— 5-lacton 6684
— 5-lacton-2,3,6-trimethylester 6684
—, 9-Hydroxy-9-methoxy-8-phenyl-1,2,3,4,4a,5,6,7-octahydro-,
— 5-lacton 6689
— 5-lacton-2,3,6-trimethylester 6689

1,4a-Äthano-naphtho[1,2-h]chromen-10a-carbonsäure

—, 8-Benzoyloxy-6a-hydroxy-2-methoxycarbonylmethyl-12a-methyl-3-oxo-tetradecahydro-,
— methylester 6663
—, 2-Carboxymethyl-6a,8-dihydroxy-12a-methyl-3-oxo-tetradecahydro- 6661
—, 6a,8-Dihydroxy-2-methoxycarbonylmethyl-12a-methyl-3-oxo-tetradecahydro-,
— methylester 6662
—, 6a-Hydroxy-2-methoxycarbonylmethyl-12a-methyl-3,8-dioxo-tetradecahydro-,
— methylester 6668
—, 2-Methoxycarbonylmethyl-12a-methyl-3,8-dioxo-Δ⁶ᵃ-dodecahydro-,
— methylester 6231
—, 2-Methoxycarbonylmethyl-12a-methyl-3,8-dioxo-tetradecahydro-,
— methylester 6226

1,6a-Äthano-pentaleno[1,2-c]furan-1,6-dicarbonsäure

—, 3a-Methyl-8-oxo-octahydro- 6157

3,10a-Äthano-phenanthren-1,2,11,12-tetracarbonsäure

—, 7-Methoxy-2,3,9,10-tetrahydro-1H-,

— 1,2-anhydrid 6677
—, 7-Methoxy-2,3,9,10-tetrahydro-1H-,
— tetramethylester 6677

3,10a-Äthano-phenanthren-1,2,8-tricarbonsäure

—, 11,12-Dihydroxy-12-[α-hydroxy-isopropyl]-4b,8-dimethyl-dodecahydro-,
— 1→11-lacton 6663
—, 12-Hydroxy-12-[α-hydroxy-isopropyl]-4b,8-dimethyl-11-oxo-dodecahydro-,
— 1,2-anhydrid 6663
—, 12-Hydroxy-12-isopropyl-4b,8-dimethyl-dodecahydro-,
— 1-lacton 6172
— 2-lacton 6173
— 2-lacton-2,8-dimethylester 6173
— 2-lacton-1,8-dimethylester 6173
—, 11-Hydroxy-12-isopropyliden-4b,8-dimethyl-dodecahydro-,
— 1-lacton 6183
— 1-lacton-2,8-dimethylester 6183
— 1-lacton-8-methylester 6183

3b,11-Äthano-phenanthro[1,2-c]furan-12,13-dicarbonsäure

—, 7-Methoxy-1,3-dioxo-3,3a,4,5,11,11a-hexahydro-1H- 6677

Äthansulfonsäure

—, 2-Acetoxy-2-[3,4,5-triacetoxy-tetrahydro-[2]furyl]- 6735
—, 2-Äthoxycarbonyl-1-[2]furyl- 6767
—, 2-Carbamoyl-1-[2]furyl- 6767
—, 1-[2]Furyl-2-nitro- 6716
—, 2-Oxo-2-[2]thienyl- 6738

Äthan-1,1,2-tricarbonsäure

—, 1-[4-Methoxy-1-methyl-3-oxo-phthalan-1-yl]-,
— 1,1-diäthylester 6683
— triäthylester 6683

1,4-Ätheno-benzo[c]phenanthren-2,3,5,6-tetracarbonsäure

—, 1,2,3,4,4a,5,6,6a,7,8-Decahydro-,
— 2,3-anhydrid 6236
— 5,6-anhydrid 6236

1,4-Ätheno-benzo[3,4]phenanthro[1,2-c]furan-2,3-dicarbonsäure

—, 5,7-Dioxo-1,2,3,4,4a,4b,5,7,7a,7b,8,9-dodecahydro- 6236

9,13-Ätheno-benzo[5,6]phenanthro[2,3-c]furan-7,8-dicarbonsäure

—, 10,12-Dioxo-5,6,6a,7,8,8a,9,9a,10,12,⇌ 12a,13-dodecahydro- 6236

2,5-Ätheno-cyclopropabenzen-1,3,4-tricarbonsäure

—, 2-Brom-hexahydro-,
— 3,4-anhydrid-1-methylester 6056
—, 6-Brom-hexahydro-,
— 3,4-anhydrid-1-methylester 6056

**2,5-Ätheno-cyclopropabenzen-1,3,4-
tricarbonsäure** (Fortsetzung)
—, 6-*tert*-Butyl-hexahydro-,
  — 3,4-anhydrid-1-methylester 6067
—, 2-Chlor-hexahydro-,
  — 3,4-anhydrid-1-methylester 6055
—, 6-Chlor-hexahydro-,
  — 3,4-anhydrid-1-methylester 6056
—, 1a,2-Dimethyl-hexahydro-,
  — 3,4-anhydrid-1-methylester 6060
—, 2,7-Dimethyl-hexahydro-,
  — 3,4-anhydrid-1-methylester 6060
—, 6,7-Dimethyl-hexahydro-,
  — 3,4-anhydrid-1-methylester 6060
—, Hexahydro-,
  — 1-äthylester-3,4-anhydrid 6055
  — 3,4-anhydrid 6055
  — 3,4-anhydrid-1-methylester 6055
—, 1a-Methyl-hexahydro-,
  — 3,4-anhydrid-1-methylester 6058
—, 2-Methyl-hexahydro-,
  — 3,4-anhydrid-1-methylester 6058
—, 6-Methyl-hexahydro-,
  — 3,4-anhydrid-1-methylester 6058
—, 1a,5,7-Trimethyl-hexahydro-,
  — 3,4-anhydrid-1-methylester 6063
**2,5-Ätheno-cyclopropabenzen-1a,3,4-
tricarbonsäure**
—, Hexahydro-,
  — 3,4-anhydrid 6054
  — 3,4-anhydrid-1a-methylester 6055
**2,5-Ätheno-cyclopropabenzen-2,3,4-
tricarbonsäure**
—, Hexahydro-,
  — 3,4-anhydrid 6054
  — 3,4-anhydrid-2-methylester 6054
**2,5-Ätheno-cyclopropabenzen-3,4,6-
tricarbonsäure**
—, Hexahydro-,
  — 3,4-anhydrid 6056
  — 3,4-anhydrid-6-methylester 6056
**4,6-Ätheno-cycloprop[/]isobenzofuran-4-
carbonsäure**
—, 1,3-Dioxo-octahydro- 6054
  — methylester 6054
**4,6-Ätheno-cycloprop[/]isobenzofuran-4a-
carbonsäure**
—, 1,3-Dioxo-hexahydro- 6054
  — methylester 6055
**4,6-Ätheno-cycloprop[/]isobenzofuran-5-
carbonsäure**
—, 4-Brom-1,3-dioxo-octahydro-,
  — methylester 6056
—, 7-Brom-1,3-dioxo-octahydro-,
  — methylester 6056
—, 7-*tert*-Butyl-1,3-dioxo-octahydro-,
  — methylester 6067

—, 4-Chlor-1,3-dioxo-octahydro-,
  — methylester 6055
—, 7-Chlor-1,3-dioxo-octahydro-,
  — methylester 6056
—, 4,4a-Dimethyl-1,3-dioxo-octahydro-,
  — methylester 6060
—, 4,8-Dimethyl-1,3-dioxo-octahydro-,
  — methylester 6060
—, 7,8-Dimethyl-1,3-dioxo-octahydro-,
  — methylester 6060
—, 1,3-Dioxo-octahydro- 6055
  — äthylester 6055
  — methylester 6055
—, 4a-Methyl-1,3-dioxo-octahydro-,
  — methylester 6058
—, 4-Methyl-1,3-dioxo-octahydro-,
  — methylester 6058
—, 7-Methyl-1,3-dioxo-octahydro-,
  — methylester 6058
—, 4,5a,7-Trimethyl-1,3-dioxo-
  octahydro-,
  — methylester 6063
**4,6-Ätheno-cycloprop[/]isobenzofuran-7-
carbonsäure**
—, 1,3-Dioxo-octahydro- 6056
  — methylester 6056
**5,8-Ätheno-23,24-dinor-cholano[6,7-c]furan-22-
säure**
—, 3-Acetoxy-2′,5′-dioxo-6,7,2′,5′-
  tetrahydro- 6544
  — methylester 6544
**5,8-Ätheno-23,24-dinor-chol-9(11)-en-6,7-
dicarbonsäure**
—, 3-Acetoxy-22-cyan-22-hydroxy-,
  — anhydrid 6639
**5,8-Ätheno-23,24-dinor-chol-9(11)-eno[6,7-c]≈
furan-22-oylchlorid**
—, 3-Acetoxy-2′,5′-dioxo-6,7,2′,5′-
  tetrahydro- 6554
**5,8-Ätheno-23,24-dinor-chol-9(11)-eno[6,7-c]≈
furan-22-säure**
—, 3-Acetoxy-2′,5′-dioxo-6,7,2′,5′-
  tetrahydro- 6553
  — methylester 6554
—, 3-Heptanoyloxy-2′,5′-dioxo-6,7,2′,5′-
  tetrahydro- 6554
4,7-Ätheno-isobenzofuran-4-carbonsäure
—, 1,3-Dioxo-octahydro-
  6035
  — äthylester 6035
  — methylester 6035
—, 5-Methyl-1,3-dioxo-octahydro-
  6035
**6,9-Ätheno-1,4-methano-benz[c]oxepin-5,7,8-
tricarbonsäure**
—, 9a-Nitro-3-oxo-octahydro-,
  — trimethylester 6248

1,4-Ätheno-naphthalin-2,3,5,6-tetracarbonsäure
—, 8-Acetoxy-8a-hydroxy-decahydro-,
— 5-lacton-2,3,6-trimethylester 6683
—, 8,8a-Dihydroxy-decahydro-,
— 5→8a-lacton 6683
— 5→8a-lacton-2,3,6-trimethylester 6683
—, 8,9-Dimethyl-1,2,3,4,4a,5,6,7-octahydro-,
— 2,3-anhydrid 6230
— 5,6-anhydrid 6230
—, 8a-Hydroxy-decahydro-,
— 5-lacton 6248
— 5-lacton-2,3,6-trimethylester 6248
—, 8-Hydroxy-8a-nitro-decahydro-,
— 5-lacton-2,3,6-trimethylester 6248
— 6-lacton-2,3,5-trimethylester 6248
—, 1,2,3,4,4a,5,6,7-Octahydro-,
— 2,3-anhydrid 6230
— 5,6-anhydrid 6230
—, 8-Phenyl-1,2,3,4,4a,5,6,7-octahydro-,
— 2,3-anhydrid 6234
— 5,6-anhydrid 6234
4,9-Ätheno-naphtho[2,3-c]furan-5,6-dicarbonsäure
—, 8,11-Dimethyl-1,3-dioxo-1,3,3a,4,4a,≠ 5,6,7,9,9a-decahydro- 6230
—, 1,3-Dioxo-1,3,3a,4,4a,5,6,7,9,9a-decahydro- 6230
—, 1,3-Dioxo-8-phenyl-1,3,3a,4,4a,5,6,7,≠ 9,9a-decahydro- 6234
6,9-Ätheno-naphtho[1,2-c]furan-7,8-dicarbonsäure
—, 5,10-Dimethyl-1,3-dioxo-1,3,3a,4,6,7,≠ 8,9,9a,9b-decahydro- 6230
—, 1,3-Dioxo-1,3,3a,4,6,7,8,9,9a,9b-decahydro- 6230
—, 1,3-Dioxo-5-phenyl-1,3,3a,4,6,7,8,9,≠ 9a,9b-decahydro- 6234
1,4-Ätheno-4a,8-oxaäthano-naphthalin-2,3,7-tricarbonsäure
—, 5-Acetoxy-9-oxo-octahydro-,
— trimethylester 6683
—, 5-Hydroxy-9-oxo-octahydro- 6683
— trimethylester 6683
—, 9-Oxo-octahydro- 6248
— trimethylester 6248
3b,11-Ätheno-phenanthro[1,2-c]furan-6-carbonsäure
—, 12-Isopropyl-6,9a-dimethyl-1,3-dioxo-tetradecahydro-,
— äthylester 6085
— butylester 6086
— methylester 6085
— propylester 6085
—, 12-Isopropyl-6,9a-dimethyl-1,3-dioxo-tetrahydro- 6084

5,8-Ätheno-pregnan-6,7-dicarbonsäure
—, 3-Acetoxy-17-brom-9,11-epoxy-20-oxo-,
— dimethylester 6632
—, 3-Acetoxy-9,11-epoxy-17-hydroxy-20-oxo-,
— dimethylester 6672
—, 3-Acetoxy-9,11-epoxy-20-oxo-,
— dimethylester 6632
—, 3,21-Diacetoxy-9,11-epoxy-20-oxo-,
— dimethylester 6672
—, 9,11-Epoxy-3,17-dihydroxy-20-oxo-,
— dimethylester 6672
—, 9,11-Epoxy-3,20-dioxo- 6233
— dimethylester 6233
—, 9,11-Epoxy-3-hydroxy-20-oxo- 6631
— dimethylester 6632
— 6-methylester 6631
— 7-methylester 6631
5,8-Ätheno-pregnan-6,7,20-tricarbonsäure
—, 3-Acetoxy-,
— 6,7-anhydrid 6544
— 6,7-anhydrid-20-methylester 6544
5,8-Ätheno-pregn-9(11)-en-6,7-dicarbonsäure
—, 3-Acetoxy-20-chlorcarbonyl-,
— anhydrid 6554
5,8-Ätheno-pregn-9(11)-en-6,7,20-tricarbonsäure
—, 3-Acetoxy-,
— 6,7-anhydrid 6553
— 6,7-anhydrid-20-methylester 6554
—, 3-Heptanoyloxy-,
— 6,7-anhydrid 6554
Äther
—, Bis-[4-brom-3-methoxy-5-oxo-2-(3,4,5-tribrom-2,6-dimethoxy-phenoxycarbonyl)-2,5-dihydro-[2]furyl]- 6455
Äthylentetracarbonsäure
— 1,2-anhydrid-1,2-dichlorid 6202
— 1,2-anhydrid-1,2-diphenylester 6202
— 1,2-diäthylester-1,2-anhydrid 6202
Äthylentricarbonsäure
—, Phenyl-,
— 1-äthylester-1,2-anhydrid 6074
— 1,2-anhydrid 6073
Äthylmethylxanthophansäure 6247
Allarsäure
— 1→4-lacton 6569
Allobiliansäure
— anhydrid 6227
Allogeigerinsäure 6306
— methylester 6306
—, Dehydro- 6027
— methylester 6028

Alloglaucotoxigeninsäure
—, O^3,O^{15}-Diacetyl- 6612
Allohydroxycitronensäure
— lacton 6576
Alloisocitronensäure
— lacton 6115
Allostrophanthidinsäure 6609
— methylester 6610
Allostrophanthidonsäure
— methylester 6627
—, Δ^4-Anhydro-,
— methylester 6543
Alternarsäure 6653
— methylester 6654
Altrarsäure
— 1→4-lacton 6569
— 6→3-lacton 6570
Ammonium
—, {2-[(3,4-Dihydroxy-5-oxo-tetrahydro-
[2]furyl)-hydroxy-acetoxy]-äthyl}-
trimethyl- 6575
Androstan-17-carbonsäure
—, 3-Acetoxy-3,9-epoxy-11-oxo-,
— methylester 6335
—, 3,11-Diacetoxy-7,8-epoxy-14-
hydroxy-12-oxo- 6590
— benzhydrylester 6591
— methylester 6590
—, 4,5-Epoxy-17-hydroxy-3,11-dioxo-
6519
—, 7,8-Epoxy-14-hydroxy-3-oxo-,
— methylester 6334
—, 8,19-Epoxy-5-hydroxy-3-oxo-,
— äthylester 6335
—, 14,15-Epoxy-5-hydroxy-3-oxo-,
— methylester 6335
**Androstano[2,3-*b*]pyrano[2,3-*e*][1,4]dioxin-19-
säure**
—, 14,8′,8′a-Trihydroxy-6′-methyl-17-
[5-oxo-2,5-dihydro-[3]furyl]-hexahydro-
6608
Androst-4-en-17-carbonsäure
—, 16,17-Epoxy-3,11-dioxo- 6081
— methylester 6082
Androst-8(14)-en-17-carbonsäure
—, 3,11-Diacetoxy-7,15-epoxy-12-oxo-,
— benzhydrylester 6519
— methylester 6519
Androst-14-en-17-carbonsäure
—, 3,11-Diacetoxy-7,8-epoxy-12-oxo-,
— benzhydrylester 6519
— methylester 6519
Androst-4-en-17-carbonylchlorid
—, 16,17-Epoxy-3,11-dioxo- 6082

Anhydrid
—, [6-Acetoxy-2-oxo-2*H*-anthra[9,1-*bc*]=
furan-5-carbonsäure]-essigsäure- 6439
—, [7-Acetyl-6-hydroxy-3-methyl-
benzofuran-2-carbonsäure]-essigsäure-
6383
—, Decevinsäure-essigsäure- 6168
—, Essigsäure-[1-hydroxy-6a-methyl-3,9-
dioxo-5,6,6a,7,8,9-hexahydro-
3*H*,4*H*-benz[*de*]isochromen-6-
carbonsäure]- 6168
—, Essigsäure-[1-methoxy-6a-methyl-3,9-
dioxo-5,6,6a,7,8,9-hexahydro-
3*H*,4*H*-benz[*de*]isochromen-6-
carbonsäure]- 6512
—, Essigsäure-[*O*-methyl-decevinsäure]-
6512
—, Essigsäure-[6a-methyl-1,3,9-trioxo-
4,5,6,6a,7,8,9,9a-octahydro-1*H*,3*H*-benz=
[*de*]isochromen-6-carbonsäure]- 6168
—, [Kohlensäure-monomethylester]-
[7-methoxycarbonyloxy-2-oxo-
2*H*-chromen-6-carbonsäure]- 6350
Δ^4-Anhydroallostrophanthidonsäure
— methylester 6543
Anhydrobrasilsäure 6351
Anhydrobufotalonsäure 6408
Anhydrocochenillesäure 6497
—, *O*-Acetyl- 6497
— methylester 6497
—, *O*-Benzoyl- 6497
—, *O*-Methyl-,
— methylester 6497
Anhydrodihydroterminonsäure
—, 12-Oxo-,
— methylester 6539
arabino-3,6-Anhydro-[2]hexosulose
—, O^4,O^5-Diacetyl-1-phenylazo-,
— bis-phenylhydrazon 6453
—, 1-Phenylazo-,
— bis-phenylhydrazon 6452
Anhydro-γ-isogitoxigensäure 6399
— methylester 6399
Anhydroisoperiplogonsäure
— methylester 6084
Anhydro-α-isostrophanthonsäure
— dimethylester 6231
— monomethylester 6231
γ-Anhydroisostrophanthonsäure
— dimethylester 6232
Anhydroososäure 6636
—, Tri-*O*-methyl- 6636
— methylester 6636
Δ^4-Anhydrostrophanthidinsäure
— methylester 6536

Δ^{14}-Anhydrostrophanthidinsäure
— methylester 6536
Δ^{4}-Anhydrostrophanthidonsäure
— methylester 6542
— methylester-oxim 6543
— nitril 6543
Anhydrotetrahydrochlorogensäure
—, 3,6-Dehydro- 6071
Anisatinsäure 6652
— methylester 6653
Anthracen-2-carbonsäure
—, 7-Glucopyranosyl-3,5,6,8-
tetrahydroxy-1-methyl-9,10-dioxo-9,10-
dihydro- 6697
—, 7-Glucopyranosyl-3,5,6,8-
tetramethoxy-1-methyl-9,10-dioxo-9,10-
dihydro-,
— methylester 6697
—, 7-Glucopyranosyl-3,5,8-trihydroxy-1-
methyl-9,10-dioxo-9,10-dihydro- 6696
—, 3,5,6,8-Tetraacetoxy-1-methyl-9,10-
dioxo-7-[tetra-O-acetyl-glucopyranosyl]-
9,10-dihydro- 6697
—, 3,5,8-Triacetoxy-1-methyl-9,10-dioxo-
7-[tetra-O-acetyl-glucopyranosyl]-9,10-
dihydro- 6696
Anthracen-1,2-dicarbonsäure
—, 9,10-Dihydroxy-,
— 1→9-lacton 6438
—, 9-Hydroxy-10-oxo-9-phenyl-9,10-
dihydro-,
— 1-lacton 6110
Anthracen-1,4-dicarbonsäure
—, 9-Acetoxy-10-hydroxy-,
— 4-lacton 6439
—, 9,10-Dihydroxy-,
— 1→9-lacton 6439
—, 9,10-Dihydroxy-9,10-di-p-tolyl-9,10-
dihydro-,
— 1→9-lacton 6449
—, 9-Hydroxy-10-oxo-9,10-dihydro-,
— 1-lacton 6439
Anthracen-1,5,9-tricarbonsäure
— 1,9-anhydrid 6104
Anthrachinon
—, 1-Benzoylamino-6-brom-7-chlor-4-
[5-dimethylsulfamoyl-thiophen-2-
carbonylamino]- 6766
—, 1-Benzoylamino-6,7-dichlor-4-
[5-dimethylsulfamoyl-thiophen-2-
carbonylamino]- 6766
—, 6,7-Dichlor-1-[4-chlor-benzoylamino]-
4-[5-dimethylsulfamoyl-thiophen-2-
carbonylamino]- 6766
Anthra[9,1-bc]furan-3-carbonsäure
—, 2,6-Dioxo-10b-phenyl-6,10b-dihydro-
2H- 6110

—, 2-Hydroxy-6-oxo-6H- 6438
—, 6-Hydroxy-2-oxo-2H- 6438
Anthra[9,1-bc]furan-5-carbonsäure
—, 6-Acetoxy-2-oxo-2H- 6439
—, 2,6-Dioxo-6,10b-dihydro-2H- 6439
—, 2-Hydroxy-6-oxo-6H- 6439
—, 6-Hydroxy-2-oxo-2H- 6439
—, 6-Hydroxy-2-oxo-6,10b-di-p-tolyl-
6,10b-dihydro-2H- 6449
Anthra[2,1-b]naphtho[2,3-d]furan-7-
carbonsäure
—, 9,14-Dioxo-9,14-dihydro-,
— o-toluidid 6112
Anthra[1,2-b]selenophen-2-carbonsäure
—, 6,11-Dioxo-6,11-dihydro- 6103
Anthra[1,2-b]thiophen-2-carbonsäure
—, 6,11-Dioxo-6,11-dihydro- 6103
Anthra[1,9-bc]thiophen-3-carbonsäure
—, 1-Acetyl-6-oxo-6H- 6104
—, 1-Benzoyl-6-oxo-6H- 6111
Anthra[1,9-bc]thiophen-3-carbonylchlorid
—, 1-Acetyl-6-oxo-6H- 6104
—, 1-Benzoyl-6-oxo-6H- 6112
Anthra[1,9-bc]thiophen-1,3-dicarbonsäure
—, 6-Oxo-6H- 6194
— bis-[5-benzoylamino-9,10-dioxo-
9,10-dihydro-[1]anthrylamid] 6194
Anthra[1,9-bc]thiophen-1,3-dicarbonylchlorid
—, 6-Oxo-6H- 6194
Antiarigeninsäure
—, O^{3},O^{12}-Dibenzoyl-,
— methylester 6660
Antimycin 6329
Antitumorprotidosynthese-Acetobacteroxydase-
Coenzym 6264
Apoterramycin
—, Desdimethylamino- 6688
Apotrichotheca-2,9-dien-13-säure
—, 4,8-Dioxo- 6062
Apotrichotheca-3,9-dien-13-säure
—, 2,8-Dioxo- 6061
Apotrichothecan-13-säure
—, 2-Brom-4-butyryloxy-8-oxo- 6305
—, 4-Butyryloxy-2-chlor-8-[2,4-dinitro-
phenylhydrazono]- 6305
—, 4-Butyryloxy-2-chlor-8-oxo- 6305
— amid 6305
—, 2-Chlor-4-hydroxy-8-oxo- 6305
—, 2,8-Dioxo- 6027
—, 4,8-Dioxo- 6027
— methylester 6027
Apotrichothec-2-en-13-säure
—, 4,8-Dioxo- 6038
Apotrichothec-3-en-13-säure
—, 2,8-Dioxo- 6038

Apotrichothec-9-en-13-säure
—, 2-Chlor-4-crotonoyloxy-8-oxo- 6310
Arabinonsäure
—, O^2,O^3,O^5-Triacetyl-5-[1,5-diphenyl-formazanyl]-,
— lacton 6575
Araboorthosaccharonsäure
— lacton 6263
Atromentinsäure 6646
— methylester 6647
—, Di-O-methyl- 6647
— äthylester 6647
Aureochinonamid 6690
Aureomycin
—, Isodesdimethylamino- 6688
—, Isodesoxydesdimethylamino- 6677
Aureomycinsäure
—, Desdimethylamino- 6692
Aureonamid 6688
Azuleno[4,5-b]furan-9-carbonsäure
—, 3,6-Dimethyl-2,4,7-trioxo-dodecahydro- 6156

B

Barringtogensäure
—, Di-O-acetyl-,
— lacton 6523
Benzaldehyd
— [7-methoxy-4-methyl-2-oxo-2H-chromen-3-carbonylhydrazon] 6360
— {[(7-methoxy-2-oxo-2H-chromen-4-yl)-acetyl]-hydrazon} 6356
9,14-o-Benzeno-anthra[2,3-b]naphtho[1,2-d]⁼ furan-6-carbonsäure
—, 8,15-Dioxo-8,9,14,15-tetrahydro-,
— anilid 6112
Benz[b]indeno[5,4-d]furan-1-carbonsäure
—, 8-Methoxy-3a-methyl-3-oxo-3,3a,4,5-tetrahydro-2H-,
— äthylester 6421
Benz[de]isochromen-4-carbonsäure
—, 1,3-Dioxo-1H,3H- 6091
— methylester 6091
Benz[de]isochromen-5-carbonsäure
—, 1,3-Dioxo-1H,3H- 6091
— methylester 6091
Benz[de]isochromen-6-carbonsäure
—, 5-Acetyl-1,3-dioxo-1H,3H- 6191
— methylester 6191
—, 1,3-Dioxo-1H,3H- 6091

— [N-äthyl-anilid] 6092
— methylester 6091
—, 1-Hydroxy-6a-methyl-3,9-dioxo-5,6,6a,7,8,9-hexahydro-3H,4H- 6168
— methylester 6168
—, 1-Methoxy-6a-methyl-3,9-dioxo-5,6,6a,7,8,9-hexahydro-3H,4H- 6512
— methylester 6512
—, 6a-Methyl-1,3,9-trioxo-4,5,6,6a,7,8,9,⁼ 9a-octahydro-1H,3H- 6168
— methylester 6168
Benz[h]isochromen-7-carbonsäure
—, 4,7,10a-Trimethyl-1,3-dioxo-dodecahydro-,
— methylester 6029
Benz[de]isochromen-6,7-dicarbonsäure
—, 1,3-Dioxo-1H,3H-,
— bis-[N-äthyl-anilid] 6233
Benz[de]isochromen-1,3-dion
—, 5,6,7-Trichlor- 6748
Benz[de]isochromen-4,9-disulfonsäure
—, 6,7-Dibrom-1,3-dioxo-1H,3H- 6749
Benz[de]isochromen-5,8-disulfonsäure
—, 1,3-Dioxo-1H,3H- 6749
Benz[de]isochromen-5,8-disulfonylchlorid
—, 1,3-Dioxo-1H,3H- 6749
Benz[de]isochromen-4-sulfonsäure
—, 6,7-Dibrom-1,3-dioxo-1H,3H- 6748
—, 6,7-Dichlor-1,3-dioxo-1H,3H- 6747
—, 1,3-Dioxo-1H,3H- 6747
Benz[de]isochromen-5-sulfonsäure
—, 7-Brom-1,3-dioxo-1H,3H- 6748
—, 7-Chlor-1,3-dioxo-1H,3H- 6748
—, 6,7-Dichlor-1,3-dioxo-1H,3H- 6748
—, 1,3-Dioxo-1H,3H- 6748
Benz[de]isochromen-6-sulfonsäure
—, 1,3-Dioxo-1H,3H-,
— amid 6749
Benz[de]isochromen-5-sulfonylchlorid
—, 7-Brom-1,3-dioxo-1H,3H- 6749
—, 7-Chlor-1,3-dioxo-1H,3H- 6748
Benzo[c]chromen-1-carbonsäure
—, 3,8-Bis-benzyloxy-4,9,10-trimethoxy-6-oxo-6H-,
— methylester 6686
—, 10-Hydroxy-3,4,8,9-tetramethoxy-6-oxo-6H- 6686
Benzo[c]chromen-2-carbonsäure
—, 3-Acetoxy-6-oxo-7,8,9,10-tetrahydro-6H-,
— methylester 6404
—, 3-Hydroxy-6-oxo-7,8,9,10-tetrahydro-6H- 6403
— methylester 6404
Benzo[c]chromen-4-carbonsäure
—, 3,7-Dihydroxy-1,9-dimethyl-6-oxo-6H- 6550

Benzo[c]chromen-10-carbonsäure
—, 7-Hydroxy-6-oxo-6H- 6415
—, 9-Hydroxy-6-oxo-6H- 6415
Benzo[de]chromen-6-carbonsäure
—, 8-Methoxy-5-[2-methoxycarbonyl-1-
methyl-äthyl]-6,9,9b-trimethyl-7-oxo-
1,2,3a,4,5,6,6a,7,9a,9b-decahydro- 6589
Benzo[f]chromen-2-carbonsäure
—, 1,3-Dioxo-2,3-dihydro-1H-,
— äthylester 6092
—, 1,3-Dioxo-1,2,7,8,9,10-hexahydro-
3H-,
— äthylester 6078
—, 1-Hydroxy-3-oxo-3H-,
— äthylester 6092
—, 5-Hydroxy-3-oxo-3H- 6414
— äthylester 6414
—, 9-Hydroxy-3-oxo-3H- 6415
— äthylester 6415
—, 1-Hydroxy-3-oxo-7,8,9,10-tetrahydro-
3H-,
— äthylester 6078
—, 5-[1]Naphthylcarbamoyl-3-oxo-3H-,
— äthylester 6191
—, 5-[3-Nitro-phenylcarbamoyl]-3-oxo-
3H-,
— äthylester 6190
—, 3-Oxo-5-phenylcarbamoyl-3H-,
— äthylester 6190
Benzo[f]chromen-5-carbonsäure
—, 2-Acetyl-3-methyl-1-oxo-1H- 6097
— methylester 6097
—, 2-Acetyl-3-oxo-3H-,
— anilid 6095
— methylester 6095
— [1]naphthylamid 6096
— [2]naphthylamid 6096
— [3-nitro-anilid] 6095
Benzo[g]chromen-3-carbonsäure
—, 2,4-Dioxo-3,4-dihydro-2H-,
— äthylester 6092
—, 2,4-Dioxo-3,4,6,7,8,9-hexahydro-2H-,
— äthylester 6078
—, 4-Hydroxy-2-oxo-2H-,
— äthylester 6092
—, 4-Hydroxy-2-oxo-6,7,8,9-tetrahydro-
2H-,
— äthylester 6078
Benzo[h]chromen-3-carbonsäure
—, 6-Acetoxy-5-methyl-2-oxo-2H- 6416
— äthylester 6417
—, 6-Acetoxy-5-methyl-2-oxo-3,4-
dihydro-2H-,
— äthylester 6410
—, 2,4-Dioxo-3,4-dihydro-2H-,
— äthylester 6092
—, 6-Hydroxy-5-methyl-2-oxo-2H- 6416
— äthylester 6416

—, 6-Hydroxy-5-methyl-2-oxo-3,4-
dihydro-2H-,
— äthylester 6410
—, 4-Hydroxy-2-oxo-2H-,
— äthylester 6092
—, 6-Methoxy-5-methyl-2-oxo-2H- 6416
— methylester 6416
Benzo[f]chromen-2,5-dicarbonsäure
—, 3-Oxo-3H-,
— 2-äthylester-5-methylester 6190
Benzo[h]chromen-3-sulfonsäure
—, 2,2-Dimethyl-5,6-dioxo-3,4,5,6-
tetrahydro-2H- 6747
— äthylester 6747
— amid 6747
Benzo[h]chromen-6-sulfonsäure
—, 2-[2-Methoxy-phenyl]-4-oxo-4H-
6761
—, 2-[4-Methoxy-phenyl]-4-oxo-3,4-
dihydro-2H- 6761
—, 2-[3-Nitro-phenyl]-4-oxo-3,4-dihydro-
2H- 6744
—, 4-Oxo-2-phenyl-3,4-dihydro-2H-
6744
Benzo[h]chromen-3-sulfonylchlorid
—, 2,2-Dimethyl-5,6-dioxo-3,4,5,6-
tetrahydro-2H- 6747
**Benzo[b]cyclohepta[d]thiophen-7,9-
dicarbonsäure**
—, 8-Oxo-8H-,
— diäthylester 6190
**Benzo[de]cyclopenta[g]chromen-10-
carbonsäure**
—, 10-Hydroxy-2-methoxy-3,8,10a,10c-
tetramethyl-1,5-dioxo-Δ²-dodecahydro- 6606
— methylester 6607
—, 10-Hydroxy-2-methoxy-3,8,10a,10c-
tetramethyl-1-oxo-Δ²-dodecahydro-
6483
— methylester 6483
—, 10-Hydroxy-3,8,10a,10c-tetramethyl-
1,2,5-trioxo-tetradecahydro-
6606
Benzo[h]cyclopenta[c]chromen-8-carbonsäure
—, 6,9-Dioxo-6,7,8,9-tetrahydro-,
— äthylester 6100
—, 9-Hydroxy-6-oxo-6,7-dihydro-,
— äthylester 6100
Benzo[1,2-b;3,4-c']difuran-5-carbonsäure
—, 4,5a-Dihydroxy-4-methyl-1,3,7-
trioxo-1,3,3a,4,5,5a,7,8-octahydro-,
— äthylester 6681
Benzo[1,2-b;4,5-b']difuran-2,6-dion
—, 4a-Acetoxy-8a-hydroxy-octahydro-
6463
Benzo[1,2-b;3,4-c']difuran-1,3,7-trion
—, 5-Acetyl-4,5a-dihydroxy-4-methyl-
3a,4,5,5a-tetrahydro-8H- 6657

Benzoesäure
—, 2-Acetoxy-5-brom-3-[4,5-dimethoxy-
3-oxo-phthalan-1-yl]-,
  — methylester 6634
—, 2-[6-Äthoxy-3-oxo-3*H*-xanthen-9-yl]-,
  — äthylester 6447
—, 2-[7-Allyl-6-hydroxy-3-oxo-
3*H*-xanthen-9-yl]-,
  — allylester 6447
—, 2-[6-Allyloxy-3-oxo-3*H*-xanthen-9-yl]-,
  — allylester 6447
—, 5-Brom-3-[4,5-dimethoxy-3-oxo-
phthalan-1-yl]-2-hydroxy- 6633
  — methylester 6634
—, 4-*tert*-Butyl-2-[1,3-dioxo-1*H*,3*H*-benz≠
  [*de*]isochromen-6-carbonyl]- 6198
—, 2-[3-Carboxy-benzofuran-2-carbonyl]-
6193
—, 2-[3-Carboxy-benzo[*b*]thiophen-2-
carbonyl]- 6193
—, 2-[1-Carboxy-naphtho[2,1-*b*]thiophen-
2-carbonyl]- 6197
—, 2-[3-Carboxy-naphtho[2,3-*b*]thiophen-
2-carbonyl]- 6196
—, 3-[1-Cyan-2-[2]furyl-2-oxo-äthylazo]-
4-[1-methyl-butyl]- 6009
—, 3-[1-Cyan-2-[2]furyl-2-oxo-
äthylidenhydrazino]-4-[1-methyl-butyl]-
6009
—, 2,3-Diäthoxy-6-[3,5,7-triäthoxy-6-
methoxy-4-oxo-4*H*-chromen-2-yl]- 6691
  — äthylester 6692
—, 3,6-Dichlor-2-[1,3-dioxo-1*H*,3*H*-benz≠
  [*de*]isochromen-6-carbonyl]- 6196
—, 2-[5,7-Dihydroxy-3-methoxy-4-oxo-
4*H*-chromen-2-yl]- 6639
—, 3-[5,7-Dihydroxy-2-(4-methoxy-
phenyl)-4-oxo-4*H*-chromen-8-yl]-4-
methoxy- 6678
  — äthylester 6679
  — methylester 6679
—, 4-[4,5-Dihydroxy-9-methyl-3-oxo-1,3-
dihydro-naphtho[2,3-*c*]furan-1-yl]-2,3,6-
trihydroxy-,
  — amid 6689
—, 6,6'-Dihydroxy-3,3'-phthalidyliden-di-
6680
—, 2-[5,6-Dimethoxy-1,3-dioxo-phthalan-
4-yl]-3,4-dimethoxy- 6686
—, 3-[5,7-Dimethoxy-2-(4-methoxy-
phenyl)-4-oxo-4*H*-chromen-8-yl]-4-
methoxy- 6679
  — methylester 6679
—, 4-[4,5-Dimethoxy-9-methyl-3-oxo-1,3-
dihydro-naphtho[2,3-*c*]furan-1-yl]-2,3,6-
trimethoxy-,
  — amid 6690

—, 2-[3,7-Dimethoxy-4-oxo-4*H*-chromen-
2-yl]-,
  — methylester 6554
—, 5-[4,5-Dimethoxy-3-oxo-phthalan-1-
yl]-2-hydroxy-4-methyl- 6636
  — äthylester 6636
—, 2,3-Dimethoxy-6-[3,5,6,7-
tetramethoxy-4-oxo-4*H*-chromen-2-yl]-
6691
  — methylester 6691
—, 2-[2,6-Dimethyl-4-oxo-4*H*-pyran-3-
carbonyl]- 6087
—, 3-[(2,4-Dinitro-phenylhydrazono)-
methyl]-2,6-dihydroxy-4-[2-hydroxy-1-
methyl-propyl]-5-methyl-,
  — methylester 6331
—, 2-[2,6-Dioxo-2*H*,6*H*-anthra[9,1-*bc*]≠
furan-10b-yl]- 6110
—, 2-[1,3-Dioxo-1*H*,3*H*-benz[*de*]≠
isochromen-6-carbonyl]- 6196
—, 2-[1,3-Dioxo-phthalan-4-ylmethyl]-
6095
—, 2-[3-Formyl-6-methyl-4-oxo-
4*H*-pyran-2-yl]-3-hydroxy-5,6-dimethoxy-,
  — methylester 6671
—, 2-[6-Hex-2-enyloxy-3-oxo-
3*H*-xanthen-9-yl]-,
  — hex-2-enylester 6447
—, 3-Hydroxy-5,6-dimethoxy-2-
[6-methyl-4-oxo-4*H*-pyran-2-yl]-
6622
—, 2-Hydroxy-6-[5-hydroxy-3,6,7-
trimethoxy-4-oxo-4*H*-chromen-2-yl]-3-
methoxy- 6691
—, 3-[5-Hydroxy-7-methoxy-2-(4-
methoxy-phenyl)-4-oxo-4*H*-chromen-8-yl]-
4-methoxy-,
  — methylester 6679
—, 2-[7-Hydroxy-3-methoxy-4-oxo-
4*H*-chromen-2-yl]- 6554
—, 2-Hydroxy-3-methyl-5-phthalidyl-
6417
  — methylester 6418
—, 4-[4-Hydroxy-4-(5-oxo-5*H*-
[2]furyliden)-crotonoylamino]- 6011
—, 2-[6-Hydroxy-3-oxo-3*H*-xanthen-9-yl]-,
  — äthylester 6446
  — allylester 6447
  — methylester 6446
—, 2-Hydroxy-5-phthalidyl- 6415
—, 2-[2-Methoxy-dibenzofuran-3-
carbonyl]- 6448
—, 2-Methoxy-3-methyl-5-phthalidyl-
6417
—, 2-[2-Methoxy-6-oxo-6*H*-benzo[*c*]≠
chromen-3-yl]-,
  — methylester 6448
—, 2-Methoxy-5-phthalidyl- 6415

Benzoesäure (Fortsetzung)
—, 4-[5-Nitro-furan-2-sulfonylamino]-,
— äthylester 6705
—, 2-[4-Oxo-chroman-3-carbonyl]- 6097
— phenacylester 6097
—, 4-[2-Oxo-2H-chromen-6-
sulfonylamino]- 6740
—, 4-[4-Oxo-4-(5-oxo-2,5-dihydro-
[2]furyl)-crotonoylamino]- 6011
—, 2-[3-Oxo-6-pent-2-enyloxy-
3H-xanthen-9-yl]-,
— pent-2-enylester 6447
—, 4,4'-[3-Oxo-phthalan-1,1-diyl]-di-
6197
— diamid 6197
—, 2-[2,4,5,7-Tetrabrom-6-hydroxy-3-
oxo-3H-xanthen-9-yl]-,
— äthylester 6448
— methylester 6448
—, 3,4,5-Trimethoxy-2-[3,4,5,6,7-
pentamethoxy-1-methoxycarbonyl-9-oxo-
xanthen-2-yl]- 6698
—, 2-[2,5,6-Trioxo-5,6-dihydro-
2H-benzo[h]chromen-4-yl]- 6196

Benzofuran-3-carbonitril
—, 5-Acetoxy-2-acetylamino-4,6,7-
trimethyl- 6326
—, 5-Acetoxy-2-acetylimino-4,6,7-
trimethyl-2,3-dihydro- 6326
—, 2-Amino-5-hydroxy-4,6,7-trimethyl-
6325
—, 2-Benzoylamino-5-benzoyloxy-4,6,7-
trimethyl- 6326
—, 2-Benzoylimino-5-benzoyloxy-4,6,7-
trimethyl-2,3-dihydro- 6326
—, 5-Hydroxy-2-imino-4,6,7-trimethyl-
2,3-dihydro- 6325

Benzofuran-7-carbonitril
—, 4-[4-Methoxy-phenyl]-7-methyl-2-
oxo-2,3,4,5,6,7-hexahydro- 6406
—, 4-[4-Methoxy-phenyl]-7-methyl-2-
oxo-2,3,6,7-tetrahydro- 6410

Benzofuran-2-carbonsäure
—, 6-Acetoxy-7-acetyl-3-methyl- 6382
—, 6-Acetoxy-7-benzoyl-3-methyl- 6435
—, 6-Acetoxy-7-butyryl-3-methyl- 6395
—, 6-Acetoxy-3-methyl-7-propionyl-
6390
—, 7-Acetyl-5-äthyl-6-hydroxy-3-methyl-
6395
—, 7-Acetyl-6-benzoyloxy-3-methyl-
6382
—, 7-Acetyl-5-chlor-6-hydroxy-3-methyl-
6383
— äthylester 6383
—, 7-Acetyl-5-chlor-6-methoxy-3-methyl-,
— methylester 6383
—, 5-Acetyl-6-hydroxy-4,7-dimethoxy- 6599

—, 7-Acetyl-6-hydroxy-4-methoxy- 6503
— äthylester 6503
—, 5-Acetyl-6-hydroxy-3-methyl- 6381
—, 7-Acetyl-6-hydroxy-3-methyl- 6381
— äthylester 6382
— methylester 6382
—, 7-Acetyl-6-methoxy-3-methyl- 6382
— methylester 6382
—, 7-Benzoyl-6-benzoyloxy-3-methyl-
6435
—, 7-Benzoyl-5-chlor-6-hydroxy-3-
methyl- 6435
— äthylester 6436
—, 7-Benzoyl-5-chlor-6-methoxy-3-
methyl-,
— methylester 6436
—, 7-Benzoyl-6-hydroxy- 6432
—, 7-Benzoyl-6-hydroxy-3-methyl- 6434
— äthylester 6435
— methylester 6435
—, 7-Benzoyl-6-methoxy-3-methyl-,
— methylester 6435
—, 7-Butyryl-6-hydroxy-3-methyl- 6394
—, 7-Butyryl-6-methoxy-3-methyl-
6395
—, 5-Chlorsulfonyl-,
— methylester 6768
—, 5,7-Diacetyl-6-hydroxy-3-methyl-
6531
—, 3-[2,4-Dimethoxy-benzoyl]-,
— methylester 6560
—, 4,6-Dimethoxy-2-[1-methyl-3-oxo-
butyl]-3-oxo-2,3-dihydro-,
— äthylester 6604
—, 7-[1-(2,4-Dinitro-phenylhydrazono)-
äthyl]-6-hydroxy-4-methoxy-,
— äthylester 6503
—, 7-[(2,4-Dinitro-phenylhydrazono)-
methyl]-6-hydroxy-4-methoxy-,
— äthylester 6497
—, 7-Formyl-4,6-dimethoxy-,
— äthylester 6497
—, 7-Formyl-6-hydroxy-4-methoxy-
6496
— äthylester 6496
—, 3-[2-Hydroxy-4,6-dimethoxy-benzoyl]-
6642
—, 3-[2-Hydroxy-4,6-dimethoxy-benzoyl]-
6-methoxy- 6675
—, 3-[2-Hydroxy-4,6-dimethoxy-benzoyl]-
7-methoxy- 6676
—, 6-Hydroxy-7-[1-hydroxyimino-äthyl]-
3-methyl- 6382
—, 6-Hydroxy-7-[1-hydroxyimino-butyl]-
3-methyl- 6395
—, 3-[2-Hydroxy-4-methoxy-benzoyl]-
6560
—, 6-Hydroxy-3-methyl-7-propionyl-
6389

Benzofuran-2-carbonsäure (Fortsetzung)
—, 6-Hydroxy-3-methyl-7-
[1-semicarbazono-äthyl]- 6382
—, 6-Hydroxy-3-methyl-7-
[α-semicarbazono-benzyl]- 6435
—, 6-Hydroxy-3-methyl-7-
[1-semicarbazono-propyl]- 6390
—, 4-Hydroxy-5-phenylacetyl- 6434
— äthylester 6434
—, 6-Methoxy-3-methyl-7-propionyl-
6390
—, 6-Methoxy-3-[2,4,6-trimethoxy-
benzoyl]- 6675
— methylester 6675
—, 7-Methoxy-3-[2,4,6-trimethoxy-
benzoyl]- 6676
— methylester 6676
—, 2-[1-Methyl-3-oxo-butyl]-3-oxo-2,3-
dihydro-,
— äthylester 6059
—, 3-Oxo-2-[3-oxo-butyl]-2,3-dihydro-,
— äthylester 6058
—, 3-[2,4,6-Trimethoxy-benzoyl]- 6642
— methylester 6642

Benzofuran-3-carbonsäure
—, 5-Acetoxy-6-äthoxyoxalyl-2-methyl-,
— äthylester 6622
—, 5-Acetoxy-4-brom-6,7-dimethyl-2-
oxo-2,3-dihydro-,
— äthylester 6322
—, 5-Acetoxy-6-brom-4,7-dimethyl-2-
oxo-2,3-dihydro-,
— äthylester 6322
—, 7-Acetoxy-3-methyl-2-oxo-octahydro-,
— äthylester 6286
—, 5-Acetoxy-4,6,7-trimethyl-2-oxo-2,3-
dihydro-,
— äthylester 6325
—, 6-[Äthoxycarbonyl-cyan-methyl]-2-
amino-5-hydroxy-,
— äthylester 6682
—, 6-[Äthoxycarbonyl-cyan-methyl]-5-
hydroxy-2-imino-2,3-dihydro-,
— äthylester 6682
—, 6-[1-Äthoxycarbonyl-2-oxo-propyl]-5-
hydroxy-2-methyl-,
— äthylester 6623
—, 2-Äthoxy-5-hydroxy-6-methoxy-,
— amid 6469
—, 2-Amino-5-hydroxy-6-methoxy-,
— äthylester 6469
—, 2-Benzoyl-6-methoxy- 6431
— äthylester 6431
—, 4-Brom-5-hydroxy-6,7-dimethyl-2-
oxo-2,3-dihydro-,
— äthylester 6322
—, 6-Brom-5-hydroxy-4,7-dimethyl-2-
oxo-2,3-dihydro-,

— äthylester 6321
—, 7-Brom-5-hydroxy-4,6-dimethyl-2-
oxo-2,3-dihydro-,
— äthylester 6321
—, 6-Brom-5-methoxy-4,7-dimethyl-2-
oxo-2,3-dihydro-,
— äthylester 6321
—, 2-[2-Carboxy-benzoyl]- 6193
—, 4-Chlor-5-hydroxy-6-methyl-2-oxo-
2,3-dihydro-,
— äthylester 6315
—, 4-Chlor-5-hydroxy-7-methyl-2-oxo-
2,3-dihydro-,
— äthylester 6315
—, 4,6-Dichlor-5-hydroxy-7-methyl-2-
oxo-2,3-dihydro-,
— äthylester 6315
—, 6,7-Dimethoxy-2-veratroyl- 6676
— äthylester 6676
—, 2,7-Dioxo-octahydro- 5991
—, 2-[α-Hydroxyimino-benzyl]-6-
methoxy- 6431
—, 5-Hydroxy-2-imino-6-methoxy-2,3-
dihydro-,
— äthylester 6469
—, 5-Hydroxy-6-methoxy-2-oxo-2,3-
dihydro-,
— äthylester 6469
—, 7-Hydroxy-3-methyl-2-oxo-
octahydro- 6285
— äthylester 6286
— methylester 6286
—, 3-Hydroxy-2-oxo-octahydro-,
— äthylester 6281
—, 7-Hydroxy-2-oxo-octahydro- 6281
— äthylester 6282
— methylester 6282
—, 5-Hydroxy-4,6,7-trimethyl-2-oxo-2,3-
dihydro-,
— äthylester 6325
—, 2-[2-Methoxy-benzoyl]-,
— äthylester 6432
—, 5-Methoxy-2,6-dimethyl-4,7-dioxo-
4,7-dihydro-,
— äthylester 6504
—, 5-Methoxy-2-methyl-4,7-dioxo-4,7-
dihydro-,
— äthylester 6496
—, 7-Methoxy-3-methyl-2-oxo-
octahydro- 6285
—, 6-Methoxy-2-veratroyl- 6642
— äthylester 6642
—, 3-Methyl-2,7-dioxo-octahydro- 5992
— methylester 5993
—, 7-[4-Nitro-benzoyloxy]-2-oxo-
octahydro-,
— methylester 6282
—, 2-Salicyloyl- 6431

Benzofuran-4-carbonsäure
—, 6-Acetoxy-7-methoxy-2-oxo-2,3-
dihydro- 6469
—, 6,7-Dimethoxy-2-oxo-2,3-dihydro-
6469
— methylester 6470
—, 6-Hydroxy-7-methoxy-2-oxo-2,3-
dihydro- 6469
— äthylester 6470
— methylester 6470
—, 3a-Hydroxy-4-methyl-2-oxo-
octahydro-,
— äthylester 6286
—, 6-Hydroxy-2-oxo-2,3-dihydro- 6312

Benzofuran-5-carbonsäure
—, 4-Acetoxy-2-acetyl-,
— methylester 6372
—, 4-Acetoxy-2-acetyl-2,3-dihydro- 6321
— methylester 6321
—, 2-Acetyl-4-benzoyloxy-,
— methylester 6372
—, 2-Acetyl-4-hydroxy- 6372
— methylester 6372
—, 2-Acetyl-4-hydroxy-2,3-dihydro-
6321
— methylester 6321
—, 2-Acetyl-4-methoxy-,
— methylester 6372
—, 2-[1-(2,4-Dinitro-phenylhydrazono)-
äthyl]-4-hydroxy-,
— methylester 6373
—, 4-Hydroxy-2-[1-hydroxyimino-äthyl]-,
— methylester 6372
—, 4-Hydroxy-2-[1-semicarbazono-äthyl]-,
— methylester 6373
—, 4-Hydroxy-2-[1-semicarbazono-äthyl]-
2,3-dihydro-,
— methylester 6321
—, 2-[4-Methoxy-benzyliden]-3-oxo-2,3-
dihydro- 6432

Benzofuran-7-carbonsäure
—, 3-Acetoxy-2-oxo-2,4,5,6-tetrahydro-,
— methylester 6308
—, 5-Acetyl-4,6-dihydroxy-,
— äthylester 6503
—, 5-Acetyl-4,6-dihydroxy-3-oxo-2,3-
dihydro-,
— äthylester 6600
—, 5-Acetyl-4,6-dimethoxy-,
— äthylester 6504
—, 5-Acetyl-6-hydroxy-4-methoxy-,
— äthylester 6503
—, 5-Acetyl-3,4,6-trihydroxy-,
— äthylester 6600
—, 7a-Äthoxycarbonylmethyl-7-methyl-
2-oxo-4-phenyl-octahydro-,
— methylester 6180
—, 3,4-Diacetoxy-5-acetyl-6-hydroxy-,

— äthylester 6600
—, 4,5-Dihydroxy-4-[4-methoxy-phenyl]-
7-methyl-2-oxo-2,3,4,5,6,7-hexahydro-,
— methylester 6624
—, 2,3-Dioxo-2,3,3a,4,5,6-hexahydro-,
— methylester 6018
—, 3-Hydroxy-2-oxo-2,4,5,6-tetrahydro-,
— methylester 6018
—, 7a-Methoxycarbonylmethyl-4-
[4-methoxy-phenyl]-7-methyl-2-oxo-
octahydro-,
— methylester 6625
—, 4-[4-Methoxy-phenyl]-7-methyl-2-
oxo-2,3,4,5,6,7-hexahydro-,
— methylester 6406
—, 4-[4-Methoxy-phenyl]-7-methyl-2-
oxo-2,3,5,6,7,7a-hexahydro-,
— methylester 6406
—, 4-[4-Methoxy-phenyl]-7-methyl-2-
oxo-2,3,6,7-tetrahydro-,
— methylester 6410
—, 3,4,6-Triacetoxy-5-acetyl-,
— äthylester 6600

Benzofuran-4,5-dicarbonsäure
—, 7-Acetyl-2-hydroxy-6-methyl- 6225
—, 7-Acetyl-2-methoxy-6-methyl-,
— dimethylester 6623
—, 7-Acetyl-6-methyl-2-oxo-2,3-dihydro-
6225

Benzofuran-4,6-dicarbonsäure
—, 2-Oxo-2,3-dihydro- 6164

Benzofuran-4,7-dicarbonsäure
—, 6-Methyl-2-oxo-2,3-dihydro- 6164

Benzofuran-2,5-dion
—, 7a-Hydroxy-6-methyl-3-[4-methyl-5-
oxo-5*H*-[2]furyliden]-3*H*,7a*H*- 6186

Benzofuran-2-on
—, 3,3-Bis-[2-carboxy-äthyl]-7-methoxy-
3*H*- 6604

Benzofuran-3-on
—, 2,2-Bis-[2-äthoxycarbonyl-äthyl]-
6167
—, 2,2-Bis-[2-carboxy-äthyl]- 6167
—, 2,2-Bis-[2-carboxy-äthyl]-4,6-
dimethyl- 6170
—, 2,2-Bis-[2-cyan-äthyl]- 6167
—, 2,2-Bis-[2-cyan-äthyl]-4,6-dimethoxy-
6657
—, 2,2-Bis-[2-cyan-äthyl]-4,6-dimethyl-
6170
—, 2,2-Bis-[2-methoxycarbonyl-äthyl]-
6167
—, 2,2-Bis-[2-methoxycarbonyl-äthyl]-
4,6-dimethyl- 6170

Benzofuran-4-on
—, 2-[2-Hydroxy-4,4-dimethyl-6-oxo-
tetrahydro-pyran-2-yl]-6,6-dimethyl-
3,5,6,7-tetrahydro-2*H*- 6028

Benzofuran-4-on   (Fortsetzung)
—, 2-[2-Hydroxy-4,4-dimethyl-6-oxo-
    tetrahydro-pyran-2-yl]-3,6,6-trimethyl-
    3,5,6,7-tetrahydro-2H-   6030
Benzofuran-2-sulfonsäure   6719
—, 2,5-Dimethyl-3-oxo-2,3-dihydro-
    6739
Benzofuran-5-sulfonsäure
—, 2-Cyanacetyl-,
    — anilid   6769
    — [4-*tert*-pentyl-N-(3-phenyl-propyl)-
      anilid]   6770
    — *p*-toluidid   6769
—, 2-[2-Cyan-1-hydroxy-vinyl]-,
    — anilid   6769
    — [4-*tert*-pentyl-N-(3-phenyl-propyl)-
      anilid]   6770
    — *p*-toluidid   6769
—, 2,4,6,7-Tetramethyl-2,3-dihydro-,
    — anilid   6719
Benzofuran-5-sulfonylchlorid
—, 2-Cyanacetyl-   6769
—, 2-[2-Cyan-1-hydroxy-vinyl]-   6769
—, 2,4,6,7-Tetramethyl-2,3-dihydro-
    6718
Benzo[*de*]furo[3,4-*g*]isochromen-4,6,10-trion
—, 8-Hydroxy-8-methyl-8H-   6191
Benzo[*de*]isochromen-6-carbonsäure
—, 1,3-Dioxo-1H,3H-,
    — äthylester   6092
Benzolsulfonsäure
—, 2-Chlor-5-[1-chlor-3-oxo-phthalan-1-
    yl]-,
    — amid   6743
—, 2-Chlor-5-phthalidyl-,
    — amid   6743
—, 2-[5,7-Dihydroxy-3,4-dioxo-chroman-
    2-yl]-4,5-dihydroxy-   6764
—, 4,5-Dihydroxy-2-[3-hydroxy-4-oxo-
    4H-chromen-2-yl]-   6763
—, 4,5-Dihydroxy-2-[3,5,7-trihydroxy-4-
    oxo-4H-chromen-2-yl]-   6764
—, 2-[3,4-Dioxo-chroman-2-yl]-4,5-
    dihydroxy-   6763
—, 4-[5,5-Dioxo-7-sulfo-
    5λ^6-dibenzothiophen-3-yl]-   6732
—, 4-[5-Formyl-[2]furyl]-   6742
—, 2-[2-[2]Furyl-vinyl]-5-nitro-,
    — phenylester   6719
—, 4-[9-Hydroxy-10,10-dioxo-6-sulfo-
    10λ^6-thioxanthen-3-yl]-   6734
—, 3-[3-Oxo-3H-benzo[*b*]thiophen-2-
    ylidenmethyl]-   6744
—, 4-[2-Oxo-2H-chromen-3-yl]-
    6744
—, 4-[2-Oxo-dihydro-[3]furylidenmethyl]-,
    — amid   6741

    — anilid   6742
    — hydrazid   6742
Benzolsulfonylchlorid
—, 2-Chlor-5-[1-chlor-3-oxo-phthalan-1-
    yl]-   6743
—, 4-[2-Oxo-dihydro-[3]furylidenmethyl]-
    6741
Benzol-1,2,3,5-tetracarbonsäure
    — 1,2-anhydrid   6225
—, 4,6-Dimethoxy-,
    — 1,2-anhydrid   6681
Benzol-1,2,3-tricarbonsäure
—, 5-Äthoxy-4-isopropyl-6-methoxy-,
    — 2,3-anhydrid   6602
—, 4-Äthoxy-5-methoxy-,
    — 1,2-anhydrid   6594
—, 4,5-Dihydroxy-6-isopropyl-,
    — 1,2-anhydrid   6601
—, 4,6-Dimethoxy-5-methyl-,
    — 1,2-anhydrid   6597
    — 1,2-anhydrid-3-methylester   6597
—, 4-[α-Hydroxy-isopropyl]-,
    — 1,2-diäthylester-3-lacton   6166
    — 3-lacton   6165
    — 3-lacton-1,2-dimethylester   6165
—, 4-Hydroxy-5-methyl-,
    — 1,2-anhydrid   6498
    — 2,3-anhydrid   6498
—, 5-Hydroxyoxalyl-4,6-dimethoxy-,
    — 1,2-anhydrid   6691
—, 4-Isopropyl-5,6-dimethoxy-,
    — 2,3-anhydrid   6601
    — 2,3-anhydrid-1-methylester   6602
—, 4-Methoxy-,
    — 2,3-anhydrid   6488
—, 5-Methoxy-,
    — 1,2-anhydrid   6488
—, 4-Methoxy-5-methyl-,
    — 1,2-anhydrid   6498
    — 2,3-anhydrid   6498
—, 4-Methyl-,
    — 2,3-anhydrid   6051
—, 5-Nitro-,
    — 1,2-anhydrid   6049
—, 4-Propyl-,
    — 2,3-anhydrid-1-methylester   6054
Benzol-1,2,4-tricarbonsäure
    — 1,2-anhydrid   6049
—, 3-Acetoxy-5-methyl-,
    — 1,2-anhydrid   6498
—, 5-Acetoxy-3-methyl-,
    — 1,2-anhydrid   6497
    — 1,2-anhydrid-4-methylester   6497
—, 5-Benzoyl-,
    — 1,2-anhydrid   6193
—, 5-Benzoyloxy-3-methyl-,
    — 1,2-anhydrid   6497

Benzol-1,2,4-tricarbonsäure (Fortsetzung)
—, 5-Chlor-,
— 1,2-anhydrid 6050
—, 3,5-Dimethoxy-,
— 1,2-anhydrid 6594
—, 3,6-Dimethoxy-,
— 1,2-anhydrid 6594
—, 5,6-Dimethoxy-,
— 1,2-anhydrid 6594
—, 6-[α-Hydroxy-isopropyl]-,
— lacton 6166
— 1-lacton-2,4-dimethylester 6166
—, 5-Hydroxy-3-methyl-,
— 1,2-anhydrid 6497
—, 3-Methoxy-,
— 1,2-anhydrid 6489
—, 6-Methoxy-,
— 1,2-anhydrid 6489
—, 3-Methoxy-5-methyl-,
— 1,2-anhydrid 6498
—, 5-Methoxy-3-methyl-,
— 1,2-anhydrid-4-methylester 6497
Benzo[b]naphtho[2,3-d]thiophen-7-carbonsäure
—, 6,11-Dioxo-6,11-dihydro- 6103
— amid 6104
Benzo[b]naphtho[2,3-d]thiophen-10-carbonsäure
—, 6,11-Dioxo-6,11-dihydro- 6103
— amid 6104
Benzo[b]naphtho[2,3-d]thiophen-7-carbonylchlorid
—, 6,11-Dioxo-6,11-dihydro- 6104
Benzo[b]naphtho[2,3-d]thiophen-10-carbonylchlorid
—, 6,11-Dioxo-6,11-dihydro- 6104
Benzo[b]naphtho[2,3-d]thiophen-x-sulfonsäure
—, 6,11-Dioxo-6,11-dihydro- 6750
—, 8-Methyl-6,11-dioxo-6,11-dihydro- 6750
Benzo[4,5]thieno[2,3-c]furan-1-on
—, 6-Äthoxy-3-hydroxy-3-phenyl-3H- 6431
Benzo[4,5]thieno[2,3-c]furan-3-on
—, 1-[4-Acetoxy-3,5-dibrom-2-hydroxy-phenyl]-1-hydroxy-1H- 6561
—, 1-[3,5-Dibrom-2,4-dihydroxy-phenyl]-1-hydroxy-1H- 6561
—, 1-[2,4-Dihydroxy-phenyl]-1-hydroxy-1H- 6561
—, 1-Hydroxy-1-[4-methoxy-phenyl]-1H- 6431
Benzo[b]thiophen-2-carbonsäure
—, 3-[4-Acetoxy-3,5-dibrom-2-hydroxy-benzoyl]- 6561

— methylester 6561
—, 3-[4-Acetoxy-2-hydroxy-benzoyl]-,
— methylester 6561
—, 7-[Äthoxycarbonyl-cyan-methyl]-4,5-dioxo-4,5-dihydro- 6256
—, 7-Anilino-6-chlor-4,5-dioxo-4,5-dihydro- 6488
—, 6-Chlor-5-hydroxy-4-oxo-7-phenylimino-4,7-dihydro- 6488
—, 3-[3,5-Dibrom-2,4-dihydroxy-benzoyl]- 6561
—, 6,7-Dichlor-4,5-dioxo-4,5-dihydro- 6049
—, 3-[2,4-Dihydroxy-benzoyl]- 6561
— methylester 6561
—, 4-Hydroxyimino-5-oxo-4,5-dihydro- 6049
—, 5-Hydroxy-4-nitroso- 6049
—, 3-[4-Methoxy-benzoyl]- 6431
Benzo[b]thiophen-3-carbonsäure
—, 6-Äthoxy-2-benzoyl- 6431
—, 2-[2-Carboxy-benzoyl]- 6193
—, 2-[(2-Hydroxyoxalyl-phenylmercapto)-acetyl]- 6372
Benzo[b]thiophen-5-on
—, 3,4-Dibrom-4-nitro-4H- 6620
Benzo[b]thiophen-7-sulfonsäure
—, 4,5-Dioxo-4,5-dihydro- 6745
Benzo[a]xanthen-9-carbonsäure
—, 8,11-Dihydroxy-10-[2]naphthyloxy-12-oxo-12H- 6649
Benzo[c]xanthen-8,9-dicarbonsäure
—, 10-[4-Methoxy-phenyl]-7-oxo-7a,8,9,10-tetrahydro-7H-,
— dimethylester 6649
Benz[b]oxepin-4-carbonsäure
—, 5-[2-Methoxycarbonyl-äthyl]-5-methyl-2-oxo-2,3,4,5-tetrahydro-,
— methylester 6169
Benz[c]oxepin-8-carbonsäure
—, 5,5-Dimethyl-1,3-dioxo-1,3,4,5-tetrahydro- 6057
Bernsteinsäure
—, 2-Acetonyl-3-[2-hydroxy-5-methyl-phenyl]-,
— 1-lacton-4-methylester 6059
— 4-lacton-1-methylester 6059
—, 2-Acetoxy-2-chlorcarbonylmethyl-,
— anhydrid 6457
—, 2-Acetoxy-3-[1-hydroxy-äthyl]-,
— 4-äthylester-1-lacton 6265
—, 2-[1-(3-Acetyl-2,4-dihydroxy-phenyl)-äthyliden]-,
— 1→2-lacton 6530
—, 2-Acetyl-2-[1-hydroxy-äthyl]-,
— 1-äthylester-4-lacton 5975

Bernsteinsäure (Fortsetzung)
—, 2-Acetyl-3-[1-hydroxy-äthyliden]-,
  — 4-äthylester-1-lacton 5990
—, 2-Acetyl-3-[α-hydroxy-benzyl]-,
  — 4-äthylester-1-lacton 6057
—, 2-Acetyl-2-[1-hydroxy-butyl]-,
  — 1-äthylester-4-lacton 5981
—, 2-Acetyl-3-[α-hydroxy-isopropyl]-,
  — 4-äthylester-1-lacton 5977
—, [3-Äthoxycarbonyl-5,6,7-trihydroxy-
  1-oxo-isochroman-4-yl]-,
  — diäthylester 6694
—, 2-Äthoxymethyl-3-[1-hydroxy-äthyl]-,
  — 4-äthylester-1-lacton 6268
—, 2-[1-(4-Äthyl-2,5-dihydroxy-phenyl)-
  äthyliden]-,
  — 1→2-lacton 6393
—, 2-[1-(5-Äthyl-2,4-dihydroxy-phenyl)-
  äthyliden]-,
  — 1→2-lacton 6392
—, 2-[1-(5-Äthyl-2,3,4-trihydroxy-phenyl)-
  äthyliden]-,
  — 1→2-lacton 6510
—, 2-[1-(3-Benzoyl-2,4-dihydroxy-phenyl)-
  äthyliden]-,
  — 1→2-lacton 6566
—, 2-Benzoyl-2-[1-methyl-3-oxo-
  phthalan-1-yl]-,
  — diäthylester 6234
—, 2,2-Bis-[1-hydroxy-äthyl]-,
  — 1-isopropylester-4-lacton 6271
—, 2,3-Bis-hydroxymethyl-,
  — 1→3-lacton 6267
—, 2-[3-Brom-2-hydroxymethyl-5,6-
  dimethoxy-phenyl]-,
  — 1-lacton 6476
—, 2-[1-(5-Butyl-2,4-dihydroxy-phenyl)-
  äthyliden]-,
  — 1→2-lacton 6397
—, 2-Butyryl-2-[1-hydroxy-äthyl]-,
  — 1-äthylester-4-lacton 5980
—, 2-Butyryl-2-[α-hydroxy-benzyl]-,
  — 1-äthylester-4-lacton 6061
—, 2-Butyryl-2-[1-hydroxy-butyl]-,
  — 1-äthylester-4-lacton 5983
—, 2-Butyryl-2-hydroxymethyl-,
  — 1-äthylester-4-lacton 5976
—, [3-Carbamoyl-5,6,7-trimethoxy-1-oxo-
  isochroman-4-yl]-,
  — diamid 6695
—, [6-(2-Carboxy-äthyl)-3a-methyl-
  dodecahydro-cyclopenta[a]naphthalin-3-
  yl]-,
  — anhydrid 6045
—, [3-Carboxy-[1]naphthyl]-,
  — anhydrid 6093
—, [4-Carboxy-[1]naphthyl]-,
  — anhydrid 6093

—, 2-[3-Carboxy-5,6,7-trihydroxy-1-oxo-
  isochroman-4-yl]-,
  — 1-[O^1,O^3,O^6-trigalloyl-
  glucopyranose-4-ylester] 6695
—, [3-Carboxy-5,6,7-trihydroxy-1-oxo-
  isochroman-4-yl]- 6693
—, [3-Carboxy-5,6,7-trimethoxy-1-oxo-
  isochroman-4-yl]- 6693
—, 2-[3-Chlorcarbonyl-butyl]-3-methyl-,
  — anhydrid 5979
—, [7-Chlor-4-methoxy-1-methyl-3-oxo-
  phthalan-1-yl]- 6604
—, 2-Cinnamoyl-3-[α-hydroxy-cinnamyliden]-,
  — 1-lacton-4-methylester 6108
—, 2-[2,4-Dihydroxy-benzhydryliden]-,
  — 1→2-lacton 6433
—, 2-[α,β-Dihydroxy-isopropyl]-,
  — 1→β-lacton 6267
—, 2-[1-(2,6-Dihydroxy-4-methyl-phenyl)-
  äthyliden]-,
  — 1-lacton 6386
—, 2-[1-(2,4-Dihydroxy-phenyl)-
  äthyliden]-,
  — 1→2-lacton 6373
—, 2-[1-(2,4-Dihydroxy-5-propyl-phenyl)-
  äthyliden]-,
  — 1→2-lacton 6396
—, 2-[2,4-Dinitro-phenylhydrazono]-3-
  [β-hydroxy-isobutyl]-,
  — 1-äthylester-4-lacton 5975
—, 2-[2,4-Dinitro-phenylhydrazono]-3-
  [3-hydroxy-1-methyl-propyl]-,
  — 1-äthylester-4-lacton 5971
—, [1,3-Dioxo-octahydro-4,7-äthano-
  isobenzofuran-5-yl]- 6219
—, [1,3-Dioxo-octahydro-4,7-ätheno-
  isobenzofuran-5-yl]- 6219
  — dimethylester 6219
—, [Furan-2-carbonyl]-,
  — diäthylester 6141
—, 2-Glykoloyl-,
  — 4-äthylester-1-lacton 5963
  — 1-lacton 5963
—, 2-[α-Hydroxy-2,5-dimethyl-phenacyl]-
  3-methyl-,
  — 1-chlorid-4-lacton 6061
  — 4-lacton 6060
—, [α-Hydroxy-furfuryliden]-,
  — diäthylester 6141
—, 2-[α-Hydroxy-4-methoxy-2,5-
  dimethyl-phenacyl]-3-methyl-,
  — 4-lacton 6513
—, 2-[1-Hydroxy-1-(6-methoxy-
  [2]naphthyl)-propyl]-2-methyl-,
  — 1-äthylester-4-lacton 6412
—, 2-Hydroxymethyl-3-imino-,
  — 1-äthylester-4-lacton 5962

Bernsteinsäure (Fortsetzung)
—, [2-(3-Hydroxy-3,4,4-trimethyl-5-oxo-
tetrahydro-[2]furyl)-propyl]- 6578
—, 2-Lactoyl-,
  — 4-äthylester-1-lacton 5968
  — 1-lacton 5968
—, 2-[1-Methoxycarbonylmethyl-
1,6,6,10a-tetramethyl-11-oxo-
dodecahydro-4a,8a-oxaäthano-
phenanthren-2-yl]-2-methyl-,
  — dimethylester 6244
—, [3-Methoxycarbonyl-5,6,7-
trimethoxy-1-oxo-isochroman-4-yl]-,
  — dimethylester 6694
—, [4-Methoxy-1-methyl-3-oxo-phthalan-
1-yl]- 6603
—, [4-Methyl-2,5-dioxo-2,5-dihydro-
[3]furyl]- 6207
—, 2-Methyl-3-[4-methyl-2,5-dioxo-2,5-
dihydro-[3]furylmethyl]- 6209
—, 2-Salicyloyl-,
  — 1-lacton 6053
—, [5,6,7-Triacetoxy-3-äthoxycarbonyl-1-
oxo-isochroman-4-yl]-,
  — diäthylester 6694
—, 2-[2,4-Trihydroxy-benzyliden]-,
  — 1→2-lacton 6498
—, 2-[1-(2,3,4-Trihydroxy-phenyl)-
äthyliden]-,
  — 1→2-lacton 6505
—, 2-[1-(2,4,6-Trihydroxy-phenyl)-
äthyliden]-,
  — 1→2-lacton 6504
—, 2-[5,6,7-Trimethoxy-3-
methoxycarbonyl-1-oxo-isochroman-4-yl]-,
  — 4-methylester-1-[O^2-methyl-$O^1,O^3,\rightleftarrows$
  O^6-tris-(3,4,5-trimethoxy-benzoyl)-
  glucopyranose-4-ylester] 6695
  — 4-methylester-1-[O^1,O^3,O^6-tris-
  (3,4,5-trimethoxy-benzoyl)-
  glucopyranose-4-ylester] 6695
Betulindisäure
—, Oxyallo- 6176
Bicyclo[3.2.2]nonan-6,7-dicarbonsäure
—, 1-Acetoxy-4-hydroxy-2-oxo-,
  — 6-lacton 6465
—, 8,9-Dibrom-1,4-dihydroxy-2-oxo-,
  — 6→4-lacton 6466
—, 8,9-Dihydroxy-,
  — 6→9-lacton 6300
  — 6→9-lacton-7-methylester 6301
—, 1,4-Dihydroxy-2-oxo-,
  — 6→4-lacton 6465
Bicyclo[3.2.2]non-2-en-6,7-dicarbonsäure
—, 8-Brom-9-hydroxy-1-methoxy-4-oxo-,
  — 6-lacton 6477
—, 9-Brom-8-hydroxy-1-methoxy-4-oxo-,

  — 7-lacton 6477
Bicyclo[3.2.2]non-8-en-6,7-dicarbonsäure
—, 1-Acetoxy-8-brom-4-hydroxy-2-oxo-,
  — 6-lacton 6478
—, 1-Acetoxy-4-hydroxy-2-oxo-,
  — 6-lacton 6478
—, 8-Brom-1,4-dihydroxy-2-oxo-,
  — 6→4-lacton 6478
—, 1,4-Dihydroxy-2-oxo-,
  — 6→4-lacton 6478
—, 2,2-Dihydroxy-3-oxo-,
  — 7→2-lacton 6478
Bicyclo[2.2.2]octan-2,3-dicarbonsäure
—, 7-Brom-5-dichlormethyl-6-hydroxy-5-
methyl-6-oxo-,
  — 3-lacton 6024
  — 3-lacton-2-methylester 6024
—, 5,6-Dihydroxy-,
  — 2→6-lacton 6299
  — 2→6-lacton-3-methylester 6300
—, 5,6-Dihydroxy-2,3-dimethyl-,
  — 2→6-lacton 6301
  — 2→6-lacton-3-methylester 6301
—, 5,6-Dihydroxy-2-methyl-,
  — 3→5-lacton 6300
—, 5-[2,5-Dioxo-tetrahydro-[3]furyl]- 6219
—, 5-Hydroxy-4-isopropyl-1-methyl-6-
oxo-,
  — 3-lacton 6026
  — 3-lacton-2-methylester 6026
—, 5-Hydroxy-5-methyl-7-oxo-,
  — 3-lacton 6023
  — 3-lacton-2-methylester 6023
Bicyclo[2.2.2]octan-1,2,3-tricarbonsäure
  — 1-äthylester-2,3-anhydrid 6022
  — 2,3-anhydrid 6022
Bicyclo[2.2.2]oct-5-en-2,3-dicarbonsäure
—, 7-[1,2-Dicarboxy-äthyl]-,
  — anhydrid 6219
—, 7-[2,5-Dioxo-tetrahydro-[3]furyl]-
6219
  — dimethylester 6219
Bicyclo[2.2.2]oct-5-en-1,2,3-tricarbonsäure
  — 1-äthylester-2,3-anhydrid 6035
  — 2,3-anhydrid 6035
  — 2,3-anhydrid-1-methylester 6035
—, 7-Methyl-,
  — 2,3-anhydrid 6035
Bicyclo[2.2.2]oct-5-en-2,3,5-tricarbonsäure
—, 1,4-Dimethyl-,
  — 2,3-anhydrid 6037
[2,2']Bifuryl-4-carbonsäure
—, 2-Hydroxy-5-oxo-2,3,4,5-tetrahydro-
6141
[3,3']Bifuryliden-2,2'-dion
—, 5-Hydroxy-5,5'-diphenyl-4,5-dihydro-
6105

[3,3′]Bifuryliden-2,2′-dion (Fortsetzung)
—, 5-Hydroxy-5,5′-di-*p*-tolyl-4,5-dihydro-
6106
—, 5-Hydroxy-5′-[2]naphthyl-5-phenyl-
4,5-dihydro- 6111
Biglandulinsäure 6129
— diäthylester 6130
— dimethylester 6129
—, Dihydro- 6120
— methylester 6121
Biliobansäure 6222
— dimethylester 6223
— dimethylester-oxim 6223
— oxim 6223
—, Chenodesoxy- 6162
—, Desoxy- 6162
—, Neodesoxy- 6161
—, Nordesoxy- 6161
[2,2′]Binaphthyl-1,4a,1′-tricarbonsäure
—, 6′-Acetoxy-1-hydroxy-2,7,7,2′,5′,5′,≠
8′a-heptamethyl-eicosahydro-,
— 4a-lacton 6616
— 4a-lacton-1,1′-dimethylester 6617
—, 1,6′-Dihydroxy-2,7,7,2′,5′,5′,8′a-
heptamethyl-eicosahydro-,
— 4a→1-lacton 6615
Biphenyl
—, 4,4′-Bis-[1-(4-äthoxy-
phenylcarbamoyl)-2-[2]furyl-2-oxo-
äthylazo]- 6008
—, 4,4′-Bis-[1-(4-äthoxy-
phenylcarbamoyl)-2-[2]furyl-2-oxo-
äthylidenhydrazino]- 6008
—, 4,4′-Bis-[1-(4-äthoxy-
phenylcarbamoyl)-2-(5-methyl-[2]furyl)-2-
oxo-äthylazo]- 6018
—, 4,4′-Bis-[1-(4-äthoxy-
phenylcarbamoyl)-2-(5-methyl-[2]furyl)-2-
oxo-äthylidenhydrazino]- 6018
—, 4,4′-Bis-[1-(4-brom-phenylcarbamoyl)-
2-[2]furyl-2-oxo-äthylazo]- 6004
—, 4,4′-Bis-[1-(4-brom-phenylcarbamoyl)-
2-[2]furyl-2-oxo-äthylidenhydrazino]-
6004
—, 4,4′-Bis-[1-(4-brom-phenylcarbamoyl)-
2-(5-methyl-[2]furyl)-2-oxo-äthylazo]-
6015
—, 4,4′-Bis-[1-(4-brom-phenylcarbamoyl)-
2-(5-methyl-[2]furyl)-2-oxo-
äthylidenhydrazino]- 6015
—, 4,4′-Bis-[1-(3-chlor-phenylcarbamoyl)-
2-[2]furyl-2-oxo-äthylazo]- 6004
—, 4,4′-Bis-[1-(4-chlor-phenylcarbamoyl)-
2-[2]furyl-2-oxo-äthylazo]- 6004
—, 4,4′-Bis-[1-(3-chlor-phenylcarbamoyl)-
2-[2]furyl-2-oxo-äthylidenhydrazino]- 6004

—, 4,4′-Bis-[1-(4-chlor-phenylcarbamoyl)-
2-[2]furyl-2-oxo-äthylidenhydrazino]-
6004
—, 4,4′-Bis-[1-(3-chlor-phenylcarbamoyl)-
2-(5-methyl-[2]furyl)-2-oxo-äthylazo]-
6015
—, 4,4′-Bis-[1-(4-chlor-phenylcarbamoyl)-
2-(5-methyl-[2]furyl)-2-oxo-äthylazo]-
6015
—, 4,4′-Bis-[1-(3-chlor-phenylcarbamoyl)-
2-(5-methyl-[2]furyl)-2-oxo-
äthylidenhydrazino]- 6015
—, 4,4′-Bis-[1-(4-chlor-phenylcarbamoyl)-
2-(5-methyl-[2]furyl)-2-oxo-
äthylidenhydrazino]- 6015
—, 4,4′-Bis-[2-[2]furyl-1-(2-methoxy-
phenylcarbamoyl)-2-oxo-äthylazo]- 6006
—, 4,4′-Bis-[2-[2]furyl-1-(4-methoxy-
phenylcarbamoyl)-2-oxo-äthylazo]-
6008
—, 4,4′-Bis-[2-[2]furyl-1-(2-methoxy-
phenylcarbamoyl)-2-oxo-
äthylidenhydrazino]- 6006
—, 4,4′-Bis-[2-[2]furyl-1-(4-methoxy-
phenylcarbamoyl)-2-oxo-
äthylidenhydrazino]- 6008
—, 4,4′-Bis-[2-[2]furyl-1-
[1]naphthylcarbamoyl-2-oxo-äthylazo]-
6005
—, 4,4′-Bis-[2-[2]furyl-1-
[2]naphthylcarbamoyl-2-oxo-äthylazo]-
6006
—, 4,4′-Bis-[2-[2]furyl-1-
[1]naphthylcarbamoyl-2-oxo-
äthylidenhydrazino]- 6005
—, 4,4′-Bis-[2-[2]furyl-1-
[2]naphthylcarbamoyl-2-oxo-
äthylidenhydrazino]- 6006
—, 4,4′-Bis-[2-[2]furyl-2-oxo-1-
phenylcarbamoyl-äthylazo]- 6003
—, 4,4′-Bis-[2-[2]furyl-2-oxo-1-
phenylcarbamoyl-äthylidenhydrazino]-
6003
—, 4,4′-Bis-[2-[2]furyl-2-oxo-1-
o-tolylcarbamoyl-äthylazo]- 6004
—, 4,4′-Bis-[2-[2]furyl-2-oxo-1-
p-tolylcarbamoyl-äthylazo]- 6005
—, 4,4′-Bis-[2-[2]furyl-2-oxo-1-
o-tolylcarbamoyl-äthylidenhydrazino]-
6004
—, 4,4′-Bis-[2-[2]furyl-2-oxo-1-
p-tolylcarbamoyl-äthylidenhydrazino]-
6005
—, 4,4′-Bis-[1-(2-methoxy-
phenylcarbamoyl)-2-(5-methyl-[2]furyl)-2-
oxo-äthylazo]- 6017

Biphenyl (Fortsetzung)

—, 4,4'-Bis-[1-(4-methoxy-phenylcarbamoyl)-2-(5-methyl-[2]furyl)-2-oxo-äthylazo]- 6018

—, 4,4'-Bis-[1-(2-methoxy-phenylcarbamoyl)-2-(5-methyl-[2]furyl)-2-oxo-äthylidenhydrazino]- 6017

—, 4,4'-Bis-[1-(4-methoxy-phenylcarbamoyl)-2-(5-methyl-[2]furyl)-2-oxo-äthylidenhydrazino]- 6018

—, 4,4'-Bis-[2-(5-methyl-[2]furyl)-1-[1]naphthylcarbamoyl-2-oxo-äthylazo]- 6016

—, 4,4'-Bis-[2]-(5-methyl-[2]furyl)-1-[2]naphthylcarbamoyl-2-oxo-äthylazo]- 6017

—, 4,4'-Bis-[2-(5-methyl-[2]furyl)-1-[1]naphthylcarbamoyl-2-oxo-äthylidenhydrazino]- 6016

—, 4,4'-Bis-[2-(5-methyl-[2]furyl)-1-[2]naphthylcarbamoyl-2-oxo-äthylidenhydrazino]- 6017

—, 4,4'-Bis-[2-(5-methyl-[2]furyl)-2-oxo-1-phenylcarbamoyl-äthylazo]- 6014

—, 4,4'-Bis-[2-(5-methyl-[2]furyl)-2-oxo-1-phenylcarbamoyl-äthylidenhydrazino]- 6014

—, 4,4'-Bis-[2-(5-methyl-[2]furyl)-2-oxo-1-*o*-tolylcarbamoyl-äthylazo]- 6015

—, 4,4'-Bis-[2-(5-methyl-[2]furyl)-2-oxo-1-*p*-tolylcarbamoyl-äthylazo]- 6016

—, 4,4'-Bis-[2-(5-methyl-[2]furyl)-2-oxo-1-*o*-tolylcarbamoyl-äthylidenhydrazino]- 6015

—, 4,4'-Bis-[2-(5-methyl-[2]furyl)-2-oxo-1-*p*-tolylcarbamoyl-äthylidenhydrazino]- 6016

Biphenyl-2,3'-dicarbonsäure

—, 3,2',4'-Trihydroxy-5,6'-dimethyl-,
 — 2→2'-lacton 6550

Biphenyl-2,6-dicarbonsäure

—, 3,2'-Dihydroxy-,
 — 2→2'-lacton 6415
 — 6→2'-lacton 6415

Biphenyl-4-sulfonsäure

—, 4'-[5,5-Dioxo-7-sulfo-dibenzothiophen-3-yl]- 6733

Biphenyl-2,3,2',5'-tetracarbonsäure

 — 2,2'-anhydrid 6233
 — 2,3-anhydrid 6233

Biphenyl-2,3,2'-tricarbonsäure

—, 5,6,5',6'-Tetramethoxy-,
 — 2,3-anhydrid 6686

Biphenyl-2,3,4-tricarbonsäure

 — 2,3-anhydrid 6094
 — 2,3-anhydrid-4-methylester 6095

Biphenyl-2,5,2'-tricarbonsäure

—, 4'-Isopropyl-3-methyl-,
 — 2,2'-anhydrid 6099

Borrelidin 6655

 — methylester 6655
 — [4-nitro-benzylester] 6655

—, Bis-*O*-[4-nitro-benzoyl]-,
 — methylester 6655

—, Di-*O*-acetyl-,
 — methylester 6655

Bovosid-A-19-säure

 — methylester 6538

Brasilsäure 6476

—, Anhydro- 6351

—, Isoanhydro- 6352

Brenzchollepidansäure 6248

 — trimethylester 6249

Brenzcholoidansäure 6171

 — dimethylester 6172

Brenzprosolannellsäure 6069

Brenzpseudocholoidansäure 6258

Brenztraubensäure

—, [4-Äthoxycarbonyl-5-methyl-[2]furyl]- 6142

—, Benzo[*b*]thiophen-3-yl-cyan-,
 — äthylester 6179

—, [4-Carboxy-5-methyl-[2]furyl]- 6142

—, Cyan-[2]thienyl-,
 — äthylester 6138

—, [4,6-Dimethoxy-3,5-dimethyl-benzofuran-2-yl]- 6510

—, [4,6-Dimethoxy-3-methyl-benzofuran-2-yl]- 6507

—, [3-(3,4-Dimethoxy-phenyl)-6-methoxy-benzofuran-2-yl]- 6645

—, [6-Methoxy-3,7-dimethyl-benzofuran-2-yl]- 6390

—, [6-Methoxy-3-(3-methoxy-phenyl)-benzofuran-2-yl]- 6561

—, [6-Methoxy-3-(4-methoxy-phenyl)-benzofuran-2-yl]- 6562

—, [6-Methoxy-3-methyl-benzofuran-2-yl]- 6381

—, [6-Methoxy-3-*m*-tolyl-benzofuran-2-yl]- 6437

Brevifolincarbonsäure 6670

—, Tri-*O*-methyl- 6670
 — methylester 6670

Bromgibberellin-A₁ 6516
 — methylester 6516

Bromgibberellin-A₃ 6532

—, *O*-Acetyl- 6533

Bromgibberellinsäure 6532
 — methylester 6533

—, *O*-Acetyl- 6533
 — methylester 6533

Bufotalonsäure
—, Anhydro- 6408
Buta-1,3-dien-1,2,3,4-tetracarbonsäure
—, 1-Hydroxy-,
— 3-lacton-1,2,4-trimethylester 6241
Buta-1,3-dien-1,1,3-tricarbonsäure
—, 4-Äthoxy-4-hydroxy-,
— 1,3-diäthylester-1-lacton 6581
—, 4-Hydroxy-4-methoxy-,
— 1-lacton-1,3-dimethylester 6580
—, 4-Hydroxy-4-phenyl-,
— 1,3-diäthylester-1-lacton 6185
Buta-1,3-dien-1,1,4-tricarbonsäure
—, 2-Hydroxy-,
— 1,1-diäthylester-4-lacton 6138
Butan-2-on
— {[(7-methoxy-2-oxo-2*H*-chromen-
4-yl)-acetyl]-hydrazon} 6356
—, 4-[7-Chlor-4,6-dimethoxy-3-methyl-
benzofuran-2-yl]- 6624
Butan-1-sulfonsäure
—, 1-[2]Furyl-3-oxo- 6738
Butan-1,2,3,4-tetracarbonsäure
— 1,4-diäthylester-2,3-anhydrid 6200
—, 1-Hydroxy-,
— 3-lacton 6238
— 3-lacton-1,2,4-trimethylester 6238
— 1,2,4-triäthylester-3-lacton 6238
—, 2-Hydroxy-,
— 4-lacton 6237
— 4-lacton-2-methylester 6238
— 4-lacton-1,2,3-trimethylester 6238
Butan-1,1,2-tricarbonsäure
—, 4-Hydroxy-3,3-dimethyl-,
— 1-lacton 6120
— 1-lacton-1,2-dimethylester 6121
Butan-1,2,2-tricarbonsäure
—, 3-Hydroxy-,
— 1-lacton 6118
—, 4-Hydroxy-,
— 1,2-diäthylester-2-lacton 6118
— 2-lacton 6118
Butan-1,2,3-tricarbonsäure
—, 1-Hydroxy-,
— 3-lacton 6118
—, 3-Hydroxy-1-phenyl-,
— 2,3-diäthylester-1-lacton 6166
— 1-lacton 6166
—, 3-Methyl-,
— anhydrid 5971
—, 4-Phenyl-,
— anhydrid 6057
Butan-1,2,4-tricarbonsäure
—, 4-Hydroxy-,
— 1-lacton 6116
— 2-lacton 6116, 6117

—, 2-Hydroxy-4-oxo-,
— 4-lacton 6200
But-2-endisäure
—, Methyl-[4-methyl-2,5-dioxo-
tetrahydro-[3]furylmethyl]- 6210
But-3-ensäure
—, 3-[11-Acetoxy-2-hydroxy-1,16-dioxo-
picrasan-13-carbonyl]- 6669
— methylester 6670
—, 3-[1-Acetoxy-10-hydroxy-3,8,11a,11c-
tetramethyl-5,11-dioxo-hexadecahydro-
dibenzo[*de,g*]chromen-3-carbonyl]-
6669
— methylester 6670
—, 2-Acetyl-4-[5-acetyl-3-
äthoxycarbonyl-6-oxo-6*H*-pyran-2-yl]-,
— äthylester 6247
— methylester 6246
—, 2-Acetyl-4-[5-acetyl-3-
methoxycarbonyl-6-oxo-6*H*-pyran-2-yl]-,
— äthylester 6247
— methylester 6246
—, 4-[5-Acetyl-3-äthoxycarbonyl-6-oxo-
6*H*-pyran-2-yl]-2-[1-benzoyloxy-äthyliden]-,
— äthylester 6666
—, 4-[5-Acetyl-3-äthoxycarbonyl-6-oxo-
6*H*-pyran-2-yl]-2-[1-hydroxy-äthyliden]-,
— äthylester 6247
— methylester 6246
—, 4-[5-Acetyl-3-methoxycarbonyl-6-oxo-
6*H*-pyran-2-yl]-2-[1-hydroxy-äthyliden]-,
— äthylester 6247
— methylester 6246
—, 3-Äthoxy-4-carbamoyl-4-hydroxy-2-
methyl-,
— lacton 6278
—, 4-Benzoyloxy-2-benzoyloxyimino-4-
[2]furyl-,
— äthylester 6308
—, 4-Benzoyloxy-4-[2]furyl-2-oxo-,
— äthylester 6308
—, 4-Carbamoyl-4-hydroxy-3-methoxy-2-
methyl-,
— lacton 6277
—, 4-Hydroxy-3-methoxy-2-methyl-4-
phenylcarbamoyl-,
— lacton 6278
But-1-en-1,1,2-tricarbonsäure
—, 4-Hydroxy-3,3-dimethyl-,
— 1,2-diäthylester-1-lacton 6130
— 1-lacton 6129
— 1-lacton-1,2-dimethylester 6129
But-1-en-1,1,4-tricarbonsäure
—, 2-Hydroxy-,
— 1,1-diäthylester-4-lacton 6128

But-1-en-1,2,4-tricarbonsäure
—, 3-Hydroxy-,
　— 1-lacton 6128
—, 4-Hydroxy-3-Oxo-,
　— 2,4-diäthylester-1-*lacton* 6203
But-3-en-1,2,3-tricarbonsäure
—, 4-Hydroxy-1-oxo-,
　— 2,3-diäthylester-1-lacton 6206
Buttersäure
—, 4-[4-Acetoxy-7-acetyl-6-hydroxy-3,5-
dimethyl-benzofuran-2-yl]-2-acetyl-3-oxo-,
　— äthylester 6672
—, 4-[2-Acetoxy-3,5-dimethyl-phenyl]-2-
[2-methoxycarbonyl-6,8-dimethyl-4-oxo-
chroman-3-yl]-4-oxo-,
　— methylester 6678
—, 4-[2-Acetoxy-5-methyl-phenyl]-2-
[2-methoxycarbonyl-6-methyl-4-oxo-
chroman-3-yl]-4-oxo-,
　— methylester 6678
—, 2-Acetyl-4-[4,6-diacetoxy-7-acetyl-3,5-
dimethyl-benzofuran-2-yl]-3-oxo-,
　— äthylester 6672
—, 2-Acetyl-4-[6-methoxy-3-methyl-
benzofuran-2-yl]-3-oxo-,
　— äthylester 6531
—, 2-Acetyl-3-[7-methoxy-4-methyl-2-
oxo-2*H*-chromen-3-yl]-,
　— äthylester 6531
—, 4-[6-Äthoxy-4,7-dimethoxy-
benzofuran-5-yl]-2,4-dioxo-,
　— äthylester 6666
—, 4-[6-Äthoxy-4,7-dimethoxy-
benzofuran-5-yl]-4-oxo-2-
thiosemicarbazono-,
　— äthylester 6666
—, 4-Benzofuran-2-yl-2,4-bis-
hydroxyimino-,
　— äthylester 6076
—, 4-Benzofuran-2-yl-2,4-dioxo-,
　— äthylester 6076
—, 4-Benzofuran-2-yl-3-[4-nitro-
phenylazo]-2,4-dioxo-,
　— äthylester 6185
—, 4-Benzofuran-2-yl-3-[4-nitro-
phenylhydrazono]-2,4-dioxo-,
　— äthylester 6185
—, 4-[9-Brom-4,6-dimethoxy-
dibenzofuran-3-yl]-4-oxo- 6551
—, 4-[2-Brom-4-methoxy-dibenzofuran-1-
yl]-4-oxo- 6418
—, 4-[4-Brom-phenyl]-2-cyan-2-
[3,6-dihydro-2*H*-pyran-4-yl]-4-oxo-,
　— äthylester 6180
—, 4-[4-Carbamoyl-2,3,5-trihydroxy-
phenyl]-3-[7-chlor-4-hydroxy-1-methyl-3-
oxo-phthalan-1-yl]- 6692

—, 4-[5-Carboxy-1,1-dimethyl-3-oxo-
phthalan-4-yl]- 6169
—, 3-[6-Carboxy-8-methoxy-6,9,9b-
trimethyl-7-oxo-1,2,3a,4,5,6,6a,7,9a,9b-
decahydro-benzo[*de*]chromen-5-yl]- 6589
—, 4-[3-Carboxymethyl-7,8-dimethoxy-2-
oxo-2*H*-chromen-4-yl]- 6667
—, 4-Cyan-2-[2-cyan-äthyl]-2-[furan-2-
carbonyl]-,
　— äthylester 6241
—, 4-Cyan-2-[2-cyan-äthyl]-2-[thiophen-
2-carbonyl]-,
　— äthylester 6241
—, 4-Cyan-2-[furan-2-carbonyl]-,
　— äthylester 6144
—, 3-Cyan-4-hydroxy-2-oxo-,
　— lacton 5962
—, 2-Cyan-2-[7-methoxy-2-oxo-
2*H*-chromen-6-carbonyl]-3-methyl-,
　— äthylester 6672
—, 4-Cyan-2-[thiophen-2-carbonyl]-,
　— äthylester 6144
—, 3,4-Dicarbamoyl-2-carbamoylmethyl-
4-hydroxy-,
　— lacton 6238
—, 4-[4,6-Dimethoxy-dibenzofuran-1-yl]-
4-oxo- 6550
—, 4-[4,6-Dimethoxy-dibenzofuran-3-yl]-
4-oxo- 6551
—, 4-[7,8-Dimethoxy-3-
methoxycarbonylmethyl-2-oxo-
2*H*-chromen-4-yl]-,
　— methylester 6667
—, 3-[4,6-Dimethoxy-2-
methoxycarbonyl-3-oxo-2,3-dihydro-
benzofuran-2-yl]- 6656
—, 4-[7,8-Dimethoxy-2-oxo-2*H*-chromen-
4-yl]- 6508
　— methylester 6508
—, 4-[3,4-Dimethoxy-[2]thienyl]-4-oxo-
6462
—, 4-[3,6-Dimethyl-13,15-dioxo-11,12,13,≈
15-tetrahydro-10*H*-9,10-furo[3,4]ätheno-
anthracen-9-yl]- 6107
—, 3-[3,6-Dimethyl-2-oxo-2,3,3a,4,5,7a-
hexahydro-benzofuran-7-yl]-3-hydroxy-2-
oxo- 6466
—, 4-[2,4-Dinitro-phenylhydrazono]-4-
[5-methyl-2,4-dioxo-tetrahydro-[3]furyl]-
6130
—, 4-[2,4-Dinitro-phenylhydrazono]-4-
[5-oxo-tetrahydro-[3]furyl]-,
　— äthylester 5972
—, 4-[2,4-Dioxo-chroman-3-yl]- 6058
—, 2-[2,4-Dioxo-chroman-3-yl]-4-
[2-hydroxy-phenyl]-4-oxo- 6647
　— äthylester 6647

Buttersäure

—, 2-[2,4-Dioxo-chroman-3-yl]-4-[2-hydroxy-
phenyl]-4-oxo-, (Fortsetzung)
- benzylester 6648
- butylester 6648
- isopropylester 6648
- methylester 6647
- propylester 6648

—, 4-[2,4-Dioxo-chroman-3-yl]-4-oxo-
6179
- äthylester 6179

—, 4-[2,5-Dioxo-tetrahydro-[3]furyl]-
5971

—, 4-[4,5-Dioxo-tetrahydro-[3]furyl]-4-
oxo-,
- äthylester 6128

—, 2,4-Dioxo-4-[4,6,7-trimethoxy-
benzofuran-5-yl]-,
- äthylester 6665

—, 4-[2]Furyl-2,4-dioxo-,
- äthylester 6009

—, 4-[2]Furyl-2-hydroxyimino-4-oxo-,
- äthylester 6010

—, 4-[2]Furyl-4-oxo-2-semicarbazono-,
- äthylester 6010

—, 4-[5-Hydroxy-benzofuran-6-yl]-2,4-
dioxo-,
- äthylester 6528

—, 4-[3-Hydroxy-benzo[b]thiophen-2-yl]-
4-oxo- 6381

—, 4-[5-Hydroxy-2,3-dihydro-
benzofuran-6-yl]-2,4-dioxo-,
- äthylester 6507

—, 4-[6-Hydroxy-2,3-dihydro-
benzofuran-5-yl]-2,4-dioxo-,
- äthylester 6507

—, 4-[6-Hydroxy-4,7-dimethoxy-
benzofuran-5-yl]-2,4-dioxo-,
- äthylester 6665

—, 4-[6-Hydroxy-1,5-dimethyl-3-oxo-
phthalan-4-yl]- 6332
- äthylester 6333

—, 4-[2-Hydroxy-3,5-dimethyl-phenyl]-2-
[2-methoxycarbonyl-6,8-dimethyl-4-oxo-
chroman-3-yl]-4-oxo-,
- methylester 6678

—, 4-Hydroxy-2-methyl-3,4-bis-
phenylcarbamoyl-,
- lacton 6118

—, 4-[7-Hydroxy-4-methyl-2-oxo-
2H-chromen-8-yl]-4-oxo- 6530

—, 4-[4-Hydroxy-5-methyl-2-oxo-2,5-
dihydro-[3]furyl]- 5976

—, 4-[4-Hydroxy-6-methyl-2-oxo-
2H-pyran-3-yl]-4-oxo- 6144
- äthylester 6144

—, 4-[2-Hydroxy-5-methyl-phenyl]-2-
[2-methoxycarbonyl-6-methyl-4-oxo-
chroman-3-yl]-4-oxo-,
- methylester 6678

—, 4-[4-Hydroxy-2-oxo-2H-chromen-3-
yl]- 6058

—, 2-[4-Hydroxy-2-oxo-2H-chromen-3-
yl]-4-[2-hydroxy-phenyl]-4-oxo- 6647
- äthylester 6647
- benzylester 6648
- butylester 6648
- isopropylester 6648
- methylester 6647
- propylester 6648

—, 4-[4-Hydroxy-2-oxo-2H-chromen-3-
yl]-4-oxo- 6179
- äthylester 6179

—, 4-Hydroxy-4-[5-oxo-tetrahydro-
[2]furyl]-,
- anilid 6269
- p-toluidid 6269

—, 4-[1-Hydroxy-9-oxo-xanthen-2-yl]-2,4-
dioxo-,
- äthylester 6646

—, 4-[2-Methoxyacetoxy-3,5-dimethyl-
phenyl]-2-[2-methoxycarbonyl-6,8-
dimethyl-4-oxo-chroman-3-yl]-4-oxo-,
- methylester 6678

—, 4-[2-Methoxy-dibenzofuran-3-yl]-4-
oxo- 6418

—, 4-[4-Methoxy-dibenzofuran-1-yl]-4-
oxo- 6418

—, 4-[6-Methoxy-1,5-dimethyl-3-oxo-
phthalan-4-yl]- 6333
- methylester 6333

—, 3-[8-Methoxy-6-methoxycarbonyl-
6,9,9b-trimethyl-7-oxo-1,2,3a,4,5,6,6a,7,⚬
9a,9b-decahydro-benzo[de]chromen-5-yl]-
6589
- methylester 6590

—, 4-[4-Methoxy-2-oxo-2H-chromen-3-
yl]-,
- methylester 6383

—, 4-[5-(4-Methoxy-phenyl)-2-oxo-
tetrahydro-furan-3-yl]- 6332

—, 4-[6-Methyl-2,4-dioxo-3,4-dihydro-
2H-pyran-3-yl]-4-oxo- 6144
- äthylester 6144

—, 4-[5-Methyl-2,4-dioxo-tetrahydro-
[3]furyl]- 5976

—, 4-[5-Methyl-2,4-dioxo-tetrahydro-
[3]furyl]-4-oxo- 6130

—, 2-Methyl-4-[4-methyl-2,5-dioxo-
tetrahydro-[3]furyl]- 5979

—, 2-[5-[2]Naphthyl-2-oxo-[3]furyliden]-
4-oxo-4-phenyl- 6111

—, 4-Oxo-4-[3-oxo-2,3-dihydro-benzo[b]⚬
thiophen-2-yl]- 6381

Buttersäure (Fortsetzung)
—, 4-Oxo-2-[2-oxo-5-phenyl-[3]furyliden]-
   4-phenyl- 6105
—, 4-Oxo-4-[5-oxo-tetrahydro-[3]furyl]-,
   — äthylester 5972
   — methylester 5972
—, 4-Oxo-2-[2-oxo-5-*p*-tolyl-[3]furyliden]-
   4-*p*-tolyl- 6106
—, 4-[5-Oxo-tetrahydro-[3]furyl]-4-
   semicarbazono-,
   — äthylester 5972
Butyronitril
—, 2-[2,6-Dioxo-tetrahydro-pyran-4-yl]-
   3-methyl- 5978
Butyrylchlorid
—, 2-Methyl-4-[4-methyl-2,5-dioxo-
   tetrahydro-[3]furyl]- 5979

C

Calophyllonsäure
—, Hexahydro- 6553
   — äthylester 6553
Calotropageninsäure 6608
Calotropinsäure 6608
Camphotricarbonsäure
   — anhydrid 5993
Carbamidsäure
—, [Thiophen-2-sulfonyl]-,
   — äthylester 6707
Carboxynorrosenonolacton 6044
Carboxynorrosonlacton 6045
Carda-5,14-dienolid
—, 19-Äthoxy-3,19-epoxy-21-hydroxy-
   6407
Cardanolid
—, 3-Benzoyloxy-19-cyan-5,14,19-
   trihydroxy- 6655
Carlossäure 6131
Carminsäure 6697
—, Desoxy- 6696
—, Heptaacetyl-desoxy- 6696
—, Octaacetyl- 6697
—, Tetra-*O*-methyl-,
   — methylester 6697
Carolinsäure 6130
Cassiaxanthon 6639
   — dimethylester 6639
Cassiollin 6547
**3,13c;7b,12-Dicyclo-dibenzo[*c,kl*]xanthen-2,13-
dion**
—, 6,9-Bis-[1-carboxy-äthyl]-8-hydroxy-
   3,3a,11a,12-tetramethyl-hexadecahydro-
   6674

3,13c;7b,12-Dicyclo-dibenzo[*c,kl*]xanthen-13-on
—, 6,9-Bis-[1-carboxy-äthyl]-2,8-
   dihydroxy-3,3a,11a,12-tetramethyl-
   hexadecahydro- 6673
Cedran 6310
Cedran-12,15-disäure
—, 10,13-Dihydroxy-,
   — 15→13-lacton 6310
Chebulsäure
   — triäthylester 6694
—, Tri-*O*-acetyl-,
   — triäthylester 6694
—, Tri-*O*-methyl- 6693
   — triamid 6695
   — trimethylester 6694
Cheirotoxinsäure
—, Hexa-*O*-acetyl- 6610
   — methylester 6612
Chelidonsäure 6136
   — bis-[2-chlor-äthylester] 6137
   — diäthylester 6137
   — dianilid 6137
   — diisopropylester 6137
   — dimethylester 6137
   — monoäthylester 6137
—, Dihydro-,
   — dimethylester 6127
—, Tetradeuterio- 6136
Chenodesoxybiliobansäure 6162
Chlorogensäure
—, 3,6-Dehydroanhydrotetrahydro- 6071
Chola-20,22-dien-19,24-disäure
—, 3-Acetoxy-5,14,21-trihydroxy-,
   — 24→21-lacton 6628
   — 24→21-lacton-19-methylester 6628
—, 14,21-Dihydroxy-3-[*O*³-methyl-6-
   desoxy-glucopyranosyloxy]-,
   — 24→21-lacton-19-methylester 6538
—, 14,21-Dihydroxy-3-
   thevetopyranosyloxy-,
   — 24→21-lacton-19-methylester 6538
—, 5,14,21-Trihydroxy-3-[tri-*O*-acetyl-
   rhamnopyranosyloxy]-,
   — 24→21-lacton-19-methylester 6628
Chola-20,22-dien-24-säure
—, 16-Acetoxy-14,21-epoxy-3-oxo- 6408
—, 14,21-Epoxy-3,5-dihydroxy-19-oxo-,
   — methylester 6538
—, 14,21-Epoxy-3-[*O*⁴-glucopyranosyl-
   rhamnopyranosyloxy]-5-hydroxy-19-oxo-,
   — methylester 6538
—, 14,21-Epoxy-5-hydroxy-19-oxo-3-
   scillabiosyloxy-,
   — methylester 6538
—, 14,15-Epoxy-3,5,21-trihydroxy-19-
   oxo-,
   — methylester 6628

Cholan-24-säure
—, 3-Acetoxy-3,9-epoxy-11-oxo-,
 — methylester 6338
—, 3-Acetoxy-9,11-epoxy-7-oxo-,
 — methylester 6337
—, 3-Äthoxy-3,9-epoxy-11-oxo-,
 — methylester 6338
—, 3-Äthylmercapto-3a,9-epoxy-11-oxo-,
 — methylester 6338
—, 3,9-Epoxy-11,12-dioxo- 6071
 — methylester 6071
—, 9,11-Epoxy-3-hydroxyimino-12-
 methoxy-,
 — methylester 6337
—, 3,9-Epoxy-3-methoxy-11-oxo- 6338
 — methylester 6338
—, 9,11-Epoxy-12-methoxy-3-oxo-,
 — methylester 6337
—, 2-Furfuryliden-3,6-dioxo- 6094
—, 4-Furfuryliden-3,6-dioxo- 6094
Chola-3,20,22-trien-19,24-disäure
—, 14,21-Dihydroxy-5-[tetra-O-acetyl-
 glucopyranosyloxy]-,
 — 24→21-lacton-19-methylester
 6544
Chola-4,20,22-trien-19,24-disäure
—, 3-Acetoxy-14,21-dihydroxy-,
 — 24→21-lacton 6544
 — 24→21-lacton-19-methylester 6544
Chola-4,20,22-trien-24-säure
—, 14,21-Epoxy-3-hydroxy-19-oxo-,
 — methylester 6413
Chol-22-en-24-säure
—, 14,15-Epoxy-3,5-dihydroxy-19,21-
 dioxo-,
 — methylester 6628
Cholestan-26-säure
—, 24,27-Epoxy-3,7,12-trioxo- 6184
—, 24,27-Epoxy-3,7,12-tris-
 hydroxyimino- 6184
Cholin
—, O-[(3,4-Dihydroxy-5-oxo-tetrahydro-
 [2]furyl)-hydroxy-acetyl]- 6575
Chroman-3-carbonitril
—, 2,4-Dioxo- 6050
Chroman-2-carbonsäure
—, 2-Äthoxyoxalyloxy-5,7-dimethoxy-4-
 oxo-3-phenyl-,
 — äthylester 6636
—, 5,7-Dihydroxy-4-oxo- 6473
—, 6,7-Dimethoxy-3-oxo-,
 — äthylester 6473
—, 3-[3-(2-Hydroxy-3,5-dimethyl-phenyl)-
 1-methoxycarbonyl-3-oxo-propyl]-6,8-
 dimethyl-4-oxo-,
 — methylester 6678

—, 3-[3-(2-Hydroxy-5-methyl-phenyl)-1-
 methoxycarbonyl-3-oxo-propyl]-6-methyl-
 4-oxo-,
 — methylester 6678
—, 5-Hydroxy-4-oxo- 6314
 — äthylester 6314
 — methylester 6314
Chroman-3-carbonsäure
—, 6-Acetoxy-8-äthyl-5,7-dimethyl-2-
 oxo-,
 — äthylester 6332
—, 6-Acetoxy-7,8-dimethyl-2-oxo-,
 — methylester 6324
—, 6-Acetoxy-5,7,8-trimethyl-2-oxo-,
 — äthylester 6328
—, 5-Brom-6-hydroxy-7,8-dimethyl-2-
 oxo-,
 — methylester 6325
—, 3-Chlor-2,4-dioxo-,
 — äthylester 6050
—, 7-Chlor-2,4-dioxo-,
 — äthylester 6050
—, 6,7-Dimethoxy-2,4-dioxo-,
 — äthylester 6595
—, 6,7-Dimethoxy-2-oxo-,
 — methylester 6474
—, 2,4-Dioxo-,
 — äthylester 6050
—, 2,4-Dioxo-3-[1-phenyl-propyl]-,
 — äthylester 6099
—, 6-Hydroxy-5,7-dimethyl-2-oxo-,
 — äthylester 6324
—, 6-Hydroxy-7,8-dimethyl-2-oxo-,
 — äthylester 6325
—, 6-Hydroxy-8-methyl-2-oxo-,
 — äthylester 6321
—, 6-Hydroxy-5,7,8-trimethyl-2-oxo-,
 — äthylester 6328
—, 6-Jod-2,4-dioxo- 6051
 — äthylester 6051
—, 6-Nitro-2,4-dioxo-,
 — äthylester 6051
—, 7-Nitro-2,4-dioxo-,
 — äthylester 6051
Chroman-4-carbonsäure
—, 3-Acetonyl-6-methyl-2-oxo-,
 — methylester 6059
—, 6,7-Dimethoxy-3-oxo-,
 — äthylester 6474
—, 7-Methoxy-3-oxo-,
 — äthylester 6314
—, 8-Methoxy-3-oxo-,
 — äthylester 6314
Chroman-5-carbonsäure
—, 3-Acetoacetyl-6,7-dimethoxy-2,4-
 dioxo-,
 — methylester 6685

Chroman-5-carbonsäure (Fortsetzung)
—, 3-Acetyl-6,7-dimethoxy-2,4-dioxo-
6665
—, 7,8-Diacetoxy-2-oxo-4-phenyl- 6550
—, 7,8-Dihydroxy-2-oxo-4-phenyl- 6550
—, 6,7-Dimethoxy-2,4-dioxo- 6596
— methylester 6596
—, 7,8-Dimethoxy-2-oxo-4-phenyl-,
— methylester 6550
Chroman-6-carbonsäure
—, 7-Acetoxy-2,2-dimethyl-4-oxo-,
— methylester 6324
—, 8-[2-Carboxy-äthyl]-2-oxo- 6167
—, 5-[1-Carboxy-1-methyl-äthoxy]-8-
[(3,4-dimethoxy-phenyl)-glyoxyloyl]-7-
methoxy-2,2-dimethyl- 6687
—, 5,7-Dihydroxy-2,4-dioxo-,
— äthylester 6596
—, 2-[3,4-Dihydroxy-phenyl]-3,4-dioxo-
6641
—, 8-[(3,4-Dimethoxy-phenyl)-glyoxyloyl]-
7-methoxy-5-[1-methoxycarbonyl-1-
methyl-äthoxy]-2,2-dimethyl-,
— methylester 6687
—, 4-[2,4-Dinitro-phenylhydrazono]-5-
hydroxy-2,2-dimethyl-,
— methylester 6324
—, 4-[2,4-Dinitro-phenylhydrazono]-7-
hydroxy-2,2-dimethyl-,
— methylester 6324
—, 3,4-Dioxo-2-phenyl- 6095
—, 5-Hydroxy-2,2-dimethyl-4-oxo- 6323
— methylester 6323
—, 7-Hydroxy-2,2-dimethyl-4-oxo- 6324
— methylester 6324
—, 3-Hydroxy-2-[4-methoxy-phenyl]-4-
oxo- 6550
—, 2-[3-Hydroxy-phenyl]-3,4-dioxo-
6557
—, 2-[4-Hydroxy-phenyl]-3,4-dioxo-
6557
—, 8-[2-Methoxycarbonyl-äthyl]-2-oxo-,
— methylester 6167
—, 2-[4-Methoxy-phenyl]-3,4-dioxo-
6557
—, 2-[4-Methoxy-phenyl]-4-oxo- 6417
Chroman-8-carbonsäure
—, 5,7-Dihydroxy-2,4-dioxo-,
— äthylester 6596
Chroman-4-on
—, 3,3-Bis-[2-carboxy-äthyl]- 6169
—, 3,3-Bis-[2-cyan-äthyl]- 6169
—, 3,3-Bis-[2-phenoxycarbonyl-äthyl]-
6169
Chroman-3-sulfonsäure
—, 2,4-Dioxo- 6746

—, 2-Oxo- 6739
Chroman-6-sulfonsäure
—, 3-Acetylimino-2-oxo-,
— amid 6746
—, 3-[N-Acetyl-sulfanilylimino]-2-oxo-,
— amid 6746
—, 3-Imino-2-oxo-,
— amid 6745
—, 2-Oxo-3-sulfanilylimino-,
— amid 6746
Chroman-6-sulfonylchlorid
—, 3-Acetylimino-2-oxo- 6746
Chromen-3-carbohydroxamsäure
—, 6-Methoxy-5,7,8-trimethyl-2-oxo-
2H- 6389
Chromen-3-carbonitril
—, 6-Acetoxy-5,7,8-trimethyl-2-oxo-2H-
6389
—, 4-Hydroxy-2-oxo-2H- 6050
—, 7-Hydroxy-2-oxo-2H- 6343
—, 6-Hydroxy-5,7,8-trimethyl-2-oxo-
2H- 6389
—, 7-Methoxy-2-oxo-2H- 6343
—, 8-Methoxy-2-oxo-2H- 6345
Chromen-5-carbonitril
—, 8-Methoxy-2-oxo-2H- 6348
Chromen-6-carbonitril
—, 7-Methoxy-2-oxo-2H- 6350
Chromen-2-carbonsäure
—, 7-Acetoxy-3-[4-acetoxy-phenyl]-4-
oxo-4H-,
— äthylester 6556
—, 7-Acetoxy-3-[4-methoxy-phenyl]-4-
oxo-4H-,
— äthylester 6556
—, 7-Acetoxy-3-[4-nitro-phenyl]-4-oxo-4H-,
— äthylester 6427
—, 7-Acetoxy-4-oxo-3-phenyl-4H-,
— äthylester 6427
—, 3-Acetyl-6,7-dimethoxy-4-oxo-4H-
6620
— äthylester 6620
—, 6-Äthyl-7-benzyloxy-4-oxo-4H- 6373
— äthylester 6373
—, 6-Äthyl-7-hydroxy-4-oxo-4H- 6373
— butylester 6373
—, 3-[4-Benzoyloxy-phenyl]-5,7-
dihydroxy-4-oxo-4H-,
— äthylester 6641
—, 3-[4-Benzoyloxy-phenyl]-5-hydroxy-7-
methoxy-4-oxo-4H-,
— äthylester 6641
—, 7-Benzyloxy-4-oxo-4H- 6339
— äthylester 6340
—, 5,7-Diacetoxy-3-[4-acetoxy-phenyl]-4-
oxo-4H-,
— äthylester 6641

Chromen-2-carbonsäure (Fortsetzung)
—, 5,7-Diacetoxy-3-[4-benzoyloxy-
phenyl]-4-oxo-4*H*-,
  — äthylester 6641
—, 5,7-Diacetoxy-3-[2-methoxy-phenyl]-
4-oxo-4*H*-,
  — äthylester 6639
—, 5,7-Diacetoxy-3-[4-methoxy-phenyl]-
4-oxo-4*H*-,
  — äthylester 6641
—, 5,7-Diacetoxy-3-[4-nitro-phenyl]-4-
oxo-4*H*-,
  — äthylester 6555
—, 5,7-Diacetoxy-4-oxo-3-phenyl-4*H*-,
  — äthylester 6555
—, 5,7-Dihydroxy-3-[4-hydroxy-phenyl]-
8-methoxy-4-oxo-4*H*- 6675
  — äthylester 6675
—, 5,7-Dihydroxy-3-[4-hydroxy-phenyl]-
4-oxo-4*H*- 6640
  — äthylester 6640
—, 5,7-Dihydroxy-3-[4-methoxy-phenyl]-
6-methyl-4-oxo-4*H*-,
  — äthylester 6644
—, 5,7-Dihydroxy-3-[4-methoxy-phenyl]-
8-methyl-4-oxo-4*H*-,
  — äthylester 6645
—, 5,7-Dihydroxy-3-[2-methoxy-phenyl]-
4-oxo-4*H*-,
  — äthylester 6639
—, 5,7-Dihydroxy-3-[4-methoxy-phenyl]-
4-oxo-4*H*- 6640
  — äthylester 6640
—, 5,7-Dihydroxy-3-[4-nitro-phenyl]-4-
oxo-4*H*-,
  — äthylester 6555
—, 5,7-Dihydroxy-4-oxo-3-phenyl-4*H*-
6554
  — äthylester 6555
  — methylester 6555
—, 5,7-Dimethoxy-3-[2-methoxy-phenyl]-
4-oxo-4*H*-,
  — äthylester 6639
—, 5,7-Dimethoxy-3-[4-methoxy-phenyl]-
4-oxo-4*H*-,
  — äthylester 6641
—, 5,8-Dimethoxy-4-oxo-4*H*- 6489
  — äthylester 6489
  — butylester 6489
—, 6,7-Dimethoxy-4-oxo-4*H*- 6489
  — äthylester 6490
  — butylester 6490
—, 5,7-Dimethoxy-4-oxo-3-phenyl-4*H*-
6554
  — äthylester 6555
—, 3-[2,4-Dimethoxy-phenyl]-5,7-
dihydroxy-4-oxo-4*H*- 6675
  — äthylester 6675

—, 3-Hydroxy-6,7-dimethoxy-4*H*-,
  — äthylester 6473
—, 5-Hydroxy-3-[4-hydroxy-phenyl]-7-
methoxy-4-oxo-4*H*- 6640
—, 7-Hydroxy-3-[4-hydroxy-phenyl]-5-
methoxy-4-oxo-4*H*- 6640
  — äthylester 6640
—, 7-Hydroxy-3-[4-hydroxy-phenyl]-4-
oxo-4*H*- 6555
  — äthylester 6556
—, 7-Hydroxy-3-[4-methoxy-phenyl]-4-
oxo-4*H*- 6556
  — äthylester 6556
—, 6-Hydroxy-3-methyl-4-oxo-4*H*- 6358
—, 7-Hydroxy-3-methyl-4-oxo-4*H*- 6358
—, 7-Hydroxy-3-[4-nitro-phenyl]-4-oxo-
4*H*- 6427
  — äthylester 6427
—, 5-Hydroxy-4-oxo-4*H*- 6339
  — äthylester 6339
—, 7-Hydroxy-4-oxo-4*H*- 6339
  — butylester 6340
—, 7-Hydroxy-4-oxo-3-phenyl-4*H*- 6426
  — äthylester 6427
  — methylester 6426
—, 7-Methoxy-3-[2-methoxy-phenyl]-4-
oxo-4*H*-,
  — äthylester 6555
—, 7-Methoxy-3-[4-methoxy-phenyl]-4-
oxo-4*H*- 6556
—, 6-Methoxy-4-oxo-4*H*- 6339
  — äthylester 6339
—, 7-Methoxy-4-oxo-4*H*- 6339
  — äthylester 6340
—, 7-Methoxy-4-oxo-3-phenyl-4*H*- 6426
  — äthylester 6427

Chromen-3-carbonsäure
—, 6-Acetoxy-5-brom-7,8-dimethyl-2-
oxo-2*H*- 6379
  — äthylester 6380
  — methylester 6380
—, 6-Acetoxy-7-brom-5,8-dimethyl-2-
oxo-2*H*- 6378
  — äthylester 6379
—, 6-Acetoxy-5,7-dibrom-8-methyl-2-
oxo-2*H*- 6362
  — äthylester 6362
—, 6-Acetoxymethyl-8-methoxy-2-oxo-2*H*-,
  — äthylester 6501
—, 7-Acetoxy-4-methyl-2-oxo-2*H*-,
  — äthylester 6360
—, 7-Acetoxy-2-oxo-2*H*- 6341
  — äthylester 6342
—, 6-Acetoxy-5,7,8-trimethyl-2-oxo-2*H*-,
  — acetylamid 6389
—, 6-Acetyl-5-äthoxycarbonylmethoxy-2-
oxo-2*H*-,
  — äthylester 6527

Chromen-3-carbonsäure (Fortsetzung)
—, 6-Acetyl-8-äthyl-5-hydroxy-2-oxo-
2H- 6531
—, 6-Acetyl-5-carboxymethoxy-2-oxo-
2H- 6527
—, 6-Acetyl-5-hydroxy-7-methyl-2-oxo-
2H- 6529
—, 6-Acetyl-5-hydroxy-2-oxo-2H- 6527
— äthylester 6527
—, 8-Acetyl-7-hydroxy-2-oxo-2H- 6527
— äthylester 6528
—, 5-Äthoxycarbonylmethoxy-2-oxo-6-
propionyl-2H-,
— äthylester 6529
—, 7-Äthoxycarbonyloxy-2-oxo-2H-
6341
—, 7-Äthoxy-5-methoxy-8-methyl-2-oxo-
2H- 6501
—, 5-Äthyl-6-hydroxy-7,8-dimethyl-2-
oxo-2H- 6394
— äthylester 6394
—, 7-Äthyl-6-hydroxy-5,8-dimethyl-2-
oxo-2H- 6394
— äthylester 6394
—, 8-Äthyl-6-hydroxy-5,7-dimethyl-2-
oxo-2H- 6394
— äthylester 6394
—, 6-Äthyl-7-hydroxy-5-methyl-2-oxo-2H-,
— äthylester 6387
—, 6-Äthyl-7-hydroxy-2-oxo-2H-,
— äthylester 6376
— butylester 6376
—, 6-Benzoyl-5-hydroxy-2-oxo-2H- 6563
—, 7-Benzoyloxy-4-[4-methoxy-phenyl]-2-
oxo-2H-,
— äthylester 6559
—, 6-Benzoyloxymethyl-8-methoxy-2-
oxo-2H-,
— äthylester 6501
—, 7-Benzoyloxy-4-[4-nitro-phenyl]-2-
oxo-2H-,
— äthylester 6429
—, 7-Benzoyloxy-2-oxo-4-phenyl-2H-,
— äthylester 6428
—, 6-Benzyl-8-methoxy-2-oxo-2H- 6433
— äthylester 6433
—, 7,8-Bis-benzoyloxy-2-oxo-4-phenyl-
2H-,
— äthylester 6558
—, 5-Brom-6-hydroxy-7,8-dimethyl-2-
oxo-2H- 6379
— äthylester 6380
— methylester 6379
—, 7-Brom-6-hydroxy-5,8-dimethyl-2-
oxo-2H- 6378
— äthylester 6378
—, 8-Brom-6-hydroxy-5,7-dimethyl-2-
oxo-2H-,

— äthylester 6378
— methylester 6378
—, 6-Brom-7-hydroxy-2-oxo-2H-,
— äthylester 6343
—, 8-Brom-7-hydroxy-2-oxo-2H-,
— äthylester 6343
—, 5-Brom-6-methoxy-7,8-dimethyl-2-
oxo-2H- 6379
— methylester 6380
—, 6-Butyryl-5-hydroxy-2-oxo-2H-
6530
—, 5-Carboxymethoxy-2-oxo-6-
propionyl-2H- 6529
—, 7-Chlor-6-hydroxy-5,8-dimethyl-2-
oxo-2H-,
— äthylester 6378
—, 6-Chlor-7-hydroxy-2-oxo-2H- 6343
—, 7-Chlor-4-hydroxy-2-oxo-2H-,
— äthylester 6050
—, 4-Chlormethyl-7-methoxy-2-oxo-2H-,
— äthylester 6360
—, 6-Diacetoxymethyl-8-methoxy-5-
nitro-2-oxo-2H-,
— äthylester 6525
—, 6-Diacetoxymethyl-8-methoxy-7-
nitro-2-oxo-2H-,
— äthylester 6525
—, 6-Diacetoxymethyl-8-methoxy-2-oxo-
2H-,
— äthylester 6524
—, 7,8-Diacetoxy-2-oxo-2H- 6491
— äthylester 6491
—, 6,8-Diäthyl-5-hydroxy-7-methyl-2-
oxo-2H-,
— äthylester 6397
—, 6,8-Diäthyl-5-hydroxy-2-oxo-2H-,
— äthylester 6393
—, 5,7-Dibrom-6-hydroxy-8-methyl-2-
oxo-2H- 6361
— äthylester 6362
—, 6,8-Dibrom-7-hydroxy-2-oxo-2H-
6344
— äthylester 6344
—, 5,7-Dibrom-6-methoxy-8-methyl-2-
oxo-2H- 6362
— methylester 6362
—, 6,7-Dihydroxy-4-[4-nitro-phenyl]-2-
oxo-2H-,
— äthylester 6558
—, 7,8-Dihydroxy-4-[4-nitro-phenyl]-2-
oxo-2H-,
— äthylester 6558
—, 5,7-Dihydroxy-2-oxo-2H-,
— äthylester 6490
—, 7,8-Dihydroxy-2-oxo-2H- 6491
— äthylester 6491
—, 6,7-Dihydroxy-2-oxo-4-phenyl-2H-,
— äthylester 6557

Chromen-3-carbonsäure   (Fortsetzung)
—, 7,8-Dihydroxy-2-oxo-4-phenyl-2*H*-,
  — äthylester 6558
—, 5,7-Dimethoxy-6-methyl-2-oxo-2*H*-
  6500
—, 5,7-Dimethoxy-8-methyl-2-oxo-2*H*-
  6501
—, 6,7-Dimethoxy-2-methyl-4-oxo-4*H*-
  6500
—, 5,7-Dimethoxy-2-oxo-2*H*- 6490
—, 6,7-Dimethoxy-2-oxo-2*H*- 6490
  — äthylester 6491
  — methylester 6490
—, 6-Formyl-8-methoxy-5-nitro-2-oxo-
  2*H*- 6525
  — äthylester 6525
—, 6-Formyl-8-methoxy-7-nitro-2-oxo-
  2*H*- 6525
  — äthylester 6525
—, 6-Formyl-8-methoxy-2-oxo-2*H*- 6524
  — äthylester 6524
—, 4-Hydroxy-6,7-dimethoxy-2-oxo-2*H*-,
  — äthylester 6595
—, 6-Hydroxy-5,7-dimethoxy-2-oxo-2*H*-
  6594
  — äthylester 6595
—, 7-Hydroxy-5,8-dimethoxy-2-oxo-2*H*-,
  — äthylester 6595
—, 6-Hydroxy-5,7-dimethyl-2-oxo-2*H*-
  6378
  — äthylester 6378
—, 7-Hydroxy-2-imino-2*H*- 6342
—, 7-Hydroxy-2-imino-5-methoxy-6-
  methyl-2*H*- 6500
—, 4-Hydroxy-6-jod-2-oxo-2*H*- 6051
  — äthylester 6051
—, 7-Hydroxy-5-methoxy-6-methyl-2-
  oxo-2*H*- 6500
—, 7-Hydroxy-5-methoxy-2-oxo-2*H*-
  6490
—, 7-Hydroxy-6-methoxy-2-oxo-2*H*-
  6490
—, 7-Hydroxy-8-methoxy-2-oxo-2*H*-
  6491
—, 7-Hydroxy-4-[4-methoxy-phenyl]-2-
  oxo-2*H*- 6559
  — äthylester 6559
—, 6-Hydroxymethyl-8-methoxy-2-oxo-
  2*H*-,
  — äthylester 6501
—, 7-Hydroxy-5-methyl-4-[4-nitro-
  phenyl]-2-oxo-2*H*-,
  — äthylester 6434
—, 7-Hydroxy-6-methyl-4-[4-nitro-
  phenyl]-2-oxo-2*H*-,
  — äthylester 6434
—, 5-Hydroxy-7-methyl-2-oxo-2*H*- 6361
—, 6-Hydroxymethyl-2-oxo-2*H*- 6361
  — äthylester 6361

—, 7-Hydroxy-4-methyl-2-oxo-2*H*- 6359
  — methylester 6359
—, 7-Hydroxy-5-methyl-2-oxo-2*H*- 6361
  — äthylester 6361
—, 7-Hydroxy-8-methyl-2-oxo-2*H*- 6362
  — äthylester 6363
—, 4-Hydroxy-6-nitro-2-oxo-2*H*-,
  — äthylester 6051
—, 4-Hydroxy-7-nitro-2-oxo-2*H*-,
  — äthylester 6051
—, 5-Hydroxy-6-nitro-2-oxo-2*H*-,
  — äthylester 6340
—, 7-Hydroxy-8-nitro-2-oxo-2*H*-,
  — äthylester 6344
—, 7-Hydroxy-4-[4-nitro-phenyl]-2-oxo-
  2*H*- 6429
  — äthylester 6429
—, 4-Hydroxy-2-oxo-2*H*-,
  — äthylester 6050
—, 5-Hydroxy-2-oxo-2*H*- 6340
  — äthylester 6340
—, 6-Hydroxy-2-oxo-2*H*- 6341
  — äthylester 6341
—, 7-Hydroxy-2-oxo-2*H*- 6341
  — äthylester 6342
—, 7-Hydroxy-2-oxo-4-phenyl-2*H*-
  6428
  — äthylester 6428
—, 5-Hydroxy-2-oxo-6-phenylacetyl-
  2*H*- 6566
  — äthylester 6566
—, 5-Hydroxy-2-oxo-6-propionyl-2*H*-
  6528
  — äthylester 6529
—, 6-Hydroxy-5,7,8-trimethyl-2-oxo-
  2*H*- 6388
  — äthylester 6388
  — amid 6388
—, 2-Imino-5,7-dimethoxy-6-methyl-
  2*H*- 6501
—, 2-Imino-5,7-dimethoxy-8-methyl-
  2*H*- 6501
—, 6-Jod-8-methoxy-2-oxo-2*H*- 6345
  — äthylester 6346
—, 7-Methoxycarbonyloxy-2-oxo-2*H*-
  6341
—, 6-Methoxy-5,8-dimethyl-2-oxo-2*H*-
  6378
—, 7-Methoxy-4-methyl-2-oxo-2*H*-
  6359
  — äthylester 6360
  — benzylidenhydrazid 6360
  — hydrazid 6360
  — isopropylidenhydrazid 6360
  — methylester 6359
—, 7-Methoxy-8-methyl-2-oxo-2*H*- 6362
  — äthylester 6363
—, 8-Methoxy-5-nitro-2-oxo-2*H*- 6346
  — äthylester 6346

Chromen-3-carbonsäure (Fortsetzung)

—, 8-Methoxy-6-nitro-2-oxo-2H- 6346
  — äthylester 6346
  — diäthylamid 6346
  — [2-diäthylamino-äthylester] 6346
—, 8-Methoxy-7-nitro-2-oxo-2H- 6346
  — äthylester 6347
—, 7-Methoxy-4-[4-nitro-phenyl]-2-oxo-
  2H- 6429
  — äthylester 6429
—, 4-Methoxy-2-oxo-2H-,
  — äthylester 6340
—, 7-Methoxy-2-oxo-2H- 6341
  — äthylester 6342
  — anilid 6343
  — methylester 6342
—, 8-Methoxy-2-oxo-2H- 6344
  — äthylester 6344
  — amid 6345
  — diäthylamid 6345
  — [2-diäthylamino-äthylester] 6345
  — [3-diäthylamino-propylester] 6345
  — [2-dibenzylamino-äthylester] 6345
—, 7-Methoxy-2-oxo-4-phenyl-2H- 6428
  — äthylester 6428
—, 8-Methoxy-2-oxo-6-
  [phenylhydrazono-methyl]-2H- 6524
  — äthylester 6524
—, 6-Methoxy-5,7,8-trimethyl-2-oxo-2H-,
  — hydrazid 6389
  — hydroxyamid 6389
  — methylamid 6389
—, 2-Oxo-7-propoxy-2H- 6341
—, 4,6,8-Tribrom-7-hydroxy-2-oxo-2H-
  6344
  — äthylester 6344
—, 6,7,8-Trihydroxy-2-oxo-2H- 6595
—, 4,6,7-Trimethoxy-2-oxo-2H-,
  — äthylester 6595

Chromen-4-carbonsäure

—, 3-Chlor-5,7-dihydroxy-2-oxo-2H-,
  — äthylester 6492
  — methylester 6492
—, 3-Chlor-7,8-dihydroxy-2-oxo-2H-,
  — äthylester 6493
—, 3-Chlor-5,7-dimethoxy-2-oxo-2H-
  6491
  — äthylester 6492
  — methylester 6492
—, 3-Chlor-6,7-dimethoxy-2-oxo-2H-,
  — äthylester 6492
—, 3-Chlor-7,8-dimethoxy-2-oxo-2H-,
  — äthylester 6493
—, 3-Chlor-7-hydroxy-6-methoxy-2-oxo-
  2H-,
  — äthylester 6492
—, 3-Chlor-7-hydroxy-2-oxo-2H-,

  — äthylester 6348
  — methylester 6347
—, 3-Chlor-7-methoxy-2-oxo-2H- 6347
  — äthylester 6348
  — anilid 6348
  — methylester 6348
—, 6,7-Dihydroxy-2-oxo-2H- 6492
—, 5,7-Dihydroxy-2-oxo-3-phenyl-2H-
  6559
—, 7,8-Dihydroxy-2-oxo-3-phenyl-2H-
  6559
  — äthylester 6560
—, 3,7-Dimethoxy-2-oxo-2H- 6493
  — äthylester 6493
  — anilid 6493
—, 6,7-Dimethoxy-2-oxo-2H- 6492
—, 5,7-Dimethoxy-2-oxo-3-phenyl-2H-
  6559
  — äthylester 6559
—, 7,8-Dimethoxy-2-oxo-3-phenyl-2H-
  6560
  — äthylester 6560
—, 3-Hydroxy-6,7-dimethoxy-2H-,
  — äthylester 6474
—, 3-Hydroxy-7-methoxy-2H-,
  — äthylester 6314
—, 3-Hydroxy-8-methoxy-2H-,
  — äthylester 6314
—, 7-Hydroxy-3-methoxy-2-oxo-2H-,
  — äthylester 6493
—, 7-Hydroxy-3-methyl-2-oxo-2H-,
  — äthylester 6361
—, 7-Hydroxy-3-[4-nitro-phenyl]-2-oxo-
  2H-,
  — äthylester 6430
—, 7-Hydroxy-2-oxo-2H- 6347
  — äthylester 6347
  — [2-diäthylamino-äthylester] 6347
—, 7-Hydroxy-2-oxo-3-phenyl-2H- 6429
—, 7-Methoxy-2-oxo-2H- 6347
  — äthylester 6347
  — anilid 6347
—, 7-Methoxy-2-oxo-3-phenyl-2H- 6430
  — anilid 6430
—, 3,5,7-Trimethoxy-2-oxo-2H-,
  — äthylester 6595

Chromen-5-carbonsäure

—, 3-Acetoacetyl-4-hydroxy-6,7-
  dimethoxy-2-oxo-2H-,
  — methylester 6685
—, 2-Acetonyl-6,7-diäthoxy-3-
  hydroxymethyl-4-oxo-4H-,
  — äthylester 6667
—, 2-Acetonyl-6,7-dihydroxy-3-
  hydroxymethyl-4-oxo-4H- 6666
—, 2-Acetonyl-3-hydroxymethyl-6,7-
  dimethoxy-4-oxo-4H-,
  — methylester 6667

Chromen-5-carbonsäure (Fortsetzung)
—, 7-Acetoxy-2-methyl-4-oxo-4*H*-,
   — methylester 6359
—, 7-Acetoxy-2-oxo-2*H*- 6348
   — methylester 6348
—, 3-Acetyl-6,7-dimethoxy-2,4-dioxo-,
   — methylester 6665
—, 3-Acetyl-4-hydroxy-6,7-dimethoxy-2-
   oxo-2*H*- 6665
—, 3-Acetyl-7-hydroxy-2-oxo-2*H*-,
   — methylester 6526
—, 7-Benzoyloxy-2-methyl-4-oxo-4*H*-,
   — methylester 6359
—, 6,7-Dimethoxy-2-methyl-4-oxo-4*H*-
   6500
—, 4-Hydroxy-6,7-dimethoxy-2-oxo-2*H*-
   6596
   — methylester 6596
—, 4-Hydroxy-6,7-dimethoxy-2-oxo-3-
   [3-phenylimino-butyryl]-2*H*-,
   — methylester 6685
—, 7-Hydroxy-8-methoxy-2-oxo-2*H*-,
   — methylester 6493
—, 7-Hydroxy-2-methyl-4-oxo-4*H*- 6358
   — methylester 6359
—, 7-Hydroxy-2-oxo-2*H*- 6348
   — methylester 6348

Chromen-6-carbonsäure
—, 7-Acetoxy-4-äthoxycarbonylmethyl-2-
   oxo-2*H*-,
   — methylester 6621
—, 5-Acetoxy-8-äthyl-4-methyl-2-oxo-
   2*H*-,
   — methylester 6388
—, 7-Acetoxy-3-äthyl-4-methyl-2-oxo-
   2*H*-,
   — methylester 6386
—, 7-Acetoxy-3-benzyl-4-methyl-2-oxo-
   2*H*-,
   — methylester 6437
—, 7-Acetoxy-3-butyl-4-methyl-2-oxo-
   2*H*-,
   — methylester 6396
—, 7-Acetoxy-3-chlor-4-methyl-2-oxo-
   2*H*-,
   — methylester 6367
—, 3-Acetoxy-2-[3,4-diacetoxy-phenyl]-4-
   oxo-4*H*- 6641
—, 7-Acetoxy-3,4-dimethyl-2-oxo-2*H*-,
   — methylester 6377
—, 7-Acetoxy-8-isopentyl-2-oxo-2*H*-
   6395
—, 3-Acetoxy-2-[4-methoxy-phenyl]-4-
   oxo-4*H*- 6557
—, 7-Acetoxy-4-methyl-3,8-dinitro-2-oxo-
   2*H*-,
   — methylester 6369

—, 7-Acetoxy-4-methyl-8-nitro-2-oxo-2*H*-,
   — methylester 6369
—, 5-Acetoxy-4-methyl-2-oxo-2*H*-,
   — methylester 6363
—, 7-Acetoxy-4-methyl-2-oxo-2*H*-,
   — methylester 6366
—, 7-Acetoxy-4-methyl-2-oxo-3-propyl-
   2*H*-,
   — methylester 6391
—, 3-Acetoxy-4-oxo-2-phenyl-4*H*- 6427
—, 7-Acetoxy-2-oxo-4-phenyl-2*H*-,
   — methylester 6431
—, 3-Acetyl-8-äthyl-5-hydroxy-2-oxo-
   2*H*-,
   — methylester 6531
—, 3-Acetyl-8-brom-7-hydroxy-2-methyl-
   4-oxo-4*H*-,
   — methylester 6529
—, 3-Acetyl-7,8-dihydroxy-2-oxo-2*H*-,
   — methylester 6621
—, 3-Acetyl-7-hydroxy-2-oxo-2*H*- 6527
—, 4-Äthoxycarbonylmethyl-7-hydroxy-
   2-oxo-2*H*-,
   — methylester 6621
—, 8-Äthyl-5-benzoyloxy-4-methyl-2-
   oxo-2*H*-,
   — methylester 6388
—, 3-Äthyl-7,8-dihydroxy-4-methyl-2-
   oxo-2*H*-,
   — äthylester 6510
—, 3-Äthyl-7-hydroxy-4-methyl-2-oxo-
   2*H*- 6385
   — methylester 6386
—, 8-Äthyl-5-hydroxy-4-methyl-2-oxo-
   2*H*- 6387
   — methylester 6387
   — phenylester 6388
—, 8-Äthyl-7-hydroxy-4-methyl-2-oxo-
   2*H*- 6388
—, 8-Äthyl-5-methoxy-4-methyl-2-oxo-
   2*H*-,
   — methylester 6387
—, 7-Benzoyloxy-3,4-dimethyl-2-oxo-
   2*H*-,
   — methylester 6377
—, 5-Benzoyloxy-4-methyl-2-oxo-2*H*-,
   — methylester 6363
—, 7-Benzoyloxy-4-methyl-2-oxo-2*H*-,
   — methylester 6366
—, 3-Benzyl-7-hydroxy-4-methyl-2-oxo-
   2*H*- 6437
   — methylester 6437
—, 3-Benzyl-7-methoxy-4-methyl-2-oxo-
   2*H*-,
   — methylester 6437
—, 3-Brom-5,7-dihydroxy-4,8-dimethyl-2-
   oxo-2*H*-,
   — methylester 6506

Chromen-6-carbonsäure (Fortsetzung)
—, 3-Brom-5,7-dimethoxy-4,8-dimethyl-
2-oxo-2*H*-,
  — methylester 6506
—, 3-Brom-7-hydroxy-4-methyl-2-oxo-
2*H*- 6367
  — methylester 6368
—, 8-Brom-5-hydroxy-4-methyl-2-oxo-
2*H*- 6364
  — methylester 6365
—, 8-Brom-7-hydroxy-2-methyl-4-oxo-
4*H*- 6359
—, 3-Brom-7-methoxy-4-methyl-2-oxo-
2*H*- 6368
  — methylester 6368
—, 8-Brom-5-methoxy-4-methyl-2-oxo-
2*H*- 6364
  — methylester 6365
—, 3-Butyl-7-hydroxy-4-methyl-2-oxo-
2*H*- 6395
  — methylester 6396
—, 3-Butyl-7-methoxy-4-methyl-2-oxo-
2*H*-,
  — methylester 6396
—, 3-Chlor-5,7-dihydroxy-4,8-dimethyl-
2-oxo-2*H*-,
  — methylester 6506
—, 3-Chlor-5,7-dimethoxy-4,8-dimethyl-
2-oxo-2*H*-,
  — methylester 6506
—, 3-Chlor-7-hydroxy-4-methyl-2-oxo-
2*H*- 6367
  — methylester 6367
—, 3-Chlor-7-methoxy-4-methyl-2-oxo-
2*H*-,
  — methylester 6367
—, 8-Chlorsulfonyl-5-hydroxy-4-methyl-
2-oxo-2*H*- 6770
  — methylester 6770
—, 5,7-Diacetoxy-3-brom-4,8-dimethyl-2-
oxo-2*H*-,
  — methylester 6507
—, 5,7-Diacetoxy-4-brommethyl-8-
methyl-2-oxo-2*H*-,
  — methylester 6507
—, 5,7-Diacetoxy-4-methyl-2-oxo-2*H*-,
  — methylester 6502
—, 3,8-Dibrom-7-hydroxy-4-methyl-2-
oxo-2*H*- 6368
  — methylester 6368
—, 3,8-Dibrom-7-methoxy-4-methyl-2-
oxo-2*H*- 6368
  — methylester 6368
—, 5,7-Dihydroxy-4,8-dimethyl-2-oxo-
2*H*-,
  — methylester 6506
—, 7,8-Dihydroxy-3,4-dimethyl-2-oxo-
2*H*-,

  — äthylester 6506
—, 5,7-Dihydroxy-4-methyl-2-oxo-2*H*-,
  — methylester 6502
—, 5,8-Dihydroxy-4-methyl-2-oxo-2*H*-
6502
—, 7,8-Dihydroxy-4-methyl-2-oxo-2*H*-,
  — äthylester 6502
  — methylester 6502
—, 7,8-Dihydroxy-4-methyl-2-oxo-3-
propyl-2*H*-,
  — äthylester 6510
—, 7,8-Dihydroxy-2-oxo-4-phenyl-2*H*-,
  — äthylester 6560
—, 2-[3,4-Dihydroxy-phenyl]-3-hydroxy-
4-oxo-4*H*- 6641
—, 5,7-Dimethoxy-4,8-dimethyl-2-oxo-
2*H*- 6506
  — methylester 6506
—, 5,7-Dimethoxy-4-methyl-2-oxo-2*H*-,
  — methylester 6502
—, 5-[(2,4-Dinitro-phenylhydrazono)-
methyl]-7-methoxy-8-methyl-2-oxo-2*H*-
6528
—, 5-Formyl-7-methoxy-8-methyl-2-oxo-
2*H*- 6528
—, 5-Hydroxy-4,7-dimethyl-2-oxo-2*H*-
6380
  — äthylester 6381
  — methylester 6380
—, 7-Hydroxy-3,4-dimethyl-2-oxo-2*H*-
6377
  — methylester 6377
—, 3-Hydroxy-2-[3-hydroxy-phenyl]-4-
oxo-4*H*- 6557
—, 3-Hydroxy-2-[4-hydroxy-phenyl]-4-
oxo-4*H*- 6557
—, 7-Hydroxy-8-isopentyl-2-oxo-2*H*-
6395
—, 3-Hydroxy-2-[4-methoxy-phenyl]-4-
oxo-4*H*- 6557
—, 7-Hydroxy-4-methyl-3,8-dinitro-2-
oxo-2*H*- 6369
  — methylester 6369
—, 5-Hydroxy-4-methyl-8-nitro-2-oxo-
2*H*- 6365
  — methylester 6365
—, 7-Hydroxy-4-methyl-8-nitro-2-oxo-
2*H*- 6369
  — methylester 6369
—, 5-Hydroxy-4-methyl-2-oxo-2*H*-
6363
  — amid 6364
  — anilid 6364
  — *p*-anisidid 6364
  — methylester 6363
  — [1]naphthylamid 6364
  — [2]naphthylamid 6364
  — *p*-toluidid 6364

Chromen-6-carbonsäure   (Fortsetzung)

—, 7-Hydroxy-4-methyl-2-oxo-2*H*- 6365
- amid 6366
- anilid 6367
- *p*-anisidid 6367
- methylester 6366
- [l]naphthylamid 6367
- *p*-toluidid 6367

—, 5-Hydroxy-4-methyl-2-oxo-3,8-disulfo-2*H*- 6771

—, 7-Hydroxy-4-methyl-2-oxo-3,8-disulfo-2*H*- 6771

—, 5-Hydroxy-4-methyl-2-oxo-8-phenylsulfamoyl-2*H*- 6770
- methylester 6771

—, 7-Hydroxy-4-methyl-2-oxo-3-propyl-2*H*- 6391
- methylester 6391

—, 5-Hydroxy-4-methyl-2-oxo-8-sulfo-2*H*- 6770
- methylester 6770

—, 7-Hydroxy-4-methyl-2-oxo-8-sulfo-2*H*- 6771

—, 7-Hydroxy-2-oxo-2*H*- 6349
- methylester 6349

—, 3-Hydroxy-4-oxo-2-phenyl-4*H*- 6095

—, 7-Hydroxy-2-oxo-4-phenyl-2*H*- 6430
- methylester 6431

—, 2-[3-Hydroxy-phenyl]-4-oxo-4*H*- 6427

—, 7-Methoxy-3,4-dimethyl-2-oxo-2*H*-,
- methylester 6377

—, 7-Methoxy-4-methyl-3,8-dinitro-2-oxo-2*H*-,
- methylester 6369

—, 7-Methoxy-4-methyl-8-nitro-2-oxo-2*H*-,
- methylester 6369

—, 5-Methoxy-4-methyl-2-oxo-2*H*- 6363
- methylester 6363

—, 7-Methoxy-4-methyl-2-oxo-2*H*- 6366
- methylester 6366

—, 7-Methoxy-4-methyl-2-oxo-3-propyl-2*H*-,
- methylester 6391

—, 7-Methoxy-2-oxo-2*H*- 6349
- äthylester 6349
- amid 6350
- isobutylester 6349
- methylester 6349

—, 2-[4-Methoxy-phenyl]-4-oxo-4*H*- 6428

—, 4,5,7-Trihydroxy-2-oxo-2*H*-,
- äthylester 6596

—, 4,5,7-Trimethoxy-2-oxo-2*H*-,
- methylester 6596

Chromen-7-carbonsäure

—, 5-Acetoxy-4-methyl-2-oxo-2*H*-,

- methylester 6370

—, 5-Hydroxy-4-methyl-2-oxo-2*H*- 6370
- methylester 6370

Chromen-8-carbonsäure

—, 3-Acetyl-7-hydroxy-2-oxo-2*H*-,
- methylester 6528

—, 4-Äthoxycarbonylmethyl-7-hydroxy-5-methyl-2-oxo-2*H*- 6623

—, 7-Äthoxy-5-methoxy-2-oxo-2*H*- 6494
- methylester 6494

—, 5,7-Diacetoxy-4-methyl-2-oxo-2*H*-,
- methylester 6502

—, 5,7-Dihydroxy-4-methyl-2-oxo-2*H*-,
- methylester 6502

—, 5,7-Dihydroxy-2-oxo-2*H*-,
- methylester 6494

—, 5,7-Dimethoxy-4-methyl-2-oxo-2*H*-,
- methylester 6502

—, 5,7-Dimethoxy-2-oxo-2*H*- 6494
- methylester 6494

—, 7-Hydroxy-2,5-dimethyl-4-oxo-4*H*- 6377

—, 7-Hydroxy-4,5-dimethyl-2-oxo-2*H*- 6377

—, 7-Hydroxy-5-methoxy-4-methyl-2-oxo-2*H*-,
- methylester 6503

—, 7-Hydroxy-5-methoxy-2-oxo-2*H*-,
- methylester 6494

—, 5-Hydroxy-7-methyl-2-oxo-2*H*- 6361

—, 7-Hydroxy-4-methyl-2-oxo-2*H*- 6370
- anilid 6371
- *p*-anisidid 6371
- [l]naphthylamid 6371
- [2]naphthylamid 6371
- *p*-toluidid 6371

—, 7-Hydroxy-2-oxo-2*H*- 6350

—, 7-Methoxy-4-methyl-2-oxo-2*H*- 6370
- äthylester 6370
- methylester 6370

—, 7-Methoxy-2-oxo-2*H*-,
- methylester 6350

—, 4,5,7-Trimethoxy-2-oxo-2*H*-,
- methylester 6596

Chromen-3-carbonylchlorid

—, 7-Acetoxy-2-oxo-2*H*- 6343

—, 7-Äthoxycarbonyloxy-2-oxo-2*H*- 6343

—, 4-Chlormethyl-7-methoxy-2-oxo-2*H*- 6361

—, 7-Methoxy-4-methyl-2-oxo-2*H*- 6360

—, 8-Methoxy-6-nitro-2-oxo-2*H*- 6346

—, 7-Methoxy-2-oxo-2*H*- 6342

—, 8-Methoxy-2-oxo-2*H*- 6345

Chromen-4-carbonylchlorid

—, 7-Methoxy-2-oxo-3-phenyl-2*H*- 6430

Chromen-6-carbonylchlorid

, 7-Methoxy-2-oxo-2*H*- 6350

Chromen-2,5-dicarbonsäure
—, 3-Acetoxymethyl-6,7-dimethoxy-4-oxo-4H-,
— dimethylester 6682
— 5-methylester 6682
Chromen-3,5-dicarbonsäure
—, 7-Hydroxy-2-oxo-2H-,
— 3-äthylester-5-methylester 6618
Chromen-3,6-dicarbonsäure
—, 8-Äthyl-5-hydroxy-2-oxo-2H-,
— 3-äthylester-6-methylester 6622
—, 7,8-Dihydroxy-2-oxo-2H-,
— 3-äthylester-6-methylester 6664
—, 5-Hydroxy-7-methyl-2-oxo-2H-,
— diäthylester 6622
—, 5-Hydroxy-2-oxo-2H- 6618
— 3-äthylester-6-methylester 6618
—, 7-Hydroxy-2-oxo-2H-,
— 3-äthylester 6618
Chromen-3,8-dicarbonsäure
—, 5-Hydroxy-7-methyl-2-oxo-2H-,
— diäthylester 6622
—, 7-Hydroxy-2-oxo-2H-,
— 3-äthylester-8-methylester 6619
—, 5-Methoxy-2-oxo-2H- 6618
— 3-äthylester-8-methylester 6618
Chromen-3,6-disulfonsäure
—, 8-Acetyl-7-hydroxy-4-methyl-2-oxo-2H- 6762
—, 7-Methoxy-4-methyl-2-oxo-2H- 6754
— dianilid 6755
—, 2-Oxo-2H- 6741
— diamid 6741
— dianilid 6741
Chromen-3,8-disulfonsäure
—, 6-Äthyl-7-hydroxy-4-methyl-2-oxo-2H- 6758
Chromen-6,8-disulfonsäure
—, 7-Hydroxy-3,4-dimethyl-2-oxo-2H- 6756
—, 5-Hydroxy-2-methyl-4-oxo-4H- 6751
—, 5-Hydroxy-4-methyl-2-oxo-2H- 6752
—, 7-Hydroxy-2-methyl-4-oxo-4H- 6751
—, 7-Hydroxy-4-methyl-2-oxo-2H- 6755
—, 7-Hydroxy-2-methyl-4-oxo-3-phenyl-4H- 6760
— dianilid 6761
—, 7-Hydroxy-4-oxo-2,3-diphenyl-4H- 6762
— anilid 6762
—, 5-Hydroxy-4-oxo-2-phenyl-4H- 6759
— dianilid 6759
—, 7-Hydroxy-4-oxo-2-phenyl-4H- 6760
—, 5-Hydroxy-4-oxo-2-[2-sulfo-phenyl]-4H- 6759

—, 7-Hydroxy-4-oxo-2-[2-sulfo-phenyl]-4H- 6760
Chromen-3,6-disulfonylchlorid
—, 7-Methoxy-4-methyl-2-oxo-2H- 6755
—, 2-Oxo-2H- 6741
Chromen-6,8-disulfonylchlorid
—, 7-Hydroxy-2-methyl-4-oxo-3-phenyl-4H- 6761
—, 7-Hydroxy-4-oxo-2,3-diphenyl-4H- 6762
—, 5-Hydroxy-4-oxo-2-phenyl-4H- 6759
Chromen-5-sulfinsäure
—, 6-Hydroxy-2-oxo-2H- 6701
Chromen-6-sulfinsäure
—, 8-Äthyl-7-hydroxy-4-methyl-2-oxo-2H- 6702
—, 5-Hydroxy-4,7-dimethyl-2-oxo-2H- 6702
—, 5-Hydroxy-4-methyl-2-oxo-2H- 6702
Chromen-8-sulfinsäure
—, 6-Äthyl-7-hydroxy-4-methyl-2-oxo-2H- 6702
—, 7-Hydroxy-3,4-dimethyl-2-oxo-2H- 6702
—, 7-Hydroxy-4-methyl-2-oxo-2H- 6702
—, 7-Hydroxy-4-methyl-2-oxo-6-propyl-2H- 6703
Chromen-x-sulfonsäure
—, 5-Methoxy-4-methyl-2-oxo-2H- 6752
Chromen-3-sulfonsäure
—, 6-Äthyl-7-methoxy-4-methyl-2-oxo-2H- 6757
— anilid 6757
—, 4-Hydroxy-2-oxo-2H- 6746
—, 6-Nitro-2-oxo-2H- 6739
— amid 6740
— anilid 6740
Chromen-5-sulfonsäure
—, 6-Hydroxy-2-oxo-2H- 6751
Chromen-6-sulfonsäure
—, 3-Acetylamino-2-oxo-2H-,
— amid 6746
—, 8-Acetyl-7-hydroxy-4-methyl-2-oxo-2H- 6762
—, 3-[(N-Acetyl-sulfanilyl)-amino]-2-oxo-2H-,
— amid 6746
—, 8-Äthyl-7-hydroxy-4-methyl-2-oxo-2H- 6758
—, 3-Amino-2-oxo-2H-,
— amid 6745
—, 3-Brom-7-methoxy-4-methyl-2-oxo-2H- 6753
— anilid 6754
—, 8,8'-Diacetyl-7,7'-dihydroxy-4,4'-dimethyl-2,2'-dioxo-2H,2'H-bis-,
— 6→7';6'→7-dilacton 6762

Chromen-6-sulfonsäure (Fortsetzung)
—, 3,8-Dibrom-7-hydroxy-4-methyl-2-
　　oxo-2*H*- 6754
　　— anilid 6754
—, 2,3-Dimethyl-4-oxo-4*H*- 6742
　　— anilid 6742
—, 5-Hydroxy-4,7-dimethyl-2-oxo-2*H*-
　　6756
　　— anilid 6757
—, 7-Hydroxy-3,4-dimethyl-2-oxo-2*H*-
　　6755
　　— anilid 6756
—, 5-Hydroxy-4-methyl-2-oxo-2*H*- 6752
—, 7-Hydroxy-4-methyl-2-oxo-2*H*- 6752
　　— amid 6753
　　— anilid 6753
—, 7-Methoxy-3,4-dimethyl-2-oxo-2*H*-
　　6755
　　— anilid 6756
—, 7-Methoxy-4-methyl-2-oxo-2*H*- 6752
　　— amid 6753
　　— anilid 6753
—, 2-Oxo-2*H*- 6740
　　— amid 6740
　　— [4-amino-anilid] 6741
—, 2-Oxo-3-sulfanilylamino-2*H*-,
　　— amid 6746
Chromen-8-sulfonsäure
—, 6-Äthyl-7-hydroxy-3,4-dimethyl-2-
　　oxo-2*H*- 6758
　　— anilid 6759
—, 6-Äthyl-7-hydroxy-4-methyl-2-oxo-
　　2*H*- 6757
—, 6-Brom-7-hydroxy-3,4-dimethyl-2-
　　oxo-2*H*- 6756
—, 3,6-Dibrom-7-hydroxy-4-methyl-2-
　　oxo-2*H*- 6754
—, 7-Hydroxy-3,4-dimethyl-2-oxo-2*H*-
　　6756
—, 5-Hydroxy-6-methoxycarbonyl-4-
　　methyl-2-oxo-2*H*- 6770
—, 5-Hydroxy-2-methyl-4-oxo-4*H*- 6751
—, 7-Hydroxy-2-methyl-4-oxo-4*H*- 6751
—, 7-Hydroxy-4-methyl-2-oxo-2*H*- 6754
—, 7-Hydroxy-2-methyl-4-oxo-3-phenyl-
　　4*H*- 6760
—, 7-Hydroxy-4-methyl-2-oxo-6-propyl-
　　2*H*- 6758
—, 7-Hydroxy-4-oxo-2,3-diphenyl-4*H*-
　　6761
—, 5-Hydroxy-4-oxo-2-phenyl-4*H*- 6759
—, 7-Hydroxy-4-oxo-2-phenyl-4*H*- 6759
—, 5-Methoxy-2-methyl-4-oxo-4*H*- 6751
—, 7-Methoxy-2-methyl-4-oxo-4*H*- 6751
Chromen-3-sulfonylchlorid
—, 6-Äthyl-7-methoxy-4-methyl-2-oxo-
　　2*H*- 6757
—, 6-Nitro-2-oxo-2*H*- 6740

Chromen-6-sulfonylchlorid
—, 3-Acetylamino-2-oxo-2*H*- 6746
—, 8-Brom-7-hydroxy-3,4-dimethyl-2-
　　oxo-2*H*- 6756
—, 3-Brom-7-methoxy-4-methyl-2-oxo-
　　2*H*- 6753
—, 3,8-Dibrom-7-hydroxy-4-methyl-2-
　　oxo-2*H*- 6754
—, 2,3-Dimethyl-4-oxo-4*H*- 6742
—, 5-Hydroxy-4,7-dimethyl-2-oxo-2*H*-
　　6757
—, 7-Hydroxy-3,4-dimethyl-2-oxo-2*H*-
　　6756
—, 7-Hydroxy-4-methyl-2-oxo-2*H*- 6753
—, 7-Methoxy-3,4-dimethyl-2-oxo-2*H*-
　　6756
—, 7-Methoxy-4-methyl-2-oxo-2*H*- 6753
—, 2-Oxo-2*H*- 6740
Chromen-8-sulfonylchlorid
—, 6-Äthyl-7-hydroxy-3,4-dimethyl-2-
　　oxo-2*H*- 6758
Chromen-3,6,8-trisulfonsäure
—, 5-Hydroxy-4-methyl-2-oxo-2*H*- 6752
—, 7-Hydroxy-4-methyl-2-oxo-2*H*- 6755
Citrinin 6329
Citrinon
—, Di-*O*-acetyl-dihydro- 6479
—, Di-*O*-methyl-dihydro- 6479
　　— methylester 6479
Citromycetinol
—, Methyl-*O*-dimethyl- 6671
Citronensäure
—, *O*-Acetyl-,
　　— anhydrid 6457
—, Allohydroxy-,
　　— lacton 6576
—, Hydroxy-,
　　— lacton 6576
Cochenillesäure
　　— anhydrid 6497
—, *O*-Acetyl-anhydro- 6497
　　— methylester 6497
—, Anhydro- 6497
—, *O*-Benzoyl-anhydro- 6497
—, *O*-Methyl-anhydro-,
　　— methylester 6497
Coriarinsäure 6170
Corotoxigeninsäure 6521
Crotonsäure
—, 3-[8-Äthyl-3,5-dihydroxy-2-(4-
　　methoxy-phenyl)-4-oxo-4*H*-chromen-6-yl]-
　　6648
—, 3-[8-Äthyl-3,5-dihydroxy-4-oxo-2-
　　phenyl-4*H*-chromen-6-yl]- 6568
—, 3-[8-Äthyl-5-hydroxy-3,4-dioxo-2-
　　phenyl-chroman-6-yl]- 6568

Crotonsäure (Fortsetzung)
—, 3-[8-Äthyl-5-hydroxy-2-(4-methoxy-
   phenyl)-3,4-dioxo-chroman-6-yl]- 6648
—, 3-[8-Äthyl-7-hydroxy-2-methyl-4-oxo-
   4*H*-chromen-6-yl]- 6405
—, 3-[8-Äthyl-7-hydroxy-4-methyl-2-oxo-
   2*H*-chromen-6-yl]- 6405
—, 3-Benzoyl-4-[2]furyl-2-[4-methoxy-
   phenyl]- 6446
—, 2-Benzoyloxy-3-cyan-4-hydroxy-,
   — lacton 6276
—, 4-[4-Chlor-anilino]-4-hydroxy-4-
   [5-oxo-2,5-dihydro-[2]furyl]-,
   — [4-chlor-anilid] 6012
—, 3-Cyan-4-hydroxy-2-methoxy-,
   — lacton 6276
—, 4,4'-Dioxo-4,4'-dibenzofuran-2,8-diyl-di-
   6235
—, 3-Furfuryl-2-[4-methoxy-phenyl]-4-
   oxo-4-phenyl- 6446
—, 3-Hydroxy-2-[1-(7-methoxy-4-methyl-
   2-oxo-2*H*-chromen-3-yl)-äthyl]-,
   — äthylester 6531
—, 4-Hydroxy-4-[5-oxo-5*H*-[2]furyliden]-
   6010
   — amid 6010
   — butylamid 6011
   — dimethylamid 6011
   — isobutylamid 6011
   — methylester 6010
   — octadecylamid 6011
   — *p*-toluidid 6011
—, 4-Hydroxy-4-[5-oxo-4-phenyl-5*H*-
   [2]furyliden]-2-phenyl- 6105
   — methylester 6106
—, 4-Oxo-4-[5-oxo-2,5-dihydro-[2]furyl]-
   6010
   — amid 6010
   — butylamid 6011
   — dimethylamid 6011
   — isobutylamid 6011
   — methylester 6010
   — octadecylamid 6011
   — *p*-toluidid 6011
—, 4-Oxo-4-[5-oxo-4-phenyl-2,5-dihydro-
   [2]furyl]-2-phenyl- 6105
   — methylester 6106

Cumarin
—, 7-Acetoxy-3-chlorcarbonyl- 6343
—, 6-Acetoxy-3-cyan-5,7,8-trimethyl-
   6389
—, 3-Acetylamino-6-chlorsulfonyl- 6746
—, 6-[4-Acetylamino-phenylsulfamoyl]-
   6741
—, 3-Acetylamino-6-sulfamoyl- 6746
—, 3-[(*N*-Acetyl-sulfanilyl)-amino]-6-
   sulfamoyl- 6746

—, 7-Äthoxycarbonyloxy-3-
   chlorcarbonyl- 6343
—, 6-Äthyl-8-chlorsulfonyl-7-hydroxy-
   3,4-dimethyl- 6758
—, 6-Äthyl-3-chlorsulfonyl-7-methoxy-4-
   methyl- 6757
—, 6-Äthyl-7-hydroxy-3,4-dimethyl-8-
   phenylsulfamoyl- 6759
—, 6-Äthyl-7-hydroxy-8-[4-methoxy-
   cinnamoyl]-4-methyl- 6648
—, 6-Äthyl-7-hydroxy-4-methyl-3-
   [phenylcarbamoyl-methyl]- 6393
—, 6-Äthyl-7-hydroxy-4-
   [phenylcarbamoyl-methyl]- 6385
—, 6-Äthyl-7-methoxy-4-methyl-3-
   phenylsulfamoyl- 6757
—, 6-[4-Amino-phenylsulfamoyl]- 6741
—, 3-Amino-6-sulfamoyl- 6745
—, 3,6-Bis-chlorsulfonyl- 6741
—, 3,6-Bis-chlorsulfonyl-7-methoxy-4-
   methyl- 6755
—, 3,6-Bis-phenylsulfamoyl- 6741
—, 8-Brom-6-chlorsulfonyl-7-hydroxy-
   3,4-dimethyl- 6756
—, 3-Brom-6-chlorsulfonyl-7-methoxy-4-
   methyl- 6753
—, 3-Brom-7-methoxy-4-methyl-6-
   phenylsulfamoyl- 6754
—, 3-[2-Carbamoyl-2-cyan-vinyl]- 6186
—, 6-Carbamoyl-5-hydroxy-4-methyl-
   6364
—, 6-Carbamoyl-7-hydroxy-4-methyl-
   6366
—, 3-Carbamoyl-6-hydroxy-5,7,8-
   trimethyl- 6388
—, 3-Carbamoyl-8-methoxy- 6345
—, 6-Carbamoyl-7-methoxy- 6350
—, 3-Carbamoylmethyl-7-hydroxy-4-
   methyl- 6375
—, 3-Carbazoyl-7-methoxy-4-methyl-
   6360
—, 3-Carbazoyl-6-methoxy-5,7,8-
   trimethyl- 6389
—, 3-Chlorcarbonyl-4-chlormethyl-7-
   methoxy- 6361
—, 3-Chlorcarbonyl-7-methoxy- 6342
—, 3-Chlorcarbonyl-8-methoxy- 6345
—, 6-Chlorcarbonyl-7-methoxy- 6350
—, 3-Chlorcarbonyl-7-methoxy-4-methyl-
   6360
—, 3-Chlorcarbonyl-8-methoxy-6-nitro-
   6346
—, 4-Chlorcarbonyl-7-methoxy-3-phenyl-
   6430
—, 3-Chlor-7-methoxy-4-
   phenylcarbamoyl- 6348
—, 6-Chlorsulfonyl- 6740

Cumarin   (Fortsetzung)

—, 6-Chlorsulfonyl-5-hydroxy-4,7-
    dimethyl- 6757
—, 6-Chlorsulfonyl-7-hydroxy-3,4-
    dimethyl- 6756
—, 6-Chlorsulfonyl-7-hydroxy-4-methyl-
    6753
—, 6-Chlorsulfonyl-7-methoxy-3,4-
    dimethyl- 6756
—, 6-Chlorsulfonyl-7-methoxy-4-methyl-
    6753
—, 3-Chlorsulfonyl-6-nitro- 6740
—, 3-Cyan-7-hydroxy- 6343
—, 3-Cyan-6-hydroxy-5,7,8-trimethyl-
    6389
—, 3-Cyan-7-methoxy- 6343
—, 3-Cyan-8-methoxy- 6345
—, 5-Cyan-8-methoxy- 6348
—, 6-Cyan-7-methoxy- 6350
—, 3-Diäthylcarbamoyl-8-methoxy- 6345
—, 3-Diäthylcarbamoyl-8-methoxy-6-
    nitro- 6346
—, 3,8-Dibrom-6-chlorsulfonyl-7-
    hydroxy-4-methyl- 6754
—, 3,8-Dibrom-7-hydroxy-4-methyl-6-
    phenylsulfamoyl- 6754
—, 3-[2,2-Dicyan-vinyl]- 6186
—, 3,7-Dimethoxy-4-phenylcarbamoyl-
    6493
—, 3,6-Disulfamoyl- 6741
—, 3-Hydroxycarbonyl-6-methoxy-5,7,8-
    trimethyl- 6389
—, 5-Hydroxy-4,7-dimethyl-6-
    phenylsulfamoyl- 6757
—, 7-Hydroxy-3,4-dimethyl-6-
    phenylsulfamoyl- 6756
—, 7-Hydroxy-8-[2-hydroxy-5-oxo-
    tetrahydro-[2]furyl]-4-methyl- 6530
—, 5-Hydroxy-6-[4-methoxy-phenyl≈
    carbamoyl]-4-methyl- 6364
—, 7-Hydroxy-6-[4-methoxy-
    phenylcarbamoyl]-4-methyl- 6367
—, 7-Hydroxy-8-[4-methoxy-
    phenylcarbamoyl]-4-methyl- 6371
—, 5-Hydroxy-4-methyl-6-
    [1]naphthylcarbamoyl- 6364
—, 5-Hydroxy-4-methyl-6-
    [2]naphthylcarbamoyl- 6364
—, 7-Hydroxy-4-methyl-6-
    [1]naphthylcarbamoyl- 6367
—, 7-Hydroxy-4-methyl-8-
    [1]naphthylcarbamoyl- 6371
—, 7-Hydroxy-4-methyl-8-
    [2]naphthylcarbamoyl- 6371
—, 5-Hydroxy-4-methyl-6-
    phenylcarbamoyl- 6364
—, 7-Hydroxy-4-methyl-6-
    phenylcarbamoyl- 6367

—, 7-Hydroxy-4-methyl-8-
    phenylcarbamoyl- 6371
—, 7-Hydroxy-4-methyl-3-
    [phenylcarbamoyl-methyl]- 6375
—, 7-Hydroxy-4-methyl-6-
    phenylsulfamoyl- 6753
—, 7-Hydroxy-4-methyl-6-sulfamoyl-
    6753
—, 5-Hydroxy-4-methyl-6-
    p-tolylcarbamoyl- 6364
—, 7-Hydroxy-4-methyl-6-
    p-tolylcarbamoyl- 6367
—, 7-Hydroxy-4-methyl-8-
    p-tolylcarbamoyl- 6371
—, 7-Methoxy-3,4-dimethyl-6-
    phenylsulfamoyl- 6756
—, 7-Methoxy-4-methyl-3,6-bis-
    phenylsulfamoyl- 6755
—, 7-Methoxy-4-methyl-3-
    [phenylcarbamoyl-methyl]- 6375
—, 7-Methoxy-4-methyl-6-
    phenylsulfamoyl- 6753
—, 7-Methoxy-4-methyl-6-sulfamoyl- 6753
—, 7-Methoxy-3-phenylcarbamoyl- 6343
—, 7-Methoxy-4-phenylcarbamoyl- 6347
—, 7-Methoxy-3-phenyl-4-
    phenylcarbamoyl- 6430
—, 6-Methoxy-5,7,8-trimethyl-3-
    methylcarbamoyl- 6389
—, 6-Nitro-3-phenylsulfamoyl- 6740
—, 6-Nitro-3-sulfamoyl- 6740
—, 6-Sulfamoyl- 6740
—, 6-[4-Sulfamoyl-phenylsulfamoyl]-
    6741
—, 6-Sulfamoyl-3-sulfanilylamino- 6746

Cumarin-sulfonsäure
    s. Chromen-sulfonsäure, 2-Oxo-2*H*-

Cyclodeca[*b*]furan-10-carbonsäure
—, 3,6-Dimethyl-2,4-dioxo-dodecahydro-
    5998

6,9a-Cyclo-furo[3,2-*h*]isochromen-2,7-dion
—, 9-Hydroxy-3,5a,6-trimethyl-
    hexahydro- 6026
—, 3,5a,6-Trimethyl-hexahydro- 6026

Cyclohepta[*c*]chromen-7-carbonsäure
—, 3,4-Dimethoxy-6,8-dioxo-6,7,8,9,10,≈
    11-hexahydro-,
    — methylester 6630
—, 8-Hydroxy-3,4-dimethoxy-6-oxo-
    6,9,10,11-tetrahydro-,
    — methylester 6630

Cyclohepta[1,2-*b*;4,5-*c'*]difuran-2,5-dion
—, 4-Acetoxy-7-hydroxy-3,4a,8-
    trimethyl-octahydro- 6463

Cyclohepta[*b*]furan-5-carbonsäure
—, 4-Acetoxy-6-formyl-3,5,7-trimethyl-2-
    oxo-octahydro- 6463

Cyclohepta[b]furan-3a,5-dicarbonsäure
—, 3-Äthoxymethyl-2,4-dioxo-2,3,4,5,6,7-
hexahydro-,
— 3a-äthylester-5-methylester 6653
Cyclohepta[c]furan-4,8-dicarbonsäure
—, 1,3-Dioxo-octahydro- 6210
— dimethylester 6210
**Cyclohepta[b]naphtho[2,1-d]thiophen-8,10-
dicarbonsäure**
—, 9-Oxo-9H-,
— diäthylester 6195
Cycloheptan-1,2,3,4-tetracarbonsäure
— 2,3-anhydrid 6210
— 2,3-anhydrid-1,4-dimethylester
6210
Cyclohepta[c]pyran-6-carbonsäure
—, 3-Acetoxy-8-hydroxy-1,9-dioxo-1,9-
dihydro- 6618
—, 8-Hydroxy-1,3,9-trioxo-1,3,4,9-
tetrahydro- 6618
Cyclohept-2-en-1,2-dicarbonsäure
—, 3-[2-Hydroxy-3,4-dimethoxy-phenyl]-
7-oxo-,
— 2-lacton-1-methylester 6630
Cyclohexa-1,3-diencarbonsäure
—, 4-[2]Furyl-2-hydroxy-6-[2-methoxy-
phenyl]-,
— äthylester 6419
—, 4-[2]Furyl-2-hydroxy-6-[4-methoxy-
phenyl]-,
— äthylester 6419
—, 6-[2]Furyl-2-hydroxy-4-[4-methoxy-
phenyl]-,
— äthylester 6418
—, 2-Hydroxy-4-[4-methoxy-phenyl]-6-
[2]thienyl-,
— äthylester 6418
—, 2-Hydroxy-6-[2-methoxy-phenyl]-4-
[2]thienyl-,
— äthylester 6419
—, 2-Hydroxy-6-[4-methoxy-phenyl]-4-
[2]thienyl-,
— äthylester 6419
Cyclohexancarbonsäure
—, 2-[2]Furyl-2-hydroxy-4-oxo-,
— äthylester 6309
Cyclohexan-1,2-dicarbonsäure
—, 5-Acetoxy-4-hydroxy-3,4-dimethyl-,
— 2-lacton-1-methylester 6287
—, 3-[7-Äthoxycarbonyl-heptyl]-6-hexyl-,
— anhydrid 6000
—, 2-Brom-3-bromcarbonyl-1,3-
dimethyl-,
— anhydrid 5996
—, 3-Butyl-6-[9-carboxy-nonyl]-,
— anhydrid 5999
—, 3-Butyl-6-[9-carboxy-7-oxo-nonyl]-,
— anhydrid 6154

—, 3-Butyl-6-[6-(2-hydroxy-5-oxo-
tetrahydro-[2]furyl)-hexyl]-,
— anhydrid 6154
—, 3-[7-Carboxy-heptyl]-6-hexyl-,
— anhydrid 5999
—, 1-[2-(8b-Carboxy-6-isopropyl-3a,5a-
dimethyl-2-oxo-decahydro-indeno[4,5-b]≠
furan-3-yl)-äthyl]-3,4-dimethyl-,
— 1-methylester 6245
—, 3-[7-Carboxy-5-oxo-heptyl]-6-hexyl-,
— anhydrid 6154
—, 4,5-Dibrom-3-[7-carboxy-heptyl]-6-
hexyl-,
— anhydrid 6000
—, 4,5-Dihydroxy-3,4-dimethyl-,
— 2→4-lacton 6287
— 2→4-lacton-1-methylester
6287
—, 3-Heptyl-6-methoxycarbonylmethyl-,
— anhydrid 5998
—, 3-Hexyl-6-[4-(2-hydroxy-5-oxo-
tetrahydro-[2]furyl)-butyl]-,
— anhydrid 6154
—, 3-Hexyl-6-[7-methoxycarbonyl-heptyl]-,
— anhydrid 5999
—, 4-Hydroxy-3,4-dimethyl-5-oxo-,
— 2-lacton 5994
— 2-lacton-1-methylester 5994
—, 1-[2-(6-Isopropyl-8b-
methoxycarbonyl-3a,5a-dimethyl-2-oxo-
decahydro-indeno[4,5-b]furan-3-yl)-äthyl]-
3,4-dimethyl-,
— dimethylester 6245
—, 6-[1-Methoxycarbonyl-1-methyl-äthyl]-
3-[1-methoxycarbonyl-2,7,7-trimethyl-
octahydro-1,4a-oxaäthano-naphthalin-2-
yl]-1,3-dimethyl-,
— dimethylester 6260
Cyclohexan-1,3-dicarbonsäure
—, 2-[5-Äthyl-[2]thienyl]-4-hydroxy-4-
methyl-6-oxo-,
— diäthylester 6587
—, 2-[5-Benzyl-[2]thienyl]-4-hydroxy-4-
methyl-6-oxo-,
— diäthylester 6638
—, 2-Brom-2-bromcarbonyl-1,3-
dimethyl-,
— anhydrid 5996
—, 2-Bromcarbonyl-1,3-dimethyl-,
— anhydrid 5996
—, 2-[5-Brom-[2]furyl]-4-hydroxy-4-
methyl-6-oxo-,
— diäthylester 6586
—, 2-Carboxymethyl-1,3-dimethyl-,
— anhydrid 5996
—, 2-[5-Chlor-[2]furyl]-4-hydroxy-4-
methyl-6-oxo-,
— diäthylester 6586

Cyclohexan-1,3-dicarbonsäure (Fortsetzung)
—, 2-[5-Chlor-[2]thienyl]-4-hydroxy-4-
  methyl-6-oxo-,
  — diäthylester 6587
—, 2-[2,5-Dimethyl-[3]thienyl]-4-hydroxy-
  4-methyl-6-oxo-,
  — diäthylester 6588
—, 2-[2]Furyl-4-hydroxy-4-methyl-6-oxo-,
  — diäthylester 6586
—, 4-Hydroxy-2-[5-isobutyl-[2]thienyl]-4-
  methyl-6-oxo-,
  — diäthylester 6588
—, 4-Hydroxy-4-methyl-2-[5-methyl-
  [2]furyl]-6-oxo-,
  — diäthylester 6587
—, 4-Hydroxy-4-methyl-2-[5-methyl-
  [2]thienyl]-6-oxo-,
  — diäthylester 6587
—, 4-Hydroxy-4-methyl-6-oxo-2-
  [5-propyl-[2]thienyl]-,
  — diäthylester 6588
—, 4-Hydroxy-4-methyl-6-oxo-2-
  [2]thienyl-,
  — diäthylester 6586
Cyclohexan-1,4-dicarbonsäure
—, 2,5-Dihydroxy-,
  — 1→5-lacton-4-methylester 6281
—, 2-Hydroxy-3-[2-methoxycarbonyl-
  äthyl]-2-methoxycarbonylmethyl-3-
  methyl-,
  — 4-lacton-1-methylester 6240
Cyclohexan-1,3-dion
—, 5-Methyl-,
  — mono-{[(7-methoxy-2-oxo-
  2*H*-chromen-4-yl)-acetyl]-hydrazon}
  6356
Cyclohexan-1,2,3,4-tetracarbonsäure
  — 1,2-anhydrid 6209
  — 2,3-anhydrid-1,4-dimethylester
  6209
—, 2,3-Dimethyl-,
  — 1,2-anhydrid-3,4-dimethylester
  6211
Cyclohexan-1,2,3-tricarbonsäure
—, 2-Brom-1,3-dimethyl-,
  — 1,2-anhydrid 5996
  — 1,3-anhydrid 5996
—, 1,3-Dimethyl-,
  — 1,2-anhydrid 5994
  — 1,3-anhydrid 5995
  — 1,2-anhydrid-3-methylester 5994
  — 1,3-anhydrid-2-methylester 5995
  — 2,3-anhydrid-1-methylester 5994
—, 6-Hydroxy-1,2-dimethyl-,
  — 2-lacton 6133
  — 3-lacton 6133
  — 2-lacton-1-methylester 6133

Cyclohex-1-encarbonsäure
—, 4-[4,5-Dihydroxy-9-methyl-3-oxo-1,3-
  dihydro-naphtho[2,3-*c*]furan-1-yl]-2,5-
  dihydroxy-6-oxo-,
  — amid 6688
Cyclohex-2-encarbonsäure
—, 2-[2]Furyl-3-methyl-4-oxo-1-[3-oxo-
  butyl]- 6063
Cyclohex-3-encarbonsäure
—, 4-[2]Furyl-6-[2-methoxy-phenyl]-2-oxo-,
  — äthylester 6419
—, 4-[2]Furyl-6-[4-methoxy-phenyl]-2-
  oxo-,
  — äthylester 6419
—, 6-[2]Furyl-4-[4-methoxy-phenyl]-2-
  oxo-,
  — äthylester 6418
—, 4-[4-Methoxy-phenyl]-2-oxo-6-
  [2]thienyl-,
  — äthylester 6418
—, 6-[2-Methoxy-phenyl]-2-oxo-4-
  [2]thienyl-,
  — äthylester 6419
—, 6-[4-Methoxy-phenyl]-2-oxo-4-
  [2]thienyl-,
  — äthylester 6419
Cyclohex-3-en-1,3-dicarbonsäure
—, 2-[5-Äthyl-[2]thienyl]-4,6-dihydroxy-6-
  methyl-,
  — diäthylester 6587
—, 2-[5-Benzyl-[2]thienyl]-4,6-dihydroxy-
  6-methyl-,
  — diäthylester 6638
—, 2-[5-Brom-[2]furyl]-4,6-dihydroxy-6-
  methyl-,
  — diäthylester 6586
—, 2-[5-Chlor-[2]furyl]-4,6-dihydroxy-6-
  methyl-,
  — diäthylester 6586
—, 2-[5-Chlor-[2]thienyl]-4,6-dihydroxy-
  6-methyl-,
  — diäthylester 6587
—, 4,6-Dihydroxy-2-[5-isobutyl-
  [2]thienyl]-6-methyl-,
  — diäthylester 6588
—, 4,6-Dihydroxy-6-methyl-2-[5-methyl-
  [2]furyl]-,
  — diäthylester 6587
—, 4,6-Dihydroxy-6-methyl-2-[5-methyl-
  [2]thienyl]-,
  — diäthylester 6587
—, 4,6-Dihydroxy-6-methyl-2-[5-propyl-
  [2]thienyl]-,
  — diäthylester 6588
—, 4,6-Dihydroxy-6-methyl-2-[2]thienyl-,
  — diäthylester 6586

Cyclohex-3-en-1,3-dicarbonsäure   (Fortsetzung)
—, 2-[2,5-Dimethyl-[3]thienyl]-4,6-
dihydroxy-6-methyl-,
— diäthylester 6588
—, 2-[2]Furyl-4,6-dihydroxy-6-methyl-,
— diäthylester 6586
Cyclohex-4-en-1,2-dicarbonsäure
—, 3-[7-Äthoxycarbonyl-heptyl]-6-hexyl-,
— anhydrid 6032
—, 3-Äthoxycarbonylmethyl-,
— anhydrid 6020
—, 3-Butyl-6-[9-carboxy-non-1-enyl]-,
— anhydrid 6045
—, 3-Butyl-6-[9-carboxy-7-oxo-non-1-
enyl]-,
— anhydrid 6170
—, 3-Butyl-6-[6-(2-hydroxy-5-oxo-
tetrahydro-[2]furyl)-hex-1-enyl]-,
— anhydrid 6170
—, 3-[7-Carboxy-heptyl]-6-hex-1-enyl-,
— anhydrid 6046
—, 3-[7-Carboxy-heptyl]-6-hexyl-,
— anhydrid 6032
—, 3-[6-Carboxy-hexyl]-6-hept-1-enyl-,
— anhydrid 6046
—, 3-[6-Carboxy-hexyl]-6-heptyl-,
— anhydrid 6032
—, 3-Carboxymethyl-,
— anhydrid 6020
—, 3-[8-Carboxy-octyl]-6-pentyl-,
— anhydrid 6031
—, 3-[7-Carboxy-5-oxo-heptyl]-6-hex-1-
enyl-,
— anhydrid 6171
—, 3-[11-Carboxy-undecyl]-6-hexyl-,
— anhydrid 6033
—, 3-Cyan-,
— anhydrid 6019
—, 4-[2-Cyan-äthyl]-5-methyl-,
— anhydrid 6023
—, 3-Cyan-4,5-dimethyl-,
— anhydrid 6022
—, 3-[2-Cyan-vinyl]-,
— anhydrid 6034
—, 3-Cyan-6-vinyl-,
— anhydrid 6034
—, 3-Hepta-1,3,5-triinyl-6-
methoxycarbonylmethyl-,
— anhydrid 6096
—, 3-Heptyl-6-[6-methoxycarbonyl-hexyl]-,
— anhydrid 6032
—, 3-Heptyl-6-methoxycarbonylmethyl-,
— anhydrid 6028
—, 3-Hex-1-enyl-6-[4-(2-hydroxy-5-oxo-
tetrahydro-[2]furyl)-butyl]-,
— anhydrid 6171
—, 3-Hex-1-enyl-6-[7-methoxycarbonyl-
heptyl]-,

— anhydrid 6046
—, 3-Hexyl-6-[7-methoxycarbonyl-
heptyl]-,
— anhydrid 6032
—, 3-[4-Isobutylcarbamoyl-but-3-enyl]-6-
methyl-,
— anhydrid 6037
—, 3-[6-Isobutylcarbamoyl-hexa-1,5-
dienyl]-6-methyl-,
— anhydrid 6063
—, 3-Methoxycarbonylmethyl-6-propyl-,
— anhydrid 6024
—, 3-[2-Methoxycarbonyl-vinyl]-,
— anhydrid 6034
Cyclohex-1-en-1,2,4,5-tetracarbonsäure
— 4,5-anhydrid-1,2-dimethylester
6215
Cyclohex-5-en-1,2,3,4-tetracarbonsäure
— 2,3-anhydrid-1,4-dimethylester
6215
—, 5-Methyl-,
— 2,3-anhydrid-1,4-dimethylester
6216

Cyclohex-4-en-1,2,3-tricarbonsäure
— 1,2-anhydrid-3-methylester 6019
—, 4-Äthoxy-,
— 3-äthylester-1,2-anhydrid 6465
—, 6-Brommethyl-,
— 3-äthylester-1,2-anhydrid 6022
—, 6-sec-Butyl-5-methyl-,
— 1,2-anhydrid 6025
— 2,3-anhydrid 6025
—, 3,6-Dimethyl-4,5-diphenyl-,
— 1,2-anhydrid 6107
—, 4,5-Diphenyl-,
— 1,2-anhydrid-3-methylester 6106
—, 6-Methyl-,
— 3-äthylester-1,2-anhydrid 6021
— 1,2-anhydrid 6020
— 2,3-anhydrid 6020
— 1,2-anhydrid-3-[2-chlor-äthylester]
6021
— 1,2-anhydrid-3-menthylester 6021
— 1,2-anhydrid-3-methylester 6021
—, 6-Methyl-5-phenoxy-,
— 3-äthylester-1,2-anhydrid 6465
—, 6-Phenyl-,
— 1,2-anhydrid-3-methylester 6088
—, 6-Undecyl-,
— 3-äthylester-1,2-anhydrid 6031
—, 6-Vinyl-,
— 1,2-anhydrid-3-methylester 6034
4,7-Cyclo-isochromen-8-carbonsäure
—, 4-Hydroxy-3,3-dimethyl-1-oxo-
octahydro- 6301
— äthylester 6302
— methylester 6302

4,7-Cyclo-isochromen-8-carbonsäure
(Fortsetzung)
—, 4-Hydroxy-3-hydroxymethyl-3-
methyl-1-oxo-octahydro- 6463
— methylester 6463
Cyclonona-1,5-dien-1,2,4,5-tetracarbonsäure
—, 7,8-Diäthyl-4-methyl-,
— 1,2-anhydrid-4,5-dimethylester
6219
— 4,5-anhydrid-1,2-dimethylester
6219
Cyclonona[c]furan-5,6-dicarbonsäure
—, 8,9-Diäthyl-3a-methyl-1,3-dioxo-
3,3a,4,7,8,9-hexahydro-1H-,
— dimethylester 6219
—, 8,9-Diäthyl-5-methyl-1,3-dioxo-
3,4,5,8,9,10-hexahydro-1H-,
— dimethylester 6219
—, 8,9-Diäthyl-3a-methyl-1,3-dioxo-
3,3a,4,5,6,7,8,9-octahydro-1H- 6218
Cyclonon-5-en-1,2,4,5-tetracarbonsäure
—, 7,8-Diäthyl-9-hydroxy-4-methyl-,
— 2-lacton-1,4,5-trimethylester 6243
—, 7,8-Diäthyl-4-methyl-,
— 4,5-anhydrid 6218
— 4,5-anhydrid-1,2-dimethylester
6218
2,6-Cyclo-norbornan-2,3-dicarbonsäure
—, 5-Acetoxy-5-hydroxy-,
— 3-lacton 6308
— 3-lacton-2-methylester 6308
Cyclopenta[b]benzofuran-3a-carbonsäure
—, 3-Brom-1-butyryloxy-6,8a,8b-
trimethyl-7-oxo-decahydro- 6305
—, 1-Butyryloxy-3-chlor-7-[2,4-dinitro-
phenylhydrazono]-6,8a,8b-trimethyl-
decahydro- 6305
—, 1-Butyryloxy-3-chlor-6,8a,8b-
trimethyl-7-oxo-decahydro- 6305
— amid 6305
—, 3-Chlor-1-crotonoyloxy-6,8a,8b-
trimethyl-7-oxo-1,2,3,4a,7,8,8a,8b-
octahydro- 6310
—, 3-Chlor-1-hydroxy-6,8a,8b-trimethyl-
7-oxo-decahydro- 6305
—, 6,8a,8b-Trimethyl-1,7-dioxo-
decahydro- 6027
— methylester 6027
—, 6,8a,8b-Trimethyl-3,7-dioxo-
decahydro- 6027
—, 6,8a,8b-Trimethyl-1,7-dioxo-1,4a,7,8,⸗
8a,8b-hexahydro- 6062
—, 6,8a,8b-Trimethyl-3,7-dioxo-3,4a,7,8,⸗
8a,8b-hexahydro- 6061
—, 6,8a,8b-Trimethyl-1,7-dioxo-1,4a,5,6,⸗
7,8,8a,8b-octahydro- 6038
—, 6,8a,8b-Trimethyl-3,7-dioxo-3,4a,5,6,⸗
7,8,8a,8b-octahydro- 6038

Cyclopenta[c]chromen-8-carbonsäure
—, 7-Acetoxy-2-methyl-4-oxo-1,2,3,4-
tetrahydro-,
— methylester 6404
—, 7-Acetoxy-4-oxo-1,2,3,4-tetrahydro-,
— methylester 6403
—, 7-Hydroxy-2-methyl-4-oxo-1,2,3,4-
tetrahydro- 6404
— methylester 6404
—, 7-Hydroxy-4-oxo-1,2,3,4-tetrahydro-
6403
— methylester 6403
— phenylester 6403
Cyclopenta[c]furan-4-carbonitril
—, 4-Hydroxy-3a-methyl-1-oxo-
hexahydro- 6282
Cyclopenta[b]furan-4-carbonsäure
—, 3-[2-Äthoxycarbonyl-äthyl]-4-methyl-
2-oxo-hexahydro-,
— äthylester 6134
—, 3-Äthoxycarbonylmethyl-4-methyl-2-
oxo-hexahydro-,
— äthylester 6133
Cyclopenta[c]furan-4-carbonsäure
—, 5-Acetoxy-6-brom-1-methoxy-3-oxo-
hexahydro-,
— methylester 6459
—, 6-Brom-5-hydroxy-1-methoxy-3-oxo-
hexahydro-,
— methylester 6459
—, 6-Chlor-5-hydroxy-1-methoxy-3-oxo-
hexahydro-,
— methylester 6458
—, 3a,4-Dimethyl-1,3-dioxo-hexahydro-
5993
—, 3a,6a-Dimethyl-1,3-dioxo-hexahydro-
5993
—, 3a-Methyl-1,3-dioxo-hexahydro-
5991
—, 3a-Methyl-1,3-dioxo-3,3a,4,5-
tetrahydro-1H- 6019
Cyclopenta[c]furan-5-carbonsäure
—, 4,4-Dimethyl-1,3-dioxo- 5993
—, 4-Hydroxy-3a-methyl-1-oxo-
3,3a,6,6a-tetrahydro-1H-,
— äthylester 5991
—, 3a-Methyl-1,4-dioxo-hexahydro-,
— äthylester 5991
Cyclopenta[c]furan-4,5-dicarbonsäure
—, 1,3-Dioxo-hexahydro- 6207
— dimethylester 6207
Cyclopenta[c]furan-4,6-dicarbonsäure
—, 1,3-Dioxo-hexahydro- 6208
— dimethylester 6208
Cyclopenta[a]naphthalin
—, 6,7-Bis-carboxymethyl-3a,6-dimethyl-
3-[5-oxo-tetrahydro-
[3]furyl]-dodecahydro- 6160

Cyclopenta[*a*]naphthalin (Fortsetzung)
—, 6,7-Bis-methoxycarbonylmethyl-3a,6-
dimethyl-3-[5-oxo-tetrahydro-
[3]furyl]-dodecahydro- 6160
Cyclopenta[*a*]naphthalin-7-carbonsäure
—, 6-[2-Carboxy-äthyl]-3a,6-dimethyl-3-
[5-oxo-tetrahydro-[3]furyl]-dodecahydro-
6159
—, 6-[2-Methoxycarbonyl-äthyl]-3a,6-
dimethyl-3-[5-oxo-tetrahydro-
[3]furyl]-dodecahydro-,
— methylester 6159
Cyclopentancarbonsäure
—, 2-[7-Cyan-8,16-dihydroxy-9,11,13,⇄
15-tetramethyl-18-oxo-oxacyclooctadeca-
4,6-dien-2-yl]- 6655
—, 3-[4-Hydroxy-8,9,9-trimethyl-2-oxo-
5,6,7,8-tetrahydro-2*H*-5,8-methano-
chromen-3-yl]-1,2,2-trimethyl- 6069
—, 1,2,2-Trimethyl-3-[8,9,9-trimethyl-2,4-dioxo-
5,6,7,8-tetrahydro-2*H*-5,8-methano-
chroman-3-yl]- 6069
Cyclopentan-1,1-dicarbonsäure
—, 3,4-Dihydroxy-3,4-diphenyl-,
— monolacton 6438
Cyclopentan-1,2-dicarbonsäure
—, 3-Acetoxy-4-brom-5-[hydroxy-
methoxy-methyl]-,
— 1-lacton-2-methylester 6459
—, 5-[3-Carboxy-1-methyl-propyl]-1-
methyl-,
— anhydrid 5997
Cyclopentan-1,3-dicarbonsäure
—, 2-Cyan-1,2-dimethyl-,
— anhydrid 5994
—, 4-Hydroxymethyl-4-methyl-5-
oxo-,
— 1-äthylester-3-lacton 5991
Cyclopentan-1,2,3,4-tetracarbonsäure
— 1,2-anhydrid 6207
— 2,3-anhydrid 6208
— 1,2-anhydrid-3,4-dimethylester
6207
— 2,3-anhydrid-1,4-dimethylester
6208
Cyclopentan-1,1,3-tricarbonsäure
—, 5-Acetoxy-4,4-dimethyl-,
— 1,3-anhydrid-1-methylester 6463
—, 5-Hydroxy-4,4-dimethyl-,
— 1-lacton-1,3-dimethylester- 6132
Cyclopentan-1,2,3-tricarbonsäure
—, 1,2-Dimethyl-,
— 1,2-anhydrid 5993
— 1,3-anhydrid 5993
— 2,3-anhydrid 5993
—, 2-Methyl-,
— 1,2-anhydrid 5991

Cyclopentan-1,2,4-tricarbonsäure
—, 3,3-Dimethyl-,
— 1,2-anhydrid 5993
Cyclopenta[*a*]phenanthren-10-carbonitril
—, 3,5,14-Trihydroxy-13-methyl-17-
[5-oxo-2,5-dihydro-
[3]furyl]-hexadecahydro- 6612
Cyclopenta[*a*]phenanthren-10-carbonsäure
—, 11-Acetoxy-5,14-dihydroxy-13-
methyl-17-[5-oxo-2,5-dihydro-[3]furyl]-3-
[3,4,5-triacetoxy-6-methyl-tetrahydro-
pyran-2-yloxy]-hexadecahydro-,
— äthylester 6660
— methylester 6659
—, 5,14-Dihydroxy-13-methyl-3-oxo-17-
[5-oxo-2,5-dihydro-
[3]furyl]-hexadecahydro-,
— methylester 6627
—, 14-Hydroxy-13-methyl-3-oxo-17-
[5-oxo-2,5-dihydro-[3]furyl]-
Δ^4-tetradecahydro-,
— methylester 6542
—, 3,5,14-Trihydroxy-13-methyl-17-
[5-oxo-2,5-dihydro-
[3]furyl]-hexadecahydro- 6608
— methylester 6610
—, 5,11,14-Trihydroxy-13-methyl-17-
[5-oxo-2,5-dihydro-[3]furyl]-3-[3,4,5-
trihydroxy-6-methyl-tetrahydro-
pyran-2-yloxy]-hexadecahydro-
6658
Cyclopenta[*a*]phenanthren-17-carbonsäure
—, 3,11-Diacetoxy-7,8-epoxy-14-
hydroxy-10,13-dimethyl-12-oxo-
hexadecahydro-,
— methylester 6590
Cyclopenta[*a*]phenanthren-6,7,11,12-
tetracarbonsäure
—, $\Delta^{8(14),9}$-Dodecahydro-,
— 12-äthylester-6,7-anhydrid 6232
Cyclopenta[1,2]phenanthro[9,10-*c*]furan-8,9-
dicarbonsäure
—, 1,3-Dioxo-$\Delta^{7a,\,12a}$-tetradecahydro-,
— 9-äthylester 6232
Cyclopenta[*c*]pyran-4-carbonsäure
—, 5-Acetoxyimino-7-methyl-1-[tetra-
O-acetyl-glucopyranosyloxy]-1,4a,5,6,7,⇄
7a-hexahydro-,
— methylester 6297
—, 5-[4-Brom-phenylhydrazono]-7-
methyl-1-[tetra-*O*-acetyl-
glucopyranosyloxy]-1,4a,5,6,7,7a-
hexahydro-,
— methylester 6297

Cyclopenta[c]pyran-4-carbonsäure (Fortsetzung)
—, 1-Glucopyranosyloxy-5-hydroxyimino-
7-methyl-1,4a,5,6,7,7a-hexahydro-,
   — methylester 6297
—, 1-Glucopyranosyloxy-7-methyl-5-oxo-
1,4a,5,6,7,7a-hexahydro- 6296
   — methylester 6296
—, 5-Hydroxyimino-7-methyl-1-[tetra-
O-acetyl-glucopyranosyloxy]-1,4a,5,6,7,≈
7a-hexahydro-,
   — methylester 6297
—, 7-Methyl-5-oxo-1-[tetra-O-acetyl-
glucopyranosyloxy]-1,4a,5,6,7,7a-
hexahydro-,
   — methylester 6297
—, 7-Methyl-5-phenylhydrazono-1-[tetra-
O-acetyl-glucopyranosyloxy]-1,4a,5,6,7,≈
7a-hexahydro-,
   — methylester 6297
Cyclopent-3-en-1,2,3-tricarbonsäure
—, 2-Methyl-,
   — 2,3-anhydrid 6019
Cyclopent[c]isochromen-1-carbonsäure
—, 3-[2,4-Dinitro-phenylhydrazono]-
7,8,9-trimethoxy-5-oxo-1,2,3,5-tetrahydro-,
   — methylester 6670
—, 7,8,9-Trihydroxy-3,5-dioxo-1,2,3,5-
tetrahydro- 6670
—, 7,8,9-Trimethoxy-3,5-dioxo-1,2,3,5-
tetrahydro- 6670
   — methylester 6670
Cyclopent[c]isochromen-2-carbonsäure
—, 3-[2,4-Dinitro-phenylhydrazono]-
7,8,9-trimethoxy-5-oxo-1,2,3,5-tetrahydro-,
   — methylester 6671
—, 3-Hydroxy-7,8,9-trimethoxy-5-oxo-
1,5-dihydro-,
   — äthylester 6671
   — methylester 6670
—, 7,8,9-Trimethoxy-3,5-dioxo-1,2,3,5-
tetrahydro-,
   — äthylester 6671
   — methylester 6670
Cyclopropa[g]benzofuran-6-carbonsäure
—, 6a-Formyl-3,5a,6-trimethyl-2-oxo-
octahydro- 6026
Cyclopropa[c]furan-4-carbonylchlorid
—, 1,3-Dioxo-tetrahydro- 5989
Cyclopropan-1,2-dicarbonsäure
—, 3-Chlorcarbonyl-,
   — anhydrid 5989
**4,8-Cyclopropano-indeno[4,5-c]furan-11-
carbonsäure**
—, 1,3-Dioxo-1,3,3a,4,6,7,8,8b-
octahydro-,
   — methylester 6079

**4,8a-Cyclopropano-indeno[4,5-c]furan-11-
carbonsäure**
—, 5,9-Dimethyl-1,3-dioxo-1,3,3a,4,6,7,8,≈
8b-octahydro-,
   — methylester 6080
**4,8-Cyclopropano-indeno[5,6-c]furan-11-
carbonsäure**
—, 4,8-Dimethyl-1,3-dioxo-3,3a,4,5,6,7,8,≈
8a-octahydro-1H-,
   — methylester 6080
—, 1,3-Dioxo-3,3a,4,5,6,7,8,8a-
octahydro-1H-,
   — methylester 6078
**4,9a-Cyclopropano-naphtho[1,2-c]furan-12-
carbonsäure**
—, 1,3-Dioxo-1,3a,4,6,7,8,9,9b-
octahydro-3H-,
   — methylester 6079
**4,9-Cyclopropano-naphtho[2,3-c]furan-12-
carbonsäure**
—, 1,3-Dioxo-1,3,3a,4,5,6,7,8,9,9a-
decahydro-,
   — methylester 6079
**5,8-Cyclo-6,7-seco-23,24-dinor-cholan-6,7,22-
trisäure**
—, 3-Acetoxy-,
   — 6,7-anhydrid 6520
5,8-Cyclo-6,7-seco-pregnan-6,7,21-trisäure
—, 3-Acetoxy-20-methyl-,
   — 6,7-anhydrid 6520
**2,4'-Cyclo-spiro[cyclopentan-1,6'-isochromen]-5-
carbonsäure**
—, 7'-Hydroxy-4'-methyl-1'-oxo-
octahydro- 6310
Cymarylsäure 6609
   — methylester 6611
Cystein
—, S-[4-Carboxy-2-oxo-5-tridecyl-
tetrahydro-[3]furylmethyl]- 6274

D

Decansäure
—, 10-Amino-10-[2,4-dioxo-chroman-3-
yliden]-,
   — äthylester 6181
   — amid 6181
—, 10-[7-Butyl-1,3-dioxo-1,3,3a,4,7,7a-
hexahydro-isobenzofuran-4-yl]-9-hydroxy-
10-oxo- 6046
—, 10-[7-Butyl-1,3-dioxo-octahydro-
isobenzofuran-4-yl]- 5999
5999

Decansäure (Fortsetzung)
—, 10-[7-Butyl-1,3-dioxo-octahydro-
　isobenzofuran-4-yl]-4-oxo- 6154
—, 10-[2,4-Dioxo-chroman-3-yl]-10-
　imino-,
　— äthylester 6181
　— amid 6181
—, 10-[2,4-Dioxo-chroman-3-yl]-10-oxo-
　6181
　— äthylester 6181
　— amid 6181
—, 10-[2,3-Epoxy-1,4-dioxo-1,2,3,4-
　tetrahydro-[2]naphthyl]- 6081
　— äthylester 6081
—, 10-[4-Hydroxy-6-methyl-2-oxo-
　$2H$-pyran-3-yl]-10-oxo- 6152
　— äthylester 6152
—, 10-[4-Hydroxy-2-oxo-$2H$-chromen-3-
　yl]-10-oxo- 6181
　— äthylester 6181
　— amid 6181
—, 10-[6-Methyl-2,4-dioxo-3,4-dihydro-
　$2H$-pyran-3-yl]-10-oxo- 6152
　— äthylester 6152
Decarboxamidoterrinolidsäure
—, Penta-O-methyl- 6689
Deca-2,4,6,8-tetraen-1,8,9-tricarbonsäure
—, 2-Methyl-,
　— 8,9-anhydrid 6059
Dec-9-ensäure
—, 10-[7-Butyl-1,3-dioxo-1,3,3a,4,7,7a-
　hexahydro-isobenzofuran-4-yl]- 6046
　— 6045
—, 10-[7-Butyl-1,3-dioxo-1,3,3a,4,7,7a-
　hexahydro-isobenzofuran-4-yl]-4-oxo-
　6170
Dec-8-en-1,8,9-tricarbonsäure
—, 2-Methyl-,
　— 8,9-anhydrid 5997
Decevinsäure 6168
　— methylester 6168
—, O-Methyl- 6512
　— methylester 6512
Dehydroallogeigerinsäure 6027
　— methylester 6028
3,6-Dehydroanhydrotetrahydrochlorogensäure
　6071
Dehydrodihydroxyparasantonsäure 6039
2-Dehydro-gibberellinsäure
　— methylester 6542
Dehydropropionylessigsäure-carbonsäure
　6146
Dephanthansäure
　— anhydrid 6045
Desdimethylamino-apoterramycin
　6688

Desdimethylaminoaureomycinsäure
　6692
Desoxonorquassinsäure 6483
　— methylester 6483
Desoxybiliobansäure 6162
Desoxycarminsäure 6696
—, Heptaacetyl- 6696
6-Desoxy-galactonsäure
—, O^2,O^3,O^5-Triacetyl-6-phenylazo-6-
　phenylhydrazono-,
　— lacton 6575
6-Desoxy-glucofuranose
—, Tetra-O-acetyl-6-sulfo- 6735
arabino-3-Desoxy-hexarsäure
—, O^2,O^5-Dimethyl-,
　— 1-lacton-6-methylester 6452
ribo-3-Desoxy-hexarsäure
—, O^2,O^5-Dimethyl-,
　— 1-lacton-6-methylester 6452
xylo-3-Desoxy-hexarsäure
—, O^2,O^5-Dimethyl-,
　— 1-lacton 6451
　— 1-lacton-6-methylester 6452
arabino-4-Desoxy-hexarsäure
—, O^2,O^5-Dimethyl-,
　— 6-lacton 6451
　— 6-lacton-1-methylester 6452
arabino-5-Desoxy-hexarsäure
　— 1→4-lacton 6451
Desoxyisoperiplogonsäure 6070
　— methylester 6070
γ-Desoxyisoperiplogonsäure 6070
Desoxy-α-isostrophanthonsäure 6226
　— dimethylester 6227
5-Desoxy-lyxonsäure
—, 3-Carboxy-,
　— 1→4-lacton 6453
—, O^2,O^3-Diacetyl-3-carboxy-,
　— 1-lacton 6453
erythro-2-Desoxy-pentarsäure
　— 1→4-lacton 6263
—, O^3-Methyl-,
　— 1-lacton 6263
threo-2-Desoxy-pentarsäure
—, O^3-Methyl-,
　— 5-[4-brom-phenacylester]-1-lacton
　6263
Desoxystrophanthidonsäure
　— methylester 6537
Diäthylxanthophansäure 6247
$\Delta^{3,5}$-Dianhydrostrophanthidinsäure
　— methylester 6413
Dianhydrostrophanthidonsäure
　— methylester 6094

Dibenz[*de,h*]isochromen-8-carbonsäure
—, 1,3-Dioxo-1*H*,3*H*- 6104

Dibenzo[*f,h*]chromen-4-carbonsäure
—, 3-[10-Acetoxy-[9]phenanthryl]-2-oxo-2*H*-,
    — anilid 6450
—, 3-[10-Hydroxy-[9]phenanthryl]-2-oxo-
    2*H*-,
    — anilid 6449
    — [*N*-methyl-anilid] 6449

Dibenzo[*c,h*]chromen-7,8-dicarbonsäure
—, 9-[4-Methoxy-phenyl]-6-oxo-6a,7,8,9-
    tetrahydro-6*H*- 6650

Dibenzofuran
—, 2,8-Bis-[3-carboxy-acryloyl]- 6235

Dibenzofuran-3-carbonitril
—, 7-Methoxy-3-methyl-4-oxo-1,2,3,4-
    tetrahydro- 6404

Dibenzofuran-2-carbonsäure
—, 7-Methoxy-1,9b-dimethyl-3-oxo-3,9b-
    dihydro- 6409
    — äthylester 6409
    — methylester 6409
—, 7-Methoxy-1,6,9b-trimethyl-3-oxo-
    3,9b-dihydro- 6411
    — äthylester 6411

Dibenzofuran-3-carbonsäure
—, 7-Benzyloxy-8-brom-2-hydroxy-4-
    [4-methoxy-phenyl]-4,4a-dihydro-,
    — äthylester 6568
—, 7-Benzyloxy-8-brom-4-[4-methoxy-
    phenyl]-2-oxo-2,3,4,4a-tetrahydro-,
    — äthylester 6568
—, 2-[2,4-Dinitro-phenylhydrazono]-7-
    methoxy-4-[4-methoxy-phenyl]-2,3,4,4a-
    tetrahydro-,
    — äthylester 6567
—, 2-[2,4-Dinitro-phenylhydrazono]-4-
    [4-methoxy-phenyl]-2,3,4,4a-tetrahydro-,
    — äthylester 6445
—, 2-Hydroxyimino-7-methoxy-4-
    [4-methoxy-phenyl]-2,3,4,4a-tetrahydro-,
    — äthylester 6567
—, 2-Hydroxyimino-4-[2-methoxy-
    [1]naphthyl]-2,3,4,4a-tetrahydro-,
    — äthylester 6449
—, 2-Hydroxyimino-4-[4-methoxy-
    phenyl]-2,3,4,4a-tetrahydro-,
    — äthylester 6444
—, 2-Hydroxy-7-methoxy-4-[4-methoxy-
    phenyl]-4,4a-dihydro-,
    — äthylester 6567
—, 2-Hydroxy-4-[2-methoxy-[1]naphthyl]-
    4,4a-dihydro-,
    — äthylester 6448
—, 2-Hydroxy-4-[4-methoxy-phenyl]-
    4,4a-dihydro-,

    — äthylester 6444
—, 7-Methoxy-4-[4-methoxy-phenyl]-2-
    oxo-2,3,4,4a-tetrahydro-,
    — äthylester 6567
—, 7-Methoxy-4-[4-methoxy-phenyl]-2-
    semicarbazono-2,3,4,4a-tetrahydro-,
    — äthylester 6567
—, 4-[2-Methoxy-[1]naphthyl]-2-oxo-
    2,3,4,4a-tetrahydro-,
    — äthylester 6448
—, 4-[4-Methoxy-phenyl]-2-oxo-2,3,4,4a-
    tetrahydro-,
    — äthylester 6444
—, 4-[4-Methoxy-phenyl]-2-
    semicarbazono-2,3,4,4a-tetrahydro-,
    — äthylester 6445

Dibenzofuran-2,8-disulfinsäure 6700
Dibenzofuran-4,6-disulfinsäure 6700
Dibenzofuran-2,6-disulfonsäure
—, 3,8-Dinitro- 6731
Dibenzofuran-2,7-disulfonsäure
—, 3,8-Dinitro- 6731
Dibenzofuran-2,8-disulfonsäure 6731
    — dichlorid 6731
—, 3,7-Dinitro- 6731
—, 4,6-Dinitro- 6731
Dibenzofuran-4,6-disulfonsäure 6732
Dibenzofuran-2,8-disulfonylchlorid 6731
Dibenzofuran-2-sulfinsäure 6700
Dibenzofuran-2-sulfonamid 6722
—, *N*-Äthyl- 6722
—, *N*-Methyl- 6722
Dibenzofuran-3-sulfonamid 6724
—, 6,7,8,9-Tetrahydro- 6719
Dibenzofuran-2-sulfonanilid 6722
Dibenzofuran-2-sulfonsäure 6719
    — äthylamid 6722
    — amid 6722
    — anilid 6722
    — chlorid 6722
    — methylamid 6722
—, 3,7-Dinitro- 6723
—, 3,8-Dinitro- 6723
—, 4,6-Dinitro- 6723
—, 7-Nitro- 6722
—, 8-Nitro- 6723
Dibenzofuran-3-sulfonsäure 6724
    — amid 6724
    — chlorid 6724
—, 6,7,8,9-Tetrahydro- 6719
    — amid 6719
Dibenzofuran-2-sulfonylchlorid 6722
Dibenzofuran-3-sulfonylchlorid 6724
5λ⁶-Dibenzothiophen-2,8-disulfonsäure
—, 3,7-Dibrom-5,5-dioxo- 6732
—, 5,5-Dioxo- 6732

$5\lambda^6$-Dibenzothiophen-3,7-disulfonsäure
—, 5,5-Dioxo-,
  — dianilid 6732
$5\lambda^6$-Dibenzothiophen-2,8-disulfonylchlorid
—, 5,5-Dioxo- 6732
$5\lambda^6$-Dibenzothiophen-3,7-disulfonylchlorid
—, 5,5-Dioxo- 6732
Dibenzothiophen-2-sulfinsäure 6700
Dibenzothiophen-2-sulfonamid 6724
Dibenzothiophen-2-sulfonsäure 6723
  — amid 6724
  — chlorid 6724
$5\lambda^6$-Dibenzothiophen-2-sulfonsäure
—, 5,5-Dioxo- 6723
$5\lambda^6$-Dibenzothiophen-3-sulfonsäure
—, 5,5-Dioxo-7-[4'-sulfo-biphenyl-4-yl]- 6733
—, 5,5-Dioxo-7-[4-sulfo-phenyl]- 6732
Dibenzothiophen-2-sulfonylchlorid 6724
$5\lambda^6$-Dibenzothiophen-2-sulfonylchlorid
—, 5,5-Dioxo- 6724
Dibenz[c,e]oxepin-2-carbonsäure
—, 9-Isopropyl-4-methyl-5,7-dioxo-
  5,7-dihydro- 6099
Dibenz[c,e]oxepin-2,8-dicarbonsäure
—, 5,7-Dioxo-5,7-dihydro- 6233
Dihydroactidionsäure 6287
  — methylester 6288
Dihydrobiglandulinsäure 6120
  — methylester 6121
Dihydrochelidonsäure
  — dimethylester 6127
Dihydrocitrinon
—, Di-O-acetyl- 6479
—, Di-O-methyl- 6479
  — methylester 6479
Dihydrogibberellin-A$_1$ 6481
  — methylester 6482
—, O^2,O^7-Diacetyl-,
  — methylester 6482
Dihydrogibberellin-A$_4$
  — methylester 6334
α-Dihydro-gibberellinsäure 6516
  — methylester 6517
Dihydroglaucandicarbonsäure 6218
Dihydroglauconinsäure 6210
Dihydrohämatinsäure
  — anhydrid 5973
Dihydromonoanhydrostrophanthidonsäure
  — methylester 6537
Dihydromycophenolsäure 6480
Dihydrophotosantoninsäure 6673
Dihydropicrotoxolinsäure
  — methylester 6579
Dihydropseudogibberellin-A$_1$ 6481
  — methylester 6481

Dihydropulvinsäure 6097
Dihydroschellolsäure
  — δ-lacton 6310
Dihydrostrophanthidinsäure 6591
—, Monoanhydro- 6520
Dihydrousnetinsäure 6480
  — methylester 6480
Dihydrovulpinsäure 6098
Dimethylxanthophansäure 6246
Dinaphtho[1,2-b;2',3'-d]furan-5-carbonsäure
—, 7,12-Dioxo-7,12-dihydro-,
  — anilid 6108
Dinaphtho[2,1-b;2',3'-d]furan-3-carbonsäure
—, 8,13-Dioxo-8,13-dihydro-,
  — anilid 6108
Dinaphtho[2,1-b;2',3'-d]furan-6-carbonsäure
—, 3-Brom-8,13-dioxo-8,13-dihydro-,
  — anilid 6110
—, 8,13-Dioxo-8,13-dihydro-,
  — anilid 6108
  — o-anisidid 6109
  — p-anisidid 6110
  — [4-brom-anilid] 6108
  — [4-chlor-anilid] 6108
  — [4-chlor-2-methyl-anilid] 6109
  — [2,5-dimethoxy-anilid] 6110
  — [1]naphthylamid 6109
  — [2]naphthylamid 6109
  — [3-nitro-anilid] 6109
  — o-toluidid 6109
Dinaphtho[2,1-e;2',1'-e']phenanthro=
  [10,1-bc;9,8-b'c']bis-oxepin-19,22-dion
—, 20a-Hydroxy-20a,20b-dihydro- 6450
17,18-Dinor-atisan-4,15,16-tricarbonsäure
—, 13,14-Dihydroxy-13-[α-hydroxy-isopropyl]-,
  — 15→14-lacton 6663
  — 15→14-lacton-4,16-dimethylester
    6663
—, 13-Hydroxy-13-isopropyl-,
  — 15-lacton 6172
  — 16-lacton 6173
  — 15-lacton-4,16-dimethylester 6173
  — 16-lacton-4,15-dimethylester 6173
—, 14-Hydroxy-13-isopropyliden-,
  — 15-lacton 6183
  — 15-lacton-4,16-dimethylester 6183
  — 15-lacton-4-methylester 6183
17,18-Dinor-atis-13-en-4,15,16-
  tricarbonsäure
—, 13-Isopropyl-,
  — 4-äthylester-15,16-anhydrid 6085
  — 15,16-anhydrid 6084
  — 15,16-anhydrid-4-butylester 6086
  — 15,16-anhydrid-4-methylester 6085
  — 15,16-anhydrid-4-propylester 6085

23,24-Dinor-cholan-21-nitril

—, 20,22-Epoxy-3,17-dihydroxy-11-oxo-
6485

19,24-Dinor-chola-1,3,5(10)-trien-21,23-disäure

—, 14-Hydroxy-11-oxo-,
21-lacton-23-methylester 6093

19,24-Dinor-chola-1,3,5(10)-trien-23-säure

—, 14,21-Epoxy-11,21-dihydroxy-,
— methylester 6093

29,30-Dinor-lupan-20,28-disäure

—, 3-Acetoxy-21-hydroxy-,
— 28-lacton-20-methylester 6399

***A*,28-Dinor-oleanan-1,17-dicarbonsäure**

—, 13-Hydroxy-2,12-dioxo-,
— 17-lacton-1-methylester 6187

—, 13-Hydroxy-2-hydroxyimino-12-oxo-,
— 17-lacton-1-methylester 6187

***A*,28-Dinor-olean-1-en-1,17-dicarbonsäure**

—, 2,13-Dihydroxy-12-oxo-,
— 17→13-lacton-1-methylester 6187

1,10-Dioxa-pentaleno[2,1,6-*mna*]anthracen-2-on

—, 5,10a-Dihydroxy-10a*H*- 6438

Diphenanthro[9,10-*b*;9′,10′-*g*]oxocin-18,20-dion

—, 19-Acetoxy-19-anilino- 6450

Diphensäure

—, 4,4′-Bis-benzyloxy-6-hydroxy-5,5′,6′-
trimethoxy-,
— 2′-lacton-2-methylester 6686

—, 6,6′-Dihydroxy-4,5,4′,5′-
tetramethoxy-,
2→6′-lacton 6686

**3,4;11,12-Diseco-cholan-3,4,11,12,24-
pentasäure**

—, 7-Hydroxy-,
— 4-lacton 6258
— 4-lacton-3,11,12,24-
tetramethylester 6258

—, 9-Hydroxy-,
— 4-lacton 6258
— 4-lacton-3,24-dimethylester 6259
— 4-lacton-3,11,12,24-
tetramethylester 6259

**5,10;9,10-Diseco-23,24-dinor-cholan-22-
säure**

—, 3-Acetoxy-7,8-epoxy-5,10-dioxo-,
— methylester 6469

—, 3-Allophanoyloxy-7,8-epoxy-5,10-
dioxo- 6468

—, 7,8-Epoxy-3-hydroxy-5,10-dioxo-
6468
— methylester 6468

**3,5;5,6-Diseco-*A*,*B*-dinor-cholan-3,5,6,24-
tetrasäure**

—, 11-Hydroxy-12-oxo-,
— 3-lacton 6251
— 5-lacton 6251
— 3-lacton-5,6,24-trimethylester 6251

**11,13;13,18-Diseco-*A*,*C*,23,24,25,27,28-heptanor-
ursan-11,13-disäure**

—, 9-Hydroxy-3-isopropyl-5-methyl-18-
oxo-,
— 13-lacton-11-methylester 6048

**11,13;13,14-Diseco-*A*,*C*,23,24,25,28-hexanor-
ursan-11,13,27-trisäure**

—, 9-Hydroxy-3-isopropyl-5-methyl-,
— 27-lacton-11,13-dimethylester
6163
— 27-lacton-11-methylester 6163

**11,13;13,18-Diseco-*A*,*C*,23,24,25,27-
hexanor-ursan-11,13,28-trisäure**

—, 9-Hydroxy-3-isopropyl-5-methyl-18-
oxo-,
— 13-lacton-11,28-dimethylester
6225
— 13-lacton-11-methylester 6224

**3,5;6,7-Diseco-*A*-nor-cholan-3,6,7,24-
tetrasäure**

—, 5-Hydroxy-12-oxo-,
— 7-lacton 6252
— 7-lacton-3,6,24-trimethylester
6252

**1,2;11,12-Diseco-*A*-nor-oleanan-1,2,11,12,28-
pentasäure**

—, 13-Hydroxy-,
— 28-lacton-1,2,11,12-
tetramethylester 6260

**11,13;13,14-Diseco-*A*,*C*,23,24,25-pentanor-
ursan-11,13,27,28-tetrasäure**

—, 9-Hydroxy-3-isopropyl-5-methyl-,
— 27-lacton-28-methylester 6245
— 27-lacton-11,13,28-trimethylester
6245

**3,5;5,6-Diseco-*A*,*B*,23,24-tetranor-lupan-3,5,6-
trisäure**

— 5,6-anhydrid 6047

**2,5;5,6-Diseco-*A*,*A*,23,24-tetranor-oleanan-
2,5,6,28-tetrasäure**

—, 13-Hydroxy-,
— 28-lacton-2,5,6-trimethylester 6244

**3,5;5,6-Diseco-*A*,*B*,23,24-tetranor-oleanan-
3,5,6,28-tetrasäure**

—, 13-Hydroxy-,
— 28-lacton 6244
— 28-lacton-3,5,6-trimethylester 6244

**3,5;5,6-Diseco-*A*,*B*,23,24-tetranor-urs-12-en-
3,5,6-trisäure**

—, 11-Oxo-,
— 5,6-anhydrid 6184

**3,5;5,6-Diseco-*A*,23,24-trinor-oleanan-3,5,6,28-
tetrasäure**

—, 13-Hydroxy-,
— 28-lacton-3,5,6-trimethylester 6244

Disulfan-monooxid

—, Bis-[tetra-*O*-acetyl-glucopyranosyl]-
6700

—, Bis-[2]thienylmethyl- 6699

—, Difurfuryl- 6699

Disulfoxid

—, Di-[2]thienyl- 6699

Dodecandisäure

—, 2-[3-Hydroxy-crotonoyl]-3-oxo-,
— 12-äthylester-1-lacton 6152
— 1-lacton 6152

Dodecansäure

—, 2-[2-Carboxy-5-oxo-tetrahydro-
[2]furyl]- 6126

—, 2-[3-Carboxy-5-oxo-tetrahydro-
[2]furyl]- 6126

—, 12-[7-Hexyl-1,3-dioxo-1,3,3a,4,7,7a-
hexahydro-isobenzofuran-4-yl]- 6033

Driman-14-säure

—, 6,9-Dihydroxy-11-hydroxycarbamoyl-,
— 6-lacton 6306

Duodephanthondisäure 6220

— dimethylester 6220
— dimethylester-azin 6220
— dimethylester-oxim 6220

E

Elaterinsäure 6538

— methylester 6538

Elenolid 6019

Elenolsäure 6131

Eosin

— äthylester 6448
— methylester 6448

Epanorin 6102

2,5-Epoxido-inden-7-carbonsäure

—, 4-Acetoxy-7a-hydroxy-6-isopropenyl-
3a-methyl-3-oxo-octahydro-,
— methylester 6467

—, 4-Acetoxy-7a-hydroxy-6-isopropyl-3a-
methyl-3-oxo-octahydro-,
— methylester 6465

—, 4,7a-Dihydroxy-6-isopropenyl-3a-
methyl-3-oxo-octahydro-,
— methylester 6466

—, 4,7a-Dihydroxy-6-isopropyl-3a-
methyl-3-oxo-octahydro-,
— methylester 6464

—, 3-[2,4-Dinitro-phenylhydrazono]-4,7a-
dihydroxy-6-isopropenyl-3a-methyl-
octahydro-,
— methylester 6466

—, 3-[2,4-Dinitro-phenylhydrazono]-4,7a-
dihydroxy-6-isopropyl-3a-methyl-
octahydro-,

— methylester 6464

—, 4-Formyloxy-7a-hydroxy-6-
isopropenyl-3a-methyl-3-oxo-octahydro-,
— methylester 6466

—, 4-Formyloxy-7a-hydroxy-6-isopropyl-
3a-methyl-3-oxo-octahydro-,
— methylester 6464

—, 3-Formyl-3,4,7a-trihydroxy-6-
isopropenyl-3a-methyl-octahydro-,
— methylester 6582

—, 3-Formyl-3,4,7a-trihydroxy-6-
isopropyl-3a-methyl-octahydro-,
— methylester 6579

**3,7-Epoxido-indeno[7,1-*bc*]furan-5-
carbonsäure**

—, 2,2a,4a-Trihydroxy-6-isopropenyl-7b-
methyl-decahydro-,
— methylester 6582

—, 2,2a,4a-Trihydroxy-6-isopropyl-7b-
methyl-decahydro-,
— methylester 6579

**3*a*,6-Epoxido-isobenzofuran-7-
carbonsäure**

—, 3-Hydroxy-1-oxo-1,4,5,6,7,7a-hexahydro-
6130

Erdin 6634

Essigsäure

—, [4-Acetonyl-5-oxo-2-phenyl-
tetrahydro-[2]furyl]- 6061

—, [4-Acetonyl-5-oxo-2-(1,2,3,4-
tetrahydro-[2]naphthyl)-tetrahydro-
[2]furyl]- 6080

—, [3-Acetoxy-4-(4-acetoxy-phenyl)-5-
oxo-5*H*-[2]furyliden]-phenyl-,
— methylester 6564

—, [6-Acetoxy-7-acetyl-4-methoxy-3,5-
dimethyl-benzofuran-2-yl]- 6511

—, [7-Acetoxy-8-acetyl-4-methyl-2-oxo-
2*H*-chromen-3-yl]-,
— äthylester 6530

—, [6-Acetoxy-7-äthyl-4-methyl-2-oxo-
2*H*-chromen-3-yl]- 6393
— äthylester 6393

—, [7-Acetoxy-6-äthyl-4-methyl-2-oxo-
2*H*-chromen-3-yl]- 6392
— äthylester 6392

—, [6-Acetoxy-7-äthyl-2-oxo-
2*H*-chromen-4-yl]- 6385

—, [7-Acetoxy-6-äthyl-2-oxo-
2*H*-chromen-4-yl]- 6384
— äthylester 6385

—, [7-Acetoxy-8-benzoyl-4-methyl-2-oxo-
2*H*-chromen-3-yl]-,
— äthylester 6567

—, [7-Acetoxy-6-brom-2-oxo-
2*H*-chromen-4-yl]- 6357
— äthylester 6358

Essigsäure (Fortsetzung)

—, [7-Acetoxy-6-butyl-4-methyl-2-oxo-
2*H*-chromen-3-yl]-,
  — äthylester 6397
—, [7-Acetoxy-6-chlor-4-methyl-2-oxo-
2*H*-chromen-3-yl]-,
  — äthylester 6375
—, [7-Acetoxy-6-chlor-2-oxo-
2*H*-chromen-4-yl]- 6357
  — äthylester 6357
—, [5-Acetoxy-4,7-dimethyl-2-oxo-
2*H*-chromen-3-yl]- 6386
  — äthylester 6387
—, [7-Acetoxy-4,6-dimethyl-2-oxo-
2*H*-chromen-3-yl]-,
  — äthylester 6386
—, Acetoxy-[4-(2,4-dinitro-
phenylhydrazono)-5,6-dihydro-4*H*-pyran-
3-yl]-,
  — äthylester 6278
—, [7a-Acetoxy-2,5-dioxo-octahydro-
benzofuran-6-yl]- 6463
—, [3-Acetoxy-2,5-dioxo-tetrahydro-
[3]furyl]- 6457
  — methylester 6457
—, [4-Acetoxy-3-hydroxy-1,3-dimethyl-2-
(4-methyl-3,5-dioxo-tetrahydro-[2]furyl)-
cyclohexyl]- 6579
—, [4-Acetoxy-3-hydroxy-2-(3-hydroxy-4-
methyl-5-oxo-2,5-dihydro-[2]furyl)-1,3-
dimethyl-cyclohexyl]- 6579
—, [2-Acetoxy-2-hydroxy-5-oxo-
cyclohexan-1,4-diyl]-di-,
  — 1-lacton 6463
—, [7-Acetoxy-6-methoxycarbonyl-2-oxo-
2*H*-chromen-4-yl]- 6621
  — äthylester 6621
—, [7-Acetoxy-4-(4-methoxy-phenyl)-2-
oxo-chroman-4-yl]- 6551
—, [3-Acetoxy-4-(4-methoxy-phenyl)-5-
oxo-5*H*-[2]furyliden]-phenyl-,
  — methylester 6564
—, [7-Acetoxy-4-methyl-2-oxo-
2*H*-chromen-3-yl]- 6374
  — äthylester 6375
—, [7-Acetoxy-4-methyl-2-oxo-6-propyl-
2*H*-chromen-3-yl]- 6396
  — äthylester 6397
—, [6-Acetoxy-2-oxo-2*H*-chromen-4-yl]- 6352
—, Acetoxy-[4-oxo-5,6-dihydro-
4*H*-pyran-3-yl]- 6278
—, [3-Acetoxy-5-oxo-4-phenyl-5*H*-
[2]furyliden]-[4-methoxy-phenyl]-,
  — methylester 6566
—, [3-Acetoxy-5-oxo-4-phenyl-5*H*-
[2]furyliden]-phenyl-,
  — äthylester 6440
  — methylester 6439

—, [7-Acetoxy-2-oxo-6-propyl-
2*H*-chromen-4-yl]- 6390
  — äthylester 6391
—, [4-Acetyl-5-äthyl-2-methyl-3-oxo-2,3-
dihydro-[2]furyl]- 5994
—, [7-Acetyl-4,6-dihydroxy-3,5-dimethyl-
benzofuran-2-yl]- 6511
  — äthylester 6512
  — methylester 6512
—, [7-Acetyl-4,6-dihydroxy-3,5-dimethyl-
2,3-dihydro-benzofuran-2-yl]- 6480
  — methylester 6480
—, [6-Acetyl-7,8-dimethoxy-2,2-dimethyl-
chroman-5-yl]- 6480
—, [2-Acetyl-4,6-dimethyl-3-oxo-2,3-
dihydro-benzofuran-2-yl]-,
  — äthylester 6060
—, [4-Acetyl-2,5-dimethyl-3-oxo-2,3-
dihydro-[2]furyl]- 5992
  — methylester 5992
—, [5-Acetyl-4,6-dioxo-5,6-dihydro-
4*H*-pyran-2-yl]- 6140
—, [7-Acetyl-6-hydroxy-4-methoxy-3,5-
dimethyl-benzofuran-2-yl]- 6511
  — methylester 6512
—, [8-Acetyl-7-hydroxy-4-methyl-2-oxo-
2*H*-chromen-3-yl]- 6530
  — äthylester 6530
—, [6-Acetyl-7-hydroxy-7-methyl-1,3,5-
trioxo-1,3,5,6,7,7a-hexahydro-
isobenzofuran-4-yl]- 6657
—, [8-Acetyl-7-hydroxy-2-oxo-
2*H*-chromen-4-yl]- 6529
—, [3-Acetyl-2-oxo-chroman-4-yl]-cyan-,
  — amid 6225
—, [2-Äthoxy-3-carbamoyl-5-hydroxy-
benzofuran-6-yl]-cyan-,
  — äthylester 6682
—, [3-Äthoxycarbonyl-2-amino-5-
hydroxy-benzofuran-6-yl]-cyan-,
  — äthylester 6682
—, {3-Äthoxycarbonyl-5-[(3,5-dinitro-
phenylhydrazono)-methyl]-[2]furyl}-,
  — äthylester 6140
—, [3-Äthoxycarbonyl-4,5-dioxo-
tetrahydro-[3]furyl]-,
  — äthylester 6200
—, [3-Äthoxycarbonyl-5-formyl-[2]furyl]-,
  — äthylester 6140
—, [3-Äthoxycarbonyl-5-hydroxy-2-
imino-2,3-dihydro-benzofuran-6-yl]-cyan-,
  — äthylester 6682
—, [6-Äthoxycarbonyl-7-hydroxy-7-
methyl-1,3,5-trioxo-1,3,5,6,7,7a-
hexahydro-isobenzofuran-4-yl]- 6681
—, [3-Äthoxycarbonyl-4-methyl-
[2]furyl]-hydroxyimino-,
  — äthylester 6139

Essigsäure (Fortsetzung)

—, [5-Äthoxycarbonyl-6-methyl-2-oxo-
dihydro-pyran-3-yliden]-hydroxy-,
— äthylester 6201

—, [4-Äthoxycarbonyl-4-methyl-2-oxo-
hexahydro-cyclopenta[*b*]furan-3-yl]-,
— äthylester 6133

—, [3-Äthoxycarbonyl-2-oxo-chroman-4-
yl]-,
— äthylester 6165

—, [3-Äthoxycarbonyl-2-oxo-tetrahydro-
[3]furyl]-,
— äthylester 6118

—, [3-Äthoxycarbonyl-5-
(phenylhydrazono-methyl)-[2]furyl]-,
— äthylester 6140

—, [3-Äthoxycarbonyl-5-
semicarbazonomethyl-[2]furyl]-,
— äthylester 6140

—, Äthoxy-[4-(2,4-dinitro-
phenylhydrazono)-5,6-dihydro-4*H*-pyran-
3-yl]-,
— äthylester 6278

—, [7-Äthoxy-6-methoxy-1-oxo-phthalan-
4-yl]- 6474

—, [4-(2-Äthoxy-5-methyl-phenyl)-6-
methyl-2-oxo-chroman-4-yl]- 6424
— äthylester 6425

—, Äthoxy-[5-oxo-2,5-dihydro-[2]furyl]-
6276

—, Äthoxy-[5-oxo-tetrahydro-[2]furyl]-
6265

—, [6-Äthyl-7-benzoyloxy-4-methyl-2-
oxo-2*H*-chromen-3-yl]- 6392
— äthylester 6392

—, [7-Äthyl-6-benzoyloxy-4-methyl-2-
oxo-2*H*-chromen-3-yl]-,
— äthylester 6393

—, [6-Äthyl-7,8-bis-benzoyloxy-4-methyl-
2-oxo-2*H*-chromen-3-yl]-,
— äthylester 6511

—, [6-Äthyl-7,8-bis-benzoyloxy-2-oxo-
2*H*-chromen-4-yl]- 6509

—, [6-Äthyl-7,8-dihydroxy-4-methyl-2-
oxo-2*H*-chromen-3-yl]- 6510
— äthylester 6511

—, [6-Äthyl-7,8-dihydroxy-2-oxo-
2*H*-chromen-4-yl]- 6509
— äthylester 6510

—, [6-Äthyl-7,8-dimethoxy-2-oxo-
2*H*-chromen-4-yl]- 6509
— äthylester 6510

—, [5-(4-Äthyl-1,4-dimethyl-2-oxo-
cyclohexyl)-1-methyl-7-oxo-6-oxa-bicyclo≠
[3.2.1]oct-8-yl]- 6031
— methylester 6031

—, [6-Äthyl-7-hydroxy-4-methyl-2-oxo-
2*H*-chromen-3-yl]- 6392

— äthylester 6392
— anilid 6393

—, [7-Äthyl-6-hydroxy-4-methyl-2-oxo-
2*H*-chromen-3-yl]- 6393
— äthylester 6393

—, [6-Äthyl-7-hydroxy-2-oxo-
2*H*-chromen-4-yl]- 6384
— äthylester 6385
— anilid 6385
— methylester 6384

—, [7-Äthyl-6-hydroxy-2-oxo-
2*H*-chromen-4-yl]- 6385
— äthylester 6385
— methylester 6385

—, [6-Äthyl-7-methoxy-4-methyl-2-oxo-
2*H*-chromen-3-yl]-,
— äthylester 6392

—, [7-Äthyl-6-methoxy-4-methyl-2-oxo-
2*H*-chromen-3-yl]-,
— äthylester 6393

—, [8-Benzoyl-7-hydroxy-4-methyl-2-oxo-
2*H*-chromen-3-yl]- 6566
— äthylester 6567

—, [3-Benzoyl-2-oxo-chroman-4-yl]-cyan-,
— amid 6233

—, [7-Benzoyloxy-6-butyl-4-methyl-2-
oxo-2*H*-chromen-3-yl]-,
— äthylester 6398

—, [3-Benzoyloxy-4-(4-methoxy-phenyl)-
5-oxo-5*H*-[2]furyliden]-phenyl-,
— methylester 6564

—, [7-Benzoyloxy-4-methyl-2-oxo-
2*H*-chromen-3-yl]- 6374
— äthylester 6375

—, [7-Benzoyloxy-4-methyl-2-oxo-6-
propyl-2*H*-chromen-3-yl]-,
— äthylester 6397

—, [6-Benzoyloxy-2-oxo-2*H*-chromen-4-
yl]- 6352

—, [3-Benzoyloxy-5-oxo-4-phenyl-2,5-
dihydro-[2]furyl]-phenyl-,
— methylester 6436

—, [4-Benzyl-2,5-dioxo-tetrahydro-
[3]furyl]- 6056

—, [5,5-Bis-hydroxymethyl-4-oxo-
tetrahydro-pyran-3-yl]- 6453

—, [5,5-Bis-(4-hydroxy-2-methyl-phenyl)-
2-oxo-tetrahydro-[3]furyl]- 6552

—, [5,5-Bis-(4-hydroxy-3-methyl-phenyl)-
2-oxo-tetrahydro-[3]furyl]- 6552

—, [5,5-Bis-(4-hydroxy-phenyl)-2-oxo-
2,5-dihydro-[3]furyl]- 6562

—, [5,5-Bis-(4-hydroxy-phenyl)-2-oxo-
tetrahydro-[3]furyl]- 6552

—, [2,3-Bis-(4-methoxy-phenyl)-5-oxo-
tetrahydro-[2]furyl]- 6551

—, Brom-[3-brom-4,5-dioxo-dihydro-
[2]furyliden]- 5988

Essigsäure (Fortsetzung)

—, Brom-[3-brom-4-hydroxy-5-oxo-5*H*-[2]furyliden]- 5988

—, Brom-[3-brom-4-methoxy-5-oxo-5*H*-[2]furyliden]-,
 — methylester 6291

—, [8-Brom-5,6-dimethoxy-3-oxo-isochroman-4-yl]- 6476

—, [2-Brom-4,5-dioxo-4,5-dihydro-benzo≠[*b*]thiophen-7-yl]-cyan-,
 — äthylester 6619

—, [3-Brom-4,5-dioxo-4,5-dihydro-benzo≠[*b*]thiophen-7-yl]-cyan-,
 — äthylester 6619

—, [6-Brom-4,5-dioxo-4,5-dihydro-benzo≠[*b*]thiophen-7-yl]-cyan-,
 — äthylester 6620

—, [4-Brom-3,5-dioxo-tetrahydro-[2]furyl]- 5962

—, Brom-[3-hydroxy-4-methoxy-5-oxo-5*H*-[2]furyliden]-,
 — methylester 6461

—, [2-Brom-5-hydroxy-4-oxo-4*H*-benzo≠[*b*]thiophen-7-yliden]-cyan-,
 — äthylester 6619

—, [3-Brom-5-hydroxy-4-oxo-4*H*-benzo≠[*b*]thiophen-7-yliden]-cyan-,
 — äthylester 6619

—, [6-Brom-5-hydroxy-4-oxo-4*H*-benzo≠[*b*]thiophen-7-yliden]-cyan-,
 — äthylester 6620

—, [6-Brom-7-hydroxy-2-oxo-2*H*-chromen-4-yl]- 6357
 — äthylester 6357

—, [4-Brom-3-hydroxy-5-oxo-2,5-dihydro-[2]furyl]- 5962

—, [3-Brom-7-methoxy-2-oxo-2*H*-chromen-4-yl]- 6357

—, Brom-[7-methoxy-2-oxo-2*H*-chromen-4-yl]- 6358

—, [3-Brom-4-methoxy-5-oxo-5*H*-[2]furyliden]-hydroxy-,
 — methylester 6461

—, [3-Brom-5-oxo-2,5-dihydro-[2]furyl]-hydroxy- 6276

—, [3-Brom-5-oxo-tetrahydro-[2]furyl]-hydroxy- 6265

—, [7-Butoxy-2-oxo-2*H*-chromen-4-yl]- 6353
 — [2-chlor-äthylester] 6354

—, [4-Butyl-3,5-dioxo-tetrahydro-[2]furyl]- 5980

—, [6-Butyl-7-hydroxy-4-methyl-2-oxo-2*H*-chromen-3-yl]- 6397
 — äthylester 6397

—, [4-Butyl-3-hydroxy-5-oxo-2,5-dihydro-[2]furyl]- 5980

—, [6-Butyl-7-methoxy-4-methyl-2-oxo-2*H*-chromen-3-yl]- 6397

— äthylester 6397

—, [4-Butyryl-3,5-dioxo-tetrahydro-[2]furyl]- 6131

—, [4-Butyryl-3-hydroxy-5-oxo-2,5-dihydro-[2]furyl]- 6131

—, [5-Carboxy-4-(2-carboxy-äthyl)-4-methyl-2-oxo-tetrahydro-[3]furyl]-[2-carboxy-3-(3-carboxy-1-methyl-propyl)-2-methyl-cyclopentyl]- 6261

—, [2-Carboxy-4,5-dioxo-tetrahydro-[2]furyl]- 6200

—, [2-Carboxy-4-hydroxy-5-oxo-2,5-dihydro-[2]furyl]- 6200

—, [3-Carboxy-4-methyl-[2]furyl-hydroxyimino- 6139

—, [2-Carboxy-4-methyl-5-oxo-tetrahydro-[2]furyl]- 6120

—, [5-Carboxy-5-methyl-2-oxo-tetrahydro-[3]furyl]- 6120

—, [3-Carboxy-5-oxo-2,5-dihydro-[2]furyl]- 6128

—, [3-Carboxy-2-oxo-tetrahydro-[3]furyl]- 6118

—, [5-Carboxy-2-oxo-tetrahydro-[3]furyl]- 6116, 6117

—, [5-Carboxy-4,4,5-trimethyl-2-oxo-tetrahydro-[3]furyl]- 6124

—, Chlor-[3-chlor-4,5-dioxo-dihydro-[2]furyliden]- 5988
 — methylester 5988

—, Chlor-[3-chlor-4-hydroxy-5-oxo-5*H*-[2]furyliden]- 5988
 — methylester 5988

—, Chlor-[3-chlor-4-methoxy-5-oxo-5*H*-[2]furyliden]-,
 — methylester 6291

—, Chlor-[3-hydroxy-4-methoxy-5-oxo-5*H*-[2]furyliden]-,
 — methylester 6461

—, [6-Chlor-5-hydroxy-7-methyl-2-oxo-2*H*-chromen-4-yl]- 6376

—, [6-Chlor-7-hydroxy-4-methyl-2-oxo-2*H*-chromen-3-yl]- 6375
 — äthylester 6375

—, [6-Chlor-7-hydroxy-2-oxo-2*H*-chromen-4-yl]- 6356
 — äthylester 6357

—, [7-Chlor-4-methoxy-1-methyl-3-oxo-phthalan-1-yl]- 6322
 — methylester 6322

—, [3-Chlor-4-methoxy-5-oxo-5*H*-[2]furyliden]-hydroxy-,
 — methylester 6461

—, [3-Chlor-5-oxo-2,5-dihydro-[2]furyl]-hydroxy- 6276

—, [4-Chlor-phenyl]-[4-(4-chlor-phenyl)-3,5-dioxo-dihydro-[2]furyliden]-,
 — methylester 6102

Essigsäure (Fortsetzung)

—, [4-Chlor-phenyl]-[4-(4-chlor-phenyl)-3-hydroxy-5-oxo-5H-[2]furyliden]-,
  — methylester 6102

—, Cyan-[3-cyan-2-oxo-chroman-4-yl]-,
  — amid 6245

—, Cyan-[3-cyan-2-oxo-3,4-dihydro-2H-benzo[g]chromen-4-yl]-,
  — äthylester 6250

—, Cyan-[3,4-dichlor-5-oxo-2,5-dihydro-[2]furyl]-,
  — amid 6128

—, Cyan-[4,5-dioxo-4,5-dihydro-benzo[b]⚡thiophen-7-yl]-,
  — äthylester 6619

—, [3-Cyan-2-hydroxy-6-(4-methoxy-phenyl)-3-methyl-cyclohexa-1,5-dienyl]-,
  — lacton 6410

—, [3-Cyan-2-hydroxy-6-(4-methoxy-phenyl)-3-methyl-cyclohex-1-enyl]-,
  — lacton 6406

—, Cyan-[5-hydroxy-4-oxo-4H-benzo[b]⚡thiophen-7-yliden]-,
  — äthylester 6619

—, Cyan-[7-hydroxy-2-oxo-chroman-4-yl]-,
  — amid 6600

—, Cyan-[7-methoxy-2-oxo-chroman-4-yl]- 6600
  — amid 6600

—, Cyan-[6-nitro-2-oxo-chroman-4-yl]-,
  — amid 6165

—, [3-Cyan-6-nitro-2-oxo-chroman-4-yl]-,
  — amid 6165

—, Cyan-[2-oxo-chroman-4-yl]- 6165
  — amid 6165

—, [3-Cyan-2-oxo-chroman-4-yl]- 6165
  — amid 6165

—, Cyan-phthalidyliden-,
  — äthylester 6178

—, [4,6-Diacetoxy-7-acetyl-3,5-dimethyl-benzofuran-2-yl]- 6512

—, [7,8-Diacetoxy-6-äthyl-4-methyl-2-oxo-2H-chromen-3-yl]- 6511
  — äthylester 6511

—, [7,8-Diacetoxy-6-äthyl-2-oxo-2H-chromen-4-yl]- 6509
  — äthylester 6510

—, [5,7-Diacetoxy-4-methyl-2-oxo-2H-chromen-3-yl]- 6504
  — äthylester 6505

—, [7,8-Diacetoxy-4-methyl-2-oxo-2H-chromen-3-yl]- 6505
  — äthylester 6505

—, [4,7-Diacetoxy-2-oxo-2H-chromen-3-yl]- 6499

—, [3,4-Dibrom-5-oxo-5H-[2]furyliden]-hydroxy-,

—, methylester 5988

—, [3,4-Dibrom-5-oxo-5H-[2]furyliden]-methoxy-,
  — methylester 6291

—, [2,10a-Dihydroxy-4a,6a-dimethyl-8-oxo-octadecahydro-naphth[2′,1′;4,5]⚡indeno[2,1-b]furan-7-yl]- 6485

—, [6a,8-Dihydroxy-10a-hydroxymethyl-12a-methyl-3-oxo-hexadecahydro-1,4a-äthano-naphtho[1,2-h]chromen-2-yl]-,
  — methylester 6592

—, [7,8-Dihydroxy-6-methoxycarbonyl-2-oxo-2H-chromen-4-yl]- 6665

—, [5,7-Dihydroxy-4-methyl-2-oxo-2H-chromen-3-yl]- 6504
  — äthylester 6504

—, [7,8-Dihydroxy-4-methyl-2-oxo-2H-chromen-3-yl]- 6505
  — äthylester 6505

—, [4,7-Dihydroxy-2-oxo-2H-chromen-3-yl]- 6498
  — äthylester 6499
  — methylester 6499

—, [5,7-Dihydroxy-2-oxo-2H-chromen-4-yl]- 6499

—, [6,7-Dihydroxy-2-oxo-2H-chromen-4-yl]- 6499

—, [7,8-Dihydroxy-2-oxo-2H-chromen-4-yl]- 6499
  — äthylester 6500

—, [4,5-Dihydroxy-3-oxo-phthalan-1-yl]- 6474

—, [3,4-Dihydroxy-5-oxo-tetrahydro-[2]furyl]- 6451

—, [3,4-Dihydroxy-5-oxo-tetrahydro-[2]furyl]-hydroxy- 6569
  — äthylester 6573
  — methylester 6571

—, [4,6-Dimethoxy-3,5-dimethyl-benzofuran-2-yl]-hydroxyimino- 6507
  — methylester 6508

—, [7,8-Dimethoxy-2,2-dimethyl-4-oxo-chroman-5-yl]- 6479

—, [5,7-Dimethoxy-2-(4-methoxy-phenyl)-4-oxo-4H-chromen-6-yl]- 6643

—, [5,7-Dimethoxy-2-(4-methoxy-phenyl)-4-oxo-4H-chromen-8-yl]- 6643

—, [4,6-Dimethoxy-7-methyl-1,3-dioxo-phthalan-5-yl]- 6600

—, [5,7-Dimethoxy-4-methyl-2-oxo-2H-chromen-3-yl]- 6504
  — äthylester 6504

—, [7,8-Dimethoxy-4-methyl-2-oxo-2H-chromen-3-yl]- 6505
  — äthylester 6505

—, [6,7-Dimethoxy-2-methyl-4-oxo-4H-chromen-3-yl]-semicarbazono-,
  — äthylester 6620

Essigsäure (Fortsetzung)
—, [4,6-Dimethoxy-7-methyl-3-oxo-
  phthalan-5-yl]- 6477
  — methylester 6477
—, [5,7-Dimethoxy-2-oxo-2*H*-chromen-4-
  yl]- 6499
—, [4,5-Dimethoxy-3-oxo-phthalan-1-yl]-
  6474
—, [4,7-Dimethoxy-3-oxo-phthalan-1-
  yliden]- 6497
—, [3,4-Dimethoxy-5-oxo-tetrahydro-
  [2]furyl]-hydroxy-,
  — methylester 6572
—, [3,4-Dimethoxy-5-oxo-tetrahydro-
  [2]furyl]-methoxy-,
  — methylester 6573
—, [4-(3,4-Dimethoxy-phenyl)-7-hydroxy-
  2-oxo-2*H*-chromen-3-yl]-,
  — äthylester 6644
—, [10a,12a-Dimethyl-3,8-dioxo-
  hexadecahydro-1,4a-äthano-naphtho≠
  [1,2-*h*]chromen-2-yl]-,
  — methylester 6070
—, [1,5-Dimethyl-2,4-dioxo-3-oxa-
  bicyclo[3.3.1]non-9-yl]- 5996
  — anhydrid 5996
—, [4,4-Dimethyl-2,5-dioxo-tetrahydro-
  [3]furyl]- 5971
—, [5,5-Dimethyl-2-oxo-dihydro-
  [3]furyliden]-hydroxy-,
  — äthylester 5975
—, [4,6-Dimethyl-2-oxo-dihydro-pyran-3-
  yliden]-hydroxy-,
  — äthylester 5976
—, [5,5-Dimethyl-2-oxo-tetrahydro-
  [3]furyl]-[2,4-dinitro-phenylhydrazono]-,
  — äthylester 5975
—, {4-[1-(2,4-Dinitro-phenylhydrazono)-
  butyl]-3,5-dioxo-tetrahydro-[2]furyl}-
  6132
—, [4-(2,4-Dinitro-phenylhydrazono)-5,6-
  dihydro-4*H*-pyran-3-yl]-methoxy-,
  — methylester 6278
—, [4-(2,4-Dinitro-phenylhydrazono)-7,8-
  dimethoxy-2,2-dimethyl-chroman-5-yl]-
  6479
—, [2,4-Dinitro-phenylhydrazono]-
  [4-methyl-2-oxo-tetrahydro-pyran-3-yl]-,
  — äthylester 5971
—, [2,4-Dioxo-chroman-3-yl]- 6053
—, [2,5-Dioxo-2,5-dihydro-[3]furyl]-
  5989
—, [1,3-Dioxo-1,3,3a,4,7,7a-hexahydro-
  isobenzofuran-4-yl]- 6020
  — äthylester 6020
—, [3,5-Dioxo-4-phenyl-dihydro-
  [2]furyliden]-[2-methoxy-phenyl]- 6564
  — methylester 6564

—, [3,5-Dioxo-4-phenyl-dihydro-
  [2]furyliden]-[4-methoxy-phenyl]- 6565
  — methylester 6565
—, [3,5-Dioxo-4-phenyl-dihydro-
  [2]furyliden]-phenyl- 6100
  — äthylester 6101
  — anilid 6101
  — methylester 6101
—, [3,5-Dioxo-4-phenyl-tetrahydro-
  [2]furyl]-phenyl- 6097
  — methylester 6098
—, [1,3-Dioxo-7-propyl-1,3,3a,4,7,7a-
  hexahydro-isobenzofuran-4-yl]-,
  — methylester 6024
—, [13,15-Dioxo-9,10,12,13-
  tetrahydro-9,10-furo[3,4]ätheno-
  anthracen-11-yl]- 6106
—, [2,4-Dioxo-tetrahydro-[3]furyl]- 5963
  — äthylester 5963
  — amid 5963
  — isobutylamid 5963
—, [2,5-Dioxo-tetrahydro-[3]furyl]- 5963
  — methylester 5963
—, [3,5-Dioxo-tetrahydro-[2]furyl]- 5962
—, [4,5-Dioxo-tetrahydro-[3]furyl]- 5963
—, [1,3-Dioxo-1,10,11,11a-tetrahydro-
  phenanthro[1,2-*c*]furan-3a-yl]- 6099
  — methylester 6099
—, [2,6-Dioxo-tetrahydro-pyran-4-yl]-,
  — anhydrid 5967
—, [10a-Formyl-6a,8-dihydroxy-12a-
  methyl-3-oxo-hexadecahydro-1,4a-
  äthano-naphtho[1,2-*h*]chromen-2-yl]-
  6613
—, [3-Formyl-5-methoxycarbonyl-2-
  methyl-3,4-dihydro-2*H*-pyran-4-yl]- 6131
—, [7-Hepta-1,3,5-triinyl-1,3-dioxo-
  1,3,3a,4,7,7a-hexahydro-isobenzofuran-4-yl]-,
  — methylester 6096
—, [7-Heptyl-1,3-dioxo-1,3,3a,4,7,7a-
  hexahydro-isobenzofuran-4-yl]-,
  — methylester 6028
—, [7-Heptyl-1,3-dioxo-octahydro-
  isobenzofuran-4-yl]-,
  — methylester 5998
—, [7-Hexyloxy-2-oxo-2*H*-chromen-4-yl]-
  6353
—, [4-(4-Hydroxy-butyl)-3,5-dioxo-
  tetrahydro-[2]furyl]- 6459
—, [6-Hydroxy-5,7-dimethoxy-2-oxo-
  2*H*-chromen-4-yl]- 6598
—, [7-Hydroxy-5,8-dimethoxy-2-oxo-
  2*H*-chromen-4-yl]- 6598
—, [2-(2-Hydroxy-3,5-dimethyl-
  cyclohexyl)-6-oxo-tetrahydro-pyran-4-yl]-
  6287
  — methylester 6288

Essigsäure (Fortsetzung)
—, [5-Hydroxy-4,7-dimethyl-2-oxo-
2*H*-chromen-3-yl]- 6386
   — äthylester 6387
—, [7-Hydroxy-4,6-dimethyl-2-oxo-
2*H*-chromen-3-yl]-,
   — äthylester 6386
—, [7-Hydroxy-2,4-dioxo-chroman-3-yl]-
6498
   — äthylester 6499
   — methylester 6499
—, [1-(3-Hydroxy-1,4-dioxo-1,4-dihydro-
[2]naphthyl)-3-oxo-phthalan-1-yl]- 6649
—, Hydroxy-[4,5-dioxo-tetrahydro-
[2]furyl]- 6455
   — methylester 6456
—, Hydroxy-[4-hydroxy-5-oxo-2,5-
dihydro-[2]furyl]- 6455
   — methylester 6456
—, [3-Hydroxy-4-(4-hydroxy-phenyl)-5-
oxo-5*H*-[2]furyliden]-[4-hydroxy-phenyl]-
6646
   — methylester 6647
—, [3-Hydroxy-4-methoxycarbonyl-2,5-
dihydro-[2]thienyl]-,
   — methylester 6117
—, [2-Hydroxy-9-methoxycarbonyl-1-
methyl-7,11-dioxo-decahydro-4a,1-oxa-
äthano-fluoren-8a-yl]- 6657
—, [2-Hydroxy-9-methoxycarbonyl-1-
methyl-7,11-dioxo-1,2,5,6,7,8,9,9a-octa-
hydro-4b*H*-4a,1-oxaäthano-fluoren-8a-yl]-
6667
—, [4b-Hydroxy-9-methoxycarbonyl-1-
methyl-2-oxo-decahydro-fluoren-8a-yl]-,
   — lacton 6044
—, [7-Hydroxy-6-methoxycarbonyl-2-
oxo-2*H*-chromen-4-yl]- 6621
   — äthylester 6621
—, [5-Hydroxy-7-methoxy-2-(4-methoxy-
phenyl]-4-oxo-4*H*-chromen-6-yl]- 6643
—, [5-Hydroxy-7-methoxy-2-(4-methoxy-
phenyl)-4-oxo-4*H*-chromen-8-yl]- 6643
—, [7-Hydroxy-4-(2-methoxy-5-methyl-
phenyl)-2-oxo-chroman-4-yl]- 6552
—, [3-Hydroxy-7-methoxy-4-oxo-
chroman-3-yl]- 6476
—, Hydroxy-[4-methoxy-5-oxo-2,5-
dihydro-[2]furyl]-,
   — methylester 6456
—, [3-Hydroxy-4-methoxy-5-oxo-5*H*-
[2]furyliden]-,
   — methylester 6461
—, Hydroxy-[4-methoxy-5-oxo-5*H*-
[2]furyliden]-,
   — methylester 6461
—, [2-(4-Hydroxy-3-methoxy-phenyl)-4-
oxo-chroman-6-yl]- 6551

—, [7-Hydroxy-4-(4-methoxy-phenyl)-2-
oxo-chroman-4-yl]- 6551
—, [3-Hydroxy-4-(4-methoxy-phenyl)-5-
oxo-2,5-dihydro-[2]furyl]-phenyl- 6562
—, [3-Hydroxy-4-(4-methoxy-phenyl)-5-
oxo-5*H*-[2]furyliden]-[4-methoxy-phenyl]-
6647
   — äthylester 6647
—, [3-Hydroxy-4-(4-methoxy-phenyl)-5-
oxo-5*H*-[2]furyliden]-phenyl- 6563
   — methylester 6563
—, [5-Hydroxy-7-methyl-2-oxo-
2*H*-chromen-4-yl]- 6376
   — äthylester 6376
—, [7-Hydroxy-4-methyl-2-oxo-
2*H*-chromen-3-yl]- 6373
   — äthylester 6374
   — amid 6375
   — anilid 6375
—, [7-Hydroxy-5-methyl-2-oxo-
2*H*-chromen-4-yl]- 6376
   — äthylester 6376
—, [4-Hydroxy-5-methyl-2-oxo-2,5-
dihydro-[3]furyl]- 5968
   — äthylester 5968
—, Hydroxy-[5-methyl-2-oxo-dihydro-
[3]furyliden]-,
   — methylester 5969
—, Hydroxy-[4-methyl-2-oxo-dihydro-
pyran-3-yliden]-,
   — äthylester 5970
—, Hydroxy-[6-methyl-2-oxo-dihydro-
pyran-3-yliden]-,
   — äthylester 5970
   — methylester 5970
—, [7-Hydroxy-4-methyl-2-oxo-6-propyl-
2*H*-chromen-3-yl]- 6396
   — äthylester 6396
—, [3-Hydroxymethyl-5-oxo-tetrahydro-
[3]furyl]- 6267
—, [4-Hydroxy-4-methyl-2-oxo-
tetrahydro-[3]furyl]- 6267
—, [5-Hydroxy-6-methyl-3-oxo-1-
trichlormethyl-phthalan-4-yl]- 6326
—, [7-Hydroxy-6-methyl-3-oxo-1-
trichlormethyl-phthalan-4-yl]- 6326
—, [7-Hydroxy-6-oxo-6*H*-benzo[*c*]-
chromen-9-yl]- 6417
—, [3-Hydroxy-4-oxo-chroman-3-yl]-
6320
—, [7-Hydroxy-2-oxo-chroman-4-yl]-
6320
—, [4-Hydroxy-2-oxo-2*H*-chromen-3-yl]-
6053
—, [6-Hydroxy-2-oxo-2*H*-chromen-4-yl]-
6352
   — äthylester 6352
   — methylester 6352

Essigsäure (Fortsetzung)

—, [7-Hydroxy-2-oxo-2*H*-chromen-4-yl]-
6352
　— äthylester 6353
　— [2-brom-äthylester] 6354
　— [3-brom-propylester] 6354
　— [2-hydroxy-äthylamid] 6355
　— methylester 6353
—, Hydroxy-[5-oxo-2,5-dihydro-
[2]furyl]- 6276
—, [3-Hydroxy-5-oxo-2,5-dihydro-
[2]furyl]- 5962
—, [4-Hydroxy-2-oxo-2,5-dihydro-
[3]furyl]- 5963
　— äthylester 5963
　— amid 5963
　— isobutylamid 5963
—, [4-Hydroxy-5-oxo-2,5-dihydro-[3]furyl]-
5963
—, Hydroxy-[2-oxo-dihydro-[3]furyliden]-
5964
　— äthylester 5964
　— methylester 5964
—, Hydroxy-[2-oxo-dihydro-thiopyran-3-
yliden]-,
　— äthylester 5967
—, [7-Hydroxy-2-oxo-4-phenyl-
2*H*-chromen-3-yl]- 6433
　— äthylester 6433
—, [3-Hydroxy-5-oxo-4-phenyl-2,5-
dihydro-[2]furyl]-phenyl- 6097
—, [3-Hydroxy-5-oxo-4-phenyl-4,5-
dihydro-[2]furyl]-phenyl-,
　— methylester 6098
—, [3-Hydroxy-5-oxo-4-phenyl-5*H*-
[2]furyliden]-[2-methoxy-phenyl]- 6564
　— methylester 6564
—, [3-Hydroxy-5-oxo-4-phenyl-5*H*-
[2]furyliden]-[4-methoxy-phenyl]-
6565
　— methylester 6565
—, [3-Hydroxy-5-oxo-4-phenyl-5*H*-
[2]furyliden]-phenyl- 6100
　— äthylester 6101
　— anilid 6101
　— methylester 6101
—, Hydroxy-[2-oxo-6-phenyl-tetrahydro-
pyran-4-yl]- 6327
　— methylester 6328
—, [7-Hydroxy-2-oxo-6-propyl-
2*H*-chromen-4-yl]- 6390
　— äthylester 6390
—, Hydroxy-[5-oxo-tetrahydro-[2]furyl]-
6265
—, [3-Hydroxy-5-oxo-tetrahydro-
[2]furyl]- 6265
　— methylester 6265

—, [4-Hydroxy-phenyl]-[4-(4-hydroxy-phenyl)-
3,5-dioxo-dihydro-[2]furyliden]- 6646
　— methylester 6647
—, [2-(4-Hydroxy-phenyl)-4-oxo-
chroman-6-yl]- 6421
—, Hydroxy-[4,6,6-trimethyl-2-oxo-
dihydro-pyran-3-yliden]-,
　— äthylester 5978
—, [3-Isopropyl-2,5-dioxo-tetrahydro-
[3]furyl]- 5977
—, [4-Methansulfonyloxy-5-oxo-5*H*-
[2]furyliden]- 6291
　— methylester 6291
—, [7-Methoxycarbonyl-4-(4-methoxy-
phenyl)-7-methyl-2-oxo-hexahydro-
benzofuran-7a-yl]-,
　— methylester 6625
—, [2-Methoxycarbonyl-4-methyl-5-oxo-
2,5-dihydro-[2]furyl]- 6129
—, [7-Methoxycarbonyl-7-methyl-2-oxo-
4-phenyl-hexahydro-benzofuran-7a-yl]-,
　— äthylester 6180
—, [4-Methoxycarbonyl-3-oxo-
tetrahydro-[2]thienyl]-,
　— methylester 6117
—, [3-Methoxycarbonyl-4-
semicarbazono-tetrahydro-[2]thienyl]-,
　— methylester 6117
—, [4-Methoxy-dibenzofuran-1-yl]-
semicarbazono- 6415
—, [5-Methoxy-4,7-dimethyl-2-oxo-
2*H*-chromen-3-yl]- 6386
　— äthylester 6387
—, [1-(3-Methoxy-1,4-dioxo-1,4-dihydro-
[2]naphthyl)-3-oxo-phthalan-1-yl]-,
　— methylester 6649
—, Methoxy-[4-methoxy-5-oxo-2,5-
dihydro-[2]furyl]- 6455
　— amid 6457
　— methylester 6456
—, Methoxy-[4-methoxy-5-oxo-
tetrahydro-[2]furyl]- 6451
　— methylester 6452
—, [3-Methoxy-4-(4-methoxy-phenyl)-5-
oxo-5*H*-[2]furyliden]-phenyl-,
　— methylester 6563
—, [7-Methoxy-4-methyl-2-oxo-
2*H*-chromen-3-yl]- 6374
　— äthylester 6374
　— anilid 6375
　— methylester 6374
—, [7-Methoxy-5-methyl-2-oxo-
2*H*-chromen-4-yl]- 6376
　— äthylester 6376
—, [7-Methoxy-1-methyl-12-oxo-1,3,4,9,⁼
10,10a-hexahydro-2*H*-4a,1-oxaäthano-
phenanthren-2-yl]- 6407
　— methylester 6407

Essigsäure (Fortsetzung)

—, [5-Methoxy-7-methyl-3-oxo-phthalan-4-yl]- 6323

—, [7-Methoxy-4-methyl-2-oxo-6-propyl-2H-chromen-3-yl]- 6396

   — äthylester 6397

—, [5-Methoxy-7-methyl-3-oxo-1-trichlormethyl-phthalan-4-yl]- 6327

—, [7-Methoxy-5-methyl-3-oxo-1-trichlormethyl-phthalan-4-yl]- 6326

—, [4-(2-Methoxy-4-methyl-phenyl)-6-methyl-2-oxo-chroman-4-yl]- 6425

—, [4-(2-Methoxy-4-methyl-phenyl)-7-methyl-2-oxo-chroman-4-yl]- 6425

—, [4-(2-Methoxy-5-methyl-phenyl)-6-methyl-2-oxo-chroman-4-yl]- 6424

—, [4-(2-Methoxy-5-methyl-phenyl)-7-methyl-2-oxo-chroman-4-yl]- 6425

—, [2-(2-Methoxy-5-methyl-phenyl)-5-oxo-tetrahydro-[2]furyl]- 6328

   — methylester 6328

—, [2-(6-Methoxy-[2]naphthyl)-5-oxo-tetrahydro-[2]furyl]-,

   — methylester 6410

—, [7-Methoxy-2-oxo-chroman-4-yl]- 6320

—, [7-Methoxy-4-oxo-chroman-3-yliden]- 6352

—, [4-Methoxy-2-oxo-2H-chromen-3-yl]-,

   — methylester 6351

—, [6-Methoxy-2-oxo-2H-chromen-4-yl]- 6352

—, [7-Methoxy-2-oxo-2H-chromen-4-yl]- 6353

   — äthylester 6354

   — äthylidenhydrazid 6356

   — benzylidenhydrazid 6356

   — [2-brom-äthylester] 6354

   — [3-brom-propylester] 6354

   — [2-diäthylamino-äthylester] 6354

   — [2-(2-diäthylamino-äthylmercapto)-äthylamid] 6355

   — [4-diäthylamino-butylamid] 6355

   — [4-diäthylamino-1-methyl-butylamid] 6355

   — [3-diäthylamino-propylamid] 6355

   — [3-diäthylamino-propylester] 6355

   — [2-dibutylamino-äthylester] 6355

   — hydrazid 6355

   — isopropylidenhydrazid 6356

   — methylenhydrazid 6356

   — methylester 6353

   — [3-methyl-5-oxo-cyclohexylidenhydrazid] 6356

   — [1-methyl-propylidenhydrazid] 6356

   — [1-phenyl-äthylidenhydrazid] 6356

—, [7-Methoxy-2-oxo-2H-chromen-8-yl]- 6358

   — methylester 6358

—, [7-Methoxy-4-oxo-4H-chromen-3-yl]- 6351

—, Methoxy-[5-oxo-2,5-dihydro-[2]furyl]- 6276

—, [7-Methoxy-2-oxo-4-phenyl-2H-chromen-3-yl]- 6433

   — [3-methoxy-6-oxo-6H-naphtho[2,1-c]chromen-8-ylester] 6433

—, [3-Methoxy-5-oxo-4-phenyl-5H-[2]furyliden]-[2-methoxy-phenyl]-,

   — methylester 6564

—, [3-Methoxy-5-oxo-4-phenyl-5H-[2]furyliden]-[4-methoxy-phenyl]-,

   — methylester 6565

—, [3-Methoxy-5-oxo-4-phenyl-5H-[2]furyliden]-phenyl-,

   — methylester 6439

—, [4-(4-Methoxy-phenyl)-3,5-dioxo-dihydro-[2]furyliden]-phenyl- 6563

   — methylester 6563

—, [4-(4-Methoxy-phenyl)-3,5-dioxo-tetrahydro-[2]furyl]-phenyl- 6562

—, [4-Methoxy-phenyl]-[4-(4-methoxy-phenyl)-3,5-dioxo-dihydro-[2]furyliden]- 6647

   — äthylester 6647

—, [4-(4-Methoxy-phenyl)-6-methyl-2-oxo-chroman-4-yl]- 6423

—, [4-(4-Methoxy-phenyl)-7-methyl-2-oxo-chroman-4-yl]- 6423

—, [2-(4-Methoxy-phenyl)-4-oxo-chroman-6-yl]- 6421

—, [4-(2-Methoxy-phenyl)-2-oxo-2H-chromen-3-yl]- 6433

—, [2-(4-Methoxy-phenyl)-6-oxo-tetrahydro-pyran-2-yl]- 6327

—, [4-Methyl-3,6-dioxo-cyclohexa-1,4-dienyl]-[4-methyl-5-oxo-5H-[2]furyliden]- 6186

—, [7b-Methyl-2,3-dioxo-decahydro-indeno[1,7-bc]furan-5-yl]-,

   — methylester 6024

—, [3-Methyl-2,5-dioxo-tetrahydro-[3]furyl]- 5967

—, [5-Methyl-2,4-dioxo-tetrahydro-[3]furyl]- 5968

   — äthylester 5968

—, [12a-Methyl-3,6,10-trioxo-1,3,4,6,6a,7,8,10,11,12,12a,12b-dodecahydro-1,5-methano-naphth[1,2-c]oxocin-5-yl]- 6181

   — methylester 6182

—, [5,6,7-Triacetoxy-3-oxo-1-trichlormethyl-phthalan-4-yl]- 6586

—, [5,6,7-Trihydroxy-1-oxo-1H-isochromen-4-yl]- 6598

Essigsäure (Fortsetzung)
—, [3,5,7-Trimethoxy-2-(4-methoxy-
phenyl)-4-oxo-4*H*-chromen-8-yl]- 6677
—, [5,6,7-Trimethoxy-2-oxo-
2*H*-chromen-4-yl]- 6598
— methylester 6598
—, [9,10,11-Trimethoxy-3-oxo-2,3,5,6,7,⇌
11b-hexahydro-1*H*-benzo[3,4]cyclohepta⇌
[1,2-*b*]pyran-4a-yl]-,
— methylester 6605
—, [5,6,7-Trimethoxy-1-oxo-isochroman-
3-yl]- 6585
— methylester 6585
—, [5,6,7-Trimethoxy-1-oxo-isochroman-
4-yl]- 6585
— methylester 6585
—, [5,6,7-Trimethoxy-1-oxo-
1*H*-isochromen-3-yl]-,
— *tert*-butylester 6598
— methylester 6598
—, [5,6,7-Trimethoxy-1-oxo-
1*H*-isochromen-4-yl]- 6598
— äthylester 6599
— amid 6599
— methylester 6599
—, [5,6,7-Trimethoxy-3-oxo-phthalan-4-
yl]- 6584
—, [5,6,7-Trimethoxy-3-oxo-1-
trichlormethyl-phthalan-4-yl]- 6586
Essigsäure-carbonsäure
—, Dehydropropionyl- 6146
Eudesma-1,4-dien-12,13-disäure
—, 6-Hydroxy-11-methyl-3-oxo-,
— äthylester-lacton 6065
— lacton 6064
—, 6-Hydroxy-3-oxo-,
— äthylester-lacton 6062
Eudesma-4,6-dien-12,13-disäure
—, 6-Hydroxy-11-methyl-3-oxo-,
— äthylester-lacton 6063
Eudesma-1,4-dien-12-säure
—, 11-Cyan-6-hydroxy-3-oxo-,
— lacton 6066
Eudesm-4-en-12,13-disäure
—, 2-Brom-6-hydroxy-11-methyl-3-oxo-,
— äthylester-lacton 6043
— lacton 6042
—, 6-Brom-11-methyl-3-oxo-,
— monoäthylester 6041
—, 1,2-Episeleno-11-methyl-3-oxo-,
— diäthylester 6157
—, 6-Hydroxy-11-methyl-3-oxo-,
— äthylester-lacton 6041

— lacton 6039
— lacton-methylester 6040
—, 6-Hydroxy-3-oxo-,
— äthylester-lacton 6038
— lacton 6037

F

Fluoren-1,9-dicarbonsäure
—, 2-Acetoxy-4a-hydroxy-8a-
methoxycarbonylmethyl-1-methyl-7-oxo-
dodecahydro-,
— 1-lacton-9-methylester 6658
—, 8a-Carboxymethyl-2,4a-dihydroxy-1-
methyl-7-oxo-1,2,4a,4b,5,6,7,8,8a,9a-
decahydro-,
— 1→4a-lacton-9-methylester 6667
—, 8a-Carboxymethyl-2,4a-dihydroxy-1-
methyl-7-oxo-dodecahydro-,
— 1→4a-lacton-9-methylester 6657
—, 2,4a-Dihydroxy-8a-
methoxycarbonylmethyl-1-methyl-7-oxo-
1,2,4a,4b,5,6,7,8,8a,9a-decahydro-,
— 1→4a-lacton-9-methylester 6668
—, 2,4a-Dihydroxy-8a-
methoxycarbonylmethyl-1-methyl-7-oxo-
dodecahydro-,
— 1→4a-lacton-9-methylester 6658
Fluorescein
— äthylester 6446
— allylester 6447
— methylester 6446
Formaldehyd
— {[(7-methoxy-2-oxo-2*H*-chromen-
4-yl)-acetyl]-hydrazon} 6356
Formazan
—, 3-[3,4-Diacetoxy-α-phenylhydrazono-
tetrahydro-[2]furfuryl]-1,5-diphenyl- 6453
—, 3-[3,4-Dihydroxy-α-phenylhydrazono-
tetrahydro-[2]furfuryl]-1,5-diphenyl- 6452
—, 1,5-Diphenyl-3-[3,4,α-triacetoxy-5-
oxo-tetrahydro-furfuryl]- 6575
Fulvinsäure 6666
Fulvsäure 6666
Fumarsäure
—, 2-Acetoxy-3-[1-hydroxy-äthyl]-,
— 4-äthylester-1-lacton 6277
—, 2-Acetoxy-3-[1-hydroxy-butyl]-,
— 4-äthylester-1-lacton 6280
—, 2-Acetoxy-3-[α-hydroxy-isobutyl]-,
— 4-äthylester-1-lacton 6280
—, 2-Acetoxy-3-hydroxymethyl-,
— 4-äthylester-1-lacton 6275
—, 2-Acetoxy-3-[1-hydroxy-propyl]-,
— 4-äthylester-1-lacton 6279

Fumarsäure (Fortsetzung)
—, 2-Acetoxy-3-[2,2,2-trichlor-1-hydroxy-äthyl]-,
  — 4-äthylester-1-lacton 6277
—, 2-Äthoxymethyl-3-[1-hydroxy-äthyl]-,
  — 4-äthylester-1-lacton 6280
—, 2-Amino-3-hydroxymethyl-,
  — 4-äthylester-1-lacton 5962
—, 2-Benzoyloxy-3-hydroxymethyl-,
  — 4-äthylester-1-lacton 6275
—, 2-[2,4-Dihydroxy-phenyl]-,
  — 4→2-lacton 6347
—, 2-[2,4-Dihydroxy-phenyl]-3-phenyl-,
  — 4→2-lacton 6429
—, 2-[1-Hydroxy-äthyl]-3-methoxy-,
  — 1-äthylester-4-lacton 6277
—, 2-[1-Hydroxy-cyclohexyl]-3-
  [1]naphthylmethoxy-,
  — 1-äthylester-4-lacton 6296
  — 4-lacton 6295
—, 2-[1-Hydroxy-cyclohexyl]-3-[4-nitro-benzoyloxy]-,
  — 1-äthylester-4-lacton 6296
—, 2-[1-Hydroxy-cyclohexyl]-3-[4-nitro-benzyloxy]-,
  — 1-äthylester-4-lacton 6295
—, 2-[α-Hydroxy-isobutyl]-3-methoxy-,
  — 1-äthylester-4-lacton 6280
—, 2-[α-Hydroxy-isopropyl]-3-[4-nitro-benzoyloxy]-,
  — 1-äthylester-4-lacton 6280
—, 2-[α-Hydroxy-isopropyl]-3-[4-nitro-benzyloxy]-,
  — 1-äthylester-4-lacton 6279
—, 2-[β-Hydroxy-4-methoxy-styryl]-,
  — 4-lacton 6401
  — 4-lacton-1-methylester 6402
—, 2-[1-Hydroxy-3-methyl-butyl]-3-
  [4-nitro-benzyloxy]-,
  — 1-äthylester-4-lacton 6281
—, 2-Hydroxymethyl-3-methoxy-,
  — 1-äthylester-4-lacton 6275
—, 2-[β-Hydroxy-4-methyl-styryl]-3-
  [4-methyl-phenacyl]-,
  — 1-lacton 6106
—, 2-[2-Hydroxy-2-[2]naphthyl-vinyl]-3-phenacyl-,
  — 1-lacton 6111
—, 2-[1-Hydroxy-propyl]-3-methoxy-,
  — 1-äthylester-4-lacton 6279
—, 2-[β-Hydroxy-styryl]-3-phenacyl-,
  — 1-lacton 6105
  — 4-lacton-1-methylester 6105
—, 2-Phenyl-3-[2,3,4-trihydroxy-phenyl]-,
  — 1→2-lacton 6559
—, 2-Phenyl-3-[2,4,6-trihydroxy-phenyl]-,
  — 1→2-lacton 6559

—, 2-[2,4,5-Trihydroxy-phenyl]-,
  — 4→2-lacton 6492
Furan
—, 2,5-Bis-äthoxycarbonylacetyl- 6211
—, 2,5-Bis-[2-(5-chlor-2,4-dimethoxy-phenylcarbamoyl)-1-hydroxy-vinyl]- 6214
—, 2,5-Bis-[N-(5-chlor-2,4-dimethoxy-phenyl)-malonamoyl]- 6214
—, 2,5-Bis-[2-(4-chlor-2-methyl-phenylcarbamoyl)-1-hydroxy-vinyl]- 6212
—, 2,5-Bis-[2-(5-chlor-2-methyl-phenylcarbamoyl)-1-hydroxy-vinyl]- 6212
—, 2,5-Bis-[N-(4-chlor-2-methyl-phenyl)-malonamoyl]- 6212
—, 2,5-Bis-[N-(5-chlor-2-methyl-phenyl)-malonamoyl]- 6212
—, 2,5-Bis-[2-(2-chlor-phenylazo)-N-[2]naphthyl-malonamoyl]- 6254
—, 2,5-Bis-[2-(4-chlor-phenylazo)-N-[2]naphthyl-malonamoyl]- 6254
—, 2,5-Bis-[2-(4-chlor-phenylazo)-N-phenyl-malonamoyl]- 6253
—, 2,5-Bis-[2-(2-chlor-phenylcarbamoyl)-1-hydroxy-vinyl]- 6211
—, 2,5-Bis-[2-(4-chlor-phenylcarbamoyl)-1-hydroxy-vinyl]- 6211
—, 2,5-Bis-[2-(2-chlor-phenylhydrazono)-N-[2]naphthyl-malonamoyl]- 6254
—, 2,5-Bis-[2-(4-chlor-phenylhydrazono)-N-[2]naphthyl-malonamoyl]- 6254
—, 2,5-Bis-[2-(4-chlor-phenylhydrazono)-N-phenyl-malonamoyl]- 6253
—, 2,5-Bis-[N-(2-chlor-phenyl)-malonamoyl]- 6211
—, 2,5-Bis-[N-(4-chlor-phenyl)-malonamoyl]- 6211
—, 2,5-Bis-[2-(2,5-diäthoxy-4-chlor-phenylcarbamoyl)-1-hydroxy-vinyl]- 6214
—, 2,5-Bis-[N-(2,5-diäthoxy-4-chlor-phenyl)-malonamoyl]- 6214
—, 2,5-Bis-[2-(2,5-diäthoxy-phenylcarbamoyl)-1-hydroxy-vinyl]- 6213
—, 2,5-Bis-[N-(2,5-diäthoxy-phenyl)-malonamoyl]- 6213
—, 2,5-Bis-[2-(2,5-dichlor-phenylazo)-N-[2]naphthyl-malonamoyl]- 6254
—, 2,5-Bis-[2-(2,5-dichlor-phenylazo)-N-phenyl-malonamoyl]- 6253
—, 2,5-Bis-[2-(2,5-dichlor-phenylcarbamoyl)-1-hydroxy-vinyl]- 6211
—, 2,5-Bis-[2-(2,5-dichlor-phenylhydrazono)-N-[2]naphthyl-malonamoyl]- 6254
—, 2,5-Bis-[2-(2,5-dichlor-phenylhydrazono)-N-phenyl-malonamoyl]- 6253
—, 2,5-Bis-[N-(2,5-dichlor-phenyl)-malonamoyl]- 6211

Furan (Fortsetzung)

—, 2,5-Bis-[1-hydroxy-2-(2-methoxy-phenylcarbamoyl)-vinyl]- 6213

—, 2,5-Bis-[1-hydroxy-2-(4-methoxy-phenylcarbamoyl)-vinyl]- 6213

—, 2,5-Bis-[1-hydroxy-2-[1]naphthylcarbamoyl-vinyl]- 6213

—, 2,5-Bis-[1-hydroxy-2-[2]naphthylcarbamoyl-vinyl]- 6213

—, 2,5-Bis-[1-hydroxy-2-(2-nitro-phenylcarbamoyl)-vinyl]- 6211

—, 2,5-Bis-[1-hydroxy-2-(3-nitro-phenylcarbamoyl)-vinyl]- 6212

—, 2,5-Bis-[1-hydroxy-2-(4-nitro-phenylcarbamoyl)-vinyl]- 6212

—, 2,5-Bis-[1-hydroxy-2-phenylcarbamoyl-vinyl]- 6211

—, 2,5-Bis-[1-hydroxy-2-o-tolylcarbamoyl-vinyl]- 6212

—, 2,5-Bis-[1-hydroxy-2-p-tolylcarbamoyl-vinyl]- 6212

—, 2,5-Bis-[N-(3H-indeno[2,1-b]pyran-2-yliden)-malonamoyl]- 6214

—, 2,5-Bis-[N-indeno[2,1-b]pyran-2-yl-malonamoyl]- 6214

—, 2,5-Bis-[2-(4-methoxy-phenylazo)-N-[2]naphthyl-malonamoyl]- 6255

—, 2,5-Bis-[2-(4-methoxy-phenylazo)-N-phenyl-malonamoyl]- 6253

—, 2,5-Bis-[2-(4-methoxy-phenylhydrazono)-N-[2]naphthyl-malonamoyl]- 6255

—, 2,5-Bis-[2-(4-methoxy-phenylhydrazono)-N-phenyl-malonamoyl]-6253

—, 2,5-Bis-[N-(2-methoxy-phenyl)-malonamoyl]- 6213

—, 2,5-Bis-[N-(4-methoxy-phenyl)-malonamoyl]- 6213

—, 2,5-Bis-[N-[1]naphthyl-malonamoyl]-6213

—, 2,5-Bis-[N-[2]naphthyl-malonamoyl]-6213

—, 2,5-Bis-[N-[2]naphthyl-2-(4-nitro-phenylazo)-malonamoyl]- 6254

—, 2,5-Bis-[N-[2]naphthyl-2-(4-nitro-phenylhydrazono)-malonamoyl]- 6254

—, 2,5-Bis-[N-[2]naphthyl-2-phenylazo-malonamoyl]- 6254

—, 2,5-Bis-[N-[2]naphthyl-2-phenylhydrazono-malonamoyl]- 6254

—, 2,5-Bis-[2-(4-nitro-phenylazo)-N-phenyl-malonamoyl]- 6253

—, 2,5-Bis-[2-(4-nitro-phenylhydrazono)-N-phenyl-malonamoyl]- 6253

—, 2,5-Bis-[N-(2-nitro-phenyl)-malonamoyl]- 6211

—, 2,5-Bis-[N-(3-nitro-phenyl)-malonamoyl]- 6212

—, 2,5-Bis-[N-(4-nitro-phenyl)-malonamoyl]- 6212

—, 2,5-Bis-[N-phenyl-malonamoyl]- 6211

—, 2,5-Bis-[N-phenyl-2-phenylazo-malonamoyl]- 6252

—, 2,5-Bis-[N-phenyl-2-phenylhydrazono-malonamoyl]- 6252

—, 2,5-Bis-[N-phenyl-2-p-tolylazo-malonamoyl]- 6253

—, 2,5-Bis-[N-phenyl-2-p-tolylhydrazono-malonamoyl]- 6253

—, 2,5-Bis-[N-o-tolyl-malonamoyl]- 6212

—, 2,5-Bis-[N-p-tolyl-malonamoyl]- 6212

Furan-2-carbonitril

—, 4-Acetyl-4-brom-2-methyl-5-oxo-tetrahydro- 5974

—, 4-Acetyl-2-methyl-5-oxo-tetrahydro-5974

—, 2-Methyl-4-[1-(4-nitro-phenylhydrazono)-äthyl]-5-oxo-tetrahydro- 5974

—, 2-Methyl-4-[4-nitro-phenylhydrazono]-5-oxo-tetrahydro- 5965

—, 2-Methyl-5-oxo-4-phenylhydrazono-tetrahydro- 5965

Furan-3-carbonitril

—, 4-Acetyl-2-amino-5-methyl- 5990

—, 4-Acetyl-2-imino-5-methyl-2,3-dihydro- 5990

—, 5-Äthoxymethyl-2-oxo-tetrahydro- 6266

—, 2-Amino-4-[1-(2,4-dinitro-phenylhydrazono)-äthyl]-5-methyl- 5991

—, 4-Benzoyloxy-5-oxo-2,5-dihydro- 6276

—, 4-[1-(2,4-Dinitro-phenylhydrazono)-äthyl]-2-imino-5-methyl-2,3-dihydro-5991

—, 4,5-Dioxo-tetrahydro- 5962

—, 4-Hydroxy-2-methyl-5-oxo-2,5-dihydro- 5966

—, 4-Hydroxy-5-oxo-2,5-dihydro- 5962

—, 4-Methoxy-5-oxo-2,5-dihydro- 6276

—, 4-[4-Methoxy-phenyl]-2,5-dioxo-2,5-dihydro- 6524

—, 2-Methyl-4,5-dioxo-tetrahydro- 5966

—, 2-Oxo-5-phenoxymethyl-tetrahydro-6267

Furan-2-carbonsäure

—, 2-Acetonyl-3-acetyl-4,5-dioxo-tetrahydro-,
    — äthylester 6208
    — methylester 6208

—, 2-Acetonyl-3-acetyl-4-hydroxy-5-oxo-2,5-dihydro-,
    — äthylester 6208
    — methylester 6208

Furan-2-carbonsäure   (Fortsetzung)
—, 2-Acetonyl-3-acetyl-4-methoxy-5-oxo-
2,5-dihydro-,
   — äthylester 6581
   — methylester 6581
—, 2-Acetonyl-3-äthyl-4,5-dioxo-
tetrahydro-,
   — methylester 6132
—, 2-Acetonyl-3-äthyl-4-hydroxy-5-oxo-
2,5-dihydro-,
   — methylester 6132
—, 4-Acetoxy-2-äthyl-3-methyl-5-oxo-
2,5-dihydro-,
   — äthylester 6280
—, 4-Acetoxy-3-äthyl-5-oxo-2-propyl-2,5-
dihydro-,
   — äthylester 6284
—, 4-Acetoxy-2-benzyl-5-oxo-3-phenyl-
tetrahydro- 6422
—, 2-Acetoxy-4-brom-3-methoxy-5-oxo-
2,5-dihydro-,
   — [3,4,5-tribrom-2,6-dimethoxy-
phenylester] 6454
—, 2-Acetoxy-4-chlor-3-methoxy-5-oxo-
2,5-dihydro-,
   — [3,4,5-trichlor-2,6-dimethoxy-
phenylester] 6454
—, 3-Acetoxy-4,4-dimethyl-5-oxo-
tetrahydro- 6268
—, 2-Acetoxy-5-oxo-3,3-diphenyl-
tetrahydro- 6420
—, 3-Acetoxy-2,3,4-trimethyl-5-oxo-
tetrahydro- 6272
—, 5-Acetylamino-4-hydroxy-,
   — äthylester 6275
—, 5-Acetylamino-4-[2-hydroxy-
[1]naphthylazo]-,
   — äthylester 5984
—, 5-Acetylimino-4-hydroxy-4,5-dihydro-,
   — äthylester 6275
—, 5-Acetylimino-4-[2-hydroxy-
[1]naphthylhydrazono]-4,5-dihydro-,
   — äthylester 5984
—, 2-[1-Äthoxycarbonyl-äthyl]-5-oxo-
tetrahydro-,
   — äthylester 6120
—, 3-Äthoxy-4-methyl-5-oxo-4,5-dihydro-,
   — amid 6278
—, 4-Äthoxythiocarbonylmercapto-5-
oxo-tetrahydro- 6264
—, 3-Äthyl-2-[2-(2,4-dinitro-
phenylhydrazono)-propyl]-4,5-dioxo-
tetrahydro-,
   — methylester 6132
—, 3-Äthyl-4,5-dioxo-2-propyl-
tetrahydro-,

   — äthylester 5981
—, 2-Äthyl-4-hydroxy-3-methyl-5-oxo-
2,5-dihydro-,
   — äthylester 5974
—, 3-Äthyl-4-hydroxy-5-oxo-2-propyl-
2,5-dihydro-,
   — äthylester 5981
—, 2-Äthyl-3-methyl-4,5-dioxo-
tetrahydro-,
   — äthylester 5974
—, 3-Benzoyloxy-4,4-dimethyl-5-oxo-
tetrahydro- 6269
—, 3-Benzyl-4,5-dioxo-2-phenäthyl-
tetrahydro-,
   — amid 6100
—, 2-Benzyl-4,5-dioxo-3-phenyl-
tetrahydro- 6098
   — methylester 6098
—, 2-Benzyl-4-hydroxy-5-oxo-3-phenyl-
2,5-dihydro- 6098
   — methylester 6098
—, 2-Benzyl-4-hydroxy-5-oxo-3-phenyl-
tetrahydro- 6422
   — methylester 6422
—, 4-Benzyl-4-hydroxy-5-oxo-3-phenyl-
tetrahydro- 6422
—, 2-Benzyl-4-methoxy-5-oxo-3-phenyl-
2,5-dihydro-,
   — methylester 6436
—, 5-Brom-3-sulfamoyl- 6765
   — amid 6765
—, 5-Brom-4-sulfamoyl- 6765
   — amid 6765
—, 3-Brom-5-sulfo- 6765
—, 4-Brom-5-sulfo- 6765
—, 5-Brom-3-sulfo- 6764
—, 5-Brom-4-sulfo- 6764
—, 3-[2-Carboxy-äthyl]-4-methyl-5-oxo-
tetrahydro- 6121
—, 2-[1-Carboxy-1-methyl-äthyl]-5-oxo-
tetrahydro- 6121
—, 2-Carboxymethyl-4,5-dioxo-
tetrahydro- 6200
—, 2-Carboxymethyl-4-methyl-5-oxo-
tetrahydro- 6120
—, 4-Carboxymethyl-2-methyl-5-oxo-
tetrahydro- 6120
—, 4-Carboxymethyl-5-oxo-tetrahydro-
6116, 6117
—, 4-Carboxymethyl-2,3,3-trimethyl-5-
oxo-tetrahydro- 6124
—, 2-[1-Carboxy-undecyl]-5-oxo-
tetrahydro- 6126
—, 5-Chlor-3-sulfamoyl- 6764
   — amid 6764
—, 5-Chlor-4-sulfamoyl- 6764
   — amid 6764
—, 3-Chlor-5-sulfo- 6765

Furan-2-carbonsäure (Fortsetzung)
—, 4-Chlor-5-sulfo- 6765
—, 5-Chlor-3-sulfo- 6764
—, 5-Chlor-4-sulfo- 6764
—, 5-Chlorsulfonyl- 6765
—, 4,4′-Dibrom-3,3′-dimethoxy-5,5′-
   dioxo-2,5,2′,5′-tetrahydro-2,2′-oxy-bis-,
   — bis-[3,4,5-tribrom-2,6-dimethoxy-
   phenylester] 6455
—, 3,4-Dibrom-2,5,5-trimethoxy-
   tetrahydro-,
   — äthylester 6263
—, 3,5-Dichlor-4-sulfo- 6764
—, 4,5-Dichlor-3-sulfo- 6764
—, 3,4-Dihydroxy-2,4-bis-[1-methyl-1-
   phenyl-äthyl]-5-oxo-tetrahydro- 6553
   — methylester 6553
—, 3,4-Dihydroxy-5-oxo-tetrahydro-
   6451
—, 3,4-Dimethoxy-5-oxo-tetrahydro-
   6451
—, 3-Hydroxy-4,4-dimethyl-5-oxo-
   tetrahydro- 6268
   — äthylester 6269
   — methylester 6269
—, 4-Hydroxy-2,4-dimethyl-5-oxo-
   tetrahydro- 6268
—, 3-Hydroxy-2-hydroxymethyl-4-
   isopropyl-3-methyl-5-oxo-tetrahydro-
   6454
—, 3-Hydroxy-4-isopropyl-2,3-dimethyl-
   5-oxo-tetrahydro- 6274
—, 4-Hydroxy-2-methyl-5-oxo-2,5-
   dihydro- 5964
—, 4-Hydroxy-2-[4-nitro-benzyl]-3-
   [4-nitro-phenyl]-5-oxo-2,5-dihydro- 6099
—, 3-Hydroxy-5-oxo-tetrahydro- 6263
—, 5-[2-Hydroxy-4-sulfo-[1]naphthyl]-
   6768
—, 3-Hydroxy-2,3,4-trimethyl-5-oxo-
   tetrahydro- 6271
   — amid 6272
   — [4-brom-phenacylester] 6272
   — methylester 6272
—, 2-[4-Methoxy-benzyl]-3-[4-methoxy-
   phenyl]-4,5-dioxo-tetrahydro- 6645
—, 3-Methoxy-4-methyl-5-oxo-4,5-
   dihydro- 6277
   — amid 6277
   — anilid 6278
   — methylester 6277
—, 4-Methoxy-2-[4-nitro-benzyl]-3-
   [4-nitro-phenyl]-5-oxo-2,5-dihydro-,
   — methylester 6436
—, 2-Methoxy-5-oxo-3,3-diphenyl-
   tetrahydro-,
   — methylester 6421

—, 3-Methoxy-5-oxo-tetrahydro- 6263
   — [4-brom-phenacylester] 6263
—, 2-Methoxy-3,3,4,4-tetramethyl-5-oxo-
   tetrahydro- 6274
—, 2-Methyl-4,5-dioxo-tetrahydro- 5964
—, 2-Methyl-5-oxo-4-phenylhydrazono-
   tetrahydro-,
   — äthylester 5965
—, 5-Methyl-3-sulfamoyl- 6767
   — amid 6767
—, 5-Methyl-4-sulfamoyl- 6767
   — amid 6767
—, 5-Methyl-3-sulfo- 6767
—, 5-Methyl-4-sulfo- 6767
—, 2-[4-Nitro-benzyl]-3-[4-nitro-phenyl]-
   4,5-dioxo-tetrahydro- 6099
—, 5-Oxo-3-veratroyl-4,5-dihydro-,
   — äthylester 6620
—, 5-Sulfamoyl- 6765
   — amid 6765
—, 3-Sulfo- 6764
—, 4-Sulfo- 6764
—, 5-Sulfo- 6765
—, 5-[4-Sulfo-phenyl]- 6768
—, 2,5,5-Trimethoxy-2,5-dihydro-,
   — äthylester 6275
   — methylester 6275
—, 2,5,5-Trimethoxy-tetrahydro-,
   — äthylester 6263

Furan-3-carbonsäure
—, 5-Acetoxyacetyl-,
   — methylester 6292
—, 4-Acetoxy-2-äthyl-5-oxo-2,5-dihydro-,
   — äthylester 6279
—, 3-Acetoxy-4,4-dimethyl-5-oxo-
   tetrahydro- 6268
—, 4-Acetoxy-2-isopropyl-5-oxo-2,5-dihydro-,
   — äthylester 6280
—, 3-Acetoxymethyl-4,5-dioxo-
   tetrahydro-,
   — äthylester 6458
—, 5-Acetoxymethyl-4-methyl-2-oxo-
   tetrahydro-,
   — äthylester 6268
—, 4-Acetoxy-2-methyl-5-oxo-2,5-
   dihydro-,
   — äthylester 6277
—, 4-Acetoxy-2-methyl-5-oxo-tetrahydro-,
   — äthylester 6265
—, 5-Acetoxymethyl-2-oxo-tetrahydro-,
   — äthylester 6266
—, 4-Acetoxy-5-oxo-2,5-dihydro-,
   — methylester 6275
—, 3-Acetoxy-2-oxo-5,5-diphenyl-
   tetrahydro- 6420
   — methylester 6420

Furan-3-carbonsäure (Fortsetzung)
—, 3-Acetoxy-2-oxo-5,5-di-*p*-tolyl-
tetrahydro- 6424
—, 4-Acetoxy-5-oxo-2-propyl-2,5-
dihydro-,
— äthylester 6280
—, 4-Acetoxy-5-oxo-2-trichlormethyl-2,5-
dihydro-,
— äthylester 6277
—, 5-[2-Acetylamino-2-äthoxycarbonyl-
vinyl]-2-methyl-,
— äthylester 6143
—, 4-Acetyl-2-amino-5-methyl-,
— äthylester 5990
—, 4-Acetyl-2,2-dimethyl-5-oxo-
tetrahydro-,
— äthylester 5977
—, 3-Acetyl-2,4-dioxo-tetrahydro-,
— äthylester 6128
—, 5-[2-Acetylimino-2-äthoxycarbonyl-
äthyl]-2-methyl-,
— äthylester 6143
—, 4-Acetyl-2-imino-5-methyl-2,3-
dihydro-,
— äthylester 5990
—, 4-Acetyl-2-methyl-5-oxo-4,5-dihydro-,
— äthylester 5990
—, 3-Acetyl-2-methyl-5-oxo-tetrahydro-,
— äthylester 5975
—, 4-Acetyl-5-oxo-2-phenyl-tetrahydro-,
— äthylester 6057
—, 3-Acetyl-5-oxo-2-propyl-tetrahydro-,
— äthylester 5981
—, 4-Äthoxy-3-äthyl-2-oxo-tetrahydro-,
— äthylester 6267
—, 4-Äthoxy-3-butyl-2-oxo-tetrahydro-,
— äthylester 6273
—, 4-[2-Äthoxycarbonyl-äthyl]-3-methyl-
5-oxo-tetrahydro-,
— äthylester 6122
—, 3-[2-Äthoxycarbonyl-äthyl]-2-oxo-
tetrahydro-,
— äthylester 6119
—, 5-[2-Äthoxycarbonyl-2-benzoylamino-
vinyl]-2-methyl-,
— äthylester 6143
—, 5-[2-Äthoxycarbonyl-2-benzoylimino-
äthyl]-2-methyl-,
— äthylester 6143
—, 2-[4-Äthoxycarbonyl-butyl]-4-
äthoxymethyl-5-oxo-2,5-dihydro-,
— äthylester 6579
—, 2-[4-Äthoxycarbonyl-butyl]-4-
äthoxymethyl-5-oxo-tetrahydro-,
— äthylester 6577
—, 2-[Äthoxycarbonyl-hydroxyimino-
methyl]-4-methyl-,
— äthylester 6139

—, 2-Äthoxycarbonylmethyl-5-[(3,5-
dinitro-phenylhydrazono)-methyl]-,
— äthylester 6140
—, 3-Äthoxycarbonylmethyl-4,5-dioxo-
tetrahydro-,
— äthylester 6200
—, 2-Äthoxycarbonylmethyl-5-formyl-,
— äthylester 6140
—, 3-Äthoxycarbonylmethyl-2-oxo-
tetrahydro-,
— äthylester 6118
—, 2-Äthoxycarbonylmethyl-5-
[phenylhydrazono-methyl]-,
— äthylester 6140
—, 2-Äthoxycarbonylmethyl-5-
semicarbazonomethyl-,
— äthylester 6140
—, 5-[1-Äthoxycarbonyl-2-oxo-propyl]-4-
hydroxy-2-methyl-4,5-dihydro-,
— äthylester 6578
—, 5-[1-Äthoxycarbonyl-2-oxo-propyl]-2-
methyl-,
— äthylester 6145
—, 5-[3-Äthoxycarbonyl-2-oxo-propyl]-2-
methyl-,
— äthylester 6144
—, 5-Äthoxymethyl-3-äthyl-2-oxo-tetrahydro-,
— äthylester 6271
—, 4-Äthoxymethyl-2-methyl-5-oxo-2,5-
dihydro-,
— äthylester 6280
—, 4-Äthoxymethyl-2-methyl-5-oxo-
tetrahydro-,
— äthylester 6268
—, 5-Äthoxymethyl-2-oxo-tetrahydro-,
— äthylester 6266
—, 3-Äthoxy-2,2,5,5-tetramethyl-4-oxo-
tetrahydro-,
— amid 6273
—, 2-Äthyl-4,5-dioxo-tetrahydro-,
— äthylester 5968
—, 5-Äthyl-2,4-dioxo-tetrahydro-,
— äthylester 5969
—, 4-Äthyl-4-hydroxy-3-methyl-5-oxo-
tetrahydro-,
— äthylester 6271
—, 2-Äthyl-2-[6-hydroxy-[2]naphthyl]-3-
methyl-5-oxo-tetrahydro-,
— äthylester 6412
—, 2-Äthyl-4-hydroxy-5-oxo-2,5-dihydro-,
— äthylester 5968
—, 5-Äthyl-4-hydroxy-2-oxo-2,5-dihydro-,
— äthylester 5969
—, 2-Äthyl-2-[6-methoxy-[2]naphthyl]-3-
methyl-5-oxo-tetrahydro-,
— äthylester 6412

Furan-3-carbonsäure (Fortsetzung)
—, 2-Äthyl-4-methoxy-5-oxo-2,5-
dihydro-,
  — äthylester 6279
—, 3-Äthyl-2-oxo-5-phenoxymethyl-
tetrahydro-,
  — äthylester 6271
—, 2-[1-Äthyl-propyl]-4,5-dioxo-
tetrahydro-,
  — äthylester 5980
—, 2-[1-Äthyl-propyl]-4-hydroxy-5-oxo-
2,5-dihydro-,
  — äthylester 5980
—, 3-Allyl-4,5-dioxo-tetrahydro-,
  — äthylester 5990
—, 4-[(2-Amino-2-carboxy-
äthylmercapto)-methyl]-5-oxo-2-tridecyl-
tetrahydro- 6274
—, 4-Amino-5-oxo-2,5-dihydro-,
  — äthylester 5962
—, 2-Anilino-4-hydroxyimino-4,5-
dihydro-,
  — äthylester 5959
—, 2-Anilino-4-oxo-4,5-dihydro- 5959
  — äthylester 5959
—, 2-o-Anisidino-4-oxo-4,5-dihydro-,
  — äthylester 5959
—, 5-Benzofuran-2-yl-5-hydroxy-2-oxo-
tetrahydro- 6179
—, 5-[2-Benzoylamino-2-carboxy-vinyl]-
2-methyl- 6142
—, 5-[2-Benzoylimino-2-carboxy-äthyl]-2-
methyl- 6142
—, 5-Benzoyl-2-oxo-tetrahydro- 6053
—, 3-Benzoyloxy-4,4-dimethyl-5-oxo-
tetrahydro- 6269
—, 4-Benzoyloxy-5-oxo-2,5-dihydro-,
  — äthylester 6275
—, 5-Benzyl-2,4-dioxo-tetrahydro-,
  — äthylester 6053
—, 5-Benzyl-4-hydroxy-2-oxo-2,5-
dihydro-,
  — äthylester 6053
—, 5-[Bis-(4,4-dimethyl-2,6-dioxo-
cyclohexyl)-methyl]-2-methyl-,
  — äthylester 6230
—, 5-[Bis-(2-hydroxy-4,4-dimethyl-6-oxo-
cyclohex-1-enyl)-methyl]-2-methyl-,
  — äthylester 6230
—, 3-Brom-4,5-dioxo-tetrahydro-,
  — äthylester 5961
—, 3-Brom-2-hexyl-4,5-dioxo-tetrahydro-,
  — äthylester 5982
—, 5-tert-Butyl-2,4-dioxo-tetrahydro-,
  — äthylester 5977
—, 5-tert-Butyl-4-hydroxy-2-oxo-2,5-
dihydro-,
  — äthylester 5977

—, 3-Butyl-5-methyl-2,4-dioxo-
tetrahydro-,
  — äthylester 5980
—, 3-Butyryl-2-methyl-5-oxo-tetrahydro-,
  — äthylester 5980
—, 3-Butyryl-5-oxo-2-phenyl-tetrahydro-,
  — äthylester 6061
—, 3-Butyryl-5-oxo-2-propyl-tetrahydro-,
  — äthylester 5983
—, 3-Butyryl-5-oxo-tetrahydro-,
  — äthylester 5976
—, 4-[2-Carboxy-äthyl]-3-methyl-5-oxo-
tetrahydro- 6122
—, 3-[2-Carboxy-äthyl]-2-oxo-tetrahydro-
6119
—, 5-[2-Carboxy-2-hydroxyimino-äthyl]-
2-methyl- 6142
—, 2-[Carboxy-hydroxyimino-methyl]-4-
methyl- 6139
—, 2-Carboxymethyl-5-oxo-2,5-dihydro-
6128
—, 3-Carboxymethyl-2-oxo-tetrahydro-
6118
—, 5-[2-Carboxy-2-oxo-äthyl]-2-methyl-
6142
—, 5-[2-Carboxy-4-oxo-pent-1-en-yl]-2-
methyl- 6156
—, 5-[2-Carboxy-4-oxo-pentyl]-2-methyl-
6147
—, 5-[2-Carboxy-2-thioxo-äthyl]-2-
methyl- 6143
—, 3-Chlor-4,5-dioxo-2-phenyl-
tetrahydro-,
  — äthylester 6052
—, 3-Chlor-4,5-dioxo-tetrahydro-,
  — äthylester 5961
—, 3-Chlor-4,5-dioxo-2-trichlormethyl-
tetrahydro-,
  — äthylester 5966
—, 3-Chlor-2-hexyl-4,5-dioxo-tetrahydro-,
  — äthylester 5982
—, 2-Chlormethyl-4,5-dioxo-tetrahydro-,
  — äthylester 5966
—, 2-Chlormethyl-4-hydroxy-5-oxo-2,5-
dihydro-,
  — äthylester 5966
—, 2-Chlormethyl-5-oxo-4-
phenylhydrazono-tetrahydro-,
  — äthylester 5966
—, 4-Cinnamoyl-5-oxo-2-styryl-4,5-
dihydro-,
  — methylester 6108
—, 3,4-Diacetoxy-2-methyl-5-oxo-
tetrahydro- 6453
—, 5-Diazoacetyl-,
  — methylester 6009
—, 5-[1-(2,2-Dihydroxy-äthoxy)-2-oxo-
äthyl]-2-methyl- 6293

Furan-3-carbonsäure (Fortsetzung)
—, 5-[1,2-Dihydroxy-äthyl]-2,4-dioxo-
tetrahydro-,
  — äthylester 6577
—, 5-[1,2-Dihydroxy-äthyl]-4-hydroxy-2-
oxo-2,5-dihydro-,
  — äthylester 6577
—, 5-[3,5-Dihydroxy-[1,4]dioxan-2-yl]-2-
methyl- 6293
—, 3,4-Dihydroxy-2-methyl-5-oxo-
tetrahydro- 6453
—, 2-[2,5-Dimethyl-benzoyl]-4-methyl-5-
oxo-tetrahydro- 6060
—, 2,2-Dimethyl-4,5-dioxo-tetrahydro-,
  — äthylester 5969
—, 2,3-Dimethyl-4,5-dioxo-tetrahydro-,
  — äthylester 5970
—, 3,5-Dimethyl-2,4-dioxo-tetrahydro-,
  — äthylester 5970
—, 5,5-Dimethyl-2,4-dioxo-tetrahydro-,
  — äthylester 5969
—, 2-[2,6-Dimethyl-hept-5-enyl]-4,5-
dioxo-tetrahydro-,
  — äthylester 5997
—, 2-[2,6-Dimethyl-hept-5-enyl]-4-hydroxy-
5-oxo-2,5-dihydro-, äthylester 5997
—, 2,2-Dimethyl-4-[4-nitro-benzoyloxy]-
5-oxo-2,5-dihydro-,
  — äthylester 6280
—, 2,2-Dimethyl-4-[4-nitro-benzyloxy]-5-
oxo-2,5-dihydro-,
  — äthylester 6279
—, 2-[1,3-Dimethyl-2-oxo-
cyclohexylmethyl]-4-methyl-5-oxo-
tetrahydro- 5997
  — methylester 5998
—, 3-[1-(2,4-Dinitro-phenylhydrazono)-
äthyl]-5-oxo-2-propyl-tetrahydro-,
  — äthylester 5981
—, 3-[1-(2,4-Dinitro-phenylhydrazono)-
butyl]-2-methyl-5-oxo-tetrahydro-,
  — äthylester 5980
—, 3-[1-(2,4-Dinitro-phenylhydrazono)-
butyl]-5-oxo-2-propyl-tetrahydro-,
  — äthylester 5983
—, 5-[2,3-Dioxo-butyl]-2-methyl-,
  — äthylester 6020
—, 2,4-Dioxo-5,5-diphenyl-tetrahydro-,
  — äthylester 6096
—, 4,5-Dioxo-2-pentyl-tetrahydro-,
  — äthylester 5979
—, 4,5-Dioxo-3-pentyl-tetrahydro-,
  — äthylester 5979
—, 2,5-Dioxo-4-phenyl-2,5-dihydro-
6073
  — äthylester 6074
  — amid 6074

—, 2,4-Dioxo-5-phenyl-tetrahydro-,
  — äthylester 6052
—, 4,5-Dioxo-2-phenyl-tetrahydro-,
  — äthylester 6052
—, 4,5-Dioxo-2-propyl-tetrahydro-,
  — äthylester 5972
—, 2,4-Dioxo-tetrahydro-,
  — äthylester 5959
—, 4,5-Dioxo-tetrahydro-,
  — äthylester 5960
  — amid 5962
—, 4,5-Dioxo-2-trichlormethyl-
tetrahydro-,
  — äthylester 5966
—, 2-Hexyl-4,5-dioxo-3-pentyl-
tetrahydro-,
  — äthylester 5983
—, 2-Hexyl-4,5-dioxo-tetrahydro-,
  — äthylester 5981
—, 5-Hexyl-2,4-dioxo-tetrahydro-,
  — äthylester 5982
—, 2-Hexyl-4-hydroxy-5-oxo-2,5-
dihydro-,
  — äthylester 5981
—, 5-Hexyl-4-hydroxy-2-oxo-2,5-
dihydro-,
  — äthylester 5982
—, 2-Hexyl-4-hydroxy-5-oxo-tetrahydro-
6274
  — äthylester 6274
—, 2-Hexyl-5-oxo-4-phenylhydrazono-
tetrahydro-,
  — äthylester 5982
—, 4-[1-Hydroxy-äthyliden]-2-methyl-5-
oxo-4,5-dihydro-,
  — äthylester 5990
—, 3-[1-Hydroxy-äthyl]-2-methyl-5-oxo-
tetrahydro-,
  — isopropylester 6271
—, 4-[α-Hydroxy-cinnamyliden]-5-oxo-2-
styryl-4,5-dihydro-,
  — methylester 6108
—, 4-Hydroxy-2,2-dimethyl-5-oxo-2,5-
dihydro-,
  — äthylester 5969
—, 4-Hydroxy-5,5-dimethyl-2-oxo-2,5-
dihydro-,
  — äthylester 5969
—, 3-Hydroxy-4,4-dimethyl-5-oxo-
tetrahydro- 6268
  — äthylester 6269
  — methylester 6269
—, 4-Hydroxy-3,4-dimethyl-5-oxo-
tetrahydro-,
  — äthylester 6268
—, 4-Hydroxy-2-[2-hydroxy-phenyl]-5-
oxo-2,5-dihydro-,
  — äthylester 6498

Furan-3-carbonsäure (Fortsetzung)
—, 4-Hydroxyimino-2-phenylimino-
tetrahydro-,
  — äthylester 5959
—, 4-Hydroxy-2-isobutyl-5-oxo-2,5-
dihydro-,
  — äthylester 5977
—, 4-Hydroxy-2-isopropyl-5-oxo-2,5-
dihydro-,
  — äthylester 5973
—, 3-Hydroxymethyl-4,5-dioxo-
tetrahydro-,
  — äthylester 6458
—, 4-Hydroxy-2-methyl-5-oxo-2,5-
dihydro-,
  — äthylester 5965
  — amid 5965
—, 4-Hydroxy-5-methyl-2-oxo-2,5-
dihydro-,
  — äthylester 5967
—, 5-[5-Hydroxy-5-methyl-2-oxo-
dihydro-[3]furylidenmethyl]-2-methyl-
  6156
—, 4-Hydroxy-2-methyl-5-oxo-
tetrahydro-,
  — äthylester 6265
—, 4-Hydroxymethyl-5-oxo-tetrahydro-
  6267
—, 5-Hydroxymethyl-2-oxo-tetrahydro-,
  — äthylester 6266
—, 5-[5-Hydroxy-5-methyl-2-oxo-
tetrahydro-[3]furylmethyl]-2-methyl- 6147
—, 5-Hydroxy-3-methyl-2-oxo-5-
[2]thienyl-tetrahydro- 6144
—, 4-Hydroxy-2-oxo-2,5-dihydro-,
  — äthylester 5959
—, 4-Hydroxy-5-oxo-2,5-dihydro-,
  — äthylester 5960
  — amid 5962
—, 4-Hydroxy-2-oxo-5,5-diphenyl-2,5-
dihydro-,
  — äthylester 6096
—, 3-Hydroxy-2-oxo-5,5-diphenyl-
tetrahydro- 6419
  — amid 6421
  — methylester 6420
—, 3-Hydroxy-2-oxo-5,5-di-*p*-tolyl-
tetrahydro- 6424
  — methylester 6424
—, 4-Hydroxy-5-oxo-2-pentyl-2,5-
dihydro-,
  — äthylester 5979
—, 4-Hydroxy-2-oxo-5-phenyl-2,5-
dihydro-,
  — äthylester 6052
—, 4-Hydroxy-5-oxo-2-phenyl-2,5-
dihydro-,

  — äthylester 6052
—, 4-Hydroxy-5-oxo-2-phenyl-
tetrahydro- 6320
—, 4-Hydroxy-5-oxo-2-propyl-2,5-
dihydro-,
  — äthylester 5972
—, 3-Hydroxy-5-oxo-tetrahydro-,
  — methylester 6264
—, 4-Hydroxy-5-oxo-tetrahydro- 6264
  — äthylester 6264
—, 4-Hydroxy-5-oxo-2-trichlormethyl-
2,5-dihydro-,
  — äthylester 5966
—, 4-Hydroxy-5-oxo-4-ureido-
tetrahydro-,
  — äthylester 5961
—, 2-[2-Hydroxy-phenyl]-4,5-dioxo-
tetrahydro-,
  — äthylester 6498
—, 4-Imino-5-oxo-tetrahydro-,
  — äthylester 5962
—, 2-Isobutyl-4,5-dioxo-tetrahydro-,
  — äthylester 5977
—, 2-Isobutyl-4-[4-nitro-benzyloxy]-5-
oxo-2,5-dihydro-,
  — äthylester 6281
—, 3-Isohexyl-4,5-dioxo-tetrahydro-,
  — äthylester 5982
—, 2-Isopropyl-4,5-dioxo-tetrahydro-,
  — äthylester 5973
—, 2-Isopropyl-4-methoxy-5-oxo-2,5-
dihydro-,
  — äthylester 6280
—, 5-[3-Methoxy-benzyl]-2-oxo-
tetrahydro-,
  — äthylester 6323
—, 5-[3-Methoxy-butyryl]-5-methyl-2-
oxo-tetrahydro-,
  — äthylester 6459
—, 2-[4-Methoxy-2,5-dimethyl-benzoyl]-
4-methyl-5-oxo-tetrahydro- 6513
—, 4-Methoxy-2-methyl-5-oxo-2,5-
dihydro-,
  — äthylester 6277
—, 4-Methoxy-5-oxo-2,5-dihydro-,
  — äthylester 6275
—, 2-[2-Methoxy-phenylimino]-4-oxo-
tetrahydro-,
  — äthylester 5959
—, 2-Methyl-4,5-dioxo-3-pentyl-
tetrahydro-,
  — äthylester 5982
—, 2-Methyl-4,5-dioxo-tetrahydro-,
  — äthylester 5965
  — amid 5965
—, 3-Methyl-4,5-dioxo-tetrahydro-,
  — äthylester 5967

Furan-3-carbonsäure (Fortsetzung)
—, 5-Methyl-2,4-dioxo-tetrahydro-,
  — äthylester 5967
—, 2-Methyl-5-sulfamoyl- 6767
  — amid 6767
—, 2-Methyl-5-sulfo- 6767
—, 2-Methyl-5-[1,2,2-trimethoxy-äthyl]-,
  — methylester 6293
—, 2-Oxo-5-phenoxymethyl-tetrahydro-
  6266
  — äthylester 6266
  — methylester 6266
—, 2-Oxo-4-phenylhydrazono-
  tetrahydro-,
  — äthylester 5960
—, 4-Oxo-2-phenylhydrazono-tetrahydro-,
  — äthylester 5960
—, 4-Oxo-2-phenylimino-tetrahydro-
  5959
  — äthylester 5959
Furan-2-carbonylchlorid
—, 3-Hydroxy-2,3,4-trimethyl-5-oxo-
  tetrahydro- 6272
Furan-3-carbonylchlorid
—, 2-[2,5-Dimethyl-benzoyl]-4-methyl-5-
  oxo-tetrahydro- 6061
—, 2,5-Dioxo-4-phenyl-2,5-dihydro-
  6074
Furan-3,3-dicarbonitril
—, 2,2,5,5-Tetramethyl-4-oxo-dihydro-
  6125
Furan-2,3-dicarbonsäure
—, 4-Äthoxycarbonylmethyl-5-oxo-
  tetrahydro-,
  — diäthylester 6238
—, 4-Carbamoylmethyl-5-oxo-
  tetrahydro-,
  — diamid 6238
—, 2-Carboxymethyl-5-oxo-tetrahydro-
  6237
  — 2-methylester 6238
—, 4-Carboxymethyl-5-oxo-tetrahydro-
  6238
—, 4-Decyl-3-hydroxy-5-oxo-tetrahydro-
  6578
—, 2,4-Dimethyl-5-oxo-tetrahydro- 6120
  — diäthylester 6120
—, 4-Hydroxy-2,5-dihydro-,
  — diäthylester 6113
—, 4-Hydroxy-5-methyl-2,5-dihydro-,
  — diäthylester 6119
—, 3-Hydroxy-5-oxo-tetrahydro- 6576
  — bis-[4-nitro-benzylester] 6577
  — dimethylester 6576
  — diphenacylester 6577
—, 4-Methoxycarbonylmethylen-5-oxo-
  4,5-dihydro-,

  — dimethylester 6241
—, 2-Methoxycarbonylmethyl-5-oxo-
  tetrahydro-,
  — dimethylester 6238
—, 4-Methoxycarbonylmethyl-5-oxo-
  tetrahydro-,
  — dimethylester 6238
—, 2-Methyl-5-oxo-4-phenyl-tetrahydro-
  6166
  — diäthylester 6166
—, 2-Methyl-5-oxo-4-propyl-tetrahydro-
  6124
  — diäthylester 6124
—, 4-Methyl-5-oxo-tetrahydro- 6118
  — diäthylester 6118
  — dianilid 6118
—, 5-Methyl-4-oxo-tetrahydro-,
  — diäthylester 6119
—, 4-Oxo-tetrahydro-,
  — diäthylester 6113
—, 5-Oxo-tetrahydro- 6114
  — bis-[4-brom-phenacylester] 6116
  — diäthylester 6116
  — dimethylester 6115
Furan-2,4-dicarbonsäure
—, 4-Äthyl-2,3-dimethyl-5-oxo-
  tetrahydro- 6124
Furan-3,3-dicarbonsäure
—, 2-Methyl-5-oxo-dihydro- 6118
—, 2-Oxo-dihydro-,
  — diäthylester 6116
Furan-3,4-dicarbonsäure
—, 2-Acetyl-,
  — diäthylester 6139
  — dimethylester 6139
—, 2,5-Dioxo-2,5-dihydro-,
  — diäthylester 6202
  — diphenylester 6202
—, 2-Oxo-5-phenyl-tetrahydro-,
  — diäthylester 6164
—, 2-Oxo-5-tridecyl-tetrahydro- 6126
Furan-3,4-dicarbonylchlorid
—, 2,5-Dioxo-2,5-dihydro- 6202
Furan-2,5-dion
—, 3,4-Bis-äthoxycarbonylmethyl-
  dihydro- 6200
Furan-2,5-disulfonamid 6727
Furan-2,4-disulfonsäure
—, 5-Methyl- 6729
Furan-2,5-disulfonsäure 6727
  — diamid 6727
Furan-3,4-disulfonsäure
—, 2,5-Dimethyl- 6730
Furan-2-on
—, 5,5-Bis-[2-butoxycarbonyl-äthyl]-
  dihydro- 6124

Furan-2-on (Fortsetzung)
—, 5,5-Bis-[2-carboxy-äthyl]-dihydro-
6123
—, 5-[9-Brom-4,6-dimethoxy-
dibenzofuran-3-yl]-5-hydroxy-dihydro-
6551
—, 5-[2-Brom-4-methoxy-dibenzofuran-1-
yl]-5-hydroxy-dihydro- 6418
—, 5-[4,6-Dimethoxy-dibenzofuran-1-yl]-
5-hydroxy-dihydro- 6550
—, 5-[4,6-Dimethoxy-dibenzofuran-3-yl]-
5-hydroxy-dihydro- 6551
—, 5-[3,4-Dimethoxy-[2]thienyl]-5-
hydroxy-dihydro- 6462
—, 5-Hydroxy-5-[7-hydroxy-4-methyl-2-
oxo-2*H*-chromen-8-yl]-dihydro- 6530
—, 5-Hydroxy-5-[2-methoxy-
dibenzofuran-3-yl]-dihydro- 6418
—, 5-Hydroxy-5-[4-methoxy-
dibenzofuran-1-yl]-dihydro- 6418
Furan-3-on
—, 4,4-Bis-[2-carboxy-äthyl]-2,2,5,5-
tetramethyl-dihydro- 6125
—, 4,4-Bis-[2-cyan-äthyl]-2,2,5,5-
tetramethyl-dihydro- 6126
Furan-2-sulfinsäure 6699
Furan-2-sulfonamid 6704
Furan-3-sulfonamid 6713
Furan-2-sulfonanilid
—, *N*-Methyl- 6704
Furan-3-sulfonanilid
—, *N*-Methyl- 6713
Furan-2-sulfonsäure 6704
— amid 6704
— [*N*-methyl-anilid] 6704
—, 5-Acetyl- 6738
—, 5-Chlorcarbonyl- 6765
—, 5-Methyl- 6715
— amid 6715
—, 5-Nitro- 6705
— amid 6705
— anilid 6705
— *p*-anisidid 6705
— [1]naphthylamid 6705
— *p*-phenetidid 6705
— *p*-toluidid 6705
Furan-3-sulfonsäure 6713
— amid 6713
— [*N*-methyl-anilid] 6713
—, 2-Brom-5-chlor- 6713
— amid 6713
—, 5-Brom-2-chlor- 6713
— amid 6713
—, 2,5-Dimethyl- 6717
— amid 6717
—, 2-Methyl-,
— amid 6715

—, 2-Oxo-tetrahydro- 6735
—, 5-Oxo-tetrahydro- 6735
Furan-2-sulfonylchlorid
—, 5-Nitro- 6705
Furan-2,3,4-tricarbonsäure
—, 5-Oxo-tetrahydro- 6237
— triäthylester 6237
— trimethylester 6237
9,10-Furo[3,4]ätheno-anthracen-9-carbonitril
—, 13,15-Dioxo-10-phenyl-11,12,13,15-
tetrahydro-10*H*- 6112
**9,10-Furo[3,4]ätheno-anthracen-9-
carbonsäure**
—, 10-Brom-13,15-dioxo-11,12,13,15-
tetrahydro-10*H*- 6105
—, 13,15-Dioxo-11,12,13,15-tetrahydro-
10*H*- 6105
9,10-Furo[3,4]ätheno-anthracen-13,15-dion
—, 9,10-Bis-[2-carboxy-äthyl]-9,10,11,12-
tetrahydro- 6235
—, 9,10-Bis-[3-carboxy-propyl]-9,10,11,⁼
12-tetrahydro- 6236
—, 9,10-Bis-[2,2-dicarboxy-äthyl]-9,10,11,⁼
12-tetrahydro- 6261
Furo[3,4-*b*]benzofuran-1-on
—, 3-[3,4-Dimethoxy-phenyl]-3-hydroxy-
5,6-dimethoxy-3*H*- 6676
—, 3-[3,4-Dimethoxy-phenyl]-3-hydroxy-
6-methoxy-3*H*- 6642
—, 3-Hydroxy-3-[2-hydroxy-phenyl]-
3*H*- 6431
—, 3-Hydroxy-6-methoxy-3-phenyl-3*H*-
6431
Furo[3,4-*b*]benzofuran-3-on
—, 1-Hydroxy1-[2-hydroxy-4,6-
dimethoxy-phenyl]-1*H*- 6642
—, 1-Hydroxy-1-[2-hydroxy-4,6-
dimethoxy-phenyl]-5-methoxy-1*H*- 6676
—, 1-Hydroxy-1-[2-hydroxy-4,6-
dimethoxy-phenyl]-6-methoxy-1*H*- 6675
—, 1-Hydroxy-1-[2-hydroxy-4-methoxy-
phenyl]-1*H*- 6560
—, 1-Hydroxy-5-methoxy-1-[2,4,6-
trimethoxy-phenyl]-1*H*- 6676
—, 1-Hydroxy-6-methoxy-1-[2,4,6-
trimethoxy-phenyl]-1*H*- 6675
—, 1-Hydroxy-1-[2,4,6-trimethoxy-
phenyl]-1*H*- 6642
Furo[3,2-*c*]chromen-2,4-dion
—, 3-[3-Acetoxy-benzyliden]-3a,9b-
dihydro-3*H*- 6440
—, 3-[4-Acetoxy-benzyliden]-3a,9b-
dihydro-3*H*- 6441
—, 3-[4-Acetoxy-3-methoxy-benzyliden]-
3a,9b-dihydro-3*H*- 6566
—, 3-[3-Hydroxy-benzyliden]-3a,9b-
dihydro-3*H*- 6440

Furo[3,2-c]chromen-2,4-dion (Fortsetzung)
—, 3-[4-Hydroxy-benzyliden]-3a,9b-
dihydro-3*H*- 6440
—, 3-[4-Methoxy-benzyliden]-3a,9b-
dihydro-3*H*- 6440
—, 3-Vanillyliden-3a,9b-dihydro-3*H*-
6566
Furo[3,4-*f*]chromen-3,7-dion
—, 1-Hydroxy-4-methoxy-5-methyl-1*H*-
6528
Furo[2,3,4-*de*]chromen-2-on
—, 4,8a-Dihydroxy-7-methyl-8a*H*- 6358
Furo[3,2-c]chromen-2-on
—, 3a,9b-Dihydroxy-3a,9b-dihydro-
3*H*,4*H*- 6320
—, 3a,9b-Dihydroxy-7-methoxy-3a,9b-
dihydro-3*H*,4*H*- 6476
—, 9b-Hydroxy-7-methoxy-3*H*,9b*H*-
6351
Furo[3,4-*b*]furan-2,4-dion
—, 6-[2,5-Dimethyl-phenyl]-6-hydroxy-3-
methyl-tetrahydro- 6060
—, 6-Hydroxy-6-[4-methoxy-2,5-
dimethyl-phenyl]-3-methyl-tetrahydro-
6513
Furo[2,3,4-*cd*]naphtho[3,2,1-*hi*]isobenzofuran
s. 1,10-Dioxa-pentaleno[2,1,6-*mna*]anthracen
Furo[3,2-c]pyran-2-on
—, 7a-Hydroxy-7,7-bis-hydroxymethyl-
tetrahydro- 6453
Furostan-26-säure
—, 3,6-Dioxo- 6071
— methylester 6071
—, 3,6-Disemicarbazono- 6071
Furo[4,3,2-*kl*]xanthen-3-carbonsäure
—, 10b-Hydroxy-2-oxo-4-phenyl-2,2a,3,4,≠
10b,10c-hexahydro- 6195
Furo[4,3,2-*kl*]xanthen-10-carbonsäure
—, 10b-Hydroxy-2-oxo-2,10b-dihydro-
6190
Furo[2,3,4-*kl*]xanthen-1,10-dion
—, 2a-Hydroxy-4,4,8,8-tetramethyl-
2a,3,4,5,7,8,9,10b-octahydro- 6067
Furo[4,3,2-*kl*]xanthen-2-on
—, 3-Acetoxy-10b-hydroxy-10b*H*- 6414
—, 3,10-Diacetoxy-10b-hydroxy-8-
methyl-10b*H*- 6547
—, 4,10-Diacetoxy-10b-hydroxy-8-
methyl-10b*H*- 6548
—, 7,9-Dichlor-4,10,10b-trihydroxy-8-
methyl-10b*H*- 6549
—, 3,10b-Dihydroxy-10b*H*- 6414
—, 10,10b-Dihydroxy-4-methoxy-8-
methyl-10b*H*- 6548
—, 10b-Hydroxy-4,10-dimethoxy-8-
methyl-10b*H*- 6548
—, 10b-Hydroxy-3-methoxy-10b*H*- 6414

—, 3,10,10b-Trihydroxy-8-methyl-
10b*H*- 6547
—, 4,10,10b-Trihydroxy-8-methyl-
10b*H*- 6548

G

Galactarsäure
— 6-äthylester-1→4-lacton 6573
— 1→4-lacton 6571
—, O^2,O^3-Dimethyl-,
— 1→4-lacton 6571
— 1→4-lacton-6-methylester 6572
—, O^2,O^4-Dimethyl-,
— 6→3-lacton-1-methylester 6572
—, O^2,O^3,O^5-Triacetyl-,
— 6-äthylester-1-lacton 6574
—, O^2,O^3,O^5-Trimethyl-,
— 1-lacton-6-methylester 6573
—, O^2,O^4,O^5-Trimethyl-,
— 6-lacton-1-methylester 6573
Garciniasäure 6576
Geodin 6635
— oxim 6635
—, *O*-Acetyl- 6635
—, *O*-Methyl- 6635
Germacran-12,15-disäure
—, 6-Hydroxy-8-oxo-,
— 12-lacton 5998
Gibban-1,10-dicarbonsäure
—, 2-Acetoxy-4a,8-dihydroxy-1,8-
dimethyl-,
— 1→4a-lacton-10-methylester 6483
—, 2-Acetoxy-4a,7-dihydroxy-1-methyl-8-
methylen-,
— 1→4a-lacton-10-methylester 6518
—, 2-Acetoxy-4a-hydroxy-1,7-dimethyl-8-
oxo-,
— 1-lacton 6515
— 1-lacton-10-methylester 6515
—, 2-Acetoxy-4a-hydroxy-1-methyl-8-
methylen-,
— 1-lacton-10-methylester 6399
—, 7-Brommethyl-2,4a-dihydroxy-1-
methyl-8-oxo-,
— 1→4a-lacton 6516
— 1→4a-lacton-10-methylester 6516
—, 2,7-Diacetoxy-4a-hydroxy-1,8-
dimethyl-,
— 1→4a-lacton-10-methylester 6482
—, 2,7-Diacetoxy-4a-hydroxy-1-methyl-8-
methylen-,
— 1-lacton-10-methylester 6518
—, 2,4a-Dihydroxy-1,8-dimethyl-,
— 1→4a-lacton-10-methylester 6334

Gibban-1,10-dicarbonsäure (Fortsetzung)
—, 4a,7-Dihydroxy-1,8-dimethyl-,
  — 1→4a-lacton-10-methylester 6334
—, 2,4a-Dihydroxy-1,7-dimethyl-8-oxo-,
  — 10-äthylester-1→4a-lacton 6515
  — 1→4a-lacton 6514
  — 1→4a-lacton-10-methylester 6515
—, 4a,7-Dihydroxy-1,8-dimethyl-2-oxo-,
  — 1→4a-lacton 6518
  — 1→4a-lacton-10-methylester 6518
—, 4a,8-Dihydroxy-1,8-dimethyl-2-oxo-,
  — 1→4a-lacton-10-methylester 6519
—, 2,4a-Dihydroxy-1-methyl-8-methylen-,
  — 1→4a-lacton 6398
  — 1→4a-lacton-10-methylester 6399
—, 4a-Hydroxy-1,7-dimethyl-2,8-dioxo-,
  — 1-lacton 6182
—, 4-Hydroxy-1,7-dimethyl-8-oxo-2-
[toluol-4-sulfonyloxy]-,
  — 1-lacton-10-methylester 6515
—, 2,4a,7-Trihydroxy-1,8-dimethyl-,
  — 1→4a-lacton 6481
  — 1→4a-lacton-10-methylester 6481
—, 2,4a,8-Trihydroxy-1,8-dimethyl-,
  — 1→4a-lacton 6482
  — 1→4a-lacton-10-methylester 6483
—, 2,4a,7-Trihydroxy-1-methyl-8-
methylen-,
  — 1→4a-lacton 6516
  — 1→4a-lacton-10-methylester 6517
—, 2,4a,7-Trihydroxy-1-methyl-8-oxo-,
  — 1→4a-lacton-10-methylester 6606

Gibb-2-en-1,10-dicarbonsäure
—, 4a,7-Dihydroxy-1-methyl-8-methylen-,
  — 1→4a-lacton 6407
  — 1→4a-lacton-10-methylester 6407
—, 4a-Hydroxy-1,7-dimethyl-8-oxo-,
  — 1-lacton 6080
  — 1-lacton-10-methylester 6081

Gibb-3-en-1,10-dicarbonsäure
—, 2-Acetoxy-7-brommethyl-4a-hydroxy-
1-methyl-8-oxo-,
  — 1-lacton 6533
  — 1-lacton-10-methylester 6533
—, 2-Acetoxy-4a,7-dihydroxy-1-methyl-8-
methylen-,
  — 1→4a-lacton 6534
  — 1→4a-lacton-10-methylester 6535
—, 7-Brommethyl-2,4a-dihydroxy-1-
methyl-8-oxo-,
  — 1→4a-lacton 6532
  — 1→4a-lacton-10-methylester 6533
—, 4a,7-Dihydroxy-1-methyl-2,8-dioxo-,
  — 1→4a-lacton-10-methylester 6631
—, 4a,7-Dihydroxy-1-methyl-8-methylen-
2-oxo-,
  — 1→4a-lacton-10-methylester 6542

—, 2,4a,7-Trihydroxy-1-methyl-8-
methylen-,
  — 10-äthylester-1→4a-lacton 6535
  — 10-[4-brom-phenacylester]-1→4a-
lacton 6536
  — 10-butylester-1→4a-lacton 6535
  — 10-decylester-1→4a-lacton 6536
  — 10-heptylester-1→4a-lacton 6535
  — 10-hexylester-1→4a-lacton 6535
  — 1→4a-lacton 6533
  — 1→4a-lacton-10-methylester 6534
  — 1→4a-lacton-10-nonylester 6536
  — 1→4a-lacton-10-octylester 6536
  — 1→4a-lacton-10-pentylester 6535
  — 1→4a-lacton-10-propylester 6535
—, 2,4a,7-Trihydroxy-1-methyl-8-oxo-,
  — 1→4a-lacton-10-methylester 6626

Gibb-4-en-1,10-dicarbonsäure
—, 2,3,7-Trihydroxy-1-methyl-8-
methylen-,
  — 1→3-lacton-10-methylester
6532

Gibberellin-A$_1$ 6516
  — methylester 6517
—, O^2-Acetyl-,
  — methylester 6518
—, Brom- 6516
  — methylester 6516
—, Di-O-acetyl-,
  — methylester 6518
—, O^2,O^7-Diacetyl-dihydro-,
  — methylester 6482
—, Dihydro- 6481
  — methylester 6482
—, Oxodihydro- 6518

Gibberellin-A$_2$ 6482
  — methylester 6483
—, O^2-Acetyl-,
  — methylester 6483
—, Oxo-,
  — methylester 6519

Gibberellin-A$_3$ 6533
  — äthylester 6535
  — [4-brom-phenacylester] 6536
  — butylester 6535
  — decylester 6536
  — heptylester 6535
  — hexylester 6535
  — methylester 6534
  — nonylester 6536
  — octylester 6536
  — pentylester 6535
  — propylester 6535
—, O^2-Acetyl- 6534
  — methylester 6535
—, O-Acetyl-brom- 6533
—, Brom- 6532

Gibberellin-A₄ 6398
- methylester 6399
-, O-Acetyl-,
- methylester 6399
-, Dihydro-,
- methylester 6334
Gibberellin-A₅ 6407
- methylester 6407
-, Tetrahydro-,
- methylester 6334
Gibberellin-C 6514
- äthylester 6515
- methylester 6515
-, O-Acetyl- 6515
- methylester 6515
Gibberellinsäure 6533
- äthylester 6535
- [4-brom-phenacylester] 6536
- butylester 6535
- decylester 6536
- heptylester 6535
- hexylester 6535
- methylester 6534
- nonylester 6536
- octylester 6536
- pentylester 6535
- propylester 6535
-, O^2-Acetyl- 6534
- methylester 6535
-, O-Acetyl-brom- 6533
- methylester 6533
-, Brom- 6532
- methylester 6533
-, 2-Dehydro-,
- methylester 6542
-, α-Dihydro- 6516
- methylester 6517
-, Tetrahydro- 6481
- methylester 6482
Glaucandicarbonsäure
-, Dihydro- 6218
Glaucansäure
- dimethylester 6219
Glauconin
- dimethylester 6215
Glauconinsäure
-, Dihydro- 6210
Glucarsäure
- 1-äthylester-6→3-lacton 6573
- 1-butylester-6→3-lacton 6575
- 1-isobutylester-6→3-lacton 6575
- 1-isopentylester-6→3-lacton 6575
- 1-isopropylester-6→3-lacton 6574
- 1→4-lacton 6570
- 6→3-lacton 6570
- 1→4-lacton-6-methylester 6571
- 6→3-lacton-1-methylester 6571

- 6→3-lacton-1-propylester 6574
- 6→3-lacton-1-
  [2-trimethylammonio-äthylester]
  6575
-, O^2,O^3-Dimethyl-,
- 6-amid-1→4-lacton 6575
- 1→4-lacton-6-methylester 6572
-, O^2,O^5-Dimethyl-,
- 6→3-lacton-1-methylester 6572
-, O^3,O^5-Dimethyl-,
- 1→4-lacton 6571
-, O^3-Methyl-,
- 6-äthylester-1→4-lacton 6573
-, O^2,O^4,O^5-Tribenzoyl-,
- 1-isopropylester-6-lacton 6574
- 6-lacton-1-propylester 6574
-, O^2,O^3,O^4-Trimethyl-,
- 1-lacton-6-methylester 6569
-, O^2,O^3,O^5-Trimethyl-,
- 1-lacton-6-methylester 6573
-, O^2,O^4,O^5-Tris-[4-nitro-benzoyl]-,
- 1-butylester-6-lacton 6575
- 1-isobutylester-6-lacton 6575
- 1-isopropylester-6-lacton 6574
- 6-lacton-1-propylester 6574
Glutaramidsäure
-, 2-Acetyl-4-cyan-3-[2]furyl-N-phenyl-,
- äthylester 6241
-, 2-Acetyl-4-cyan-3-[2-hydroxy-phenyl]-,
- lacton 6225
-, 2-Äthyl-2-[2-hydroxy-3-methoxy-
  phenyl]-N-phenyl-,
- lacton 6331
-, 2-Benzoyl-4-cyan-3-[2-hydroxy-
  phenyl]-,
- lacton 6233
-, 3-Benzyl-4-hydroxy-2-oxo-4-
  phenäthyl-,
- lacton 6100
-, 4-Cyan-3-[2,4-dihydroxy-phenyl]-,
- 2-lacton 6600
-, 4-Cyan-3-[2]furyl-2-[1-hydroxy-
  äthyliden]-N-phenyl-,
- äthylester 6241
-, 4-Cyan-3-[2-hydroxy-4-methoxy-
  phenyl]-,
- lacton 6600
-, 2-Cyan-3-[2-hydroxy-phenyl]-,
- lacton 6165
-, 2,4-Dicyan-3-[2-hydroxy-phenyl]-,
- lacton 6245
Glutarsäure
-, 2-Acetonyl-3-acetyl-2-hydroxy-4-oxo-,
- 1-äthylester-5-lacton 6208
- 5-lacton-1-methylester 6208
-, 2-Acetonyl-3-äthyl-2-hydroxy-4-oxo-,
- 5-lacton-1-methylester 6132

Glutarsäure (Fortsetzung)
—, 4-Acetoxy-2-benzyl-2-hydroxy-3-
  phenyl-,
  — 5-lacton 6422
—, 3-[4-Acetoxy-2-hydroxy-phenyl]-3-
  [4-methoxy-phenyl]-,
  — lacton 6551
—, 3-Acetoxy-2-hydroxy-2,3,4-trimethyl-,
  — 5-lacton 6272
—, 2-Acetoxymethyl-4-hydroxymethyl-
  2,4-diphenyl-,
  — 5-chlorid-1-lacton 6424
—, 2-Acetyl-4-[1-hydroxy-äthyliden]-3-
  oxo-,
  — 1-lacton 6140
—, 2-Äthoxyacetyl-3-hydroxymethyl-,
  — 1-äthylester-5-lacton 6458
—, 3-[2-Äthoxy-5-methyl-phenyl]-3-
  [2-hydroxy-5-methyl-phenyl]-,
  — äthylester-lacton 6425
  — lacton 6424
—, 2-[4-Äthoxy-phenylcarbamoyl]-3-oxo-,
  — anhydrid 6127
—, 2-Äthoxythiocarbonylmercapto-4-
  hydroxy-,
  — 1-lacton 6264
—, 3-Äthyl-2-[2-(2,4-dinitro-
  phenylhydrazono)-propyl]-2-hydroxy-4-
  oxo-,
  — 5-lacton-1-methylester 6132
—, 2-Äthyl-4-[1-hydroxy-äthyliden]-3-oxo-,
  — 5-äthylester-1-lacton 5991
  — 1-lacton 5991
—, 2-Äthyl-2-[2-hydroxy-3-methoxy-
  phenyl]-,
  — 1-lacton 6331
—, 2-Äthyl-2-hydroxy-3-methyl-4-oxo-,
  — 1-äthylester-5-lacton 5974
—, 3-Äthyl-2-hydroxy-4-oxo-2-propyl-,
  — 1-äthylester-5-lacton 5981
—, 3-[5-Äthyl-[2]thienyl]-2,4-bis-
  [1-hydroxy-äthyliden]-,
  — diäthylester 6217
—, 2-Benzyl-2,4-dihydroxy-3-phenyl-,
  — 5→2-lacton 6422
  — 5→2-lacton-1-methylester 6422
—, 2-Benzyl-4-[1-hydroxy-äthyliden]-3-oxo-,
  — 5-äthylester-1-lacton 6077
  — 1-lacton 6077
—, 2-Benzyl-2-hydroxy-4-oxo-3-phenyl-,
  — 5-lacton 6098
  — 5-lacton-1-methylester 6098
—, 2,4-Bis-[1-hydroxy-äthyliden]-3-
  [5-methyl-[2]furyl]-,
  — diäthylester 6217
—, 2,4-Bis-[1-hydroxy-äthyliden]-3-
  [5-methyl-[2]thienyl]-,
  — diäthylester 6217

—, 2,4-Bis-[1-hydroxy-äthyliden]-3-
  [5-propyl-[2]thienyl]-,
  — diäthylester 6218
—, 2,4-Bis-[1-hydroxy-äthyliden]-3-
  [2]thienyl-,
  — diäthylester 6216
—, 3,3-Bis-hydroxymethyl-,
  — monolacton 6267
—, 2,4-Bis-hydroxymethyl-2,4-diphenyl-,
  — monolacton 6423
—, 3-[5-Brom-[2]furyl]-2,4-bis-
  [1-hydroxy-äthyliden]-,
  — diäthylester 6216
—, 2-[2-Brom-α-hydroxy-5-methoxy-benzyl]-,
  — 5-lacton 6323
—, 2-Butyryl-4-[1-hydroxy-butyliden]-3-
  oxo-,
  — 1-lacton 6147
—, 2-[1-Carboxy-1,6,6,10a-tetramethyl-
  11-oxo-decahydro-4a,8a-oxoäthano-
  phenanthren-2-yl]-2-methyl- 6244
—, 3-[5-Chlor-[2]furyl]-2,4-bis-
  [1-hydroxy-äthyliden]-,
  — diäthylester 6216
—, 3-[7-Chlor-4-hydroxy-1-methyl-3-oxo-
  phthalan-1-yl]- 6604
—, 3-[7-Chlor-4-hydroxy-3-oxo-phthalan-
  1-yl]- 6603
—, 3-[7-Chlor-4-methoxy-1-methyl-3-
  oxo-phthalan-1-yl]- 6605
  — dimethylester 6605
—, 3-[7-Chlor-4-methoxy-3-oxo-
  phthalan-1-yl]-,
  — dimethylester 6603
—, 3-[5-Chlor-[2]thienyl]-2,4-bis-
  [1-hydroxy-äthyliden]-,
  — diäthylester 6217
—, 2-Cyan-4-[2-hydroxy-cyclohexyl]-3-
  imino-,
  — 1-äthylester-5-lacton 6210
—, 2-Cyan-4-[β-hydroxy-isobutyl]-3-
  imino-,
  — 1-äthylester-5-lacton 6201
—, 2-Cyan-3-[2-hydroxy-4-methoxy-
  phenyl]-,
  — 5-lacton 6600
—, 2-Cyan-4-[2-hydroxy-propyl]-3-imino-,
  — 1-äthylester-5-lacton 6201
—, 2-Cyan-2-methyl-3-phenyl-,
  — anhydrid 6057
—, 3-[1-Cyan-2-methyl-propyl]-,
  — anhydrid 5978
—, 2,4-Diacetyl-3-[5-äthyl-[2]thienyl]-,
  — diäthylester 6217
—, 2,4-Diacetyl-3-[5-brom-[2]furyl]-,
  — diäthylester 6216
—, 2,4-Diacetyl-3-[5-chlor-[2]furyl]-,
  — diäthylester 6216

Glutarsäure (Fortsetzung)
—, 2,4-Diacetyl-3-[5-chlor-[2]thienyl]-,
 — diäthylester 6217
—, 2,4-Diacetyl-3-[2,5-dimethyl-[3]thienyl]-,
 — diäthylester 6217
—, 2,4-Diacetyl-3-[5-methyl-[2]furyl]-,
 — diäthylester 6217
—, 2,4-Diacetyl-3-[5-methyl-[2]thienyl]-,
 — diäthylester 6217
—, 2,4-Diacetyl-3-[5-propyl-[2]thienyl]-,
 — diäthylester 6218
—, 2,4-Diacetyl-3-[2]thienyl-,
 — diäthylester 6216
—, 2,4-Dibutyryl-3-oxo-,
 — anhydrid 6147
—, 2,4-Dicyan-3-[3-hydroxy-[2]naphthyl]-,
 — äthylester-lacton 6250
—, 2,4-Dihexanoyl-3-oxo-,
 — anhydrid 6153
—, 2,3-Dihydroxy-,
 — 5→2-lacton 6263
—, 2-[1,2-Dihydroxy-äthyl]-2-phenyl-,
 — 1→2-lacton 6328
—, 2,4-Dihydroxy-2,4-dimethyl-,
 — 1→4-lacton 6268
—, 2,3-Dihydroxy-4-isopropyl-2,3-
 dimethyl-,
 — 5→2-lacton 6274
—, 2-[1-(2,6-Dihydroxy-4-methyl-phenyl)-
 äthyliden]-,
 — 1-lacton 6391
—, 3-[2,4-Dihydroxy-phenyl]-,
 — 2-lacton 6320
—, 2-[1-(2,4-Dihydroxy-phenyl)-
 äthyliden]-,
 — 1→2-lacton 6383
—, 3-[2,4-Dihydroxy-phenyl]-3-
 [2-methoxy-5-methyl-phenyl]-,
 — 2-lacton 6552
—, 3-[2,4-Dihydroxy-phenyl]-3-
 [4-methoxy-phenyl]-,
 — 2-lacton 6551
—, 2,3-Dihydroxy-2,3,4-trimethyl-,
 — 1-amid-5→2-lacton 6272
 — 1-[4-brom-phenacylester]-
 5→2-lacton 6272
 — 1-chlorid-5→2-lacton 6272
 — 5→2-lacton 6271
 — 5→2-lacton-1-methylester 6272
—, 2,4-Diisovaleryl-3-oxo-,
 — anhydrid 6151
—, 3-[2,5-Dimethyl-[3]thienyl]-2,4-bis-
 [1-hydroxy-äthyliden]-,
 — diäthylester 6217
—, 2-Formyl-4-[1-hydroxy-äthyl]-,
 — 5-äthylester-1-lacton 5971
—, 3-[1-Formyl-propenyl]-2-
 hydroxymethylen-,

— 5-lacton-1-methylester 6019
—, 2-Glykoloyl-,
 — 5-äthylester-1-lacton 5968
 — 1-lacton 5968
—, 2-Hexanoyl-4-[1-hydroxy-hexyliden]-
 3-oxo-,
 — 1-lacton 6153
—, 2-[1-Hydroxy-äthyliden]-4-imino-3-
 methyl-,
 — 1-äthylester-5-lacton 5989
—, 2-[1-Hydroxy-äthyliden]-4-[2-methyl-
 1-phenyl-propyl]-3-oxo-,
 — 1-äthylester-5-lacton 6080
 — 5-lacton 6079
—, 2-[1-Hydroxy-äthyliden]-4-
 [1]naphthyl-3-oxo-,
 — 1-äthylester-5-lacton 6097
 — 5-lacton 6097
—, 2-[1-Hydroxy-äthyliden]-3-oxo-4-
 phenyl-,
 — 1-äthylester-5-lacton 6077
 — 5-lacton 6077
—, 2-[1-Hydroxy-äthyliden]-3-oxo-4-
 [1-phenyl-propyl]-,
 — 1-äthylester-5-lacton 6079
 — 5-lacton 6079
—, 2-[α-Hydroxy-cinnamyliden]-3-oxo-,
 — 1-äthylester-5-lacton 6087
 — 5-lacton 6087
—, 2-Hydroxy-3,4-dimethoxy-,
 — 5-lacton 6451
—, 2-Hydroxy-3-methoxy-,
 — 1-[4-brom-phenacylester]-5-lacton
 6263
 — 5-lacton 6263
—, 2-Hydroxy-2-[4-methoxy-benzyl]-3-
 [4-methoxy-phenyl]-4-oxo-,
 — 5-lacton 6645
—, 2-Hydroxy-2-methoxy-3,3-diphenyl-,
 — 5-lacton-1-methylester 6421
—, 3-[2-Hydroxy-4-methoxy-phenyl]-,
 — lacton 6320
—, 2-Hydroxy-2-methoxy-3,3,4,4-
 tetramethyl-,
 — 5-lacton 6274
—, 2-[1-Hydroxy-3-methyl-butyliden]-4-
 isovaleryl-3-oxo-,
 — 5-lacton 6151
—, 2-[α-Hydroxy-5-methyl-furfuryliden]-,
 — diäthylester 6146
—, 2-Hydroxymethyl-4-[4-nitro-
 benzoyloxymethyl]-2,4-diphenyl-,
 — 1-äthylester-5-lacton 6424
—, 2-Hydroxy-2-methyl-4-oxo-,
 — 5-lacton 5964
—, 3-Hydroxymethyl-2-oxo-,
 — 1-lacton 5963

Glutarsäure (Fortsetzung)

—, 2-Hydroxy-2-methyl-4-
phenylhydrazono-,
  — 1-äthylester-5-lacton 5965

—, 3-[2-Hydroxy-4-methyl-phenyl]-3-
[2-methoxy-4-methyl-phenyl]-,
  — lacton 6425

—, 3-[2-Hydroxy-4-methyl-phenyl]-3-
[2-methoxy-5-methyl-phenyl]-,
  — lacton 6425

—, 3-[2-Hydroxy-5-methyl-phenyl]-3-
[2-methoxy-4-methyl-phenyl]-,
  — lacton 6425

—, 3-[2-Hydroxy-5-methyl-phenyl]-3-
[2-methoxy-5-methyl-phenyl]-,
  — lacton 6424

—, 3-[2-Hydroxy-4-methyl-phenyl]-3-
[4-methoxy-phenyl]-,
  — lacton 6423

—, 3-[2-Hydroxy-5-methyl-phenyl]-3-
[4-methoxy-phenyl]-,
  — lacton 6423

—, 2-Hydroxy-2-[4-nitro-benzyl]-3-
[4-nitro-phenyl]-4-oxo-,
  — 5-lacton 6099

—, 2-[1-Hydroxy-pentyliden]-3-oxo-4-
valeryl-,
  — 5-lacton 6151

—, 2-[1-Hydroxy-propyliden]-3-oxo-4-
propionyl-,
  — 5-lacton 6146

—, 2-Lactoyl-,
  — 5-äthylester-1-lacton 5973
  — 1-lacton 5973

—, 2-[1-Methoxycarbonylmethyl-
1,6,6,10a-tetramethyl-11-oxo-
decahydro-4a,8a-oxaäthano-
phenanthren-2-yl]-2-methyl-,
  — dimethylester 6244

—, 2-[1-Methoxycarbonyl-1,6,6,10a-
tetramethyl-11-oxo-decahydro-4a,8a-
oxaäthano-phenanthren-2-yl]-2-methyl-,
  — dimethylester 6244

—, 2-[5-Methyl-furan-2-carbonyl]-,
  — diäthylester 6146

—, 3-[3a-Methyl-2-oxo-hexahydro-
cyclopenta[b]furan-4-yl]- 6135
  — dimethylester 6135

—, 3-Oxo-2,4-dipropionyl-,
  — anhydrid 6146

—, 3-Oxo-2,4-divaleryl-,
  — anhydrid 6151

—, 3-Oxo-2-phenylcarbamoyl-,
  — anhydrid 6127

—, 3-Oxo-2-p-tolylcarbamoyl-,
  — anhydrid 6127

—, 2-Salicyloyl-,
  — 1-lacton 6053

—, 2,3,4-Trihydroxy-,
  — 1→4-lacton 6451

—, 2,3,4-Trihydroxy-2,4-bis-[1-methyl-1-
phenyl-äthyl]-,
  — 1→4-lacton 6553

—, 2-[1-(2,3,4-Trihydroxy-phenyl)-
äthyliden]-,
  — 1→2-lacton 6508

—, 2-[1-(2,4,6-Trihydroxy-phenyl)-
äthyliden]-,
  — 1→2-lacton 6508

Glyoxylonitril

—, [6-Methoxy-benzofuran-2-yl]- 6351

Glyoxylsäure

—, [5-Acetoxy-3-äthoxycarbonyl-2-
methyl-benzofuran-6-yl]-,
  — äthylester 6622

—, [5-Äthoxycarbonyl-6-methyl-2-oxo-
tetrahydro-pyran-3-yl]-,
  — äthylester 6201

—, 4-Äthyl-3-hydroxy-4,5-dihydro-[2]thienyl]-,
  — äthylester 5974

—, [4-Äthyl-3-oxo-tetrahydro-[2]thienyl]-,
  — äthylester 5974

—, [5-Carboxy-1,1-dimethyl-3-oxo-
phthalan-4-yl]- 6225

—, [3,4-Dibrom-5-oxo-2,5-dihydro-[2]furyl]-,
  — methylester 5988

—, [2,8-Dimethoxy-dibenzofuran-1-yl]-,
  — methylester 6547

—, [2,8-Dimethoxy-dibenzofuran-3-yl]-,
  — methylester 6547

—, [5,7-Dimethoxy-2,2-dimethyl-
chroman-6-yl]- 6479

—, [6,7-Dimethoxy-2-methyl-4-oxo-
4H-chromen-3-yl]-,
  — äthylester 6620

—, [4,6-Dimethyl-3-oxo-2,3-dihydro-
benzofuran-2-yl]-,
  — äthylester 6383

—, [5,5-Dimethyl-2-oxo-tetrahydro-
[3]furyl]-,
  — äthylester 5975

—, [4,6-Dimethyl-2-oxo-tetrahydro-
pyran-3-yl]-,
  — äthylester 5976

—, [1,3-Dioxo-1H,3H-benz[de]≠
isochromen-6-yl]- 6189

—, [3-Hydroxy-benzo[b]thiophen-2-yl]-
6351

—, [2-Hydroxy-4,5-dihydro-[3]thienyl]-,
  — äthylester 5964

—, [3-Hydroxy-4,6-dimethyl-benzofuran-2-yl]-,
  — äthylester 6383

—, [11b-Hydroxy-2,3-dioxo-3,11b-
dihydro-2H-pyrano[4,3,2-kl]xanthen-11-
yl]- 6250

Glyoxylsäure (Fortsetzung)
—, [2-(3-Hydroxy-1-oxo-1,3-dihydro-benzo[4,5]thieno[2,3-*c*]furan-3-ylmethylmercapto)-phenyl]- 6372
—, [4-Methoxy-dibenzofuran-1-yl]- 6415
  — äthylester 6415
—, [5-Methyl-2-oxo-tetrahydro-[3]furyl]-,
  — methylester 5969
—, [4-Methyl-2-oxo-tetrahydro-pyran-3-yl]-,
  — äthylester 5970
—, [6-Methyl-2-oxo-tetrahydro-pyran-3-yl]-,
  — äthylester 5970
  — methylester 5970
—, [3-Oxo-2,3-dihydro-benzo[*b*]thiophen-2-yl]- 6351
—, [2-Oxo-tetrahydro-[3]furyl]- 5964
  — äthylester 5964
  — methylester 5964
—, [2-Oxo-tetrahydro-[3]thienyl]-,
  — äthylester 5964
—, [2-Oxo-tetrahydro-thiopyran-3-yl]-,
  — äthylester 5967
—, [9-Oxo-xanthen-1,8-diyl]-di- 6250
—, [9-Oxo-xanthen-1-yl]- 6095
—, [5,6,7-Trimethoxy-3-oxo-phthalan-1-yl]-,
  — äthylester 6655
—, [4,6,6-Trimethyl-2-oxo-tetrahydro-pyran-3-yl]-,
  — äthylester 5978
Gossinsäure 6601
  — methylester 6602
Grisan
  s. unter Spiro[benzofuran-2,1-cyclohexan]
Guajan-12,15-disäure
—, 6-Hydroxy-2,8-dioxo-,
  — 12-lacton 6156
Guajan-12-säure
—, 5,8-Epoxy-3,6-dioxo- 6027
  — methylester 6028
—, 5,8-Epoxy-6-hydroxy-3-oxo- 6306
  — methylester 6306
Gularsäure
  s. Glucarsäure

H

Hämatinsäure
—, Dihydro-,
  — anhydrid 5973

Harnstoff
—, *N*-Butyl-*N'*-[thiophen-2-sulfonyl]- 6707
—, *N*-Cyclohexyl-*N'*-[thiophen-2-sulfonyl]- 6708
—, *N*-Propyl-*N'*-[thiophen-2-sulfonyl]- 6707
Hedragenondisäure
  — lacton 6072
  — lacton-methylester 6072
  — methylester-monobromlacton 6073
  — monobromlacton 6073
Hedratrisäure
  — lacton 6174
  — lacton-dimethylester 6174
  — lacton-methylester 6174
  — monobromlacton-monomethylester 6174
Hellebrigeninsäure
—, O^3-Acetyl- 6628
  — methylester 6628
—, O^3-[Tri-*O*-acetyl-rhamnopyranosyl]-,
  — methylester 6628
Hepta-3,5-diennitril
—, 2-[Benzofuran-2-carbonyl]-7-[1,3-dioxo-indan-2-yliden]- 6198
—, 2-[Benzofuran-2-yl-hydroxy-methylen]-7-[1,3-dioxo-indan-2-yliden]- 6198
Hepta-2,6-diensäure
—, 7-Butylcarbamoyl-4-hydroxy-5-oxo-,
  — lacton 6011
—, 7-Carbamoyl-4-hydroxy-5-oxo-,
  — lacton 6010
—, 5-[4-Chlor-anilino]-7-[4-chlor-phenylcarbamoyl]-4,5-dihydroxy-,
  — 4-lacton 6012
—, 7-Dimethylcarbamoyl-4-hydroxy-5-oxo-,
  — lacton 6011
—, 4-Hydroxy-7-isobutylcarbamoyl-5-oxo-,
  — lacton 6011
—, 4-Hydroxy-7-octadecylcarbamoyl-5-oxo-,
  — lacton 6011
—, 4-Hydroxy-5-oxo-7-*p*-tolylcarbamoyl-,
  — lacton 6011
—, 7-[7-Methyl-1,3-dioxo-1,3,3a,4,7,7a-hexahydro-isobenzofuran-4-yl]-,
  — isobutylamid 6063
Hepta-2,5-dien-2,3,5,6-tetracarbonsäure
  — 2,3-anhydrid-5,6-dimethylester 6215
Heptandinitril
—, 4-Acetyl-4-[thiophen-2-carbonyl]- 6217

Heptandinitril (Fortsetzung)
—, 4-Äthyl-4-[furan-2-carbonyl]- 6150
—, 4-Äthyl-4-[5-methyl-furan-2-carbonyl]-
　6152
—, 4-Äthyl-4-[5-methyl-thiophen-2-
　carbonyl]- 6152
—, 4-Äthyl-4-[thiophen-2-carbonyl]-
　6150
—, 4-[2-Cyan-äthyl]-4-[2,5-dimethyl-
　furan-3-carbonyl]- 6243
—, 4-[2-Cyan-äthyl]-4-[furan-2-carbonyl]-
　6241
—, 4-[2-Cyan-äthyl]-4-[5-methyl-furan-2-
　carbonyl]- 6242
—, 4-[2-Cyan-äthyl]-4-[selenophen-2-
　carbonyl]- 6242
—, 4-[2-Cyan-äthyl]-4-[thiophen-2-
　carbonyl]- 6242
—, 4-[2,5-Dimethyl-furan-3-carbonyl]-4-
　methyl- 6152
—, 4-[Furan-2-carbonyl]-4-methyl- 6148
—, 4-Methyl-4-[5-methyl-furan-2-
　carbonyl]- 6150
—, 4-Methyl-4-[5-methyl-thiophen-2-
　carbonyl]- 6151
—, 4-Methyl-4-[selenophen-2-carbonyl]-
　6148
—, 4-Methyl-4-[thiophen-2-carbonyl]-
　6148
Heptandisäure
—, 4-[2-Carboxy-äthyl]-4-[3-methyl-
　selenophen-2-carbonyl]- 6242
—, 4-[2-Carboxy-äthyl]-4-[selenophen-2-
　carbonyl]- 6242
—, 4-[2-Carboxy-äthyl]-4-[thiophen-2-
　carbonyl]- 6242
—, 4-[2,4-Dinitro-phenylhydrazono]-3-
　hydroxymethyl-,
　— 7-äthylester-1-lacton 5972
—, 3-Hydroxy-3-[4-methoxy-phenyl]-,
　— 1-äthylester-7-lacton 6327
—, 3-Hydroxymethyl-2,4-dioxo-,
　— 7-äthylester-1-lacton 6128
—, 3-Hydroxymethyl-4-oxo-,
　— 7-äthylester-1-lacton 5972
　— 1-lacton-7-methylester 5972
—, 3-Hydroxymethyl-4-semicarbazono-,
　— 7-äthylester-1-lacton 5972
—, 4-Methyl-4-[selenophen-2-carbonyl]-
　6148
—, 4-Methyl-4-[thiophen-2-carbonyl]-
　6148
—, 2,3,4,5,6-Pentahydroxy-,
　— 1-äthylester-7→4-lacton 6651
　— 1→4-lacton-7-propylester 6651
—, 2,3,4,5,6-Pentahydroxy-2-methyl-,
　— 1→4-lacton 6652
—, 2,3,5,6-Tetraacetoxy-4-hydroxy-,

— 1-äthylester-7-lacton 6651
— 1-lacton-7-propylester 6651
**A,19,21,24,25,26,27-Heptanor-furost-5-en-2-
carbonsäure**
—, 2-Hydroxy-3,3,9,14,22-pentamethyl-
　11,20-dioxo- 6538
Heptansäure
—, 4,5-Dihydroxy-7-phenylcarbamoyl-,
　— 4-lacton 6269
—, 4,5-Dihydroxy-7-p-tolylcarbamoyl-,
　— 4-lacton 6269
—, 7-[7-Hept-1-enyl-1,3-dioxo-1,3,3a,4,7,≠
　7a-hexahydro-isobenzofuran-4-yl]-
　6046
—, 7-[7-Heptyl-1,3-dioxo-1,3,3a,4,7,7a-
　hexahydro-isobenzofuran-4-yl]- 6032
　— methylester 6032
—, 2-[8-Hydroxy-3a,7,7,11,11b-
　pentamethyl-4-oxo-1,2,3,3a,4,7,8,9,10,≠
　11b-decahydro-benzo[g]cyclopenta[c]≠
　chromen-3-yl]-5,6-dimethyl-,
　— methylester 6408
Heptan-1,2,6-tricarbonsäure
　— 1,2-anhydrid 5979
Heptan-1,2,7-tricarbonsäure
　— 1,2-anhydrid 5979
Heptan-1,3,7-tricarbonsäure
　— 1,3-anhydrid 5978
Heptan-2,3,4-tricarbonsäure
—, 2-Hydroxy-,
　— 2,3-diäthylester-4-lacton 6124
　— 4-lacton 6124
Heptan-2,3,6-tricarbonsäure
　— 2,3-anhydrid 5979
galacto-**Heptarsäure**
—, 2-Methyl-,
　— 1→4-lacton 6652
glycero-gulo-**Heptarsäure**
　— 1-äthylester-7→4-lacton 6651
　— 1→4-lacton-7-propylester 6651
—, O^2,O^3,O^5,O^6-Tetraacetyl-,
　— 1-äthylester-7-lacton 6651
　— 1-lacton-7-propylester 6651
Hept-2-en-2,3,5,6-tetracarbonsäure
　— 2,3-anhydrid 6209
　— 5,6-anhydrid 6210
Hexadecan-1,1,2-tricarbonsäure
—, 3-Hydroxy-,
　— 1-lacton 6126
Hexa-2,4-diendisäure
—, 3-Acetoxy-2-[4-acetoxy-phenyl]-4-
　hydroxy-5-phenyl-,
　— 1-lacton-6-methylester 6564
—, 3-Acetoxy-4-hydroxy-2,5-diphenyl-,
　— 6-äthylester-1-lacton 6440
　— 1-lacton-6-methylester 6439

Hexa-2,4-diendisäure (Fortsetzung)
—, 3-Acetoxy-4-hydroxy-2-[4-methoxy-phenyl]-5-phenyl-,
— 1-lacton-6-methylester 6564
—, 3-Acetoxy-4-hydroxy-5-[4-methoxy-phenyl]-2-phenyl-,
— 1-lacton-6-methylester 6566
—, 3-Benzoyloxy-4-hydroxy-2-[4-methoxy-phenyl]-5-phenyl-,
— 1-lacton-6-methylester 6564
—, 2-Brom-3,4-dihydroxy-5-methoxy-,
— 6→3-lacton-1-methylester 6461
—, 3-Brom-4,5-dihydroxy-2-methoxy-,
— 1→4-lacton-6-methylester 6461
—, 2-Chlor-3,4-dihydroxy-5-methoxy-,
— 6→3-lacton-1-methylester 6461
—, 3-Chlor-4,5-dihydroxy-2-methoxy-,
— 1→4-lacton-6-methylester 6461
—, 2,3-Dihydroxy-5-methoxy-,
— 6→3-lacton-1-methylester 6461
—, 3,4-Dihydroxy-2-methoxy-,
— 1→4-lacton-6-methylester 6461
—, 3,4-Dihydroxy-2-[2-methoxy-phenyl]-5-phenyl-,
— 6→3-lacton 6564
— 6→3-lacton-1-methylester 6564
—, 3,4-Dihydroxy-2-[4-methoxy-phenyl]-5-phenyl-,
— 1→4-lacton 6563
— 6→3-lacton 6565
— 1→4-lacton-6-methylester 6563
— 6→3-lacton-1-methylester 6565
—, 5-Hydroxy-2,3-dimethoxy-,
— 1-lacton-6-methylester 6460
—, 2-Hydroxy-4-methoxy-,
— 6-lacton 6288
—, 2-Hydroxy-5-methoxy-,
— 6-lacton 6289
—, 3-Hydroxy-4-methoxy-2,5-diphenyl-,
— 6-lacton-1-methylester 6439
—, 3-Hydroxy-4-methoxy-2-[2-methoxy-phenyl]-5-phenyl-,
— 6-lacton-1-methylester 6564
—, 3-Hydroxy-4-methoxy-2-[4-methoxy-phenyl]-5-phenyl-,
— 6-lacton-1-methylester 6565
—, 3-Hydroxy-4-methoxy-5-[4-methoxy-phenyl]-2-phenyl-,
— 6-lacton-1-methylester 6563
—, 3-Hydroxy-5-methyl-2-[4-methyl-3,6-dioxo-cyclohexa-1,4-dienyl]-,
— 6-lacton 6186
—, 2,3,5-Trihydroxy-,
— 1→5-lacton 6460
Hexa-2,4-diensäure
—, 2,5-Dihydroxy-3-methoxy-,
— 1→5-lacton-6-methylester 6460

—, 2-[4-Heptyl-3,5-dioxo-tetrahydro-[2]furyl]-5-methyl- 6030
—, 2-[4-Heptyl-3-hydroxy-5-oxo-2,5-dihydro-[2]furyl]-5-methyl- 6030
Hexahydrocalophyllonsäure 6553
— äthylester 6553
Hexahydroitaconitin 5997
— [2,4-dinitro-phenylhydrazon] 5997
Hexannitril
—, 5-[2,4-Dinitro-phenylhydrazono]-4-[2-hydroxy-äthyl]- 5977
—, 4-[2-Hydroxy-äthyl]-5-oxo- 5977
A,21,24,25,26,27-Hexanor-cucurbit-5-en-2-carbonsäure
—, 16,22-Epoxy-2-hydroxy-22-methyl-11,20-dioxo- 6539
— methylester 6539
Hexansäure
—, 6-Amino-6-[2,4-dioxo-chroman-3-yliden]-,
— äthylester 6180
— amid 6180
—, 6-[5-(8-Carboxy-octyl)-[2]thienyl]-6-oxo- 6153
—, 5,6-Dibrom-6-[2]furyl-2,4-dioxo-,
— äthylester 6020
—, 6-[2,4-Dioxo-chroman-3-yl]-6-imino-,
— äthylester 6180
— amid 6180
—, 6-[2,4-Dioxo-chroman-3-yl]-6-oxo- 6179
— äthylester 6179
— amid 6180
—, 6-[2,5-Dioxo-tetrahydro-[3]furyl]- 5979
—, 6-[4-Hydroxy-6-methoxy-7-methyl-3-oxo-phthalan-5-yl]-4-methyl- 6480
—, 6-[4-Hydroxy-6-methyl-2-oxo-2H-pyran-3-yl]-6-oxo- 6146
— äthylester 6146
—, 6-[4-Hydroxy-2-oxo-2H-chromen-3-yl]-6-oxo- 6179
— äthylester 6179
— amid 6180
—, 6-[6-Methyl-2,4-dioxo-3,4-dihydro-2H-pyran-3-yl]-6-oxo- 6146
— äthylester 6146
Hexan-1-sulfonsäure
—, 1-[2]Furyl-5-methyl-3-oxo- 6739
Hexan-1,2,4-tricarbonsäure
—, 5-Hydroxy-1-oxo-,
— 1,4-diäthylester-2-lacton 6201
Hexan-1,3,4-tricarbonsäure
—, 4-Methyl-,
— 1-äthylester-3,4-anhydrid 5981
Hexan-1,3,5-tricarbonsäure
— 1,5-anhydrid 5975

Hexan-2,3,5-tricarbonsäure
—, 2,3,5-Trimethyl-,
   — anhydrid-methylester 5982
Hexan-2,4,4-tricarbonsäure
—, 2-Hydroxy-3-methyl-,
   — 4-lacton 6124
Hex-2-enarsäure
—, 3-Desoxy- s. Hex-2-endisäure,
   2,4,5-Trihydroxy-
Hex-2-endisäure
—, 5-Äthoxy-4-hydroxy-,
   — 1-lacton 6276
—, 3-Benzoyloxy-4-hydroxy-2,5-
   diphenyl-,
   — 1-lacton-6-methylester 6436
—, 2,5-Bis-[4-chlor-phenyl]-3-hydroxy-4-
   oxo-,
   — 6-lacton-1-methylester 6102
—, 3-Brom-4,5-dihydroxy-,
   — 1→4-lacton 6276
—, 3-Chlor-4,5-dihydroxy-,
   — 1→4-lacton 6276
—, 2,3-Dibrom-4-hydroxy-5-oxo-,
   — 1-lacton-6-methylester 5988
—, 2,4-Dibrom-3-hydroxy-5-oxo-,
   — 6-lacton 5988
—, 2,4-Dichlor-3-hydroxy-5-oxo-,
   — 6-lacton 5988
   — 6-lacton-1-methylester 5988
—, 4,5-Dihydroxy-,
   — 1→4-lacton 6276
—, 4,5-Dihydroxy-2-methoxy-,
   — 1→4-lacton-6-methylester 6456
—, 3,4-Dihydroxy-2-[4-methoxy-phenyl]-
   5-phenyl-,
   — 1→4-lacton 6562
—, 5-[Furan-3-carbonyl]-3-methyl-,
   — diäthylester 6155
—, 5-[[3]Furyl-hydroxy-methylen]-3-
   methyl-,
   — diäthylester 6155
—, 5-[[3]Furyl-semicarbazonomethyl]-3-
   methyl-,
   — diäthylester 6155
—, 4-Hydroxy-2,5-dimethoxy-,
   — 1-lacton 6455
   — 1-lacton-6-methylester 6456
—, 4-Hydroxy-5-methoxy-,
   — 1-lacton 6276
—, 5-Hydroxy-3-methoxy-,
   — 1-lacton-6-methylester 6276
—, 2-Hydroxy-4-oxo-,
   — 1-äthylester-6-lacton 5987
   — 6-lacton 5986
   — 6-lacton-1-methylester 5987
—, 2-Hydroxy-5-oxo-,
   — 6-lacton 5987

—, 3-Hydroxy-4-oxo-2,5-diphenyl-,
   — 1-äthylester-6-lacton 6101
   — 6-lacton 6100
   — 6-lacton-1-methylester 6101
—, 2,4,5-Trihydroxy-,
   — 1→4-lacton 6455
   — 1→4-lacton-6-methylester 6456
Hex-4-ensäure
—, 6-[4-Acetoxy-6-methoxy-7-methyl-3-
   oxo-phthalan-5-yl]-4-methyl- 6513
—, 6-[4,6-Dimethoxy-7-methyl-3-oxo-
   phthalan-5-yl]-4-methyl- 6513
   — methylester 6513
—, 6-[4-Hydroxy-6-methoxy-7-methyl-3-
   oxo-phthalan-5-yl]-4-methyl- 6513
—, 5-Hydroxy-3-oxo-2-
   phenylthiocarbamoyl-,
   — lacton 5989
Hex-5-ensäure
—, 2,4-Dioxo-6-[2]thienyl-,
   — äthylester 6033
—, 6-[2]Furyl-2,4-dioxo-,
   — äthylester 6033
   — methylester 6033
Hibiscussäure 6576
   — bis-[4-nitro-benzylester] 6577
   — diphenacylester 6577
18-Homo-pregna-4,18-dien-21-säure
—, 11,18a-Epoxy-18a-methyl-3,20-dioxo-,
   — methylester 6089
18-Homo-pregna-3,5,18-trien-21-säure
—, 11,18a-Epoxy-3-methoxy-18a-methyl-
   20-oxo-,
   — methylester 6413
Hydroxycitronensäure
   — lacton 6576
Hydroxynorpicrotinsäure 6332
   — äthylester 6333

I

Icaritinsäure
—, Tri-*O*-methyl- 6677
Indan-2-carbonsäure
—, 1,3-Dioxo-2-xanthen-9-yl-,
   — äthylester 6111
Indan-4-carbonsäure
—, 3-Hydroxy-7-
   methoxycarbonylmethyl-3a-methyl-5-oxo-
   hexahydro-,
   — lacton 6024
Inden-1,4-dicarbonsäure
—, 1,2,3a,7-Tetrahydroxy-5-isopropyl-7a-
   methyl-6-oxo-2,3,3a,6,7,7a-hexahydro-,
   — 4→2-lacton 6653

Indeno[1,2-c]chromen-11-on

—, 3-Acetoxy-6,6-bis-[7-acetoxy-2-oxo-3-
phenyl-2H-chromen-4-carbonyloxy]-6H-
6430

—, 3-Hydroxy-6,6-bis-[7-hydroxy-2-oxo-
3-phenyl-2H-chromen-4-carbonyloxy]-
6H- 6430

Indeno[2,1-c]chromen-7-on

—, 3-Acetoxy-6,6-bis-[7-acetoxy-2-oxo-4-
phenyl-2H-chromen-3-carbonyloxy]-6H-
6429

—, 6,6-Bis-[6,7-dihydroxy-2-oxo-4-
phenyl-2H-chromen-3-carbonyloxy]-2,3-
dihydroxy-6H- 6557

—, 6,6-Bis-[7,8-dihydroxy-2-oxo-4-
phenyl-2H-chromen-3-carbonyloxy]-3,4-
dihydroxy-6H- 6558

—, 2,3-Diacetoxy-6,6-bis-[6,7-diacetoxy-
2-oxo-4-phenyl-2H-chromen-3-
carbonyloxy]-6H- 6558

—, 3-Hydroxy-6,6-bis-[7-hydroxy-2-oxo-
4-phenyl-2H-chromen-3-carbonyloxy]-
6H- 6429

Indeno[4,5-b]furan-8b-carbonsäure

—, 3-[2-(2-Carboxy-3,4-dimethyl-
cyclohexyl)-äthyl]-6-isopropyl-3a,5a-
dimethyl-2-oxo-decahydro-,
  — methylester 6163

—, 3-[2-(1-Carboxy-3,4-dimethyl-2-oxo-
cyclohexyl)-äthyl]-6-isopropyl-3a,5a-
dimethyl-2-oxo-decahydro-,
  — methylester 6224

—, 3-[2-(3,4-Dimethyl-2-oxo-cyclohexyl)-
äthyl]-6-isopropyl-3a,5a-dimethyl-2-oxo-
decahydro-,
  — methylester 6048

—, 3-[2-(2-Hydroxyoxalyl-1-
methoxycarbonyl-3,4-dimethyl-
cyclohexyl)-äthyl]-6-isopropyl-3a,5a-
dimethyl-2-oxo-decahydro-,
  — methylester 6256

—, 6-Isopropyl-3-[2-(1-methoxycarbonyl-
2-methoxyoxalyl-3,4-dimethyl-
cyclohexyl)-äthyl]-3a,5a-dimethyl-2-oxo-
decahydro-,
  — methylester 6256

Indeno[5,6-b]furan-4-carbonsäure

—, 3-[2-Carboxy-äthyl]-7-[3-carboxy-1-
methyl-propyl]-3,7a-dimethyl-2,8-dioxo-
decahydro- 6251

**Indeno[5′,4′;4,5]indeno[2,1-b]furan-2-
carbonsäure**

—, 2-Hydroxy-1,1,3b,5a,7,7,9a-
heptamethyl-4,6-dioxo-
Δ^{11}-hexadecahydro- 6538

Indeno[5,4,3-def]isochromen-5-sulfonsäure

—, 1,3-Dioxo-6,7-dihydro-1H,3H- 6750

Indeno[5,6-b]oxepin-5,6-dicarbonsäure

—, 9-[3-Carboxy-1-methyl-propyl]-5,9a-
dimethyl-2,10-dioxo-dodecahydro- 6251

—, 9-[3-Methoxycarbonyl-1-methyl-propyl]-
5,9a-dimethyl-2,10-dioxo-dodecahydro-,
  — dimethylester 6251

Indolin-3-carbonitril

—, 5-Acetoxy-1-acetyl-4,6,7-trimethyl-2-
oxo- 6326

—, 1-Benzoyl-5-benzoyloxy-4,6,7-
trimethyl-2-oxo- 6326

—, 5-Hydroxy-4,6,7-trimethyl-2-oxo- 6326

Isoanhydrobrasilsäure 6352

Isobenzofuran-4-carbonitril

—, 5,6-Dimethyl-1,3-dioxo-1,3,3a,4,7,7a-
hexahydro- 6022

—, 1,3-Dioxo-1,3,3a,4,7,7a-hexahydro- 6019

—, 1,3-Dioxo-7-vinyl-1,3,3a,4,7,7a-
hexahydro- 6034

Isobenzofuran-4-carbonsäure

—, 5-Äthoxy-1,3-dioxo-1,3,3a,4,7,7a-
hexahydro-,
  — äthylester 6465

—, 3a-Brom-4,7a-dimethyl-1,3-dioxo-
octahydro- 5996

—, 7-Brommethyl-1,3-dioxo-1,3,3a,4,7,⇌
7a-hexahydro-,
  — äthylester 6022

—, 5-sec-Butyl-6-methyl-1,3-dioxo-
1,3,3a,4,5,7a-hexahydro- 6025

—, 7-sec-Butyl-6-methyl-1,3-dioxo-
1,3,3a,4,7,7a-hexahydro- 6025

—, 4,7-Dimethyl-1,3-dioxo-5,6-diphenyl-
1,3,3a,4,7,7a-hexahydro- 6107

—, 4,7a-Dimethyl-1,3-dioxo-octahydro- 5994
  — methylester 5994

—, 1,3-Dioxo-5,6-diphenyl-1,3,3a,4,7,7a-
hexahydro-,
  — methylester 6106

—, 1,3-Dioxo-1,3,3a,4,7,7a-hexahydro-,
  — methylester 6019

—, 1,3-Dioxo-7-phenyl-1,3,3a,4,7,7a-
hexahydro-,
  — methylester 6088

—, 1,3-Dioxo-7-undecyl-1,3,3a,4,7,7a-
hexahydro-,
  — äthylester 6031

—, 1,3-Dioxo-7-vinyl-1,3,3a,4,7,7a-
hexahydro-,
  — methylester 6034

—, 5-Methyl-1,3-dioxo-1,3,3a,4,5,7a-
hexahydro- 6020

—, 7-Methyl-1,3-dioxo-1,3,3a,4,7,7a-
hexahydro- 6020
  — äthylester 6021
  — [2-chlor-äthylester] 6021
  — menthylester 6021
  — methylester 6021

Isobenzofuran-4-carbonsäure (Fortsetzung)
—, 7-Methyl-1,3-dioxo-6-phenoxy-
1,3,3a,4,7,7a-hexahydro-,
— äthylester 6465
Isobenzofuran-5-carbonsäure
—, 6,7a-Dihydroxy-1,1,3,3-tetramethyl-4-
phenyl-1,3,3a,4,7,7a-hexahydro-,
— äthylester 6398
—, 6-[2,4-Dinitro-phenylhydrazono]-7a-
hydroxy-1,1,3,3-tetramethyl-4-phenyl-
octahydro-,
— äthylester 6398
—, 7a-Hydroxy-1,1,3,3-tetramethyl-6-
oxo-4-phenyl-octahydro-,
— äthylester 6398
Isobenzofuran-4-carbonylbromid
—, 3a-Brom-4,7a-dimethyl-1,3-dioxo-
octahydro- 5996
Isobenzofuran-1,7-dicarbonsäure
—, 3a,7-Dimethyl-3-oxo-octahydro- 6134
Isobenzofuran-4,5-dicarbonsäure
—, 3a,4-Dimethyl-1,3-dioxo-octahydro-,
— dimethylester 6211
—, 1,3-Dioxo-octahydro- 6209
Isobenzofuran-4,7-dicarbonsäure
—, 1,3-Dioxo-1,3,3a,4,7,7a-hexahydro-,
— dimethylester 6215
—, 1,3-Dioxo-octahydro-,
— dimethylester 6209
—, 5-Methyl-1,3-dioxo-1,3,3a,4,7,7a-
hexahydro-,
— dimethylester 6216
Isobenzofuran-5,6-dicarbonsäure
—, 1,3-Dioxo-1,3,3a,4,7,7a-hexahydro-,
— dimethylester 6215
Isobiliobansäure 6224
— dimethylester 6224
— dimethylester-oxim 6224
— oxim 6224
Isobisnorquassinsäure 6606
— methylester 6606
Isochroman-3-carbonsäure
—, 4-Hydroxy-1-oxo- 6314
—, 5,6,7-Trimethoxy-1-oxo- 6584
— äthylester 6584
Isochroman-4-carbonsäure
—, 3-[2-Methoxy-phenyl]-1-oxo- 6417
— methylester 6417
—, 5,6,7-Trimethoxy-1-oxo- 6584
Isochroman-6-carbonsäure
—, 8-Methoxy-7-methyl-1-oxo-3-propyl-
6332
Isochroman-7-carbonsäure
—, 6,8-Diacetoxy-3,4,5-trimethyl-1-oxo-
6479
—, 6,8-Dimethoxy-3,4,5-trimethyl-1-oxo- 6479

— methylester 6479
—, 4,4-Dimethyl-1,3-dioxo- 6054
Isochroman-8-carbonsäure
—, 6-Hydroxy-3,3,6,7-tetramethyl-1-oxo-
hexahydro- 6287
Isochroman-1-sulfonsäure 6718
Isochromen-4-carbonitril
—, 6,7-Dimethoxy-1-oxo-1*H*- 6496
Isochromen-3-carbonsäure
—, 7,8-Dimethoxy-1-oxo-1*H*- 6495
—, 5,6,7-Trimethoxy-1-oxo-1*H*- 6597
— äthylester 6597
Isochromen-4-carbonsäure
—, 5,7-Dimethoxy-1-oxo-1*H*-,
— methylester 6495
—, 6,7-Dimethoxy-1-oxo-1*H*- 6496
— äthylester 6496
— methylester 6496
—, 6,8-Dimethoxy-1-oxo-1*H*-,
— äthylester 6496
—, 5-Hydroxy-7-methyl-1-oxo-1*H*- 6371
—, 5-Methoxy-7-methyl-1-oxo-1*H*-,
— methylester 6371
—, 6-Methoxy-1-oxo-1*H*- 6350
— methylester 6350
—, 7-Methoxy-1-oxo-1*H*- 6351
— methylester 6351
—, 5,6,7-Trimethoxy-1-oxo-1*H*-,
— äthylester 6597
Isochromen-5-carbonsäure
—, 5,8a-Dimethyl-1,3-dioxo-3,5,6,7,8,8a-
hexahydro-1*H*- 6023
Isochromen-7-carbonsäure
—, 8-Acetoxy-3,4,5-trimethyl-6-oxo-4,6-
dihydro-3*H*- 6331
—, 1-Äthyl-8-hydroxy-3,4,5-trimethyl-6-
oxo-4,6-dihydro-3*H*- 6333
—, 8-Hydroxy-6-oxo-3-pentyl-4,6-
dihydro-3*H*- 6333
—, 8-Hydroxy-1,3,4,5-tetramethyl-6-oxo-
4,6-dihydro-3*H*- 6332
—, 8-Hydroxy-3,4,5-trimethyl-6-oxo-4,6-
dihydro-3*H*- 6329
— methylester 6331
— [*N'*-phenyl-hydrazid] 6331
—, 8-Hydroxy-3,4,5-trimethyl-6-oxo-1-
phenyl-4,6-dihydro-3*H*- 6425
—, 3,4,5,7-Tetramethyl-6,8-dioxo-4,6,7,8-
tetrahydro-3*H*-,
— methylester 6331
Isochromen-3-carbonylchlorid
—, 5,6,7-Trimethoxy-1-oxo-1*H*- 6597
Isochromen-3,4-dicarbonsäure
—, 1-Oxo-1*H*-,
— 4-äthylester 6178
— diäthylester 6178
— dimethylester 6177

Isochromen-3,4-dicarbonsäure (Fortsetzung)
—, 5,6,7-Trimethoxy-1-oxo-1H-,
— 4-äthylester 6681
— diäthylester 6681
Isochromen-4,7-dicarbonsäure
—, 6,8-Dimethoxy-1-oxo-1H-,
— diäthylester 6665
—, 6-Hydroxy-8-methoxy-1-oxo-1H-,
— 7-äthylester 6665
Isociliansäure 6258
— tetramethylester 6258
Isocitronensäure
— lacton 6114
Isocumarin
—, 4-Cyan-6,7-dimethoxy- 6496
Isocyclopaldsäure 6475
Isodesacetyltanghininsäure 6486
— methylester 6486
Isodesdimethylaminoaureomycin 6688
Isodesoxydesdimethylaminoaureomycin 6677
Isodesoxydesdimethylaminoterramycin 6687
Isodigitoxigensäure 6336
— methylester 6337
—, O-Acetyl-,
— methylester 6337
γ-**Isodigitoxigensäure** 6336
Isodigitoxigonsäure 6070
— methylester 6070
γ-**Isodigitoxigonsäure** 6070
Isodigoxigensäure 6487
— methylester 6487
Isodigoxigonsäure 6183
— methylester 6183
Isodihydrovulpinsäure 6098
Isogibberellin-A$_1$ 6514
— methylester 6515
Isogitoxigensäure 6485
— methylester 6486
γ-**Isogitoxigensäure** 6486
—, Anhydro- 6399
— methylester 6399
—, Chlor- 6336
— methylester 6336
Isogitoxigonsäure
— methylester 6522
Isogladiolsäure 6318
— methylester 6318
Isohellebrinsäure
— methylester 6538
Isooleanolpentasäure
— lacton-tetramethylester 6260
Isooleanonlactondisäure
— dimethylester 6228
— dimethylester-oxim 6229
— monomethylester 6228

— monomethylester-oxim 6228
Isoperiplogensäure 6486
— methylester 6487
Isoperiplogonsäure
— methylester 6523
—, Anhydro-,
— methylester 6084
—, Desoxy- 6070
— methylester 6070
—, γ-Desoxy- 6070
Isophthalsäure
—, 2-[Acetoxy-hydroxy-methyl]-4-
methoxy-5-methyl-,
— 3-lacton 6475
—, 2-[1-Butyl-1-hydroxy-pentyl]-4,5,6-
trimethoxy-,
— lacton 6588
— lacton-methylester 6588
—, 4-[4-Carboxy-2,6-dioxo-2H,6H-anthra=
[9,1-bc]furan-10b-yl]- 6257
—, 2-Hydroxymethyl-4,5-dimethoxy-,
— 3-lacton 6473
—, 2-Hydroxymethyl-4,5-dimethoxy-6-methyl-,
— 3-lacton 6475
—, 2-Hydroxymethyl-4,6-dimethoxy-5-methyl-,
— lacton 6475
— lacton-methylester 6476
—, 2-Hydroxymethyl-4-methoxy-5-
methyl-,
— 3-lacton 6318
— 1-lacton-3-methylester 6318
— 3-lacton-1-methylester 6318
Isopinastrinsäure 6565
—, O-Acetyl- 6566
—, O-Methyl- 6565
Isopomiferitinondisäure
—, Tri-O-methyl- 6687
— dimethylester 6687
Isosarmentogensäure 6487
— methylester 6487
Isoscilliglaucosidinsäure
— methylester 6413
α-**Isostrophanthidolsäure**
— methylester 6592
—, Acetyl-,
— methylester 6592
γ-**Isostrophanthidolsäure**
— methylester 6592
α-**Isostrophanthidsäure** 6613
— methylester 6614
— methylester-oxim 6615
— semicarbazon 6614
—, O^3-Acetyl-,
— methylester 6614
—, O^3-Benzoyl-,
— methylester 6615

β-Isostrophanthidsäure 6613
Isostrophanthonsäure
—, γ-Anhydro-,
 — dimethylester 6232
α-Isostrophanthonsäure
 — dimethylester 6668
 — dimethylester-oxim 6669
—, Anhydro-,
 — dimethylester 6231
 — monomethylester 6231
—, Desoxy- 6226
 — dimethylester 6227
β-Isostrophanthonsäure
 — dimethylester 6669
 — dimethylester-oxim 6669
γ-Isostrophanthonsäure
 — dimethylester 6669
α-Isostrophanthsäure 6661
 — dimethylester 6662
 — monomethylester 6662
—, O^3-Benzoyl-,
 — dimethylester 6663
 — monomethylester 6662
β-Isostrophanthsäure 6661
 — dimethylester 6663
—, O^3-Benzoyl-,
 — dimethylester 6663
γ-Isostrophanthsäure 6661
 — dimethylester 6662
δ-Isostrophanthsäure 6662
Isoterebinsäure
—, Oxy- 6267
Isothiochromen-3-carbonsäure
—, 5,7-Dimethoxy-1-oxo-1H- 6494
—, 6,7-Dimethoxy-1-oxo-1H- 6494
 — methylester 6495
—, 7,8-Dimethoxy-1-oxo-1H- 6495
 — methylester 6495
—, 8-Hydroxy-7-methoxy-1-oxo-1H-
 6495
Isovulpinsäure 6101
Itaconitin 6059
—, Hexahydro- 5997
 — [2,4-dinitro-phenylhydrazon] 5997
Itaweinsäure
 — lacton-methylester 6264

J

Jacareubinsäure
—, Tri-O-methyl- 6673
 — dimethylester 6673
Junceinsäure 6454

K

Komensäure 5985
 — äthylester 5985
 — methylester 5985
—, O-Acetyl-,
 — äthylester 6290
 — methylester 6289
—, O-Äthoxycarbonyl-,
 — äthylester 6290
—, O-Äthyl-,
 — äthylester 6290
—, O-Benzoyl- 6289
 — äthylester 6290
—, 6-Hydroxy- 6460
—, O-Methyl- 6289
 — äthylester 6290
 — methylester 6289
m-Kresoltricarballylein 6552
o-Kresoltricarballylein 6552

L

Labdan-19-säure
—, 15,16-Epoxy-9-hydroxy-6-oxo- 6307
Lactic acid s. Propionsäure, 2-Hydroxy-
Leprapinsäure 6564
—, O-Methyl- 6564
Leucin
—, N-[(3,5-Dioxo-4-phenyl-dihydro-
 [2]furyliden)-phenyl-acetyl]-,
 — methylester 6102
—, N-[(3-Hydroxy-5-oxo-4-phenyl-5H-
 [2]furyliden)-phenyl-acetyl]-,
 — methylester 6102

M

Maleinsäure
—, Bis-chlorcarbonyl-,
 — anhydrid 6202
—, Carbamoyl-phenyl-,
 — anhydrid 6074
—, Chlorcarbonyl-phenyl-,
 — anhydrid 6074
—, Cyan-[4-methoxy-phenyl]-,
 — anhydrid 6524
—, Methyl-[4-methyl-2,5-dioxo-2,5-
 dihydro-[3]furylmethyl]-,
 — dimethylester 6215
Maleoabietinsäure 6084

Maleopimarsäure 6084
- äthylester 6085
- butylester 6086
- methylester 6085
- propylester 6085

Malononitril
—, [α-Amino-furfuryliden]- 6139
—, [α-Imino-furfuryl]- 6139
—, [2-Oxo-2H-chromen-3-ylmethylen]- 6186

Malonsäure
—, [3-Acetoxy-5-äthyl-6-hydroxy-2,4-dimethyl-benzyl]-,
   - äthylester-lacton 6332
—, [3-Acetoxy-2-brom-6-hydroxy-4,5-dimethyl-phenyl]-,
   - äthylester-lacton 6322
—, [3-Acetoxy-4-brom-6-hydroxy-2,5-dimethyl-phenyl]-,
   - äthylester-lacton 6322
—, [3-Acetoxy-2-hydroxy-cyclohexyl]-methyl-,
   - äthylester-lacton 6286
—, [5-Acetoxy-2-hydroxy-3,4-dimethyl-benzyl]-,
   - lacton-methylester 6324
—, Acetoxy-[2-hydroxy-2,2-diphenyl-äthyl]-,
   - lacton 6420
   - lacton-methylester 6420
—, Acetoxy-[2-hydroxy-2,2-di-p-tolyl-äthyl]-,
   - lacton 6424
—, [3-Acetoxy-2-hydroxy-1-methyl-propyl]-,
   - äthylester-lacton 6268
—, [3-Acetoxy-2-hydroxy-propyl]-,
   - äthylester-lacton 6266
—, [3-Acetoxy-6-hydroxy-2,4,5-trimethyl-benzyl]-,
   - äthylester-lacton 6328
—, [3-Acetoxy-6-hydroxy-2,4,5-trimethyl-phenyl]-,
   - äthylester-lacton 6325
—, [3-Acetyl-5-äthyl-2,6-dihydroxy-benzyliden]-,
   - 6-lacton 6531
—, [3-Acetyl-2,4-dihydroxy-benzyliden]-,
   - 2-lacton 6527
—, [3-Acetyl-2,6-dihydroxy-benzyliden]-,
   - 6-lacton 6527
—, [3-Acetyl-2,6-dihydroxy-4-methyl-benzyliden]-,
   - 6-lacton 6529
—, Acetyl-glykoloyl-,
   - äthylester-lacton 6128
—, Acetyl-[3-hydroxy-butyl]-,
   - äthylester-lacton 5976
—, [3-Äthoxycarbonyl-8-methoxy-5-nitro-2-oxo-2H-chromen-6-ylmethylen]-,
   - diäthylester 6685

—, [3-Äthoxycarbonyl-8-methoxy-7-nitro-2-oxo-2H-chromen-6-ylmethylen]-,
   - diäthylester 6685
—, [3-Äthoxycarbonyl-8-methoxy-2-oxo-chroman-6-ylmethyl]-,
   - diäthylester 6682
—, [3-Äthoxycarbonyl-8-methoxy-2-oxo-2H-chromen-6-ylmethylen]-,
   - diäthylester 6685
—, [3-(2-Äthoxycarbonyl-3-oxo-tetrahydro-[2]thienyl)-propyl]-,
   - diäthylester 6239
—, [1-Äthoxy-2-hydroxy-äthyl]-äthyl-,
   - äthylester-lacton 6267
—, [1-Äthoxy-2-hydroxy-äthyl]-butyl-,
   - äthylester-lacton 6273
—, [3-Äthoxy-3-hydroxy-2-methyl-acryloyl]-methyl-,
   - äthylester-lacton 6462
—, [3-Äthoxy-2-hydroxy-propyl]-,
   - äthylester-lacton 6266
—, [3-Äthoxy-2-hydroxy-propyl]-äthyl-,
   - äthylester-lacton 6271
—, [2-Äthyl-3,6-dihydroxy-4,5-dimethyl-benzyliden]-,
   - 6-lacton 6394
—, [3-Äthyl-2,5-dihydroxy-4,6-dimethyl-benzyliden]-,
   - 2-lacton 6394
—, [4-Äthyl-2,5-dihydroxy-3,6-dimethyl-benzyliden]-,
   - 2-lacton 6394
—, Äthyl-[2-hydroxy-3-phenoxy-propyl]-,
   - äthylester-lacton 6271
—, Benziloyl-,
   - äthylester-lacton 6096
—, [2-Benzofuran-2-yl-2-oxo-äthyl]- 6179
—, [3-Benzoyl-2,6-dihydroxy-benzyliden]-,
   - 6-lacton 6563
—, Benzyl-[1-methyl-3-oxo-phthalan-1-yl]-,
   - diäthylester 6193
—, [2-Brom-3,6-dihydroxy-4,5-dimethyl-benzyl]-,
   - 6-lacton-methylester 6325
—, [2-Brom-3,6-dihydroxy-4,5-dimethyl-phenyl]-,
   - äthylester-6-lacton 6322
—, [3-Brom-2,5-dihydroxy-4,6-dimethyl-phenyl]-,
   - äthylester-2-lacton 6321
—, [4-Brom-2,5-dihydroxy-3,6-dimethyl-phenyl]-,
   - äthylester-2-lacton 6321
—, [3-Brom-5-hydroxy-2-methoxy-4,6-dimethyl-benzyliden]- 6379
—, [4-Brom-2-hydroxy-5-methoxy-3,6-dimethyl-phenyl]-,
   - äthylester-lacton 6321

Malonsäure (Fortsetzung)

—, Butyl-lactoyl-,
  — äthylester-lacton 5980
—, [3-Butyryl-2,6-dihydroxy-benzyliden]-,
  — 6-lacton 6530
—, [3-Carboxy-8-methoxy-2-oxo-
  2H-chromen-6-ylmethylen]- 6685
—, [2-Chlor-3,6-dihydroxy-4-methyl-
  phenyl]-,
  — äthylester-6-lacton 6315
—, [2-Chlor-3,6-dihydroxy-5-methyl-
  phenyl]-,
  — äthylester-6-lacton 6315
—, [3-Chlor-3-hydroxy-acryloyl]-,
  — äthylester-lacton 5988
  — lacton 5987
  — lacton-methylester 5988
—, [3-(4-Cyclohexyl-phenyl)-1-[2]furyl-3-
  oxo-propyl]- 6189
  — dimethylester 6189
—, [2,4-Dichlor-3,6-dihydroxy-5-methyl-
  phenyl]-,
  — äthylester-6-lacton 6315
—, [2,4-Dihydroxy-benzhydryliden]-,
  — 2-lacton 6428
—, [2,4-Dihydroxy-benzyliden]-,
  — 2-lacton 6341
—, [2,5-Dihydroxy-benzyliden]-,
  — 2-lacton 6341
—, [2,6-Dihydroxy-benzyliden]-,
  — monolacton 6340
—, [2,3-Dihydroxy-cyclohexyl]-,
  — äthylester-2-lacton 6282
  — 2-lacton 6281
  — 2-lacton-methylester 6282
—, [2,3-Dihydroxy-cyclohexyl]-methyl-,
  — äthylester-2-lacton 6286
  — 2-lacton 6285
  — 2-lacton-methylester 6286
—, [2,5-Dihydroxy-3,4-dimethyl-benzyl]-,
  — äthylester-2-lacton 6325
—, [3,6-Dihydroxy-2,4-dimethyl-benzyl]-,
  — äthylester-6-lacton 6324
—, [3,6-Dihydroxy-2,4-dimethyl-
  benzyliden]-,
  — 6-lacton 6378
—, [1,3-Dihydroxy-3-methoxy-allyliden]-,
  — 3-lacton-methylester 6460
—, [2,5-Dihydroxy-4-methoxy-phenyl]-,
  — äthylester-2-lacton 6469
—, [2,5-Dihydroxy-3-methyl-benzyl]-,
  — äthylester-2-lacton 6321
—, [2,4-Dihydroxy-3-methyl-benzyliden]-,
  — 2-lacton 6362
—, [2,4-Dihydroxy-6-methyl-benzyliden]-,
  — 2-lacton 6361
—, [2,6-Dihydroxy-4-methyl-benzyliden]-,
  — monolacton 6361

—, [1,4-Dihydroxy-3-methyl-
  [2]naphthylmethylen]-,
  — 1-lacton 6416
—, [2,3-Dihydroxy-[1]naphthylmethylen]-,
  — 2-lacton 6414
—, [2,7-Dihydroxy-[1]naphthylmethylen]-,
  — 2-lacton 6415
—, [2,6-Dihydroxy-3-phenylacetyl-
  benzyliden]-,
  — 6-lacton 6566
—, [1-(2,4-Dihydroxy-phenyl)-äthyliden]-,
  — 2-lacton 6359
—, [2,6-Dihydroxy-3-propionyl-
  benzyliden]-,
  — 6-lacton 6528
—, [2,3-Dihydroxy-propyl]-,
  — äthylester-2-lacton 6266
—, [2,5-Dihydroxy-3,4,6-trimethyl-
  benzyl]-,
  — äthylester-2-lacton 6328
—, [2,5-Dihydroxy-3,4,6-trimethyl-
  benzyliden]-,
  — 2-lacton 6388
—, [2,5-Dihydroxy-3,4,6-trimethyl-
  phenyl]-,
  — äthylester-2-lacton 6325
—, [3,5-Dimethoxy-benzyl]-[1-methyl-3-
  oxo-phthalan-1-yl]-,
  — diäthylester 6677
—, [4,5-Dimethoxy-3-oxo-phthalan-1-yl]-,
  — diäthylester 6656
—, [6,7-Dimethoxy-1-oxo-phthalan-4-
  ylmethyl]- 6656
  — diäthylester 6656
  — dimethylester 6656
—, [8,8-Dimethyl-4-oxo-3-oxa-bicyclo=
  [3.2.1]oct-2-yliden]-,
  — diäthylester 6147
—, [Furan-3-carbonyl]-isobutyl-,
  — diäthylester 6147
—, [2-[2]Furyl-2-oxo-äthyl]- 6141
  — diäthylester 6142
  — dimethylester 6141
—, [1-[2]Furyl-3-oxo-3-phenyl-propyl]-,
  — diäthylester 6187
—, Glykoloyl-,
  — äthylester-lacton 5959
—, [2-Hydroxy-butyryl]-,
  — äthylester-lacton 5969
—, [2-Hydroxy-4,5-dimethoxy-benzyl]-,
  — lacton-methylester 6474
—, [2-Hydroxy-3,3-dimethyl-butyryl]-,
  — äthylester-lacton 5977
—, [α-Hydroxy-isobutyryl]-,
  — äthylester-lacton 5969
—, [2-Hydroxy-3-methoxy-cyclohexyl]-
  methyl-,
  — lacton 6285

Malonsäure (Fortsetzung)
—, [2-Hydroxy-5-methoxy-2-methyl-3-oxo-hexyl]-,
  – äthylester-lacton 6459
—, [2-Hydroxy-3-(3-methoxy-phenyl)-propyl]-,
  – äthylester-lacton 6323
—, [2-Hydroxy-octanoyl]-,
  – äthylester-lacton 5982
—, [Hydroxy-(2-oxo-2H-chromen-3-yl)-methyl]-,
  – diäthylester 6622
—, [2-Hydroxy-3-oxo-cyclohexyl]-,
  – lacton 5991
—, [2-Hydroxy-3-oxo-cyclohexyl]-methyl-,
  – lacton 5992
  – lacton-methylester 5993
—, [2-Hydroxy-3-oxo-3-phenyl-propyl]-,
  – lacton 6053
—, Hydroxy-[4-oxo-tetrahydro-pyran-3-yl]-,
  – diäthylester 6577
—, [2-Hydroxy-3-phenoxy-propyl]-,
  – äthylester-lacton 6266
  – lacton 6266
  – lacton-methylester 6266
—, [Hydroxy-phenyl-acetyl]-,
  – äthylester-lacton 6052
—, [2-Hydroxy-1-phenylhydrazono-äthyl]-,
  – äthylester-lacton 5960
—, [3-Hydroxy-5-phenyl-penta-2,4-dienoyl]-,
  – lacton-methylester 6087
—, [2-Hydroxy-3-phenyl-propionyl]-,
  – äthylester-lacton 6053
—, [1-Hydroxy-2-[2]thienyl-äthyliden]-,
  – diäthylester 6142
—, Isopropyl-[7-methoxy-2-oxo-2H-chromen-6-carbonyl]-,
  – diäthylester 6671
—, Lactoyl-,
  – äthylester-lacton 5967
—, Lactoyl-methyl-,
  – äthylester-lacton 5970
—, [3-Methoxycarbonyl-6,6-dimethyl-2-oxo-tetrahydro-pyran-4-yl]-,
  – dimethylester 6239
—, [2-Methoxycarbonyl-4-methyl-5-oxo-2,5-dihydro-[2]furyl]- 6240
  – dimethylester 6240
—, [4-Methoxy-1-methyl-3-oxo-phthalan-1-yl]-,
  – diäthylester 6601
—, [4-Methyl-5-oxo-2,5-dihydro-[2]furyl]- 6129
—, Methyl-[2-oxo-2-[2]thienyl-äthyl]- 6144

—, [3-Oxo-3H-benz[de]isochromen-1-yliden]-,
  – diäthylester 6191
—, [2-Oxo-chroman-4-yl]-,
  – diäthylester 6165
—, [2-Oxo-2H-chromen-3-ylmethylen]- 6186
  – diäthylester 6186
—, [7-Oxo-7H-dibenz[c,e]oxepin-5-yliden]-,
  – diäthylester 6193
—, [5-Oxo-dihydro-[2]furyliden]-,
  – diäthylester 6128
—, [5-Oxo-5H-[2]furyliden]-,
  – diäthylester 6138
—, [2-Oxo-octahydro-benzofuran-7-yl]-,
  – diäthylester 6133
—, [3-Oxo-1-phenyl-phthalan-1-yl]-,
  – diäthylester 6192
—, [1-Phenyl-propyl]-salicyloyl-,
  – äthylester-lacton 6099
—, Phthalidyl-,
  – diäthylester 6164
—, Phthalidyliden-,
  – diäthylester 6178
—, Salicyloyl-,
  – äthylester-lacton 6050
—, [2,3,4,5-Tetrahydroxy-benzyliden]-,
  – 2-lacton 6595
—, [2]Thienylacetyl-,
  – diäthylester 6142
—, [2,3,4-Trihydroxy-benzyliden]-,
  – 2-lacton 6491
—, [1,3,4-Trihydroxy-but-2-enyliden]-,
  – 3-lacton-methylester 6461
—, [5,8,8-Trimethyl-4-oxo-3-oxa-bicyclo[3.2.1]oct-2-yliden]-,
  – diäthylester 6148

Mannarsäure
—, O^2,O^3,O^5-Tribenzoyl-,
  – 1-lacton 6571

Mekonsäure 6203
  – bis-benzylidenhydrazid 6205
  – bis-[2-carboxy-3,4-dimethoxy-benzylidenhydrazid] 6206
  – bis-[4-dimethylamino-benzylidenhydrazid] 6206
  – bis-furfurylidenhydrazid 6206
  – bis-[1-phenyl-äthylidenhydrazid] 6205
  – bis-salicylidenhydrazid 6205
  – bis-vanillylidenhydrazid 6205
  – diäthylester 6204
  – dihydrazid 6204
  – dimethylester 6204
  – monoäthylester 6204
—, O-Acetyl-,
  – diäthylester 6580

Mekonsäure (Fortsetzung)
—, *O*-Äthoxycarbonyl-,
  — diäthylester 6580
—, *O*-Äthyl-,
  — diäthylester 6580
—, *O*-Benzoyl- 6579
  — diäthylester 6580
—, *O*-Methyl-,
  — dimethylester 6580
3a,7-Methano-azulen
—, 3,6,8,8-Tetramethyl-octahydro- 6310
8,10a-Methano-azuleno[1,2-*d*]oxepin-1,11-dicarbonsäure
—, 8-Hydroxy-1-methyl-9-methylen-2-
  oxo-1,2,5b,6,7,8,9,10,11,11a-decahydro-
  4*H*-,
  — dimethylester 6626
7,9a-Methano-benz[*a*]azulen
—, Dodecahydro- 6080
1,7-Methano-benz[*de*]isochromen-4,8,9-tricarbonsäure
—, 5-Benzhydryl-1-methoxy-6-
  [4-methoxy-phenyl]-3-oxo-3a,7,8,9,9a,9b-
  hexahydro-1*H*,3*H*-,
  — trimethylester 6692
—, 1-Methoxy-5-methyl-3-oxo-3a,4,5,7,8,⇌
  9,9a,9b-octahydro-1*H*,3*H*- 6684
  — trimethylester 6684
—, 1-Methoxy-3-oxo-6-phenyl-3a,4,5,7,8,⇌
  9,9a,9b-octahydro-1*H*,3*H*- 6689
  — trimethylester 6689
3,6-Methano-benzofuran-8-carbonsäure
—, 7-Brom-4-dichlormethyl-4-methyl-2,5-
  dioxo-octahydro- 6024
  — methylester 6024
—, 7-Hydroxy-3,8-dimethyl-2-oxo-
  octahydro- 6301
—, 7-Hydroxy-8-methyl-2-oxo-
  octahydro- 6300
—, 7-Hydroxy-2-oxo-octahydro- 6299
  — methylester 6300
—, 3a-Isopropyl-6-methyl-2,7-dioxo-
  octahydro- 6026
  — methylester 6026
—, 7a-Methyl-2,5-dioxo-octahydro- 6023
  — methylester 6023
1,4-Methano-benz[*c*]oxepin-5-carbonsäure
—, 9a-Hydroxy-3-oxo-decahydro- 6301
  — methylester 6301
3,6-Methano-cyclohepta[*b*]furan-9-carbonsäure
—, 6-Acetoxy-5-brom-2,7-dioxo-3,3a,6,7,⇌
  8,8a-hexahydro-2*H*- 6478
—, 6-Acetoxy-2,7-dioxo-3,3a,6,7,8,8a-
  hexahydro-2*H*- 6478
—, 6-Acetoxy-2,7-dioxo-octahydro- 6465

—, 5-Brom-6-hydroxy-2,7-dioxo-3,3a,6,7,⇌
  8,8a-hexahydro-2*H*- 6478
—, 4,5-Dibrom-6-hydroxy-2,7-dioxo-
  octahydro- 6466
—, 6-Hydroxy-2,7-dioxo-3,3a,6,7,8,8a-
  hexahydro-2*H*- 6478
—, 6-Hydroxy-2,7-dioxo-octahydro- 6465
3,7-Methano-cyclohepta[*b*]furan-9-carbonsäure
—, 8-Brom-3a-methoxy-2,6-dioxo-
  3,3a,6,7,8,8a-hexahydro-2*H*- 6477
—, 8-Brom-7-methoxy-2,4-dioxo-3,3a,4,7,⇌
  8,8a-hexahydro-2*H*- 6477
—, 8-Hydroxy-2-oxo-octahydro- 6300
  — methylester 6301
3,5-Methano-cyclopenta[*b*]furan-7-carbonsäure
—, 6-Acetoxy-3-methyl-2-oxo-hexahydro-,
  — methylester 6298
—, 6-Acetoxy-7-methyl-2-oxo-hexahydro-,
  — methylester 6299
—, 6a-Acetoxy-2-oxo-hexahydro-,
  — methylester 6295
—, 6-Acetoxy-2-oxo-hexahydro- 6294
  — methylester 6295
—, 4-Benzhydryliden-6-hydroxy-2-oxo-
  hexahydro-,
  — methylester 6446
—, 6-Benzhydryliden-4-hydroxy-2-oxo-
  hexahydro-,
  — methylester 6446
—, 2,6-Dioxo-hexahydro- 6019
—, 6-Hydroxy-3-methyl-2-oxo-
  hexahydro- 6297
  — methylester 6298
—, 6-Hydroxy-7-methyl-2-oxo-
  hexahydro- 6299
  — methylester 6299
—, 6-Hydroxy-2-oxo-hexahydro- 6293
  — methylester 6294
3,5-Methano-cyclopenta[*b*]furan-3a,7-dicarbonsäure
—, 6-Brom-4,4,5-trimethyl-2-oxo-
  hexahydro-,
  — 3a-methylester 6149
3,5-Methano-cyclopenta[*b*]furan-5,7-dicarbonsäure
—, 6-Brom-2-oxo-hexahydro-,
  — 5-methylester 6145
—, 6-Brom-3a,4,4-trimethyl-2-oxo-
  hexahydro-,
  — 5-methylester 6149
—, 6-Hydroxy-2-oxo-hexahydro- 6581
3,5-Methano-cyclopenta[*b*]furan-6a,7-dicarbonsäure
—, 6-Brom-3a,4,4-trimethyl-2-oxo-
  hexahydro-,
  — 6a-methylester 6150

3,5-Methano-cyclopenta[b]furan-6,7-dicarbonsäure
—, 6-Brom-4,4,5-trimethyl-2-oxo-hexahydro-,
— 6-methylester 6150

5,7a-Methano-cyclopenta[c]naphth[2,1-e]≠ oxepin-8-carbonsäure
—, 4a-Methyl-2,7-dioxo-hexadecahydro-,
— methylester 6067
—, 4a-Methyl-2,7-dioxo-$\Delta^{1(12a)}$-tetradecahydro-,
— methylester 6083

3,5-Methano-cyclopropa[e]benzofuran-7-carbonsäure
—, 6-Hydroxy-2-oxo-octahydro- 6309

1,5-Methano-cyclopropa[e]benzofuran-5,7-dicarbonsäure
—, 4-Brom-2-oxo-octahydro- 6156

1,5-Methano-cyclopropa[e]benzofuran-6,7-dicarbonsäure
—, 4-Brom-2-oxo-octahydro-,
— 6-äthylester 6156
— dimethylester 6156
— 6-methylester 6156
—, 2,4-Dioxo-octahydro- 6218
— dimethylester 6219

4,8-Methano-indeno[5,6-c]furan-9-carbonsäure
—, 1,3-Dioxo-3,3a,4,5,6,7,8,8a-octahydro-1H- 6058

4,7-Methano-inden-5,6,8-tricarbonsäure
—, 2,3,4,5,6,7-Hexahydro-,
— 5,6-anhydrid 6058

4,7-Methano-isobenzofuran-5-carbonitril
—, 1,3-Dioxo-octahydro- 6022

4,7-Methano-isobenzofuran-4-carbon≠ säure
—, 1,3-Dioxo-1,3,3a,4,7,7a-hexahydro-,
— methylester 6034
—, 7,8,8-Trimethyl-1,3-dioxo-1,3,3a,4,7,≠ 7a-hexahydro-,
— methylester 6036
—, 7,8,8-Trimethyl-1,3-dioxo-1,3,4,5,6,7-hexahydro-,
— methylester 6036
—, 7,8,8-Trimethyl-1,3-dioxo-octahydro-,
— methylester 6025

4,7-Methano-isobenzofuran-5-carbonsäure
—, 4,8,8-Trimethyl-1,3-dioxo-1,3,3a,4,7,≠ 7a-hexahydro-,
— methylester 6036

4,7-Methano-isobenzofuran-4,5,6,7,8-pentacarbonsäure
—, 1,3-Dioxo-1,3,3a,4,7,7a-hexahydro-,
— pentamethylester 6262

3,5-Methano-isochromen-9-carbonsäure
—, 4a,6,9-Trihydroxy-8-isopropyl-5-methyl-1,7-dioxo-3,4,4a,5,6,7-hexahydro-1H- 6653

3,6-Methano-naphth[2,1-c]oxocin-9,13-dicarbonsäure
—, 2-Isobutyryl-9,12a-dimethyl-4,6-dioxo-dodecahydro-,
— 9-methylester 6249

3,6a-Methano-naphth[2,1-c]oxocin-9,13-dicarbonsäure
—, 2-Isobutyl-9,12a-dimethyl-4,6-dioxo-dodecahydro- 6222
— dimethylester 6222

1,5-Methano-naphth[1,2-c]oxocin-3,10-dion
—, 6-Äthoxycarbonylmethyl-6-hydroxy-5-methoxycarbonylmethyl-12a-methyl-4,5,6,6a,7,8,11,12,12a,12b-decahydro-1H- 6668
—, 5,6-Bis-methoxycarbonylmethyl-12a-methyl-4,5,6,6a,7,8,11,12,12a,12b-decahydro-1H- 6226

7,9a-Methano-3,1-oxaäthano-benz[a]azulen-10-carbonsäure
—, 2,7-Dihydroxy-1-methyl-8-methylen-13-oxo-2,3,4b,5,6,7,8,9,10,10a-decahydro-1H-,
— methylester 6532

7,9a-Methano-4a,1-oxaäthano-benz[a]azulen-10-carbonsäure
—, 2-Acetoxy-7-brommethyl-1-methyl-8,13-dioxo-1,2,4b,5,6,7,8,9,10,10a-decahydro- 6533
— methylester 6533
—, 2-Acetoxy-1,7-dimethyl-8,13-dioxo-dodecahydro- 6515
— methylester 6515
—, 2-Acetoxy-8-hydroxy-1,8-dimethyl-13-oxo-dodecahydro-,
— methylester 6483
—, 2-Acetoxy-7-hydroxy-1-methyl-8-methylen-13-oxo-1,2,4b,5,6,7,8,9,10,10a-decahydro- 6534
— methylester 6535
—, 2-Acetoxy-7-hydroxy-1-methyl-8-methylen-13-oxo-dodecahydro-,
— methylester 6518
—, 2-Acetoxy-1-methyl-8-methylen-13-oxo-dodecahydro-,
— methylester 6399
—, 7-Brommethyl-2-hydroxy-1-methyl-8,13-dioxo-1,2,4b,5,6,7,8,9,10,10a-decahydro- 6532
— methylester 6533
—, 7-Brommethyl-2-hydroxy-1-methyl-8,13-dioxo-dodecahydro- 6516
— methylester 6516

7,9a-Methano-4a,1-oxaäthano-
benz[a]azulen-10-carbonsäure (Fortsetzung)
—, 2,7-Diacetoxy-1,8-dimethyl-13-oxo-
   dodecahydro-,
   — methylester 6482
—, 2,7-Diacetoxy-1-methyl-8-methylen-
   13-oxo-dodecahydro-,
   — methylester 6518
—, 2,7-Dihydroxy-1,8-dimethyl-13-oxo-
   dodecahydro- 6481
   — methylester 6481
—, 2,8-Dihydroxy-1,8-dimethyl-13-oxo-
   dodecahydro- 6482
   — methylester 6483
—, 2,7-Dihydroxy-1-methyl-8,13-dioxo-
   1,2,4b,5,6,7,8,9,10,10a-decahydro-,
   — methylester 6626
—, 2,7-Dihydroxy-1-methyl-8,13-dioxo-
   dodecahydro-,
   — methylester 6606
—, 2,7-Dihydroxy-1-methyl-8-methylen-
   13-oxo-1,2,4b,5,6,7,8,9,10,10a-decahydro-
   6533
   — äthylester 6535
   — [4-brom-phenacylester] 6536
   — butylester 6535
   — decylester 6536
   — heptylester 6535
   — hexylester 6535
   — methylester 6534
   — nonylester 6536
   — octylester 6536
   — pentylester 6535
   — propylester 6535
—, 2,7-Dihydroxy-1-methyl-8-methylen-
   13-oxo-dodecahydro- 6516
   — methylester 6517
—, 1,7-Dimethyl-8,13-dioxo-1,4,4b,5,6,7,⤸
   8,9,10,10a-decahydro- 6080
   — methylester 6081
—, 1,7-Dimethyl-8,13-dioxo-2-[toluol-4-
   sulfonyloxy]-dodecahydro-,
   — methylester 6515
—, 1,7-Dimethyl-2,8,13-trioxo-
   dodecahydro- 6182
—, 2-Hydroxy-1,7-dimethyl-8,13-dioxo-
   dodecahydro- 6514
   — äthylester 6515
   — methylester 6515
—, 7-Hydroxy-1,8-dimethyl-2,13-dioxo-
   dodecahydro- 6518
   — methylester 6518
—, 8-Hydroxy-1,8-dimethyl-2,13-dioxo-
   dodecahydro-,
   — methylester 6519
—, 2-Hydroxy-1,8-dimethyl-13-oxo-
   dodecahydro-,
   — methylester 6334

—, 7-Hydroxy-1,8-dimethyl-13-oxo-
   dodecahydro-,
   — methylester 6334
—, 7-Hydroxy-1-methyl-8-methylen-2,13-
   dioxo-1,2,4b,5,6,7,8,9,10,10a-decahydro-,
   — methylester 6542
—, 7-Hydroxy-1-methyl-8-methylen-13-
   oxo-1,4,4b,5,6,7,8,9,10,10a-decahydro-
   6407
   — methylester 6407
—, 2-Hydroxy-1-methyl-8-methylen-13-
   oxo-dodecahydro- 6398
   — methylester 6399
—, 7-Hydroxy-1-methyl-2,8,13-trioxo-
   1,2,4b,5,6,7,8,9,10,10a-decahydro-,
   — methylester 6631
2,6-Methano-pentaleno[1,6a-c]pyran-6-
carbonsäure
—, 4a,6a,7,10-Tetrahydroxy-9,10-
   dimethyl-4-oxo-decahydro- 6652
Methansulfonsäure
—, [1,1-Dioxo-1λ^6-thietan-3,3-diyl]-bis-
   6725
   — dianilid 6725
—, [4-Hydroxy-3-methoxy-phenyl]-
   [7-methoxy-benzofuran-2-yl]- 6734
—, Tetrahydro[2]furyl-,
   — amid 6704
Methansulfonylchlorid
—, [1,1-Dioxo-1λ^6-thietan-3,3-diyl]-bis-
   6725
—, Tetrahydro[2]furyl- 6704
Methanthiosulfinsäure
—, [2]Furyl-,
   — S-furfurylester 6699
—, [2]Thienyl-,
   — S-[2]thienylmethylester 6699
Methoxynorpicrotinsäure 6333
   — methylester 6333
Methyläthylxanthophansäure 6246
Milchsäure (lactic acid)
   s. Propionsäure, 2-Hydroxy-

Minioluteinsäure 6578
   — dimethylester 6578
Monoanhydro-dihydrostrophanthidinsäure 6520
Monocrotalsäure 6271
   — amid 6272
   — [4-brom-phenacylester] 6272
   — chlorid 6272
   — methylester 6272
—, O-Acetyl- 6272
Mycophenolsäure 6513
—, O-Acetyl- 6513
—, Dihydro- 6480
—, O-Methyl- 6513
   — methylester 6513

N

Naphthalin-1-carbonsäure
—, 5-Hydroxy-1,4a,6-trimethyl-8-oxo-5-
[2-tetrahydro[3]furyl-äthyl]-decahydro-
6307
Naphthalin-1,2-dicarbonsäure
—, 4-Acetoxy-4a-hydroxy-decahydro-,
  — 1-lacton-2-methylester 6303
—, 4,4a-Dihydroxy-decahydro-,
  — 1→4a-lacton 6302
  — 2→4-lacton 6301
  — 1→4a-lacton-2-methylester 6303
  — 2→4-lacton-1-methylester 6301
—, 4a-Hydroxy-4-methoxy-decahydro-,
  — 1-lacton 6302
  — 1-lacton-2-methylester 6303
—, 4a-Hydroxy-4-oxo-decahydro-,
  — 1-lacton 6023
  — 1-lacton-2-methylester 6023
—, 4a-Hydroxy-4-[toluol-4-sulfonyloxy]-
decahydro-,
  — 1-lacton-2-methylester 6304
Naphthalin-1,3-dicarbonsäure
—, 2-[α-Hydroxy-2,3,5-trimethoxy-
benzyl]-4,5-dimethoxy-,
  — 3-lacton 6689
Naphthalin-1,6-dicarbonsäure
—, 6,7-Epoxy-1,4a-dimethyl-5-[4-methyl-
3-oxo-pentyl]-decahydro- 6153
Naphthalin-1,8-dicarbonsäure
—, 3-Äthoxy-,
  — anhydrid 6748
—, 4-[Äthyl-phenyl-carbamoyl]-,
  — anhydrid 6092
—, 4,5-Bis-[äthyl-phenyl-carbamoyl]-,
  — anhydrid 6233
—, 5-Brom-3-chlorsulfonyl-,
  — anhydrid 6749
—, 5-Brom-3-sulfo-,
  — anhydrid 6748
—, 4-[5-*tert*-Butyl-2-carboxy-benzoyl]-,
  — anhydrid 6198
—, 4-[6-*tert*-Butyl-1-hydroxy-3-oxo-
phthalan-1-yl]-,
  — anhydrid 6198
—, 4-[2-Carboxy-benzoyl]-,
  — anhydrid 6196
—, 4-[2-Carboxy-3,6-dichlor-benzoyl]-,
  — anhydrid 6196
—, 5-Chlor-3-chlorsulfonyl-,
  — anhydrid 6748
—, 5-Chlor-3-sulfo-,
  — anhydrid 6748
—, 4,5-Dibrom-2,7-disulfo-,
  — anhydrid 6749

—, 4,5-Dibrom-2-sulfo-,
  — anhydrid 6748
—, 4-[4,7-Dichlor-1-hydroxy-3-oxo-
phthalan-1-yl]-,
  — anhydrid 6196
—, 4,5-Dichlor-2-sulfo-,
  — anhydrid 6747
—, 4,5-Dichlor-3-sulfo-,
  — anhydrid 6748
—, 3,6-Dichlorsulfonyl-,
  — anhydrid 6749
—, 3,6-Disulfo-,
  — anhydrid 6749
—, 4-Hydroxyoxalyl-,
  — anhydrid 6189
—, 4-[1-Hydroxy-3-oxo-phthalan-1-yl]-,
  — anhydrid 6196
—, 4-Sulfamoyl-,
  — anhydrid 6749
—, 2-Sulfo-,
  — anhydrid 6747
—, 3-Sulfo-,
  — anhydrid 6748
—, 3,4,5-Trichlor-,
  — anhydrid 6748
Naphthalin-2,7-disulfonsäure
—, 1-Hydroxy-4-[(5-hydroxymethyl-
[2]furyl)-(4-oxo-4*H*-[1]naphthyliden)-
methyl]- 6763
Naphthalin-1-sulfonsäure
—, 4-[5-Formyl-[2]furyl]-3-hydroxy- 6760
Naphthalin-2-sulfonsäure
—, 2,3-Epoxy-3-methyl-1,4-dioxo-1,2,3,4-
tetrahydro- 6747
—, 1-Hydroxy-4-[(5-hydroxymethyl-
[2]furyl)-(4-oxo-4*H*-[1]naphthyliden)-
methyl]- 6763
Naphthalin-1,2,3-tricarbonsäure
—, 4-Phenyl-1,2,3,4,5,6,7,8-octahydro-,
  — 2,3-anhydrid-1-methylester 6093
Naphthalin-1,2,8-tricarbonsäure
  — 1,8-anhydrid 6091
  — 1,8-anhydrid-2-methylester 6091
Naphthalin-1,3,8-tricarbonsäure
  — 1,8-anhydrid 6091
  — 1,8-anhydrid-3-methylester 6091
Naphthalin-1,4,5-tricarbonsäure
  — 1-äthylester-4,5-anhydrid 6092
  — 4,5-anhydrid 6091
  — 4,5-anhydrid-1-methylester 6091
—, 2-Acetyl-,
  — 4,5-anhydrid 6191
  — 4,5-anhydrid-1-methylester 6191
—, 8a-Methyl-6-oxo-1,2,3,5,6,7,8,8a-
octahydro-,
  — 4,5-anhydrid 6168
  — 4,5-anhydrid-1-methylester 6168

[1]Naphthoesäure
—, 4-[2,5-Dioxo-tetrahydro-[3]furyl]-
6093
—, 2,3-Epoxy-6,7-dihydroxy-5,8-dioxo-
decahydro-,
— methylester 6582
—, 2,3-Epoxy-5-hydroxy-8-oxo-1,2,3,4,≠
4a,5,8,8a-octahydro- 6309
— methylester 6309
—, 2-[14-Hydroxy-16-oxo-16H-naphtho≠
[2,1-e]phenanthro[10,1-bc]oxepin-13-yl]-
6450
[2]Naphthoesäure
—, 3-[4-Carbamoyl-α-hydroxy-2,3,5-
trimethoxy-benzyl]-1,8-dimethoxy-4-
methyl-,
— lacton 6690
—, 6-[7-Chlor-4-hydroxy-1-methyl-3-oxo-
phthalan-1-yl]-3,8-dihydroxy-1,4-dioxo-
1,4-dihydro-,
— amid 6690
—, 6-[7-Chlor-4-hydroxy-1-methyl-3-oxo-
phthalan-1-yl]-3,8a-dihydroxy-1,8-dioxo-
1,4,4a,5,6,7,8,8a-octahydro-,
— amid 6688
—, 6-[7-Chlor-4-hydroxy-1-methyl-3-oxo-
phthalan-1-yl]-3,8-dihydroxy-1-oxo-
1,4,4a,5,6,7-hexahydro-,
— amid 6677
—, 6-[7-Chlor-4-hydroxy-1-methyl-3-oxo-
phthalan-1-yl]-1,3,4-trihydroxy-8-oxo-
5,6,7,8-tetrahydro-,
— amid 6688
—, 6-[7-Chlor-4-hydroxy-1-methyl-3-oxo-
phthalan-1-yl]-1,3,8-trioxo-decahydro-,
— amid 6677
—, 4-[2,5-Dioxo-tetrahydro-[3]furyl]-
6093
—, 1,3,5-Trihydroxy-6-[4-hydroxy-1-
methyl-3-oxo-phthalan-1-yl]-8-oxo-
4,4a,5,6,7,8-hexahydro-,
— amid 6687
Naphtho[1,2-b]furan-3-carbonitril
—, 3,5a,9-Trimethyl-2,8-dioxo-2,3,3a,4,5,≠
5a,8,9b-octahydro- 6066
Naphtho[2,3-b]furan-3-carbonitril
—, 4,9-Dioxo-2-phenyl-4,9-dihydro-
6107
Naphtho[1,2-b]furan-3-carbonsäure
—, 7-Brom-3,5a-dimethyl-2,8-dioxo-
2,3,3a,4,5,5a,6,7,8,9b-decahydro- 6037
—, 7-Brom-3,5a,9-trimethyl-2,8-dioxo-
2,3,3a,4,5,5a,6,7,8,9b-decahydro- 6042
— äthylester 6043
—, 5a,9-Dimethyl-2,8-dioxo-2,3,3a,4,5,≠
5a,6,7,8,9b-decahydro- 6037

— äthylester 6038
—, 3,5a-Dimethyl-2,8-dioxo-2,3,3a,4,5,≠
5a,8,9b-octahydro- 6062
—, 5a,9-Dimethyl-2,8-dioxo-2,3,3a,4,5,≠
5a,8,9b-octahydro-,
— äthylester 6062
—, 3,5a,9-Trimethyl-2,8-dioxo-2,3,3a,4,5,≠
5a,6,7,8,9b-decahydro- 6039
— äthylester 6040
— methylester 6040
—, 3,5a,9-Trimethyl-2,8-dioxo-2,3,3a,4,5,≠
5a,8,9b-octahydro- 6064
— äthylester 6065
—, 3,5a,9-Trimethyl-2,8-dioxo-2,3,4,5,5a,≠
6,7,8-octahydro-,
— äthylester 6063
Naphtho[2,3-b]furan-3-carbonsäure
—, 2-Methyl-4,9-dioxo-4,9-dihydro-,
— äthylester 6092
Naphtho[2,3-c]furan-1-carbonsäure
—, 4-[3,4-Dimethoxy-phenyl]-9-hydroxy-6,7-di≠
methoxy-3-oxo-1,3,3a,4,9,9a-hexahydro- 6687
Naphtho[2,3-c]furan-4-carbonsäure
—, 8,9-Dimethoxy-1-oxo-3-[2,3,5-
trimethoxy-phenyl]-1,3-dihydro- 6689
—, 1,3-Dioxo-9-phenyl-1,3,3a,4,5,6,7,8,9,≠
9a-decahydro-,
— methylester 6093
Naphtho[1,8-bc]furan-2-on
—, 3,4-Epoxy-6,8a-dihydroxy-2a,3,4,5,5a,≠
6,8a,8b-octahydro- 6309
Naphtho[2,1-b]thiophen-1-carbonsäure
—, 2-[2-Carboxy-benzoyl]- 6197
Naphtho[2,3-b]thiophen-2-carbonsäure
—, 4,9-Dioxo-4,9-dihydro- 6090
Naphtho[2,3-b]thiophen-3-carbonsäure
—, 2-[2-Carboxy-benzoyl]- 6196
Naphtho[2,3-b]thiophen-5-carbonsäure
—, 4,9-Dioxo-4,9-dihydro- 6090
Naphtho[2,3-b]thiophen-8-carbonsäure
—, 4,9-Dioxo-4,9-dihydro- 6090
Naphtho[3,2,1-kl]xanthen-3-on
—, 7,9-Dihydroxy-9-phenyl-9H- 6763
Naphth[1,2-d]oxepin-8-carbonsäure
—, 5a,8,11a-Trimethyl-2,4-dioxo-
tetradecahydro-,
— methylester 6030
Naphth[2,1-c]oxepin-8-carbonsäure
—, 5a,8,11a-Trimethyl-3,5-dioxo-
tetradecahydro-,
— methylester 6030
Neochebulinsäure 6695
—, Dodeca-O-methyl-,
— dimethylester 6695
—, Trideca-O-methyl-,
— dimethylester 6695

Neodesoxybiliobansäure 6161
A:B-Neo-11,13;13,14-diseco-C,28-dinor-ursan-
11,13,27-trisäure
—, 9-Hydroxy-,
　— 27-lacton-11-methylester 6163
A:B-Neo-11,13;13,18-diseco-C,27-dinor-ursan-
11,13,28-trisäure
—, 9-Hydroxy-18-oxo-,
　— 13-lacton-11-methylester 6224
A:B-Neo-11,13;13,14-diseco-C-nor-ursan-
11,13,27,28-tetrasäure
—, 9-Hydroxy-,
　— 27-lacton-28-methylester 6245
　— 27-lacton-11,13,28-trimethylester
　　6245
A:B-Neo-11,13;13,18-diseco-C,27,28-trinor-
ursan-11,13-disäure
—, 9-Hydroxy-18-oxo-,
　— 13-lacton-11-methylester 6048
A:B-Neo-11,12;13,14-diseco-ursan-11,12,27,28-
tetrasäure
—, 9-Hydroxy-13-oxo-,
　— 27-lacton-11,28-dimethylester
　　6256
　— 27-lacton-11,12,28-trimethylester
　　6256
Nonandisäure
—, 2-[Furan-2-carbonyl]-,
　— diäthylester 6150
—, 2-[α-Hydroxy-furfuryliden]-,
　— diäthylester 6150
—, 2-[α-Hydroxy-5-methyl-furfuryliden]-,
　— diäthylester 6151
—, 2-[5-Methyl-furan-2-carbonyl]-,
　— diäthylester 6151
Nonansäure
—, 9-[5-(8-Carboxy-octyl)-[2]thienyl]-9-
　oxo- 6154
—, 9-[5-(3-Carboxy-propyl)-[2]thienyl]-9-
　oxo- 6153
—, 9-[5-(5-Carboxy-valeryl)-[2]thienyl]-
　6153
—, 9-[1,3-Dioxo-7-pentyl-1,3,3a,4,7,7a-
　hexahydro-isobenzofuran-4-yl]- 6031
—, 9-Oxo-9,9'-thiophen-2,5-diyl-di- 6154
Non-3-ensäure
—, 2-Hydroxy-2-[1-hydroxy-2-methyl-
　butyl]-9-[4-hydroxy-6-methyl-2-oxo-5,6-
　dihydro-2H-pyran-3-yl]-6-methylen-9-
　oxo- 6653
18-Nor-androstan-13,15-dicarbonsäure
—, 11-Hydroxy-3-oxo-,
　— 13-lacton-15-methylester 6067
18-Nor-androstan-13,17-dicarbonsäure
—, 3-Acetoxy-11-hydroxy-,

　— 13-lacton-17-methylester 6336
—, 3,11-Dihydroxy-,
　— 13→11-lacton 6335
　— 13→11-lacton-17-methylester
　　6335
—, 11-Hydroxy-3-oxo-,
　— 13-lacton-17-methylester 6067
18-Nor-androst-4-en-13,15-dicarbonsäure
—, 11-Hydroxy-3-oxo-,
　— 13-lacton-15-methylester 6082
18-Nor-androst-4-en-13,17-dicarbonsäure
—, 11-Hydroxy-3-oxo-,
　— 13-lacton 6082
　— 13-lacton-17-methylester 6083
19-Nor-androst-4-en-10,17-dicarbonsäure
—, 8-Hydroxy-3-oxo-,
　— 17-äthylester-10-lacton 6082
Norbornan-2,3-dicarbonsäure
—, 5-Acetoxy-5-hydroxy-,
　— 3-lacton-2-methylester 6295
—, 5-Acetoxy-6-hydroxy-,
　— 2-lacton 6294
　— 2-lacton-3-methylester 6295
—, 5-Acetoxy-6-hydroxy-2-methyl-,
　— 2-lacton-3-methylester 6298
—, 6-Acetoxy-5-hydroxy-2-methyl-,
　— 3-lacton-2-methylester 6299
—, 5-Benzhydryliden-6,7-dihydroxy-,
　— 2→6-lacton-3-methylester 6446
—, 7-Benzhydryliden-5,6-dihydroxy-,
　— 2→6-lacton-3-methylester 6446
—, 5-Cyan-,
　— anhydrid 6022
—, 5,6-Dihydroxy-,
　— 2→6-lacton 6293
　— 2→6-lacton-3-methylester 6294
　— 3→5-lacton-2-methylester 6294
—, 5,6-Dihydroxy-2-methyl-,
　— 2→6-lacton 6297
　— 3→5-lacton 6299
　— 2→6-lacton-3-methylester 6298
　— 3→5-lacton-2-methylester 6299
—, 5-Hydroxy-6-oxo-,
　— 3-lacton 6019
Norbornan-1,2,3-tricarbonsäure
—, 6-Brom-5-hydroxy-,
　— 3-lacton-1-methylester 6145
—, 5-Brom-6-hydroxy-4,7,7-trimethyl-,
　— 2-lacton-1,3-dimethylester 6150
　— 2-lacton-1-methylester 6149
—, 6-Brom-5-hydroxy-4,7,7-trimethyl-,
　— 3-lacton-1,2-dimethylester 6150
　— 3-lacton-1-methylester 6149
—, 5,6-Dihydroxy-,
　— 3→5-lacton 6581
—, 4,7,7-Trimethyl-,
　— 2,3-anhydrid-1-methylester 6025

Norbornan-2,3,5-tricarbonsäure
—, 5-Brom-6-hydroxy-4,7,7-trimethyl-,
  — 2-lacton-5-methylester 6150
—, 6-Brom-5-hydroxy-4,7,7-trimethyl-,
  — 3-lacton-5-methylester 6150
Norbornan-2,3,7-tricarbonsäure
—, 5-Brom-6-hydroxy-,
  — 2-lacton-7-methylester 6145
**Norborn-2-en-1,2,3,4,5,6,7-heptacarbon=
säure**
  — 5,6-anhydrid-1,2,3,4,7-
    pentamethylester 6262
Norborn-2-en-1,2,3-tricarbonsäure
—, 4,7,7-Trimethyl-,
  — 2,3-anhydrid-1-methylester 6036
Norborn-5-en-1,2,3-tricarbonsäure
  — 2,3-anhydrid-1-methylester 6034
—, 4,7,7-Trimethyl-,
  — 2,3-anhydrid-1-methylester 6036
Norborn-5-en-2,3,5-tricarbonsäure
—, 4,7,7-Trimethyl-,
  — 2,3-anhydrid-5-methylester 6036
Norborn-5-en-2,3,7-tricarbonsäure
  — 2,3-anhydrid-7-methylester 6034
Norcaran-1,2,3-tricarbonsäure
—, 7-Hydroxy-,
  — 3-lacton 6145
  — 3-lacton-1,2-dimethylester 6146
Norcaran-1,2,7-tricarbonsäure
—, 3-Hydroxy-,
  — 7-lacton 6145
  — 7-lacton-1,2-dimethylester 6146
19-Nor-carda-4,20(22)-dienolid
—, 10-Cyan-14-hydroxy-3-oxo- 6543
—, 10-Cyan-14-hydroxy-3-
  semicarbazono- 6543
19-Nor-card-20(22)-enolid
—, 3-Acetoxy-10-cyan-5,14-dihydroxy-
  6612
—, 10-Cyan-5,14-dihydroxy-3-oxo- 6627
—, 10-Cyan-3,5,14-trihydroxy- 6612
24-Nor-chola-4,20(22)-dien-19,23-disäure
—, 14,21-Dihydroxy-3-hydroxyimino-,
  — 23→21-lacton-19-methylester 6543
—, 14,21-Dihydroxy-3-oxo-,
  — 23→21-lacton-19-methylester 6542
—, 3,14,21-Trihydroxy-,
  — 23→21-lacton-19-methylester 6536
24-Nor-chola-14,20(22)-dien-19,23-disäure
—, 3,5,21-Trihydroxy-,
  — 23→21-lacton-19-methylester 6536
24-Nor-chola-5,14-dien-23-säure
—, 19-Äthoxy-3,19-epoxy-21-
  hydroxyimino- 6407
—, 19-Äthoxy-3,19-epoxy-21-oxo- 6407
  — methylester 6408

24-Nor-chola-8,14-dien-19,21,23-trisäure
—, 3,5-Dihydroxy-,
  — 19→3-lacton-21,23-dimethylester
    6631
24-Nor-cholan-19,23-disäure
—, 3,15-Bis-[4-brom-benzoyloxy]-5,14,21-
  trihydroxy-,
  — 23→21-lacton-19-methylester
    6654
—, 3-Hydroxy-21-hydroxyimino-,
  — 19-lacton 6070
—, 3-Hydroxy-21-oxo-,
  — 19-lacton 6070
—, 3,5,14,15,21-Pentahydroxy-,
  — 23→21-lacton 6654
  — 23→21-lacton-19-methylester 6654
—, 3,5,14,21-Tetrahydroxy-,
  — 23→21-lacton 6591

24-Nor-cholan-21,23-disäure
—, 3-Acetoxy-5,14-dihydroxy-19-oxo-,
  — 21→14-lacton-23-methylester 6614
—, 3-Acetoxy-14-hydroxy-,
  — 21-lacton-23-methylester 6337
—, 3-Acetoxy-5,14,19-trihydroxy-,
  — 21→14-lacton-23-methylester 6592
—, 3-Benzoyloxy-5,14-dihydroxy-19-oxo-,
  — 21→14-lacton-23-methylester 6615
—, 14-Chlor-3,16-dihydroxy-,
  — 21→16-lacton 6336
  — 21→16-lacton-23-methylester 6336
—, 3,14-Dihydroxy-,
  — 21→14-lacton 6336
  — 21→14-lacton-23-methylester 6337
—, 5,14-Dihydroxy-3-oxo-,
  — 21→14-lacton-23-methylester 6523
—, 14,16-Dihydroxy-3-oxo-,
  — 23→16-lacton 6522
  — 21→16-lacton-23-methylester 6522
  — 23→16-lacton-21-methylester 6522
—, 14,19-Dihydroxy-3,5-sulfinyldioxy-,
  — 21→14-lacton-23-methylester 6593
—, 14-Hydroxy-3,12-dioxo-,
  — 21-lacton 6183
  — 21-lacton-23-methylester 6183
—, 14-Hydroxy-3-oxo-,
  — 21-lacton 6070
  — 21-lacton-23-methylester 6070
—, 14-Hydroxy-19-oxo-3,5-sulfinyldioxy-,
  — 21→14-lacton-23-methylester 6615
—, 3,5,14,19-Tetrahydroxy-,
  — 21→14-lacton-23-methylester 6592
—, 3,5,14-Trihydroxy-,
  — 21→14-lacton 6486
  — 21→14-lacton-23-methylester 6487
—, 3,11,14-Trihydroxy-,
  — 21→14-lacton 6487
  — 21→14-lacton-23-methylester 6487

24-Nor-cholan-21,23-disäure (Fortsetzung)
—, 3,12,14-Trihydroxy-,
   — 21→-lacton 6487
   — 21→14-lacton-23-methylester 6487
—, 3,14,16-Trihydroxy-,
   — 21→16-lacton 6485
   — 21→16-lacton-23-methylester 6486
—, 3,5,14-Trihydroxy-19-hydroxyimino-,
   — 21→14-lacton-23-methylester 6615
—, 3,5,14-Trihydroxy-19-oxo-,
   — 21→14-lacton 6613
   — 21→14-lacton-23-methylester 6614
—, 3,5,14-Trihydroxy-19-semicarbazono-,
   — 21→14-lacton 6614

24-Nor-cholan-23-säure
—, 7,8-Epoxy-14-hydroxy-3-[O^3-methyl-6-desoxy-glucopyranosyloxy]-21-oxo-6486
   — methylester 6486
—, 7,8-Epoxy-14-hydroxy-21-oxo-3-thevetopyranosyloxy- 6486
   — methylester 6486

24-Nor-cholan-19,21,23-trisäure
—, 3-Benzoyloxy-5,14-dihydroxy-,
   — 21→14-lacton-19,23-dimethylester 6663
   — 21→14-lacton-23-methylester 6662
—, 3,5-Dihydroxy-,
   — 19→3-lacton 6613
   — 19→3-lacton-21,23-dimethylester 6613
—, 5,14-Dihydroxy-3-oxo-,
   — 21→14-lacton-19,23-dimethylester 6668
—, 14-Hydroxy-3-oxo-,
   — 21-lacton 6226
   — 21-lacton-19,23-dimethylester 6226
—, 3-Oxo-,
   — 21,23-anhydrid 6182
—, 3,5,14-Trihydroxy-,
   — 21→14-lacton 6661
   — 21→14-lacton-19,23-dimethylester 6662
   — 21→14-lacton-19-methylester 6662

24-Nor-chola-3,5,20(22)-trien-19,23-disäure
—, 14,21-Dihydroxy-,
   — 23→21-lacton-19-methylester 6413

24-Nor-chola-4,14,20(22)-trien-19,23-disäure
—, 21-Hydroxy-3-oxo-,
   — 23-lacton-19-methylester 6094

24-Nor-chola-5,14,20(22)-trien-19,23-disäure
—, 3,21-Dihydroxy-,
   — 23→21-lacton 6413

24-Nor-chol-4-en-21,23-disäure
—, 14-Hydroxy-3-oxo-,
   — 21-lacton-23-methylester 6084

24-Nor-chol-14-en-19,23-disäure
—, 3,5,21-Trihydroxy-,
   — 23→21-lacton 6520

24-Nor-chol-14-en-21,23-disäure
—, 3,16-Dihydroxy-,
   — 21→16-lacton 6399
   — 21→16-lacton-23-methylester 6399

24-Nor-chol-20(22)-en-19,23-disäure
—, 3-Acetoxy-14,21-dihydroxy-,
   — 23→21-lacton 6521
   — 23→21-lacton-19-methylester 6521
—, 16-Acetoxy-14,21-dihydroxy-3-[tri-O-acetyl-rhamnopyranosyloxy]-,
   — · 23→21-lacton 6612
   — 23→21-lacton-19-methylester 6613
—, 3-Acetoxy-5,14,21-trihydroxy-,
   — 23→21-lacton 6609
   — 23→21-lacton-19-methylester 6611
—, 11-Acetoxy-5,14,21-trihydroxy-3-[tri-O-acetyl-6-desoxy-talopyranosyloxy]-,
   — 19-äthylester-23→21-lacton 6660
   — 23→21-lacton-19-methylester 6659
—, 11-Acetoxy-5,14,21-trihydroxy-3-[tri-O-acetyl-rhamnopyranosyloxy]-,
   — 19-äthylester-23→21-lacton 6660
   — 23→21-lacton-19-methylester 6659
—, 3-[O-Acetyl-cymaropyranosyloxy]-5,14,21-trihydroxy-,
   — 23→21-lacton 6610
   — 23→21-lacton-19-methylester 6611
—, 3-[O^4-Acetyl-O^3-methyl-*ribo*-2,6-didesoxy-hexopyranosyloxy]-5,14,21-trihydroxy-,
   — 23→21-lacton 6610
   — 23→21-lacton-19-methylester 6611
—, 3-Benzoyloxy-5,14,21-trihydroxy-,
   — 23→21-lacton-19-methylester 6611
—, 3,12-Bis-benzoyloxy-5,14,21-trihydroxy-,
   — 23→21-lacton-19-methylester 6660
—, 3-Cymaropyranosyloxy-5,14,21-trihydroxy-,
   — 23→21-lacton 6609
   — 23→21-lacton-19-methylester 6611
—, 3-[6-Desoxy-allopyranosyloxy]-14,21-dihydroxy-,
   — 23→21-lacton 6521
—, 3-[6-Desoxy-talopyranosyloxy]-5,11,14,21-tetrahydroxy-,
   — 23→21-lacton 6659
—, 3,15-Diacetoxy-14,21-dihydroxy-,
   — 23→21-lacton 6612
—, 3-[O^2,O^3-Diacetyl-O^4-(tetra-O-acetyl-glucopyranosyl)-6-desoxy-gulopyranosyloxy]-5,14,21-trihydroxy-,
   — 23→21-lacton 6610
   — 23→21-lacton-19-methylester 6612
—, 14,21-Dihydroxy-2,3-dioxo-,
   — 23→21-lacton 6631

24-Nor-chol-20(22)-en-19,23-disäure
(Fortsetzung)
—, 14,21-Dihydroxy-3-oxo-,
  — 23→21-lacton 6537
  — 23→21-lacton-19-methylester
    6537
—, 2,3,14,21-Tetrahydroxy-,
  — 23→21-lacton 6608
—, 3,5,14,21-Tetrahydroxy-,
  — 23→21-lacton 6608
  — 23→21-lacton-19-methylester
    6610
—, 5,11,14,21-Tetrahydroxy-3-
rhamnopyranosyloxy-,
  — 19-äthylester-23→21-lacton
    6659
  — 23→21-lacton 6658
—, 3,14,21-Trihydroxy-,
  — 23→21-lacton 6521
  — 23→21-lacton-19-methylester
    6521
—, 2,14,21-Trihydroxy-3-[4-hydroxy-6-
methyl-3-oxo-tetrahydro-pyran-2-yloxy]-,
  — 23→21-lacton 6608
—, 5,14,21-Trihydroxy-3-[O^3-methyl-
ribo-2,6-didesoxy-hexopyranosyloxy]-,
  — 23→21-lacton 6609
  — 23→21-lacton-19-methylester 6611
—, 5,14,21-Trihydroxy-3-oxo-,
  — 23→21-lacton-19-methylester 6627
—, 5,14,21-Trihydroxy-3-[tri-*O*-acetyl-
rhamnopyranosyloxy]-,
  — 23→21-lacton 6610
  — 23→21-lacton-19-methylester 6611
21-Nor-chol-5-en-24-säure
—, 3-Acetoxy-16,17-epoxy-20,23-dioxo-,
  — äthylester 6537
24-Nor-chol-5-en-23-säure
—, 19-Äthoxy-3,19-epoxy-14-hydroxy-21-
oxo- 6522
  — methylester 6523
24-Nor-chol-4-en-19,21,23-trisäure
—, 14-Hydroxy-3-oxo-,
  — 21-lacton-19,23-dimethylester
    6231
  — 21-lacton-19-methylester 6231
24-Nor-chol-14-en-19,21,23-trisäure
—, 3,5-Dihydroxy-,
  — 19→3-lacton 6627
  — 19→3-lacton-21,23-dimethylester
    6627
Nordesoxybiliobansäure 6161
15-Nor-eudesma-1,4-dien-12,13-disäure
—, 6-Hydroxy-11-methyl-3-oxo-,
  — lacton 6062
15-Nor-eudesm-4-en-12,13-disäure
—, 2-Brom-6-hydroxy-11-methyl-3-oxo-,
  — lacton 6037

Norisogladiolsäure 6317
16-Nor-labdan
—, 14-Methyl- s. 13,14-Seco-abietan
***C*-Nor-olean-18-eno[19,13-*bc*]furan-28-säure**
—, 3-Acetoxy-11,5'-dioxo-,
  — methylester 6546
—, 3-Hydroxy-11,5'-dioxo-,
  — methylester 6546
***C*-Nor-olean-18-eno[19,13-*bc*]furan-30-säure**
—, 3-Acetoxy-11,5'-dioxo-,
  — methylester 6546
24-Nor-olean-9(11)-en-28-säure
—, 13,18-Epoxy-12,19-dioxo- 6090
  — methylester 6090
***A*-Nor-picrasan-1-carbonsäure**
—, 1-Hydroxy-11,12,16-trioxo- 6606
***A*-Nor-picras-12-en-1-carbonsäure**
—, 1-Hydroxy-12-methoxy-11,16-dioxo-
6606
  — methylester 6607
—, 1-Hydroxy-12-methoxy-11-oxo- 6483
  — methylester 6483
Norpicrotinsäure
—, Hydroxy- 6332
  — äthylester 6333
—, Methoxy- 6333
  — methylester 6333
**15-Nor-podocarpan-4,8,13,14-
tetracarbonsäure**
—, 12-Isobutyl-,
  — 8,13-anhydrid 6222
  — 8,13-anhydrid-4,14-dimethylester
    6222
—, 12-Isobutyryl-,
  — 8,13-anhydrid-4-methylester 6249
21-Nor-pregnan-18,20-disäure
—, 3-Acetoxy-11-hydroxy-,
  — 18-lacton-20-methylester 6336
—, 3,11-Dihydroxy-,
  — 18→11-lacton 6335
  — 18→11-lacton-20-methylester 6335
—, 11-Hydroxy-3-oxo-,
  — 18-lacton-20-methylester 6067
21-Nor-pregnan-19,20-disäure
—, 3-Benzoyloxy-5,8-dihydroxy-,
  — 20-äthylester-19→8-lacton 6484
—, 3,5,8-Trihydroxy-,
  — 20-äthylester-19→8-lacton 6484
  — 19→8-lacton 6484
  — 19→8-lacton-20-methylester 6484
21-Nor-pregnan-20-säure
—, 3-Acetoxy-3,9-epoxy-11-oxo-,
  — methylester 6335
—, 3,11-Diacetoxy-7,8-epoxy-14-
hydroxy-12-oxo- 6590
  — benzhydrylester 6591
  — methylester 6590

21-Nor-pregnan-20-säure (Fortsetzung)
—, 4,5-Epoxy-17-hydroxy-3,11-dioxo-
6519
—, 7,8-Epoxy-14-hydroxy-3-oxo-,
— methylester 6334
—, 8,19-Epoxy-5-hydroxy-3-oxo-,
— äthylester 6335
—, 14,15-Epoxy-5-hydroxy-3-oxo-,
— methylester 6335
21-Nor-pregn-4-en-18,20-disäure
—, 11-Hydroxy-3-oxo-,
— 18-lacton 6082
— 18-lacton-20-methylester 6083
21-Nor-pregn-4-en-19,20-disäure
—, 8-Hydroxy-3-oxo-,
— 20-äthylester-19-lacton 6082
21-Nor-pregn-8(14)-en-19,20-disäure
—, 3,5-Dihydroxy- 6484
21-Nor-pregn-4-en-20-oylchlorid
—, 16,17-Epoxy-3,11-dioxo- 6082
21-Nor-pregn-4-en-20-säure
—, 16,17-Epoxy-3,11-dioxo- 6081
— methylester 6082
21-Nor-pregn-14-en-20-säure
—, 3,11-Diacetoxy-7,8-epoxy-12-oxo-,
— benzhydrylester 6519
— methylester 6519
Norquassinsäure 6606
— methylester 6607
—, Desoxo- 6483
— methylester 6483
Norrhizocarpsäure
— äthylester 6102
16-Nor-rosan-15,19-disäure
—, 6,10-Dihydroxy-,
— 19→10-lacton 6311
—, 10-Hydroxy-7-hydroxyimino-,
— 19-lacton 6044
—, 10-Hydroxy-6-oxo-,
— 19-lacton 6045
—, 10-Hydroxy-7-oxo-,
— 19-lacton 6044
Norrosenonolacton
—, Carboxy- 6044
Norrosonolacton
—, Carboxy- 6045

O

Octaacetylcarminsäure 6697
Octadecansäure
—, 10,11-Epoxy-9,12-dioxo- 5983
— anhydrid 5984
— o-anisidid 5984

— [2-diäthylamino-äthylamid] 5984
— [2-diäthylamino-äthylester] 5983
— [2-dimethylamino-äthylester] 5983
— [3-dimethylamino-propylamid]
5984
Octa-2,6-diendisäure
—, 4-Hydroxy-5-oxo-,
— 1-lacton 6010
— 1-lacton-8-methylester 6010
—, 4-Hydroxy-5-oxo-2,7-diphenyl-,
— 1-lacton 6105
Octa-2,6-diensäure
—, 4-Hydroxy-5-oxo-2,7-diphenyl-,
— 1-lacton-8-methylester 6106
Octandisäure
—, 4-Äthoxycarbonylmethyl-4-hydroxy-
5-methyl-,
— 8-äthylester-1-lacton 6125
—, 2-[Furan-2-carbonyl]-,
— diäthylester 6148
—, 2-[3-Hydroxy-crotonoyl]-3-oxo-,
— 8-äthylester-1-lacton 6146
— 1-lacton 6146
—, 2-[α-Hydroxy-furfuryliden]-,
— diäthylester 6148
Octansäure
—, 2-Acetyl-3-[2]furyl-7-methyl-5-oxo-,
— äthylester 6026
— butylester 6027
—, 6,7-Bis-[2,4-dinitro-phenylhydrazono]-
5976
—, 8-[5,6-Dibrom-7-hexyl-1,3-dioxo-
octahydro-isobenzofuran-4-yl]- 6000
—, 8-[7-Hex-1-enyl-1,3-dioxo-1,3,3a,4,7,⇌
7a-hexahydro-isobenzofuran-4-yl]- 6046
— methylester 6046
—, 8-[7-Hex-1-enyl-1,3-dioxo-1,3,3a,4,7,⇌
7a-hexahydro-isobenzofuran-4-yl]-4-oxo-
6171
—, 8-[7-Hexyl-1,3-dioxo-1,3,3a,4,7,7a-
hexahydro-isobenzofuran-4-yl]- 6032
— äthylester 6032
— methylester 6032
—, 8-[7-Hexyl-1,3-dioxo-octahydro-
isobenzofuran-4-yl]- 5999
— äthylester 6000
— methylester 5999
—, 8-[7-Hexyl-1,3-dioxo-octahydro-
isobenzofuran-4-yl]-4-oxo- 6154
—, 8-[7-Hexyl-1,3-dioxo-phthalan-4-yl]-
6068
— methylester 6068
—, 3-Methyl-8-[4-methyl-2,5-dioxo-2,5-
dihydro-[3]furyl]- 5997
Octan-1,2,7-tricarbonsäure
—, 5,6-Dihydroxy-4,6,7-trimethyl-,
— 7→5-lacton 6578

Octa-3,5,7-triensäure
—, 3-Methyl-8-[4-methyl-2,5-dioxo-2,5-
   dihydro-[3]furyl]- 6059
Östran-10,17-dicarbonsäure
—, 3-Benzoyloxy-5,8-dihydroxy-,
   — 17-äthylester-10→8-lacton 6484
—, 3,5,8-Trihydroxy-,
   — 17-äthylester-10→8-lacton 6484
   — 10→8-lacton 6484
   — 10→8-lacton-17-methylester 6484
Oleanan-23,28-disäure
—, 3-Acetoxy-12-brom-13-hydroxy-,
   — 28-lacton 6401
   — 28-lacton-23-methylester 6401
—, 3-Acetoxy-13-hydroxy-12-
   hydroxyimino-,
   — 28-lacton 6539
—, 3-Acetoxy-13-hydroxy-12-oxo-,
   — 28-lacton 6539
   — 28-lacton-23-methylester 6540
—, 2,3-Diacetoxy-13-hydroxy-,
   — 28-lacton 6523
—, 3,16-Diacetoxy-13-hydroxy-,
   — 28-lacton 6523
—, 3,13-Dihydroxy-,
   — 28→13-lacton 6400
   — 28→13-lacton-23-methylester 6401
—, 3,13-Dihydroxy-12-oxo-,
   — 28→13-lacton 6539
—, 3,13,16-Trihydroxy-,
   — 28→13-lacton 6523
   — 28→13-lacton-23-methylester
     6524
Olean-5-en-28-säure
—, 2,3-Diacetoxy-6,23-epoxy-12-oxo-,
   — methylester 6539
—, 6,23-Epoxy-2,3-dihydroxy-12-oxo-,
   — methylester 6539
Olean-9(11)-en-28-säure
—, 3-Acetoxy-13,18-epoxy-12,19-dioxo-,
   — methylester 6545
—, 13,18-Epoxy-3-hydroxy-12,19-dioxo-
   6545
   — methylester 6545
Olean-9(11)-en-30-säure
—, 3-Acetoxy-13,18-epoxy-12,19-dioxo-,
   — methylester 6545
Olean-12-en-28-säure
—, 3,24-Diacetoxy-16,21-epoxy-22-oxo-,
   — methylester 6540
Oleanintrisäure
   — lacton-dimethylester 6176
   — lacton-monomethylester 6175
Oleanolpentasäure
   — lacton-tetramethylester 6260
Oleanoltrisäure
   — bromlacton 6177

Ososäure
—, Anhydro- 6636
—, Tri-O-methyl-anhydro- 6636
   — methylester 6636
Ostholsäure 6358
   — methylester 6358
Ostruthinsäure
—, O-Methyl- 6349
4a,1-Oxaäthano-fluoren-9-carbonsäure
—, 2-Acetoxy-8a-
   methoxycarbonylmethyl-1-methyl-7,10-dioxo-
   dodecahydro-,
   — methylester 6658
—, 2-Hydroxy-8a-
   methoxycarbonylmethyl-1-methyl-7,11-dioxo-
   1,2,4b,5,6,7,8,8a,9,9a-decahydro-,
   — methylester 6668
—, 2-Hydroxy-8a-
   methoxycarbonylmethyl-1-methyl-7,11-dioxo-
   dodecahydro-,
   — methylester 6658
4a,1-Oxaäthano-naphthalin-2-carbonsäure
—, 4-Acetoxy-10-oxo-octahydro-,
   — methylester 6303
—, 4,10-Dioxo-octahydro- 6023
   — methylester 6023
—, 4-Hydroxy-10-oxo-octahydro- 6302
   — methylester 6303
—, 4-Methoxy-10-oxo-octahydro- 6302
   — methylester 6303
—, 10-Oxo-4-[toluol-4-sulfonyloxy]-
   octahydro-,
   — methylester 6304
4a,1-Oxaäthano-phenanthren-7-carbonsäure
—, 9-Hydroxyimino-1,4b,7-trimethyl-12-
   oxo-dodecahydro- 6044
—, 10-Hydroxy-1,4b,7-trimethyl-12-oxo-
   dodecahydro- 6311
—, 1,4b,7-Trimethyl-9,12-dioxo-
   dodecahydro- 6044
—, 1,4b,7-Trimethyl-10,12-dioxo-
   dodecahydro- 6045
4-Oxa-androstan-5-carbonsäure
—, 3,17-Dioxo- 6044
   — methylester 6044
**6-Oxa-bicyclo[3.2.0]heptan-1,3-
dicarbonsäure**
—, 4,4-Dimethyl-7-oxo-,
   — dimethylester 6132
**3-Oxa-bicyclo[3.1.0]hexan-6-carbonyl-
chlorid**
—, 2,4-Dioxo- 5989
3-Oxa-bicyclo[3.3.1]nonan-9-carbonsäure
—, 9-Brom-1,5-dimethyl-2,4-dioxo- 5996
—, 1,5-Dimethyl-2,4-dioxo- 5995
   — methylester 5995

3-Oxa-bicyclo[3.3.1]nonan-9-carbonylbromid
—, 9-Brom-1,5-dimethyl-2,4-dioxo- 5996
—, 1,5-Dimethyl-2,4-dioxo- 5996
2-Oxa-bicyclo[4.2.1]non-6-en-5-carbonsäure
—, 3-Formyl-4-isopropenyl-7-methyl-8-
oxo-,
— methylester 6037
—, 3-Formyl-4-isopropyl-7-methyl-8-oxo-,
— methylester 6025
3-Oxa-bicyclo[3.2.1]octan-8-carbonitril
—, 1,8-Dimethyl-2,4-dioxo- 5994
3-Oxa-bicyclo[3.2.1]octan-1-carbonsäure
—, 7-Acetoxy-6,6-dimethyl-2,4-dioxo-,
— methylester 6463
3-Oxa-bicyclo[3.2.1]octan-8-carbonsäure
—, 1,8-Dimethyl-2,4-dioxo- 5993
6-Oxa-bicyclo[3.2.1]octan-2-carbonsäure
—, 4-Acetoxy-5,8-dimethyl-7-oxo-,
— methylester 6287
—, 5,8-Dimethyl-4,7-dioxo- 5994
— methylester 5994
—, 4-Hydroxy-5,8-dimethyl-7-oxo- 6287
— methylester 6287
6-Oxa-bicyclo[3.2.1]octan-4-carbonsäure
—, 2-Hydroxy-7-oxo-,
— methylester 6281
—, 8-[2-Methoxycarbonyl-äthyl]-5-
methoxycarbonylmethyl-8-methyl-7-oxo-,
— methylester 6240
2-Oxa-bicyclo[2.2.2]octan-5,6-dicarbonsäure
—, 5,6-Dimethyl-3-oxo- 6133
6-Oxa-bicyclo[3.2.1]octan-2,8-dicarbonsäure
—, 1,8-Dimethyl-7-oxo- 6133
— 8-methylester 6133
9-Oxa-bicyclo[6.2.1]undec-4-en-3,4,11-
tricarbonsäure
—, 6,7-Diäthyl-3-methyl-10-oxo-,
— trimethylester 6243
6-Oxa-3,4;11,12-diseco-cholan-3,4,11,12,24-
pentasäure
—, 7-Oxo- 6261
— pentamethylester 6261
15-Oxa-18-homo-androst-4-en-18a-säure
—, 11,14-Dihydroxy-3,16-dioxo-,
— 11-lacton 6181
4-Oxa-A-homo-cholan-24-säure
—, 12-Acetoxy-3-oxo-,
— methylester 6311
—, 3,4a,12-Trioxo- 6172
7-Oxa-B-homo-cholan-24-säure
—, 6,7a-Dioxo- 6047
—, 6,7a,12-Trioxo- 6172
12-Oxa-C-homo-cholan-24-säure
—, 3-Acetoxy-11,12a-dioxo-,
— methylester 6488
—, 11,12a-Dioxo- 6046

— anilid 6047
— methylester 6047
12a-Oxa-C-homo-cholan-24-säure
—, 3-Äthoxycarbonyloxy-12-oxo-,
— methylester 6312
15-Oxa-D-homo-chol-5-en-24-säure
—, 3-Acetoxy-16-oxo-,
— methylester 6337
3-Oxa-A-homo-olean-12-en-28-säure
—, 12-Nitro-2,4-dioxo- 6086
Oxalcitramalsäure
— lacton 6200
Oxalessigsäure
—, Acetoxymethyl-hydroxymethyl-,
— 4-äthylester-1-lacton 6458
—, [2-Äthyl-1-hydroxy-butyl]-,
— 4-äthylester-1-lacton 5980
—, Allyl-hydroxymethyl-,
— 4-äthylester-1-lacton 5990
—, Bis-hydroxymethyl-,
— 4-äthylester-1-lacton 6458
—, [2-Chlor-1-hydroxy-äthyl]-,
— 4-äthylester-1-lacton 5966
—, Chlor-[α-hydroxy-benzyl]-,
— 4-äthylester-1-lacton 6052
—, Chlor-[2,2,2-trichlor-1-hydroxy-äthyl]-,
— 4-äthylester-1-lacton 5966
—, [2]Furyl-,
— diäthylester 6138
—, [1-Hydroxy-äthyl]-,
— 4-äthylester-1-lacton 5965
—, [2-Hydroxy-äthyl]-,
— 1-äthylester-4-lacton 5964
— 4-lacton 5964
— 4-lacton-1-methylester 5964
—, [1-Hydroxy-äthyl]-methyl-,
— 4-äthylester-1-lacton 5970
—, [1-Hydroxy-äthyl]-pentyl-,
— 4-äthylester-1-lacton 5982
—, [α-Hydroxy-benzyl]-,
— 4-äthylester-1-lacton 6052
—, [1-Hydroxy-butyl]-,
— 4-äthylester-1-lacton 5972
—, [3-Hydroxy-butyl]-,
— 1-äthylester-4-lacton 5970
— 4-lacton-1-methylester 5970
—, [1-Hydroxy-cyclohexyl]-,
— 4-äthylester-1-lacton 5992
—, [3-Hydroxy-1,3-dimethyl-butyl]-,
— 1-äthylester-4-lacton 5978
—, [1-Hydroxy-3,7-dimethyl-oct-6-enyl]-,
— 4-äthylester-1-lacton 5997
—, [1-Hydroxy-heptyl]-,
— 4-äthylester-1-lacton 5981
—, [1-Hydroxy-heptyl]-pentyl-,
— 4-äthylester-1-lacton 5983
—, [1-Hydroxy-hexyl]-,
— 4-äthylester-1-lacton 5979

Oxalessigsäure (Fortsetzung)
—, [α-Hydroxy-isobutyl]-,
   — 4-äthylester-1-lacton 5973
—, [β-Hydroxy-isobutyl]-,
   — 1-äthylester-4-lacton 5975
—, [α-Hydroxy-isopropyl]-,
   — 4-äthylester-1-lacton 5969
—, Hydroxymethyl-,
   — 4-äthylester-1-lacton 5960
—, [1-Hydroxy-3-methyl-butyl]-,
   — 4-äthylester-1-lacton 5977
—, 3-[3-Hydroxy-1-methyl-butyl]-,
   — 1-äthylester-4-lacton 5976
—, Hydroxymethyl-isohexyl-,
   — 4-äthylester-1-lacton 5982
—, Hydroxymethyl-methyl-,
   — 4-äthylester-1-lacton 5967
—, Hydroxymethyl-pentyl-,
   — 4-äthylester-1-lacton 5979
—, [3-Hydroxy-1-methyl-propyl]-,
   — 1-äthylester-4-lacton 5970
—, [1-Hydroxy-propyl]-,
   — 4-äthylester-1-lacton 5968
—, [2-Hydroxy-propyl]-,
   — 4-lacton-1-methylester 5969
—, [2,2,2-Trichlor-1-hydroxy-äthyl]-,
   — 4-äthylester-1-lacton 5966
2-Oxa-lupan-28-säure
—, 1,3-Dioxo- 6072
   — methylester 6072
2-Oxa-norbornan-4-carbonsäure
—, 6-Hydroxy-3-oxo-1,6-diphenyl- 6438
7-Oxa-norbornan-2,3-dicarbonsäure
—, 5-Chlor-6-hydroxy-,
   — dimethylester 6458
—, 1-Diacetoxymethyl-,
   — 2-methylester 6131
   — 3-methylester 6131
—, 1-[2,4-Dinitro-phenylhydrazono-
   methyl]- 6131
—, 1-Formyl- 6130
4a,9a-[1]Oxapropano-fluoren-9-carbonsäure
—, 8-Methyl-7,11-dioxo-decahydro-,
   — methylester 6044
4a,9a-[1]Oxapropano-fluoren-8,9-
dicarbonsäure
—, 7-Hydroxy-8-methyl-11-oxo-
   decahydro-,
   — dimethylester 6589
   — 9-methylester 6588
6-Oxa-3,4-seco-cholan-3,4,24-trisäure
—, 7,12-Dioxo- 6252
   — trimethylester 6252
6-Oxa-3,5-seco-A,23,24-trinor-lupan-3-säure
—, 5,7-Dioxo- 6047
1-Oxa-spiro[4.5]decan-4-carbonsäure
—, 2,3-Dioxo-,

   — äthylester 5992
1-Oxa-spiro[4.5]decan-3,6-dicarbonsäure
—, 6-Methyl-2-oxo- 6133
   — dimethylester 6134
1-Oxa-spiro[4.5]dec-3-en-4-carbonsäure
—, 3-Hydroxy-2-oxo-,
   — äthylester 5992
—, 3-[1]Naphthylmethoxy-2-oxo- 6295
   — äthylester 6296
—, 3-[4-Nitro-benzoyloxy]-2-oxo-,
   — äthylester 6296
—, 3-[4-Nitro-benzyloxy]-2-oxo-,
   — äthylester 6295
2-Oxa-spiro[4.5]dec-3-en-3-carbonsäure
—, 8-Benzyloxy-4-cyan-1-oxo-,
   — äthylester 6582
2-Oxa-spiro[5.5]dec-7-en-1,9-dion
—, 7-[2]Furyl-3-hydroxy-3,8-dimethyl-
   6063
1-Oxa-spiro[2.4]heptan-4,4-dicarbonsäure
—, 7-Semicarbazono-,
   — diäthylester 6129
2-Oxa-spiro[4.4]nonan-1-carbonsäure
—, 4-Acetoxy-7-methyl-3-oxo- 6285
—, 4-Hydroxy-7-methyl-3-oxo- 6284
—, 4-Methoxy-7-methyl-3-oxo- 6284
1-Oxa-spiro[4,4]nonan-6,7-dicarbonsäure
—, 3-Äthyl-2-oxo-,
   — dimethylester 6134
3-Oxa-tricyclo[3.2.2.0^{2,7}]nonan-6,7-
dicarbonsäure
—, 4-Oxo- 6145
4-Oxa-tricyclo[3.2.2.0^{2,7}]nonan-6,7-
dicarbonsäure
—, 3-Oxo- 6145
Oxepan-4-carbonsäure
—, 3,3-Dimethyl-2,7-dioxo- 5975
—, 3,3,4,6,6-Pentamethyl-2,7-dioxo-,
   — methylester 5982
Oxetan-2,2-dicarbonitril
—, 4-Oxo- 6113
Oxid
—, [6-Acetoxy-2-oxo-2H-anthra[9,1-*bc*]≠
   furan-5-carbonyl]-acetyl- 6439
—, Acetyl-[7-acetyl-6-hydroxy-3-methyl-
   benzofuran-2-carbonyl]- 6383
—, Acetyl-[1-methoxy-6a-methyl-3,9-
   dioxo-5,6,6a,7,8,9-hexahydro-
   3H,4H-benz[*de*]isochromen-6-carbonyl]-
   6512
—, Methoxycarbonyl-
   [7-methoxycarbonyloxy-2-oxo-
   2H-chromen-6-carbonyl]- 6350
Oxiran
—, [3-Methoxy-benzyl]- 6323
Oxocan-5-carbonsäure
—, 3-Methyl-2,8-dioxo- 5975

Oxodihydrogibberellin-A₁ 6518
Oxogibberellin-A₂
 —, methylester 6519
Oxyallobetulindisäure 6176
Oxyisoterebinsäure 6267

P

Parasantonsäure
 —, Dehydrodihydroxy- 6039
Pentaleno[1,2-c]furan-6,6a-dicarbonsäure
 —, 3a-Methyl-1-oxo-octahydro- 6149
 — dimethylester 6149
Pentalen-1,5,6a-tricarbonsäure
 —, 4-Hydroxymethyl-4-methyl-
  hexahydro-,
 — 5-lacton 6149
 — 5-lacton-1,6-dimethylester 6149
Pentan-1-sulfonsäure
 —, 1-[2]Furyl-3-oxo- 6738
Pentan-1,2,4-tricarbonsäure
 —, 2-Hydroxy-,
 — 4-lacton 6120
 —, 4-Hydroxy-,
 — 2-lacton 6120
 —, 4-Hydroxy-3,3-dimethyl-,
 — 2-lacton 6124
Pentan-1,2,5-tricarbonsäure
 — 1,2-anhydrid 5971
 —, 3-[2-Hydroxy-phenyl]-3-methyl-,
 — 1-lacton-2,5-dimethylester 6169
Pentan-1,3,3-tricarbonsäure
 —, 5-Hydroxy-,
 — 1,3-diäthylester-3-lacton 6119
 — 3-lacton 6119
Pentan-1,3,4-tricarbonsäure
 — 3,4-anhydrid 5973
 —, 3-Hydroxy-,
 — 3,4-diäthylester-1-lacton 6120
 —, 3-Hydroxy-4-methyl-,
 — 1-lacton 6121
 —, 5-Hydroxy-4-methyl-,
 — 2,4-diäthylester-3-lacton 6122
 — 3-lacton 6122
 —, 4-Methyl-,
 — anhydrid 5975
Pentan-1,3,5-tricarbonsäure
 — 1,3-anhydrid 5970
 —, 3-[2-Hydroxy-3-methoxy-phenyl]-,
 — 3-lacton 6604
Pentan-2,3,4-tricarbonsäure
 —, 2-Hydroxy-,
 — 2,3-diäthylester-4-lacton 6120
 — 4-lacton 6120

Pentendisäure
 —, 4-Acetonyl-3-acetyl-4-hydroxy-2-
  methoxy-,
 — 5-äthylester-1-lacton 6581
 — 1-lacton-5-methylester 6581
 —, 2-Acetoxy-4-äthyl-4-hydroxy-3-
  methyl-,
 — 5-äthylester-1-lacton 6280
 —, 2-Acetoxy-3-äthyl-4-hydroxy-4-
  propyl-,
 — 5-äthylester-1-lacton 6284
 —, 4-Acetoxy-2-brom-4-hydroxy-3-
  methoxy-,
 — 1-lacton-5-[3,4,5-tribrom-2,6-
  dimethoxy-phenylester] 6454
 —, 4-Acetoxy-2-chlor-4-hydroxy-3-
  methoxy-,
 — 1-lacton-5-[3,4,5-trichlor-2,6-
  dimethoxy-phenylester] 6454
 —, 3-Acetoxy-4-[α-hydroxy-
  cinnamyliden]-,
 — 5-äthylester-1-lacton 6409
 —, 2-Amino-4-[1-hydroxy-äthyliden]-3-
  methyl-,
 — 5-äthylester-1-lacton 5989
 —, 4-Benzyl-4-hydroxy-2-methoxy-3-
  phenyl-,
 — 1-lacton-5-methylester 6436
 —, 2-Brom-3-methoxy-4-oxo-,
 — 1-[4-brom-3-methoxy-5-oxo-2-
  (3,4,5-tribrom-2,6-dimethoxy-
  phenoxycarbonyl)-2,5-dihydro-
  [2]furylester]-5-[3,4,5-tribrom-2,6-
  dimethoxy-phenylester]
  6455
 —, 3-[2,3-Dimethoxy-phenyl]-4-
  [1-hydroxy-äthyliden]-,
 — 5-äthylester-1-lacton 6528
 —, 4-[1-Hydroxy-äthyliden]-3-
  [2-methoxy-5-methyl-phenyl]-,
 — 1-lacton 6403
 —, 4-[1-Hydroxy-äthyliden]-3-
  [4-methoxy-phenyl]-,
 — 5-äthylester-1-lacton 6402
 — 1-lacton 6402
 —, 2-Hydroxy-3-methoxy-4-methyl-,
 — 5-lacton 6277
 — 5-lacton-1-methylester 6277
 —, 4-Hydroxy-2-methoxy-4-[4-nitro-
  benzyl]-3-[4-nitro-phenyl]-,
 — 1-lacton-5-methylester 6436
Pent-2-ensäure
 —, 5-Carbamoyl-2,3-dichlor-5-cyan-4-
  hydroxy-,
 — lacton 6128
 —, 5-Carbamoyl-4-hydroxy-2,5-
  dimethoxy-,
 — lacton 6457

Pent-2-ensäure　(Fortsetzung)
—, 4-Hydroxy-3-[3-hydroxy-6-
hydroxymethyl-4-oxo-4*H*-pyran-2-yl]-
6581
—, 4-Hydroxy-3-[6-hydroxymethyl-3,4-
dioxo-3,4-dihydro-2*H*-pyran-2-yl]-
6581
—, 4-Hydroxy-4-[2-methyl-5-oxo-
tetrahydro-[3]furyl]- 6283
　— äthylester 6284
　— amid 6284
　— methylester 6283
—, 5-[7-Methyl-1,3-dioxo-1,3,3a,4,7,7a-
hexahydro-isobenzofuran-4-yl]-,
　— isobutylamid 6037
Pent-4-ensäure
—, 2-Acetyl-5-[2]furyl-3-oxo-,
　— äthylester 6034
—, 2-Acetyl-3-oxo-5-[2]thienyl-,
　— äthylester 6034
—, 2-Acetyl-3-oxo-5-[3,4,6-trimethyl-
benzofuran-2-yl]-,
　— äthylester 6089
—, 4-Hydroxy-3-oxo-2,5-diphenyl-5-
phenylcarbamoyl-,
　— lacton 6101
—, 3-Oxo-2-[2-oxo-2*H*-chromen-3-
carbonyl]-5-phenyl-,
　— äthylester 6196
Pent-3-en-1,1,2,4-tetracarbonsäure
—, 2-Hydroxy-,
　— 4-lacton-2-methylester
6240
　— 4-lacton-1,1,2-trimethylester
6240
Pent-3-en-1,2,3,4-tetracarbonsäure
　— 3,4-anhydrid 6207
Pent-3-en-1,1,4-tricarbonsäure
—, 2-Hydroxy-,
　— 4-lacton 6129
Pent-3-en-1,2,4-tricarbonsäure
—, 2-Hydroxy-,
　— 4-lacton-2-methylester 6129
Pent-3-en-1,3,4-tricarbonsäure
　— 3,4-anhydrid 5990
Phenaleno[1,2-*c*]furan-6-carbonsäure
—, 4,8,10-Trioxo-5,6,6a,7,7a,8,10,10a-
octahydro-4*H*- 6188
Phenalen-1,2,4-tricarbonsäure
—, 6-Oxo-2,3,3a,4,5,6-hexahydro-,
　— 1,2-anhydrid 6188
Phenanthren-2-carbonsäure
—, 1-[2]Furyl-3-hydroxy-7-methoxy-
1,4,9,10-tetrahydro-,
　— äthylester 6438

—, 1-[2]Furyl-7-methoxy-3-oxo-1,2,3,4,9,⚬
10-hexahydro-,
　— äthylester 6438
Phenanthren-1,2-dicarbonsäure
—, 1-Carboxymethyl-1,2,3,4-tetrahydro-,
　— anhydrid 6099
—, 1-Methoxycarbonylmethyl-1,2,3,4-
tetrahydro-,
　— anhydrid 6099
Phenanthren-1,8,9,10-tetracarbonsäure
　— 9,10-anhydrid-1,8-dimethylester
6235
Phenanthro[1,2-*c*]furan-1-carbonsäure
—, 7-Methoxy-3a-methyl-3-oxo-1,3,3a,4,⚬
5,10,11,11a-octahydro-,
　— methylester 6412
Phenanthro[9,10-*c*]furan-4,11-dicarbonsäure
—, 1,3-Dioxo-1,3-dihydro-,
　— dimethylester 6235
Phenanthro[4,5-*bcd*]furan-1-sulfonsäure
—, 3,5-Dimethoxy- 6734
Phenolaconitein 6562
Phenoltricarballylein 6552
Phenylalanin
—, *N*-[(3,5-Dioxo-4-phenyl-dihydro-
[2]furyliden)-phenyl-acetyl]-,
　— äthylester 6102
　— methylester 6102
—, *N*-[(3-Hydroxy-5-oxo-4-phenyl-5*H*-
[2]furyliden)-phenyl-acetyl]-,
　— äthylester 6102
　— methylester 6102
p-**Phenylendiamin**
—, *N*-Acetyl-*N*′-[2-oxo-2*H*-chromen-6-
sulfonyl]- 6741
Photosantoninsäure 6674
—, Dihydro- 6673
Phthalamidsäure
—, *N*-[5-Sulfamoyl-[2]thienyl]-
6736
—, *N*-[5-Sulfamoyl-3*H*-[2]thienyliden]-
6736
—, *N*-[5-Sulfino-[2]thienyl]- 6701
—, *N*-[5-Sulfino-3*H*-[2]thienyliden]-
6701
Phthalan
—, 1,3-Bis-[1-äthoxycarbonyl-2-oxo-
propyliden]- 6076
Phthalan-1-carbonitril
—, 4,5-Dimethoxy-3-oxo- 6472
—, 5,6,7-Trimethoxy-3-oxo- 6583
Phthalan-1-carbonsäure
—, 4-Brom-5,6,7-trimethoxy-3-oxo-
6584

Phthalan-1-carbonsäure (Fortsetzung)
—, 7-Chlor-4-methoxy-1-methyl-3-oxo-
6315
　— amid 6316
　— methylester 6316
—, 7-Chlor-4-methoxy-3-oxo- 6312
—, 4,6-Dibrom-5-hydroxy-7-methyl-3-
oxo- 6317
—, 4,6-Dibrom-7-hydroxy-5-methyl-3-
oxo- 6317
—, 5,7-Dihydroxy-6-methoxy-3-oxo-
6582
—, 4,5-Dihydroxy-3-oxo- 6470
—, 5,7-Dimethoxy-6-methyl-3-oxo- 6475
—, 4,5-Dimethoxy-3-oxo-,
　— äthylester 6470
　— amid 6471
　— anilid 6471
　— [3-benzyloxy-4-methoxy-
　　phenäthylamid] 6471
　— [4-benzyloxy-3-methoxy-
　　phenäthylamid] 6471
　— [3,4-dimethoxy-phenäthylamid]
　　6471
　— [(3,4-dimethoxy-phenäthyl)-
　　methyl-amid] 6472
　— methylamid 6471
　— [3,4,5-trimethoxy-phenäthylamid]
　　6472
—, 4,6-Dimethoxy-3-oxo- 6472
—, 4,7-Dimethoxy-3-oxo- 6472
—, 5,6-Dimethoxy-3-oxo- 6472
—, 4-Hydroxy-5-methoxy-3-oxo- 6470
—, 5-Hydroxy-4-methoxy-3-oxo- 6470
—, 5-Hydroxy-7-methyl-3-oxo- 6317
—, 7-Hydroxy-5-methyl-3-oxo- 6316
—, 4-Methoxy-1-methyl-3-oxo- 6315
—, 5-Methoxy-6-methyl-3-oxo- 6317
—, 5-Methoxy-7-methyl-3-oxo- 6317
—, 7-Methoxy-4-methyl-3-oxo- 6316
—, 7-Methoxy-5-methyl-3-oxo- 6316
—, 5,6,7-Trimethoxy-3-oxo- 6583
　— äthylester 6583
　— amid 6583
　— [3,4-dimethoxy-phenäthylamid]
　　6583
Phthalan-4-carbonsäure
—, 3-Acetoxy-7-methoxy-6-methyl-1-oxo-
6475
—, 7-Acetoxy-6-methyl-3-oxo- 6319
—, 7-Acetoxy-3-oxo- 6313
　— methylester 6313
—, 6-Äthoxy-7-isopropyl-5-methoxy-1,3-
dioxo- 6602
—, 5-Äthoxy-6-methoxy-1,3-dioxo-
6594
—, 5-[1-Carboxy-1-methyl-äthyl]-1,1-
dimethyl-3-oxo- 6170

—, 3,3-Dibutyl-5,6,7-trimethoxy-1-oxo-
6588
　— methylester 6588
—, 5,6-Dihydroxy-7-isopropyl-1,3-dioxo-
6601
—, 5,7-Dihydroxy-6-methyl-1-oxo- 6475
—, 5,7-Dimethoxy-6-methyl-1,3-dioxo-
6597
　— methylester 6597
—, 5,7-Dimethoxy-6-methyl-1-oxo- 6475
　— methylester 6476
—, 6,7-Dimethoxy-5-methyl-1-oxo- 6475
—, 5,6-Dimethoxy-3-oxo- 6473
—, 6,7-Dimethoxy-1-oxo- 6473
—, 1,3-Dioxo-7-phenyl- 6094
　— methylester 6095
—, 1,3-Dioxo-7-propyl-,
　— methylester 6054
—, 5-Hydroxy-7-methoxy-6-methyl-1-
oxo- 6475
—, 5-Hydroxy-6-methyl-1,3-dioxo- 6498
—, 7-Hydroxy-6-methyl-1,3-dioxo- 6498
—, 5-Hydroxy-6-methyl-1-oxo- 6317
　— methylester 6317
—, 5-Hydroxy-6-methyl-3-oxo- 6319
—, 7-Hydroxy-6-methyl-1-oxo-,
　— methylester 6318
—, 7-Hydroxy-6-methyl-3-oxo- 6319
—, 6-Hydroxyoxalyl-5,7-dimethoxy-1,3-
dioxo- 6691
—, 5-Hydroxy-3-oxo- 6312
—, 7-Hydroxy-3-oxo- 6313
—, 7-Isopropyl-5,6-dimethoxy-1,3-dioxo-
6601
　— methylester 6602
—, 6-Methoxy-1,3-dioxo- 6488
—, 7-Methoxy-1,3-dioxo- 6488
—, 5-Methoxy-6-methyl-1,3-dioxo- 6498
—, 7-Methoxy-6-methyl-1,3-dioxo- 6498
—, 5-Methoxy-6-methyl-1-oxo-,
　— methylester 6318
—, 5-Methoxy-6-methyl-3-oxo- 6319
—, 7-Methoxy-6-methyl-1-oxo- 6318
　— methylester 6318
—, 7-Methoxy-6-methyl-3-oxo- 6319
—, 5-Methoxy-3-oxo- 6313
—, 7-Methoxy-3-oxo- 6313
　— methylester 6313
—, 7-Methyl-1,3-dioxo- 6051
—, 6-Nitro-1,3-dioxo- 6049
—, 5,6,7-Trimethoxy-1-oxo- 6584
Phthalan-5-carbonsäure
—, 4-Acetoxy-6-methyl-1,3-dioxo- 6498
—, 6-Benzoyl-1,3-dioxo- 6193
—, 4-[2-Carboxy-äthyl]-1,1-dimethyl-3-
oxo- 6167
—, 4-[3-Carboxy-propyl]-1,1-dimethyl-3-
oxo- 6169

Phthalan-5-carbonsäure (Fortsetzung)
—, 6-Chlor-1,3-dioxo- 6050
—, 4,6-Dimethoxy-1,3-dioxo- 6594
—, 4,7-Dimethoxy-1,3-dioxo- 6594
—, 6,7-Dimethoxy-1,3-dioxo- 6594
—, 1,3-Dioxo- 6049
—, 6-Hydroxy-4-methyl-1,3-dioxo- 6497
—, 4-Hydroxy-7-methyl-1-oxo- 6319
—, 4-Hydroxyoxalyl-1,1-dimethyl-3-oxo-
    6225
—, 6-Hydroxy-1-oxo- 6314
    — methylester 6314
—, 4-Methoxy-1,3-dioxo- 6489
—, 7-Methoxy-1,3-dioxo- 6489
—, 4-Methoxy-6-methyl-1,3-dioxo- 6498
—, 4-Methoxy-7-methyl-1-oxo- 6320
Phthalan-1,7-dicarbonsäure
—, 1-Methoxy-3-oxo-,
    — dimethylester 6597
Phthalan-4,5-dicarbonsäure
—, 1,1-Dimethyl-3-oxo- 6165
    — diäthylester 6166
    — dimethylester 6165
Phthalan-4,6-dicarbonsäure
—, 5,7-Dimethoxy-1,3-dioxo- 6681
—, 1,1-Dimethyl-3-oxo- 6166
    — dimethylester 6166
—, 1,3-Dioxo- 6225
Phthalan-4,6-disulfonsäure
—, 1,3-Dioxo- 6745
Phthalan-x-sulfonsäure
—, 1-Benzyl-3-oxo-1-phenyl- 6744
Phthalan-1-sulfonsäure
—, 3-Oxo- 6739
Phthalan-4-sulfonsäure
—, 1,3-Dioxo- 6745
Phthalan-5-sulfonsäure
—, 1,3-Dioxo- 6745
Phthalan-1-thiocarbonsäure
—, 7-Chlor-4-methoxy-1-methyl-3-oxo-,
    — S-äthylester 6316
—, 4,5-Dimethoxy-3-oxo-,
    — amid 6472
Phthalid
—, 7-Äthoxy-4-cyanmethyl-6-methoxy- 6474
—, 3-[3-Benzyloxy-4-methoxy-
    phenäthylcarbamoyl]-6,7-dimethoxy-
    6471
—, 3-[4-Benzyloxy-3-methoxy-
    phenäthylcarbamoyl]-6,7-dimethoxy-
    6471
—, 3,3-Bis-[4-carbamoyl-phenyl]- 6197
—, 3,3-Bis-[3-carboxy-4-hydroxy-phenyl]-
    6680
—, 3,3-Bis-[4-carboxy-phenyl]- 6197
—, 3-Carbamoyl-4-chlor-7-methoxy-3-
    methyl- 6316

—, 3-Carbamoyl-6,7-dimethoxy- 6471
—, 3-Carbamoyl-4,5,6-trimethoxy- 6583
—, 3-Chlor-3-[4-chlor-3-chlorsulfonyl-
    phenyl]- 6743
—, 3-Chlor-3-[4-chlor-3-sulfamoyl-
    phenyl]- 6743
—, 3-[4-Chlor-3-sulfamoyl-phenyl]- 6743
—, 3-Cyan-6,7-dimethoxy- 6472
—, [Cyan-(2-methoxy-phenyl)-methylen]-
    6432
—, 6-Cyanmethyl-5,7-dimethoxy-4-
    methyl- 6477
—, 7-Cyanmethyl-6-methoxy-4-methyl-
    6323
—, 7-Cyanmethyl-4,5,6-trimethoxy- 6585
—, 3-Cyan-4,5,6-trimethoxy- 6583
—, 6,7-Dimethoxy-3-methylcarbamoyl-
    6471
—, 3-[3,4-Dimethoxy-
    phenäthylcarbamoyl]-6,7-dimethoxy-
    6471
—, 3-[3,4-Dimethoxy-
    phenäthylcarbamoyl]-4,5,6-trimethoxy-
    6583
—, 3-[(3,4-Dimethoxy-phenäthyl)-methyl-
    carbamoyl]-6,7-dimethoxy- 6472
—, 6,7-Dimethoxy-3-phenylcarbamoyl-
    6471
—, 6,7-Dimethoxy-3-thiocarbamoyl-
    6472
—, 6,7-Dimethoxy-3-[3,4,5-trimethoxy-
    phenäthylcarbamoyl]- 6472
—, 3-[2,6-Dimethyl-4-oxo-4H-pyran-3-yl]-
    3-hydroxy- 6087
Phthalid-sulfonsäure
    s. Phthalan-sulfonsäure, Oxo-
Phthalsäure
—, 4-Acetoxy-3-hydroxymethyl-,
    — 2-lacton 6313
    — 2-lacton-1-methylester 6313
—, 4-Acetoxy-3-hydroxymethyl-5-methyl-,
    — 2-lacton 6319
—, 3-[2-Carboxy-benzyl]-,
    — anhydrid 6095
—, 3-[7-Carboxy-heptyl]-6-hexyl-,
    — anhydrid 6068
—, 4-Carboxymethyl-3,5-dimethoxy-6-
    methyl-,
    — anhydrid 6600
—, 3,5-Disulfo-,
    — anhydrid 6745
—, 3-Hexyl-6-[7-methoxycarbonyl-heptyl]-,
    — anhydrid 6068
—, 6-Hydroxymethyl-3,4-dimethoxy-,
    — 1-lacton 6473
—, 3-Hydroxymethyl-4-methoxy-,
    — 2-lacton 6313
    — 2-lacton-1-methylester 6313

Phthalsäure (Fortsetzung)
—, 3-Hydroxymethyl-6-methoxy-,
　— 2-lacton 6313
—, 3-Hydroxymethyl-4-methoxy-5-
　methyl-,
　— 2-lacton 6319
—, 6-Hydroxymethyl-3-methoxy-4-
　methyl-,
　— 1-lacton 6319
—, 3-Phthalidyl- 6191
　— dimethylester 6191
—, 3-Sulfo-,
　— anhydrid 6745
—, 4-Sulfo-,
　— anhydrid 6745
Picrolichenin 6638
Picrolicheninsäure 6638
Picrolichensäure 6638
　— methylester 6638
—, *O*-Methyl-,
　— methylester 6638
Picrotoxolinsäure
　— methylester 6582
—, Dihydro-,
　— methylester 6579
Pinastrinsäure 6563
—, *O*-Acetyl- 6564
—, *O*-Benzoyl- 6564
—, *O*-Methyl- 6563
Pinselin 6547
—, Di-*O*-acetyl- 6548
—, Di-*O*-benzoyl- 6548
—, Di-*O*-methyl- 6547
Pinselinsäure 6547
—, Di-*O*-acetyl- 6547
Pregnan-20-carbonitril
—, 20,21-Epoxy-3,17-dihydroxy-11-oxo-
　6485
Pregnan-19,21-disäure
—, 3-Acetoxy-5,14-dihydroxy-20-oxo-,
　— 21→14-lacton-19-methylester 6607
—, 3-Benzoyloxy-5,14-dihydroxy-20-oxo-,
　— 21→14-lacton-19-methylester 6607
—, 20-[4-Brom-phenylhydrazono]-3,5,14-
　trihydroxy-,
　— 21→14-lacton-19-methylester 6608
—, 5,14-Dihydroxy-3,20-bis-
　hydroxyimino-,
　— 21→14-lacton-19-methylester 6627
—, 5,14-Dihydroxy-3,20-dioxo-,
　— 21→14-lacton-19-methylester 6626
—, 3,5,14-Trihydroxy-20-hydroxyimino-,
　— 21→14-lacton-19-methylester 6608
—, 3,5,14-Trihydroxy-20-oxo-,
　— 21→14-lacton 6607
　— 21→14-lacton-19-methylester 6607

—, 3,5,14-Trihydroxy-20-
　phenylhydrazono-,
　— 21→14-lacton-19-methylester 6608
Propan
—, 1,2-Epoxy-3-[3-methoxy-phenyl]-
　6323
—, 2-Methyl-2-nitro-1-[thiophen-2-
　sulfonyloxy]- 6706
Propan-1-sulfonsäure
—, 1-[2]Furyl-3-oxo- 6738
—, 1-[2]Furyl-3-oxo-3-phenyl- 6743
Propan-1,1,2,3-tetracarbonsäure
—, 3-Hydroxy-,
　— 1-lacton 6237
　— 1-lacton-1,2,3-trimethylester 6237
　— 1,2,3-triäthylester-1-lacton 6237
Propan-1,1,3,3-tetracarbonsäure
—, 2-[β-Hydroxy-isobutyl]-,
　— lacton-trimethylester 6239
Propan-1,1,1-tricarbonsäure
—, 3-Hydroxy-,
　— diäthylester-lacton 6116
Propan-1,1,2-tricarbonsäure
—, 3-Hydroxy-3-phenyl-,
　— 1,2-diäthylester-1-lacton 6164
Propan-1,1,3-tricarbonsäure
—, 2-[2-Hydroxy-phenyl]-,
　— 1,1-diäthylester-3-lacton 6165
Propan-1,2,3-tricarbonsäure
　— 1,2-anhydrid 5963
　— 1,2-anhydrid-3-methylester 5963
—, 2-Acetoxy-,
　— 1,2-anhydrid 6457
　— 1,2-anhydrid-3-methylester 6457
—, 1,2-Dihydroxy-,
　— 3→1-lacton 6576
　— 3→1-lacton-1,2-bis-[4-nitro-
　　benzylester] 6577
　— 3→1-lacton-1,2-dimethylester
　　6576
　— 3→1-lacton-1,2-diphenacylester
　　6577
—, 1-Hydroxy-,
　— 1,2-bis-[4-brom-phenacylester]-3-
　　lacton 6116
　— 1,2-diäthylester-3-lacton 6116
　— 3-lacton 6114
　— 3-lacton-1,2-dimethylester 6115
—, 2-Hydroxymethyl-1-oxo-,
　— 2,3-diäthylester-1-lacton 6200
—, 2-Isopropyl-,
　— 1,2-anhydrid 5977
—, 2-Methyl-,
　— anhydrid 5967
Propen-1,2,3-tricarbonsäure
　— 1,2-anhydrid 5989

Propionamid
—, 2-Cyan-3-imino-3-[2-oxo-
2H-chromen-3-yl]- 6230
Propionitril
—, 3-[3-Acetyl-5-chlormethyl-2-oxo-
tetrahydro-[3]furyl]- 5981
—, 3-[2-Acetyl-4,6-dimethoxy-3-oxo-2,3-
dihydro-benzofuran-2-yl]- 6602
—, 3-[3-Acetyl-2-oxo-tetrahydro-
[3]furyl]- 5977
—, 3-[6-Äthoxy-4,7-dimethoxy-
benzofuran-5-yl]-3-oxo- 6599
—, 2-Benzoyl-3-[2,4-dioxo-chroman-3-yl]-
3-[4-methoxy-phenyl]- 6649
—, 2-Benzoyl-3-[4-hydroxy-2-oxo-
2H-chromen-3-yl]-3-[4-methoxy-phenyl]-
6649
—, 2-[4-Diäthylamino-phenylimino]-3-
oxo-3-[2]thienyl- 6009
—, 3-[3,6-Diisopropyl-1,8-dioxo-1,2,3,4,5,≠
6,7,8-octahydro-xanthen-9-yl]- 6068
—, 3-[5-Dimethoxymethyl-benzofuran-2-
yl]-3-oxo- 6076
—, 3-[5-Dimethoxymethyl-3-methyl-
benzofuran-2-yl]-3-oxo- 6077
—, 3-[5-Dimethoxymethyl-3-phenyl-
benzofuran-2-yl]-3-oxo- 6103
—, 3-[4,6-Dimethoxy-3-oxo-2-(1-
semicarbazono-äthyl)-2,3-dihydro-
benzofuran-2-yl]- 6603
—, 2-[4-Dimethylamino-phenylimino]-3-
[2]furyl-3-oxo- 6009
—, 2-[4-Dimethylamino-phenylimino]-3-
oxo-3-[2]thienyl- 6009
—, 3,3'-[6,6-Dimethyl-4-oxo-5,6-dihydro-
4H-pyran-3,3-diyl]-di- 6125
—, 3-{2-[1-(2,4-Dinitro-
phenylhydrazono)-äthyl]-4,6-dimethoxy-3-
oxo-2,3-dihydro-benzofuran-2-yl}- 6603
—, 3-[6-Methyl-1,3-dioxo-1,3,3a,4,7,7a-
hexahydro-isobenzofuran-5-yl]- 6023
—, 3,3'-[2,2,5,5-Tetramethyl-4-oxo-
dihydro-furan-3,3-diyl]-di- 6126
Propionsäure
—, 3-[9-Acetoxy-5-(2-carboxy-äthyl)-11a-
methyl-3-oxo-tetradecahydro-1,4-
methano-naphth[1,2-c]oxepin-4-yl]-2-
methyl- 6591
—, 2-[8-Acetoxy-3a,5b-dimethyl-10,12-
dioxo-dodecahydro-cyclopenta[3,4]≠
biphenyleno[4a,4b-c]furan-3-yl]- 6520
—, 2-[3'-(4-Acetoxy-2,7-dioxo-octyl)-7a-
methyl-tetrahydro-spiro[indan-4,2'-
oxiran]-1-yl]-,
— methylester 6469
—, 3-[7-Acetoxy-4-methyl-2-oxo-
2H-chromen-3-yl]- 6384
— äthylester 6384

—, 3-[2-Acetyl-4,6-dimethoxy-3-oxo-2,3-
dihydro-benzofuran-2-yl]-,
— methylester 6602
—, 3-[7-Acetyl-3,6-dimethyl-oxo-
octahydro-benzofuran-6-yl]- 5997
—, 2-Acetyl-3-[2,4-dioxo-chroman-3-yl]-
3-phenyl-,
— äthylester 6194
—, 2-Acetyl-3-[2]furyl-3-oxo-,
— äthylester 6018
—, 2-Acetylimino-3-[4-äthoxycarbonyl-5-
methyl-[2]furyl]- 6143
— äthylester 6143
—, 3-[5-Acetylimino-4,5-dihydro-
[2]thienyl]-2-benzoylimino-,
— äthylester 5989
—, 2-Acetyl-3-[7-methoxycarbonyloxy-2-
oxo-2H-chromen-3-yl]-3-oxo-,
— äthylester 6629
—, 2-Acetyl-3-oxo-3-[2-oxo-2H-chromen-3-yl]-,
— äthylester 6187
—, 3-[4-Äthoxycarbonyl-3-hydroxy-2,5-
dihydro-[2]thienyl]-,
— äthylester 6119
—, 3-[4-Äthoxycarbonyl-5-methyl-
[2]furyl]-2-benzoylimino-,
— äthylester 6143
—, 3-[4-Äthoxycarbonyl-5-methyl-
[2]furyl]-2-hydroxyimino- 6143
—, 3-[4-Äthoxycarbonyl-4-methyl-2-
oxo-hexahydro-cyclopenta[b]furan-3-yl]-,
— äthylester 6134
—, 3-[4-Äthoxycarbonyl-4-methyl-2-oxo-
tetrahydro-[3]furyl]-,
— äthylester 6122
—, 2-[2-Äthoxycarbonyl-5-oxo-
tetrahydro-[2]furyl]-,
— äthylester 6120
—, 3-[3-Äthoxycarbonyl-2-oxo-
tetrahydro-[3]furyl]-,
— äthylester 6119
—, 3-[2-Äthoxycarbonyl-3-oxo-
tetrahydro-[2]thienyl]-,
— äthylester 6119
—, 3-[4-Äthoxycarbonyl-3-oxo-
tetrahydro-[2]thienyl]-,
— äthylester 6119
—, 3-[5-Äthoxymethyl-[2]furyl]-3-
[2,4-dinitro-phenylhydrazono]-,
— äthylester 6292
—, 3-[5-Äthoxymethyl-[2]furyl]-3-oxo-,
— äthylester 6292
—, 2-[4-Äthoxy-phenylazo]-3-[2]furyl-3-oxo-,
— anilid 6003
— [4-phenylmercapto-anilid] 6008
—, 2-[4-Äthoxy-phenylazo]-3-[5-methyl-
[2]furyl]-3-oxo-,
— anilid 6014

Propionsäure (Fortsetzung)
—, 2-[4-Äthoxy-phenylhydrazono]-3-
[2]furyl-3-oxo-,
 — anilid 6003
 — [4-phenylmercapto-anilid] 6008
—, 2-[4-Äthoxy-phenylhydrazono]-3-
[5-methyl-[2]furyl]-3-oxo-,
 — anilid 6014
—, 2-[3-Äthyl-6-formyl-2-oxo-1-oxa-
spiro[4.4]non-7-yl]-3-hydroxy-,
 — methylester 6464
—, 3-[3-Äthyl-7-methoxy-2-oxo-2,3-
dihydro-benzofuran-3-yl]- 6331
 — anilid 6331
—, 3-[4-Äthyl-4-methyl-2,5-dioxo-
tetrahydro-[3]furyl]-,
 — äthylester 5981
—, 2-[3′-(4-Allophanoyloxy-2,7-dioxo-
octyl)-7a-methyl-tetrahydro-spiro[indan-
4,2′-oxiran]-1-yl]- 6468
—, 2-Benzoylimino-3-[4-carboxy-5-
methyl-[2]furyl]- 6142
—, 2-Benzoylimino-3-[2-oxo-
2H-chromen-6-yl]-,
 — anilid 6075
 — [1]naphthylamid 6075
 — p-toluidid 6075
—, 3-[7-Benzoyloxy-4-methyl-2-oxo-
2H-chromen-3-yl]-,
 — äthylester 6384
—, 2,2′-Bis-[2-chlor-phenylhydrazono]-
3,3′-dioxo-3,3′-furan-2,5-diyl-di-,
 — bis-[2]naphthylamid 6254
—, 2,2′-Bis-[4-chlor-phenylhydrazono]-
3,3′-dioxo-3,3′-furan-2,5-diyl-di-,
 — bis-[2]naphthylamid 6254
 — dianilid 6253
—, 2,2-Bis-[2-cyan-äthyl]-3-[2]furyl-3-
oxo-,
 — äthylester 6241
—, 2,2-Bis-[2-cyan-äthyl]-3-oxo-3-
[2]thienyl-,
 — äthylester 6241
—, 2,2′-Bis-[2,5-dichlor-
phenylhydrazono]-3,3′-dioxo-3,3′-furan-
2,5-diyl-di-,
 — bis-[2]naphthylamid 6254
 — dianilid 6253
—, 2,2′-Bis-[4-methoxy-phenylhydrazono]-
3,3′-dioxo-3,3′-furan-2,5-diyl-di-,
 — bis-[2]naphthylamid 6255
 — dianilid 6253
—, 3,3′-Bis-[5-methyl-[2]furyl]-3,3′-dioxo-
2,2′-biphenyl-4,4′-diyldihydrazono-di-,
 — bis-[4-brom-anilid] 6015
 — bis-[3-chlor-anilid] 6015
 — bis-[4-chlor-anilid] 6015
 — bis-[1]naphthylamid 6016

 — bis-[2]naphthylamid 6017
 — dianilid 6014
 — di-o-anisidid 6017
 — di-p-anisidid 6017
 — di-p-phenetidid 6017
 — di-o-toluidid 6015
 — di-p-toluidid 6016
—, 2,2′-Bis-[4-nitro-phenylhydrazono]-
3,3′-dioxo-3,3′-furan-2,5-diyl-di-,
 — bis-[2]naphthylamid 6254
 — dianilid 6253
—, 3-[3-(4-Brom-
phenacyloxycarbonylmethyl)-4-methyl-5-
oxo-tetrahydro-[2]furyl]-2-methyl-,
 — [4-brom-phenacylester] 6125
—, 2-[4-Brom-phenylazo]-3-[2]furyl-3-oxo-,
 — anilid 6001
 — [4-phenylmercapto-anilid] 6007
—, 2-[4-Brom-phenylazo]-3-[5-methyl-
[2]furyl]-3-oxo-,
 — anilid 6012
—, 2-[4-Brom-phenylhydrazono]-3-
[2]furyl-3-oxo-,
 — anilid 6001
 — [4-phenylmercapto-anilid] 6007
—, 2-[4-Brom-phenylhydrazono]-3-
[5-methyl-[2]furyl]-3-oxo-,
 — anilid 6012
—, 3-[5-Carboxy-1,1-dimethyl-3-oxo-
phthalan-4-yl]- 6167
—, 2-[4-Carboxy-1,1-dimethyl-3-oxo-
phthalan-5-yl]-2-methyl- 6170
—, 2-[4-Carboxymethyl-3,4-dimethyl-2-
oxo-octahydro-benzofuran-7-yl]- 6135
—, 2-[6-Carboxymethyl-3,6-dimethyl-2-
oxo-octahydro-benzofuran-7-yl]- 6135
—, 3-[4-Carboxy-5-methyl-[2]furyl]-2-
hydroxyimino- 6142
—, 3-[4-Carboxy-5-methyl-[2]furyl]-2-
thioxo- 6143
—, 3-[3-Carboxymethyl-4-methyl-5-oxo-
tetrahydro-[2]furyl]-2-methyl- 6125
—, 3-[2-Carboxy-4-methyl-5-oxo-
tetrahydro-[3]furyl]- 6121
—, 3-[4-Carboxy-4-methyl-2-oxo-
tetrahydro-[3]furyl]- 6122
—, 3-[6-Carboxy-2-oxo-chroman-8-yl]- 6167
—, 2-[4-Carboxy-2-oxo-2,5-dihydro-
[3]furyl]-2-methyl- 6129
—, 3-[3-Carboxy-2-oxo-tetrahydro-
[3]furyl]- 6119
—, 2-[2-Carboxy-5-oxo-tetrahydro-
[2]furyl]-2-methyl- 6121
—, 2-[3-Chlor-phenylazo]-3-[2]furyl-3-oxo-,
 — anilid 6001
—, 2-[4-Chlor-phenylazo]-3-[2]furyl-3-
oxo-,
 — anilid 6001

Propionsäure (Fortsetzung)

—, 2-[3-Chlor-phenylazo]-3-[5-methyl-[2]furyl]-3-oxo-,
 — anilid 6012
—, 2-[4-Chlor-phenylazo]-3-[5-methyl-[2]furyl]-3-oxo-,
 — anilid 6012
—, 2-[3-Chlor-phenylhydrazono]-3-[2]furyl-3-oxo-,
 — anilid 6001
—, 2-[4-Chlor-phenylhydrazono]-3-[2]furyl-3-oxo-,
 — anilid 6001
—, 2-[3-Chlor-phenylhydrazono]-3-[5-methyl-[2]furyl]-3-oxo-,
 — anilid 6012
—, 2-[4-Chlor-phenylhydrazono]-3-[5-methyl-[2]furyl]-3-oxo-,
 — anilid 6012
—, 2-[2-Cyan-äthyl]-3-[2]furyl-3-oxo-,
 — äthylester 6144
—, 2-[2-Cyan-äthyl]-3-oxo-3-[2]thienyl-,
 — äthylester 6144
—, 2-Cyan-3-[5,5-dimethyl-2-oxo-tetrahydro-[3]furyl]-3-imino-,
 — äthylester 6201
—, 2-Cyan-3-[2-hydroxy-phenyl]-3-oxo-,
 — lacton 6050
—, 2-Cyan-3-imino-3-[5-methyl-2-oxo-tetrahydro-[3]furyl]-,
 — äthylester 6201
—, 2-Cyan-3-imino-3-[2-oxo-2H-chromen-3-yl]-,
 — äthylester 6229
—, 2-Cyan-3-imino-3-[2-oxo-octahydro-benzofuran-3-yl]-,
 — äthylester 6210
—, 3-[4-Decyl-2,5-dioxo-2,5-dihydro-[3]furyl]- 5998
—, 2,3-Diacetoxy-3-[3,4-diacetoxy-5-oxo-tetrahydro-[2]furyl]-,
 — äthylester 6651
 — propylester 6651
—, 3-[7,8-Diacetoxy-4-methyl-2-oxo-2H-chromen-3-yl]- 6509
—, 2,2'-Diacetyl-3,3'-thiophen-2,5-diyl-di-,
 — diäthylester 6217
—, 2-Diazo-3-[2]furyl-3-oxo-,
 — methylester 6000
—, 2-[2,5-Dichlor-phenylazo]-3-[2]furyl-3-oxo-,
 — [4-phenylmercapto-anilid] 6007
—, 2-[2,5-Dichlor-phenylhydrazono]-3-[2]furyl-3-oxo-,
 — [4-phenylmercapto-anilid] 6007
—, 3,3-Dicyan-3-hydroxy-,
 — lacton 6113

—, 3,3'-Di-[2]furyl-3,3'-dioxo-2,2'-biphenyl-4,4'-diyldihydrazono-di-,
 — bis-[4-brom-anilid] 6004
 — bis-[3-chlor-anilid] 6004
 — bis-[4-chlor-anilid] 6004
 — bis-[1]naphthylamid 6005
 — bis-[2]naphthylamid 6006
 — dianilid 6003
 — di-o-anisidid 6006
 — di-p-anisidid 6007
 — di-p-phenetidid 6007
 — di-o-toluidid 6004
 — di-p-toluidid 6005
—, 3-[5,7-Dihydroxy-4-methyl-2-oxo-2H-chromen-3-yl]- 6508
—, 3-[7,8-Dihydroxy-4-methyl-2-oxo-2H-chromen-3-yl]- 6508
 — äthylester 6509
—, 3-[3,4-Dihydroxy-4-methyl-5-oxo-tetrahydro-[2]furyl]-2,3-dihydroxy- 6652
—, 3-[3,4-Dihydroxy-5-oxo-tetrahydro-[2]furyl]-2,3-dihydroxy-,
 — äthylester 6651
 — propylester 6651
—, 3-[2,5-Dimethoxy-2,5-dihydro-[2]furyl]-3-oxo-,
 — methylester 6458
—, 3-[5,7-Dimethoxy-2-(4-methoxy-phenyl)-4-oxo-4H-chromen-8-yl]- 6645
 — amid 6646
—, 3-[4,6-Dimethoxy-3-methyl-benzofuran-2-yl]-2-hydroxyimino- 6507
—, 3-[7,8-Dimethoxy-4-methyl-2-oxo-2H-chromen-3-yl]- 6509
—, 3-[6,7-Dimethoxy-1-oxo-phthalan-4-yl]- 6476
 — methylester 6476
—, 3-[4,6-Dimethoxy-3-oxo-2-(1-semicarbazono-äthyl)-2,3-dihydro-benzofuran-2-yl]-,
 — methylester 6602
—, 3-[3,4-Dimethoxy-6-oxo-7,8,9,10-tetrahydro-6H-benzo[c]chromen-1-yl]-,
 — methylester 6532
—, 3-[3-(3,4-Dimethoxy-phenyl)-6-methoxy-benzofuran-2-yl]-2-hydroxyimino- 6645
—, 3-[2,5-Dimethoxy-tetrahydro-[2]furyl]-3-oxo-,
 — methylester 6453
—, 3-[4,4-Dimethyl-2,5-dioxo-[3]furyl]- 5975
—, 2-[3,5a-Dimethyl-2,7-dioxo-octahydro-3,6-cyclo-pentaleno[1,6-bc]pyran-3a-yl]- 6039
—, 2-[3,8-Dimethyl-2,4-dioxo-octahydro-3a,6-epoxido-azulen-5-yl]- 6027
 — methylester 6028

Propionsäure (Fortsetzung)
—, 3,3'-[4,6-Dimethyl-3-oxo-
3H-benzofuran-2,2-diyl]-di- 6170
— dimethylester 6170
—, 2-[4,4-Dimethyl-5-oxo-tetrahydro-
[2]furyl]-2-hydroxy- 6273
—, 2,2-Dimethyl-3-[3,4,4-trimethyl-2,5-
dioxo-tetrahydro-[3]furyl]-,
— methylester 5982
—, 3-{2-[1-(2,4-Dinitro-
phenylhydrazono)-äthyl]-4,6-dimethoxy-3-
oxo-2,3-dihydro-benzofuran-2-yl}-,
— methylester 6602
—, 3-[2,4-Dinitro-phenylhydrazono]-3-
[5-methoxymethyl-[2]furyl]-,
— äthylester 6292
—, 3,3'-Dioxo-2,2'-bis-phenylhydrazono-
3,3'-furan-2,5-diyl-di-,
— bis-[2]naphthylamid 6254
— dianilid 6252
—, 3,3'-Dioxo-2,2'-bis-p-tolylhydrazono-
3,3'-furan-2,5-diyl-di-,
— dianilid 6253
—, 3-[2,4-Dioxo-chroman-3-yl]- 6053
—, 3-[2,4-Dioxo-chroman-3-yl]-3-oxo-,
— äthylester 6178
—, 3,3'-Dioxo-3,3'-furan-2,5-diyl-di-,
— bis-[2-chlor-anilid] 6211
— bis-[4-chlor-anilid] 6211
— bis-[5-chlor-2,4-dimethoxy-anilid]
6214
— bis-[4-chlor-2-methyl-anilid] 6212
— bis-[5-chlor-2-methyl-anilid] 6212
— bis-[2,5-diäthoxy-anilid] 6213
— bis-[2,5-diäthoxy-4-chlor-anilid]
6214
— bis-[2,5-dichlor-anilid] 6211
— bis-[1]naphthylamid 6213
— bis-[2]naphthylamid 6213
— bis-[2-nitro-anilid] 6211
— bis-[3-nitro-anilid] 6212
— bis-[4-nitro-anilid] 6212
— dianilid 6211
— di-o-anisidid 6213
— di-p-anisidid 6213
— di-o-toluidid 6212
— di-p-toluidid 6212
—, 3-[2,4-Dioxo-tetrahydro-[3]furyl]- 5968
— äthylester 5968
—, 2-[2,5-Dioxo-tetrahydro-[3]furyl]-2-
methyl- 5971
—, 3-[3-(2,5-Dioxo-tetrahydro-[3]furyl)-
3a-methyl-dodecahydro-cyclopenta[a]≠
naphthalin-6-yl]- 6045
—, 2-[2,5-Dioxo-tetrahydro-[3]furyl]-3-
phenyl- 6056
—, 3-[2,6-Dioxo-tetrahydro-pyran-3-yl]-
5970

—, 2-[2,6-Dioxo-tetrahydro-pyran-3-yl]-
2-methyl- 5975
—, 3,3'-Dioxo-3,3'-thiophen-2,5-diyl-di-,
— bis-[4-chlor-anilid] 6215
— dianilid 6214
—, 3-[2]Furyl-2-hydroxyimino-3-oxo-,
— äthylester 6000
— methylester 6000
—, 3-[2]Furyl-2-[2-methoxy-phenylazo]-3-
oxo-,
— anilid 6003
—, 3-[2]Furyl-2-[4-methoxy-phenylazo]-3-
oxo-,
— anilid 6003
—, 3-[2]Furyl-2-[2-methoxy-
phenylhydrazono]-3-oxo-,
— anilid 6003
—, 3-[2]Furyl-2-[4-methoxy-
phenylhydrazono]-3-oxo-,
— anilid 6003
—, 3-[2]Furyl-2-[1]naphthylazo-3-oxo-,
— anilid 6002
—, 3-[2]Furyl-2-[2]naphthylazo-3-oxo-,
— anilid 6002
— [4-phenylmercapto-anilid] 6008
—, 3-[2]Furyl-2-[1]naphthylhydrazono-3-
oxo-,
— anilid 6002
—, 3-[2]Furyl-2-[2]naphthylhydrazono-3-
oxo-,
— anilid 6002
— [4-phenylmercapto-anilid] 6008
—, 3-[2]Furyl-3-oxo-2-phenylazo-,
— äthylester 6000
— anilid 6001
— o-anisidid 6006
— p-anisidid 6007
— [4-brom-anilid] 6002
— [3-chlor-anilid] 6001
— [4-chlor-anilid] 6001
— [1]naphthylamid 6005
— [2]naphthylamid 6006
— p-phenetidid 6007
— o-toluidid 6004
— p-toluidid 6005
—, 3-[2]Furyl-3-oxo-2-phenylhydrazono-,
— äthylester 6000
— anilid 6001
— o-anisidid 6006
— p-anisidid 6007
— [4-brom-anilid] 6002
— [3-chlor-anilid] 6001
— [4-chlor-anilid] 6001
— [1]naphthylamid 6005
— [2]naphthylamid 6006
— p-phenetidid 6007
— o-toluidid 6004
— p-toluidid 6005

Propionsäure (Fortsetzung)
—, 3-[2]Furyl-3-oxo-2-
[4-phenylmercapto-phenylazo]-,
 — [4-brom-anilid] 6003
 — [2,5-dichlor-anilid] 6003
 — [2]naphthylamid 6006
 — *p*-phenetidid 6008
 — *p*-toluidid 6005
—, 3-[2]Furyl-3-oxo-2-
[4-phenylmercapto-phenylhydrazono]-,
 — [4-brom-anilid] 6003
 — [2,5-dichlor-anilid] 6003
 — [2]naphthylamid 6006
 — *p*-phenetidid 6008
 — *p*-toluidid 6005
—, 3-[2]Furyl-3-oxo-2-*o*-tolylazo-,
 — anilid 6002
—, 3-[2]Furyl-3-oxo-2-*p*-tolylazo-,
 — anilid 6002
 — [4-phenylmercapto-anilid] 6007
—, 3-[2]Furyl-3-oxo-2-*o*-tolylhydrazono-,
 — anilid 6002
—, 3-[2]Furyl-3-oxo-2-*p*-tolylhydrazono-,
 — anilid 6002
 — [4-phenylmercapto-anilid] 6007
—, 3-[2]Furyl-3-sulfo- 6767
 — äthylester 6767
—, 3-[1,4a,4b,6a,9,10-Hexamethyl-2,4,12-
trioxo-Δ^{10b}-tetradecahydro-naphth[1,2-*h*]≠
isochromen-1-yl]- 6184
—, 3-[6-Hydroxy-4,7-dimethoxy-
benzofuran-5-yl]-3-oxo-,
 — äthylester 6599
—, 3-[6-Hydroxy-4,7-dimethoxy-2,3-
dihydro-benzofuran-5-yl]-3-oxo-,
 — äthylester 6585
—, 3-[5-Hydroxy-4,7-dimethyl-2-oxo-
2*H*-chromen-3-yl]- 6391
 — äthylester 6391
—, 3-[9b-Hydroxy-7,9-dimethyl-2-oxo-
3,4-dihydro-2*H*,9b*H*-pyrano[3,2-*b*]≠
benzofuran-4a-yl]- 6170
—, 2-[4-Hydroxy-3,8-dimethyl-2-oxo-
octahydro-3a,6-epoxido-azulen-5-yl]- 6306
 — methylester 6306
—, 2-[3'-(4-Hydroxy-2,7-dioxo-octyl)-7a-
methyl-tetrahydro-spiro[indan-4,2'-
oxiran]-1-yl]- 6468
 — methylester 6468
—, 2-Hydroxyimino-3-[6-methoxy-3,7-
dimethyl-benzofuran-2-yl]- 6390
—, 2-Hydroxyimino-3-[6-methoxy-3-(4-
methoxy-phenyl)-benzofuran-2-yl]- 6562
—, 2-Hydroxyimino-3-[6-methoxy-3-
methyl-benzofuran-2-yl]- 6381
—, 3-[7-Hydroxy-5-methoxy-2,2-
dimethyl-6-(2-methyl-butyryl)-chroman-8-
yl]-3-phenyl- 6553

 — äthylester 6553
—, 3-[4-Hydroxy-3-methoxy-6-oxo-
7,8,9,10-tetrahydro-6*H*-benzo[*c*]chromen-
1-yl]- 6532
—, 3-[7-Hydroxy-4-methyl-2-oxo-
2*H*-chromen-3-yl]- 6383
 — äthylester 6384
—, [4-Hydroxy-5-methyl-2-oxo-2,5-
dihydro-[3]furyl]- 5973
 — äthylester 5973
—, 3-[2-Hydroxy-3-methyl-6-oxo-2-selenophen-
2-yl-tetrahydro-pyran-3-yl]- 6148
—, 2-Hydroxy-2-[2-methyl-5-oxo-
tetrahydro-[3]furyl]- 6270
—, 3-[2-Hydroxy-3-methyl-6-oxo-2-
[2]thienyl-tetrahydro-pyran-3-yl]- 6148
—, 3-[4-Hydroxy-2-oxo-2*H*-chromen-3-
yl]- 6053
—, 3-[4-Hydroxy-2-oxo-2*H*-chromen-3-
yl]-3-oxo-,
 — äthylester 6178
—, 3-[7-Hydroxy-2-oxo-2*H*-chromen-3-
yl]-3-oxo-,
 — äthylester 6526
—, 3-[4-Hydroxy-2-oxo-2,5-dihydro-
[3]furyl]- 5968
 — äthylester 5968
—, 3-[9b-Hydroxy-2-oxo-3,4-dihydro-
2*H*,9b*H*-pyrano[3,2-*b*]benzofuran-4a-yl]-
6167
—, 3-[10b-Hydroxy-2-oxo-3,4-dihydro-
2*H*,10b*H*-pyrano[3,2-*c*]chromen-4a-yl]-
6169
—, 3-[4-Hydroxy-2-oxo-3-phenyl-
tetrahydro-[3]furyl]- 6328
—, 3-[4-Hydroxy-3-oxo-tetrahydro-
[2]thienyl]- 6267
 — methylester 6267
—, 3-[6-Hydroxy-2,3,4-trimethoxy-6-
methoxycarbonylmethyl-6,7,8,9-
tetrahydro-5*H*-benzocyclohepten-5-yl]-,
 — lacton 6605
—, 3-[7-Hydroxy-3,6a,8-trimethyl-2,10-
dioxo-octahydro-3,9a-methano-cyclopent≠
[*b*]oxocin-7-yl]- 6467
 — methylester 6468
—, 3-[4-Methoxycarbonyl-5-methyl-2-
oxo-2,3,4,5-tetrahydro-benz[*b*]oxepin-5-yl]-,
 — methylester 6169
—, 3-[6-Methoxycarbonyl-2-oxo-
chroman-8-yl]-,
 — methylester 6167
—, 2-[4-Methoxycarbonyl-2-oxo-
tetrahydro-[3]furyl]-2-methyl-,
 — methylester 6121
—, 3-[7-Methoxycarbonyloxy-2-oxo-
2*H*-chromen-3-yl]-3-oxo-,
 — äthylester 6526

Propionsäure (Fortsetzung)
—, 3-[5-Methoxymethyl-[2]furyl]-3-oxo-,
  — äthylester 6292
—, 3-[7-Methoxy-4-methyl-2-oxo-
  2H-chromen-3-yl]- 6384
—, 2-[2-(6-Methoxy-[2]naphthyl)-5-oxo-
  tetrahydro-[2]furyl]-2-methyl-,
  — äthylester 6089
  — methylester 6089, 6412
—, 3,3′-[7-Methoxy-2-oxo-benzofuran-3-
  yliden]-di- 6604
—, 2-{[(7-Methoxy-2-oxo-2H-chromen-4-
  yl)-acetyl]-hydrazono}- 6356
—, 3-[8-Methoxy-2-oxo-2H-chromen-3-
  yl]-3-oxo-,
  — äthylester 6526
—, 2-[2-Methoxy-phenylazo]-3-[5-methyl-
  [2]furyl]-3-oxo-,
  — anilid 6014
—, 2-[4-Methoxy-phenylazo]-3-[5-methyl-
  [2]furyl]-3-oxo-,
  — anilid 6014
—, 2-[2-Methoxy-phenylhydrazono]-3-
  [5-methyl-[2]furyl]-3-oxo-,
  — anilid 6014
—, 2-[4-Methoxy-phenylhydrazono]-3-
  [5-methyl-[2]furyl]-3-oxo-,
  — anilid 6014
—, 3-[4-Methyl-2,5-dioxo-2,5-dihydro-
  [3]furyl]- 5990
—, 3-[4-Methyl-2,5-dioxo-tetrahydro-
  [3]furyl]- 5973
—, 3-[5-Methyl-2,4-dioxo-tetrahydro-
  [3]furyl]- 5973
  — äthylester 5973
—, 3-[5-Methyl-[2]furyl]-2-
  [1]naphthylazo-3-oxo-,
  — anilid 6013
—, 3-[5-Methyl-[2]furyl]-2-
  [2]naphthylazo-3-oxo-,
  — anilid 6014
—, 3-[5-Methyl-[2]furyl]-2-
  [1]naphthylhydrazono-3-oxo-,
  — anilid 6013
—, 3-[5-Methyl-[2]furyl]-2-
  [2]naphthylhydrazono-3-oxo-,
  — anilid 6014
—, 3-[5-Methyl-[2]furyl]-3-oxo-2-
  phenylazo-,
  — anilid 6012
  — o-anisidid 6017
  — p-anisidid 6017
  — [4-brom-anilid] 6013
  — [3-chlor-anilid] 6012
  — [4-chlor-anilid] 6012
  — [1]naphthylamid 6016
  — [2]naphthylamid 6016
  — p-phenetidid 6017

  — o-toluidid 6015
  — p-toluidid 6015
—, 3-[5-Methyl-[2]furyl]-3-oxo-2-
  phenylhydrazono-,
  — anilid 6012
  — o-anisidid 6017
  — p-anisidid 6017
  — [4-brom-anilid] 6013
  — [3-chlor-anilid] 6012
  — [4-chlor-anilid] 6012
  — [1]naphthylamid 6016
  — [2]naphthylamid 6016
  — p-phenetidid 6017
  — o-toluidid 6015
  — p-toluidid 6015
—, 3-[5-Methyl-[2]furyl]-3-oxo-2-o-tolylazo-,
  — anilid 6013
—, 3-[5-Methyl-[2]furyl]-3-oxo-2-p-tolylazo-,
  — anilid 6013
—, 3-[5-Methyl-[2]furyl]-3-oxo-2-
  o-tolylhydrazono-,
  — anilid 6013
—, 3-[5-Methyl-[2]furyl]-3-oxo-2-
  p-tolylhydrazono-,
  — anilid 6013
—, 3-[3a-Methyl-2-oxo-hexahydro-
  cyclopenta[b]furan-4-yl]-3-oxo-,
  — äthylester 5995
—, 2-Methyl-2-[2-oxo-tetrahydro-
  [3]furyl]- 6129
—, 2-Methyl-2-[3,5,5-trimethyl-2,6-dioxo-
  tetrahydro-pyran-3-yl]-,
  — methylester 5982
—, 3,3′-[3-Oxo-3H-benzofuran-2,2-diyl]-di-
  6167
  — diäthylester 6167
  — dimethylester 6167
—, 3,3′-[4-Oxo-chroman-3,3-diyl]-di-
  6169
  — diphenylester 6169
—, 3,3′-[5-Oxo-dihydro-furan-2,2-diyl]-di-
  6123
  — dibutylester 6124
—, 3-Oxo-3-[2-oxo-2H-chromen-3-yl]-,
  — äthylester 6075
—, 3-Oxo-3-[2-oxo-2H-cyclohepta[b]=
  furan-3-yl]-,
  — äthylester 6074
—, 3,3′-[2,2,5,5-Tetramethyl-4-oxo-
  dihydro-furan-3,3-diyl]-di- 6125
—, 3-[5,6,7-Trimethoxy-1-oxo-
  1H-isochromen-4-yl]- 6601
  — methylester 6601
Propylquecksilber(1⁺)
—, 3-[5-Äthoxycarbonyl-thiophen-2-
  sulfonylamino]-2-methoxy- 6766
—, 2-Methoxy-3-[thiophen-2-
  sulfonylamino]- 6708

Pseudocholoidansäure 6258
— dimethylester 6259
— tetramethylester 6259
Pseudogibberellin-A$_1$ 6516
— methylester 6517
—, Dihydro- 6481
— methylester 6481
Pulvillorsäure 6333
Pulvinsäure 6100
— äthylester 6101
— anilid 6101
—, O-Acetyl-,
— äthylester 6440
— methylester 6439
—, Dihydro- 6097
—, O-Methyl-,
— methylester 6439
Pyran-3-carbonitril
—, 6-Benzoyl-3-nitro-2-nitryloxy-2-
phenyl-tetrahydro- 6423
—, x-Brom-4-hydroxy-2,4-dimethyl-6-
oxo-5,6-dihydro-4H- 5974
—, 4-Hydroxy-2,4-dimethyl-6-oxo-5,6-
dihydro-4H- 5974
—, 6-[4-Methoxy-benzoyl]-2-[4-methoxy-
phenyl]-5,6-dihydro-4H- 6562
—, 3-Methyl-2,6-dioxo-4-phenyl-
tetrahydro- 6057
Pyran-4-carbonitril
—, 2-Chlormethyl-4,5-dihydroxy-4H-
6279
—, 6-Chlormethyl-4-hydroxy-3-oxo-3,4-
dihydro-2H- 6279
Pyran-2-carbonsäure
—, 6-Acetoacetyl-4-oxo-4H- 6155
— äthylester 6155
— methylester 6155
—, 4-Acetoxy-6-oxo-6H-,
— äthylester 6288
—, 5-Acetoxy-4-oxo-4H-,
— äthylester 6290
— methylester 6289
—, 5-Acetoxy-4-thioxo-4H-,
— äthylester 6290
—, 5-Äthoxycarbonyloxy-4-oxo-4H-,
— äthylester 6290
—, 3-Äthoxymethylen-4-oxo-tetrahydro-,
— äthylester 6279
—, 5-Äthoxymethylen-4-oxo-tetrahydro-,
— äthylester 6279
—, 4-Äthoxy-6-oxo-6H-,
— amid 6288
— methylester 6288
—, 5-Äthoxy-4-oxo-4H-,
— äthylester 6290
—, 5-Äthyliden-2-hydroxymethyl-3-
methyl-6-oxo-tetrahydro- 6282

— acetonylester 6283
—, 6-Anilino-4-oxo-4H- 5986
—, 6-Anilino-4-phenylimino-4H-,
— anilid 5987
—, 6-Benzoyl-4,5-dioxo-5,6-dihydro-
4H- 6185
—, 6-Benzoyl-5-hydroxy-4-oxo-4H-
6185
—, 6-Benzoyl-4-oxo-5-phenacyloxy-4H-,
— phenacylester 6540
—, 5-Benzoyloxy-4-oxo-4H- 6289
— äthylester 6290
—, 5-Benzoyloxy-4-thioxo-4H-,
— äthylester 6290
—, 6-Benzyl-4,5-dioxo-5,6-dihydro-4H-
6076
—, 6-Benzyl-5-hydroxy-4-oxo-4H- 6076
—, 4,6-Bis-phenylimino-5,6-dihydro-4H-,
— anilid 5987
—, 6-[2-Brom-acetoacetyl]-4-oxo-4H-,
— äthylester 6155
—, 3,4-Dibenzyl-5,6-dioxo-tetrahydro-
6100
—, 3,4-Dibenzyl-5-hydroxy-6-oxo-3,6-
dihydro-2H- 6100
—, 6,6-Dibrom-4,5-dioxo-5,6-dihydro-
4H- 5985
—, 3,4-Dihydroxy-5,6-dihydro-4H-
6264
—, 3,5-Dihydroxy-4-oxo-4H- 6126
—, 4,5-Dihydroxy-6-oxo-6H- 6460
—, 5,6-Dihydroxy-4-oxo-4H- 6460
—, 3,5-Dimethoxy-4-oxo-4H-,
— methylester 6459
—, 4,5-Dimethoxy-6-oxo-6H-,
— methylester 6460
—, 6-[3,4-Dimethoxy-phenyl]-4-oxo-4H-,
— äthylester 6526
—, 6-[α-(2,4-Dinitro-phenylhydrazono)-
benzyl]-4,5-dioxo-5,6-dihydro-4H-
6185
—, 4,5-Dioxo-5,6-dihydro-4H- 5985
— äthylester 5985
— methylester 5985
—, 4,6-Dioxo-5,6-dihydro-4H- 5986
— äthylester 5987
— methylester 5987
—, 5,6-Dioxo-5,6-dihydro-4H- 5987
—, 4,5-Dioxo-6-phenylhydrazono-5,6-
dihydro-4H- 6136
—, 4,5-Dioxo-6-[4-sulfamoyl-
phenylhydrazono]-5,6-dihydro-4H-,
— äthylester 6136
—, 4,6-Dioxo-tetrahydro- 5962
—, 5-Hydroxy-6-jod-4-oxo-4H- 5986
— äthylester 5986
—, 5-Hydroxy-4-methoxy-6-oxo-6H-,
— methylester 6460

Pyran-2-carbonsäure (Fortsetzung)

—, 3-Hydroxymethyl-6,6-dimethyl-4-oxo-5,6-dihydro-4H-,
  — amid 6281

—, 4-Hydroxy-6-oxo-6H- 5986
  — äthylester 5987
  — methylester 5987

—, 5-Hydroxy-4-oxo-4H- 5985
  — äthylester 5985
  — methylester 5985

—, 5-Hydroxy-6-oxo-6H- 5987

—, 4-Hydroxy-6-oxo-3,6-dihydro-2H- 5962

—, 5-Hydroxy-6-oxo-3,4-diphenyl-tetrahydro- 6421

—, 4-Hydroxy-3-oxo-tetrahydro- 6264

—, 5-Hydroxy-4-thioxo-4H-,
  — äthylester 5986

—, 6-Jod-4,5-dioxo-5,6-dihydro-4H- 5986
  — äthylester 5986

—, 4-Methoxy-6-oxo-6H- 6288
  — äthylester 6288
  — amid 6288
  — methylester 6288

—, 5-Methoxy-4-oxo-4H- 6289
  — äthylester 6290
  — methylester 6289

—, 5-Methoxy-6-oxo-6H- 6289
  — methylester 6289

—, 4-Methoxy-6-oxo-3,6-dihydro-2H-,
  — methylester 6276

—, 6-[2-Methoxy-phenyl]-4-oxo-4H-,
  — methylester 6402

—, 6-[4-Methoxy-phenyl]-4-oxo-4H-,
  — methylester 6402

—, 6-[5-(4-Methoxy-phenyl)-3-oxo-pent-4-enoyl]-4-oxo-4H-,
  — äthylester 6642

—, 6-[3-(4-Methoxy-phenyl)-3-oxo-propionyl]-4-oxo-4H-,
  — äthylester 6633

—, 6-[5-Methyl-3-oxo-hex-4-enoyl]-4-oxo-4H-,
  — äthylester 6166

—, 4-Oxo-6-[3-oxo-3-phenyl-propionyl]-4H- 6188
  — äthylester 6188

—, 4-Oxo-6-phenylimino-5,6-dihydro-4H- 5986

—, 5-Oxo-4-thioxo-5,6-dihydro-4H-,
  — äthylester 5986

—, 3,4,5-Trimethoxy-6-oxo-tetrahydro-,
  — methylester 6569

—, 3,4,5-Trioxo-tetrahydro- 6126

Pyran-3-carbonsäure

—, 6-Acetoxy-2-[4-methoxy-styryl]-4-oxo-4H-,
  — äthylester 6541

—, 4-Acetoxy-2-[4-methoxy-styryl]-6-oxo-6H-,
  — äthylester 6541

—, 4-Acetoxy-6-oxo-2-styryl-6H-,
  — äthylester 6409

—, 5-Acetyl-2-[3-äthoxycarbonyl-4-benzoyloxy-penta-1,3-dienyl]-6-oxo-6H-,
  — äthylester 6666

—, 5-Acetyl-2-[3-äthoxycarbonyl-4-oxo-pent-1-enyl]-6-oxo-6H-,
  — äthylester 6247
  — methylester 6247

—, 5-Acetyl-2-[3-methoxycarbonyl-4-oxo-pent-1-enyl]-6-oxo-6H-,
  — äthylester 6246
  — methylester 6246

—, 3-Acetyl-6-methyl-2-oxo-tetrahydro-,
  — äthylester 5976

—, 6-Äthoxy-3,5-dimethyl-2,4-dioxo-3,4-dihydro-2H-,
  — äthylester 6462

—, 6-Äthoxy-2,4-dioxo-3,4-dihydro-2H-,
  — äthylester 6460

—, 6-Äthoxy-4-hydroxy-2-oxo-2H-,
  — äthylester 6460

—, 5-Äthoxyoxalyl-2-methyl-6-oxo-tetrahydro-,
  — äthylester 6201

—, 2-Äthyl-4,6-dioxo-5-propionyl-5,6-dihydro-4H- 6146

—, 5-Äthyl-4-hydroxy-2-methyl-6-oxo-6H- 5991
  — äthylester 5991

—, 5-Äthyl-2-methyl-4,6-dioxo-5,6-dihydro-4H- 5991
  — äthylester 5991

—, 5-Amino-2,4-dimethyl-6-oxo-6H-,
  — äthylester 5989

—, 5-Benzoylamino-2,4-dimethyl-6-oxo-6H-,
  — äthylester 5989

—, 5-Benzoylimino-2,4-dimethyl-6-oxo-5,6-dihydro-4H-,
  — äthylester 5989

—, 5-Benzyl-4-hydroxy-2-methyl-6-oxo-6H- 6077
  — äthylester 6077

—, 5-Benzyl-2-methyl-4,6-dioxo-5,6-dihydro-4H- 6077
  — äthylester 6077

—, 2-[2-Brom-5-methoxy-phenyl]-6-oxo-tetrahydro- 6323

—, 2-Butyl-4,6-dioxo-5-valeryl-5,6-dihydro-4H- 6151

—, 5-Butyryl-4,6-dioxo-2-propyl-5,6-dihydro-4H- 6147

—, 6-Chlor-2,4-dioxo-3,4-dihydro-2H- 5987
  — äthylester 5988
  — methylester 5988

Pyran-3-carbonsäure (Fortsetzung)
—, 6-Chlor-4-hydroxy-2-oxo-2H- 5987
  — äthylester 5988
  — methylester 5988
—, 6-[4-Cyclohexyl-phenyl]-4-[2]furyl-6-
  hydroxy-2-oxo-tetrahydro- 6189
—, 5-[2,3-Dimethoxy-cinnamoyl]-4-
  hydroxy-2-methyl-6-oxo-6H- 6674
—, 5-[2,3-Dimethoxy-cinnamoyl]-2-
  methyl-4,6-dioxo-5,6-dihydro-4H- 6674
—, 4-[2,3-Dimethoxy-phenyl]-2-methyl-6-
  oxo-6H-,
  — äthylester 6528
—, 2,4-Dioxo-6-phenoxy-3,4-dihydro-
  2H-,
  — phenylester 6460
—, 2,4-Dioxo-6-phenyl-3,4-dihydro-2H-,
  — äthylester 6074
—, 2,4-Dioxo-6-styryl-3,4-dihydro-2H-,
  — methylester 6087
—, 4,6-Dioxo-2-styryl-5,6-dihydro-4H-
  6087
  — äthylester 6087
—, 6-Formyl-2-methyl-5-[2-oxo-äthoxy]-
  6H- 6293
—, 5-Formyl-2-methyl-6-oxo-tetrahydro-,
  — äthylester 5971
—, 4-[1-Formyl-propenyl]-6-oxo-5,6-
  dihydro-4H-,
  — methylester 6019
—, 5-Hexanoyl-4,6-dioxo-2-pentyl-5,6-
  dihydro-4H- 6153
—, 4-Hydroxy-2,6-dioxo-5,6-dihydro-
  2H-,
  — anilid 6127
  — p-phenetidid 6127
  — p-toluidid 6127
—, 4-Hydroxy-6-hydroxymethyl-2-oxo-
  2H-,
  — methylester 6461
—, 4-Hydroxy-6-methoxy-2-oxo-2H-,
  — methylester 6460
—, 6-Hydroxymethyl-2,4-dioxo-3,4-
  dihydro-2H-,
  — methylester 6461
—, 5-Hydroxymethylen-2-methyl-6-oxo-
  tetrahydro-,
  — äthylester 5971
—, 4-Hydroxy-2-methyl-5-[2-methyl-1-
  phenyl-propyl]-6-oxo-6H- 6079
  — äthylester 6080
—, 4-Hydroxy-2-methyl-5-[1]naphthyl-6-
  oxo-6H- 6097
  — äthylester 6097
—, 5-Hydroxymethyl-6-oxo-3,5-diphenyl-
  tetrahydro- 6423
  — äthylester 6423
  — methylester 6423

—, 4-Hydroxy-2-methyl-6-oxo-5-phenyl-
  6H- 6077
  — äthylester 6077
—, 4-Hydroxy-2-methyl-6-oxo-5-
  [1-phenyl-propyl]-6H- 6079
  — äthylester 6079
—, 4-Hydroxy-2-oxo-6-phenoxy-2H-,
  — phenylester 6460
—, 4-Hydroxy-2-oxo-6-phenyl-2H-,
  — äthylester 6074
—, 4-Hydroxy-2-oxo-6-styryl-2H-,
  — methylester 6087
—, 4-Hydroxy-6-oxo-2-styryl-6H- 6087
  — äthylester 6087
—, 5-Imino-2,4-dimethyl-6-oxo-5,6-
  dihydro-4H-,
  — äthylester 5989
—, 2-Isobutyl-5-isovaleryl-4,6-dioxo-5,6-
  dihydro-4H- 6151
—, 2-Methoxy-2,6-dimethyl-tetrahydro-,
  — methylester 5976
—, 6-Methoxy-2,4-dioxo-3,4-dihydro-
  2H-,
  — methylester 6460
—, 4-[2-Methoxy-5-methyl-phenyl]-2-
  methyl-6-oxo-6H- 6403
—, 4-[4-Methoxy-phenyl]-2-methyl-6-
  oxo-6H- 6402
  — äthylester 6402
—, 2-Methyl-4,6-dioxo-5-phenyl-5,6-
  dihydro-4H- 6077
  — äthylester 6077
—, 2-Methyl-4,6-dioxo-5-[1-phenyl-
  propyl]-5,6-dihydro-4H- 6079
  — äthylester 6079
—, 2-Methyl-5-[2-methyl-1-phenyl-
  propyl]-4,6-dioxo-5,6-dihydro-4H- 6079
  — äthylester 6080
—, 2-Methyl-5-[1]naphthyl-4,6-dioxo-5,6-
  dihydro-4H- 6097
  — äthylester 6097
—, 5-[4-Nitro-benzoyloxymethyl]-6-oxo-
  3,5-diphenyl-tetrahydro-,
  — äthylester 6424
—, 4,4,5-Triacetyl-2-amino-6-methyl-4H-,
  — äthylester 6216
—, 4,4,5-Triacetyl-2-imino-6-methyl-3,4-
  dihydro-2H-,
  — äthylester 6216
—, 2,4,6-Trioxo-tetrahydro-,
  — anilid 6127
  — p-phenetidid 6127
  — p-toluidid 6127
Pyran-4-carbonsäure
—, 3-Benzyl-2,6-dioxo-tetrahydro- 6056
—, 2-Chlormethyl-4,5-dihydroxy-4H-
  6279

Pyran-4-carbonsäure (Fortsetzung)
—, 3,3-Dimethyl-2,6-dioxo-tetrahydro-
5971
—, 6-[4-Methoxy-phenyl]-2-oxo-2*H*-
6401
   — methylester 6402
—, 4-Methyl-2,6-dioxo-tetrahydro- 5967
—, 2-Oxo-3-phenacyl-6-phenyl-2*H*-,
   — methylester 6105
Pyran-3-carbonylchlorid
—, 5-Acetoxymethyl-6-oxo-3,5-diphenyl-
tetrahydro- 6424
Pyran-2,4-dicarbonsäure
—, 3,6-Dioxo-3,6-dihydro-2*H*-,
   — diäthylester 6203
—, 3-Hydroxy-6-oxo-6*H*-,
   — diäthylester 6203
—, 6-Oxo-tetrahydro- 6116
Pyran-2,6-dicarbonsäure
—, 3-Acetoxy-4-oxo-4*H*-,
   — diäthylester 6580
—, 3-Acetoxy-4-thioxo-4*H*-,
   — diäthylester 6580
—, 3-Äthoxycarbonyloxy-4-oxo-4*H*-,
   — diäthylester 6580
—, 3-Äthoxy-4-oxo-4*H*-,
   — diäthylester 6580
—, 3-Benzoyloxy-4-oxo-4*H*- 6579
   — diäthylester 6580
—, 3,5-Dibrom-4-[4-nitro-
phenylhydrazono]-4*H*-,
   — diäthylester 6138
—, 4-[2,4-Dinitro-phenylhydrazono]-3,4-
dihydro-2*H*-,
   — dimethylester 6127
—, 3,4-Dioxo-3,4-dihydro-2*H*- 6203
   — 6-äthylester 6204
   — bis-benzylidenhydrazid 6205
   — bis-[2-carboxy-3,4-dimethoxy-
benzylidenhydrazid] 6206
   — bis-[4-dimethylamino-
benzylidenhydrazid] 6206
   — bis-furfurylidenhydrazid 6206
   — bis-[1-phenyl-äthylidenhydrazid]
6205
   — bis-salicylidenhydrazid 6205
   — bis-vanillylidenhydrazid 6205
   — diäthylester 6204
   — dihydrazid 6204
   — dimethylester 6204
—, 3-Hydroxy-4-oxo-4*H*- 6203
   — 6-äthylester 6204
   — bis-benzylidenhydrazid 6205
   — bis-[2-carboxy-3,4-dimethoxy-
benzylidenhydrazid] 6206
   — bis-[4-dimethylamino-
benzylidenhydrazid] 6206

   — bis-furfurylidenhydrazid 6206
   — bis-[1-phenyl-äthylidenhydrazid]
6205
   — bis-salicylidenhydrazid 6205
   — 2,6-bis-vanillylidenhydrazid 6205
   — diäthylester 6204
   — dihydrazid 6204
   — dimethylester 6204
—, 3-Hydroxy-4-thioxo-4*H*-,
   — diäthylester 6206
—, 3-Methoxy-4-oxo-4*H*-,
   — dimethylester 6580
—, 4-[4-Nitro-phenylhydrazono]-4*H*-,
   — diäthylester 6137
—, 4-Oxo-4*H*- 6136
   — bis-[2-chlor-äthylester] 6137
   — diäthylester 6137
   — dianilid 6137
   — diisopropylester 6137
   — dimethylester 6137
   — monoäthylester 6137
—, 4-Oxo-3,4-dihydro-2*H*-,
   — diäthylester 6127
   — dimethylester 6127
—, 4-Oxo-3-phenyl-4*H*- 6186
   — diäthylester 6186
—, 4-Oxo-tetrahydro- 6117
   — diäthylester 6117
   — dimethylester 6117
—, 3-Oxo-4-thioxo-3,4-dihydro-2*H*-,
   — diäthylester 6206
—, Tetradeuterio-4-oxo-4*H*- 6136
—, 4-Thioxo-4*H*-,
   — diäthylester 6138
Pyran-3,4-dicarbonsäure
—, 5,5-Dimethyl-2-oxo-5,6-dihydro-2*H*-
6129
   — diäthylester 6130
   — dimethylester 6129
—, 5,5-Dimethyl-2-oxo-tetrahydro-
6120
   — dimethylester 6121
—, 5,6-Dioxo-5,6-dihydro-4*H*-,
   — diäthylester 6206
—, 5-Hydroxy-6-oxo-6*H*-,
   — diäthylester 6206
Pyran-3,5-dicarbonsäure
—, 2-Äthoxy-6-methyl-tetrahydro-,
   — diäthylester 5971
—, 6-Äthoxy-2-oxo-2*H*-,
   — diäthylester 6581
—, 2,6-Bis-[4-butoxy-styryl]-4-oxo-4*H*-
6680
—, 2,6-Bis-[4-methoxy-styryl]-4-oxo-4*H*-
6680
—, 3,5-Diacetyl-tetrahydro- 6202
   — diäthylester 6202
   — monoäthylester 6202

Pyran-3,5-dicarbonsäure (Fortsetzung)
—, 2,6-Dimethyl-4-oxo-4*H*-,
  — diäthylester 6140
—, 2,6-Dimethyl-4-phenylhydrazono-
tetrahydro-,
  — diäthylester 6121
—, 2,6-Dimethyl-4-thioxo-4*H*-,
  — diäthylester 6141
—, 2,6-Diphenyl-4-thioxo-4*H*-,
  — diäthylester 6195
—, 6-Methoxy-2-oxo-2*H*-,
  — dimethylester 6580
—, 4-Oxo-2,6-bis-[3,4,5-trimethoxy-
styryl]-4*H*- 6696
—, 4-Oxo-2,6-diphenyl-4*H*-,
  — diäthylester 6194
—, 4-Oxo-2,6-distyryl-4*H*- 6197
—, 2-Oxo-6-phenyl-2*H*-,
  — diäthylester 6185
Pyrano[4,3-*b*][1]benzopyran
s. Pyrano[4,3-*b*]chromen
Pyrano[3,2-*c*]chromen-10-carbonsäure
—, 5-Hydroxy-8,9-dimethoxy-2-methyl-4-
oxo-4*H*,5*H*-,
  — methylester 6671
Pyrano[4,3-*b*]chromen-9-carbonsäure
—, 7,8-Diäthoxy-3-hydroxy-3-methyl-10-
oxo-4,10-dihydro-1*H*,3*H*-,
  — äthylester 6667
—, 3-Hydroxy-7,8-dimethoxy-3-methyl-
10-oxo-4,10-dihydro-1*H*,3*H*-,
  — methylester 6667
—, 3,7,8-Trihydroxy-3-methyl-10-oxo-
4,10-dihydro-1*H*,3*H*- 6666
Pyrano[2,3,4-*de*]chromen-2-on
—, 9a-Hydroxy-5,6-dimethoxy-8,8-
dimethyl-3,8,9,9a-tetrahydro- 6479
Pyrano[4,3-*f*]chromen-2-on
—, 4-Hydroxy-5,6-dimethoxy-4,8,8-
trimethyl-1,8,9,10-tetrahydro-4*H*- 6480
Pyran-2-on
—, 6-[4-Benzyloxy-3-hydroxy-[2]thienyl]-
6-hydroxy-tetrahydro- 6462
—, 6-[3,4-Bis-benzyloxy-[2]thienyl]-6-
hydroxy-tetrahydro- 6462
—, 6-[3,4-Dimethoxy-[2]thienyl]-6-
hydroxy-tetrahydro- 6462
—, 4-[2]Furyl-6-hydroxy-6-[4-methoxy-
phenyl]-tetrahydro- 6404
Pyran-4-on
—, 5,5-Bis-[2-cyan-äthyl]-2,2-dimethyl-
tetrahydro- 6125
Pyrano[4,3,2-*kl*]xanthen-2,3-dion
—, 11b-Hydroxy-11b*H*- 6095
Pyran-3-thiocarbonsäure
—, 4-Hydroxy-6-methyl-2-oxo-2*H*-,
  — anilid 5989

—, 6-Methyl-2,4-dioxo-3,4-dihydro-2*H*-,
  — anilid 5989
Pyran-2-thiosulfinsäure
—, 3,4,5-Triacetoxy-6-acetoxymethyl-
tetrahydro-,
  — *S*-[tetra-*O*-acetyl-
glucopyranosylester] 6700
Pyran-2,4,6-trion
—, 3,5-Dibutyryl- 6147
—, 3,5-Dihexanoyl- 6153
—, 3,5-Diisovaleryl- 6151
—, 3,5-Dipropionyl- 6146
—, 3,5-Divaleryl- 6151
Pyrylium
—, 4-Hydroxy-2-methoxycarbonyl-6-
[4-methoxy-phenyl]- 6402

R

Reduktobiliobansäure 6593
  — dimethylester 6593
Reduktoisobiliobansäure 6593
  — dimethylester 6594
Retronecinsäure
  — acetonylester-lacton 6283
  — lacton 6282
Retusaminsäure 6124
Rhizocarpsäure 6102
Ribarsäure
  — 1→4-lacton 6451
Rosolsäure 6031
  — methylester 6031
Rubiginsäure 6126

S

Sarmentosid-A-säure 6659
—, Tetra-*O*-acetyl-,
  — methylester 6659
Sarmentosigenin-A-säure
—, *O*^{11}-Acetyl-*O*^{3}-[tri-*O*-acetyl-6-desoxy-
talopyranosyl]-,
  — äthylester 6660
  — methylester 6659
—, *O*^{11}-Acetyl-*O*^{3}-[tri-*O*-acetyl-
rhamnopyranosyl]-,
  — äthylester 6660
  — methylester 6659
—, *O*^{3}-[6-Desoxy-talopyranosyl]- 6659
—, *O*^{3}-Rhamnopyranosyl- 6658
  — äthylester 6659

Sarverogeninätiosäure
—, Di-*O*-acetyl- 6590
— benzhydrylester 6591
— methylester 6590
Schellolsäure
—, Dihydro-,
— δ-lacton 6310
Schleimsäure
s. Galactarsäure
Scilliglaucosidinsäure
—, *O*³-Acetyl- 6544
— methylester 6544
13,14-Seco-abietan-14,18-disäure
—, 7,8-Epoxy-13-oxo- 6153
13,14-Seco-abietan-18-säure
—, 7,8-Epoxy-13,14-bis-hydroxyimino-
6154
—, 7,8-Epoxy-13,14-dioxo- 6153
2,3-Seco-androstan-2,3-disäure
—, 17-Acetoxy-5-hydroxy-,
— 2-lacton 6311
—, 5,17-Dihydroxy-,
— 2→5-lacton 6310
— 2→5-lacton-3-methylester 6311
3,4-Seco-androstan-3,4-disäure
—, 5-Hydroxy-17-oxo-,
— 3-lacton 6044
— 3-lacton-4-methylester 6044
3,4-Seco-cholan-3,24-disäure
—, 12-Acetoxy-4-hydroxy-,
— 3-lacton-24-methylester 6311
12,13-Seco-cholan-12,24-disäure
—, 3-Äthoxycarbonyloxy-13-hydroxy-,
— 12-lacton-24-methylester 6312
2,3-Seco-cholan-2,3,24-trisäure
—, 7,12-Dihydroxy-,
— 2→12-lacton 6593
— 2→12-lacton-3,24-dimethylester
6594
—, 6-Hydroxy-,
— 3-lacton 6162
— 3-lacton-2,24-dimethylester 6162
—, 12-Hydroxy-7-hydroxyimino-,
— 2-lacton 6224
— 2-lacton-3,24-dimethylester 6224
—, 12-Hydroxy-7-oxo-,
— 2-lacton 6224
— 2-lacton-3,24-dimethylester 6224
3,4-Seco-cholan-3,4,24-trisäure
—, 7,12-Dihydroxy-,
— 4→7-lacton 6593
— 4→7-lacton-3,24-dimethylester
6593
—, 7,23-Dihydroxy-,
— 4→7-lacton 6593
—, 7,12-Dioxo-,
— 3,4-anhydrid 6227

—, 7-Hydroxy-,
— 4-lacton 6162
— 4-lacton-3,24-dimethylester 6163
—, 21-Hydroxy-,
— 24-lacton 6161
—, 9-Hydroxy-11,12-dioxo-,
— 4-lacton 6249
—, 7-Hydroxy-12-hydroxyimino-,
— 4-lacton 6223
— 4-lacton-3,24-dimethylester 6223
—, 7-Hydroxy-12-nitroimino-,
— 4-lacton 6223
—, 7-Hydroxy-12-oxo-,
— 4-lacton 6222
— 4-lacton-3,24-dimethylester 6223
—, 12-Hydroxy-11-oxo-,
— 24-lacton 6223
— 24-lacton-3,4-dimethylester 6224
—, 12-Oxo-,
— 3,4-anhydrid 6172
6,7-Seco-cholan-6,7,24-trisäure
— 6,7-anhydrid 6047
—, 3-Hydroxy-,
— 6-lacton 6161
— 6-lacton-7,24-dimethylester 6162
—, 3-Hydroxy-12-oxo-,
— 6-lacton 6222
—, 12-Oxo-,
— 6,7-anhydrid 6172
11,12-Seco-cholan-11,12,24-trisäure
— 11,12-anhydrid 6046
— 11,12-anhydrid-24-anilid 6047
— 11,12-anhydrid-24-methylester
6047
—, 3-Acetoxy-,
— 11,12-anhydrid-24-methylester 6488
14,15-Seco-chol-5-en-15,24-disäure
—, 3-Acetoxy-14-hydroxy-,
— 15-lacton-24-methylester 6337
2,3-Seco-chol-5-en-2,3,24-trisäure
—, 6-Hydroxy-,
— 3-lacton-2,24-dimethylester 6172
3,4-Seco-chol-9(11)-en-3,4,24-trisäure
—, 11-Hydroxy-12-oxo-,
— 3-lacton 6227
— 3-lacton-4,24-dimethylester 6227
2,3-Seco-cholestan-2,3-disäure
—, 6-Acetoxy-5-hydroxy-,
— 2-lacton 6312
—, 5-Hydroxy-6-oxo-,
— 2-lacton 6048
**16,17-Seco-*D*,18-dihomo-androst-4-en-
16,17,18a-trisäure**
—, 11,14-Dihydroxy-3-oxo-,
— 16-äthylester-18a→11-lacton-17-
methylester 6668

16,17-Seco-*D*,18-dihomo-androst-4-en-16,17,18a-trisäure (Fortsetzung)
—, 11-Hydroxy-3-oxo-,
— 18a-lacton-16,17-dimethylester 6226

3,5-Seco-*A*,24-dinor-cholan-3,19,21,23-tetrasäure
—, 14-Hydroxy-,
— 3-amid-21-lacton-19,23-dimethylester 6243
— 21-lacton-19,23-dimethylester 6243
—, 14-Hydroxy-5-oxo-,
— 21-lacton-19,23-dimethylester 6255
— 21-lacton-19-methylester 6255
— 21-lacton-3,19,23-trimethylester 6255

2,3-Seco-23,24-dinor-cholan-2,3,22-trisäure
—, 16-Hydroxy-,
— 2,3-diäthylester-22-lacton 6159
— 22-lacton 6158

3,4-Seco-23,24-dinor-cholan-3,4,22-trisäure
—, 16-Hydroxy-,
— 22-lacton 6158
— 22-lacton-3,4-dimethylester 6158

3,5-Seco-*A*,24-dinor-cholan-3,21,23-trisäure
—, 14-Hydroxy-,
— 21-lacton-23-methylester 6159
—, 14-Hydroxy-5-oxo-,
— 21-lacton-23-methylester 6220

3,4-Seco-23,24-dinor-oleanan-3,4,28-trisäure
—, 12-Brom-13-hydroxy-,
— 28-lacton-3,4-dimethylester 6175
— 28-lacton-3-methylester 6174
—, 13-Hydroxy-,
— 28-lacton 6174
— 28-lacton-3,4-dimethylester 6174
— 28-lacton-4-methylester 6174

2,3-Seco-gibb-4-en-1,1,10-tricarbonsäure
—, 3,7-Dihydroxy-8-methylen-,
— 1→3-lacton-1,10-dimethylester 6626

2,3-Seco-*A*,23,24,25,26,27-hexanor-furostan-2,3-disäure
—, 22-Oxo- 6157
— dimethylester 6158

17,17a-Seco-*D*-homo-androstan-17,18-disäure
—, 3,11-Dihydroxy-,
— 18→11-lacton 6311

17,17a-Seco-*D*-homo-23,24-dinor-cholan-17,18,21-trisäure
—, 3-Acetoxy-11-hydroxy-,
— 18-lacton 6591

14,15-Seco-18-homo-*D*-nor-androst-4-en-15,18a-disäure
—, 11-Hydroxy-3,14-dioxo-,
— 18a-lacton 6181
— 18a-lacton-15-methylester 6182

15,16-Seco-*D*-nor-androst-4-en-15,16,18-tricarbonsäure
s. 16,17-Seco-*D*,18-dihomo-androst-4-en-16,17,18a-trisäure

3,4-Seco-18-nor-cholan-3,24-disäure
—, 20-Hydroxy-4,14-dimethyl-4-oxo-,
— 24-lacton-3-methylester 6047

14,15-Seco-24-nor-cholan-15,23-disäure
—, 21-Hydroxy-3,14-dioxo-,
— 23-lacton 6171

3,4-Seco-24-nor-cholan-3,4,19,21,23-pentasäure
—, 14-Hydroxy-,
— 21-lacton-19,23-dimethylester 6259

2,3-Seco-18-nor-cholan-2,3,24-trisäure
—, 20-Hydroxy-4,4,8,14-tetramethyl-,
— 24-lacton 6163

2,3-Seco-24-nor-cholan-2,3,23-trisäure
—, 21-Hydroxy-,
— 23-lacton 6160
— 23-lacton-2,3-dimethylester 6160

3,4-Seco-24-nor-cholan-3,4,23-trisäure
—, 12,21-Dihydroxy-,
— 23→21-lacton 6591
—, 7-Hydroxy-,
— 4-lacton 6161
— 4-lacton-3,23-dimethylester 6161
—, 21-Hydroxy-,
— 23-lacton 6159
— 23-lacton-3,4-dimethylester 6159
—, 21-Hydroxy-11-oxo-,
— 23-lacton 6221
— 23-lacton-3,4-dimethylester 6221
—, 21-Hydroxy-12-oxo-,
— 23-lacton 6221
— 23-lacton-3,4-dimethylester 6221

11,12-Seco-*A*-nor-cholan-11,12,24-trisäure
—, 2-Brom-2-hydroxy-3-oxo-,
— 12-lacton 6221
—, 2-Hydroxy-3-oxo-,
— 12-lacton 6221

14,15-Seco-24-nor-cholan-15,19,23-trisäure
—, 5,21-Dihydroxy-3,14-dioxo-,
— 23→21-lacton-15,19-dimethylester 6684
— 23→21-lacton-19-methylester 6684

11,12-Seco-*A*-nor-chol-2-en-11,12,19,24-tetrasäure
—, 3-Hydroxy-,
— 12-lacton 6248

11,12-Seco-A-nor-chol-2-en-11,12,24-trisäure
—, 3-Hydroxy-,
 — 12-lacton 6171
 — 12-lacton-11,24-dimethylester
 6172
11,12-Seco-19-nor-eburica-5,7,9-trien-12,21-disäure
—, 3,7-Dihydroxy-,
 — 12→7-lacton-21-methylester 6408
11,12-Seco-19-nor-lanosta-5,7,9-trien-12,21-disäure
—, 3,7-Dihydroxy-24-methyl-,
 — 12→7-lacton-21-methylester 6408
1,2-Seco-A-nor-lupan-1,2,28-trisäure
 — 1,2-anhydrid 6072
 — 1,2-anhydrid-28-methylester 6072
15,16-Seco-18-nor-östra-1,3,5(10),8-tetraen-15,16-disäure
—, 17-Hydroxy-3-methoxy-14-methyl-,
 — 15-lacton-16-methylester 6412
3,4-Seco-24-nor-oleanan-3,28-disäure
—, 12-Brom-13-hydroxy-4-hydroxyimino-,
 — 28-lacton 6073
 — 28-lacton-3-methylester 6073
—, 12-Brom-13-hydroxy-4-oxo-,
 — 28-lacton 6073
 — 28-lacton-3-methylester 6073
—, 12,x-Dibrom-13-hydroxy-4-oxo-,
 — 28-lacton-3-methylester 6073
—, 4-[2,4-Dinitro-phenylhydrazono]-13-hydroxy-,
 — 28-lacton-3-methylester 6073
—, 13-Hydroxy-4,12-bis-hydroxyimino-,
 — 28-lacton 6184
—, 13-Hydroxy-4,12-dioxo-,
 — 28-lacton 6184
—, 13-Hydroxy-4-oxo-,
 — 28-lacton 6072
 — 28-lacton-3-methylester 6072
1,2-Seco-A-nor-oleanan-1,2,28-trisäure
—, 13-Hydroxy-,
 — 28-lacton-1-methylester 6175
—, 19-Hydroxy-,
 — 28-lacton-1,2-dimethylester 6175
—, 28-Hydroxy-,
 — 28-lacton-1,2-dimethylester 6176
—, 13-Hydroxy-12-oxo-,
 — 28-lacton-1,2-dimethylester 6227
2,3-Seco-24-nor-oleanan-2,3,28-trisäure
—, 13-Hydroxy-,
 — 28-lacton 6176
 — 28-lacton-2,3-dimethylester 6176
2,3-Seco-A-nor-pregnan-2,3,21-trisäure
16-Hydroxy-20-methyl-,
 — 21-lacton 6157

 — 21-lacton-2,3-dimethylester 6158
2,3-Seco-27-nor-ursan-2,3,28-trisäure
—, 14-Brom-13-hydroxy-,
 — 28-lacton 6175
2,3-Seco-oleanan-2,3,28-trisäure
—, 12-Brom-13-hydroxy-,
 — 28-lacton 6177
 — 28-lacton-2,3-dimethylester 6177
—, 13-Hydroxy-,
 — 28-lacton-2,3-dimethylester 6176
—, 19-Hydroxy-,
 — 2,3-diäthylester-28-lacton 6176
 — 28-lacton 6176
 — 28-lacton-2,3-dimethylester 6176
—, 13-Hydroxy-12-oxo-,
 — 28-lacton-2,3-dimethylester 6229
11,12-Seco-oleanan-11,12,28-trisäure
—, 3-Acetoxy-13-hydroxy-,
 — 28-lacton 6616
 — 28-lacton-11,12-dimethylester 6617
 — 28-lacton-12-methylester 6616
—, 3,16-Diacetoxy-13-hydroxy-,
 — 28→13-lacton-11-methylester 6664
—, 3,13-Dihydroxy-,
 — 28→13-lacton 6615
 — 28→13-lacton-11,12-dimethylester 6617
 — 28→13-lacton-12-methylester 6616
—, 13,16-Dihydroxy-,
 — 28→13-lacton-11,12-dimethylester 6615
 — 28→13-lacton-12-methylester 6615
—, 13-Hydroxy-3,16-dioxo-,
 — 28-lacton-11,12-dimethylester 6249
—, 13-Hydroxy-3-oxo-,
 — 28-lacton-dimethylester 6228
 — 28-lacton-12-methylester 6228
—, 13-Hydroxy-16-oxo-,
 — 28-lacton-11,12-dimethylester 6228
—, 3,13,16-Trihydroxy-,
 — 28→13-lacton-11,12-dimethylester 6664
 — 28→13-lacton-12-methylester 6664
2,3-Seco-olean-9(11)-en-2,3-disäure
—, 13,18-Epoxy-12,19-dioxo- 6232
 — dimethylester 6232
11,12-Seco-olean-13(18)-en-11,12-disäure
—, 3-Acetoxy-19-hydroxy-,
 — 12-lacton-11-methylester 6400
—, 3,19-Dihydroxy-,
 — 12→19-lacton 6400
 — 12→19-lacton-11-methylester 6400
2,3-Seco-olean-12-en-2,3,28-trisäure
—, 12-Nitro-,
 — 2,3-anhydrid 6086

11,12-Seco-olean-13(18)-en-11,12,30-trisäure
—, 3-Acetoxy-19-hydroxy-,
— 12→19-lacton-11,30-
dimethylester 6629
—, 3,19-Dihydroxy-,
— 12→19-lacton-11-methylester
6629
**2,3-Seco-23,24,25,26,27-pentanor-furostan-2,3-
disäure**
—, 22-Oxo- 6158
— diäthylester 6159
**3,4-Seco-23,24,25,26,27-pentanor-furostan-3,4-
disäure**
—, 22-Oxo- 6158
— dimethylester 6158
1,2-Seco-picras-12-en-1,2-disäure
—, 12-Methoxy-11-oxo- 6589
— dimethylester 6590
— 1-methylester 6589
— 2-methylester 6589
1,2-Seco-picras-12-en-2-säure
—, 1,11-Epoxy-11-hydroxy-12-methoxy-
1-oxo- 6589
— methylester 6589
9,11-Seco-pregnan-11-säure
—, 3-Acetoxy-12,20-epoxy-9,15-dioxo-
6484
— methylester 6485
12,13-Seco-pregnan-12-säure
—, 3-Acetoxy-16,17-epoxy-13-hydroxy-
20-oxo- 6468
2,3-Seco-pregnan-2,3,21-trisäure
—, 16-Hydroxy-20-methyl-,
— 2,3-diäthylester-21-lacton 6159
— 21-lacton 6158
3,4-Seco-pregnan-3,4,21-trisäure
—, 16-Hydroxy-20-methyl-,
— 21-lacton 6158
— 21-lacton-3,4-dimethylester 6158
2,3-Seco-pregn-11-en-2,3-disäure
—, 11-Hydroxy-20-oxo-,
— 2-lacton 6068
**3,4-Seco-25,26,27,29-tetranor-dammaran-3,24-
disäure**
—, 20-Hydroxy-4-oxo-,
— 24-lacton-3-methylester 6047
**2,3-Seco-A,23,24-trinor-cholan-2,3,22-
trisäure**
—, 16-Hydroxy-,
— 22-lacton 6157
— 22-lacton-2,3-dimethylester
6158
3,5-Seco-A,19,24-trinor-cholan-3,21,23-trisäure
— 21,23-anhydrid 6045
—, 14-Hydroxy-5-oxo-,
— 21-lacton 6220

**2,3-Seco-25,26,27-trinor-dammaran-2,3,24-
trisäure**
—, 20-Hydroxy-,
— 24-lacton 6163
**2,3-Seco-A,23,24-trinor-oleanan-2,3,28-
trisäure**
—, 13-Hydroxy-,
— 28-lacton-2,3-dimethylester 6174
Selenophen-2,4-disulfonamid 6727
Selenophen-2,4-disulfonsäure 6726
— diamid 6727
— dichlorid 6727
—, 5-Methyl- 6729
Selenophen-2,4-disulfonylchlorid 6727
Selenophen-2-sulfonamid 6713
Selenophen-3-sulfonamid 6714
Selenophen-2-sulfonsäure 6712
— amid 6713
— chlorid 6713
—, 5-Methyl- 6716
— amid 6716
Selenophen-3-sulfonsäure 6714
—, 2,5-Dimethyl- 6717
— amid 6717
—, 2-Methyl- 6715
Selenophen-2-sulfonylchlorid 6713
—, 4-Nitro- 6713
Selenophen-3-sulfonylchlorid 6714
Simarensäure 6669
— methylester 6670
Spiculisporsäure 6126
**Spiro[3,10a-ätheno-phenanthren-1,3′-furan]-8-
carbonsäure**
—, 12-Isopropyl-4b,8-dimethyl-2′,5′-
dioxo-tetradecahydro- 6086
**Spiro[3,10a-ätheno-phenanthren-2,3′-furan]-8-
carbonsäure**
—, 12-Isopropyl-4b,8-dimethyl-2′,5′-
dioxo-tetradecahydro- 6086
**Spiro[anthracen-9,1′-phthalan]-4-
carbonsäure**
—, 10,3′-Dioxo-10H- 6111
**Spiro[anthracen-9,9′-xanthen]-2′,7′-
disulfonsäure**
—, 3′,6′-Dihydroxy-10-oxo-10H- 6763
**Spiro[benzofuran-2,1′-cyclohexa-2′,5′-dien]-2′-
carbonsäure**
—, 4-Acetoxy-5,7-dichlor-6′-methoxy-6-
methyl-3,4′-dioxo-3H-,
— methylester 6635
—, 5,7-Dichlor-4,6′-dimethoxy-6,3′-
dimethyl-3,4′-dioxo-3H-,
— methylester 6637

Spiro[benzofuran-2,1'-cyclohexa-2',5'-dien]-2'-carbonsäure (Fortsetzung)
—, 5,7-Dichlor-4,6'-dimethoxy-6-methyl-3,4'-dioxo-3H-,
  — methylester 6635
—, 5,7-Dichlor-4-hydroxy-6'-methoxy-6-methyl-3,4'-dioxo-3H- 6634
  — methylester 6635
—, 4-Hydroxy-6'-methoxy-6-methyl-3,4'-dioxo-3H-,
  — methylester 6634

Spiro[benzofuran-3,1'-cyclohexa-2',5'-dien]-5-carbonsäure
—, 6,2'-Dimethoxy-2,4'-dioxo-4,6'-dipentyl-,
  — methylester 6638
—, 6-Hydroxy-2'-methoxy-2,4'-dioxo-4,6'-dipentyl- 6638
  — methylester 6638

Spiro[benzofuran-2,1'-cyclohexan]-3'-carbonsäure
—, 3,4'-Dioxo-3H-,
  — methylester 6078

Spiro[benzofuran-2,1'-cyclohex-2'-en]-3'-carbonsäure
—, 7-Chlor-4,6-dimethoxy-2'-methyl-3,4'-dioxo-3H-,
  — äthylester 6630
—, 7-Chlor-4,6-dimethoxy-2'-methyl-3-methylen-4'-oxo-3H-,
  — äthylester 6541
—, 4'-[2,4-Dinitro-phenylhydrazono]-6-methoxy-2'-methyl-3-methylen-3H-,
  — äthylester 6411
—, 6-Methoxy-2'-methyl-3,4'-dioxo-3H-,
  — äthylester 6541
—, 6-Methoxy-2'-methyl-3-methylen-4'-oxo-3H-,
  — äthylester 6411

Spiro[benzofuran-2,1'-cyclohex-3'-en]-3'-carbonsäure
—, 4'-Hydroxy-3-oxo-3H-,
  — methylester 6078

Spiro[benzofuran-2,1'-cyclopentan]-3'-carbonsäure
—, 7-Acetyl-4,6-dihydroxy-3,5,2'-trimethyl-4'-oxo-3H- 6626

Spiro[benzofuran-2,1'-cyclopent-2'-en]-3'-carbonsäure
—, 7-Acetyl-4,6-dihydroxy-5,2'-dimethyl-3-methylen-4'-oxo-3H- 6637
—, 7-Acetyl-6-hydroxy-4-methoxy-5,2'-dimethyl-3,4'-dioxo-3H-,
  — methylester 6674
—, 7-Acetyl-6-hydroxy-4-methoxy-5,2'-dimethyl-3-methylen-4'-oxo-3H-,
  — methylester 6637

—, 4,6-Dimethoxy-5,2'-dimethyl-3-methylen-4'-oxo-3H-,
  — methylester 6542
—, 4,6-Dimethoxy-7,2'-dimethyl-3-methylen-4'-oxo-3H-,
  — methylester 6542
—, 4'-[2,4-Dinitro-phenylhydrazono]-6-methoxy-3,2'-dimethyl-3H-,
  — äthylester 6405
—, 4'-[2,4-Dinitro-phenylhydrazono]-6-methoxy-2'-methyl-3-methylen-3H-,
  — äthylester 6410
—, 6-Methoxy-7,2'-dimethyl-3-methylen-4'-oxo-3H- 6411
  — äthylester 6411
—, 6-Methoxy-3,2'-dimethyl-4'-oxo-3H-,
  — äthylester 6405
—, 6-Methoxy-2'-methyl-3,4'-dioxo-3H- 6541
  — äthylester 6541
—, 6-Methoxy-2'-methyl-3-methylen-4'-oxo-3H- 6409
  — äthylester 6409
  — methylester 6409
—, 4,6,2'-Trimethyl-3,4'-dioxo-3H- 6088
  — äthylester 6088

Spiro[cyclopenta[c]pyran-7,2'-furan]-4-carbonsäure
—, 4'-Äthyl-1-hydroxy-5'-oxo-octahydro-,
  — methylester 6464

Spiro[furan-3,2'-indan]-2-carbonsäure
—, 4-Acetoxy-5-oxo-octahydro- 6304
—, 4-Hydroxy-5-oxo-octahydro- 6304
  — äthylester 6304

Spiro[furan-2,1'-naphthalin]-5'-carbonsäure
—, 4'-Acetoxy-2',5',8'a-trimethyl-5-oxo-decahydro- 6307
  — methylester 6307
—, 4-Brom-2',5',8'a-trimethyl-5,4'-dioxo-decahydro- 6029
—, 4'-Hydroxyimino-2',5',8'a-trimethyl-5-oxo-decahydro- 6029
  — methylester 6029
—, 3'-Hydroxy-2',5',8'a-trimethyl-5,4'-dioxo-decahydro- 6467
  — methylester 6467
—, 4'-Hydroxy-2',5',8'a-trimethyl-5-oxo-decahydro- 6306
  — methylester 6307
—, 2',5',8'a-Trimethyl-5,4'-dioxo-decahydro- 6028
  — anilid 6029
  — methylester 6029

Spiro[furan-2,1'-phenanthren]-2'-carbonsäure
—, 7'-Methoxy-2'-methyl-5-oxo-4,5,3',4'-tetrahydro-3H,2'H- 6425
  — äthylester 6426
  — methylester 6426

Streptonsäure
- monolacton 6453

Streptosonsäure
-, Di-O-acetyl-,
- lacton 6453

Strophanthidinsäure 6608
- methylester 6610
- nitril 6612
-, O^3-Acetyl- 6609
- methylester 6611
- nitril 6612
-, O^3-[O-Acetyl-cymaropyranosyl]- 6610
- methylester 6611
-, Δ^4-Anhydro-,
- methylester 6536
-, Δ^{14}-Anhydro-,
- methylester 6536
-, O^3-Benzoyl-,
- methylester 6611
-, O^3-Cymaropyranosyl- 6609
- methylester 6611
-, $\Delta^{3,5}$-Dianhydro-,
- methylester 6413
-, Dihydro- 6591
-, Monoanhydro-dihydro- 6520
-, O^3-[Tri-O-acetyl-rhamnopyranosyl]-
6610
- methylester 6611

Strophanthidonsäure
- methylester 6627
- nitril 6627
-, Δ^4-Anhydro-,
- methylester 6542
- methylester-oxim 6543
- nitril 6543
-, Desoxy-,
- methylester 6537
-, Dianhydro-,
- methylester 6094
-, Dihydromonoanhydro-,
- methylester 6537

Strophanthsäure 6661

Succinamidsäure
-, 2-Glykoloyl-,
- lacton 5963
-, 2-Glykoloyl-N-isobutyl-,
- lacton 5963
-, 3-[1-Hydroxy-äthyl]-2-oxo-,
- lacton 5965
-, 3-Hydroxymethyl-2-oxo-,
- lacton 5962
-, N-[5-Sulfamoyl-[2]thienyl]- 6736
-, N-[5-Sulfamoyl-3H-[2]thienyliden]-
6736

Sulfanilsäure
-, N-[2-Oxo-2H-chromen-6-sulfonyl]-,
- amid 6741

T

Talarsäure
s. Altrarsäure

Tanghininsäure
-, Isodesacetyl- 6486
- methylester 6486

Taraxastan-27,28-disäure
-, 20-Hydroxy-3-oxo-,
- 28-lacton 6086
- 28-lacton-27-methylester 6087

Terephthalsäure
-, 2-[5-Carboxy-2,6-dioxo-2H,6H-anthra≈
[9,1-bc]furan-10b-yl]- 6257
-, [1,3-Dioxo-phthalan-4-yl]- 6233
-, 3-Hydroxymethyl-2-methoxy-5-methyl-,
- 4-lacton 6320
-, 5-[2-Hydroxy-pentyl]-3-methoxy-2-
methyl-,
- 4-lacton 6332

Terminonsäure
-, 12-Oxo-anhydrodihydro-,
- methylester 6539

p-**Terphenyl-2,2″-dicarbonsäure**
-, 2′,3′,5′-Triacetoxy-6′-[7-carboxy-1,3-
dioxo-1,3,3a,4,7,7a-hexahydro-
isobenzofuran-4-yl]- 6697

Terramycin
-, Isodesoxy-desdimethylamino- 6687

Terrinolid 6689
-, Penta-O-methyl- 6690
-, Tetra-O-methyl- 6690

Terrinolidsäure
-, Penta-O-methyl-decarboxamido-
6689

Tetradecan-1,3,4-tricarbonsäure
-, 3-Hydroxy-,
- 1-lacton 6126

Tetradec-3-en-1,3,4-tricarbonsäure
- 3,4-anhydrid 5998

Tetradeuteriochelidonsäure 6136

Tetrahydrogibberellin-A$_5$
- methylester 6334

Tetrahydrogibberellinsäure 6481
- methylester 6482

Tetrahydrousnolsäure 6626

Thietan-1,1-dioxid
-, 3,3-Bis-chlorsulfonylmethyl- 6725
-, 3,3-Bis-phenylsulfamoylmethyl- 6725
-, 3,3-Bis-sulfomethyl- 6725

Thilobiliansäure
- anhydrid 6047

Thiophen
-, 2,5-Bis-[2-äthoxycarbonyl-3-hydroxy-
but-2-enyl]- 6217

Thiophen (Fortsetzung)

—, 2,5-Bis-[2-äthoxycarbonyl-3-oxo-butyl]- 6217
—, 2,5-Bis-[2-(4-chlor-phenylcarbamoyl)-1-hydroxy-vinyl]- 6215
—, 2,5-Bis-[N-(4-chlor-phenyl)-malonamoyl]- 6215
—, 2,5-Bis-[1-hydroxy-2-phenylcarbamoyl-vinyl]- 6214
—, 2,5-Bis-[N-phenyl-malonamoyl]- 6214
—, 2-[8-Carboxy-octanoyl]-5-[8-carboxy-octyl]- 6154
—, 2-[4-Methoxycarbonyl-butyl]-5-[4-methoxycarbonyl-butyryl]- 6151

Thiophen-3-carbonitril

—, 2,5-Diamino-4-phenyl- 6053
—, 2,5-Diimino-4-phenyl-tetrahydro-6053

Thiophen-2-carbonsäure

—, 5-[3-Acetoxomercurio-2-methoxy-propylsulfamoyl]-,
　　– äthylester 6766
—, 2-[2-Äthoxycarbonyl-äthyl]-3-oxo-tetrahydro-,
　　– äthylester 6119
—, 5-Allylsulfamoyl-,
　　– äthylester 6766
—, 5-Chlorsulfonyl-,
　　– äthylester 6766
—, 5-Cyanacetyl- 6139
　　– methylester 6139
—, 5-[2-Cyan-1-hydroxy-vinyl]- 6139
　　– methylester 6139
—, 5-Dimethylsulfamoyl- 6766
　　– [4-benzoylamino-7-brom-6-chlor-9,10-dioxo-9,10-dihydro-[1]anthrylamid] 6766
　　– [4-benzoylamino-6,7-dichlor-9,10-dioxo-9,10-dihydro-[1]anthrylamid] 6766
　　– [6,7-dichlor-4-(4-chlor-benzoylamino)-9,10-dioxo-9,10-dihydro-[1]anthrylamid] 6766
—, 5-[4-Methoxycarbonyl-butyl]-3-oxo-tetrahydro-,
　　– methylester 6123
—, 5-[4-Methoxycarbonyl-butyl]-3-semicarbazono-tetrahydro-,
　　– methylester 6123

Thiophen-3-carbonsäure

—, 5-Acetyl-4-hydroxy-2-methyl- 6292
　　– äthylester 6293
—, 5-[2-Äthoxycarbonyl-äthyl]-4-oxo-tetrahydro-,
　　– äthylester 6119
—, 2-[4-Äthoxycarbonyl-butyl]-4-oxo-tetrahydro-,

　　– äthylester 6122
—, 5-[4-Äthoxycarbonyl-butyl]-4-oxo-tetrahydro-,
　　– äthylester 6123
—, 2-[4-Äthoxycarbonyl-butyl]-4-semicarbazono-tetrahydro-,
　　– äthylester 6122
—, 2-Äthoxycarbonylmethylmercapto-4-hydroxy-2-phenyl-2,5-dihydro-,
　　– äthylester 6320
—, 2-Äthoxycarbonylmethylmercapto-4-oxo-2-phenyl-tetrahydro-,
　　– äthylester 6320
—, 2-Amino-4-oxo-4,5-dihydro-,
　　– äthylester 5960
　　– pentylester 5960
—, 5-[3-Benzyloxy-propyl]-4-hydroxy-2,5-dihydro-,
　　– äthylester 6270
—, 5-[3-Benzyloxy-propyl]-4-oxo-tetrahydro-,
　　– äthylester 6270
—, 5-Chloracetyl-4-hydroxy-2-methyl-6293
　　– äthylester 6293
—, 5-[3-(4-Chlor-phenoxy)-propyl]-4-hydroxy-2,5-dihydro-,
　　– methylester 6270
—, 5-[3-(4-Chlor-phenoxy)-propyl]-4-oxo-tetrahydro-,
　　– methylester 6270
—, 5-[4-Cyan-butyl]-3-hydroxy-2,5-dihydro-,
　　– äthylester 6123
—, 5-[4-Cyan-butyl]-4-oxo-tetrahydro-,
　　– äthylester 6123
—, 3-Cyan-4-oxo-2-thioxo-tetrahydro-,
　　– äthylester 6199
—, 4-Hydroxyimino-5-[4-methoxy-butyl]-tetrahydro-,
　　– äthylester 6273
—, 4-Hydroxy-5-[4-methoxy-butyl]-2,5-dihydro-,
　　– äthylester 6273
—, 4-Hydroxy-2-methyl-5-oxo-2,5-dihydro-,
　　– äthylester 5966
—, 4-Hydroxy-2-methyl-5-stearoyl-6308
　　– äthylester 6308
—, 4-Hydroxy-2-[3-phenoxy-propyl]-2,5-dihydro-,
　　– methylester 6269
—, 4-Hydroxy-5-[3-phenoxy-propyl]-2,5-dihydro-,
　　– äthylester 6270
　　– methylester 6270

Thiophen-3-carbonsäure (Fortsetzung)
—, 2-Imino-4-oxo-tetrahydro-,
 — äthylester 5960
 — pentylester 5960
—, 4-[2-Methoxy-benzyliden]-2-methyl-5-
 oxo-4,5-dihydro- 6402
—, 5-[4-Methoxy-butyl]-4-oxo-
 tetrahydro-,
 — äthylester 6273
—, 2-[4-Methoxycarbonyl-butyl]-4-oxo-
 tetrahydro-,
 — methylester 6122
—, 5-[4-Methoxycarbonyl-butyl]-4-oxo-
 tetrahydro-,
 — methylester 6123
—, 2-[4-Methoxycarbonyl-butyl]-4-
 semicarbazono-tetrahydro-,
 — methylester 6122
—, 5-Methoxycarbonylmethyl-4-oxo-
 tetrahydro-,
 — methylester 6117
—, 2-Methoxycarbonylmethyl-4-
 semicarbazono-tetrahydro-,
 — methylester 6117
—, 2-Methyl-4,5-dioxo-tetrahydro-,
 — äthylester 5966
—, 4-Oxo-2-[3-phenoxy-propyl]-
 tetrahydro-,
 — methylester 6269
—, 4-Oxo-5-[3-phenoxy-propyl]-
 tetrahydro-,
 — äthylester 6270
 — methylester 6270

Thiophen-3,4-dicarbonitril
—, 2,5-Bis-acetylamino- 6199
—, 2,5-Bis-acetylimino-tetrahydro- 6199
—, 2,5-Bis-benzoylamino- 6200
—, 2,5-Bis-benzoylimino-tetrahydro-
 6200
—, 2,5-Diamino- 6199
—, 2,5-Diimino-tetrahydro- 6199

Thiophen-2,3-dicarbonsäure
—, 4-[2,4-Dinitro-phenylhydrazono]-
 tetrahydro-,
 — dimethylester 6113
—, 4-Hydroxy-2,5-dihydro-,
 — diäthylester 6114
 — dimethylester 6113
—, 4-Oxo-tetrahydro-,
 — diäthylester 6114
 — dimethylester 6113
—, 4-Semicarbazono-tetrahydro-,
 — dimethylester 6113

Thiophen-3,3-dicarbonsäure
—, 2-Allylimino-4-oxo-dihydro-,
 — dimethylester 6199
Thiophen-2,4-disulfonamid 6726

Thiophen-2,5-disulfonamid 6727
Thiophen-3,4-disulfonamid 6728
Thiophen-2,3-disulfonsäure
—, 4,5-Dichlor-,
 — diamid 6725
Thiophen-2,4-disulfonsäure 6725
 — diamid 6726
 — dichlorid 6726
—, 5-Acetylamino- 6737
 — diamid 6737
 — dianilid 6738
—, 5-Acetylimino-4,5-dihydro- 6737
 — diamid 6737
 — dianilid 6738
—, 5-Äthyl-,
 — bis-cyclohexylamid 6730
 — bis-isobutylamid 6730
 — diamid 6730
—, 5-Äthyl-3-methyl-,
 — diamid 6731
—, 5-Amino- 6737
—, 5-Brom-,
 — diamid 6726
—, 5-Chlor-,
 — diamid 6726
—, 3,5-Dichlor-,
 — diamid 6725
—, 5-Imino-4,5-dihydro- 6737
—, 5-Isopropyl-,
 — diamid 6731
—, 3-Methyl-,
 — diamid 6729
—, 5-Methyl-,
 — diamid 6729
—, 5-Propyl-,
 — diamid 6730
Thiophen-2,5-disulfonsäure
 — diamid 6727
 — dichlorid 6727
—, 3-Methyl-,
 — diamid 6729
Thiophen-3,4-disulfonsäure
 — diamid 6728
 — dichlorid 6728
—, 2-Brom-5-methyl-,
 — diamid 6728
 — dianilid 6729
—, 2,5-Dibrom-,
 — dianilid 6728
—, 2-Methyl-,
 — diamid 6728
Thiophen-2,3-disulfonylchlorid
—, 4,5-Dichlor- 6725
Thiophen-2,4-disulfonylchlorid 6726
—, 5-Acetylamino- 6737
—, 5-Acetylimino-4,5-dihydro- 6737
—, 5-Äthyl- 6729

Thiophen-2,4-disulfonylchlorid (Fortsetzung)
—, 5-Brom- 6726
—, 3,5-Dibrom- 6726
—, 3,5-Dichlor- 6725
—, 3,5-Dimethyl- 6730
—, 5-Jod- 6726
—, 3-Methyl- 6729
Thiophen-2,5-disulfonylchlorid 6727
—, 3,4-Dibrom- 6727
—, 3-Methyl- 6729
Thiophen-3,4-disulfonylchlorid 6728
—, 2-Brom-5-methyl- 6728
—, 2,5-Dibrom- 6728
—, 2,5-Dimethyl- 6730
—, 2-Methyl- 6728
—, 2-Nitro- 6728
Thiophen-2-sulfinsäure 6699
Thiophen-3-sulfinsäure 6699
Thiophen-2-sulfonamid 6706
—, N-[3-Acetoxomercurio-2-methoxy-
   propyl]- 6708
—, N-Allyl- 6707
—, N,N-Bis-[2-acetoxy-äthyl]- 6707
—, N,N-Bis-[2-stearoyloxy-äthyl]- 6707
—, N,N-Dibutyl- 6707
—, N,N-Dioctyl- 6707
—, N-Methyl- 6706
Thiophen-3-sulfonamid 6714
Thiophen-2-sulfonanilid 6707
Thiophen-2-sulfonsäure 6705
   — allylamid 6707
   — amid 6706
   — anilid 6707
   — [bis-(2-acetoxy-äthyl)-amid] 6707
   — [bis-(2-stearoyloxy-äthyl)-amid] 6707
   — chlorid 6706
   — dibutylamid 6707
   — dioctylamid 6707
   — fluorid 6706
   — [3-methoxy-phenylester] 6706
   — methylamid 6706
   — [β-nitro-isobutylester] 6706
—, 5-Acetylamino- 6736
   — äthylester 6736
   — amid 6736
   — anilid 6736
—, 5-Acetylimino-4,5-dihydro- 6736
   — äthylester 6736
   — amid 6736
   — anilid 6736
—, 5-Amino- 6735
   — amid 6735
—, 3-Brom-,
   — amid 6710
—, 5-Brom- 6710
   — amid 6711
   — anilid 6711

—, 4-Brom-5-methyl-,
   — amid 6715
—, 5-Brom-4-methyl-,
   — amid 6716
—, 5-Chlor- 6708
   — äthylamid 6708
   — amid 6708
   — anilid 6709
   — butylamid 6708
   — chloramid 6709
   — heptylamid 6709
   — hexylamid 6709
   — isopropylamid 6708
   — methylamid 6708
   — pentylamid 6709
   — propylamid 6708
—, 5-Chlor-4-nitro-,
   — äthylamid 6712
—, 3,5-Dichlor- 6709
   — amid 6709
   — chloramid 6710
   — diäthylamid 6710
   — dichloramid 6710
—, 4,5-Dichlor- 6709
   — amid 6709
   — chloramid 6710
   — diäthylamid 6710
   — dichloramid 6710
—, 4,5-Dimethyl-,
   — amid 6717
—, 5-Imino-4,5-dihydro- 6735
   — amid 6735
—, 5-Jod- 6711
   — amid 6711
   — anilid 6711
—, 3-Methyl-,
   — amid 6716
—, 5-Methyl- 6715
   — amid 6715
—, 4-Nitro-,
   — amid 6712
—, 5-Nitro-,
   — amid 6712
Thiophen-3-sulfonsäure
   — amid 6714
   — chlorid 6713
—, 5-Amino-,
   — amid 6737
—, 5-tert-Butyl-2-methyl- 6718
—, 2,5-Dibrom- 6714
—, 2,5-Di-tert-butyl- 6718
—, 2,5-Dimethyl- 6717
   — amid 6717
—, 5-Imino-4,5-dihydro-,
   — amid 6737
—, 5-Nitro- 6714
   — amid 6714
   — anilid 6714

Thiophen-2-sulfonylchlorid 6706
—, 5-Acetylamino- 6736
—, 5-Acetylimino-4,5-dihydro- 6736
—, 5-Brom- 6710
—, 5-Chlor- 6708
—, 5-Chlor-4-nitro- 6712
—, 3,4-Dibrom- 6711
—, 4,5-Dibrom- 6711
—, 3,5-Dichlor- 6709
—, 4,5-Dichlor- 6709
—, 5-Jod- 6711
—, 3-Methyl- 6716
—, 5-Methyl- 6715
—, 4-Nitro- 6711
—, 5-Nitro- 6712
—, 3,4,5-Trichlor- 6710
Thiophen-3-sulfonylchlorid 6713
—, 2,5-Di-*tert*-butyl- 6718
—, 2,5-Dimethyl- 6717
—, 5-Nitro- 6714
—, 2,4,5-Trichlor- 6714
—, 2,4,5-Trimethyl- 6718
Thiophen-2-sulfonylfluorid 6706
Thiophen-2-thiosulfonsäure
   — *S*-[2]thienylester 6699
   — *S*-trichlormethylester 6712
Thiopyran-3-carbonsäure
—, 4-Oxo-3-[3-oxo-butyl]-tetrahydro-,
   — methylester 5978
Thiopyran-3,5-dicarbonsäure
—, 2,6-Bis-äthoxycarbonylamino-4-oxo-
   4*H*-,
   — diäthylester 6239
—, 2,6-Bis-äthoxycarbonylimino-4-oxo-
   tetrahydro-,
   — diäthylester 6239
—, 2,6-Bis-methylmercapto-4-oxo-4*H*-
   6652
   — diäthylester 6652
   — monoäthylester 6652
—, 2,6-Dimercapto-4-oxo-4*H*-,
   — diäthylester 6240
—, 2,6-Dimethyl-4-oxo-tetrahydro-,
   — diäthylester 6121
—, 2,6-Dimethyl-4-thioxo-4*H*-,
   — diäthylester 6141
—, 4-Hydroxy-2,6-dimethyl-3,6-dihydro-
   2*H*-,
   — diäthylester 6121
—, 4-Hydroxy-2,6-diphenyl-3,6-dihydro-
   2*H*-,
   — diäthylester 6192
   — dimethylester 6192
—, 4-Hydroxyimino-2,6-dimethyl-4*H*-,
   — diäthylester 6141
—, 4-Hydroxy-6-mercapto-2-thioxo-2*H*-,
   — diäthylester 6240

—, 4-Oxo-2,6-diphenyl-tetrahydro-,
   — diäthylester 6192
   — dimethylester 6192
—, 4-Oxo-2,6-dithioxo-tetrahydro-,
   — diäthylester 6240
Thiopyran-2,5,5-tricarbonsäure
—, 3-Hydroxy-6-thioxo-4*H*-,
   — triäthylester 6251
—, 3-Oxo-6-thioxo-dihydro-,
   — triäthylester 6251
10λ^6-Thioxanthen-3,6-disulfonsäure
—, 9-Hydroxy-10,10-dioxo- 6733
—, 9-Hydroxy-10,10-dioxo-9-[4-sulfo-
   phenyl]- 6734
—, 9-Hydroxy-9-methyl-10,10-dioxo-
   6733
Thioxanthen-2-sulfonsäure
—, 9-Oxo- 6743
   — amid 6743
10λ^6-Thioxanthen-3-sulfonsäure
—, 9-Hydroxy-10,10-dioxo-6-[4-sulfo-
   phenyl]- 6734
Thioxanthen-2-sulfonylchlorid
—, 9-Oxo- 6743
Tholäthosid 6659
Thollosidsäure 6658
   — äthylester 6659
—, Tetra-*O*-acetyl-,
   — äthylester 6660
   — methylester 6659
Tricarballylsäure
   — anhydrid 5963
Trichodesminsäure 6274
Tricyclo[3.2.2.0^{2,4}]nonan-6,7-dicarbonsäure
—, 8,9-Dihydroxy-,
   — 6→9-lacton 6309
Tricyclo[3.2.2.0^{2,4}]nonan-1,6,7-tricarbonsäure
   — 6,7-anhydrid 6035
—, 8-Brom-9-hydroxy-,
   — 6-lacton 6156
Tricyclo[3.2.2.0^{2,4}]nonan-2,6,7-tricarbonsäure
   — 6,7-anhydrid 6036
Tricyclo[3.2.2.0^{2,4}]nonan-3,6,7-tricarbonsäure
   — 3-äthylester-6,7-anhydrid 6036
—, 8-Brom-9-hydroxy-,
   — 3-äthylester-6-lacton 6156
   — 6-lacton-3,7-dimethylester 6156
   — 6-lacton-3-methylester 6156
—, 8-Hydroxy-9-oxo-,
   — 7-lacton 6218
   — 7-lacton-3,6-dimethylester 6219
**Tricyclo[3.2.2.0^{2,4}]non-8-en-1,6,7-
tricarbonsäure**
   — 6,7-anhydrid 6054
   — 6,7-anhydrid-1-methylester
   6054

Tricyclo[3.2.2.0^{2,4}]non-8-en-2,6,7-
tricarbonsäure
  − 6,7-anhydrid 6054
  − 6,7-anhydrid-2-methylester 6055
Tricyclo[3.2.2.0^{2,4}]non-8-en-3,6,7-
tricarbonsäure
  − 3-äthylester-6,7-anhydrid 6055
  − 6,7-anhydrid 6055
  − 6,7-anhydrid-3-methylester 6055
−, 1-Brom-,
  − 6,7-anhydrid-3-methylester 6056
−, 8-Brom-,
  − 6,7-anhydrid-3-methylester 6056
−, 8-tert-Butyl-,
  − 6,7-anhydrid-3-methylester 6067
−, 1-Chlor-,
  − 6,7-anhydrid-3-methylester 6055
−, 8-Chlor-,
  − 6,7-anhydrid-3-methylester 6056
−, 1,2-Dimethyl-,
  − 6,7-anhydrid-3-methylester 6060
−, 1,8-Dimethyl-,
  − 6,7-anhydrid-3-methylester 6060
−, 8,9-Dimethyl-,
  − 6,7-anhydrid-3-methylester 6060
−, 1-Methyl-,
  − 6,7-anhydrid-3-methylester 6058
−, 2-Methyl-,
  − 6,7-anhydrid-3-methylester 6058
−, 8-Methyl-,
  − 6,7-anhydrid-3-methylester 6058
−, 1,4,9-Trimethyl-,
  − 6,7-anhydrid-3-methylester 6063
Tricyclo[3.2.2.0^{2,4}]non-8-en-6,7,8-
tricarbonsäure
  − 6,7-anhydrid 6056
  − 6,7-anhydrid-8-methylester 6056
Tridecan-1,2,3-tricarbonsäure
−, 1,2-Dihydroxy-,
  − 3→1-lacton 6578
Trimellithsäure
  − anhydrid 6049
14,15,16-Trinor-labdan-13,19-disäure
−, 6-Acetoxy-9-hydroxy-,
  − 13-lacton 6307
  − 13-lacton-19-methylester 6307
−, 12-Brom-9-hydroxy-6-oxo-,
  − 13-lacton 6029
−, 6,9-Dihydroxy-,
  − 13→9-lacton 6306
  − 13→9-lacton-19-methylester 6307
−, 7,9-Dihydroxy-6-oxo-,
  − 13→9-lacton 6467
  − 13→9-lacton-19-methylester 6467
−, 9-Hydroxy-6-hydroxyimino-,
  − 13-lacton 6029
  − 13-lacton-19-methylester 6029

−, 9-Hydroxy-6-oxo-,
  − 19-anilid-13-lacton 6029
  − 13-lacton 6028
  − 13-lacton-19-methylester 6029
3,5;6,7;11,12-Triseco-A-nor-cholan-3,6,7,11,12,⚌
  24-hexasäure
−, 5-Hydroxy-,
  − 7-lacton 6261
  − 11-lacton 6261
  − 7-lacton-3,6,11,12,24-
    pentamethylester 6261

U

Undeca-3,5,7-trien-3,5,9-tricarbonsäure
−, 6-Hydroxy-2,10-dioxo-,
  − 5-äthylester-3-lacton-9-
    methylester 6246
  − 9-äthylester-3-lacton-5-
    methylester 6247
  − 5,9-diäthylester-3-lacton 6247
  − 3-lacton-5,9-dimethylester 6246
Undephanthantrisäure
  − dimethylester 6243
Undephanthontrisäure
  − dimethylester 6255
  − monomethylester 6255
  − trimethylester 6255
Undeplogandisäure
  − monomethylester 6159
Undeplogondisäure
  − monomethylester 6220
Ursan-27,28-disäure
−, 20-Hydroxy-3-oxo-,
  − 28-lacton 6086
  − 28-lacton-27-methylester
    6087
Usnetinsäure 6511
  − äthylester 6512
  − methylester 6512
−, Di-O-acetyl- 6512
−, Dihydro- 6480
  − methylester 6480
Usnolsäure 6637
−, Tetrahydro- 6626
Uzarigeninsäure 6521
  − methylester 6521
−, O^3-Acetyl- 6521
  − methylester 6521
−, O^3-[6-Desoxy-allopyranosyl]-
    6521
Uzarigenonsäure 6537
  − methylester 6537

V

Valeriansäure
—, 2-Acetyl-5-chlor-2-[2-cyan-äthyl]-4-
hydroxy-,
— lacton 5981
—, 2-Acetyl-5-[7-chlor-4,6-dimethoxy-3-
methyl-benzofuran-2-yl]-3-oxo-,
— äthylester 6623
—, 2-Acetyl-5-[6-methoxy-3-methyl-
benzofuran-2-yl]-3-oxo-,
— äthylester 6411
—, 5-[3-Äthoxycarbonyl-4-äthoxymethyl-
5-oxo-2,5-dihydro-[2]furyl]-,
— äthylester 6579
—, 5-[3-Äthoxycarbonyl-4-äthoxymethyl-
5-oxo-tetrahydro-[2]furyl]-,
— äthylester 6577
—, 5-[3-Äthoxycarbonyl-4-hydroxy-2,5-
dihydro-[2]thienyl]-,
— äthylester 6122
—, 5-[4-Äthoxycarbonyl-3-hydroxy-2,5-
dihydro-[2]thienyl]-,
— äthylester 6123
—, 4-[2-Äthoxycarbonylmethyl-5-oxo-
tetrahydro-[2]furyl]-,
— äthylester 6125
—, 5-[3-Äthoxycarbonyl-4-oxo-
tetrahydro-[2]thienyl]-,
— äthylester 6122
—, 5-[4-Äthoxycarbonyl-3-oxo-
tetrahydro-[2]thienyl]-,
— äthylester 6123
—, 5-[3-Äthoxycarbonyl-4-
semicarbazono-tetrahydro-[2]thienyl]-,
— äthylester 6122
—, 5-Äthoxy-2-cyan-4-hydroxy-,
— lacton 6266
—, 5-[4-Benzyloxy-3-hydroxy-[2]thienyl]-
5-oxo- 6462
—, 5-[3,4-Bis-benzyloxy-[2]thienyl]-5-oxo-
6462
—, 4-[6-Carboxymethyl-3a,6-di≠
methyl-8-oxo-tetradecahydro-cyclo≠
penta[7,8]naphtho[2,3-*b*]furan-3-yl]-
6162
—, 2-[4-Carboxy-5-methyl-furfuryl]-4-
oxo- 6147
—, 4-Cyan-4-hydroxy-2-[4-nitro-
phenylhydrazono]-,
— lacton 5965
—, 4-Cyan-4-hydroxy-2-[1-(4-nitro-
phenylhydrazono)-äthyl]-,
— lacton 5974
—, 3-Cyan-4-hydroxy-2-oxo-,
— lacton 5966
—, 2-Cyan-4-hydroxy-5-phenoxy-,

— lacton 6267
—, 4-Cyan-4-hydroxy-2-
phenylhydrazono-,
— lacton 5965
—, 5-[3,4-Dimethoxy-[2]thienyl]-5-oxo-
6462
—, 4-[3a,7a-Dimethyl-3,7-dioxo-
$\varDelta^{5a(10c)}$-dodecahydro-cyclopent[*e*]indeno≠
[1,7-*bc*]oxepin-8-yl]- 6069
—, 4-[3a,7a-Dimethyl-7,12-dioxo-
$\varDelta^{5}$-dodecahydro-10c,3-oxaäthano-
cyclopent[*e*]indeno[1,7-*bc*]oxepin-8-yl]-
6258
— methylester 6258
—, 5-[6,6-Dimethyl-4-oxo-2,3,4,5,6,7-
hexahydro-benzofuran-2-yl]-3,3-dimethyl-
5-oxo- 6028
—, 3,3-Dimethyl-5-oxo-5-[3,6,6-
trimethyl-4-oxo-2,3,4,5,6,7-hexahydro-
benzofuran-2-yl]- 6030
—, 5-[2,5-Dioxo-tetrahydro-[3]furyl]-2-
methyl- 5979
—, 5-[2,6-Dioxo-tetrahydro-pyran-3-yl]-
5978
—, 2-[Furan-3-carbonyl]-4-oxo-,
— äthylester 6020
—, 3-[2]Furyl-5-[4-methoxy-phenyl]-5-
oxo- 6404
— methylester 6405
—, 3-[2]Furyl-5-[4-methoxy-phenyl]-5-
semicarbazono-,
— methylester 6405
—, 5-[3-Hydroxy-4-methoxycarbonyl-2,5-
dihydro-[2]thienyl]-,
— methylester 6123
—, 5-[4-Hydroxy-3-methoxycarbonyl-2,5-
dihydro-[2]thienyl]-,
— methylester 6122
—, 5-[4-Hydroxy-5-methoxycarbonyl-2,3-
dihydro-[2]thienyl]-,
— methylester 6123
—, 5-[4-Hydroxy-3-oxo-tetrahydro-
[2]thienyl]- 6272
— methylester 6273
—, 5-[5-(4-Methoxycarbonyl-butyl)-
[2]thienyl]-5-oxo-,
— methylester 6151
—, 4-[6-Methoxycarbonylmethyl-3a,6-
dimethyl-8-oxo-tetradecahydro-
cyclopenta[7,8]naphtho[2,3-*b*]furan-3-yl]-,
— methylester 6162
—, 5-[3-Methoxycarbonyl-4-oxo-
tetrahydro-[2]thienyl]-,
— methylester 6122
—, 5-[4-Methoxycarbonyl-3-oxo-
tetrahydro-[2]thienyl]-,
— methylester 6123

Valeriansäure (Fortsetzung)

—, 5-[5-Methoxycarbonyl-4-oxo-
  tetrahydro-[2]thienyl]-,
  — methylester 6123
—, 5-[3-Methoxycarbonyl-4-
  semicarbazono-tetrahydro-[2]thienyl]-,
  — methylester 6122
—, 5-[5-Methoxycarbonyl-4-
  semicarbazono-tetrahydro-[2]thienyl]-,
  — methylester 6123
—, 4-[3a-Methyl-1,3-dioxo-hexahydro-
  cyclopenta[c]furan-4-yl]-
  5997
—, 2-[5-Methyl-2-oxo-2,3-dihydro-
  benzofuran-3-yl]-4-oxo-,
  — methylester 6059
—, 5-Oxo-5,5'-thiophen-2,5-diyl-di-,
  — dimethylester 6151

Valoneaxanthon

—, Octa-O-methyl- 6697
  — dimethylester 6698
  — monomethylester 6698

Verbenalin 6296
  — oxim 6297
—, Tetra-O-acetyl- 6297
  — [O-acetyl-oxim] 6297
  — [4-brom-phenylhydrazon] 6297
  — oxim 6297
  — phenylhydrazon 6297

Verbenalinsäure 6296

Verbenin 6296

Viscolsäure 6616
  O^3-Acetyl- 6616
  — dimethylester 6617

Vulpinsäure 6101
—, O-Acetyl- 6439
—, Dihydro- 6098
—, Isodihydro- 6098
—, O-Methyl- 6439

X

Xanthen-1-carbonsäure

—, 8-Acetoxy-3-methoxy-6-methyl-9-oxo-,
  — methylester 6549
—, 2-Acetoxy-9-oxo- 6414
  — äthylester 6414
—, 2,8-Bis-benzoyloxy-6-methyl-9-oxo-,
  — methylester 6548
—, 2-[6-Carboxy-2,3,4-trimethoxy-
  phenyl]-3,4,5,6,7-pentamethoxy-9-oxo-
  6697
  — methylester 6698

—, 2,8-Diacetoxy-6-methyl-9-oxo- 6547
  — methylester 6548
—, 3,8-Diacetoxy-6-methyl-9-oxo- 6548
  — methylester 6549
—, 5,7-Dichlor-3,8-dihydroxy-6-methyl-
  9-oxo- 6549
—, 5,7-Dichlor-3,8-dimethoxy-6-methyl-
  9-oxo-,
  — methylester 6549
—, 2,8-Dihydroxy-6-methyl-9-oxo- 6547
  — methylester 6547
—, 3,8-Dihydroxy-6-methyl-9-oxo- 6548
  — methylester 6548
—, 2,8-Dimethoxy-6-methyl-9-oxo-,
  — methylester 6547
—, 3,8-Dimethoxy-6-methyl-9-oxo- 6548
  — methylester 6549
—, 8-Hydroxy-3-methoxy-6-methyl-9-
  oxo- 6548
  — methylester 6549
—, 2-Hydroxy-9-oxo- 6414
—, 2-Methoxy-9-oxo- 6414
—, 3,4,5,6,7-Pentahydroxy-9-oxo- 6686
—; 3,4,5,6,7-Pentamethoxy-9-oxo- 6686
  — methylester 6686
—, 3,4,5,6,7-Pentamethoxy-9-oxo-2-
  [2,3,4-trimethoxy-6-methoxycarbonyl-
  phenyl]-,
  — methylester 6698
—, 4,6,7-Trimethoxy-9-oxo- 6632
  — methylester 6632

Xanthen-2-carbonsäure

—, 3-[1-Carboxy-1-methyl-äthoxy]-1,5,6-
  trimethoxy-9-oxo- 6673
—, 1,5,6-Trimethoxy-3-
  [1-methoxycarbonyl-1-methyl-äthoxy]-9-
  oxo-,
  — methylester 6673

Xanthen-3-carbonsäure

—, 1,4-Diacetoxy-9-oxo-2-phenoxy- 6633
—, 1,4-Dihydroxy-9-oxo-2-phenoxy-
  6633

Xanthen-4-carbonsäure

—, 3,7-Dihydroxy-5-methoxy-1-methyl-9-
  oxo- 6636
—, 3,8-Dihydroxy-1-methoxy-9-oxo-
  6633
—, 3,5,7-Trihydroxy-1-methyl-9-oxo-
  6636
—, 3,5,7-Trimethoxy-1-methyl-9-oxo-
  6636
  — methylester 6636

Xanthen-9-carbonsäure

—, 9-Acetyl-3-[1-äthoxycarbonyl-1-(2,5-
  dihydroxy-phenyl)-2-oxo-propyl]-2,7-
  dihydroxy-,
  — äthylester 6695

Xanthen-9-carbonsäure   (Fortsetzung)
—, 3,3,6,6-Tetramethyl-1,8-dioxo-1,2,3,4,⚬
  5,6,7,8-octahydro- 6067
  — äthylester 6067
Xanthen-2,7-dicarbonitril
—, 9-Oxo- 6190
Xanthen-1,2-dicarbonsäure
—, 9-Oxo-3-phenyl-1,2,3,9a-tetrahydro-
  6195
  — dimethylester 6195
Xanthen-1,3-dicarbonsäure
—, 8-Hydroxy-9-oxo- 6639
  — dimethylester 6639
Xanthen-1,8-dicarbonsäure
—, 9-Oxo- 6190
Xanthen-2,7-dicarbonsäure
—, 9-Oxo- 6190
  — dimethylester 6190
Xanthen-9-on
—, 1,8-Bis-hydroxyoxalyl- 6250
Xanthen-9-sulfonsäure 6724

Xanthophansäure
—, Äthylmethyl- 6247
—, Diäthyl- 6247
—, Dimethyl- 6246
—, Methyläthyl- 6246
Xylarsäure
—, O^2,O^3-Dimethyl-,
  — 1-lacton 6451

Z

Zuckersäure
  s. Glucarsäure
Zymonsäure 6277
—, O-Äthyl-,
  — amid 6278
—, O-Methyl- 6277
  — amid 6277
  — anilid 6278
  — methylester 6277

Formelregister

Im Formelregister sind die Verbindungen entsprechend dem System von *Hill* (Am. Soc. **22** [1900] 478)

1. nach der Anzahl der C-Atome,
2. nach der Anzahl der H-Atome,
3. nach der Anzahl der übrigen Elemente

in alphabetischer Reihenfolge angeordnet. Isomere sind in Form des „Registernamens" (s. diesbezüglich die Erläuterungen zum Sachregister) in alphabetischer Reihenfolge aufgeführt. Verbindungen unbekannter Konstitution finden sich am Schluss der jeweiligen Isomeren-Reihe.

C_4

$C_4Br_2Cl_2O_4S_3$
Thiophen-2,4-disulfonylchlorid, 3,5-Dibrom- 6726
Thiophen-2,5-disulfonylchlorid, 3,4-Dibrom- 6727
Thiophen-3,4-disulfonylchlorid, 2,5-Dibrom- 6728

$C_4Cl_4O_2S_2$
Thiophen-2-sulfonylchlorid, 3,4,5-Trichlor- 6710
Thiophen-3-sulfonylchlorid, 2,4,5-Trichlor- 6714

$C_4Cl_4O_4S_3$
Thiophen-2,3-disulfonylchlorid, 4,5-Dichlor- 6725
Thiophen-2,4-disulfonylchlorid, 3,5-Dichlor- 6725

$C_4HBrCl_2O_4S_3$
Thiophen-2,4-disulfonylchlorid, 5-Brom- 6726

$C_4HBr_2ClO_2S_2$
Thiophen-2-sulfonylchlorid, 3,4-Dibrom- 6711
—, 4,5-Dibrom- 6711

$C_4HCl_2IO_4S_3$
Thiophen-2,4-disulfonylchlorid, 5-Jod- 6726

$C_4HCl_2NO_4S_2$
Thiophen-2-sulfonylchlorid, 5-Chlor-4-nitro- 6712

$C_4HCl_2NO_6S_3$
Thiophen-3,4-disulfonylchlorid, 2-Nitro- 6728

$C_4HCl_3O_2S_2$
Thiophen-2-sulfonylchlorid, 3,5-Dichlor- 6709
—, 4,5-Dichlor- 6709

$C_4HCl_4NO_2S_2$
Thiophen-2-sulfonsäure, 3,5-Dichlor-, dichloramid 6710
—, 4,5-Dichlor-, dichloramid 6710

$C_4H_2BrClO_2S_2$
Thiophen-2-sulfonylchlorid, 5-Brom- 6710

$C_4H_2BrClO_4S$
Furan-3-sulfonsäure, 2-Brom-5-chlor- 6713
—, 5-Brom-2-chlor- 6713

$C_4H_2Br_2O_3S_2$
Thiophen-3-sulfonsäure, 2,5-Dibrom- 6714

$C_4H_2ClIO_2S_2$
Thiophen-2-sulfonylchlorid, 5-Jod- 6711

$C_4H_2ClNO_4SSe$
Selenophen-2-sulfonylchlorid, 4-Nitro- 6713

$C_4H_2ClNO_4S_2$
Thiophen-2-sulfonylchlorid, 4-Nitro- 6711
—, 5-Nitro- 6712
Thiophen-3-sulfonylchlorid, 5-Nitro- 6714

$C_4H_2ClNO_5S$
Furan-2-sulfonylchlorid, 5-Nitro- 6705

$C_4H_2Cl_2O_2S_2$
Thiophen-2-sulfonylchlorid, 5-Chlor- 6708

$C_4H_2Cl_2O_3S_2$
Thiophen-2-sulfonsäure, 3,5-Dichlor- 6709
—, 4,5-Dichlor- 6709

$C_4H_2Cl_2O_4S_2Se$
Selenophen-2,4-disulfonylchlorid 6727

$C_4H_2Cl_2O_4S_3$
Thiophen-2,4-disulfonylchlorid 6726
Thiophen-2,5-disulfonylchlorid 6727
Thiophen-3,4-disulfonylchlorid 6728

$C_4H_2Cl_3NO_2S_2$
Thiophen-2-sulfonsäure, 3,5-Dichlor-, chloramid 6710
—, 4,5-Dichlor-, chloramid 6710

C₄H₃BrClNO₃S
Furan-3-sulfonsäure, 2-Brom-5-chlor-,
　amid 6713
—, 5-Brom-2-chlor-, amid 6713
C₄H₃BrO₃S₂
Thiophen-2-sulfonsäure, 5-Brom- 6710
C₄H₃ClO₂SSe
Selenophen-2-sulfonylchlorid 6713
Selenophen-3-sulfonylchlorid 6714
C₄H₃ClO₂S₂
Thiophen-2-sulfonylchlorid 6706
Thiophen-3-sulfonylchlorid 6713
C₄H₃ClO₃S₂
Thiophen-2-sulfonsäure, 5-Chlor- 6708
C₄H₃Cl₂NO₂S₂
Thiophen-2-sulfonsäure, 5-Chlor-,
　chloramid 6709
—, 3,5-Dichlor-, amid 6709
—, 4,5-Dichlor-, amid 6709
C₄H₃FO₂S₂
Thiophen-2-sulfonylfluorid 6706
C₄H₃IO₃S₂
Thiophen-2-sulfonsäure, 5-Jod- 6711
C₄H₃NO₅S₂
Thiophen-3-sulfonsäure, 5-Nitro- 6714
C₄H₃NO₆S
Furan-2-sulfonsäure, 5-Nitro- 6705
C₄H₄BrNO₂S₂
Thiophen-2-sulfonsäure, 3-Brom-, amid
　6710
—, 5-Brom-, amid 6711
C₄H₄ClNO₂S₂
Thiophen-2-sulfonsäure, 5-Chlor-, amid
　6708
C₄H₄Cl₂N₂O₄S₃
Thiophen-2,3-disulfonsäure, 4,5-Dichlor-,
　diamid 6725
Thiophen-2,4-disulfonsäure, 3,5-Dichlor-,
　diamid 6725
C₄H₄INO₂S₂
Thiophen-2-sulfonsäure, 5-Jod-, amid
　6711
C₄H₄N₂O₄S₂
Thiophen-2-sulfonsäure, 4-Nitro-, amid
　6712
—, 5-Nitro-, amid 6712
Thiophen-3-sulfonsäure, 5-Nitro-, amid
　6714
C₄H₄N₂O₅S
Furan-2-sulfonsäure, 5-Nitro-, amid
　6705
C₄H₄O₂S₂
Thiophen-2-sulfinsäure 6699
Thiophen-3-sulfinsäure 6699
C₄H₄O₃S
Furan-2-sulfinsäure 6699
C₄H₄O₃SSe
Selenophen-2-sulfonsäure 6712
Selenophen-3-sulfonsäure 6714

C₄H₄O₃S₂
Thiophen-2-sulfonsäure 6705
C₄H₄O₄S
Furan-2-sulfonsäure 6704
Furan-3-sulfonsäure 6713
C₄H₄O₆S₂Se
Selenophen-2,4-disulfonsäure 6726
C₄H₄O₆S₃
Thiophen-2,4-disulfonsäure 6725
C₄H₄O₇S₂
Furan-2,5-disulfonsäure 6727
C₄H₅BrN₂O₄S₃
Thiophen-2,4-disulfonsäure, 5-Brom-,
　diamid 6726
C₄H₅ClN₂O₄S₃
Thiophen-2,4-disulfonsäure, 5-Chlor-,
　diamid 6726
C₄H₅NO₂SSe
Selenophen-2-sulfonsäure-amid 6713
Selenophen-3-sulfonsäure-amid 6714
C₄H₅NO₂S₂
Thiophen-2-sulfonsäure-amid 6706
Thiophen-3-sulfonsäure-amid 6714
C₄H₅NO₃S
Furan-2-sulfonsäure-amid 6704
Furan-3-sulfonsäure-amid 6713
C₄H₅NO₃S₂
Thiophen-2-sulfonsäure, 5-Amino- 6735
—, 5-Imino-4,5-dihydro- 6735
C₄H₅NO₆S₃
Thiophen-2,4-disulfonsäure, 5-Amino-
　6737
—, 5-Imino-4,5-dihydro- 6737
C₄H₆N₂O₂S₂
Thiophen-2-sulfonsäure, 5-Amino-, amid
　6735
—, 5-Imino-4,5-dihydro-, amid 6735
Thiophen-3-sulfonsäure, 5-Amino-, amid
　6737
—, 5-Imino-4,5-dihydro-, amid 6737
C₄H₆N₂O₄S₂Se
Selenophen-2,4-disulfonsäure-diamid 6727
C₄H₆N₂O₄S₃
Thiophen-2,4-disulfonsäure-diamid 6726
Thiophen-2,5-disulfonsäure-diamid 6727
Thiophen-3,4-disulfonsäure-diamid 6728
C₄H₆N₂O₅S₂
Furan-2,5-disulfonsäure-diamid 6727
C₄H₆O₅S
Furan-3-sulfonsäure, 2-Oxo-tetrahydro-
　6735
—, 5-Oxo-tetrahydro- 6735

C₅

C₅H₂Cl₂O₆S
Furan-2-carbonsäure, 3,5-Dichlor-4-sulfo-
　6764

$C_5H_2Cl_2O_6S$ (Fortsetzung)
Furan-2-carbonsäure, 4,5-Dichlor-3-sulfo- 6764
$C_5H_2N_2O_2$
Oxetan-2,2-dicarbonitril, 4-Oxo- 6113
$C_5H_3BrCl_2O_4S_3$
Thiophen-3,4-disulfonylchlorid, 2-Brom-5-methyl- 6728
$C_5H_3BrO_6S$
Furan-2-carbonsäure, 3-Brom-5-sulfo- 6765
—, 4-Brom-5-sulfo- 6765
—, 5-Brom-3-sulfo- 6764
—, 5-Brom-4-sulfo- 6764
$C_5H_3ClO_5S$
Furan-2-carbonsäure, 5-Chlorsulfonyl- 6765
Furan-2-sulfonsäure, 5-Chlorcarbonyl- 6765
$C_5H_3ClO_6S$
Furan-2-carbonsäure, 3-Chlor-5-sulfo- 6765
—, 4-Chlor-5-sulfo- 6765
—, 5-Chlor-3-sulfo- 6764
—, 5-Chlor-4-sulfo- 6764
$C_5H_3Cl_3O_2S_3$
Thiophen-2-thiosulfonsäure-S-trichlormethylester 6712
$C_5H_3NO_3$
Furan-3-carbonitril, 4,5-Dioxo-tetrahydro- 5962
$C_5H_4BrNO_5S$
Furan-2-carbonsäure, 5-Brom-3-sulfamoyl- 6765
—, 5-Brom-4-sulfamoyl- 6765
$C_5H_4ClNO_5S$
Furan-2-carbonsäure, 5-Chlor-3-sulfamoyl- 6764
—, 5-Chlor-4-sulfamoyl- 6764
$C_5H_4Cl_2O_4S_3$
Thiophen-2,4-disulfonylchlorid, 3-Methyl- 6729
Thiophen-2,5-disulfonylchlorid, 3-Methyl- 6729
Thiophen-3,4-disulfonylchlorid, 2-Methyl- 6728
$C_5H_4O_6S$
Furan-2-carbonsäure, 3-Sulfo- 6764
—, 4-Sulfo- 6764
—, 5-Sulfo- 6765
$C_5H_5BrN_2O_4S$
Furan-2-carbonsäure, 5-Brom-3-sulfamoyl-, amid 6765
—, 5-Brom-4-sulfamoyl-, amid 6765
$C_5H_5BrO_5$
Verbindung $C_5H_5BrO_5$ aus 4,5-Dihydroxy-6-oxo-6H-pyran-2-carbonsäure oder 5,6-Dihydroxy-4-oxo-4H-pyran-2-carbonsäure 6460

$C_5H_5ClN_2O_4S$
Furan-2-carbonsäure, 5-Chlor-3-sulfamoyl-, amid 6764
—, 5-Chlor-4-sulfamoyl-, amid 6764
$C_5H_5ClO_2S_2$
Thiophen-2-sulfonylchlorid, 3-Methyl- 6716
—, 5-Methyl- 6715
$C_5H_5NO_4$
Furan-3-carbonsäure, 4,5-Dioxo-tetrahydro-, amid 5962
$C_5H_5NO_5S$
Furan-2-carbonsäure, 5-Sulfamoyl- 6765
$C_5H_6BrNO_2S_2$
Thiophen-2-sulfonsäure, 4-Brom-5-methyl-, amid 6715
—, 5-Brom-4-methyl-, amid 6716
$C_5H_6ClNO_2S_2$
Thiophen-2-sulfonsäure, 5-Chlor-, methylamid 6708
$C_5H_6N_2O_4S$
Furan-2-carbonsäure, 5-Sulfamoyl-, amid 6765
$C_5H_6O_3SSe$
Selenophen-2-sulfonsäure, 5-Methyl- 6716
Selenophen-3-sulfonsäure, 2-Methyl- 6715
$C_5H_6O_3S_2$
Thiophen-2-sulfonsäure, 5-Methyl- 6715
$C_5H_6O_4S$
Furan-2-sulfonsäure, 5-Methyl- 6715
$C_5H_6O_5$
erythro-2-Desoxy-pentarsäure-14-lacton 6263
Furan-3-carbonsäure, 4-Hydroxy-5-oxo-tetrahydro- 6264
$C_5H_6O_6$
Ribarsäure-14-lacton 6451
$C_5H_6O_6S_2Se$
Selenophen-2,4-disulfonsäure, 5-Methyl- 6729
$C_5H_6O_7S_2$
Furan-2,4-disulfonsäure, 5-Methyl- 6729
$C_5H_7BrN_2O_4S_3$
Thiophen-3,4-disulfonsäure, 2-Brom-5-methyl-, diamid 6728
$C_5H_7NO_2SSe$
Selenophen-2-sulfonsäure, 5-Methyl-, amid 6716
$C_5H_7NO_2S_2$
Thiophen-2-sulfonsäure-methylamid 6706
Thiophen-2-sulfonsäure, 3-Methyl-, amid 6716
—, 5-Methyl-, amid 6715
$C_5H_7NO_3S$
Furan-2-sulfonsäure, 5-Methyl-, amid 6715
Furan-3-sulfonsäure, 2-Methyl-, amid 6715

C₅H₈Cl₂O₆S₃
$C_5H_8Cl_2O_6S_3$
Thietan-1,1-dioxid, 3,3-Bis-
chlorsulfonylmethyl- 6725
C₅H₈N₂O₄S₃
$C_5H_8N_2O_4S_3$
Thiophen-2,4-disulfonsäure, 3-Methyl-,
diamid 6729
—, 5-Methyl-, diamid 6729
Thiophen-2,5-disulfonsäure, 3-Methyl-,
diamid 6729
Thiophen-3,4-disulfonsäure, 2-Methyl-,
diamid 6728
C₅H₉ClO₃S
$C_5H_9ClO_3S$
Methansulfonylchlorid, Tetrahydro[2]furyl-
6704
C₅H₁₀O₈S₃
$C_5H_{10}O_8S_3$
Thietan-1,1-dioxid, 3,3-Bis-sulfomethyl-
6725
C₅H₁₁NO₃S
$C_5H_{11}NO_3S$
Methansulfonsäure, Tetrahydro[2]furyl-,
amid 6704

$$C_6$$

C₆Cl₂O₅
$C_6Cl_2O_5$
Maleinsäure, Bis-chlorcarbonyl-,
anhydrid 6202
C₆H₂Br₂O₅
$C_6H_2Br_2O_5$
Essigsäure, Brom-[3-brom-4,5-dioxo-
dihydro-[2]furyliden]- 5988
Pyran-2-carbonsäure, 6,6-Dibrom-4,5-
dioxo-5,6-dihydro-4H- 5985
C₆H₂Cl₂O₅
$C_6H_2Cl_2O_5$
Essigsäure, Chlor-[3-chlor-4,5-dioxo-
dihydro-[2]furyliden]- 5988
C₆H₂I₂O₅
$C_6H_2I_2O_5$
Verbindung $C_6H_2I_2O_5$ aus 4,5-Dioxo-5,6-
dihydro-4H-pyran-2-carbonsäure 5985
C₆H₃ClO₄
$C_6H_3ClO_4$
Cyclopropan-1,2-dicarbonsäure,
3-Chlorcarbonyl-, anhydrid 5989
C₆H₃ClO₅
$C_6H_3ClO_5$
Pyran-3-carbonsäure, 6-Chlor-2,4-dioxo-
3,4-dihydro-2H- 5987
C₆H₃IO₅
$C_6H_3IO_5$
Pyran-2-carbonsäure, 6-Jod-4,5-dioxo-5,6-
dihydro-4H- 5986
C₆H₄N₄S
$C_6H_4N_4S$
Thiophen-3,4-dicarbonitril, 2,5-Diamino-
6199
—, 2,5-Diimino-tetrahydro- 6199
C₆H₄O₅
$C_6H_4O_5$
Propen-1,2,3-tricarbonsäure-1,2-anhydrid
5989
Pyran-2-carbonsäure, 4,5-Dioxo-5,6-
dihydro-4H- 5985
—, 4,6-Dioxo-5,6-dihydro-4H- 5986
—, 5,6-Dioxo-5,6-dihydro-4H- 5987

C₆H₄O₆
$C_6H_4O_6$
Pyran-2-carbonsäure, 4,5-Dihydroxy-6-
oxo-6H- 6460
—, 5,6-Dihydroxy-4-oxo-4H- 6460
—, 3,4,5-Trioxo-tetrahydro- 6126
C₆H₅BrO₅
$C_6H_5BrO_5$
Essigsäure, [4-Brom-3,5-dioxo-tetrahydro-
[2]furyl]- 5962
—, [3-Brom-5-oxo-2,5-dihydro-
[2]furyl]-hydroxy- 6276
C₆H₅ClO₅
$C_6H_5ClO_5$
Essigsäure, [3-Chlor-5-oxo-2,5-dihydro-
[2]furyl]-hydroxy- 6276
C₆H₅Cl₂NO₅S₃
$C_6H_5Cl_2NO_5S_3$
Thiophen-2,4-disulfonylchlorid,
5-Acetylamino- 6737
—, 5-Acetylimino-4,5-dihydro- 6737
C₆H₅NO₃
$C_6H_5NO_3$
Furan-3-carbonitril, 4-Methoxy-5-oxo-2,5-
dihydro- 6276
—, 2-Methyl-4,5-dioxo-tetrahydro-
5966
C₆H₆ClNO₃S₂
$C_6H_6ClNO_3S_2$
Thiophen-2-sulfonylchlorid,
5-Acetylamino- 6736
—, 5-Acetylimino-4,5-dihydro- 6736
C₆H₆Cl₂O₄S₃
$C_6H_6Cl_2O_4S_3$
Thiophen-2,4-disulfonylchlorid, 5-Äthyl-
6729
—, 3,5-Dimethyl- 6730
Thiophen-3,4-disulfonylchlorid,
2,5-Dimethyl- 6730
C₆H₆O₄S₂
$C_6H_6O_4S_2$
Äthansulfonsäure, 2-Oxo-2-[2]thienyl-
6738
C₆H₆O₅
$C_6H_6O_5$
Essigsäure, [2,4-Dioxo-tetrahydro-
[3]furyl]- 5963
—, [3,5-Dioxo-tetrahydro-[2]furyl]-
5962
—, [4,5-Dioxo-tetrahydro-[3]furyl]-
5963
—, Hydroxy-[5-oxo-2,5-dihydro-
[2]furyl]- 6276
Furan-2-carbonsäure, 2-Methyl-4,5-dioxo-
tetrahydro- 5964
Furan-3-carbonsäure, 4-Hydroxy-5-oxo-
2,5-dihydro- 5963
Glyoxylsäure, [2-Oxo-tetrahydro-[3]furyl]-
5964
Propan-1,2,3-tricarbonsäure-1,2-anhydrid
5963
Pyran-2-carbonsäure, 4,6-Dioxo-
tetrahydro- 5962
Verbindung $C_6H_6O_5$ s. bei Hydroxy-
[5-oxo-2,5-dihydro-[2]furyl]-essigsäure
6276
C₆H₆O₅S
$C_6H_6O_5S$
Furan-2-sulfonsäure, 5-Acetyl- 6738

$C_6H_6O_6$
Essigsäure, Hydroxy-[4-hydroxy-5-oxo-2,5-
dihydro-[2]furyl]- 6455
Furan-2,3-dicarbonsäure, 5-Oxo-
tetrahydro- 6114
$C_6H_6O_6S$
Furan-2-carbonsäure, 5-Methyl-3-
sulfo- 6767
—, 5-Methyl-4-sulfo- 6767
Furan-3-carbonsäure, 2-Methyl-5-sulfo-
6767
$C_6H_6O_7$
Furan-2,3-dicarbonsäure, 3-Hydroxy-5-
oxo-tetrahydro- 6576
$C_6H_7BrO_5$
Essigsäure, [3-Brom-5-oxo-tetrahydro-
[2]furyl]-hydroxy- 6265
$C_6H_7ClN_2O_4S_2$
Thiophen-2-sulfonsäure, 5-Chlor-4-nitro-,
äthylamid 6712
$C_6H_7ClO_2S_2$
Thiophen-3-sulfonylchlorid, 2,5-Dimethyl-
6717
$C_6H_7NO_4$
Essigsäure, [2,4-Dioxo-tetrahydro-[3]furyl]-,
amid 5963
Furan-3-carbonsäure, 2-Methyl-4,5-dioxo-
tetrahydro-, amid 5965
$C_6H_7NO_4S_2$
Thiophen-2-sulfonsäure, 5-Acetylamino-
6736
—, 5-Acetylimino-4,5-dihydro- 6736
$C_6H_7NO_5S$
Furan-2-carbonsäure, 5-Methyl-3-
sulfamoyl- 6767
—, 5-Methyl-4-sulfamoyl- 6767
Furan-3-carbonsäure, 2-Methyl-5-
sulfamoyl- 6767
$C_6H_7NO_6S$
Äthansulfonsäure, 1-[2]Furyl-2-nitro- 6716
$C_6H_7NO_7S_3$
Thiophen-2,4-disulfonsäure,
5-Acetylamino- 6737
—, 5-Acetylimino-4,5-dihydro- 6737
$C_6H_8ClNO_2S_2$
Thiophen-2-sulfonsäure, 5-Chlor-,
äthylamid 6708
$C_6H_8N_2O_3S_2$
Thiophen-2-sulfonsäure, 5-Acetylamino-,
amid 6736
—, 5-Acetylimino-4,5-dihydro-,
amid 6736
$C_6H_8N_2O_4S$
Furan-2-carbonsäure, 5-Methyl-3-
sulfamoyl-, amid 6767
—, 5-Methyl-4-sulfamoyl-, amid
6767
Furan-3-carbonsäure, 2-Methyl-5-
sulfamoyl-, amid 6767

$C_6H_8O_3SSe$
Selenophen-3-sulfonsäure, 2,5-Dimethyl-
6717
$C_6H_8O_3S_2$
Thiophen-3-sulfonsäure, 2,5-Dimethyl-
6717
$C_6H_8O_4S$
Furan-3-sulfonsäure, 2,5-Dimethyl- 6717
$C_6H_8O_5$
erythro-2-Desoxy-pentarsäure, O^3-Methyl-,
1-lacton 6263
Essigsäure, [3-Hydroxy-5-oxo-tetrahydro-
[2]furyl]- 6265
—, Hydroxy-[5-oxo-tetrahydro-
[2]furyl]- 6265
Furan-3-carbonsäure, 4-Hydroxymethyl-5-
oxo-tetrahydro- 6267
—, 3-Hydroxy-5-oxo-tetrahydro-,
methylester 6264
Pyran-2-carbonsäure, 4-Hydroxy-3-oxo-
tetrahydro- 6264
$C_6H_8O_6$
arabino-5-Desoxy-hexarsäure-14-lacton
6451
5-Desoxy-lyxonsäure, 3-Carboxy-,
14-lacton 6453
$C_6H_8O_7$
Allarsäure-1→4-lacton 6569
Altrarsäure-1→4-lacton 6569
— 6→3-lacton 6570
Galactarsäure-6→3-lacton 6571
Glucarsäure-6→3-lacton 6570
— 6→3-lacton 6570
$C_6H_8O_7S_2$
Furan-3,4-disulfonsäure, 2,5-Dimethyl-
6730
$C_6H_9NO_2SSe$
Selenophen-3-sulfonsäure, 2,5-Dimethyl-,
amid 6717
$C_6H_9NO_2S_2$
Thiophen-2-sulfonsäure, 4,5-Dimethyl-,
amid 6717
Thiophen-3-sulfonsäure, 2,5-Dimethyl-,
amid 6717
$C_6H_9NO_3S$
Furan-3-sulfonsäure, 2,5-Dimethyl-,
amid 6717
$C_6H_9N_3O_5S_3$
Thiophen-2,4-disulfonsäure,
5-Acetylamino-, diamid 6737
—, 5-Acetylimino-4,5-dihydro-,
diamid 6737
$C_6H_{10}N_2O_4S_3$
Thiophen-2,4-disulfonsäure, 5-Äthyl-,
diamid 6730

C₇

C₇D₄O₆
Pyran-2,6-dicarbonsäure, Tetradeuterio-4-
oxo-4*H*- 6136

C₇H₄Br₂O₅
Glyoxylsäure, [3,4-Dibrom-5-oxo-2,5-
dihydro-[2]furyl]-, methylester 5988

C₇H₄Cl₂N₂O₃
Essigsäure, Cyan-[3,4-dichlor-5-oxo-2,5-
dihydro-[2]furyl]-, amid 6128

C₇H₄Cl₂O₅
Essigsäure, Chlor-[3-chlor-4,5-dioxo-
dihydro-[2]furyliden]-, methylester
5988

C₇H₄O₆
Pyran-2,6-dicarbonsäure, 4-Oxo-4*H*- 6136

C₇H₄O₇
Pyran-2,6-dicarbonsäure, 3,4-Dioxo-3,4-
dihydro-2*H*- 6203

C₇H₅ClO₅
Pyran-3-carbonsäure, 6-Chlor-2,4-dioxo-
3,4-dihydro-2*H*-, methylester 5988

C₇H₆ClNO₃
Pyran-4-carbonitril, 2-Chlormethyl-4,5-
dihydroxy-4*H*- 6279
—, 6-Chlormethyl-4-hydroxo-3-oxo-
3,4-dihydro-2*H*- 6279

C₇H₆O₅
Pyran-2-carbonsäure, 4,5-Dioxo-5,6-
dihydro-4*H*-, methylester 5985
—, 4,6-Dioxo-5,6-dihydro-4*H*-,
methylester 5987
—, 4-Methoxy-6-oxo-6*H*- 6288
—, 5-Methoxy-4-oxo-4*H*- 6289
—, 5-Methoxy-6-oxo-6*H*- 6289

C₇H₆O₆
Essigsäure, [3-Carboxy-5-oxo-2,5-dihydro-
[2]furyl]- 6128

C₇H₆O₇
Essigsäure, [2-Carboxy-4,5-dioxo-
tetrahydro-[2]furyl]- 6200

C₇H₆O₇S
Essigsäure, [4-Methansulfonyloxy-5-oxo-
5*H*-[2]furyliden]- 6291

C₇H₆O₈
Furan-2,3,4-tricarbonsäure, 5-Oxo-
tetrahydro- 6237

C₇H₇BrO₅
Furan-3-carbonsäure, 3-Brom-4,5-dioxo-
tetrahydro-, äthylester 5961

C₇H₇ClO₄S₂
Thiophen-2-carbonsäure, 5-Chlorsulfonyl-,
äthylester 6766

C₇H₇ClO₅
Furan-3-carbonsäure, 3-Chlor-4,5-dioxo-
tetrahydro-, äthylester 5961

Pyran-4-carbonsäure, 2-Chlormethyl-4,5-
dihydroxy-4*H*- 6279

C₇H₇NO₂
Verbindung C₇H₇NO₂ aus 2-Imino-4-
oxo-tetrahydro-thiophen-3-
carbonsäure-äthylester 5960

C₇H₇NO₄
Pyran-2-carbonsäure, 4-Methoxy-6-oxo-
6*H*-, amid 6288

C₇H₈N₄O₅
Pyran-2,6-dicarbonsäure, 3,4-Dioxo-3,4-
dihydro-2*H*-, dihydrazid 6204

C₇H₈O₅
Essigsäure, Methoxy-[5-oxo-2,5-dihydro-
[2]furyl]- 6276
—, [5-Methyl-2,4-dioxo-tetrahydro-
[3]furyl]- 5968
Furan-2-carbonsäure, 3-Methoxy-4-
methyl-5-oxo-4,5-dihydro- 6277
Furan-3-carbonsäure, 2,4-Dioxo-
tetrahydro-, äthylester 5959
—, 4,5-Dioxo-tetrahydro-, äthylester
5960
Glyoxylsäure, [2-Oxo-tetrahydro-[3]furyl]-,
methylester 5964
Propan-1,2,3-tricarbonsäure-1,2-anhydrid-
3-methylester 5963
Propan-1,2,3-tricarbonsäure, 2-Methyl-,
anhydrid 5967
Propionsäure, 3-[2,4-Dioxo-tetrahydro-
[3]furyl]- 5968

C₇H₈O₅S
Propan-1-sulfonsäure, 1-[2]Furyl-3-oxo-
6738

C₇H₈O₆
Essigsäure, [3-Carboxy-2-oxo-tetrahydro-
[3]furyl]- 6118
—, [5-Carboxy-2-oxo-tetrahydro-
[3]furyl]- 6116, 6117
—, Hydroxy-[4-hydroxy-5-oxo-2,5-
dihydro-[2]furyl]-, methylester
6456
Furan-2,3-dicarbonsäure, 4-Methyl-5-oxo-
tetrahydro- 6118
Furan-3,3-dicarbonsäure, 2-Methyl-5-oxo-
dihydro- 6118
Pyran-2,4-dicarbonsäure, 6-Oxo-
tetrahydro- 6116
Pyran-2,6-dicarbonsäure, 4-Oxo-
tetrahydro- 6117

C₇H₈O₆S
Propionsäure, 3-[2]Furyl-3-sulfo-
6767

C₇H₉ClO₂S₂
Thiophen-3-sulfonylchlorid,
2,4,5-Trimethyl- 6718

C₇H₉NO₂S₂
Thiophen-2-sulfonsäure-allylamid
6707

C₇H₉NO₃S

Thiophen-3-carbonsäure, 2-Imino-4-oxo-
　　tetrahydro-, äthylester 5960

C₇H₉NO₄

Furan-2-carbonsäure, 3-Methoxy-4-
　　methyl-5-oxo-4,5-dihydro-, amid 6277
Furan-3-carbonsäure, 4-Amino-5-oxo-2,5-
　　dihydro-, äthylester 5962
—, 4-Imino-5-oxo-tetrahydro-,
　　äthylester 5962

C₇H₉NO₄S₂

Carbamidsäure, [Thiophen-2-sulfonyl]-,
　　äthylester 6707
Thiophen-2-carbonsäure,
　　5-Dimethylsulfamoyl- 6766

C₇H₉NO₅S

Äthansulfonsäure, 2-Carbamoyl-1-[2]furyl-
　　6767

C₇H₁₀ClNO₂S₂

Thiophen-2-sulfonsäure, 5-Chlor-,
　　isopropylamid 6708
—, 5-Chlor-, propylamid 6708

C₇H₁₀O₄

Dicarbonsäure C₇H₁₀O₄ aus
　　6-[4-Hydroxy-6-methoxy-7-methyl-3-
　　oxo-phthalan-5-yl]-4-methyl-hex-4-
　　ensäure 6513

C₇H₁₀O₄S

Propionsäure, 3-[4-Hydroxy-3-oxo-
　　tetrahydro-[2]thienyl]- 6267

C₇H₁₀O₅

Essigsäure, [3-Hydroxymethyl-5-oxo-
　　tetrahydro-[3]furyl]- 6267
—, [4-Hydroxy-4-methyl-2-oxo-
　　tetrahydro-[3]furyl]- 6267
—, [3-Hydroxy-5-oxo-tetrahydro-
　　[2]furyl]-, methylester 6265
Furan-2-carbonsäure, 3-Hydroxy-4,4-
　　dimethyl-5-oxo-tetrahydro- 6268
—, 4-Hydroxy-2,4-dimethyl-5-oxo-
　　tetrahydro- 6268
Furan-3-carbonsäure, 3-Hydroxy-4,4-
　　dimethyl-5-oxo-tetrahydro- 6268
—, 4-Hydroxy-5-oxo-tetrahydro-,
　　äthylester 6264

C₇H₁₀O₆

Xylarsäure, O^2,O^3-Dimethyl-, 1-lacton
　　6451

C₇H₁₀O₇

Glucarsäure-1→4-lacton-6-methylester
　　6571
— 6→3-lacton-1-methylester 6571

C₇H₁₁NO₅

Verbindung C₇H₁₁NO₅ aus 4,5-Dioxo-
　　tetrahydro-furan-3-carbonsäure-
　　äthylester 5961

C₇H₁₁NO₆

Verbindung C₇H₁₁NO₆ aus 4,5-Dioxo-
　　tetrahydro-furan-3-carbonsäure-
　　äthylester 5961

C₇H₁₂N₂O₄S₃

Thiophen-2,4-disulfonsäure, 5-Äthyl-3-
　　methyl-, diamid 6731
—, 5-Isopropyl-, diamid 6731
—, 5-Propyl-, diamid 6730

C₇H₁₂N₂O₅

Verbindung C₇H₁₂N₂O₅ aus 4,5-Dioxo-
　　tetrahydro-furan-3-carbonsäure-
　　äthylester 5961

C₈

C₈H₃Br₂NO₃S

Benzo[b]thiophen-5-on, 3,4-Dibrom-4-
　　nitro-4H- 6620

C₈H₄O₅S₂

Benzo[b]thiophen-7-sulfonsäure,
　　4,5-Dioxo-4,5-dihydro- 6745

C₈H₄O₆S

Phthalan-4-sulfonsäure, 1,3-Dioxo- 6745
Phthalan-5-sulfonsäure, 1,3-Dioxo- 6745

C₈H₄O₉S₂

Phthalan-4,6-disulfonsäure, 1,3-Dioxo-
　　6745

C₈H₅NO₃S

Thiophen-2-carbonsäure, 5-Cyanacetyl-
　　6139

C₈H₅N₃O

Malononitril, [α-Amino-furfuryliden]-
　　6139
—, [α-Imino-furfuryl]- 6139

C₈H₆Br₂O₅

Essigsäure, Brom-[3-brom-4-methoxy-5-
　　oxo-5H-[2]furyliden]-, methylester
　　6291
—, [3,4-Dibrom-5-oxo-5H-
　　[2]furyliden]-methoxy-, methylester
　　6291

C₈H₆Cl₂O₅

Essigsäure, Chlor-[3-chlor-4-methoxy-5-
　　oxo-5H-[2]furyliden]-, methylester
　　6291

C₈H₆Cl₄O₅

Furan-3-carbonsäure, 3-Chlor-4,5-dioxo-2-
　　trichlormethyl-tetrahydro-, äthylester
　　5966

C₈H₆N₂O₄

Furan-3-carbonsäure, 5-Diazoacetyl-,
　　methylester 6009
Propionsäure, 2-Diazo-3-[2]furyl-3-oxo-,
　　methylester 6000

C₈H₆O₂S₄

Disulfoxid, Di-[2]thienyl- 6699

$C_8H_6O_2S_4$ (Fortsetzung)
Thiophen-2-thiosulfonsäure-S-
[2]thienylester 6699

$C_8H_6O_4S$
Benzofuran-2-sulfonsäure 6719

$C_8H_6O_5$
Crotonsäure, 4-Oxo-4-[5-oxo-2,5-dihydro-
[2]furyl]- 6010

$C_8H_6O_5S$
Phthalan-1-sulfonsäure, 3-Oxo- 6739

$C_8H_7BrO_6$
Essigsäure, Brom-[3-hydroxy-4-methoxy-5-
oxo-5H-[2]furyliden]-, methylester
6461
—, [3-Brom-4-methoxy-5-oxo-5H-
[2]furyliden]-hydroxy-, methylester
6461

$C_8H_7ClO_4S$
Thiophen-3-carbonsäure, 5-Chloracetyl-4-
hydroxy-2-methyl- 6293

$C_8H_7ClO_5$
Pyran-3-carbonsäure, 6-Chlor-2,4-dioxo-
3,4-dihydro-2H-, äthylester 5988

$C_8H_7ClO_6$
Bernsteinsäure, 2-Acetoxy-2-
chlorcarbonylmethyl-, anhydrid
6457
Essigsäure, Chlor-[3-hydroxy-4-methoxy-5-
oxo-5H-[2]furyliden]-, methylester
6461
—, [3-Chlor-4-methoxy-5-oxo-5H-
[2]furyliden]-hydroxy-, methylester
6461

$C_8H_7Cl_3O_5$
Furan-3-carbonsäure, 4,5-Dioxo-2-
trichlormethyl-tetrahydro-, äthylester
5966

$C_8H_7IO_5$
Pyran-2-carbonsäure, 6-Jod-4,5-dioxo-5,6-
dihydro-4H-, äthylester 5986

$C_8H_7NO_3S_2$
Thiophen-3-carbonsäure, 3-Cyan-4-oxo-2-
thioxo-tetrahydro-, äthylester 6199

$C_8H_7NO_4$
Crotonsäure, 4-Oxo-4-[5-oxo-2,5-dihydro-
[2]furyl]-, amid 6010

$C_8H_7NO_5$
Propionsäure, 3-[2]Furyl-2-hydroxyimino-
3-oxo-, methylester 6000

$C_8H_7NO_6$
Essigsäure, [3-Carboxy-4-methyl-
[2]furyl]-hydroxyimino- 6139

$C_8H_8BrNO_3$
Furan-2-carbonitril, 4-Acetyl-4-brom-2-
methyl-5-oxo-tetrahydro- 5974
Pyran-3-carbonitril, x-Brom-4-hydroxy-2,4-
dimethyl-6-oxo-5,6-dihydro-4H- 5974

$C_8H_8N_2O_2$
Furan-3-carbonitril, 4-Acetyl-2-amino-5-
methyl- 5990
—, 4-Acetyl-2-imino-5-methyl-2,3-
dihydro- 5990

$C_8H_8O_4S$
Pyran-2-carbonsäure, 5-Oxo-4-thioxo-5,6-
dihydro-4H-, äthylester 5986
Thiophen-3-carbonsäure, 5-Acetyl-4-
hydroxy-2-methyl- 6292

$C_8H_8O_5$
Pent-3-en-1,3,4-tricarbonsäure-3,4-
anhydrid 5990
Pyran-2-carbonsäure, 4,5-Dioxo-5,6-
dihydro-4H-, äthylester 5985
—, 4,6-Dioxo-5,6-dihydro-4H-,
äthylester 5987
—, 4-Methoxy-6-oxo-6H-,
methylester 6288
—, 5-Methoxy-4-oxo-4H-,
methylester 6289
—, 5-Methoxy-6-oxo-6H-,
methylester 6289

$C_8H_8O_6$
Essigsäure, [3-Hydroxy-4-methoxy-5-oxo-
5H-[2]furyliden]-, methylester 6461
—, Hydroxy-[4-methoxy-5-oxo-5H-
[2]furyliden]-, methylester 6461
Malonsäure, [4-Methyl-5-oxo-2,5-dihydro-
[2]furyl]- 6129
Pyran-2-carbonsäure, 5-Hydroxy-4-
methoxy-6-oxo-6H-, methylester 6460
Pyran-3-carbonsäure, 4-Hydroxy-6-
hydroxymethyl-2-oxo-2H-,
methylester 6461
—, 4-Hydroxy-6-methoxy-2-oxo-2H-,
methylester 6460

$C_8H_8O_7$
Propan-1,2,3-tricarbonsäure, 2-Acetoxy-,
1,2-anhydrid 6457

$C_8H_8O_7S$
Essigsäure, [4-Methansulfonyloxy-5-oxo-
5H-[2]furyliden]-, methylester 6291

$C_8H_8O_8$
Furan-2,3-dicarbonsäure,
2-Carboxymethyl-5-oxo-tetrahydro-
6237
—, 4-Carboxymethyl-5-oxo-
tetrahydro- 6238

$C_8H_9ClO_5$
Furan-3-carbonsäure, 2-Chlormethyl-4,5-
dioxo-tetrahydro-, äthylester 5966

$C_8H_9NO_3$
Furan-2-carbonitril, 4-Acetyl-2-methyl-5-
oxo-tetrahydro- 5974
Pyran-3-carbonitril, 4-Hydroxy-2,4-
dimethyl-6-oxo-5,6-dihydro-4H- 5974

C₈H₉NO₄
Pyran-2-carbonsäure, 4-Äthoxy-6-oxo-6H-,
amid 6288
C₈H₁₀N₂O₅S₂
Succinamidsäure, N-[5-Sulfamoyl-
[2]thienyl]- 6736
—, N-[5-Sulfamoyl-3H-[2]thienyliden]-
6736
C₈H₁₀O₄S
Glyoxylsäure, [2-Oxo-tetrahydro-[3]thienyl]-,
äthylester 5964
Thiophen-3-carbonsäure, 2-Methyl-4,5-
dioxo-tetrahydro-, äthylester 5966
C₈H₁₀O₅
Butan-1,2,3-tricarbonsäure, 3-Methyl-,
anhydrid 5971
Essigsäure, Äthoxy-[5-oxo-2,5-dihydro-
[2]furyl]- 6276
—, [2,4-Dioxo-tetrahydro-[3]furyl]-,
äthylester 5963
Furan-2-carbonsäure, 3-Methoxy-4-
methyl-5-oxo-4,5-dihydro-,
methylester 6277
Furan-3-carbonsäure, 4-Methoxy-5-oxo-
2,5-dihydro-, äthylester 6275
—, 2-Methyl-4,5-dioxo-tetrahydro-,
äthylester 5965
—, 3-Methyl-4,5-dioxo-tetrahydro-,
äthylester 5967
—, 5-Methyl-2,4-dioxo-tetrahydro-,
äthylester 5967
Glyoxylsäure, [5-Methyl-2-oxo-tetrahydro-
[3]furyl]-, methylester 5969
—, [2-Oxo-tetrahydro-[3]furyl]-,
äthylester 5964
Pentan-1,2,5-tricarbonsäure-1,2-anhydrid
5971
Pentan-1,3,4-tricarbonsäure-3,4-anhydrid
5973
Pentan-1,3,5-tricarbonsäure-1,3-anhydrid
5970
Propionsäure, 3-[5-Methyl-2,4-dioxo-
tetrahydro-[3]furyl]- 5973
Pyran-2-carbonsäure, 4-Methoxy-6-oxo-
3,6-dihydro-2H-, methylester 6276
C₈H₁₀O₅S
Butan-1-sulfonsäure, 1-[2]Furyl-3-oxo-
6738
Thiophen-2,3-dicarbonsäure, 4-Oxo-
tetrahydro-, dimethylester 6113
C₈H₁₀O₅S₂
Furan-2-carbonsäure,
4-Äthoxythiocarbonylmercapto-5-oxo-
tetrahydro- 6264
C₈H₁₀O₆
Essigsäure, [2-Carboxy-4-methyl-5-oxo-
tetrahydro-[2]furyl]- 6120
—, [5-Carboxy-5-methyl-2-oxo-
tetrahydro-[3]furyl]- 6120

—, Hydroxy-[4-methoxy-5-oxo-2,5-
dihydro-[2]furyl]-, methylester
6456
—, Methoxy-[4-methoxy-5-oxo-2,5-
dihydro-[2]furyl]- 6455
Furan-3-carbonsäure, 3-Hydroxymethyl-
4,5-dioxo-tetrahydro-, äthylester
6458
Furan-2,3-dicarbonsäure, 2,4-Dimethyl-5-
oxo-tetrahydro- 6120
—, 5-Oxo-tetrahydro-, dimethylester
6115
Propionsäure, 3-[3-Carboxy-2-oxo-
tetrahydro-[3]furyl]- 6119
Verbindung C₈H₁₀O₆ aus Methoxy-
[4-methoxy-5-oxo-2,5-dihydro-[2]furyl]-
essigsäure-methylester 6457
C₈H₁₀O₇
Furan-2,3-dicarbonsäure, 3-Hydroxy-5-
oxo-tetrahydro-, dimethylester 6576
C₈H₁₁ClO₄
Furan-2-carbonylchlorid, 3-Hydroxy-2,3,4-
trimethyl-5-oxo-tetrahydro- 6272
C₈H₁₁Cl₂NO₂S₂
Thiophen-2-sulfonsäure, 3,5-Dichlor-,
diäthylamid 6710
—, 4,5-Dichlor-, diäthylamid 6710
C₈H₁₁NO₃
Furan-3-carbonitril, 5-Äthoxymethyl-2-
oxo-tetrahydro- 6266
C₈H₁₁NO₄
Furan-2-carbonsäure, 3-Äthoxy-4-methyl-
5-oxo-4,5-dihydro-, amid 6278
C₈H₁₁NO₄S₂
Thiophen-2-sulfonsäure, 5-Acetylamino-,
äthylester 6736
—, 5-Acetylimino-4,5-dihydro-,
äthylester 6736
C₈H₁₁NO₅
Essigsäure, Methoxy-[4-methoxy-5-oxo-
2,5-dihydro-[2]furyl]-, amid 6457
C₈H₁₁NO₅S₂
Thiophen-2-sulfonsäure-[β-nitro-isobutylester]
6706
C₈H₁₁N₃O₅
Furan-2,3-dicarbonsäure,
4-Carbamoylmethyl-5-oxo-tetrahydro-,
diamid 6238
Semicarbazon C₈H₁₁N₃O₅ aus
4,5-Dioxo-tetrahydro-furan-3-
carbonsäure-äthylester 5961
Verbindung C₈H₁₁N₃O₅ aus 4,5-Dioxo-
tetrahydro-furan-3-carbonsäure-
äthylester 5961
C₈H₁₂ClNO₂S₂
Thiophen-2-sulfonsäure, 5-Chlor-,
butylamid 6708

$[C_8H_{12}HgNO_3S_2]^+$

Propylquecksilber(1+), 2-Methoxy-3-
[thiophen-2-sulfonylamino]- 6708
$[C_8H_{12}HgNO_3S_2]C_2H_3O_2$ 6708

$C_8H_{12}N_2O_3S_2$

Harnstoff, N-Propyl-N'-[thiophen-2-
sulfonyl]- 6707

$C_8H_{12}N_2O_6$

Furan-3-carbonsäure, 4-Hydroxy-5-oxo-4-
ureido-tetrahydro-, äthylester 5961

$C_8H_{12}O_4$

Propionsäure, 2-Methyl-2-[2-oxo-
tetrahydro-[3]furyl]- 6129
Methylester $C_8H_{12}O_4$ aus 6-[4-Hydroxy-
6-methoxy-7-methyl-3-oxo-phthalan-5-
yl]-4-methyl-hex-4-ensäure 6513

$C_8H_{12}O_4S$

Propionsäure, 3-[4-Hydroxy-3-oxo-
tetrahydro-[2]thienyl]-, methylester
6267

$C_8H_{12}O_5$

Essigsäure, Äthoxy-[5-oxo-tetrahydro-
[2]furyl]- 6265
Furan-2-carbonsäure, 3-Hydroxy-4,4-
dimethyl-5-oxo-tetrahydro-,
methylester 6269
—, 3-Hydroxy-2,3,4-trimethyl-5-oxo-
tetrahydro- 6271
Furan-3-carbonsäure, 3-Hydroxy-4,4-
dimethyl-5-oxo-tetrahydro-,
methylester 6269
—, 4-Hydroxy-2-methyl-5-oxo-
tetrahydro-, äthylester 6265
—, 5-Hydroxymethyl-2-oxo-
tetrahydro-, äthylester 6266
Propionsäure, 2-Hydroxy-2-[2-methyl-5-
oxo-tetrahydro-[3]furyl]- 6270

$C_8H_{12}O_6$

arabino-4-Desoxy-
hexarsäure, O^2,O^5-Dimethyl-,
6-lacton 6451
xylo-3-Desoxy-
hexarsäure, O^2,O^5-Dimethyl-,
1-lacton 6451

$C_8H_{12}O_7$

Galactarsäure-6-äthylester-1→14-lacton
6573
Galactarsäure, O^2,O^3-Dimethyl-,
1→4-lacton 6571
Glucarsäure-1-äthylester-6→3-lacton 6573
Glucarsäure, O^3,O^5-Dimethyl-,
1→4-lacton 6571

$C_8H_{12}O_8$

galacto-Heptarsäure, 2-Methyl-,
1→4-lacton 6652

$C_8H_{13}NO_2$

Hexannitril, 4-[2-Hydroxy-äthyl]-5-oxo-
5977

$C_8H_{13}NO_4$

Furan-2-carbonsäure, 3-Hydroxy-2,3,4-
trimethyl-5-oxo-tetrahydro-, amid
6272

$C_8H_{13}NO_6$

Glucarsäure, O^2,O^3-Dimethyl-, 6-amid-
1→4-lacton 6575

$C_8H_{13}N_3O_6$

Verbindung $C_8H_{13}N_3O_6$ aus 4,5-Dioxo-
tetrahydro-furan-3-carbonsäure-
äthylester 5961

C_9

$C_9H_2Cl_2O_4S$

Benzo[b]thiophen-2-carbonsäure,
6,7-Dichlor-4,5-dioxo-4,5-dihydro-
6049

$C_9H_3ClO_5$

Benzol-1,2,4-tricarbonsäure, 5-Chlor-,
1,2-anhydrid 6050

$C_9H_3NO_7$

Benzol-1,2,3-tricarbonsäure, 5-Nitro-,
1,2-anhydrid 6049

$C_9H_4ClNO_6S$

Chromen-3-sulfonylchlorid, 6-Nitro-2-oxo-
2H- 6740

$C_9H_4Cl_2O_6S_2$

Chromen-3,6-disulfonylchlorid, 2-Oxo-
2H- 6741

$C_9H_4O_5$

Benzol-1,2,4-tricarbonsäure-1,2-anhydrid
6049

$C_9H_5ClO_4S$

Chromen-6-sulfonylchlorid, 2-Oxo-2H-
6740

$C_9H_5NO_4S$

Benzo[b]thiophen-2-carbonsäure,
4-Hydroxyimino-5-oxo-4,5-dihydro-
6049
—, 5-Hydroxy-4-nitroso- 6049

$C_9H_5NO_7S$

Chromen-3-sulfonsäure, 6-Nitro-2-oxo-
2H- 6739

$C_9H_6N_2O_6S$

Chromen-3-sulfonsäure, 6-Nitro-2-oxo-
2H-, amid 6740

$C_9H_6O_5$

Benzofuran-4-carbonsäure, 6-Hydroxy-2-
oxo-2,3-dihydro- 6312
Phthalan-4-carbonsäure, 5-Hydroxy-3-oxo-
6312
—, 7-Hydroxy-3-oxo- 6313
Phthalan-5-carbonsäure, 6-Hydroxy-1-oxo-
6314

$C_9H_6O_5S$

Chromen-5-sulfinsäure, 6-Hydroxy-2-oxo-
2H- 6701

$C_9H_6O_5S$ (Fortsetzung)
Chromen-6-sulfonsäure, 2-Oxo-2H- 6740
$C_9H_6O_6$
Phthalan-1-carbonsäure, 4,5-Dihydroxy-3-
oxo- 6470
$C_9H_6O_6S$
Chroman-3-sulfonsäure, 2,4-Dioxo- 6746
Chromen-5-sulfonsäure, 6-Hydroxy-2-oxo-
2H- 6751
$C_9H_6O_8S_2$
Chromen-3,6-disulfonsäure, 2-Oxo-2H- 6741
$C_9H_7NO_3$
Cyclohex-4-en-1,2-dicarbonsäure, 3-Cyan-,
anhydrid 6019
$C_9H_7NO_3S$
Thiophen-2-carbonsäure, 5-Cyanacetyl-,
methylester 6139
$C_9H_7NO_4S$
Chromen-6-sulfonsäure, 2-Oxo-2H-,
amid 6740
$C_9H_8N_2O_4S$
Chroman-6-sulfonsäure, 3-Imino-2-oxo-,
amid 6745
Chromen-6-sulfonsäure, 3-Amino-2-oxo-
2H-, amid 6745
$C_9H_8N_2O_6S_2$
Chromen-3,6-disulfonsäure, 2-Oxo-2H-,
diamid 6741
$C_9H_8O_5$
Crotonsäure, 4-Oxo-4-[5-oxo-2,5-dihydro-
[2]furyl]-, methylester 6010
Cyclopent-3-en-1,2,3-tricarbonsäure,
2-Methyl-, 2,3-anhydrid 6019
3,5-Methano-cyclopenta[b]furan-7-carbon=
säure, 2,6-Dioxo-hexahydro- 6019
$C_9H_8O_5S$
Chroman-3-sulfonsäure, 2-Oxo- 6739
Propionsäure, 3-[4-Carboxy-5-methyl-
[2]furyl]-2-thioxo- 6143
$C_9H_8O_5S_3$
Thiopyran-3,5-dicarbonsäure, 2,6-Bis-
methylmercapto-4-oxo-4H- 6652
$C_9H_8O_6$
Brenztraubensäure, [4-Carboxy-5-methyl-
[2]furyl]- 6142
Essigsäure, [5-Acetyl-4,6-dioxo-5,6-
dihydro-4H-pyran-2-yl]- 6140
Malonsäure, [2-[2]Furyl-2-oxo-äthyl]- 6141
Pyran-2-carbonsäure, 5-Acetoxy-4-oxo-
4H-, methylester 6289
Pyran-2,6-dicarbonsäure, 4-Oxo-4H-,
dimethylester 6137
—, 4-Oxo-4H-, monoäthylester 6137
$C_9H_8O_7$
Cyclopentan-1,2,3,4-tetracarbonsäure-1,2-
anhydrid 6207
— 2,3-anhydrid 6208
Pent-3-en-1,2,3,4-tetracarbonsäure-3,4-
anhydrid 6207

Pyran-2,6-dicarbonsäure, 3,4-Dioxo-3,4-
dihydro-2H-, 6-äthylester 6204
—, 3,4-Dioxo-3,4-dihydro-2H-,
dimethylester 6204
$C_9H_9NO_5$
Propionsäure, 3-[2]Furyl-2-hydroxyimino-
3-oxo-, äthylester 6000
$C_9H_9NO_6$
Propionsäure, 3-[4-Carboxy-5-methyl-
[2]furyl]-2-hydroxyimino- 6142
$C_9H_{10}O_4S$
Isochroman-1-sulfonsäure 6718
$C_9H_{10}O_5$
Benzofuran-3-carbonsäure, 2,7-Dioxo-
octahydro- 5991
Cyclopentan-1,2,3-tricarbonsäure,
2-Methyl-, 1,2-anhydrid 5991
Norbornan-2,3-dicarbonsäure,
5,6-Dihydroxy-, 2→6-lacton 6293
Pyran-2-carbonsäure, 4-Äthoxy-6-oxo-6H-,
methylester 6288
—, 4-Methoxy-6-oxo-6H-, äthylester
6288
—, 5-Methoxy-4-oxo-4H-, äthylester
6290
Pyran-3-carbonsäure, 5-Äthyl-2-methyl-
4,6-dioxo-5,6-dihydro-4H- 5991
$C_9H_{10}O_6$
Buttersäure, 4-[5-Methyl-2,4-dioxo-
tetrahydro-[3]furyl]-4-oxo- 6130
Essigsäure, Acetoxy-[4-oxo-5,6-dihydro-
4H-pyran-3-yl]- 6278
—, [2-Methoxycarbonyl-4-methyl-5-
oxo-2,5-dihydro-[2]furyl]- 6129
Furan-3-carbonsäure, 4-Acetoxy-5-oxo-2,5-
dihydro-, äthylester 6275
—, 3-Acetyl-2,4-dioxo-tetrahydro-,
äthylester 6128
7-Oxa-norbornan-2,3-dicarbonsäure,
1-Formyl- 6130
Propionsäure, 2-[4-Carboxy-2-oxo-2,5-
dihydro-[3]furyl]-2-methyl- 6129
Pyran-2-carbonsäure, 3,5-Dimethoxy-4-
oxo-4H-, methylester 6459
—, 4,5-Dimethoxy-6-oxo-6H-,
methylester 6460
Pyran-2,6-dicarbonsäure, 4-Oxo-3,4-
dihydro-2H-, dimethylester 6127
Pyran-3,4-dicarbonsäure, 5,5-Dimethyl-2-
oxo-5,6-dihydro-2H- 6129
$C_9H_{10}O_7$
Propan-1,2,3-tricarbonsäure, 2-Acetoxy-,
1,2-anhydrid-3-methylester 6457
$C_9H_{10}O_8$
Furan-2,3-dicarbonsäure,
2-Carboxymethyl-5-oxo-tetrahydro-,
2-methylester 6238

C₉H₁₁NO₃
Cyclopenta[c]furan-4-carbonitril,
  4-Hydroxy-3a-methyl-1-oxo-hexahydro-
  6282
Propionitril, 3-[3-Acetyl-2-oxo-tetrahydro-
  [3]furyl]- 5977
C₉H₁₁NO₅
Furan-2-carbonsäure, 5-Acetylamino-4-
  hydroxy-, äthylester 6275
—, 5-Acetylimino-4-hydroxy-4,5-
  dihydro-, äthylester 6275
C₉H₁₂O₄S
Glyoxylsäure, [2-Oxo-tetrahydro-
  thiopyran-3-yl]-, äthylester 5967
C₉H₁₂O₅
Benzofuran-3-carbonsäure, 7-Hydroxy-2-
  oxo-octahydro- 6281
Buttersäure, 4-[5-Methyl-2,4-dioxo-
  tetrahydro-[3]furyl]- 5976
—, 4-Oxo-4-[5-oxo-tetrahydro-
  [3]furyl]-, methylester 5972
Essigsäure, [5-Methyl-2,4-dioxo-
  tetrahydro-[3]furyl]-, äthylester 5968
Furan-3-carbonsäure, 2-Äthyl-4,5-dioxo-
  tetrahydro-, äthylester 5968
—, 5-Äthyl-2,4-dioxo-tetrahydro-,
  äthylester 5969
—, 2,2-Dimethyl-4,5-dioxo-
  tetrahydro-, äthylester 5969
—, 2,3-Dimethyl-4,5-dioxo-
  tetrahydro-, äthylester 5970
—, 3,5-Dimethyl-2,4-dioxo-
  tetrahydro-, äthylester 5970
—, 5,5-Dimethyl-2,4-dioxo-
  tetrahydro-, äthylester 5969
—, 4-Methoxy-2-methyl-5-oxo-2,5-
  dihydro-, äthylester 6277
Glyoxylsäure, [6-Methyl-2-oxo-tetrahydro-
  pyran-3-yl]-, methylester 5970
Hexan-1,3,5-tricarbonsäure-1,5-anhydrid
  5975
6-Oxa-bicyclo[3.2.1]octan-4-carbonsäure,
  2-Hydroxy-7-oxo-, methylester 6281
Pentan-1,3,4-tricarbonsäure, 4-Methyl-,
  anhydrid 5975
Propan-1,2,3-tricarbonsäure, 2-Isopropyl-,
  1,2-anhydrid 5977
Propionsäure, 3-[2,4-Dioxo-tetrahydro-
  [3]furyl]-, äthylester 5968
C₉H₁₂O₅S
Essigsäure, [4-Methoxycarbonyl-3-oxo-
  tetrahydro-[2]thienyl]-, methylester
  6117
Pentan-1-sulfonsäure, 1-[2]Furyl-3-oxo-
  6738
C₉H₁₂O₆
Essigsäure, Methoxy-[4-methoxy-5-oxo-
  2,5-dihydro-[2]furyl]-, methylester 6456

Furan-2-carbonsäure, 3-Acetoxy-4,4-
  dimethyl-5-oxo-tetrahydro- 6268
Furan-3-carbonsäure, 3-Acetoxy-4,4-
  dimethyl-5-oxo-tetrahydro- 6268
Propionsäure, 3-[2-Carboxy-4-methyl-5-
  oxo-tetrahydro-[3]furyl]- 6121
—, 3-[4-Carboxy-4-methyl-2-oxo-
  tetrahydro-[3]furyl]- 6122
—, 2-[2-Carboxy-5-oxo-tetrahydro-
  [2]furyl]-2-methyl- 6121
Pyran-2,6-dicarbonsäure, 4-Oxo-
  tetrahydro-, dimethylester 6117
Pyran-3,4-dicarbonsäure, 5,5-Dimethyl-2-
  oxo-tetrahydro- 6120
Dimethylester C₉H₁₂O₆ aus [5-Carboxy-
  2-oxo-tetrahydro-[3]furyl]-essigsäure
  6117
C₉H₁₂O₆S
Äthansulfonsäure, 2-Äthoxycarbonyl-1-
  [2]furyl- 6767
C₉H₁₂O₇
Furan-3-carbonsäure, 5-[1,2-Dihydroxy-
  äthyl]-4-hydroxy-2-oxo-2,5-dihydro-,
  äthylester 6577
C₉H₁₃NO₄
Pyran-2-carbonsäure, 3-Hydroxymethyl-
  6,6-dimethyl-4-oxo-5,6-dihydro-4H-,
  amid 6281
C₉H₁₃N₃O₅S
Thiophen-2,3-dicarbonsäure,
  4-Semicarbazono-tetrahydro-,
  dimethylester 6113
C₉H₁₄ClNO₂S₂
Thiophen-2-sulfonsäure, 5-Chlor-,
  pentylamid 6709
C₉H₁₄N₂O₃S₂
Harnstoff, N-Butyl-N'-[thiophen-2-
  sulfonyl]- 6707
C₉H₁₄O₃S₂
Thiophen-3-sulfonsäure, 5-tert-Butyl-2-
  methyl- 6718
C₉H₁₄O₄S
Valeriansäure, 5-[4-Hydroxy-3-oxo-
  tetrahydro-[2]thienyl]- 6272
C₉H₁₄O₅
Furan-2-carbonsäure, 3-Hydroxy-4,4-
  dimethyl-5-oxo-tetrahydro-, äthylester
  6269
—, 3-Hydroxy-2,3,4-trimethyl-5-oxo-
  tetrahydro-, methylester 6272
Furan-3-carbonsäure, 3-Hydroxy-4,4-
  dimethyl-5-oxo-tetrahydro-, äthylester
  6269
—, 4-Hydroxy-3,4-dimethyl-5-oxo-
  tetrahydro-, äthylester 6268
Propionsäure, 2-[4,4-Dimethyl-5-oxo-
  tetrahydro-[2]furyl]-2-hydroxy- 6273

$C_9H_{14}O_6$

arabino-3-Desoxy-
hexarsäure, O^2,O^5-Dimethyl-,
1-lacton-6-methylester 6452
arabino-4-Desoxy-
hexarsäure, O^2,O^5-Dimethyl-,
6-lacton-1-methylester 6452
ribo-3-Desoxy-
hexarsäure, O^2,O^5-Dimethyl-,
1-lacton-6-methylester 6452
xylo-3-Desoxy-
hexarsäure, O^2,O^5-Dimethyl-,
1-lacton-6-methylester 6452
Essigsäure, [5,5-Bis-hydroxymethyl-4-oxo-
tetrahydro-pyran-3-yl]- 6453
Furan-2-carbonsäure, 2,5,5-Trimethoxy-
2,5-dihydro-, methylester 6275

$C_9H_{14}O_7$

Galactarsäure, O^2,O^3-Dimethyl-,
1→4-lacton-6-methylester 6572
—, O^2,O^4-Dimethyl-, 6→3-lacton-1-
methylester 6572
Glucarsäure-1-isopropylester-6→3-lacton
6574
— 6→3-lacton-1-propylester 6574
Glucarsäure, O^2,O^3-Dimethyl-,
1→4-lacton-6-methylester 6572
—, O^2,O^5-Dimethyl-, 6→3-lacton-1-
methylester 6572
—, O^3-Methyl-, 6-äthylester-
1→4-lacton 6573

$C_9H_{14}O_8$

glycero-gulo-Heptarsäure-1-äthylester-
7→4-lacton 6651

$C_9H_{15}NO_5$

Verbindungen $C_9H_{15}NO_5$ aus 4,5-Dioxo-
tetrahydro-furan-3-carbonsäure-
äthylester 5961

$C_9H_{15}NO_6$

Verbindung $C_9H_{15}NO_6$ aus 4,5-Dioxo-
tetrahydro-furan-3-carbonsäure-
äthylester 5961

C_{10}

$C_{10}H_3Br_3O_5$

Chromen-3-carbonsäure, 4,6,8-Tribrom-7-
hydroxy-2-oxo-2H- 6344

$C_{10}H_4BrNO_2S$

Acetonitril, [2-Brom-4,5-dioxo-4,5-
dihydro-benzo[b]thiophen-7-yl]- 6051

$C_{10}H_4Br_2O_5$

Chromen-3-carbonsäure, 6,8-Dibrom-7-
hydroxy-2-oxo-2H- 6344

$C_{10}H_4O_7$

Benzol-1,2,3,5-tetracarbonsäure-1,2-
anhydrid 6225

$C_{10}H_5Br_2ClO_5S$

Chromen-6-sulfonylchlorid, 3,8-Dibrom-7-
hydroxy-4-methyl-2-oxo-2H- 6754

$C_{10}H_5ClO_5$

Chromen-3-carbonsäure, 6-Chlor-7-
hydroxy-2-oxo-2H- 6343

$C_{10}H_5IO_5$

Chroman-3-carbonsäure, 6-Jod-2,4-dioxo-
6051

$C_{10}H_5NO_3$

Chroman-3-carbonitril, 2,4-Dioxo- 6050
Chromen-3-carbonitril, 7-Hydroxy-2-oxo-
2H- 6343

$C_{10}H_6Br_2O_5$

Phthalan-1-carbonsäure, 4,6-Dibrom-5-
hydroxy-7-methyl-3-oxo- 6317
—, 4,6-Dibrom-7-hydroxy-5-methyl-3-
oxo- 6317

$C_{10}H_6Br_2O_6S$

Chromen-6-sulfonsäure, 3,8-Dibrom-7-
hydroxy-4-methyl-2-oxo-2H- 6754
Chromen-8-sulfonsäure, 3,6-Dibrom-7-
hydroxy-4-methyl-2-oxo-2H- 6754

$C_{10}H_6O_4S$

Glyoxylsäure, [3-Hydroxy-benzo[b]=
thiophen-2-yl]- 6351

$C_{10}H_6O_5$

Benzol-1,2,3-tricarbonsäure, 4-Methyl-,
2,3-anhydrid 6051
Chromen-2-carbonsäure, 5-Hydroxy-4-
oxo-4H- 6339
—, 7-Hydroxy-4-oxo-4H- 6339
Chromen-3-carbonsäure, 5-Hydroxy-2-
oxo-2H- 6340
—, 6-Hydroxy-2-oxo-2H- 6341
—, 7-Hydroxy-2-oxo-2H- 6341
Chromen-4-carbonsäure, 7-Hydroxy-2-
oxo-2H- 6347
Chromen-5-carbonsäure, 7-Hydroxy-2-
oxo-2H- 6348
Chromen-6-carbonsäure, 7-Hydroxy-2-
oxo-2H- 6349
Chromen-8-carbonsäure, 7-Hydroxy-2-
oxo-2H- 6350

$C_{10}H_6O_6$

Benzofuran-4,6-dicarbonsäure, 2-Oxo-2,3-
dihydro- 6164
Benzol-1,2,3-tricarbonsäure, 4-Hydroxy-5-
methyl-, 1,2-anhydrid 6498
—, 4-Hydroxy-5-methyl-,
2,3-anhydrid 6498
—, 4-Methoxy-, 2,3-anhydrid 6488
—, 5-Methoxy-, 1,2-anhydrid 6488
Benzol-1,2,4-tricarbonsäure, 5-Hydroxy-3-
methyl-, 1,2-anhydrid 6497
—, 3-Methoxy-, 1,2-anhydrid 6489
—, 6-Methoxy-, 1,2-anhydrid 6489
Chromen-3-carbonsäure, 7,8-Dihydroxy-2-
oxo-2H- 6491

$C_{10}H_6O_6$ (Fortsetzung)
Chromen-4-carbonsäure, 6,7-Dihydroxy-2-
oxo-2H- 6492
$C_{10}H_6O_7$
Chromen-3-carbonsäure, 6,7,8-Trihydroxy-
2-oxo-2H- 6595
$C_{10}H_7ClO_5$
Phthalan-1-carbonsäure, 7-Chlor-4-
methoxy-3-oxo- 6312
$C_{10}H_7ClO_5S$
Benzofuran-2-carbonsäure,
5-Chlorsulfonyl-, methylester 6768
Chromen-6-sulfonylchlorid, 7-Hydroxy-4-
methyl-2-oxo-2H- 6753
$C_{10}H_7NO_4$
Chromen-3-carbonsäure, 7-Hydroxy-2-
imino-2H- 6342
$C_{10}H_8BrNO_2S_2$
Thiophen-2-sulfonsäure, 5-Brom-, anilid
6711
$C_{10}H_8ClNO_2S_2$
Thiophen-2-sulfonsäure, 5-Chlor-, anilid
6709
$C_{10}H_8INO_2S_2$
Thiophen-2-sulfonsäure, 5-Jod-, anilid
6711
$C_{10}H_8N_2O_4S_2$
Thiophen-3-sulfonsäure, 5-Nitro-, anilid
6714
$C_{10}H_8N_2O_5S$
Furan-2-sulfonsäure, 5-Nitro-, anilid 6705
$C_{10}H_8N_4O_2S$
Thiophen-3,4-dicarbonitril, 2,5-Bis-
acetylamino- 6199
—, 2,5-Bis-acetylimino-tetrahydro-
6199
$C_{10}H_8O_5$
Chroman-2-carbonsäure, 5-Hydroxy-4-
oxo- 6314
Isochroman-3-carbonsäure, 4-Hydroxy-1-
oxo- 6314
Phthalan-1-carbonsäure, 5-Hydroxy-7-
methyl-3-oxo- 6317
—, 7-Hydroxy-5-methyl-3-oxo- 6316
Phthalan-4-carbonsäure, 5-Hydroxy-6-
methyl-1-oxo- 6317
—, 5-Hydroxy-6-methyl-3-oxo- 6319
—, 7-Hydroxy-6-methyl-3-oxo- 6319
—, 5-Methoxy-3-oxo- 6313
—, 7-Methoxy-3-oxo- 6313
Phthalan-5-carbonsäure, 4-Hydroxy-7-
methyl-1-oxo- 6319
—, 6-Hydroxy-1-oxo-, methylester
6314
$C_{10}H_8O_5S$
Chromen-6-sulfinsäure, 5-Hydroxy-4-
methyl-2-oxo-2H- 6702
Chromen-8-sulfinsäure, 7-Hydroxy-4-
methyl-2-oxo-2H- 6702

$C_{10}H_8O_6$
Benzofuran-4-carbonsäure, 6-Hydroxy-7-
methoxy-2-oxo-2,3-dihydro- 6469
Chroman-2-carbonsäure, 5,7-Dihydroxy-4-
oxo- 6473
Essigsäure, [4,5-Dihydroxy-3-oxo-
phthalan-1-yl]- 6474
Phthalan-1-carbonsäure, 4-Hydroxy-5-
methoxy-3-oxo- 6470
—, 5-Hydroxy-4-methoxy-3-oxo-
6470
Phthalan-4-carbonsäure, 5,7-Dihydroxy-6-
methyl-1-oxo- 6475
Pyran-2-carbonsäure, 6-Acetoacetyl-4-oxo-
4H- 6155
$C_{10}H_8O_6S$
Chromen-6-sulfonsäure, 5-Hydroxy-4-
methyl-2-oxo-2H- 6752
—, 7-Hydroxy-4-methyl-2-oxo-2H-
6752
Chromen-8-sulfonsäure, 5-Hydroxy-2-
methyl-4-oxo-4H- 6751
—, 7-Hydroxy-2-methyl-4-oxo-4H-
6751
—, 7-Hydroxy-4-methyl-2-oxo-2H-
6754
$C_{10}H_8O_7$
Phthalan-1-carbonsäure, 5,7-Dihydroxy-6-
methoxy-3-oxo- 6582
$C_{10}H_8O_9S_2$
Chromen-6,8-disulfonsäure, 5-Hydroxy-2-
methyl-4-oxo-4H- 6751
—, 5-Hydroxy-4-methyl-2-oxo-2H-
6752
—, 7-Hydroxy-2-methyl-4-oxo-4H-
6751
—, 7-Hydroxy-4-methyl-2-oxo-2H-
6755
$C_{10}H_8O_{12}S_3$
Chromen-3,6,8-trisulfonsäure, 5-Hydroxy-
4-methyl-2-oxo-2H- 6752
—, 7-Hydroxy-4-methyl-2-oxo-2H-
6755
$C_{10}H_9Cl_3O_6$
Furan-3-carbonsäure, 4-Acetoxy-5-oxo-2-
trichlormethyl-2,5-dihydro-, äthylester
6277
$C_{10}H_9NO_2S_2$
Thiophen-2-sulfonsäure-anilid 6707
$C_{10}H_9NO_3$
Norbornan-2,3-dicarbonsäure, 5-Cyan-,
anhydrid 6022
$C_{10}H_9NO_3S$
Brenztraubensäure, Cyan-[2]thienyl-,
äthylester 6138
$C_{10}H_9NO_5S$
Chromen-6-sulfonsäure, 7-Hydroxy-4-
methyl-2-oxo-2H-, amid 6753

$C_{10}H_{10}OS_4$
Methanthiosulfinsäure, [2]Thienyl-,
S-[2]thienylmethylester 6699
$C_{10}H_{10}O_3$
Verbindung $C_{10}H_{10}O_3$ aus
[4,6-Dimethoxy-7-methyl-3-oxo-
phthalan-5-yl]-essigsäure 6477
$C_{10}H_{10}O_3S_2$
Methanthiosulfinsäure, [2]Furyl-,
S-furfurylester 6699
$C_{10}H_{10}O_5$
Benzofuran-7-carbonsäure, 2,3-Dioxo-
2,3,3a,4,5,6-hexahydro-, methylester
6018
Buttersäure, 4-[2]Furyl-2,4-dioxo-,
äthylester 6009
Cyclohex-4-en-1,2,3-tricarbonsäure-1,2-
anhydrid-3-methylester 6019
Cyclohex-4-en-1,2,3-tricarbonsäure,
6-Methyl-, 1,2-anhydrid 6020
—, 6-Methyl-, 2,3-anhydrid 6020
Essigsäure, [1,3-Dioxo-1,3,3a,4,7,7a-
hexahydro-isobenzofuran-4-yl]- 6020
$C_{10}H_{10}O_5S$
Benzofuran-2-sulfonsäure, 2,5-Dimethyl-3-
oxo-2,3-dihydro- 6739
Malonsäure, Methyl-[2-oxo-2-[2]thienyl-
äthyl]- 6144
Pyran-2-carbonsäure, 5-Acetoxy-4-thioxo-
4H-, äthylester 6290
$C_{10}H_{10}O_6$
Buttersäure, 4-[6-Methyl-2,4-dioxo-3,4-
dihydro-2H-pyran-3-yl]-4-oxo- 6144
Furan-3-carbonsäure, 5-Acetoxyacetyl-,
methylester 6292
Furan-3,4-dicarbonsäure, 2-Acetyl-,
dimethylester 6139
Norcaran-1,2,3-tricarbonsäure, 7-Hydroxy-,
3-lacton 6145
Norcaran-1,2,7-tricarbonsäure, 3-Hydroxy-,
7-lacton 6145
Pyran-2-carbonsäure, 4-Acetoxy-6-oxo-
6H-, äthylester 6288
—, 5-Acetoxy-4-oxo-4H-, äthylester
6290
Pyran-3-carbonsäure, 6-Formyl-2-methyl-
5-[2-oxo-äthoxy]-6H- 6293
$C_{10}H_{10}O_7$
Äthylentetracarbonsäure-1,2-diäthylester-
1,2-anhydrid 6202
Cyclohexan-1,2,3,4-tetracarbonsäure-1,2-
anhydrid 6209
Norbornan-1,2,3-tricarbonsäure,
5,6-Dihydroxy-, 3→5-lacton 6581
Pyran-2,6-dicarbonsäure, 3-Methoxy-4-
oxo-4H-, dimethylester 6580
Pyran-3,5-dicarbonsäure, 6-Methoxy-2-
oxo-2H-, dimethylester 6580

$C_{10}H_{10}O_8$
Malonsäure, [2-Methoxycarbonyl-4-
methyl-5-oxo-2,5-dihydro-[2]furyl]-
6240
$C_{10}H_{11}BrO_5$
Verbindung $C_{10}H_{11}BrO_5$ aus [4-Acetyl-
2,5-dimethyl-3-oxo-2,3-dihydro-
[2]furyl]-essigsäure 5992
$C_{10}H_{11}ClO_4S$
Thiophen-3-carbonsäure, 5-Chloracetyl-4-
hydroxy-2-methyl-, äthylester 6293
$C_{10}H_{11}NO_3$
Cyclopentan-1,3-dicarbonsäure,
2-Cyan-1,2-dimethyl-, anhydrid 5994
$C_{10}H_{11}NO_4$
Crotonsäure, 4-Oxo-4-[5-oxo-2,5-dihydro-
[2]furyl]-, dimethylamid 6011
$C_{10}H_{11}NO_5$
Buttersäure, 4-[2]Furyl-2-hydroxyimino-4-
oxo-, äthylester 6010
$C_{10}H_{12}ClNO_3$
Propionitril, 3-[3-Acetyl-5-chlormethyl-2-
oxo-tetrahydro-[3]furyl]- 5981
$C_{10}H_{12}N_2O_2$
Furan-3,3-dicarbonitril, 2,2,5,5-
Tetramethyl-4-oxo-dihydro- 6125
$C_{10}H_{12}O_2$
Propan, 1,2-Epoxy-3-[3-methoxy-phenyl]-
6323
$C_{10}H_{12}O_4S$
Thiophen-3-carbonsäure, 5-Acetyl-4-
hydroxy-2-methyl-, äthylester 6293
$C_{10}H_{12}O_5$
Benzofuran-3-carbonsäure, 3-Methyl-2,7-
dioxo-octahydro- 5992
Bicyclo[2.2.2]octan-2,3-dicarbonsäure,
5,6-Dihydroxy-, 2→6-lacton 6299
Cyclopentan-1,2,3-tricarbonsäure,
1,2-Dimethyl-, 1,2-anhydrid 5993
—, 1,2-Dimethyl-, 1,3-anhydrid 5993
—, 1,2-Dimethyl-, 2,3-anhydrid 5993
Cyclopentan-1,2,4-tricarbonsäure,
3,3-Dimethyl-, 1,2-anhydrid 5993
Essigsäure, [4-Acetyl-2,5-dimethyl-3-oxo-
2,3-dihydro-[2]furyl]- 5992
Furan-3-carbonsäure, 4-Acetyl-2-methyl-5-
oxo-4,5-dihydro-, äthylester 5990
—, 3-Allyl-4,5-dioxo-tetrahydro-,
äthylester 5990
Norbornan-2,3-dicarbonsäure,
5,6-Dihydroxy, 2→6-lacton-3-
methylester 6294
—, 5,6-Dihydroxy-, 3→5-lacton-2-
methylester 6294
—, 5,6-Dihydroxy-2-methyl-,
2→6-lacton 6297
—, 5,6-Dihydroxy-2-methyl-,
3→5-lacton 6299

$C_{10}H_{12}O_5$ (Fortsetzung)
6-Oxa-bicyclo[3.2.1]octan-2-carbonsäure,
   5,8-Dimethyl-4,7-dioxo- 5994
Pyran-2-carbonsäure, 5-Äthoxy-4-oxo-4*H*-,
   äthylester 6290

$C_{10}H_{12}O_5S$
Buttersäure, 4-[3,4-Dimethoxy-[2]thienyl]-
   4-oxo- 6462

$C_{10}H_{12}O_6$
Buttersäure, 4-[4,5-Dioxo-tetrahydro-
   [3]furyl]-4-oxo-, äthylester 6128
Essigsäure, [4-Butyryl-3,5-dioxo-
   tetrahydro-[2]furyl]- 6131
Furan-3-carbonsäure, 4-Acetoxy-2-methyl-
   5-oxo-2,5-dihydro-, äthylester 6277
Pyran-3-carbonsäure, 6-Äthoxy-4-hydroxy-
   2-oxo-2*H*-, äthylester 6460

$C_{10}H_{12}O_7$
Furan-3-carbonsäure, 3-Acetoxymethyl-
   4,5-dioxo-tetrahydro-, äthylester 6458
—, 5-[1-(2,2-Dihydroxy-äthoxy)-2-
   oxo-äthyl]-2-methyl- 6293
—, 5-[3,5-Dihydroxy-[1,4]dioxan-2-yl]-
   2-methyl- 6293

$C_{10}H_{12}O_8$
5-Desoxy-lyxonsäure, O^2,O^3-Diacetyl-3-
   carboxy-, 1-lacton 6453
Furan-2,3,4-tricarbonsäure, 5-Oxo-
   tetrahydro-, trimethylester 6237

$C_{10}H_{13}BrO_6$
Cyclopenta[*c*]furan-4-carbonsäure,
   6-Brom-5-hydroxy-1-methoxy-3-oxo-
   hexahydro-, methylester 6459

$C_{10}H_{13}ClO_4$
Bernsteinsäure, 2-[3-Chlorcarbonyl-butyl]-
   3-methyl-, anhydrid 5979

$C_{10}H_{13}ClO_6$
Cyclopenta[*c*]furan-4-carbonsäure,
   6-Chlor-5-hydroxy-1-methoxy-3-oxo-
   hexahydro-, methylester 6458
7-Oxa-norbornan-2,3-dicarbonsäure,
   5-Chlor-6-hydroxy-, dimethylester
   6458

$C_{10}H_{13}NO_3$
Glutarsäure, 3-[1-Cyan-2-methyl-propyl]-,
   anhydrid 5978

$C_{10}H_{13}NO_4$
Furan-3-carbonsäure, 4-Acetyl-2-amino-5-
   methyl-, äthylester 5990
—, 4-Acetyl-2-imino-5-methyl-2,3-
   dihydro-, äthylester 5990
Pyran-3-carbonsäure, 5-Amino-2,4-
   dimethyl-6-oxo-6*H*-, äthylester 5989
—, 5-Imino-2,4-dimethyl-6-oxo-5,6-
   dihydro-4*H*-, äthylester 5989

$C_{10}H_{13}NO_4S_2$
Thiophen-2-carbonsäure, 5-Allylsulfamoyl-,
   äthylester 6766

$C_{10}H_{14}O_4S$
Glyoxylsäure, [4-Äthyl-3-oxo-tetrahydro-
   [2]thienyl]-, äthylester 5974

$C_{10}H_{14}O_5$
Benzofuran-3-carbonsäure, 7-Hydroxy-3-
   methyl-2-oxo-octahydro- 6285
—, 7-Hydroxy-2-oxo-octahydro-,
   methylester 6282
Buttersäure, 4-Oxo-4-[5-oxo-tetrahydro-
   [3]furyl]-, äthylester 5972
Essigsäure, [4-Butyl-3,5-dioxo-tetrahydro-
   [2]furyl]- 5980
Furan-2-carbonsäure, 2-Äthyl-3-methyl-
   4,5-dioxo-tetrahydro-, äthylester 5974
Furan-3-carbonsäure, 3-Acetyl-2-methyl-5-
   oxo-tetrahydro-, äthylester 5975
—, 2-Äthyl-4-methoxy-5-oxo-2,5-
   dihydro-, äthylester 6279
—, 4,5-Dioxo-2-propyl-tetrahydro-,
   äthylester 5972
—, 2-Isopropyl-4,5-dioxo-tetrahydro-,
   äthylester 5973
Glyoxylsäure, [5,5-Dimethyl-2-oxo-
   tetrahydro-[3]furyl]-, äthylester 5975
—, [4-Methyl-2-oxo-tetrahydro-pyran-
   3-yl]-, äthylester 5970
—, [6-Methyl-2-oxo-tetrahydro-pyran-
   3-yl]-, äthylester 5970
Heptan-1,2,6-tricarbonsäure-1,2-anhydrid
   5979
Heptan-1,2,7-tricarbonsäure-1,2-anhydrid
   5979
Heptan-1,3,7-tricarbonsäure-1,3-anhydrid
   5978
Heptan-2,3,6-tricarbonsäure-2,3-anhydrid
   5979
6-Oxa-bicyclo[3.2.1]octan-2-carbonsäure,
   4-Hydroxy-5,8-dimethyl-7-oxo- 6287
2-Oxa-spiro[4.4]nonan-1-carbonsäure,
   4-Hydroxy-7-methyl-3-oxo- 6284
Pent-2-ensäure, 4-Hydroxy-4-[2-methyl-5-
   oxo-tetrahydro-[3]furyl]- 6283
Propionsäure, 3-[5-Methyl-2,4-dioxo-
   tetrahydro-[3]furyl]-, äthylester 5973
Pyran-2-carbonsäure, 5-Äthyliden-2-
   hydroxymethyl-3-methyl-6-oxo-
   tetrahydro- 6282
Pyran-3-carbonsäure, 5-Formyl-2-methyl-
   6-oxo-tetrahydro-, äthylester 5971
Verbindung $C_{10}H_{14}O_5$ aus 7-Hydroxy-3-
   methyl-2-oxo-octahydro-benzofuran-3-
   carbonsäure 6285

$C_{10}H_{14}O_5S$
Thiophen-2,3-dicarbonsäure, 4-Oxo-
   tetrahydro-, diäthylester 6114

$C_{10}H_{14}O_6$
Essigsäure, [5-Carboxy-4,4,5-trimethyl-2-
   oxo-tetrahydro-[3]furyl]- 6124

$C_{10}H_{14}O_6$ (Fortsetzung)

Essigsäure, [4-(4-Hydroxy-butyl)-3,5-dioxo-
tetrahydro-[2]furyl]- 6459

Furan-2-carbonsäure, 3-Acetoxy-2,3,4-
trimethyl-5-oxo-tetrahydro- 6272

Furan-3-carbonsäure, 4-Acetoxy-2-methyl-
5-oxo-tetrahydro-, äthylester 6265

—, 5-Acetoxymethyl-2-oxo-
tetrahydro-, äthylester 6266

Furan-2,3-dicarbonsäure, 2-Methyl-5-oxo-
4-propyl-tetrahydro- 6124

—, 4-Oxo-tetrahydro-, diäthylester 6113

—, 5-Oxo-tetrahydro-, diäthylester 6116

Furan-2,4-dicarbonsäure, 4-Äthyl-2,3-
dimethyl-5-oxo-tetrahydro- 6124

Furan-3,3-dicarbonsäure, 2-Oxo-dihydro-,
diäthylester 6116

Furan-2-on, 5,5-Bis-[2-carboxy-äthyl]-
dihydro- 6123

Propionsäure, 3-[2,5-Dimethoxy-2,5-
dihydro-[2]furyl]-3-oxo-, methylester
6458

$C_{10}H_{15}HgNO_5S_2$

s. bei $[C_8H_{12}HgNO_3S_2]^+$

$C_{10}H_{15}NO_3S$

Thiophen-3-carbonsäure, 2-Imino-4-oxo-
tetrahydro-, pentylester 5960

$C_{10}H_{15}NO_4$

Essigsäure, [2,4-Dioxo-tetrahydro-[3]furyl]-,
isobutylamid 5963

Pent-2-ensäure, 4-Hydroxy-4-[2-methyl-5-
oxo-tetrahydro-[3]furyl]-, amid 6284

$C_{10}H_{15}N_3O_5S$

Essigsäure, [3-Methoxycarbonyl-4-
semicarbazono-tetrahydro-[2]thienyl]-,
methylester 6117

$C_{10}H_{16}Br_2O_6$

Furan-2-carbonsäure, 3,4-Dibrom-2,5,5-
trimethoxy-tetrahydro-, äthylester
6263

$C_{10}H_{16}ClNO_2S_2$

Thiophen-2-sulfonsäure, 5-Chlor-,
hexylamid 6709

$C_{10}H_{16}O_4S$

Valeriansäure, 5-[4-Hydroxy-3-oxo-
tetrahydro-[2]thienyl]-, methylester
6273

$C_{10}H_{16}O_5$

Furan-2-carbonsäure, 3-Hydroxy-4-
isopropyl-2,3-dimethyl-5-oxo-
tetrahydro- 6274

—, 2-Methoxy-3,3,4,4-tetramethyl-5-
oxo-tetrahydro- 6274

Furan-3-carbonsäure, 5-Äthoxymethyl-2-
oxo-tetrahydro-, äthylester 6266

—, 4-Äthyl-4-hydroxy-3-methyl-5-
oxo-tetrahydro-, äthylester 6271

$C_{10}H_{16}O_6$

Furan-2-carbonsäure, 3-Hydroxy-2-
hydroxymethyl-4-isopropyl-3-methyl-5-
oxo-tetrahydro- 6454

—, 2,5,5-Trimethoxy-2,5-dihydro-,
äthylester 6275

Propionsäure, 3-[2,5-Dimethoxy-
tetrahydro-[2]furyl]-3-oxo-,
methylester 6453

$C_{10}H_{16}O_7$

Galactarsäure, O^2,O^3,O^5-Trimethyl-,
1-lacton-6-methylester 6573

—, O^2,O^4,O^5-Trimethyl-, 6-lacton-1-
methylester 6573

Glucarsäure-1-butylester-6→3-lacton 6575

— 1-isobutylester-6→3-lacton 6575

Glucarsäure, O^2,O^3,O^4-Trimethyl-,
1-lacton-6-methylester 6569

—, O^2,O^3,O^5-Trimethyl-, 1-lacton-6-
methylester 6573

$C_{10}H_{16}O_8$

glycero-gulo-Heptarsäure-1→4-lacton-7-
propylester 6651

$C_{10}H_{18}O_4$

Pyran-3-carbonsäure, 2-Methoxy-2,6-
dimethyl-tetrahydro-, methylester 5976

$C_{10}H_{18}O_6$

Furan-2-carbonsäure, 2,5,5-Trimethoxy-
tetrahydro-, äthylester 6263

C_{11}

$C_{11}H_5ClO_4$

Maleinsäure, Chlorcarbonyl-phenyl-,
anhydrid 6074

$C_{11}H_6Br_2O_5$

Chromen-3-carbonsäure, 5,7-Dibrom-6-
hydroxy-8-methyl-2-oxo-2H- 6361

Chromen-6-carbonsäure, 3,8-Dibrom-7-
hydroxy-4-methyl-2-oxo-2H- 6368

$C_{11}H_6ClNO_4S$

Benzofuran-5-sulfonylchlorid,
2-Cyanacetyl- 6769

$C_{11}H_6ClNO_6$

Chromen-3-carbonylchlorid, 8-Methoxy-6-
nitro-2-oxo-2H- 6346

$C_{11}H_6N_2O_9$

Chromen-6-carbonsäure, 7-Hydroxy-4-
methyl-3,8-dinitro-2-oxo-2H- 6369

$C_{11}H_6O_5$

Äthylentricarbonsäure, Phenyl-,
1,2-anhydrid 6073

$C_{11}H_6O_7$

Chromen-3,6-dicarbonsäure, 5-Hydroxy-2-
oxo-2H- 6618

Cyclohepta[c]pyran-6-carbonsäure,
8-Hydroxy-1,3,9-trioxo-1,3,4,9-
tetrahydro- 6618

$C_{11}H_7BrO_5$
Chromen-6-carbonsäure, 3-Brom-7-
hydroxy-4-methyl-2-oxo-2*H*- 6367
—, 8-Brom-5-hydroxy-4-methyl-2-
oxo-2*H*- 6364
—, 8-Brom-7-hydroxy-2-methyl-4-
oxo-4*H*- 6359
Essigsäure, [6-Brom-7-hydroxy-2-oxo-
2*H*-chromen-4-yl]- 6357
$C_{11}H_7ClO_4$
Chromen-3-carbonylchlorid, 7-Methoxy-2-
oxo-2*H*- 6342
—, 8-Methoxy-2-oxo-2*H*- 6345
Chromen-6-carbonylchlorid, 7-Methoxy-2-
oxo-2*H*- 6350
$C_{11}H_7ClO_5$
Chromen-4-carbonsäure, 3-Chlor-7-
hydroxy-2-oxo-2*H*-, methylester 6347
—, 3-Chlor-7-methoxy-2-oxo-2*H*-
6347
Chromen-6-carbonsäure, 3-Chlor-7-
hydroxy-4-methyl-2-oxo-2*H*- 6367
Essigsäure, [6-Chlor-7-hydroxy-2-oxo-
2*H*-chromen-4-yl]- 6356
$C_{11}H_7ClO_6$
Chromen-4-carbonsäure, 3-Chlor-5,7-
dihydroxy-2-oxo-2*H*-, methylester
6492
$C_{11}H_7ClO_7S$
Chromen-6-carbonsäure, 8-Chlorsulfonyl-
5-hydroxy-4-methyl-2-oxo-2*H*- 6770
$C_{11}H_7IO_5$
Chromen-3-carbonsäure, 6-Jod-8-methoxy-
2-oxo-2*H*- 6345
$C_{11}H_7NO_3$
Chromen-3-carbonitril, 7-Methoxy-2-oxo-
2*H*- 6343
—, 8-Methoxy-2-oxo-2*H*- 6345
Chromen-5-carbonitril, 8-Methoxy-2-oxo-
2*H*- 6348
Chromen-6-carbonitril, 7-Methoxy-2-oxo-
2*H*- 6350
Glyoxylonitril, [6-Methoxy-benzofuran-2-
yl]- 6351
$C_{11}H_7NO_4$
Maleinsäure, Carbamoyl-phenyl-,
anhydrid 6074
$C_{11}H_7NO_7$
Chromen-3-carbonsäure, 8-Methoxy-5-
nitro-2-oxo-2*H*- 6346
—, 8-Methoxy-6-nitro-2-oxo-2*H*-
6346
—, 8-Methoxy-7-nitro-2-oxo-2*H*-
6346
Chromen-6-carbonsäure, 5-Hydroxy-4-
methyl-8-nitro-2-oxo-2*H*- 6365
—, 7-Hydroxy-4-methyl-8-nitro-2-
oxo-2*H*- 6369

$C_{11}H_8BrClO_5S$
Chromen-6-sulfonylchlorid, 8-Brom-7-
hydroxy-3,4-dimethyl-2-oxo-2*H*- 6756
—, 3-Brom-7-methoxy-4-methyl-2-
oxo-2*H*- 6753
$C_{11}H_8ClNO_5S$
Chroman-6-sulfonylchlorid, 3-Acetylimino-
2-oxo- 6746
Chromen-6-sulfonylchlorid,
3-Acetylamino-2-oxo-2*H*- 6746
$C_{11}H_8Cl_2O_7S_2$
Chromen-3,6-disulfonylchlorid,
7-Methoxy-4-methyl-2-oxo-2*H*- 6755
$C_{11}H_8O_5$
Benzofuran-5-carbonsäure, 2-Acetyl-4-
hydroxy- 6372
Chromen-2-carbonsäure, 6-Hydroxy-3-
methyl-4-oxo-4*H*- 6358
—, 7-Hydroxy-3-methyl-4-oxo-4*H*-
6358
—, 6-Methoxy-4-oxo-4*H*- 6339
—, 7-Methoxy-4-oxo-4*H*- 6339
Chromen-3-carbonsäure, 5-Hydroxy-7-
methyl-2-oxo-2*H*- 6361
—, 6-Hydroxymethyl-2-oxo-2*H*- 6361
—, 7-Hydroxy-4-methyl-2-oxo-2*H*-
6359
—, 7-Hydroxy-5-methyl-2-oxo-2*H*-
6361
—, 7-Hydroxy-8-methyl-2-oxo-2*H*-
6362
—, 7-Methoxy-2-oxo-2*H*- 6341
—, 8-Methoxy-2-oxo-2*H*- 6344
Chromen-4-carbonsäure, 7-Methoxy-2-
oxo-2*H*- 6347
Chromen-5-carbonsäure, 7-Hydroxy-2-
methyl-4-oxo-4*H*- 6358
—, 7-Hydroxy-2-oxo-2*H*-,
methylester 6348
Chromen-6-carbonsäure, 5-Hydroxy-4-
methyl-2-oxo-2*H*- 6363
—, 7-Hydroxy-4-methyl-2-oxo-2*H*-
6365
—, 7-Hydroxy-2-oxo-2*H*-,
methylester 6349
—, 7-Methoxy-2-oxo-2*H*- 6349
Chromen-7-carbonsäure, 5-Hydroxy-4-
methyl-2-oxo-2*H*- 6370
Chromen-8-carbonsäure, 5-Hydroxy-7-
methyl-2-oxo-2*H*- 6361
—, 7-Hydroxy-4-methyl-2-oxo-2*H*-
6370
Essigsäure, [2,4-Dioxo-chroman-3-yl]-
6053
—, [6-Hydroxy-2-oxo-2*H*-chromen-4-
yl]- 6352
—, [7-Hydroxy-2-oxo-2*H*-chromen-4-
yl]- 6352

C₁₁H₈O₅ (Fortsetzung)

Isochromen-4-carbonsäure, 5-Hydroxy-7-
methyl-1-oxo-1*H*- 6371
—, 6-Methoxy-1-oxo-1*H*- 6350
—, 7-Methoxy-1-oxo-1*H*- 6351
Verbindung C₁₁H₈O₅ aus 6-Hydroxy-2,7-
dioxo-3,3a,6,7,8,8a-hexahydro-2*H*-3,6-
methano-cyclohepta[*b*]furan-9-
carbonsäure 6478

C₁₁H₈O₅S

Benzolsulfonsäure, 4-[5-Formyl-[2]furyl]-
6742
Isothiochromen-3-carbonsäure,
8-Hydroxy-7-methoxy-1-oxo-1*H*- 6495

C₁₁H₈O₆

Benzofuran-2-carbonsäure, 7-Formyl-6-
hydroxy-4-methoxy- 6496
Benzofuran-4,7-dicarbonsäure, 6-Methyl-2-
oxo-2,3-dihydro- 6164
Benzol-1,2,3-tricarbonsäure, 4-Methoxy-5-
methyl-, 1,2-anhydrid 6498
—, 4-Methoxy-5-methyl-,
2,3-anhydrid 6498
Benzol-1,2,4-tricarbonsäure, 3-Methoxy-5-
methyl-, 1,2-anhydrid 6498
Chromen-3-carbonsäure, 7-Hydroxy-5-
methoxy-2-oxo-2*H*- 6490
—, 7-Hydroxy-6-methoxy-2-oxo-2*H*-
6490
—, 7-Hydroxy-8-methoxy-2-oxo-2*H*-
6491
Chromen-6-carbonsäure, 5,8-Dihydroxy-4-
methyl-2-oxo-2*H*- 6502
Chromen-8-carbonsäure, 5,7-Dihydroxy-2-
oxo-2*H*-, methylester 6494
Essigsäure, [4,7-Dihydroxy-2-oxo-
2*H*-chromen-3-yl]- 6498
—, [5,7-Dihydroxy-2-oxo-
2*H*-chromen-4-yl]- 6499
—, [6,7-Dihydroxy-2-oxo-
2*H*-chromen-4-yl]- 6499
—, [7,8-Dihydroxy-2-oxo-
2*H*-chromen-4-yl]- 6499
Phthalan-4-carbonsäure, 7-Acetoxy-3-oxo-
6313

C₁₁H₈O₆S

Furan-2-carbonsäure, 5-[4-Sulfo-phenyl]-
6768
Naphthalin-2-sulfonsäure, 2,3-Epoxy-3-
methyl-1,4-dioxo-1,2,3,4-tetrahydro-
6747

C₁₁H₈O₇

Benzol-1,2,4-tricarbonsäure,
3,5-Dimethoxy-, 1,2-anhydrid 6594
—, 3,6-Dimethoxy-, 1,2-anhydrid 6594
—, 5,6-Dimethoxy-, 1,2-anhydrid 6594
Essigsäure, [5,6,7-Trihydroxy-1-oxo-
1*H*-isochromen-4-yl]- 6598

C₁₁H₈O₈S

Chromen-6-carbonsäure, 5-Hydroxy-4-
methyl-2-oxo-8-sulfo-2*H*- 6770
—, 7-Hydroxy-4-methyl-2-oxo-8-
sulfo-2*H*- 6771

C₁₁H₈O₁₁S₂

Chromen-6-carbonsäure, 5-Hydroxy-4-
methyl-2-oxo-3,8-disulfo-2*H*- 6771
—, 7-Hydroxy-4-methyl-2-oxo-3,8-
disulfo-2*H*- 6771

C₁₁H₉BrO₆

3,6-Methano-cyclohepta[*b*]furan-9-
carbonsäure, 5-Brom-6-hydroxy-2,7-
dioxo-3,3a,6,7,8,8a-hexahydro-2*H*-
6478
Verbindung C₁₁H₉BrO₆ aus 6-Hydroxy-
2,7-dioxo-3,3a,6,7,8,8a-hexahydro-
2*H*-3,6-methano-cyclohepta[*b*]furan-9-
carbonsäure 6478

C₁₁H₉BrO₆S

Chromen-6-sulfonsäure, 3-Brom-7-
methoxy-4-methyl-2-oxo-2*H*- 6753
Chromen-8-sulfonsäure, 6-Brom-7-
hydroxy-3,4-dimethyl-2-oxo-2*H*- 6756

C₁₁H₉ClO₄S

Benzolsulfonylchlorid, 4-[2-Oxo-dihydro-
[3]furylidenmethyl]- 6741
Chromen-6-sulfonylchlorid, 2,3-Dimethyl-
4-oxo-4*H*- 6742

C₁₁H₉ClO₅

Phthalan-1-carbonsäure, 7-Chlor-4-
methoxy-1-methyl-3-oxo- 6315

C₁₁H₉ClO₅S

Chromen-6-sulfonylchlorid, 5-Hydroxy-
4,7-dimethyl-2-oxo-2*H*- 6757
—, 7-Hydroxy-3,4-dimethyl-2-oxo-
2*H*- 6756
—, 7-Methoxy-4-methyl-2-oxo-2*H*- 6753

C₁₁H₉NO₃

Cyclohex-4-en-1,2-dicarbonsäure,
3-[2-Cyan-vinyl]-, anhydrid 6034
—, 3-Cyan-6-vinyl-, anhydrid 6034

C₁₁H₉NO₄

Chromen-3-carbonsäure, 8-Methoxy-2-
oxo-2*H*-, amid 6345
Chromen-6-carbonsäure, 5-Hydroxy-4-
methyl-2-oxo-2*H*-, amid 6364
—, 7-Hydroxy-4-methyl-2-oxo-2*H*-,
amid 6366
—, 7-Methoxy-2-oxo-2*H*-, amid 6350
Furan-3-carbonsäure, 4-Oxo-2-
phenylimino-tetrahydro- 5959
Phthalan-1-carbonitril, 4,5-Dimethoxy-3-
oxo- 6472

C₁₁H₉N₃S

Thiophen-3-carbonitril, 2,5-Diamino-4-
phenyl- 6053
—, 2,5-Diimino-4-phenyl-tetrahydro- 6053

$C_{11}H_{10}Br_2O_4$

Cyclohexan-1,2-dicarbonsäure, 2-Brom-3-
bromcarbonyl-1,3-dimethyl-,
anhydrid 5996
Cyclohexan-1,3-dicarbonsäure, 2-Brom-2-
bromcarbonyl-1,3-dimethyl-,
anhydrid 5996

$C_{11}H_{10}Br_2O_6$

3,6-Methano-cyclohepta[b]furan-9-
carbonsäure, 4,5-Dibrom-6-hydroxy-
2,7-dioxo-octahydro- 6466

$C_{11}H_{10}ClNO_4$

Phthalan-1-carbonsäure, 7-Chlor-4-
methoxy-1-methyl-3-oxo-, amid 6316

$C_{11}H_{10}Cl_2O_6$

Pyran-2,6-dicarbonsäure, 4-Oxo-4H-,
bis-[2-chlor-äthylester] 6137

$C_{11}H_{10}N_2O_3$

Verbindung $C_{11}H_{10}N_2O_3$ aus 4,5-Dioxo-
tetrahydro-furan-3-carbonitril 5962

$C_{11}H_{10}N_2O_5S$

Chroman-6-sulfonsäure, 3-Acetylimino-2-
oxo-, amid 6746
Chromen-6-sulfonsäure, 3-Acetylamino-2-
oxo-2H-, amid 6746
Furan-2-sulfonsäure, 5-Nitro-, p-toluidid
6705

$C_{11}H_{10}N_2O_6S$

Furan-2-sulfonsäure, 5-Nitro-, p-anisidid
6705

$C_{11}H_{10}O_4S_2$

Thiophen-2-sulfonsäure-[3-methoxy-
phenylester] 6706

$C_{11}H_{10}O_5$

Benzofuran-5-carbonsäure, 2-Acetyl-4-
hydroxy-2,3-dihydro- 6321
Bicyclo[2.2.2]oct-5-en-1,2,3-tricarbonsäure-
2,3-anhydrid 6035
Chroman-2-carbonsäure, 5-Hydroxy-4-
oxo-, methylester 6314
Essigsäure, [3-Hydroxy-4-oxo-chroman-3-
yl]- 6320
—, [7-Hydroxy-2-oxo-chroman-4-yl]- 6320
Furan-3-carbonsäure, 4-Hydroxy-5-oxo-2-
phenyl-tetrahydro- 6320
Hex-5-ensäure, 6-[2]Furyl-2,4-dioxo-,
methylester 6033
Norborn-5-en-1,2,3-tricarbonsäure-2,3-
anhydrid-1-methylester 6034
Norborn-5-en-2,3,7-tricarbonsäure-2,3-
anhydrid-7-methylester 6034
Phthalan-1-carbonsäure, 4-Methoxy-1-
methyl-3-oxo- 6315
—, 5-Methoxy-6-methyl-3-oxo- 6317
—, 5-Methoxy-7-methyl-3-oxo- 6317
—, 7-Methoxy-4-methyl-3-oxo- 6316
—, 7-Methoxy-5-methyl-3-oxo- 6316
Phthalan-4-carbonsäure, 5-Hydroxy-6-
methyl-1-oxo-, methylester 6317

—, 7-Hydroxy-6-methyl-1-oxo-,
methylester 6318
—, 5-Methoxy-6-methyl-3-oxo- 6319
—, 7-Methoxy-6-methyl-1-oxo- 6318
—, 7-Methoxy-6-methyl-3-oxo- 6319
—, 7-Methoxy-3-oxo-, methylester
6313
Phthalan-5-carbonsäure, 4-Methoxy-7-
methyl-1-oxo- 6320

$C_{11}H_{10}O_5S$

Chromen-6-sulfinsäure, 5-Hydroxy-4,7-
dimethyl-2-oxo-2H- 6702
Chromen-8-sulfinsäure, 7-Hydroxy-3,4-
dimethyl-2-oxo-2H- 6702
Chromen-6-sulfonsäure, 2,3-Dimethyl-4-
oxo-4H- 6742

$C_{11}H_{10}O_6$

Benzofuran-4-carbonsäure, 6,7-Dimethoxy-
2-oxo-2,3-dihydro- 6469
—, 6-Hydroxy-7-methoxy-2-oxo-2,3-
dihydro-, methylester 6470
Bicyclo[3.2.2]non-8-en-6,7-dicarbonsäure,
2,2-Dihydroxy-3-oxo-, 7→2-lacton
6478
2,6-Cyclo-norbornan-2,3-dicarbonsäure,
5-Acetoxy-5-hydroxy-, 3-lacton
6308
3,6-Methano-cyclohepta[b]furan-9-
carbonsäure, 6-Hydroxy-2,7-
dioxo-3,3a,6,7,8,8a-hexahydro-2H-
6478
Phthalan-1-carbonsäure, 4,6-Dimethoxy-3-
oxo- 6472
—, 4,7-Dimethoxy-3-oxo- 6472
—, 5,6-Dimethoxy-3-oxo- 6472
Phthalan-4-carbonsäure, 5,6-Dimethoxy-3-
oxo- 6473
—, 6,7-Dimethoxy-1-oxo- 6473
—, 5-Hydroxy-7-methoxy-6-methyl-1-
oxo- 6475
Pyran-2-carbonsäure, 6-Acetoacetyl-4-oxo-
4H-, methylester 6155

$C_{11}H_{10}O_6S$

Chromen-x-sulfonsäure, 5-Methoxy-4-
methyl-2-oxo-2H- 6752
Chromen-6-sulfonsäure, 5-Hydroxy-4,7-
dimethyl-2-oxo-2H- 6756
—, 7-Hydroxy-3,4-dimethyl-2-oxo-
2H- 6755
—, 7-Methoxy-4-methyl-2-oxo-2H-
6752
Chromen-8-sulfonsäure, 7-Hydroxy-3,4-
dimethyl-2-oxo-2H- 6756
—, 5-Methoxy-2-methyl-4-oxo-4H-
6751
—, 7-Methoxy-2-methyl-4-oxo-4H-
6751

$C_{11}H_{10}O_8$

Furan-2,3-dicarbonsäure,
    4-Methoxycarbonylmethylen-5-oxo-4,5-
    dihydro-, dimethylester 6241

$C_{11}H_{10}O_9S_2$

Chromen-3,6-disulfonsäure, 7-Methoxy-4-
    methyl-2-oxo-2H- 6754
Chromen-6,8-disulfonsäure, 7-Hydroxy-
    3,4-dimethyl-2-oxo-2H- 6756

$C_{11}H_{11}BrO_6$

Norbornan-1,2,3-tricarbonsäure, 6-Brom-
    5-hydroxy-, 3-lacton-1-methylester
    6145
Norbornan-2,3,7-tricarbonsäure, 5-Brom-
    6-hydroxy-, 2-lacton-7-methylester
    6145

$C_{11}H_{11}NO_3$

Cyclohex-4-en-1,2-dicarbonsäure, 3-Cyan-
    4,5-dimethyl-, anhydrid 6022

$C_{11}H_{11}NO_3S$

Furan-2-sulfonsäure-[N-methyl-anilid] 6704
Furan-3-sulfonsäure-[N-methyl-anilid] 6713

$C_{11}H_{11}NO_4S$

Benzolsulfonsäure, 4-[2-Oxo-dihydro-
    [3]furylidenmethyl]-, amid 6741
Phthalan-1-thiocarbonsäure,
    4,5-Dimethoxy-3-oxo-, amid 6472

$C_{11}H_{11}NO_5$

Phthalan-1-carbonsäure, 4,5-Dimethoxy-3-
    oxo-, amid 6471

$C_{11}H_{11}NO_5S$

Chromen-6-sulfonsäure, 7-Methoxy-4-
    methyl-2-oxo-2H-, amid 6753

$C_{11}H_{12}N_2O_4S$

Benzolsulfonsäure, 4-[2-Oxo-dihydro-
    [3]furylidenmethyl]-, hydrazid 6742

$C_{11}H_{12}O_5$

Acetessigsäure, 2-[Furan-2-carbonyl]-,
    äthylester 6018
Bicyclo[2.2.2]octan-2,3-dicarbonsäure,
    5-Hydroxy-5-methyl-7-oxo-, 3-lacton
    6023
Bicyclo[2.2.2]octan-1,2,3-tricarbonsäure-
    2,3-anhydrid 6022
Cyclohex-4-en-1,2,3-tricarbonsäure,
    6-Methyl-, 1,2-anhydrid-3-methylester
    6021
3,5-Methano-cyclopropa[e]benzofuran-7-
    carbonsäure, 6-Hydroxy-2-oxo-
    octahydro- 6309
[1]Naphthoesäure, 2,3-Epoxy-5-hydroxy-8-
    oxo-1,2,3,4,4a,5,8,8a-octahydro- 6309
Pyran-3-carbonsäure, 4-[1-Formyl-
    propenyl]-6-oxo-5,6-dihydro-4H-,
    methylester 6019

$C_{11}H_{12}O_5S$

Pyran-2,6-dicarbonsäure, 4-Thioxo-4H-,
    diäthylester 6138

$C_{11}H_{12}O_5S_3$

Thiopyran-3,5-dicarbonsäure, 2,6-Bis-
    methylmercapto-4-oxo-4H-,
    monoäthylester 6652
—, 4-Oxo-2,6-dithioxo-tetrahydro-,
    diäthylester 6240

$C_{11}H_{12}O_6$

Brenztraubensäure, [4-Äthoxycarbonyl-5-
    methyl-[2]furyl]- 6142
Glutarsäure, 3-Oxo-2,4-dipropionyl-,
    anhydrid 6146
Malonsäure, [2-[2]Furyl-2-oxo-äthyl]-,
    dimethylester 6141
—, [5-Oxo-5H-[2]furyliden]-,
    diäthylester 6138
3,6-Methano-cyclohepta[b]furan-9-
    carbonsäure, 6-Hydroxy-2,7-dioxo-
    octahydro- 6465
Norbornan-2,3-dicarbonsäure, 5-Acetoxy-
    6-hydroxy-, 2-lacton 6294
Pyran-3-carbonsäure, 2-Äthyl-4,6-dioxo-5-
    propionyl-5,6-dihydro-4H- 6146
Pyran-2,6-dicarbonsäure, 4-Oxo-4H-,
    diäthylester 6137

$C_{11}H_{12}O_6S$

Pyran-2,6-dicarbonsäure, 3-Oxo-4-thioxo-
    3,4-dihydro-2H-, diäthylester 6206

$C_{11}H_{12}O_7$

Cycloheptan-1,2,3,4-tetracarbonsäure-2,3-
    anhydrid 6210
Cyclopentan-1,2,3,4-tetracarbonsäure-1,2-
    anhydrid-3,4-dimethylester 6207
— 2,3-anhydrid-1,4-dimethylester
    6208
Furan-2-carbonsäure, 2-Acetonyl-3-acetyl-
    4,5-dioxo-tetrahydro-, methylester
    6208
Hept-2-en-2,3,5,6-tetracarbonsäure-2,3-
    anhydrid 6209
— 5,6-anhydrid 6210
Pent-2-ensäure, 4-Hydroxy-3-[3-hydroxy-6-
    hydroxymethyl-4-oxo-4H-pyran-2-yl]-
    6581
Pyran-2-carbonsäure,
    5-Äthoxycarbonyloxy-4-oxo-4H-,
    äthylester 6290
Pyran-2,4-dicarbonsäure, 3,6-Dioxo-3,6-
    dihydro-2H-, diäthylester 6203
Pyran-2,6-dicarbonsäure, 3,4-Dioxo-3,4-
    dihydro-2H-, diäthylester 6204
Pyran-3,4-dicarbonsäure, 5,6-Dioxo-5,6-
    dihydro-4H-, diäthylester 6206

$C_{11}H_{13}BrO_4$

Cyclohexan-1,3-dicarbonsäure,
    2-Bromcarbonyl-1,3-dimethyl-,
    anhydrid 5996

$C_{11}H_{13}BrO_5$

Cyclohexan-1,2,3-tricarbonsäure, 2-Brom-
    1,3-dimethyl-, 1,2-anhydrid 5996

$C_{11}H_{13}BrO_5$ (Fortsetzung)

Cyclohexan-1,2,3-tricarbonsäure, 2-Brom-1,3-dimethyl-, 1,3-anhydrid 5996

$C_{11}H_{13}NO_5S$

Thiophen-3,3-dicarbonsäure, 2-Allylimino-4-oxo-dihydro-, dimethylester 6199

Diacetyl-Derivat $C_{11}H_{13}NO_5S$ aus 2-Imino-4-oxo-tetrahydro-thiophen-3-carbonsäure-äthylester 5960

$C_{11}H_{13}NO_6$

Propionsäure, 3-[4-Äthoxycarbonyl-5-methyl-[2]furyl]-2-hydroxyimino-6143

$C_{11}H_{13}N_3O_5$

Buttersäure, 4-[2]Furyl-4-oxo-2-semicarbazono-, äthylester 6010

$C_{11}H_{14}N_2O_4$

Propionsäure, 2-Cyan-3-imino-3-[5-methyl-2-oxo-tetrahydro-[3]furyl]-, äthylester 6201

$C_{11}H_{14}O_5$

Benzofuran-3-carbonsäure, 3-Methyl-2,7-dioxo-octahydro-, methylester 5993

Bicyclo[3.2.2]nonan-6,7-dicarbonsäure, 8,9-Dihydroxy-, 6→9-lacton 6300

Bicyclo[2.2.2]octan-2,3-dicarbonsäure, 5,6-Dihydroxy-, 2→6-lacton-3-methylester 6300

—, 5,6-Dihydroxy-2-methyl-, 3→5-lacton 6300

Cyclohexan-1,2,3-tricarbonsäure, 1,3-Dimethyl-, 1,2-anhydrid 5994

—, 1,3-Dimethyl-, 1,3-anhydrid 5995

Cyclopenta[c]furan-5-carbonsäure, 3a-Methyl-1,4-dioxo-hexahydro-, äthylester 5991

Essigsäure, [4-Acetyl-5-äthyl-2-methyl-3-oxo-2,3-dihydro-[2]furyl]- 5994

—, [4-Acetyl-2,5-dimethyl-3-oxo-2,3-dihydro-[2]furyl]-, methylester 5992

Norbornan-2,3-dicarbonsäure, 5,6-Dihydroxy-2-methyl-, 2→6-lacton-3-methylester 6298

—, 5,6-Dihydroxy-2-methyl-, 3→5-lacton-2-methylester 6299

6-Oxa-bicyclo[3.2.1]octan-2-carbonsäure, 5,8-Dimethyl-4,7-dioxo-, methylester 5994

Propionsäure, 3-[5-Methoxymethyl-[2]furyl]-3-oxo-, äthylester 6292

Pyran-3-carbonsäure, 5-Äthyl-2-methyl-4,6-dioxo-5,6-dihydro-4H-, äthylester 5991

$C_{11}H_{14}O_5S$

Valeriansäure, 5-[3,4-Dimethoxy-[2]thienyl]-5-oxo- 6462

$C_{11}H_{14}O_6$

Essigsäure, [3-Formyl-5-methoxycarbonyl-2-methyl-3,4-dihydro-2H-pyran-4-yl]-6131

Furan-2-carbonsäure, 2-Acetonyl-3-äthyl-4,5-dioxo-tetrahydro-, methylester 6132

Furan-3-carbonsäure, 4-Acetoxy-2-äthyl-5-oxo-2,5-dihydro-, äthylester 6279

Malonsäure, [5-Oxo-dihydro-[2]furyliden]-, diäthylester 6128

2-Oxa-bicyclo[2.2.2]octan-5,6-dicarbonsäure, 5,6-Dimethyl-3-oxo-6133

6-Oxa-bicyclo[3.2.1]octan-2,8-dicarbonsäure, 1,8-Dimethyl-7-oxo- 6133

Pyran-2,6-dicarbonsäure, 4-Oxo-3,4-dihydro-2H-, diäthylester 6127

Pyran-3,4-dicarbonsäure, 5,5-Dimethyl-2-oxo-5,6-dihydro-2H-, dimethylester 6129

$C_{11}H_{14}O_7$

Essigsäure, [3-Äthoxycarbonyl-4,5-dioxo-tetrahydro-[3]furyl]-, äthylester 6200

Pyran-3,5-dicarbonsäure, 3,5-Diacetyl-tetrahydro- 6202

$C_{11}H_{14}O_8$

Furan-2,3-dicarbonsäure, 2-Methoxycarbonylmethyl-5-oxo-tetrahydro-, dimethylester 6238

—, 4-Methoxycarbonylmethyl-5-oxo-tetrahydro-, dimethylester 6238

$C_{11}H_{15}N_3O_5$

Semicarbazon $C_{11}H_{15}N_3O_5$ aus [4-Acetyl-2,5-dimethyl-3-oxo-2,3-dihydro-[2]furyl]-essigsäure 5992

Semicarbazon $C_{11}H_{15}N_3O_5$ aus 3-Methyl-2,7-dioxo-octahydro-benzofuran-3-carbonsäure 5993

$[C_{11}H_{16}HgNO_5S_2]^+$

Propylquecksilber(1+), 3-[5-Äthoxycarbonyl-thiophen-2-sulfonylamino]-2-methoxy- 6766

$[C_{11}H_{16}HgNO_5S_2]C_2H_3O_2$ 6766

$C_{11}H_{16}N_2O_3S_2$

Harnstoff, N-Cyclohexyl-N'-[thiophen-2-sulfonyl]- 6708

$C_{11}H_{16}O_4S$

Thiopyran-3-carbonsäure, 4-Oxo-3-[3-oxo-butyl]-tetrahydro-, methylester 5978

$C_{11}H_{16}O_5$

Benzofuran-3-carbonsäure, 7-Hydroxy-3-methyl-2-oxo-octahydro-, methylester 6286

—, 3-Hydroxy-2-oxo-octahydro-, äthylester 6281

—, 7-Hydroxy-2-oxo-octahydro-, äthylester 6282

—, 7-Methoxy-3-methyl-2-oxo-octahydro- 6285

C₁₁H₁₆O₅ (Fortsetzung)

Furan-3-carbonsäure, 4-Acetyl-2,2-dimethyl-
5-oxo-tetrahydro-, äthylester 5977
—, 4-Äthoxymethyl-2-mehyl-5-oxo-
2,5-dihydro-, äthylester 6280
—, 5-*tert*-Butyl-2,4-dioxo-tetrahydro-,
äthylester 5977
—, 3-Butyryl-5-oxo-tetrahydro-,
äthylester 5976
—, 2-Isobutyl-4,5-dioxo-tetrahydro-,
äthylester 5977
—, 2-Isopropyl-4-methoxy-5-oxo-2,5-
dihydro-, äthylester 6280
Glyoxylsäure, [4,6-Dimethyl-2-oxo-tetra=
hydro-pyran-3-yl]-, äthylester 5976
6-Oxa-bicyclo[3.2.1]octan-2-carbonsäure,
4-Hydroxy-5,8-dimethyl-7-oxo-,
methylester 6287
2-Oxa-spiro[4.4]nonan-1-carbonsäure,
4-Methoxy-7-methyl-3-oxo- 6284
Pent-2-ensäure, 4-Hydroxy-4-[2-methyl-5-
oxo-tetrahydro-[3]furyl]-, methylester
6283
Pyran-2-carbonsäure, 3-Äthoxymethylen-4-
oxo-tetrahydro-, äthylester 6279
—, 5-Äthoxymethylen-4-oxo-
tetrahydro-, äthylester 6279
Pyran-3-carbonsäure, 3-Acetyl-6-methyl-2-
oxo-tetrahydro-, äthylester 5976

C₁₁H₁₆O₅S

Hexan-1-sulfonsäure, 1-[2]Furyl-5-methyl-
3-oxo- 6739

C₁₁H₁₆O₆

Essigsäure, [3-Äthoxycarbonyl-2-oxo-
tetrahydro-[3]furyl]-, äthylester 6118
Furan-3-carbonsäure, 5-Acetoxymethyl-4-
methyl-2-oxo-tetrahydro-, äthylester
6268
Furan-2,3-dicarbonsäure, 4-Methyl-5-oxo-
tetrahydro-, diäthylester 6118
—, 5-Methyl-4-oxo-tetrahydro-,
diäthylester 6119
Propionsäure, 3-[3-Carboxymethyl-4-
methyl-5-oxo-tetrahydro-[2]furyl]-2-
methyl- 6125
—, 2-[4-Methoxycarbonyl-2-oxo-
tetrahydro-[3]furyl]-2-methyl-,
methylester 6121
Pyran-2,6-dicarbonsäure, 4-Oxo-
tetrahydro-, diäthylester 6117
Pyran-3,4-dicarbonsäure, 5,5-Dimethyl-2-
oxo-tetrahydro-, dimethylester 6121

C₁₁H₁₇N₃O₅

Buttersäure, 4-[5-Oxo-tetrahydro-
[3]furyl]-4-semicarbazono-, äthylester
5972

C₁₁H₁₈ClNO₂S₂

Thiophen-2-sulfonsäure, 5-Chlor-,
heptylamid 6709

C₁₁H₁₈O₅

Furan-3-carbonsäure, 4-Äthoxy-3-äthyl-2-
oxo-tetrahydro-, äthylester 6267
—, 4-Äthoxymethyl-2-methyl-5-oxo-
tetrahydro-, äthylester 6268
—, 2-Hexyl-4-hydroxy-5-oxo-
tetrahydro- 6274
—, 3-[1-Hydroxy-äthyl]-2-methyl-5-
oxo-tetrahydro-, isopropylester 6271

C₁₁H₁₈O₇

Glucarsäure-1-isopentylester-6→3-lacton
6575

C₁₁H₁₉NO₄

Furan-3-carbonsäure, 3-Äthoxy-2,2,5,5-
tetramethyl-4-oxo-tetrahydro-, amid
6273

C₁₁H₁₉NO₅

Verbindung C₁₁H₁₉NO₅ aus 4,5-Dioxo-
tetrahydro-furan-3-carbonsäure-
äthylester 5961

[C₁₁H₂₀NO₇]⁺

Ammonium, {2-[(3,4-Dihydroxy-5-oxo-
tetrahydro-[2]furyl)-hydroxy-acetoxy]-
äthyl}-trimethyl- 6575
[C₁₁H₂₀NO₇]Cl 6575

C₁₂

C₁₂H₃Cl₃O₃ Naphthalin-1,8-dicarbonsäure,
3,4,5-Trichlor-, anhydrid 6748

C₁₂H₄BrClO₅S

Naphthalin-1,8-dicarbonsäure, 5-Brom-3-
chlorsulfonyl-, anhydrid 6749

C₁₂H₄Br₂O₆S

Benz[*de*]isochromen-4-sulfonsäure,
6,7-Dibrom-1,3-dioxo-1*H*,3*H*- 6748

C₁₂H₄Br₂O₉S₂

Benz[*de*]isochromen-4,9-disulfonsäure,
6,7-Dibrom-1,3-dioxo-1*H*,3*H*- 6749

C₁₂H₄Cl₂O₅S

Naphthalin-1,8-dicarbonsäure, 5-Chlor-3-
chlorsulfonyl-, anhydrid 6748

C₁₂H₄Cl₂O₆S

Benz[*de*]isochromen-4-sulfonsäure,
6,7-Dichlor-1,3-dioxo-1*H*,3*H*- 6747
Benz[*de*]isochromen-5-sulfonsäure,
6,7-Dichlor-1,3-dioxo-1*H*,3*H*- 6748

C₁₂H₄Cl₂O₇S₂

Naphthalin-1,8-dicarbonsäure,
3,6-Dichlorsulfonyl-, anhydrid 6749

C₁₂H₅BrO₆S

Benz[*de*]isochromen-5-sulfonsäure,
7-Brom-1,3-dioxo-1*H*,3*H*- 6748

$C_{12}H_5ClO_6S$
Benz[de]isochromen-5-sulfonsäure,
7-Chlor-1,3-dioxo-1H,3H- 6748
$C_{12}H_6Br_2O_8S_3$
$5\lambda^6$-Dibenzothiophen-2,8-disulfonsäure,
3,7-Dibrom-5,5-dioxo- 6732
$C_{12}H_6Cl_2O_5S_2$
Dibenzofuran-2,8-disulfonylchlorid 6731
$C_{12}H_6Cl_2O_6S_3$
$5\lambda^6$-Dibenzothiophen-2,8-disulfonylchlorid,
5,5-Dioxo- 6732
$5\lambda^6$-Dibenzothiophen-3,7-disulfonylchlorid,
5,5-Dioxo- 6732
$C_{12}H_6N_2O_8S$
Dibenzofuran-2-sulfonsäure, 3,7-Dinitro-
6723
—, 3,8-Dinitro- 6723
—, 4,6-Dinitro- 6723
$C_{12}H_6N_2O_{11}S_2$
Dibenzofuran-2,6-disulfonsäure,
3,8-Dinitro- 6731
Dibenzofuran-2,7-disulfonsäure,
3,8-Dinitro- 6731
Dibenzofuran-2,8-disulfonsäure,
3,7-Dinitro- 6731
—, 4,6-Dinitro- 6731
$C_{12}H_6O_6S$
Benz[de]isochromen-4-sulfonsäure,
1,3-Dioxo-1H,3H- 6747
Benz[de]isochromen-5-sulfonsäure,
1,3-Dioxo-1H,3H- 6748
$C_{12}H_6O_9S_2$
Benz[de]isochromen-5,8-disulfonsäure,
1,3-Dioxo-1H,3H- 6749
$C_{12}H_7Br_3O_5$
Chromen-3-carbonsäure, 4,6,8-Tribrom-7-
hydroxy-2-oxo-2H-, äthylester 6344
$C_{12}H_7ClO_2S_2$
Dibenzothiophen-2-sulfonylchlorid 6724
$C_{12}H_7ClO_3S$
Dibenzofuran-2-sulfonylchlorid 6722
Dibenzofuran-3-sulfonylchlorid 6724
$C_{12}H_7ClO_4S_2$
$5\lambda^6$-Dibenzothiophen-2-sulfonylchlorid,
5,5-Dioxo- 6724
$C_{12}H_7ClO_5$
Chromen-3-carbonylchlorid, 7-Acetoxy-2-
oxo-2H- 6343
$C_{12}H_7NO_4$
Furan-3-carbonitril, 4-Benzoyloxy-5-oxo-
2,5-dihydro- 6276
Maleinsäure, Cyan-[4-methoxy-phenyl]-,
anhydrid 6524
$C_{12}H_7NO_5S$
Naphthalin-1,8-dicarbonsäure,
4-Sulfamoyl-, anhydrid 6749
$C_{12}H_7NO_6S$
Dibenzofuran-2-sulfonsäure, 7-Nitro- 6722
—, 8-Nitro- 6723

$C_{12}H_7NO_8$
Chromen-3-carbonsäure, 6-Formyl-8-
methoxy-5-nitro-2-oxo-2H- 6525
—, 6-Formyl-8-methoxy-7-nitro-2-
oxo-2H- 6525
$C_{12}H_8Br_2O_5$
Chromen-3-carbonsäure, 6,8-Dibrom-7-
hydroxy-2-oxo-2H-, äthylester 6344
—, 5,7-Dibrom-6-methoxy-8-methyl-
2-oxo-2H- 6362
Chromen-6-carbonsäure, 3,8-Dibrom-7-
hydroxy-4-methyl-2-oxo-2H-,
methylester 6368
—, 3,8-Dibrom-7-methoxy-4-methyl-
2-oxo-2H- 6368
$C_{12}H_8Cl_2O_4$
Chromen-3-carbonylchlorid,
4-Chlormethyl-7-methoxy-2-oxo-2H-
6361
$C_{12}H_8N_2O_5$
Pyran-2-carbonsäure, 4,5-Dioxo-6-
phenylhydrazono-5,6-dihydro-4H- 6136
$C_{12}H_8N_2O_9$
Chromen-6-carbonsäure, 7-Hydroxy-4-
methyl-3,8-dinitro-2-oxo-2H-,
methylester 6369
$C_{12}H_8O_2S_2$
Dibenzothiophen-2-sulfinsäure 6700
$C_{12}H_8O_3S$
Dibenzofuran-2-sulfinsäure 6700
$C_{12}H_8O_3S_2$
Dibenzothiophen-2-sulfonsäure 6723
$C_{12}H_8O_4S$
Dibenzofuran-2-sulfonsäure 6719
Dibenzofuran-3-sulfonsäure 6724
$C_{12}H_8O_5S_2$
Dibenzofuran-2,8-disulfinsäure 6700
Dibenzofuran-4,6-disulfinsäure 6700
$5\lambda^6$-Dibenzothiophen-2-sulfonsäure,
5,5-Dioxo- 6723
$C_{12}H_8O_6$
Chromen-3-carbonsäure, 7-Acetoxy-2-oxo-
2H- 6341
—, 6-Acetyl-5-hydroxy-2-oxo-2H-
6527
—, 8-Acetyl-7-hydroxy-2-oxo-2H-
6527
—, 6-Formyl-8-methoxy-2-oxo-2H-
6524
Chromen-5-carbonsäure, 7-Acetoxy-2-oxo-
2H- 6348
Chromen-6-carbonsäure, 3-Acetyl-7-
hydroxy-2-oxo-2H- 6527
$C_{12}H_8O_7$
Benzol-1,2,4-tricarbonsäure, 3-Acetoxy-5-
methyl-, 1,2-anhydrid 6498
—, 5-Acetoxy-3-methyl-,
1,2-anhydrid 6497

$C_{12}H_8O_7$ (Fortsetzung)
Chromen-3-carbonsäure,
7-Methoxycarbonyloxy-2-oxo-2H- 6341
Chromen-3,8-dicarbonsäure, 5-Methoxy-2-
oxo-2H- 6618

$C_{12}H_8O_7S_2$
Dibenzofuran-2,8-disulfonsäure 6731
Dibenzofuran-4,6-disulfonsäure 6732

$C_{12}H_8O_8S_3$
5λ^6-Dibenzothiophen-2,8-disulfonsäure,
5,5-Dioxo- 6732

$C_{12}H_8O_9$
Benzol-1,2,3,5-tetracarbonsäure,
4,6-Dimethoxy-, 1,2-anhydrid 6681

$C_{12}H_9BrO_5$
Chromen-3-carbonsäure, 5-Brom-6-
hydroxy-7,8-dimethyl-2-oxo-2H- 6379
—, 7-Brom-6-hydroxy-5,8-dimethyl-2-
oxo-2H- 6378
—, 6-Brom-7-hydroxy-2-oxo-2H-,
äthylester 6343
—, 8-Brom-7-hydroxy-2-oxo-2H-,
äthylester 6343
Chromen-6-carbonsäure, 3-Brom-7-
hydroxy-4-methyl-2-oxo-2H-,
methylester 6368
—, 8-Brom-5-hydroxy-4-methyl-2-
oxo-2H-, methylester 6365
—, 3-Brom-7-methoxy-4-methyl-2-
oxo-2H- 6368
—, 8-Brom-5-methoxy-4-methyl-2-
oxo-2H- 6364
Essigsäure, [3-Brom-7-methoxy-2-oxo-
2H-chromen-4-yl]- 6357
—, Brom-[7-methoxy-2-oxo-
2H-chromen-4-yl]- 6358

$C_{12}H_9ClO_4$
Chromen-3-carbonylchlorid, 7-Methoxy-4-
methyl-2-oxo-2H- 6360

$C_{12}H_9ClO_5$
Benzofuran-2-carbonsäure, 7-Acetyl-5-
chlor-6-hydroxy-3-methyl- 6383
Chroman-3-carbonsäure, 3-Chlor-2,4-
dioxo-, äthylester 6050
—, 7-Chlor-2,4-dioxo-, äthylester
6050
Chromen-4-carbonsäure, 3-Chlor-7-
hydroxy-2-oxo-2H-, äthylester 6348
—, 3-Chlor-7-methoxy-2-oxo-2H-,
methylester 6348
Chromen-6-carbonsäure, 3-Chlor-7-
hydroxy-4-methyl-2-oxo-2H-,
methylester 6367
Essigsäure, [6-Chlor-5-hydroxy-7-methyl-2-
oxo-2H-chromen-4-yl]- 6376
—, [6-Chlor-7-hydroxy-4-methyl-2-
oxo-2H-chromen-3-yl]- 6375

$C_{12}H_9ClO_6$
Chromen-4-carbonsäure, 3-Chlor-5,7-
dihydroxy-2-oxo-2H-, äthylester 6492
—, 3-Chlor-7,8-dihydroxy-2-oxo-2H-,
äthylester 6493
—, 3-Chlor-5,7-dimethoxy-2-oxo-
2H- 6491

$C_{12}H_9ClO_7S$
Chromen-6-carbonsäure, 8-Chlorsulfonyl-
5-hydroxy-4-methyl-2-oxo-2H-,
methylester 6770

$C_{12}H_9Cl_3O_5$
Essigsäure, [5-Hydroxy-6-methyl-3-oxo-1-
trichlormethyl-phthalan-4-yl]- 6326
—, [7-Hydroxy-6-methyl-3-oxo-1-
trichlormethyl-phthalan-4-yl]- 6326

$C_{12}H_9IO_5$
Chroman-3-carbonsäure, 6-Jod-2,4-dioxo-,
äthylester 6051

$C_{12}H_9NO_2S_2$
Dibenzothiophen-2-sulfonsäure-amid 6724

$C_{12}H_9NO_3S$
Dibenzofuran-2-sulfonsäure-amid 6722
Dibenzofuran-3-sulfonsäure-amid 6724

$C_{12}H_9NO_4$
Essigsäure, Cyan-[2-oxo-chroman-4-yl]-
6165
—, [3-Cyan-2-oxo-chroman-4-yl]-
6165
Isochromen-4-carbonitril, 6,7-Dimethoxy-
1-oxo-1H- 6496
Pyran-2-carbonsäure, 6-Anilino-4-oxo-
4H- 5986
—, 4-Oxo-6-phenylimino-5,6-dihydro-
4H- 5986

$C_{12}H_9NO_5$
Glutarsäure, 3-Oxo-2-phenylcarbamoyl-,
anhydrid 6127

$C_{12}H_9NO_5S_2$
Phthalamidsäure, N-[5-Sulfino-[2]thienyl]-
6701
—, N-[5-Sulfino-3H-[2]thienyliden]-
6701

$C_{12}H_9NO_7$
Chroman-3-carbonsäure, 6-Nitro-2,4-
dioxo-, äthylester 6051
—, 7-Nitro-2,4-dioxo-, äthylester
6051
Chromen-3-carbonsäure, 5-Hydroxy-6-
nitro-2-oxo-2H-, äthylester 6340
—, 7-Hydroxy-8-nitro-2-oxo-2H-,
äthylester 6344
Chromen-6-carbonsäure, 5-Hydroxy-4-
methyl-8-nitro-2-oxo-2H-, methylester
6365
—, 7-Hydroxy-4-methyl-8-nitro-2-
oxo-2H-, methylester 6369

$C_{12}H_9N_3O_5$

Essigsäure, [3-Cyan-6-nitro-2-oxo-
chroman-4-yl]-, amid 6165
—, Cyan-[6-nitro-2-oxo-chroman-4-yl]-,
amid 6165

$C_{12}H_{10}Cl_2O_5$

Benzofuran-3-carbonsäure, 4,6-Dichlor-5-
hydroxy-7-methyl-2-oxo-2,3-dihydro-,
äthylester 6315

$C_{12}H_{10}N_2O_3$

Essigsäure, Cyan-[2-oxo-chroman-4-yl]-,
amid 6165
—, [3-Cyan-2-oxo-chroman-4-yl]-,
amid 6165

$C_{12}H_{10}N_2O_4$

Essigsäure, Cyan-[7-hydroxy-2-oxo-
chroman-4-yl]-, amid 6600

$C_{12}H_{10}N_2O_5S_2$

Phthalamidsäure, N-[5-Sulfamoyl-
[2]thienyl]- 6736
—, N-[5-Sulfamoyl-3H-[2]thienyliden]-
6736

$C_{12}H_{10}N_4O_4$

Furan-2-carbonitril, 2-Methyl-4-[4-nitro-
phenylhydrazono]-5-oxo-tetrahydro-
5965

$C_{12}H_{10}O_4S$

Buttersäure, 4-[3-Hydroxy-benzo[b]≠
thiophen-2-yl]-4-oxo- 6381

$C_{12}H_{10}O_5$

2,5-Ätheno-cyclopropabenzen-1,3,4-
tricarbonsäure, Hexahydro-,
3,4-anhydrid 6055
2,5-Ätheno-cyclopropabenzen-1a,3,4-
tricarbonsäure, Hexahydro-,
3,4-anhydrid 6054
2,5-Ätheno-cyclopropabenzen-2,3,4-
tricarbonsäure, Hexahydro-,
3,4-anhydrid 6054
2,5-Ätheno-cyclopropabenzen-3,4,6-
tricarbonsäure, Hexahydro-,
3,4-anhydrid 6056
Benzofuran-2-carbonsäure, 5-Acetyl-6-
hydroxy-3-methyl- 6381
—, 7-Acetyl-6-hydroxy-3-methyl-
6381
Benzofuran-5-carbonsäure, 2-Acetyl-4-
hydroxy-, methylester 6372
Chroman-3-carbonsäure, 2,4-Dioxo-,
äthylester 6050
Chromen-2-carbonsäure, 6-Äthyl-7-
hydroxy-4-oxo-4H- 6373
—, 5-Hydroxy-4-oxo-4H-, äthylester
6339
Chromen-3-carbonsäure, 6-Hydroxy-5,7-
dimethyl-2-oxo-2H- 6378
—, 7-Hydroxy-4-methyl-2-oxo-2H-,
methylester 6359

—, 5-Hydroxy-2-oxo-2H-, äthylester
6340
—, 6-Hydroxy-2-oxo-2H-, äthylester
6341
—, 7-Hydroxy-2-oxo-2H-, äthylester
6342
—, 7-Methoxy-4-methyl-2-oxo-2H-
6359
—, 7-Methoxy-8-methyl-2-oxo-2H-
6362
—, 7-Methoxy-2-oxo-2H-,
methylester 6342
Chromen-4-carbonsäure, 7-Hydroxy-2-
oxo-2H-, äthylester 6347
Chromen-5-carbonsäure, 7-Hydroxy-2-
methyl-4-oxo-4H-, methylester 6359
Chromen-6-carbonsäure, 5-Hydroxy-4,7-
dimethyl-2-oxo-2H- 6380
—, 7-Hydroxy-3,4-dimethyl-2-oxo-
2H- 6377
—, 5-Hydroxy-4-methyl-2-oxo-2H-,
methylester 6363
—, 7-Hydroxy-4-methyl-2-oxo-2H-,
methylester 6366
—, 5-Methoxy-2-oxo-2H-
6363
—, 7-Methoxy-4-methyl-2-oxo-2H-
6366
—, 7-Methoxy-2-oxo-2H-,
methylester 6349
Chromen-7-carbonsäure, 5-Hydroxy-4-
methyl-2-oxo-2H-, methylester 6370
Chromen-8-carbonsäure, 7-Hydroxy-2,5-
dimethyl-4-oxo-4H- 6377
—, 7-Hydroxy-4,5-dimethyl-2-oxo-
2H- 6377
—, 7-Methoxy-4-methyl-2-oxo-2H-
6370
—, 7-Methoxy-2-oxo-2H-,
methylester 6350
Essigsäure, [5-Hydroxy-7-methyl-2-oxo-
2H-chromen-4-yl]- 6376
—, [7-Hydroxy-4-methyl-2-oxo-
2H-chromen-3-yl]- 6373
—, [7-Hydroxy-5-methyl-2-oxo-
2H-chromen-4-yl]- 6376
—, [6-Hydroxy-2-oxo-2H-chromen-4-
yl]-, methylester 6352
—, [7-Hydroxy-2-oxo-2H-chromen-4-
yl]-, methylester 6353
—, [7-Methoxy-4-oxo-chroman-3-
yliden]- 6352
—, [6-Methoxy-2-oxo-2H-chromen-4-
yl]- 6352
—, [7-Methoxy-2-oxo-2H-chromen-4-
yl]- 6353
—, [7-Methoxy-2-oxo-2H-chromen-8-
yl]- 6358

$C_{12}H_{10}O_5$ (Fortsetzung)
Essigsäure, [7-Methoxy-4-oxo-4H-chromen-3-
yl]- 6351
Furan-3-carbonsäure, 5-Benzoyl-2-oxo-
tetrahydro- 6053
Isochroman-7-carbonsäure, 4,4-Dimethyl-
1,3-dioxo- 6054
Isochromen-4-carbonsäure, 6-Methoxy-1-
oxo-1H-, methylester 6350
—, 7-Methoxy-1-oxo-1H-,
methylester 6351
Propionsäure, 3-[2,4-Dioxo-chroman-3-yl]-
6053
$C_{12}H_{10}O_5S$
Isothiochromen-3-carbonsäure,
5,7-Dimethoxy-1-oxo-1H- 6494
—, 6,7-Dimethoxy-1-oxo-1H- 6494
—, 7,8-Dimethoxy-1-oxo-1H- 6495
$C_{12}H_{10}O_6$
Benzofuran-2-carbonsäure, 7-Acetyl-6-
hydroxy-4-methoxy- 6503
Benzol-1,2,4-tricarbonsäure, 5-Methoxy-3-
methyl-, 1,2-anhydrid-4-methylester
6497
Chromen-2-carbonsäure, 5,8-Dimethoxy-4-
oxo-4H- 6489
—, 6,7-Dimethoxy-4-oxo-4H- 6489
Chromen-3-carbonsäure, 5,7-Dihydroxy-2-
oxo-2H-, äthylester 6490
—, 7,8-Dihydroxy-2-oxo-2H-,
äthylester 6491
—, 5,7-Dimethoxy-2-oxo-2H- 6490
—, 6,7-Dimethoxy-2-oxo-2H- 6490
—, 7-Hydroxy-5-methoxy-6-methyl-2-
oxo-2H- 6500
Chromen-4-carbonsäure, 3,7-Dimethoxy-2-
oxo-2H- 6493
—, 6,7-Dimethoxy-2-oxo-2H- 6492
Chromen-5-carbonsäure, 7-Hydroxy-8-
methoxy-2-oxo-2H-, methylester 6493
Chromen-6-carbonsäure, 5,7-Dihydroxy-4-
methyl-2-oxo-2H-, methylester 6502
—, 7,8-Dihydroxy-4-methyl-2-oxo-
2H-, methylester 6502
Chromen-8-carbonsäure, 5,7-Dihydroxy-4-
methyl-2-oxo-2H-, methylester 6502
—, 5,7-Dimethoxy-2-oxo-2H- 6494
—, 7-Hydroxy-5-methoxy-2-oxo-2H-,
methylester 6494
Essigsäure, [5,7-Dihydroxy-4-methyl-2-
oxo-2H-chromen-3-yl]- 6504
—, [7,8-Dihydroxy-4-methyl-2-oxo-
2H-chromen-3-yl]- 6505
—, [4,7-Dihydroxy-2-oxo-
2H-chromen-3-yl]-, methylester 6499
—, [4,7-Dimethoxy-3-oxo-phthalan-1-
yliden]- 6497
Isochromen-3-carbonsäure,
7,8-Dimethoxy-1-oxo-1H- 6495

Isochromen-4-carbonsäure,
6,7-Dimethoxy-1-oxo-1H- 6496
Phthalan-4-carbonsäure, 7-Acetoxy-6-
methyl-3-oxo- 6319
—, 7-Acetoxy-3-oxo-, methylester
6313
Phthalan-4,5-dicarbonsäure, 1,1-Dimethyl-
3-oxo- 6165
Phthalan-4,6-dicarbonsäure, 1,1-Dimethyl-
3-oxo- 6166
$C_{12}H_{10}O_7$
Benzofuran-4-carbonsäure, 6-Acetoxy-7-
methoxy-2-oxo-2,3-dihydro- 6469
Benzol-1,2,3-tricarbonsäure, 4-Äthoxy-5-
methoxy-, 1,2-anhydrid 6594
—, 4,5-Dihydroxy-6-isopropyl-,
1,2-anhydrid 6601
—, 4,6-Dimethoxy-5-methyl-,
1,2-anhydrid 6597
Chroman-5-carbonsäure, 6,7-Dimethoxy-
2,4-dioxo- 6596
Chroman-6-carbonsäure, 5,7-Dihydroxy-
2,4-dioxo-, äthylester 6596
Chroman-8-carbonsäure, 5,7-Dihydroxy-
2,4-dioxo-, äthylester 6596
Chromen-3-carbonsäure, 6-Hydroxy-5,7-
dimethoxy-2-oxo-2H- 6594
1,5-Methano-cyclopropa[e]benzofuran-6,7-
dicarbonsäure, 2,4-Dioxo-octahydro-
6218
$C_{12}H_{10}O_7S$
Chromen-6-sulfonsäure, 8-Acetyl-7-
hydroxy-4-methyl-2-oxo-2H- 6762
$C_{12}H_{10}O_8S$
Chromen-8-sulfonsäure, 5-Hydroxy-6-
methoxycarbonyl-4-methyl-2-oxo-2H-
6770
$C_{12}H_{10}O_{10}S_2$
Chromen-3,6-disulfonsäure, 8-Acetyl-7-
hydroxy-4-methyl-2-oxo-2H- 6762
$C_{12}H_{11}BrCl_2O_5$
3,6-Methano-benzofuran-8-carbonsäure,
7-Brom-4-dichlormethyl-4-methyl-2,5-
dioxo-octahydro- 6024
$C_{12}H_{11}BrO_6$
3,7-Methano-cyclohepta[b]furan-9-
carbonsäure, 8-Brom-3a-methoxy-2,6-
dioxo-3,3a,6,7,8,8a-hexahydro-2H-
6477
—, 8-Brom-7-methoxy-2,4-dioxo-
3,3a,4,7,8,8a-hexahydro-2H- 6477
1,5-Methano-cyclopropa[e]benzofuran-5,7-
dicarbonsäure, 4-Brom-2-oxo-
octahydro- 6156
Pyran-2-carbonsäure, 6-[2-Brom-
acetoacetyl]-4-oxo-4H-, äthylester 6155
$C_{12}H_{11}BrO_7$
Phthalan-1-carbonsäure, 4-Brom-5,6,7-
trimethoxy-3-oxo- 6584

$C_{12}H_{11}ClO_5$

Benzofuran-3-carbonsäure, 4-Chlor-5-
hydroxy-6-methyl-2-oxo-2,3-dihydro-,
äthylester 6315
—, 4-Chlor-5-hydroxy-7-methyl-2-
oxo-2,3-dihydro-, äthylester 6315
Essigsäure, [7-Chlor-4-methoxy-1-methyl-
3-oxo-phthalan-1-yl]- 6322
Phthalan-1-carbonsäure, 7-Chlor-4-
methoxy-1-methyl-3-oxo-, methylester
6316

$C_{12}H_{11}ClO_5S$

Chromen-6-sulfonylchlorid, 7-Methoxy-
3,4-dimethyl-2-oxo-2H- 6756

$C_{12}H_{11}NO_3$

Acetonitril, [5-Methoxy-7-methyl-3-oxo-
phthalan-4-yl]- 6323
Furan-3-carbonitril, 2-Oxo-5-
phenoxymethyl-tetrahydro- 6267

$C_{12}H_{11}NO_4$

Essigsäure, [7-Hydroxy-4-methyl-2-
oxo-2H-chromen-3-yl]-, amid 6375

$C_{12}H_{11}NO_5$

Benzofuran-2-carbonsäure, 6-Hydroxy-7-
[1-hydroxyimino-äthyl]-3-methyl- 6382
Benzofuran-5-carbonsäure, 4-Hydroxy-2-
[1-hydroxyimino-äthyl]-, methylester
6372
Chromen-3-carbonsäure, 7-Hydroxy-2-
imino-5-methoxy-6-methyl-2H- 6500
Phthalan-1-carbonitril, 5,6,7-Trimethoxy-3-
oxo- 6583

$C_{12}H_{11}N_3O_2$

Furan-2-carbonitril, 2-Methyl-5-oxo-4-
phenylhydrazono-tetrahydro- 5965

$C_{12}H_{12}Br_2O_5$

Hexansäure, 5,6-Dibrom-6-[2]furyl-2,4-
dioxo-, äthylester 6020

$C_{12}H_{12}N_2O_2$

Benzofuran-3-carbonitril, 2-Amino-5-
hydroxy-4,6,7-trimethyl- 6325
—, 5-Hydroxy-2-imino-4,6,7-
trimethyl-2,3-dihydro- 6325
Indolin-3-carbonitril, 5-Hydroxy-4,6,7-
trimethyl-2-oxo- 6326

$C_{12}H_{12}N_2O_3$

Verbindung $C_{12}H_{12}N_2O_3$ aus 2-Methyl-
4,5-dioxo-tetrahydro-furan-3-
carbonitril 5966

$C_{12}H_{12}N_2O_3S_2$

Thiophen-2-sulfonsäure, 5-Acetylamino-,
anilid 6736
—, 5-Acetylimino-4,5-dihydro-, anilid
6736

$C_{12}H_{12}N_2O_4$

Chromen-3-carbonsäure, 7-Methoxy-4-
methyl-2-oxo-2H-, hydrazid 6360
Essigsäure, [7-Methoxy-2-oxo-
2H-chromen-4-yl]-, hydrazid 6355

$C_{12}H_{12}N_2O_6S$

Furan-2-sulfonsäure, 5-Nitro-,
p-phenetidid 6705

$C_{12}H_{12}O_4S$

Dibenzofuran-3-sulfonsäure, 6,7,8,9-
Tetrahydro- 6719
Hex-5-ensäure, 2,4-Dioxo-6-[2]thienyl-,
äthylester 6033

$C_{12}H_{12}O_5$

2,5-Äthano-cyclopropabenzen-1a,3,4-
tricarbonsäure, Hexahydro-,
3,4-anhydrid 6036
2,5-Äthano-cyclopropabenzen-2,3,4-
tricarbonsäure, Hexahydro-,
3,4-anhydrid 6035
Benzofuran-5-carbonsäure, 2-Acetyl-4-
hydroxy-2,3-dihydro-, methylester
6321
Bicyclo[2.2.2]oct-5-en-1,2,3-tricarbonsäure-
2,3-anhydrid-1-methylester
6035
Bicyclo[2.2.2]oct-5-en-1,2,3-tricarbonsäure,
7-Methyl-, 2,3-anhydrid 6035
Chroman-2-carbonsäure, 5-Hydroxy-4-
oxo-, äthylester 6314
Chroman-6-carbonsäure, 5-Hydroxy-2,2-
dimethyl-4-oxo- 6323
—, 7-Hydroxy-2,2-dimethyl-4-oxo-
6324
Cyclohex-4-en-1,2-dicarbonsäure,
3-[2-Methoxycarbonyl-vinyl]-,
anhydrid 6034
Cyclohex-4-en-1,2,3-tricarbonsäure,
6-Vinyl-, 1,2-anhydrid-3-methylester
6034
Essigsäure, [5-Methoxy-7-methyl-3-oxo-
phthalan-4-yl]- 6323
—, [7-Methoxy-2-oxo-chroman-4-yl]-
6320
Furan-3-carbonsäure, 2-Oxo-5-
phenoxymethyl-tetrahydro- 6266
Hex-5-ensäure, 6-[2]Furyl-2,4-dioxo-,
äthylester 6033
Phthalan-4-carbonsäure, 5-Methoxy-6-
methyl-1-oxo-, methylester 6318
—, 7-Methoxy-6-methyl-1-oxo-,
methylester 6318

$C_{12}H_{12}O_5S$

Chromen-6-sulfinsäure, 8-Äthyl-7-hydroxy-
4-methyl-2-oxo-2H- 6702
Chromen-8-sulfinsäure, 6-Äthyl-7-hydroxy-
4-methyl-2-oxo-2H- 6702

$C_{12}H_{12}O_6$

Acrylsäure, 2-Acetonyl-3-[4-carboxy-5-
methyl-[2]furyl] 6156
Benzofuran-3-carbonsäure, 5-Hydroxy-6-
methoxy-2-oxo-2,3-dihydro-,
äthylester 6469

C₁₂H₁₂O₆ (Fortsetzung)

Benzofuran-4-carbonsäure, 6,7-Dimethoxy-
2-oxo-2,3-dihydro-, methylester 6470
—, 6-Hydroxy-7-methoxy-2-oxo-2,3-
dihydro-, äthylester 6470
Benzofuran-7-carbonsäure, 3-Acetoxy-2-
oxo-2,4,5,6-tetrahydro-, methylester
6308
2,6-Cyclo-norbornan-2,3-dicarbonsäure,
5-Acetoxy-5-hydroxy-, 3-lacton-2-
methylester 6308
Essigsäure, [4,5-Dimethoxy-3-oxo-
phthalan-1-yl]- 6474
—, [3-Hydroxy-7-methoxy-4-oxo-
chroman-3-yl]- 6476
Phthalan-1-carbonsäure, 5,7-Dimethoxy-6-
methyl-3-oxo- 6475
Phthalan-4-carbonsäure, 5,7-Dimethoxy-6-
methyl-1-oxo- 6475
—, 6,7-Dimethoxy-5-methyl-1-oxo- 6475
Pyran-2-carbonsäure, 6-Acetoacetyl-4-oxo-
4H-, äthylester 6155

C₁₂H₁₂O₆S

Chromen-6-sulfonsäure, 8-Äthyl-7-
hydroxy-4-methyl-2-oxo-2H- 6758
—, 7-Methoxy-3,4-dimethyl-2-oxo-
2H- 6755
Chromen-8-sulfonsäure, 6-Äthyl-7-
hydroxy-4-methyl-2-oxo-2H- 6757

C₁₂H₁₂O₇

Cyclohex-1-en-1,2,4,5-tetracarbonsäure-4,5-
anhydrid-1,2-dimethylester 6215
Cyclohex-5-en-1,2,3,4-tetracarbonsäure-2,3-
anhydrid-1,4-dimethylester 6215
Phthalan-1-carbonsäure, 5,6,7-Trimethoxy-
3-oxo- 6583
Phthalan-4-carbonsäure, 5,6,7-Trimethoxy-
1-oxo- 6584

C₁₂H₁₂O₉S₂

Chromen-3,8-disulfonsäure, 6-Äthyl-7-
hydroxy-4-methyl-2-oxo-2H- 6758

C₁₂H₁₃BrO₅

Cyclohex-4-en-1,2,3-tricarbonsäure,
6-Brommethyl-, 3-äthylester-1,2-
anhydrid 6022

C₁₂H₁₃ClO₅

Cyclohex-4-en-1,2,3-tricarbonsäure,
6-Methyl-, 1,2-anhydrid-3-[2-chlor-
äthylester] 6021

C₁₂H₁₃NO₃

Cyclohex-4-en-1,2-dicarbonsäure,
4-[2-Cyan-äthyl]-5-methyl-, anhydrid
6023

C₁₂H₁₃NO₃S

Dibenzofuran-3-sulfonsäure, 6,7,8,9-
Tetrahydro-, amid 6719
Propionsäure, 2-[2-Cyan-äthyl]-3-oxo-3-
[2]thienyl-, äthylester 6144

C₁₂H₁₃NO₄

Propionsäure, 2-[2-Cyan-äthyl]-3-[2]furyl-3-
oxo-, äthylester 6144

C₁₂H₁₃NO₅

Benzofuran-3-carbonsäure, 2-Äthoxy-5-
hydroxy-6-methoxy-, amid 6469
—, 2-Amino-5-hydroxy-6-methoxy-, äthylester
6469
—, 5-Hydroxy-2-imino-6-methoxy-
2,3-dihydro-, äthylester 6469
Phthalan-1-carbonsäure, 4,5-Dimethoxy-3-
oxo-, methylamid 6471

C₁₂H₁₃NO₆

Phthalan-1-carbonsäure, 5,6,7-Trimethoxy-
3-oxo-, amid 6583

C₁₂H₁₄O₅

Bicyclo[2.2.2]octan-2,3-dicarbonsäure,
5-Hydroxy-5-methyl-7-oxo-,
3-lacton-2-methylester 6023
Cyclohex-4-en-1,2-dicarbonsäure,
3-Äthoxycarbonylmethyl-, anhydrid
6020
Cyclohex-4-en-1,2,3-tricarbonsäure,
6-Methyl-, 3-äthylester-1,2-anhydrid
6021
Furan-3-carbonsäure, 5-[2,3-Dioxo-butyl]-
2-methyl-, äthylester 6020
Isochromen-5-carbonsäure, 5,8a-Dimethyl-
1,3-dioxo-3,5,6,7,8,8a-hexahydro-1H-
6023
[1]Naphthoesäure, 2,3-Epoxy-5-hydroxy-8-
oxo-1,2,3,4,4a,5,8,8a-octahydro-,
methylester 6309
4a,1-Oxaäthano-naphthalin-2-carbonsäure,
4,10-Dioxo-octahydro- 6023
Valeriansäure, 2-[Furan-3-carbonyl]-4-oxo-,
äthylester 6020

C₁₂H₁₄O₆

Buttersäure, 4-[6-Methyl-2,4-dioxo-3,4-
dihydro-2H-pyran-3-yl]-4-oxo-,
äthylester 6144
Essigsäure, [3-Äthoxycarbonyl-5-formyl-
[2]furyl]-, äthylester 6140
Furan-3,4-dicarbonsäure, 2-Acetyl-,
diäthylester 6139
Hexansäure, 6-[6-Methyl-2,4-dioxo-3,4-
dihydro-2H-pyran-3-yl]-6-oxo- 6146
Norbornan-2,3-dicarbonsäure, 5-Acetoxy-
5-hydroxy-, 3-lacton-2-methylester 6295
—, 5-Acetoxy-6-hydroxy-, 2-lacton-3-
methylester 6295
Norcaran-1,2,3-tricarbonsäure, 7-Hydroxy-,
3-lacton-1,2-dimethylester 6146
Norcaran-1,2,7-tricarbonsäure, 3-Hydroxy-,
7-lacton-1,2-dimethylester 6146
Oxalessigsäure, [2]Furyl-, diäthylester 6138
Valeriansäure, 2-[4-Carboxy-5-methyl-
furfuryl]-4-oxo- 6147

$C_{12}H_{14}O_7$
Cyclohexan-1,2,3,4-tetracarbonsäure-2,3-
    anhydrid-1,4-dimethylester 6209
Essigsäure, [7a-Acetoxy-2,5-dioxo-
    octahydro-benzofuran-6-yl]- 6463
Furan-2-carbonsäure, 2-Acetonyl-3-acetyl-
    4,5-dioxo-tetrahydro-, äthylester 6208
—, 2-Acetonyl-3-acetyl-4-methoxy-5-
    oxo-2,5-dihydro-, methylester 6581
[1]Naphthoesäure, 2,3-Epoxy-6,7-
    dihydroxy-5,8-dioxo-decahydro-,
    methylester 6582
$C_{12}H_{14}O_8$
Malonsäure, [2-Methoxycarbonyl-4-
    methyl-5-oxo-2,5-dihydro-[2]furyl]-,
    dimethylester 6240
$C_{12}H_{15}BrO_7$
Cyclopenta[c]furan-4-carbonsäure,
    5-Acetoxy-6-brom-1-methoxy-3-oxo-
    hexahydro-, methylester 6459
$C_{12}H_{15}ClO_3S$
Benzofuran-5-sulfonylchlorid, 2,4,6,7-
    Tetramethyl-2,3-dihydro- 6718
$C_{12}H_{15}NO_4$
Crotonsäure, 4-Oxo-4-[5-oxo-2,5-dihydro-
    [2]furyl]-, butylamid 6011
—, 4-Oxo-4-[5-oxo-2,5-dihydro-
    [2]furyl]-, isobutylamid 6011
$C_{12}H_{15}NO_6$
Essigsäure, [3-Äthoxycarbonyl-4-methyl-
    [2]furyl]-hydroxyimino-, äthylester
    6139
$C_{12}H_{16}N_2O_4$
Propionsäure, 2-Cyan-3-[5,5-dimethyl-2-
    oxo-tetrahydro-[3]furyl]-3-imino-,
    äthylester 6201
$C_{12}H_{16}O_5$
Bicyclo[3.2.2]nonan-6,7-dicarbonsäure,
    8,9-Dihydroxy-, 6→9-lacton-7-
    methylester 6301
Bicyclo[2.2.2]octan-2,3-dicarbonsäure,
    5,6-Dihydroxy-2,3-dimethyl-,
    2→6-lacton 6301
Cyclohexan-1,3-dicarbonsäure,
    2-Carboxymethyl-1,3-dimethyl-,
    anhydrid 5996
Cyclohexan-1,2,3-tricarbonsäure,
    1,3-Dimethyl-, 1,2-anhydrid-3-
    methylester 5994
—, 1,3-Dimethyl-, 1,3-anhydrid-2-
    methylester 5995
—, 1,3-Dimethyl-, 2,3-anhydrid-1-
    methylester 5994
4,7-Cyclo-isochromen-8-carbonsäure,
    4-Hydroxy-3,3-dimethyl-1-oxo-
    octahydro- 6301
Naphthalin-1,2-dicarbonsäure, 4,4a-
    Dihydroxy-decahydro-, 1→4a-lacton
    6302

—, 4,4a-Dihydroxy-decahydro-,
    2→4-lacton 6301
1-Oxa-spiro[4.5]decan-4-carbonsäure,
    2,3-Dioxo-, äthylester 5992
Propionsäure, 3-[5-Äthoxymethyl-
    [2]furyl]-3-oxo-, äthylester 6292
$C_{12}H_{16}O_6$
4,7-Cyclo-isochromen-8-carbonsäure,
    4-Hydroxy-3-hydroxymethyl-3-
    methyl-1-oxo-octahydro- 6463
Furan-2-carbonsäure, 4-Acetoxy-2-äthyl-3-
    methyl-5-oxo-2,5-dihydro-, äthylester
    6280
Furan-3-carbonsäure, 4-Acetoxy-2-
    isopropyl-5-oxo-2,5-dihydro-,
    äthylester 6280
—, 4-Acetoxy-5-oxo-2-propyl-2,5-
    dihydro-, äthylester 6280
Isobenzofuran-1,7-dicarbonsäure,
    3a,7-Dimethyl-3-oxo-octahydro- 6134
6-Oxa-bicyclo[3.2.0]heptan-1,3-
    dicarbonsäure, 4,4-Dimethyl-7-oxo-,
    dimethylester 6132
6-Oxa-bicyclo[3.2.1]octan-2,8-
    dicarbonsäure, 1,8-Dimethyl-7-oxo-,
    8-methylester 6133
1-Oxa-spiro[4.5]decan-3,6-dicarbonsäure,
    6-Methyl-2-oxo- 6133
2-Oxa-spiro[4.4]nonan-1-carbonsäure,
    4-Acetoxy-7-methyl-3-oxo- 6285
Pyran-3-carbonsäure, 6-Äthoxy-3,5-
    dimethyl-2,4-dioxo-3,4-dihydro-2H-,
    äthylester 6462
$C_{12}H_{16}O_7$
Butan-1,2,3,4-tetracarbonsäure-1,4-
    diäthylester-2,3-anhydrid 6200
$C_{12}H_{17}NO_3S$
Thiophen-3-carbonsäure, 5-[4-Cyan-butyl]-
    4-oxo-tetrahydro-, äthylester 6123
$C_{12}H_{17}NO_6S_2$
Thiophen-2-sulfonsäure-[bis-(2-acetoxy-
    äthyl)-amid] 6707
$C_{12}H_{17}N_3O_5$
Semicarbazon $C_{12}H_{17}N_3O_5$ aus
    3-Methyl-2,7-dioxo-octahydro-
    benzofuran-3-carbonsäure-methylester
    5993
$C_{12}H_{18}O_5$
Benzofuran-3-carbonsäure, 7-Hydroxy-3-
    methyl-2-oxo-octahydro-, äthylester
    6286
Benzofuran-4-carbonsäure, 3a-Hydroxy-4-
    methyl-2-oxo-octahydro-, äthylester
    6286
Furan-2-carbonsäure, 3-Äthyl-4,5-dioxo-2-
    propyl-tetrahydro-, äthylester 5981
Furan-3-carbonsäure, 3-Acetyl-5-oxo-2-
    propyl-tetrahydro-, äthylester 5981

$C_{12}H_{18}O_5$ (Fortsetzung)
Furan-3-carbonsäure, 2-[1-Äthyl-propyl]-
4,5-dioxo-tetrahydro-, äthylester 5980
—, 3-Butyl-5-methyl-2,4-dioxo-
tetrahydro-, äthylester 5980
—, 3-Butyryl-2-methyl-5-oxo-
tetrahydro-, äthylester 5980
—, 4,5-Dioxo-2-pentyl-tetrahydro-,
äthylester 5979
—, 4,5-Dioxo-3-pentyl-tetrahydro-,
äthylester 5979
Glyoxylsäure, [4,6,6-Trimethyl-2-oxo-
tetrahydro-pyran-3-yl]-, äthylester
5978
Hexan-1,3,4-tricarbonsäure, 4-Methyl-,
1-äthylester-3,4-anhydrid 5981
Pent-2-ensäure, 4-Hydroxy-4-[2-methyl-5-
oxo-tetrahydro-[3]furyl]-, äthylester
6284

$C_{12}H_{18}O_5S$
Propionsäure, 3-[2-Äthoxycarbonyl-3-oxo-
tetrahydro-[2]thienyl]-, äthylester 6119
—, 3-[4-Äthoxycarbonyl-3-oxo-
tetrahydro-[2]thienyl]-, äthylester 6119
Valeriansäure, 5-[3-Methoxycarbonyl-4-
oxo-tetrahydro-[2]thienyl]-,
methylester 6122
—, 5-[4-Methoxycarbonyl-3-oxo-
tetrahydro-[2]thienyl]-, methylester
6123
—, 5-[5-Methoxycarbonyl-4-oxo-
tetrahydro-[2]thienyl]-, methylester
6123

$C_{12}H_{18}O_6$
Acetessigsäure, 4-Äthoxy-2-[5-oxo-
tetrahydro-[3]furyl]-, äthylester 6458
Furan-3-carbonsäure, 2-Methyl-5-[1,2,2-
trimethoxy-äthyl]-, methylester 6293
Furan-2,3-dicarbonsäure, 2,4-Dimethyl-5-
oxo-tetrahydro-, diäthylester 6120
Propionsäure, 2-[2-Äthoxycarbonyl-5-oxo-
tetrahydro-[2]furyl]-, äthylester 6120
—, 3-[3-Äthoxycarbonyl-2-oxo-
tetrahydro-[3]furyl]-, äthylester 6119

$C_{12}H_{18}O_7$
Malonsäure, Hydroxy-[4-oxo-tetrahydro-
pyran-3-yl]-, diäthylester 6577

$C_{12}H_{19}ClO_2S_2$
Thiophen-3-sulfonylchlorid, 2,5-Di-
tert-butyl- 6718

$C_{12}H_{20}O_3S_2$
Thiophen-3-sulfonsäure, 2,5-Di-tert-butyl-
6718

$C_{12}H_{20}O_4S$
Thiophen-3-carbonsäure, 5-[4-Methoxy-
butyl]-4-oxo-tetrahydro-, äthylester
6273

$C_{12}H_{20}O_5$
Furan-3-carbonsäure, 5-Äthoxymethyl-3-
äthyl-2-oxo-tetrahydro-, äthylester
6271

$C_{12}H_{21}NO_2S_2$
Thiophen-2-sulfonsäure-dibutylamid 6707

$C_{12}H_{21}NO_4S$
Thiophen-3-carbonsäure, 4-Hydroxyimino-
5-[4-methoxy-butyl]-tetrahydro-,
äthylester 6273

C_{13}

$C_{13}H_6N_2O_2$
Malononitril, [2-Oxo-2H-chromen-3-
ylmethylen]- 6186

$C_{13}H_6O_4S$
Naphtho[2,3-b]thiophen-2-carbonsäure,
4,9-Dioxo-4,9-dihydro- 6090
Naphtho[2,3-b]thiophen-5-carbonsäure,
4,9-Dioxo-4,9-dihydro- 6090
Naphtho[2,3-b]thiophen-8-carbonsäure,
4,9-Dioxo-4,9-dihydro- 6090

$C_{13}H_6O_5$
Naphthalin-1,2,8-tricarbonsäure-1,8-
anhydrid 6091
Naphthalin-1,3,8-tricarbonsäure-1,8-
anhydrid 6091
Naphthalin-1,4,5-tricarbonsäure-4,5-
anhydrid 6091

$C_{13}H_7ClO_3S_2$
Thioxanthen-2-sulfonylchlorid, 9-Oxo-
6743

$C_{13}H_7NO_5$
Oxim $C_{13}H_7NO_5$ aus Naphthalin-1,4,5-
tricarbonsäure-4,5-anhydrid 6091

$C_{13}H_8BrNO_4S$
Essigsäure, [2-Brom-5-hydroxy-4-oxo-
4H-benzo[b]thiophen-7-yliden]-cyan-,
äthylester 6619
—, [3-Brom-5-hydroxy-4-oxo-
4H-benzo[b]thiophen-7-yliden]-cyan-,
äthylester 6619
—, [6-Brom-5-hydroxy-4-oxo-
4H-benzo[b]thiophen-7-yliden]-cyan-,
äthylester 6620

$C_{13}H_8Br_2O_6$
Chromen-3-carbonsäure, 6-Acetoxy-5,7-
dibrom-8-methyl-2-oxo-2H- 6362

$C_{13}H_8N_2O_3$
Acrylsäure, 2-Cyan-3-[2-oxo-2H-chromen-
3-yl]-, amid 6186

$C_{13}H_8O_4S_2$
Thioxanthen-2-sulfonsäure, 9-Oxo- 6743

$C_{13}H_8O_6$
Malonsäure, [2-Oxo-2H-chromen-3-
ylmethylen]- 6186

$C_{13}H_8O_6$ (Fortsetzung)

Pyran-2-carbonsäure, 6-Benzoyl-4,5-dioxo-5,6-dihydro-4H- 6185

—, 5-Benzoyloxy-4-oxo-4H- 6289

Pyran-2,6-dicarbonsäure, 4-Oxo-3-phenyl-4H- 6186

$C_{13}H_8O_8$

Cyclohepta[c]pyran-6-carbonsäure, 3-Acetoxy-8-hydroxy-1,9-dioxo-1,9-dihydro- 6618

Cyclopent[c]isochromen-1-carbonsäure, 7,8,9-Trihydroxy-3,5-dioxo-1,2,3,5-tetrahydro- 6670

$C_{13}H_8O_{10}$

Benzol-1,2,3-tricarbonsäure, 5-Hydroxyoxalyl-4,6-dimethoxy-, 1,2-anhydrid 6691

$C_{13}H_9BrO_6$

Essigsäure, [7-Acetoxy-6-brom-2-oxo-2H-chromen-4-yl]- 6357

$C_{13}H_9ClO_6$

Chromen-3-carbonylchlorid, 7-Äthoxycarbonyloxy-2-oxo-2H- 6343

Essigsäure, [7-Acetoxy-6-chlor-2-oxo-2H-chromen-4-yl]- 6357

$C_{13}H_9NO_3S_2$

Thioxanthen-2-sulfonsäure, 9-Oxo-, amid 6743

$C_{13}H_9NO_4$

Essigsäure, Cyan-phthalidyliden-, äthylester 6178

$C_{13}H_9NO_4S$

Essigsäure, Cyan-[5-hydroxy-4-oxo-4H-benzo[b]thiophen-7-yliden]-, äthylester 6619

$C_{13}H_9N_3O_3$

Acrylsäure, 3-Amino-2-cyan-3-[2-oxo-2H-chromen-3-yl]-, amid 6230

Essigsäure, Cyan-[3-cyan-2-oxo-chroman-4-yl]-, amid 6245

Propionamid, 2-Cyan-3-imino-3-[2-oxo-2H-chromen-3-yl]- 6230

$C_{13}H_{10}Br_2O_5$

Chromen-3-carbonsäure, 5,7-Dibrom-6-hydroxy-8-methyl-2-oxo-2H-, äthylester 6362

—, 5,7-Dibrom-6-methoxy-8-methyl-2-oxo-2H-, methylester 6362

Chromen-6-carbonsäure, 3,8-Dibrom-7-methoxy-4-methyl-2-oxo-2H-, methylester 6368

$C_{13}H_{10}N_2O_9$

Chromen-6-carbonsäure, 7-Methoxy-4-methyl-3,8-dinitro-2-oxo-2H-, methylester 6369

$C_{13}H_{10}O_4S$

Xanthen-9-sulfonsäure 6724

$C_{13}H_{10}O_5$

Äthylentricarbonsäure, Phenyl-, 1-äthylester-1,2-anhydrid 6074

Cyclopenta[c]chromen-8-carbonsäure, 7-Hydroxy-4-oxo-1,2,3,4-tetrahydro-6403

Pyran-2-carbonsäure, 6-Benzyl-4,5-dioxo-5,6-dihydro-4H- 6076

Pyran-3-carbonsäure, 2-Methyl-4,6-dioxo-5-phenyl-5,6-dihydro-4H- 6077

Pyran-4-carbonsäure, 6-[4-Methoxy-phenyl]-2-oxo-2H- 6401

$C_{13}H_{10}O_6$

Buttersäure, 4-[2,4-Dioxo-chroman-3-yl]-4-oxo- 6179

Chromen-3-carbonsäure, 6-Acetyl-5-hydroxy-7-methyl-2-oxo-2H- 6529

—, 5-Hydroxy-2-oxo-6-propionyl-2H- 6528

Chromen-5-carbonsäure, 7-Acetoxy-2-oxo-2H-, methylester 6348

—, 3-Acetyl-7-hydroxy-2-oxo-2H-, methylester 6526

Chromen-6-carbonsäure, 5-Formyl-7-methoxy-8-methyl-2-oxo-2H- 6528

Chromen-8-carbonsäure, 3-Acetyl-7-hydroxy-2-oxo-2H-, methylester 6528

Essigsäure, [6-Acetoxy-2-oxo-2H-chromen-4-yl]- 6352

—, [8-Acetyl-7-hydroxy-2-oxo-2H-chromen-4-yl]- 6529

Isochromen-3,4-dicarbonsäure, 1-Oxo-1H-, 4-äthylester 6178

—, 1-Oxo-1H-, dimethylester 6177

Malonsäure, [2-Benzofuran-2-yl-2-oxo-äthyl]- 6179

$C_{13}H_{10}O_6S$

Acrylsäure, 3-[5-(4-Sulfo-phenyl)-[2]furyl]-6768

$C_{13}H_{10}O_7$

Benzofuran-4,5-dicarbonsäure, 7-Acetyl-2-hydroxy-6-methyl- 6225

—, 7-Acetyl-6-methyl-2-oxo-2,3-dihydro- 6225

Benzol-1,2,4-tricarbonsäure, 5-Acetoxy-3-methyl-, 1,2-anhydrid-4-methylester 6497

Chromen-3-carbonsäure, 7-Äthoxycarbonyloxy-2-oxo-2H- 6341

Chromen-6-carbonsäure, 3-Acetyl-7,8-dihydroxy-2-oxo-2H-, methylester 6621

Chromen-3,6-dicarbonsäure, 7-Hydroxy-2-oxo-2H-, 3-äthylester 6618

Essigsäure, [7-Hydroxy-6-methoxycarbonyl-2-oxo-2H-chromen-4-yl]- 6621

Glyoxylsäure, [5-Carboxy-1,1-dimethyl-3-oxo-phthalan-4-yl]- 6225

$C_{13}H_{10}O_8$
Essigsäure, [7,8-Dihydroxy-6-
methoxycarbonyl-2-oxo-2H-chromen-4-
yl]- 6665
$C_{13}H_{10}O_9S_3$
$10\lambda^6$-Thioxanthen-3,6-disulfonsäure,
9-Hydroxy-10,10-dioxo- 6733
$C_{13}H_{11}BrO_5$
2,5-Ätheno-cyclopropabenzen-1,3,4-
tricarbonsäure, 2-Brom-hexahydro-,
3,4-anhydrid-1-methylester 6056
—, 6-Brom-hexahydro-,
3,4-anhydrid-1-methylester 6056
Chromen-3-carbonsäure, 5-Brom-6-
hydroxy-7,8-dimethyl-2-oxo-2H-,
methylester 6379
—, 8-Brom-6-hydroxy-5,7-dimethyl-2-
oxo-2H-, methylester 6378
—, 5-Brom-6-methoxy-7,8-dimethyl-2-
oxo-2H- 6379
Chromen-6-carbonsäure, 3-Brom-7-
methoxy-4-methyl-2-oxo-2H-,
methylester 6368
—, 8-Brom-5-methoxy-4-methyl-2-
oxo-2H-, methylester 6365
Essigsäure, [6-Brom-7-hydroxy-2-oxo-
2H-chromen-4-yl]-, äthylester 6357
—, [7-Hydroxy-2-oxo-2H-chromen-4-
yl]-, [2-brom-äthylester] 6354
$C_{13}H_{11}BrO_6$
Chromen-6-carbonsäure, 3-Brom-5,7-
dihydroxy-4,8-dimethyl-2-oxo-2H-,
methylester 6506
$C_{13}H_{11}BrO_7$
3,6-Methano-cyclohepta[b]furan-9-
carbonsäure, 6-Acetoxy-5-brom-2,7-
dioxo-3,3a,6,7,8,8a-hexahydro-2H-
6478
$C_{13}H_{11}ClO_5$
2,5-Ätheno-cyclopropabenzen-1,3,4-
tricarbonsäure, 2-Chlor-hexahydro-,
3,4-anhydrid-1-methylester 6055
—, 6-Chlor-hexahydro-,
3,4-anhydrid-1-methylester 6056
Chromen-4-carbonsäure, 3-Chlor-7-
methoxy-2-oxo-2H-, äthylester 6348
Chromen-6-carbonsäure, 3-Chlor-7-
methoxy-4-methyl-2-oxo-2H-,
methylester 6367
Essigsäure, [6-Chlor-7-hydroxy-2-oxo-
2H-chromen-4-yl]-, äthylester 6357
Furan-3-carbonsäure, 3-Chlor-4,5-dioxo-2-
phenyl-tetrahydro-, äthylester 6052
$C_{13}H_{11}ClO_6$
Chromen-4-carbonsäure, 3-Chlor-5,7-
dimethoxy-2-oxo-2H-, methylester
6492
—, 3-Chlor-7-hydroxy-6-methoxy-2-
oxo-2H-, äthylester 6492

Chromen-6-carbonsäure, 3-Chlor-5,7-
dihydroxy-4,8-dimethyl-2-oxo-2H-,
methylester 6506
Isochromen-3-carbonylchlorid,
5,6,7-Trimethoxy-1-oxo-1H- 6597
$C_{13}H_{11}ClO_7$
Glutarsäure, 3-[7-Chlor-4-hydroxy-3-oxo-
phthalan-1-yl]- 6603
$C_{13}H_{11}Cl_3O_5$
Essigsäure, [5-Methoxy-7-methyl-3-oxo-1-
trichlormethyl-phthalan-4-yl]- 6327
—, [7-Methoxy-5-methyl-3-oxo-1-
trichlormethyl-phthalan-4-yl]- 6326
$C_{13}H_{11}IO_5$
Chromen-3-carbonsäure, 6-Jod-8-methoxy-
2-oxo-2H-, äthylester 6346
$C_{13}H_{11}NO_3$
Chromen-3-carbonitril, 6-Hydroxy-5,7,8-
trimethyl-2-oxo-2H- 6389
Glutarsäure, 2-Cyan-2-methyl-3-phenyl-,
anhydrid 6057
$C_{13}H_{11}NO_3S$
Dibenzofuran-2-sulfonsäure-methylamid
6722
Pyran-3-thiocarbonsäure, 6-Methyl-2,4-
dioxo-3,4-dihydro-2H-, anilid 5989
$C_{13}H_{11}NO_5$
Essigsäure, Cyan-[7-methoxy-2-oxo-
chroman-4-yl]- 6600
Glutarsäure, 3-Oxo-2-p-tolylcarbamoyl-,
anhydrid 6127
$C_{13}H_{11}NO_7$
Chromen-3-carbonsäure, 8-Methoxy-5-
nitro-2-oxo-2H-, äthylester 6346
—, 8-Methoxy-6-nitro-2-oxo-2H-,
äthylester 6346
—, 8-Methoxy-7-nitro-2-oxo-2H-,
äthylester 6347
Chromen-6-carbonsäure, 7-Methoxy-4-
methyl-8-nitro-2-oxo-2H-, methylester
6369
$C_{13}H_{12}N_2O_4$
Essigsäure, Cyan-[7-methoxy-2-oxo-
chroman-4-yl]-, amid 6600
—, [7-Methoxy-2-oxo-2H-chromen-4-
yl]-, methylenhydrazid 6356
$C_{13}H_{12}N_2O_7S$
Benzoesäure, 4-[5-Nitro-furan-2-
sulfonylamino]-, äthylester 6705
$C_{13}H_{12}O_5$
2,5-Ätheno-cyclopropabenzen-1,3,4-
tricarbonsäure, Hexahydro-,
3,4-anhydrid-1-methylester 6055
2,5-Ätheno-cyclopropabenzen-1a,3,4-
tricarbonsäure, Hexahydro-,
3,4-anhydrid-1a-methylester 6055
2,5-Ätheno-cyclopropabenzen-2,3,4-
tricarbonsäure, Hexahydro-,
3,4-anhydrid-2-methylester 6054

C₁₃H₁₂O₅ (Fortsetzung)

2,5-Ätheno-cyclopropabenzen-3,4,6-
  tricarbonsäure, Hexahydro-,
  3,4-anhydrid-6-methylester 6056
Benzofuran-2-carbonsäure, 7-Acetyl-6-
  hydroxy-3-methyl-, methylester 6382
—, 7-Acetyl-6-methoxy-3-methyl-
  6382
—, 6-Hydroxy-3-methyl-7-propionyl-
  6389
Benzofuran-5-carbonsäure, 2-Acetyl-4-
  methoxy-, methylester 6372
Benzol-1,2,3-tricarbonsäure, 4-Propyl-,
  2,3-anhydrid-1-methylester 6054
Benz[c]oxepin-8-carbonsäure,
  5,5-Dimethyl-1,3-dioxo-1,3,4,5-
  tetrahydro- 6057
Brenztraubensäure, [6-Methoxy-3-methyl-
  benzofuran-2-yl]- 6381
Butan-1,2,3-tricarbonsäure, 4-Phenyl-,
  anhydrid 6057
Buttersäure, 4-[2,4-Dioxo-chroman-3-yl]-
  6058
Chromen-2-carbonsäure, 6-Methoxy-4-
  oxo-4H-, äthylester 6339
—, 7-Methoxy-4-oxo-4H-, äthylester
  6340
Chromen-3-carbonsäure,
  6-Hydroxymethyl-2-oxo-2H-,
  äthylester 6361
—, 7-Hydroxy-5-methyl-2-oxo-2H-,
  äthylester 6361
—, 7-Hydroxy-8-methyl-2-oxo-2H-,
  äthylester 6363
—, 6-Hydroxy-5,7,8-trimethyl-2-oxo-
  2H- 6388
—, 6-Methoxy-5,8-dimethyl-2-oxo-
  2H- 6378
—, 7-Methoxy-4-methyl-2-oxo-2H-,
  methylester 6359
—, 4-Methoxy-2-oxo-2H-, äthylester
  6340
—, 7-Methoxy-2-oxo-2H-, äthylester
  6342
—, 8-Methoxy-2-oxo-2H-, äthylester
  6344
—, 2-Oxo-7-propoxy-2H- 6341
Chromen-4-carbonsäure, 7-Hydroxy-3-
  methyl-2-oxo-2H-, äthylester 6361
—, 7-Methoxy-2-oxo-2H-, äthylester
  6347
Chromen-6-carbonsäure, 3-Äthyl-7-
  hydroxy-4-methyl-2-oxo-2H- 6385
—, 8-Äthyl-5-hydroxy-4-methyl-2-
  oxo-2H- 6387
—, 8-Äthyl-7-hydroxy-4-methyl-2-
  oxo-2H- 6388
—, 5-Hydroxy-4,7-dimethyl-2-oxo-
  2H-, methylester 6380

—, 7-Hydroxy-3,4-dimethyl-2-oxo-
  2H-, methylester 6377
—, 5-Methoxy-4-methyl-2-oxo-2H-,
  methylester 6363
—, 7-Methoxy-4-methyl-2-oxo-2H-,
  methylester 6366
—, 7-Methoxy-2-oxo-2H-, äthylester
  6349
Chromen-8-carbonsäure, 7-Methoxy-4-
  methyl-2-oxo-2H-, methylester 6370
Essigsäure, [6-Äthyl-7-hydroxy-2-oxo-
  2H-chromen-4-yl]- 6384
—, [7-Äthyl-6-hydroxy-2-oxo-
  2H-chromen-4-yl]- 6385
—, [5-Hydroxy-4,7-dimethyl-2-oxo-
  2H-chromen-3-yl]- 6386
—, [6-Hydroxy-2-oxo-2H-chromen-4-
  yl]-, äthylester 6352
—, [7-Hydroxy-2-oxo-2H-chromen-4-
  yl]-, äthylester 6353
—, [7-Methoxy-4-methyl-2-oxo-
  2H-chromen-3-yl]- 6374
—, [7-Methoxy-5-methyl-2-oxo-
  2H-chromen-4-yl]- 6376
—, [4-Methoxy-2-oxo-2H-chromen-3-
  yl]-, methylester 6351
—, [7-Methoxy-2-oxo-2H-chromen-4-
  yl]-, methylester 6353
—, [7-Methoxy-2-oxo-2H-chromen-8-
  yl]-, methylester 6358
Furan-3-carbonsäure, 2,4-Dioxo-5-phenyl-
  tetrahydro-, äthylester 6052
—, 4,5-Dioxo-2-phenyl-tetrahydro-,
  äthylester 6052
Isochromen-4-carbonsäure, 5-Methoxy-7-
  methyl-1-oxo-1H-, methylester 6371
4,7-Methano-inden-5,6,8-tricarbonsäure,
  2,3,4,5,6,7-Hexahydro-, 5,6-anhydrid
  6058
Propionsäure, 3-[7-Hydroxy-4-methyl-2-
  oxo-2H-chromen-3-yl]- 6383

C₁₃H₁₂O₅S

Isothiochromen-3-carbonsäure,
  6,7-Dimethoxy-1-oxo-1H-,
  methylester 6495
—, 7,8-Dimethoxy-1-oxo-1H-,
  methylester 6495
Propan-1-sulfonsäure, 1-[2]Furyl-3-oxo-3-
  phenyl- 6743

C₁₃H₁₂O₆

Benzofuran-2-carbonsäure, 7-Formyl-6-
  hydroxy-4-methoxy-, äthylester 6496
Benzofuran-3-carbonsäure, 5-Methoxy-2-
  methyl-4,7-dioxo-4,7-dihydro-,
  äthylester 6496
Benzofuran-5-carbonsäure, 4-Acetoxy-2-
  acetyl-2,3-dihydro- 6321
Benzofuran-7-carbonsäure, 5-Acetyl-4,6-
  dihydroxy-, äthylester 6503

$C_{13}H_{12}O_6$ (Fortsetzung)

Chromen-3-carbonsäure, 5,7-Dimethoxy-6-
methyl-2-oxo-2H- 6500
—, 5,7-Dimethoxy-8-methyl-2-oxo-
2H- 6501
—, 6,7-Dimethoxy-2-methyl-4-oxo-
4H- 6500
—, 6,7-Dimethoxy-2-oxo-2H-,
methylester 6490
Chromen-4-carbonsäure, 7-Hydroxy-3-
methoxy-2-oxo-2H-, äthylester 6493
Chromen-5-carbonsäure, 6,7-Dimethoxy-2-
methyl-4-oxo-4H- 6500
Chromen-6-carbonsäure, 5,7-Dihydroxy-
4,8-dimethyl-2-oxo-2H-, methylester
6506
—, 7,8-Dihydroxy-4-methyl-2-oxo-
2H-, äthylester 6502
Chromen-8-carbonsäure, 7-Äthoxy-5-
methoxy-2-oxo-2H- 6494
—, 5,7-Dimethoxy-2-oxo-2H-,
methylester 6494
—, 7-Hydroxy-5-methoxy-4-methyl-2-
oxo-2H-, methylester 6503
Essigsäure, [6-Äthyl-7,8-dihydroxy-2-oxo-
2H-chromen-4-yl]- 6509
—, [4,7-Dihydroxy-2-oxo-
2H-chromen-3-yl]-, äthylester 6499
—, [7,8-Dihydroxy-2-oxo-
2H-chromen-4-yl]-, äthylester 6500
—, [5,7-Dimethoxy-2-oxo-
2H-chromen-4-yl]- 6499
Furan-3-carbonsäure, 4-Hydroxy-2-
[2-hydroxy-phenyl]-5-oxo-2,5-dihydro-,
äthylester 6498
Furan-2,3-dicarbonsäure, 2-Methyl-5-oxo-
4-phenyl-tetrahydro- 6166
Isochromen-4-carbonsäure,
5,7-Dimethoxy-1-oxo-1H-,
methylester 6495
—, 6,7-Dimethoxy-1-oxo-1H-,
methylester 6496
Propionsäure, 3-[6-Carboxy-2-oxo-
chroman-8-yl]- 6167
—, 3-[5,7-Dihydroxy-4-methyl-2-oxo-
2H-chromen-3-yl]- 6508
—, 3-[7,8-Dihydroxy-4-methyl-2-oxo-
2H-chromen-3-yl]- 6508

$C_{13}H_{12}O_7$

Benzofuran-2-carbonsäure, 5-Acetyl-6-
hydroxy-4,7-dimethyl- 6599
Benzofuran-7-carbonsäure, 5-Acetyl-3,4,6-
trihydroxy-, äthylester 6600
Benzol-1,2,3-tricarbonsäure,
4,6-Dimethoxy-5-methyl-,
1,2-anhydrid-3-methylester 6597
Chroman-5-carbonsäure, 6,7-Dimethoxy-
2,4-dioxo-, methylester 6596

Essigsäure, [4,6-Dimethoxy-7-methyl-1,3-
dioxo-phthalan-5-yl]- 6600
—, [6-Hydroxy-5,7-dimethoxy-2-oxo-
2H-chromen-4-yl]- 6598
—, [7-Hydroxy-5,8-dimethoxy-2-oxo-
2H-chromen-4-yl]- 6598
Isochromen-3-carbonsäure,
5,6,7-Trimethoxy-1-oxo-1H- 6597
3,6-Methano-cyclohepta[b]furan-9-
carbonsäure, 6-Acetoxy-2,7-dioxo-
3,3a,6,7,8,8a-hexahydro-2H- 6478
Phthalan-4-carbonsäure, 3-Acetoxy-7-
methoxy-6-methyl-1-oxo- 6475
Phthalan-1,7-dicarbonsäure, 1-Methoxy-3-
oxo-, dimethylester 6597

$C_{13}H_{12}O_8$

Essigsäure, [6-Acetyl-7-hydroxy-7-methyl-
1,3,5-trioxo-1,3,5,6,7,7a-hexahydro-
isobenzofuran-4-yl]- 6657

$C_{13}H_{13}BrCl_2O_5$

3,6-Methano-benzofuran-8-carbonsäure,
7-Brom-4-dichlormethyl-4-methyl-2,5-
dioxo-octahydro-, methylester 6024

$C_{13}H_{13}BrO_5$

Benzofuran-3-carbonsäure, 4-Brom-5-
hydroxy-6,7-dimethyl-2-oxo-2,3-
dihydro-, äthylester 6322
—, 6-Brom-5-hydroxy-4,7-dimethyl-2-
oxo-2,3-dihydro-, äthylester 6321
—, 7-Brom-5-hydroxy-4,6-dimethyl-2-
oxo-2,3-dihydro-, äthylester 6321
Chroman-3-carbonsäure, 5-Brom-6-
hydroxy-7,8-dimethyl-2-oxo-,
methylester 6325
Pyran-3-carbonsäure, 2-[2-Brom-5-
methoxy-phenyl]-6-oxo-tetrahydro-
6323

$C_{13}H_{13}BrO_6$

Essigsäure, [8-Brom-5,6-dimethoxy-3-oxo-
isochroman-4-yl]- 6476
Malonsäure, [3-Brom-5-hydroxy-2-
methoxy-4,6-dimethyl-benzyliden]-
6379
1,5-Methano-cyclopropa[e]benzofuran-6,7-
dicarbonsäure, 4-Brom-2-oxo-
octahydro-, 6-methylester 6156

$C_{13}H_{13}ClO_4S$

Phthalan-1-thiocarbonsäure, 7-Chlor-4-
methoxy-1-methyl-3-oxo-,
S-äthylester 6316

$C_{13}H_{13}ClO_5$

Essigsäure, [7-Chlor-4-methoxy-1-methyl-
3-oxo-phthalan-1-yl]-, methylester
6322

$C_{13}H_{13}ClO_5S$

Chromen-3-sulfonylchlorid, 6-Äthyl-7-
methoxy-4-methyl-2-oxo-2H- 6757
Chromen-8-sulfonylchlorid, 6-Äthyl-7-
hydroxy-3,4-dimethyl-2-oxo-2H- 6758

$C_{13}H_{13}NO_4$
Acetonitril, [7-Äthoxy-6-methoxy-1-oxo-
phthalan-4-yl]- 6474
—, [4,6-Dimethoxy-7-methyl-3-oxo-
phthalan-5-yl]- 6477
Chromen-3-carbonsäure, 6-Hydroxy-5,7,8-
trimethyl-2-oxo-2H-, amid 6388
Furan-2-carbonsäure, 3-Methoxy-4-
methyl-5-oxo-4,5-dihydro-, anilid 6278
Furan-3-carbonsäure, 4-Oxo-2-
phenylimino-tetrahydro-, äthylester
5959
Verbindung $C_{13}H_{13}NO_4$ aus 4,5-Dioxo-
tetrahydro-furan-3-carbonsäure-
äthylester 5961
$C_{13}H_{13}NO_5$
Acetonitril, [5,6,7-Trimethoxy-3-oxo-
phthalan-4-yl]- 6585
Chromen-3-carbonsäure, 2-Imino-5,7-
dimethoxy-6-methyl-2H- 6501
—, 2-Imino-5,7-dimethoxy-8-methyl-
2H- 6501
Essigsäure, [7-Hydroxy-2-oxo-
2H-chromen-4-yl]-, [2-hydroxy-
äthylamid] 6355
Propionsäure, 2-Hydroxyimino-3-
[6-methoxy-3-methyl-benzofuran-2-yl]-
6381
$C_{13}H_{13}N_3O_5$
Benzofuran-2-carbonsäure, 6-Hydroxy-3-
methyl-7-[1-semicarbazono-äthyl]- 6382
Benzofuran-5-carbonsäure, 4-Hydroxy-2-
[1-semicarbazono-äthyl]-, methylester
6373
$C_{13}H_{14}N_2OS$
Heptandinitril, 4-Methyl-4-[thiophen-2-
carbonyl]- 6148
$C_{13}H_{14}N_2OSe$
Heptandinitril, 4-Methyl-4-[selenophen-2-
carbonyl]- 6148
$C_{13}H_{14}N_2O_2$
Heptandinitril, 4-[Furan-2-carbonyl]-4-
methyl- 6148
$C_{13}H_{14}N_2O_4$
Furan-3-carbonsäure, 4-Hydroxyimino-2-
phenylimino-tetrahydro-, äthylester
5959
—, 2-Oxo-4-phenylhydrazono-
tetrahydro-, äthylester 5960
—, 4-Oxo-2-phenylhydrazono-
tetrahydro-, äthylester 5960
Phenylhydrazon $C_{13}H_{14}N_2O_4$ aus
4,5-Dioxo-tetrahydro-furan-3-
carbonsäure-äthylester 5961
Verbindung $C_{13}H_{14}N_2O_4$ aus 4,5-Dioxo-
tetrahydro-furan-3-carbonsäure-
äthylester 5961

$C_{13}H_{14}O_4S$
Pent-4-ensäure, 2-Acetyl-3-oxo-5-[2]thienyl-,
äthylester 6034
$C_{13}H_{14}O_5$
Bicyclo[2.2.2]oct-5-en-1,2,3-tricarbonsäure-
1-äthylester-2,3-anhydrid 6035
Bicyclo[2.2.2]oct-5-en-2,3,5-tricarbonsäure,
1,4-Dimethyl-, 2,3-anhydrid 6037
Chroman-3-carbonsäure, 6-Hydroxy-8-
methyl-2-oxo-, äthylester 6321
Chroman-4-carbonsäure, 7-Methoxy-3-
oxo-, äthylester 6314
—, 8-Methoxy-3-oxo-, äthylester
6314
Chroman-6-carbonsäure, 5-Hydroxy-2,2-
dimethyl-4-oxo-, methylester 6323
—, 7-Hydroxy-2,2-dimethyl-4-oxo-,
methylester 6324
Essigsäure, Hydroxy-[2-oxo-6-phenyl-
tetrahydro-pyran-4-yl]- 6327
Furan-3-carbonsäure, 2-Oxo-5-
phenoxymethyl-tetrahydro-,
methylester 6266
Isochromen-7-carbonsäure, 8-Hydroxy-
3,4,5-trimethyl-6-oxo-4,6-dihydro-3H-
6329
Pent-4-ensäure, 2-Acetyl-5-[2]furyl-3-oxo-,
äthylester 6034
Propionsäure, 3-[4-Hydroxy-2-oxo-3-
phenyl-tetrahydro-[3]furyl]- 6328
$C_{13}H_{14}O_5S$
Chromen-8-sulfinsäure, 7-Hydroxy-4-
methyl-2-oxo-6-propyl-2H- 6703
$C_{13}H_{14}O_6$
Chroman-3-carbonsäure, 6,7-Dimethoxy-2-
oxo-, methylester 6474
Essigsäure, [7-Äthoxy-6-methoxy-1-oxo-
phthalan-4-yl]- 6474
—, [4,6-Dimethoxy-7-methyl-3-oxo-
phthalan-5-yl]- 6477
Phthalan-1-carbonsäure, 4,5-Dimethoxy-3-
oxo-, äthylester 6470
Phthalan-4-carbonsäure, 5,7-Dimethoxy-6-
methyl-1-oxo-, methylester 6476
Propionsäure, 3-[6,7-Dimethoxy-1-oxo-
phthalan-4-yl]- 6476
$C_{13}H_{14}O_6S$
Chromen-3-sulfonsäure, 6-Äthyl-7-
methoxy-4-methyl-2-oxo-2H- 6757
Chromen-8-sulfonsäure, 6-Äthyl-7-
hydroxy-3,4-dimethyl-2-oxo-2H- 6758
—, 7-Hydroxy-4-methyl-2-oxo-6-
propyl-2H- 6758
$C_{13}H_{14}O_7$
Cyclohex-5-en-1,2,3,4-tetracarbonsäure,
5-Methyl-, 2,3-anhydrid-1,4-
dimethylester 6216
Essigsäure, [5,6,7-Trimethoxy-3-oxo-
phthalan-4-yl]- 6584

$C_{13}H_{14}O_7$ (Fortsetzung)
Hepta-2,5-dien-2,3,5,6-tetracarbonsäure-
2,3-anhydrid-5,6-dimethylester 6215
Isochroman-3-carbonsäure,
5,6,7-Trimethoxy-1-oxo- 6584
Isochroman-4-carbonsäure,
5,6,7-Trimethoxy-1-oxo- 6584
3,6-Methano-cyclohepta[b]furan-9-
carbonsäure, 6-Acetoxy-2,7-dioxo-
octahydro- 6465

$C_{13}H_{14}O_7S$
Pyran-2,6-dicarbonsäure, 3-Acetoxy-4-
thioxo-4H-, diäthylester 6580

$C_{13}H_{14}O_8$
Pyran-2,6-dicarbonsäure, 3-Acetoxy-4-oxo-
4H-, diäthylester 6580

$C_{13}H_{15}NO_5$
Verbindung $C_{13}H_{15}NO_5$ aus 4,5-Dioxo-
tetrahydro-furan-3-carbonsäure-
äthylester 5961

$C_{13}H_{15}NO_6$
Acrylsäure, 2-Acetylamino-3-
[4-äthoxycarbonyl-5-methyl-[2]furyl]-
6143
Propionsäure, 2-Acetylimino-3-
[4-äthoxycarbonyl-5-methyl-[2]furyl]-
6143

$C_{13}H_{15}N_3O_5$
Benzofuran-5-carbonsäure, 4-Hydroxy-2-
[1-semicarbazono-äthyl]-2,3-dihydro-,
methylester 6321

$C_{13}H_{16}N_2O_5$
Verbindung $C_{13}H_{16}N_2O_5$ aus 4,5-Dioxo-
tetrahydro-furan-3-carbonsäure-
äthylester 5961

$C_{13}H_{16}O_4S_2$
Thiopyran-3,5-dicarbonsäure,
2,6-Dimethyl-4-thioxo-4H-,
diäthylester 6141

$C_{13}H_{16}O_5$
Bicyclo[2.2.2]octan-1,2,3-tricarbonsäure-1-
äthylester-2,3-anhydrid 6022
Cyclohexancarbonsäure, 2-[2]Furyl-2-
hydroxy-4-oxo-, äthylester 6309
4a,1-Oxaäthano-naphthalin-2-carbonsäure,
4,10-Dioxo-octahydro-, methylester 6023

$C_{13}H_{16}O_5S$
Heptandisäure, 4-Methyl-4-[thiophen-2-
carbonyl]- 6148
Malonsäure, [2]Thienylacetyl-,
diäthylester 6142
Pyran-3,5-dicarbonsäure, 2,6-Dimethyl-4-
thioxo-4H-, diäthylester 6141

$C_{13}H_{16}O_5S_3$
Thiopyran-3,5-dicarbonsäure, 2,6-Bis-
methylmercapto-4-oxo-4H-,
diäthylester 6652

$C_{13}H_{16}O_5Se$
Heptandisäure, 4-Methyl-4-[selenophen-2-
carbonyl]- 6148

$C_{13}H_{16}O_6$
Bernsteinsäure, [Furan-2-carbonyl]-,
diäthylester 6141
Glutarsäure, 2,4-Dibutyryl-3-oxo-,
anhydrid 6147
Isobenzofuran-4-carbonsäure, 5-Äthoxy-
1,3-dioxo-1,3,3a,4,7,7a-hexahydro-,
äthylester 6465
Malonsäure, [2-[2]Furyl-2-oxo-äthyl]-,
diäthylester 6142
Norbornan-2,3-dicarbonsäure, 5-Acetoxy-
6-hydroxy-2-methyl-, 2-lacton-3-
methylester 6298
—, 6-Acetoxy-5-hydroxy-2-methyl-,
3-lacton-2-methylester 6299
Pentaleno[1,2-c]furan-6,6a-dicarbonsäure,
3a-Methyl-1-oxo-octahydro- 6149
Pyran-3-carbonsäure, 5-Butyryl-4,6-dioxo-
2-propyl-5,6-dihydro-4H- 6147
Pyran-2,6-dicarbonsäure, 4-Oxo-4H-,
diisopropylester 6137
Pyran-3,5-dicarbonsäure, 2,6-Dimethyl-4-
oxo-4H-, diäthylester 6140

$C_{13}H_{16}O_7$
Buta-1,3-dien-1,1,3-tricarbonsäure,
4-Äthoxy-4-hydroxy-, 1,3-diäthylester-
1-lacton 6581
Cycloheptan-1,2,3,4-tetracarbonsäure-2,3-
anhydrid-1,4-dimethylester 6210
Cyclopentan-1,1,3-tricarbonsäure,
5-Acetoxy-4,4-dimethyl-, 1,3-anhydrid-
1-methylester 6463
Furan-2-carbonsäure, 2-Acetonyl-3-acetyl-
4-methoxy-5-oxo-2,5-dihydro-,
äthylester 6581
Pyran-2,6-dicarbonsäure, 3-Äthoxy-4-oxo-
4H-, diäthylester 6580

$C_{13}H_{17}NO_5S$
Thiopyran-3,5-dicarbonsäure,
4-Hydroxyimino-2,6-dimethyl-4H-,
diäthylester 6141

$C_{13}H_{17}N_3O_5$
Monosemicarbazon $C_{13}H_{17}N_3O_5$ aus
2-[Furan-3-carbonyl]-4-oxo-
valeriansäure-äthylester 6020

$C_{13}H_{17}N_3O_6$
Essigsäure, [3-Äthoxycarbonyl-5-
semicarbazonomethyl-[2]furyl]-,
äthylester 6140

$C_{13}H_{18}N_2O_2$
Pyran-4-on, 5,5-Bis-[2-cyan-äthyl]-2,2-
dimethyl-tetrahydro- 6125

$C_{13}H_{18}O_5$
Bicyclo[2.2.2]octan-2,3-dicarbonsäure,
5,6-Dihydroxy-2,3-dimethyl-,
2→6-lacton-3-methylester 6301

$C_{13}H_{18}O_5$ (Fortsetzung)
  4,7-Cyclo-isochromen-8-carbonsäure,
    4-Hydroxy-3,3-dimethyl-1-oxo-
    octahydro-, methylester 6302
  Cyclopentan-1,2-dicarbonsäure,
    5-[3-Carboxy-1-methyl-propyl]-1-
    methyl-, anhydrid 5997
  Naphthalin-1,2-dicarbonsäure, 4,4a-
    Dihydroxy-decahydro-, 1→4a-lacton-2-
    methylester 6303
  —, 4,4a-Dihydroxy-decahydro-,
    2→4-lacton-1-methylester 6301
  —, 4a-Hydroxy-4-methoxy-
    decahydro-, 1-lacton 6302
  Propionsäure, 3-[3a-Methyl-2-oxo-
    hexahydro-cyclopenta[b]furan-4-yl]-3-
    oxo-, äthylester 5995
  Spiro[furan-3,2'-indan]-2-carbonsäure,
    4-Hydroxy-5-oxo-octahydro- 6304
$C_{13}H_{18}O_6$
  4,7-Cyclo-isochromen-8-carbonsäure,
    4-Hydroxy-3-hydroxymethyl-3-
    methyl-1-oxo-octahydro-, methylester
    6463
  Glutarsäure, 3-[3a-Methyl-2-oxo-
    hexahydro-cyclopenta[b]furan-4-yl]- 6135
  6-Oxa-bicyclo[3.2.1]octan-2-carbonsäure,
    4-Acetoxy-5,8-dimethyl-7-oxo-,
    methylester 6287
  Pyran-2-carbonsäure, 5-[Äthyliden-2-
    hydroxymethyl-3-methyl-6-oxo-
    tetrahydro-, acetonylester 6283
  Pyran-3,4-dicarbonsäure, 5,5-Dimethyl-2-
    oxo-5,6-dihydro-2H-, diäthylester 6130
$C_{13}H_{18}O_7$
  Glyoxylsäure, [5-Äthoxycarbonyl-6-
    methyl-2-oxo-tetrahydro-pyran-3-yl]-,
    äthylester 6201
  Pyran-3,5-dicarbonsäure, 3,5-Diacetyl-
    tetrahydro-, monoäthylester 6202
$C_{13}H_{18}O_8$
  Furan-2,3,4-tricarbonsäure, 5-Oxo-
    tetrahydro-, triäthylester 6237
$C_{13}H_{19}BrO_5$
  Furan-3-carbonsäure, 3-Brom-2-hexyl-4,5-
    dioxo-tetrahydro-, äthylester 5982
$C_{13}H_{19}ClO_5$
  Furan-3-carbonsäure, 3-Chlor-2-hexyl-4,5-
    dioxo-tetrahydro-, äthylester 5982
$C_{13}H_{19}HgNO_7S_2$
  s. bei $[C_{11}H_{16}HgNO_5S_2]^+$
$C_{13}H_{19}N_3O_6$
  1-Oxa-spiro[2.4]heptan-4,4-dicarbonsäure,
    7-Semicarbazono-, diäthylester 6129
$C_{13}H_{20}O_5$
  Furan-3-carbonsäure, 2-Hexyl-4,5-dioxo-
    tetrahydro-, äthylester 5981
  —, 5-Hexyl-2,4-dioxo-tetrahydro-,
    äthylester 5982

  —, 3-Isohexyl-4,5-dioxo-tetrahydro-,
    äthylester 5982
  —, 2-Methyl-4,5-dioxo-3-pentyl-
    tetrahydro-, äthylester 5982
  Hexan-2,3,5-tricarbonsäure, 2,3,5-Trimethyl-,
    anhydrid-methylester 5982
$C_{13}H_{20}O_5S$
  Thiopyran-3,5-dicarbonsäure, 2,6-Dimethyl-
    4-oxo-tetrahydro-, diäthylester 6121
$C_{13}H_{20}O_6$
  Furan-3-carbonsäure, 5-[3-Methoxy-
    butyryl]-5-methyl-2-oxo-tetrahydro-,
    äthylester 6459
  Propionsäure, 3-[4-Äthoxycarbonyl-4-
    methyl-2-oxo-tetrahydro-[3]furyl]-,
    äthylester 6122
$C_{13}H_{21}N_3O_5S$
  Valeriansäure, 5-[3-Methoxycarbonyl-4-
    semicarbazono-tetrahydro-[2]thienyl]-,
    methylester 6122
  —, 5-[5-Methoxycarbonyl-4-
    semicarbazono-tetrahydro-[2]thienyl]-,
    methylester 6123
$C_{13}H_{22}O_5$
  Furan-3-carbonsäure, 4-Äthoxy-3-butyl-2-
    oxo-tetrahydro-, äthylester 6273
  —, 2-Hexyl-4-hydroxy-5-oxo-
    tetrahydro-, äthylester 6274

C_{14}

$C_{14}H_6O_6$
  Glyoxylsäure, [1,3-Dioxo-1H,3H-benz[de]≠
    isochromen-6-yl]- 6189
$C_{14}H_7Cl_3O_4S$
  Benzolsulfonylchlorid, 2-Chlor-5-[1-chlor-
    3-oxo-phthalan-1-yl]- 6743
$C_{14}H_8O_5$
  Benzo[c]chromen-10-carbonsäure,
    7-Hydroxy-6-oxo-6H- 6415
  —, 9-Hydroxy-6-oxo-6H- 6415
  Benzo[f]chromen-2-carbonsäure,
    5-Hydroxy-3-oxo-3H- 6414
  —, 9-Hydroxy-3-oxo-3H- 6415
  Naphthalin-1,2,8-tricarbonsäure-1,8-
    anhydrid-2-methylester 6091
  Naphthalin-1,3,8-tricarbonsäure-1,8-
    anhydrid-3-methylester 6091
  Naphthalin-1,4,5-tricarbonsäure-4,5-
    anhydrid-1-methylester 6091
  Xanthen-1-carbonsäure, 2-Hydroxy-9-oxo-
    6414
$C_{14}H_8O_6S$
  Indeno[5,4,3-def]isochromen-5-sulfonsäure,
    1,3-Dioxo-6,7-dihydro-1H,3H- 6750
$C_{14}H_8O_8$
  Pyran-2,6-dicarbonsäure, 3-Benzoyloxy-4-
    oxo-4H- 6579

C₁₄H₈O₉
Xanthen-1-carbonsäure, 3,4,5,6,7-
Pentahydroxy-9-oxo- 6686
C₁₄H₉Cl₂NO₄S
Benzolsulfonsäure, 2-Chlor-5-[1-chlor-3-
oxo-phthalan-1-yl]-, amid 6743
C₁₄H₉NO₆S
Benzo[b]thiophen-2-carbonsäure,
7-[Äthoxycarbonyl-cyan-methyl]-
4,5-dioxo-4,5-dihydro- 6256
C₁₄H₁₀ClNO₄S
Benzolsulfonsäure, 2-Chlor-5-phthalidyl-,
amid 6743
C₁₄H₁₀N₂O₅S
Furan-2-sulfonsäure, 5-Nitro-,
[1]naphthylamid 6705
C₁₄H₁₀N₂O₁₀
Chromen-6-carbonsäure, 7-Acetoxy-4-
methyl-3,8-dinitro-2-oxo-2H-,
methylester 6369
C₁₄H₁₀O₄
Naphthalin-1,8-dicarbonsäure, 3-Äthoxy-,
anhydrid 6748
C₁₄H₁₀O₅
Pyran-3-carbonsäure, 4,6-Dioxo-2-styryl-
5,6-dihydro-4H- 6087
C₁₄H₁₀O₆
Essigsäure, [4-Methyl-3,6-dioxo-cyclohexa-
1,4-dienyl]-[4-methyl-5-oxo-5H-
[2]furyliden]- 6186
C₁₄H₁₀O₈
Chromen-3-carbonsäure, 6-Acetyl-5-
carboxymethoxy-2-oxo-2H- 6527
—, 7,8-Diacetoxy-2-oxo-2H- 6491
C₁₄H₁₀O₉
Anhydrid, [Kohlensäure-monomethylester]-
[7-methoxycarbonyloxy-2-oxo-
2H-chromen-6-carbonsäure]- 6350
C₁₄H₁₁BrO₆
Chromen-3-carbonsäure, 6-Acetoxy-5-
brom-7,8-dimethyl-2-oxo-2H- 6379
—, 6-Acetoxy-7-brom-5,8-dimethyl-2-
oxo-2H- 6378
Chromen-6-carbonsäure, 3-Acetyl-8-brom-
7-hydroxy-2-methyl-4-oxo-4H-,
methylester 6529
C₁₄H₁₁ClO₆
Chromen-6-carbonsäure, 7-Acetoxy-3-
chlor-4-methyl-2-oxo-2H-,
methylester 6367
C₁₄H₁₁NO₃S
Brenztraubensäure, Benzo[b]thiophen-3-yl-
cyan-, äthylester 6179
C₁₄H₁₁NO₈
Chromen-3-carbonsäure, 6-Formyl-8-methoxy-
5-nitro-2-oxo-2H-, äthylester 6525
—, 6-Formyl-8-methoxy-7-nitro-2-
oxo-2H-, äthylester 6525

Chromen-6-carbonsäure, 7-Acetoxy-4-
methyl-8-nitro-2-oxo-2H-, methylester
6369
C₁₄H₁₂N₂O₂
Benzofuran-3-on, 2,2-Bis-[2-cyan-äthyl]-
6167
C₁₄H₁₂N₂O₄
Essigsäure, [3-Acetyl-2-oxo-chroman-4-yl]-
cyan-, amid 6225
C₁₄H₁₂N₆O₅
Furan-3-carbonitril, 2-Amino-4-[1-(2,4-
dinitro-phenylhydrazono)-äthyl]-5-
methyl- 5991
—, 4-[1-(2,4-Dinitro-
phenylhydrazono)-äthyl]-2-imino-5-
methyl-2,3-dihydro- 5991
C₁₄H₁₂O₄S
Thiophen-3-carbonsäure, 4-[2-Methoxy-
benzyliden]-2-methyl-5-oxo-4,5-
dihydro- 6402
C₁₄H₁₂O₅
Acetessigsäure, 2-Phthalidyliden-,
äthylester 6076
Benzo[c]chromen-2-carbonsäure,
3-Hydroxy-6-oxo-7,8,9,10-tetrahydro-
6H- 6403
Buttersäure, 4-Benzofuran-2-yl-2,4-dioxo-,
äthylester 6076
Cyclopenta[c]chromen-8-carbonsäure,
7-Hydroxy-2-methyl-4-oxo-1,2,3,4-
tetrahydro- 6404
—, 7-Hydroxy-4-oxo-1,2,3,4-
tetrahydro-, methylester 6403
Propionsäure, 3-Oxo-3-[2-oxo-
2H-chromen-3-yl]-, äthylester 6075
—, 3-Oxo-3-[2-oxo-2H-cyclohepta[b]≠
furan-3-yl]-, äthylester 6074
Pyran-2-carbonsäure, 6-[2-Methoxy-
phenyl]-4-oxo-4H-, methylester 6402
—, 6-[4-Methoxy-phenyl]-4-oxo-4H-,
methylester 6402
Pyran-3-carbonsäure, 5-Benzyl-2-methyl-
4,6-dioxo-5,6-dihydro-4H- 6077
—, 2,4-Dioxo-6-phenyl-3,4-dihydro-
2H-, äthylester 6074
—, 4-[4-Methoxy-phenyl]-2-methyl-6-
oxo-6H- 6402
Pyran-4-carbonsäure, 6-[4-Methoxy-
phenyl]-2-oxo-2H-, methylester 6402
C₁₄H₁₂O₆
Anhydrid, [7-Acetyl-6-hydroxy-3-methyl-
benzofuran-2-carbonsäure]-essigsäure-
6383
Benzofuran-2-carbonsäure, 6-Acetoxy-7-
acetyl-3-methyl- 6382
—, 5,7-Diacetyl-6-hydroxy-3-methyl- 6531
Benzofuran-5-carbonsäure, 4-Acetoxy-2-
acetyl-, methylester 6372

$C_{14}H_{12}O_6$ (Fortsetzung)

Buttersäure, 4-[5-Hydroxy-benzofuran-6-yl]-2,4-dioxo-, äthylester 6528

—, 4-[7-Hydroxy-4-methyl-2-oxo-2H-chromen-8-yl]-4-oxo- 6530

Chromen-3-carbonsäure, 7-Acetoxy-2-oxo-2H-, äthylester 6342

—, 6-Acetyl-8-äthyl-5-hydroxy-2-oxo-2H- 6531

—, 6-Acetyl-5-hydroxy-2-oxo-2H-, äthylester 6527

—, 8-Acetyl-7-hydroxy-2-oxo-2H-, äthylester 6528

—, 6-Butyryl-5-hydroxy-2-oxo-2H- 6530

—, 6-Formyl-8-methoxy-2-oxo-2H-, äthylester 6524

Chromen-5-carbonsäure, 7-Acetoxy-2-methyl-4-oxo-4H-, methylester 6359

Chromen-6-carbonsäure, 5-Acetoxy-4-methyl-2-oxo-2H-, methylester 6363

—, 7-Acetoxy-4-methyl-2-oxo-2H-, methylester 6366

Chromen-7-carbonsäure, 5-Acetoxy-4-methyl-2-oxo-2H-, methylester 6370

Essigsäure, [7-Acetoxy-4-methyl-2-oxo-2H-chromen-3-yl]- 6374

—, [8-Acetyl-7-hydroxy-4-methyl-2-oxo-2H-chromen-3-yl]- 6530

Furan-3-carbonsäure, 4-Benzoyloxy-5-oxo-2,5-dihydro-, äthylester 6275

Propionsäure, 3-[2,4-Dioxo-chroman-3-yl]-3-oxo-, äthylester 6178

—, 3-[7-Hydroxy-2-oxo-2H-chromen-3-yl]-3-oxo-, äthylester 6526

$C_{14}H_{12}O_7$

Chromen-2-carbonsäure, 3-Acetyl-6,7-dimethoxy-4-oxo-4H- 6620

Chromen-3,5-dicarbonsäure, 7-Hydroxy-2-oxo-2H-, 3-äthylester-5-methylester 6618

Chromen-3,6-dicarbonsäure, 5-Hydroxy-2-oxo-2H-, 3-äthylester-6-methylester 6618

Chromen-3,8-dicarbonsäure, 7-Hydroxy-2-oxo-2H-, 3-äthylester-8-methylester 6619

$C_{14}H_{12}O_8$

Chroman-5-carbonsäure, 3-Acetyl-6,7-dimethoxy-2,4-dioxo- 6665

Chromen-5-carbonsäure, 2-Acetonyl-6,7-dihydroxy-3-hydroxymethyl-4-oxo-4H- 6666

Chromen-3,6-dicarbonsäure, 7,8-Dihydroxy-2-oxo-2H-, 3-äthylester-6-methylester 6664

Isochromen-4,7-dicarbonsäure, 6-Hydroxy-8-methoxy-1-oxo-1H-, 7-äthylester 6665

Pyrano[4,3-b]chromen-9-carbonsäure, 3,7,8-Trihydroxy-3-methyl-10-oxo-4,10-dihydro-1H,3H- 6666

$C_{14}H_{12}O_9S_3$

$10\lambda^6$-Thioxanthen-3,6-disulfonsäure, 9-Hydroxy-9-methyl-10,10-dioxo- 6733

$C_{14}H_{12}O_{11}$

Bernsteinsäure, [3-Carboxy-5,6,7-trihydroxy-1-oxo-isochroman-4-yl]- 6693

$C_{14}H_{13}BrO_5$

Chromen-3-carbonsäure, 5-Brom-6-hydroxy-7,8-dimethyl-2-oxo-2H-, äthylester 6380

—, 7-Brom-6-hydroxy-5,8-dimethyl-2-oxo-2H-, äthylester 6378

—, 8-Brom-6-hydroxy-5,7-dimethyl-2-oxo-2H-, äthylester 6378

—, 5-Brom-6-methoxy-7,8-dimethyl-2-oxo-2H-, methylester 6380

Essigsäure, [7-Hydroxy-2-oxo-2H-chromen-4-yl]-, [3-brom-propylester] 6354

—, [7-Methoxy-2-oxo-2H-chromen-4-yl]-, [2-brom-äthylester] 6354

$C_{14}H_{13}BrO_6$

threo-2-Desoxy-pentarsäure, O^3-Methyl-, 5-[4-brom-phenacylester]-1-lacton 6263

$C_{14}H_{13}ClO_5$

Benzofuran-2-carbonsäure, 7-Acetyl-5-chlor-6-hydroxy-3-methyl-, äthylester 6383

—, 7-Acetyl-5-chlor-6-methoxy-3-methyl-, methylester 6383

Chromen-3-carbonsäure, 7-Chlor-6-hydroxy-5,8-dimethyl-2-oxo-2H-, äthylester 6378

—, 4-Chlormethyl-7-methoxy-2-oxo-2H-, äthylester 6360

Essigsäure, [6-Chlor-7-hydroxy-4-methyl-2-oxo-2H-chromen-3-yl]-, äthylester 6375

$C_{14}H_{13}ClO_6$

Acetylchlorid, [5,6,7-Trimethoxy-1-oxo-1H-isochromen-4-yl]- 6599

Chromen-4-carbonsäure, 3-Chlor-5,7-dimethoxy-2-oxo-2H-, äthylester 6492

—, 3-Chlor-6,7-dimethoxy-2-oxo-2H-, äthylester 6492

—, 3-Chlor-7,8-dimethoxy-2-oxo-2H-, äthylester 6493

$C_{14}H_{13}ClO_7$

Bernsteinsäure, [7-Chlor-4-methoxy-1-methyl-3-oxo-phthalan-1-yl]- 6604

Glutarsäure, 3-[7-Chlor-4-hydroxy-1-methyl-3-oxo-phthalan-1-yl]- 6604

$C_{14}H_{13}Cl_3O_7$

Essigsäure, [5,6,7-Trimethoxy-3-oxo-1-trichlormethyl-phthalan-4-yl]- 6586

C₁₄H₁₃NO₃S
Dibenzofuran-2-sulfonsäure-äthylamid
  6722
C₁₄H₁₃NO₄
Propionitril, 3-[5-Dimethoxymethyl-
  benzofuran-2-yl]-3-oxo- 6076
C₁₄H₁₃NO₆
Glutarsäure, 2-[4-Äthoxy-
  phenylcarbamoyl]-3-oxo-, anhydrid
  6127
C₁₄H₁₃N₃O₇S
Pyran-2-carbonsäure, 4,5-Dioxo-6-
  [4-sulfamoyl-phenylhydrazono]-5,6-
  dihydro-4H-, äthylester 6136
[C₁₄H₁₃O₅]⁺
Pyrylium, 4-Hydroxy-2-methoxycarbonyl-
  6-[4-methoxy-phenyl]- 6402
  [C₁₄H₁₃O₅]C₆H₂N₃O₇ 6402
C₁₄H₁₄Cl₃NO₅
Verbindung C₁₄H₁₄Cl₃NO₅ aus
  4,5-Dioxo-2-trichlormethyl-tetrahydro-
  furan-3-carbonsäure-äthylester 5966
C₁₄H₁₄N₂O₂S
Heptandinitril, 4-Acetyl-4-[thiophen-2-
  carbonyl]- 6217
C₁₄H₁₄N₂O₄
Essigsäure, [7-Methoxy-2-oxo-
  2H-chromen-4-yl]-, äthylidenhydrazid
  6356
C₁₄H₁₄N₂O₅
Buttersäure, 4-Benzofuran-2-yl-2,4-bis-
  hydroxyimino-, äthylester 6076
C₁₄H₁₄N₄O₄
Furan-2-carbonitril, 2-Methyl-4-[1-(4-nitro-
  phenylhydrazono)-äthyl]-5-oxo-
  tetrahydro- 5974
C₁₄H₁₄N₄O₈S
Thiophen-2,3-dicarbonsäure,
  4-[2,4-Dinitro-phenylhydrazono]-
  tetrahydro-, dimethylester 6113
C₁₄H₁₄O₅
2,5-Ätheno-cyclopropabenzen-1,3,4-
  tricarbonsäure, Hexahydro-,
  1-äthylester-3,4-anhydrid 6055
—, 1a-Methyl-hexahydro-,
  3,4-anhydrid-1-methylester 6058
—, 2-Methyl-hexahydro-,
  3,4-anhydrid-1-methylester 6058
—, 6-Methyl-hexahydro-,
  3,4-anhydrid-1-methylester 6058
Benzofuran-2-carbonsäure, 7-Acetyl-5-
  äthyl-6-hydroxy-3-methyl- 6395
—, 7-Acetyl-6-hydroxy-3-methyl-,
  äthylester 6382
—, 7-Acetyl-6-methoxy-3-methyl-,
  methylester 6382
—, 7-Butyryl-6-hydroxy-3-methyl-
  6394

—, 6-Methoxy-3-methyl-7-propionyl-
  6390
Brenztraubensäure, [6-Methoxy-3,7-
  dimethyl-benzofuran-2-yl]- 6390
Chromen-2-carbonsäure, 7-Hydroxy-4-
  oxo-4H-, butylester 6340
Chromen-3-carbonsäure, 5-Äthyl-6-
  hydroxy-7,8-dimethyl-2-oxo-2H- 6394
—, 7-Äthyl-6-hydroxy-5,8-dimethyl-2-
  oxo-2H- 6394
—, 8-Äthyl-6-hydroxy-5,7-dimethyl-2-
  oxo-2H- 6394
—, 6-Äthyl-7-hydroxy-2-oxo-2H-,
  äthylester 6376
—, 6-Hydroxy-5,7-dimethyl-2-oxo-
  2H-, äthylester 6378
—, 7-Methoxy-4-methyl-2-oxo-2H-,
  äthylester 6360
—, 7-Methoxy-8-methyl-2-oxo-2H-,
  äthylester 6363
Chromen-6-carbonsäure, 3-Äthyl-7-
  hydroxy-4-methyl-2-oxo-2H-,
  methylester 6386
—, 8-Äthyl-5-hydroxy-4-methyl-2-
  oxo-2H-, methylester 6387
—, 5-Hydroxy-4,7-dimethyl-2-oxo-
  2H-, äthylester 6381
—, 7-Hydroxy-4-methyl-2-oxo-3-
  propyl-2H- 6391
—, 7-Methoxy-3,4-dimethyl-2-oxo-
  2H-, methylester 6377
Chromen-8-carbonsäure, 7-Methoxy-4-
  methyl-2-oxo-2H-, äthylester 6370
Deca-2,4,6,8-tetraen-1,8,9-tricarbonsäure,
  2-Methyl-, 8,9-anhydrid 6059
Essigsäure, [6-Äthyl-7-hydroxy-4-methyl-2-
  oxo-2H-chromen-3-yl]- 6392
—, [7-Äthyl-6-hydroxy-4-methyl-2-
  oxo-2H-chromen-3-yl]- 6393
—, [6-Äthyl-7-hydroxy-2-oxo-
  2H-chromen-4-yl]-, methylester 6384
—, [7-Äthyl-6-hydroxy-2-oxo-
  2H-chromen-4-yl]-, methylester 6385
—, [5-Hydroxy-7-methyl-2-oxo-
  2H-chromen-4-yl]-, äthylester 6376
—, [7-Hydroxy-4-methyl-2-oxo-
  2H-chromen-3-yl]-, äthylester 6374
—, [7-Hydroxy-5-methyl-2-oxo-
  2H-chromen-4-yl]-, äthylester 6376
—, [7-Hydroxy-2-oxo-6-propyl-
  2H-chromen-4-yl]- 6390
—, [5-Methoxy-4,7-dimethyl-2-oxo-
  2H-chromen-3-yl]- 6386
—, [7-Methoxy-4-methyl-2-oxo-
  2H-chromen-3-yl]-, methylester 6374
—, [7-Methoxy-2-oxo-2H-chromen-4-
  yl]-, äthylester 6354
Furan-3-carbonsäure, 5-Benzyl-2,4-dioxo-
  tetrahydro-, äthylester 6053

$C_{14}H_{14}O_5$ (Fortsetzung)

Glyoxylsäure, [3-Hydroxy-4,6-dimethyl-benzofuran-2-yl]-, äthylester 6383
Propionsäure, 3-[5-Hydroxy-4,7-dimethyl-2-oxo-2H-chromen-3-yl]- 6391
—, 3-[7-Methoxy-4-methyl-2-oxo-2H-chromen-3-yl]- 6384

$C_{14}H_{14}O_6$

Benz[*de*]isochromen-6-carbonsäure, 1-Hydroxy-6a-methyl-3,9-dioxo-5,6,6a,7,8,9-hexahydro-3H,4H- 6168
Benzofuran-2-carbonsäure, 7-Acetyl-6-hydroxy-4-methoxy-, äthylester 6503
—, 7-Formyl-4,6-dimethoxy-, äthylester 6497
Benzofuran-3-carbonsäure, 5-Methoxy-2,6-dimethyl-4,7-dioxo-4,7-dihydro-, äthylester 6504
Benzofuran-5-carbonsäure, 4-Acetoxy-2-acetyl-2,3-dihydro-, methylester 6321
Benzofuran-7-carbonsäure, 5-Acetyl-6-hydroxy-4-methoxy-, äthylester 6503
Benzofuran-3-on, 2,2-Bis-[2-carboxy-äthyl]- 6167
Brenztraubensäure, [4,6-Dimethoxy-3-methyl-benzofuran-2-yl]- 6507
Buttersäure, 4-[5-Hydroxy-2,3-dihydro-benzofuran-6-yl]-2,4-dioxo-, äthylester 6507
—, 4-[6-Hydroxy-2,3-dihydro-benzofuran-5-yl]-2,4-dioxo-, äthylester 6507
Chromen-2-carbonsäure, 5,8-Dimethoxy-4-oxo-4H-, äthylester 6489
—, 6,7-Dimethoxy-4-oxo-4H-, äthylester 6490
Chromen-3-carbonsäure, 7-Äthoxy-5-methoxy-8-methyl-2-oxo-2H- 6501
—, 6,7-Dimethoxy-2-oxo-2H-, äthylester 6491
—, 6-Hydroxymethyl-8-methoxy-2-oxo-2H-, äthylester 6501
Chromen-4-carbonsäure, 3,7-Dimethoxy-2-oxo-2H-, äthylester 6493
Chromen-6-carbonsäure, 7,8-Dihydroxy-3,4-dimethyl-2-oxo-2H-, äthylester 6506
—, 5,7-Dimethoxy-4,8-dimethyl-2-oxo-2H- 6506
—, 5,7-Dimethoxy-4-methyl-2-oxo-2H-, methylester 6502
Chromen-8-carbonsäure, 7-Äthoxy-5-methoxy-2-oxo-2H-, methylester 6494
—, 5,7-Dimethoxy-4-methyl-2-oxo-2H-, methylester 6502
Essigsäure, [7-Acetyl-4,6-dihydroxy-3,5-dimethyl-benzofuran-2-yl]- 6511
—, [6-Äthyl-7,8-dihydroxy-4-methyl-2-oxo-2H-chromen-3-yl]- 6510

—, [5,7-Dihydroxy-4-methyl-2-oxo-2H-chromen-3-yl]-, äthylester 6504
—, [7,8-Dihydroxy-4-methyl-2-oxo-2H-chromen-3-yl]-, äthylester 6505
—, [5,7-Dimethoxy-4-methyl-2-oxo-2H-chromen-3-yl]- 6504
—, [7,8-Dimethoxy-4-methyl-2-oxo-2H-chromen-3-yl]- 6505
Furan-2-carbonsäure, 3-Benzoyloxy-4,4-dimethyl-5-oxo-tetrahydro- 6269
Furan-3-carbonsäure, 3-Benzoyloxy-4,4-dimethyl-5-oxo-tetrahydro- 6269
Isochromen-4-carbonsäure, 6,7-Dimethoxy-1-oxo-1H-, äthylester 6496
—, 6,8-Dimethoxy-1-oxo-1H-, äthylester 6496
Naphthalin-1,4,5-tricarbonsäure, 8a-Methyl-6-oxo-1,2,3,5,6,7,8,8a-octahydro-, 4,5-anhydrid 6168
Phthalan-4,5-dicarbonsäure, 1,1-Dimethyl-3-oxo-, dimethylester 6165
Phthalan-4,6-dicarbonsäure, 1,1-Dimethyl-3-oxo-, dimethylester 6166
Propionsäure, 3-[5-Carboxy-1,1-dimethyl-3-oxo-phthalan-4-yl]- 6167

$C_{14}H_{14}O_7$

Benzol-1,2,3-tricarbonsäure, 4-Isopropyl-5,6-dimethoxy-, 2,3-anhydrid 6601
Bernsteinsäure, [1,3-Dioxo-octahydro-4,7-ätheno-isobenzofuran-5-yl]- 6219
—, [4-Methoxy-1-methyl-3-oxo-phthalan-1-yl]- 6603
Bicyclo[2.2.2]oct-5-en-2,3-dicarbonsäure, 7-[2,5-Dioxo-tetrahydro-[3]furyl]- 6219
Chroman-3-carbonsäure, 6,7-Dimethoxy-2,4-dioxo-, äthylester 6595
Chromen-3-carbonsäure, 6-Hydroxy-5,7-dimethoxy-2-oxo-2H-, äthylester 6595
—, 7-Hydroxy-5,8-dimethoxy-2-oxo-2H-, äthylester 6595
Chromen-6-carbonsäure, 4,5,7-Trimethoxy-2-oxo-2H-, methylester 6596
Chromen-8-carbonsäure, 4,5,7-Trimethoxy-2-oxo-2H-, methylester 6596
Essigsäure, [5,6,7-Trimethoxy-1-oxo-1H-isochromen-4-yl]- 6598
—, [5,6,7-Trimethoxy-2-oxo-2H-chromen-4-yl]- 6598
1,5-Methano-cyclopropa[*e*]benzofuran-6,7-dicarbonsäure, 2,4-Dioxo-octahydro-, dimethylester 6219

$C_{14}H_{14}O_8$

Malonsäure, [6,7-Dimethoxy-1-oxo-phthalan-4-ylmethyl]- 6656

$C_{14}H_{14}O_9$
Essigsäure, [6-Äthoxycarbonyl-7-hydroxy-
7-methyl-1,3,5-trioxo-1,3,5,6,7,7a-
hexahydro-isobenzofuran-4-yl]- 6681
—, [2,6-Dioxo-tetrahydro-pyran-4-yl]-,
anhydrid 5967
$C_{14}H_{15}BrO_5$
Benzofuran-3-carbonsäure, 6-Brom-5-
methoxy-4,7-dimethyl-2-oxo-2,3-
dihydro-, äthylester 6321
$C_{14}H_{15}BrO_6$
1,5-Methano-cyclopropa[e]benzofuran-6,7-
dicarbonsäure, 4-Brom-2-oxo-
octahydro-, 6-äthylester 6156
—, 4-Brom-2-oxo-octahydro-,
dimethylester 6156
$C_{14}H_{15}ClN_2O_4$
Furan-3-carbonsäure, 2-Chlormethyl-5-
oxo-4-phenylhydrazono-tetrahydro-,
äthylester 5966
$C_{14}H_{15}NO_5$
Benzofuran-2-carbonsäure, 6-Hydroxy-7-
[1-hydroxyimino-butyl]-3-methyl- 6395
Chromen-3-carbonsäure, 6-Methoxy-5,7,8-
trimethyl-2-oxo-2H-, hydroxyamid
6389
Furan-3-carbonsäure, 2-[2-Methoxy-
phenylimino]-4-oxo-tetrahydro-,
äthylester 5959
Propionsäure, 2-Hydroxyimino-3-
[6-methoxy-3,7-dimethyl-benzofuran-2-
yl]- 6390
$C_{14}H_{15}NO_6$
Essigsäure, [4,6-Dimethoxy-3,5-dimethyl-
benzofuran-2-yl]-hydroxyimino- 6507
—, [5,6,7-Trimethoxy-1-oxo-
1H-isochromen-4-yl]-, amid 6599
Propionsäure, 3-[4,6-Dimethoxy-3-methyl-
benzofuran-2-yl]-2-hydroxyimino- 6507
$C_{14}H_{15}N_3O_5$
Benzofuran-2-carbonsäure, 6-Hydroxy-3-
methyl-7-[1-semicarbazono-propyl]-
6390
$C_{14}H_{16}N_2OS$
Heptandinitril, 4-Äthyl-4-[thiophen-2-
carbonyl]- 6150
—, 4-Methyl-4-[5-methyl-thiophen-2-
carbonyl]- 6151
$C_{14}H_{16}N_2O_2$
Heptandinitril, 4-Äthyl-4-[furan-2-
carbonyl]- 6150
—, 4-Methyl-4-[5-methyl-furan-2-
carbonyl]- 6150
$C_{14}H_{16}N_2O_4$
Chromen-3-carbonsäure, 6-Methoxy-5,7,8-
trimethyl-2-oxo-2H-, hydrazid 6389
Furan-2-carbonsäure, 2-Methyl-5-oxo-4-
phenylhydrazono-tetrahydro-,
äthylester 5965

$C_{14}H_{16}O_5$
2,5-Äthano-cyclopropabenzen-1,3,4-
tricarbonsäure, Hexahydro-,
1-äthylester-3,4-anhydrid 6036
Benzofuran-3-carbonsäure, 5-Hydroxy-
4,6,7-trimethyl-2-oxo-2,3-dihydro-,
äthylester 6325
Buttersäure, 4-[6-Hydroxy-1,5-dimethyl-3-
oxo-phthalan-4-yl]- 6332
Chroman-3-carbonsäure, 6-Hydroxy-5,7-
dimethyl-2-oxo-, äthylester 6324
—, 6-Hydroxy-7,8-dimethyl-2-oxo-,
äthylester 6325
Essigsäure, Hydroxy-[2-oxo-6-phenyl-
tetrahydro-pyran-4-yl]-, methylester
6328
—, [2-(2-Methoxy-5-methyl-phenyl)-5-
oxo-tetrahydro-[2]furyl]- 6328
Furan-3-carbonsäure, 2-Oxo-5-
phenoxymethyl-tetrahydro-, äthylester
6266
Isochromen-7-carbonsäure, 8-Hydroxy-
1,3,4,5-tetramethyl-6-oxo-4,6-dihydro-
3H- 6332
—, 8-Hydroxy-3,4,5-trimethyl-6-oxo-
4,6-dihydro-3H-, methylester 6331
Norborn-2-en-1,2,3-tricarbonsäure,
4,7,7-Trimethyl-, 2,3-anhydrid-1-
methylester 6036
Norborn-5-en-1,2,3-tricarbonsäure,
4,7,7-Trimethyl-, 2,3-anhydrid-1-
methylester 6036
Norborn-5-en-2,3,5-tricarbonsäure,
4,7,7-Trimethyl-, 2,3-anhydrid-5-
methylester 6036
Propionsäure, 3-[3-Äthyl-7-methoxy-2-oxo-
2,3-dihydro-benzofuran-3-yl]- 6331
$C_{14}H_{16}O_6$
Chroman-2-carbonsäure, 6,7-Dimethoxy-3-
oxo-, äthylester 6473
Chroman-4-carbonsäure, 6,7-Dimethoxy-3-
oxo-, äthylester 6474
Essigsäure, [7-Acetyl-4,6-dihydroxy-3,5-
dimethyl-2,3-dihydro-benzofuran-2-yl]-
6480
—, [4,6-Dimethoxy-7-methyl-3-oxo-
phthalan-5-yl]-, methylester 6477
Propionsäure, 3-[6,7-Dimethoxy-1-oxo-
phthalan-4-yl]-, methylester 6476
$C_{14}H_{16}O_7$
Bernsteinsäure, [1,3-Dioxo-octahydro-4,7-
äthano-isobenzofuran-5-yl]- 6219
Bicyclo[2.2.2]octan-2,3-dicarbonsäure,
5-[2,5-Dioxo-tetrahydro-[3]furyl]- 6219
Essigsäure, [5,6,7-Trimethoxy-1-oxo-
isochroman-3-yl]- 6585
—, [5,6,7-Trimethoxy-1-oxo-
isochroman-4-yl]- 6585
Furan, 2,5-Bis-äthoxycarbonylacetyl- 6211

$C_{14}H_{16}O_7$ (Fortsetzung)
Phthalan-1-carbonsäure, 5,6,7-Trimethoxy-
3-oxo-, äthylester 6583
$C_{14}H_{16}O_9$
Pyran-2,6-dicarbonsäure,
3-Äthoxycarbonyloxy-4-oxo-4H-,
diäthylester 6580
$C_{14}H_{17}BrO_6$
Norbornan-1,2,3-tricarbonsäure, 5-Brom-
6-hydroxy-4,7,7-trimethyl-, 2-lacton-1-
methylester 6149
—, 6-Brom-5-hydroxy-4,7,7-trimethyl-,
3-lacton-1-methylester 6149
Norbornan-2,3,5-tricarbonsäure, 5-Brom-
6-hydroxy-4,7,7-trimethyl-, 2-lacton-5-
methylester 6150
—, 6-Brom-5-hydroxy-4,7,7-trimethyl-,
3-lacton-5-methylester 6150
$C_{14}H_{17}NO_4$
Buttersäure, 4-Hydroxy-4-[5-oxo-
tetrahydro-[2]furyl]-, anilid 6269
$C_{14}H_{17}NO_5$
Verbindung $C_{14}H_{17}NO_5$ aus 2-Methyl-
4,5-dioxo-tetrahydro-furan-3-
carbonsäure-äthylester 5965
Verbindung $C_{14}H_{17}NO_5$ aus 3-Methyl-4,5-
dioxo-tetrahydro-furan-3-carbonsäure-
äthylester 5967
Verbindungen $C_{14}H_{17}NO_5$ aus
4,5-Dioxo-tetrahydro-furan-3-
carbonsäure-äthylester 5961
$C_{14}H_{17}NO_6$
Verbindung $C_{14}H_{17}NO_6$ aus 2-Methyl-
deca-2,4,6,8-tetraen-1,8,9-
tricarbonsäure-8,9-anhydrid 6059
$C_{14}H_{17}N_5O_5$
Hexannitril, 5-[2,4-Dinitro-
phenylhydrazono]-4-[2-hydroxy-äthyl]-
5977
$C_{14}H_{18}N_2O_4$
Propionsäure, 2-Cyan-3-imino-3-[2-oxo-
octahydro-benzofuran-3-yl]-,
äthylester 6210
$C_{14}H_{18}N_2O_5$
Verbindung $C_{14}H_{18}N_2O_5$ aus 2-Methyl-
4,5-dioxo-tetrahydro-furan-3-
carbonsäure-äthylester 5965
$C_{14}H_{18}O_4$
6,9a-Cyclo-furo[3,2-h]isochromen-2,7-dion,
3,5a,6-Trimethyl-hexahydro- 6026
$C_{14}H_{18}O_5$
6,9a-Cyclo-furo[3,2-h]isochromen-2,7-dion,
9-Hydroxy-3,5a,6-trimethyl-hexahydro-
6026
Cyclohex-4-en-1,2-dicarbonsäure,
3-Methoxycarbonylmethyl-6-propyl-,
anhydrid 6024

Cyclohex-4-en-1,2,3-tricarbonsäure,
6-sec-Butyl-5-methyl-, 1,2-anhydrid
6025
—, 6-sec-Butyl-5-methyl-,
2,3-anhydrid 6025
Essigsäure, [7b-Methyl-2,3-dioxo-
decahydro-indeno[1,7-bc]furan-5-yl]-,
methylester 6024
3,6-Methano-benzofuran-8-carbonsäure,
3a-Isopropyl-6-methyl-2,7-dioxo-
octahydro- 6026
Norbornan-1,2,3-tricarbonsäure,
4,7,7-Trimethyl-, 2,3-anhydrid-1-
methylester 6025
$C_{14}H_{18}O_6$
Acetessigsäure, 2-[4-Äthoxycarbonyl-5-
methyl-[2]furyl]-, äthylester 6145
—, 4-[4-Äthoxycarbonyl-5-methyl-
[2]furyl]-, äthylester 6144
Buttersäure, 3-[3,6-Dimethyl-2-oxo-
2,3,3a,4,5,7a-hexahydro-benzofuran-7-
yl]-3-hydroxy-2-oxo- 6466
Hexansäure, 6-[6-Methyl-2,4-dioxo-3,4-
dihydro-2H-pyran-3-yl]-6-oxo-,
äthylester 6146
$C_{14}H_{18}O_7$
Cyclohexan-1,2,3,4-tetracarbonsäure,
2,3-Dimethyl-, 1,2-anhydrid-3,4-
dimethylester 6211
$C_{14}H_{18}O_7S_2$
Thiopyran-2,5,5-tricarbonsäure, 3-Oxo-6-
thioxo-dihydro-, triäthylester 6251
$C_{14}H_{18}O_9$
7-Oxa-norbornan-2,3-dicarbonsäure,
1-Diacetoxymethyl-, 2-methylester
6131
—, 1-Diacetoxymethyl-,
3-methylester 6131
$C_{14}H_{18}O_{10}$
Galactarsäure, O^2,O^3,O^5-Triacetyl-,
6-äthylester-1-lacton 6574
$C_{14}H_{19}NO_6$
Oxim $C_{14}H_{19}NO_6$ aus 3-[3,6-Dimethyl-2-
oxo-2,3,3a,4,5,7a-hexahydro-
benzofuran-7-yl]-3-hydroxy-2-oxo-
buttersäure 6466
$C_{14}H_{20}N_2O_2$
Furan-3-on, 4,4-Bis-[2-cyan-äthyl]-2,2,5,5-
tetramethyl-dihydro- 6126
$C_{14}H_{20}O_4$
Säure $C_{14}H_{20}O_4$ aus 8a-Methyl-6-oxo-
1,2,3,5,6,7,8,8a-octahydro-naphthalin-
1,4,5-tricarbonsäure-4,5-anhydrid 6168
$C_{14}H_{20}O_5$
4,7-Cyclo-isochromen-8-carbonsäure,
4-Hydroxy-3,3-dimethyl-1-oxo-
octahydro-, äthylester 6302
Dec-8-en-1,8,9-tricarbonsäure, 2-Methyl-,
8,9-anhydrid 5997

$C_{14}H_{20}O_5$ (Fortsetzung)
Naphthalin-1,2-dicarbonsäure,
  4a-Hydroxy-4-methoxy-decahydro-,
  1-lacton-2-methylester 6303
$C_{14}H_{20}O_6$
Benzofuran-3-carbonsäure, 7-Acetoxy-3-
  methyl-2-oxo-octahydro-, äthylester
  6286
Furan-2-carbonsäure, 4-Acetoxy-3-äthyl-5-
  oxo-2-propyl-2,5-dihydro-, äthylester
  6284
1-Oxa-spiro[4.5]decan-3,6-dicarbonsäure,
  6-Methyl-2-oxo-, dimethylester 6134
1-Oxa-spiro[4,4]nonan-6,7-dicarbonsäure,
  3-Äthyl-2-oxo-, dimethylester 6134
$C_{14}H_{20}O_7$
Acetessigsäure, 2-[4-Äthoxycarbonyl-3-
  hydroxy-5-methyl-2,3-dihydro-[2]furyl]-,
  äthylester 6578
$C_{14}H_{20}O_8$
Furan-2,3-dicarbonsäure,
  4-Äthoxycarbonylmethyl-5-oxo-
  tetrahydro-, diäthylester 6238
Malonsäure, [3-Methoxycarbonyl-6,6-
  dimethyl-2-oxo-tetrahydro-pyran-4-yl]-,
  dimethylester 6239
$C_{14}H_{20}O_{12}S$
6-Desoxy-glucofuranose, Tetra-O-acetyl-6-
  sulfo- 6735
$C_{14}H_{22}O_5$
Furan-3-carbonsäure, 3-Butyryl-5-oxo-2-
  propyl-tetrahydro-, äthylester 5983
Isochroman-8-carbonsäure, 6-Hydroxy-
  3,3,6,7-tetramethyl-1-oxo-hexahydro-
  6287
$C_{14}H_{22}O_5S$
Valeriansäure, 5-[3-Äthoxycarbonyl-4-oxo-
  tetrahydro-[2]thienyl]-, äthylester 6122
—, 5-[4-Äthoxycarbonyl-3-oxo-
  tetrahydro-[2]thienyl]-, äthylester 6123
$C_{14}H_{22}O_6$
Furan-2,3-dicarbonsäure, 2-Methyl-5-oxo-
  4-propyl-tetrahydro-, diäthylester 6124
Furan-3-on, 4,4-Bis-[2-carboxy-äthyl]-
  2,2,5,5-tetramethyl-dihydro- 6125
$C_{14}H_{22}O_7$
Bernsteinsäure, [2-(3-Hydroxy-3,4,4-
  trimethyl-5-oxo-tetrahydro-[2]furyl)-
  propyl]- 6578
$C_{14}H_{24}O_6$
Pyran-3,5-dicarbonsäure, 2-Äthoxy-6-
  methyl-tetrahydro-, diäthylester 5971
$C_{14}H_{26}N_2O_4S_3$
Thiophen-2,4-disulfonsäure, 5-Äthyl-,
  bis-isobutylamid 6730

C_{15}

$C_{15}H_6N_2O_2$
Xanthen-2,7-dicarbonitril, 9-Oxo- 6190
$C_{15}H_8ClNO_4S$
Benzo[b]thiophen-2-carbonsäure,
  7-Anilino-6-chlor-4,5-dioxo-4,5-
  dihydro- 6488
—, 6-Chlor-5-hydroxy-4-oxo-7-
  phenylimino-4,7-dihydro- 6488
$C_{15}H_8Cl_2O_6$
Xanthen-1-carbonsäure, 5,7-Dichlor-3,8-
  dihydroxy-6-methyl-9-oxo- 6549
$C_{15}H_8Cl_2O_7S_2$
Chromen-6,8-disulfonylchlorid,
  5-Hydroxy-4-oxo-2-phenyl-4H- 6759
$C_{15}H_8O_5$
Biphenyl-2,3,4-tricarbonsäure-2,3-
  anhydrid 6094
Glyoxylsäure, [9-Oxo-xanthen-1-yl]- 6095
$C_{15}H_8O_6$
Naphthalin-1,4,5-tricarbonsäure, 2-Acetyl-,
  4,5-anhydrid 6191
Xanthen-1,8-dicarbonsäure, 9-Oxo- 6190
Xanthen-2,7-dicarbonsäure, 9-Oxo- 6190
$C_{15}H_8O_7$
Xanthen-1,3-dicarbonsäure, 8-Hydroxy-9-
  oxo- 6639
$C_{15}H_{10}N_2O_6S$
Chromen-3-sulfonsäure, 6-Nitro-2-oxo-
  2H-, anilid 6740
$C_{15}H_{10}O_4S_2$
Benzolsulfonsäure, 3-[3-Oxo-3H-
  benzo[b]thiophen-2-ylidenmethyl]-
  6744
$C_{15}H_{10}O_5$
Benzo[h]chromen-3-carbonsäure,
  6-Hydroxy-5-methyl-2-oxo-2H- 6416
Benzoesäure, 2-Hydroxy-5-phthalidyl-
  6415
Essigsäure, [7-Hydroxy-6-oxo-6H-benzo[c]≠
  chromen-9-yl]- 6417
Glyoxylsäure, [4-Methoxy-dibenzofuran-1-
  yl]- 6415
Naphthalin-1,4,5-tricarbonsäure-1-
  äthylester-4,5-anhydrid 6092
[1]Naphthoesäure, 4-[2,5-Dioxo-
  tetrahydro-[3]furyl]- 6093
[2]Naphthoesäure, 4-[2,5-Dioxo-
  tetrahydro-[3]furyl]- 6093
Xanthen-1-carbonsäure, 2-Methoxy-9-oxo-
  6414
$C_{15}H_{10}O_5S$
Benzolsulfonsäure, 4-[2-Oxo-2H-chromen-
  3-yl]- 6744
$C_{15}H_{10}O_6$
Pyran-2-carbonsäure, 4-Oxo-6-[3-oxo-3-
  phenyl-propionyl]-4H- 6188

$C_{15}H_{10}O_6$ (Fortsetzung)
Xanthen-1-carbonsäure, 2,8-Dihydroxy-6-methyl-9-oxo- 6547
—, 3,8-Dihydroxy-6-methyl-9-oxo-6548

$C_{15}H_{10}O_6S$
Chromen-8-sulfonsäure, 5-Hydroxy-4-oxo-2-phenyl-4H- 6759
—, 7-Hydroxy-4-oxo-2-phenyl-4H-6759
Naphthalin-1-sulfonsäure, 4-[5-Formyl-[2]furyl]-3-hydroxy- 6760

$C_{15}H_{10}O_7$
Xanthen-4-carbonsäure, 3,8-Dihydroxy-1-methoxy-9-oxo- 6633
—, 3,5,7-Trihydroxy-1-methyl-9-oxo-6636

$C_{15}H_{10}O_7S$
Furan-2-carbonsäure, 5-[2-Hydroxy-4-sulfo-[1]naphthyl]- 6768

$C_{15}H_{10}O_8S$
Benzolsulfonsäure, 4,5-Dihydroxy-2-[3-hydroxy-4-oxo-4H-chromen-2-yl]-6763

$C_{15}H_{10}O_9$
Malonsäure, [3-Carboxy-8-methoxy-2-oxo-2H-chromen-6-ylmethylen]- 6685

$C_{15}H_{10}O_9S_2$
Chromen-6,8-disulfonsäure, 5-Hydroxy-4-oxo-2-phenyl-4H- 6759
—, 7-Hydroxy-4-oxo-2-phenyl-4H-6760

$C_{15}H_{10}O_{10}S$
Benzolsulfonsäure, 4,5-Dihydroxy-2-[3,5,7-trihydroxy-4-oxo-4H-chromen-2-yl]-6764

$C_{15}H_{10}O_{12}S_3$
Chromen-6,8-disulfonsäure, 5-Hydroxy-4-oxo-2-[2-sulfo-phenyl]-4H- 6759
—, 7-Hydroxy-4-oxo-2-[2-sulfo-phenyl]-4H- 6760

$C_{15}H_{11}NO_4$
Acrylsäure, 2-Cyan-3-[2-oxo-2H-chromen-3-yl]-, äthylester 6186

$C_{15}H_{11}NO_6$
Benzoesäure, 4-[4-Oxo-4-(5-oxo-2,5-dihydro-[2]furyl)-crotonoylamino]-6011

$C_{15}H_{12}Br_2O_6$
Chromen-3-carbonsäure, 6-Acetoxy-5,7-dibrom-8-methyl-2-oxo-2H-, äthylester 6362

$C_{15}H_{12}N_2O_4$
Acrylsäure, 3-Amino-2-cyan-3-[2-oxo-2H-chromen-3-yl]-, äthylester 6229
Propionsäure, 2-Cyan-3-imino-3-[2-oxo-2H-chromen-3-yl]-, äthylester 6229

$C_{15}H_{12}N_2O_4S$
Chromen-6-sulfonsäure, 2-Oxo-2H-, [4-amino-anilid] 6741

$C_{15}H_{12}N_2O_6S_2$
Sulfanilsäure, N-[2-Oxo-2H-chromen-6-sulfonyl]-, amid 6741

$C_{15}H_{12}O_5$
Benzoesäure, 2-[2,6-Dimethyl-4-oxo-4H-pyran-3-carbonyl]- 6087
Pyran-3-carbonsäure, 2,4-Dioxo-6-styryl-3,4-dihydro-2H-, methylester 6087

$C_{15}H_{12}O_5S$
Pyran-2-carbonsäure, 5-Benzoyloxy-4-thioxo-4H-, äthylester 6290

$C_{15}H_{12}O_6$
Pyran-2-carbonsäure, 5-Benzoyloxy-4-oxo-4H-, äthylester 6290
Spiro[benzofuran-2,1'-cyclopent-2'-en]-3'-carbonsäure, 6-Methoxy-2'-methyl-3,4'-dioxo-3H- 6541

$C_{15}H_{12}O_8$
Chromen-3-carbonsäure, 5-Carboxymethoxy-2-oxo-6-propionyl-2H- 6529
Essigsäure, [7-Acetoxy-6-methoxycarbonyl-2-oxo-2H-chromen-4-yl]- 6621
—, [4,7-Diacetoxy-2-oxo-2H-chromen-3-yl]- 6499

$C_{15}H_{13}BrO_6$
Chromen-3-carbonsäure, 6-Acetoxy-5-brom-7,8-dimethyl-2-oxo-2H-, methylester 6380
Essigsäure, [7-Acetoxy-6-brom-2-oxo-2H-chromen-4-yl]-, äthylester 6358

$C_{15}H_{13}ClO_5S$
Benzo[h]chromen-3-sulfonylchlorid, 2,2-Dimethyl-5,6-dioxo-3,4,5,6-tetrahydro-2H- 6747

$C_{15}H_{13}ClO_6$
Essigsäure, [7-Acetoxy-6-chlor-2-oxo-2H-chromen-4-yl]-, äthylester 6357

$C_{15}H_{13}NO_3$
Dibenzofuran-3-carbonitril, 7-Methoxy-3-methyl-4-oxo-1,2,3,4-tetrahydro- 6404

$C_{15}H_{13}NO_4$
Chromen-3-carbonitril, 6-Acetoxy-5,7,8-trimethyl-2-oxo-2H- 6389
Crotonsäure, 4-Oxo-4-[5-oxo-2,5-dihydro-[2]furyl]-, p-toluidid 6011

$C_{15}H_{13}N_3OS$
Propionitril, 2-[4-Dimethylamino-phenylimino]-3-oxo-3-[2]thienyl- 6009

$C_{15}H_{13}N_3O_2$
Propionitril, 2-[4-Dimethylamino-phenylimino]-3-[2]furyl-3-oxo- 6009

$C_{15}H_{13}N_3O_6S_2$
Chroman-6-sulfonsäure, 2-Oxo-3-sulfanilylimino-, amid 6746

C₁₅H₁₃N₃O₆S₂ (Fortsetzung)
Chromen-6-sulfonsäure, 2-Oxo-3-
sulfanilylamino-2*H*-, amid 6746

C₁₅H₁₄N₂O₂
Chroman-4-on, 3,3-Bis-[2-cyan-äthyl]-
6169

C₁₅H₁₄N₂O₄
Propionsäure, 3-[2]Furyl-3-oxo-2-
phenylhydrazono-, äthylester 6000

C₁₅H₁₄N₂O₆
Propionsäure, 2-{[(7-Methoxy-2-oxo-
2*H*-chromen-4-yl)-acetyl]-hydrazono}-
6356

C₁₅H₁₄N₄O₉
Buttersäure, 4-[2,4-Dinitro-
phenylhydrazono]-4-[5-methyl-2,4-
dioxo-tetrahydro-[3]furyl]- 6130
7-Oxa-norbornan-2,3-dicarbonsäure,
1-[2,4-Dinitro-phenylhydrazono-methyl]-
6131
Pyran-2,6-dicarbonsäure, 4-[2,4-Dinitro-
phenylhydrazono]-3,4-dihydro-2*H*-,
dimethylester 6127

C₁₅H₁₄O₅
Benzo[*c*]chromen-2-carbonsäure,
3-Hydroxy-6-oxo-7,8,9,10-tetrahydro-
6*H*-, methylester 6404
Cyclopenta[*c*]chromen-8-carbonsäure,
7-Hydroxy-2-methyl-4-oxo-1,2,3,4-
tetrahydro-, methylester 6404
Pyran-3-carbonsäure, 4-[2-Methoxy-5-
methyl-phenyl]-2-methyl-6-oxo-6*H*-
6403
—, 2-Methyl-4,6-dioxo-5-phenyl-5,6-
dihydro-4*H*-, äthylester 6077
Spiro[benzofuran-2,1'-cyclohexan]-3'-
carbonsäure, 3,4'-Dioxo-3*H*-,
methylester 6078

C₁₅H₁₄O₆
Benzofuran-2-carbonsäure, 6-Acetoxy-3-
methyl-7-propionyl- 6390
Buttersäure, 4-[2,4-Dioxo-chroman-3-yl]-4-
oxo-, äthylester 6179
Chromen-3-carbonsäure, 7-Acetoxy-4-
methyl-2-oxo-2*H*-, äthylester 6360
—, 5-Hydroxy-2-oxo-6-propionyl-2*H*-,
äthylester 6529
Chromen-6-carbonsäure, 7-Acetoxy-3,4-
dimethyl-2-oxo-2*H*-, methylester 6377
—, 3-Acetyl-8-äthyl-5-hydroxy-2-oxo-
2*H*-, methylester 6531
Essigsäure, [6-Acetoxy-7-äthyl-2-oxo-
2*H*-chromen-4-yl]- 6385
—, [7-Acetoxy-6-äthyl-2-oxo-
2*H*-chromen-4-yl]- 6384
—, [5-Acetoxy-4,7-dimethyl-2-oxo-
2*H*-chromen-3-yl]- 6386
Hexansäure, 6-[2,4-Dioxo-chroman-3-yl]-6-
oxo- 6179

Isochromen-3,4-dicarbonsäure, 1-Oxo-1*H*-,
diäthylester 6178
Malonsäure, Phthalidyliden-, diäthylester 6178
Propionsäure, 3-[7-Acetoxy-4-methyl-2-
oxo-2*H*-chromen-3-yl]- 6384
—, 3-[8-Methoxy-2-oxo-2*H*-chromen-
3-yl]-3-oxo-, äthylester 6526

C₁₅H₁₄O₆S
Benzo[*h*]chromen-3-sulfonsäure,
2,2-Dimethyl-5,6-dioxo-3,4,5,6-
tetrahydro-2*H*- 6747

C₁₅H₁₄O₇
Acrylsäure, 3-[3-Acetoxy-7-methoxy-6-
methyl-1-oxo-phthalan-4-yl]- 6508
Benzoesäure, 3-Hydroxy-5,6-dimethoxy-2-
[6-methyl-4-oxo-4*H*-pyran-2-yl]- 6622
Chromen-6-carbonsäure,
4-Äthoxycarbonylmethyl-7-hydroxy-2-
oxo-2*H*-, methylester 6621
Chromen-8-carbonsäure,
4-Äthoxycarbonylmethyl-7-hydroxy-5-
methyl-2-oxo-2*H*- 6623
Chromen-3,8-dicarbonsäure, 5-Methoxy-2-
oxo-2*H*-, 3-äthylester-8-methylester
6618
Verbindung C₁₅H₁₄O₇ aus 7-Acetyl-6-
methyl-2-oxo-2,3-dihydro-benzofuran-
4,5-dicarbonsäure oder 7-Acetyl-2-
hydroxy-6-methyl-benzofuran-4,5-
dicarbonsäure 6225

C₁₅H₁₄O₈
Chromen-5-carbonsäure, 3-Acetyl-6,7-
dimethoxy-2,4-dioxo-, methylester
6665

C₁₅H₁₅BrO₅
Essigsäure, [7-Methoxy-2-oxo-
2*H*-chromen-4-yl]-, [3-brom-
propylester] 6354

C₁₅H₁₅BrO₆
Benzofuran-3-carbonsäure, 5-Acetoxy-4-
brom-6,7-dimethyl-2-oxo-2,3-dihydro-,
äthylester 6322
—, 5-Acetoxy-6-brom-4,7-dimethyl-2-
oxo-2,3-dihydro-, äthylester 6322
Chromen-6-carbonsäure, 3-Brom-5,7-
dimethoxy-4,8-dimethyl-2-oxo-2*H*-,
methylester 6506

C₁₅H₁₅ClO₄
Furan-3-carbonylchlorid, 2-[2,5-Dimethyl-
benzoyl]-4-methyl-5-oxo-tetrahydro-
6061

C₁₅H₁₅ClO₆
Chromen-6-carbonsäure, 3-Chlor-5,7-
dimethoxy-4,8-dimethyl-2-oxo-2*H*-,
methylester 6506

C₁₅H₁₅ClO₇
Glutarsäure, 3-[7-Chlor-4-methoxy-1-
methyl-3-oxo-phthalan-1-yl]- 6605

C₁₅H₁₅NO₄
Propionitril, 3-[5-Dimethoxymethyl-3-
methyl-benzofuran-2-yl]-3-oxo- 6077
C₁₅H₁₅NO₅
Hexansäure, 6-[2,4-Dioxo-chroman-3-yl]-6-
oxo-, amid 6180
Propionitril, 3-[2-Acetyl-4,6-dimethoxy-3-
oxo-2,3-dihydro-benzofuran-2-yl]-
6602
—, 3-[6-Äthoxy-4,7-dimethoxy-
benzofuran-5-yl]-3-oxo- 6599
C₁₅H₁₅NO₅S
Benzo[h]chromen-3-sulfonsäure,
2,2-Dimethyl-5,6-dioxo-3,4,5,6-
tetrahydro-2H-, amid 6747
C₁₅H₁₅N₃OS
Heptandinitril, 4-[2-Cyan-äthyl]-4-
[thiophen-2-carbonyl]- 6242
C₁₅H₁₅N₃OSe
Heptandinitril, 4-[2-Cyan-äthyl]-4-
[selenophen-2-carbonyl]- 6242
C₁₅H₁₅N₃O₂
Heptandinitril, 4-[2-Cyan-äthyl]-4-[furan-2-
carbonyl]- 6241
C₁₅H₁₆N₂O₃S
Propionsäure, 2,2-Bis-[2-cyan-äthyl]-3-oxo-
3-[2]thienyl-, äthylester 6241
C₁₅H₁₆N₂O₄
Chromen-3-carbonsäure, 7-Methoxy-4-
methyl-2-oxo-2H-,
isopropylidenhydrazid 6360
Essigsäure, [7-Methoxy-2-oxo-
2H-chromen-4-yl]-,
isopropylidenhydrazid 6356
Hexansäure, 6-Amino-6-[2,4-dioxo-
chroman-3-yliden]-, amid 6180
—, 6-[2,4-Dioxo-chroman-3-yl]-6-
imino-, amid 6180
Propionsäure, 2,2-Bis-[2-cyan-äthyl]-3-
[2]furyl-3-oxo-, äthylester 6241
C₁₅H₁₆N₂O₆
Chromen-3-carbonsäure, 8-Methoxy-6-
nitro-2-oxo-2H-, diäthylamid 6346
C₁₅H₁₆N₄O₈
Essigsäure, [4-(2,4-Dinitro-
phenylhydrazono)-5,6-dihydro-
4H-pyran-3-yl]-methoxy-, methylester
6278
C₁₅H₁₆O₅
2,5-Ätheno-cyclopropabenzen-1,3,4-
tricarbonsäure, 1a,2-Dimethyl-
hexahydro-, 3,4-anhydrid-1-
methylester 6060
—, 2,7-Dimethyl-hexahydro-,
3,4-anhydrid-1-methylester 6060
—, 6,7-Dimethyl-hexahydro-,
3,4-anhydrid-1-methylester 6060
Apotrichotheca-2,9-dien-13-säure,
4,8-Dioxo- 6062

Apotrichotheca-3,9-dien-13-säure,
2,8-Dioxo- 6061
Benzofuran-2-carbonsäure, 7-Butyryl-6-
methoxy-3-methyl- 6395
—, 3-Oxo-2-[3-oxo-butyl]-2,3-dihydro-,
äthylester 6058
Buttersäure, 4-[4-Methoxy-2-oxo-
2H-chromen-3-yl]-, methylester 6383
Chroman-4-carbonsäure, 3-Acetonyl-6-
methyl-2-oxo-, methylester 6059
Chromen-3-carbonsäure, 6-Äthyl-7-
hydroxy-5-methyl-2-oxo-2H-,
äthylester 6387
—, 6-Hydroxy-5,7,8-trimethyl-2-oxo-
2H-, äthylester 6388
Chromen-6-carbonsäure, 8-Äthyl-5-
methoxy-4-methyl-2-oxo-2H-,
methylester 6387
—, 3-Butyl-7-hydroxy-4-methyl-2-oxo-
2H- 6395
—, 7-Hydroxy-8-isopentyl-2-oxo-2H-
6395
—, 7-Hydroxy-4-methyl-2-oxo-3-
propyl-2H-, methylester 6391
—, 7-Methoxy-2-oxo-2H-,
isobutylester 6349
Essigsäure, [4-Acetonyl-5-oxo-2-phenyl-
tetrahydro-[2]furyl]- 6061
—, [6-Äthyl-7-hydroxy-2-oxo-
2H-chromen-4-yl]-, äthylester 6385
—, [7-Äthyl-6-hydroxy-2-oxo-
2H-chromen-4-yl]-, äthylester 6385
—, [7-Butoxy-2-oxo-2H-chromen-4-yl]-
6353
—, [5-Hydroxy-4,7-dimethyl-2-oxo-
2H-chromen-3-yl]-, äthylester 6387
—, [7-Hydroxy-4,6-dimethyl-2-oxo-
2H-chromen-3-yl]-, äthylester 6386
—, [7-Hydroxy-4-methyl-2-oxo-6-
propyl-2H-chromen-3-yl]- 6396
—, [7-Methoxy-4-methyl-2-oxo-
2H-chromen-3-yl]-, äthylester 6374
—, [7-Methoxy-5-methyl-2-oxo-
2H-chromen-4-yl]-, äthylester 6376
Furan-3-carbonsäure, 4-Acetyl-5-oxo-2-
phenyl-tetrahydro-, äthylester 6057
—, 2-[2,5-Dimethyl-benzoyl]-4-
methyl-5-oxo-tetrahydro- 6060
15-Nor-eudesma-1,4-dien-12,13-disäure,
6-Hydroxy-11-methyl-3-oxo-, lacton
6062
Propionsäure, 3-[7-Hydroxy-4-methyl-2-
oxo-2H-chromen-3-yl]-, äthylester
6384
Valeriansäure, 2-[5-Methyl-2-oxo-2,3-
dihydro-benzofuran-3-yl]-4-oxo-,
methylester 6059

C₁₅H₁₆O₆

Benz[de]isochromen-6-carbonsäure,
1-Hydroxy-6a-methyl-3,9-dioxo-
5,6,6a,7,8,9-hexahydro-3H,4H-,
methylester 6168
—, 1-Methoxy-6a-methyl-3,9-dioxo-
5,6,6a,7,8,9-hexahydro-3H,4H-
6512
Benzofuran-7-carbonsäure, 5-Acetyl-4,6-
dimethoxy-, äthylester 6504
Brenztraubensäure, [4,6-Dimethoxy-3,5-
dimethyl-benzofuran-2-yl]- 6510
Buttersäure, 4-[5-Carboxy-1,1-dimethyl-3-
oxo-phthalan-4-yl]- 6169
—, 4-[7,8-Dimethoxy-2-oxo-
2H-chromen-4-yl]- 6508
Chroman-3-carbonsäure, 6-Acetoxy-7,8-
dimethyl-2-oxo-, methylester 6324
Chroman-6-carbonsäure, 7-Acetoxy-2,2-
dimethyl-4-oxo-, methylester 6324
Chroman-4-on, 3,3-Bis-[2-carboxy-äthyl]-
6169
Chromen-6-carbonsäure, 3-Äthyl-7,8-
dihydroxy-4-methyl-2-oxo-2H-,
äthylester 6510
—, 5,7-Dimethoxy-4,8-dimethyl-2-
oxo-2H-, methylester 6506
Essigsäure, [7-Acetyl-4,6-dihydroxy-3,5-
dimethyl-benzofuran-2-yl]-,
methylester 6512
—, [7-Acetyl-6-hydroxy-4-methoxy-
3,5-dimethyl-benzofuran-2-yl]- 6511
—, [6-Äthyl-7,8-dihydroxy-2-oxo-
2H-chromen-4-yl]-, äthylester 6510
—, [6-Äthyl-7,8-dimethoxy-2-oxo-
2H-chromen-4-yl]- 6509
Isochromen-7-carbonsäure, 8-Acetoxy-
3,4,5-trimethyl-6-oxo-4,6-dihydro-3H-
6331
Malonsäure, Phthalidyl-, diäthylester
6164
Naphthalin-1,4,5-tricarbonsäure,
8a-Methyl-6-oxo-1,2,3,5,6,7,8,8a-
octahydro-, 4,5-anhydrid-1-
methylester 6168
Propionsäure, 2-[4-Carboxy-1,1-dimethyl-
3-oxo-phthalan-5-yl]-2-methyl- 6170
—, 3-[7,8-Dihydroxy-4-methyl-2-oxo-
2H-chromen-3-yl]-, äthylester 6509
—, 3-[7,8-Dimethoxy-4-methyl-2-oxo-
2H-chromen-3-yl]- 6509
—, 3-[6-Methoxycarbonyl-2-oxo-
chroman-8-yl]-, methylester 6167
Pyran-2-carbonsäure, 6-[5-Methyl-3-oxo-
hex-4-enoyl]-4-oxo-4H-, äthylester
6166

C₁₅H₁₆O₇

Benzofuran-2-on, 3,3-Bis-[2-carboxy-äthyl]-
7-methoxy-3H- 6604

Benzol-1,2,3-tricarbonsäure, 5-Äthoxy-4-
isopropyl-6-methoxy-, 2,3-anhydrid
6602
—, 4-Isopropyl-5,6-dimethoxy-,
2,3-anhydrid-1-methylester 6602
Chromen-3-carbonsäure,
4,6,7-Trimethoxy-2-oxo-2H-,
äthylester 6595
Chromen-4-carbonsäure,
3,5,7-Trimethoxy-2-oxo-2H-,
äthylester 6595
Essigsäure, [5,6,7-Trimethoxy-2-oxo-
2H-chromen-4-yl]-, methylester 6598
—, [5,6,7-Trimethoxy-1-oxo-
1H-isochromen-3-yl]-, methylester
6598
—, [5,6,7-Trimethoxy-1-oxo-
1H-isochromen-4-yl]-, methylester
6599
Isochromen-3-carbonsäure,
5,6,7-Trimethoxy-1-oxo-1H-,
äthylester 6597
Isochromen-4-carbonsäure,
5,6,7-Trimethoxy-1-oxo-1H-,
äthylester 6597
Propionsäure, 3-[6-Hydroxy-4,7-
dimethoxy-benzofuran-5-yl]-3-oxo-,
äthylester 6599
—, 3-[5,6,7-Trimethoxy-1-oxo-
1H-isochromen-4-yl]- 6601

C₁₅H₁₆O₈

Glyoxylsäure, [5,6,7-Trimethoxy-3-oxo-
phthalan-1-yl]-, äthylester 6655
Carbonsäure C₁₅H₁₆O₈ aus einem
Methylester C₁₆H₁₈O₈ s. bei
6,8-Dimethoxy-3,4,5-trimethyl-1-oxo-
isochroman-7-carbonsäure-methylester
6480

C₁₅H₁₇BrO₅

15-Nor-eudesm-4-en-12,13-disäure,
2-Brom-6-hydroxy-11-methyl-3-oxo-,
lacton 6037

C₁₅H₁₇ClO₄

Butan-2-on, 4-[7-Chlor-4,6-dimethoxy-3-
methyl-benzofuran-2-yl]- 6624

C₁₅H₁₇ClO₄S

Thiophen-3-carbonsäure, 5-[3-(4-Chlor-
phenoxy)-propyl]-4-oxo-tetrahydro-,
methylester 6270

C₁₅H₁₇NO₄

Chromen-3-carbonsäure, 8-Methoxy-2-
oxo-2H-, diäthylamid 6345
—, 6-Methoxy-5,7,8-trimethyl-2-oxo-
2H-, methylamid 6389

C₁₅H₁₇NO₆

Essigsäure, [4,6-Dimethoxy-3,5-dimethyl-
benzofuran-2-yl]-hydroxyimino-,
methylester 6508

$C_{15}H_{18}N_2OS$
Heptandinitril, 4-Äthyl-4-[5-methyl-
  thiophen-2-carbonyl]- 6152
$C_{15}H_{18}N_2O_2$
Heptandinitril, 4-Äthyl-4-[5-methyl-furan-
  2-carbonyl]- 6152
—, 4-[2,5-Dimethyl-furan-3-carbonyl]-
  4-methyl- 6152
$C_{15}H_{18}O_4S$
Thiophen-3-carbonsäure, 4-Oxo-2-
  [3-phenoxy-propyl]-tetrahydro-,
  methylester 6269
—, 4-Oxo-5-[3-phenoxy-propyl]-
  tetrahydro-, methylester 6270
$C_{15}H_{18}O_5$
Apotrichothec-2-en-13-säure, 4,8-Dioxo-
  6038
Apotrichothec-3-en-13-säure, 2,8-Dioxo-
  6038
Buttersäure, 4-[6-Methoxy-1,5-dimethyl-3-
  oxo-phthalan-4-yl]- 6333
—, 4-[5-(4-Methoxy-phenyl)-2-oxo-
  tetrahydro-furan-3-yl]- 6332
Chroman-3-carbonsäure, 6-Hydroxy-5,7,8-
  trimethyl-2-oxo-, äthylester 6328
Essigsäure, [2-(2-Methoxy-5-methyl-
  phenyl)-5-oxo-tetrahydro-[2]furyl]-,
  methylester 6328
Eudesm-4-en-12,13-disäure, 6-Hydroxy-3-
  oxo-, lacton 6037
Furan-3-carbonsäure, 5-[3-Methoxy-
  benzyl]-2-oxo-tetrahydro-, äthylester
  6323
Isochroman-6-carbonsäure, 8-Methoxy-7-
  methyl-1-oxo-3-propyl- 6332
Isochromen-7-carbonsäure, 1-Äthyl-8-
  hydroxy-3,4,5-trimethyl-6-oxo-4,6-
  dihydro-3H- 6333
—, 8-Hydroxy-6-oxo-3-pentyl-4,6-
  dihydro-3H- 6333
—, 3,4,5,7-Tetramethyl-6,8-dioxo-
  4,6,7,8-tetrahydro-3H-, methylester
  6331
2-Oxa-bicyclo[4.2.1]non-6-en-5-
  carbonsäure, 3-Formyl-4-isopropenyl-
  7-methyl-8-oxo-, methylester 6037
Propionsäure, 2-[3,5a-Dimethyl-2,7-dioxo-
  octahydro-3,6-cyclo-pentaleno[1,6-bc]≈
  pyran-3a-yl]- 6039
$C_{15}H_{18}O_6$
1,6a-Äthano-pentaleno[1,2-c]furan-1,6-
  dicarbonsäure, 3a-Methyl-8-oxo-
  octahydro- 6157
Essigsäure, 7-Acetyl-4,6-dihydroxy-
  3,5-dimethyl-2,3-dihydro-benzofuran-
  2-yl]-, methylester 6480
—, 7,8-Dimethoxy-2,2-dimethyl-4-
  oxo-chroman-5-yl]- 6479

Glyoxylsäure, [5,7-Dimethoxy-2,2-
  dimethyl-chroman-6-yl]- 6479
Guajan-12,15-disäure, 6-Hydroxy-2,8-
  dioxo-, 12-lacton 6156
Isochroman-7-carbonsäure,
  6,8-Dimethoxy-3,4,5-trimethyl-1-oxo-
  6479
$C_{15}H_{18}O_7$
Essigsäure, [5,6,7-Trimethoxy-1-oxo-
  isochroman-3-yl]-, methylester 6585
—, [5,6,7-Trimethoxy-1-oxo-
  isochroman-4-yl]-, methylester 6585
Isochroman-3-carbonsäure,
  5,6,7-Trimethoxy-1-oxo-, äthylester
  6584
Propionsäure, 3-[6-Hydroxy-4,7-
  dimethoxy-2,3-dihydro-benzofuran-5-yl]-
  3-oxo-, äthylester 6585
$C_{15}H_{18}O_7S$
Heptandisäure, 4-[2-Carboxy-äthyl]-4-
  [thiophen-2-carbonyl]- 6242
$C_{15}H_{18}O_7Se$
Heptandisäure, 4-[2-Carboxy-äthyl]-4-
  [selenophen-2-carbonyl]- 6242
$C_{15}H_{18}O_8$
3,5-Methano-isochromen-9-carbonsäure,
  4a,6,9-Trihydroxy-8-isopropyl-5-
  methyl-1,7-dioxo-3,4,4a,5,6,7-
  hexahydro-1H- 6653
$C_{15}H_{19}BrO_6$
Norbornan-1,2,3-tricarbonsäure, 5-Brom-
  6-hydroxy-4,7,7-trimethyl-, 2-lacton-
  1,3-dimethylester 6150
—, 6-Brom-5-hydroxy-4,7,7-trimethyl-,
  3-lacton-1,2-dimethylester 6150
$C_{15}H_{19}NO_4$
Buttersäure, 4-Hydroxy-4-[5-oxo-
  tetrahydro-[2]furyl]-, p-toluidid 6269
$C_{15}H_{19}NO_5$
Verbindung $C_{15}H_{19}NO_5$ aus 2-Äthyl-4,5-
  dioxo-tetrahydro-furan-3-carbonsäure-
  äthylester 5968
$C_{15}H_{19}NO_6$
Acrylsäure, 2-Acetylamino-3-
  [4-äthoxycarbonyl-5-methyl-[2]furyl]-,
  äthylester 6143
Propionsäure, 2-Acetylimino-3-
  [4-äthoxycarbonyl-5-methyl-[2]furyl]-,
  äthylester 6143
Pyran-3-carbonsäure, 4,4,5-Triacetyl-2-
  amino-6-methyl-4H-, äthylester 6216
—, 4,4,5-Triacetyl-2-imino-6-methyl-
  3,4-dihydro-2H-, äthylester 6216
$C_{15}H_{20}N_2O_5$
Dioxim $C_{15}H_{20}N_2O_5$ aus 3-Formyl-4-
  isopropenyl-7-methyl-8-oxo-2-oxa-
  bicyclo[4.2.1]non-6-en-5-carbonsäure-
  methylester 6037

$C_{15}H_{20}O_5$

Apotrichothecan-13-säure, 2,8-Dioxo-
6027

—, 4,8-Dioxo- 6027

Cedran-12,15-disäure, 10,13-Dihydroxy-,
15→13-lacton 6310

Guajan-12-säure, 5,8-Epoxy-3,6-dioxo-
6027

3,6-Methano-benzofuran-8-carbonsäure,
3a-Isopropyl-6-methyl-2,7-dioxo-
octahydro-, methylester 6026

2-Oxa-bicyclo[4.2.1]non-6-en-5-
carbonsäure, 3-Formyl-4-isopropyl-7-
methyl-8-oxo-, methylester 6025

$C_{15}H_{20}O_6$

2,5-Epoxido-inden-7-carbonsäure, 4,7a-
Dihydroxy-6-isopropenyl-3a-methyl-3-
oxo-octahydro-, methylester 6466

Glutarsäure, 2,4-Diisovaleryl-3-oxo-,
anhydrid 6151

—, 2-[5-Methyl-furan-2-carbonyl]-,
diäthylester 6146

—, 3-Oxo-2,4-divaleryl-, anhydrid
6151

Naphthalin-1,2-dicarbonsäure, 4-Acetoxy-
4a-hydroxy-decahydro-, 1-lacton-2-
methylester 6303

Pentaleno[1,2-c]furan-6,6a-dicarbonsäure,
3a-Methyl-1-oxo-octahydro-,
dimethylester 6149

Pyran-3-carbonsäure, 2-Butyl-4,6-dioxo-5-
valeryl-5,6-dihydro-4H- 6151

—, 2-Isobutyl-5-isovaleryl-4,6-dioxo-
5,6-dihydro-4H- 6151

Spiro[furan-3,2'-indan]-2-carbonsäure,
4-Acetoxy-5-oxo-octahydro- 6304

$C_{15}H_{20}O_8$

2,6-Methano-pentaleno[1,6a-c]pyran-6-
carbonsäure, 4a,6a,7,10-Tetrahydroxy-
9,10-dimethyl-4-oxo-decahydro- 6652

$C_{15}H_{21}ClO_5$

Apotrichothecan-13-säure, 2-Chlor-4-
hydroxy-8-oxo- 6305

$C_{15}H_{22}N_2O_5$

Dioxim $C_{15}H_{22}N_2O_5$ aus 3-Formyl-4-
isopropyl-7-methyl-8-oxo-2-oxa-bicyclo-
[4.2.1]non-6-en-5-carbonsäure-
methylester 6025

$C_{15}H_{22}O_4$

Methylester $C_{15}H_{22}O_4$ einer Säure
$C_{14}H_{20}O_4$ s. bei 8a-Methyl-6-oxo-
1,2,3,5,6,7,8,8a-octahydro-naphthalin-
1,4,5-tricarbonsäure-4,5-anhydrid 6168

$C_{15}H_{22}O_5$

Furan-3-carbonsäure, 2-[1,3-Dimethyl-2-
oxo-cyclohexylmethyl]-4-methyl-5-oxo-
tetrahydro- 5997

Germacran-12,15-disäure, 6-Hydroxy-8-
oxo-, 12-lacton 5998

Guajan-12-säure, 5,8-Epoxy-6-hydroxy-3-
oxo- 6306

Propionsäure, 3-[7-Acetyl-3,6-dimethyl-2-
oxo-octahydro-benzofuran-6-yl]- 5997

Spiro[furan-3,2'-indan]-2-carbonsäure,
4-Hydroxy-5-oxo-octahydro-,
äthylester 6304

$C_{15}H_{22}O_6$

2,5-Epoxido-inden-7-carbonsäure, 4,7a-
Dihydroxy-6-isopropyl-3a-methyl-3-
oxo-octahydro-, methylester 6464

Essigsäure, [4-Äthoxycarbonyl-4-methyl-2-
oxo-hexahydro-cyclopenta[b]furan-3-yl]-,
äthylester 6133

Glutarsäure, 3-[3a-Methyl-2-oxo-
hexahydro-cyclopenta[b]furan-4-yl]-,
dimethylester 6135

Malonsäure, [2-Oxo-octahydro-
benzofuran-7-yl]-, diäthylester 6133

Propionsäure, 2-[4-Carboxymethyl-3,4-
dimethyl-2-oxo-octahydro-benzofuran-
7-yl]- 6135

—, 2-[6-Carboxymethyl-3,6-dimethyl-
2-oxo-octahydro-benzofuran-7-yl]-
6135

Spiro[cyclopenta[c]pyran-7,2'-furan]-4-
carbonsäure, 4'-Äthyl-1-hydroxy-5'-
oxo-octahydro-, methylester 6464

$C_{15}H_{22}O_7$

Pyran-3,5-dicarbonsäure, 3,5-Diacetyl-
tetrahydro-, diäthylester 6202

$C_{15}H_{24}O_5$

Essigsäure, [2-(2-Hydroxy-3,5-dimethyl-
cyclohexyl)-6-oxo-tetrahydro-pyran-4-
yl]- 6287

$C_{15}H_{24}O_6$

Valeriansäure, 4-[2-Äthoxycarbonylmethyl-
5-oxo-tetrahydro-[2]furyl]-, äthylester
6125

$C_{15}H_{25}N_3O_5S$

Valeriansäure, 5-[3-Äthoxycarbonyl-4-
semicarbazono-tetrahydro-[2]thienyl]-,
äthylester 6122

C_{16}

$C_{16}H_8Br_2O_5S$

Benzo[b]thiophen-2-carbonsäure,
3-[3,5-Dibrom-2,4-dihydroxy-benzoyl]-
6561

$C_{16}H_8O_5$

Anthra[9,1-bc]furan-3-carbonsäure,
2-Hydroxy-6-oxo-6H- 6438

—, 6-Hydroxy-2-oxo-2H- 6438

Anthra[9,1-bc]furan-5-carbonsäure,
2,6-Dioxo-6,10b-dihydro-2H- 6439

—, 2-Hydroxy-6-oxo-6H- 6439

—, 6-Hydroxy-2-oxo-2H- 6439

$C_{16}H_8O_5$ (Fortsetzung)
1,10-Dioxa-pentaleno[2,1,6-*mna*]anthracen-
2-on, 5,10a-Dihydroxy-10a*H*- 6438
$C_{16}H_8O_5S_2$
Benzo[*b*]naphtho[2,3-*d*]thiophen-x-
sulfonsäure, 6,11-Dioxo-6,11-dihydro-
6750
$C_{16}H_8O_6$
Benzol-1,2,4-tricarbonsäure, 5-Benzoyl-,
1,2-anhydrid 6193
$C_{16}H_8O_7$
Biphenyl-2,3,2′,5′-tetracarbonsäure-2,2′-
anhydrid 6233
— 2,3-anhydrid 6233
$C_{16}H_9NO_7$
Chromen-2-carbonsäure, 7-Hydroxy-3-
[4-nitro-phenyl]-4-oxo-4*H*- 6427
Chromen-3-carbonsäure, 7-Hydroxy-4-
[4-nitro-phenyl]-2-oxo-2*H*- 6429
$C_{16}H_{10}Cl_2O_7$
Spiro[benzofuran-2,1′-cyclohexa-2′,5′-dien]-
2′-carbonsäure, 5,7-Dichlor-4-hydroxy-
6′-methoxy-6-methyl-3,4′-dioxo-3*H*-
6634
$C_{16}H_{10}Cl_2O_7S_2$
Chromen-6,8-disulfonylchlorid,
7-Hydroxy-2-methyl-4-oxo-3-phenyl-
4*H*- 6761
$C_{16}H_{10}N_2O_4$
Acrylsäure, 2-Cyan-3-[3-cyan-2-oxo-
2*H*-chromen-6-yl]-, äthylester 6250
$C_{16}H_{10}O_5$
Benzoesäure, 2-[1,3-Dioxo-phthalan-4-
ylmethyl]- 6095
Benzofuran-2-carbonsäure, 7-Benzoyl-6-
hydroxy- 6432
Benzofuran-3-carbonsäure, 2-Salicyloyl-
6431
Biphenyl-2,3,4-tricarbonsäure-2,3-anhydrid-
4-methylester 6095
Chroman-6-carbonsäure, 3,4-Dioxo-2-
phenyl- 6095
Chromen-2-carbonsäure, 7-Hydroxy-4-
oxo-3-phenyl-4*H*- 6426
Chromen-3-carbonsäure, 7-Hydroxy-2-
oxo-4-phenyl-2*H*- 6428
Chromen-4-carbonsäure, 7-Hydroxy-2-
oxo-3-phenyl-2*H*- 6429
Chromen-6-carbonsäure, 7-Hydroxy-2-
oxo-4-phenyl-2*H*- 6430
—, 2-[3-Hydroxy-phenyl]-4-oxo-4*H*-
6427
$C_{16}H_{10}O_5S$
Benzo[*b*]thiophen-2-carbonsäure,
3-[2,4-Dihydroxy-benzoyl]- 6561
$C_{16}H_{10}O_6$
Chromen-2-carbonsäure, 5,7-Dihydroxy-4-
oxo-3-phenyl-4*H*- 6554

—, 7-Hydroxy-3-[4-hydroxy-phenyl]-
4-oxo-4*H*- 6555
Chromen-4-carbonsäure, 5,7-Dihydroxy-2-
oxo-3-phenyl-2*H*- 6559
—, 7,8-Dihydroxy-2-oxo-3-phenyl-
2*H*- 6559
Chromen-6-carbonsäure, 3-Hydroxy-2-
[3-hydroxy-phenyl]-4-oxo-4*H*- 6557
—, 3-Hydroxy-2-[4-hydroxy-phenyl]-
4-oxo-4*H*- 6557
Naphthalin-1,4,5-tricarbonsäure, 2-Acetyl-,
4,5-anhydrid-1-methylester 6191
Phthalsäure, 3-Phthalidyl- 6191
Xanthen-1-carbonsäure, 2-Acetoxy-9-oxo-
6414
$C_{16}H_{10}O_7$
Chromen-2-carbonsäure, 5,7-Dihydroxy-3-
[4-hydroxy-phenyl]-4-oxo-4*H*- 6640
Chromen-6-carbonsäure, 2-[3,4-Dihydroxy-
phenyl]-3-hydroxy-4-oxo-4*H*- 6641
$C_{16}H_{11}Br_2NO_5S$
Chromen-6-sulfonsäure, 3,8-Dibrom-7-
hydroxy-4-methyl-2-oxo-2*H*-, anilid
6754
$C_{16}H_{11}NO_6S$
Benzoesäure, 4-[2-Oxo-2*H*-chromen-6-
sulfonylamino]- 6740
$C_{16}H_{12}Br_2N_2O_4S_3$
Thiophen-3,4-disulfonsäure, 2,5-Dibrom-,
dianilid 6728
$C_{16}H_{12}Br_4O_9$
Furan-2-carbonsäure, 2-Acetoxy-4-brom-3-
methoxy-5-oxo-2,5-dihydro-, [3,4,5-
tribrom-2,6-dimethoxy-phenylester]
6454
$C_{16}H_{12}Cl_4O_9$
Furan-2-carbonsäure, 2-Acetoxy-4-chlor-3-
methoxy-5-oxo-2,5-dihydro-, [3,4,5-
trichlor-2,6-dimethoxy-phenylester]
6454
$C_{16}H_{12}O_5$
Benzo[*f*]chromen-2-carbonsäure,
1,3-Dioxo-2,3-dihydro-1*H*-, äthylester
6092
—, 5-Hydroxy-3-oxo-3*H*-, äthylester
6414
—, 9-Hydroxy-3-oxo-3*H*-, äthylester
6415
Benzo[*g*]chromen-3-carbonsäure,
2,4-Dioxo-3,4-dihydro-2*H*-, äthylester
6092
Benzo[*h*]chromen-3-carbonsäure,
2,4-Dioxo-3,4-dihydro-2*H*-, äthylester
6092
—, 6-Methoxy-5-methyl-2-oxo-2*H*-
6416
Benzoesäure, 2-Hydroxy-3-methyl-5-
phthalidyl- 6417
—, 2-Methoxy-5-phthalidyl- 6415

$C_{16}H_{12}O_5$ (Fortsetzung)

Naphtho[2,3-*b*]furan-3-carbonsäure,
2-Methyl-4,9-dioxo-4,9-dihydro-,
äthylester 6092

$C_{16}H_{12}O_6$

Benzo[*c*]chromen-4-carbonsäure,
3,7-Dihydroxy-1,9-dimethyl-6-oxo-6*H*-
6550

Chroman-5-carbonsäure, 7,8-Dihydroxy-2-
oxo-4-phenyl- 6550

Phenalen-1,2,4-tricarbonsäure,
6-Oxo-2,3,3a,4,5,6-hexahydro-,
1,2-anhydrid 6188

Xanthen-1-carbonsäure, 2,8-Dihydroxy-6-
methyl-9-oxo-, methylester 6547

—, 3,8-Dihydroxy-6-methyl-9-oxo-,
methylester 6548

—, 8-Hydroxy-3-methoxy-6-methyl-9-
oxo- 6548

$C_{16}H_{12}O_6S$

Chromen-8-sulfonsäure, 7-Hydroxy-2-
methyl-4-oxo-3-phenyl-4*H*- 6760

Phenanthro[4,5-*bcd*]furan-1-sulfonsäure,
3,5-Dimethoxy- 6734

$C_{16}H_{12}O_7$

Xanthen-4-carbonsäure, 3,7-Dihydroxy-5-
methoxy-1-methyl-9-oxo- 6636

$C_{16}H_{12}O_9S_2$

Chromen-6,8-disulfonsäure, 7-Hydroxy-2-
methyl-4-oxo-3-phenyl-4*H*- 6760

$C_{16}H_{13}NO_5S$

Chromen-6-sulfonsäure, 7-Hydroxy-4-
methyl-2-oxo-2*H*-, anilid 6753

$C_{16}H_{13}NO_6$

Acrylsäure, 2-Benzoylamino-3-[4-carboxy-
5-methyl-[2]furyl]- 6142

Propionsäure, 2-Benzoylimino-3-
[4-carboxy-5-methyl-[2]furyl]- 6142

$C_{16}H_{13}N_3O_5$

Essigsäure, [4-Methoxy-dibenzofuran-1-yl]-
semicarbazono- 6415

$C_{16}H_{14}$

Kohlenwasserstoff $C_{16}H_{14}$ aus 3,5,14-
Trihydroxy-24-nor-cholan-19,21,23-
trisäure-21→14-lacton 6661

$C_{16}H_{14}O_5$

Cyclohex-4-en-1,2,3-tricarbonsäure, 6-Phenyl-,
1,2-anhydrid-3-methylester 6088

Dibenzofuran-2-carbonsäure, 7-Methoxy-
1,9b-dimethyl-3-oxo-3,9b-dihydro- 6409

Pyran-3-carbonsäure, 4,6-Dioxo-2-styryl-
5,6-dihydro-4*H*-, äthylester 6087

Spiro[benzofuran-2,1'-cyclopent-2'-en]-3'-
carbonsäure, 6-Methoxy-2'-methyl-3-
methylen-4'-oxo-3*H*- 6409

—, 4,6,2'-Trimethyl-3,4'-dioxo-3*H*- 6088

$C_{16}H_{14}O_6$

Acetessigsäure, 2-[2-Oxo-2*H*-chromen-3-
carbonyl]-, äthylester 6187

Cyclopenta[*c*]chromen-8-carbonsäure,
7-Acetoxy-4-oxo-1,2,3,4-tetrahydro-,
methylester 6403

$C_{16}H_{14}O_7$

1,4-Ätheno-naphthalin-2,3,5,6-
tetracarbonsäure, 1,2,3,4,4a,5,6,7-
Octahydro-, 2,3-anhydrid 6230

—, 1,2,3,4,4a,5,6,7-Octahydro-,
5,6-anhydrid 6230

$C_{16}H_{14}O_8$

Chromen-3-carbonsäure, 7,8-Diacetoxy-2-
oxo-2*H*-, äthylester 6491

Chromen-6-carbonsäure, 5,7-Diacetoxy-4-
methyl-2-oxo-2*H*-, methylester 6502

Chromen-8-carbonsäure, 5,7-Diacetoxy-4-
methyl-2-oxo-2*H*-, methylester 6502

Cyclopent[*c*]isochromen-1-carbonsäure,
7,8,9-Trimethoxy-3,5-dioxo-1,2,3,5-
tetrahydro- 6670

Essigsäure, [5,7-Diacetoxy-4-methyl-2-oxo-
2*H*-chromen-3-yl]- 6504

—, [7,8-Diacetoxy-4-methyl-2-oxo-
2*H*-chromen-3-yl]- 6505

Propionsäure, 3-[7-Methoxycarbonyloxy-2-
oxo-2*H*-chromen-3-yl]-3-oxo-,
äthylester 6526

$C_{16}H_{15}BrO_6$

Chromen-3-carbonsäure, 6-Acetoxy-5-
brom-7,8-dimethyl-2-oxo-2*H*-,
äthylester 6380

—, 6-Acetoxy-7-brom-5,8-dimethyl-2-
oxo-2*H*-, äthylester 6379

$C_{16}H_{15}ClO_6$

Essigsäure, [7-Acetoxy-6-chlor-4-methyl-2-
oxo-2*H*-chromen-3-yl]-, äthylester 6375

$C_{16}H_{15}NO_5$

Oxim $C_{16}H_{15}NO_5$ aus 4,6,2'-Trimethyl-
3,4'-dioxo-3*H*-spiro[benzofuran-2,1'-
cyclopent-2'-en]-3'-carbonsäure 6088

$C_{16}H_{15}NO_8$

Furan-3-carbonsäure, 2,2-Dimethyl-4-
[4-nitro-benzoyloxy]-5-oxo-2,5-dihydro-,
äthylester 6280

$C_{16}H_{15}N_3O_5$

Isonicotinoylhydrazon $C_{16}H_{15}N_3O_5$ aus
4-[2]Furyl-2,4-dioxo-buttersäure-
äthylester 6010

$C_{16}H_{16}N_2O_2$

Benzofuran-3-on, 2,2-Bis-[2-cyan-äthyl]-
4,6-dimethyl- 6170

$C_{16}H_{16}N_2O_4$

Benzofuran-3-carbonitril, 5-Acetoxy-2-
acetylamino-4,6,7-trimethyl- 6326

—, 5-Acetoxy-2-acetylimino-4,6,7-
trimethyl-2,3-dihydro- 6326

Benzofuran-3-on, 2,2-Bis-[2-cyan-äthyl]-
4,6-dimethoxy- 6657

Indolin-3-carbonitril, 5-Acetoxy-1-acetyl-
4,6,7-trimethyl-2-oxo- 6326

$C_{16}H_{16}N_2O_6$

Essigsäure, [2-Äthoxy-3-carbamoyl-5-
hydroxy-benzofuran-6-yl]-cyan-,
äthylester 6682
—, [3-Äthoxycarbonyl-2-amino-5-
hydroxy-benzofuran-6-yl]-cyan-,
äthylester 6682
—, [3-Äthoxycarbonyl-5-hydroxy-2-
imino-2,3-dihydro-benzofuran-6-yl]-
cyan-, äthylester 6682

$C_{16}H_{16}N_4O_8$

2,4-Dinitro-phenylhydrazon $C_{16}H_{16}N_4O_8$
aus [4-Acetyl-2,5-dimethyl-3-oxo-2,3-
dihydro-[2]furyl]-essigsäure 5992

$C_{16}H_{16}N_4O_9$

Essigsäure, {4-[1-(2,4-Dinitro-
phenylhydrazono)-butyl]-3,5-dioxo-
tetrahydro-[2]furyl}- 6132

$C_{16}H_{16}O_5$

2,6a-Äthano-cycloprop[e]inden-1,7,8-
tricarbonsäure, 1a,2,4,5,6,6b-
Hexahydro-1H-, 7,8-anhydrid-1-
methylester 6079
2,6-Äthano-cycloprop[f]inden-1,7,8-
tricarbonsäure, 1,1a,2,3,4,5,6,6a-
Octahydro-, 7,8-anhydrid-1-
methylester 6078
Benzo[f]chromen-2-carbonsäure,
1,3-Dioxo-1,2,7,8,9,10-hexahydro-3H-,
äthylester 6078
Benzo[g]chromen-3-carbonsäure,
2,4-Dioxo-3,4,6,7,8,9-hexahydro-2H-,
äthylester 6078
Crotonsäure, 3-[8-Äthyl-7-hydroxy-2-
methyl-4-oxo-4H-chromen-6-yl]- 6405
—, 3-[8-Äthyl-7-hydroxy-4-methyl-2-
oxo-2H-chromen-6-yl]- 6405
Pyran-3-carbonsäure, 5-Benzyl-2-methyl-
4,6-dioxo-5,6-dihydro-4H-, äthylester
6077
—, 4-[4-Methoxy-phenyl]-2-methyl-6-
oxo-6H-, äthylester 6402
—, 2-Methyl-4,6-dioxo-5-[1-phenyl-
propyl]-5,6-dihydro-4H- 6079
Valeriansäure, 3-[2]Furyl-5-[4-methoxy-
phenyl]-5-oxo- 6404

$C_{16}H_{16}O_5S$

Valeriansäure, 5-[4-Benzyloxy-3-hydroxy-
[2]thienyl]-5-oxo- 6462

$C_{16}H_{16}O_6$

Benzofuran-2-carbonsäure, 6-Acetoxy-7-
butyryl-3-methyl- 6395
Chromen-6-carbonsäure, 5-Acetoxy-8-
äthyl-4-methyl-2-oxo-2H-, methylester
6388
—, 7-Acetoxy-3-äthyl-4-methyl-2-oxo-
2H-, methylester 6386
Essigsäure, [6-Acetoxy-7-äthyl-4-methyl-2-
oxo-2H-chromen-3-yl]- 6393

—, [7-Acetoxy-6-äthyl-4-methyl-2-
oxo-2H-chromen-3-yl]- 6392
—, [7-Acetoxy-4-methyl-2-oxo-
2H-chromen-3-yl]-, äthylester 6375
—, [7-Acetoxy-2-oxo-6-propyl-
2H-chromen-4-yl]- 6390
—, [8-Acetyl-7-hydroxy-4-methyl-2-
oxo-2H-chromen-3-yl]-, äthylester
6530
Pyran-2-carbonsäure, 6-[3,4-Dimethoxy-
phenyl]-4-oxo-4H-, äthylester 6526

$C_{16}H_{16}O_7$

Anhydrid, Essigsäure-[1-hydroxy-6a-
methyl-3,9-dioxo-5,6,6a,7,8,9-
hexahydro-3H,4H-benz[de]isochromen-
6-carbonsäure]- 6168
—, Essigsäure-[6a-methyl-1,3,9-trioxo-
4,5,6,6a,7,8,9,9a-octahydro-
1H,3H-benz[de]isochromen-6-
carbonsäure]- 6168
Benzofuran-4,5-dicarbonsäure, 7-Acetyl-2-
methoxy-6-methyl-, dimethylester 6623
Chromen-2-carbonsäure, 3-Acetyl-6,7-
dimethoxy-4-oxo-4H-, äthylester 6620
Chromen-3-carbonsäure, 6-Acetoxymethyl-
8-methoxy-2-oxo-2H-, äthylester 6501
Chromen-3,6-dicarbonsäure, 8-Äthyl-5-
hydroxy-2-oxo-2H-, 3-äthylester-6-
methylester 6622
—, 5-Hydroxy-7-methyl-2-oxo-2H-,
diäthylester 6622
Chromen-3,8-dicarbonsäure, 5-Hydroxy-7-
methyl-2-oxo-2H-, diäthylester 6622
Furan-2-carbonsäure, 5-Oxo-3-veratroyl-
4,5-dihydro-, äthylester 6620
Glyoxylsäure, [6,7-Dimethoxy-2-methyl-4-
oxo-4H-chromen-3-yl]-, äthylester
6620

$C_{16}H_{16}O_8$

1,4-Ätheno-4a,8-oxaäthano-naphthalin-
2,3,7-tricarbonsäure, 9-Oxo-octahydro-
6248
But-3-ensäure, 2-Acetyl-4-[5-acetyl-3-
methoxycarbonyl-6-oxo-6H-pyran-2-yl]-,
methylester 6246
Buttersäure, 4-[6-Hydroxy-4,7-dimethoxy-
benzofuran-5-yl]-2,4-dioxo-, äthylester
6665
Verbindung $C_{16}H_{16}O_8$ aus 2-Acetonyl-
6,7-dihydroxy-3-hydroxymethyl-4-oxo-
4H-chromen-5-carbonsäure oder
3,7,8-Trihydroxy-3-methyl-10-oxo-4,10-
dihydro-1H,3H-pyrano[4,3-b]chromen-
9-carbonsäure 6666
Verbindung $C_{16}H_{16}O_8$ aus 6,8-Dimethoxy-
1-oxo-1H-isochromen-4,7-
dicarbonsäure-diäthylester 6665

$C_{16}H_{16}O_9$
1,4-Ätheno-4a,8-oxaäthano-naphthalin-
2,3,7-tricarbonsäure, 5-Hydroxy-9-oxo-
octahydro- 6683
Isochromen-3,4-dicarbonsäure,
5,6,7-Trimethoxy-1-oxo-1H-,
4-äthylester 6681
$C_{16}H_{17}BrO_6$
Furan-2-carbonsäure, 3-Hydroxy-2,3,4-
trimethyl-5-oxo-tetrahydro-, [4-brom-
phenacylester] 6272
$C_{16}H_{17}ClO_7$
Glutarsäure, 3-[7-Chlor-4-methoxy-3-oxo-
phthalan-1-yl]-, dimethylester 6603
$C_{16}H_{17}NO_3$
Eudesma-1,4-dien-12-säure, 11-Cyan-6-
hydroxy-3-oxo-, lacton 6066
$C_{16}H_{17}NO_7$
Furan-3-carbonsäure, 2,2-Dimethyl-4-
[4-nitro-benzyloxy]-5-oxo-2,5-dihydro-,
äthylester 6279
$C_{16}H_{17}N_3O_2$
Heptandinitril, 4-[2-Cyan-äthyl]-4-
[5-methyl-furan-2-carbonyl]- 6242
$C_{16}H_{18}N_2O_4$
Essigsäure, [7-Methoxy-2-oxo-
2H-chromen-4-yl]-, [1-methyl-
propylidenhydrazid] 6356
$C_{16}H_{18}N_4O_5$
Propionitril, 3-[4,6-Dimethoxy-3-oxo-2-(1-
semicarbazono-äthyl)-2,3-dihydro-
benzofuran-2-yl]- 6603
$C_{16}H_{18}N_4O_8$
Buttersäure, 4-[2,4-Dinitro-
phenylhydrazono]-4-[5-oxo-tetrahydro-
[3]furyl]-, äthylester 5972
Essigsäure, [5,5-Dimethyl-2-oxo-
tetrahydro-[3]furyl]-[2,4-dinitro-
phenylhydrazono]-, äthylester 5975
—, [2,4-Dinitro-phenylhydrazono]-
[4-methyl-2-oxo-tetrahydro-pyran-3-yl]-,
äthylester 5971
$C_{16}H_{18}O_5$
2,5-Ätheno-cyclopropabenzen-1,3,4-
tricarbonsäure, 1a,5,7-Trimethyl-
hexahydro-, 3,4-anhydrid-1-
methylester 6063
Benzofuran-2-carbonsäure, 2-[1-Methyl-3-
oxo-butyl]-3-oxo-2,3-dihydro-,
äthylester 6059
Chromen-2-carbonsäure, 6-Äthyl-7-
hydroxy-4-oxo-4H-, butylester 6373
Chromen-3-carbonsäure, 5-Äthyl-6-
hydroxy-7,8-dimethyl-2-oxo-2H-,
äthylester 6394
—, 7-Äthyl-6-hydroxy-5,8-dimethyl-2-
oxo-2H-, äthylester 6394
—, 8-Äthyl-6-hydroxy-5,7-dimethyl-2-
oxo-2H-, äthylester 6394

—, 6-Äthyl-7-hydroxy-2-oxo-2H-,
butylester 6376
—, 6,8-Diäthyl-5-hydroxy-2-oxo-2H-,
äthylester 6393
Chromen-6-carbonsäure, 3-Butyl-7-
hydroxy-4-methyl-2-oxo-2H-,
methylester 6396
—, 7-Methoxy-4-methyl-2-oxo-3-
propyl-2H-, methylester 6391
Cyclohex-2-encarbonsäure, 2-[2]Furyl-3-
methyl-4-oxo-1-[3-oxo-butyl]- 6063
Essigsäure, [2-Acetyl-4,6-dimethyl-3-oxo-
2,3-dihydro-benzofuran-2-yl]-,
äthylester 6060
—, [6-Äthyl-7-hydroxy-4-methyl-2-
oxo-2H-chromen-3-yl]-, äthylester
6392
—, [7-Äthyl-6-hydroxy-4-methyl-2-
oxo-2H-chromen-3-yl]-, äthylester
6393
—, [6-Butyl-7-hydroxy-4-methyl-2-
oxo-2H-chromen-3-yl]- 6397
—, [7-Hydroxy-2-oxo-6-propyl-
2H-chromen-4-yl]-, äthylester 6390
—, [5-Methoxy-4,7-dimethyl-2-oxo-
2H-chromen-3-yl]-, äthylester 6387
—, [7-Methoxy-4-methyl-2-oxo-6-
propyl-2H-chromen-3-yl]- 6396
Eudesma-1,4-dien-12,13-disäure,
6-Hydroxy-11-methyl-3-oxo-, lacton
6064
Propionsäure, 3-[5-Hydroxy-4,7-dimethyl-
2-oxo-2H-chromen-3-yl]-, äthylester
6391
$C_{16}H_{18}O_6$
Benz[de]isochromen-6-carbonsäure,
1-Methoxy-6a-methyl-3,9-dioxo-
5,6,6a,7,8,9-hexahydro-3H,4H-,
methylester 6512
Benzofuran-3-carbonsäure, 5-Acetoxy-
4,6,7-trimethyl-2-oxo-2,3-dihydro-,
äthylester 6325
Benzofuran-3-on, 2,2-Bis-[2-carboxy-äthyl]-
4,6-dimethyl- 6170
—, 2,2-Bis-[2-methoxycarbonyl-äthyl]-
6167
Buttersäure, 4-[7,8-Dimethoxy-2-oxo-
2H-chromen-4-yl]-, methylester 6508
Chromen-2-carbonsäure, 5,8-Dimethoxy-4-
oxo-4H-, butylester 6489
—, 6,7-Dimethoxy-4-oxo-4H-,
butylester 6490
Chromen-6-carbonsäure, 7,8-Dihydroxy-4-
methyl-2-oxo-3-propyl-2H-, äthylester
6510
Essigsäure, [7-Acetyl-4,6-dihydroxy-3,5-
dimethyl-benzofuran-2-yl]-, äthylester
6512

$C_{16}H_{18}O_6$ (Fortsetzung)

Essigsäure, [7-Acetyl-6-hydroxy-4-methoxy-
3,5-dimethyl-benzofuran-2-yl]-,
methylester 6512
—, [3-Äthoxycarbonyl-2-oxo-
chroman-4-yl]-, äthylester 6165
—, [6-Äthyl-7,8-dihydroxy-4-methyl-
2-oxo-2H-chromen-3-yl]-, äthylester
6511
—, [5,7-Dimethoxy-4-methyl-2-oxo-
2H-chromen-3-yl]-, äthylester 6504
—, [7,8-Dimethoxy-4-methyl-2-oxo-
2H-chromen-3-yl]-, äthylester 6505
Furan-3-carbonsäure, 2-[4-Methoxy-2,5-
dimethyl-benzoyl]-4-methyl-5-oxo-
tetrahydro- 6513
Furan-3,4-dicarbonsäure, 2-Oxo-5-phenyl-
tetrahydro-, diäthylester 6164
Malonsäure, [2-Oxo-chroman-4-yl]-,
diäthylester 6165
Phthalan-4,5-dicarbonsäure, 1,1-Dimethyl-
3-oxo-, diäthylester 6166

$C_{16}H_{18}O_7$

Bernsteinsäure, [1,3-Dioxo-octahydro-4,7-
ätheno-isobenzofuran-5-yl]-,
dimethylester 6219
Bicyclo[2.2.2]oct-5-en-2,3-dicarbonsäure,
7-[2,5-Dioxo-tetrahydro-[3]furyl]-,
dimethylester 6219
Essigsäure, [5,6,7-Trimethoxy-1-oxo-
1H-isochromen-4-yl]-, äthylester 6599
Propionsäure, 3-[2-Acetyl-4,6-dimethoxy-3-
oxo-2,3-dihydro-benzofuran-2-yl]-,
methylester 6602
—, 3-[5,6,7-Trimethoxy-1-oxo-
1H-isochromen-4-yl]-, methylester
6601

$C_{16}H_{18}O_8$

Buttersäure, 3-[4,6-Dimethoxy-2-
methoxycarbonyl-3-oxo-2,3-dihydro-
benzofuran-2-yl]- 6656
Malonsäure, [6,7-Dimethoxy-1-oxo-
phthalan-4-ylmethyl]-, dimethylester
6656
Methylester $C_{16}H_{18}O_8$ aus
6,8-Dimethoxy-3,4,5-trimethyl-1-oxo-
isochroman-7-carbonsäure-methylester
6480

$C_{16}H_{19}BrO_5$

Eudesm-4-en-12,13-disäure, 2-Brom-6-
hydroxy-11-methyl-3-oxo-, lacton 6042

$C_{16}H_{19}NO_5$

Chromen-4-carbonsäure, 7-Hydroxy-2-
oxo-2H-, [2-diäthylamino-äthylester]
6347

$C_{16}H_{19}N_3O_5$

Semicarbazon $C_{16}H_{19}N_3O_5$ aus
3-Acetonyl-6-methyl-2-oxo-chroman-4-
carbonsäure-methylester oder
2-[5-Methyl-2-oxo-2,3-dihydro-
benzofuran-3-yl]-4-oxo-valeriansäure-
methylester 6059

$C_{16}H_{20}ClN_3O_4S$

Semicarbazon $C_{16}H_{20}ClN_3O_4S$ aus
5-[3-(4-Chlor-phenoxy)-propyl]-4-oxo-
tetrahydro-thiophen-3-carbonsäure-
methylester 6270

$C_{16}H_{20}O_4S$

Thiophen-3-carbonsäure, 4-Oxo-5-
[3-phenoxy-propyl]-tetrahydro-,
äthylester 6270

$C_{16}H_{20}O_5$

Buttersäure, 4-[6-Hydroxy-1,5-dimethyl-3-
oxo-phthalan-4-yl]-, äthylester 6333
—, 4-[6-Methoxy-1,5-dimethyl-3-oxo-
phthalan-4-yl]-, methylester 6333
Essigsäure, [2-(4-Methoxy-phenyl)-6-oxo-
tetrahydro-pyran-2-yl]- 6327
Eudesm-4-en-12,13-disäure, 6-Hydroxy-11-
methyl-3-oxo-, lacton 6039
Furan-3-carbonsäure, 3-Äthyl-2-oxo-5-
phenoxymethyl-tetrahydro-, äthylester
6271

$C_{16}H_{20}O_6$

Hex-2-endisäure, 5-[Furan-3-carbonyl]-3-
methyl-, diäthylester 6155
Isochroman-7-carbonsäure,
6,8-Dimethoxy-3,4,5-trimethyl-1-oxo-,
methylester 6479

$C_{16}H_{20}O_7$

2,5-Epoxido-inden-7-carbonsäure,
4-Formyloxy-7a-hydroxy-6-isopropenyl-
3a-methyl-3-oxo-octahydro-,
methylester 6466

$C_{16}H_{20}O_7Se$

Heptandisäure, 4-[2-Carboxy-äthyl]-4-
[3-methyl-selenophen-2-carbonyl]- 6242

$C_{16}H_{21}ClO_5$

Acetessigsäure, 2-[1-Chlor-5,8,8-trimethyl-
4-oxo-3-oxa-bicyclo[3.2.1]oct-2-yliden]-,
äthylester 6025

$C_{16}H_{21}NO_4S$

Oxim $C_{16}H_{21}NO_4S$ aus 4-Oxo-5-
[3-phenoxy-propyl]-tetrahydro-
thiophen-3-carbonsäure-äthylester 6270

$C_{16}H_{21}NO_5$

Verbindung $C_{16}H_{21}NO_5$ aus 4,5-Dioxo-
2-propyl-tetrahydro-furan-3-
carbonsäure-äthylester 5973
Verbindung $C_{16}H_{21}NO_5$ aus 2-Isopropyl-
4,5-dioxo-tetrahydro-furan-3-
carbonsäure-äthylester 5973

$C_{16}H_{21}N_3O_4S$

Semicarbazon $C_{16}H_{21}N_3O_4S$ aus 4-Oxo-
2-[3-phenoxy-propyl]-tetrahydro-
thiophen-3-carbonsäure-methylester
6270
Semicarbazon $C_{16}H_{21}N_3O_4S$ aus 4-Oxo-5-
[3-phenoxy-propyl]-tetrahydro-
thiophen-3-carbonsäure-methylester
6270

$C_{16}H_{22}O_5$

Apotrichothecan-13-säure, 4,8-Dioxo-,
methylester 6027
Guajan-12-säure, 5,8-Epoxy-3,6-dioxo-,
methylester 6028

$C_{16}H_{22}O_5S$

Thiophen, 2-[4-Methoxycarbonyl-butyl]-5-
[4-methoxycarbonyl-butyryl]- 6151

$C_{16}H_{22}O_6$

Decansäure, 10-[6-Methyl-2,4-dioxo-3,4-
dihydro-2H-pyran-3-yl]-10-oxo- 6152
Malonsäure, [8,8-Dimethyl-4-oxo-3-oxa-
bicyclo[3.2.1]oct-2-yliden]-,
diäthylester 6147
—, [Furan-3-carbonyl]-isobutyl-,
diäthylester 6147

$C_{16}H_{22}O_7$

Cyclohepta[1,2-b;4,5-c']difuran-2,5-dion,
4-Acetoxy-7-hydroxy-3,4a,8-trimethyl-
octahydro- 6463
Cyclohepta[b]furan-5-carbonsäure,
4-Acetoxy-6-formyl-3,5,7-trimethyl-2-
oxo-octahydro- 6463
2,5-Epoxido-inden-7-carbonsäure,
4-Formyloxy-7a-hydroxy-6-isopropyl-
3a-methyl-3-oxo-octahydro-,
methylester 6464
3,7-Epoxido-indeno[7,1-bc]furan-5-
carbonsäure, 2,2a,4a-Trihydroxy-6-
isopropenyl-7b-methyl-decahydro-,
methylester 6582

$C_{16}H_{22}O_8$

Anisatinsäure-methylester 6653

$C_{16}H_{22}O_{10}$

Cyclopenta[c]pyran-4-carbonsäure,
1-Glucopyranosyloxy-7-methyl-5-oxo-
1,4a,5,6,7,7a-hexahydro- 6296

$C_{16}H_{23}ClO_5$

Acetessigsäure, 2-[1-Chlor-5,8,8-trimethyl-
4-oxo-3-oxa-bicyclo[3.2.1]oct-2-yl]-,
äthylester 6025

$C_{16}H_{24}O_5$

Furan-3-carbonsäure, 2-[2,6-Dimethyl-
hept-5-enyl]-4,5-dioxo-tetrahydro-,
äthylester 5997
—, 2-[1,3-Dimethyl-2-oxo-
cyclohexylmethyl]-4-methyl-5-oxo-
tetrahydro-, methylester 5998
Guajan-12-säure, 5,8-Epoxy-6-hydroxy-3-
oxo-, methylester 6306

$C_{16}H_{24}O_6$

Propionsäure, 3-[4-Äthoxycarbonyl-4-
methyl-2-oxo-hexahydro-cyclopenta[b]≈
furan-3-yl]-, äthylester 6134
Verbindung $C_{16}H_{24}O_6$ aus 4-Oxo-4-
[5-oxo-tetrahydro-[3]furyl]-buttersäure-
äthylester 5972

$C_{16}H_{24}O_7$

3,7-Epoxido-indeno[7,1-bc]furan-5-
carbonsäure, 2,2a,4a-Trihydroxy-6-
isopropyl-7b-methyl-decahydro-,
methylester 6579

$C_{16}H_{25}NO_5$

Driman-14-säure, 6,9-Dihydroxy-11-
hydroxycarbamoyl-, 6-lacton 6306

$C_{16}H_{26}O_5$

Essigsäure, [2-(2-Hydroxy-3,5-dimethyl-
cyclohexyl)-6-oxo-tetrahydro-pyran-4-
yl]-, methylester 6288

$C_{16}H_{26}O_7$

Furan-2,3-dicarbonsäure, 4-Decyl-3-
hydroxy-5-oxo-tetrahydro- 6578
Verbindung $C_{16}H_{26}O_7$ aus 3,5-Diacetyl-
tetrahydro-pyran-3,5-dicarbonsäure-
diäthylester 6202

C_{17}

$C_{17}H_6Cl_2O_3S$

Anthra[1,9-bc]thiophen-1,3-
dicarbonylchlorid, 6-Oxo-6H- 6194

$C_{17}H_7ClO_3S$

Benzo[b]naphtho[2,3-d]thiophen-7-
carbonylchlorid, 6,11-Dioxo-6,11-
dihydro- 6104
Benzo[b]naphtho[2,3-d]thiophen-10-
carbonylchlorid, 6,11-Dioxo-6,11-
dihydro- 6104

$C_{17}H_8O_4S$

Anthra[1,2-b]thiophen-2-carbonsäure, 6,11-
Dioxo-6,11-dihydro- 6103
Benzo[b]naphtho[2,3-d]thiophen-7-
carbonsäure, 6,11-Dioxo-6,11-dihydro-
6103
Benzo[b]naphtho[2,3-d]thiophen-10-
carbonsäure, 6,11-Dioxo-6,11-dihydro-
6103

$C_{17}H_8O_4Se$

Anthra[1,2-b]selenophen-2-carbonsäure,
6,11-Dioxo-6,11-dihydro- 6103

$C_{17}H_8O_5$

Anthracen-1,5,9-tricarbonsäure-1,9-
anhydrid 6104

$C_{17}H_8O_5S$

Anthra[1,9-bc]thiophen-1,3-dicarbonsäure,
6-Oxo-6H- 6194

$C_{17}H_8O_8$
Xanthen-9-on, 1,8-Bis-hydroxyoxalyl-
  6250
$C_{17}H_9NO_3S$
Benzo[b]naphtho[2,3-d]thiophen-7-
  carbonsäure, 6,11-Dioxo-6,11-dihydro-,
  amid 6104
Benzo[b]naphtho[2,3-d]thiophen-10-
  carbonsäure, 6,11-Dioxo-6,11-dihydro-,
  amid 6104
$C_{17}H_{10}O_5S$
Benzo[b]thiophen-3-carbonsäure,
  2-[2-Carboxy-benzoyl]- 6193
$C_{17}H_{10}O_5S_2$
Benzo[b]naphtho[2,3-d]thiophen-x-
  sulfonsäure, 8-Methyl-6,11-dioxo-6,11-
  dihydro- 6750
$C_{17}H_{10}O_6$
Benzofuran-3-carbonsäure, 2-[2-Carboxy-
  benzoyl]- 6193
Chromen-3-carbonsäure, 6-Benzoyl-5-
  hydroxy-2-oxo-2H- 6563
$C_{17}H_{10}O_7$
Benzol-1,2,4-tricarbonsäure, 5-Benzoyloxy-
  3-methyl-, 1,2-anhydrid 6497
$C_{17}H_{11}ClO_4$
Chromen-4-carbonylchlorid, 7-Methoxy-2-
  oxo-3-phenyl-2H- 6430
$C_{17}H_{11}ClO_5$
Benzofuran-2-carbonsäure, 7-Benzoyl-5-
  chlor-6-hydroxy-3-methyl- 6435
$C_{17}H_{11}NO_3$
Acetonitril, [2-Methoxy-phenyl]-
  phthalidyliden- 6432
$C_{17}H_{11}NO_7$
Chromen-3-carbonsäure, 7-Methoxy-4-
  [4-nitro-phenyl]-2-oxo-2H- 6429
$C_{17}H_{12}ClNO_4$
Chromen-4-carbonsäure, 3-Chlor-7-
  methoxy-2-oxo-2H-, anilid 6348
$C_{17}H_{12}Cl_2O_7$
Spiro[benzofuran-2,1'-cyclohexa-2',5'-dien]-
  2'-carbonsäure, 5,7-Dichlor-4-hydroxy-
  6'-methoxy-6-methyl-3,4'-dioxo-3H-,
  methylester 6635
$C_{17}H_{12}N_2O_4S$
Benzofuran-5-sulfonsäure, 2-Cyanacetyl-,
  anilid 6769
$C_{17}H_{12}N_4O_7$
Pyran-2,6-dicarbonsäure, 3,4-Dioxo-3,4-
  dihydro-2H-, bis-furfurylidenhydrazid
  6206
$C_{17}H_{12}O_4S$
Benzo[b]thiophen-2-carbonsäure,
  3-[4-Methoxy-benzoyl]- 6431
$C_{17}H_{12}O_5$
Acrylsäure, 3-[2-Methoxy-9-oxo-xanthen-1-
  yl]- 6432

Benzo[f]chromen-5-carbonsäure, 2-Acetyl-
  3-methyl-1-oxo-1H- 6097
—, 2-Acetyl-3-oxo-3H-, methylester
  6095
Benzoesäure, 2-[4-Oxo-chroman-3-
  carbonyl]- 6097
Benzofuran-2-carbonsäure, 7-Benzoyl-6-
  hydroxy-3-methyl- 6434
—, 4-Hydroxy-5-phenylacetyl- 6434
Benzofuran-3-carbonsäure, 2-Benzoyl-6-
  methoxy- 6431
Benzofuran-5-carbonsäure, 2-[4-Methoxy-
  benzyliden]-3-oxo-2,3-dihydro- 6432
Chromen-2-carbonsäure, 7-Benzyloxy-4-
  oxo-4H- 6339
—, 7-Hydroxy-4-oxo-3-phenyl-4H-,
  methylester 6426
—, 7-Methoxy-4-oxo-3-phenyl-4H-
  6426
Chromen-3-carbonsäure, 7-Methoxy-2-
  oxo-4-phenyl-2H- 6428
Chromen-4-carbonsäure, 7-Methoxy-2-
  oxo-3-phenyl-2H- 6430
Chromen-6-carbonsäure, 7-Hydroxy-2-
  oxo-4-phenyl-2H-, methylester 6431
—, 2-[4-Methoxy-phenyl]-4-oxo-4H-
  6428
Essigsäure, [7-Hydroxy-2-oxo-4-phenyl-
  2H-chromen-3-yl]- 6433
Pyran-3-carbonsäure, 2-Methyl-5-
  [1]naphthyl-4,6-dioxo-5,6-dihydro-4H-
  6097
$C_{17}H_{12}O_5S$
Benzo[b]thiophen-2-carbonsäure,
  3-[2,4-Dihydroxy-benzoyl]-,
  methylester 6561
$C_{17}H_{12}O_6$
Benzo[h]chromen-3-carbonsäure,
  6-Acetoxy-5-methyl-2-oxo-2H- 6416
Benzoesäure, 2-[7-Hydroxy-3-methoxy-4-
  oxo-4H-chromen-2-yl]- 6554
Benzofuran-2-carbonsäure, 3-[2-Hydroxy-
  4-methoxy-benzoyl]- 6560
Chromen-2-carbonsäure, 5,7-Dihydroxy-4-
  oxo-3-phenyl-4H-, methylester 6555
—, 7-Hydroxy-3-[4-methoxy-phenyl]-
  4-oxo-4H- 6556
Chromen-3-carbonsäure, 7-Hydroxy-4-
  [4-methoxy-phenyl]-2-oxo-2H- 6559
Chromen-6-carbonsäure, 3-Hydroxy-2-
  [4-methoxy-phenyl]-4-oxo-4H- 6557
Xanthen-2,7-dicarbonsäure, 9-Oxo-,
  dimethylester 6190
$C_{17}H_{12}O_6S$
Acrylsäure, 3-[5-(4-Sulfo-[1]naphthyl)-
  [2]furyl]- 6768
$C_{17}H_{12}O_7$
Benzoesäure, 2-[5,7-Dihydroxy-3-methoxy-
  4-oxo-4H-chromen-2-yl]- 6639

$C_{17}H_{12}O_7$ (Fortsetzung)
Chromen-2-carbonsäure, 5,7-Dihydroxy-3-
[4-methoxy-phenyl]-4-oxo-4H- 6640
—, 5-Hydroxy-3-[4-hydroxy-phenyl]-
7-methoxy-4-oxo-4H- 6640
—, 7-Hydroxy-3-[4-hydroxy-phenyl]-
5-methoxy-4-oxo-4H- 6640
Xanthen-1,3-dicarbonsäure, 8-Hydroxy-9-
oxo-, dimethylester 6639
$C_{17}H_{12}O_7S$
Acrylsäure, 3-[5-(2-Hydroxy-4-sulfo-
[1]naphthyl)-[2]furyl]- 6769
$C_{17}H_{12}O_8$
Chromen-2-carbonsäure, 5,7-Dihydroxy-3-
[4-hydroxy-phenyl]-8-methoxy-4-oxo-
4H- 6675
$C_{17}H_{13}BrO_5$
Buttersäure, 4-[2-Brom-4-methoxy-
dibenzofuran-1-yl]-4-oxo- 6418
$C_{17}H_{13}BrO_7$
Benzoesäure, 5-Brom-3-[4,5-dimethoxy-3-
oxo-phthalan-1-yl]-2-hydroxy- 6633
$C_{17}H_{13}Cl_2NO_7$
Geodin-oxim 6635
$C_{17}H_{13}Cl_3O_{10}$
Essigsäure, [5,6,7-Triacetoxy-3-oxo-1-
trichlormethyl-phthalan-4-yl]- 6586
$C_{17}H_{13}NO_4$
Chromen-3-carbonsäure, 7-Methoxy-2-
oxo-2H-, anilid 6343
Chromen-4-carbonsäure, 7-Methoxy-2-
oxo-2H-, anilid 6347
Chromen-6-carbonsäure, 5-Hydroxy-4-
methyl-2-oxo-2H-, anilid 6364
—, 7-Hydroxy-4-methyl-2-oxo-2H-,
anilid 6367
Chromen-8-carbonsäure, 7-Hydroxy-4-
methyl-2-oxo-2H-, anilid 6371
$C_{17}H_{13}NO_5$
Benzofuran-3-carbonsäure,
2-[α-Hydroxyimino-benzyl]-6-methoxy-
6431
$C_{17}H_{13}NO_7S$
Chromen-6-carbonsäure, 5-Hydroxy-4-
methyl-2-oxo-8-phenylsulfamoyl-2H-
6770
$C_{17}H_{14}BrNO_5S$
Chromen-6-sulfonsäure, 3-Brom-7-
methoxy-4-methyl-2-oxo-2H-, anilid
6754
$C_{17}H_{14}N_2O_5S$
p-Phenylendiamin, N-Acetyl-N'-[2-oxo-
2H-chromen-6-sulfonyl]- 6741
$C_{17}H_{14}O_5$
Benzo[h]chromen-3-carbonsäure,
6-Hydroxy-5-methyl-2-oxo-2H-,
äthylester 6416
—, 6-Methoxy-5-methyl-2-oxo-2H-,
methylester 6416

Benzoesäure, 2-Hydroxy-3-methyl-5-
phthalidyl-, methylester 6418
—, 2-Methoxy-3-methyl-5-phthalidyl-
6417
Buttersäure, 4-[2-Methoxy-dibenzofuran-3-
yl]-4-oxo- 6418
—, 4-[4-Methoxy-dibenzofuran-1-yl]-
4-oxo- 6418
Chroman-6-carbonsäure, 2-[4-Methoxy-
phenyl]-4-oxo- 6417
Essigsäure, [2-(4-Hydroxy-phenyl)-4-oxo-
chroman-6-yl]- 6421
Furan-3-carbonsäure, 3-Hydroxy-2-oxo-
5,5-diphenyl-tetrahydro- 6419
Glyoxylsäure, [4-Methoxy-dibenzofuran-1-
yl]-, äthylester 6415
Isochroman-4-carbonsäure, 3-[2-Methoxy-
phenyl]-1-oxo- 6417
$C_{17}H_{14}O_6$
But-3-ensäure, 4-Benzoyloxy-4-[2]furyl-2-
oxo-, äthylester 6308
Chroman-6-carbonsäure, 3-Hydroxy-2-
[4-methoxy-phenyl]-4-oxo- 6550
Glyoxylsäure, [2,8-Dimethoxy-
dibenzofuran-1-yl]-, methylester 6547
—, [2,8-Dimethoxy-dibenzofuran-3-yl]-,
methylester 6547
Pyran-2-carbonsäure, 4-Oxo-6-[3-oxo-3-
phenyl-propionyl]-4H-, äthylester 6188
Xanthen-1-carbonsäure, 3,8-Dimethoxy-6-
methyl-9-oxo- 6548
—, 8-Hydroxy-3-methoxy-6-methyl-9-
oxo-, methylester 6549
$C_{17}H_{14}O_7$
Spiro[benzofuran-2,1'-cyclohexa-2',5'-dien]-
2'-carbonsäure, 4-Hydroxy-6'-methoxy-
6-methyl-3,4'-dioxo-3H-, methylester
6634
Xanthen-1-carbonsäure, 4,6,7-Trimethoxy-
9-oxo- 6632
$C_{17}H_{15}BrN_2O_4S_3$
Thiophen-3,4-disulfonsäure, 2-Brom-5-
methyl-, dianilid 6729
$C_{17}H_{15}BrO_8$
Chromen-6-carbonsäure, 5,7-Diacetoxy-3-
brom-4,8-dimethyl-2-oxo-2H-,
methylester 6507
—, 5,7-Diacetoxy-4-brommethyl-8-
methyl-2-oxo-2H-, methylester 6507
$C_{17}H_{15}Br_2N_3O_7$
Pyran-2,6-dicarbonsäure, 3,5-Dibrom-4-
[4-nitro-phenylhydrazono]-4H-,
diäthylester 6138
$C_{17}H_{15}NO_3$
Benzofuran-7-carbonitril, 4-[4-Methoxy-
phenyl]-7-methyl-2-oxo-2,3,6,7-
tetrahydro- 6410

$C_{17}H_{15}NO_4$
Furan-3-carbonsäure, 3-Hydroxy-2-oxo-
5,5-diphenyl-tetrahydro-, amid 6421
$C_{17}H_{15}NO_4S$
Benzolsulfonsäure, 4-[2-Oxo-dihydro-
[3]furylidenmethyl]-, anilid 6742
Chromen-6-sulfonsäure, 2,3-Dimethyl-4-
oxo-4H-, anilid 6742
$C_{17}H_{15}NO_5$
Phthalan-1-carbonsäure, 4,5-Dimethoxy-3-
oxo-, anilid 6471
$C_{17}H_{15}NO_5S$
Chromen-6-sulfonsäure, 5-Hydroxy-4,7-
dimethyl-2-oxo-2H-, anilid 6757
—, 7-Hydroxy-3,4-dimethyl-2-oxo-
2H-, anilid 6756
—, 7-Methoxy-4-methyl-2-oxo-2H-,
anilid 6753
$C_{17}H_{15}N_3O_7S_2$
Chroman-6-sulfonsäure, 3-[N-Acetyl-
sulfanilylimino]-2-oxo-, amid 6746
Chromen-6-sulfonsäure, 3-[(N-Acetyl-
sulfanilyl)-amino]-2-oxo-2H-, amid
6746
$C_{17}H_{16}O_5$
Benzo[h]chromen-3-carbonsäure,
6-Hydroxy-5-methyl-2-oxo-3,4-dihydro-
2H-, äthylester 6410
Dibenzofuran-2-carbonsäure, 7-Methoxy-
1,9b-dimethyl-3-oxo-3,9b-dihydro-,
methylester 6409
—, 7-Methoxy-1,6,9b-trimethyl-3-oxo-
3,9b-dihydro- 6411
Spiro[benzofuran-2,1'-cyclopent-2'-en]-3'-
carbonsäure, 6-Methoxy-7,2'-dimethyl-
3-methylen-4'-oxo-3H- 6411
—, 6-Methoxy-2'-methyl-3-methylen-
4'-oxo-3H-, methylester 6409
$C_{17}H_{16}O_6$
Benzo[c]chromen-2-carbonsäure,
3-Acetoxy-6-oxo-7,8,9,10-tetrahydro-
6H-, methylester 6404
Cyclopenta[c]chromen-8-carbonsäure,
7-Acetoxy-2-methyl-4-oxo-1,2,3,4-
tetrahydro-, methylester 6404
Malonsäure, [2-Oxo-2H-chromen-3-
ylmethylen]-, diäthylester 6186
Pyran-2,6-dicarbonsäure, 4-Oxo-3-phenyl-
4H-, diäthylester 6186
Pyran-3,5-dicarbonsäure, 2-Oxo-6-phenyl-
2H-, diäthylester 6185
Spiro[benzofuran-2,1'-cyclopent-2'-en]-3'-
carbonsäure, 6-Methoxy-2'-methyl-
3,4'-dioxo-3H-, äthylester 6541
$C_{17}H_{16}O_7S$
Methansulfonsäure, [4-Hydroxy-3-
methoxy-phenyl]-[7-methoxy-
benzofuran-2-yl]- 6734

$C_{17}H_{16}O_8$
Benzoesäure, 2-[3-Formyl-6-methyl-4-oxo-
4H-pyran-2-yl]-3-hydroxy-5,6-
dimethoxy-, methylester 6671
Chromen-6-carbonsäure, 7-Acetoxy-4-
äthoxycarbonylmethyl-2-oxo-2H-,
methylester 6621
Cyclopent[c]isochromen-1-carbonsäure,
7,8,9-Trimethoxy-3,5-dioxo-1,2,3,5-
tetrahydro-, methylester 6670
Cyclopent[c]isochromen-2-carbonsäure,
7,8,9-Trimethoxy-3,5-dioxo-1,2,3,5-
tetrahydro-, methylester 6670
Essigsäure, [7,8-Diacetoxy-6-äthyl-2-oxo-
2H-chromen-4-yl]- 6509
Propionsäure, 3-[7,8-Diacetoxy-4-methyl-2-
oxo-2H-chromen-3-yl]- 6509
Pyrano[3,2-c]chromen-10-carbonsäure,
5-Hydroxy-8,9-dimethoxy-2-methyl-4-
oxo-4H,5H-, methylester 6671
$C_{17}H_{16}O_9$
Benzofuran-7-carbonsäure, 3,4-Diacetoxy-
5-acetyl-6-hydroxy-, äthylester 6600
Chromen-5-carbonsäure, 3-Acetoacetyl-4-
hydroxy-6,7-dimethoxy-2-oxo-2H-,
methylester 6685
$C_{17}H_{16}O_{10}$
Chromen-2,5-dicarbonsäure,
3-Acetoxymethyl-6,7-dimethoxy-4-oxo-
4H-, 5-methylester 6682
$C_{17}H_{17}NO_3$
Benzofuran-7-carbonitril, 4-[4-Methoxy-
phenyl]-7-methyl-2-oxo-2,3,4,5,6,7-
hexahydro- 6406
$C_{17}H_{17}NO_5$
Pyran-3-carbonsäure, 5-Benzoylamino-2,4-
dimethyl-6-oxo-6H-, äthylester 5989
—, 5-Benzoylimino-2,4-dimethyl-6-
oxo-5,6-dihydro-4H-, äthylester 5989
$C_{17}H_{17}NO_6$
Chromen-3-carbonsäure, 6-Acetoxy-5,7,8-
trimethyl-2-oxo-2H-, acetylamid 6389
$C_{17}H_{17}NO_8$
Benzofuran-3-carbonsäure, 7-[4-Nitro-
benzoyloxy]-2-oxo-octahydro-,
methylester 6282
$C_{17}H_{17}N_3OS$
Propionitril, 2-[4-Diäthylamino-
phenylimino]-3-oxo-3-[2]thienyl- 6009
$C_{17}H_{17}N_3O_7$
Pyran-2,6-dicarbonsäure, 4-[4-Nitro-
phenylhydrazono]-4H-, diäthylester
6137
$C_{17}H_{18}N_4O_8$
Propionsäure, 3-[2,4-Dinitro-
phenylhydrazono]-3-[5-methoxymethyl-
[2]furyl]-, äthylester 6292

$C_{17}H_{18}N_4O_8$ (Fortsetzung)
2,4-Dinitro-phenylhydrazon $C_{17}H_{18}N_4O_8$
aus [4-Acetyl-5-äthyl-2-methyl-3-oxo-
2,3-dihydro-[2]furyl]-essigsäure 5994
$C_{17}H_{18}N_4O_9$
Essigsäure, Acetoxy-[4-(2,4-dinitro-
phenylhydrazono)-5,6-dihydro-
4H-pyran-3-yl]-, äthylester 6278
Furan-2-carbonsäure, 3-Äthyl-2-[2-(2,4-
dinitro-phenylhydrazono)-propyl]-4,5-
dioxo-tetrahydro-, methylester 6132
$C_{17}H_{18}O_5$
2,7a-Äthano-cyclopropa[a]naphthalin-1,8,9-
tricarbonsäure, 1,1a,2,4,5,6,7,7b-
Octahydro-, 8,9-anhydrid-1-
methylester 6079
2,7-Äthano-cyclopropa[b]naphthalin-1,8,9-
tricarbonsäure, 1a,2,3,4,5,6,7,7a-
Octahydro-1H-, 8,9-anhydrid-1-
methylester 6079
Pyran-3-carbonsäure, 2-Methyl-5-
[2-methyl-1-phenyl-propyl]-4,6-dioxo-
5,6-dihydro-4H- 6079
Valeriansäure, 3-[2]Furyl-5-[4-methoxy-
phenyl]-5-oxo-, methylester 6405
$C_{17}H_{18}O_6$
Chromen-6-carbonsäure, 7-Acetoxy-8-
isopentyl-2-oxo-2H- 6395
—, 7-Acetoxy-4-methyl-2-oxo-3-
propyl-2H-, methylester 6391
Essigsäure, [7-Acetoxy-6-äthyl-2-oxo-
2H-chromen-4-yl]-, äthylester 6385
—, [5-Acetoxy-4,7-dimethyl-2-oxo-
2H-chromen-3-yl]-, äthylester 6387
—, [7-Acetoxy-4,6-dimethyl-2-oxo-
2H-chromen-3-yl]-, äthylester 6386
—, [7-Acetoxy-4-methyl-2-oxo-6-
propyl-2H-chromen-3-yl]- 6396
Hexansäure, 6-[2,4-Dioxo-chroman-3-yl]-6-
oxo-, äthylester 6179
Propionsäure, 3-[7-Acetoxy-4-methyl-2-
oxo-2H-chromen-3-yl]-, äthylester
6384
—, 3-[4-Hydroxy-3-methoxy-6-oxo-
7,8,9,10-tetrahydro-6H-benzo[c]≠
chromen-1-yl]- 6532
Pyran-3-carbonsäure, 4-[2,3-Dimethoxy-
phenyl]-2-methyl-6-oxo-6H-,
äthylester 6528
$C_{17}H_{18}O_6S$
Benzo[h]chromen-3-sulfonsäure,
2,2-Dimethyl-5,6-dioxo-3,4,5,6-
tetrahydro-2H-, äthylester 6747
$C_{17}H_{18}O_7$
Acetessigsäure, 4-[7-Acetyl-4,6-dihydroxy-
3,5-dimethyl-benzofuran-2-yl]-2-methyl-
6625

Anhydrid, Essigsäure-[1-methoxy-6a-
methyl-3,9-dioxo-5,6,6a,7,8,9-
hexahydro-3H,4H-benz[de]isochromen-
6-carbonsäure]- 6512
Essigsäure, [6-Acetoxy-7-acetyl-4-methoxy-
3,5-dimethyl-benzofuran-2-yl]- 6511
Malonsäure, [Hydroxy-(2-oxo-
2H-chromen-3-yl)-methyl]-,
diäthylester 6622
$C_{17}H_{18}O_8$
But-3-ensäure, 2-Acetyl-4-[5-acetyl-3-
äthoxycarbonyl-6-oxo-6H-pyran-2-yl]-,
methylester 6246
—, 2-Acetyl-4-[5-acetyl-3-
methoxycarbonyl-6-oxo-6H-pyran-2-yl]-,
äthylester 6247
Buttersäure, 4-[3-Carboxymethyl-7,8-
dimethoxy-2-oxo-2H-chromen-4-yl]-
6667
—, 2,4-Dioxo-4-[4,6,7-trimethoxy-
benzofuran-5-yl]-, äthylester 6665
Chromen-5-carbonsäure, 2-Acetonyl-3-
hydroxymethyl-6,7-dimethoxy-4-oxo-
4H-, methylester 6667
Isochroman-7-carbonsäure, 6,8-Diacetoxy-
3,4,5-trimethyl-1-oxo- 6479
Isochromen-4,7-dicarbonsäure,
6,8-Dimethoxy-1-oxo-1H-,
diäthylester 6665
Pyrano[4,3-b]chromen-9-carbonsäure,
3-Hydroxy-7,8-dimethoxy-3-methyl-10-
oxo-4,10-dihydro-1H,3H-, methylester
6667
Verbindungen $C_{17}H_{18}O_8$ aus [3-Carboxy-
5,6,7-trimethoxy-1-oxo-isochroman-4-
yl]-bernsteinsäure 6694
$C_{17}H_{18}O_{11}$
Bernsteinsäure, [3-Carboxy-5,6,7-
trimethoxy-1-oxo-isochroman-4-yl]-
6693
$C_{17}H_{19}ClO_5$
Essigsäure, [7-Butoxy-2-oxo-2H-chromen-
4-yl]-, [2-chlor-äthylester] 6354
$C_{17}H_{19}ClO_7$
Glutarsäure, 3-[7-Chlor-4-methoxy-1-
methyl-3-oxo-phthalan-1-yl]-,
dimethylester 6605
$C_{17}H_{19}NO_5$
Hexansäure, 6-Amino-6-[2,4-dioxo-
chroman-3-yliden]-, äthylester 6180
—, 6-[2,4-Dioxo-chroman-3-yl]-6-
imino-, äthylester 6180
$C_{17}H_{19}N_3O_2$
Heptandinitril, 4-[2-Cyan-äthyl]-4-
[2,5-dimethyl-furan-3-carbonyl]- 6243
$C_{17}H_{19}N_3O_7$
Essigsäure, [6,7-Dimethoxy-2-methyl-4-
oxo-4H-chromen-3-yl]-semicarbazono-,
äthylester 6620

$C_{17}H_{20}N_2O_6S_3$

Thietan-1,1-dioxid, 3,3-Bis-
phenylsulfamoylmethyl- 6725

$C_{17}H_{20}N_2O_7$

Chromen-3-carbonsäure, 8-Methoxy-6-
nitro-2-oxo-2H-, [2-diäthylamino-
äthylester] 6346

$C_{17}H_{20}N_4O_8$

Essigsäure, Äthoxy-[4-(2,4-dinitro-
phenylhydrazono)-5,6-dihydro-
4H-pyran-3-yl]-, äthylester 6278

2,4-Dinitro-phenylhydrazon $C_{17}H_{20}N_4O_8$
aus 3-Äthoxymethylen-4-oxo-
tetrahydro-pyran-2-carbonsäure-
äthylester oder 5-Äthoxymethylen-4-
oxo-tetrahydro-pyran-2-carbonsäure-
äthylester 6279

$C_{17}H_{20}O_5$

2,5-Ätheno-cyclopropabenzen-1,3,4-
tricarbonsäure, 6-$tert$-Butyl-hexahydro-,
3,4-anhydrid-1-methylester 6067

Chromen-3-carbonsäure, 6,8-Diäthyl-5-
hydroxy-7-methyl-2-oxo-2H-,
äthylester 6397

Chromen-6-carbonsäure, 3-Butyl-7-
methoxy-4-methyl-2-oxo-2H-,
methylester 6396

Essigsäure, [6-Äthyl-7-methoxy-4-methyl-2-
oxo-2H-chromen-3-yl]-, äthylester
6392

—, [7-Äthyl-6-methoxy-4-methyl-2-
oxo-2H-chromen-3-yl]-, äthylester
6393

—, [6-Butyl-7-methoxy-4-methyl-2-
oxo-2H-chromen-3-yl]- 6397

—, [7-Hexyloxy-2-oxo-2H-chromen-4-
yl]- 6353

—, [7-Hydroxy-4-methyl-2-oxo-6-
propyl-2H-chromen-3-yl]-, äthylester
6396

Eudesma-1,4-dien-12,13-disäure,
6-Hydroxy-3-oxo-, äthylester-lacton
6062

Furan-3-carbonsäure, 3-Butyryl-5-oxo-2-
phenyl-tetrahydro-, äthylester 6061

$C_{17}H_{20}O_5S_2$

Thiophen-3-carbonsäure,
2-Äthoxycarbonylmethylmercapto-4-
oxo-2-phenyl-tetrahydro-, äthylester
6320

$C_{17}H_{20}O_6$

Chroman-3-carbonsäure, 6-Acetoxy-5,7,8-
trimethyl-2-oxo-, äthylester 6328

Essigsäure, [6-Äthyl-7,8-dimethoxy-2-oxo-
2H-chromen-4-yl]-, äthylester 6510

Furan-2,3-dicarbonsäure, 2-Methyl-5-oxo-
4-phenyl-tetrahydro-, diäthylester 6166

Hex-4-ensäure, 6-[4-Hydroxy-6-methoxy-7-
methyl-3-oxo-phthalan-5-yl]-4-methyl-
6513

Propionsäure, 3-[4-Methoxycarbonyl-5-
methyl-2-oxo-2,3,4,5-tetrahydro-benz[b]$\rightleftharpoons$
oxepin-5-yl]-, methylester 6169

Säure $C_{17}H_{20}O_6$ aus 4-[7,8-Dimethoxy-3-
methoxycarbonylmethyl-2-oxo-
2H-chromen-4-yl]-buttersäure-
methylester 6667

$C_{17}H_{20}O_7$

Malonsäure, [4-Methoxy-1-methyl-3-oxo-
phthalan-1-yl]-, diäthylester 6601

$C_{17}H_{20}O_8$

Malonsäure, [4,5-Dimethoxy-3-oxo-
phthalan-1-yl]-, diäthylester 6656

$C_{17}H_{21}BrO_7$

Cyclohexan-1,3-dicarbonsäure, 2-[5-Brom-
[2]furyl]-4-hydroxy-4-methyl-6-oxo-,
diäthylester 6586

Glutarsäure, 2,4-Diacetyl-3-[5-brom-
[2]furyl]-, diäthylester 6216

$C_{17}H_{21}ClO_6S$

Cyclohexan-1,3-dicarbonsäure, 2-[5-Chlor-
[2]thienyl]-4-hydroxy-4-methyl-6-oxo-,
diäthylester 6587

Glutarsäure, 2,4-Diacetyl-3-[5-chlor-
[2]thienyl]-, diäthylester 6217

$C_{17}H_{21}ClO_7$

Cyclohexan-1,3-dicarbonsäure, 2-[5-Chlor-
[2]furyl]-4-hydroxy-4-methyl-6-oxo-,
diäthylester 6586

Glutarsäure, 2,4-Diacetyl-3-[5-chlor-
[2]furyl]-, diäthylester 6216

$C_{17}H_{21}NO_5$

Chromen-3-carbonsäure, 8-Methoxy-2-
oxo-2H-, [2-diäthylamino-äthylester]
6345

$C_{17}H_{21}N_3O_5$

Semicarbazon $C_{17}H_{21}N_3O_5$ aus
[2-Acetyl-4,6-dimethyl-3-oxo-2,3-
dihydro-benzofuran-2-yl]-essigsäure-
äthylester 6060

$C_{17}H_{21}N_3O_7$

Propionsäure, 3-[4,6-Dimethoxy-3-oxo-2-
(1-semicarbazono-äthyl)-2,3-dihydro-
benzofuran-2-yl]-, methylester 6602

$C_{17}H_{21}N_3O_8$

Bernsteinsäure, [3-Carbamoyl-5,6,7-
trimethoxy-1-oxo-isochroman-4-yl]-,
diamid 6695

$C_{17}H_{22}N_2O_9S$

Thiopyran-3,5-dicarbonsäure, 2,6-Bis-
äthoxycarbonylimino-4-oxo-tetrahydro-,
diäthylester 6239

$C_{17}H_{22}O_4S$

Thiophen-3-carbonsäure, 5-[3-Benzyloxy-
propyl]-4-oxo-tetrahydro-, äthylester
6270

$C_{17}H_{22}O_5$

Eudesm-4-en-12,13-disäure, 6-Hydroxy-11-
methyl-3-oxo-, lacton-methylester 6040
—, 6-Hydroxy-3-oxo-, äthylester-
lacton 6038
Verbindung $C_{17}H_{22}O_5$ s. bei
7,9-Dihydroxy-6-oxo-14,15,16-trinor-
labdan-13,19-disäure-13→9-lacton 6467

$C_{17}H_{22}O_6$

Essigsäure, [6-Acetyl-7,8-dimethoxy-2,2-
dimethyl-chroman-5-yl]- 6480
Hexansäure, 6-[4-Hydroxy-6-methoxy-7-
methyl-3-oxo-phthalan-5-yl]-4-methyl-
6480

$C_{17}H_{22}O_6S$

Cyclohexan-1,3-dicarbonsäure, 4-Hydroxy-
4-methyl-6-oxo-2-[2]thienyl-,
diäthylester 6586
Glutarsäure, 2,4-Diacetyl-3-[2]thienyl-,
diäthylester 6216

$C_{17}H_{22}O_7$

Cyclohexan-1,3-dicarbonsäure, 2-[2]Furyl-
4-hydroxy-4-methyl-6-oxo-,
diäthylester 6586
2,5-Epoxido-inden-7-carbonsäure,
4-Acetoxy-7a-hydroxy-6-isopropenyl-
3a-methyl-3-oxo-octahydro-,
methylester 6467

$C_{17}H_{22}O_8$

Cyclohepta[b]furan-3a,5-dicarbonsäure,
3-Äthoxymethyl-2,4-dioxo-2,3,4,5,6,7-
hexahydro-, 3a-äthylester-5-
methylester 6653

$C_{17}H_{22}O_{12}$

glycero-gulo-Heptarsäure, O^2,O^3,O^5,O^6-
Tetraacetyl-, 1-äthylester-7-lacton
6651

$C_{17}H_{23}BrO_5$

14,15,16-Trinor-labdan-13,19-disäure,
12-Brom-9-hydroxy-6-oxo-, 13-lacton
6029
Verbindung $C_{17}H_{23}BrO_5$ s. bei 12-Brom-9-
hydroxy-6-oxo-14,15,16-trinor-labdan-
13,19-disäure-13-lacton 6029

$C_{17}H_{23}N_3O_6$

Hex-2-endisäure, 5-[[3]Furyl-
semicarbazonomethyl]-3-methyl-,
diäthylester 6155

$C_{17}H_{24}O_5$

Octansäure, 2-Acetyl-3-[2]furyl-7-methyl-5-
oxo-, äthylester 6026
14,15,16-Trinor-labdan-13,19-disäure,
9-Hydroxy-6-oxo-, 13-lacton 6028
Valeriansäure, 5-[6,6-Dimethyl-4-oxo-
2,3,4,5,6,7-hexahydro-benzofuran-2-yl]-
3,3-dimethyl-5-oxo- 6028

$C_{17}H_{24}O_5S$

Nonansäure, 9-[5-(3-Carboxy-propyl)-
[2]thienyl]-9-oxo- 6153

$C_{17}H_{24}O_6$

Glutarsäure, 2,4-Dihexanoyl-3-oxo-,
anhydrid 6153
Malonsäure, [5,8,8-Trimethyl-4-oxo-3-oxa-
bicyclo[3.2.1]oct-2-yliden]-,
diäthylester 6148
Octandisäure, 2-[Furan-2-carbonyl]-,
diäthylester 6148
Propionsäure, 3-[7-Hydroxy-3,6a,8-
trimethyl-2,10-dioxo-octahydro-3,9a-
methano-cyclopent[b]oxocin-7-yl]- 6467
Pyran-3-carbonsäure, 5-Hexanoyl-4,6-
dioxo-2-pentyl-5,6-dihydro-4H- 6153
14,15,16-Trinor-labdan-13,19-disäure,
7,9-Dihydroxy-6-oxo-, 13→9-lacton
6467

$C_{17}H_{24}O_7$

2,5-Epoxido-inden-7-carbonsäure,
4-Acetoxy-7a-hydroxy-6-isopropyl-3a-
methyl-3-oxo-octahydro-, methylester
6465

$C_{17}H_{24}O_8$

Essigsäure, [4-Acetoxy-3-hydroxy-2-(3-
hydroxy-4-methyl-5-oxo-2,5-dihydro-
[2]furyl)-1,3-dimethyl-cyclohexyl]- 6579
6-Oxa-bicyclo[3.2.1]octan-4-carbonsäure,
8-[2-Methoxycarbonyl-äthyl]-5-
methoxycarbonylmethyl-8-methyl-7-
oxo-, methylester 6240

$C_{17}H_{24}O_{10}$

Cyclopenta[c]pyran-4-carbonsäure,
1-Glucopyranosyloxy-7-methyl-5-oxo-
1,4a,5,6,7,7a-hexahydro-, methylester
6296

$C_{17}H_{25}NO_5$

14,15,16-Trinor-labdan-13,19-disäure,
9-Hydroxy-6-hydroxyimino-,
13-lacton 6029

$C_{17}H_{25}NO_{10}$

Cyclopenta[c]pyran-4-carbonsäure,
1-Glucopyranosyloxy-5-hydroxyimino-
7-methyl-1,4a,5,6,7,7a-hexahydro-,
methylester 6297

$C_{17}H_{26}O_5$

Tetradec-3-en-1,3,4-tricarbonsäure-3,4-
anhydrid 5998
14,15,16-Trinor-labdan-13,19-disäure,
6,9-Dihydroxy-, 13→9-lacton 6306

$C_{17}H_{26}O_7$

Valeriansäure, 5-[3-Äthoxycarbonyl-4-
äthoxymethyl-5-oxo-2,5-dihydro-
[2]furyl]-, äthylester 6579

$C_{17}H_{26}O_7S$

Malonsäure, [3-(2-Äthoxycarbonyl-3-oxo-
tetrahydro-[2]thienyl)-propyl]-,
diäthylester 6239

$C_{17}H_{28}O_6$

Dodecansäure, 2-[2-Carboxy-5-oxo-
tetrahydro-[2]furyl]- 6126

$C_{17}H_{28}O_6$ (Fortsetzung)
Dodecansäure, 2-[3-Carboxy-5-oxo-
tetrahydro-[2]furyl]- 6126
$C_{17}H_{28}O_7$
Valeriansäure, 5-[3-Äthoxycarbonyl-4-
äthoxymethyl-5-oxo-tetrahydro-
[2]furyl]-, äthylester 6577

C_{18}

$C_{18}H_9ClO_3S$
Anthra[1,9-bc]thiophen-3-carbonylchlorid,
1-Acetyl-6-oxo-6H- 6104
$C_{18}H_{10}Br_2O_6S$
Benzo[b]thiophen-2-carbonsäure,
3-[4-Acetoxy-3,5-dibrom-2-hydroxy-
benzoyl]- 6561
$C_{18}H_{10}O_4S$
Anthra[1,9-bc]thiophen-3-carbonsäure,
1-Acetyl-6-oxo-6H- 6104
$C_{18}H_{10}O_6$
Anthra[9,1-bc]furan-5-carbonsäure,
6-Acetoxy-2-oxo-2H- 6439
$C_{18}H_{10}O_7$
Äthylentetracarbonsäure-1,2-anhydrid-1,2-
diphenylester 6202
$C_{18}H_{12}N_2O_9$
Furan-2-carbonsäure, 2-[4-Nitro-benzyl]-3-
[4-nitro-phenyl]-4,5-dioxo-tetrahydro-
6099
$C_{18}H_{12}O_5$
Acrylsäure, 3-[3-Hydroxy-phenyl]-2-[2-oxo-
2H-chromen-3-yl]- 6440
—, 3-[4-Hydroxy-phenyl]-2-[2-oxo-
2H-chromen-3-yl]- 6440
Essigsäure, [3,5-Dioxo-4-phenyl-dihydro-
[2]furyliden]-phenyl- 6100
Furo[3,2-c]chromen-2,4-dion,
3-[3-Hydroxy-benzyliden]-3a,9b-
dihydro-3H- 6440
—, 3-[4-Hydroxy-benzyliden]-3a,9b-
dihydro-3H- 6440
$C_{18}H_{12}O_6$
Chromen-3-carbonsäure, 5-Hydroxy-
2-oxo-6-phenylacetyl-2H- 6566
Chromen-6-carbonsäure, 3-Acetoxy-4-oxo-
2-phenyl-4H- 6427
Essigsäure, [6-Benzoyloxy-2-oxo-
2H-chromen-4-yl]- 6352
Pyran-3-carbonsäure, 4-Hydroxy-2-oxo-6-
phenoxy-2H-, phenylester 6460
$C_{18}H_{12}O_7$
Essigsäure, [4-Hydroxy-phenyl]-[4-(4-
hydroxy-phenyl)-3,5-dioxo-dihydro-
[2]furyliden]- 6646
$C_{18}H_{12}O_8S_3$
5λ^6-Dibenzothiophen-3-sulfonsäure,
5,5-Dioxo-7-[4-sulfo-phenyl]- 6732

$C_{18}H_{13}NO_3S$
Dibenzofuran-2-sulfonsäure-anilid 6722
$C_{18}H_{13}NO_6S$
Benzolsulfonsäure, 2-[2-[2]Furyl-vinyl]-5-
nitro-, phenylester 6719
$C_{18}H_{13}NO_7$
Chromen-2-carbonsäure, 7-Hydroxy-3-
[4-nitro-phenyl]-4-oxo-4H-, äthylester
6427
Chromen-3-carbonsäure, 7-Hydroxy-4-
[4-nitro-phenyl]-2-oxo-2H-, äthylester
6429
Chromen-4-carbonsäure, 7-Hydroxy-3-
[4-nitro-phenyl]-2-oxo-2H-, äthylester
6430
$C_{18}H_{13}NO_8$
Chromen-2-carbonsäure, 5,7-Dihydroxy-3-
[4-nitro-phenyl]-4-oxo-4H-, äthylester
6555
Chromen-3-carbonsäure, 6,7-Dihydroxy-4-
[4-nitro-phenyl]-2-oxo-2H-, äthylester
6558
—, 7,8-Dihydroxy-4-[4-nitro-phenyl]-
2-oxo-2H-, äthylester 6558
$C_{18}H_{13}N_3O_7$
Phenylhydrazon $C_{18}H_{13}N_3O_7$ aus
6-Formyl-8-methoxy-5-nitro-2-oxo-
2H-chromen-3-carbonsäure oder
6-Formyl-8-methoxy-7-nitro-2-oxo-
2H-chromen-3-carbonsäure 6525
$C_{18}H_{13}N_5O_7S_3$
Verbindung $C_{18}H_{13}N_5O_7S_3$ aus
5-Acetylimino-4,5-dihydro-thiophen-
2,4-disulfonsäure oder 5-Acetylamino-
thiophen-2,4-disulfonsäure 6737
$C_{18}H_{14}Cl_2O_6$
Xanthen-1-carbonsäure, 5,7-Dichlor-3,8-
dimethoxy-6-methyl-9-oxo-,
methylester 6549
$C_{18}H_{14}Cl_2O_7$
Spiro[benzofuran-2,1'-cyclohexa-2',5'-dien]-
2'-carbonsäure, 5,7-Dichlor-4,6'-
dimethoxy-6-methyl-3,4'-dioxo-3H-,
methylester 6635
$C_{18}H_{14}N_2O_4S$
Benzofuran-5-sulfonsäure, 2-Cyanacetyl-,
p-toluidid 6769
$C_{18}H_{14}N_2O_5$
Chromen-3-carbonsäure, 8-Methoxy-2-
oxo-6-[phenylhydrazono-methyl]-2H-
6524
$C_{18}H_{14}N_4O_8$
Benzofuran-5-carbonsäure, 2-[1-(2,4-
Dinitro-phenylhydrazono)-äthyl]-4-
hydroxy-, methylester 6373
$C_{18}H_{14}O_4S$
Benzo[b]thiophen-3-carbonsäure,
6-Äthoxy-2-benzoyl- 6431

C₁₈H₁₄O₅

Acrylsäure, 3-[2-Methoxy-9-oxo-xanthen-1-
yl]-, methylester 6432
—, 3-[2-Methoxy-9-oxo-xanthen-1-yl]-
2-methyl- 6436
Benzo[*f*]chromen-5-carbonsäure, 2-Acetyl-
3-methyl-1-oxo-1*H*-, methylester 6097
Benzofuran-2-carbonsäure, 7-Benzoyl-6-
hydroxy-3-methyl-, methylester 6435
Chromen-2-carbonsäure, 7-Hydroxy-4-
oxo-3-phenyl-4*H*-, äthylester 6427
Chromen-3-carbonsäure, 6-Benzyl-8-
methoxy-2-oxo-2*H*- 6433
—, 7-Hydroxy-2-oxo-4-phenyl-2*H*-,
äthylester 6428
Chromen-6-carbonsäure, 3-Benzyl-7-
hydroxy-4-methyl-2-oxo-2*H*- 6437
Cyclohex-4-en-1,2-dicarbonsäure, 3-Hepta-
1,3,5-triinyl-6-methoxycarbonylmethyl-,
anhydrid 6096
Essigsäure, [3,5-Dioxo-4-phenyl-
tetrahydro-[2]furyl]-phenyl- 6097
—, [1,3-Dioxo-1,10,11,11a-tetrahydro-
phenanthro[1,2-*c*]furan-3a-yl]- 6099
—, [7-Methoxy-2-oxo-4-phenyl-
2*H*-chromen-3-yl]- 6433
—, [4-(2-Methoxy-phenyl)-2-oxo-
2*H*-chromen-3-yl]- 6433
Furan-2-carbonsäure, 2-Benzyl-4,5-dioxo-
3-phenyl-tetrahydro- 6098
—, 2-Benzyl-4-hydroxy-5-oxo-3-
phenyl-2,5-dihydro- 6098

C₁₈H₁₄O₆

Benzo[*f*]chromen-2,5-dicarbonsäure,
3-Oxo-3*H*-, 2-äthylester-5-methylester
6190
Chromen-2-carbonsäure, 5,7-Dihydroxy-4-
oxo-3-phenyl-4*H*-, äthylester 6555
—, 5,7-Dimethoxy-4-oxo-3-phenyl-
4*H*- 6554
—, 7-Hydroxy-3-[4-hydroxy-phenyl]-
4-oxo-4*H*-, äthylester 6556
—, 7-Methoxy-3-[4-methoxy-phenyl]-
4-oxo-4*H*- 6556
Chromen-3-carbonsäure, 6,7-Dihydroxy-2-
oxo-4-phenyl-2*H*-, äthylester 6557
—, 7,8-Dihydroxy-2-oxo-4-phenyl-
2*H*-, äthylester 6558
Chromen-4-carbonsäure, 7,8-Dihydroxy-2-
oxo-3-phenyl-2*H*-, äthylester 6560
—, 5,7-Dimethoxy-2-oxo-3-phenyl-
2*H*- 6559
—, 7,8-Dimethoxy-2-oxo-3-phenyl-
2*H*- 6560
Chromen-6-carbonsäure, 7,8-Dihydroxy-2-
oxo-4-phenyl-2*H*-, äthylester 6560
Essigsäure, [5,5-Bis-(4-hydroxy-phenyl)-2-
oxo-2,5-dihydro-[3]furyl]- 6562

Phthalsäure, 3-Phthalidyl-, dimethylester
6191
Xanthen-1-carbonsäure, 2-Acetoxy-9-oxo-,
äthylester 6414

C₁₈H₁₄O₇

Benzofuran-2-carbonsäure, 3-[2-Hydroxy-
4,6-dimethoxy-benzoyl]- 6642
Chromen-2-carbonsäure, 5,7-Dihydroxy-3-
[4-hydroxy-phenyl]-4-oxo-4*H*-,
äthylester 6640

C₁₈H₁₄O₈

Chromen-2-carbonsäure,
3-[2,4-Dimethoxy-phenyl]-5,7-
dihydroxy-4-oxo-4*H*- 6675

C₁₈H₁₅BrO₆

Buttersäure, 4-[9-Brom-4,6-dimethoxy-
dibenzofuran-3-yl]-4-oxo- 6551

C₁₈H₁₅BrO₇

Benzoesäure, 5-Brom-3-[4,5-dimethoxy-3-
oxo-phthalan-1-yl]-2-hydroxy-,
methylester 6634

C₁₈H₁₅NO₄

Chromen-6-carbonsäure, 5-Hydroxy-4-
methyl-2-oxo-2*H*-, *p*-toluidid 6364
—, 7-Hydroxy-4-methyl-2-oxo-2*H*-,
p-toluidid 6367
Chromen-8-carbonsäure, 7-Hydroxy-4-
methyl-2-oxo-2*H*-, *p*-toluidid 6371
Essigsäure, [7-Hydroxy-4-methyl-2-oxo-
2*H*-chromen-3-yl]-, anilid 6375

C₁₈H₁₅NO₅

Chromen-4-carbonsäure, 3,7-Dimethoxy-2-
oxo-2*H*-, anilid 6493
Chromen-6-carbonsäure, 5-Hydroxy-4-
methyl-2-oxo-2*H*-, *p*-anisidid 6364
—, 7-Hydroxy-4-methyl-2-oxo-2*H*-,
p-anisidid 6367
Chromen-8-carbonsäure, 7-Hydroxy-4-
methyl-2-oxo-2*H*-, *p*-anisidid 6371

C₁₈H₁₅NO₇S

Chromen-6-carbonsäure, 5-Hydroxy-4-
methyl-2-oxo-8-phenylsulfamoyl-2*H*-,
methylester 6771

C₁₈H₁₅N₃O₅

Benzofuran-2-carbonsäure, 6-Hydroxy-3-
methyl-7-[α-semicarbazono-benzyl]-
6435

C₁₈H₁₆O₅

Essigsäure, [2-(4-Methoxy-phenyl)-4-oxo-
chroman-6-yl]- 6421
Furan-2-carbonsäure, 2-Benzyl-4-hydroxy-
5-oxo-3-phenyl-tetrahydro- 6422
—, 4-Benzyl-4-hydroxy-5-oxo-3-
phenyl-tetrahydro- 6422
Furan-3-carbonsäure, 3-Hydroxy-2-oxo-
5,5-diphenyl-tetrahydro-, methylester
6420
Isochroman-4-carbonsäure, 3-[2-Methoxy-
phenyl]-1-oxo-, methylester 6417

$C_{18}H_{16}O_5$ (Fortsetzung)
Pyran-2-carbonsäure, 5-Hydroxy-6-oxo-
　3,4-diphenyl-tetrahydro- 6421
$C_{18}H_{16}O_6$
Buttersäure, 4-[4,6-Dimethoxy-
　dibenzofuran-1-yl]-4-oxo- 6550
—, 4-[4,6-Dimethoxy-dibenzofuran-3-
　yl]-4-oxo- 6551
Essigsäure, [5,5-Bis-(4-hydroxy-phenyl)-2-
　oxo-tetrahydro-[3]furyl]- 6552
—, [2-(4-Hydroxy-3-methoxy-phenyl)-
　4-oxo-chroman-6-yl]- 6551
—, [7-Hydroxy-4-(4-methoxy-phenyl)-
　2-oxo-chroman-4-yl]- 6551
Pyran-3-carbonsäure, 4-Acetoxy-6-oxo-2-
　styryl-6H-, äthylester 6409
Xanthen-1-carbonsäure, 2,8-Dimethoxy-6-
　methyl-9-oxo-, methylester 6547
—, 3,8-Dimethoxy-6-methyl-9-oxo-,
　methylester 6549
$C_{18}H_{16}O_7$
Benzoesäure, 5-[4,5-Dimethoxy-3-oxo-
　phthalan-1-yl]-2-hydroxy-4-methyl-
　6636
Pyran-2-carbonsäure, 6-[3-(4-Methoxy-
　phenyl)-3-oxo-propionyl]-4-oxo-4H-,
　äthylester 6633
Spiro[benzofuran-2,1'-cyclopent-2'-en]-3'-
　carbonsäure, 7-Acetyl-4,6-dihydroxy-
　5,2'-dimethyl-3-methylen-4'-oxo-3H-
　6637
Xanthen-1-carbonsäure, 4,6,7-Trimethoxy-
　9-oxo-, methylester 6632
Xanthen-4-carbonsäure, 3,5,7-Trimethoxy-
　1-methyl-9-oxo- 6636
$C_{18}H_{16}O_8$
Pyran-3-carbonsäure, 5-[2,3-Dimethoxy-
　cinnamoyl]-2-methyl-4,6-dioxo-5,6-
　dihydro-4H- 6674
Pyran-2,6-dicarbonsäure, 3-Benzoyloxy-4-
　oxo-4H-, diäthylester 6580
$C_{18}H_{16}O_9$
Acetessigsäure, 2-[7-Methoxycarbonyloxy-
　2-oxo-2H-chromen-3-carbonyl]-,
　äthylester 6629
Benzo[c]chromen-1-carbonsäure,
　10-Hydroxy-3,4,8,9-tetramethoxy-6-
　oxo-6H- 6686
$C_{18}H_{17}NO_5S$
Chromen-6-sulfonsäure, 7-Methoxy-3,4-
　dimethyl-2-oxo-2H-, anilid 6756
$C_{18}H_{17}NO_{11}$
Chromen-3-carbonsäure,
　6-Diacetoxymethyl-8-methoxy-5-nitro-
　2-oxo-2H-, äthylester 6525
—, 6-Diacetoxymethyl-8-methoxy-7-
　nitro-2-oxo-2H-, äthylester 6525

$C_{18}H_{17}N_3O_5S_3$
Thiophen-2,4-disulfonsäure,
　5-Acetylamino-, dianilid 6738
—, 5-Acetylimino-4,5-dihydro-,
　dianilid 6738
$C_{18}H_{18}BrNO_4$
Buttersäure, 4-[4-Brom-phenyl]-2-cyan-2-
　[3,6-dihydro-2H-pyran-4-yl]-4-oxo-,
　äthylester 6180
$C_{18}H_{18}N_2O_4S$
Acrylsäure, 3-[5-Acetylamino-[2]thienyl]-2-
　benzoylamino-, äthylester 5989
Propionsäure, 3-[5-Acetylimino-4,5-
　dihydro-[2]thienyl]-2-benzoylimino-,
　äthylester 5989
$C_{18}H_{18}N_4O_9$
Essigsäure, {3-Äthoxycarbonyl-5-[(3,5-
　dinitro-phenylhydrazono)-methyl]-
　[2]furyl}-, äthylester 6140
$C_{18}H_{18}O_5$
Benzofuran-7-carbonsäure, 4-[4-Methoxy-
　phenyl]-7-methyl-2-oxo-2,3,6,7-
　tetrahydro-, methylester 6410
Dibenzofuran-2-carbonsäure, 7-Methoxy-
　1,9b-dimethyl-3-oxo-3,9b-dihydro-,
　äthylester 6409
Essigsäure, [2-(6-Methoxy-[2]naphthyl)-5-
　oxo-tetrahydro-[2]furyl]-, methylester
　6410
Spiro[benzofuran-2,1'-cyclopent-2'-en]-3'-
　carbonsäure, 6-Methoxy-2'-methyl-3-
　methylen-4'-oxo-3H-, äthylester 6409
—, 4,6,2'-Trimethyl-3,4'-dioxo-3H-,
　äthylester 6088
$C_{18}H_{18}O_6$
Isobenzofuran-4-carbonsäure, 7-Methyl-
　1,3-dioxo-6-phenoxy-1,3,3a,4,7,7a-
　hexahydro-, äthylester 6465
Spiro[benzofuran-2,1'-cyclohex-2'-en]-3'-
　carbonsäure, 6-Methoxy-2'-methyl-
　3,4'-dioxo-3H-, äthylester 6541
$C_{18}H_{18}O_7$
1,4-Ätheno-naphthalin-2,3,5,6-
　tetracarbonsäure, 8,9-Dimethyl-1,2,3,4,⚏
　4a,5,6,7-octahydro-, 2,3-anhydrid 6230
—, 8,9-Dimethyl-1,2,3,4,4a,5,6,7-
　octahydro-, 5,6-anhydrid 6230
Cyclohepta[c]chromen-7-carbonsäure,
　3,4-Dimethoxy-6,8-dioxo-6,7,8,9,10,11-
　hexahydro-, methylester 6630
Essigsäure, [7-Acetoxy-8-acetyl-4-methyl-2-
　oxo-2H-chromen-3-yl]-, äthylester
　6530
$C_{18}H_{18}O_8$
Chromen-3-carbonsäure, 6-Acetyl-5-
　äthoxycarbonylmethoxy-2-oxo-2H-,
　äthylester 6527

$C_{18}H_{18}O_8$ (Fortsetzung)

Cyclopent[c]isochromen-2-carbonsäure,
7,8,9-Trimethoxy-3,5-dioxo-1,2,3,5-
tetrahydro-, äthylester 6671

Essigsäure, [4,6-Diacetoxy-7-acetyl-3,5-
dimethyl-benzofuran-2-yl]- 6512

—, [7,8-Diacetoxy-6-äthyl-4-methyl-2-
oxo-2H-chromen-3-yl]- 6511

—, [5,7-Diacetoxy-4-methyl-2-oxo-
2H-chromen-3-yl]-, äthylester
6505

—, [7,8-Diacetoxy-4-methyl-2-oxo-
2H-chromen-3-yl]-, äthylester
6505

Glyoxylsäure, [5-Acetoxy-3-
äthoxycarbonyl-2-methyl-benzofuran-6-
yl]-, äthylester 6622

$C_{18}H_{18}O_9$

Chromen-3-carbonsäure,
6-Diacetoxymethyl-8-methoxy-2-oxo-
2H-, äthylester 6524

$C_{18}H_{18}O_{10}$

Chromen-2,5-dicarbonsäure,
3-Acetoxymethyl-6,7-dimethoxy-4-oxo-
4H-, dimethylester 6682

$C_{18}H_{19}NO_5$

Oxim $C_{18}H_{19}NO_5$ aus 4,6,2'-Trimethyl-
3,4'-dioxo-3H-spiro[benzofuran-2,1'-
cyclopent-2'-en]-3'-carbonsäure-
äthylester 6088

$C_{18}H_{20}N_2O_5$

Essigsäure, [3-Äthoxycarbonyl-5-
(phenylhydrazono-methyl)-[2]furyl]-,
äthylester 6140

$C_{18}H_{20}N_4O_8$

Propionsäure, 3-[5-Äthoxymethyl-
[2]furyl]-3-[2,4-dinitro-
phenylhydrazono]-, äthylester
6292

$C_{18}H_{20}O_5$

2,6-Äthano-cycloprop[f]inden-1,7,8-
tricarbonsäure, 2,6-Dimethyl-1,1a,2,3,4,≈
5,6,6a-octahydro-, 7,8-anhydrid-1-
methylester 6080

2,6a-Äthano-cycloprop[e]inden-1,7,8-
tricarbonsäure, 3,6b-Dimethyl-1a,2,4,5,≈
6,6b-hexahydro-1H-, 7,8-anhydrid-1-
methylester 6080

Benzofuran-7-carbonsäure, 4-[4-Methoxy-
phenyl]-7-methyl-2-oxo-2,3,4,5,6,7-
hexahydro-, methylester 6406

—, 4-[4-Methoxy-phenyl]-7-methyl-2-
oxo-2,3,5,6,7,7a-hexahydro-,
methylester 6406

Pyran-3-carbonsäure, 2-Methyl-4,6-dioxo-
5-[1-phenyl-propyl]-5,6-dihydro-4H-,
äthylester 6079

Spiro[benzofuran-2,1'-cyclopent-2'-en]-3'-
carbonsäure, 6-Methoxy-3,2'-dimethyl-
4'-oxo-3H-, äthylester 6405

$C_{18}H_{20}O_6$

Buttersäure, 2-Acetyl-4-[6-methoxy-3-
methyl-benzofuran-2-yl]-3-oxo-,
äthylester 6531

Chromen-6-carbonsäure, 7-Acetoxy-3-
butyl-4-methyl-2-oxo-2H-,
methylester 6396

Essigsäure, [6-Acetoxy-7-äthyl-4-methyl-2-
oxo-2H-chromen-3-yl]-, äthylester
6393

—, [7-Acetoxy-6-äthyl-4-methyl-2-
oxo-2H-chromen-3-yl]-, äthylester
6392

—, [7-Acetoxy-2-oxo-6-propyl-
2H-chromen-4-yl]-, äthylester 6391

$C_{18}H_{20}O_7$

Acetessigsäure, 4-[7-Acetyl-4,6-dihydroxy-
3,5-dimethyl-benzofuran-2-yl]-,
äthylester 6624

—, 2-[3-Äthoxycarbonyl-5-hydroxy-2-
methyl-benzofuran-6-yl]-, äthylester
6623

Benzofuran-7-carbonsäure, 4,5-Dihydroxy-
4-[4-methoxy-phenyl]-7-methyl-2-oxo-
2,3,4,5,6,7-hexahydro-, methylester
6624

Spiro[benzofuran-2,1'-cyclopentan]-3'-
carbonsäure, 7-Acetyl-4,6-dihydroxy-
3,5,2'-trimethyl-4'-oxo-3H- 6626

$C_{18}H_{20}O_8$

But-3-ensäure, 2-Acetyl-4-[5-acetyl-3-
äthoxycarbonyl-6-oxo-6H-pyran-2-yl]-,
äthylester 6247

Buttersäure, 4-[6-Äthoxy-4,7-dimethoxy-
benzofuran-5-yl]-2,4-dioxo-, äthylester
6666

$C_{18}H_{20}O_9$

Isochromen-3,4-dicarbonsäure,
5,6,7-Trimethoxy-1-oxo-1H-,
diäthylester 6681

1,7-Methano-benz[de]isochromen-4,8,9-
tricarbonsäure, 1-Methoxy-5-methyl-3-
oxo-3a,4,5,7,8,9,9a,9b-octahydro-
1H,3H- 6684

$C_{18}H_{21}NO_3S$

Benzofuran-5-sulfonsäure, 2,4,6,7-
Tetramethyl-2,3-dihydro-, anilid 6719

$C_{18}H_{21}NO_7$

Furan-3-carbonsäure, 2-Isobutyl-4-[4-nitro-
benzyloxy]-5-oxo-2,5-dihydro-,
äthylester 6281

$C_{18}H_{21}N_3O_5$

Valeriansäure, 3-[2]Furyl-5-[4-methoxy-
phenyl]-5-semicarbazono-,
methylester 6405

$C_{18}H_{22}N_4O_8$

Furan-3-carbonsäure, 3-[1-(2,4-Dinitro-
phenylhydrazono)-äthyl]-5-oxo-2-
propyl-tetrahydro-, äthylester 5981
—, 3-[1-(2,4-Dinitro-
phenylhydrazono)-butyl]-2-methyl-5-
oxo-tetrahydro-, äthylester 5980

$C_{18}H_{22}O_5$

Essigsäure, [6-Butyl-7-hydroxy-4-methyl-2-
oxo-2H-chromen-3-yl]-, äthylester
6397
—, [7-Methoxy-4-methyl-2-oxo-6-
propyl-2H-chromen-3-yl]-, äthylester
6397
Eudesma-1,4-dien-12,13-disäure,
6-Hydroxy-11-methyl-3-oxo-,
äthylester-lacton 6065
Eudesma-4,6-dien-12,13-disäure,
6-Hydroxy-11-methyl-3-oxo-,
äthylester-lacton 6063
Xanthen-9-carbonsäure, 3,3,6,6-
Tetramethyl-1,8-dioxo-1,2,3,4,5,6,7,8-
octahydro- 6067

$C_{18}H_{22}O_6$

Benzofuran-3-on, 2,2-Bis-
[2-äthoxycarbonyl-äthyl]- 6167
—, 2,2-Bis-[2-methoxycarbonyl-äthyl]-
4,6-dimethyl- 6170
Chroman-3-carbonsäure, 6-Acetoxy-8-
äthyl-5,7-dimethyl-2-oxo-, äthylester
6332
Hex-4-ensäure, 6-[4,6-Dimethoxy-7-methyl-
3-oxo-phthalan-5-yl]-4-methyl- 6513
Methylester $C_{18}H_{22}O_6$ einer Säure
$C_{17}H_{20}O_6$ s. bei 4-[7,8-Dimethoxy-3-
methoxycarbonylmethyl-2-oxo-
2H-chromen-4-yl]-buttersäure-
methylester 6667

$C_{18}H_{22}O_7$

Benzofuran-2-carbonsäure, 4,6-Dimethoxy-
2-[1-methyl-3-oxo-butyl]-3-oxo-2,3-
dihydro-, äthylester 6604
Essigsäure, [5,6,7-Trimethoxy-1-oxo-
1H-isochromen-3-yl]-, tert-butylester
6598

$C_{18}H_{22}O_8$

Malonsäure, [6,7-Dimethoxy-1-oxo-
phthalan-4-ylmethyl]-, diäthylester
6656

$C_{18}H_{23}BrO_5$

Eudesm-4-en-12,13-disäure, 2-Brom-6-
hydroxy-11-methyl-3-oxo-, äthylester-
lacton 6043

$C_{18}H_{23}NO_5$

Chromen-3-carbonsäure, 8-Methoxy-2-
oxo-2H-, [3-diäthylamino-propylester]
6345

Essigsäure, [7-Methoxy-2-oxo-
2H-chromen-4-yl]-, [2-diäthylamino-
äthylester] 6354

$C_{18}H_{23}N_3O_6$

Semicarbazon $C_{18}H_{23}N_3O_6$ einer Säure
$C_{17}H_{20}O_6$ s. bei 4-[7,8-Dimethoxy-3-
methoxycarbonylmethyl-2-oxo-
2H-chromen-4-yl]-buttersäure-
methylester 6667

$C_{18}H_{24}O_5$

Eudesm-4-en-12,13-disäure, 6-Hydroxy-11-
methyl-3-oxo-, äthylester-lacton 6041
4a,9a-[1]Oxapropano-fluoren-9-
carbonsäure, 8-Methyl-7,11-dioxo-
decahydro-, methylester 6044

$C_{18}H_{24}O_6S$

Cyclohexan-1,3-dicarbonsäure, 4-Hydroxy-
4-methyl-2-[5-methyl-[2]thienyl]-6-oxo-,
diäthylester 6587
Glutarsäure, 2,4-Diacetyl-3-[5-methyl-
[2]thienyl]-, diäthylester 6217
Thiophen, 2,5-Bis-[2-äthoxycarbonyl-3-
oxo-butyl]- 6217

$C_{18}H_{24}O_7$

Cyclohexan-1,3-dicarbonsäure, 4-Hydroxy-
4-methyl-2-[5-methyl-[2]furyl]-6-oxo-,
diäthylester 6587
Cyclonon-5-en-1,2,4,5-tetracarbonsäure,
7,8-Diäthyl-4-methyl-, 4,5-anhydrid
6218
Glutarsäure, 2,4-Diacetyl-3-[5-methyl-
[2]furyl]-, diäthylester 6217

$C_{18}H_{24}O_{12}$

glycero-gulo-Heptarsäure,
O^2,O^3,O^5,O^6-Tetraacetyl-,
1-lacton-7-propylester 6651

$C_{18}H_{25}BrO_5$

Eudesm-4-en-12,13-disäure, 6-Brom-11-
methyl-3-oxo-, monoäthylester 6041

$C_{18}H_{25}NO_4$

Cyclohex-4-en-1,2-dicarbonsäure,
3-[4-Isobutylcarbamoyl-but-3-enyl]-6-
methyl-, anhydrid 6037

$C_{18}H_{26}O_5$

Benz[h]isochromen-7-carbonsäure, 4,7,10a-
Trimethyl-1,3-dioxo-dodecahydro-,
methylester 6029
Cyclohex-4-en-1,2-dicarbonsäure,
3-Heptyl-6-methoxycarbonylmethyl-,
anhydrid 6028
Hexa-2,4-diensäure, 2-[4-Heptyl-3,5-dioxo-
tetrahydro-[2]furyl]-5-methyl- 6030
14,15,16-Trinor-labdan-13,19-disäure,
9-Hydroxy-6-oxo-, 13-lacton-19-
methylester 6029
Valeriansäure, 3,3-Dimethyl-5-oxo-5-[3,6,6-
trimethyl-4-oxo-2,3,4,5,6,7-hexahydro-
benzofuran-2-yl]- 6030

C₁₈H₂₆O₆

Decansäure, 10-[6-Methyl-2,4-dioxo-3,4-
dihydro-2*H*-pyran-3-yl]-10-oxo-,
äthylester 6152

Nonandisäure, 2-[Furan-2-carbonyl]-,
diäthylester 6150

Propionsäure, 3-[7-Hydroxy-3,6a,8-
trimethyl-2,10-dioxo-octahydro-3,9a-
methano-cyclopent[*b*]oxocin-7-yl]-,
methylester 6468

14,15,16-Trinor-labdan-13,19-disäure,
7,9-Dihydroxy-6-oxo-, 13→9-lacton-19-
methylester 6467

C₁₈H₂₇NO₅

14,15,16-Trinor-labdan-13,19-disäure,
9-Hydroxy-6-hydroxyimino-, 13-lacton-
19-methylester 6029

C₁₈H₂₈O₅

Cyclohexan-1,2-dicarbonsäure, 3-Heptyl-6-
methoxycarbonylmethyl-, anhydrid
5998

14,15,16-Trinor-labdan-13,19-disäure,
6,9-Dihydroxy-, 13→9-lacton-19-
methylester 6307

C₁₈H₃₀N₂O₄S₃

Thiophen-2,4-disulfonsäure, 5-Äthyl-,
bis-cyclohexylamid 6730

C₁₈H₃₀O₅

Furan-3-carbonsäure, 2-Hexyl-4,5-dioxo-3-
pentyl-tetrahydro-, äthylester 5983

Octadecansäure, 10,11-Epoxy-9,12-dioxo-
5983

C₁₈H₃₀O₆

Furan-2-on, 5,5-Bis-[2-butoxycarbonyl-
äthyl]-dihydro- 6124

C₁₈H₃₀O₇

Minioluteinsäure-dimethylester 6578

C₁₈H₃₂O₅

Verbindung C₁₈H₃₂O₅ aus 7-Hydroxy-8-
methyl-11-oxo-decahydro-4a,9a-
[1]oxapropano-fluoren-8,9-
dicarbonsäure-dimethylester 6589

C₁₉

C₁₉H₉NO₃

Naphtho[2,3-*b*]furan-3-carbonitril,
4,9-Dioxo-2-phenyl-4,9-dihydro- 6107

C₁₉H₁₁BrO₅

9,10-Äthano-anthracen-9,11,12-
tricarbonsäure, 10-Brom-10*H*-, 11,12-
anhydrid 6105

C₁₉H₁₂Br₂O₆S

Benzo[*b*]thiophen-2-carbonsäure,
3-[4-Acetoxy-3,5-dibrom-2-hydroxy-
benzoyl]-, methylester 6561

C₁₉H₁₂Cl₂O₅

Essigsäure, [4-Chlor-phenyl]-[4-(4-chlor-
phenyl)-3,5-dioxo-dihydro-[2]furyliden]-,
methylester 6102

C₁₉H₁₂N₂O₄

Phenylhydrazon C₁₉H₁₂N₂O₄ aus
Naphthalin-1,4,5-tricarbonsäure-4,5-
anhydrid 6091

C₁₉H₁₂N₄O₉

Pyran-2-carbonsäure, 6-[α-(2,4-Dinitro-
phenylhydrazono)-benzyl]-4,5-dioxo-
5,6-dihydro-4*H*- 6185

C₁₉H₁₂O₅

9,10-Äthano-anthracen-9,11,12-
tricarbonsäure, 10*H*-, 11,12-
anhydrid 6105

C₁₉H₁₂O₆S₂

Benzo[*b*]thiophen-3-carbonsäure,
2-[(2-Hydroxyoxalyl-phenylmercapto)-
acetyl]- 6372

C₁₉H₁₃NO₇S

Benzo[*h*]chromen-6-sulfonsäure,
2-[3-Nitro-phenyl]-4-oxo-3,4-dihydro-
2*H*- 6744

C₁₉H₁₄BrN₃O₃

Propionsäure, 2-[4-Brom-
phenylhydrazono]-3-[2]furyl-3-oxo-,
anilid 6001

—, 3-[2]Furyl-3-oxo-2-
phenylhydrazono-, [4-brom-anilid]
6002

C₁₉H₁₄ClN₃O₃

Propionsäure, 2-[3-Chlor-
phenylhydrazono]-3-[2]furyl-3-oxo-,
anilid 6001

—, 2-[4-Chlor-phenylhydrazono]-3-
[2]furyl-3-oxo-, anilid 6001

—, 3-[2]Furyl-3-oxo-2-
phenylhydrazono-, [3-chlor-anilid]
6001

—, 3-[2]Furyl-3-oxo-2-
phenylhydrazono-, [4-chlor-anilid]
6001

C₁₉H₁₄Cl₂O₈

Spiro[benzofuran-2,1'-cyclohexa-2',5'-dien]-
2'-carbonsäure, 4-Acetoxy-5,7-dichlor-
6'-methoxy-6-methyl-3,4'-dioxo-3*H*-,
methylester 6635

C₁₉H₁₄N₂O₄

Essigsäure, [3-Benzoyl-2-oxo-chroman-4-yl]-
cyan-, amid 6233

—, Cyan-[3-cyan-2-oxo-3,4-dihydro-
2*H*-benzo[*g*]chromen-4-yl]-, äthylester
6250

Pyran-2,6-dicarbonsäure, 4-Oxo-4*H*-,
dianilid 6137

$C_{19}H_{14}N_4O_9$

Chromen-6-carbonsäure, 5-[(2,4-Dinitro-
phenylhydrazono)-methyl]-7-methoxy-
8-methyl-2-oxo-2H- 6528

$C_{19}H_{14}O_5$

Acrylsäure, 3-[4-Methoxy-phenyl]-2-[2-oxo-
2H-chromen-3-yl]- 6440
—, 3-[4-Methoxy-phenyl]-3-[2-oxo-
2H-chromen-3-yl]- 6441
Benzo[h]cyclopenta[c]chromen-8-
carbonsäure, 6,9-Dioxo-6,7,8,9-
tetrahydro-, äthylester 6100
Cyclopenta[c]chromen-8-carbonsäure,
7-Hydroxy-4-oxo-1,2,3,4-tetrahydro-,
phenylester 6403
Essigsäure, [3,5-Dioxo-4-phenyl-dihydro-
[2]furyliden]-phenyl-, methylester 6101
Furo[3,2-c]chromen-2,4-dion,
3-[4-Methoxy-benzyliden]-3a,9b-
dihydro-3H- 6440
Isovulpinsäure 6101

$C_{19}H_{14}O_5S$

Benzo[h]chromen-6-sulfonsäure, 4-Oxo-2-
phenyl-3,4-dihydro-2H- 6744

$C_{19}H_{14}O_6$

Acrylsäure, 3-[4-Hydroxy-3-methoxy-
phenyl]-2-[2-oxo-2H-chromen-3-yl]-
6566
Benzofuran-2-carbonsäure, 6-Acetoxy-7-
benzoyl-3-methyl- 6435
—, 7-Acetyl-6-benzoyloxy-3-methyl-
6382
Benzofuran-5-carbonsäure, 2-Acetyl-4-
benzoyloxy-, methylester 6372
Chromen-5-carbonsäure, 7-Benzoyloxy-2-
methyl-4-oxo-4H-, methylester 6359
Chromen-6-carbonsäure, 7-Acetoxy-2-oxo-
4-phenyl-2H-, methylester 6431
—, 5-Benzoyloxy-4-methyl-2-oxo-2H-,
methylester 6363
—, 7-Benzoyloxy-4-methyl-2-oxo-2H-,
methylester 6366
Essigsäure, [8-Benzoyl-7-hydroxy-4-methyl-
2-oxo-2H-chromen-3-yl]- 6566
—, [7-Benzoyloxy-4-methyl-2-oxo-
2H-chromen-3-yl]- 6374
—, [3-Hydroxy-4-(4-methoxy-phenyl)-
5-oxo-5H-[2]furyliden]-phenyl- 6563
—, [3-Hydroxy-5-oxo-4-phenyl-5H-
[2]furyliden]-[2-methoxy-phenyl]- 6564
—, [3-Hydroxy-5-oxo-4-phenyl-5H-
[2]furyliden]-[4-methoxy-phenyl]- 6565

$C_{19}H_{14}O_6S$

Benzo[b]thiophen-2-carbonsäure,
3-[4-Acetoxy-2-hydroxy-benzoyl]-,
methylester 6561

$C_{19}H_{14}O_7$

Buttersäure, 2-[4-Hydroxy-2-oxo-
2H-chromen-3-yl]-4-[2-hydroxy-phenyl]-
4-oxo- 6647
—, 4-[1-Hydroxy-9-oxo-xanthen-2-yl]-
2,4-dioxo-, äthylester 6646
Chromen-6-carbonsäure, 3-Acetoxy-2-
[4-methoxy-phenyl]-4-oxo-4H- 6557
Essigsäure, [4-Hydroxy-phenyl]-[4-(4-
hydroxy-phenyl)-3,5-dioxo-dihydro-
[2]furyliden]-, methylester 6647

$C_{19}H_{14}O_8$

Xanthen-1-carbonsäure, 2,8-Diacetoxy-6-
methyl-9-oxo- 6547
—, 3,8-Diacetoxy-6-methyl-9-oxo-
6548

$C_{19}H_{14}O_9S_3$

10λ^6-Thioxanthen-3-sulfonsäure,
9-Hydroxy-10,10-dioxo-6-[4-sulfo-
phenyl]- 6734

$C_{19}H_{14}O_{12}S_4$

10λ^6-Thioxanthen-3,6-disulfonsäure,
9-Hydroxy-10,10-dioxo-9-[4-sulfo-
phenyl]- 6734

$C_{19}H_{15}ClO_5$

Benzofuran-2-carbonsäure, 7-Benzoyl-5-
chlor-6-hydroxy-3-methyl-, äthylester
6436
—, 7-Benzoyl-5-chlor-6-methoxy-3-
methyl-, methylester 6436

$C_{19}H_{15}NO_5$

Acetonitril, [5-Hydroxy-7-methoxy-2-(4-
methoxy-phenyl)-4-oxo-4H-chromen-6-
yl]- 6643
—, [5-Hydroxy-7-methoxy-2-(4-
methoxy-phenyl)-4-oxo-4H-chromen-8-
yl]- 6644

$C_{19}H_{15}NO_7$

Chromen-3-carbonsäure, 7-Hydroxy-5-
methyl-4-[4-nitro-phenyl]-2-oxo-2H-,
äthylester 6434
—, 7-Hydroxy-6-methyl-4-[4-nitro-
phenyl]-2-oxo-2H-, äthylester 6434
—, 7-Methoxy-4-[4-nitro-phenyl]-2-
oxo-2H-, äthylester 6429

$C_{19}H_{15}N_3O_3$

Propionsäure, 3-[2]Furyl-3-oxo-2-
phenylhydrazono-, anilid 6001

$C_{19}H_{15}N_3O_7$

Pyran-3-carbonitril, 6-Benzoyl-3-nitro-2-
nitryloxy-2-phenyl-tetrahydro- 6423

$C_{19}H_{16}Cl_2O_7$

Spiro[benzofuran-2,1'-cyclohexa-2',5'-dien]-
2'-carbonsäure, 5,7-Dichlor-4,6'-
dimethoxy-6,3'-dimethyl-3,4'-dioxo-
3H-, methylester 6637

$C_{19}H_{16}N_2O_4$

Chromen-3-carbonsäure, 7-Methoxy-4-
methyl-2-oxo-2*H*-,
benzylidenhydrazid 6360
Essigsäure, [7-Methoxy-2-oxo-
2*H*-chromen-4-yl]-,
benzylidenhydrazid 6356

$C_{19}H_{16}N_4O_9$

Benzofuran-2-carbonsäure, 7-[(2,4-Dinitro-
phenylhydrazono)-methyl]-6-hydroxy-4-
methoxy-, äthylester 6497

$C_{19}H_{16}O_5$

Acrylsäure, 3-[2-Methoxy-9-oxo-xanthen-1-
yl]-2-methyl-, methylester 6436
Benzofuran-2-carbonsäure, 7-Benzoyl-6-
hydroxy-3-methyl-, äthylester 6435
—, 7-Benzoyl-6-methoxy-3-methyl-,
methylester 6435
—, 4-Hydroxy-5-phenylacetyl-,
äthylester 6434
Benzofuran-3-carbonsäure, 2-Benzoyl-6-
methoxy-, äthylester 6431
—, 2-[2-Methoxy-benzoyl]-,
äthylester 6432
Biphenyl-2,5,2'-tricarbonsäure,
4'-Isopropyl-3-methyl-, 2,2'-anhydrid
6099
Brenztraubensäure, [6-Methoxy-3-*m*-tolyl-
benzofuran-2-yl]- 6437
Chromen-2-carbonsäure, 6-Äthyl-7-
benzyloxy-4-oxo-4*H*- 6373
—, 7-Benzyloxy-4-oxo-4*H*-,
äthylester 6340
—, 7-Methoxy-4-oxo-3-phenyl-4*H*-,
äthylester 6427
Chromen-3-carbonsäure, 7-Methoxy-2-
oxo-4-phenyl-2*H*-, äthylester 6428
Chromen-6-carbonsäure, 8-Äthyl-5-
hydroxy-4-methyl-2-oxo-2*H*-,
phenylester 6388
—, 3-Benzyl-7-hydroxy-4-methyl-2-
oxo-2*H*-, methylester 6437
Essigsäure, [7-Hydroxy-2-oxo-4-phenyl-
2*H*-chromen-3-yl]-, äthylester 6433
—, [3-Hydroxy-5-oxo-4-phenyl-4,5-
dihydro-[2]furyl]-phenyl-, methylester
6098
Furan-2-carbonsäure, 2-Benzyl-4,5-dioxo-
3-phenyl-tetrahydro-, methylester 6098
Furan-3-carbonsäure, 2,4-Dioxo-5,5-
diphenyl-tetrahydro-, äthylester 6096
2-Oxa-norbornan-4-carbonsäure,
6-Hydroxy-3-oxo-1,6-diphenyl- 6438
Phenanthren-1,2-dicarbonsäure,
1-Methoxycarbonylmethyl-1,2,3,4-
tetrahydro-, anhydrid 6099
Pyran-3-carbonsäure, 2-Methyl-5-
[1]naphthyl-4,6-dioxo-5,6-dihydro-4*H*-,
äthylester 6097

$C_{19}H_{16}O_5S$

Benzo[*b*]cyclohepta[*d*]thiophen-7,9-
dicarbonsäure, 8-Oxo-8*H*-,
diäthylester 6190

$C_{19}H_{16}O_6$

Benzo[*h*]chromen-3-carbonsäure,
6-Acetoxy-5-methyl-2-oxo-2*H*-,
äthylester 6417
Benzoesäure, 2-[3,7-Dimethoxy-4-oxo-
4*H*-chromen-2-yl]-, methylester 6554
Benzofuran-2-carbonsäure,
3-[2,4-Dimethoxy-benzoyl]-,
methylester 6560
Brenztraubensäure, [6-Methoxy-3-(3-
methoxy-phenyl)-benzofuran-2-yl]-
6561
—, [6-Methoxy-3-(4-methoxy-phenyl)-
benzofuran-2-yl]- 6562
Chromen-2-carbonsäure, 7-Hydroxy-3-
[4-methoxy-phenyl]-4-oxo-4*H*-,
äthylester 6556
Chromen-3-carbonsäure, 7-Hydroxy-4-
[4-methoxy-phenyl]-2-oxo-2*H*-,
äthylester 6559
Essigsäure, [3-Hydroxy-4-(4-methoxy-
phenyl)-5-oxo-2,5-dihydro-
[2]furyl]-phenyl- 6562
Furan-2-carbonsäure, 2-Acetoxy-5-oxo-3,3-
diphenyl-tetrahydro- 6420
Furan-3-carbonsäure, 3-Acetoxy-2-oxo-5,5-
diphenyl-tetrahydro- 6420
Malonsäure, [3-Oxo-3*H*-benz[*de*]≠
isochromen-1-yliden]-, diäthylester
6191

$C_{19}H_{16}O_7$

Benzofuran-2-carbonsäure, 3-[2,4,6-
Trimethoxy-benzoyl]- 6642
Benzofuran-3-carbonsäure, 6-Methoxy-2-
veratroyl- 6642
Chromen-2-carbonsäure, 5,7-Dihydroxy-3-
[2-methoxy-phenyl]-4-oxo-4*H*-,
äthylester 6639
—, 5,7-Dihydroxy-3-[4-methoxy-
phenyl]-4-oxo-4*H*-, äthylester 6640
—, 7-Hydroxy-3-[4-hydroxy-phenyl]-
5-methoxy-4-oxo-4*H*-, äthylester 6640
Essigsäure, [5-Hydroxy-7-methoxy-2-(4-
methoxy-phenyl)-4-oxo-4*H*-chromen-6-
yl]- 6643
—, [5-Hydroxy-7-methoxy-2-(4-
methoxy-phenyl)-4-oxo-4*H*-chromen-8-
yl]- 6643
Xanthen-1-carbonsäure, 8-Acetoxy-3-
methoxy-6-methyl-9-oxo-, methylester
6549

$C_{19}H_{16}O_8$

Benzofuran-2-carbonsäure, 3-[2-Hydroxy-
4,6-dimethoxy-benzoyl]-6-methoxy-
6675

$C_{19}H_{16}O_8$ (Fortsetzung)

Benzofuran-2-carbonsäure, 3-[2-Hydroxy-4,6-dimethoxy-benzoyl]-7-methoxy- 6676

Chromen-2-carbonsäure, 5,7-Dihydroxy-3-[4-hydroxy-phenyl]-8-methoxy-4-oxo-4H-, äthylester 6675

$C_{19}H_{16}O_9$

Biphenyl-2,3,2'-tricarbonsäure, 5,6,5',6'-Tetramethoxy-, 2,3-anhydrid 6686

$C_{19}H_{17}NO_4$

Essigsäure, [6-Äthyl-7-hydroxy-2-oxo-2H-chromen-4-yl]-, anilid 6385

—, [7-Methoxy-4-methyl-2-oxo-2H-chromen-3-yl]-, anilid 6375

$C_{19}H_{17}NO_6$

Propionsäure, 2-Hydroxyimino-3-[6-methoxy-3-(4-methoxy-phenyl)-benzofuran-2-yl]- 6562

$C_{19}H_{17}N_3O_5$

Furan-2-carbonsäure, 5-Acetylamino-4-[2-hydroxy-[1]naphthylazo]-, äthylester 5984

—, 5-Acetylimino-4-[2-hydroxy-[1]naphthylhydrazono]-4,5-dihydro-, äthylester 5984

$C_{19}H_{18}N_2O_4$

Furan-2,3-dicarbonsäure, 4-Methyl-5-oxo-tetrahydro-, dianilid 6118

$C_{19}H_{18}N_4O_8$

Chroman-6-carbonsäure, 4-[2,4-Dinitro-phenylhydrazono]-5-hydroxy-2,2-dimethyl-, methylester 6324

—, 4-[2,4-Dinitro-phenylhydrazono]-7-hydroxy-2,2-dimethyl-, methylester 6324

$C_{19}H_{18}O_5$

Essigsäure, [4-(4-Methoxy-phenyl)-6-methyl-2-oxo-chroman-4-yl]- 6423

—, [4-(4-Methoxy-phenyl)-7-methyl-2-oxo-chroman-4-yl]- 6423

Furan-2-carbonsäure, 2-Benzyl-4-hydroxy-5-oxo-3-phenyl-tetrahydro-, methylester 6422

—, 2-Methoxy-5-oxo-3,3-diphenyl-tetrahydro-, methylester 6421

Furan-3-carbonsäure, 3-Hydroxy-2-oxo-5,5-di-p-tolyl-tetrahydro- 6424

Isochromen-7-carbonsäure, 8-Hydroxy-3,4,5-trimethyl-6-oxo-1-phenyl-4,6-dihydro-3H- 6425

Pyran-3-carbonsäure, 5-Hydroxymethyl-6-oxo-3,5-diphenyl-tetrahydro- 6423

$C_{19}H_{18}O_6$

Benzo[h]chromen-3-carbonsäure, 6-Acetoxy-5-methyl-2-oxo-3,4-dihydro-2H-, äthylester 6410

Chroman-5-carbonsäure, 7,8-Dimethoxy-2-oxo-4-phenyl-, methylester 6550

Essigsäure, [7-Hydroxy-4-(2-methoxy-5-methyl-phenyl)-2-oxo-chroman-4-yl]- 6552

$C_{19}H_{18}O_7$

Pyran-3-carbonsäure, 4-Acetoxy-2-[4-methoxy-styryl]-6-oxo-6H-, äthylester 6541

—, 6-Acetoxy-2-[4-methoxy-styryl]-4-oxo-4H-, äthylester 6541

Xanthen-4-carbonsäure, 3,5,7-Trimethoxy-1-methyl-9-oxo-, methylester 6636

$C_{19}H_{18}O_8$

Spiro[benzofuran-2,1'-cyclopent-2'-en]-3'-carbonsäure, 7-Acetyl-6-hydroxy-4-methoxy-5,2'-dimethyl-3,4'-dioxo-3H-, methylester 6674

$C_{19}H_{18}O_9$

Xanthen-1-carbonsäure, 3,4,5,6,7-Pentamethoxy-9-oxo- 6686

$C_{19}H_{18}O_{10}$

Benzofuran-7-carbonsäure, 3,4,6-Triacetoxy-5-acetyl-, äthylester 6600

$C_{19}H_{18}O_{13}$

Norborn-2-en-1,2,3,4,5,6,7-heptacarbonsäure-5,6-anhydrid-1,2,3,4,7-pentamethylester 6262

$C_{19}H_{19}ClO_7$

Spiro[benzofuran-2,1'-cyclohex-2'-en]-3'-carbonsäure, 7-Chlor-4,6-dimethoxy-2'-methyl-3,4'-dioxo-3H-, äthylester 6630

$C_{19}H_{19}NO_5S$

Chromen-3-sulfonsäure, 6-Äthyl-7-methoxy-4-methyl-2-oxo-2H-, anilid 6757

Chromen-8-sulfonsäure, 6-Äthyl-7-hydroxy-3,4-dimethyl-2-oxo-2H-, anilid 6759

$C_{19}H_{19}NO_6$

Buttersäure, 2-Cyan-2-[7-methoxy-2-oxo-2H-chromen-6-carbonyl]-3-methyl-, äthylester 6672

$C_{19}H_{19}NO_8$

1-Oxa-spiro[4.5]dec-3-en-4-carbonsäure, 3-[4-Nitro-benzoyloxy]-2-oxo-, äthylester 6296

$C_{19}H_{19}N_3O_4$

Benzoesäure, 3-[1-Cyan-2-[2]furyl-2-oxo-äthylidenhydrazino]-4-[1-methyl-butyl]- 6009

$C_{19}H_{20}N_2O_4$

Isochromen-7-carbonsäure, 8-Hydroxy-3,4,5-trimethyl-6-oxo-4,6-dihydro-3H-, [N'-phenyl-hydrazid] 6331

$C_{19}H_{20}N_2O_5$

Essigsäure, [7-Methoxy-2-oxo-2H-chromen-4-yl]-, [3-methyl-5-oxo-cyclohexylidenhydrazid] 6356

C₁₉H₂₀N₂O₈

Dioxim $C_{19}H_{20}N_2O_8$ aus 7-Acetyl-6-
hydroxy-4-methoxy-5,2'-dimethyl-3,4'-
dioxo-3H-spiro[benzofuran-2,1'-
cyclopent-2'-en]-3'-carbonsäure-
methylester 6674

C₁₉H₂₀O₅

Dibenzofuran-2-carbonsäure, 7-Methoxy-
1,6,9b-trimethyl-3-oxo-3,9b-dihydro-,
äthylester 6411

Spiro[benzofuran-2,1'-cyclohex-2'-en]-3'-
carbonsäure, 6-Methoxy-2'-methyl-3-
methylen-4'-oxo-3H-, äthylester 6411

Spiro[benzofuran-2,1'-cyclopent-2'-en]-3'-
carbonsäure, 6-Methoxy-7,2'-dimethyl-
3-methylen-4'-oxo-3H, äthylester 6411

C₁₉H₂₀O₆

Spiro[benzofuran-2,1'-cyclopent-2'-en]-3'-
carbonsäure, 4,6-Dimethoxy-5,2'-
dimethyl-3-methylen-4'-oxo-3H-,
methylester 6542

—, 4,6-Dimethoxy-7,2'-dimethyl-3-
methylen-4'-oxo-3H-, methylester 6542

C₁₉H₂₀O₇

Gibb-3-en-1,10-dicarbonsäure,
4a,7-Dihydroxy-1-methyl-2,8-dioxo-,
1→4a-lacton-10-methylester 6631

C₁₉H₂₀O₈

Chromen-3-carbonsäure,
5-Äthoxycarbonylmethoxy-2-oxo-6-
propionyl-2H-, äthylester 6529

Essigsäure, [7,8-Diacetoxy-6-äthyl-2-oxo-
2H-chromen-4-yl]-, äthylester 6510

C₁₉H₂₁BrO₆

Gibb-3-en-1,10-dicarbonsäure,
7-Brommethyl-2,4a-dihydroxy-1-
methyl-8-oxo-, 1→4a-lacton 6532

Verbindung $C_{19}H_{21}BrO_6$ aus
2,4a,7-Trihydroxy-1-methyl-8-methylen-
gibb-3-en-1,10-dicarbonsäure-1→4a-
lacton 6533

C₁₉H₂₁NO₇

1-Oxa-spiro[4.5]dec-3-en-4-carbonsäure,
3-[4-Nitro-benzyloxy]-2-oxo-,
äthylester 6295

C₁₉H₂₁NO₁₀

1,4-Äthano-5,8-ätheno-isochromen-6,7,11-
tricarbonsäure, 8a-Nitro-3-oxo-
octahydro-, trimethylester 6248

6,9-Ätheno-1,4-methano-benz[c]oxepin-
5,7,8-tricarbonsäure, 9a-Nitro-3-oxo-
octahydro-, trimethylester 6248

C₁₉H₂₂O₅

Essigsäure, [4-Acetonyl-5-oxo-2-(1,2,3,4-
tetrahydro-[2]naphthyl)-tetrahydro-
[2]furyl]- 6080

—, [7-Methoxy-1-methyl-12-oxo-
1,3,4,9,10,10a-hexahydro-2H-4a,1-
oxaäthano-phenanthren-2-yl]- 6407

Gibb-2-en-1,10-dicarbonsäure,
4a,7-Dihydroxy-1-methyl-8-methylen-,
1→4a-lacton 6407

—, 4a-Hydroxy-1,7-dimethyl-8-oxo-,
1-lacton 6080

Pyran-3-carbonsäure, 2-Methyl-5-
[2-methyl-1-phenyl-propyl]-4,6-dioxo-
5,6-dihydro-4H-, äthylester 6080

C₁₉H₂₂O₆

Buttersäure, 2-Acetyl-3-[7-methoxy-4-
methyl-2-oxo-2H-chromen-3-yl]-,
äthylester 6531

Decansäure, 10-[2,4-Dioxo-chroman-3-yl]-
10-oxo- 6181

Essigsäure, [7-Acetoxy-4-methyl-2-oxo-6-
propyl-2H-chromen-3-yl]-, äthylester
6397

Gibban-1,10-dicarbonsäure, 4a-Hydroxy-
1,7-dimethyl-2,8-dioxo-, 1-lacton
6182

Gibb-3-en-1,10-dicarbonsäure, 2,4a,7-
Trihydroxy-1-methyl-8-methylen-,
1→4a-lacton 6533

Propionsäure, 3-[3,4-Dimethoxy-6-oxo-
7,8,9,10-tetrahydro-6H-benzo[c]⁼
chromen-1-yl]-, methylester 6532

14,15-Seco-18-homo-D-nor-androst-4-en-
15,18a-disäure, 11-Hydroxy-3,14-
dioxo-, 18a-lacton 6181

Valeriansäure, 2-Acetyl-5-[6-methoxy-3-
methyl-benzofuran-2-yl]-3-oxo-,
äthylester 6411

C₁₉H₂₂O₇

Acetessigsäure, 4-[7-Acetyl-4,6-dihydroxy-
3,5-dimethyl-benzofuran-2-yl]-2-methyl-,
äthylester 6625

Gibb-3-en-1,10-dicarbonsäure, 2,4a,7-
Trihydroxy-1-methyl-8-oxo-, 1→4a-
lacton-10-methylester 6626

Hex-4-ensäure, 6-[4-Acetoxy-6-methoxy-7-
methyl-3-oxo-phthalan-5-yl]-4-methyl-
6513

Verbindung $C_{19}H_{22}O_7$ aus
2,4a-Dihydroxy-1,7-dimethyl-8-oxo-
gibban-1,10-dicarbonsäure-1→4a-
lacton 6514

C₁₉H₂₂O₈

1,4-Ätheno-4a,8-oxaäthano-naphthalin-
2,3,7-tricarbonsäure, 9-Oxo-octahydro-,
trimethylester 6248

Buttersäure, 4-[7,8-Dimethoxy-3-
methoxycarbonylmethyl-2-oxo-
2H-chromen-4-yl]-, methylester 6667

Essigsäure, [2-Hydroxy-9-
methoxycarbonyl-1-methyl-7,11-dioxo-
1,2,5,6,7,8,9,9a-octahydro-4bH-4a,1-
oxaäthano-fluoren-8a-yl]- 6667

$C_{19}H_{22}O_8$ (Fortsetzung)
Verbindung $C_{19}H_{22}O_8$ aus einer
Verbindung $C_{20}H_{24}O_7$ s. bei
2-Hydroxy-8a-methoxycarbonylmethyl-
1-methyl-7-oxo-decahydro-4a,1-
oxaäthano-fluoren-9-carbonsäure-
methylester 6658

$C_{19}H_{22}O_9$
Äthan-1,1,2-tricarbonsäure, 1-[4-Methoxy-
1-methyl-3-oxo-phthalan-1-yl]-,
1,1-diäthylester 6683
1,4-Ätheno-4a,8-oxaäthano-naphthalin-
2,3,7-tricarbonsäure, 5-Hydroxy-9-oxo-
octahydro-, trimethylester 6683

$C_{19}H_{23}BrO_6$
Gibban-1,10-dicarbonsäure,
7-Brommethyl-2,4a-dihydroxy-1-
methyl-8-oxo-, 1→4a-lacton 6516
Verbindung $C_{19}H_{23}BrO_6$ aus
2,4a-Dihydroxy-1,7-dimethyl-8-oxo-
gibban-1,10-dicarbonsäure-1→4a-
lacton 6514

$C_{19}H_{23}ClO_6$
Apotrichothec-9-en-13-säure, 2-Chlor-4-
crotonoyloxy-8-oxo- 6310

$C_{19}H_{23}NO_5$
Decansäure, 10-[2,4-Dioxo-chroman-3-yl]-
10-oxo-, amid 6181

$C_{19}H_{23}N_3O_7$
Semicarbazon $C_{19}H_{23}N_3O_7$ aus
4-[7-Acetyl-4,6-dihydroxy-3,5-dimethyl-
benzofuran-2-yl]-acetessigsäure-
äthylester 6624

$C_{19}H_{23}N_3O_7S$
Buttersäure, 4-[6-Äthoxy-4,7-dimethoxy-
benzofuran-5-yl]-4-oxo-2-
thiosemicarbazono-, äthylester 6666

$C_{19}H_{24}N_2O_4$
Decansäure, 10-Amino-10-[2,4-dioxo-
chroman-3-yliden]-, amid 6181
—, 10-[2,4-Dioxo-chroman-3-yl]-10-
imino-, amid 6181

$C_{19}H_{24}O_5$
Essigsäure, [6-Butyl-7-methoxy-4-methyl-
2-oxo-2H-chromen-3-yl]-, äthylester
6397
Gibban-1,10-dicarbonsäure, 2,4a-
Dihydroxy-1-methyl-8-methylen-,
1→4a-lacton 6398

$C_{19}H_{24}O_6$
Gibban-1,10-dicarbonsäure, 2,4a-
Dihydroxy-1,7-dimethyl-8-oxo-, 1→4a-
lacton 6514
—, 4a,7-Dihydroxy-1,8-dimethyl-2-
oxo-, 1→4a-lacton 6518
—, 2,4a,7-Trihydroxy-1-methyl-8-
methylen-, 1→4a-lacton 6516

Hex-4-ensäure, 6-[4,6-Dimethoxy-7-methyl-
3-oxo-phthalan-5-yl]-4-methyl-,
methylester 6513
Verbindung $C_{19}H_{24}O_6$ aus
2,4a,7-Trihydroxy-1-methyl-8-methylen-
gibban-1,10-dicarbonsäure-1→4a-
lacton-10-methylester 6517

$C_{19}H_{24}O_7$
Gibban-1,10-dicarbonsäure, 2,4a,7-
Trihydroxy-1-methyl-8-oxo-, 1→4a-
lacton-10-methylester 6606
Verbindung $C_{19}H_{24}O_7$ aus
2,4a,7-Trihydroxy-1-methyl-8-methylen-
gibb-3-en-1,10-dicarbonsäure-1→4a-
lacton 6533

$C_{19}H_{24}O_8$
Essigsäure, [2-Hydroxy-9-
methoxycarbonyl-1-methyl-7,11-dioxo-
octahydro-4a,1-oxaäthano-fluoren-8a-
yl]- 6657

$C_{19}H_{25}NO_5$
Essigsäure, [7-Methoxy-2-oxo-
2H-chromen-4-yl]-, [3-diäthylamino-
propylester] 6355

$C_{19}H_{26}N_2O_4$
Essigsäure, [7-Methoxy-2-oxo-
2H-chromen-4-yl]-, [3-diäthylamino-
propylamid] 6355
Furan-3-carbonsäure, 2-Hexyl-5-oxo-4-
phenylhydrazono-tetrahydro-,
äthylester 5982

$C_{19}H_{26}N_2O_5$
Pyran-3,5-dicarbonsäure, 2,6-Dimethyl-4-
phenylhydrazono-tetrahydro-,
diäthylester 6121

$C_{19}H_{26}O_5$
16-Nor-rosan-15,19-disäure, 10-Hydroxy-6-
oxo-, 19-lacton 6045
—, 10-Hydroxy-7-oxo-, 19-lacton
6044
4-Oxa-androstan-5-carbonsäure, 3,17-
Dioxo- 6044

$C_{19}H_{26}O_6$
Gibban-1,10-dicarbonsäure, 2,4a,7-
Trihydroxy-1,8-dimethyl-, 1→4a-
lacton 6481
—, 2,4a,8-Trihydroxy-1,8-dimethyl-,
1→4a-lacton 6482

$C_{19}H_{26}O_6S$
Cyclohexan-1,3-dicarbonsäure, 2-[5-Äthyl-
[2]thienyl]-4-hydroxy-4-methyl-6-oxo-,
diäthylester 6587
—, 2-[2,5-Dimethyl-[3]thienyl]-4-
hydroxy-4-methyl-6-oxo-, diäthylester
6588
Glutarsäure, 2,4-Diacetyl-3-[5-äthyl-
[2]thienyl]-, diäthylester 6217
—, 2,4-Diacetyl-3-[2,5-dimethyl-
[3]thienyl]-, diäthylester 6217

$C_{19}H_{26}O_7$
4a,9a-[1]Oxapropano-fluoren-8,9-
dicarbonsäure, 7-Hydroxy-8-methyl-11-
oxo-decahydro-, 9-methylester 6588
$C_{19}H_{26}O_8$
Verbindung $C_{19}H_{26}O_8$ aus
2,4a,7-Trihydroxy-1-methyl-8-methylen-
gibb-3-en-1,10-dicarbonsäure-1→4a-
lacton-10-methylester 6534
$C_{19}H_{27}BrO_6$
Apotrichothecan-13-säure, 2-Brom-4-
butyryloxy-8-oxo- 6305
$C_{19}H_{27}ClO_6$
Apotrichothecan-13-säure, 4-Butyryloxy-2-
chlor-8-oxo- 6305
$C_{19}H_{27}NO_5$
16-Nor-rosan-15,19-disäure, 10-Hydroxy-7-
hydroxyimino-, 19-lacton 6044
Verbindung $C_{19}H_{27}NO_5$ aus 2-Hexyl-4,5-
dioxo-tetrahydro-furan-3-carbonsäure-
äthylester 5982
$C_{19}H_{28}ClNO_5$
Apotrichothecan-13-säure, 4-Butyryloxy-2-
chlor-8-oxo-, amid 6305
$C_{19}H_{28}O_5$
Naphth[1,2-d]oxepin-8-carbonsäure,
5a,8,11a-Trimethyl-2,4-dioxo-
tetradecahydro-, methylester 6030
Naphth[2,1-c]oxepin-8-carbonsäure,
5a,8,11a-Trimethyl-3,5-dioxo-
tetradecahydro-, methylester 6030
16-Nor-rosan-15,19-disäure, 6,10-
Dihydroxy-, 19→10-lacton 6311
Octansäure, 2-Acetyl-3-[2]furyl-7-methyl-5-
oxo-, butylester 6027
2,3-Seco-androstan-2,3-disäure, 5,17-
Dihydroxy-, 2→5-lacton 6310
$C_{19}H_{28}O_5S$
Hexansäure, 6-[5-(8-Carboxy-octyl)-
[2]thienyl]-6-oxo- 6153
$C_{19}H_{28}O_6$
Nonandisäure, 2-[5-Methyl-furan-2-
carbonyl]-, diäthylester 6151
14,15,16-Trinor-labdan-13,19-disäure,
6-Acetoxy-9-hydroxy-, 13-lacton 6307
$C_{19}H_{32}O_6$
Furan-3,4-dicarbonsäure, 2-Oxo-5-tridecyl-
tetrahydro- 6126

C_{20}

$C_{20}H_8Cl_2O_6$
Benzoesäure, 3,6-Dichlor-2-[1,3-dioxo-
1H,3H-benz[de]isochromen-6-carbonyl]-
6196

$C_{20}H_{10}O_5S_2$
Acenaphthen-3-sulfonsäure, 2-Oxo-1-
[3-oxo-3H-benzo[b]thiophen-2-yliden]-
6750
Acenaphthen-5-sulfonsäure, 2-Oxo-1-
[3-oxo-3H-benzo[b]thiophen-2-yliden]-
6750
$C_{20}H_{10}O_6$
Benzoesäure, 2-[1,3-Dioxo-1H,3H-benz[de]≠
isochromen-6-carbonyl]- 6196
—, 2-[2,5,6-Trioxo-5,6-dihydro-
2H-benzo[h]chromen-4-yl]- 6196
$C_{20}H_{12}ClNO_8$
[2]Naphthoesäure, 6-[7-Chlor-4-hydroxy-1-
methyl-3-oxo-phthalan-1-yl]-3,8-
dihydroxy-1,4-dioxo-1,4-dihydro-,
amid 6690
$C_{20}H_{12}N_4O_2S$
Thiophen-3,4-dicarbonitril, 2,5-Bis-
benzoylamino- 6200
—, 2,5-Bis-benzoylimino-tetrahydro-
6200
$C_{20}H_{12}O_7$
Anhydrid, [6-Acetoxy-2-oxo-2H-anthra≠
[9,1-bc]furan-5-carbonsäure]-essigsäure-
6439
Dibenzofuran, 2,8-Bis-[3-carboxy-acryloyl]-
6235
Essigsäure, [1-(3-Hydroxy-1,4-dioxo-1,4-
dihydro-[2]naphthyl)-3-oxo-phthalan-1-
yl]- 6649
Phenanthren-1,8,9,10-tetracarbonsäure-
9,10-anhydrid-1,8-dimethylester 6235
Xanthen-3-carbonsäure, 1,4-Dihydroxy-9-
oxo-2-phenoxy- 6633
$C_{20}H_{14}O_5$
Buttersäure, 4-Oxo-2-[2-oxo-5-phenyl-
[3]furyliden]-4-phenyl- 6105
Crotonsäure, 4-Oxo-4-[5-oxo-4-phenyl-2,5-
dihydro-[2]furyl]-2-phenyl- 6105
Essigsäure, [13,15-Dioxo-9,10,12,13-
tetrahydro-9,10-furo[3,4]ätheno-
anthracen-11-yl]- 6106
$C_{20}H_{14}O_6$
Acrylsäure, 3-[3-Acetoxy-phenyl]-2-[2-oxo-
2H-chromen-3-yl]- 6440
—, 3-[4-Acetoxy-phenyl]-2-[2-oxo-
2H-chromen-3-yl]- 6441
Furo[3,2-c]chromen-2,4-dion, 3-[3-Acetoxy-
benzyliden]-3a,9b- dihydro-3H- 6440
—, 3-[4-Acetoxy-benzyliden]-3a,9b-
dihydro-3H- 6441
$C_{20}H_{14}O_6S$
Benzo[h]chromen-6-sulfonsäure,
2-[2-Methoxy-phenyl]-4-oxo-4H- 6761
$C_{20}H_{15}NO_8$
Benzoesäure, 4-[4,5-Dihydroxy-9-methyl-3-
oxo-1,3-dihydro-naphtho[2,3-c]furan-1-
yl]-2,3,6-trihydroxy-, amid 6689

$C_{20}H_{15}NO_8$ (Fortsetzung)

Chromen-2-carbonsäure, 7-Acetoxy-3-
[4-nitro-phenyl]-4-oxo-4H-, äthylester
6427

$C_{20}H_{15}N_3O_7$

Buttersäure, 4-Benzofuran-2-yl-3-[4-nitro-
phenylhydrazono]-2,4-dioxo-,
äthylester 6185

$C_{20}H_{15}N_3O_{12}$

s. bei $[C_{14}H_{13}O_5]^+$

$C_{20}H_{16}BrN_3O_3$

Propionsäure, 2-[4-Brom-
phenylhydrazono]-3-[5-methyl-
[2]furyl]-3-oxo-, anilid 6012
—, 3-[5-Methyl-[2]furyl]-3-oxo-2-
phenylhydrazono-, [4-brom-anilid] 6013

$C_{20}H_{16}ClNO_8$

[2]Naphthoesäure, 6-[7-Chlor-4-hydroxy-1-
methyl-3-oxo-phthalan-1-yl]-1,3,4-
trihydroxy-8-oxo-5,6,7,8-tetrahydro-,
amid 6688

$C_{20}H_{16}ClN_3O_3$

Propionsäure, 2-[3-Chlor-
phenylhydrazono]-3-[5-methyl-
[2]furyl]-3-oxo-, anilid 6012
—, 2-[4-Chlor-phenylhydrazono]-3-
[5-methyl-[2]furyl]-3-oxo-, anilid 6012
—, 3-[5-Methyl-[2]furyl]-3-oxo-2-
phenylhydrazono-, [3-chlor-anilid] 6012
—, 3-[5-Methyl-[2]furyl]-3-oxo-2-
phenylhydrazono-, [4-chlor-anilid]
6012

$C_{20}H_{16}Cl_2N_2O_4$

Crotonsäure, 4-[4-Chlor-anilino]-4-
hydroxy-4-[5-oxo-2,5-dihydro-[2]furyl]-,
[4-chlor-anilid] 6012

$C_{20}H_{16}N_2O_9$

Furan-2-carbonsäure, 4-Methoxy-2-
[4-nitro-benzyl]-3-[4-nitro-phenyl]-5-
oxo-2,5-dihydro-, methylester 6436

$C_{20}H_{16}N_2O_{11}$

Furan-2,3-dicarbonsäure, 3-Hydroxy-5-
oxo-tetrahydro-, bis-[4-nitro-
benzylester] 6577

$C_{20}H_{16}O_5$

Acrylsäure, 3-[2-Methoxy-4-methyl-phenyl]-
3-[2-oxo-2H-chromen-3-yl]- 6444
—, 3-[2-Methoxy-5-methyl-phenyl]-3-
[2-oxo-2H-chromen-3-yl]- 6443
—, 3-[4-Methoxy-3-methyl-phenyl]-3-
[2-oxo-2H-chromen-3-yl]- 6442
—, 3-[4-Methoxy-phenyl]-3-[2-oxo-
2H-chromen-3-yl]-, methylester 6441
Essigsäure, [3,5-Dioxo-4-phenyl-dihydro-
[2]furyliden]-phenyl-, äthylester 6101
—, [3-Methoxy-5-oxo-4-phenyl-5H-
[2]furyliden]-phenyl-, methylester 6439

$C_{20}H_{16}O_6$

Chromen-2-carbonsäure, 7-Acetoxy-4-oxo-
3-phenyl-4H-, äthylester 6427
Chromen-3-carbonsäure, 5-Hydroxy-2-oxo-6-
phenylacetyl-2H-, äthylester
6566
Chromen-6-carbonsäure, 7-Benzoyloxy-
3,4-dimethyl-2-oxo-2H-, methylester
6377
Essigsäure, [3-Hydroxy-4-(4-methoxy-
phenyl)-5-oxo-5H-[2]furyliden]-phenyl-,
methylester 6563
—, [3-Hydroxy-5-oxo-4-phenyl-5H-
[2]furyliden]-[2-methoxy-phenyl]-,
methylester 6564
—, [3-Hydroxy-5-oxo-4-phenyl-5H-
[2]furyliden]-[4-methoxy-phenyl]-,
methylester 6565

$C_{20}H_{16}O_6S$

Benzo[h]chromen-6-sulfonsäure,
2-[4-Methoxy-phenyl]-4-oxo-3,4-
dihydro-2H- 6761

$C_{20}H_{16}O_7$

Buttersäure, 2-[4-Hydroxy-2-oxo-
2H-chromen-3-yl]-4-[2-hydroxy-phenyl]-
4-oxo-, methylester 6647
Essigsäure, [4-Methoxy-phenyl]-[4-(4-
methoxy-phenyl)-3,5-dioxo-dihydro-
[2]furyliden]- 6647

$C_{20}H_{16}O_8$

Chroman-5-carbonsäure, 7,8-Diacetoxy-2-
oxo-4-phenyl- 6550
Xanthen-1-carbonsäure, 2,8-Diacetoxy-6-
methyl-9-oxo-, methylester 6548
—, 3,8-Diacetoxy-6-methyl-9-oxo-,
methylester 6549

$C_{20}H_{17}BrO_8$

Benzoesäure, 2-Acetoxy-5-brom-3-
[4,5-dimethoxy-3-oxo-phthalan-1-yl]-,
methylester 6634

$C_{20}H_{17}NO_4$

Propionitril, 3-[5-Dimethoxymethyl-3-
phenyl-benzofuran-2-yl]-3-oxo- 6103

$C_{20}H_{17}NO_5$

Acetonitril, [5,7-Dimethoxy-2-(4-methoxy-
phenyl)-4-oxo-4H-chromen-6-yl]- 6643
—, [5,7-Dimethoxy-2-(4-methoxy-
phenyl)-4-oxo-4H-chromen-8-yl]- 6644

$C_{20}H_{17}NO_8$

Cyclohex-1-encarbonsäure,
4-[4,5-Dihydroxy-9-methyl-3-oxo-1,3-
dihydro-naphtho[2,3-c]furan-1-yl]-2,5-
dihydroxy-6-oxo-, amid 6688

$C_{20}H_{17}N_3O_3$

Propionsäure, 3-[2]Furyl-3-oxo-2-
phenylhydrazono-, o-toluid 6004
—, 3-[2]Furyl-3-oxo-2-
phenylhydrazono-, p-toluid 6005

$C_{20}H_{17}N_3O_3$ (Fortsetzung)

Propionsäure, 3-[2]Furyl-3-oxo-2-
o-tolylhydrazono-, anilid 6002
—, 3-[2]Furyl-3-oxo-2-
p-tolylhydrazono-, anilid 6002
—, 3-[5-Methyl-[2]furyl]-3-oxo-2-
phenylhydrazono-, anilid 6012

$C_{20}H_{17}N_3O_4$

Propionsäure, 3-[2]Furyl-2-[2-methoxy-
phenylhydrazono]-3-oxo-, anilid 6003
—, 3-[2]Furyl-2-[4-methoxy-
phenylhydrazono]-3-oxo-, anilid 6003
—, 3-[2]Furyl-3-oxo-2-
phenylhydrazono-, o-anisidid 6006
—, 3-[2]Furyl-3-oxo-2-
phenylhydrazono-, p-anisidid 6007

$C_{20}H_{17}N_3O_7$

Phenylhydrazon $C_{20}H_{17}N_3O_7$ aus
6-Formyl-8-methoxy-5-nitro-2-oxo-
2H-chromen-3-carbonsäure-äthylester
oder 6-Formyl-8-methoxy-7-nitro-2-
oxo-2H-chromen-3-carbonsäure-
äthylester 6525

$C_{20}H_{18}ClNO_7$

[2]Naphthoesäure, 6-[7-Chlor-4-hydroxy-1-
methyl-3-oxo-phthalan-1-yl]-3,8-
dihydroxy-1-oxo-1,4,4a,5,6,7-
hexahydro-, amid 6677

$C_{20}H_{18}ClNO_8$

[2]Naphthoesäure, 6-[7-Chlor-4-hydroxy-1-
methyl-3-oxo-phthalan-1-yl]-3,8a-
dihydroxy-1,8-dioxo-1,4,4a,5,6,7,8,8a-
octahydro-, amid 6688

$C_{20}H_{18}ClNO_9$

Buttersäure, 4-[4-Carbamoyl-2,3,5-
trihydroxy-phenyl]-3-[7-chlor-4-
hydroxy-1-methyl-3-oxo-phthalan-1-yl]-
6692

$C_{20}H_{18}N_2O_4$

Essigsäure, [7-Methoxy-2-oxo-
2H-chromen-4-yl]-, [1-phenyl-
äthylidenhydrazid] 6356

$C_{20}H_{18}N_2O_5$

Chromen-3-carbonsäure, 8-Methoxy-2-
oxo-6-[phenylhydrazono-methyl]-2H-,
äthylester 6524

$C_{20}H_{18}N_4O_9$

Benzofuran-2-carbonsäure, 7-[1-(2,4-
Dinitro-phenylhydrazono)-äthyl]-6-
hydroxy-4-methoxy-, äthylester 6503

$C_{20}H_{18}O_5$

Chromen-3-carbonsäure, 6-Benzyl-8-
methoxy-2-oxo-2H-, äthylester 6433
Chromen-6-carbonsäure, 3-Benzyl-7-
methoxy-4-methyl-2-oxo-2H-,
methylester 6437
Furan-2-carbonsäure, 2-Benzyl-4-methoxy-
5-oxo-3-phenyl-2,5-dihydro-,
methylester 6436

Pyran-2-carbonsäure, 3,4-Dibenzyl-5,6-
dioxo-tetrahydro- 6100

$C_{20}H_{18}O_6$

Chromen-2-carbonsäure, 5,7-Dimethoxy-4-
oxo-3-phenyl-4H-, äthylester 6555
—, 7-Methoxy-3-[2-methoxy-phenyl]-
4-oxo-4H-, äthylester 6555
Chromen-4-carbonsäure, 5,7-Dimethoxy-2-
oxo-3-phenyl-2H-, äthylester 6559
—, 7,8-Dimethoxy-2-oxo-3-phenyl-
2H-, äthylester 6560
Furan-2-carbonsäure, 4-Acetoxy-2-benzyl-
5-oxo-3-phenyl-tetrahydro- 6422
Furan-3-carbonsäure, 3-Acetoxy-2-oxo-5,5-
diphenyl-tetrahydro-, methylester 6420

$C_{20}H_{18}O_7$

Benzofuran-2-carbonsäure, 3-[2,4,6-
Trimethoxy-benzoyl]-, methylester
6642
Brenztraubensäure, [3-(3,4-Dimethoxy-
phenyl)-6-methoxy-benzofuran-2-yl]-
6645
Chromen-2-carbonsäure, 5,7-Dihydroxy-3-
[4-methoxy-phenyl]-6-methyl-4-oxo-
4H-, äthylester 6644
—, 5,7-Dihydroxy-3-[4-methoxy-
phenyl]-8-methyl-4-oxo-4H-,
äthylester 6645
Essigsäure, [7-Acetoxy-4-(4-methoxy-
phenyl)-2-oxo-chroman-4-yl]- 6551
—, [5,7-Dimethoxy-2-(4-methoxy-
phenyl)-4-oxo-4H-chromen-6-yl]- 6643
—, [5,7-Dimethoxy-2-(4-methoxy-
phenyl)-4-oxo-4H-chromen-8-yl]- 6643
Furan-2-carbonsäure, 2-[4-Methoxy-
benzyl]-3-[4-methoxy-phenyl]-4,5-dioxo-
tetrahydro- 6645
Pyran-2-carbonsäure, 6-[5-(4-Methoxy-
phenyl)-3-oxo-pent-4-enoyl]-4-oxo-4H-,
äthylester 6642

$C_{20}H_{18}O_8$

Benzofuran-2-carbonsäure, 6-Methoxy-3-
[2,4,6-trimethoxy-benzoyl]- 6675
—, 7-Methoxy-3-[2,4,6-trimethoxy-
benzoyl]- 6676
Benzofuran-3-carbonsäure, 6,7-Dimethoxy-
2-veratroyl- 6676
Chromen-2-carbonsäure,
3-[2,4-Dimethoxy-phenyl]-5,7-
dihydroxy-4-oxo-4H-, äthylester 6675

$C_{20}H_{18}O_{10}$

Benzoesäure, 2-Hydroxy-6-[5-hydroxy-
3,6,7-trimethoxy-4-oxo-4H-chromen-2-
yl]-3-methoxy- 6691

$C_{20}H_{19}NO_4$

Essigsäure, [6-Äthyl-7-hydroxy-4-methyl-2-
oxo-2H-chromen-3-yl]-, anilid 6393
Furan-2-carbonsäure, 3-Benzyl-4,5-dioxo-
2-phenäthyl-tetrahydro-, amid 6100

$C_{20}H_{19}NO_7$

Propionsäure, 3-[3-(3,4-Dimethoxy-phenyl)-
6-methoxy-benzofuran-2-yl]-2-
hydroxyimino- 6645

$C_{20}H_{19}NO_8$

[2]Naphthoesäure, 1,3,5-Trihydroxy-6-
[4-hydroxy-1-methyl-3-oxo-phthalan-1-
yl]-8-oxo-4,4a,5,6,7,8-hexahydro-,
amid 6687

$C_{20}H_{20}N_2O_4$

Indolin-3-carbonitril, 1-Benzoyl-5-
benzoyloxy-4,6,7-trimethyl-2-oxo- 6326

$C_{20}H_{20}N_2O_5$

Glutaramidsäure, 2-Acetyl-4-cyan-3-
[2]furyl-N-phenyl-, äthylester 6241

Verbindung $C_{20}H_{20}N_2O_5$ aus 8a-Methyl-
6-oxo-1,2,3,5,6,7,8,8a-octahydro-
naphthalin-1,4,5-tricarbonsäure-4,5-
anhydrid 6168

$C_{20}H_{20}N_8O_{10}$

Octansäure, 6,7-Bis-[2,4-dinitro-
phenylhydrazono]- 5976

$C_{20}H_{20}O_4S$

Cyclohex-3-encarbonsäure, 4-[4-Methoxy-
phenyl]-2-oxo-6-[2]thienyl-, äthylester
6418

—, 6-[2-Methoxy-phenyl]-2-oxo-4-
[2]thienyl-, äthylester 6419

—, 6-[4-Methoxy-phenyl]-2-oxo-4-
[2]thienyl-, äthylester 6419

$C_{20}H_{20}O_5$

Benz[b]indeno[5,4-d]furan-1-carbonsäure,
8-Methoxy-3a-methyl-3-oxo-3,3a,4,5-
tetrahydro-2H-, äthylester 6421

Cyclohex-3-encarbonsäure, 4-[2]Furyl-6-
[2-methoxy-phenyl]-2-oxo-, äthylester
6419

—, 4-[2]Furyl-6-[4-methoxy-phenyl]-2-
oxo-, äthylester 6419

—, 6-[2]Furyl-4-[4-methoxy-phenyl]-2-
oxo-, äthylester 6418

Essigsäure, [4-(2-Methoxy-4-methyl-
phenyl)-6-methyl-2-oxo-chroman-4-yl]-
6425

—, [4-(2-Methoxy-4-methyl-phenyl)-7-
methyl-2-oxo-chroman-4-yl]- 6425

—, [4-(2-Methoxy-5-methyl-phenyl)-6-
methyl-2-oxo-chroman-4-yl]- 6424

—, [4-(2-Methoxy-5-methyl-phenyl)-7-
methyl-2-oxo-chroman-4-yl]- 6425

Furan-3-carbonsäure, 3-Hydroxy-2-oxo-
5,5-di-p-tolyl-tetrahydro-, methylester
6424

Naphthalin-1,2,3-tricarbonsäure, 4-Phenyl-
1,2,3,4,5,6,7,8-octahydro-,
2,3-anhydrid-1-methylester 6093

Pyran-3-carbonsäure, 5-Hydroxymethyl-6-
oxo-3,5-diphenyl-tetrahydro-,
methylester 6423

Spiro[furan-2,1'-phenanthren]-2'-
carbonsäure, 7'-Methoxy-2'-methyl-5-
oxo-4,5,3',4'-tetrahydro-3H,2'H- 6425

$C_{20}H_{20}O_6$

Essigsäure, [5,5-Bis-(4-hydroxy-2-methyl-
phenyl)-2-oxo-tetrahydro-[3]furyl]-
6552

—, [5,5-Bis-(4-hydroxy-3-methyl-
phenyl)-2-oxo-tetrahydro-[3]furyl]-
6552

—, [2,3-Bis-(4-methoxy-phenyl)-5-oxo-
tetrahydro-[2]furyl]- 6551

$C_{20}H_{20}O_7$

Benzoesäure, 5-[4,5-Dimethoxy-3-oxo-
phthalan-1-yl]-2-hydroxy-4-methyl-,
äthylester 6636

Phthalan, 1,3-Bis-[1-äthoxycarbonyl-2-oxo-
propyliden]- 6076

Spiro[benzofuran-2,1'-cyclopent-2'-en]-3'-
carbonsäure, 7-Acetyl-6-hydroxy-4-
methoxy-5,2'-dimethyl-3-methylen-4'-
oxo-3H-, methylester 6637

$C_{20}H_{20}O_9$

Xanthen-1-carbonsäure, 3,4,5,6,7-
Pentamethoxy-9-oxo-, methylester
6686

$C_{20}H_{21}ClO_6$

Spiro[benzofuran-2,1'-cyclohex-2'-en]-3'-
carbonsäure, 7-Chlor-4,6-dimethoxy-2'-
methyl-3-methylen-4'-oxo-3H-,
äthylester 6541

$C_{20}H_{21}NO_4$

Propionsäure, 3-[3-Äthyl-7-methoxy-2-oxo-
2,3-dihydro-benzofuran-3-yl]-, anilid
6331

$C_{20}H_{21}NO_5$

2-Oxa-spiro[4.5]dec-3-en-3-carbonsäure,
8-Benzyloxy-4-cyan-1-oxo-, äthylester
6582

$C_{20}H_{21}NO_6$

Acrylsäure, 3-[4-Äthoxycarbonyl-5-methyl-
[2]furyl]-2-benzoylamino-, äthylester
6143

Propionsäure, 3-[4-Äthoxycarbonyl-5-
methyl-[2]furyl]-2-benzoylimino-,
äthylester 6143

$C_{20}H_{22}N_4O_8$

2,4-Dinitro-phenylhydrazon $C_{20}H_{22}N_4O_8$
aus [7b-Methyl-2,3-dioxo-decahydro-
indeno[1,7-bc]furan-5-yl]-essigsäure-
methylester 6024

$C_{20}H_{22}N_4O_9$

Benzoesäure, 3-[(2,4-Dinitro-
phenylhydrazono)-methyl]-2,6-
dihydroxy-4-[2-hydroxy-1-methyl-
propyl]-5-methyl-, methylester 6331

C$_{20}$H$_{22}$O$_5$

Furan-3-carbonsäure, 2-Äthyl-2-
[6-hydroxy-[2]naphthyl]-3-methyl-5-oxo-
tetrahydro-, äthylester 6412

Pent-4-ensäure, 2-Acetyl-3-oxo-5-[3,4,6-
trimethyl-benzofuran-2-yl]-, äthylester
6089

Propionsäure, 2-[2-(6-Methoxy-
[2]naphthyl)-5-oxo-tetrahydro-
[2]furyl]-2-methyl-, methylester
6089, 6412

15,16-Seco-18-nor-östra-1,3,5(10),8-tetraen-
15,16-disäure, 17-Hydroxy-3-methoxy-
14-methyl-, 15-lacton-16-methylester
6412

C$_{20}$H$_{22}$O$_6$

Gibb-3-en-1,10-dicarbonsäure,
4a,7-Dihydroxy-1-methyl-8-methylen-2-
oxo-, 1→4a-lacton-10-methylester
6542

Malonsäure, [1-[2]Furyl-3-oxo-3-phenyl-
propyl]-, diäthylester 6187

C$_{20}$H$_{22}$O$_8$

Acetessigsäure, 4-[4-Acetoxy-7-acetyl-6-
hydroxy-3,5-dimethyl-benzofuran-2-yl]-,
äthylester 6624

Essigsäure, [7,8-Diacetoxy-6-äthyl-4-
methyl-2-oxo-2H-chromen-3-yl]-,
äthylester 6511

C$_{20}$H$_{23}$BrO$_6$

Gibb-3-en-1,10-dicarbonsäure,
7-Brommethyl-2,4a-dihydroxy-1-
methyl-8-oxo-, 1→4a-lacton-10-
methylester 6533

Methylester C$_{20}$H$_{23}$BrO$_6$ einer
Verbindung C$_{19}$H$_{21}$BrO$_6$ s. bei
2,4a,7-Trihydroxy-1-methyl-8-methylen-
gibb-3-en-1,10-dicarbonsäure-1→4a-
lacton 6534

C$_{20}$H$_{23}$ClO$_4$

21-Nor-pregn-4-en-20-oylchlorid, 16,17-
Epoxy-3,11-dioxo- 6082

C$_{20}$H$_{23}$ClO$_7$

Valeriansäure, 2-Acetyl-5-[7-chlor-4,6-
dimethoxy-3-methyl-benzofuran-2-yl]-3-
oxo-, äthylester 6623

C$_{20}$H$_{24}$N$_4$O$_8$

2,4-Dinitro-phenylhydrazon C$_{20}$H$_{24}$N$_4$O$_8$
aus 2-Methyl-dec-8-en-1,8,9-
tricarbonsäure-8,9-anhydrid
5997

C$_{20}$H$_{24}$O$_5$

Decansäure, 10-[2,3-Epoxy-1,4-dioxo-
1,2,3,4-tetrahydro-[2]naphthyl]-
6081

Essigsäure, [7-Methoxy-1-methyl-12-oxo-
1,3,4,9,10,10a-hexahydro-2H-4a,1-
oxaäthano-phenanthren-2-yl]-,
methylester 6407

Gibb-2-en-1,10-dicarbonsäure,
4a,7-Dihydroxy-1-methyl-8-methylen-,
1→4a-lacton-10-methylester 6407

—, 4a-Hydroxy-1,7-dimethyl-8-oxo-,
1-lacton-10-methylester 6081

21-Nor-pregn-4-en-18,20-disäure,
11-Hydroxy-3-oxo-, 18-lacton 6082

21-Nor-pregn-4-en-20-säure, 16,17-Epoxy-
3,11-dioxo- 6081

C$_{20}$H$_{24}$O$_6$

Essigsäure, [7-Acetoxy-6-butyl-4-methyl-2-
oxo-2H-chromen-3-yl]-, äthylester
6397

Gibb-3-en-1,10-dicarbonsäure, 2,4a,7-
Trihydroxy-1-methyl-8-methylen-,
1→4a-lacton-10-methylester 6534

Gibb-4-en-1,10-dicarbonsäure,
2,3,7-Trihydroxy-1-methyl-8-methylen-,
1→3-lacton-10-methylester 6532

14,15-Seco-18-homo-D-nor-androst-4-en-
15,18a-disäure, 11-Hydroxy-3,14-
dioxo-, 18a-lacton-15-methylester
6182

C$_{20}$H$_{24}$O$_7$

Verbindung C$_{20}$H$_{24}$O$_7$ aus 2-Hydroxy-
8a-methoxycarbonylmethyl-1-methyl-7-
oxo-decahydro-4a,1-oxaäthano-fluoren-
9-carbonsäure-methylester 6658

C$_{20}$H$_{24}$O$_7$S

Naphthalin-1,2-dicarbonsäure,
4a-Hydroxy-4-[toluol-4-sulfonyloxy]-
decahydro-, 1-lacton-2-methylester
6304

C$_{20}$H$_{24}$O$_8$

Chromen-5-carbonsäure, 2-Acetonyl-6,7-
diäthoxy-3-hydroxymethyl-4-oxo-4H-,
äthylester 6667

4a,1-Oxaäthano-fluoren-9-carbonsäure,
2-Hydroxy-8a-methoxycarbonylmethyl-
1-methyl-7,11-dioxo-1,2,4b,5,6,7,8,8a,9,9a-
decahydro-, methylester 6668

Pyrano[4,3-b]chromen-9-carbonsäure,
7,8-Diäthoxy-3-hydroxy-3-methyl-10-
oxo-4,10-dihydro-1H,3H-, äthylester
6667

C$_{20}$H$_{24}$O$_{11}$

Bernsteinsäure, [3-Äthoxycarbonyl-5,6,7-
trihydroxy-1-oxo-isochroman-4-yl]-,
diäthylester 6694

—, [3-Methoxycarbonyl-5,6,7-
trimethoxy-1-oxo-isochroman-4-yl]-,
dimethylester 6694

C$_{20}$H$_{25}$BrO$_6$

Gibban-1,10-dicarbonsäure,
7-Brommethyl-2,4a-dihydroxy-1-
methyl-8-oxo-, 1→4a-lacton-10-
methylester 6516

$C_{20}H_{26}N_4O_8$

Furan-3-carbonsäure, 3-[1-(2,4-Dinitro-phenylhydrazono)-butyl]-5-oxo-2-propyl-tetrahydro-, äthylester 5983

$C_{20}H_{26}O_5$

Gibban-1,10-dicarbonsäure, 2,4a-Dihydroxy-1-methyl-8-methylen-, 1→4a-lacton-10-methylester 6399

Xanthen-9-carbonsäure, 3,3,6,6-Tetramethyl-1,8-dioxo-1,2,3,4,5,6,7,8-octahydro-, äthylester 6067

$C_{20}H_{26}O_6$

Gibban-1,10-dicarbonsäure, 2,4a-Dihydroxy-1,7-dimethyl-8-oxo-, 1→4a-lacton-10-methylester 6515

—, 4a,7-Dihydroxy-1,8-dimethyl-2-oxo-, 1→4a-lacton-10-methylester 6518

—, 4a,8-Dihydroxy-1,8-dimethyl-2-oxo-, 1→4a-lacton-10-methylester 6519

—, 2,4a,7-Trihydroxy-1-methyl-8-methylen-, 1→4a-lacton-10-methylester 6517

21-Nor-pregnan-20-säure, 4,5-Epoxy-17-hydroxy-3,11-dioxo- 6519

$C_{20}H_{26}O_7$

Cyclonona-1,5-dien-1,2,4,5-tetracarbonsäure, 7,8-Diäthyl-4-methyl-, 1,2-anhydrid-4,5-dimethylester 6219

—, 7,8-Diäthyl-4-methyl-, 4,5-anhydrid-1,2-dimethylester 6219

Essigsäure, [9,10,11-Trimethoxy-3-oxo-2,3,5,6,7,11b-hexahydro-1H-benzo[3,4]‍cyclohepta[1,2-b]pyran-4a-yl]-, methylester 6605

A-Nor-picrasan-1-carbonsäure, 1-Hydroxy-11,12,16-trioxo- 6606

Verbindung $C_{20}H_{26}O_7$ aus einer Verbindung $C_{20}H_{24}O_7$ s. bei 2-Hydroxy-8a-methoxycarbonylmethyl-1-methyl-7-oxo-decahydro-4a,1-oxaäthano-fluoren-9-carbonsäure-methylester 6658

$C_{20}H_{26}O_8$

4a,1-Oxaäthano-fluoren-9-carbonsäure, 2-Hydroxy-8a-methoxycarbonylmethyl-1-methyl-7,11-dioxo-dodecahydro-, methylester 6658

$C_{20}H_{27}BrO_6$

Verbindung $C_{20}H_{27}BrO_6$ aus 7-Brommethyl-2,4a-dihydroxy-1-methyl-8-oxo-gibb-3-en-1,10-dicarbonsäure-1→4a-lacton-10-methylester 6533

$C_{20}H_{27}NO_4$

Cyclohex-4-en-1,2-dicarbonsäure, 3-[6-Isobutylcarbamoyl-hexa-1,5-dienyl]-6-methyl-, anhydrid 6063

$C_{20}H_{27}NO_6$

Oxim $C_{20}H_{27}NO_6$ aus 4a,8-Dihydroxy-1,8-dimethyl-2-oxo-gibban-1,10-dicarbonsäure-1→4a-lacton-10-methylester 6519

$C_{20}H_{28}N_2O_4$

Essigsäure, [7-Methoxy-2-oxo-2H-chromen-4-yl]-, [4-diäthylamino-butylamid] 6355

$C_{20}H_{28}N_2O_4S$

Essigsäure, [7-Methoxy-2-oxo-2H-chromen-4-yl]-, [2-(2-diäthylamino-äthylmercapto)-äthylamid] 6355

$C_{20}H_{28}O_5$

Cyclohex-4-en-1,2,3-tricarbonsäure, 6-Methyl-, 1,2-anhydrid-3-menthylester 6021

Gibban-1,10-dicarbonsäure, 2,4a-Dihydroxy-1,8-dimethyl-, 1→4a-lacton-10-methylester 6334

—, 4a,7-Dihydroxy-1,8-dimethyl-, 1→4a-lacton-10-methylester 6334

18-Nor-androstan-13,17-dicarbonsäure, 3,11-Dihydroxy-, 13→11-lacton 6335

4-Oxa-androstan-5-carbonsäure, 3,17-Dioxo-, methylester 6044

$C_{20}H_{28}O_5Se$

Eudesm-4-en-12,13-disäure, 1,2-Episeleno-11-methyl-3-oxo-, diäthylester 6157

$C_{20}H_{28}O_6$

Gibban-1,10-dicarbonsäure, 2,4a,7-Trihydroxy-1,8-dimethyl-, 1→4a-lacton-10-methylester 6481

—, 2,4a,8-Trihydroxy-1,8-dimethyl-, 1→4a-lacton-10-methylester 6483

21-Nor-pregnan-19,20-disäure, 3,5,8-Trihydroxy-, 19→8-lacton 6484

21-Nor-pregn-8(14)-en-19,20-disäure, 3,5-Dihydroxy- 6484

$C_{20}H_{28}O_6S$

Cyclohexan-1,3-dicarbonsäure, 4-Hydroxy-4-methyl-6-oxo-2-[5-propyl-[2]thienyl]-, diäthylester 6588

Glutarsäure, 2,4-Diacetyl-3-[5-propyl-[2]thienyl]-, diäthylester 6218

$C_{20}H_{28}O_7$

Cyclonon-5-en-1,2,4,5-tetracarbonsäure, 7,8-Diäthyl-4-methyl-, 4,5-anhydrid-1,2-dimethylester 6218

4a,9a-[1]Oxapropano-fluoren-8,9-dicarbonsäure, 7-Hydroxy-8-methyl-11-oxo-decahydro-, dimethylester 6589

Phthalan-4-carbonsäure, 3,3-Dibutyl-5,6,7-trimethoxy-1-oxo- 6588

C₂₀H₂₉ClO₅
Verbindung $C_{20}H_{29}ClO_5$ aus 7,8-Epoxy-
13-oxo-13,14-seco-abietan-14,18-
disäure 6154

C₂₀H₃₀O₄
Verbindung $C_{20}H_{30}O_4$ aus [5-(4-Äthyl-
1,4-dimethyl-2-oxo-cyclohexyl)-1-
methyl-7-oxo-6-oxa-bicyclo[3.2.1]oct-8-
yl]-essigsäure-methylester 6031

C₂₀H₃₀O₅
Essigsäure, [5-(4-Äthyl-1,4-dimethyl-2-oxo-
cyclohexyl)-1-methyl-7-oxo-6-oxa-
bicyclo[3.2.1]oct-8-yl]- 6031
13,14-Seco-abietan-18-säure, 7,8-Epoxy-
13,14-dioxo- 6153
2,3-Seco-androstan-2,3-disäure, 5,17-
Dihydroxy-, 2→5-lacton-3-
methylester 6311
17,17a-Seco-D-homo-androstan-17,18-
disäure, 3,11-Dihydroxy-, 18→11-
lacton 6311

C₂₀H₃₀O₆
13,14-Seco-abietan-14,18-disäure,
7,8-Epoxy-13-oxo- 6153
14,15,16-Trinor-labdan-13,19-disäure,
6-Acetoxy-9-hydroxy-, 13-lacton-19-
methylester 6307
Verbindung $C_{20}H_{30}O_6$ aus 7,8-Epoxy-13-
oxo-13,14-seco-abietan-14,18-disäure
6154

C₂₀H₃₂N₂O₅
13,14-Seco-abietan-18-säure, 7,8-Epoxy-
13,14-bis-hydroxyimino- 6154

C₂₀H₃₂O₅
Labdan-19-säure, 15,16-Epoxy-9-hydroxy-
6-oxo- 6307

C₂₀H₃₇NO₂S₂
Thiophen-2-sulfonsäure-dioctylamid 6707

C₂₁

C₂₁H₁₀Br₄O₅
Benzoesäure, 2-[2,4,5,7-Tetrabrom-6-
hydroxy-3-oxo-3H-xanthen-9-yl]-,
methylester 6448

C₂₁H₁₂Cl₂O₇S₂
Chromen-6,8-disulfonylchlorid,
7-Hydroxy-4-oxo-2,3-diphenyl-4H-
6762

C₂₁H₁₂O₅S
Naphtho[2,1-b]thiophen-1-carbonsäure,
2-[2-Carboxy-benzoyl]- 6197
Naphtho[2,3-b]thiophen-3-carbonsäure,
2-[2-Carboxy-benzoyl]- 6196

C₂₁H₁₄O₅
Benzoesäure, 2-[6-Hydroxy-3-oxo-
3H-xanthen-9-yl]-, methylester 6446

—, 2-[2-Methoxy-dibenzofuran-3-
carbonyl]- 6448

C₂₁H₁₄O₆S
Chromen-8-sulfonsäure, 7-Hydroxy-4-oxo-
2,3-diphenyl-4H- 6761

C₂₁H₁₄O₉S₂
Chromen-6,8-disulfonsäure, 7-Hydroxy-4-
oxo-2,3-diphenyl-4H- 6762

C₂₁H₁₅NO₄
Chromen-6-carbonsäure, 5-Hydroxy-4-
methyl-2-oxo-2H-, [1]naphthylamid
6364
—, 5-Hydroxy-4-methyl-2-oxo-2H-,
[2]naphthylamid 6364
—, 7-Hydroxy-4-methyl-2-oxo-2H-,
[1]naphthylamid 6367
Chromen-8-carbonsäure, 7-Hydroxy-4-
methyl-2-oxo-2H-, [1]naphthylamid
6371
—, 7-Hydroxy-4-methyl-2-oxo-2H-,
[2]naphthylamid 6371
Naphthalin-1,8-dicarbonsäure, 4-[Äthyl-
phenyl-carbamoyl]-, anhydrid 6092

C₂₁H₁₆N₂O₆S₂
Chromen-3,6-disulfonsäure, 2-Oxo-2H-,
dianilid 6741

C₂₁H₁₆N₄O₅
Pyran-2,6-dicarbonsäure, 3,4-Dioxo-3,4-
dihydro-2H-, bis-benzylidenhydrazid
6205

C₂₁H₁₆N₄O₇
Pyran-2,6-dicarbonsäure, 3,4-Dioxo-3,4-
dihydro-2H-, bis-salicylidenhydrazid
6205

C₂₁H₁₆O₅
Crotonsäure, 4-Oxo-4-[5-oxo-4-phenyl-2,5-
dihydro-[2]furyl]-2-phenyl-,
methylester 6106
Fumarsäure, 2-[β-Hydroxy-styryl]-3-
phenacyl-, 4-lacton-1-methylester 6105

C₂₁H₁₆O₅S
Phthalan-x-sulfonsäure, 1-Benzyl-3-oxo-1-
phenyl- 6744

C₂₁H₁₆O₆
Essigsäure, [3-Acetoxy-5-oxo-4-phenyl-
5H-[2]furyliden]-phenyl-, methylester
6439
Xanthen-1,2-dicarbonsäure, 9-Oxo-3-
phenyl-1,2,3,9a-tetrahydro- 6195

C₂₁H₁₆O₇
Acrylsäure, 3-[4-Acetoxy-3-methoxy-
phenyl]-2-[2-oxo-2H-chromen-3-yl]-
6566

C₂₁H₁₈O₅
Acrylsäure, 3-[2-Methoxy-4-methyl-phenyl]-
3-[2-oxo-2H-chromen-3-yl]-,
methylester 6444

$C_{21}H_{18}O_5$ (Fortsetzung)

Acrylsäure, 3-[2-Methoxy-5-methyl-phenyl]-3-[2-oxo-2H-chromen-3-yl]-, methylester 6443

—, 3-[4-Methoxy-3-methyl-phenyl]-3-[2-oxo-2H-chromen-3-yl]-, methylester 6442

—, 3-[4-Methoxy-phenyl]-3-[2-oxo-2H-chromen-3-yl]-, äthylester 6442

$C_{21}H_{18}O_6$

Chromen-6-carbonsäure, 7-Acetoxy-3-benzyl-4-methyl-2-oxo-2H-, methylester 6437

—, 8-Äthyl-5-benzoyloxy-4-methyl-2-oxo-2H-, methylester 6388

Crotonsäure, 3-[8-Äthyl-3,5-dihydroxy-4-oxo-2-phenyl-4H-chromen-6-yl]- 6568

Essigsäure, [6-Äthyl-7-benzoyloxy-4-methyl-2-oxo-2H-chromen-3-yl]- 6392

—, [8-Benzoyl-7-hydroxy-4-methyl-2-oxo-2H-chromen-3-yl]-, äthylester 6567

—, [7-Benzoyloxy-4-methyl-2-oxo-2H-chromen-3-yl]-, äthylester 6375

—, [3-Methoxy-4-(4-methoxy-phenyl)-5-oxo-5H-[2]furyliden]-phenyl-, methylester 6563

—, [3-Methoxy-5-oxo-4-phenyl-5H-[2]furyliden]-[2-methoxy-phenyl]-, methylester 6564

—, [3-Methoxy-5-oxo-4-phenyl-5H-[2]furyliden]-[4-methoxy-phenyl]-, methylester 6565

Malonsäure, [7-Oxo-7H-dibenz[c,e]oxepin-5-yliden]-, diäthylester 6193

$C_{21}H_{18}O_7$

Buttersäure, 2-[4-Hydroxy-2-oxo-2H-chromen-3-yl]-4-[2-hydroxy-phenyl]-4-oxo-, äthylester 6647

Chromen-2-carbonsäure, 7-Acetoxy-3-[4-methoxy-phenyl]-4-oxo-4H-, äthylester 6556

Chromen-3-carbonsäure, 6-Benzoyloxymethyl-8-methoxy-2-oxo-2H-, äthylester 6501

$C_{21}H_{18}O_8$

3,10a-Äthano-phenanthren-1,2,11,12-tetracarbonsäure, 7-Methoxy-2,3,9,10-tetrahydro-1H-, 1,2-anhydrid 6677

$C_{21}H_{19}ClO_5$

Pyran-3-carbonylchlorid, 5-Acetoxymethyl-6-oxo-3,5-diphenyl-tetrahydro- 6424

$C_{21}H_{19}NO_4$

Pyran-3-carbonitril, 6-[4-Methoxy-benzoyl]-2-[4-methoxy-phenyl]-5,6-dihydro-4H- 6562

$C_{21}H_{19}N_3O_3$

Propionsäure, 3-[5-Methyl-[2]furyl]-3-oxo-2-phenylhydrazono-, o-toluidid 6015

—, 3-[5-Methyl-[2]furyl]-3-oxo-2-phenylhydrazono-, p-toluidid 6015

—, 3-[5-Methyl-[2]furyl]-3-oxo-2-o-tolylhydrazono-, anilid 6013

—, 3-[5-Methyl-[2]furyl]-3-oxo-2-p-tolylhydrazono-, anilid 6013

$C_{21}H_{19}N_3O_4$

Propionsäure, 2-[4-Äthoxy-phenylhydrazono]-3-[2]furyl-3-oxo-, anilid 6003

—, 3-[2]Furyl-3-oxo-2-phenylhydrazono-, p-phenetidid 6007

—, 2-[2-Methoxy-phenylhydrazono]-3-[5-methyl-[2]furyl]-3-oxo-, anilid 6014

—, 2-[4-Methoxy-phenylhydrazono]-3-[5-methyl-[2]furyl]-3-oxo-, anilid 6014

—, 3-[5-Methyl-[2]furyl]-3-oxo-2-phenylhydrazono-, o-anisidid 6017

—, 3-[5-Methyl-[2]furyl]-3-oxo-2-phenylhydrazono-, p-anisidid 6017

$C_{21}H_{19}N_5O_8$

Propionitril, 3-{2-[1-(2,4-Dinitro-phenylhydrazono)-äthyl]-4,6-dimethoxy-3-oxo-2,3-dihydro-benzofuran-2-yl}- 6603

$C_{21}H_{20}N_4O_{11}$

Verbindung $C_{21}H_{20}N_4O_{11}$ aus 4a,6,9-Trihydroxy-8-isopropyl-5-methyl-1,7-dioxo-3,4,4a,5,6,7-hexahydro-1H-3,5-methano-isochromen-9-carbonsäure 6653

$C_{21}H_{20}O_5$

Chroman-3-carbonsäure, 2,4-Dioxo-3-[1-phenyl-propyl]-, äthylester 6099

Chromen-2-carbonsäure, 6-Äthyl-7-benzyloxy-4-oxo-4H-, äthylester 6373

1-Oxa-spiro[4.5]dec-3-en-4-carbonsäure, 3-[1]Naphthylmethoxy-2-oxo- 6295

$C_{21}H_{20}O_5S$

Thiopyran-3,5-dicarbonsäure, 4-Oxo-2,6-diphenyl-tetrahydro-, dimethylester 6192

$C_{21}H_{20}O_6$

Furan-3-carbonsäure, 3-Acetoxy-2-oxo-5,5-di-p-tolyl-tetrahydro- 6424

Malonsäure, [3-Oxo-1-phenyl-phthalan-1-yl]-, diäthylester 6192

$C_{21}H_{20}O_7$

Benzofuran-3-carbonsäure, 6-Methoxy-2-veratroyl-, äthylester 6642

Chromen-2-carbonsäure, 5,7-Dimethoxy-3-[2-methoxy-phenyl]-4-oxo-4H-, äthylester 6639

—, 5,7-Dimethoxy-3-[4-methoxy-phenyl]-4-oxo-4H-, äthylester 6641

Essigsäure, [4-(3,4-Dimethoxy-phenyl)-7-hydroxy-2-oxo-2H-chromen-3-yl]-, äthylester 6644

$C_{21}H_{20}O_7$ (Fortsetzung)

Propionsäure, 3-[5,7-Dimethoxy-2-(4-methoxy-phenyl)-4-oxo-4H-chromen-8-yl]- 6645

$C_{21}H_{20}O_8$

Benzofuran-2-carbonsäure, 6-Methoxy-3-[2,4,6-trimethoxy-benzoyl]-, methylester 6675

—, 7-Methoxy-3-[2,4,6-trimethoxy-benzoyl]-, methylester 6676

Essigsäure, [3,5,7-Trimethoxy-2-(4-methoxy-phenyl)-4-oxo-4H-chromen-8-yl]- 6677

$C_{21}H_{20}O_{10}$

Xanthen-2-carbonsäure, 3-[1-Carboxy-1-methyl-äthoxy]-1,5,6-trimethoxy-9-oxo-6673

$C_{21}H_{21}NO_6$

Propionsäure, 3-[5,7-Dimethoxy-2-(4-methoxy-phenyl)-4-oxo-4H-chromen-8-yl]-, amid 6646

$C_{21}H_{21}NO_{11}$

Malonsäure, [3-Äthoxycarbonyl-8-methoxy-5-nitro-2-oxo-2H-chromen-6-ylmethylen]-, diäthylester 6685

—, [3-Äthoxycarbonyl-8-methoxy-7-nitro-2-oxo-2H-chromen-6-ylmethylen]-, diäthylester 6685

$C_{21}H_{22}N_4O_8$

2,4-Dinitro-phenylhydrazon $C_{21}H_{22}N_4O_8$ aus 4,8-Dioxo-apotrichothec-2-en-13-säure 6039

Mono-[2,4-dinitro-phenylhydrazon] $C_{21}H_{22}N_4O_8$ aus 3-Formyl-4-isopropenyl-7-methyl-8-oxo-2-oxa-bicyclo[4.2.1]non-6-en-5-carbonsäure-methylester 6037

$C_{21}H_{22}N_4O_9$

Essigsäure, [4-(2,4-Dinitro-phenylhydrazono)-7,8-dimethoxy-2,2-dimethyl-chroman-5-yl]- 6479

$C_{21}H_{22}O_5$

Essigsäure, [4-(2-Äthoxy-5-methyl-phenyl)-6-methyl-2-oxo-chroman-4-yl]- 6424

Pyran-3-carbonsäure, 5-Hydroxymethyl-6-oxo-3,5-diphenyl-tetrahydro-, äthylester 6423

Spiro[furan-2,1'-phenanthren]-2'-carbonsäure, 7'-Methoxy-2'-methyl-5-oxo-4,5,3',4'-tetrahydro-3H,2'H-, methylester 6426

$C_{21}H_{22}O_9$

Malonsäure, [3-Äthoxycarbonyl-8-methoxy-2-oxo-2H-chromen-6-ylmethylen]-, diäthylester 6685

$C_{21}H_{23}BrO_7$

Gibb-3-en-1,10-dicarbonsäure, 2-Acetoxy-7-brommethyl-4a-hydroxy-1-methyl-8-oxo-, 1-lacton 6533

$C_{21}H_{23}NO_7$

Phthalan-1-carbonsäure, 4,5-Dimethoxy-3-oxo-, [3,4-dimethoxy-phenäthylamid] 6471

$C_{21}H_{24}N_4O_8$

2,4-Dinitro-phenylhydrazon $C_{21}H_{24}N_4O_8$ aus 3-Formyl-4-isopropyl-7-methyl-8-oxo-2-oxa-bicyclo[4.2.1]non-6-en-5-carbonsäure-methylester 6025

$C_{21}H_{24}N_4O_9$

2,5-Epoxido-inden-7-carbonsäure, 3-[2,4-Dinitro-phenylhydrazono]-4,7a-dihydroxy-6-isopropenyl-3a-methyl-octahydro-, methylester 6466

$C_{21}H_{24}O_5$

Furan-3-carbonsäure, 2-Äthyl-2-[6-methoxy-[2]naphthyl]-3-methyl-5-oxo-tetrahydro-, äthylester 6412

Propionsäure, 2-[2-(6-Methoxy-[2]naphthyl)-5-oxo-tetrahydro-[2]furyl]-2-methyl-, äthylester 6089

$C_{21}H_{24}O_7$

Gibb-3-en-1,10-dicarbonsäure, 2-Acetoxy-4a,7-dihydroxy-1-methyl-8-methylen-, 1→4a-lacton 6534

$C_{21}H_{24}O_8$

Malonsäure, Isopropyl-[7-methoxy-2-oxo-2H-chromen-6-carbonyl]-, diäthylester 6671

$C_{21}H_{24}O_{10}$

1,4-Ätheno-4a,8-oxaäthano-naphthalin-2,3,7-tricarbonsäure, 5-Acetoxy-9-oxo-octahydro-, trimethylester 6683

$C_{21}H_{26}N_4O_9$

2,5-Epoxido-inden-7-carbonsäure, 3-[2,4-Dinitro-phenylhydrazono]-4,7a-dihydroxy-6-isopropyl-3a-methyl-octahydro-, methylester 6464

$C_{21}H_{26}O_5$

18-Nor-androst-4-en-13,15-dicarbonsäure, 11-Hydroxy-3-oxo-, 13-lacton-15-methylester 6082

21-Nor-pregn-4-en-18,20-disäure, 11-Hydroxy-3-oxo-, 18-lacton-20-methylester 6083

21-Nor-pregn-4-en-20-säure, 16,17-Epoxy-3,11-dioxo-, methylester 6082

$C_{21}H_{26}O_6$

Decansäure, 10-[2,4-Dioxo-chroman-3-yl]-10-oxo-, äthylester 6181

Essigsäure, [7-Methoxycarbonyl-7-methyl-2-oxo-4-phenyl-hexahydro-benzofuran-7a-yl]-, äthylester 6180

Gibb-3-en-1,10-dicarbonsäure, 2,4a,7-Trihydroxy-1-methyl-8-methylen-, 10-äthylester-1→4a-lacton 6535

$C_{21}H_{26}O_7$
Benzofuran-7-carbonsäure,
    7a-Methoxycarbonylmethyl-4-
    [4-methoxy-phenyl]-7-methyl-2-oxo-
    octahydro-, methylester 6625
Gibban-1,10-dicarbonsäure, 2-Acetoxy-4a-
    hydroxy-1,7-dimethyl-8-oxo-, 1-lacton
    6515
2,3-Seco-gibb-4-en-1,1,10-tricarbonsäure,
    3,7-Dihydroxy-8-methylen-,
    1→3-lacton-1,10-dimethylester 6626
$C_{21}H_{26}O_9$
Äthan-1,1,2-tricarbonsäure, 1-[4-Methoxy-
    1-methyl-3-oxo-phthalan-1-yl]-,
    triäthylester 6683
Malonsäure, [3-Äthoxycarbonyl-8-
    methoxy-2-oxo-chroman-6-ylmethyl]-,
    diäthylester 6682
1,7-Methano-benz[de]isochromen-4,8,9-
    tricarbonsäure, 1-Methoxy-5-methyl-3-
    oxo-3a,4,5,7,8,9,9a,9b-octahydro-
    1H,3H-, trimethylester 6684
$C_{21}H_{27}NO_5$
Decansäure, 10-Amino-10-[2,4-dioxo-
    chroman-3-yliden]-, äthylester 6181
—, 10-[2,4-Dioxo-chroman-3-yl]-10-
    imino-, äthylester 6181
$C_{21}H_{28}O_5$
Isobenzofuran-5-carbonsäure, 7a-Hydroxy-
    1,1,3,3-tetramethyl-6-oxo-4-phenyl-
    octahydro-, äthylester 6398
18-Nor-androstan-13,15-dicarbonsäure,
    11-Hydroxy-3-oxo-, 13-lacton-15-
    methylester 6067
21-Nor-pregnan-18,20-disäure,
    11-Hydroxy-3-oxo-, 18-lacton-20-
    methylester 6067
2,3-Seco-pregn-11-en-2,3-disäure,
    11-Hydroxy-20-oxo-, 2-lacton 6068
$C_{21}H_{28}O_6$
Gibban-1,10-dicarbonsäure, 2,4a-
    Dihydroxy-1,7-dimethyl-8-oxo-,
    10-äthylester-1→4a-lacton 6515
$C_{21}H_{28}O_7$
Isobisnorquassinsäure-methylester 6606
A-Nor-picras-12-en-1-carbonsäure,
    1-Hydroxy-12-methoxy-11,16-dioxo-
    6606
Pregnan-19,21-disäure, 3,5,14-Trihydroxy-
    20-oxo-, 21→14-lacton 6607
3,5-Seco-A,19,24-trinor-cholan-3,21,23-
    trisäure, 14-Hydroxy-5-oxo-,
    21-lacton 6220
$C_{21}H_{30}N_2O_4$
Essigsäure, [7-Methoxy-2-oxo-
    2H-chromen-4-yl]-, [4-diäthylamino-1-
    methyl-butylamid] 6355

$C_{21}H_{30}O_5$
Androstan-17-carbonsäure, 7,8-Epoxy-14-
    hydroxy-3-oxo-, methylester 6334
—, 14,15-Epoxy-5-hydroxy-3-oxo-,
    methylester 6335
18-Nor-androstan-13,17-dicarbonsäure,
    3,11-Dihydroxy-, 13→11-lacton-17-
    methylester 6335
3,5-Seco-A,19,24-trinor-cholan-3,21,23-
    trisäure-21,23-anhydrid 6045
$C_{21}H_{30}O_6$
A-Nor-picras-12-en-1-carbonsäure,
    1-Hydroxy-12-methoxy-11-oxo- 6483
21-Nor-pregnan-19,20-disäure,
    3,5,8-Trihydroxy-, 19→8-lacton-20-
    methylester 6484
2,3-Seco-androstan-2,3-disäure,
    17-Acetoxy-5-hydroxy-, 2-lacton 6311
2,3-Seco-A,23,24-trinor-cholan-2,3,22-
    trisäure, 16-Hydroxy-, 22-lacton 6157
$C_{21}H_{30}O_6S$
Cyclohexan-1,3-dicarbonsäure, 4-Hydroxy-
    2-[5-isobutyl-[2]thienyl]-4-methyl-6-oxo-,
    diäthylester 6588
$C_{21}H_{30}O_7$
Phthalan-4-carbonsäure, 3,3-Dibutyl-5,6,7-
    trimethoxy-1-oxo-, methylester 6588
1,2-Seco-picras-12-en-1,2-disäure,
    12-Methoxy-11-oxo- 6589
$C_{21}H_{30}O_8$
Non-3-ensäure, 2-Hydroxy-2-[1-hydroxy-2-
    methyl-butyl]-9-[4-hydroxy-6-methyl-2-
    oxo-5,6-dihydro-2H-pyran-3-yl]-6-
    methylen-9-oxo- 6653
9-Oxa-bicyclo[6.2.1]undec-4-en-3,4,11-
    tricarbonsäure, 6,7-Diäthyl-3-methyl-
    10-oxo-, trimethylester 6243
$C_{21}H_{32}O_5$
Essigsäure, [5-(4-Äthyl-1,4-dimethyl-2-oxo-
    cyclohexyl)-1-methyl-7-oxo-6-oxa-
    bicyclo[3.2.1]oct-8-yl]-, methylester
    6031

C_{22}

$C_{22}H_{12}Br_4O_5$
Benzoesäure, 2-[2,4,5,7-Tetrabrom-6-
    hydroxy-3-oxo-3H-xanthen-9-yl]-,
    äthylester 6448
$C_{22}H_{12}O_5$
Anthra[9,1-bc]furan-3-carbonsäure,
    2,6-Dioxo-10b-phenyl-6,10b-dihydro-
    2H- 6110
Benzoesäure, 2-[2,6-Dioxo-2H,6H-anthra≈
    [9,1-bc]furan-10b-yl]- 6110
Spiro[anthracen-9,1'-phthalan]-4-
    carbonsäure, 10,3'-Dioxo-10H- 6111

$C_{22}H_{14}Cl_4N_2O_5$
Furan, 2,5-Bis-[N-(2,5-dichlor-phenyl)-
malonamoyl]- 6211

$C_{22}H_{14}N_2O_6$
Benzo[f]chromen-5-carbonsäure, 2-Acetyl-
3-oxo-3H-, [3-nitro-anilid] 6095

$C_{22}H_{14}O_6$
Phthalid, 3,3-Bis-[4-carboxy-phenyl]- 6197

$C_{22}H_{14}O_8$
Benzoesäure, 6,6'-Dihydroxy-3,3'-
phthalidyliden-di- 6680

$C_{22}H_{15}NO_4$
Benzo[f]chromen-5-carbonsäure, 2-Acetyl-
3-oxo-3H-, anilid 6095

$C_{22}H_{16}Br_2O_8$
Furan-2,3-dicarbonsäure, 5-Oxo-
tetrahydro-, bis-[4-brom-phenacylester]
6116

$C_{22}H_{16}Cl_2N_2O_4S$
Thiophen, 2,5-Bis-[N-(4-chlor-phenyl)-
malonamoyl]- 6215

$C_{22}H_{16}Cl_2N_2O_5$
Furan, 2,5-Bis-[N-(2-chlor-phenyl)-
malonamoyl]- 6211
—, 2,5-Bis-[N-(4-chlor-phenyl)-
malonamoyl]- 6211

$C_{22}H_{16}N_2O_4$
Phthalid, 3,3-Bis-[4-carbamoyl-phenyl]-
6197

$C_{22}H_{16}N_4O_9$
Furan, 2,5-Bis-[N-(2-nitro-phenyl)-
malonamoyl]- 6211
—, 2,5-Bis-[N-(3-nitro-phenyl)-
malonamoyl]- 6212
—, 2,5-Bis-[N-(4-nitro-phenyl)-
malonamoyl]- 6212

$C_{22}H_{16}O_5$
Benzoesäure, 2-[6-Hydroxy-3-oxo-
3H-xanthen-9-yl]-, äthylester 6446
—, 2-[2-Methoxy-6-oxo-6H-benzo[c]=
chromen-3-yl]-, methylester 6448

$C_{22}H_{16}O_7$
Essigsäure, [1-(3-Methoxy-1,4-dioxo-1,4-
dihydro-[2]naphthyl)-3-oxo-phthalan-1-
yl]-, methylester 6649

$C_{22}H_{16}O_{10}$
Chromen-6-carbonsäure, 3-Acetoxy-2-
[3,4-diacetoxy-phenyl]-4-oxo-4H- 6641

$C_{22}H_{17}Cl_2NO_7$
Verbindung $C_{22}H_{17}Cl_2NO_7$ aus
5,7-Dichlor-4-hydroxy-6'-methoxy-6-
methyl-3,4'-dioxo-3H-spiro[benzofuran-
2,1'-cyclohexa-2',5'-dien]-2'-
carbonsäure-methylester 6635

$C_{22}H_{17}NO_{10}$
Chromen-2-carbonsäure, 5,7-Diacetoxy-3-
[4-nitro-phenyl]-4-oxo-4H-, äthylester
6555

$C_{22}H_{18}N_2O_4S$
Thiophen, 2,5-Bis-[N-phenyl-malonamoyl]-
6214

$C_{22}H_{18}N_2O_5$
Furan, 2,5-Bis-[N-phenyl-malonamoyl]-
6211

$C_{22}H_{18}O_5$
Buttersäure, 4-Oxo-2-[2-oxo-5-p-tolyl-
[3]furyliden]-4-p-tolyl- 6106
Crotonsäure, 3-Furfuryl-2-[4-methoxy-
phenyl]-4-oxo-4-phenyl- 6446
Cyclohex-4-en-1,2,3-tricarbonsäure,
4,5-Diphenyl-, 1,2-anhydrid-3-
methylester 6106

$C_{22}H_{18}O_6$
Essigsäure, [3-Acetoxy-5-oxo-4-phenyl-
5H-[2]furyliden]-phenyl-, äthylester
6440

$C_{22}H_{18}O_7$
1,4-Ätheno-naphthalin-2,3,5,6-
tetracarbonsäure, 8-Phenyl-1,2,3,4,4a,5,=
6,7-octahydro-, 2,3-anhydrid 6234
—, 8-Phenyl-1,2,3,4,4a,5,6,7-
octahydro-, 5,6-anhydrid 6234
Essigsäure, [3-Acetoxy-4-(4-methoxy-
phenyl)-5-oxo-5H-[2]furyliden]-phenyl-,
methylester 6564
—, [3-Acetoxy-5-oxo-4-phenyl-5H-
[2]furyliden]-[4-methoxy-phenyl]-,
methylester 6566

$C_{22}H_{18}O_8$
Chromen-2-carbonsäure, 7-Acetoxy-3-
[4-acetoxy-phenyl]-4-oxo-4H-,
äthylester 6556
—, 5,7-Diacetoxy-4-oxo-3-phenyl-4H-,
äthylester 6555

$C_{22}H_{18}O_9$
Furan-2,3-dicarbonsäure, 3-Hydroxy-5-
oxo-tetrahydro-, diphenacylester 6577

$C_{22}H_{20}O_5$
Acrylsäure, 3-[2-Methoxy-4-methyl-phenyl]-
3-[2-oxo-2H-chromen-3-yl]-,
äthylester 6444
—, 3-[2-Methoxy-5-methyl-phenyl]-3-
[2-oxo-2H-chromen-3-yl]-, äthylester
6443
—, 3-[4-Methoxy-3-methyl-phenyl]-3-
[2-oxo-2H-chromen-3-yl]-, äthylester
6442
Cumarin, 6-Äthyl-7-hydroxy-8-[4-methoxy-
cinnamoyl]-4-methyl- 6648
Dibenzofuran-3-carbonsäure,
4-[4-Methoxy-phenyl]-2-oxo-2,3,4,4a-
tetrahydro-, äthylester 6444

$C_{22}H_{20}O_6$
Acetessigsäure, 2-[(4-Hydroxy-2-oxo-
2H-chromen-3-yl)-phenyl-methyl]-,
äthylester 6194

$C_{22}H_{20}O_6$ (Fortsetzung)

Propionsäure, 3-[7-Benzoyloxy-4-methyl-2-
oxo-2H-chromen-3-yl]-, äthylester
6384

$C_{22}H_{20}O_7$

Buttersäure, 2-[4-Hydroxy-2-oxo-
2H-chromen-3-yl]-4-[2-hydroxy-phenyl]-
4-oxo-, isopropylester 6648
—, 2-[4-Hydroxy-2-oxo-2H-chromen-
3-yl]-4-[2-hydroxy-phenyl]-4-oxo-,
propylester 6648
Crotonsäure, 3-[8-Äthyl-3,5-dihydroxy-2-
(4-methoxy-phenyl)-4-oxo-4H-chromen-
6-yl]- 6648
Essigsäure, [4-Methoxy-phenyl]-[4-(4-
methoxy-phenyl)-3,5-dioxo-dihydro-
[2]furyliden]-, äthylester 6647
Verbindung $C_{22}H_{20}O_7$ aus
4-[3,4-Dimethoxy-phenyl]-9-hydroxy-
6,7-dimethoxy-3-oxo-1,3,3a,4,9,9a-
hexahydro-naphtho[2,3-c]furan-1-
carbonsäure 6687

$C_{22}H_{20}O_{12}$

Anthracen-2-carbonsäure,
7-Glucopyranosyl-3,5,8-trihydroxy-1-
methyl-9,10-dioxo-9,10-dihydro- 6696

$C_{22}H_{20}O_{13}$

Anthracen-2-carbonsäure,
7-Glucopyranosyl-3,5,6,8-tetrahydroxy-
1-methyl-9,10-dioxo-9,10-dihydro- 6697

$C_{22}H_{21}NO_5$

Dibenzofuran-3-carbonsäure,
2-Hydroxyimino-4-[4-methoxy-phenyl]-
2,3,4,4a-tetrahydro-, äthylester 6444

$C_{22}H_{21}N_3O_4$

Propionsäure, 2-[4-Äthoxy-
phenylhydrazono]-3-[5-methyl-
[2]furyl]-3-oxo-, anilid 6014
—, 3-[5-Methyl-[2]furyl]-3-oxo-2-
phenylhydrazono-, p-phenetidid 6017

$C_{22}H_{22}N_4O_{10}$

Propionsäure, 3-{2-[1-(2,4-Dinitro-
phenylhydrazono)-äthyl]-4,6-
dimethoxy-3-oxo-2,3-dihydro-
benzofuran-2-yl}-, methylester 6602

$C_{22}H_{22}O_5$

Phenanthren-2-carbonsäure, 1-[2]Furyl-7-
methoxy-3-oxo-1,2,3,4,9,10-hexahydro-,
äthylester 6438

$C_{22}H_{22}O_8$

Benzofuran-3-carbonsäure, 6,7-Dimethoxy-
2-veratroyl-, äthylester 6676

$C_{22}H_{22}O_{10}$

Benzoesäure, 2,3-Dimethoxy-6-[3,5,6,7-
tetramethoxy-4-oxo-4H-chromen-2-yl]-
6691

$C_{22}H_{24}O_5$

Spiro[furan-2,1'-phenanthren]-2'-
carbonsäure, 7'-Methoxy-2'-methyl-5-
oxo-4,5,3',4'-tetrahydro-3H,2'H-,
äthylester 6426

$C_{22}H_{24}O_6$

Malonsäure, [3-(4-Cyclohexyl-phenyl)-1-
[2]furyl-3-oxo-propyl]- 6189
Dianhydrid $C_{22}H_{24}O_6$ aus 8-Phenyl-
1,2,3,4,4a,5,6,7-octahydro-1,4-ätheno-
naphthalin-2,3,5,6-tetracarbonsäure-2,3-
anhydrid oder 8-Phenyl-1,2,3,4,4a,5,6,7-
octahydro-1,4-ätheno-naphthalin-
2,3,5,6-tetracarbonsäure-5,6-anhydrid
6234

$C_{22}H_{24}O_9$

Acetessigsäure, 4-[4,6-Diacetoxy-7-acetyl-
3,5-dimethyl-benzofuran-2-yl]-,
äthylester 6624
Buttersäure, 4-[4-Acetoxy-7-acetyl-6-
hydroxy-3,5-dimethyl-benzofuran-2-yl]-
2-acetyl-3-oxo-, äthylester 6672

$C_{22}H_{25}BrO_7$

Gibb-3-en-1,10-dicarbonsäure, 2-Acetoxy-
7-brommethyl-4a-hydroxy-1-methyl-8-
oxo-, 1-lacton-10-methylester 6533

$C_{22}H_{25}NO_7$

Phthalan-1-carbonsäure, 4,5-Dimethoxy-3-
oxo-, [(3,4-dimethoxy-phenäthyl)-
methyl-amid] 6472

$C_{22}H_{25}NO_8$

Phthalan-1-carbonsäure, 4,5-Dimethoxy-3-
oxo-, [3,4,5-trimethoxy-phenäthylamid]
6472
—, 5,6,7-Trimethoxy-3-oxo-,
[3,4-dimethoxy-phenäthylamid] 6583

$C_{22}H_{26}O_7$

Gibb-3-en-1,10-dicarbonsäure, 2-Acetoxy-
4a,7-dihydroxy-1-methyl-8-methylen-,
1→4a-lacton-10-methylester 6535

$C_{22}H_{28}O_5$

Decansäure, 10-[2,3-Epoxy-1,4-dioxo-
1,2,3,4-tetrahydro-[2]naphthyl]-,
äthylester 6081
21-Nor-pregn-4-en-19,20-disäure,
8-Hydroxy-3-oxo-, 20-äthylester-19-
lacton 6082

$C_{22}H_{28}O_6$

Gibban-1,10-dicarbonsäure, 2-Acetoxy-4a-
hydroxy-1-methyl-8-methylen-,
1-lacton-10-methylester 6399
Gibb-3-en-1,10-dicarbonsäure, 2,4a,7-
Trihydroxy-1-methyl-8-methylen-,
1→4a-lacton-10-propylester 6535

$C_{22}H_{28}O_7$

Gibban-1,10-dicarbonsäure, 2-Acetoxy-
4a,7-dihydroxy-1-methyl-8-methylen-,
1→4a-lacton-10-methylester 6518

$C_{22}H_{28}O_7$ (Fortsetzung)

Gibban-1,10-dicarbonsäure, 2-Acetoxy-4a-hydroxy-1,7-dimethyl-8-oxo-, 1-lacton-10-methylester 6515

Pregnan-19,21-disäure, 5,14-Dihydroxy-3,20-dioxo-, 21→14-lacton-19-methylester 6626

$C_{22}H_{28}O_9$

4a,1-Oxaäthano-fluoren-9-carbonsäure, 2-Acetoxy-8a-methoxycarbonylmethyl-1-methyl-7-oxo-decahydro-, methylester 6658

$C_{22}H_{28}O_{12}$

Verbindung $C_{22}H_{28}O_{12}$ aus 2-Acetoxy-8a-methoxycarbonylmethyl-1-methyl-7-oxo-decahydro-4a,1-oxaäthano-fluoren-9-carbonsäure-methylester 6658

$C_{22}H_{29}NO_3$

Propionitril, 3-[3,6-Diisopropyl-1,8-dioxo-1,2,3,4,5,6,7,8-octahydro-xanthen-9-yl]-6068

$C_{22}H_{30}N_2O_7$

Pregnan-19,21-disäure, 5,14-Dihydroxy-3,20-bis-hydroxyimino-, 21→14-lacton-19-methylester 6627

$C_{22}H_{30}O_5$

Cyclopentancarbonsäure, 1,2,2-Trimethyl-3-[8,9,9-trimethyl-2,4-dioxo-5,6,7,8-tetrahydro-2H-5,8-methano-chroman-3-yl]- 6069

Octansäure, 8-[7-Hexyl-1,3-dioxo-phthalan-4-yl]- 6068

Valeriansäure, 4-[3a,7a-Dimethyl-3,7-dioxo-$\Delta^{5a(10c)}$-dodecahydro-cyclopent[e]≠indeno[1,7-bc]oxepin-8-yl]- 6069

Verbindung $C_{22}H_{30}O_5$ aus 3-Butyl-6-[9-carboxy-non-1-enyl]-cyclohex-4-en-1,2-dicarbonsäure-anhydrid 6046

$C_{22}H_{30}O_6$

Dec-9-ensäure, 10-[7-Butyl-1,3-dioxo-1,3,3a,4,7,7a-hexahydro-isobenzofuran-4-yl]-4-oxo- 6170

Octansäure, 8-[7-Hex-1-enyl-1,3-dioxo-1,3,3a,4,7,7a-hexahydro-isobenzofuran-4-yl]-4-oxo- 6171

$C_{22}H_{30}O_7$

Gibban-1,10-dicarbonsäure, 2-Acetoxy-4a,8-dihydroxy-1,8-dimethyl-, 1→4a-lacton-10-methylester 6483

A-Nor-picras-12-en-1-carbonsäure, 1-Hydroxy-12-methoxy-11,16-dioxo-, methylester 6607

Pregnan-19,21-disäure, 3,5,14-Trihydroxy-20-oxo-, 21→14-lacton-19-methylester 6607

$C_{22}H_{30}O_8$

Verbindung $C_{22}H_{30}O_8$ aus 3,11-Diacetoxy-7,8-epoxy-14-hydroxy-12-oxo-21-nor-pregnan-20-säure 6590

$C_{22}H_{30}O_9$

3,5;5,6-Diseco-A,B-dinor-cholan-3,5,6,24-tetrasäure, 11-Hydroxy-12-oxo-, 3-lacton 6251

—, 11-Hydroxy-12-oxo-, 5-lacton 6251

$C_{22}H_{31}NO_4$

Pregnan-20-carbonitril, 20,21-Epoxy-3,17-dihydroxy-11-oxo- 6485

$C_{22}H_{31}NO_5$

Essigsäure, [7-Methoxy-2-oxo-2H-chromen-4-yl]-, [2-dibutylamino-äthylester] 6355

$C_{22}H_{31}NO_7$

Pregnan-19,21-disäure, 3,5,14-Trihydroxy-20-hydroxyimino-, 21→14-lacton-19-methylester 6608

$C_{22}H_{32}O_5$

Androstan-17-carbonsäure, 8,19-Epoxy-5-hydroxy-3-oxo-, äthylester 6335

Dec-9-ensäure, 10-[7-Butyl-1,3-dioxo-1,3,3a,4,7,7a-hexahydro-isobenzofuran-4-yl]- 6045, 6046

Heptansäure, 7-[7-Hept-1-enyl-1,3-dioxo-1,3,3a,4,7,7a-hexahydro-isobenzofuran-4-yl]- 6046

Octansäure, 8-[7-Hex-1-enyl-1,3-dioxo-1,3,3a,4,7,7a-hexahydro-isobenzofuran-4-yl]- 6046

Verbindung $C_{22}H_{32}O_5$ aus 9-Hydroxy-3,4;11,12-diseco-cholan-3,4,11,12,24-pentasäure-4-lacton 6258

$C_{22}H_{32}O_6$

A-Nor-picras-12-en-1-carbonsäure, 1-Hydroxy-12-methoxy-11-oxo-, methylester 6483

21-Nor-pregnan-19,20-disäure, 3,5,8-Trihydroxy-, 20-äthylester-19→8-lacton 6484

2,3-Seco-23,24-dinor-cholan-2,3,22-trisäure, 16-Hydroxy-, 22-lacton 6158

3,4-Seco-23,24-dinor-cholan-3,4,22-trisäure, 16-Hydroxy-, 22-lacton 6158

$C_{22}H_{32}O_7$

Decansäure, 10-[7-Butyl-1,3-dioxo-1,3,3a,4,≠7,7a-hexahydro-isobenzofuran-4-yl]-9-hydroxy-10-oxo- 6046

1,2-Seco-picras-12-en-1,2-disäure, 12-Methoxy-11-oxo-, 1-methylester 6589

—, 12-Methoxy-11-oxo-, 2-methylester 6589

$C_{22}H_{32}O_8$

Alternarsäure-methylester 6654

$C_{22}H_{34}Br_2O_5$

Cyclohexan-1,2-dicarbonsäure, 4,5-Dibrom-3-[7-carboxy-heptyl]-6-hexyl-, anhydrid 6000

$C_{22}H_{34}O_5$

Cyclohex-4-en-1,2,3-tricarbonsäure,
  6-Undecyl-, 3-äthylester-1,2-anhydrid
  6031
Heptansäure, 7-[7-Heptyl-1,3-dioxo-
  1,3,3a,4,7,7a-hexahydro-isobenzofuran-
  4-yl]- 6032
Nonansäure, 9-[1,3-Dioxo-7-pentyl-
  1,3,3a,4,7,7a-hexahydro-isobenzofuran-
  4-yl]- 6031
Octansäure, 8-[7-Hexyl-1,3-dioxo-1,3,3a,4,≠
  7,7a-hexahydro-isobenzofuran-4-yl]-
  6032

$C_{22}H_{34}O_5S$

Thiophen, 2-[8-Carboxy-octanoyl]-5-
  [8-carboxy-octyl]- 6154

$C_{22}H_{34}O_6$

Decansäure, 10-[7-Butyl-1,3-dioxo-
  octahydro-isobenzofuran-4-yl]-4-oxo-
  6154
5,10;9,10-Diseco-23,24-dinor-cholan-22-
  säure, 7,8-Epoxy-3-hydroxy-5,10-
  dioxo- 6468
Octansäure, 8-[7-Hexyl-1,3-dioxo-
  octahydro-isobenzofuran-4-yl]-4-oxo-
  6154

$C_{22}H_{36}O_5$

Cyclohexan-1,2-dicarbonsäure, 3-Butyl-6-
  [9-carboxy-nonyl]-, anhydrid 5999
—, 3-[7-Carboxy-heptyl]-6-hexyl-,
  anhydrid 5999

$C_{22}H_{39}NO_5$

Octadecansäure, 10,11-Epoxy-9,12-dioxo-,
  [2-dimethylamino-äthylester] 5983

$C_{22}H_{39}NO_6S$

Furan-3-carbonsäure, 4-[(2-Amino-2-
  carboxy-äthylmercapto)-methyl]-5-oxo-
  2-tridecyl-tetrahydro- 6274

C_{23}

$C_{23}H_{11}ClO_3S$

Anthra[1,9-*bc*]thiophen-3-carbonylchlorid,
  1-Benzoyl-6-oxo-6*H*- 6112

$C_{23}H_{12}O_4S$

Anthra[1,9-*bc*]thiophen-3-carbonsäure,
  1-Benzoyl-6-oxo-6*H*- 6111

$C_{23}H_{16}N_2O_7$

Benzo[*f*]chromen-2-carbonsäure,
  5-[3-Nitro-phenylcarbamoyl]-3-oxo-
  3*H*-, äthylester 6190

$C_{23}H_{16}O_5$

Benzoesäure, 2-[6-Hydroxy-3-oxo-
  3*H*-xanthen-9-yl]-, allylester 6447

$C_{23}H_{17}NO_4$

Chromen-4-carbonsäure, 7-Methoxy-2-
  oxo-3-phenyl-2*H*-, anilid 6430

$C_{23}H_{17}NO_5$

Benzo[*f*]chromen-2-carbonsäure, 3-Oxo-5-
  phenylcarbamoyl-3*H*-, äthylester
  6190

$C_{23}H_{17}N_3O_3$

Propionsäure, 3-[2]Furyl-2-
  [1]naphthylhydrazono-3-oxo-, anilid
  6002
—, 3-[2]Furyl-2-
  [2]naphthylhydrazono-3-oxo-, anilid
  6002
—, 3-[2]Furyl-3-oxo-2-
  phenylhydrazono-, [1]naphthylamid
  6005
—, 3-[2]Furyl-3-oxo-2-
  phenylhydrazono-, [2]naphthylamid
  6006

$C_{23}H_{18}O_5$

Furan-3-carbonsäure, 4-Cinnamoyl-5-oxo-
  2-styryl-4,5-dihydro-, methylester
  6108

$C_{23}H_{18}O_5S$

Cyclohepta[*b*]naphtho[2,1-*d*]thiophen-8,10-
  dicarbonsäure, 9-Oxo-9*H*-,
  diäthylester 6195

$C_{23}H_{18}O_6$

Pent-4-ensäure, 3-Oxo-2-[2-oxo-
  2*H*-chromen-3-carbonyl]-5-phenyl-,
  äthylester 6196
Pyran-3,5-dicarbonsäure, 4-Oxo-2,6-di≠
  styryl-4*H*- 6197

$C_{23}H_{18}O_8$

Essigsäure, [3-Acetoxy-4-(4-acetoxy-
  phenyl)-5-oxo-5*H*-[2]furyliden]-phenyl-,
  methylester 6564

$C_{23}H_{20}N_2O_7S_2$

Chromen-3,6-disulfonsäure, 7-Methoxy-4-
  methyl-2-oxo-2*H*-, dianilid 6755

$C_{23}H_{20}N_4O_5$

Pyran-2,6-dicarbonsäure, 3,4-Dioxo-3,4-
  dihydro-2*H*-, bis-[1-phenyl-
  äthylidenhydrazid] 6205

$C_{23}H_{20}N_4O_9$

Pyran-2,6-dicarbonsäure, 3,4-Dioxo-3,4-
  dihydro-2*H*-, bis-vanillylidenhydrazid
  6205
2,4-Dinitro-phenylhydrazon $C_{23}H_{20}N_4O_9$
  aus 6-Methoxy-2′-methyl-3,4′-dioxo-
  3*H*-spiro[benzofuran-2,1′-cyclopent-2′-
  en]-3′-carbonsäure-äthylester 6541

$C_{23}H_{20}N_4O_{11}$

Cyclopent[*c*]isochromen-1-carbonsäure,
  3-[2,4-Dinitro-phenylhydrazono]-7,8,9-
  trimethoxy-5-oxo-1,2,3,5-tetrahydro-,
  methylester 6670
Cyclopent[*c*]isochromen-2-carbonsäure,
  3-[2,4-Dinitro-phenylhydrazono]-7,8,9-
  trimethoxy-5-oxo-1,2,3,5-tetrahydro-,
  methylester 6671

$C_{23}H_{20}O_5$

Cyclohex-4-en-1,2,3-tricarbonsäure,
3,6-Dimethyl-4,5-diphenyl-,
1,2-anhydrid 6107
Norbornan-2,3-dicarbonsäure,
5-Benzhydryliden-6,7-dihydroxy-,
2→6-lacton-3-methylester 6446
—, 7-Benzhydryliden-5,6-dihydroxy-,
2→6-lacton-3-methylester 6446

$C_{23}H_{20}O_5S$

Pyran-3,5-dicarbonsäure, 2,6-Diphenyl-4-
thioxo-4H-, diäthylester 6195

$C_{23}H_{20}O_6$

Pyran-3,5-dicarbonsäure, 4-Oxo-2,6-
diphenyl-4H-, diäthylester 6194
Xanthen-1,2-dicarbonsäure, 9-Oxo-3-
phenyl-1,2,3,9a-tetrahydro-,
dimethylester 6195

$C_{23}H_{20}O_7$

Essigsäure, [7-Acetoxy-8-benzoyl-4-methyl-
2-oxo-2H-chromen-3-yl]-, äthylester
6567

$C_{23}H_{20}O_9$

Chromen-2-carbonsäure, 5,7-Diacetoxy-3-
[2-methoxy-phenyl]-4-oxo-4H-,
äthylester 6639
—, 5,7-Diacetoxy-3-[4-methoxy-
phenyl]-4-oxo-4H-, äthylester 6641

$C_{23}H_{21}NO_8$

Chromen-5-carbonsäure, 4-Hydroxy-6,7-
dimethoxy-2-oxo-3-[3-phenylimino-
butyryl]-2H-, methylester 6685

$C_{23}H_{22}N_4O_{11}$

2,4-Dinitro-phenylhydrazon $C_{23}H_{22}N_4O_{11}$
aus einer Verbindung $C_{17}H_{18}O_8$ s. bei
[3-Carboxy-5,6,7-trimethoxy-1-oxo-iso≠
chroman-4-yl]-bernsteinsäure 6694

$C_{23}H_{22}O_5$

Acrylsäure, 3-[5-Isopropyl-4-methoxy-2-
methyl-phenyl]-3-[2-oxo-2H-chromen-3-
yl]- 6445

$C_{23}H_{22}O_5S$

Valeriansäure, 5-[3,4-Bis-benzyloxy-
[2]thienyl]-5-oxo- 6462

$C_{23}H_{22}O_6$

Dibenzofuran-3-carbonsäure, 7-Methoxy-
4-[4-methoxy-phenyl]-2-oxo-2,3,4,4a-
tetrahydro-, äthylester 6567
Essigsäure, [6-Äthyl-7-benzoyloxy-4-
methyl-2-oxo-2H-chromen-3-yl]-,
äthylester 6392
—, [7-Äthyl-6-benzoyloxy-4-methyl-2-
oxo-2H-chromen-3-yl]-, äthylester
6393

$C_{23}H_{22}O_7$

Buttersäure, 2-[4-Hydroxy-2-oxo-
2H-chromen-3-yl]-4-[2-hydroxy-phenyl]-
4-oxo-, butylester 6648

$C_{23}H_{22}O_9$

1,7-Methano-benz[de]isochromen-4,8,9-
tricarbonsäure, 1-Methoxy-3-oxo-6-
phenyl-3a,4,5,7,8,9,9a,9b-octahydro-
1H,3H- 6689

$C_{23}H_{23}NO_6$

Dibenzofuran-3-carbonsäure,
2-Hydroxyimino-7-methoxy-4-
[4-methoxy-phenyl]-2,3,4,4a-tetrahydro-,
äthylester 6567

$C_{23}H_{23}N_3O_5$

Dibenzofuran-3-carbonsäure,
4-[4-Methoxy-phenyl]-2-semicarbazono-
2,3,4,4a-tetrahydro-, äthylester 6445

$C_{23}H_{24}N_2O_7$

Phenylhydrazone $C_{23}H_{24}N_2O_7$ aus
Verbindungen $C_{17}H_{18}O_8$ s. bei
[3-Carboxy-5,6,7-trimethoxy-1-oxo-
isochroman-4-yl]-bernsteinsäure 6694

$C_{23}H_{24}O_5$

1-Oxa-spiro[4.5]dec-3-en-4-carbonsäure,
3-[1]Naphthylmethoxy-2-oxo-,
äthylester 6296

$C_{23}H_{24}O_5S$

Thiopyran-3,5-dicarbonsäure, 4-Oxo-2,6-
diphenyl-tetrahydro-, diäthylester 6192

$C_{23}H_{24}O_6$

Malonsäure, Benzyl-[1-methyl-3-oxo-
phthalan-1-yl]-, diäthylester 6193

$C_{23}H_{24}O_9$

Naphtho[2,3-c]furan-1-carbonsäure,
4-[3,4-Dimethoxy-phenyl]-9-hydroxy-
6,7-dimethoxy-3-oxo-1,3,3a,4,9,9a-
hexahydro- 6687

$C_{23}H_{24}O_{10}$

Benzoesäure, 2,3-Dimethoxy-6-[3,5,6,7-
tetramethoxy-4-oxo-4H-chromen-2-yl]-,
methylester 6691
Xanthen-2-carbonsäure, 1,5,6-Trimethoxy-
3-[1-methoxycarbonyl-1-methyl-äthoxy]-
9-oxo-, methylester 6673

$C_{23}H_{26}O_5$

19,24-Dinor-chola-1,3,5(10)-trien-21,23-disäure,
14-Hydroxy-11-oxo-, 21-lacton-23-
methylester 6093
Essigsäure, [4-(2-Äthoxy-5-methyl-phenyl)-
6-methyl-2-oxo-chroman-4-yl]-,
äthylester 6425

$C_{23}H_{26}O_6$

Furan-2-carbonsäure, 3,4-Dihydroxy-2,4-
bis-[1-methyl-1-phenyl-äthyl]-5-oxo-
tetrahydro- 6553

$C_{23}H_{26}O_7$

Cyclopenta[a]phenanthren-6,7,11,12-
tetracarbonsäure, $\Delta^{8(14),9}$-Dodecahydro-,
12-äthylester-6,7-anhydrid
6232

$C_{23}H_{26}O_9$
Acetessigsäure, 4-[4,6-Diacetoxy-7-acetyl-
 3,5-dimethyl-benzofuran-2-yl]-2-methyl-,
 äthylester 6625
$C_{23}H_{27}NO_4$
19-Nor-carda-4,20(22)-dienolid, 10-Cyan-
 14-hydroxy-3-oxo- 6543
$C_{23}H_{28}O_5$
24-Nor-chola-5,14,20(22)-trien-19,23-
 disäure, 3,21-Dihydroxy-, 23→21-
 lacton 6413
$C_{23}H_{28}O_7$
24-Nor-chol-20(22)-en-19,23-disäure,
 14,21-Dihydroxy-2,3-dioxo-, 23→21-
 lacton 6631
$C_{23}H_{29}NO_4$
14,15,16-Trinor-labdan-13,19-disäure,
 9-Hydroxy-6-oxo-, 19-anilid-13-lacton
 6029
$C_{23}H_{29}NO_5$
19-Nor-card-20(22)-enolid, 10-Cyan-5,14-
 dihydroxy-3-oxo- 6627
$C_{23}H_{30}O_5$
19,24-Dinor-chola-1,3,5(10)-trien-23-säure,
 14,21-Epoxy-11,21-dihydroxy-,
 methylester 6093
$C_{23}H_{30}O_6$
Gibb-3-en-1,10-dicarbonsäure, 2,4a,7-
 Trihydroxy-1-methyl-8-methylen-,
 10-butylester-1→4a-lacton
 6535
24-Nor-cholan-21,23-disäure, 14-Hydroxy-
 3,12-dioxo-, 21-lacton 6183
24-Nor-cholan-19,21,23-trisäure, 3-Oxo-,
 21,23-anhydrid 6182
24-Nor-chol-20(22)-en-19,23-disäure,
 14,21-Dihydroxy-3-oxo-, 23→21-
 lacton 6537
Valeriansäure, 4-[3a,7a-Dimethyl-7,12-
 dioxo-Δ^5-dodecahydro-10c,3-
 oxaäthano-cyclopent[e]indeno[1,7-bc]≠
 oxepin-8-yl]- 6258
$C_{23}H_{30}O_7$
24-Nor-cholan-19,21,23-trisäure,
 14-Hydroxy-3-oxo-, 21-lacton
 6226
24-Nor-chol-14-en-19,21,23-trisäure,
 3,5-Dihydroxy-, 19→3-lacton
 6627
16,17-Seco-D,18-dihomo-androst-4-en-
 16,17,18a-trisäure, 11-Hydroxy-3-oxo-,
 18a-lacton-16,17-dimethylester
 6226
$C_{23}H_{30}O_8$
11,12-Seco-A-nor-chol-2-en-11,12,19,24-
 tetrasäure, 3-Hydroxy-, 12-lacton
 6248

$C_{23}H_{30}O_9$
3,5-Seco-A,24-dinor-cholan-3,19,21,23-
 tetrasäure, 14-Hydroxy-5-oxo-,
 21-lacton-19-methylester 6255
$C_{23}H_{30}O_{10}$
Verbindung $C_{23}H_{30}O_{10}$ aus 3-Hydroxy-
 11,12-seco-A-nor-chol-2-en-11,12,24-
 trisäure-12-lacton 6171
$C_{23}H_{31}BrO_6$
Verbindung $C_{23}H_{31}BrO_6$ aus 3-Hydroxy-
 11,12-seco-A-nor-chol-2-en-11,12,24-
 trisäure-12-lacton 6171
$C_{23}H_{31}BrO_7$
11,12-Seco-A-nor-cholan-11,12,24-trisäure,
 2-Brom-2-hydroxy-3-oxo-, 12-lacton
 6221
$C_{23}H_{31}NO_5$
24-Nor-chol-20(22)-en-19,23-disäure,
 3,5,14,21-Tetrahydroxy-, 23→21-
 lacton-19-nitril 6612
$C_{23}H_{32}O_5$
24-Nor-cholan-19,23-disäure, 3-Hydroxy-
 21-oxo-, 19-lacton 6070
24-Nor-cholan-21,23-disäure, 14-Hydroxy-
 3-oxo-, 21-lacton 6070
24-Nor-chol-14-en-21,23-disäure, 3,16-
 Dihydroxy-, 21→16-lacton 6399
Phthalsäure, 3-Hexyl-6-
 [7-methoxycarbonyl-heptyl]-,
 anhydrid 6068
$C_{23}H_{32}O_6$
Androstan-17-carbonsäure, 3-Acetoxy-3,9-
 epoxy-11-oxo-, methylester 6335
18-Nor-androstan-13,17-dicarbonsäure,
 3-Acetoxy-11-hydroxy-, 13-lacton-17-
 methylester 6336
24-Nor-cholan-21,23-disäure, 14,16-
 Dihydroxy-3-oxo-, 23→16-lacton
 6522
24-Nor-chol-14-en-19,23-disäure, 3,5,21-
 Trihydroxy-, 23→21-lacton 6520
24-Nor-chol-20(22)-en-19,23-disäure,
 3,14,21-Trihydroxy-, 23→21-lacton
 6521
14,15-Seco-24-nor-cholan-15,23-disäure,
 21-Hydroxy-3,14-dioxo-, 23-lacton
 6171
11,12-Seco-A-nor-chol-2-en-11,12,24-
 trisäure, 3-Hydroxy-, 12-lacton 6171
$C_{23}H_{32}O_7$
Duodephanthondisäure-dimethylester
 6220
24-Nor-cholan-21,23-disäure, 3,5,14-
 Trihydroxy-19-oxo-, 21→14-lacton
 6613
24-Nor-cholan-19,21,23-trisäure,
 3,5-Dihydroxy-, 19→3-lacton 6613

$C_{23}H_{32}O_7$ (Fortsetzung)

24-Nor-chol-20(22)-en-19,23-disäure,
   2,3,14,21-Tetrahydroxy-, 23→21-
   lacton 6608
—, 3,5,14,21-Tetrahydroxy-, 23→21-
   lacton 6608
3,5-Seco-A,24-dinor-cholan-3,21,23-
   trisäure, 14-Hydroxy-5-oxo-,
   21-lacton-23-methylester 6220
3,4-Seco-24-nor-cholan-3,4,23-trisäure,
   21-Hydroxy-11-oxo-, 23-lacton
   6221
—, 21-Hydroxy-12-oxo-, 23-lacton
   6221
11,12-Seco-A-nor-cholan-11,12,24-trisäure,
   2-Hydroxy-3-oxo-, 12-lacton 6221
9,11-Seco-pregnan-11-säure, 3-Acetoxy-
   12,20-epoxy-9,15-dioxo- 6484
Verbindung $C_{23}H_{32}O_7$ s. bei 9-Hydroxy-
   3,4;11,12-diseco-cholan-3,4,11,12,24-
   pentasäure-4-lacton 6258

$C_{23}H_{32}O_8$

24-Nor-cholan-19,21,23-trisäure, 3,5,14-
   Trihydroxy-, 21→14-lacton 6661

$C_{23}H_{32}O_9$

3,5;6,7-Diseco-A-nor-cholan-3,6,7,24-
   tetrasäure, 5-Hydroxy-12-oxo-,
   7-lacton 6252

$C_{23}H_{32}O_{10}$

Verbindung $C_{23}H_{32}O_{10}$ s. bei
   9-Hydroxy-3,4;11,12-diseco-cholan-
   3,4,11,12,24-pentasäure-4-lacton 6259

$C_{23}H_{32}O_{11}$

Verbindung $C_{23}H_{32}O_{11}$ s. bei
   3-Hydroxy-11,12-seco-A-nor-chol-2-en-
   11,12,24-trisäure-12-lacton 6171

$C_{23}H_{32}O_{12}$

3,5;6,7;11,12-Triseco-A-nor-cholan-
   3,6,7,11,12,24-hexasäure, 5-Hydroxy-,
   7-lacton 6261
—, 5-Hydroxy-, 11-lacton 6261

$C_{23}H_{33}ClO_5$

24-Nor-cholan-21,23-disäure, 14-Chlor-
   3,16-dihydroxy-, 21→16-lacton 6336

$C_{23}H_{33}NO_5$

24-Nor-cholan-19,23-disäure, 3-Hydroxy-
   21-hydroxyimino-, 19-lacton 6070

$C_{23}H_{33}NO_7$

Duodephanthondisäure-dimethylester-
   oxim 6220

$C_{23}H_{34}O_5$

Cyclohex-4-en-1,2-dicarbonsäure, 3-Hex-1-
   enyl-6-[7-methoxycarbonyl-heptyl]-,
   anhydrid 6046
24-Nor-cholan-21,23-disäure, 3,14-
   Dihydroxy-, 21→14-lacton 6336

$C_{23}H_{34}O_6$

24-Nor-cholan-21,23-disäure, 3,5,14-
   Trihydroxy-, 21→14-lacton 6486

—, 3,11,14-Trihydroxy-, 21→14-lacton
   6487
—, 3,12,14-Trihydroxy-, 21→14-lacton
   6487
—, 3,14,16-Trihydroxy-, 21→16-
   lacton 6485
3,5-Seco-A,24-dinor-cholan-3,21,23-
   trisäure, 14-Hydroxy-, 21-lacton-23-
   methylester 6159
2,3-Seco-24-nor-cholan-2,3,23-trisäure,
   21-Hydroxy-, 23-lacton 6160
3,4-Seco-24-nor-cholan-3,4,23-trisäure,
   7-Hydroxy-, 4-lacton 6161
—, 21-Hydroxy-, 23-lacton 6159
2,3-Seco-A,23,24-trinor-cholan-2,3,22-
   trisäure, 16-Hydroxy-, 22-lacton-2,3-
   dimethylester 6158

$C_{23}H_{34}O_7$

24-Nor-cholan-19,23-disäure, 3,5,14,21-
   Tetrahydroxy-, 23→21-lacton 6591
3,4-Seco-24-nor-cholan-3,4,23-trisäure,
   12,21-Dihydroxy-, 23→21-lacton 6591
1,2-Seco-picras-12-en-1,2-disäure,
   12-Methoxy-11-oxo-, dimethylester
   6590
12,13-Seco-pregnan-12-säure, 3-Acetoxy-
   16,17-epoxy-13-hydroxy-20-oxo- 6468

$C_{23}H_{34}O_8$

24-Nor-cholan-19,23-disäure, 3,5,14,15,21-
   Pentahydroxy-, 23→21-lacton 6654

$C_{23}H_{36}O_5$

Cyclohex-4-en-1,2-dicarbonsäure,
   3-Heptyl-6-[6-methoxycarbonyl-hexyl]-,
   anhydrid 6032
—, 3-Hexyl-6-[7-methoxycarbonyl-
   heptyl]-, anhydrid 6032

$C_{23}H_{36}O_6$

5,10;9,10-Diseco-23,24-dinor-cholan-22-
   säure, 7,8-Epoxy-3-hydroxy-5,10-
   dioxo-, methylester 6468

$C_{23}H_{38}O_5$

Cyclohexan-1,2-dicarbonsäure, 3-Hexyl-6-
   [7-methoxycarbonyl-heptyl]-,
   anhydrid 5999

$C_{23}H_{42}N_2O_4$

Octadecansäure, 10,11-Epoxy-9,12-dioxo-,
   [3-dimethylamino-propylamid] 5984

C_{24}

$C_{24}H_{12}O_9$

Isophthalsäure, 4-[4-Carboxy-2,6-dioxo-
   $2H,6H$-anthra[9,1-bc]furan-10b-yl]- 6257
Terephthalsäure, 2-[5-Carboxy-2,6-dioxo-
   $2H,6H$-anthra[9,1-bc]furan-10b-yl]- 6257

$C_{24}H_{16}O_5$
Buttersäure, 2-[5-[2]Naphthyl-2-oxo-
[3]furyliden]-4-oxo-4-phenyl- 6111
$C_{24}H_{16}O_6$
Benzofuran-2-carbonsäure, 7-Benzoyl-6-
benzoyloxy-3-methyl- 6435
$C_{24}H_{16}O_8S_3$
$5\lambda^6$-Dibenzothiophen-3-sulfonsäure,
5,5-Dioxo-7-[4'-sulfo-biphenyl-4-yl]- 6733
$C_{24}H_{16}O_9$
Xanthen-3-carbonsäure, 1,4-Diacetoxy-9-
oxo-2-phenoxy- 6633
$C_{24}H_{16}O_{12}S_2$
Chromen-6-sulfonsäure, 8,8'-Diacetyl-7,7'-
dihydroxy-4,4'-dimethyl-2,2'-dioxo-
2H,2'H-bis-, 6→7';6'→7-dilacton 6762
$C_{24}H_{17}NO_4$
Essigsäure, [3,5-Dioxo-4-phenyl-dihydro-
[2]furyliden]-phenyl-, anilid 6101
$C_{24}H_{18}N_2O_6S_3$
$5\lambda^6$-Dibenzothiophen-3,7-disulfonsäure,
5,5-Dioxo-, dianilid 6732
$C_{24}H_{18}O_6$
Benzoesäure, 4-tert-Butyl-2-[1,3-dioxo-
1H,3H-benz[de]isochromen-6-carbonyl]-
6198
$C_{24}H_{18}O_8$
Benzoesäure, 3-[5,7-Dihydroxy-2-(4-
methoxy-phenyl)-4-oxo-4H-chromen-8-
yl]-4-methoxy- 6678
$C_{24}H_{19}NO_7$
But-3-ensäure, 4-Benzoyloxy-2-
benzoyloxyimino-4-[2]furyl-,
äthylester 6308
$C_{24}H_{19}N_3O_2$
Pyran-2-carbonsäure, 4,6-Bis-phenylimino-
5,6-dihydro-4H-, anilid 5987
$C_{24}H_{19}N_3O_3$
Propionsäure, 3-[5-Methyl-[2]furyl]-2-
[1]naphthylhydrazono-3-oxo-, anilid
6013
—, 3-[5-Methyl-[2]furyl]-2-
[2]naphthylhydrazono-3-oxo-, anilid
6014
—, 3-[5-Methyl-[2]furyl]-3-oxo-2-
phenylhydrazono-, [1]naphthylamid
6016
—, 3-[5-Methyl-[2]furyl]-3-oxo-2-
phenylhydrazono-, [2]naphthylamid
6016
$C_{24}H_{20}Cl_2N_2O_5$
Furan, 2,5-Bis-[N-(4-chlor-2-methyl-
phenyl)-malonamoyl]- 6212
—, 2,5-Bis-[N-(5-chlor-2-methyl-
phenyl)-malonamoyl]- 6212
$C_{24}H_{20}O_5$
Benzoesäure, 2-[6-Äthoxy-3-oxo-
3H-xanthen-9-yl]-, äthylester 6447

$C_{24}H_{20}O_7$
1,4-Ätheno-benzo[c]phenanthren-2,3,5,6-
tetracarbonsäure, 1,2,3,4,4a,5,6,6a,7,8-
Decahydro-, 2,3-anhydrid 6236
—, 1,2,3,4,4a,5,6,6a,7,8-Decahydro-,
5,6-anhydrid 6236
9,10-Furo[3,4]ätheno-anthracen-13,15-dion,
9,10-Bis-[2-carboxy-äthyl]-9,10,11,12-
tetrahydro- 6235
$C_{24}H_{20}O_{10}$
Chromen-2-carbonsäure, 5,7-Diacetoxy-3-
[4-acetoxy-phenyl]-4-oxo-4H-,
äthylester 6641
$C_{24}H_{22}N_2O_5$
Furan, 2,5-Bis-[N-o-tolyl-malonamoyl]-
6212
—, 2,5-Bis-[N-p-tolyl-malonamoyl]-
6212
$C_{24}H_{22}N_2O_7$
Furan, 2,5-Bis-[N-(2-methoxy-phenyl)-
malonamoyl]- 6213
—, 2,5-Bis-[N-(4-methoxy-phenyl)-
malonamoyl]- 6213
$C_{24}H_{22}N_4O_8$
Spiro[benzofuran-2,1'-cyclopent-2'-en]-3'-
carbonsäure, 4'-[2,4-Dinitro-
phenylhydrazono]-6-methoxy-2'-methyl-
3-methylen-3H-, äthylester 6410
$C_{24}H_{22}N_8O_{13}$
Verbindung $C_{24}H_{22}N_8O_{13}$ aus
2-Acetonyl-3-acetyl-4-methoxy-5-oxo-
2,5-dihydro-furan-2-carbonsäure-
methylester 6581
$C_{24}H_{22}O_5$
Buttersäure, 4-[3,6-Dimethyl-13,15-dioxo-
11,12,13,15-tetrahydro-10H-9,10-furo
[3,4]ätheno-anthracen-9-yl]- 6107
$C_{24}H_{22}O_9$
Naphtho[2,3-c]furan-4-carbonsäure,
8,9-Dimethoxy-1-oxo-3-[2,3,5-
trimethoxy-phenyl]-1,3-dihydro-
6689
$C_{24}H_{23}NO_8$
Terrinolid, Tetra-O-methyl- 6690
$C_{24}H_{24}N_4O_8$
6-Desoxy-galactonsäure, O^2,O^3,O^5-
Triacetyl-6-phenylazo-6-
phenylhydrazono-, lacton 6575
Spiro[benzofuran-2,1'-cyclopent-2'-en]-3'-
carbonsäure, 4'-[2,4-Dinitro-
phenylhydrazono]-6-methoxy-3,2'-
dimethyl-3H-, äthylester 6405
$C_{24}H_{24}N_6O_3$
arabino-3,6-Anhydro-[2]hexosulose,
1-Phenylazo-, bis-phenylhydrazon
6452

C₂₄H₂₄O₅
Acrylsäure, 3-[5-Isopropyl-4-methoxy-2-
methyl-phenyl]-3-[2-oxo-2*H*-chromen-3-
yl]-, methylester 6445

C₂₄H₂₄O₆
Essigsäure, [7-Benzoyloxy-4-methyl-2-oxo-
6-propyl-2*H*-chromen-3-yl]-,
äthylester 6397

C₂₄H₂₄O₇
Bernsteinsäure, 2-Benzoyl-2-[1-methyl-3-
oxo-phthalan-1-yl]-, diäthylester 6234

C₂₄H₂₄O₈
Buttersäure, 4-[2-Hydroxy-5-methyl-
phenyl]-2-[2-methoxycarbonyl-6-methyl-
4-oxo-chroman-3-yl]-4-oxo-,
methylester 6678

C₂₄H₂₄O₁₀
Chroman-2-carbonsäure,
2-Äthoxyoxalyloxy-5,7-dimethoxy-4-
oxo-3-phenyl-, äthylester 6636

C₂₄H₂₅N₃O₆
Dibenzofuran-3-carbonsäure, 7-Methoxy-
4-[4-methoxy-phenyl]-2-semicarbazono-
2,3,4,4a-tetrahydro-, äthylester 6567

C₂₄H₂₆N₄O₉
2,4-Dinitro-phenylhydrazon C₂₄H₂₆N₄O₉
s. bei 4-[7,8-Dimethoxy-3-
methoxycarbonylmethyl-2-oxo-
2*H*-chromen-4-yl]-buttersäure-
methylester 6667

C₂₄H₂₆O₁₀
Buttersäure, 2-Acetyl-4-[4,6-diacetoxy-7-
acetyl-3,5-dimethyl-benzofuran-2-yl]-3-
oxo-, äthylester 6672

C₂₄H₂₈O₅
24-Nor-chola-4,14,20(22)-trien-19,23-
disäure, 21-Hydroxy-3-oxo-, 23-lacton-
19-methylester 6094

C₂₄H₂₈O₆
Furan-2-carbonsäure, 3,4-Dihydroxy-2,4-
bis-[1-methyl-1-phenyl-äthyl]-5-oxo-
tetrahydro-, methylester 6553
Malonsäure, [3-(4-Cyclohexyl-phenyl)-1-
[2]furyl-3-oxo-propyl]-, dimethylester
6189

C₂₄H₂₈O₆S
Cyclohexan-1,3-dicarbonsäure,
2-[5-Benzyl-[2]thienyl]-4-hydroxy-4-
methyl-6-oxo-, diäthylester 6638

C₂₄H₃₀N₄O₄
19-Nor-carda-4,20(22)-dienolid, 10-Cyan-
14-hydroxy-3-semicarbazono- 6543

C₂₄H₃₀O₅
18-Homo-pregna-4,18-dien-21-säure,
11,18a-Epoxy-18a-methyl-3,20-dioxo-,
methylester 6089
24-Nor-chola-3,5,20(22)-trien-19,23-disäure,
14,21-Dihydroxy-, 23→21-lacton-19-
methylester 6413

C₂₄H₃₀O₆
24-Nor-chola-4,20(22)-dien-19,23-disäure,
14,21-Dihydroxy-3-oxo-, 23→21-
lacton-19-methylester 6542

C₂₄H₃₀O₇
24-Nor-chol-4-en-19,21,23-trisäure,
14-Hydroxy-3-oxo-, 21-lacton-19-
methylester 6231

C₂₄H₃₀O₈
Gibban-1,10-dicarbonsäure, 2,7-Diacetoxy-
4a-hydroxy-1-methyl-8-methylen-,
1-lacton-10-methylester 6518

C₂₄H₃₀O₉
Essigsäure, [1,5-Dimethyl-2,4-dioxo-3-oxa-
bicyclo[3.3.1]non-9-yl]-, anhydrid 5996

C₂₄H₃₁NO₆
24-Nor-chola-4,20(22)-dien-19,23-disäure,
14,21-Dihydroxy-3-hydroxyimino-,
23→21-lacton-19-methylester 6543

C₂₄H₃₂O₅
17,18-Dinor-atis-13-en-4,15,16-
tricarbonsäure, 13-Isopropyl-, 15,16-
anhydrid 6084
24-Nor-chol-4-en-21,23-disäure,
14-Hydroxy-3-oxo-, 21-lacton-23-
methylester 6084

C₂₄H₃₂O₆
17,18-Dinor-atisan-4,15,16-tricarbonsäure,
14-Hydroxy-13-isopropyliden-,
15-lacton 6183
Gibb-3-en-1,10-dicarbonsäure, 2,4a,7-
Trihydroxy-1-methyl-8-methylen-,
1→4a-lacton-10-pentylester 6535
24-Nor-chola-4,20(22)-dien-19,23-disäure,
3,14,21-Trihydroxy-, 23→21-lacton-19-
methylester 6536
24-Nor-chola-14,20(22)-dien-19,23-disäure,
3,5,21-Trihydroxy-, 23→21-lacton-19-
methylester 6536
24-Nor-cholan-21,23-disäure, 14-Hydroxy-
3,12-dioxo-, 21-lacton-23-methylester
6183
24-Nor-chol-20(22)-en-19,23-disäure,
14,21-Dihydroxy-3-oxo-, 23→21-
lacton-19-methylester 6537
Valeriansäure, 4-[3a,7-Dimethyl-7,12-
dioxo-Δ⁵-dodecahydro-10c,3-
oxaäthano-cyclopent[*e*]indeno[1,7-*bc*]≠
oxepin-8-yl]-, methylester 6258
Verbindung C₂₄H₃₂O₆ aus 9-Hydroxy-
3,4;11,12-diseco-cholan-3,4,11,12,24-
pentasäure-4-lacton-3,24-dimethylester
6259

C₂₄H₃₂O₇
5,8-Cyclo-6,7-seco-pregnan-6,7,21-trisäure,
3-Acetoxy-20-methyl-, 6,7-anhydrid
6520

$C_{24}H_{32}O_7$ (Fortsetzung)

24-Nor-chol-20(22)-en-19,23-disäure,
   5,14,21-Trihydroxy-3-oxo-, 23→21-
   lacton-19-methylester 6627
3,4-Seco-cholan-3,4,24-trisäure, 7,12-
   Dioxo-, 3,4-anhydrid 6227
3,4-Seco-chol-9(11)-en-3,4,24-trisäure,
   11-Hydroxy-12-oxo-, 3-lacton 6227

$C_{24}H_{32}O_8$

3,10a-Äthano-phenanthren-1,2,8-
   tricarbonsäure, 12-Hydroxy-12-
   [α-hydroxy-isopropyl]-4b,8-dimethyl-11-
   oxo-dodecahydro-, 1,2-anhydrid 6663
Gibban-1,10-dicarbonsäure, 2,7-Diacetoxy-
   4a-hydroxy-1,8-dimethyl-, 1→4a-
   lacton-10-methylester 6482
Pregnan-19,21-disäure, 3-Acetoxy-5,14-
   dihydroxy-20-oxo-, 21→14-lacton-19-
   methylester 6607
3,4-Seco-cholan-3,4,24-trisäure,
   9-Hydroxy-11,12-dioxo-, 4-lacton 6249
16,17-Seco-*D*,18-dihomo-androst-4-en-
   16,17,18a-trisäure, 11,14-Dihydroxy-3-
   oxo-, 16-äthylester-18a→11-lacton-17-
   methylester 6668

$C_{24}H_{32}O_8S$

24-Nor-cholan-21,23-disäure, 14-Hydroxy-
   19-oxo-3,5-sulfinyldioxy-, 21→14-
   lacton-23-methylester 6615

$C_{24}H_{32}O_9$

21-Nor-pregnan-20-säure, 3,11-Diacetoxy-
   7,8-epoxy-14-hydroxy-12-oxo- 6590
3,5-Seco-*A*,24-dinor-cholan-3,19,21,23-
   tetrasäure, 14-Hydroxy-5-oxo-,
   21-lacton-19,23-dimethylester 6255
14,15-Seco-24-nor-cholan-15,19,23-trisäure,
   5,21-Dihydroxy-3,14-dioxo-, 23→21-
   lacton-19-methylester 6684

$C_{24}H_{34}N_2O_8$

3,4-Seco-cholan-3,4,24-trisäure,
   7-Hydroxy-12-nitroimino-, 4-lacton
   6223

$C_{24}H_{34}O_5$

Cholan-24-säure, 3,9-Epoxy-11,12-dioxo-
   6071
24-Nor-cholan-21,23-disäure, 14-Hydroxy-
   3-oxo-, 21-lacton-23-methylester 6070
24-Nor-chol-14-en-21,23-disäure, 3,16-
   Dihydroxy-, 21→16-lacton-23-
   methylester 6399

$C_{24}H_{34}O_6$

17,18-Dinor-atisan-4,15,16-tricarbonsäure,
   13-Hydroxy-13-isopropyl-, 15-lacton
   6172
—, 13-Hydroxy-13-isopropyl-,
   16-lacton 6173
24-Nor-cholan-21,23-disäure, 5,14-
   Dihydroxy-3-oxo-, 21→14-lacton-23-
   methylester 6523

—, 14,16-Dihydroxy-3-oxo-, 21→16-
   lacton-23-methylester 6522
—, 14,16-Dihydroxy-3-oxo-, 23→16-
   lacton-21-methylester 6522
24-Nor-chol-20(22)-en-19,23-disäure,
   3,14,21-Trihydroxy-, 23→21-lacton-19-
   methylester 6521
3,4-Seco-cholan-3,4,24-trisäure, 12-Oxo-,
   3,4-anhydrid 6172
6,7-Seco-cholan-6,7,24-trisäure, 12-Oxo-,
   6,7-anhydrid 6172

$C_{24}H_{34}O_7$

24-Nor-cholan-21,23-disäure, 3,5,14-
   Trihydroxy-19-oxo-, 21→14-lacton-23-
   methylester 6614
24-Nor-chol-20(22)-en-19,23-disäure,
   3,5,14,21-Tetrahydroxy-, 23→21-
   lacton-19-methylester 6610
15-Nor-podocarpan-4,8,13,14-
   tetracarbonsäure, 12-Isobutyl-, 8,13-
   anhydrid 6222
2,3-Seco-cholan-2,3,24-trisäure,
   12-Hydroxy-7-oxo-, 2-lacton 6224
3,4-Seco-cholan-3,4,24-trisäure,
   7-Hydroxy-12-oxo-, 4-lacton 6222
—, 12-Hydroxy-11-oxo-, 24-lacton
   6223
6,7-Seco-cholan-6,7,24-trisäure,
   3-Hydroxy-12-oxo-, 6-lacton 6222
9,11-Seco-pregnan-11-säure, 3-Acetoxy-
   12,20-epoxy-9,15-dioxo-, methylester
   6485

$C_{24}H_{34}O_8$

17,18-Dinor-atisan-4,15,16-tricarbonsäure,
   13,14-Dihydroxy-13-[α-hydroxy-
   isopropyl]-, 15→14-lacton 6663
24-Nor-cholan-19,21,23-trisäure, 3,5,14-
   Trihydroxy-, 21→14-lacton-19-
   methylester 6662
3,5-Seco-*A*,24-dinor-cholan-3,19,21,23-
   tetrasäure, 14-Hydroxy-, 21-lacton-
   19,23-dimethylester 6243

$C_{24}H_{34}O_8S$

24-Nor-cholan-21,23-disäure, 14,19-
   Dihydroxy-3,5-sulfinyldioxy-, 21→14-
   lacton-23-methylester 6593

$C_{24}H_{34}O_{10}$

3,4;11,12-Diseco-cholan-3,4,11,12,24-
   pentasäure, 7-Hydroxy-, 4-lacton 6258
—, 9-Hydroxy-, 4-lacton 6258

$C_{24}H_{35}ClO_5$

24-Nor-cholan-21,23-disäure, 14-Chlor-
   3,16-dihydroxy-, 21→16-lacton-23-
   methylester 6336

$C_{24}H_{35}NO_7$

24-Nor-cholan-21,23-disäure, 3,5,14-
   Trihydroxy-19-hydroxyimino-, 21→14-
   lacton-23-methylester 6615

C$_{24}$H$_{35}$NO$_7$ (Fortsetzung)

2,3-Seco-cholan-2,3,24-trisäure,
  12-Hydroxy-7-hydroxyimino-,
  2-lacton 6224
3,4-Seco-cholan-3,4,24-trisäure,
  7-Hydroxy-12-hydroxyimino-,
  4-lacton 6223
3,5-Seco-A,24-dinor-cholan-3,19,21,23-
  tetrasäure, 14-Hydroxy-, 3-amid-21-
  lacton-19,23-dimethylester 6243

C$_{24}$H$_{35}$N$_3$O$_7$

24-Nor-cholan-21,23-disäure, 3,5,14-
  Trihydroxy-19-semicarbazono-,
  21→14-lacton 6614

C$_{24}$H$_{36}$N$_2$O$_8$

5,10;9,10-Diseco-23,24-dinor-cholan-22-
  säure, 3-Allophanoyloxy-7,8-epoxy-
  5,10-dioxo- 6468

C$_{24}$H$_{36}$O$_5$

24-Nor-cholan-21,23-disäure, 3,14-
  Dihydroxy-, 21→14-lacton-23-
  methylester 6337
6,7-Seco-cholan-6,7,24-trisäure-6,7-
  anhydrid 6047
11,12-Seco-cholan-11,12,24-trisäure-11,12-
  anhydrid 6046

C$_{24}$H$_{36}$O$_6$

24-Nor-cholan-21,23-disäure, 3,5,14-
  Trihydroxy-, 21→14-lacton-23-
  methylester 6487
—, 3,11,14-Trihydroxy-, 21→14-
  lacton-23-methylester 6487
—, 3,12,14-Trihydroxy-, 21→14-
  lacton-23-methylester 6487
—, 3,14,16-Trihydroxy-, 21→16-
  lacton-23-methylester 6486
2,3-Seco-cholan-2,3,24-trisäure,
  6-Hydroxy-, 3-lacton 6162
3,4-Seco-cholan-3,4,24-trisäure,
  7-Hydroxy-, 4-lacton 6162
—, 21-Hydroxy-, 24-lacton 6161
6,7-Seco-cholan-6,7,24-trisäure,
  3-Hydroxy-, 6-lacton 6161
3,4-Seco-23,24-dinor-cholan-3,4,22-trisäure,
  16-Hydroxy-, 22-lacton-3,4-
  dimethylester 6158
Monoäthylester C$_{24}$H$_{36}$O$_6$ aus
  16-Hydroxy-2,3-seco-23,24-dinor-
  cholan-2,3,22-trisäure-2,3-diäthylester-
  22-lacton 6159

C$_{24}$H$_{36}$O$_7$

24-Nor-cholan-21,23-disäure, 3,5,14,19-
  Tetrahydroxy-, 21→14-lacton-23-
  methylester 6592
2,3-Seco-cholan-2,3,24-trisäure, 7,12-
  Dihydroxy-, 2→12-lacton 6593
3,4-Seco-cholan-3,4,24-trisäure, 7,12-
  Dihydroxy-, 4→7-lacton 6593

—, 7,23-Dihydroxy-, 4→7-lacton
  6593

C$_{24}$H$_{36}$O$_8$

24-Nor-cholan-19,23-disäure, 3,5,14,15,21-
  Pentahydroxy-, 23→21-lacton-19-
  methylester 6654

C$_{24}$H$_{38}$O$_5$

Cyclohex-4-en-1,2-dicarbonsäure,
  3-[7-Äthoxycarbonyl-heptyl]-6-hexyl-,
  anhydrid 6032

C$_{24}$H$_{40}$O$_4$S

Thiophen-3-carbonsäure, 4-Hydroxy-2-
  methyl-5-stearoyl- 6308

C$_{24}$H$_{40}$O$_5$

Cyclohexan-1,2-dicarbonsäure,
  3-[7-Äthoxycarbonyl-heptyl]-6-hexyl-,
  anhydrid 6000

C$_{24}$H$_{43}$NO$_5$

Octadecansäure, 10,11-Epoxy-9,12-dioxo-,
  [2-diäthylamino-äthylester]
  5983

C$_{24}$H$_{44}$N$_2$O$_4$

Octadecansäure, 10,11-Epoxy-9,12-dioxo-,
  [2-diäthylamino-äthylamid] 5984

C$_{25}$

C$_{25}$H$_{15}$NO$_3$

9,10-Äthano-anthracen-11,12-
  dicarbonsäure, 9-Cyan-10-phenyl-9,10-
  dihydro-, anhydrid 6112

C$_{25}$H$_{15}$NO$_4$

Hepta-3,5-diennitril, 2-[Benzofuran-2-
  carbonyl]-7-[1,3-dioxo-indan-2-yliden]-
  6198

C$_{25}$H$_{17}$Cl$_2$N$_3$O$_3$S

Propionsäure, 2-[2,5-Dichlor-
  phenylhydrazono]-3-[2]furyl-3-oxo-,
  [4-phenylmercapto-anilid] 6007
—, 3-[2]Furyl-3-oxo-2-
  [4-phenylmercapto-phenylhydrazono]-,
  [2,5-dichlor-anilid] 6003

C$_{25}$H$_{17}$NO$_8$

Chromen-3-carbonsäure, 7-Benzoyloxy-4-
  [4-nitro-phenyl]-2-oxo-2H-, äthylester
  6429

C$_{25}$H$_{18}$BrN$_3$O$_3$S

Propionsäure, 2-[4-Brom-
  phenylhydrazono]-3-[2]furyl-3-oxo-,
  [4-phenylmercapto-anilid] 6007
—, 3-[2]Furyl-3-oxo-2-
  [4-phenylmercapto-phenylhydrazono]-,
  [4-brom-anilid] 6003

C$_{25}$H$_{18}$N$_2$O$_4$

Acrylsäure, 2-Benzoylamino-3-[2-oxo-
  2H-chromen-6-yl]-, anilid 6075

$C_{25}H_{18}N_2O_4$ (Fortsetzung)
Propionsäure, 2-Benzoylimino-3-[2-oxo-
2H-chromen-6-yl]-, anilid 6075
$C_{25}H_{18}O_5$
Indan-2-carbonsäure, 1,3-Dioxo-2-
xanthen-9-yl-, äthylester 6111
$C_{25}H_{18}O_6$
Benzoesäure, 2-[4-Oxo-chroman-3-
carbonyl]-, phenacylester 6097
Chromen-3-carbonsäure, 7-Benzoyloxy-2-
oxo-4-phenyl-2H-, äthylester 6428
$C_{25}H_{18}O_8$
Chromen-2-carbonsäure, 3-[4-Benzoyloxy-
phenyl]-5,7-dihydroxy-4-oxo-4H-,
äthylester 6641
$C_{25}H_{20}O_8$
Benzoesäure, 3-[5,7-Dihydroxy-2-(4-
methoxy-phenyl)-4-oxo-4H-chromen-8-
yl]-4-methoxy-, methylester 6679
Pyran-3,5-dicarbonsäure, 2,6-Bis-
[4-methoxy-styryl]-4-oxo-4H- 6680
$C_{25}H_{24}N_4O_8$
Spiro[benzofuran-2,1'-cyclohex-2'-en]-3'-
carbonsäure, 4'-[2,4-Dinitro-
phenylhydrazono]-6-methoxy-2'-methyl-
3-methylen-3H-, äthylester 6411
$C_{25}H_{24}O_9$
Pyran-3-carbonsäure, 5-Acetyl-2-
[3-äthoxycarbonyl-4-benzoyloxy-penta-
1,3-dienyl]-6-oxo-6H-, äthylester 6666
$C_{25}H_{25}NO_6$
Leucin, N-[(3,5-Dioxo-4-phenyl-dihydro-
[2]furyliden)-phenyl-acetyl]-,
methylester 6102
$C_{25}H_{25}NO_8$
Benzoesäure, 4-[4,5-Dimethoxy-9-methyl-3-
oxo-1,3-dihydro-naphtho[2,3-c]furan-1-
yl]-2,3,6-trimethoxy-, amid 6690
$C_{25}H_{26}N_6O_5$
Pyran-2,6-dicarbonsäure, 3,4-Dioxo-3,4-
dihydro-2H-, bis-[4-dimethylamino-
benzylidenhydrazid] 6206
$C_{25}H_{26}O_5$
Acrylsäure, 3-[5-Isopropyl-4-methoxy-2-
methyl-phenyl]-3-[2-oxo-2H-chromen-3-
yl]-, äthylester 6445
$C_{25}H_{26}O_6$
Essigsäure, [7-Benzoyloxy-6-butyl-4-
methyl-2-oxo-2H-chromen-3-yl]-,
äthylester 6398
$C_{25}H_{26}O_8$
Ester $C_{25}H_{26}O_8$ aus 4-[2-Hydroxy-3,5-
dimethyl-phenyl]-2-[2-methoxycarbonyl-
6,8-dimethyl-4-oxo-chroman-3-yl]-4-
oxo-buttersäure-methylester 6678
$C_{25}H_{28}O_8$
Malonsäure, [3,5-Dimethoxy-benzyl]-
[1-methyl-3-oxo-phthalan-1-yl]-,
diäthylester 6677

$C_{25}H_{28}O_9$
3,10a-Äthano-phenanthren-1,2,11,12-
tetracarbonsäure, 7-Methoxy-2,3,9,10-
tetrahydro-1H-, tetramethylester 6677
$C_{25}H_{30}O_7$
5,8-Ätheno-pregnan-6,7-dicarbonsäure,
9,11-Epoxy-3,20-dioxo- 6233
Spiro[benzofuran-3,1'-cyclohexa-2',5'-dien]-
5-carbonsäure, 6-Hydroxy-2'-methoxy-
2,4'-dioxo-4,6'-dipentyl- 6638
$C_{25}H_{31}ClN_4O_9$
Apotrichothecan-13-säure, 4-Butyryloxy-2-
chlor-8-[2,4-dinitro-phenylhydrazono]-
6305
$C_{25}H_{32}O_5$
Chola-4,20,22-trien-24-säure, 14,21-Epoxy-
3-hydroxy-19-oxo-, methylester 6413
18-Homo-pregna-3,5,18-trien-21-säure,
11,18a-Epoxy-3-methoxy-18a-methyl-
20-oxo-, methylester 6413
$C_{25}H_{32}O_7$
5,8-Ätheno-pregnan-6,7-dicarbonsäure,
9,11-Epoxy-3-hydroxy-20-oxo- 6631
Furan-3-carbonsäure, 5-[Bis-(4,4-dimethyl-
2,6-dioxo-cyclohexyl)-methyl]-2-methyl-,
äthylester 6230
24-Nor-chola-8,14-dien-19,21,23-trisäure,
3,5-Dihydroxy-, 19→3-lacton-21,23-
dimethylester 6631
24-Nor-chol-4-en-19,21,23-trisäure,
14-Hydroxy-3-oxo-, 21-lacton-19,23-
dimethylester 6231
$C_{25}H_{32}O_8$
Androst-8(14)-en-17-carbonsäure, 3,11-
Diacetoxy-7,15-epoxy-12-oxo-,
methylester 6519
21-Nor-pregn-14-en-20-säure, 3,11-
Diacetoxy-7,8-epoxy-12-oxo-,
methylester 6519
$C_{25}H_{32}O_{14}$
Cyclopenta[c]pyran-4-carbonsäure,
7-Methyl-5-oxo-1-[tetra-O-acetyl-
glucopyranosyloxy]-1,4a,5,6,7,7a-
hexahydro-, methylester 6297
$C_{25}H_{32}O_{15}$
Verbindung $C_{25}H_{32}O_{15}$ aus 7-Methyl-5-
oxo-1-[tetra-O-acetyl-
glucopyranosyloxy]-1,4a,5,6,7,7a-
hexahydro-cyclopenta[c]pyran-4-
carbonsäure-methylester 6297
$C_{25}H_{33}NO_6$
24-Nor-chol-20(22)-en-19,23-disäure,
3-Acetoxy-5,14,21-trihydroxy-, 23→21-
lacton-19-nitril 6612
$C_{25}H_{33}NO_{14}$
Cyclopenta[c]pyran-4-carbonsäure,
5-Hydroxyimino-7-methyl-1-[tetra-
O-acetyl-glucopyranosyloxy]-1,4a,5,6,7,≠
7a-hexahydro-, methylester 6297

$C_{25}H_{34}O_5$

17,18-Dinor-atis-13-en-4,15,16-
 tricarbonsäure, 13-Isopropyl-, 15,16-
 anhydrid-4-methylester 6085
24-Nor-chola-5,14-dien-23-säure,
 19-Äthoxy-3,19-epoxy-21-oxo- 6407
Spiro[3,10a-ätheno-phenanthren-1,3'-furan]-
 8-carbonsäure, 12-Isopropyl-4b,8-
 dimethyl-2',5'-dioxo-tetradecahydro-
 6086
Spiro[3,10a-ätheno-phenanthren-2,3'-furan]-
 8-carbonsäure, 12-Isopropyl-4b,8-
 dimethyl-2',5'-dioxo-tetradecahydro-
 6086

$C_{25}H_{34}O_6$

Chola-20,22-dien-24-säure, 14,21-Epoxy-
 3,5-dihydroxy-19-oxo-, methylester
 6538
17,18-Dinor-atisan-4,15,16-tricarbonsäure,
 14-Hydroxy-13-isopropyliden-,
 15-lacton-4-methylester 6183
Gibb-3-en-1,10-dicarbonsäure, 2,4a,7-
 Trihydroxy-1-methyl-8-methylen-,
 10-hexylester-1→4a-lacton 6535

$C_{25}H_{34}O_7$

Chol-22-en-24-säure, 14,15-Epoxy-3,5-
 dihydroxy-19,21-dioxo-, methylester
 6628
24-Nor-cholan-19,21,23-trisäure,
 14-Hydroxy-3-oxo-, 21-lacton-19,23-
 dimethylester 6226
24-Nor-chol-20(22)-en-19,23-disäure,
 3-Acetoxy-14,21-dihydroxy-, 23→21-
 lacton 6521
24-Nor-chol-14-en-19,21,23-trisäure,
 3,5-Dihydroxy-, 19→3-lacton-21,23-
 dimethylester 6627

$C_{25}H_{34}O_8$

24-Nor-cholan-19,21,23-trisäure, 5,14-
 Dihydroxy-3-oxo-, 21→14-lacton-
 19,23-dimethylester 6668
24-Nor-chol-20(22)-en-19,23-disäure,
 3-Acetoxy-5,14,21-trihydroxy-, 23→21-
 lacton 6609
15-Nor-podocarpan-4,8,13,14-
 tetracarbonsäure, 12-Isobutyryl-, 8,13-
 anhydrid-4-methylester 6249

$C_{25}H_{34}O_9$

21-Nor-pregnan-20-säure, 3,11-Diacetoxy-
 7,8-epoxy-14-hydroxy-12-oxo-,
 methylester 6590
3,5-Seco-A,24-dinor-cholan-3,19,21,23-
 tetrasäure, 14-Hydroxy-5-oxo-,
 21-lacton-3,19,23-trimethylester 6255
14,15-Seco-24-nor-cholan-15,19,23-trisäure,
 5,21-Dihydroxy-3,14-dioxo-, 23→21-
 lacton-15,19-dimethylester 6684

$C_{25}H_{34}O_{10}$

3,4-Seco-24-nor-cholan-3,4,19,21,23-
 pentasäure, 14-Hydroxy-, 21-lacton-
 19,23-dimethylester 6259

$C_{25}H_{35}NO_5$

24-Nor-chola-5,14-dien-23-säure,
 19-Äthoxy-3,19-epoxy-21-
 hydroxyimino- 6407

$C_{25}H_{35}NO_8$

α-Isostrophanthonsäure-dimethylester-
 oxim 6669
β-Isostrophanthonsäure-dimethylester-
 oxim 6669

$C_{25}H_{35}NO_9$

Oxim $C_{25}H_{35}NO_9$ aus 14-Hydroxy-5-
 oxo-3,5-seco-A,24-dinor-cholan-3,19,21,≠
 23-tetrasäure-21-lacton-3,19,23-
 trimethylester 6256

$C_{25}H_{36}O_5$

Cholan-24-säure, 3,9-Epoxy-11,12-dioxo-,
 methylester 6071

$C_{25}H_{36}O_6$

24-Nor-chol-5-en-23-säure, 19-Äthoxy-
 3,19-epoxy-14-hydroxy-21-oxo- 6522
11,12-Seco-A-nor-chol-2-en-11,12,24-
 trisäure, 3-Hydroxy-, 12-lacton-11,24-
 dimethylester 6172

$C_{25}H_{36}O_7$

24-Nor-cholan-19,21,23-trisäure,
 3,5-Dihydroxy-, 19→3-lacton-21,23-
 dimethylester 6613
3,4-Seco-24-nor-cholan-3,4,23-trisäure,
 21-Hydroxy-11-oxo-, 23-lacton-3,4-
 dimethylester 6221
—, 21-Hydroxy-12-oxo-, 23-lacton-
 3,4-dimethylester 6221

$C_{25}H_{36}O_8$

24-Nor-cholan-19,21,23-trisäure, 3,5,14-
 Trihydroxy-, 21→14-lacton-19,23-
 dimethylester 6662
17,17a-Seco-D-homo-23,24-dinor-cholan-
 17,18,21-trisäure, 3-Acetoxy-11-
 hydroxy-, 18-lacton 6591

$C_{25}H_{36}O_9$

3,5;5,6-Diseco-A,B-dinor-cholan-3,5,6,24-
 tetrasäure, 11-Hydroxy-12-oxo-,
 3-lacton-5,6,24-trimethylester 6251

$C_{25}H_{37}NO_5$

Octadecansäure, 10,11-Epoxy-9,12-dioxo-,
 o-anisidid 5984

$C_{25}H_{37}N_3O_5$

Semicarbazon $C_{25}H_{37}N_3O_5$ aus
 14-Hydroxy-3-oxo-24-nor-cholan-21,23-
 disäure-21-lacton-23-methylester 6071

$C_{25}H_{38}O_5$

Cholan-24-säure, 3,9-Epoxy-3-methoxy-11-
 oxo- 6338
11,12-Seco-cholan-11,12,24-trisäure-11,12-
 anhydrid-24-methylester 6047

$C_{25}H_{38}O_5$ (Fortsetzung)

Methylester $C_{25}H_{38}O_5$ aus 6,7-Seco-cholan-6,7,24-trisäure-6,7-anhydrid 6047

$C_{25}H_{38}O_6$

2,3-Seco-24-nor-cholan-2,3,23-trisäure, 21-Hydroxy-, 23-lacton-2,3-dimethylester 6160

3,4-Seco-24-nor-cholan-3,4,23-trisäure, 7-Hydroxy-, 4-lacton-3,23-dimethylester 6161

—, 21-Hydroxy-, 23-lacton-3,4-dimethylester 6159

$C_{25}H_{38}O_7$

5,10;9,10-Diseco-23,24-dinor-cholan-22-säure, 3-Acetoxy-7,8-epoxy-5,10-dioxo-, methylester 6469

C_{26}

$C_{26}H_{16}O_4$

Naphtho[3,2,1-kl]xanthen-3-on, 7,9-Dihydroxy-9-phenyl-9H- 6763

$C_{26}H_{16}O_{10}S_2$

Spiro[anthracen-9,9'-xanthen]-2',7'-disulfonsäure, 3',6'-Dihydroxy-10-oxo-10H- 6763

$C_{26}H_{17}NO_4$

Benzo[f]chromen-5-carbonsäure, 2-Acetyl-3-oxo-3H-, [1]naphthylamid 6096

—, 2-Acetyl-3-oxo-3H-, [2]naphthylamid 6096

$C_{26}H_{18}O_7S$

Naphthalin-2-sulfonsäure, 1-Hydroxy-4-[(5-hydroxymethyl-[2]furyl)-(4-oxo-4H-[1]naphthyliden)-methyl]- 6763

$C_{26}H_{18}O_{10}S_2$

Naphthalin-2,7-disulfonsäure, 1-Hydroxy-4-[(5-hydroxymethyl-[2]furyl)-(4-oxo-4H-[1]naphthyliden)-methyl]- 6763

$C_{26}H_{19}NO_5$

Propionitril, 2-Benzoyl-3-[4-hydroxy-2-oxo-2H-chromen-3-yl]-3-[4-methoxy-phenyl]- 6649

$C_{26}H_{20}N_2O_4$

Acrylsäure, 2-Benzoylamino-3-[2-oxo-2H-chromen-6-yl]-, p-toluidid 6075

Benzofuran-3-carbonitril, 2-Benzoylamino-5-benzoyloxy-4,6,7-trimethyl- 6326

—, 2-Benzoylimino-5-benzoyloxy-4,6,7-trimethyl-2,3-dihydro- 6326

Propionsäure, 2-Benzoylimino-3-[2-oxo-2H-chromen-6-yl]-, p-toluidid 6075

$C_{26}H_{20}O_5$

Benzoesäure, 2-[7-Allyl-6-hydroxy-3-oxo-3H-xanthen-9-yl]-, allylester 6447

—, 2-[6-Allyloxy-3-oxo-3H-xanthen-9-yl]-, allylester 6447

$C_{26}H_{20}O_6$

Essigsäure, [3-Benzoyloxy-5-oxo-4-phenyl-2,5-dihydro-[2]furyl]-phenyl-, methylester 6436

$C_{26}H_{20}O_7$

Buttersäure, 2-[4-Hydroxy-2-oxo-2H-chromen-3-yl]-4-[2-hydroxy-phenyl]-4-oxo-, benzylester 6648

Chromen-3-carbonsäure, 7-Benzoyloxy-4-[4-methoxy-phenyl]-2-oxo-2H-, äthylester 6559

Dibenzo[c,h]chromen-7,8-dicarbonsäure, 9-[4-Methoxy-phenyl]-6-oxo-6a,7,8,9-tetrahydro-6H- 6650

$C_{26}H_{20}O_8$

Chromen-2-carbonsäure, 3-[4-Benzoyloxy-phenyl]-5-hydroxy-7-methoxy-4-oxo-4H-, äthylester 6641

$C_{26}H_{20}O_{11}$

9,10-Furo[3,4]ätheno-anthracen-13,15-dion, 9,10-Bis-[2,2-dicarboxy-äthyl]-9,10,11,⁓12-tetrahydro- 6261

$C_{26}H_{21}N_3O_3S$

Propionsäure, 3-[2]Furyl-3-oxo-2-[4-phenylmercapto-phenylhydrazono]-, p-toluidid 6005

—, 3-[2]Furyl-3-oxo-2-p-tolylhydrazono-, [4-phenylmercapto-anilid] 6007

$C_{26}H_{22}O_5$

Dibenzofuran-3-carbonsäure, 4-[2-Methoxy-[1]naphthyl]-2-oxo-2,3,4,4a-tetrahydro-, äthylester 6448

$C_{26}H_{22}O_8$

Benzoesäure, 3-[5,7-Dihydroxy-2-(4-methoxy-phenyl)-4-oxo-4H-chromen-8-yl]-4-methoxy-, äthylester 6679

—, 3-[5,7-Dimethoxy-2-(4-methoxy-phenyl)-4-oxo-4H-chromen-8-yl]-4-methoxy- 6679

—, 3-[5-Hydroxy-7-methoxy-2-(4-methoxy-phenyl)-4-oxo-4H-chromen-8-yl]-4-methoxy-, methylester 6679

$C_{26}H_{23}NO_5$

Dibenzofuran-3-carbonsäure, 2-Hydroxyimino-4-[2-methoxy-[1]naphthyl]-2,3,4,4a-tetrahydro-, äthylester 6449

$C_{26}H_{24}Cl_2N_2O_9$

Furan, 2,5-Bis-[N-(5-chlor-2,4-dimethoxy-phenyl)-malonamoyl]- 6214

$C_{26}H_{24}O_7$

9,10-Furo[3,4]ätheno-anthracen-13,15-dion, 9,10-Bis-[3-carboxy-propyl]-9,10,11,12-tetrahydro- 6236

$C_{26}H_{26}O_9$

Buttersäure, 4-[2-Acetoxy-5-methyl-phenyl]-
2-[2-methoxycarbonyl-6-methyl-4-oxo-
chroman-3-yl]-4-oxo-, methylester
6678

$C_{26}H_{28}O_8$

Buttersäure, 4-[2-Hydroxy-3,5-dimethyl-
phenyl]-2-[2-methoxycarbonyl-6,8-
dimethyl-4-oxo-chroman-3-yl]-4-oxo-,
methylester 6678

$C_{26}H_{28}O_9$

1,7-Methano-benz[de]isochromen-4,8,9-
tricarbonsäure, 1-Methoxy-3-oxo-6-
phenyl-3a,4,5,7,8,9,9a,9b-octahydro-
1H,3H-, trimethylester 6689

$C_{26}H_{30}O_{14}$

Bernsteinsäure, [5,6,7-Triacetoxy-3-
äthoxycarbonyl-1-oxo-isochroman-4-yl]-,
diäthylester 6694

$C_{26}H_{32}O_6$

Propionsäure, 3-[7-Hydroxy-5-methoxy-
2,2-dimethyl-6-(2-methyl-butyryl)-
chroman-8-yl]-3-phenyl- 6553

$C_{26}H_{32}O_7$

Chola-4,20,22-trien-19,24-disäure,
3-Acetoxy-14,21-dihydroxy-, 24→21-
lacton 6544

Spiro[benzofuran-3,1'-cyclohexa-2',5'-dien]-
5-carbonsäure, 6-Hydroxy-2'-methoxy-
2,4'-dioxo-4,6'-dipentyl-, methylester
6638

$C_{26}H_{34}O_6$

Chola-20,22-dien-24-säure, 16-Acetoxy-
14,21-epoxy-3-oxo- 6408

$C_{26}H_{34}O_7$

5,8-Ätheno-pregnan-6,7-dicarbonsäure,
9,11-Epoxy-3-hydroxy-20-oxo-,
6-methylester 6631

—, 9,11-Epoxy-3-hydroxy-20-oxo-,
7-methylester 6631

$C_{26}H_{34}O_8$

Chola-20,22-dien-19,24-disäure, 3-Acetoxy-
5,14,21-trihydroxy-, 24→21-lacton
6628

$C_{26}H_{36}O_5$

17,18-Dinor-atis-13-en-4,15,16-
tricarbonsäure, 13-Isopropyl-,
4-äthylester-15,16-anhydrid 6085

24-Nor-chola-5,14-dien-23-säure,
19-Äthoxy-3,19-epoxy-21-oxo-,
methylester 6408

$C_{26}H_{36}O_6$

17,18-Dinor-atisan-4,15,16-tricarbonsäure,
14-Hydroxy-13-isopropyliden-,
15-lacton-4,16-dimethylester 6183

3,5;5,6-Diseco-A,B,23,24-tetranor-urs-12-
en-3,5,6-trisäure, 11-Oxo-,
5,6-anhydrid 6184

Gibb-3-en-1,10-dicarbonsäure, 2,4a,7-
Trihydroxy-1-methyl-8-methylen-,
10-heptylester-1→4a-lacton 6535

A,21,24,25,26,27-Hexanor-cucurbit-5-en-2-
carbonsäure, 16,22-Epoxy-2-hydroxy-
22-methyl-11,20-dioxo- 6538

$C_{26}H_{36}O_7$

24-Nor-chol-20(22)-en-19,23-disäure,
3-Acetoxy-14,21-dihydroxy-, 23→21-
lacton-19-methylester 6521

3,4-Seco-chol-9(11)-en-3,4,24-trisäure,
11-Hydroxy-12-oxo-, 3-lacton-4,24-
dimethylester 6227

$C_{26}H_{36}O_8$

Brenzchollepidansäure-trimethylester 6249

24-Nor-cholan-21,23-disäure, 3-Acetoxy-
5,14-dihydroxy-19-oxo-, 21→14-lacton-
23-methylester 6614

24-Nor-chol-20(22)-en-19,23-disäure,
3-Acetoxy-5,14,21-trihydroxy-, 23→21-
lacton-19-methylester 6611

$C_{26}H_{36}O_{10}$

Trimethylester $C_{26}H_{36}O_{10}$ einer
Verbindung $C_{23}H_{30}O_{10}$ s. bei
3-Hydroxy-11,12-seco-A-nor-chol-2-en-
11,12,24-trisäure-12-lacton 6171

$C_{26}H_{38}O_6$

17,18-Dinor-atisan-4,15,16-tricarbonsäure,
13-Hydroxy-13-isopropyl-, 15-lacton-
4,16-dimethylester 6173

—, 13-Hydroxy-13-isopropyl-,
16-lacton-4,15-dimethylester 6173

24-Nor-cholan-21,23-disäure, 3-Acetoxy-
14-hydroxy-, 21-lacton-23-methylester
6337

24-Nor-chol-5-en-23-säure, 19-Äthoxy-
3,19-epoxy-14-hydroxy-21-oxo-,
methylester 6523

2,3-Seco-chol-5-en-2,3,24-trisäure,
6-Hydroxy-, 3-lacton-2,24-
dimethylester 6172

$C_{26}H_{38}O_7$

15-Nor-podocarpan-4,8,13,14-
tetracarbonsäure, 12-Isobutyl-, 8,13-
anhydrid-4,14-dimethylester 6222

2,3-Seco-cholan-2,3,24-trisäure,
12-Hydroxy-7-oxo-, 2-lacton-3,24-
dimethylester 6224

3,4-Seco-cholan-3,4,24-trisäure,
7-Hydroxy-12-oxo-, 4-lacton-3,24-
dimethylester 6223

—, 12-Hydroxy-11-oxo-, 24-lacton-
3,4-dimethylester 6224

$C_{26}H_{38}O_8$

17,18-Dinor-atisan-4,15,16-tricarbonsäure,
13,14-Dihydroxy-13-[α-hydroxy-
isopropyl]-, 15→14-lacton-4,16-
dimethylester 6663

$C_{26}H_{38}O_8$ (Fortsetzung)

3,5;5,6-Diseco-A,B,23,24-tetranor-oleanan-
3,5,6,28-tetrasäure, 13-Hydroxy-,
28-lacton 6244

24-Nor-cholan-21,23-disäure, 3-Acetoxy-
5,14,19-trihydroxy-, 21→14-lacton-23-
methylester 6592

$C_{26}H_{38}O_9$

3,5;6,7-Diseco-A-nor-cholan-3,6,7,24-
tetrasäure, 5-Hydroxy-12-oxo-,
7-lacton-3,6,24-trimethylester 6252

$C_{26}H_{38}O_{10}$

3,4;11,12-Diseco-cholan-3,4,11,12,24-
pentasäure, 9-Hydroxy-, 4-lacton-3,24-
dimethylester 6259

$C_{26}H_{39}NO_7$

2,3-Seco-cholan-2,3,24-trisäure,
12-Hydroxy-7-hydroxyimino-, 2-lacton-
3,24-dimethylester 6224

3,4-Seco-cholan-3,4,24-trisäure,
7-Hydroxy-12-hydroxyimino-, 4-lacton-
3,24-dimethylester 6223

$C_{26}H_{40}O_5$

Cholan-24-säure, 3,9-Epoxy-3-methoxy-11-
oxo-, methylester 6338

—, 9,11-Epoxy-12-methoxy-3-oxo-,
methylester 6337

3,5;5,6-Diseco-A,B,23,24-tetranor-lupan-
3,5,6-trisäure-5,6-anhydrid 6047

$C_{26}H_{40}O_6$

2,3-Seco-cholan-2,3,24-trisäure,
6-Hydroxy-, 3-lacton-2,24-
dimethylester 6162

3,4-Seco-cholan-3,4,24-trisäure,
7-Hydroxy-, 4-lacton-3,24-
dimethylester 6163

6,7-Seco-cholan-6,7,24-trisäure,
3-Hydroxy-, 6-lacton-7,24-
dimethylester 6162

2,3-Seco-23,24-dinor-cholan-2,3,22-trisäure,
16-Hydroxy-, 2,3-diäthylester-22-
lacton 6159

$C_{26}H_{40}O_7$

2,3-Seco-cholan-2,3,24-trisäure, 7,12-
Dihydroxy-, 2→12-lacton-3,24-
dimethylester 6594

3,4-Seco-cholan-3,4,24-trisäure, 7,12-
Dihydroxy-, 4→7-lacton-3,24-
dimethylester 6593

$C_{26}H_{41}NO_5$

Cholan-24-säure, 9,11-Epoxy-3-
hydroxyimino-12-methoxy-,
methylester 6337

$C_{26}H_{42}O_5$

Dodecansäure, 12-[7-Hexyl-1,3-dioxo-
1,3,3a,4,7,7a-hexahydro-isobenzofuran-
4-yl]- 6033

$C_{26}H_{43}NO_4$

Crotonsäure, 4-Oxo-4-[5-oxo-2,5-dihydro-
[2]furyl]-, octadecylamid 6011

$C_{26}H_{44}O_4S$

Thiophen-3-carbonsäure, 4-Hydroxy-2-
methyl-5-stearoyl-, äthylester 6308

$$C_{27}$$

$C_{27}H_{14}BrNO_4$

Dinaphtho[2,1-b;2′,3′-d]furan-6-
carbonsäure, 3-Brom-8,13-dioxo-8,13-
dihydro-, anilid 6110

—, 8,13-Dioxo-8,13-dihydro-,
[4-brom-anilid] 6108

$C_{27}H_{14}ClNO_4$

Dinaphtho[2,1-b;2′,3′-d]furan-6-
carbonsäure, 8,13-Dioxo-8,13-dihydro-,
[4-chlor-anilid] 6108

$C_{27}H_{14}N_2O_6$

Dinaphtho[2,1-b;2′,3′-d]furan-6-
carbonsäure, 8,13-Dioxo-8,13-dihydro-,
[3-nitro-anilid] 6109

$C_{27}H_{15}NO_4$

Dinaphtho[1,2-b;2′,3′-d]furan-5-
carbonsäure, 7,12-Dioxo-7,12-dihydro-,
anilid 6108

Dinaphtho[2,1-b;2′,3′-d]furan-3-
carbonsäure, 8,13-Dioxo-8,13-dihydro-,
anilid 6108

Dinaphtho[2,1-b;2′,3′-d]furan-6-
carbonsäure, 8,13-Dioxo-8,13-dihydro-,
anilid 6108

$C_{27}H_{19}NO_5$

Benzo[f]chromen-2-carbonsäure,
5-[1]Naphthylcarbamoyl-3-oxo-3H-,
äthylester 6191

$C_{27}H_{20}N_2O_7S_2$

Chromen-6,8-disulfonsäure, 5-Hydroxy-4-
oxo-2-phenyl-4H-, dianilid 6759

$C_{27}H_{20}O_7$

Essigsäure, [3-Benzoyloxy-4-(4-methoxy-
phenyl)-5-oxo-5H-[2]furyliden]-phenyl-,
methylester 6564

$C_{27}H_{20}O_8$

Essigsäure, [6-Äthyl-7,8-bis-benzoyloxy-2-
oxo-2H-chromen-4-yl]- 6509

$C_{27}H_{20}O_{10}$

Mannarsäure, O^2,O^3,O^5-Tribenzoyl-,
1-lacton 6571

$C_{27}H_{22}Br_2O_9$

Bis-[4-brom-phenacyl]-Derivat $C_{27}H_{22}Br_2O_9$
aus 4-Hydroxy-3-[3-hydroxy-6-
hydroxymethyl-4-oxo-4H-pyran-2-yl]-
pent-2-ensäure 6582

$C_{27}H_{23}N_3O_4S$
Propionsäure, 2-[4-Äthoxy-
phenylhydrazono]-3-[2]furyl-3-oxo-,
[4-phenylmercapto-anilid] 6008
—, 3-[2]Furyl-3-oxo-2-
[4-phenylmercapto-phenylhydrazono]-,
p-phenetidid 6008

$C_{27}H_{24}N_4O_{13}$
Pyran-2,6-dicarbonsäure, 3,4-Dioxo-3,4-
dihydro-2H-, bis-[2-carboxy-3,4-
dimethoxy-benzylidenhydrazid] 6206

$C_{27}H_{24}O_6$
Chroman-4-on, 3,3-Bis-
[2-phenoxycarbonyl-äthyl]- 6169

$C_{27}H_{24}O_8$
Benzoesäure, 3-[5,7-Dimethoxy-2-(4-
methoxy-phenyl)-4-oxo-4H-chromen-8-
yl]-4-methoxy-, methylester 6679

$C_{27}H_{25}NO_5$
Chromen-3-carbonsäure, 8-Methoxy-2-
oxo-2H-, [2-dibenzylamino-äthylester]
6345

$C_{27}H_{26}Br_2O_8$
Propionsäure, 3-[3-(4-Brom-
phenacyloxycarbonylmethyl)-4-methyl-
5-oxo-tetrahydro-[2]furyl]-2-methyl-,
[4-brom-phenacylester] 6125

$C_{27}H_{27}BrO_7$
Gibb-3-en-1,10-dicarbonsäure, 2,4a,7-
Trihydroxy-1-methyl-8-methylen-,
10-[4-brom-phenacylester]-1→4a-
lacton 6536

$C_{27}H_{27}NO_7$
Phthalan-1-carbonsäure, 4,5-Dimethoxy-3-
oxo-, [3-benzyloxy-4-methoxy-
phenäthylamid] 6471
—, 4,5-Dimethoxy-3-oxo-,
[4-benzyloxy-3-methoxy-phenäthylamid]
6471

$C_{27}H_{30}O_{11}$
Chroman-6-carbonsäure, 5-[1-Carboxy-1-
methyl-äthoxy]-8-[(3,4-dimethoxy-
phenyl)-glyoxyloyl]-7-methoxy-2,2-
dimethyl- 6687

$C_{27}H_{30}O_{13}$
Anthracen-2-carbonsäure,
7-Glucopyranosyl-3,5,6,8-tetramethoxy-
1-methyl-9,10-dioxo-9,10-dihydro-,
methylester 6697

$C_{27}H_{32}N_4O_8$
Isobenzofuran-5-carbonsäure,
6-[2,4-Dinitro-phenylhydrazono]-7a-
hydroxy-1,1,3,3-tetramethyl-4-phenyl-
octahydro-, äthylester 6398

$C_{27}H_{32}O_8S$
Gibban-1,10-dicarbonsäure, 4-Hydroxy-
1,7-dimethyl-8-oxo-2-[toluol-4-
sulfonyloxy]-, 1-lacton-10-methylester
6515

$C_{27}H_{32}O_9$
Verbindung $C_{27}H_{32}O_9$ aus
4-[3,4-Dimethoxy-phenyl]-9-hydroxy-
6,7-dimethoxy-3-oxo-1,3,3a,4,9,9a-
hexahydro-naphtho[2,3-c]furan-1-
carbonsäure 6687

$C_{27}H_{32}O_{10}$
Benzoesäure, 2,3-Diäthoxy-6-[3,5,7-
triäthoxy-6-methoxy-4-oxo-
4H-chromen-2-yl]- 6691

$C_{27}H_{34}O_7$
5,8-Ätheno-pregnan-6,7-dicarbonsäure,
9,11-Epoxy-3,20-dioxo-, dimethylester
6233
Chola-4,20,22-trien-19,24-disäure,
3-Acetoxy-14,21-dihydroxy-, 24→21-
lacton-19-methylester 6544
Spiro[benzofuran-3,1'-cyclohexa-2',5'-dien]-
5-carbonsäure, 6,2'-Dimethoxy-2,4'-
dioxo-4,6'-dipentyl-, methylester
6638

$C_{27}H_{34}O_9$
Verbindung $C_{27}H_{34}O_9$ aus 3,5,14-
Trihydroxy-24-nor-cholan-19,21,23-
trisäure-21→14-lacton 6661

$C_{27}H_{35}NO_{15}$
Cyclopenta[c]pyran-4-carbonsäure,
5-Acetoxyimino-7-methyl-1-[tetra-
O-acetyl-glucopyranosyloxy]-1,4a,5,6,7,⇌
7a-hexahydro-, methylester
6297

$C_{27}H_{36}O_7$
5,8-Ätheno-pregnan-6,7-dicarbonsäure,
9,11-Epoxy-3-hydroxy-20-oxo-,
dimethylester 6632
21-Nor-chol-5-en-24-säure, 3-Acetoxy-
16,17-epoxy-20,23-dioxo-, äthylester
6537

$C_{27}H_{36}O_8$
5,8-Ätheno-pregnan-6,7-dicarbonsäure,
9,11-Epoxy-3,17-dihydroxy-20-oxo-,
dimethylester 6672
Chola-20,22-dien-19,24-disäure, 3-Acetoxy-
5,14,21-trihydroxy-, 24→21-lacton-19-
methylester 6628

$C_{27}H_{36}O_9$
But-3-ensäure, 3-[11-Acetoxy-2-hydroxy-
1,16-dioxo-picrasan-13-carbonyl]-
6669
24-Nor-chol-20(22)-en-19,23-disäure, 3,15-
Diacetoxy-14,21-dihydroxy-, 23→21-
lacton 6612

$C_{27}H_{38}O_5$
17,18-Dinor-atis-13-en-4,15,16-
tricarbonsäure, 13-Isopropyl-, 15,16-
anhydrid-4-propylester 6085

$C_{27}H_{38}O_6$
Cholestan-26-säure, 24,27-Epoxy-3,7,12-
trioxo- 6184

$C_{27}H_{38}O_6$ (Fortsetzung)
Gibb-3-en-1,10-dicarbonsäure, 2,4a,7-
Trihydroxy-1-methyl-8-methylen-,
1→4a-lacton-10-octylester 6536
A,21,24,25,26,27-Hexanor-cucurbit-5-en-2-
carbonsäure, 16,22-Epoxy-2-hydroxy-
22-methyl-11,20-dioxo-, methylester
6539
$C_{27}H_{40}O_5$
Furostan-26-säure, 3,6-Dioxo- 6071
$C_{27}H_{40}O_6$
Cholan-24-säure, 3-Acetoxy-3,9-epoxy-11-
oxo-, methylester 6338
—, 3-Acetoxy-9,11-epoxy-7-oxo-,
methylester 6337
15-Oxa-D-homo-chol-5-en-24-säure,
3-Acetoxy-16-oxo-, methylester 6337
$C_{27}H_{40}O_7$
11,12-Seco-cholan-11,12,24-trisäure,
3-Acetoxy-, 11,12-anhydrid-24-
methylester 6488
$C_{27}H_{41}N_3O_6$
Cholestan-26-säure, 24,27-Epoxy-3,7,12-
tris-hydroxyimino- 6184
$C_{27}H_{42}O_4S$
Cholan-24-säure, 3-Äthylmercapto-3a,9-
epoxy-11-oxo-, methylester 6338
$C_{27}H_{42}O_5$
Cholan-24-säure, 3-Äthoxy-3,9-epoxy-11-
oxo-, methylester 6338
2,3-Seco-cholestan-2,3-disäure, 5-Hydroxy-
6-oxo-, 2-lacton 6048
3,4-Seco-18-nor-cholan-3,24-disäure,
20-Hydroxy-4,14-dimethyl-4-oxo-,
24-lacton-3-methylester 6047
$C_{27}H_{42}O_6$
3,4-Seco-cholan-3,24-disäure, 12-Acetoxy-
4-hydroxy-, 3-lacton-24-methylester
6311
2,3-Seco-25,26,27-trinor-dammaran-2,3,24-
trisäure, 20-Hydroxy-, 24-lacton 6163

C_{28}

$C_{28}H_{16}ClNO_4$
Dinaphtho[2,1-b;2',3'-d]furan-6-
carbonsäure, 8,13-Dioxo-8,13-dihydro-,
[4-chlor-2-methylanilid] 6109
$C_{28}H_{16}O_7$
Benzo[a]xanthen-9-carbonsäure, 8,11-
Dihydroxy-10-[2]naphthyloxy-12-oxo-
12H- 6649
$C_{28}H_{17}NO_4$
Dinaphtho[2,1-b;2',3'-d]furan-6-
carbonsäure, 8,13-Dioxo-8,13-dihydro-,
o-toluidid 6109

$C_{28}H_{17}NO_5$
Dinaphtho[2,1-b;2',3'-d]furan-6-
carbonsäure, 8,13-Dioxo-8,13-dihydro-,
o-anisidid 6109
—, 8,13-Dioxo-8,13-dihydro-,
p-anisidid 6110
$C_{28}H_{18}Br_8O_{15}$
Äther, Bis-[4-brom-3-methoxy-5-oxo-2-
(3,4,5-tribrom-2,6-dimethoxy-
phenoxycarbonyl)-2,5-dihydro-
[2]furyl]- 6455
Pentendisäure, 2-Brom-3-methoxy-4-oxo-,
1-[4-brom-3-methoxy-5-oxo-2-(3,4,5-
tribrom-2,6-dimethoxy-
phenoxycarbonyl)-2,5-dihydro-
[2]furylester]-5-[3,4,5-tribrom-2,6-
dimethoxy-phenylester] 6455
$C_{28}H_{18}Cl_3N_3O_6S_2$
Anthrachinon, 6,7-Dichlor-1-[4-chlor-
benzoylamino]-4-[5-dimethylsulfamoyl-
thiophen-2-carbonylamino]- 6766
$C_{28}H_{19}BrClN_3O_6S_2$
Anthrachinon, 1-Benzoylamino-6-brom-7-
chlor-4-[5-dimethylsulfamoyl-thiophen-
2-carbonylamino]- 6766
$C_{28}H_{19}Cl_2N_3O_6S_2$
Anthrachinon, 1-Benzoylamino-6,7-
dichlor-4-[5-dimethylsulfamoyl-
thiophen-2-carbonylamino]- 6766
$C_{28}H_{22}N_2O_7S_2$
Chromen-6,8-disulfonsäure, 7-Hydroxy-2-
methyl-4-oxo-3-phenyl-4H-, dianilid
6761
$C_{28}H_{23}NO_6$
Phenylalanin, N-[(3,5-Dioxo-4-phenyl-
dihydro-[2]furyliden)-phenyl-acetyl]-,
methylester 6102
$C_{28}H_{24}N_4O_8$
Dibenzofuran-3-carbonsäure,
2-[2,4-Dinitro-phenylhydrazono]-4-
[4-methoxy-phenyl]-2,3,4,4a-tetrahydro-,
äthylester 6445
$C_{28}H_{24}O_7$
Benzo[c]xanthen-8,9-dicarbonsäure,
10-[4-Methoxy-phenyl]-7-oxo-7a,8,9,10-
tetrahydro-7H-, dimethylester 6649
$C_{28}H_{25}NO_8$
Pyran-3-carbonsäure, 5-[4-Nitro-
benzoyloxymethyl]-6-oxo-3,5-diphenyl-
tetrahydro-, äthylester 6424
$C_{28}H_{28}N_6O_5$
$arabino$-3,6-Anhydro-
[2]hexosulose, O^4,O^5-Diacetyl-1-
phenylazo-, bis-phenylhydrazon 6453
$C_{28}H_{28}O_7$
9,10-Äthano-anthracen-11,12-
dicarbonsäure, 9,10-Bis-
[3-methoxycarbonyl-propyl]-9,10-
dihydro-, anhydrid 6236

$C_{28}H_{30}O_9$

Buttersäure, 4-[2-Acetoxy-3,5-dimethyl-
phenyl]-2-[2-methoxycarbonyl-6,8-
dimethyl-4-oxo-chroman-3-yl]-4-oxo-,
methylester 6678

$C_{28}H_{33}ClO_6$

5,8-Ätheno-pregn-9(11)-en-6,7-
dicarbonsäure, 3-Acetoxy-20-
chlorcarbonyl-, anhydrid 6554

$C_{28}H_{34}O_7$

5,8-Ätheno-pregn-9(11)-en-6,7,20-
tricarbonsäure, 3-Acetoxy-,
6,7-anhydrid 6553

$C_{28}H_{35}BrN_2O_6$

Pregnan-19,21-disäure, 20-[4-Brom-
phenylhydrazono]-3,5,14-trihydroxy-,
21→14-lacton-19-methylester 6608

$C_{28}H_{36}N_2O_6$

Pregnan-19,21-disäure, 3,5,14-Trihydroxy-
20-phenylhydrazono-, 21→14-lacton-
19-methylester 6608

$C_{28}H_{36}O_6$

Propionsäure, 3-[7-Hydroxy-5-methoxy-
2,2-dimethyl-6-(2-methyl-butyryl)-
chroman-8-yl]-3-phenyl-, äthylester
6553

$C_{28}H_{36}O_7$

5,8-Ätheno-pregnan-6,7,20-tricarbonsäure,
3-Acetoxy-, 6,7-anhydrid 6544

$C_{28}H_{38}O_9$

But-3-ensäure, 3-[11-Acetoxy-2-hydroxy-
1,16-dioxo-picrasan-13-carbonyl]-,
methylester 6670

$C_{28}H_{38}O_{19}S_2$

Pyran-2-thiosulfinsäure, 3,4,5-Triacetoxy-
6-acetoxymethyl-tetrahydro-, S-[tetra-
O-acetyl-glucopyranosylester] 6700

$C_{28}H_{40}O_5$

17,18-Dinor-atis-13-en-4,15,16-
tricarbonsäure, 13-Isopropyl-, 15,16-
anhydrid-4-butylester 6086

$C_{28}H_{40}O_6$

Gibb-3-en-1,10-dicarbonsäure, 2,4a,7-
Trihydroxy-1-methyl-8-methylen-,
1→4a-lacton-10-nonylester 6536

$C_{28}H_{42}O_4$

Verbindung $C_{28}H_{42}O_4$ aus 13,18-Epoxy-
12,19-dioxo-24-nor-olean-9(11)-en-28-
säure-methylester 6090

$C_{28}H_{42}O_5$

Furostan-26-säure, 3,6-Dioxo-,
methylester 6071

$C_{28}H_{42}O_6$

3,4-Seco-23,24-dinor-oleanan-3,4,28-
trisäure, 13-Hydroxy-, 28-lacton 6174

$C_{28}H_{42}O_{10}$

3,4;11,12-Diseco-cholan-3,4,11,12,24-
pentasäure, 7-Hydroxy-, 4-lacton-
3,11,12,24-tetramethylester 6258

—, 9-Hydroxy-, 4-lacton-3,11,12,24-
tetramethylester 6259

$C_{28}H_{42}O_{12}$

3,5;6,7;11,12-Triseco-A-nor-cholan-
3,6,7,11,12,24-hexasäure, 5-Hydroxy-,
7-lacton-3,6,11,12,24-pentamethylester
6261

$C_{28}H_{43}NO_6$

Cyclopentancarbonsäure, 2-[7-Cyan-8,16-
dihydroxy-9,11,13,15-tetramethyl-18-
oxo-oxacyclooctadeca-4,6-dien-2-yl]-
6655

$C_{28}H_{44}O_5$

11,13;13,18-Diseco-A,C,23,24,25,27,28-
heptanor-ursan-11,13-disäure,
9-Hydroxy-3-isopropyl-5-methyl-18-oxo-,
13-lacton-11-methylester 6048

$C_{28}H_{44}O_7$

12,13-Seco-cholan-12,24-disäure,
3-Äthoxycarbonyloxy-13-hydroxy-,
12-lacton-24-methylester 6312

$C_{28}H_{45}NO_5$

Oxim $C_{28}H_{45}NO_5$ aus 9-Hydroxy-3-
isopropyl-5-methyl-18-oxo-11,13;13,18-
diseco-A,C,23,24,25,27,28-heptanor-ursan-
11,13-disäure-13-lacton-11-methylester
6048

C_{29}

$C_{29}H_{19}NO_6$

Dinaphtho[2,1-b;2',3'-d]furan-6-
carbonsäure, 8,13-Dioxo-8,13-dihydro-,
[2,5-dimethoxy-anilid] 6110

$C_{29}H_{20}N_2O_4$

Acrylsäure, 2-Benzoylamino-3-[2-oxo-
2H-chromen-6-yl]-, [1]naphthylamid
6075

Propionsäure, 2-Benzoylimino-3-[2-oxo-
2H-chromen-6-yl]-, [1]naphthylamid
6075

$C_{29}H_{20}O_8$

Pyran-2-carbonsäure, 6-Benzoyl-4-oxo-5-
phenacyloxy-4H-, phenacylester 6540

$C_{29}H_{21}N_3O_3S$

Propionsäure, 3-[2]Furyl-2-
[2]naphthylhydrazono-3-oxo-,
[4-phenylmercapto-anilid] 6008

—, 3-[2]Furyl-3-oxo-2-
[4-phenylmercapto-phenylhydrazono]-,
[2]naphthylamid 6006

$C_{29}H_{22}O_{10}$

Chromen-2-carbonsäure, 5,7-Diacetoxy-3-
[4-benzoyloxy-phenyl]-4-oxo-4H-,
äthylester 6641

$C_{29}H_{25}BrO_6$
Dibenzofuran-3-carbonsäure, 7-Benzyloxy-
8-brom-4-[4-methoxy-phenyl]-2-oxo-
2,3,4,4a-tetrahydro-, äthylester 6568

$C_{29}H_{25}NO_6$
Phenylalanin, N-[(3,5-Dioxo-4-phenyl-
dihydro-[2]furyliden)-phenyl-acetyl]-,
äthylester 6102

$C_{29}H_{26}N_4O_9$
Dibenzofuran-3-carbonsäure,
2-[2,4-Dinitro-phenylhydrazono]-7-
methoxy-4-[4-methoxy-phenyl]-2,3,4,4a-
tetrahydro-, äthylester 6567

$C_{29}H_{28}O_{12}$
Pyran-3,5-dicarbonsäure, 4-Oxo-2,6-bis-
[3,4,5-trimethoxy-styryl]-4H- 6696

$C_{29}H_{28}O_{14}$
Xanthen-1-carbonsäure, 2-[6-Carboxy-
2,3,4-trimethoxy-phenyl]-3,4,5,6,7-
pentamethoxy-9-oxo- 6697

$C_{29}H_{32}O_{10}$
Buttersäure, 4-[2-Methoxyacetoxy-3,5-
dimethyl-phenyl]-2-[2-methoxycarbonyl-
6,8-dimethyl-4-oxo-chroman-3-yl]-4-
oxo-, methylester 6678

$C_{29}H_{34}O_8$
Pregnan-19,21-disäure, 3-Benzoyloxy-5,14-
dihydroxy-20-oxo-, 21→14-lacton-19-
methylester 6607

$C_{29}H_{34}O_{11}$
Chroman-6-carbonsäure, 8-[(3,4-
Dimethoxy-phenyl)-glyoxyloyl]-7-
methoxy-5-[1-methoxycarbonyl-1-
methyl-äthoxy]-2,2-dimethyl-,
methylester 6687

$C_{29}H_{35}NO_6$
5,8-Ätheno-23,24-dinor-chol-9(11)-en-6,7-
dicarbonsäure, 3-Acetoxy-22-cyan-22-
hydroxy-, anhydrid 6639

$C_{29}H_{36}O_7$
5,8-Ätheno-pregn-9(11)-en-6,7,20-
tricarbonsäure, 3-Acetoxy-,
6,7-anhydrid-20-methylester 6554
21-Nor-pregnan-19,20-disäure,
3-Benzoyloxy-5,8-dihydroxy-,
20-äthylester-19→8-lacton 6484

$C_{29}H_{36}O_{10}$
Benzoesäure, 2,3-Diäthoxy-6-[3,5,7-
triäthoxy-6-methoxy-4-oxo-
4H-chromen-2-yl]-, äthylester 6692

$C_{29}H_{37}BrO_8$
5,8-Ätheno-pregnan-6,7-dicarbonsäure,
3-Acetoxy-17-brom-9,11-epoxy-20-oxo-,
dimethylester 6632

$C_{29}H_{38}O_5$
Cholan-24-säure, 2-Furfuryliden-3,6-dioxo-
6094
—, 4-Furfuryliden-3,6-dioxo- 6094

$C_{29}H_{38}O_7$
5,8-Ätheno-pregnan-6,7,20-tricarbonsäure,
3-Acetoxy-, 6,7-anhydrid-20-
methylester 6544

$C_{29}H_{38}O_8$
5,8-Ätheno-pregnan-6,7-dicarbonsäure,
3-Acetoxy-9,11-epoxy-20-oxo-,
dimethylester 6632

$C_{29}H_{38}O_9$
5,8-Ätheno-pregnan-6,7-dicarbonsäure,
3-Acetoxy-9,11-epoxy-17-hydroxy-20-
oxo-, dimethylester 6672

$C_{29}H_{38}O_{18}$
Verbindung $C_{29}H_{38}O_{18}$ aus einer
Verbindung $C_{25}H_{32}O_{15}$ s. bei
7-Methyl-5-oxo-1-[tetra-O-acetyl-
glucopyranosyloxy]-1,4a,5,6,7,7a-
hexahydro-cyclopenta[c]pyran-4-
carbonsäure-methylester 6297

$C_{29}H_{40}O_5$
24-Nor-olean-9(11)-en-28-säure, 13,18-
Epoxy-12,19-dioxo- 6090

$C_{29}H_{40}O_{10}$
Androstano[2,3-b]pyrano[2,3-e][1,4]dioxin-
19-säure, 14,8′,8′a-Trihydroxy-6′-
methyl-17-[5-oxo-2,5-dihydro-
[3]furyl]-hexahydro- 6608

$C_{29}H_{42}O_6$
Gibb-3-en-1,10-dicarbonsäure, 2,4a,7-
Trihydroxy-1-methyl-8-methylen-,
10-decylester-1→4a-lacton 6536
3,4-Seco-24-nor-oleanan-3,28-disäure,
13-Hydroxy-4,12-dioxo-, 28-lacton
6184

$C_{29}H_{42}O_{10}$
24-Nor-chol-20(22)-en-19,23-disäure,
3-[6-Desoxy-allopyranosyloxy]-14,21-
dihydroxy-, 23→21-lacton 6521

$C_{29}H_{42}O_{12}$
24-Nor-chol-20(22)-en-19,23-disäure,
3-[6-Desoxy-talopyranosyloxy]-5,11,14,⚡
21-tetrahydroxy-, 23→21-lacton 6659
—, 5,11,14,21-Tetrahydroxy-3-
rhamnopyranosyloxy-, 23→21-lacton
6658

$C_{29}H_{43}BrO_5$
3,4-Seco-24-nor-oleanan-3,28-disäure,
12-Brom-13-hydroxy-4-oxo-,
28-lacton 6073

$C_{29}H_{43}BrO_6$
3,4-Seco-23,24-dinor-oleanan-3,4,28-
trisäure, 12-Brom-13-hydroxy-,
28-lacton-3-methylester 6174
2,3-Seco-27-nor-ursan-2,3,28-trisäure,
14-Brom-13-hydroxy-, 28-lacton 6175

$C_{29}H_{44}BrNO_5$
3,4-Seco-24-nor-oleanan-3,28-disäure,
12-Brom-13-hydroxy-4-hydroxyimino-,
28-lacton 6073

$C_{29}H_{44}N_2O_6$
3,4-Seco-24-nor-oleanan-3,28-disäure,
    13-Hydroxy-4,12-bis-hydroxyimino-,
    28-lacton 6184
$C_{29}H_{44}O_5$
1,2-Seco-A-nor-lupan-1,2,28-trisäure-1,2-
    anhydrid 6072
3,4-Seco-24-nor-oleanan-3,28-disäure,
    13-Hydroxy-4-oxo-, 28-lacton 6072
$C_{29}H_{44}O_6$
3,4-Seco-23,24-dinor-oleanan-3,4,28-
    trisäure, 13-Hydroxy-, 28-lacton-4-
    methylester 6174
2,3-Seco-24-nor-oleanan-2,3,28-trisäure,
    13-Hydroxy-, 28-lacton 6176
2,3-Seco-A,23,24-trinor-oleanan-2,3,28-
    trisäure, 13-Hydroxy-, 28-lacton-2,3-
    dimethylester 6174
$C_{29}H_{44}O_7$
11,13;13,18-Diseco-A,C,23,24,25,27-
    hexanor-ursan-11,13,28-trisäure,
    9-Hydroxy-3-isopropyl-5-methyl-18-
    oxo-, 13-lacton-11-methylester 6224
$C_{29}H_{44}O_8$
2,5;5,6-Diseco-A,A,23,24-tetranor-oleanan-
    2,5,6,28-tetrasäure, 13-Hydroxy-,
    28-lacton-2,5,6-trimethylester 6244
3,5;5,6-Diseco-A,B,23,24-tetranor-oleanan-
    3,5,6,28-tetrasäure, 13-Hydroxy-,
    28-lacton-3,5,6-trimethylester 6244
$C_{29}H_{45}ClO_5$
Säurechlorid $C_{29}H_{45}ClO_5$ aus
    9-Hydroxy-3-isopropyl-5-methyl-
    11,13;13,14-diseco-A,C,23,24,25,28-
    hexanor-ursan-11,13,27-trisäure-
    27-lacton-11-methylester 6164
$C_{29}H_{45}NO_6$
Borrelidin-methylester 6655
$C_{29}H_{46}N_6O_5$
Furostan-26-säure, 3,6-Disemicarbazono-
    6071
$C_{29}H_{46}O_6$
11,13;13,14-Diseco-A,C,23,24,25,28-
    hexanor-ursan-11,13,27-trisäure,
    9-Hydroxy-3-isopropyl-5-methyl-,
    27-lacton-11-methylester 6163
2,3-Seco-cholestan-2,3-disäure, 6-Acetoxy-
    5-hydroxy-, 2-lacton 6312

C_{30}

$C_{30}H_{20}O_8$
Xanthen-1-carbonsäure, 2,8-Bis-
    benzoyloxy-6-methyl-9-oxo-,
    methylester 6548
$C_{30}H_{22}N_2O_5$
Furan, 2,5-Bis-[N-[1]naphthyl-malonamoyl]-
    6213

—, 2,5-Bis-[N-[2]naphthyl-
    malonamoyl]- 6213
$C_{30}H_{22}O_5$
Anthra[9,1-bc]furan-5-carbonsäure,
    6-Hydroxy-2-oxo-6,10b-di-p-tolyl-6,10b-
    dihydro-2H- 6449
$C_{30}H_{23}N_3O_{16}$
Glucarsäure, O^2,O^4,O^5-Tris-[4-nitro-
    benzoyl]-, 1-isopropylester-6-lacton
    6574
—, O^2,O^4,O^5-Tris-[4-nitro-benzoyl]-,
    6-lacton-1-propylester 6574
$C_{30}H_{24}N_2O_5$
Naphthalin-1,8-dicarbonsäure, 4,5-Bis-
    [äthyl-phenyl-carbamoyl]-, anhydrid
    6233
$C_{30}H_{25}NO_{13}$
Verbindung $C_{30}H_{25}NO_{13}$ aus
    4-[4,5-Dihydroxy-9-methyl-3-oxo-1,3-
    dihydro-naphtho[2,3-c]furan-1-yl]-2,3,6-
    trihydroxy-benzoesäure-amid 6690
$C_{30}H_{26}O_8$
Essigsäure, [6-Äthyl-7,8-bis-benzoyloxy-4-
    methyl-2-oxo-2H-chromen-3-yl]-,
    äthylester 6511
$C_{30}H_{26}O_{10}$
Glucarsäure, O^2,O^4,O^5-Tribenzoyl-,
    1-isopropylester-6-lacton 6574
—, O^2,O^4,O^5-Tribenzoyl-, 6-lacton-1-
    propylester 6574
$C_{30}H_{28}O_5$
Benzoesäure, 2-[3-Oxo-6-pent-2-enyloxy-
    3H-xanthen-9-yl]-, pent-2-enylester
    6447
$C_{30}H_{28}O_{11}$
Acetessigsäure, 2-[9-Acetyl-9-
    äthoxycarbonyl-2,7-dihydroxy-xanthen-
    3-yl]-2-[2,5-dihydroxy-phenyl]-,
    äthylester 6695
$C_{30}H_{30}O_{14}$
Xanthen-1-carbonsäure, 2-[6-Carboxy-
    2,3,4-trimethoxy-phenyl]-3,4,5,6,7-
    pentamethoxy-9-oxo-, methylester
    6698
$C_{30}H_{32}Cl_2N_2O_9$
Furan, 2,5-Bis-[N-(2,5-diäthoxy-4-chlor-
    phenyl)-malonamoyl]- 6214
$C_{30}H_{34}N_2O_9$
Furan, 2,5-Bis-[N-(2,5-diäthoxy-phenyl)-
    malonamoyl]- 6213
$C_{30}H_{40}O_8$
3,13c;7b,12-Dicyclo-dibenzo[c,kl]xanthen-
    2,13-dion, 6,9-Bis-[1-carboxy-äthyl]-8-
    hydroxy-3,3a,11a,12-tetramethyl-
    hexadecahydro- 6674
$C_{30}H_{41}NO_4$
11,12-Seco-cholan-11,12,24-trisäure-11,12-
    anhydrid-24-anilid 6047

$C_{30}H_{42}O_5$
24-Nor-olean-9(11)-en-28-säure, 13,18-
   Epoxy-12,19-dioxo-, methylester 6090
$C_{30}H_{42}O_6$
Olean-9(11)-en-28-säure, 13,18-Epoxy-3-
   hydroxy-12,19-dioxo- 6545
$C_{30}H_{42}O_7$
2,3-Seco-olean-9(11)-en-2,3-disäure, 13,18-
   Epoxy-12,19-dioxo- 6232
$C_{30}H_{42}O_8$
3,13c;7b,12-Dicyclo-dibenzo[c,kl]xanthen-
   13-on, 6,9-Bis-[1-carboxy-äthyl]-2,8-
   dihydroxy-3,3a,11a,12-tetramethyl-
   hexadecahydro- 6673
$C_{30}H_{43}NO_7$
2,3-Seco-olean-12-en-2,3,28-trisäure,
   12-Nitro-, 2,3-anhydrid 6086
$C_{30}H_{44}Br_2O_5$
3,4-Seco-24-nor-oleanan-3,28-disäure,
   12,x-Dibrom-13-hydroxy-4-oxo-,
   28-lacton-3-methylester 6073
$C_{30}H_{44}O_5$
Taraxastan-27,28-disäure, 20-Hydroxy-3-
   oxo-, 28-lacton 6086
$C_{30}H_{44}O_6$
Oleanan-23,28-disäure, 3,13-Dihydroxy-12-
   oxo-, 28→13-lacton 6539
$C_{30}H_{44}O_{10}$
24-Nor-chol-20(22)-en-19,23-disäure,
   3-Cymaropyranosyloxy-5,14,21-
   trihydroxy-, 23→21-lacton 6609
$C_{30}H_{45}BrO_5$
3,4-Seco-24-nor-oleanan-3,28-disäure,
   12-Brom-13-hydroxy-4-oxo-, 28-lacton-
   3-methylester 6073
$C_{30}H_{45}BrO_6$
3,4-Seco-23,24-dinor-oleanan-3,4,28-
   trisäure, 12-Brom-13-hydroxy-,
   28-lacton-3,4-dimethylester 6175
2,3-Seco-oleanan-2,3,28-trisäure, 12-Brom-
   13-hydroxy-, 28-lacton 6177
$C_{30}H_{46}BrNO_5$
3,4-Seco-24-nor-oleanan-3,28-disäure,
   12-Brom-13-hydroxy-4-hydroxyimino-,
   28-lacton-3-methylester 6073
$C_{30}H_{46}O_5$
Oleanan-23,28-disäure, 3,13-Dihydroxy-,
   28→13-lacton 6400
1,2-Seco-A-nor-lupan-1,2,28-trisäure-1,2-
   anhydrid-28-methylester 6072
3,4-Seco-24-nor-oleanan-3,28-disäure,
   13-Hydroxy-4-oxo-, 28-lacton-3-
   methylester 6072
11,12-Seco-olean-13(18)-en-11,12-disäure,
   3,19-Dihydroxy-, 12→19-lacton 6400
$C_{30}H_{46}O_6$
Oleanan-23,28-disäure, 3,13,16-
   Trihydroxy-, 28→13-lacton 6523

3,4-Seco-23,24-dinor-oleanan-3,4,28-
   trisäure, 13-Hydroxy-, 28-lacton-3,4-
   dimethylester 6174
1,2-Seco-A-nor-oleanan-1,2,28-trisäure,
   13-Hydroxy-, 28-lacton-1-methylester
   6175
2,3-Seco-oleanan-2,3,28-trisäure,
   19-Hydroxy-, 28-lacton 6176
$C_{30}H_{46}O_7$
11,13;13,18-Diseco-A,C,23,24,25,27-
   hexanor-ursan-11,13,28-trisäure,
   9-Hydroxy-3-isopropyl-5-methyl-18-
   oxo-, 13-lacton-11,28-dimethylester
   6225
11,12-Seco-oleanan-11,12,28-trisäure, 3,13-
   Dihydroxy-, 28→13-lacton 6615
$C_{30}H_{46}O_8$
11,13;13,14-Diseco-A,C,23,24,25-pentanor-
   ursan-11,13,27,28-tetrasäure,
   9-Hydroxy-3-isopropyl-5-methyl-,
   27-lacton-28-methylester 6245
3,5;5,6-Diseco-A,23,24-trinor-oleanan-
   3,5,6,28-tetrasäure, 13-Hydroxy-,
   28-lacton-3,5,6-trimethylester 6244
$C_{30}H_{46}O_{10}$
24-Nor-cholan-23-säure, 7,8-Epoxy-14-
   hydroxy-3-[O^3-methyl-6-desoxy-
   glucopyranosyloxy]-21-oxo- 6486
$C_{30}H_{48}O_6$
11,13;13,14-Diseco-A,C,23,24,25,28-
   hexanor-ursan-11,13,27-trisäure,
   9-Hydroxy-3-isopropyl-5-methyl-,
   27-lacton-11,13-dimethylester 6163

C_{31}

$C_{31}H_{17}NO_4$
Dinaphtho[2,1-b;2',3'-d]furan-6-
   carbonsäure, 8,13-Dioxo-8,13-dihydro-,
   [1]naphthylamid 6109
—, 8,13-Dioxo-8,13-dihydro-,
   [2]naphthylamid 6109
$C_{31}H_{25}N_3O_{16}$
Glucarsäure, O^2,O^4,O^5-Tris-[4-nitro-
   benzoyl]-, 1-butylester-6-lacton 6575
—, O^2,O^4,O^5-Tris-[4-nitro-benzoyl]-,
   1-isobutylester-6-lacton 6575
$C_{31}H_{32}N_2O_4S$
Benzofuran-5-sulfonsäure, 2-Cyanacetyl-,
   [4-tert-pentyl-N-(3-phenyl-propyl)-
   anilid] 6770
$C_{31}H_{32}O_8$
Pyran-3,5-dicarbonsäure, 2,6-Bis-
   [4-butoxy-styryl]-4-oxo-4H- 6680

$C_{31}H_{32}O_{14}$

Xanthen-1-carbonsäure, 3,4,5,6,7-
 Pentamethoxy-9-oxo-2-[2,3,4-
 trimethoxy-6-methoxycarbonyl-phenyl]-,
 methylester 6698

$C_{31}H_{36}O_7$

Verbindung $C_{31}H_{36}O_7$ aus einer
 Verbindung $C_{31}H_{38}O_8$ s. bei
 3-Benzoyloxy-19-cyan-5,14,19-
 trihydroxy-cardanolid 6655

$C_{31}H_{37}BrN_2O_{13}$

Cyclopenta[*c*]pyran-4-carbonsäure,
 5-[4-Brom-phenylhydrazono]-7-methyl-
 1-[tetra-*O*-acetyl-glucopyranosyloxy]-
 1,4a,5,6,7,7a-hexahydro-, methylester
 6297

$C_{31}H_{38}N_2O_{13}$

Cyclopenta[*c*]pyran-4-carbonsäure,
 7-Methyl-5-phenylhydrazono-1-[tetra-
 O-acetyl-glucopyranosyloxy]-1,4a,5,6,7,-
 7a-hexahydro-, methylester 6297

$C_{31}H_{38}O_8$

24-Nor-cholan-21,23-disäure,
 3-Benzoyloxy-5,14-dihydroxy-19-oxo-,
 21→14-lacton-23-methylester 6615
24-Nor-chol-20(22)-en-19,23-disäure,
 3-Benzoyloxy-5,14,21-trihydroxy-,
 23→21-lacton-19-methylester 6611
Verbindung $C_{31}H_{38}O_8$ aus 3-Benzoyloxy-
 19-cyan-5,14,19-trihydroxy-cardanolid
 6655

$C_{31}H_{38}O_9$

24-Nor-cholan-19,21,23-trisäure,
 3-Benzoyloxy-5,14-dihydroxy-, 21→14-
 lacton-23-methylester 6662

$C_{31}H_{39}NO_7$

Cardanolid, 3-Benzoyloxy-19-cyan-5,14,19-
 trihydroxy- 6655

$C_{31}H_{40}N_2O_8$

Phenylhydrazon $C_{31}H_{40}N_2O_8$ aus
 14-Hydroxy-5-oxo-3,5-seco-*A*,24-dinor-
 cholan-3,19,21,23-tetrasäure-21-lacton-
 3,19,23-trimethylester 6256

$C_{31}H_{40}O_{10}$

5,8-Ätheno-pregnan-6,7-dicarbonsäure,
 3,21-Diacetoxy-9,11-epoxy-20-oxo-,
 dimethylester 6672

$C_{31}H_{44}O_6$

11(12→13)-Abeo-olean-18-en-12,28-disäure,
 3,19-Dihydroxy-11-oxo-, 12-lacton-28-
 methylester 6546
A,28-Dinor-oleanan-1,17-dicarbonsäure,
 13-Hydroxy-2,12-dioxo-, 17-lacton-1-
 methylester 6187
Olean-9(11)-en-28-säure, 13,18-Epoxy-3-
 hydroxy-12,19-dioxo-, methylester
 6545

$C_{31}H_{45}NO_6$

A,28-Dinor-oleanan-1,17-dicarbonsäure,
 13-Hydroxy-2-hydroxyimino-12-oxo-,
 17-lacton-1-methylester 6187

$C_{31}H_{46}O_5$

11,12-Seco-19-nor-lanosta-5,7,9-trien-12,21-
 disäure, 3,7-Dihydroxy-24-methyl-,
 12→7-lacton-21-methylester 6408
Taraxastan-27,28-disäure, 20-Hydroxy-3-
 oxo-, 28-lacton-27-methylester 6087

$C_{31}H_{46}O_6$

29,30-Dinor-lupan-20,28-disäure,
 3-Acetoxy-21-hydroxy-, 28-lacton-20-
 methylester 6399
Olean-5-en-28-säure, 6,23-Epoxy-2,3-
 dihydroxy-12-oxo-, methylester 6539

$C_{31}H_{46}O_7$

1,2-Seco-*A*-nor-oleanan-1,2,28-trisäure,
 13-Hydroxy-12-oxo-, 28-lacton-1,2-
 dimethylester 6227
11,12-Seco-oleanan-11,12,28-trisäure,
 13-Hydroxy-3-oxo-, 28-lacton-12-
 methylester 6228
11,12-Seco-olean-13(18)-en-11,12,30-
 trisäure, 3,19-Dihydroxy-, 12→19-
 lacton-11-methylester 6629

$C_{31}H_{46}O_{10}$

24-Nor-chol-20(22)-en-19,23-disäure,
 5,14,21-Trihydroxy-3-[O^3-methyl-
 ribo-2,6-didesoxy-hexopyranosyloxy]-,
 23→21-lacton-19-methylester 6611

$C_{31}H_{46}O_{12}$

24-Nor-chol-20(22)-en-19,23-disäure,
 5,11,14,21-Tetrahydroxy-
 rhamnopyranosyloxy-, 19-äthylester-
 23→21-lacton 6659

$C_{31}H_{47}NO_7$

Isooleanonlactondisäure-monomethylester-
 oxim 6228

$C_{31}H_{48}O_5$

Oleanan-23,28-disäure, 3,13-Dihydroxy-,
 28→13-lacton-23-methylester 6401
11,12-Seco-olean-13(18)-en-11,12-disäure,
 3,19-Dihydroxy-, 12→19-lacton-11-
 methylester 6400

$C_{31}H_{48}O_6$

Oleanan-23,28-disäure, 3,13,16-
 Trihydroxy-, 28→13-lacton-23-
 methylester 6524
1,2-Seco-*A*-nor-oleanan-1,2,28-trisäure,
 19-Hydroxy-, 28-lacton-1,2-
 dimethylester 6175
—, 28-Hydroxy-, 28-lacton-1,2-
 dimethylester 6176
2,3-Seco-24-nor-oleanan-2,3,28-trisäure,
 13-Hydroxy-, 28-lacton-2,3-
 dimethylester 6176

C₃₁H₄₈O₇
11,12-Seco-oleanan-11,12,28-trisäure, 3,13-
Dihydroxy-, 28→13-lacton-12-
methylester 6616
—, 13,16-Dihydroxy-, 28→13-lacton-
12-methylester 6615

C₃₁H₄₈O₈
11,12-Seco-oleanan-11,12,28-trisäure,
3,13,16-Trihydroxy-, 28→13-lacton-12-
methylester 6664

C₃₁H₄₈O₁₀
24-Nor-cholan-23-säure, 7,8-Epoxy-14-
hydroxy-3-[O³-methyl-6-desoxy-
glucopyranosyloxy]-21-oxo-,
methylester 6486

C₃₂

C₃₂H₁₉NO₄
Anthra[2,1-b]naphtho[2,3-d]furan-7-
carbonsäure, 9,14-Dioxo-9,14-dihydro-,
o-toluidid 6112

C₃₂H₂₂O₈
Chromen-3-carbonsäure, 7,8-Bis-
benzoyloxy-2-oxo-4-phenyl-2H-,
äthylester 6558

C₃₂H₂₈O₉
Benzo[c]chromen-1-carbonsäure, 3,8-Bis-
benzyloxy-4,9,10-trimethoxy-6-oxo-6H-,
methylester 6686

C₃₂H₃₂O₅
Benzoesäure, 2-[6-Hex-2-enyloxy-3-oxo-
3H-xanthen-9-yl]-, hex-2-enylester
6447

C₃₂H₄₀O₉
24-Nor-cholan-19,21,23-trisäure,
3-Benzoyloxy-5,14-dihydroxy-, 21→14-
lacton-19,23-dimethylester 6663

C₃₂H₄₆O₇
Oleanan-23,28-disäure, 3-Acetoxy-13-
hydroxy-12-oxo-, 28-lacton 6539
2,3-Seco-olean-9(11)-en-2,3-disäure, 13,18-
Epoxy-12,19-dioxo-, dimethylester
6232

C₃₂H₄₆O₈
11,12-Seco-oleanan-11,12,28-trisäure,
13-Hydroxy-3,16-dioxo-, 28-lacton-
11,12-dimethylester 6249

C₃₂H₄₆O₁₀
Chola-20,22-dien-19,24-disäure, 14,21-
Dihydroxy-3-[O³-methyl-6-desoxy-
glucopyranosyloxy]-, 24→21-lacton-19-
methylester 6538

C₃₂H₄₆O₁₁
24-Nor-chol-20(22)-en-19,23-disäure,
3-[O⁴-Acetyl-O³-methyl-ribo-2,6-
didesoxy-hexopyranosyloxy]-5,14,21-
trihydroxy-, 23→21-lacton 6610

C₃₂H₄₇BrO₆
Oleanan-23,28-disäure, 3-Acetoxy-12-
brom-13-hydroxy-, 28-lacton 6401

C₃₂H₄₇NO₇
Oleanan-23,28-disäure, 3-Acetoxy-13-
hydroxy-12-hydroxyimino-, 28-lacton
6539

C₃₂H₄₈O₇
2,3-Seco-oleanan-2,3,28-trisäure,
13-Hydroxy-12-oxo-, 28-lacton-2,3-
dimethylester 6229
11,12-Seco-oleanan-11,12,28-trisäure,
13-Hydroxy-3-oxo-, 28-lacton-
dimethylester 6228
—, 13-Hydroxy-16-oxo-, 28-lacton-
11,12-dimethylester 6228

C₃₂H₄₈O₈
11,12-Seco-oleanan-11,12,28-trisäure,
3-Acetoxy-13-hydroxy-, 28-lacton 6616

C₃₂H₄₈O₉
A:B-Neo-11,12;13,14-diseco-ursan-
11,12,27,28-tetrasäure, 9-Hydroxy-13-
oxo-, 27-lacton-11,28-dimethylester
6256

C₃₂H₄₉BrO₆
2,3-Seco-oleanan-2,3,28-trisäure, 12-Brom-
13-hydroxy-, 28-lacton-2,3-
dimethylester 6177

C₃₂H₄₉BrO₇
Verbindung C₃₂H₄₉BrO₇ aus
3,13-Dihydroxy-11,12-seco-oleanan-
11,12,28-trisäure-28→13-lacton-11,12-
dimethylester 6617

C₃₂H₄₉NO₇
Isooleanonlactondisäure-dimethylester-
oxim 6229

C₃₂H₅₀O₆
2,3-Seco-oleanan-2,3,28-trisäure,
13-Hydroxy-, 28-lacton-2,3-
dimethylester 6176
—, 19-Hydroxy-, 28-lacton-2,3-
dimethylester 6176

C₃₂H₅₀O₇
11,12-Seco-oleanan-11,12,28-trisäure, 3,13-
Dihydroxy-, 28→13-lacton-11,12-
dimethylester 6617
—, 13,16-Dihydroxy-, 28→13-lacton-
11,12-dimethylester 6615

C₃₂H₅₀O₈
11,13;13,14-Diseco-A,C,23,24,25-pentanor-
ursan-11,13,27,28-tetrasäure,
9-Hydroxy-3-isopropyl-5-methyl-,
27-lacton-11,13,28-trimethylester 6245
11,12-Seco-oleanan-11,12,28-trisäure,
3,13,16-Trihydroxy-, 28→13-lacton-
11,12-dimethylester 6664

C₃₃

$C_{33}H_{24}N_2O_7S_2$
Chromen-6,8-disulfonsäure, 7-Hydroxy-4-
oxo-2,3-diphenyl-4H-, anilid
6762

$C_{33}H_{40}O_{10}$
Verbindung $C_{33}H_{40}O_{10}$ aus
3-Benzoyloxy-5,14-dihydroxy-24-nor-
cholan-19,21,23-trisäure-21→14-lacton-
23-methylester 6662

$C_{33}H_{44}O_7$
5,8-Ätheno-pregn-9(11)-en-6,7,20-
tricarbonsäure, 3-Heptanoyloxy-,
6,7-anhydrid 6554

$C_{33}H_{46}O_7$
11(12→13)-Abeo-olean-18-en-12,28-disäure,
3-Acetoxy-19-hydroxy-11-oxo-,
12-lacton-28-methylester 6546
11(12→13)-Abeo-olean-18-en-12,30-disäure,
3-Acetoxy-19-hydroxy-11-oxo-,
12-lacton-30-methylester 6546
Olean-9(11)-en-28-säure, 3-Acetoxy-13,18-
epoxy-12,19-dioxo-, methylester
6545
Olean-9(11)-en-30-säure, 3-Acetoxy-13,18-
epoxy-12,19-dioxo-, methylester
6545

$C_{33}H_{48}O_7$
Oleanan-23,28-disäure, 3-Acetoxy-13-
hydroxy-12-oxo-, 28-lacton-23-
methylester 6540

$C_{33}H_{48}O_{11}$
24-Nor-chol-20(22)-en-19,23-disäure,
3-[O^4-Acetyl-O^3-methyl-$ribo$-2,6-
didesoxy-hexopyranosyloxy]-5,14,21-
trihydroxy-, 23→21-lacton-19-
methylester 6611

$C_{33}H_{49}BrO_6$
Oleanan-23,28-disäure, 3-Acetoxy-12-
brom-13-hydroxy-, 28-lacton-23-
methylester 6401

$C_{33}H_{49}NO_8$
Borrelidin, Di-O-acetyl-, methylester
6655

$C_{33}H_{50}O_6$
11,12-Seco-olean-13(18)-en-11,12-disäure,
3-Acetoxy-19-hydroxy-, 12-lacton-11-
methylester 6400

$C_{33}H_{50}O_8$
11,12-Seco-oleanan-11,12,28-trisäure,
3-Acetoxy-13-hydroxy-, 28-lacton-12-
methylester 6616

$C_{33}H_{50}O_9$
A:B-Neo-11,12;13,14-diseco-ursan-
11,12,27,28-tetrasäure, 9-Hydroxy-13-
oxo-, 27-lacton-11,12,28-
trimethylester 6256

$C_{33}H_{50}O_{10}$
1,2;11,12-Diseco-A-nor-oleanan-1,2,11,12,≠
28-pentasäure, 13-Hydroxy-,
28-lacton-1,2,11,12-tetramethylester
6260

C₃₄

$C_{34}H_{22}Cl_4N_6O_5$
Furan, 2,5-Bis-[2-(2,5-dichlor-
phenylhydrazono)-N-phenyl-
malonamoyl]- 6253

$C_{34}H_{22}N_2O_7$
Furan, 2,5-Bis-[N-(3H-indeno[2,1-b]pyran-
2-yliden)-malonamoyl]- 6214
—, 2,5-Bis-[N-indeno[2,1-b]pyran-2-yl-
malonamoyl]- 6214

$C_{34}H_{24}Cl_2N_6O_5$
Furan, 2,5-Bis-[2-(4-chlor-
phenylhydrazono)-N-phenyl-
malonamoyl]- 6253

$C_{34}H_{24}N_8O_9$
Furan, 2,5-Bis-[2-(4-nitro-
phenylhydrazono)-N-phenyl-
malonamoyl]- 6253

$C_{34}H_{26}N_6O_5$
Furan, 2,5-Bis-[N-phenyl-2-
phenylhydrazono-malonamoyl]- 6252

$C_{34}H_{50}O_8$
Oleanan-23,28-disäure, 2,3-Diacetoxy-13-
hydroxy-, 28-lacton 6523
—, 3,16-Diacetoxy-13-hydroxy-,
28-lacton 6523
11,12-Seco-olean-13(18)-en-11,12,30-
trisäure, 3-Acetoxy-19-hydroxy-,
12→19-lacton-11,30-dimethylester 6629

$C_{34}H_{52}O_8$
11,12-Seco-oleanan-11,12,28-trisäure,
3-Acetoxy-13-hydroxy-, 28-lacton-
11,12-dimethylester 6617

$C_{34}H_{54}O_6$
2,3-Seco-oleanan-2,3,28-trisäure,
19-Hydroxy-, 2,3-diäthylester-28-
lacton 6176

C₃₅

$C_{35}H_{26}O_{15}$
p-Terphenyl-2,2''-dicarbonsäure, 2',3',5'-
Triacetoxy-6'-[7-carboxy-1,3-dioxo-
1,3,3a,4,7,7a-hexahydro-isobenzofuran-
4-yl]- 6697

$C_{35}H_{48}N_2O_8$
Borrelidin-[4-nitro-benzylester] 6655

$C_{35}H_{48}O_{14}$
24-Nor-chol-20(22)-en-19,23-disäure,
   5,14,21-Trihydroxy-3-[tri-O-acetyl-
   rhamnopyranosyloxy]-, 23→21-lacton
   6610
$C_{35}H_{50}O_8$
Olean-5-en-28-säure, 2,3-Diacetoxy-6,23-
   epoxy-12-oxo-, methylester 6539
Olean-12-en-28-säure, 3,24-Diacetoxy-
   16,21-epoxy-22-oxo-, methylester 6540
$C_{35}H_{52}O_{10}$
11,12-Seco-oleanan-11,12,28-trisäure, 3,16-
   Diacetoxy-13-hydroxy-, 28→13-lacton-
   11-methylester 6664

C_{36}

$C_{36}H_{20}O_5$
[1]Naphthoesäure, 2-[14-Hydroxy-16-oxo-
   16H-naphtho[2,1-e]phenanthro[10,1-bc]≥
   oxepin-13-yl]- 6450
$C_{36}H_{24}N_8O_{18}S_2$
Bis-[2,4-dinitro-phenylhydrazon]
   $C_{36}H_{24}N_8O_{18}S_2$ aus 8,8′-Diacetyl-
   7,7′-dihydroxy-4,4′-dimethyl-2,2′-dioxo-
   2H,2′H-bis-chromen-6-sulfonsäure-
   6→7′;6′→7-dilacton 6762
$C_{36}H_{24}O_8$
Essigsäure, [7-Methoxy-2-oxo-4-phenyl-
   2H-chromen-3-yl]-, [3-methoxy-6-oxo-
   6H-naphtho[2,1-c]chromen-8-ylester]
   6433
$C_{36}H_{30}N_6O_5$
Furan, 2,5-Bis-[N-phenyl-2-
   p-tolylhydrazono-malonamoyl]- 6253
$C_{36}H_{30}N_6O_7$
Furan, 2,5-Bis-[2-(4-methoxy-
   phenylhydrazono)-N-phenyl-
   malonamoyl]- 6253
$C_{36}H_{34}O_{19}$
Anthracen-2-carbonsäure,
   3,5,8-Triacetoxy-1-methyl-9,10-dioxo-7-
   [tetra-O-acetyl-glucopyranosyl]-9,10-
   dihydro- 6696
$C_{36}H_{50}N_4O_8$
3,4-Seco-24-nor-oleanan-3,28-disäure,
   4-[2,4-Dinitro-phenylhydrazono]-13-
   hydroxy-, 28-lacton-3-methylester 6073
$C_{36}H_{50}O_{14}$
24-Nor-chol-20(22)-en-19,23-disäure,
   5,14,21-Trihydroxy-3-[tri-O-acetyl-
   rhamnopyranosyloxy]-, 23→21-lacton-
   19-methylester 6611
$C_{36}H_{58}O_9$
Octadecansäure, 10,11-Epoxy-9,12-dioxo-,
   anhydrid 5984

C_{37}

$C_{37}H_{21}NO_4$
9,14-o-Benzeno-anthra[2,3-b]naphtho[1,2-d]≥
   furan-6-carbonsäure, 8,15-Dioxo-
   8,9,14,15-tetrahydro-, anilid 6112
$C_{37}H_{32}O_{10}$
1,4-Äthano-naphthalin-2,3,5,6-
   tetracarbonsäure, 7-Benzhydryl-9-
   hydroxy-9-methoxy-8-[4-methoxy-
   phenyl]-1,2,3,4,4a,5-hexahydro-,
   5-lacton 6692
$C_{37}H_{40}O_8$
Androst-8(14)-en-17-carbonsäure, 3,11-
   Diacetoxy-7,15-epoxy-12-oxo-,
   benzhydrylester 6519
21-Nor-pregn-14-en-20-säure, 3,11-
   Diacetoxy-7,8-epoxy-12-oxo-,
   benzhydrylester 6519
$C_{37}H_{42}O_9$
21-Nor-pregnan-20-säure, 3,11-Diacetoxy-
   7,8-epoxy-14-hydroxy-12-oxo-,
   benzhydrylester 6591
$C_{37}H_{50}O_{14}$
Chola-20,22-dien-19,24-disäure, 5,14,21-
   Trihydroxy-3-[tri-O-acetyl-
   rhamnopyranosyloxy]-, 24→21-lacton-
   19-methylester 6628
$C_{37}H_{50}O_{15}$
24-Nor-chol-20(22)-en-19,23-disäure,
   16-Acetoxy-14,21-dihydroxy-3-[tri-
   O-acetyl-rhamnopyranosyloxy]-,
   23→21-lacton 6612
$C_{37}H_{54}O_{15}$
Chola-20,22-dien-24-säure, 14,21-Epoxy-3-
   [O^4-glucopyranosyl-
   rhamnopyranosyloxy]-5-hydroxy-19-
   oxo-, methylester 6538

C_{38}

$C_{38}H_{23}NO_4$
Dibenzo[f,h]chromen-4-carbonsäure, 3-[10-
   Hydroxy-[9]phenanthryl]-2-oxo-2H-,
   anilid 6449
$C_{38}H_{26}Br_2N_6O_6$
Biphenyl, 4,4′-Bis-[1-(4-brom-
   phenylcarbamoyl)-2-[2]furyl-2-oxo-
   äthylidenhydrazino]- 6004
$C_{38}H_{26}Cl_2N_6O_6$
Biphenyl, 4,4′-Bis-[1-(3-chlor-
   phenylcarbamoyl)-2-[2]furyl-2-oxo-
   äthylidenhydrazino]- 6004
—, 4,4′-Bis-[1-(4-chlor-
   phenylcarbamoyl)-2-[2]furyl-2-oxo-
   äthylidenhydrazino]- 6004

$C_{38}H_{28}N_6O_6$
Biphenyl, 4,4'-Bis-[2-[2]furyl-2-oxo-1-
phenylcarbamoyl-äthylidenhydrazino]-
6003
$C_{38}H_{36}O_{21}$
Anthracen-2-carbonsäure, 3,5,6,8-
Tetraacetoxy-1-methyl-9,10-dioxo-7-
[tetra-O-acetyl-glucopyranosyl]-9,10-
dihydro- 6697
$C_{38}H_{42}Br_2O_{10}$
24-Nor-cholan-19,23-disäure, 3,15-Bis-
[4-brom-benzoyloxy]-5,14,21-
trihydroxy-, 23→21-lacton-19-
methylester 6654
$C_{38}H_{42}O_{10}$
24-Nor-chol-20(22)-en-19,23-disäure, 3,12-
Bis-benzoyloxy-5,14,21-trihydroxy-,
23→21-lacton-19-methylester
6660
$C_{38}H_{52}O_{15}$
24-Nor-chol-20(22)-en-19,23-disäure,
16-Acetoxy-14,21-dihydroxy-3-[tri-
O-acetyl-rhamnopyranosyloxy]-,
23→21-lacton-19-methylester 6613
$C_{38}H_{52}O_{16}$
24-Nor-chol-20(22)-en-19,23-disäure,
11-Acetoxy-5,14,21-trihydroxy-3-[tri-
O-acetyl-6-desoxy-talopyranosyloxy]-,
23→21-lacton-19-methylester 6659
—, 11-Acetoxy-5,14,21-trihydroxy-3-
[tri-O-acetyl-rhamnopyranosyloxy]-,
23→21-lacton-19-methylester 6659

C_{39}

$C_{39}H_{25}NO_4$
Dibenzo[f,h]chromen-4-carbonsäure, 3-[10-
Hydroxy-[9]phenanthryl]-2-oxo-2H-,
[N-methyl-anilid] 6449
$C_{39}H_{25}NO_5$
Diphenanthro[9,10-b;9',10'-g]oxocin-
18,20-dion, 19-Acetoxy-19-anilino-
6450
$C_{39}H_{50}O_{15}$
Chola-3,20,22-trien-19,24-disäure, 14,21-
Dihydroxy-5-[tetra-O-acetyl-
glucopyranosyloxy]-, 24→21-lacton-19-
methylester 6544
$C_{39}H_{54}O_{16}$
24-Nor-chol-20(22)-en-19,23-disäure,
11-Acetoxy-5,14,21-trihydroxy-3-[tri-
O-acetyl-6-desoxy-talopyranosyloxy]-,
19-äthylester-23→21-lacton 6660
—, 11-Acetoxy-5,14,21-trihydroxy-3-[tri-
O-acetyl-rhamnopyranosyloxy]-,
19-äthylester-23→21-lacton 6660

C_{40}

$C_{40}H_{25}NO_5$
Dibenzo[f,h]chromen-4-carbonsäure, 3-[10-
Acetoxy-[9]phenanthryl]-2-oxo-2H-,
anilid 6450
$C_{40}H_{30}Br_2N_6O_6$
Biphenyl, 4,4'-Bis-[1-(4-brom-
phenylcarbamoyl)-2-(5-methyl-[2]furyl)-
2-oxo-äthylidenhydrazino]- 6015
$C_{40}H_{30}Cl_2N_6O_6$
Biphenyl, 4,4'-Bis-[1-(3-chlor-
phenylcarbamoyl)-2-(5-methyl-[2]furyl)-
2-oxo-äthylidenhydrazino]- 6015
—, 4,4'-Bis-[1-(4-chlor-
phenylcarbamoyl)-2-(5-methyl-[2]furyl)-
2-oxo-äthylidenhydrazino]- 6015
$C_{40}H_{32}N_6O_6$
Biphenyl, 4,4'-Bis-[2-[2]furyl-2-oxo-1-
o-tolylcarbamoyl-äthylidenhydrazino]-
6004
—, 4,4'-Bis-[2-[2]furyl-2-oxo-1-
p-tolylcarbamoyl-äthylidenhydrazino]-
6005
—, 4,4'-Bis-[2-(5-methyl-[2]furyl)-2-
oxo-1-phenylcarbamoyl-
äthylidenhydrazino]- 6014
$C_{40}H_{32}N_6O_8$
Biphenyl, 4,4'-Bis-[2-[2]furyl-1-(2-methoxy-
phenylcarbamoyl)-2-oxo-
äthylidenhydrazino]- 6006
—, 4,4'-Bis-[2-[2]furyl-1-(4-methoxy-
phenylcarbamoyl)-2-oxo-
äthylidenhydrazino]- 6008
$C_{40}H_{38}O_{10}$
1,7-Methano-benz[de]isochromen-4,8,9-
tricarbonsäure, 5-Benzhydryl-1-
methoxy-6-[4-methoxy-phenyl]-3-oxo-
3a,7,8,9,9a,9b-hexahydro-1H,3H-,
trimethylester 6692

C_{41}

$C_{41}H_{34}O_{28}$
Bernsteinsäure, 2-[3-Carboxy-5,6,7-
trihydroxy-1-oxo-isochroman-4-yl]-,
1-[O^1,O^3,O^6-trigalloyl-glucopyranose-4-
ylester] 6695

C_{42}

$C_{42}H_{26}Cl_4N_6O_5$
Furan, 2,5-Bis-[2-(2,5-dichlor-
phenylhydrazono)-N-[2]naphthyl-
malonamoyl]- 6254

$C_{42}H_{28}Cl_2N_6O_5$
Furan, 2,5-Bis-[2-(2-chlor-
phenylhydrazono)-N-[2]naphthyl-
malonamoyl]- 6254
—, 2,5-Bis-[2-(4-chlor-
phenylhydrazono)-N-[2]naphthyl-
malonamoyl]- 6254
$C_{42}H_{28}N_8O_9$
Furan, 2,5-Bis-[N-[2]naphthyl-2-(4-nitro-
phenylhydrazono)-malonamoyl]- 6254
$C_{42}H_{30}N_6O_5$
Furan, 2,5-Bis-[N-[2]naphthyl-2-
phenylhydrazono-malonamoyl]- 6254
$C_{42}H_{36}N_6O_6$
Biphenyl, 4,4'-Bis-[2-(5-methyl-[2]furyl)-2-
oxo-1-o-tolylcarbamoyl-
äthylidenhydrazino]- 6015
—, 4,4'-Bis-[2-(5-methyl-[2]furyl)-2-
oxo-1-p-tolylcarbamoyl-
äthylidenhydrazino]- 6016
$C_{42}H_{36}N_6O_8$
Biphenyl, 4,4'-Bis-[1-(4-äthoxy-
phenylcarbamoyl)-2-[2]furyl-2-oxo-
äthylidenhydrazino]- 6008
—, 4,4'-Bis-[1-(2-methoxy-
phenylcarbamoyl)-2-(5-methyl-[2]furyl)-
2-oxo-äthylidenhydrazino]- 6017
—, 4,4'-Bis-[1-(4-methoxy-
phenylcarbamoyl)-2-(5-methyl-[2]furyl)-
2-oxo-äthylidenhydrazino]- 6018

C_{43}

$C_{43}H_{51}N_3O_{12}$
Borrelidin, Bis-O-[4-nitro-benzoyl]-,
methylester 6655

C_{44}

$C_{44}H_{34}N_6O_7$
Furan, 2,5-Bis-[2-(4-methoxy-
phenylhydrazono)-N-[2]naphthyl-
malonamoyl]- 6255
$C_{44}H_{40}N_6O_8$
Biphenyl, 4,4'-Bis-[1-(4-äthoxy-
phenylcarbamoyl)-2-(5-methyl-[2]furyl)-
2-oxo-äthylidenhydrazino]- 6018
$C_{44}H_{81}NO_6S_2$
Thiophen-2-sulfonsäure-[bis-(2-stearoyloxy-
äthyl)-amid] 6707

C_{46}

$C_{46}H_{32}N_6O_6$
Biphenyl, 4,4'-Bis-[2-[2]furyl-1-[1]naphthylcarb=
amoyl-2-oxo-äthylidenhydrazino]- 6005

—, 4,4'-Bis-[2-[2]furyl-1-
[2]naphthylcarbamoyl-2-oxo-
äthylidenhydrazino]- 6006
$C_{46}H_{64}N_2O_{12}$
Duodephanthondisäure-dimethylester-azin
6220

C_{47}

$C_{47}H_{64}O_{22}$
24-Nor-chol-20(22)-en-19,23-disäure,
3-[O^2,O^3-Diacetyl-O^4-(tetra-O-acetyl-
glucopyranosyl)-6-desoxy-
gulopyranosyloxy]-5,14,21-trihydroxy-,
23→21-lacton 6610

C_{48}

$C_{48}H_{26}O_{13}$
Indeno[1,2-c]chromen-11-on, 3-Hydroxy-
6,6-bis-[7-hydroxy-2-oxo-3-phenyl-
2H-chromen-4-carbonyloxy]-6H- 6430
Indeno[2,1-c]chromen-7-on, 3-Hydroxy-
6,6-bis-[7-hydroxy-2-oxo-4-phenyl-
2H-chromen-3-carbonyloxy]-6H- 6429
$C_{48}H_{26}O_{16}$
Indeno[2,1-c]chromen-7-on, 6,6-Bis-
[6,7-dihydroxy-2-oxo-4-phenyl-
2H-chromen-3-carbonyloxy]-2,3-
dihydroxy-6H- 6557
—, 6,6-Bis-[7,8-dihydroxy-2-oxo-4-
phenyl-2H-chromen-3-carbonyloxy]-3,4-
dihydroxy-6H- 6558

$C_{48}H_{36}N_6O_6$
Biphenyl, 4,4'-Bis-[2-(5-methyl-[2]furyl)-1-
[1]naphthylcarbamoyl-2-oxo-
äthylidenhydrazino]- 6016
—, 4,4'-Bis-[2-(5-methyl-[2]furyl)-1-
[2]naphthylcarbamoyl-2-oxo-
äthylidenhydrazino]- 6017
$C_{48}H_{66}O_{22}$
24-Nor-chol-20(22)-en-19,23-disäure,
3-[O^2,O^3-Diacetyl-O^4-(tetra-O-acetyl-
glucopyranosyl)-6-desoxy-
gulopyranosyloxy]-5,14,21-trihydroxy-,
23→21-lacton-19-methylester 6612

C_{54}

$C_{54}H_{32}O_{16}$
Indeno[1,2-c]chromen-11-on, 3-Acetoxy-
6,6-bis-[7-acetoxy-2-oxo-3-phenyl-
2H-chromen-4-carbonyloxy]-6H- 6430

C₅₄H₃₂O₁₆ (Fortsetzung)

Indeno[2,1-*c*]chromen-7-on, 3-Acetoxy-6,6-
bis-[7-acetoxy-2-oxo-4-phenyl-
2*H*-chromen-3-carbonyloxy]-6*H*-
6429

C₅₄H₃₂O₁₉

Triacetyl-Derivat C₅₄H₃₂O₁₉ aus 6,6-Bis-
[7,8-dihydroxy-2-oxo-4-phenyl-
2*H*-chromen-3-carbonyloxy]-3,4-
dihydroxy-6*H*-indeno[2,1-*c*]chromen-7-on
6558

C₅₅

C₅₅H₆₂O₂₈

Bernsteinsäure, 2-[5,6,7-Trimethoxy-3-
methoxycarbonyl-1-oxo-isochroman-4-
yl]-, 4-methylester-1-[O^1,O^3,O^6-tris-
(3,4,5-trimethoxy-benzoyl)-
glucopyranose-4-ylester]
6695

C₅₆

C₅₆H₆₄O₂₈

Bernsteinsäure, 2-[5,6,7-Trimethoxy-3-
methoxycarbonyl-1-oxo-isochroman-4-
yl]-, 4-methylester-1-[O^2-methyl-$O^1,O^3,$=
O^6-tris-(3,4,5-trimethoxy-benzoyl)-
glucopyranose-4-ylester] 6695

C₅₉

C₅₉H₃₂N₄O₉S

Anthra[1,9-*bc*]thiophen-1,3-dicarbonsäure,
6-Oxo-6*H*-, bis-[5-benzoylamino-9,10-
dioxo-9,10-dihydro-[1]anthrylamid]
6194

C₆₀

C₆₀H₃₈O₂₂

Indeno[2,1-*c*]chromen-7-on, 2,3-Diacetoxy-
6,6-bis-[6,7-diacetoxy-2-oxo-4-phenyl-
2*H*-chromen-3-carbonyloxy]-6*H*- 6558